第四次气候变化国家评估报告

《第四次气候变化国家评估报告》编写委员会　编著

科学出版社

北　京

内 容 简 介

本报告由科学技术部、中国气象局、中国科学院和中国工程院联合多部门近 100 家单位 700 余位专家编写,主要由"气候变化的科学认识""气候变化影响、风险与适应""减缓气候变化""应对气候变化的政策和行动"四个部分组成。本报告全面、系统地评估了我国应对气候变化领域相关的科学、技术、经济和社会研究成果,准确、客观地反映了我国 2015 年以来气候变化领域研究的最新进展。本报告为我国应对气候变化科技创新工作部署提供科学依据,并为我国参与全球气候合作与气候治理体系构建提供科学数据支持。

本书可供中央、地方和国家各级决策部门,以及气候、气象、经济、外交、水文、海洋、农林牧、地质和地理等领域的科研与教学人员参考使用。

审图号:GS(2022)2808 号

图书在版编目(CIP)数据

第四次气候变化国家评估报告/《第四次气候变化国家评估报告》编写委员会编著. —北京:科学出版社,2022.8
ISBN 978-7-03-072758-9

Ⅰ.①第… Ⅱ.①第… Ⅲ.①气候变化–研究报告–中国 Ⅳ.①P467

中国版本图书馆 CIP 数据核字(2022)第 131143 号

责任编辑:杨帅英 白 丹 / 责任校对:樊雅琼
责任印制:吴兆东 / 封面设计:黄华斌

科学出版社 出版
北京东黄城根北街 16 号
邮政编码:100717
http://www.sciencep.com
北京建宏印刷有限公司 印刷
科学出版社发行 各地新华书店经销
*
2022 年 8 月第 一 版 开本:889×1194 1/16
2022 年 11 月第二次印刷 印张:78
字数:2 520 000
定价:780.00 元
(如有印装质量问题,我社负责调换)

《第四次气候变化国家评估报告》编写委员会

编写工作领导小组

组长	张雨东	科学技术部
副组长	宇如聪	中国气象局
	张 涛	中国科学院
	陈左宁	中国工程院
成员	孙 劲	外交部条法司
	张国辉	教育部科学技术与信息化司
	祝学华	科学技术部社会发展科技司
	尤 勇	工业和信息化部节能与综合利用司
	何凯涛	自然资源部科技发展司
	陆新明	生态环境部应对气候变化司
	岑晏青	交通运输部科技司
	高敏凤	水利部规划计划司
	李 波	农业农村部科技教育司
	历建祝	国家林业和草原局科技司
	张鸿翔	中国科学院科技促进发展局
	唐海英	中国工程院一局
	袁佳双	中国气象局科技与气候变化司
	张朝林	国家自然科学基金委员会地学部

　　曾经是《第四次气候变化国家评估报告》编写工作领导小组成员，并为报告的编写做了大量工作和贡献，后因职务变动等原因不再作为成员的有徐南平、丁仲礼、刘旭、张亚平、苟海波、孙桢、高润生、吴远彬、杨铁生、文波、刘鸿志、庞松、杜纪山、赵千钧、王元晶、高云、王岐东、王孝强。

专家委员会

主任	徐冠华	科学技术部
副主任	刘燕华	科学技术部
委员	杜祥琬	中国工程院
	孙鸿烈	中国科学院地理科学与资源研究所
	秦大河	中国气象局
	张新时	北京师范大学
	吴国雄	中国科学技术大学
	符淙斌	南京大学
	丁一汇	中国气象局国家气候中心
	吕达仁	中国科学院大气物理研究所
	王浩	中国水科院国家重点实验室
	方精云	北京大学/中国科学院植物研究所
	张建云	南京水利科学研究院
	何建坤	清华大学
	周大地	国家发展和改革委员会能源研究所
	林而达	中国农业科学院农业环境与可持续发展研究所
	潘家华	中国社会科学院城市发展与环境研究所
	翟盘茂	中国气象科学研究院

编写专家组

组长	刘燕华		
副组长	何建坤	葛全胜	黄晶
综合统稿组	孙洪	魏一鸣	
第一部分	巢清尘		
第二部分	吴绍洪		
第三部分	陈文颖		
第四部分	朱松丽	范英	

编写工作办公室

组长	祝学华	科学技术部社会发展科技司
副组长	袁佳双	中国气象局科技与气候变化司
	傅小锋	科学技术部社会发展科技司
	徐 俊	科学技术部社会发展科技司
	陈其针	中国21世纪议程管理中心
成员	易晨霞	外交部条法司应对气候变化办公室
	李人杰	教育部科学技术与信息化司
	康相武	科学技术部社会发展科技司
	郭丰源	工业和信息化部节能与综合利用司
	单卫东	自然资源部科技发展司
	刘 杨	生态环境部应对气候变化司
	汪水银	交通运输部科技司
	王 晶	水利部规划计划司
	付长亮	农业农村部科技教育司
	宋红竹	国家林业和草原局科技司
	任小波	中国科学院科技促进发展局
	王小文	中国工程院一局
	余建锐	中国气象局科技与气候变化司
	刘 哲	国家自然科学基金委员会地学部

　　曾经是《第四次气候变化国家评估报告》编写工作办公室成员，并为报告的编写做了大量工作和贡献，后因职务变动等原因不再作为成员的有吴远彬、高云、邓小明、孙成永、汪航、方圆、邹晖、王孝洋、赵财胜、宛悦、曹子祎、周桔、赵涛、张健、于晟、冯磊。

序

气候变化不仅是人类可持续发展面临的严峻挑战，也是当前国际经济、政治、外交博弈中的重大全球性和热点问题。联合国政府间气候变化专门委员会（IPCC）第六次评估结论显示，人类活动影响已造成大气、海洋和陆地变暖，大气圈、海洋、冰冻圈和生物圈发生了广泛而迅速的变化。气候变化引发全球范围内的干旱、洪涝、高温热浪等极端事件显著增加，对全球粮食、水、生态、能源、基础设施以及民众生命财产安全等构成长期重大影响。为有效应对气候变化，各国建立了以《联合国气候变化框架公约》及《巴黎协定》为基础的国际气候治理体系，多国政府积极承诺国家自主贡献，出台了一系列面向《巴黎协定》目标的政策和行动。2021 年 11 月 13 日，《联合国气候变化框架公约》第 26 次缔约方大会（COP26）闭幕，来自近 200 个国家的代表在会期最后一刻就《巴黎协定》实施细则达成共识并通过《格拉斯哥气候公约》，开启了全球应对气候变化的新征程。

中国政府高度重视气候变化工作，将应对气候变化摆在国家治理更加突出的位置。特别是党的十八大以来，在习近平生态文明思想指导下，按照创新、协调、绿色、开放、共享的新发展理念，聚焦全球应对气候变化的长期目标，实施了一系列应对气候变化战略、措施和行动，应对气候变化取得了积极成效，提前完成了我国对外承诺的 2020 年目标，扭转了二氧化碳排放快速增长的局面。2020 年 9 月 22 日，国家主席习近平在第七十五届联合国大会一般性辩论上发表重要讲话：中国将提高国家自主贡献力度，采取更加有力的政策和措施，二氧化碳排放力争于 2030 年前达到峰值，努力争取 2060 年前实现碳中和。中国正在为实现这一目标积极行动。

科技进步与创新是应对气候变化的重要支撑，科学、客观的气候变化评估是应对气候变化的决策基础。2006 年、2011 年和 2015 年，科学技术部会同中国气象局、中国科学院和中国工程院先后发布了三次气候变化国家评估报告，为中国经济社会发展规划和应对气候变化的重要决策提供了依据，为推进全球应对气候变化提供了中国方案。

为更好满足新形势下我国应对气候变化的需要，继续为我国应对气候变化相关政策的制定提供坚实的科学依据和切实支撑，2018 年，科学技术部、中国气象局、中国科学院、中国工程院会同外交部、教育部、工业和信息化部、自然资源部、生态环境部、交通运输部、水利部、农业农村部、国家林业和草原局、国家自然科学基金委员会 14 个部门共同组织专家启动了《第四次气候变化国家评估报告》的编制工作，力求全面、系统、客观评估总结我国应对气候变化的科技成果。经过四年多的不懈努力，形成了《第四次气候变化国家评估报告》。

这次评估报告全面、系统地评估了我国应对气候变化领域相关的科学、技术、经济和社会研究成果，准确、客观地反映了我国 2015 年以来气候变化领域研究的最新进展，而且对国际应对气候变化科技创新前沿和技术发展趋势进行了预判。相关结论将为我国应对气候变化科技创新工作部署提供科学依据，为我国制定碳达峰碳中和目标规划提供决策支撑，为我国参与全球气候合作与气候治理体系构建提供科学数据支持。

我国是拥有 14.1 亿多人口的最大发展中国家，面临着经济发展、民生改善、污染治理、生态保护等一系列艰巨任务，我们对化石燃料的依赖程度还非常大，实现双碳目标的路径一定不是平坦的，推进绿色低碳技术攻关、加快先进适用技术研发和推广应用的过程也充满着各种艰难挑战和不确定性。

我们相信，在以习近平同志为核心的党中央坚强领导下，通过社会各界的共同努力，加快推进并引领绿色低碳科技革命，我国碳达峰碳中和目标一定能够实现，中国的科技创新也必将为我国和全球应对气候变化做出新的更大贡献。

科技部部长

2022 年 3 月

前　言

2018 年 1 月，科学技术部、中国气象局、中国科学院、中国工程院会同多部门共同启动了《第四次气候变化国家评估报告》的编制工作。四年多来，在专家委员会的精心指导下，在全国近 100 家单位 700 余位专家的共同努力下，在编写工作领导小组各成员单位的大力支持下，《第四次气候变化国家评估报告》正式出版。本次报告全面、系统地评估了我国应对气候变化领域相关的科学、技术、经济和社会研究成果，准确、客观地反映了我国 2015 年以来气候变化领域研究的最新进展。报告的重要结论和成果，将为我国应对气候变化科技创新工作部署提供科学依据，并为我国参与全球气候合作与气候治理体系构建提供科学数据支持，意义十分重大。

本次报告主要从"气候变化的科学认识""气候变化影响、风险与适应""减缓气候变化""应对气候变化的政策和行动"四个部分对气候变化最新研究进行评估，同时出版了《第四次气候变化国家评估报告特别报告：方法卷》《第四次气候变化国家评估报告特别报告：科学数据集》《第四次气候变化国家评估报告特别报告：中国应对气候变化地方典型案例集》等 8 个特别报告。总体上看，《第四次气候变化国家评估报告》的编制工作有如下特点。

一是创新编制管理模式。本次报告充分借鉴联合国政府间气候变化专门委员会的工作模式，形成了较为完善的编制过程管理制度，推进工作机制创新，成立编写工作领导小组、专家委员会、编写专家组和编写工作办公室，坚持全面系统、深入评估、全球视野、中国特色、关注热点、支撑决策的原则，确保报告的高质量完成，力争评估结果的客观全面。

二是编制过程科学严谨。为保证评估质量，本次报告在出版前依次经历了内审专家、外审专家、专家委员会和部门评审"四重把关"，报告初稿、零稿、一稿、二稿、终稿"五上五下"，最终提交编写工作领导小组审议通过出版。在各部分作者撰写报告的同时，我们还建立了专家跟踪机制，本人作为专家委员会主任和副主任刘燕华参事负责总体指导，专家委员会成员按照领域分工跟踪指导相关报告的编写。同时还借鉴 IPCC 评估报告以及学术期刊的审稿过程，开通专门线上系统开展报告审议。

三是报告成果丰富高质。本次报告充分体现了科学性、战略性、政策性和区域性等特点，积极面向气候变化科学研究的基础性工作、前沿问题以及我国应对气候变化方面的紧迫需求，深化了对我国气候变化现象、影响与应对的认知，较为全面、准确、客观、平衡地反映了我国在该领域的最新成果和进展情况。此外，此次评估报告特别报告也是历次气候变化国家评估报告编写工作中报告数量最多、学科跨度最大、质量要求最高的一次，充分体现出近年来气候变化研究工作不断增长的重要性、复杂性和紧迫性，同时特别报告聚焦各自主题，对国内现有的气候变化研究成果开展了深入的挖掘、梳理和集成，体现了我国在气候变化领域的系统规划部署和深厚科研积累。

本次报告得出了一系列重要评估结论，对支撑国家应对气候变化重大决策和相关政策、措施制定具有重要参考价值。一方面，明确我国是受全球气候变化影响最敏感的区域之一，升温速率高于全球平均。例如，我国降水时空分布差异大，强降水事件趋多趋强，面临洪涝和干旱双重影响；海平面上升和海洋热浪对沿海地区负面影响显著；增暖对陆地生态系统和农业生产正负效应兼有，我国北方适宜耕作区域有所扩大，但高温和干旱对粮食生产造成的损失更为明显；静稳天气加重雾霾频率，暖湿气候与高温热浪增加心脑血管疾病发病与传染病传播；极端天气气候事件对重大工程运营产生显著影响，青藏铁路、南水北调、海洋工程等的长期稳定运行应予重视。另一方面，在碳达峰碳中和目标牵引下，本次评估也为今后应对气候变化工作提供了重要参考。总而言之，无论是实施碳排放强度和总量双控、推进能源系统改革，还是加强气候变化风险防控及适应、产业结构调整，科技创新都是必由之路，更是重要依靠。

我们必须清醒地认识到，碳中和目标表面上是温室气体减排，实质上是低碳技术实力和国际规则的竞争。当前，我国气候变化研究虽然取得了一定成绩，形成了以国家层面的科技战略规划为统领，各部门各地区的科技规划、政策和行动方案为支撑的应对气候变化科技政策体系，较好地支撑了国家应对气候变化目标实现，但也要看到不足，在研究方法和研究体系、研究的深度和广度，科学数据的采集和运用，以及研究队伍的建设等方面还有提升空间。面对新形势、新挑战、新问题，我们要把思想和行动统一到习近平总书记和中央重要决策部署上来，进一步加强气候变化研究和评估工作，不断创新体制机制、提高科学化水平、强化成果推广应用、深化国际领域合作，尽科技工作者最大努力更好地为决策者决策提供全面、准确、客观的气候变化科学支撑。

本次报告凝聚了编写组各位专家的辛勤劳动以及富有创新和卓有成效的工作，同时也是领导小组和专家委员会各位委员集体智慧的集中体现，在此向大家表示衷心的感谢。也希望有关部门和单位要加强报告的宣传推广，提升国际知名度和影响力，使其为我国乃至全球应对气候变化工作提供更加有力的科学支撑。

2022 年 3 月

决策者摘要

1 气候变化的科学认识

2015 年以来，中国气候变化研究在气候系统观测、古气候档案、气候科学理论研究和气候模拟等科学分析的基础上取得了一系列气候变化新证据。本报告基于上述证据总结提炼出对中国气候变化的新认识，并与同期全球气候变化的整体认知比较，总结出中国重点区域独特的气候变化新特点。分析表明，过去 60～100 年，中国陆地气候整体呈现明显增暖趋势，极端天气与气候事件趋频趋强；未来气候变化趋势将可能继续呈加剧态势，但不同区域特点有所不同。温室气体排放等人类活动是造成全球 20 世纪 50 年代以来气候系统变化的主要原因，土地覆盖和土地利用变化也对气候系统产生影响。

1.1 观测到的气候变化事实

百年来全球和中国气候变暖趋势仍在持续，1980 年以来全球增暖速率加大，中国增暖加速，冬、春季更突出。1900～2019 年全球、北半球、南半球平均表面温度的变暖趋势分别为每 10 年升高 0.09±0.01℃、0.09±0.01℃ 和 0.08±0.01℃，1979～2019 年全球达每 10 年升高 0.17±0.03℃。1998 年以来全球变暖不仅没有停滞，反而略有加速。1900～2018 年中国陆地百年气温升高趋势在 1.3～1.7℃，高于《第三次气候变化国家评估报告》百年来（1909～2011 年）的 0.9～1.5℃。1960～2019 年增暖加速达每 10 年 0.27℃，增温幅度高于全球水平（图 I）。对于中国区域，20 世纪是 2000 年历史以来最暖的百年之一。近几十年中国城市化可能是一些城市局地增暖明显的主要原因之一，但对中国整体增暖而言，城市化效应比观测到的变暖趋势小一个量级。

1961 年以来，中国年降水量总体变化趋势不显著，但年际波动较大，且具有明显的区域分布差异，虽然西部干旱和半干旱地区近 30 多年趋于变湿，但其干旱气候格局未发生根本改变。1900～2019 年，中国平均年降水量无明显趋势性变化，但存在显著的 20～30 年尺度的年代际振荡。1961～2019 年，中国平均年降水量呈微弱的增加趋势，且年代际变化特征明显，1961～1979 年无明显趋势性变化，1980～2000 年和 2012～2019 年以偏多为主，2001～2011 年总体偏少，2012 年以来呈增加趋势。中国东北、西北、西藏大部年降水量呈现较强的增加趋势，而自东北南部和华北部分地区到西南一带的年降水量呈现减少趋势。近 30 年西北地区中西部气候出现向暖湿转型的趋势，但由于西北地区降水量基数小以及部分地区蒸发量增加，干旱气候的格局未发生根本改变。

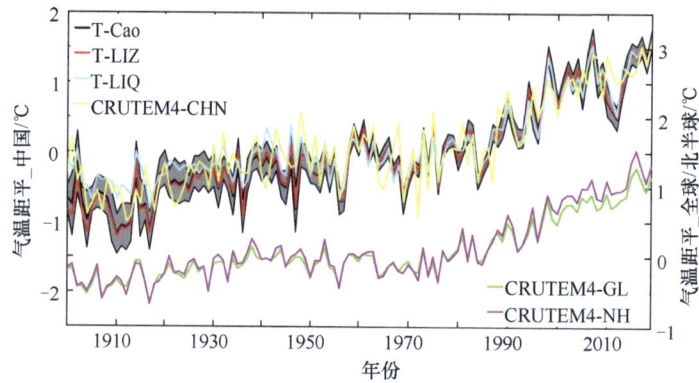

图 I　1900～2019 年全球、北半球和中国气温变化比较

T-Cao、T-LIZ、T-LIQ 分别为我国三个研究团队的中国数据序列，CRUTEM4-CHN 为英国数据的中国序列，CRUTEM4-GL 为全球序列，CRUTEM4-NH 为北半球序列，相对于 1961～1990 年平均值

中国河川径流量总体上变化不大，但华北及其周围地区较为集中地呈显著减少趋势。21 世纪以来，由区域蒸散发转化形成的降水增加，中国区域水文内循环较之前活跃。中国西部地区冰川整体处于萎缩状态，但存在很大的区域差异性。最大冻土深度呈逐年减小的趋势。不考虑人类活动影响，中国 1961～2018 年的多年平均天然径流量为每年 26340 亿 m³，总体呈波动下降趋势。东南诸河和西北内陆河的径流总量表现为增加趋势，其余流域均表现为减少趋势。相对于 1961～2000 年，2001～2018 年区域蒸散发转化形成的降水增加了约 9%。20 世纪六七十年代至 21 世纪初中国西部地区冰川整体处于物质亏损状态，其北部和东部冰川变化较南部和西部大，海拔较高、山体较大的山区比低矮的山区冰川变化小，其中阿尔泰山、澜沧江和冷龙岭冰川年退缩率最高，年减少量约为 0.75%。位于多年冻土层之上的活动层呈加快增厚特点，多年冻土退化明显，1981～2019 年青藏公路沿线活动层平均每 10 年增厚 19.6 cm。

中国近海变暖显著，海洋上层热含量持续增加，海平面不断上升，热带太平洋厄尔尼诺信号显著增强。1958～2018 年，中国近海年平均海表温度共升高 0.98±0.19℃，东中国海（渤海、黄海、东海的简称）的升温幅度高于南海。1958～2018 年全球海洋和南海上层 2000 m 热量持续增加，但南海整体热量增加较弱。1980～2019 年，中国沿海海平面上升速率为每年 3.4 mm，高于全球海洋平均海平面上升速率，2012～2019 年中国沿海海平面均处于近 40 年来高位。20 世纪 70 年代之后，热带太平洋厄尔尼诺信号显著增强，持续时间更久。1990 年之后，中部型厄尔尼诺频发，造成中国夏季长江流域降水偏少、气温偏高，华南降水偏多的现象更多发生。20 世纪 70 年代以来，中国东部及邻近海域出现的超强台风和海洋热浪频率趋高、强度趋大。

1961 年以来，中国区域极端高温日数显著增多，热浪频率增大，日-夜复合型极端高温更为明显。极端冷天显著减少，冬季寒潮趋于减少，霜冻日数及冰冻日数显著减少。暴雨总体呈增加趋势。1951～2019 年，中国地表年平均最高气温平均每 10 年升高 0.18℃。1961～2019 年，中国区域极端高温日数显著增多，热浪频率增大，平均暖昼日数[①]每 10 年增加 5.7 天。1961 年以来中国日-夜复合型极端高温事件频次显著增多、持续时间显著延长、覆盖面积显著增大，影响面积每 10 年平均扩大约 76.40 万 km²（图 II）。1961～2019 年，中国平均冷夜

---

① 暖昼日数：最高气温大于 90%分位值的天数.

日数[①]平均每 10 年减少 8.2 天，1998 年以来冷夜日数较常年持续偏少。华北中南部及四川中部等地区暴雨呈减少趋势，而江南和华南大部分地区暴雨呈现显著的增加趋势。极端少雨天气增多，特别是伴随高温热浪而快速发展的"骤旱"[②]事件剧增。西北太平洋和南海生成台风个数呈减少趋势，但在中国登陆的台风个数则有微弱的增多趋势，登陆中国的台风比例呈增加趋势，台风强度有所增强。气候变化增加了华北平原静稳天气的发生，从而增加了冬季强霾天气的频率和持续时间。

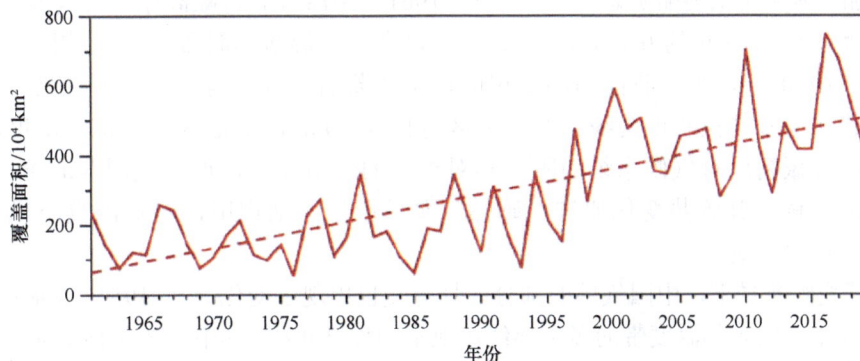

图 II　1961~2019 年中国日-夜复合型高温覆盖面积的变化

1.2　全球气候变化下的典型区域气候变化

近半个世纪以来，亚洲夏季风强度总体呈年代际减弱趋势，其暴发时间自 20 世纪 90 年代后整体提前；冬季风强度呈现多年代际周期性波动。东亚夏季风在 20 世纪 70 年代末显著减弱，但其强度从 21 世纪初开始有所恢复，中国东部夏季风雨带随之北移，造成近期淮河流域夏季降水增多。不同于东亚夏季风，南亚夏季风过去半个世纪的减弱趋势一直维持，而且从 20 世纪 90 年代中期开始急剧减弱。东亚冬季风强度于 20 世纪 80 年代中期显著减弱，但在 21 世纪初再次增强，由此导致近期在全球变暖背景下东亚冬季极端低温事件发生频率有所增加。亚洲季风的上述变化，受到热带和中高纬气候系统内部因子、自然外强迫和人为外强迫的共同影响。

气候变暖使全球陆地整体的极端干旱和半干旱区面积呈扩张趋势，过去近 70 年中国半干旱区面积显著扩张，未来很长时期仍将持续。1951～2018 年全球干旱区面积趋于缩小，但极端干旱区和半干旱区面积均呈增长态势。同期中国干旱和半干旱区范围呈扩张趋势，而极端干旱区面积减少。相比于全球情况，中国半干旱区面积扩大明显，尤其在近 10 年（2009～2018 年），面积扩大了大约 10%，主要是由中国东北部的半湿润区/湿润区转变而来的。极端干旱区面积在中国呈缩小态势，与全球呈扩大趋势不同，最近 10 年中国极端干旱区面积缩小幅度达 25%。未来中国半干旱区的面积扩张最为显著。

北极和南极是全球增暖最明显的区域，南北极冰盖、冰川加速消融，已成为全球海平面上升的主导因素。1979～2018 年北极增暖速度约为全球平均水平的 2～3 倍，9 月北极海冰范围以每 10 年约 12.8% 的速度快速减小，多年海冰面积占比下降了 90%。1950～2018 年，南极半岛和南极西南部升温显著，南极其他地区气温变化较小。2007～2016 年南极冰盖质量

[①] 冷夜日数：最低气温小于 10% 分位值的天数.

[②] 骤发干旱或骤旱（flash drought）：发生在生长季、伴随高温热浪并快速发展的短期干旱.

损失是 1997～2006 年的三倍。在北极快速变化的背景下，北冰洋水团和环流发生显著变化，与海冰减退、气候变异、全球响应等有密切关系。北极海冰通过两个可能机制影响东亚冬季气候冷暖变化，一是北极海冰的负反馈机制，二是因北极海冰异常偏少引起的平流层–对流层相互作用机制。南极冰盖物质损耗的加剧加速了海平面上升，同时使输入到海洋中的淡水持续增加，改变温盐平衡，最终会减弱或阻断大西洋经向翻转环流。

青藏高原是影响亚洲季风系统及我国异常气候的关键区，升温趋势明显高于全球平均，降水量增加，冰川面积萎缩明显，冻土退化。1961～2018 年，青藏高原平均气温上升趋势明显，平均增幅为每 10 年约 0.36℃，是过去 2000 年中最温暖的时段，是全球同期平均升温率的两倍。1950 年以来，我国西部冰川面积总体萎缩，藏东南是冰川消融最为显著的地区之一，其次为喜马拉雅山南缘。西藏地区海拔 4500 m 以上地区最大冻土深度减小趋势最为明显。青藏高原对气候系统的阻挡和对季风的牵引作用，形成我国西北干旱，江南、华南湿润的气候。其感热变化通过"感热气泵效应"驱动作用，对亚洲夏季风和中国东部降水产生重要影响。

在全球变暖背景下，中国气候的部分区划界线也出现了变化。与 1951～1980 年相比，1981～2010 年中国东部温度带的多条界线出现不同程度北移，其中整体北移最显著的界线为北亚热带北界东段，平均北移 1 个纬度以上，并越过淮河一线。中亚热带北界中段和南亚热带北界西段也局部出现显著北移。同期中国大多数地区降水变化以年际和年代际波动为主要特征，干湿状况变化幅度不大（图Ⅲ）。

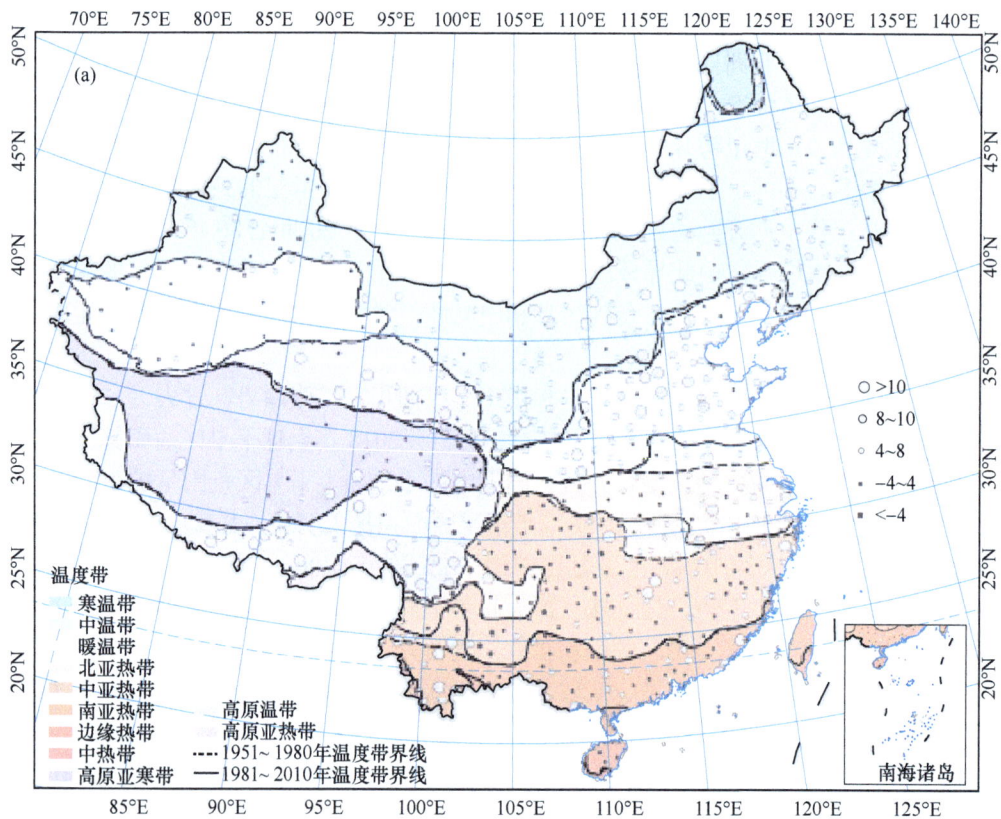

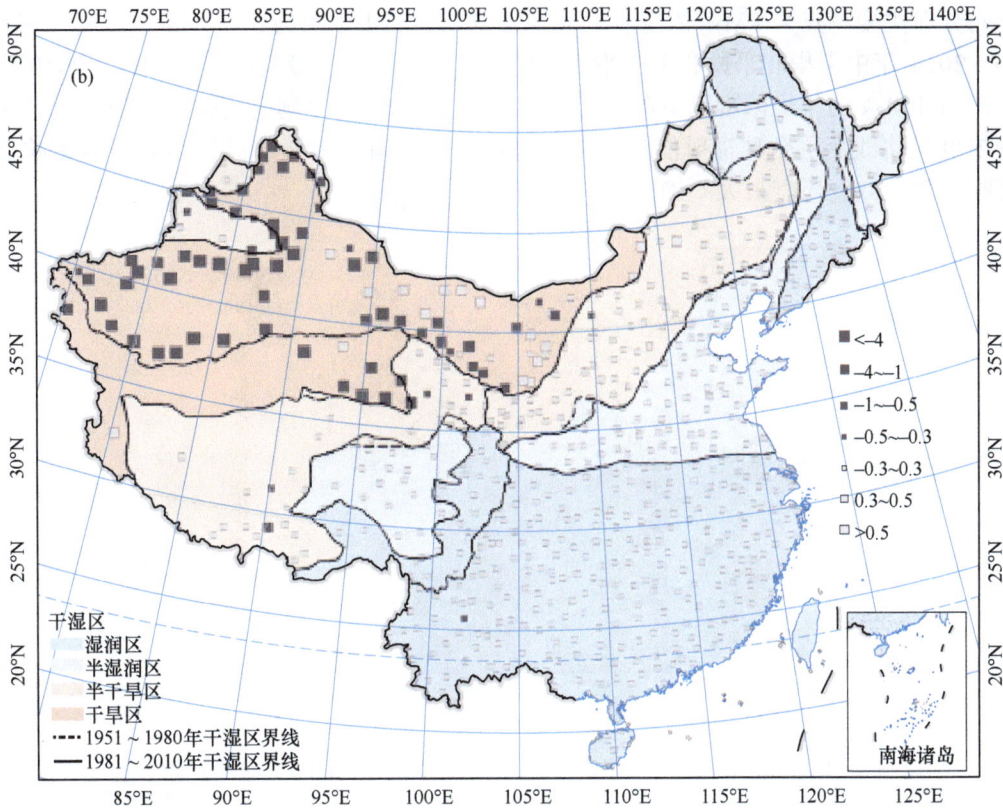

图Ⅲ　1951～1980年至1981～2010年中国温度带界线与日平均气温稳定≥10℃日数（圆点）的变化（单位：天）（a）及干湿区界线与年干燥度（方块）的变化（b）

中国几个重要经济区（圈、带）气候变化明显，极端事件呈上升趋势。1961～2018年，环渤海经济区、长江经济带、华南经济圈和东北经济区的年均气温上升趋势分别达每10年0.35℃、0.20℃、0.20℃和0.33℃，其中环渤海经济区、长江经济带和华南经济圈均在2014年后突破了各自最暖年的年均气温记录。这几个经济区（圈、带）的降水趋势变化年际和年代际波动显著，时空差异较大。2014～2018年，这几个经济区（圈、带）最高气温超历史极值或极端阈值（发生概率≤10%的分位值）的极端高温事件频发；同时环渤海和东北经济区的区域性跨季连旱和极端特大暴雨等事件的发生频率增大，长江经济带暴雨日数偏多，华南经济区的台风影响呈加重态势，长江经济带和东北经济区在增暖的同时出现了多次大范围的极端低温事件。

1.3　气候变化的驱动力

全球和中国的温室气体浓度皆持续增大，中国气溶胶及其前体物人为排放在不同阶段和不同地区呈不同特点，碳循环和其他生物化学循环变化对中国气候变化产生了重要影响。2018年与1750年相比，全球平均CO_2浓度增大了47%，CH_4浓度增大了159%，2009～2018年两者的年平均增长量分别为2.26 ppm[①]和7.1 ppb[②]。中国瓦里关站2009～2018年CO_2和CH_4浓度年平均增长量为2.32 ppm和7.7 ppb。1984～2019年中国气溶胶

---

① ppm=10^{-6}，全书同.
② ppb=10^{-9}，全书同.

的空间分布主要特点为 PM$_{2.5}$ 浓度北方大于南方，内陆大于沿海，冬季最高，夏季最低。2006～2014 年中国华北平原和关中平原 PM$_{2.5}$ 浓度属于全国最高区域。2014～2019 年，大城市的 PM$_{2.5}$ 的年均浓度呈下降趋势（图Ⅳ），达标城市比例有所提高。温室气体和气溶胶浓度变化改变了全球辐射能量平衡，对环流、降雨、东亚季风等均有显著影响，但气溶胶的气候效应还有很大不确定性。

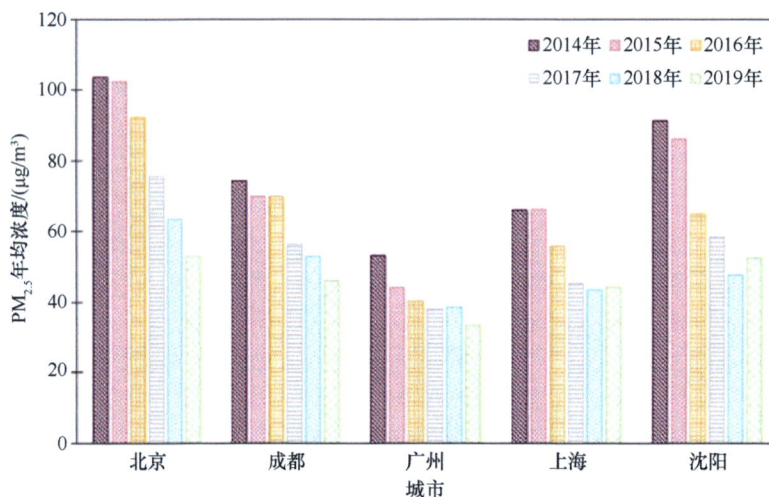

图Ⅳ 北京、成都、广州、上海和沈阳 5 个城市 PM$_{2.5}$ 年均变化趋势

土地覆盖、海洋及其生态系统变化对大气温室气体变化起重要调节作用，并通过生物地球化学循环的大尺度变化对东亚气候产生显著影响。1980 年以来，中国是世界上土地覆盖变化最为剧烈的区域，陆地生态系统固碳量增加。中国近海整体可能是大气 CO$_2$ 汇。中国土地覆盖变化总体上是城市建设用地面积不断扩张，森林面积有所增加，而草地面积持续减少，但不同时期和不同区域有较明显的差异。2010～2015 年中国陆地生态系统总碳储量为（79.24±2.42）Pg C，其中森林碳储量最大，占总碳储量的 38.9%。中国陆地生态系统固碳量的增加得益于气候变化以及国家森林和农业管理措施的共同作用。中国陆地生态系统是显著的碳汇，且其碳汇效应呈增大趋势，在全球碳循环中起重要作用。因地制宜实施的大规模生态恢复工程对改善生态环境和减缓气候变化带来了积极影响。中国近海不同区域由于受到不同陆源和开放海洋的碳和营养盐输入和交换的影响，具有不同的碳源、碳汇特征。就年平均而言，东海是大气 CO$_2$ 汇，南海是大气 CO$_2$ 源。中国近海整体是大气 CO$_2$ 汇，每年从大气中吸收的 CO$_2$ 折合为碳约 1080 万 t。

1960 年以来，中国的平均气温以及极端温度强度、频率和持续时间的变化都显示出人类活动的显著影响。1961 年以来，中国的平均气温以及极端温度强度、频率和持续时间的变化很可能受到了人类活动的影响。对 1961 年以来观测到的中国平均气温的升高，CO$_2$ 等全球温室气体排放的贡献约达 85%。在中国西部，包括温室气体、气溶胶排放以及土地利用变化在内的人类活动很可能是地表气温升高的主要原因。人类活动很可能使得中国极端高温频率、强度和持续时间增加，极端低温频率、强度和持续时间减少，使得夏日日数和热夜日数增加，霜冻日数和冰冻日数①减少。人类活动很可能增大了中国高温热浪的发生概

---

① 夏日日数：一年日最高气温>25℃的日数；热夜日数：一年日最低气温>20℃的日数；霜冻日数：一年日最低气温<0℃的日数；冰冻日数：一年日最高气温<0℃的日数.

率，同时可能减小了低温寒潮的发生概率。具有中等信度的是，人类活动对 1950 年以来中国东部弱降水减少和强降水增加产生了影响，但是对东亚夏季风减弱造成"南涝北旱"降水格局的影响仍然是低信度。人类活动对中国干旱的影响也为低信度。中国区域年到年代际气温和降水的变化受到了如厄尔尼诺-南方涛动（ENSO）、太平洋年代际振荡（PDO）等自然变率的影响。

影响中国海平面变化的主要因素为海水密度和质量改变，陆面垂直运动和冰川均衡调整也有贡献。其中，海水密度改变（比容海平面变化）对中国近海海平面变化的影响最显著，贡献可达 50%～80%。全球海平面上升的主要贡献来自海水热膨胀和陆地冰川冰盖融化，20 世纪以来，全球海平面上升中至少有 45%～50%可归因于人为气候变化的影响。此外，中国海平面年际和年代际变化主要受局地因素和大尺度环流的影响，包括比容效应和风、黑潮、淡水通量等海洋与大气动力过程调整，并与 ENSO、PDO 密切相关。

1.4 未来气候变化预估

未来中国气候变化整体上呈变暖变湿趋势，但不同区域存在较大的差异。中国区域平均气候变化幅度大于全球平均。与 1986～2005 年相比，在 RCP2.6/RCP4.5/RCP8.5 三种情景[①]下，到 21 世纪前期（2021～2040 年）、中期（2041～2060 年）和末期（2081～2100 年），中国年平均气温将分别上升约 1.0℃/1.0℃/1.2℃、1.5℃/2.1℃/2.8℃ 和 1.4℃/2.6℃/5.1℃，升温显著区域主要在青藏高原和中国东北地区（图Ⅴ）。中国的年平均降水在三种排放情景下三个时期将分别增加约 3%/2%/2%、5%/6%/7% 和 5%/9%/13%，平均降水变化的空间结构表现为北方相对变湿，而南方相对变干，青藏高原区域变湿更为明显。大多数模式对中国降水变化的模拟能力普遍偏弱。

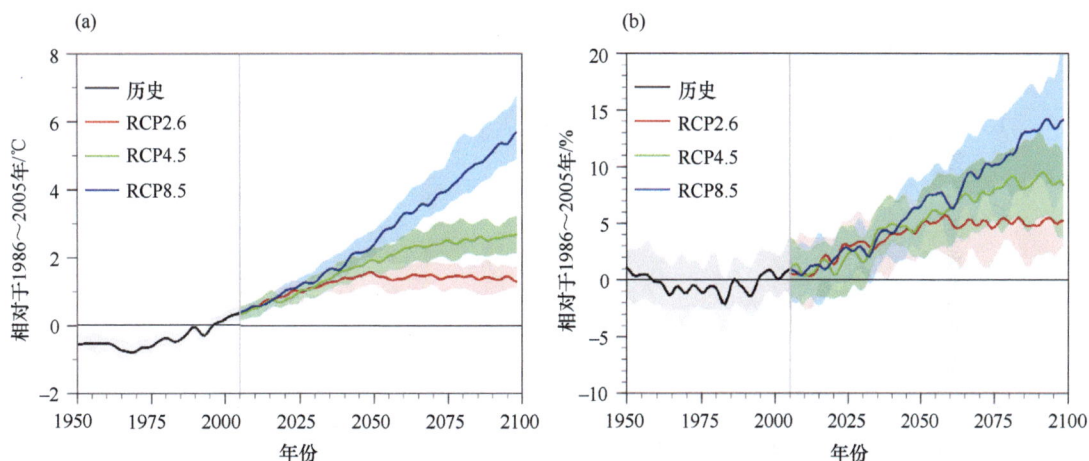

图Ⅴ　RCP2.6/RCP4.5/RCP8.5 情景下，21 世纪中国平均温度（a）和降水（b）变化
（相对于 1986～2005 年）

---

① RCP 表示典型浓度路径，这些情景是用相对于 1750 年的 2100 年的近似总辐射强迫来表示的，在 RCP 2.6 情景下为 2.6W/m²，是较低强迫水平的减缓情景，到 2100 年 CO_2 浓度大约为 421 ppm，有 2/3 可能性在 21 世纪末全球温升与工业化前相比控制在 2℃以内；在 RCP 4.5 情景下为 4.5 W/m²，是中等稳定化情景，到 2100 年 CO_2 浓度大约为 538 ppm，是大约按照目前国家自主贡献外推的可能结果；在 RCP 8.5 情景下为 8.5 W/m²，是温室气体排放非常高的情景，到 2100 年 CO_2 浓度大约为 936ppm，相当于全球不采取任何应对气候变化政策措施.

　　中国区域对全球增温的响应，极端气候要强于平均气候，极端最低温度增幅大于极端最高温度，降水更趋于极端化。与 1986～2005 年相比，在 RCP2.6/RCP4.5/ RCP8.5 温室气体排放情景下，21 世纪前期中国区域平均极端最高温度升高 1～1.2℃，中期升高 1.7～2.8℃，末期升高 1.7～5.3℃，其中华东和新疆西部盆地增幅最大。未来平均极端最低温度在东北、西北北部和西南南部的升高幅度最大。三种温室气体排放情景下，未来中国区域平均高温热浪发生天数在 21 世纪前期、中期和后期将分别增加 4～6 天、7～15 天和 7～31 天。中国平均极端降水在 2016～2035 年将从目前的 50 年一遇变为 20 年一遇，到 21 世纪末在 RCP2.6、RCP4.5 和 RCP8.5 三种温室气体排放情景下将分别变为 17 年一遇、13 年一遇和 7 年一遇。极端干旱事件在中国北方将减少，南方将增加。

　　未来东亚夏季风和南亚夏季风强度呈现不同趋势，东亚冬季风变化存在显著区域差异。未来百年，东亚夏季风环流增强、降水增加，极端降水强度和频率的增大更为显著。南亚夏季风环流有所减弱，但其导致的降水有所增加。东亚冬季风整体上没有明显变化，但存在显著的区域差异，25°N 以北冬季风减弱，25°N 以南冬季风增强。

　　未来中国近海海表温度和海平面将继续上升，但具有显著的空间差异，同时海平面变化会引起中国沿海风暴潮、潮汐特征和极值水位的明显变化。在人类持续排放温室气体情景下，中国近海海表温度将继续上升，且渤海、黄海和东海的升温幅度尤为明显。相对于 1986～2005 年平均海平面，在 RCP4.5 情景下，到 2100 年东海海平面将上升 33～84 cm，南海海平面将上升 34～79 cm；在 RCP8.5 情景下，到 2100 年东海海平面将上升 47～122 cm，南海海平面将上升 49～109 cm（图Ⅵ）。未来中国近海盐度、环流、强台风和海洋热浪的变化，尤其是海洋的碳源汇、酸化和溶解氧的观测和相关研究仍需加强。

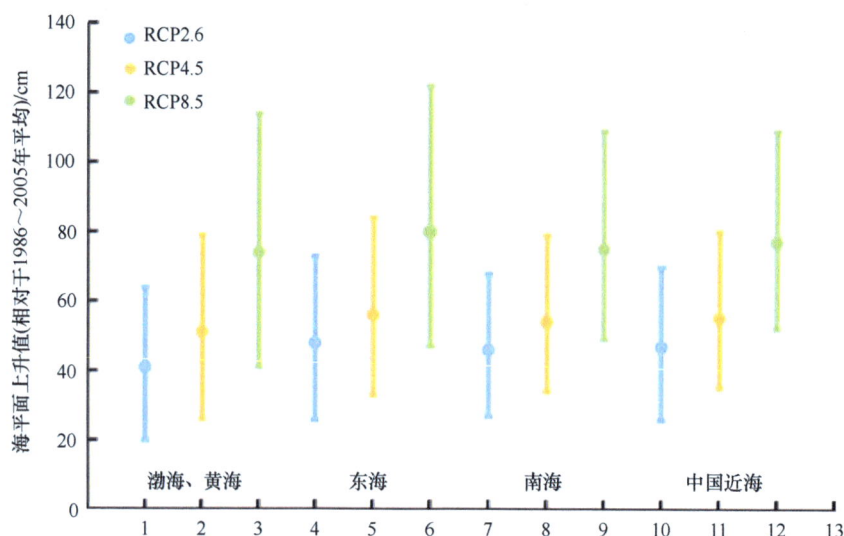

图Ⅵ　中国各海区 2100 年海平面变化预估（相对于 1986～2005 年平均海平面）

　　即使全球可能实现碳中和目标，中国未来气候系统变暖的趋势仍将持续。即使目前全球已经提出碳中和目标国家的承诺全部兑现，未来气候系统的变化基本处于 RCP2.6 和 RCP4.5 情景下的幅度间，中国气候变化在平均温度、降水上仍将变暖变湿，高温热浪和强降水等极端事件频发，冰川融化、冻土退化、近海海温升高以及海平面上升等态势还将持续。但不同区域的变化程度将有所差异。

2 气候变化的影响、风险与适应

气候变暖在改变区域水热资源分配的同时，对农业、水资源、海洋与海岸带、人体健康等相关敏感领域和区域产生了十分明显的影响，影响显示为正和负两个方面，总体表现仍为"弊大于利"。未来气候变化将进一步加剧每个领域和区域的风险，特别是农牧交错带和黄土高原风险较为突出，同时气候变化将对青藏铁路、南水北调等重大工程产生不利影响。气候变化将对我国社会经济发展和生态文明建设产生广泛的影响。我国在适应气候变化领域的战略研究和实践上有了长足的进步，提出了有序适应气候变化的理念并设计了实施路线图，但是在综合风险和适应领域的研究整体上还比较薄弱，目前的研究仍无法有效支撑气候变化应对工作。

2.1 自然系统的影响、风险与适应

观测显示气候变化使中国西部降水增加，部分河流径流增多，在一定程度上改善生态，缓解水资源供需矛盾；但黄河流域上游蒸散发量增加，使中下游径流量减少。20世纪80年代以来，我国天山、祁连山、阿尔泰山、昆仑山和三江源等地区冰川融化出现不同程度的加速。未来西部径流可能继续增多，在径流拐点出现之前，气候变化可在一定程度上缓解水资源压力，强化生态保护是我国西部地区适应气候变化的重点。1956~2018年，虽然黄河上游降水量有所增加，多年冻土也在退化，但潜在蒸散发能力加强，对中下游及其以北河流的补给并未增加，中下游实测年径流量均呈现显著性减少趋势。未来气候变化使中国黄河、海河、辽河水资源锐减，加大了水资源压力；长江、珠江等南方河流洪水风险增大，未来中国水旱灾害可能更为严重。在RCP8.5情景下，中国大部分地区的干旱危害将更为严重。在RCP4.5情景下，21世纪末中国北方、东北和南方的严重干旱概率将增大25%以上；旱灾成为最主要的农业气象灾害，平均每年的受灾面积高达2200万 hm^2。未来气候变化影响下中国水资源量可能正常偏小，但极端暴雨、洪涝、干旱事件可能增多、增强，淮河、长江和珠江洪水风险增大；未来气候变化下中国区域洪旱灾害风险可能进一步增大。加强节水型社会建设和骨干水利工程建设是我国东部季风区应对气候变化的核心内容。区域洪旱灾害风险可能进一步增大。加强节水型社会建设和骨干水利工程建设是水资源领域适应气候变化的主要策略。

研究显示气候变化使中国海平面上升，加剧了海岸侵蚀、海水（咸潮）入侵的影响和土壤盐渍化；台风-风暴增水叠加高海平面造成严重洪涝灾害。20世纪90年代以来，中国海岸线约22%发生侵蚀，黄河三角洲岸线向陆地后退较明显。渤海滨海平原海水入侵较为严重。2008~2017年长江口发生咸潮入侵次数增加，而珠江口咸潮入侵持续时间呈上升趋势；台风期间，风暴增水叠加高海平面和天文大潮，形成灾害性的高潮位，造成沿海地区严重的洪涝灾害，如2013年强台风"菲特"造成浙江省余姚市70%地区被淹，内涝数日。未来中国海平面将继续上升，沿海多地当前百年一遇极值水位的重现期将显著缩短，灾害风险将加重。在未来气候情景下我国海平面继续上升，并且登陆的强台风数量可能更多，强度更强，登陆位置向北迁移。中国沿海低海拔地区将面临更严重的灾害风险。沿海的海岸侵蚀、海水（咸

潮）入侵和土壤盐渍化加重；沿海许多地区，如长江口吕泗验潮站、上海吴淞验潮站和福建省厦门海域验潮站当前百年一遇极值水位到 21 世纪末将变为几年一遇和低于一年一遇；山东半岛沿海目前百年一遇风暴潮，到 2050 年将逐渐变为 11 年一遇，到 2100 年则为两年一遇（RCP8.5），沿海地区可能面临更多、更严重的洪涝灾害风险。主要适应策略是，增进观测调查资料的共享，加强沿海气候灾害风险规划评估，适应气候变化。在沿海地区发展规划和重大工程建设中，加强重大气候灾害风险的评估，提高海岸工程和重大工程的设计标准；加强海岸地区极端气候致灾事件早期预警系统的建设，加高加固海岸防潮和防洪排涝工程等海岸地区"软、硬"措施的建设。

海洋变暖使得生物种类的物候特征、地理分布、组成和生命关键节点变异；近岸浮游植物赤潮、绿潮和大型水母暴发等生态灾害频发；东中国海底栖动物分布有显著变化，有小型化、低龄化，以及多样性和丰富度降低等现象；海洋热浪（极端高海温）频繁发生严重影响海洋生态系统和海水养殖业。海洋变暖引起中国近海海洋地理等温线北移，物候发生了明显改变。其中，东中国海和南海的春季和秋季分别提前到来，秋季延迟结束。1959 年以来个体较小、生长周期较短的多毛类动物取代个体较大、生长周期较长的棘皮动物，成为长江口冲淡水区最重要的优势类群，大型底栖生物多样性和丰富度整体上呈下降趋势。20 世纪 70 年代末以来，中国近岸赤潮的发生呈现年代际增加的现象。黄海浒苔绿潮自 2007 年暴发以来，已连续十多年发生。2018 年夏季，海洋热浪造成辽宁沿海的海参养殖业大面积受灾和严重的经济损失。RCP8.5 情景下，到 21 世纪末，我国近海将大幅升温，海洋生态系统和渔业资源将受到海洋变暖更大的负面影响，生态系统服务功能面临进一步下降的风险。相对于 1980～2005 年，2090～2099 年东中国海和南海升温将分别超过 3.24℃、2.92℃，成为全球海洋升温幅度最高的海区之一；极端高海温、海洋热浪将趋于频繁。近岸海域发生的赤潮、绿潮和大型水母暴发性增殖等生态灾害可能加剧，珊瑚礁等典型生态系统和河口湿地生境将持续退化，渔业资源将进一步衰退，海洋和海岸带生态系统服务功能将继续弱化。主要适应策略是，加强海洋和海岸带生态保护机制建设，增强海洋和海岸带生态系统的韧性恢复力。加强"陆海统筹"，严控围填海规模、污染物排海和过度捕捞，降低近岸海域富营养化，降低生态灾害的发生频次，提高海洋生态系统的健康；加强海洋保护区和相关机制的建设，依据海洋和海岸带物候的变化，采取动态的保护区和休渔时间；基于自然的解决方案和采取"自然恢复为主，人工干预为辅"的原则，修复受损的暖水珊瑚礁和红树林等典型海岸带生态系统。

研究显示气候变化对陆地生态系统正负效应兼有，森林地理分布北移、生产力增加，植物物候开始期提前、结束期推后，湿地面积增大；但北方林（boreal forest）等面积减小，内蒙古草原生产力下降，草原脆弱性上升。中国中东部地区 80%的物种平均北移约 3.37°，西北地区主要木本植物树种呈西移趋势；中国南方阔叶林、针叶林的总地上生物量以及东北地区生物量均呈显著增加趋势。青藏高原湿地面积显著增加。春季物候期在东北地区针叶林以 2 d/10a 的速率显著提前；秋季物候在温带落叶阔叶林平均推迟 2.5 d/10a。草本植物返青期以提前为主，黄枯期变化趋势不明显，物种间和站点间的变化趋势差异很大。但北方林分布面积大幅减小，大兴安岭地区湿地面积呈减小趋势；华北和东北辽河流域向草原化发展，西部荒漠和草原略有退缩；青藏高原高寒草地分布面积缩小并向高海拔地区移动；华北地区湿地面积减小且部分向草地和耕地转变，湿地核心区呈北移趋势。内蒙古草原植被生产力在典型草原和荒漠草原呈下降趋势；高寒冻土随气温上升逐步退化，其中多年冻土的活动层深度呈增加趋势。未来气候变化使森林格局有所变化，暖干化对森林、草原、荒漠和湿地的风险突出。热带雨林树种适宜分布区将增加 2 倍以上；亚热带常绿树种适宜分布区减小；北方落叶针叶树种适宜分布南界北移，分布面积减小；东北地区针阔叶树种的分布区北移。未来不同气候变化情景的风险并不相同。北方农牧交错带核心区的风险与未来气候情景密切相关，风险范围随全球温升的增加而扩展，风险面积从近期的 98.57×10^4 km^2 扩大到远期的 165.72×10^4 km^2，均以低风险为主。未来气候变暖不利于成熟林固碳，气温增幅较大的东北和东南林区，特别是长白山林区，森林植被和土壤固碳速率将大幅降低。内蒙古草原东部的气候暖干化有使森林被草甸草原替代的趋势，而西部的气候暖湿化有使温性草原向荒漠带扩张的趋势；青藏高寒区冻原高山草地面积比从 60.40% 减少至 36.75%。气候变化导致东北地区沼泽湿地面积呈明显减少趋势，且分布区呈由东向西迁移、南北向中心收缩的趋势；青藏高原湿地总面积呈减少趋势。

观测到在气候变化下某些野生动物与濒危物种适生区域增加，但总体负面效应较大。气候变化导致许多动植物的物候提前或改变。气候变暖导致全球大部分观测到的两栖动物种群的繁殖物候呈提前趋势；亚洲象和亚洲多种犀牛适宜生存区向北方拓展，适宜生存面积增加；大熊猫目前适宜分布范围缩小；丹顶鹤的繁殖适生区不断缩减；棉铃虫越冬代成虫持续时间和数量增加，且其蛹的羽化时间提前；生物多样性热点地区的入侵风险增大明显。温度升高导致中国县级 252 种重点保护脊椎动物物种的损失呈增加趋势，降水增加将减少鸟类物种的损失，特别是在物种丰富和高生物多样性地区影响更为显著。未来气候变化野生动物与濒危物种适生面积减少濒危程度不断加剧。国家一级保护动物细嘴松鸡在 20 世纪 70 年代的适宜分布区面积为 17.02 万 km^2，RCP4.5 情景下 2050 年的适宜分布区面积为 12.02 万 km^2，2070 年的适宜分布区面积进一步缩小，面积仅为 9.43 万 km^2。在 RCP8.5 情景下，大熊猫适宜生境在 2050 年减少 25.7%，在 2070 年减少 37.2%。濒危物种有 233 种脊椎动物面临灭绝。

陆地生态系统对气候变化的自然适应因地而异。自然生态系统在未来不同气候变化情景下的适应性并不相同。中国西北地区的植被覆盖可能有所提高；发生潜在变化的植被中约 79% 可以适应未来的气候，但青藏高原南部、内蒙古地区和西北部分地区的草地生态系统对未来气候的适应性较差，有退化倾向。

2.2　人类管理系统的影响、风险与适应

研究显示气候变化使农业热量资源增加，作物适宜生长季延长，多熟制种植面积扩大。气候变化使日平均气温稳定通过 0℃和 10℃的持续日数增加，作物有效积温提高，无霜期日数增多，作物适宜生长季延长。与 1950～1980 年相比，1981～2010 年我国一年一熟气候地区面积缩小 0.5%，而一年三熟温度适合种植区面积扩大 2.8%。未来土壤微生物种类增多，农业熟制增加，作物种植热量界线北移西扩，农业多熟制温度适宜区增加，作物种植种类多样化。气候变化使气象灾害风险增加，未来农田生产环境退化，粮食增产幅度减低。气候变化使农业病虫害加重，农田生产环境退化，气象灾害趋强，灌溉水供需矛盾尖锐。在全球升温 1.5℃和 2.0℃情景下，中国玉米平均减产幅度约为 3.7% 和 11.5%。气候变化降低作物蛋白质和微量元素含量，作物营养品质下降。主要适应措施是科学利用气候资源，推广适应和减缓协同技术，提升气候风险抵御能力。科学利用农业气候资源，优化作物结构与品种布局，提高气候和耕地资源利用效率；加强作物种质资源开发与抗逆品种选育，推广低碳水肥管理模式，发展作物适应与减排协同的农业技术体系；加强农田水利设施与生态环境建设，提高

病虫害防治能力,推进农田健康良性可持续发展;提升农业气象灾害预警预报能力,优化灌溉管理系统建设,提高农业抗御气候风险能力。

中国的城市化效应是全球气候变化研究关注的重点问题,也是影响气候变化的一个重要因素。20 世纪 80 年代以来,我国许多地区经历了快速和大规模的城市化,影响到能量收支,导致城市地表气温不断升高。在城市尺度上,研究认为城市热岛效应对局地气候变暖的贡献较明显。对于特大城市,估计的热岛效应影响为 0.05~0.11℃/10a(20 世纪 50 年代以来)和 0.20~0.30℃/10a(20 世纪 80 年代以来);对于中小城市,估计的热岛效应影响为 0.01~0.05℃/10a(20 世纪 50 年代以来)和 0.05~0.2℃/10a(20 世纪 80 年代以来)。在国家及全球尺度上,研究认为城市热岛效应对气候变暖的贡献仍具有一定不确定性。在全球尺度上,根据当前 3 个全球代表性平均气温序列(GISS,HadCRUT3,NCDC),已采用各种方法对热岛效应产生的影响进行了处理,这 3 个序列均显示城市热岛效应对全球变暖的影响可以忽略不计。

气候变化主要影响工业一次能源需求和对电力用能的需求两个方面;未来局部地区可再生能源生产潜力将不断提升,但区域性差别明显;建筑采暖需求均呈现降低趋势,而制冷需求增加。气候变化对于电力设备的选择和电力部门的决策产生了重大影响;中国风能资源禀赋 2020~2030 年在 RCP4.5 和 RCP8.5 情景下呈现减小趋势;中国西北地区各季节的太阳能资源在 RCP8.5 情景下增加幅度最为明显。未来极端气候事件对于能源系统的不利风险将不断增大,电力系统面临的气候变化脆弱性较高。上海、合肥、武汉、宁波、南昌、长沙和深圳等城市总体状态,在 RCP8.5 情景下耗电量达现状的 4.0 倍。低碳技术和清洁能源技术、智慧能源技术、可再生能源和新能源技术、高效节能技术、能源的输送和调配是能源系统适应气候变化的主要技术措施。

天气气候通过局地和区域影响大气污染物排放的自然来源和污染物浓度;城市热浪改变舒适度影响宜居性。我国中东部大部分地区年霾日数在 5~30 天;冬半年平均霾日数呈显著增加趋势(1.7 d/10a),其中 20 世纪 70 年代初和 21 世纪初发生了明显均值突变,近年来霾日数开始呈下降趋势;近地面华东、华南、华北地区 O_3 污染较为严重。温度升高增加了寒冷地区气候舒适时间,延长了居民出游适宜时期;但对冰雪风景旅游资源有负面影响;极端天气气候事件对旅游业影响显著。青藏高原的热天数在累计增加,而冷天数在不断减少,尤其在海拔相对较低的地区,其中西宁、拉萨和玉树是热舒适提升的城市,青海省 6~8 月是最适宜前往的旅游期。但同时,近 20 年来(1993~2004 年)气候变暖致使海螺沟长草坪大冰瀑布上出现了 4 个"天窗",许多著名景观消退乃至消失,冰川景观观赏价值明显降低。2008 年受雪灾的影响,我国各省(区)入境旅游客流量影响损失率最大,达到了 4.98%。其中,贵州、江西、湖南、广西旅游损失率较大,损失率为 1.48%~4.98%。

气候变化通过其引发的温度、湿度、气压等气象因素变化,间接地影响了自然环境中传染病的病原体、宿主和传播媒介,也影响了人体呼吸系统、免疫系统、循环系统和消化系统等,从而造成间接性健康损害。气候变化增大了我国血吸虫病、疟疾和登革热等虫媒传染病、细菌性痢疾和霍乱等肠道传染病以及呼吸道传染病的潜在发病风险,扩大了媒介传播范围,延长了媒介寿命,增大了病原体在媒介体内的生长发育速度。气候变暖及其导致的极端天气气候事件也会对人体造成伤害,并引发心理精神疾病。未来气候变化将加重人群健康风险。如果 2030 年和 2050 年我国平均气温将分别上升 1.7℃和 2.2℃,血吸虫病流行区将明显北移,潜在流行区面积将达全国总面积的 8%,受血吸虫病威胁的人口将增加 2100 万。预估 2031~2050 年我国有效疟疾分布范围有向北和向西扩展的趋势,疟原虫繁殖代数有明显增加趋势,传疟时间有延长趋势。在 RCP8.5 情景下，2020 年、2030 年、2050 年和 2100 年细菌性痢疾的健康生命损失年（YLDs）分别增加 20%、24%、28%和 36%。

九项重大工程的评估显示，气候变化对工程运营产生了显著的影响，在评估到的工程中，对生态建设类工程具有一定的正面影响；对水利工程、青藏铁路和海洋工程负面影响大。气候变化促进三北防护林地区和京津风沙源区植被恢复与生长；在全球变暖的大背景下，多年冻土的空间变异和热扰动将会给路基工程的稳定性带来极大危害，对铁路系统产生直接影响。另外，气候湿化引发的地表水、地下水变化使青藏铁路大多都存在路基透水的情况。未来气候将对重大工程运营有明显的风险。变暖有利于三江源草地生态恢复，但同时也将导致局部荒漠面积持续扩大。极端天气事件将引发超标洪水产生，威胁三峡工程，未来华北平原河流径流量减少将加剧南水北调供水压力。在气候变暖和工程活动双重影响下，高温冻土面积将不断增加，冻土地基稳定性变化引发的工程稳定性下降风险将日趋显著。CO_2 等温室气体含量增高而带来的逐年加剧的海水酸化问题使得海水腐蚀性进一步增强，也进一步加速了核电站冷却系统的腐蚀，缩短了核电站的服役寿命及设备维护周期。一系列适应技术措施研发将应用到重大工程的运用中。中国气象局 2008 年发布《气候可行性论证管理办法》，多个项目得到论证，减灾效益显著；还与有关部门合作，根据气候变化调整修订基础设施设计、工程建设、运行调度和养护维修的技术标准。青藏铁路的设计思想应由"被动保温"转向"主动降温"，采用"冷却地基"的方法确保路基稳定。研究关于降水特征与水害、地质灾害时空分布特征与气象条件及铁路地质灾害与气象等方面的预警模型，突破关键适应技术，有效保障青藏铁路、西气东输、南水北调等一系列重大工程的实施与安全运行。

干旱、高温热浪、洪涝极端事件（气候灾害）危险性高、影响范围广，中国的人口、社会经济的脆弱性高，其风险随升温逐渐增大。极端事件使中国区域未来气温不断升高，极端事件的发生强度和频率随之改变。在 RCP8.5 情景下，重度干旱、高温热浪、洪涝事件危险性增高。人口承险体主要受到高温热浪和洪涝事件的影响，温升 2.0℃时，高风险区面积占全国的 27%以上。经济承险体主要受到干旱和洪涝事件的影响，温升 2.0℃时，高风险区面积约占全国的 16%。全球增温 2.0℃与 1.5℃相比，中国重度干旱和洪水经济损失将可能增加近 1 倍（表Ⅰ）。

表Ⅰ　RCP8.5 情景下全球变暖 1.5℃和 2.0℃中国重度极端事件风险

风险	目前	1.5℃	2.0℃
干旱经济损失/亿美元	74.8	172.0	296.7
洪涝经济损失/亿美元	122.0	330.3	659.9
热浪影响人口/百万人	255.7	404.6	660.0
洪涝影响人口/百万人	9.13	11.21	13.20

2.3　区域影响与风险

气候变化将有利于青藏高原和喀斯特地区生态恢复，但自然灾害影响明显，农业生产受损。过去 30 年青藏高原物候总体返青提前，高寒植被生长季显著延长，植被净初级生产力总量增加了 8.1%～20%，增加的面积达 32%以上；喀斯特地区，植被覆盖度呈上升趋势。青藏高原灾害风险增强、冻土退化、冰川和积雪减少、沙漠化面积扩大。喀斯特旱涝与水土流失风险突出，西南喀斯特区春旱自西向东递减，其中桂西石漠化区大部分春旱频率在 70%以上。北方农牧交错带，粮食生产潜力降低，1990～2010 年，气候变化致使北方农牧交错带粮食生产潜力减产 1105 万 t；未来减产趋势进一步加强。未来北方农牧交错带和黄土高原农业生产风险增大，同时加剧贫困人口面临的各种风险，恶化生计和贫困问题。气候变化导致黄土高原大部分河流的径流减少和输沙量的下降；30%的河流径流量减少是由气候变化引起，气候变化导致的输沙量下降占黄土高原输沙量减少总量的 29%～36%；植被有所恢复，水土流失减少，喜温作物种植面积增大和气候生产潜力增大。针对气候变化引起或加剧的生态脆弱与贫困问题，在全面分析当地气候变化特征与社会经济问题的基础上，制定趋利避害的政策措施，充分利用特色气候资源发展特色农产品，制定与实施规避气候风险的精准扶贫对策。对于基本丧失生存条件的气候贫困地区则采取易地搬迁和多渠道拓宽生计的适应对策。

气候变化对中国区域的影响弊大于利，进一步变暖将主要产生负面影响，加剧区域面临的风险（图Ⅶ）。华北地区高风险领域是水资源和农业；东北地区高风险领域是水资源、农业和人体健康；华中地区高风险领域是水资源、生态系统、旅游业、居住和人体健康；华东地区高风险领域是运输业和能源；华南地区高风险领域是运输业、能源、居住和人体健康；西北地区高风险领域是水资源、生态系统、旅游业和能源；西南地区高风险领域是农业、旅游业和运输业。

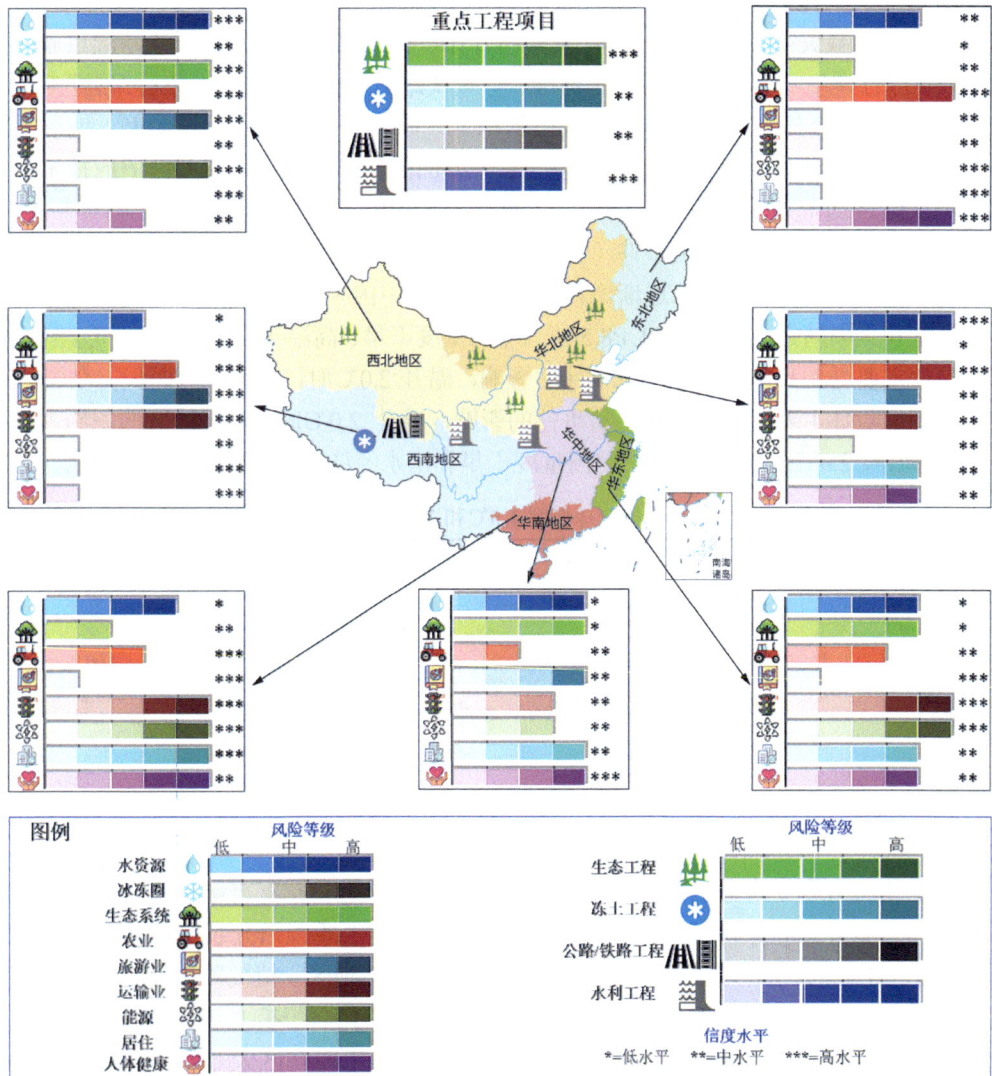

图Ⅶ 中国不同区域气候变化风险

气候变化致使极端事件增加，将对社会经济产生更多的灾害风险，中国东部发达地区将承受更高的灾害风险（图Ⅷ）。东北、华中、青藏高原地区显著增暖；青藏高原南部、西南、华南显著增雨，华中显著减雨。东部的东北到华南是极端降雨的高危险区；中部从华北到华南，以及西北部是高温热浪的高危险区；华北、黄土高原、青藏高原东部，以及西北和西南地区是干旱的高危险地区。东部为人口、经济高风险区域；西南、华南，黄土高原，农牧交错带，松嫩平原为自然生态系统的高风险区域；华南、西南，长江中下游，西北绿洲是粮食生产的高风险区域。

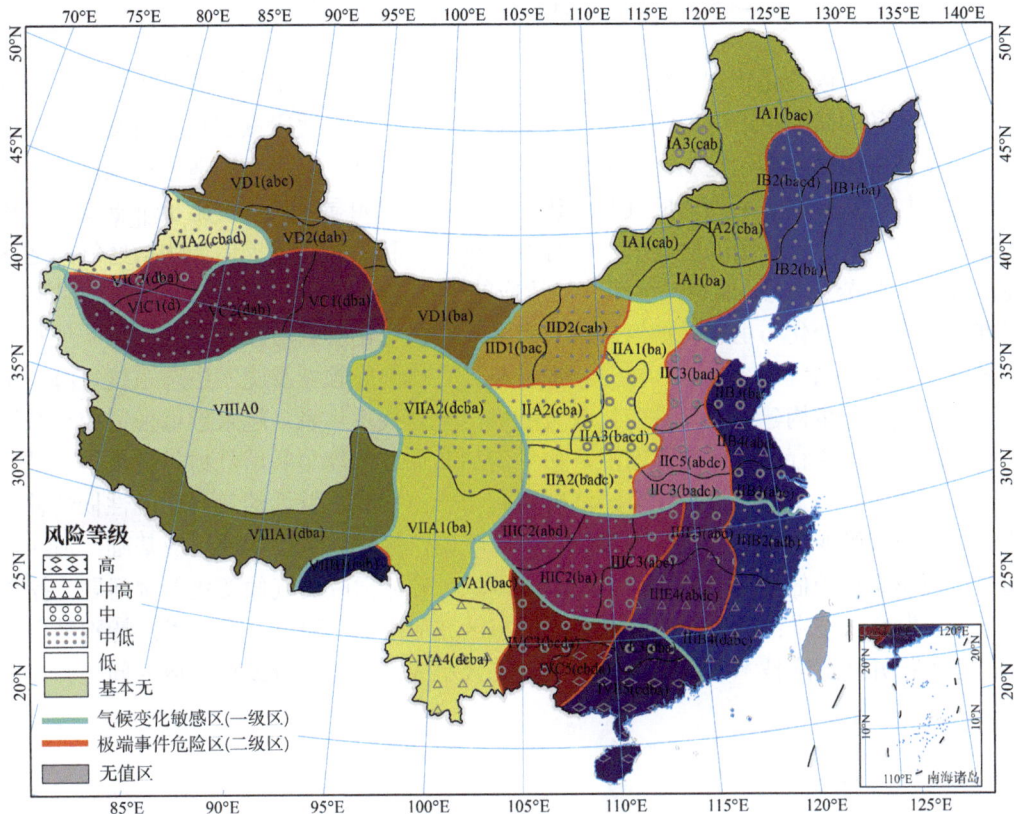

气候变化综合风险区划

I 东北强暖增雨敏感区
IA 大小兴安岭-内蒙古高原干旱危险区
　IA1 (ba)　经济人口低风险区
　IA1 (bac)　经济人口生态低风险区
　IA1 (cab)　生态人口经济低风险区
　IA2 (cba)　生态经济人口中低风险区
　IA3 (cab)　生态人口经济中低风险区
IB 松辽平原-长白山山地洪涝危险区
　IB1 (ba)　经济人口低风险区
　IB2 (ba)　经济人口中低风险区
　IB2 (bacd)　经济人口生态粮食中低风险区
II 华北弱暖增雨敏感区
IIA 黄土高原干旱危险区
　IIA1 (ba)　经济人口低风险区
　IIA2 (badc)　经济人口粮食生态中低风险区
　IIA2 (cba)　生态经济人口中低风险区
　IIA3 (bacd)　经济人口生态粮食中低风险区
IIB 华东沿海洪涝危险区
　IIB3 (aba)　人口经济生态中风险区
　IIB3 (ba)　经济人口中风险区
　IIB4 (abdc)　人口经济粮食生态中高风险区
IIC 华北平原热浪危险区
　IIC3 (bad)　经济人口粮食生态中风险区
　IIC3 (badc)　经济人口粮食生态中风险区
　IIC5 (abdc)　人口经济粮食生态高风险区
IID 鄂尔多斯高原旱热危险区
　IID1 (bac)　经济人口生态低风险区
　IID2 (cab)　生态人口经济中低风险区

III 华东-华中强减雨敏感区
IIIB 东南沿海洪涝危险区
　IIIB2 (adb)　人口粮食经济中低风险区
　IIIB4 (dabc)　粮食人口经济生态中高风险区
IIIC 四川盆地-鄂黔山地热浪危险区
　IIIC2 (abd)　人口经济粮食中低风险区
　IIIC2 (ba)　经济人口中低风险区
　IIIC3 (dbc)　人口经济粮食中风险区
IIIE 长江中下游湿热危险区
　IIIE3 (dba)　人口经济生态中风险区
　IIIE4 (abic)　人口经济粮食生态中高风险区
IV 华南-西南弱暖增雨敏感区
IVA 滇西-滇中干旱危险区
　IVA1 (bac)　经济人口生态低风险区
　IVA4 (dcba)　粮食生态经济人口中高风险区
IVC 黔滇山地热浪危险区
　IVC3 (bcda)　经济粮食人口生态中风险区
　IVC5 (cbda)　生态经济粮食人口高风险区
IVE 华南沿海湿热危险区
　IVE3 (dba)　粮食经济人口中风险区
　IVE5 (cdba)　生态粮食经济人口高风险区

V 西北强暖增雨敏感区
VC 东塔里木盆地热浪危险区
　VC1 (dba)　粮食经济人口低风险区
　VC2 (dab)　粮食人口经济中低风险区
VD 新甘蒙-淮噶尔旱热危险区
　VD1 (abc)　经济人口生态低风险区
　VD1 (ba)　经济人口低风险区
　VD2 (cab)　生态人口经济中低风险区
VI 西北弱暖减雨敏感区
VIA 天山高山盆地干旱危险区
　VIA2 (cbad)　生态经济人口粮食中低风险区
VIC 西塔里木盆地热浪危险区
　VIC1 (d)　粮食低风险区
　VIC3 (dba)　粮食经济人口中风险区
VII 青藏高原弱暖增雨敏感区
VIIA 青藏高原东部干旱危险区
　VIIA1 (ba)　经济人口低风险区
　VIIA2 (dcba)　粮食生态经济人口中低风险
VIIB 东喜马拉雅南翼洪涝危险区
　VIIB1 (cab)　生态经济人口低风险区
VIII 青藏高原强暖增雨敏感区
VIIIA 青藏高原中西部干旱危险区
　VIIIA0　基本无风险区
　VIIIA1 (dba)　粮食经济人口低风险区

图Ⅷ　气候变化情景下（RCP8.5）中国综合风险格局

　　区域适应气候变化的途径是逐步实现区域智慧型经济的转型和建设气候智慧适应型社会。针对气候变化引起不同区域资源禀赋与环境容量的变化及其对经济、社会发展的影响，制定防控气候风险和发挥区域气候资源优势的适应对策，在重点领域实施一批生态适应工程，在敏感产业研发推广适应措施并构筑区域性、行业性适应技术体系，加强适应气候变化的科普与社会行动。

2.4　适应气候变化策略与技术

　　中国在适应气候变化体制、机制、法制与能力建设方面做出了不懈的努力；开始气候变化适应与碳中和的研究；适应理论与方法研究取得进展，公众适应意识和科技支撑能力不断增强；在发展中国家率先制定和实施国家适应气候变化战略，设计有序适应路线图（图Ⅸ）。在重点领域与区域开展一系列适应气候变化的行动并取得明显成效，实施了若干重大工程和示范项目。提出适应与减缓的协同措施以有效支撑碳中和的实现，提倡加快构建气候适应型社会，加快形成节约资源、保护环境和气候适应的生产方式与生活方式，强调突出协同增效，协同推动适应气候变化与生态保护修复。初步建立气候变化影响与极端事件比较系统和完整的监测预警和响应系统，在农业、林业、水资源、人体健康领域及脆弱生态系统、海岸带与城市等重点区域逐步构建适应气候变化政策法规与管理技术体系。越来越重视适应与减缓的统筹协调，实施适应行动兼顾减排增汇，如华南加高加固海堤与栽培红树林护坡护滩结合。加强适应气候变化与生态建设、社会经济转型相结合，建设可持续的气候适应性韧性社会。设计有序适应气候变化三个阶段的路线图。第一阶段，技术先导：明晰适应基础，适应已经受到的负面影响和预估可能的风险，明确不同区域、领域面临的气候变化关键问题；挖掘现有技术，研发高新技术；分析常规技术可用性与区域适用性；研发补充技术，特别是现代化的高新技术；开展适应技术示范。第二阶段，综合集成：以跨领域或跨区域的问题为导向；

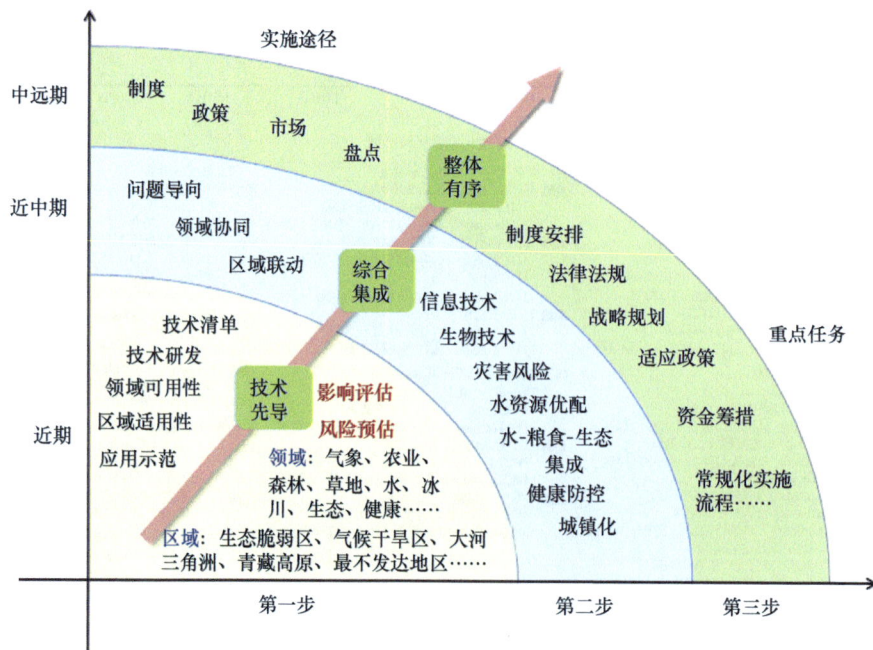

图Ⅸ　有序适应气候变化路线图

考虑资源环境-社会经济两个系统的多个领域的相关性，分析流域尺度上中下游之间、经济一体化区域等方面的联系。第三阶段，整体有序：通过有效的制度、市场、技术的协调，同时突出机制的有序性，使各个方面发挥最佳效益。但总体上适应仍是应对气候变化的薄弱环节，适应气候变化的能力和公众意识亟需大力提升，科技支撑能力尚不能满足适应工作的需求，气候风险评估与适应行动设计之间尚未实现无缝衔接；不同领域和产业部门之间、不同区域之间开展的适应气候变化工作很不平衡，适应气候变化的配套政策与保障措施尚需大力完善，需要实现体制机制的创新来有效支撑适应行动的开展。

3 减缓气候变化

2020 年中国一次能源消费量 49.8 亿 tce，二氧化碳排放量居全球首位，约占全球二氧化碳排放总量的 30%。2020 年碳强度［单位国内生产总值（GDP）二氧化碳排放］比 2005 年下降了48.4%。中国经济进入新常态以来，基本扭转了二氧化碳排放快速增长的局面。转变生产方式和消费模式，推进能源技术变革与新材料、信息化、智能化等协同创新，实现先进技术与绿色消费理念、行为模式转变等深度融合，2030 年前实现二氧化碳排放达峰，在达峰后深度减排支撑在2060 年前实现碳中和，为实现《巴黎协定》提出的全球温升控制目标作出贡献。

3.1 二氧化碳减排成效

碳减排政策体系逐步完备，为应对气候变化提出了明确目标及保障措施。2016 年中国政府设定了"十三五"期间碳强度下降 18%，2020 年非化石能源占一次能源消费总量 15% 的目标；围绕此目标，出台了具体明确的行业碳减排规划与方案；印发了鼓励可再生能源发展的政策及解决可再生能源消纳问题的考核指标；积极推进全国碳排放权交易市场建设和运行；相继推出森林碳汇和湿地等碳汇政策。

国家、地方、行业和企业各层联动，保证碳减排政策贯彻落实。国家通过减排目标的分解与考核机制将目标分解到各省（自治区、直辖市），建立了覆盖 6 省 81 市的低碳省市试点、碳排放权交易试点，并开展用能权交易试点等，引领和推动地方行动；地方通过制定相应的实施方案，积极参与"率先达峰城市联盟"行动，启动低碳智慧城市、低碳工业园区建设的具体落实行动；各行业围绕国家"十三五"控制温室气体排放工作方案，制定相应的规划和实施指南，落实本行业绿色低碳发展；形成全社会公众广泛参与的局面。

目标明确、政策保障与行动落实，有效促使我国碳减排取得显著成效。2020 年中国单位GDP 二氧化碳排放比 2005 年累计下降 48.4%，非化石能源占一次能源比重达到 15.9%；各地区均完成甚至超额完成"十二五"节能目标，各区域碳强度呈现明显下降趋势，且地区间差异显著缩小。

一些突出问题需要加以重视。产业结构优化升级有待进一步加强，并重视地区之间不平衡的问题。能源结构转型缺乏有效约束煤炭过快增长的目标管控机制，难以保障清洁能源全额上网，尚未建立鼓励清洁能源多发多用的市场机制，需要在体制机制上进一步改革。低碳技术创新还存在区域发展不均衡、企业低碳研发能力较弱、低碳技术应用领域单一等问题，需要在技术创新上进一步突破。全国碳市场建设步伐需要进一步加快，尤其是在立法、数据质量和配额分配等关键政策环节要加快推进速度，多种节能减排和环境保护政策需要加强协调，增加不同政策之间的协同效应。

3.2 新常态社会经济转型与减排

中国经济进入新常态以来，经济增速、产业结构和发展动力都呈现不同于以往的特点，基本扭转了温室气体排放快速增长的局面，有助于我国尽早实现碳排放达峰。2015年我国第三产业占比首次超过50%，2020年我国第三产业占比达到54.5%，经济结构向形态更高级、分工更优化、结构更合理的阶段演化，预计2030年第三产业占比可达到60%。2015年战略性新兴产业增加值占国内生产总值比重达到8%左右，产业创新能力和盈利能力明显提高，预计"十四五"期间计划增长至17%。经济增长从要素驱动、投资驱动转向创新驱动，这些经济发展方式的转变有利于二氧化碳减排。

国内消费潜力释放与出口政策调整使进口与出口产品的内涵排放差距逐步缩小。2018年我国净出口内涵排放约为9.9亿tCO_2，约占总排放量的10.24%。"十二五"期间我国净出口内涵排放总量与占比相比"十一五"都有所降低，"十二五"期间净出口内涵排放占总排放的比重从"十一五"的12%～20%下降到12%～15%（图X）。

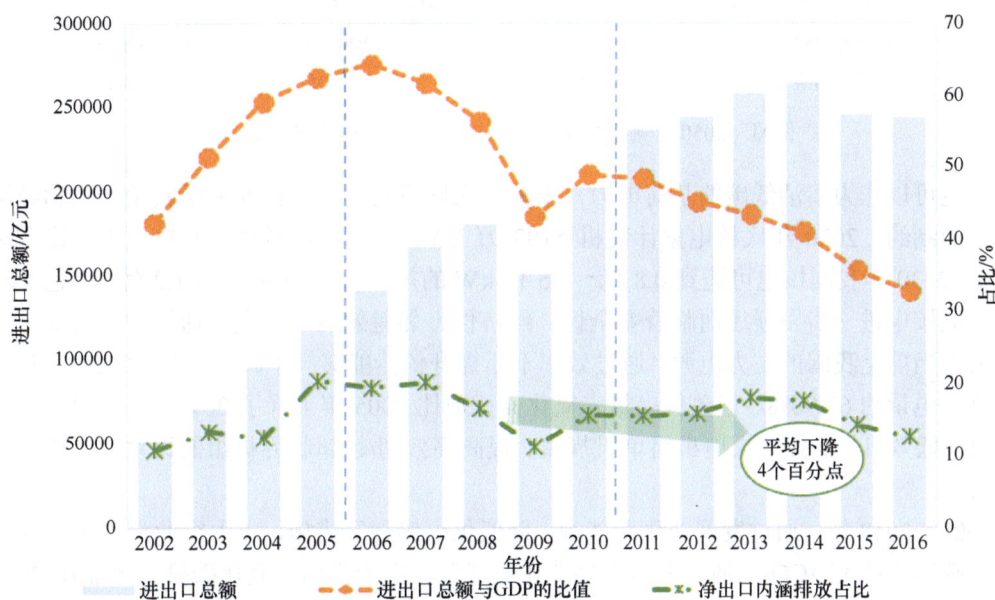

图X 我国近年进出口总额和净出口内涵排放变化

2020年新型冠状病毒肺炎疫情对我国GDP增长速度的负面影响仍会持续一段时间，尤其是对第三产业的影响不容忽视，疫情过后的经济绿色复苏受到广泛关注。疫情导致企业停工停产，正常生产生活受到较大影响，劳动力和物流受限，短期内第三产业受到的冲击最大。我国较早控制了疫情的蔓延态势，但是国际疫情控制发展的变化对我国经济的负面影响还会持续一段时间。同时服务方式和购买方式的变化刺激了第三产业新的替代行业的增长，也为未来我国实现绿色复苏指明方向。

3.3 电力部门减排

电力部门的减排潜力主要来自新能源和可再生能源技术的快速发展。可再生能源电力技术具备越来越明显的经济性和环保优势，具有最显著的减排潜力。我国以风电、光伏为代表的可再生能源发电技术近年来不断进步，成本持续快速下降。2020年我国陆上风电、光伏发电成本相比于10年前分别降低了40%和80%以上。截至2020年底，全国可再生能源发电总装机（包括水电、风电、太阳能发电以及生物质发电）容量达到9.34亿万kW，占总发电装机容量的 42.5%；可再生能源发电量达到 22154 亿 kW·h，占全国总发电量的 29.1%。预计未来光伏和风电发电成本仍将持续下降（图XI），光伏和风电将是新增装机的主要来源，推动可再生能源成为替代化石能源的主力。

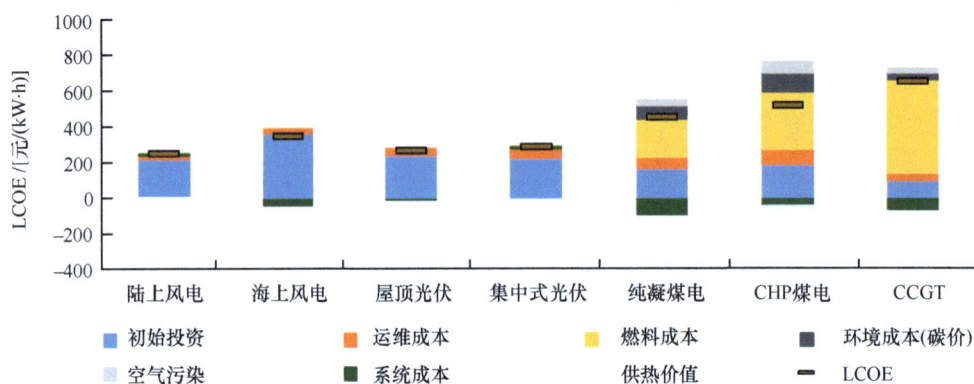

图XI　2050 年典型技术的电力平准化成本（LCOE）比较

核电可以作为清洁低碳的基荷电力，未来其大规模发展一定程度上受安全风险和经济性等方面的制约。2020 年底核电累计装机 5103 万 kW，当年发电量在总发电量中的比重达到 4.94%。2030 年我国核电可达到 0.8 亿～1.5 亿 kW 的规模，2050 年达到 1.2 亿～2 亿 kW 的规模。但核电进一步发展还面临着安全性、经济性、邻避效应、公众沟通等多重挑战。

火电当前是我国的主力电源，通过效率不断提升依然能够产生减排效果。2020 年我国火电占总发电量的 67.96%，但单位电量二氧化碳排放比 2005 年下降了 20% 左右。通过上大压小、淘汰低效机组、提高火电机组单机规模、提高高效超/超超临界机组的比重，依然存在碳减排潜力。

2006～2018 年，通过发展非化石能源、降低供电煤耗等措施，电力行业相当于累计减少二氧化碳约 137 亿 tCO_2。通过大力发展非化石能源，电力部门二氧化碳排放可能在 2025～2030 年达峰。实现碳中和目标，2050 年非化石电力发电量将需要占总发电量的 90% 左右，其中间歇性可再生能源可能将占 60%，这对系统平衡及电网灵活性提出了更高要求。高比例非化石能源以及二氧化碳捕集利用与封存(CCUS)技术（火电 CCUS 和生物质 CCUS）的应用可能将使电力系统到 2050 年实现近零排放。

3.4　终端部门减排

中国工业化进程还将持续推进，但工业用能增长放缓，工业二氧化碳排放可在 2030 年前达峰，到 2050 年实现深度减排。中国整体已步入工业化中后期发展阶段，工业产出将在较长时期不断增长，工业实体经济在国民经济中将维持较高比重。尽管 2014～2016 年工业用能出现负增长，部分传统高耗能工业能源消费出现饱和，但先进制造等新兴领域用能持续增长，在 2030 年前工业能源需求还将缓慢上升。伴随工业电气化水平持续提升，天然气、可再生能源等利用规模增大，工业能源使用二氧化碳排放可在 2030 年前达到峰值。

工业部门未来深度减排潜力主要来自工艺革新、循环经济、电气化与用能结构升级，在绿色低碳转型方面具有较大潜力。中国工业行业整体能效水平与发达国家差距显著缩小，部分行业能效已经达到世界先进水平，技术减排潜力相对收窄。发展循环经济和提高电气化水平、推广应用氢能等对未来实现工业深度减碳的作用不断增强，电力将成为工业领域主导能源品种。

中国工业体系门类齐全、独立完整，处在新一轮技术革命和产业变革前沿，实现深度减排需要进一步探索路径创新和技术创新。中国是世界第一制造大国，工业化发展梯度明显，各类节能低碳创新技术、业态和模式都有广阔的市场应用空间。与发达国家不同，中国不具备大规模转移高耗能行业的条件，需要创新工业深度减排路径。近中期，工业行业节能低碳技术发展要与污染物减排、节水等技术加强协同，中长期工业节能低碳技术发展要与材料技术、先进制造、信息化等融合创新。

交通运输需求持续刚性增长，绿色低碳交通工具和出行方式比重不断提升，交通运输二氧化碳排放可于2030年左右达峰，到2050年实现显著降低。伴随经济社会发展和人民出行需求增长，交通运输成为全社会能源需求增长的重要来源。交通基础设施由"总量不足"向"结构优化"加快升级，高速铁路、新能源汽车等加快发展，绿色低碳加快成为综合交通运输体系的特征，高效化、电气化、智能化水平不断提升。

近中期电动汽车整体减排贡献有限，交通运输减排潜力主要来自运输结构优化、鼓励绿色出行、加快淘汰老旧车船、提升车船燃油经济性、发展智能交通等。中国交通运输能耗主要来自道路运输，尽管近年来电动汽车等发展迅速，但对实现交通运输碳达峰贡献有限。近中期在"公转铁""公转水"等运输结构优化，鼓励绿色出行，提升卡车等传统燃油汽车能效水平，以及优化货运物流组织等方面具有较大减排潜力。长期深度减排潜力主要来自普及电动汽车，推广应用氢能、生物液体燃料等，建成节能型、智慧型综合立体交通网络，以及发展共享出行、自动驾驶等创新业态。

协同推进交通强国建设与能源革命，能够促进低碳技术集成融合创新，进一步加快交通运输二氧化碳减排进程。在布局完善交通基础设施的过程中，分布式可再生能源开发利用有很大应用潜力，交通运输网络、能源网络、信息网络融合提升空间较大。在发展电动汽车、布局充换电基础设施的过程中，创新分布式能源、储能、智能微电网等技术，能够发挥交通和电力系统协同减排作用。在发展新一代智能网联汽车、国产先进飞机、新能源船舶等过程中，加强新能源、新材料、信息技术等融合创新，对建设交通强国和能源革命具有重要促进作用。

中国建筑用能增长逐渐放缓，通过技术进步与政策努力，二氧化碳排放（含间接排放）可在2030年前达峰。与发达国家相比，中国建筑用能强度和碳排放强度尚处于低位。随着人民生活水平提升和第三产业发展，中国建筑用能需求将维持增长态势，但增速渐缓。通过对居民生活方式与行为模式的合理引导、各项节能减排技术的适宜布局与稳健发展以及电气化的稳步推进（表Ⅱ），建筑部门二氧化碳排放可在2030年前达峰。

大力提升建筑用能电气化，是降低建筑直接碳排放的最主要途径。全面推进建筑用能电气化，大力发展光伏建筑，充分利用建筑屋顶和可接受阳光的垂直外表面。建筑部门提高可再生电力供应、消纳可再生电力水平，在城镇大力发展"直流配电+分布式蓄电+光伏+智能充电桩"的柔性用电建筑，在农村全面发展光伏屋顶，并利用直流微网接纳风电与光电，改变用电方式。

实现北方地区清洁采暖，是降低建筑部门直接碳排放的关键，需要基于实际情况选取适宜的清洁采暖热源。基于我国目前的热电厂资源现状，北方城镇建筑应充分挖掘各类热电厂和工业企业高于20℃的低品位余热资源。结合当地情况适度发展空气源热泵、地热等热源类型。基于农村建筑密度与农村居民的生活方式，采用分户、分室的分散供热方式更为合适。在当地具备足够生物质资源的情况下，建议优先采用生物质成型颗粒的采暖炉；在生物质资源不足情况下，建议采用分散的空气源热泵热风机。

鼓励农村地区大力开发和利用生物质能源，发展生物质能采集、加工、销售体系。通过发展压缩成型固体燃料、规模化沼气等技术，将生物质能源作为农村建筑用能的主要来源和农村地区清洁采暖的主要途径。这样既能避免堆肥、秸秆还田带来的温室气体排放，还能催生生物质采集、加工、应用的产品和产业，在满足农村建筑用能、繁荣农村经济的同时，为城市地区增加零碳商品燃料供应。

表 II 我国建筑部门节能减排技术清单

技术名称	应用成熟度	减排潜力	综合成本提升
建筑本体性能			
被动式设计	成熟	10%～20%	5%～15%
墙体、窗体优化	较成熟	10%～30%	10%～50%
自然通风	较成熟	5%～30%	10%～30%
分布式能源利用	较成熟	10%～40%	20%～50%
北方城镇采暖			
热源效率提升	较成熟	20%～50%	10%～40%
输配系统优化	成熟	5%～20%	10%～20%
供热改革	不太成熟	20%～30%	—
公共与商业建筑（除北方城镇采暖）			
设备系统优化与效率提升	较成熟	10%～20%	10%～30%
能耗定额管理	不太成熟	10%～30%	—
城镇住宅建筑（除北方城镇采暖）			
终端产品能效提升	较成熟	10%～20%	5%～20%
分散可调的设备系统	较成熟	20%～50%	10%～20%
农村住宅建筑			
高效清洁的采暖与炊事设备	较成熟	30%～50%	20%～40%
分布式能源利用技术	不太成熟	20%～60%	20%～60%

3.5 碳汇与非二氧化碳温室气体减排

增加农林业生态系统等基于自然的解决方案兼具减缓和适应气候变化、植被恢复及生物多样性保护、实现社区的可持续发展等多重效益。2018 年末森林蓄积量达到 175.6 亿 m^3，提前完成了 2030 年比 2005 年增加 45 亿 m^3 左右的自主贡献目标。通过新增造林、加强森林经营和持续降低采伐等措施，到 2035 年，我国森林覆盖率可达到 26%，森林蓄积量可达 210 亿 m^3。到 21 世纪中叶，我国森林覆盖率可以达世界平均水平，森林蓄积量达到 265 亿 m^3。

非二氧化碳温室气体排放不确定性高、管理分散、协调难度高。部分部门和气体的不确定性达到 ±（55%～60%），最低的也接近 ±15%，而二氧化碳排放清单在 2005 年和 2012 年的不确定性范围仅为±5.61%和±5.92%。我国非二氧化碳气体排放清单和未来排放趋势方面的不确定性与其排放源分布分散有关。为在非二氧化碳气体管控中整合战略规划、强化监管、减少政策冲突和权衡，需要进一步加强各主管部门机构间的有序协调。

非二氧化碳温室气体减排的主要潜力来自煤炭开采、一氯二氟甲烷（HCFC-22）生产、家用空调、动物肠道发酵、氮肥施用和汽车空调等领域。非二氧化碳气体近中期减排主要通过需求管理和末端处理类措施实现，中长期减排由前端需求管理类政策实现。在实现特定绝对量减排目标时，考虑非二氧化碳温室气体减排的多温室气体减排策略相对于仅考虑二氧化碳减排策略成本更低。

3.6 二氧化碳捕集利用与封存技术

CCUS 技术是未来我国应对气候变化和实现碳中和目标的重要技术选择。随着对 CCUS 技术认识的深入和全球减排需求的不断加大，CCUS 技术的外延和内涵从传统的工业排放 CO_2 减排，逐渐扩展到了生物能源碳捕集与封存（BECCS）、直接空气捕获与封存（DACCS）等负碳排放技术。

我国 CCUS 技术发展迅速，但在技术集成与示范方面尚存在进一步发展空间。我国已初步形成涵盖各种 CO_2 排放源和技术路线的技术体系，开展了 30 余项示范工程，2010～2020 年，CO_2 的累计注入量超过 200 万 tCO_2，但尚未开展大规模全流程集成示范，CCUS 技术财税激励措施缺失，与欧美发达国家 CCUS 技术发展仍有差距。

我国 CCUS 技术理论减排潜力巨大，对未来我国实现碳中和目标具有可观贡献。我国理论封存容量达数万亿吨，运用 CO_2 利用技术和封存技术在近期和中长期可实现亿吨级的 CO_2 减排量，运用 CCUS 技术不仅可以实现电力行业的近零排放，以及水泥、钢铁等难减排工业部门的深度减排，而且可以通过 BECCS 和 DACCS 实现负碳排放。

CCUS 技术未来成本下降潜力大，需要部署相关激励政策促进技术集成示范与应用。当前 CCUS 技术成本和能耗较高，但部分技术组合仍然具有竞争力；未来随着技术成本下降、商业模式优化、减排边际成本升高，CCUS 与可再生能源等其他减排技术相比，在经济性上将具有一定竞争力。应尽快构建碳中和目标下 CCUS 技术体系，明确 CCUS 发展路径，加快开展大规模全流程集成示范。

3.7 地 球 工 程

地球工程作为应对气候变化的潜在技术受到广泛关注。地球工程除了碳移除（CDR），还包括太阳辐射管理（SRM）。由于地球工程在降低地球温度的同时可能给地球生态系统和人类社会带来新的风险和不确定性，目前国际上争议很大。科学家围绕地球工程的科学机理、社会认知、经济评估、影响模拟以及气候伦理、国际治理等开展了大量研究，地球工程已成为气候变化研究的新领域。

地球工程不同技术差别很大，需要具体评估，不可一概而论。太阳辐射管理研究非常活跃，但争议很大，主要采用计算机模拟，罕有户外实验，更没有实施。因高风险和不确定性特征，国际治理问题凸显。碳移除相比于 SRM 更具有实用性，但其大规模实施、环境影响和国际治理等问题也面临挑战。

将地球工程纳入应对气候变化大框架是国际气候治理的大趋势和必然要求。在应对气候变化的共同目标下，地球工程与减缓、适应联系非常紧密。中国作为国际气候进程的重要成员，应将地球工程纳入应对气候变化大框架，区别对待不同类别的技术，加强自然科学和社会科学基础研究的互补和融合，着眼长远精心部署地球工程技术发展战略，同时加强国际合作与沟通，积极参与地球工程的国际治理。

3.8　2030 年前二氧化碳排放达峰及实现路径

不同的研究表明峰值年份集中在 2025～2035 年，峰值水平在 100 亿～120 亿 tCO_2。多数研究指出，通过强化政策努力，我国可在 2030 年前实现二氧化碳排放达峰。

实现国家自主减排贡献目标，需要促进节能低碳产业体系建设和能源系统低碳转型。首先要加快实现能源总量从规模速度型增长转向质量效率型增长，至 2030 年能源消费总量控制在 60 亿 tce 以内；此外要大力发展新能源和可再生能源，未来 10 年风电和太阳能平均每年增长近 1 亿 kW，2030 年非化石发电比例达到 50%左右，非化石能源在一次能源消费中的比例达到 25%，可以基本满足我国新增的能源消费需求。要支撑上述能源体系转型，2020～2050 年需要投资 100 万亿元以上。新的能源体系建立将成为新的经济增长点并提供新的就业机会。

技术和政策是实现国家自主贡献目标的关键。通过制定技术路线图分阶段加强不同先进高效节能技术和先进能源技术（能效技术、燃料替代技术、先进核能、风能和太阳能及生物质能等可再生能源技术、智能电网和储能等辅助技术）的普及和推广，将技术优势转化为产业优势和经济优势。同时，国家自主贡献目标的实现还需要从当前以"强度主导型"政策体系转变为以总量控制、目标分解与倒逼为特征的"峰值引导型"政策体系，并发挥碳税与碳交易等市场机制的作用，利用市场机制促进二氧化碳减排和企业技术创新，引领社会投资向低碳绿色产业倾斜。

3.9　2060 年碳中和目标愿景

为落实《巴黎协定》设定的温控目标，中国力争 2060 年前实现碳中和。到 2050 年，中国实现社会主义现代化建设目标，综合国力和国际影响力世界领先，需要为实现《巴黎协定》目标作出中国贡献。若届时将非化石能源在一次能源消费中的比例提高至 70%以上，并通过推广应用 CCUS 技术以及土地利用、土地利用变化和林业（LULUCF）产生的碳汇，可为 2060 年前实现碳中和奠定坚实基础。

将应对气候变化和国内可持续发展相结合，打造经济、民生、能源、环境和减排二氧化碳多方共赢的局面。转变经济发展模式、促进能源体系变革和发展绿色低碳经济已经成为我国保持中长期可持续发展与实现生态文明建设的重要战略选择。为实现中国低碳发展，需要多方面政策体系和保障机制的支持。①应统筹部署，协同推进碳减排与环境保护的协同治理。要强化长期低碳发展和二氧化碳减排的目标导向，通过节能和能源结构调整来实现源头减排，推动能源生产和消费革命，大力发展新能源和可再生能源。②应鼓励先进能源技术的研发和产业化，加强技术创新。应大力支持节能技术、太阳能、风能等可再生能源技术，以及电动汽车技术、氢能技术、储能技术和智能电网技术的基础研究和商业化应用，重视 CCUS 和先进核能技术的发展，实现常规和非常规天然气开发技术的突破性进展等。③加强法治保障。应从以行政手段为主逐步过渡到法治为主的阶段。应将节能低碳相关的约束性目标、强制性标准、设计规范等内容尽快纳入法规保障。应加快完善碳市场等相关法律，建立稳定的市场预期。应严格法规标准的落实执行，通过维护法治的权威性，推动绿色低碳发展落到实处。④应明确长期市场信号的导向，建立低碳发展市场机制。应深化资源、环境税费制度改革；完善财税金融体系；建立起能源资源节约的价格财税体系；加快能源的市场化改革；加快碳市场建设等。⑤实现开放互利与合作共赢。应加强绿色低碳资源开发合作、维护地区能源安全并加强国际技术合作和技术转让。

4 应对气候变化的政策和行动

报告评估了"十二五"中后期和"十三五"以来中国应对气候变化政策和行动的进展、成效和存在的不足。在评估方法上采用了总体评估和分类评估相结合的方式。从总体上看，中国已经形成了相对成熟的，既符合中国国情，又与国际气候政策有可比性的完整体系，并取得了明显的成效；从分类评估的角度看，基于规划体系的目标治理是中国应对气候变化政策最突出的特点，集中表现为规划目标引领、行政手段先行、市场机制跟进的治理模式，"由点到面"的试点示范行动也具有鲜明的中国特色。此外，"十三五"以来环境与气候协同治理的趋势越来越明显。

4.1 中国应对气候变化政策总体进展

"十二五"以来，应对气候变化的国际国内形势发生了深刻复杂的变化。在国内，推进生态文明建设有效地推进了经济发展方式向绿色低碳转型；在国际上，推进全球生态文明建设和构建人类命运共同体的理念对引领全球气候治理的制度建设和发展进程发挥了积极作用。中国政府统筹国际国内两个大局，既积极推动国内可持续发展，又主动承担国际责任，在《巴黎协定》下中国承诺了积极的有力度的国家自主贡献目标，并采取了多种政策和行动。2020年9月22日，习近平主席在第七十五届联合国大会一般性辩论中指出我国"二氧化碳排放力争于2030年前达到峰值，努力争取2060年前实现碳中和"，引领我国应对气候变化和推进生态文明建设的政策和行动进入新的阶段。"十二五"以来中国应对气候变化政策行动效果明显，集中体现为2020年应对气候变化目标的提前实现：到2018年，中国二氧化碳排放强度比2005年下降了45.8%（图XII），同时积极应对气候变化在提高经济增长质量、创新技术、培育新的产业、增加就业、保护环境、改善健康水平、促进安全等方面也有重要意义，协助实现了多领域的协同增效。

从政策体系来看，中国正在生态文明思想的指导下建设逐步创新气候治理体系。"十二五"以来中国应对气候变化量化目标从无到有，在目标引领下形成了相对成熟的既符合中国国情，又与国际气候政策有可比性的完整体系，推动气候治理能力和治理体系现代化水平显著提高。为确保如期实现碳达峰碳中和目标，从2021年开始我国已经在加紧制定碳达峰碳中和"1+N"政策体系，包含一个顶层设计的指导性政策文件（"1"）和一系列针对不同行业领域的指导性政策和方案（"N"）。从政策制定机制上看，应对气候变化逐步被纳入了国家总体社会经济发展战略，政策制定模式呈现了社会各方积极参与、多部门推动的特点。从政策实施机制上看，总体表现为规划主导和引领、行动方案扎实配合、行政手段先行、市场机制跟进、"由点到面"有序扩展、强化基础能力建设、环境与气候协同治理、中央和地方互动协作的模式。从机构建设看，相比于"十二五"期间的强化趋势，"十三五"中期，对中国应对气候变化组织管理机构进行了重大调整，从中央到地方气候政策和行动进入稳健发展阶段。2021年5月，为指导和统筹协调推进碳达峰碳中和工作，中央层面成立碳达峰碳中和工作领导小组。

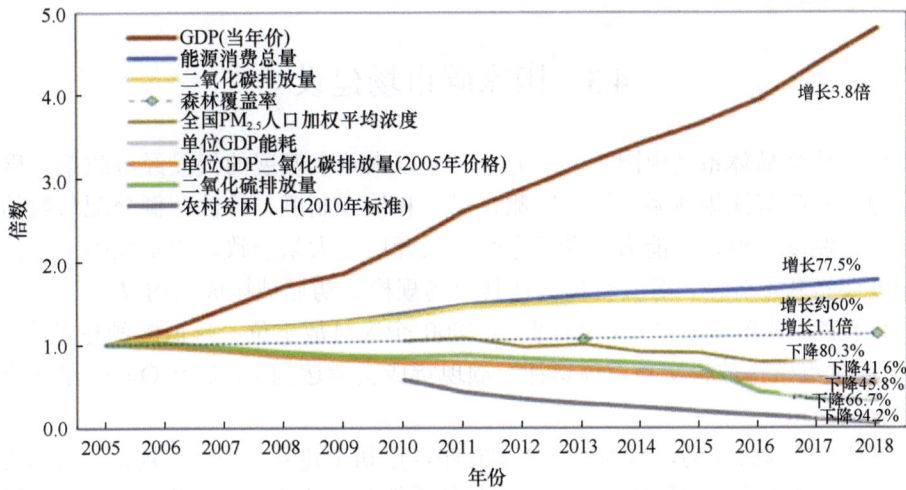

图XII 2005年以来中国应对气候变化及其他社会经济发展指标变化一览

资料来源：中国气候变化事务特别代表、清华大学气候变化与可持续发展研究院解振华院长在气候变化大讲堂发表的题为"积极应对全球气候变化、推动绿色低碳可持续发展"的主旨演讲

4.2 应对气候变化的法律、规划和标准

循序渐进的国家规划和专项规划以及标准是中国最常用的规制类政策手段，为应对气候变化工作提供顶层设计和基础支撑。在"减缓"领域，"十二五"以来中国形成了较为完善的"碳强度目标引领、各地区推进落实、各部门协同合作"的条块结合的应对气候变化规划体系（图XIII），以国家层面二氧化碳排放强度下降的约束性目标为核心，推动能源和经济的低碳转型。在"适应"领域，中国政府部门目前已发布国家和部门相关政策117项，其中规划和法规类占四分之三，同时中国还发布了21项省级适应规划。中国已初步建立了碳排放管理标准体系、节能标准体系等重点领域标准体系，已发布碳排放和节能等领域国家标准300多项，为用能产品能效标识管理制度、能效"领跑者"制度、碳排放权交易等应对气候变化政策制度的落地提供了强有力的基础支撑和导向作用。但中国气候变化专门性法律体系的建设仍进展缓慢。

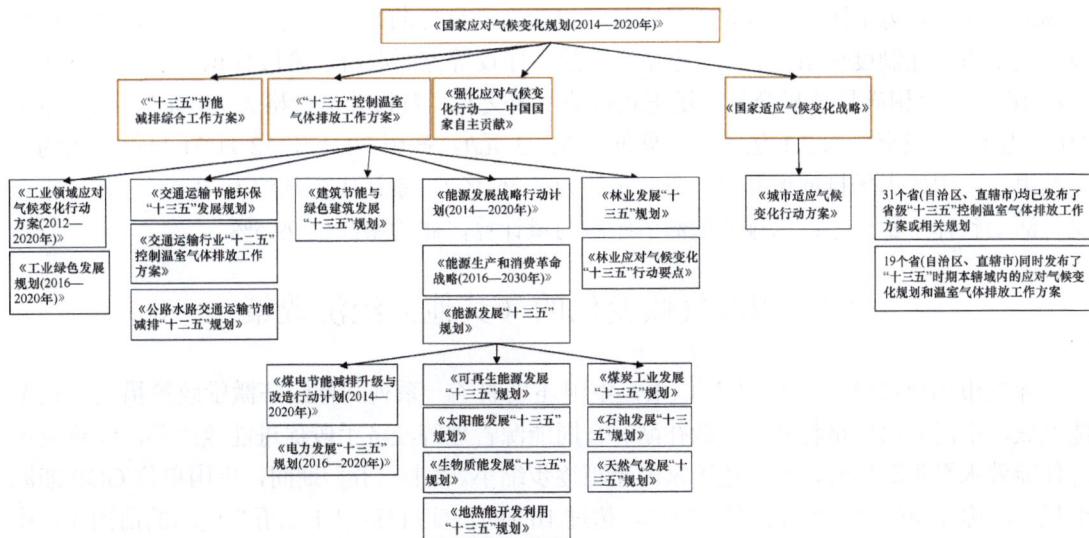

图XIII "十三五"时期的国家应对气候变化规划体系

4.3 国家碳市场建设

建设碳排放交易体系是中国"十二五"时期以来重点发展的气候经济政策。碳排放权交易试点地区在政策法规体系、排放监测、报告和核查制度、排放配额分配与履约管理制度、交易监管制度建设以及能力建设等方面积极开展了大量细致、探索性的工作，已经初步建成制度要素基本齐全、各具特色、初具市场规模、初显减排成效的 7 个试点碳市场；截至 2020 年底，共覆盖约 20 余个行业的 2800 余家排放单位，排放配额总量约为 13 亿 tCO_2eq。7 个试点碳排放权交易市场累计配额现货成交量达到 4.4 亿 tCO_2eq，累计成交金额约 103 亿元人民币。

温室气体自愿减排交易，市场运行基本有序，已初步建立了统一、规范、公信力强的交易体系。现正顺利推进温室气体自愿减排交易体系管理办法改革，优化温室气体自愿减排项目审定和减排量核证管理程序，进一步修订完善相关技术规范和方法学，提升温室气体自愿减排项目管理效率，确保国家核证减排量（CCER）质量。积极探索将碳排放权交易、温室气体自愿减排交易体系与碳普惠和生态环境修复相结合，倡导绿色低碳生活，推动生态保护与生态扶贫。截至 2020 年 12 月，CCER 累计成交量约 2.7 亿 tCO_2eq，累计成交额约 23 亿元。此外，CCER 还积极参与试点碳市场配额清缴履约抵消。

2017 年 12 月，国家发展改革委发布了《全国碳排放权交易市场建设方案（发电行业）》。2021 年 3 月生态环境部发布《碳排放权交易管理暂行条例（草案修改稿）》，2020 年 12 月，生态环境部出台《碳排放权交易管理办法（试行）》，印发《2019—2020 年全国碳排放权交易配额总量设定与分配实施方案（发电行业）》，公布发电行业重点排放单位名单，正式启动全国碳市场第一个履约周期。积极研究制定核查、登记、交易等相关活动管理细则；持续开展重点排放单位排放数据核查与报告，完成了 2013～2020 年重点排放单位排放数据核查与报送；国务院已经同意《全国碳排放权配额总量设定与分配方案》，制定了发电行业配额分配方法并进行了试算测试；遴选了排放配额注册登记结算系统与交易系统建设牵头单位，有序推进注册登记结算系统和交易系统建设；持续在全国范围内针对不同层级及需求开展全国碳市场能力建设，为全国碳排放权交易市场建设营造了良好的社会氛围。总体来看，全国碳排放权交易市场在制度体系、基础支撑系统和能力建设等方面取得了阶段性积极进展。2021 年 7 月 16 日，全国碳排放权交易市场正式启动上线交易，首日开盘价格为 48 元/t，成交量为 410.4 万 t，总成交额为 2.1 亿元，收盘价 51.23 元/t。截至 2021 年 12 月 31 日第一履约周期结束，全国碳市场排放配额累计成交量约为 1.76 亿 t，累计成交额约为 76.61 亿元，市场交易活动整体平稳有序；以排放配额清缴履约量计算，履约率高达 99.5%。

4.4 应对气候变化的（其他）经济政策

除碳市场建设外，"十二五"以来，中国还采取了一系列其他经济激励政策措施。在节能领域，中国利用价格杠杆、节能补贴、合同能源管理等经济手段促进能效改善，经济发展总体能效水平不断提升，与发达国家的差距逐步缩小。"十二五"期间，中国单位 GDP 能源消耗（简称能源强度）累计降低 17.8%，超过 16% 的预期目标；"十三五"期间的前四年，中国能源强度进一步累计降低 13.42%，完成"十三五"总体能效目标的 88%。

实施多年的可再生能源标杆上网电价政策，通过补贴可再生能源发电为其发展提供了有效的经济激励，可再生能源电价附加政策则为可再生能源发展提供了持续稳定的补贴资金来源。"十二五"以来标杆电价水平不断下调，补贴退坡加速推进，推动可再生能源发电成本显著下降，为全球可再生能源发展和技术进步做出了积极贡献。在政策持续激励下，中国可再生能源装机容量和发电量快速增长，目前已经基本实现甚至超额实现了"十三五"可再生能源发展目标。为促进可再生能源消纳，不断完善电网基础设施，提升电网汇集和外送清洁能源能力，加快电力市场化改革，推进跨省、区市场交易和辅助服务补偿（市场）机制建设，启动可再生能源电力配额制度和绿证交易制度，落实可再生能源电力全额保障收购政策，设定可再生资源电力消纳责任权重等。在上述政策推动下，中国弃风率和弃光率实现双降，到2019年平均弃风率和弃光率降至4%和2%的较低水平。在碳达峰目标和碳中和愿景的引领下，未来需进一步优化政策组合推动可再生能源发电消纳和平价上网，构建适应高比例可再生能源的电力交易和调度机制，逐步加速对传统火电的规模替代。

中国绿色金融发展起步较晚，发展迅速，尤其是绿色债券、绿色信贷和气候保险等呈现良好发展态势，为可再生能源发展和高耗能高污染行业的低碳转型提供了资金支持，政策的气候减缓效果逐渐显现。为促进中国绿色金融健康发展，未来需要进一步完善绿色金融相关标准规范，创新绿色金融产品，充分发挥绿色金融支持绿色复苏的重要作用，助力实现新碳达峰目标和碳中和愿景目标。

此外，中国能源资源税改革和环境保护税开征有助于推动能源资源利用效率提高和能源结构调整，对减缓气候变化具有积极的协同效应。在上述政策的综合作用下，中国碳强度快速下降，"十二五"期间碳排放强度累计下降19.3%，超额完成了17%的目标任务；"十三五"期间，到2019年中国碳强度比2005年累计下降约48.1%，超额完成2020年碳强度下降40%~45%的目标。

4.5 应对气候变化的行政手段和行动

在中国应对气候变化的政策体系中，目标责任制和淘汰落后产能是最为典型的行政手段。

在节能降碳领域，目标责任制具有基础性地位，其直接考核对象是各级政府以及重点用能企业。"十二五"期间，中国开始同时执行地区能源强度和碳排放强度下降目标责任制；"十三五"期间明确提出合理控制能源消费总量的要求并进行了地区分解，这标志着中国的节能工作正式由单一强度目标约束转向总量和强度"双控"目标约束：在实现2020年单位国内生产总值能耗比2015年降低15%的能源强度目标，以及单位国内生产总值二氧化碳排放比2015年降低18%的碳强度目标的同时，能源消费总量控制在50亿tce以内。这使得中国正式成为世界上极少数对能源消费实行总量控制的国家。未来中国开始迈向碳排放总量控制的新阶段。生态环境部将碳达峰相关工作纳入中央生态环保督查，使目标责任制的基础性地位进一步增强。在碳中和目标指引下，国家层面正在制定与碳达峰、碳中和相衔接的约束性指标，各省（自治区、直辖市）纷纷响应并开始制定专门的碳达峰行动方案，一些大型企业开始积极制定碳中和战略。

碳减排目标责任制的基本特征是碳强度目标从中央政府到省、市、县级政府的层层分解。在目标责任制的运行中，指标的分解和指标完成情况的考核紧密联系在一起，碳强度目标考核结果是中央政府对地方政府及其负责人奖惩的重要依据。不论是碳强度目标还是能源消费总量目标的分解，都充分考虑了各地区的发展阶段、资源条件、节能减排潜力、产业结构、能源结构、GDP 和能耗以及碳排放在全国总量中的权重等实际情况，并且建立在中央和地方政府充分协商的基础上。

中国工业部门的节能政策也沿用目标责任制作为核心执行机制。与"十一五"时期节能重点集中在能耗水平巨大的"千家企业"不同，"十二五"时期，工业节能的着力点扩大到了年综合能源消费量在 1 万 tce 以上的"万家企业"，全国共计约 17000 家。国家每年汇总并公布各地区"万家企业"节能目标考核结果，"万家企业"节能目标完成情况和节能措施落实情况也被纳入省级政府节能目标责任考核评价体系。针对"万家企业"独特的节能管理方面的障碍，"万家企业节能低碳行动"把重点放在提高企业的节能管理水平上。"十三五"时期，结合全国"双控"目标任务，重点用能单位"百千万"行动对重点用能企业提出了能耗总量控制和节能"双控"目标。按照属地管理和分级管理相结合的原则，国家、省、地市分别对"百家""千家""万家"重点用能单位进行目标责任评价考核。围绕碳达峰碳中和的目标要求，工业部门已着手实施工业低碳行动和绿色制造工程。

在目标责任考核的总体框架下，淘汰落后产能工作以行政手段为主，同时也包含了部分激励政策。"十一五""十二五"时期，国家层面明确提出了电力、钢铁、建材、电解铝、铁合金、电石、焦炭、煤炭、平板玻璃等行业的落后产能淘汰目标，将其作为节能减排工作的重要支撑。这一时期的淘汰落后产能具有典型的"自上而下"特征。国家将淘汰落后产能目标分解到省、市、县及具体企业，并通过目标责任制的方式对各地进行考核。"十三五"以来，淘汰落后产能的政策机制发生了明显变化。首先，淘汰落后产能成为供给侧结构性改革的重要措施，与钢铁、煤炭等行业的脱困转型密切结合，在政府各项工作中的地位大大提升。2016 年发布的《中华人民共和国国民经济和社会发展第十三个五年规划纲要》专门设置了"积极稳妥化解产能过剩"一节，将其作为"优化现代产业体系"的重要支撑。其次，淘汰落后产能的工作机制也变得更加丰富，强调了综合标准体系在化解产能过剩中的基础性地位。根据 2017 年工业和信息化部、国家发展改革委等 16 部门联合发布的《关于利用综合标准依法依规推动落后产能退出的指导意见》，落后产能的界定标准不再取决于装备的规模和工艺技术水平，而是通过能耗、环保、质量、安全、技术等标准来综合判断，从而促进了淘汰落后产能的法治化。再次，淘汰落后产能的政策机制更加多元。在淘汰落后产能专项奖励资金基础上，增设工业企业结构调整专项奖补资金，同时差别电价、差别信贷等手段也得到充分应用。最后，国家不再设置自上而下的淘汰目标，而是由各地根据实际情况自行制定，国家进行监督。淘汰落后产能转向常态化。

围绕碳达峰碳中和的目标要求，各部门已经开始制定煤炭、钢铁、水泥等行业的达峰行动计划，将形成淘汰落后产能的倒逼机制。目标责任制与淘汰落后产能等行政类手段具有高度的有效性，这些行政手段顺应了中国的各项体制机制，确保了中国应对气候变化目标的实现。"十二五"期间，中国实现了单位国内生产总值二氧化碳排放降低 20%，超额完成 17% 的目标；单位国内生产总值能耗下降了 18.4%，超额完成 16% 的目标。在企业层面，大部分参与"万家企业节能低碳行动"的企业顺利完成了节能目标。2011~2014 年，"万家企业"累计实现节能量 3.09 亿 tce，完成"十二五""万家企业"节能量目标的 121.13%。淘汰落后产能在节能降碳、化解产能过剩等方面发挥了很大效应。"十二五"期间，电力、煤炭、钢铁、有色金属、建材、轻工、纺织、食品八大领域 21 个重点行业落后产能淘汰目标超额完成，淘汰落后产能累计节能 5135.91 万 tce，相当于减少二氧化碳排放约 1.2 亿 tCO_2；"十三五"前四年，钢铁和煤炭行业分别累计淘汰落后产能 1.5 亿 t 和 9 亿 t，均提前完成"十三五"任务。

尽管这些行政手段在温室气体减排中发挥了重要的作用，但是这种自上而下的压力传递机制难以真正内化为地方政府和企业开展节能降碳工作的自发性力量。此外，由于节能降碳目标的层层分解，县级及以下政府承担了与其行政管理权限并不匹配的责任。同时还存在能源统计数据质量有待提高、节能目标分解与考核体系不够严密等技术障碍。在压力体制下，过剩产能的市场退出障碍以及地方政府和企业产能扩张的冲动依然存在。在适应领域，虽然专门针对适应气候变化的政策还比较少，但是与气候密切相关的行业和部门制定的行政政策越来越多地考虑和重视适应气候变化的需求，即适应政策逐步主流化。

4.6 应对气候变化的科技研发政策和行动

我国应对气候变化科技创新规划、政策体系不断健全，多种行动措施推动科技创新发挥实效。以《"十三五"国家科技创新规划》和《"十三五"应对气候变化科技创新专项规划》为统领，以各类科技创新政策、行动方案为支撑，形成了较为完备的国家和地方的应对气候变化科技政策体系。各部门、各地方积极推广技术清单、发布技术指南、编制相关标准、建设绿色技术银行、开展科普宣传等，全方位推动应对气候变化科技成果转化应用和发挥实效。国家有关部门编制发布《中国碳捕集利用与封存技术发展路线图（2019）》，为引导推动我国CCUS 技术发展奠定基础。2016 年科技部、环境保护部、工业和信息化部三部委联合发布《节能减排与低碳技术成果转化推广清单（第二批）的公告》，推动低碳关键技术成果推广应用，有效支撑交通、能源、建筑和工业等重点领域的节能减排。

国家重点研发计划、国家自然科学基金等主体科技计划支撑应对气候变化科技创新取得明显成效。2014 年国家科技计划管理改革以来，应对气候变化相关科技任务得到优化整合。专门设立并组织实施国家重点研发计划"全球变化及应对"重点专项，同时在其他专项以及国家自然科学基金中分别部署了应对气候变化相关科研项目。通过这些专项和项目的实施，我国应对气候变化科技研发取得了显著进展。在基础研究方面，地球系统模式研制工作进一步加强，全球模拟性能方面达到全球领先水平；实现了 10 m 级别分辨率的全球地表覆盖制图，建立了"全球陆地均一化气温数集"等多种数据集产品；初步形成了我国面向全球变化研究的观测体系。在"影响"和"适应"方面，建立了气候变化影响评估和风险预估技术体系，在风险预警、节水灌溉、粮食丰产、防灾减灾、适应气候变化的信息平台和决策系统建设等方面取得了一系列积极进展和标志性成果。在"减缓"方面，煤炭的高效清洁利用、可再生能源等领域形成了一系列成套技术。在战略研究方面，根据全球气候治理的新形势和新特征，构建全球盘点综合评估模型，提出全球盘点机制框架设计"中国方案"的要点，积极研究并推动《国家自主贡献综合报告》和《中国本世纪中叶长期温室气体低排放发展战略》编制，同时深化面向国内绿色低碳转型的战略研究。

我国气候变化相关的研发基地、平台和人才团队建设成效显著，气候领域国际话语权不断加强。中国在应对气候变化技术领域的文献数量自 2014 年以来一直位居世界第二，2016～2018 年，应对气候变化相关科技成果获得 30 项国家科学技术奖。由不同学科、多个部门和众多人才构成的科技创新体系初步形成，从事气候变化领域研究的科研机构数量达到 3505 个，国家和部门重点实验室约有 100 个（220 个国家重点实验室中有 18 个从事全球变化研究），并建设了 130 多个不同类型的数据平台（库）。中国积极参与国际气候变化科学评估，深入参与 IPCC 制度建设和未来规划，推进评估报告编写进程，贡献中国智慧，维护国家利益，为国家应对气候变化内政外交提供有利支撑。在 IPCC 科学评估工作中，中国作者参与第六次评估报告的人数近 40 名。

但是，我国气候变化研究工作的经费投入总体上依然不够，在创新链的系统性部署等方面还不能满足碳达峰与碳中和目标对创新能力的要求。"十三五"后期国家科技计划管理改革启动以来，科技任务部署的合理性得到提升，但气候变化科技研究立项形式仍较分散，经费投入总体不足，投入布局不均衡，在减缓方面投入多，影响适应和战略研究方面的资金投入明显较少，研发方向部署聚焦不够。同时，投入主要集中在基础研究环节，对重大共性关键技术和应用示范环节的投入不足，创新链条上的全局性统筹急需加强。目前针对我国碳达峰与碳中和目标的科技支撑工作尚在规划部署中，亟须加强相关顶层设计和系统性安排。

4.7　可持续发展的气候协同效应

中国实施了多种对应对气候变化具有正向协同效应的经济社会政策，同时以环境治理带动气候治理，强化了环境和气候协同治理趋势。

经济政策：近年来《大气污染防治行动计划》《水污染防治行动计划》《土壤污染防治行动计划》的贯彻落实有效减小了出口商品的隐含碳，有助于促进全球绿色贸易并遏制碳排放泄漏问题。"十二五"期间，我国净出口隐含碳排放的总量和占比与"十一五"相比都有所降低，"十二五"期间净出口隐含碳排放占全社会碳排放总量的比重从"十一五"期间的 12%～20%下降至 12%～15%。中国是承受全球碳泄漏最为严重的国家之一，较低的国际分工地位使得我国出口贸易隐含碳的规模和增速高于许多快速发展中国家。对此，应尽快开展绿色贸易政策气候协同效应评估和分析，研究如何利用贸易手段减小污染物排放的气候变化协同效应，将应对气候变化目标逐步纳入绿色贸易政策，同时在制定涵盖气候变化目标的绿色贸易政策时应考虑政策的可持续性，特别是经济可持续性。

环境政策：大气污染防治、提高机动车燃油标准等一系列环境政策不仅显著降低了中国常规大气污染物排放，也助力于碳强度的不断降低。2013～2017 年，在大幅度降低 SO_2、NO_x、$PM_{2.5}$ 排放量的同时，也协同减少 CO_2 排放约 7.37 亿 tCO_2。但从长期看，单纯环境政策的气候协同边际效应将逐步递减，例如环境政策可以推动终端消费环节散煤燃烧量的削减，但无法控制煤炭向加工转换部门（例如煤化工、煤电）的无序扩张。随着气候目标的提升，"蓝天"带动低碳的思路应适时转换到低碳带动"蓝天"的思路上来。

社会发展政策：对于发展中国家而言，发展是提升适应能力最直接和成本最小的途径。低保、教育扶贫、灾害救济、结对帮扶等社会政策是极具中国特色的适应协同机制。中国在减贫、教育领域的巨大成就有助于减少气候贫困人口，提升脆弱群体的适应能力。2008 年我国有 95%的绝对贫困人口生活在生态环境极度脆弱的农村地区，深受气候变化的影响，2010～2017 年，中国贫困人口发生率从 2010 年的 17.2%（1.66 亿农村贫困人口）下降到 2017 年底的 3.1%（3046 万人）。在 2020 年实现全面小康脱贫目标之后，需要关注气候和环境变化引发的返贫风险。决策者应当认识到发展政策的溢出效应，推动可持续发展与应对气候变化在政策目标、内容与手段上的协同。例如，加强气候贫困的案例研究和政策试点，通过生态移民、产业扶贫等多种方式提升西部农村地区脆弱群体的适应能力。气候与环境因素对西部干旱山区有很大影响，尤其对健康有较大的影响，需要加强对这些农村老弱妇孺等气候脆弱群体在公共卫生、医疗保险、健康教育等方面更具有针对性的政策支持。

4.8 应对气候变化的地方行动、能力建设和公众参与

广泛开展试点示范行动和能力建设活动也是中国应对气候变化政策行动的特色之一。"自下而上"的地方行动上承规划，下接地气，为"自上而下"政策的实施奠定基础。"十二五"以来，在"减缓"方面，中国开展了各具特色的省市低碳试点行动（图XIV）（2010年、2012年和2017年批复三批共6个省和81个城市试点）和碳排放率先达峰行动（先后共有73个试点城市提出了实现碳排放峰值的初步目标），从整体上带动和促进了全国范围的绿色低碳发展。在"适应"方面，因地制宜制定了各类适应行动方案，广泛覆盖基础设施建设、农业、水资源、海岸带、森林和其他生态系统多个方面，并取得了积极成效。在基础能力建设方面，自"十二五"以来，通过制度体系、组织机构以及人才队伍建设，已经基本建成了国家、地方、企业三级温室气体核算、报告、核查体系，以及与之相匹配的基础数据统计体系。2021年8月，碳达峰碳中和工作领导小组办公室进一步成立了碳排放统计核算工作组，负责组织协调全国及各地区、各行业碳排放统计核算等工作。适应气候变化能力的整体提升则主要体现为地方政策制定水平和科研水平的大幅度提高。

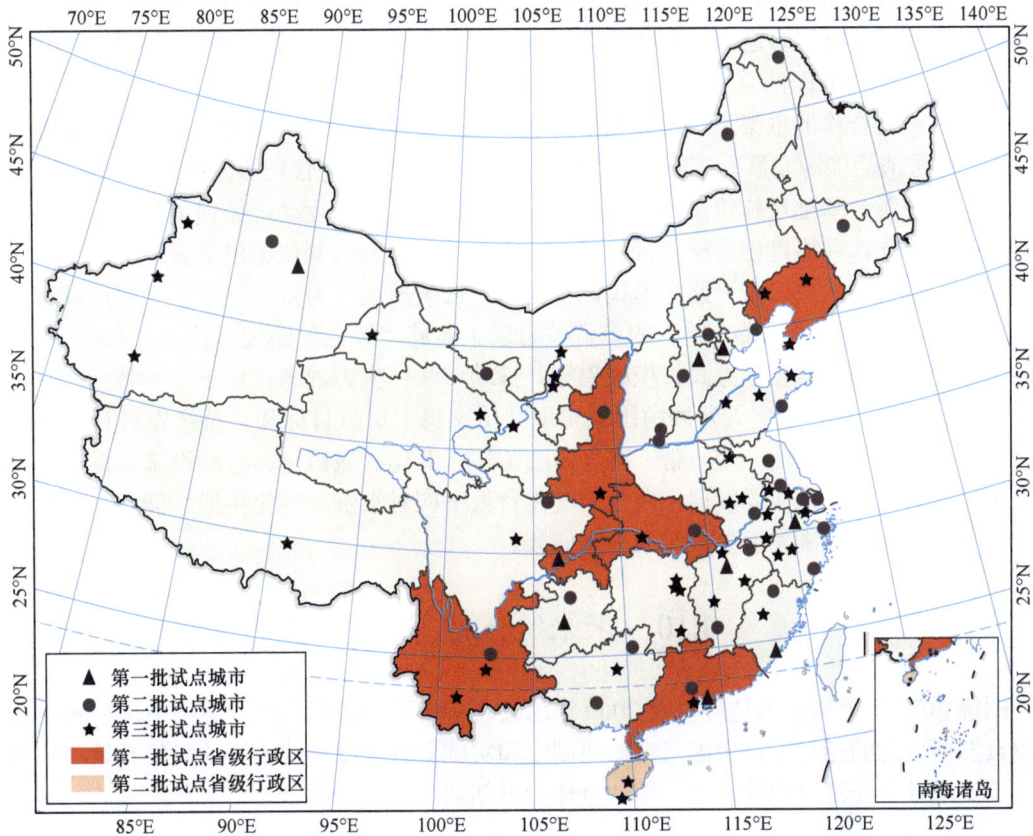

图XIV　低碳试点城市分布图

"十二五"以来中国水利建设在抵御干旱洪涝气候风险、保障农村饮水安全、提升水利系统适应气候变化能力等方面成效显著。"十二五"时期,中国水利建设完成总投资超过 2 万亿元,加快推进 172 项节水供水重大水利工程建设,其他重大水利工程和民生水利工程建设也全力提速,加快实施最严格水资源管理制度。全国洪涝灾害农作物受灾面积、受灾人口、死亡人口、倒塌房屋相比于 2000 年以来同期均值分别减小了 14%、27%、49%、57%,最大限度地减轻了气候灾害损失。"十三五"时期,水利建设投资初步估算为 2.43 万亿元,较"十二五"投资增长 20%;首次通过设置防洪抗旱减灾、节约用水、城乡供水、农村水利、水生态环境保护和水利改革管理 6 个方面的 16 项指标,严格落实水资源管理政策。

全社会应对气候变化意识不断增强。中国企业界正在逐渐进行低碳转型,但企业行动不均衡,受企业规模影响显著;企业管理人员的气候变化意识受年龄、产业类型、企业类型的影响显著。公众从意识到行动上日益重视气候变化,近几年有越来越多的公众践行低碳行动,例如,到 2020 年 5 月底,"蚂蚁森林"参与者超过 5.5 亿,累计减排超 1200 万 t,累计种树和养护真树超过 2 亿棵,种植规模超 274 万亩[①];同时公众对气候变化表现出不同程度的担忧并以"趋利避害"的策略自主适应气候变化和强化风险防范意识。

4.9　应对气候变化的国际合作

中国积极参与全球应对气候变化的行动与进程,成为全球气候治理的重要参与者、贡献者和引领者。中国认真履行了在《联合国气候变化框架公约》等国际制度下的义务,按照要求,制定并实施减缓承诺,提交透明度履约信息报告并接受国际磋商与分析。中国积极参与谈判并推动达成《巴黎协定》及其实施细则,还积极参与和推动《联合国气候变化框架公约》外的全球气候治理进程。

中国在南南合作的框架下,通过物资赠送和能力建设等领域的务实项目,开展了改善能源供应、促进清洁能源发展、森林可持续管理、农业农村废弃物管理等减缓气候变化的行动,在农业、水资源、基础设施建设等领域开展了适应气候变化的行动,加强了与广大发展中国家间的互利合作,并通过创立南南合作基金,为全球应对气候变化做出更大的贡献。中国在发展合作领域发起的"一带一路"倡议,也将绿色低碳发展作为重要要求,并通过发行绿色金融债券、签署绿色"一带一路"的谅解备忘录、实施"绿色丝路使者计划"、成立"一带一路"绿色发展国际联盟等方式,积极倡导并推动将绿色生态理念贯穿于"一带一路"建设中。"一带一路"在助力广大发展中国家实现其国家自主贡献目标和可持续发展目标方面具有巨大潜力,但同时也面临"一带一路"沿线国家工业化、城镇化、基础设施建设与生态环境保护、应对气候变化协同发展、在气候变化背景下应对水资源变化挑战、能源发展如何符合应对气候变化和低碳发展要求等一系列问题。

4.10　未来气候政策需求

围绕 2030 年前碳排放达峰以及 2060 年前实现碳中和的目标,在"美丽中国"和生态文明建设发展理念的指导下,中国未来需要制定和实施更有力度和约束力的气候政策与行动,进一步促进社会经济可持续发展,推动全球治理创新。

---

① 1 亩≈666.6 7m²,全书同.

第一，要把应对气候变化纳入国家现代化建设总体目标和战略中，制定与经济社会发展相一致的长期低排放发展战略，并且体现在各级国民经济和社会发展规划中，将达峰目标分解到产业和基层，落实行动，为 2035 年之后加大减排力度做好准备。党的十九大把生态环境问题明确纳入了党和国家的战略发展目标，并做出了分两步走的战略部署。当前亟须将碳达峰和碳中和目标融入两步走的战略部署中。在第一个阶段（2020~2035 年），基本实现社会主义现代化，生态环境根本好转，美丽中国目标基本实现，强化低碳发展政策导向，落实和强化 2030 年自主贡献（NDC）目标。在第二个阶段（2035 年至 21 世纪中叶），把中国建成富强、民主、文明、和谐、美丽的社会主义现代化强国，生态文明将全面提升；以碳中和目标为导向，实现与全球控制温升低于 2℃并努力低于 1.5℃目标相契合的深度脱碳发展路径。应对气候变化是一项系统工程，涉及经济、政治、文化、社会等各个方面。积极应对气候变化，必须将碳中和目标纳入国家社会发展的总体战略当中，进而融入各行业、各领域的战略当中，从而全方位推进中国经济尽快走上绿色、低碳、循环、可持续的高质量发展路径。

第二，加快制定碳中和目标下的科技创新规划和实施方案，将碳约束指标纳入"十四五"和中长期科技创新发展规划进行部署。提高气候变化科技投入，加强气候变化基础科学及应用技术研究，强调多学科交叉融合，提升科技创新能力对减缓和适应的支撑作用。加快成熟低碳技术的推广与应用，包括可再生能源发电技术的推广。重点发展 CCUS 技术、储能和智能电网、新能源乘用车、氢燃料电池等技术的研发和示范，强化各行业的电气化和数字化技术发展与应用。加速推进前瞻性、颠覆性低碳技术的研发与示范。

第三，将"绿色低碳"作为重要的指标纳入疫情后经济复苏计划中。在全球性的新冠疫情之后，中国和世界都面临经济复苏的艰巨任务。中国需要坚持"绿色复苏"和"可持续复苏"的全面复苏战略，慎重决策基础投资，坚决避免新的高碳"锁定效应"。应确立积极的节能降碳指标；东部沿海优化开发区域以及高耗能重化工业部门二氧化碳排放要率先达峰；严格控制煤电产能和煤炭消费总量反弹，对工业生产过程、农林业、废弃物管理等其他领域的二氧化碳排放及其他温室气体排放进行管理和控制，建立全部温室气体排放的监测、报告、核查体系，并实施减排措施和行动。

第四，强化气候变化立法。通过立法确立应对气候变化战略的长期合法地位，为相应的减缓和适应政策，以及更有力的行动提供法律支撑，为全国碳市场的建设和持续健康运行提供依据，为全社会的绿色低碳发展提供确定的指引和保障。应对气候变化工作涉及的领域广、事项多，制定专门的法律有利于在全国范围内为气候变化行动提供确定的法律指引。尤为重要的是，需要在应对气候变化法中明确提出量化碳减排目标。

第五，进一步提高气候政策与其他政策的协同度。首先，进一步提高能源政策和气候政策的协同设计和协同管理，加速改善能源结构、加大能源强度和碳排放强度下降幅度。未来中国能源政策亟须对以煤炭为代表的化石能源提出更加合理的总量控制目标，特别要对煤电、煤化工等高碳排放部门的发展做出精准判断，同时加快有利于低碳发展的电力体制改革步伐。其次，进一步推进环境与气候的协同治理。在实施污染防治措施时，不仅要重视化石能源利用中污染物排放过程的末端治理，而且更应重视从源头上减少煤炭等化石能源的消费量，在终端利用环节加强以电代煤，加快新能源和可再生能源电力的发展。最后，加强区域协调发展与气候变化的协同治理。明确各区域产业定位，例如把西北区域定位为无人化重型产业基地，把西南部水电丰富区域定位为高耗能信息产业基地及可再生能源电力调峰基地。分区域、分步骤建设近零碳城市。

　　第六，推动全国碳排放权交易市场建设进入全面运行阶段，持续深化全国碳交易机制建设。中国已经于 2021 年 7 月启动全国碳排放权交易市场发电行业碳排放权交易，并计划覆盖八大高耗能行业。碳市场作为利用市场机制控制温室气体排放的手段，需要不断完善制度体系建设，特别是需要明确的法律指引。未来要进一步推进《碳排放权交易管理暂行条例》的立法工作，还要结合试点地区的碳排放交易经验和教训，增强对碳市场的监管。加快发布排放数据、配额分配、注册登记交易结算、履约、抵消机制等管理规章；进一步强化碳排放监测，结合生态环境管理体系和技术标准体系优势强化碳排放核查，确保碳排放数据质量；不断探索扩大市场参与主体、丰富交易产品与交易方式。同时，将积极推动温室气体自愿减排交易管理体系改革作为全国碳排放权交易市场的有效补充。此外，需要探索适应气候变化的市场机制，推广气候金融、气候保险等，创新发展应对气候变化投融资机制。

　　第七，尽早制定和发布国家适应气候变化的战略，制定农业、林草、交通等气候敏感部门适应规划，强化适应行动。继续开展"城市适应气候变化试点"工作，提高对适应行动的资助和标准，制定适应效果考核机制。组织"农村适应气候变化试点"工作，构建不同气候区、不同经济社会发展水平的农村示范网络。加快城市基础设施、农业基础设施等标准的修改和调整，以适应气候变化；提高我国基础设施适应气候变化的标准指标。增强适应成效评估方面的能力建设，增强中国多领域、多部门和多层级适应气候变化的监测和评估能力，构建适应气候变化的基础数据和信息、评价标准。通过多学科交叉的信息化和大数据系统建设，创立国家适应气候变化的科学、数据与行动综合平台，为国家和地方适应气候变化行动提供科技支撑。

目　　录

第一部分　气候变化的科学认识

第二部分　气候变化影响、风险与适应

第三部分　减缓气候变化

第四部分　应对气候变化的政策和行动

第一部分

气候变化的科学认识

第1章 气候变化科学评估的背景、范围、方法和进展

首席作者：巢清尘　郑景云

主要作者：王朋岭　张永香　闫宇平　李柔珂　魏超　崔童

摘　要

本章通过分析近些年气候系统观测手段、观测和代用资料、集合模式和排放情景的新发展，以及根据科学上的新认识和全球气候治理形势对科学基础的新需求，阐述了开展第四次气候变化国家评估的重要性和必要性。本章通过分析美国、英国、中国开展科学评估的经验，发现围绕国际和国家应对气候变化热点问题，综合系统报告加专题报告相结合的产品系列是评估报告的主要方式。本章梳理了气候系统变化的指标体系，指出地表温度、海洋热含量、大气二氧化碳浓度、海洋酸度、海平面、冰川物质平衡及北极和南极海冰范围 7 项指标作为描述气候变化的核心基本指标，比较了各种指标在不同空间尺度和针对相应需求的应用。本章详细介绍了中国东部季风气候区、西北部半干旱-干旱气候区、青藏高寒气候区的气候基本特征和独特格局特点，指出我国开展气候变化评估的范围、框架结构以及内容布局的新特点，最后归纳了本部分在科学认知上的新进展。

1.1 科学评估的背景

1.1.1 评估形势与目的

气候变化科学评估是国际社会应对气候变化的科学基础，或是一种政策"支撑工具"。通过气候变化的科学评估，科学家或科学团体、机构直接或间接影响了国际社会和各国应对气候变化的政策和行动。科学作为一种"软实力"资源，在应对全球气候变化问题上，具有影响认知、推进减缓与适应进程、塑造国家利益的重要功能（Howarth and Painter，2016；董亮和张海滨，2014；张永香等，2018）。

第一，科学技术的进步和发展为本次评估提出了新要求。联合国政府间气候变化专门委员会（IPCC）第五次评估报告（AR5）提出的科学关键不确定性主要与观测能力、数据不完整、数据集不一致和/或对年际到年代际变率机理认识的局限有关（IPCC，2013）。有关云、环流和气候敏感性，气候系统中的碳氮循环和反馈，极端天气气候事件，区域海平面升高，

近期气候预测等问题成为气候系统科学重点关注的方向①。近些年随着对新的观测数据集的应用和分析方法的改进，特别是再分析资料的运用，以及基于气候系统物质、能量和水循环过程的理解和模式模拟能力的发展，已经取得了一些新的科学进展。全球能量收支、陆面-大气过程循环和反馈机制、气溶胶和云过程、辐射强迫和量化快速调整、全球气候模式的发展和评估、气候预测能力、与古气候档案有关的信息、气候敏感性与排放指标的联系、区域气候变化、极端气候事件分析和检测与归因等方面的问题得到进一步解决（IPCC，2017a）。

第二，全球气候治理和国内应对气候变化形势也对科学基础提出了新要求。自 2014 年《第三次气候变化国家评估报告》发布以来，国际气候进程发生了新的变化。一是 2015 年底通过《巴黎协定》，确定了将实现 2℃温控、力争控制 1.5℃温升目标作为应对气候变化的长期目标。国际减排机制从自上而下转变为自下而上，各国纷纷制定国家自主贡献（NDC）目标，引入全球盘点等国际机制。二是 2017 年 2 月美国特朗普总统上台后采取一系列新的逆全球化的经济和气候新政，美国退出《巴黎协定》。2021 年 2 月拜登就任总统，重返《巴黎协定》。美国政府气候变化政策的不稳定，对国际气候治理造成影响。三是 2015 年联合国通过的《2030 年可持续发展议程》，其中第 13 个目标是应对气候变化，涉及减缓、适应和气候资金的目标要求。此外，减贫、健康、清洁水、清洁能源、基础设施、城市、消费、低洼地区、土地等其他目标也与气候变化有着密切联系。需要将气候变化评估与可持续发展目标结合起来。四是 2015 年联合国减灾委员会通过的"仙台减灾框架"，特别强调了切实减轻灾害风险与损失，目标是防止新的灾害风险和减轻现有的灾害风险、增强韧弹性。五是联合国通过的"新的城市议程"，强调可持续城市管理，以及在全球、区域、次国家和城市层面各个利益相关方参与城市适应、减缓和可持续发展的要求（IPCC，2017b；何建坤，2016）。这些都对气候变化科学认知有极大要求。

第三，国内应对气候变化的新形势出现了新的热点：一是生态文明理论提升到新的高度，应对气候变化从"要我做"变成"我要做"，生态文明建设与气候容量等密切关联。二是经济新常态下，经济增速放缓。三是环保措施空前严格，特别是大力开展雾霾治理，与减排温室气体产生巨大的协同效应。四是气候变化造成的灾害在强度和频率上不断趋强趋频，科学认识极端气候变化规律和风险是适应气候变化的重要基础。五是应对气候变化的各种政策措施不断创新发展。碳市场从无到有，在试点基础上全国碳市场启动。这些政策实施要充分考虑各地气候特点（杜祥琬，2018；巢清尘等，2018）。

因此，开展《第四次气候变化国家评估报告》科学认识领域的全面评估，可以从科学上进一步厘清新认识、新进展，系统总结我国气候变化科研最新成果，也可以为国家制定应对气候变化政策、参与气候变化国际谈判提供更好的科学支撑。

1.1.2　国际评估历程

国际上系统开展气候变化科学评估是在 1988 年，IPCC 通过汇总分析全球范围气候变化领域的研究成果，提出科学评估结论和政策建议。IPCC 第一次评估报告（FAR）于 1990 年发布，直接推动 1992 年联合国环境与发展大会通过了旨在控制温室气体排放、应对全球气候变暖的第一份框架性国际文件《联合国气候变化框架公约》（UNFCCC）。1995 年发布的 IPCC 第二次评估报告（SAR）为 1997 年《京都议定书》（*Kyoto Protocol*，简称《议定书》）的达成铺平了道路。基于对区域气候变化科学信息认识的深化，在 IPCC 第三次评估报告

---

① World Climate Research Programme Strategic Plan 2019-2028. https://www.wcrp-climate.org/images/documents/WCRP_Strategic_Plan_2019/WCRP-Strategic-Plan-2019-2028-FINAL-c.pdf.

（TAR）中适应议题被提高到了和减缓并重的位置。2007年发布的IPCC第四次评估报告（AR4）为 2℃被作为应对气候变化的长期温升目标奠定了科学基础。2014 年完成的 IPCC 第五次评估报告（AR5）进一步明确了全球气候变暖的事实以及人类活动对气候系统的显著影响，为巴黎气候变化大会顺利达成《巴黎协定》奠定了基础。IPCC 第六次评估报告将进一步提供关于当前气候变化状况和趋势、长期气候与未来发展以及气候变化下的近期响应信息，为2023 年首次全球盘点提供信息。

由国际科学认知发展可以看到，一是大量和多种观测资料证实，近百年全球气候系统变暖的事实越来越清晰，尤其是近 50 年更明显，变暖在千年都是明显的。对气候变暖的认识逐渐从大气圈扩大到气候系统五大圈层，认知结论不断深化，不确定范围逐渐缩小。二是人类活动是导致 20 世纪中叶以来全球变暖的主要原因的结论不断得到强化。缘于观测资料的改善、模式的进步以及检测归因方法的发展，对检测归因的认识逐步从温度的检测归因发展到海平面高度、积雪等气候系统要素及极端气候事件变化的检测归因，分辨率从全球尺度发展到区域尺度。三是越来越多的气候模式参与研究并考虑人类排放继续增加，一致预估 21 世纪全球气候系统将继续变暖，很可能热浪频率增大、持续时间加长、强度加强并且未来变暖的程度主要取决于全球 CO_2 累积排放量（赵宗慈等，2018；巢清尘等，2014）。

1.1.3　国际上主要国家的科学评估

国际上有不少国家开展气候变化国家评估，主要包括综合性气候变化评估和专题性气候变化评估两种类型，美国、英国的报告分别为两种类型的代表，并且其科学基础大多与影响适应和减缓融合在一起阐述。美国在 2000 年发布了第一次气候变化国家评估报告《气候变化对美国的影响：气候变率与变化的潜在后果（基础报告）》，报告评估了人类引起的全球气候变暖对美国的潜在影响。美国于 2009 年发布第二次气候变化评估报告《全球气候变化对美国的影响》，重点评估了气候变化对美国的农业、卫生、水资源以及能源部门的影响。美国 2014 年的《全球气候变化对美国的影响》报告发布，称气候变化所带来的"破坏性"影响正波及美国各地及其主要经济部门，并可能在未来几十年变得更加严重。美国 2017 年底发布的《第四次气候变化国家评估报告》的"气候科学特别报告"，进一步强化了对气候系统过去、现在和未来变化的科学理解。该报告回答了普遍关注的一些科学问题，如 1998 年之后被认为的全球温升"停滞"或"趋缓"说，以及极端事件，特别是复合极端事件造成的风险。该报告紧扣《巴黎协定》目标，既讨论了温升 2℃的后果，也讨论了温升 1.5℃的后果，还强调了减少短寿命气体与温室气体减排的协同效益。该报告还基于各国提交的自主贡献目标承诺，强调即使各国完成承诺，21 世纪末全球温升仍将达到 2.6~3.1℃，并且预估尚未考虑美国退出《巴黎协定》可能引发其他国家减缓行动带来的影响（Wuebbles et al.，2017）。

英国是世界上第一个开展气候变化立法实践的国家。2008 年以来，其共发布有关适应、碳收支和政策等气候变化评估报告 50 余项。综合来看，全国性的评估报告 36 项，其中有关减排的有 27 项，有关适应的有 9 项。另外，还针对北爱尔兰、威尔士和苏格兰发布地方报告 12 项。英国的气候变化评估报告的科学基础内容往往和影响、适应结合在一起。2018 年，英国发布了《第二次国家适应计划 2018—2023》，强调了洪水和沿海变化对社区、商业和基础设施造成的风险，高温对健康、福祉和生产力造成的风险，农业、能源和工业部门公共供水短缺造成的风险，自然资产（包括陆地、沿海、海洋和淡水生态系统，土壤和生物多样性）造成的风险，国内和国际粮食生产与贸易造成的风险，新型和新出现的病虫害以及侵入性物种影响人类、植物和动物的风险等，并提出了相应的行动建议。

总体而言，美国组织的综合性气候变化评估报告的内容全面、系统，但更新较慢，通过向政府和国会报告的形式影响决策，其对政策的影响效率稍低。评估报告主要由专家、政府部门完成，地方政府参与度较低。英国发布的专题性气候变化评估报告，选题灵活、内容时效性较好，形成的气候变化评估报告直接支撑政府形成决策与政策，具有较高的转化效率。英国气候变化委员会统一开展中央、地方气候变化评估报告编制工作，对议会、地方议会负责，地方政府的参与程度较高（巢清尘等，2018）。

1.1.4 中国的科学评估历程

中国属于率先开展气候变化国家评估的发展中国家。2002 年 12 月由科技部、中国气象局和中国科学院联合牵头组织编写了我国第一部《气候变化国家评估报告》，并于 2006 年 12 月正式发布，报告关于气候变化的科学认识部分主要阐述了中国气候变化基本事实与可能原因，对 21 世纪的全球与中国气候变化趋势做出预估，同时分析了气候变化科学研究中的不确定性，提出了有待解决的主要科学问题。

2011 年发布的《第二次气候变化国家评估报告》以满足国家应对气候变化内政外交需求为目标，突出了中国特色。报告丰富了中国气候变化与东亚和全球气候变化的联系，现代极端气候事件的变化、历史气候变化，大气成分变化与碳氮循环与气候变化等几方面的内容，按照气候系统的概念新增了对冰冻圈变化和陆地水循环与近海变化的分析评估，增加了对气候变化问题的科学性和不确定性的评估，首次预估分析了中国区域未来气候变化，报告内容更加具有全面性、综合性和权威性。

2015 年发布的《第三次气候变化国家评估报告》，从内容和框架上多有创新，包含了最新的气候变化科学研究成果，如中国陆地百年升温幅度 0.9~1.5℃，首次涉及了中国区域气候变化的归因分析，增加了对冰冻圈-水循环-大气环流与区域气候异常、海洋对气候变化的作用、陆地生态系统变化及对气候变化的影响、极端天气气候事件变化、亚洲季风变化等方面的分析评估等，并专题分析了气候变化及气候预测、预估的不确定性。

1.2 科学评估气候变化的指标体系

1.2.1 气候科学的基本概念与表征气候系统变化的指标体系

传统的气候概念是指某一地区多年的天气和大气活动的综合状况（平均值、方差、极值概率等）。气候系统是由大气圈、水圈、冰冻圈、岩石圈和生物圈及其之间的相互作用共同构成的，它是一个复杂的有机整体，是相互关联、具有自身调节机制的系统（吴国雄等，2014）。在一定的外部强迫驱动下，各大圈层通过气候系统内部的大气、海洋、水文、冰冻圈和陆表过程相互关联，其物理、化学和生物特性等在不同的时空尺度内发生变化。

气候变化是指气候系统状态在数十年或百年甚至更长时间尺度上的变化，而且这种变化可以通过其特征的平均值和/或变率的变化予以识别。表征气候特征或状态的参数称为气候要素或变量，如气温、降水、风、地面气压等。基于气候系统多源观测资料和再分析资料集，构建定量化指标体系以表征气候系统状态及其历史变化（图 1.1），是定量化、全方位表述气候系统的物理状态与地球能量平衡和碳循环、水循环过程，以及全面评估全球、区域和国家尺度气候变化科学事实的依据。

自《第三次气候变化国家评估报告》以来，气候科学界进一步丰富和发展了气候状况指标，以表征气候系统各大圈层的状态及变化。关于全球气候观测系统（GCOS），于 2016 年

图 1.1　气候系统组成及多圈层相互作用（据 WMO 改绘，2019）

发布新的实施计划，新增高空闪电、海水氧化亚氮、海洋生境、陆地表面温度和人类活动温室气体通量 5 项基本气候变量（ECV）（Bojinski et al.，2014），并将基本气候变量优化整合为 55 项（GCOS，2016）。为便于公众了解气候系统变化的关键信息，世界气象组织（WMO）遵循实用性、代表性、可溯源、时效性和完整性等原则，根据 55 个 GCOS 基本气候变量制定了气候变化关键指标清单，其中包括地表温度、海洋热含量、大气二氧化碳浓度、海洋酸度、海平面、冰川物质平衡及北极和南极海冰范围共 7 项指标。

极端天气气候事件因其高影响和高致灾性，是气候变化科学研究（Sophie et al.，2017）和 IPCC 系列评估报告所关注的焦点（O'Neill et al.，2017）。世界气象组织气候委员会（CCl/WMO）以及 WCRP 气候变率及可预测性计划（CLIVAR）的气候变化监测、检测和指数联合研究小组（ETCCDI）采用降水和气温数据研制了极端事件指数集，从强度、频率和持续时间多方面表征极端天气气候事件变化特征，为开展全球和区域极端气候事件研究及其风险评估奠定基础。此外，为准确认识气候系统变化事实及其影响，降水、除二氧化碳以外的温室气体浓度、积雪面积、地球大气层顶的能量平衡（Schuckmann et al.，2016）、热带气旋生成个数及全球热带气旋累计能量（WMO，2019）等也是评估气候变化的重要指标。

1.2.2　各种指标的应用和综合比较

科学界所构建的表征气候系统关键物理、化学及生物学特性变化的指标体系均可从不同时空尺度为气候系统一致性变暖提供重要佐证，反映气候系统多圈层变化的基础信息，充分证实了近百年来的气候变暖是全球性的、系统性的变化，有效支撑气候变化科学研究及评估工作。例如，前述气候变化关键指标清单现已广泛应用于世界气象组织关于全球气候状况声明和欧盟委员会（EC）《欧洲气候状况报告》等国际组织与机构的年度报告、气候变化科学传播，同时可为国际应对气候变化行动和政府决策提供气候系统变化的关键信息。

区域或国家尺度的气候变化指标是揭示区域气候变化事实及特征、开展国家气候变化科学评估工作的基础，同时可为区域协作应对气候变化行动以及国家适应与减缓气候变化政策制定提供重要支持（Hansen and Sato，2016）。美国环境保护署于2016年出版第四版美国气候变化指标集（Environmental Protection Agency，2016），其定位于向政府决策和公众提供与气候变化相关的信息服务（Perkins et al.，2017），该指标集包括六类（温室气体、天气和气候、海洋、冰雪、人体健康和社会、生态系统）共37项，以全面认识美国及全球气候变化科学事实以及气候变化对国家社会经济和生态环境所产生的影响。就中国区域而言，也已构建气温、降水、极端事件、沿海海平面、典型山地冰川物质平衡、物候期、季风环流指数等系列指标，从而反映中国气候变化的区域特征及其与同期全球气候系统整体变化的对应关系。本部分评估内容涵盖前述全部7项气候变化关键指标，基本涵盖气候系统多圈层的关键气候要素。

同时，在评估过程中综合集成分析不同来源的信息，开展多项气候变化指标的综合比较，掌握多圈层气候要素间的关联性及其协同变化规律，可提升对气候系统整体变化的认知程度，准确把握气候系统的变化趋势、变幅、阈值等信息。而对于同一指标在多个空间尺度上的变化而言，通过将不同研究机构与学者采用多种资料来源、不同技术方法和从研究角度，所得到的研究或评估结果开展比较分析，既能相互印证，也可获取相关研究或评估结论的一致性与不确定性信息。此外，协调参考期和基准线是开展多项气候变化指标综合分析所需高度关注的问题。

总体而言，目前科学界已建立能够全面表征全球及区域尺度气候变化科学事实的指标体系，且不同指标的变化具有相当高的可比性，所反映的气候系统综合状况及演变信息也大多能互为补充和验证，并且与气候系统变化的基础理论高度符合，从而使学术界能够更加清晰地认知气候变化的自然科学内涵，并为后续深入研究关键气候变化科学问题，带动相关基础理论创新和服务于全球气候治理实践行动奠定基础。

1.3 气候变化观测手段、资料和方法的进展

1.3.1 观测手段

随着观测手段的不断发展、观测和再分析，全球大气领域的观测近十年来继续稳步提升，已由传统的地面观测逐步实现地、空、天立体化观测。地面气象观测网络所提供数据的数量和质量、时空分辨率均继续提升，观测标准明确，开放数据的交流共享几乎覆盖所有的观测变量。海洋领域的观测网络快速发展，新技术的应用推进了观测数据的自动收集，但已建观测网仍有局限性和部分问题，总体结构有待于进一步改进。陆地领域的观测仍未打破传统的空间范围限制，不同国家间的观测标准和方法不一，数据的交流共享没有取得明显进展；卫星遥感观测已可提供全球覆盖、较高质量的陆面要素产品，并且开放数据的可获取性得到提升；全球冰川和多年冻土观测网络取得明显进展，关键水文变量的观测标准、方法和数据交换协议等方面得到发展[①]（GCOS，2016）。

---

① 王朋岭, 聂羽, 巢清尘. 2016. 全球气候观测系统的过去、现在和未来. 应对气候变化报告(2016): 《巴黎协定》重在落实: 70-73.

气象与气候要素的使用也更加注重组合的应用。GCOS 秘书处于 2016 年发布了新的实施计划（IP-16），将适应和减缓气候变化及其区域影响纳入 GCOS 的职责范围，最终将建立高效运行、协调发展的综合气候观测系统，以支持气候服务。IP-16 更加重视支撑气候变化的适应与减缓以及风险分析方面的气候指标观测，加强对全球能量循环、水循环和碳循环的协调观测，在传统气候变量基础上增加了对圈层间相互作用通量的观测，如海-气和陆-气潜热通量、海-陆碳通量、海洋营养物等。

我国目前已建成体量庞大的气象观测站，形成了由 6 万多个地基的气象观测台站以及 9 颗在轨运行的气象卫星组成的功能丰富的综合气象观测网，基本实现了气象观测的全方位立体化。

1.3.2　资料进展

随着观测手段和计算能力的提升，EC 和美国国家环境预报中心（NCEP）等先后对其再分析资料进行了改进与提升。通过改进 ERA-40 中使用的大气模式和同化系统，EC 开发了第三代再分析资料 ERA-Interm，资料时段覆盖 1979~2018 年。该资料改进了 ERA-40 中的一些不准确之处，如消除或显著减少从 20 世纪 90 年代初开始的海洋上强降水以及平流层中的布鲁尔-多布森环流等。与 ERA-40 相比，ERA-Interm 在高空间和时间的多指标上更为完善，在低频可变性和平流层环流上也均有改进和改善（Dee et al.，2011）。但该资料也存在一些不足，如海洋上空水循环（降水、蒸发）太剧烈；与无线电探空仪相比，北极地区的温度和湿度低于 850hPA 的正偏差和不捕捉低级反转等。从 2019 年起，ERA-Intermediate 的下一代 ERA5 计划投入使用。ERA5 资料从 1979 年开始，最终将延长到 1950 年。它将提供每小时从地面到 0.01hPa 地区的水平分辨率为 31km 共 137 个垂直分层的大气变量的估计值。

MERRA 是由美国国家航空航天局全球建模和同化办公室（GMAO）完成的全球大气再分析资料集。当前，MERRA 已经被 MERRA-2 所取代（Gelaro et al.，2017）。MERRA-2 包括 MERA 没有覆盖的 2010 年至今的卫星资料，并在数据同化、模型和观测系统方面均有许多改进和更新，如气溶胶观测的同化，包括黑碳和有机碳、硫酸盐和灰尘。作为全球卫星时代的全球再分析资料，MERRA-2 纳入了痕量气体成分（平流层臭氧），改善了地表特征和冰冻圈过程等气候系统的内容，它吸收了对气溶胶的天基观测，并反映了气溶胶与气候系统中其他物理过程的相互作用。

我国首套再分析资料由国家气象信息中心于 2013 年底牵头启动研发。CRA-40（CMA's Global Atmospheric ReAnalysis，1979~2019 年）是我国自主研制的第一代大气再分析产品（廖捷等，2018）。CRA-40 的全球常规观测资料准备工作以提高地面、高空、飞机、海洋等基础气象资料的质量及其应用能力为核心，重点解决国内自主研制的基础数据集和最新收集的多来源国外观测资料的整合、质量控制等问题，力争提高全球大气再分析常规气象资料的同化应用水平。我国全球大气再分析 CRA-40 计划的总体目标是制作四个 40 年数据集，其中，原始观测数据集是再分析数据集、同化反馈数据集、再分析不确定性数据集的基础（王旻燕等，2018）。针对 40 年全球大气再分析（CRA-40）需求，国家气象信息中心从 2015 年开始启动全球常规资料预处理工作。以 CFSR 同化输入常规观测资料为主要数据源，收集和整理多个国家和机构最新释放的全球观测数据集或归档的原始观测报文，完成了多源观测资料的整合。相对于国际已有再分析产品，CRA-40 同化应用的全球常规资料在中国及周边地区的地面、高空、海洋和飞机观测方面的数据量明显提升。偏差订正后中国探空温度在平流层的负偏差减弱，全球探空温度相对于 ERA-Interim 的均方根误差（RMSE）在垂直各层总体减小。剔除黑名单①对应观测数据可提高全球常规观测资料的整体质量。此外，CRA-40 再分析产品研制新增了 2006 年以来部分飞机观测湿度的同化。

1.3.3 集合模式和排放情景

AR5 之后，气候模式进入耦合模式比较计划第六阶段（CMIP6）。为了更好地服务于新出现的各类科研需求，CMIP6 在原有的模式架构上进行了改进（Eyring，2016）。目前，CMIP6 主要由三个部分组成：①一些常见的实验，DECK（Klima 的诊断、评估和表征）和 CMIP 历史模拟（1850 年至现在），这些实验将保持连续性，并有助于记录 CMIP 不同阶段模型的基本特征；②通用标准、协调、基础设施和文档有助于模型输出的分发和模型集合的特征描述；③CMIPOuted 模型相互比较项目（MIPs）的集合，将针对 CMIP 的特定阶段（现在的 CMIP6），并将建立在 DECK 和 CMIP 历史模拟的基础上，以解决大范围的特定问题，并填补之前 CMIP 阶段的科学空白。CMIP6 的核心是生物地球化学强迫和反馈（赵宗慈等，2016），主要包括以下方面：①云、环流和气候敏感性；②冰冻圈的变化；③气候极值；④区域气候信息；⑤区域的海平面上升；⑥水的有效性；⑦生物地球化学强迫和反馈。在 CMIP6 中，未来气候变化预估的排放情景部分除了之前所用的典型浓度路径（representative concentration pathways，RCPs）外，将同时采用共享社会经济路径（SSPs）（Riahia et al.，2017）。

1.4　中国气候格局及其独特性

中国地处北半球的东亚地区，最北端起自 53°31′N，最南端至 4°15′N，最东达 135°5′E，最西至 73°40′E；背靠世界上最大的陆地——欧亚大陆，东临世界上最大的海洋——太平洋，且在西南耸立着世界上最大的高原——青藏高原；境内地势呈显著的三大阶梯状分布，地形复杂，下垫面多样。全球大气环流系统与这些独特的地理环境因素相互作用，使得中国气候极具特殊性，形成了"季风、干旱、高寒"并存的区域分异格局，包括寒温带、中温带、暖温带、北亚热带、中亚热带、南亚热带、边缘热带、中热带、赤道热带、高原亚寒带、高原温带、高原亚热带共 12 个主要温度带；湿润、半湿润、半干旱、干旱 4 种干湿类型。丰富的温度带与干湿气候类型又与垂直气候分异类型相结合，使得中国境内的气候纷繁复杂、类型多样，最新的区划（郑景云等，2013）将中国气候划分为 56 个气候区（图 1.2）。从气候分异的总体格局看，东部（包括位于西南的云、贵、川、渝）为季风气候；西北部为半干旱、干旱气候；青藏高原为高寒气候。

1.4.1　东部季风气候区

东部季风气候区大致位于黑龙江黑河至云南腾冲一线（简称"腾—黑"线，也称"胡焕庸"线，参见"知识窗：'胡焕庸'线"）以东地区，北至东北的黑龙江漠河，南至海南省的南沙群岛。年平均气温基本呈纬向分布，最北处约为–4℃，最南端达 25℃以上；冬季南北温差大（近 50℃），夏季南北温差小（仅约 10℃）。年降水跨度介于 400~2000mm，但主要集中在夏季或夏半年；其中 40°N 以北的东北地区大致呈东高西低的经向分布，其他地区除受地形影响外，大致呈南高北低的纬向分布。由于控制这一地区（除广布在南海的海岛全年受热带环流系统控制外）的基本气流在冬夏明显不同，冬季主要受北半球强大的西风带环流系统

---

① 黑名单指资料同化过程中对观测资料一直有问题的站点剔除不用而产生的列表，一般多用于探空资料，此名单也会随着对观测站长时间监控等方法校准而发生变化.

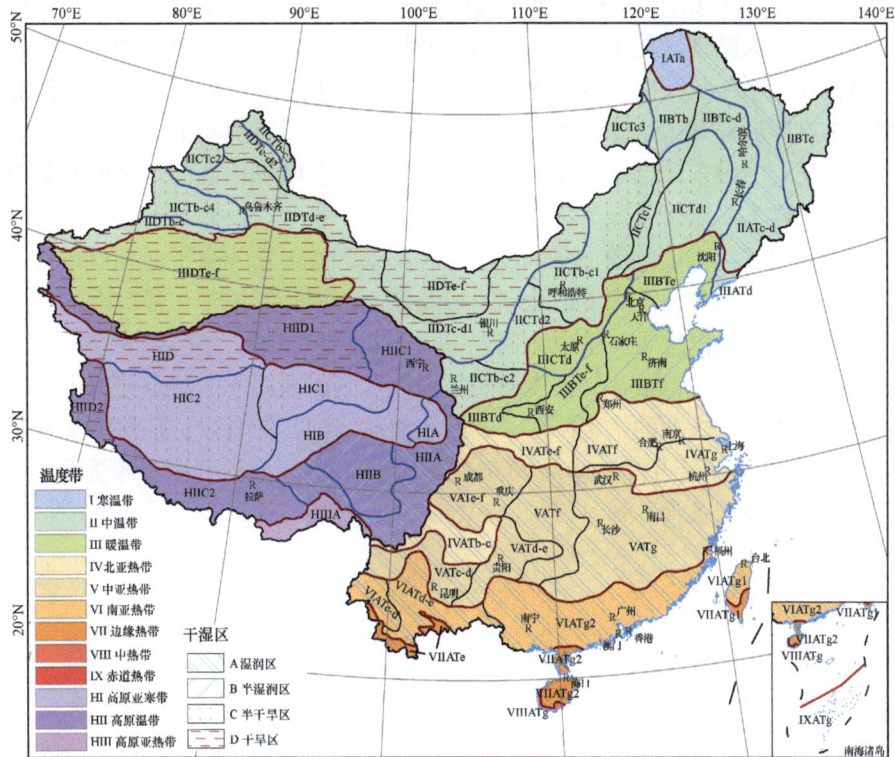

中国气候（1981—2010年）区划简表

I 寒温带
IA 寒温带湿润区
IATa 大兴安岭北部气候区
II 中温带
IIA 中温带湿润区
IIATc-d 小兴安岭与长白山气候区
IIB 中温带半湿润区
IIBTc 三江平原及其以南山地气候区
IIBTc-d 松辽平原气候区
IIBTb 大兴安岭中部气候区
IIC 中温带半干旱区
IICTd1 西辽河平原气候区
IICTc1 大兴安岭南部气候区
IICTb-c1 呼伦贝尔平原气候区
IICTb-c2 内蒙古高原东部气候区
IICTd2 鄂尔多斯高原与东河套气候区
IICTb-c3 黄土高原西部气候区
IICTb 阿尔泰山地气候区
IICTc2 塔城盆地气候区
IICTb-c4 天山山地与伊犁谷地气候区
IID 中温带干旱区
IIDTc-d1 内蒙古高原西部、西河套与河西走廊气候区
IIDTe-f 巴丹吉林与腾格里沙漠气候区
IIDTd-e 准噶尔盆地气候区
IIDTc-d2 萨吾尔山、额尔齐斯谷地气候区
IIDTb-c 天山南麓气候区
III 暖温带
IIIA 暖温带湿润区

IIIATd 辽东低山丘陵气候区
IIIB 暖温带半湿润区
IIIBTe 燕山低山丘陵与辽东半岛气候区
IIIBTf 华北平原与山东半岛气候区
IIIBTe-f 汾渭平原山地气候区
IIIBTd 黄土高原南部气候区
IIIC 暖温带半干旱区
IIICTd 黄土高原东部与太行山地气候区
IIID 暖温带干旱区
IIIDTe-f 塔里木与东疆盆地气候区
IV 北亚热带
IVA 北亚热带湿润区
IVATf 大别山与苏北平原气候区
IVATg 长江中下游平原气候区
IVATe-f 秦巴山地气候区
IVATb-c 黔西北、川西南、滇北高原气候区
V 中亚热带
VA 中亚热带湿润区
VATg 江南丘陵气候区
VATf 湘鄂西山地气候区
VATd-e 贵州高原山地气候区
VATe-f 四川盆地及其东南山地气候区
VATc-d 滇中山地气候区
VI 南亚热带
VIA 南亚热带湿润区
VIATg1 台湾北部山地平原气候区
VIATg2 闽粤桂低山平原气候区
VIATd-e 滇中南山地气候区
VIATc-d 滇西南山地气候区

VII 边缘热带
VIIA 边缘热带湿润区
VIIATg1 台湾南部山地平原气候区
VIIATg2 琼雷低山丘陵气候区
VIIATe 滇南山地气候区
VIII 中热带
VIIIA 中热带湿润区
VIIIATg 琼南低地与东、中、西沙诸岛气候区
IX 赤道热带
IXA 赤道热带湿润区
IXATg 南沙群岛气候区
HI 高原亚寒带
HIA 若尔盖高原亚寒带湿润区
HIB 果洛那曲高山谷地高原亚寒带半湿润区
HIC1 青南高原亚寒带半干旱区
HIC2 羌塘高原亚寒带半干旱区
HID 昆仑山高原亚寒带干旱区
HII 高原温带
HIIA 横断山脉东、南部高原温带湿润区
HIIB 横断山脉中、北部高原温带半湿润区
HIIC1 祁连青东高山盆地高原温带半干旱区
HIIC2 藏南高山谷地高原温带半干旱区
HIID1 柴达木盆地与昆仑山北翼高原温带干旱区
HIID2 阿里山地高原温带干旱区
HIII 高原亚热带
HIIIA 东喜马拉雅南翼高原亚热带湿润区

图 1.2　中国气候区划（1981~2010 年）

（特别是位于亚洲内陆腹地的西伯利亚冷高压和亚洲大陆东岸的低压槽）控制，盛行西、北风，使得来自高纬度大陆地区的干冷气流可以不断地袭击中国。夏季则主要受副热带高压、印度低压与热带环流系统的共同影响，盛行南（包括西南和东南）风；且其距海洋相对较近，使其不断得到来自印度洋和太平洋的暖湿气流输送。因此，具有典型的"干冷同期、雨热同季"季风气候特征。中国东部这一气候特征与除北美东部及欧洲中高纬地区外的北半球同纬度其他地区夏季气候大多温暖干燥的特点迥然不同（丁一汇等，2013）。

中国东部季风气候区南北约跨 5500km，区内平原、低山丘陵交错，且分布有中、亚高海拔山地，因此气候类型多样。其中最北端的黑龙江漠河属于寒温带，最南端的南沙群岛属于赤道热带，共跨越 9 个温度带，主体为南、中、北亚热带和暖、中温带 5 个；多数地带气候湿润，仅暖温带呈半湿润特征。气候类型的多样性及其雨热同季的特点使得中国成为世界上复种指数最高的国家和主要的水稻产区。中国东部这一独特的气候特征保障了我国仅用约占世界总量 7.0%的耕地养活占世界总量 20.0%以上的人口，为中国的社会经济发展，特别是农业生产提供重要的资源条件（郑景云等，2015）。

知识窗

"胡焕庸"线

中国地理学家胡焕庸先生在研究"中国人口之分布"（发表于 1935 年的《地理学报》）时，首次提出中国人口密度地理分布差异分界线。该界线起自黑龙江瑷珲（今黑河市爱辉区），沿东北走向西南，至云南腾冲，因而也常称"腾—黑"线或"腾—爱"线。这一界线揭示了当时中国东南半壁与西北半壁人口密度存在巨大差异的特征，即该线东南方 36%的国土居住 96%的全国人口，而西北方 64%的国土，其人口却仅占全国的 4%。这一人口分布的巨大差异实质上是中国境内气候与地理环境（特别是地形）差异的直接反映。因为这一分界线与中国东部季风气候区和西北干旱、青藏高寒气候区的分界线基本一致，其北段大致与年降水量 400mm 的等值线吻合，南段则与青藏高原东沿边界基本一致；是中国气候与自然地理三大区域分异的主要界线。该线东南为季风气候，自古以来，农耕经济发达；以北、以西区域分别为干旱气候和高寒气候，自古以来以游牧经济为主。至 21 世纪，尽管这一分界线两侧的耕地、人口与经济巨大差异已略有缩小，但其差异仍悬殊。据国土资源部 2008 年土地利用变更调查数据统计：位于该线西北半壁的耕地占全国耕地的 23.64%；而东南半壁则占全国耕地的 76.36%。最近一次（2010 年）的全国人口普查资料统计显示，西北半壁人口占全国的 5.59%，东南半壁占 94.41%；同年西北半壁的 GDP（国内生产总值，以当年价计算）占全国的 5.67%，东南半壁占 94.33%。

1.4.2 西北半干旱-干旱气候区

该区大致位于"腾—黑"线以西、青藏高原以北的内陆区域，主要包括内蒙古大部，山西、陕西北部以及甘肃、宁夏、新疆等地，地形复杂，高山与平原、盆地相间。年平均气温为 0~16℃，除南高北低外，等温线多因地形影响而呈闭合圈；年降水量最少的地区低于 50mm，最大者不足 400mm（丁一汇等，2013）。这里大多数地区冬夏季均受西风带的干冷与干暖气流主控，夏炎冬冷，降水稀少，常年干燥，但风能和太阳能资源丰富。全区气候类型相对单一，主要为中温带干旱大陆性气候；新疆南部更为温暖，故为暖温带干旱气候；仅东南侧的内蒙古高原、黄土高原西北部地区在盛夏季节受夏季风影响，年降水可达 250~400mm，呈半干旱气候，其中仅内蒙古高原主要为中温带半干旱气候，黄土高原西北部属于暖温带半干旱气候。但受地形影响，在高山的迎风坡通常也存在显著的降水集中带，且在祁连山、天山等高山有冰川发育，为山前绿洲和河流提供重要水源。因此，这里除东南侧的农牧交错带有较多农业区外，大多数地区以牧业和绿洲农业为主，是我国重要的瓜果、长绒棉和牧业基地。但受水资源所限，其社会经济发展主要依水而定（郑景云等，2015）。

1.4.3　青藏高寒气候区

青藏高原主体平均海拔达 4000m 以上，相当于对流层的 1/3，气候寒冷，年及各月平均气温均显著低于同纬度的其他地区，年平均气温最低者为−5℃以下，最高者也仅在 10℃ 左右，等温线随海拔变化呈闭合圈分布；年降水量最少的地区不足 50mm，最大者可达 800mm 以上，主要受地形影响（丁一汇等，2013）。因气候寒冷，该区发育有大量冰川，造就了世界上中低纬度地带分布最广、厚度最大的冻土区，且积雪的季节差异和年际变率也极大。高大地形造成的盛行气流爬升、下沉和背风坡的气流波动等，直接导致这里气候的垂直差异和多样性；形成了高原寒带、高原温带、高原亚热带 3 个温度带以及湿润、半湿润、半干旱、干旱 4 种干湿类型；造就了 12 个独特的高原气候区（郑景云等，2013）。由于该区气候寒冷，且变率大、无霜期短，只有少数地区可种青稞等作物，因此该区以牧业为主。该区空气密度小，气压低，含氧量少，太阳辐射强，风速大，因此太阳能和风能资源也极为丰富（郑景云等，2015）。此外，青藏高原对高空气流有明显的动力和热力作用，不但导致高原季风的形成，还强烈影响其上空和邻近地区的大气环流，加强中国东部由海陆热力差异所驱动的季风环流。冬季，巨大的高原使冬半年北半球中低纬盛行的西风气流经过这里时被切割为南北两支，从而给其以东的江南地区带去了较同纬度其他地区更多的"雨雪"；在夏季，高原则直接阻挡了夏季风气流的北进，加剧了其北侧干旱区的干旱程度。因此，青藏高原地-气系统的任一要素异常均可能导致中国许多地区的气候发生变化（丁一汇等，2013）。

此外，中国气候还具有两个显著特点，一是与同纬度其他的地区相比，具有更大的温度年较差和日较差，因而除华南沿海地区和四川盆地等具有海洋性气候特征外，其他广大地区均具有显著的大陆性气候特征。这种广布的大陆性气候给大多数植物和农作物生长发育带来了更大的益处，使得中国的森林分布上限可达 4000m 以上，农作物可以在 3500m 以上的地区生长，且给喜温作物的生长提供了更为有利的条件。二是主要气候要素年际变率大、气象气候灾害多发。由于影响中国气候系统的环流系统（特别是夏季）相对复杂，因此与同纬度其他大部分地区相比，中国气候具有较大的变异性，主要气候要素也具有更大的年际变率；这使得极端天气气候的发生频率更高，强度更显著，气象气候灾害更易多发、群发（郑景云等，2015）。

1.5　本部分评估范围和特点

本部分将全面总结《第三次气候变化国家评估报告》以来，对气候变化科学问题的新研究、新进展和新认识。进一步加深对气候变化的事实、归因和未来趋势及气候系统相互作用机理的认识，以便更深刻地理解气候变化的影响，促进气候变化适应研究，提出更有针对性的气候变化应对策略。

本部分将采用 IPCC 中定义的气候变化的概念，但也将人类活动导致的气候变化与自然因素导致的气候变率有所区分。

对于评估结论，有些章节给出了信度水平，但在本次报告中未做统一要求。

知识窗

不确定性的处理方法

本报告采用 IPCC 第五次评估报告关于主要结论的不确定的处理方法"Guidance Note for Lead Authors of the IPCC Fifth Assessment Report on Consistent Treatment 19 of Uncertainties"，基于两个方面给出其确定性程度，即定性表述的信度和用概率来量化表述的可能性。某一发现有效性信度的基础是证据的类型、数量、质量和一致性（例如，对机理的认识、理论、数据、模式、专家判断）及证据的一致性程度。某一发现不确定性概率的定量估计是基于观测或者模式结果的统计分析或者专家判断。在合适的情况下，对作为事实陈述的某些发现不使用不确定性语言。

本报告使用"有限""中等"或"确凿"描述证据的有效性；使用"低""中"或"高"来描述证据的一致性程度。对于某一成果或结果的信度水平使用"很低""低""中等""高""很高"来描述，信度水平通常用斜体表示，例如，"*中等信度*"。对证据和一致性及其和信度的关系进行了简要说明。对于某一给定的证据，可以赋予其不同的信度水平。随着证据增多、一致性程度提高，相应的信度水平也提高。

本报告中，对于某一成果或者结果的可能性使用几乎确定（99%~100%的概率）、很可能（90%~100%的概率）、可能（66%~100%的概率）、或许可能（33%~66%的概率）、不可能（0~33%的概率）、很不可能（0~10%的概率）、几乎不可能（0~1%的概率）来描述。还可酌情使用其他术语，例如极可能（95%~100%的概率）、多半可能（50%~100%的概率），以及极不可能（0~5%的概率）来描述。可能性的评估均采用斜体字，如*很可能*。

1.5.1 本部分的评估范围

本部分的评估范围为 2015 年以来，科学界所发表的经过同行专家评议的气候变化科学领域的学术论文、报告、论著等，包括观测到的气候系统变化、全球和中国的气候变化特征、气候变化检测归因、未来中国气候变化和极端气候事件的变化趋势、温室气体与气溶胶的气候和环境效应、土地覆盖变化及其气候效应、海洋与中国气候变化、陆地水循环与中国气候变化、亚洲季风系统变化与中国气候变化、干旱半干旱气候变化、南北极和青藏高原对中国气候变化的响应，以及全球气候系统变化在中国响应的区域差异、气候敏感度和气候阈值等。

1.5.2 本部分评估的特点

本部分在结构和内容上与前三次气候变化国家评估报告相比有更多变化。结构上按照大尺度气候过程，包括气候变化事实、原因和未来趋势，气候变化的驱动力和响应，以及支撑适应和减缓三大板块展开，区别于以往主要依时间从过去到未来的次序。内容上重点突出《第三次气候变化国家评估报告》尚未认识到的新观点、理论及进展，分析总结对适应、减缓及政策应用（或公众）有支撑意义的科学问题，如对中国大气环境的变化、中国重大极端气候事件的检测归因、土地覆盖变化与生态工程及其气候效应分析等，并且按照中国三大自然区（东部季风区、西部干旱区、青藏高原区）的区域气候特点进行评估，增加了南北极对中国气候和青藏高原对全球气候的响应与反馈评估。

1.5.3　科学认识的新进展

本次评估报告反映了自 2015 年《第三次气候变化国家评估报告》发布以来在科学认知和方法论上的众多进展，主要进展包括以下内容。

百年来全球大气二氧化碳等长寿命温室气体浓度增大及全球气候变暖趋势仍在持续。1998 年以来全球变暖不仅没停滞，反而略有加速。1900 年以来中国气温升高趋势达 $1.56 \pm 0.20℃/100a$，北方更甚；降水总体有所增加（4.2 mm/10a），东南部、西部和东北北部增加趋势明显，但东北南部、华北到西南一带则呈减少趋势。近几十年中国城市化可能导致一些城市站气温观测序列有较大的局地增暖趋势，但对中国整体增暖而言，城市化效应导致的变暖趋势比观测到的变暖趋势小一个量级。20 世纪是中国过去 2000 年历史最暖的百年之一。

中国在人为强迫对高温热浪、低温寒潮和强降水等重大极端事件发生概率的影响研究方面，基本保持了和国际同类研究同步发展的水平。人为强迫非常可能影响了 1960 年以来中国平均气温变化，并对 1960 年以来的极端温度强度、频率和持续时间造成影响。人类活动非常可能增加了中国高温热浪的发生概率，很可能减少了低温寒潮的发生概率。目前对人类活动对强降水长期变化影响的认识尚不深。

中国未来气候变化整体上存在变暖变湿趋势，区域平均气候变化幅度大于全球平均，在 RCP2.6/4.5/8.5 三种温室气体排放情景下，到 21 世纪前期、中期和末期，中国年平均气温将分别上升约 $1.02℃/1.0℃/1.2℃$、$1.45℃/2.07℃/2.84℃$ 和 $1.39℃/2.59℃/5.14℃$，升温显著区域主要在青藏高原和中国东北地区；中国年平均降水在三种排放情景下三个时期将分别增加约 3%/2%/2%、5%/6%/7% 和 5%/9%/13%，平均降水变化的空间结构表现为北方相对变湿，而南方相对变干，青藏高原区域变湿更为明显。中国区域极端气候对全球增温的响应强于平均气候，极端最低温度增幅大于极端最高温度，降水更趋于极端化。

近 40 年大气 CO_2 浓度从 1980 年的 339ppm[①]升高到 2018 年的 407ppm，增加了 68ppm，平均每年升高 1.8ppm。在过去 30 年里，我国陆地生态系统是显著的碳汇，且其大小呈增大趋势，森林固碳量增加最为显著。而在未来 50 年内，中国的陆地生态系统依然具有较大的固碳潜力，在全球碳循环中起到更加重要的作用。未来污染物的减排很可能会导致中国区域出现正辐射强迫，导致气候变暖。气候变化增大我国 $PM_{2.5}$ 的季节平均浓度，且全球变暖导致我国北方冬季重霾污染事件的频次和持续时间增加。

1980 年以来，中国是世界上土地覆盖变化最为剧烈的区域，陆地生态系统固碳量增加。中国土地覆盖变化总体上是城市建设用地面积不断扩张，森林面积和草地面积持续减少，但不同时期和不同区域有较明显的差异。中国陆地生态系统固碳量的增加得益于气候变化以及我国森林和农业管理措施的共同作用。因地制宜而实施的大规模生态恢复工程对改善生态环境和减缓气候变化带来了积极影响。

1958~2018 年，特别是 20 世纪 70 年代末以来，中国近海变暖显著，海表面温度上升幅度和速率均高于全球海洋平均，这与黑潮暖水入侵中国近海陆架的年代际增强密切相关。未

---

① 1ppm=10^{-6}.

来中国近海海表面温度很可能继续上升，且渤海、黄海和东海的升温幅度要高于南中国海。1980年以来，中国沿海海平面上升速率为3.3mm/a，高于全球海洋平均水平，未来仍很可能持续上升。70年代之后，热带太平洋厄尔尼诺信号显著增强，持续时间更持久；1990年之后，中部型厄尔尼诺趋于频发，且对中国气候的影响不同于东部型厄尔尼诺。未来中国近海盐度、环流、强台风和海洋热浪的变化，尤其是海洋的碳源汇、酸化及溶解氧的观测和相关研究仍亟须加强。

1961~2018年，中国降水总量虽然没有出现明显变化，但是各个区域的降水量出现很大的差异，西部降水增加趋势明显，东部长江中下游、东北北部局地、华南局地略有增加，其他地区降水减少。实际蒸散发呈弱增加趋势，在中国东南部呈下降趋势，而在西北干旱区呈上升趋势。中国地表径流总量总体上呈减少趋势，其中北方干旱区河流径流量多年来呈现减少的趋势，而位于南方的河流径流量多表现为增加趋势。大范围积雪面积呈明显减小趋势，积雪月份减少，融化期提前；西部冰川整体处于萎缩状态，区域差异大；最大冻土深度逐年减小；1990年以来中国湖泊数量和面积都呈增加趋势。

20世纪90年代末以来，亚洲夏季风爆发日期整体提前；东亚夏（冬）季风在过去半个世纪以减弱为主，但其强度从21世纪初开始有所恢复，中国东部夏季风雨带随之北移，由此造成近期夏季淮河流域降水增多（冬季东亚极端低温事件发生频率有所增加）。南亚夏季风过去半个世纪的减弱趋势一直维持，且从20世纪90年代中开始急剧减弱；未来百年，东亚夏季风环流增强、降水增加，极端降水强度和频率的增加更为显著；南亚夏季风环流有所减弱，但是其降水有所增加，亚洲季风两个子系统呈现出不同的变化特征。

过去近百年干旱半干旱区表现出最为显著的增暖，不同气候区的温度变化存在显著区域差异，北半球中高纬度干旱半干旱地区的增温对全球增温贡献了近50%；过去近百年全球干旱半干旱区变得越来越干，全球重大干旱事件多发生在干旱半干旱地区，且多为年代尺度的气候变化，而降水是年代尺度干旱形成的重要影响因子之一；1948~2008年我国总的干旱半干旱区面积持续增加，其中半干旱区的面积扩张速率最快，达0.588×10^5 km²/10a，干旱区扩张速率次之，为0.165×10^5 km²/10a。在近10年（2009~2018年），中国半干旱区面积扩大了约10%，而极端干旱区面积缩小了约25%。

1979~2018年北极增暖速度约为全球平均水平的2~3倍，9月北极海冰范围以约12.8%/10a的速度快速减小，多年海冰面积占比下降了90%。1950~2018年，南极半岛和西南极升温显著，而南极其他地区气温变化较小。2007~2016年南极冰盖质量损失是1997~2006年的3倍。青藏高原在过去半个世纪以来变暖趋势明显，气温升高比同纬度地区升温幅度大，与人类活动有关的温室气体排放加剧对青藏高原气候变化的影响可能比全球其他地区更显著。

古气候研究显示东亚季风降水在暖期（如中上新世暖期）可能增加，但其他影响我国气候的重要因子，如厄尔尼诺、西风环流、北极海冰等，在古气候中的变化仍具有很大不确定性；基于古气候资料估算的平衡态气候敏感度（ECS）范围与现代气候研究结果类似，为1.5~4.5K，综合多种来源的资料的最新研究，将ECS范围缩小至2.3~4.7K（5%~95%置信区间）；ECS很大程度决定了某一温升阈值下的大气CO_2浓度和相应的碳排放空间，对ECS的约束结果显示其最佳估值约为3K；中国气候的部分区划界线已出现了不同程度的变动，主要经济区（圈、带）和生态脆弱区显著增暖，区域极端事件发生频率呈增加态势，区域差异显著。

未来 20 年，全球温升将达到或超过 1.5℃，气候系统变暖的趋势仍将持续。2020 年 9 月中国宣布了 CO_2 排放力争于 2030 年前达到峰值，努力争取 2060 年前实现碳中和。迄今为止，全球已经有超过 120 个国家和集团以各种方式承诺实现与碳中和有关的目标。即使按照目前承诺均能兑现的情景下，全球温升的变化基本处于 RCP2.6 和 RCP4.5 的情景幅度间。因此，未来中国仍将变暖变湿，高温热浪和强降水等极端事件将频发强发，冰川融化、冻土退化、近海海温变暖以及海平面上升等态势还将持续。反映在区域层面会表现出不同的响应现象。

参 考 文 献

巢清尘, 胡婷, 张雪艳, 等. 2018. 气候变化科学评估与政治决策, 阅江学刊, 1: 28-45.

巢清尘, 周波涛, 孙颖, 等. 2014. IPCC 气候变化自然科学认知的发展. 气候变化研究进展, 10(1): 7-13.

丁一汇, 王绍武, 郑景云, 等. 2013. 中国气候. 北京: 科学出版社.

董亮, 张海滨. 2014. IPCC 如何影响国际气候谈判, 世界政治, (8): 64-83.

杜祥琬. 2018. 低碳发展的理论意义和实践意义. 阅江学刊. 1: 7-16.

何建坤. 2016. 全球气候治理新机制与中国经济的低碳转型. 武汉大学学报(哲学社会科学版), 69(4): 5-12.

廖捷, 胡开喜, 江慧, 等. 2018. 全球大气再分析常规气象观测资料的预处理与同化应用. 气象科技进展, 8(1): 133-142.

王旻燕, 姚爽, 姜立鹏, 等. 2018. 我国全球大气再分析(CRA-40)卫星遥感资料的收集和预处理. 气象科技进展, 8(1): 158-163.

吴国雄, 林海, 邹晓蕾, 等. 2014. 全球气候变化研究与科学数据, 地球科学进展, 29(1): 15-22.

张永香, 巢清尘, 李婧华, 等. 2018. 气候变化科学评估与全球治理博弈的中国启示. 科学通报, 63(23): 2323-2319.

赵宗慈, 罗勇, 黄建斌. 2016. CMIP6 的设计. 气候变化研究进展, 12(3): 258-260.

赵宗慈, 罗勇, 黄健斌. 2018. 回顾 IPCC30nian (1988-2018 年). 气候变化研究进展, 14(5): 540-546.

郑景云, 卞娟娟, 葛全胜, 等. 2013. 1981~2010 年中国气候区划. 科学通报, 58(30): 3088-3099.

郑景云, 郝志新, 尹云鹤. 2015. 中国气候. 见郑度(主编). 中国自然地理总论, 第二章. 北京: 科学出版社.

Allen M, Dube O P, Solecki W, et al. 2018. Framing and context//Masson-Delmotte V, Zhai P, Pörtner H O, et al. Global Warming of 1.5℃. An IPCC special report on the impacts of global warming of 1.5℃ above pre-industrial levels and related global greenhouse gas emission pathways, in the context of strengthening the global response to the threat of climate change, sustainable development, and efforts to eradicate poverty.

Bojinski S, Verstraete M, Peterson T C, et al. 2014. The concept of essential climate variables in support of climate research, applications and policy. Bull Amer Meteor Soc, 95(9): 1431-1443.

Dee D P, Balmaseda M A, Balsamo G, et al. 2014. Toward a consistent reanalysis of the climate system. Bull Amer Meteor Soc, 95(8): 1235-1248.

Dee D P, De Rosnay P, Simmons. 2011. The ERA-Interim reanalysis: Configuration and performance of the data assimilation system. Quarterly Journal of the Royal Meteorological Society, 137(656): 553-597.

Environmental Protection Agency. 2016. Climate change indicators in the United States, 2016. Fourth edition. EPA 430-R-16-004.

Eyring V, Bony S, Meehl G A, et al. 2016. Overview of the Coupled Model Intercomparison Project Phase 6(CMIP6) experimental design and organization. Geosci Model Dev3., 9: 1937-1958.

GCOS. 2016. The Global Observing System for climate: Implementation needs. GCOS-200.

Gelaro R, McCarty W, Suárez M J, et al. 2017. The Modern-Era retrospective analysis for research and applications, Version 2 (MERRA-2). Journal of Climate, 30(14): 5419-5454.

Hansen J, Sato M. 2016. Regional climate change and national responsibilities. Environ Res Lett, 11(3): 1-9.

Howarth C, Painter J. 2016. Exploring the science–policy interface on climate change: The role of the IPCC in informing local decision-making in the UK. Palgrave Communications, 2: 16058.

IPCC. 2012. Guidance Note for Lead Authors of the IPCC Fifth Assessment Report on Consistent Treatment of

Uncertainties. http://ipcc-wg2. awi. de/guidancepaper/ar5_uncertainty-guidance-note. Pdf[2020-4-19].

IPCC. 2013. Climate Change 2013: The Physical Science Basis. Contribution of Working Group I to the Fifth Assessment Report of the International Panel on Climate Change. Cambridge and New York: Cambridge University Press.

IPCC. 2017a. IPCC, Decision of the Forty-sixth Session of the IPCC. https://www.ipcc.ch/site/assets/uploads/2018/04/p46_decisions.pdf[2020-09-10].

IPCC. 2017b. Scoping of the IPCC Sixth Assessment Report (AR6), Background, Cross Cutting Issues and the AR6 Synthesis. http://cache1.nmic.cn/files/521600000072B15C/ipcc.ch/apps/eventmanager/documents/47/040820171122-Doc. %206%20-%20SYR_Scoping. pdf[2020-4-19].

O'Neill B C, Oppenheimer M, Warren R, et al. 2017. IPCC reasons for concern regarding climate change risks. Nat Clim Change, 7(1): 28-37.

Perkins D, Maibach E, Gardiner N, et al. 2017. Most Americans want to learn more about climate change. Bull Amer Meteor Soc, 98(6): 1103-1107.

Riahia K, Van Vuuren D P, Kriegler E, et al. 2017. The Shared Socioeconomic Pathways and their energy, land use, and greenhouse gas emissions implications: An overview. Global Environmental Change, 42: 153-168.

Schuckmann K V, Palmer M D, Trenberth K E, et al. 2016. An imperative to monitor Earth's energy imbalance. Nat Clim Change, 6(2): 138-144.

Sophie C L, Andrew D K, Sarah E P K. 2017. Defining a new normal for extremes in a warming world. Bull Amer Meteor Soc, 98(6): 1139-1151.

Status of the Global Observing System for Climate. 2016. GCOS-195 The Global Observing System for Climate: Implementation Needs, GCOS-200.

WMO. 2019. WMO Statement on the State of the Global Climate in 2018. WMO-No. 1233.

Wuebbles D J, Fahey D W, Hibbard K A, et al. 2017. Executive summary. Climate Science Special Report: Fourth National Climate Assessment. Washington: Global Change Research Program.

第2章 观测到的气候变化

首席作者：严中伟 宋连春 丁永建

主要作者：张华 李庆祥 成里京 康世昌 王根绪 王国庆 曹丽娟 李珍 张颖娴 郭艳君 邹旭恺 袁星 朱晓金 裴琳 方修琦 杨溯 钟歆玥 郭万钦 吴通华 杨瑞敏 徐文慧

摘　要

一个多世纪以来，大气中的二氧化碳等长寿命温室气体浓度增大及全球气候变暖趋势仍在持续。1900 年以来全球大陆平均气温升高速率约 1.0 ℃/100a；降水有所增加，干旱区域也趋于增大。20 世纪 50 年代以来全球极端冷天显著减少，热天显著增多，极端降水增强的区域增大。有记录的 1958 年以来全球海洋上层（2km）热含量持续增长（$5.4×10^{22}$ J/10a），并在 90 年代后显著加速（$9.5×10^{22}$ J/10a）；1993 年以来全球平均海平面上升率约为 3.1cm/10a，且正在加速。冰冻圈整体持续萎缩，特别是 21 世纪格陵兰和南极冰盖部分消融加速，促进了全球海平面加速上升；陆地生态系统春季物候普遍提前，生长季延长；灌木入侵北极大部分苔原、全球 10%~20%草原发生灌丛化，高海拔地区林线普遍上升。基于最新的均一化观测资料，1900 年以来中国气温升高趋势达 1.56±0.20℃/100a，北方更甚。20 世纪 60 年代以来增温更快，达 0.27 ℃/10a，冬春季更甚；对流层整体增暖；极端冷天显著减少、热天显著增多，霜冻日数减少（−3.31 d/10a），生长季延长（2.82 d/10a）；降水总体有所增加（4.2 mm/10a），东南部、西部和东北北部增势明显，但东北南部、华北到西南一带则呈减势；暴雨普遍趋频，东南部尤甚；同期极端少雨天气也增多，特别是伴随高温热浪而快速发展的"骤旱"事件剧增；风速总体减弱[−0.13 m/（s·10a）]，但登陆台风有所增强；日照时数显著减少（−33 h/10a），东部尤甚；持续性雾霾天气趋频；中国冰川面积整体萎缩约 18%；西部河川径流有所增加，华北黄河、海河径流减少；大部分地区 NPP 呈增长趋势[达 2 g/（m²·a）左右]。针对颇具争议的全球变暖停滞（hiatus）问题，近年研究表明，1998 年以来全球变暖不仅没停滞，反而略有加速。近几十年中国城市化可能导致一些城市站气温观测序列有较大的局地增暖趋势，但整体而言中国区域城市化效应比观测到的变暖趋势小一个量级。就中国而言，20 世纪是过去 2000 年最暖的百年之一；公元 950~1300 年的暖期与北半球其他区域的中世纪暖期大致对应，但历史暖期各地存在位相差，而 20 世纪几乎全球同步增暖。

2.1 全球气候系统变化最新事实

2.1.1 全球辐射平衡

地球气候的起源与演变在很大程度上由全球能量平衡及其时空变化来决定。全球能量平衡的变化不仅影响地球的热力条件，也影响大气和海洋环流、水循环、冰川、植物产量以及陆面上的碳吸收等多个方面的演变（Wild et al.，2013）。

当前全球平均能量收支各分量的评估结果如下，大气顶的各种辐射通量可通过卫星观测资料（如 CERES、SORCE）精确地获取。而地表各种辐射通量不能由卫星传感器直接获取，需要借助反演算法和经验模型，从而造成一定的偏差。但是基于一些互补方法，如结合各种辐射站点资料、气候模式和卫星资料以及再分析资料的估算结果，可以将这个偏差控制在小于 10 W/m²。Wild 等（2015）根据 CMIP5 多模式结果以及观测站点资料估算了全球平均到达地表的短波和长波辐射通量的最佳估计值分别为 185 W/m² 和 342 W/m²。通过估算全球平均地表反照率计算出地表吸收的短波辐射的最佳估计值约为 160 W/m²。同时，结合再分析资料估算的地表发射的长波辐射 398 W/m²，可计算出全球平均地表净辐射的最佳估计值为 104 W/m²，并将其分配给感热通量和潜热通量（21 W/m² 和 82 W/m²）。然而，估算当前全球能量收支平衡仍然存在一定的挑战［图 2.1（a）］，如观测的地表反照率和地表温度的不确定性，以及如何准确地将地表净通量分配给感热通量和潜热通量（Wild，2017）。

图 2.1（b）给出自工业革命以来到 2019 年各种因子的有效辐射强迫值，它们是导致全球辐射平衡发生变化的驱动力。总的来说，该时期的人为辐射强迫为 2.72（1.96~3.48）W/m²，太阳活动的辐射强迫仅为–0.02（–0.08~0.06）W/m²。

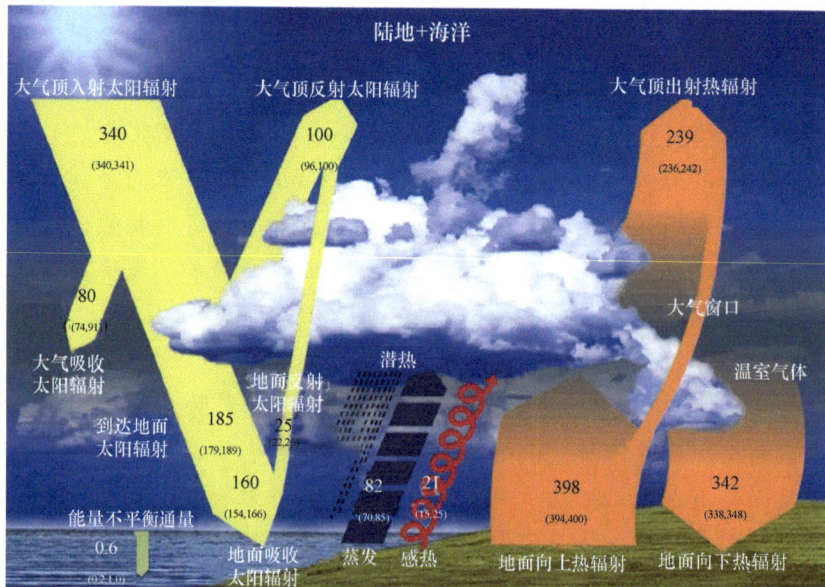

(a)

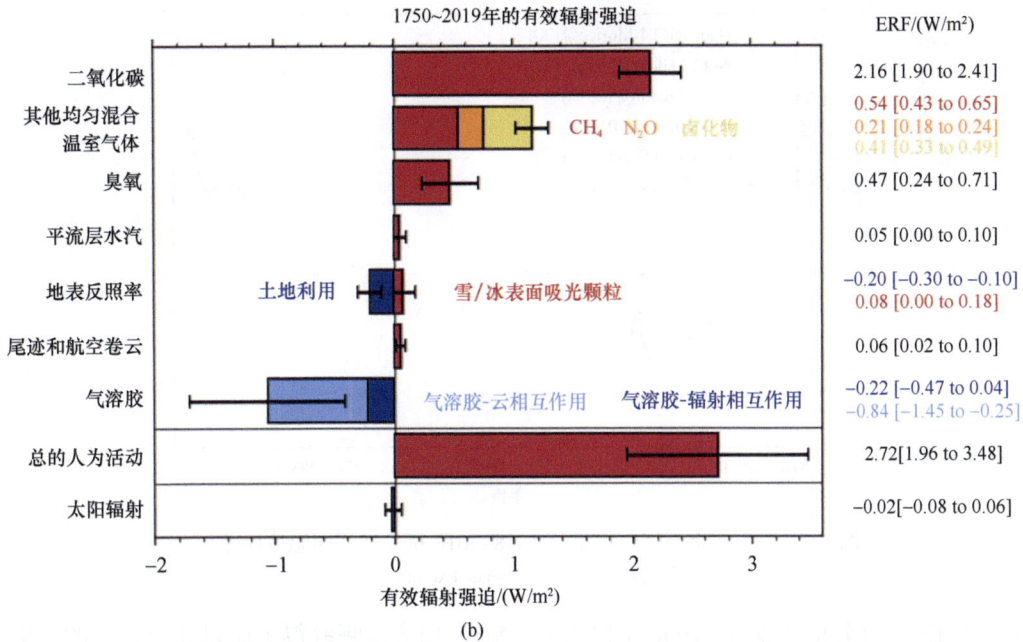

图 2.1　（a）当前全球平均能量收支平衡；（b）1750~2019 年各强迫因子的有效辐射强迫值
（a）中的数值代表全球平均能量收支平衡各分量的最佳估计值，括号中的数值代表其不确定性范围，单位为 W/m²，引自 Wild 等
（2015）；（b）中强迫因子包括二氧化碳、其他均匀混合温室气体（WMGHGs）、臭氧、平流层水汽、地表反照率、尾迹和航空卷
云、气溶胶、总的人为活动和太阳辐射，引自 IPCC AR6

2.1.2　大气圈变化

1. 全球表面温度变化

IPCC 最新的两次科学评估报告均指出，全球气候系统变暖是非常明确的。报告主要引用了从观测中推断的全球平均表面温度（GMST）（由陆地气温和海表温度整合）的升高趋势（IPCC，2013）。IPCC 第五次评估报告指出，对 AR4 中使用的所有三个 GMST 数据集 GISTEMP、HadCRUTEM 和 NOAAGlobalTemp 进行不断修正后，近年来 GMST 序列的一致性有所提高（Hansen et al.，2010；Morice et al.，2012；Vose et al.，2012）。这在很大程度上是因为数据集对北半球高纬度地区进行了更好地抽样和海洋资料的不断完善。气候界曾就 1997 年/1998 年超强厄尔尼诺事件后的十多年里，气候变暖是否"中断"或"减缓"进行激烈辩论（Lewandowsky et al.，2016；Fyfe et al.，2016）。最近越来越多的研究表明，以往全球表面温度观测数据集的分析结果低估了 1998~2012 年的近期变暖趋势，这是造成"变暖减缓"话题的因素之一。

基于中山大学和中国气象局最新联合发展的 CLSAT（CMA Global Land Surface Air Temperature）数据集（Xu et al.，2018）和 CMST（China Merged Surface Temperature）数据集（Yun et al.，2019）估计，1900~2019 年全球陆地区域平均气温变暖趋势为 0.10±0.01 ℃/10a；全球、北半球、南半球和热带区域平均表面温度的变暖趋势分别为 0.09±0.01 ℃/10a、0.09±0.01 ℃/10a、0.08±0.00 ℃/10a 和 0.08±0.01 ℃/10a。与以往数据集的分析结果相比，基于新数据估算的过去百年尺度的全球变暖趋势大致相同（图 2.2）；1979 年以来的增暖速率加大（0.16±0.01 ℃/10a）；而 1998 年以来的变暖趋势更大（0.19±0.04 ℃/10a），且具有高度的统计显著性。比较新研发的全球观测数据集，以及利用卫星遥感、浮标站点插补的数据集和

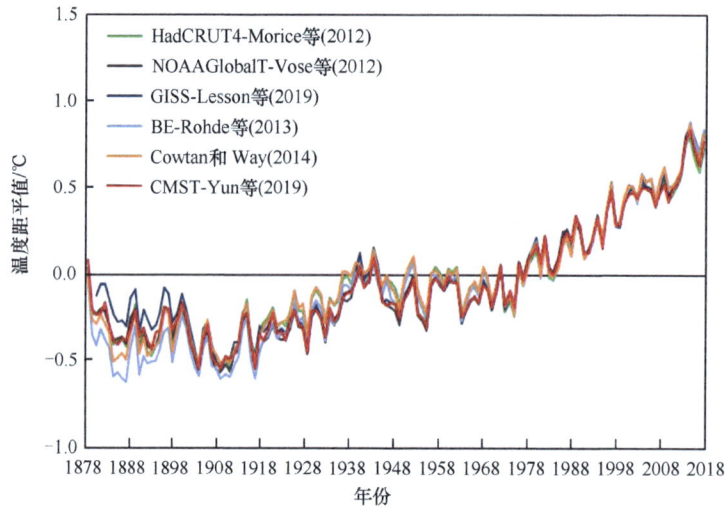

图 2.2　基于 5 个全球数据集的 1878~2018 年全球表面温度距平序列
数据来源：KNMI Climate Explore 网站

订正后的 ERA 再分析数据，就 1998 年以来的 GMST 趋势检测取得了比以往更相近的结果（Li et al.，2021），因此具有更好的可信度。

2. 降水变化

全球降水变化在 1950 年之前可信度较低。这很大程度上是因为早期观测资料的不完整及部分地区的系统性偏差。目前全球陆地降水数据集（Hulme，1991；Peterson and Vose，1997；Smith et al.，2012；Becker et al.，2013；Yang et al.，2016）在百年尺度全球降水变化趋势方面还不完全一致，这体现了降水观测较大的不确定性。最新研发的全球降水数据集 CGP（CMA Global Precipition）的结果显示，全球降水在 1900~2013 年表现为上升趋势，主要是因为北半球降水为上升趋势，而南半球则为下降趋势（Yang et al.，2016）。更多区域降水变化特征参见第 8 章。

3. 大气温室气体浓度升高

几乎可以确定长寿命温室气体在 2005~2017 年处于增加趋势，全球平均 CO_2 和 N_2O 浓度（摩尔分数）增长速率在 2005~2017 年与前 10 年相当；根据 WMO 全球气候状况声明（WMO，2019），2017 年 CO_2 浓度再次达到新高，为 405.5±0.1ppm。2007 年后 CH_4 浓度处于上升趋势，这是 1999~2006 年出现短暂平台后出现的转折。HFCs、PFCs、SF_6 等温室气体浓度上升较快，但其辐射强迫作用不大。平流层水汽具有显著的温室效应。然而，迄今尚缺乏足够观测证据表明平流层水汽的长期变化趋势，有关结果为低信度。卫星观测的全球平流层水汽含量 1992~2011 年表现为阶梯状变化，即 2000 年下降后 2005 年开始上升，但 1992~2011 年总体变化较小。

4. 极端天气气候事件

自 1950 年以来，全球冷日和冷夜日数减少，而暖日和暖夜日数增加，尤其是北半球昼夜持续异常高温的复合型热浪增多增强（Wang et al.，2020），陆地上强降水事件增多的区域相比于减少的区域有所增加。随着近百年全球气候变暖，极端干旱区域的面积趋于扩大，北半球一些中高纬地区干旱化主要是由气候变暖引起的,而降水减少引起的干旱发生于东南亚及南欧等地(Dai,2013)。然而,20 世纪中叶以来全球尺度上旱灾或干旱的增加趋势不明显,对其他极端事件,如热带气旋、风暴、冰雹、雷暴等长期趋势的认识也处于低信度水平。

2.1.3 海洋热含量和海平面变化

海洋热含量是描述海洋水体热量变化的指标,主要受海水温度变化影响。大气中温室气体不断累积使得地球系统处于能量不平衡状态(增多),这是全球变暖的驱动力(Hansen et al.,2011)。海水比热容较大,全球变暖能量的 93%存储在海洋中,使得海洋热含量不断增加(Rhein et al.,2013;Von Schuckmann et al.,2016;Cheng et al.,2017,2019;IPCC,2019),而且相对于地表和大气中的指标来说,海洋热含量受厄尔尼诺等气候系统自然变率和天气噪声的影响较小(Wijffels et al.,2016;Cheng et al.,2018a),是气候变化的一个稳健的指针。最新的偏差订正和客观分析的海洋次表层数据(Cheng et al.,2017)分析显示,1958 年以来全球海洋上层 2000m 热含量存在稳健的长期增加趋势(图 2.3),1958~2018 年海洋上层 2000m 热含量平均增加速率为 5.4×10^{22} J/10a。海洋变暖在 20 世纪 90 年代后显著加速,1990~2018 年热含量增加速率为 9.5×10^{22} J/10a。多套国际数据(图 2.3)均显示出热含量长期上升以及 20 世纪 90 年代后加速的态势(*一致性好,高信度*)。

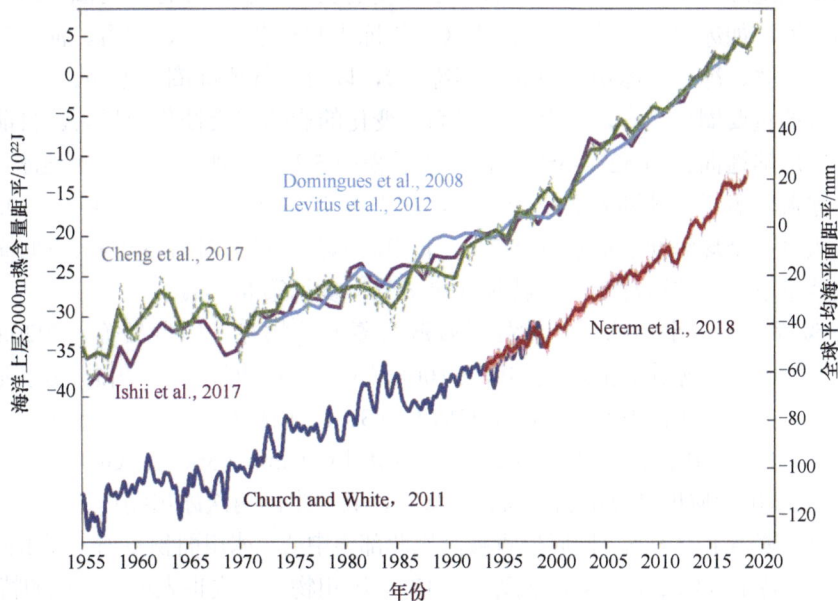

图 2.3 1955~2019 年全球海洋上层 2000m 热含量(上)和全球海平面变化时间序列(下)。三条年平均热含量观测序列分布来自:Cheng 等(2017)(绿色);Ishii 等(2017)(紫色);Domingues 等(2008)(0~700m)和 Levitus 等(2012)(700~2000m)(浅蓝色)。细虚线为月平均序列。海平面观测数据:蓝色为长期重构结果(Church and White,2011);细红色线为自 1993 年以来利用卫星高度计观测到的全球海平面变化(粗红色线为 12 月滑动平均序列),数据来自 Nerem 等(2018)。所有时间序列均为相对于 2010~2017 年气候平均状态的距平场

海平面变化是海洋和冰冻圈变化的一个综合指标,既受到海洋温度变化的影响(热容海平面),也包括冰冻圈的变化,如山地冰川、格陵兰和南极冰盖消融的贡献;还包括地球系统水循环的变化,即降水、蒸发和径流量的变化造成的海洋和陆地、大气间的淡水交换(Church et al.,2013;Frederikse et al.,2018)。全球海平面自 1900 年起处于不断上升过程(图 2.3)

（*几乎确定*）。主要基于验潮站的观测数据，1901~1990 年全球海平面上升速率为每年 1.4±0.6mm（IPCC，2019）。据最新的偏差订正后的"托佩克斯/海神"卫星观测，1993~2017 年的全球海平面上升速率为每年 3.1±0.3mm，2006~2015 年上升速率为每年 3.6±0.3mm（Cazenave et al.，2018；IPCC，2019）；并且呈加速上升特征（*证据量中等，一致性高*），1993~2017 年加速度为 0.1mm/a^2（Chen et al.，2017；Dieng et al.，2017；Chambers et al.，2017；Nerem et al.，2018）。其中，海洋升温导致的热膨胀效应贡献了 42%，陆地冰川融化贡献了 21%，格陵兰冰盖和南极冰盖消融分别贡献了 15%和 8%（Cazenave et al.，2018）。21 世纪以来，格陵兰冰盖和南极冰盖在加速消融，是 2000 年后全球海平面加速上升的主要原因（Chen et al.，2017；Dieng et al.，2017；IPCC，2019）。检测归因分析表明，自 1993 年以来海平面变化趋势（包括全球和主要区域海平面变化趋势）主要是由人类活动导致的（*高信度*）（Fasulloand Nerem，2018；IPCC，2019）。1993~1996 年的短期海平面变化也显示出火山爆发的影响（Fasullo et al.，2016）。海平面收支最不确定的因素来源于海陆淡水交换的贡献，其年际尺度变率很大，较难量化人类活动的贡献（Cazenave et al.，2018）。更多海洋气候及海平面变化的事实参见第 7 章。

2.1.4 冰冻圈变化

冰冻圈是指地球表层连续分布且具有一定厚度的负温圈层，亦称冰雪圈、冰圈或冷圈，包括陆地冰冻圈，如冰川（含冰盖）、冻土（多年冻土和季节冻土）、积雪、河冰和湖冰等，海洋冰冻圈（海冰、冰架、冰山、海底多年冻土），以及大气冰冻圈（冰晶、雹等）。冰冻圈作为气候系统的重要圈层之一，对全球气候系统变化的影响与反馈作用显著。目前，冰冻圈覆盖面积占全球陆地面积的 52%~55%，占海洋面积的 5.3%~7.3%。其中，山地冰川、南极冰盖和格陵兰冰盖覆盖了全球陆表面积的 10%，冻土占 42%~45%，积雪占 1.3%~30.6%，南极海冰范围最大时占全球海洋表面积的 5.2%，北极海冰范围最大时占 3.9%。下面简述近几十年全球变暖背景下的一些冰冻圈变化特征（更多分析参见第 8 章）。

气候变暖背景下，全球冰川持续处于减薄与萎缩的状态（康世昌等，2020a）。2006~2015 年全球山地冰川物质平衡达到–490±100kg/（m^2·a）（即每年冰川总的物质损失量为 123±24Gt/a），该负平衡较 1986~2005 年增加了约 30%。南极和格陵兰 2005 年以来对海平面的贡献分别为 0.03±0.01mm（103±20Gt）/a 和 0.10±0.01mm（360±28Gt）/a（Talpe et al.，2017）。中国的冰川物质也呈现出加速损失的状态，其中中国两次冰川编目显示冰川面积在过去几十年间整体萎缩了约 18%，同时以青藏高原北部为中心，冰川面积萎缩呈现出向外围不断加大的区域变化特征（图 2.4）（刘时银等，2017）。冰川物质损失也表现出类似的特征。

气候变化导致多年冻土区活动层厚度增加、冻土厚度减薄、冻土分布下界升高、冻土温度升高，以及热融滑塌和热融湖塘等增加、地下冰发生融化，引起地表变形，对工程构筑物的稳定性产生显著影响（吴青柏和牛富俊，2013）。2007~2016 年欧洲阿尔卑斯山、斯堪的纳维亚半岛、加拿大和亚洲高山区的多年冻土平均升温幅度为 0.19±0.05℃/10a，并在更长时间尺度上同样显示出普遍升温和部分地区冻土退化的现象（康世昌等，2020a）。青藏高原多年冻土分布面积减少（Xu et al.，2016；Wang et al.，2018a）。20 世纪 80 年代以来，青藏高原地区活动层厚度增加了 0.15~0.67 m（约 1.33 cm/a），一般在低温冻土区增长速率为 5 cm/a，而在高温冻土区则高达 11.2 cm/a（李韧等，2012）。

北半球积雪范围总体呈现不断减小的趋势，且该趋势在 20 世纪 80 年代以后更为显著（IPCC，2013）。从积雪范围的季节变化来看，70 年代以来欧亚大陆春季积雪范围明显缩减，

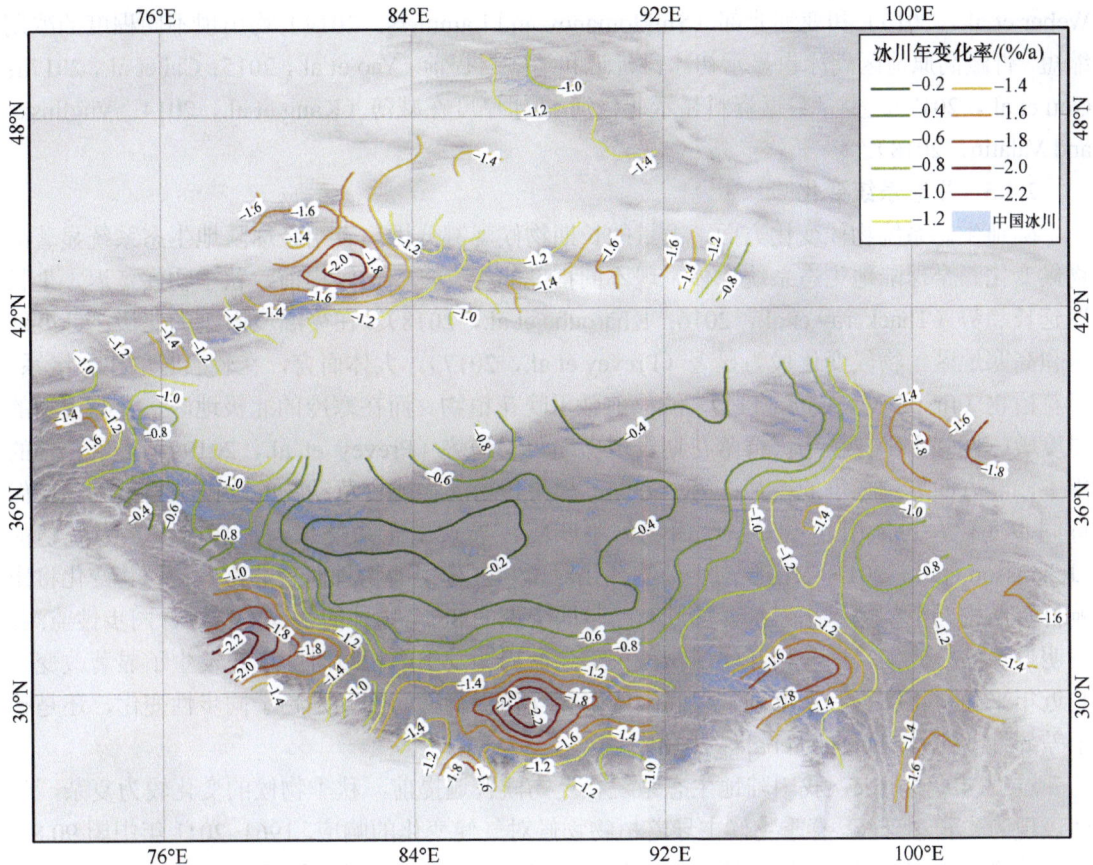

图 2.4　基于中国两次冰川编目数据的过去几十年中国西部冰川面积年均变化率分布特征（刘时银等，2017）

并成为 3 月北半球积雪范围减小的主控因素（Brown and Robinson，2011；康世昌等，2020b）。与之相似，积雪天数总体也呈缩减趋势，且在高海拔和高纬度地区缩减趋势更明显（Hernández-Henríquez et al.，2015；Huang et al.，2017a）。其中，泛北极地区陆地表面季节性积雪天数减少 2~4 d/10a，并以春季积雪终日大幅提前为主，每 10 年约提前 3.4 天（AMAP，2017）。中国积雪天数在冬季、春季和秋季呈现增加趋势，夏季显著缩短（Huang et al.，2016）。60 年代以来，青藏高原积雪期每 10 年减少 3.5±1.2 天，积雪首日每 10 年延后 1.6±0.8 天，终日每 10 年提前 1.9±0.8 天（Xu et al.，2017）。北半球积雪深度和雪水当量的变化存在区域差异性，各区域无一致增加或减少趋势（Zhong et al.，2018）。

北极海冰的范围在月、季节和年值上均呈现显著减小趋势（Simmonds，2015；Comiso et al.，2017a；Chen et al.，2020）。1985~2015 年季节海冰所占比重有明显增加趋势，多年海冰所占比重明显减少（AMAP，2017）。海冰厚度变化存在诸多不确定性（Zygmuntowska et al.，2014），但在 2003~2012 年总体呈现明显的下降趋势，而 2013 年冬季海冰厚度出现了上升趋势（Kwok，2015）。北极海冰融化日期提前，融化期延长（Mortin et al.，2016）。与北极海冰范围持续萎缩不同，南极海冰呈现增加趋势（Turner et al.，2015；Hobbs et al.，2016）。继 2012 年出现较大值后，2014 年海冰范围进一步增大，但海冰范围变化的区域差异较大（Comiso et al.，2017b）。

近几十年来，河/湖冰初冰日延后，消融日提前，封冻期缩短（Park et al.，2016）。例如，北美地区（Lesack et al.，2014；Surdu et al.，2014，2016）、欧洲中东部（Takács et al.，2018；

Weber et al.，2016）和亚洲北部（Shiklomanov and Lammers，2014）均出现不同程度的冰期缩短。青藏高原地区湖冰也显示初冰日延迟和消融日提前（Yao et al.，2015；Cai et al.，2017a；Gou et al.，2017）。少量数据资料显示北极河/湖冰厚度在减薄（Kang et al.，2014；Vuglinsky and Valatin，2018）。

2.1.5 生态系统变化

陆地生态系统物候变化方面，大量的长期物候观测分析均表明全球陆地生态系统显著的物候变化。全球陆地生态系统大体呈现不同程度的春、夏季物候提前，秋季物候延迟，生长期延长趋势（Thackeray et al.，2016；Kharouba et al.，2018）。在受温度限制的北极高纬度地区和高寒地区，物候变化最为显著（Prevey et al.，2017）。大体而言，在较温暖的生物区系，早花植物（first flower date，FFD）的提前强于晚花植物。而在寒冷的北极地区，晚花植物的温度敏感性强于早花植物，群落花期表现出缩短的趋势（Prevey et al.，2019）。群落花期的集中，一方面导致竞争的增强；另一方面，如果传粉动物或食草动物的物候未与植物花期保持同步变化，可能引起生态系统内物候不匹配，导致生态系统失调，影响生态系统功能（Johansson et al.，2015）。物候同步性的变化对于相互作用的物种而言非常关键，其变化将影响群落结构乃至整个生态系统。通过对跨越四大洲的 88 个物种的物候变化进行同步性监测，表明过去的 35 年，这些相互作用物种关键生命周期发生的相对时间已经发生了显著改变，且近年来的变化趋势趋于增强，但尚未明确相互作用物种间物候是趋于同步性变化，还是趋于差异性变化（Kharouba et al.，2018）。

过去 40 多年来，我国陆地生态系统春夏物候普遍提前，秋季物候的变化较为复杂，整体表现为生长季延长。春季物候主导着植物物候对气候变化的响应。1961~2011 年中国 90.8% 的动植物春季物候提前，提前速率为 1.3~2.75d/10a（Ge et al.，2015；Cong et al.，2013），且在 21 世纪的头 10 年（2001~2011 年），木本植物春季物候的提前幅度更大，与该时期更大的增温效应密切相关。不同植被类型春季物候的响应程度不同，森林（3.90 d/10a）春季物候的提前程度高于草地（0.95 d/10a），这可能与草地受到水分的限制更强有关（Ma and Zhou，2012）。不同物候表征方式及不同植被类型物候的响应程度具有差异，但中国陆地生态系统春季物候整体提前的趋势已经非常明确。1961~2011 年，中国秋季物候整体平均推后了 2.0 d/10a，其中木本植物物候平均推后了 1.98 d/10a，草本植物物候平均推后了 2.5 d/10a，但变异性很大，鸟类秋季物候提前了 2.11 d/10a（Ge et al.，2015）。青藏高原的高寒植被物候变化较为复杂，其春季物候在过去几十年内是否持续提前仍有争议。有研究认为 1982~2011 年青藏高原高寒植被生长初始期以约 1.04 d/10a 的速率持续提前（Zhang et al.，2013a）；也有研究认为 2000 年以来青藏高原春季物候并没有明确的提前趋势（Shen et al.，2013）或呈现阶段性（王欣等，2018）；近年卫星遥感的归一化植被指数（NDVI）和地面气温观测资料分析结果则表明 21 世纪以来三江源区开春显著提前 8 天以上（Yu et al.，2018）。

植被分布格局变化方面，全球陆地生态系统植被格局已经发生了显著的变化，在高海拔和高纬度地区尤为显著。高海拔和高纬度地区经历了更为剧烈的气候变化，是全球植被格局变化的关键区域，以乔木和灌木扩张、林线和灌丛线的移动最为明显（Brodie et al.，2019），特别是在北极地区，灌木入侵在大部分的苔原群落都有发生（Vowles and Bjork，2019）。全球大部分林区呈现林线林分密度增加趋势或林线向上扩张趋势（Cairns and Cairns，2014）。在亚洲地区，青藏高原近 100 年来东部林线以 0~8.0 m/10a 速度上移，横断山区的历史照片也显示林线显著爬升（Liang et al.，2016）。张雨等（2018）对北半球 179 个样点结果综述得出，欧洲和北美洲树线位置爬升的比例大致相同，均为 56%，其余 44% 保持稳定，亚洲树线位置上移的比例更高，达 64%，其余 36% 保持稳定。在太平洋植物区系与北极植物区系的过渡区，2009~2013 年灌丛更新正以 20±5 株个体/（hm²·10a）的速度加快，灌丛盖度正以 5±1%/10a 的速率增加（Myers-Smith and Hik，2018）。草原灌丛化指的是草原生态系统中灌木/木本植物植株密度、盖度和生物量增加的现象，是过去 150 多年来全球草原最主要的变化（Sala and Maestre，2014）。全球 10%~20% 的草原地区发生了灌丛化，其放牧产业受到严重影响（王迎新等，2018）。灌丛化是植被格局改变的重要形式之一，已经成为全球性关注的问题。

1982~2012 年，中国植被覆盖整体增加，NDVI 呈缓慢增长趋势，年平均增长率为 0.0003（王茜等，2017）。在东北多年冻土区，植被生长季平均 NDVI 呈增大趋势，年增加 0.0036，80.6% 的区域显著增加，7.7% 显著减少，以连续多年冻土区 NDVI 的增大幅度最大（郭金停等，2017）。在华北平原，55% 的区域 1981~2013 年植被覆盖增加，NDVI 平均增速为 0.00039/10a（Duo et al.，2016）。黄土高原植被覆盖也增加，1982~2014 年植被生长季 NDVI 增大显著，生长季植被覆盖在 95% 的区域呈上升趋势（谢宝妮，2016）。在三江源区，1982~2012 年宏观生态趋好，草地覆盖度整体呈上升趋势，年增加率为 0.23%（Tao et al.，2018）。在长江流域，1982~2015 年生长季 NDVI 呈增大趋势，增加速率达 0.09%/a，71% 的区域植被 NDVI 增大，主要分布在长江流域中部（Qu et al.，2018）。中国区域植被分布也发生着显著的变化。在高山区，林线向上扩张，植被带上移，如云南白马雪山长苞冷杉（*Abies georgei*）样方调查和树木年轮学的结果发现林线以 11m/10a 的速率向高海拔迁移。在青藏高原东南麓，1990~2009 年至少有 39% 的高山草甸已被灌丛草地取代（Brandt et al.，2013）。在内蒙古干旱、半干旱草原区，约有 5.1×10⁶ hm² 的草原被灌木小叶锦鸡儿（*Caragana microphylla*）侵入，灌丛化趋势明显（Peng et al.，2013）。

物种多样性与生产力变化方面，近 40 年来，全球生物多样性在持续减少，且随环境压力的增强呈消极态势（Butchart et al.，2010）。在欧洲山地，2001~2008 年维管植物物种总体表现出向上移动趋势，使北方温带山地平均增加了 3.9 个物种，而使地中海山地平均减少了 1.4 个物种。即使监测到山顶物种丰富度增加，基于地中海山地丰富的特有种资源，研究者认为持续气候变化的结果可能是欧洲山地植物区系的萎缩（Pauli et al.，2012）。对法国 185 个低地（lowlands）的暖适应物种、135 个亚高山的（submontane）中性物种和 104 个高山的（montane）寒适应物种的频度研究表明，1914~1987 年以及 1997~2013 年低地寒适应物种在减少，而暖适应物种在向高地（highlands）扩张（Kuhn and Gegout，2019）。然而，未来山地降雪格局以及融雪时间的变动可能对山地物种多样性起到重要的调节作用（Adhikari et al.，2018）。在喜马拉雅高山区，研究发现林线交错带下草本群落物种丰富度和多样性随着融雪时间的提前而显著提前，同时草本个体密度增大，在融雪时间提前的区域，每平方米的草本个体数为 82~626 个，而在融雪时间推后的区域，每平方米的草本个体数为 69~288 个（Adhikari et al.，2018）。

在过去的几十年，中国陆地植被经历了深刻的变动，总体生长更好，生产力提高（图 2.5），其中 59.1% 的区域植被 NPP 增长速率在 2 g/（m²·a）以内，33.4% 的陆地区域植被 NPP 增长速率在 2 g/（m²·a）以上，仅 7.4% 的区域植被 NPP 下降速率超过 2 g/（m²·a）（李登科和王钊，2018）。2001~2014 年我国长江上游、青藏高原、西北内蒙古中部及东南沿海地区 NPP 仍保持增大趋势，而长江中下游、华北平原和东北长白山地区 NPP 出现减小趋势（刘刚等，2017）。

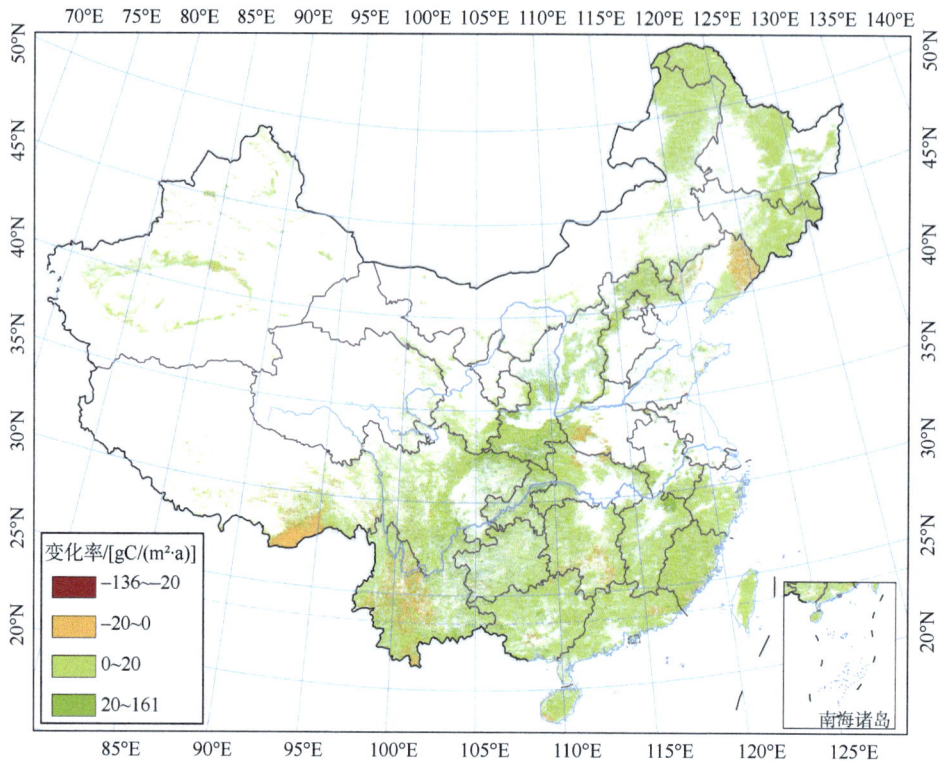

图 2.5　中国陆地植被年 NPP 变化趋势图（Ji et al.，2020）

这可能与区域生态系统脆弱性差异有关。但是，中国草地生态系统生产力在 1993~2015 年总体呈波动减少趋势，其中大兴安岭以西的浑善达克山地以北、西藏中部、青海高原、天山、阿尔泰山地区 NPP 减小最为显著；仅局部草地 NPP 显著增大（可达 13.18%），主要分布在鄂尔多斯高原、山西省和西藏北部，以及零星分布在云贵高原等地区（刘雪佳等，2018）。更多有关陆地生态系统的变化参见第 6 章。

2.1.6　陆地水圈变化

近百年全球气候变暖加剧了全球和很多区域的水循环过程，引起降水、蒸发、径流、土壤水等水文要素的相应变化，改变水资源时空分配格局，进而影响水资源利用和水安全态势。本节简述相关事实（详见第 8 章）。

蒸散发是陆地水分循环的重要环节，各地实际蒸散发大小受控于水分条件和能量条件，多年平均的年实际蒸散发介于 50~1500mm。全球变暖背景下，不同气候区试验流域的实际蒸散发量总体呈现增加趋势，但也有减少的趋势（−0.47~2.69 mm/a）。在较为干旱的区域（如澳大利亚西部、中国北部），蒸发悖论现象相对明显，气温、辐射是蒸散发的主要驱动因子。中国年均降水量为 6 万亿 m³，其中有超过 52% 的降水消耗于蒸散发。近几十年来，干旱区潜在蒸散发减少趋势明显，例如，塔里木河流域 1960~2015 年潜在蒸散发线性递减率为−2.99 mm/a（Xue et al.，2017）；黄河流域实际蒸散发增大对河川径流减少起到了非常重要的作用（夏军等，2014）。

河川径流是重要的水资源，在全球气候变暖背景和人类活动影响下，全球主要江河中有 22% 的河流实测径流量锐减。此外，在气候变暖背景下，越来越多的降水不会以降雪的形式发生。相比于那些降雪比例较低或者没有降雪的流域，降雪所占比例较大的流域径流更大；

对单个流域来说,每年降雪量占年降水量的比例对该流域的年径流影响也非常显著(Berghuijs et al., 2014)。

近 60 年来,中国主要江河实测径流量发生了较为明显的变化。与 20 世纪 80 年代以前实测径流量相比,近 30 年,黄河流域、海河流域、辽河、珠江及闽江流域各控制站径流量均呈现减少趋势(张建云等,2020),其中,海河流域减少最为明显。2000 年之后海河流域各站实测径流量较 1980 年之前减少了 80%以上;黄河花园口和辽河铁岭站 1980 年之后实测径流量较前期减少了 40%以上(图 2.6;王乐扬等,2020)。人类活动是导致北方河流径流量减少的主要因素,如黄河流域,人类活动的影响占径流减少总量的 60%(王国庆等,2020)。

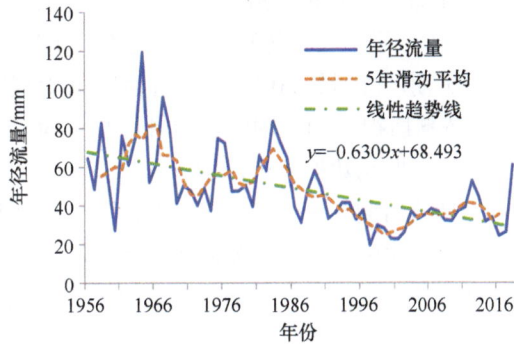

图 2.6　黄河花园口站实测流量过程(王乐扬等,2020,有修改)

中国西部河流径流总体以增多为主。源自祁连山的黑河(莺落峡以上)和疏勒河的年径流量有逐年增加的趋势,特别是在 20 世纪 90 年代以后增幅较大,尤其是疏勒河表现十分显著(程建忠等,2017)。玛纳斯河发源于天山北麓冰川,其肯斯瓦特水文站年径流在 1957~2012 年呈现持续上升趋势(刘艳等,2017),而红山嘴水文站的年径流亦在 1996~2013 年进入了丰水周期(常浩娟等,2016)。发源于昆仑山北麓的叶尔羌河 1954~2012 年径流量呈稳步增加趋势(库路巴依·吾布力,2016)。三江源区实测径流也以增多为主(刘希胜等,2016;苏中海和陈伟忠,2016;苏中海等,2016)。1956~2012 年长江源区和澜沧江源区径流量呈显著增加趋势,而黄河源区吉迈水文站以上年径流则有微弱增加趋势。同处于青藏高原的怒江上游,其自 1979 年以来年径流呈增加趋势(刘少华,2017)。而怒江中上游 1956~2000 年的枯季径流呈明显上升趋势,这与冬春季节气温升高和降水增加有关。降水增多直接导致径流增加,而气温上升加速了融雪及冻土冻融形成径流的过程(樊辉和何大明,2012;罗贤等,2016)。

2.2　中国气候变化特征

2.2.1　近地面气温变化

在全球气候变暖背景下,近百年来中国近地面气温也呈显著上升趋势。然而,早年观测资料缺失较多,且观测系统更选、测站迁址等很难直接与近年观测序列相比,因而严重影响了近百年变暖的定量评估。有鉴于此,近年来学术界取得的重要进展就是发展了一系列均一化的中国长期逐月气温序列集(Cao et al., 2017;Li et al., 2017, 2018a)乃至个别台站(如北京、上海)均一化的长期逐日气温序列(严中伟等,2014;钱诚等,2018)。其中 Cao 等(2017)的序列集包括中国 32 个台站长期逐月气温序列,覆盖面较为完善。基于这套数据,运用国际学术界常用的"气候距平面积加权(CAM)"方法估算的 1900 年以来中国平均气温上升趋势为 1.56±0.20 ℃/100a，明显大于全球大陆平均趋势（1.0 ℃/100a）。

从全球气候变化的格局来看（Zhao et al.，2014），近百年变暖最剧烈的区域之一位于西伯利亚—蒙古一带（2 ℃/100a 以上）；而从西风环流特别是冬季寒潮路径来看，中国大陆特别是北方正处于该变暖核心区的下游。因而，中国变暖程度大于全球平均水平是合理的。事实上，中国东北和西北部分站点的百年增暖趋势已达 3 ℃/100a 以上（Li et al.，2018a）。作为对比，最近日本发布的一份评估报告指出，近百年来东京气温上升甚至已超过 4 ℃。

由于所用的资料覆盖范围和处理方法均有所不同，不同研究者所得的近百年中国增暖趋势也有所不同。图 2.7 显示了基于均一化资料计算的若干近百年中国气温序列（更新至 2019 年），其长期趋势从较小的约 1.3 ℃/100a（Li et al.，2017）到更大的约 1.7 ℃/100a（Li et al.，2018a）不等，反映了 20 世纪初以来中国气候增暖趋势估算结果的不确定性（Yan et al.，2020）。比较各序列可见，主要差异出现于早期，特别是 20 世纪 40 年代的偏暖程度不一。相比于早期研究结果，基于均一化的台站气温资料所得到的中国区域 20 世纪 30~40 年代的异常偏暖较小（Cao et al.，2017；Li et al.，2018a）。根据元数据分析，中华人民共和国成立后，由于城市化发展，许多台站在 20 世纪 50 年代初期前后向郊区迁站，导致此前的早期观测气温记录相对偏高。经过均一化校订后的序列中，20 世纪 40 年代的偏暖记录有所削弱。新的中国区域长期气温序列更客观地反映了大尺度的区域气候变化特征（Li et al.，2020a；Yan et al.，2020）。

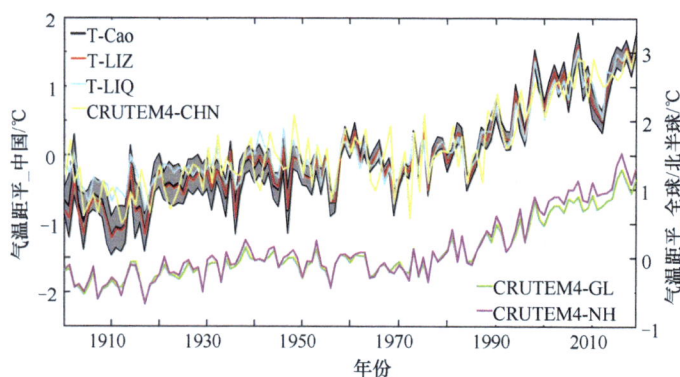

图 2.7　基于均一化观测资料计算的中国气温序列，对比全球和北半球陆地气温序列

中国序列数据来源情况为，T-Cao: Cao 等（2017）；T-LIZ: Li 等（2018a）；T-LIQ: Li 等（2017）；CRUTEM4-CHN: Jones 等（2012）。全球（CRUTEM4-GL）及北半球（CRUTEM4-NH）序列来源情况为，MetOffice: CRUTEM.4.6.0.0.anomalies。距平序列的气候参考期为 1961~1990 年，已更新至 2019 年。阴影是 T-Cao 序列的 90% 置信区间。更新自 Yan 等（2020）

20 世纪 50 年代以后观测资料增多，由此估算的中国区域平均气温趋势也更为一致。根据最新的均一化的中国 2419 站气温序列集（Cao et al.，2016），1960~2019 年中国区域平均气温上升率约为 0.27 ℃/10a，该趋势仍高于同期全球平均水平。从区域分布来看，中国北方增温率明显大于南方。夏、秋季增暖趋势小于冬、春季，夏季中东部部分地区日最高气温（T_{max}）还有所下降。日最低气温（T_{min}）增暖趋势更明显（图 2.8）。约 85.3% 台站的 T_{max} 变化趋势介于 0~0.3℃/10a，49.0% 台站的 T_{min} 变化趋势介于 0.3~1.0℃/10a。全国平均而言，年平均 T_{max} 增温率为 0.22℃/10a，而 T_{min} 增温率达 0.38℃/10a。

值得注意的是，中国一些区域 1998 年以来的 20 年气温变化趋势略有上升（统计不显著），但夏季最高温上升较快，冬季最低温有所下降，季节性有所增强，与过去更多年代的气候变化趋势不一致。这是年代际气候变化还是更长期的气候变化趋势，有待于更多观测分析来解答。

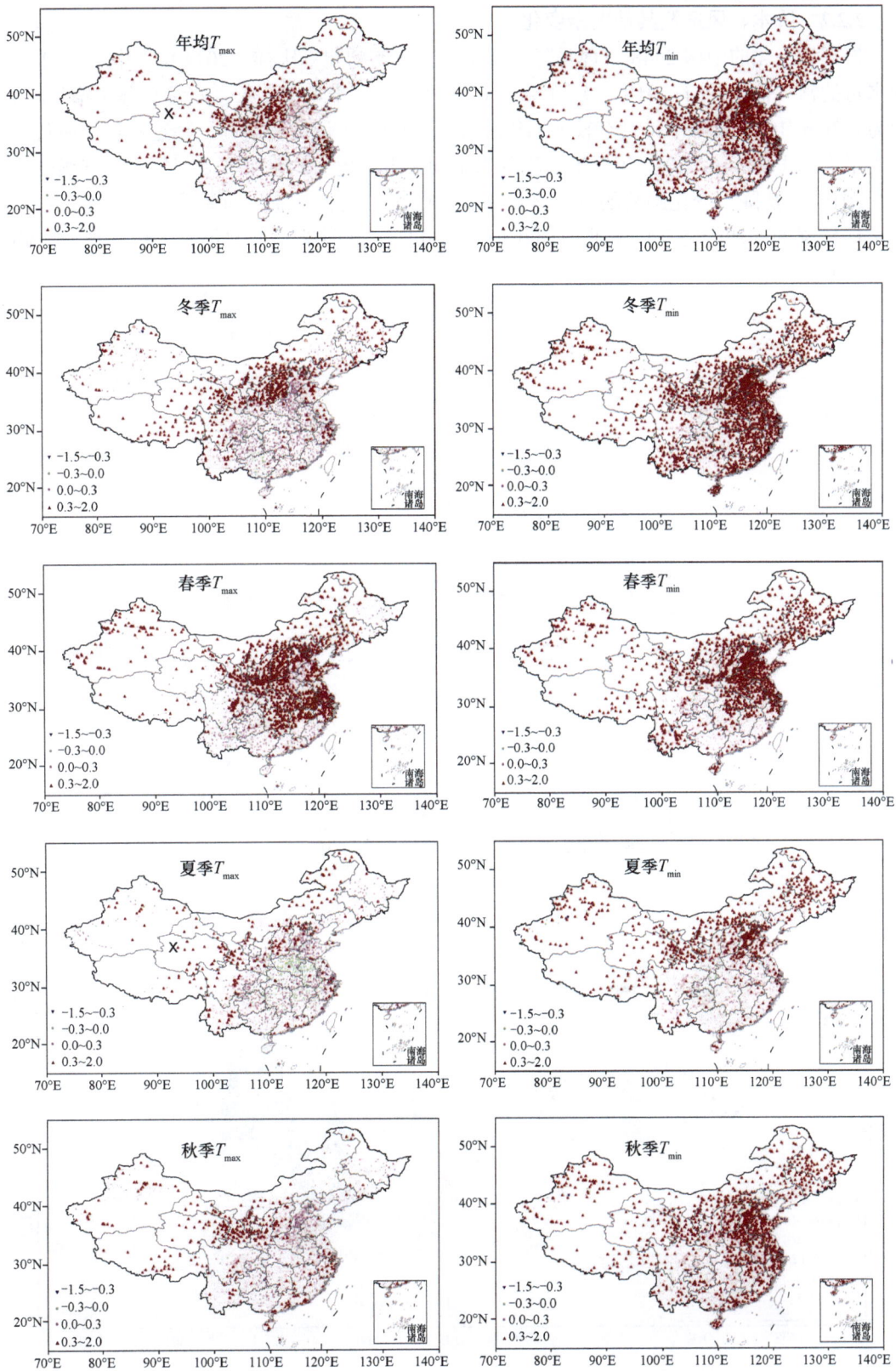

图 2.8　1960 年以来年、季气温变化趋势区域分布特征

注：台湾省资料暂缺

2.2.2　降水、风速及其他要素变化

根据均一化的中国 2348 站逐月降水观测资料（杨溯和李庆祥，2014），中国区域平均年降水量的常年值（1981~2010 年）为 630mm。1961 年以来，中国年降水量总体呈增加趋势，约为 4.2mm/10a。年降水量具有较大的年际波动：1998 年达历史最高，超过常年值所代表的历史平均水平 80mm；2012 年以来各年降水量均大于历史平均水平（中国气象局气候变化中心，2019）。从降水变化趋势的空间格局来看，中国东北、西北、西藏大部和东南部年降水量呈现较强的增加趋势；而东北南部和华北部分地区到西南一带的年降水量呈现减少趋势（图 2.9）。

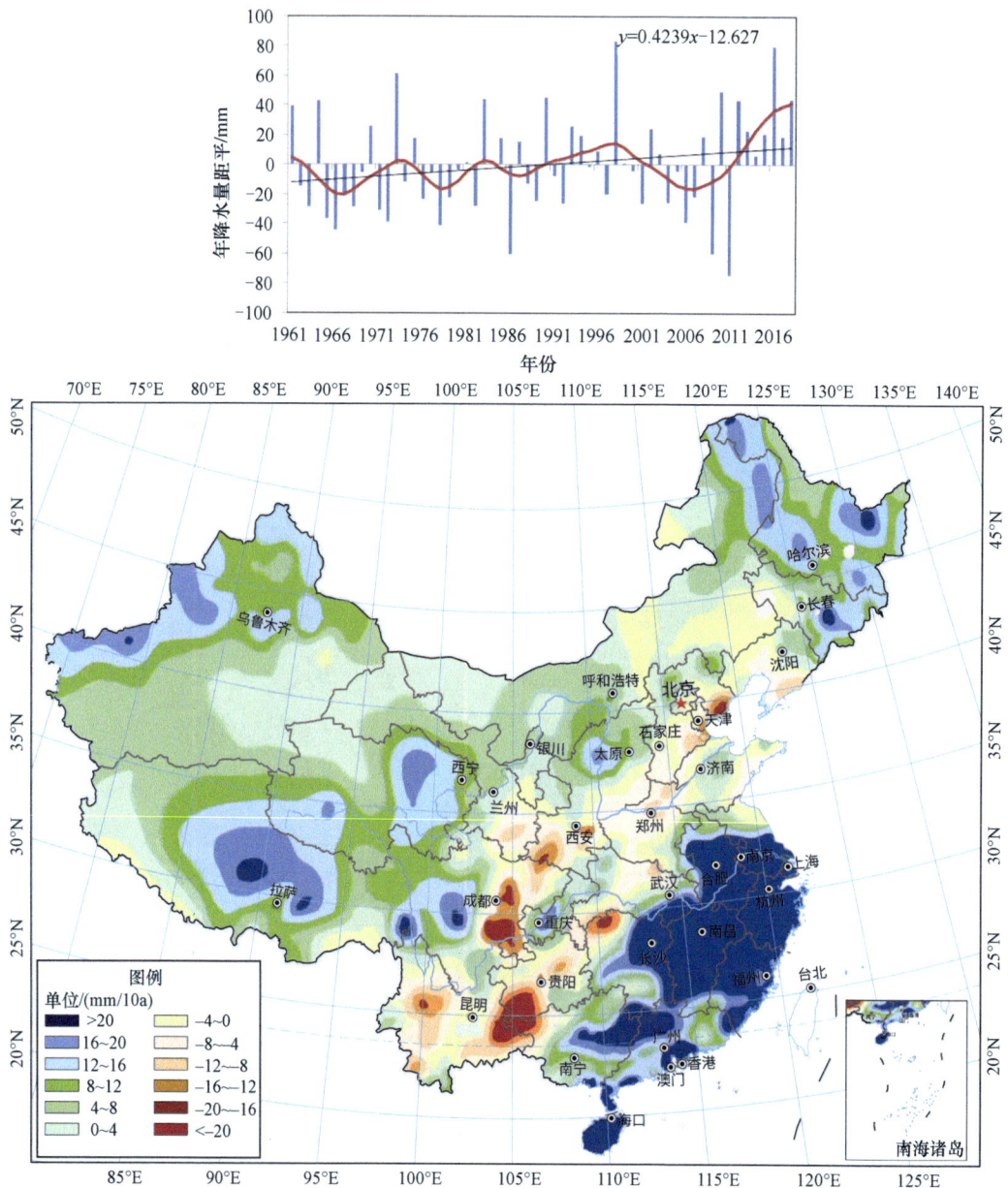

图 2.9　1961~2018 年中国年降水量距平序列（中国气象局气候变化中心，2019）及变化趋势分布

注：台湾省数据暂缺

中国百年尺度的降水观测序列较少。根据《中国气候变化蓝皮书（2019）》（中国气象局气候变化中心，2019），位于东南沿海一带的上海、广州和香港等地近百年降水量有增多趋势；而北京和哈尔滨等地年降水量则有所减少。更长期的历史旱涝记录分析表明（裴琳等，2015），中国东部"南涝北旱"的格局具有很强的多年代际变化特征，仅从近百年来看确实呈现出"南涝北旱"的演变趋势。有限的资料分析表明，1900~2009 年中国年降水量序列略呈下降趋势（考虑抽样不确定性的线性趋势在–5~–7.5 mm/100a），但统计上并不显著（李庆祥等，2012）。中国降水的长期变化趋势有待于发掘更多可靠的观测证据来论证。

根据国家气象信息中心整编的 1637 站《中国国家级地面气象站均一化风速月值数据集V1.0》，中国年平均风速常年值为 2.11 m/s。1961 年以来，中国年平均风速总体呈减小趋势，约每 10 年减少 0.13 m/s。20 世纪 60~70 年代初风速较大，此后开始持续减小，至 21 世纪 10 年代前期达最小水平。2014 年之后，年平均风速有所抬升，但近年年平均风速仍低于常年值。从年平均风速变化的空间分布来看，全国绝大部分地区风速均呈现减小的趋势，尤其在内蒙古、江淮、西北的部分地区，风速减小速率小于–0.2m/（s·10a）；仅在西藏南部、云南南部等地的部分站点风速变化趋势微弱（图 2.10）。

根据 Yang 等（2018）发展的均一化的中国 119 个地面太阳辐射站的观测序列，1960 年以来，中国年平均到达地面的太阳短波辐射呈现显著减小的趋势，减小速率为 4.0 W/（m²·10a）。太阳短波辐射在 20 世纪 60~90 年代末的减少趋势尤其明显，但 90 年代末之后又呈微弱增加的趋势（图 2.11）。

根据 2020 站中国国家级地面气象站的均一化日照时数月值数据集（Yang et al.，2018），中国区域平均年日照时数常年值为 2409h。1961 年以来，中国平均年日照时数显著减少，减少速率达 33h/10a，和年平均到达地面的太阳辐射变化特征基本对应。从年日照时数变化的空间分布来看，日照时数减少趋势在中国东部地区，特别是华北、黄淮、江淮地区更为显著，减少速率达–60h/10a。中国西部和东北北部的部分站点日照时数呈现增加的趋势，其中西藏西部的部分站点日照时数的增速达 30h/10a（图 2.12）。

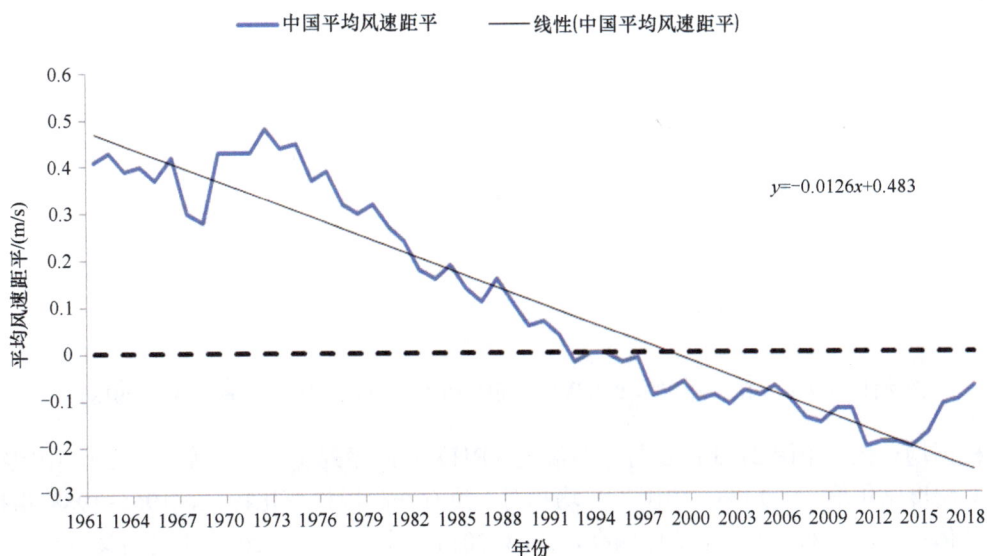

$y = -0.0126x + 0.483$

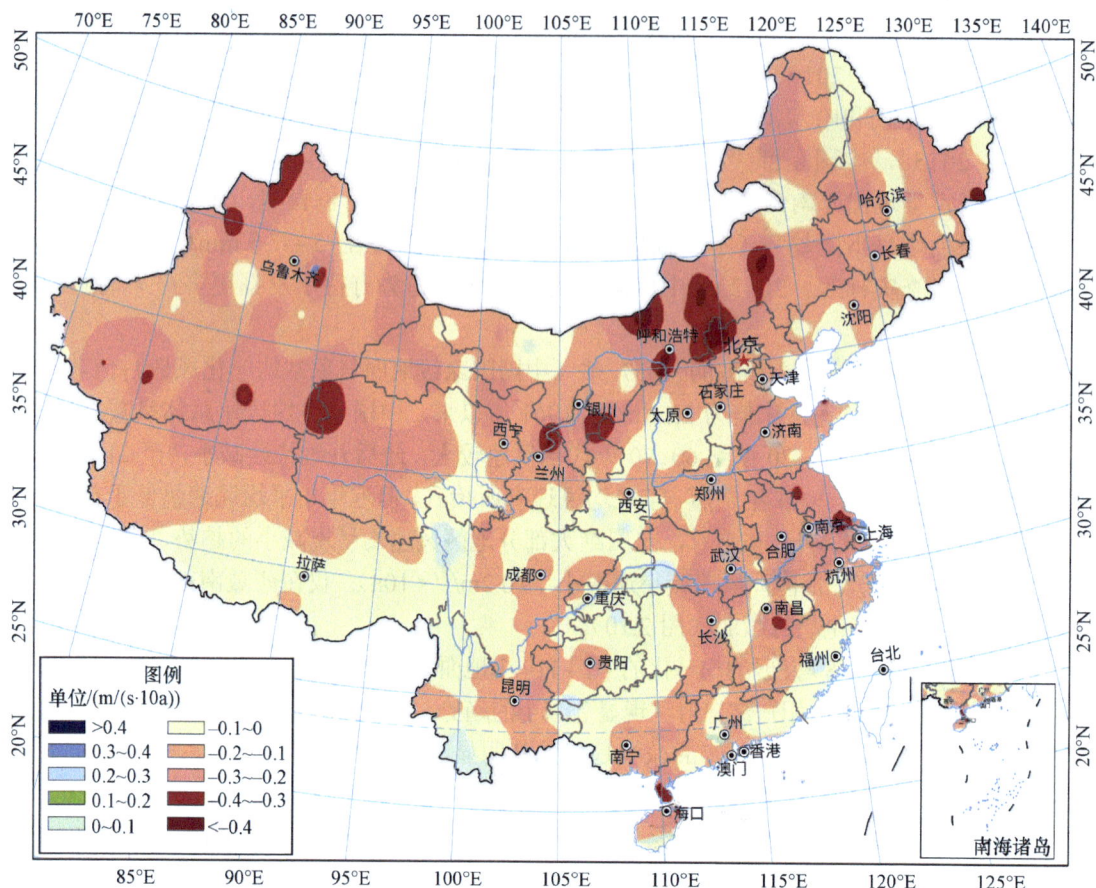

图2.10　1961~2018年中国年平均风速距平序列（中国气象局气候变化中心，2019）
及变化趋势的空间分布

注：台湾省数据暂缺

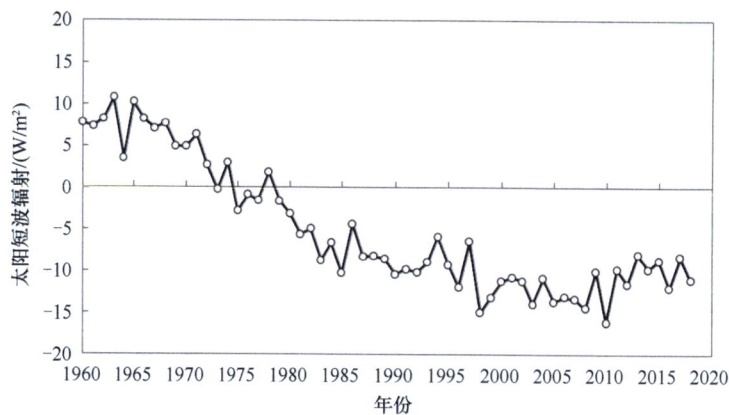

图2.11　1960~2018年中国年平均到达地面的太阳辐射距平序列（Yang et al.，2018）

　　根据均一化的中国2113站逐月相对湿度（RH）观测序列（朱亚妮等，2015），中国年平均相对湿度常年值为50.1%。中国年平均相对湿度存在阶段性变化特征，1965~1988年相对湿度整体偏低，1989~2003年整体偏高，2004~2014年总体偏低，2014年之后又偏高。从相对湿度变化的空间分布来看，西北东部到华北大部及东北一带的年平均相对湿度呈现减小的

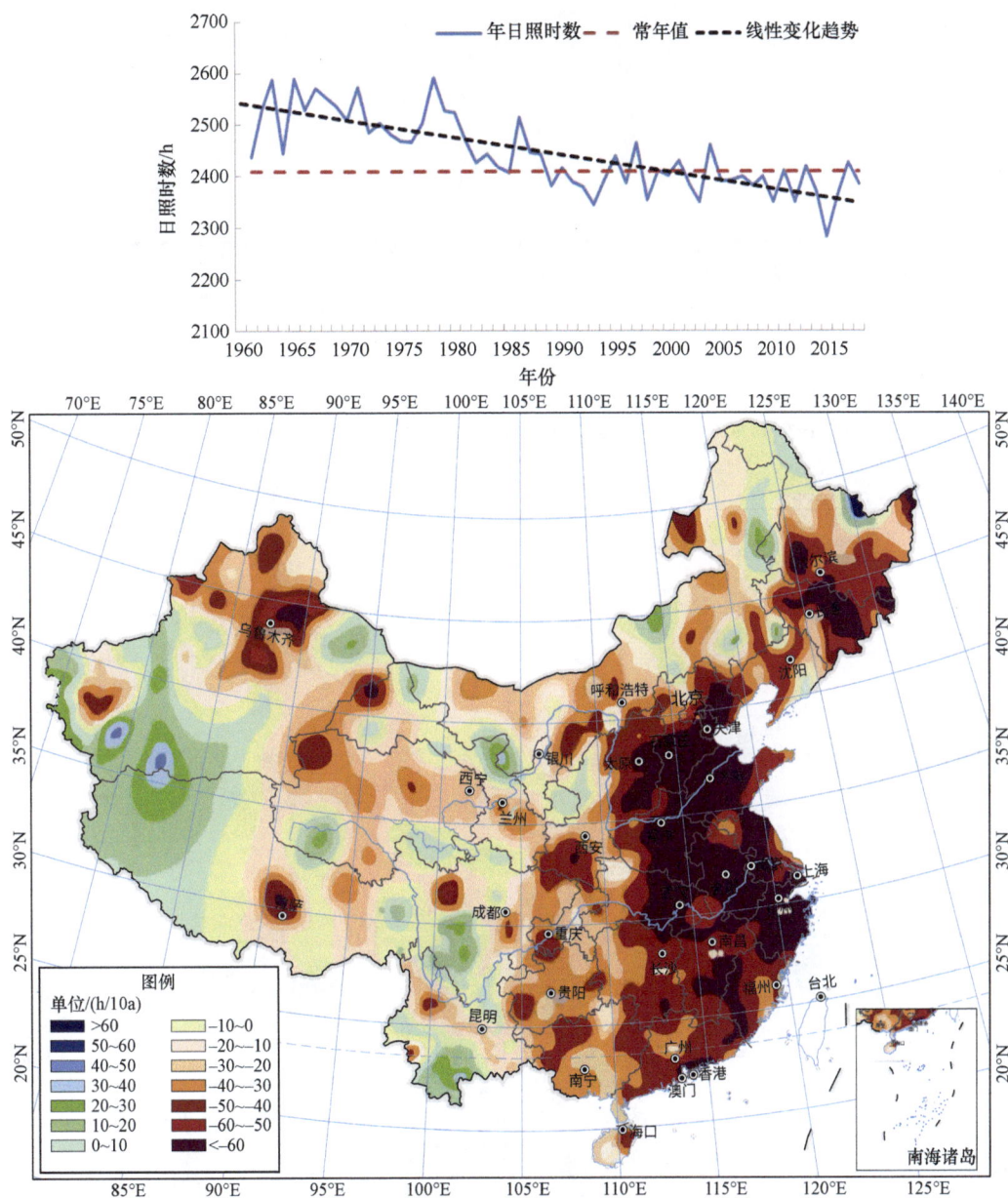

图 2.12　1961~2018 年平均年日照时数序列（中国气象局气候变化中心，2019）及变化趋势的空间分布

注：台湾省数据暂缺

趋势，部分站点的减小速率达-0.4%/10a。中国西部和东南部分地区年平均相对湿度呈现增大的趋势，尤其是西藏部分站点增速大于 2%/10a（图 2.13）。最近，Li 等（2020b）运用更多统计方法进一步校订了中国 746 站 1960 年以来的逐日相对湿度观测序列，根据这份最新的均一化序列集，中国区域相对湿度长期趋势不明显，反映了由于气温升高，大气绝对含水量相应增多而相对湿度变化不大的事实。

2.2.3　高空气候变化特征

GCOS 将温度、湿度、风、云和辐射作为表征大气状况的基本特征变量，其中大气温度是气候变化检测和归因重要指示因子。与近百年来全球地表气温显著增暖的事实相比，高空大气温度和湿度变化仍具有较大的不确定性。

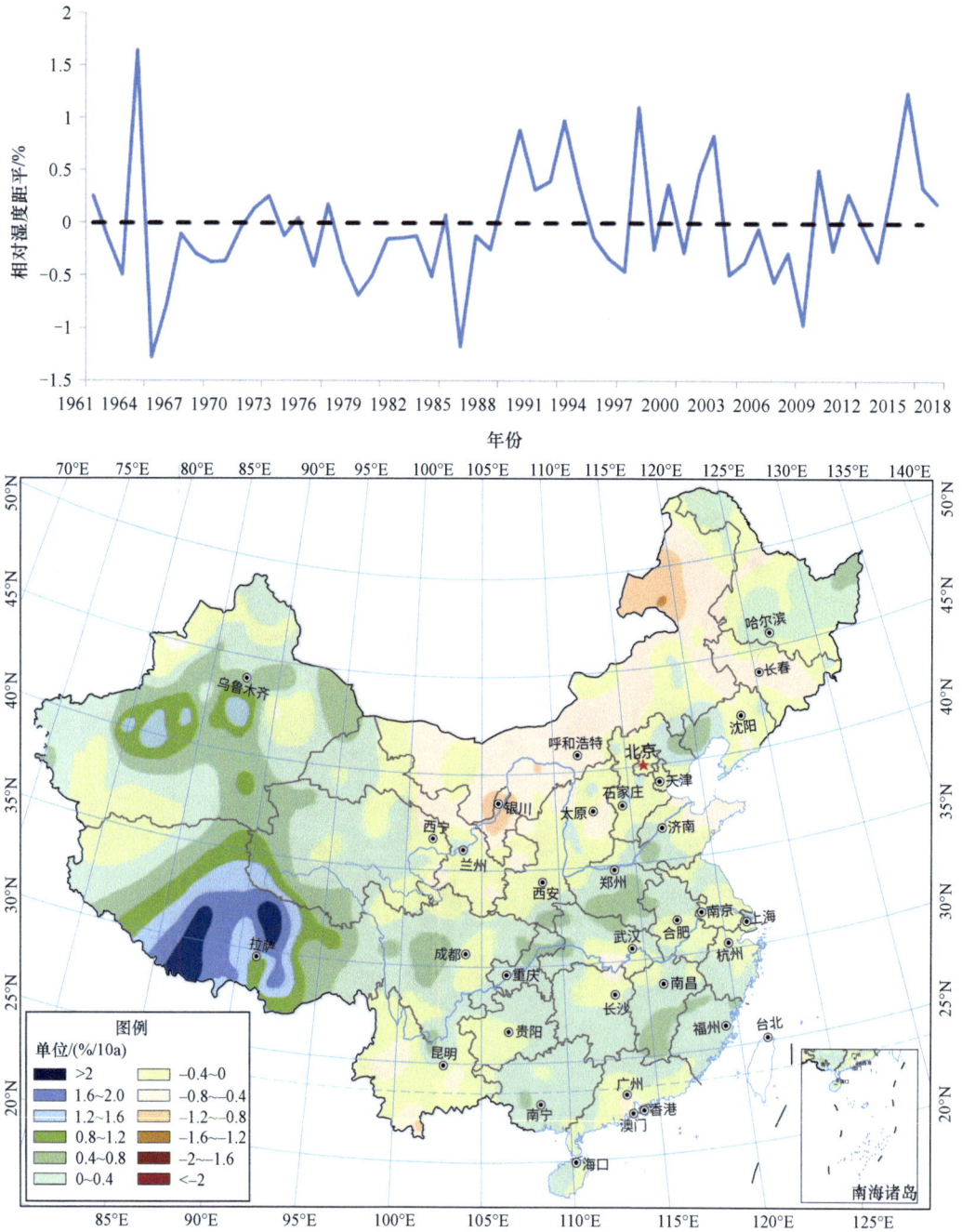

图 2.13　1961~2018 年中国年平均相对湿度序列（中国气象局气候变化中心，2019）及变化趋势的空间分布
注：台湾省数据暂缺

目前高空大气温度和湿度研究通常基于探空观测、卫星遥感和再分析三类资料，三者各具有优势和不足。探空观测和卫星遥感资料存在由仪器换型、订正方法及卫星系统变更等非气候因子导致的不连续性（陈哲和杨溯，2014；王英和熊安元，2015），将原始探空序列用于气候变化研究时必须对其进行均一化处理。大气再分析资料兼具探空时间序列长和卫星空间覆盖全的优点，但其并非独立观测源，不同数值模式、同化方案和观测资料源的再分析产品应用于气候变化研究时必须对其进行区域适用性评估。为了准确了解高空气候变化特征，

对探空、卫星观测和再分析等多源资料进行对比分析是有益的。

基于均一化的中国探空气温资料分析表明（图 2.14），1958~2018 年中国平均对流层气温总体呈上升趋势，其中 300hPa 上升幅度最大（0.151℃/10a），其次是 850hPa（0.142℃/10a），500hPa 较小（0.045℃/10a）；平流层下层 100hPa 气温趋于下降（-0.165℃/10a）。1979~2018 年对流层升温趋势更为显著（300hPa、850hPa 和 500hPa 分别为 0.255℃/10a、0.241℃/10a 和 0.198℃/10a），平流层下层 100hPa 气温下降趋势则有所减弱（-0.105℃/10a）（郭艳君和王国复，2019；中国气象局气候变化中心，2019）。

需要指出的是，中国区域对流层上层的显著升温趋势与《第三次气候变化国家评估报告》相关结论差异较大。国家气象信息中心 2013 年发布的"中国高空月平均温度均一化数据集"对 21 世纪初探空系统变化引起的非均一性做了订正，序列长度和有效台站数均有增加，资料完整性和区域代表性有所提高（陈哲和杨溯，2014）。基于新资料分析所得的中国对流层增温特征与全球均一化探空气温数据集（Sherwood and Nishant，2015）、四套第三代再分析资料（ERA-Interim、JRA55、MERRA 和 CFSR）（郭艳君等，2016）、三套卫星微波气温（Guo et al.，2019）所反映的对流层升温特征更为一致，表明新资料更为可信。

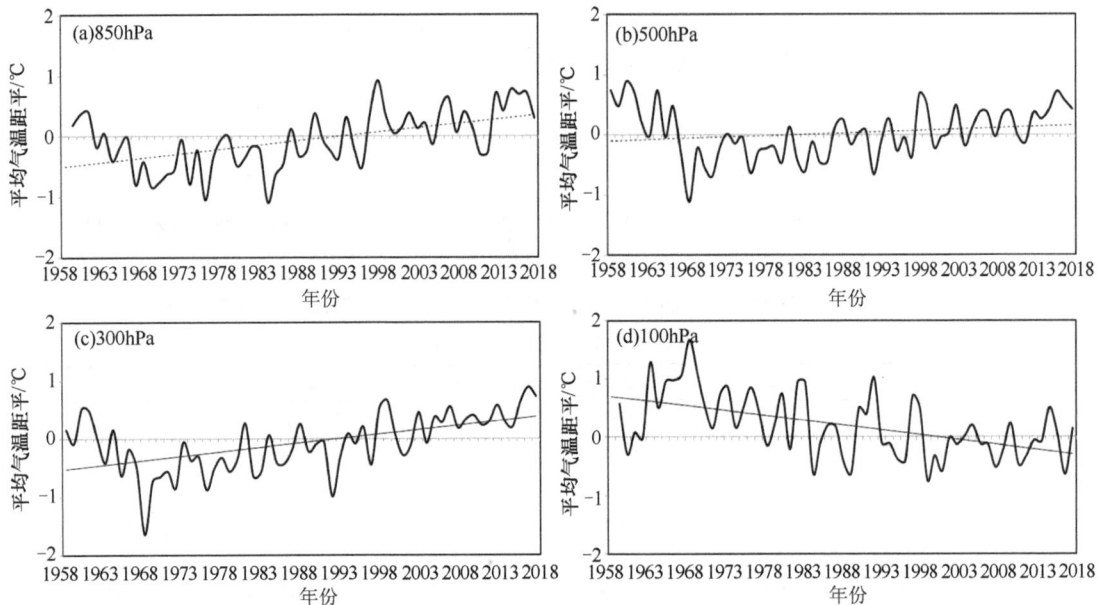

图 2.14　1958~2018 年中国 118 站平均 850hPa、500hPa、300hPa 和 100hPa 气温距平
（郭艳君和王国复，2019；中国气象局气候变化中心，2019）

探空观测湿度与温度相比具有更大的不确定性（郝民等，2015；姚雯等，2017）。1979~2015 年探空原始比湿和相对湿度在 21 世纪初期显著下降，表明探空系统变化造成显著的非均一性问题（图 2.15）。通过均一化分析对原始探空湿度序列进行了较大幅度的订正，总体提高了序列的连续性（张思齐等，2018）。多数再分析与均一化探空观测湿度序列的年际变率较为一致，ERA-Interim、MERRA、JRA-55 和 CFSR 等新一代再分析资料与均一化的中国探空观测湿度更为接近。再分析大气比湿、相对湿度和大气可降水量在 21 世纪初期均出现不同程度的下降，说明再分析资料也受到原始探空观测非均一性的影响（Zhao et al.，2015），导致再分析与均一化探空观测湿度变化趋势存在较大差异。均一化的中国探空观测大气可降水量、比湿和相对湿度总体呈显著的上升趋势，多数再分析资料序列则不然（表 2.1）。

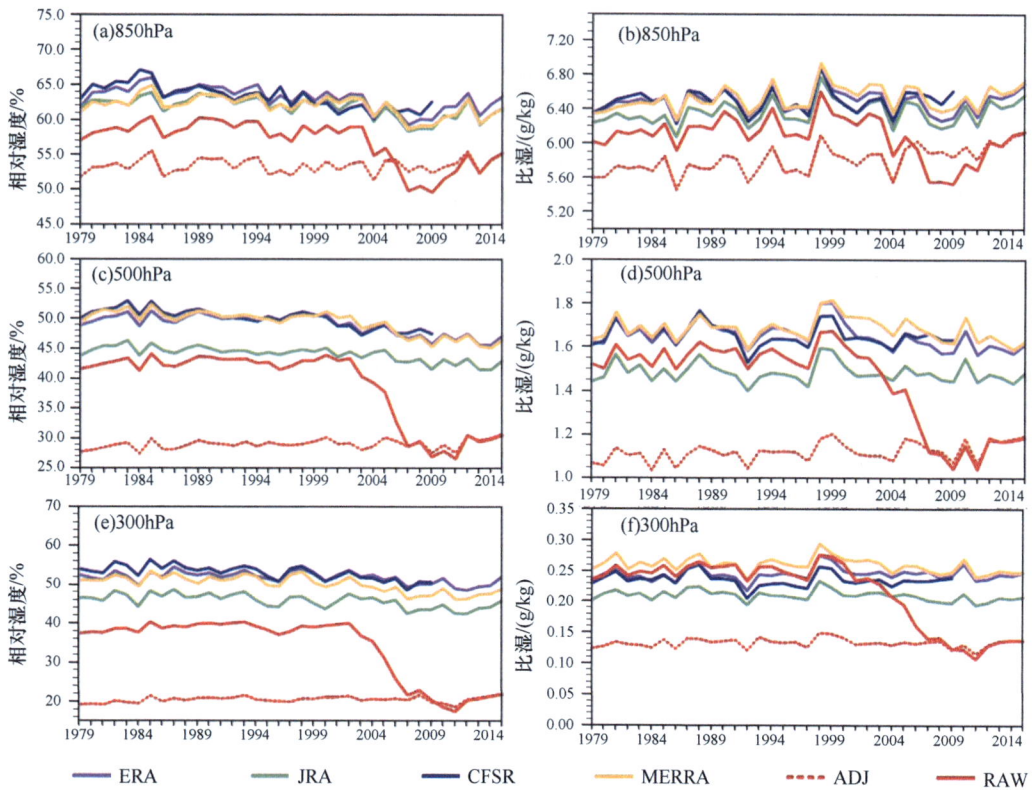

图 2.15　均一化前（RAW）和均一化后（ADJ）的 1979~2015 年中国平均 850hPa、500hPa 和 300hPa 相对湿度（%）和比湿（g/kg）及四套再分析资料序列的对比

表 2.1　中国平均探空观测与四套再分析大气可降水量、相对湿度和比湿变化趋势*

（黑体表示显著趋势，α=0.05）

项目		ERA-Int.	JRA-55	CFSR	MERRA	探空观测
大气可降水量/（mm/10a）		−0.03	0.05	0.01	**0.11**	**0.33**
相对湿度/ （%/10a）	850hPa	**−0.92**	**−0.80**	**−1.54**	**−0.69**	0.12
	700hPa	**−0.83**	**−0.77**	**−0.99**	**−0.55**	0.10
	500hPa	**−1.18**	**−0.83**	**−1.33**	**−1.52**	0.31
	400hPa	**−1.06**	**−0.67**	**−1.35**	**−1.66**	0.24
	300hPa	**−0.68**	**−1.00**	**−1.37**	**−1.40**	0.24
比湿/ ［g/（kg·10a）］	850hPa	0.009	0.038	0.017	**0.047**	**0.100**
	700hPa	−0.015	0.000	0.014	**0.046**	**0.065**
	500hPa	**−0.019**	−0.005	−0.009	−0.008	**0.020**
	400hPa	−0.009	−0.001	−0.006	−0.009	0.004
	300hPa	0.001	−0.002	−0.002	−0.004	0.000

* 大气可降水量趋势据 Zhao 等（2015），计算时段为 1979~2012 年；相对湿度和比湿据张思齐等（2018），计算时段为 1979~2015 年

　　鉴于中国探空观测湿度原始资料存在显著的非均一性，均一化引入干偏差，再分析资料受模式系统误差、同化技术和观测系统误差等因素的影响较大（尤其是探空观测原始序列中的非均一性问题），基于探空或再分析单一资料评估中国高空大气湿度变化趋势的不确定性较大（Zhao et al.，2015；Wang et al.，2017a；张思齐等，2018）。因而，需要改进均一化方案，提高探空观测序列的可靠性。此外，引入卫星遥感等多源资料进行对比分析是有益的。

例如，GPS/MET 遥感可降水量作为独立观测源资料，可用于评估探空观测和再分析产品的系统偏差（Zhang et al.，2017，2018a；Wang et al.，2017b），在高空大气湿度研究中具有应用潜力。

2.2.4　城市化效应

20 世纪 80 年代以来，特别是进入 21 世纪以来，中国经历了快速的城市化发展。根据中国土地利用数据（刘纪远等，2018），相对于 2000~2010 年，2010~2015 年中国土地利用变化方式以建设用地扩张为主，面积增加 2.46 万 km^2。显然，相对于国家尺度的面积而言，城市化占比是微小的，仅约 0.5%（Li et al.，2020a）。因而，如果气象站观测到的气候要素序列受到城市化的影响，就需要定量判断这类局地信号，才能更确切地评估大尺度气候变化。

1. 气温

一般而言，城市化导致城市热岛效应增强，这一局地效应反映到相应的站点气温序列里，相当于在大尺度气候变化背景上叠加了一个额外的增暖趋势。多年来关于中国城市化对当地气温变化趋势的贡献估算结果存在很大差异（Yan et al.，2016a；Wang and Yan，2016），直接原因是不同研究的地点、时段、方法、资料等各有不同。

Zhao 等（2014）指出，中国近百年气温升高主要是由大尺度气候变化，包括周边地区大气环流的演变造成的，贡献在 80%以上；进而根据人口规模划分不同城市化程度的区域站点，对比分析其长期气温序列后认为，城市化效应对在中国东部观测到的增暖速率的贡献平均而言应在 20%以下。一些研究通过对比近几十年城乡站点观测序列，认为在城市站点观测到的增暖趋势中，城市化效应的贡献可达 20%以上（Ren et al.，2015，2017）；但 Wang 等（2015a）考虑城市站代表的范围很小，进而分析指出中国区域平均的增暖趋势中城市化效应的贡献不足 1%。近年一些更细致的研究认为，即使就站点记录而言，其中的城市化效应也没以往研究结果那么大。例如，Wang 等（2017b）用国际学术界常用的"观测减再分析（OMR）"方法消除大尺度气候背景趋势场，然后再利用遥感观测的站点周边城市覆盖度和余差气温记录进行回归分析，结果表明，近几十年来城市扩张对在中国站点观测的日均气温升高的贡献平均约为 4%；对日最低温趋势的贡献约为 9%；而对日最高温趋势则几乎没影响。更有甚者，Li 等（2019）分区域建立了多种城市化指标，分析其与不同类站点观测气温序列的关联后认为，城市化的影响有正有负，总体而言对中国区域观测的气温变化几乎没影响。

由于中国城市化进程伴随有突出的区域性气溶胶污染增长（从而具有降温效应），城市化对该区域的气候增暖趋势的贡献，无论是观测事实还是物理机制理解上都还存在不确定性。这是相关研究结果存有较大差异的根本原因。

城市化效应或许在一些极端气温指标的变化中更明显。观测研究表明，城市化可能加剧了近几十年中国尤其是城市群区域的高温热浪趋频的进程（Li et al.，2014；Ren and Zhou 2014；Si et al.，2014；Fang et al.，2017；Luo and Lau，2017；Yang et al.，2017a；Ye et al.，2018）。一些模拟研究则为此提供了机理认识。例如，Sun 等（2014，2016a）利用全球气候模拟进行的归因分析表明，城市化对中国极端高温事件的增多有显著影响；Wang 等（2017d）利用高分辨区域模式模拟 2013 年华东超级热浪时发现，城市热岛与热浪天气之间存在正反馈，说明城市化效应必然更强烈地体现在热浪气候变化中。

2. 降水

城市热岛效应增强有助于增强局地对流，从而有利于城市及其下风方向降水增多。然而，各地降水天气机制的复杂性以及气象观测资料有限等因素制约了城市化对降水变化的影响评估。最近的研究（Gu et al.，2019）表明，不同区域城市化对降水量变化趋势的影响为 −30%~20%；中国区域整体尚缺乏城市化影响降水气候变化的证据。Wang 等（2015b）结合观测和模拟研究发现，京津冀城市化发展的早期，热岛效应有助于促进京区增雨，但在后期城市扩张至一定程度后，城市地面水分供应减少形成的"干岛效应"占据主导地位，反而抑制了降水。城市热岛和干岛效应对降水的影响相反，哪个起主导作用取决于城市化发展阶段及具体天气过程等多种因素，这从一个特殊视角诠释了为何在观测中很难检测到降水气候变化中的城市化效应。

近年来一些研究探讨了城市化对极端降水的影响。在长江三角洲地区，近几十年来各城市极端降水量均有增势，且大城市增加显著（Zhou et al.，2017）。然而，Zhong 等（2017）考虑气溶胶效应后认为城市化引起的降水效应在不同条件下可能相互抵消，从而对长期降水气候变化影响不大。在珠三角地区，近几十年的城市化可能导致城市每年降水日数减少了 6~14 天（Wang et al.，2014）；城区降水事件较少，降水时间较短，但短时强降雨事件却可能增加（Chen et al.，2015）。对于京津冀城市群，1960~2014 年城市站点极端降水呈下降趋势，特大城市下降趋势显著（Zhou et al.，2017）。Li 等（2015a）对北京地区逐日降水观测数据进行均一化处理后并分析发现，城区及下风向站点夏季极端降水量和频次的减少趋势较其他站弱，极端降水强度的减弱趋势则较强。北京城区短时强降水事件主要发生在城市中心区或其附近，其频次与城市热岛强度显著相关（Yang et al.，2017b）。尽管上述区域研究结果不尽一致，但总体而言，城市化可能对局地极端降水频次减少、强度增强有一定的贡献。

3. 风速

1958 年以来中国区域平均风速呈 −0.11 m/（s·10a）的下降趋势（Zhang et al.，2019a）。有研究认为，近几十年东亚冬、夏季风减弱是中国区域风速下降的主导因素（Jiang et al.，2013）。然而，在城市区域观测到的近地表风速序列无疑受城市化的影响（Wu et al.，2018）。一些研究认为，近几十年中国东部风速序列的下降趋势主要由城市化引起，城市化率每增加 10%，风速下降 0.24 m/s（Wu et al.，2016）；城市化发展越快，风速减弱越强（Li et al.，2018b）；这种联系在京津冀、长江三角洲、珠江三角洲城市群地区更为显著（Zha et al.，2017a；Wu et al.，2017a；Hou et al.，2013）。城市化对近地表不同等级风速的概率分布也有显著影响（Zha et al.，2017b），造成大城市出现中风和大风的概率明显小于小城市（Zha et al.，2016）。然而，另一些研究则认为关于城市化影响大尺度区域风场还缺乏足够的证据。例如，1992 年以后中国西部风速显著增大，这很难与城市化相联系（Li et al.，2018c）；城市化也难以解释近几十年青藏高原风速下降趋势（You et al.，2014）。

由于风速观测值对仪器更新、测站迁址等因素很敏感，对观测的风速资料进行均一化处理是十分必要的。基于均一化的风速观测序列，可清楚地看出 20 世纪 60 年代以来北京市区风速下降趋势更甚于周围郊区，市中心测站的风速下降趋势偏强达 20%，而原始的风速观测资料则难以再现这一典型的城市化效应格局（Yan et al.，2016a）。

2.3　中国区域极端天气气候事件变化特征

2.3.1　极端冷暖事件

随着气候变暖，各地极端冷暖事件的频率和强度也随之发生变化。近几十年中国区域极端气温时空演变的研究结果表明，极端热记录普遍呈增多趋势，极端冷记录普遍呈减少趋势，且极端冷指数的变化幅度甚于极端热指数（Tao et al.，2014；Sun et al.，2016b；黄小燕等，2016；Zhu et al.，2017；Wang et al.，2017c，2018b；Qian et al.，2019）。

基于最新的中国 2400 多个站点逐日气温序列集分析可见，1961 年以来，中国区域平均的年极端高温（TXx）、低温（TNn）记录的升高趋势分别为 0.21 ℃/10a 和 0.51 ℃/10a（图 2.16），北方升势更甚于南方。中国区域平均的极端冷夜（TN10p）和冷日（TX10p）显著减少（减少率分别为–1.75 %/10a 和–0.93 %/10a）；极端暖夜（TN90p）及暖日（TX90p）则显著增多，增加率分别为 2.80%/10a 和 1.68%/10a（尹红和孙颖，2019）。

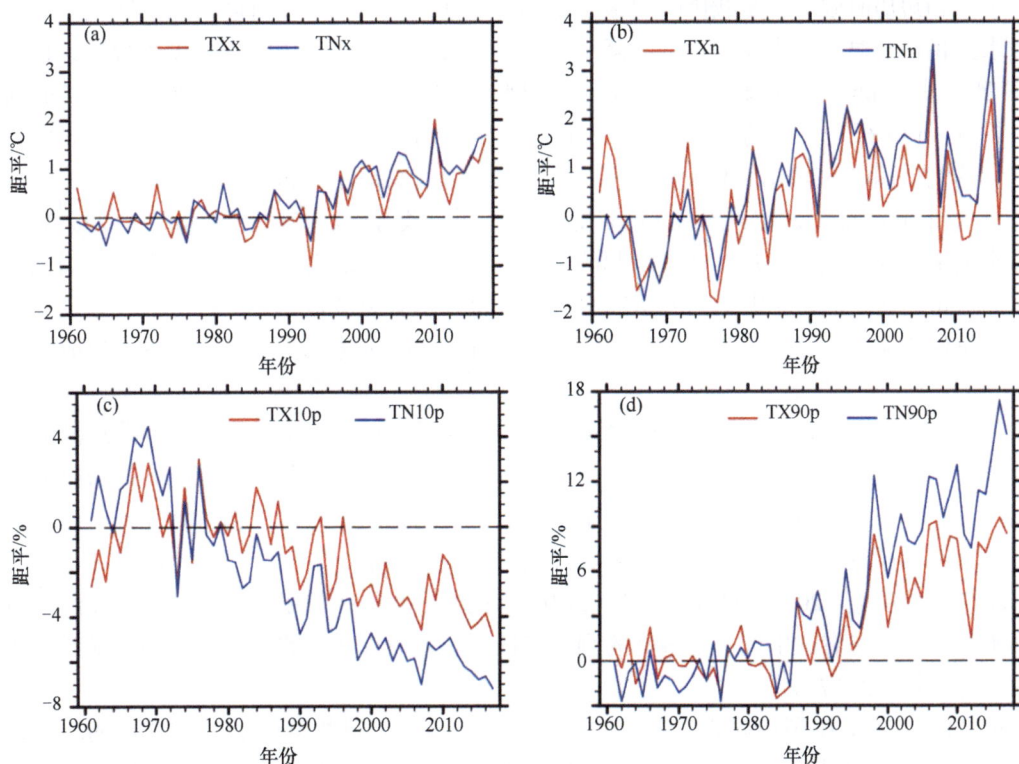

图 2.16　中国区域平均的极端气温指数距平变化（1961~2017 年）（尹红和孙颖，2019）
TNx 表示年最高日最低温；TXn 表示年最低日最高温

1961 年以来，中国区域霜冻日数及冰冻日数显著减少，变率分别为–3.31d/10a 和–1.53d/10a。夏日及热日频数增加，分别达 2.63d/10a 和 2.26d/10a。气温日较差下降，趋势为–0.15 ℃/10a。生长季长度是气候和生态应用非常重要的一个指数，气候增暖导致生长季延长，1961 年以来的增率为 2.82d/10a。总体而言，中国区域的极端气温指数变化与全球尺度的背景趋势相当一致（Yin and Sun，2018）。

中国区域热浪主要发生于夏季西北内陆的新疆一带和东南部的副热带高压控制区域。

1960 年以来中国区域相对热浪频率显著增大（0.19 次/10a），东南地区最显著（Hu et al.，2017）。近几十年来，中国区域冬季寒潮总体趋于减少，尽管不同区域呈现不同的年代际变化（Ou et al.，2015）。

近年来一些复合型极端天气气候事件受到高度关注，因为其对人类健康和各行业影响更大。例如，Chen 和 Zhai（2017）分析了夏季日-夜持续异常高温的复合型极端高温事件，发现这类极端高温事件在中国西北、河套地区、东北以及南方地区显著增多增强，且平均持续时长显著延长。相比而言，仅白天呈现极端高温的事件在我国很多地区变化趋势并不显著，在黄淮海平原一带甚至呈现减少趋势，可能与当地的其他气候因素及大面积灌溉有关。在全球变暖背景下，各地夏季高温事件越来越多地以日夜同步的复合型高温形式出现，人类活动造成的气候变暖很可能是上述变化的主要驱动因子（Chen et al.，2018）。随着进一步的全球变暖，北半球大陆区域复合型热浪的人口暴露度趋于增加 4~8 倍，中国东部尤其（Wang et al.，2020）。

2.3.2 暴雨、短历时强降水

暴雨和短历时强降水是我国暖季最主要的灾害性天气，两者既有联系又有区别。短历时强降水是指在短时间内出现的很强的降水事件，通常用小时或分钟降水强度来分析评价，如 1h 雨量超过 20mm 或 3h 雨量超过 50mm 的降水事件，大多发生在夏季 6~8 月，持续时间大多不超过 3h 或 6h，强调的是降水强度，反映的是极端强降水的情况；暴雨是指 24h 内累计降水量达到或超过 50mm，或者 12h 内累计降水量达到或超过 30mm 的事件，侧重的是累积降水量（Chen et al.，2013；Zheng et al.，2016；翟盘茂等，2017；孙继松，2017）。短历时强降水大多为典型的中小尺度系统引起的对流降水，其造成的衍生灾害往往表现为局地而短促，如城市内涝、山洪、泥石流、滑坡等；而大范围暴雨更多是由更大尺度天气系统主导的大范围持续性降水，还具有多尺度系统相互作用的特点（陈栋等，2016），更易形成区域性洪涝灾害。

从空间分布上看，我国短历时强降水日数与暴雨日数均呈现出自东南向西北逐渐减少的梯度分布，说明中东部地区大多数暴雨天气过程是包含短历时强降水过程的。短历时强降水的强度分布特征则有所不同，极大值区主要位于华南南部、华北南部和黄淮地区，而华南北部至江南地区虽然暴雨频次高，但该区域极端降水强度却小于华北南部和黄淮东部（Chen et al.，2013；李建等，2013；Zheng et al.，2016）。虽然华北地区的年降水量大多只有江南地区年降水量的 1/3 左右，出现暴雨事件的频率也低很多，但该区域的极端降水强度却超过江南地区（孙继松，2017）。

近 50 多年来，中国年累计暴雨（日降水量≥50mm）站日数整体呈 3.8%/10a 的增加趋势（图 2.17），存在明显的年代际变化特征和区域差异，20 世纪 90 年代中后期为频发期（中国气象局气候变化中心，2019；於琍等，2018；陈栋等，2016）；从暴雨日数的空间分布看，华北中南部及四川中部等地的部分地区呈减少趋势，而江南和华南大部呈现显著的增加趋势（熊敏诠，2017）。

相对于日降水量，基于小时尺度或分钟尺度的降水资料可以更加精确地反映短历时强降水演变的特征（杨萍等，2017；Zheng et al.，2016）。总的来看，近些年中国北方部分地区夏季短历时降水事件的频率降低，平均降水强度增强；而在中国南方地区，尤其是长江中下游流域，短历时降水的频率及其降水量都显著增大；值得注意的是，极端小时降水量（大于极端小时阈值的小时降水总量）和最大小时降水量在大部分地区均呈增强趋势（吴梦雯和罗亚

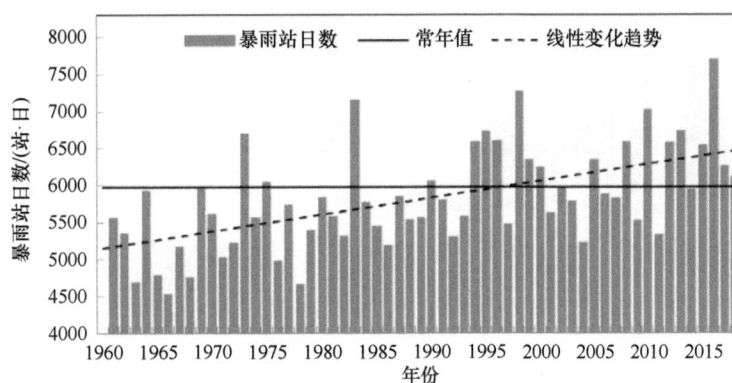

图 2.17　1961~2018 年中国区域平均年累计暴雨站日数历年变化（中国气象局气候变化中心，2019）

丽，2019；翟盘茂等，2017；Xiao et al.，2016；金炜昕等，2015）；不同地区或同一地区不同时间尺度的极端降水变化存在差异，城市化对极端小时降水发生频次增多和强度增强有贡献（Wu et al.，2019；袁宇锋等，2017；Zhong et al.，2017）。

2.3.3　干旱

IPCC 第五次评估报告（AR5）指出，观测数据不足导致对 20 世纪 50 年代以来全球干旱变化趋势的估计存在很大的不确定性。目前，国际上有关气候变暖是否会引起干旱增加仍存在很大的争议（Trenberth et al.，2014）。但越来越多的证据表明，高温热浪和干旱共同发生的概率在全球很多地区，如美国（Mazdiyasni and AghaKouchak，2015）、中国（Wang et al.，2016）、非洲南部（Yuan et al.，2018）等地呈上升趋势。在这样的背景下，一类发生在生长季、伴随高温热浪并快速发展的短期干旱也称"骤发干旱"或"骤旱"（flash drought），近年来引起了广泛关注（Mo and Lettenmaier，2015；Wang et al.，2016；Yuan et al.，2018；Wang and Yuan，2018；Yuan et al.，2019）。持续的干旱少雨、热浪并伴随充足日照会极大地增强植被蒸散发能力，导致土壤水分快速减少。骤发干旱发生发展迅速、强度大，可能严重威胁当地的粮食安全和生态安全。特别是在作物的关键生长阶段，如种子萌发、授粉期或灌浆期，如果遭遇严重的水分胁迫，即使干旱的持续时间短，也会导致作物产量显著减少（Hunt et al.，2014）。

在气候变暖的背景下，中国区域骤发干旱在过去 30 年来显著增长（图 2.18），主要由温度升高引起，土壤湿度和蒸散发对骤发干旱变化的贡献基本相当（Wang et al.，2016）。1997/1998 年强厄尔尼诺事件后，中国区域升温有所减缓，但其对骤发干旱的影响被土壤湿度减小和蒸散发增强的作用抵消，导致骤发干旱在该期间上升趋势增加三倍。与发生发展缓慢的持续性干旱相比，骤发干旱在形成和演变方面有很大不同，但二者之间也存在一定的联系。骤发干旱较易发生在持续性干旱和恢复阶段，干湿转换期有利于骤发干旱的发生（Wang and Yuan，2018）。因此，通过将多尺度干旱现象联系（袁星等，2020），可为骤发干旱的早期预警提供信息。此外，人为排放温室气体引起的气候变化使我国南方的骤发干旱有进一步加剧的趋势（Yuan et al.，2019）。

相比于我国南方的骤发干旱，我国北方受东亚夏季风、北大西洋涛动、ENSO、高纬度海冰和积雪异常，以及陆气耦合的协同影响，更易遭受持续性干旱（Wang and He，2015；Wang et al.，2017d，2019；Zhang et al.，2018b）。在气候变暖的背景下，我国北方干旱发生的强度和频率都有所增加（Yu et al.，2014）。在年代际尺度上，北太平洋海温的年代际增暖（Han et al.，2015），青藏高原积雪增多导致的反照率增大（Ding et al.，2009），太平洋年代

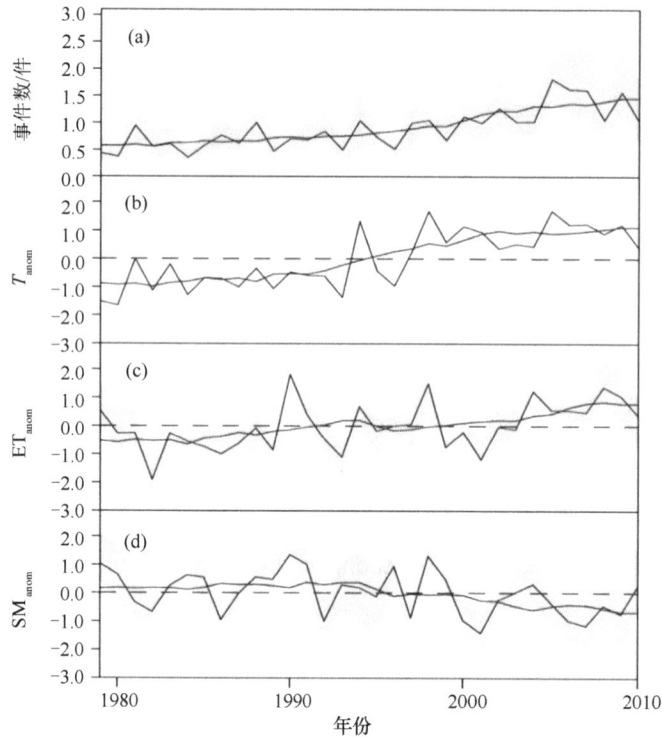

图 2.18　1979~2010 年中国区域平均每年发生的骤发干旱事件数（a）、气温（b）、蒸散发（c）和土壤湿度（d）的年代际变化（Wang et al.，2016）

黑线为各套资料集合平均以后的年序列，红线为 10 年滑动平均结果，灰色阴影代表不同再分析资料的变化范围。（b）~（d）为各套资料标准化后的结果，以便于比较。所有的分析均基于生长季的数据

际振荡 PDO 位相由负到正的年代际转换（Qian and Zhou，2014）都可以通过减小海陆热力差异并激发大气遥相关使东亚夏季风减弱，从而增强我国北方干旱。极地海冰融化也可以通过激发极地-欧亚型大气相关使我国东北发生干旱（Li et al.，2018；Wang et al.，2019）。除了外源强迫的年代际变化，强迫因子和北方降水在年际尺度上的协同变化关系也在增强。例如，ENSO 和东北降水的相关性在 2000 年以后加强，而 Niño-3 指数的负异常通常对应着东北干旱的发生（Han et al.，2017）；夏季北极涛动和我国北方降水的相关性在 1970 年以后增强，其负位相对应着北方干旱（Sun and Wang，2012）。此外，在厄尔尼诺的发展阶段更容易使我国北方发生严重的干旱（Li et al.，2015c）。

　　在气候变暖背景下，地表通量对土壤湿度的变化更加敏感（Teuling，2010）。干旱过程中，这种增强的陆气反馈使得土壤湿度和大气边界层持续变干（Zhou et al.，2019），大量的地表感热被输送到边界层，对大气低层进行准定常加热，从而作用于大尺度环流系统，使有利于干旱发生的环流形势得以维持（Koster et al.，2016）。例如，2017 年发生在我国东北的春-夏连旱，主要由北极涛动正位相对应的环流异常引起，并通过陆气耦合过程维持了上游贝加尔湖地区的高压异常，进而通过准定常罗斯贝波列影响下游的东北地区（Zeng et al.，2019）。

2.3.4　台风、龙卷风

　　台风-热带气旋是发生在热带或副热带海洋上的气旋性涡旋，是一种强大的热带天气系统。按照热带气旋中心附近底层最大平均风速可将其划分为热带低压、热带风暴、强热带风暴、台风、强台风和超强台风。在中国，一般将热带风暴及以上级别的热带气旋统称为台风。

台风能量巨大，摧毁力极强，直接和衍生灾种多，对生命安全、经济发展和社会稳定造成严重影响。

目前关于台风的长期气候变化的大量研究（雷小途，2011；秦大河等，2015；矫海艳等，2018；中国气象局气候变化中心，2019）表明，1949 年以来，每年在西北太平洋和南海生成的台风个数呈减少趋势 [图 2.19（a）]；但在中国登陆的台风个数则有微弱的增多趋势，登陆中国的台风比例呈增加趋势 [图 2.19（b）]。研究还表明，登陆时气旋的平均强度增强 [图 2.19（c）]；登陆时强台风的比例增加；登陆中国的初台推迟、终台提前、登陆季节显著缩短；热带气旋登陆区域更趋于集中在中国海岸的中部地带（雷小途，2011）。

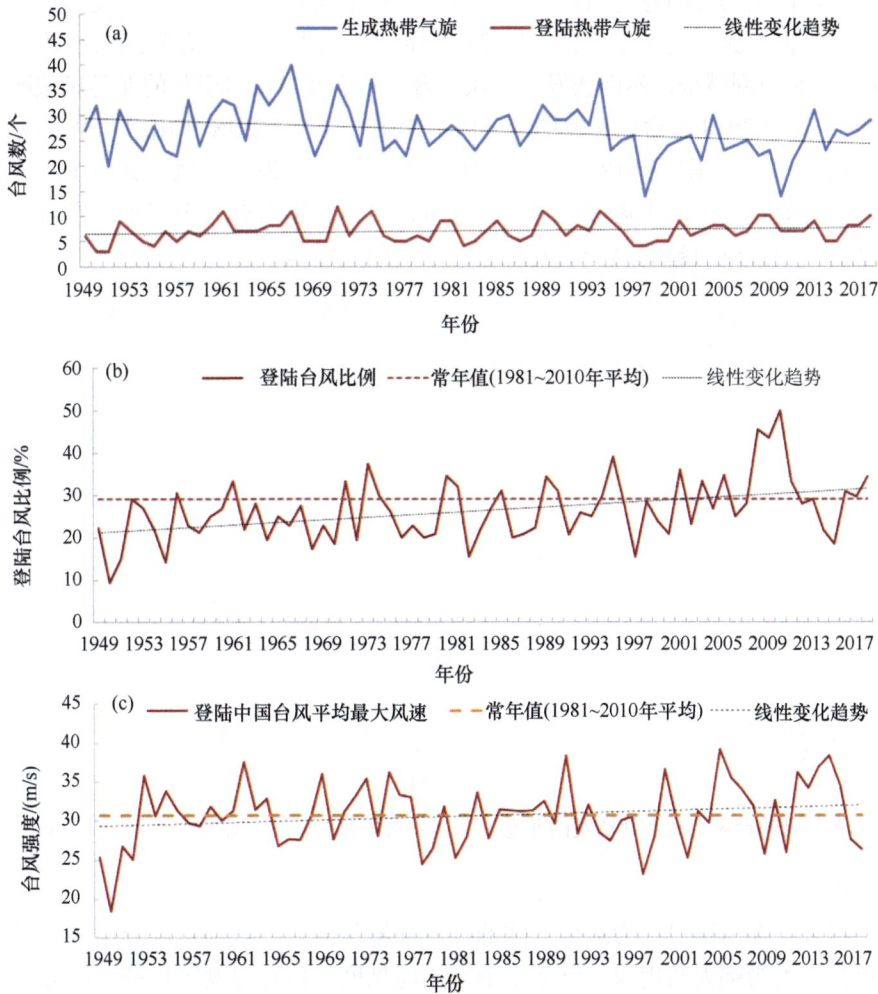

图 2.19　1949~2018 年台风的变化（中国气象局气候变化中心，2019）
（a）西北太平洋和南海台风生成及登陆个数；（b）登陆台风比例；（c）登陆中国台风平均最大风速

由于现阶段气候模式本身的局限性及未来全球气候变化情景的不确定性等，还难以对台风气候变化的未来趋势进行准确预测。一些研究表明，21 世纪前半叶，中国南海的台风活动将减弱，而亚洲副热带地区台风活动将相对频繁（Wang et al.，2011）；在未来全球变暖的情景下，台风强度将增强（秦大河等，2015）；未来台风带来的洪涝破坏将主要来自台风强度和降水强度的增强，而不是来自台风降水范围的增大（Lin et al.，2015）。

　　龙卷风是大气中最强烈的涡旋现象，常发生于夏季的雷雨天气时，尤以下午至傍晚最为多见，影响范围虽小，但破坏力极大。龙卷风经过之处常会发生大树拔起、车辆掀翻、建筑物摧毁等现象，它往往使成片庄稼、成万株果木瞬间被毁，危害人畜生命，令房屋倒塌，经济遭受损失等。

　　中国受龙卷风影响的县（市、区、旗）常年平均可达六七十个，多时可达上百。一般发生在春夏季，秋冬季极少发生龙卷风。龙卷风天气现象在台风暴雨中出现的概率较低。有研究表明，近十多年（2004~2013 年）来，龙卷风发生频次呈减少趋势（范雯杰和俞小鼎，2015）。能诱发产生龙卷风的天气系统包括温带气旋、热带气旋、高空冷涡等。在龙卷风发生频次逐年减少情况下，台风诱发的龙卷风发生频次具有怎样的变化特征尚有待研究。根据龙卷风灾情收集数据（灾害大典、灾害年鉴、气候影响评价等）分析发现，龙卷风出现及其影响的县次自 2009 年以来急剧减少，然而诱发龙卷风的台风频次及由台风引起的龙卷风频次却有增无减（图 2.20）。其中 2018 年台风诱发的龙卷风事件尤为极端。2018 年出现三个台风（1804 号"艾云尼"、1814 号"摩羯"和 1822 号"山竹"）登陆中国诱发龙卷风，其中 1814 号"摩羯"残留涡旋多个对流单体内产生近 20 多个龙卷风，山东省境内有近十多个龙卷风产生，这是中国有记录以来由台风引起的第一次发生在山东省的龙卷风。

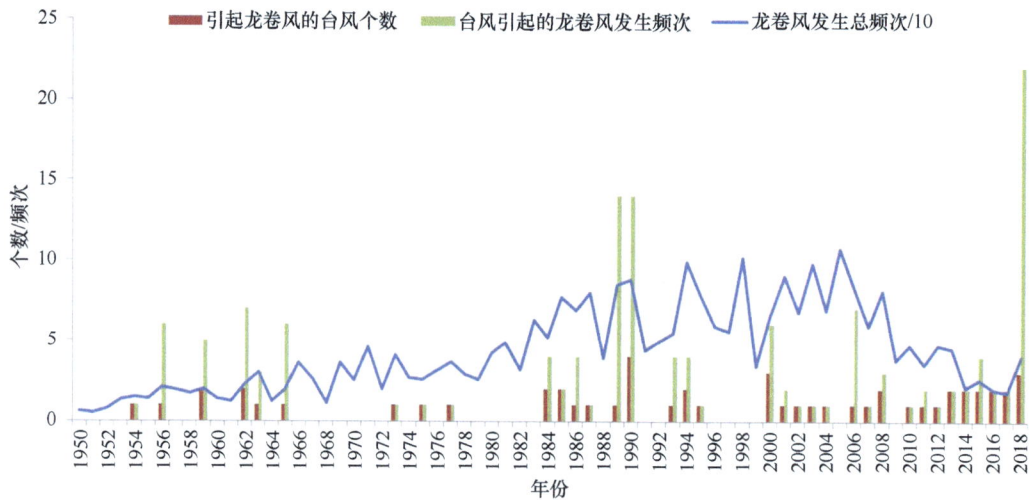

图 2.20　引起龙卷风的台风个数及其诱发的龙卷风发生频次和龙卷风发生总频次历年变化（1950~2018 年）

2.3.5　霾

　　近十几年来，霾污染已成为最受关注的气候环境问题之一。霾是综合性天气现象，从某种角度看也是一类极端天气现象。气候学中常用能见度、相对湿度等台站观测数据确定霾日以便于统计分析（Ding and Liu，2014）。然而，由于不同作者使用的站点（Zheng et al.，2018a）、气象数据（朱亚妮等，2015；Pei et al.，2018）及霾日判据（吴兑等，2014）等不同，得到的霾日指标序列差异较大，有的甚至可呈现相反的长期趋势。与经济发展和城市化的集中度相应，中国区域霾事件主要集中发生于京津冀、长江三角洲、珠江三角洲、四川盆地和汾渭平原等城市群地区（Huang et al.，2014；Chen and Wang，2015）。霾事件 40%以上发生在冬季，因而大多数研究也是就冬季霾开展的（Cai et al.，2017a；Wu et al.，2017b）。

　　从过去几十年看，中国东部霾污染的变化是由社会经济发展导致的人为污染物排放和天气气候变率共同促成的（张小曳等，2020）。一些研究认为，1980 年前后至今中国及主要霾区的冬季霾日数显著增加，主要原因是人为污染物排放量增多（Ding and Liu，2014；Wang and Chen，2016）。然而，另一些研究则认为，近几十年来中国主要霾区的冬季霾日数总体而言并无显著趋势（Wang and Chen，2016；Yin et al.，2017；Zhao et al.，2018）。Mao 等（2019）认为 1973~2012 年中国主要区域冬季霾日数的变率及其长期趋势（图 2.21）主要由气象条件控制。此外，中国主要霾区冬季霾日数及年代际变化特征为，20 世纪 70~80 年代中国东部特别是华北冬季霾日数偏多，90 年代至 21 世纪初霾日数偏少，2010 年之后霾日数显著增多（Ding and Liu，2014；Chen and Wang，2015；Wang and Chen，2016；Yin et al.，2017）。

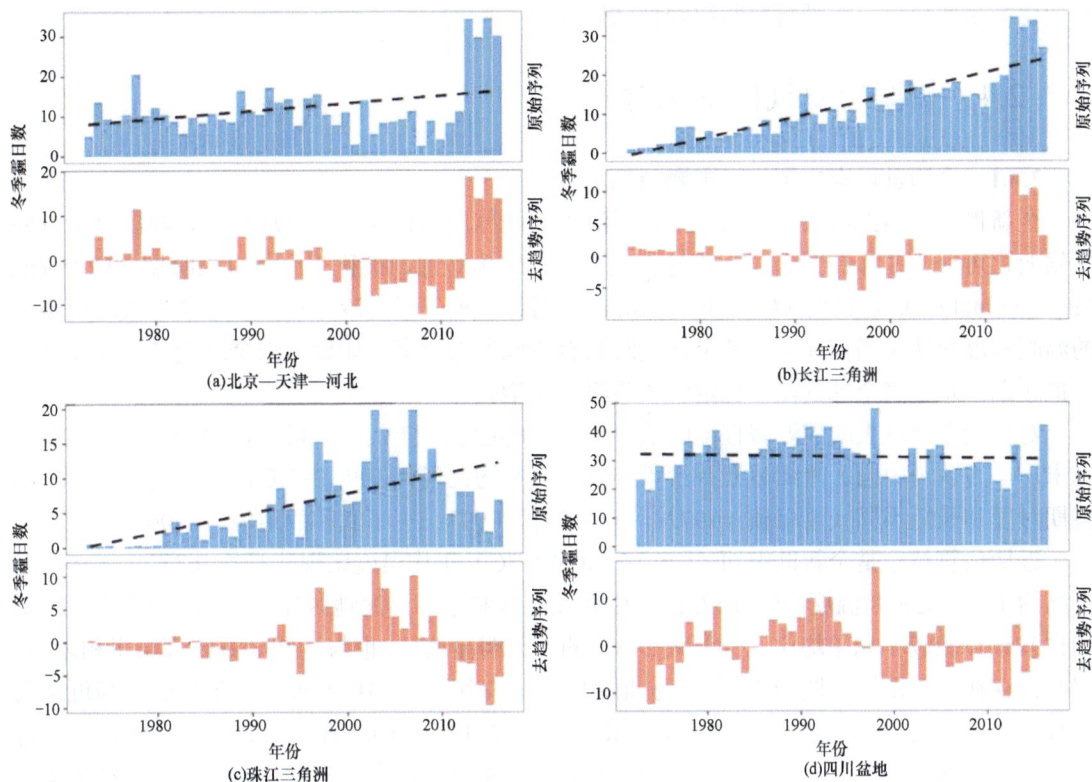

图 2.21　1973~2016 年四大城市群 ［（a）北京—天津—河北；（b）长江三角洲；（c）珠江三角洲；
（d）四川盆地］冬季（11 月至次年 2 月）霾日序列
注意 2013 年后观测自动化数据未校订，与前期序列不可比，趋势线需另计

　　2013 年 1 月中国东部发生了历史罕见的大范围持续性重霾事件（Huang et al.，2014）。为应对大气污染严峻形势，国务院推出《大气污染防治行动计划》，目标是 2017 年区域颗粒物浓度相比于 2012 年下降 25%左右。2013 年之后，中国主要人为污染排放量显著下降（Zheng et al.，2018b），但中国东部特别是京津冀地区冬季仍有持续性的大范围霾污染天气（Gao et al.，2015a；Wang，2018；Pei et al.，2018）。仅 2016 年 12 月就出现两次严重霾污染事件，其持续时间和严重程度都是历史罕见。直至 2017 年冬季（2017 年 12 月~2018 年 2 月），华北特别是北京霾日数显著偏少，该冬季大尺度气候及大气环流呈现出有利于北京一带大气污染物扩散的极端异常状态（严中伟等，2018），类似的环流极端状态发生频率在过去百年来减少了约一半，且随进一步的全球变暖还将进一步减少（Pei and Yan，2018）。这从一个侧面诠释了该区域霾天气趋频的大尺度气候演变背景。全球变暖或将增加华北平原静稳天气，从而增加冬季强霾天气频率和持续时间（Cai et al.，2017a）。张小曳等（2020）则认为，《大气污染

防治行动计划》等污染减排措施对近两年霾污染的改善起到了主导作用，气象条件好转的贡献为 20%左右。

尽管不同研究的出发点和结论有所不同，但可以认同的是，气象条件和污染物排放都对中国区域霾情的年际和长期变化有影响。以华北雾霾为例，其发生频次的变率一半以上由天气气候变化决定，污染排放的影响不大；雾霾强度的年际变化也主要由气候变率决定，但污染排放的变化可以解释约一半的雾霾强度变化，主要影响雾霾强度的长期趋势（Pei et al.，2020）。针对相关资料和认识方面存在的不确定性（严中伟等，2018），亟须进一步开展霾气候变化的事实分析、机理解释和归因预估研究。

2.4　长期历史气候变化背景

2.4.1　全新世以来中国气候主要特征

全新世是第四纪以来万年尺度上相对温暖的间冰期的代表。与全球相似，我国全新世的气候变化可分为 3 个阶段：早期迅速增暖；中期较为暖湿，被称为全新世大暖期（Holocene Megathermal）、最适宜期（Climate Optimum）等；晚期气候转冷、转干。全新世大暖期盛期的温暖程度对认识当前和未来的全球变暖具有特殊参考意义。如果未来全球变暖幅度超过全新世暖期，意味着全球气候不稳定的风险将大大增强。

对我国全新世大暖期温暖程度的估算始于 20 世纪 70 年代（竺可桢，1972），直到 20 世纪末，一直认为中国大暖期盛期持续千年以上，平均比现代偏暖 2~3℃，但不同研究给出的盛期时段和长短不同（竺可桢，1972；施雅风等，1993；王绍武和龚道溢，2000）。

近期估算结论是全新世中期（6±0.5 ka BP [14]C）年均温度比现代高约 0.7℃，最冷月温度高约 1℃，最热月温度高约 0.5℃；其中西北地区和东部沿海地区比现在略冷（吴海斌等，2017）。该结论较早期平均比现代偏暖 2~3℃的结果明显偏低，也与一些区域研究结果相矛盾，因此仍存在不确定性（图 2.22）。在东北地区，吴海斌等（2017）重建的年均温度与近年大多数研究结果吻合（金会军等，2018；俞凯峰等，2013；Zheng et al.，2018a）；在西北、青藏高原和东部沿海地区与施雅风等（1993）的研究相反。青藏高原东部的有些重建结果支持吴海斌等（2017）全新世暖期较冷于现代的结论（Opitz et al.，2015）；但大规模的多年冻土融化等重建结果支持施雅风等（1993）的结论（金会军等，2018；李凡等，2015；Herzschuh et al.，2014）；东南地区，珠江口西岸基于孢粉数据重建得出暖期盛期比现代暖（赵信文等，2014），冲绳海槽南部、南海珠江口重建的暖期盛期海表温度（SST）均高于现代（Ruan et al.，2015；Kong et al.，2014）。

中国全新世期间发生的一系列持续数百年的寒冷事件与北大西洋冷事件有较好的对应关系，可能反映了全球气候振荡。其中，发生在 8.2ka BP 和 4.2ka BP 的快速变冷事件最为突出，对全新世气候变化的阶段性转折具有指示作用。近年来，东北、西北、青藏高原东部等许多区域研究成果进一步表明 8.2ka BP 事件在中国呈现冷、干及夏季风减弱的特点（Wu et al.，2012；汪亘等，2015；刘嘉丽等，2015；贾红娟等，2017；Zhang et al.，2015；Miao et al.，2014；董进国等，2013；邓朝等，2013）。4.2ka BP 前后，中国许多地区出现气候干旱、寒冷或气候恶化事件，并造成许多地区古文明的衰落或消亡。东海内陆架的沉积岩心记录了在 4.4~3.8ka BP，东海发生几次年平均 SST 下降的冷事件（Kajita et al.，2018）。在东部季风区，北方和西南气候变干，南方气候变湿（Zhang et al.，2018c）。

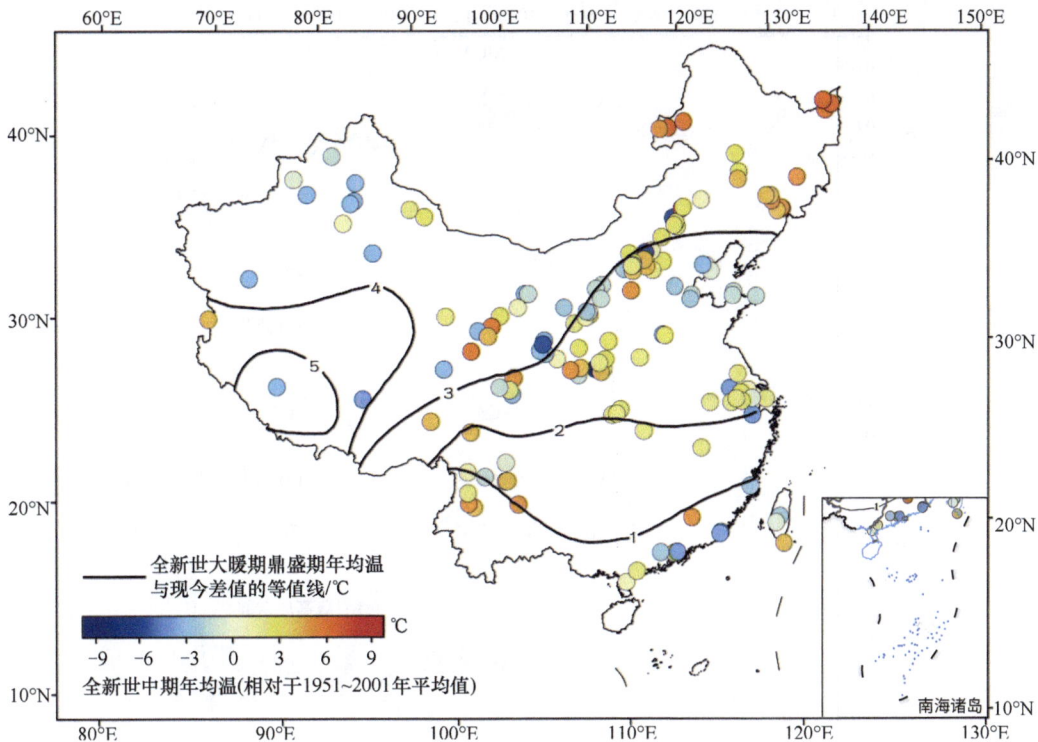

图 2.22 全新世中期我国温度与现代温度差异的空间分布
圆点：全新世中期（6±0.5ka BP^{14}C）（吴海斌等，2017）；等值线（施雅风等，1993）

2.4.2 过去 2000 年气候变化

过去 2000 年中国温度变化存在准 600 年、200~250 年、100~120 年和 50~70 年等多尺度的波动，包括 4 个持续时间超过百年的暖期和 3 个冷期。暖期分别出现在公元 1~200 年、550~760 年、950~1300 年和 20 世纪，其中公元 660~760 年、1020~1120 年、1190~1290 年等百年温暖时段与 20 世纪温暖程度相似，20 世纪的温度记录未超过中世纪气候异常期的温度峰值(图 2.23)。冷暖期之间百年尺度的最大温度变幅约为 1.0 ℃，年代际最大变幅约为 1.5 ℃；公元 1870~2000 年的升温率为 0.56℃±0.42 ℃/100a，可能是过去 2000 年中百年升温率的最大值，但不是唯一的（Ge et al.，2017；郑景云等，2018，2019）。

中国 950~1300 年的暖期和 1310~1910 年的冷期分别与北半球的中世纪气候异常期和小冰期大致对应。中国 950~1300 年的暖期被 12 世纪不足百年的冷谷分隔为前后两个暖峰，而北半球只存在前一个暖峰。在百年尺度上，10~13 世纪是过去 2000 年中持续时间最长的显著暖期。与 20 世纪全国几乎一致的增暖不同，中世纪温暖期的起讫时间和温暖程度存在区域差异。中世纪暖期温暖程度在东中部与 20 世纪相当，在东北部较 20 世纪略低，在西北和青藏高原则显著低于 20 世纪。在百年以上尺度的趋势变化上，东北部和东中部两个区域均显示中世纪暖期和其后出现的小冰期两个阶段温度差别较显著，而西北、青藏高原两个区域则均显示两者的阶段温度差别不大（郑景云等，2019；葛全胜等，2015；郝志新等，2018）。

对过去 2000 年全国分区域的干湿变化评估显示，除青藏高原东北部 20 世纪很可能是过去 3000 年最湿的世纪之一外，东中部季风区、东北地区和北方半干旱区、西北干旱区及青藏高原的其他区域 20 世纪的干湿变幅在年代际尺度上均未超出历史时期的变率范围。中国

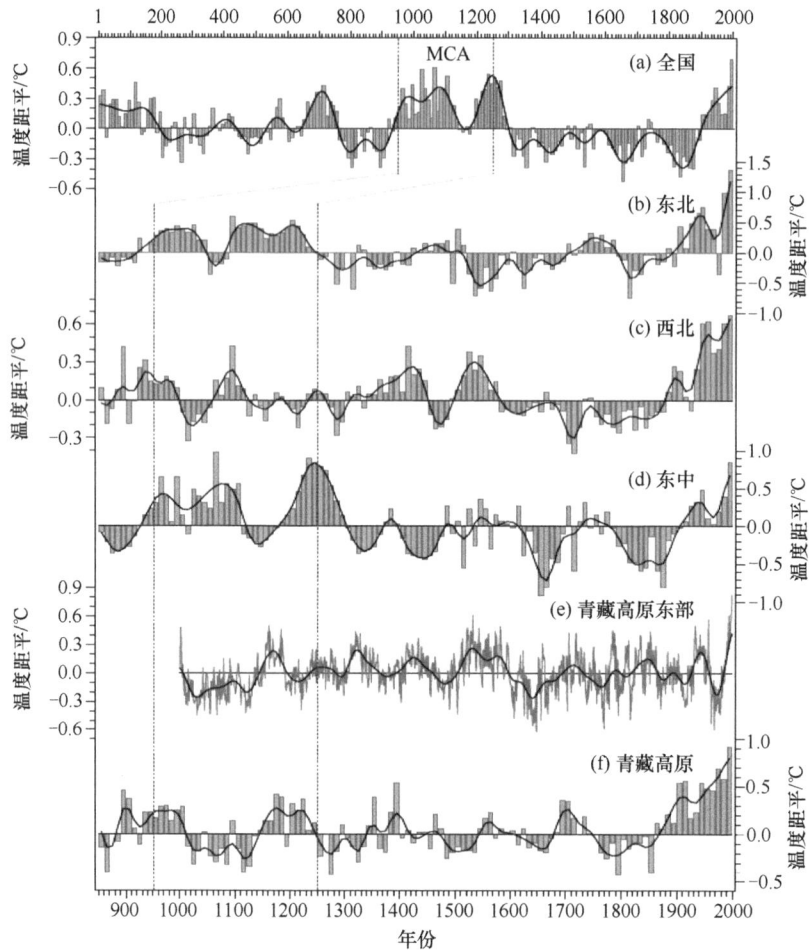

图 2.23　过去 2000 年中国温度变化（郑景云等，2019）

各区域的干湿均存在显著的年际、年代际和百年尺度周期变化，但各区域间干湿变化的周期或位相并不完全相同（郑景云等，2020）。东部季风区内华北、江淮和江南地区各个尺度上的干湿周期变化信号均不稳定，使得不同地带的干湿变化在年代际和多年代际尺度上的对应关系极为复杂（郑景云等，2018，2020）。百年尺度上，江南的干湿与华北和江淮反相变化在 1000AD 以前较其后明显。过去 2000 年的冷、暖期内，中国东部的旱涝分布并无固定的空间型。总体来看，4 个百年尺度温暖时段的集合平均呈自南向北的带状分布，25°N 以南地区旱、25°~30°N 涝、30°N 以北地区旱、黄土高原西部涝，这一特征与 20 世纪相似；5 个寒冷时段旱涝格局的集合平均呈自东向西的带状分布特征，115°E 以东涝，以西则旱涝相间；冷、暖时段的旱涝格局对比显示，气候由寒冷转为温暖对应的旱涝格局具有"南涝北旱、东旱西涝"并存的特征，可能导致华北干旱与湘、赣流域雨涝概率同时增加。中世纪气候异常期中国干湿大致呈"西部干旱-半干旱区偏干、西南—华北—东北偏湿、东南又偏干"的特征，小冰期则反之（郝志新等，2020；Ge et al.，2017）。

　　过去 2000 年中国东部重大旱、涝事件的发生具有明显的阶段性变化。其中，公元 101~150 年、251~300 年、951~1000 年、1701~1750 年、1801~1850 年 和 1901~1950 年极端大涝多发；301~400 年、751~800 年、1051~1150 年、1501~1550 年 和 1601~1650 年极端干旱多发；特别是 1551~1600 年既多发极端干旱，又多发极端大涝；在气候总体偏干的 12~14 世纪和 15 世纪后期至 17 世纪中期多发极端连旱；相对偏湿的 10~11 世纪及 17 世纪中期以后多发极端连涝（郑景云等，2020）。

2.4.3　20 世纪暖期的历史透视

就中国区域而言，20 世纪暖期的温暖程度尚在全新世自然变化范围之内；20 世纪是过去 2000 年中最暖的百年之一，其百年尺度的增暖幅度与过去 2000 年中最大者相当。20 世纪暖期可能包含有多尺度的自然暖期叠加的影响。中国区域 950~1300AD 的暖期和 1310~1900AD 的冷期分别与北半球其他区域存在的中世纪气候异常期和小冰期大致对应。20 世纪暖期与历史上的暖期相比有特殊性。中世纪暖期，中国及北半球的增暖在空间上存在幅度和位相差异；而 20 世纪暖期增暖，大多数区域同步增暖。这种差异可能反映了两个温暖气候形成机制的差异，中世纪增暖可能主要受太阳辐射变化影响，20 世纪增暖则主要是人类活动导致大气温室气体浓度增大所致。

2.5　结论、问题及展望

2.5.1　结论

本章所得的较为确切的主要结论如下。

（1）最新的观测数据分析表明，一个多世纪以来大气中的二氧化碳等长寿命温室气体浓度增长及全球气候变暖趋势仍在持续。1900 年以来全球大陆平均气温上升趋势约为 1.00 ℃/100a；全球平均表面温度（包括海表温度）约为 0.86℃/100a；北半球平均表面温度约为 0.92 ℃/100a。全球降水的长期趋势不如温度显著，但北半球降水总体有所增加，极端干旱区域也趋于增大。20 世纪 50 年代以来，全球大多数区域极端冷天显著减少，极端热天显著增多；极端降水增强的区域相比于减弱的区域明显增大。

（2）自有记录的 1958 年以来，全球海洋上层（2km）热含量呈持续稳定的增长趋势（$5.4×10^{22}$ J/10a），并在 20 世纪 90 年代后显著加速（$9.5×10^{22}$ J/10a）。1993 年以来全球平均海平面上升率约 3.1 cm/10a，并且近年来呈现加速态势。全球冰冻圈整体持续萎缩，特别是 21 世纪格陵兰和部分南极冰盖加速消融，促进了全球海平面加速上升；陆地生态系统春季物候普遍提前，生长季延长；灌木入侵北极大部分苔原、全球 10%~20%草原发生灌丛化，高海拔地区林线普遍上升。

（3）基于最新的均一化气温观测序列估算，1900 年以来中国气温上升趋势为 1.3~1.7 ℃/100a，北方部分站点甚至超过 3 ℃/100a，南方增暖相对较缓。20 世纪 60 年代以来中国区域年平均气温上升加速，达 0.27 ℃/10a，冬春季甚于夏秋季；极端冷天显著减少，极端热天显著增多，霜冻日数减少率达–3.31 d/10a，生长季显著增长（2.82 d/10a）；对流层显著增暖，平流层底层则降温。冰冻圈整体萎缩，特别是中国西部的冰川面积已整体性萎缩约 18%，青藏高原积雪期缩短（约 3.5 d/10a），冻土活动层增长；春季物候普遍提前。

（4）20 世纪 60 年代以来，中国降水总体有所增加（4.2 mm/10a），特别是中国东南部、西部和东北北部降水增势明显，但东北南部、华北到西南一带则呈现降水减少趋势；暴雨普遍趋频，东南部尤甚；同期极端少雨天气也增多，特别是伴随高温热浪而快速发展的"骤旱"事件剧增；风速总体减弱 [–0.13 m/（s·10a）]，但登陆台风的平均风力则有所增强；日照时数显著减少（–33 h/10a），东部尤甚；近几十年持续性雾霾天气趋频；西部河川径流有所增加，黄河、海河径流显著减少。

（5）中国区域 20 世纪暖期的温暖程度尚在全新世自然变化范围之内；20 世纪是过去 2000 年中最暖的百年之一；中国区域 950~1300AD 的暖期和 1310~1900AD 的冷期分别与北半球其他区域存在的中世纪气候异常期和小冰期大致对应；然而中世纪暖期各地增暖存在幅度和位相差异，20 世纪暖期增暖则大多数区域同步。

2.5.2　问题

全球变暖停滞（hiatus）是近年来在科学界和公众中都引起广泛争议的一个话题，可以从中窥探气候变化研究领域存在的问题。"Hiatus"指 1998~2013 年全球表面温度上升速率减缓的现象（Hartmann et al.，2013）。近年来经过大量研究，科学界已就此问题取得了一致的结论。首先，近地表温度的短期变化受 ENSO、PDO 等年际和年代际气候波动的影响，短期的趋势变化并不代表全球变暖信号（Meehl et al.，2011；Held，2013；Kosaka and Xie，2013；Trenberth and Fasullo，2013；Fyfe et al.，2016；Yan et al.，2016b；Yao et al.，2017；Cheng et al.，2018a）。而全球变暖的主要指标，如海洋热含量增大、海平面升高、冰川和冰盖消融等，近十几年来均显示出加速的趋势（Cheng et al.，2019；Cazenave et al.，2018；Liu and Xie，2018；Li et al.，2021），充分说明近百年来的长期全球变暖趋势并未停滞。"Hiatus"目前已更广泛地被称为"全球地表温度上升减缓"或类似表述，而非"全球变暖停滞"。

"Hiatus"现象相关的一个核心科学问题是，全球表面温度的年代际波动是由什么导致的。近年来，气候系统的年代际变率已成为一个研究热点。一些研究认为 PDO 相位变化决定了全球地表温度变化（Meehl et al.，2011；Kosaka and Xie，2013；Trenberth and Fasullo，2013；England et al.，2014）；另一些研究认为主要是 AMO 变化导致的（Chen and Tung，2014）或 AMO 和 PDO 都有重要作用（Gao et al.，2015b）；还有研究强调了其他区域或事件对全球温度的调整作用，例如印度洋（Lee et al.，2015）、热带大西洋（Li et al.，2015b）或火山爆发导致的冷却效应（Santer et al.，2014）。随着 2015~2016 年极端厄尔尼诺现象导致全球温度飙升，"Hiatus"现象已结束：1998~2017 年地表温度趋势比 1983~1997 年更强（Hu and Fedorov，2017）。有关"Hiatus"的争议凸显了目前气候系统内部变率研究的重要性。

"Hiatus"现象也使得科学界重新审视观测数据的重要性。Karl 等（2015）指出，船载观测仪器和浮标观测的偏差是导致全球地表温度序列在近十几年上升减缓的一个原因。Cowtan 和 Way（2013）及 Huang 等（2017a）提出，北极观测覆盖不足使得近期全球地表温度变化被低估。最新研发和更新的基准气候数据也表明，1998~2012 年全球增暖趋势仍接近或达到显著水平（Zhang et al.，2019b；Yun et al.，2019；Li et al.，2021）。而 Cheng 等（2018b，2017）则强调，海洋次表层温度数据问题使得不同研究对海洋热量在不同区域的再分配存在争议。这些研究凸显了完善准确的观测数据在气候变化研究中的重要作用。

2.5.3　展望

就观测的气候变化而言，可靠的长期观测序列无疑是最重要的基础。近年来针对中国早期观测资料问题而开展的气温序列均一化研究取得了重要进展。《第四次气候变化国家评估报告》区别于以往报告的一个重要方面就是，强调基于均一化的百年气温观测序列集来评估中国区域近百年来的气候增暖趋势。未来还有必要发展更多分辨率更高的均一化的长期气候要素观测序列集。这不仅有助于完善关于区域气候变化，包括极端天气气候变化的事实表述，也是深入理解区域气候变化机制及其与全球气候变化联系的基础。

就中国区域的观测序列而言还有一个特别话题，即近几十年快速发展的城市化导致一些气候观测序列可能包含城市化所致的气候效应。这里有两方面的问题。一是如何检测和校订城市化造成的观测序列中的局地性趋势偏差，以确切表述大尺度气候变化趋势；二是城市化的气候效应本身究竟是怎样的？这两个话题有联系，但也容易混淆，乃至于引发争议。加强城市化的气候效应研究是有益的。

　　诚如前述"Hiatus"争议所反映的那样，研究气候系统内部变率，特别是多年代际尺度的气候变率，对于认识工业革命以来的长期气候变化趋势有不可忽视的影响。加强气候系统内部变率的研究有助于理解气候变化的复杂性。不同区域可能表现出不同位相的变率特征，这也正是联系区域气候波动和全球气候变化的焦点问题之一。

参 考 文 献

常浩娟, 刘卫国, 吴琼. 2016. 60 年玛纳斯河红山嘴径流规律特征分析. 水土保持研究, 23(6): 128-134.

陈栋, 陈际龙, 黄荣辉, 等. 2016. 中国东部夏季暴雨的年代际跃变及其大尺度环流背景. 大气科学, 40(3): 581-590.

陈哲, 杨溯. 2014. 1979-2012 年中国探空温度资料中非均一性问题的检验与分析. 气象学报, 72(4): 794-804.

程建忠, 陆志翔, 邹松兵, 等. 2017. 黑河干流上中游径流变化及其原因分析. 冰川冻土, 39(1): 123-129.

邓朝, 汪永进, 刘殿兵, 等. 2013. "8.2ka"事件的湖北神农架高分辨率年纹层石笋记录. 第四纪研究, 33(5): 945-953.

董进国, 吉云松, 钱鹏. 2013. 黄土高原洞穴石笋记录的 8.2kaB.P.气候突变事件. 第四纪研究, 33(5): 1034-1036.

樊辉, 何大明. 2012. 怒江流域气候特征及其变化趋势. 地理学报, 67(5): 621-630.

范雯杰, 俞小鼎. 2015. 中国龙卷的时空分布特征. 气象, 41(7): 793-805.

方修琦, 苏筠, 郑景云, 等. 2019. 中国历史气候变化的社会经济影响. 北京: 科学出版社.

葛全胜, 华中, 郑景云, 等. 2015. 过去 2000 年全球典型暖期的形成机制及其影响. 科学通报, 60(18): 1727-1734.

郭金停, 胡远满, 熊在平, 等. 2017. 中国东北多年冻土区植被生长季 NDVI 时空变化及其对气候变化的响应. 应用生态学报, 28(8): 2413-2422.

郭艳君, 王国复. 2019. 近 60 年中国探空观测气温变化趋势及不确定性研究. 气象学报, 77(6): 1073-1085.

郭艳君, 张思齐, 颜京辉, 等. 2016. 中国探空观测与多套再分析资料气温序列的对比研究. 气象学报, 74(2): 271-284.

郝民, 龚建东, 王瑞文, 等. 2015. 中国 L 波段探空湿度观测资料的质量评估及偏差订正. 气象学报, 73(1): 187-199.

郝志新, 梁亚妮, 刘洋, 等. 2018. 古丝绸之路沿线地区千年冷暖变化的若干特征. 地理科学进展, 37(4): 485-494.

郝志新, 吴茂炜, 张学珍, 等. 2020. 过去千年中国年代和百年尺度冷暖阶段的干湿格局变化研究. 地球科学进展, 35(1): 18-25.

黄小燕, 王小平, 王劲松, 等. 2016. 1960—2013 年中国沿海极端气温事件变化特征. 地理科学, 36(4): 612-620.

贾红娟, 汪敬忠, 秦小光. 2017. 罗布泊地区晚冰期至中全新世气候特征及气候波动事件. 第四纪研究, 37(3): 510-521.

矫海艳, 宋连春, 叶殿秀, 等. 2018. 中国灾害性天气气候图集(1961~2015 年). 北京: 气象出版社.

金会军, 金晓颖, 何瑞霞, 等. 2018. 两万年来的中国多年冻土形成演化. 中国科学: 地球科学, 24(8): 1197-1212.

金炜昕, 李维京, 孙丞虎, 等. 2015. 夏季中国中东部不同历时降水时空分布特征. 气候与环境研究, 20(4): 465-476.

康世昌, 郭万钦, 钟歆玥, 等. 2020a. 全球山地冰冻圈变化、影响与适应. 气候变化研究进展, 16(2): 143-152.

康世昌, 郭万钦, 吴通华, 等. 2020b. "一带一路"区域冰冻圈变化及其对水资源的影响. 地球科学进展, 35(1): 1-17.

库路巴依·吾布力. 2016. 新疆叶尔羌河水文要素变化特性分析. 水利规划与设计, 22(5): 41-44.

雷小途. 2011. 全球气候变化对台风影响的主要评估结论和问题. 中国科学基金, 25(2): 85-104.

李登科, 王钊. 2018. 基于 MOD17A3 的中国陆地植被 NPP 变化特征分析. 生态环境学报, 27(3): 397-405.

李凡, 侯光良, 鄂崇毅, 等. 2015. 青藏高原全新世气温序列的集成重建. 干旱区研究, 32(4): 716-725.

李建, 宇如聪, 孙溦. 2013. 中国大陆地区小时极端降水阈值的计算与分析. 暴雨灾害, 32(1): 11-16.

李庆祥, 彭嘉栋, 沈艳. 2012. 1900—2009 年中国均一化逐月降水数据集研制. 地理学报, 67(3): 301-311.

李韧, 赵林, 丁永建, 等. 2012. 青藏公路沿线多年冻土区活动层动态变化及区域差异特征. 科学通报, 57(30): 2864-2871.

刘刚, 孙睿, 肖志强, 等. 2017. 2001—2014 年中国植被净初级生产力时空变化及其与气象因素的关系. 生态学报, 37(15): 4936-4945.

刘纪远, 宁佳, 匡文慧, 等. 2018. 2010—2015 年中国土地利用变化的时空格局与新特征. 地理学报, 73(5): 789-802.

刘嘉丽, 刘强, 储国强, 等. 2015. 大兴安岭四方山天池 15.4ka B.P. 以来湖泊沉积记录. 第四纪研究, 35(4): 901-912.

刘少华. 2017. 怒江上游流域水循环演变规律及其对气候变化的响应. 北京: 中国水利水电科学研究院.

刘时银, 姚晓军, 郭万钦, 等. 2017. 冰川分布与变化//刘时银, 张勇, 刘巧, 等. 气候变化影响与风险-气候变化对冰川影响与风险研究. 北京: 科学出版社.

刘希胜, 李其江, 段水强, 等. 2016. 黄河源径流演变特征及其对降水的响应. 中国沙漠, 36(6): 1721-1730.

刘雪佳, 赵杰, 杜自强, 等. 2018. 1993—2015 年中国草地净初级生产力格局及其与水热因子的关系. 水土保持通报, 38(1): 299-305.

刘艳, 杨耘, 聂磊, 等. 2017. 玛纳斯河出山口径流 EEMD-ARIMA 预测. 水土保持研究, 24(6): 273-280.

罗贤, 何大明, 季漩, 等. 2016. 近 50 年怒江流域中上游枯季径流变化及其对气候变化的响应. 地理科学, 36(1): 107-113.

裴琳, 严中伟, 杨辉. 2015. 近四百年中国东部旱涝型变化与太平洋年代际振荡关系. 科学通报, 60(1): 97-108.

钱诚, 严中伟, 曹丽娟, 等. 2018. 基于 1873 年以来器测气温的二十四节气气候变化. 气候与环境研究, 23(6): 670-682.

秦大河, 张建云, 闪淳昌, 等. 2015. 中国极端天气气候事件和灾害风险管理与适应国家评估报告. 北京: 科学出版社.

施雅风, 孔昭宸, 王苏民, 等. 1993. 中国全新世大暖期鼎盛阶段的气候与环境. 中国科学: B 辑, 23(8): 865-873.

苏中海, 陈伟忠. 2016. 近 60 年来长江源区径流变化特征及趋势分析. 中国农学通报, 32(34): 166-171.

苏中海, 陈伟忠, 闫永福. 2016. 青海澜沧江源径流变化及其对降水的响应. 现代农业科技, 23(8): 180-182.

孙继松. 2017. 短时强降水和暴雨的区别和联系. 暴雨灾害, 36(6): 498-506.

汪旦, 王永莉, 孟培, 等. 2015. 东北地区五大连池湖相沉积物正构烷烃和单体碳同位素特征及其古植被意义. 第四纪研究, 35(4): 890-900.

王国庆, 张建云, 管晓祥, 等. 2020. 中国主要江河径流变化成因定量分析. 水科学进展, 32(3): X1-X8.

王乐扬, 李清洲, 王金星, 等. 2020. 变化环境下近 60 年来中国北方江河实测径流量演变特征. 华北水利水电大学学报(自然科学版), 41(2): 36-42.

王茜, 陈莹, 阮玺睿, 等. 2017. 1982—2012 年中国 NDVI 变化及其与气候因子的关系. 草地学报, 25(4): 691-700.

王绍武, 龚道溢. 2000. 全新世几个特征时期的中国气温. 自然科学进展, 10(4): 325-332.

王欣, 晋锐, 杜培军, 等. 2018. 青藏高原地表冻融循环与植被返青期的变化趋势及其气候响应特征. 遥感学报, 22(3): 140-152.

王英, 熊安元. 2015. L 波段探空仪器换型对高空湿度资料的影响. 应用气象学报, 26(1): 76-86.

王迎新, 陈先江, 娄珊宁, 等. 2018. 草原灌丛化入侵: 过程、机制和效应. 草业学报, 27(5): 219-227.

吴兑, 陈慧忠, 吴蒙, 等. 2014. 三种霾日统计方法的比较分析: 以环首都圈京津冀晋为例. 中国环境科学, 34(3): 545-554.

吴海斌, 李琴, 于严严, 等. 2017. 全新世中期中国气候格局定量重建. 第四纪研究, 37(5): 982-998.

吴梦雯, 罗亚丽. 2019. 中国极端小时降水 2010—2019 年研究进展. 暴雨灾害, 38(5): 502-514.

吴青柏, 牛富俊. 2013. 青藏高原多年冻土变化与工程稳定性. 科学通报, 58(2): 115-130.

夏军, 彭少明, 王超, 等. 2014. 气候变化对黄河水资源的影响及其适应性管理. 人民黄河, 36(10): 1-4.

谢宝妮. 2016. 黄土高原近 30 年植被覆盖变化及其对气候变化的响应. 杨凌: 西北农林科技大学.

熊敏诠. 2017. 近 60 年中国日降水量分区及气候特征. 大气科学, 41(5): 933-948.

严中伟, 李珍, 夏江江. 2014. 气候序列的均一化-定量评估气候变化的基础. 中国科学-地球科学, 44 (10): 2101-2111.

严中伟, 裴琳, 周天军, 等. 2018. 2017 年冬季北京霾日极少的大尺度气候和环流背景-兼论 "霾气候" 预测研究. 气象学报, 76(5): 816-823.

杨萍, 肖子牛, 石文静. 2017. 基于小时降水资料研究北京地区降水的精细化特征. 大气科学, 41(3): 475-489.

杨溯, 李庆祥. 2014. 中国降水量序列均一性分析方法及数据集更新完善. 气候变化研究进展, 10(4): 276-281.

姚雯, 马颖, 高丽娜. 2017. L 波段与 59-701 探空系统相对湿度的对比分析. 应用气象学报, 28(2): 218-226.

尹红, 孙颖. 2019. 基于 ETCCDI 指数 2017 年中国极端温度和降水特征分析. 气候变化研究进展, 15(4): 363-373.

於琍, 徐影, 张永香. 2018. 近 25a 中国暴雨及其引发的暴雨洪涝灾害影响的时空变化特征. 暴雨灾害, 37(1): 67-72.

俞凯峰, 鹿化煜, Frank L, 等. 2013. 末次盛冰期和全新世大暖期中国北方沙地古气候定量重建初探. 第四纪研究, 33(2): 293-302.

袁星, 马凤, 李华, 等. 2020: 全球变化背景下多尺度干旱过程及预测研究进展. 大气科学学报, 43(1): 225-237.

袁宇锋, 翟盘茂, 李建, 等. 2017. 北京城、郊和山区不同强度等级降水变化特征比较. 气候变化研究进展, 13(6): 77-85.

翟盘茂, 廖圳, 陈阳, 等. 2017. 气候变暖背景下降水持续性与相态变化的研究综述. 气象学报, 75(4): 527-538.

张建云, 王国庆, 金君良, 等. 2020. 1956—2018 年中国江河径流演变及其变化特征. 水科学进展, 31(2): 153-161.

张思齐, 郭艳君, 王国复. 2018. 中国探空观测与第三代再分析大气湿度资料的对比研究. 气象学报, 76(2): 289-303.

张小曳, 徐祥德, 丁一汇, 等. 2020. 2013-2017 年气象条件变化对中国重点地区 PM2.5 质量浓度下降的影响. 中国科学, 50(4): 483-500.

张雨, 芦晓明, 王亚锋. 2018. 北半球树线波动及其驱动因素研究进展. 生态学杂志, 37(11): 255-264.

赵信文, 罗传秀, 陈双喜, 等. 2014. 基于孢粉数据的珠江三角洲 QZK6 孔全新世气候定量重建. 地质通报, 33(10): 1621-1628.

郑景云, 方修琦, 吴绍洪. 2018. 中国自然地理学中的气候变化研究前沿进展. 地理科学进展, 37(1): 16-27.

郑景云, 刘洋, 吴茂炜, 等. 2019. 中国中世纪气候异常期温度的多尺度变化特征及区域差异. 地理学报, 74(7): 1281-1291.

郑景云, 张学珍, 刘洋, 等. 2020. 过去千年中国不同区域干湿的多尺度变化特征评估. 地理学报, 75(7): 1432-1450.

中国气象局气候变化中心. 2019. 中国气候变化蓝皮书(2019).

朱亚妮, 曹丽娟, 唐国利, 等. 2015. 中国地面相对湿度非均一性检验及订正. 气候变化研究进展, 11(6): 379-386.

竺可桢. 1972. 中国近五千年来气候变迁的初步研究. 考古学报, 1972(1): 15-38.

Adhikari B S, Kumar R, Singh S P. 2018. Early snowmelt impact on herb species composition, diversity and phenology in a western Himalayan treeline ecotone. Trop Ecol, 59(2): 365-382.

AMAP. 2017. Snow, Water, Ice and Permafrost in the Arctic (SWIPA) 2017. Oslo: Arctic Monitoring and Assessment Programme (AMAP).

Becker A, Finger P, Meyer-Christoffer A, et al. 2013. A description of the global land-surface precipitation data products of the Global Precipitation Climatology Centre with sample applications including centennial (trend) analysis from 1901-present. Earth Syst Sci Data, 5: 71-99.

Berghuijs W R, Woods R A, Hrachowitz M. 2014. A precipitation shift from snow towards rain leads to a decrease in streamflow. Nat Clim Change, 4(7): 583-586.

Brandt J S, Haynes M A, Kuemmerle T, et al. 2013. Regime shift on the roof of the world: Alpine meadows converting to shrublands in the southern Himalayas. Biol Conserv, 158: 116-127.

Brodie J F, Roland C, Stehn S, et al. 2019. Variability in the expansion of trees and shrubs in boreal Alaska. Ecology, 100(5): e02660.

Brown R D, Robinson D A. 2011. Northern Hemisphere spring snow cover variability and change over 1922-2010 including an assessment of uncertainty. The Cryosphere Discussions, 5: 219-229.

Butchart S H M, Walpole M, Collen B, et al. 2010. Global biodiversity: Indicators of recent declines. Science, 328(5982): 1164-1168.

Cai W J, Li K, Liao H et al. 2017a. Weather conditions conducive to Beijing severe haze more frequent under climate change. Nat Clim Change,7: 257-262.

Cai Y, Ke C Q, Duan Z. 2017b. Monitoring ice variations in Qinghai Lake from 1979 to 2016 using passive microwave remote sensing data. Sci Total Environ, 607: 120-131.

Cairns D, Cairns M. 2014. Alpine treelines: fuctional ecology of the global high elevation tree limits. ARCT Antarvt Alp Res, 46(1): 292-292.

Cao L J, Yan Z W, Zhao P, et al. 2017. Climatic warming in China during 1901-2015 based on an extended dataset of instrumental temperature records. Environ Res Lett, 12(6): 064005.

Cao L J, Zhu Y N, Tang G L, et al. 2016. Climatic warming in China according to a homogenized data set from 2419 stations. Int J Climatol, 36: 4384-4392.

Cazenave A, Meyssignac B, Michaël A, et al. 2018. Global sea-level budget 1993-present. Earth Syst Sci Data, 10: 1551-1590.

Chambers D P, Cazenave A, Champollion N, et al. 2017. Evaluation of the global mean sea level budget between 1993 and 2014. Surv Geophys, 38: 309-327.

Chen H P, Wang H J. 2015. Haze days in north China and the associated atmospheric circulations based on daily visibility data from 1960 to 2012. J Geophys Res-Atmos, 120(12): 5895-5909.

Chen J L, Kang S C, Meng X H, et al. 2020. Assessments of the Arctic amplification and the changes in the Arctic sea surface. Adv Climate Change Res, 10(4): 193-202.

Chen J, Zheng Y G, Zhang X L, et al. 2013. Distribution and diurnal variation of warm-season short-duration heavy rainfall in relation to the MCSs in China. Acta Meteorologica Sinica, 27: 868-888.

Chen S, Li W B, Du Y D, et al. 2015. Urbanization effect on precipitation over the Pearl River Delta based on CMORPH data. Adv Climate Change Res, 6(1): 16-22.

Chen X Y, Zhang X B, John A C, et al. 2017. The increasing rate of global mean sea-level rise during 1993-2014. Nat Clim Change, 7: 492-495.

Chen X, Tung K K. 2014. Varying planetary heat sink led to global-warming slowdown and acceleration. Science, 345: 897-903.

Chen Y, Zhai P M, Zhou B. 2018. Detectable impacts of the past half-degree global warming on summertime hot extremes in China. Geophys Res Lett, 45: 7130-7139.

Chen Y, Zhai P M. 2017. Revisiting summertime hot extremes in China during 1961–2015: Overlooked compound extremes and significant changes, Geophys Res Lett, 44: 5096-5103.

Cheng L J, Abraham J, Hausfather J, et al. 2019. How fast are the oceans warming. Science, 363: 128-129.

Cheng L J, Trenberth K E, Fasullo J, et al. 2017. Improved estimates of ocean heat content from 1960-2015. Sci Adv, 3(3): e1601545.

Cheng L J, Trenberth K E, Fasullo J, et al. 2018a. Taking the pulse of the planet. Eos, 98: 14-16.

Cheng L J, Wang G, Abraham J, et al. 2018b. Decadal ocean heat redistribution since the late 1990s and its association with key climate modes. Climate, 6(4): 91.

Church J A, Clark P U, Cazenave A, et al. 2013. Sea level change //Stocker T F, Qin D, Plattner G K, et al. Climate Change 2013: The Physical Science Basis. Contribution of Working Group I to the Fifth Assessment Report of the Intergovernmental Panel on Climate Change. Cambridge and New York : Cambridge University Press.

Church J A, White N J. 2011. Sea-Level Rise from the Late 19th to the Early 21st Century. Surv Geophys, 32: 585-602.

Comiso J, Gersten R, Stock L, et al. 2017b. Positive trend in the Antarctic Sea Ice Cover and associated changes in surface temperature. J Climate, 30(6): 2251-2267.

Comiso J, Meier W, Gersten R. 2017a.Variability and trends in the Arctic Sea ice cover: Results from different techniques. J Geophys Res-Oceans, 122(8): 6883-6900.

Cong N, Wang T, Nan H J, et al. 2013. Changes in satellite-derived spring vegetation green-up date and its linkage to climate in China from 1982 to 2010: A multimethod analysis. Global Change Biol, 19(3): 881-891.

Cowtan K, Way R G. 2013. Coverage bias in the HadCRUT4 temperature series and its impact on recent temperature trends. Q J Roy Meteor Soc, 140(683 Pt.B): 1935-1944.

Dai A G. 2013. Increasing drought under global warming in observations and models. Nat Clim Change, 3: 52-58.

Dieng H B, Cazenave A, Meyssignac B, et al. 2017. New estimate of the current rate of sea level rise from a sea level budget approach. Geophys Res Lett, 44(8): 3744-3751.

Ding Y H, Liu Y J. 2014. Analysis of long-term variations of fog and haze in China in recent 50 years and their relations with atmospheric humidity. Sci China: Earth Sci, 57: 36-46.

Ding Y, Sun Y, Wang Z, et al. 2009. Inter-decadal variation of the summer precipitation in China and its association with decreasing Asian summer monsoon Part II: Possible causes. Int J Climatol, 29: 1926-1944.

Domingues C M, Church J A, White N J, et al. 2008. Improved estimates of upper-ocean warming and multi-decadal sea-level rise. Nature, 453(7198): 1090-1093.

Duo A, Zhao W J, Qu X Y, et al. 2016. Spatio-temporal variation of vegetation coverage and its response to climate change in North China plain in the last 33 years. Int J Appl Earth Obs, 53: 103-117.

England H M, Shayne M, Paul S, et al. 2014. Recent intensification of wind-driven circulation in the Pacific and the ongoing warming hiatus. Nat Clim Change, 4(3): 222-228.

Fang S B, Qi Y, Yu W G, et al. 2017. Change in temperature extremes and its correlation with mean temperature in mainland China from 1960 to 2015. Int J Climatol, 37(10): 3910-3918.

Fasullo J T, Nerem R S, Hamlington B. 2016. Is the detection of accelerated sea level rise imminent. Sci Rep, 6: 31245.

Fasullo J T, Nerem R S. 2018. Altimeter-era emergence of the patterns of forced sea-level rise in climate models and implications for the future. P Natl Acad Sci USA, 115: 12944-12949.

Frederikse T, Jevrejeva S, Riva R E M, et al. 2018. A Consistent Sea-Level Reconstruction and Its Budget on Basin and Global Scales over 1958–2014. J Climate, 31: 1267-1280.

Fyfe J C, Meehl G A, England M H, et al. 2016. Making sense of the early-2000s warming slowdown. Nat Clim Change, 6: 224-228.

Gao M, Guttikunda S K, Carmichael G R, et al. 2015a. Health impacts and economic losses assessment of the 2013 severe haze event in Beijing area. Sci Total Environ, 511: 553-561.

Gao L H, Yan Z W, Quan X W. 2015b. Observed and SST-forced multidecadal variability in global land surface air temperature. Clim Dynam, 44(1): 359-369.

Ge Q S, Liu H L, Ma X, et al. 2017. Characteristics of temperature change in China over the last 2000 years and spatial patterns of dryness/wetness during cold and warm periods. Adv Atmos Sci, 34(8): 941-951.

Ge Q S, Wang H J, Rutishauser T, et al. 2015. Phenological response to climate change in China: A meta-analysis. Global Change Biol, 21(1): 265-274.

Gou P, Ye Q H, Che T, et al. 2017. Lake ice phenology of Nam Co, Central Tibetan Plateau, China, derived from multiple MODIS data products. Journal of Great Lakes Research, 3(6): 989-998.

Gu X H, Zhang Q, Vijay P S, et al. 2019. Potential contributions of climate change and urbanization to precipitation trends across China at national, regional and local scales. Int J Climatol, 39(6): 2998-3012.

Guo Y Y, Zou C Z, Zhai P M, et al. 2019. An Analysis of the discontinuity in Chinese radiosonde temperatures using satellite observation as a reference. J Meteor Res, 33(2): 289-306.

Han T T, Chen H P, Wang H J. 2015. Recent changes in summer precipitation in Northeast China and the background circulation. Int J Climatol, 35: 4210-4219.

Han T, Wang H J, Sun J Q. 2017. Strengthened relationship between eastern ENSO and summer precipitation over Northeastern China. J Climate, 30 (12): 4497-4512.

Hansen J, Sato M, Kharecha P, et al. 2011. Earth's energy imbalance and implications. Atmos Chem Phys, 11: 13421-13449.

Hansen J, Ruedy R, Sato M, et al. 2010. Global surface temperature change. Reviews Of Geophysics, 48(4): 1-29.

Hartmann D L, Klein Tank A M G, Rusticucci M, et al. 2013. Observations: Atmosphere and surface//Stocker T F, Qin D, Plattner G K, et al. Climate Change 2013: The Physical Science Basis. Cambridge and New York:

Cambridge University Press.

Held I M. 2013. Climate science: The cause of the pause. Nature, 501: 318-319.

Hernández-Henríquez M A, Déry S, Derksen C. 2015. Polar amplification and elevation-dependence in trends of Northern Hemisphere snow cover extent, 1971-2014. Environ Res Lett, 10: 044010.

Herzschuh U, Borkowski J, Schewe J, et al. 2014. Moisture-advection feedback supports strong early-to-mid Holocene monsoon climate on the eastern Tibetan Plateau as inferred from a pollen-based reconstruction. Palaeogeogr Palaeocl, 402: 44-54.

Hobbs W, Massom R, Stammerjohn S, et al. 2016. A review of recent changes in Southern Ocean sea ice, their drivers and forcings. Global Planet Change, 143: 228-250.

Hou A Z, Yang H B, Lei Z D, et al. 2013. Numerical analysis on the contribution of urbanization to wind stilling an example over the greater Beijing Metropolitan Area. J Appl Meteorol Clim, 52(5): 1105-1115.

Hu L S, Huang G, Qu X. 2017. Spatial and temporal features of summer extreme temperature over China during 1960-2013. Theor Appl Climatol, 128: 821-833.

Hu S, Fedorov A V. 2017. The extreme El Niño of 2015-2016 and the end of global warming hiatus. Geophys Res Lett, 44: 3816-3824.

Huang J B, Zhang X D, Zhang Q Y, et al. 2017b. Recently amplified arctic warming has contributed to a continual global warming trend. Nat Clim Change, 7: 875-879.

Huang R J, Zhang Y L, Bozzetti C, et al. 2014. High secondary aerosol contribution to particulate pollution during haze events in China. Nature, 514: 218-222.

Huang X D, Deng J, Ma X F, et al. 2016. Spatiotemporal dynamics of snow cover based on multi-source remote sensing data in China. The Cryosphere, 10: 2453-2463.

Huang X D, Deng J, Wang W, et al. 2017a. Impact of climate and elevation on snow cover using integrated remote sensing snow products in Tibetan Plateau. Remote Sens Environ, 190: 274-288.

Hulme M. 1991. An intercomparison of model and observed global precipitation climatologies. Geophys Res Lett, 18(9): 1715-1718.

Hunt E D, Svoboda M, Wardlow B, et al. 2014. Monitoring the effects of rapid onset of drought on non-irrigated maize with agronomic data and climate-based drought indices. Agr Forest Meteorol, 191: 1-11.

IPCC. 2013. Climate Change 2013: The Physical Science Basis//Stocker T F, Qin D, Plattner G K, et al. Contribution of Working Group I to the Fifth Assessment Report of the Intergovernmental Panel on Climate Change. Cambridge and New York: Cambridge University Press.

IPCC. 2019. Summary for Policymakers. IPCC Special Report on the Ocean and Cryosphere in a Changing Climate.

Ishii M, Fukuda Y, Hirahara S, et al. 2017. Accuracy of global upper ocean heat content estimation expected from present observational data sets. SOLA, 13: 163-167.

Ji Y, Zhou G, Luo T, et al. 2020. Variation of net primary productivity and its drivers in China's forests during 2000-2018. For Ecosyst, 7: 15.

Jiang Y, Luo Y, Zhao Z C. 2013. Maximum Wind Speed changes over China. Acta Meteorologica Sinica, 27(1): 63-74.

Johansson J, Kristensen N P, Nilsson J A. et al. 2015. The eco-evolutionary consequences of interspecific phenological asynchrony-a theoretical perspective. Oikos, 124(1): 102-112.

Jones P D, Lister D H, Osborn T J, et al. 2012. Hemispheric and large-scale land surface air temperature variations: An extensive revision and an update to 2010. J Geophys Res-Atmos, 117: D05127.

Kajita H, Kawahata H, Wang K, et al. 2018. Extraordinary cold episodes during the mid-Holocene in the Yangtze delta: Interruption of the earliest rice cultivating civilization. Quaternary Sci Rev, 201: 418-428.

Kang K, Duguay C R, Lemmetyinen, et al. 2014. Estimation of ice thickness on large northern lakes from AMSR-E brightness temperature measurements. Remote Sens Environ, 150: 1-19.

Karl T R, Arguez A, Haung B Y, et al. 2015. Possible artifacts of data biases in the recent global surface warming hiatus. Science, 348: 1469-1472.

Kharouba H M, Ehrlen J, Gelman A. et al. 2018. Global shifts in the phenological synchrony of species interactions over recent decades. P Natl Acad Sci USA, 115(20): 5211-5216.

Knutti R, Rugenstein M A A. 2015. Feedbacks, climate sensitivity and the limits of linear models. https://royalsocietypublishing.org/doi/10.1098/rsta.2015.0146[2021-5-30].

Kong D, Zong Y, Jia G, et al. 2014. The development of late Holocene coastal cooling in the northern South China Sea. Quaternary International, 349: 300-307.

Kosaka Y, Xie S P. 2013. Recent global-warming hiatus tied to equatorial Pacific surface cooling. Nature, 501(7467): 403-407.

Koster R D, Chang Y, Wang H, et al. 2016. Impacts of local soil moisture anomalies on the atmospheric circulation and on remote surface meteorological fields during boreal summer: A comprehensive analysis over North America. J Climate, 29: 7345-7363.

Kuhn E, Gegout J C. 2019. Highlighting declines of cold-demanding plant species in lowlands under climate warming. Ecography, 42(1): 36-44.

Kwok R. 2015. Sea ice convergence along the Arctic coasts of Greenland and the Canadian Arctic Archipelago: Variability and extremes (1992-2014). Geophys Res Lett, 42(18): 7598-7605.

Lee S, Park W, Baringer M, et al. 2015. Pacific origin of the abrupt increase in Indian Ocean heat content during the warming hiatus. Nat Geosci, 8: 445-449.

Lesack L, Marsh P, Hicks F, et al. 2014. Local spring warming drives earlier river-ice breakup in a large Arctic delta. Geophys Res Lett, 41(5): 1560-1567.

Levitus S, Antonov J I, Boyer T P. 2012. World ocean heat content and thermosteric sea level change (0-2000m), 1955-2010. Geophys Res Lett, 39(10): L10603-1-L10603-5.

Lewandowsky S, Risbey J, Oreskes N. 2016. The "pause" in global warming: Turning a routine fluctuation into a problem for science. Bull Amer Meteor Soc, 97: 723-733.

Li H, Chen H P, Wang H J, et al. 2018d. Can barents sea ice decline in spring enhance summer hot drought events over northeastern China. J Climate, 31: 4705-4724.

Li Q, Sun W, Yun X, et al. 2021. An updated evaluation of the global mean Land Surface Air Temperature and Surface Temperature trends based on CLSAT and CMST. Clim Dynam, 56: 635-650.

Li Q X, Dong W J, Jones P D, 2020a. Continental scale surface air temperature variations: Experience derived from the Chinese Region. Earth-Sci Rev, 200: 102998.

Li Q X, Huang J Y, Jiang Z H, et al. 2014. Detection of urbanization signals in extreme winter minimum temperatures change over northern China. Climatic Change, 122: 595-608.

Li Q X, Zhang L, Xu W, et al. 2017. Comparisons of time series of annual mean surface air temperature for China since the 1900s: Observations, model simulations, and extended reanalysis. Bull Amer Meteor Soc, 98(4): 699-711.

Li Q X, Zhang R H, Wang Y. 2016. Interannual variation of the wintertime fog haze days across central and eastern China and its relation with East Asian winter monsoon. Int J Climatol, 36: 346-354.

Li X, Xie S P, Gille S T, et al. 2015b. Atlantic-induced pan-tropical climate change over the past three decades. Nat Clim Change, 6(1): 275.

Li X, Zhou W, Chen Y D. 2015c. Assessment of regional drought trend and risk over China: A drought climate division perspective. J Climate, 28 (18): 7025-7037.

Li Y P, Chen Y N, Li Z, et al. 2018c. Recent recovery of surface wind speed in northwest China. Int J Climatol, 38(8): 4445-4458.

Li Y Z, Wang L, Zhou H X, et al. 2019. Urbanization effects on changes in the observed air temperatures during 1977-2014 in China. Int J Climatol, 39(2): 251-265.

Li Z Q, Song L L, Ma H, et al. 2018b. Observed surface wind speed declining induced by urbanization in East China. Clim Dynam, 50(3-4): 735-749.

Li Z, Yan Z W, Cao L J, et al. 2018a. Further-adjusted long-term temperature series in China based on MASH. Adv Atmos Sci, 35(8): 909-917x.

Li Z, Yan Z W, Tu K, et al. 2015a. Changes of precipitation and extremes and the possible effect of urbanization in the Beijing metropolitan region during 1960-2012 based on homogenized observations. Adv Atmos Sci, 32(9): 1173-1185.

Li Z, Yan Z W, Zhu Y N, et al. 2020b. Homogenized daily relative humidity series in China during 1960-2017. Adv Atmos Sci, 37: 318-327.

Liang E Y, Wang Y F, Piao S L, et al. 2016. Species interactions slow warming-induced upward shifts of treelines on the Tibetan Plateau. P Natl Acad Sci USA, 113(16): 4380-4385.

Liang Z, Wang D. 2017. Sea breeze and precipitation over Hainan Island.Quarterly Journal of the Royal Meteorological Society, 143(702): 137-151.

Lin Y L, Zhao M, Zhang M H. 2015. Tropical cyclone rainfall area controlled by relative sea surface temperature. Nat Commun, 6: 6591.

Liu W, Xie S P. 2018. An ocean view of the global surface warming hiatus. Oceanography, 31(2): 72-79.

Luo M, Lau N C. 2017. Heat waves in southern China synoptic behavior, long-term change, and urbanization effects. J Climate, 30: 703-720.

Ma T, Zhou C H. 2012. Climate-associated changes in spring plant phenology in China. Int J Biometeorol, 56(2): 269-275.

Mao L, Liu R, Liao W H, et al. 2019. An observation-based perspective of winter haze days in four major polluted regions of China. Nat Sci Rev, 6(3): 515-523.

Mazdiyasni O, AghaKouchak A. 2015. Substantial increase in concurrent droughts and heatwaves in the United States. P Natl Acad Sci USA, 112: 11484-11489.

Meehl G A, Arblaster J M, Fasullo J Y, et al. 2011. Model-based evidence of deep-ocean heat uptake during surface-temperature hiatus periods. Nat Clim Change, 1: 360-364.

Miao Y F, Jin H L, Liu B, et al. 2014. Natural ecosystem response and recovery after the 8.2ka cold event: Evidence from slope sediments on the northeastern Tibetan Plateau. J Arid Environ, 104: 17-22.

Mo K C, Lettenmaier D P. 2015. Heat wave flash droughts in decline. Geophys Res Lett, 42: 2823-2829.

Morice C P, Kennedy J J, Rayner N A, et al. 2012. Quantifying uncertainties in global and regional temperature change using an ensemble of observational estimates: The HadCRUT4 data set. J Geophys Res-Atmos, 117(D8): D08101: 1-D08101: 22.

Mortin J, Svensson G, Graversen R, et al. 2016. Melt onset over Arctic sea ice controlled by atmospheric moisture transport. Geophys Res Lett, 43(12): 6636-6642.

Myers-Smith I H, Hik D S. 2018. Climate warming as a driver of tundra shrubline advance. J Ecol, 106(2): 547-560.

Nerem R S, Beckley B D, Fasullo J T, et al. 2018. Climate-change-driven accelerated sea-level rise detected in the altimeter era. P Natl Acad Sci USA, 115(9): 2022-2025.

Opitz S, Zhang C J, Herzschuh U, et al. 2015. Climate variability on the south-eastern Tibetan Plateau since the Lateglacial based on a multiproxy approach from Lake Naleng-comparing pollen and non-pollen signals. Quaternary Sci Rev, 115: 112-122.

Otto F E L, Massey N, Van Oldenborgh G J, et al. 2012. Reconciling two approaches to attribution of the 2010 Russian heat wave. Geophys Res Lett, 39: L04702.

Ou T H, Chen D L, Jeong J H, et al. 2015. Changes in winter cold surges over southeast China: 1961 to 2012. Asia-Pac J Atmos Sci, 51(1): 29-37.

Park H, Yoshikawa Y, Oshima K, et al. 2016. Quantification of warming climate-induced changes in terrestrial arctic river ice thickness and phenology. J Climate, 29(5): 1733-1754.

Pauli H, Gottfried M, Dullinger S, et al. 2012. Recent plant diversity changes on Europe's Mountain Summits. Science, 336(6079): 353-355.

Pei L, Yan Z W. 2018. Diminishing clear winter skies in Beijing towards a possible future. Environ Res Lett, 13(12): 124029.

Pei L, Yan Z W, Chen D L, et al. 2020. Climate variability or anthropogenic emissions: Which caused Beijing Haze. Environ Res Lett, 15(3): 034004.

Pei L, Yan Z W, Sun Z B, et al. 2018. Increasing persistent haze in Beijing: Potential impacts of weakening East Asian winter monsoons associated with northwestern Pacific sea surface temperature trends. Atmos Chem Phys, 18(5): 3173-3183.

Peng H Y, Li X Y, Li G Y, et al. 2013. Shrub encroachment with increasing anthropogenic disturbance in the semiarid Inner Mongolian grasslands of China. Catena, 109: 39-48.

Peterson T C, Vose R S. 1997. An overview of the Global Historical Climatology Network temperature database. Bull Amer Meteor Soc, 78(12): 2837-2849.

Prevey J S, Rixen C, Rueger N, et al. 2019. Warming shortens flowering seasons of tundra plant communities. Nat Ecol Evol, 3(1): 45-52.

Prevey J, Vellend M, Ruger N, et al. 2017. Greater temperature sensitivity of plant phenology at colder sites: Implications for convergence across northern latitudes. Global Change Biol, 23(7): 2660-2671.

Qian C, Zhang X, Li Z. 2019. Linear trends in temperature extremes in China, with an emphasis on non-Gaussian and serially dependent characteristics. Clim Dynam, 53(1): 533-550.

Qian C, Zhou T. 2014. Multidecadal variability of north China aridity and its relationship to PDO during 1900-2010. J Climate, 27: 1210-1222.

Qu S, Wang L C, Lin A W. et al. 2018. What drives the vegetation restoration in Yangtze River basin, China: Climate change or anthropogenic factors. Ecol Indic, 90: 438-450.

Ren G Y, Ding Y H, Tang G L. 2017. An overview of mainland China temperature change research. J Meteorol Res, 31(1): 3-16.

Ren G Y, Li J, Ren Y Y, et al. 2015. An integrated procedure to determine a reference station network for evaluating and adjusting urban bias in surface air temperature data. J Appl Meteorol Climatol, 54(6): 1248-1266.

Ren G Y, Zhou Y Q. 2014. Urbanization effect on trends of extreme temperature indices of national stations over Mainland China, 1961-2008. J Climate, 27: 2340-2360.

Rhein M, Rintoul S R, Aoki S, et al. 2013. Observations: Ocean//Stocker T F, Qin D, Plattner G K, et al. Climate Change 2013. The Physical Science Basis. Contribution of Working Group I to the Fifth Assessment Report of the Intergovernmental Panel on Climate Change. Cambridge and New York: Cambridge University Press: 255-316.

Ruan J P, Xu Y P, Ding S, et al. 2015. A high resolution record of sea surface temperature in southern Okinawa Trough for the past 15, 000years. Palaeogeogr Palaeocl, 426: 209-215.

Sala O E, Maestre F T. 2014. Grass-woodland transitions: Determinants and consequences for ecosystem functioning and provisioning of services. J Ecol, 102(6): 1357-1362.

Santer B D, Bonfils C, Painter J F, et al. 2014. Volcanic contribution to decadal changes in tropospheric temperature. Nat Geosci, 7: 185-189.

Schwartz S E. 1996. The whitehouse effect: Shortwave radiative forcing of climate by anthropogenic aerosols: An overview. Journal of Aerosol Science,27(3): 359-382.

Shen M G, Sun Z Z, Wang S P, et al. 2013. No evidence of continuously advanced green-up dates in the Tibetan Plateau over the last decade. P Natl Acad Sci USA, 110(26): E2329.

Sherwood S C, Nishant N. 2015. Atmospheric changes through 2012 as shown by iteratively homogenised radiosonde temperature and wind data(IUKv2). Environ Res Lett, 10(5): 054007.

Shiklomanov A I, Lammers R B. 2014. River ice responses to a warming Arctic-recent evidence from Russian rivers. Environ Res Lett, 9(3): 035008.

Si P, Zheng Z F, Ren Y, et al. 2014. Effects of urbanization on daily temperature extremes in North China. J Geogr Sci, 24(2): 349-362.

Simmonds I. 2015. Comparing and contrasting the behavior of Arctic and Antarctic sea ice over the 35 year period 1979-2013. Ann Glaciol, 56(69): 18-28.

Smith T M, Arkin P A, Ren L, et al. 2012. Improved reconstruction of global precipitation since 1900. J Atmos Ocean Technol, 29: 1505-1517.

Sun J Q, Wang H J. 2012. Changes of the connection between the summer North Atlantic Oscillation and the East Asian summer rainfall. J Geophys Res, 117: D08110.

Sun W Y, Mu X M, Song X Y, et al. 2016b. Changes in extreme temperature and precipitation events in the Loess Plateau (China) during 1960-2013 under global warming. Atmos Res, 168: 33-48.

Sun Y, Zhang X B, Francis W Z, et al. 2014. Rapid increase in the risk of extreme summer heat in Eastern China. Nat Clim Change, 4: 1082-1085.

Sun Y, Zhang X B, Ren G Y, et al. 2016a. Contribution of urbanization to warming in China. Nat Clim Change, 6: 706-710.

Surdu C M, Duguay C R, Brown L C, et al. 2014. Response of ice cover on shallow lakes of the North Slope of Alaska to contemporary climate conditions (1950-2011): Radar remote-sensing and numerical modeling data analysis. The Cryosphere, 8(1): 167-180.

Surdu C M, Duguay C R, Prieto D F. 2016. Evidence of recent changes in the ice regime of lakes in the Canadian High Arctic from spaceborne satellite observations. The Cryosphere, 10(3): 941-960.

Takács K, Kern Z, Pásztor L. 2018. Long-term ice phenology records from eastern-central Europe. Earth Syst Sci Data, 10(1): 391-404.

Talpe M J, Nerem R S, Forootan E, et al. 2017. Ice mass change in Greenland and Antarctica between 1993 and 2013 from satellite gravity measurements. Journal of Geodesy, 91(11): 1283-1298.

Tao H, Klaus F, Christoph M, et al. 2014. Trends in extreme temperature indices in the Poyang Lake Basin, China.

Stoch Env Res Risk A, 28(6): 1543-1553.

Tao J, Xu T Q, Dong J W, et al. 2018. Elevation-dependent effects of climate change on vegetation greenness in the high mountains of southwest China during 1982-2013. Int J Climatol, 38(4): 2029-2038.

Teuling A J. 2010. Investigating soil moisture-climate interactions in a changing climate: A review. Earth Science Reviews, 99: 125-161.

Thackeray S J, Henrys P A, Hemming D, et al. 2016. Phenological sensitivity to climate across taxa and trophic levels. Nature, 535(7611): 241-U294.

Trenberth K E, Dai A G, Van Der Gerard S, et al. 2014. Global warming and changes in drought. Nat Clim Change, 4: 17-22.

Trenberth K E, Fasullo J T. 2013. An apparent hiatus in global warming. Earth's Future, 1(1): 19-32.

Turner J, Hosking S, Bracegirdle T, et al. 2015. Recent changes in Antarctic Sea Ice. Phil Trans R Soc A, 373(2045): 20140163.

Von Schuckmann K, Palmer M D, Trenberth K E, et al. 2016. An imperative to monitor Earth's energy imbalance. Nat Clim Change, 6: 138-144.

Vose R S, Arndt D, Banzon V F, et al. 2012. NOAA's merged land-ocean surface temperature analysis. Bull Amer Meteor Soc, 93(11): 1677-1685.

Vowles T, Bjork R G. 2019. Implications of evergreen shrub expansion in the Arctic. J Ecol, 107(2): 650-655.

Vuglinsky V, Valatin D. 2018. Changes in ice cover duration and maximum ice thickness for rivers and lakes in the Asian Part of Russia. Nat Resour, 9(3): 73-87.

Wang F, Ge Q S, Wang S W, et al. 2015a. A new estimation of urbanization's contribution to the warming trend in China. J Climate, 28(22): 8923-8938.

Wang G, Yan D H, He X Y, et al. 2018b. Trends in extreme temperature indices in Huang-Huai-Hai River Basin of China during 1961-2014. Theor Appl Climatol, 134(1-2): 51-65.

Wang H J. 2018. On assessing haze attribution and control measures in China. Atmos Ocean Sci Lett, 11(2): 120-122.

Wang H J, Chen H P. 2016. Understanding the recent trend of Haze Pollution in Eastern China: Roles of climate change. Atmos Chem Phys, 16(6): 4205-4211.

Wang H J, He S P. 2015. The north China/northeastern Asia severe summer drought in 2014. J Climate, 28: 6667-6681.

Wang J, Chen Y, Tett S, et al. 2020. Anthropogenically-driven increases in the risks of summertime compound hot extremes. Nature Communication, 11: 528.

Wang J, Feng J M, Yan Z W. 2015b. Potential sensitivity of warm season precipitation to urbanization extents modeling study in Beijing Tianjin Hebei urban agglomeration in China. J Geophys Res-Atmos, 120(18): 9408-9425.

Wang J, Tett S F B, Yan Z W. 2017c. Correcting urban bias in large-scale temperature records in China, 1980-2009. Geophys Res Lett, 44(1): 401-408.

Wang J, Yan Z W. 2016. Urbanization-related warming in local temperature records: A review. Atmos Ocean Sci Lett, 9(2): 129-138.

Wang J, Yan Z W, Quan X W, et al. 2017e. Urban warming in the 2013 summer heat wave in eastern China. Clim Dynam, 48: 3015-3033.

Wang L Y, Yuan X. 2018. Two types of flash droughts over China and their connections with seasonal droughts. Adv Atmos Sci, 35: 1478-1490.

Wang L Y, Yuan X, Xie Z H, et al. 2016. Increasing flash droughts over China during the recent global warming hiatus. Sci Rep, 6: 30571.

Wang R F, Wu L G, Wang C. 2011. Typhoon track changes associated with global warming. J Climate, 24: 3748-3752.

Wang R, Fu Y, Xian T, et al. 2017a. Evaluation of atmospheric precipitable water characteristics and trends in Mainland China from 1995 to 2012. J Climate, 30(21): 8673-8688.

Wang S S, Yuan X, Li Y H. 2017f. Does a strong El Niño imply a higher predictability of extreme drought. Sci Rep, 7: 40741.

Wang S S, Yuan X, Wu R G. 2019. Attribution of the persistent spring-summer hot and dry extremes over Northeast China in 2017. Bull Amer Meteor Soc, 100: S85-S89.

Wang T Y, Wu T H, Wang P, et al. 2018a. Spatial distribution and changes of permafrost on the Qinghai-Tibet

Plateau revealed by statistical models during the period of 1980 to 2010. Sci Total Environ, 650: 661-670.

Wang X M, Liao J B, Zhang J, et al. 2014. A numeric study of regional climate change induced by urban expansion in the Pearl River Delta, China. J Appl Meteorol Clim, 53(2): 346-362.

Wang Y J, Zhou B T, Qin D H, et al. 2017d. Changes in mean and extreme temperature and precipitation over the arid region of northwestern China: Observation and projection. Adv Atmos Sci, 34(3): 289-305.

Wang Y, Yang K, Pan Z Y, et al. 2017b. Evaluation of precipitable water vapor from four satellite products and four reanalysis datasets against GPS measurements on the Southern Tibetan Plateau. J Climate, 30(15): 5699-5713.

Weber H, Riffler M, Nõges T, et al. 2016. Lake ice phenology from AVHRR data for European lakes: An automated two-step extraction method. Remote Sens Environ, 174: 329-340.

Wijffels S, Roemmich D, Monselesan D, et al. 2016. Ocean temperatures chronicle the ongoing warming of Earth. Nat Clim Change, 6(2): 116-118.

Wild M. 2017. Progress and challenges in the estimation of the global energy balance. AIP Conference Proceedings, 1810(1): 020004.

Wild M, Folini D, SchärC, et al. 2013. The global energy balance from a surface perspective. Clim Dynam, 40(11-12): 3107-3134.

Wild M, Folini, Hakuba M, et al. 2015. The energy balance over land and oceans: an assessment based on direct observations and CMIP5 climate models. Clim Dynam, 44: 3393-3429.

WMO. 2019. WMO Statement on the State of the Global Climate in 2018. WMO-No. 1233.

Wu J Y, Wang Y J, Cheng H, et al. 2012. Stable isotope and trace element investigation of two contemporaneous annually-laminated stalagmites from northeastern China surrounding the "8.2 ka event". Clim Past, 8(5): 1497-1507.

Wu J, Zha J L, Zhao D M. 2016. Estimating the impacts of the changes in land use and cover on the surface wind speed over the East China Plain during the period 1980-2011. Clim Dynam, 46 (3-4): 847-863.

Wu J, Zha J L, Zhao D M. 2017a. Evaluating the effects of land use and cover change on the decrease of surface wind speed over China in recent 30 years using a statistical downscaling method. Clim Dynam, 48(1-2): 131-149.

Wu J, Zha J L, Zhao D M, et al. 2018. Changes in terrestrial near-surface wind speed and their possible causes: An overview. Clim Dynam, 51(5-6): 2039-2078.

Wu M W, Luo Y L, Chen F, et al. 2019. Observed link of extreme hourly precipitation changes to urbanization over Coastal South China. J Appl Meteoro Climatol, 58(8): 1799-1819.

Wu P, Ding Y H, Liu Y J, et al. 2017b. Atmospheric circulation and dynamic mechanism for persistent haze events in the Beijing—Tianjin—Hebei region. Adv Atmos Sci, 34: 429-440.

Xiao C, Wu P L, Zhang L X, et al. 2016. Robust increase in extreme summer rainfall intensity during the past four decades observed in China. Sci Rep, 6: 38506.

Xu W F, Ma L J, Ma M N, et al. 2017. Spatial-temporal variability of snow cover and depth in the Qinghai-Tibetan Plateau. J Climate, 30: 1521-1533.

Xu W H, Li Q X, Jones P D, et al. 2018. A new integrated and homogenized global monthly land surface air temperature dataset for the period since 1900. Clim Dynam, 50: 2513-2536.

Xu X M, Zhang Z Q, Wu Q B. 2016. Simulation of permafrost changes on the Qinghai Peak Region of Qilian Mountains, China. Int J Digit Earth, 10(5): 1-17.

Xue L Q, Yang F, Yang C B, et al. 2017. Identification of potential impacts of climate change and anthropogenic activities on streamflow alterations in the tarim river basin, China. Sci Rep, 7(1): 8254.

Yan X H, Boyer Tim, Trenberth K, et al. 2016b. The global warming hiatus: Slowdown or redistribution. Earth's Future, 4: 472-482.

Yan Z W, Ding Y H, Zhai P M, et al. 2020. Re-Assessing Climatic Warming in China since 1900. J Meteor Res, 34(2): 243-251.

Yan Z W, Wang J, Xia J J, et al. 2016a. Review of recent studies of the climatic effects of urbanization in China. Adv Climate Change Res, 7(3): 154-168.

Yang P, Ren G Y, Yan P C. 2017b. Evidence for a strong association of short-duration intense rainfall with urbanization in the Beijing Urban Area. J Climate, 30(15): 5851-5870.

Yang S, Wang X L, Martin W. 2018. Homogenization and trend analysis of the 1958-2016 in-situ surface solar radiation records in China. J Climate, 31(11): 4529-4541.

Yang S, Xu W H, Xu Yan, et al. 2016. Development of a global historic monthly mean precipitation dataset. J Meteor Res, 30(2): 217-231.

Yang X C, Leung L R, Zhao N Z, et al. 2017a. Contribution of urbanization to the increase of extreme heat events in an urban agglomeration in east China. Geophys Res Lett, 44: 6940-6950.

Yao S L, Luo J J, Huang G, et al. 2017. Distinct global warming rates tied to multiple ocean surface temperature changes. Nat Clim Change, 7(7): 486.

Yao X J, Li L, Zhao J, et al. 2015. Spatial-temporal variations of lake ice phenology in the Hoh Xil region from 2000 to 2011. J Geogr Sci, 26(1): 70-82.

Ye H Y, Huang Z Q, Huang L L, et al. 2018. Effects of urbanization on increasing heat risks in South China. Int J Climatol, 38(15): 5551-5562.

Yin H, Sun Y. 2018. Characteristics of extreme temperature and precipitation in China in 2017 based on ETCCDI indices. Adv Climate Change Res, 9(4): 218-226.

Yin Z C, Wang H J. 2016. The relationship between the subtropical Western Pacific SST and haze over North-Central North China Plain. Int J Climatol, 36: 3479-3491.

Yin Z C, Wang H J, Chen H P. 2017. Understanding severe winter haze events in the North China Plain in 2014: Roles of climate anomalies. Atmos Chem Phys, 17(3): 1641-1651.

You Q L, Fraedrich K, Min J Z, et al. 2014. Observed surface wind speed in the Tibetan Plateau since 1980 and its physical causes. Int J Climatol, 34(6): 1873-1882.

Yu M, Li Q, Michael J, et al. 2014. Are droughts becoming more frequent or severe in China based on the Standardized Precipitation Evapotranspiration Index: 1951-2010. Int J Climatol, 34: 545-558.

Yu S, Xia J J, Yan Z W, et al. 2018. Changing spring phenology dates in the Three-Rivers Headwater Region of Tibetan Plateau during 1960-2013. Adv Atmos Sci, 35(1): 116-126.

Yuan X, Wang L Y, Wood E F. 2018. Anthropogenic intensification of southern African flash droughts as exemplified by the 2015/16 season. Bull Amer Meteor Soc, 99: S86-S90.

Yuan X, Wang L Y, Wu P L, e t al. 2019. Anthropogenic shift towards higher risk of flash drought over China. Nat Commun, 10: 4661.

Yun X, Huang B Y, Cheng J Y, et al. 2019. A new merge of global surface temperature datasets since the start of the 20th Century. Earth Syst Sci Data, 11: 1629-1643.

Zeng D W, Yuan X, Roundy J K. 2019. Effect of teleconnected land-atmosphere coupling on Northeast China persistent drought in spring-Summer of 2017. J Climate, 32(21): 7403-7420.

Zha J L, Wu J, Zhao D M. 2016. Changes of probabilities in different wind grades induced by land use and cover change in Eastern China Plain during 1980-2011. Atmos Sci Lett, 17: 264-269.

Zha J L, Wu J, Zhao D M. 2017a. Effects of land use and cover change on the near-surface wind speed over China in the last 30 years. Progress in Physical Geography, 41(1): 46-67.

Zha J L, Wu J, Zhao D M, et al. 2017b. Changes of the probabilities in different ranges of near-surface wind speed in China during the period for 1970-2011. J Wind Eng Ind Aerod, 169: 156-167.

Zhang G L, Zhang Y J, Dong J W, et al. 2013a. Green-up dates in the Tibetan Plateau have continuously advanced from 1982 to 2011. Proc Natl Acad Sci USA, 110(11): 4309-4314.

Zhang H M, Lawrimore J H, Huang B, et al. 2019b. Updated temperature data give a sharper view of climate trends. https://doi.org/10.1029/2019EO128229[2021-5-30].

Zhang H W, Cheng H, Cai Y J, et al. 2018c. Hydroclimatic variations in southeastern China during the 4.2 ka event reflected by stalagmite records. Climate of the Past, 14(11): 1805-1817.

Zhang W X, Lou Y D, Huang J F, et al. 2018a. Multiscale variations of precipitable water over China based on 1999-2015 ground-based GPS observations and evaluations of reanalysis products. J Climate, 31(3): 945-962.

Zhang L X, Wu P L, Zhou T J, et al. 2018b. ENSO transition from La Niña to El Niño drives prolonged Spring-Summer drought over North China. J Climate, 31: 3509-3523.

Zhang R H, Li Q, Zhang R N. 2013b. Meteorological conditions for the persistent severe fog and haze event over eastern China in January 2013. Sci China: Earth Sci, 57(1): 26-35.

Zhang R H, Zhang S Y, Luo J L, et al. 2019a. Analysis of near-surface wind speed change in China during 1958-2015.Theor Appl Climatol, 137: 2785-2801.

Zhang W X, Lou Y D, Haase J S, et al. 2017. The use of Ground-Based GPS precipitable water measurements over China to assess radiosonde and ERA-Interim moisture trends and errors from 1999 to 2015. J Climate, 30(19): 7643-7667.

Zhang Y, Kong Z C, Zhang Q B, et al. 2015. Holocene climate events inferred from modern and fossil pollen records in Butuo Lake, Eastern Qinghai-Tibetan Plateau. Climatic Change, 133(2): 223-235.

Zhao P, Jones P D, Cao L J, et al. 2014. Trend of surface air temperature in eastern China and associated large-scale climate variability over the last 100 years. J Climate, 27(12): 4693-4703.

Zhao S Y, Zhang H, Xie B. 2018. The effects of El Niño-Southern oscillation on the winter haze pollution of China Atmos. Chem Phys, 18: 1863-1877.

Zhao T B, Wang J H, Dai A G. 2015. Evaluation of atmospheric precipitable water from reanalysis products using homogenized radiosonde observations over China. J Geophys Res-Atmos, 120(20): 10703-10727.

Zheng B, Tong D, Li M, et al, 2018b. Trends in China's anthropogenic emissions since 2010 as the consequence of clean air actions. Atmos Chem Phys,18: 14095-14111.

Zheng J Y, Wu M W, Ge Q S, et al. 2017. Observed, reconstructed, and simulated decadal variability of summer precipitation over Eastern China. J Meteorol Res, 31(1): 49-60.

Zheng Y G, Xue M, Li B, et al. 2016. Spatial characteristics of extreme rainfall over China with hourly through 24-hour accumulation periods based on national-level hourly rain gauge data. Adv Atmos Sci, 33(11): 1218-1232.

Zheng Y H, Richard D P, Naafs B D A, et al. 2018a. Transition from a warm and dry to a cold and wet climate in NE China across the Holocene. Earth Planet Sci Lett, 493: 36-46.

Zheng Z F, Li Y X, Wang H, et al. 2018c. Re-evaluating the variation in trend of haze days in the urban areas of Beijing during a recent 36-year period. Atmos Sci Lett, 20(1): e878.

Zhong S, Qian Y, Zhao C, et al. 2017. Urbanization-induced urban heat island and aerosol effects on climate extremes in the Yangtze River Delta region of China. Atmos Chem Phys, 17(8): 5439-5457.

Zhong X Y, Zhang T J, Kang S C, et al. 2018. Spatiotemporal variability of snow depth across the Eurasian continent from 1966 to 2012. The Cryosphere, 2: 227-245.

Zhou S, Williams A P, Berg A M, et al. 2019. Land-atmosphere feedbacks exacerbate concurrent soil drought and atmospheric aridity. Proc. Natl Acad Sci USA, 116 (38): 18848-18853.

Zhou X Y, Bai Z J, Yang Y H. 2017. Linking trends in urban extreme rainfall to urban flooding in China. Int J Climatol, 37(13): 4586-4593.

Zhu J X, Huang G, Wang X Q, et al. 2017. Investigation of changes in extreme temperature and humidity over China through a dynamical downscaling approach. Earth's Future, 5: 1136-1155.

Zygmuntowska M, Rampal P, Ivanova N, et al. 2014. Uncertainties in Arctic sea ice thickness and volume: New estimates and implications for trends. The Cryosphere, 8(2): 705-720.

第3章 气候变化的检测归因

首席作者：孙颖　姜大膀

主要作者：钱诚　赵天保　陆春晖　缪驰远　胡婷　陈活泼

张丽霞　周佰铨　孙巧红

摘　要

自《第三次气候变化国家评估报告》发布以来，中国区域的气候变化检测归因研究取得了很大的进展，主要表现在中国区域长期气候变化的检测归因和重大极端事件的归因领域方面涌现了很多新的研究成果。这些研究分析了人为和自然外强迫在中国平均气温、极端气温和强降水的长期气候变化中的相对贡献，研究了人为强迫对高温热浪、低温寒潮和强降水等重大极端事件发生概率的影响。在中国区域长期气候变化的归因方面，温室气体等人为强迫非常可能影响了20世纪60年代以来中国平均气温变化与极端温度强度、频率及持续时间，人为强迫对60年代以来强降水长期变化的影响仍然具有较低的信度。在中国区域重大极端事件的归因方面，人类活动增加了高温热浪的发生概率是非常可能的；人类活动减少了低温寒潮的发生概率是很可能的；具有中等信度的是，人类活动改变了强降水发生的概率；对其他极端事件，人类活动的影响还有待评估。

3.1　气候系统变化的主要影响因子

地质时期的气候经历着以几十年到几亿年为周期的变化，引起地质时期气候变化的主要因素可以归纳为地球轨道的偏心率、黄赤交角和岁差等天文学因素；太阳辐射和大气透明度变化、火山喷发等大气物理学因素；极点移动、海陆分布的变迁和地质构造运动等地质地理学因素。其中用大陆漂移说的观点解释地质时期的气候变化最受人关注。

这里所关注的现代气候是指由大气圈、水圈、冰冻圈、岩石圈和生物圈五个圈层及其之间相互作用组成的高度复杂的气候系统。工业革命以来引起气候系统变化的原因可以分为自然因子和人为因子两大类。前者包括太阳活动的变化、火山活动，以及气候系统内部变率等；后者包括人类燃烧化石燃料以及毁林引起的大气中温室气体浓度的增大，大气中气溶胶浓度的变化，土地利用和陆面覆盖的变化等（IPCC，2013）。

3.1.1　自然因子

对地球气候系统产生作用的自然因子主要包括太阳辐射、火山活动等外部强迫，以及气候系统内部分量之间的相互作用和这些分量自然波动造成的气候要素变动。

太阳辐射对于气候变化的影响主要包含两个方面：一是地球轨道参数的变化，指的是地球绕太阳公转的轨道的几何形状会影响地球接收的太阳辐射，它主要影响的是几万年或者几十万年的气候。地球轨道参数的不断变化改变着地球与太阳的相对位置，虽然可以到达地球的总太阳辐射量变化不大，但是在地球表面太阳辐射随纬度和季节的分布变化很大，能够引起北半球以及全球气候的巨大变化。二是太阳本身的活动具有一定的周期性和非周期性，在活跃期时太阳的黑子数量增多，辐射增强，磁场活动和高能粒子发射强烈。最显著的太阳活动周期是 11 年左右（Kodera et al.，2016；Xiao et al.，2017b），强太阳活动可以通过改变大气温度梯度、密度、运动等，影响极涡、北大西洋涛动、东亚夏季风、平流层物质环流等大尺度环流系统（Zhao et al.，2017；Zhan and Wang，2014；Lu and Zhou，2018）。很多科学家认为太阳黑子数增多时地球偏暖，减少时地球偏冷。强太阳耀斑可以引起中高纬度大气环流的变化，耀斑后第 3 天和第 4 天雷暴活动增强；在磁暴期间高纬地区高空大气低压槽的面积会增大且变深。然而，目前科学家认为太阳活动的变化不可能是引起现代全球气候变暖的主要原因（IPCC，2013）。

火山爆发时，不但会喷发大量熔岩、碎石、火山灰，还会喷发出一些十分细微的火山灰微粒，以及大量气体。这些气体和大气中的水汽结合形成液体状硫酸盐滴，即气溶胶。当火山爆发十分强烈时细小的火山灰及气溶胶可以喷发到 30~40 km 的高层，在平流层中漂浮 2~3 年，个别可能存留 10 年以上。这些火山灰和气溶胶可以散射太阳辐射，使地面接收的太阳辐射减少，气温下降。所以火山爆发对气候的影响也称为阳伞效应。这些阳伞效应不仅存在于火山活动区域，还可能对半球甚至全球气候都产生影响。由强火山爆发形成的火山灰和气溶胶能长期存在于平流层中，能逐渐传播到全球，并且传播的速度很快（Gutjahr et al.，2017）。平流层中的火山气溶胶还可以引起很多反馈过程，这些反馈过程涉及很多方面，例如气溶胶的多重散射可导致臭氧的光解作用增强，使得臭氧总量下降，平流层上部冷却；与水汽的反馈会引起降水的增加（Li et al.，2016b）。此外，火山活动对气候还有间接的影响，火山喷发产生的气溶胶可以通过影响凝结核，或者改变云的生命期和光学性质，对气候系统产生间接的辐射强迫作用（Yang et al.，2016；Jiang et al.，2016）。然而，对于现代全球气温变化来讲，由于还没有可靠的时间序列来表征全球火山爆发和平流层中的火山灰尘幕，所以火山活动对全球气温的确切影响目前尚未清楚（Aquila et al.，2016；Kremser et al.，2016；Yu et al.，2016；McConnell et al.，2017）。

影响气候系统内部变率的因子主要是指系统各成员之间的相互作用。这些相互作用主要包括：① 海-气相互作用。海洋覆盖了地球表面 70.8%的面积，对大气运动和气候变化有着重要的影响。首先海洋可以影响地球大气系统的热力平衡，全球海洋吸收的太阳辐射大约占地球大气顶总太阳辐射量的 70%，其中 85%左右被储存在海洋表层中，这些储存的热量会以潜热、长波辐射和感热交换的形式影响大气，驱动大气的运动。其次，海洋能够对全球的水汽循环产生重要影响。海洋包含全球几乎所有的液态水，因此作为水汽之源，其蒸发和降水形势的微小变化都足以引起陆地表面、大气水循环的剧烈变化。此外，海洋具有巨大的热惯性，是一个巨大的热量存储器。这一特性使得海洋具有较强的"记忆"能力，可以通过海气相互作用把大气的变化信息储存在海洋中，然后再对大气的运动产生作用；

并且海洋对温室效应也有一定的缓解作用（Meehl et al.，2016；Liu et al.，2016；Liu and Xie，2018），尤其是海洋洋流，不仅减少了低纬大气的增热，使得高纬大气变暖，而且海洋环流对热量的向极输送所导致的对大气环流的扰动还使得大气对二氧化碳变化的敏感性降低。② 冰雪圈对气候的影响，首先冰雪圈具有较高的反射率和较大的溶解潜热，因此它扮演着大气和海洋的有效热汇，全球冰雪分布的变化对行星尺度反射率有重要的影响，从而进一步影响全球气候系统。其次冰雪的热传导率低，是良好的绝缘体，能减少大气、海洋及陆地之间的热量交换。冰雪融化还能够吸收大量的热量、海水结冰或融化时盐度的变化可以影响海洋的层结稳定（Wu et al.，2015；Zhang et al.，2017）。③ 高原积雪和暖池对气候的影响。青藏高原地形复杂，起伏较大，积雪的空间分布差异很大，有些地区为永久性积雪，有些地区的积雪很少，甚至没有，这样的分布差异会对气候系统产生重要的影响。西太平洋暖池则可以通过影响其上空的对流活动，不仅影响东亚地区夏季的大气环流，还可以对整个北半球夏季的环流异常产生影响（Lu et al.，2017；Sun et al.，2018a）。④ 陆-气相互作用包括冰冻圈中的积雪、冰川、冻土及岩石圈与大气的相互作用；包括各种物质、热量、水汽输送与转换以及土地利用变化等。陆面的结构或其粗糙度在风吹过陆面的时候可从动力学上影响大气；土壤水分、植被覆盖等陆面状况异常引起的地表反照率变化可以通过影响地表能量平衡直接对大气产生影响；土壤的湿度可以改变地表蒸发，直接影响地气之间的水分交换和能量通量，而土壤的温度可以影响地气之间的感热通量及辐射通量，对气候变化起到反馈作用；陆面上所覆盖的不同类型的植被可以通过对降水和辐射的拦截作用、蒸散发作用、改变地表粗糙度、改变生物通量等方式影响陆-气作用过程，从而影响气候（Hua and Chen，2013；Chen et al.，2016，2019）。

3.1.2 人为因子

导致气候变化的人为驱动包括均匀混合的温室气体（WMGHG，主要包括 CO_2、甲烷和 N_2O）、短生命期温室气体（包括卤烃、臭氧、水汽）、人为气溶胶以及人为土地利用变化导致的地表反照率变化（Knutti and Rugenstein，2015）。

温室气体的升温作用。工业化以来，人类活动造成温室气体浓度明显增大。2018 年，CO_2、CH_4 和 N_2O 浓度再创新高，分别达到 407.8±0.1ppm、1869±2ppb[①] 和 331.1±0.1ppb，相对于工业化前分别增加约 47%、159%和 23%（Boden and Andres，2017；BP，2019；Rubino et al.，2019）。卤烃气体主要包括氯氟烃（CFCs）、哈龙、氢氯氟烃（HCFCs）、氢氟碳化合物（HFCs）、全氟化碳（PFCs）和六氟化硫（SF_6）。与人为来源相比，工业时代这些卤烃气体的天然来源很少。由于其直接辐射效应大于其引起的平流层臭氧损耗的影响，人为卤烃排放主要导致全球升温效应。人类活动排放的臭氧产生正辐射强迫。人类活动会通过排放甲烷、氮氧化物、一氧化碳和非甲烷挥发性有机化合物（NMVOC）导致对流层臭氧的增加。同时，人为排放的卤烃导致了平流层臭氧的损耗，尤其是在极地上空。水汽对全球气候变化具有强有力且迅速的反馈（Raisanen，2017）。但由于其凝结和沉降特性，人为排放对大气中水汽浓度的影响可以忽略不计，对全球气候的影响微乎其微。人类活动主要通过改变气候从而间接影响水汽。例如，对流层中水汽含量受温度控制，空气温度每升高 1℃，大气可以多保留 7%的水汽。全球升温导致对流层水汽浓度增大，放大了温室气体的升温效应（Held and Soden，2000）。人类活动排放的甲烷导致了过去几十年平流层水汽的显著增加（Solomon et al.，2010；

[①] 1ppb=10^9.

Hegglin et al., 2014)。此外飞机尾气也会导致平流层水汽略有增加 (Rosenlof et al., 2001; Morris et al., 2003)。近百年中国区域气候变暖的成因也主要和人类活动导致的温室气体排放有关 (Zhao et al., 2016; Sun et al., 2016b)。

人为气溶胶的气候效应较为复杂，整体为负辐射强迫。气溶胶是空气中悬浮的固态或液态颗粒物，其大小一般在几纳米至 10μm 之间，可在对流层中驻留几个小时到两周，而在平流层的生命期约为一年。大气气溶胶主要分为无机气溶胶（如硫酸盐、硝酸盐、铵盐和海盐）、有机气溶胶、黑碳（化石和生物质燃料不完全燃烧排放的碳化合物）、矿物气溶胶（主要包括沙尘）以及一次源生物气溶胶颗粒物（PBAP）。大气中的黑碳、硫酸盐、硝酸盐和铵盐气溶胶主要来源于人为排放，而沙尘、海盐气溶胶以及 PBAP 以自然排放为主。气溶胶对气候系统的影响较为复杂，主要分为两类：一是通过散射和吸收太阳辐射产生直接效应 (Schwartz, 1996)，改变大气和地面的辐射收支，影响边界层和大气热力结构，从而改变大气稳定度和对流活动。其中气溶胶的散射作用总体上能增强地球的辐射能力，从而带来降温；而气溶胶的吸收作用正好相反，会使气候系统升温。降温和升温之间的平衡取决于气溶胶的特性和环境条件。在局部区域内，气溶胶的辐射效应导致地面温度降低、大气温度升高，使近地面边界层大气稳定度增大而上部边界层稳定度减小，进而影响低层对流、风和局地大气环流，直接影响云和降水的形成与发展 (Li et al., 2016b)。二是通过作为云凝结核或冰核改变云的光学特性和云的生命期而产生间接效应，其中包括著名的 Twomey 效应（增加云滴数目，减小云滴半径）及其一系列后续效应，包括气溶胶的对流强化作用（增加深对流厚度和扩大云砧覆盖面积）。

气溶胶-云相互作用具有极大的不确定性 (Seinfeld et al., 2016)。人类活动导致全球大气气溶胶浓度增大，人为气溶胶的总体辐射效应可使地球降温。但不同气溶胶具有不同的气候效应，例如黑碳气溶胶具有比 WMGHG 更强的升温作用，一方面通过吸收太阳辐射直接加热大气，另一方面沉降至地表的黑碳通过降低冰雪反照率进而增加地表吸收的热量 (Flanner et al., 2007)。

在对气溶胶气候效应的研究中发现，中国地区气溶胶的变化与气温降低及降水变化可能都有关系。过去的几十年里，快速工业化和城市化发展导致近几十年来中国气溶胶含量显著增多，在大陆上空产生"阳伞效应"，影响了中国地表温度，尤其是 20 世纪 60~90 年代以来，中国东部和中部的显著降温趋势与该区域的空气质量恶化状况一致。另外，这导致海陆热力差异减小，进而抑制季风发展，减弱季风强度 (Wang et al., 2015b)。未来人为气溶胶的减排以及全球气候的持续变暖，将可能导致亚洲夏季风气候又返回自然变暖下季风增强的状态 (Liu et al., 2017)。此外，气溶胶浓度的升高可能对中国风速的显著下降趋势有显著贡献，气溶胶的微物理和对流增强效应可能对小雨频率的减小和大雨频率的增大趋势产生影响 (Li et al., 2016b)。

人为活动造成的土地覆盖和土地利用变化 (Tubiello et al., 2015)，其中最主要的是以牺牲自然生态系统为代价扩大农田和牧场 (Lambin and Meyfroidt, 2011)，1980~2000 年热带地区一半以上的新农田以牺牲森林为代价，另有 28% 来自已经被采伐过的森林 (Gibbs et al., 2010)。人类活动通过毁林或者植树造林等改变地表反照率。另外，这些土地利用变化导致地面粗糙度、潜热通量、径流和灌溉方面的变化，进而影响气候变化，这些影响更为不确定且很难量化，但一般会在全球尺度抵消反照率变化的影响。此外，土地利用变化通过影响大气中温室气体浓度，对与 CO_2 排放或浓度变化有关的辐射强迫产生间接贡献。

20 世纪 80 年代以来，中国快速的城市化导致建筑面积的急剧扩张和耕地的流失，城市化效应显著地加剧了中国城市地区纯粹由温室气体等外强迫所导致的变暖，导致中国区域升温幅度高于全球平均（Sun et al.，2016b）。

3.2 气候变化检测归因的概念和方法

3.2.1 检测归因的概念

本章所用的检测归因的定义根据 IPCC 第五次评估报告第一工作组的定义（Bindoff et al.，2013），源自 IPCC 指导性文件的术语（Hegerl et al.，2010）。观测的气候变量既受气候系统内部变率（如 NAO、PDO 等）的作用，又可能受人为和自然强迫的影响。气候变化的检测是证明气候或者受气候影响的系统在某种统计意义上已经发生变化的过程，但并不提供这种变化的原因；如果观测到的某种变化不太可能只是由内部变率随机产生的，则可以说这种变化被检测到了（图 3.1）。归因是在某种给定的统计信度下估算对某一变化或某一事件起作用的多种可能（外强迫）因子的相对贡献的过程，这和国内通常说的找原因是不同的概念。检测归因的目标是检测并量化由外强迫引起的变化，识别人为和自然强迫对气候变化的相对贡献。归因比检测复杂得多，既有统计分析又有物理理解。下文从长期变化的归因和单次重大事件的归因分别介绍各自的归因方法。

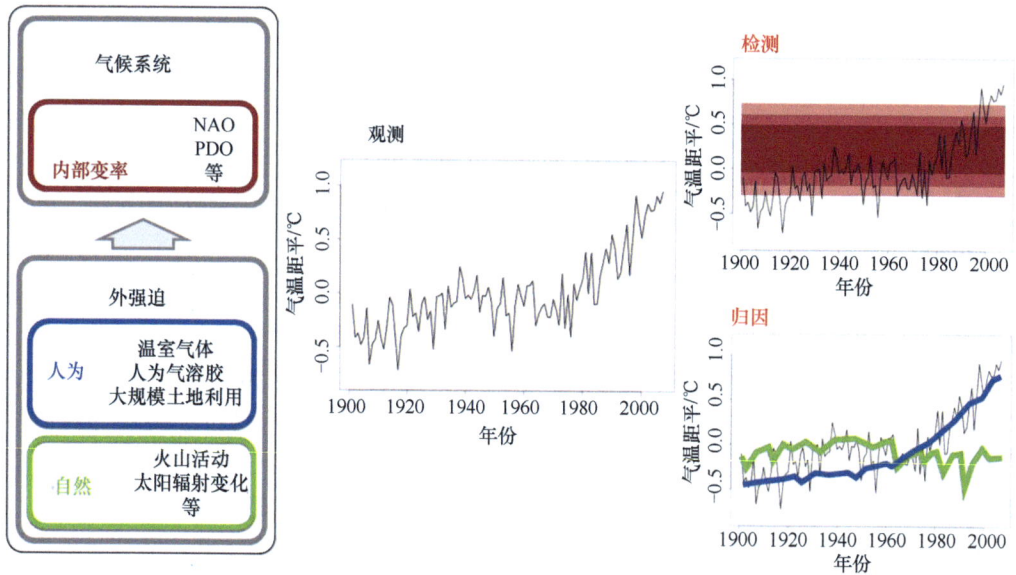

图 3.1 检测归因概念的示意图

3.2.2 主要研究方法

1. 长期变化的归因方法

1）基于气候模式和最优指纹方法

基于气候模式的检测归因方法中有非最优和最优两种方法。非最优方法是简单地比较观测和气候模式模拟的仅有自然强迫、既有自然强迫又有人为强迫下的响应，当观测的变化和包含人为强迫时的模拟一致，而与不包含人为强迫时的模拟不一致时，则定性地认为人为强迫在起作用。但是这种方法假定了模式模拟的对所有外强迫的响应都是正确的。这个假定太强，大部分的归因研究不用这个方法。国际上目前主流的检测归因研究是用最优指纹方法，它假定模式模拟的对外强迫响应的空间型是对的，并不要求模式模拟的量级和观测一样。只要空间型对了，量级是可以调整的；实际上通过放大或缩小最终的比例因子是可以得到和观测一样的量级的。最优指纹方法通过把观测和模式模拟的时间-空间型进行一一比对，求解广义线性回归模型［式（3.1）］的回归系数来实现（Allen and Stott，2003）：

$$Y = X\beta + \varepsilon \tag{3.1}$$

式中，Y 是观测的时间序列或者时-空型；X 是模式模拟的对单个或者多个外强迫因子响应的时间序列或者时-空型；β 是回归系数（常称为比例因子）；ε 是噪声，代表内部变率。当 β 在某种统计信度下显著大于 0 时，则代表相应的外强迫因子可以被检测到，例如，图 3.2 中 Sun 等（2014）对中国东部 1955~2012 年夏季平均气温序列进行检测时，外强迫（ALL）因子和人为强迫（ANT）因子是可以被检测到的。这种对大区域进行平均的处理方法可以得到很高的信噪比，如果再细分区域进行时-空型的检测，则可以进一步增强检测结果的信度。例如，图 3.3 是 Qian 和 Zhang（2015）对 1950~2004 年北半球中高纬地区地表气温年循环的大小进行检测归因研究时开展的 1 个空间维（整个区域平均）、2 个空间维（分为南北两个纬度带）和 6 个空间维（分为更小的 6 个次大陆区域）的时-空型的检测，从中得出人为强迫（ANT）可以被稳健地检测出，表明在这些空间维度上模式模拟的空间型和观测是一致的。

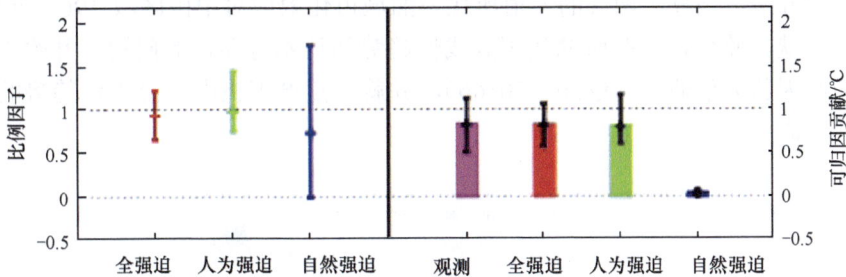

图 3.2 最优指纹方法的结果（一维时间序列检测，对象是中国东部夏季气温）
左边显示的是比例因子，右边显示的是可归因的趋势。引自 Sun 等（2014）

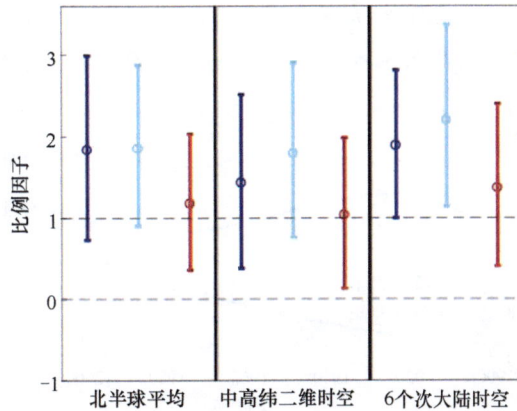

图 3.3 最优指纹方法的结果（多维时-空型检测，对象是北半球冬夏温差）
"北半球平均"是对北半球中高纬区域平均的一维时间序列进行检测，"中高纬二维时空"是把北半球中高纬区域分为高纬度和中纬度两个纬度带的二维时-空型进行检测，"6 个次大陆时空"是对进一步细分成 6 个次大陆区域尺度的时-空型进行检测。蓝色代表外强迫（用到所有模式），天蓝色代表外强迫（只用 6 个有人为强迫试验的模式），红色代表人为强迫（和天蓝色所用模式相同）
引自 Qian 和 Zhang（2015）

式（3.1）中的 X 也可以是多个外强迫因子，这时假定这些因子的作用是线性叠加的。例如，Sun 等（2016b）在 X 中引入了城市化效应的信号，区分了城市化效应和其他外强迫对 1961~2013 年中国变暖趋势的贡献。对于大尺度的气温变化而言，这个假定是成立的，但对于小区域尺度或者其他诸如降水等变量而言，这个假定不一定成立（Bindoff et al., 2013）。这是利用最优指纹方法进行多个外强迫因子联合检测时需要特别注意的。

2）时间序列方法

由于气候模式存在的不确定性（例如，对于多年代际变率 MDV 的模拟能力不够好），也有一些研究者在区分外强迫和内部变率引起的气候变化时尽可能不用气候模式。例如，通过时间尺度（Schneider and Held，2001）或空间型（Thompson et al.，2009）或时-空型来区分信号和噪声。尽管用的是不同的假定，但多数研究的结论和最优指纹检测归因是一致的（Hegerl and Zwiers，2011）。例如，图 3.4 所示是 Qian（2016a）用自适应信号处理技术进行 1909~2010 年中国东部区域平均气温的时间尺度分解，得出其中可能和大西洋多年代际振荡（AMO）有关的 60~80 年周期的 MDV 对最近 30 年（1981~2010 年）的快速增温趋势贡献仅占 1/3，佐证了人类活动是这段时间中国增温趋势的主要贡献者。基于同样的方法，Qian 和 Zhou（2014）发现在华北干旱化最严重的时段（1960~1990 年），和 PDO 有关的 50~70 年周期的 MDV 主导了这段时间的干旱化趋势（约贡献 70%）。国内研究城市化效应的贡献时，也用到了时间序列方法，例如 Ren 和 Zhou（2014）通过城市和乡村的时间序列趋势对比的方法，估算了两者的差值所代表的城市化效应对中国区域 1961~2008 年极端气温趋势的贡献。此外，一些研究认识到线性趋势估计本身存在的问题，开始尝试基于非线性趋势的归因新方法研究（Qian，2016b），并就重点城市极端高温事件趋势的城市化效应贡献进行了估算。

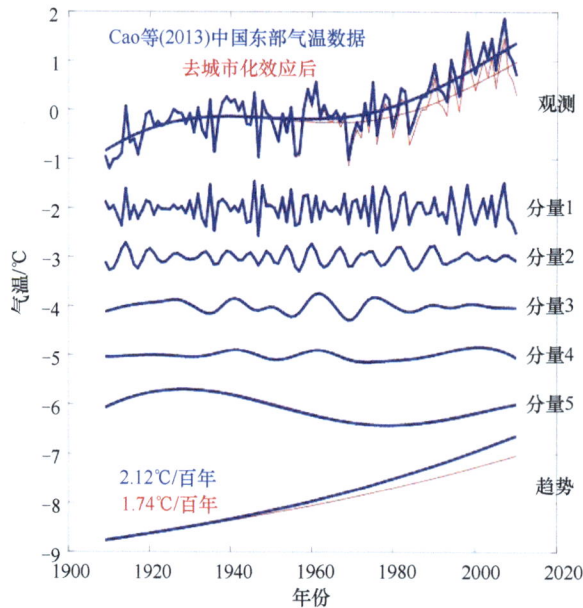

图 3.4　基于集合经验模态分解（EEMD）方法分离中国东部区域平均气温长序列（为便于区分，分解得到的分量顺次往下排开，纵坐标并非实际温度）

引自 Qian（2016a）

2. 重大事件的归因方法

由于气候变化的很多影响很可能通过极端天气的形式表现出来，近些年定量地研究人为和其他外强迫对单次重大天气/气候事件的影响不断地引起人们的兴趣（Bindoff et al., 2013；Stott et al., 2016）。这个方向的研究始于 Stott 等（2004）对欧洲 2003 年超级热浪事件的归因，发展很快。重大事件的归因中问题的提出很关键，不是要回答某次事件是不是由人类活动等外强迫引起的，而是往往回答外强迫对类似强度事件发生概率的影响（即"可归因的风险 FAR"，Stott et al., 2004）或者类似发生概率的事件强度的影响（Otto et al., 2012）。其中一个重要的概念就是 FAR，定义为 $FAR=1-P_0/P_1$，P_0 代表在没有人为影响下（非现实世界中）事件发生的概率，P_1 代表在有人为影响下（现实世界）事件发生的概率，从而量化人为影响的贡献。如果 FAR 等于 0.5，则表示在有人为影响下发生概率加倍了。和 FAR 类似的另一个概念是风险比率（RR）（Fischer and Knutti, 2015），其定义是：$RR=P_1/P_0$。如果不同的方法能得到相似的结论，那么无疑会提高归因结果的信度。下面分四类介绍这个方向已有的研究方法。

1）耦合模式法

耦合模式包含大气、海洋、陆表等多种过程，是对气候系统最全面的模拟。从最早 Stott 等（2004）用单个 HadCM3 耦合模式进行事件归因开始，到后来很多研究用最新的 CMIP5 模式集合（Sun et al., 2014；Song et al., 2015）。这类研究一般先用最优指纹方法进行所研究事件对应的变量长期变化的归因，重建外强迫引起的变化，然后再在其上叠加工业革命前控制实验下的内部变率来模拟实况，最后计算 FAR 进行事件归因。例如，图 3.5 是 Song 等（2015）对 2014 年中国东北部地区 20 世纪 50 年代末以来热程度排在第三位的春季进行事件归因时，比较重建后有和没有人为影响下的差异，图 3.5 显示人为影响使类似强度的事件发生概率大幅增加。

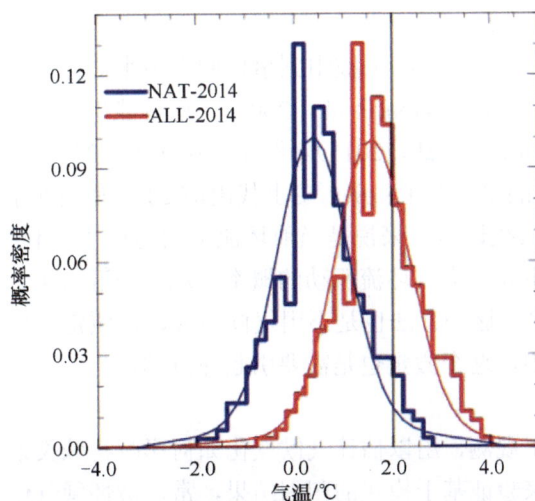

图 3.5　CMIP5 模式重建的 2014 年春季平均气温距平在有人为强迫（ALL-2014）和没有人为强迫（NAT-2014）下的响应的直方图

图中直线为阈值（观测的事件强度）

引自 Song 等（2015）

2）大气模式法

为了减小模式误差并提供更多的模拟集合个数，也有很多研究不用耦合模式而用观测的海表温度驱动的大气模式来得到所研究的事件在有和没有人为影响下的模拟对比，例如，基于 HadGEM3-A 的哈德来中心事件归因系统（Christidis et al.，2013；Ciavarella et al.，2018）。图 3.6 是 Qian 等（2018）利用 HadGEM3-A-N216 大气模式在有和没有人为影响下各 525 组模拟实验开展的 2016 年中国东部破纪录冷事件的归因研究，图中显示人为影响使强度不小于 2016 年"霸王级"强度极端冷事件的发生概率大幅度减小约 2/3。

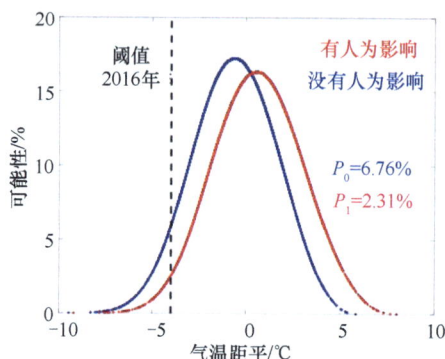

图 3.6　HadGEM3-A-N216 大气模式模拟的 2016 年 1 月 21~25 日中国东部破纪录冷事件
在有和没有人为影响下发生概率的比较
红线为有人为影响下的模拟，蓝线为没有人为影响下的模拟，竖虚线为阈值（这次事件的实况距平）
引自 Qian 等（2018）

由于用这种方法运算速度快，可以得到大量模拟集合，可能会更好地模拟极端事件并且提高信噪比。但是，这种方法没有考虑海气耦合，对于受海气相互作用显著影响的极端事件可能会有偏差。

3）环流相似法

环流相似的概念（Lorenz，1969）被用到事件归因中来估计和当前相同的大尺度环流条件下以前类似事件的气候状况（Yiou et al.，2007），这可能也是估计气候变化是如何影响重大事件的一种方法（Trenberth et al.，2015）。例如，Stott 等（2016）给了一个发生在 2006 年/2007 年的欧洲暖秋/冬季的事件例子：从历史上找出前 20 个和当前事件环流最像的日子，这些相似环流下的气温值从统计角度来说是当前环流下的随机"复制品"；由此可以得到早些年人为强迫作用较弱时主要由大气环流驱动的概率（P_0）和近些年人为强迫作用增强时的概率（P_1），进而得出 FAR。这种方法也是不用气候模式，但假定了所考虑的时段长度足以抹去长周期内部变率的作用，这个假定也是需要引起注意的。

4）经验方法

经验方法被直接用于观测，用以估计气候变化如何影响特殊类别的重大事件的概率或重现期。这种方法可以用来验证基于模式的归因结果，常常被怀疑气候模式模拟能力的研究者所使用；也可以被用于模式模拟效果很差的事件。用统计分布拟合观测数据，例如 Van Oldenborgh（2012）用 GPD 分布拟合历史数据，因为数据没有趋势，所以认为气候变化不起作用。经验方法虽然考虑了变暖趋势对极端事件概率的影响，但是这种趋势本身是人为还是自然引起的，需要通过数值模式得出（Stott et al.，2016）。

3.3　气温和降水变化的检测归因

3.3.1　气温

《第三次气候变化国家评估报告》指出，20 世纪中国区域变暖，人类活动可能起了重要作用，但人类活动和自然变率的相对贡献仍不清楚，尚缺乏严谨的检测归因研究。观测证据表明，20 世纪 50 年代以来中国地区增温存在显著的区域和季节差异，表现为中国北方和青藏高原的冬季、春季和秋季更明显，江淮地区夏季和西南地区的春季变暖趋势较弱。近几年来，围绕中国平均、不同区域、不同季节的增暖特征，科学家们从检测归因的角度定量评估了人类活动与自然变率对中国气温变化的相对贡献，越来越多的研究表明，包括温室气体在内的人类活动是 20 世纪中期以来中国变暖的首要影响因子。

20 世纪中期以来，中国经历了快速的变暖，对水资源、农业和生态系统等部门造成了显著影响。中国区域观测到的变暖高于全球平均和全球陆地平均，1961~2013 年观测到的中国气温升高了 1.44℃（1.22~1.66℃）（图 3.7）。利用 CMIP5 气候模式和最优指纹法对这一时期中国气温变化的归因研究表明，中国变暖的主要贡献因子为温室气体等人类活动（Sun et al.，2016b）。包括二氧化碳等在内的温室气体升高了中国的气温（图 3.7），其贡献为 1.24℃（0.75~1.76℃），而其他包括气溶胶在内的人为因子主要是冷却作用，降温贡献为 0.43 ℃（0.24~0.63℃），城市化因子的贡献为 0.49℃（0.12~0.86℃）。其他的研究对不同时段中国气温变化的分析均表明，温室气体等人类活动的贡献是最主要的（Xu et al.，2015；Zhao et al.，2016），人类活动的信号可以在中国区域的变暖中检测出来，并且可以和自然信号分离，尤其是在冬季（Qian and Zhang，2019）。1958~2012 年我国西部地区，含青藏高原地区，以 0.27℃/10a 的速率在增温，是我国升温幅度最高的地区，且目前仍为加速增暖地区（Wang et al.，2018c）。CMIP5 多模式分离强迫试验结合最优指纹法的研究结果表明，温室气体强迫信号可以被成功检测到，人类活动导致中国西北地区温度在 1958~2012 年升高了 1.37℃，其贡献高达 92%，自然强迫使其增温 0.13℃，贡献为 8%，且模式可能低估了温室气体的贡献。气溶胶强迫可以部分抵消温室气体的增温幅度，气溶胶强迫使得中国温度在 20 世纪的降温幅度介于 0.76~0.86℃，其中气溶胶直接效应的贡献在 0.55~0.66℃

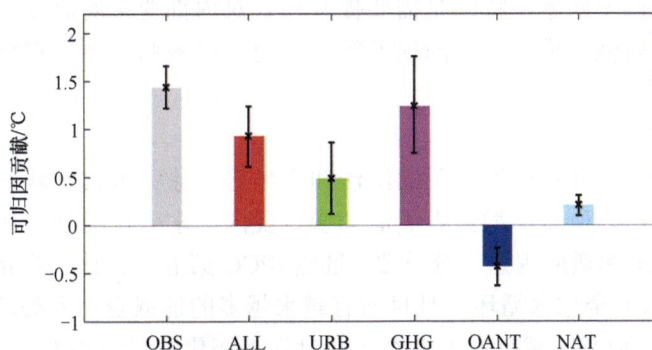

图 3.7　1961~2013 年中国区域平均气温变化的主要贡献因子

图中显示为观测到的中国年平均气温变化趋势的最优估计（OBS）以及不同因子贡献的最优估计值，包括全强迫（ALL）、城市化（URB）、温室气体（GHG），以及以气溶胶为主的其他人为强迫（OANT）和自然强迫（NAT）。图中的误差栏表示 5%~95% 的信度范围

引自 Sun 等（2016b）

（Li et al.，2016a）。而在仅有自然强迫驱动的试验下，模式无法模拟出我国西部地区的增温趋势。说明人类活动是中国西部变暖的主要贡献因子。

尽管城市化会导致中国气温升高已达成共识，但《第三次气候变化国家评估报告》中尚缺乏对其贡献的定量评估。最新研究进一步细化了人类活动外强迫和城市化对我国气温升高的相对贡献，发现在中国地区城市化的贡献可达到三分之一（Sun et al.，2016b）。而另外一些研究用不同的方法和资料对城市化效应进行了估计，则得出了相似的或者较小的城市化贡献（Wang et al.，2019）。这些研究表明城市化效应的贡献在使用不同资料和方法研究的情况下存在一定的差异，不同地区的结果也存在差异，需要未来进一步研究。除了对气温趋势的检测归因研究之外，近些年基于高温年份发生风险的检测归因研究逐步得到了社会的关注。2014 年春季是自 1950 年以来我国北方第三暖的春季，其温度比 1961~1990 年平均值高 2.2℃。两步归因方法结果表明，春季温度的升高受人为和自然强迫的共同影响，其中 0.2℃的增温可能由于城市化的影响，1.5℃的增温可能由于外部强迫对气候的影响（Song et al.，2015）。

除了人类活动对中国地区平均温度的影响可检测之外，近期研究发现人类活动对中国气温年循环的影响也可以被清楚地检测出来。冬夏温差已经把冬季、夏季气温变化中共同的外强迫作用减掉，导致信噪比明显减小。在这种情况下仍然可以检测出人类活动的影响，表明人类活动强度已经大到足以显著影响气温的年循环变化（Qian and Zhang，2019）。城市化效应在我国黄河中下游地区春夏季节提前、秋冬季节推迟到来中的作用也被成功检测到（Qian et al.，2016），该研究发现气候学意义的节气（到达节气气温阈值的时间）从雨水到立夏（春夏节气）显著提前了 5~17 天，从白露到寒露（秋季节气）显著推迟了 5 天左右，其中城镇化贡献达 22%~69%。

综上，《第三次气候变化国家评估报告》发布以来，采用国际通用的检测归因方法，科学家们定量评估了人类活动与自然变率对中国气温变化相对贡献的研究，人类强迫对中国区域气温趋势、事件强度和气温年循环等方面的影响可以被成功检测到。但是需要指出的是，不同检测归因工作得到的比例因子之间仍存在一定差异，因此目前得到的人类活动和自然变率对中国地区气温的相对贡献存在不确定性。同时当前的检测归因研究缺乏环流方面的机理解释，这也是当前区域温度检测归因面临的挑战，亟待提升模式模拟能力，减小模式偏差问题，特别是需要提升模式对内部变率对温度影响的模拟能力，减小模式对区域辐射强迫模拟方面的误差等，进而为检测归因研究提供更有力的研究工具和手段。

3.3.2　降水

我国人口众多，与降水密切相关的洪涝和干旱等气象灾害常常威胁人类社会的生产生活，甚至生命财产。所以，增强人类活动影响我国降水变化的相关认识对于确定应对气候变化的减缓政策和适应规划十分重要。虽然 IPCC 第五次评估报告指出人类活动可能影响了 1960 年以来的全球水循环，且目前有越来越多的证据表明人类活动对全球降水分布型的变化有影响，但在区域尺度上人类活动对降水变化的影响仍不是很清楚（Bindoff et al.，2013；Sarojini et al.，2016）。限制降水归因研究取得进一步突破的主要因素是降水观测资料的时间空间范围有限、质量不佳和模式模拟的局限性，以及降水内部变率的较强影响（Bindoff et al.，2013；Wan et al.，2013）。我国区域降水变化研究面临同样的困难，加之地处复杂的东亚季风区，《第三次气候变化国家评估报告》及相关综述研究均指出东亚季风和中国降水长期变化的归因研究仍存在相当的不确定性，确定人为强迫和自然变率的相对贡献还有待深入研究（《第三次气候变化国家评估报告》编写委员会，2015；Zhang，2015）。

《第三次气候变化国家评估报告》发布以来，针对我国降水特征及降水量变化的归因研究逐渐丰富，并发现了一些人类活动影响的踪迹。关于降水特征变化，多个研究均发现 20 世纪 50 年代以来中国东部降水有小雨减少而强降水增多的特征变化现象（Liu et al.，2015；Wang et al.，2016b；Ma et al.，2017a）。Wang 等（2016b）通过不同强迫下的模式模拟试验发现人类活动排放的气溶胶是导致 20 世纪 50 年代以来小雨减少的主要因素。Ma 等（2017a）对中国东部降水在各种强迫下的响应做了更细致的研究，发现人类活动强迫，包括温室气体强迫，对中国东部这种降水由小雨转变为强降雨的特征变化有重要影响。针对降水量变化的检测归因，前期有大量研究聚焦在我国东部"南涝北旱"降水分布型的年代际变化上，并认为夏季风的减弱是可能原因。但由于一些模拟研究发现在不同人类活动强迫项影响下，东亚夏季风长期变化的趋势有所不同，故总的人类活动强迫对东亚夏季风长期变化趋势的影响仍不明确（《第三次气候变化国家评估报告》编写委员会，2015）。运用不同强迫下的模式模拟试验，最新研究指出人类活动强迫对 20 世纪 70 年代末以来东亚夏季风年代际变化影响下的 "南涝北旱"的降水格局有重要作用。其中温室气体强迫造成了副高西伸加强，增加了水汽辐合，造成了中国南方降水增多，而人为气溶胶强迫致使夏季风减弱，导致了中国北方干旱（Wang et al.，2013；Tian et al.，2018）。Jiang 等（2017）也用模式模拟研究揭示了人为气溶胶在东亚夏季风环流减弱中的重要作用。而 Zhou 等（2017）认为 20 世纪后半叶东亚夏季风的减弱主要是由 IPO/PDO 的正位相导致的，气溶胶的影响占其次。

对于总降水量的变化，Burke 和 Stott（2017）研究发现人类活动引起的气候变化已导致近 65 年来中国东部总的东亚夏季风降水整体减少，干旱天数增加。相关研究认为 20 世纪后半叶北半球季风降水的减弱主要可归因于人类活动产生的气溶胶，而不是温室气体和自然强迫（Polson et al.，2014）。Zhao 等（2016）对我国干旱半干旱区、湿润半湿润区以及全国区域运用最优指纹法对其 1951~2005 年的降水变化进行了归因分析，但并未检测到人类活动的影响，他们认为这可能是由模式模拟的不确定性和其他因素导致的。谢瑾博等（2016）在对东部季风区多流域水循环的归因研究中发现仅在 1965~2005 年淮河及长江下游的降水变化中可检测到人类活动影响。此外，城市化的快速发展对强降水事件的频率和强度也有显著影响，Liang 和 Ding（2017）发现 1981~2014 年的城市化进程不仅对上海强降水事件总降水量的增加有贡献，对该区域降水日变化特征也有一定影响。

总结而言，目前已有较多研究形成证据显示人类活动在我国 20 世纪 50 年代以来东部降水"小雨减少强降水增多"的特征变化中起到重要作用，在东亚夏季风减弱形成的"南涝北旱"降水格局以及夏季风总降水的减少中也有不可忽视的作用。而对全国区域总降水变化的归因研究目前仍未能清晰地检测到人类活动的信号，仅有部分研究在特定区域发现降水变化中能分离出人类活动的影响。相比之下，目前我国降水长期归因结论与国际相关评估结论的信度相当，区域尺度上降水变化的归因结论信度仍较低。此外，由于降水归因研究存在的难点，目前我国区域的降水归因研究均只是定性检测人类活动与自然变率对降水变化影响的信号，定量分离人类活动与自然变率的相对贡献还有待深入研究。深化对人类活动影响降水变化的物理过程的认识，运用一些新颖的方法进行归因分析并改进模式及观测资料的处理方法，均可以使区域尺度的降水变化归因取得进一步的发展。

3.4　极端气候变化的检测归因

在全球变暖背景下，极端气候变化相比于平均气候更加敏感，而且对社会、经济、生态环境等造成的影响也更加严重。因此，十分有必要去认识和理解变暖背景下这些极端气候是否已经发生变化，以及变化是否可归因于人类活动的影响。

3.4.1　极端温度

在全球变暖的背景下，表征极端温度不同变化特征的极端温度指数在全球尺度上都呈现出明显的变暖趋势（Hartmann，2013），并且大量的研究工作表明人类活动已对极端温度的变化产生了显著影响（Christidis et al.，2014；Min et al.，2013；Christidis and Stott，2016），目前的检测归因技术使得我们对于人类活动的量化贡献有了清晰的认识。这里的人类活动包括温室气体和气溶胶排放、土地利用变化以及城市化等，以二氧化碳排放为主要特征的人类活动使得全球及大部分陆地区域极端高温的强度更强、出现频率更高、持续时间更长。

最新的全球观测结果 HadEX2 和全球气候模式 CMIP5 模拟结果表明，自 1951 年开始，在全球和北半球大部分地区，极端温度呈现出显著的变暖趋势，并且可以检测到人类活动的信号，而且检测到的人类活动信号可以与对自然强迫的响应明显分开，其中基于日最低气温的极端指数变化趋势要强于基于日最高气温的极端指数变化趋势（Kim et al.，2015）。近60 年，冷日和冷夜在全球大部分地区都呈现出减少的趋势，东亚、北非及南美洲部分地区的减小趋势强于其他地区；而暖日和暖夜的出现频率则表现出明显的增加趋势，在这些极端温度的变化中都可以清晰地检测出人类活动的信号，并且此归因结果不受区域和季节不同的影响（Donat et al.，2013；Morak et al.，2013）。就全球平均而言，热浪持续时间在过去几十年增加了约 15 天，其中在北半球区域增加更为显著，特别是在印度地区，其增大趋势尤为突出；寒潮持续时间表现为减少趋势，在近几十年全球平均减少了 3 天，其中亚洲和欧洲的减少趋势更为显著。根据最优指纹法的分析结果，持续性极端温度的变化可以大部分归因于人类活动的影响（Lu et al.，2018）。在过去几十年，反映极端温度临界值变化的指数在全球范围内也表现出增暖的趋势，其中反映暖异常的夏日日数（日最高温度高于 25℃的天数）和热带夜日数（日最低温度高于 20℃的天数）都呈现出显著的增加趋势，就全球平均而言，近几十年都增加了大约 10 天；而反映冷异常的霜冻日数（日最低温度低于 0℃的天数）和冰冻日数（日最高温度低于 0℃的天数）则表现为显著的减少趋势，全球范围霜冻日数减少了至少10 天，冰冻日数则减少了 6 天左右。在暖异常指数的长期变化特征中，全球大部分地区都可以检测出人类活动的信号，而冷异常指数的变化趋势中则只有在北半球区域中可以检测到人类活动的影响（Yin and Sun，2018）。

就中国区域而言，关于极端温度变化的检测归因也取得了很大的进展。应用耦合气候模式的模拟结果和最优指纹法开展的归因研究表明，大气中温室气体浓度的增大是目前观测到的导致中国极端温度升高的主要原因，土地利用变化也是该区域夏季日最高气温上升的重要驱动因子（Wen et al.，2013；Yin et al.，2016）（图 3.8）。暖日和暖夜发生频率也呈现显著的增大趋势，且增大幅度强于冷日、冷夜频率的减小趋势，而这些变化都可以归因于人类活动的影响（Lu et al.，2016）（图 3.8）。对于近几十年持续性极端温度指数和临界值指数的变化，

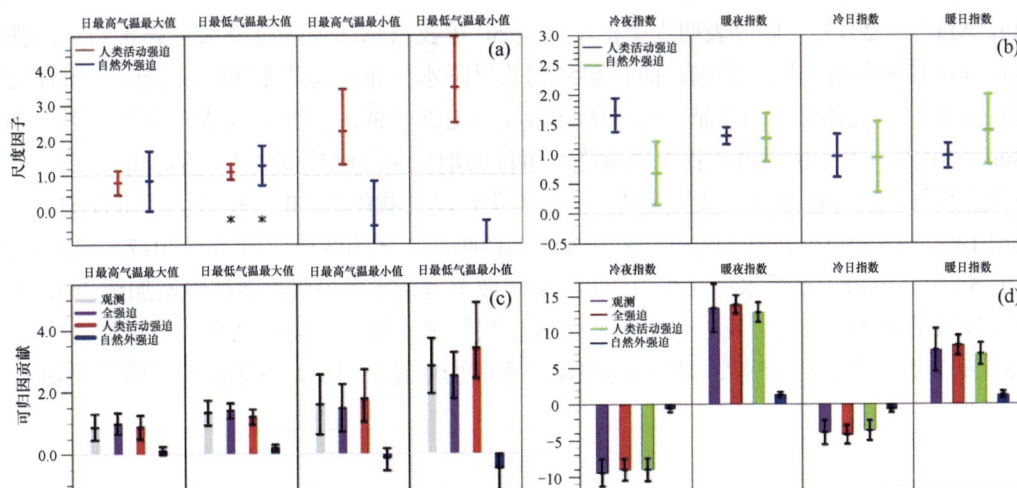

图 3.8　基于 CMIP5 不同强迫试验,利用最优指纹方法计算的不同强迫因子作用于 1958~2012 年我国极端温度强度 [(a) 和 (c)] 和频率 [(b) 和 (d)] 变化的比例因子 [(a) 和 (b)] 以及可归因贡献 [(c) 和 (d)]

引自文献 (Lu et al., 2016;Yin et al., 2016)

以温室气体排放为主要特征的人类活动也起到了主要作用,并且被检测到的人类活动信号可以和自然强迫的影响明显分开,其中温室气体的排放增加使得近几十年夏日日数和热带夜日数明显增加,而霜冻日数和冰冻日数显著减少(Yin and Sun,2018;Wang et al.,2018b)。此外,近几十年来大规模的城市化已成为中国区域土地覆盖变化的一个时代特征,目前的归因研究发现城市化对极端温度变化也有一定的影响(Ren and Zhou,2014),如城市化效应对上海地区热浪的增加趋势贡献了近三分之一(Qian,2016b)。

3.4.2　极端降水

变暖已加剧全球水循环,使得大部分陆地地区极端降水的增加明显快于平均降水(Allen and Ingram,2002)。IPCC 第五次评估报告指出,自 1950 年以来全球尺度极端降水的增多、增强趋势可在中等置信水平上归因于人类活动的影响(Bindoff et al.,2013)。而北半球有 2/3 陆地地区的极端降水增强是由人类活动所引起的全球增暖导致的(Min et al.,2011;Zhang et al.,2013a)。进一步研究发现,在 1951~2005 年北半球陆地年最大日降水量变化中能够检测到人类活动的影响,当温度每升高 1℃时,北半球年最大日降水量增加约 5%(Zhang et al.,2013b);而对于中等强度的降水事件,人类活动引起的全球增暖贡献可达 18%(Fischer and Knutti,2015)。

相比于全球尺度,由于受观测资料、模式模拟性能、自然变率等因素的限制,对于区域极端降水变化的检测归因具有更大的不确定性(Zhai et al.,2018)。Mondal 和 Mujumdar(2015)近期的研究指出,在 95%的置信区间内,在近百年的年连续 5 日最大降水量变化中能够检测到人类活动的痕迹,但在年最大日降水量变化中并不明显。同时,更多的证据表明,在英国(Schaller et al.,2016)、美国(Diffenbaugh et al.,2017)、加拿大(Najafi et al.,2017)、非洲东部(Hoell et al.,2017)等地区极端降水长期变化中均能检测到人类活动的影响,但影响幅度在不同区域间差异较大。

目前针对我国极端降水变化的检测归因研究十分有限,但已有研究表明,自 1950 年以来,我国极端降水与全球变化同步,呈现显著增加、增强的趋势,并且在一定程度上可以检测到人类活动的影响(Chen and Sun,2017a;Li et al.,2017;Ma et al.,2017a;Gao et al.,

2018）。Ma 等（2017a）研究表明人类活动对近 50 年我国东部地区日降水量分布向更高强度偏移具有可检测和可归因的影响，而且观测到的日降水分布由弱降水事件向强降水事件的偏移主要源于温室气体强迫的贡献，而人为气溶胶强迫部分抵消了温室气体强迫的作用。Chen 和 Sun（2017a）进一步指出在我国极端降水事件的增加中能够检测到人类活动的痕迹，但自然外强迫和气溶胶等影响并未被检测到；而且人类活动在我国近 50 年极端降水事件的变化中贡献约 13%（图 3.9），其中青藏高原是人类活动影响最显著的区域。Li 等（2017）研究指出，过去近 50 年，年最大日降水量在我国 2/3 陆地区域上呈现增加趋势，观测中增加约 4%，人类活动所导致的增加约 5%。我国东南沿海地区极端降水变化对人类活动也较为敏感，Gao 等（2018）研究发现人类活动使得该区域内极端降水的变率显著增加，发生洪涝风险明显加大。

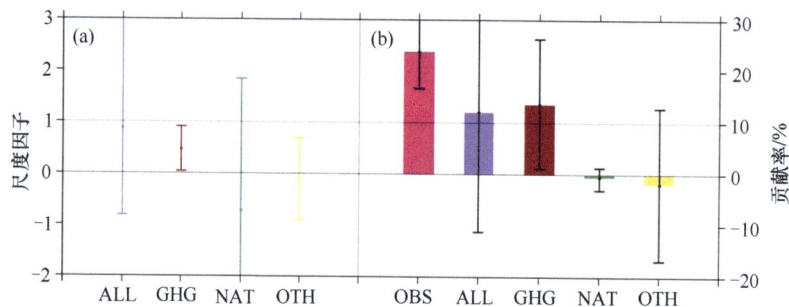

图 3.9　基于 CMIP5 不同强迫试验，利用最优指纹方法计算的不同强迫因子作用于过去 50 年我国极端降水发生频次变化的比例因子（a）以及可能贡献率（b）

"OBS"表示观测，"ALL"为全强迫，"GHG"为温室气体强迫，"NAT"为自然强迫，"OTH"为气溶胶其他强迫作用

引自文献（Chen and Sun，2017a）

观测证据也显示，自 1950 年以来，我国干旱呈现增多、增强的趋势（Wang et al.，2018a）。但干旱发生极其复杂，在降水、温度、风速等多种因素的共同作用下，我国北方地区干旱变化主要受温度影响，而南方地区主要受降水影响（Chen and Sun，2015）；尤其是华北地区，干旱变化亦受到北太平洋年代际振荡、欧亚遥相关、丝路遥相关等的共同作用（Qian and Zhou，2014；Li et al.，2018）。此外，最近的检测与归因研究也揭示在我国干旱发生频次的长期变化趋势中可以检测到人类活动的影响，它叠加在自然变率作用的基础上加剧了我国干旱事件的发生（Chen and Sun，2017b；Li et al.，2020）。

虽然已有研究指出在人类活动的影响下，我国极端降水和干旱呈现增多、增强的趋势，但关于人类活动直接影响极端降水和干旱变化的证据仍然十分有限。由于受资料、模式性能、自然变率等因素影响，人类活动对全球尺度极端降水变化影响的检测归因尚处于中等置信水平，对区域尺度的影响认识具有更大的不确定性。因此，对于区域尺度极端降水、干旱等变化的检测归因研究是当前气象学界的一大挑战，仍需要开展更多、更深入的研究工作。

3.5　重大极端事件的归因

极端天气气候事件（简称"极端事件"）是指天气和气候的状态严重偏离其平均态，在统计意义上属于小概率事件，它可表征特定范围（单站点或某个区域）和不同时间尺度（日、月或年等）的某种极端天气气候现象。虽然极端事件的发生频率比较低，但却会给自然环境和人类社会带来较大的影响，是全球受关注度最高、影响最为巨大的自然灾害之一。统计资料表明，全球气候变化及相关的极端事件所造成的经济损失在过去 40 年平均上升了 10 倍，仅在中国由极端事件引发的气象灾害占整个自然灾害的 70%以上。世界经济论坛（World Economic Forum，WEF）从 2006 年起，每年发布一份全球风险报告（The Global Risks Report），其中 2017~2019 年连续三年将极端天气事件（extreme weather events）列为全球最高可能性风险因素。

3.5.1　高温热浪和寒潮

高温热浪是全球变暖背景下最为典型、影响最为广泛的一种灾害。美国气象服务局的统计显示，在所有的气象灾害中，高温热浪造成的死亡人数远高于其他。观测资料表明，过去 40 多年时间里全球 200 多个城市高温热浪事件呈显著增加趋势。由于各国研究方法不同，地理位置不同，对于高温阈值与高温热浪的定义没有统一的标准。世界气象组织将日最高气温超过 32℃、持续时间超过 3 天的过程定义为一次热浪过程；中国气象局规定，日最高气温超过 35℃且持续 3 天以上的天气过程为高温热浪。造成极端高温热浪天气频发的原因是多方面的，往往包括自然和人为强迫，以及气候系统内部变率。在人为因素中，由温室气体大量排放而造成的全球气候变暖，是导致多种极端气候频发的不可忽视因素。研究表明，人为强迫极大地增加了中国区域高温事件发生的概率。以中国中东部地区 2013 年夏季的高温事件为例，该事件是该地区自 1951 年以来最严重的高温事件，多项观测指标打破有记录以来的值，结果表明包括温室气体排放在内的人为强迫使得发生此类事件的风险明显加大，最终导致此类事件发生的概率大幅度增加（Sun et al.，2014；Ma et al.，2017b）；2015 年夏季（6~8 月）中国西部（105°E 以西）地区夏季日均温、日最高温度（TXx）和日最低温度（TNx）的年最大值纪录均被打破，分析结果表明，人为气候变化使得发生类似于此次夏季极端气温事件的概率增加，其中此类日最高温和日最低温极值事件发生概率分别增加了至少 3 倍和 42 倍（Sun et al.，2016a；图 3.10）。在内部变率中，由大气环流异常所造成的高压脊线偏移、反气旋天气系统是造成高温热浪的重要因素。以 2015 年 7 月中国新疆地区的破纪录极端高温热浪事件为例，研究结果表明，南亚高压的加强和北移使得新疆地区被反气旋所控制，不利于降水发生，有利于极端高温事件的发生（Miao et al.，2016）。而对于我国华北、华南、长江中下游等大部分地区，西太平洋副热带高压与高温热浪天气有着密切关联。例如，2017 年 7 月，长江三角洲经历了创纪录的热浪事件，造成 4 人死亡，结果表明此次热浪事件 32%归因于西太平洋副热带高压（Zhou et al.，2019）。除了这些因子外，城市扩张带来的热岛效应也是造成高温热浪明显增加的主要原因之一。以 2017 年 7 月长江三角洲创纪录的高温热浪事件为例，Zhou 等（2019）分析发现城市热岛效应对此事件的发生贡献了 58%的影响，其贡献率排在大气环流异常与人为温室气体排放之前。纵观过去发生的高温热浪事件不难发现，包括人类活动在内的外强迫大幅增加了高温发生的概率，其他因子如气候系统内部变率可以使高温热浪事件的影响进一步加大。例如，Chen 等（2019）发现人为变暖与海温共同作用导致 2017 年 7 月中国东部高温热浪发生风险提高了 10 倍，变为五年一遇事件。

寒潮是中国冬半年主要的天气过程之一，寒潮发生时往往带来霜冻、暴雪、大风以及冻雨等大范围天气，给农业生产、交通运输、经济发展等造成重大损失，随之而来的温度骤降也严重影响着人们的生产生活。在全球变暖大背景下，观测资料表明过去 40 年我国寒潮过程频次呈明显减少趋势，但寒潮强度却未因此衰减，而呈现更为复杂的态势。寒潮活动的变化不仅与北极涛动（AO）、急流、槽脊等大气内部动力过程有关，而且还与海温、海冰等因

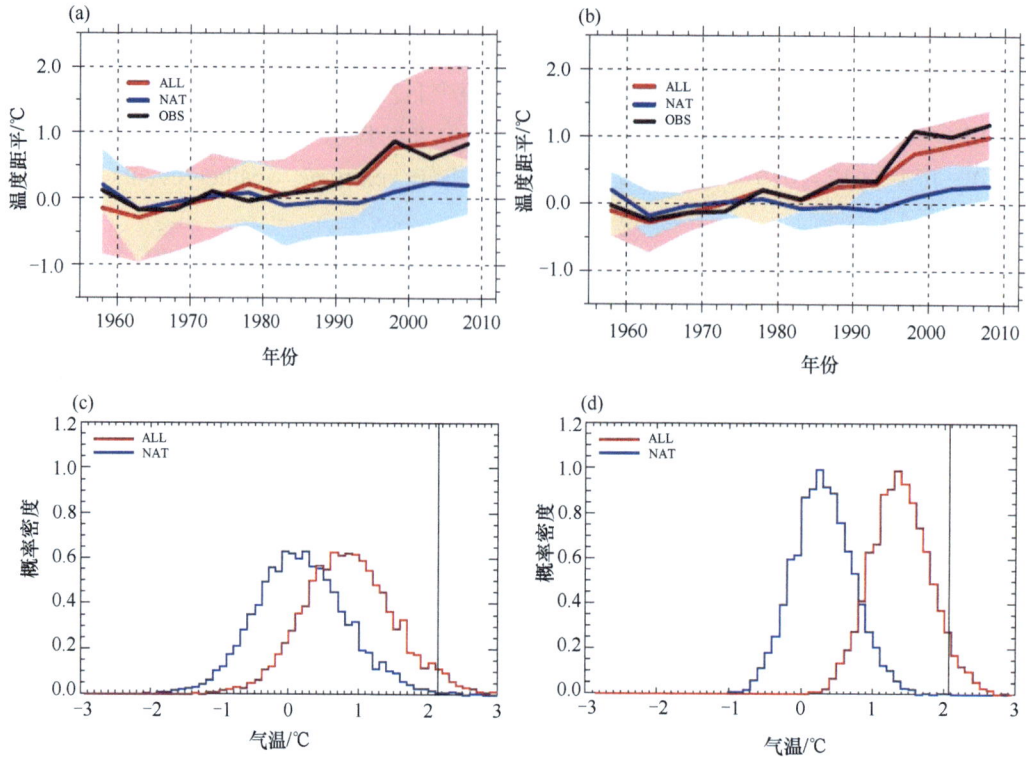

图 3.10　观测和模式中五年平均最大最高温（TXx）（a）和最大最低温度（TNx）（b）距平。夏季平均最大最高温（c）和平均最大最低温（d）距平在全强迫（ALL，红色）和自然强迫（NAT，蓝色）下概率分布
(c) 与（d）中的黑线为 2015 年观测值

子变化有关，同时还受到人为气候变化的影响。目前，对于寒潮极端事件的归因分析，相比于高温热浪事件研究明显不足，而且近几年的研究主要集中在人为气候变暖对其的定量贡献上。例如，Sun 等（2018c）利用日最低温观测数据和 16 个 CMIP5 模式的 62 个成员数据，应用最优指纹法和风险指数法对 2015 年 12 月至 2016 年 2 月的中国超级寒潮进行定量归因，结果表明，人为气候变化的影响可以使类似于 2015/2016 年寒潮事件的发生概率大大降低。然而结果也可能因所选的模式不同而不同，信号估计的不确定性随着模拟次数的减少而变得更大。Qian 等（2018）研究发现，人为影响使同期中国东部区域（20°~44°N，100°~124°E）发生类似极端寒潮事件的概率减小了 2/3。

3.5.2　强降水和干旱

IPCC 第五次评估报告指出，在全球尺度上极端降水呈现显著的增强频发趋势，且一定程度上与人类活动有关。但在区域尺度上，极端降水变化受众多驱动因子的影响，其检测归因尤为困难。中国区域极端降水变化能否检测到人类活动影响的信号仍然存在较大的不确定性，特别是高质量均一化观测资料的匮乏以及现有气候模式对降水模拟能力的不足为极端降水和干旱事件的归因研究增加了难度。

气候系统内部自然变率仍然是中国区域降水多时间尺度变率主要调控因子，如中国东部季风区降水变化呈现出 "南涝北旱" 分布格局主要受 PDO 和大西洋多年代际涛动（AMO）共同调制，即 PDO 主导了中国东部年代尺度降水的分布格局，而 AMO 对这个格局产生加强或削弱的作用（Yang et al.，2017）；ENSO 事件对中国降水季节变化的影响具有明显的时空差异，在厄尔尼诺衰减年北方地区春、夏季极端降水事件偏多；在厄尔尼诺发展年则是中部地区极端降水事件通常偏少，而次年中国东部地区则更易发生极端降水事件（Xiao et al.，2017a）。近几十年来，人为排放的气溶胶和温室气体是影响中国区域降水变化最主要的外强迫因素，温室气体的增加导致中国干旱半干旱区呈现变湿的趋势，而气溶胶排放致使中国湿润半湿润区呈现变干的趋势（李春香等，2014；Zhao et al.，2016）。然而，就整个中国区域平均而言，尚无法从 1961~2012 年观测降水序列中检测到极端降水变化的显著趋势，也无法检测到人类活动对极端降水趋势的显著影响（Li et al.，2018）。数值模拟试验还表明，当人为强迫引起的增暖达 2℃后，中国极端降水异常可能显著增加；而达到 3℃时，极端强降水事件迅速增加，会使西南地区干旱和洪涝都会加剧（Chen and Sun，2014）。对 2016 年夏季发生在长江中下游地区极端强降水事件的归因研究表明，此次极端降水与 2015/2016 年超强厄尔尼诺密切相关，自然变率仍在这次极端降水事件中扮演着重要角色（Li et al.，2018a）（图 3.11），但人类活动与自然变率的叠加使得此类降水事件的概率提高至 2.4 倍（Sun and Miao，2018）。此外，大规模城市化引起的热岛效应能促发局地对流，增加极端降水发生的频率和降水强度（Wang et al.，2015a）。

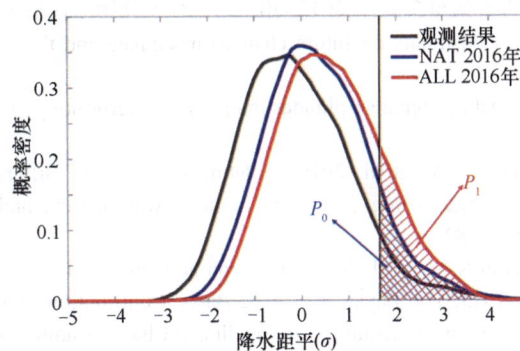

图 3.11　1961~2013 年长江中下游区域（117°~121°E，26°~34°N）5 月降水距平的
概率密度分布（Li et al.，2018a）

其中，黑线为台站观测结果（observations），红线为 HadGEM3-A-N216 全强迫模拟试验结果，蓝线为 HadGEM3-A-N216 自然因素强迫模拟结果

气候变暖导致的降水减少、地表蒸发增加是诱发干旱发生的主要驱动因素，人类活动对中国区域干旱长期变化的影响尚未得到定量归因。在一些极端干旱事件成因机制的研究中主要还是关注气候系统内部自然变率的影响，如近年来发生在中国西南地区的冬春连旱事件是由于热带大气季节内振荡（MJO）的异常偏弱，从而导致孟加拉湾地区的对流活动持续变弱，并在热带印度洋地区激发出异常的下沉气流，使得南亚地区的亚洲季风垂直环流异常减弱，热带印度洋向云南的水汽输送异常减少，从而造成 2009 年夏季至秋季云南的降水持续偏少，形成干旱（琚建华等，2011；Lv et al.，2012）；另外，北大西洋涛动（NAO）通过影响南支槽波列和贝加尔湖高压脊系统来控制中国西南地区冬季降水的暖湿气流以及冷暖空气活动，再加上北极涛动（AO）的负异常影响，使东亚冬季冷空气强但路径偏东，到达西南地区的冷空气偏弱，从而造成西南地区冬春季降水异常偏少（宋洁等，2011；黄荣辉等，2012）。在这种异常的自然变率背景下，人类活动的影响可能会使得西南干旱事件演变成一个持续十多年的年代际重大气候事件。

此外，由高温或热浪导致的"骤发干旱"在中国区域发生的次数 30 年翻倍（1979~2010 年），尤其多发生在南方和东北等湿润和半湿润地区。这类极端干旱事件主要归因于气候变暖导致的土壤湿度下降和蒸散发作用增强，而且气候变暖可能会加重未来几十年中国区域的骤发旱情（Wang et al.，2016a）。而对于 2015 年中国北方遭受的大范围严重干旱事件可能主要与 2015/2016 年发生的超强厄尔尼诺事件引起中国北方夏季降水异常偏少有关（Wang et al.，2017）。

参 考 文 献

黄荣辉, 刘永, 王林, 等. 2012. 2009 年秋至 2010 年春我国西南地区严重干旱的成因分析. 大气科学, 36(3): 443-457.

琚建华, 吕俊梅, 谢国清, 等 2011. MJO 和 AO 持续异常对云南干旱的影响研究. 干旱气象, 29(4): 401-406.

李春香, 赵天保, 马柱国. 2014. 基于 CMIP5 多模式结果评估人类活动对全球典型干旱半干旱区气候变化的影响. 科学通报, 59 (30): 2972-2988.

宋洁, 杨辉, 李崇银. 2011. 2009 /2010 年冬季云南严重干旱原因的进一步分析. 大气科学, 35(6): 1009-1019.

谢瑾博, 曾毓金, 张明华, 等. 2016. 气候变化和人类活动对中国东部季风区水循环影响的检测和归因. 气候与环境研究, 21(1): 87-98.

《第三次气候变化国家评估报告》编写委员会. 2015. 第三次气候变化国家评估报告. 北京: 科学出版社.

Allen M R, Ingram W J. 2002. Constraints on future changes in climate and the hydrologic cycle. Nature, 419: 224-232.

Allen M R, Stott P A. 2003. Estimating signal amplitudes in optimal fingerprinting, part I: Theory. Clim Dynam, 21: 477-491.

Aquila V, Swartz W H, Waugh D W, et al. 2016. Isolating the roles of different forcing agents in global stratospheric temperature changes using model integrations with incrementally added single forcings. J Geophys Res, 121(13): 8067-8082.

Bindoff N L, Stott P A, Achutarao K M, et al. 2013. Detection and attribution of climate change: From global to regional //Climate Change 2013: The Physical Science Basis. Contribution of Working Group I to the Fifth Assessment Report of the Intergovernmental Panel on Climate Change.Cambridge and New York: Cambridge University Press.

Boden T A, Boden T A, Andres R J, et al. 2017. Global, Regional, and National Fossil-Fuel CO_2 Emissions (1751–2014) (V. 2017). Oak Ridge: Oak Ridge National Laboratory.

BP. 2019. BP Statistical Review of World Energy. https://www.bp.com/content/dam/bp/business-sites/en/global/corporate/pdfs/energy-economics/statistical-review/bp-stats-review-2019-full-report.pdf[2021-5-30].

Burke C, Stott P A. 2017. Impact of anthropogenic climate change on the East Asian summer monsoon. J Climate, 30: 5205-5220.

Chen H P, Sun J Q. 2014. Changes in climate extreme events in China associated with warming. Int J Climatol, 35(10): 2735-2751.

Chen H P, Sun J Q. 2015. Changes in drought characteristics over China using the standardized precipitation evapotranspiration index. Journal of Climate, 28: 5430-5447.

Chen H P, Sun J Q. 2017a. Contribution of human influence to increased daily precipitation extremes over China. Geophys Res Lett, 44: 2436-2444.

Chen H P, Sun J Q. 2017b. Anthropogenic warming has caused hot droughts more frequently in China. Journal of Hydrology, 544: 306-318.

Chen H S, Zhang H, Yu M, et al. 2016. Large-scale urbanization effects on Eastern Asian summer monsoon circulation and climate. Clim Dynam, 47: 117-136.

Chen H S, Zhang W X, Zhou B T, et al. 2019. Impact of nonuniform land surface warming on summer anomalous extratropical cyclone activity over East Asia. J Geophys Res-Atmos, 124(19): 10306-10320.

Chen Y, Chen W, Su Q, et al. 2018. Anthropogenic warming has substantially increased the likelihood of July 2017-Like heat waves over central eastern China. Bull Amer Meteor Soc, 99(1): S91-S95.

Christidis N, Stott P A, Scaife A A, et al. 2013. A new HadGEM3-A-based system for attribution of weather- and climate-related extreme events. J Clim, 26: 2756-2783.

Christidis N, Stott P A, Zwiers F W. 2014. Fast-track attribution assessments based on pre-computed estimates of changes in the odds of warm extremes. Clim Dynam, 45: 1-18.

Christidis N, Stott P A. 2016. Attribution analyses of temperature extremes using a set of 16 indices. Weather and Climate Extremes, 14: 24-35.

Ciavarella A, Christidis N, Andrews M, et al. 2018. Upgrade of the HadGEM3-A based attribution system to high resolution and a new validation framework for probabilistic event attribution. Weather and Climate Extremes, 20: 9-32.

Donat M G, Alexander L V, Yang H. 2013. Updated analyses of temperature and precipitation extreme indices since the beginning of the twentieth century: The HadEX2 dataset. J Geophys Res-Atmos, 118: 2098-2118.

Diffenbaugh N S, Singh D, Mankin J S, et al. 2017. Quantifying the influence of global warming on unprecedented extreme climate events. Proceedings of the National Academy of Sciences of the United States of America, 114(19): 4881-4886.

Fischer E M, Knutti R. 2015. Anthropogenic contribution to global occurrence of heavy-precipitation and high-temperature extremes. Nat Climate Change, 5: 560-564.

Flanner M G, Zender C S, Randerson J T, et al. 2007. Present-day climate forcing and response from black carbon in snow. J Geophys Res-Atmos, 112: D11202.

Gao L, Huang J, Chen X W, et al. 2018. Contributions of natural climate changes and human activities to the trend of extreme precipitation. Atmosphere Research, 205: 60-69.

Gibbs H K, Ruesch A S, Achard F, et al. 2010. Tropical forests were the primary sources of new agricultural land in the 1980s and 1990s. Proc Natl Acad Sci USA, 107 (38): 16732-16737.

Gutjahr M, Ridgwell A, Sexton P F, et al. 2017. Very large release of mostly volcanic carbon during the Palaeocene-Eocene thermal maximum. Nature, 548: 573-577.

Hartmann D L. 2013. Observations: Atmosphere and surface Climate Change 2013: The Physical Science Basis. Contribution of Working Group I to the Fifth Assessment Report of the Intergovernmental Panel on Climate Change. Cambridge and New York: Cambridge University Press.

Hegerl G C, et al. 2010. Good practice guidance paper on detection and attribution related to anthropogenic climate change. In: Meeting Report of the Intergovernmental Panel on Climate Change Expert Meeting on Detection and Attribution of Anthropogenic Climate Change [Stocker T F (eds)]. IPCC Working Group I Technical Support Unit, University of Bern, Bern, Switzerland, 8 pp.

Hegerl G, Zwiers F. 2011.Use of models in detection and attribution of climate change. WIREs Clim Change, 2: 570-591.

Hegglin M I, Plummer D A, Shepherd T G, et al. 2014. Vertical structure of stratospheric water vapour trends derived from merged satellite data. Nature Geoscience, 7: 768-776.

Held I M, Soden B J. 2000. Water vapor feedback and global warming. Annual Review of Energy and the Environment, 25: 441-475.

Hoell A, Hoerling M, Eischeid J, et al. 2017. Reconciling theories for human and natural attribution of recent east Africa drying. J Climate, 30: 1939-1957.

Hoerling M, Kumar A, Dole R, et al. 2013. Anatomy of an extreme event. J Clim, 26(9): 2811-2832.

Hua W J, Chen H S. 2013. Recognition of climate effects of land use/land cover change under global warming. Chinese Science Bulletin, 58: 3852-3858.

IPCC. 2013. Intergovernmental Panel on Climate Change Climate Change Fifth Assessment Report (AR5). Cambridge: London Cambridge University Press.

Jiang M, Li Z, Wan B, et al. 2016. Impact of aerosols on precipitation from deep convective clouds in Eastern China. J Geophys Res-Atmos, 121: 9607-9620.

Jiang Z, Huo F, Ma H, et al. 2017.Impact of Chinese urbanization and aerosol emissions on the East Asian Summer Monsoon. J Climate, 30: 1019-1039.

Kim Y H, Min S K, Zhang X B, et al. 2015. Attribution of extreme temperature changes during 1951-2010. Clim Dynam, 46: 1769-1782.

Kodera K, Thiéblemont R, Yukimoto S, et al. 2016. How can we understand the global distribution of the solar cycle signal on the Earth's surface. Atmos Chem Phys, 16(20): 12925-12944.

Kremser S, Thomason L W, Von Hobe M, et al. 2016. Stratospheric aerosol—Observations, processes, and impact on climate. Rev Geophys, 54: 278-335.

Knutti R, Rugenstein M A A. 2015. Feedbacks, climate sensitivity and the limits of linear models. Philosophical Transactions of the Royal Society A, 373(2054): 20150146, http://doi.org/10.1098/rsta.2015.0146.

Lambin E F, Meyfroidt P. 2011. Global land use change, economic globalization, and the looming land scarcity. Proceedings of the National Academy of Sciences of the United States of America, 108(9): 3465-3472.

Li C, Tian Q, Yu R, et al. 2018a. Attribution of extreme precipitation in the lower reaches of Yangtze River during May 2016. Environ Res Lett, 13: 014015.

Li C, Zhao T, Ying K. 2016a. Effects of anthropogenic aerosols on temperature changes in China during the twentieth century based on CMIP5 models. Theor Appl Climatol, 125: 529-540.

Li H X, Chen H P, Sun B, et al. 2020. A detectable anthropogenic shift toward intensified summer hot drought events over Northeastern China. Earth and Space Science, 7: e2019EA000836.

Li H X, Chen H P, Wang H J. 2017. Effects of anthropogenic activity emerging as intensified extreme precipitation over China. J Geophys Res-Atmos, 122: 6899-6914.

Li X, Li D L, Li X, et al. 2018b. Prolonged seasonal drought events over northern China and their possible causes. Int Journal Climatol, 38: 4802-4817.

Li Z, Lau W, Ramanathan V, et al. 2016b. Aerosol and monsoon climate interactions over Asia. Reviews Of Geophysics, 54(1-4):866-929.

Liang P, Ding Y H. 2017. The long-term variation of extreme heavy precipitation and its link to urbanization effects in Shanghai during 1916–2014. Adv Atmos Sci, 34(3): 321-334.

Liu J, Rhland K, Chen J, et al. 2017. Aerosol-weakened summer monsoons decrease lake fertilization on the Chinese Loess Plateau. Nat Clim Change, 7(1-3): 190-194.

Liu J, Zhai P. 2014. Changes in climate regionalization indices in China during 1961 2010. Adv Atmos Sci, 31(2): 374-384.

Liu R, Liu S C, Cicerone R J, et al. 2015. Trends of extreme precipitation in eastern China and their possible causes. Adv Atmos Sci, 32: 1027-1037.

Liu W, Xie S P. 2018. An ocean view of the global surface warming hiatus. Oceanography, 31: 72-79.

Liu W, Xie S P, Lu J. 2016. Tracking ocean heat uptake during the surface warming hiatus. Nature Communications, 7: 10926.

Lorenz E N. 1969. Atmospheric predictability as revealed by naturally occurring analogues. J Atmos Sci, 26: 636-646.

Lu C H, Zhou B T. 2018. Influences of the 11-yr sunspot cycle and polar vortex oscillation on observed winter temperature variations in China. J Meteor Res, 32(3): 367-379.

Lu C H, Sun Y, Wan H, et al. 2016. Anthropogenic influence on the frequency of extreme temperatures in China. Geophys Res Lett, 43: 6511-6518.

Lu C H, Sun Y, Zhang X B. 2018. Multimodel detection and attribution of changes in warm and cold spell durations. Environmental Research Letters, 13(7): 074013.

Lu Q, Zhao D, Wu S. 2017. Simulated responses of permafrost distribution to climate change on the Qinghai-Tibet Plateau. Scientific Reports, 7: 3845.

Lv J, Ju J, Reng J, et al. 2012. The influence of the Madden-Julian Oscillation activity anomalies on Yunnan's extreme drought of 2009-2010. Science China, 55(1) : 98-112.

Ma S M, Zhou T J, Stone D, et al. 2017a. Detectable anthropogenic shift toward heavy precipitation over Eastern China. J Climate, 30: 1381-1396.

Ma S, Zhou T, Stone D A, et al. 2017b. Attribution of the July-August 2013 heat event in Central and Eastern China to anthropogenic greenhouse gas emissions. Environmental Research Letters, 12(5): 054020.

McConnell J R, Burke A, Dunbar N W, et al. 2017. Synchronous volcanic eruptions and abrupt climate change~ 17.7ka plausibly linked by stratospheric ozone depletion. Proc Natl Acad Sci USA, 114(38): 10035-10040.

Meehl G A, Hu A X, Santer B D, et al. 2016. Contribution of the Interdecadal Pacific Oscillation to twentieth-century global surface temperature trends. Nat Clim Change, 6: 1005-1008.

Miao C, Sun Q, Kong D, et al. 2016. Record-breaking heat in northwest China in July 2015: Analysis of the severity and underlying causes. Bull Amer Meteor Society, 97(12): S97-S101.

Min S K, Zhang X B, Zwiers F W, et al. 2011. Human contribution to more-intense precipitation extremes. Nature, 470: 378-381.

Min S K, Zhang X B, Zwiers F W. 2013. Multi-model detection and attribution of extreme temperature changes. J Climate, 26: 7430-7451.

Mondal A, Mujumdar P P. 2015. On the detection of human influence in extreme precipitation over India. Journal of Hydrology, 72: 548-561.

Morak S, Hegerl G C, Christidis N. 2013. Detectable changes in the frequency of temperature extremes. J Climate, 26: 1561-1574.

Morris G A, Rosenfield J E, Schoeberl M R, et al. 2003. Potential impact of subsonic and supersonic aircraft exhaust on water vapor in the lower stratosphere assessed via a trajectory model. J Geophys Res, 108(3): 4103.

Najafi M R, Zwiers F, Gillett N. 2017. Attribution of the observed spring snowpack decline in British Columbia to Anthropogenic climate change. J Climate, 30: 4113-4130.

Otto F E L, Massey N, van Oldenborgh G J, et al. 2012. Reconciling two approaches to attribution of the 2010 Russian heat wave. Geophys Res Lett, 39: L04702.

Polson D, Bollasina M, Hegerl G C, et al. 2014. Decreased monsoon precipitation in the Northern Hemisphere due to anthropogenic aerosols. Geophys Res Lett, 41: 6023-6029.

Qian C. 2016a. Disentangling the urbanization effect, multi-decadal variability, and secular trend in temperature in eastern China during 1909–2010. Atmospheric Science Letters, 17(2): 177-182.

Qian C. 2016b. On trend estimation and significance testing for non-Gaussian and serially dependent data: Quantifying the urbanization effect on trends in hot extremes in the megacity of Shanghai. Clim Dynam, 47: 329-344.

Qian C, Zhang X. 2015. Human influences on changes in the temperature seasonality in mid- to high-latitude land areas. J Climate, 28(15): 5908-5921.

Qian C, Ren G, Zhou Y. 2016. Urbanization effects on climatic changes in 24 particular timings of the seasonal cycle in the middle and lower reaches of the Yellow River. Theor Appl Climatol, 124(3): 781-791.

Qian C, Wang J, Dong S, et al. 2018. Human influence on the record-breaking cold event in January of 2016 in Eastern China. Bull Amer Meteor Soc, 99(1): S118-S122.

Qian C, Zhang X. 2019. Changes in temperature seasonality in China: Human influences and internal variability. J Climate, 32(19): 6237-6249.

Qian C, Zhou T. 2014. Multidecadal variability of North China aridity and its relationship to PDO during 1900–2010. J Climate, 27(3): 1210-1222.

Raisanen J. 2017. An energy balance perspective on regional CO_2-induced temperature changes in CMIP5 models. Clim Dynam, 48(9-10): 3441-3454.

Ren G, Zhou Y. 2014. Urbanization effect on trends of extreme temperature indices of national stations over Mainland China, 1961–2008. J Climate, 27: 2340-2360.

Rosenlof K H, Oltmans S J, Kley D, et al. 2001. Stratospheric water vapor increases over the past half-century. Geophysi Res Lett, 28: 1195-1198.

Rubino M, Etheridge D, Thornton D, et al. 2019. Revised records of atmospheric trace gases CO_2, CH_4, N_2O, and $\delta^{13}C$-CO_2 over the last 2000 years from Law Dome, Antarctica. Earth Syst Sci Data, 11(2): 473-492.

Sarojini B B, Stott P A, Black E. 2016. Detection and attribution of human influence on regional precipitation. Nat Clim Change, 6: 669-675.

Schaller N, Kay A L, Lamb R, et al. 2016. Human influence on climate in the 2014 southern England winter floods and their impacts. Nat Clim Change, 6: 627-634.

Schneider T, Held I M. 2001. Discriminants of twentieth-century changes in earth surface temperatures. J Climate, 14: 249-254.

Schwartz S E. 1996. The whitehouse effect: Shortwave radiative forcing of climate by anthropogenic aerosols: An overview, Journal of Aerosol Science,27(3): 359–382, doi:10.1016/0021-8502(95)00533-1.

Seinfeld J H , Bretherton C , Carslaw K S , et al. 2016. Improving our fundamental understanding of the role of aerosol-cloud interactions in the climate system. Proceedings of the National Academy of Sciences, 113(21): 5781-5790.

Solomon S, Rosenlof K H, Portmann R W, et al. 2010. Contributions of stratospheric water vapor to decadal changes in the rate of global warming. Science, 327: 1219-1223.

Song L, Sun Y, Dong S, et al. 2015. Role of anthropogenic forcing in 2014 hot spring in Northern China. Bull Amer Meteor Soc, 96(12): S111-S115.

Sparrow S, Su Q, Tian F, et al. 2018. Attributing human influence on the July 2017 Chinese heatwave: The influence of sea-surface temperatures. Environmental Research Letters, 13(11): 114004.

Stocker T, Field C, Dahe Q, et al. 2010. Good practice guidance paper on detection and attribution related to anthropogenic climate change//Meeting Report of the Intergovernmental Panel on Climate Change Expert Meeting on Detection and Attribution of Anthropogenic Climate Change . Switzerland: University of Bern.

Stott P A, Christidis N, Otto FEL. 2016. Attribution of extreme weather and climate-related events. Wiley Interdisc Rev: Climate Change, 7: 23-41.

Stott P A, Stone D A, Allen M R. 2004. Human contribution to the European heatwave of 2003. Nature, 432: 610-614.

Sun Q, Miao C. 2018. Extreme rainfall (R20mm, RX5day) in Yangtze–Huai, China, in June–July 2016: The role of ENSO and anthropogenic climate change. Bull Amer Meteor Soc, 99(1): S102-S106.

Sun J, Zhou T C, Liu M, et al. 2018a. Linkages of the dynamics of glaciers and lakes with the climate elements over the Tibetan Plateau. Earth Science Reviews, 185: 308-324.

Sun Y, Dong S, Zhang X, et al. 2018b. Anthropogenic influence on the heaviest June precipitation in southeastern China since 1961. Bull Amer Meteor Soc, 99(12): S1-S5.

Sun Y, Hu T, Zhang X, et al. 2018c. Anthropogenic influence on the Eastern China 2016 super cold surge. Bull Amer Meteor Soc, 99(1): S123-S127.

Sun Y, Song L, Yin H, et al. 2016a. Human influence on the 2015 extreme high temperature events in Western China. Bull Amer Meteor Soc, 97(12): S102-S106.

Sun Y, Zhang X, Ren G, et al. 2016b. Contribution of urbanization to warming in China. Nat Clim Change, 6: 706-709.

Sun Y, Zhang X, Zwiers F W, et al. 2014. Rapid increase in the risk of extreme summer heat in Eastern China. Nat Clim Change, 4: 1082-1085.

Thompson D W J, Wallace J M, Jones P D, et al. 2009. Identifying signatures of natural climate variability in time series of global-mean surface temperature: Methodology and insights. J Climate, 22: 6120-6141.

Tian F, Dong B, Robson J, et al. 2018. Forced decadal changes in the East Asian summer monsoon: The roles of greenhouse gases and anthropogenic aerosols. Clim Dynam, 51(6): 3699-3715.

Trenberth K Y, Fasullo J T, Shepherd T G. 2015. Attribution of climate extreme events. Nat Clim Change, 5: 725-730.

Tubiello F N, Salvatore M, Ferrara A F, et al. 2015. The contribution of agriculture, forestry and other land use activities to global warming, 1990–2012: Not as high as in the past. Global Change Biology, 21(7): 2655-2660.

van Oldenborgh G J , Van Urk A, Allen M R. 2012. The absence of a role of climate change in the 2011 Thailand floods. Bull Amer Meteor Soc, 93: 1047-1049.

Wan H, Zhang X B, Zwiers F W, et al. 2013. Effect of data coverage on the estimation of mean and variability of precipitation at global and regional scales. J Geophys Res-Atmos, 118: 534-546.

Wang G J, Guo T T, Lu J, et al. 2018a. On the long-term changes of drought over China (1948-2012) from different methods of potential evapotranspiration estimations. Int J Climatol, 38: 2954-2966.

Wang J, Feng J, Yan Z. 2015a. Potential sensitivity of warm season precipitation to urbanization extents: Modeling study in Beijing-Tianjin-Hebei urban agglomeration in China. J Geophys Res-Atmos, 120: 9408-9425.

Wang J, Tett S F B, Yan Z W, et al. 2018b. Have human activities changed the frequencies of absolute extreme temperatures in eastern China. Environmental Research Letters, 13: 014012.

Wang L, Yuan X, Xie Z, et al. 2016a. Increasing flash droughts over China during the recent global warming hiatus. Scientific Reports, 6: 30571.

Wang S, Yuan X, Li Y. 2017. Does a strong El Niño imply a higher predictability of extreme drought. Scientific Reports, 7: 40741.

Wang T, Wang H J, Otterå O H, et al. 2013. Anthropogenic agent implicated as a prime driver of shift in precipitation in eastern China in the late 1970s, Atmos Chem Phys, 13: 12433-12450.

Wang T J, Zhuang B L, Li S, et al. 2015b. The interactions between anthropogenic aerosols and the East Asian summer monsoon using RegCCMS. J Geophys Res-Atmos, 120(11): 5602-5621.

Wang Y, Ma P L, Jiang J H, et al. 2016b. Toward reconciling the influence of atmospheric aerosols and greenhouse gases on light precipitation changes in Eastern China. J Geophys Res-Atmos, 121: 5878-5887.

Wang Y, Sun Y, Hu T, et al. 2018c. Attribution of temperature changes in Western China. Int J Climatol, 38: 742-750.

Wang Y J, Chen L T, Song Z Y, et al. 2019. Human-perceived temperature changes over South China: Long-term trends and urbanization effects. Atmospheric Research, 215: 116-127.

Wen H Q, Zhang X, Xu Y, et al. 2013. Detecting human influence on extreme temperatures in China. Geophys Res

Lett, 40: 1171-1176.

Wu Q, Hou Y, Yun H, et al. 2015. Changes in active-layer thickness and near-surface permafrost between 2002 and 2012 in alpine ecosystems, Qinghai-Xizang (Tibet) Plateau, China. Global and Planetary Change, 124: 149-155.

Xiao M Z, Zhang Q, Singh V P. 2017a. Spatiotemporal variations of extreme precipitation regimes during 1961-2010 and possible teleconnections with climate indices across China. Int J Climatol, 37(1): 468-479.

Xiao Z N, Li D L, Zhou L M, et al. 2017b. Interdisciplinary studies of solar activity and climate change. Atmos Ocean Sci Lett, 104: 325-328.

Xu Y, Gao X, Shi Y, et al. 2015. Detection and attribution analysis of annual mean temperature changes in China. Clim Res, 63: 61-71.

Yang Q, Ma Z G, Fan X G, et al. 2017. Decadal modulation of precipitation patterns over Eastern China by sea surface temperature anomalies. J Climate, 30: 7017-7033.

Yang X, Li Z, Liu L, et al. 2016. Distinct impact of aerosol type on the weekly cycles of thunderstorms in China. Geophys Res Lett, 43: 8760-8768.

Yin H, Sun Y, Wan H, et al. 2016. Detection of anthropogenic influence on the intensity of extreme temperatures in China. Int J Climatol, 37: 1229-1237.

Yin H, Sun Y. 2018. Detection of anthropogenic influence on fixed threshold indices of extreme temperature. J Climate, 31: 6341-6352.

Yiou P, Vautard R, Naveau P, et al. 2007. Inconsistency between atmospheric dynamics and temperatures during the exceptional 2006/2007 fall/winter and recent warming in Europe. Geophys Res Lett, 34: L21808.

Yu P, Murphy D M, Portmann R W, et al. 2016. Radiative forcing from anthropogenic sulfur and organic emissions reaching the stratosphere. Geophys Res Lett, 43: 9361-9367.

Zhai P M, Zhou B Q, Chen Y. 2018. A review of climate change attribution studies. J Meteor Res, 32(5): 671-692.

Zhang Q, Li J, Singh V P, et al. 2013a. Copula-based spatio-temporal patterns of precipitation extremes in China. Int J Climatol, 33(5): 1140-1152.

Zhang Q, Sun P, Singh V P, et al. 2012. Spatial- temporal precipitation changes (1956- 2000) and their implications for agriculture in China. Global and Planetary Change, 82/83: 86-95.

Zhang R H. 2015. Changes in East Asian summer monsoon and summer rainfall over eastern China during recent decades. Sci Bull, 60: 1222-1224.

Zhang X, Wan H, Zwiers F W, et al. 2013b. Attributing intensification of precipitation extremes to human influence. Geophys Res Lett, 40: 5252-5257.

Zhang Y, Kang S C, Cong Z Y, et al. 2017. Light-absorbing impurities enhance glacier albedo reduction in the southeastern Tibetan plateau. J Geophys Res-Atmos, 122(13): 6915-6933.

Zhao L, Wang J. 2014. Robust response of the east Asian monsoon rain band to solar variability. J Climate, 21: 3043-3051.

Zhao L, Wang J, Liu H, et al. 2017. Amplification of the solar signal in the summer monsoon rain band in China by synergistic actions of different dynamical responses. J Meteor Res, 31: 61-72.

Zhao T B , Li C X , Zuo Z Y. 2016. Contributions of anthropogenic and external natural forcings to climate changes over China based on CMIP5 model simulations. Sci China: Earth Sci, 59(3): 503-517.

Zhou C, Wang K, Qi D, et al. 2019. Attribution of a record-breaking heatwave event in summer 2017 over the Yangtze River Delta. Bull Amer Meteor Soc, 100(1): 97-103.

Zhou T, Song F, Ha K, et al. 2017. Decadal change of East Asian summer monsoon: Contributions of internal variability and external forcing//Chang C P, Kuo H C, Lau N C, et al. The Global Monsoon System: Research and Forecast, 3rd edn. London:World Scientific.

第4章　中国气候变化的年代际预测和未来预估

首席作者：江志红　吴统文　俞永强

主要作者：周波涛　游庆龙　吴波　林岩銮　王淑瑜　邹立维　林鹏飞

辛晓歌　张洁　华莉娟　陈威霖　李伟

摘　要

本章主要概述近年来用地球或气候系统模式开展中国气候变化的年代际预测和未来预估的一些重要科学发现。简要介绍了中国科学家最近几年在地球和气候系统模式研发和应用方面的重要进展及中国各研究机构和大学参与国际耦合模式比较计划第六阶段（CMIP6）的基本情况；总结了近年来基于气候系统模式对中国近期（10~30 年）气候变化预测、未来气候预估以及预估不确定性的研究进展。

研究发现基于同化观测数据的 21 世纪初全球增暖减缓现象的预测技巧、年代际预测试验的能力要显著优于未初始化的历史气候模拟试验。中国未来气候变化整体上存在变暖变湿趋势，区域平均气候变化幅度大于全球平均，在 RCP2.6/4.5/8.5 三种温室气体排放情景下，到 21 世纪前期、中期和末期，中国年平均气温将分别上升约 1.02℃/1.04℃/1.23℃、1.45℃/2.07℃/2.84℃和 1.39℃/2.59℃/5.14℃，升温显著区域主要在青藏高原和中国东北地区；中国年平均降水在三种排放情景下 3 个时期将分别增加约 3%/2%/2%、5%/6%/7%和5%/9%/13%，平均降水变化的空间结构表现为北方相对变湿，而南方相对变干，青藏高原区域变湿更为明显；中国区域极端气候对全球增温的响应强于平均气候，极端最低温度增幅大于极端最高温度，降水更趋于极端化。在 RCP2.6/4.5/8.5 三种排放情景下，21 世纪前期、中期、末期中国区域平均极端最高温度依次升高 1.0~1.2℃、1.7~2.8℃、1.7~5.3℃，其中华东和新疆西部盆地增幅最大，平均极端最低温度依次升高 1.1~2.1℃、2.4~3.5℃、2.5~6.5℃，其中东北、西北北部和西南南部升高幅度最大，平均高温热浪发生天数也将依次增加 4~6 天、7~15 天和 7~31 天。中国平均极端降水在 2016~2035 年将从目前的 50 年一遇变为 20 年一遇，到 21 世纪末在 RCP2.6、RCP4.5 和 RCP8.5 三种情景下将依次变为17 年一遇、13 年一遇和 7 年一遇；极端干旱事件在 2016~2035 年从目前的 50 年一遇变为 32 年一遇，到 21 世纪末依次变为 38 年一遇、36 年一遇和 29 年一遇，且干旱事件在中国的北方地区将减少，在南方将增加。由于不同模式气候敏感度的差异以及较粗的分辨率，区域气候变化的未来预估还有相当大的不确定性；其中，云辐射反馈、海洋环流对气候变化的响应与反馈、气候-碳循环反馈等过程对预估不确定性有重要影响。

4.1　气候模式发展及其模拟能力评估

4.1.1　地球气候系统模式发展

气候系统模式或地球系统模式是建立在超级计算机系统上，综合考虑地球系统不同圈层（大气圈、水圈、冰冻圈、岩石圈、生物圈）的性状及其相互关系的一个大型软件系统（王斌等，2008；王会军等，2014），是理解和预估全球气候变化不可或缺和最主要的工具。历经 60 余年的发展，地球系统模式已发展成为能够综合考虑地球系统物理、化学、生物和人文过程及其相互作用的一个大型软件。

我国在气候系统模式或地球系统模式发展方面有较为悠久的历史。中国科学院大气物理研究所自 20 世纪 80 年代起，从大气环流和海洋环流模式开始逐步建立起地球系统模式（曾庆存等，2008）；国家气候中心在 2000 年前后开始发展北京气候中心气候系统模式（BCC-CSM 和 BCC-ESM）；清华大学 2009 年起与中国科学院大气物理研究所开展合作研究，改进气候模式 FGOALS-g2 性能，共同完成了 CMIP5 试验。近 10 年来，北京师范大学、自然资源部第一海洋所、清华大学、南京信息工程大学、中国气象科学研究院等单位陆续发展自己的地球系统模式，并分别在陆面过程模式、波致混合方案、分量模式之间的优化协调、自主物理方案开发等方面具有各自的特色和优势。

我国有 4 个单位共 6 个模式参与 CMIP5 和 IPCC 第五次评估报告，为全球气候变化研究提供了大量的数值模拟试验数据。在 CMIP6 耦合模式比较计划中，中国预计将有 10 个左右的模式参与（表 4.1，周天军等，2020）。下面简要介绍这些模式的情况。

国家气候中心有三个不同分辨率版本的气候模式 BCC-CSM2-MR、BCC-CSM2-HR 和 BCC-ESM1 参与了 CMIP6（Wu et al.，2019，2020，2021；辛晓歌等，2019）。其中，BCC-CSM2-MR 和 BCC-CSM2-HR 分别为中、高分辨率气候系统模式，BCC-ESM1 为低分辨率地球系统模式。与参与 CMIP5 的前一版本大气分量模式 BCC-AGCM2 相比，新版本的 BCC-AGCM3 模式在深对流、云量诊断、气溶胶间接效应、重力波参数化及边界层方案等方面均有较大发展与改进（Wu et al.，2019）。国家气候中心在陆面分量模式发展方面也做了大量工作，如在对土壤水参数化、积雪反照率及积雪覆盖率参数化、四流辐射传输方案、植物物候、水稻田参数化及陆面 VOC 模块等方面的改进（Li et al.，2019；Wu et al.，2021）。对 20 世纪历史气候的模拟表明，BCC-CSM2-MR 对全球及东亚区域对流层温度、QBO、MJO、降水日变化、地表气温等不同时间尺度气候变率的模拟能力均显著高于参与 CMIP5 的中等分辨率模式 BCC-CSM1.1m（Wu et al.，2019）。BCC-ESM1 是国家气候中心最新发展的第一版本全耦合地球系统模式—气候-化学-碳循环模式，其大气分量 BCC-AGCM3-Chem 在 BCC-AGCM3 的基础上考虑了大气化学反应以及气溶胶过程，其陆面分量在 BCC-AVIM2.0 的基础上考虑了陆地碳循环过程，其海洋及海冰模块与 BCC-CSM2-MR 和 BCC-CSM2-HR 相同。BCC-ESM1 对硫酸盐、黑碳、有机碳、海盐、沙尘等气溶胶具有较好的模拟能力（Wu et al.，2020）。

中国科学院将有四个版本的模式参与 CMIP6，分别为 CAS-FGOALS-g3（Li et al.，2020a）、CAS-FGOALS-f3-L（Guo et al.，2020b）、CAS-FOALS-f3-H 以及 CAS-ESM，前两个为低分辨率的气候系统模式，模式的水平分辨率在 100km 左右；CAS-FGOALS-f3-H 是一个高分辨率的气候系统模式，大气模式为 25km、海洋模式为 10km，将参与 CMIP6 的高分辨率模式

表 4.1　中国参与 CMIP6 的耦合模式

单位	模式名称	分量模式名称	模式分辨率		参考文献
			大气模式	海洋模式	
国家气候中心	BCC-CSM2-MR	大气：BCC-AGCM3-MR 陆面：BCC-AVIM2.0 海洋：MOM4-L40v2 海冰：SISv2	T106（近 110km），垂直 46 层，模式层顶：1.459hPa	$\left(\frac{1}{3}\right)^\circ$ in 30°S~30°N，$\left(\frac{1}{3}\right)^\circ$~1°in 30°~60°N/S，1°in 60°~90°N/S；垂直 40 层	Wu et al.，2019
	BCC-CSM2-HR	大气：BCC-AGCM3-HR 陆面：BCC-AVIM2.0 海洋：MOM4-L40v2 海冰：SISv2	T266（近 45km）垂直 56 层，模式层顶：0.092hPa	$\left(\frac{1}{3}\right)^\circ$ in 30°S~30°N，$\left(\frac{1}{3}\right)^\circ$~1°in 30°~60°N/S，1°in 60°~90°N/S 垂直 40 层	Wu et al.，2021
	BCC-ESM1	大气：BCC-AGCM3-Chem 陆面：BCC-AVIM2.0 海洋：MOM4-L40v2 海冰：SISv2	T42（近 280km），垂直 26 层，模式层顶：2.197hPa	$\left(\frac{1}{3}\right)^\circ$ in 30°S~30°N，$\left(\frac{1}{3}\right)^\circ$~1°in 30°~60°N/S，1° in 60°~90°N/S，垂直 40 层	Wu et al.，2020
自然资源部第一海洋研究所	FIO-ESM v2.0	大气：CAM5 陆面：CLM4.0 海洋：POP2 海冰：CICE4.0 海浪：MASNUM	0.9°×1.25°，垂直 30 层，模式顶层：2.25hPa	1.1°×0.27°~0.54°，垂直 61 层第 1 层为 SST 日变化参数化方案诊断的 0 m 海温层，第 2~61 层为海洋模式垂向分层，包含海洋各要素，其中海洋上 1000 m 分为 40 层	Bao et al.，2020 宋振亚等，2019
清华大学	CIESM v1.1	大气：改进的 CAM5 陆面：改进的 CLM4.0 海洋：改进的 POP2 海冰：CICE4.1 耦合器：C-Coupler 2	ne30（近 100 km）	1°三极网格用于 CMIP6 模拟和全球 0.5°的共形映射网格，垂直 60 层	林岩銮等，2019 Lin et al.，2020
中国科学院大气物理研究所	CAS-ESM	大气：IAP AGCM4 陆面：CoLM 海洋：LICOM2 海冰：CICE4.0	1°×1°	1°×1°垂直 30 层	待投
	CAS-FGOALS-f3-L	大气：FAMIL3 陆面：CLM4.0 海洋：LICOM3 海冰：CICE4.0	100km/垂直 32 层	三极网格：100km垂直 30 层	Guo et al.，2020b
	CAS-FGOALS-f3-H	大气：FAMIL3 陆面：CLM4.0 海洋：LICOM3 海冰：CICE4.0	25km/垂直 32 层	三极网格：10km垂直 55 层	待投
	CAS-FGOALS-g3	大气：GAMIL3 陆面：CLM4.0 海洋：LICOM3 海冰：CICE4.0	2°×2°	三极网格：100km垂直 30 层	Li et al.，2020a
南京信息工程大学	NUIST-ESM3	大气：ECHAM v6.3 陆面：JABACH 海洋：NEMO v3.4 海冰：CICE v4.1	T63（近 180km），垂直 47 层，模式层顶：0.01hPa	1°×1°热带加密，垂直 46 层	Cao et al.，2018
"中央研究院"环境变迁研究中心	TaiESM	大气：CAM5.3 陆面：CLM4.0 海洋：POP2 海冰：CICE4.0	0.9°纬度×1.25°经度，垂直 30 层，模式层顶：约 2 hPa	1°×1°垂直 60 层	Lee et al.，2020

比较计划 HiresMIP。CAS-ESM 则是一个可以模拟完整碳循环过程的地球系统模式，水平分辨率也在 100km 左右。上述所有耦合模式中的大气和海洋分量模式均为中国科学家自主研制。气候系统模式 CAS-FGOALS 三个版本的海洋分量模式均为 LICOM3，海冰分量模式为 CICE4.0，大气分量则分别为 GAMIL3 或 FAMIL3，陆面分量是在 CLM4.0 基础上引进了陆面的侧向流、人类取用水、土壤冻融界面动态变化（Gao et al.，2019；Xie et al.，2018；Zeng et al.，2018）。相较其 CMIP5 版本，新版本模式在气候平均态和气候变率等方面均有不同程度的改进。目前 CAS-FGOALS-f3-L 和 CAS-FGOALS-f3-H 两个版本的耦合模式均已完成 CMIP6 数值试验，并将数值模拟结果在 CMIP6 网站上公开；其他两个版本的耦合模式正在进行相关试验，预计 2020 年秋天可以完成全部数值试验并公开结果。

地球系统模式 FIO-ESM 是自然资源部第一海洋研究所发展的以耦合海浪模式为特色的地球系统模式。与参与 CMIP5 的 FIO-ESM v1.0（Qiao et al.，2013）相比，除各分量模式的升级优化外，在包含浪致混合过程基础上，引入了斯托克斯漂流对海气通量的作用、海浪飞沫对海气热通量的作用以及 SST 日变化参数化方案 3 个特色物理过程改进海气通量过程（宋振亚等，2019；宋振亚，2020）。FIO-ESM v2.0 各分量模式的水平分辨率都提升到 100km 左右，大气模式垂向由 26 层增加到 30 层，海洋模式垂向由 40 层增加到 61 层，耦合频率也都有所提高，特别是由于引入日变化过程，海洋模式的耦合频率由 1 次/d 提高为 8 次/d。在全球碳循环过程方面，FIO-ESM v2.0 中的大气碳循环模型仍为大气 CO_2 三维输运模型，陆地碳循环模型由静态植被模型 CASA 升级为 CN 模型（carbon-nitrogen），海洋碳循环模型升级为海洋生态系统动力学与海洋生物地球化学耦合的 NPZD 模型（Nutrient Phytoplankton Zooplankton Detritus）。从 20 世纪历史气候的模拟结果来看，FIO-ESM v2.0 的模拟性能相对于 FIO-ESM v1.0 有了较大改进，特别是在热带地区，SST 空间分布、ENSO 等的模拟偏差都大幅度降低（Bao et al.，2020）。此外，由于包含海浪模式分量，FIO-ESM v2.0 还可以直接提供有效波高、波向、波周期等海浪参数。

清华大学联合地球系统模式 1.1 版本（Community Integrated Earth System Model，v1.1）以美国国家大气研究中心（NCAR）的公共地球系统模式（CESM）1.2.1 版本（Hurrell et al.，2013）为基础，针对当前气候模式普遍存在的系统偏差，进行了一系列有针对性的开发工作（林岩銮等，2019；Lin et al.，2020）。该模式包含多个自主开发或改进的物理方案，如改进的深对流参数化方案（Song and Zhang，2011，Wang et al.，2016）、单冰云微物理方案（Zhao et al.，2017）、统计云宏物理方案（Qin et al.，2018；Qin and Lin，2018）、四流短波辐射计算方案（Zhang and Li，2013）、次网格地形拖曳（Liang et al.，2017）、海气通量方案（Xu，2018）、海洋潮汐混合方案、自主耦合器（C-Coupler 2，Liu et al.，2018），一个新的海洋网格（Xu et al.，2015b）、高可扩展海洋正压求解器（被 NCAR CESM2 模式采用，Huang et al.，2016）、新的土壤数据集和热力粗糙度长度参数化方案（Yang et al.，2002）等。此外，所有参加 CMIP6 的模拟均在无锡"太湖之光"超级计算机上完成。这些模式发展和改进提高了海洋低云和热带降水以及 ENSO 的模拟效果（林岩銮等，2019；Lin et al.，2020）。

中国气象科学研究院气候系统模式（CAMS-CSM）的大气分量以德国马克斯普朗克气象研究所的大气模式 ECHAM5 为基础，模式的水汽平流方案采用 Yu（1994）发展的跳点格式两步保形平流方案（Zhang et al.，2013），辐射方案采用 Zhang 等（2006a）的相关 k 分布的辐射传输方案 BCC_RAD（Zhang et al.，2003，2006a，2006b）。大气模式水平分辨率为 T106，垂直 31 层，模式顶高度 10 hPa。海洋分量为美国 GFDL 的海洋环流模式 MOM4，海冰分量采用 SIS，水平分辨率为 1°×1°，赤道地区经向分辨率为 1/3°，垂直 50 层。陆面分量采用了 Dai 等（2003）的 CoLM 陆面模式。模式通过 GFDL 的 FMS 耦合器耦合，针对大气模式垂直隐式方案的特点发展了通量计算和插值方案，可保证海-冰-气界面通量的严格守恒。评估结果显示 CAMS-CSM 对全球气候平均态、季节变化以及主要的气候变化模态均有较为优良的模拟能力（Rong et al., 2019）。

南京信息工程大学地球系统模式（Nanjing university of information science and technology Earth System Model；NESM v3）的大气分量是德国马克斯普朗克气象研究所的 ECHAM v6.3（Stevens et al., 2013），对原有模式边界层、浅对流、云物理等过程做了一些参数调整（Yang et al., 2018）。陆面模式采用包含有动态植被过程的 JABACH（Raddatz et al., 2007）模式，海洋分量模式是 NEMO v3.4，海冰分量模式是 CICE v4.1。大气分量模式分辨率约为 2.8°，垂直方向 47 层，海洋分量模式水平分辨率为 1°×1°，经向在热带地区加密到 1/3°，垂直层数为 46 层。

中国台湾"中央研究院"的地球系统模式 TaiESM 是 CESM 1.2.2 的改进版（Lee et al., 2020），其大气模式为 CAM5.3，包括 100 km 和 200 km 两种水平分辨率，垂直 30 层；海洋模式为 POP2，水平分辨率为 1.0°，垂直 70 层；陆面模式为 CLM4.0、海冰模式为 CICE4.0，较之 CESM1.2.2 版本，TaiESM 的陆面、海洋和海冰分量都保持不变，主要对大气模式的深对流参数化方案、云宏观物理过程、气溶胶模块和地形对太阳辐射的影响等进行了改进（Lee et al., 2020）。

4.1.2　模拟试验设计

国际耦合模式比较计划（CMIP），其基础和雏形为大气模式比较计划（AMIP）（1989~1994 年），由世界气候研究计划（WCRP）耦合模拟工作组（WGCM）于 1995 年发起和组织，其最初目的是对当时数量有限的全球耦合气候模式的性能进行比较。但此后，全球海气耦合模式进入了快速发展阶段，全球各大气候模拟中心相继发布大量的大气和海洋模拟数据，科学界迫切需要有专门的组织来对这些模拟结果进行系统的分析。为适应这一需求，CMIP 逐渐发展成为以"推动模式发展和增进对地球气候系统的科学理解"为目标的庞大计划。为了实现其宏伟目标，CMIP 在设计气候模式试验标准、制定共享数据格式、制定向全球科学界共享气候模拟数据的机制等方面开展了卓有成效的工作。迄今为止，WGCM 先后成功地组织了 5 次模式比较计划（CMIP1、CMIP2、CMIP3、CMIP5 和 CMIP6），这些模拟结果和研究结论被国际学术界广泛引用，特别是被 IPCC 系列报告多次引用（Randall et al., 2007；Flato et al., 2013）。

目前 CMIP 正在进入第六阶段 CMIP6，组织 CMIP6 的科学背景是 WCRP 的"大挑战"计划。WCRP 实施大挑战计划的目的是寄希望于通过国际合作来打破当前阻碍气候科学进步的关键壁垒，从而为决策者提供"可操作的信息"（actionable information）。为此，WCRP 通过研讨凝练出七大迫切需要解决的，并有望在未来 5~10 年取得显著进步的科学问题，包括冰冻圈消融及其全球影响，云、环流和气候敏感度，气候系统的碳反馈，极端天气和气候事件，粮食生产用水，区域海平面升高及其海岸带影响，面向未来几年到 20 年的近期气候预测（周天军等，2019a）。与之前的 CMIP5 不同（Taylor et al., 2012），CMIP6 为了更好地回答与气候变化相关的重大科学问题，重新设计了耦合模式比较计划的整体结构（图 4.1），其中包括气候特征诊断评估试验（diagnostic, evaluation and characterization of Klima experiments, DECK）、历史气候变化试验及其多个模式比较子计划（MIPs）（Eyring et al., 2016）。其中 DECK 试验和历史气候变化试验是每一个模式组必须完成的核心模拟试验，只有完成了这两个试验的模式，才会被认定参与了 CMIP6。

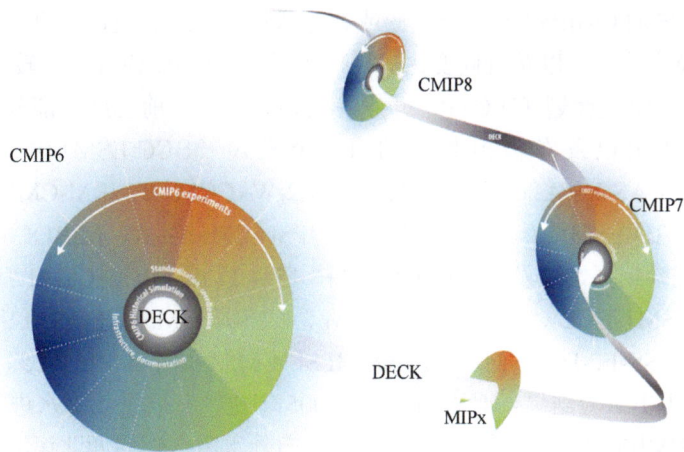

图 4.1　CMIP 模式比较计划的结构示意图（据 Eyring et al.，2016）

DECK 试验包括单独大气模式的 AMIP 试验，耦合模式工业革命前的对照试验以及 CO_2 浓度逐年增加 1% 和突然增加到 4 倍的敏感性试验，而历史气候变化试验则是利用耦合模式在过去 165 年所有的自然强迫（太阳辐射和火山）和人类活动（温室气体、臭氧、气溶胶和土地利用）辐射强迫因子作用下进行的过去气候变化模拟，这些试验的具体细节参见表 4.2。

表 4.2　DECK 试验和历史气候变化试验介绍（辛晓歌提供）

试验名称	试验描述	辐射强迫	起始年份	结束年份	最少积分长度（年）
CMIP6 DECK 试验					
大气模式比较试验（AMIP）	观测海温和海冰强迫大气模式	所有辐射强迫，给定观测的 CO_2 浓度	1979	2014	36
工业革命前对照试验（piControl）	耦合模式的所有强迫维持在工业革命前常数	所有辐射强迫，给定观测的 CO_2 浓度或者排放量	无	无	500
CO_2 浓度突然 4 倍试验（abrupt-4XCO$_2$）	CO_2 浓度为工业革命前浓度 4 倍并保持不变	仅给定 CO_2 浓度，其他同工业革命前对照试验	无	无	150
CO_2 浓度 1% 逐渐加倍试验（1ptCO$_2$）	CO_2 浓度从工业革命前浓度逐年增加 1%	仅给定 CO_2 浓度，其他同工业革命前对照试验	无	无	150
CMIP6 历史气候变化试验					
历史气候变化试验（historical）	工业革命以来的历史气候变化模拟	给定观测的浓度或者排放量	1850	2014	165

除上述中 DECK 和历史气候变化试验之外，CMIP6 还批准了 21 个针对关键科学问题的比较子计划（MIPs），其中 4 个 MIPs 是诊断比较计划，不需要进行额外的数值试验；而另外 17 个 MIPs 则需要完成 190 个数值试验，总计的模拟长度大约是 4 万模式年。需要说明的是，这些 MIPs 不是强制性的，所有模式组可以根据实际情况自愿选择参加。关于这些 MIPs 的详细介绍可以参考 GMD（Geophysical Model Development）杂志的专辑（Eyring et al.，2016；周天军等，2019a）。有关 CMIP6 的总体设计、MIPs 概况，以及有关强迫场资料和数据共享技术标准可以参见 CMIP 工作组在 GMD 期刊上组织了 CMIP6 专辑。

4.1.3　气候模式对气候变化的模拟能力评估

气候或者地球系统模式是模拟气候变化的重要工具，于 2014 年出版的《IPCC 第五次评估报告》引用了参加 CMIP5 的 46 个气候或者地球系统模式的模拟结果。由于模式的发展和改善，CMIP5 模式对气候以及气候变化的模拟相对于 CMIP3 模式有了较大的改进。自 2016 年以来，世界气候研究计划（WCRP）开始组织 CMIP6，目前已经有部分模式提交了部分试验结果。这里选用已发布模拟数据的 15 个模式（BCC-ESM1.0、BCC-CSM2-MR、CAMS-CSM1.0、CAS-ESM2.0、CESM2、CESM2-WACCM、CNRM-CM6-1、FGOALS-g3、FGOALS-f3-L、FIO-ESM-2-0、GISS-E2-1-H、IPSL-CM6A-LR、MIROC6 和 MRI-ESM2、NESM3）历史试验结果，以及相应的 CMIP5 中 15 个模式（BCC-CSM1.1、BCC-CSM1.1m、BNU-ESM、CESM1-BGC、CESM1-WACCM、CNRM-CM5、FGOALS-g2、FIO-ESM、GFDL-CSM3、GISS-E2-H、HadGEM-AO、IPSL-CM5A-MR、MIROC5、MPI-ESM-LR 和 MRI-ESM1）的历史试验结果，对中国 1961~2005 年夏季气候平均降水进行对比。

CMIP5 和 CMIP6 多模式集合都能模拟出中国降水由东南向西北逐渐递减的特征，但都高估了华北、青藏高原、四川盆地的降水量，低估了长江流域中下游的降水量（图 4.2）。CMIP6

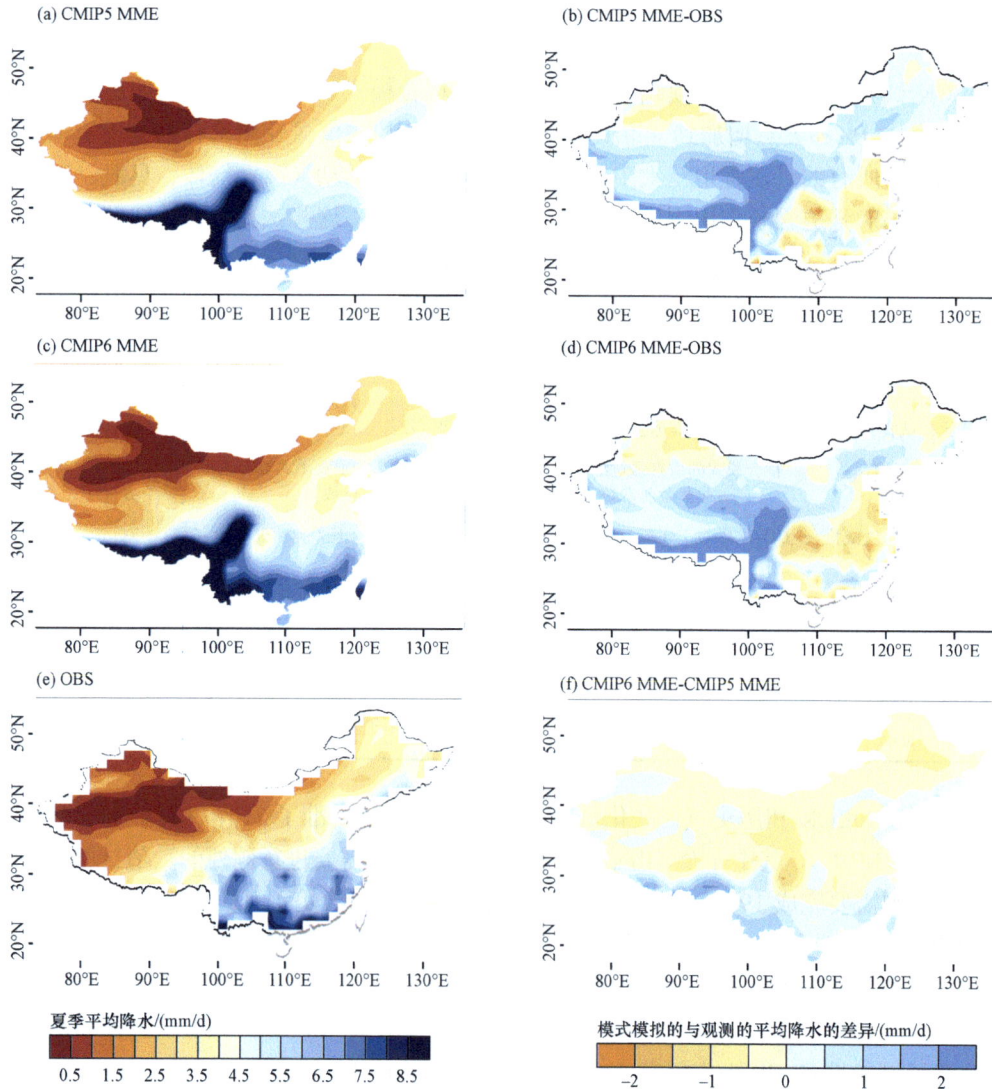

图 4.2　CMIP5 和 CMIP6 中 15 个模式集合平均对中国 1961~2005 年夏季气候平均降水的模拟及其与观测的差异（据 Xin et al.，2020）

多模式集合在青藏高原、四川盆地和华北的降水模拟偏差比 CMIP5 多模式集合有所减少，但对长江中下游降水偏少的现象并没有改善。CMIP6 多模式集合平均模拟的全国平均夏季降水比观测多 0.62mm/d，而 CMIP5 多模式集合平均则比观测偏多 0.71 mm/d。在中国东部地区（105°E 以东），CMIP6 和 CMIP5 多模式模拟的夏季降水标准差与观测的比值分别为 0.86 和 0.77，与观测降水的空间相关系数分别为 0.90 和 0.89。因此，CMIP6 多模式模拟的中国东部夏季降水比 CMIP5 模式有了一定提高。

东亚夏季风是影响中国夏季气候最重要的气候系统之一，是衡量模式模拟能力的一个重要标准。CMIP5 和 CMIP6 多模式集合对东亚夏季风气候平均态的模拟有一定能力（图 4.3）。例如，来自孟加拉湾的西风气流、南海的西南风气流以及副热带高压西侧的西南气流，但在

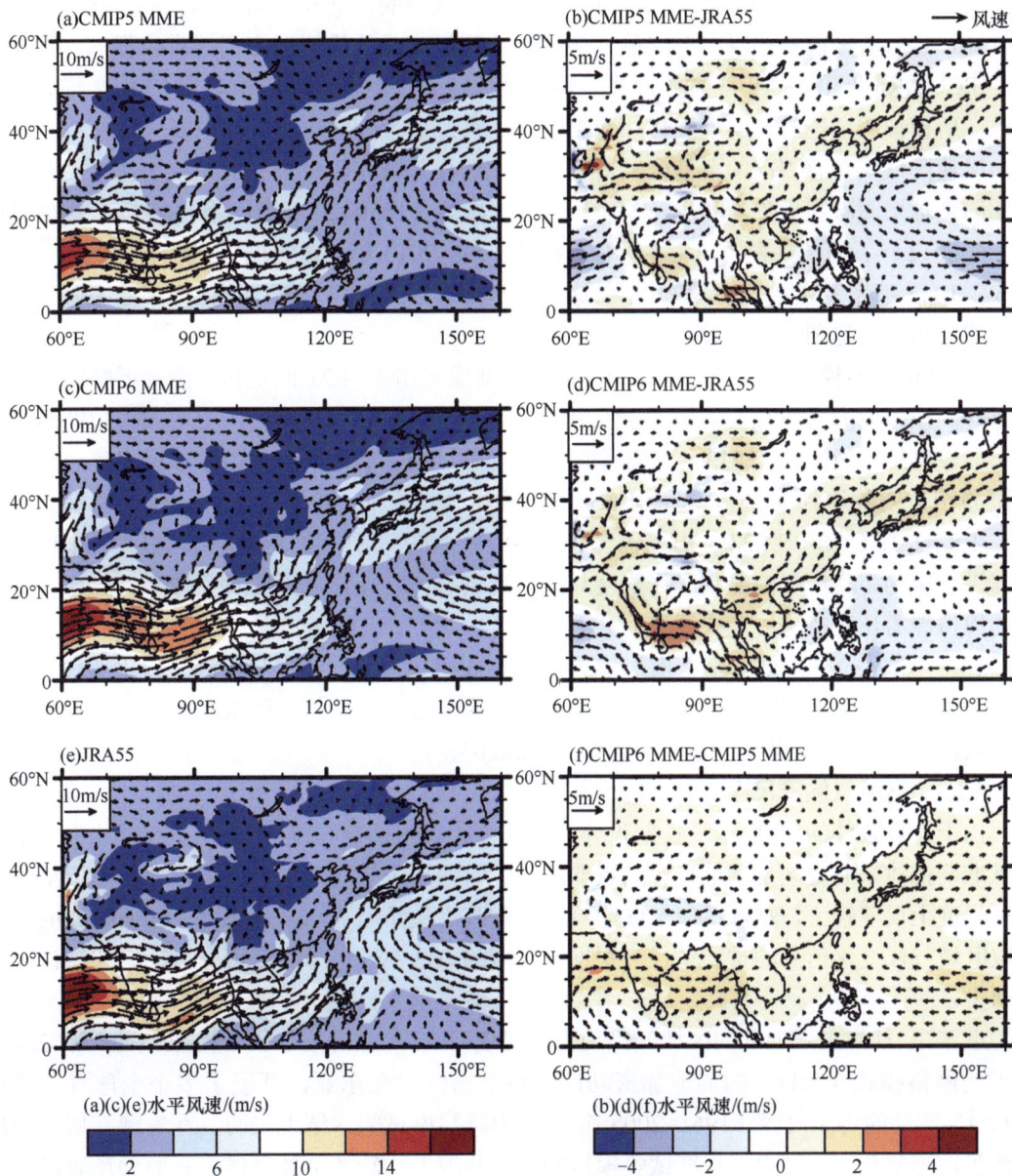

图 4.3　CMIP5 和 CMIP6 中 8 个模式集合平均对 1961~2005 年气候平均 850hPa 风场（矢量）及风速（阴影）
模拟，以及其与 JRA55 再分析资料的差异（据 Xin et al.，2020）

强度上略有不同（图 4.3）。CMIP6 多模式集合模拟的孟加拉湾西风气流偏强，而 CMIP5 多模式集合则偏弱，二者都低估了南海的西南气流。CMIP6 多模式集合模拟的中国西南地区风速略偏强。相对而言，CMIP6 多模式集合改进较大的是副热带高压，其位置和强度都比 CMIP5 多模式集合更加接近观测。

Xin 等（2020）对 CMIP6 和 CMIP5 多模式模拟的东亚季风技巧进行了对比，CMIP6 多模式集合平均模拟技巧评分为 0.94，明显高于 CMIP5 多模式集合平均技巧评分（0.89），其提高与西北太平洋地区 SST 的模拟偏差减小有关。多数 CMIP6 模式的评分技巧比 CMIP5 相应版本有了提高。其中，国家气候中心 CMIP6 模式 BCC-CSM2-MR 模式的技巧评分为 0.89，相对于 CMIP5 模式版本 BCC-CSM1.1m（0.49）有了显著提高。该研究还指出，CMIP6 模式中仅有个别模式能够模拟东亚季风在近几十年显著减弱的特征和中国降水"南涝北旱"的变化特征，意味着当前模式对东亚季风和中国降水气候变化的模拟能力仍然有待提高。

IPCC AR5 指出，CMIP5 气候模式模拟的全球地表温度变化趋势相对于 CMIP3 模式有了改进，所模拟的全球平均温度变化，包括在 20 世纪后半叶的迅速升高以及大规模火山爆发后的迅速降低，具有很高的可信度。对温度变化的模拟具有较大挑战的是能否再现 21 世纪初期的全球增暖减缓现象，利用 CMIP5 的历史试验（1850~2005 年）和 RCP4.5 预估试验（2006~2012 年）的结果表明，几乎所有模拟的 1998~2012 年全球温度变化趋势（集合平均为 0.26℃/10a）都高于观测（0.04℃/10a）。这可能是由于模式模拟的气候内部变率的不确定性以及模式中辐射强迫和响应的偏差。

与 CMIP5 多模式集合平均相比，CMIP6 最新模式结果对 21 世纪初的全球增暖减缓现象有更好的模拟能力（图 4.4）。Wu 等（2019）指出，BCC-CSM2-MR 历史气候模拟的两个样本都能较好地再现 1998~2013 年全球增暖减缓现象。1861~2005 年 CMIP6 多模式集合平均与观测的相关系数达到 0.88，与 CMIP5 多模式集合结果（0.89）接近。地球系统模式（如 BCC-ESM1.0、CAS-ESM2.0）由于包含气候系统中的碳循环等地球化学循环过程，采用排放数据进行驱动，其模拟的温室气体浓度与观测数据有一定差异，因此对全球平均温度历史演变的模拟能力还有待进一步提高。

近百年来，全球陆地降水呈增加趋势，CMIP6 模式模拟的结果与观测差异仍然较大，原因之一是降水的变化局地性较强、受内部变率的影响较大，此外，降水观测资料本身不确定性较大，特别是在 20 世纪早期（周天军等，2020）。

4.1.4 区域气候降尺度

由于计算条件的限制，用于长期积分的全球模式分辨率一般较粗（多在 100 至几百千米），难以准确描述东亚地区复杂地形、陆表非均匀性、海岸带等局地强迫特征，使得模拟结果在区域尺度上误差较大，难以适应气候影响评估和政府决策的需求。降尺度（downscaling）是获取区域气候变化信息的重要途径。根据降尺度的方法不同，降尺度可分为动力和统计降尺度两类。

近年来，针对东亚地区的区域气候动力降尺度研究，多数开展了集合模拟。Yang 等（2016）利用变网格模式 LMDZ 的局地加密功能，将加密区设在东亚，开展了多个全球气候模式（GCM）驱动的历史气候（1961~2005 年）动力降尺度试验。结果表明，在青藏高原、四川盆地等地形复杂区，动力降尺度试验模拟的降水和温度均较之全球气候模式驱动场表现出明显的增值（Chen et al., 2011a; Yang et al., 2016; 高谦等，2017）。基于多个全球模式（GCM）驱动单个区域模式（RCM）、单个全球模式驱动多个区域模式的预估结果比较均显示，在中

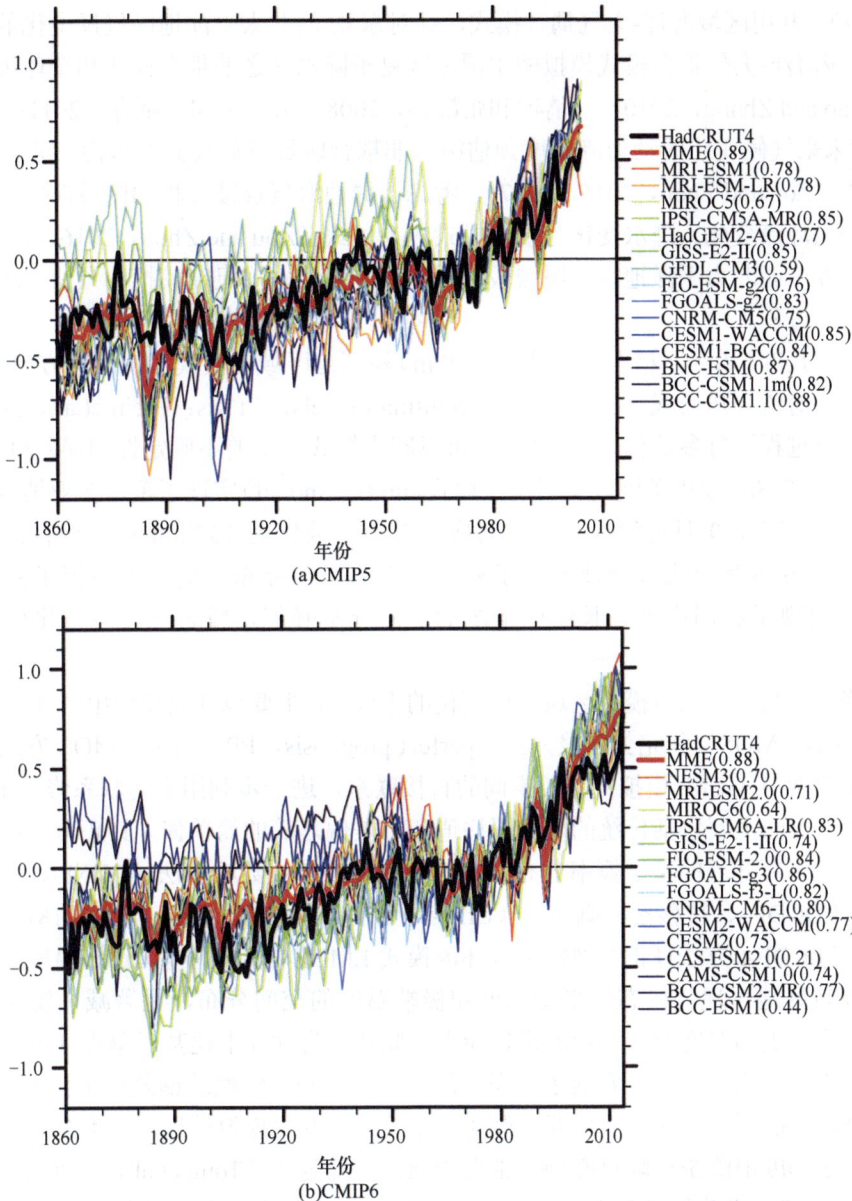

图 4.4 CMIP5（a）和 CMIP6（b）模式模拟的全球平均温度异常（相对于 1961~1990 年平均），括号内数字为模式与观测的相关系数（辛晓歌提供）

国西北部地区，不同 GCM-RCM 组合预估的降水均增加；而在中国东部季风区，不同组合的预估结果则存在较大差别（Gao et al.，2012；Niu et al.，2015；张冬峰和高学杰，2020；韩振宇等，2020）。针对 CORDEX（Jones et al.，2011）东亚区域的 25km 集合模拟表明，RCP4.5 中等温室气体排放情景下，21 世纪末中国地区炎热天气的人口暴露度大幅增大，凉、冷和寒冷天气的暴露度则减少（Gao et al.，2018）；RCP8.5 排放情景下，2031~2055 年中国地区的热浪发生将更为频繁、持续时间更长且强度更强（Wang et al.，2019）。

区域地球系统模式是区域气候模式的发展方向之一（Wang et al.，2015c）。针对东亚地区的区域气候模拟，已经从单纯的大气模式逐渐拓展到区域海洋-大气耦合模式、区域气候模式与气溶胶/化学模块、动态植被模块、海浪模块、水文模块等的耦合（Wang et al.，2015c；Zou et al., 2017）。利用区域海洋-大气耦合模式，针对东亚-西北太平洋地区气候变化的动力降尺度显示，区域海洋-大气耦合模式模拟的中国地区夏季降水较之非耦合模式和全球模式更为接近观测（Yao and Zhang，2010；王倩怡和张耀存，2008；房永杰和张耀存，2011；Zou et al.，2016）。对未来气候变化的动力降尺度预估中，非耦合区域气候模式对近海海表面温度升高的响应过强（Zou and Zhou，2016，2017），考虑了局地海气反馈过程的区域海气耦合模式预估的东亚季风环流变化、降水变化与全球模式较为一致（Zou and Zhou，2016，2017）。这意味着针对东亚—西北太平洋地区（覆盖较多海洋区）的动力降尺度模拟和预估应当考虑局地海气相互作用过程。

对流分辨尺度（水平网格距等于或小于 4km）模拟是区域气候模拟的前沿方向（Gutowski et al.，2016）。对流分辨模式（convection-permitting models，CPMs；Prein et al.，2015）不再需要对深对流过程进行参数化，因此被认为可以减小模式模拟的不确定性和误差（Prein et al.，2015）。Li 等（2018b）使用英国气象局统一模式（unified model）实现了覆盖东亚地区的 4.4km 分辨率的 2009 年 4~9 月连续模拟，并与应用对流参数化的 13.2km 模式进行比较。其结果表明，对流分辨率模式合理地刻画了夏季降水的空间分布，更好地模拟了降水频率和强度，合理再现了我国南部和长江中下游的午后降水峰值，较之对流参数化模式有明显的增值。

统计降尺度是一种高效模拟区域气候变化的手段，其主要包括模型输出统计方法（model output statistics，MOS）和完美预报方法（perfect prognosis，PP）两类。MOS 方法指建立区域观测气象要素与 GCM 模拟气象要素间的直接联系，进一步利用上述联系修正未来 GCM 的输出结果。方法主要包括传统的基于平均值和方差偏差等的简单偏差订正方法；以及近年来国内外众多学者开展的基于概率分布函数偏差订正的分位数映射法（QDM）、累计概率分布函数法（EDCDF）、转移累积概率法（CDF-t）等方法，例如，Guo 等（2018，2020a）利用 EDCDF 与 CDF-t 方法订正变网格大气环流模式 LMDZ4 模拟的中国逐日温度，结果表明两方法均能较好地再现气候态日平均温度和极端温度的空间分布，显著减小模式模拟的偏差，提高模式对极端温度空间结构的模拟能力。此外，为弥补上述基于单点订正会丢失要素场空间依赖性的缺陷，进一步发展了考虑气候变量场空间一致性的偏差订正技术。QDM 方法能够在降尺度的同时，保留气象要素概率分布的未来变化模拟结果，而不对其进行人为干扰，可以一定程度消除统计降尺度额外带来的预估不确定性（Tong et al.，2020）。

PP 方法指建立当前气候预报量与大尺度环流变量间的联系，进一步用于未来气候变化预估。例如，建立环流平均场与气象要素平均场间线性关系的典型相关分析（CCA）、多元线性回归（MLR）等方法；但上述方法主要基于平均预报量与平均环流场的关系，对极端气候的预估能力不高，近期发展了一些基于预报量概率分布与环流场、天气型高阶矩间非线性关系的方法，如非齐次隐马尔可夫模型（NHMM）和自组织映射神经网络（SOM）等。Wu 等（2016a）、丁梅等（2016）、Guo 等（2019）、Li 等（2020c）利用 CCA、NHMM、SOM 对多个全球模式模拟的中国江淮流域日降水进行统计降尺度，发现降尺度后的模拟效果得到显著改善，特别是 NHMM、SOM 方法能够显著提高气候模式对日降水量气候特征的模拟能力，降尺度后，对各个降水指数气候态空间场的模拟偏差百分率普遍低于 10%，空间相关系数高于 0.8，对极端降水指数模拟能力的改善尤为显著。动力和统计降尺度的联合应用，可以在消耗相对较少计算资源的情况下，获得更高分辨率的区域气候变化信息（Han et al.，2019；Guo et al.，2020a）。

4.2　近期气候变化预测方法和技巧评估

4.2.1　耦合模式初始化方法介绍

耦合同化是目前年代际预测试验中初始化采用的主流方法，即将同化方法在耦合框架下应用于耦合模式的单个或多个分量并长期循环同化。常见的耦合同化方法包括向观测恢复的松弛逼近（nudging）、基于 nudging 的增量分析更新（IAU）、三维变分（3DVar）、四维变分（4DVar）、集合同化和混合同化方法。其中在 CMIP5 年代际预测试验中，国内气候系统模式主要使用的方法是松弛逼近（Xin et al.，2013）、基于 nudging 的增量分析更新方法（Wu et al.，2015；Wu and Zhou，2012）。在目前正在开展的 CMIP6 试验中和一些业务气候预测系统中，采用的主要方法则是三维变分、四维变分、集合同化和混合同化方法，因此以下着重介绍这四种方法。

三维变分：三维变分的数学表达式如下：

$$x_a = x_b + (B^{-1} + H^T R^{-1} H)^{-1} H^T R^{-1} (y_{obs} - Hx_b) \qquad (4.1)$$

式中，x_a 为模式变量；x_b 为模式背景场；B 为模式背景误差协方差矩阵；y_{obs} 为观测；H 为观测算子；R 为观测误差协方差矩阵。该方法的优点是在三维空间进行全局分析，所有观测资料能同时使用。其缺点包括没有时间维度，只能同化一个时刻的观测资料；背景误差协方差矩阵不随时间变化。Wang 等（2013）对上述三维变分进行了简化，假设背景误差协方差矩阵 B 和观测误差协方差矩阵 R 都为对角元素都相同的对角矩阵，即 $B = \alpha_b^2 I$，$R = \alpha_o^2 I$；将分析资料线性插值到模式格点上，即 $y_{obs} = x_{obs}$，观测算子 H 为单位矩阵 I。因此，同化方案可以简化为

$$x_a = x_b + \alpha(x_{obs} - x_b) \qquad (4.2)$$

式中，$\alpha = \alpha_b^2 / (\alpha_b^2 + \alpha_o^2)$。该方法不同于前述的 nudging 方法，它是改变模式的初值而未改变原方程，而传统的 nudging 方法是在预报方程中额外增加了一项强迫项。

四维变分：4DVar 是在 3DVar 基础上进一步包括了时间维度，考虑了观测资料在时间窗口内的分布。其优点是增加了时间维，可以同化一个时间窗口内所有时次多种类型的观测资料；分析时刻之后的观测可对分析时刻的结果产生影响；可以同化累积量或平均量，如累积降水；在单次同化产生分析初值的过程中考虑了模式约束，分析初值与模式协调性好；B 矩阵为流依赖。其缺点是需要开发和求解伴随模式，非常困难，且计算量很大。目前在耦合模式中应用较少，例如 Mochizuki 等（2012）在日本 CFES 模式中采用简化的耦合模式求解伴随模式，并同化了大气和海洋原始观测数据。

集合同化：集合同化方法采用集合估计背景误差协方差矩阵 B，集合包括动态和静态两种。动态集合中的每个成员都随模式积分变化，背景误差协方差矩阵是显式流依赖的，如集合卡尔曼滤波（EnKF）（Houtekamer and Mitchell，1998）和集合调整卡尔曼滤波（EAKF）（Anderson，2001）等。静态集合中的每个成员都不随时间变化，计算代价大大降低，如 EnOI（Oke et al.，2010）。Zhang 等（2007）采用集合同化方法在美国 CM2.1 模式中同化了海温和盐度，Ham 等（2014）在美国 GEOS-5 模式中采用了类似的方法。Wu 等（2018）也在基于 FGOALS-s2 模式的年代际预测试验中采用 EnOI 和 IAU 结合的方法，其中分析增量由 EnOI 方法得到。

混合同化：混合同化方法是目前同化领域发展的前沿和趋势，是集合和变分相结合的同化方法。Hamill 和 Snyder（2000）将 3DVar 和 EnKF 相结合，B 矩阵由静态的 3DVar 的 B 矩阵 B_{3DVar} 和流依赖的 B 矩阵 B_{EnKF} 进行线性组合得到。目前在耦合同化方法中极少有混合同化方法。考虑到计算代价和同化效果，混合同化方法中以历史集合样本的统计关系替代 4DVar 伴随模式的方法更加具有优势，如 DRP-4DVar，该方法最近已应用于 FGOALS-g2 模式新的初始化系统中（He et al., 2017）。

除了同化方法，对所同化观测资料的处理策略也是影响初始化结果的重要因子。常见的同化策略包括全场同化和异常场同化（Smith et al., 2013），分别指同化原始观测场和同化观测距平场。全场同化得到的初始场气候态与实际观测的气候态更接近，使得初始时刻模式系统性误差较小，但在积分过程中模式会向自身的气候态漂移，即"模式偏移"。异常场同化得到的初始条件系统性误差较大。但在积分的过程中，模式漂移较小。这两种策略均广泛用于年代际预测试验的初始化过程（Kirtman et al., 2013），但对预报技巧的影响尚不清楚。

由于海洋巨大的热惯性和稳定层结，气候系统年代际及以上的变率信号多储存在海洋里，因此针对年代际预测的模式初始化的核心是同化海洋观测资料（Meehl et al., 2009）。其他气候系统分量，包括大气、陆面和冰雪圈，以及它们之间的相互作用（包括与海洋）也能够调制气候系统的年代际及长期变率（Kushnir et al., 2019）。因此，对海洋之外其他圈层数据的同化在逐渐被引入年代际预测初始化之中（Bellucci et al., 2015）。

4.2.2　年代际预测技巧评估

近期（年代际）气候预测关注未来 1~10 年气候演变，填补了季节预测和百年尺度气候预估之间的空白（Meehl et al., 2009）。近期气候预测的主要可预报性来源包括：人类活动和自然产生的外强迫的影响，大气、海洋、陆面和冰雪圈等相互作用产生的气候系统内部变率，内部变率与外强迫导致变率间的相互作用（Kushnir et al., 2019）。因此，基于气候系统模式的年代际预测试验既要考虑外强迫的影响，也要通过同化观测数据对模式进行初始化（Meehl et al., 2009）。年代际预测试验受到国际科学界的高度关注，在 CMIP5 中被列为核心试验之一（Taylor et al., 2012），并将在 CMIP6 的年代际预测子计划（DCPP）中继续实施（Boer et al., 2013）。

在 CMIP5 框架下，IPCC 第五次评估报告指出年代际预测试验能够明显提高全球平均温度、大西洋多年代际振荡（AMV）的预测技巧，但对年代际太平洋振荡（IPO）的预测能力较低。对 21 世纪初的全球增暖减缓现象的预测技巧、年代际预测试验的能力要显著优于未初始化的历史气候模拟试验（Guemas et al., 2013）。年代际预测试验能够显著提升 AMV 预测技巧的原因在于初始化过程引入了合理的大西洋经圈翻转环流的初始状态，使得模式能够更为真实地预测大西洋经向热输送的年代际变化（Robson et al., 2014）。年代际预测试验对于大西洋极地海洋锋区、副热带东大西洋等 AMV 关键海区的 SST 有很高的预报技巧，而历史气候模拟试验则技巧较低（García-Serrano et al., 2015）。

除了北大西洋，通过初始化能够明显提升年代际预测技巧的区域还包括印度洋和西太平洋（图 4.3）（Doblas-Reyes et al., 2013；Meehl et al., 2014）。印度洋年代际预测技巧主要来自辐射外强迫的贡献（即温室气体和火山气溶胶的强迫作用），海洋内部变率对该区域 SST 年代际变化的贡献较少（Guemas et al., 2013；Dong and Zhou, 2014）。Choi 等（2016）的研究表明年代际预测系统对西北太平洋季风环流在 1~2 年的时间尺度上具有一定预测技巧。由于西太平洋海温与东亚气温的影响，年代际预测试验对中国中东部地表气温在 2~5 年尺度有显著的预测技巧（Xin et al.，2018）。基于北大西洋飓风活动和局地 SST 的密切联系，利用年代际预测试验的 SST 预报结果对飓风活动进行预测，得到的预报技巧相对于统计预测或非初始化预估具有更高的技巧（Caron et al.，2013）。北太平洋是年代际预测技巧较低的区域，英国气象局哈得来中心 DePreSys 年代际预测系统在去掉趋势之后对北太平洋 SST 年代际变率 PDO 的显著预测年限为 1~2 年（Lienert and Doblas-Reyes，2013）。

　　年代际预测试验对于全球大部分区域降水的预测技巧较低，存在显著预测技巧的是非洲的萨赫勒地区（图 4.5），该区域的夏季降水预测技巧来源于北大西洋海温的预报技巧（Gaetani and Mohino，2013）。对基于欧洲 ENSEMBLES 计划的多个耦合模式年代际回报试验的结果分析也表明，对非洲季风区的回报技巧在全球季风区中是最高的（Zhang et al.，2017）。

　　年代际预测系统的研发工作尚处于起步阶段，显著的预报技巧主要集中在未来 1~5 年，且主要集中在个别区域，从全球到区域、从温度到降水和大气环流，预测技巧都亟待提升（周天军和吴波，2017）。中国科学院大气物理研究所也在积极研发改进其年代际预测系统。FGOALS-g2 模式基于 DRP-4DVar 初始化方案，减小了初始化导致的预测积分时的模式冲击，因此显著提高了对全球平均表面气温的预测技巧（He et al.，2017）。FGOALS-s2 基于 EnOI-IAU 初始化方案的年代际预测试验，在北太平洋年代际振荡关键区预测技巧有显著提升（Wu et al.，2017，2018）。国家气候中心的模式参与了 CMIP5 年代际预测试验，显示其对北大西洋海温的预测技巧较低；通过引入 EnOI 初始化方案，新版本显著提高了对该区域海温以及 AMV 的年代际预测技巧（Wei et al.，2017）。

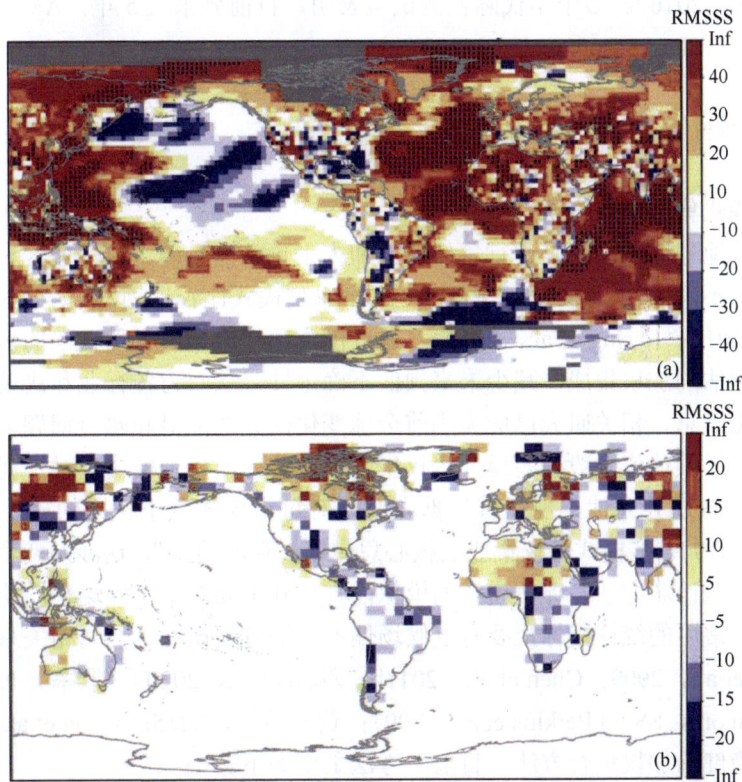

图 4.5　CMIP5 多模式集合对表面温度（a）和降水（b）在 2~5 年时间尺度上的回报技巧

技巧评估的指标为均方根技巧评分（RMSSS），分数越高，技巧越高；打点区域表示通过 5% 的显著性检验

（据 Doblas-Reyes et al.，2013）

鉴于年代际气候预测在农业、运输、能源和水资源等领域的重要应用价值，WCRP 组织了大挑战计划：近期气候预测着力推动年代际预测的业务化，为各方面用户提供有价值的信息（Kushnir et al.，2019）。在过去几年，由英国气象局哈得来中心发起，全球多个气候模拟和预测中心参与的，基于年代际气候预测系统，在线提前 1 年发布未来几年、基于多模式集合的气候预测结果。世界气象组织（WMO）目前正计划将其纳入业务框架，正式官方发布未来 1~5 年平均的气候预测结果。

除了 CMIP 中的气候预测比较计划，世界气象组织（WMO）也发起了年际-年代际气候预测试验（www.wmolc-adcp.org），其中多模式集合年代际预测试验预报的 2018~2022 年全球平均表面气温（GMST）的增暖幅度为 0.51~1.09℃（5%~95%置信区间，相对于 1971~2000 年平均）（个人通信，预报结果未正式发布）。但是该结果存在如下不确定性。①气候系统主导的年代际变率模态之一的 IPO 是调制 GMST 增暖趋势强度的主要因子之一（Kosaka and Xie，2013）。但是，令人遗憾的是，目前年代际预测试验对赤道中东太平洋 SST 的预测技巧极低，远不及全球其他海区（Kushnir et al.，2019）。②对自然外强迫的响应是调制气候系统年代际及以上变率的重要因子之一（Meehl et al.，2009），主要指气候系统对太阳 11 年准周期循环和火山喷发的响应，其中后者目前认为是偶然发生且不可预测的（Timmreck et al.，2016）。

AMV 包含两个活动中心（Gastineau and Frankignoul，2015），其中位于副极地北大西洋环流的中心是年代际预测相对于历史气候模拟试验回报技巧提升最显著的区域之一（Marotzke et al.，2016）。多个年代际预测试验表明，目前到未来 5 年，AMV 将继续由正位相向负位相转变（Hermanson et al.，2014）。

4.3　中国气候变化的预估

4.3.1　多模式集成预估方法

全球气候或地球系统模式是进行气候模拟和未来预估的重要工具。但区域尺度的未来气候预估存在众多不确定性，为此，WCRP 设立了一系列模式比较计划，例如，CMIP5 和 CMIP6（Taylor et al.，2012；Eyring et al.，2016），通过模式评估，采用各种稳健的多模式集成方法进行未来气候预估的加权集成，减少未来预估不确定性，从而为各行业和决策者提供更可靠的区域气候变化信息，相关研究已成为当前全球变化研究的前沿和热点问题。

以往未来气候预估值一般为多模式等权集合平均值，但由于模式相对于观测值的不同表现以及模式之间缺乏独立性，现在有证据表明，对每个模式赋予相同的权重并不是最优的（Eyring et al.，2019）。多模式加权集成的核心思想是"观测约束"，这涉及两个问题，一是利用观测资料和一些诊断方法，评估模式的模拟能力。其主要考察气候场平均状态、趋势、变率的模拟能力，常用的统计指标主要有气候场偏差、均方根误差、空间相关系数、变率指标（IVS）（Santer et al.，2009；Chen et al.，2011b；Zhao et al.，2020）、概率分布一致性指标技巧评分（Skill Score，SS）（Perkins et al.，2007；黄海玲等，2015；Wang et al.，2015a）等。

二是构建稳健的加权集合方法。目前的方法主要如下。

秩加权方案：Chen 等（2011b）提出了一种依据模式性能的集合方案——秩加权。其主要原理是通过气候场偏差和年际变率两个标准来衡量模式对中国区域温度、降水的模拟能力。从而根据模式性能对模式进行排序，秩越小权重越大，再通过标准化使得所有模式权重和为 1，最终得到每个模式的权重。通过该加权方案，模拟性能较好的模式能够得到较多权重，从而提高模式集合的模拟能力，该方法也被 Li 等（2016）应用于基于 CMIP5 模式的极端降水预估中。

可靠性集合平均方案：Giorgi 和 Mearns（2002）提出可靠性加权平均方法（reliability ensemble averaging，REA），根据模式对当前气候的模拟能力和未来预测结果的收敛性，对不同的模式赋予不等的权重。模式的偏差越小，其预测结果越接近集合值，则该模式的权重越大。但 REA 方法的第二个标准（收敛性）人为地减少了模式间的离差，使得该方法遭受一些质疑（Räisänen et al.，2010）。鉴于此，Xu 等（2010）对 REA 方法进行了改进，摒弃了模式的收敛性标准，其权重方案更为合理。

贝叶斯方案：在当前值确定的条件下随机变量的预测概率（后验概率）属于贝叶斯统计问题，其基本原理是模式模拟随机变量的后验概率与该变量的先验概率（已知概率）及模式对该变量模拟能力的条件概率有关。其多模式集合结果可通过各模式后验概率的加权平均给出，即贝叶斯模型平均方法（Bayesian Model Averaing，BMA）。目前贝叶斯模型平均方法主要应用于天气、气候尺度的集合预报中，研究发现用贝叶斯模型平均法产生的预报误差小于单个模式及多模式集合平均的预报误差（Yang and Wang，2012），田向军等（2011）和李芳（2012）等研究发现，贝叶斯模型平均法对东亚陆面过程中的土壤湿度、降水、温度等要素有很强的模拟能力。郯俊岭等（2016）利用该方法对中国气温进行了 CMIP5 多模式集合研究，给出了中国未来气温变化预估及其不确定性的时空分布。

考虑模式独立性的多模式集成方案：由于参与 CMIP 的机构和模式众多，不少机构（模式）采用共同或类似的物理框架，甚至同一机构有多个模式进入 CMIP，其差别更小。因此，在进行权重时，有必要考虑模式的独立性，或者将相似的模式赋予较低的权重。据此，Knutti 等（2017）提出了一种综合考虑模式表现和独立性的加权方案：

$$W_i = e^{-\frac{D_i^2}{\sigma_D^2}} \bigg/ \left(1 + \sum_{\substack{j \neq i}}^{M} e^{-\frac{S_{ij}^2}{\sigma_S^2}} \right) \qquad (4.3)$$

式中，W_i 为第 i 个模式的权重；D_i 和 S_{ij} 分别表示该模式与观测和第 j 个模式的距离，参数 σ_D 和 σ_S 决定了模式性能和相似度被转化为权重的强度，它们的值可以通过交叉验证来确定。上式中分子通过使用高斯加权来表示模型性能，权重随着模式与观测的相似度降低而呈指数型减小趋势；分母是模式的有效重复度，主要考虑模式的独立性，如果模式间相互独立，则 S_{ij} 很大，分母近似于 1，基本不影响权重；若模式 i 与模式 j 完全一致，S_{ij}=0，则每个模式得到一半的权重。相对于以往只考虑模式模拟性能的加权方案，该方案额外考虑模式的独立性，更加合理，有可能提高预估的可靠性。Knutti 等（2017）的研究进一步证实该权重方案的确可以减少未来预估的不确定性。近期 Li 等（2020b）将该方案用于中国地区降水的模拟预估，发现能显著减小西部地区降水模拟偏差。综上，已经有不少基于统计指标的评估和集成方案，但最近的研究发现（Gillett，2015；Eyring et al.，2019），需要发展更稳健的集成方案，也就是需要考虑模式对关键物理过程的模拟能力，如"萌现约束（emergent constraint）"方法，这将是未来多模式集合方案的重要方向。本章将重点对利用 CMIP5 模式等权和加权集成进行我国气候变化预估方面所开展的工作进行重点介绍。

4.3.2　中国平均气候变化的预估

CMIP5 多模式多情景预估试验显示，在全球变暖背景下，中国未来气候变化整体上存在变暖变湿趋势,但在不同区域存在较大的差异,中国区域平均气候变化幅度大于全球平均。在气温方面,与 1986~2005 年相比,在 RCP2.6/4.5/8.5 三种温室气体排放情景下,到 21 世纪前期、中期和末期,中国年平均气温将分别上升约 1.02℃/1.04℃/1.23℃、1.45℃/2.07℃/2.84℃和 1.39℃/2.59℃/5.14℃(图 4.6),升温速率明显高于全球平均水平,冬半年升温速率总体大于夏半年,升温显著区域主要在青藏高原和中国东北地区(周波涛等,2020)。基于贝叶斯模型平均(BMA)的多模式概率预估发现,在 RCP4.5 排放情景下,相对于 1986~2005 年,21 世纪中期北方和南方增温超过 1.5℃的概率分别为 80%和 50%。到 21 世纪末期,北方和南方分别有 80%和 50%的可能性增温超过 2℃(郯俊岭等,2016)。

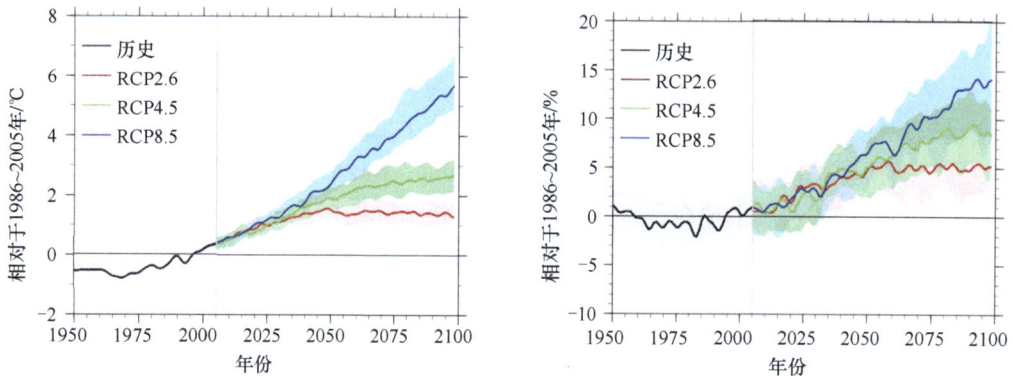

图 4.6　RCP2.6/4.5/8.5 温室气体排放情景下,21 世纪中国区域平均温度变化时间序列图
(相对于 1986~2005 年)(徐影、韩振宇提供)

降水方面,21 世纪中国降水变化均呈显著增加趋势。与 1986~2005 年相比,在三种排放情景下,21 世纪前期、中期和末期中国的年平均降水将分别增加约 3%/2%/2%、5%/6%/7%和 5%/9%/13%,平均降水变化的空间结构表现为北方相对变湿,而南方相对变干,青藏高原区域变湿更为明显。通过多模式优选的秩加权集合预估方法可以显著减小我国东南地区的模拟干偏差,优选多模式概率预估发现,在 RCP4.5 排放情景下,21 世纪中期西部地区年总降水量增加 10%的概率大于 50%,但东部地区较低。21 世纪末期,中国西北和黄淮流域降水都有较大可能性增加 15%(Li et al.,2016)。冬季降水增加比夏季明显,21 世纪末期我国东北北部和青藏高原北部冬季降水很有可能增加 10%,而夏季降水增加超过 10%的区域主要位于我国北方地区。

4.3.3　中国极端气候变化的预估

与气候平均态相比,极端气候事件对全球增温的响应更加敏感,极端气候事件频率和强度的变化对区域环境和经济社会的影响更大。因此预估全球变暖背景下中国区域极端气候的变化,对于减灾防灾、制定适应气候变化相关政策具有重要的科学意义。

众多学者利用 CMIP5 多模式多情景预估试验,对 21 世纪中国极端气候进行了预估,得到了 21 世纪中国未来极端气候的变化特征(Zhou et al.,2014;Xu et al.,2015a;Li et al.,2016;江晓菲等,2018)。在极端温度变化方面(图 4.7),与历史时期(1986~2005 年)相比,在 RCP2.6/4.5/8.5 温室气体排放情景下,21 世纪前期中国区域平均极端最高温度升高 1.0~1.2℃,中期升高 1.7~2.8℃,末期升高 1.7~5.3℃,其中华东和新疆西部盆地增幅最大(图 4.7)。平均极端最低温度在前期升高 1.1~2.1℃、中期分别升高 2.4~3.5℃,末期将升高 2.5~6.5℃,其中东北、西北北部和西南南部升高幅度最大(Xu et al.,2015a)。在三种温室气体排放情景下,

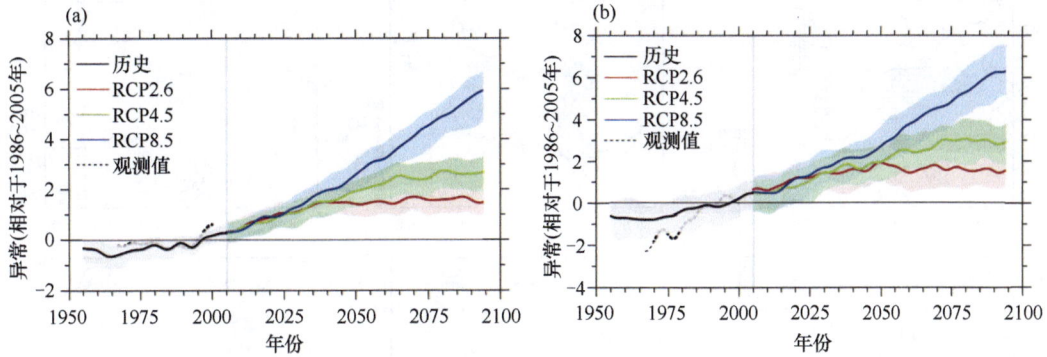

图 4.7　RCP2.6/4.5/8.5 温室气体排放情景下，21 世纪中国区域平均日最高温 [TXx，（a）] 和
日最低温 [TNn，（b）] 变化时间序列图（相对于 1986~2005 年）（据 Xu et al.，2015a）

未来中国区域平均高温热浪发生天数在 21 世纪前期、中期和后期将分别增加 4~6 天、7~15 天和 7~31 天。同时，未来整个中国地区 50 年一遇极端高温事件将增加，极端低温事件将减少，尤其在 RCP8.5 情景下，目前 50 年一遇的极端高温事件在 21 世纪末将变为 1~2 年一遇，极端冷事件将逐渐消失（Xu et al.，2018）。基于秩加权多模式概率预估发现，21 世纪中期，中国区域平均最高温度和最低温度可能（大于 66%）升高 2℃，到末期，平均最高温度和最低温度可能升高 2.5℃ 和 3℃，高温热浪天数则可能增加超过 20 天，大部分区域霜冻日数则减少 20 天，青藏高原周围减少最为明显（江晓菲等，2018）。

　　未来中国极端降水增加的幅度大于平均降水，且变率增强，降水更趋于极端化（Chen and Sun，2013；Wang and Chen，2014，吴佳等，2015；Wu et al.，2016b）。在 RCP8.5 情景下，中国平均极端降水在 2016~2035 年将从目前的 50 年一遇变为 20 年一遇，到 21 世纪末在 RCP2.6、RCP4.5 和 RCP8.5 三种温室气体排放情景下将分别变为 17 年一遇、13 年一遇和 7 年一遇，极端干旱事件在 2016~2035 年从目前的 50 年一遇变为 32 年一遇，到 21 世纪末三种情景下变为 38 年一遇、36 年一遇和 29 年一遇。从空间分布来看，干旱事件在中国北方地区将减少，而在南方将增加（Li et al.，2016；Xu et al.，2015a）；相对于 1986~2005 年，区域平均强降水量在 21 世纪前期/中期均增加约 15mm/20mm~40mm，到末期，在 RCP2.6/4.5/8.5 情景下依次增加约 25mm/45mm/105mm，增加的显著区主要位于西部（Xu et al.，2015a）。基于模式模拟性能的秩加权未来概率预估发现，相对于 1986~2005 年，在 RCP4.5 情景下，21 世纪中期极端降水贡献率在西北地区有较大可能增加 5%。到末期，西北、西南以及黄淮流域都有可能增加 10% 以上 [图 4.8（b）（e）]；21 世纪中期和末期最大连续干日的变化相对一致，西北地区有可能减少 10% [图 4.8（c）（f）]，长江以南则略有增加（Li et al.，2016）。不同季节极端降水变化也存在差异，在 RCP8.5 情景下，相对于 1986~2005 年，21 世纪末期，北方冬季极端降水量（年最大降水量）增加比夏季更显著，冬季为 53%，夏季则为 27%，但是中国南部则相反，表现为夏季增加的幅度大于冬季（Zhou et al.，2014）。

　　综上表明，中国区域极端气候对全球增温的响应强于平均气候，极端最低温度增幅大于极端最高温度，降水更趋于极端化，主要表现为极端暖事件增多，极端冷事件将逐渐消失，极端最低温度升高的幅度大于极端最高温度，极端最低温度升高显著区位于中国北方与高原地区，极端最高温度则在华东和新疆西部盆地增幅明显。未来平均极端降水量、年最大降水

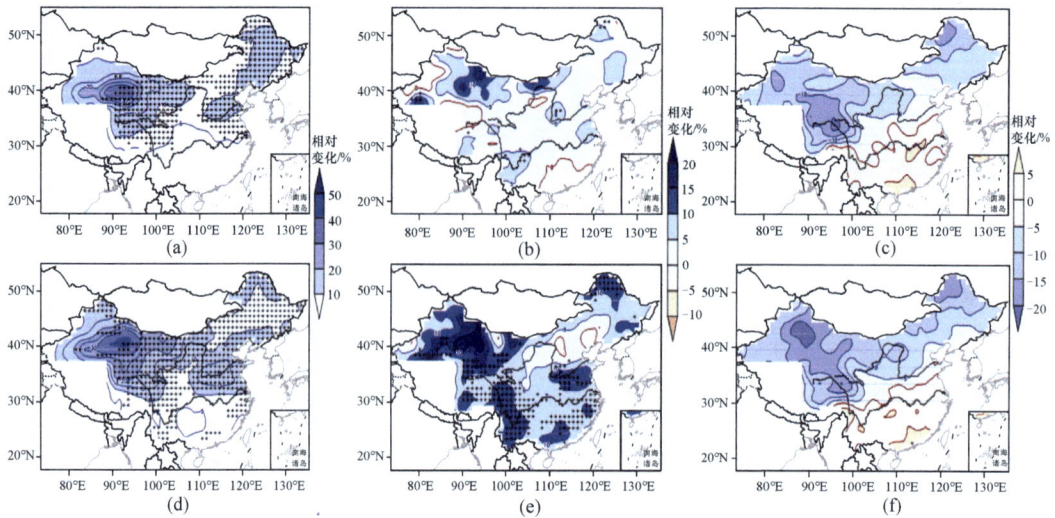

图 4.8　21 世纪中期 [（a）、（b）、（c）] 和末期 [（d）、（e）、（f）] 相比于 1986~2005 年总降水量 [（a）、（d）]、极端降水贡献率 [（b）、（e）] 以及最大连续干日 [（c）、（f）] 变化概率大于 50% 的变化空间分布

十字表示信噪比大于 1.0

（据 Li et al., 2016）

量都将增加，降水更趋向于极端化，干旱事件在中国的北方地区将减少，而在南方将增加，特别是在西北、西南等降水偏少的地区，局地旱涝更加频繁。

极端气候事件是小概率事件，强度大，时空尺度小，区域极端气候变化预估需要更高的时空分辨率，动力和统计降尺度或二者结合的方法已成为区域尺度的极端气候预估的重要手段。对于极端温度，动力和统计降尺度模式与全球模式得到的空间分布较为一致，但降尺度结果能够提供更多区域变化的细节特征。图 4.9 为区域模式 RegCM4 嵌套全球模式 HadGEM 得到的我国 3 个极端温度指数未来预估的结果（Shi et al., 2018b），RegCM4_50km 以及 RegCM4_25km 得到的 21 世纪末期中国区域在 RCP4.5 情境下的平均增幅（相对于 1986~2005 年）分别为 3.3℃ 和 3.0℃，且增温大值区主要位于北方（增幅为 6~7.5℃）。对于极端降水而言，降尺度后的区域细节特征更加明显，RegCM4_50km 以及 RegCM4_25km 得到的 RX5day 的增幅分别为 17% 和 15%，增幅的大值区主要位于西北的西部，增幅超过 50%（图 4.10）。借助于不同的统计降尺度方法能够得到我国各区域极端降水未来预估的精细特征，如基于多种统计降尺度方法（SOM、NHMM、BP-CCA）对江淮流域夏季气候的未来预估表明（丁梅等，2016；Guo et al., 2018；Li et al., 2020c），在 RCP4.5 情景下，与 1986~2005 年相比，21 世纪前期、中期和末期江淮流域都呈现出一致的升温趋势，平均分别升高 1.52℃、2.62℃ 和 3.39℃，中期和末期东部地区增温比西部显著；21 世纪后期，江淮流域日降水量高于 20mm 的日数将显著增加，而日降水量低于 10mm 的日数则明显减少，空间分布则呈现中东部地区夏季降水增加、西部减少的变化特征。

4.3.4　中国气候对全球增温 1.5℃ 和 2℃ 的响应

为加强应对气候变化的威胁，2015 年 12 月《联合国气候变化框架公约》（UNFCCC）一致通过了《巴黎协定》，提出了"将全球平均气温升幅控制在较工业化前 2℃ 之内，并力争限制升幅在 1.5℃ 之内"的努力目标[①]。应 UNFCCC 巴黎联合国气候变化大会邀请，IPCC 于 2018 年

---

①UNFCCC. 2015. Decision 1/CP.21. The Paris Agreement.

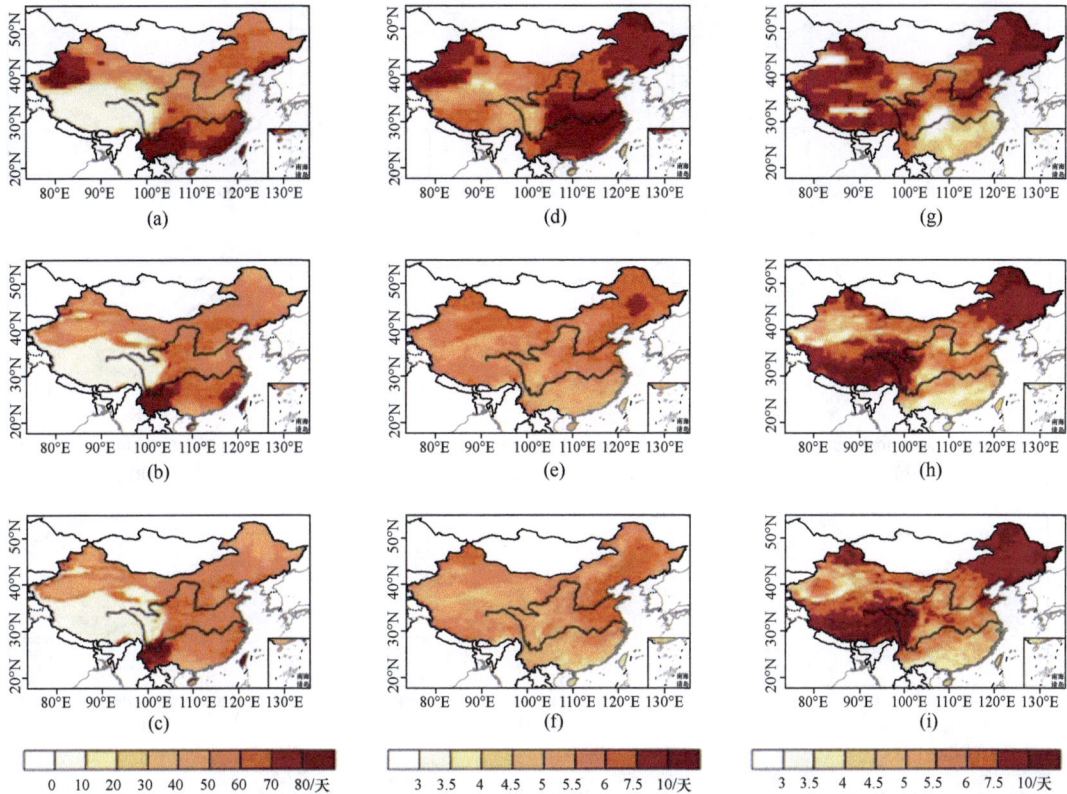

图 4.9　基于 HadGEM［（a）、（b）、（c）］、RegCM4 HdR_50km［（d）、（e）、（f）］和 RegCM4 HdR_25km［（g）、（h）、（i）］模式 RCP8.5 情景下 21 世纪末期（2079~2099 年）相比于 1986~2005 年夏日数 SU［（a）、（b）、（c）］、日最高温度的年最大值［（d）、（e）、（f）］、日最低温度的年最小值［（g）、（h）、（i）］的变化（据 Shi et al.，2018b）

10 月发布了《全球 1.5℃增暖特别报告》，报告指出，按照当前的变暖速率，预计全球平均气温在 2030~2052 年就会比工业化之前水平升高 1.5℃。相较于 2℃增暖而言，将增暖控制在 1.5℃以内能减小气候变化影响的风险，更好地避免一系列生态灾难，如将全球变暖控制在 1.5℃内，全球缺水人口将比升温 2℃减少一半，遭遇极端高温天气的人口将减少约 6400 万；频繁的高温热浪、北极海冰消融、海平面上升以及一些区域的强降水、干旱等极端天气事件的影响将显著减小。但是，不同地区对全球不同程度增暖的响应存在很大差异。

最近，众多学者利用 RCP 情景下的 CMIP5 模式试验研究了全球增温 1.5℃和 2.0℃下，中国地区平均气候和极端气候的响应特征及其区域差异，对比了不同温升阈值下极端气候事件的风险变化，发现中国地区的平均增温幅度高于全球（胡婷等，2017；Xu et al.，2017；Shi et al.，2018c，2020；Chen and Sun，2018；You et al.，2020）。全球平均温度相对于工业化前升高 1.5℃/2.0℃时，中国地区的增温幅度分别高于全球 0.3℃和 0.4℃（胡婷等，2017）。全球增暖 1.5℃/2℃时，相对于 1986~2005 年，中国年平均温度、最低温度、最高温度分别升高 1.0℃/1.7℃、1.1℃/1.8℃、1.0℃/1.6℃，最大增温区主要位于西北和东北，其中青藏高原的增幅最大，最高温度增幅超过 1.25℃/1.75℃；在青藏高原南部和东北地区，最低温度增幅高达 1.5℃/2.0℃以上（图 4.11）；极端高温事件发生风险增大的地区主要位于青藏高原西部、西南和东南沿海，全球增温 1.5℃和 2℃时这些地区 100 年一遇极端高温事件发生的风险增大分别超过

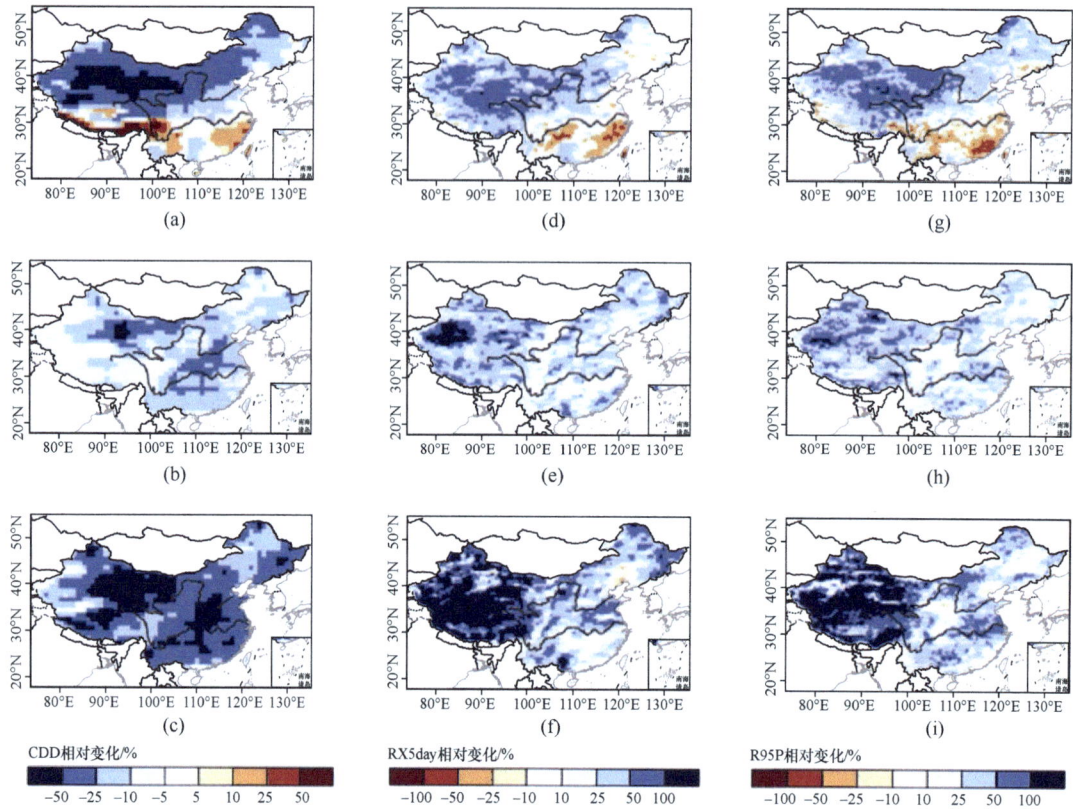

图 4.10 基于 HadGEM［(a)、(b)、(c)］、RegCM4 HdR_50km［(d)、(e)、(f)］和 RegCM4 HdR_25km［(g)、(h)、(i)］模式 RCP8.5 情景 21 世纪末期（2079~2099 年）相比于 1986~2005 年连续干日 CDD［(a)、(b)、(c)］、连续 5 天最大降水量 RX5day［(d)、(e)、(f)］、极端降水量 R95P［(g)、(h)、(i)］的变化（据 Shi et al.，2018b）

8 倍和 20 倍（Shi et al.，2018a）。1986~2005 年强度为 5 年一遇的热浪事件在全球增温 1.5℃时频次将提高为 2 年一遇，全球增温 2℃时所有热浪事件的严重程度都将超过 2013 年我国东部的夏季高温事件（Sun et al.，2018）。若将全球增温幅度从 2℃控制到 1.5℃时，我国华东与华北等地暴露在最强极端低温事件中的耕地面积会有所减少（王安乾等，2017）。不同的降尺度方法预估的极端温度变化较为一致，相较于 2℃温升，降低 0.5℃增温中国地区将减少约 6%的极端暖日和约 11%的极端暖夜（Li et al.，2018a）。

对于降水和极端降水而言，基于 CMIP5 模式发现全球增温 1.5℃和 2℃下中国区域降水变化较全球更加显著（吴佳等，2015；胡婷等，2017）。相对于 1975~2005 年，在全球增温 1.5℃/2.0℃下，中国区域降水增加 2.1%~2.9%/3.2%~5.3%（胡婷等，2017）。极端降水的强度和频率显著增加，与 1986~2005 年相比，无论何种排放情形，在全球增温 1.5℃/2.0℃下中国区域极端降水强度分别增加 7%/11%（图 4.12），1986~2005 年的 20 年一遇、50 年一遇和 100 年一遇则依次变为 15/11、33/22 年和 58/41 一遇（Li et al.，2018c）。相比于全球增温 2℃，将全球增温控制在 1.5℃可使得我国强降水日数（日降水量大于 50mm 天数）增加幅度减少15%（Guo et al.，2016）。由于极端降水的时空变率较大，因此很多研究使用动力和统计降尺度的方法给出区域极端降水的响应特征（Guo et al.，2018，2020a；Li et al.，2020c）。从全球增温 1.5~2℃的 0.5℃额外增温使日降水量高于 10mm 的日数在江淮流域西部减少3.7%，而在中部和东部分别增加 2.4%和 12.1%（Guo et al.，2018）。0.5℃额外增温将会使得

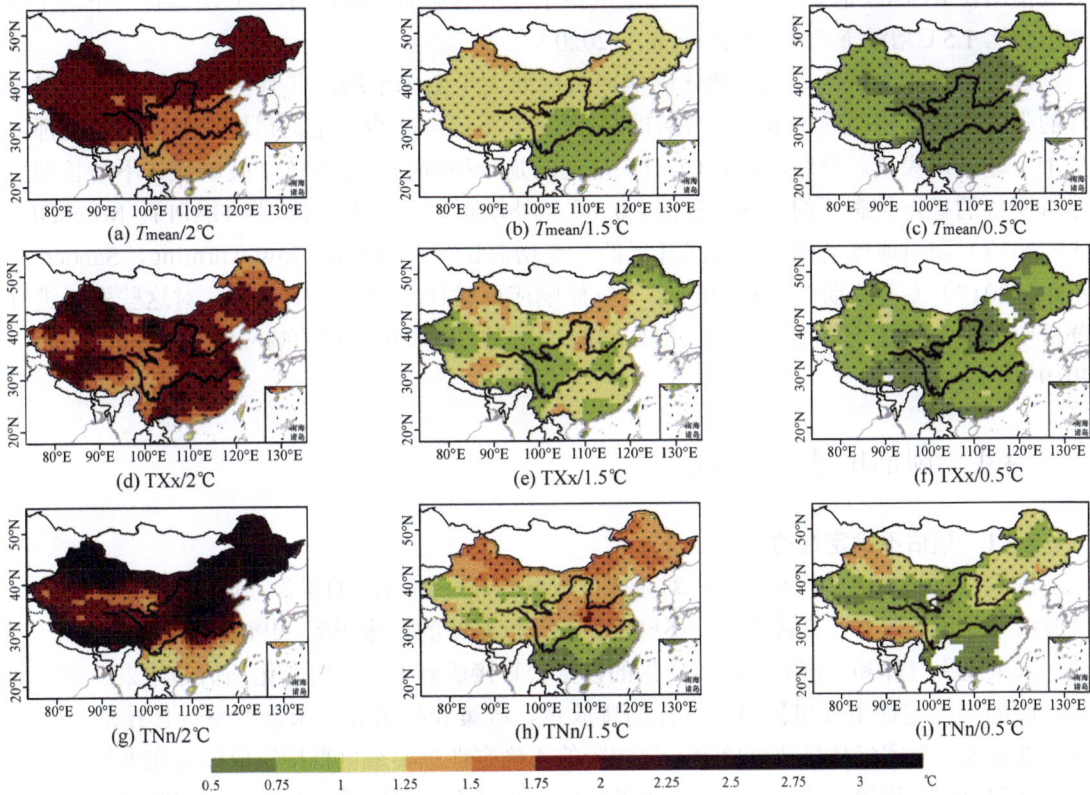

图 4.11　RCP8.5 排放情景下，27 个 CMIP5 气候模式集合模拟的全球 1.5℃增暖、2.0℃增暖和从 1.5℃
到 2℃的额外 0.5℃增暖时中国平均温度、年最高温度和年最低温度相对于 1986~2005 年的变化
（据 Shi et al.，2018c）

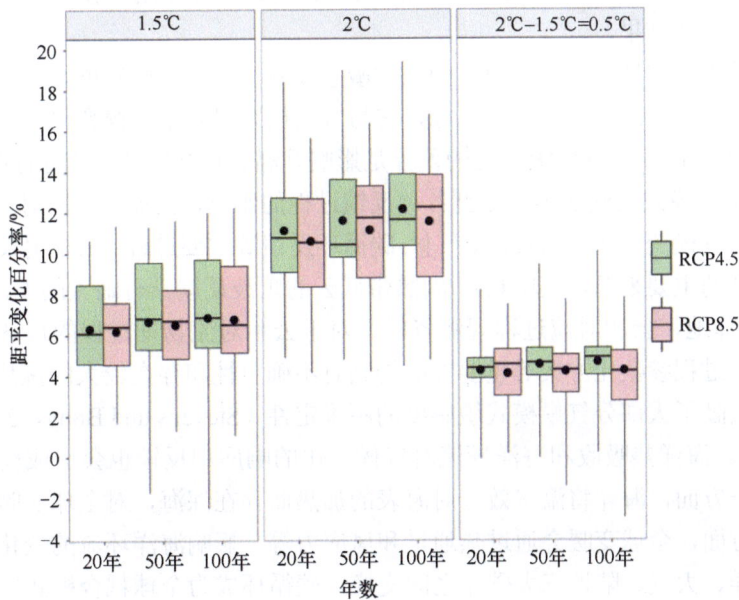

图 4.12　全球增温 1.5℃和 2℃下 20 年一遇、50 年一遇和 100 年一遇极端降水事件强度相对于 1986~
2005 年的相对变化，绿色表示 RCP4.5 情景，红色表示 RCP8.5 情景（据 Li et al.，2018c）

我国主要城市群的极端强降水事件发生的风险分别增加 1.8 倍（Yu et al.，2018）。近期也有研究指出在 RCP4.5 情景下，我国西部地区由于降水增加的缓解作用，2℃增温背景下的干旱并不会比 1.5℃增温下严重（Miao et al.，2020）。

综上所述，中国区域气候变化的响应幅度要大于全球平均，并且区域平均极端气候事件的强度和频次将明显增多，将增温控制在 1.5℃下能够减少一定的风险。但以上研究都是基于全球气候模式。另外，基于 CMIP5 得到的是一种瞬变条件下的增暖响应，不是长期目标所期望的稳定状态下的增暖。目前，0.5℃额外增暖和预估影响计划（HAPPI；Mitchell et al.，2017）和用地球气候系统模式开展的稳定增温试验（CESM，low-warming，Sanderson et al.，2017）专门为研究 1.5℃和 2℃下气候响应而设计了模式预估试验，对这些资料进行分析研究，有可能更好地认识中国气候对全球增温 1.5℃和 2℃的响应特征（Sun et al.，2019）。

4.4　预估的不确定性

4.4.1　预估不确定性的来源

气候预估的不确定性是"标志对未来气候状态不了解程度的量"，其来源主要包括未来排放情景的不确定性、模式本身的不确定性和气候系统的自然变率（IPCC，2013）。

未来温室气体和气溶胶等排放情景的设定会直接影响未来气候变化预估的结果。温室气体排放的不确定性主要包括温室气体的排放量、政策和技术等对未来温室气体排放量的影响，以及未来温室气体排放清单等。气溶胶的不确定性主要来自直接排放以及在大气中的传输和化学反应过程等。这些都导致未来的排放情景具有不确定性。另外，气溶胶对大气环流和气象要素有影响（Wang et al.，2015b；Jiang et al.，2017），而关于季风环流和降水等大气变量对气溶胶的影响研究较少，气溶胶和季风相互作用，相互渗透，中间涉及的物理过程非常复杂（吴国雄等，2015）。除此之外，气溶胶还会与云相互作用，使得气溶胶带来更加不确定的气候变化预估结果。

模式本身的不确定性很多都和模式的气候敏感度有关。气候敏感度是度量温室气体浓度升高和全球升温幅度之间关系的重要指标，它与气候模式对未来气候变化预估的很多不确定性问题相关联，例如，模式气候敏感度的差异是影响升温到达 2℃阈值时间的重要因素（Chen and Zhou，2016）。模式气候敏感度受到各种反馈过程的影响，例如，云辐射反馈、海洋热吸收和海洋环流对气候变化响应与反馈、气候-碳循环反馈等主要过程。云辐射反馈是模式气候敏感度不确定性的主要来源，其中热带/副热带低云的短波反馈具有最大的不确定性（Vial et al.，2013）。具体地，云和对流过程观测资料、对于云和对流物理过程的理解程度以及气候模式中云的物理过程参数化方案等重要方面均具有不确定性和存在较大的挑战，使得与云有关的对流过程贡献了大部分气候模式敏感度的不确定性（Stevens and Bony，2013；周天军和陈晓龙，2015）。海洋热吸收和海洋环流对气候变化的响应和反馈也会造成模式气候敏感度的不确定性。一方面，海洋将温室效应对海表的加热储存在深海，对全球变暖的幅度和时间有影响；另一方面，全球变暖会通过热通量和风应力等，影响海洋环流的变化。气候与碳循环过程包括海洋、大气、陆地三大碳库之间交换，碳循环成为全球耦合模式比较计划中一个重要内容，陆地生态系统模拟和海洋碳循环参数化过程在气候模式中均存在显著的不确定性，降低了未来气候预估的准确性。另外，冰雪反照率反馈影响短波辐射强迫，影响极地气候，需要在气候敏感度研究中考虑这一反馈过程（周天军和陈晓龙，2015）。下文将具体阐述以下几个主要的反馈过程。

1. 云辐射反馈

在全球变暖背景下，云过程变化非常复杂，云属性的改变可能同时具有正、负反馈两种效应，而云的属性也很复杂，包括云量、云高、云粒子大小和云的相态等（周天军和陈晓龙，2015）。具体地，如果全球变暖导致了云量的减少，那么射出的长波辐射增多，减小辐射强迫。另外云量的减少会导致入射的短波辐射增多，增大辐射强迫。不同高度云的辐射效应也不同，高云更容易阻挡向外的长波辐射，而低云以反射短波辐射为主（周天军和陈晓龙，2015）。

热带云反馈是全球云反馈中的主导因素，绝大部分 CMIP5 模式低估了热带太平洋云短波辐射反馈的强度，并且反馈的位置相比于观测更加靠西；单独大气模式试验相比于耦合试验更加接近观测，因此也暗示了海气耦合过程将这一偏差进行了放大（Li et al.，2015b）。Ying 和 Huang（2016a）随后也基于 CMIP5 模式研究了全球变暖背景下热带太平洋海表温度增暖的不确定性与云辐射反馈之间的关系，发现云辐射反馈的模式间偏差贡献了 24%的中太平洋海表温度增暖型态的模式间偏差，云辐射反馈的偏差是最大的偏差来源。同时观测的辐射通量资料间的偏差也需要重视。

还有一个重要的方面是当前全球气候模式对于中国东部地区云辐射效应模拟具有极大的偏差，这一问题从 CMIP3 到 CMIP5 并未有明显改善（Zhang and Li，2013）。中国东部具有独特的中层层状云（Zhang et al.，2013），其特点是垂直延展深厚（Zhang et al.，2014a），且具有极大的含水量，阻挡入射的短波辐射。这些层状云的模拟受到冷季青藏高原下游独特动力和热力结构的影响（Zhang et al.，2014b，2015）。它们的存在极大地影响了中国东部的辐射能量收支进而影响局地气候，因而对气候预估有极大影响。

2. 海洋热吸收和海洋环流对气候变化的响应与反馈

海洋在气候变暖过程中的重要性通常用海洋热吸收来衡量，热吸收的差异影响气候敏感度的差异（李伊吟等，2018）。在观测和模式中均发现了增长的全球海洋热含量（Liu et al.，2016；Cheng et al.，2017），揭示了海洋的主要作用在于减缓表层增暖的速率。外界的热量通过大气海洋热通量进入海洋。海洋热吸收与大量复杂的气候过程密切相关，包括大气中 CO_2浓度、气溶胶、变化的海洋环流、云反馈和涡流等（Morrison et al.，2016）。最新的研究发现 CMIP5 模式在情景模式 RCP8.5 下，南大洋的热吸收占全球热量的比例为 48%±8%，北大西洋北部区域的热吸收占全球热量的比例为 26%±6%，同时气溶胶的空间分布和时间轨迹通过 AMOC 的变化影响高纬度海洋热吸收（Shi et al.，2018b）。

另外，在全球变暖背景下，副热带-热带经圈环流的年代际变化会导致热带太平洋表层和次表层海温的年代际变化，然后热带太平洋海温异常可以通过风应力和热通量强迫作用引起印度洋和大西洋海温的年代际变化（俞永强和宋毅，2013）。Ying 和 Huang（2016b）之后利用 CMIP5 模式结果也证实了海洋平流的重要性，结果表明海洋平流的重要性仅次于云辐射反馈的作用，它可以用来解释 14%的全球变暖背景下热带太平洋海表温度增暖型态的模式间偏差。全球表面温度还与 AMOC 关系密切，而由于深海观测资料缺乏，AMOC 的模拟结果较多地依赖于参数化过程，近期研究证明潮汐混合方案对 AMOC 的模拟效果有改进（于子鹏等，2017）。

3. 气候-碳循环反馈

碳循环是全球耦合模式比较计划的重要内容之一。海气 CO_2 通量交换是代表气候和碳循环相互作用的重要指标（Wang et al.，2017a；Jin et al.，2019）。由于碳循环和气候反馈是非线性的，气候模式中的生物化学过程和物理过程之间的复杂耦合可能会导致海气 CO_2 通量的误差。CMIP5 模式结果显示考虑碳循环反馈的模式比不考虑碳循环过程的模式具有更显著的全球表面增温，使得对未来气候的预估具有更大的不确定性（Friedlingstein et al.，2014）。Dong 等（2016）检验了 CMIP5 模式全球海气 CO_2 通量的年际变化，发现绝大部分模式具有偏强的南大洋年际变化信号或者与 ENSO 事件周期不匹配的海气 CO_2 通量周期，使得模式不能再现观测中热带太平洋与 ENSO 相关的海气 CO_2 通量型态。最新的研究基于 CMIP5 模式结果，发现与厄尔尼诺相关的海洋物理过程以及碳示踪物的气候态分布对热带太平洋海气 CO_2 通量交换的年际变化模拟有重要影响（Jin et al.，2019）。

另外，陆地生态系统通过和大气以及海洋之间的相互作用在地球系统中也发挥着重要的作用。陆地碳循环模式有助于更好地分析陆地生态系统的作用。然而陆面过程的参数化方案的不确定性使得陆地碳循环的模拟也具有很大的不确定性（Arora et al.，2013；Brovkin et al.，2013）。具有动态植被的陆面碳循环模式可以模拟出植被分布对气候变化的响应。在全球变暖背景下，陆面植被发生变化，但目前对生物地球化学机理的理解水平不高以及观测资料欠缺，使得对数十年或者百年尺度的陆面动态植被的模拟还是具有很大的不确定性。发展新一代的地球系统模式有助于诊断气候碳循环反馈。

4.4.2 预估不确定性的认识

气候变化情景是全球和区域气候变化预估的基础。在气候变化情景方面，IPCC 先后发展了 SA90、IS92、SRES 等情景并应用于历次评估报告中，IPCC 第五次评估报告使用了典型浓度路径 RCPs，用单位面积的辐射强迫表示未来百年温室气体排放浓度。在 RCPs 的基础上又发展了新的社会经济情景——共享社会经济路径（SSPs）。SSPs 能够反映辐射强迫和社会经济发展间的关联，综合并部分定量考虑社会发展和多种因素的组合影响，也包括对社会发展的程度、速度以及方向的定性描述（张杰等，2013）。从气候变化情景的发展来看，情景设定中对温室气体排放量的估算方法越来越全面，社会经济发展假设也从简单描述走向定量化，并考虑人为减排等政策影响，对未来温室气体排放状况、未来科技发展和新型能源的开发与使用对温室气体排放量的影响不确定性，都有了更为详尽的考虑和假设，尽管这些因素还有很多不确定性（曹丽格等，2012）。

气候模式是目前进行气候变化预估最有力的工具。近些年来，全球气候系统模式得到不断发展，模拟性能也在不断提高。不过，受限于较粗的水平和垂直分辨率，全球气候模式对全球和半球尺度上的气候模拟和预估的效果较好，可信度较高，但随着空间尺度的减小，其不确定性明显增大，尤其对区域尺度极端气候事件变化的预估（Zhou et al.，2014；Chen and Sun，2018）。总体来讲，CMIP5 模式对降水变化预估的不确定性要大于对温度变化预估的不确定性。对温度变化的预估，CMIP5 模式间的不确定性从极地向赤道减小；降水变化预估的不确定性则与此相反，模式间差异的最大值出现在赤道多雨带（Zhao et al.，2015）。相较于全球极端温度事件，多模式对于全球极端降水事件预估的不确定性也是更大，且随着升温加强，模式间离差增大（Wang et al.，2017c）。最新 CMIP6 预估试验的研究结果显示，全球陆地季风区平均降水和极端降水预估的不确定性大部分来源于气候模式的不确定性（Zhou et al.，2020）。

对中国区域而言，预估温度变化的可信度高，全国温度预估的信噪比普遍高于 3.0，降水预估的可信度较低，除个别地区略高于 1.0 外，其他区域信噪比均低于 1.0（郏俊岭等，2016）。RCP 情景的辐射强迫值越大，预估的时间段越往后，温度变化预估的不确定性也在增大，且不确定性在中国北部区域要大于南部，最大不确定性位于东北和西北。对于降水预估的不确定性同样表现为中国北部区域大于南部，但其不确定性更大（Tian et al.，2015）。冬夏对比，冬季降水预估的可信度略高于夏季，多模式预估冬季降水变化的不确定性在中国北方和青藏高原较大，预估夏季降水变化的不确定性在西北较大（Sui et al.，2015）。排放情景的不确定性和模式的不确定性是整个中国区域平均总降水量预估的不确定性来源（Zhou et al.，2014）。现有气候模式明显高估了中国区域小雨发生日数，而低估了强降水发生日数，从而使得中国区域尺度未来降水变化的预估存在很大不确定性（Chen and Sun，2013）。

对于极端温度和降水事件，预估未来中国将会有更少的极端冷事件，以及更频繁、更强烈的极端暖事件和极端降水事件。多模式预估的极端温度变化有较高的一致性，极端降水变化的不确定性较大（Zhou et al.，2014；Xu et al.，2015a，2018；Sui et al.，2018）。相对而言，到 21 世纪末期，我国西部、黄淮流域和东北北部极端降水预估的可信度略高，信噪比大于 1.0（Li et al.，2016）。对于极端温度事件预估，在全国尺度上排放情景的不确定性是主要不确定性来源；模式的不确定性和自然变率在区域尺度也起作用。对于极端降水事件预估，不确定性的主要来源在不同区域和不同极端事件之间存在差异（Zhou et al.，2014）。

4.4.3　降低不确定性的方法

气候模式的改进是减少预估不确定性的途径之一，包括改进模式物理过程和提高模式分辨率，使模式能包含更加复杂的物理过程和动力过程。提高模式分辨率可以提高气候模式对区域气候变化的模拟性能（Jiang et al.，2016），例如，高分辨率气候模式能够使东亚季风雨带空间型的模拟技巧从低分辨率模式的 0.31 提高至 0.76（Yao et al.，2017）。另外，模式分辨率的提高还能够影响原有物理过程的表现，进而影响季风模拟效果（Li et al.，2015a）。

模式参数化是影响模式不确定性的重要因素。气候模式中许多无法分辨的次网格尺度过程都是采用参数化方案来解决的。参数化方案中的一些参数涉及无法观测的中间物理过程，对这些过程的确定通常是基于经验的或者非常有限的观测证据，由此造成参数化过程的不确定性。估算其不确定性并优化这些不确定参数是改进模式性能的有效方法（Yang et al.，2013，2015b）。

气候模式中的不确定参数多达上百个，逐一改变关键参数进行模拟试验，并通过比较模拟与观测来确定最佳参数的方法有效但是计算量太大，因此，如何提高参数采样的计算效率、减少参数采样的次数是一个重要问题。Duan 等（2017）发展了自动模式优化方法，首先利用全局敏感性分析方法挑选出对模式结果影响最大的几个（15 个或更少）参数，再利用有限的模式结果构建数值模式的伴随模式（统计算子），最后利用多目标优化方法寻找该伴随模式的最优参数集，该最优参数集即近似为数值模式的最优参数集。该方法利用参数筛选和伴随模拟的方法，节约了大量的计算耗费。利用该方法从区域模式 WRF 的 23 个参数中挑选出对降水和温度模拟影响最大的 9 个参数进行优化，最终显著改进了北京地区夏季 5 天降水的模拟效果（Di et al.，2017，2018；Duan et al.，2017）。张涛等（2016）设计并提出了初选与寻优相结合的两步法参数优化方案。初选阶段用全因子采样方法对不确定参数空间进行初始敏感性分析，估计最优解所在区域寻优时，采用单纯型下山法，基于初选阶段确定的参数组合快速寻优。将该方法应用于 LASG/IAP GAMIL 的优化结果显示，优化后的模拟性能总体改进了约 7.5%。

还有一类优化方法是在多维参数集采样过程中，根据模式的结果逐步调整参数并收敛到最优参数集，这同样能够减少采样次数，提高计算效率。这类快速收敛的采样方法，如多链退火算法（multiple very fast simulated annealing，MVFSA）、随机估计退火算法（simulated stochastic approximation annealing，SSAA）等被广泛地应用于气候模式的参数优化和不确定性研究中（Jackson et al.，2008；Yang et al.，2013，2015a；Yan et al.，2014）。例如，Yang 等（2015a）和 Zou 等（2014）分别利用 MVFSA 方法对全球模式和区域气候模式中与对流参数化方案有关的参数进行优化，结果显著提升了东亚—西北太平洋夏季降水和环流的模拟效果。

利用参数优化方法得到的最优参数集，部分情况下可能存在误差补偿的问题，利用其确定的最优值从根本上需要得到观测数据的验证（Yang et al.，2013）。但由于大气过程本身高度的复杂性和多变性，利用有限的观测资源侦测到最重要的大气过程具有很大的难度。Yang 等（2017）指出，通过参数不确定性分析可有效甄别出对模式性能起决定作用的相关物理过程，例如，他们的结果为开展相关边界层过程的观测场实验提供了重要参考信息。另外，参数优化的作用往往受到参数化方案固有结构性缺陷的限制，模式不确定性分析应同时考虑参数不确定性和结构性不确定性的贡献。例如，Yang 等（2019）利用两种边界层方案的参数扰动试验，有效区分了参数敏感性和结构性敏感性对边界层结构模拟的影响，并指出参数化结构的改善应重点关注无法通过参数优化减少的误差分量。

多模式集合被认为能够减小由模式模拟误差产生的不确定性，从而改善气候变化预估效果（Li et al.，2013；Ou et al.，2013；Zhu et al.，2021）。随着模式复杂程度的提高，仅采用简单的算术平均已不是最稳妥的办法，必须在对各模式的模拟能力进行评估的基础上，进行加权集成。Jiang 等（2015）根据 CMIP5 模式对中国区域降水模拟能力赋予不同模式相应的权重，给出了 RCP4.5 情景下 21 世纪末期中国区域年降水量变化的概率信息，可以看到中国西北部及黄淮的年降水量有较大可能增加 10%，尤其是西北东部，年降水量有可能增加超过40%。另外，动力降尺度和统计降尺度也是减小区域气候变化预估不确定性的一种方法（Gao et al.，2017；Han et al.，2017；Zhou et al.，2018）。

参 考 文 献

曹丽格, 方玉, 姜彤, 等. 2012. IPCC 影响评估中的社会经济新情景(SSPs)进展. 气候变化研究进展, 8(1): 74-78.

陈活泼. 2013. CMIP5 模式对 21 世纪末中国极端降水事件变化的预估. 科学通报, 58(8): 743-752.

丁梅, 江志红, 陈威霖. 2016. 非齐次隐马尔可夫降尺度方法对江淮流域可季逐日降水的模拟及其评估. 气象学报, 74(5): 757-771.

房永杰, 张耀存. 2011. 区域海气耦合过程对中国东部夏季降水模拟的影响. 大气科学, 35 (1): 16-28.

高谦, 江志红, 李肇新. 2017. 多模式动力降尺度对中国中东部地区极端气温指数的模拟评估. 气象学报, 75(6): 917-933.

韩振宇, 高学杰, 徐影. 2020. 基于多区域模式集合的东亚陆地区域的平均和极端降水未来预估. 地球物理学报, 64(6): 1869-1884.

胡婷, 孙颖, 张学斌. 2017. 全球 1.5 和 2℃温升时的气温和降水变化预估. 科学通报, (26): 3098-3111.

黄海玲, 江志红, 王志福, 等. 2015. CMIP5 模式对东亚 500 hPa 高度场主要模态时空结构模拟能力的评估. 气象学报, (1): 110-127..

江晓菲, 李伟, 游庆龙. 2018. 中国未来极端气温变化的概率预估及其不确定性. 气候变化研究进展, 79(3): 12-20.

李芳. 2012. 基于多模式集合方案的中国东部夏季降水概率季度预测.气象学报, 7(2): 183-191.

李伊吟, 智海, 林鹏飞, 等. 2018. FGOALS 耦合模式两个版本的海洋热吸收与气候敏感度的关系研究. 大气科学, 42(6): 1263-1272.

林岩銮, 黄小猛, 梁逸爽, 等. 2019. 清华大学 CIESM 模式及其参与 CMIP6 的方案. 气候变化研究进展, 15(5): 545-550.

宋振亚. 2020. 耦合海浪的地球系统模式 FIO-ESM. 气候变化研究快报, 9(1): 26-39.

宋振亚, 鲍颖, 乔方利. 2019. FIO-ESM v2.0 模式及其参与 CMIP6 的方案. 气候变化研究进展, 15 (5): 558-565.

郏俊岭, 江志红, 马婷婷. 2016. 基于贝叶斯模型的中国未来气温变化预估及不确定性分析.气象学报, 74(4): 583-597.

田向军, 谢正辉, 王爱慧, 等. 2011.一种求解贝叶斯模型平均的新方法. 中国科学 D: 地球科学, 41(11): 1679-1687.

王安乾, 苏布达, 王艳君, 等. 2017. 全球升温 1.5℃与 2.0℃情景下中国极端低温事件变化与耕地暴露度研究. 气象学报, 75 (3): 415-428.

王斌, 周天军, 俞永强, 等. 2008. 地球系统模式发展展望. 气象学报, 66(6): 857-869.

王会军, 朱江, 浦一芬. 2014. 地球系统科学模拟有关重大问题. 中国科学(物理学 力学 天文学), (10): 1116-1126.

王倩怡, 张耀存. 2008. P-σ 区域海气耦合模式对中国东部地区降水的模拟. 南京大学学报(自然科学版), 44(6): 608-620.

吴国雄, 李占清, 符淙斌, 等. 2015. 气溶胶与东亚季风相互影响的研究进展, 中国科学: 地球科学, 45(11): 1609-1627.

吴佳, 周波涛, 徐影. 2015. 中国平均降水和极端降水对气候变暖的响应: CMIP5 模式模拟评估和预估. 地球物理学报, 58(9): 3048-3060.

辛晓歌, 吴统文, 张洁, 等. 2019. BCC 模式及其开展的 CMIP6 试验介绍. 气候变化研究进展, 15(5): 533-539.

于子鹏, 刘海龙, 林鹏飞. 2017. 潮汐混合对大西洋经圈翻转环流(AMOC)模拟影响的数值模拟研究. 大气科学, 41(5): 1087-1100.

俞永强, 宋毅. 2013. 海洋环流对全球增暖趋势的调制: 基于 FGOALS-s2 的数值模拟研究. 大气科学, 37(2): 395-410.

曾庆存, 周广庆, 浦一芬, 等. 2008. 地球系统动力学模式及模拟研究. 大气科学, 32(4): 653-690.

张冬峰, 高学杰. 2020. 中国 21 世纪气候变化的 RegCM4 多模拟集合预估. 科学通报, 65(23): 2516-2526.

张杰, 曹丽格, 李修仓, 等. 2013. IPCC AR5 中社会经济新情景(SSPs)研究的最新进展. 气候变化研究进展, 9(3): 225-228.

张涛, 谢丰, 薛巍, 等. 2016. 格点大气环流模式 GAMIL2 参数不确定性的量化分析与优化.地球物理学报, 59(2): 465-475.

周波涛, 徐影, 韩振宇, 等. 2020. "一带一路"区域未来气候变化预估. 大气科学学报, 43(1): 255-264.

周天军, 陈晓龙. 2015. 气候敏感度、气候反馈过程与 2℃升温阈值的不确定性问题. 气象学报, 73(4): 624-634.

周天军, 陈晓龙, 吴波. 2019b. 支撑"未来地球"计划的气候变化科学前沿问题. 科学通报, 64(19), 1967-1974.

周天军, 陈梓明, 邹立维, 等. 2020. 中国地球气候系统模式的发展及其模拟和预估. 气象学报, 78(3): 332-350.

周天军, 吴波. 2017. 年代际气候预测问题: 科学前沿与挑战. 地球科学进展, 32(4) : 331-341.

周天军, 邹立维, 陈晓龙. 2019a. 第六次国际耦合模式比较计划(CMIP6)评述. 气候变化研究进展, 15(5): 445-456.

Anderson J L. 2001. An ensemble adjustment Kalman filter for data assimilation. Monthly Weather Review, 129(12): 2884-2903.

Arora V K, Boer G J, Friedlingstein P, et al. 2013. Carbon concentration and carbon-climate feedbacks in CMIP5 Earth system models. J Climate, 26(15): 5289-5314.

Bao Y, Song Z, Qiao F. 2020. FIO-ESM version 2.0: Model description and evaluation. Journal of Geophysical

Research: Oceans, 125(6): e2019JC016036.

Bellucci A, Haarsma R, Bellouin N. 2015. Advancements in decadal climate predictability: The role of nonoceanic drivers. Review of Geophysics, 53(2): 165-202.

Boer G J, Kharin V V, Merryheld W J. 2013. Decadal predictability and forecast skill. Clim Dynam, 41(7-8): 1817-1833.

Brovkin V, Boysen L, Arora V K, et al. 2013. Effect of anthropogenic land-use and land-cover changes on climate and land carbon storage in CMIP5 projections for the twenty-first century. J Climate, 26(18): 6859-6881.

Cao J, Wang B, Yang Y M, et al. 2018. The NUIST Earth System Model (NESM) version 3: description and preliminary evaluation. Geoscientific Model Development, 11(7): 2975-2993.

Caron L P, Jones C G, Doblas-Reyes F. 2013. Multi-year prediction skill of Atlantic hurricane activity in CMIP5 decadal hindcasts. Clim Dynam, 42 : 2675-2690.

Chen H, Sun J. 2013. Projected change in East Asian summer monsoon precipitation under RCP scenario. Int J Climatol, 121: 55-77.

Chen H, Sun J. 2018. Projected changes in climate extremes in China in a 1.5 ℃ warmer world. Int J Climatol, 38(9): 3607-3617.

Chen W, Jiang Z, Li L, et al. 2011a. Simulation of regional climate change under the IPCC A2 scenario in southeast China. Clim Dynam, 36(3-4): 491-507.

Chen W, Jiang Z, Li L. 2011b. Probabilistic projections of climate change over China under the SRES A1B scenario using 28 AOGCMs. J Climate, 24(17): 4741-4756.

Chen X L, Zhou T J. 2016. Uncertainty in crossing time of 2℃ warming threshold over China. Science Bulletin, 61(18): 1451-1459.

Cheng L, Trenberth K E, Fasullo J, et al. 2017. Improved estimates of ocean heat content from 1960-2015. Science Advances, 3: e1601545.

Choi J, Son S, Seo K, et al. 2016. Potential for long-lead prediction of the western North Pacific monsoon circulation beyond seasonal time scales. Geophys Res Lett, 43(4): 1736-1743.

Dai Y J, Zeng X B, Dickinson R E, et al. 2003. The Common Land Model. Bull Amer Meteor Soc, 84: 1013-1023.

Di Z H, Duan Q Y, Gong W, et al. 2017. Parametric sensitivity analysis of precipitation and temperature based on multi-uncertainty quantification methods in the Weather Research and Forecasting model. Science China Earth Science, (5): 876-898.

Di Z H, Duan Q Y, Wang C, et al. 2018. Assessing the applicability of WRF optimal parameters under the different precipitation simulations in the Greater Beijing Area. Clim Dynam, 50(5-6): 1927-1948.

Doblas-Reyes F J, Andreu-Burillo I, Chikamoto Y, et al. 2013. Initialized near-term regional climate change prediction. Nature communications, 4: 1715.

Dong F, Li Y C, Wang B, et al. 2016. Global air-sea CO_2 fluxes in 22 CMIP5 models: Multiyear mean and interannual variability. J Climate, 29(7): 2407-2431.

Dong L, Zhou T. 2014. The Indian Ocean sea surface temperature warming simulated by CMIP5 Models during the 20th Century: Competing forcing roles of GHGs and anthropogenic aerosols. J Climate, 27(9): 3348-3362.

Duan Q, Di Z, Quan J, et al. 2017. Automatic model calibration: A new way to improve numerical weather forecasting. Bull Amer Meteor Soc, 98(5): 959-970.

Eyring V, Cox P M, Gregory F, et al. 2019. Taking climate model evaluation to the next level. Nat clim Change, 9: 102-110.

Eyring V, Bony S, Meehl G A, et al. 2016. Overview of the Coupled Model Intercomparison Project Phase 6 (CMIP6) experimental design and organization. Geosci Model Dev, 9(5): 1937-1958.

Flato G, Marotzke J, Abiodun B, et al. 2013. Evaluation of Climate Models. //Climate Change 2013: The Physical Science Basis. Contribution of Working Group I to the Fifth Assessment Report of the Intergovernmental Panel on Climate Change. Cambridge and New York: Cambridge University Press.

Friedlingstein P, Meinshausen M, Arora V K, et al. 2014. Uncertainties in CMIP5 climate projections due to carbon cycle feedbacks. J Climate, 27(2): 511-526.

Gaetani M, Mohino E. 2013. Decadal prediction of the Sahelian precipitation in CMIP5 simulations. J climate, 26(19): 7708-7719.

Gao J, Xie Z, Wang A, et al. 2019. A new frozen soil parameterization including frost and thaw fronts in the Community Land Model. J Adv Model Earth Syst, 11: 659-679.

Gao X J, Shi Y, Zhang D F. 2012. Uncertainties in monsoon precipitation projections over China: Results from two high-resolution RCM simulations. Climate Res, 52: 213-226.

Gao X J, Wu J, Shi Y, et al. 2018. Future changes in thermal comfort conditions over China based on multi-RegCM4 simulations. Atmospheric and Oceanic Science Letters, 11(4): 291-299.

Gao X, Shi Y, Han Z, et al. 2017. Performance of RegCM4 over major river basins in China. Adv Atmos Sci, 34: 441-455.

García-Serrano J, Guemas V, Doblas-Reyes F J. 2015. Added-value from initialization in predictions of Atlantic multi-decadal variability. Clim Dynam, 44: 2539-2555.

Gastineau G, Frankignoul C. 2015. Influence of the North Atlantic SST variability on the atmospheric circulation during the Twentieth Century. J Climate, 28: 1396-1416.

Gillett N P. 2015. Weighting climate model projections using observational constraints. Phil Trans R Soc A, 373: 20140425.

Giorgi F, Mearns L O. 2002. Calculation of average, uncertainty range, and reliability of regional climate changes from AOGCM simulations via the "reliability ensemble averaging"(REA) method. J Climate, 15(10): 1141-1158.

Guemas V, Corti S, García-Serrano J, et al. 2013. The Indian Ocean: The region of highest skill worldwide in decadal climate prediction. J Climate, 26(3) : 726-739.

Guemas V, Doblas F J. 2013. Retrospective prediction of the global warming slowdown in the past decade. Nat Clim Change, 3(7): 649-653.

Guo L Y, Gao Q, Jiang Z H, et al. 2018. Bias correction and projection of surface air temperature in LMDZ multiple simulation over central and eastern China. Advances in Climate Change Research, 9(1): 81-92.

Guo L Y, Jiang Z H, Chen D L, et al. 2020a. Projection precipitation changes over China for global warming levels at 1.5℃ and 2℃ in an ensemble of regional climate simulations: Impact of bias correction methods. Climatic Change, 162(3): 623-643.

Guo L, Jiang Z, Ding M, et al. 2019. Downscaling and projection of summer rainfall in Eastern China using a nonhomogeneous hidden Markov model. Int J Climatol, 39(3): 1319-1330.

Guo X, Huang J, Luo Y, et al. 2016. Projection of precipitation extremes for eight global warming targets by 17 CMIP5 models. Nat Hazards, 84: 2299-2319.

Guo Y, Yu Y, Lin P, et al. 2020b. Overview of the CMIP6 historical experiment datasets with the climate system model CAS FGOALS-f3-L. Adv Atmos Sci, (10): 1057-1066.

Ham Y G, Rienecker M M, Suarez M J, et al. 2014. Decadal prediction skill in the GEOS-5 forecast system. Clim Dynam, 42(1-2): 1.

Hamill T M, Snyder C. 2000. A hybrid ensemble Kalman filter-3D variational analysis scheme. Monthly Weather Review, 128(8): 2905-2919.

Han Z, Shi Y, Wu J, et al. 2019. Combined dynamical and statistical downscaling for high-resolution projections of multiple climate variables in the Beijing–Tianjin–Hebei Region of China. J Appl Meteor Climatol, 58(11): 2387-2403.

Han Z, Zhou B, Xu Y, et al. 2017. Projected changes in haze pollution potential in China: An ensemble of regional climate model simulations. Atmospheric Chemistry Physics, 17: 10109-10123.

He Y, Wang B, Liu M, et al. 2017. Reduction of initial shock in decadal predictions using a new initialization strategy. Geophys Res Lett, 44(16): 8538-8547.

Hermanson L, Eade R, Robinson N H, et al. 2014. Forecast cooling of the Atlantic subpolar gyre and associated impacts. Geophys Res Lett, 41(14): 5167-5174.

Houtekamer P L, Mitchell H L. 1998. Data assimilation using an ensemble Kalman filter technique. Monthly Weather Review, 126(3): 796-811.

Huang X, Tang Q, Tseng Y, et al. 2016. P-CSI v1.0, an accelerated barotropic solver for the high-resolution ocean model component in the Community Earth System Model v2.0. Geosci Model Dev, 9(11): 4209-4225.

Hurrell J W, Holland M M, Gent P R, et al. 2013. The community earth system model: A framework for collaborative research. Bull Amer Meteor Soc, 94(9): 1339-1360.

IPCC. 2013. Climate Change 2013: The Physical Science Basis. Contribution of Working Group I to the Fifth Assessment Report of the Intergovernmental Panel on Climate Change. Cambridge and and New York: Cambridge University Press.

Jackson C S, Sen M K, Huerta G, et al. 2008. Error reduction and convergence in climate prediction. J Climate, 21(24): 6698-6709.

Jiang D, Tian Z, Lang X. 2016. Reliability of climate models for China through the IPCC Third to Fifth Assessment Reports. Int J Climatol, 36(3): 1114-1133.

Jiang Z H, Huo F, Ma H Y. 2017. Impact of Chinese urbanization and aerosol emissions on the East Asian Summer Monsoon. J Climate, 30(3): 1019-1039.

Jiang Z H, Li W, Xu J, et al. 2015. Extreme precipitation indices over China in CMIP5 Models. Part I : Model Evaluation. J Climate, 28: 8603-8619.

Jiang Z H, Song J, Li L, et al. 2012. Extreme climate events in China: IPCC-AR4 model evaluation and projection. Climatic Change, 110: 385-401.

Jin C X, Zhou T J, Chen X L. 2019. Can CMIP5 Earth System Models reproduce the interannual variability of air-sea CO_2 fluxes over the tropical Pacific Ocean. J Climate, 32(8): 2261-2275.

Jr Gutowski W J, Giorgi F, Timbal B, et al. 2016. WCRP COordinated Regional Downscaling EXperiment (CORDEX): A diagnostic MIP for CMIP6. Geosci Model Dev, 9: 4087-4095.

Jones C, Giorgi F, Asrar G. 2011. The Coordinated regional downscaling experiment: CORDEX An international downscaling link to CMIP5. Clivar Exchanges, 16(2): 34-40.

Kirtman B, Power S B, Adedoyin A J, et al. 2013. Near-term climate change: Projections and predictability. Climate Change: The Physical Science Basis. Contribution of Working Group I to the Fifth Assessment Repo.

Knutti R, Sedláček J, Sanderson B M, et al. 2017. A climate model projection weighting scheme accounting for performance and interdependence. Geophys Res Lett, 44: 1909-1918.

Kosaka Y. Xie S P. 2013. Recent global-warming hiatus tied to equatorial Pacific surface cooling. Nature, 501(7467): 403-407.

Kushnir Y, Scaife A A, Arritt R, et al. 2019. Towards operational predictions of the near-term climate. Nat Clim Change, 9: 94-101.

Lee W L, Wang Y C, Shiu C J, et al. 2020. Taiwan earth system model version 1: Description and evaluation of mean state. Geosci Model Dev, 13(9): 3887-3904.

Li D, Zou L, Zhou T. 2018a. Extreme climate event changes in China in the 1.5 and 2 ℃ warmer climates: Results from statistical and dynamical downscaling. J Geophys Res-Atmos, 123: 10215-10230.

Li J, Yu R C, Yuan W H, et al. 2015a. Precipitation over East Asia simulated by NCAR CAM5 at different horizontal resolutions. J Adv Model Earth Syst, 7(2): 774-790.

Li J, Zhang Q, Chen Y D, et al. 2013. GCMs-based spatiotemporal evolution of climate extremes during the 21st century in China. J Geophys Res, 118(19): 11017-11035.

Li L J, Wang B, Zhang G J. 2015b. The role of moist processes in shortwave radiative feedback during ENSO in the CMIP5 models. J Climate, 28(24): 9892-9908.

Li L, Yu Y, Tang Y, et al. 2020a. The flexible global ocean-atmosphere-land system model Grid-Point Version 3 (FGOALS-g3): Description and evaluation. J Adv in Model Earth Syst, 12(9): e2019MS002012.

Li M, Jiang Z, Zhou P, et al. 2020c. Projection and possible causes of summer precipitation in eastern China using self-organizing map. Clim Dynam, 54(5): 1-16.

Li P, Furtado K, Zhou T, et al. 2018b. The diurnal cycle of East Asian summer monsoon precipitation simulated by the Met Office Unified Model at convection-permitting scales. Clim Dynam, 55(5): 131-151.

Li T, Jiang Z H, Zhao L L, et al. 2020b. Multi-model ensemble projection of precipitation changes over China under global warming of 1.5℃ and 2℃ with consideration of model performance and independence. J Meteor Res, 34(x): 678-693.

Li W, Jiang Z, Xu J, et al. 2016. Extreme Precipitation Indices Over China in CMIP5 models. Part ii: Probabilistic projection. J Climate, 29(24): 8989-9004.

Li W, Jiang Z, Zhang X, et al. 2018c. Additional risk in extreme precipitation in China from 1.5℃ to 2.0℃ global warming levels. Science Bulletin, 63(4): 228-234.

Li W, Zhang Y, Shi X, et al. 2019. Development of the Land Surface Model BCC_AVIM2.0 and Its Preliminary Performance in LS3MIP/CMIP6. J Meteor Res, 33: 851-869.

Liang Y, Wang L, Zhang G J, et al. 2017. Sensitivity test of parameterizations of subgrid-scale orographic form drag in the NCAR CESM1. Clim Dynam, 48(9-10): 3365-3379.

Lienert F, Doblas-Reyes F J. 2013. Decadal prediction of interannual tropical and North Pacific sea surface temperature. J Geophys Res-Atmos, 118(12): 5913-5922.

Lin Y, Huang X, Liang Y, et al. 2020. Community integrated earth system model (CIESM): Description and evaluation. J Adv Model Earth Syst, 12(8): e2019MS002036.

Liu L, Zhang C, Li R, et al. 2018. C-Coupler2: A flexible and user-friendly community coupler for model coupling and nesting. Geosci Model Dev, 11(9): 3557-3586.

Liu W, Xie SP, Lu J. 2016. Tracking ocean heat uptake during the surface warming hiatus. Nature Communication, 7: 10926.

Marotzke J, Muller W A, Vamborg F S E, et al. 2016. MIKLIP: A national research project on decadal climate prediction. Bull Amer Meteor Soc, 97(12): 2379-2393.

Meehl G A, Goddard L, Boer G, et al. 2014. Decadal climate prediction: An update from the trenches. Bull Amer Meteor Soc, 95(2) : 243-267.

Meehl G A, Goddard L, Murphy J, et al. 2009. Decadal prediction: Can it be skillful. Bull Amer Meteor Soc, 90(10): 1467-1485.

Miao L, Li S, Zhang F, et al. 2020. Future drought in the dry lands of Asia under the 1.5 and 2.0℃ warming scenarios. Earth's Future, 8(6): e2019EF001337.

Mitchell D, Achutara K, Allen M, et al. 2017. Half a degree additional warming, prognosis and projected impacts (HAPPI): Background and experimental design . Geosci Model Dev, 10 (2): 571-583.

Mochizuki T, Chikamoto Y, Kimoto M, et al.2012. Decadal prediction using a recent series of MIROC global climate models. Journal of the Meteorological Society of Japan. Ser. II, 90: 373-383.

Morrison A K, Griffies S M, Winton M, et al. 2016. Mechanisms of Southern Ocean heat uptake and transport in a global eddying climate model. J Climate, 29(6): 2059-2075.

Niu X R, Wang S Y, Tang J P, et al. 2015. Multimodel ensemble projection of precipitation in eastern China under A1B emission scenario. J Geophys Res, 120(19): 9965-9980.

Oke P R, Brassington G B, Griffin D A, et al. 2010. Ocean data assimilation: A case for ensemble optimal interpolation. Australian Meteorological and Oceanographic Journal, 59(Sp. Iss): 67-76.

Ou T, Chen D, Linderholm H W, et al. 2013. Evaluation of global climate models in simulating extreme precipitation in China. Tellus A, 65.

Perkins S E, Pitman A J, Holbrook N J, et al. 2007. Evaluation of the AR4 climate models' simulated daily maximum temperature, minimum temperature, and precipitation over Australia using probability density functions. J Climate, 20(17): 4356-4376.

Prein A F, Langhans W, Fosser G, et al. 2015. A review on regional convection-permitting climate modeling: Demonstrations, prospects, and challenges. Reviews of Geophysics, 53(2): 323-361.

Qiao F L, Song Z Y, Bao Y, et al. 2013. Development and evaluation of an Earth system model with surface gravity waves. J Geophys Res: Oceans, 118: 4514-4524.

Qin Y, Lin Y. 2018. Alleviated double ITCZ problem in the NCAR CESM1: A new cloud scheme and the working mechanisms. J Adv Model Earth Syst, 10(9): 2318-2332.

Qin Y, Lin Y, Xu S, et al. 2018. A diagnostic PDF cloud scheme to improve subtropical low clouds in NCAR community atmosphere model (CAM 5). J Adv Model Earth Syst, 10(2): 320-341.

Raddatz T J, Reick C H, Knorr W, et al. 2007. Will the tropical land biosphere dominate the climate–carbon cycle feedback during the twenty-first century. Clim Dynam, 29(6): 565-574.

Räisänen J, Ruokolainen L, Ylhäisi J. 2010. Weighting of model results for improving best estimates of climate change. Clim Dynam, 35(2-3): 407-422.

Randall D A, Wood R A, Bony S, et al. 2007. Climate models and their evaluation. Climate change 2007: The physical science basis. Contribution of Working Group I to the Fourth Assessment Report of the IPCC (FAR) . Cambridge: Cambridge University Press.

Robson J, Sutton R, Smith, D. 2014. Decadal predictions of the cooling and freshening of the North Atlantic in the 1960s and the role of ocean circulation. Clim Dynam, 42: 1-13.

Rong X Y, Li J, Chen H M, et al. 2019. Introduction of CAMS-CSM model and its participation in CMIP6. Climate Change Research, 15(5): 540-544.

Sanderson B M, Xu Y, Tebaldi C, et al. 2017. Community climate simulations to assess avoided impacts in 1.5 and 2℃ futures. Earth System Dynamics Discussions, 8(3): 827-847.

Santer B D, Taylor K E, Gleckler P J, et al. 2009. Incorporating model quality information in climate change detection and attribution studies. Proc Natl Acad Sci USA, 106: 14778-14783.

Shi C, Jiang Z H, Chen W L, et al. 2018c. Changes in temperature extremes over China under 1.5℃ and 2℃

global warming targets. Advances in Climate Change Research, 9(2): 120-129.

Shi C, Jiang Z H, Zhu L H, et al. 2020. Risks of temperature extremes over China under 1.5℃ and 2℃ global warming. Advances in Climate Change Research, (3): 172-184.

Shi J R, Xie S P, Talley L D. 2018a. Evolving relative importance of the Southern Ocean and North Atlantic in anthropogenic ocean heat uptake. J Climate, 31(18): 7459-7479.

Shi Y, Wang G, Gao X. 2018b. Role of resolution in regional climate change projections over China. Clim Dynam, 51(5-6): 2375-2396.

Smith D M, Eade R, Pohlmann H. 2013. A comparison of full-field and anomaly initialization for seasonal to decadal climate prediction. Clim Dynam, 41: 3325-3338.

Song X, Zhang G J. 2011. Microphysics parameterization for convective clouds in a global climate model: Description and single-column model tests. J Geophys Res-Atmos, 116(2): D02201.

Stevens B, Bony S. 2013. What are climate models missing. Science, 340(6136): 1053-1054.

Stevens B, Giorgetta M, Esch M, et al. 2013. Atmospheric component of the MPI-M Earth system model: ECHAM6. J Adv Model Earth Syst, 5(2): 146-172.

Sui Y, Lang X, Jiang D. 2015. Temperature and precipitation signals over China with a 2℃ global warming. Climate Research, 64: 227-242.

Sui Y, Lang X, Jiang D. 2018. Projected signals in climate extremes over China associated with a 2 ℃ global warming under two RCP scenarios. Int J Climatol, 38: e678-e697.

Sun C, Jiang Z, Li W, et al. 2019. Changes in extreme temperature over China when global warming stabilized at 1.5℃ and 2.0℃. Scientific Reports, 9(1): 1-11.

Sun Y, Hu T, Zhang X B. 2018. Substantial increase in heat wave risks in China in a future warmer world. Earth's Future, 6: 1-11.

Taylor K E, Stouffer R J, Meehl G A. 2012. An Overview of CMIP5 and the Experiment Design. Bull Amer Meteor Soc, 93(4): 485-498.

Tian D, Guo Y, Dong W. 2015. Future changes and uncertainties in temperature and precipitation over China based on CMIP5 models. Adv Atmos Sci, 32(4): 487-496.

Timmreck C, Pohlmann H, Illing S, et al. 2016. The impact of stratospheric volcanic aerosol on decadal-scale climate predictions. Geophys Res Lett, 43: 834-842.

Tong Y, Gao X, Han Z, et al. 2020. Bias correction of temperature and precipitation over China for RCM simulations using the QM and QDM methods. Clim Dynam, 57: 1425-1443.

UNFCC. 2015. Adoption of the paris agreement. Report No. FCCC/CP/2015/L.9/Rev.1. http://unfccc.int/resource/docs/2015/cop21/eng/l09r01.pdf[2021-5-30].

Vial J, Dufresne J L, Bony S. 2013. On the interpretation of intermodal spread in CMIP5 climate sensitivity estimates. Clim Dynam, 41(11-12): 3339-3362.

Wang B, Liu M, Yu Y, et al. 2013.Preliminary evaluations of FGOALS-g2 for decadal predictions. Adv Atmos Sci, 30(3): 674.

Wang L, Chen W. 2014. A CMIP5 multimodel projection of future temperature, precipitation, and climatological drought in China. Int J Climatol, 34(6): 2059-2078.

Wang L, Huang J B, Luo Y, et al. 2017a. Narrowing the Spread in CMIP5 Model Projections of Air-sea CO_2 Fluxes. Scientific Reports, 7: 43499.

Wang P, Hui P, Xue D, et al. 2019. Future projection of heat waves over China under global warming within the CORDEX-EA-II project. Clim Dynam, 53: 957-973.

Wang S Y, Fu C B, Wei H L, et al. 2015c. Regional integrated environmental modeling system: Development and application. Climatic Change, 129: 499-510.

Wang Y, Jiang Z, Chen W. 2015a. Performance of CMIP5 models in the simulation of climate characteristics of synoptic patterns over East Asia. J Meteor Res, 29: 594-607.

Wang Y, Zhang G J, Craig G C. 2016. Stochastic convective parameterization improving the simulation of tropical precipitation variability in the NCAR CAM5. Geophys Res Lett, 43(12): 6612-6619.

Wang Y, Zhou B, Qin D, et al. 2017b. Changes in mean and extreme temperature and precipitation over the arid region of northwestern china: Observation and projection. Adv Atmos Sci, 34(3): 289-305.

Wang Z L, Zhang H, Zhang X Y. 2015b. Projected response of East Asian summer monsoon system to future reductions in emissions of anthropogenic aerosols and their precursors. Clim Dynam, 47(5): 1-14.

Wang Z, Lei L, Zhang X, et al. 2017c. Scenario dependence of future changes in climate extremes under 1.5 ℃ and 2 ℃ global warming. Scientific Reports, 7: 46432.

Wei M, Li Q Q, Xin X G, et al. 2017. Improved decadal climate prediction in the North Atlantic using EnOI-assimilated initial condition. Science Bulletin, 62: 1142-1147.

Wu B, Chen X, Song F, et al.2015. Initialized decadal predictions by LASG/IAP climate system model FGOALS-s2: Evaluations of strengths and weaknesses. Advances in Meteorology, 2015.

Wu B, Zhou T J, Sun Q. 2017. Impacts of initialization schemes of oceanic states on the predictive skills of the IAP neat-term climate prediction system. Advances in Earth Science, 32(4) : 342-352.

Wu B, Zhou T J. 2012. Prediction of decadal variability of sea surface temperature by a coupled global climate model FGOALS_gl developed in LASG/IAP. Chinese Science Bulletin, 57(19): 2453-2459.

Wu B, Zhou T, Zheng F. 2018. EnOI-IAU initialization scheme designed for decadal climate prediction system IAP-DecPreS. J Adv Model Earth Syst, 10: 342-356.

Wu D, Jiang Z, Ma T. 2016a. Projection of summer precipitation over the Yangtze-Huaihe River basin using multimodel statistical downscaling based on canonical correlation analysis. J Meteor Res, 30(6): 867-880.

Wu Y, Wu S Y, Wen J, et al. 2016b. Future changes in mean and extreme monsoon precipitation in the middle and lower yangtze river basin, China in the CMIP5 models. Journal of Hydrometeorology, 17: 2785-2797.

Wu T, Lu Y X, Fang Y J, et al. 2019. The Beijing climate center climate system model (BCC-CSM): Main progress from CMIP5 to CMIP6. Geosci Model Dev, 12: 1573-1600.

Wu T, Yu R, Lu Y, et al. 2021. BCC-CSM2-HR: A high-resolution version of the Beijing Climate Center Climate System Model, Geosci. Model Dev, 14: 2977-3006.

Wu T, Zhang F, Zhang J, et al. 2020. Beijing climate center earth system model version 1 (BCC-ESM1): Model description and evaluation of aerosol simulations. Geosci Model Dev, 13(3): 977-1005.

Xie Z, Liu S, Zeng Y, et al. 2018. A high-resolution land model with groundwater lateral flow, water use, and soil freeze-thaw front dynamics and its applications in an endorheic basin. J Geophys Res-Atmos, 123(14): 7204-7222.

Xin X G, Gao F, Wei M, et al. 2018. Decadal prediction skill of BCC-CSM1.1 climate model in East Asia. Int J Climatol, 38: 584-592.

Xin X, Wu T, Zhang J, et al. 2020. Comparison of CMIP6 and CMIP5 simulations of precipitation in China and the East Asian summer monsoon. Int J Climatol, 40(15): 6423-6440.

Xin X, Wu T, Zhang J. 2013. Introduction of CMIP5 experiments carried out with the climate system models of Beijing Climate Center. Adv Climate Change Res, 4: 41-49.

Xu F. 2018. Test and evaluation of a simple parameterization to enhance air-sea coupling in a global coupled model. Satellite Oceanography and Meteorology, 3(2): 739.

Xu S, Wang B, Liu J. 2015b. On the use of Schwarz-Christoffel conformal mappings to the grid generation for global ocean models. Geoscientific Model Development, 8(10): 3471-3485.

Xu Y, Gao X J, Giorgi F. 2010. Upgrades to the reliability ensemble averaging method for producing probabilistic climate change projections. Climate Res, 41: 61-81.

Xu Y, Gao X, Giorgi F, et al. 2018. Projected changes in temperature and precipitation extremes over China as measured by 50-year return values and periods based on CMIP5 ensemble. Adv Atmos Sci, 35(4): 376-388.

Xu Y, Wu J, Shi Y, et al. 2015a. Change in extreme climate events over China based on CMIP5. Atmos Oceanic Sci Lett, 8(4): 185-192.

Xu Y, Zhou B T, Wu J, et al. 2017. Asian climate change under 1.5–4℃ warming targets. Adv Climate Change Res, 8(2):99-107.

Yan H, Qian Y, Lin G, et al. 2014. Parametric sensitivity and calibration for the Kain-Fritsch convective parameterization scheme in the WRF model. Climate Res, 59(2): 135-147.

Yang B, Berg L K, Qian Y, et al. 2019. Parametric and structural sensitivities of turbine-height wind speeds in the boundary layer parameterizations in the Weather Research and Forecasting model. J Geophys Res-Atmos, 124(12): 5951-5969.

Yang B, Qian Y, Lin G, et al. 2013. Uncertainty quantification and parameter tuning in the CAM5 Zhang-McFarlane convection scheme and impact of improved convection on the global circulation and climate. J Geophys Res, 118(2): 395-415.

Yang B, Qian Y, Berg L K, et al. 2017. Sensitivity of turbine-height wind speeds to parameters in planetary boundary-layer and surface-layer schemes in the weather research and forecasting model. Boundary-Layer

Meteorology, 162(1): 117-142.

Yang B, Zhang Y C, Qian Y, et al. 2015a. Calibration of a convective parameterization scheme in the WRF model and its impact on the simulation of East Asian summer monsoon precipitation. Clim Dynam, 44(5-6): 1661-1684.

Yang B, Zhang Y C, Qian Y, et al. 2015b. Parametric sensitivity analysis for the Asian summer monsoon precipitation simulation in the Beijing climate center AGCM. J Climate, 28(14): 5622-5644.

Yang H, Jiang Z H, Li L R. 2016. Biases and improvements in three dynamical downscaling climate simulations over China. Clim Dynam, 47(9-10): 3235-3251.

Yang H, Wang B. 2012. Reducing biases in regional climate downscaling by applying Bayesian model averaging on large-scale forcing. Clim Dynam, 39(9-10): 2523-2532.

Yang K, Koike T, Fujii H, et al. 2002. Improvement of surface flux parametrizations with a turbulence-related length. Quart J Royal Meteor Soc, 128(584): 2073-2088.

Yang Y M, Wang B, Li J. 2018. Improving seasonal prediction of East Asian summer rainfall: Experiments with NESM3.0. Atmosphere, 9 (12): 487.

Yao J C, Zhou T J, Guo Z, et al. 2017. Improved performance of high-resolution atmospheric models in simulating the East Asian summer monsoon rain belt. J Climate, 30(21): 8825-8840.

Yao S X, Zhang Y C. 2010. Simulation of China summer precipitation using a regional air–sea coupled model. Acta Meteorologica Sinica, 24: 203-214.

Ying J, Huang P. 2016a. Cloud-radiation feedback as a leading source of uncertainty in the tropical pacific SST warming pattern in CMIP5 models. J Climate, 29(10): 3867-3881.

Ying J, Huang P. 2016b. The Large-Scale ocean dynamical effect on uncertainty in the tropical pacific SST warming pattern in CMIP5 Models. J Climate, 29(22): 8051-8065.

You Q, Wu F, Shen L, et al. 2020. Tibetan Plateau amplification of climate extremes under global warming of 1.5℃, 2℃ and 3℃. Global and Planetary Change, 192: 103261.

Yu R C. 1994. A Two-step shape-preserving advection scheme. Adv Atmos Sci, 11(4): 479-490

Yu R, Zhai P, Lu Y. 2018. Implications of differential effects between 1.5℃ and 2℃ global warming on temperature and precipitation extremes in China's urban agglomerations. International Journal of Climatology, 38(5): 2374-2385.

Zeng Y, Xie Z, Liu S, et al. 2018. Global land surface modeling including lateral groundwater flow. J Adv Model Earth Syst, 10(8): 1882-1900.

Zhang H, Nakajima T, Shi G Y, et al. 2003. An optimal approach to overlapping bands with correlated k distribution method and its application to radiative calculations. J Geophys Res, 108(D20): 4641.

Zhang H, Shi G Y, Nakajima T, et al. 2006a. The effects of the choice of the k-interval number on radiative calculations. J Quant Spectrosc Rad Trans, 98(1): 31-43.

Zhang H, Suzuki T, Nakajima T, et al. 2006b. Effects of band division on radiative calculations. Opt Eng, 45(1): 016002.

Zhang L X, Zhang W X, Zhou T J, et al. 2017. Assessment of the decadal prediction skill on global land summer monsoon precipitation in the coupled models of ENSEMBLES. Advances in Earth Science, 32(4): 409-419.

Zhang S, Harrison M J, Rosati A, et al. 2007. System design and evaluation of coupled ensemble data assimilation for global oceanic climate studies. Monthly Weather Review, 135(10): 3541-3564.

Zhang Y, Chen H, Yu R. 2014a. Vertical structures and physical properties of the cold-season stratus clouds downstream of the Tibetan Plateau: Differences between daytime and nighttime. J Climate, 27(18): 6857-6876.

Zhang Y, Chen H, Yu R. 2014b. Simulations of stratus clouds over Eastern China in CAM5: Sensitivity to horizontal resolution. J Climate, 27(27): 7033-7052.

Zhang Y, Chen H, Yu R. 2015. Simulations of stratus clouds over eastern china in CAM5: Sources of errors. J Climate, 28(1): 36-55.

Zhang Y, Li J. 2013. Shortwave cloud radiative forcing on major stratus cloud regions in AMIP-type simulations of CMIP3 and CMIP5 models. Adv Atmos Sci, 30(3): 884-907.

Zhang Y, Yu R, Li J, et al. 2013. Dynamic and thermodynamic relations of distinctive stratus clouds on the Lee Side of the Tibetan Plateau in the cold season. J Climate, 26(21): 8378-8391.

Zhao C, Jiang Z, Sun X, et al. 2020. How well do climate models simulate regional atmospheric circulation over East Asia. Int J Climatol, 40(1): 220-234.

Zhao L, Xu J, Powell A, et al. 2015. Uncertainties of the global-to-regional temperature and precipitation simulations in CMIP5 models for past and future100years. Theor Appl Climatol, 122: 259-270.

Zhao X, Lin Y, Peng Y, et al. 2017. A single ice approach using varying ice particle properties in global climate model microphysics. J Adv Model Earth Syst, 9(5): 2138-2157.

Zhou B, Wang Z, Shi Y, et al. 2018. Historical and future changes of snowfall events in China under a warming background. J Climate, 31: 5873-5889.

Zhou B, Wen Q, Xu Y, et al. 2014. Projected changes in temperature and precipitation extremes in China by the CMIP5 multimodel ensembles. J Climate, 27: 6591-6611.

Zhou T J, Lu J W, Zhang W X, et al. 2020. The sources of uncertainty in the projection of global land monsoon precipitation. Geophys Res Lett, 47(15): e2020GL088415.

Zhu H, Jiang Z, Li L. 2021. Projection of climate extremes in China, an incremental exercise from CMIP5 to CMIP6. Science Bulletin, 66(24): 2528-2537.

Zou L W, Qian Y, Zhou T J, et al. 2014. Parameter tuning and calibration of RegCM3 with MIT-Emanuel cumulus parameterization scheme over CORDEX East Asia domain. J Climate, 27(20): 7687-7701.

Zou L, Zhou T. 2017. Dynamical downscaling of East Asia winter monsoon with a regional ocean-atmosphere coupled model. Quart J Royal Meteor Soc, 143(706): 2245-2259.

Zou L, Zhou T, Peng D. 2016. Dynamical downscaling of historical climate over CORDEX East Asia domain: A comparison of regional ocean atmosphere coupled model to standalone RCM simulation. J Geophys Res-Atmos, 121: 1442-1458.

Zou L, Zhou T, Qiao F, et al. 2017. Development of a regional ocean-atmosphere-wave coupled model and its preliminary evaluation over the CORDEX East Asia domain. Int J Climatol, 37: 4478-4485.

Zou L, Zhou T. 2016. Future summer precipitation changes over CORDEX-East Asia domain downscaled by a regional ocean–atmosphere coupled model: A comparison to the stand-alone RCM. J Geophys Res-Atmos, 121: 2691-2704.

第5章 温室气体与气溶胶排放及其气候和环境效应

首席作者：廖宏 朴世龙

主要作者：陈智 高庆先 韩志伟 何洪林

胡建林 刘竹 彭书时 王体健 张华

摘 要

本章主要针对大气温室气体和气溶胶的源汇、浓度、变化趋势以及它们的气候效应进行综合评估。

近40年大气CO_2浓度从1980年的339 ppm升高到2018年的407 ppm，增加了68 ppm，平均每年升高1.8 ppm。1984~2018年大气CH_4浓度升高了212 ppb，平均每年升高6.2 ppb；截至2018年，大气CH_4浓度为1857 ppb。2010~2015年的全国陆地生态系统碳储量调查结果显示，我国陆地生态系统总碳储量为79.24±2.42 Pg C，其中森林碳储量最大，占总碳储量的38.9%；草地和农田碳储量分别占32.1%和20.6%。来自地面的清查数据、模型模拟以及大气反演结果均表明，在过去30年里，我国陆地生态系统是显著的碳汇，且其大小呈增加趋势。而在未来50年内，中国的陆地生态系统依然具有较大的固碳潜力，在全球碳循环中起更加重要的作用。

2012~2013年40个地面观测站的结果显示全国城市地区大气$PM_{2.5}$主要成分为有机物（26%）、硫酸盐（17.7%）、矿物沙尘（11.8%）、硝酸盐（9.8%）、铵盐（6.6%）、元素碳（6.0%）。已有较多区域或利用全球模式估算了中国地区不同季节总气溶胶和不同种类气溶胶的辐射强迫，得到的辐射强迫值随所处地区和季节的不同而存在显著差异。目前研究表明未来污染物的减排很可能会导致中国区域出现正辐射强迫，导致气候变暖。CMIP5模拟显示东亚地区气溶胶在1985~2005年的增加导致东亚地区地表温度降低大约1.02℃。气溶胶对环流、降雨、东亚季风等均有显著影响，但其气候效应还有很大的不确定性，特别是对气溶胶-云-降雨相互作用的理解还有很大的不确定性。关于气候变化对大气环境的影响研究有较为系统的新发现，研究表明气候变化增大我国$PM_{2.5}$的季节平均浓度，且全球变暖导致我国北方冬季重霾污染事件的频次和持续时间增加。

5.1　全球温室气体和气溶胶的变化及中国贡献

5.1.1　温室气体排放及浓度的变化

气候变化深刻影响人类生存和发展，是人类可持续发展的重大挑战。工业化时代以来，化石燃料大量燃烧产生温室气体排放，对全球气候造成显著影响。人类工业活动，尤其是化石能源燃烧的碳排放是温室气体排放的主要形式（Peters et al.，2011）。碳基能源（煤炭、石油、天然气等）为主的化石燃料在燃烧过程中被完全氧化形成 CO_2 并释放到大气中，是最主要的温室气体源（Lashof and Ahuja，1990）。此外，水泥生产过程中的碳酸钙受热释放出 CO_2，约占人类活动 CO_2 排放总量的 10%。另外，两种主要温室气体为 CH_4 和 N_2O。CH_4 人为排放一部分来自化石燃料开采和燃烧，另一部分来自废弃物和生物沼气、水稻种植和牲畜体内发酵等农业活动。N_2O 人为排放主要来自农业活动和化石能源燃烧。其他温室气体如氟化物等则主要来自工业化学生产过程。不同温室气体的全球增温效果表示为其在大气中 100 年尺度下相对于 CO_2 增温效应的当量（global warming potential，GWP）。《联合国气候变化框架公约》（UNFCCC）公布的 CO_2、CH_4 和 N_2O 的 GWP 当量分别为 1、28 和 265（IPCC，2013）。

近 10 年（2009~2018 年）全球化石能源和工业平均每年排放 347 亿 t CO_2，土地利用变化平均每年排放 55 亿 t CO_2（Friedlingstein et al.，2019）。中国是全球人口最多的国家和最大的发展中国家，处在快速的城市化和工业化进程中。由于中国自身发展的需要，中国能源消费量与碳排放量快速增长，1994~2012 年中国 CO_2 排放量增加了约 2.5 倍（表 5.1）。2007~2009 年中国成为世界上最大的化石能源消费国和 CO_2 排放国，并且 CO_2 排放量持续快速增长（Liu et al.，2015）。根据《中华人民共和国气候变化第一次两年更新报告》，2012 年中国 CO_2 排放量（不包括土地利用变化和林业）约为 98.93 亿 t，其中能源活动排放约 86.88 亿 t，工业生产过程排放约 11.93 亿 t，废弃物处理排放约 0.12 亿 t（表 5.1）；中国此三项总的 CO_2 排放量占全球总量的 27%左右。土地利用变化和林业表现为碳吸收汇，共吸收 CO_2 约 5.76 亿 t。此外，2012 年国际航空排放约 0.17 亿 t CO_2，国际航海排放约 0.27 亿 t CO_2，生物质燃烧排放约 8.13 亿 t CO_2，作为信息项报告不计入清单排放总量。中国的国家体量、经济和工业地位决定了中国将在气候变化的国际行动中发挥重要作用。中国政府将应对气候变化和开展可持续发展作为国家战略，制定了在 2030 年碳排放强度（单位 GDP 碳排放量）比 2005 年降低 65%以上的相对减排指标[①]，并承诺在 2030 年前实现 CO_2 排放总量的峰值[②]。

2008~2017 年全球 CH_4 人为排放总量为 3.60 亿 t CH_4/a，其中，农业源和废弃物排放贡献 58%，化石能源生产和使用贡献 33%（Saunois et al.，2020）。中国 2012 年人为 CH_4 排放约为 0.56 亿 t CH_4/a，占全球总量的 15.6%。中国人为 CH_4 排放主要来自能源活动（49%）和农业源（41%）。1980~2010 年，中国人为 CH_4 排放总量增加了 84%，增加量主要来源于能源活动（煤矿开采、油气系统和能源燃烧）CH_4 排放的增加（Peng et al.，2016）。

2012 年全球 N_2O 人为排放总量为 915 万 t N_2O/a，其中农业源为 500 万 t N_2O/a（Janssens-Maenhout et al.，2017）。中国 2012 年排放约 206 万 t N_2O/a，占全球总量的 22.5%。中国农业活动贡献了中国 71.6%的 N_2O 排放（表 5.1）。1994~2012 年，中国 N_2O 人为排放增加了 142%。

---

① 国家发展和改革委员会. 2016. 中华人民共和国政府 2015 强化应对气候变化行动——中国国家自主贡献. http://www.scio.gov.cn/xwfbh/xwbfbh/wqfbh/2015/20151119/xgbd33811/Document/1455864/1455864.htm.

② 中美气候变化联合声明. http://www.china.org.cn/chinese/2014-12/09/content_34268965.htm.

表 5.1　1994 年、2005 年和 2012 年中国 CO_2、CH_4 和 N_2O 排放清单

温室气体排放源与吸收汇的种类 / (10^3 t/a)	CO_2			CH_4			N_2O		
	1994 年	2005 年	2012 年	1994 年	2005 年	2012 年	1994 年	2005 年	2012 年
总排放量（包括土地利用变化和林业）	2665990	5554040	9317408	34287	44455	55915	850	1270	2059
能源活动	2795489	5404310	8688288	9371	15430	27586	50	130	224
工业生产过程	277980	568600	1193164	—	—	6	15	110	255
农业	—	—	—	17196	25170	22886	786	940	1475
土地利用变化和林业	–407479	–421530	–575848		31	14	0.2	0	
废弃物处置	7220	2660	11804		3820	5423		90	105
			信息项*						
国际航空	—	9950	16796	—	—	0	—	—	0
国际航海	—	11220	27094	—	—	3	—	—	1
生物质燃烧	—	—	813325	—	—	—	—	—	—

*信息项不计入总排放量

据《IPCC 国家温室气体清单优良作法指南》的误差传递法分析，2012 年国家温室气体清单总不确定性为 5.4%，其中 CO_2 排放的不确定性较小。中国 CH_4 排放的不确定性约为 20%（Peng et al.，2016），N_2O 排放的不确定性约为 40%（Zhou et al.，2014）。

近 40 年人类活动排放 CO_2 的 30% 和 25% 分别被陆地和海洋生态系统吸收，剩余的 45% 留在了大气中。因此，近 40 年大气 CO_2 浓度从 1980 年的 339 ppm 升高到 2018 年的 407 ppm，增加了 68 ppm，平均每年升高 1.8 ppm（图 5.1）。中国瓦里关（WLG）站点自 1990 年 8 月开始监测的 CO_2 浓度与全球大气 CO_2 浓度趋势一致，与热带 Mauna Loa（MLO）站点相比，大气 CO_2 季节波动幅度更大一些（图 5.1）。人类活动排放的 CH_4 大部分（>90%）被大气氢氧自由基氧化，小部分（<6%）被土壤吸收，剩余的 CH_4 留存在大气中，CH_4 在大气中的滞留时间约为 10 年。1984~2018 年大气 CH_4 浓度升高了 212 ppb，平均每年升高 6.2 ppb；截至 2018 年，大气 CH_4 浓度为 1857 ppb。中国瓦里关站点与 MLO 站点观测的大气 CH_4 浓度升高趋势一致，但观测的浓度比 MLO 站点高 44 ppb。人类排放的 N_2O 主要被平流层光及氧原子自由基氧化，小部分被土壤反硝化，N_2O 在大气中的滞留时间约为 120 年（IPCC，2013）。全球大气 N_2O 浓度 1980~2018 年升高了约 31 ppb（Hall et al.，2007），但 20 世纪 80 年代大气 N_2O 浓度观测站点较少，大部分站点从 90 年代开始观测大气 N_2O 浓度。WLG 站点观测的 N_2O 浓度与 MLO 和其他站点一致，从 1997 年的 313 ppb 增加到 2018 年的 331 ppb，平均每年升高 0.86 ppb。

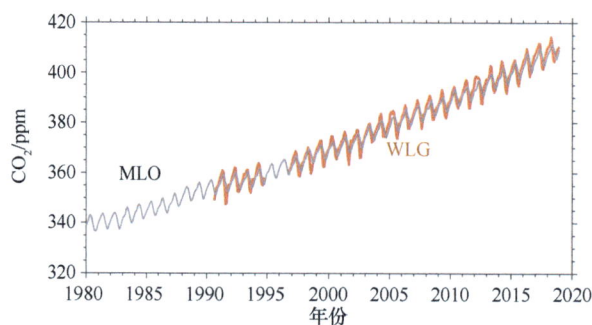

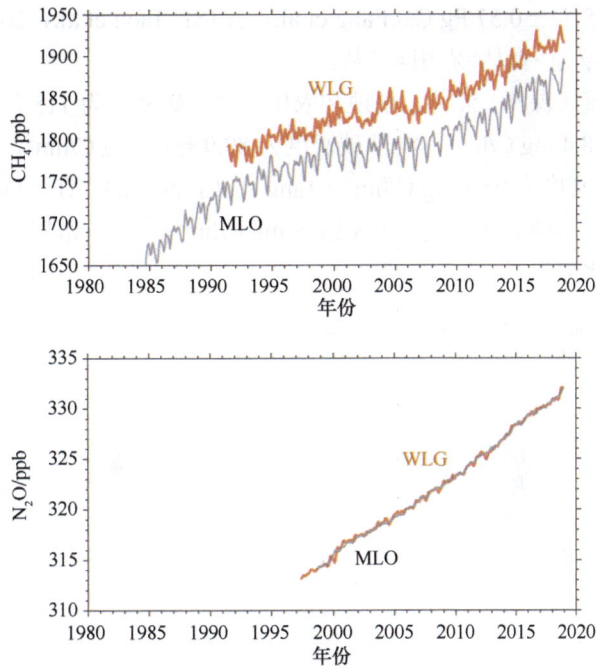

图 5.1　Mauna Loa 和瓦里关站点大气 CO_2、CH_4 和 N_2O 观测浓度

灰色为 Mauna Loa（MLO）站点，橙色为瓦里关（WLG）站点

5.1.2　中国陆地碳储量与碳收支

1. 陆地生态系统碳储量

2010~2015 年我国开展全国尺度的陆地生态系统生物量与碳储量调查。基于对全国区域 13030 个森林、灌丛和草地样地以及 1341 个农田样地的同步调查，系统评估了我国陆地生态系统的碳储量大小与分布（Fang et al.，2018；Tang et al.，2018a；王万同等，2018）（图 5.2）。如表 5.2 所示，我国陆地生态系统（森林、灌丛、草地和农田）总碳储量为 79.24±2.42 Pg C，其中森林碳储量为 30.83±1.57 Pg C，灌丛碳储量为 6.69±0.32 Pg C，草地碳储量为 25.40±1.49 Pg C，农田碳储量为 16.32±0.41 Pg C（Fang et al.，2018；Tang et al.，2018a）。森林碳储量占总碳储量的 38.9%，草地碳储量占 32.1%，农田碳储量占 20.6%。在不同组分中，植被碳储量为 13.10±2.17 Pg C，凋落物碳储量为 0.46±0.48 Pg C，土壤碳储量为 65.69±3.54 Pg C（Tang et al.，2018a；王万同等，2018）。土壤碳储量占总碳储量的 82.9%，约是植被碳储量的 5 倍。

在植被碳储量中，森林植被碳储量占总植被碳储量的 80%（10.48±2.02 Pg C），其中 80% 的植被碳储量分布在地上植被，地下植被碳储量占 20%。灌丛、草地和农田的植被碳储量占总植被碳储量的 20%，分别为 0.71±0.23 Pg C、1.35±0.47 Pg C 和 0.55±0.02 Pg C（Fang et al.，2018；Tang et al.，2018a）。与森林相似，农田植被碳储量主要分布在地上植被，占总植被碳储量的 83.6%。灌丛的地上植被碳储量与地下植被碳储量相当，地上植被与地下植被碳储量比值接近 1∶1。而草地植被碳储量主要分布在地下植被，地下植被碳储量占总植被碳储量的 91.8%，是地上植被碳储量的 10 倍。

在土壤碳储量中，从 0~10cm、10~20cm、20~30cm、30~50cm 到 50~100cm 土层，碳储量先降低后升高，分别为 14.6 Pg C、11.65 Pg C、8.91 Pg C、13.49 Pg C 和 17.08 Pg C。在不同类型生态系统中，森林、灌丛、草地和农田土壤碳储量分别为 19.98±2.41 Pg C、5.91±0.43 Pg C、

24.03±2.52 Pg C 和 15.77±0.57 Pg C（Fang et al.，2018；Tang et al.，2018a）。不同类型生态系统的土壤碳储量为草地>森林>农田>灌丛。

我国陆地生态系统（森林、灌丛、草地和农田）平均碳密度为 115.7±6.2 mg C/hm²，其中森林碳密度为 163.8±8.4 mg C/hm²，灌丛碳密度为 89.9±4.4 mg C/hm²，草地碳密度为 90.3±5.3 mg C/hm²，农田碳密度为 95.1 mg C/hm²（Tang et al.，2018a）。在不同组分中，植被碳密度为 23.1±5.7 mg C/hm²，凋落物碳密度为 0.8±0.9 mg C/hm²，土壤碳密度为 91.8±9.2 mg C/hm²。植被与土壤碳密度的比值约为 0.25。

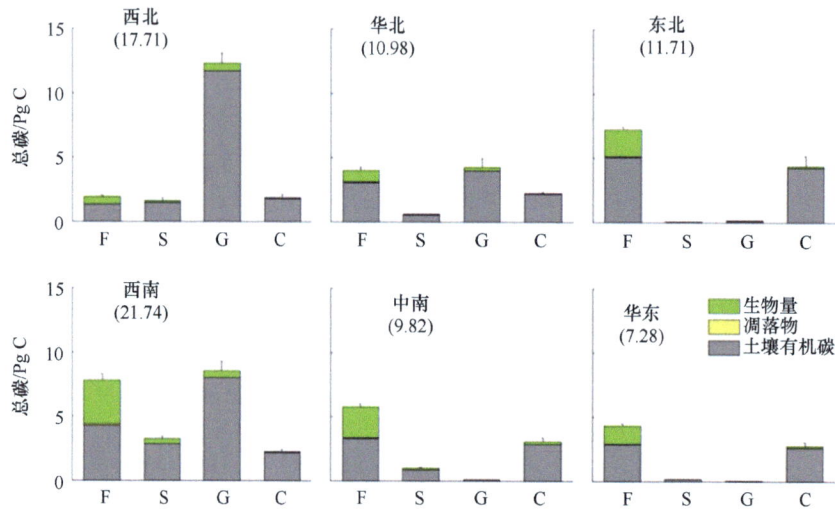

图 5.2 中国陆地生态系统碳储量（Pg C）的空间分布（Tang et al.，2018a）
森林（F）、灌丛（S）、草地（G）和农田（C）

表 5.2 中国森林、灌丛、草地和农田的植被、凋落物和土壤碳储量与碳密度

项目	碳密度/（Mg C/hm²）				碳储量/Pg C				总计
	森林	灌丛	草地	农田	森林	灌丛	草地	农田	
面积/10⁶ hm²	188.2	74.3	281.3	171.3	188.2	74.3	281.3	171.3	715.1
植被	55.7±9.1	9.6±3.2	4.8±1.7	3.06±0.87	10.48±2.02	0.71±0.23	1.35±0.47	0.55±0.02	13.10±2.17
植被地上	44.6±12.5	5.0±3.7	0.43±0.56	2.66±1.21	8.39	0.37	0.12	0.46	9.34
植被地下	11.1±2.9	4.0±2.6	4.4±2.3	0.4±0.23	2.09	0.3	1.24	0.07	3.69
凋落物	1.9±1.3	0.8±0.7	0.08±0.23	—	0.37±0.24	0.06±0.04	0.02±0.08	—	0.46±0.48
土壤	106.1±11.2	79.5±6.8	85.4±9.0	92.04±4.06	19.98±2.41	5.91±0.43	24.03±2.52	15.77±0.57	65.69±3.54
0~10cm 土层	26.5±7.5	19.4±7.8	18.7±8.1	16.99±4.03	4.99	1.44	5.26	2.91	14.6
10~20cm 土层	18.9±6.3	14.2±5.8	15.4±6.0	15.77±3.96	3.56	1.06	4.33	2.7	11.65
20~30cm 土层	15.1±6.3	10.9±4.9	11.9±5.1	11.18±2.44	2.84	0.81	3.35	1.92	8.91
30~50cm 土层	22.4±10.0	16.2±7.9	18.4±7.7	16.92±3.34	4.22	1.2	5.18	2.9	13.49
50~100cm 土层	23.2±19.6	19.7±7.0	21.0±14.8	31.18±5.77	4.37	1.46	5.91	5.34	17.08
总计	163.8±8.4	89.9±4.4	90.3±5.3	95.1	30.83±1.57	6.69±0.32	25.40±1.49	16.32±0.41	79.24±2.42

注：① 表中碳密度为面积加权平均碳密度；② 碳储量和碳密度表示为平均值±1 倍标准差；③ 表中数据来自 Tang et al.，2018a；Fang et al.，2018；王万同等，2018

2. 陆地生态系统碳收支

在快速的城市化和工业化发展中，中国的碳排放量与日俱增，中国已成为全球最大的碳排

放国家。最新研究结果表明，2013 年我国化石燃料燃烧和水泥生产产生的碳排放量达 2.4 Gt C（Liu et al.，2015），约占全球的 1/4。准确评估我国碳排放有多少可被陆地和海洋生态系统吸收和固持则成为回答我国实际碳收支状况的关键。过去几十年里，研究学者们采用多种技术途径来评估我国的陆地生态系统碳收支，包括资源清查法、微气象观测法、大气遥感反演以及过程模型模拟等（Piao et al.，2009；Tian et al.，2011；Yu et al.，2014；Wang et al.，2015d；Fang et al.，2018）。

不同技术途径的评估结果均表明，我国陆地生态系统是显著的碳汇（Piao et al.，2009；Yu et al.，2013；Wang et al.，2015d；Yao et al.，2018；Fang et al.，2018；Chen et al.，2019）。资源清查的统计结果显示，我国陆地生态系统总的固碳量为 177~201 Tg C/a（Piao et al.，2009；Fang et al.，2018），这与基于多种过程模型模拟的结果（173~215 Tg C/a）相一致（Piao et al.，2009；Tian et al.，2011）。采用微气象通量观测的尺度上推与大气反演模型得出，我国陆地生态系统总的固碳量为 350~650 Tg C/a（Piao et al.，2009；Wang et al.，2015d；Yao et al.，2018）。综合上述不同方法，我国陆地生态系统的固碳量大致在 170~650 Tg C/a 的范围（表 5.3）。

表 5.3　基于不同估算方法的中国区域陆地生态系统碳收支评估结果

方法	生态系统类型	组分	年份	面积/10^6 hm²	碳收支/（Tg C/a）	参考文献
资源清查法	森林	植被	1982～2003	130	75.2±34.7	Piao et al.，2009
			2001～2010	188.2	116.7	Guo et al.，2013 Fang et al.，2018
		凋落物	1984～2008	153	6.7±2.2	Zhu et al.，2017
		土壤	1982～1999	130	4.0±4.1	Piao et al.，2009
			2001～2010	188.2	37.6	Fang et al.，2018
	灌丛	植被	1982～1999	215	21.7±10.2	Piao et al.，2009
			2001～2010	74.3	3.5	Fang et al.，2018
		土壤	1982～1999	215	39.4±9.0	Piao et al.，2009
			2001～2010	74.3	13.6	Fang et al.，2018
	草地	植被	1982～1999	331	7.0±2.5	Piao et al.，2009
			2001～2010	281.3	−0.8	Fang et al.，2018
		土壤	1982～1999	331	6.0±1.0	Piao et al.，2009
			2001～2010	281.3	−2.56	Yang et al.，2014a Fang et al.，2018
	农田	土壤	2001～2010	171.3	23.98	Zhao et al.，2018b Fang et al.，2018
	所有类型	植被	1982～1999	816	105.2±48.3	Piao et al.，2009
			2001～2010	715.1	119.4	Fang et al.，2018
		土壤	1982～1999	816	75.4±25.1	Piao et al.，2009
			2001～2010	715.1	72.6	Fang et al.，2018
	总计		1982～1999	816	177±73.4	Piao et al.，2009
	总计		2001～2010	715.1	201.1	Fang et al.，2018
涡度通量法	总计		2001～2010		410±120	Wang et al.，2015d
	总计		2005～2011		650	Yao et al.，2018
过程模型法		植被	1980～2002		92±74	Piao et al.，2009
			1981～2000		121±31	Tian et al.，2011
		土壤	1980～2002		75±66	Piao et al.，2009
			1981～2000		94±47	Tian et al.，2011
	总计		1980～2002		173±39	Piao et al.，2009
	总计		1981～2000		215	Tian et al.，2011
大气反演法	总计		1996～2005		350±330	Piao et al.，2009

基于资源清查的研究结果表明，1982~1999 年我国森林的平均固碳量为 79.2 Tg C/a，其中森林植被的固碳量为 75.2±34.7 Tg C/a，土壤的固碳量为 4±4.1 Tg C/a（Piao et al.，2009）。灌丛的固碳量次于森林，平均为 61.1 Tg C/a，其中灌丛土壤的固碳能力高于植被，是植被固碳量的 1.8 倍。草地的固碳量低于森林和灌丛，草地的植被和土壤固碳量分别为 7±2.5 Tg C/a 和 6±1 Tg C/a（Piao et al.，2009）。

在过去 30 年里，我国陆地生态系统的固碳量呈现出增加趋势。其中，森林固碳量增加最为显著。2001~2010 年我国森林的平均固碳量增加为 161 Tg C/a，其中森林植被的固碳量增加量为 116.7 Tg C/a（Guo et al.，2013；Fang et al.，2018），土壤的固碳量增加量为 37.6 Tg C/a（Piao et al.，2009；Zhao et al.，2018b；Yang et al.，2014a），凋落物的固碳量增加量为 6.7±2.2 Tg C/a（Zhu et al.，2017；Fang et al.，2018）。灌丛的固碳量则有所降低，尤其是灌丛植被的固碳量减小最为显著，而单位面积的灌丛土壤固碳量则无显著变化。草地固碳量则整体呈现出下降趋势，草地植被和土壤均为微弱的碳排放（Yang et al.，2014a；Liu et al.，2018；Fang et al.，2018）。2001~2010 年我国陆地生态系统总的固碳量较 1982~1999 年增加 24 Tg C/a（Piao et al.，2009；Fang et al.，2018）。

我国陆地生态系统固碳量的增加得益于气候变化以及我国森林和农业管理措施的共同作用（Fang et al.，2014；Li et al.，2016d；Lu et al.，2018；Zhao et al.，2018b）。研究表明，自 19 世纪 70 年代开展植树造林工程以来，我国森林面积增加了 22M hm^2，平均固碳量从 16.6 Tg C/a 增加为 47.5 Tg C/a（Fang et al.，2014）。其中，60%的人工林碳汇增量直接来自森林面积的增加，80%的天然林碳汇增量来自森林的生长和生物量碳密度的增大（Fang et al.，2014；Li et al.，2016d）。2000~2010 年我国的六大生态恢复工程直接增加了约 74 Tg C/a 的固碳量（Lu et al.，2018），而采取的农田秸秆还田等措施增加了农田 20 Tg C/a 的碳汇（Zhao et al.，2018b）。据预测，我国的陆地生态系统的固碳功能仍存在很大潜力，在有效的人类经营管理下，我国陆地生态系统的固碳量将进一步提升（Fang et al.，2018）。

3. 水体碳收支

中国湖泊分布广泛，类型多样，总面积达到 9.1 万 km^2，整体被认为是碳汇（Dong et al.，2012；Wang et al.，2015b）。基于中国 58 个湖泊沉积物有机碳含量和 82 个湖泊沉积碳累积速率的统计数据，中国湖泊沉积物总碳储量为 8.0±1.0 Pg C（Wang et al.，2015b）。过去 12000 年中国湖泊沉积物碳累积速率为 0.7~2 Tg C/a（Dong et al.，2012；Wang et al.，2015b）。中国湖泊单位面积沉积物碳累积速率在不同气候区差异显著，东部亚热带地区湖泊沉积物碳累积速率最高 [11.5±5.6 g C/（m^2·a）]，而在干旱和半干旱气候区内蒙古和新疆最低 [5.8±1.6 g C/（m^2·a）]；平均沉积物碳累积速率与高纬度湖泊相当，但低于热带湖泊（Wang et al.，2015b）。

水体有机碳输入主要来源于陆源碳输入和藻类及水生植物初级生产力，一部分通过沉积物的方式固定碳，另一部分被水体微生物分解直接释放到大气中或输送到海洋中（Ciais et al.，2020）。目前中国水体向大气排放 CO_2 总量的估算有很大的不确定性。基于流域尺度水体 CO_2 分压估算中国水体 CO_2 排放总量为 164±82 Tg C/a（Raymond et al.，2013），而通过 0.5℃栅格尺度的统计模型估算中国水体 CO_2 排放总量为 29±14 Tg C/a（Lauerwald et al.，2014）。基于 310 个湖泊和 153 个水库的观测数据估算了中国水体 CH_4 排放总量为 1.5~2.7 Tg CH_4/a，CO_2 排放总量为 20.8~29.5 Tg C/a，抵消了 14%~23%的陆地碳汇（Li et al.，

2018a）。总体上，中国水体碳收支估算的不确定性仍然很大，而且缺乏陆源碳输入和水体生产力的大尺度估算。

4. 碳收支变化趋势和年际变异

近几十年来，中国陆地生态系统经历了显著的气候变化。东亚季风增强显著改变了降水格局，导致中国北方地区降水增多，南方地区降水减少（Piao et al.，2010），同时自 1998 年以来，中国地区增温趋缓（Ding et al.，2014）。这种气候变化显著改变了中国陆地生态系统的碳循环。CMIP5 预测东亚季风将进一步增强（Bao，2012；Chen and Sun，2013），将进一步改变中国陆地生态系统不同区域的碳收支。

在全国尺度的碳收支变化趋势研究方面，尽管在 20 世纪下半叶中国陆地生态系统表现为碳汇（Piao et al.，2009；Fang et al.，2007），但快速增温可能导致净初级生产量（net primary production，NEP）由上升趋势转变为下降趋势（Cao et al.，2003；Mu et al.，2008），同时 NEP 变化趋势也受到 CO_2 浓度上升、氮沉降等因素的影响（Tian et al.，2011；Tao and Zhang，2010）。He 等（2019）在基于我国 11 个通量站和 11984 个样方的实测碳通量和碳库数据充分验证以及参数化 3 个陆地生态系统模型（CEVSA2、BEPS 和 TEC），进而模拟 1982~2010 年中国陆地生态系统 NEP 时空变异基础上，定量分析了东亚夏季风增强和增暖趋缓对我国 NEP 近 30 年变化的贡献。结果表明，2000~2010 年中国陆地 NEP 由 1982~2000 年的下降趋势（–5.95 Tg C/a）转为上升趋势（14.22 Tg C/a）（图 5.3），其中 2000~2010 年中国地区 NEP 增速约占全球碳汇增加速率的 11.6%（Le et al.，2016）。NEP 变化趋势转变主要归因于东亚夏季风增强促进了温带季风区的碳吸收，同时增温趋缓降低了 3 个气候区，特别是亚热带-热带季风区的 NEP 下降趋势（图 5.4）。与气候因子的贡献（56.3%）相比，大气 CO_2 浓度和大气氮沉降对 NEP 趋势转折的贡献相对较低（8.6% 和 11.3%）。基于全球尺度研究提取的中国地区 2000~2010 年 NEP 变化也呈现同样的上升变化趋势，如 3 个过程模型（CLM4、CABLE 及 ORCHIDEE）（Piao et al.，2015）估算的 2000~2010 年中国陆地生态系统 NEP 结果均呈增加趋势，变化速率分别为 14.66 Tg C/a^2、9.65 Tg C/a^2 和 4.38 Tg C/a^2；基于涡度协方差观测通量观测的升尺度结果（Jung et al.，2011）显示的中国地区 NEP 增加速率为 16.63 Tg C/a^2；同时，自上而下的大气 CO_2 通量反演（Chevallier et al.，2010）及 CarbonTracker 的 CO_2 观测和模拟系统（Zhang et al.，2014a）显示中国地区 NEP 增加速率分别为 14.08 Tg C/a^2 及 16.18 Tg C/a^2。这些均表明 21 世纪初东亚夏季风增强对固碳的促进作用。

在碳收支年际变异研究方面，Zhang 等（2019）基于 6 个陆地生态系统模型（CEVSA2、BEPS、TEC、CABLE、ORCHIDEE 和 CLM4CN）的模拟结果，量化了 4 个气候区对 1982~2010 年碳收支（NEP）年际变异的贡献大小及气候因子的作用。结果表明，季风区是全国 NEP 年际变化的主要贡献区，多模型模拟的贡献率范围为 69%~96%，平均贡献率为 86%。全国陆地 NEP 的年际变化主要受总初级生产量（GPP）年际波动的影响，并且夏季 NEP 的年际波动量占全年变异量的一半以上。气候波动是中国 NEP 年际变化的主导因素，由气候、大气氮沉降和 CO_2 浓度引起的 NEP 波动分别可以解释总变异的 48%、28% 和 1%（图 5.5）。降水量的年际波动是影响全国陆地 NEP 年际间变化的主要气候因子（Fang et al.，2001；Tian et al.，2003），其中温带季风气候区降水量变化的贡献率最高（23%）（图 5.5），这是由于该区域在东亚夏季风的影响下夏季降水量年际波动大，同时陆地生态系统对降水量变化的敏感性高于其他区域。

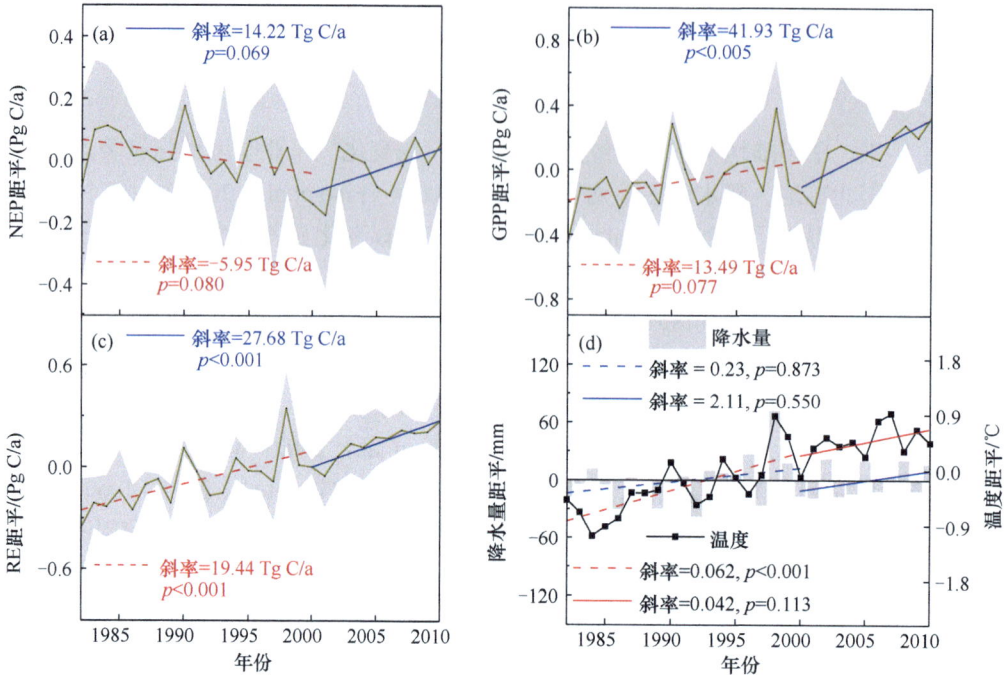

图 5.3　1982~2010 年中国陆地生态系统 NEP（a）、GPP（b）和 RE（c）以及气候因子（d）的变化趋势。
（a）~（c）中棕色实线为 3 个模型平均值，阴影区域表示 95%置信区间（He et al.，2019）

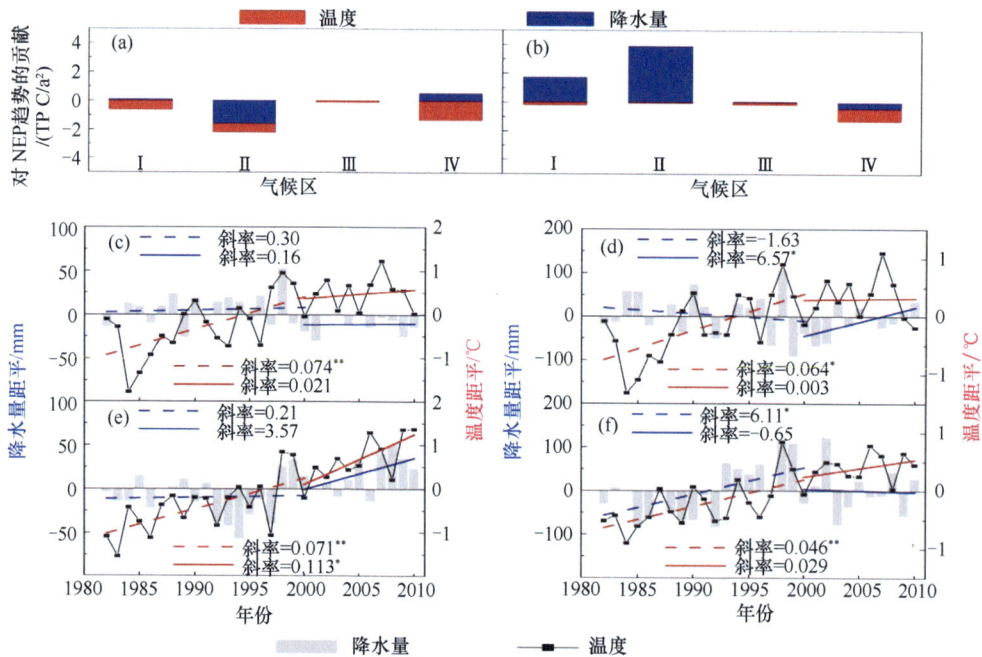

图 5.4　不同气候区气温和降水量变化对 1982~2000（a）和 2000~2010（b）年中国陆地 NEP 趋势的贡献，
以及不同气候区气温和降水的变化趋势

Ⅰ、Ⅱ、Ⅲ和Ⅳ分别表示温带大陆性气候区、温带季风气候区、高原山地气候区和亚热带-热带季风气候区。
（c）~（f）分别表示Ⅰ、Ⅱ、Ⅲ和Ⅳ气候区年均气温和夏季降水量的变化趋势（He et al.，2019）；
*和**分别代表 95%（$p<0.05$）和 99%（$p<0.01$）置信度

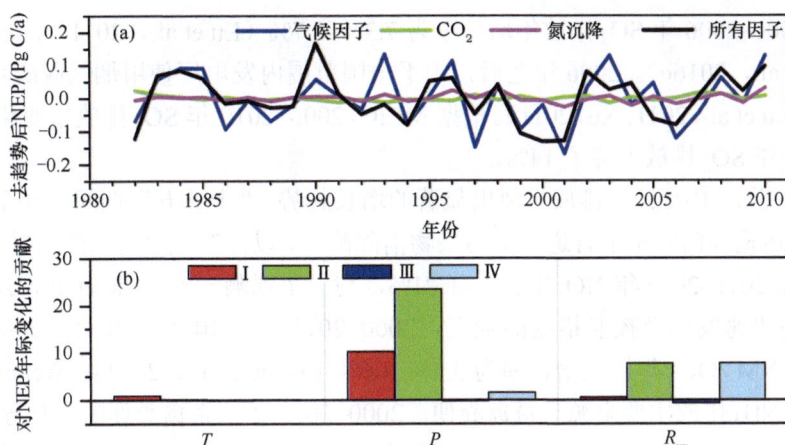

图 5.5　不同环境因子对中国陆地 NEP 年际变异（IAV）的作用（a）及不同气候区气候因子
（即温度 T、降水 P 和辐射 R_{sw}）对全国 NEP 年际变异的贡献（b）（Zhang et al.，2019）

与此同时，中国不同区域 NEP 变化趋势和年际变异也存在显著差异。在 CO_2 浓度升高及降水变化的影响下，青藏高原由 20 世纪 60 年代的碳源（–0.5 Tg C/a）转变为 21 世纪初的碳汇（21.8 Tg C/a）（Piao et al.，2012），但 2000~2010 年，青藏高原地区 NEP 呈轻微下降趋势，可归因于降水导致的 NEP 增加（0.05 Tg C/a^2）与增温导致的 NEP 降低（–0.13 Tg C/a^2）之间的权衡（He et al.，2019）。中国北方草地 2000~2010 年 NEP 的年际变异介于 129 g C/m^2（2001 年）与 217 g C/（m^2·a）（2010 年）之间（Zhang et al.，2014a），主要受降水影响。中国南方和西南区域发生的气候极端事件对固碳速率有重要影响，如 2013 年的热浪及干旱导致中国南方地区固碳减少 101.54 Tg C，约占全国年固碳总量的 39%~53%（Yuan et al.，2016）；2009~2010 年的干旱导致西南地区固碳速率下降 4.4±5 g C/（m^2·month）（Li et al.，2019c）。

5.1.3　气溶胶及气溶胶前体物排放的变化

认识中国气溶胶及其前体物排放变化对于理解中国气溶胶的气候和环境效应有重要的意义。在过去的 20 年，科学家们致力于构建中国区域排放数据，并获得了多个排放清单（Streets et al.，2003；Bond et al.，2007；Ohara et al.，2007；Zhang et al.，2009，2018a；Kurokawa et al.，2013；Huang et al.，2015；Meng et al.，2017）。Ohara 等（2007）发展了第一个覆盖中国的历史和未来排放清单（Regional Emission inventory in Asia，REAS），后来被 Kurokawa 等（2013）更新为 REAS v2 清单。由清华大学开发和维护的中国多尺度排放清单模型（Multi-resolution Emission Inventory for China，MEIC）是目前最新的中国大气污染物人为源排放清单模型，提供更新及时的高分辨率排放清单数据产品（Zheng et al.，2018）。

气溶胶是指均匀分散于大气中的固体微粒和液体微粒所构成的稳定混合体系。其中把空气动力学直径≤10 μm 的颗粒物（PM）称为 PM_{10}，≤2.5 μm 的称为 $PM_{2.5}$。气溶胶及气溶胶前体物人为排放主要包括二氧化硫（SO_2）、氮氧化物（NO_x）、挥发性有机化合物（NMVOCs）、氨气（NH_3）、黑碳（BC）及有机碳（OC）。根据 MEIC 排放清单，2010 年中国 SO_2、NO_x、NMVOCs、NH_3、BC 及 OC 排放量分别为 28.5 Tg、27.3 Tg、22.5 Tg、10.4 Tg、1.7 Tg 及 3.2 Tg（Li et al.，2017）。

从排放的长期变化来看，中国 SO_2 排放 2006 年之前持续增加，2006 年之后呈现显著的下降趋势。2000~2006 年 SO_2 排放年增长率为 7.3%~8.7%（Lu et al.，2011；Kurokawa et al.，2013；Xia et al.，2016c）。2006 年之后，由于全国范围内发电厂使用烟气脱硫系统，SO_2 排放迅速降低（Lu et al.，2011；Xu，2011）。根据 MEIC，2006~2010 年 SO_2 排放年变化率为–4.6%，而 2010~2015 年 SO_2 排放下降了 14%。

2010 年之前，中国 NO_x 排放呈现出显著的增长趋势。"十二五"期间，在全国范围内对电力、工业和运输部门实施了管道末端污染物消除战略，以控制氮氧化物的排放（Zhao et al.，2013，2014）。2011~2015 年 NO_x 排放下降 21%，与卫星观测一致（Liu et al.，2016a）。

由于经济快速发展及控制措施的缺乏，2000~2015 年中国 NMVOCs 排放持续增加。2005~2010 年 NMVOCs 年排放增长率为 3.4%~4.6%（Wang et al.，2014a；Wei et al.，2014）。

在中国，NH_3 排放主要来源于畜禽粪便。2000~2005 年，畜禽粪便的增加导致了 NH_3 排放的迅速增长（Kang et al.，2016b）。2005 年之后，牛羊数量的减少以及集约化养殖体系的推进导致了 NH_3 排放的下降。

2000 年中国 BC 排放 1.4 Tg，2006 年增加到 1.8 Tg，2006 年之后呈现下降趋势。与 BC 相似，OC 排放从 2000 年的 2.7 Tg 增加到 2005 年的 3.5 Tg，之后也呈现出下降趋势。BC 及 OC 排放在 2000~2005 年的增加主要来源于生物燃料的燃烧、焦炭行业及运输行业（Lei et al.，2011）。

5.1.4 中国气溶胶浓度和光学厚度及其变化

气溶胶的寿命从几天至几周，远小于温室气体，因此其浓度的时空分布很不均匀。气溶胶粒子对辐射的影响方式和程度取决于其浓度分布、粒径谱、化学成分及散射和吸收等理化性质，其中气溶胶光学厚度（AOD）定义为垂直方向整层大气中气溶胶粒子的消光程度，是反映气溶胶对辐射总体削减能力的重要光学参数。

中国气溶胶的空间分布主要呈现出 $PM_{2.5}$ 浓度北方大于南方，内陆大于沿海，冬季最高，夏季最低等特点。中国气溶胶化学组分的空间分布差异很大。Liu 等（2018）对 2012~2013 年 CARE-China 观测网络 40 个地面站的分析结果显示全国城市地区大气 $PM_{2.5}$ 主要成分为有机物（26%）、硫酸盐（17.7%）、矿物沙尘（11.8%）、硝酸盐（9.8%）、铵盐（6.6%）、元素碳（6.0%）。而在背景站，有机物的占比更大（33.2%），硝酸盐（8.6%）和元素碳（4.1%）的占比更低。2000~2010 年北京、上海和广州碳类气溶胶（黑碳和有机碳）浓度呈下降趋势，硫酸盐和铵盐浓度变化不大，而硝酸盐气溶胶浓度呈一致性增加趋势（Tao et al.，2017）。

中东部城市地区 AOD 明显大于西部。Che 等（2015）通过对 2002~2013 年 CARSNET 的 50 个站太阳光度计的观测数据分析，得到 AOD 在中国偏远地区、乡村/沙漠、黄土高原、中东部地区和城市站点平均值分别为 0.14、0.34、0.42、0.54 和 0.74。

中国不同地区 AOD 的季节变化特征明显不同。Xia 等（2016b）分析了 2001~2013 年中国 21 个地面站太阳光度计观测数据，发现中国南部和西南部 AOD 在春天和秋天较高，主要是受生物质燃烧的影响，夏季受降雨影响明显降低，西北和青藏高原春季受沙尘影响 AOD 高，中国北方和东北春夏季 AOD 高于秋冬季，长江三角洲地区在 5~7 月 AOD 高值与高湿环境下气溶胶的吸湿增长有很大关系，也受秸秆燃烧的影响。在年际变化方面，AOD 在 2006~2009 年呈增加趋势，而 2009~2013 年呈下降趋势。Qin 等（2018）对 1980~2017 年卫星数据的分析揭示了 2000~2008 年由于经济快速发展，AOD 急剧增加，以及 2008 年后由于环保措施的实施 AOD 总体减小的趋势，与地基观测的趋势基本一致。

不同的气溶胶化学组分对 AOD 的贡献差异较大，气象因子如相对湿度及气溶胶的垂直分布等也是影响 AOD 的重要因素。吸收光学厚度（AAOD）是反映气溶胶辐射强迫和大气加热程度的重要参数，中国东部 AAOD 在 0.01~0.15，城市大于郊区，北方 AAOD 冬季高，而长江三角洲地区春秋季 AAOD 大于冬季（Gong et al.，2017；Che et al.，2018）。

5.2 温室气体与气溶胶的辐射强迫及气候效应

5.2.1 温室气体与气溶胶的辐射强迫

中国是温室气体和气溶胶颗粒物排放量很高的国家，人为活动产生的温室气体与气溶胶对大气环境和区域气候都产生了不可忽视的影响。温室气体和气溶胶的辐射强迫（RF）是气候变化的驱动因子，可以定量衡量和比较不同外强迫因子引起的潜在的气候效应。温室气体通过吸收长波辐射，加热大气，产生正的辐射强迫。不同种类的气溶胶可以散射或吸收太阳短波辐射，从而在大气顶产生负的或正的辐射强迫。此外，气溶胶还可以参与云的微物理过程，改变云的光学特性，产生间接辐射强迫。IPCC 第五次评估报告引入了有效辐射强迫（ERF）的新概念。相较于传统的 RF，ERF 对短寿命温室气体与气溶胶造成的全球地表温度的变化具有更好的指示作用（张华和黄建平，2014）。

1. 温室气体的辐射强迫

IPCC 第五次评估报告评估了工业革命以来（1750 年）到 2011 年，CO_2、CH_4 和对流层臭氧这三种主要的温室气体浓度增大导致的辐射强迫分别为 $1.82 \pm 0.19 W/m^2$、$0.48 \pm 0.05 W/m^2$ 和 $0.17 \pm 0.03 W/m^2$，Etminan 等（2016）利用 Oslo 逐线模式（OLBL）评估了这三种主要温室气体浓度增大至 2015 年的辐射强迫分别为 $1.95 W/m^2$、$0.62 W/m^2$ 和 $0.18 W/m^2$。由于 CO_2 等长寿命温室气体在全球大气中混合较为均匀，加之人们对 CO_2 等温室气体的辐射特性已有较全面的了解，近年来研究者将注意力更多地转移到对流层臭氧和 CH_4 等温室气体的辐射强迫及气候效应的研究上。Xie 等（2016a，2016b）结合 OMI 和 AIRS 观测得到的对流层臭氧与 CH_4 资料，利用国家气候中心气溶胶-气候双向耦合模式 BCC_AGCM2.0_CUACE/Aero 模拟评估工业革命以来到 2013 年对流层臭氧与 CH_4 浓度变化的全球年平均 ERF 均为 $0.46 W/m^2$。同时 Xie 等（2016b）还分析 CH_4 浓度的空间不均匀性对 ERF 的影响小于 $0.02 W/m^2$。很多研究同时也集中在温室气体对中国地区，以及中国排放的温室气体对全球辐射收支的影响。Zhu 和 Liao（2016）通过使用 GEOS-Chem 模式模拟得到中国地区对流层臭氧（1850~2000 年）的辐射强迫为 $0.48 W/m^2$。Li 等（2018b）使用区域气候模式 RegCM4 模拟得到中国地区夏季对流层臭氧的晴空辐射强迫为 $0.68 W/m^2$。Li 等（2016c）从中国排放的温室气体等大气化学物对全球辐射强迫的贡献角度出发，利用模型研究得出中国排放的 CO_2 产生的全球辐射强迫为 $0.16 \pm 0.02 W/m^2$（化石燃料燃烧），CH_4 产生的全球辐射强迫为 $0.13 \pm 0.05 W/m^2$。Zhang 等（2018a）根据不同的排放情景，利用 BCC_AGCM2.0_CUACE/Aero 模拟评估了 CH_4、对流层臭氧和黑碳气溶胶浓度变化对全球气候的影响。研究发现，2010~2050 年在 RCP2.6、RCP4.5、RCP8.5 情景下这些物质浓度变化造成全球年平均 ERF 分别为 $0.1 W/m^2$、$0.3 W/m^2$ 和 $0.5 W/m^2$，其中中国华北地区在三种排放情景下均出现不同程度负强迫，这主要是由黑碳气溶胶减少造成的。

2. 气溶胶的直接辐射强迫

Zhang 等（2012a）指出当前总气溶胶（不含硝酸盐）在大气顶（TOA）的直接辐射强迫（DRF）全球平均值为-2.03 W/m^2，其中硫酸盐、黑碳、有机碳、海盐和沙尘的全天 DRF 分别为-0.19 W/m^2、0.1 W/m^2、-0.15 W/m^2、-0.83 W/m^2 和-0.9 W/m^2，它们的晴空 DRF 则分别为-0.49 W/m^2、0.06 W/m^2、-0.33 W/m^2、-1.54 W/m^2 和-1.42 W/m^2。许多研究者结合地基和天基长期观测资料，利用辐射传输模式、区域模式或全球模式估算了中国多个地区不同季节总气溶胶和不同种类气溶胶的 DRF，得到的气溶胶 DRF 值随所处地区和季节的不同而存在显著差异（表 5.4）。黑碳气溶胶由于对太阳短波辐射的强吸收性而受到了广泛关注。Li 等（2016a）估算了全中国平均的黑碳气溶胶大气顶的全天空（云天）的 DRF（TOA）为 1.22 W/m^2，到 2050 年在 RCP2.6、RCP4.5、RCP8.5 情景下中国东部黑碳气溶胶辐射强迫相对于 2000 年产生了 1.22 W/m^2、1.88 W/m^2 和 0.66 W/m^2 的变化。Yang 等（2017）研究发现中国本地排放的黑碳产生了 1.42 W/m^2 的 DRF，中国以外的黑碳排放产生了 0.78 W/m^2 的 DRF。国内和中国以外排放分别对中国黑碳的 DRF 贡献了 75%和 25%。冰雪表面的黑碳气溶胶可以加速冰雪融化的速率，改变地表反照率。黑碳气溶胶的雪盖效应产生的辐射强迫为 0.042 W/m^2，最大值出现在青藏高原，超过了 2.8 W/m^2（Wang et al.，2011）。Wang 等（2015c）利用青藏高原东南部的冰芯资料和 SNICAR 模式，估算出 1956 年以来当地黑碳气溶胶雪盖效应引起的辐射强迫从 0.75 W/m^2 增加到了 1.95 W/m^2，而雪中有机碳气溶胶引起的辐射强迫从 0.2 W/m^2 增加到了 0.84 W/m^2。

表 5.4　中国地区不同类型气溶胶的大气顶辐射强迫

参考文献	年份及季节	区域	物种	大气顶直接辐射强迫/（W/m^2）	大气顶间接辐射强迫/（W/m^2）	大气顶总辐射强迫/（W/m^2）	方法
Xia et al.，2016b	2001~2013	南部 东部 北部 东北部 西部	总气溶胶	-31 ± 15 -37 ± 18 -26 ± 24 -16 ± 17			太阳光度计资料
Che et al.，2015	2009~2013	沈阳等东北城市地区和工业区	总气溶胶	-3.81 ± 21.73， -25.37 ± 20.99， -24.80 ± 15.87， -13.28 ± 16.19			太阳光度计资料和 AERONET 辐射传输模块（Garcı'a et al.，2012）
Wu et al.，2015	2010~2014	东北地区半干旱地区通榆农村站	总气溶胶	-9.42			
Che et al.，2018	2011~2015	长三角地区 7 站点	总气溶胶	-40			
Kang et al.，2016a	2007~2008	南京郊区	总气溶胶	-29.5 ± 3.8			
Xin et al.，2016	2004~2007	中国西北部的四个沙漠和半沙漠地区站点	总气溶胶	$3.9\sim12.0$			太阳光度计资料和 SBDART 辐射传输模式（Ricchiazzi et al.，1998）
Yu et al.，2017	2001~2015	北京	总气溶胶	-33 ± 22（春）， -35 ± 22（夏）， -28 ± 20（秋）， -24 ± 23（冬）			
Gong et al.，2017	2004~2007	拉萨、兰州、沈阳、北京、上海、胶州 6 站点	总气溶胶	$-7.2\sim18.5$			
衣娜娜等，2017	2006~2012	兰州	总气溶胶	-17.03			

续表

参考文献	年份及季节	区域	物种	大气顶直接辐射强迫/（W/m²）	大气顶间接辐射强迫/（W/m²）	大气顶总辐射强迫/（W/m²）	方法
Zhuang et al.，2018b	2011~2014	南京城区站	总气溶胶	−10.69			太阳光度计资料和辐射传输模式 TUV（Madronich，1993）
Fu et al.，2017	2006~2014 冬季和夏季	中国中东部地区	总气溶胶	−20 ~ −45			MODIS 资料、太阳光度计资料和 SBDART 辐射传输模式
Chang et al.，2015e	2006	中国东部地区（100°~120°E，24°~44°N）	人为气溶胶	−6.95±1.20			CACTUS 模式
Wang et al.，2015g	2001~2010 夏季	东亚地区	人为气溶胶	−0.55（云天）		−3.64（云天）	RegCCMS 模式
Wang et al.，2015	2010（相对 1970）	东亚地区	人为气溶胶		−1.54（云天）	−1.18（云天）	CAM5.1 模式
李剑东等，2015	2000~2009	中国东部区域	硫酸盐气溶胶	超过−2（云天）	超过−4（云天）		SAMIL 大气环流模式及大气化学模式
			黑碳气溶胶	2.0（云天）			
Xie et al.，2016d	夏季	东亚地区	硫酸盐气溶胶	−1.54（晴天）	−3.92（云天）		CAM5.1 模式
Han et al.，2017	2005、2010、2013	东北地区	硫酸盐-硝酸盐-铵盐气溶胶		−2.38		RAMS-CMAQ 模式
		华北地区			−1.93		
		西北地区			−1.89		
		西南地区			−0.73		
		东南地区			−3.47		
Li et al.，2016a	2010	中国地区	黑碳气溶胶	1.22（云天）			GEOS-Chem 模式
Mao et al.，2016	2010	中国地区	黑碳气溶胶	1.03（云天）			
Yang et al.，2017	2010~2014	中国地区	黑碳气溶胶	2.2（云天）			社区地球系统模式（CESM）
Gao et al.，2018b	2013	中国地区	人为气溶胶	−2.21（晴空）			WRF-Chem
Zhang et al.，2015	2001	青藏高原地区	黑碳气溶胶雪盖效应	0.42			CAM5
Wang et al.，2015c	2010	青藏高原东南部	黑碳气溶胶雪盖效应	1.95			冰芯资料和 SNICAR 模式
Li et al.，2015a	2010	东亚地区	人为硝酸盐气溶胶	−0.26（云天）			LASG 全球大气环流模式
Li et al.，2013	1850	中国东部	总的气溶胶	0			AR5 排放清单和化学-气候耦合模式 RIEMS-Chem
	1970			−2.4			
	1980			−3.4			
	1990~2000			−4.0			
	2010			−4.8			

参考文献	年份及季节	区域	物种	大气顶直接辐射强迫/（W/m²）	大气顶间接辐射强迫/（W/m²）	大气顶总辐射强迫/（W/m²）	方法
Li and Han, 2016	2010	东亚地区	硝酸盐气溶胶	−1.7（云天） −3.8（晴空）			RIEMS-Chem 区域气候化学模式
		华东地区		−3.7（云天） −9.0（晴空）			
Yin et al., 2015	2006 年 7 月	中国地区	人为源 SOA	−0.66（晴空）			区域气候模式 RegCM4
			生物源 SOA	−0.46（晴空）			
Guo and Yin，2015	2000~2007 春夏季	东亚地区	沙尘气溶胶	3.79（晴空） 8.65（云天）			区域气候模式 RIEMS 2.0
Guo et al., 2015	2000~2007	东亚地区	海盐气溶胶	−1.40（晴空）			区域气候模式 RIEMS-POM 和 GOCART 的气溶胶数据
Ma et al., 2016a	2010	中国中东部地区	硫酸盐	−0.64（云天） −0.93（晴空）			RIEMS 2.0 模式
			黑碳	0.29（云天） 0.29（晴空）			
			有机碳	−0.41（云天） −0.65（晴空）			
			硝酸盐	−0.33（云天） −0.46（晴空）			
			总气溶胶	−1.1（云天） −1.79（晴空）			
Zhuang et al.，2018a	1987~2009 夏季	东亚地区	黑碳气溶胶	1.36（晴空有效）			区域气候模式 RegCM4
	1987~2009 夏季			1.85（晴空有效）			

3. 气溶胶的间接辐射强迫

目前对气溶胶间接辐射强迫的估算较少，且由于缺乏相关的观测数据，气溶胶间接辐射强迫的估算值比直接辐射强迫估算值存在更大的不确定性。关于这方面的研究，近年来也取得了一些进展。Wang 等（2015g）估算得到 20 世纪 80 年代以来东亚地区气溶胶浓度变化产生的云天总辐射强迫为−1.18 W/m²，云天间接辐射强迫为−1.54 W/m²。Wang 等（2013b）模拟评估云滴中的黑碳气溶胶在大气顶造成的辐射强迫为 0.086 W/m²。Li 等（2013）研究发现大气顶黑碳的半直接强迫为 0.213 W/m²。李剑东等（2015）发现 19 世纪 50 年代中国东部区域人为硫酸盐引起的间接辐射强迫超过−4.0 W/m²。Xie 等（2016c）估算得到东亚地区夏季硫酸盐气溶胶的直接辐射强迫和间接辐射强迫分别为−1.54 W/m² 和−3.92 W/m²。Han 等（2017）研究发现硫酸盐-硝酸盐-铵盐气溶胶在中国东北、华北、西北、西南、东南地区的第一间接辐射强迫分别为−2.38 W/m²、−1.93 W/m²、−1.89 W/m²、−0.73 W/m²、−3.47 W/m²。

4. 气溶胶的有效辐射强迫

研究气溶胶的有效辐射强迫主要包括气溶胶-辐射相互作用（ERFari）和气溶胶-云相互作用（ERFaci）两部分。IPCC 第五次评估报告给出的 1750~2011 年 ERF 的最佳估计值为−0.9（−1.9 ~ −0.1）W/m²。Shindell 等（2013）指出 1850~2000 年气溶胶 ERF 的地理分布与 RF 的分布相似，但在污染的高排放区域 ERF 更加强烈。Zhang 等（2016a）利用 BCC_

AGCM2.0.1_CUACE/Aero 气溶胶气候耦合模式和 RCP 排放数据模拟得到 1850~2010 年人为气溶胶的 ERF 为–2.49 W/m^2，其中 ERFari 和 ERFaci 分别为–0.30 W/m^2 和–2.19 W/m^2。总人为气溶胶的 ERF 为–2.37 W/m^2，硫酸盐是人为气溶胶 ERF 最大的贡献因素，黑碳和有机碳的 ERF 分别为 0.12 W/m^2 和–0.31 W/m^2。气溶胶的混合状态也会造成 ERF 全球分布的改变（Zhou et al.，2018）。Zhou 等（2018）利用 BCC_AGCM2.0.1_CUACE/Aero 模式研究了不同气溶胶混合状态对 ERF 的影响，得到 1850~2010 年人为气溶胶粒子的外混合和部分内混合状态造成的 ERF 分别为–1.87 W/m^2 和–1.23 W/m^2，它们所产生的气候效应也有很大不同。除此之外，气溶胶粒子的形状也会对 ERF 分布产生影响（Wang et al.，2013a）。

5.2.2　CO_2 的气候效应以及生态系统碳循环对气候的响应与反馈

1. CO_2 的气候效应

随着工业化和城市化的持续发展，CO_2 等温室气体的排放导致全球气候逐渐变暖，并引起了国际社会的广泛关注。2009 年哥本哈根世界气候大会使 2℃阈值从科学认知演变为政治共识，即未来全球平均气温相对工业革命前的增暖应该控制在 2℃左右，且相应的大气 CO_2 当量浓度不超过 450 ppm（Liao et al.，2016）。2015 年《巴黎协定》设定目标，要求把全球温升控制在工业化前水平以上低于 2℃以内，并努力控制在 1.5℃以内[①]。2018 年秋季，IPCC 发布《全球升温 1.5℃特别报告》指出，将全球变暖限制在《巴黎协定》目标内对人类和自然生态系统有明显的益处，同时还可确保社会更加可持续和公平（IPCC，2018）。但按目前 CO_2 的排放速度，全球气温将在 2030~2052 年上升 1.5℃，也就意味着到 2030 年，全球 CO_2 排放量需要从 2010 年的水平下降至少 45%，并在 2050 年左右达到“净零”排放，即需要通过从空气中去除 CO_2 平衡剩余的排放。这在技术层面上将是一个巨大的挑战，但收益也是前所未有的。

CO_2 与温度的关系通常用平衡气候敏感性（equilibrium climate sensitivity，ECS）或渐变气候响应（transient climate response，TCR）来表示。平衡气候敏感性是 CO_2 浓度加倍后气候模式达到平衡状态对应的温度变化。CMIP5 多模式结果 ECS 值的范围是 2~4.5℃，并认为非常可能的值在 3℃附近。渐变气候响应是假设 CO_2 每年增加 1%而达到 CO_2 浓度加倍时对应的温度。CMIP5 评估结果认为 TCR 值的范围是 1.2~2.6℃，并认为非常可能的值是 1.8℃。两个变量都跟全球平均温度的变化 ΔT、辐射强迫的变化 ΔF，以及地球系统的热容量的变化 ΔQ 有关（Otto et al.，2013）。基于观测到的温度变化并结合目前对 ΔF 和 ΔQ 的科学理解，Otto 等（2013）给出基于近 10 年观测温度变化得到的 ECS 为 2.0℃（若考虑 5%~95%的置信度区间为 1.2~3.9℃）、TCR 为 1.3℃（若考虑 5%~95%的置信度区间为 0.9~2.0℃）。值得注意的是观测到的温度变化和辐射强迫包括气溶胶的降温作用。目前气候模式均模拟出全球平均地表气温随温室气体浓度的增大而变暖。基于 IPCC 第五次评估报告的不同温室气体浓度变化路径（RCPs），应用 CMIP5 模式模拟的 2081~2100 年平均地表温度相对于 1986~2005 年将分别增加 0.2~1.8℃（RCP2.6）、1.0~2.6℃（RCP4.5）、1.3~3.2℃（RCP6.0）、2.6~4.8℃（RCP8.5）。

2. 生态系统碳循环对气候的响应与反馈

了解生态系统碳循环对气候变化的响应有利于预测未来大气中 CO_2 浓度变化（Friedlingstein，2015；Sellers et al.，2018）。大部分模型模拟结果表明，全球尺度上，气候

[①] UNFCCC. 2015. Decision 1/CP.21. *The Paris Agreement*.

变暖不利于陆地生态系统碳吸收，尤其是热带生态系统碳吸收（Friedlingstein et al.，2006；Piao et al.，2013）。利用美国夏威夷大气 CO_2 浓度观测数据，Cox 等（2013）估算了热带生态系统碳循环对温度的敏感性。他们的结果表明，在年际变化尺度上，温度上升 1℃ 将导致 5.1 ± 0.9 Pg/a 的碳流失。全球变暖对北半球碳循环的影响随着季节变化而发生变化（Randerson et al.，1999；Piao et al.，2008）。春季由光合作用导致的碳累积量的增加要高于呼吸作用碳释放量的增加，从而春季温度的升高加速了北半球陆地生态系统的碳吸收。而在秋季这种趋势恰好相反。另外，晚上和白天温度上升对北半球的碳吸收作用也相反（Wan et al.，2009；Peng et al.，2013）。

越来越多的碳循环和气候耦合模型表明，全球碳循环与气候变化之间存在正反馈作用，尽管其大小具有很大的不确定性（Friedlingstein et al.，2006；Le Quéré et al.，2016）。来自英国的 Hadley Centre 模型模拟结果表明，截至 2100 年，碳循环和气候变化之间正反馈作用将导致大气中 CO_2 浓度额外增加 200 ppm（Cox et al.，2000），这一结果是法国 IPSL 模型研究的 3 倍之多（Dufresne et al.，2002）。Friedlingstein 等（2006）利用 11 种碳循环和气候耦合模型探讨了 IPCC A2 情景下的碳循环与气候变化之间反馈作用的不确定性。结果显示，11 种模型都表明未来碳循环与气候变化之间存在正反馈，其大小为 20~200 ppm；其中 8 个模型认为，碳循环与气候变化之间存在正反馈主要是由陆地生态系统，尤其是热带森林驱动的，而其余 3 个模型认为主要是由海洋贡献的。值得注意的是，上述大部分模型并没有考虑生态系统碳-氮循环的相互作用以及气候变暖对冻土的影响。最近的研究表明，气候变暖将提高土壤氮的有效性，从而促进植被生长，因此上述模型可能高估了碳循环与气候变化之间的正反馈（Sokolov et al.，2008；Thornton et al.，2009；Zaehle et al.，2010）。然而，模型考虑了氮的限制以后，模型模拟的 CO_2 浓度上升所导致的碳汇的增加量也下降。此外，未来气候变暖所引起的冻土中碳流失也可能提高碳循环与气候变化之间的正反馈（Burke et al.，2017）。因此，准确地估算碳循环与气候变化之间的反馈仍然具有很大的挑战，需要进一步的研究。

5.2.3 气溶胶对温度、降水、环流变化等的影响与机理

气溶胶可通过直接和间接的方式改变地气系统的辐射能量平衡，对大气的热力和动力过程以及水循环产生重要影响。东亚地区气溶胶的浓度高、成分复杂且空间分布不均匀，研究其在东亚地区的区域气候效应具有重要的科学价值和现实意义。

1. 气溶胶对温度的影响

基于观测资料分析发现，在全球变暖背景下，我国夏季华中-华东出现冷池，主要表现在日最高气温降低，其分布与气溶胶的光学厚度和辐射强迫具有很好的对应关系，冷池的出现被认为与气溶胶有关（Li et al.，2016f；Zhao et al.，2016b）。

自 20 世纪 80 年代以来，全球气溶胶排放中心已从发达的欧美国家转移到发展中国家，从而在一定程度上改变了不同地区温度的变化趋势（Wang et al.，2015g）。自工业革命以来，气溶胶使得东亚大陆气温降低（Wang et al.，2015g；Deng et al.，2016；Deng and Xu，2016；Li et al.，2016c；Liu et al.，2017；Zhao et al.，2017），并有效抑制了东亚地区温室气体产生的温室效应（Li et al.，2016c；Liu et al.，2017；王雁等，2018），尤其是在重污染期间，气溶胶可使得局地气温下降 2℃ 以上（Qiu et al.，2017；Gao et al.，2018a）。研究表明，冬季 AOD 每增加 0.1，平均气温增速减小 0.019℃/a，最高气温增速减小 0.020℃/a（王雁等，2018）。气溶胶的冷却效应还使得我国长江三角洲地区城市的热岛强度下降 1℃（Wu et al.，2017）。

气溶胶的直接和间接效应均可导致地面降温，且直接效应强于间接效应，综合效应与直接效应较为一致，气溶胶导致的地面降温还有较强的年际变化（Zhang et al.，2017a）。

不同气溶胶对气候的影响存在差异。作为气溶胶的重要组分，BC 的直接效应可使得冬季和夏季东亚地区对流层低层大气平均气温上升 0.11~0.12℃，地面平均气温上升 0.04~0.28℃，且大气温度对 BC 排放的响应表现出很强的非线性（Sadiq et al.，2015；Wang et al.，2015e；Ding et al.，2016；Ma et al.，2017b；Zhuang et al.，2018a）。由于 BC 对大气的加热作用，喜马拉雅地区温度较 60 年前升高接近 1℃，冰雪上 BC 升温效果比等量 CO_2 高 3 倍（黄观等，2015；吉振明，2018）。其他类型气溶胶主要使得东亚地区地表降温（黄文彦等，2015；李阳等，2015；Sun and Liu，2015b），如东亚地区海盐气溶胶可造成我国华东和东北地区降温分别为 0.04℃ 和 0.03℃（Guo et al.，2015），海洋排放的一次有机气溶胶（MPOA）也可对我国沿海地区的温度造成影响（Han et al.，2019），春季藻华发生时，中国东海和东部沿海地区 MPOA 使得我国东部气温下降（约 0.2℃），约占总气溶胶的 16%。不同类型气溶胶对不同尺度上气温的影响参见表 5.5。

表 5.5　气溶胶对不同时间尺度地表气温影响的统计

模式	时段	气溶胶物种	气溶胶效应	地区	温度变化/℃	参考文献
BCC_AGCM2.0_CUACE/Aero	1850~2010 年	硫酸盐、黑碳、有机碳	综合	全球	2.53	Zhang et al.，2016a
CMIP5	1850~2005 年	硫酸盐、海盐、沙尘和碳气溶胶	综合	东亚地区（20°~45°N，105°~122.5°E）	−1.05	Liu et al.，2017
CMIP5	1901~2005 年	人为源排放气溶胶	综合 直接 其他	中国	−0.76~−0.86 −0.55~−0.66 −0.31~−0.11	Li et al.，2016c
CAM5.1	1986-2005 年	人为源排放气溶胶	综合	华东地区（20°~45°N，100°~125°E）	−0.11	Deng and Xu，2016
RegCM4	1987~2009 年	BC	直接	东亚地区	+0.11~+0.12[a]	Zhuang et al.，2018a
RegCCMS	2001~2010 年夏季	BC 人为源排放气溶胶	直接 综合	东亚地区	+0.08 −0.31	Wang et al.，2015e
RegCM4.0	2000~2008 年	BC	直接	南亚地区（70°~90°E，20°~35°N）、东亚地区（105°~120°E，20°~45°N）	−0.24（DJF） −0.30（JJA） −0.18（DJF） 0.03（JJA）	黄文彦等，2015
RegCM4/Dust	2000~2009 年冬季	沙尘	直接	东亚地区	−1.5	Sun and Liu，2015b
RegCM3	2008 年 12 月~2009 年 11 月	硫酸盐	综合	中国	−0.09	李阳等，2015
RIEMS2.0	2010 年	BC	直接	中国南部	−0.01	Ma et al.，2017b
				中国东北	0.01	
				中国北部	0.04	
				中国中部	0.03	
				中国西南部	−0.02	
				西部干旱/半干旱地区	−0.004	
				东部湿润/半湿润地区	−0.01	

续表

模式	时段	气溶胶物种	气溶胶效应	地区	温度变化/℃	参考文献
WRF/Chem	2008 年夏季	人为源排放气溶胶	综合	华北地区	−0.6～−1.2	Gao et al., 2016
WRF/Chem	2001 年 1 月、4 月、7 月、10 月	人为源排放气溶胶	综合	东亚地区	−0.34～−0.83	Cai et al., 2016
WRF/Chem	2006 年 1 月、4 月、7 月、10 月	人为源排放气溶胶	综合	中国	−0.06～−0.24	Chen et al., 2015
WRF-chem	2006 年 1 月、4 月、7 月、10 月	人为源排放气溶胶	综合	中国	−0.15	马欣等，2016
WRF/Chem-MADRID	2008 年 1 月、4 月、7 月、10 月	人为源排放气溶胶	综合	东亚地区	−0.5～−0.8	Liu et al., 2016b
WRF-chem	2010 年 1 月、4 月、7 月、10 月	人为源排放气溶胶	综合	京津冀地区	−0.26 −0.17 −0.09 −0.28	沈洪艳等，2015
WRF-chem	2013 年 2 月 15～17 日	一次颗粒物、无机气态成分和挥发性有机污染物	综合	华北地区	−0.14	杨雨灵等，2015
WRF-CMAQ	2013 年 1 月	所有气溶胶	综合	我国	−0.45	Hong et al., 2017

a. 850 hPa 以下气层平均温度

在不同的气候背景下，气溶胶影响温度的幅度存在一定的差异。弱季风年气溶胶导致降温中心更弱和更偏南，而 BC 的增温效应在冬季和夏季均更强，而且冬季增温中心更偏北（Li et al., 2016e；Zhuang et al., 2018a）。此外，强冬季风年沙尘引起的地面降温幅度较之弱季风年高 0.4~0.6℃（Lou et al., 2017）。

2. 气溶胶对降水的影响

从全国平均看，过去 100 年我国的降水量趋势变化不明显，但在区域尺度和季节尺度上，我国的降水发生了巨大的变化。20 世纪后半叶，华东和东北的降水减少，华南降水增加，出现了著名的南涝北旱或者南湿北干的趋势（Li et al., 2016f）。过去 60 年，虽然华东地区的降水量显著减少，但强降水增加（Liu et al., 2015）。

研究指出，过去 50 年来，我国降水的变化受多重因素的影响，其中气候的外部强迫因子贡献了 65%~78%，而气溶胶和温室气体在这些外部强迫因子中占主要地位，气溶胶主导了我国华东地区降水变化的空间分布型，并导致我国湿润-半湿润地区的干旱（Folini and Wild, 2015；Grandey et al., 2016；Zhang and Li, 2016；Zhang et al., 2017c；Zhao et al., 2016b），并有效抑制由温室效应导致的华东地区极端降水增加（Wang et al., 2016；Burke and Stott, 2017）。非亚洲区排放的气溶胶对我国夏季降水的影响不容忽视（Wang et al., 2017a）。虽然有部分研究发现，气溶胶及其空间分布的不均匀性减弱了东亚夏季风，并减少了水汽输送，导致我国南方偏湿北方偏干（Li et al., 2015c；Yi et al., 2015；Zhang et al., 2016a；Jiang et al., 2017c），但多数的模拟研究并未发现此效应。

不同类型气溶胶和气溶胶的不同气候效应对不同时空尺度、不同季节和不同类型的降水均有影响（Guo et al., 2015；Hu et al., 2015；Jiang et al., 2015；黄文彦等，2015；石睿等，2015；吴明轩等，2015；Deng and Xu, 2016；Deng et al., 2016；王健颖等，2016；张喆等，2016；Jiang et al., 2017c；Liu et al., 2017；Ma et al., 2017a；Zhang et al., 2017b；

Chu et al.，2018；Han et al.，2019）。总体而言，人为气溶胶的直接和间接效应均可导致地面降水减少，直接效应弱于间接效应，综合效应为二者的叠加，气溶胶导致的地面降水减少还有较强的年际变化（Wang et al.，2015e；Zhang et al.，2017a）。高污染情况（AOD>0.5）下我国出现大雨（>10 mm/d）的频率增大了 6.6%~19.1%，出现小雨（<1mm/d）的频率减小了 0.72%~7.3%，主要因为气溶胶增强了南方地区的对流性降水，抑制了北方地区层云降水（石睿等，2015）。在不考虑其他气溶胶反馈的情况下，BC 的增温效应加强了我国夏季南部地区的水汽输送，从而导致我国长江流域以南地带降水显著增加（Liu et al.，2017；Ma et al.，2017a；Zhuang et al.，2018b）。北方沙尘气溶胶可通过不同的途径影响我国降水（Guo and Yin，2015；Sun and Liu，2015b；宿兴涛等，2016a，2016b；Zhang et al.，2017c；Tang et al.，2018b），如其对青藏高原的热力扰动影响了东亚地区的环流，从而增强了长江中下游的降水，减少了东北地区的降水（Tang et al.，2018b）。不同区域，气溶胶的类型不同，对降水的周、日变化的影响不同，华南地区以吸湿性气溶胶为主，导致工作日期间的对流性降水增加。在京津冀地区，气溶胶冷却地面而加热大气，使得对流加强，导致夏季降水除了午后，其他时段都在增加（Gao et al.，2016；Wang and Zhang，2016；Yang et al.，2016a）。不同类型气溶胶对不同区域降水的影响参见表 5.6。

表 5.6　气溶胶对降水影响的统计

模式	时段	气溶胶物种	气溶胶效应	地区	降水变化	参考文献
BCC_AGCM2.0_CUACE/Aero	1850~2010 年	硫酸盐、黑碳、有机碳	综合	全球	0.2 mm/d	Zhang et al.，2016a
CAM5.1	2000 年夏季	人为源排放气溶胶	综合	我国华东地区（20°~ 45°N, 100°~ 125°E）	−0.34 mm/d −0.31 mm/d（对流性降水）	Deng and Xu，2016
CAM5.1	2000 年春季	人为源排放气溶胶	综合	我国长江流域	+0.4 mm/d	Deng et al.，2016
CESM（CAM5）	1985~1995 年	硫酸盐和碳气溶胶	综合	长江和淮河流域	+2%	Tsai et al.，2016
RegCM4	2002~2006 年夏季	有机碳、黑碳、沙尘、海盐、硫酸盐气溶胶	直接	我国季风区	−0.05mm/d（对流性降水）−0.07 mm/d（非对流性降水）	吴明轩等，2015
RegCM4	1987~2009 年	BC	直接	我国长江流域以南地区	+3.73%	Zhuang et al.，2018a
RegCM4-Dust	1989 年 3 月~2010 年 2 月	沙尘气溶胶	直接	东亚地区	−4.46%	宿兴涛等，2016b
RegCM4/Dust	2000~2009 年	沙尘气溶胶	直接	我国华北地区 我国长江中游地区	−10%~−30%	Sun and Liu，2015b
RegCCMS	2001~2010 年夏季	人为气溶胶 BC	综合 直接	东亚地区	−0.29 mm/d −0.08 mm/d	Wang et al.，2015e
RIEMS2.0	2010 年	BC	直接	我国华南和华北地区	+0.40~+2.8 mm/d	Ma et al.，2017b
WRF-Chem	2008 年 7 月 1~20 日	人为源排放气溶胶	直接	我国华山地区（31°~39°N，104°~115°E）	−40%	Yang et al.，2016a
WRF/Chem	2008 年夏季	人为源排放气溶胶	综合	华南、华北地区 华中地区	−20~200 mm（白天）+20~100 mm（夜间）	Gao et al.，2016
WRF/Chem-MADRID	2008 年 1 月、4 月、7 月、10 月	人为源排放气溶胶	综合	东亚地区	−3.9~−18.6 mm/d	Liu et al.，2016b

气溶胶对对流性降水具有重要影响（Fan et al.，2015；Guo et al.，2016；Jiang et al.，2016；Wang and Zhang，2016；Yang et al.，2016a，2018；Guo et al.，2018），如我国华东地区，随着 AOD 的增加，深对流性降水量呈现先上升后下降的变化趋势，其中下降的原因主要源于气溶胶减少了地面的太阳短波辐射和对流有效位能（Jiang et al.，2016）。在四川地区，"气溶胶增强条件不稳定"机制导致山区下游方向的洪涝灾害发生，该机制表现为吸收性气溶胶促使地表降温，而中低层大气增温，加强了盆地地区的稳定度，抑制了对流降水，白天利用潜热的累积，夜间随盛行风向向山区输送，而后沿地形抬升发生夜间对流性暴雨（Fan et al.，2015）。

3. 气溶胶对环流的影响

基于观测发现，自 20 世纪 60 年代起，冬夏季的地面风和阵风日均有减小趋势，地面风速减小了 28%，阵风日减少了 58 d，全球变暖和气溶胶被认为占主要作用（Li et al.，2016f）。东亚夏季风自 20 世纪 50 年代以来有减弱的趋势，但到了 1990 年后，其强度有所恢复，研究发现气溶胶可以使得东亚夏季风的环流减弱（Li et al.，2016f）。对亚太地区流场进行经验正交分解，第一模态呈现一对很强的偶极子海平面气压分布，一个位于热带西太平洋地区，一个位于东亚大陆地区，主成分分析发现我国地区的海平面气压在 1965~1980 年呈现下降趋势，而后上升，这一变化被认为也与气溶胶的年代际变化有关（Li et al.，2016f）。

随着高气溶胶中心向发展中国家或者地区转移，东亚地区的热带环流被减弱（Wang et al.，2015e）。研究表明，东亚地区排放的人为气溶胶的冷却效应减小了夏季陆海间的热力对比，抑制了东亚夏季风环流的发展，850 hPa 出现与夏季风相反的水平风场异常（Wang et al.，2015e；Yan et al.，2015；Dong et al.，2016；Tsai et al.，2016；郭增元等，2017）。而 BC 对东亚夏季风环流的影响刚好与人为气溶胶综合效应相反，对夏季风环流起到了促进和加强的作用（Wang et al.，2015e；Zhuang et al.，2018a）。海温响应能够进一步加强硫酸盐的效应而削弱甚至反转 BC 的效应（Wang et al.，2017a）。另外，如果气溶胶及其前体物进行减排控制，东亚夏季风的强度将有所恢复（Wang et al.，2016a；Xie et al.，2016b）。沙尘气溶胶在青藏高原地区引起热力异常，其抬升运动能够被传输到我国东北地区，并形成一个完整的次级环流，东北风的异常进一步影响东亚夏季风强度（Sun and Liu，2015a；Tang et al.，2018b）。气溶胶能够进一步影响季风季节内震荡并进一步影响季风的爆发时间（Sun and Liu，2015a；Wang et al.，2016a）。气溶胶自然和人为气溶胶共同作用造成东亚夏季风指数减小约 5%，且除我国东南部地区外，气溶胶使整个季风区的季风爆发时间推迟了 1 候左右。硫酸盐气溶胶直接效应导致了东亚副热带季风爆发时间延后 1 候和撤退时间提前 1 候。黑碳气溶胶直接效应导致东亚副热带季风爆发时间和撤退时间都提前 1 候。硫酸盐气溶胶直接效应可能是导致 20 世纪 50 年代以来东亚副热带季风进程发生变化的原因之一（Wang et al.，2016a）。

在冬季，气溶胶增加使我国东南部地区和东北亚地区（35°~55°N，115°~150°E）冬季风减弱，其中，热源、热汇的变化和无辐散风减弱为主要原因（马肖琳等，2018）。冬季硫酸盐气溶胶减少了到达地表的短波辐射通量，引起了陆地地表和对流层低层降温，海平面气压升高，增加了海陆间气压梯度，使得东亚冬季风增强。BC 排放增加导致到达地表的短波辐射通量减少和大气中短波辐射通量增加,加热对流层低层导致中国南部对流活动增加,从而减弱东亚冬季风环流(王东东等,2017;Zhang et al.,2018a)。沉降至青藏高原的 BC 降低了冰雪反照率,导致青藏高原的温度上升,从而增加了东亚北部地区的经向温度梯度和对流层低层大气的斜压性,进而加强了 40°N 的高空急流和东亚大槽向西移动,大气上层的这一天气形势转变利于东亚北部地表降温,从而加强了北部的东亚冬季风(Jiang et al.,2017b)。

气溶胶在不同的气候背景下,与东亚季风的相互作用也存在一定的差异,弱年间气溶胶与东亚季风的相互作用较之强年强,弱季风年气溶胶导致的季风减弱强度为 9.8%,是强年时的 2 倍多(4.4%)(Xie et al.,2016a;Zhuang et al.,2018a)。

5.2.4 太阳辐射管理对生物地球化学循环的影响

太阳辐射管理是指通过改变地表能量平衡从而减缓气候变暖的地球工程手段。目前讨论较多的太阳辐射管理方案主要包括两类,一类是平流层气溶胶注入,即向平流层注入气溶胶或气溶胶前体物,利用气溶胶的散射、吸收作用减弱入射到地面的太阳辐射(Budyko,1974;Crutzen,2006);另一类是海上云层增白,即向海洋边界层喷洒能够作为云凝结核的海水微粒,增加云量,反射更多的入射太阳辐射(Latham,1990)。除了这两类之外,被提出的方案还包括在大气层外布置反射性材料以减弱太阳辐射(Early,1989),改变地表对太阳辐射的反照率(Hamwey and Hamwey,2007),减少卷云以减弱其产生的温室效应(Mitchell and Finnegan,2009)等。

太阳辐射管理对生物地球化学循环的影响在陆地与海洋生态系统中有不同的形成机制,同时也因采取的太阳辐射管理方案不同而异。在陆地生态系统中,太阳辐射管理本身引起的气候变化对陆地碳循环有重要影响。如果采用的是平流层气溶胶注入的方法,其引起的散射辐射比例上升会导致植被冠层中的光分配更加均匀,使受遮挡而无法获取直射辐射的阴生叶获得更多光,从而提高冠层光合作用(Mercado et al.,2009)。目前对太阳辐射管理影响的研究仅限于模型模拟,在不考虑散射辐射影响的情况下,部分模型认为太阳辐射管理可减小陆地 NPP(Govindasamy et al.,2002;Eliseev,2012;Kalidindi et al.,2015),也有模型认为其不会显著影响 NPP(Naik et al.,2003)或使 NPP 增大(Jiang et al.,2018)。在热带地区,不同模型之间的差异尤为显著(Muri et al.,2015)。虽然模型对 NPP 的模拟不同,但是大部分研究认为太阳辐射管理带来的降温能够减弱陆地生态系统的呼吸作用,从而整体上增加碳汇(Eliseev,2012;Jiang et al.,2018)。平流层气溶胶注入引起的散射辐射变化近几年也受到了关注,Kalidindi 等(2015)模拟了在 RCP8.5 情景下利用平流层气溶胶注入将辐射强迫控制在 RCP4.5 情景水平的情况,其结果表示在该情况下尽管散射辐射有所增加,但全球 NPP 仍然减小了 3%。另外,两项研究显示利用平流层气溶胶注入将 RCP6.0 与 RCP4.5 情景下辐射强迫控制在 2020 年水平时,散射辐射的增强和低纬度地区的降温能够大幅提高低纬度植被生产力,增加碳汇(Xia et al.,2016a;Ito,2017)。基于 1982 年埃尔奇琼(El Chichón)和 1991 年皮纳图博(Pinatubo)火山爆发所注入平流层的气溶胶和农作物产量数据统计发现平流层硫酸盐气溶胶注入的太阳辐射管理方式会不利于 C4 和 C3 农作物产量,而综合 21 世纪中期(2050~2069 年)的情景,预测类似于火山爆发注入平流层的硫酸盐气溶胶对农作物产量影响很小,因为情景中平流层硫酸盐气溶胶注入所带来的降温效应可以抵消太阳辐射对农作物产量的不利效应(Proctor et al.,2018)。需要注意的是,除了前文所述的机制,仍然有一些过程并未被纳入考虑,例如海上云层增白引起的海盐沉降（Muri et al.，2015）等。由于太阳辐射管理并不会直接影响大气二氧化碳浓度，未来大气二氧化碳浓度上升情景下氮元素对生产力的限制也需要考虑（Norby et al.，2010；Tjiputra et al.，2016）。

在海洋系统中，一方面，太阳辐射管理能够通过降温增加二氧化碳的溶解度。该过程能总体上增加海洋碳汇，但由于太阳辐射管理还会引起大气与海洋环流的改变，海洋通过溶解二氧化碳过程吸收碳的能力会随区域不同而不同（Tjiputra et al.，2016）。另一方面，太阳辐射管理引起的降温和辐射变弱也会影响到海洋生物活动，已有研究认为太阳辐射管理可能会减小海洋 NPP（Partanen et al.，2016）。需要注意的是，太阳辐射管理对陆地和海洋碳循环的影响并不是孤立的。陆地碳循环的改变会影响大气二氧化碳浓度，进一步作用于海洋碳循环，反之则反（Matthews et al.，2009；Cao，2018）。

5.3　中国大气环境的变化

5.3.1　中国 $PM_{2.5}$ 和臭氧污染历史变化和现状

1. $PM_{2.5}$ 污染现状

当前，中国大气中 $PM_{2.5}$ 污染形势严峻。对已有相关研究结果和监测资料的分析表明，2013 年，在全国纳入监测范围的 74 座城市中，接近 92%的城市 $PM_{2.5}$ 年均浓度未达到国家Ⅰ级标准，全国平均雾霾天数达 29.9 天。其中，京津冀、长江三角洲和珠江三角洲等重点区域 $PM_{2.5}$ 污染尤为严重，霾污染的天数均在 100 天以上。2013 年 1 月京津冀共计发生 5 次重霾污染，其中有两次的时间均超过 6 天，有些城市监测点的 $PM_{2.5}$ 瞬时浓度接近 1000 $\mu g/m^3$（Wang et al.，2015f）。Wang 等（2014b）分析了 2013 年 3 月至 2014 年 2 月中国 31 个省会城市的空气质量监测数据，发现所有城市的 $PM_{2.5}$ 年均浓度都超过了国家环境空气质量标准（NAAQS）的一级标准，只有海口、福州和拉萨符合二级标准。

中国 $PM_{2.5}$ 污染具有区域性和季节性特征。Zhang 和 Cao（2015）分析了 2014~2015 年国家环境保护部公布的全国 190 个站 $PM_{2.5}$ 浓度观测数据，得到全国年均 $PM_{2.5}$ 浓度为 57±18 $\mu g/m^3$，明显超过了新的 NAAQS 规定的 35 $\mu g/m^3$；空间分布总体上显示北方城市 $PM_{2.5}$ 浓度大于南方，内陆城市大于沿海；冬季 $PM_{2.5}$ 浓度最高，夏季最低，$PM_{2.5}$ 浓度日变化主要表现出下午最低，而晚上最高的特征。

2. $PM_{2.5}$ 污染趋势

Wang 等（2015f）分析了 2006~2014 年中国大气监测网 CAWNET 的 24 个站点 $PM_{2.5}$ 数据，发现华北平原和关中平原站点 $PM_{2.5}$ 浓度最高，东北站点次之；$PM_{2.5}/PM_{10}$（比值）在中国南方明显大于北方，在大部分地区 $PM_{2.5}$ 浓度冬季最高，夏季最低；$PM_{2.5}$ 的年际变化在不同地区趋势不同，在华北平原站点，如郑州和固城，2006~2014 年 $PM_{2.5}$ 呈现减小的趋势，但关中平原的西安，2006~2011 年 $PM_{2.5}$ 呈增加趋势，然后减小，东北的站点，如沈阳 $PM_{2.5}$ 浓度有明显的增加趋势，而长江中下游地区站点 $PM_{2.5}$ 年际变化不明显。大多数站点都显示 2013 年以来，$PM_{2.5}$ 的年均浓度基本呈现逐年下降趋势，达标城市比例有所提高。图 5.6 给出五个主要城市（北京、成都、广州、上海、沈阳）$PM_{2.5}$ 年均浓度在 2014~2019 年的逐年变化趋势，总体均呈现下降趋势。

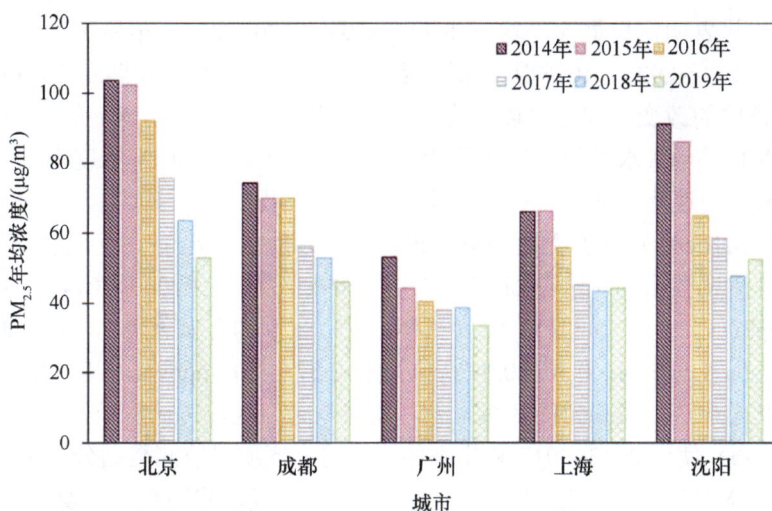

图 5.6　$PM_{2.5}$ 年均值逐年变化趋势

3. O_3 污染现状

Wang 等（2017b）利用 2013~2015 年国家空气质量监测网的数据，研究了中国地面 O_3 浓度的时空分布，发现全国范围内 3 年的地面日最大平均 8 h（MDA8）O_3 为 80.26 $\mu g/m^3$；2013~2015 年地面 O_3-MDA8 浓度最高年均值出现在 2014 年，为 83.18 $\mu g/m^3$，与 2013 年相比增加了 9%，2015 年为 82.66 $\mu g/m^3$。

O_3 污染呈现明显的区域差别及季节性变化。Tang 等（2012）利用 2009 年 9 月 1 日至 2010 年 8 月 31 日在中国北方 22 个站点获得的 O_3 和 NO_x 水平数据分析 O_3 的时空变化，发现 O_3 浓度伴随着明显的日变化（最高值出现于下午 3 时，最低值出现在清晨 6 时左右）和季节特征（夏季 6 月出现峰值，12 月 O_3 浓度水平最低）；由于城市地区高 NO_x 排放的滴定效应，平原地区的年平均 O_3 浓度低于山区；通过因子分析区分不同地区 O_3 污染特征时，发现整个平原特别是北京及周边地区的 O_3 浓度超过了国家标准。Zhao 等（2018a）分析了 2014~2017 年北京夏季期间 35 个环境空气质量监测点（包括城市、郊区、背景和交通监测点）的每小时近地面 O_3 数据，结果显示，城市、郊区、背景和交通监测点四年平均 O_3 浓度分别为 95.1$\mu g/m^3$、99.8$\mu g/m^3$、95.9$\mu g/m^3$ 和 74.2 $\mu g/m^3$，同时 2014 年、2015 年、2016 年和 2017 年分别共计 44 天、43 天、45 天和 43 天超过了 NAAQS 的臭氧阈值。四种监测点的地面 O_3 浓度的日变化呈现单峰曲线，峰值和谷值分别出现在下午 3 时~4 时和上午 7 时。空间分布显示地面 O_3 浓度从北向南逐渐减小。

在 O_3 柱浓度（TCO）方面，张华等（2014）分析 OMI 观测资料发现 2013 年全球平均对流层 TCO 为 29.78 DU，而中国地区为 33.97 DU，在中国地区 TCO 呈现东高西低的分布，在青藏高原 TCO 最低（约 27 DU），在东部海域 TCO 最高（超过 45 DU）。Xie 等（2016a）分析 OMI 观测资料发现中国地区 TCO 在春季最大（43.64 DU）而在夏季最小（30.98 DU），同时结合典型排放路径（RCP）研究 TCO 自工业革命（1850 年）以来的变化，中国地区 TCO 的增加量（20.99 DU）超过全球平均值（18.06 DU）。

4. O_3 趋势

Ma 等（2016b）对 2003~2015 年上甸子（SDZ）区域大气背景站收集的臭氧数据进行

了分析，长期趋势表明，日最大平均 8 h O_3 浓度在 2004~2015 年显著增大，平均速率为 1.13±0.01ppb/a（R^2=0.92），还发现气象因素并不明显影响 O_3 的长期变化，O_3 水平升高可能完全归因于排放的改变。同样可以作为背景站的瓦里关监测点，Xu 等（2016b）分析了该点在 1994~2013 年 O_3 水平的长期变化特征，发现此监测站的 O_3 浓度也呈上升趋势，以 0.25±0.17 ppbv/a 的速率增加，且在每个季节也有不同程度的升高。

Wang 等（2016c）分析了香港 2005~2014 年 O_3 的长期趋势，发现年平均 O_3 浓度以 0.56 ppbv/a 的速率明显增加，这与 Lin 等（2017）的研究结果（2000~2014 年香港 O_3 浓度上升趋势为 0.5 ppbv/a）一致，同时 O_3 浓度在春、夏、秋季均有显著增加，研究时段内上升趋势分别为 0.51±0.05 ppbv/a、0.50±0.04 ppbv/a 和 0.67±0.07 ppbv/a，其中春季 O_3 浓度增大归因于当地的化学生成以及稳定的区域贡献，秋季是因为区域传输贡献的增大。

Li 等（2019b）使用 2013~2017 年生态环境部的空气质量监测数据分析了 2013~2017 年我国夏季地表 O_3 MDA8（日最大 8 h 平均）浓度的变化，发现我国东部主要大城市群的 $PM_{2.5}$ 浓度显著降低，但 O_3 浓度迅速增大（图 5.7）。研究使用统计（多元线性回归）模型去除气象变率对 O_3 变化的影响后发现，过去几年我国东部城市群的 O_3 增加趋势为 1~3 ppbv/a，而南方一些地区的 O_3 则有降低趋势。自 2013 年起我国实施了"大气污染防治行动计划"，据估算 2013~2017 年我国人为 NO_x 排放量降低约 20%，而 VOCs 排放量变化不大。利用大气化学传输模式（GEOS-Chem）的模拟表明，2013~2017 年 NO_x 和 VOCs 排放的变化不足以解释我国东部地区 O_3 的增加，特别是在华北平原地区。进一步分析发现，华北平原地区夏季 O_3 增加的一个更重要的因素是 2013~2017 夏季 $PM_{2.5}$ 浓度降低了约 40%，减少了气溶胶对 HO_2 自由基的非均相吸收，进而加剧了 O_3 的生成。

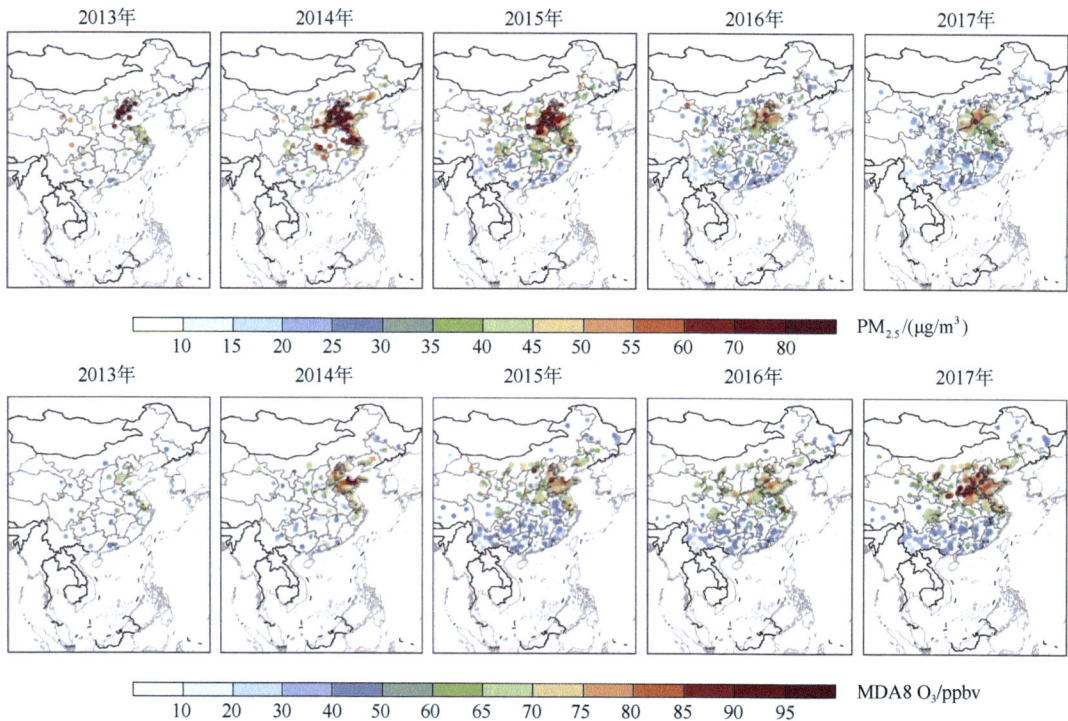

图 5.7　2013~2017 年我国细颗粒物（$PM_{2.5}$）和臭氧（MDA8 O_3）夏季平均浓度的逐年变化

5.3.2　天气气候条件对大气环境的影响

1. 天气条件对 $PM_{2.5}$ 的影响

近年来，随着重污染事件的频繁出现，天气尺度环流系统与大气污染间的相互作用已成为大气污染防治关注的重要科学问题。冬季雾霾往往发生在地表北风减弱或存在偏南风、大气低层逆温、相对湿度升高，中高层东亚大槽变浅等静稳天气条件下（Cai et al.，2017）。在天气系统影响污染事件方面，大气复合污染多与反气旋天气系统有关（Mcgregor and Bamzelis，1995），但主要受哪种天气系统的影响也因污染发生的时间、地点和污染物类型而异（Hegarty et al.，2007；Zhang et al.，2012b，2016b；Jiang et al.，2017a）。Zhang 等（2012b）通过分析北京市 2000~2009 年以来的天气形势，发现当海平面气压场呈现东部高压、西北低压和局地弱气压场控制时北京地区近地面为偏南和东南气流，空气质量较差。Zhang 等（2016b）将 1980~2013 年天气环流类型归成了五类，结合不同天气形势下的空气污染指数（API）特征，指出静稳天气控制下华北地区容易发生污染。Xu 等（2016b）将影响上海地区 $PM_{2.5}$ 污染的天气形势归为四类，整个中国中东部受均压场控制时污染最重。Bei 等（2016）利用再分析数据、FLEXPART 扩散模式和污染观测，把 2013 年冬季影响关中地区的天气类型归成了四类并指出内陆高压型系统是影响霾污染最重要的天气类型。Li 等（2019a）分析了京津冀和长江三角洲区域重霾天气形势，发现京津冀主要受到局地静稳天气形势的影响，而长江三角洲更受到大范围污染物输送的影响。Kang 等（2019）也指出冷锋天气系统过境后的静稳天气加上过境时上游污染物的输送能够影响长江三角洲区域的霾污染。

2. 天气条件对 O_3 的影响

O_3 的高污染天气一般出现在夏季，中国区域 O_3 污染主要受到热带气旋和大陆反气旋天气系统的影响。反气旋高压系统伴随的气流下沉、地表温度升高以及晴空气象条件使得垂直方向空气混合减弱、O_3 生成加剧进而导致 O_3 浓度增大（Hegarty et al.，2007；Shu et al.，2016；Yin et al.，2019）。通过统计分析 O_3 重污染发生时的气象条件，发现高温、强太阳辐射、低相对湿度、近地面弱风有利于近地面 O_3 的光化学反应生成与累积，升高的边界层高度有利于 O_3 及其前体物排放的混合与扩散（周秀骥和罗超，1994；刘小红等，1999；Xu，2011；Zhao et al.，2018b；Gong and Liao，2019）。风向和风速也会引起 O_3 输送的变化，进而改变局地 O_3 的浓度（程念亮等，2016）。典型的天气过程和天气系统，如西北太平洋的热带气旋形成（Zhang et al.，2013）、西太平洋副热带高压的强度和位置（Liao et al.，2017；Zhao and Wang，2017）也会加剧我国 O_3 重污染事件的发生和维持。

3. 气候变化对 $PM_{2.5}$ 的影响

与国际上的一些主要污染区相比，亚洲区域的独特性是其地处世界上最大的季风区。季风系统变化以及相应降雨和垂直对流等的年际和年代际变化都对 $PM_{2.5}$ 有重要影响（Zhang et al.，2010；Zhu et al.，2012；Mao et al.，2017）。冬季风的减弱造成了寒潮发生率和冷空气活动频率的减少，地面风速的减弱、地面风速和纬向水平风速的垂直切变小，不利于污染物水平方向的输送和垂直方向的扩散（Li et al.，2015b；Wang and Chen，2016；Cai et al.，2017）。夏季风的减弱在中国东部北方形成辐合风场，导致颗粒物的堆积（Zhu et al.，2012；Mao et al.，2017）。冬季西伯利亚高压的位置和强度可以通过控制我国北方盛行风向从而对东部气溶胶光学厚度具有显著影响（Jia et al.，2015）。东亚冬季风系统的强度与我国中东部地区雾霾天数有显著的负相关关系，弱冬季风导致大气稳定度增大以及垂直扩散减弱（Li et al.，2015b）。

冬季雾霾的形成、输送和扩散的天气条件还受到中高纬、热带地区等全球气候因素的影响。Wang 等（2015a）发现秋季北极海冰面积越少越有利于冬季雾霾事件的发生。海冰减少可以导致欧亚大陆中纬度海平面气压上升、中国北方气旋活动加强、我国 40°N 以南 Rossby 波活动减弱，从而使得我国东部低层温度偏低、大气稳定、风力变弱及低层大气水汽含量少，以至于更易于发生雾霾污染天气（Wang et al.，2015a）。Zou 等（2017）也支持这一结论，同时指出初冬欧亚大陆的积雪增多也是雾霾增多的一个重要因素，二者通过改变冬季风强度和传播路径使空气流通受阻造成重霾事件。ENSO 事件与雾霾日数之间也有很好的相关性，主要是由 ENSO 对东亚冬季风强度的调制产生的（Gao and Li，2015）。秋季副热带西太平洋海温负异常同冬季华北霾日增多也有很好的对应关系（Yin and Wang，2016）。2015 年强厄尔尼诺事件可使华北地区 $PM_{2.5}$ 浓度相对于 2014 年增大 40~80 $\mu g/m^3$。年代际海温变化方面，PDO 正位相时我国中东部地区下沉运动增强，可能导致雾霾多发（Zhao et al.，2016a）。

最近研究也显示全球变暖影响我国 $PM_{2.5}$ 浓度。Cai 等（2017）分析了 CMIP5 多模式逐日模拟的历史气候（1950~1999 年）和未来高温室气体排放情景（RCP8.5）下强霾天气（HWI）发生的频率，发现在未来全球气候变暖背景下（2050~2099 年），与 2013 年 1 月类似的强霾污染事件的发生频率相对于历史气候条件将增加 50%，全球变暖导致我国北方冬季重霾污染事件的频次和持续时间增加。对比 1960~2016 年北方冷空气与华北地区污染扩散情况的变化发现，贝加尔湖通道北风风速与北京地区污染扩散条件呈负相关关系。全球变暖的情况下，东亚冬季风减弱、东亚大槽变浅以及近地表大气增暖较快导致中低层大气更加稳定，进而导致污染扩散条件进一步恶化（Zhang et al.，2018b）。大气化学传输模式的结果显示过去 20 年中国东部 $PM_{2.5}$ 浓度增大了 80%，其中人为排放的增加和气象场的长期变化对 $PM_{2.5}$ 浓度增大的贡献分别是 83%和 17%（Yang et al.，2016b）。

4. 气候变化对 O_3 的影响

中国区域夏季地表 O_3 的浓度受到季风强弱的影响。Yang 等（2014b）利用再分析气象场驱动全球化学传输模式的研究发现，1986~2006 年中国区域平均 O_3 浓度与东亚夏季风指数呈明显的正相关关系，相关系数为 0.75。相对于强季风年，弱季风年中国平均地表 O_3 浓度低 4%，中国东北、西南和青藏高原降低程度最大，超过了 6%，O_3 的输送变化加上更强的垂直对流是造成地表 O_3 浓度在弱季风年降低的主要原因。Yin 等（2019）发现华北地区近地面 O_3 污染与北极海冰有关，海冰通过影响 EU 波列，导致华北地区出现反气旋异常，使得气温升高、太阳辐射增强、低云和中云的云量减少和干旱，增大近地面 O_3 浓度。

O_3 的浓度还受到土地利用和气候变化的影响。基于历史调查和卫星遥感的中国土地覆盖及土地利用变化和再分析气象资料，利用大气化学传输模式 GEOS-Chem 的模拟结果表明，由于温度升高及土地覆盖变化，中国 BVOC 年排放总量由 20 世纪 80 年代末的 15.1 Tg C/a 增加到 20 世纪初的 16.8 Tg C/a（11.4%）（Fu and Liao，2014），其中异戊二烯（O_3 前体物）增加了 13.1%。气象条件的变化是引起植被排放增加的主要因素。在不考虑人为排放变化的情况下，气候与植被变化的共同作用使得夏季中国地区近地面 O_3 浓度相较于 20 世纪 80 年代末变化了–4.0~6.0 ppbv。若仅考虑过去 20 年人为排放的变化，夏季 O_3 浓度则增加了 10~21 ppbv。Jeong 和 Park（2013）通过模式模拟发现 1986~2006 年东亚地区近地面 O_3 浓度是逐渐增大的，认为主要是因为过去 20 年人为排放增加和气象场变化（云量减少和温度的升高）的共同作用，其中 30%的增加可归因为气象条件的变化。

5.3.3　未来中国空气质量的可能变化

降低 O_3 和气溶胶前体物排放来改善未来的 O_3 和 $PM_{2.5}$ 浓度越来越成为大家的共识。利用基于不同的社会经济发展情景的污染物排放清单，结合数值模式，可以对未来空气质量的变化进行预估，定量地评估未来空气质量对不同人为排放变化的响应，有助于决策者合理地确定减排目标。

1. 未来中国 O_3 空气质量的可能变化

未来对流层 O_3 浓度变化受人为排放变化（Butler et al.，2012；Wild et al.，2011；Lapina et al.，2015）和气候变化（Wu et al.，2008a，2008b；Langner et al.，2012）的影响。在全球变暖的背景下，更高的温度和水汽含量会导致边远地区对流层 O_3 浓度降低（Liao et al.，2006；Murazaki and Hess，2006；Fiore et al.，2012），但是更多的生物源 VOCs 排放及更高温度下过氧乙酰硝酸酯的分解会导致人口稠密地区对流层 O_3 浓度增大（Doherty et al.，2013；Mao et al.，2013；Kim et al.，2015）。

由 NASA/GISS GCM 模式输出的气象场所驱动的 GEOS-Chem 化学传输模式模拟表明，在 SRES A1B 情景下，2000~2050 年气候变化、人为排放变化、气候和排放两者共同的变化会导致全球对流层 O_3 总量分别变化 1.6%、17%、18%（Wu et al.，2008a）。Wang 等（2013c）使用相同的 NASA GISS GCM/GEOS-Chem 模式，发现在 SRES A1B 的情景下，2000~2050 年气候变化、人为排放变化、气候和排放两者共同的变化会导致中国夏季下午地表平均 O_3 浓度分别增加 0.4 ppbv、11.6 ppbv、11.9 ppbv。Lee 等（2015）利用 MM5/CMAQ 模式（54 km 水平分辨率），发现在 SRES A2 情景下，2000~2050 年区域气候变化、化学侧边界条件变化、人为排放变化及三者共同的变化会导致中国污染区域（30°~40°N，110°~123°E）夏季地表日最大 8 h O_3（MDA8 O_3）浓度分别变化–2.2 ppbv、3.3 ppbv、12.1 ppbv 以及 11.7 ppbv。这些研究表明，未来气候变化对对流层 O_3 浓度变化的影响小于人为排放变化的影响。

IPCC 第五次评估报告广泛采用 RCPs 开展未来预估（Moss et al.，2010；Taylor et al.，2012），包含 RCP2.6、RCP4.5、RCP6.0 和 RCP8.5 四个排放情景。每个 RCP 情景是根据 2100 年的辐射强迫值来命名的。例如，在 RCP4.5 情景下，2100 年全球辐射强迫为 4.5 W/m^2。

利用 RCPs 情景预估未来中国 O_3 变化的研究相对较少。Zhu 和 Liao（2016）利用 GEOS-Chem 模式分析了 RCP2.6、RCP4.5、RCP6.0、RCP8.5 情景下 2000~2050 年中国 O_3 空气质量的变化。图 5.8 展示了四种情景下中国年均地表 O_3 浓度在 2010~2050 年相对于 2000 年的变化。在 RCP2.6 情景下，2010 年整个中国地表 O_3 浓度增大，在南方增大幅度最大，最大可达到 3~6 ppbv，但在 2010 年之后浓度开始降低。在 2030 年、2040 年及 2050 年，几乎整个中国地表 O_3 浓度都是降低的。到 2050 年，由于 NO_x、CO、NMVOCs 排放及 CH_4 浓度降低，华北平原及四川盆地 O_3 浓度降幅达到 6 ppbv 以上。在 RCP4.5 情景下，2010 年、2020 年及 2030 年，中国大部分区域年均地表 O_3 浓度都增大，2020 年中国南方最大增大了 3~6 ppbv。2040~2050 年，地表 O_3 浓度都呈现了降低趋势，2050 年超过 6 ppbv 的最大降低出现在湖南、江西及四川盆地。在 RCP6.0 情景下，中国中部、东部及南方，年均地表 O_3 浓度在 2000~2040 年都是增大的。2040~2050 年，南方地表 O_3 浓度显著增大，为 6~12 ppbv，这主要是由于 NO_x、CO 及 NMVOCs 排放显著增加。但是，除了 2040 年之外，西部及北方的年均

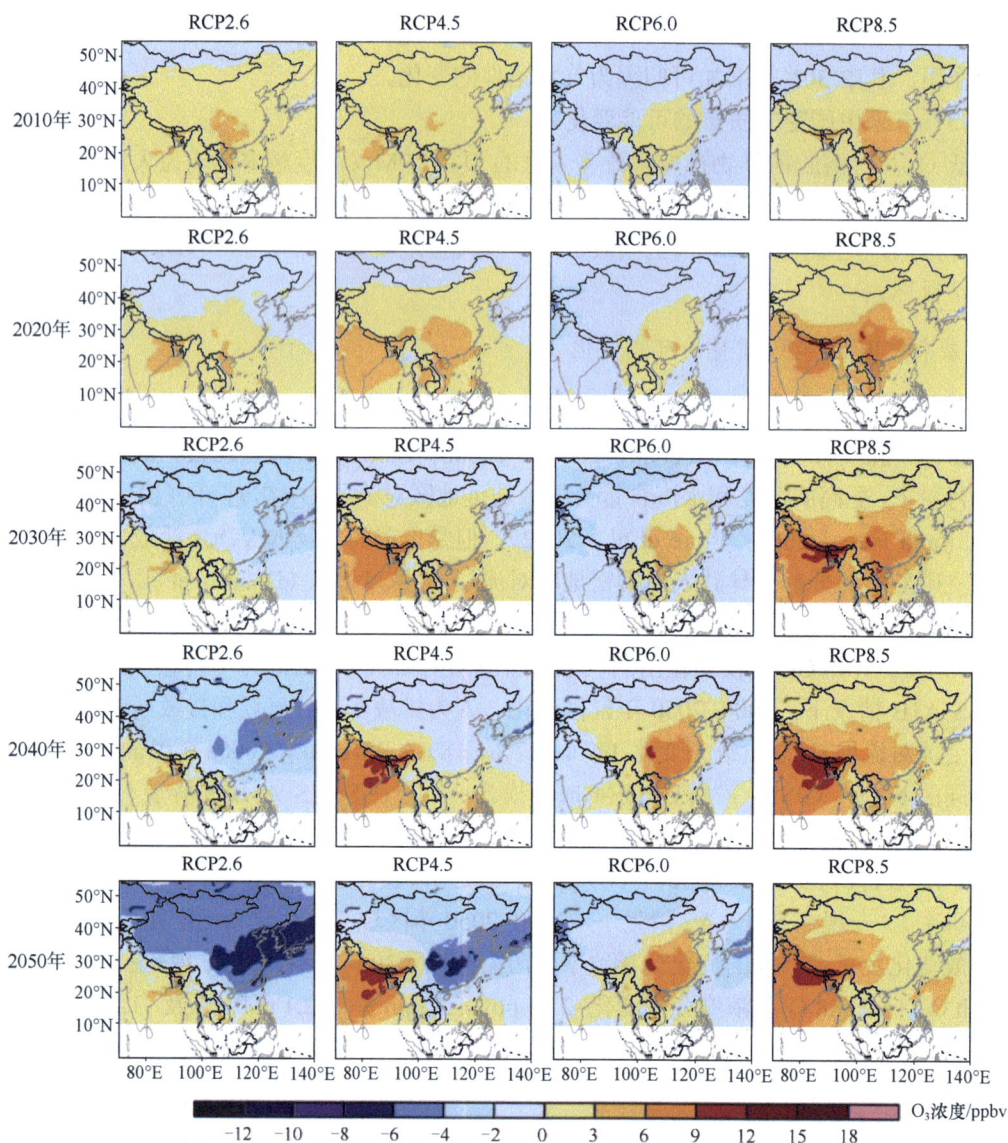

图 5.8 四个 RCP 情景下年均地表 O_3 浓度在 2010~2050 年相对于 2000 年的变化

地表 O_3 浓度都有轻微的降低（2 ppbv 以内），这轻微的降低归因于欧洲及中亚跨界输送的影响。Szopa 等（2013）的全球模拟研究显示，在 RCP6.0 情景下除了中国和印度尼西亚，北半球的其他区域 O_3 浓度都是降低的。在 RCP8.5 情景下，中国区域年均地表 O_3 浓度在所有年份都是增加的。O_3 浓度在 2020 年及 2030 年达到峰值，南方最大增大幅度为 6~12 ppbv。尽管 2050 年 CH_4 浓度很高，但东部 O_3 浓度增大幅度很小（0~3 ppbv），这主要是因为 2030 年之后 NO_x、CO 及 NMVOCs 排放显著降低。

2. 未来中国 $PM_{2.5}$ 空气质量的可能变化

一些研究已经评估了气候变化和排放变化对未来 $PM_{2.5}$ 变化的相对贡献（Tagaris et al.，2007；Lam et al.，2011；Kelly et al.，2012；Colette et al.，2013；Jiang et al.，2013；Val Martin et al.，2015；Pommier et al.，2018）。总体来说，这些研究都指出了排放变化是影响未来 $PM_{2.5}$

变化的首要因素，尽管气候变化可以通过改变气象要素场（如降水、温度、风场、相对湿度和边界层高度等）及静稳天气条件的发生频率来影响气溶胶的排放、形成、输送和清除过程以减缓或加剧 $PM_{2.5}$ 污染（Liao et al.，2006；Jacob and Winner，2009；Fiore et al.，2012；West et al.，2013；Horton et al.，2014；Pommier et al.，2018；Pendergrass et al.，2019）。Lam 等（2011）指出 2050 年美国地区 $PM_{2.5}$ 降低的 90%是由排放变化导致的，而气候变化的影响只占大约 10%。Colette 等（2013）认为影响欧洲地区未来 $PM_{2.5}$ 变化的主要因素是排放变化，而不是气候变化或者跨洲输送。此外，Fiore 等（2012）在综述了关于气候变化与空气质量相互作用的研究后指出，影响 21 世纪季节平均或年平均 $PM_{2.5}$ 预估的首要因素是排放变化而不是气候变化，这一观点也被 2013 年 IPCC 第五次评估报告所采纳（Kirtman et al.，2013）。

Carmichael 等（2009）利用一个区域大气化学传输模式（sulfur transport and deposition model），在未来排放情景和固定的当前气象条件下研究了未来 2030 年亚洲地区 $PM_{2.5}$（仅包括含碳气溶胶和硫酸盐）的变化趋势。他们预估中国东部人口密集地区的年均 $PM_{2.5}$ 浓度在 SRES A1B 情景下将会增大 15 $\mu g/m^3$ 以上，而在 SRES B1 情景下整个中国地区的 $PM_{2.5}$ 浓度只会增大 0.5~2 $\mu g/m^3$。Xing 等（2010）利用 CMAQ 模式（community multi-scale air quality model）模拟了 2020 年中国地区的 $PM_{2.5}$ 浓度，发现其在一个高能源效率和严格法规的情景下相对于 2005 年将会降低 16%，但是在一个保持当前的控制法规和实施状况的情景下 $PM_{2.5}$ 浓度将会升高 8%。Jiang 等（2013）利用大气环流模式（GISS）驱动的 4°纬度×5°经度的全球大气化学传输模式（GEOS-Chem），预估出在 SRES A1B 情景下排放变化导致的 2050 年中国东部 $PM_{2.5}$ 浓度相对于 2000 年将下降 1~8 $\mu g/m^3$。Li 等（2016b）利用 GEOS-Chem 模式模拟了四种排放情景下，未来中国地区 2000~2050 年 $PM_{2.5}$ 浓度的变化（图 5.9）。就长期变化（2000~2050 年）来讲，RCP2.6（RCP4.5）情景下 $PM_{2.5}$ 浓度降低最显著的地区在华北，分别下降 15~20 $\mu g/m^3$ 和 20~30 $\mu g/m^3$。预估的 2050 年 RCP4.5 情景下的 $PM_{2.5}$ 浓度是所有未来情景中最低的，这主要是由于 RCP4.5 情景下较低的 NH_3 和 OC 排放强度。高的人为排放量使得 RCP6.0 情景下 2050 年的 $PM_{2.5}$ 浓度最高，在华北地区和四川盆地 2050 年 $PM_{2.5}$ 浓度相对于 2000 年可增大 20~30 $\mu g/m^3$。

5.3.4　应对气候变化与大气污染协同控制

大气污染控制和温室气体减排能够协同最重要的原因是大气污染物和温室气体具有同源性，即经济发展过程中的化石燃料会向大气排放大量的颗粒物、二氧化硫、氮氧化物等空气污染物，也会排放二氧化碳、甲烷、氧化亚氮和含氟气体等温室气体。许多大气污染控制措施同时也是温室气体减排的有效措施，如能源结构的调整和优化、产业结构的调整、节能降耗、绿色出行和生活方式低碳化等。因此，将大气污染物排放和温室气体排放进行协同控制是应对气候变化挑战和打赢污染防治攻坚战的有效途径。此外，大气污染物和温室气体之间可以相互转化，某些温室气体也是大气污染物的前体物。控制"短寿命气候污染物"（short-lived climate pollutants，SLCPs），包括甲烷、氢氟碳化合物（HFCs）、对流层臭氧、氢氟碳化物等的排放能在较短的时间尺度减缓全球变暖，对实现《巴黎协定》目标和可持续发展目标至关重要。

国家发展改革委发布了《国家应对气候变化规划（2014—2020 年）》，且我国向联合国提交《强化应对气候变化行动——中国国家自主贡献》，制定了到 2030 年的自主行动目标。研究表明，如果能够完成这些气候变化的行动目标，雾霾的污染将降低 42%，大气污染与温室气体具有关联性，以燃烧为特征的人类活动是大气污染和气候变化的重要根源。控制污染源的排放既可以减少大气污染物，也可以减少温室气体；控制温室气体的排放也能带来减少大气污染物的效果。图 5.10 给出了我国应对气候变化国家战略和大气污染防治政策进程。

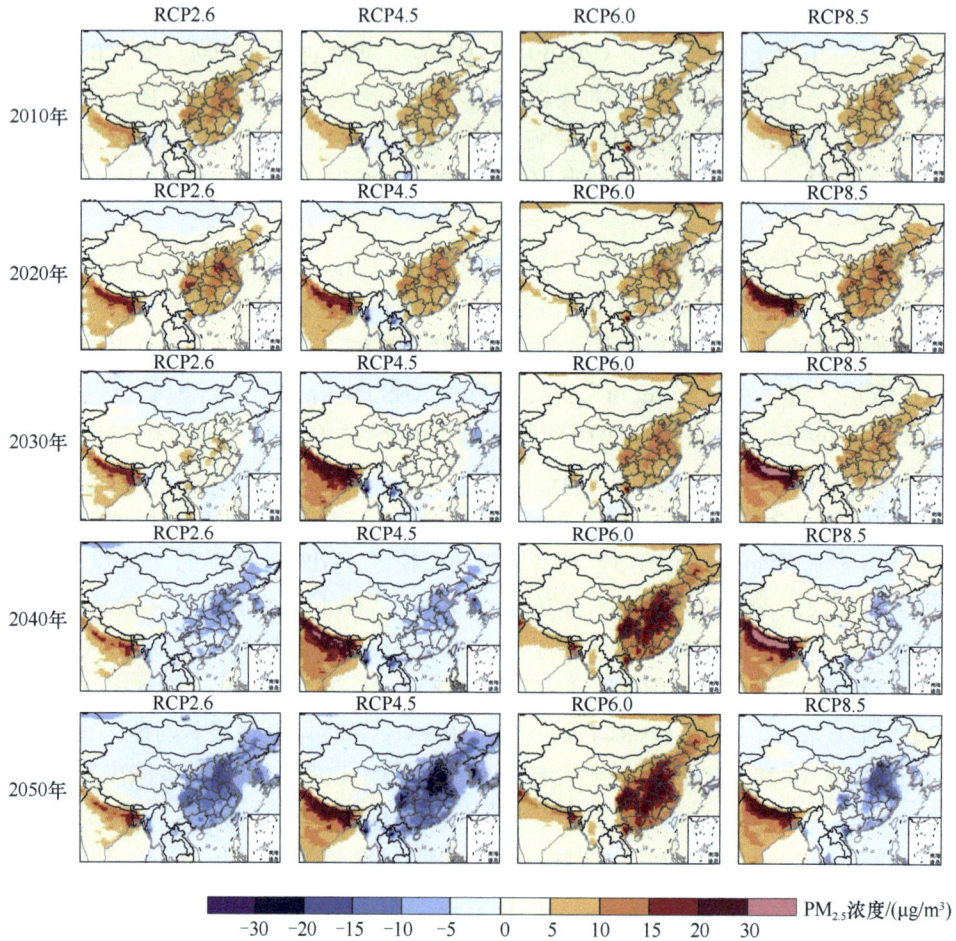

图 5.9　四种情景下年均地表 $PM_{2.5}$ 浓度在 2010~2050 年相对于 2000 年的变化

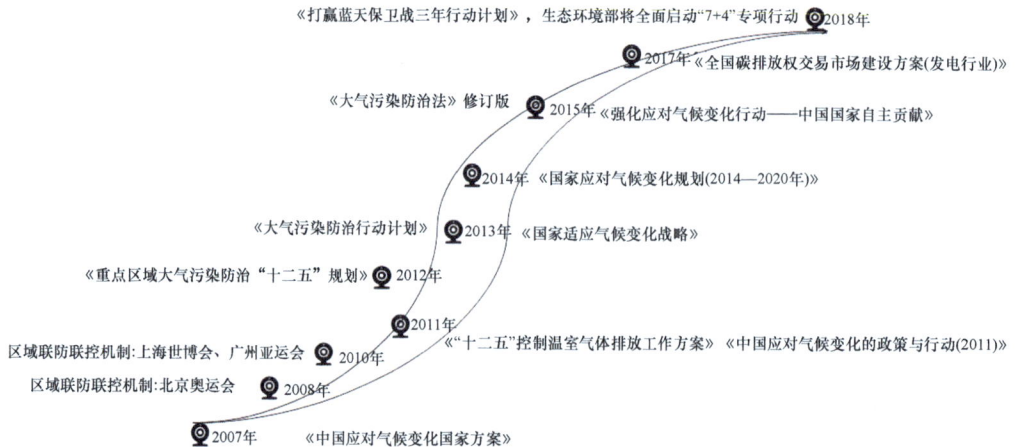

图 5.10　我国近期大气污染防治政策和应对气候变化国家战略历程

参 考 文 献

陈宏波, 沈新勇, 黄文彦. 2015. 气溶胶对东亚夏季风指数和爆发的影响及其机理分析. 热带气象学报, 31(6): 733-743.

程念亮, 李云婷, 张大伟, 等. 2016. 2014 年北京市城区臭氧超标日浓度特征及与气象条件的关系. 环境科学, 6: 2041-2051.

郭增元, 刘煜, 李维亮, 等. 2017. 气溶胶影响亚洲夏季风机理的数值模拟. 气象学报, 75(5): 797-810.

国家发展和改革委员会应对气候变化司. 2017. 中华人民共和国气候变化第一次两年更新报告. 北京: 中国计划出版社.

贺克斌, 赖鑫, 杨复沫. 2016. 大气气溶胶对天气与气候的影响. 三峡生态环境监测, 1(1): 2-8.

黄观, 刘伟, 刘志红, 等. 2015. 黑碳气溶胶研究概况. 灾害学, 30(2): 10.

黄文彦, 沈新勇, 王勇, 等. 2015. 亚洲地区碳气溶胶的时空特征及其直接气候效应. 大气科学学报, 38(4): 448-457.

吉振明. 2018. 青藏高原黑碳气溶胶外源传输及气候效应模拟研究进展与展望. 地理科学进展, 37(4): 11.

李剑东, 毛江玉, 王维强. 2015. 大气模式估算的东亚区域人为硫酸盐和黑碳气溶胶辐射强迫及其时间变化特征. 地球物理学报, 58(4): 1103-1120.

李阳, 宋娟, 孙磊. 2015. 我国硫酸盐气溶胶气候效应的数值模拟. 气象研究与应用, 36(3): 9.

刘小红, 洪钟祥, 石立庆. 1999. 北京地区严重大气污染的气象和化学因子. 气候与环境研究, 3: 231-236.

马肖琳, 高西宁, 刘煜, 等. 2018. 气溶胶对东亚冬季风影响的数值模拟. 应用气象学报, 29(3): 333-343.

马欣, 陈东升, 温维, 等. 2016. 应用 WRF-chem 探究气溶胶污染对区域气象要素的影响. 北京工业大学学报, 42(2): 285-295.

沈洪艳, 史华伟, 师华定, 等. 2015. 京津冀气溶胶污染对气象要素的影响模拟研究. 安徽农业科学, 43(25): 207-210.

石睿, 王体健, 李树, 等. 2015. 东亚夏季气溶胶—云—降水分布特征及其相互影响的资料分析. 大气科学, 1: 12-22.

宿兴涛, 王宏, 许丽人, 等. 2016a. 沙尘气溶胶直接气候效应对东亚冬季风影响的模拟研究. 大气科学, 40(3): 551-562.

宿兴涛, 许丽人, 魏强, 等. 2016b. 东亚地区沙尘气溶胶对降水的影响研究. 高原气象, 35(1): 211-219.

孙磊, 李阳, 宋娟. 2015. 我国硫酸盐气溶胶气候效应的数值模拟. 气象研究与应用, 36(3): 13-21.

王东东, 朱彬, 江志红, 等. 2017. 人为气溶胶对中国东部冬季风影响的模拟研究. 大气科学学报, 40(4): 541-552.

王健颖, 郑小波, 赵天良, 等. 2016. 四川盆地气溶胶变化对弱降水的影响: 基于干能见度的气候分析. 生态环境学报, 4: 621-628.

王万同, 唐旭利, 黄玫, 等. 2018. 中国森林生态系统碳储量: 动态及机制. 北京: 科学出版社.

王雁, 郭伟, 闫世明, 等. 2018. 山西省气溶胶光学厚度时空变化特征及气候效应分析. 生态环境学报, 27(5): 900-907.

吴明轩, 王体健, 李树, 等. 2015. 气溶胶直接效应对中国夏季降水影响的数值模拟研究. 南京大学学报: 自然科学版, 51(3): 587-595.

杨雨灵, 谭吉华, 孙家任, 等. 2015. 华北地区一次强灰霾污染的天气学效应. 气候与环境研究, 20(5): 555-570.

衣娜娜, 张镭, 刘卫平, 等. 2017. 西北地区气溶胶光学特性及辐射影响. 大气科学, 41(2): 409-420.

张华, 陈琪, 谢冰, 等. 2014. 中国的 PM2.5 和对流层臭氧及污染物排放控制对策的综合分析. 气候变化研究进展, 10(4): 289-296.

张华, 黄建平. 2014. 对 IPCC 第五次评估报告关于人为和自然辐射强迫的解读. 气候变化研究进展, 10(1): 40-44.

张喆, 丁建丽, 王瑾杰, 等. 2016. 新疆干旱区气溶胶间接效应区域性分析. 中国环境科学, 36(12): 3521-3530.

周秀骥, 罗超. 1994. 中国东部地区大气臭氧及前体物本底变化规律的初步研究. 中国科学: B 辑, 12: 1323-1330.

Bao Q. 2012. Projected changes in Asian summer monsoon in RCP scenarios of CMIP5. Atmospheric and oceanic science letters, 5(1): 43-48.

Bei N, Li G, Huang R J, et al. 2016. Typical synoptic situations and their impacts on the wintertime air pollution in the Guanzhong basin, China. Atmospheric Chemistry and Physics, 16: 7373-7387.

Bond T C, Bhardwaj E, Dong R, et al. 2007. Historical emissions of black and organic carbon aerosol from energy-related combustion, 1850–2000. Global Biogeochem Cycles, 21(2): GB2018.

Budyko M. 1974. Climate and Life. New York: Academic Press.

Burke C, Stott P. 2017. Impact of anthropogenic climate change on the East Asian summer monsoon. Journal of Climate, 30(14): 5205-5220.

Burke E J, Ekici A, Huang Y, et al. 2017. Quantifying uncertainties of permafrost carbon-climate feedbacks. Biogeosciences, 14(12): 3051-3066.

Butler T, Stock Z S, Russo M R, et al. 2012. Megacity ozone air quality under four alternative future scenarios. Atmospheric Chemistry and Physics, 12(10): 4413-4428.

Cai C J, Zhang X, Wang K, et al. 2016. Incorporation of new particle formation and early growth treatments into WRF/Chem: Model improvement, evaluation, and impacts of anthropogenic aerosols over East Asia. Atmos Environ, 124: 262-284.

Cai W, Li K, Liao H, et al. 2017. Weather conditions conducive to Beijing severe haze more frequent under climate change. Nature Climate Change, 7: 257-263.

Cao L. 2018. The Effects of Solar Radiation management on the Carbon Cycle. Current Climate Change Reports, 4(1): 41-50.

Cao M, Prince S D, Li K, et al. 2003. Response of terrestrial carbon uptake to climate interannual variability in China. Global Change Biology, 9(4): 536-546.

Carmichael G R, Adhikary B, Adhikary B, et al. 2009. Asian aerosols: Current and year 2030 distributions and implications to human health and regional climate change. Environmental Science & Technology, 43(15): 5811-5817.

Chang W Y, Liao H, Xin J Y, et al. 2015. Uncertainties in anthropogenic aerosol concentrations and direct radiative forcing induced by emission inventories in eastern China. Atmospheric Research, 166: 129-140.

Che H Z, Qi B, Zhao H J, et al. 2018. Aerosol optical properties and direct radiative forcing based on measurements from the China Aerosol Remote Sensing Network (CARSNET) in eastern China. Atmospheric Chemistry and Physics, 18(1): 405-425.

Che H Z, Zhao H J, Wu Y F, et al. 2015. Analyses of aerosol optical properties and direct radiative forcing over urban and industrial regions in Northeast China. Meteorol Atmos Phys, 127(3): 345-354.

Chen D, Ma X, Xie X, et al. 2015. Modelling the effect of aerosol feedbacks on the regional meteorology factors over China. Aerosol and Air Quality Research, 15(4):1559-1579.

Chen H, Sun J. 2013. Projected change in East Asian summer monsoon precipitation under RCP scenario. Meteorol Atmos Phys, 121(1-2): 55-77.

Chen Z, Yu G R, Wang Q F. 2019. magnitude, pattern and controls of carbon flux and carbon use efficiency in China's typical forests. Global and Planetary Change, 172: 464-473.

Chevallier F, Ciais P, Conway T J, et al. 2010. CO_2 surface fluxes at grid point scale estimated from a global 21 year reanalysis of atmospheric measurements. Journal of Geophysical Research: Atmospheres, 115(D21): D21307, doi: 10.1029/2010JDO13887.

Chu J E, Kim K M, Lau W K M, et al. 2018. How light-absorbing properties of organic aerosol modify the Asian Summer monsoon rainfall. Journal of Geophysical Research: Atmospheres, 123(4): 2244-2255.

Ciais P, Yao Y, Gasser T, et al. 2020. Empirical estimates of regional carbon budgets imply reduced global soil heterotrophic respiration. National Science Review, nwaa145: 1-14.

Colette A, Bessagnet B, Vautard R, et al. 2013. European atmosphere in 2050, a regional air quality and climate perspective under CMIP5 scenarios. Atmospheric Chemistry and Physics, 13(3): 6455-6499.

Cox P M, Betts R A, Jones C D, et al. 2000. Acceleration of global warming due to carbon cycle feedbacks in a coupled climate model. Nature, 408: 184-187.

Cox P, Pearson D, Booth B B. 2013. Sensitivity of tropical carbon to climate change constrained by carbon dioxide variability. Nature, 494: 341-344.

Crutzen P J. 2006. Albedo Enhancement by stratospheric sulfur injections: A contribution to resolve a policy dilemma. Climatic Change, 77(3): 211-220.

Deng J, Xu H, Zhang L. 2016. Nonlinear effects of anthropogenic aerosol and urban land surface forcing on spring climate in eastern China. Journal of Geophysical Research: Atmospheres, 121(9): 4581-4599.

Deng J, Xu H. 2016. Nonlinear effect on the East Asian summer monsoon due to two coexisting anthropogenic forcing factors in eastern China: An AGCM study. Climate Dynamics, 46(11): 3767-3784.

Ding A J, Huang X, Nie W, et al. 2016. Enhanced haze pollution by black carbon in megacities in China. Geophysical Research Letters, 43(6): 2873-2879.

Ding Y, Liu Y, Liang S, et al. 2014. Interdecadal variability of the East Asian winter monsoon and its possible links to global climate change. Journal of Meteorological Research, 28(5): 693-713.

Doherty R M, Wild O, Shindell D T, et al. 2013. Impacts of climate change on surface ozone and intercontinental ozone pollution: A multi-model study. Journal of Geophysical Research, 118(9): 3744-3763.

Dong B, Sutton R T, Highwood E J, et al. 2016. Preferred response of the East Asian summer monsoon to local and non-local anthropogenic sulphur dioxide emissions. Climate Dynamics, 46(5): 1733-1751.

Dong X, Anderson N J, Yang X, et al. 2012. Carbon burial by shallow lakes on the Yangtze floodplain and its relevance to regional carbon sequestration. Global Change Biology, 18: 2205-2217.

Dufresne J L, Fairhead L, Treut H L, et al. 2002. On the magnitude of positive feedback between future climate change and the carbon cycle. Geophys Res Lett, 29(10): 43.

Early J T. 1989. Space-based solar shield to offset greenhouse effect. Journal of the British Interplanetary Society, 42: 567-569.

Eliseev A V. 2012. Climate change mitigation via sulfate injection to the stratosphere: Impact on the global carbon cycle and terrestrial biosphere. Atmospheric and Oceanic Optics, 25(6): 405-413.

Etminan M, Myhre G, Highwood E J, et al. 2016. Radiative forcing of carbon dioxide, methane, and nitrous oxide: A significant revision of the methane radiative forcing. Geophys Res Lett, 43: 12614-12623.

Fan J, Rosenfeld D, Yang Y, et al. 2015. Substantial contribution of anthropogenic air pollution to catastrophic floods in Southwest China. Geophys Res Lett, 42(14): 6066-6075.

Fang J Y, Guo Z D, Piao S L, et al. 2007. Terrestrial vegetation carbon sinks in China, 1981-2000. Science in China Series D: Earth Sciences, 50(9): 1341-1350.

Fang J, Guo Z, Hu H, et al. 2014. Forest biomass carbon sinks in East Asia, with special reference to the relative contributions of forest expansion and forest growth. Global Change Biology, 20: 2019-2030.

Fang J, Piao S, Tang Z, et al. 2001. Interannual variability in net primary production and precipitation. Science, 293(5536): 1723.

Fang J, Yu G, Liu L, et al. 2018. Climate change, human impacts, and carbon sequestration in China. Proceedings of the National Academy of Sciences, 115(16): 4015-4020.

Fiore A M, Naik V, Spracklen D V, et al. 2012. Global air quality and climate. Chemical Society Reviews, 41(19): 6663-6683.

Folini D, Wild M. 2015. The effect of aerosols and sea surface temperature on China's climate in the late twentieth century from ensembles of global climate simulations. Journal of Geophysical Research: Atmospheres, 120(6): 2261-2279.

Friedlingstein P. 2015. Carbon cycle feedbacks and future climate change. Phil Trans R Soc A, 373: 20140421.

Friedlingstein P, Cox P, Betts R, et al. 2006. Climate-carbon cycle feedback analysis: Results from the C4MIP model Intercomparison. Journal of Climate, 19(14): 3337-3353.

Friedlingstein P, Jones M W, O'Sullivan M, et al. 2019. Global carbon budget 2019. Earth System Science Data, 11: 1783-1838.

Fu Y F, Zhu J C, Yang Y J, et al. 2017. Grid-cell aerosol direct shortwave radiative forcing calculated using the SBDART model with MODIS and AERONET observations: An application in winter and summer in eastern China. Advances in Atmospheric Sciences, 34(8): 952-964.

Fu Y, Liao H. 2014. Impacts of land use and land cover changes on biogenic emissions of volatile organic compounds in China from the late 1980s to the mid-2000s: Implications for tropospheric ozone and secondary organic aerosol. Tellus B, 66(1): 24987.

Gao H, Li X. 2015. Influences of El Nino Southern Oscil-lation events on haze frequency in eastern China during boreal winters. International Journal of Climatology, 35: 2682-2688.

Gao M, Han Z, Liu Z, et al. 2018a. Air quality and climate change, Topic 3 of the model Inter-Comparison Study for Asia Phase III (MICS-Asia III) -Part 1: Overview and model evaluation. Atmospheric Chemistry and Physics, 18: 4859-4884.

Gao M, Ji D, Liang F, et al. 2018b. Attribution of aerosol direct radiative forcing in China and India to emitting sectors. Atmos Environ, 190: 35-42.

Gao Y, Zhang M, Liu X, et al. 2016. Change in diurnal variations of meteorological variables induced by anthropogenic aerosols over the North China Plain in summer 2008. Theoretical and Applied Climatology, 124(1): 103-118.

García O E, Díaz J P, Expósito F J, et al. 2012.Aerosol radiative forcing: AERONET based estimates.In: Druyan L, (eds.). Climate Models. Intech Publishing, Croatia.

Gong C, Liao H. 2019. A typical weather pattern for the ozone pollution events in North China. Atmospheric Chemistry and Physics, 19: 13725-13740.

Gong C, Xin J, Wang S, et al. 2017. Anthropogenic aerosol optical and radiative properties in the typical urban/suburban regions in China. Atmospheric Research, 197: 177-187.

Govindasamy B, Thompson S, Duffy P B, et al. 2002. Impact of geoengineering schemes on the terrestrial biosphere. Geophys Res Lett, 29(22): 2018-2061.

Grandey B S, Cheng H, Wang C, et al. 2016. Transient climate impacts for scenarios of aerosol emissions from Asia: A story of coal versus gas. Journal of Climate, 29(8): 2849-2867.

Guo J, Deng M, Lee S S, et al. 2016. Delaying precipitation and lightning by air pollution over the Pearl River Delta. Part I: Observational analyses. Journal of Geophysical Research: Atmospheres, 121(11): 6472-6488.

Guo J, Liu H, Li Z, et al. 2018. Aerosol-induced changes in the vertical structure of precipitation: A perspective of TRMM precipitation radar. Atmospheric Chemistry and Physics, 18(18): 13329-13343.

Guo J, Yin Y. 2015. mineral dust impacts on regional precipitation and summer circulation in East Asia using a regional coupled climate system model. Journal of Geophysical Research: Atmospheres, 120(19): 10378-10398.

Guo J, Yin Y, Wu J, et al. 2015. Numerical study of natural sea salt aerosol and its radiative effects on climate and sea surface temperature over East Asia. Atmospheric Environment, 106: 110-119.

Guo Z, Hu H, Li P, et al. 2013. Spatio-temporal changes in biomass carbon sinks in China's forests from 1977 to 2008. Science China: Life Sciences, 56: 661-671.

Hall B D, Dutton G S, Elkins J W. 2007. The NOAA nitrous oxide standard scale for atmospheric observations. Journal of Geophysical Research, 112: D09305.

Hamwey R M, Hamwey R M. 2007. Active amplification of the terrestrial albedo to mitigate climate change: An exploratory study. Mitigation and Adaptation Strategies for Global Change, 12(4): 419-439.

Han X, Zhang M G, Skorokhod A. 2017. Assessment of the first indirect radiative effect of ammonium-sulfate-nitrate aerosols in East Asia. Theoretical and Applied Climatology, 130(3-4): 817-830.

Han Z, Li J, Yao X, et al. 2019. A regional model study of the characteristics and indirect effects of marine primary organic aerosol in springtime over East Asia. Atmospheric Environment, 197: 22-35.

He H, Wang S, Zhang L, et al. 2019. Altered trends in carbon uptake in China's terrestrial ecosystems under the enhanced summer monsoon and warming hiatus. National Science Review, 6(3): 505-514.

Hegarty J, Mao H, Talbot R. 2007. Synoptic controls on summertime surface ozone in the northeastern United States. Journal of Geophysical Research, 112(D14): 928-935.

Hong C P, Zhang Q, Zhang Y, et al. 2017. multi-year downscaling application of two-way coupled WRF v3.4 and CMAQ v5.0.2 over east Asia for regional climate and air quality modeling: Model evaluation and aerosol direct effects. Geosci Model Dev, 10: 2447-2470.

Horton D E, Skinner C B, Singh D, et al. 2014. Occurrence and persistence of future atmospheric stagnation events. Nature Climate Change, 4(8): 698-703.

Hu H B, Liu C, Zhang Y, et al. 2015. The different effects of sea surface temperature and aerosols on climate in East Asia during spring. J Ocean Univ China, 14(4): 585-595.

Huang Y, Shen H, Chen Y, et al. 2015. Global organic carbon emissions from primary sources from 1960 to 2009. Atmos Environ, 122: 505-512.

IPCC. 2013. Climate change 2013: The physical science basis. Contribution of Working Group I to the Fifth Assessment Report of the Intergovernmental Panel on Climate Change. Cambridge and New York: Cambridge University Press.

IPCC. 2018. Special Report on Global Warming of 1.5℃ (SR15). Cambridge: Cambridge University Press.

Ito A. 2017. Solar radiation management and ecosystem functional responses. Climatic Change, 142(1-2): 53-66.

Jacob D J, Winner D A. 2009. Effect of climate change on air quality. Atmospheric Environment, 43(1): 51-63.

Janssens-Maenhout G, Crippa M, Guizzardi D, et al. 2017. EDGAR v4.3.2 Global Atlas of the three major Greenhouse Gas Emissions for the period 1970-2012. Earth System Science Data Discussions, 1-55.

Jeong J I, Park R J. 2013. Effects of the meteorological variability on regional air quality in East Asia. Atmos Environ, 69: 46-55.

Jia B, Wang Y, Yao Y, et al. 2015. A new indicator on the impact of large-scale circulation on wintertime particulate matter pollution over China. Atmospheric Chemistry and Physics, 15: 11919-11929.

Jiang H, Liao H, Pye H O, et al. 2013. Projected effect of 2000-2050 changes in climate and emissions on aerosol levels in China and associated transboundary transport. Atmospheric Chemistry and Physics, 13(16): 7937-7960.

Jiang J, Zhang H, Cao L. 2018. Simulated effect of sunshade solar geoengineering on the global carbon cycle. Science China-Earth Sciences, 61: 1306-1315.

Jiang M, Li Z, Wan B, et al. 2016. Impact of aerosols on precipitation from deep convective clouds in eastern China. Journal of Geophysical Research: Atmospheres, 121(16): 9607-9620.

Jiang N B, Scorgie Y, Hart M, et al. 2017a. Visualising the relationships between synoptic circulation type and air quality in Sydney, a subtropical coastal-basin environment. International Journal of Climatology, 37: 1211-1228.

Jiang Y, Yang X Q, Liu X, et al. 2017b. Anthropogenic aerosol effects on East Asian winter monsoon: The role of black carbon-induced Tibetan Plateau warming. Journal of Geophysical Research: Atmospheres, 122(11): 5883-5902.

Jiang Y, Yang X Q, Liu X. 2015. Seasonality in anthropogenic aerosol effects on East Asian climate simulated with CAM5. Journal of Geophysical Research: Atmospheres, 120(20): 10810-837861.

Jiang Z, Huo F, Ma H, et al. 2017c. Impact of Chinese urbanization and aerosol emissions on the East Asian summer monsoon. Journal of Climate, 30(3): 1019-1039.

Jung M, Reichstein M, Margolis H A, et al. 2011. Global patterns of land-atmosphere fluxes of carbon dioxide, latent heat, and sensible heat derived from eddy covariance, satellite, and meteorological observations. Journal of Geophysical Research: Biogeosciences, 116(G3): GOOJO7, https://doi.org/10.1029/2010JG001566.

Kalidindi S, Bala G, Modak A, et al. 2015. modeling of solar radiation management: A comparison of simulations using reduced solar constant and stratospheric sulphate aerosols. Climate Dynamics, 44(9-10): 2909-2925.

Kang H, Zhu B, Gao J, et al. 2019. Potential impacts of cold frontal passage on air quality over the Yangtze River Delta, China. Atmospheric Chemistry and Physics, 19: 3673-3685.

Kang N, Kumar K R, Yu X N, et al. 2016a. Column-integrated aerosol optical properties and direct radiative forcing over the urban-industrial megacity Nanjing in the Yangtze River Delta, China. Environ Sci Pollut R, 23(17): 17532-17552.

Kang Y, Liu M, Song Y, et al. 2016b. High-resolution ammonia emissions inventories in China from 1980 to 2012. Atmospheric Chemistry and Physics, 16(4): 2043-2058.

Kelly J, makar P A, Plummer D A, et al. 2012. Projections of mid-century summer air-quality for North America: effects of changes in climate and precursor emissions. Atmospheric Chemistry and Physics, 12(12): 5367-5390.

Kim M J, Park R J, Ho C, et al. 2015. Future ozone and oxidants change under the RCP scenarios. Atmos Environ, 101: 103-115.

Kirtman B, Power S B, Adedoyin A J, et al. 2013. Near-term climate change: Projections and predictability. Climate Change 2013: The Physical Science Basis (Chapter 11). Contribution of Working Group I to the Fifth Assessment Report of the Intergovernmental Panel on Climate Change. Cambridge and New York: Cambridge University Press.

Kurokawa J, Ohara T, Morikawa T, et al. 2013. Emissions of air pollutants and greenhouse gases over Asian regions during 2000-2008: Regional emission inventory in Asia (REAS) version 2. Atmospheric Chemistry and Physics, 13(21): 11019-11058.

Lam Y F, Fu J S, Wu S, et al. 2011. Impacts of future climate change and effects of biogenic emissions on surface ozone and particulate matter concentrations in the United States. Atmospheric Chemistry and Physics, 11(10): 4789-4806.

Langner J, Engardt M, Baklanov A, et al. 2012. A multi-model study of impacts of climate change on surface ozone in Europe. Atmospheric Chemistry and Physics, 12(21): 10423-10440.

Lapina K, Henze D K, Milford J B, et al. 2015. Implications of RCP emissions for future changes in vegetative exposure to ozone in the western U.S. Geophysical Research Letters, 42(10): 4190-4198.

Lashof D A, Ahuja D R. 1990. Relative contributions of greenhouse gas emissions to global warming. Nature, 344: 529-531.

Latham J. 1990. Control of global warming. Nature, 347(6291): 339-340.

Lauerwald R, Laruelle G G, Hartmann J, et al. 2014. Spatial patterns in CO_2 evasion from the global river network. Global Biogeochemical Cycles, 29: 534-554.

Le Quéré C, Andrew R M, Canadell J G, et al. 2016. Global carbon budget 2016. Earth System Science Data, 8(2): 605-649.

Lee J, Cha J, Hong S, et al. 2015. Projections of summertime ozone concentration over East Asia under multiple IPCC SRES emission scenarios. Atmos Environ, 106: 335-346.

Lei Y, Zhang Q, He K B. 2011. Primary anthropogenic aerosol emission trends for China, 1990-2005. Atmospheric Chemistry and Physics, 11(3): 931-954.

Li B G, Gasser T, Ciais P, et al. 2016c. The contribution of China's emissions to global climate forcing. Nature, 531(7594): 357-361.

Li J D, Wang W C, Liao H, et al. 2015a. Past and future direct radiative forcing of nitrate aerosol in East Asia. Theoretical and Applied Climatology, 121(3-4): 445-458.

Li J W, Han Z W, Xie Z X. 2013. Model analysis of long-term trends of aerosol concentrations and direct radiative forcings over East Asia. Tellus B, 65: 20410.

Li J W, Han Z W. 2016. Seasonal Variation of Nitrate Concentration and Its Direct Radiative Forcing over East Asia. Atmosphere-Basel, 7(8): 105.

Li J, Liao H, Hu J L, et al. 2019a. Severe particulate pollution days in China during 2013-2018 and the associated typical weather patterns in Beijing-Tianjin-Hebei and the Yangtze River Delta regions. Environmental Pollution, 248: 74-81.

Li K, Jacob D J, Liao H, et al. 2019b. Anthropogenic drivers of 2013-2017 trends in summer surface ozone in China. Proceedings of the National Academy of Sciences of the United States of America, 116(2): 422-427.

Li K, Liao H, Mao Y H, et al. 2016a. Source sector and region contributions to concentration and direct radiative forcing of black carbon in China. Atmos Environ, 124: 351-366.

Li K, Liao H, Zhu J, et al. 2016b. Implications of RCP emissions on future PM2.5 air quality and direct radiative forcing over China. Journal of Geophysical Research: Atmospheres, 121(21): 12985-13008.

Li M, Liu H, Geng G, et al. 2017. Anthropogenic emission inventories in China: A review. National Science Review, 4(6): 834-866.

Li P, Zhu J, Hu H, et al. 2016d. The relative contributions of forest growth and areal expansion to forest biomass carbon. Biogeosciences, 13: 375-388.

Li Q, Zhang R, Wang Y. 2015b. Interannual variation of the wintertime fog–haze days across central and eastern China and its relation with East Asian winter monsoon. International Journal of Climatology, 36: 346-354.

Li S, Wang T, Solmon F, et al. 2016e. Impact of aerosols on regional climate in southern and northern China during strong/weak East Asian summer monsoon years. Journal of Geophysical Research: Atmospheres, 121(8): 4069-4081.

Li S, Wang T, Zanis P, et al. 2018b. Impact of tropospheric ozone on summer climate in china. Journal of Meteorological Research, 32(2): 279-287.

Li S Y, Bush R T, Santos I R, et al. 2018a. Large greenhouse gases emissions from China's lakes and reservoirs. Water Research, 147: 13-24.

Li X, Li Y, Chen A, et al. 2019c. The impact of the 2009/2010 drought on vegetation growth and terrestrial carbon balance in Southwest China. Agricultural and Forest Meteorology, 269: 239-248.

Li X, Ting M, Li C, et al. 2015c. Mechanisms of Asian summer monsoon changes in response to anthropogenic forcing in CMIP5 models. Journal of Climate, 28(10): 4107-4125.

Li Z, Lau W K M, Ramanathan V, et al. 2016f. Aerosol and monsoon climate interactions over Asia. Reviews of Geophysics, 54(4): 866-929.

Liao H, Chen W, Seinfeld J H, et al. 2006. Role of climate change in global predictions of future tropospheric ozone and aerosols. Journal of Geophysical Research, 111(D12): D12304.

Liao H, Ren X B, Ge Q S, et al. 2016. Climate warming and its sensitivity to CO_2 concentrations–progress on "climate sensitivity" group of CAS strategic priority research program "climate change: carbon budget and relevant issues". Bulletin of Chinese Academy of Sciences, 31(1): 134-141.

Liao Z H, Gao m, Sun J R, et al. 2017. The impact of synoptic circulation on air quality and pollution-related human health in the Yangtze River Delta region. Sci Total Environ, 607: 838-846.

Lin M Y, Horowitz L W, Richard P, et al. 2017. Us surface ozone trends and extremes from 1980 to 2014: quantifying the roles of rising Asian emissions, domestic controls, wildfires, and climate. Atmospheric Chemistry and Physics, 17: 1-56.

Liu C, Hu H B, Zhang Y, et al. 2017. The direct effects of aerosols and decadal variation of global sea surface temperature on the East Asian summer precipitation in CAM3.0. Journal of Tropical meteorology, 23(2): 217-228.

Liu F, Zhang Q, Ronald J V, et al. 2016a. Recent reduction in NO_x emissions over China: Synthesis of satellite observations and emission inventories. Environ Res Lett, 11(11): 114002.

Liu X, Zhang Y, Zhang Q, et al. 2016b. Application of online-coupled WRF/Chem-MADRID in East Asia: Model evaluation and climatic effects of anthropogenic aerosols. Atmos Environ, 124(PB): 321-336.

Liu Z, Gao W, Yu Y, et al. 2018. Characteristics of $PM_{2.5}$ mass concentrations and chemical species in urban and background areas of China: Emerging results from the CARE-China network. Atmospheric Chemistry and Physics, 18(12): 8849-8871.

Liu Z, Guan D, Wei W, et al. 2015. Reduced carbon emission estimates from fossil fuel combustion and cement production in China. Nature, 524(7565): 335-338.

Lou S, Russell L M, Yang Y, et al. 2017. Impacts of interactive dust and its direct radiative forcing on interannual variations of temperature and precipitation in winter over East Asia. Journal of Geophysical Research: Atmospheres, 122(16): 8761-8780.

Lu F, Hu H, Sun W, et al. 2018. Effects of national ecological restoration projects on carbon sequestration in China from 2001 to 2010. Proceedings of the National Academy of Sciences, 115(16): 4039-4044.

Lu Z, Zhang Q, Streets D G, et al. 2011. Sulfur dioxide and primary carbonaceous aerosol emissions in China and India, 1996-2010. Atmospheric Chemistry and Physics, 11(18): 9839-9864.

Ma S, Zhou T, Stone D A, et al. 2017a. Detectable anthropogenic shift toward heavy precipitation over Eastern China. Journal of Climate, 30(4): 1381-1396.

Ma X, Liu H, Liu J J, et al. 2017b. Sensitivity of climate effects of black carbon in China to its size distributions. Atmospheric Research, 185: 118-130.

Ma X X, Liu H N, Wang X Y, et al. 2016a. The radiative effects of anthropogenic aerosols over China and their sensitivity to source emission. J Trop meteorol, 22(1): 94-108.

Ma Z Q, Xu J, Quan W J, et al. 2016b. Significant increase of surface ozone at a rural site, north of eastern China. Atmospheric Chemistry and Physics, 16: 3969-3977.

Madronich S. 1993. UV radiation in the natural and perturbed atmosphere. https://opensky.ucar.edu/islandora/object/books:561[2021-5-30].

Mao J, Mao J, Paulot F, et al. 2013. Ozone and organic nitrates over the eastern United States: Sensitivity to isoprene chemistry. Journal of Geophysical Research, 118(19): 11256-11268.

Mao Y H, Liao H, Chen H. 2017. Impacts of East Asian summer and winter monsoons on interannual variations of mass concentrations and direct radiative forcing of black carbon over eastern China. Atmospheric Chemistry and Physics, 17: 4799-4816.

Mao Y H, Liao H, Han Y M, et al. 2016. Impacts of meteorological parameters and emissions on decadal and interannual variations of black carbon in China for 1980-2010. Journal of Geophysical Research: Atmospheres, 121(4): 1822-1843.

Matthews H D, Cao L, Caldeira K. 2009. Sensitivity of ocean acidification to geoengineered climate stabilization. Geophysical Research Letters, 36(10): L10706.

Mcgregor G R, Bamzelis D. 1995. Synoptic typing and its application to the investigation of weather air pollution relationships, Birmingham, United Kingdom. Theoretical and Applied Climatology, 51(4): 223-236.

Meng W, Zhong Q, Yun X, et al. 2017. Improvement of a global high-resolution ammonia emission inventory for combustion and industrial sources with new data from the residential and transportation sectors. Environ Sci Technol, 51(5): 2821-2829.

Mercado L M, Sitch S, Huntingford C, et al. 2009. Impact of changes in diffuse radiation on the global land carbon sink. Nature, 458(7241): 1014-1017.

Mitchell D L, Finnegan W. 2009. modification of cirrus clouds to reduce global warming. Environmental Research

Letters, 4(4): 45102.

Moss R H, Edmonds J, Hibbard K, et al. 2010. The next generation of scenarios for climate change research and assessment. Nature, 463(7282): 747-756.

Mu Q, Zhao M, Running S W, et al. 2008. Contribution of increasing CO_2 and climate change to the carbon cycle in China's ecosystems. Journal of Geophysical Research: Biogeosciences, 113(G1): G01018, https://doi.org/10.1029/2006JG000316.

Murazaki K, Hess P G. 2006. How does climate change contribute to surface ozone change over the United States? Journal of Geophysical Research, 111: D05301.

Muri H, Niemeier U, Kristjánsson J E. 2015. Tropical rainforest response to marine sky brightening climate engineering. Geophysical Research Letters, 42(8): 2951-2960.

Naik V, Wuebbles D J, Delucia E H, et al. 2003. Influence of geoengineered climate on the terrestrial biosphere. Environmental Management, 32(3): 373-381.

Norby R J, Warren J M, Iversen C M, et al. 2010. CO_2 enhancement of forest productivity constrained by limited nitrogen availability. Proceedings of the National Academy of Sciences of the United States of America, 107(45): 19368-19373.

Ohara T, Akimoto H, Kurokawa J, et al. 2007. An Asian emission inventory of anthropogenic emission sources for the period 1980-2020. Atmospheric Chemistry and Physics, 7(16): 4419-4444.

Otto A, Otto F E L, Boucher O, et al. 2013. Energy budget constraints on climate response. Nature Geosci, 6(6): 415-416.

Partanen A I, Keller D P, Korhonen H, et al. 2016. Impacts of sea spray geoengineering on ocean biogeochemistry. Geophysical Research Letters, 43: 7600-7608.

Pendergrass D C, Shen L, Jacob D J, et al. 2019. Predicting the impact of climate change on severe wintertime particulate pollution events in Beijing using extreme value theory. Geophysical Research Letters, 46(3): 1824-1830.

Peng S S, Piao S L, Ciais P, et al. 2013. Asymmetric effects of daytime and night-time warming on Northern Hemisphere vegetation. Nature, 501: 88-92.

Peng S, Piao S, Bousquet P, et al. 2016. Inventory of anthropogenic methane emissions in mainland China from 1980 to 2010. Atmospheric Chemistry and Physics, 16: 14545-14562.

Peters G P, Marland G, Le Quere C, et al. 2011. Rapid growth in CO_2 emissions after the 2008-2009 global financial crisis. Nature Climate Change, 2: 2-4.

Piao S L, Sitch S, Ciais P, et al. 2013. Evaluation of terrestrial carbon cycle models for their response to climate variability and to CO_2 trends. Global Change Biology, 19: 2117-2132.

Piao S, Ciais P, Friedlingstein P, et al. 2008. Net carbon dioxide losses of northern ecosystems in response to autumn warming. Nature, 451: 49-53.

Piao S, Ciais P, Huang Y, et al. 2010. The impacts of climate change on water resources and agriculture in China. Nature, 467(7311): 43-51.

Piao S, Fang J, Ciais P, et al. 2009. The carbon balance of terrestrial ecosystems in China. Nature, 458(7241): 1009-1013.

Piao S, Tan K, Nan H, et al. 2012. Impacts of climate and CO_2 changes on the vegetation growth and carbon balance of Qinghai–Tibetan grasslands over the past five decades. Global and Planetary Change, 98-99: 73-80.

Piao S, Yin G, Tan J, et al. 2015. Detection and attribution of vegetation greening trend in China over the last 30 years. Global Change Biology, 21(4): 1601-1609.

Pommier M, Fagerli H, Gauss M, et al. 2018. Impact of regional climate change and future emission scenarios on surface O_3 and $PM_{2.5}$ over India. Atmospheric Chemistry and Physics, 18: 103-127.

Proctor J, Hsiang S, Burney J, et al. 2018. Estimating global agricultural effects of geoengineering using volcanic eruptions. Nature, 560: 480-483.

Qin W, Liu Y, Wang L, et al. 2018. Characteristic and driving factors of aerosol optical depth over mainland China during 1980-2017. Remote Sensing, 10(7):1064.

Qiu Y, Liao H, Zhang R, et al. 2017. Simulated impacts of direct radiative effects of scattering and absorbing aerosols on surface layer aerosol concentrations in China during a heavily polluted event in February 2014. Journal of Geophysical Research: Atmospheres, 122(11): 5955-5975.

Randerson J T, Field C B, Fung I Y, et al. 1999. Increases in early season ecosystem uptake explain recent changes in the seasonal cycle of atmospheric CO_2 at high northern latitudes. Geophysical Research Letters, 26: 2765-2768.

Raymond P A, Hartmann J, Lauerwald R, et al. 2013. Global carbon dioxide emissions from inland waters. Nature, 503: 355-359.

Ricchiazzi P, Yang S, Gautier C, et al. 1998. SBDART: A research and teaching software tool for plane-parallel radiative transfer in the Earth's atmosphere. Bull Am Meteorol Soc, 79:2101-2114.

Rogelj J, Den Elzen M, Höhne N, et al. 2016. Paris agreement climate proposals need a boost to keep warming well below 2℃. Nature, 534(7609): 631-639.

Run L, Chen L S, Cicerone R J, et al. 2015. Trends of extreme precipitation in Eastern China and their possible causes. Advances in Atmos Sci, 32(8): 1027-1037.

Sadiq M, Tao W, Liu J, et al. 2015. Air quality and climate responses to anthropogenic black carbon emission changes from East Asia, North America and Europe. Atmospheric Environment, 120(18): 262-276.

Saunois M, Stavert A R, Poulter B, et al. 2020. The global methane budget 2000-2017. Earth Systtem Science Data, 12: 1561-1623.

Schleussner C F, Rogelj J, Schaeffer M, et al. 2016. Science and policy characteristics of the Paris agreement temperature goal. Nat Clim Change, 6(9): 827-835.

Sellers P J, Schimel D S, Moore B, et al. 2018. Observing carbon cycle-climate feedbacks from space. Proceedings of the National Academy of Sciences, 115(31): 7860-7868.

Shindell D T, Lamarque J F, Schulz M, et al. 2013. Radiative forcing in the ACCMIP historical and future climate simulations. Atmospheric Chemistry and Physics, 13: 2939-2974.

Shu L, Xie M, Wang T, et al. 2016. Integrated studies of a regional ozone pollution synthetically affected by subtropical high and typhoon system in the Yangtze River Delta region, China. Atmospheric Chemistry and Physics, 16(24): 1-32.

Sokolov A P, Kicklighter W D, Melillo J M, et al. 2008. Consequences of considering carbon-nitrogen interactions on the feedbacks between climate and the terrestrial carbon cycle. Journal of Climate, 21(15): 3776-3796.

Streets D G, Bond T C, Carmichael G R, et al. 2003. An inventory of gaseous and primary aerosol emissions in Asia in the year 2000. Journal of Geophysical Research: Atmospheres, 108(D21): 8809.

Sun H, Liu X. 2015a. Numerical modeling of Topography-Modulated Dust Aerosol Distribution and Its Influence on the Onset of East Asian Summer monsoon. Advances in Meteorology, 1-15.

Sun H, Liu X. 2015b. Numerical simulation of the direct radiative effects of dust aerosol on the East Asian winter monsoon. Advances in Meteorology, 2015: 1-15.

Szopa S, Balkanski Y, Schulz M, et al. 2013. Aerosol and ozone changes as forcing for climate evolution between 1850 and 2100. Climate Dynamics, 40(9): 2223-2250.

Tagaris E, Manomaiphiboon K, Liao K, et al. 2007. Impacts of global climate change and emissions on regional ozone and fine particulate matter concentrations over the United States. Journal of Geophysical Research, 112: D14312.

Tang G, Wang Y, Li X, et al. 2012. Spatial-temporal variations in surface ozone in Northern China as observed during 2009–2010 and possible implications for future air quality control strategies. Atmospheric Chemistry and Physics, 12(5): 2757-2776.

Tang X, Zhao B, Bai Y, et al. 2018a. Carbon pools in China's terrestrial ecosystems: New estimates based on an intensive field survey. Proceedings of the National Academy of Sciences, 115: 4021-4026.

Tang Y, Han Y, Ma X, et al. 2018b. Elevated heat pump effects of dust aerosol over Northwestern China during summer. Atmospheric Research, 203: 95-104.

Tao F, Zhang Z. 2010. Dynamic responses of terrestrial ecosystems structure and function to climate change in China. Journal of Geophysical Research: Biogeosciences, 115(G3) G03003, https://doi.org/10.1029/2009JG001062.

Tao J, Zhang L, Cao J, et al. 2017. A review of current knowledge concerning PM2.5 chemical composition, aerosol optical properties and their relationships across China. Atmos Chem Phys, 17: 9485–9518, https://doi.org/10.5194/acp-17-9485-2017.

Taylor K E, Stouffer R J, Meehl G A, et al. 2012. An overview of CMIP5 and the experiment design. Bulletin of the American meteorological Society, 93(4): 485-498.

Thornton P E, Doney S C, Lindsay K, et al. 2009. Carbon-nitrogen interactions regulate climate-carbon cycle feedbacks: results from an atmosphere-ocean general circulation model. Biogeosciences, 6: 2099-2120.

Tian H, Melillo J M, Kicklighter D W, et al. 2003. Regional carbon dynamics in monsoon Asia and its implications for the global carbon cycle. Global and Planetary Change, 37(3-4): 201-217.

Tian H, Melillo J, Lu C, et al. 2011. China's terrestrial carbon balance: Contributions from multiple global change factors. Global Biogeochemical Cycles, 25: GB1007.

Tjiputra J F, Grini A, Lee H. 2016. Impact of idealized future stratospheric aerosol injection on the large-scale ocean and land carbon cycles. Journal of Geophysical Research: Biogeosciences, 121(1): 2-27.

Tsai I, Wang W, Hsu H, et al. 2016. Aerosol effects on summer monsoon over Asia during 1980s and 1990s: aerosol effects on asian summer monsoon. Journal of Geophysical Research: Atmospheres, 121(19): 11761-11776.

United Nations. 2015. Adoption of the Paris Agreement (FCCC/ CP/2015/10/Add.1). Paris: United Nations Framework Convention on Climate Change.

Val Martin M, Heald C L, Lamarque J F, et al. 2015. How emissions, climate, and land use change will impact mid-century air quality over the United States: A focus on effects at national parks. Atmospheric Chemistry and Physics, 15(5): 2805-2823.

Wan S, Xia J, Liu W, et al. 2009. Photosynthetic overcompensation under nocturnal warming enhances grassland carbon sequestration. Ecology, 90: 2700-2710.

Wang D, Zhu B, Jiang Z, et al. 2016a. The impact of the direct effects of sulfate and black carbon aerosols on the subseasonal march of the East Asian subtropical summer monsoon. Journal of Geophysical Research: Atmospheres, 121(6): 2610-2625.

Wang H J, Chen H P. 2016. Understanding the recent trend of haze pollution in eastern China: Role of climate change. Atmospheric Chemistry and Physics, 16: 4205-4211.

Wang H J, Chen H P, Liu P J. 2015a. Arctic sea ice decline intensified haze pollution in eastern China. Atmos Oceanic Sci Lett, 8(1): 1-9.

Wang M, Chen H, Yu Z C, et al. 2015b. Carbon accumulation and sequestration of lakes in China during the Holocene. Global Change Biology, 21: 4436-4448.

Wang M, Xu B, Cao J, et al. 2015c. Carbonaceous aerosols recorded in a southeastern Tibetan glacier: analysis of temporal variations and model estimates of sources and radiative forcing. Atmospheric Chemistry and Physics, 15(3): 1191-1204.

Wang Q, Wang Z, Zhang H. 2017a. Impact of anthropogenic aerosols from global, East Asian, and non-East Asian sources on East Asian summer monsoon system. Atmospheric Research, 183: 224-236.

Wang Q, Zheng H, Zhu X, et al. 2015d. Primary estimation of Chinese terrestrial carbon sequestration during 2001–2010. Science Bulletin, 60(6): 577-590.

Wang S, Zhao B, Cai S Y, et al. 2014a. Emission trends and mitigation options for air pollutants in East Asia. Atmospheric Chemistry and Physics, 14(13): 6571-6603.

Wang T J, Zhuang B L, Li S, et al. 2015e. The interactions between anthropogenic aerosols and the East Asian summer monsoon using RegCCMS. Journal of Geophysical Research: Atmospheres, 120(11): 5602-5621.

Wang W N, Cheng T H, Gu X F, et al. 2017c. Assessing spatial and temporal patterns of observed ground-level ozone in china. Scientific Reports, 7(1): 3651.

Wang W, Cheng H, Gu X, et al. 2017b. Assessing spatial and temporal patterns of observed ground-level ozone in China. Scientific Reports, 7: 3675.

Wang X Y, Zhang B. 2016. modeling radiative effects of haze on summer-time convective precipitation over North China: a case study. Front Environ Sci Eng, 10(4): 105-114.

Wang Y Q, Zhang X Y, Sun J Y, et al. 2015f. Spatial and temporal variations of the concentrations of PM10, PM2.5 and PM1 in China. Atmospheric Chemistry and Physics, 15: 13585-13598.

Wang Y, Jiang J H, Su H. 2015g. Atmospheric responses to the redistribution of anthropogenic aerosols. Journal of Geophysical Research: Atmospheres, 120(18): 9625-9641.

Wang Y, Ma P L, Jiang J H, et al. 2016b. Toward reconciling the influence of atmospheric aerosols and greenhouse gases on light precipitation changes in Eastern China. Journal of Geophysical Research: Atmospheres, 121(10): 5878-5887.

Wang Y, Shen L, Shen L, et al. 2013c. Sensitivity of surface ozone over China to 2000-2050 global changes of climate and emissions. Atmos Environ, 374-382.

Wang Y, Wang H, Guo H, et al. 2017d. Long-term O_3-precursor relationships in Hong Kong: Field observation and model simulation. Atmospheric Chemistry and Physics, 17(18): 1-29.

Wang Y, Ying Q, Hu J, et al. 2014b. Spatial and temporal variations of six criteria air pollutants in 31 provincial capital cities in China during 2013-2014. Environment International, 73(1): 413-422.

Wang Z, Lin L, Yang M, et al. 2017e. Disentangling fast and slow responses of the East Asian summer monsoon to reflecting and absorbing aerosol forcings. Atmospheric Chemistry and Physics, 17(18): 11075-11088.

Wang Z, Wang Z, Zhang H, et al. 2016c. Projected response of East Asian summer monsoon system to future reductions in emissions of anthropogenic aerosols and their precursors. Climate Dynamics, 47(5): 1455-1468.

Wang Z, Zhang H, Jing X, et al. 2013a. Effect of non-spherical dust aerosol on its direct radiative forcing. Atmospheric Research, 120: 112-126.

Wang Z, Zhang H, Li J, et al. 2013b. Radiative forcing and climate response due to the presence of black carbon in cloud droplets. Journal of Geophysical Research: Atmospheres, 118(9): 3662-3675.

Wang Z, Zhang H, Shen X. 2011. Radiative forcing and climate response due to black carbon in snow and ice. Advances in Atmospheric Sciences, 29(3): 646-646.

Wei W, Wang S, Hao J, et al. 2014. Trends of chemical speciation profiles of anthropogenic volatile organic compounds emissions in China, 2005-2020. Front Environ Sci Eng, 8(1): 27-41.

West J J, Smith S J, Silva R A, et al. 2013. Co-benefits of mitigating global greenhouse gas emissions for future air quality and human health. Nat Clim Change, 3(10): 885-889.

Wild O, Fiore A M, Shindell D T, et al. 2011. Modelling future changes in surface ozone: A parameterized approach. Atmospheric Chemistry and Physics, 12(4): 2037-2054.

Wu H, Wang T, Riemer N, et al. 2017. Urban heat island impacted by fine particles in Nanjing, China. Scientific Reports, 7(1): 11411-11422.

Wu S, Mickley L J, Jacob D J, et al. 2008a. Effects of 2000-2050 changes in climate and emissions on global tropospheric ozone and the policy-relevant background surface ozone in the United States. Journal of Geophysical Research, 113: D18312.

Wu S, Mickley L J, Jacob D J, et al. 2008b. Effects of 2000–2050 global change on ozone air quality in the United States. Journal of Geophysical Research, 113: D06302.

Wu Y F, Zhu J, Che H Z, et al. 2015. Column-integrated aerosol optical properties and direct radiative forcing based on sun photometer measurements at a semi-arid rural site in Northeast China. Atmospheric Research, 157: 56-65.

Xia L, Robock A, Tilmes S, et al. 2016a. Stratospheric sulfate geoengineering could enhance the terrestrial photosynthesis rate. Atmospheric Chemistry and Physics, 16(3): 1479-1489.

Xia X, Che H, Zhu J, et al. 2016b. Ground-based remote sensing of aerosol climatology in China: Aerosol optical properties, direct radiative effect and its parameterization. Atmos Environ, 124: 243-251.

Xia Y, Zhao Y, Nielsen C P. 2016c. Benefits of China's efforts in gaseous pollutant control indicated by the bottom-up emissions and satellite observations 2000–2014. Atmos Environ, 136: 43-53.

Xie B, Zhang H, Wang Z L, et al. 2016a. A modeling study of effective radiative forcing and climate response due to tropospheric ozone. Advances in Atmospheric Sciences, 33(7): 819-828.

Xie B, Zhang H, Yang D D, et al. 2016b. A modeling study of effective radiative forcing and climate response due to increased methane concentration. Adv Clim Chang Res, 7: 241-246.

Xie X, Liu X, Wang H, et al. 2016c. Effects of aerosols on radiative forcing and climate over East Asia With different SO_2 emissions. Atmosphere, 7(8): 99.

Xie X, Wang H, Liu X, et al. 2016d. Distinct effects of anthropogenic aerosols on the East Asian summer monsoon between multidecadal strong and weak monsoon stages. Journal of Geophysical Research: Atmospheres, 121(12): 7026-7040.

Xin J Y, Gong C S, Wang S G, et al. 2016. Aerosol direct radiative forcing in desert and semi-desert regions of northwestern China. Atmospheric Research, 171: 56-65.

Xing J, Wang S, Chatani S, et al. 2010. Projections of air pollutant emissions and its impacts on regional air quality in China in 2020. Atmospheric Chemistry and Physics, 11(7): 3119-3136.

Xu J, Chang L, Qu Y, et al. 2016a. The meteorological modulation on $PM_{2.5}$ interannual oscillation during 2013 to 2015 in Shanghai, China. Sci Total Environ, 572: 1138-1149.

Xu W Y, Lin W L, Xu X B, et al. 2016b. Long-term trends of surface ozone and its influencing factors at the mt. waliguan gaw station, china-part1: overall trends and characteristics. Atmospheric Chemistry and Physics,

16(21): 30987-31024.

Xu Y. 2011. China's functioning market for sulfur dioxide scrubbing technologies. Environ Sci Technol, 45(21): 9161-9167.

Yan H, Qian Y, Zhao C, et al. 2015. A new approach to modeling aerosol effects on East Asian climate: Parametric uncertainties associated with emissions, cloud microphysics, and their interactions. Journal of Geophysical Research: Atmospheres, 120(17): 8905-8924.

Yang X, Zhou L, Zhao C, et al. 2018. Impact of aerosols on tropical cyclone-induced precipitation over the mainland of China. Climatic Change, 148(1): 173-185.

Yang Y H, Li P, Ding J Z, et al. 2014a. Increased topsoil carbon stock across China's forests. Global Change Biology, 20: 2687-2696.

Yang Y, Fan J, Leung L R, et al. 2016a. Mechanisms contributing to suppressed precipitation in mt. Hua of Central China. Part I: mountain Valley Circulation. Journal of the Atmospheric Sciences, 73(3): 1351-1366.

Yang Y, Liao H, Li J. 2014b. Impacts of the East Asian summer monsoon on interannual variations of summertime surface-layer ozone concentrations over China. Atmospheric Chemistry and Physics, 14: 6867-6880.

Yang Y, Liao H, Lou S J. 2016b. Increase in winter haze over eastern China in the past decades: Roles of variations in meteorological parameters and anthropogenic emissions. Journal of Geophysical Research, 121: 13050-13065.

Yang Y, Liao H, Wang S J, et al. 2017. Source attribution of black carbon and its direct radiative forcing in China. Atmospheric Chemistry and Physics, 17(6): 4319-4336.

Yao Y, Li Z, Wang T, et al. 2018. A new estimation of China's net ecosystem productivity based on eddy covariance measurements and a model tree ensemble approach. Agricultural and Forest meteorology, 253: 84-93.

Yi B, Yang P, Dessler A, et al. 2015. Response of aerosol direct radiative effect to the East Asian summer monsoon. IEEE Geoscience and Remote Sensing Letters, 12(3): 597-600.

Yin C Q, Wang T J, Solmon F, et al. 2015. Assessment of direct radiative forcing due to secondary organic aerosol over China with a regional climate model. Tellus Series B-Chemical and Physical meteorology, 67(1): 24634, https://www.tandfonline.com/doi/pdf/10.3402/tell.usb.V67.24634.

Yin Z C, Wang H J. 2016. The relationship between the subtropical Western Pacific SST and haze over North-Central North China Plain. International Journal of Climatology, 36: 3479-3491.

Yin Z, Wang H, Li Y, et al. 2019. Links of climate variability in Arctic sea ice, Eurasian teleconnection pattern and summer surface ozone pollution in North China. Atmospheric Chemistry and Physics, 19: 3857-3871.

Yu G R, Chen Z, Piao S L, et al. 2014. High carbon dioxide uptake by subtropical forest ecosystems in the East Asian monsoon region. Proceedings of the National Academy of Sciences, 111: 4910-4915.

Yu G R, Zhu X J, Fu Y L, et al. 2013. Spatial patterns and climate drivers of carbon fluxes in terrestrial ecosystems of China. Global Change Biology, 19: 798-810.

Yu X N, Lu R, Liu C, et al. 2017. Seasonal variation of columnar aerosol optical properties and radiative forcing over Beijing, China. Atmos Environ, 166: 340-350.

Yuan W P, Cai W W, Yang C, et al. 2016. Severe summer heatwave and drought strongly reduced carbon uptake in Southern China. Scientific Reports, 6, 18813.

Zaehle S, Friedlingstein P, Friend A D. 2010. Terrestrial nitrogen feedbacks may accelerate future climate change. Geophysical Research Letters, 37: L01401.

Zhang H F, Chen B Z, Van Der Laan-Luijkx I T, et al. 2014a. Net terrestrial CO_2 exchange over China during 2001-2010 estimated with an ensemble data assimilation system for atmospheric CO_2. Journal of Geophysical Research: Atmospheres, 119(6): 3500-3515.

Zhang H, Wang Z, Wang Z, et al. 2012a. Simulation of direct radiative forcing of aerosols and their effects on east asian climate using an interactive agcm-aerosol coupled system. Climate Dynamics, 38(7-8): 1675-1693.

Zhang H, Xie B, Wang Z. 2018a. Effective radiative forcing and climate response to short-lived climate pollutants under different scenarios. Earths Future, 6(6): 857-866.

Zhang H, Zhao S, Wang Z, et al. 2016a. The updated effective radiative forcing of major anthropogenic aerosols and their effects on global climate at present and in the future. International Journal of Climatology, 36(12): 4029-4044.

Zhang J P, Zhu T, Zhang Q H, et al. 2012b. The impact of circulation patterns on regional transport pathways and air quality over Beijing and its surroundings. Atmospheric Chemistry and Physics, 12: 5031-5053.

Zhang L, Guo H, Jia G, et al. 2014b. Net ecosystem productivity of temperate grasslands in northern China: An upscaling study. Agricultural and Forest Meteorology, 184: 71-81.

Zhang L, Li T. 2016. Relative roles of anthropogenic aerosols and greenhouse gases in land and oceanic monsoon changes during past 156 years in CMIP5 models. Geophysical Research Letters, 43(10): 5295-5301.

Zhang L, Liao H, Li J. 2010. Impacts of Asian summer monsoon on seasonal and interannual variations of aerosols over eastern China. J Geophys Res, 115: D00K05.

Zhang L, Ren X, Wang J, et al. 2019. Interannual variability of terrestrial net ecosystem productivity over China: regional contributions and climate attribution. Environmental Research Letters, 14(1): 014003.

Zhang L, Wu P, Zhou T. 2017c. Aerosol forcing of extreme summer drought over North China. Environmental Research Letters, 12(3): 34020.

Zhang Q, Streets D G, Carmichael G R, et al. 2009. Asian emissions in 2006 for the NASA INTEX-B mission. Atmospheric Chemistry and Physics, 9(14): 5131-5153.

Zhang R, Wang H, Qian Y, et al. 2015. Quantifying sources, transport, deposition, and radiative forcing of black carbon over the Himalayas and Tibetan Plateau. Atmospheric Chemistry and Physics, 15(11): 6205-6223.

Zhang X, Zhong J, Wang J, et al. 2018b. The interdecadal worsening of weather conditions affecting aerosol pollution in the Beijing area in relation to climate warming. Atmospheric Chemistry and Physics, 18: 5991-5999.

Zhang Y, Cao F. 2015. Fine particulate matter ($PM_{2.5}$) in China at a city level. Scientific Reports, 5: 14884.

Zhang Y, Ding A J, Mao H, et al. 2016b. Impact of synoptic weather patterns and interdecadal climate variability on air quality in the North China Plain during 1980-2013. Atmos Environ, 124: 119-128.

Zhang Y, Mao H, Ding A, et al. 2013. Impact of syn-optic weather patterns on spatio-temporal variation in surface$_{O_3}$ levels in Hong Kong during 1999–2011. Atmos Environ, 73: 41-50.

Zhang Y, Wang K, He J, et al. 2017a. multi-year application of WRF-CAM5 over East Asia-Part Ⅱ: Interannual variability, trend analysis, and aerosol indirect effects. Atmos Environ, 165(C): 222-239.

Zhang Z X, Zhou W, Wenig M, et al. 2017b. Impact of long-range desert dust transport on hydrometeor formation over Coastal East Asia Adv Atmos Sci, 34(1): 101-115.

Zhao B, Wang S X, Liu H, et al. 2013. NO_x emissions in China: Historical trends and future perspectives. Atmospheric Chemistry and Physics, 13(19): 9869-9897.

Zhao H, Zheng Y F, Li T, et al. 2018a. Temporal and spatial variation in, and population exposure to, summertime ground-level ozone in Beijing. International Journal of Environmental Research and Public Health, 15(4): 628.

Zhao S, Li J P, Sun C. 2016a. Decadal variability in the occurrence of wintertime haze in central eastern China tied to the Pacific Decadal Oscillation. Scientific Reports, 6(1): 27424.

Zhao T B, Li C X, Zou Z Y. 2016b. Contributions of anthropogenic and external natural forcings to climate changes over China based on CMIP5 model simulations. Sci China Earth Sci, 59(3): 503-517.

Zhao Y, Wang M, Hu S, et al. 2018b. Economics-and policy-driven organic carbon input enhancement dominates soil organic carbon accumulation in Chinese croplands. Proceedings of the National Academy of Sciences, 115: 4045-4050.

Zhao Y, Zhang J, Nielsen C P. 2014. The effects of energy paths and emission controls and standards on future trends in China's emissions of primary air pollutants. Atmospheric Chemistry and Physics, 14(17): 8849-8868.

Zhao Z, Wang Y. 2017. Influence of the West Pacific sub-tropical high on surface ozone daily variability in summer-time over eastern China. Atmos Environ, 170: 197-204.

Zheng B, Tong D, Li M, et al. 2018. Trends in China's anthropogenic emissions since 2010 as the consequence of clean air actions. Atmospheric Chemistry and Physics, 18(19): 14095-14111.

Zhou C, Zhang H, Zhao S, et al. 2018. On effective radiative forcing of partial internally and externally mixed aerosols and their effects on global climate. Journal of Geophysical Research: Atmospheres, 123: 401-423.

Zhou F, Shang Z, Ciais P, et al. 2014. A new high-resolution N_2O emission inventory for China in 2008. Environmental Science & Technology, 48: 8538-8547.

Zhu J, Hu H, Tan S, et al. 2017. Carbon stocks and changes of dead organic matter in China's forests. Nature Communications, 8: 151.

Zhu J, Liao H. 2016. Future ozone air quality and radiative forcing over China owing to future changes in emissions under the Representative Concentration Pathways (RCPs). Journal of Geophysical Research: Atmospheres, 121(4): 1978-2001.

Zhu J, Liao H, Li J. 2012. Increases in aerosol concentrations over eastern China due to the decadal-scale weakening of the East Asian summer monsoon. Geophysical Research Letters, 39: L09809.

Zhuang B L, Li S, Wang T J, et al. 2018a. Interaction between the black carbon aerosol warming effect and East Asian monsoon using RegCM4. Journal of Climate, 31(22): 9367-9388.

Zhuang B L, Wang T J, Liu J, et al. 2018b. The optical properties, physical properties and direct radiative forcing of urban columnar aerosols in the Yangtze River Delta, China. Atmospheric Chemistry and Physics, 18(2): 1419-1436.

Zou Y, Wang Y, Zhang Y, et al. 2017. Arctic sea ice, Eurasia snow, and extreme winter haze in China. Sci Adv, 3: 1602751.

第6章 土地覆盖变化及其气候效应

首席作者：贾根锁 王开存

主要作者：陈海山 丹利 郭维栋 高浩 徐希燕

摘 要

土地覆盖和生态系统变化对大气温室气体起重要调节作用，并通过生物物理化学循环的大尺度变化对东亚气候产生显著影响。1980 年以来，中国是世界上土地覆盖变化最为剧烈的区域，陆地生态系统固碳量增加。中国土地覆盖变化总体上是城市建设用地面积不断扩张，森林面积和草地面积持续减少，但不同时期和不同区域有较明显的差异。2010~2015 年中国陆地生态系统总碳储量为 79.24±2.42 Pg C，其中森林碳储量最大，占总碳储量的38.9%。中国陆地生态系统固碳量的增加得益于气候变化以及我国森林和农业管理措施的共同作用。我国陆地生态系统是显著的碳汇，且呈增加趋势，在全球碳循环中起重要作用。因地制宜实施的大规模生态恢复工程，对改善生态环境和减缓气候变化带来了积极影响。

土地覆盖是陆地表层的物理和生物覆盖，包括植被、水、土壤或人造结构，指自然营造物和人工建筑物所覆盖的地表诸要素的综合体，包括地表植被、土壤、湖泊、沼泽湿地及各种建筑物，具有特定的时间和空间属性，其形态和状态可在多种时空尺度上变化。土地覆盖/陆地生态系统对大气 CO_2 起重要调节作用，同时通过生理过程、生物物理过程和生物化学过程的大尺度变化对东亚气候产生显著的影响，而且可以影响季风环流强度的变化（图 6.1）。其大尺度变化的空间异质性是陆表热力作用时空分布及异常变化的重要成因，表现出明显的辐射强迫和气候反馈特征（Jia et al., 2019）。大尺度土地利用驱动下的自然与人工生态系统之间的转变是中国陆地生态系统变化的重要表征，比较显著的变化表现在退耕还牧还林带来的大范围自然植被恢复和城镇化造成自然生态系统向不透水层和人工生态系统的转变等。本章系统评估中国及周边人类活动和自然变率条件下土地覆盖变化规律、土地覆盖变化对陆气温室气体收支的影响、土地覆盖变化对陆面过程及区域气候的影响，以及大尺度生态工程的区域气候效应，以期对土地覆盖变化的脉络及其气候效应的科学认知有较为准确的把握。

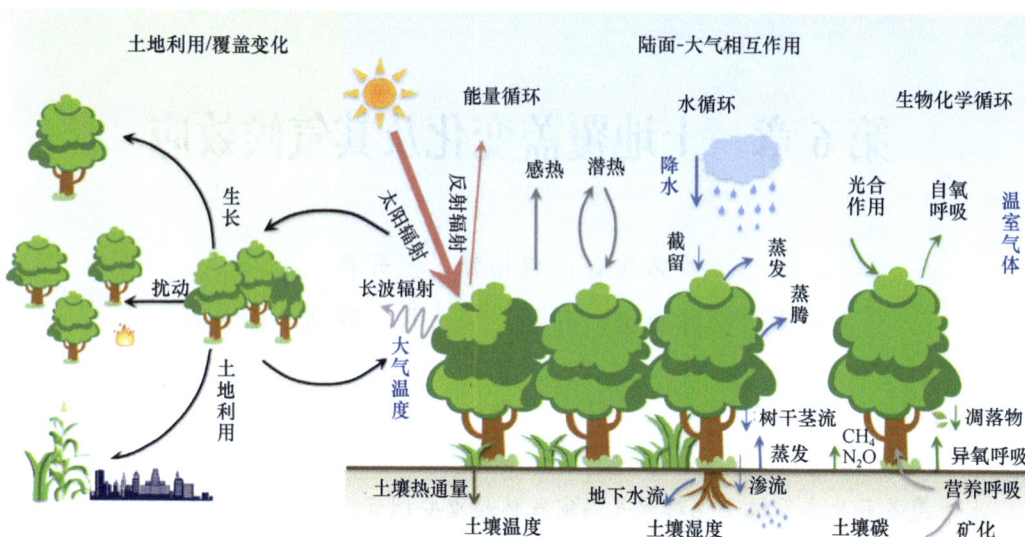

图 6.1　土地覆盖变化和陆面过程相互作用的主要途径

6.1　中国土地覆盖变化趋势和空间格局

6.1.1　全球土地覆盖变化格局

2015 年的土地覆盖变化相对于 1850 年而言，全球的森林面积减小了 $829 \times 10^4 km^2$，减少了约 17.2%，农田增加了 $801 \times 10^4 km^2$，增加了约 109.7%，草原增加了 $1233 \times 10^4 km^2$，增加了约 59.3%。全球多数地区的森林都出现不同程度的减少，其中热带地区从 $2573 \times 10^4 km^2$ 下降到 $1872 \times 10^4 km^2$，减少了约 27.24%；温带地区从 $2250 \times 10^4 km^2$ 下降到 $2122 \times 10^4 km^2$，减少了约 5.69%；也有部分区域有所增加，欧洲森林面积从 $130 \times 10^4 km^2$ 增加到 $174 \times 10^4 km^2$，增加了约 33.85%。全球多数地区的农田都出现不同程度的增加，其中热带地区从 $264 \times 10^4 km^2$ 增加到 $772 \times 10^4 km^2$，增加了约 192.42%；温带地区从 $466 \times 10^4 km^2$ 增加到 $759 \times 10^4 km^2$，增加了约 62.88%，也有部分区域有所减少，欧洲农田面积从 $166 \times 10^4 km^2$ 下降到 $122 \times 10^4 km^2$，减少了约 26.51%。全球多数地区的草原都出现不同程度的增加，其中热带地区从 $1029 \times 10^4 km^2$ 增加到 $1409 \times 10^4 km^2$，增加了约 36.93%；温带地区从 $1051 \times 10^4 km^2$ 增加到 $1904 \times 10^4 km^2$，增加了约 81.16%，也有部分区域有所减少，欧洲草原面积从 $94 \times 10^4 km^2$ 下降到 $71 \times 10^4 km^2$，减少了约 24.47%；东亚草原面积从 $138 \times 10^4 km^2$ 下降到 $113 \times 10^4 km^2$，下降了约 18.12%（表 6.1）。

表 6.1　1850 年和 2015 年全球和区域土地覆盖面积变化

区域	年份	森林/$10^4 km^2$	农田/$10^4 km^2$	草原/$10^4 km^2$	其他/$10^4 km^2$
热带非洲	1850	792	78	777	781
	2015	614	241	809	765
拉丁美洲	1850	1248	18	229	555
	2015	932	198	564	356
南亚和东南亚	1850	533	168	23	222
	2015	326	333	36	250

续表

区域	年份	森林/10⁴km²	农田/10⁴km²	草原/10⁴km²	其他/10⁴km²
热带地区小计	1850	2573	264	1029	1558
	2015	1872	772	1409	1371
北美洲	1850	768	60	75	1078
	2015	657	200	266	859
欧洲	1850	130	166	94	103
	2015	174	122	71	126
苏联*	1850	879	60	112	1180
	2015	857	153	365	856
中国	1850	159	112	108	582
	2015	208	130	393	229
北非和中东地区	1850	40	54	225	987
	2015	37	96	345	827
东亚	1850	64	5	138	10
	2015	49	9	113	45
大洋洲	1850	210	9	299	291
	2015	140	49	351	270
温带地区小计	1850	2250	466	1051	4231
	2015	2122	759	1904	3212
全球	1850	4823	730	2080	5789
	2015	3994	1531	3313	4583

* 表示原苏联区域

文献来源：Houghton and Nassikas，2017

　　1982~2016 年全球森林面积增加了 224.0×10⁴ km²，增加了约 7.1%，其中亚洲增加了 99.2×10⁴ km²，欧洲增加了 74.1×10⁴ km²，北美洲增加了 37.8×10⁴ km²，南美洲减小了 43.1×10⁴ km²，大洋洲增加了 1.6×10⁴ km²，非洲减小了 0.5×10⁴ km²；全球荒漠面积减少了 116.0×10⁴ km²，减少了约 3.1%，其中亚洲减少了 44.0×10⁴ km²，欧洲减少了 8.3×10⁴ km²，北美洲减少了 4.6×10⁴ km²，非洲减少了 26.6×10⁴ km²，大洋洲增加了 7.8×10⁴ km²；全球灌草植被面积减少了 88×10⁴ km²，减少了约 1.4%，其中亚洲减少了 50.1×10⁴ km²，欧洲减少了 62.3×10⁴ km²，北美洲减少了 30.8×10⁴ km²，南美洲增加了 43.1×10⁴ km²，非洲增加了 30.3×10⁴ km²，大洋洲减少了 8.2×10⁴ km²（图6.2）。

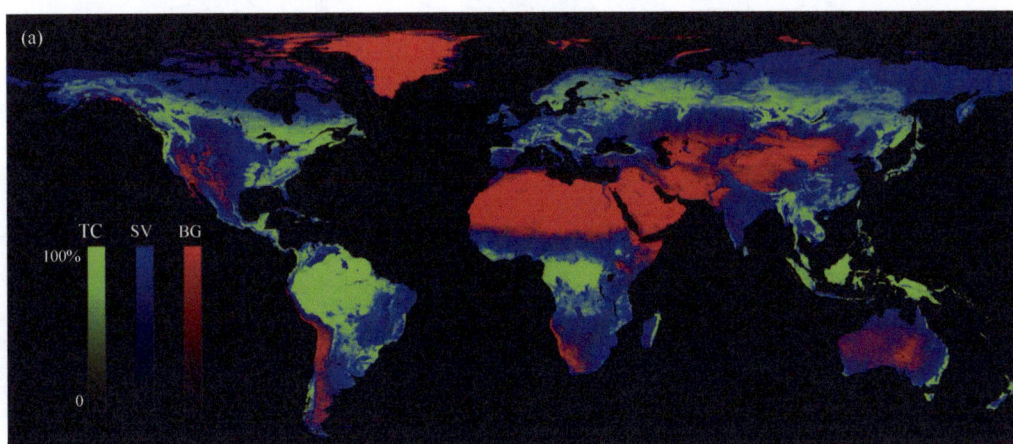

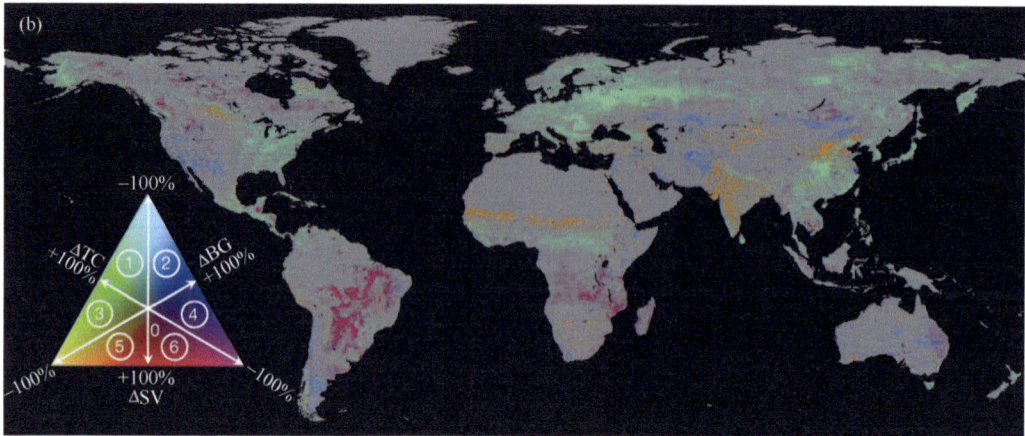

图 6.2　1982~2016 年全球森林（TC）、灌草植被（SV）和荒漠（BG）变化图

（a）年平均估计图；（b）长时期变化估计图。平均和变化图的空间分辨率为 0.05°×0.05°，变化图中显示了森林、灌草植被和荒漠通过显著性检验的像元（n=35，双尾 Mann-Kendall 检验，p<0.05）。①表示 TC 净增加 SV 减少；②表示 BG 净增加 SV 减少；③表示 TC 净增加 BG 减少；④表示 BG 净增加 TC 减少；⑤表示 SV 净增加 BG 减少；⑥表示 SV 净增加 TC 减少（Song et al.，2018）

　　全球土地覆盖变化在不同的经纬度带和气候区有明显的特征差异（图 6.3），热带地区森林面积减小和农田不断扩张；温带森林面积增加，农田面积增加和城市化扩张；山地区域的森林覆盖率增大，干旱和半干旱区植被覆盖率减小。其中，热带地区，森林面积减少了 $9.0×10^4 km^2$，灌丛和草本植被面积增加了 $70.5×10^4 km^2$，荒漠面积减少了 $57.3×10^4 km^2$；亚热带地区，森林面积增加了 $34.3×10^4 km^2$，灌丛和草本植被面积减少了 $38.2×10^4 km^2$，荒漠面积增加了 $8.1×10^4 km^2$；温带地区，森林面积增加了 $85.9×10^4 km^2$，灌丛和草本植被面积减少了 $65.0×10^4 km^2$，荒漠面积减少了 $16.9×10^4 km^2$；寒带地区，森林面积增加了 $52.9×10^4 km^2$，灌丛和草本植被面积减少了 $43.8×10^4 km^2$，荒漠面积减少了 $5.2×10^4 km^2$；极地地区，森林面积增加了 $4.8×10^4 km^2$，灌丛和草本植被面积减少了 $1.3×10^4 km^2$，荒漠面积减少了 $3.3×10^4 km^2$。

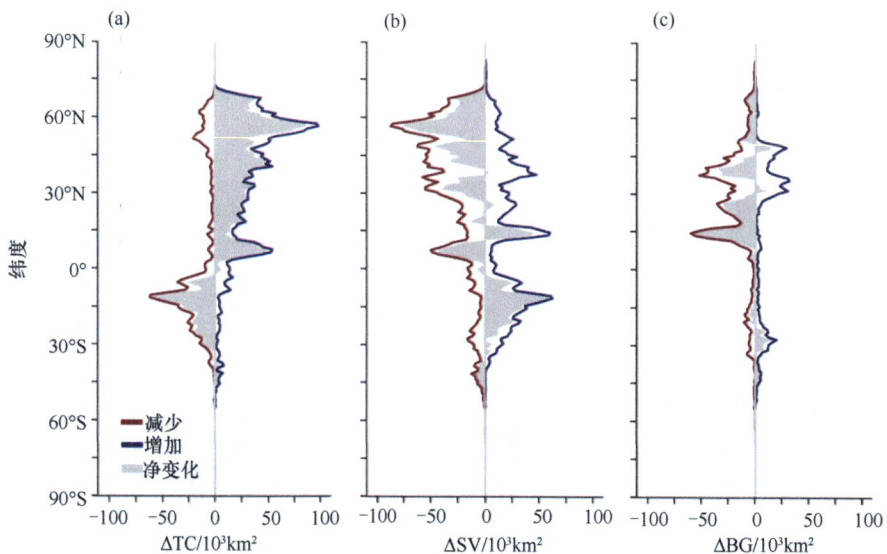

图 6.3　1982~2016 年全球土地覆盖变化纬度廓线

（a）森林变化（ΔTC）；（b）灌草植被变化（ΔSC）；（c）荒漠变化（ΔBG），面积按每 1°纬度进行统计（Song et al.，2018）

6.1.2　中国土地覆盖的变化规律和区域分异

近 300 多年来，中国的土地覆盖变化的总体特征是耕地和城市建设用地面积不断扩张，森林面积和草地面积持续减少（Liu and Tian，2010；Cui et al.，2015），其中耕地面积增长了约 $79.46×10^4$ km^2，森林面积减少了约 $90×10^4$ km^2，草地面积减少了约 $40×10^4$ km^2（何凡能等，2015）。20 世纪 80 年代以来的近 35 年，在全球变化、经济持续高速发展，城市化进程加快，以及退耕还林还草、生态环境保护等国家战略政策实施的多重影响下，中国是世界上土地覆盖变化最为剧烈的区域之一（图 6.4）。近几十年中国土地覆盖变化总体上呈现出城市建设用地持续扩张，林地面积增加，耕地、草地、荒漠和湿地面积减小，但在不同时期和不同区域表现出较明显的差异特征。

针对 20 世纪 80 年代以来中国土地覆盖变化的研究表明，近 35 年中国土地覆盖变化的总体特征是农田面积呈现 1981~1990 年减少，1990~2000 年增加，2000~2015 年减少的趋势；近 35 年城市建设用地呈现持续的显著扩张趋势；森林面积呈现 1981~1990 年增加，1990~2000 年减少，2000~2010 年增加的趋势；草原面积呈现 1981~2000 年持续减少，2000~2010 年略有增加，2010~2015 年减少的趋势；近 35 年湿地面积呈现持续减少的趋势；荒漠面积呈现 20 世纪 80 年代至 2000 年增加，2000~2010 年减少的趋势（刘纪远等，2014，2018；Xiao et al.，2015；宫宁等，2016；Li et al.，2017a；Song et al.，2018）。2000 年后农田面积减少、森林和草原面积增加源于国家退耕还林（草）政策的实施。总体来说，20 世纪末以来中国土地覆盖变化以城市和耕地扩张为主，其中耕地南减北增，草地持续减少（Liu et al.，2014）。

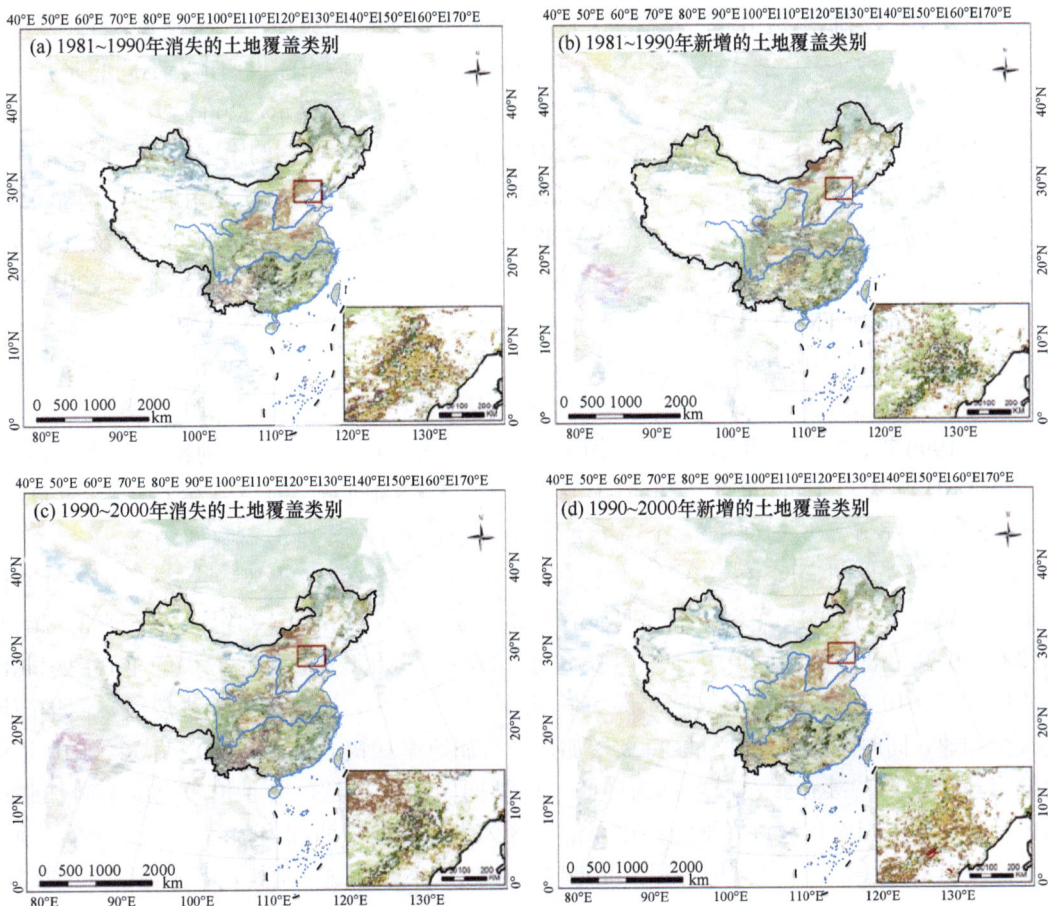

（a）1981~1990年消失的土地覆盖类别　（b）1981~1990年新增的土地覆盖类别　（c）1990~2000年消失的土地覆盖类别　（d）1990~2000年新增的土地覆盖类别

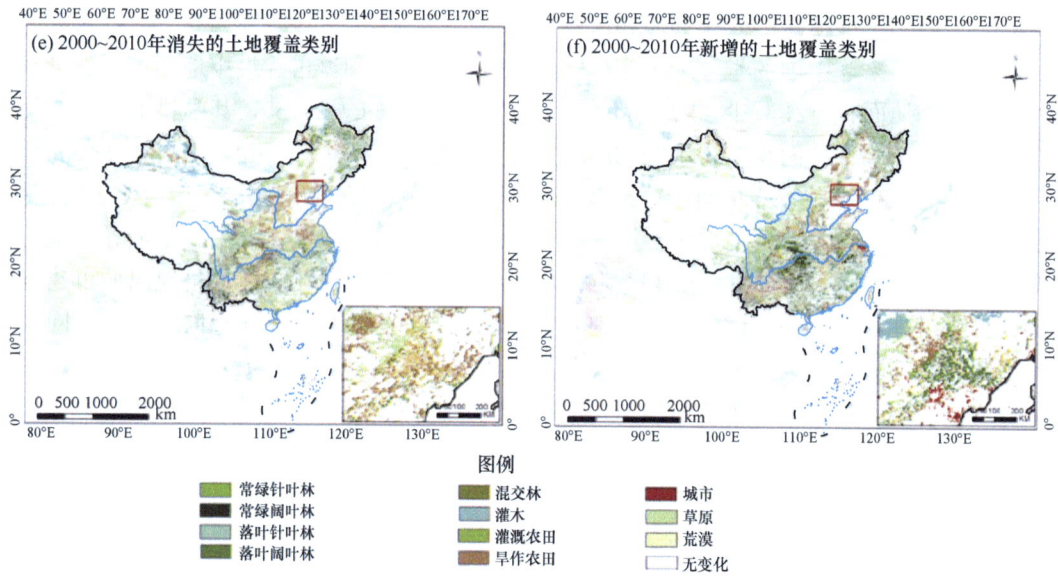

图 6.4 1981~1990 年 [(a) 和 (b)]、1990~2010 年 [(c) 和 (d)] 以及 2000~2010 年
[(e) 和 (f)] 土地覆盖变化图

(a)、(c) 和 (e) 表示相应期间消失的土地覆盖类别；(b)、(d) 和 (f) 表示相应期间新增的土地覆盖类别。
红色方框的区域在右下角进行放大展示 (Li et al.，2017a)

目前关于中国土地覆盖变化的大多数研究显示，近 35 年以来其总体趋势是一致的，但是仍然具有很大的不确定性。具体表现在不同研究在同一时期的结果一致性比较差，有时甚至存在较大的不一致性（表 6.2）。即使卫星遥感相对较为易于识别城市建设用地，不同的研究在同一时期的面积变化仍存在一定的差异，刘纪远等（2014）的研究显示，2000~2010 年中国城市建设用地面积增加 3.76×10^4 km^2，Xiao 等（2015）的研究表明，同期的中国城市建设用地面积增加 4.86×10^4 km^2，而吴炳方等（2014）的研究显示，同期的中国城市建设用地面积增加 5.53×10^4 km^2。造成这种情况的主要原因包括资料来源、空间分辨率、数据获取时间，以及土地覆盖分类体系等的差异问题（Herold et al.，2008；Gao et al.，2020）。例如，刘纪远等（2014）的研究中基于 Landsat TM 和 HJ-1 卫星数据人机交互获得了 20 世纪 80 年代、1995 年、2000 年、2005 年和 2010 年的中国 6 个一级类型 25 个二级类型的 1km 栅格百分比的土地利用数据；Xiao 等（2015）利用 AVHRR、MODIS 和夜晚灯光等卫星数据基于支持向量机的分类方法获得了 1981 年、1990 年、2000 年和 2010 年的中国 19 个类型的 5km 分辨率的土地覆盖分类数据；吴炳方等（2014）基于 Landsat TM 和 HJ-1 卫星数据，利用面向对象的分类方法获得了 2000 年和 2010 年中国 6 个一级类型和 38 个二级类型的 30m 分辨率的土地覆盖数据。

当前的研究表明，近 35 年中国土地覆盖变化的规律受经济社会发展、城市化进程和国家重大战略政策的影响，呈现出较为明显的区域特征差异（表 6.3）（刘纪远等，2003，2014，2018）。20 世纪 80 年代至 2010 年中国农田南方减少、北方增加，新增农田的重心由东北向西北移动；2010~2015 年中国农田东部和华南地区持续减少，东部地区减少放缓，而华南地区减少加速，同时东北和西北地区持续增加，且增加速率加快。20 世纪 80 年代至 2010 年中国城市建设用地持续扩张，以东部为中心，逐渐向中西部蔓延，并且扩张速度不断加强；2010~2015 年中国城市建设用地依然以东部地区为主，并向中西部大幅度蔓延，但东部地区扩张速度有所放缓，而东北、华南和西北地区扩张速度不断加速，尤其是西部地区全面加速。

表 6.2　不同研究呈现的中国土地覆盖变化　　　　　　（单位：10^4km^2）

土地类型	20世纪80年代至1990年	1980~2000年	1990~2000年	2000~2010年	2010~2015年	20世纪80年代至2010年	参考文献
农田		2.83		−1.02	−0.49	1.82	a，b，c
	−7.82		10.09	−5.59		−3.32	d，e
			−4.80				f
城市			1.76	3.76	2.46	5.52	a，b
	1.34			4.86		6.20	d，e
				5.53			f
森林		−1.09		0.24	−1.64	−0.85	a，b
	11.13		−17.12	27.14		21.16	d，e
			2.00				f
草原		−3.44		−1.89	−1.64	−5.32	a，b
	−8.59		−8.22	1.08		−15.74	d，e
			−0.06				f
湿地	−6.62		−2.84	−0.66		−10.12	g，h，i
			−0.16				f
其他			−0.37	−0.78		−1.15	a
			−2.39				f

文献来源：a. 刘纪远等，2014；b. 刘纪远等，2018；c. 赵晓丽等，2014；d. Xiao et al.，2015；e. Li et al.，2017a；f. 吴炳方等，2014；g. 宫鹏等，2010；h. 牛振国等，2012；i. 宫宁等，2016

表 6.3　不同时期中国土地覆盖变化的区域特征

区域	1990~2000年	2000~2010年	2010~2015年
东北地区	以耕地开垦、林地砍伐为主要特征	以林草互转和草地开垦为耕地，城市建设用地占用耕地为主要特征	以城市建设用地占用耕地，未利用土地、林地和草地转为耕地为主要特征
华北地区	以草地开垦为耕地，耕地转换为林草地为主要特征	以草地开垦为耕地，同时退耕还林还草，城市建设用地占用耕地为主要特征	以城市建设用地占用耕地、林地和草地为主要特征
华东地区	以城市建设用地大量占用耕地扩张，林地替代耕地为主要特征	以城市建设用地大量占用耕地扩张，林地面积增加为主要特征	以城市建设用地占用耕地和林地，以及林地转为草地为主要特征
华南地区	以城市建设用地占用耕地，耕地和林草相互转换为主要特征	以城市建设用地占用耕地，林地和耕地互相转换为主要特征	以城市建设用地占用耕地、林地和草地为主要特征
西南地区	以城市建设用地占用耕地扩张，林地转换为草地，耕地转换为林草地为主要特征	以城市建设用地大量占用耕地扩张，退耕还林还草，草地转换为林地为主要特征	以城市建设用地占用耕地、林地和草地为主要特征
西北地区	以草地大面积开垦为耕地，同时少量耕地撂荒为主要特征	以草地大面积开垦为耕地，撂荒耕地转为林草地，同时城市建设用地增加为主要特征	以草地转为耕地、城市建设用地占用耕地和草地，以及未利用地开垦为耕地为主要特征

文献来源：刘纪远等，2003，2014，2018

20世纪80年代至2010年中国林地东北地区前期不断减少，2000年后在退耕还林等国家政策实施的影响下，东北、西北和华南区域林地有所增加；同期的中国草地持续减少，东北、华北、西北和华南地区草地不断减少，但减少速度有所放缓；2010~2015年中国林草不断减少，东部和西部地区减少加剧，华中地区增加区域不断减少，东北、华南和西部地区林草减少加速，华中地区林草用地减少速度远高于西部、东部和东北地区，尽管有国家的退耕还林还草和生态环境保护政策的实施，但西部地区退耕还林还草增加的林草面积远小于社会经济建设和城市化进程所占用的林草面积。20 世纪 80 年代至 2010 年中国未利用土地不断减少，主要集中在西北和东北地区的农田开垦区域，而西北部分地区草地退化导致了未利用土地有所增加，但增加的面积远小于未利用土地开垦为农田的速度。20 世纪 80 年代至 2010 年中国湿地面积不断减少，东北地区湿地呈现加速减少的趋势，西部地区则有所扩张，东部地区滨海湿地则显示持续减少。

6.1.3 中国土地覆盖未来变化趋势

土地覆盖变化是涉及众多自然因素和社会经济因素的复杂系统，自然因素是土地覆盖分布的基础条件，具有一定的限定作用，而社会因素则对土地覆盖的时空变化具有决定性作用。影响中国土地覆盖未来变化的驱动力主要有气候变化、社会经济发展、城市化进程和国家生态环境保护等宏观政策等。当前大多数研究主要在未来自然和社会经济因素变化的情景设计下，构建土地覆盖变化和空间分布模拟模型对中国土地覆盖未来变化进行时间序列的数量预测，以及时空格局的预测模拟研究。

不同气候变化情景和社会政策影响下的模拟研究显示，中国未来 50~100 年土地覆盖在空间上确实发生一系列变化，空间分布格局几乎不会发生显著的变化，但不同土地覆盖类别间的转换和面积变化趋势确定存在一定的差异。例如，城市建设用地几乎确定呈现增长趋势，但在不同的情景下，其增长速度很可能存在一定的差异，而耕地、林地、草地、湿地、荒漠和未利用土地等土地覆盖类型的未来变化趋势很可能存在较大的不确定性（何春阳等，2004；闫丹等，2013；李婧等，2014；姜群鸥等，2015）。在 HadCM3 A1FI、A2、B2 三种未来气候情景下，中国未来土地覆盖空间分布格局具有很好的一致性（图 6.5），到 2099 年中国土地覆盖类型的面积变化趋势总体上表现为耕地、草地、湿地、冰雪等土地覆盖类型逐渐减少，林地、建设用地和荒漠会逐渐增加，沙漠面积有所减少（范泽孟等，2010；Yue et al.，2007）。2000~2099 年林地增加速度最快达到平均每 10 年增加 2.34%，裸露岩石减少速度最快达到平均每 10 年减少 2.38%。在 CMIP5 的 RCP6.0 气候情景下，2050 年中国土地覆盖分布格局未发生显著变化，土地覆盖以耕地、林地、草地之间相互转换，建设用地面积扩张为主，东中部地区变化较大，西部地区较为缓慢。到 2050 年，耕地面积增长 9.8%，北方耕地面积增加，南方和黄土高原耕地面积减少；建设用地面积增加 23.8%，并且有向西偏移的趋势，2035 年左右在东中部平原出现由农田转化的快速扩张趋势；混交林减少 5.5%，落叶针叶林增加 37.8%，落叶阔叶林增加 12.8%，其他林地面积变化不明显，东北、东南和西南地区林地面积出现向耕地和草地转换的明显缩减趋势；草地面积减少 5.1%,总体向北方偏移；灌丛面积增加 16.3%，湿地变化不明显（修瑛昌，2013）。在 RCP2.6、RCP4.5 和 RCP8.5 气候情景驱动和人文因素影响下，到 2100 年中国土地覆盖空间分布格局总体上较为一致（图 6.6），土地覆盖类型间确定存在不同程度的转换，其中草地、荒漠、常绿针叶林类型间与其他土地覆盖类型转换明显；面积上总体呈现北方林地分布密度增大且范围逐渐扩展，南方丘陵区林地面积也将增加；各大山脉的冰雪面积不断减少；草地和湿地面积增加；荒漠逐渐向现有荒漠边缘收缩，转换为灌丛和草地；建设用地持续增加；草地除 RCP4.5 情景外都增加；耕地除 RCP2.6 情景外都增加。三种情景下灌丛平均增速最快达到每 10 年增加 0.86%，冰雪减少速度最快达到每 10 年减少 1.47%。RCP2.6 情景受政策干预影响，土地覆盖变化在 2070 年后变化趋势与前两个时期相反，而 RCP8.0 情景下土地覆盖变化整体趋势比其他两个情景要快，尤其是冰雪的减少趋势。

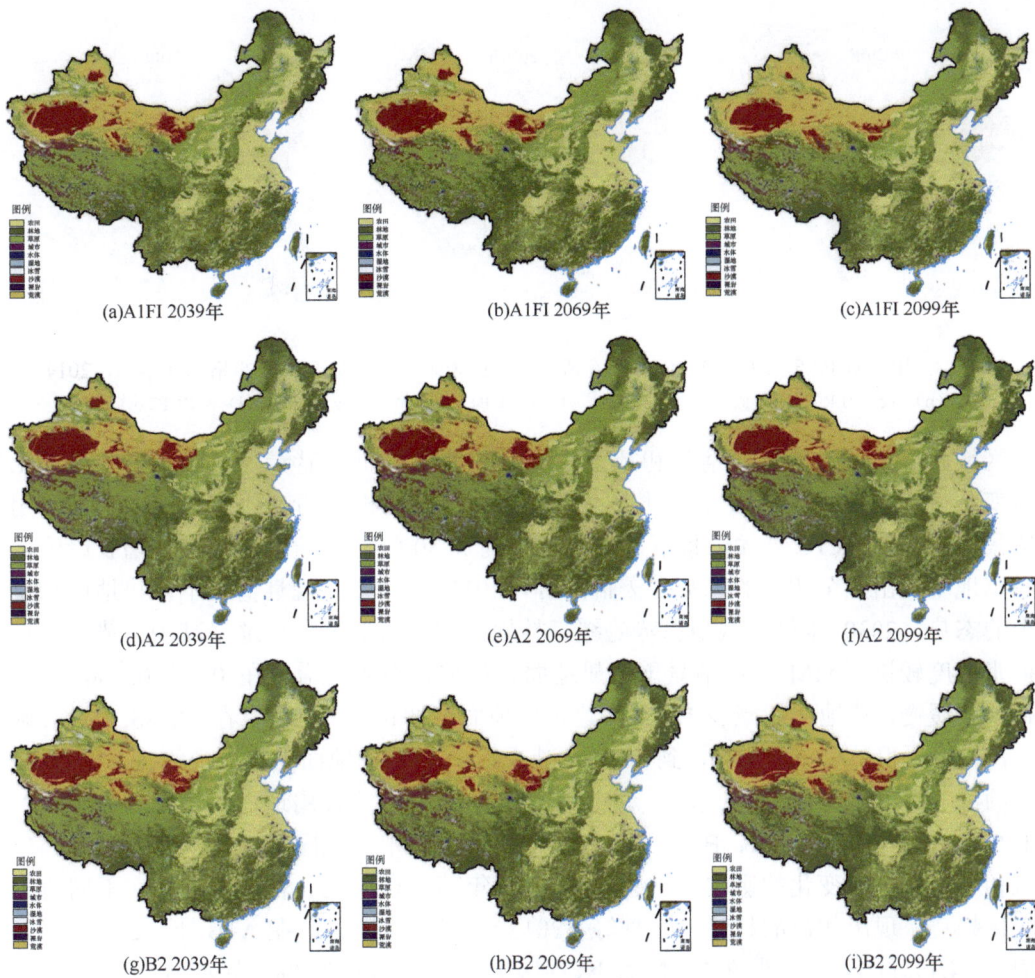

图 6.5　HadCM3 A1FI、HadCM3A2 和 HadCM3B2 情景下中国未来土地覆盖空间分布格局（Yue et al., 2007）

（a）、（b）、（c）为 HadCM3 A1FI 气候情景，（d）、（e）、（f）为 HadCM3 A2 气候情景，（g）、（h）、（i）为 HadCM3 B2 气候情景

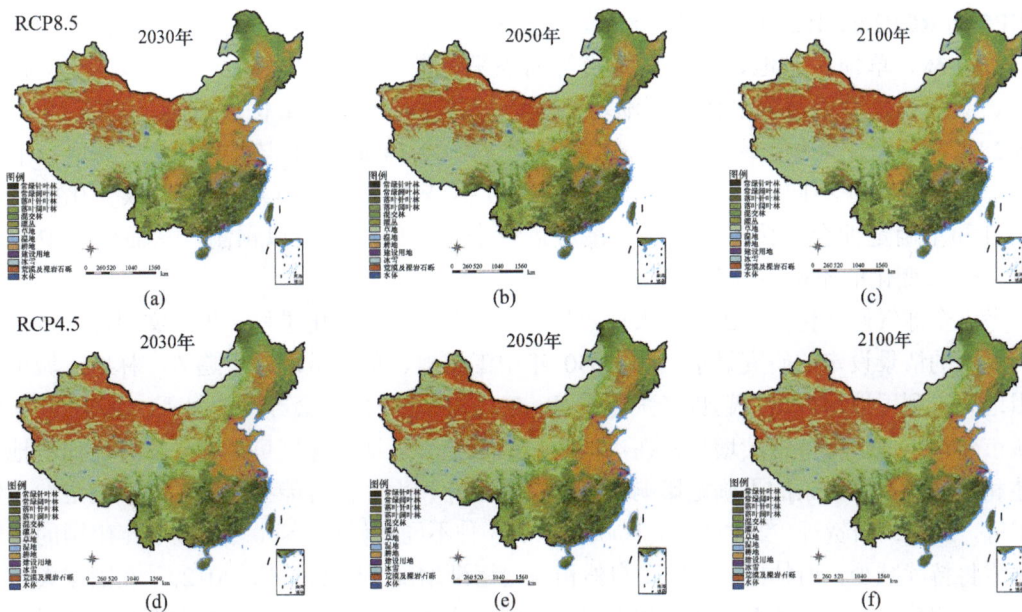

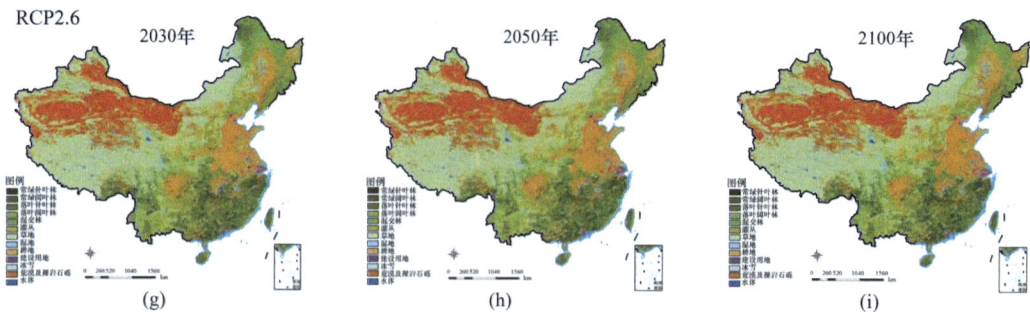

图 6.6 CMIP5 RCP8.5、RCP4.5 和 RCP2.6 情景下中国未来土地覆盖空间分布格局（李婧，2014）
（a）、（b）、（c）为 RCP8.5 气候情景，（d）、（e）、（f）为 RCP4.5 气候情景，（g）、（h）、（i）为 RCP2.6 气候情景

区域尺度上的不同气候情景和社会因素影响的模拟研究显示，中国不同区域的土地覆盖变化确定呈现较大的差异，且在不同的情景下呈现相反的变化态势。在土地利用规划情景和不同的 RCPs 气候情景下，东北地区到 2030 年城市建设用地呈现增长趋势，耕地和草地呈现出完全相反的趋势（姜群鸥等，2015），其中，规划情景下，耕地面积呈现减少的态势，2030 年耕地减少态势趋缓，林地面积有所增加，草地呈减少态势，建设用地扩张速度较快；AIM 气候情景下，耕地面积呈扩张态势，增速在 0.2%~0.3%，林地减少趋势较缓慢，草地面积减少 11.1%，建设用地面积增长约 31.3%；在 MESSAGE 气候情景下，耕地面积呈现减少态势，到 2030 年减少约 1.7%，林地面积呈减少趋势，到 2030 年减少约 2.1%，草地呈现增长趋势，增速在 0.1%~0.3%，建设用地面积增长约为 43.6%。在 IPCC SRES 的 A1、A2、B1 和 B2 气候情景下，鄱阳湖地区耕地、森林、水体、建设用地和草地对气候变化的影响较敏感，到 2035 年其建设用地、耕地和森林在不同情景下的变化趋势呈现出相反的趋势（闫丹等，2013），其中建设用地在 A1B 和 A2 情景下分别增加了 34.1% 和 30.1%，但在 B1 情景下，到 2035 年却下降了 5%；在 A1B 和 A2 情景下，到 2035 年耕地面积分别增加了 3% 和 2.3%，但在 B1 情景下耕地面积却减少了 1%；在 A1B 和 A2 情景下森林面积分别减少了 6.7% 和 5.8%，而在 B1 情景下却增加了 1.3%。在 CMIP5 的 RCP2.6、RCP4.5 和 RCP8.5 的气候情景下，西南地区未来 90 年的落叶针叶林、阔叶针叶林、草地、耕地、冰雪和荒漠等面积呈逐渐减少趋势，常绿针叶林、混交林、灌丛、湿地、建设用地和水体呈逐渐增加趋势，其中湿地增速最快，达到平均每 10 年增加 5.28%，荒漠减少速度最快达到平均每 10 年减少 2.34%；同时该地区 RCP2.6 情景下土地覆盖变化趋势在不同时期呈现相反的变化趋势（李婧等，2014）。未来气候变化模拟的局限性和不确定性会直接影响中国土地覆盖未来变化的趋势模拟预测，从而增加中国土地覆盖未来变化的不确定性。

考虑全球气候变化、中国未来人口数量、经济发展、城市化进程、生态文明建设等社会经济因素的情景设定的研究显示，到 2030 年中国耕地、草地呈现减少趋势，林地、城市建设用地和未利用地呈现增长趋势（张克锋等，2007）。在不同社会经济情景下，到 2050 年中国城市建设用地将保持持续增长，在不同的情景设定下，增长速度可能存在差异，而耕地、林地和草地受社会因素的不确定影响，未来变化差异较大，很可能存在一定的不确定性（何春阳等，2004；田贺等，2017）。在 HadCM3 的 3 种不同气候情景下，到 2099 年中国的耕地和冰雪将持续减少，而林地、草地等自然植被会逐渐增加（Sun et al.，2012）。在国家大力推进生态文明建设，退耕还草还林、生态保护红线划定等宏观政策的严格管控下，以及国家主体功能区规划建设背景下，研究显示在区域尺度上城市建设用地受到约束趋向更加合理，扩张速率会进一步放缓，中国林地、草地等自然植被减少趋势得到控制，同时其增速将大于自然增长情景（朱康文等，2017）。

总的来说，在不同的气候情景、规划等社会人文因素情景设定下，未来100年中国城市建设用地几乎确定会持续增加，而耕地、林地、草地等自然植被的未来变化很可能存在较大的不确定性。当前由于对土地覆盖变化系统的驱动机制仍认识不清，未来气候变化的预估存在较大的不确定性，多数社会因子的未来变化难以量化，驱动机制的时空尺度差异等，将自然因素和社会因素的驱动力综合定量分析存在较大的难度，因而对中国未来土地覆盖变化的趋势模拟仍具有较大的不确定性，未来亟须通过降低未来气候变化预估的不确定性，加深对中国土地覆盖未来变化趋势的科学认知，有效降低研究结果的不确定性。

6.2　土地覆盖变化对陆气温室气体交换的影响

通常土地覆盖变化包含人类活动导致的地表覆盖变化，也包含各种形式的土地管理的变化，如耕作、施肥、选择性的森林砍伐、泥炭地排水、火的使用或清除作用（Houghton et al., 2012）。土地覆盖变化对陆地和大气之间的温室气体收支具有重要的影响，陆地生态系统是大气中温室气体的主要源和汇，土地利用和土地覆盖的变化会影响到这种源汇的变化，进而对陆面和大气之间温室气体的收支造成影响。土地覆盖变化通过大气圈和生物圈的物理和生物过程的相互作用，在碳氮循环的调节下使得温室气体在大气和陆地产生吸收、排放和转换过程（图6.7）。

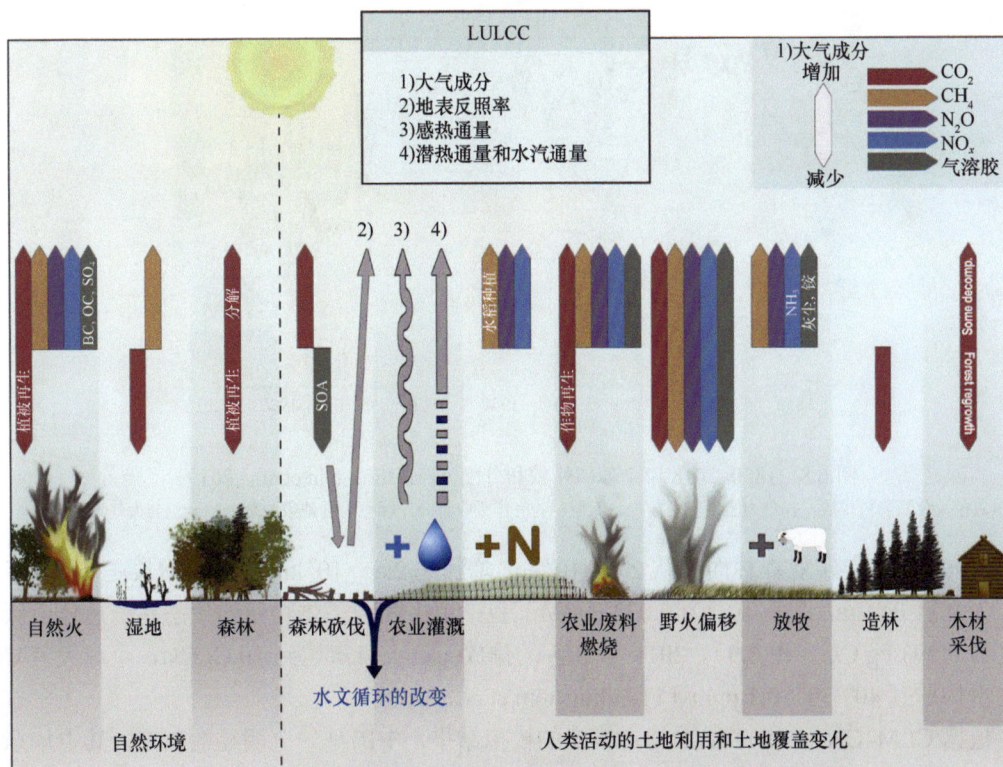

图6.7　自然和人为土地利用和土地覆盖变化（LULCC）影响陆地-大气之间温室气体交换，
从而改变大气辐射强迫

LULCC的净辐射强迫根据碳的排放和固定、氮氧化物、气溶胶和水的通量计算得到（本图片改自 Ward et al., 2014）

6.2.1 土地覆盖变化对陆气碳交换的影响

陆地生态系统通过植被光合作用吸收大气 CO_2，形成一个碳汇作用，每年化石燃料排放的碳有三分之一被陆地生态系统吸收。森林砍伐、植树造林、农田开垦、封山育林、城市化等各种土地覆盖变化活动影响到陆气碳源和碳汇的变化，进而影响到地气之间的碳交换。土地覆盖和土地利用对陆气碳通量影响的不确定性源于毁林和造林的速率变化，也来自陆地碳密度的变化。全球碳排放的 82%来自化石燃料燃烧，土地覆盖导致的碳排放贡献了 18%；其中 45%留存在大气，24%被海洋吸收，30%被陆地吸收。除了土地利用排放量外，化石燃料排放量与大气、海洋和陆地的吸收碳量在 1959 年以后都有明显的增加趋势（图 6.8）。2009~2018 年土地利用等管理方式导致的陆地碳净排放通量为 1.5Pg C/a，气候环境变化如 CO_2 施肥效应和氮沉降等造成的陆地碳净吸收为 3.2Pg C/a，总体上陆地碳汇为 1.7Pg C/a（Houghton，2020）。

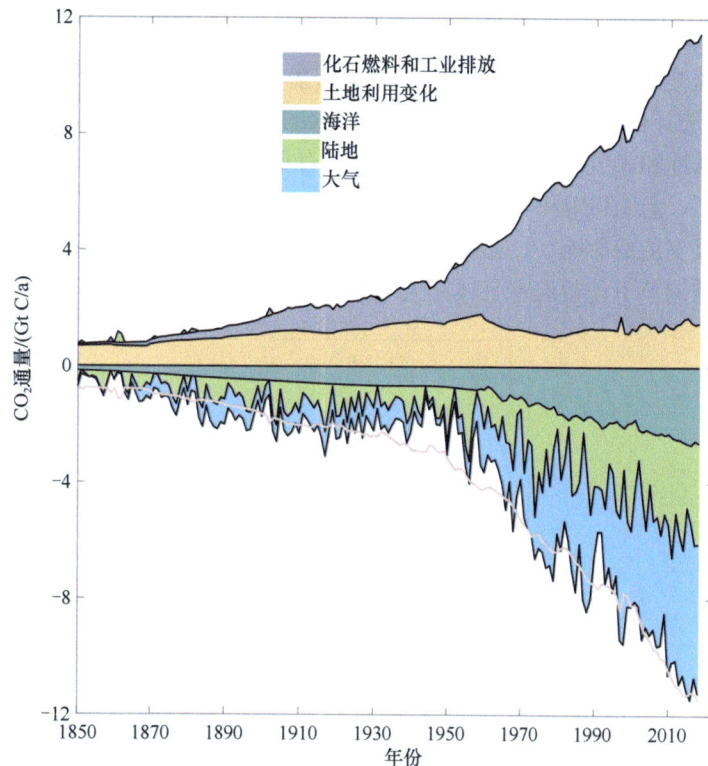

图 6.8　1850~2018 年全球碳排放和分配（Friedlingstein et al.，2019）
灰色为化石燃料排放，褐色为土地利用排放，天蓝色为海洋吸收部分，绿色为陆地吸收部分，蓝色为大气吸收部分

1990~2010 年东亚森林面积从 $2.05×10^6$ km^2 增加到 $2.55×10^6$ km^2，主要增长在中国，森林碳汇为 0.11 Pg C/a，灌丛碳汇为 0.022 Pg C/a，包括地上和地下生物量的生态系统总体上碳汇强度为 0.293 Pg C/a（图 6.9）。2018 年 CO_2 的排放历史上首次达到 10 Gt C/a，全球大气 CO_2 浓度平均达到 407.38±0.1 ppm（Friedlingstein et al.，2019）。

根据 CLM4CN 等 10 个陆面生态模式的模拟结果，中国是一个明显的碳汇，其中华东和华南地区的碳汇强度比北方森林地区大，在西北干旱半干旱区有可能在部分地区出现碳源（图 6.10）。中国森林和草地对 CH_4 的吸收大约为 1.323 Tg CH_4/a（变化范围为 0.567~2.078 Tg CH_4/a），可以抵消自然湿地排放 CH_4 的 49%（Wang et al.，2014）。

图 6.9 基于清单和卫星估算的东亚过去 20 年碳汇及其各种土地覆盖碳汇
负值表示碳汇，第一行是不同植被类型碳源汇、第二行为土壤部分碳源汇、
第三行为凋落物和从陆地输送到海洋的碳源汇（Piao et al.，2012）

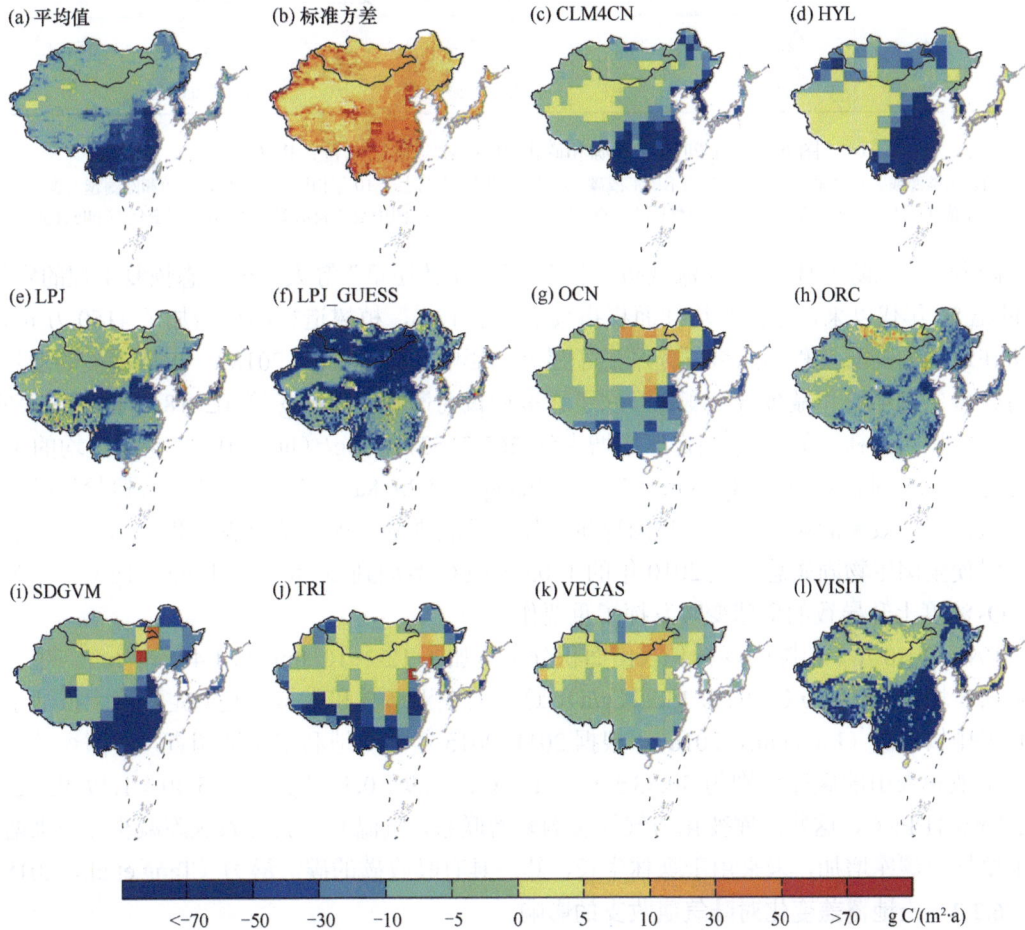

图 6.10 1990~2009 年 10 个模式对东亚区域陆气碳交换的模拟
负值代表碳汇，（a）是平均值；（b）是标准差；（c）~（l）是各个模式的结果（Piao et al.，2012）

1901~2012 年全球土地覆盖变化引起的碳排放为 148Pg C，其中排放量最大的地区是中美和南美洲，为 42.6 Pg C，其次是热带非洲与东南亚地区，为 21.8 Pg C，中国为 10.7 Pg C。

20 世纪 80 年代东南亚地区为明显的碳源，90 年代以后碳源增强；东亚地区在 80 年代碳源和碳汇的强度基本相当，90 年代以后碳汇增强明显；南亚地区 80 年代碳源和碳汇强度相当，90 年代碳源作用超过碳汇，2000 年以后碳汇作用又超过碳源。这反映了土地覆盖对陆气碳收支影响的复杂性和区域性（图 6.11）。

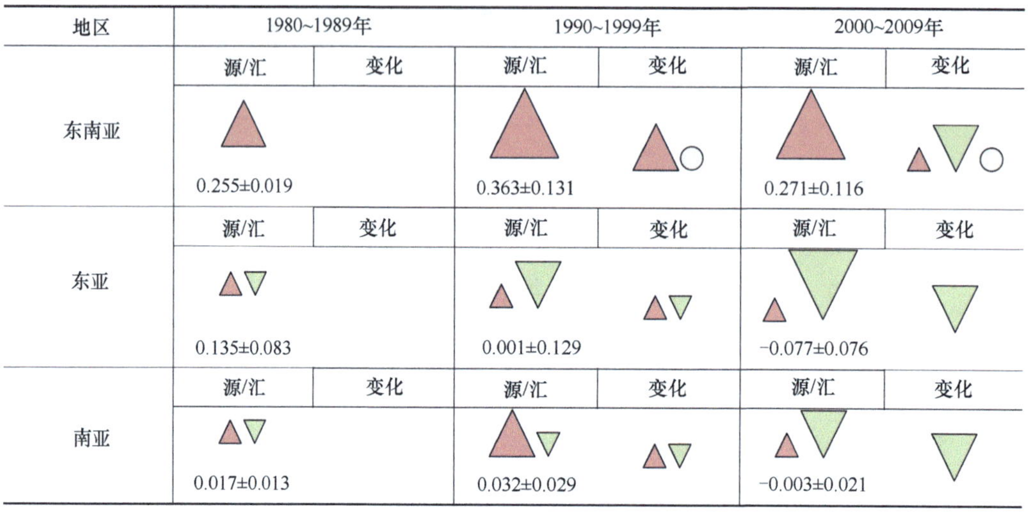

地区	1980~1989年		1990~1999年		2000~2009年	
	源/汇	变化	源/汇	变化	源/汇	变化
东南亚	0.255±0.019		0.363±0.131		0.271±0.116	
东亚	0.135±0.083		0.001±0.129		-0.077±0.076	
南亚	0.017±0.013		0.032±0.029		-0.003±0.021	

图 6.11　不同区域碳源和碳汇 10 年际变化（单位：Pg C/a）

红色三角表示碳源或碳源增加，绿色倒三角表示碳汇或碳汇减少，圆圈代表与上个 10 年相比没有变化，三角和圆圈越大表示不同资料集一致性越好，只有一个三角表示高度一致性，最大的三角表示可信度最高；图中数值表示碳源/汇 10 年际变化（Calle et al., 2016）

随着"三北防护林""长江流域防护林""退耕还林还草"等大规模生态恢复工程的实施，20 世纪 80 年代以来，全国平均叶面积指数上升了 10%，植树造林面积增加了 4150 万 hm^2，对所在地区的陆面过程和区域气候产生了显著的影响（Li et al., 2018）。土地覆被的逐步好转对改善生态环境和减缓气候变化带来了许多积极的影响。Huang 等（2018a）的研究表明，植树造林让人工林区的 CO_2 固定速率增大到 267.7~531.5 Mg/（hm^2·50a），全国平均的 CO_2 固定速率增大到 2.6~15.7 Mg/（hm^2·50a）。Zhang 等（2018a）综合考虑树种、树龄等综合因素对植被固碳效率的影响，结合我国退耕还林的发展规划，评估结果表明我国林地面积的增加会促使全国生物固碳总量从 2010 年的 130.90 Tg C 增加到 2050 年的 159.94 Tg C。这为延缓 CO_2 浓度上升导致的全球变暖发挥了重要作用。

1990~2010 年，中国的森林和农田面积分别增加了 $1.52×10^6$ hm^2 和 $1.48×10^6$ hm^2，生物量的碳累积增加 264.3Tg（大约为 13.22Tg/a），这主要在于造林和生态恢复一定程度上抵消了土地利用排放的碳（Lai et al., 2016）。根据 2011~2015 年的土地利用实地调查，中国森林、灌丛、草地和农田的碳库分别为 30.83±1.57 Pg C、6.69±0.32 Pg C、25.40±1.49 Pg C 和 16.32±0.41 Pg C，这些碳库变化与气候影响紧密联系，气温升高会导致碳库减少，降水增强则主要导致碳库增加，未来由于森林生长，其还具有吸收碳的碳汇潜力（Tang et al., 2018）。

6.2.2　土地覆盖变化对陆气氮收支的影响

土地覆盖对陆气氮收支的影响主要通过陆地生态系统的固氮作用，作物对氮肥的吸收使得氮素进入陆地生物圈，通过土壤中的硝化、反硝化、淋溶等作用，部分氮又被释放回大气。自工业革命以来，伴随全球变暖和 CO_2 浓度的升高，全球土地覆盖排放的碳和大气氮沉降也逐年递增，与人类活动相伴的土地利用使得森林和草地面积减小，而农田面积增加（图 6.12）。

目前我国已经成为世界高强度氮沉降中心（图6.13）。全球20世纪80年代氮沉降为87.2TgN/a，
90 年代为 94.8Tg N/a，21 世纪初为 96.1 Tg N/a，21 世纪 10 年代为 93 Tg N/a（Ackerman et al.，
2019）。20 世纪 80 年代后我国氮沉降日益增长，东南部地区年平均值可达 4 g N/（m²·a）以
上（高冬冬等，2020）。

　　从 CO_2 生理效应、气候变化、生物固氮和氮沉降对土壤碳库的影响来看，CO_2 生理效
应、生物固氮和氮沉降增加了土壤碳库，加强了碳汇作用，而气候变化除了北半球高纬地
区，基本是起到减小土壤碳库作用（图 6.14）。当前的生物固氮是影响地气碳交换的最不确
定的一个因子，数值在 73~122 Tg N/a，未来需要加强观测，减小其不确定性（Peng et al.，
2020）。

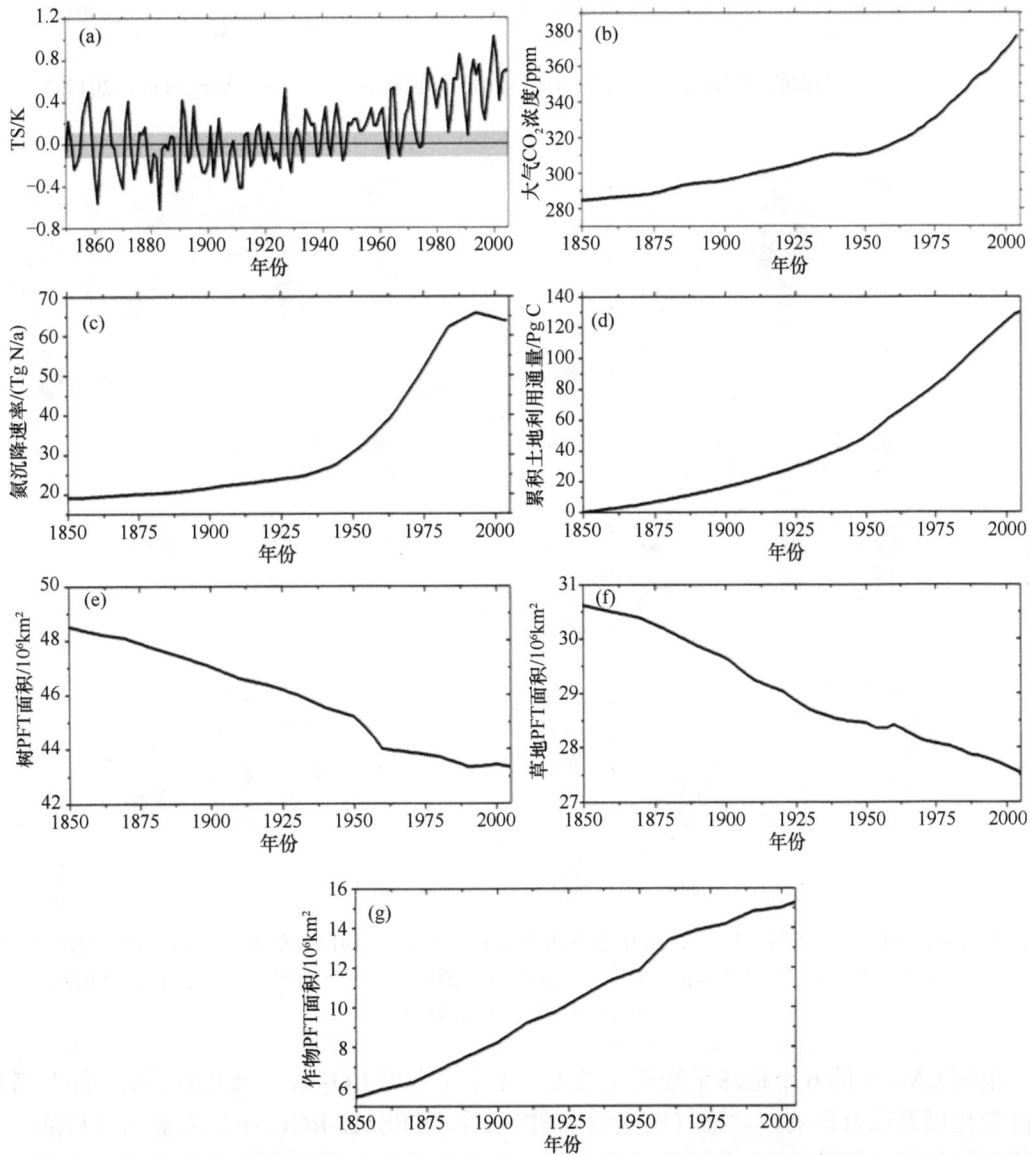

图 6.12　1850~2005 全球年平均气温（a）、大气 CO_2 浓度（b）、氮沉降速率（c）、累积土地利用通量（d）、
树 PFT 的面积（e）、草地 PFT 面积（f）、作物 PFT 面积（g）

（b）、（c）、（e）、（g）用来驱动 CESM，（a）和（d）是模式输出量，（a）中的阴影表示正负一个标准差（Devaraju et al.，2016）

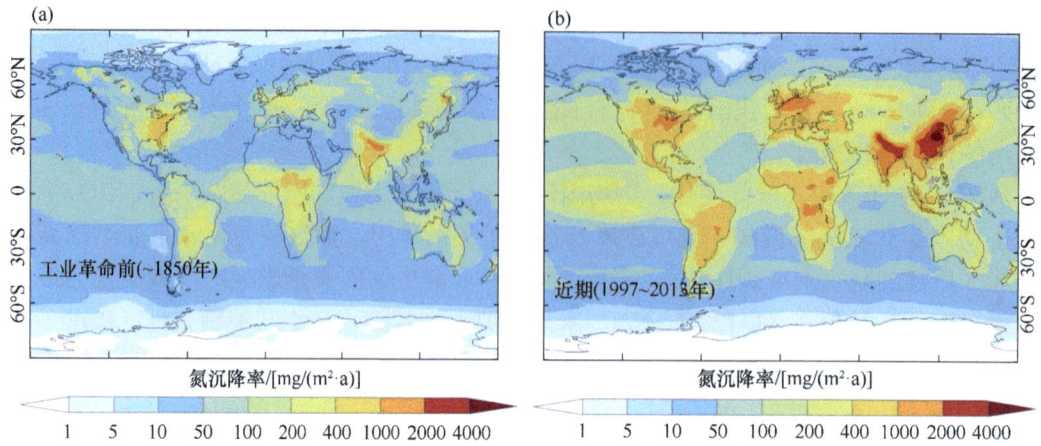

图 6.13 工业革命前的氮沉降率（a）以及 1997~2013 年的氮沉降率（b）（Wang et al.，2017a）

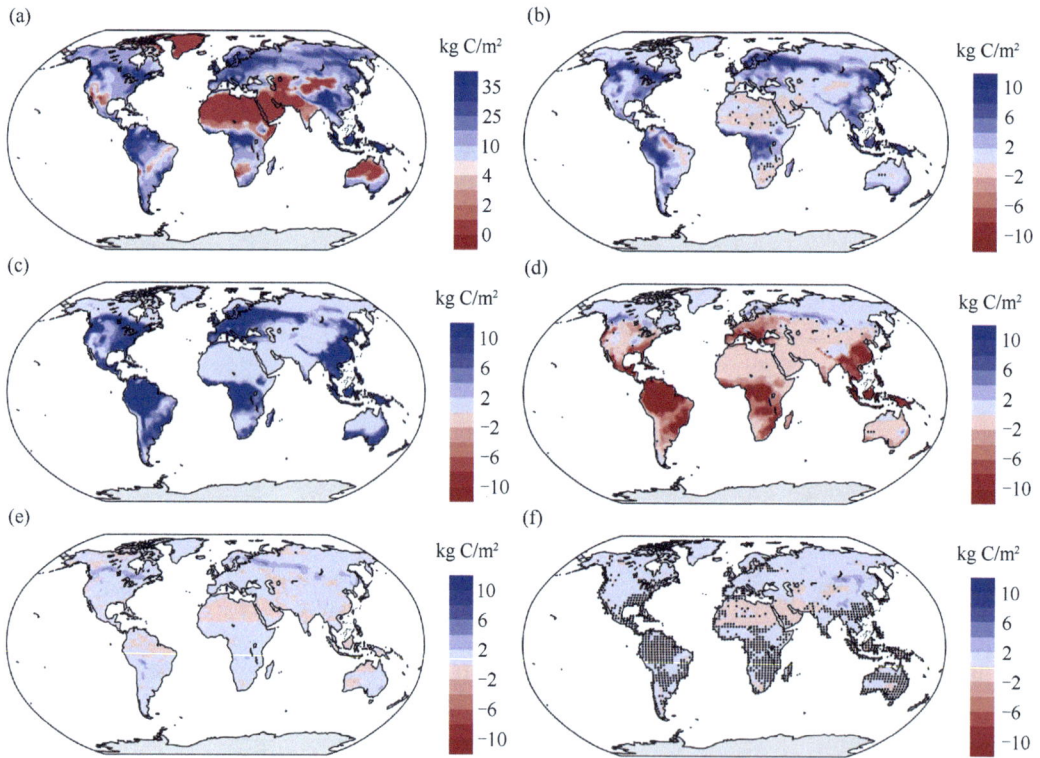

图 6.14 1901~1910 年陆地碳储量（a），2091~2100 年碳库相对于 1901~1910 年的变化（b），CO_2 的影响（c）、气候变化的影响（d）、生物固氮的影响（e）以及氮沉降的影响（f）下的碳库（Peng et al.，2018）

黑点区域为通过 95%信度检验

　　根据 CMIP5 的 6 个地球系统模式结果，无论是考虑 CO_2 浓度上升的影响，还是考虑气候变化以及综合影响，从陆气碳交换 NEP 来看，CESM1-BGC 中加入氮循环后陆气交换的碳量级相对于其他 5 个模式明显下降，说明氮对陆气碳收支的限制作用与重要影响（图 6.15）。

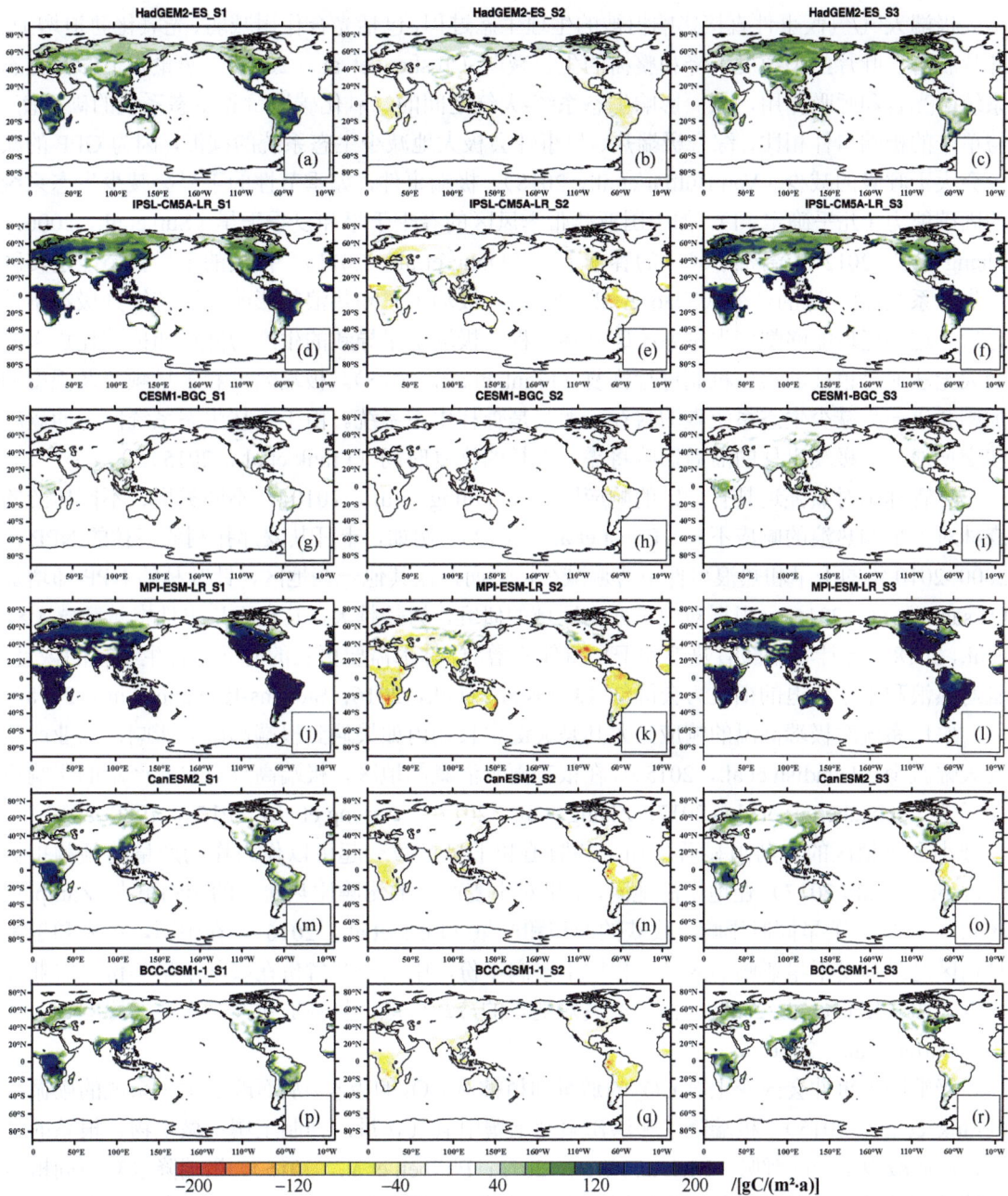

图 6.15　考虑 CO_2 影响 S1 [（a）、（d）、（g）、（j）、（m）、（p）]，考虑气候变化影响 S2 [（b）、（e）、（h）、（k）、（n）、（q）] 以及综合影响 S3 [（c）、（f）、（i）、（l）、（o）、（r）] 的 6 个地球系统模式 NEP（Peng and Dan，2015）

6.2.3　极端气候、生态系统扰动与碳收支变化

气候变化不仅改变生态系统动物、植物物种的大小和范围，而且影响生态系统的结构和生产力，以及养分和水分循环。气候变化对植被的影响主要表现在改变其生物物理过程，其中包括植被对碳的净吸收，水分的利用，植被的生长和生物量的分配，植被间的竞争机制和对扰动的响应。目前土地覆盖变化受自然因素影响的变化主要表现为受自然变率影响的植被的季节性变化和年际变化，受极端天气气候影响的生态系统生产力和碳收支的变化。

极端天气/气候事件直接影响植被的生理生态过程,包括光合作用减弱、光氧化胁迫增加、叶片脱落、叶片生长速度下降和整树的生长减弱(Teskey et al.,2015)。热量强迫影响生态系统的光合和呼吸作用,从而影响生态系统-大气之间的二氧化碳通量和生态系统的碳平衡。与单一的极端事件相比,综合极端热、旱事件会极大地减少生态系统的碳汇,因为GPP的减少会大于呼吸的减少(Von Buttlar et al.,2018)。极端事件,如季节性的干旱会减少生态系统的固碳能力(几乎确定,I),如中国亚热带季风区的春季干旱和夏季干旱(Sun et al.,2006;Zhang et al.,2012)、温带季风区的春季干旱(Dong et al.,2011)。持续的干旱其至能逆转区域生态系统净汇-源的转变(Xiao et al.,2009)。极端干旱和热浪的影响能够持续到极端事件之后,这种延迟能够削弱生态系统碳循环过程。极端干旱导致的生产力降低和植被死亡率的增大无法通过植被的再生机制进行恢复(Frank et al.,2015)。极端温度和干旱频率及强度的加剧会进一步减少生态系统碳的封存,尤其是森林生态系统。由于森林生态系统巨大的碳库和交换通量,极端事件的滞后影响将需要更长的恢复时间(Frank et al.,2015)。

尽管林木对热强迫具有一定的响应区间(Teuling et al.,2010),不同类型、不同树龄的森林对干旱和热浪的响应不同(Babst et al.,2012)。例如,土耳其安那托利亚森林的NPP在2000~2010年的干旱和热浪事件中普遍减少,然而,在其他一些地区,针叶林的NPP却增加(Erşahin et al.,2016)。根据对中国西南区域的研究,树龄越大,其在干旱事件中越敏感(Xu et al.,2018)。预计将来随着热浪和干旱事件的增加,林木需要更长的时间进行生物量的恢复,且对热浪和干旱胁迫的抵抗力会降低(Johnstone et al.,2016;Stevens-Rumann et al.,2018)。

农田系统对极端高温的响应,尤其是关键生长期内如果遇到极端高温的影响,农业产量会大幅减少(Jagadish et al.,2015)。在依赖雨水灌溉的地区,极端高温对农业产量的影响更加显著(Schauberger et al.,2017;Zhang et al.,2017b;Asseng et al.,2015)。1980~2010年,全球小麦种植区的热胁迫显著增加,热胁迫和干旱指数一起可以作为作物产量的预测指标(Zampieri et al.,2017)。在地中海地区,干旱对小麦产量的影响比热胁迫的影响更大(Zampieri et al.,2017),干旱同时影响可收获的面积和产量(Lesk et al.,2016)。在中国,小麦和玉米种植区是最易受干旱影响的区域。相比于湿润年份,中国一些省份在极其干旱年份,农业减产近50%(Xiao et al.,2009)。由于灌溉对地表的冷却效应,热强迫对灌溉农业的影响相对较小(Carter et al.,2016)。

极端降水事件会改变土壤CO_2的通量和植被对CO_2的吸收,从而改变生态系统的碳循环(Frank et al.,2015)。极端降水和洪涝限制土壤中氧气含量,抑制土壤中微生物、根系的活动,从而减少土壤的呼吸(Rich and Watt,2013;Philben et al.,2015)。极端降水对不同植被群落的影响差别显著。例如,极端降水会同时减少中型生物群系的GPP和向大气中释放的CO_2;而在干旱生物群系中,极端降水的影响则相反,因为降水增加了土壤水分含量(Liu et al.,2017;Connor and Hawkes,2018),有利于干旱区植被的生长固碳。此外,干季的大雨事件对植被生产力的影响大于较冷季节的影响,因为长时间季节性干旱期间的零星暴雨事件可以提高土壤水分供应,从而增加生产力(Zeppel et al.,2014;Liu et al.,2017)。

洪水对生态系统的影响具有两面性,一方面,洪水脉冲将营养物质带到下游地区,有利用下游地区生态系统的活力;另一方面,洪水通过侵蚀或导致永久性栖息地丧失而造成生态系统的损失(Kundzewicz and Germany,2012)。洪水对森林的影响尚未得到充分的研究(Kramer et al.,2008),一方面,洪水可能破坏临岸森林;另一方面,洪水是临岸森林中一个重要的自然过程,洪水的增加可能对森林有益,因为上游对水的需求降低了河流流量,但是该过程很难评估（Pawson et al., 2013）。在强降雨和土壤饱和条件下，一些草地物种的生殖生物量和发芽率均有降低的表现（Gellesch et al., 2017），但草地的总体生产力在暴雨时保持不变（Grant et al., 2014）。

极端干旱事件还会增加病虫害和野火的发生，从而影响生态系统的功能和生产力。例如，山东松毛毛虫会随着干旱的增强呈显著增加趋势（Bao et al., 2019）。近几十年来，全球大部分地区的火灾面积变化呈不均匀分布趋势。2000 年以来，非洲的北半球部分火灾面积呈减少趋势（1.7 Mhm^2/a, −1.4%/a），而南半球部分火灾面积呈增加趋势（2.3 Mhm^2/a, +1.8%/a）。1997 年以来，东南亚区域火灾面积呈微弱的减少趋势（0.2 Mhm^2/a, 2.5%/a），2001~2011 年澳大利亚火灾面积呈非常明显的下降趋势（5.5 Mhm^2/a, −10.7%/a），但是 2011 年之后又显著增加（Giglio et al., 2013）。从 2019 年 9 月持续到 2020 年 1 月，澳大利亚经历了有记录以来最严重的野火，烧毁了约 5.8 万 hm^2 以温带阔叶林为主的植被（Boer et al., 2020）。野火减少的区域主要集中于非森林生态系统，然而北方森林的野火呈显著的增加趋势。相比之下，中国和印度一些人口密集的农业区野火呈增加趋势（Andela et al., 2017）。根据未来气候的预估，到 2100 年中国境内的野火面积和持续时间均有增加的趋势（Tian et al., 2014）。

野火会向大气中排放大量的温室气体（CO_2、CH_4、N_2O）、CO、含碳气溶胶，以及其他一些挥发性的有机化合物。根据全球火灾排放数据库（GFED4s）资料（图 6.16），1997~2016 年，全球野火导致的碳排放量约为 2.2 Gt C/a，其中 65.3%来自疏林草原，15.1%来自热带森林，7.4%来自北方森林，2.3%来自温带森林，3.7%来自泥炭地，6.3%来自农业废物燃烧（Van Der Werf et al., 2017）。野火的燃烧改变植被和土壤特性，从而影响碳库、地表反照率，以及生态系统的生物承载力（Bond et al., 2004；Bremer and Ham, 1999；MacDermott et al., 2017；Tepley et al., 2018；Moody et al., 2013；Veraverbeke et al., 2012）。野火会导致土壤侵蚀，导致土地退化和沙化（Moody et al., 2013）。野火排放的 O_3 和气溶胶会改变辐射效应，从而影响生态系统的总初级生产力（Yue and Unger, 2018）。

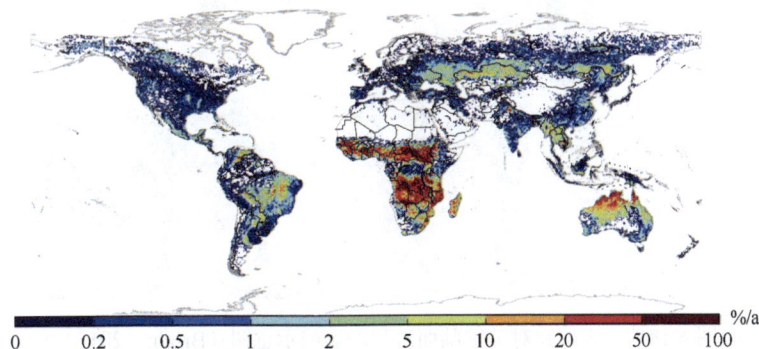

图 6.16 全球火灾排放数据库 1997~2016 年累计过火比例（Van Der Werf et al., 2017）

6.3 土地覆盖变化对陆面过程及区域气候的影响

6.3.1 土地覆盖变化对重要陆面过程的影响

土地覆盖变化主要通过地球生物物理过程和地球生物化学机制来影响区域气候（图 6.17）（Devaraju et al., 2015；Winckler et al., 2017）。生物地球物理过程通过地表形态特征（冠层高度、叶面积、粗糙度和反照率等）和生理活动（如蒸腾作用）影响辐射、热量、动量和水循环等交换过程（图 6.18）（Davin and De Noblet-Ducoudré，2010）。而生物地球化学作用最直接的作用就是对碳循环的影响（Brovkin et al.，2013），土地覆盖变化可以通过向大气排放或者吸收 CO_2 等温室气体改变大气中的温室气体含量从而影响区域气候。

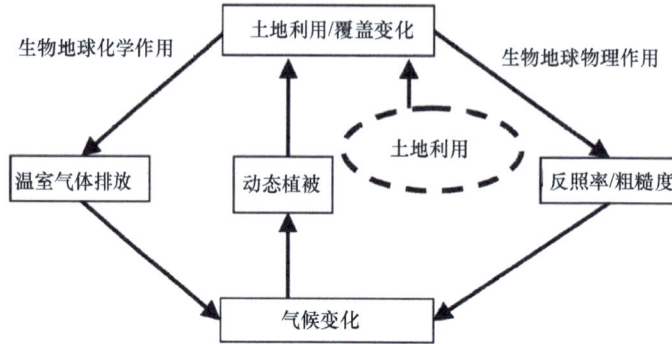

图 6.17　土地覆盖变化对区域气候影响的示意图（华文剑等，2014）

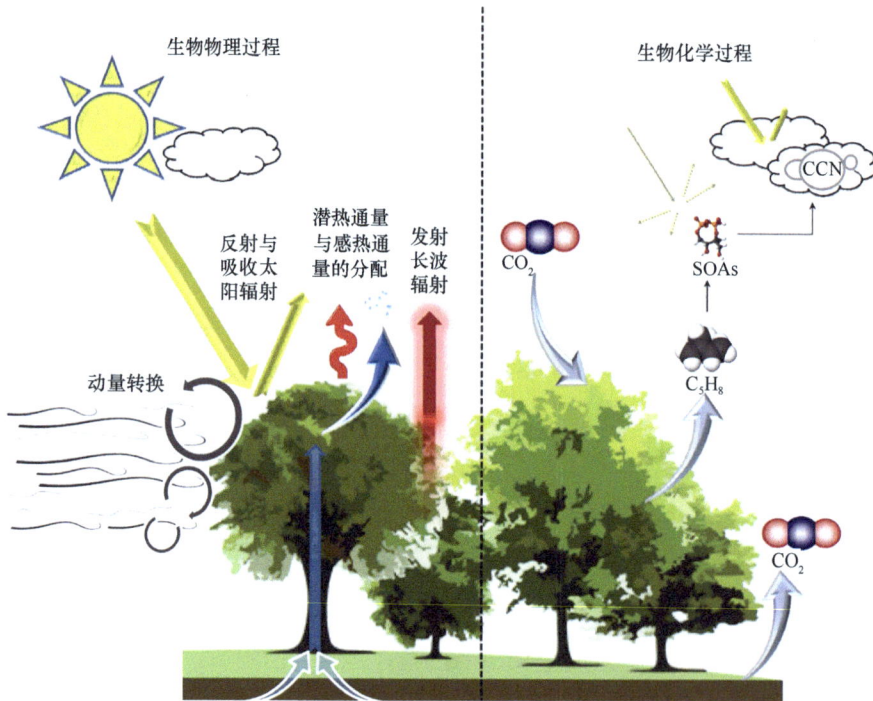

图 6.18　地表植被对关键陆面过程的影响示意图（Bright，2015）

地表植被对关键陆面过程的影响可以分为生物物理过程和生物化学过程。生物物理过程是指植被通过改变地表的反照率、蒸散发及粗糙度来对区域气候产生影响；生物化学过程是指植被通过吸收和释放 CO_2、生物源挥发性有机物（BVOCs），改变大气成分来对区域或全球气候变化产生影响（图中 CCN 表示云凝结核）

不同区域土地覆盖变化对气候的影响机制存在差异（Mahmood et al.，2014；Huang et al.，2018b）。地表反照率和粗糙度是土地覆盖变化影响区域气候最重要的陆面参数（Li et al.，2015），地表覆盖状况的改变会导致地表反照率的变化，进而对地表辐射平衡造成影响（Alkama and Cescatti，2016）。例如，森林砍伐和过度放牧将导致地表反照率增大，引起地表吸收的太阳辐射减小，中高纬度由于有积雪存在，森林砍伐导致的地表反照率的增大更加明显（华文剑和陈海山，2013）。森林砍伐也具有显著区域差异，45°N 以北毁林具有明显致冷效应，而 35°N 以南毁林则具有明显致暖效应（Lee et al.，2011；Peng et al.，2014）。土地覆盖变化也会造成地表粗糙度的改变，森林被砍伐、地表粗糙度减弱、植被的蒸腾作用减小会影响地表净辐射在感热和潜热之间的分配，进而引起边界层以及大气环流的变化（Xu et al.，2015）。研究表明，工业革命以来，局地陆气相互作用使得蒸散发、土壤湿度和云量减少，进而导致全球季风降水减弱（Quesada et al.，2017）。此外，不同土地覆盖类型在空间上可改变大气水平和垂直变化梯度，影响风速、降水和雷暴发生频率，不同的植被类型还可通过气孔导度对蒸腾作用进行调节（Sr Pielke et al.，2011）。

此外，退耕还林导致地表反照率和蒸散发量增加，改变地表能量平衡，对地表温度造成显著的影响。Ma 等（2017）通过对比分析我国林地和农田的地表温度发现，林地和农田所吸收的短波辐射差异是随着纬度增加而增加的，林地吸收的短波辐射要比同纬度的农田高出 $2.95\pm0.21\mathrm{W/m^2}$（20°~29°N）与 $6.33\pm0.66\mathrm{W/m^2}$（40°~49°N）；而林地和农田蒸散发冷却效应差异则随着纬度的增加而降低，林地释放的潜热通量要比同纬度的农田高出 $12.70\pm1.50\mathrm{W/m^2}$（20°~29°N）与 $3.66\pm0.61\mathrm{W/m^2}$（40°~49°N），从而导致温带林地在 40°N 以南的地表温度偏低，低于农田大概 0.61 ± 0.02℃；而在 48°N 以北的区域，林地的平均温度比农田高出 0.48 ± 0.06℃。

Liu 等（2019b）的研究表明，我国干旱半干旱地区的农田转化成草地后，对地表产生了年平均 $-0.3\mathrm{W/m^2}$ 的冷却效应，其中在春季、秋季和冬季分别产生了 $-0.4\mathrm{W/m^2}$、$-0.8\mathrm{W/m^2}$ 和 $-0.9\pm0.1\ \mathrm{W/m^2}$ 的冷却效应，但在夏季则产生了 $1.0\ \mathrm{W/m^2}$ 的增温效应，这与夏季农田灌溉导致的蒸散发增加有关。Chen 等（2017）使用了 2000~2015 年的遥感资料对内蒙古东胜煤田地区的采煤区与植被修复区进行了对比，分析煤田植被修复的生物物理效应。结果表明，植被修复会使得地表净辐射增加 $0.25\pm0.17\ \mathrm{W/m^2}$，潜热通量增加 $0.43\pm0.26\ \mathrm{W/m^2}$，净辐射增加导致的增温效应全部被蒸散发冷却效应抵消，因此植被恢复会导致采煤区的降温效应，总的影响为 $-0.18\pm0.17\ \mathrm{W/m^2}$，导致采煤区的地表温度比植被修复区的温度高出 0.2 ± 0.1K，其中净辐射和潜热通量差异解释了地表温度差异的 27%。

此外，土地利用变化也会对区域陆面过程带来一些负面影响，如降低区域的径流量、使土壤湿度降低。Li 等（2016）的研究表明陕北黄土高原的 NDVI 在 1982~2000 年呈显著上升趋势，年平均上升速率为 0.002/a；导致径流系数呈现显著下降趋势，下降速率为 0.0017/a；Jia 等（2017）研究发现黄土高原人工林的叶面积指数更高，不仅需要吸收更多的土壤水分用于蒸散发，并且树木冠层截留降水导致土壤入渗减小，从而导致该地区 1.0~5.0m 深度的土壤水储量，平均降低了 203.7mm，年平均降低速率为 16.2mm/a。因此干旱半干旱地区的人工林可能会加剧干旱胁迫，从而对这些地区的生态环境的健康稳定发展构成威胁。此外，Yu 等（2019）通过对比我国人工林和自然林发现，在同等条件下，自然林的水分消耗量要比人工林低 6.8%，但是固碳效率却比人工林高 1.1%，并且人工林对气候变化的适应能力明显弱于自然林。因此，在未来的生态保护和修复过程中，需要避免"一刀切"的做法，应该因地制宜，根据生态环境和气候背景来采取更为适宜的生态修复方式。

此外，我国的土地覆被还发展着许多局地的变化，这些变化也对当地的陆面过程产生了显著的影响，Liu 等（2019a）的研究表明，我国三江平原地区湿地开垦成旱地后，植被生长季平均地表温度升高了 1.31℃；而旱地转变成水稻田后，植被生长季平均地表温度降低了 −1.32℃，其中土地覆被变化的非辐射强迫（蒸散发变化）是导致地表温度变化的主要原因；

Jeong 等（2014）研究发现，由于植被蒸腾作用的差异，华北平原地区双季种植区在作物生长季时期的近地面日最高温较单季种植区高 1.02℃。因此，我国的土地覆被变化对关键的陆面过程有着显著且复杂的影响，从而对区域气候的变化也会产生十分显著的影响。

改革开放以来，我国的城市化进程不断加速。我国的城市化率（城镇人口占总人口的比例）已经从改革开放初期的 17.6%增长到目前的 59.6%（2018 年）。虽然我国城市建成区面积仅占国土面积的 3%。但是，如图 6.19 所示，城市化会大幅改变地表的性质，对区域的陆面过程产生显著的影响，从而影响区域气候和生态环境，并且，城市承载着密集的人类活动和能源消耗，对经济社会发展有着极为重要的意义。

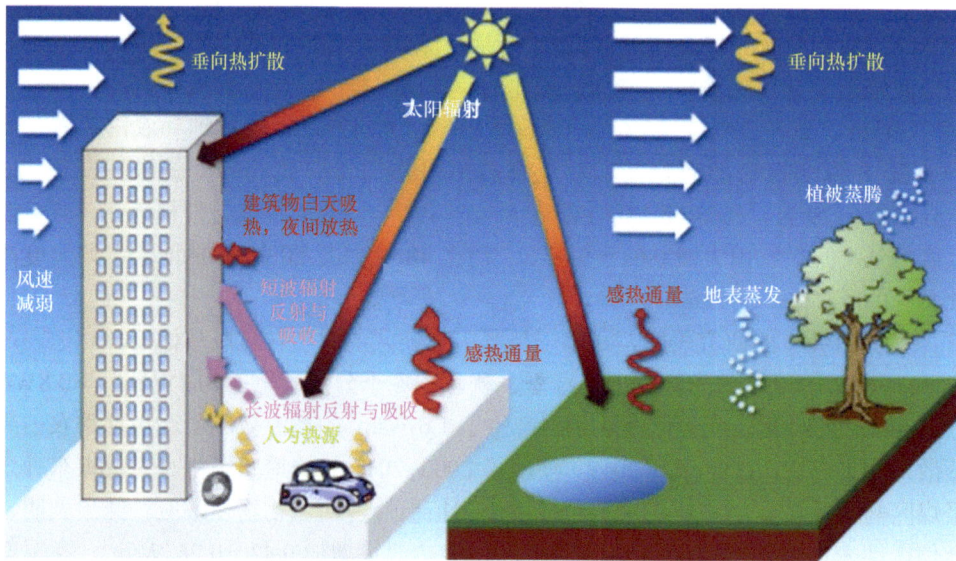

图 6.19 城市与乡村陆面过程差异示意图

城市化对关键陆面过程的影响主要体现在城市不透水层、建筑三维结构和人为热源排放三个方面。城市不透水层阻隔了降水的截留和入渗，导致地表湿度降低，大幅减弱了地表的蒸散发冷却效应；建筑三维结构则是通过改变地表粗糙度，从而增加白天短波辐射吸收效率并降低夜间长波辐射冷却效率，而且通过建筑实体的热存储改变城市能量的日内分布，同时会对城市湍流和大气运动造成影响；人为热源主要指人类取暖、交通等排放的热量和水汽对陆面过程的影响

6.3.2 土地覆盖变化对区域气候的影响

已有大量研究表明，土地覆盖变化对中国及东亚地区有显著影响（华文剑等，2014；刘纪远等，2014）。中国华北地区农田覆盖的春夏季节变化显著改变了局地温度（Zhang et al.，2013），东北和中部地区农业扩张地表反照率增加，净短波辐射减少，感热通量减少，使得温度降低（张学珍等，2015）。不同时期中国农田变化引起的气候要素变化具有区域差异（陈海山等，2015）。20 世纪 80 年代农田变化导致长江中下游以南地区冬季风增强，东北地区中部和华北地区夏季风减弱。农田变化引起的中国东部地区季风环流的强弱变化使冬季气温在东北地区东部降低、华北和长江中下游及其以南地区气温升高，降水在东北地区东部和长江中下游南北两侧地区减少；夏季中国东部地区气温由南到北呈现增加—减少—增加—减少的变化趋势，降水由南到北呈现相反的变化趋势（曹富强等，2015）。在草地转换成以森林为主的未来土地覆盖变化情景下，中国地区东北、华北温度升高，而西南和华南地区降水偏多（华文剑等，2015）。

Hu 等（2015）的研究表明京津唐地区的城市扩张导致该地区的年平均地温上升了

0.85±0.68℃，城市化增温效应在夏季最为明显，城市每扩张 10%，就会导致夏季地温上升 0.21℃，城市引起的增温效应主要是地表性质、辐射吸收存储及人为热源的叠加导致的。Lin 等（2007）分别模拟了珠三角地区城市化进程对夏秋两季气候的影响，结果表明城市化导致该区域的温度和湿度等发生了显著变化，并导致地区的温度升高、湿度降低以及行星边界层高度增加。Zhou 等（2015）研究发现长江三角洲地区城市化扩张引起的城市热岛效应使高温热浪的发生风险提高了 2.5 倍，解释了 36%的长江三角洲地区极度高温热浪事件的强度异常。Wang 等（2017b）研究发现城市建筑实体对热量的吸收和释放以及人为热源的排放对城市热岛效应的形成和变化特征有显著的影响，并且通过定量分析得出城市不透水层的面积百分比能够解释 49%~54%夜间和 31%~38%白天城市热岛效应变化。

6.3.3　大尺度下垫面变化对极端天气/气候的影响

随着全球变暖的加剧，极端天气/气候发生的频率也在迅速增多（IPCC，2013），但是关于其变化的原因依旧存在激烈的争论。研究发现，在极端天气/气候事件中已经能检测到人为活动的影响（Sun et al.，2014），说明人类活动对极端天气/气候有重要作用。作为人类活动影响气候的一种重要外强迫因子，大尺度下垫面状态的改变是影响极端气候的重要原因之一（Findell et al.，2017；Jia et al.，2019）。

日较差作为一种表征极端温度的指标，有研究已经证实了以森林砍伐和农田扩张为代表的土地覆盖变化会显著减小气温日较差（Hua and Chen，2013），说明大尺度下垫面变化很可能更加倾向于影响极端天气/气候（Avila et al.，2012；Christidis et al.，2013）。例如，反照率的效应会显著降低最高气温，尤其会降低最高气温的高百分位段（Davin et al.，2014），这种反照率的效应在未来气候变暖的情景下将会更加显著（Hirsch et al.，2018）。大尺度土地覆盖变化使得与最高温度相联系的极端温度指数在中高纬度显著下降，并且使最低温度在印度–中南半岛等中低纬度显著上升（Li et al.，2017c）。反照率增大导致的净短波辐射减少控制了白天中高纬度最高温度的降低，同时感热通量和地表热通量相互抑制的同时也导致了白天温度的降低以及夜间温度的升高，并且各个能量分量的反应均存在明显的区域差异（Wilhelm et al.，2015）。森林覆盖度增大会导致地表粗糙度增大，使近地层辐合增强，从而产生向上的水汽输送，进一步增加对流云的产生和降水。而大尺度农田扩张会使得潜热增加而感热减小，从而使得午后的降水增大，土地覆盖变化主要通过改变对流有效位能（CAPE）和对流降水来影响主要改变午后降水的频次（Chen and Dirmeyer，2017）。另外，如果大尺度下垫面变化发生在陆气耦合强的地区，例如，干旱半干旱区土壤水分有限的区域，其产生的气候效应也更强（Lorenz and Pitman，2014），而大尺度下垫面变化的影响也可被海气相互作用过程放大（Ma et al.，2013）。

6.3.4　城市扩张对热岛效应及区域气候的影响

城市是气候和环境研究的热点区域之一，而城市化又是人类活动剧烈影响地球系统最具有代表性的现象（Grimm et al.，2008；Jia et al.，2019）。在过去的几十年时间里，全球城市土地利用面积增加了 5.8×10^4 km²，而中国又是城市土地利用扩张速率最快的国家之一（Seto et al.，2011；Jia et al.，2015）。城市化过程改变了陆面的物理属性（如反照率、发射率和热传导率等）和形态学特征，影响了城市区域的热容量、波文比和粗糙度，改变了地表能量的收支；城市地表的不透水性使得水分难以下渗到土壤中，增加了地表径流，改变了水文循环过程；城市人口的增长和工业化程度的提高又会引起人为热释放量及气溶胶排放的改变。我国观测得到的升温高于全球平均水平，一方面，反映了全球气候变化的高度异质性；另一方面，城市站点受到了城市热岛的影响而使得气温记录值偏高是不容忽视的一个重要因素（任国玉等，2005；He et al.，2013；Shi et al.，2019）。

IPCC 第五次评估报告认为全球订正过的温度数据很可能已经消除了城市热岛效应的影响，但在区域尤其是快速发展的区域，土地利用变化和城市热岛效应对原始观测数据的影响可能更为显著（Hartmann et al.，2013）。属于发展中国家的中国正在经历并在未来一段时间内会持续经历快速的城市化过程，城市化对气象台站温度记录的影响会在我国表现得更加显著（He et al.，2013；时子童等，2018）。气象台站气温观测中的城市化影响对区域空间尺度非常敏感，加之中国区域发展的不平衡，以及不同地区的地理环境、气候背景、原始土地覆盖类型的差别等均会造成城市化对气象台站观测的温度序列影响的空间异质性。站点尺度的研究多是比较某一个或几个城市站点与其邻近的乡村站点观测温度序列的差值来判定城市化对观测温度记录的影响。近年来对北京、天津、兰州和昆明等地的站点尺度研究均发现了强烈的城市热岛影响（赵娜等，2011；He et al.，2013；Hu et al.，2019）。对整个中国区域1970~2007 年由城市化引起的增温进行了统计，直观地反映了城市化效应空间分布的不均一性，京津冀城市群、长江三角洲城市群和珠江三角洲城市群表现出强烈的城市化增温，与此同时，中国的中东部地区和内蒙古地区也表现出较高的城市化影响（Wu and Yang，2013；Hu and Jia，2010）。

城市热岛效应对区域温度记录的影响同样存在时间异质性，主要表现在：研究时段的不同、季节的异质性和昼夜差异三个方面（Hu et al.，2019）。季节的异质性既受到不同季节地表特征不同所引起的热量传递方式改变的影响，同时也受到不同季节人类活动行为方式的影响（Wang and Yan，2015）。昼夜差异产生的原因主要是下垫面性质不同而带来的热量平衡的差异。不同的研究较为一致地认为由城市化引起的增温从 20 世纪 80 年代初期开始显著增加，而 2005 年以后出现一个新的增长期（Hu et al.，2017；Wang and Ge，2012；Sun et al.，2016）。在城市热岛效应的季节差异性方面，多个研究认为冬季城市热岛效应引起的增温为 0.112~0.22℃，明显高于夏季（He et al.，2013；Ren et al.，2008；Sun et al.，2016），但是也有研究认为夏季（孙敏等，2011）或者秋季（初子莹和任国玉，2005）热岛效应更加强烈。在城市热岛效应的昼夜差异方面，多数研究者的结论基本一致，认为城市热岛效应对夜间最低温度的影响要大于对日间最高温度的影响，综合效应会造成温度日较差的降低（Li et al.，2010；Shi et al.，2019）。

大规模城市化是大尺度下垫面变化的重要特征之一，城市热岛效应不仅影响夏季高温分布，其强度和范围的扩大会直接影响局地气温上升趋势和极端温度事件的发生频次（冯锦明等，2014；Hu et al.，2019）。从长期变化趋势来看，城市化使得高温强度明显增强，对高温日数的增加也有显著的贡献（杨续超等，2015）。对于持续（3 天）的极端冷夜事件，大规模城市化效应显著加强了其减少趋势（Wang et al.，2013）。城市化效应对区域降水也有"增雨效应"，尤其使得极强降水事件的频次增加（Niyogi et al.，2017）。城市化的"热岛效应"及城区粗糙度增大引起的低层辐合增强有可能引起雷暴天气过程的加强（张珊等，2015；Schroeder et al.，2016）。中国东部是城市群发展最密集的地区，大规模城市化不仅会导致局地温度升高和比湿降低，而且很可能减弱夏季风环流系统，导致夏季雨带偏南，而东亚中纬度地区偏干（Ma et al.，2016）。但是，也有学者认为大规模城市化引起的季风气候存在季节差异，晚春、盛夏和初秋的响应显著不同（Chen et al.，2016），大规模城市化效应如何影响大尺度环流系统至今还存在很大争议（Jia et al.，2019）。

6.3.5　植被物候和覆盖变化潜在气候效应

植被的季节性特征受周围气候环境的影响，同时植被季节性变化影响周围的小气候，通过控制地表-大气间能量、物质交换的季节性特征影响区域的天气特征，从而影响长时间尺度的全球气候。早在 1922 年，Richardson（1922）在 *Weather Prediction by Numerical Process* 一书中指出"植被叶子吸收光照、遮阴地表，对水汽和热量的互换有极大的影响。因为在大气中，叶子能够迅速通过自身的增温或者蒸散发将吸收的能量传递到大气中"。植被季节特征的变化对气候的影响主要通过改变地表植被覆盖的季节性特征来实现，从地表反照率、地表粗糙度、冠层导度、水热通量、光合作用和 CO_2 通量、生物源挥发性有机化合物（VOC）方面对气候造成影响（图 6.20）。

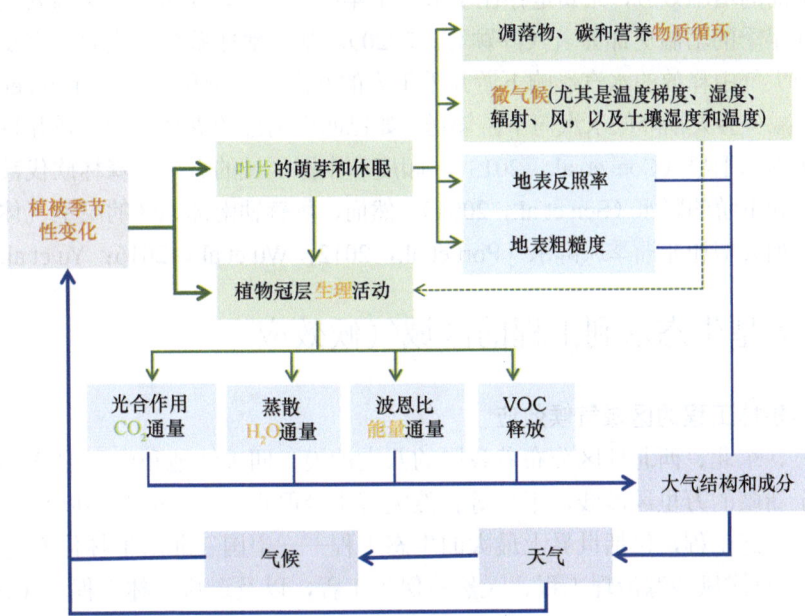

图 6.20　植被的季节性变化及其气候影响机制（改自 Richardson et al.，2013）

植被季节性变化的气候效应与植被变化的季节和区域范围相关。众多研究表明，北方地区树线的北移和季节性的延长对全球和区域的增温有正反馈效应（Garnaud and Sushama 2015；Chae et al.，2015；O'ishi and Abe-Ouchi，2009；Port et al.，2012）。由于植被变绿，晚冬和早春季节的地表反照率明显下降而形成明显的正反馈效应（Garnaud and Sushama，2015；Jeong et al.，2014）。高纬度地区林地覆盖和生物量的增加使得积雪覆盖区域的地表颜色变暗，能够吸收更多的太阳辐射（Loranty et al.，2014），从而使得地表积雪覆盖的时间和范围减少，增强了冬季和春季的增温效应。如果植被生长旺季延长，旺盛的蒸散发活动则会增加地表能量（潜热）损失，从而具有降温效应（Zeng et al.，2017b），从而在一定程度上减缓区域温室气体带来的增温效应。春季返青期提前导致生长季初期绿度增加，这种情况主要反映在北半球的温带和寒温带森林，也能通过增加蒸散发增加大气中的水汽含量，但对气候系统的影响与生长季旺季绿度增加截然不同（Xu et al.，2020）。生长季初期在中高纬度仍有积雪覆盖，植被生长的加强会减少积雪的覆盖，通过积雪反照率的正反馈作用，具有很强的增温效应。此外，春季物候提前的同时增加了降水，但是降水增量小于蒸散发增量，导致春季末到夏季的土壤含水量下降，增加干旱发生的频率和强度（Lian et al.，2020）。在气候变暖的极端情况下，寒温带针叶林植被通过演替过程进一步向北极入侵取代苔原植被，促进蒸散发而增加大气中的水汽含量，水汽的温室效应加速北极海冰融化，海冰的反照率正反馈效应放大北极变暖（Swann et al.，2010）。由积雪–反照率主导的高纬度地区植被变化的气候效应，主要是基于模式模拟，模式中对高纬度植被对气候变化响应的高估可能会导致其对气候反馈的高估（Snyder and Liess，2014）。

在热带地区，气候变化导致区域降雨减少（增加）和生物量减少（增加），从而提高（减弱）增温的强度（Port et al.，2012；Wu et al.，2016；Yu et al.，2016）。例如，未来热带变暖和降水的减少会导致亚马孙地区森林面积的减少和生长季的缩短（Port et al.，2012）。这种区域的植被变黄会减少地表的蒸散发和近地层大气的湿度，减少云量，增加向下的太阳短波辐射，从而加强近地面的增温效应，尤其是存在季节性干旱的季雨林，其年平均增温效应明显高于热带雨林，且在旱季的增温更加显著（薛颖等，2020）。基于地球系统模式的研究发现热带植被通过蒸散发向大气中释放的水汽影响下游几千千米的水汽、云量和降水（Elison et al.，2017）。因此，森林的减少会大幅降低水汽向下游输送，如巴西中南部的森林砍伐导致几百千米外的亚马孙南部和东南部干旱（Coe et al.，2013）。印度和中国区域的大范围森林砍伐甚至改变了东亚季风的强度和下游的降水（Sen et al.，2004）。然而，萨赫勒南部地区的温室气体的施肥效应带来的植被增加会增加非洲季风降水（Port et al.，2012；Wu et al.，2016；Yu et al.，2016）。

6.4　大型生态水利工程的区域气候效应

6.4.1　防护林工程的区域气候效应

我国北方、东北、西北地区分布着我国的八大沙漠、四大沙地和广袤的戈壁，形成了东起黑龙江西至新疆的万里风沙线，干旱等自然灾害十分严重。自1978年以来，我国启动了一系列大尺度生态工程，包括世界上最大的生态工程——中国三北防护林体系建设工程（简称三北工程）、京津风沙源治理工程、天然林保护工程，以及退耕还林工程。2018年正值三北工程40周年，据《三北防护林体系建设40年综合评价报告》，三北工程建设40年来，我国防风固沙林面积增加154%，对沙化土地减少的贡献率约为15%，2000年后我国土地沙化呈现出整体遏制、重点治理区明显好转的态势。

大规模的造林、还林工程会改变下垫面结构，从而影响局地，甚至更大尺度的气候效应。防护林的建设期正处在近百年全球变暖的加剧期。三北工程、退耕还林工程等一系列土地管理措施促进了全球的变绿（Zhang et al.，2016；Chen et al.，2019），使地表温度逐渐降低（Peng et al.，2014），对防治荒漠化、抑制沙尘暴产生了显著成效（Piao et al.，2005；Tan and Li，2015）。生物量及碳汇量增加（Piao et al.，2009；Ouyang et al.，2016）对区域环境产生了积极的反馈。Chen等（2019）指出，卫星数据显示2000~2017年中国的植被叶面积指数增大明显，主导世界变绿的趋势（图6.21）。中国占据全球6.6%的植被面积，但却贡献了全球25%的绿叶面积增加量。说明中国的一系列绿化措施在对全球变绿的贡献上是显著的。进一步增加的植被面积会对局地，甚至更大尺度区域的气候产生影响。人造森林的气候效应取决于林园的辐射和湍流能量通量如何改变表面温度。Peng等（2014）通过比较我国北方人造林及其邻近草原或农田的地表温度，发现植树造林将白天地表温度降低，使夜间地表温度升高（图6.22）。观察到的白天冷却是由蒸发蒸腾增加造成的（Ge et al.，2019）。而夜间变暖的情况会随着纬度的增加而增加，随着平均降水量的减少而减少。因此，干旱地区的森林砍伐会导致净的变暖效应，有必要仔细考虑植树造林的地理位置，以便在未来的造林项目中实现潜在的气候效益。

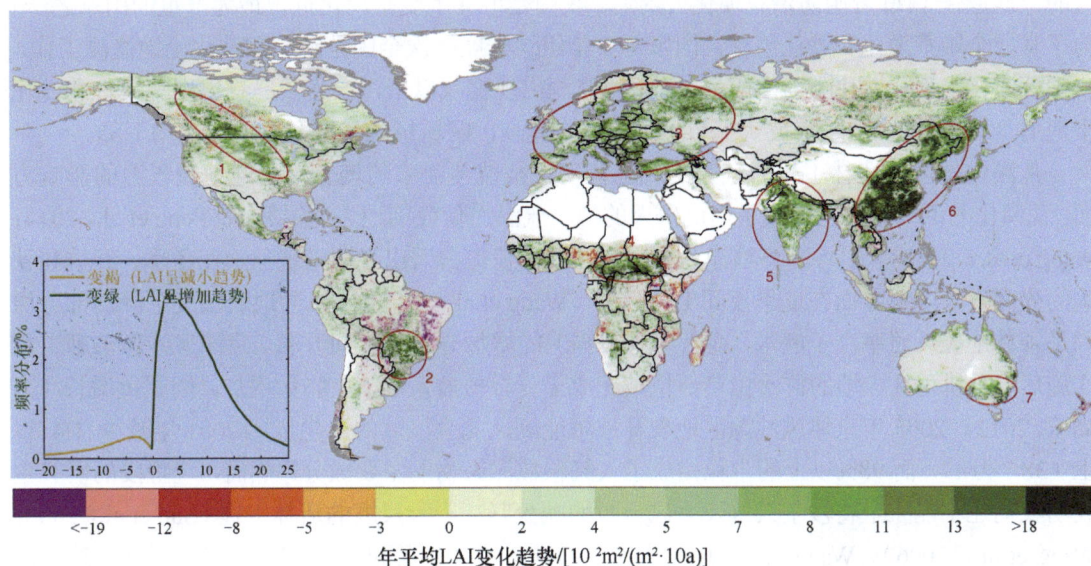

图 6.21　2000~2017 年 MODIS 数据显示的年平均 LAI 趋势图（Chen et al.，2019）

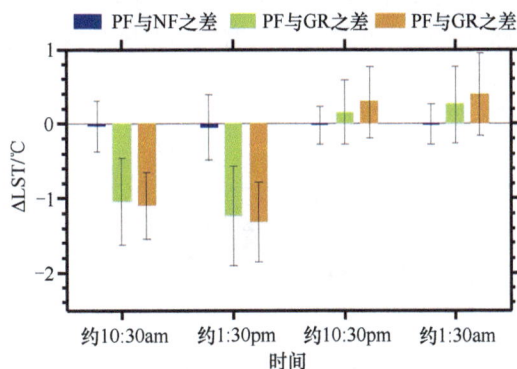

图 6.22　中国地区 2003~2010 年白天（约 10：30am 和约 1：30pm）和夜晚（约 10：30pm 和约 1：30am）的人工林（PF）与邻近自然林（NF）以及草地（GR）与农田（CR）的地表温度差（ΔLST）（Peng et al.，2014）

　　然而，这些防护林计划产生的实际效果也受到了一些研究的质疑。20 世纪 50 年代，由于没有对土地地貌、土壤特征和水分条件进行详细的实地调查，森林防护带的建设大多是不成功的（Yang et al.，1982）。而将灌木当作森林时，中国绿化运动的成功可能被夸大（Ahrends et al.，2017）。很难确定植被覆盖率的增加有多大程度来自大规模植树造林或全球变暖的影响（Li，2004）。另外，黄土高原退耕还林导致地表蒸散发增大，从而造成径流和土壤湿度下降，可能会对可用水安全造成负面影响（Ge et al.，2020）。三北工程可能未能完全实现其目标的主要原因有两个：首先，中国干旱半干旱地区的沙漠化和沙尘暴频率下降可能部分是由气候变化造成的，而不完全是由防护林工程等人类活动造成的。其次，三北地区干旱半干旱区域种植的乔木和灌木的存活率相对较低，森林覆盖率的增长低于预期，影响了植被的气候调节效应（Wang et al.，2010）。

6.4.2　荒漠化治理的气候效应

荒漠化是指包括气候变化和人类活动在内的种种因素造成的干旱、半干旱和亚湿润干旱地区的土地退化（《联合国防治荒漠化公约》）。我国是世界上受荒漠化危害最为严重的国家之一。为了掌握全国荒漠化和沙化情况，国家每 5 年组织开展一次全国荒漠化和沙化土地监测工作。我国荒漠化土地和沙化土地面积自 2004 年监测出现缩减以来，已连续三次出现荒漠化和沙化土地的"双缩减"。沙区植被状况和固碳能力均提高，区域风蚀状况和风沙天气均下降。

荒漠化地区对造林工程的气候响应也体现在植被覆盖率的增长对局地地表气温的影响方面。荒漠化的治理总体上降低了局地白天的地表气温而使夜间地表气温升高（Peng et al.，2014；Wang et al.，2018）。以库布齐沙漠为例，造林活动使得白天出现降温现象，在冬季、春季和秋季的夜间有升温现象而在夏季夜间出现降温（Wang et al.，2018）。白天地表温度下降的部分原因是森林地表反照率高于灌木，而入射长波辐射的增加导致了夜间升温。京津风沙源治理工程实施后，退耕还林样地的群落由单一植被变成了复合植被系统，生物量增加，固碳量增长（高尚玉，2012）。2005 年京津风沙源区地表释放可能到达北京城区的总尘量比 2001 年减少 1/4 以上（38.7 万 t），而 98%以上的尘粒构成了大气颗粒污染物的主要成分。然而，现阶段的研究也表明我们还不能完全将沙尘天气及大风日数的减少归功于大尺度的造林工程（Sun et al.，2000；Wang et al.，2006）。Wang 等（2010）比较了东北、华北、西北、中国干旱半干旱地区造林面积与沙尘暴和大风日数的同步变化趋势，发现从 20 世纪 70 年代至今，即使在无造林活动大规模进行的时期，沙尘暴和大风天气的频率也在不断下降（图 6.23）。而有些研究认为观测到的沙尘天气的减少可能与全球气候变暖导致的降水增加和西风减弱有关（Wang，2005）。

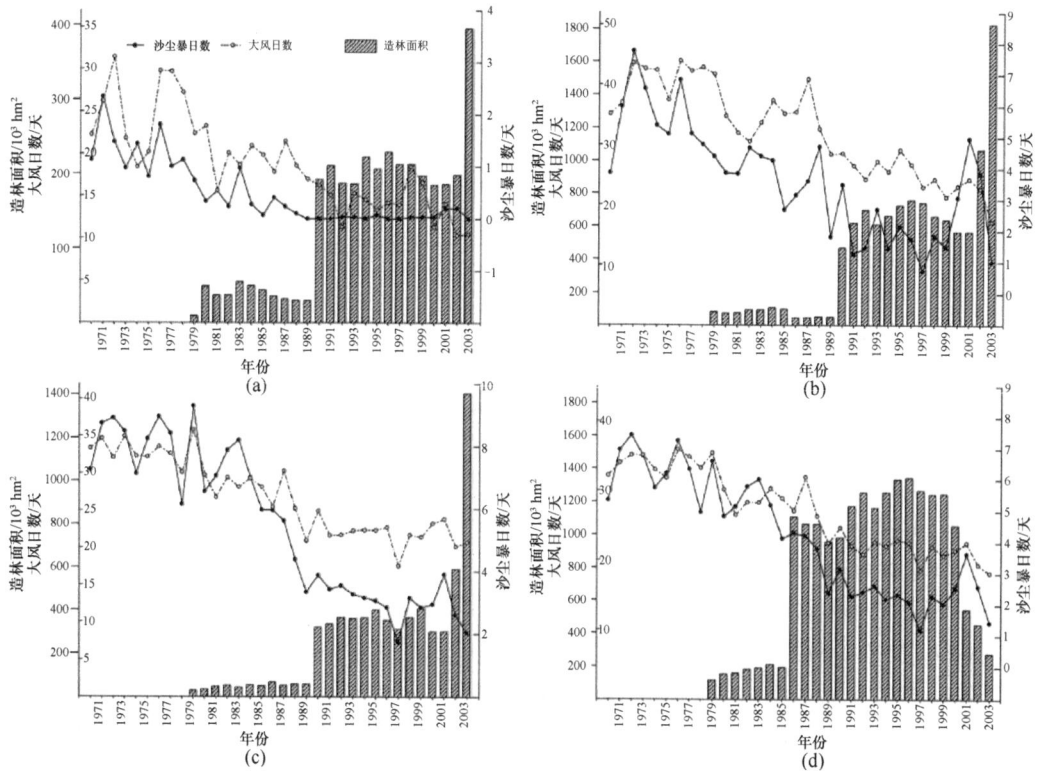

图 6.23　20 世纪 70 年代至 21 世纪初造林面积及中国东北（a）、华北（b）、西北（c）、干旱和半干旱地区（d）沙尘暴和大风日数同步变化趋势（Wang et al.，2010）

造林面积分别来自《中国林业统计年鉴（1990—2006）》和《中国林业年鉴［1949—1986（装订），1987—2006］》

石漠化，亦称石质荒漠化，多发生在石灰岩地区，土层厚度薄（多数不足 10cm），地表呈现类似荒漠景观的岩石逐渐裸露的演变过程。石漠化生态脆弱区主要分布在"老少边穷山"地区，特别是云贵高原，喀斯特地貌广布，降水多且集中在夏季，流水侵蚀作用强烈；同时，该地区人为破坏植被导致水土流失严重，进而形成石漠化。截至 2019 年底，中国目前还有 12.0 万 km² 石漠化土地，边治理、边破坏的现象仍很突出。生态系统依然脆弱，石漠化地区植被以灌木居多，大部分植被群落处于正向演替的初始阶段，稳定性差，稍有外来破坏因素影响就可能出现逆转。2000~2019 年，石漠化区秋季植被指数呈显著的增大趋势，区域生态状况趋于好转（中国气象局气候变化中心，2020）。但是受全球气候变化影响，干旱、冰冻等极端灾害天气频繁发生，森林火灾多发，森林病虫害严重，对岩溶地区石漠化治理造成很大困难。有关石漠化气候效应的专门研究甚少，但是有研究表明，岩溶石漠化区域林地的小气候调节作用最优，而石漠化裸地最差，与其石漠化治理和植被恢复效果相对应（颜萍等，2016）。强度石漠化样地内日平均相对湿度雨季仅 76%，旱季只有 51%，分别与潜在石漠化相差 13% 和 35%，而雨季气温在二者之间相差达 3℃（容丽等，2006）。

6.4.3　灌溉和耕作制度调整的气候效应

为了满足日益增长的粮食需求，同时响应退耕还林的大尺度生态工程的建设，中国北方大部分地区的耕作制度从一熟制转变为了两熟制，并实施灌溉，而不再增加耕作面积。现阶段的研究工作对于两熟制影响局地气候的认识还十分不足。

我国北方耕作制度的调整会令局地地表特征发生变化。而土地利用与覆盖的变化会使地表能量平衡发生变化，引起局地温度、降水和大气环流的改变（Gao et al.，2007）。我国北方的间作期正处在东亚季风盛行期，土地利用和覆盖变化引起地表能量平衡改变的同时也会对区域的环流和降水产生影响。观测发现，在耕作期两熟制区域的平均地表气温及日最高气温均比一熟制区域偏高。而地表气温升高主要与两熟制地区耕作期的蒸散发量减少有关（Jeong et al.，2014）。

灌溉用水消耗了大部分人类活动所需的淡水资源。灌溉也会直接或间接影响陆地与大气间的通量交换（Chen and Xie，2010）。土壤根区湿润，作物的水分胁迫减轻，并通过地面蒸发、植被蒸发和蒸腾将更多的水分返回大气，直接导致地表到达大气的潜热通量增大。作物水分胁迫减小，生长旺盛，又会吸收大气中更多的 CO_2，产生负的净生态系统碳交换量（net ecosystem exchange，NEE）。针对黑河流域灌溉的季节性影响的研究发现，观测和模式结果表明灌溉对感热和潜热的影响在夏季最强，同时夏季灌溉促使作物吸收大气中更多的 CO_2，NEE 降低（Zeng et al.，2017a）。灌溉对其他陆-气通量，如动量通量、氮量和氧量的影响也被一些研究报道过。当这些局地的垂直通量发生变化时，有关的大气变量也会同时发生改变，甚至可以通过大气环流影响全球尺度的变量场（Chen and Xie，2012）。

6.4.4　南水北调工程的气候效应

南水北调是我国最大的水利工程。南水北调工程对解决由干旱化加剧导致的华北地区水资源短缺起着重要作用（任鸿遵和李林，2000；卢志光等，2002）。而南水北调工程中有 40% 左右的调水量将直接应用于农业灌溉。灌溉活动会随土壤湿度的增大而加强。针对南水北调工程中大面积农业灌溉产生的区域气候效应，现阶段的研究基本认为，南水北调工程是一个大规模的水资源再分配过程，将使缺水地区的农林牧场得到灌溉，从而引起灌溉地区土壤水分、地表反照率和陆地与大气之间水热通量的变化（吴险峰等，2002）。但也有部分数值试验结果显示这些大气变量的变化是微小的，因而模式中调水活动对区域气候的影响是较小的

（Chen and Xie，2010），并且这些响应的强度、趋势均与调水方式和调水量有关，同时存在季节性差异，且需要在长时间的适应过程中才能表现出来（Chen and Xie，2010；陈星等，2005）。水资源再分配改变地表特征，然后通过地气交换影响大气状况。现阶段的研究主要认为，大面积灌溉导致土壤湿度增大，地气交换使得近地层的空气湿度增大，这将有利于云雨天气的形成。而降水的增多又会进一步使土壤湿度增大。因此，南水北调工程不仅可以缓解我国北方地区水资源匮乏的问题，也能在一定程度上改善当地的干旱条件。

南水北调工程实施以来，许多研究也关注到了工程带来的负面影响，主要为调水源区的水资源受限（Gu et al.，2012），以及源区下游水藻爆发、水质下降等生态问题的产生（Zhu et al.，2008）。分析调水工程对汉江水质的影响发现，2010 年南水北调中线工程的实施会令水域污染程度显著变大，中下游水藻爆发的风险较高（Zhu et al.，2008）。

参 考 文 献

曹富强, 丹利, 马柱国. 2015. 中国农田下垫面变化对气候影响的模拟研究. 气象学报, 73(1): 128-141.

陈海山, 李兴, 华文剑. 2015. 近20年中国土地利用变化影响区域气候的数值模拟. 大气科学, 39(2): 357-369.

陈星, 赵鸣, 张洁. 2005. 南水北调对北方干旱化趋势可能影响的初步分析. 地球科学进展, 20(8): 849-855.

初子莹, 任国玉. 2005. 北京地区城市热岛强度变化对区域温度序列的影响. 气象学报, 63(4): 152-158.

范泽孟, 岳天祥, 刘纪远, 等. 2010. 中国土地覆盖时空变化未来情景分析. 地理学报, 60(6): 941-952.

冯锦明, 王君, 严中伟. 2014. 城市化气候效应研究的新进展. 气象科技进展, 4(5): 21-29.

高冬冬, 丹利, 范广洲, 等. 2020. 中国植被碳通量与氮沉降通量百年尺度时空变化及其与气候的关系. 中国科学: 地球科学, 50(5): 693-710.

高尚玉. 2012. 京津风沙源治理工程效益. 2 版. 北京: 科学出版社.

高志强, 易维. 2012. 基于CLUE-S和Dinamica EGO模型的土地利用变化及驱动力分析. 农业工程学报, 28(16): 208-216.

宫宁, 牛振国, 齐伟, 等. 2016. 中国湿地变化的驱动力分析. 遥感学报, 20(2): 172-183.

宫鹏, 牛振国, 程晓, 等. 2010. 中国1990和2000基准年湿地变化遥感. 中国科学: 地球科学, 40(6): 768-775.

何春阳, 史培军, 李景刚, 等. 2004. 中国北方未来土地利用情景模拟. 地理学报, 59(4): 599-607.

何凡能, 李美娇, 肖冉. 2015. 中美过去300年土地利用变化比较. 地理学报, 70(2): 297-307.

华文剑, 陈海山. 2013. 全球变暖背景下土地利用/土地覆盖变化气候效应的新认识. 科学通报, 58: 2832-2839.

华文剑, 陈海山, 李兴. 2014. 中国土地利用/覆盖变化及其气候效应的研究综述. 地球科学进展, 29(9): 1025-1036.

华文剑, 陈海山, 李兴. 2015. 未来土地利用变化影响中国区域气候的数值模拟. 中国科学: 地球科学, 45(7): 1034-1042.

姜群鸥, 谭蓓, 薛筱婵, 等. 2015. 气候情景下典型开垦与退耕区耕地动态变化的定量模拟. 农业工程学报, 31(9): 271-280.

李婧. 2014. 大尺度土地覆盖未来情景模拟分析. 北京: 中国科学院地理科学与资源研究所.

李婧, 范泽孟, 岳天祥. 2014. 中国西南地区土地覆盖情景的时空模拟. 生态学报, 34(12): 3266-3275.

刘纪远, 匡文慧, 张增祥, 等. 2014. 20世纪80年代末以来中国土地利用变化的基本特征与空间格局. 地理学报, 69(1): 3-14.

刘纪远, 宁佳, 匡文慧, 等. 2018. 2010—2015年中国土地利用变化的时空格局与新特征. 地理学报, 73(5): 789-802.

刘纪远, 张增祥, 庄大方, 等. 2003. 20世纪90年代中国土地利用变化时空特征及其成因分析. 地理研究, 22(1): 1-12.

卢志光, 孙京都, 卢丽, 等. 2002. 北京的干旱与对策. 北京: 气象出版社.

牛振国, 张海英, 王显威, 等. 2012. 1978—2008年中国湿地类型变化. 科学通报, 57(16): 1400-1411.

任国玉, 徐铭志, 初子莹, 等. 2005. 近 54 年中国地面气温变化. 气候与环境研究, 10(4): 717-727.

任鸿遵, 李林. 2000. 华北平原水资源供需状况诊断. 地理研究, 19(3): 316-323.

容丽, 王世杰, 杜雪莲. 2006. 喀斯特低热河谷石漠化区环境梯度的小气候效应——以贵州花江峡谷区小流域为例. 生态学杂志, (9): 1038-1043.

时子童, 贾根锁, 胡永红. 2018. 基于卫星遥感揭示长三角台站周边城市土地利用扩张及其对气温记录的影响. 气候与环境研究, 23(5): 607-618.

孙敏, 汤剑平, 许春艳. 2011. 中国东部地区城市化及土地用途改变对区域温度的影响. 南京大学学报(自然科学版), 47(6). 679-691.

孙晓芳, 岳天祥, 范泽孟. 2012. 中国土地利用空间格局动态变化模拟——以规划情景为例. 生态学报, 32(20): 6440-6451.

田贺, 梁迅, 黎夏, 等. 2017. 基于 SD 模型的中国 2010—2050 年土地利用变化情景模拟. 热带地理, 37(4): 547-561.

吴炳方, 苑全治, 颜长珍, 等. 2014. 21 世纪前十年的中国土地覆盖变化. 第四纪研究, 34(4): 723-730.

吴险峰, 刘昌明, 杨志峰, 等. 2002. 黄河上游南水北调西线工程可调水量及风险分析. 自然资源学报, 17(1): 9-15.

修瑛昌. 2013. 基于 RCPs 土地数据的尺度下推方法研究及应用. 青岛: 山东科技大学.

薛颖, 徐希燕, 胡政华, 等. 2020. 亚洲热带森林减少的增温效应及其影响机制. 中国农业气象, 41(4): 191-200.

闫丹, Uwe A S, Erwin S, 等. 2013. 未来气候变化对鄱阳湖区土地利用变化的影响评估. 资源科学, 35(11): 2255-2265.

颜萍, 刘子琦, 肖杰, 等. 2016. 喀斯特石漠化治理区不同土地利用方式的小气候效应. 中国岩溶, 35(5): 557-565.

杨续超, 陈葆德, 胡可嘉. 2015. 城市化对极端高温事件影响研究进展. 地理科学进展, 34(10): 1219-1228.

张克锋, 彭晋福, 张定祥, 等. 2007. 基于城镇化水平和 GDP 情景下中国未来 30 年土地利用变化模拟. 中国土地科学, 2007, 21(2): 58-64.

张珊, 黄刚, 王君, 等. 2015. 城市化效应对京津冀地区夏季降水的影响研究. 大气科学, 39(5): 911-925.

张学珍, 刘纪远, 熊喆, 等. 2015. 20 世纪末中国中东部耕地扩张对表面气温影响的模拟. 地理学报, 70(9): 1423-1433.

赵娜, 刘树华, 虞海燕. 2011. 近 48 年城市化发展对北京区域气候的影响分析. 大气科学, 35(2): 373-385.

赵晓丽, 张增祥, 汪潇, 等. 2014. 中国近 30a 耕地变化时空特征及其主要原因分析. 农业工程学报, 30(3): 1-11.

朱康文, 雷波, 李月臣, 等. 2017. 生态红线保护下的两江新区土地利用覆盖情景模拟及生态价值评估. 环境科学研究, 30(11): 1801-1812.

中国气象局气候变化中心. 2020. 中国气候变化蓝皮书(2020). 北京: 科学出版社.

中华人民共和国林业部防治荒漠化办公室. 2002. 联合国关于在发生严重干旱和/或荒漠化的国家特别是在非洲防治荒漠化的公约. //国家林业局国际合作司. 林业国际公约和国际组织文书汇编. 北京: 中国林业出版社.

Ackerman D, Millet D B, Chen X. 2019. Global estimates of inorganic nitrogen deposition across four decades. Global Biogeochemical Cycles, 33: 100-107.

Ahrends A, Hollingsworth P M, Beckschäfer P, et al. 2017. China's fight to halt tree cover loss. Proceedings of the Royal Society B Biological Sciences, 284(1854): 20162259.

Alkama R, Cescatti A. 2016. Biophysical climate impacts of recent changes in global forest cover. Science, 351: 600-604.

Andela N, Morton D C, GigLio L, et al. 2017. A human-driven decline in global burned area. Science, 356: 1356-1362.

Asseng S, Ewert F, Martre P. 2015. Rising temperatures reduce global wheat production. Nat Clim Change, 5(2): 143-147.

Avila F B, Pitman A J, Donat M G, et al. 2012. Climate model simulated changes in temperature extremes due to land cover change. J Geophys Res-Atmos, 117(D4): D04108.

Babst F, Carrer M, Poulter B, et al. 2012. 500 years of regional forest growth variability and links to climatic extreme events in Europe. Environ Res Lett, 7: 45705.

Bao Y, Wang F, Tong S Q. 2019. Effect of drought on outbreaks of major forest pests, pine caterpillars (*Dendrolimus* spp.), in Shandong Province, China. Forests, 10(3): 264.

Boer M M, De Dios V R, Bradstock R A. 2020. Unprecedented burn area of Australian mega forest fires. Nat Clim Change, 10: 171-172.

Bond W J, Woodward F I, Midgley G F, et al 2004. The global distribution of ecosystems in a world without fire. New Phytol, 165: 525-538.

Bremer D J, Ham J M. 1999. Effect of spring burning on the surface energy balance in a tallgrass prairie. Agric For Meteorol, 97: 43-54.

Bright R M. 2015. Metrics for biogeophysical climate forcings from land use and land cover changes and their inclusion in life cycle assessment: A critical review. Environmental Science & Technology, 49(6): 3291-3303.

Brovkin V, Boysen L, Arora V K, et al. 2013. Effect of anthropogenic land-use and land cover changes on climate and land carbon storage in CMIP5 projections for the 21st century. J Climate, 26: 6859-6881.

Calle L, Canadell J G, Patra P, et al. 2016. Regional carbon fluxes from land use and land cover change in Asia, 1980-2009. Environ Res Lett, 11(2016): 074011.

Carter E K, Melkonian J, Riha S J, et al. 2016. Separating heat stress from moisture stress: Analyzing yield response to high temperature in irrigated maize. Environ Res Lett, 11: 94012.

Chae Y, Kang S M, Jeong S J, et al.2015.Arctic greening can cause earlier seasonality of Arctic amplification. Geophys Res Lett, 42: 536-541.

Chen C, Park T J, Wang X H, et al. 2019. China and India lead in greening of the world through land-use management. Nature Sustainability, 2: 122-129.

Chen F, Xie Z. 2010. Effects of interbasin water transfer on regional climate: A case study of the Middle Route of the South-to-North Water Transfer Project in China. J Geophys Res-Atmos, 115(D11) doi: 10.1029/2009JD012611.

Chen F, Xie Z H. 2012. Effects of crop growth and development on regional climate: A case study over East Asian monsoon area. Clim Dynam, 38: 2291-2305.

Chen G, Wang M, Liu Z, et al. 2017. The biogeophysical effects of revegetation around mining areas: A case study of Dongsheng mining areas in Inner Mongolia. Sustainability, 9(4): 628.

Chen H, Zhang Y, Yu M, et al. 2016. Large-scale urbanization effects on eastern Asian summer monsoon circulation and climate. Clim Dynam, 47(1-2): 117-136.

Chen L, Dirmeyer P A. 2017. Impacts of land-use/land-cover change on afternoon precipitation over North America. J Climate, 30(6): 2121-2140.

Christidis N, Stott P A, Hegerl G C, et al. 2013. The role of land use change in the recent warming of daily extreme temperatures. Geophys Res Lett, 40(3): 589-594.

Coe M T, Marthews T R, Costa M H, et al. 2013. Deforestation and climate feedbacks threaten the ecological integrity of south-southeastern Amazonia. Phil Trans R Soc B, 368: 20120155.

Connor E W, Hawkes C V, 2018. Effects of extreme changes in precipitation on the physiology of C4 grasses. Oecologia, 188: 355-365.

Cui X F, Jin X B, Zhou Y K, et al. 2015. Land-use changes in China during the past 300 years. Land-Use Changes in China. World Scientific, 1-10.

Davin E L, De Noblet-Ducoudré N. 2010. Climatic impact of global scale deforestation: Radiative versus nonradiative processes. Climate, 23(1): 97-112.

Davin E L, Seneviratne S I, Ciais P, et al. 2014. Preferential cooling of hot extremes from cropland albedo management. Proceedings of the National Academy of Sciences, 111(27): 9757-9761.

Devaraju N, Bala G, Caldeira K, et al. 2016. A model based investigation of the relative importance of CO_2-fertilization, climate warming, nitrogen deposition and land use change on the global terrestrial carbon uptake in the historical period. Clim Dynam, 47: 173-190.

Devaraju N, Bala G, Nemani R. 2015. Modelling the influence of land-use changes on biophysical and biochemical interactions at regional and global scales. Plant Cell & Environment, 38(9): 1931-1946.

Dong G, Guo J, Chen J, et al. 2011. Effects of spring drought on carbon sequestration, evapotranspiration and water use efficiency in the songnen meadow steppe in northeast China. Ecohydrology, 4: 211-224.

Elison D, Morris C E, Locatelli B, et al. 2017. Trees, forests and water: Cool insights for a hot world. Glob Environ

Change, 43: 51-61.

Erşahin S, Bilgili B C, Dikmen U, et al. 2016. Net primary productivity of anatolian forests in relation to climate, 2000–2010. For Sci, 62: 698-709.

Findell K L, Berg A, Gentine P, et al. 2017. The impact of anthropogenic land use and land cover change on regional climate extremes. Nature Communications, 8: 989.

Frank D A, Markus R, Michael B. 2015. Effects of climate extremes on the terrestrial carbon cycle: Concepts, processes and potential future impacts. Glob Change Biol, 21(8): 2861-2880.

Friedlingstein P, Jones M W, Sullivan M, et al. 2019. Global Carbon Budget 2019. Earth Syst Sci Data, 11: 1783-1838.

Fu P, Weng Q. 2016. A time series analysis of urbanization induced land use and land cover change and its impact on land surface temperature with Landsat imagery. Remote Sens Environ, 175: 205-214.

Gao H, Jia G S, Fu Y, 2020. Identifying and quantifying pixel-level uncertainty among major satellite derived global land cover products. Journal of Meteorological Research, 31: 806-821.

Gao X, Zhang D, Chen Z, et al. 2007. Land use effects on climate in China as simulated by a regional climate model. Sci China, 50(4): 620-628.

Garnaud C, Sushama L. 2015. Biosphere-climate interactions in a changing climate over North America. J Geophys Res-Atmos, 120: 1091-1108.

Ge J, Guo W D, Pitman A J, et al. 2019. The non-radiative effect dominates local surface temperature change caused by afforestation in China. J Climate, 32(14): 4445-4471.

Ge J, Pitman A J, Guo W D, et al. 2020. Impact of revegetation of the Loess Plateau of China on the regional growing season water balance. Hydrology and Earth System Sciences, 24(2): 515-533.

Ge Q, Wang F, Luterbacher J. 2013. Improved estimation of average warming trend of China from 1951–2010 based on satellite observed land-use data. Climatic Change, 121(2): 365-379.

Gellesch E, Arfin Khan M A S, Kreyling J, et al. 2017. Grassland experiments under climatic extremes: Reproductive fitness versus biomass. Environ Exp Bot, 144: 68-75.

Giglio L, Randerson J T, Van Der Werf G R. 2013. Analysis of daily, monthly, and annual burned area using the fourth-generation global fire emissions database (GFED4). J Geophys Res Biogeosciences, 118: 317-328.

Grant K, Kreyling J, Heilmeier H, et al. 2014. Extreme weather events and plant-plant interactions: Shifts between competition and facilitation among grassland species in the face of drought and heavy rainfall. Ecol Res, 29: 991-1001.

Grimm N B, Faeth S H, Golubiewski N E, et al. 2008. Global change and the ecology of cities. Science, 319(5864): 756-760.

Gu W, Shao D, Jiang Y. 2012. Risk evaluation of water shortage in Source Area of middle route project for south-to-north water transfer in China. Water Resources Management, 26(12): 3479-3493.

Hartmann D L, Tank A M G K, Rusticucci M. 2013. Observations: Atmosphere and surface. Climate Change 2013: The Physical Science Basis. Contribution of Working Group I to the Fifth Assessment Report of the Intergovernmental Panel on Climate Change. Cambridge and New York: Cambridge University Press.

He Y T, Jia G S. 2012. A dynamic method for quantifying natural warming in urban areas. Atmospheric and Oceanic Science Letters, 5(5): 408-413.

He Y T, Jia G S, Hu Y H, et al. 2013. Detecting urban warming signals in climate records. Adv Atmos Sci, 30(4): 1143-1153.

Herold M, Mayaux P, Woodcock C E, et al. 2008. Some challenges in global land cover mapping: An assessment of agreement and accuracy in existing 1km datasets. Remote Sensing, 112: 2538-2556.

Hirsch A L, Guillod B P, Seneviratne S I, et al. 2018. Biogeophysical impacts of land-use change on climate extremes in low-emission scenarios: Results from HAPPI-Land. Earth's Future, 6: 396-409.

Houghton R A. 2020. Terrestrial fluxes of carbon in GCP carbon budgets. Glob Change Biol, 26: 3006-3014.

Houghton R A, Nassikas A A. 2017. Global and regional fluxes of carbon from land use and land cover change 1850–2015. Global Biogeochemical Cycles, 31(3): 456-472.

Houghton R A, Van Der Werf G R, DeFries R S, et al. 2012. Chapter G2 Carbon emissions from land use and land-cover change. Biogeosciences Discuss, 9: 835-878.

Hu X, Zhou W, Qian Y, et al. 2017. Urban expansion and local land-cover change both significantly contribute to urban warming, but their relative importance changes over time. Landscape Ecol, 32: 763-780.

Hu Y, Jia G, Hou M, et al. 2015. The cumulative effects of urban expansion on land surface temperatures in metropolitan JingjinTang, China. J Geophys Res-Atmos, 120(19): 9932-9943.

Hu Y, Jia G. 2010. Influence of land use change on urban heat island derived from multi-sensor data. International Journal of Climatology, 30: 1382-1395.

Hu Y, Jia G, Hou M, et al. 2019. Comparison of surface and canopy urban heat island in mega-cities of eastern China. ISPRS Journal of Photogrammetry and Remote Sensing, 156: 160-168.

Hua W, Chen H. 2013. Impacts of regional-scale land use/land cover change on diurnal temperature range. Advances in Climate Change Research, 4(3): 166-172.

Huang L, Zhai J, Liu J, et al. 2018a. The moderating or amplifying biophysical effects of afforestation on CO_2-induced cooling depend on the local background climate regimes in China.Agricultural and Forest Meteorology, 260: 193-203.

Huang L, Zhai J, Sun C Y, et al. 2018b. Biogeophysical forcing of land-use changes on local temperatures across different climate regimes in China. J Climate, 31(17): 7053-7068.

IPCC. 2013. Climate change 2013: The physical science basis. Contribution of Working Group I to the Fifth Assessment Report of the Intergovernmental Panel on Climate Change. Cambridge and New York: Cambridge University Press.

Jagadish S V K, Murty M V R, Quick W P. 2015. Rice responses to rising temperatures-challenges, perspectives and future directions. Plant, Cell Environ, 38: 1686-1698.

Jeong S J, Ho C H, Piao S, et al. 2014. Effects of double cropping on summer climate of the North China Plain and neighbouring regions. Nat Clim Change, 4(7): 615.

Jia G, Shevliakova E, Artaxo P, et al. 2019. Land-climate interactions//Skea J, et al. IPCC Special Report on Climate Change and Land (SRCCL). Geneva: Intergovernmental Panel on Climate Change.

Jia G, Xu R, Hu Y, et al. 2015. Multi-scale remote sensing estimates of urban fractions and road widths for regional models. Climatic Change, 129(3-4): 543-554.

Jia X, Wang Y, Shao M A, et al. 2017. Estimating regional losses of soil water due to the conversion of agricultural land to forest in China's Loess Plateau. Ecohydrology, 10(6): e1851.

Johnstone J F, Allen C D, Franklin J F, et al. 2016. Changing disturbance regimes, ecological memory, and forest resilience. Front Ecol Environ, 14(7): 369-378.

Kramer K, Vreugdenhil S J, Van Der Werf D C. 2008. Effects of flooding on the recruitment, damage and mortality of riparian tree species: A field and simulation study on the Rhine floodplain. For Ecol Manage, 255: 3893-3903.

Kundzewicz Z W, Germany P. 2012. Changes in Impacts of Climate Extremes: Human Systems and Ecosystems. Managing the Risks of Extreme Events and Disasters to Advance Climate Change Adaptation-A Special Report of Working Groups I and II of the Intergovernmental Panel on Climate Change (IPCC). Cambridge and New York: Cambridge University Press.

Lai L, Huang X, Yang H, et al. 2016. Carbon emissions from land-use change and management in China between 1990 and 2010. Sci Adv, 2(11): 10.1126/sciadv.1601063.

Lee X, Goulden M L, Hollinger D Y, et al. 2011. Observed increase in local cooling effect of deforestation at higher latitudes. Nature, 479: 384-387.

Lesk C, Rowhani P, Ramankutty N. 2016. Influence of extreme weather disasters on global crop production. Nature, 529: 84.

Li G. 2004. Want to know the proceedings of the three-north protection forest project. The spokesmen of SFA answer to the journalist's question. Journal of Information Review, 6: 6-9.

Li H, Xiao P, Feng X, et al. 2017a. Using land long-term data records to map land cover changes in China over 1981-2010. IEEE Journal of Selected Topics in Applied Earth Observations and Remote Sensing, 10(4): 1372-1389.

Li Q, W Li, P Si, et al. 2010. Assessment of surface air warming in northeast China, with emphasis on the impacts of urbanization. Theoretical and Applied Climatology, 99(3-4): 469-478.

Li S, Liang W, Fu B, et al. 2016. Vegetation changes in recent large-scale ecological restoration projects and subsequent impact on water resources in China's Loess Plateau. Science of the Total Environment, 569: 1032-1039.

Li W, Ciais P, Peng S, et al. 2017b. Land-use and land-cover change carbon emissions between 1901 and 2012 constrained by biomass observations. Biogeosciences, 14(22): 5053-5067.

Li X, Chen H, Liao H, et al. 2017c. Potential effects of land cover change on temperature extremes over Eurasia:

Current versus historical experiments. International Journal of Climatology, 37(S1): 59-74.

Li Y, Piao S, Li L Z, et al. 2018. Divergent hydrological response to large-scale afforestation and vegetation greening in China. Science Advances, 4(5): eaar4182.

Li Y, Zhao M, Motesharrei S, et al. 2015. Local cooling and warming effects of forests based on satellite observations. Nature Communications, 6: 6603.

Lian X, Piao S, Li L Z X, et al. 2020. Summer soil drying exacerbated by earlier spring greening of northern vegetation. Science Advances, 6: eaax0255.

Lin W, Sui C H, Yang L, et al. 2007. A numerical study of the influence of urban expansion on monthly climate in dry autumn over the Pearl River Delta, China. Theoretical and Applied Climatology, 89(1-2): 63-72.

Liu J, Kuang W, Zhang Z, et al. 2014. Spatiotemporal characteristics, patterns, and causes of land-use changes in China since the late 1980s. Journal of Geographical Sciences, 24(2): 195-210.

Liu M, Tian H. 2010. China's land cover and land use change from 1700 to 2005: Estimations from high-resolution satellite data and historical archives. Global Biogeochemical Cycles, 24(3): GB3003-1-GB3003-18.

Liu T, Yu L, Zhang S. 2019a. Impacts of wetland reclamation and paddy field expansion on observed local temperature trends in the Sanjiang Plain of China. Journal of Geophysical Research: Earth Surface, 124(2): 414-426.

Liu W J, Li L F, Biederman J A, et al. 2017. Repackaging precipitation into fewer, larger storms reduces ecosystem exchanges of CO_2 and H_2O in a semiarid steppe. Agric For Meteorol, 247: 356-364.

Liu Z, Liu Y, Baig M H A. 2019b. Biophysical effect of conversion from croplands to grasslands in water-limited temperate regions of China. Science of The Total Environment, 648: 315-324.

Loranty M M, Berner L T, Goetz S J, et al. 2014. Vegetation controls on northern high latitude snow-albedo feedback: Observations and CMIP5 model simulations. Glob Change Biol, 20: 594-606.

Lorenz R, Pitman A J. 2014. Effect of land-atmosphere coupling strength on impacts from Amazonian deforestation. Geophysical Research Letters, 41(16): 5987-5995.

Lu C Q, Tian H Q. 2013. Net greenhouse gas balance in response to nitrogen enrichment: Perspectives from a coupled biogeochemical model. Glob Change Biol, 19: 571-588.

Ma D, Notaro M, Liu Z, et al. 2013. Simulated impacts of afforestation in East China monsoon region as modulated by ocean variability. Clim Dynam, 41: 2439-2450.

Ma H, Jiang Z, Song J, et al. 2016. Effects of urban land-use change in East China on the East Asian summer monsoon based on the CAM5. 1 model. Clim dynam, 46(9-10): 2977-2989.

Ma W, Jia G, Zhang A. 2017. Multiple satellite-based analysis reveals complex climate effects of temperate forests and related energy budget. J Geophys Res-Atmos, 122(7): 3806-3820.

MacDermott H J, Fensham R J, Hua Q, et al. 2017. Vegetation, fire and soil feedbacks of dynamic boundaries between rainforest, savanna and grassland. Austral Ecology, 42: 154-164.

Mahmood R, Pielke Sr R A, Hubbard K G, et al. 2014. Land cover changes and their biophysical effects on climate. International Journal of Climatology, 34(4): 929-953.

Moody J A, Shakesby R A, Robichaud P R, et al. 2013. Current research issues related to post-wildfire runoff and erosion processes. Earth-Science Rev, 122: 10-37.

Niyogi D, Lei M, Kishtawal C, et al. 2017. Urbanization impacts on the summer heavy rainfall climatology over the eastern United States. Earth Interactions, 21(5): 1-17.

O'ishi R, Abe-Ouchi A. 2009. Influence of dynamic vegetation on climate change arising from increasing CO_2. Clim Dynam, 33: 645-663.

Ouyang Z, Zheng H, Xiao Y, et al. 2016. Improvements in ecosystem services from investments in natural capital. Science, 352(6292): 1455-1459.

Pawson S M, Brin A, Brockerhoff E G, et al. 2013. Plantation forests, climate change and biodiversity. Biodivers Conserv, 22: 1203-1227.

Peng J, Dan L, Wang Y, et al. 2018. Role contribution of biological nitrogen fixation to future terrestrial net land carbon accumulation under warming condition at centennial scale. Journal of Cleaner Production, (202): 1158-1166.

Peng J, Dan L. 2015. Impacts of CO_2 concentration and climate change on the terrestrial carbon flux using six global climate-carbon coupled models. Ecological Modelling, 304: 69-83.

Peng J, Wang Y P, Houlton B Z, et al. 2020. Global carbon sequestration is highly sensitive to model-based formulations of nitrogen fixation. Global Biogeochem Cycles, 34: e2019GB006296.

Peng S, Piao S, Zeng Z, et al. 2014. Afforestation in China cools local land surface temperature. Proceedings of the National Academy of Sciences, 111(8): 2915-2919.

Philben M, Holmquist J, Macdonald G, et al. 2015. Temperature, oxygen, and vegetation controls on decomposition in a James Bay peatland. Global Biogeochem Cycles, 29: 729-743.

Piao S L, Ito A, LiS G, et al. 2012. The carbon budget of terrestrial ecosystems in East Asia over the last two decades. Biogeosciences, 9: 3571-3586.

Piao S, Fang J, Ciais P, et al. 2009. The carbon balance of terrestrial ecosystems in China. Nature, 458: 1009-1013.

Piao S, Fang J, Liu H, et al. 2005. NDVI-indicated decline in desertification in China in the past two decades. Geophys Res Lett, 32(6)doi: 10.1029/2004GL021764.

Port U, Brovkin V, Claussen M. 2012. The influence of vegetation dynamics on anthropogenic climate change. Earth Syst Dyn, 3: 233-243.

Quéré C L, Andrew R M, Friedlingstein P. 2018. Global carbon budget 2018. Earth Syst Sci Data, 10: 2141-2194.

Quesada B, Devaraju N, De Noblet-Ducoudré N, et al. 2017. Reduction of monsoon rainfall in response to past and future land use and land cover changes. Geophys Res Lett, 44: 1041-1050.

Ren G, Zhou Y, Chu Z, et al. 2008. Urbanization effects on observed surface air temperature trends in North China. J Climate, 21(6): 1333-1348.

Rich S M, Watt M. 2013. Soil conditions and cereal root system architecture: Review and considerations for linking Darwin and Weaver. J Exp Bot, 64: 1193-1208.

Richardson A D, Keenan T F, Migliavacca M Y, et al. 2013. Climate change, phenology and phonological control of vegetation feedbacks to the climate system. Agri Forest Meterol, 169: 156-173.

Richardson L F. 1922. Weather Prediction by Numerical Process. Cambridge: Cambridge University Press.

Schauberger B, Archontoulis S, Arneth A, et al. 2017. Consistent negative response of US crops to high temperatures in observations and crop models. Nat Commun, 8: 13931.

Schroeder A, Basara J, Shepherd J M, et al. 2016. Insights into atmospheric contributors to urban flash flooding across the United States using an analysis of rawinsonde data and associated calculated parameters. J Appl Meteor Climatol, 55: 313-323.

Sen O L, Wang Y, Wang B. 2004. Impact of IndoChina deforestation on the east Asian summer monsoon. J. Climate, 17: 1366-1380.

Seneviratne S I, Ni cholls N, Easterling D, et al. 2012. Changes in climate extremes and their impacts on the natural physical environment. Managing the Risks of Extreme Events and Disasters to Advance Climate Change Adaptation. A Special Report of Working Groups I and II of the Intergovernmental Panel on Climate Change IPCC. Cambridge and New York: Cambridge University Press.

Seneviratne S I, Nicholls N, Easterling D, et al. 2012. Changes in climate extremes and their impacts on the natural physical environment. In: Managing the Risks of Extreme Events and Disasters to Advance Climate Change Adaptation [Field C B, Barros V, Stocker T F, (eds.)]. A Special Report of Working Groups I and II of the Intergovernmental Panel on Climate Change (IPCC). Cambridge University Press, Cambridge, UK, and New York, NY, USA.

Seto K C, Fragkias M, Güneralp B, et al. 2011. A meta-analysis of global urban land expansion.PLoS ONE, 6(8): e23777.

Shi Z, Jia G, Hu Y, et al. 2019. The contribution of intensified urbanization effects on surface warming trend in China. Theoretical and Applied Climatology, 138: 1125-1137.

Snyder P K, Liess S. 2014. The simulated atmospheric response to expansion of the Arctic boreal forest biome. Clim Dynam, 42: 487-503.

Song X P, Hansen M C, Stehman S V. 2018. Global land change from 1982 to 2016. Nature, 560(7720): 639-643.

Sr Pielke R A, Pitman A, Niyogi D, et al. 2011. Land use/land cover changes and climate: Modeling analysis and observational evidence. WIREs Climate Change, 2: 828-850.

Stéfanon M, Drobinski P, D'Andrea F, et al. 2014. Soil moisture-temperature feedbacks at meso-scale during summer heat waves over Western Europe. Clim Dynam, 42: 1309-1324.

Stevens-Rumann C S, Kemp K B, Higuera P E, et al. 2018. Evidence for declining forest resilience to wildfires under climate change. Ecol Lett, 21: 243-252.

Sun J, Liu T, Lei Z. 2000. Sources of heavy dust fall in Beijing, China on April 16, 1998. Geographical Research Letters, 27: 2105-2108.

Sun X, Wen X, Yu G, et al. 2006. Seasonal drought effects on carbon sequestration of a mid-subtropical planted forest of southeastern China. Sci China Ser D Earth Sci, 49: 110-118.

Sun X, Yue T, Fan M. 2012. Scenarios of changes in the spatial pattern of land use in China. Procedia Environ Sci, 13: 590-597.

Sun Y, Zhang X B, Ren G Y, et al. 2016. Contribution of urbanization to warming in China. Nat Clim Change, 6(7): 706.

Sun Y, Zhang X, Zwiers F W, et al. 2014. Rapid increase in the risk of extreme summer heat in Eastern China. Nat Clim Change, 4(12): 1082-1085.

Swann A L, Fung I Y, Levis S, et al. 2010. Changes in Arctic vegetation amplify high-latitude warming through the greenhouse effect. Proc Natl Acad Sci USA, 107: 1295-1300.

Tan M, Li X. 2015. Does the Green Great Wall effectively decrease dust storm intensity in China? A study based on NOAA NDVI and weather station data. Land Use Policy, 43: 42-47.

Tang X, Zhao X, Ba I Y, et al. 2018. Carbon pools in China's terrestrial ecosystems. Proceedings of the National Academy of Sciences, 115(16): 4021-4026.

Tepley A J, Thomann E, Veblen T T, et al. 2018. Influences of fire–vegetation feedbacks and post-fire recovery rates on forest landscape vulnerability to altered fire regimes. J Ecol, 106: 1925-1940.

Teskey R, Wertin T, Bauweraerts I, et al. 2015. Responses of tree species to heat waves and extreme heat events. Plant Cell Environ, 38: 1699-1712.

Teuling A J, Seneviratne S I, Stöckli R, et al. 2010. Contrasting response of European forest and grassland energy exchange to heatwaves. Nat Geosci, 3: 722-727.

Tian H Q, Lu C Q, Ciais P, et al. 2016. The terrestrial biosphere as a net source of greenhouse gases to the atmosphere. Nature, 531: 225-232.

Tian X, Zhao F, Shu L, et al. 2014. Changes in forest fire danger for south-western China in the 21st century. Int J Wildl Fire, 23: 185-195.

Ummenhofer C C, Meehl G A. 2017. Extreme weather and climate events with ecological relevance: A review. Philos Trans R Soc B Biol Sci, 372: 20160135.

Van Der Werf G R, Randerson J, Giglio L, et al. 2017. Global fire emissions estimates during 1997-2016. Earth Syst Sci Data, 9(2): 697-720.

Veraverbeke S, Gitas I, Katagis T, et al. 2012. Assessing post-fire vegetation recovery using red-near infrared vegetation indices: Accounting for background and vegetation variability. ISPRS J Photogramm Remote Sens, 68: 28-39.

Von Buttlar J, Zscheischler J, Rammig A, et al. 2018. Impacts of droughts and extreme-temperature events on gross primary production and ecosystem respiration: A systematic assessment across ecosystems and climate zones. Biogeosciences, 15: 1293-1318.

Wang F, Ge Q. 2012. Estimation of urbanization bias in observed surface temperature change in China from 1980 to 2009 using satellite land-use data. Chin Sci Bull, 57: 1708-1715.

Wang F, Ge Q S, Wang S W, et al. 2015. A new estimation of urbanization's contribution to the warming trend in China. J Climate, 28(22): 8923-8938.

Wang J, Yan Z W, Li Z, et al. 2013. Impact of urbanization on changes in temperature extremes in Beijing during 1978-2008. Chin Sci Bull, 58: 1-7.

Wang K, Jiang S, Wang J, et al. 2017b. Comparing the diurnal and seasonal variabilities of atmospheric and surface urban heat islands based on the Beijing urban meteorological network. J Geophys Res-Atmos, 122(4): 2131-2154.

Wang L, Lee X, Schultz N, et al. 2018. Response of surface temperature to afforestation in the Kubuqi Desert, Inner Mongolia. J Geophys Res-Atmos, 123: 948-964.

Wang M, Yan X. 2015. A comparison of two methods on the climatic effects of urbanization in the Beijing–Tianjin–Hebei metropolitan area. Advances in Meteorology, 2015: 352360.

Wang N. 2005. Decrease trend of dust event frequency over the past 200 years recorded in the Malan ice core from the northern Tibetan Plateau. Chinese Science Bulletin, 50(24): 2866-2871.

Wang R, Goll D, Balkanski Y, et al. 2017a. Global forest carbon uptake due to nitrogen and phosphorus deposition from 1850 to 2100. Glob Change Biol, 23: 4854-4872.

Wang X M, Zhang C X, Hasi E, et al. 2010. Has the Three Norths Forest Shelterbelt Program solved the desertification and dust storm problems in arid and semiarid China. Journal of Arid Environments, 74(1): 13-22.

Wang X, Zhou Z, Dong Z. 2006. Control of dust emissions by geomorphic conditions, wind environments and land use in northern China: An examination based on dust storm frequency from 1960 to 2003. Geomorphology, 81: 292-308.

Wang Y, Chen H, Zhu Q, et al. 2014. Soil methane uptake by grasslands and forests in China. Soil Biology & Biochemistry, 74: 70-81.

Ward D S, Mahowald N M, Kloster S. 2014. Potential climate forcing of land use and land cover change. Atmospheric Chemistry and Physics, 14: 12701-12724.

Wilhelm M, Davin E L, Seneviratne S I. 2015. Climate engineering of vegetated land for hot extremes mitigation: An Earth system model sensitivity study. J Geophys Res-Atmos, 120(7): 2612-2623.

Winckler J, Reick C H, Pongratz J. 2017. Robust identification of local biogeophysical effects of land-cover change in a global climate model. J Climate, 30(3): 1159-1176.

Wolf S, Keenan T F, Fisher J B, et al. 2016. Warm spring reduced carbon cycle impact of the 2012 US summer drought. Proc Natl Acad Sci, 113: 5880-5885.

Wu K, Yang X Q. 2013. Urbanization and heterogeneous surface warming in eastern China. Chin Sci Bull, 58(12): 1363-1373.

Wu M, Schurgers G, Rummukainen M, et al. 2016. Vegetation-climate feedbacks modulate rainfall patterns in Africa under future climate change. Earth Syst Dyn, 7: 627-647.

Xiao J, Zhuang Q, Liang E, et al. 2009. Twentieth-century droughts and their impacts on terrestrial carbon cycling in China. Earth Interact, 13: 1-31.

Xiao P, Li H, Yang Y. 2015. Land-Use Changes in China During the Past 30 Years. Land-Use Changes in China. World Scientific: 11-49.

Xu P, Zhou T, Zhao X, et al. 2018. Diverse responses of different structured forest to drought in Southwest China through remotely sensed data. Int J Appl Earth Obs Geoinf, 69: 217-225.

Xu Q, Yang R, Dong Y X, et al. 2016. The influence of rapid urbanization and land use changes on terrestrial carbon sources/sinks in Guangzhou. China Ecol Indic, 70: 304-316.

Xu X, Riley W J, Koven C D, et al. 2020. Earlier leaf-out warms air in the north. Nat Clim Change, 10: 370-375.

Xu Z, Mahmood R, Yang Z L, et al. 2015. Investigating diurnal and seasonal climatic response to land use and land cover change over monsoon Asia with the community earth system model. J Geophys Res-Atmos, 120(3): 1137-1152.

Yang J, Shao Y, Jiang M. 1982. Planting Machines in ''Three-North''. Beijing : China Forestry Press.

Yang X C, Hou Y L, Chen B D. 2011. Observed surface warming induced by urbanization in east China. J Geophys Res-Atmos, 116: 12.

Yang X, Leung L R, Zhao N, et al. 2017. Contribution of urbanization to the increase of extreme heat events in an urban agglomeration in east China. Geophysical Research Letters, 44(13): 6940-6950.

Yu M, Wang G, Chen H. 2016. Quantifying the impacts of land surface schemes and dynamic vegetation on the model dependency of projected changes in surface energy and water budgets. J Adv Model Earth Syst, 8: 370-386.

Yu Z, Liu S, Wang J, et al. 2019. Natural forests exhibit higher carbon sequestration and lower water consumption than planted forests in China. Global change biology, 25(1): 68-77.

Yue T X, Fan Z M, Liu J Y. 2007. Scenarios of land cover in China. Global and Planetary Change, 55(4): 317-342.

Yue X, Unger N. 2018. Fire air pollution reduces global terrestrial productivity. Nat Commun, 9: 5413.

Zampieri M, Ceglar A, Dentener F, et al. 2017. Wheat yield loss attributable to heat waves, drought and water excess at the global, national and subnational scales. Environ Res Lett, 12: 64008.

Zeng Y, Xie Z, Liu S. 2017a. Seasonal effects of irrigation on land–atmosphere latent heat, sensible heat, and carbon fluxes in semiarid basin. Earth System Dynamics, 8(1): 113-127.

Zeng Z Z, Piao S L, Li L Z X, et al. 2017b. Climate mitigation from vegetation biophysical feedbacks during the past three decades. Nat Clim Change, 7: 432-436.

Zeppel M J B, Wilks J V, Lewis J D. 2014. Impacts of extreme precipitation and seasonal changes in precipitation on plants. Biogeosciences, 11: 3083-3093.

Zhang C, Ju W, Chen J, et al. 2018a. Sustained biomass carbon sequestration by China's forests from 2010 to 2050. Forests, 9(11): 689.

Zhang L, Xiao J, Li J, et al. 2012. The 2010 spring drought reduced primary productivity in southwestern China. Environ Res Lett, 7: 45706. Zhou C, Wang K, Qi D, et al. 2019.

Zhang S, Huang G, Qi Y, et al. 2018b. Impact of urbanization on summer rainfall in Beijing-Tianjin-Hebei metropolis under different climate backgrounds. Theoretical and Applied Climatology, 133: 1093-1106.

Zhang X, Hu Y, Jia G, et al. 2017a. Land surface temperature shaped by urban fractions in megacity region. Theoretical and Applied Climatology, 127(3): 965-975.

Zhang X, Tang Q, Zheng J, et al. 2013. Warming/cooling effects of cropland greenness changes during 1982-2006 in the North China Plain. Environmental Research Letters, 8: 024038.

Zhang Y, Peng C H, Li W Z, et al. 2016. Multiple afforestation programs accelerate the greenness in the 'Three North' region of China from 1982 to 2013. Ecological Indicators, 61: 404-412.

Zhang Z, Chen Y, Wang C, et al. 2017b. Future extreme temperature and its impact on rice yield in China. Int J Climatol, 37: 4814-4827.

Zhou C L, Wang K C, Qi D, et al. 2019. Attribution of a Record-Breaking Heatwave Event in Summer 2017 over the Yangtze River Delta. Bulletin of the American Meteorological Society, 100(1): S97-S103.

Zhou D, Zhao S, Zhang L, et al. 2015. The footprint of urban heat island effect in China. Sci Rep, 5: 11160.

Zhu Y, Zhang H, Chen L, et al. 2008. Influence of the south–north water diversion project and the mitigation projects on the water quality of Han River. Science of the Total Environment, 406(1-2): 57-68.

Zhu Z C, Piao S L, Myneni R B, et al. 2016. Greening of the earth and its drivers. Nat Clim Chang, 6: 791-795.

第7章 海洋与中国气候变化

首席作者：蔡榕硕 王东晓 陈幸荣

主要作者：曹龙 成里京 杜凌 杜岩 刘克修 谭红建 吴仁广

张锐 张守文 张晓爽 陈泽生 郭香会

摘 要

本章主要关注全球气候变化背景下海洋的变化及其对中国气候的作用，重点评估了中国近海（渤海、黄海、东海和南海及相邻海域的简称，下同）及相邻大洋的海洋和大气过程对气候变化的响应、未来的变化及对中国区域气候的影响。结果表明：① 1958~2018 年，特别是 20 世纪 70 年代末以来，中国近海变暖显著，海表面温度上升幅度和速率均高于全球海洋平均（*高信度*），这与黑潮暖水入侵中国近海陆架的年代际增强密切相关（*证据量充分，一致性高*）；未来在不同气候情景下（RCP2.6、RCP 4.5、RCP 8.5，简称 RCPs），中国近海海表面温度很可能继续上升，且东中国海（渤海、黄海和东海的简称，下同）的升温幅度要高于南海。② 1958 年以来，全球海洋和南海上层 2000m 热含量持续增加，但南海热含量的增加较弱，并将在 21 世纪持续（*几乎确定*）；在 RCP2.6 和 RCP 8.5 情景下，到 21 世纪末，南海将比现在成倍变暖（*中等信度*）。③ 20 世纪 70 年代中期以来，中国东海和南海海表面盐度呈现下降趋势，这与淡水通量的变化有关（*证据量中等，一致性高*）。中国近海环流也有显著变化，冬季黄海暖流及南海上层环流（年代际）减弱，黑潮入侵中国近海陆架以及通过吕宋海峡入侵南海出现年代际增强（*证据量充分，一致性高*）。④ 1980 年迄今，中国沿海海平面上升速率为 3.3mm/a，高于全球海洋平均水平；并且自 1993 年以来进一步加速上升（*高信度*）。未来在不同 RCPs 气候情景下沿海海平面的高度仍很可能持续上升。⑤ 20 世纪 70 年代之后，热带太平洋厄尔尼诺信号出现显著增强，持续时间更持久；1990 年之后，中部型厄尔尼诺趋于频发，且对中国气候的影响不同于东部型厄尔尼诺（*高信度*），未来厄尔尼诺-南方涛动对中国气候的影响存在极大的不确定性；印度洋海盆增暖加强，与此相关的是中国东部高温天气频发（*证据量中等，一致性高*）。1977 年以来，中国东部及邻近海域出现的超强台风和海洋热浪趋频、趋强（*证据量中等，一致性中等*）。⑥中国近海可能是 CO_2 的汇，其每年从大气中吸收约 10.8Tg C（*证据量中等，一致性中等*），但中国近海碳源汇格局和强度的评估仍有较大的不确定性。⑦中国近海局部海域出现酸化和溶解氧含量降低现象（*证据量中等，一致性中等*）；在不同 RCPs 气候情景下，未来中国近海的酸化将加剧且溶解氧含量进一步下降（*证据量中等，一致性高*）。⑧中国近海盐度、环流、强台风和海洋热浪的变化，尤其是海洋的碳源汇、酸化和溶解氧的观测和相关研究仍亟待加强。

7.1　全球和中国海洋热力与动力环境

海洋大约覆盖地球表面的 71%，吸收了约 93%因温室效应产生的额外能量，在地球气候系统的自然变化中发挥着重要作用。相对于大气而言，海洋有缓变的特性，因而成为全球气候变化的主要"记忆体"，调节着全球包括中国的气候状况。限于篇幅等，本节主要评估与中国气候变化密切相关的太平洋、印度洋和中国近海的海表温度（SST）、海洋热含量、海表盐度（SSS）和海洋环流的变化。

7.1.1　海温和海洋热含量

1. 海温

观测表明，近百年来地球气候系统正在经历一次以变暖为主要特征的显著变化，并对全球气候、环境和生态系统产生明显影响。其中，全球上层海洋正在发生显著变暖，近表层海温上升速率最快，达到 0.11 [0.09~0.13]℃/10a（1971~2010 年），但是升温的速率和幅度有很大的区域性差异（IPCC，2013）。例如，1950~2009 年，印度洋增温最为显著，平均 SST 升高了 0.66℃，大西洋为 0.42℃，太平洋为 0.30℃（Hoegh-Guldberg et al.，2014）。过去百年间，大洋副热带西边界流区域（如黑潮和湾流区）表现出显著的上升趋势，其 SST 的上升速率是全球海洋平均的 2~3 倍（Wu et al.，2012），并且西北太平洋边缘海，尤其是中国近海（图 7.1（a）中黑色方框所示海域，0°~45°N，100°~140°E）SST 的升温现象尤为突出（*高信度*）（图 7.1，Liu and Zhang，2013；Cai et al.，2016，2017a；Pei et al.，2017）。

中国近海升温最显著的区域主要位于东海的长江河口附近至台湾海峡南部海域（Cai et al.，2017a；Wu et al.，2017）。1958~2018 年，中国近海年平均 SST 的线性增量为 0.98±0.19 ℃（图 7.1），并高于全海海洋平均，但其变化趋势与全球平均地表温度的变化较为一致。其中，20 世纪 80 年代和 90 年代快速升温，21 世纪初期减缓，2014 年以后 SST 又快速上升

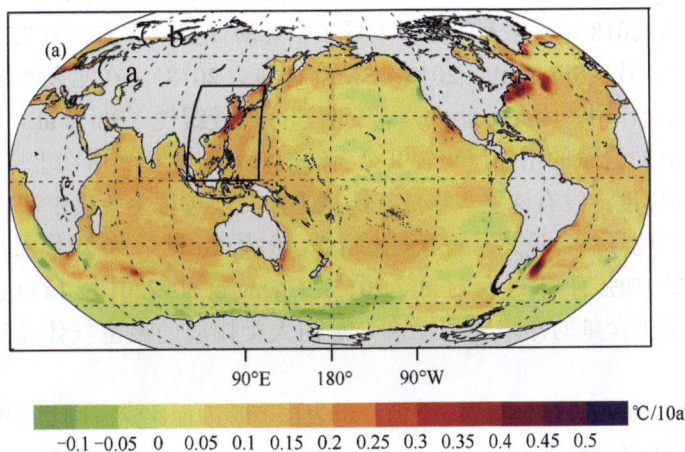

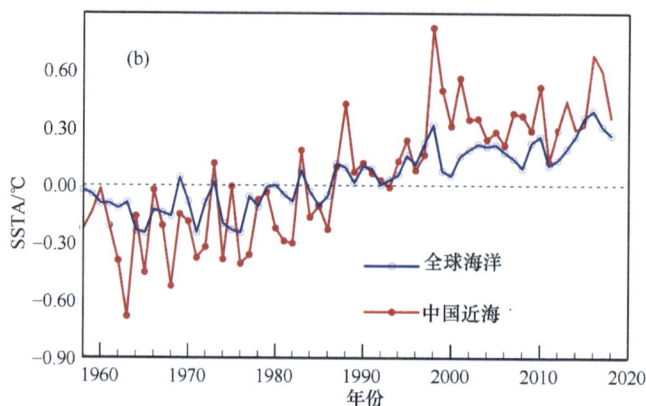

图 7.1　1958~2018 年全球海洋表面温度（SST）变化趋势的空间分布（a）及全球海洋和中国近海 SST 距平时间序列（b）（Cai et al.，2017a；采用 HadISST 数据更新至 2018 年）

（谭红建等，2016a）；1998 年是 SST 最高的年份，2017 年次之（李琰等，2018）。在人类持续排放温室气体的情景下（RCP2.6、RCP 4.5、RCP 8.5），中国近海将继续升温，且东中国海（渤海、黄海和东海的简称，下同）的升温幅度尤为明显（*证据量中等，一致性高*）（黄传江等，2014；宋春阳等，2016；谭红建等，2016b，2018；Tan et al.，2020）。

观测和预估结果表明，近几十年来中国近海的快速变暖是*确凿的*。中国近海 SST 的上升幅度和速率远超全球平均 SST 变化（*证据量充分，一致性高*）。在不同的气候情景下，未来中国近海将可能继续显著升温（*证据量中等，一致性高*）。

2. 海洋热含量

海洋热含量主要指海洋上层一定深度（如上层 2000m）的热量，是海洋和地球系统能量变化的主要指标。自 1958 年以来，全球海洋热含量不断攀升（第 2 章），但存在区域差异（图 7.2）。例如，大西洋（50°S~50°N）和南大洋（30°S 以南的海域）是海洋变暖最剧烈的区域（Roemmich et al.，2015；Desbruyères et al.，2016；Cheng et al.，2017）。大西洋 50°N 以北、格陵兰以南的副极地区域存在显著变冷的区域，反映了经向翻转环流的长期减弱趋势（Rahmstorf et al.，2015；Caesar et al.，2018）。强西风带导致的强烈垂向混合作用使得南大洋表层的热量更容易传输到深海（Gille，2008；Sheen et al.，2013；Wu et al.，2011；Roemmich et al.，2007）。1958~2018 年，南大洋变暖主导了全球海洋热量收支（图 7.2），这主要由温室气体辐射强迫驱动所致（Shi et al.，2018；Swart et al.，2018）。在北大西洋，气溶胶对温室效应起到一定的抵消作用，因此，北大西洋变暖速率比较缓慢（Shi et al.，2018）。太平洋和印度洋上层 2000 m 热含量的增加速率较其余大洋缓慢，且主要集中在上层 700 m（图 7.2）。这是因为太平洋和印度洋没有深层水形成，能量垂向交换过程主要集中在上层 700 m。20 世纪 90 年代之前，印度洋热含量并无显著变化趋势，但从 20 世纪 90 年代末开始快速上升，这与年代际尺度信风的加强有关（Lee et al.，2015；Cheng et al.，2017；Li et al.，2018）。50 年代以来，全球海洋热含量的净增加*几乎确定*是由人类排放的温室气体导致的（Hegerl and Stott，2013）。

海洋变暖主要由海气能量交换驱动，海洋近表层变暖因而比深海剧烈（图 7.2）。不同深度变暖的差异导致海洋层结加强（Capotondi et al.，2012；Fu et al.，2016；Talley et al.，2016）（*几乎确定*）。这阻碍了溶解氧从表层向深海输送，也是海洋溶解氧含量降低的重要原因之一。

基于 CMIP5 模式预估，21 世纪全球海洋热含量将持续增加（*几乎确定*）。在 RCP2.6 情景下，上层 2000 m 海洋在 2015~2100 年热含量将增加 900 ZJ[①]（5%~95%分位数分别为 650 ZJ 和 1340 ZJ，1ZJ=10^{21} 焦耳）（*非常可能*）。这是 1970~2017 年海洋变暖总量的 3 倍。在高排放情景下（RCP8.5），同时段 CMIP5 集合平均的海洋热吸收为 2150 ZJ（5%~95%分位数分别为 1710 ZJ 和 2790 ZJ）。这是 1970~2017 年海洋变暖总量的 6 倍（图 7.3）（IPCC，2019；Cheng et al.，2019）（*非常可能*）。

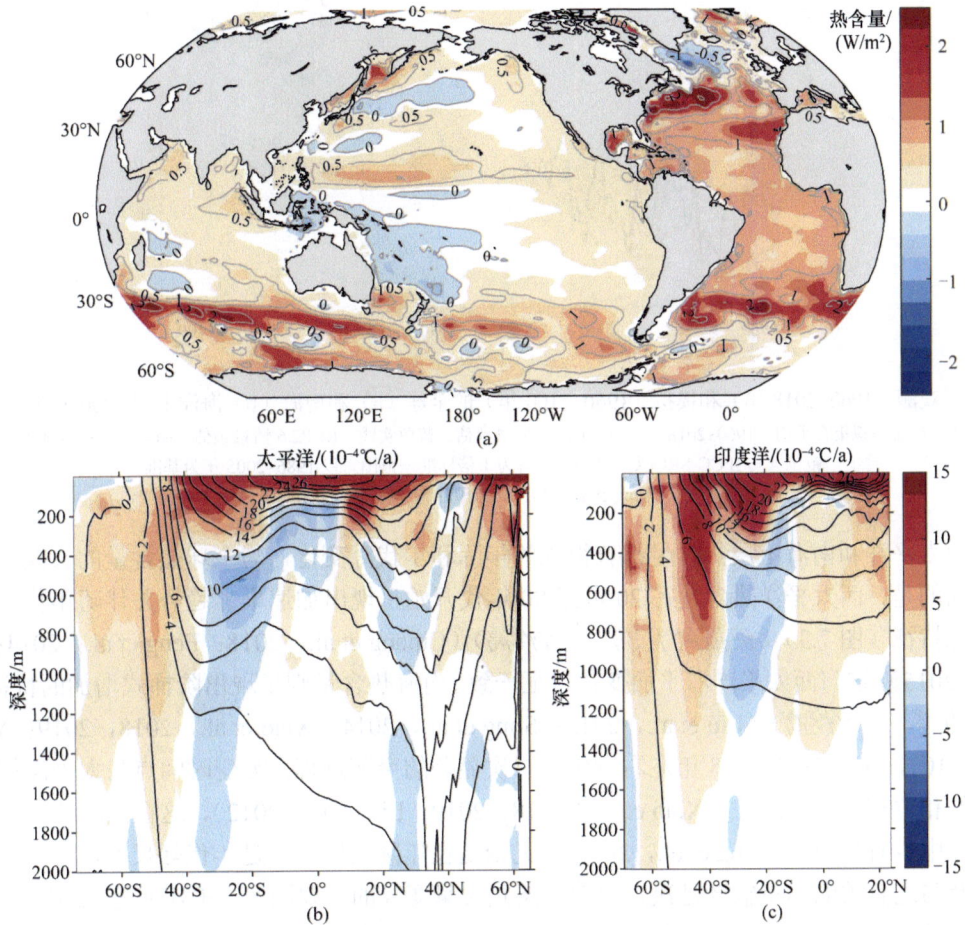

图 7.2　1958~2018 年全球海洋上层 2000m 变暖（0~2000m 热含量）线性趋势空间分布（Cheng et al.，2017）
等值线为 0.5 W/m² 间隔（a）；太平洋和印度洋纬向和深度平均温度变化趋势，等值线为 2℃ 间隔的气候平均态温度 [（b）和（c）]

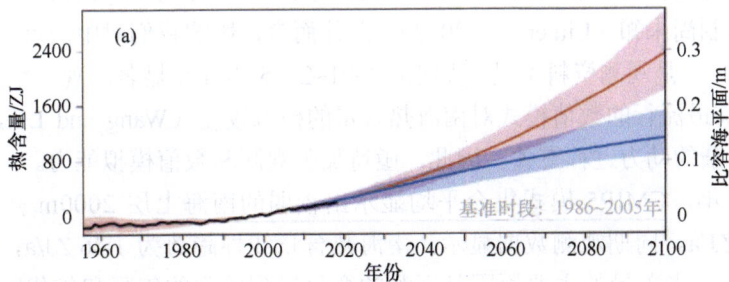

① ZJ 为泽焦，代表 10^{21}J.

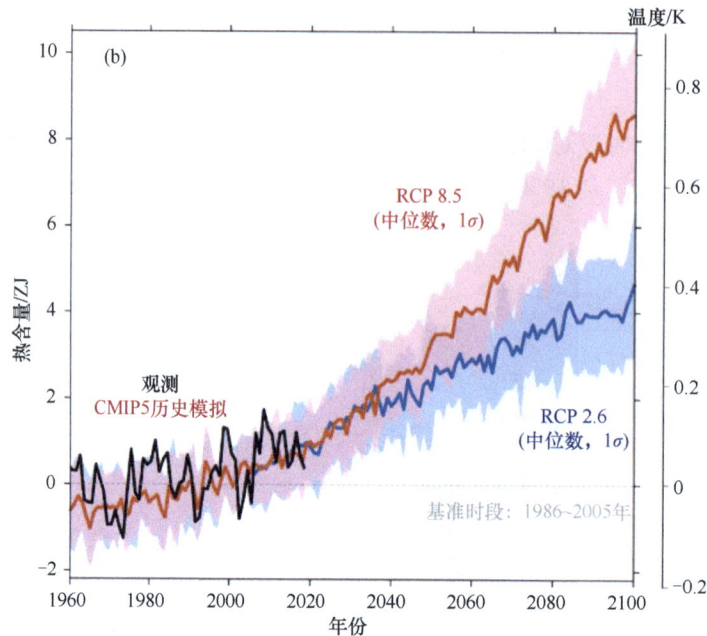

图 7.3 观测（1960~2018 年）和模拟（1960~2100 年）的全球（a）和南海（b）海洋上层 2000m 热含量变化
红色实线：历史模拟集合平均（1960~2018 年）和 RCP8.5 情景预估；蓝色实线：RCP2.6 情景预估。阴影部分：全球为 95%误差
范围（与 IPCC-SROCC 一致），南海为 1 倍标准差范围。以 1986~2005 年为基准
数据更新自（Cheng et al., 2017, 2019）；上图改编自（IPCC, 2019）

  西太平洋和南海上层热含量都有很强的年际和年代际变化，与全球热含量的长期增加趋势不同的是，西太平洋热含量在 20 世纪 90 年代开始呈现出加速增加趋势并伴随年代际波动的变化特征（图 7.3）（证据量中等，一致性高）（Chiang et al., 2018；Feng et al., 2014；Wu et al., 2015），这与西太平洋海平面变化特征一致。南海热含量则呈现出阶梯式增加的特征（证据量中等，一致性高）（Liu et al., 2012；Song et al., 2014；Xiao et al., 2018, 2019；Yan et al., 2010），并在 1997/1998 年左右发生了一次显著的突变过程，突变时间点与太平洋年代际涛动的相位转换时间对应（Xiao et al., 2018, 2019；Liu et al., 2012），这在南海的海面高度场变化中也有体现（Cheng et al., 2016）。无论是在年际尺度，还是年代际尺度，海洋环流的变化及与之有关的热量输送是决定南海上层热含量变异的主要因子（王伟文等，2010；Liu et al., 2012；Shu et al., 2016；Xiao et al., 2018, 2019），南海环流主要受风应力旋度和黑潮入侵等因素控制，使得南海热含量变化与大尺度外强迫过程（如厄尔尼诺和太平洋年代际涛动）有直接关联。但对这样的关联及其机制的认识仍有限，如年际尺度上南海热含量超前 Niño4 指数 6 个月的机制尚未知（Liu et al., 2012）。总体而言，影响我们对中国近海热含量变化理解的原因有两个：一是观测资料不足，特别是 2001~2005 年存在显著的观测空缺（Zeng et al., 2016）；二是当前最流行的数值模式对南海热含量的模拟较差（Wang and Lin, 2014），这与南海海洋环流复杂的动力过程有关。因此，亟待加强观测和数值模拟能力。

  1960~2018 年，CMIP5 模式集合平均显示出较弱的南海上层 2000m 热含量增加趋势（图 7.3）：2.48 ZJ/a。同期观测数据显示，南海热含量线性趋势为 1.46 ZJ/a，模式趋势约为观测的 1.7 倍，二者差异的主要原因是观测的变化受到较强的年际和年代际变率影响（见上文评估）；此外，CMIP5 不同模式历史模拟的不确定性范围也较大（图 7.3）。考虑到内部变率及模型偏差带来的不确定性，图 7.3 所示观测和模拟在 1960~2018 年的变化较为一致：

模式的不确定性范围均在观测范围之内。在 RCP2.6 和 RCP8.5 情景下，21 世纪南海热含量呈现持续增加趋势（*高信度*）。在 RCP2.6 情景下，2019~2100 年南海上层 2000m 热含量升高幅度为 3.1 ZJ（1 倍标准差范围为 1.6~4.6 ZJ）（*中等信度*）；RCP8.5 情景下升高幅度*可能*为 7.1 ZJ（1 倍标准差范围为 5.3~8.9 ZJ）（*中等信度*）。这两种情景下热含量升高幅度分别是 1960~2018 年变暖总量的 2 倍（RCP2.6）、5 倍（RCP8.5）（*中等信度*）。

7.1.2　海水盐度

海水盐度的变动可引起海水密度的变化，并通过驱动大尺度的海洋环流来影响海洋动力和热力结构，本质上与全球水循环的变化密切相关（Wang et al.，2010；Skliris et al.，2014；Durack，2015；Hu et al.，2016；Jensen et al.，2016）。海水盐度可表征为淡水通量（蒸发减降水）、陆表径流，以及海水的混合和平流过程的平衡，并受到全球气候变化的影响（Helm et al.，2010；Durack et al.，2012；Durack，2015）。研究表明，全球变暖的背景下水循环的增强程度在 1979~2010 年要明显强于 1950~1978 年（Skliris et al.，2014）。IPCC AR5 指出，自 20 世纪 50 年代以来，海水盐度的变化表现为蒸发强于降水的副热带海域海水变得更咸，而降水强于蒸发的热带和极区海水变得更淡；高盐度和低盐度区域的表层海水盐度差异增加是*几乎确定的*（IPCC，2013）。同时，洋盆间的差异，如表层高盐度的大西洋和表层低盐度的太平洋之间的差异，很有可能是增加的。

20 世纪 70 年代中期到 21 世纪 10 年代前期，中国东海、南海海水盐度表现出下降的趋势（*证据量中等，一致性高*）。其中，1976~2013 年，东海 $30°N$ 断面冬季海水盐度呈下降趋势，且近岸比外海降低的趋势大（苗庆生等，2016），海水盐度的变化可能与外海高盐水的入侵以及 PDO 的调控有关；台湾东北部东海陆架黑潮区上层海洋在过去近 50 年（1955~2001 年）里盐度呈现下降趋势，这主要与局地淡水通量（降水）的增加有关（吴志彦等，2008；Wu et al.，2010）。1972~2010 年，南海整体表层盐度呈现为下降的趋势（陈海花等，2015；Cai et al.，2017b）。其中，1993~2012 年，吕宋海峡以西的南海上层 100m 盐度淡化最为明显，与同期北赤道流通过吕宋海峡入侵南海后盐度淡化的特征一致（Nan et al.，2013，2015；Zeng et al.，2016），这与近年来沃克环流增强引起的夏季强降水增加有关（傅圆圆等，2017）。但 2015 年以来，南海海水盐度波动较大（Chen et al.，2019）。受未来降水变化等因素的影响，东中国海（渤海、黄海、东海）海水盐度总体变化不明显，南海呈较明显下降趋势，且 RCP8.5 情景下海水盐度的变化比 RCP4.5 情景下显著（*证据量有限，一致性中等*）（谭红建等，2018）。

7.1.3　海洋环流

观测表明，相对于 1850~1900 年，大西洋经向翻转环流（AMOC）已经变弱；预估表明，AMOC 很可能继续减弱（IPCC，2019）。近百年来，全球大洋西边界流区有增强趋势（Wu et al,. 2012），而大洋东边界四大上升流系统中，过去 60 多年来，加利福尼亚、洪堡和本格拉等寒流区域的风场增强，并引起酸化和脱氧。观测还显示，在南半球西风加强的情形下，南极绕极流流量没有明显变化，但预估表明南极绕极流将受到加强的西风和底层水生成速率大幅度减小的影响（Gille，2014）。到 21 世纪末，全球海洋环流仍与当前的特征基本相似。其中，黑潮延伸体略有增强（Terada and Minobe，2018），而印度尼西亚贯穿流则有所减弱（Sen Gupta et al.，2016）。

中国近海为西北太平洋的边缘海，受西太平洋中低纬度动力和热力过程的影响显著（Zhang et al.，2015；Cai et al.，2017a；Chiang et al.，2018）。源自北赤道流并向北流动的黑潮是北太平洋经向热量和淡水交换的关键环节，对中国近海的海洋环境、东亚地区的天气和气候变化都有显著影响（齐庆华等，2010，2011；殷明等，2016；Xu et al.，2017a）。研究发现，北太平洋亚热带环流自 1993 年起很可能发生了扩张并增强（IPCC，2013）。北赤道流在菲律宾群岛的分岔点的纬度从 20 世纪 90 年代前期的 13°N 变为 21 世纪前 10 年后期的 11°N（Qiu and Chen，2010），北赤道流在 137°E 经度线上也向南发生迁移（Qiu and Chen，2012）。北赤道流的南向迁移主要是由沃克环流增强产生的正的风应力旋度异常导致的（Tanaka et al.，2004；Mitas and Clement，2005）。

1951~2000 年，东中国海上空东亚冬季风强度明显减弱，在黄海南侧的中西部形成反气旋式环流异常，使得黄海暖流减弱、黄海暖流主轴西移（邢传玺和黄大吉，2010；Yuan and Hsueh，2010；塔娜等，2014；Cai et al.，2017a）。受东亚季风年代际减弱的影响，冬季，济州岛西南侧黄海暖流减弱；夏季，台湾暖流外海侧分支及济州岛西南侧的黄海暖流分支增强（张俊鹏和蔡榕硕，2013）。1958~2014 年，黑潮暖水入侵东中国海陆架出现年代际增强现象（*证据量充分，一致性高*）（蔡榕硕等，2013；Oey et al.，2013；Park et al.，2015；Cai et al.，2017a）。黑潮通过吕宋海峡入侵南海的结构存在典型季节特征，冬季多以流套的方式入侵南海，而夏季多以跨越方式经过吕宋海峡（Nan et al.，2015）。1980~2000 年，无论是冬季还是夏季，东亚季风的年代际减弱增强了黑潮通过吕宋海峡对南海的入侵，强化了南海的三层环流结构并增加了垂向水交换，从而影响南海北部环流及南海西边界流（Xue et al.，2004；Xu and Oey，2014；Chen et al.，2014a；Cai et al.，2017a）。研究表明，1959~2008 年南海上层冬季气旋式环流减弱了 10%，而夏季环流却有所增强（Yang and Wu，2012；Fang et al.，2013）；其中，冬季环流的减弱可能与冬季亚洲季风的减弱有关，而夏季环流的增强则可能与吕宋海峡的体积输运有一定的关系（Fang et al.，2013）。

综上所述，中国近海上层环流受季风影响较大。近几十年来，中国近海区域上空的东亚季风出现年代际减弱现象，导致黄海暖流减弱，主轴位置西移，且引起黑潮暖水入侵东中国海陆架，以及通过吕宋海峡入侵南海出现年代际的增强（*证据量充分，一致性高*）。目前，对中国近海环流预估的认知仍较有限，主要是由于该海域海洋环流的形成与变化机理非常复杂，长时间序列和覆盖广泛的观测数据不足，以及数值模拟具有不确定性。

7.2　太平洋-印度洋海气相互作用及其气候效应

全球气候变暖可能会改变大尺度海气相互作用的物理过程和强度以及重要气候现象发生的频率，进而对全球大气环流及中国区域的气候产生影响。本节主要评估气候变化背景下与中国区域气候变化密切相关的热带太平洋–中国近海–印度洋的海气相互作用及其气候效应。

7.2.1　太平洋-印度洋海气相互作用

1. 厄尔尼诺-南方涛动

厄尔尼诺-南方涛动（El Niño-Southern Oscilation，简称 ENSO）既是发生在热带太平洋地区的海气相互作用，也是全球海洋最强的年际变化信号，对全球及中国气候都有重要的影响。ENSO 在全球变暖背景下如何变化是气候学研究领域的热点问题之一。研究发现，海洋层结的强化有利于 ENSO 信号的增强（Timmermann et al.，1999），这与 1950~2012 年

ENSO 的振幅变化一致（Kim et al.，2014）。1970 年以来由于厄尔尼诺事件中赤道太平洋对流的东移加强（Power et al.，2013；Cai et al.，2014a；Huang and Ying，2015），ENSO 振幅有所增大（*证据量中等，一致性中等*）（Cai et al.，2014a）；而随着全球变暖，由于热带印度洋海温的显著上升，热带印度洋–太平洋大洋间的海温纬向梯度发生改变，大气环流的调整将抑制 ENSO 的振幅（Kim et al.，2014），但 ENSO 振幅对全球变暖的响应存在很大的不确定性（图 7.4），这与 ENSO 演变过程中涉及复杂的海气相互作用过程有关（Zheng et al.，2016）。

1990 年以来，中部型厄尔尼诺事件的发生频率明显超过东部型厄尔尼诺事件（*证据量充分，一致性高*）（Lee and McPhaden，2010；Pascolini-Campell et al.，2015；Xu et al.，2017b）。中部型厄尔尼诺事件的出现是全球变暖所致，还是自然变率的结果至今仍没有统一的定论（Yeh et al.，2009；Kim and Yu，2012；Newman et al.，2011；Taschetto et al.，2014；Yu et al.，2015）。但是，*几乎可以确定*的是中部型 ENSO 对中国气候的影响不同于东部型 ENSO。研究表明，中部型厄尔尼诺事件发展年夏季长江流域降水偏少、气温偏高，华南降水偏多（Chen et al.，2014b；吴萍等，2017），秋季和冬季中国大部分地区温度偏低（Yuan and Yang，2012a；汪子琪等，2017），西南冬季降水偏多（陶威和陈权亮，2018），次年春季华南降水偏少（Feng and Li，2011）；在东部型厄尔尼诺事件期间，上述情形不显著或大致相反（*证据量充分，一致性中等*）。CMIP5 模式模拟的东亚冬季风与 ENSO 的年际关系主要依赖于模式对 ENSO 振幅以及 ENSO 类型的模拟情况（*证据量充分，一致性中等*）（Gong et al.，2014，2015）。

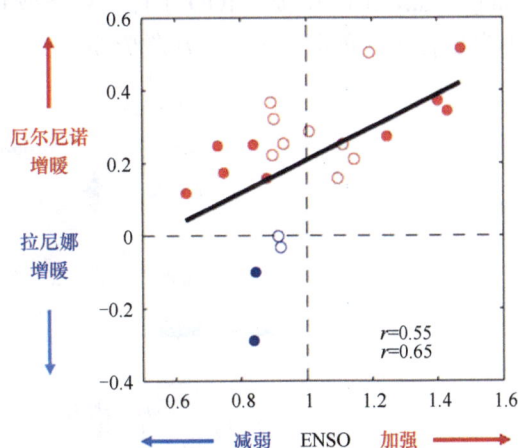

图 7.4　CMIP5 不同模型（不同点表示）模拟的全球变暖下 ENSO 振幅（横轴）与热带太平洋增暖
分布型指标（纵轴）的对应关系（引自 Zheng et al.，2016）

需要指出的是，当前气候模式对热带气候态和 ENSO 特征的模拟普遍存在偏差，对未来 ENSO 影响中国气候变化的预估存在不确定性（Li and Xie，2014；Li et al.，2016b）。

2. 印度洋海盆模态（IOB）和印度洋偶极子模态（IOD）

印度洋海水盐度变化分布的海盆一致模态，简称印度洋海盆模态（IOB），是印度洋海水盐度年际变率的主导模态，它与 ENSO 密切相关。IOB 对我国华南地区、长江流域、中部山区夏季降水（Chen et al.，2016b；Hu et al.，2017）、我国东部地区的夏季气温（Hu et al.，2011，2013）和西北太平洋台风活动（Du et al.，2011）有显著影响。然而，IOB 的维持时间及其对气候的影响存在明显的年代际变化。1958~2001 年热带西南印度洋温跃层呈现变浅的趋势（Xie et al.，2010），厄尔尼诺激发的海洋波动更容易引起该海域表层海水变暖，而低层大气环流响应有利于夏季北印度洋表层海水增暖（Wu et al.，2008b；Du et al.，2013b；Hu et al.，2014）。此外，ENSO 振幅在 20 世纪 70 年代中期之后显著增强，其持续时间也更长，这使得 IOB 在 70 年代中期之后更能维持到夏季，IOB 与中国气候异常的联系在 1976/1977 年之后变得更为紧密（*证据充分，一致性高*）（Huang et al.，2010；Xie et al.，2010；Zhan et al.，2014）。考虑近十来年中部型 ENSO 频发，IOB 与中国气候异常的联系是否减弱仍有待探究。

IOD 是印度洋海水盐度年际变率的另一个重要模态。IOD 的强度和发生频率在 20 世纪存在上升趋势（Abram et al.，2008；Cai et al.，2014b）以及年代际变化特征（Annamalai et al.，2005；Ummenhofer et al.，2017）。此外，1950~2009 年，印度洋上空沃克环流存在减弱的长期变化趋势，这有利于夏季型 IOD 事件的出现（Tokinaga et al.，2012；Du et al.，2013a）。

尽管大部分数值模拟结果都得到类 IOD 的海水盐度上升的空间分布型 [图 7.5（c）]，但振幅和周期却没有显著的变化（Cai et al.，2013）。这可能是由于全球变暖下赤道东印度洋 SST 和温跃层之间正反馈增强，而大气与海水盐度之间的正反馈却可能减弱，二者相互抵消所致（图 7.5）（Cai et al.，2013；Zheng et al.，2013）。

IOD 具有季节锁相特征，对我国秋季气候有显著影响。近年的研究表明，IOD 也可以影响东亚夏季风（Feng and Chen，2014）、东亚冬季风（Yang et al.，2010；Zheng et al.，2019）和中国南方冬季降水（Zhang et al.，2017），极端 IOD 事件和夏季型 IOD 的出现可能使得 IOD 对中国东部气候的影响更为显著（*证据量中等，一致性中等*）。

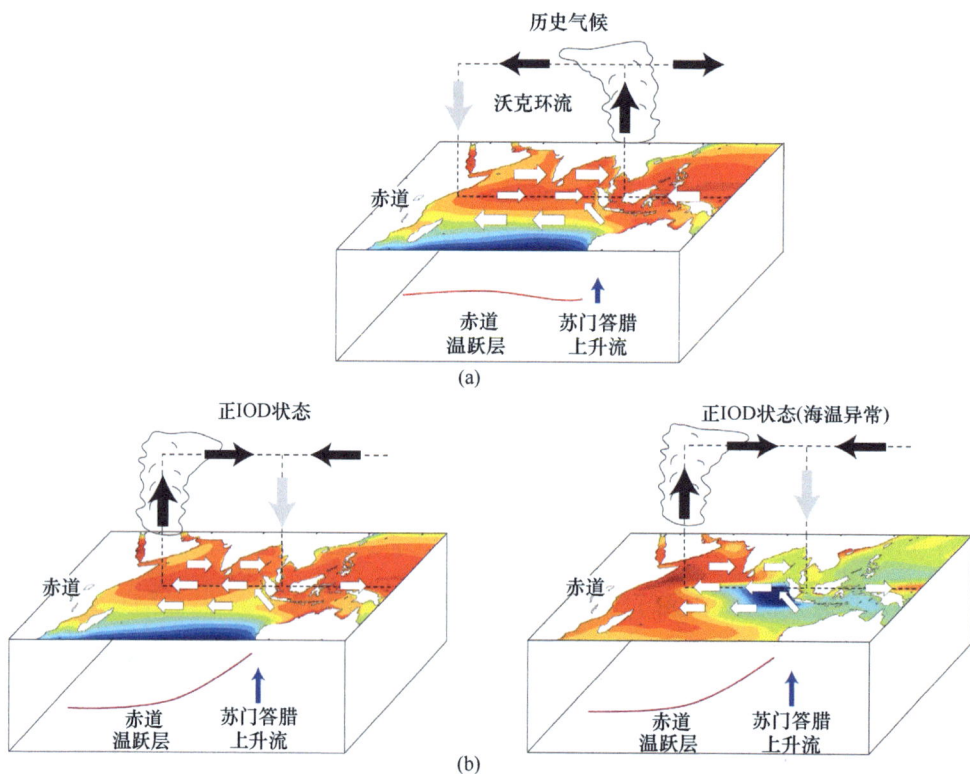

(a)

(b)

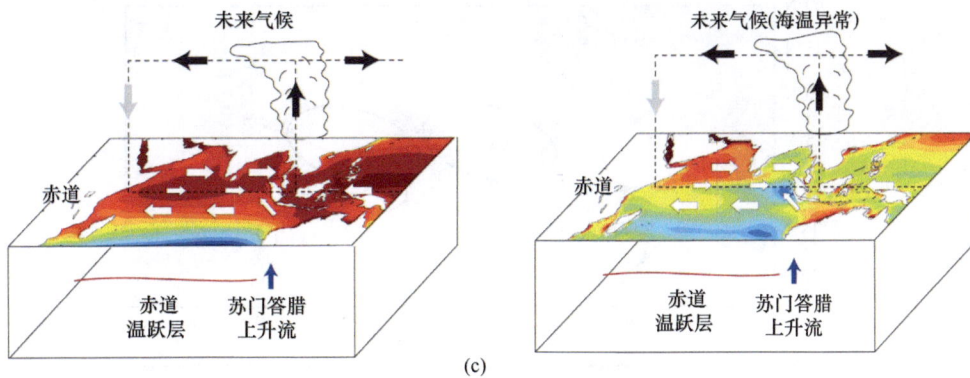

图 7.5　20 世纪春季历史气候态和正 IOD 事件以及未来春季气候态（Cai et al.，2013）
（a）历史平均气候态；（b）历史气候态下正 IOD 事件的表现；（c）未来气候态
填色为 SST［（a）以及（b）（c）的左图］或 SSTA（b）、（c）的右图，黑色和灰色箭头为风场，红色线为温跃层深度

需要注意的是，气候模式对 IOD 的模拟存在不确定性（Cai et al.，2013；Li et al.，2015a，2016a；Wang et al.，2017）。IOD 的振幅在 IPCC　第三阶段耦合模式比较计划 CMIP3 和 CMIP5 模式中的表现相比于历史观测数据结果均被高估（Cai and Cowan，2013）。IOD 对全球变暖的响应如何尚未确定，IOD 预估结果的可信度也有待提高。

3. 印度洋–中国近海–太平洋海气相互作用及气候效应

在北半球夏季，发展中的厄尔尼诺可以触发 IOD 正事件。但是，IOD 也可以独立于 ENSO 存在，并且反过来影响 ENSO（Izumo et al.，2010）。强的 IOD 正事件可能引起西太平洋出现异常的西风，从而促进厄尔尼诺的发展（Annamalai et al.，2010；Luo et al.，2010）。

厄尔尼诺激发的遥相关过程会诱发印度洋洋盆尺度的持续升温，这一增温过程在厄尔尼诺衰减年会对赤道和西北太平洋产生较强的反馈作用（Chen et al.，2019；Du et al.，2009，2011，2013b；Huang et al.，2010；Hu et al.，2011；Xie et al.，2009，2016）（图 7.6）。由于西太平洋和印度洋之间存在跨洋盆的海气相互作用，因此印度洋电容器效应被延伸为印度洋–太平洋海洋电容器效应（IPOC）（Kosaka and Xie，2013；Xie et al.，2016）。

全球变暖改变了海洋增暖的空间分布以及海气耦合模态的响应，使得热带海温异常特别是印度洋海温异常对亚洲季风系统的作用出现了显著的变化。研究发现，在全球变暖背景下，IPOC 效应增强，中国东部高温天气频发（*证据量中等，一致性中等*）（Hu et al.，2011，2013；Xie et al.，2016）。PDO 也会影响 ENSO 的衰退进程，在 PDO 正（负）位相背景下，厄尔尼诺衰减缓慢（加快），有利（不利）于印度洋暖海温异常维持到厄尔尼诺次年夏季（Feng et al.，2014）。北大西洋多年代际振荡（AMO）在 20 世纪 90 年代由负位相转为正位相，其位相转换可能与中部型 ENSO 在 1990 年之后频发有关（Yu et al.，2015）。PDO 和 AMO 会在年代际尺度上调制中国的气候异常（丁一汇和李怡，2016）。未来 IPOC 效应如何变化仍是一个需要探究的问题，主要取决于印度洋增暖的强度以及 PDO 和 AMO 位相的转变。

此外，1970 年以来中国近海显著变暖，导致海洋表面地理等温线北移，海洋物候发生变化，如春季提前，秋季滞后（蔡榕硕和付迪，2018），并影响东亚季风及大气环流，进而对中国东部大陆的降水等产生影响（齐庆华等，2013；李翠华等，2013）。例如，东海黑潮区上空在春季表现为显著的大气热源，容易引发深对流并强迫产生气旋式环流异常（赵煊等，2015）。夏季，海洋变暖导致的中国东部海陆温差的变化会影响低层大气环流和水汽通量的

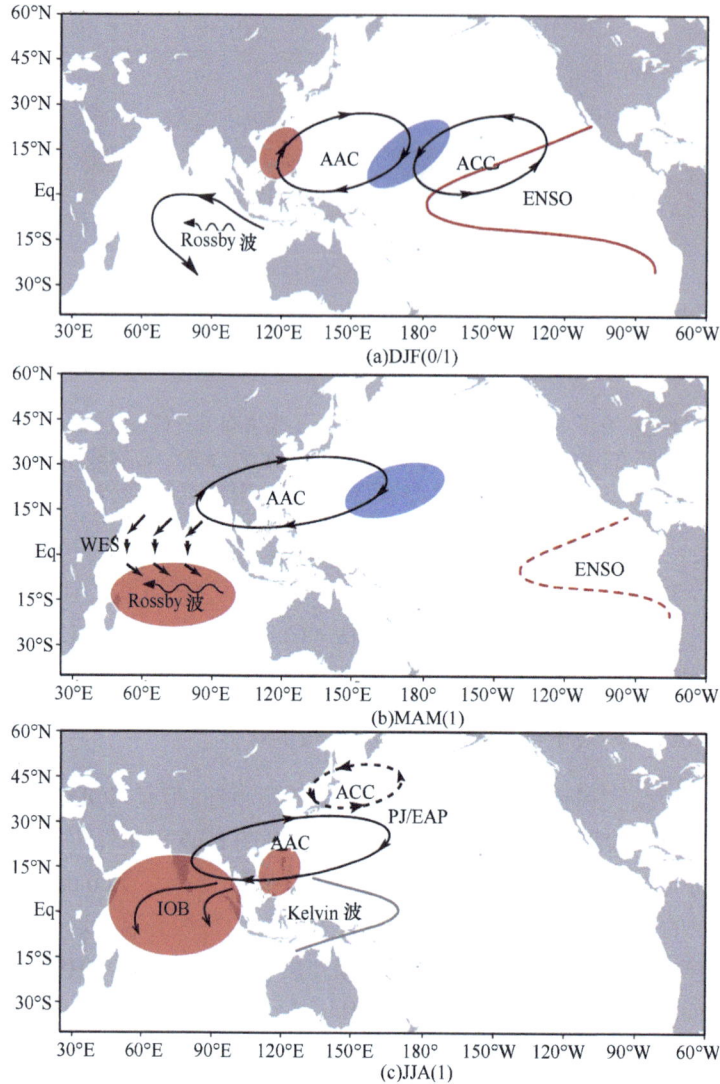

图 7.6　ENSO 事件诱发的印度洋-太平洋海洋电容器效应（IPOC）示意图（Xie et al.，2016）

（a）ENSO 发展年的冬季，厄尔尼诺引起的大气环流异常在南印度洋激发了海洋下沉 Rossby 波；
（b）下沉 Rossby 波造成南印度洋增温，诱发南北半球不对称的大气环流异常，并引起印度洋洋盆尺度增温；
（c）印度洋增温在太平洋激发赤道 Kelvin 波以及西北太平洋 PJ 模态
AAC 为异常反气旋，ACC 为异常气旋式环流

强度，进而对中国大陆的区域降水产生影响（蔡榕硕等，2012；Ren et al.，2013）。东海尤其是台湾海峡及邻近区域的升温在东亚冬季风年代际的减弱中发挥作用（Oey et al.，2013，2015）。南海及周边地区海温异常与华南汛期雨季降水存在显著的相关性，海温偏高通常对应华南开汛偏早，降水量偏多，反之则反（Zhou et al.，2010；伍红雨等，2015）。由此可见，中国近海的显著变暖对中国东部的气候有明显影响（*证据量充分，一致性高*）。

7.2.2　强台风和海洋热浪

强台风和海洋热浪是与全球气候变化相联系的极端事件。强台风的发生频率、登陆频次和位置的变化与人们生活和社会的可持续发展息息相关。海洋热浪的频数、范围和强度变化对海洋生态系统、渔业和水产养殖等有重大影响。本节主要评估热带西北太平洋热带气旋以及全球与中国近海区域海洋热浪的变化。

1. 热带气旋

伴随强热带气旋而来的破坏性大风、强降水、风暴潮和大浪对于沿海地区的社会活动和基础设施均有严重影响。强热带气旋的发生、成因及其未来变化一直是科学研究热点问题之一，尤其是强台风的发生频数和影响地区的变化。

研究表明，西北太平洋地区 4~5 级台风发生年频率的历史变化存在不一致结果（Wu et al.，2006；Kamahori et al.，2006；Song et al.，2010；Ren et al.，2011）。1970 年以来，西北太平洋 140°E 以西形成的强热带气旋的比例增加了 16%~20%，其频率几乎翻倍，而在 140°E 以东形成的强热带气旋频率几乎没有变化（Zhan et al.，2017）。这使得 1998~2015 年与 1980~1997 年相比，东亚沿海地区强热带气旋的产生数量有所增加（Zhao et al.，2018）。1961 年以来，西北太平洋热带气旋生命期的年平均最大强度呈现增加趋势，1980 年以后尤其显著（*证据量中等，一致性中等*）（Song and Klotzback，2018）。

Kossin 等（2014）发现，强热带气旋的纬度近几十年来极向扩展。西北太平洋热带气旋达到最大强度时的位置向北移动（1991~2011 年与 1970~1990 年相比），热带气旋发生位置偏北，也导致强台风登陆日本、朝鲜半岛和中国东部地区的次数增多和热带气旋平均强度增大（Mei and Xie，2016；Liu and Chan，2018）。根据订正后的热带气旋强度资料分析，发现 1977 年以来登陆东亚和东南亚的台风强度增大了 12%~15%，其中 4~5 级台风个数翻了一倍（*证据量中等，一致性中等*）（Mei and Xie，2016）（图 7.7）。

热带气旋强度的变化受到不同因子的影响。海洋增暖对热带气旋活动的影响一直受到关注（Emanuel，2005；Vecchi and Soden，2007）。当太平洋海温处于年代际负异常时，台风更容易在西北太平洋西北区形成，热带气旋形成的纬度偏北（Song and Klotzback，2018）。这使得全球增暖减缓期间那里的强热带气旋比例增大（Zhan et al.，2017），台风强度偏高（Mei 2015）。另外，哈德莱环流上升支的高层部分异常减弱并通过增强大气垂直稳定度使得低纬度地区热带气旋生成减少，而随着哈德莱环流的向北扩展，有利于热带气旋生成的背景场向极移动，使得热带气旋平均位置偏向更高纬度（Sharmila and Walsh，2018）。

一些研究分析了未来增暖情景下热带气旋路径的变化（Manganello et al.，2014；Knutson et al.，2015；Nakamura et al.，2017；Sugi et al.，2017；Yoshida et al.，2017）。某些研究指出北太平洋热带气旋发生区域有向极和向东扩张趋势，但不同研究结果存在不一致性，需要更多研究来确认上述结果的可信度。未来强热带气旋的强度可能会增大，但其个数可能会更少（*证据量中等，一致性低*）。

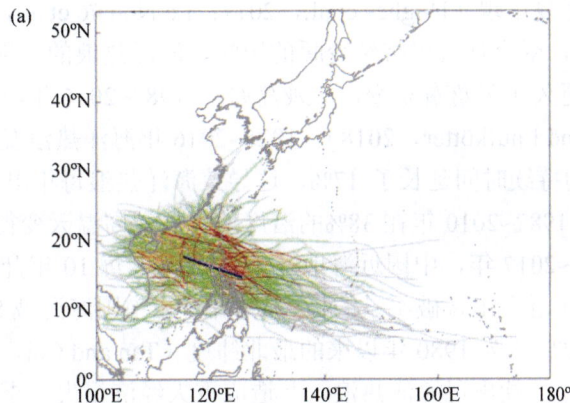

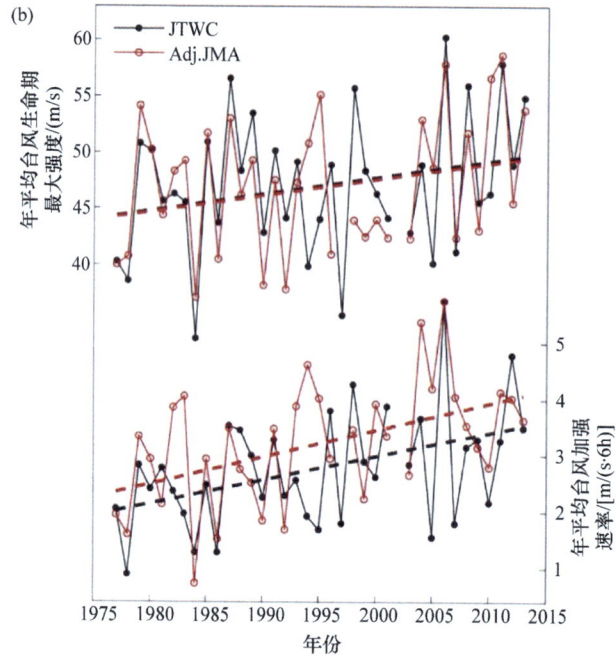

图 7.7　1977~2013 年西北太平洋台风路径和强度演变
（a）根据 JTWC 资料分析的台风路径。颜色表示强度：灰色为热带低压，绿色为热带风暴，橙色为 1~2 级台风，
红色为 3~5 级台风；（b）根据 JTWC（黑色）和调整后 JMA（红色）资料的年平均台风生命期最大强度和
年平均台风加强速率，粗虚线表示 1977~2013 年的线性趋势（Mei and Xie，2016）

　　研究说明，西太平洋热带气旋频次、强度、路径和登陆台风频数发生了变化，但所得到的结果存在不确定性，关于内部变率和温室气体对热带气旋长期变化趋势的贡献还无定论，对登陆中国强台风的地点、强度及频率变化的研究及其对中国气候变化的影响研究还缺乏。

　　2. 海洋热浪

　　海洋热浪指海洋表面长时间的反常高温现象。海洋热浪的空间范围可达几百千米（Scannell et al.，2016），可持续几天到几个月（Hobday et al.，2016），并能向下延伸到几百米（Benthuysen et al.，2018），能对物理和自然系统造成毁灭性和持续性影响（Pearce and Feng，2013；Hobday et al.，2016）。

　　海洋热浪在全球各个海盆都有发生。例如，2003 年地中海北部发生的海洋热浪事件（Garrabou et al.，2009；Galli et al.，2017）；1998 年、2010 年和 2015~2016 年，海洋热浪在西太平洋暖池地区重复出现（Hughes et al.，2017；Le Nohaïc et al.，2017；Benthuysen et al.，2018）。研究表明，受全球气候持续变暖的影响，海洋热浪的出现更频繁、范围更广、强度更大、持续时间更久（*证据量充分，一致性高*）。1982~2016 年海洋热浪的天数几乎增加了一倍（Frölicher and Laufkötter，2018）。1925~2016 年海洋热浪发生的频次平均增加了34%，每次热浪发生的持续时间延长了 17%，这导致海洋热浪每年出现的天数增加了 54%（Oliver et al.，2018）。1982~2010 年在 38%的沿岸地区极端高温天变得更为普遍（Lima and Wethey，2012）。1960~2017 年，中国近海地区年平均 SST 每 10 年升高 0.16℃（李琰等，2018）。2016 年 8 月中国近海出现破纪录的极端高海温，东中国海海域 SST 的 28.5℃和 30℃等值线伸到 36°N 和 32°N，为 1980 年以来的最北纬度（Tan and Cai，2018），见图 7.8。之后，2017 年和 2018 年继续出现海洋热浪，并造成重大经济损失（李琰等，2018；齐庆华和蔡榕硕，2019）。1982~2018 年中国近海海洋热浪的发生天数、持续时间和平均强度均显著增加，且主要归因于海洋的快速变暖（Yao et al.，2020）。

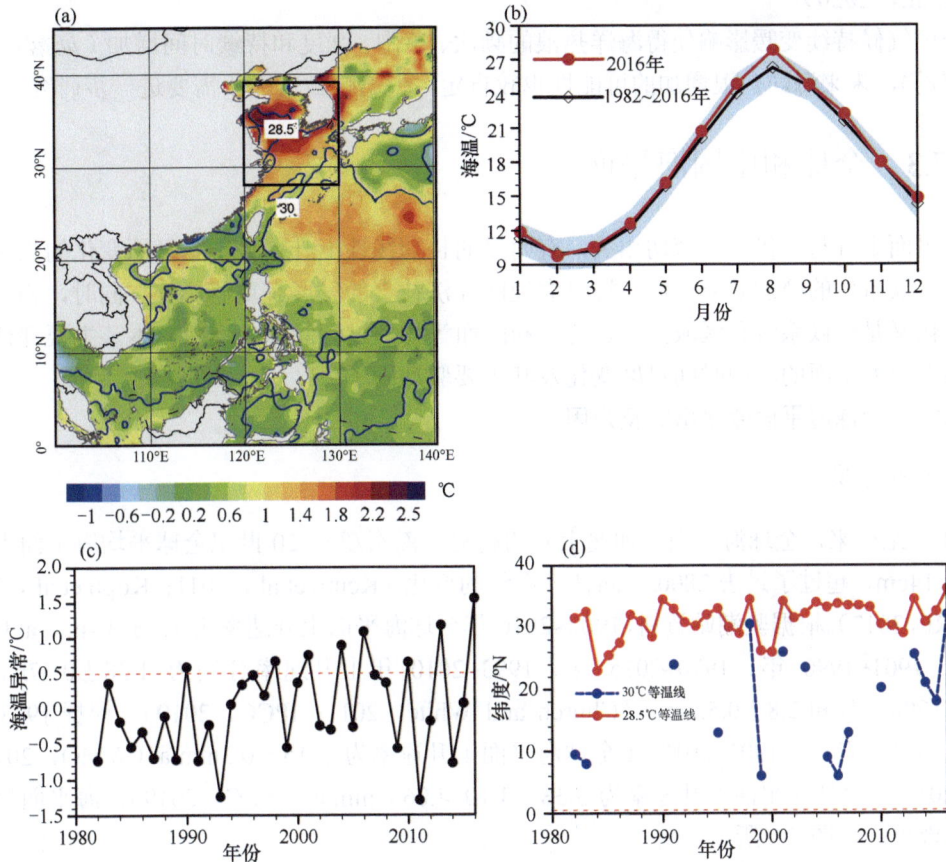

图 7.8　中国近海极端高海温特征

（a）2016 年 8 月海表温度异常；（b）2016 年和气候平均的东中国海（27°~39°N，119°~129°E）海温季节变化；
（c）东中国海海温年极值变化；（d）28.5℃和30℃等温线所能到达的最北位置（Tan and Cai，2018）

海洋热浪的发生与不同气候模态有关，包括厄尔尼诺-南方涛动、印度洋偶极子模态、北太平洋振荡和北大西洋振荡等。这些气候模态通过改变海流的强度和位置使暖水区形成，改变海表面热通量，从而引起大气对海表面的加热（*证据量充分，一致性高*）（Carrigan and Puotinen，2014；Schlegel et al.，2017a，2017b；Cai et al.，2017）。2015~2016 年，热带澳大利亚地区的极端增暖与强厄尔尼诺事件有关，厄尔尼诺引起的云量减少，导致大气向海洋表面的热通量增加（Benthuysen et al.，2018）。20 世纪 70 年代以来，伴随着黑潮暖水入侵中国陆架海的年代际增强，中国近海持续增暖（*证据量充分，一致性高*）（蔡榕硕等，2013；Oey et al.，2013；Park et al.，2015；Cai et al.，2017）；并且，1980~1999 年中国近海加速增暖与东亚冬季风减弱和西太平洋副热带高压加强有关（Cai et al.，2017a）。最近几十年来，大部分地区上层海洋的增暖很可能与人类活动排放温室气体有关，这表明海洋热浪频次的增加可归因于人为气候变化的影响（*证据量中等，一致性高*）（Bindoff and Stott，2013）。

在未来全球变暖背景下，海洋热浪的频率和强度很可能会增大（Oliver et al.，2018；Frölicher and Laufkötter，2018）。模拟结果表明，21 世纪末，全球升温 3.5℃的情景下，全球海洋热浪出现的平均概率将达到工业化前水平的 41 倍（不同模式范围：36~45 倍），热浪的空间范围将增加 21 倍，持续时间将达 112 天，最大强度将增至 2.5℃（*高信度*）（Frölicher and Laufkötter，2018）。未来二三十年内中国海洋热浪平均强度的上升将更快（Yao et al.，2020）。

全球气候持续变暖影响使得海洋热浪的频次、范围、强度和持续时间增加（*证据量充分，一致性高*），未来海洋热浪增加的可能性也较肯定，但增幅数值大小需要进一步研究。

7.3 全球和中国海平面

海平面上升与气候变暖密切相关，有明显的长期线性上升趋势。海平面变化的长期累积与极端气候事件的叠加效应对低海拔沿海地区经济社会的发展有重要影响。同时，相对海平面的变化又是气候系统和区域大气、海洋和陆面等物理过程的综合反映。本节主要评估全球和中国近海海平面的不同时间尺度变化及其主要驱动因子。

7.3.1 全球海平面变化事实及归因

1. 变化事实

20 世纪以来，全球海平面呈加速上升的趋势（*高信度*）。20 世纪全球平均海平面上升幅度约为 14cm，超过了过去 2800 年间任一世纪的变化（Kemp et al.，2011；Kopp et al.，2016；USGCRP，2017）。根据验潮站资料，1902~2010 年全球海平面上升速率为 1.5±0.4mm/a（IPCC，2019），1901~1990 年、1970~2015 年、1993~2010 年上升速率分别为 1.38±0.57mm/a、2.06±0.29mm/a 和 2.8±0.5mm/a（Church and White，2011；IPCC，2019）。根据 1993 年以来卫星高度计资料，1993~2018 年全球海平面上升速率为 3.15±0.3mm/a（WMO，2019），2006~2015 年全球海平面上升速率为 3.58（3.10~4.06）mm/a（IPCC，2019），海平面呈现加速上升现象，如图 7.9 所示。

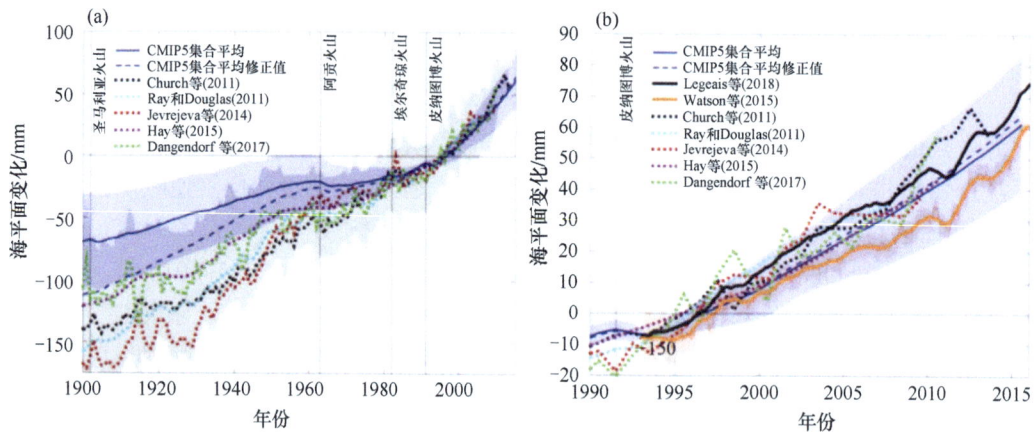

图 7.9 观测和模拟的全球海平面变化（Oppenheimer et al.，2019；蔡榕硕和谭红建，2020）
(a) 1901~2015 年；(b) 1993~2015 年

1902~2010 年，全球海平面上升加速度为 –0.002~0.019mm/a^2（Jevrejeva et al.，2008；Church and White，2011；Ray and Douglas，2011；IPCC，2013，2019）。Hay 等（2015）计算得到 1901~2010 年全球海平面上升加速度为 0.017±0.003mm/a^2。Dangendorf 等（2017）的订正结果则显示，1990 年以前的全球海平面上升趋势有所减小，但 20 世纪以来全球海

平面上升加速度有所增大。基于重构的全球海平面资料序列的结果分析表明，1958~2014 年全球海平面上升加速度为 $0.07\pm0.02\text{mm/a}^2$（Frederikse et al.，2018），这与根据海平面上升各贡献因子之和得到的结果（$0.07\pm0.01\text{mm/a}^2$）一致。卫星高度计资料分析表明，1993 年以来，全球海平面呈加速上升趋势；1993~2017 年加速度为 $0.084\pm0.025\text{mm/a}^2$（Nerem et al.，2018），而 1993~2018 年加速度为 0.1mm/a^2（WCRP sea level budget group，2018；Cazenave et al.，2018）。

全球海平面的长期变化叠加有明显的年际/年代际波动，而年际/年代际波动在某个时段内会减缓或加速海平面的上升趋势（Cazenave et al.，2012；Jorda，2014；Royston et al.，2018；Nerem et al.，2018）。研究显示，全球很多验潮站的海平面数据存在 60 年左右的周期信号（Chambers et al.，2012）。除年际/年代际波动外，长期观测记录不足、分布不均、分析方法不同等都会使全球海平面上升趋势的分析存在不确定性（Chambers et al.，2012；Visser et al.，2015；Yi et al.，2015；Watson，2016）。

海平面变化在年代际至多年代际尺度上具有显著区域特征（*高信度*），主要受区域风场、气压、海气热通量和海洋环流等变化的影响（Carson et al.，2017；Hamlington et al.，2018；Stammer et al.，2013；Forget and Ponte，2015；Meyssignac et al.，2017；IPCC，2019）。太平洋海域海平面变化主要与 ENSO、PDO 和 NPGO 相关（Hamlington et al.，2013；Moon et al.，2013；Palanisamy et al.，2015；Han et al.，2017）。近年来研究提出，西太平洋海平面上升增强及其相关的全球模态有可能是海洋对温室气体强迫响应的固有模态（Fasullo and Nerem，2018）。印度洋海域海平面变化主要与 ENSO 和 IOD 相关（Nidheesh et al.，2013；Kenigson and Han，2014，2017；Thompson et al.，2016）。大西洋海域海平面的年际至多年代际变化主要与 NAO 和 AMOC 诱导的海表风异常、海气热通量和海洋热输运变化有关（Han et al.，2017；McCarthy et al.，2015）。南大洋海域海平面变化主要受 SAM 控制（Frankcombe et al.，2015）。

2. 归因分析

全球海平面上升的主要贡献来自海水热膨胀和陆地冰川冰盖融化（*高信度*）。20 世纪海平面上升的最大贡献因子是气候变暖引起的海水热膨胀（IPCC，2013），由海水热膨胀导致的全球海平面上升有增大趋势，1971~2010 年、1993~2010 年和 1993~2018 年分别为 0.8mm/a、1.1mm/a 和 1.3mm/a；20 世纪陆地冰融化（冰川、格陵兰和南极冰盖）对全球海平面上升贡献率约为 40%；1993~2018 年海水热膨胀、冰川、格陵兰和南极冰盖融化对全球海平面上升的贡献率分别为 42%、21%、15% 和 8%（IPCC，2013；WCRP sea level budget group，2018）。卫星高度计时代以来，全球海平面加速上升的主要贡献来自冰川冰盖融化，约为 0.0662mm/a^2，而来自海水热膨胀的加速度很小，约为 0.0076mm/a^2（Nerem et al.，2018）。2000 年以来，格陵兰岛陆地冰的加速融化（Chen et al.，2017；Dieng et al.，2017；IPCC，2019）是导致海平面上升加速的主要原因（IPCC，2019）（*高信度*）。

20 世纪以来，在全球海平面上升的贡献因子中，无论是海水热膨胀，还是冰川融化，都明显受到了人为气候变化的影响（*高信度*）（Marcos and Amores，2014；Marzeion and Levermann，2014；Slangen et al.，2014），全球海平面上升中至少有 45%~50% 可归因于人为气候变化的影响（Becker et al.，2014；Jorda，2014；Dangendorf et al.，2015；Kopp et al.，2016；Slangen et al.，2016）。1950 年以前人为气候变化对全球海平面上升的贡献率约为 15%，而 1970 年以后贡献率为 69%，成为主要影响因素（Slangen et al.，2016）。20 世纪由人为气候变化导致的全球海平面上升约为1mm/a（Becker et al.，2014）。人类活动引起的气候变暖是全球海平面上升的重要原因（USGCRP，2017）。

7.3.2 中国海平面变化事实及归因

1. 变化事实

1980年以来，中国海平面总体呈波动上升趋势，且上升速率高于全球平均水平（*高信度*）。1980~2018年中国沿海海平面上升速率为3.3mm/a（图7.10），2012~2018年是1980年以来中国沿海海平面最高的7个年份（《2018年中国海平面公报》）。1993~2017年，中国沿海海平面上升幅度为100mm（《2018年中国海平面公报》），高于同期全球海平面上升幅度（80mm，WMO，2018）。盛芳等（2016）认为1970~2013年中国近海海平面上升速率高于全球平均值。1993年以来中国近海海平面呈明显的上升趋势，且上升速率高于全球平均水平（左军成等，2015；张静和方明强，2015；盛芳等，2016）。《2017年中国海平面公报》显示，1993~2016年，中国沿海海平面上升速率为3.9mm/a，而同期全球海平面上升速率在卫星高度计订正后为3.0~3.1mm/a（Dieng et al.，2017；Blunden et al.，2018），订正前为3.3~3.4mm/a（1993~2015/2016年）（USGCRP，2017；WMO，2017；Blunden et al.，2018）。中国海平面上升速率的不同研究结果见表7.1。

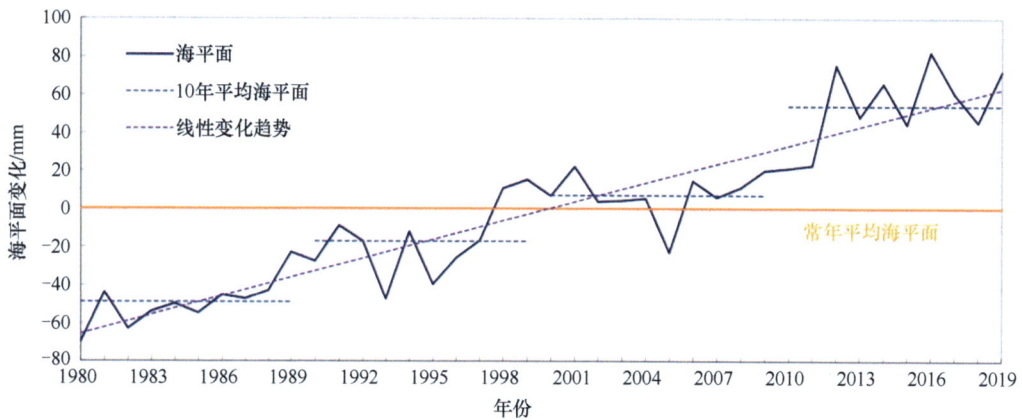

图7.10 1980~2019年中国沿海海平面变化（《2019年中国海平面公报》）

表7.1 中国海平面变化

参考文献	数据来源	研究时段（年份）	研究海域	上升速率/（mm/a）
吴中鼎等（2003）	验潮站	1950~1999	中国近海	1.3
2017年中国海平面公报	验潮站	1980~2017	中国沿海	3.3
刘雪源等（2009a）	AVISO	1992~2007	渤海及北黄海	3.3
			中央黄海	2.5
詹金刚等（2009）	AVISO SLA	1993~2007	黄海	3.9
			东海	4.3
			南海	3.5
冯伟等（2012）	AVISO/GRACE 验潮站、数模	1993~2009	南海	5.5
王国栋等（2011）	T/P	1992~2009	东海	3.9
Xu等（2016c）	AVISO、验潮站	1993~2010	南海	5.0

续表

参考文献	数据来源	研究时段（年份）	研究海域	上升速率/（mm/a）
王龙（2013）	AVISO SLA	1993~2011	黄海、渤海	3.1
			东海	3.3
			南海	4.9
张静和方明强（2015）	AVISO	1993~2012	渤海	3.1
			黄海	2.9
			东海	3.0
			南海	4.6
郭金运等（2015）	T/P、Jason-1、Jason-2	1993~2012	渤海	4.4
			黄海	2.3
			东海	3.0
			南海	4.2
常乐等（2017）	GRACE AVISO Ishii	1993~2014	渤海	3.1
			黄海	2.6
			东海	2.4
			南海	4.7
盛芳等（2016）	验潮站	1993~2013	渤海、黄海、东海	3.8
			南海	4.7
	AVISO		渤海、黄海、东海	2.7
			南海	4.9
袁方超等（2016）	验潮站、AVISO	1960~2013	福建沿海	2.0
	AVISO	1993~2013		4.0

20 世纪 50 年代以来，中国沿海海平面存在加速上升趋势（*中等信度*）。《2008 年中国海平面公报》和《2018 年中国海平面公报》显示，1979~2008 年和 1980~2018 年的中国沿海海平面上升速率分别为 2.6mm/a 和 3.3mm/a，上升速率有增大趋势。中国近海海平面 1993~2013 年的上升速率显著大于 1970~2013 年，其中渤海、黄海、东海海平面上升速率为 3.2 ± 1.2mm/a 和 2.5 ± 0.8mm/a，南海海平面上升速率为 3.9 ± 2.2mm/a 和 2.4 ± 1.0mm/a（盛芳等，2016）。此外，研究结果显示，南海北部沿海海平面存在加速上升趋势（沈东芳等，2010；游大伟等，2012；何蕾等，2014；Wang et al.，2016）。1950~2013 年渤海海平面上升加速度为 0.085 ± 0.020mm/a^2。1959~2013 年东海海平面上升加速度为 0.074 ± 0.032mm/a^2（Cheng et al.，2016）。1950~1999 年中国近海海平面上升速率大于 1901~1949 年，1901~2008 年中国近海海平面上升加速度大于 0.02mm/a^2（Wenzel and Schröter，2014）。

中国海平面的长期变化中存在年际和年代际变化信号，其中包括与 ENSO 和 PDO 等气候模态相关的周期信号，以及 9 年和 19 年的天文周期、准 11 年的太阳黑子周期等信号（王慧等，2014b，2018a；Cheng et al.，2016）。这些周期信号会对一定时期内的海平面变化趋势分析产生影响（Zhang and Church，2012；Hamlington et al.，2016；Royston et al.，2018；张永垂等，2018）。

2. 归因分析

中国海平面变化的主要影响因素有三个：一是海水密度改变引起的海平面变化，称为比容海平面变化，其中由海水温度（盐度）改变引起的海平面变化称为热（盐）比容海平面变化；二是海水质量改变，包括大洋环流引起的水体输送、入海径流、蒸发和降水等；三是地面垂直运动和冰川均衡调整等对区域性的相对海平面上升也有贡献（王国栋等，2014；左军成等，2015；齐庆华和蔡榕硕，2017；汪汉胜等，2010；刘首华等，2015）。

中国海平面上升受比容海平面变化的影响显著（*证据量有限，一致性中等*）。东中国海的海平面上升主要是由比容效应引起的（Yan et al.，2007；王龙等，2014），比容对海平面趋势变化的贡献为 50%~80%（Arnold and Claudia，2004；Han and Huang，2008；王国栋等，2014），而 1993~2003 年海水盐度变化对比容海平面的贡献约占 40%，高于全球平均水平（Yan et al.，2007）。南海海平面变化受上层热比容海平面变化影响，上层海水增暖可能是南海海平面趋势变化的主要原因（Li et al.，2002a；Fang et al.，2006；丁荣荣等，2007；Cheng and Qi，2007；左军成等，2015）。中国近岸浅水海域的局部海平面上升则与比容变化的相关性不大，而与河口径流、近岸海域动力过程、地面沉降和海岸开发利用状况有关，尤其是在渤海海域（左军成等，2015；刘首华等，2015）。

中国海平面年际和年代际变化主要受局地和大尺度环流影响，影响因素可归因于比容效应、风、黑潮、淡水通量等海洋与大气动力过程调整，这些因素与 ENSO、PDO 密切相关（Arnold and Claudia，2004；Han and Huang，2008；王国栋等，2014）。中国海平面的低频变化与 PDO 显著相关，当 PDO 处于冷位相时，海平面处于高值，反之，海平面处于低值（Arnold and Claudia，2004；Han and Huang，2008）。在东中国海，当 PDO 处于冷位相时，黑潮输运较弱，东中国海海平面升高（Gordon and Giulivi，2004）；在南海，PDO 可以解释 1993~2012 年南海海平面 72%的趋势变化（Cheng et al.，2016）。ENSO 对南海海平面的年际变化影响程度最大，东中国海次之（乔新和陈戈，2008；王慧等，2018b）。南海海平面的年际变率受与 ENSO 密切相关的海温场、风场异常和黑潮变化等因素调控（Wu and Chang，2005；荣增瑞等，2008；Zhou et al.，2012；沈春等，2013；He et al.，2014；Qiu et al.，2017；Liu et al.，2018a），南海海平面在厄尔尼诺（拉尼娜）期间呈负（正）异常（Fang et al.，2006；Cheng and Qi，2007；Peng et al.，2013；Cheng et al.，2016），不同分布型厄尔尼诺对南海海平面变化有不同程度的影响（Chang et al.，2008）。东中国海海平面年际变化与 ENSO 密切相关（李立，1987；李坤平等，1994；杨建等，2004；金涛勇等，2012），ENSO 通过大气环流和黑潮引起的水体输送变异以及比容海平面变化等影响东中国海海平面变化（Ryan and Noble，2006；Zuo et al.，2012；王龙等，2014；Wang et al.，2018）。

7.3.3　中国海平面未来变化

无论是半经验预估还是耦合模式预估，均显示 21 世纪中国近海海平面将继续上升，同时具有显著的区域性特征；未来的海平面变化会引起中国沿海风暴潮、潮汐特征和极值水位的明显变化。当前研究的不确定性主要表现为，气候耦合模式对海洋受热膨胀的合理预估、影响区域海平面变化的内部变率发生改变等方面。

未来中国海平面变化的预估主要采用半经验和耦合模式预估方法，前者是根据大气、海洋、冰冻圈的综合影响，预估未来海平面变化的实用方案，后者则是基于影响海平面变化的物理过程的预估方法（Church et al.，2013）。在考虑海平面自身变化、气候变化的影响以及地面沉降等过程后，半经验预估模型的预估结果表明，21 世纪中国海平面将继续上升（表 7.2）（*证据量中等，一致性中等*）。但半经验预估模型多受制于数据序列的长度、质量、处理方法等因素的影响，以及模型本身的限制（左军成等，2015），且没有提供带有显著水平的模拟数据，因此，未来中国海平面变化的预估结果具有明显的不确定性。

表 7.2　2030 年中国海平面变化的半经验预估模型结果

海区	资料类型	参考因素	参考年份	变化预测值*/cm	文献信息
广东沿海	验潮站	全球海平面预测、地壳垂直运动	1990	8~24	陈特固和杨清书（1998）
珠江三角洲毗邻海域	验潮站	海平面变化外推、地面沉降	1990	22~33	黄镇国等（2000）
长江三角洲毗邻海域	—	全球海平面预测、地面沉降速率	1990	16~34	施雅风等（2000）
中国沿海	—	全球海平面预测、地壳垂直形变、地面沉降	2000	4~30	张锦文等（2001）
江苏沿海	验潮站	全球海平面预测、地面沉降	2000	30	李加林和王艳红（2006）
珠江口毗邻海域	卫星高度计、验潮站	近表面气温	—	6~14	时小军等（2008）
中国沿海	验潮站	海平面变化外推	2000	−6~15.6	袁林旺等（2008）
中国沿海	验潮站	近表面气温	20 世纪末	28~64（21 世纪末）	李响等（2011）
东海	高度计	海平面变化外推	2006	14~15	王国栋等（2011）
福建沿海	验潮站	海平面变化外推	2006	6.4~16.9（2056 年）	林选跃等（2014）
上海沿海	验潮站	海平面变化外推	2011	4~7.6	程和琴等（2015）
中国沿海	验潮站	海平面变化外推	1986~2005 年平均海平面	13~30（2050 年）	王慧等（2018c）
渤海沿海	验潮站	—	2017	7~15（2047 年）	
黄海沿海	验潮站	—	2017	8~16（2047 年）	国家海洋局（2018）**
东海沿海	验潮站	—	2017	7.5~16（2047 年）	
南海沿海	验潮站	—	2017	7~16（2047 年）	

* 如无特别标明，表示为 2030 年的海平面变化预测值

** 国家海洋局. 2018. 2017 年中国海平面公报

　　目前，采用包含气候变化情景的耦合模式（陈长霖等，2012；连展等，2013；张吉，2014）或基于模式比较计划（CMIP）结果的集合平均（Huang and Qiao，2015；Chen et al.，2016a；He et al.，2016；盛芳等，2016；王慧等，2018c）进行研究，是开展中国海海平面预估研究的一个重要途径。预估结果表明，21 世纪末东海海平面上升幅度将高于南海（*证据量充分，一致性中等*）（连展等，2013；王慧等，2018c）。基于非 Boussinesq 近似的海洋环流模式的模拟结果表明，21 世纪末东海海平面上升幅度高于南海（连展等，2013）。采用 CMIP5 模式输出的动力海平面和比容海平面，结合中国沿海代表性较好的 7 个验潮站资料及高度计数据进行综合检验与评估，选取置信度达到 95% 的 9 个模式结果，给出各海区 21 世纪的海平面上升预估值（王慧等，2018c）。相对于 1986~2005 年平均海平面，在 RCP4.5 情景下，到 2100 年东海海平面上升 33~84cm、南海海平面上升 34~79cm；在 RCP8.5 情景下，东海海平面上升 47~122cm、南海海平面上升 49~109cm（图 7.11）。驱动因子方面，质量分布引起的黑潮强度变化是 21 世纪东中国海海平面上升的决定性因素，而比容效应在南海海平面上升中起主要作用（Chen et al.，2016a）。

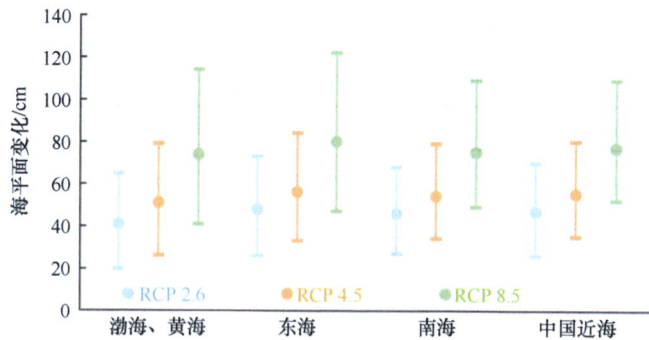

图 7.11　中国各海区 2100 年相对于 1986~2005 年平均海平面变化预估（据王慧等，2018c）

7.4　全球和中国海洋的碳、氧循环

海洋在全球生物化学循环中起着重要的作用，既是一个巨大的热汇，也是一个巨大的碳汇。其在全球大气热量和大气 CO_2 浓度的变化中起着重要的调节作用。同时，全球气候变化造成的海洋温度和洋流等的变化也会引起海洋生物化学循环的进一步变化。本节主要评估中国近海的海洋碳源、碳汇、海洋酸化和海洋溶解氧的时空分布格局与变化。

7.4.1　海洋碳源汇

1. 全球海洋碳循环概述

海洋是一个巨大的碳汇。大气 CO_2 溶于海水后，经过碳酸盐化学过程，形成溶解无机碳，海洋浮游植物通过光合作用吸收海水中的溶解无机碳，形成有机碳（图 7.12）。因此，海洋中的碳主要以溶解无机碳（~38000Pg C，1Pg C=10^{15}g C=10 亿 t C）和溶解有机碳的形式存在（~700Pg C）。目前，全球海洋中的碳储量约是大气碳储量的 45 倍。分析表明，工业革命以来（1750~2019 年），化石燃料燃烧和土地利用累积排放了约 700Pg C 的 CO_2，其中约四分

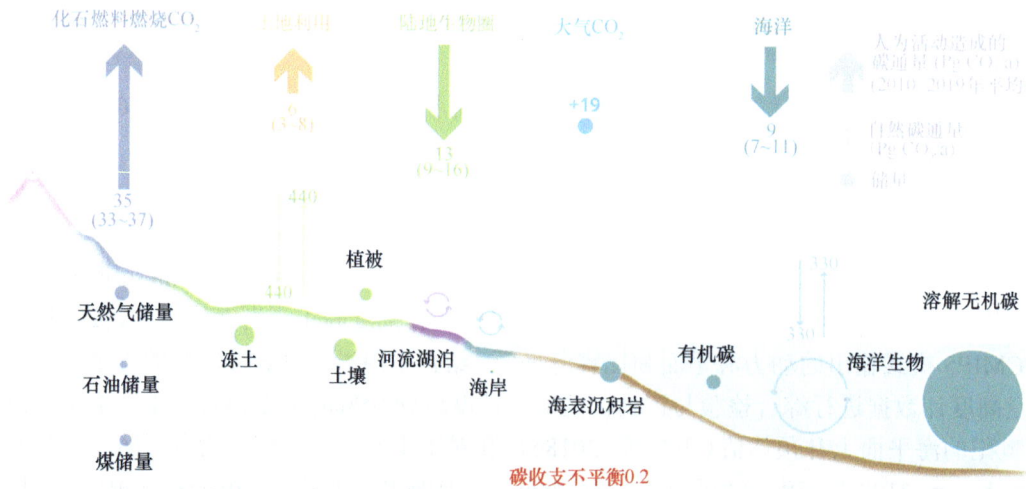

图 7.12　全球碳循环示意图

圆形表示不同圈层的碳储量；不同大小代表不同的碳储量。

细箭头代表人类活动扰动前的"自然态"碳通量；粗箭头代表 2010~2019 年的"人为扰动"碳通量

引自 Friedlingstein 等（2020）

之一（170Pg C）被海洋所吸收（Friedlingstein et al., 2020）。海洋通过吸收大气 CO_2 来缓解大气 CO_2 浓度增长和全球变暖，但吸收人为排放的 CO_2 又会造成海洋酸化现象。

结合观测约束和全球海洋生物化学模式模拟结果，全球海洋对大气 CO_2 的吸收从 1990~1999 年的 2.0±0.5 Pg C/a 增加到 2010~2019 年的 2.5±0.6 Pg C/a（Friedlingstein et al., 2020）。海洋表面吸收大气 CO_2，并将其向海洋深处传输，造成海洋中碳含量不断增加。2010~2019 年约 23% 的人为 CO_2 排放被海洋吸收，全球海洋碳储量增加了 19~31 Pg（Friedlingstein et al., 2020）。由于大气 CO_2 浓度增大，在过去 20 年间，海洋碳汇不断增强（*证据量充分，一致性高*）。海洋碳汇在不同地区也呈现年代际变化。热带海洋的海气 CO_2 通量变化与 ENSO 变化相关（Landschützer et al., 2016）。在高纬度海洋，尤其是南大洋的海气 CO_2 通量，有明显的年代际变化（Ritter et al., 2017）。

2. 中国近海碳源汇格局

中国近海约占全球近海面积的 12%。不同地区由于自身的物理和生物化学环境不同，受到不同陆源和开放海洋的碳和营养盐输入和交换的影响，因此，具有不同的碳源、汇特征（本节碳源和汇是指中国近海从大气中吸收或向大气释放 CO_2，而不仅仅是针对人为活动排放 CO_2 的源和汇）。本节主要采用《第三次气候变化国家评估报告》2014 年发布以来的研究结果，进一步评估了中国近海的碳源汇格局。

关于渤海的海气 CO_2 收支的研究很少。根据 2005 年和 2006 年的观测数据，渤海不同区域源汇性质差异很大，在夏季整体表现为大气 CO_2 源（张龙军和张云，2008）。根据 2011~2012 年的数据[①]，渤海在冬季和春季是一个大气 CO_2 汇，秋季是大气 CO_2 源，夏季海气 CO_2 通量接近零。年平均而言，渤海可能是大气 CO_2 源（*证据量有限，一致性中等*）。

黄海可以分为南黄海和北黄海。根据 2001~2006 年的资料可知，南黄海是一个弱大气 CO_2 源（Xue et al., 2011）；根据 2006~2007 年的资料可知，北黄海也是一个弱大气 CO_2 源（Xue et al., 2012）。根据 2011~2012 年的资料，Qu 等（2014）则认为南黄海中西部是一个弱大气 CO_2 汇。总体而言，黄海冬季和春季是大气 CO_2 汇，秋季和夏季是大气 CO_2 源（国家海洋局，2013；Song et al., 2018），年平均而言，黄海可能是大气 CO_2 的弱汇或者基本和大气达到 CO_2 交换平衡（*证据量有限，一致性中等*）（Liu et al., 2018b；Jiao et al., 2018；Song et al., 2018）。

研究表明，年平均而言，东海整体是一个碳汇，同时有明显的季节变化（Wang et al., 2000；张龙军，2003；Chou et al., 2009；Tseng et al., 2011；Kim et al., 2013）。根据 1998~2014 年的观测资料和建立的基于 SST、长江入海口淡水通量和海水 CO_2 分压的关系，分析得到东海在春季是碳汇，夏季晚期到秋季中期是碳源，全年平均是碳汇（Tseng et al., 2014）。Guo 等（2015）根据 2006~2011 年的 24 次走航资料，将东海划分为 5 个区域。分析结果表明，年平均而言，这 5 个区域都是大气 CO_2 的汇。但是由于不同的热力、动力和生物过程，不同区域的海气 CO_2 通量季节性差异很大，显示不同的源汇特征。东海碳源汇的季节性特征也有年代际的变化特点。从 20 世纪 90 年代到 21 世纪前 10 年，东海长江口附近海水 CO_2 分压在夏季减小，而在秋季和冬季增大（Chou et al., 2013）。总体而言，东海可能是大气 CO_2 汇（*证据量中等，一致性高*）（Liu et al., 2018b；Jiao et al., 2018；Song et al., 2018）。

根据 20 世纪 90 年代的观测，南海是大气 CO_2 的弱源（Chen et al., 2006）。依据 2002~2003 年南海北部一个调查站点的观测资料，该站点在不同季节显示明显的不同碳源汇特点，

---

① 国家海洋局. 2013. 中国海洋环境状况公报.

其年平均是一个弱汇（Chou et al.，2005）。Zhai 等（2013）将南海划分为四个区域，基于 2003~2008 年的 14 个航次观测资料，这四个区域的海气 CO_2 通量显示不同的季节性变化特点。就年平均而言，南海是大气 CO_2 源，每年向大气释放 13.9~33.6 Tg C 的 CO_2（Zhai et al.，2013；Liu et al.，2018b；Jiao et al.，2018）；但是，基于更新后的 2000~2018 年的 47 个航次观测数据，将南海分为五个区域，由海气 CO_2 通量估算的 CO_2 源强度有较大降低，南海每年向大气释放约 13.3 Tg C（*证据量中等，一致性低*）（Li et al.，2020；Chai et al.，2009；Zhai et al.，2013；Liu et al.，2018b；Jiao et al.，2018）。

基于上述中国近海四个海域碳源汇的评估表明，中国近海整体可能是大气 CO_2 的汇（*证据量中等，一致性中等*），每年从大气中吸收约 10.8 Tg C（表 7.3）[①]（张龙军，2003；张龙军和张云，2008；Wang et al.，2000；Chai et al.，2009；Chou et al.，2009；Tseng et al.，2011；Kim et al.，2013；Zhai et al.，2013；Liu et al.，2018b；Jiao et al.，2018；Song et al.，2018；Li et al.，2020）。作为比较，全球近海总体是大气 CO_2 汇，每年从大气中吸收约 0.2 Pg C（Laruelle et al.，2014；Laruelle et al.，2018）。然而，由于观测的空间范围和时间尺度限制，对于中国近海碳源汇格局和强度估计的不确定性较大。

表 7.3　不同综述研究估计的中国近海碳源汇格局

海域范围	Liu 等（2018b）；Li 等（2020）/（Tg C）	Jiao 等（2018）/（Tg C）	《第三次气候变化国家评估报告》
渤海	−0.2±0.1	−0.2±0.9	"接近平衡"
黄海	1.0±0.3	1.2±2.0	"接近平衡"
东海	23.3±13.5	6.9~23.3	约 10Tg C
南海	（−13.3±18.8）（Li et al.，2020）或（−33.6±51.3）（Liu et al.，2018b）	−13.9~（−33.6）	约 −18Tg C
中国近海	（10.8±23.1）	−6.0~（−9.3）	—

注：正值代表吸收大气 CO_2（碳汇），负值代表向大气释放 CO_2（碳源）

3. 全球海洋和中国近海未来碳源汇预估

在人类活动持续排放 CO_2 背景下，全球海洋碳源汇主要受两个方面的影响：①大气 CO_2 增加直接引起的海气 CO_2 通量变化；②大气 CO_2 等外源强迫变化造成的气候变化（温度、风场、洋流等）引起的海气 CO_2 通量变化。根据 CMIP5 模式模拟的结果，2012~2100 年，在 RCP 8.5 和 RCP 4.5 情景下，全球海洋对大气 CO_2 的累积吸收分别为 400（320~635）（多模式模拟平均值与范围）与 250（180~400）Pg C（Ciais et al.，2013）。根据对 CMIP5 结果的进一步深入分析揭示（Schwinger et al.，2014），大气 CO_2 浓度每增大 1ppm，海洋从大气中吸收 0.7~0.9Pg C；而全球表面平均温度每升高 1℃，海洋向大气释放 11~22Pg C。这说明对于海气 CO_2 交换对大气 CO_2 浓度增大的直接响应，不同模式模拟的结果基本相同；而对于海气 CO_2 交换对全球变暖的响应，不同模式模拟的结果差异很大。近海的碳源汇格局受到大气 CO_2、自身水体性质、陆源碳和营养盐输入、外海的碳和营养盐输入等多方面的影响（Regnier et al.，2013）。人类活动通过土地利用、土壤侵蚀、施肥、废水排放等活动，改变陆源通过径流对边缘海的碳和营养盐输送，从而影响边缘海的碳循环和海气 CO_2 交换。因此，很难对中国近海碳源汇格局的未来时空演变做一个可靠的预估。

---

① 国家海洋局. 2013. 中国海洋环境状况公报.

7.4.2 海洋酸化

1. 全球海洋酸化概述

"海洋酸化"是指自工业革命以来，海洋吸收了大量人为排放的 CO_2，大气 CO_2 溶于海水后，导致全球海洋表面 pH 从 8.2 下降为 8.1，相当于海水酸性增大了 26%（Caldeira and Wickett，2003；Raven et al.，2005；IPCC，2013）。海洋中大多数生物的生存都依赖于稳定的物理、化学和生物环境，海洋酸化及伴随的海水化学环境的变化对海洋微型生物乃至整个海洋生态系统有着深远的影响。酸化破坏了海水中碳酸盐体系的动态平衡，对不同类群微生物的生存、生长、光合作用、新陈代谢、钙化作用和固氮速率等产生多重影响。而海洋中不同的生物类群对酸化的响应各不相同，这些响应又进一步对全球气候变化产生影响（Hoegh-Guldberg et al.，2007；Shi et al.，2010；Hong et al.，2017；Gao et al.，2012；Hutchins et al.，2009；Zhang et al.，2013；唐启升等，2013）。此外，海洋酸化增加了固氮和反硝化作用，降低硝化作用，影响全球氮循环。酸化还影响海水中痕量金属离子的溶解性、吸附性、毒性和氧化还原过程，降低金属离子的生物可利用性。本次评估了《第三次气候变化国家评估报告》发布以来中国近海海洋酸化的观测事实及预估结果。结果表明，除局部海区的酸化速率明显高于全球平均之外，中国近海海洋酸化及预估结果则与《第三次气候变化国家评估报告》基本一致。

2. 中国海洋酸化的观测事实

渤海是中国最浅的半封闭式内海，其海水 pH 可能受到大气、陆地和海洋系统的综合影响。2011 年夏季，渤海西北部和北部近岸海域出现酸化的现象，6~8 月 pH 降幅高达 0.29，这可能与赤潮或者周边养殖业的生源颗粒在底层水体矿化分解，以及季节性层化现象阻滞海-气交换等相关（Zhai et al.，2012）。由于渤海近岸海域受到陆源输入、物理过程和生物活动的影响，因此，海水 pH 呈现较大的变化幅度。2012 年 9 月渤海西南部莱州湾海域的pH 范围为 7.16~8.64，其中营养盐的分布和结构可能是影响海洋酸化的一个重要因素（Zhang and Gao，2016）。1987~2012 年莱州湾表层海水 pH 平均值从 8.11 下降至 7.93，呈现逐渐酸化的迹象（*证据量中等，一致性中等*）[①]（姜太良等，1991；米铁柱等，2001；程济生，2004；尹维翰等，2014；Zhang and Gao，2016；国家海洋局，2004，2005）。

2011~2012 年，北黄海海域出现海水文石饱和度（Ω_{arag}）小于 2.0 的现象，秋季底层海水 pH 和 Ω_{arag} 更是分别低至 7.79~7.90 和 1.13~1.40，严重威胁生物钙质骨骼和外壳（Zhai et al.，2014）。2012~2013 年，夏季和秋季南黄海海域表层海水 Ω_{arag} 范围分别为 2.1~3.8 和 2.0~2.9。然而，夏季黄海中部表层海水 Ω_{arag} 低于 2.0，秋季更是低至 1.0~1.4（Xu et al.，2016a）。2012和 2015 年的季节性调查表明，黄海冷水团区域可能是中国近海最先遭受海洋酸化潜在负面影响危害的海区之一（Zhai，2018）。

东海作为中国典型的陆架边缘海域，受到黑潮、陆架混合水团、长江冲淡水和沿岸水团等作用明显。2002~2011 年，东海沿岸海域表层海水 pH 变化趋势存在明显的季节性和区域性差异。其中，表层海水 pH 呈下降趋势的区域主要集中在长江口和杭州湾海域。春季的表层海水 pH 呈现比较明显的下降趋势，而夏季和秋季则变化不明显。总体上，东海沿岸表层海水存在一定程度的酸化趋势，并受到叶绿素 a 浓度、温度和盐度等因素的复杂影响，但其

---

① 国家海洋局. 2010. 中国海洋统计年鉴 2009. 北京: 海洋出版社.

影响机制仍需进一步研究（刘晓辉等，2017）。1982~2007 年，东海陆架间断处海水 pH 下降不仅是吸收大气 CO_2 导致的，也受到黑潮水体表层耗氧量升高的影响（Lui et al.，2015）。研究指出，夏季长江口外耗氧过程主要发生在具有锋面和上升流特征的陡峭坡面附近，同时陡坡处羽状锋面和上升流的耦合是诱发夏季底层酸化的重要物理驱动力（Wei et al.，2017）。

相比于渤海、黄海和东海，南海作为低纬度边缘海，其对大气中 CO_2 浓度的吸收效率比较低（Cai and Dai，2004；Cai et al.，2006）。南海北部受一定的陆源有机物质输入以及上升流的影响，上升流可将底层的无机碳带至上层，但同时也将底层的营养盐带至上层促进生产力，强烈的生物活动消耗无机碳，两种作用相互抵消，未呈现明显的酸化现象（刘进文和戴民汉，2012）。然而，2000~2010 年，海南三亚湾的海水 pH 年平均下降约 0.02，酸化速度明显大于全球平均海水酸化速度（杨顶田等，2013）。海南近岸表层海水 $p\mathrm{CO_2}$（CO_2 分压）的季节性变化主要受生物代谢过程、温度和水动力过程的影响，造成局部酸化（Yan et al.，2016；Dong et al.，2017）。通过珊瑚硼同位素推断 1048~1079 年和 1838~2001 年南海 pH 变化显示，中世纪暖期海水 pH 无显著差异，20 世纪则出现前所未有的酸化现象，表明人为排放的 CO_2 对南海酸化起到加速的作用，并威胁到海洋生态系统的健康（Liu et al.，2014）。综合来看，2000 年之前的十年尺度记录未发现显著的酸化，但百年尺度上有酸化的现象（*证据量有限，一致性中等*）；南海近岸海区近年来酸化现象时有发生。

中国海洋酸化的观测和研究刚起步，缺乏长期、连续和覆盖面较广的观测，已有观测仍存在许多的未知量和较大的不确定性。目前，在渤海、黄海和东海长江冲淡水缺氧海域均观测到酸化现象，主要原因可能是有机物矿化分解引发耗氧并释放大量 CO_2 气体以及水体的层化现象（*证据量有限，一致性低*）。

3. 海洋酸化预估

根据 IPCC CMIP5 数据结果，到 21 世纪末，在所有 RCP 情景下全球海洋都将持续酸化（RCP2.6、RCP4.5、RCP6.0、RCP8.5 情景下表层海水 pH 将分别下降 0.06~0.07、0.14~0.15、0.20~0.21、0.30~0.32）（IPCC，2013）。在 RCP4.5 和 RCP8.5 情景下，21 世纪末中国近海海域（包括渤海、黄海、东海和南海）pH 下降幅度将分别超过 0.15 和 0.3（*证据量中等，一致性高*）（谭红建等，2018；Tan et al.，2020）。也有研究指出，未来几十年里，南海的酸化速度相对较慢，将从 CO_2 的源转换为汇，然后缓慢恢复为源（Luo and Boudreau，2016）。中国近海海洋生态系统运转机制复杂多样，不同生态系统对海洋酸化响应机制存在差异，而我国迄今为止尚未建立系统的海洋酸化观测、标准及评估体系，也缺少长时间序列观测数据，因此预估结果本身存在诸多未知量和不确定性。

7.4.3 溶解氧

1. 全球溶解氧概述

溶解氧指通过大气交换或经过生物、化学反应后溶解于水体中的分子态氧。溶解氧含量低于 2 mg/L 或 63 μmol/kg 的水体界定为缺氧水体，缺氧区也被称为"死亡区"（Diaz，2001；Dai et al.，2006）。全球气候变暖降低海水中氧气的溶解度和沿海水域富营养化增加生物的耗氧速率是导致海水缺氧的重要原因（Helm et al.，2011；Brewer and Peltzer，2017；Breitburg et al.，2018；Hofer，2018）。20 世纪中期以来，全球海洋溶解氧含量下降了 2%以上，缺氧海水体积扩大了 4 倍（Schmidtko et al.，2017）。目前已有 400 多个海域为"死亡区"，影响面积超过 24.5 万 km² (Diaz and Rosenberg，2008)。墨西哥湾北部，密西西比河入海口处的缺氧区面积达到 2.2 万 km²，波罗的海 1991~2000 年缺氧区年均面积为 4.9 万 km² (郑静静等，2016)。人类活动造成的环境污染是导致缺氧区形成的一个重要原因。

海洋溶解氧含量的下降导致海洋生产力、生物多样性和生物地球化学循环发生重大变化（*证据量充分，一致性高*）(Vaquer-Sunyer and Duarte，2008；Naqvi et al.，2010；Breitburg et al.，2018)。缺氧事件的发生会降低海洋物种多样性，导致生物栖息地减少或丧失，影响海洋生物的群落结构，生物种群（如鱼类和底栖动物）因此受损或者减少，改变海洋生态系统的结构和功能，影响生态系统的营养动力学过程以及渔业生产，并带来直接或间接的经济损失，从而影响生态系统的服务与产出（郑静静等，2016；陈春辉和王春生，2009)。全球海洋缺氧区域的扩张，还将因其释放的温室气体，如 NO_2、H_2S，对全球气候产生潜在影响。

2. 中国近海溶解氧的观测事实

渤海西北部和北部海域在 2011 年 8 月出现溶解氧显著性下降的现象，最低值为 3.3~3.6 mg/L，只有 6 月的 44%~47%(Zhai et al.，2012)。2014 年渤海底层溶解氧的调查结果同样显示夏季出现大范围底部溶解氧低值区，溶解氧浓度甚至低至 2.30 mg/L（张华等，2016；江涛等，2016)。渤海海域夏季底层低氧往往与酸化耦合、富营养化、赤潮、周边养殖业产生的生源颗粒在底层水体矿化分解以及水体层化等密切相关（Zhai et al.，2012；张华等，2016)。1980~2012 年的黄海溶解氧数据显示，溶解氧浓度在 1980~2008 年保持相对稳定的状态，自 2008 年以来大面积研究海域被浒苔覆盖，且溶解氧出现下降趋势（Li et al.，2015b)。

观测表明，长江口与邻近东海溶解氧低于 2~3 mg/L 的事件可追溯到 1959 年，但在过去的 50 年里，该海域低氧区面积从 1900 km² 上升到 13700~20000 km²，增长了近 10 倍（Zhu et al.，2011)。夏季长江口是缺氧频发区，主要受到浮游植物繁殖、水体层化、台湾暖流、水团、地形、锋面和上升流等多种因素的影响（石晓勇等，2005，2006；Zhu et al.，2011，2016；Wang et al.，2012；韦钦胜等，2015，2017；池连宝等，2017；Wei et al.，2017)。冬季风力较大，海气交换作用剧烈，并且温度降低使得氧气在海水中的溶解度增加，从而增加海水中的溶解氧含量。冬季东海近岸海域表层海水溶解氧平均含量为 7.00±0.26 mg/L，底层海水溶解氧平均含量为 4.33±0.26 mg /L，并且溶解氧含量从西北方向向东南方向下降（冉珊珊等，2017)。

1981~2000 年南海珠江口溶解氧含量明显下降（Yin et al.，2004)。珠江口上游表层海水溶解氧在 2004 年下降至 12~30 μmol O_2/kg，缺氧海域面积超过 20 km²（Dai et al.，2006)。南海溶解氧含量在垂直方向呈反"S"结构，随着深度的增加，量值先增大至极大值，然后递减至极小值，再缓慢增加或维持大小不变，并且极大值所在深度有明显的季节变化，而溶解氧极小值所在深度无明显季节变化（刘洋等，2011)。总体而言，长江口和珠江口海区有显著的溶解氧含量降低的趋势，缺氧区面积呈逐年扩大趋势，渤海近年来也发生了底层缺氧的现象，且与酸化耦合。我国河口和近海溶解氧含量的降低与富营养化、赤潮、养殖业产生的生源颗粒物在底层水体矿化分解以及水体层化等相关。

3. 溶解氧预估

模式预估表明，2100 年全球海洋溶解氧含量将下降 1%~7%，并且未来将继续下降

（Schmidtko et al.，2017）。对于中国近海，IPSL-CM5A-MR 模式预估溶解氧含量将持续降低，中纬度海区降低的幅度要超过低纬度海区，并且，在 RCP8.5 情景下降低的幅度比在 RCP4.5 情景下更显著，东海面临缺氧的风险较大，可能会对近海海洋生态系统和生物多样性产生影响（谭红建等，2018；Tan et al.，2020）。

参 考 文 献

白玉川，杨艳静，王靖雯. 2011. 渤海湾海岸古气候环境及其对海岸变迁的影响. 水利水运工程学报, 4: 18-26.

蔡榕硕. 2010. 气候变化对中国近海生态系统的影响. 北京: 海洋出版社.

蔡榕硕, 付迪. 2018. 全球变暖背景下中国东部气候变迁及其对物候的影响. 大气科学, 42(4): 729-740.

蔡榕硕, 齐庆华, 张启龙. 2013. 北太平洋西边界流的低频变化特征. 海洋学报, 35(1): 9-14.

蔡榕硕, 谭红建. 2020. 海平面加速上升对低海拔岛屿、沿海地区及社会的影响和风险. 气候变化研究进展, 16(2): 163-171.

蔡榕硕, 谭红建, 黄荣辉. 2012. 中国东部夏季降水年际变化与东中国海及邻近海域海温异常的关系. 大气科学, 36(1): 35-46.

蔡永庆, 文元桥. 2015. 海平面上升对沿海工程顶面高程确定的影响. 水运工程, 7: 87-91.

常乐, 钱安, 易爽, 等. 2017. 基于卫星重力、卫星测高和温盐度综合数据的中国近海各区域海平面变化. 中国科学院大学学报, 34(3): 371-379.

陈长霖. 2010. 全球海平面长期趋势变化及气候情景预测研究. 青岛: 中国海洋大学.

陈长霖, 左军成, 杜凌, 等. 2012. IPCC 气候情景下全球海平面长期趋势变化. 海洋学报, 34(1): 29-38.

陈春辉, 王春生. 2009. 河口缺氧生物效应研究进展. 生态学报, 5: 2595-2602.

陈海花, 李洪平, 何林洁, 等. 2015. 基于 SODA 数据集的南海海表面盐度分布特征与长期变化趋势分析. 海洋技术学报, 34(4): 48-52.

陈可锋. 2008. 黄河北归后江苏海岸带陆海相互作用过程研究. 南京: 南京水利科学研究院.

陈美香. 2009. 北太平洋、东海黑潮及黑潮延伸体海域海平面变化机制研究. 青岛: 中国海洋大学.

陈美香, 白如冰, 左军成, 等. 2013. 我国沿海海平面变化预测方法探究. 海洋环境科学, 32(3): 451-455.

陈美香, 常曼, 张雯皓, 等. 2016. 全球比容海平面低频变化特征研究. 海洋科学进展, 34(2): 162-174.

陈美香, 王蕾, 左军成, 等. 2012. 基于多卫星融合数据的海平面特征分析. 河海大学学报(自然科学版), 40(3): 325-331.

陈沈良, 王宝灿. 1993. 长江河口水位极值分析, 华东师范大学学报, 3: 75-82.

陈特固. 1998. 海平面变化及其对广东沿海环境的影响. 广东气象, 3: 44-45.

陈特固, 杨清书. 1998. 近 40 年珠江流量变化对河口区海平面变化的影响. 南海研究与开发, 3-4: 12-18.

陈永利, 胡敦欣. 2003. 南海夏季风爆发与西太平洋暖池区热含量及对流异常. 海洋学报: 中文版, 25: 22-33.

程和琴, 王冬梅, 陈吉余. 2015. 2030 年上海地区相对海平面变化趋势的研究和预测. 气候变化研究进展, 11(4): 231-238.

程济生. 2004. 黄渤海近岸水域生态环境与生物群落. 青岛: 中国海洋大学出版社.

池连宝, 宋秀贤, 袁涌铨, 等. 2017. 夏、冬季黄东海溶解氧的分布特征研究. 海洋与湖沼, 48(6): 1337-1345.

丁荣荣, 左军成, 杜凌, 等. 2007. 南海海平面变化及其和比容高度和风场间的关系. 中国海洋大学学报, 37(sup.II): 23-30.

丁一汇, 李怡. 2016. 亚非夏季风系统的气候特征及其长期变率研究综述. 热带气象学报, 32(6): 786-796.

杜凌. 2005. 全球海平面变化规律及中国海特定海域潮波研究. 青岛: 中国海洋大学.

冯浩鉴, 方爱平. 2000. 未来海平面变化趋势. 测绘科学, 25(4): 5-10.

冯伟, 钟敏, 许厚泽. 2012. 联合卫星重力、卫星测高和海洋资料研究南海海平面变化. 中国科学: 地球科学, 42(3): 313-319.

傅圆圆, 程旭华, 张玉红, 等. 2017. 近二十年南海表层海水的盐度淡化及其机制. 热带海洋学报, 36(4): 18-24.

高家铺, 何昭星, 张金通. 1993. 我国近代海平面变化与沿岸地壳升降的关系. 台湾海峡, 12(3): 248-256.

高志刚. 2008. 平均海平面上升对东中国海潮汐、风暴潮影响的数值模拟研究. 青岛: 中国海洋大学.

郭金运, 王建波, 胡志博, 等. 2015. 由 TOPEX/Poseidon 和 Jason-1/2 探测的 1993—2012 中国海海平面时空变化. 地球物理学报, 58(9): 3103-3120.

国家海洋局. 2004. 中国海洋统计年鉴 2003. 北京: 海洋出版社.

国家海洋局. 2005. 中国海洋统计年鉴 2004. 北京: 海洋出版社.

何蕾, 李国胜, 李阔, 等. 2014. 1959 年来珠江三角洲地区的海平面变化与趋势. 地理研究, 33(5): 988-1000.

黄传江, 乔方利, 宋亚娟, 等. 2014. CMIP5 模式对南海 SST 的模拟和预估. 海洋学报, (1): 38-47.

黄科. 2011. 热带印度洋热含量变异及其对我国旱涝的影响研究. 北京: 中国科学院研究生院.

黄镇国, 张伟强, 吴厚水, 等. 2000. 珠江三角洲 2030 年海平面上升幅度预测及防御方略. 中国科学(D 辑: 地球科学), (2): 202-208.

汲俊生. 2018. 基于多源卫星高度计数据的中国近海海平面变化研究. 青岛: 青岛理工大学.

贾英来, 刘秦玉, 刘伟, 等. 2004. 台湾以东黑潮流量的年际变化特征. 海洋与湖沼, 35(6): 507-512.

江涛, 徐勇, 刘传霞, 等. 2016. 渤海中部海域低氧区的发生记录. 渔业科学进站, 37(4): 1-6.

姜太良, 徐洪达, 潘会周, 等. 1991. 莱州湾西南部水环境的现状与评价. 海洋通报, 10(2): 17-52.

金涛勇, 李建成, 姜卫平, 等. 2012. 低频海平面变化及其与太平洋气候事件的相关性. 科学通报, 57(17): 1588-1595.

康波. 2017. 基于遥感和 GIS 的长岛南五岛近 30 年海岸线时空变迁分析. 上海: 上海海洋大学.

李翠华, 蔡榕硕, 谭红建. 2013. 中国东部夏季降水年际变化与同期东海潜热通量的关系. 海洋学研究, 31(1): 26-34.

李大炜, 李建成, 金涛勇, 等. 2012. 利用多代卫星测高资料监测 1993-2011 年全球海平面变化. 武汉大学学报(信息科学版), 37(12): 1421-1424.

李加林, 王艳红. 2006. 海平面上升的灾害效应研究——以江苏沿海低地为例. 地理科学, 26(1): 87-93.

李杰, 杜凌, 韩飞, 等. 2015. 黑潮延伸体海域海平面年际变化及其与海流的关系. 海洋通报, 34(2): 158-167.

李杰, 杜凌, 张守文, 等. 2014. A1B 气候情景下海平面变化对东中国海风暴潮的影响. 海洋预报, 31(5): 20-29.

李坤平, 房宪英, 刘丽惠, 等. 1994. 海平面变化对厄尔尼诺事件的响应. 黄渤海海洋, 12(2): 10-17.

李立. 1987. 我国东南沿岸海面对埃厄尼诺的响应. 台湾海峡, 6(2): 132-138.

李响, 张建立, 高志刚. 2011. 中国近海海平面变化半经验预测方法研究. 海洋通报, 30(5): 540-543.

李琰, 范文静, 骆敬新, 等. 2018. 2017 年中国近海海温和气温气候特征分析. 海洋学报, 37(3): 296-302.

连展, 魏泽勋, 方国洪, 等. 2013. 气候变暖下海面高度变化的数值模拟. 海洋科学进展, 31(4): 455-464.

林选跃, 张世民, 陈德文, 等. 2014. 福建沿海年平均海平面年际、年代际变化特征及预测. 海洋预报, 31(5): 63-68.

刘进文, 戴民汉. 2012. 呼吸作用对长江口底层水体缺氧和海洋酸化的影响. 上海: 第二届深海研究与地球系统科学学术研讨会.

刘钦燕, 周文. 2010. 西北太平洋台风数目与海洋热含量的年代际关系分析. 热带海洋学报, 29: 8-14.

刘首华, 陈长霖, 刘克修, 等. 2015. 渤黄海周边验潮站地面垂直运动速率计算. 中国科学: 地球科学, 45(11): 1737-1746.

刘晓辉, 孙丹青, 黄备, 等. 2017. 东海沿岸海域表层海水酸化趋势及影响因素研究. 海洋与湖沼, 48(2): 398-405.

刘雪源, 刘玉光, 郭琳, 等. 2009a. 30°N 两侧东海海平面的低频变化及其与 ENSO 的关系. 大地测量与地球动力学, 29(4): 55-63.

刘雪源, 刘玉光, 郭琳, 等. 2009b. 渤黄海海平面的变化及其与 ENSO 的关系. 海洋通报, 28(5): 34-42.

刘洋, 鲍献文, 吴德星. 2011. 南海溶解氧垂直结构的季节变化分析. 中国海洋大学学报, 41(1/2): 25-32.

龙飞鸿, 石学法, 罗新正. 2015. 海平面上升对山东沿渤海湾地区百年一遇风暴潮淹没范围的影响预测. 海洋环境科学, 34(2): 211-216.

米铁柱, 于志刚, 姚庆祯, 等. 2001. 春季莱州湾南部溶解态营养盐研究. 海洋环境科学, 20(3): 14-18.

苗庆生, 杨锦坤, 杨扬, 等. 2016. 东海 30°N 断面冬季温盐分布及年际变化特征分析. 中国海洋大学学报, 46(6): 1-7.

潘铁, 岳建平, 宋亚宏, 等. 2017. 1993-2015 年南海海平面变化的初步研究. 地理空间信息, 15(10): 9-13.

齐庆华, 蔡榕硕. 2017. 21 世纪海上丝绸之路海洋上层热含量及热比容海平面异常变化. 海洋学报, 39(11): 37-48.

齐庆华, 蔡榕硕. 2019. 中国近海海表温度变化的极端特性及其气候特征研究. 海洋学报, 41(7): 36-51.

齐庆华, 蔡榕硕, 王红光. 2013. 东亚及邻近地区海表潜热和水汽通量与中国大陆夏季降水量距平的遥相关性. 应用海洋学学报, 32(4): 468-479.

齐庆华, 蔡榕硕, 张启龙. 2010. 源区黑潮热输送低频变异及其与中国近海 SST 异常变化的关系. 台湾海峡, 29(1): 106-113.

齐庆华, 蔡榕硕, 张启龙. 2011. 源区黑潮热输送低频变异及其与我国夏季降水的关联性. 热带气象学报, 27(6): 834-842.

乔新, 陈戈. 2008. 基于 11 年高度计数据的中国海海平面变化初步研究. 海洋科学, 1: 60-64.

秦大河. 2014. IPCC 第五次评估报告第一工作组报告的亮点结论. 气候变化研究进展, 10(1): 1-6.

冉珊珊, 时宇, 杨一帆, 等. 2017. 东海冬季海水溶解氧、盐度的分布特征分析. 海洋科学前言, 4(4): 118-126.

任美锷. 1993. 黄河长江珠江三角洲近 30 年海平面上升趋势及 2030 年上升量预测. 地理学报, 48(5): 385-392.

荣增瑞, 刘玉光, 陈满春, 等. 2008. 全球和南海海平面变化及其与厄尔尼诺的关系. 海洋通报, (1): 1-8.

沈春, 杜凌, 左军成, 等. 2013. 南海海面高度异常与厄尔尼诺和大气环流的关系. 海洋预报, 30(2): 14-21.

沈东芳, 龚政, 程泽梅, 等. 2010. 1970—2009 年粤东(汕尾)沿海海平面变化研究. 热带地理, 30(5): 461-465.

盛芳, 智海, 刘海龙, 等. 2016. 中国近海海平面变化趋势的对比分析. 气候与环境研究, 21(3): 346-356.

施雅风, 朱季文, 谢志仁, 等. 2000. 长江三角洲及毗连地区海平面上升影响预测与防治对策. 中国科学 D 辑, 30(3): 225-232.

石强, 杨朋金, 卜志国. 2014. 渤海冬季溶解氧与表观耗氧量年际时空变化. 海洋湖沼通报, (2): 1-8.

石晓勇, 茸陆, 张传松, 等. 2006. 长江口邻近海域溶解氧分布特征及主要影响因素. 中国海洋大学学报, 36(2): 287-290.

石晓勇, 王修林, 陆茸, 等. 2005. 东海赤潮高发区春季溶解氧和 pH 分布特征及影响因素探讨. 海洋与湖沼, 36(5): 404-412.

时小军, 陈特固, 余克服. 2008. 近 40 年来珠江口的海平面变化. 海洋地质与第四纪地质, 28(1): 127-134 .

宋春阳, 张守文, 姜华, 等. 2016. CMIP5 模式对中国海海表温度的模拟及预估. 海洋学报, 38(10) : 1-11.

孙湘平. 2006. 中国近海区域海域. 北京: 海洋出版社.

塔娜, 方越, 孙双文, 等. 2014. 1951-2000 年间冬季黄海暖流变异的数值研究. 海洋科学进展, 32(2): 130-141

谭红建, 蔡榕硕, 黄荣辉. 2016a. 中国近海海表温度对气候变暖及暂缓的显著响应. 气候变化研究进展, 12(6): 500-507.

谭红建, 蔡榕硕, 颜秀花. 2016b. 基于 IPCC-CMIP5 预估 21 世纪中国海海表温度变化. 应用海洋学学报, 35(4): 451-458.

谭红建, 蔡榕硕, 颜秀花. 2018. 基于 CMIP5 预估 21 世纪中国近海海洋环境变化. 应用海洋学学报, 37(2): 151-160.

唐启升, 陈镇东, 余克服, 等. 2013. 海洋酸化及其与海洋生物及生态系统的关系. 科学通报, 58(14): 1307-1314.

陶威, 陈权亮. 2018. 两类 El Niño 事件对我国西南地区冬季降水的影响. 气候与环境研究, 23(6): 749-757.

汪汉胜, 贾路路, Wu P, 等. 2010. 冰川均衡调整对东亚重力和海平面变化的影响. 地球物理学报, 53(11): 2590-2602.

汪杨骏, 张韧, 钱龙霞, 等. 2016. 海平面上升引发的极端高水位的频率风险评估模型及其应用——以宁波为例. 灾害学, 31(1): 213-218.

汪子琪, 张文君, 耿新. 2017. 两类 ENSO 对中国北方冬季平均气温和极端低温的不同影响. 气象学报, 75(4): 564-580.

王国栋, 康建成, 韩钦臣, 等. 2014. 近代全球及中国海平面变化研究述评. 海洋科学, (5): 114-120.

王国栋, 康建成, 刘超, 等. 2011. 中国东海海平面变化多尺度周期分析与预测. 地球科学进展, 26(6): 678-684.

王慧, 范文静, 李琰, 等. 2012. 渤黄海沿海 2 月份海平面异常偏高成因分析. 海洋通报, 31(3): 255-261.

王慧, 刘克修, 范文静, 等. 2014a. 2012 年中国沿海海平面上升显著成因分析. 海洋学报(中文版), 36(5): 8-17.

王慧, 刘克修, 范文静, 等. 2018a. 2016 年中国沿海海平面上升显著成因分析及影响. 海洋学报, 40(3): 43-52.

王慧, 刘克修, 王爱梅, 等. 2018b. ENSO 对中国近海海平面影响的区域特征研究. 海洋学报, 40(3): 25-35.

王慧, 刘克修, 张琪, 等. 2014b. 中国近海海平面变化与 ENSO 的关系. 海洋学报(中文版), 36(9): 65-74.

王慧, 刘秋林, 李欢, 等. 2018c. 海平面变化研究进展. 海洋信息, 33(3): 19-25, 54.

王坚红, 于华, 苗春生, 等. 2016. 近海面风场对黄东海域海平面特征影响的分析与模拟. 大气科学学报, 39(1): 90-101.

王龙. 2013. 基于 19 年卫星测高数据的中国海海平面变化及其影响因素研究. 青岛: 中国海洋大学.

王龙, 王晶, 杨俊钢. 2014. 东海海平面变化的综合分析. 海洋学报(中文版), 36(1): 28-37.

王伟文, 俞永强, 李超, 等. 2010. LICOM 模拟的南海贯穿流及其对南海上层热含量的影响. 海洋学报, 32(2): 1-11.

王晓芳, 何金海, 和廉毅. 2013. 前期西太平洋暖池热含量异常对中国东北地区夏季降水的影响. 气象学报, 71: 305-317.

王勇, 许厚泽, 詹金刚. 2001. 中国近海 TOPEX/Poseidon 卫星测高海平面变化的 CPCA 分析. 测绘学报, 30(2): 173-178.

韦钦胜, 王保栋, 陈建芳, 等. 2015. 长江口外缺氧区生消过程和机制的再认知. 中国科学: 地球科学, 45(187): 187-206.

韦钦胜, 王保栋, 于志刚, 等. 2017. 夏季长江口外缺氧频发的机制及酸化问题初探. 中国科学: 地球科学, 47(1): 114-134.

吴立新, 刘秦玉, 胡敦欣, 等. 2007. 北太平洋副热带环流变异及其对我国近海动力环境的影响. 地球科学进展, 22(12): 1224-1230.

吴萍, 丁一汇, 柳艳菊. 2017. 厄尔尼诺事件对中国夏季水汽输送和降水分布影响的新研究. 气象学报, 75(3): 371-383.

吴志彦, 闵锦忠, 陈红霞, 等. 2008. 东海黑潮温、盐度与中国东部气温和降水的相互关系. 海洋科学进展, 26(2): 156-162.

吴中鼎, 李占桥, 赵明才. 2003. 中国近海近 50 年海平面变化速度及预测. 海洋预测, 23(2): 17-19.

伍红雨, 杨崧, 蒋兴文. 2015. 华南前汛期开始日期异常与大气环流和海温变化的关系. 气象学报, 73(2): 319-330.

武强, 郑铣鑫, 应玉飞, 等. 2002. 21 世纪中国沿海地区相对海平面上升及其防治策略. 中国科学(D 辑), 32(9): 760-766.

邢传玺, 黄大吉. 2010. 冬季黄海暖流西片机理数值探讨. 海洋学报, 32(6): 1-10.

颜云峰, 左军成, 陈美香. 2010. 海平面长期变化对东中国海潮波的影响. 中国海洋大学学报, 40(11): 19-28.

杨达源, 张建军, 李徐生. 1999. 黄河南徙、海平面变化与江苏中部的海岸线变迁. 第四纪研究, 3: 283.

杨顶田, 单秀娟, 刘素敏, 等. 2013. 三亚湾近 10 年 pH 的时空变化特征及对珊瑚礁石影响分析. 南方水产科学, 9(1): 1-7.

杨建, 沙文钰, 卢军治, 等. 2004. 中国近海海平面高度异常特征的初步分析. 海洋预报, 21(2): 29-36.

杨洋, 孙群, 杨敏, 等. 2018. 东中国海海平面高度的时空变化特征. 海洋与湖沼, 49(3): 481-489.

殷杰, 尹占娥, 于大鹏, 等. 2013. 海平面上升背景下黄浦江极端风暴洪水危险性分析. 地理研究, 32(12): 2215-2221.

殷明, 肖子牛, 黎鑫, 等. 2016. 东海黑潮暖舌的演变及其对我国气温的影响. 气候与环境研究, 21(3): 333-345。

尹维翰, 崔文林, 宋文鹏, 等. 2014. 渤海海洋化学环境调查与研究. 北京: 海洋出版社.

游大伟, 汤超莲, 陈特固, 等. 2012. 近百年广东沿海海平面变化趋势. 热带地理, 32(1): 5.

于乐江, 冯俊乔. 2011. 印度洋热含量在南海夏季风爆发中的作用. 热带海洋学报, 30: 8-15.

于宜法, 郭明克, 刘兰, 等. 2008a. 海平面上升导致潮波系统变化的机理(Ⅰ)——基于理论模型的研究. 中国海洋大学学报(自然科学版), 38(4): 517-526.

于宜法, 郭明克, 刘兰. 2006. 海平面上升导致渤、黄、东海潮波变化的数值研究Ⅰ-现有的渤、黄、东海潮波的数值模拟. 中国海洋大学学报(自然科学版), 36(6): 859-867.

于宜法, 刘兰, 郭明克, 2007. 海平面上升导致渤、黄、东海潮波变化的数值研究Ⅱ-海平面上升后渤、黄、东海潮波的数值模拟. 中国海洋大学学报(自然科学版), 37(1): 7-14.

于宜法, 刘兰, 郭明克, 等. 2008b. 海平面上升导致潮波系统变化的机理(Ⅱ)-基于数值模拟的研究. 中国海洋大学学报(自然科学版), 38(6): 875-882.

袁方超, 张文舟, 杨金湘, 等. 2016. 福建近海海平面变化研究. 应用海洋学学报, 35(1): 20-32.

袁林旺, 谢志仁, 俞肇元. 2008. 基于 SSA 和 MGF 的海面变化长期预测及对比. 地理研究, 27(2): 305-313.

曾刚, 高琳慧. 2017. 华南秋季干旱的年代际转折及其与热带印度洋热含量的关系. 大气科学学报, 40: 596-608.

詹金刚, 王勇, 程永寿. 2009. 中国近海海平面变化特征分析. 地球物理学报, 52(7): 1725-1733.

张华, 李艳芳, 唐城, 等. 2016. 渤海底层低氧区的空间特征与形成机制. 科学通报, 61(14): 1612-1620.

张吉. 2014. RCP4.5 情景下预测 21 世纪南海海平面变化, 海洋学报, 36(11): 21-29.

张锦文. 1997. 中国沿海海平面的上升预测模型. 海洋通报, 16(4): 1-9.

张锦文, 王喜亭, 王惠. 2001. 未来中国沿海海平面上升趋势估计. 测绘通报, (4): 4-5.

张静, 方同强. 2015. 1993—2012 年中国海海平面上升趋势. 中国海洋大学学报(自然科学版), 45(1): 121-126.

张俊鹏, 蔡榕硕. 2013. 东海冷涡对东亚季风年代际变化响应的数值试验. 海洋与湖沼, 44(6): 1427-1435.

张龙军. 2003. 东海海-气界面 CO 通量研究. 青岛: 中国海洋大学.

张龙军, 张云. 2008. 夏季渤海表层海水 pCO_2 分布特征. 中国海洋大学学报(自然科学版), (4): 635-639.

张平, 孔昊, 王代锋, 等. 2017. 海平面上升叠加风暴潮对 2050 年中国海洋经济的影响研究. 海洋环境科学, 36(1): 129-135.

张永垂, 禹凯, 史剑, 等. 2018. 海平面年际变化研究进展. 海洋预报, 35(1): 8.

章卫胜, 张金善, 林瑞栋, 等. 2013. 中国近海潮汐变化对外海海平面上升的响应. 水科学进展, 24(2): 243-250.

仉天宇, 于福江, 董剑希, 等. 2010. 海平面上升对河北黄骅台风风暴潮漫滩影响的数值研究. 海洋学报, 5: 499-503.

赵煊, 徐海明, 徐蜜蜜, 等. 2015. 春季中国东海黑潮区大气热源异常对中国东部降水的影响. 气象学报, 73(2): 263-275.

赵阳, 王宇虹, 黄武斌, 等. 2017. 中国东部陆海表面温差对夏季水汽输送及降水空间分布的影响. 热带气象学报, 33(6): 822-830.

郑静静, 刘桂梅, 高姗. 2016. 海洋缺氧现象的研究进展. 海洋预报, 4: 88-97.

钟玉龙, 钟敏, 冯伟. 2016. 近十年全球平均海平面变化成因的卫星重力监测研究以及与ENSO现象的相关分析. 地球物理学进展, 31(2): 0643-0648.

周相君. 2014. 1973-2013 年广西大陆海岸线遥感变迁分析. 青岛: 原国家海洋局第一海洋研究所.

朱雅敏, 李志龙. 2011. 华南海平面变化及对水位极值估计的影响. 海洋湖沼通报, 4: 126-133.

自然资源部. 2020. 2019 年中国海平面公报.

左军成, 杜凌, 陈美香, 等. 2013. 气候与海平面变化及其对海岸带的影响. 北京: 科学出版社.

左军成, 于宜法, 陈宗镛. 1994. 中国沿岸海平面变化原因的探讨. 地球科学进展, 9(5): 48-53.

左军成, 左常圣, 李娟, 等. 2015. 近十年我国海平面变化研究进展. 河海大学学报(自然科学版), 43(5): 442-449.

Abram N J, Gagan M K, Cole J E, et al. 2008. Recent intensification of tropical climate variability in the Indian Ocean. Nature Geoscience, 1: 849-853.

Albert P. 2018a. Relative sea level rise along the coast of China mid-twentieth to end twenty-first centuries. Arabian Journal of Geosciences, 11: 262.

Albert P. 2018b. Sea level oscillations in Japan and China since the start of the 20th century and consequences for coastal management-Part 2: China pearl river delta region. Ocean & Coastal Management, 163: 456-465.

Annamalai H, Kida S, Hafner J, 2010. Potential impact of the tropical Indian Ocean-Indonesian Seas on El Niño characteristics. J Climate, 23: 3933-3952.

Annamalai H, Potemra J, Murtugudde R, et al. 2005. Effect of preconditioning on the extreme climate events in the tropical Indian Ocean. J Climate, 18: 3450-3469.

Antonov J I, Levitus S, Boyer T P. 2002. Steric sea level variations during 1957-1994: Importance of salinity. Journal of Geophysical Research Atmospheres, 107(C12): 141-148.

Arnold L G, Claudia F G. 2004. Pacific decadal oscillation and sea level in the Japan/East sea. Deep Sea Research Part I: Oceanographic Research Papers, 51(5): 653-663

Bates N R, Astor Y M A, Church M J, et al. 2014. A time-series view of changing ocean chemistry due to ocean uptake of anthropogenic CO_2 and ocean acidification. 45 Oceanography, 27: 126-141.

Beardall J, Giordano M. 2002. Ecological implications of microalgal and cyanobacterial CO_2 concentrating mechanisms, and their regulation. Functional Plant Biology, 29: 335-347.

Becker M, Karpytchev M, Lennartz-Sassinek S. 2014. Long-term sea level trends: Natural or anthropogenic. Geophysical Research Letters, American Geophysical Union, 〈10.1002/2014GL061027〉.

Benthuysen J A, Oliver E C J, Feng M, et al. 2018. Extreme Marine Warming Across Tropical Australia During Austral Summer 2015-2016. Journal of Geophysical Research: Oceans, 123(2): 1301-1326.

Bindoff N L, Stott P A. 2013. Detection and attribution of climate change: From global to regional. Climate Change 2013: The Physical Science Basis. Contribution of Working Group I to the Fifth Assessment Report of the Intergovernmental Panel on Climate Change. Cambridge and New York: Cambridge University Press: 867-952.

Blunden J, Arndt D S, Hartfield G, et al. 2018. State of the climate in 2017. Special Supplement to the Bulletin of the American Meteorological Society, 99(8).

Boyer T P, SLevitus S, Antonov J I, et al. 2005. Linear trends in salinity for the World Ocean, 1955-1998. Geophys Res Lett, 32(1): L01604.

Breitburg D, Levin L A, Oschlies A, et al. 2018. Declining oxygen in the global ocean and coastal waters. Science, 359(6371): eaam7240.

Brewer P G, Peltzer E T. 2017. Depth perception: The need to report ocean biogeochemical rates as functions of temperature, not depth. Philosophical Transactions A, 375(2102): 20160319.

Caesar L, Rahmstorf S, Robinson A, et al. 2018. Observed fingerprint of a weakening Atlantic Ocean overturning circulation. Nature, 556: 191-196.

Cai R, Guo H, Fu D, et al. 2017b. Response and Adaptation to Climate Change in the South China Sea and Coral Sea. Cham: Springer International Publishing AG.

Cai R, Tan H, Kontoyiannis H. 2017a. Robust surface warming in offshore China Seas and its relationship to the East Asian monsoon wind field and ocean forcing on interdecadal time scales. J Climate, 30: 8987-9005.

Cai R, Tan H, Qi Q. 2016. Impacts of and adaptation to inter-decadal marine climate change in coastal China seas. International Journal of Climatology, 36(11): 3770-3780.

Cai W J, Borlace S, Lengaigne M, et al. 2014a. Increasing frequency of extreme El Niño events due to greenhouse warming. Nature Climate Change, 4: 111-116.

Cai W J, Cowan T. 2013. Why is the amplitude of the Indian Ocean Dipole overly large in CMIP3 and CMIP5 climate models. Geophys Res Lett, 40(6):1200-1205.

Cai W J, Dai M, Wang Y. 2006. Air-sea exchange of carbon dioxide in ocean margins A province-based synthesis. Geophys Res Lett, 33(12): 1-4.

Cai W J, Dai M. 2004. Comment on Enhanced open ocean storage of CO_2 from shelf sea pumping. Science, 306(5701): 1477.

Cai W J, Santoso A, Wang G, et al. 2014b. Increased frequency of extreme Indian Ocean Dipole events due to greenhouse warming. Nature, 510: 254-258.

Cai W J, Zheng X T, Weller E, et al. 2013. Projected response of the Indian Ocean Dipole to greenhouse warming. Nature Geoscience, 6: 999-1007.

Caldeira K, Wickett M E. 2003. Anthropogenic carbon and ocean pH. Nature, 425: 365.

Cao L, Zhang H. 2017. The role of biological rates in the simulated warming effect on oceanic CO_2 uptake. J Geophys Res Biogeosciences, 122(5): 1098-1106.

Capotondi A, Alexander M A, Bond N A, et al. 2012. Enhanced upper ocean stratification with climate change in the CMIP3 models. J Geophys Res-Oceans, 117(C4): 4031.

Carrigan A D, Puotinen M, 2014. Tropical cyclone cooling combats region-wide coral bleaching. Global Change Biology, 20(5): 1604-1613.

Carson M, Köhl A, Stammer D, et al. 2017. Regional sea level variability and trends, 1960-2007: A comparison of sea level reconstructions and ocean syntheses. J Geophys Res-Oceans, 122(11): 9068-9091.

Caruso M J, Gawarkiewicz G G, Beardsley R C. 2006. Interannual variability of the Kuroshio intrusion in the South China Sea. Journal of Oceanography, 62(4): 559-575.

Cazenave A, Dominh K, Guinehut S, et al. 2009. Sea level budget over 2003-2008. A reevaluation from GRACE space gravimetry, satellite altimetry and Argo. Global and Planetary Change, 65(1-2): 0-88.

Cazenave A, Henry O, Munier S, et al. 2012. Estimating ENSO influence on the global mean sea level, 1993-2010. Marine Geodesy, 35(sup1): 82-97.

Cazenave A, Palanisamy H, Ablain M. 2018. Contemporary sea level changes from satellite altimetry: What have we learned? What are the new challenges? Advances in Space Research, 62(7): 1639-1653.

Chai F, Liu G, Xue H, et al. 2009. Seasonal and interannual variability of carbon cycle in South China Sea: A three-dimensional physical-biogeochemical modeling study. J Oceanogr, 65: 703-720.

Chambers D P, Melhaff C A, Urban T J, et al. 2002. Low-frequency variations in global mean sea level: 1950-2000. J Geophys Res-Oceans, 107(C4): 3026.

Chambers D P, Merrifield M A, Nerem R S. 2012. Is there a 60-year oscillation in global mean sea level. Geophy Res Lett, 39: L18607.

Chang C W J, Hsu H H, Wu C R, et al. 2008. Interannual mode of sea level in the South China Sea and the roles of El Nino and El Nino Modoki. Geophys Res Lett, 35(3): L03601.

Chen C C, Gong G C, Shiah F K. 2007. Hypoxia in the East China Sea: one of the largest coastal low-oxygen areas in the world. Marine Environmental Research, 64(4): 399-408.

Chen C L, Wang G H. 2014. Interannual variability of the eastward current in the western South China Sea associated with the summer Asian monsoon. Journal of Geophysical Research: Oceans, 119(9): 5745-5754.

Chen C T A, Wang S L, Chou W C, et al. 2006. Carbonate chemistry and projected future changes in pH and $CaCO_3$ saturation state of the South China Sea. Mar Chem, 101: 277-305.

Chen M X, Zhang W H, Zhang S S, et al. 2016a. Projections of the 21st Century Sea Level Rise in the China Seas from CMIP5 Models. The 26th International Ocean and Polar Engineering Conference, Rhodes, Greece. International Offshore and Polar Engineering Conference, 784-791.

Chen X R, Liu Z H, Wang H Y, et al. 2019a. Significant salinity increase in subsurface waters of the South China Sea during 2016–2017. Acta Oceanologica Sinica-English Edition, 38(11): 51-61.

Chen X, Zhang X, Church J A, et al. 2017. The increasing rate of global mean sea-level rise during 1993-2014. Nature Climate Change, 7(7): 492-495.

Chen Y M, Huang W R, Xu S D. 2014a. Frequency analysis of extreme water levels affected by sea level rise and southeast coasts of China. Journal of Coastal Research, 68: 105-112.

Chen Z, Du Y, Wen Z, et al. 2019b. Evolution of south tropical indian ocean warming and the climatic impacts following strong El Niño Events. J Climate, 32: 7329-7347.

Chen Z, Wen Z, Wu R, et al. 2014b. Influence of two types of El Niños on the East Asian climate during boreal summer: A numerical study. Climate Dynamics, 43: 469-481.

Chen Z, Wen Z, Wu R, et al. 2016b. Relative importance of tropical SST anomalies in maintaining the western North Pacific anomalous anticyclone during El Niño to La Niña transition years. Climate Dynamics, 46: 1027-1041.

Cheng L, Abraham J, Hausfather Z, et al. 2019. How fast are the oceans warming. Science, 363(6423): 128-129.

Cheng L, Trenberth K, Fasullo J, et al. 2017. Improved estimates of ocean heat content from 1960-2015. Sci Adv, 3: e1601545.

Cheng X H, Qi Y Q. 2007. Trends of sea level variations in the south china sea from merged altimetry data. Global and Planetary Change, 57: 371-382.

Cheng X H, Qi Y Q. 2010. On steric and mass-induced contributions to the annual sea-level variations in the South China Sea. Global and Planetary Change, 72(3): 227-233.

Cheng X H, Xie S P, Du Y, et al. 2016. Interannual-to-decadal variability and trends of sea level in the south china sea. Climate Dynamics, 46: 3113-3126.

Cheng Y C, Plag H P, Hamlington B D, et al. 2015. Regional sea level variability in the Bohai Sea, Yellow Sea, and East China Sea. Continental Shelf Research, 111: 95-107.

Chiang T L, Hsin Y C, Wu C R. 2018. Multidecadal changes of upper-ocean thermal conditions in the tropical Northwest Pacific Ocean versus South China Sea during 1960–2015. J Climate, 31(10): 3999-4016.

Chou W C, Gong G C, Sheu D D, et al. 2009. Surface distributions of carbon chemistry parameters in the East China Sea in summer 2007. J Geophys Res-Oceans, 114(C7): doi: 10.1029/2008JC005128, 2009.

Chou W C, Sheu D D D, Chen C T A, et al. 2005. Seasonal variability of carbon chemistry at the SEATS time series site, northern South China Sea between 2002 and 2003.Terrestrial, Atmospheric and Oceanic Sciences, 16(2): 445-465.

Church J A, Clark P U, Cazenave A, et al. 2013. The Physical science basis. Contribution of Working Group I to the Fifth Assessment Report of the Intergovernmental Panel on Climate Change. Cambridge and New York: Cambridge University Press.

Church J A, White N J, Coleman R, et al. 2004. Estimates of the regional distribution of sea-level rise over the 1950 to 2000 period. J Climate, 17(13): 2609-2625.

Church J A, White N J. 2011. Sea-level rise from the late 19th to the early 21st century. Surveys in Geophysics, 32(4): 585-602.

Ciais P, Sabine C, Bala G, et al. 2013. Carbon and other biogeochemical cycles. Climate Change 2013: The Physical Science Basis. Contribution of Working Group I to the Fifth Assessment Report of the Intergovernmental Panel on Climate Change. Cambridge and New York: Cambridge University Press.

Curry R, Dickson B, Yashayaev I. 2003. A change in the freshwater balance of the Atlantic Ocean over the past four decades. Nature, 426: 826-829.

Dai M, Cao Z, Guo X, et al. 2013. Why are some marginal seas sources of atmospheric CO_2. Geophys Res Lett, 40: 2154-2158.

Dai M, Guo X, Zhai W, et al. 2006. Oxygen depletion in the upper reach of the Pearl River estuary during a winter drought. Marine Chemistry, 102: 159-169.

Dangendorf S, Marcos M, Müller A, et al. 2015. Detecting anthropogenic footprints in sea level rise. Nature Communications, 6:7849.

Dangendorf S, Marcos M, Wöppelmann G, et al. 2017. Reassessment of 20th century global mean sea level rise. Proceedings of the National. Academy of Sciences, 114(23): 5946-5951.

David C P, Racoma B A B, Gonzales J, et al. 2013. A manifestation of climate change? A Look at Typhoon Yolanda in relation to the historical tropical cyclone archive. Science Diliman (July-December), 25(2): 78-86.

Desbruyères D G, Purkey S G, McDonagh E L, et al. 2016. Deep and abyssal ocean warming from 35 years of repeat hydrography. Geophys Res Lett, 43(10): 356-310.

Diaz R J. 2001. Overview of hypoxia around the world. Journal of Environmental Quality, 30(2): 275-281.

Diaz R J, Rosenberg U. 2008. Spreading dead zones and consequences for marine ecosystems. Science, 321(5891): 926-929.

Dieng H B, Cazenave A, Meyssignac B, et al, 2017. New estimate of the current rate of sea level rise from a sea level budget approach. Geophys Res Lett, 44(8): 3744-3751.

Domingues C M, Church J A, White N J, et al. 2008. Improved estimates of upper-ocean warming and multi-decadal sea-level rise. Nature, 453: 1090-1096.

Dong X, Huang H, Zheng N, et al. 2017. Acidification mediated by a river plume and coastal upwelling on a fringing reef at the east coast of Hainan Island, Northern South China Sea. J Geophys Res-Oceans, 122(9): 7521-7536.

Douglas B C. 1992. Global sea level acceleration. J Geophys Res-Oceans, 97(C8): 12699-12706.

Du L, Li L, Li P L, et al. 2007. The Calculation of Check water levels in the Jiaozhou Bay and adjacent sea. Lisbon, Protugal. International Offshore and Polar Engineering Conference, 2370-2376.

Du Y, Cai W J, Wu Y L, 2013a. A new type of the Indian Ocean Dipole since the mid-1970s. J Climate, 26: 959-972.

Du Y, Xie S P, Huang G, et al. 2009. Role of air-sea interaction in the long persistence of El Niño-induced North Indian Ocean warming. J Climate, 22: 2023-2038.

Du Y, Xie S P, Yang Y L, et al. 2013b. Indian Ocean variability in the CMIP5 multimodel ensemble: The basin mode. J Climate, 26: 7240-7266.

Du Y, Yang L, Xie S P. 2011. Tropical Indian Ocean influence on northwest Pacific tropical cyclones in summer following strong El Niño. J Climate, 24: 315-322.

Durack P J. 2015. Ocean salinity and the global water cycle. Oceanography, 28: 20-31.

Durack P J, Wijffels S E. 2010. Fifty-year trends in global ocean salinities and their relationship to broad-scale warming. J Climate, 23: 4342-4362.

Durack P J, Wijffels S E, Matear R J. 2012. Ocean salinities reveal strong global water cycle intensification during 1950 to 2000. Science, 336: 455-458.

Emanuel K. 2005. Increasing destructiveness of tropical cyclones over the past 30 years. Nature, 436(7051): 686.

Falkowski P, Scholes R J, Boyle E. 2000. The global carbon cycle: A test of our knowledge of Earth as a system. Science, 290(5490): 291-296.

Fang G H, Chen H Y, Wei Z X, et al. 2006. Trends and interannual variability of the south china sea surface winds, surface height, and surface temperature in the recent decade. Journal of Geophysical Research-Oceans, 111: C11S16.

Fang Y, Tana, Sun S, et al. 2013. Impact of the climate change on the western boundary current in the South China Sea: An assessment based on numerical simulations. Malaysian Journal of Science, 32: 347-356.

Fasullo J T, Nerem R S. 2018. Altimeter-era emergence of the patterns of forced sea-level rise in climate models and implications for the future. PNAS December 18, 115(51): 12944-12949.

Fedorov A V, Pacanowski R C, Philander S G, et al. 2004. The effect of salinity on the wind-driven circulation and the thermal structure of the upper ocean. Journal of Physical Oceanography, 34: 1949-1966.

Feng J, Chen W. 2014a. Influence of the IOD on the relationship between El Niño Modoki and the East Asian-western North Pacific summer monsoon. International Journal of Climatology, 34: 1729-1736.

Feng J, Hu D. 2014b. How much does heat content of the western tropical Pacific Ocean modulate the South China Sea summer monsoon onset in the last four decades. J Geophys Res-Oceans, 119: 4029-4044.

Feng J, Jiang W, Bian C. 2014. Numerical prediction of storm surge in the Qingdao area under the impact of climate change. Journal of Ocean University of China, 13: 539-551.

Feng J, Li J P. 2011. Influence of El Niño Modoki on spring rainfall over south China. J Geophys Res-Atmos, 116, doi: 10.1029/2010JD015160.

Feng X, Tsimplis M N. 2014c. Sea level extremes at the coasts of China. J Geophys Res-Oceans, 119: 1593-1608.

Field C B, Behrenfeld M J, Randerson J T, et al. 1998. Primary production of the biosphere integrating terrestrial and oceanic components. Science, 281(5374): 237-240.

Forget G, Ponte R M. 2015. The partition of regional sea level variability. Progr Oceanogr, 137: 173-195.

Frankcombe L M, McGregor S, England M H. 2015. Robustness of the modes of Indo-Pacific sea level variability. Clim. Dynam, 45(5-6): 1281-1298.

Frederikse T, Jevrejeva S, Riva R E M, et al. 2018. A consistent sea-level reconstruction and its budget on basin and global scales over 1958–2014. Journal of Climate, 31(3): 1267-1280.

Friedlingstein P, O'sullivan M, Jones M W, et al. 2020. Global Carbon Budget 2020. Earth Syst Sci Data, 12: 3269-3340.

Frölicher T L, Laufkötter C. 2018. Emerging risks from marine heat waves. Nature Communications, 9(1): 650.

Fu W, Randerson J T, Moore J K. 2016. Climate change impacts on net primary production (NPP) and export production (EP) regulated by increasing stratification and phytoplankton community structure in the CMIP5 models. Biogeosciences, 13: 5151-5170.

Galli G, Solidoro C, Lovato T. 2017. Marine heat waves hazard 3D maps and the risk for low motility organisms in a warming mediterranean sea. Frontiers in Marine Science, 4: 136.

Gan J P, Liu Z Q, Hui C X. 2016a. A three-layer alternating spinning circulation in the South China Sea. Journal of Physical Oceanography, 46: 2309-2315.

Gao G, Jin P, Liu N, et al. 2017. The acclimation process of phytoplankton biomass, carbon fixation and respiration to the combined effects of elevated temperature and pCO$_2$ in the northern South China Sea. Mar Pollut Bull, 118(1-2): 213-220.

Gao K, Xu J, Gao G, et al. 2012. Rising CO$_2$ and increased light exposure synergistically reduce marine primary productivity. Nature Climate Change, 2(7): 519-523.

Gao Z G, Han S Z, Liu K X, et al. 2008. Numerical simulation of the influence of mean sea level rise on typhoon storm surge in the East China Sea. Marine Science Bulletin, 10(2): 36-49.

Garrabou J, Coma R, Bensoussan N, et al. 2009. Mass mortality in Northwestern Mediterranean rocky benthic communities: Effects of the 2003 heat wave. Global Change Biology, 15(5): 1090-1103.

Gille S T. 2008. Decadal-scale temperature trends in the Southern Hemisphere ocean. J Climate, 21: 4749-4765.

Gille S T. 2014. Meridional displacement of the Antarctic Circumpolar Current. Phil Trans R Soc A, 372: 1-12.

Gong H, Wang L, Chen W, et al. 2014. The climatology and interannual variability of the East Asian winter monsoon in CMIP5 models. J Climate, 27: 1659-1678.

Gong H, Wang L, Chen W, et al. 2015. Diverse influences of ENSO on the East Asian-western Pacific winter climate tied to different ENSO properties in CMIP5 models. J Climate, 28: 2187-2202.

Gordon A L, Giulivi C F. 2004. Pacific decadal oscillation and sea level in the Japan/East sea. Deep-sea Research Part I-oceanographic Research Papers, 51(5): 653-663.

Gruber N, Clement D, Carter B R, et al. 2019. The oceanic sink for anthropogenic CO_2 from 1994 to 2007. Science, 363(6432): 1193.

Guo X H, Zhai W D, Dai M H, et al. 2015. Air-sea CO_2 fluxes in the East China Sea based on multiple-year underway observations. Biogeosciences, 12: 5495-5514.

Hamlington B D, Cheon S H, Thompson P R, et al. 2016. An ongoing shift in Pacific Ocean sea level.J. Geophys. Res. Oceans, 121: 5084-5097.

Hamlington B D, Leben R R, Strassburg M W et al. 2013. Contribution of the Pacific Decadal Oscillation to global mean sea level trends. Geophys Res Lett, 40(19): 5171-5175.

Hamlington B, Burgos A, Thompson P R, et al. 2018. Observation-driven estimation of the spatial variability of 20th century sea level rise. J Geophys Res-Oceans, 123(3): 2129-2140.

Han G Q, Huang W G. 2008. Pacific Decadal oscillation and sea level variability in the Bohai, Yellow, an East China Seas. Journal of Physical Oceanography, 38: 2772-2783.

Han W, Meehl G A, Stammer D, et al. 2017. Spatial patterns of sea level variability associated with natural internal climate modes. Surv Geophys, 38(1): 217-250.

Hare C E, Leblanc K, DiTullio G R, et al. 2007. Consequences of increased temperature and CO_2 for phytoplankton community structure in the Bering Sea. Marine Ecology Progress Series, 352: 9-16.

Hartmann D L. 2013. Observations: Atmosphere and surface. Climate Change 2013: The Physical Science Basis. Contribution of Working Group I to the Fifth Assessment Report of the Intergovernmental Panel on Climate Change. Cambridge and New York: Cambridge University Press.

Hay C C, Morrow E, Kopp R E, et al. 2015. Probabilistic reanalysis of twentieth-century sea level rise. Nature, 517(7535): 481-484.

He L, Li G, Li K, et al. 2014. Estimation of regional sea level change in the Pearl River Delta from tide gauge and satellite altimetry data. Estuarine, Coastal and Shelf Science, 141(2): 69-77.

He Y H, Mok H Y, Edwin S T. 2016. Projection of sea-level change in the vicinity of Hong Kong in the 21st century. International Journal of Climatology, 36: 3237-3244.

Hegerl G, Stott P. 2013. Detection and Attribution of Climate Change (from global to regional). Egu General Assembly Conference, 10SM.

Helm K P, Bindoff N L, Church J A. 2010. Changes in the global hydrological-cycle inferred from ocean salinity. Geophys Res Lett, 37: L18701.

Helm K P, Bindoff N L, Church J A. 2011. Observed decreases in oxygen content of the global ocean. Geophys Res Lett, 38(23): 23602.

Hobday A J, Alexander L V, Perkins S E. 2016. A hierarchical approach to defining marine heatwaves. Progress in Oceanography, 141: 227-238.

Hoegh-Guldberg O, Cai R, Poloczanska E S, et al. 2014. The Ocean// Barros V R, Field C B, Dokken D J, et al. Climate Change 2014: Impacts, Adaptation, and Vulnerability. Part B: Regional Aspects. Contribution of Working Group II to the Fifth Assessment Report of the Intergovernmental Panel on Climate Change. Cambridge and New York: Cambridge University Press.

Hoegh-Guldberg O, Mumby P J, Hooten A J, et al. 2007. Coral reefs under rapid climate change and ocean acidification. Science, 318(5857): 1737-1742.

Hofer U. 2018. Marine Microbiology: Climate change boosts cyanobacteria. Nature Riviews Microbiology, 16(3): 122-123.

Hong H, Shen R, Zhang F, et al. 2017. The complex effects of ocean acidification on the prominent N2-fixing cyanobacterium Trichodesmium. Science, 356(6337): 527-531.

Hönisch B, Ridgwell A, Schmidt D N, et al. 2012. The geological record of ocean acidification. Science, 335(6072): 1058-1063.

Houghton J T, Meiro F L G, Callander B A, et al. 1996. Climate Change 1995: The Science of Climate Change. Cambridge: Cambridge University Press.

Hu K, Huang G, Huang R. 2011. The impact of tropical Indian Ocean variability on summer surface air temperature in China. J Climate, 24: 5365-5377.

Hu K, Huang G, Wu R. 2013. A strengthened influence of ENSO on august high temperature extremes over the Southern Yangtze River Valley since the Late 1980s. J Climate, 26(7): 2205-2221.

Hu K, Huang G, Zheng X T, et al. 2014. Interdecadal variations in ENSO influences on Northwest Pacific-East Asian early summertime climate simulated in CMIP5 models. J Climate, 27: 5982-5998.

Hu K, Xie S P, Huang G. 2017. Orographically anchored El Niño effect on summer rainfall in central China. J Climate, 30: 10037-10045.

Hu L, Shi X, Bai Y, et al. 2016. Recent organic carbon sequestration in the shelf sediments of the Bohai Sea and Yellow Sea, China. J Mar Syst, 155: 50-58.

Hu S J, Sprintall J. 2016. Interannual variability of the Indonesian Throughflow: the salinity effect. J Geophys Res-Oceans, 121(4): 2596-2615.

Hu, D, Wu L X, Cai W J, et al. 2015. Pacific western boundary currents and their roles in climate. Nature, 522(7556): 299-308.

Huang B, Mehta V, Schneider N. 2005. Oceanic response to idealized net atmospheric freshwater in the Pacific at the decadal time scale. Journal of Physical Oceanography, 35: 2467-2486.

Huang C J, Qiao F L. 2015. Sea level rise projection in the South China Sea from CMIP5 models. Acta Oceanol Sin, 34(3): 31-41.

Huang G, Hu K M, Xie S P. 2010. Strengthening of tropical Indian Ocean teleconnection to the northwest Pacific since the mid-1970s: An atmospheric GCM study. J Climate, 23: 5294-5304.

Huang P, Ying J, 2015. A multimodel ensemble pattern regression method to correct the tropical Pacific SST change patterns under global warming. J Climate, 28: 4706-4723.

Hughes T P, Kerry J T, Álvarez-Noriega M, et al. 2017. Global warming and recurrent mass bleaching of corals. Nature, 543(7645): 373-377.

Hutchins D A, Mulholland M R, Fu F. 2009. Nutrient cycles and marine microbes in a CO_2-enriched ocean. Oceanography, 22(4): 128-145.

IPCC. 2013. Summary for Policymakers//Stocker T F, Qin D, Plattner G K, et al. Climate Change 2013: The Physical Science Basis. Contribution of Working Group I to the Fifth Assessment Report of the Intergovernmental Panel on Climate Change. Cambridge and New York: Cambridge University Press.

IPCC. 2019. Summary for Policymakers. IPCC Special Report on the Ocean and Cryosphere in a Changing Climate. https: //www.ipcc.ch/srocc/chapter/summary-for-policymakers/[2019-09-24].

Izumo T, Vialard J, Lengaigne M, et al. 2010. Influence of the state of the Indian Ocean Dipole on the following year's El Nino. Nat Geo, 3: 168-172.

Jensen M F, Nilsson J, Nisancioglu K H. 2016. The interaction between sea ice and salinity-dominated ocean circulation: Implications for halocline stability and rapid changes of sea ice cover. Clim Dynam, 47(9-10): 3301-3317.

Jevrejeva S, Moore J C, Grinsted A, et al. 2008. Recent global sea level acceleration started over 200 years ago. Geophys Res Lett, 35: L08715.

Jia F, Hu D, Hu S, et al. 2017. Niño4 as a key region for the interannual variability of the Western Pacific warm pool. J Geophys Res-Oceans, 122: 9299-9314.

Jiao N Z, Liang Y T, Zhang S, et al. 2018. Carbon pools and fluxes in the China Seas and adjacent oceans. Science China Earth Sciences, 61: 1535-1563.

Jorda G. 2014. Detection time for global and regional sea level trends and accelerations. J Geophys Res-Oceans, 119(10): 7164-7174.

Kajikawa Y, Yasunari T, Wang B. 2009. Decadal change in intraseasonal variability over the South China Sea. Geophys Res Lett, 36: L06810.

Kamahori H, Yamazaki N, Mannoji N, et al. 2006. Variability in intense tropical cyclone days in the western North Pacific. SOLA, 2: 104-107.

Kang L, Ma L, Liu Y. 2016. Evaluation of farmland losses from sea level rise and storm surges in the Pearl River Delta region under global climate change. Journal of Geographical Sciences, 26(4): 439-456.

Kemp A C, Horton B P, Donnelly J P, et al. 2011. Climate related sea-level variations over the past two millennia. Proceedings of the National Academy of Sciences, 108: 11017-11022.

Kenigson J S, Han W. 2014. Detecting and understanding the accelerated sea level rise along the east coast of the United States during recent decades. Journal of Geophysical Research Oceans, 119(12): 8749-8766.

Kim D, Choi S H, Shim J H, et al. 2013. Revisiting the seasonal variations of sea-air CO_2 fluxes in the northern East

China Sea. Terr Atmos Ocean Sci, 24: 409-419.

Kim S T, Cai W J, Jin F F, et al. 2014. Response of El Niño sea surface temperature variability to greenhouse warming. Nature Climate Change, 4: 786-790.

Kim S T, Yu J Y. 2012. The two types of ENSO in CMIP5 models. Geophys Res Lett, 39: L11704.

Kleinen T, Osborn T J, Briffa K R. 2009. Sensitivity of climate response to variations in fresh water hosing location. Ocean Dyn, 59: 509-521.

Knutson T R, Sirutis J J, Zhao M, et al. 2015. Global projections of intense tropical cyclone activity for the late twenty-first century from dynamical downscaling of CMIP5/RCP4.5 scenarios. J Climate, 28(18): 7203-7224.

Kopp R E, Kemp A C, Bittermann K, et al. 2016. Temperature-driven global sea-level variability in the Common Era. Proceedings of the National Academy of Sciences, 113: E1434-E1441.

Kosaka Y, Xie S P. 2013. Recent global-warming hiatus tied to equatorial Pacific surface cooling. Nature, 501(7467): 403-407.

Kossin J, Emanuel K, Vecchi G. 2014. The poleward migration of the location of tropical cyclone maximum intensity. Nature, 509(7500): 349-352.

Laine A, Nakamura H, Nishii K, et al. 2014. A diagnostic study of future evaporation changes projected in CMIP5 climate models. Clim Dynam, 42: 2745-2761.

Landschützer P, Gruber N, Bakker D C E. 2016. Decadal variations and trends of the global ocean carbon sink. Global Biogeochemical Cycles, 30(10): 1396-1417.

Laruelle G G, Cai W J, Hu X, et al. 2018. Continental shelves as a variable but increasing global sink for atmospheric carbon dioxide. Nature Communications, 9(1): 454.

Laruelle G G, Lauerwald R, Pfeil B, et al. 2014. Regionalized global budget of the CO_2 exchange at the air-water interface in continental shelf seas. Glob Biogeochem Cycle, 28: 1199-1214.

Le Nohaïc M, Ross C, Cornwall C E. et al. 2017. Marine heatwave causes unprecedented regional mass bleaching of thermally resistant corals in northwestern Australia. Scientific Reports, 7(1): 14999.

Lee B Y, Wong W T, Woo W C. 2010. Sea-level rise and storm surge impacts of climate change on Hong Kong. Hongkong: HKIE Civil Division Conference.

Lee S, Park W, Baringer M, et al. 2015. Pacific origin of the abrupt increase in Indian Ocean heat content during the warming hiatus. Nature Geoscience, 8: 445-449.

Legeais J F, et al. 2018. An improved and homogeneous altimeter sea level record from the ESA Climate Change Initiative. Earth System Science Data, 10: 281-301.

Leuliette E W, Miller L. 2009. Closing the sea level rise budget with altimetry, Argo, and GRACE. Geophys Res Lett, 36(4): 69-79.

Leuliette E W. 2015. The balancing of the sea-level budget. Current Climate Change Reports, 1(3): 185-191.

Levitus S, Antonov J I, Boyer T P. 2012. World ocean heat content and thermosteric sea level change (0-2000 m), 1955-2010. Geophys Res Lett, 39(L10603): 1-5.

Levitus S, Antonov J I, Boyer T P, et al. 2005a. Linear trends of zonally averaged thermosteric, halosteric, and total steric sea level for individual ocean basins and the world ocean, (1955-1959)-(1994-1998). Geophys Res Lett, 32(16): L16601, doi:10.1029/2005GL023761.

Levitus S, Antonov J, Boyer T. 2005b. Warming of the world ocean, 1955–2003. Geophys Res Lett, 32: L02604.

Li D J, Zhang J, Huang D J, et al. 2002b. Oxygen depletion off the Changjiang (Yangtze River) Estuary. Science in China, Series D-Earth Sciences, 45: 1137-1146.

Li G, Xie S P, Du Y, 2016a. A robust but spurious pattern of climate change in model projections over the tropical Indian Ocean. J Climate, 29: 5589-5608.

Li G, Xie S P, Du Y, et al. 2016b. Effects of excessive equatorial cold tongue bias on the projections of tropical Pacific climate change. Part I: The warming pattern in CMIP5 multi-model ensemble. Clim Dynam, 47: 3817-3831.

Li G, Xie S P, Du Y. 2015a. Monsoon-induced biases of climate models over the tropical Indian Ocean. J Climate, 28: 3058-3072.

Li G, Xie S P. 2014. Tropical biases in CMIP5 multimodel ensemble: The excessive equatorial Pacific cold tongue and double ITCZ problems. J Climate, 27: 1765-1780.

Li H M, Zhang C S, Han X R, et al. 2015b. Changes in concentrations of oxygen, dissolved nitrogen, phosphate, and silicate in the southern Yellow Sea, 1980–2012: Sources and seaward gradients. Estuarine, Coastal and Shelf Science, 163: 44-55.

Li J, Du L, Zuo J C, et al. 2011. Effect of the sea level variation on storm surge in the East China Sea. ISOPE Conference, 3: 829-834.

Li L, Xu J, Cai R. 2002a. Trends of sea level rise in the South China Sea during the 1990s: An altimetry result. Chin Sci Bull, 47(7): 582-585.

Li Q, Guo X , Zhai W , et al. 2020. Partial pressure of CO_2 and air-sea CO_2 fluxes in the South China Sea: Synthesis of an 18-year dataset. Progress In Oceanography, 182: 102272.

Li Y F, Zuo J C, Li J, et al. 2012. The influence of wind anomaly on tropical Pacific sea level variation during El Nino.Periodical of Ocean University of China, 42(12): 1-7.

Li Y F, Zuo J C, Lu Q, et al. 2016c. Impacts of wind forcing on sea level variations in the East China Sea: Local and remote effects. Journal of Marine Systems, 154: 172-180.

Li Y, Han W, Hu A, et al. 2018. Multidecadal changes of the upper Indian Ocean heat content during 1965-2016. J Climate, 31(19): 7863-7884.

Li Y, Han W, Wilkin J L, et al. 2014. Interannual variability of the surface summertime eastward jet in the South China Sea. J Geophys Res-Oceans, 119(10): 7205-7228.

Li Y, Han W, Zhang L. 2017. Enhanced decadal warming of the Southeast Indian Ocean during the recent global surface warming slowdown. Geophys Res Lett, 44: 9876-9884.

Lima F P, Wethey D S. 2012. Three decades of high-resolution coastal sea surface temperatures reveal more than warming. Nature Communications, 3: 704.

Liu K S, Chan J C L. 2018. Interdecadal variability of the location of maximum intensity of category 4-5 typhoons and its implication on landfall intensity in East Asia. Int J Climatology, 39(4): 1839-1852.

Liu L, Li J, Tan W, et al. 2018a. Extreme sea level rise off the northwest coast of the South China Sea in 2012. J Ocean Univ China, 17(5): 991-999.

Liu Q Y, Huang R X, Wang D. 2012. Implication of the South China Sea throughflow for the interannual variability of the regional upper ocean heat content. Advances in Atmospheric Sciences, 29: 54-62.

Liu Q Y, Zhang Q. 2013. Analysis on long-term change of sea surface temperature in the China seas. Journal of Ocean University of China, 12: 295-300.

Liu Q, Guo X, Yin Z, et al. 2018b. Carbon fluxes in the China Seas: An overview and perspective. Science China: Earth Sciences, 61(11): 1564-1582.

Liu Q, Jia Y L, Wang X H, et al. 2001. On the annual cycle characteristics of the sea surface height in South China Sea. Advances in Atmospheric Sciences, 18(4): 613-622.

Liu Y, Peng Z, Zhou R, et al. 2014. Acceleration of modern acidification in the South China Sea driven by anthropogenic CO_2. Scientific Reports, 4: 5148.

Llovel W, Becker M , Cazenave A, et al. 2011. Terrestrial waters and sea level variations on interannual time scale. Global and Planetary Change, 75(1-2): 0-82.

Lombard A, Cazenave A, Le Traon P Y, et al. 2005. Contribution of thermal expansion to present-day sealevel rise revisited. Glob Planet Change, 47: 1-16.

Lui H K, Chen C T A, Lee J, et al. 2015. Acidifying intermediate water accelerates the acidification of seawater on shelves: An example of the East China Sea. Continental Shelf Research, 111: 223-233.

Luo J J, Zhang R, Behera S K, et al. 2010. Interaction between El Niño and extreme Indian Ocean Dipole. J Climate 23: 726-742.

Luo Y, Boudreau B P. 2016. Future acidification of marginal seas A comparative study. Geophys Res Lett, 43 (12): 6393-6401.

Luo Y, Liu Q, Rothstein L M. 2009. Simulated response of North Pacific Mode Waters to global warming. Geophys Res Lett, 36: L23609.

Manganello J, Hodges K I, Dirmeyer B, et al. 2014. Future changes in the western north pacific tropical cyclone activity projected by a multidecadal simulation with a 16-km global atmospheric GCM. J Climate, 27(20): 7622-7646.

Marcos M, Amores A. 2014. Quantifying anthropogenic and natural contributions to thermosteric sea level rise. Geophys Res Lett, 41: 2502-2507.

Marzeion B, Levermann A. 2014. Loss of cultural world heritage and currently inhabited places to sea-level rise. Environmental Research Letters, 9: 034001.

McCarthy G D, Haigh I D, Hirschi J J M, et al. 2015. Ocean impact on decadal Atlantic climate variability revealed by sea level observations. Nature, 521(7553): 508-510.

McKee B A, Aller R C, Allison M A, et al. 2004.Transport and transformation of dissolved and particulate materials on continental margins influenced by major rivers: Benthic boundary layer and seabed processes. Cont Shelf Res, 24: 899-926.

Mei W, Xie S P, Primeau F, et al. 2015. Northwestern Pacific typhoon intensity controlled by changes in ocean temperatures. Sci Adv, 1: e1500014.

Mei W, Xie S P. 2016. Intensification of landfalling typhoons over the northwest Pacific since the late 1970s. Nature Geoscience, 9: 753-757.

Mélançon J, Levasseur M, Lizotte M, et al. 2016. Impact of ocean acidification on phytoplankton assemblage, growth, and DMS production following Fe-dust additions in the NE Pacific high-nutrient, low-chlorophyll waters. Biogeosciences, 13(5): 1677-1692.

Metzger E J, Hurlburt H E. 2001. The nondeterministic nature of Kuroshio penetration and eddy shedding in the South China Sea. Journal of Physical Oceanography, 31(7): 1712-1732.

Meyssignac B, Piecuch C G, Merchant C J, et al. 2017. Causes of the regional variability in observed sea level, sea surface temperature and ocean colour over the period 1993-2011. Surv Geophys, 38: 187-215.

Mitas C M, Clement A. 2005. Has the Hadley cell been strengthening in recent decades. Geophys Res Lett, 32: L03809.

Moon J H, Song Y T, Bromirski P D, et al. 2013. Multidecadal regional sea level shifts in the Pacific over 1958–2008. J Geophys Res-Oceans, 118(12): 7024-7035.

Mu L, Chi Y X, Liu S H, et al. 2013. Effect of sea surface wind on the seasonal variation of sea level in the east of China seas. Marine Science Bulletin, 15(2): 26-36.

Nakamura J, Camargo S J, Sobel A H, et al. 2017. Western north pacific tropical cyclone model tracks in present and future climates. J Geophys Res-Atmos, 122(18), 9721-9744.

Nan F, Xue H J, Chai F, et al. 2013. Weakening of the Kuroshio intrusion into the South China Sea over the past two decades. J Climate, 26(20): 8097-8110.

Nan F, Xue H J, Yu F. 2015. Kuroshio intrusion into the South China Sea: A review. Progress in Oceanography, 137: 314-333.

Naqvi S W A, Bange H W, Farias L, et al. 2010. Marine hypoxia/anoxia as a source of CH_4 and N_2O. Biogeosciences, 7(7): 2159-2190.

Nerem R S, Beckley B D, Fasullo J T, et al. 2018. Climate-change-driven accelerated sea-level rise detected in the altimeter era. Proceedings of the National Academy of Sciences, 115(9): 2022-2025.

Newman M, Shin S I, Alexander M A. 2011. Natural variation in ENSO flavors. Geophys Res Lett, 38: L14705, doi: 10.1029/2001GL047658.

Nicholls R J, Cazenave A. 2010. Sea-level rise and its impact on coastal zones. Science, 328: 1517-1520.

Nidheesh A. Lengaigne M, Lialard J, et al. 2013. Decadal and long-term sea level variability in the tropical Indo-Pacific Ocean. Clim Dynam. 41(2): 381-402.

Ning X, Lin C, Su J, et al. 2010. Long-term environmental changes and the responses of the ecosystems in the Bohai Sea during 1960–1996. Deep Sea Research Part II: Topical Studies in Oceanography, 57(11-12): 1079-1091.

Norris R D, Turner S K, Hull P M, et al. 2013. Marine ecosystem responses to cenozoic global change. Science, 341(6145): 492-498.

Oey L Y, Chang M C, Chang Y L, et al. 2013. Decadal warming of coastal China Seas and coupling with winter monsoon and currents. Geophys Res Lett, 40(23): 6288-6292.

Oey L Y, Chang M C, Huang S M, et al. 2015. The influence of shelf-sea fronts on winter monsoon over East China Sea. Clim dynam, 45(7-8): 2047-2068.

Oey L Y, Chang Y L, Lin Y C, et al. 2014. Cross flows in the Taiwan Strait in winter. J Phys Oceanogr, 44: 801-817.

Olita A, SorgenteR, Natale S, et al. 2007. Effects of the 2003 European heatwave on the Central Mediterranean Sea: surface fluxes and the dynamical response. Ocean Sci, 3(2): 273-289.

Oliver E C J, Donat M D, Burrows M T, et al. 2018. Longer and more frequent marine heatwaves over the past century. Nature Communications, 9(1): 1324.

Oppenheimer M, Glavovic B, Hinkel J, et al. 2019. Sea Level Rise and Implications for Low Lying Islands, Coasts and Communities. Cambridge University Press, Cambridge, UK and New York, NY, USA. An IPCC Special Report on the Ocean and Cryosphere in a Changing Climate.

Palanisamy H, Cazenave A, Delcroix T, et al. 2015. Spatial trend patterns in the Pacific Ocean sea level during the altimetry era: the contribution of thermocline depth change and internal climate variability. Ocean Dynam, 65(3): 341-356.

Park K A, Lee E Y, Chang E, et al. 2015. Spatial and temporal variability of sea surface temperature and warming trends in the Yellow Sea. Journal of Marine Systems, 143: 24-38.

Pascolini-Campbell M, Zanchettin D, Bothe O, et al. 2015. Toward a record of Central Pacific El Niño events since 1880. Theor Appl Climatol, 119(1-2): 379-389.

Pattullo J, Munk W, Revelle R, et al. 1955. The seasonal oscillation in sea level. J Mar Res, 14: 88-156.

Pearce A F, Feng M. 2013. The rise and fall of the "marine heat wave" off Western Australia during the summer of 2010/2011. Journal of Marine Systems, 111-112: 139-156.

Pei Y H, Liu X H, He H L. 2017. Interpreting the sea surface temperature warming trend in the Yellow Sea and East China Sea. Science China Earth Sciences, 60(8): 1558-1568.

Peng D J, Palanisamy H, Cazenave A, et al. 2013. Interannual sea level variations in the south china sea over 19502009. Marine Geodesy, 36: 164-182.

Pérez F F, Mercier H, Vázquez-Rodríguez M, et al. 2013. Atlantic Ocean 60 CO_2 uptake reduced by weakening of the meridional overturning circulation. Nat Geosci, 6: 146-152.

Plattner G K, Joos F, Stocker T F. 2001. Feedback mechanisms and sensitivities of ocean carbon uptake under global warming. Tellus, 53B: 564-592.

Power S, Delage F, Chung C, et al. 2013. Robust twenty-first-century projections of El Niño and related precipitation variability. Nature, 502: 541-545.

Qiu B, Chen S. 2010. Interannual-to-decadal variability in the bifurcation of the North Equatorial Current off the Philippines. Journal of Physical Oceanography, 40: 2525-2538.

Qiu B, Chen S. 2012. Multi-decadal sea level and gyre circulation variability in the northwestern tropical Pacific Ocean. Journal of Physical Oceanography, 42: 193-206.

Qiu F W, Fang W D, Pan A J, et al. 2017. Interannual to decadal variation of spring sea level anomaly in the western South China Sea. Chinese Journal of Oceanology and Limnology, 35(1): 79-88.

Qu B X, Song J M, Yuan H M, et al. 2014. Air-sea CO_2 exchange process in the southern Yellow Sea in April of 2011, and June, July, October of 2012. Cont Shelf Res, 80: 8-19.

Qu T D, Song Y T, Yamagata T. 2009. An introduction to the South China Sea throughflow: Its dynamics, variability, and application for climate. Dynamics of Atmospheres and Oceans, 47: 3-14.

Rahmstorf S J E B, Feulner G, Mann M E, et al. 2015. Exceptional twentieth-century slowdown in Atlantic Ocean overturning circulation. Nat Clim Change, 5: 475.

Raven J, Caldeira K, Elderfield H, et al. 2005. Ocean acidification due to increasing atmospheric carbon dioxide. The Royal Society, 1-60. https://royalsociety.org/~/media/Royal_Society_Content/policy/publications/2005/9634.pdf.

Ray R D, Douglas B C. 2011.Experiments in reconstructing twentieth-century sea levels. Progr Oceanogr, 91(4): 496-515.

Regnier P, Friedlingstein P, Ciais P, et al. 2013. Anthropogenic perturbation of the carbon fluxes from land to ocean. Nat Geosci, 6: 597-607.

Ren F, Liang J, Wu G, et al. 2011. Reliability analysis of climate change of tropical cyclone activity over the western North Pacific. J Climate, 24: 5887-5898.

Ren X, Yang X Q, Sun X. 2013. Zonal oscillation of western Pacific subtropical high and subseasonal SST variations during Yangtze persistent heavy rainfall events. J Climate, 26(22): 8929-8946.

Ritter R, Landschützer P, Gruber N, et al. 2017. Observation-based trends of the Southern Ocean carbon sink. Geophys Res Lett, 44(24): 12339-12348.

Roemmich D, Church J, Gilson J, et al. 2015. Unabated planetary warming and its ocean structure since 2006. Nat Clim Change, 5(3): 240-245.

Roemmich D, Gilson J, Davis R, et al. 2007. Decadal Spinup of the South Pacific Subtropical Gyre. Journal of Physical Oceanography, 37: 162-173.

Rooth C. 1982. Hydrology and ocean circulation. Prog Oceanogr, 11: 131-149.

Royston S, Watson C S, Legrésy B, et al. 2018. Sea-level trend uncertainty with Pacific climatic variability and temporally-correlated noise. J Geophys Res-Oceans, 123: 1978-1993.

Ryan H F, Noble M A. 2006. Alongshore wind forcing of coastal sea level as a function of frequency. Journal of physical oceanography, 36(11): 2173-2184.

Sabine C L, Feely R A, Gruber N, et al. 2004. The oceanic sink for anthropogenic CO_2. Science, 305(5682): 367-371.

Scannell H A, Pershing A J, Alexander M A, et al. 2016. Frequency of marine heatwaves in the North Atlantic and North Pacific since 1950. Geophys Res Lett, 43(5): 2069-2076.

Schlegel R W, Oliver Eric C J, Perkins-Kirkpatrick S, et al. 2017a. Predominant Atmospheric and Oceanic Patterns during Coastal Marine Heatwaves. Frontiers in Marine Science, 4: 323.

Schlegel R W, Oliver E C J, WernbergT, et al. 2017b. Nearshore and offshore co-occurrence of marine heatwaves and cold-spells. Progress in Oceanography, 151(Feb): 189-205.

Schmidtko S, Stramma L, Visbeck M. 2017. Decline in global oceanic oxygen content during the past five decades. Nature, 542(7641): 335-339.

Schwinger J, Tjiputra J F, Heinze C, et al. 2014. Nonlinearity of Ocean 23 Carbon Cycle Feedbacks in CMIP5 Earth System Models. J Climate, 27: 3869-3888.

Sen Gupta A, Mcgregor S, Sebille E V, et al. 2016. Future changes to the Indonesian Through flow and Pacific circulation: The differing role of wind and deep circulation changes. Geophys Res Lett, 43(4): 1669-1678.

Sharmila S, Walsh K J E. 2018. Recent poleward shift of tropical cyclone formation linked to Hadley cell expansion.Nat Clim Change, 8:(8): 730-736.

Sheen K L, Brearley J A, Garabato A C N, et al. 2013. Rates and mechanisms of turbulent dissipation and mixing in the Southern Ocean: Results from the diapycnal and isopycnal mixing experiment in the Southern Ocean (DIMES). J Geophys Res-Oceans, 118: 2774-2792.

Sheu D D, Chou W C, Wei C L, et al. 2010. Influence of El Niño on the sea-to-air CO_2 flux at the SEATS timeseries site, northern South China Sea. J Geophys Res-Oceans, 115(C10): 9.

Shi D, Xu Y, Hopkinson B M, et al. 2010. Effect of ocean acidification on iron availability to marine phytoplankton. Science, 327: 676-679.

Shi J R, Xie S P, Talley L D. 2018. Evolving relative importance of the Southern Ocean and North Atlantic in Anthropogenic Ocean heat uptake. J Climate, 31: 7459-7479.

Shu Y, Xue H, Wang D, et al. 2016. Observed evidence of the anomalous South China Sea western boundary current during the summers of 2010 and 2011. J Geophys Res-Oceans, 121: 1145-1159.

Si Z, Xu Y, 2014. Influence of the Pacific Decadal Oscillation on regional sea level rise in the Pacific Ocean from 1993 to 2012. Chinese Journal of Oceanology and Limnology, 32(6): 1414-1420.

Skliris N, Marsh R, Josey S A, et al. 2014. Salinity changes in the World Ocean since 1950 in relation to changing surface freshwater fluxes. Clim Dynam, 43(3-4): 709-736.

Slangen A B A, Church J A, Agosta C, et al. 2016. Anthropogenic forcing dominates global mean sea level rise since 1970. Nat Clim Change, 6: 701-705.

Slangen A B A, Church J A, Zhang X, et al. 2014.Detection and attribution of global mean thermosteric sea level change, Geophys Res Lett, 41: 5951-5959.

Song J J, WangY, Wu L. 2010. Trend discrepancies among three best track data sets of western North Pacific tropical cyclones. J Geophys Res-Atmos, 115(D12): D12128:1-D12128:9 .

Song J, Klotzbach P J. 2018. What has controlled the poleward migration of annual averaged location of tropical cyclone lifetime maximum intensity over the western North Pacific since 1961? Geophys Res Lett, 45: 1148-1156.

Song J, Qu B, Li X, et al. 2018. Carbon sinks/sources in the Yellow and East China Seas-Air-sea interface exchange, dissolution in seawater, and burial in sediments. Sci China: Earth Sci, 61(11): 1583-1593.

Song W, Lan J, Liu Q, et al. 2014. Decadal variability of heat content in the South China Sea inferred from observation data and an ocean data assimilation product. Ocean Sci, 10: 135-139.

Stammer D, Cazenave A, Ponte R M, et al. 2013. Causes for contemporary regional sea level changes. Ann Rev Mar Sci, 5(1): 21-46.

Stramma L, Prince E D, Schmidtko S, et al. 2011. Expansion of oxygen minimum zones may reduce available habitat for tropical pelagic fishes. Nat Clim Change, 2(1): 33-37.

Sugi M, Murakami H, Yoshida K. 2017. Projection of future changes in the frequency of intense tropical cyclones. Clim Dynam, 49(1-2): 619-632.

Swart N C, Gille S T, Fyfe J C, et al. 2018. Recent Southern Ocean warming and freshening driven by greenhouse gas emissions and ozone depletion. Nature Geoscience, 11: 836-841.

Tabata S, Thomas B, Ramsden D. 1986. Annual and interannual variability of steric sea level along line P in the northeast Pacific Ocean. J Phys Oceanogr, 16: 1378-1398.

Takagi H, Esteban M. 2016. Statistics of tropical cyclone landfalls in the Philippines: Unusual characteristics of 2013 Typhoon Haiyan. Natural Hazards, 80(1): 211-222.

Talley L D, Feely R A, Sloyan B M, et al. 2016. Changes in ocean heat, carbon content, and ventilation: A review of the first decade of GO-SHIP global repeat hydrography. Annual Review of Marine Science, 8: 185-215.

Tan H, Cai R, Huo Y, et al. 2020. Projections of changes in marine environment in coastal China seas over the 21st century based on CMIP5 models. Journal of oceanology and limnology, 38(6): 1676-1691.

Tan H, Cai R. 2018. What caused the record-breaking warming in East China Seas during August 2016. Atmospheric Science Letters, 19(10): e853.

Tanaka H L, Ishizaki N, Kitoh A. 2004. Trend and interannual variability of Walker, monsoon and Hadley circulations defined by velocity potential in the upper troposphere. Tellus A, 56: 250-269.

Taschetto A S, Gupta A S, Jourdain N C, et al. 2014. Cold tongue and warm pool ENSO events in CMIP5: Mean state and future projections. J Climate, 27: 2861-2885.

Teh L S, Witter A, Cheung W W, et al. 2017. What is at stake? Status and threats to South China Sea marine fisheries. Ambio, 46(1): 57-72.

Terada M, Minobe S. 2018. Projected sea level rise, gyre circulation and water mass formation in the western North Pacific: CMIP5 inter-model analysis. Clim Dynam, 50(11): 4767-4782.

Thompson P R, Piecuch C G, Merrifield M A, et al. 2016. Forcing of recent decadal variability in the Equatorial and North Indian Ocean. J Geophys Res-Oceans, 121(9): 6762-6778.

Thomson R E, Tabata S. 1989. Steric sea level trends in the Northeast Pacific Ocean: Possible evidence of global sea level rise. J Climate, 2(6): 542-553.

Timmermann A, An S, Krebs U, et al. 2005. ENSO suppression due to a weakening of the North Atlantic thermohaline circulation. J Climate, 18: 3122-3139.

Timmermann A, Oberhuber J, Bacher A, et al. 1999. Increased El Niño frequency in a climate model forced by future greenhouse warming. Nature, 398: 694-697.

Tokinaga H, Xie S P, Deser C, et al. 2012. Slowdown of the walker circulation driven by tropical Indo-Pacific warming. Nature, 491: 439-443.

Toole J M, Millard R C, Wang Z, et al. 1990. Observations of the Pacific North Equatorial Current bifurcation at the Philippine coast. J Phys Oceanogr, 20: 307-318.

Trenberth K E, Cheng L, Jacobs P, et al. 2018. Hurricane harvey links to ocean heat content and climate change adaptation. Earth's Future, 6: 730-744.

Trenberth K E, Fasullo J T. 2013. Regional energy and water cycles: Transports from ocean to land. J Climate, 26: 7837-7851.

Trenberth K, Fasullo J, Balmaseda M. 2014. Earth's energy imbalance. J Climate, 27: 3129-3144.

Tseng C M, Liu K K, Gong G C, et al. 2011. CO_2 uptake in the East China Sea relying on Changjiang runoff is prone to change. Geophys Res Lett, 38(24): L24609-1-L24609-6.

Tseng C M, Shen P Y, Liu K K. 2014. Synthesis of observed airsea CO_2 exchange fluxes in the river-dominated East China Sea and improved estimates of annual and seasonal net mean fluxes. Biogeosciences, 11: 3855-3870.

Tseng C M, Wong G T F, Choua W C, et al. 2007. Temporal variations in the carbonate system in the upper layer at the SEATS station. Deep Sea Research II: Topical Studies in Oceanography, 54(2007): 1448-1468.

Ummenhofer C C, Biastoch A, Boning C W. 2017. Multidecadal Indian Ocean variability linked to the Pacific and implications for preconditioning Indian Ocean Dipole events. J Climate, 30: 1739-1751.

USGCRP. 2017. Climate Science Special Report: Fourth National Climate Assessment, Volume I. Washington, DC: U.S. Global Change Research Program.

Vaquer-Sunyer R, Duarte C M. 2008. Thresholds of hypoxia for marine biodiversity. Proceedings of the National Academy of Sciences of the United States of America, 105(40): 15452-15457.

Vecchi G A, Soden B J. 2007.Effect of remote sea surface temperature change on tropical cyclone potential intensity.Nature, 450(7172): 1066-1070.

Visser H, Dangendorf S, Petersen A C. 2015. A review of trend models applied to sea level data with reference to the "acceleration-deceleration debate". J Geophys Res-Oceans, 120: 3873-3895.

Von Schuckmann K, Le Traon P Y. 2011. How well can we derive Global Ocean Indicators from Argo data. Ocean Sci, 7: 783-791.

Von Schuckmann K, Palmer M D, Trenberth K E, et al. 2016. An imperative to monitor Earth's energy imbalance. Nat Clim Change, 6(2): 138-144.

Wang B, Wei Q, Chen J, et al. 2012. Annual cycle of hypoxia off the Changjiang (Yangtze River) Estuary. Marine Environmental Research, 77(2012): 1-5.

Wang C Z, Dong S F, Munoz E. 2010. Seawater density variations in the North Atlantic and the Atlantic meridional overturning circulation. Clim Dynam, 34: 953-968.

Wang D X, Liu Q Y, Huang R X, et al. 2006. Interannual variability of the South China Sea throughflow inferred from wind data and an ocean data assimilation product. Geophys Res Lett, 33(14): 110-118.

Wang G, Kang J, Yan G, et al. 2015. Spatio-temporal variability of sea level in the East China Sea. Recent Developments of Port and Ocean Engineering, 73: 40-47.

Wang G, Lin M. 2014. A comparison of the CMIP5 models on the historical simulation of the upper ocean heat content in the South China Sea. Acta Oceanologica Sinica, 33(11): 75-84.

Wang H, Liu K X, Wang A M, et al. 2018. Regional characteristics of the effects of the El Nino-Southern Oscillation on the sea level in the China Sea. Ocean Dynamics, 68: 485-495.

Wang H, Liu K, Gao Z, et al. 2017. Characteristics and possible causes of the seasonal sea level anomaly along the South China Sea coast. Aata Oceanol Sin, 36(1): 9-16.

Wang L, Huang G, Zhou W, et al. 2016. Historical change and future scenarios of sea level rise in Macau and adjacent waters. Advances in Atmospheric Sciences, 33(4): 462-475.

Wang S L, Chen C T A, Hong G H, et al. 2000. Carbon dioxide and related parameters in the East China Sea. Cont. Shelf Res., 20(4-5): 525-544.

Watson A J. 2016. Oceans on the edge of anoxia. Science, 354(6319): 1529-1539.

Watson C S, White N J, Church J A, et al. 2015. Unabated global mean sea level rise over the satellite altimeter era. Nat Clim Change, 5(6): 565-568.

WCRP sea level budget group. 2018. Global sea-level budget 1993–present. Earth Syst Sci Data, 10: 1551-1590.

Wei Q, Wang B, Yao Q, et al. 2019. Spatiotemporal variations in the summer hypoxia in the Bohai Sea (China) and controlling mechanisms. Marine Pollution Bulletin, 138: 125-134.

Wei Q, Wang B, Yu Z, et al. 2017. Mechanisms leading to the frequent occurrences of hypoxia and a preliminary analysis of the associated acidification off the Changjiang estuary in summer. Science China Earth Sciences, 60(2): 360-381.

Wenzel M, Schröter J. 2014. Global and regional sea level change during the 20th century. J. Geophys. Res. Oceans, 119: 7493-7508.

Wijffels S E, Schmitt R W, Bryden H L, et al. 1993. Transport of freshwater by the oceans. Journal of Physical Oceanography, 22: 155-162.

Williams P D, Guilyardi E, Sutton R T, et al. 2006. On the climate response of the low-latitude Pacific Ocean to changes in the global freshwater cycle. Clim Dynam, 27(6): 593-611.

Willis J K , Chambers D P , Kuo C Y, et al. 2010. Global sea level rise: Recent progress and challenges for the decade to come. Oceanography, 23(4): 26-35.

Willis J K, Chambers D P , Nerem R S, 2008. Assessing the globally averaged sea level budget on seasonal to interannual timescales. J Geophys Res-Oceans, 113(c6): C06015-1-C06015-9-0.

WMO. 2017. Statement on the State of the Global Climate in 2016.

WMO. 2018. Statement on the State of the Global Climate in 2017.

WMO. 2019. Statement on the State of the Global Climate in 2018.

Woodworth P L. 1990. A search for accelerations in records of European mean sea level. Int J Climatol, 10: 129-143.

Woodworth P L. 1999. High waters at Liverpool since 1768: The UK's longest sea level record. Geophys Res Lett, 26(11): 1589-1592.

Worm B, Sandow M, Oschlies A, et al. 2005. Global patterns of predator diversity in the open oceans. Science, 309(5739): 1365-1369.

Wu C R, Chang W J. 2005. Interannual variability of the South China Sea in a data assimilation model. Geophys Res Lett, 32: L17611.

Wu L X, Cai W J, Zhang L P, et al. 2012. Enhanced warming over the global subtropical western boundary currents. Nat Clim Change, 2: 161-166.

Wu L, Jing Z, Riser S, et al. 2011. Seasonal spatial variations of Southern Ocean diapycnal mixing from Argo profiling floats. Nature Geoscience, 4: 363.

Wu L, Li C, Yang C, et al. 2008a. Global teleconnections in response to a shutdown of the Atlantic meridional overturning circulation. J Climate, 21: 3002-3019.

Wu M C, Yeung K H, Chang W L. 2006. Trends in western North Pacific tropical cyclone intensity. EOS Trans Am Geophys Union, 87: 537-538.

Wu R, Kirtman B P, Krishnamurthy V. 2008b. An asymmetric mode of tropical Indian Ocean rainfall variability in boreal spring. J Geophys Res -Atmos, 113(d5): D05104-1-D05104-14-0.

Wu R, Li C, Lin J. 2017. Enhanced winter warming in the Eastern China Coastal Waters and its relationship with ENSO. Atmospheric Science Letters, 18(1): 11-18.

Wu X, Liu Z, Liao G, et al. 2015. Variation of Indo-Pacific upper ocean heat content during 2001-2012 revealed by Argo. Acta Oceanologica Sinica, 34(5): 29-38.

Wu Z Y, Chen H X, Liu N. 2010. Relationship between East China Sea Kuroshio and climatic elements in East China. Marine Science Bulletin, 12: 1-9.

Xiao F, Wang D, Zeng L, et al. 2019. Contrasting changes in the sea surface temperature and upper ocean heat content in the South China Sea during recent decades Climate Dynamics. https: //doi.org/10.1007/s00382-019-04697-1[2021-5-30].

Xiao F, Zeng L, Liu Q Y, et al. 2018. Extreme subsurface warm events in the South China Sea during 1998/99 and 2006/07: Observations and mechanisms. Clim Dynam, 50: 115-128.

Xie S P, Du Y, Huang G, et al. 2010. Decadal shift in El Niño influences on Indo-western Pacific and East Asian climate in the 1970s. J Climate, 23: 3352-3368.

Xie S P, Hu K M, Hafner J, et al. 2009. Indian Ocean capacitor effect on Indo-western Pacific climate during the summer following El Niño. J Climate, 22: 730-747.

Xie S P, Kosaka Y, Du Y, et al. 2016. Indo-western Pacific Ocean capacitor and coherent climate anomalies in post-ENSO summer: A review. Advances in Atmospheric Sciences, 33: 411-432.

Xie S P, Xu L X, Liu Q, et al. 2011. Dynamical role of mode-water ventilation in decadal variability in the central subtropical gyre of the North Pacific. J Climate, 24: 1212-1225.

Xu F H, Oey L Y. 2014. State analysis using the Local Ensemble Transform Kalman Filter (LETKF) and the three-layer circulation structure of the Luzon Strait and the South China Sea. Ocean Dynamics, 64(6): 905-923

Xu L X, Xie S P, Liu Q Y. 2012a. Mode water ventilation and subtropical countercurrent over the North Pacific in CMIP5 simulations and future projections. J Geophys Res-Oceans, 117: C12009.

Xu L X, Xie S P, Liu Q Y, et al. 2012b. Response of the North Pacific subtropical countercurrent and its variability to global warming. Journal of Oceanography, 68: 127-137.

Xu M, Xu H M, Ren H J. 2017a. Influence of Kuroshio SST front in the East China Sea on the climatological evolution of Meiyu rainband. Clim Dynam, 2: 1-24.

Xu K, Tam C Y, Zhu C, et al. 2017b. CMIP5 projections of two types of El Niño and their related tropical precipitation in the 21st century. J Climate, 30: 849-864.

Xu X, Zang K, Huo C, et al. 2016a. Aragonite saturation state and dynamic mechanism in the southern Yellow Sea, China. Mar Pollut Bull , 109(1): 142-150.

Xu X, Zang K, Zhao H, et al. 2016b. Monthly CO_2 at A4HDYD station in a productive shallow marginal sea (Yellow Sea) with a seasonal thermocline: Controlling processes. J Mar Syst, 159: 89-99.

Xu Y, Lin M, Zheng Q, et al. 2016c. A study of sea level variability and its long-term trend in the South China Sea. Acta Oceanologica Sinica, 35(9): 22-33.

Xue H J, Chai F, Pettigrew N, et al. 2004. Kuroshio intrusion and the circulation in the South China Sea. Journal of Geophysical Research, 109: C02017

Xue L, Xue M, Zhang L, et al. 2012. Surface partial pressure of CO_2 and air-sea exchange in the northern Yellow Sea. J Mar Syst, 105-108: 194-206.

Xue L, Zhang L, Cai W J, et al. 2011. Air-sea CO_2 fluxes in the southern Yellow Sea: An examination of the continental shelf pump hypothesis. Cont Shelf Res, 31: 1904-1914.

Yan H, Yu K, Shi Q, et al. 2016. Seasonal variations of seawater pCO_2 and sea-air CO_2 fluxes in a fringing coral reef, northern South China Sea. J Geophys Res-Oceans, 121(1): 998-1008.

Yan M, Zuo J C, Du L, et al. 2007. Sea level variation/change and steric contributions in the East China Sea. International Offshore and Polar Engineering Conference, 2377-2382.

Yan Y, Qi Y, Zhou W. 2010. Interannual heat content variability in the South China Sea and its response to ENSO.

Dynamics of Atmospheres and Oceans, 50(3): 400-414.

Yang H Y, Wu L X. 2012. Trends of upper-layer circulation in the South China Sea during 1959-2008. J Geophys Res-Oceans, 117: C08037.

Yang J L, Liu Q, Liu Z. 2010. Linking observations of the Asian Monsoon to the Indian Ocean SST: Possible roles of Indian Ocean Basin Mode and Dipole Mode. J Climate, 23: 5889-5902.

Yao Y, Wang J, Yin J, et al. 2020. Marine heatwaves in China's marginal seas and adjacent offshore waters: Past, present, and future. J Geophys Res-Oceans, 125(3): e2019JC015801.

Yeh S W, Kug J S, Dewitte B, et al. 2009. El Niño in a changing climate. Nature, 461: 511-514.

Yi S, Sun W, Heki K, et al. 2015. An increase in the rate of global mean sea level rise since 2010. Geophys Res Lett, 42(10): 3998-4006.

Yin K, Lin Z, Ke Z. 2004. Temporal and spatial distribution of dissolved oxygen in the Pearl River Estuary and adjacent coastal waters. Continental Shelf Research, 24: 1935-1948.

Yin K, Xu S D, Huang W R, et al. 2017. Effects of sea level rise and typhoon intensity on storm surge and waves in Pearl River Estuary. Ocean Engineering, 136: 80-93.

Yoshida K, Sugi M, Mizuta R, et al. 2017. Future changes in tropical cyclone activity in high-resolution large-ensemble simulations. Geophys Res Lett, 44(19): 9910-9917.

Yu J Y, Kao P K, Paek H, et al. 2015. Linking emergence of the central pacific El Niño to the atlantic multidecadal oscillation. J Climate, 28: 651-662.

Yu L. 2019. Global air–sea fluxes of heat, fresh water, and momentum: Energy budget closure and unanswered questions. Annual Review of Marine Science, 11: 227-248.

Yuan D L, Hsueh Y. 2010. Dynamics of the cross-shelf circulation in the Yellow and East China Seas in winter. Deep-Sea Research II, 57: 1745-1761.

Yuan Y, Yang S. 2012. Impacts of different types of El Niño on the East Asian Climate: Focus on ENSO cycles. J Climate, 25: 7702-7722.

Zeebe R E, Wolf-Gladrow D. 2001. CO_2 in seawater: Equilibrium, kinetics, isotopes. Elsevier Science, 360.

Zeng L, Wang D, Xiu P, et al. 2016. Decadal variation and trends in subsurface salinity from 1960 to 2012 in the northern South China Sea. Geophys Res Lett, 43(23): 12181-12189.

Zhai W D, Dai M H, Chen B S, et al. 2013. Seasonal variations of sea-air CO_2 fluxes in the largest tropical marginal sea (South China Sea) based on multiple-year underway measurements. Biogeosciences, 10: 7775-7791.

Zhai W D, Zheng N, Huo C, et al. 2014. Subsurface pH and carbonate saturation state of aragonite on the Chinese side of the North Yellow Sea seasonal variations and controls. Biogeosciences, 11: 1103-1123.

Zhai W D. 2018. Exploring seasonal acidification in the Yellow Sea. Science China Earth Sciences, 61(6): 647-658.

Zhai W, Zhao H, Zheng N, et al. 2012. Coastal acidification in summer bottom oxygen-depleted waters in northwestern-northern Bohai Sea from June to August in 2011. Chinese Science Bulletin, 57(9): 1062-1068.

Zhan R, Wang Y, Tao L. 2014. Intensified Impact of East Indian Ocean SST Anomaly on tropical cyclone genesis frequency over the Western North Pacific. J Climate, 27: 8724-8739.

Zhan R, Wang Y, Zhao J. 2017. Intensified Mega-ENSO has increased the proportion of intense tropical cyclones over the western northwest pacific since the late 1970s. Geophys Res Lett, 44(23): 959-966.

Zhang J, Gao X. 2016. Nutrient distribution and structure affect the acidification of eutrophic ocean margins: A case study in southwestern coast of the Laizhou Bay, China. Mar Pollut Bull, 111(1-2): 295-304.

Zhang J, Zhuo Y Z, Wen Y M, et al. 2018a. Hypoxia and nutrient dynamics affected by marine aquaculture in a monsoon-regulated tropical coastal lagoon. Environmental Monitoring and Assessment, 190: 656.

Zhang L, Sielmann F, Fraedrich K, et al. 2017. Atmospheric response to Indian Ocean Dipole forcing: Changes of Southeast China winter precipitation under global warming. Clim Dynam, 48: 1467-1482.

Zhang R H, Busalacchi A J. 2009. Freshwater flux (FWF)-induced oceanic feedback in a hybrid coupled model of the tropical Pacific. J Climate, 22: 853-879.

Zhang R H, Wang G H, Chen D, et al. 2010. Interannual biases induced by freshwater flux and coupled feedback in the tropical Pacific. Mon Wea Rev, 138: 1715-1737.

Zhang R H, Zheng F, Zhu J, et al. 2012. Modulation of El Niño-southern oscillation by freshwater flux and salinity variability in the tropical Pacific. Adv Atmos Sci, 29: 647-660.

Zhang R, Xia X, Lau S C K, et al. 2013. Response of bacterioplankton community structure to an artificial gradient of CO_2 in the Arctic Ocean. Biogeosciences, 10(6): 3679-3689.

Zhang S W, Du L, Wang H, et al. 2014. Regional Sea level variation on interannual timescale in the East China Sea.

International Journal of Geosciences, 5: 1405-1414.

Zhang X S, Wang X D, Zhang Y Z, et al. 2015. Climate modulation on sea surface height in China seas. Chinese Journal of Oceanology and Limnology, 33(5): 1245-1255.

Zhang X, Church J A. 2012. Sea level trends, interannual and decadal variability in the Pacific Ocean. Geophys. Res. Lett., 39: L21701.

Zhang Y, Wang T, Li H, et al. 2018b. Rising levels of temperature and CO_2 antagonistically affect phytoplankton primary productivity in the South China Sea. Mar Environ Res, 141: 159-166.

Zhang Y, Zhou W, Leung M Y T. 2019. Phase relationship between summer and winter monsoons over the South China Sea: Indian Ocean and ENSO forcing. Climate Dynamic, 52: 5229-5248.

Zhao H D, Kao S J, Zhai W D, et al. 2017. Effects of stratification, organic matter remineralization and bathymetry on summertime oxygen distribution in the Bohai Sea, China. Continental Shelf Research, 134(2017): 15-25.

Zhao J, Zhan R, Wang Y. 2018. Global warming hiatus contributed to the increased occurrence of intense tropical cyclones in the coastal regions along East Asia. Scientific Reports, 8: 1.

Zheng F, Zhang R H. 2012. Effects of interannual salinity variability and freshwater flux forcing on the development of the 2007/08 La Niña event diagnosed from argo and satellite data. Dyn Atmos Ocn, 57: 45-57.

Zheng J, Liu Q, Chen Z. 2018. Contrasting the impacts of the 1997-1998 and 2015-2016 extreme El Niño events on the East Asian winter atmospheric circulation. Theoretical and Applied Climatology, 136: 813-820.

Zheng X T, Xie S P, Du Y, et al. 2013. Indian Ocean Dipole response to global warming in the CMIP5 multimodel ensemble. Journal of Climate, 26: 6067-6080.

Zheng X T, Xie S P, Lv L H, et al. 2016. Intermodel uncertainty in ENSO amplitude change tied to Pacific Ocean warming pattern. J Climate, 29: 7265-7279.

Zhou J, Li P L, Yu H L. 2012. Characteristics and mechanisms of sea surface height in the South China Sea. Global and Planetary Change, 88-89: 20-31.

Zhou L T, Tam C Y, Zhou W, et al. 2010. Influence of South China Sea SST and the ENSO on winter rainfall over South China. Advances in Atmospheric Sciences, 27(4): 832-844.

Zhu J R, Zhu Z Y, Lin J, et al. 2016. Distribution of hypoxia and pycnocline off the Changjiang Estuary, China. Journal of Marine Systems, 154(pt.A): 28-40.

Zhu Z Y, Wu H, Liu S M, et al. 2017. Hypoxia off the Changjiang (Yangtze River) Estuary and in the adjacent East China Sea: Quantitative approaches to estimating the tidal impact and nutrient regeneration. Marine Pollution Bulletin, 125: 103-114.

Zhu Z Y, Zhang J, Wu Y, et al. 2011. Hypoxia off the Changjiang (Yangtze River) Estuary: Oxygen depletion and organic matter decomposition. Marine Chemistry, 125(2011): 108-116.

Zuo J C, He Q Q, Chen C L, et al. 2012. Sea level variability in East China Sea and its response to ENSO. Water Science and Engineering, 5(2): 164-174.

Zuo J C, Yang Y Q, Zhang J L, et al. 2013. Prediction of China's submerged coastal areas by sea level rise due to climate change. J Ocean Univ China, 12(3): 327-334.

第8章 陆地水循环与中国气候变化

首席作者：姜彤 罗勇

主要作者：孙赫敏 苏布达 翟建青 王国杰 王艳君 宫宇 占明锦 李修仓

摘 要

气候变化将对全球及区域水循环产生较大影响，对近 60 年来中国降水、蒸发、地表径流、大气水汽含量及土壤湿度等陆地水文循环系统要素变化的评估表明：1961~2018 年，中国降水总量虽然没有出现明显变化，但是各个区域的降水量出现很大的差异，西部降水增加趋势明显，东部长江中下游、东北北部局地、华南局地略有增加，其他地区降水减少。中国蒸发皿蒸发量和潜在蒸发量总体呈现下降趋势，绝大部分地区水面蒸发呈减少趋势，西北地区减少最大；实际蒸散发呈弱增加趋势，在中国东南部呈现下降的趋势，而西北干旱区呈现上升的趋势。中国地表径流总量总体上呈减少趋势，其中北方干旱区河流径流量多年来呈现减少的趋势，而位于南方的河流径流量多表现为增加趋势。土壤湿度在长江、珠江、东南诸河和西南诸河大部分地区呈减小趋势。中国水循环平衡表明，21 世纪以来，由区域蒸散发转化形成的降水增加，中国区域水文内循环较之前活跃，但受气候变化和人类活动影响，各个流域差异增大。大范围的积雪面积呈现出明显的减小趋势，积雪月份减少，融化期提前；中国西部地区冰川整体处于萎缩状态，即物质亏损状态，但存在很大的区域差异性；最大冻土深度呈逐年减少的趋势，部分地区冻土日数也表现为减少的趋势。20 世纪 60 年代~2015 年中国新增湖泊 144 个，主要分布在青藏高原和新疆湖区，受气候变暖，冰川、冻土消融及降水增加的影响；消失湖泊 333 个，主要分布在人类活动显著的东部平原湖区，但 1990 年以来中国湖泊数量和面积都呈增加趋势。

8.1 全球与中国区域陆地水循环变化及未来趋势

大气圈、水圈、岩石圈、冰冻圈和生物圈各个圈层之间的相互作用构成了地球系统的基本物理过程，而水循环则是海洋、陆地和大气之间相互作用中一种最活跃且最重要的枢纽，在全球气候和生态环境变化中发挥着至关重要的作用，在地球能量平衡中扮演着重要的角色。一方面，它对辐射平衡有重要影响：水汽是大气中最重要的温室气体；冰、雪影响地表反照率；云影响长波和短波辐射通量。同时，水也是一种重要的能量传输媒介。对大气而言，水汽凝结释放的潜热具有显著热效应。海洋与大气之间的水汽交换对于热量输送也是不可或缺的。另一方面，水循环促进了地球生态环境的形成。水是生命存在的重要因子，水也是地球系统内各种理化过程和物质转化不可缺少的条件。因而，水循环是气候系统的重要组成成分。

近百年来随着气温升高，辐射效应随之发生变化，全球尺度降水、蒸发、水汽及土壤湿度和径流的分布、强度和极值都发生了变化，显示出气候变暖已对全球尺度水循环产生了一定程度的影响，研究表明气候变暖使水循环明显加强，并有持续增加的趋势（Milly et al.，2002；IPCC，2013；Kramer et al.，2015）。由于较大的区域差异，以及监测网络在空间和时间覆盖范围方面的限制，水循环各变量的趋势仍然存在相当大的不确定性（Huntington，2006；Durack et al.，2012；Good et al.，2015）。

中国地处欧亚大陆东部，西倚青藏高原，东临太平洋，地形多变，海陆分布复杂，南北纬跨度约为50°，跨越了热带、亚热带、温带及寒带等多个气候带，属于大陆性季风性气候。我国分松花江区、辽河区、海河区、黄河区、淮河区、长江区、珠江区以及东南诸河区、西南诸河区和西北诸河区 10 个一级水资源分区（简称十大流域，图 8.1）[①]。在全球变暖情形下，最近几十年中国水循环及其相关过程存在明显的趋势变化和年际变率特征（《第三次气候变化国家评估报告》编写委员会，2015；丁一汇，2017；罗勇等，2017）。下面分别从水循环的大气和陆地分支的各要素来评估气候变化下中国十大流域水循环的时空变化过程。

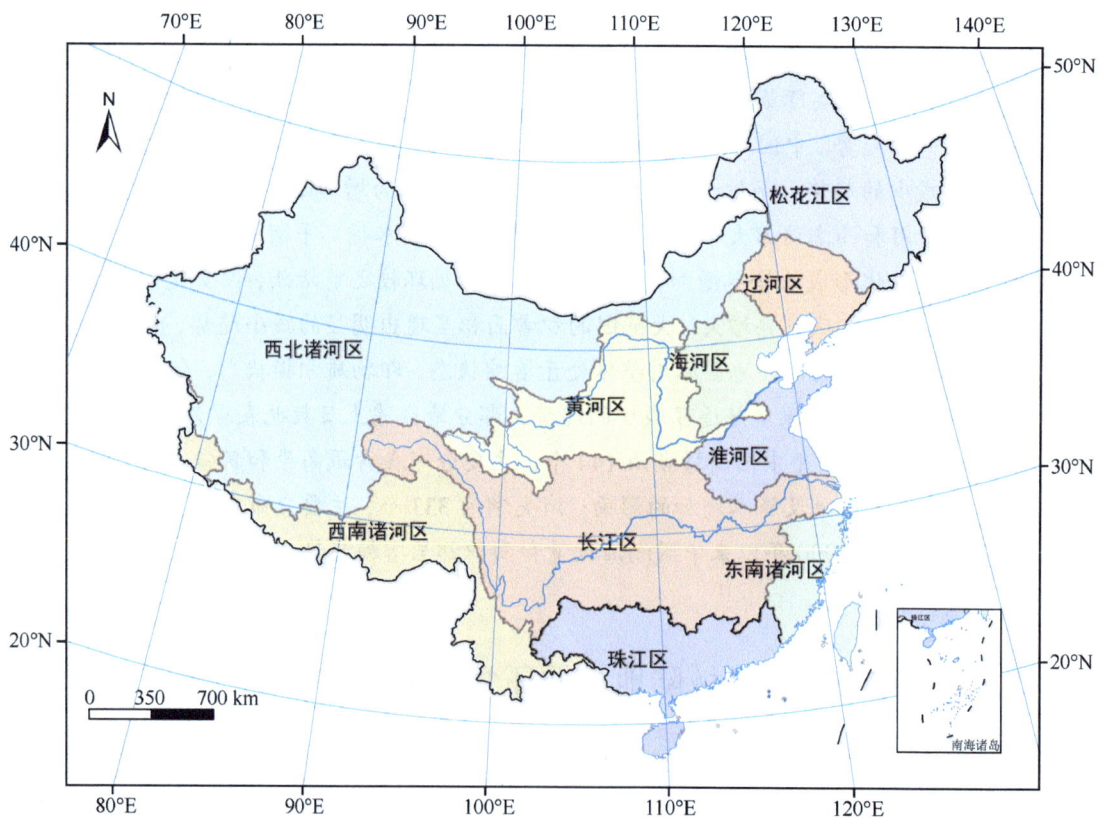

图 8.1　中国一级水资源分区[①]

8.1.1　降水变化特征

中国大陆地区多年平均年降水量的空间分布极其不均，不仅受海陆季风的影响，也受

---

① 水利部. 2010. 全国水资源综合规划.

地形影响，年降水量地区差异大。1961~2018 年中国多年平均年降水量为 616.4 mm，年降水量由东南向西北逐渐减小，东部大致与纬圈平行，降水分布阶梯特征十分明显。降水最多的江南平原和东南沿海地区，年降水量大多在 1500~2000 mm；降水最少的西北内陆沙漠地区，年降水量多在 200 mm 以下，年降水量最少的塔里木地区则不足 25 mm（图 8.2）（姜彤等，2020）。

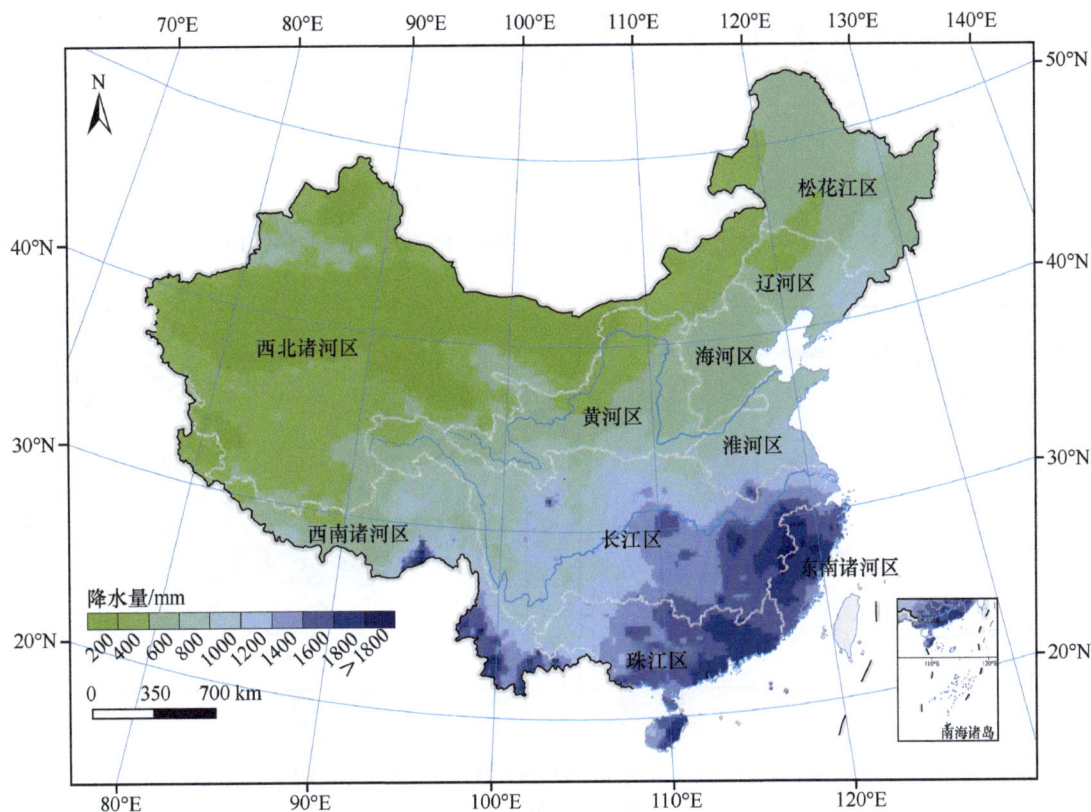

图 8.2　1961~2018 年中国多年平均年降水量空间分布（姜彤等，2020）
注：台湾省数据暂缺

　　1961~2018 年中国区域年降水量呈弱增加趋势，变化趋势不显著，倾向率为 4.5 mm/10a。但在年代际尺度上变化较大，20 世纪 60 年代、70 年代、80 年代和 21 世纪前 10 年的年降水量较 1961~2018 年均值分别偏少 10.8 mm、6.2 mm、4.8 mm 和 14.8 mm，而 20 世纪 90 年代和近 10 年降水分别偏多 11.2 mm 和 27.1 mm，其中降水最少的年份是 2011 年（548.3 mm），降水最多的年份是 2016 年（700.4 mm）（图 8.3）。季节尺度上，冬季、春季降水量呈增加趋势，夏季、秋季趋势性变化不明显，但是在近 30 年冬春季降水量增加速率有所加快，秋季降水量也显现出增加的趋势（秦大河等，2012）。

　　1961~2018 年中国降水量变化趋势有明显的区域特征，西部降水量普遍增加，其中新疆大部、内蒙古西部、甘肃中部以及青海西部部分地区达到了至少 95% 的信度检验水平，中国东部大部分地区（105°E 以东），除长江中下游、东北北部局地、华南局地有所增加外，其他地区降水量以减少为主，西南地区中部和南部降水量减少，其中陕西南部、甘肃东南部、江西南部、广西东部、云南西南部以及西藏中东部局地达到了至少 95% 的信度检验水平 [图 8.4（a）]。1990~2018 年相对于 1961~1989 年，东北南部、华北、西北东部、华东东部、华南大部、西南大部、青藏高原中东部降水量减少，东北北部、长江中下游、华南地区西北部、西南地区东北部、青藏高原西部和东南部以及西北地区大部降水量增多[图 8.4（b）]。

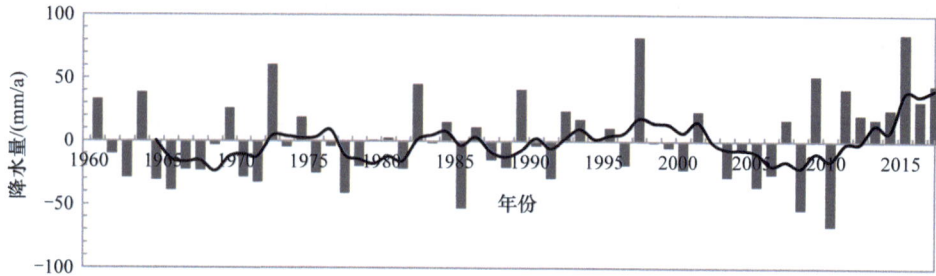

图 8.3　1961~2018 年中国年降水量距平时间变化（气候值 1981~2010 年）

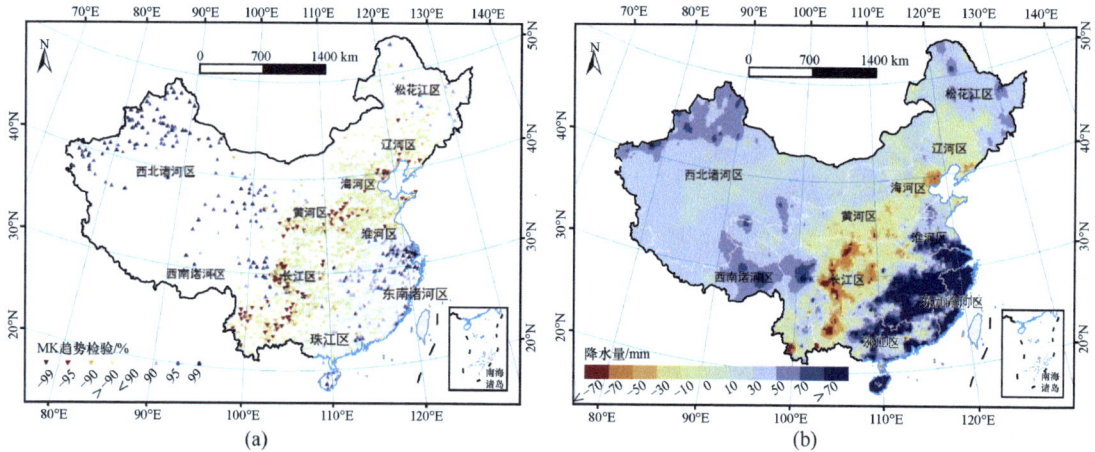

图 8.4　1961~2018 年中国降水量变化趋势（a）及 1990~2018 年与 1961~1989 年中国
多年平均降水量差值（b）空间变化
注：台湾省数据暂缺

　　年降水量的连续小波转换分析表明，长江区年降水量在 1970~1990 年有 6~9 年的周期变化，黄河区年降水量在 20 世纪 60 年代末期有 2~4 年的周期变化，但其周期变化具有局部性特征。淮河区和珠江区年降水量在 20 世纪 90 年代末期到 21 世纪初有震荡周期，分别为 1~2 年和 3~5 年，其他时间段不明显。松花江区在 20 世纪 90 年代有一个 4 年左右的震荡周期，其他时间段周期不明显。辽河区在 20 世纪 60 年代末有 1~2 年的震荡周期，在 20 世纪 80 年代初到 90 年代末有 8~10 年的震荡周期，其他时间段周期不明显。海河区在 20 世纪 60 年代末有 1~3 年的震荡周期变化。西北诸河区在 20 世纪 90 年代末有 1~3 年的周期变化。西南诸河区分别在 20 世纪 70 年代初和 20 世纪 90 年代初有 2~3 年和 5~6 年的震荡变化。而东南诸河区在 20 世纪 60 年代到 21 世纪初无明显周期变化。就整个中国来说，年降水量在 1996~2000 年有 4 年的周期变化，在 2005~2010 年有约为 1 年的周期变化（罗勇等，2017）。

　　中国无降水日数（日降水量=0.0 mm）和小雨日数（0.1~10 mm）在中国不同等级日降水的天数中占主要比例，空间分布格局正好相反，在北方地区，无雨日数占全年的 55%以上，这是导致北方地区干旱的重要原因之一；中雨（10~25 mm）、大雨（25~50 mm）和暴雨（≥50 mm）日数大多出现在长江以南地区，华北和东北偶尔出现，这是导致南方经常出现洪涝的重要原因之一。1961~2018 年，中国平均的无雨日数和暴雨日数呈显著增加的趋势，大雨日数呈现弱上升趋势，小雨日数和中雨日数则呈现显著下降趋势（罗勇等，2017）。

1990~2018 年相对于 1961~1989 年，无降水日数变化率在中国东北部松花江区、中部的黄河区和长江区以及东南诸河区增加率较大，在 40%左右；在辽河区中部、海河区、黄河区的河套地区、珠江区以及长江中上游，西南诸河区西部以及西北诸河区大部分地区无降水日都有所减小，其中海河区减小的最明显。小雨日数变化率约以 100°E 为界，在中国东部季风流域小雨日数普遍减少，减少最显著的区域为西南诸河区的东南部和淮河区的山东半岛地区，东南诸河的南部也有较大的减小趋势；西北诸河区及西南诸河区的西部增加最多。中雨日数变化率空间分布与小雨日数变化率空间分布类似，大致呈东南—西北走向，但变化的中心有很大差异，中雨日数增加最多的区域位于黄河区和长江区中游；西北诸河区中雨日增加的区域较小雨日偏东，在西北诸河区东部小雨日呈增加的区域，中雨日减少，且减少的百分比较大。大雨日变化率较小雨、中雨的空间分布有所差异，除西北诸河北部和西南部以外，整个中国大部分地区都在减少，其中以西北地区东部及黄河区、长江区中上游减少量较多。暴雨日变化率除西北诸河和海河区以外，其他水资源分区大部分地区都在增大，其中以东北的松花江区和西南诸河区的东南部增加量较多，海河区减少量最大（罗勇等，2017）。

8.1.2　蒸散发变化特征

1. 全球蒸散发的变化

蒸散发包括水面蒸发、陆面蒸发和植被蒸腾等，三者共同构成实际蒸散发的概念。蒸散发过程将气候系统中的水文循环、能量收支及碳循环等紧密联系起来，是气候系统的核心过程。当前，蒸散发对气候变化的响应及其对区域天气和气候的影响已经被学界广泛关注（Pielke et al.，1998）。在全球气候变暖背景下，实际蒸散发的时空分布格局发生变化，为水资源管理和极端事件风险评估带来挑战。

蒸发皿蒸发量由于测定简便，易于比较，因而研究成果较多。20 世纪中期至今，全球许多地区观测到的蒸发皿蒸发量呈现下降趋势，云量和气溶胶增多使太阳总辐射下降以及气温日较差下降，多被认为是导致蒸发皿蒸发量下降的原因（表8.1）。

实际蒸散发研究方面，由于很难通过仪器测定足够数量的、可靠的实际蒸散发量数据，有关全球各地陆面实际蒸散发变化趋势的研究成果仍然不多。目前多依赖模型计算方式获取具有一定时空尺度的实际蒸散发量。在计算理论、变化趋势及归因上尚存在争议（Brutsaert and Parlange，1998；Ohmura and Wild，2002）。Jung 等（2010）估算出全球多年平均陆面实际蒸散发量约为 $65\pm3\times10^{3}$ km^{3}/a，在 1982~2008 年呈现总体增加趋势，但具有阶段性差异。其中在 1982~1997 年增加趋势显著，增加速率为 7.1 ± 1 mm/10a，而在 1998~2008 年则呈现下降趋势，下降速率约为–7.9 mm/10a（图 8.5）。从空间上看，实际蒸散发变化趋势具有南北区域差异。南半球的非洲、澳大利亚及南美洲陆面实际蒸散发具有显著下降趋势，而北半球变化趋势相对较缓。影响实际蒸散发的因素众多，除了水汽压、空气温度、风速、湿度、太阳辐射等气象条件以外，还包括土壤湿度、植被类型等下垫面性质。从归因上分析，南半球及北美地区陆面实际蒸散发变化可能与陆面土壤湿度（下垫面供水条件）的变化关系密切，在北半球的亚洲更可能是土壤湿度及能量条件（包括温度、辐射、风速等）共同作用的结果（Jung et al.，2010）。

表 8.1　全球不同地区蒸发皿蒸发量的变化趋势（改自 Roderick et al.，2009）

国家	蒸发皿蒸发量变化率/（mm/a）	站点数/个	研究时段（年份）	参考文献
美国	−2.2	746	1948~1993	Lawrimore and Peterson，2000 Peterson et al.，1995
苏联	−3.7	10	1960~1990	Golubev et al.，2001 Peterson et al.，1995
印度	−12.0	19	1961~1992	Chattopadhyay and Hulme，1997
澳大利亚	−3.2[a]	61	1975~2002	Roderick and Farquhar，2005
澳大利亚	−2.5	60	1970~2005	Jovanovic et al.，2008
澳大利亚	−0.7	28	1970~2004	Kirono and Jones，2007
泰国	−10.5	27	1982~2001	Tebakari et al.，2005
新西兰	−2.0	19	约 20 世纪 70 年代~约 2000	Roderick and Farquhar，2005
以色列	4.3	1	1964~1998	Cohen et al.，2002 Möller and Stanhill，2007
土耳其	−24[b]	1	1979~2001	Ozdogan and Salvucci，2004
加拿大	−1.0[c]	4	约 1965~2000	Burn and Hesch，2007
科威特	13.6	1	1962~2004	Salam and Mazrooei，2006
爱尔兰	0.6	1	1960~2004	Black et al.，2006
爱尔兰	−5.1	1	1976~2004	同上
爱尔兰	0.8	8	1964~2004	Stanhill and Möller，2008
英国	−1.2	7	约 1900~1968	同上
英国	2.1	1	1957~2005	同上

注：a.1975~2004 年同样 61 站变化速率为−2.4 mm/a（Roderick et al.，2007）；b.蒸发皿位于开阔的灌溉区域；c.同文指出 1971~2000 年 48 站湖泊水面蒸发变化速率约为−1.0 mm/a

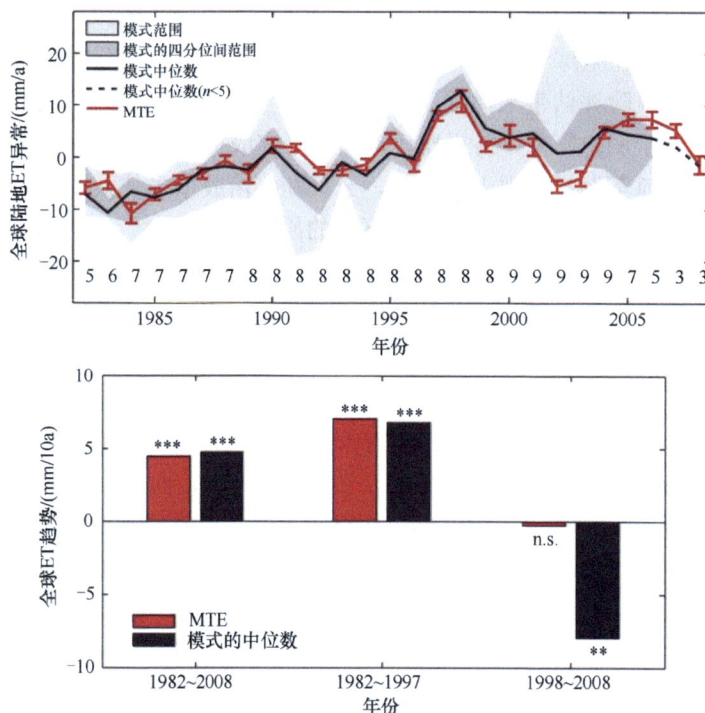

图 8.5　全球陆地实际蒸散发的时间变化（Jung et al.，2010）

***代表通过 99%显著性检验，**表示通过 95%显著性检验；n.s.表示不显著

2. 中国蒸发的变化

中国国土面积广阔，生态系统和气候类型复杂多样，蒸发的时空分布差异较大（苏布达等，2018）。中国地区蒸发皿蒸发量的变化趋势与全球基本一致，任国玉和郭军（2006）采用中国 600 余个气象台站资料对中国及主要流域蒸发皿记录的蒸发量及相关气候要素变化趋势进行了分析，得出 1956~2000 年中国蒸发皿蒸发量呈显著下降趋势，东部、南部和西北地区下降较为明显。从流域上看，中国长江、海河、淮河、珠江以及西北诸河流域的年平均水面蒸发量均明显减少，海河和淮河流域减少尤为显著，黄河和辽河流域减少也较明显，但松花江和西南诸河流域未见明显变化。在中国多数地区，日照时数、平均风速和温度日较差同水面蒸发量具有显著的正相关性，并与水面蒸发同步减少，为引起大范围蒸发量趋向减少的直接气候因子；地表气温和相对湿度一般在蒸发减少不很显著的地区与蒸发量具有较好的相关性，绝大部分地区气温显著上升，相对湿度稳定或微弱下降，表明其对水面蒸发量趋势变化的影响是次要的。此外，曾燕等（2007）、王兆礼等（2010）、刘波等（2010）、申双和和盛琼（2008）、左洪超等（2005）、Liu 等（2004）、王艳君等（2010）和 Shen 等（2010）采用不同的站点或侧重不同的地区/流域对蒸发皿蒸发量的时空变化规律及原因进行了研究，也获得了基本一致的研究结果（表 8.2）。

表 8.2　中国地区蒸发皿蒸发量的变化趋势

地区/流域	变化率/（mm/10a）	站点数/个	研究时段（年份）	参考文献
中国	−30.7	304	1956~2000	任国玉和郭军，2006
长江	−37.5	—	同上	同上
黄河	−21.1	—	同上	同上
海河	−51.7	—	同上	同上
淮河	−54.6	—	同上	同上
珠江	−35.9	—	同上	同上
辽河	−16.6	—	同上	同上
松花江	−0.9	—	同上	同上
西北诸河	−38.2	—	同上	同上
东南诸河	−19.8	—	同上	同上
西南诸河	−22.8	—	同上	同上
中国	−37.0	664	1960~2000	曾燕等，2007
珠江	−27.9	65	1960~2001	王兆礼等，2010
中国	−34.1	460	1960~2004	刘波等，2010
中国	−34.1	472	1957~2001	申双和和盛琼，2008
中国	−29.3	85	1955~2000	Liu et al.，2004

由于很难通过仪器测定实际蒸散发，目前多是依赖模型计算得到具有一定时空尺度的实际蒸散发量，包括基于有限点尺度观测的地统计方法、陆面过程模式、遥感蒸散发模型、互补蒸散发模型及数据同化等手段，但不同模型的计算结果存在一定的不确定性（Miralles et al.，2016；Bai and Liu，2018）。不同产品得到的中国平均的年蒸散发气候态整体介于350~600 mm/a（Li et al.，2014；Mo et al.，2015；Sun et al.，2017；罗勇等，2017；苏布达等，2018）。空间分布呈现从东南到西北递减的态势。蒸散发最大值出现在海南岛，可达1200 mm 以上；最小值则出现在新疆南部的塔克拉玛干及内蒙古西部地区，不足 100 mm。

相对高值出现在中国东南部和南部沿海地区，年蒸散发普遍在 1000 mm 以上；华南和西南部分地区，包括海南、福建、广东、贵州和云南，蒸散发可达 667~854mm；长江中游和华北平原的年蒸散发介于 400~650 mm；东北地区为 350~500 mm；蒸散发低值主要分布在寒冷干燥的西北部和北部，年蒸散发低于 300 mm（Ma et al.，2019）（图 8.6）。

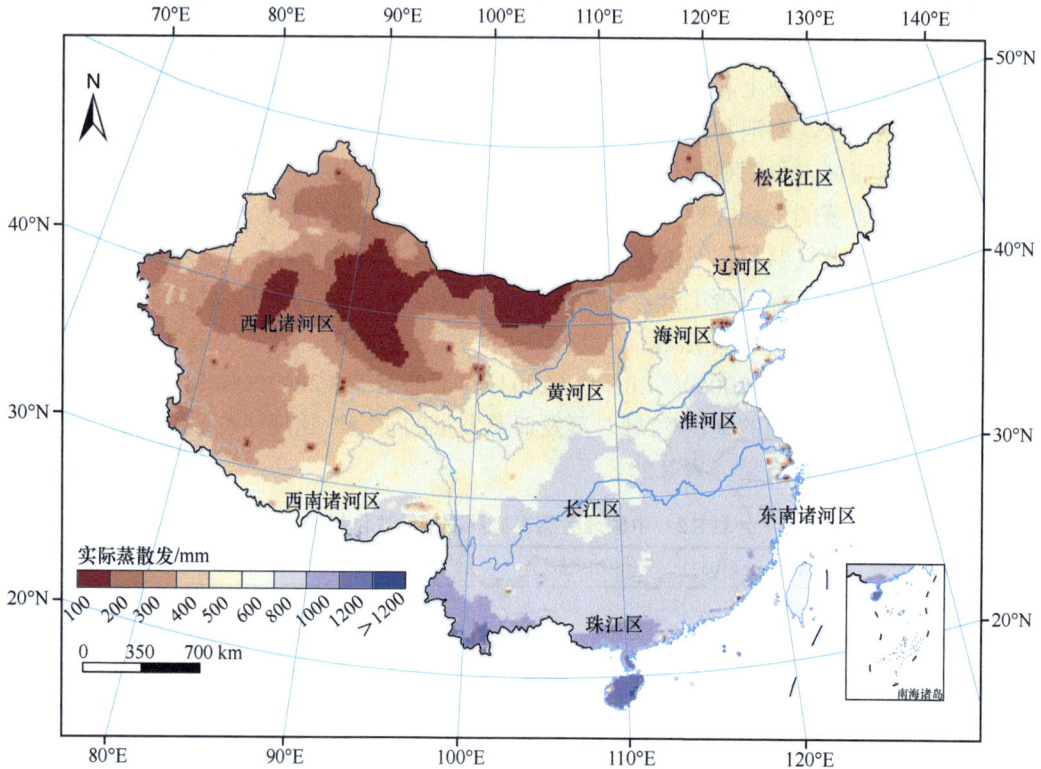

图 8.6　1982~2012 年中国实际蒸散发的空间分布（Ma et al.，2019）

注：台湾省数据暂缺

蒸散发量变化不明显，再分析资料的蒸散发明显高于其他产品。1961~2000 年，不同蒸散发产品趋势比较一致，皆略有增大，21 世纪以来，GLEAM 和 JRA-55 模型下的地表蒸散发继续增大，FLUXNET-MTE 模型下的地表蒸散发保持平稳，ERA-Interim、CR 及 AA 模型下的地表蒸散发在 2000 年之后呈减小趋势（图 8.7）。

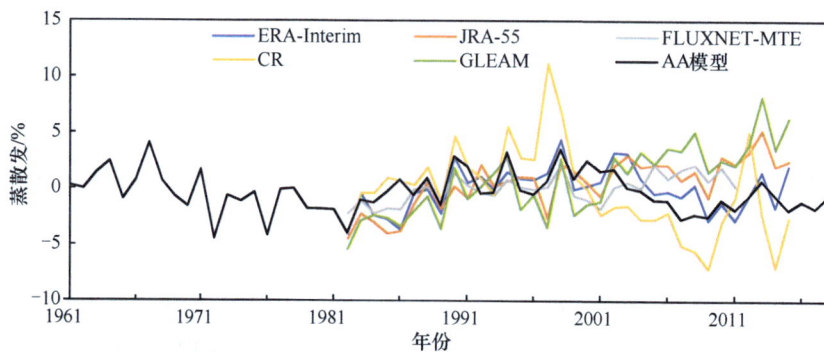

图 8.7　1982~2015 年中国年实际蒸散发时间变化（姜彤等，2020）

在区域/流域尺度上，蒸散发互补相关理论模型计算结果表明，黄河流域及西南诸河的变化趋势存在不确定性（罗勇等，2017）。鄱阳湖流域及整个长江流域、海河流域、淮河流域、珠江流域和东南诸河实际蒸发量在过去 50 年间都呈现下降趋势（刘健等，2010；王艳君等，2010；Gao et al.，2012；Li et al.，2013；李修仓等，2014；罗勇等，2017）。海河流域中部平原区呈现较大的下降趋势，下降幅度由中部向四周逐渐递减。珠江流域东部沿海区域实际蒸散发具有非常明显的下降趋势（置信度 99.9%），对应于年际实际蒸散发的高值区域；流域中部存在一条东北-西南走向的无明显变化趋势区域，对应于年实际蒸散发的低值区域；流域西部蒸散发总体呈现下降趋势。淮河流域 21 世纪后由显著下降趋势转变为上升趋势。西南诸河 20 世纪 60~80 年代中期为下降趋势，20 世纪 80 年代中后期至 21 世纪初转变为波动上升趋势。西北诸河由 21 世纪前显著上升趋势转变为显著下降趋势。而松花江流域、辽河流域和塔里木河流域等在过去 40~50 年都呈现上升趋势。松花江流域春季和冬季上升尤为显著，其中松花江（三岔口以下）流域的上升最为显著，置信水平高于 99.9%，仅在流域的西部和南部少数区域蒸散发是减少的，显著下降的区域包括额尔古纳河流域和第二松花江流域。从塔里木河流域年就年均及季节 ET_a 来看，塔里木河大多数地区都呈现 ET_a 上升的趋势，流域中部出现一条东南-西北走向的显著增加带（置信度 99.9%）；在该条带两侧，即塔里木河流域的西南及东北区域，ET_a 增加趋势的置信度略低，在流域北部及西部小范围的个别区域，ET_a 表现为不太明显的减小趋势（温姗姗等，2014；Zhang et al.，2007；Yin et al.，2013）（图 8.8）。值得注意的是，青藏高原地区蒸散发的显著增加对中国整体蒸散发增加起关键作用（Mo et al.，2015）。

在实际蒸散发的归因方面，研究结果都表明温度不是影响实际蒸散发时空变异的唯一要素，各种气象要素的综合作用最终造成了实际蒸散发的时间变化和空间格局。Li 等（2014）

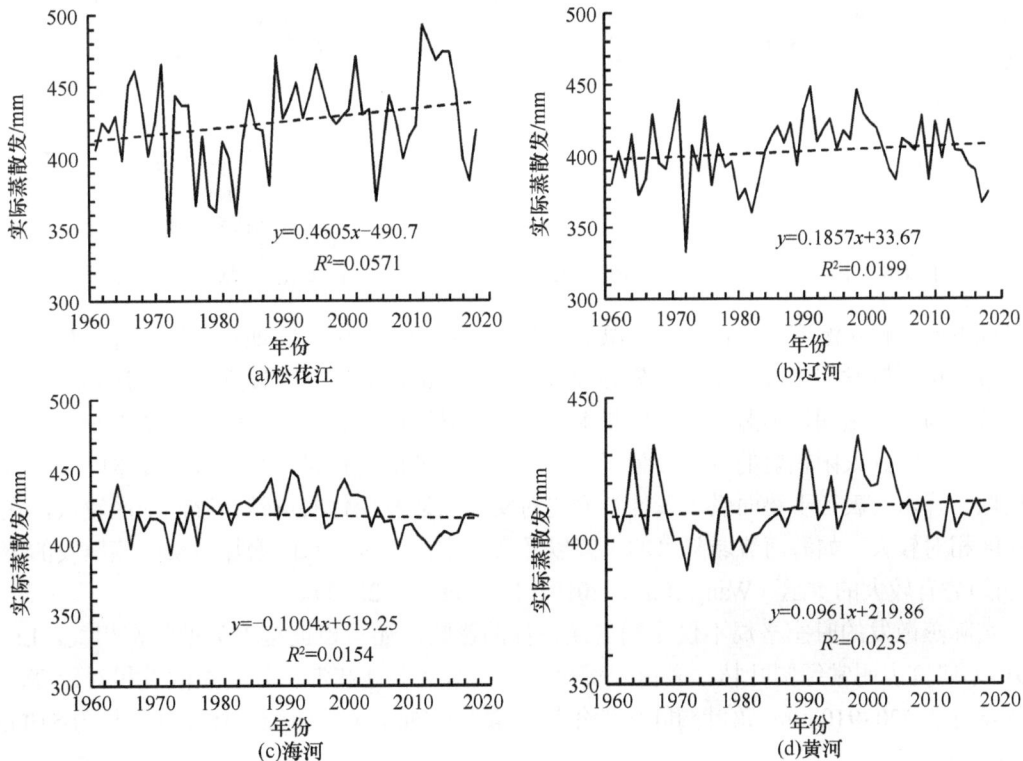

(a)松花江　　(b)辽河　　(c)海河　　(d)黄河

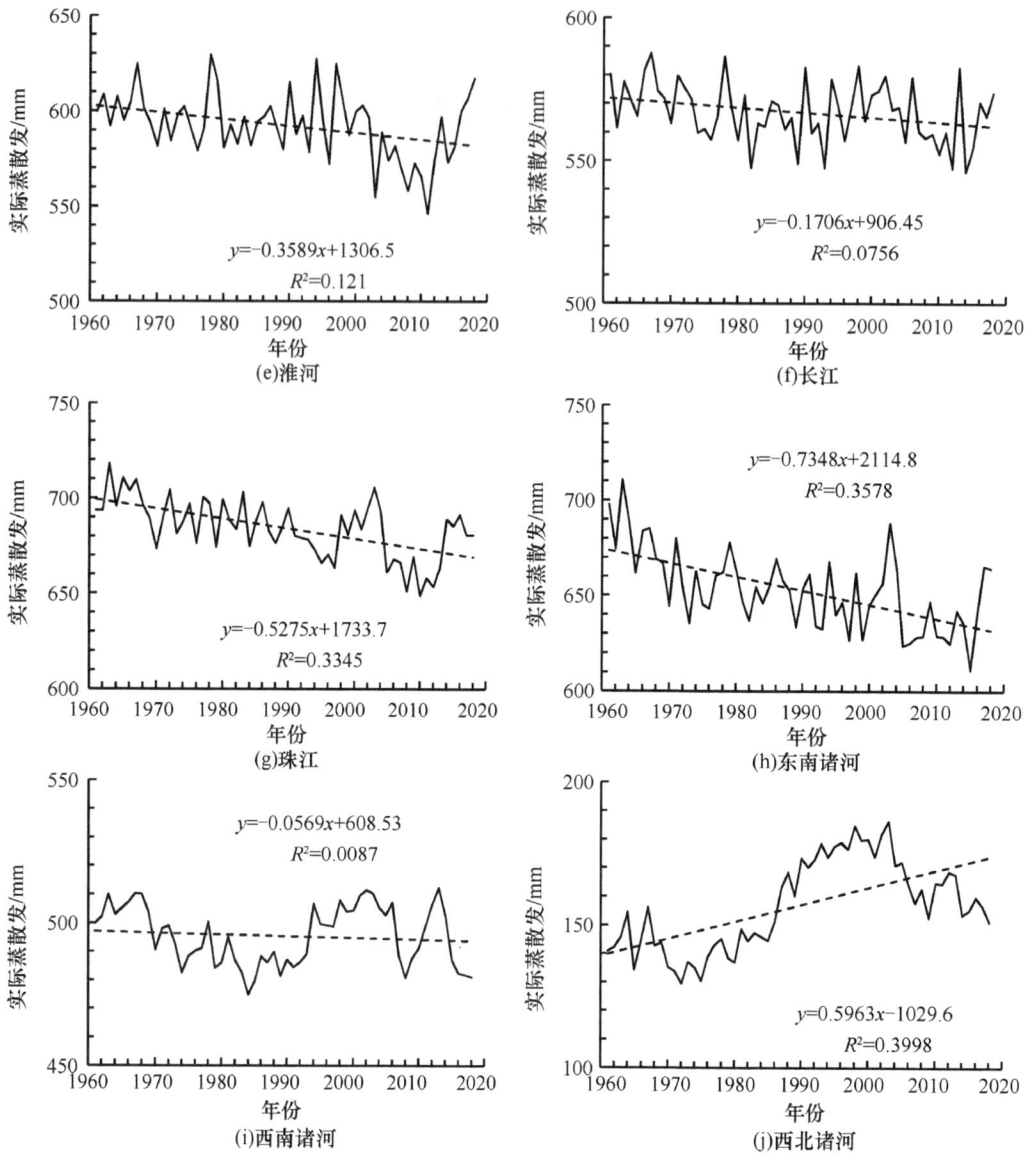

$y=-0.3589x+1306.5$
$R^2=0.121$
(e)淮河

$y=-0.1706x+906.45$
$R^2=0.0756$
(f)长江

$y=-0.5275x+1733.7$
$R^2=0.3345$
(g)珠江

$y=-0.7348x+2114.8$
$R^2=0.3578$
(h)东南诸河

$y=-0.0569x+608.53$
$R^2=0.0087$
(i)西南诸河

$y=0.5963x-1029.6$
$R^2=0.3998$
(j)西北诸河

图 8.8　中国十大水资源分区 1961~2018 年实际蒸散发的年际变化（罗勇等，2017）

的研究表明，相对湿度、净辐射和气温是影响 1982~2009 年中国陆地蒸散发变异的最为重要的因素，年蒸散发与三者的相关系数分别可达 0.91、0.80 和 0.65。以珠江、海河和塔里木河等流域作为中国湿润、半湿润半干旱和干旱三个气候区的代表流域，研究发现 1961~2010 年三个区域接收到太阳辐射的变化贡献了实际蒸散发主要的变化量，其他气象要素的贡献量相对较低。降水（表征下垫面供水条件）变化对实际蒸散发变化的贡献在湿润地区较低，在干旱地区相对较大，如海河流域降水的下降以及塔里木河流域降水的增加对实际蒸散发的下降/增加趋势有较大的贡献（Wang et al.，2010；Feng et al.，2018）。

　　实际蒸散发的时空格局不仅受到气候条件的影响，还与植被覆盖类型紧密相关。Li 等（2014）研究表明常绿阔叶林、多树和稀树草原、永久湿地和混交林的蒸散发相对较高，年蒸散发可达 620~910 mm。落叶阔叶林的年均蒸散发达 566 mm，而混交林和针叶林为 510 mm 和 333 mm。

8.1.3　径流变化特征

1. 全球径流的变化

气候变化对径流的影响主要体现在两个方面,一个是降水变化直接影响产汇流;另一个是气温升高导致冰川融雪增加和蒸散发变化,进而影响径流。近年来,受气候变化和人类活动的共同影响,水资源情势和格局发生了较大演变,由 IPCC（2014）对全球模拟径流（1948~2004 年）结果进行的分析可知,全球前 200 条河流中,大约 1/3 的河流有显著性变化趋势。平均年径流量在高纬和热带湿润地区呈现为增加趋势,大多数热带干旱地区则表现为下降趋势。其中,中低纬度的 45 条河流径流量呈下降趋势,这与这些地区近年来干旱化趋势一致,另外 19 条河流则是流域内蒸发下降导致径流量表现为上升趋势（Dai et al., 2009）;欧洲南部和东部径流量呈减小趋势,其他地区径流呈增加趋势（Stahl et al., 2010, 2012）;在北美,在密西西比河观测到的径流量在增加,而在美国西北太平洋和南大西洋湾地区观测到的径流量则呈现减少趋势（Kalra et al., 2008）。另外,许多地区径流量的变化趋势都表现出较大不确定性,尤其是在南亚和南美的大部分地区（IPCC, 2013）。

2. 中国径流的变化

不考虑人类活动的影响,中国 1961~2018 年的多年平均径流量为 26340 亿 m³/a,径流深为 278 mm。十大水资源分区的径流量差别较大,松花江区径流深为 117 mm,径流量为 1296 亿 m³/a;辽河区径流深为 118 mm,径流量为 408 亿 m³/a;海河区径流深为 65 mm,径流量为 216 亿 m³/a;淮河区径流深为 210 mm,径流量为 677 亿 m³/a;黄河区径流深为 76 mm,径流量为 607 亿 m³/a;长江区径流深为 590 mm,径流量为 9856 亿 m³/a;珠江区径流深为 917 mm,径流量为 4708 亿 m³/a;东南诸河区径流深为 904 mm,径流量为 1988 亿 m³/a;西南诸河区径流深为 744 mm,径流量为 5775 亿 m³/a;西北诸河区径流深为 33 mm,径流量为 1174 亿 m³/a（图 8.9）。

1961~2018 年,中国地表径流量呈波动下降趋势。20 世纪 60~70 年代初为正距平,但正距平百分率随时间明显减小,80~90 年代变化不大,进入 21 世纪后,中国地表径流量呈现先下降后上升的趋势,2010 年后中国大部分区域由负距平百分率转向正距平百分率（图 8.10）。

从流域上来看,中国北方干旱区河流径流量多年来呈现减少趋势,而位于南方的河流径流量多表现为增加趋势,此外,位于东北地区和西北地区的流域同样表现为径流量增加的趋势。天然径流量表现为增加趋势的有松花江、珠江、东南诸河、西南诸河和西北诸河区,其余五大分区则表现为减少趋势;其中,仅西北诸河区显著增加,其他分区的径流量变化趋势不显著（图 8.11）。

十大水资源分区的径流变化表现出年代际变化特征。松花江流域 1980 年前为径流减少阶段,1980~2000 年径流则有较为明显的增加,2000 年迅速下降,2001~2013 年又开始显著增加,由于 1999~2000 年松花江径流下降到 1961~2013 年的最小值,故虽然 21 世纪后松花江流域径流显著上升,但多年均值仍较 1961~2000 年小 2%左右（汪雪格等, 2017）。

辽河流域年平均径流总量有下降趋势,但趋势不显著,年降水和年径流存在明显的阶段性演变特征，20 世纪 60~80 年代呈下降趋势，80~90 年代年际变动较大，2000 年后径流呈弱上升趋势（曹丽格，2013；胡海英等，2013；马龙等，2015；郭松，2016）。

海河及黄河流域受人类活动和气候变化影响显著，1961~2000 年径流呈现出一直减少的趋势，尤其在 20 世纪 70 年代以后，2000 年以后有显著增加的趋势，但增加的值小于 21 世纪前 40 年减小的值，故 2001~2013 年的均值仍较 1961~2000 年小，海河流域径流敏感性将随降水的增加而增大，21 世纪以来黄河流域相同降水下的产流明显减少（Bao et al.，2012；鲍振鑫等，2014；张利茹等，2017；赵建华等，2018；杨永辉等，2018）。

淮河流域由于区域取调水情况复杂，近年来研究者对整个流域径流演变规律尚未形成一致研究成果，就天然径流来看，淮河流域在 20 世纪 60 年代初径流量较大，但 60 年代中期径流量迅速减少，其后又呈增加趋势（刘睿和夏军，2013）。

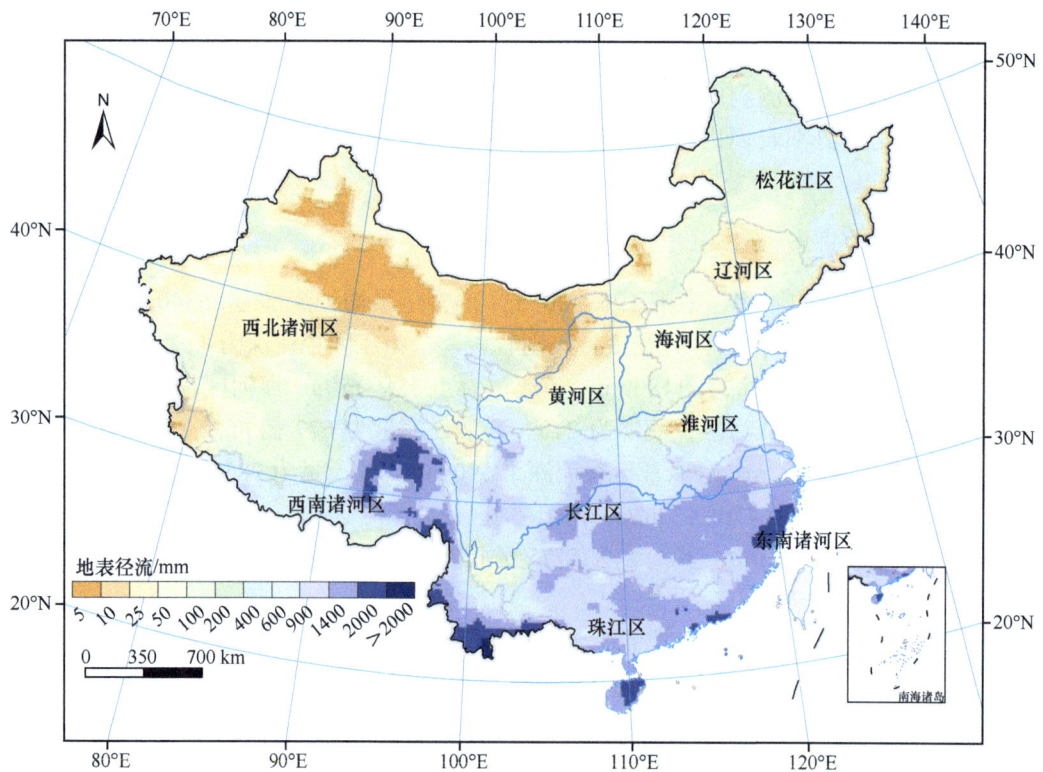

图 8.9　1961~2018 年中国多年平均年径流深空间分布（姜彤等，2020）

注：台湾省数据暂缺

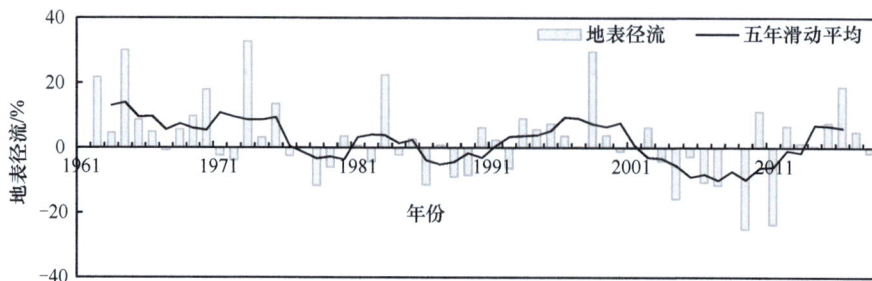

图 8.10　中国地表径流量的时间变化（姜彤等，2020）

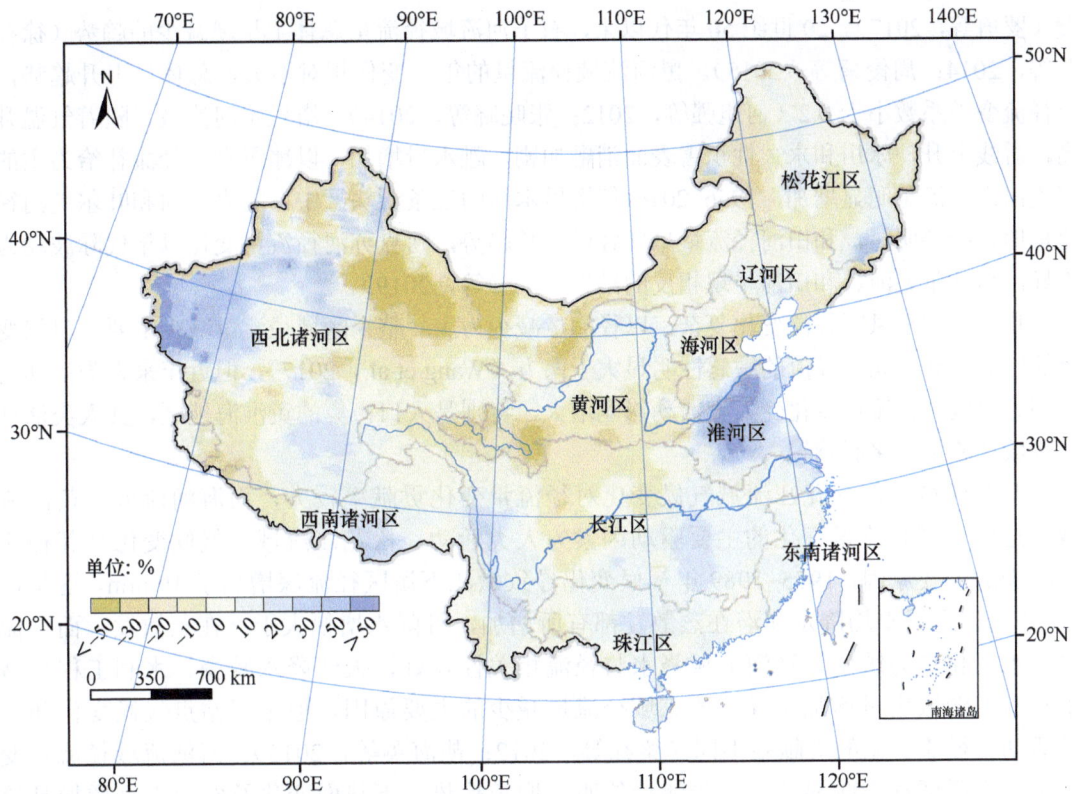

图 8.11　中国 1990~2018 年多年平均径流深与 1961~1989 年之差空间分布
注：台湾省数据暂缺

长江流域径流量在 20 世纪 60~80 年代初年际波动较大，在 80 年代中期至 90 年代中期年际波动明显减小，2000 年以后呈弱下降趋势，但同一流域不同时段，以及不同子流域相同时段表现出径流量变化的差异性，如长江流域寸滩站断面以上流域径流量呈减少趋势，降水与径流有很好的相关性，特别是在金沙江和嘉陵江流域，寸滩站、宜昌站和螺山站年均径流量都呈显著下降趋势，而长江上游屏山站径流量不显著上升。上游年均降水量整体呈下降趋势，秋季降水量减少是年降水量减少的主要原因（孙甲岚等，2012；冯亚文等，2013；黄金龙，2014；李姝蕾等，2015）。

1961~2013 年珠江流域整个流域平均径流量没有明显的变化趋势，但区域差异较大，西江马口站的径流量在 1983 年之后总体呈减少趋势，北江的三水站径流量在 1993 年之后呈大幅增加趋势（袁菲等，2017；李天生和夏军，2018）。东南诸河年径流变化与珠江流域类似，也表现出明显的区域差异性。其中，钱塘江和韩江年径流量有增加趋势，南流江年径流量也呈下降趋势，闽江流域的年径流量变化趋势用不同研究方法得出的结论不同（王翠柏等，2013；王跃峰等，2003；郭晓英等，2016）。

西南诸河径流量自 20 世纪 60 年代以来整体呈现下降的趋势，90 年代虽稍有增加，2000 年后又变为下降趋势，径流量的长期变化趋势并不一致，即使是同一条河流的不同河段或支流也不一致（Cuo et al.，2014）。

西北内陆河流域位于干旱区，水资源系统更为脆弱，气温升高加速了山区冰川的消融和退缩，改变了水资源的构成，加剧了水资源的波动性和不确定性（沈永平等，2013）。1961~2013 年西北诸河平均年径流量增加趋势显著，但 2001~2013 年的上升趋势比 1961~2000 年缓慢（罗勇等，2017）。20 世纪 50 年代以来，石羊河流域径流量总体上呈现减少的趋势（徐存东等，2014；周俊菊等，2015）。黑河流域径流量的年际变化相对不大，总体呈上升趋势，年径流变差系数小于 0.2（何旭强等，2012；张晓晓等，2014）。塔里木河流域，随着气温升高，雪线上升，冰川和永久性积雪表面消融加剧，融水量增加，以冰雪融水径流补给为主的河流出山径流量明显增加，1956~2016 年塔里木河的三条源头区中，阿克苏河和叶尔羌河径流量增长趋势明显，和田河径流量呈现轻微增长趋势，阿克苏河径流量变化以年代际波动为主导，而叶尔羌河、和田河呈现相反的结果（刘静等，2019）。

我国东部季风区径流变化复杂，以径流量减少为主。整个区域径流量减少主要受自然变率的影响，其中北方径流的敏感性明显大于南方（Wang et al.，2017），但近年来人类活动的加剧导致区域径流量变化受人类活动影响增大，特别是人口密集的黄淮海地区，其人类活动对区域径流量变化影响较大。

北部流域中，松花江流域气候变化对径流量变化贡献率较大，而海河流域、黄河流域和辽河流域径流量变化的主要驱动因素为人类活动。松花江流域，气候变化是其径流量减少的主要原因，1975~1989 年气候变化导致嫩江下游区径流深增加了 19 mm，这是由于 1975 年之后平均降水和潜在蒸散发都有所增加，且降水增幅大于潜在蒸散发，而径流对降水变化更为敏感。辽河流域降水与径流相关性较好，天然降水减少、水利工程拦蓄水和水资源取用量增加是导致该流域径流量减少的主要原因，但不同站点气候变化和人类活动对径流变化的贡献率不同（梁红等，2012；胡海英等，2013）。海河流域径流量变化也受人类活动影响显著，人类活动的明显增长趋势、下垫面变化及农业用水增加是该流域径流量减少的主要驱动因素（张利茹等，2017；杨永辉等，2018）。21 世纪以来，黄河流域相同降水下的产流明显减少，黄河源区人类活动对径流的影响较小，其余地区受人类活动的影响较大，黄河中游的黄土高原地带，径流减少主要受水土保持工程的影响，1996 年之后气候变化对各控制站点径流量变化的贡献率明显提升（李二辉等，2014；Wang et al.，2016；Li et al.，2018）。淮河流域径流量变化成因复杂，导致 1986~1999 年淮河上游径流量减少的主要因素是人类活动，导致 2000~2010 年淮河上游径流量增加的主要因素是气候变化（李小雨等，2015）。

我国南部的长江流域、珠江流域和东南诸河流域多年径流量变化较为复杂，在不同流域，甚至同一流域的不同区域，由于自然禀赋和强迫因子不同而表现出较大的差异性。其中，长江流域上游宜昌站和寸滩站径流总量下降主要受年降水量下降的影响，中游湘江端也受降水影响显著，而人类活动和上游洞庭湖的调蓄作用是导致长江螺山站年径流量下降的主要因素（李姝蕾等，2015）。人类活动导致的土地利用变化对长江流域径流的主要影响是导致径流增加，但在不同区域和不同时期径流量变化趋势不同。上游地区土地利用变化导致径流量减少，而流域其他地区土地利用变化导致径流量增加（彭涛等，2018）。珠江流域降雨减少是导致径流减少的主要因素，但珠江三角洲西水东调工程等水利工程对该流域径流变化也有显著影响（涂新军等，2016）。东南诸河径流变化主要受气候变化影响，其中气候变化是导致钱塘江、闽江干流和韩江等 3 个子流域径流增加的主要影响因素。

青藏高原径流变化的主要途径有四个：一是温度升高陆面蒸散发增强，冰雪融化加速，扩大了蒸发的表面积，蒸发进一步增强，使得径流减少；二是温度升高使得冰雪融水增加，注入径流，使得径流量增加；三是人类活动改变下垫面条件及水利工程产生的影响等；四是季风活动带来的影响。在变化背景下，气温、降水、人类活动等因素共同作用，造成了青藏高原区径流的相应变化（Qian et al.，2012；Zhang et al.，2013；王欣等，2016）。

　　在西北诸河，气温对径流的影响不同于其他地区，其作为热量指标对径流的影响主要表现在以下几个方面：一是影响冰川积雪的消融；二是影响流域总蒸散发量；三是改变流域高山区降水形态；四是改变流域下垫面与近地面层空气之间的温差，从而形成流域小气候。西北地区尽管过去 200 年气温有变化，但直到近 50 年才呈现出明显变暖趋势。1960 年以来西北诸河降水增加趋势显著，其中，夏季降水量增多是流域径流量增加的主要原因。通过对比西北干旱区多条河流径流与气温和降水的年际和年代际相关可以发现，在年际尺度上，降水对径流的影响明显大于气温；而在年代际尺度上，气温对径流的影响明显大于降水；气温和降水在不同时间尺度上对径流影响的强度和效应也存在很大区别，如气温在年代际尺度上对径流的影响要明显大于年际尺度。气温和降水对径流的影响表现出不可忽视的时间尺度和区域性差异，这不仅反映了西北干旱区河川径流补给形式有异，还揭示出了径流变化成因的复杂性。在气候变化和人类活动的双重影响下，西北诸河径流波动较大。黑河上游径流量增大，气候变化和人类活动的贡献率分别为 59.71%和 40.29%；中游径流量减小，二者对径流量减小的贡献率分别为 25.23%和 74.77%（何旭强等，2012）。石羊河流域下游河川径流量的波动在 1968 年之前主要是气候变化的结果，而 1968 年之后，径流量的变化是气候变化与土地利用变化共同作用的结果；近 30 年来，气候变化的贡献率平均为 4.1%，而土地利用变化，尤其是耕地面积变化的贡献率平均为 88.8%（周俊菊等，2015）。

8.1.4　土壤湿度变化特征

1. 土壤湿度时空变化

　　土壤湿度作为陆气相互作用的重要过程，在陆面水循环和能量循环中扮演着重要角色（Berg et al.，2014；Hirschi et al.，2014）。可以直接调控径流、蒸散发、下渗等重要的水文要素，通过限制陆地植物的蒸散发和光合作用来影响全球的水循环和能量循环以及生物地球化学循环（Seneviratne et al.，2010；Su et al.，2016）。同时，土壤湿度可以通过改变土壤热容量、地表反照率以及陆气之间的感热和潜热通量来影响气候变化（Waheed et al.，2021）。

　　中国气象局气象站的土壤湿度观测数据，主要采用烘干称重法，观测时间主要集中在暖季。数据观测站点分布不均匀，主要分布在中国东北地区、东部地区和南部地区，且只有少量的站点的观测序列达到 20 年以上。由于观测站点分布稀疏和观测时间较短，研究人员只能分析局部地区的短时间序列的土壤湿度特征，很难研究长时间尺度的中国地区土壤湿度的变化（左志燕和张人禾，2008）。目前只是将其观测数据用于再分析、陆面模式得到的土壤湿度产品的验证工作，用其观测数据来研究中国土壤湿度的空间变化研究较少。

　　马柱国等（2000）利用位于中国 100°E 以东地区 98 个气象台站的土壤湿度观测资料，分析了中国东部土壤湿度在 1981~1991 年的变化，发现在 40°N 以南地区深层土壤逐渐干化，干化程度会随着深度的增加而加剧；而 40°N 以北地区的深层土壤具有变湿趋势，而浅层土壤则会变干。左志燕和张人禾（2008）利用气象台站的土壤湿度观测资料验证了欧洲中期天气预报中心（ECMWF）的 ERA40 土壤湿度的表现，评估表明 ERA40 资料能够较好地反映出春季土壤湿度的时空变化特征，春季土壤存在不同程度的干旱化现象。西南地区土壤从浅层到深层都存在一致的变干趋势，20 世纪 80 年代后这种变干趋势变得显著；在东部中纬度地区，浅层土壤湿度具有明显的年际变化特征，没有明显的干化趋势，但深层土壤湿度从 1988 年以后存在较为明显的干化现象；东北地区浅层和深层土壤也存在较明显的变干趋势，其中浅层土壤在 20 世纪 70 年代初以后变干趋势减缓，而深层土壤在 70 年代末以后的变干趋势加剧。王丹等（2012）基于黑龙江省内 13 个土壤湿度观测站 20 年左右的观测资料，发现除三江平原中西部地区外，其他地区 1995 年以前基本偏湿，而在 1995 年以后则为偏干。王磊等（2008）利用中国西北地区的 7 个农业试验站的土壤湿度观测数据研究了该地区在 1981~2001 年的土壤湿度变化情况，发现 1981~1990 年的土壤湿度年际变化总体趋势是随着深度增加而逐渐减小的；进入 20 世纪 90 年代后，多数站点观测数据显示西北地区的土壤明显具有干化的趋势。

遥感卫星搭载的传感器可以对全球进行大范围的监测，基于观测的反射率数据可以估算出土壤湿度。虽然遥感方法存在一些限制，但是融合多种被动和主动微波遥感数据得到的土壤湿度产品目前被广泛应用（Liu et al.，2011，2012）。

利用 ECV（essential climate variable）土壤湿度数据分析中国区域土壤湿度的变化情况，长江流域、珠江流域、东南诸河流域和西南诸河大部分地区的土壤湿度是逐年减小的，为 -0.01~0.0 m^3/m^3。其中，长江流域的上游地区和中游北部地区的土壤湿度显著增大；西南诸河流域的中部地区土壤湿度显著减小，最大达 0.03 m^3/m^3。中国北方流域大部分地区存在明显变湿的趋势，每年的变化值为 0~0.01 m^3/m^3，如黄河流域、海河流域、松花江流域和西北诸河流域。而辽河流域中部地区、松花江流域的北部和南部地区以及西北诸河流域东北地区的土壤湿度显著减小，每年的变化范围在 -0.01~0.0 m^3/m^3（陈立波等，2015；Wang et al.，2012；Su et al.，2016）。

1991~2015 年中国南部流域的土壤湿度减小，如长江流域、珠江流域、东南诸河流域、西南诸河流；而中国北部大多数流域土壤湿度增大，如松花江流域、辽河流域、海河流域和黄河流域，而西北诸河流域土壤湿度减小（图 8.12）（Tao et al.，2019）。

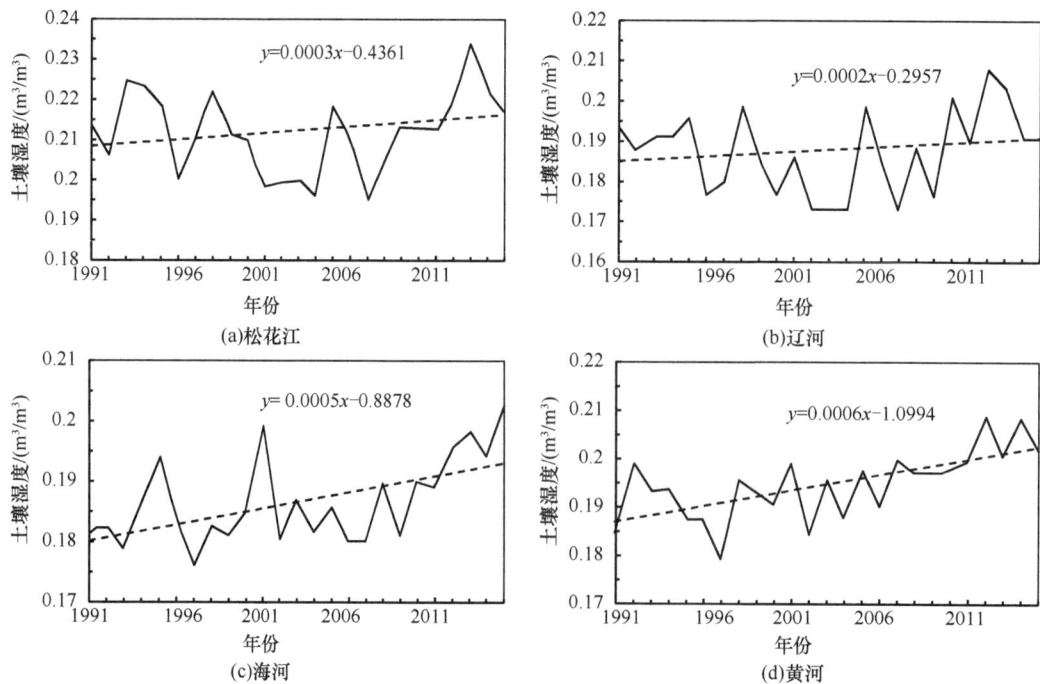

(a)松花江

(b)辽河

(c)海河

(d)黄河

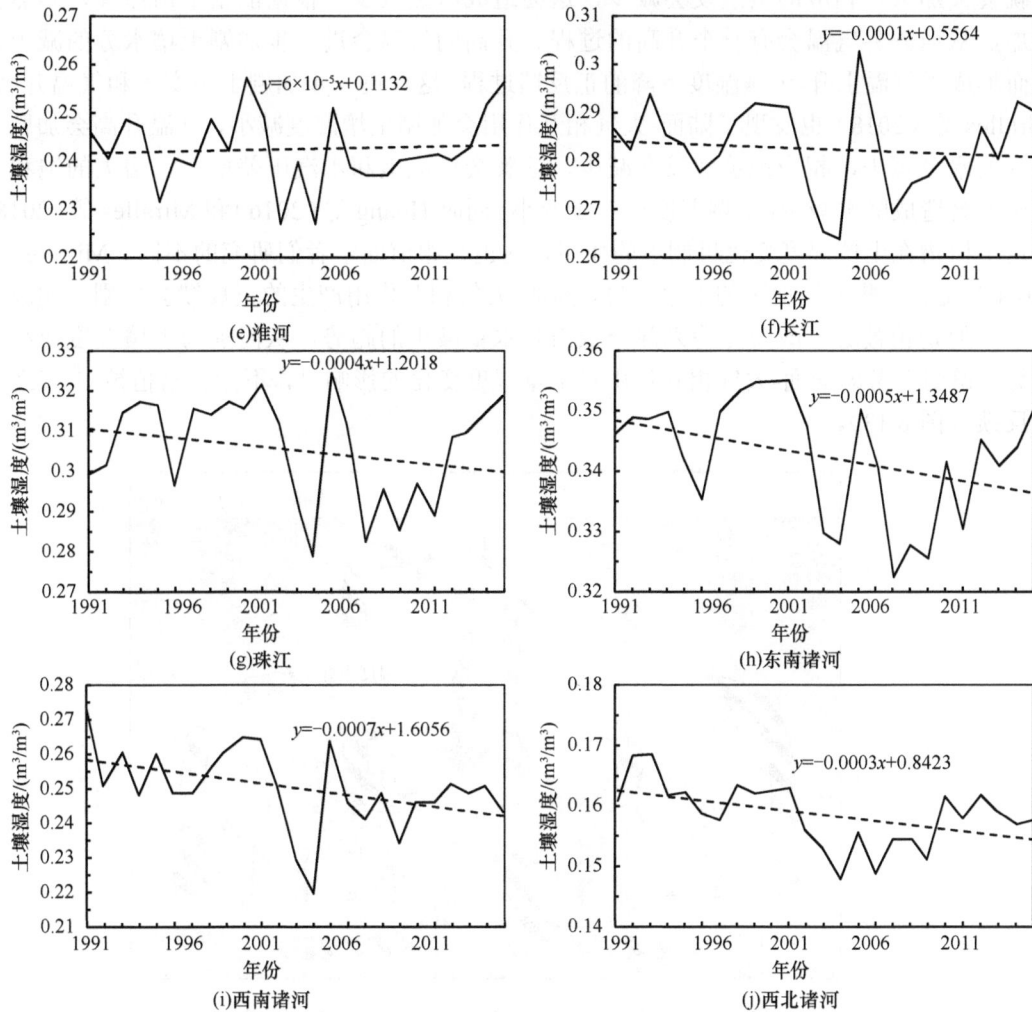

图 8.12　1991~2015 年中国各大流域土壤湿度的年际变化图（Tao et al.，2019）

2. 土壤湿度变化机制

土壤湿度在陆面-大气之间的能量和水汽相互作用中扮演着重要的角色，其变化由多种控制因子共同决定，各种影响因素对土壤湿度变化的影响程度随区域和季节变化而存在差异。气温和降水是影响土壤湿度变化的关键因子，不同深度的土壤湿度和降水正相关，与气温负相关。土壤湿度与降水存在时滞关系，在不同地区不同土壤湿度深度下，时滞相关系数的大小和时滞时间的长短均有差异；同时发现南方地区深层土壤湿度和气温存在正相关关系，但是存在这种关系的原因还有待于研究（马柱国等，2000；张宝军，2007）。Cheng 等（2015）利用数学统计方法和陆面模式对比分析了中国地区土壤湿度的变化机制，结果表明中国地区显著的土壤干旱化是由降水减少所驱动的，并被增温作用所放大，定量化研究表明增温将降水减少的作用放大了一倍以上，其中中国南部地区降水的贡献较大，而华北和中国西北部气温的贡献较大，中国华东地区两者大小相当。

考虑到陆面-大气反馈可能对土壤湿度变化有加强作用，Huang 等（2016）发现气温升高会促进土壤中的水分以蒸发的形式损失掉一部分，剩下的土壤水分被植被吸收的难度就会被加大，相应的蒸散发会减少，这会造成潜热减少，根据能量平衡原理，感热会增加，从而外界气温会有一个升高的过程。升高的气温会进一步加剧土壤水分的减少，从而形成了气温上升-土壤湿度下降的正反馈过程，这会进一步加剧土壤变干和气温升高。Miralles 等（2018）也发现了陆面-大气相互作用会加剧土壤湿度减小，气温升高会加剧土壤湿度水分丧失，相应地蒸散发会减少，这就会造成饱和水汽压差增大，增大的饱和水汽压差会造成降水减少，土壤湿度进一步变小。同时 Huang 等（2016）和 Miralles 等（2018）肯定了植物在土壤湿度变化机制中的作用，这也是跟前面学者们研究的不同。Miralles 等（2016）发现一些干旱地区的干旱年份，陆面-大气相互作用产生的正反馈会加剧土壤湿度变小，但是植被通过改变蒸腾来部分抵消降水量减少的趋势，从而削弱土壤湿度变小的趋势。说明在考虑陆面-大气相互作用对土壤湿度变化的影响时，不能忽略植被-大气之间的反馈（图 8.13）。

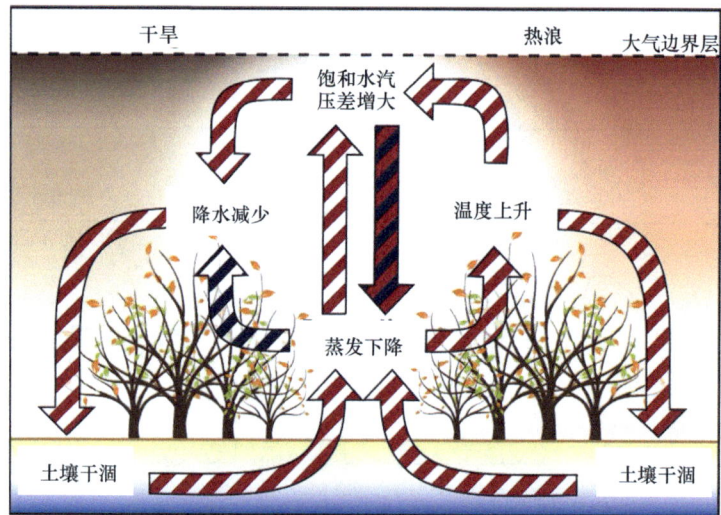

图 8.13　陆面-大气相互作用示意图（Miralles et al.，2018）

红色箭头为正相关，蓝色箭头为负相关

8.1.5　水汽变化特征

1. 全球水汽的变化

根据克拉珀龙-克劳修斯（C-C）方程，饱和水汽压会随气温的上升而增大，因此在气候变暖过程中大气中的水汽含量也会随着全球温度的上升而增加，这会增加向下长波辐射，减少向外短波辐射，总体上改变地球表面的辐射通量（Boer，1993；Milly et al.，2002）。通过观测和模式模拟研究发现，大气的水汽含量变化基本遵循 C-C 方程：气温每升高 1 ℃，水汽含量上升 7%左右（Boer，1993；Allen and Ingram，2002；Held and Soden，2006；Allan and Soden，2008）。有研究表明，在海洋上观测得到的大气水汽含量的增长率和用气候模式估计的水汽含量增长率几乎一致（Trenberth et al.，2005；Santer et al.，2007）。

大气中的水汽输送和降水不仅与大气环流有密切的内在联系，而且作为能量和水分循环过程的重要一环，对区域水分平衡起着重要作用。20 世纪 70 年代初以来，北半球许多地区的水汽总收支不断增加，导致降水也发生变化（Foll et al.，2006），降水变化也反映大气湿度或水汽通量的变化（Zhang et al.，2009）。在全球水循环中，副热带大气是重要的水汽辐散区，赤道东风带是夏季印度季风环流的主要水汽通道（周天军和张学洪，1999），亚洲大陆东部、非洲大陆年水汽收支显著减少，而北美大陆显著增加，三个地区的净水汽收支变化与区域的干、湿度变化特征相一致（蒋贤玲等，2015）。近年亚洲大陆东部的水汽净收支与经向收支呈减少趋势，而纬向收支呈增加趋势。这一变化与季风影响有关，夏季风水汽输送向北、向西扩展强度的减弱是导致水资源变化的重要原因。在全球变暖的背景下，西太平洋的水汽输送对降水的增强作用有所减弱而印度洋输送所导致降水强度减弱的范围则明显扩大。纬向水汽通量给东新月沃地带来更多的水汽，但是经向水汽通量对于该地降水影响更大（Evans and Smith，2006）。

2. 中国大气可降水量的变化

中国面积辽阔，地形复杂，受海陆分布与大气环流的影响，中国上空的水汽含量，即大气可降水量空间差异较大。在 108°E 以东，大气可降水量等值线基本呈纬向分布，大气可降水量由东南部沿海的 40 mm 向西北递减，到蒙古边界只有不到 10 mm，青藏高原和西北地区东部为极小值区，约 5 mm，在西北地区西部有个相对高值区，约 10 mm 以上，且该湿区常年存在，只是不同季节其范围和强度有所区别。受青藏高原的影响，中国西南地区大气可降水量变化较为剧烈。四川盆地也存在一个相对高值区，大气可降水量等值线沿着云贵高原东侧的地势分布。100°~108°E，大气可降水量等值线由纬向分布转换为经向分布，大致沿东偏南 45°方向分布且较为密集，表明东西方向大气可降水量梯度较大，反映出地形与海拔的变化对大气可降水量的显著影响（罗勇等，2017）（图 8.14）。

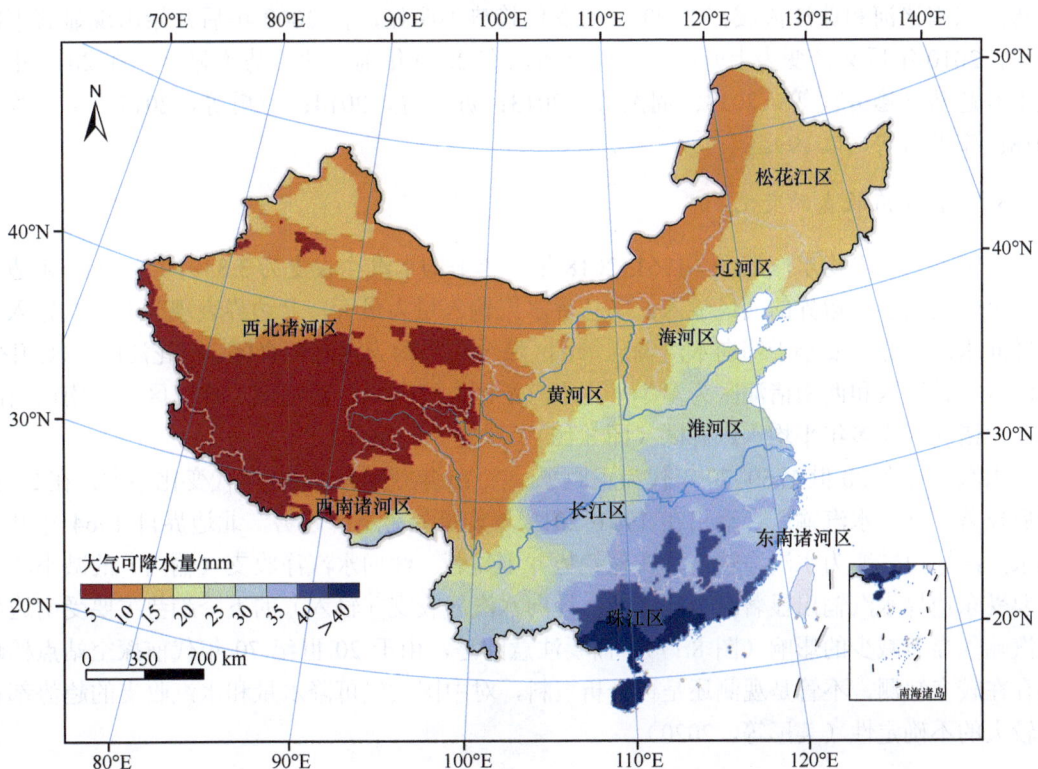

图 8.14　1961~2018 年中国多年平均大气可降水量空间分布（姜彤等，2020）

注：台湾省数据暂缺

1961~2018 年中国大陆的年平均大气可降水量呈显著下降趋势。20 世纪 60~70 年代为正距平，但正距平百分率随时间明显减小，但 80 年代后，中国大部分区域由正距平百分率转向负距平百分率，90 年代后期逐渐增大；进入 21 世纪后，大气可降水量显著增加（图 8.15）。

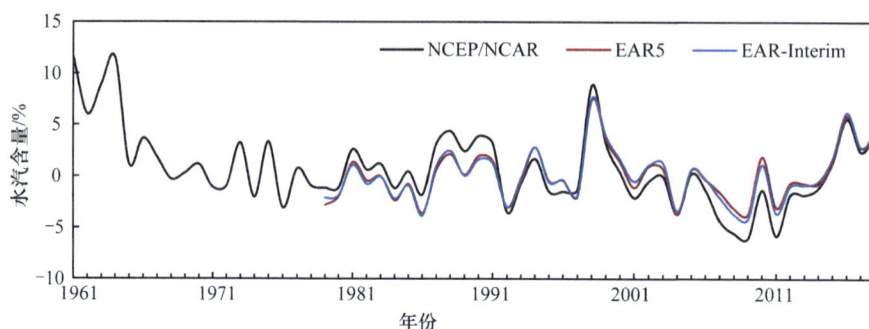

图 8.15　中国大气可降水量的时间变化（姜彤等，2020）

1961~2018 年大气可降水量除西南诸河有弱上升趋势以外，其余流域都呈下降趋势。20 世纪 60~70 年代，除南方的西南诸河、东南诸河及珠江流域变化趋势不明显外，其余 7 个流域都呈显著下降趋势；北部三个流域松花江、辽河和海河流域变化趋势较为一致，在 90 年代有弱增加趋势，2000 年以后开始减少，但在 2010 年以后又略有增加；淮河、黄河和长江流域在 1961~2018 年均呈下降趋势，但下降速度逐渐变缓，2010 年后转变为增加趋势；东南诸河和珠江流域在 2000 年前变化趋势不明显，在 2000 年后开始出现显著下降趋势，2010 年后又转变为上升趋势；西北诸河在 2000 年前变化趋势不显著，在 2010 年后呈上升趋势（廖爱民等，2013；周杰等，2013；苏翠等，2014；罗勇等，2017；王凯等，2018；李湘瑞等，2019）。

3. 中国水汽收支的变化

中国为多年平均水汽汇区，1961~2018 年多年平均水汽净收支为 3.83×10^{12} m^3/a。东边界的西风输出大于西边界的西风输入；南边界水汽输入量为最大，北边界表现为弱水汽输入，但经向水汽输送量要小于纬向水汽输送量，区域全年平均为水汽辐合区。松花江区、海河区、淮河区、长江区和西南诸河区为多年平均水汽汇区，辽河区、黄河区、珠江区、东南诸河区和西北诸河区为多年平均水汽源区（图 8.16）（罗勇等，2017）。

水汽收支在 20 世纪 60~70 年代为正距平，在 70 年代后期至 90 年代变化不大，在 21 世纪后显著上升。水汽输入、输出在 1961~2018 年均呈显著下降趋势，北边界自 1964 年开始由水汽净输出转变为水汽净输入，变化趋势并不显著。纬向水汽净收支（输出）的减小趋势主要受东边界水汽输出显著减少的影响；经向水汽净收支（输入）的下降趋势主要受南边界水汽输入显著减少的影响（图 8.17）。需要注意的是，由于 20 世纪 70 年代前探空站点稀疏且存在较多缺测，不管是观测还是再分析资料，对中国大气可降水量和水汽收支的趋势都存在较大的不确定性（姜彤等，2020）。

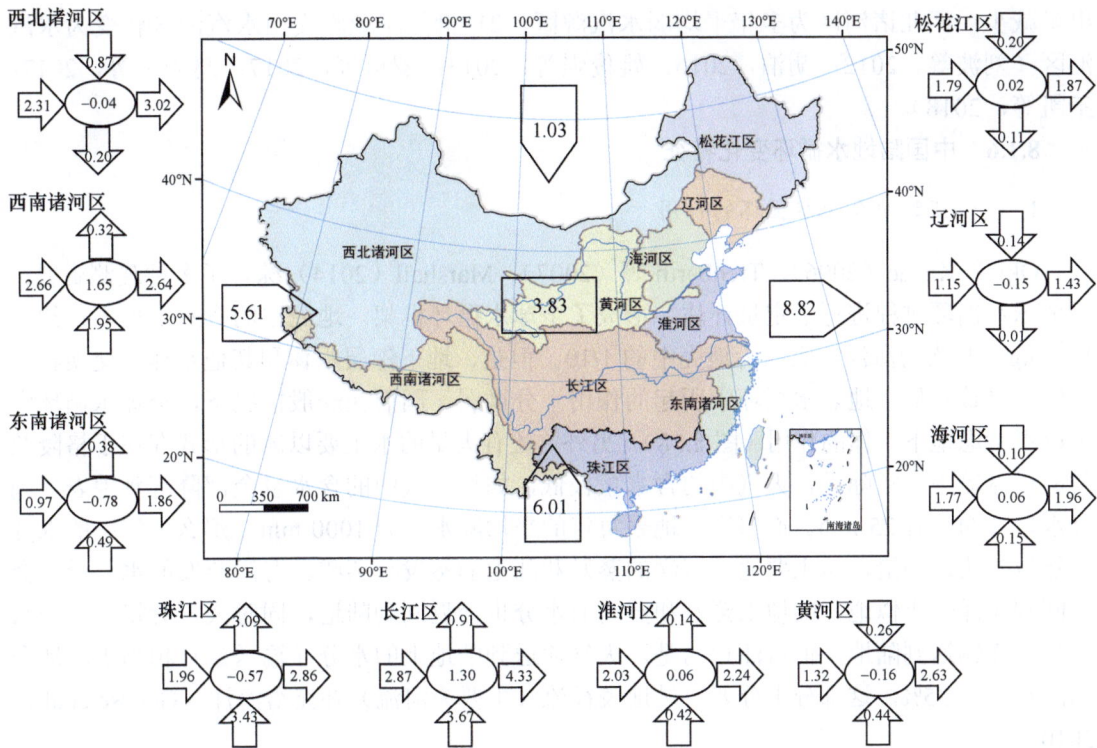

图 8.16　中国大陆及十大水资源分区 1961~2018 年水汽收支示意图（单位：10^{12} m³/a）（罗勇等，2017）
箭头代表区域四边界水汽收支，箭头方向代表水汽输送方向

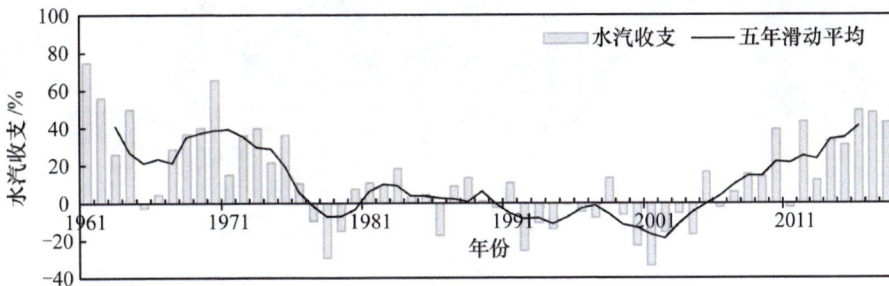

图 8.17　中国区域水汽收支时间变化（姜彤等，2020）

水汽收支在北方松花江区、辽河区和海河区均呈显著减少趋势。松花江区和海河区水汽收支在 1980 年前下降速度较快，1980 年以后下降趋势变缓，但水汽收支年际波动较大。松花江区进入 21 世纪后多为水汽源区，而在 21 世纪前多为水汽汇区；海河区在 20 世纪 60~70 年代多为水汽汇区，在 70 年代末至 21 世纪初多为水汽源区。辽河区只有在 20 世纪 60 年代有少数年为水汽汇区，其余大多数年都为水汽源区。黄河区为多年平均水汽汇区，其水汽净入量呈显著减小趋势，在 1978 年前下降速度较快，1978 年以后变缓。淮河区为多年的水汽汇区，仅 2000 年左右，有几年为水汽源地，且 2002 年以后，与海河区类似，流域的水汽净入量有增加趋势，多年趋势略微下降但不显著。长江区为多年平均水汽汇区，1961~2018 年水汽净收支量的趋势为略有增大。西南诸河区为多年平均水汽汇区，21 世纪后输入水汽量减少。珠江区、东南诸河区除在 1961 年为水汽汇区之外，其余年份均为水汽源地。1985 年以前流域内水汽输出量迅速增加，1986 年之后流域内水汽输

出量减少。西北诸河区为多年平均弱水汽源区，21 世纪流域收支由水汽源区转变为水汽汇区（刘波等，2012；胡泊，2016；姚俊强等，2013；罗勇等，2017；赵光平等，2017；王凯等，2018）。

8.1.6 中国陆地水循环变化特征

1. 气候变暖对全球水循环的作用

Oki 和 Kanae（2006）、Trenberth 等（2007）、Marshall（2014）综合了多种观测资料，对全球水循环过程进行了定量评估，形成了全球水循环框架。地壳中的含水量最多，约为 10^{22} kg；其次为海洋，大约为地壳中的 1/10。但是，地下深层水体和其他水体的交换相当缓慢，以致它们在地表水循环中所起的作用十分微弱。因而在一般情况下，全球水循环中可以不考虑地下水体的作用（图 8.18）。另外，还有大量的水主要以冰的形式存在于格陵兰与南极冰盖中。实际上，大气中的含水量极低，如果大气中的含水量全部降落到地表，则降水量大约只有 25 mm。而事实上地表每年的平均降水量为 1000 mm，那么大气中的水分必然得到快速补给，这主要通过海洋的蒸发和陆地的蒸发与蒸腾。海洋蒸发的水分最终会返回到海洋，类似地，陆地上蒸发和蒸腾的水分也会返回到陆地，同时大气会将一部分水分从海洋输送到陆地。值得注意的是，大气输送到陆地上的水分净输送量只相当于陆地全部降水量的 35%，这部分水分要通过地表径流（主要为河流）补充给海洋（Goosse et al.，2010）。

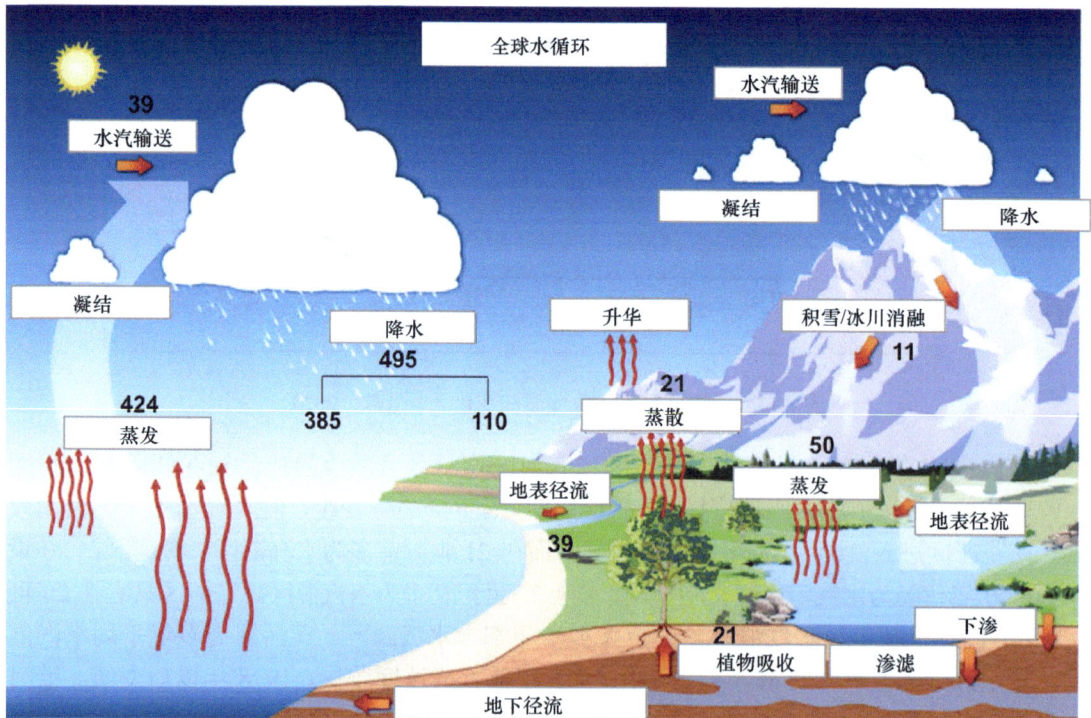

图 8.18　全球水循环平均状况（Marshall，2014）

海洋平均每年蒸发水汽量 424 万亿 m³，其中有 385 万亿 m³ 用于海洋降水，39 万亿 m³ 输送到陆地，为陆地降水提供水汽。陆地平均每年降水 110 万亿 m³，冰雪融化 11 万亿 m³，其中 71 万亿 m³ 用于蒸发和植被蒸散，39 万亿 m³ 转变为地表径流，21 万亿 m³ 储存在植被中

图中数据的单位为 10^{12} m³/a

气温升高使得全球水循环加强（Quan et al.，2004；Huntington，2006，2010；Rawlins et al.，2010；Syed et al.，2010；Giorgi et al.，2014；Durack et al.，2012；Kramer et al.，2015）。根据 C-C 方程，饱和水汽压会随气温的上升而增大，因此在气候变暖过程中，大气中的水汽含量也会随着全球温度的上升而增加，这会增加向下长波辐射，减少向外短波辐射，总体上改变地球表面的辐射通量，进而改变全球平均的降水/蒸发及表面温度（Boer，1993；Milly et al.，2002），从而极大地影响全球降水分布的不均匀性。

通过观测和模式模拟研究发现，大气水汽含量的变化基本遵循 C-C 方程：气温每升高 1 ℃，水汽含量上升 7% 左右（Boer，1993；Allen and Ingram，2002；Held and Soden，2006；Allan and Soden，2008）。有研究表明，至少在海洋上，观测得到的大气水汽含量的增长率和气候模式估计的水汽含量增长率几乎一致（Trenberth et al.，2005；Santer et al.，2007）。由于观测站点的稀疏，根据站点数据研究得到的全球降水/蒸发对气候变暖的响应有很大的不确定性。部分基于卫星资料和海洋盐度的研究表明，全球平均温度每上升 1 ℃，全球平均降水变化为 1%~3% /℃（Held and Soden，2006；Wentz，et al.，2007；Stephens and Hu，2010；Durack et al.，2012；Skliris et al.，2016）。

水汽含量和降水变化率不一致的现象将导致大气总体的垂直质量输送减弱（Held and Soden，2006）。辐射通量变化较小导致全球水循环增加的强度受到抑制，并且与对流层低层水汽的增加不同步，边界层与对流层中层的水汽通量交换将会减少，并且大部分水汽交换发生在热带湿对流中，对流质量通量也会减少。根据长期的海表面气压变化趋势分析，确实发现在过去百年中全球的沃克环流有减弱的迹象（Vecchi et al.，2006），并且此现象可以在绝大多数气候模式的全球变暖模拟中得到再现，大气的表面风速会有所减弱，同时大气边界层的相对湿度及稳定度会增加（Vecchi and Soden，2007a；Richter and Xie，2008；Tokinaga et al.，2012）。而经向哈得来环流对于全球变暖的响应则不像纬向沃克环流那样显著（Vecchi and Soden，2007b），并且模式间表现出一定差异（Ma et al.，2012）。总体来说，在大尺度环流上，全球变暖导致大气中水汽与层结发生变化，热带环流未来将会减慢，同时哈得来环流将向极扩张，热带辐合带也将产生飘移。区域降水变化可拆分为热力项与动力项的变化，而受热带水汽增加影响的热力项与由环流减弱主导的动力项相互抵消，这使得其他动力过程得以控制局地的环流变化，例如海洋表面增暖分布型的效应以及陆地的多种物理过程使得未来的气候变化对区域水循环的影响不确定性加大（Ma et al.，2018）。

尽管降水/蒸发对气候变暖的响应有较大的不确定性，但大部分研究表明气候变暖使得全球平均的极端降雨事件增加，主要出现在中高纬度（Trenberth，1999；Allen and Ingram，2002；Hegerl et al.，2014；Pall et al.，2007）；小雨或无雨事件的发生频率则会减小，一般性降雨变化不大（Wilby and Wigley，2002；Richard and Sode，2008）。

季节内和年内区域水循环对全球增暖的响应机制比较复杂（Chou et al.，2013；Marvel and Bonfils，2013）。目前，国际上形成了两种主流观点：第一种观点认为多雨地区的降水将会增多；第二种观点则认为未来海温增暖幅度较大的区域将会是降水增多的集中区。"wet-get-wetter" 机制认为湿润地区会更加湿润，湿季也会变得更湿；干旱地区则会更加干旱，干季也会变得更干（Chou and David，2004；Held and Soden，2006；Chou et al.，2013；Marvel and Bonfils，2013；Polson et al.，2016；Wu and Lau，2016）。"warmer-get-wetter" 机制认为，全球变暖以后，海表温度升高明显高于热带平均增暖的区域，降水会显著增加（Xie et al.，

2010；Ma and Xie，2013）。由于大气对流层温度受赤道波和热带平均海温的影响，对流不稳定性的局地变化和热带降水量会受到海表温度分布的制约（Vecchi and Soden，2007a；Johnson and Xie，2010）。也有学者通过 CMIP5 数值模式资料发现，"wet-get-wetter"机制的作用主要体现在季节平均降水量的变化中；而"warmer-get-wetter"机制主要在年平均降水量的变化中发挥作用，在海表温度增暖最强的赤道地区，对流增强导致降水增加；而对于赤道两侧地区，气流下沉强烈，增暖使得大气变干，从而致使降水减少。两种机制分别演绎了降水变化的两个不同方面，共同组成了降水变化的季节分布和空间特征（Huang et al.，2013）。但这一机制仍不确定，目前能确定的是湿润区（能量限制）相对于干旱区（水限制）对气候变化更敏感（Eicker et al.，2016）。

地表植被的变化放大了气候变化对水循环的影响。在水循环加速地区，植被和气候变化对水循环加速具有正反馈效应。植被覆盖变化的影响因覆盖范围而异，植被变化加剧了中覆盖度植被区域的水循环（0.1<NDVI<0.6），但在稀疏或高覆盖度植被区域（NDVI<0.1 或 0.6<NDVI<0.8）减弱了水循环。在密覆盖度植被的区域（NDVI> 0.85），由于降水量的显著增加，水循环加速（Feng et al.，2018；Sheil，2018；Zeng et al.，2018）（图8.19）。

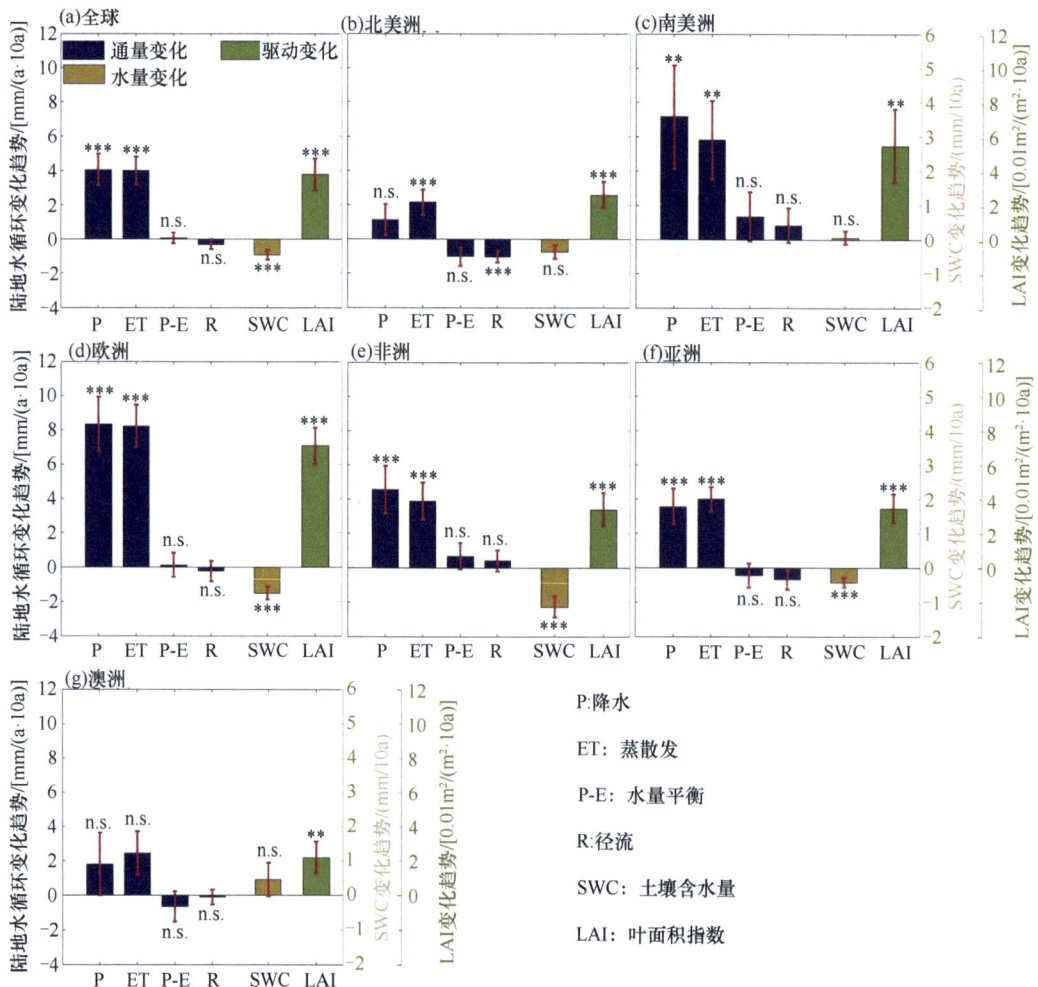

图 8.19　LAI 对全球陆地水循环的影响（Zeng et al.，2018）

***代表通过 99%显著性检验，**表示通过 95%显著性检验；n.s.表示不显著

2. 气候变化对中国水循环的作用

刘国纬和汪静萍（1997）、刘国纬（1997）利用探空站点资料计算了中国大陆地区1972~1982 年多年平均水量平衡，得出中国大陆上空大气可降水量为 0.14 万亿 m³，折合平均水深 15.1 mm；水汽年总输入量为 18.2 万亿 m³，折合平均水深 1909.4 mm（大陆概化面积为954 万 km²），输出量为 15.5 万亿 m³，折合平均水深 1625.3 mm，净收支为 2.7 万亿 m³，折合平均水深 284.1 mm；中国大陆年总蒸发量为 3.5 万亿 m³，折合平均水深 364 mm；中国大陆年降水量为 6.2 万亿 m³，折合平均水深 648.4 mm；中国大陆年径流量为 2.7 万亿 m³，径流深为 284.1 mm。由于刘国纬的计算结果是由少数探空站插值计算得到的，且其蒸发量为降水减去径流量得到的，其计算值可能存在一定的误差。

1961~2018 年中国多年平均整层大气水汽含量约为 0.13 万亿 m³，折合水深 13.9 mm，水汽年总输入量为 1681.8 mm，输出量为 1283.5 mm，水汽收支为 398.3 mm；降水量为 616.4 mm，蒸散发量为 480.8 mm，地表水资源量为 273.7 mm。输入的水汽约 32% 形成降水，68% 为过境水汽。可见，16% 的蒸散发通过内循环过程重新形成降水，84% 随气流输出；降水的 87% 由输入水汽形成，13% 由区域内部蒸发的水汽形成（图 8.20）（姜彤等，2020）。这与刘国纬和汪静萍（1997）、刘国纬（1997）利用探空、降水和水文观测资料计算的中国大陆地区1972~1982 年多年平均水量平衡结果相近。

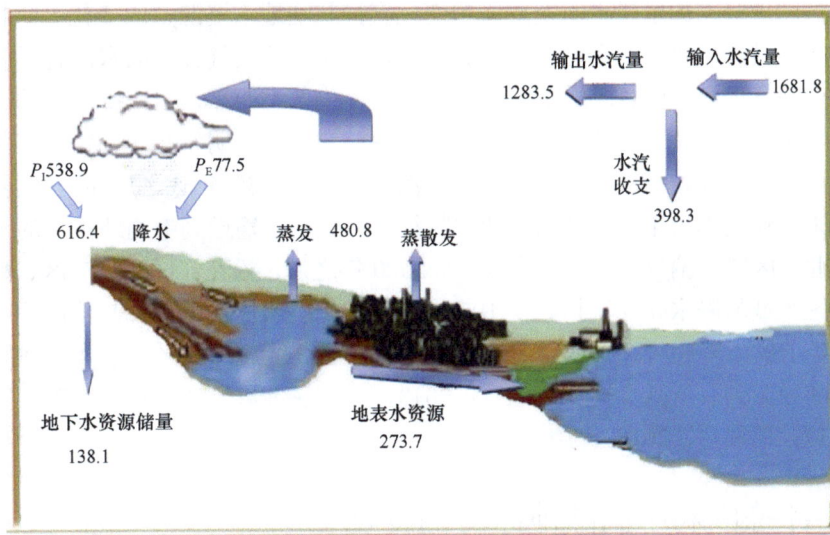

图 8.20　中国大陆 1961~2018 年多年平均水循环概念模型（姜彤等，2020）

P_I 代表水汽形成的降水；P_E 代表蒸发形成的降水

图中数据单位为 mm

在全球变暖情形下，最近几十年中国水循环及其相关过程存在明显的趋势变化和年际变率特征（Bueh et al.，2003；Richard and Klaus，2006）。周杰等（2013）对中国大陆地区水分循环诸要素的时空特征进行了计算与分析，表明蒸发量、纬向水汽通量和经向水汽通量均与大气可降水量的空间分布相似，年降水量和蒸发量在 1979~2002 年呈现非常显著的上升趋势；在 2002~2011 年呈现显著的下降趋势；年蒸发量在这两个时段的变化趋势与年降水量一致，但均比年降水量明显；年蒸发量在 1979~2011 年呈现非常显著的上升趋势，其年际变化明显小于年降水量。可降水量和水汽通量散度在 1979~2011 年的长期变化趋势不明显，但可降水量的年际变化呈阶段式增大趋势，水汽通量的年际变化一直较大。

1961~2013 年中国大陆地区的年平均大气可降水量和水汽净收支量均呈显著下降趋势，年降水量、降水转化率、蒸发量和径流量等其他水循环要素则有微弱上升趋势（丁一汇，2017）。从一级水资源分区来看，1961~2013 年大气可降水量除西南诸河区有微弱上升趋势外，其余水资源分区都呈显著下降趋势；年水汽收支量则在东南诸河区、西北诸河区和长江区为上升趋势，其中东南诸河区和西北诸河区上升趋势显著，其余水资源分区则为下降趋势，且除淮河区和珠江区外，其余水资源分区都为显著下降趋势；年降水量和径流量变化趋势相似，均为在西北诸河区为显著上升趋势，在松花江区、珠江区、东南诸河区、西南诸河区为微弱上升趋势，其余水资源分区为微弱下降趋势；年蒸发量在松花江区、辽河区和西北诸河区有显著上升趋势，其余水资源分区均为下降趋势。

在全球变暖情形下，近几十年中国水文循环及其相关过程存在明显的趋势变化和年际变率特征。大气水汽含量和水汽收支在 20 世纪 80 年代后为上升趋势。1961~2018 年中国降水总量虽然没有出现明显变化，但是各个区域降水量出现很大的差异；蒸散发平均值呈现微弱增加趋势；地表径流总体上呈减少趋势，但西北和东南沿海流域径流出现波动上升趋势。相对于 1961~2000 年，21 世纪以来，大气水汽总输入量偏小 9%，总输出量偏小 13%，水汽收支偏高 3%。降水量总量变化不大，区域蒸散发转化形成的降水增加了 9%，中国区域水文内循环较之前活跃（姜彤等，2020）。

水文循环陆地分支的水量平衡各要素的变化直接与陆地水资源量的变化息息相关。同时也应注意到，与具有分水岭意义的流域边界不同，水文循环大气分支的水汽含量要素存在临近流域间的交换。尽管中国各流域空中水汽含量的变化并不明显，但空中水汽的交换对陆地水文循环及整个区域水量平衡的影响作用仍不容忽视。研究表明，20 世纪 80 年代前中国东部地区来自西北太平洋、南海和孟加拉湾的水汽输送偏强，80 年代之后显著减弱，这与 80 年代中期以来东亚夏季风年代际减弱的变化特征一致。由于输送到中高纬地区的水汽大大减少，因此华北地区降水偏少，南方降水偏多。2000 年之后，松花江区、辽河区、海河区、黄河区和淮河区流域的降水和径流相对于 1981~2000 年均有所增加或下降趋势减缓，水汽收支均较 2000 年前的下降趋势减缓或转为增加趋势；而长江区、珠江区、东南诸河区和西南诸河区的降水和径流则有所减少（丁一汇等，2013，2017；苏涛等，2014；梁苏洁等，2014；罗勇等，2017；邢峰等，2018）。

8.2 冰冻圈和中国陆地冰雪的变化

"冰冻圈"是地球五大圈层之一，是指地球表层由山地冰川、极地冰盖、积雪、冻土、海冰等固态水组成的圈层，其对气候的高度敏感性和重要的反馈作用备受关注。中国冰冻圈的主体为冰川、冻土和积雪，分布范围广泛，不仅有重要的气候效应，还是维系干旱区绿洲经济发展和确保寒区生态系统稳定的重要水源保障。作为冰冻圈发育大国，中国的冰冻圈研究不仅具有科学上的重要性，而且有国家战略需求上的紧迫性，意义重大。

8.2.1 中国冰冻圈的变化特征

1. 中国积雪的变化特征

雪盖具有很强的可变性，且其在空间的分布范围主要取决于大气环境。雪盖监测对区域和全球尺度的水资源与气候研究皆有重要作用。季节性的雪盖变化会直接影响高山地区淡水量的季节分布，同时通过陆地间的热量交换影响冻土（Beniston，2003；Mukhopadhyay and Khan，2015）。

青藏高原喜马拉雅地区雪盖在时间和空间上皆有较大的分异性，并会在区域和全球尺度上对水文和气候产生影响。Singh 等（2013）在积雪消融期，印度河和恒河流域的雪盖分布占各自流域的比例较布拉马普特拉河高。三个流的总最大雪盖分布范围可占三个流域总面积的 85%，然消融期这一比例会下降到 10%。近 10 年，印度河流域雪盖呈增大趋势，而恒河和布拉马普特拉河流域没有明显变化。与此同时，2000~2011 年，青藏高原地区的积雪在 3 月（积累期）和 9 月（消融期）期间皆没有增加或减少趋势。过去的 12 年间，印度河、恒河和布拉马普特拉河流域在雪盖变化上显示出不同的模式，亦即对气候变化响应有所差异。

1978~2012 年尽管积雪面积无显著变化，但中国积雪水当量总体显示微弱增加趋势，其中青藏高原、西北地区显著增加，东北地区微弱下降（Che et al.，2008）。西北地区积雪深度多年来总体变化趋势不明显，但年际波动显著，具有一定的周期性。从不同月份或季节来看，冬季积雪呈增加趋势，但春季处于减少趋势。其中春季积雪的减少不仅体现在积雪深度减小，而且体现在消融期提前，整个积雪期缩短上。综合考虑降雪量和气温变化特征，可以发现冬季和春季降水量增加和气温升高。冬季尽管气温有所升高，但是对于降雪和融雪条件而言，冬季气温依然较低，所以冬季降雪量增加导致积雪增加；而春季温度为降雪和融雪的临界温度期间，气温升高，导致降雪量减少、融雪期提前、融雪过程加速，从而使得春季积雪显著减少（丁永建等，2016）。

2. 中国冰川的变化特征

自小冰期盛时至 20 世纪六七十年代，中国西部冰川区 5 个地点温度平均上升 1.3 ℃，变化幅度为 0.6~2.0 ℃（Shi and Liu，2000；刘时银等，2015）。中国冰川对气候变化很脆弱，约 92%的冰川作用区存在不同程度的脆弱性，而且强度脆弱区和极强度脆弱区面积占研究区总面积的 41%（杨建平等，2013）。总体来看，20 世纪六七十年代至 21 世纪初，中国西部地区冰川整体处于萎缩状态，冰川表面高程降低，即处于物质亏损状态，但存在很大的区域差异性。北部和东部冰川变化较南部和西部大，海拔较高、山体较大的山区比低矮的山区冰川变化小。其中，阿尔泰山、澜沧江和冷龙岭冰川年退缩率最高，约为–0.75%/a；伊犁河流域略小，平均变化率约为–0.6%/a；河西走廊的阿尔金山、博格达、黄河源和青藏高原色林错流域冰川年变化率相近，为–0.5%/a～–0.4%/a。此外，青藏高原内流区和塔里木河流域整体变化较小，属于变化最慢的区域，冰川整体年萎缩率≤0.2%/a（姚晓军等，2013；Bao et al.，2015；Liu et al.，2015；Xu et al.，2015）。但喀喇昆仑山和喜马拉雅山西部一些冰川质量表现为增加趋势，通常被称为"喀喇昆仑异常"，研究表明，冬季冻雨会对该地区的冰川产生保护作用，另外，西风扰动也使得该地区冰川质量增加，这一异常未来可能会持续（Hewitt，2005；Ridley et al.，2013；Kapnick et al.，2014；Kääb et al.，2015；Forsythe et al.，2017；Krishnan et al.，2018）。冰川和冰川湖所包含的信息是此消彼长的。在冰川快速消融的情况下，冰川湖会扩大，也会接收到更多冰川带来的记忆。

冰川变化的区域差异性是在气候变化及冰川自身几何特征和其所处的地形因素等共同作用下产生的，其控制机制可能存在较大的区域差异性。有研究表明，在冰川面积小于 1 km^2 的情况下，冰川变化由规模大小和中值面积高度共同决定；而当冰川面积大于 1 km^2 时，则由冰川规模和表碛覆盖度决定（Xu et al.，2015）。另外，对比相同地区不同研究结果也可以发现，虽然中国西部地区冰川整体处于萎缩状态，由于研究所选取的冰川多为部分冰川，研究的冰川规模对统计的冰川变化影响较大，因而研究得到的冰川的退缩程度存在一定的不确定性（Shi and Liu，2000；刘时银等，2006；张明军等，2011；姚晓军等，2013；骆书飞等，2014）。

兴都库什-喜马拉雅地区的评估报告（Wester et al.，2019）指出，自 20 世纪 70 年代以来，该地区的冰川就在持续退缩，随着积雪和降雪覆盖区域减少，大量冰川湖泊正在出现。卫星观测数据显示，喜马拉雅地区冰川湖泊的数量已经从 1990 年的 3350 个增加到现在的 4260 个。该评估报告还指出，即使实现了控温 1.5℃ 的目标，喜马拉雅山脉地区的平均气温也将上升 2.1℃，意味着 1/3 的冰川彻底消失，而如果排放量没有减少，那么升温幅度将达到 5℃，冰川融化的比率将上升到 2/3。

过去几十年，在气候变暖背景下，中国 82.2% 的冰川处于退缩状态，而且进入 21 世纪以来，冰川退缩具有加速趋势（叶柏生等，2012）。

3. 中国冻土的变化特征

以多年冻土为标志的寒区是气候变化的敏感区，同时也是许多河流的发源地。多年冻土是寒区重要的下垫面因素之一，其存在改变了下垫面的物理性质和水热状况，形成了特殊的水文和水文地质环境，从而影响水文产汇流过程。一方面，流域内冻土的发育程度及覆盖率对流域水文过程产生重要影响（Ye et al.，2009；Niu et al.，2011；Woo，2012）；另一方面，活动层的冻融循环深刻影响着流域坡面径流产汇流特性及径流的年内分配特征（Woo et al.，2008）。

中国领土的冻土分布占 68.6%（多年冻土为 $2.15×10^6$ km²，占 22.4%，季节性冻土 46.2%）（周幼吾等，2000），但是自 20 世纪 80 年代末多年冻土监测开始，其分布变化显著。多年冻土主要分布在青藏高原地区，东北的大兴安岭和长白山地区，西北的天山和阿尔泰山，以及中国的台北、五台山地区。冻土退化已经引起冻土面积由 20 世纪 70 年代的 $2.15×10^6$ km² 减到 2006 年的 $1.75×10^6$ km²（Wang，2006），在 2012 年可能仅为 $1.59×10^6$ km²。在过去 30 年间，约 18.6% 的多年冻土消失。观测数据表明，天山北坡乌鲁木齐河源区多年冻土很可能正在发生自下而上的迅速退化（赵林等，2010b）。与 1996 年前相比，祁连山景阳岭与鄂博岭段多年冻土下界海拔均有大幅上升，两垭口南坡多年冻土均已消失（吴吉春等，2007）。马衔山是祁连山东延的余脉之一，是目前黄土高原地区唯一证实有多年冻土发育的山脉，近 20 年来马衔山多年冻土发生了明显退化，目前仅小湖滩有岛状多年冻土残存，属于典型的高温多年冻土，20 世纪 90 年代初在其他区域发现的零星多年冻土已经基本消失（谢昌卫等，2010）。青藏公路沿线活动层厚度的变化与全球气候变暖的大背景是一致的，从总体变化趋势看，青藏高原地区活动层厚度近年来呈现出增大趋势，21 世纪前 10 年，青藏公路沿线多年冻土区活动层厚度比 20 世纪 90 年代增大了 19 cm。但受局部下垫面及地面天气状况的影响，活动层厚度变化也呈现出波动变化的特点（赵林等，2010a；李韧等，2012；Wu et al.，2012）。此外，处于季节性冻土向片状连续多年冻土过渡区的青海高原中、东部多年冻土退化显著。岛状冻土和不连续多年冻土出现融化夹层和不衔接多年冻土，有些地区冻土岛和深埋多年冻土消失，多年冻土上限下降、季节冻结深度变浅；片状连续多年冻土地温升高、冻土厚度减薄。近 45 年来新疆地区最大冻土深度出现了较为明显的下降，高海拔区域与低海拔区域年最大冻土深度的减少速率分别达 15.65 cm/10a 和 9.48 cm/10a（符传博等，2013）。新疆阿勒泰地区最大冻土深度 1963~2012 年以 5.74 cm/10a 的速度显著减少（李海花等，2014）。宁夏多年极端最大冻土深度为 1~1.6 m，近 50 年来，宁夏最大冻土深度呈逐年下降趋势（冯瑞萍等，2012）。甘肃石羊河流域年最大冻土深度和冻土日数呈显著减少趋势，减少速率分别为 4.54 cm/10a 和 6.0 d/10a（杨晓玲等，2013）。

气候变暖使得地表年均温度由负变正，冻结期缩短，融化期延长，冻/融指数比缩小，是导致此类变化的主要原因，而人类活动，如采伐森林、农耕等也在部分地区加速了冻土的退化（Jin et al.，2011）。多年冻土变化的反应时间和受影响深度对气候变化的响应取决于范围、持续时间、广度、气候变暖速度，也与土壤类型、地表覆盖度、含冰量、地下水出现、地下热量异常、人类活动等有关。伴随着冻土退化，高寒环境也显著退化，地下水位下降，植被覆盖度降低，高寒沼泽湿地和河湖萎缩，土地荒漠化和沙漠化造成了地表覆被条件的改变（罗栋梁等，2012）。

8.2.2　冰冻圈的变化在水循环中的作用

冰冻圈作为全球水循环过程的一个重要环节，对气候变化的敏感性在全球变化研究中备受关注。在全球变化背景下，特别是最近 30 年来全球冰冻圈发生了显著变化，已经对水文过程产生重要影响。

多项研究表明，北极地区的放大效应使得高纬度地区的温度升高随时间变化（dT/dt）加速，同时，这一理论也适用于高海拔地区，即随纬度升高，变暖加速（Mountain Research Initiative EDW Working Group，2015）。许多物理机制鼓励升高依赖性变暖（Elevation dependent warming，EDW）（图 8.21）。雪/冰融化和植被线迁移引起下垫面变化将降低地表反照率，并在雪线/植被线向上移动时增加特定高度带的 dT/dt；随温度升高，大气水汽含量增加，潜热释放增加，特别是在高海拔地区；由于水汽是一种温室气体，因此空气中水汽含量增加会增加向下长波辐射，由于目前高海拔地区的大气非常干燥，这种效应在高海拔地区更显著；黑体长波辐射与温度的四次方成正比，因此，在高纬度和高山地区常见的较低温度下，近地面气温敏感性会更大；气溶胶（特别是黑碳和尘埃）会导致低海拔地区接收到的太阳辐射减少（但在高山上影响较小），且当气溶胶沉降在冰雪上时，其会使得冰川加速融化。综上，与邻近低海拔地区相比，这五个因素导致在高山地区观测到增暖的放大效应。但由于高海拔观测数据较少，而模式的分辨率对高海拔复杂地形描述不足，山区未来的气候变化可能被低估（Wester et al.，2019）。

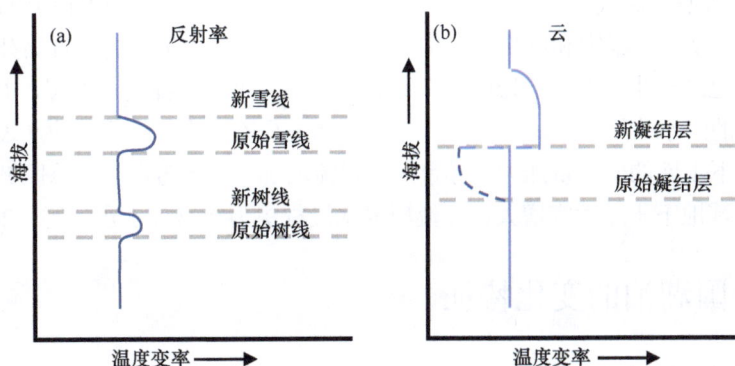

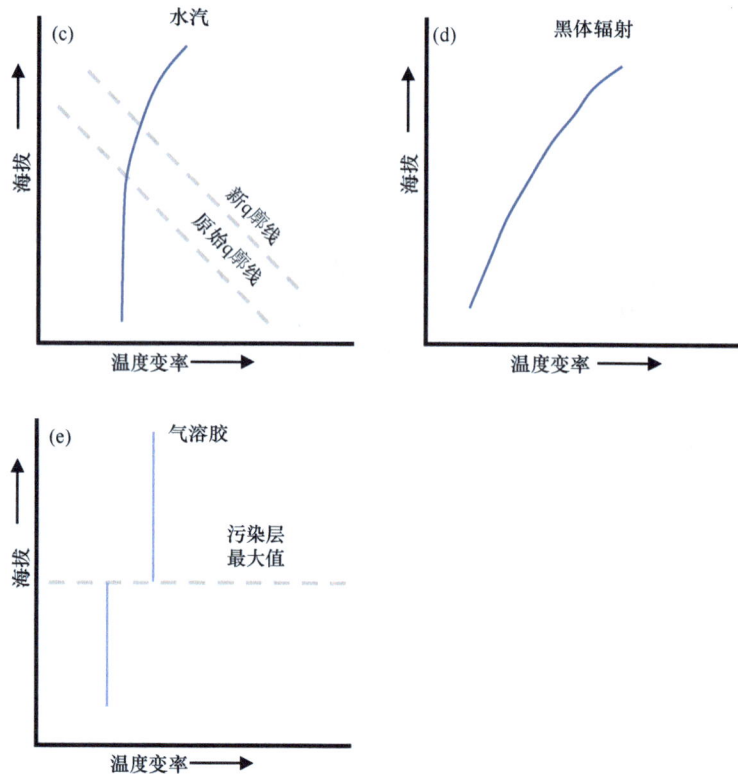

图 8.21　五种高程决定的变暖趋势图

dT/dt 表示温度随时间的变化（改编自 Mountain Research Initiative EDW Working Group，2015）

过去 60 年中国西部冰冻圈已发生了显著变化，冰川面积和长度减少，厚度减薄，多年冻土活动层厚度增大，年平均地温升高，多年冻土分布下界上升，活动层开始融化日期提前，开始冻结日期推后，融化日数增加，季节冻土最大冻结深度和冻土日数显著减少，春季积雪深度减少，融雪日提前。实测资料和模拟结果均表明气候变暖导致的冰冻圈变化对生态环境的影响显著。由于冰川退缩，冰川融水对径流的调节作用有所减小，冰川径流显著增加，但未来气候变暖导致的冰川径流峰值大小和出现时间取决于冰川规模和升温速率。同时冰川融化加剧已经导致青藏高原冰川补给湖泊面积扩大、水位上升，随着气温升高，冰川减薄后退，冰川融水增多，冰湖库容增加，冰湖面积扩张，冰湖溃决的风险加大，洪水总量在不断增大，洪水频率也在不断增大。气候变暖已经导致融雪径流过程提前，改变了径流的年内分配，融雪产生的洪峰峰值更大。暴雪和风吹雪产生的交通问题、牧区雪灾引起的牲畜死亡等灾害事件对区域经济发展已经产生了严重的影响。冻土退化使径流年内过程趋于平缓，主要是由于随着冻土退化，冻土的隔水作用减小，一方面使冻土区地表径流减少，有更多的地表水入渗变成地下水，使流域地下水库的储水量加大，导致冬季径流增加；另一方面，入渗区域的加大和活动层的加厚，使流域地下水库库容增大，使流域退水过程更为缓慢（丁永建等，2015，2016）。

8.3　中国湖泊的变化特征

湖泊作为陆地水圈的重要组成部分，参与自然界的水分循环，是流域物质与能量的"汇"。湖泊对气候变化极为敏感，可记录各湖区不同时间尺度气候变化和人类活动信息，是揭示全球气候变化与区域响应的重要信息载体，被誉为区域生态与环境变化的"缩影"和"记录器"（马荣华等，2011）。同时，湖泊具有调节河川径流、改善生态环境、提供水源、灌溉农田、沟通航运、繁衍水生动植物、维护生物多样性及旅游观光等功能。

由于不均衡的气候条件和地形地势因素，中国的湖泊分布比较复杂。《中国湖泊志》把中国的湖泊分布划分为五大区域：青藏高原湖区、东部平原湖区、蒙新湖区、东北平原湖区和云贵高原湖区。

青藏高原湖区是黄河、长江和雅鲁藏布江的源头区，海拔较高，湖泊多数发育在一些和山脉平行的山间盆地或巨型谷地，其中大中型湖泊如纳木错、色林错等都是在构造作用下形成的，湖盆陡峭，湖水较深，且湖泊分布与经纬向构造带相吻合。多数湖泊属于内陆湖，冰雪融水是湖泊的重要补给形式，约 50%以上的湖泊分布在青藏高原湖区。

东部平原湖区的湖泊分布于长江中下游、淮河中下游、黄河下游、海河下游和大运河沿岸。五大淡水湖——鄱阳湖、洞庭湖、太湖、洪泽湖和巢湖也分布于此。在长江中下游平原及三角洲地区，湖泊聚集密度大。该地区湖泊约占全国总面积的 24%。

蒙新湖区处于干旱、半干旱的内陆地区，湖泊蒸发量大，地表径流补给量不足以补充蒸发量，因此湖泊多有萎缩及咸化的倾向。地貌以高原、盆地和山地相间分布，因此河流和潜水向洼地汇聚，使得很多湖泊成为河流的尾闾和最后归宿地。沙漠区边缘的风成湖是该地区的显著特色，湖水补给以地下潜水为主，湖泊面积小、湖水浅，该地区湖泊面积约占全国湖泊总面积的 16%~21%。

东北平原湖区三面环山，中间为松嫩平原和三江平原，湖泊多分布在平原区，发育大小不一的湖泊沼泽连片。东北平原及山区湖区汛期在每年的 6~9 月，此时湖泊的入水量达到一年总入水量的 70%~80%，水位升高明显。而该湖区湖泊在冬季水位较低，封冻期长。该地区湖泊面积约占全国湖泊总面积的 5%。

云贵高原湖区地貌由广泛的夷平面、高山深谷和盆地交错分布面构成，因此该区内大型湖泊多位于断裂带或各大水系的分水岭地带，也存在一些岩蚀作用形成的岩溶湖。湖泊换水周期长，生态系统比较脆弱。该湖区湖泊面积约占全国湖泊总面积的 2%左右，均为外流淡水湖（王苏民和窦鸿身，1998；Zhang et al.，2019）。

由于全球变化和人类经济活动的影响，湖泊经历着较大的变化。例如，北极湖泊在 20 世纪 70~90 年代数量减少了 11%，面积有较大萎缩（Smith et al.，2005）。中国湖泊在过去几十年发生较大变化。20 世纪 60 年代到 2015 年，中国湖泊总数量（$\geq 1\ km^2$）从 2127 个增加到 2554 个（增加了 20%），面积从 68537 km^2 扩张到 74395 km^2（增加了 9%），其中青藏高原、新疆和东北平原湖区分别显著增长了 5676 km^2（15%）、1417 km^2（27%）和 1134 km^2（37%），而内蒙古湖区则明显减少了 1223 km^2（–22%）。新增湖泊 144 个，主要分布在青藏高原和新疆湖区，主要受气候变化影响。消失湖泊 333 个，主要分布在人类活动显著的东部平原湖区（Ma et al.，2010；马荣华等，2011；Zhang et al.，2019）。

1980~2010 年新增湖泊（$\geq 1\ km^2$）60 个，其中西藏 22 个、青海 8 个、内蒙古 22 个、新疆 5 个、四川 1 个、甘肃 1 个、吉林 1 个，主要位于冰川末梢、山间洼地、河谷湿地。西藏和内蒙古的新生湖泊均约占全国的 36.7%，有 243 个面积在 1 km^2 以上的湖泊消失（其中自然干涸的约占 40%），其中新疆 62 个（包括完全干涸的干盐湖）、湖北 55 个、内蒙古 59 个、江苏 11 个、安徽 10 个、江西 10 个、河北 9 个、湖南 9 个、陕西 4 个、西藏 3 个、黑龙江 3 个、浙江 2 个、青海 2 个、山东 1 个、上海 1 个、宁夏 1 个和吉林 1 个。其中因围垦而消失的湖泊

101 个，约占消失湖泊总量的 42.0%，均分布在东部平原湖区（Zhang et al.，2019）。但目前对湖泊的研究多利用遥感数据，但不同数据来源及不同解译方法会使结果产生一定的不确定性。

近 60 年来受气候周期性变化和冰川快速消融等因素的影响，西北地区湖泊水量和面积呈现明显的波动变化趋势，不同时段萎缩与扩张交替变化，但总体呈现萎缩态势，不少湖泊甚至干涸消失。20 世纪 90 年代以来青藏高原整体上呈现气候变暖变湿、湖泊总面积和数量增加的趋势，但高原内部湖泊变化具有明显的空间异质性。青藏高原由于地域广阔而人口稀少，湖泊的自然状态几乎不受人类活动的影响，而只随着其周围自然条件的变化而变化，即湖泊的变化反映了区域的气候变化状况（姜丽光等，2014）。气候变湿、蒸发减少和冰川融化是主导青藏高原湖泊变化的主要因素，但部分流域湖泊受气候干旱或冻土退化影响，湖泊面积呈现萎缩趋势（李世杰等，1998；李均力等，2011a，2011b；Mao et al.，2018）。

藏北南部地区湖泊的萎缩程度最大，湖泊萎缩主要是由气候干旱造成的。色林错 1970~2010 年湖面扩大极有可能是因为气温上升引起的冰川和冻土融水补给色林错，从而引起湖泊面积增长，降水量对湖泊补给径流以及湖泊直接补给的影响是面积和水位变化的次要原因（杨日红等，2003；鲁安新等，2005；孟恺等，2012）。西藏西、中、南部的玛旁雍错、纳木错和普莫雍错三大湖区 1999~2007 年温度升高引起冰雪融化和年降水量增加使西藏南部的普莫雍错和中部的纳木错湖面有明显扩张，而西部降水量则呈微弱减少趋势，导致玛旁雍错湖面近年变化不大，甚至略有萎缩（牛沂芳等，2008）。1975~2005 年藏北羌塘高原东南部面积大于 50 km^2 的湖泊面积增大，主要原因是冰川退缩、融化和降水增多使得湖泊面积增大，同时湖区蒸发量也有所减少（万玮等，2010）。羊卓雍错 1980~2000 年冰川退缩是气温上升的主要原因，2004~2009 年水位下降明显，降水量的年际变化是水位变化的主要原因，此外，湖泊水位的波动还会受到一些水利工程的影响（除多等，2012）。没有直接冰川补给的班戈错，降水量增加是其湖面变化的主要原因，气温升高引起的冻土消融补给湖泊是次要因素（孟恺等，2012）。达则错近 25 年来的年均缩减率显著高于大湖期（最外环岸线）以来的缩减率，缩减的原因是蒸发消耗大于融水补给，是近几十年来全球气温升高、蒸发增大及降水减少的真实反映（乔程等，2010）。兹格塘错流域对降水量变化的反应最为敏感；在温度升高以及蒸发量增大的情况下，兹格塘错流量变化程度并不明显，而在冷湿气候模式下，流域蒸发量降低使得流量增加显著（沈华东和于革，2011）。20 世纪 70 年代以来，冰湖数量变化存在一定的区域差异和不确定性，但冰湖的面积在大部分研究中都有所增加，主要是因为气候变暖气温升高、蒸发增大的同时，冰川融水增加。冰湖在不同海拔的变化趋势不同，一定程度上反映了念青唐古拉山区冰川消融程度以及气候的整体和垂直变化（车涛等，2004；王欣等，2010；王旭等，2012）。乌兰乌拉湖 1970 年以来湖泊面积变化呈先减后增的趋势，1990 年为其面积变化的转折点，尤其是 2000~2010 年湖泊面积增加迅速。湖泊面积增大的主要原因是降水增多、蒸发减少，次要原因是气候变暖引起的冰川融水增加、冻土水分释放，而冻土水分释放对湖泊面积的影响则有一定的滞后性（姚晓军等，2013；姜丽光等，2014；闫强等，2014）。

1980~2008 年青海省湖泊面积略有增加，但区域差异极大，其中，位于青藏高原腹地的可可西里地区湖泊群经历了先萎缩（1980~2000 年）后扩张（2000~2008 年）的演变过程，青海湖面积变化则呈相反态势，祁连山南坡的哈拉湖和柴达木盆地的诸多盐湖面积呈持续减少趋势，而三江源地区湖泊面积波动剧烈。宁夏、陕西和甘肃 3 省（自治区）面积>10.0 km^2 的湖泊仅有 4 个，分别为沙湖和星海湖（属宁夏）、红碱淖（属陕西）、尕海（属甘肃），除尕海经历了面积先上升后下降过程外，沙湖和星海湖及红碱淖分别呈持续扩张及持续萎缩趋势。

蒙新高原湖区湖泊出现萎缩或消失,部分消失湖泊面积大于 100.0 km²,如罗布泊、曲曲克苏湖、青格力克湖、加依多拜湖和乌尊布拉克湖,这些湖泊位于新疆维吾尔自治区境内。1980~2000 年新疆西部地区湖泊普遍萎缩,而阿尔泰山南坡的布伦托海、中部的博斯腾湖及昆仑山北坡的大多数湖泊面积有所增加;2000~2008 年,除博斯腾湖、艾西曼湖、艾里克湖、喀纳斯湖等少数湖泊面积有所减少外,新疆全区湖泊呈现扩张趋势(Ma et al.,2010;闫立娟和郑绵平,2014)。内蒙古西部地区湖泊在 2000 年前后尽管也呈先减少后增加趋势,但至2008 年湖泊面积仍少于 20 世纪 80 年代,近 30 年湖泊面积总体上呈减少态势。

湖泊对气候变化及人类活动响应敏感,是环境变化的指示因子。中国幅员辽阔,湖泊资源丰富但分布不均,而气候变化及人类活动的增强正加重地区之间的差异。高寒山地湖泊变化主要受气候变化影响,全球温度升高,使得青藏高原冰川融化,湖泊面积由减少转变为增加。人类活动方面,例如干旱区湖泊(尤其是尾闾湖)的消长主要受拦水建坝、农业灌溉、工业用水等人为活动的调控,基本呈萎缩趋势;耕地的开垦使得长江中游湖泊面积减少,河道变窄。土壤侵蚀会使泥沙沉积,湖水变浅,水生植物生长,加速湖泊向沼泽湿地转化。同时,人类活动对湖泊的影响在不同区域会有不同的表现,这取决于很多因素,如地貌特征、水文循环和人类活动的类型,包括水利保护工程、农业灌溉、生活和工业用水等(Du et al.,2011;Mao et al.,2018)。

8.4　大气环流变化对区域水循环异常的影响

8.4.1　大气环流变化与水汽输送

大气环流变化也是导致全球水循环变化的原因之一,它与水汽通量输送和散度密切相关。大气环流在气候变化下也存在异常变化,区域环流在不断改变。如果出现更多异常的环流类型,如由纬向型变成经向型,则气流的流动受阻,气流方向发生改变,并易产生水汽辐合;而还有一些地区将产生更强的质量辐散和水汽辐散,因此前者会造成持续性大暴雨,后者会造成持续干旱甚至高温热浪。

随着全球变暖,北半球哈得来环流和沃克环流可能在减弱,急流北移,这些变化都将对水汽从边界层向自由大气输送产生重要的影响。随着哈得来环流的拓宽北伸,副热带地区的干旱区将向极地蔓延。

水汽输送的大小与季风变化密切相关。亚洲季风区夏季为强大的水汽汇,东亚大陆和南亚季风区均有强的辐合中心。亚洲季风区水汽输送包括东亚和南亚季风区水汽输送。其中,南亚季风区降水和水汽输送与季风的爆发时间密切相关。季风爆发前,南海地区水汽主要来自西太平洋;季风爆发后主要来自热带东印度洋和孟加拉湾(柳艳菊等,2005)。东亚季风区夏季水汽输送经向输送要大于纬向输送,水汽的辐合主要由季风气流所引起的水汽平流所造成。亚洲季风区在赤道以北有很强的西风输送。对于纬向平均的经向输送,亚洲季风区向北的水汽通量在赤道地区最大,约为全球平均的 2 倍。东亚季风区水汽输送路径和源地因季节而不同,且弱夏季风年西南水汽通量偏弱(田红等,2002;李栋梁等,2013)。亚洲季风区是对流层向平流层水汽输送的关键区,其中夏季输送到全球热带平流层的水汽总量的大约 75%发生在东亚季风区和青藏高原地区,青藏高原地区是对流层向平流层水汽输送的一个重要通道。

中国大陆及不同流域的水汽输送、水汽通量散度及水汽收支与降水的关系方面,研究表明（田红等，2004），夏季输送到中国大陆的水汽通道分为西南通道、南海通道、东南通道和西北通道四条主要水汽通道，分别体现了南亚季风带、南海季风带、副热带季风带和中纬度西风带对中国夏季降水的影响。西南通道是华南中部和西南边境降水的水汽来源，南海通道对华南降水有直接贡献，东南通道为长江流域降水输送水汽，西北通道则为黄河中上游及华北东部降水输送水汽。青藏高原及其周边地区对中国大部分地区的水分循环都有重要影响，是影响大部分地区灾害性天气气候的水汽输送关键区域（孙永罡和白人海，2000）。青藏高原东部及其邻近地区的水汽输送具有明显的季节变化特征，即冬、春季的水汽主要来源于中纬度的偏西风，夏季主要来源于孟加拉湾和南海，秋季主要来源于西太平洋地区（周长艳等，2005）。青藏高原地区是中国东部地区夏季长江流域梅雨带西边界重要水汽源或"转运站"（徐祥德等，2002）。

流域尺度上，黄河流域水汽收支沿纬向有明显的增加趋势，而沿经向有明显的减少趋势（Shi et al.，2015）。1 月黄河流域无明显的水汽输送，而 7 月水汽沿西南、东南与西北路径输送，前两支气流在多年平均时主要影响黄河下游，涝年时影响中、下游，而上游水汽流入较小，旱年中、上游均无明显的水汽输送，只有下游小范围地区受到西南气流的影响（李进，2012）。长江流域夏季风系统的水汽输送与南亚季风系统的水汽输送存在着反相关关系，南亚季风区强水汽输送对应于长江流域夏季风弱的水汽输送与弱的夏季降水（Zhang，2001）。长江上游为水汽汇区，纬向为水汽输出向，纬向水汽通量减小趋势显著；上游地区水汽收支变化趋势不显著，水汽输入总体呈微弱减小趋势（刘波等，2012）。上年冬季东太平洋发生厄尔尼诺现象有利于夏季西太平洋水汽输送增强，进而有利于长江中下游地区夏季降水偏多（叶敏和封国林，2015）。西北干旱区外部水汽输送特征和季节变化差异明显。总水汽输送呈现冬季风特征，冬、春、秋季水汽总输送为净输入，夏季为净输出。经向水汽输送是西北干旱区水汽主要来源，冬季水汽总输送增加的原因是纬向水汽输出减少，而经向水汽输入减少是春、夏、秋季水汽总输送减少的主要原因（徐栋等，2016）。

8.4.2 中国水汽收支与水循环异常关系

20 世纪以来，以变暖为特征的气候变化或气候变异极大地影响了水循环。在全球气候变化或变异下，水汽源和水汽输送通道发生的变化对中国降水也产生了重要影响。夏季，季风气流将大量水汽带入季风区，为季风降水提供了必要的水汽条件。中国夏季 3 类雨型，中间型雨带对应中国东部有一支东北异常水汽输送和另一支西南异常输送在长江流域辐合；南方型雨带对应一支东北异常输送和另一支来自西太平洋副热带高压西北侧的西南异常输送在华南辐合；北方型雨带对应中纬度西风异常输送与副热带高压西北侧的西南异常输送在华北辐合（田红等，2002）。

中国四季水汽输送具有明显的年代际变化特征，并对降水的年代际变化产生影响。1961~2015 年四季整层水汽输送通量和降水的 EOF 分解表明，春季和夏季整层水汽输送通量第一模态表现为明显的年代际演变特征，秋季和冬季是第二模态表现出明显的年代际变化特征，而降水方面则是冬季第二模态、其他三个季节均是第一模态表现为年代际变化特征。中国大陆尺度上，水汽收支在 20 世纪 80 年代之后明显下降，显示水汽收支减少，对应的降水和径流，除了个别洪涝年份，总体也出现减少趋势。北方流域，水汽收支有明显的下降趋势，如松花江流域、辽河流域、海河流域、黄河流域和淮河流域等，水汽收支均下降显著，并且降水量和径流量也相应下降明显；南方流域，水汽收支总体上保持稳定，甚至部分流域还有增加的趋势，如长江流域和闽江流域等（吴萍，2017；Wu et al.，2019）。

　　水汽输送对中国西北诸多河流的降水具有重要的影响。西北地区水汽主要来自纬向的西风水汽输送和来自印度洋的西南季风水汽输送。西北地区的水汽输送与东亚季风相关，东亚夏季风西北影响区降水的水汽来源于南风水汽通量；强夏季风年，通过东亚夏季风输送至西北地区的水汽通量显著增加，导致西北地区降水偏多，但夏季风偏弱年则反之（王可丽等，2005）。冷暖年的空中水汽特征差异表明，西北地区水汽及其输送可能受到全球变暖的影响，温暖年份水汽含量明显比寒冷年份多，而在水汽输送差异上，也是温暖年份较寒冷年份多（靳立亚等，2006）。

　　20 世纪 80 年代末之前，中国南方地区来自西北太平洋和孟加拉湾的偏南风水汽输送偏强，但呈减弱趋势，北方地区受贝加尔湖地区气旋性环流产生的偏西风水汽输送的影响较强，80 年代末之后时间系数有变负的趋势，水汽输送也表现为相反的分布特征。夏季水汽输送 EOF（经验正交函数）分解第一模态表现出明显的年代际变化特征，70 年代中期之前，中国东部地区来自孟加拉湾的西南水汽输送和来自南海的水汽输送以及来自西北太平洋的水汽输送偏强，70 年代中期之后显著减弱，这与 70 年代中期以来东亚夏季风年代际减弱的变化特征一致（丁一汇等，2013）。对于西部地区，70 年代中期之前，贝加尔湖地区气旋性水汽输送特征明显，来自高纬的向西部地区输送的西北风水汽偏强，而 70 年代中期之后显著减弱。秋季水汽输送 EOF 分解第二模态表现出明显的年代际变化特征。与夏季水汽输送的年代际变化较为一致，70 年代中期之前中国东部地区来自孟加拉湾的西南水汽输送和来自南海的水汽输送以及来自西北太平洋的水汽输送偏强，70 年代中期之后显著减弱。冬季水汽输送的年代际变化特征表现为，80 年代中期之前，偏北风水汽输送偏强，来自孟加拉湾和南海的偏南风水汽输送主要影响东南沿海地区，而 80 年代中期之后，北方地区偏北风水汽输送减弱，低纬偏东风水汽输送增强，这可能与 80 年代中期东亚冬季风发生年代际减弱有关（梁苏洁等，2014）。80 年代末之前，长江中下游及其以南地区春季受偏强的暖湿气流影响，降水偏多，而北方地区降水偏少，80 年代末之后则呈相反的分布特征，春季降水表现的年代际异常时空分布特征与李春晖等（2010）的结果基本一致。春季水汽输送 EOF 分解第一模态时间系数和降水第一模态时间系数的相关系数为 0.31，达到了 0.05 的显著性检验水平，表明春季水汽输送的年代际变化可以较好地影响春季降水的年代际变化。70 年代中期之前夏季风水汽输送偏强，输送到中高纬的水汽偏多，中国东部地区降水呈"北涝南旱"的异常特征，华北和华南地区降水偏多，长江流域降水偏少，而 70 年代中期之后夏季风水汽输送偏弱，输送到中高纬地区的水汽大大减少，中国东部异常降水型转为"南涝北旱"，华北和华南地区降水偏少，长江流域降水偏多。90 年代之后东亚夏季风水汽输送继续减弱，中国东部雨带进一步南移，长江以南地区降水偏多，而华北地区降水偏少。从西部地区降水的变化来看，70 年代末西北地区降水发生了由干向湿的转变。用夏季水汽输送 EOF 分解第一模态时间系数和降水第一模态时间系数求相关，相关系数为-0.39，达到了 0.01 的显著性检验水平，这也表明夏季水汽输送的年代际变化对夏季降水的年代际变化有着比较显著的影响。中国东部地区降水也在 70 年代中期发生了由"北涝南旱"向"南涝北旱"的转变，西北地区发生了由干向湿的转变。计算秋季水汽输送 EOF 分解第二模态时间系数和降水第一模态时间系数的相关系数为 0.49，达到了 0.001 的显著性检验水平，表明秋季水汽输送的年代际变化对秋季降水的年代际变化有显著的影响。由降水分布可以看出，中国东部冬季降水在 90 年代发生了由北少南多到北多南少分布的转变，西北地区冬季降水也在 90 年代由偏少转为偏多。计算冬季水汽输送 EOF 分解第二模态时间系数和降水第二模态时间系数的相关系数为 0.22，未通过显著性检验，表明冬季水汽输送的年代际变化对冬季降水的变化有一定影响，但不显著（吴萍，2017；Wu et al.，2019）。

8.4.3 中国十大流域降水再循环

中国幅员辽阔，地形复杂，气候变化对中国水文循环的影响具有较明显的区域特征，使得各个流域间空间差异增大。虽然区域降水再循环率被广泛用于表征陆-气水汽反馈强度，但区域降水再循环率受区域面积和形状影响较大，很难依据区域降水再循环率对不同区域进行划分和比较。一些研究通过将大区域划分为等面积和形状的子区域，并分别计算这些子区域的降水再循环率，进而比较这些子区域的陆-气水汽反馈。伊兰和陶诗言（1997）研究了长江流域的降水再循环，指出长江流域降水再循环率为 10%，年降水的 10%来源于该区域内的蒸发水汽；区域降水再循环率在夏末秋初最大（约 19%），早春时节最小（约 3%）；空间分布上，四川盆地西北部年平均局地降水再循环率最大。

相对于 1961~1989 年，1990~2018 年松花江、淮河、东南诸河和西北诸河流域降水偏多，流域的外循环和内循环都比较活跃，蒸散发形成的降水增加比重大于外界输入水汽形成的降水增加比重。长江和珠江降水变化不大，虽然流域内循环较活跃，但外界输入水汽形成的降水略有减少。海河、黄河和西南诸河由蒸散发形成的降水增加，但输入流域的水汽及其转化的降水减少较多，外循环较弱，流域降水偏少（表 8.3）。

表 8.3 十大流域 1990 年前后水量平衡各要素变化百分率（%）

流域	水汽输入	水汽输出	降水	蒸发	水汽形成的降水	蒸散发形成的降水
中国	−10.30	−10.50	2.4	0.5	0.9	12.8
松花江	−9.70	−8.00	3.0	5.1	1.9	17.7
辽河	−20.60	−15.60	−1.7	3.4	−2.5	22.7
海河	−28.10	−25.80	−3.7	−0.3	−4.5	26.4
黄河	−28.80	−27.10	−1.9	1.9	−4.1	31.2
淮河	−22.10	−21.90	2.4	−1.4	1.8	26.3
长江	−14.50	−17.60	0.8	−0.4	−0.1	15.8
珠江	−15.30	−14.90	0.5	−2.3	0.1	15.0
东南诸河	−7.80	−7.20	4.5	−3.0	4.4	9.7
西南诸河	−7.40	−6.40	−1.0	0.7	−1.3	7.1
西北诸河	−9.80	−13.00	10.3	17.4	8.5	39.9

参 考 文 献

鲍振鑫, 张建云, 严小林, 等. 2014. 环境变化背景下海河流域水文特征演变规律. 水电能源科学, 32(10): 1-5.
曹丽格. 2013. 辽河流域气候变化及其对径流量的影响研究. 北京: 中国气象科学研究院.
车涛, 晋锐, 李新, 等. 2004. 近 20a 来西藏朋曲流域冰湖变化及潜在溃决冰湖分析. 冰川冻土, 4: 397-402.
陈立波, 何金海, 谭龚, 等. 2015. 中国近 20a 卫星遥感土壤湿度的季节变化及其验证. 气象科学, 35(6): 744-750.
除多, 普穷, 拉巴卓玛, 等. 2012. 近 40a 西藏羊卓雍错湖泊面积变化遥感分析. 湖泊科学, 24(3): 494-502.
丁一汇. 2017. 中国气候变化及其预测. 北京: 科学出版社.
丁一汇, 孙颖, 刘芸芸, 等. 2013. 亚洲夏季风的年际和年代际变化及其未来预测. 大气科学, 37(2): 253-280.
丁永建, 李新荣, 李忠勤, 等. 2015. 中国寒旱区地表关键要素监测. 北京: 气象出版社.
丁永建, 张世强, 李新荣, 等. 2016. 西北地区生态变化评估报告. 北京: 科学出版社.

冯瑞萍, 张学艺, 舒志亮, 等. 2012. 宁夏季节性最大冻土深度的分布和变化特征. 宁夏大学学报(自然科学版), 33(3): 314-318.

冯亚文, 任国玉, 刘志雨, 等. 2013. 长江上游降水变化及其对径流的影响. 资源科学, 35(6): 1268-1276.

符传博, 丹利, 吴涧, 等. 2013. 全球变暖背景下新疆地区近 45a 来最大冻土深度变化及其突变分析. 冰川冻土, 35(6): 1410-1418.

郭松. 2016. 辽河流域水文特性分析. 水科学与工程技术, 3: 29-30.

郭晓英, 陈兴伟, 陈莹, 等. 2016. 气候变化与人类活动对闽江流域径流变化的影响. 中国水土保持科学, 14(2): 88-94.

何旭强, 张勃, 孙力炜, 等. 2012. 气候变化和人类活动对黑河上中游径流量变化的贡献率. 生态学杂志, 31(11): 2884-2890.

胡泊. 2016. 20 世纪 90 年代末东亚夏季降水年代际变化及其机理初探. 扬州: 扬州大学.

胡海英, 黄国如, 黄华茂. 2013. 辽河流域铁岭站径流变化及其影响因素分析. 水土保持研究, 20(2): 98-102.

黄金龙. 2014. 长江寸滩以上流域径流变化研究. 南京: 南京信息工程大学.

姜丽光, 姚治君, 刘兆飞, 等. 2014. 1976—2012 年可可西里乌兰乌拉湖面积和边界变化及其原因. 湿地科学, 2: 155-162.

姜彤, 孙赫敏, 李修仓, 等. 2020. 气候变化对水文循环的影响. 气象, 46(3): 289-300.

蒋贤玲, 马柱国, 巩远发. 2015. 全球典型干湿变化区域水汽收支与降水变化的对比分析. 高原气象, 34(5): 1279-1291.

靳立亚, 符娇兰, 陈发虎. 2006. 西北地区空中水汽输送时变特征及其与降水的关系. 兰州大学学报, 42(1): 1-6.

李春晖, 万齐林, 林爱兰, 等. 2010. 1976 年大气环流突变前后中国四季降水量异常和温度的年代际变化及其影响因子. 气象学报, 68(4): 529-538.

李栋梁, 邵鹏程, 王慧, 等. 2013. 中国东亚副热带夏季风北边缘带研究进展. 高原气象, 32(1): 305-314.

李二辉, 穆兴民, 赵广举. 2014. 1919—2010 年黄河上中游区径流量变化分析. 水科学进展, 25(2): 155-163.

李海花, 刘大锋, 段淑芳, 等. 2014. 新疆阿勒泰地区 1963—2012 年最大冻土深度的时空分布及其对气温变化的响应. 干旱地区农业研究, 32(5): 251-258.

李进. 2012. 黄河流域水汽特征及夏季有效降水转化率的研究. 南京: 南京信息工程大学.

李均力, 盛永伟, 骆剑承, 等. 2011b. 青藏高原内陆湖泊变化的遥感制图. 湖泊科学, 3: 311-320.

李均力, 盛永伟, 骆剑承. 2011a. 喜马拉雅山地区冰湖信息的遥感自动化提取. 遥感学报, 15(1): 29-43.

李韧, 赵林, 丁永建. 2012. 青藏公路沿线多年冻土区活动层动态变化及区域差异特征. 科学通报, 57(30): 2864-2871.

李世杰, 李万春, 夏威岚, 等. 1998. 青藏高原现代湖泊变化与考察初步报告. 湖泊科学, 4: 95-96.

李姝蕾, 鲁程鹏, 李伟, 等. 2015. 长江螺山站 50 年来基流演变趋势分析. 水资源与水工程学报, 26(5): 128-131.

李天生, 夏军. 2018. 基于 Budyko 理论分析珠江流域中上游地区气候与植被变化对径流的影响. 地球科学进展, 33(12): 1248-1258.

李湘瑞, 范可, 徐志清. 2019. 2000 年后中国北方东部地区夏季极端降水减少及水汽输送特征. 大气科学, 43(5): 1109-1124.

李小雨, 余钟波, 杨传国, 等. 2015. 淮河流域历史覆被变化及其对水文过程的影响. 水资源与水工程学报, 26(1): 37-42.

李修仓, 姜彤, 温姗姗, 等. 2014. 珠江流域实际蒸散发的时空变化及影响要素分析. 热带气象学报, 30(3): 483-494.

梁红, 孙凤华, 隋东. 2012. 1961—2009 年辽河流域水文气象要素变化特征. 气象与环境学报, 28(1): 59-64.

梁苏洁, 丁一汇, 赵南, 等. 2014. 近 50 年中国大陆冬季气温和区域环流的年代际变化研究. 大气科学, 38(5): 974-992.

廖爱民, 刘九夫, 周国良. 2013. 1979—2010 年中国流域水汽含量变化. 水科学进展, 5: 22-29.

刘波, 姜彤, 翟建青, 等. 2010. 新型蒸渗仪及其对陆面实际蒸散发过程的观测研究. 气象, 36(3): 112-116.

刘波, 翟建青, 高超, 等. 2012. 1960—2005 年长江上游水文循环变化特征. 河海大学学报(自然科学版), 40(1):

95-99.

刘国纬. 1997. 水文循环的大气过程. 北京: 科学出版社.

刘国纬, 汪静萍. 1997. 中国陆地-大气系统水分循环研究. 水科学进展, 8(2): 99-107.

刘健, 张奇, 许崇育, 等. 2010. 近 50 年鄱阳湖流域实际蒸发量的变化及影响因素. 长江流域资源与环境, 19(2): 139-145.

刘静, 龙爱华, 李江, 等. 2019. 近60年塔里木河三源流径流演变规律与趋势分析. 水利水电技术, 50(12): 10-17.

刘睿, 夏军. 2013. 气候变化和人类活动对淮河上游径流影响分析. 人民黄河, 35(9): 30-33.

刘时银, 丁永建, 李晶, 等. 2006. 中国西部冰川对近期气候变暖的响应. 第四纪研究, 26(5): 762-771.

刘时银, 姚晓军, 郭万钦, 等. 2015. 基于第二次冰川编目的中国冰川现状. 地理学报, 70(1): 3-16.

柳艳菊, 丁一汇, 宋艳玲. 2005. 1998 年夏季风爆发前后南海地区的水汽输送和水汽收支. 热带气象学报, 21(1): 55-62.

鲁安新, 姚檀栋, 王丽红, 等. 2005. 青藏高原典型冰川和湖泊变化遥感研究. 冰川冻土, 6: 783-792.

罗栋梁, 金会军, 林琳, 等. 2012. 青海高原中、东部冻土退化及寒区环境退化. 冰川冻土, 34(3): 538-546.

罗勇, 姜彤, 夏军, 等. 2017. 中国陆地水循环演变与成因. 北京: 科学出版社.

骆书飞, 李忠勤, 王璞玉, 等. 2014. 近 50 年来中国阿尔泰山友谊峰地区冰川储量变化. 干旱区资源与环境, 28(5): 180-185.

马龙, 刘廷玺, 马丽, 等. 2015. 气候变化和人类活动对辽河中上游径流变化的贡献. 冰川冻土, 37(2): 470-479.

马荣华, 杨桂山, 段洪涛, 等. 2011. 中国湖泊的数量、面积与空间分布. 中国科学: 地球科学, 41(3): 394-401.

马柱国, 魏和林, 符淙斌. 2000. 中国东部区域土壤湿度的变化及其与气候变率的关系. 气象学报, 58(3): 278-287.

孟恺, 石许华, 王二七, 等. 2012. 青藏高原中部色林错湖近 10 年来湖面急剧上涨与冰川消融. 科学通报, 7: 668-676.

牟建新, 李忠勤, 张慧, 等. 2018. 全球冰川面积现状及近期变化——基于 2017 年发布的第 6 版 Randolph 冰川编目. 冰川冻土, 40(2): 238-248.

牛沂芳, 李才兴, 习晓环. 2008. 卫星遥感检测高原湖泊水面变化及与气候变化分析. 干旱区地理, 31(2): 284-290.

彭涛, 田慧, 秦振雄, 等. 2018. 气候变化和人类活动对长江径流泥沙的影响研究. 泥沙研究, 43(6): 54-60.

乔程, 骆剑承, 盛永伟, 等. 2010. 青藏高原湖泊古今变化的遥感分析——以达则错为例. 湖泊科学, 1: 98-102.

秦大河, 董文杰, 罗勇. 2012. 中国气候与环境演变: 第一卷 科学基础. 北京: 气象出版社.

任国玉, 郭军. 2006. 中国水面蒸发量的变化. 自然资源学报, 21(1): 31-44.

申双和, 盛琼. 2008. 45 年来中国蒸发皿蒸发量的变化特征及其成因. 气象学报, 66(3): 452-460.

沈华东, 于革. 2011. 青藏高原兹格塘错流域 50 年来湖泊水量对气候变化响应的模拟研究. 地球科学与环境学报, 3: 282-287.

沈永平, 苏宏超, 王国亚, 等. 2013. 新疆冰川、积雪对气候变化的响应(Ⅰ): 水文效应. 冰川冻土, 35(3): 513-527.

苏布达, 周建, 王艳君, 等. 2018. 全球升温 1.5℃和 2.0℃情景下中国实际蒸散发时空变化特征. 中国农业气象, 39(5): 293-303.

苏翠, 陆桂华, 何海, 等. 2014. 珠江流域水汽输送特征分析. 水电能源科学, 32(2): 1-6.

苏涛, 卢震宇, 周杰, 等. 2014. 全球水汽再循环率的空间分布及其季节变化特征. 物理学报, 63(9): 449-458.

孙甲岚, 雷晓辉, 蒋云钟, 等. 2012. 长江流域上游气温、降水及径流变化趋势分析. 水电能源科学, 30(5): 1-4.

孙永罡, 白人海. 2000. 1998 年夏季松花江、嫩江流域大暴雨的水汽输送. 气象, 10: 24-28, 34.

田红, 郭品文, 陆维松. 2002. 夏季水汽输送特征及其与中国降水异常的关系. 大气科学学报, 25(4): 496-502.

田红, 郭品文, 陆维松. 2004. 中国夏季降水的水汽通道特征及其影响因子分析. 热带气象学报, 20(4): 401-408.

涂新军, 陈晓宏, 刁振举, 等. 2016. 珠江三角洲 Copula 径流模型及西水东调缺水风险分析. 农业工程学报, 32(18): 162-168.

万玮, 肖鹏峰, 冯学智, 等. 2010. 近 30 年来青藏高原羌塘地区东南部湖泊变化遥感分析. 湖泊科学, 6: 874-881.

汪雪格, 胡俊, 吕军, 等. 2017. 松花江流域1956—2014年径流量变化特征分析. 中国水土保持, 10: 61-65, 72.

王翠柏, 梁小俊, 楼章华, 等. 2013. 钱塘江上游径流时序变化的多时间尺度分析. 人民黄河, 35(3): 30-32.

王丹, 南瑞, 韩俊杰, 等. 2012. 黑龙江省土壤湿度及其对气温和降水的敏感性分析. 气象与环境学报, 28(2): 49-53.

王凯, 孙美平, 巩宁刚. 2018. 西北地区大气水汽含量时空分布及其输送研究. 干旱区地理, 41(2): 290-297

王可丽, 江灏, 赵红岩. 2005. 西风带与季风对中国西北地区的水汽输送. 水科学进展, 16(3): 432-438.

王磊, 文军, 韦志刚, 等. 2008. 中国西北区西部土壤湿度及其气候响应. 高原气象, 27(6): 1257-1266.

王苏民, 窦鸿身. 1998. 中国湖泊志. 北京: 科学出版社.

王欣, 刘时银, 姚晓军, 等. 2010. 我国喜马拉雅山区冰湖遥感调查与编目. 地理学报, 1: 29-36.

王欣, 覃光华, 李红霞. 2016. 雅鲁藏布江干流年径流变化趋势及特性分析. 人民长江, 47(1): 23-26.

王旭, 周爱国, 孙自永, 等. 2012. 1972—2009 年念青唐古拉山西段冰湖分布及其变化特征. 地质科技情报, 4: 91-97.

王艳君, 姜彤, 刘波. 2010. 长江流域实际蒸发量的变化趋势. 地理学报, 65(9): 1079-1088.

王跃峰, 陈莹, 陈兴伟. 2003. 基于 TFPW-MK 法的闽江流域径流趋势研究. 中国水土保持科学, 11(5): 96-102.

王兆礼, 覃杰香, 陈晓宏. 2010. 珠江流域蒸发皿蒸发量的变化特征及其原因分析. 农业工程学报, 26(11): 73-77.

温姗姗, 姜彤, 李修仓, 等. 2014. 1961—2010 年松花江流域实际蒸散发时空变化及影响要素分析. 气候变化研究进展, 10(2): 79-86.

吴吉春, 盛煜, 于晖. 2007. 祁连山中东部的冻土特征(II): 多年冻土特征. 冰川冻土, 29(3): 426-432.

吴萍. 2017. 水汽输送对我国降水变异及大气污染条件的影响. 北京: 中国气象科学研究院.

谢昌卫, 赵林, 吴吉春, 等. 2010. 兰州马衔山多年冻土特征及变化趋势分析. 冰川冻土, 33(5): 883-890.

邢峰, 韩荣青, 李维京. 2018. 夏季黄河流域降水气候特征及其与大气环流的关系. 气象, 44(10): 1295-1305.

徐存东, 谢利云, 翟东辉, 等. 2014. 石羊河流域径流变化规律和趋势分析. 科学技术与工程, 14(11): 134-137.

徐栋, 孔莹, 王澄海. 2016. 西北干旱区水汽收支变化及其与降水的关系. 干旱气象, 34(3): 431-439.

徐祥德, 陶诗言, 王继志, 等. 2002. 青藏高原—季风水汽输送 "大三角扇型" 影响域特征与中国区域旱涝异常的关系. 气象学报, 60(3): 257-266.

闫立娟, 郑绵平. 2014. 我国蒙新地区近 40 年来湖泊动态变化与气候耦合. 地球学报, 4: 463-472.

闫强, 廖静娟, 沈国状. 2014. 近 40 年乌兰乌拉湖变化的遥感分析与水文模型模拟. 国土资源遥感, 1: 152-157.

杨建平, 李曼, 杨岁桥, 等. 2013. 中国冰川脆弱性现状评价与未来预估. 冰川冻土, 35(5): 1077-1087.

杨日红, 于学政, 李玉龙. 2003. 西藏色林错湖面增长遥感信息动态分析. 国土资源遥感, 2: 67-70.

杨晓玲, 马中华, 马玉山, 等. 2013. 石羊河流域季节性冻土的时空分布及对气温变化的响应. 资源科学, 35(10): 2104-2111.

杨永辉, 任丹丹, 杨艳敏, 等. 2018. 海河流域水资源演变与驱动机制. 中国生态农业学报, 26(10): 1443-1453.

姚俊强, 杨青, 陈亚宁, 等. 2013. 西北干旱区气候变化及其对生态环境影响. 生态学杂志, 32(5): 1283-1291.

姚晓军, 刘时银, 李龙, 等. 2013. 近 40 年可可西里地区湖泊时空变化特征. 地理学报, 7: 886-896.

叶柏生, 丁永建, 焦克勤, 等. 2012. 我国寒区径流对气候变暖的响应. 第四纪研究, 32(1): 103-110.

叶敏, 封国林. 2015. 长江中下游地区夏季降水的水汽路径的客观定量化研究. 大气科学, 39(4): 777-788.

伊兰, 陶诗言. 1997. 定常波和瞬变波在亚洲季风区大气水分循环中的作用. 气象学报, 55(5): 21-33.

袁菲, 卢陈, 何用, 等. 2017. 近 50 年来西、北江干流径流变化特征及其发展趋势预测. 人民珠江, 38(4): 8-11.

曾燕, 邱新法, 刘昌明, 等. 2007. 1960—2000 年中国蒸发皿蒸发量的气候变化特征. 水科学进展, 18(3): 311-318.

张宝军. 2007. 河西地区出山径流和土壤湿度与气候变化的关系研究——以黑河流域为例. 兰州: 兰州大学.

张利茹, 贺永会, 唐跃平, 等. 2017. 海河流域径流变化趋势及其归因分析. 水利水运工程学报, 4: 59-66.

张明军, 王圣杰, 李忠勤, 等. 2011. 近 50 年气候变化背景下中国冰川面积状况分析. 地理学报, 66(9): 1155-1165.

张晓晓, 张钰, 徐浩杰, 等. 2014. 河西走廊三大内陆河流域出山径流变化特征及其影响因素分析. 干旱区资源与环境, 28(4): 66-72.

赵光平, 姜兵, 王勇, 等. 2017. 西北地区东部夏季水汽输送特征及其与降水的关系. 干旱区地理, 40(2): 239-247.

赵建华, 刘翠善, 王国庆, 等. 2018. 近 60 年来黄河流域气候变化及河川径流演变与响应. 华北水利水电大学学报(自然科学版), 39(3): 1-5, 12.

赵林, 程国栋, 俞祁浩, 等. 2010a. 气候变化影响下青藏公路重点路段的冻土危害及其治理对策. 自然杂志, 32(1): 9-12.

赵林, 刘广岳, 焦克勤. 2010b. 1991—2008 年天山乌鲁木齐河源区多年冻土的变化. 冰川冻土, 32(5): 223-229.

周长艳, 李跃清, 李薇, 等. 2005. 青藏高原东部及邻近地区水汽输送的气候特征. 高原气象, 24(6): 880-888.

周杰, 吴永萍, 封国林, 等. 2013. ERA-Interim 中的中国地区水分循环要素的时空演变特征分析. 物理学报, 62(19): 556-564.

周俊菊, 雷莉, 石培基, 等. 2015. 石羊河流域河川径流对气候与土地利用变化的响应. 生态学报, 35(11): 3788-3796

周天军, 张学洪. 1999. 全球水循环的海洋分量研究. 气象学报, 3: 264-282.

周幼吾, 郭东信, 邱国庆, 等. 2000. 中国冻土. 北京: 科学出版社.

左洪超, 李栋梁, 胡隐樵, 等. 2005. 近 40a 中国气候变化趋势及其同蒸发皿观测的蒸发量变化的关系. 科学通报, 50(11): 1125-1130.

左志燕, 张人禾. 2008. 中国东部春季土壤湿度的时空变化特征. 中国科学(D 辑: 地球科学), 38(11): 1428-1437.

《第三次气候变化国家评估报告》编写委员会. 2015. 第三次气候变化国家评估报告. 北京: 科学出版社.

Adler R F, Huffman G J, Chang A, et al. 2003. The version-2 Global Precipitation Climatology Project (GPCP) monthly precipitation analysis (1979–present). Journal of Hydrometeorology, 4: 1147-1167.

Ahmad N, Rais S. 1998. Himalayan Glaciers. New Delhi: Publishing Corporation.

Allan R P, Sodan B J, John V O, et al. 2010. Current changes in tropical precipitation. Environmental Research Letters, 5(2): 025205.

Allan R P, Soden B J. 2008. Atmospheric warming and the amplification of precipitation extremes. Science, 321(5895): 1481-1484.

Allen M, Ingram W. 2002. Constraints on future changes in climate and the hydrologic cycle. Nature, 419: 224-232.

Bai P, Liu X. 2018. Intercomparison and evaluation of three global high-resolution evapotranspiration products across China. Journal of Hydrology, 566: 743-755.

Bao W J, Liu S Y, Wei J F, et al. 2015. Glacier changes during the past 40 years in the West Kunlun Shan. Journal of Mountain Science, 12(2): 344-357.

Bao Z, Zhang J, Liu J, et al. 2012. Sensitivity of hydrological variables to climate change in the Haihe River basin, China. Hydrological Processes, 26(15): 2294-2306.

Becker A, Finger P, Meyer-Christoffer A, et al. 2013. A description of the global land-surface precipitation data products of the Global Precipitation Climatology Centre with sample applications including centennial (trend) analysis from 1901-present. Earth System Science Data, 5: 71-99.

Beniston M. 2003. Climatic change in mountain regions: A review of possible impacts. Climatic Change, 59(1): 5-31.

Berg A, Lintner B R, Findell K L, et al. 2014. Impact of soil moisture-atmosphere interactions on surface temperature distribution. J Climate, 27(21): 7976-7993.

Black K, Davisa P, Lynchb P, et al. 2006. Long-term trends in solar irradiance in Ireland and their potential effects on gross primary productivity. Agricultural and Forest Meteorology, 141(2-4): 118-132.

Boer G J. 1993. Climate change and the regulation of the surface moisture and energy budgets. Climate Dynamics, 8(5): 225-239.

Brutsaert W, Parlange M B. 1998. Hydrologic cycle explains the evaporation paradox. Nature, 396: 30-35.

Bueh C, Cubasch U, Hagemann S. 2003. Impacts of global warming on changes in the East Asian monsoon and the related river discharge in a global time slice experiment. Climate Research, 24: 47-57.

Burn D H, Hesch N M. 2007. Trends in evaporation for the Canadian Prairies. Journal of Hydrology, 336(1-2): 61-73.

Chattopadhyay N, Hulme M. 1997. Evaporation and potential evapotranspiration in India under conditions of recent and future climate change. Agricultural and Forest Meteorology, 87(1): 55-73.

Che T, Li X, Jin R, et al. 2008. Snow depth derived from passive microwave remote-sensing data in China. Annals of Glaciology, 49: 145-154.

Cheng S, Guan X, Huang J, et al. 2015. Long-term trend and variability of soil moisture over East Asia. Journal of Geophysical Research: Atmospheres, 120(17): 8658-8670.

Chou C, Chiang J C, Lan C W, et al. 2013. Increase in the range between wet and dry season precipitation. Nature Geoscience, 6(4): 263.

Chou C, David N J. 2004. Mechanisms of global warming impacts on regional tropical precipitation. Journal of Climate, 17(13): 2688-2701.

Christiansen H H, Etzelmüller B, Isaksen K, et al. 2010. The thermal state of permafrost in the Nordic area during the International Polar Year 2007-2009. Permafrost Periglacial Process, 21: 156-181.

Cohen S, Ianetz A, Stanhill G. 2002. Evaporative climate changes at Bet Dagan, Israel, 1964-1998. Agricultural and Forest Meteorology, 111(2): 83-91.

Cuo L, Zhang Y X, Zhu F X, et al. 2014. Characteristics and changes of streamflow on the Tibetan Plateau: A review. Journal of Hydrology: Regional Studies, 2: 49-68.

Dai A, Qian T T, Trenberth K E, et al. 2009.Changes in continental freshwater discharge from 1948 to 2004. Journal of Climate, 22:2773-2792.

Dai A, Trenberth K E, Qian T T. 2004. A global dataset of palmer drought severity index for 1870-2002: Relationship with soil moisture and effects of surface warming. Journal of Hydrometeorology, 5(6): 1117-1130.

Du Y, Xue H P, Wu S J, et al. 2011. Lake area changes in the middle Yangtze Region of China over the 20th century. Journal of Environmental Management, 92: 1248-1255.

Durack P J, Wijffels S E, Matear R J. 2012. Ocean salinities reveal strong global water cycle intensification during 1950 to 2000. Science, 336: 455-458.

Eicker A, Forootan E, Springer A, et al. 2016. Does GRACE see the terrestrial water cycle "intensifying". Journal of Geophysical Research: Atmospheres, 121(2): 733-745.

Evans J P, Smith R B. 2006. Water vapor transport and the production of precipitation in the Eastern fertile crescent. Journal of Hydrometeorology, 7(6): 1295-1307.

Feng T, Su T, Ji F, et al. 2018. Temporal characteristics of actual evapotranspiration over China under global warming. Journal of Geophysical Research: Atmospheres, 123(11): 5845-5858.

Foll C K, Karl T R, Salinger M J. 2006. Observed climate variability and change. Weather, 57(8): 269-278.

Forsythe N, Fowler H J, Li X F, et al. 2017. Karakoram temperature and glacial melt driven by regional atmospheric circulation variability. Nature Climate Change, 7(9): 664-670.

Gao G, Xu C Y, Chen D L. 2012. Spatial and temporal characteristics of actual evapotranspiration over Haihe River basin in China. Stochastic Environmental Research and Risk Assessment, 26(5): 655-669.

Giorgi F, Coppola E, Raffaele F. 2014. A consistent picture of the hydroclimatic response to global warming from multiple indices: Models and observations. Journal of Geophysical Research: Atmospheres, 119(20): 11695-11708.

Golubev V S, Lawrimore J H, Groisman P Y, et al. 2001. Evaporation changes over the contiguous United States and the former USSR: A reassessment. Geophys Res Lett, 28(13): 2665-2668.

Good S P, Noone D, Bowen G. 2015. Hydrologic connectivity constrains partitioning of global terrestrial water fluxes. Science, 349(6244): 175-177.

Goosse H, Barriat P Y, Lefebvre W, et al. 2010. Introduction to climate dynamics and climate modeling. Centre de recherche sur la Terre et le climat Georges Lemaître-UCLouvain.

Greve P, Orlowsky B, Mueller B, et al. 2014. Global assessment of trends in wetting and drying over land. Nature Geoscience, 7: 716-721.

Hasson S, Lucarini V, Khan M R, et al. 2014. Early 21st century snow cover state over the western river basins of the Indus River system. Hydrology Earth System Sciences, 18(10): 4077-4100.

Hegerl G, Zwiers F, Stott P, et al. 2014. Delectability of anthropogenic changes in annual temperature and precipitation extremes. J Climate, 17(19): 3683-3700.

Held I M, Soden B J. 2006. Robust responses of the hydrological cycle to global warming. J Climate, 19(21): 5686-5699.

Hewitt K. 2005. The Karakoram anomaly? Glacier expansion and the "elevation effect" Karakoram Himalaya. Mountain Research and Development, 25(4): 332-340.

Hinzman L D, Bettez N D, Chapin F S, et al. 2005. Evidence and implications of recent climate change in terrestrial regions of the Arctic. Climate Change, 72: 251-298.

Hirschi M, Mueller B, Dorigo W, et al. 2014. Using remotely sensed soil moisture for land-atmosphere coupling diagnostics: The role of surface Vs. root-zone soil moisture variability. Remote Sensing of Environment, 154: 246-252.

Huang J, Yu H, Guan X, et al. 2016. Accelerated dryland expansion under climate change. Nature Climate Change, 6(2): 166-171.

Huang P, Xie S P, Hu K M, et al. 2013. Patterns of the seasonal response of tropical rainfall to global warming. Nature Geoscience, 6: 357-361.

Huntington T G. 2006. Evidence for intensification of the global water cycle: Review and synthesis. Journal of Hydrology, 319(1-4) : 83-95.

Huntington T G. 2010. Climate warming-induced intensification of the hydrologic cycle: A review of the published record and assessment of the potential impacts on agriculture. Advances in Agronomy, 109: 1-53.

IPCC. 2013. Climate change. The physical science basis. Work Group Contribution to the IPCC Fifth Assessment Report (AR5). Stockholm: Intergovernmental Panel on Climate Change.

IPCC. 2014. Climate Change 2013: The Physical Science Basis: Working Group I Contribution to the Fifth Assessment Report of the Intergovernmental Panel on Climate Change. Cambridge and New York: Cambridge University Press.

Jin M, Li Y, Liu X D, et al. 2011. Interannual variation characteristics of seasonal frozen soil in the upper-middle reaches of the Heihe River in the Qilian Mountains. The Journal of Glaciology and Geocryology, 33: 1068-1073.

Johnson N C, Xie S P. 2010. Changes in the sea surface temperature threshold for tropical convection. Nature Geoscience, 3: 842-845.

Jovanovic B, Jones DA, Collins D. 2008. A high-quality monthly pan evaporation dataset for Australia. Climate Change, 87:517-535.

Jung M, Reichstein M, Ciais P, et al. 2010. Recent decline in the global land evapotranspiration trend due to limited moisture supply. Nature, 467: 951-954.

Kääb A, Treichler D, Nuth C, et al. 2015. Brief communication: Contending estimates of 2003-2008 glacier mass balance over the Pamir-Karakoram-Himalaya. The Cryosphere, 9(2): 557-564.

Kalra A, Piechota T C, Davies R, et al. 2008. Changes in US streamflow and western US snowpack. Journal of Hydrologic Engineering, 13(3): 156-163.

Kapnick S B, Delworth T L, Ashfaq M, et al. 2014. Snowfall less sensitive to warming in Karakoram than in Himalayas due to a unique seasonal cycle. Nature Geoscience, 7(11): 834-840.

Kirono D G C, Jones R N. 2007. A bivariate test for detecting inhomogeneities in pan evaporation. Australian Meteorological Magazine, 56(2): 93.

Kramer R J, Bounoua L, Zhang P, et al. 2015. Evapotranspiration trends over the eastern United States during the 20th Century. Hydrology, 2(2): 93-111.

Krishnan R, Sabin T P, Ranade M, et al. 2018. Non-monsoonal precipitation response over the Western Himalayas to climate change. Clim Dynam, 52: 4091-4109.

Lawrimore J, Peterson T C. 2000. Pan evaporation trends in dry and humid regions of the United States. Journal of Hydrometeorology, 1(6): 543-546.

Li B Q, Liang Z M, Zhang J Y, et al. 2018. Attribution analysis of runoff decline in a semiarid region of the Loess Plateau, China. Theoretical and Applied Climatology, 131(1-2): 845-855.

Li C H. Su F G, Yang D Q, et al. 2017a. Spatiotemporal variation of snow cover over the Tibetan Plateau based on MODIS snow product, 2001-2014. International Journal of Climatology, 38(1).

Li J, Mao J. 2019. Factors controlling the interannual variation of 30-60-day boreal summer intraseasonal oscillation over the Asian summer monsoon region. Clim Dynam, 52(3-4): 1651-1672.

Li X C, Gemmer M, Zhai J Q, et al. 2013. Spatio-temporal variation of actual evapotranspiration in the Haihe River Basin of the past 50 years. Quaternary International, 304: 133-141.

Li X C, Liang S, Yuan W, et al. 2014. Estimation of evapotranspiration over the terrestrial ecosystems in China. Ecohydrology, 7(1): 139-149.

Li X, Fu W, Shen H, et al. 2017b. Monitoring snow cover variability (2000-2014) in the Hengduan Mountains based on cloud-removed MODIS products with an adaptive spatio-temporal weighted method. Journal of hydrology, 551: 314-327.

Liu B H, Xu M, Henderson M, et al. 2004. A spatial analysis of pan evaporation trends in China, 1955-2004. Journal of Geophysical Research, 109(15): 1-9.

Liu Q, Liu S Y, Guo W Q, et al. 2015. Glacier Changes in the Lancang River Basin, China, between 1968-1975 and 2005-2010. Arctic, Antarctic, and Alpine Research, 47(2): 335-344.

Liu X C, Liu W F, Yang H, et al. 2019. Multimodel assessments of human and climate impacts on mean annual streamflow in China. Hydrology and Earth System Sciences, 23: 1245-1261.

Liu Y Y, Parinussa R M, Dorigo W A, et al. 2011. Developing an improved soil moisture dataset by blending passive and active microwave satellite-based retrievals. Hydrology and Earth System Sciences, 15(2): 425-436.

Liu Y, Dorigo W A, Parinussa R M, et al. 2012. Trend-preserving blending of passive and active microwave soil moisture retrievals. Remote Sensing of Environment, 123(3): 280-297.

Ma J R, Seo C K, Dong C, et al. 2018. Responses of the tropical atmospheric circulation to climate change and connection to thehydrological cycle. Annual Review of Earth and Planetary Sciences, 46: 549-580.

Ma J, Xie S P, Kosaka Y. 2012. Mechanisms for tropical tropospheric circulation change in response to global warming. J Climate, 25(8): 2979-2994.

Ma J, Xie S P. 2013. Regional patterns of sea surface temperature change: A source of uncertainty in future projections of precipitation and atmospheric circulation. J Climate, 26(8): 2482-2501.

Ma N, Szilagyi J, Zhang Y S, et al. 2019. Complementary-relationship-based modeling of terrestrial evapotranspiration across China during 1982-2012: Validations and spatiotemporal analyses. Journal of Geophysical Research: Atmospheres, 124(8): 4326-4351.

Ma R, Duan H, Hu C, et al. 2010. A half-century of changes in china's lakes: Global warming or human influence? Geophys Res Lett, 37: 1-6.

Mao D, Wang Z, Yang H, et al. 2018. Impacts of climate change on Tibetan lakes: Patterns and processes. Remote Sensing, 10(3): 358.

Marshall S J. 2014. The water cycle. Earth Systems and Environmental Sciences: 1-5.

Marvel K, Bonfils C. 2013. Identifying external influences on global precipitation. Proceedings of the National Academy of Sciences, 110(48): 19301-19306.

Milly P C, Wetherald R T, Dunne K A, et al. 2002. Increasing risk of great floods in a changing climate. Nature, 415: 514-517.

Min S K, Zhang X, Zwiers F. 2008. Human-induced Arctic moistening. Science, 320: 518-520.

Miralles D G, Gentine P, Seneviratne S I, et al. 2018. Land-atmospheric feedbacks during droughts and heatwaves: State of the science and current challenges. Annals of the New York Academy of Sciences, 1436(1): 1-17.

Miralles D G, Nieto R, McDowell N G, et al. 2016. Contribution of water-limited ecoregions to their own supply of rainfall. Environmental Research Letters, 11(12): 124007.

Mo X, Liu S, Lin Z, et al. 2015. Trends in land surface evapotranspiration across China with remotely sensed NDVI and climatological data for 1981-2010. Hydrological Sciences Journal, 60: 2163-2177.

Möller M, Stanhill G. 2007. Hydrological impacts of changes in evapotranspiration and precipitation: Two case studies in semi-arid and humid climates. Hydrological Sciences, 52: 1216-1231.

Mountain Research Initiative EDW Working Group. 2015. Elevation-dependent warming in mountain regions of the world. Nature Climate Change, 5(5): 424-430.

Mukhopadhyay B, Khan A. 2015. A reevaluation of the snowmelt and glacial melt in river flows within Upper Indus Basin and its significance in a changing climate. Journal of Hydrology, 527: 119-132.

Niu L, Ye B S, Li J, et al. 2011. Effect of permafrost degradation on hydrological processes in typical basins with various permafrost coverage in Western China. Science China Earth Sciences, 54(4): 615-624.

Ohmura A, Wild M. 2002. Is the hydrological cycle accelerating? Science, 298: 1345-1346.

Oki T, Kanae S. 2006. Global hydrological cycles and world water resources. Science, 313(5790): 1068-1072.

Ozdogan M, Salvucci G D. 2004. Irrigation-induced changes in potential evapotranspirationin southeastern Turkey: Test and application of Bouchet's complementary hypothesis. Water Resources Research, 40(4): doi:10.1029/2003WR002822.

Pall P, Allen M, Stone D A. 2007. Testing the Clausius-Clapeyron constraint on changes in extreme precipitation under CO_2 warming. Clim Dynam, 28(4): 351-363.

Peterson T C, Golubev V S, Groisman P Y. 1995. Evaporation losing its strength. Nature, 377: 687-688.

Pielke R A, Avissar R, Raupach M, et al. 1998. Interactions between the atmosphere and terrestrial ecosystems: Influence on weather and climate. Global Change Biology, 4: 461-475.

Polson D, Hegerl G C, Solomon S. 2016. Precipitation sensitivity to warming estimated from long island records. Environmental Research Letters, 11(7): 074024.

Qian K Z, Wan L, Wang X S, et al. 2012. Periodical characteristics of baseflow in the source region of the Yangtze River. Journal of Arid Land, 4(2): 113-122.

Quan X W, Diaz H F, Hoerling M P. 2004. Change in the Tropical Hadley Cell Since 1950// Diaz H F, Bradley R S. The Hadley Circulation: Present, Past and Future. Dordrecht: Springer Netherlands.

Rawlins M A, Steele M, Holland M M, et al. 2010. Analysis of the Arctic system for freshwater cycle intensification: observations and expectations. J Climate, 23(21): 5715-5737.

Richard B, Klaus F. 2006. Long-term memory of the hydrological cycle and river runoffs in China in a high-resolution climate model. International Journal Climatology, 26: 1547-1565.

Richard P A, Sode B J. 2008. Atmospheric warming and the amplification of precipitation extremes. Science, 321: 1481-1484.

Richter I, Xie S P. 2008. Muted precipitation increase in global warming simulations: A surface evaporation perspective. Journal of Geophysical Research, 113: D24118.

Ridley J, Wiltshire A, Mathison C. 2013. More frequent occurrence of westerly disturbances in Karakoram up to 2100. Science of the Total Environment, (468-469): S31-S35.

Roderick M L, Farquhar G D. 2005. Changes in New Zealand pan evaporation since the 1970s. International Journal of Climatology, 25(15): 2031-2039.

Roderick M L, Hobbins M, Farquhar G. 2009. Pan evaporation trends and the terrestrial water balance. I. principles and observations. Geography Compass, 3(2): 746-760.

Roderick M L, Rotstayn L D, Farquhar G D, et al. 2007. On the attribution of changing pan evaporation. Geophys Res lett, 34(17), L17403.

Romanovsky V E, Drozdov D S, Oberman N G, et al. 2010. Thermal state of permafrost in Russia. Permafrost Periglacial Process, 21: 136-155.

Salam M A, Mazrooei S A. 2006. Changing patterns of climate in Kuwait. Asian Journal of Water, Environment and Pollution, 4: 119-124.

Santer B D, Mears C, Wentz F J, et al. 2007. Identification of human induced changes in atmospheric moisture content. Proceedings of the National Academy of Science, 104: 15248-15253.

Seneviratne S I, Corti T, Davin E L, et al. 2010. Investigating soil moisture-climate interactions in a changing climate: A review. Earth Science Reviews, 99: 125-161.

Serreze M C, Walsh J E, ChapinIII F S, et al. 2000. Observational evidence of recent change in the northern high-latitude environment. Climate Change, 46: 159-207.

Sheil D. 2018. Forests, atmospheric water and an uncertain future: the new biology of the global water cycle. Forest Ecosystems, 5(1): 19.

Shekhar M S, Chand H, Kumar S, et al. 2010. Climate-change studies in the western Himalayas. Annals of Glaciology, 51(54): 105-112.

Shen Y J, Liu C M, Liu M, et al. 2010. Change in pan evaporation over the past 50 years in the arid region of China. Hydrological Process, 24(2): 225-231.

Shi F X, Hao Z C, Shao Q X. 2015. The analysis of water vapor budget and its future change in the Yellow-Huai-Hai region of China. Journal of Geophysical Research: Atmospheres, 119(18): 10702-10719.

Shi Y F, Liu S Y. 2000. Estimation on the response of glaciers in China to the global warming in the 21 st century. Chinese Science Bulletin, 45(7): 668-672.

Singh S K, Rathore B P, Bahuguna I M, et al. 2013. Snow cover variability in the Himalayan-Tibetan region, International Journal of Climatology, 34(2): 446-452.

Skliris N, Zika J D, Nurser G, et al. 2016. Global water cycle amplifying at less than the Clausius-Clapeyron rate. Scientific Reports, 6(1): 38752.

Smith L C, Sheng Y, MacDonald G M, et al. 2005. Disappearing arctic lakes. Science, 308(5727): 1429-1429.

Smith S L, Romanovsky V E, Lewkowicz A G, et al. 2010a. Thermal state of permafrost in North America: A contribution to the International Polar Year. Permafrost Periglacial Process, 21: 117-135.

Smith T M, Arkin P A, Sapiano M R P, et al. 2010b. Merge statistical analyses of historical monthly precipitation anomalies beginning 1900. J Climate, 23(21): 5755-5770.

Stahl K, Hisdal H, Hannaford J, et al. 2010. Streamflow trends in Europe: Evidence from a dataset of near-natural catchments. Hydrology and Earth System Sciences, 14: 2367-2382.

Stahl K, Tallaksen L M, Hannaford J, et al. 2012. Filling the white space on maps of European runoff trends: Estimates from a multi-model ensemble. Hydrology and Earth System Sciences, 16(7): 2035-2047.

Stanhill G, Möller M. 2008. Evaporative climate change in the British Isles. International Journal of Climatology, 28: 1127-1137.

Stephens G L, Hu Y. 2010. Are climate-related changes to the character of global-mean precipitation predictable? Environmental Research Letters, 5(2): 025209.

Su B D, Wang A Q, Wang G J, et al. 2016. Spatiotemporal variations of soil moisture in the Tarim River basin, China. International Journal of Applied Earth Observations and Geoinformation, 48: 122-130.

Sun S, Chen B, Shao Q, et al. 2017. Modeling evapotranspiration over China's landmass from 1979 to 2012 using multiple land surface models: Evaluations and analyses. Journal of Hydrometeorology, 18:1185-1203.

Syed T H, Famiglietti J S, Chambers D P, et al. 2010. Satellite-based global-ocean mass balance estimates of interannual variability and emerging trends in continental freshwater discharge. Proceedings of the National Academy of Sciences, 107(42): 17916-17921.

Tao L L, Wang G J, Chen W J, et al. 2019. Soil moisture retrieval from SAR and optical data using a combined model. IEEE Journal of Selected Topics in Applied Earth Observations and Remote Sensing, 12(2): 637-647.

Tebakari T, Yoshitani J, Suvanpimol C. 2005. Time-space trend analysis in pan evaporation over kingdom of thailand. Journal of Hydrologic Engineering, 10(3): 205-215.

Tokinaga H, Xie S P, Deser C, et al. 2012. Slowdown of the Walker circulation driven by tropical Indo-Pacific warming. Nature, 491: 439-443.

Trenberth K E, Fasullo J T, Smith L. 2005. Trends and variability in column-integrated atmospheric water vapor. Clim Dynam, 24: 741-758.

Trenberth K E, Smith L, Qian T T, et al. 2007. Estimates of the global water budget and its annual cycle using observational and model data. Journal of Hydrometeorology, 8(4): 758-769.

Trenberth K E. 1999. Conceptual framework for changes of extremes of the hydrological cycle with climate change. Weather and Climate Extremes, 42: 327-339.

Vecchi G A, Soden B J, Wittenberg A T, et al. 2006. Weakening of tropical Pacific atmospheric circulation due to anthropogenic forcing. Nature, 441: 73-76.

Vecchi G A, Soden B J. 2007a. Effect of remote sea surface temperature change on tropical cyclone potential intensity. Nature, 450: 1066-1070.

Vecchi G A, Soden B J. 2007b. Global warming and the weakening of the tropical circulation. J Climate, 20: 4316-4340.

Vernekar A D, Zhou J, Shukla J. 1995. The effect of Eurasian snow cover on the Indian monsoon. J Climate, 8: 248-266.

Vihma T, Screen J, Tjernström M, et al. 2016. The atmospheric role in the Arctic water cycle: A review on processes, past and future changes, and their impacts. J Geophysical Research Biogeosciences, 121: 586-620.

Waheed U, Wang G J, Gao Z Q, et al. 2021. Observed linkage between Tibetan Plateau soil moisture and South Asian summer precipitation and the possible mechanism. J Climate, 34(1): 361-377.

Walsh J E, Overland J E, Groisman P Y, et al. 2011. Ongoing climate change in the Arctic. Ambio, 40: 6-16.

Wang G J, Garcia D, Liu Y, et al. 2012. A three-dimensional gap filling method for large geophysical datasets: Application to global satellite soil moisture observations. Environmental Modelling & Software, 30: 139-142.

Wang G Q, Zhang J Y, He R M, et al. 2017. Runoff sensitivity to climate change for hydro-climatically different catchments in China. Stochastic Environmental Research and Risk Assessment, 31(4): 1011-1021.

Wang G Q, Zhang J Y, Yang Q L. 2016. Attribution of runoff change for the Xinshui River catchment on the Loess Plateau of China in a changing environment. Water, 8(6): 267.

Wang J X L, Gaffen D J. 2001. Late-twentieth-century climatology and trends of surface humidity and temperature in China. J Climate, 14: 2833-2845.

Wang K C, Dickinson R E, Wild M, et al. 2010. Evidence for decadal variation in global terrestrial evapotranspiration between 1982 and 2002: 2. Results. Journal of Geophysical Research, 115: D20113.

Wang T. 2006. Map of glaciers, frozen ground and deserts in China, and illustrations (in Chinese and English). Beijing: Science Press.

Wentz F J, Ricciardulli L, Hilburn K, et al. 2007. How much more rain will global warming bring? Science, 317:233-235.

Wester P, Mishra A, Mukherjia, et al. 2019. The Hindu Kush Himalaya Assessment: Mountains, Climate change, Sustainability and People. NewYork: Springer.

White D, Hinzman L, Alessa L, et al. 2007. The Arctic freshwater system: Changes and impacts. Journal of Geophysical Research, 112(G4): doi:10.1029/2006JG000353.

Wilby R, Wigley T. 2002. Future changes in the distribution of daily precipitation totals across the United States.

Geophys Res Lett, 29: 391-394.

Woo M K. 2012. Permafrost Hydrology. Heidelberg: Springer.

Woo M K, Kane D L, Carey S K, et al. 2008. Progress in permafrost hydrology in the new millennium. Permafrost Periglacial Process, 19(2): 237-254.

Wu H T J, Lau W K M. 2016. Detecting climate signals in precipitation extremes from TRMM (1998-2013)- Increasing contrast between wet and dry extremes during the "global warming hiatus". Geophysical Research Letters, 43(3): 1340-1348.

Wu P, Ding Y H, Liu Y J, et al. 2019. The characteristics of moisture recycling and its impact on regional precipitation against the background of climate warming over Northwest China. International Journal of Climatology, 39: 1-15.

Wu Q, Zhang T, Liu Y. 2012. Thermal state of the active layer and permafrost along the Qinghai-Xizang (Tibet) Railway from 2006 to 2010. Cryosphere, (6): 607-612.

Xie S P, Clara D, Gavriel A, et al. 2010. Global warming pattern formation: Sea surface temperature and rainfall. J Climate, 23: 966-986.

Xu J L, Liu S Y, Guo W Q, et al. 2015. Glacial Area Changes in the Ili River Catchment (Northeastern TianShan) in Xinjiang, China, from the 1960s to 2009. Advances in Meteorology: 1-12.

Ye B S, Yang D Q, Zhang Z L, et al. 2009. Variation of hydrological regime with permafrost coverage over Lena Basin in Siberia. Journal of Geophysical Research, 114(7): doi:10.1029/2008jd010537.

Yin Y H, Wu S H, Zhao D S, et al. 2013. Modeled effects of climate change on actual evapotranspiration in different eco-geographical regions in the Tibetan Plateau. Journal of Geographical Sciences, 23(2): 195-207.

Zemp M, Nussbaumer S U, Gärtner-Roer I, et al. 2017. ICSU(WDS)/IUGG(IACS)/UNEP/UNESCO/WMO World Glacier Monitoring Service, WGMS (2017, updated, and earlier reports): Global Glacier Change Bulletin No. 2 (2014-2015). Zurich, Switzerland, 244 pp.

Zeng Z, Piao S, Li L Z, et al. 2018. Impact of Earth greening on the terrestrial water cycle. J Climate, 31(7): 2633-2650.

Zhang G, Yao T, Chen W, et al. 2019. Regional differences of lake evolution across China during 1960s-2015 and its natural and anthropogenic causes. Remote Sensing of Environment, 221: 386-404.

Zhang L L, Su F G, Yang D Q, et al. 2013. Discharge regime and simulation for the upstream of major rivers over Tibetan Plateau. Journal of Geophysical Research Atmosphere, 118(15): 8500-8518.

Zhang Q, Xu C Y, Zhang Z, et al. 2009. Spatial and temporal variability of precipitation over China, 1951-2005. Theoretical and Applied Climatology, 95(1-2): 53-68.

Zhang R H. 2001. Relations of water vapor transport from Indian Monsoon with that over East Asia and the summer rainfall in China. Advances in Atmospheric Sciences, 18(5): 1005-1017.

Zhang X, Zwiers F W, Heger G C, et al. 2007. Detection of human influence on twentieth-century precipitation trends. Nature, 448: 461-464.

Zhao L. 2010. Estimates and assessment on the storage of ground ice in permafrost on the Qinghai-Tibet Plateau. Journal of Glaciol Geocryol, 32(1): 1-9.

Zhao L, Wu Q B, Marchenko S S, et al. 2010. Thermal state of permafrost and active layer in central Asia during the International Polar Year. Permafrost Periglacial Process, 21: 198-207.

Zhu B, Sun B, Wang H. 2020. Dominant modes of interannual variability of extreme high-temperature events in eastern China during summer and associated mechanisms. International Journal of Climatology, 40(2): 841-857.

第9章 亚洲季风系统变化及其对中国气候的影响

首席作者：孙建奇　左志燕　杨崧

主要作者：陈活泼　王涛　祝亚丽　蒋兴文　王子谦　魏维　何琼　司东等

摘 要

本章主要评估了亚洲季风系统的变化特征、机制及其对中国气候变化的影响。20 世纪 90 年代后，亚洲夏季风爆发日期整体提前，这与西非和美洲夏季风有所不同。东亚夏（冬）季风在过去半个世纪以减弱为主，但其强度从 21 世纪初开始有所恢复，中国东部夏季风雨带随之北移，由此造成近期夏季淮河流域降水增多（冬季东亚极端低温事件发生频率有所增大）。不同于东亚夏季风，南亚夏季风过去半个世纪的减弱趋势一直维持，且从 20 世纪 90 年代中期开始急剧减弱。亚洲季风的上述变化受到热带和中高纬气候系统内部因子、自然外强迫和人为外强迫的共同影响。虽然亚洲季风系统的预测水平有所提升，但当前总体预测能力仍然偏低，不同动力预测系统对亚洲季风季节内到年代际尺度的预测能力存在显著差异，动力和统计降尺度方法可以提升东亚气候的预测性能。全球和区域气候模式预估结果显示，在未来百年，东亚夏季风环流增强、降水增加，极端降水强度和频率的增大更为显著；南亚夏季风环流有所减弱，但是其降水有所增加，亚洲季风两个子系统呈现出不同的变化特征。

9.1 亚洲季风的多尺度变化

9.1.1 亚洲季风的爆发、进退及季节内振荡

亚洲季风是全球最典型的季风系统，主要包括东亚和南亚（印度）季风。亚洲夏季风呈南北推进和撤退的显著季节内振荡特征，推进至不同地区时其常被冠以不同的称谓，气候态上其爆发及进退过程如下：5 月第 2 候夏季风在中南半岛南端爆发；5 月第 4 候南海夏季风爆发；6 月第 1 候南亚夏季风爆发；6 月第 3 候长江流域梅雨开始，南亚夏季风北推至 20°N 以北；7 月第 3 候梅雨结束；7 月第 6 候华北和东北雨季开始；8 月第 5 候东亚夏季风开始撤退；9 月开始南亚夏季风撤退。

南海夏季风的爆发具有较强的年际变率，与热带季节内振荡（ISO）的位相有关（Shao et al.，2015；林爱兰等，2016），平均在 5 月 21 日，偏早年平均在 5 月 6 日，偏晚年平均在 6 月 8 日，甚至晚于印度夏季风的爆发（Wang et al.，2018a）。自 20 世纪 90 年代中期以来，南海夏季风爆发日期显著提前（Kajikawa and Wang，2012；Wang et al.，2018a），这与近 30 年来亚洲季风在孟加拉湾和西太平洋地区爆发的提前是一致的（Kajikawa et al.，2012）。南海

夏季风一般在 9 月下旬撤退，但年际差异较大，并且其撤退日期于 2005 年以来显著推迟
（图 9.1；Hu et al.，2019）。

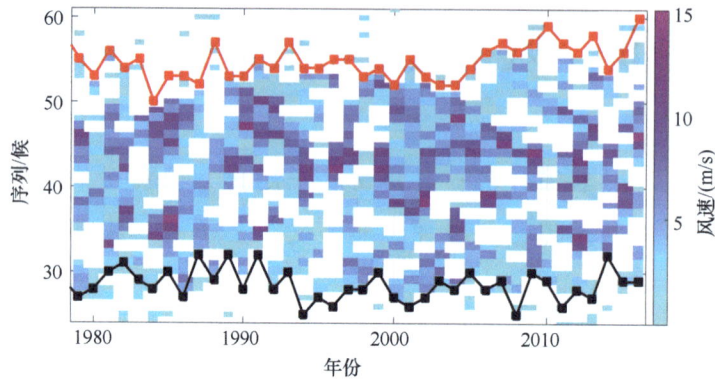

图 9.1　1979~2016 年南海夏季风爆发（黑线）和撤退（红线）日期序列，以及南海季风区平均（10°~20°N，
110°~120°E）850 hPa 西风（填色区）（Hu et al.，2019）

梅雨入梅日期和华北雨季开始日期也存在显著的年际—年代际变化。1979~2014 年，梅
雨入梅日期最早为 6 月 2 日，最晚为 6 月 25 日（Li et al.，2019）。2000 年以来，梅雨入梅偏
晚，出梅偏早，梅雨长度缩短，强度减弱（蒋薇和高辉，2013）。1961~2017 年，华北雨季平
均开始日期是 7 月 18 日，标准差为 8 天；华北雨季开始日期还存在显著的年代际变化：20
世纪 80 年代中期至 90 年代偏早，21 世纪开始偏晚（于晓澄等，2019）。

南亚夏季风的爆发和结束具有较强的年际变率。基于大尺度水汽收支定义的指数显示，
1980~2015 年其爆发和结束日期分别有 8 天和 9 天的标准差（Walker and Bordoni，2016），南
亚季风爆发和结束的年际变化与 ENSO 和印度洋偶极子（IOD）等关系密切（Liu et al.，2015a；
Pradhan et al.，2017；Misra et al.，2018）。在年代际尺度上，20 世纪 90 年代末以来南亚夏季
风爆发提前（图 9.2；Walker and Bordoni，2016），这可能与 PDO 的位相转变有关（Watanabe
and Yamazaki，2014）。

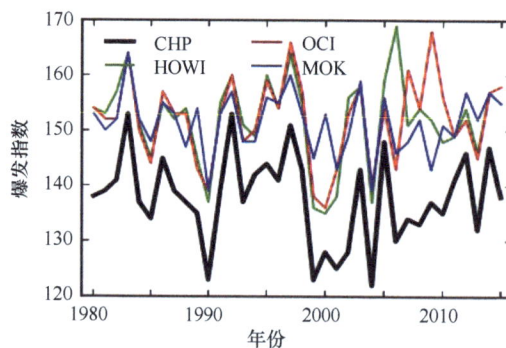

图 9.2　根据 MERRA-2 计算的多个南亚夏季风爆发指数（Walker and Bordoni，2016）
CHP（粗黑线）、HOWI（绿线）、OCI（红线）、MOK（蓝线）分别是基于垂直积分的水汽通量散度、垂直积分的阿拉伯海的水汽
通量、南部阿拉伯海 850 hPa 纬向风、降水-风-OLR 计算

亚洲季风区的 ISO 可以显著调节夏季风的推进过程，存在 10~20 天和 30~60 天两个主周
期（Li and Mao，2019；Krishnamurthy，2018；苏同华等，2017）。东亚夏季风 ISO 最强信号出
现在西北太平洋地区（Song et al.，2016b；Li et al.，2018a；Chiang et al.，2017）。南亚夏季风的

ISO 具体表现为季风活跃和中断期交替出现（Ortega et al.，2017）；大部分局地季风爆发（59%）和终止事件（62%）分别发生在 ISO 的正位相发展和衰减阶段（Karmakar and Misra，2019）。

东亚冬季风也存在较强的季节内变化。研究显示，东亚冬季 2m 气温存在 10~30 天的主周期，贝加尔湖和华南是冬季气温季节内振荡的两个中心（Yao et al.，2016）。21 世纪初以来，在全球变暖的背景下，东亚地区冬季极端低温天气发生频率却呈显著上升趋势、强度呈增大趋势（谢韶青和卢楚翰，2018），尤其是 2016 年 1 月东亚地区发生了著名的世纪寒潮事件（Cheung et al.，2016），造成重大损失。

9.1.2　亚洲季风近百年时空变化

过去百年来东亚夏季风的变化并未出现明显的线性趋势，而是呈现出一种长周期波动，具体表现为，19 世纪 70~80 年代东亚夏季风偏强，19 世纪 90 年代至 20 世纪前 10 年强度偏弱，自 20 世纪 20 年代开始东亚夏季风由弱转强，偏强的形势一直维持到 70 年代，之后夏季风开始减弱（郭其蕴，1983）。90 年代之后，东亚夏季风又有所增强（Zhu et al.，2011）。

20 世纪 70 年代之后东亚夏季风减弱［图 9.3（a）］，引起中国夏季江淮流域降水增多而华北地区降水减少，形成"南涝北旱"型降水异常格局；90 年代之后，东亚夏季风开始恢复，雨带北移至淮河流域，季风的异常造成中国东部降水出现了明显的年代际变化（Zhu et al.，2011，2015；丁一汇等，2013；王会军和范可，2013；Zhang，2015a；Zhang and Zhou，2015）。此外，东亚夏季风的范围也随时间有所变化。1961~2009 年中国季风区范围总体呈缩小趋势，

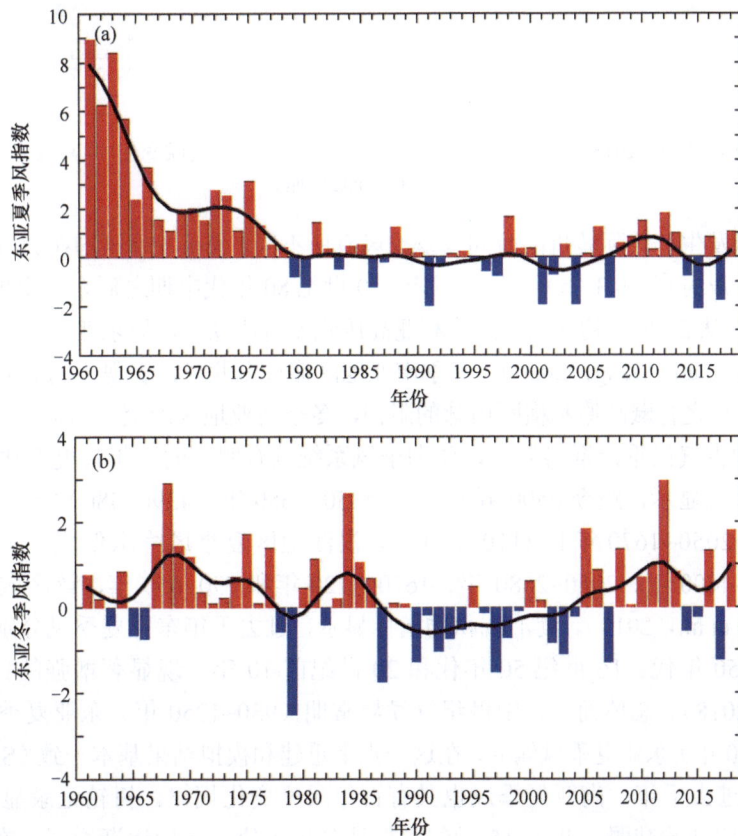

图 9.3　1961~2018 年东亚夏季风（a）和冬季风（b）指数（中国气象局气候变化中心，2019）

粗黑线为低频滤波值曲线

其西北边界在 40°N 以南表现为 0.026°/a 的东退趋势，以北的东退趋势更为明显（0.041°/a）（姜江等，2015a）。

南亚夏季风在过去 60 年呈现减弱趋势（Bollasina et al.，2011），并在 20 世纪 90 年代中期发生了显著的年代际减弱（图 9.4，Choi et al.，2017），造成印度次大陆南部和中印半岛南部季风降水明显减少（Luo et al.，2019）。印度夏季风和东亚夏季风二者间既相互独立又紧密联系。印度夏季风降水与中国华北夏季降水有较好的正相关关系，而与日本南部和韩国夏季降水存在负相关关系（Ha et al.，2018）；但这种关系并不稳定，其中在 20 世纪 40 年代末至 70 年代初两者关系最强，而在 30 年代以及 80 年代初至 90 年代关系较弱（Wu，2017；Lin et al.，2017；Sun and Ming，2018）。这种不稳定关系可能与夏季风的强度、热带海温和中高纬大气环流异常等有关（林大伟等，2016；Wu et al.，2017；Sun and Ming，2018）。

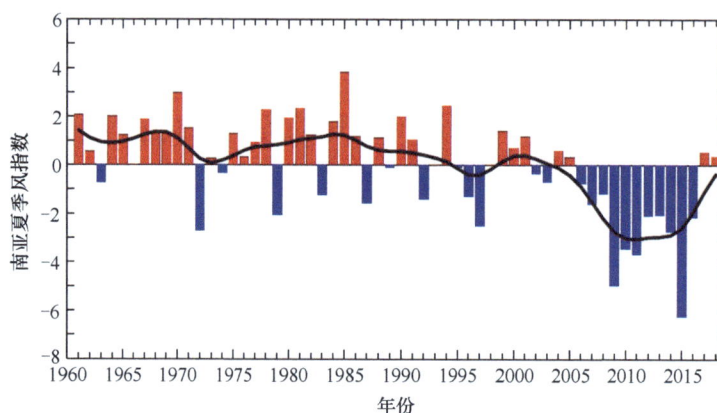

图 9.4　1961~2018 年南亚夏季风指数（中国气象局国家气候变化中心，2019）
粗黑线为低频滤波值曲线

东亚冬季风发生年代际转折的时间与夏季风有所不同。东亚冬季风均在 20 世纪 80 年代中期呈现出年代际减弱 [图 9.3（b）]；与之对应，20 世纪 80 年代中期之后东亚出现更多暖冬（梁苏洁等，2014）。从 21 世纪初开始，西伯利亚高压强度有所恢复，但东亚大槽和西风急流的变化并不显著（Miao and Wang，2020）。冬季南亚地区盛行东北风，表现为明显的干季，但由于南亚地处热带，加之青藏高原和横断山脉的阻挡，冬季南亚地区冷空气活动偏弱。

更长时间的古气候重建资料显示，亚洲季风系统具有明显的百年尺度变化周期。陕西祥龙洞石笋记录研究显示，距今 6500~6100 年、4850~4650 年、4390~3800 年、3590~2960 年、2680~2450 年、2050~1670 年和 1110~790 年，汉江地区夏季风降水偏强；而在距今 5800~4900 年、4640~4400 年、2950~2680 年、1670~1120 年和 790~650 年，该区域夏季风降水偏弱（图 9.5；Tan et al.，2018）。湖泊沉积物指标显示，过去千年东亚夏季风分别在 13 世纪 50 年代、15 世纪 50 年代、16 世纪 50 年代和 20 世纪前 10 年呈现显著增强的特征（图 9.6；Cheung et al.，2018）。总体而言，中世纪气候异常期（950~1250 年）东亚夏季风偏强，而小冰期（1450~1850 年）东亚夏季风偏弱，在这一点上重建和模拟结果基本一致（Shi et al.，2016；施健，2017）。过去千年，南亚夏季风也具有百年尺度变化规律。树轮记录显示，南亚夏季风从 13 世纪中期开始减弱，并于 15 世纪中期达到极小值，之后逐渐增强，在 17 世纪早期达到最大值，这种百年尺度变化主要受太阳活动调控（Shi et al.，2017）。

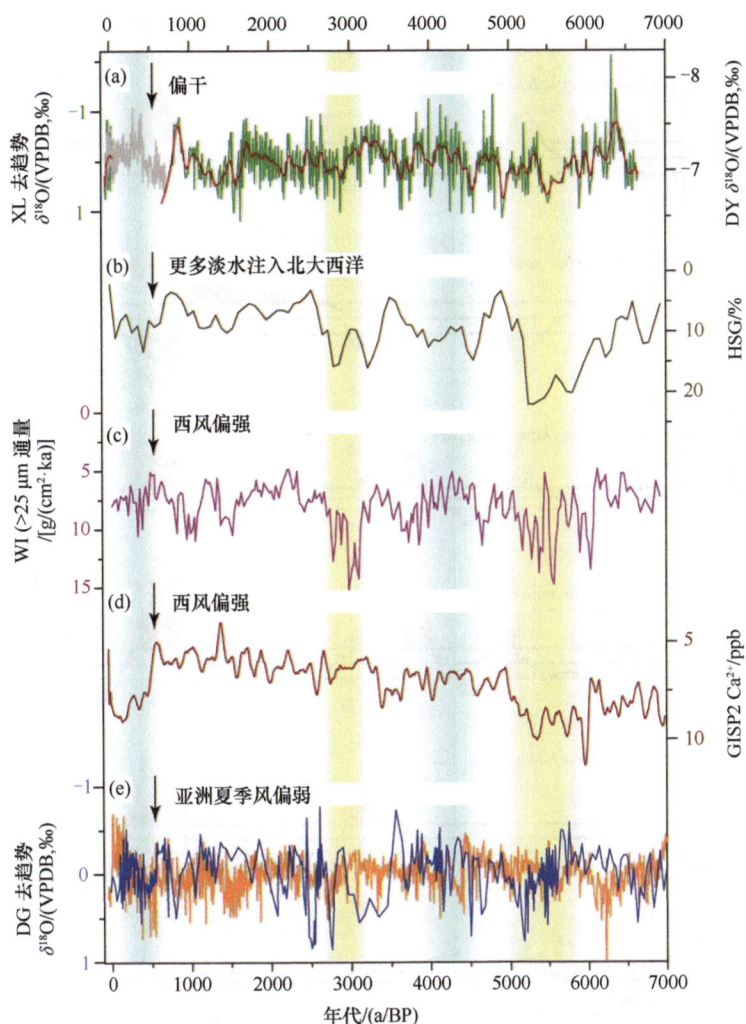

图 9.5　陕西祥龙洞石笋记录（a）及其他古环境重建序列（Tan et al.，2018）

9.1.3　与全球季风的对比

除亚洲季风区外，全球范围内还存在非洲季风区、北美季风区、南美季风区、澳洲季风区等。在过去百年，不同区域季风的演变特征并不完全相同。其中，亚洲夏季风在 20 世纪 90 年代后爆发日期整体提前，这与西非和美洲夏季风有所不同。1980~2010 年，西非大部分站点年降水量呈显著增加趋势，其中 8~10 月萨赫勒地区降水恢复趋势最强，雨季撤退日期显著推后（2d/10a），连续降雨期变长、极端降水事件增多；几内亚沿岸除极端降水指数外，其他季风指标变化不显著（Sanogo et al.，2015）。美洲夏季风自 20 世纪 70 年代末以来雨季变短，这主要是由于北美夏季风撤退提前、南美夏季风的亚马孙南部雨季爆发推迟所致（Arias et al.，2015）。

从全球角度来看，全球季风总体上也具有明显的年代际变化特征。20 世纪 60 年代之前，全球季风呈现增强的趋势，之后由强转弱，季风降水由多转少（丁一汇等，2018）；自 20 世纪 70 年代末以来，全球季风整体呈现出增强的特征（Wang et al.，2013a；Deng et al.，2018a）。由于受全球季风增强的影响，全球季风降水也表现出增强的变化趋势（Wang et al.，2013a；Deng et al.，2018a）。将全球季风分成南北两个半球季风来看，北半球季风自 20 世纪 70 年代

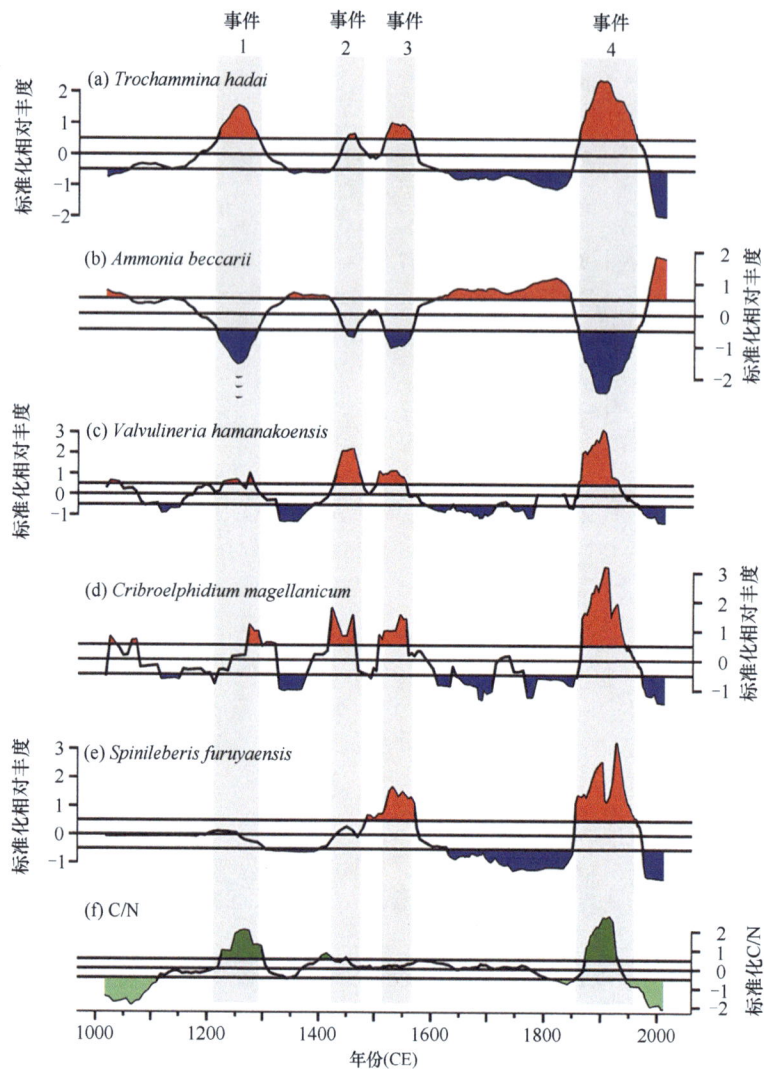

图 9.6 有孔虫物种 ［（a）～（d）］ 和介形虫物种（e）丰度的时间变化，以及标准化 C/N（f）
（Cheung et al.，2018）

末以来表现出显著增强的趋势，而南半球季风表现出减弱的趋势，但是这种趋势并不显著
（Deng et al.，2018a；Lee and Wang，2014）。总体来看，东亚夏季风呈现出与全球季风一致
变化的特点，20 世纪以来，表现出先增强后减弱再增强的过程。但近 30 年来南亚夏季风并
没有出现与全球季风一致的增强现象，而是继续保持减弱的趋势。

9.2 亚洲季风的变化机制

9.2.1 气候系统内部驱动机制

1. 局地因子对亚洲季风的影响

局地大气环流因子——西太平洋副热带高压（简称西太副高）与亚洲季风变化有直接联
系。但近期研究显示，西太副高对亚洲季风的影响也表现出年代际变化特征（Gu et al.，2017；
Huang et al.，2018）：20 世纪 70 年代末到 90 年代末，西太副高和印-太海温偶极子关系密切，其与东亚夏季风降水关系显著；90 年代末之后，影响西太副高的因子转变成赤道中太平洋海温异常，赤道沃克环流西移，副高和东亚夏季风降水关系不显著，而与南亚夏季风降水关系密切。亚洲高空西风急流的位置和强度变化也可以直接影响亚洲季风及降水（Hong and Lu，2016；Wang et al.，2017a；Hong et al.，2018a；Lin et al.，2019；Xu et al.，2019b）。急流偏北时，东亚夏季风偏强，此时中国东北地区降水偏多（Qiao et al.，2018）、江淮地区降水偏少（Wang and Zuo，2017；Wang et al.，2018b）；近几十年西风急流的南移与西北地区降水增加有密切联系（Peng and Zhou，2017）。南亚夏季风与亚洲西风急流也有密切联系：南亚夏季风偏弱时，南亚高压和急流向东南移动，引起中亚地区降水偏多，中国华北地区降水偏少（Wei et al.，2017）。

青藏高原的热力和动力作用对亚洲季风有显著的影响（He et al.，2015a；吴国雄等，2018；Wu et al.，2016a；Liu et al.，2017b）。高原冬春季积雪异常通过改变青藏高原热力状况，对东亚夏季风降水具有显著的影响（Liu et al.，2014a；Ren et al.，2016；Xiao and Duan，2016；Wang et al.，2018d），但二者的关系存在显著的年代际变化：1979~1999 年，高原冬季积雪和长江中下游至日本南部降水雨带显著正相关，而之后，显著正相关雨带在淮河流域至朝鲜半岛地区（Si and Ding，2013）。此外，黑炭气溶胶在传输过程中落到青藏高原积雪上，可以改变积雪的物理属性、影响高原的热力效应而最终对亚洲气候产生作用（Jiang et al.，2017b；Lau and Kim，2018）。近期研究显示，印度洋的海气过程可在一定程度上调制高原热力强迫对亚洲夏季风的影响（Wang et al.，2018c；He et al.，2018a）。

土壤湿度异常也是影响亚洲夏季风环流和降水的重要局地因子，但其影响存在明显的区域差异（Meng et al.，2014；Zuo and Zhang，2016；Liu et al.，2017a；Zhong et al.，2018）。在中国东部偏南及西南地区春季土壤湿度对夏季降水的影响比较显著，这可能与土壤湿度异常的持续性及降水自相关的区域差异有关（Meng et al.，2014）。长江中下游至华北区域的春季土壤湿度异常可导致大尺度的东亚夏季风环流系统的变化，土壤偏湿使得后期的陆面更湿冷，进而减弱海陆热力差异，导致东亚夏季风偏弱（Zuo and Zhang，2016；Liu et al.，2017a）。此外，中国西北地区的春季土壤湿度偏高会导致东亚大陆大范围高压异常、东亚季风环流偏弱，对中国北方的夏季气温以及热浪强度和频率产生影响（Wang et al.，2013b；Zhang et al.，2015a）。在南亚地区，土壤湿度对季风区降水和气温也具有重要影响，土壤湿度对日最高气温的影响要大于日最低气温，对大尺度降水的影响明显强于积云降水（Unnikrishnan et al.，2017），春季土壤湿度与 6 月降水在印度中部正相关，而在印度南部和东北部为负相关（KanthaRao and Rakesh，2018），印度东北部降水对初始土壤湿度异常的响应较其他地区更为敏感（Kutty et al.，2018）。

高空西风急流、东亚大槽和西伯利亚高压是影响东亚冬季风的主要局地环流因子。过去半个世纪，东亚冬季风虽然呈减弱趋势，但 20 世纪末以来，冬季高空西风急流和西伯利亚高压增强，导致东亚冬季风增强，同时东亚大槽位置偏西造成中国东北地区异常辐合上升、降水偏多（黄荣辉等，2014；Huang et al.，2017）。而近 20 年西伯利亚高压增强使得华北平原北风加强（Zhao et al.，2018）。另外，最近的研究发现，东亚大槽具有显著的季节内振荡特征（Song et al.，2016a），而中高纬度波列的南北位置异常可以通过调节东亚大槽和西伯利亚高压，进而影响东亚地区冷空气活动范围（Song and Wu，2017）。

2. 热带

在全球变暖背景下，热带印度洋、太平洋海温显著升高且呈现非均匀分布特征，导致热带对流、ENSO、热带低频振荡等都发生显著变化，进而对亚洲季风环流及降水的变化产生影响。

近一个多世纪以来（1901~2012 年），热带西印度洋增暖 1.28℃，比其他热带海域增暖更快。热带印度洋东西部增暖差异导致纬向海温梯度减弱，使得南亚夏季风环流减弱（Roxy et al.，2014），造成南亚尤其是印度半岛北部夏季降水减少（Roxy et al.，2015；Preethi et al.，2017a），雨季持续时间缩短（Sabeerali and Ajayamohan，2018）。此外，印度洋增暖通过激发暖性开尔文波，影响西北太平洋反气旋和水汽输送异常，改变南亚高压和东亚高空急流的强度和位置，引起东亚夏季风和降水的异常（黄刚等，2016）。印度洋不同海温异常模态对亚洲季风的影响也不同（Li and Yang，2017；Kim et al.，2018）。夏季印度洋海盆一致增暖能够导致南亚高压和西太副高增强，华北干旱而长三角地区降水增多（Lu et al.，2018；Zhang et al.，2018a）。正位相 IOD 通过影响印度洋沃克环流和海洋性大陆地区的局地哈得来环流使得南亚高压向东北方向延伸，导致东亚夏季异常增暖（Takemura and Shimpo，2019），江淮地区降水减少（Kim et al.，2018）。此外，相比于 1993~2002 年，21 世纪初（2003~2012 年）北印度洋增暖同时伴随日本东南侧海温变冷，使得青藏高原到日本南部呈现西南—东北走向的高压带，华南地区处于高压带南缘，出现异常东北风而湿润的南风减弱，从而使得华南降水年代际减少（Ha et al.，2019）。

热带西太平洋海温升高也十分显著。一方面，这导致南海及西北太平洋深对流显著增强，通过增强沃克环流，对南亚地区近几十年来季风降水的减少起到重要作用（He et al.，2016）；另一方面，热带西太平洋海温增暖可引起西北太平洋副热带反气旋减弱，从而减弱向中国东部的水汽输送，使得雨带偏南（He et al.，2015b，2018b；Huang et al.，2015；Wu and Wang，2015）。此外，热带西太平洋海温升高还可通过影响台风和低频扰动等信号，使得南海夏季风爆发的平均日期在 1994~2008 年比 1979~1993 年提前 16d（Kajikawa and Wang，2012；Wang and Kajikawa，2015）。而前期冬季赤道西太平洋海温偏高（低）则有利于孟加拉湾季风爆发时间偏早（晚）（晏红明等，2018）。北半球冬季，热带西太平洋海温异常有利于厄尔尼诺时期的西北太平洋反气旋的发展和维持，进而减弱东亚冬季风（Li et al.，2017a；张人禾等，2017）。

近几十年 ENSO 呈现新的变化特征，中部型厄尔尼诺事件发生频率增大，对亚洲季风的影响也发生了变化（Pascolini-Campbell et al.，2015；陈文等，2018；Zhang，2015b；Li et al.，2017a；张人禾等，2017；Yang et al.，2018b）。两类 ENSO 对亚洲季风表现出截然不同的影响（Feng et al.，2017，2018a）。东部型厄尔尼诺发展年，夏季华北降水减少（Wang et al.，2017b；Shi and Wang，2019）；衰减年夏季长江中下游降水增多（Wang et al.，2017b）。此外，不同于正常衰减的 ENSO 事件，延迟衰减的厄尔尼诺（拉尼娜）通常伴随着孟加拉湾夏季风爆发时间推迟（提前）（Sun et al.，2017）。东部型厄尔尼诺能够影响沃克环流和西太平洋局地海气相互作用，通过太平洋—东亚型遥相关减弱东亚冬季风（张人禾等，2017；Chen et al.，2018），从而使得东亚偏暖（Leung et al.，2017）、华南降水增多（Li et al.，2015a；Wu and Zhou，2016；Zhang et al.，2015b）。中部型厄尔尼诺衰减位相的海温异常，通过 Gill-Matsuno 响应激发西北太平洋反气旋，导致夏季中国华北降水增多（Feng et al.，2019）。在冬季，中部型厄尔尼诺易导致冬季华南降水偏少（Xu et al.，2019a）。而且 ENSO 越强，东亚环流场异常对 ENSO 的响应越强（Gong et al.，2015；Wang et al.，2017b）。

ENSO 与热带印度洋海温的变化共同对亚洲季风产生影响（李崇银等，2018；Yu et al.，

2019)。热带太平洋—印度洋海温异常联合模态的正位相年夏季,有利于南亚高压偏东偏强,中国华北地区降水偏少,南方降水偏多(李崇银等,2018)。南海夏季风爆发在 1994 年之前(1979~1993 年)主要与南印度洋春季海温距平有关,而之后(1994~2014 年)主要受 ENSO 影响(Liu et al.,2016a;丁硕毅等,2016)。南亚夏季风的局地爆发和终止与 ENSO 和印度洋偶极子关系密切(Pradhan et al.,2017;Misra et al.,2018)。前期冬春季处于厄尔尼诺状态时,南亚夏季风爆发偏晚(Liu et al.,2015a)。

此外,热带低频振荡对亚洲季风爆发(Bhatla et al.,2017;Wang et al.,2018a)、推进(Singh et al.,2017)、撤退(Hu et al.,2019;Singh and Bhatla,2018)以及季风降水等(Hsu et al.,2016;Ren et al.,2018)有显著影响。当热带低频振荡的湿位相位于热带印度洋、孟加拉湾南部和印度季风区南部时,分别对应南海季风爆发偏早(5 月 6 日)、正常(5 月 21 日)和偏晚(6 月 8 日)(Wang et al.,2018a)。其也可与准双周振荡共同作用,造成南海夏季风撤退异常(Hu et al.,2019)。热带印度洋地区的热带低频振荡(MJO)会激发西风距平的东传,导致 MJO 湿位相到达季风区,引起南亚季风爆发时间偏早(Taraphdar et al.,2018)。

3. 中高纬因子对季风的影响

除了局地因子和热带强迫的影响之外,中高纬陆面、海洋以及大气内部变率的影响也是东亚气候变异的重要原因。

积雪具有较长的记忆性和持续性,中高纬欧亚大陆积雪异常对东亚气候变化的影响显著(孙建奇等,2018),在东亚季节气候预测中具有重要作用。在动力季节预测中,欧亚地区初始化的积雪信息能够持续达 2 个月之久(Jeong et al.,2013)。欧洲东部秋季积雪信号能够影响中国冬季降水,积雪本身的持续性及与其相关的平流层和对流层相互作用是其中主要的物理过程(Ao and Sun,2016a);欧亚地区秋季积雪对东亚北部的冬季气温也有显著影响(Li et al.,2017b;Han and Sun,2018)。因此,近年来很多研究将欧亚大陆积雪作为预测因子建立预测模型,可明显提高东亚季风气候的预测水平(Ao and Sun,2016b;Yu et al.,2018)。

中高纬海温异常主要在年代际尺度上调控东亚季风变化。PDO 和 AMO 共同影响着东亚夏季风降水的年代际演变(Zhu et al.,2011,2015;Si and Ding,2016;Zhang et al.,2018a)。当 PDO 和 AMO 反位相时,东亚夏季风降水异常表现为经向三极型分布;而当二者同位相时,则为经向偶极型。另外,北太平洋西南部的海温主模态可以通过调节东亚大槽和西风急流影响东亚冬季风的年代际变化(Sun et al.,2016b)。不同定义的季风爆发指数显示,20 世纪 90 年代末以来南亚夏季风爆发时间提前,可能与负位相 PDO 的出现有关(Walker and Bordoni,2016;Watanabe and Yamazaki,2014)。

全球变暖背景下,近几十年北极海冰急速消融,对北半球气候,包括亚洲季风产生了重要影响(Gao et al.,2015;武炳义,2018)。海冰减少导致高纬度阻塞频率增大且持续时间变长,而中纬度阻塞频率减小且持续时间变短(Luo et al.,2016b,2016c)。秋、冬季巴伦支海—喀拉海海冰异常偏少时,欧亚大陆易出现冷冬(Mori et al.,2014;Kug et al.,2015;Sun et al.,2016c),但东亚冬季风的变化不确定性较大(Wu et al.,2015a)。这种不确定性可能是由北极海冰异常偏少的位置、强度不同引起的大气环流响应迥异造成的(Overland et al.,2016;Semenov and Latif,2015;Wu et al.,2016b,2017)。此外,北极海冰异常可激发对流层—平流层大气行星波异常传播,通过波破碎过程影响平流层极涡强度,进而下传到对流层,最终影响中纬度天气气候(Cohen et al.,2014;Kim et al.,2014a;Nakamura et al.,2015)。北极秋季海冰减少也可造成我国北方地区气旋活动减弱、大气层结稳定,进而加剧我国东部地区冬季霾污染(Wang et al.,2015a;Li et al.,2017c)。而3月巴伦支海海冰偏少会通过土壤湿度和积雪异常信号及其与大气环流的相互作用引起东北夏季干旱(Li et al.,2019)。

中高纬大气遥相关型对亚洲季风具有重要影响。季节内尺度上,北极涛动(AO)或北大西洋涛动(NAO)、乌拉尔阻高和西伯利亚高压异常可以影响东亚冬季风(Yao et al.,2016;Lim and Kim,2016;Feng et al.,2018b)。中高纬与热带大气遥相关型对亚洲季风也可产生协同影响,MJO与AO不同位相组合下东亚冬季温度异常具有显著差异(Song and Wu,2019);ENSO主要影响东亚冬季风南部模态,而AO主要影响北部模态(Chen et al.,2014)。环球遥相关型(CGT)以及丝绸之路遥相关型(SRP)的年代际变化可以影响东亚季风气候的年代际变化(Wu et al.,2016c;Lin et al.,2017;Hong et al.,2018b)。此外,夏季北大西洋三极型海温模态可以通过激发从北大西洋往欧亚大陆传播的大气遥相关型,即北大西洋—欧亚大陆遥相关(Li and Ruan,2018),影响亚洲季风。

9.2.2　太阳活动和火山的影响

太阳活动对亚洲气候的影响较为复杂,太阳活动的强弱可以直接影响亚洲区域的地表能量平衡进而引起东亚气候异常。在强太阳活动年,欧亚大陆大部分区域明显增暖(Chen et al.,2015)。同时,东亚夏季风雨带位置偏北,且年际变率较大(Zhao and Wang,2014)。在冬季,太阳活动对东亚急流具有明显的影响(Li et al.,2018c),其正异常使得亚太区域200hPa纬向风呈现带状三极型。在强太阳活动年,对应的急流中心区域西风显著减弱。而从东亚气候系统整体变化而言,太阳活动对东亚冬季气候的影响则表现为非对称性特征(王瑞丽等,2015),在强太阳活动时期太阳活动变化与东亚冬季气候的联系更为紧密,而在弱太阳活动时期二者之间的直接联系偏弱。

此外,太阳活动可以通过调制大尺度海气耦合模态位相变化进一步影响东亚气候。观测和模拟研究均发现,太阳活动强弱能够引起热带太平洋热含量及东西向气压梯度发生变化,进而调制ENSO的位相演变(He et al.,2018c),并进一步影响东亚冬季气候。强太阳活动年,ENSO与东亚气候的联系减弱,而弱太阳活动年,ENSO与东亚气候的联系更加紧密(Zhou et al.,2013)。除了太阳活动11年周期变化,太阳活动在更长时间尺度上的强弱变化对东亚气候也具有显著影响。数值模拟研究表明,太阳活动在多年代际时间尺度上对东亚冬季风强弱变化存在明显的影响。当太阳辐照度偏强时,大西洋经圈翻转环流减弱,由此引起的海温及大尺度环流异常能够导致东亚冬季风环流增强,东亚地区气温显著降低,这与年际尺度太阳活动对东亚气候的影响不同(Miao et al.,2018b)。大洋沉积记录也证实,在较长的时间尺度上,太阳活动是东亚冬/夏季风变异的最主要外强迫因子之一(Sagawa et al.,2014;Huang et al.,2019)。

火山喷发则是另一种引起天气气候变化的自然外强迫因子。尤其对强火山喷发而言,喷射到平流层中的二氧化硫气体能够很快转化为硫酸盐气溶胶,并受大气环流影响向全球不同纬度区域扩散,其在平流层通过吸收太阳短波辐射的红外部分和地表长波辐射,表现为对平流层的加热效应;由于硫酸盐气溶胶对太阳短波辐射的反射及散射作用,其对对流层及地表表现为制冷效应。因此,强烈的火山喷发能够显著改变地球平流层、对流层及地表的能量收支平衡,并在季节、年际乃至更长时间尺度引起区域及全球气候变化,是气候变化最重要的外强迫因子之一。

1991年菲律宾皮纳图博火山喷发是过去百年最强烈的一次火山喷发事件,大约两千万吨二氧化硫被喷射进入平流层，全球平均光学厚度超过了 0.1，显著减少了到达地面的太阳辐射（肖栋和李建平，2011）。这次强烈的火山喷发导致 1992 年全球平均降温幅度超过 0.3℃。此外，强火山喷发引起的区域及全球能量收支异常通过调整海陆热力差异及大尺度环流，能够显著减少亚洲及全球季风区降水（Liu et al.，2016b）。在热带强火山喷发之后的夏季，东亚副热带急流向南偏移，同时东亚地区海陆热力差异及季风环流明显减弱，导致我国长江流域降水增多，而华南及华北地区降水显著减少（Cui et al.，2014）。基于更长时间尺度的古气候代用资料（包括树轮、冰芯及历史文献）分析和数值模拟研究表明，类似的火山喷发后东亚夏季风减弱及夏季降水减少的现象在过去千年中普遍存在（Man et al.，2014；Gao and Gao，2018）。

事实上，强烈的火山喷发在改变大气不同圈层能量平衡的同时，也对大尺度海洋—大气模态明显产生影响。在过去百年最强的几次火山喷发之后，赤道东太平洋均发生了厄尔尼诺现象（Wang et al.，2018e），而这种关联在古气候重建记录中也存在（Liu et al.，2018a）。强烈的热带火山喷发能够引起热带太平洋沃克环流及海表温度发生明显的变化（Miao et al.，2018a；Zuo et al.，2018），并显著调制 ENSO 的位相演变（Khodri et al.，2017；Liu et al.，2018b；Wang et al.，2018e）。而 ENSO 的位相变化也将进一步影响东亚气候，基于数值模拟结果的初步研究显示，热带强火山喷发之后的第二个或第三个冬季东亚冬季风将明显增强，我国大部分地区气温显著降低（Miao et al.，2016）。

9.2.3　温室气体及人为气溶胶的影响

温室气体和人为气溶胶对亚洲夏季风有显著的影响。温室气体排放引起全球变暖，根据 C-C 方程，大气水汽含量增加（气温每升高 1℃大气水汽含量增加 6%~7%），全球水循环增强，会引起"湿者更湿，干者更干"以及热带降水"更暖者更湿"的变化。季风降水的强度增大，季风区的水分循环发生变化。另外，温室气体的增暖效应使得陆地增温高于海洋，增加海陆热力差异，增强亚洲夏季风和降水（Xie et al.，2015；Li and Ting，2017；丁一汇等，2018；周天军等，2018）。而人为气溶胶排放通过气溶胶的直接和间接效应增强大气稳定度，减弱季风环流，会在很大程度上抵消温室气体引起的暖海洋—更暖陆地的季风增强和降水增加（Li et al.，2015b；Wang et al.，2015b；Li et al.，2016a）。

与温室气体不同，人为气溶胶引起东亚变干（Xu and Xie，2015；Wang et al.，2016a，2016b；Zhang and Li，2016）。温室气体增加使得中国东部的水汽辐合增加，引起降水增加，人为气溶胶则减弱东亚夏季风，引起华北异常辐散、降水偏少（如 Jiang et al.，2017b；Tian et al.，2018a）。全球人为气溶胶的增加使得东亚夏季风减弱，东亚夏季风爆发日期推迟（沈新勇等，2015），东亚局地和非局地的气溶胶排放对东亚季风环流的减弱作用相当（Wang et al.，2017c）。在不同的强弱季风背景下，人为气溶胶对东亚夏季风的影响是不同的：相比于季风偏强时期（1950~1977 年），在季风偏弱的年代际背景下（1978~2000 年），人为气溶胶增加导致东亚夏季风减弱的幅度更大，华北夏季降水显著减少（Xie et al.，2016）。

温室气体增加使得南亚夏季风增强、降水增加，而人为气溶胶增加在 20 世纪后半叶引起南亚地区夏季降水减少（Guo et al.，2015；Krishnan et al.，2016；Zhang and Li，2016）。CMIP5 模式结果显示，单独温室气体强迫下南亚夏季风降水增加，而只有人为气溶胶强迫时季风降水减少，并且其间接效应主导了近几十年的南亚季风降水的减少趋势（Guo et al.，2015）。1950~1999 年，温室气体引起降水增加约 4.1%，而综合考虑温室气体和人为气溶胶强迫下，降水减少约 2.9%（Salzmann et al.，2014）。不同种类气溶胶的气候效应也有所差别，如二氧化硫比黑炭气溶胶对降水的强迫作用更强，引起印度北部降水偏少（Guo et al.，2016）。另外，1920~2005 年，气溶胶排放的空间分布对于季风降水与环流的变化也有重要作用，南亚局地的人为气溶胶排放对于合理解释 20 世纪末的季风降水减少相当重要（Undorf et al.，2018）。

温室气体和人为气溶胶还可以显著影响亚洲季风区极端降水的变化。温室气体对 20 世纪后半叶中国东部由小雨向大雨的显著变化的贡献是可以检测到的，人为气溶胶则可以部分抵消该影响，与只包含温室气体的试验相比，包含了气溶胶的试验引起的从小雨向大雨的变化减弱（Ma et al.，2017）。而降水极值对气溶胶和温室气体强迫的敏感性差别很大，在东亚、南亚和东南亚地区，气溶胶强迫可以产生几倍于温室气体强迫下的降水极值敏感性（Lin et al.，2018）。

温室气体和人为气溶胶对亚洲冬季风也有重要影响，但目前研究相对较少。温室气体使得北太平洋海温升高，东亚大槽减弱，自然外强迫通过调制东亚地区的经向温度梯度减弱东亚西风急流的经向切变，人为和自然外强迫同时减弱西伯利亚高压，这些外强迫因子共同影响 20 世纪 80 年代中期以后东亚冬季风的年代际减弱（图 9.7；Miao et al.，2018c）。而人为气溶胶排放增加使得冬季东亚北部显著降温，急流在 40°N 附近加速，东亚冬季风北部模态增强（王东东等，2017；Jiang et al.，2017b）。

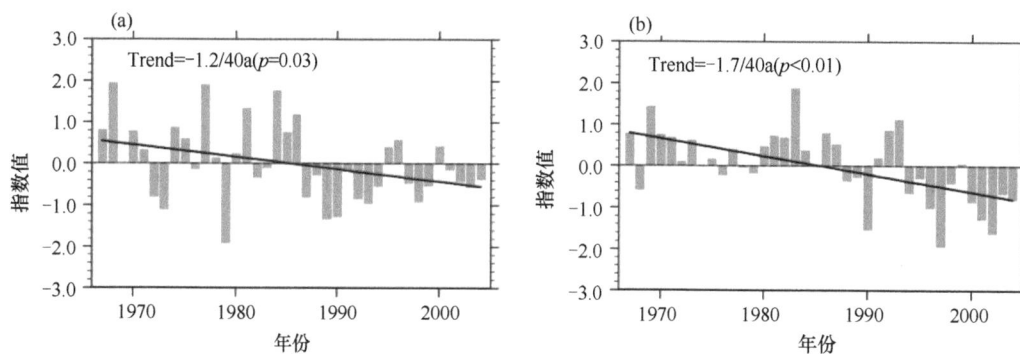

图 9.7　观测（a）和模拟（b）的 1967~2004 年东亚冬季风指数（Miao et al.，2018c）
观测资料来自 NCEP-NCAR 再分析资料和 HadSLP2 资料。模拟的指数基于 CMIP5 的 17 个耦合模式的全强迫试验。实线表示
1967~2004 年的线性趋势

除了温室气体和人为气溶胶，城市化进程也可以对地球气候系统产生重要影响，使得极端高温事件显著加剧。近几十年中国城市化进程对夏季极端高温增长趋势的贡献可达 1/3（Sun et al.，2016a；Yang et al.，2017；Luo and Lau，2017，2018），特别是在珠三角、长三角等特大城市群地区，城市化给夏季极端高温带来的贡献可与大尺度气候变暖造成的影响相当（Ye et al.，2018）。近几十年，亚洲地区的快速城市化通过改变局地陆面热力属性及大气边界层动力学特征等影响东亚季风的变化（Chen and Zhang，2013；Shao et al.，2013；Feng et al.，2015；Ma et al.，2015b；Chen et al.，2016；周莉等，2015），从而导致南海夏季风爆发提前（余荣等，2016）。然而对于城市化过程到底是增强还是减弱东亚夏季风仍存在很大争议（Shao et al.，2013；Feng et al.，2015；Ma et al.，2016），这些不确定性的存在很可能与不同模式对城市冠层的描述差异以及模拟研究过程是否包含城市人为热有关（Chen et al.，2016）。城市人为气溶胶带来的局地冷却现象可以部分抵消城市热岛效应（Jiang et al.，2017a）。

除了城市化，其他土地利用的变化也会对局地气候产生一定的影响，如土地利用会减少南亚夏季风爆发阶段的降水量（多于 2 mm/d），使得印度局地雨季爆发推迟约 4 候（Yamashima et al.，2015）。

9.3　亚洲季风变化对中国东部气候的影响

9.3.1　对降水和极端降水的影响

东亚夏季风强度的年代际变化与中国东部夏季降水雨型的变化密切相关。通常东亚夏季风偏强有利于中国华北降水偏多（郝立生等，2016），长江流域降水偏少（王文等，2017）。20 世纪 50~70 年代，东亚夏季风偏强，中国东部夏季雨带偏北，呈现出"北多南少"的分布特征；20 世纪 70 年代末，东亚夏季风强度减弱，中国北方降水减少，长江—淮河一带降水增加，中国东部夏季降水逐渐呈现明显的"南涝北旱"特征；90 年代末至 21 世纪初，东亚夏季风有所增强，中国东部夏季风雨带随之向北移动（丁一汇等，2018；Zhang，2015b）。而半个多世纪以来，中国东部夏季风降水量均无明显持续的变化趋势（姜江等，2015a；Zhang，2015a，2015b）。通常，当东亚夏季风向北推进偏早时，中国华北地区雨季开始偏早，反之亦然（于晓澄等，2019）。另外，南亚夏季风对中国夏季降水也有影响，当南亚夏季风偏强（弱）时，中国长江流域降水偏少（多），华北地区降水偏多（少）（Wei et al.，2015，2017），而南亚夏季风与中国华北夏季降水的关系在 20 世纪 70 年代末有所减弱（Lin et al.，2017；Sun and Ming，2018）。同时，东亚夏季风和南亚夏季风协同影响中国南方夏季降水，当东亚夏季风偏强而南亚夏季风偏弱时，中国南方大部分地区夏季降水偏少，易发生干旱，反之亦然（桓玉和李跃清，2018）。此外，当南海夏季风爆发时间相对偏晚（早）时，夏季华南降水偏少（多），长江中下游降水偏多（少）（赵小芳等，2019）。

东亚冬季风对于中国东部冬季降水也有影响，具体表现为中国华北地区冬季降水在强冬季风年偏少、弱冬季风年偏多（孙照渤等，2017）。而东亚冬季风在前冬（11~12 月）和后冬（1~3 月）的变化特征及对中国东部降水的影响不一致：在前冬，东亚冬季风主模态为全区一致型，当东亚冬季风整体偏强（弱）时，我国华北降水偏少（多）；而在后冬，东亚冬季风主模态为南部变异型，当低纬东亚冬季风偏强（弱）时，我国南方同期降水量偏少（多）（简云韬等，2017；彭京备和孙淑清，2019）。

受全球变暖影响，全球水分循环加强，极端降水的强度和频率也显著增大（Donat et al.，2016）。夏季极端降水日数与平均降水量高度相关，同样自东南向西北减少，东亚夏季风在影响中国东部夏季平均降水的同时，也对中国夏季极端降水产生影响。其中，东亚夏季风水汽输送带在极端暴雨过程中起着关键的作用（丁一汇等，2020）。而东亚夏季风强度与极端降水发生位置联系密切，例如，东亚夏季风减弱有利于长江中下游等地区夏季极端性降水频发，降水强度加大（齐庆华，2019）。此外，亚洲季风区夏季 30~60 天大气 ISO 的强度对长江中下游持续性极端降水的发生频次和持续时间具有调制作用：在 ISO 偏强（弱）年，长江中下游持续性极端降水的发生频次较高(低)，且持续时间较长（短）（李健颖和毛江玉，2019）。夏季，中国极端降水有两个大值区，分别位于长江中下游地区和华南地区（He et al.，2019），且极端降水事件发生区域随着东亚夏季风的推进而变化，5~6 月集中在长江以南地区，7~8 月集中在华北地区（Li and Wang，2018）。半个多世纪以来，我国东部季风区全年暴雨量增加，小雨和中雨量减少，洪涝、干旱风险均呈增大趋势（Ma et al.，2015b；Liu et al.，2015b；

Wang and Yang，2017）。夏季，我国长江流域及其以南地区极端降水指数呈增大趋势（Peng et al.，2018；Li and Wang，2018），并且在 20 世纪 90 年代初发生突变，突变后极端降水事件增多（陈金明等，2016），而中国北方夏季（7~8 月）极端降水日数并无明显变化趋势（Li and Wang，2018）。

9.3.2 对气温及极端气温的影响

东亚夏季风在过去 60 年里呈现显著年代际变化，而中国东部夏季气温则表现出显著升高趋势（Zhang，2015b），20 世纪 90 年代中期以前，中国夏季气温一致偏低，之后以一致偏高为主（张灵等，2017）。不同地区增温幅度存在差异，东北地区增暖趋势最强，其次是长江流域，南方地区增温幅度普遍较小（贾蕾等，2015）。东亚冬季风是中国冬季气温的直接影响因子，当东亚冬季风偏强（弱）时，中国东部气温往往偏低（高）（朱红霞等，2019）。过去半个多世纪，伴随着全球变暖，东亚冬季风略呈减弱趋势（徐迪等，2017），同时伴有显著的年代际变化，20 世纪 50~80 年代初东亚冬季风偏强，20 世纪 80 年代~21 世纪初进入转弱阶段（王会军和范可，2013；Ding et al.，2014）。与此对应，中国东部冬季气温表现为整体变暖趋势，同时伴随显著的年代际变化，20 世纪 50~80 年代为 30 年左右的冷期，80 年代左右中国东部冬季气温发生增暖性气候突变（朱安豹等，2016；孙健等，2019）。21 世纪初以来，东亚冬季风逐渐进入偏强阶段，随后东北乃至中国东部地区也开始出现气温降低的迹象（刘实等，2015；蓝柳茹和李栋梁，2016）。

过去半个多世纪以来，在全球变暖背景下，中国大部分地区极端高温日数增加、低温日数减少（Zheng et al.，2019；陈姣和张耀存，2016；Li et al.，2017d；Shi et al.，2018）。夏季，中国东部极端高温热浪事件主要发生在 7~8 月，且多集中在长江流域及其以南地区（Gao et al.，2017, 2018；Yang et al.，2018a；高庆九和尤琦，2019；Zhu et al.，2019）。中国东南部多发生湿热浪事件，而华北和西北地区多发生干热浪事件（Ding and Ke，2015）。当西太平洋副热带高压偏西偏强控制中国南方地区，同时南亚高压东移至东亚大陆上方时，受下沉增温和太阳短波辐射加强的影响，中国长江以南地区易发生高温热浪事件（Ding et al.，2018）。过去半个世纪以来，中国东部地区夏季高温热浪频次整体呈增加趋势，且 90 年代中期之后增加幅度更大（You et al.，2016；Wu et al.，2019），同时，中国北方夏季高温热浪日数也呈现增加趋势（Deng et al.，2018a, 2019）。此外，夏季复合型极端高温事件，即高温日和高温夜同时发生的频次显著增多，主要原因是夏季平均气温上升（Wang et al.，2020）。冬季，东亚冬季风减弱（加强）有利于极端高温（低温）事件发生，相比于 12 月和 1 月，2 月更容易发生极端冷暖事件，且强度更大（Zuo et al.，2015a）。20 世纪 60~70 年代，伴随着强冬季风，中国东部大范围极端低温日数偏多，80 年代后大范围的极端低温事件在减少，但是区域尺度的极端低温事件频次则在增加（李尚锋等，2018）；21 世纪以来，随着东亚冬季风增强，中国东部地区冬季极端低温事件频数又有所增加（Wang and Chen，2014；Lu et al.，2016；谢韶青和卢楚翰，2018；Miao and Wang，2020）。

9.4 亚洲季风的预测与预估

9.4.1 亚洲季风的预测

气候系统模式的模拟能力在过去几十年取得了显著的进步，能够模拟出亚洲季风主要变化，已成为亚洲季风预测的主要工具（Ma and Wang，2014；Cao et al.，2015；包庆等，2018；

Ren et al.，2019）。但气候系统模式对亚洲季风不同时间尺度变化的预测能力存在显著差异。

在季节内尺度上，模式可以提前 2~3 周预测季风环流的变化，但仅能提前约 10 天预测季风降水的变化（Liu et al.，2014b）。模式对亚洲季风降水的预测能力存在显著的区域差异：阿拉伯海、孟加拉湾、南海等海域可预报性高；而印度半岛、中南半岛、中国华南等地区可预报性低（Liu et al.，2015c）。模式能提前 2 周左右预测华南前汛期降水和东亚冬季冷涌的变化（Zhao et al.，2015；Li et al.，2017d）。对于 MJO，大多数统计预报模型的预报技巧通常在 2 周左右，个别模型可以达到 3 周以上；与统计模型相比，气候模式不仅能预测 MJO时空变化图像，同时能更好刻画 MJO 与其他气候特征的物理联系。美国和澳大利亚的业务气候模式能提前 20~21 天较好地预报 MJO 的变化（Kim et al.，2014b；Wang et al.，2014），而欧洲中心（ECMWF）预测系统的预报时效可达 27 天（Kim et al.，2014b；Vitart，2014）。中国气象局国家气候中心的预测系统在改进大气和海洋初值条件后，也可提前 21 天预测 MJO的变化（Liu et al.，2017c）。对于夏季亚洲季风区内向东、向北传播的季节内振荡（BSISO）的预测，当前主流业务气候预测模式表现出明显的模式间差异（图 9.8）。对振荡周期为 30~60天的 BSISO1，大多数模式的预测技巧都介于 1~2 周，ECMWF 模式的预测技巧最高可达 24天；对振荡周期为 10~30 天的 BSISO2，大多数模式的预测技巧介于 6~14 天（Jie et al.，2017）。中国气象局国家气候中心模式对 BSISO1、BSISO2 最初预测技巧分别为 9 天和 8 天，但在改进初值条件后，提高到了 13 天和 9 天。模式对不同年 MJO 和 BSISO 的预测能力存在差别，这种差别与印度洋偶极子和 ENSO 存在密切的联系（Jia et al.，2013；Liu et al.，2017c）。准确的初值、可靠的物理参数化方案、合理的预测方案等均可提高气候系统模式对 MJO 和BSISO 及其气候影响的预测能力（Liu et al.，2017c）。

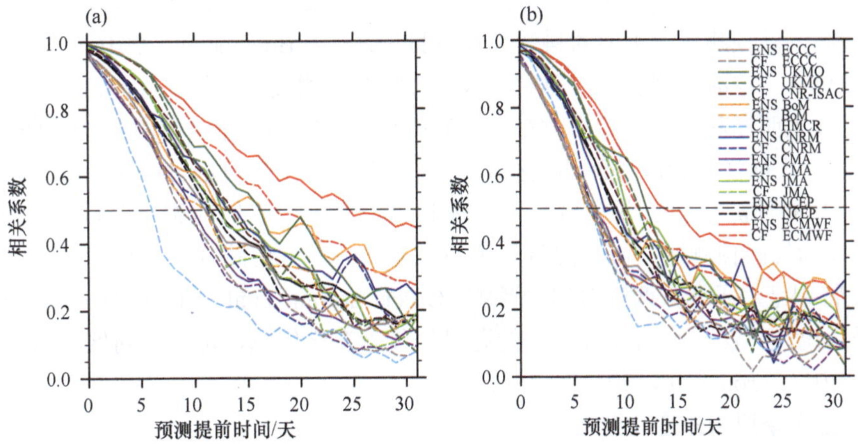

图 9.8 参加国际 S2S（次季节至季节）预测计划的多模式对 BSISO1（a）、BSISO2（b）（北半球夏季季节内振荡）的预测技巧（Jie et al.，2017）

技巧指标采用双变量异常相关系数；回报试验取自 1999~2010 年每年 5~10 月，每周两次试验；彩色虚线表示确定性预报结果，彩色实线表示集合预报结果，水平虚线是可用预测技巧的上限，定义为双变量相关技巧等于 0.5 对应的预测超前时间

在季节尺度上，主要关注季节平均气候相对于多年平均异常的预测。当前模式能提前半年预测亚洲夏季风大尺度环流的变化，而对夏季风降水的预测能力仍然较低（Jiang et al.，2013a；Ma and Wang，2014；Johnson et al.，2017；郭渠等，2017；Liang et al.，2019）。模式对亚洲季风的预报技巧随 ENSO 强度的增大而增加，但是模式模拟的 ENSO 对季风的影响强于观测（Kim et al.，2012；Jiang et al.，2013a）。与中太平洋型 ENSO 相比，模式能更好地

预测东太平洋 ENSO 及其对亚洲季风的影响（Yang and Jiang，2014；Ren et al.，2017a）。亚洲季风第一可预报模态主要与 ENSO 发展和成熟位相有关，而第二可预报模态与 ENSO 衰减位相及印度洋偶极子有关（Zhang et al.，2018b, 2018c）。模式对 ENSO 衰减年夏季热带印度洋一致增暖及其对东亚夏季风的影响有较高的预测技巧（Jiang et al.，2013b）；而对夏季印度洋偶极子预测能力较低，仅能提前 1~2 个月预测其变化（Shi et al.，2012；Jiang et al.，2013b），因此模式对受其影响显著的南亚夏季风的季节预测技巧也较低（Johnson et al.，2017）。此外，模式对亚洲季风环流及降水的预测能力存在年代际变化（Fan et al.，2016；Li et al.，2016b；Zhang and Sun，2019）。陆面模式和海气耦合过程的改进可提高亚洲夏季风的预测能力（Jiang et al.，2013a；Zuo et al.，2015b）。模式能较好地预测受 ENSO 影响较明显的东亚副热带区域的冬季气候异常（Kang and Lee，2017），但对受 AO 显著影响的东亚中纬度气候预测能力低（Jiang et al.，2013c；Ren et al.，2017a）。增加集合样本数以及改进模式对相关海气耦合过程、平流层和北极海冰的模拟能力，均可提高对 AO 的预测能力（Scaife et al.，2014；Sun and Ahn，2015；Dunstone et al.，2016）；提高对海洋性大陆对流的预测能力可改进对东亚冬季风的预测（Jiang et al.，2013c）。以动力模式预测结果为基础，一方面，利用统计方法建立的预测模型可在一定程度上改善动力模式对东亚夏季降水（Sun and Chen，2012；Chen et al.，2012；Liu and Fan，2014；Liu and Ren，2015；陈丽娟等，2017；孙建奇等，2018）和东亚冬季风预测的不足（Tian et al.，2018b）；另一方面，利用高分辨率区域气候模式的动力降尺度方法，也能够有效提升东亚夏季降水的季节预测水平（鞠丽霞和郎咸梅，2012；Ma et al.，2015a；张冬峰等，2015）。

在年代际时间尺度上，主要关注未来 1~10 年或者 30 年之内的年平均、多年平均和年代际平均等多时间尺度平均气候状态的预测（周天军和吴波，2017）。目前，WMO 和欧洲多国已经将年代际气候预测作为重要的科学和业务目标之一（Boer et al.，2016）。气候模式对海温年代际变化有一定的预测能力，而对降水几乎没有预测技巧；年代际预测技巧较高的区域主要集中在北大西洋和印度洋，而对东亚气候有显著影响的太平洋预测技巧较低（Meehl et al.，2014）。北大西洋年代际预测的高技巧主要来自海洋初值（García-Serrano et al.，2015），而印度洋较高的预测技巧主要来自温室气体和火山气溶胶的辐射强迫（Dong and Zhou，2014）。年代际气候预测通常比历史气候模拟试验和典型浓度路径下气候预估试验有更高的预测技巧，特别是对于北大西洋海温的预测（García-Serrano et al.，2015；Guemas and Doblas，2013）。采用统计方法，利用模式预测的海温年代际变化信息，可提高对区域气候年代际变化的预测能力（Caron et al.，2013）。

9.4.2 亚洲季风未来变化预估

亚洲季风主要包括东亚季风和南亚季风两个子系统。在过去半个多世纪，亚洲季风环流显著减弱，陆地季风降水明显减少、干旱加剧，同时季风区极端降水事件频发、强度增强，对占据世界 60%人口的亚洲地区产生了深远的影响（Wang，2001；Freychet et al.，2015；Sooraj et al.，2015；Deng et al.，2018b；周天军等，2018）。因此，在未来全球持续增暖背景下，亚洲季风区气候变化以及季风强弱变化一直是广为关注的问题。

第五次耦合模式比较计划（CMIP5）的多模式集合预估结果显示，在未来不同典型浓度路径下，东亚冬季风整体上没有呈现明显变化，但存在显著的区域差异（姜大膀和田芝平，2013；Xu et al.，2016）。阿留申低压北移以及东亚大槽减弱、东移造成东亚 25°N 以北冬季风减弱；而 25°N 以南地区，东亚东南—西北方向的海陆热力差异减弱使得该区域冬季风增强。到 21 世纪末，全球增暖将使东亚冬季风持续时间缩短，相比于当前气候，在 RCP4.5 和 RCP8.5 情景下东亚冬季风持续天数将分别减少约 14 天和 40 天（Xu et al.，2016）。同时，东亚冬季风与 ENSO 的关系在未来也呈现出不稳定的特征：两者关系在近期（2016~2046 年）最强，在中期（2047~2067 年）关系很弱，而到 21 世纪末（2068~2099 年）两者关系又开始恢复，但仍弱于近期（Wang et al.，2013c）。对于南亚冬季风的研究相对较少。CMIP5 多模式集合预估显示，冬季阿拉伯半岛增温快于南印度洋，使得海平面气压梯度减弱，从而导致阿拉伯海冬季风减弱；到 21 世纪末，在 RCP4.5 和 RCP8.5 情景下，阿拉伯海冬季风强度将分别减弱约 3.5%和 6.5%（Parvathi et al.，2017）。

关于东亚夏季风未来变化，多数预估研究都从夏季风降水和大气环流两个方面综合考虑。在未来百年，东亚夏季风整体呈现降水增加、环流增强的趋势（丁一汇等，2013；姜大膀和田芝平，2013；Freychet et al.，2015；Endo et al.，2017；Wang et al.，2018f）。由于海陆热容量的差异，在未来持续增暖背景下，陆地增温速率快于海洋，这使得夏季海陆热力对比增强，导致东亚夏季风增强（陈活泼等，2012；丁一汇等，2013；姜大膀和田芝平，2013；Kamae et al.，2014）。西太副高也是反映东亚夏季风环流的另一个主要因子，但 CMIP5 多模式预估结果显示未来西太副高变化存在较大不确定性。有 75%的 CMIP5 模式预估指出反映西太副高强度的对流层中层反气旋性环流在未来减弱；但对于对流层低层，有一半模式预估的反气旋环流增强，另一半模式预估的反气旋环流减弱，最终显示低层西太副高强度基本保持不变（He and Zhou，2015）。

未来全球增暖使得大气含水量增加，风场变化也使得水汽辐合更强，从而导致东亚季风区夏季降水很可能增加，但北方地区的增加幅度高于其他地区（Chen and Sun，2013；Tian et al.，2015；姜江等，2015b；Wang et al.，2018f）。同时，未来东亚夏季风降水和西太副高的年际变率将增大（富元海，2012；戴翼和陆日宇，2013），但两者的相关性将减弱（Ren et al.，2017b）。相比于平均降水，东亚季风区极端降水变化更为显著。预估结果显示，东亚夏季极端降水强度和频率都将可能增大。到 21 世纪末，东亚地区夏季连续 5 日最大降水量可能增加 20%左右（Christensen et al.，2013）；高分辨率的 CORDEX 区域气候模式预估结果与之一致，在当前气候下，中国地区 20 年一遇的连续 5 日最大降水量事件，在全球温升 1.5℃时将变为 12 年一遇（Li et al.，2018e）。同时，最新 CMIP6 模式预估结果指出，未来东亚夏季风撤退时间将推迟，使得东亚地区雨季变长，极端降水事件发生风险明显增大（Ha et al.，2020）。

南亚夏季风降水与东亚夏季风降水存在显著关系，CMIP5 多模式预估结果显示这一关系在未来全球持续增暖背景下仍然稳定，其中南亚夏季风降水与华北降水为正相关，与朝鲜半岛、日本和华南地区降水为负相关，这种关系在 RCP8.5 高排放情景下的 21 世纪近期和末期最强（Preethi et al.，2017b；Woo et al.，2018）。未来南亚夏季风爆发时间将提前，季风降水整体呈增加趋势，但也有明显区域特征：其中印度半岛和北印度洋地区季风降水将减少，而阿拉伯海、孟加拉湾北部和喜马拉雅山等地区将增加（Singh et al.，2014；Dash et al.，2015；Hassan et al.，2015；Niu et al.，2015）。但是 CMIP5 模式在不同 RCP 情景下的预估结果显示，未来南亚夏季风环流将减弱，季风降水与环流变化不一致的悖论仍然存在；而目前对这一悖论的原因有了更为清晰的认识，主要是 CMIP5 模式高估了对流性降水，并且夸大了降水与大气可降水量之间的关系，以致大气中的水汽很容易转化为降水，尽管大尺度环流在减弱（Chen and Zhou，2015；Sabeerali et al.，2015）。因此，改进耦合模式中对流参数化方案对南亚夏季风降水的未来预估研究至关重要。

　　相比于之前版本模式，CMIP5 模式有了很大的改进，但预估的亚洲季风变化仍具有较大不确定性（周天军等，2018）。例如，不同耦合模式对西太副高的描述存在较大差异，加之目前关于季风的度量指标呈多样化趋势，使得模式预估的季风变化结果对模式和指标具有很强的依赖性，势必造成预估结果存在不确定性；模式间的气候敏感度也存在较大差异，这也是造成亚洲季风预估结果存在不确定性的重要原因之一（胡婷等，2017）。此外，除了人类排放温室气体引起的全球增暖对亚洲季风有影响外，人为气溶胶排放、城市化以及自然变率也是影响未来亚洲季风变化的重要因素（丁一汇等，2013）。

参 考 文 献

包庆, 吴小飞, 李矜霄, 等. 2018. 2018-2019 年秋冬季厄尔尼诺和印度洋偶极子的预测. 科学通报, 63(1): 73-78.

陈活泼, 孙建奇, 陈晓丽. 2012. 我国夏季降水及相关大气环流场未来变化的预估及不确定性分析. 气候与环境研究, 17(2): 171-183.

陈姣, 张耀存. 2016. 气候变化背景下陆地极端降水和温度变化区域差异. 高原气象, 35(4): 955-968.

陈金明, 陆桂华, 吴志勇, 等. 2016. 1960-2009 年中国夏季极端降水事件与气温的变化及其环流特征. 高原气象, 35(3): 675-684.

陈丽娟, 顾伟宗, 伯忠凯, 等. 2017. 黄淮地区夏季降水的统计降尺度预测. 应用气象学报, 28(2): 129-141.

陈文, 丁硕毅, 冯娟, 等. 2018. 不同类型 ENSO 对东亚季风的影响和机理研究进展. 大气科学, 42(3): 640-655.

戴翼, 陆日宇. 2013. 东亚夏季降水和高空急流关系的未来变化预估. 科学通报, 58(8): 717-723.

邓洁淳, 徐海明, 马红云, 等. 2014. 中国东部地区人为气溶胶影响东亚夏季风爆发和推进过程的数值模拟. 热带气象学报, 30(5): 952-962.

丁硕毅, 温之平, 陈文. 2016. 南海夏季风爆发与热带太平洋两类海温型关系的年代际差异. 大气科学, 40(2): 243-256.

丁一汇, 柳艳菊, 宋亚芳. 2020. 东亚夏季风水汽输送带及其对中国大暴雨与洪涝灾害的影响. 水科学进展, 31(5): 629-643.

丁一汇, 司东, 柳艳菊, 等. 2018. 论东亚夏季风的特征、驱动力与年代际变化. 大气科学, 42(4): 533-558.

丁一汇, 孙颖, 刘芸芸, 等. 2013. 亚洲夏季风的年际和年代际变化及其未来预测. 大气科学, 37(2): 253-280.

富元海. 2012. CMIP3 模式预估的 21 世纪东亚夏季降水年际变率变化过程. 中国科学: 地球科学, 42(12): 1937-1950.

高庆九, 尤琦. 2019. 我国江南夏季极端高温季节内变化特征初探. 长江流域资源与环境, 28(7): 1682-1690.

郭其蕴. 1983. 东亚夏季风强度指数及其变化的分析. 地理学报, 38(3): 207-216.

郭渠, 刘向文, 吴统文, 等. 2017. 基于 BCC_CSM 模式的中国东部夏季降水预测检验及订正. 大气科学, 41(1): 71-90.

郝立生, 丁一汇, 闵锦忠. 2016. 东亚夏季风变化与华北夏季降水异常的关系. 高原气象, 35(5): 1280-1289.

胡婷, 孙颖, 张学斌. 2017. 全球 1.5 和 2℃温升时的气温和降水变化预估. 科学通报, 62(26): 3098-3111.

桓玉, 李跃清. 2018. 夏季东亚季风和南亚季风协同作用与我国南方夏季降水异常的关系. 高原气象, 37(6): 1563-1577.

黄刚, 胡开明, 屈侠, 等. 2016. 热带印度洋海温海盆一致模的变化规律及其对东亚夏季气候影响的回顾. 大气科学, 40(1): 121-130.

黄荣辉, 刘永, 皇甫静亮, 等. 2014. 20 世纪 90 年代末东亚冬季风年代际变化特征及其内动力成因. 大气科学, 38(4): 627-644.

贾蕾, 曾彪, 杨太保, 等. 2015. 近半个世纪以来中国季风区气温与降水变化及其时空差异. 兰州大学学报(自然科学版), 51(2): 186-192.

简云韬, 简茂球, 杨崧. 2017. 前、后冬的东亚冬季风年际变异及其与东亚降水的关系. 热带气象学报, 33(4):

519-529.

姜大膀, 田芝平. 2013. 21 世纪东亚季风变化: CMIP3 和 CMIP5 模式预估结果. 科学通报, 58 (8): 707-716.

姜江, 姜大膀, 林一骅. 2015a. 1961-2009 年中国季风区范围和季风降水变化. 大气科学, 39(4): 722-730.

姜江, 姜大膀, 林一骅. 2015b. RCP4.5 情景下中国季风区及降水变化预估. 大气科学, 39(5): 901-910.

蒋薇, 高辉. 2013. 21 世纪长江中下游梅雨的新特征及成因分析. 气象, 39 (9): 1139-1144.

鞠丽霞, 郎咸梅. 2012. RegCM3_IAP9L-AGCM 对中国跨季度短期气候预测的回报试验研究. 气象学报, 70 (2) : 244-252.

蓝柳茹, 李栋梁. 2016. 西伯利亚高压的年际和年代际异常特征及其对中国冬季气温的影响. 高原气象, 35(3): 662-674.

李崇银, 黎鑫, 杨辉, 等. 2018. 热带太平洋-印度洋海温联合模及其气候影响. 大气科学, 42(3): 505-523.

李春晖, 潘蔚娟, 李霞, 等. 2017. 南海西太平洋春季对流 10-30 天振荡强度对南海夏季风爆发早晚的影响.热带气象学报, 33(1): 43-52.

李东欢, 邹立维, 周天军. 2017. 全球 1.5℃温升背景下中国极端事件变化的区域模式预估. 地球科学进展, 32(4): 446-457.

李健颖, 毛江玉. 2019. 亚洲夏季风 30-60 天季节内振荡对中国东部地区持续性极端降水的影响. 大气科学, 43(4): 796-812.

李尚锋, 姜大膀, 廉毅, 等. 2018. 冬季中国东北极端低温事件环流背景特征分析. 大气科学, 42(5): 963-976.

梁苏洁, 丁一汇, 赵南等. 2014. 近 50 年中国大陆冬季气温和区域环流的年代际变化研究. 大气科学, 38(5): 974-992.

林爱兰, 谷德军, 李春晖, 等. 2016. 赤道 MJO 活动对南海夏季风爆发的影响. 地球物理学报, 59(1): 28-44.

林大伟, 布和朝鲁, 谢作威. 2016. 夏季中国华北与印度降水之间的关联及其成因分析. 大气科学, 40(1): 201-214.

刘实, 隋波, 李辑, 等. 2015. 东亚冬季风对中国东北冬季气温变化的影响. 地理科学, 35(4): 507-514.

刘芸芸, 李维京, 左金清, 等. 2014. CMIP5 模式对西太平洋副热带高压的模拟和预估. 气象学报, 72: 277-290.

彭京备, 孙淑清. 2019. 2018 年 1 月南方雨雪天气的形成及其与冬季风异常的关系. 大气科学, 43(6): 1233-1244.

齐庆华. 2019. 中国东部降水的极端特性及其气候特征分析. 热带气象学报, 35(6): 742-755.

沈新勇, 黄文彦, 陈宏波. 2015. 气溶胶对东亚夏季风指数和爆发的影响及其机理分析. 热带气象学报, 31(6): 733-743.

施健. 2017. 过去千年东亚夏季风变化的模拟评估与机理研究. 南京: 南京信息工程大学.

苏同华, 薛峰, 陈敏艳, 等. 2017. 季节内振荡影响西太平洋副热带高压两次北跳的机制. 大气科学, 41(3): 437-460.

孙建奇, 马洁华, 陈活泼, 等. 2018. 降尺度方法在东亚气候预测中的应用. 大气科学, 42 (4): 806-822.

孙健, 李栋梁, 邵鹏程, 等. 2019. 中国冬季气温月际变化特征及其对大气环流异常的响应. 气象学报, 77(5): 885-897.

孙照渤, 刘华, 倪东鸿. 2017. 中国华北地区冬季降水异常特征及其与大气环流和海温的关系. 大气科学学报, 40(5): 577-586.

王东东, 朱彬, 江志红, 等. 2017. 人为气溶胶对中国东部冬季风影响的模拟研究. 大气科学学报, 40(4): 541-552.

王会军, 范可. 2013. 东亚季风近几十年来的主要变化特征. 大气科学, 37(2): 313-318.

王瑞丽, 肖子牛, 朱克云, 等. 2015. 太阳活动变化对东亚冬季气候的非对称影响及可能机制. 大气科学, 39: 815-826.

王文, 许金萍, 蔡晓军, 等. 2017. 2013 年夏季长江中下游地区高温干旱的大气环流特征及成因分析. 高原气象,36(6): 1595-1607.

吴丹晖, 曾刚. 2016. 近 20 年孟加拉湾海表温度变化对南海夏季风爆发早晚的影响. 气象科学, 35(3): 358-365.

吴国雄, 刘屹岷, 何编, 等. 2018. 青藏高原感热气泵影响亚洲夏季风的机制. 大气科学, 42 (3): 488-504.

武炳义. 2018. 北极海冰融化影响东亚冬季天气和气候的研究进展以及学术争论焦点问题. 大气科学, 42(4): 786-805.

肖栋, 李建平. 2011. 皮纳图博火山爆发对 20 世纪 90 年代初平流层年代际变冷突变的影响机理. 科学通报, 56: 333-341.

谢韶青, 卢楚翰. 2018. 近 16 a 来冬季欧亚大陆中纬度地区低温事件频发及其成因. 大气科学学报, 41(3): 423-432

徐迪, 任保华, 郑建秋, 等. 2017. 中国东北地区冬季气温趋势及反相模态分析. 气象科学, 37(1): 127-133.

晏红明, 孙丞虎, 王灵, 等. 2018. 孟加拉湾夏季风爆发的判断指标及其年际特征. 地球物理学报, 61(11): 4356-4372.

于晓澄, 赵俊虎, 杨柳, 等. 2019. 华北雨季开始早晚与大气环流和海表温度异常的关系. 大气科学, 43(1): 107-118.

余荣, 江志红, 马红云. 2016. 中国东部城市群发展对南海夏季风爆发影响的模拟研究. 大气科学, 40(3): 504-514.

张冬峰, 高学杰, 马洁华. 2015. CCSM4.0 模式及其驱动下 RegCM4.4 模式对中国夏季气候的回报分析. 气候与环境研究, 20 (3): 307-318.

张灵, 陈丽娟, 周月华. 2017. 中国夏季气温变化的主模态及环流特征分析. 气象, 43(11): 1393-1401.

张人禾, 闵庆烨, 苏京志. 2017. 厄尔尼诺对东亚大气环流和中国降水年际变异的影响: 西北太平洋异常反气旋的作用. 中国科学: 地球科学, 47: 544-553.

章大全, 宋文玲. 2018. 2017/2018 年冬季北半球大气环流特征及对我国天气气候的影响. 气象, 44(7): 969-976.

赵小芳, 王黎娟, 陈红, 等. 2019. 南海季风爆发的年代际转折与东亚副热带夏季降水的关系. 热带气象学报, 35(6): 831-841.

中国气象局国家气候变化中心. 2019. 中国气候变化蓝皮书.

周莉, 江志红, 李肇新, 等. 2015. 中国东部不同区域城市群下垫面变化气候效应的模拟研究. 大气科学, 39(3): 596-610.

周天军, 吴波. 2017. 年代际气候预测问题: 科学前沿与挑战. 地球科学进展, 32(4): 331-341.

周天军, 吴波, 郭准, 等. 2018. 东亚夏季风变化机理的模拟和未来变化预估: 成绩和问题、机遇和挑战. 大气科学, 42(4): 902-934.

朱安豹, 马劲敏, 杨秀梅, 等. 2016. 近 63 年中国东部冬季气温异常的时空分布特. 兰州大学学报, 52(1): 75-83.

朱红霞, 陈文, 冯涛, 等. 2019. 冬季西伯利亚高压的主要年际变化模态及其对东亚气温的影响. 高原气象, 38(4): 685-692.

Ao J, Sun J Q. 2016a. Connection between November snow cover over Eastern Europe and winter precipitation over East Asia. International Journal of Climatology, 36(5): 2396-2404.

Ao J, Sun J Q. 2016b. Decadal change in factors affecting winter precipitation over eastern China. Climate Dynamics, 46: 111-121.

Arias P A, Fu R, Vera C, et al. 2015. A correlated shortening of the North and South American monsoon seasons in the past few decades. Climate Dynamics, 45(11-12): 3183-3203.

Bhatla R, Singh M, Pattanaik D R. 2017. Impact of Madden-Julian oscillation on onset of summer monsoon over India. Theoretical and Applied Climatology, 128(1-2): 381-391.

Boer G J, Smith D M, Cassou C, et al. 2016. The decadal climate prediction project (DCPP) contribution to CMIP6. Geoscientific Model Development, 9(10): 3751-3777.

Bollasina M A, Ming Y, Ramaswamy V. 2011. Anthropogenic aerosols and the weakening of the South Asian Summer Monsoon. Science, 334(6055): 502-505.

Cao J, Wang B, Xiang B, et al. 2015. Major modes of short-term climate variability in the newly developed NUIST earth system model (NESM). Advances in Atmospheric Science, 32: 585-600.

Caron L P, Jones C G, Doblas-Reyes F. 2013. Multi-year prediction skill of Atlantic hurricane activity in CMIP5 decadal hindcasts. Climate Dynamics, 42(9/10): 2675-2690.

Chen H P, Sun J Q, Wang H J. 2012. A statistical downscaling model for forecasting summer rainfall in China from Demeter hindcast datasets. Weather and Forecasting, 27: 608-628.

Chen H P, Sun J Q. 2013. Projected changes in East Asian summer monsoon precipitation under RCP scenario. Meteorology and Atmospheric Physics, 121: 55-77.

Chen H S, Zhang Y, Yu M, et al. 2016. Large-scale urbanization effects on eastern Asian summer monsoon circulation and climate. Climate Dynamics, 47: 117-136.

Chen H S, Zhang Y. 2013. Sensitivity experiments of impacts of large-scale urbanization in east China on East Asian winter monsoon. Chinese Science Bulletin, 58(7): 809-815.

Chen X L, Zhou T J. 2015. Distinct effects of global mean warming and regional sea surface warming pattern on projected uncertainty in the South Asian summer monsoon. Geophysical Research Letters, 42(21): 9433-9439.

Chen X, Li C Y, Li X, et al. 2018. The northern and southern modes of East Asian winter monsoon and their relationships with El Niño-Southern Oscillation. International Journal of Climatology, 38: 4509-4517.

Chen Z, Wu R, Chen W. 2014. Distinguishing interannual variations of the northern and southern modes of the East Asian Winter Monsoon. Journal of Climate, 27(2): 835-851.

Chen, H S, Ma H D, Li X, et al. 2015. Solar influences on spatial patterns of Eurasian winter temperature and atmospheric general circulation anomalies. Journal of Geophysical Research: Atmospheres, 120: 8642-8657.

Cheung H H N, Zhou W, Leung M Y T, et al. 2016. A strong phase reversal of the Arctic Oscillation in midwinter 2015/2016: Role of the stratospheric polar vortex and tropospheric blocking. Journal of Geophysical Research-Atmospheres, 121(22): 13443-13457.

Cheung R C W, Yasuhara M, Mamo B, et al. 2018. Decadal-to centennial-scale East Asian Summer Monsoon variability over the past millennium: An oceanic perspective. Geophysical Research Letters, 45: 7711-7718.

Chiang J C H, Swenson L M, Kong W. 2017. Role of seasonal transitions and the westerlies in the interannual variability of the East Asian summer monsoon precipitation. Geophysical Research Letters, 44(8): 3788-3795.

Choi J W, Cha Y, Lu R. 2017. Interdecadal variation of summer monsoon over the southern part of South Asia in mid-1990s. International Journal of Climatology, 37: 1138-1146.

Christensen J H, Kanikicharla K K, Aldrian E, et al. 2013. Climate phenomena and their relevance for future regional climate change//Stocker T F, Qin D, Plattner G K, et al. Climate Change 2013: The Physical Science Basis. Contribution of Working Group I to the Fifth Assessment Report of the Intergovernmental Panel on Climate Change. Cambridge: Cambridge University Press.

Cohen J, Screen J A, Furtado J C, et al. 2014. Recent Arctic amplification and extreme mid-latitude weather. Nature Geoscience, 7(9): 627-637.

Cui X D, Gao Y Q, Sun J Q. 2014. The response of the East Asian summer monsoon to strong tropical volcanic eruptions. Advances in Atmospheric Sciences, 31: 1245-1255.

Dash S K, Mishra S K, Pattnayak K C, et al. 2015. Projected seasonal mean summer monsoon over India and adjoining regions for the twenty-first century. Theoretical and Applied Climatology, 122: 581-593.

Deng K, Yang S, Ting M, et al. 2019. Dominant modes of China summer heat waves driven by global sea surface temperature and atmospheric internal variability. Journal of Climate, 32(12): 3761-3775.

Deng K, Yang S, Ting M, et al. 2018a. An intensified mode of variability modulating the summer heat waves in eastern Europe and northern China. Geophysical Research Letters, 45(11): 361-369.

Deng K, Yang S, Ting M, et al. 2018b. Global monsoon precipitation: Trends, leading modes and associated drought and heat waves in the Northern Hemisphere. Journal of Climate, 31: 6947-6966.

Ding T, Gao H, Li W. 2018. Extreme high-temperature event in southern China in 2016 and the possible role of cross-equatorial flows. International Journal of Climatology, 38(9): 3579-3594.

Ding T, Ke Z. 2015. Characteristics and changes of regional wet and dry heat wave events in china during 1960-2013. Theoretical and Applied Climatology, 122(3-4): 651-665.

Ding Y, Liu Y, Liang S, et al. 2014. Interdecadal variability of the east asian winter monsoon and its possible links to global climate change. Journal of Meteorological Research, 28(5): 693-713.

Donat M G, Lowry A L, Alexander L V, et al. 2016. More extreme precipitation in the world's dry and wet regions. Nature Climate Change, 6: 508-513.

Dong B, Wilcox L J, Highwood E J, et al. 2019. Impacts of recent decadal changes in Asian aerosols on the East Asian summer monsoon: Roles of aerosol-radiation and aerosol-cloud interactions. Climate Dynamics, 53(10): 3235-3256.

Dong L, Zhou T. 2014. The Indian Ocean sea surface temperature warming simulated by CMIP5 Models during the 20th Century: Competing forcing roles of GHGs and anthropogenic aerosols. Journal of Climate, 27(9): 3348-3362.

Dunstone N, Smith D, Scaife A, et al. 2016. Skilful predictions of the winter North Atlantic Oscillation one year ahead. Nature Geoscience, 9: 809-814.

Endo H, Kitoh A, Mizuta R, et al. 2017. Future changes in precipitation extremes in East Asia and their uncertainty based on large ensemble simulations with a high-resolution AGCM. Scientific Online Letters on the Atmosphere: SOLA, 13: 7-12.

Fan Y, Fan K, Tian B Q. 2016. Has the prediction of the South China Sea summer monsoon improved since the late 1970s? Journal of Meteorological Research, 30(6): 833-852.

Feng G, Zou M, Qiao S, et al. 2018b. The changing relationship between the December North Atlantic Oscillation and the following February East Asian trough before and after the late 1980s. Climate Dynamics, 51: 4229-4242.

Feng J M, Wang Y L, Ma Z G. 2015. Long-term simulation of large-scale urbanization effect on the East Asian monsoon. Climatic Change, 129: 511-523.

Feng J, Chen W, Gong H N, et al. 2019. An investigation of CMIP5 model biases in simulating the impacts of central Pacific El Niño on the East Asian summer monsoon. Climate Dynamics, 52: 2631-2646.

Feng J, Chen W, Li Y J. 2017. Asymmetry of the winter extra-tropical teleconnections in the Northern hemisphere associated with two types of ENSO. Climate Dynamics, 48: 2135-2151.

Feng J, Chen W, Wang X C. 2018a. Asymmetric responses of the Philippine Sea anomalous anticyclone/cyclone to two types of El Niño-Southern Oscillation during the boreal winter. Atmospheric Science Letters, 19(12): e866.

Freychet N, Hsu H H, Chou C, et al. 2015. Asian summer monsoon in CMIP5 Projections: A link between the change in extreme precipitation and monsoon dynamics. Journal of Climate, 28: 1477-1493.

Gao C C, Gao Y J. 2018. Revisited Asian Monsoon hydroclimate response to volcanic eruptions. Journal of Geophysical Research-Atmospheres, 123 (15): 7883-7896.

Gao M N, Wang B, Yang J, et al. 2018. Are peak summer sultry heat wave days over Yangtze-Huaihe river basin predictable. Journal of Climate, 31(6): 2185-2196.

Gao M N, Yang J, Wang B, et al. 2017. How are heat waves over Yangtze River valley associated with atmospheric quasi-biweekly oscillation. Climate Dynamics, 51(11-12): 4421-4437.

Gao Y, Sun J, Li F, et al. 2015. Arctic sea ice and Eurasian climate: A review. Advances in Atmospheric Sciences, 32: 92-114.

García-Serrano J, Guemas V, Doblas-Reyes F J. 2015. Added-value from initialization in predictions of Atlantic multi-decadal variability. Climate Dynamics, 44(9/10): 2539-2555.

Gong H N, Wang L, Chen W, et al. 2015. Diverse influences of ENSO on the East Asian-Western Pacific winter climate tied to different ENSO properties in CMIP5 models. Journal of Climate, 28: 2187-2202.

Gu B H, Zheng Z H, Feng G L, et al. 2017. Interdecadal transition in the relationship between the western Pacific subtropical high and sea surface temperature. International Journal of Climatology, 37: 2667-2678.

Guemas V, Doblas F J. 2013. Retrospective prediction of the global warming slowdown in the past decade. Nature Climate Change, 3(7): 649-653.

Guo L, Turner A G, Highwood E J. 2015. Impacts of 20th century aerosol emissions on the South Asian monsoon in the CMIP5 models. Atmospheric Chemistry and Physics, 15(11): 6367-6378.

Guo L, Turner A G, Highwood E J. 2016. Local and remote impacts of aerosol species on Indian Summer Monsoon Rainfall in a GCM. Journal of Climate, 29(19): 6937-6955.

Ha K J, Moon S, Timmermann A, et al. 2020. Future changes of summer monsoon characteristics and evaporative demand over Asia in CMIP6 simulations. Geophysical Research Letters, 47(8): e2020GL087492.

Ha K J, Seo Y W, Lee J Y, et al. 2018. Linkage between the South and East Asian summer monsoons: A review and revisit. Climate Dynamics, 51: 4207-4227.

Ha Y, Zhong Z, Hu Y J, et al. 2019. Differences between decadal decreases of boreal summer rainfall in southeastern and southwestern China in the early 2000s. Climate Dynamics, 52: 3533-3552.

Han S, Sun J. 2018. Impacts of autumnal Eurasian snow cover on predominant modes of boreal winter surface air temperature over Eurasia. Journal of Geophysical Research: Atmospheres, 123: 10076-10091.

Hassan M, Du P, Jia S, et al. 2015. An assessment of the South Asian summer monsoon variability for present and future climatologies using a high resolution regional climate model (RegCM4.3) under the AR5 scenarios. Atmosphere, 6: 1833-1857.

He B, Liu Y M, Wu G X, et al. 2018a. The role of air-sea interactions in regulating the thermal effect of the

Tibetan-Iranian Plateau on the Asian summer monsoon. Climate Dynamics, doi: 10.1007/s00382-018-4377-y.

He B, Wu G X, Liu Y M, et al. 2015a. Astronomical and hydrological perspective of mountain impacts on the Asian summer monsoon. Scientific Reports, 5: 17586.

He B, Yang S, Li Z. 2016. Role of atmospheric heating over the South China Sea and western Pacific regions in modulating Asian summer climate under the global warming background. Climate Dynamics, (9a10): 2897-2908.

He C, Lin A, Gu D, et al. 2018b. Using eddy geopotential height to measure the western North Pacific subtropical high in a warming climate. Theoretical and Applied Climatology, 131(1-2): 681-691.

He C, Zhou T J. 2015. Responses of the western North Pacific subtropical high to global warming under RCP4.5 and RCP8.5 scenarios projected by 33 CMIP5 Models: The dominance of tropical Indian Ocean-tropical western Pacific SST gradient. Journal of Climate, 28 (1): 365-380.

He C, Zhou T, Lin A, et al. 2015b. Enhanced or weakened western north pacific subtropical high under global warming. Scientific Report, 5: 16771.

He S P, Wang H J, Gao Y Q, et al. 2018c. Influence of solar wind energy flux on the interannual variability of ENSO in the subsequent year. Atmospheric and Oceanic Science Letters, 11: 165-172.

He S, Yang J, Bao Q, et al. 2019. Fidelity of the observational/reanalysis datasets and global climate models in representation of extreme precipitation in East China. Journal of Climate, 32(1): 195-212.

Hong X, Lu R, Li S. 2018a. Asymmetric relationship between the meridional displacement of the Asian westerly jet and the Silk Road Pattern. Advances in Atmospheric Sciences, 35: 389-396.

Hong X, Lu R. 2016. The meridional displacement of the summer Asian jet, Silk Road Pattern, and tropical SST anomalies. Journal of Climate, 29: 3753-3766.

Hong X, Xue S, Lu R, et al. 2018b. Comparison between the interannual and decadal components of the Silk Road pattern. Atmospheric and Oceanic Science Letters, 11: 270-274.

Hsu P C, Lee J Y, Ha K J. 2016. Influence of boreal summer intraseasonal oscillation on rainfall extremes in southern China. International Journal of Climatology, 36(3): 1403-1412.

Hu J, Duan A. 2015. Relative contributions of the Tibetan Plateau thermal forcing and the Indian ocean sea surface temperature basin mode to the interannual variability of the East Asian summer monsoon. Climate Dynamics, 45(9-10): 2697-2711.

Hu P, Chen W, Huang R, et al. 2019. Climatological characteristics of the synoptic changes accompanying South China Sea summer monsoon withdrawal. International Journal of Climatology, 39(2): 596-612.

Hu P, Chen W, Huang R. 2018. Role of tropical intraseasonal oscillations in the South China Sea summer monsoon withdrawal in 2010. Atmospheric Science Letters, 19(11): e859.

Huang C, Zeng T, Ye F, et al. 2019. Solar-forcing-induced spatial synchronisation of the East Asian summer monsoon on centennial timescales. Palaeogeography, Palaeoclimatology, Palaeoecology, 514: 536-549.

Huang D, Dai A, Zhu J, et al. 2017. Recent winter precipitation changes over Eastern China in different warming periods and the associated East Asian jets and oceanic conditions. Journal of Climate, 30(12): 4443-4462.

Huang Y Y, Wang B, Li X F, et al. 2018. Changes in the influence of the western Pacific subtropical high on Asian summer monsoon rainfall in the late 1990s. Climate Dynamics, 51: 443-455.

Huang Y, Wang H, Fan K, et al. 2015. The western Pacific subtropical high after the 1970s: Westward or eastward shift. Climate Dynamics, 44(7-8): 2035-2047.

Jeong J H, Linderholm H, Woo S H, et al. 2013. Impacts of snow initialization on subseasonal forecasts of surface air temperature for the cold season. Journal of Climate, 26(6): 1956-1972.

Jia X, Yang S, Li X, et al. 2013. Prediction of global patterns of dominant quasi-biweekly oscillation by the NCEP Climate Forecast System version 2. Climate Dynamics, 41: 1635-1650.

Jiang X, Yang S, Li Y, et al. 2013a. Seasonal-to-interannual prediction of the Asian summer monsoon in the NCEP Climate Forecast System Version 2. Journal of Climate, 26: 3708-3727.

Jiang X, Yang S, Li Y, et al. 2013b. Variability of the Indian Ocean SST and its possible impact on summer western North Pacific anticyclone in the NCEP Climate Forecast System. Climate Dynamics, 41: 2199-2212.

Jiang X, Yang S, Li Y, et al. 2013c. Dynamical prediction of the East Asian winter monsoon by the NCEP climate forecast system. Journal of Geophysical Research: Atmospheres, 118: 1312-1328.

Jiang Y, Yang X Q, Liu X, et al. 2017b. Anthropogenic aerosol effects on East Asian winter monsoon: The role of black carbon-induced Tibetan Plateau warming. Journal of Geophysical Research: Atmospheres, 122: 5883-5902.

Jiang Z, Huo F, Ma H, et al. 2017a. Impact of Chinese urbanization and aerosol emissions on the East Asian summer monsoon. Journal of Climate, 30: 1019-1039.

Jie W, Vitart F, Wu T, et al. 2017. Simulations of Asian summer monsoon in Sub-seasonal to Seasonal Prediction Project (S2S) database. Quaterly Journal of the Royal Meteorological Society, 143: 2282-2295.

Johnson S, Turner A, Woolnough S, et al. 2017. An assessment of Indian monsoon seasonal forecasts and mechanisms underlying monsoon interannual variability in the Met Office GloSea5-GC2 system. Climate Dynamics, 48: 1447-1465.

Kajikawa Y, Wang B. 2012. Interdecadal change of the South China Sea Summer Monsoon onset. Journal of Climate, 25(9): 3207-3218.

Kajikawa Y, Yasunari T, Yoshida S, et al. 2012. Advanced Asian summer monsoon onset in recent decades. Geophysical Research Letters, 39: L03803.

Kamae Y, Kawana T, Oshiro M, et al. 2017a. Seasonal modulation of the Asian Summer Monsoon between the medieval warm period and little ice Age: A multi model study. Progress in Earth and Planetary Science, 4(1): 22.

Kamae Y, Li X, Xie S P, et al. 2017b. Atlantic effects on recent decadal trends in global monsoon. Climate Dynamics, 49(9-10): 3443-3455.

Kamae Y, Watanabe M, Kimoto M, et al. 2014. Summertime land-sea thermal contrast and atmospheric circulation over East Asia in a warming climate—Part I: Past changes and future projections. Climate Dynamics, 43 (9-10): 2553-2568.

Kang D, Lee M. 2017. ENSO influence on the dynamical seasonal prediction of the East Asian winter monsoon. Climate Dynamics, 53(12): 7479-7495.

KanthaRao B, Rakesh V. 2018. Observational evidence for the relationship between spring soil moisture and June rainfall over the Indian region. Theoretical and Applied Climatology, 132: 835-849.

Karmakar N, Misra V. 2019. The relation of intraseasonal variations with local onset and demise of the Indian summer monsoon. Journal of Geophysical Research-Atmospheres, 124(5): 2483-2506.

Khodri M, Lzumo T, Vialard J, et al. 2017. Tropical explosive volcanic eruptions can trigger El Nino by cooling tropical Africa. Nature Communication, 8: 778.

Kim B M, Son S W, Son S K, et al. 2014a. Weakening of the stratospheric polar vortex by Arctic sea-ice loss. Nature Communications, 5: 4646.

Kim H M, Webster P J, Curry J A, et al. 2012. Asian summer monsoon prediction in ECMWF System 4 and NCEP CFSv2 retrospective seasonal forecasts. Climate Dynamics, 39: 2975-2991.

Kim H, Webster P, Toma V, et al. 2014b. Predictability and prediction skill of the MJO in two operational forecasting systems. Journal of Climate, 27: 5364-5378.

Kim S, Ha K J, Ding R Q, et al. 2018. Re-examination of the decadal change in the relationship between the East Asian summer monsoon and Indian ocean SST. Atmosphere, 9: 1-15.

Krishnamurthy V. 2018. Intraseasonal oscillations in East Asian and South Asian monsoons. Climate Dynamics, 51(11-12): 4185-4205.

Krishnan R, Sabin T P, Vellore R, et al. 2016. Deciphering the desiccation trend of the south Asian monsoon hydroclimate in a warming world. Climate Dynamics, 47: 1007-1027.

Kug J S, Jeong J H, Jang Y S, et al. 2015. Two distinct influences of Arctic warming on cold winters over North America and East Asia. Nature Geoscience, 8(10): 759-762.

Kutty G, Sandeep S, Vinodkumar S N. 2018. Sensitivity of convective precipitation to soil moisture and vegetation during break spell of Indian summer monsoon. Theoretical and Applied Climatology, 133: 957-972.

Lau W, Kim K M. 2018. Impact of snow darkening by deposition of light-absorbing aerosols on snow cover in the Himalayas-Tibetan Plateau and influence on the Asian summer monsoon: A possible mechanism for the blanford hypothesis. Atmosphere, 9: 438.

Lee J Y, Wang B. 2014. Future change of global monsoon in the CMIP5. Climate Dynamics, 42(1-2): 101-119.

Leung M Y T, Cheung H H N, Zhou W. 2017. Meridional displacement of the East Asian trough and its response to the ENSO forcing. Climate Dynamics, 48: 335-352.

Li C F, Lu R Y, Dong B W. 2016b. Interdecadal changes on the seasonal prediction of the western North Pacific summer climate around the late 1970s and early 1990s. Climate Dynamics, 46: 2435-2448.

Li D, Xiao Z, Zhao L. 2018c. Preferred solar signal and its transfer in the Asian-Pacific subtropical jet region. Climate Dynamics, 52(16): 5173-5187.

Li H L, Wang H J, Jiang D B. 2017b. Influence of october Eurasian snow on winter temperature over Northeast China. Advances in Atmospheric Sciences, 34(1): 116-126.

Li H X, Chen H P, Wang H J, et al. 2018e. Future precipitation changes over China under 1.5℃ and 2.0℃ global warming targets by using CORDEX regional climate models. Science of the Total Environment, 640-641: 543-554.

Li H X, Chen H P, Wang H J, et al. 2018f. Can Barents Sea ice decline in spring enhance summer hot drought events over northeastern China. Journal of Climate, 31: 4705-4725.

Li H, He S, Fan K, et al. 2019. Relationship between the onset date of the Meiyu and the South Asian anticyclone in April and the related mechanisms. Climate Dynamics, 52(1-2): 209-226.

Li J Y, Mao J Y. 2019. Factors controlling the interannual variation of 30-60-day boreal summer intraseasonal oscillation over the Asian summer monsoon region. Climate Dynamics, 52(3-4): 1651-1672.

Li J, Ruan C. 2018. The north Atlantic-Eurasian teleconnection in summer and its effects on Eurasian climates. Environmental Research Letters, 13: 024007.

Li J, Wang B. 2018. Predictability of summer extreme precipitation days over eastern China. Climate Dynamics, 51(11-12): 4543-4554.

Li J, Zhu Z, Dong W. 2017d. A new mean-extreme vector for the trends of temperature and precipitation over China during 1960-2013. Meteorology and Atmospheric Physics, 129(3): 273-282.

Li Q, Yang S, Wu T, et al. 2017e. Sub-seasonal dynamical prediction of East Asian cold surges. Weather Forecasting, 32: 1675-1694.

Li S L, Han Z, Chen H P. 2017c. A comparison of the effects of interannual Arctic sea ice loss and ENSO on winter haze days: Observational analyses and AGCM simulations. Journal of Meteorological Research, 31(5): 820-833.

Li T R, Zhang R H, Wen M. 2015a. Impact of ENSO on the precipitation over China in winter half-years. Journal of Tropical Meteorology, 21(2): 161-170.

Li T, Wang B, Wu B, et al. 2017a. Theories on formation of an anomalous anticyclone in western North Pacific during El Niño: A review. Journal of Meterological Reseasrch, 31(6): 987-1006.

Li X, Gollan G, Greatbatch R J, Lu R. 2018a. Intraseasonal variation of the East Asian summer monsoon associated with the Madden-Julian Oscillation. Atmospheric Science Letters, 19(4): doi: 10.1002/asl.794.

Li X, Ting M, Lee D E. 2018d. Fast adjustments of the Asian summer monsoon to anthropogenic aerosols. Geophysical Research Letters, 45(2): 1001-1010.

Li X, Ting M, Li C, et al. 2015b. Mechanisms of Asian summer monsoon changes in response to anthropogenic forcing in CMIP5 models. Journal of Climate, 28(10): 4107-4125.

Li X, Ting M. 2017. Understanding the Asian summer monsoon response to greenhouse warming: The relative roles of direct radiative forcing and sea surface temperature change. Climate Dynamics, 49(7-8): 2863-2880.

Li Z N, Yang S. 2017. Influence of spring-to-summer sea surface temperature over different Indian ocean domains on the Asian summer monsoon. Asia-Pacific Journal of Atmospheric Sciences, 53(4): 471-487.

Li Z, Lau W K M, Ramanathan V, et al. 2016a. Aerosol and monsoon climate interactions over Asia. Reviews of Geophysics, 54(4): 866-929.

Li Z, Yang S, Hu X, et al. 2018b. Charge in long-lasting El Niño events by convection-induced wind anomalies over the western pacific in boreal spring. Journal of Climate, 31(10): 3755-3763.

Liang P, Hu Z Z, Liu Y, et al. 2019. Challenges in predicting and simulating summer rainfall in the eastern China. Climate Dynamics, 52: 2217-2233.

Lim Y K, Kim H D. 2016. Comparison of the impact of the Arctic Oscillation and Eurasian teleconnection on interannual variation in East Asian winter temperatures and monsoon. Theoretical and Applied Climatology, 124: 267-279.

Lin L, Wang Z, Xu Y, et al. 2018. Larger sensitivity of precipitation extremes to aerosol than greenhouse gas forcing in CMIP5 models. Journal of Geophysical Research-Atmospheres, 123(15): 8062-8073.

Lin Z D, Fu Y H, Lu R Y. 2019. Intermodel diversity in the zonal location of the climatological east Asian westerly Jet Core in summer and association with rainfall over East Asia in CMIP5 models. Advance in Atmospheric Sciences, 36: 614-622.

Lin Z, Lu R, Wu R. 2017. Weakened impact of the Indian early summer monsoon on north China rainfall around the late 1970s: Role of basic-state change. Journal of Climate, 30: 7991-8005.

Liu B, Wu G, Ren R. 2015a. Influences of ENSO on the vertical coupling of atmospheric circulation during the onset of South Asian summer monsoon. Climate Dynamics, 45(7-8): 1859-1875.

Liu B, Zhu C, Yuan Y, et al. 2016a. Two types of interannual variability of south China sea summer monsoon onset related to the SST anomalies before and after 1993/94. Journal of Climate, 29(19): 6957-6971.

Liu B, Zhu C. 2019. Extremely late onset of the 2018 South China Sea summer monsoon following a La Nina event: Effects of triple SST anomaly mode in the north atlantic and a weaker mongolian cyclone. Geophysical Research Letters, 46(5): 2956-2963.

Liu F, Chai J, Wang B, et al. 2016b. Global monsoon precipitation responses to large volcanic eruptions. Scientific Reports, 6: 24331.

Liu F, Chen X, Sun L Y, et al. 2018b. How do tropical, northern hemispheric, and southern hemispheric volcanic eruptions affect ENSO under different initial ocean conditions? Geophysical Research Letters, 45(23): 13041-13049.

Liu F, Li J B, Wang B, et al. 2018a. Divergent El Niño responses to volcanic eruptions at different latitudes over the past millennium. Climate Dynamics, 50: 3799-3812.

Liu G, Wu R G, Zhang Y Z, et al. 2014a. The summer snow cover anomaly over the Tibetan Plateau and its association with simultaneous precipitation over the Meiyu-Baiu region. Advances in Atmospheric Sciences, 31(4): 755-764.

Liu L, Zhang R H, Zuo Z Y. 2017a. Effect of spring precipitation on summer precipitation in eastern China: Role of soil moisture. Journal of Climate, 30: 9183-9194.

Liu R, Liu S C, Cierone R J, et al. 2015b. Trends of extreme precipitation in eastern China and their possible causes. Advances in Atmospheric Science, 32: 1027-1037.

Liu X, Wu T, Yang S, et al. 2017c. MJO prediction using the sub-seasonal to seasonal forecast model of Beijing Climate Center. Climate Dynamics, 48: 3283-3307.

Liu X, Yang S, Li J, et al. 2015c. Subseasonal predictions of regional summer monsoon rainfalls over tropical Asian oceans and land. Journal of Climate, 28: 9583-9605.

Liu X, Yang S, Li Q, et al. 2014b. Subseasonal forecast skills and biases of global summer monsoons in the NCEP Climate Forecast System version 2. Climate Dynamics, 42: 1487-1508.

Liu Y M, Wang Z Q, Zhuo H F, et al. 2017b. Two types of summertime heating over the Asian large-scale orography and excitation of potential vorticity forcing II. sensible heating over the Tibetan-Iranian Plateau. Science China Earth Sciences, 60(4): 733-744.

Liu Y, Fan K. 2014. An application of hybrid downscaling model to forecast summer precipitation at stations in China. Atmospheric Research, 143: 17-30.

Liu Y, Ren H L. 2015. A hybrid statistical downscaling model for prediction of winter precipitation in China. International Journal of Climatology, 35(7): 1309-1321.

Lopez H, Dong S, Lee S K. 2016. Decadal modulations of interhemispheric global atmospheric circulations and monsoons by the South Atlantic meridional overturning circulation. Journal of Climate, 29(5): 1831-1851.

Lu B, Ren H L, Eade R, et al. 2018. Indian ocean SST modes and their impacts as simulated in BCC_CSM1.1(m) and HadGEM3. Advances in Atmospheric Sciences, 35: 1035-1048.

Lu C, Xie S, Qin Y. 2016. Recent intensified winter coldness in the mid-high latitudes of Eurasia and its relationship with daily extreme low temperature variability. Adv Meteor, 4: 1-11.

Luo D H, Xiao Y Q, Diao Y N, et al. 2016b. Impact of Ural blocking on winter warm Arctic-cold Eurasian anomalies. Part II: The link to the North Atlantic oscillation. Journal of Climate, 29: 3949-3971.

Luo D H, Xiao Y Q, Yao Y, et al. 2016c. Impact of Ural blocking on winter warm Arctic-cold Eurasian anomalies. Part I: Blocking-induced amplification. Journal of Climate, 29: 3925-3947.

Luo F, Dong B, Tian F, et al. 2019. Anthropogenically forced decadal change of South Asian summer monsoon across the mid-1990s. Journal of Geophysical Research: Atmospheres, 124: 806-824.

Luo M, Lau N C. 2017. Heat waves in southern China: Synoptic behavior, long-term change, and urbanization effects. Journal of Climate, 30(2): 703-720.

Luo M, Lau N C. 2018. Increasing heat stress in urban areas of eastern China: Acceleration by urbanization. Geophysical Research Letters, 13060-13069.

Luo M, Leung Y, Graf H F, et al. 2016a. Interannual variability of the onset of the South China Sea summer monsoon. International Journal of Climatology, 36(2): 550-562.

Luo M, Lin L. 2017. Objective determination of the onset and withdrawal of the South China Sea summer monsoon.

Atmospheric Science Letters, 18(6): 276-282.

Ma H, Jiang Z, Song J, et al. 2016. Effects of urban land-use change in east China on the East Asian summer monsoon based on the CAM5.1 model. Climate Dynamics, 46: 2977-2989.

Ma J H, Wang H J. 2014. Design and testing of a global climate prediction system based on a coupled climate model. Science in China: Earth Sciences, 57: 2417-2427.

Ma J H, Wang H J, Fan K. 2015a. Dynamic downscaling of summer precipitation prediction over China in 1998 using WRF and CCSM4. Advances in Atmospheric Sciences, 32(5): 577-584.

Ma S, Zhou T J, Dai A G, et al. 2015b. Observed changes in the distributions of daily precipitation frequency and amount over China from 1960 to 2013. Journal of Climate, 28(17): 6960-6978.

Ma S, Zhou T, Stone D A, et al. 2017. Detectable anthropogenic shift toward heavy precipitation over eastern China. Journal of Climate, 30(4): 1381-1396.

Ma S, Zhu C. 2019. Extreme cold wave over east asia in january 2016: A possible response to the larger internal atmospheric variability induced by arctic warming. Journal of Climate, 32(4): 1203-1216.

Man W M, Zhou T J, Jungclaus J H. 2014. Effects of large volcanic eruptions on global summer climate and east asian monsoon changes during the last millennium: Analysis of MPI-ESM simulations. Journal of Climate, 27: 7394-7409.

Meehl G A, Goddard L, Boer G, et al. 2014. Decadal climate prediction: An update from the trenches. Bulletin of the American Meteorological Society, 95(2): 243-267.

Meng L, Long D, Steven M, et al. 2014. Statistical analysis of the relationship between spring soil moisture and summer precipitation in East China. International Journal of Climatology, 34(5): 1511-1523.

Miao J P, Wang T. 2020. Decadal variations of the East Asian winter monsoon in recent decades. https://doi.org/10.1002/asl.960[2021-5-30].

Miao J P, Wang T, Wang H J, et al. 2018a. Interannual weakening of the tropical pacific walker circulation due to strong tropical volcanism. Advances in Atmospheric Sciences, 35(6): 645-658.

Miao J P, Wang T, Wang H J, et al. 2018b. Influence of low-frequency solar forcing on the east asian winter monsoon based on HadCM3 and observations. Advances in Atmospheric Sciences, 35: 1205-1215.

Miao J P, Wang T, Zhu Y L, et al. 2016. Response of the east asian winter monsoon to strong tropical volcanic eruptions. Journal of Climate, 29: 5041-5057.

Miao J, Wang T, Wang H, et al. 2018c. Interdecadal weakening of the east asian winter monsoon in the mid-1980s: The roles of external forcings. Journal of Climate, 31(21): 8985-9000.

Misra V, Bhardwaj A, Mishra A. 2018. Local onset and demise of the Indian summer monsoon. Climate Dynamics, 51(5-6): 1609-1622.

Mori M, Watanabe M, Shiogama H, et al. 2014. Robust arctic sea-ice influence on the frequent Eurasian cold winters in past decades. Nature Geoscience, 7(12): 869-873.

Nakamura T, Yamazaki K, Iwamoto K, et al. 2015. A negative phase shift of the winter AO/NAO due to the recent Arctic sea-ice reduction in late autumn. Journal of Geophysical Research, 120(8): 3209-3227.

Niu X R, Wang S Y, Tang J P, et al. 2015. Projection of Indian summer monsoon climate in 2041-2060 by multiregional and global climate models. Journal of Geophysical Research: Atmospheres, 120(5): 1776-1793.

Ortega S, Webster P J, Toma V, et al. 2017. Quasi-biweekly oscillations of the South Asian monsoon and its co-evolution in the upper and lower troposphere. Climate Dynamics, 49(9-10): 3159-3174.

Overland J E, Dethloff K, Francis J A, et al. 2016. Nonlinear response of mid-latitude weather to the changing Arctic. Nature Climate Change, 6(11): 992-999.

Parvathi V, Suresh I, Lengaigne M, et al. 2017. Robust projected weakening of winter monsoon winds over the Arabian Sea under climate change. Geophysical Research Letters, 44: 9833-9843.

Pascolini-Campbell M, Zanchettin D, Bothe O, et al. 2015. Toward a record of Central Pacific El Niño events since 1880. Theoretical and Applied Climatology, 119(1): 379-389.

Peng D D, Zhou T J. 2017. Why was the arid and semiarid northwest China getting wetter in the recent decades. Journal of Geophysical Research: Atmospheres, 122(17): 9060-9075.

Peng Y F, Zhao X, Wu D H, et al. 2018. Spatiotemporal variability in extreme precipitation in China from observations and projections. Water, 10(8): 1089.

Pradhan M, Rao A S, Srivastava A, et al. 2017. Prediction of Indian summer-monsoon onset variability: A season in advance. Scientific Reports, 7: 14229.

Preethi B, Mujumdar M, Kripalani R H, et al. 2017a. Recent trends and tele-connections among South and East

Asian summer monsoons in a warming environment. Climate Dynamics, 48(7-8): 2489-2505.

Preethi B, Mujumdar M, Prabhu A, et al. 2017b. Variability and teleconnections of South and East Asian summer monsoons in present and future projections of CMIP5 climate models. Asia-Pacific Journal of Atmospheric Sciences, 53: 305-325.

Qiao S, Hu P, Feng T, et al. 2018. Enhancement of the relationship between the winter Arctic oscillation and the following summer circulation anomalies over central East Asia since the early 1990s. Climate Dynamics, 50: 3485-3503.

Ren H C, Li W J, Ren H L, et al. 2016. Distinct linkage between winter Tibetan Plateau snow depth and early summer Philippine Sea anomalous anticyclone. Atmospheric Science Letters, 17: 223-229.

Ren H L, Jin F F, Song L C, et al. 2017a. Prediction of primary climate variability modes at the Beijing Climate Center. Journal of Meteorological Research, 31(1): 204-223.

Ren H, Wu Y, Bao Q, et al. 2019. The China multi-model ensemble prediction system and its application to flood-season prediction in 2018. Journal of Meteorological Research, 33(3): 540-552.

Ren P, Ren H L, Fu J X, et al. 2018. Impact of boreal summer intraseasonal oscillation on rainfall extremes in Southeastern China and its predictability in CFSv2. Journal of Geophysical Research: Atmospheres, 123(9): 4423-4442.

Ren Y J, Zhou B T, Song L C, et al. 2017b. Interannual variability of western North Pacific subtropical high, East Asian jet and East Asian summer precipitation: CMIP5 simulation and projection. Quaternary International, 440(B): 64-70.

Roxy M K, Ritika K, Terray P, et al. 2014. The curious case of Indian ocean warming. Journal of Climate, 27(22): 8501-8509.

Roxy M K, Ritika K, Terray P, et al. 2015. Drying of Indian subcontinent by rapid Indian Ocean warming and a weakening land-sea thermal gradient. Nature Communications, 6: 7423.

Sabeerali C T, Ajayamohan R S. 2018. On the shortening of Indian summer monsoon season in a warming scenario. Climate Dynamics, 50(23): 1-16.

Sabeerali C T, Rao S A, Dhakate A R, et al. 2015. Why ensemble mean projection of south Asian monsoon rainfall by CMIP5 models is not reliable. Climate Dynamics, 45: 161-174.

Sagawa T, Kuwae M, Tsuruoka K, et al. 2014. Solar forcing of centennial-scale East Asian winter monsoon variability in the mid-to late Holocene. Earth and Planetary Science Letters, 395: 124-135.

Salzmann M, Weser H, Cherian R. 2014. Robust response of Asian summer monsoon to anthropogenic aerosols in CMIP5 models. Journal of Geophysical Research: Atmospheres, 119(19): 11321-11337.

Sanogo S, Fink A H, Omotosho J A, et al. 2015. Spatio-temporal characteristics of the recent rainfall recovery in West Africa. International Journal of Climatology, 35(15): 4589-4605.

Scaife A A, Arribas A, Blockley E, et al. 2014. Skillful long-range prediction of European and North American winters. Geophysical Research Letters, 41: 2514-2519.

Semenov V A, Latif M. 2015. Nonlinear winter atmospheric circulation response to Arctic sea ice concentration anomalies for different periods during 1966-2012. Environmental Research Letters, 10(5): 054020.

Shao H, Song J, Ma H. 2013. Sensitivity of the East Asian summer monsoon circulation and precipitation to an idealized large-scale urban expansion. Journal of the Meteorological Society of Japan, 91: 163-177.

Shao X, Huang P, Huang R H. 2015. Role of the phase transition of intraseasonal oscillation on the South China Sea summer monsoon onset. Climate Dynamics, 45(1-2): 125-137.

Shi F, Fang K Y, Xu C X, et al. 2017. Interannual to centennial variability of the South Asian summer monsoon over the past millennium. Climate Dynamics, 49: 2803-2814.

Shi H, Wang B. 2019. How does the Asian summer precipitation-ENSO relationship change over the past 544 years. Climate Dynamics, 52: 4583-4598.

Shi J, Cui L L, Ma Y, et al. 2018. Trends in temperature extremes and their association with circulation patterns in China during 1961-2015. Atmospheric Research, 212: 259-272.

Shi L, Hendon H H, Alves O, et al. 2012. How predictable is the Indian Ocean Dipole. Monthly Weather Review, 140: 3867-3884.

Shi Z, Xu T, Wang H. 2016. Sensitivity of Asian climate change to radiative forcing during the last millennium in a multi-model analysis. Global and Planetary Change, 139: 195-210.

Si D, Ding Y H. 2013. Decadal change in the correlation pattern between the Tibetan Plateau winter snow and the east asian summer precipitation during 1979-2011. Journal of Climate, 26: 7622-7634.

Si D, Ding Y H. 2016. Oceanic forcings of the interdecadal variability in East Asian summer rainfall. Journal of Climate, 29: 7633-7649.

Singh D, Tsiang M, Rajaratnam B, et al. 2014. Observed changes in extreme wet and dry spells during the South Asian summer monsoon season. Nature Climate Change, 4: 456-461.

Singh M, Bhatla R. 2018. Role of madden-Julian oscillation in modulating monsoon retreat. Pure and Applied Geophysics, 175(6): 2341-2350.

Singh M, Bhatla R, Pattanaik D R. 2017. An apparent relationship between Madden-Julian Oscillation and the advance of Indian summer monsoon. International Journal of Climatology, 37(4): 1951-1960.

Song L, Wang L, Chen W, et al. 2016a. Intraseasonal variation of the strength of the East Asian trough and its climatic impacts in boreal winter. Journal of Climate, 29(7): 2557-2577.

Song L, Wu R. 2017. Processes for occurrence of strong cold events over Eastern China. Journal of Climate, 30(22): 9247-9266.

Song L, Wu R. 2019. Combined effects of the MJO and the arctic oscillation on the intraseasonal eastern China winter temperature variations. Journal of Climate, 32(8): 2295-2311.

Song Z, Zhu C, Su J. 2016b. Coupling modes of climatological intraseasonal oscillation in the east asian summer monsoon. Journal of Climate, 29(17): 6363-6382.

Sooraj K P, Terray P, Mujumdar M. 2015. Global warming and the weakening of the Asian summer monsoon circulation: assessments from the CMIP5 models. Climate Dynamics, 45: 233-252.

Sun C, Yang S, Li W, et al. 2016c. Interannual variations of the dominant modes of East Asian winter monsoon and possible links to Arctic sea ice. Climate Dynamics, 47: 481-496.

Sun J Q, Ahn J B. 2015. Dynamical seasonal predictability of the arctic oscillation using a CGCM. International Journal of Climatology, 35: 1342-1353.

Sun J Q, Chen H P. 2012. A statistical downscaling scheme to improve global precipitation forecasting. Meteorology and Atmospheric Physics, 117: 87-102.

Sun J Q, Ming J. 2018. Possible mechanism for the weakening relationship between Indian and central East Asian summer rainfall after the late 1970s: Role of the mid-to-high-latitude atmospheric circulation. Meteorology and Atmospheric Physics, 131(3): 517-524.

Sun J Q, Wu S, Ao J. 2016b. Role of the North Pacific sea surface temperature in the East Asian winter monsoon decadal variability. Climate Dynamics, 46: 11-12.

Sun S Y, Ren R C, Wu G X. 2017. Onset of the Bay of Bengal summer monsoon and the seasonal timing of ENSO's decay phase. International Journal of Climatology, 37: 4938-4948.

Sun Y, Zhang X, Ren G, et al. 2016a. Contribution of urbanization to warming in China. Nature Climate Change, 6(7): 706-709.

Takemura L, Shimpo A. 2019. Influence of positive IOD events on the northeastward extension of the Tibetan High and East Asian climate condition in boreal summer to Early Autumn. SOLA, 15: 75-79.

Tan L C, Cai Y J, Cheng H, et al. 2018. Centennial-to decadal-scale monsoon precipitation variations in the upper Hanjiang River region, China over the past 6650 years. Earth and Planetary Science Letters, 482: 580-590.

Taraphdar S, Zhang F, Leung L R, et al. 2018. MJO affects the monsoon onset timing over the Indian region. Geophysical Research Letters, 45(18): 10011-10018.

Tian B, Fan K, Yang H. 2018b. East Asian winter monsoon forecasting schemes based on the NCEP's climate forecast system. Climate Dynamics, 51: 2793-2805.

Tian D, Guo Y, Dong W J. 2015. Future changes and uncertainties in temperature and precipitation over China based on CMIP5 models. Advance in Atmospheric Sciences, 32 (4): 487-496.

Tian F, Dong B, Robson J, et al. 2018a. Forced decadal changes in the East Asian summer monsoon: The roles of greenhouse gases and anthropogenic aerosols. Climate Dynamics, 51(9-10): 3699-3715.

Undorf S, Polson D, Bollasina M A, et al. 2018. Detectable impact of local and remote anthropogenic aerosols on the 20th century changes of west African and south Asian monsoon precipitation. Journal of Geophysical Research: Atmospheres, 123(10): 4871-4889.

Unnikrishnan C K, Rajeevan M, Rao S V. 2017. A study on the role of land-atmosphere coupling on the south Asian monsoon climate variability using a regional climate model. Theoretical and Applied Climatology, 127: 949-964.

Vitart F. 2014. Evolution of ECMWF sub-seasonal forecast skill scores. Quarterly Journal of the Royal Meteorological Society, 140: 1889-1899.

Walker J M, Bordoni S. 2016. Onset and withdrawal of the large-scale South Asian monsoon: A dynamical definition using change point detection. Geophysical Research Letters, 43(22): 11815-11822.

Wang B, Kajikawa Y. 2015. Reply to "comments on 'interdecadal change of the South China Sea Summer monsoon onset'". Journal of Climate, 28(22): 9036-9039.

Wang B, Li J, He Q. 2017b. Variable and robust East Asian monsoon rainfall response to El Niño over the past 60 years (1957-2016). Advances in Atmospheric Sciences, 34(10): 1235-1248.

Wang B, Liu J, Kim H, et al. 2013a. Northern Hemisphere summer monsoon intensified by mega-El Niño/southern oscillation and Atlantic multidecadal oscillation. Proceedings of the National Academy of Sciences of the United States of America, 110(14): 5347-5352.

Wang F, Yang S. 2017. Regional characteristics of long-term changes in total and extreme precipitations over China and their links to atmospheric-oceanic features. International Journal of Climatology, 37: 751-769.

Wang H J. 2001. The weakening of the Asian monsoon circulation after the end of 1970's. Advances in Atmospheric Sciences, 18 (3): 376-386.

Wang H J, Chen H P, Liu J P. 2015a. Arctic sea ice decline intensified haze pollution in eastern China. Atmospheric and Oceanic Science Letters, 8(1): 1-9.

Wang H J, He S P, Liu J P. 2013c. Present and future relationship between the East Asian winter monsoon and ENSO: Results of CMIP5. Journal of Geophysical Research: Oceans, 118: 5222-5237.

Wang H, Liu F, Wang B, et al. 2018a. Effects of intraseasonal oscillation on South China Sea summer monsoon onset. Climate Dynamics, 51(7-8): 2543-2558.

Wang H, Xie S P, Liu Q. 2016a. Comparison of climate response to anthropogenic aerosol versus greenhouse gas forcing: Distinct patterns. Journal of Climate, 29(14): 5175-5188.

Wang H, Xie S P, Tokinaga H, et al. 2016b. Detecting cross-equatorial wind change as a fingerprint of climate response to anthropogenic aerosol forcing. Geophysical Research Letters, 43(7): 3444-3450.

Wang J, Chen Y, Tett S F B, et al. 2020. Anthropogenically-driven increases in the risks of summertime compound hot extremes. Nature Communications, 11(1): 528.

Wang L, Chen W. 2014. The East Asian winter monsoon: Re-amplification in the mid-2000s. Chin Sci Bull, 59: 430-436.

Wang L, Xu P, Chen W, et al. 2017a. Interdecadal variations of the Silk Road pattern. Journal of Climate, 30: 9915-9932.

Wang Q, Wang Z, Zhang H. 2017c. Impact of anthropogenic aerosols from global, East Asian, and non-East Asian sources on East Asian summer monsoon system. Atmospheric Research, 183: 224-236.

Wang S, Zuo H. 2017. Effect of the East Asian westerly jet's intensity on summer rainfall in the Yangtze River valley and its mechanism. Journal of Climate, 29(7): 2395-2406.

Wang S, Zuo H, Zhao S, et al. 2018b. How East Asian westerly jet's meridional position affects the summer rainfall in Yangtze-Huaihe River Valley? Climate Dynamics, 51: 4109-4121.

Wang T J, Zhuang B L, Li S, et al. 2015b. The interactions between anthropogenic aerosols and the East Asian summer monsoon using RegCCMS. Journal of Geophysical Research: Atmospheres, 120(11): 5602-5621.

Wang T, Guo D, Gao Y Q, et al. 2018e. Modulation of ENSO evolution by strong tropical volcanic eruptions. Climate Dynamics, 51: 2433-2453.

Wang T, Miao J P, Sun J Q, et al. 2018f. Intensified East Asian summer monsoon and associated precipitation mode shift under the 1.5℃ global warming target. Advances in Climate Change Research, 9: 102-111.

Wang W, Hung M, Weaver S, et al. 2014. MJO prediction in the NCEP climate forecast system version 2. Climate Dynamics, 42: 2509-2520.

Wang Y, Chen W, Zhang J, et al. 2013b. Relationship between soil temperature in may over Northwest China and the East Asian summer monsoon precipitation. Acta Meteorologica Sinica, 27(5): 716-724.

Wang Z B, Wu R G, Chen S, et al. 2018d. Influence of western Tibetan Plateau summer snow cover on East Asian summer rainfall. Journal of Geophysical Research: Atmospheres, 123(5): 2371-2385.

Wang Z Q, Duan A M, Yang S. 2018c. Potential regulation on the climatic effect of Tibetan Plateau heating by tropical air-sea coupling in regional models. Climate Dynamics, 52: 1685-1694.

Watanabe T, Yamazaki K. 2014. Decadal-scale variation of South Asian summer monsoon onset and its relationship with the pacific decadal oscillation. Journal of Climate, 27(13): 5163-5173.

Wei W, Zhang R H, Wen M, et al. 2017. Relationship between the Asian westerly jet stream and summer rainfall over Central Asia and North China: roles of the Indian monsoon and the South Asian High. Journal of Climate, 30: 537-552.

Wei W, Zhang R, Wen M, et al. 2015. Interannual variation of the South Asian high and its relation with Indian and East Asian summer monsoon rainfall. Journal of Climate, 28(7): 2623-2634.

Woo S, Singh G P, Oh J H, et al. 2018. Possible teleconnections between East and South Asian summer monsoon precipitation in projected future climate change. Meteorology and Atmospheric Physics, 131: 375-387.

Wu B Y. 2017. Winter atmospheric circulation anomaly associated with recent Arctic winter warm anomalies. Journal of Climate, 30(21): 8469-8479.

Wu B Y, Su J Z, D'Arrigo R. 2015a. Patterns of Asian winter climate variability and links to Arctic sea ice. Journal of Climate, 28(17): 6841-6858.

Wu B Y, Yang K, Francis J A. 2016b. Summer Arctic dipole wind pattern affects the winter Siberian high. International Journal of Climatology, 36(13): 4187-4201.

Wu B, Zhou T J. 2016. Relationships between ENSO and the East Asian-western North Pacific monsoon: Observations versus 18 CMIP5 models. Climate Dynamics, 46: 729-743.

Wu B, Zhou T, Li T. 2016c. Impacts of the Pacific-Japan and circumglobal teleconnection patterns on the interdecadal variability of the East Asian summer monsoon. Journal of Climate, 29: 3253-3271.

Wu G X, Zhuo H F, Wang Z Q, et al. 2016a. Two types of summertime heating over the Asian large-scale orography and excitation of potential vorticity forcing I. over Tibetan Plateau. Science China Earth Sciences, 59(10): 1996-2008.

Wu L, Wang C. 2015. Has the Western Pacific Subtropical High Extended Westward since the Late 1970s. Journal of Climate, 28(13): 5406-5413.

Wu L, Wang C, Wang B. 2015b. Westward shift of western North Pacific tropical cyclogenesis. Geophysical Research Letters, 42: 1537-1542.

Wu R, Hu K M, Lin Z D. 2017. Perspectives on the non-stationarity of the relationship between Indian and East Asian summer rainfall variations. Atmospheric and Oceanic Science Letters, 2: 104-111.

Wu S, Sun J Q. 2017. Variability in zonal location of winter East Asian jet stream. International Journal of Climatology, 37: 3753-3766.

Wu X Y, Hao Z C, Hao F H, et al. 2019. Spatial and temporal variations of compound droughts and hot extremes in China. Atmosphere, 10(2): 95.

Xiao Z X, Duan A M. 2016. Impacts of Tibetan Plateau snow cover on the interannual variability of the East Asian summer monsoon. Journal of Climate, 29(23): 8495-8514.

Xie S P, Deser C, Vecchi G A, et al. 2015. Towards predictive understanding of regional climate change. Nature Climate Change, 5(10): 921-930.

Xie X, Wang H, Liu X, et al. 2016. Distinct effects of anthropogenic aerosols on the East Asian summer monsoon between multidecadal strong and weak monsoon stages. Journal of Geophysical Research: Atmospheres, 121(12): 7026-7040.

Xu K, Huang Q L, Tam C Y, et al. 2019a. Roles of tropical SST patterns during two types of ENSO in modulating wintertime rainfall over southern China. Climate Dynamics, 52: 523-538.

Xu K, Lu R, Kim B, et al. 2019b. Large-scale circulation anomalies associated with extreme heat in South Korea and southern-central Japan. Journal of Climate, 32: 2747-2759.

Xu M, Xu H, Ma J. 2016. Responses of the East Asian winter monsoon to global warming in CMIP5 models. International Journal of Climatology, 36: 2139-2155.

Xu Y, Xie S P. 2015. Ocean mediation of tropospheric response to reflecting and absorbing aerosols. Atmospheric Chemistry and Physics, 15(10): 5827-5833.

Yamashima R, Matsumoto J, Takata K, et al. 2015. Impact of historical land-use changes on the Indian summer monsoon onset. International Journal of Climatology, 35(9): 2419-2430.

Yang J, Zhu T, Gao M N, et al, 2018a. Late-July barrier for subseasonal forecast of summer daily maximum temperature over Yangtze River basin. Geophysical Research Letters, 45: 12610-12615.

Yang S, Jiang X. 2014. Prediction of eastern and central pacific ENSO events and their impacts on East Asian climate by the NCEP Climate Forecast System. Journal of Climate, 27: 4451-4472.

Yang X, Leung R L, Zhao N, et al. 2017. Contribution of urbanization to the increase of extreme heat events in an urban agglomeration in East China. Geophysical Research Letters, 44: 6940-6950.

Yang, S, Li Z, Yu J, et al. 2018b. El Niño-Southern oscillation and its impact in the changing climate. National

Science Review, 5(6): 840-857.

Yao S, Sun Q, Huang Q. 2016. The 10-30-day intraseasonal variation of the East Asian winter monsoon: The temperature mode. Dynamics of Atmospheres and Oceans, 75: 91-101.

Ye H, Huang Z, Huang L, et al. 2018. Effects of urbanization on increasing heat risks in South China. International Journal of Climatology, 38(15): 5551-5562.

You Q, Jiang Z H, Kong L, et al. 2016. A comparison of heat wave climatologies and trends in China based on multiple definitions. Climate Dynamics, 48(11-12): 3975-3989.

Yu L, Wu Z, Zhang R, et al. 2018. Partial least regression approach to forecast the East Asian winter monsoon using Eurasian snow cover and sea surface temperature. Climate Dynamics, 51: 4573-4584.

Yu M, Li J P, Zheng F, et al. 2019. Simulating the IPOD, East Asian summer monsoon, and their relationships in CMIP5. Theoretical and Applied Climatology, 135: 1307-1322.

Zhang J, Liu Z, Chen L. 2015a. Reduced soil moisture contributes to more intense and more frequent heat waves in northern China. Advances in Atmospheric Sciences, 32(9): 1197-1207.

Zhang L, Li T. 2016. Relative roles of anthropogenic aerosols and greenhouse gases in land and oceanic monsoon changes during past 156 years in CMIP5 models. Geophysical Research Letters, 43(10): 5295-5301.

Zhang L, Zhou T. 2015. Decadal change of East Asian summer tropospheric temperature meridional gradient around the early 1990s. Science China, 58(9): 1609-1622.

Zhang M Q, Sun J Q. 2019. Increased predictability of spring precipitation over central East China around the late 1970s. Journal of Climate, 32(12).

Zhang R H. 2015a. Natural and human-induced changes in summer climate over the East Asian monsoon region in the last half century: A review. Advances in Climate Change Research, 6(2): 131-140.

Zhang R H. 2015b. Changes in East Asian summer monsoon and summer rainfall over eastern China during recent decades. Science Bulletin, 60 (13): 1222-1224.

Zhang R H, Li T R, Wen M, et al. 2015b. Role of intraseasonal oscillation in asymmetric impacts of El Niño and La Niña on the rainfall over southern China in boreal winter. Climate Dynamics, 45: 559-567.

Zhang T, Huang B, Yang S, et al. 2018b. Predictable patterns of the atmospheric low-level circulation over the Indo-Pacific region in project Minerva: Seasonal dependence and intra-ensemble variability. Journal of Climate, 31: 8351-8379.

Zhang T, Huang B, Yang S. 2018c. Seasonal dependence of the predictable low-level circulation patterns over the tropical Indo-Pacific domain. Climate Dynamics, 50: 4263-4284.

Zhang Z, Sun X, Yang X. 2018a. Understanding the interdecadal variability of East Asian summer monsoon precipitation: Joint influence of three oceanic signals. Journal of Climate, 31: 5485-5506.

Zhao L, Wang J S. 2014. Robust response of the East Asian monsoon rainband to solar variability. Journal of Climate, 27: 3043-3051.

Zhao S, Feng T, Tie X, et al. 2018. Impact of climate change on Siberian High and wintertime air pollution in China in past two decades. Earth's Future, 6(2): 118-133.

Zhao S, Yang S, Deng Y, et al. 2015. Skills of yearly prediction of the early-season rainfall over southern China by the NCEP Climate Forecast System. Theoretical and Applied Climatology, 122: 743-754.

Zheng J, Fan J, Zhang F. 2019. Spatiotemporal trends of temperature and precipitation extremes across contrasting climatic zones of China during 1956-2015. Theoretical and Applied Climatology, 138(3-4): 1877-1897.

Zhong S, Yang T, Qian Y, et al. 2018. Temporal and spatial variations of soil moisture-precipitation feedback in East China during the East Asian summer monsoon period: A sensitivity study. Atmospheric Research, 213: 163-172.

Zhou Q, Chen W, Zhou W. 2013. Solar cycle modulation of the ENSO impact on the winter climate of East Asia. Journal of Geophysical Research: Atmospheres, 118: 5111-5119.

Zhu B, Sun B, Wang H. 2019. Dominant modes of interannual variability of extreme high-temperature events in eastern China during summer and associated mechanisms. International Journal of Climatology. doi: 10.1002/joc.6242.

Zhu Y L, Wang H J, Ma J H, et al. 2015. Contribution of the phase transition of Pacific decadal oscillation to the late 1990s' shift in East China summer rainfall. Journal of Geophysical Research: Atmospheres, 120: 8817-8827.

Zhu Y L, Wang H J, Zhou W, et al. 2011. Recent changes in the summer precipitation pattern in East China and the background circulation. Climate Dynamics, 36: 1463-1473.

Zuo M, Man W M, Zhou T J, et al. 2018. Different impacts of northern, tropical, and southern volcanic eruptions on the tropical pacific SST in the last millennium. Journal of Climate, 31: 6729-6744.

Zuo Z Y, Yang S, Zhang R H, et al. 2015b. Response of summer rainfall over China to spring snow anomalies over Siberia in the NCEP CFSv2 reforecast. Quarterly Journal of the Royal Meteorological Society, 141: 939-944.

Zuo Z Y, Zhang R H. 2016. Influence of soil moisture in eastern China on the East Asian summer monsoon. Advances in Atmospheric Sciences, 33(2): 151-163.

Zuo Z Y, Zhang R H, Huang Y, et al. 2015a. Extreme cold and warm events over China in wintertime. International Journal of Climatology, 35: 3568-3581.

第 10 章　干旱半干旱气候变化

首席作者：黄建平　马柱国

主要作者：管晓丹　赵天保　杨庆　于海鹏　徐忠峰　段亚雯

摘　要

干旱半干旱地区作为全球陆地的重要组成部分，在全球气候变化过程中发挥着不可忽视的作用。由于增温显著、降水稀少，这些地区的生态十分脆弱、环境不断恶化，因此相对于其他地区而言，干旱半干旱区对全球气候变化的响应更为敏感。本章主要利用温度、降水及干旱指数系统探讨干旱半干旱气候变化的时空特征，厘清影响干旱半干旱气候变化的主要物理过程和反馈机制，认识干旱半干旱气候变化预测的关键过程，并指出未来情景中干旱半干旱地区的持续扩张情况。同时还利用模拟结果评估干旱化加剧和人口增长对荒漠化的影响程度，以及不同气候变化情景对干旱半干旱区造成的社会经济影响和生存危机。

10.1　干旱气候的定义

近几十年干旱半干旱地区呈现出显著的强化增温（Huang et al.，2012）、面积持续扩张（Huang et al.，2016a）、极端干旱事件频发的态势。同时，气候变化的年代际信号也造成了干旱半干旱区显著的年代际特征，中国区域半干旱区的扩张就是这种年代际特征的具体表现（马柱国，2005），例如，北半球 20 世纪 80 年代的快速增温和 21 世纪初的增温减缓；近百年重大干旱事件也呈现出年代际尺度变化的特征（持续时间在 10 年以上）；伴随着全球变暖，降水也发生了显著的年代际干旱化或湿润化，不同区域降水变化趋势差异显著。基于观测的帕尔默干旱指数（Palmer drought severity index，PDSI），以及历史记录的降水、径流等数据可知，全球干旱半干旱区自 1950 年左右开始表现出变干趋势，这种变干趋势由全球增温主导，并受海洋振荡因子的影响，不同干旱半干旱区表现出不同的时空特征。从全球角度来看，东半球陆地整体表现为变干趋势而美洲大陆整体表现为变湿趋势。符淙斌和马柱国（2008）指出北美大陆在 20 世纪 50 年代中后期由干转湿，而非洲大陆从 1979 年开始由湿转干，亚洲地区的干旱始于 1975 年（马柱国和符淙斌，2007；符淙斌和马柱国，2008）。总的来说，过去近百年干旱半干旱区气候的显著变化主要体现在温度、降水、干旱指数等气候因子变化中。IPCC 第五次评估报告指出，在全球气候变暖背景下未来高温热浪天气将会频繁发生，一些干旱地区可能更加干燥，而湿润地区可能有更多降水。干旱的频繁发生和长期持续不但会给社会经济，特别是农业生产带来巨大的损失，还会造成水资源短缺、荒漠化加剧、沙尘暴频发等诸多生态和环境方面的问题，甚至会对国家安全造成威胁。

在区域尺度上，中国干旱半干旱区过去几十年有着截然不同的变化趋势。研究指出，在 2000 年以前的半个世纪，我国的干旱区（西北西部）存在着明显的暖湿趋势，而半干旱区的西北东部和华北大部地区存在显著的干旱化趋势，整个中国北方呈现"西湿东干"的空间分布格局（施雅风等，2002）。在我国北方，尤其是华北和西北东部，20 世纪 70 年代以后发生了严重的干旱化趋势（魏凤英和曹鸿兴，1998；黄荣辉等，1999a；马柱国和符淙斌，2001；李庆祥等，2002；符淙斌和温刚，2002；张庆云等，2003），早在 2003 年，Ma 和 Fu（2003）的研究就指出，我国半干旱区是干旱化强度最大（干旱化最剧烈）的地区，并认为除降水减少外，区域增暖的影响不可忽视，升温使得干旱化的强度和范围增大了 4%~7%；半干旱区范围在部分地区向东南方向扩展了大约 300km（马柱国和符淙斌，2005；马柱国，2005），且这种干旱化趋势依然在持续（马柱国等，2018）；多指标（降水、地表湿润指数、PDSI 和土壤湿度）的比较结果也证实了我国半干旱区是干旱化最剧烈的地区（Ma and Fu，2006）。

干旱（aridity）是指大气的干燥程度，本质上是某一区域的平均气候条件下的一个气候特征（Agnew and Anderson，1992；Palmer，1965）。干湿状况不仅取决于降水量，同时还受到蒸散发的影响。降水是水分的主要来源，而潜在蒸发则表征大气的蒸发"需求"，是在给定气候条件下，水分最大可能的支出。因此，仅以降水量这一单一气象要素来划分气候区域是不够的（Safriel and Adeel，2005；Thornthwaite，1948）。例如，50°~60°N 的西伯利亚地区，年均降水量小于 500mm，如果依据降水量的标准其被划为干旱半干旱区，然而，该地区主要被森林覆盖，气候较为湿润。还有，在澳大利亚，虽然通常以 250mm 为界，将降水量小于 250mm 的区域划分为干旱区，然而，澳大利亚的西北部明显是干旱的，尽管其降水量超过了 500mm。因此，以降水量这一单一气象要素来划分气候区是不够准确的，以干旱指数来划分干旱半干旱区更加合理和可靠。

图 10.1 是依据 1961~1990 年气候态干旱指数划分的全球干旱、半干旱区的空间分布图。干旱指数（aridity index，AI）是反映气候干旱程度的指标，通常被定义为年降水量和年潜在蒸发量的比值。依据 UNEP 的划分标准，将年降水量与年潜在蒸发量的比值小于 0.65 的区域定义为干旱半干旱区（drylands），包括极端干旱区（hyper-arid）（AI < 0.05）、干旱区（arid）（0.05≤AI < 0.2）、半干旱区（semi-arid）（0.2≤AI < 0.5）和半湿润偏干区（dry subhumid）

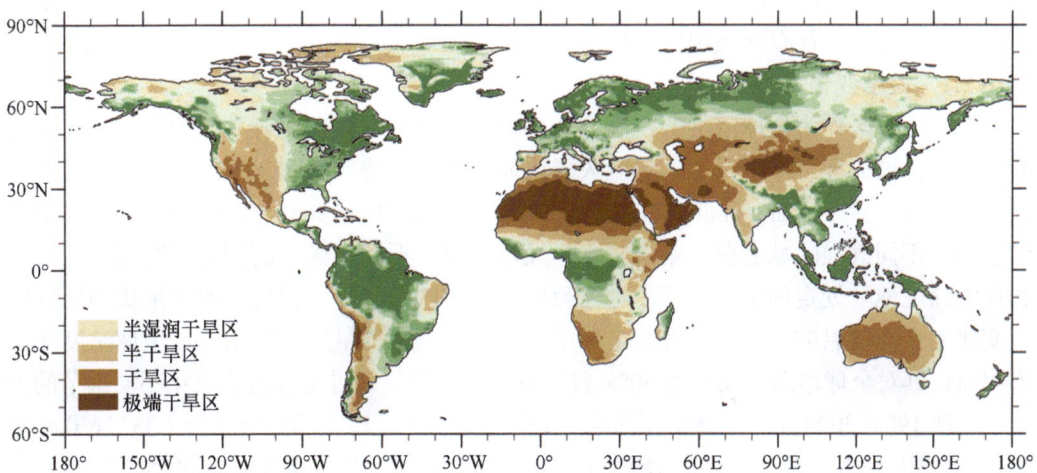

图 10.1　全球干旱、半干旱区空间分布

（0.5 ≤ AI < 0.65）4 种类型（Middleton and Thomas，1997）。当 AI ≥ 0.65 时，将其定义为湿润区（humid）。由图 10.1 可以看出，根据干旱指数定义的干旱半干旱区主要分布在中低纬度地区，这与 UNEP 所做的干旱地图结果是相匹配的（Middleton and Thomas，1997）。其中，极端干旱区主要分布在北非的撒哈拉沙漠、阿拉伯半岛东南部的鲁卜哈利沙漠、西北部的阿拉伯高原以及中国西北部的塔克拉玛干沙漠，其面积为 1.1×10^7 km²。干旱区主要分布在撒哈拉沙漠的南部、非洲之角、非洲西南部的纳米布沙漠、阿拉伯半岛的西部、中亚、中国北方的部分地区、蒙古国的南部、澳大利亚的大部分地区、美国西南部和阿根廷南部地区，其面积为 1.9×10^7 km²。半干旱区和湿润偏干区分布在美国的中西部、墨西哥的大部分地区、南美洲的西海岸和东北角、非洲南部、哈萨克斯坦和蒙古国北部、印度西部、中国北方的部分地区和澳大利亚中部沙漠以外的大部分地区。半干旱区的总面积为 2.2×10^7 km²，湿润偏干区的面积为 0.9×10^7 km²。所以，全球总的干旱半干旱区面积为 6.1×10^7 km²，占全球陆地面积的 41%。在这 4 种类型中，半干旱区的面积最大，约占整个干旱半干旱区的三分之一。

10.2　干旱半干旱气候变化的时空特征

干旱半干旱地区作为全球陆地的重要组成部分，在全球气候变化过程中发挥着不可忽视的作用。由于增温显著、降水稀少，这些地区的生态十分脆弱、环境不断恶化，因此相对于其他地区而言，干旱半干旱区对全球气候变化的响应更为敏感。在近几十年全球增温背景下，干旱半干旱地区呈现出显著的强化增温（Huang et al.，2012；Ji et al.，2014；Guan et al.，2015a）、面积持续扩张（Huang et al.，2016b，2017a）、极端干旱事件频发的态势。同时，气候变化的年代际信号也造成了干旱半干旱区年代际特征显著，例如，北半球 20 世纪 80 年代的快速增温时期和 21 世纪初的增温减缓阶段；近百年重大干旱事件也呈现出年代际尺度变化特征（持续时间在 10 年以上）；伴随着全球变暖，降水也出现了显著的年代际干旱化及湿润化现象，不同区域降水变化趋势差异显著。总的来说，过去近百年干旱半干旱区气候的显著变化主要体现在温度、降水、干旱指数等气候因子变化中。因此，研究干旱半干旱区温度、降水以及干旱指数的长期及年代际变化特征及其影响机理是认识干旱半干旱气候变化特征和做好气候预测的关键过程。此外，已有研究（Ji et al.，2015）表明未来情景中干旱半干旱区域面积扩张存在明显被低估的情况，并指出未来情景中干旱半干旱地区的面积将持续扩张，未来干旱半干旱气候变化特征存在突出的不确定性。

10.2.1　温度变化

干旱半干旱区作为全球陆地的特殊组成部分，对全球气候变化有着重要影响。在全球增温的背景下，过去近百年干旱半干旱区表现出显著增暖趋势；同时，不同气候区的温度变化存在显著区域差异（Huang et al.，2012；Ji et al.，2014；Guan et al.，2015a）。在干旱指数被应用于划定不同气候区域之前，年均降水也经常被用于不同气候区的划分研究工作中，并且两者在中纬度地区划定的干旱半干旱地区范围一致。Huang 等（2012）通过量化不同气候区温度变化对全球增温的贡献，发现北半球中高纬度干旱半干旱地区的增温在全球温度变化中最为明显，其对全球增温贡献了近 50%（图 10.2）。同时，通过追踪过去百年不同季节的变化特征，发现 1901~2009 年北半球中高纬地区的全年、暖季、冷季增温分别为 1.33℃、0.85℃和 1.89℃，这表明干旱半干旱区在冷季增温最为显著。不同典型干旱半干旱区增温差异显著，欧洲、亚洲和北美中高纬度半干旱区的暖季增温分别为 0.95℃、0.68℃和 1.05℃，北美半干旱区的暖季增温大于亚洲半干旱区。而这些区域的冷季增温分别为 1.41℃、2.42℃和 1.50℃，亚洲半干旱区的冷季增温大于北美半干旱区，并且呈现出更为显著的增温趋势。进一步量化不同干旱半干旱区增温对全球增温的贡献（图 10.3）后发现欧洲、亚洲和北美的干旱区分别对全球增温贡献了 8.76%、5.65%和 0.64%，半干旱区分别对全球增温贡献了 6.29%、13.81%、6.85%，说明亚洲半干旱区相对于其他半干旱区对全球增温贡献最大（表 10.1）。这些研究表明半干旱区在冷季表现出显著的强化增温趋势，即相比于其他地区而言，半干旱区的温度变化对全球气候变化更为敏感。Ji 等（2014）通过使用空间-时间多维集合经验模态分解（MEEMD）分析了过去百年时间尺度全球陆地表面气温（SAT）趋势的演变特征，进一步证明了北半球中高纬度地区呈现出最强及最快速的增温特征，从时间演变趋势角度验证了干旱半干旱区平均增温趋势对全球增温趋势贡献最大。此外，Li 等（2015）通过分析我国近 50 年的温度变化趋势发现，中国北方增温显著，尤其是冷季，但在全球增温减缓背景下中国北方温度升高趋势出现减缓现象。

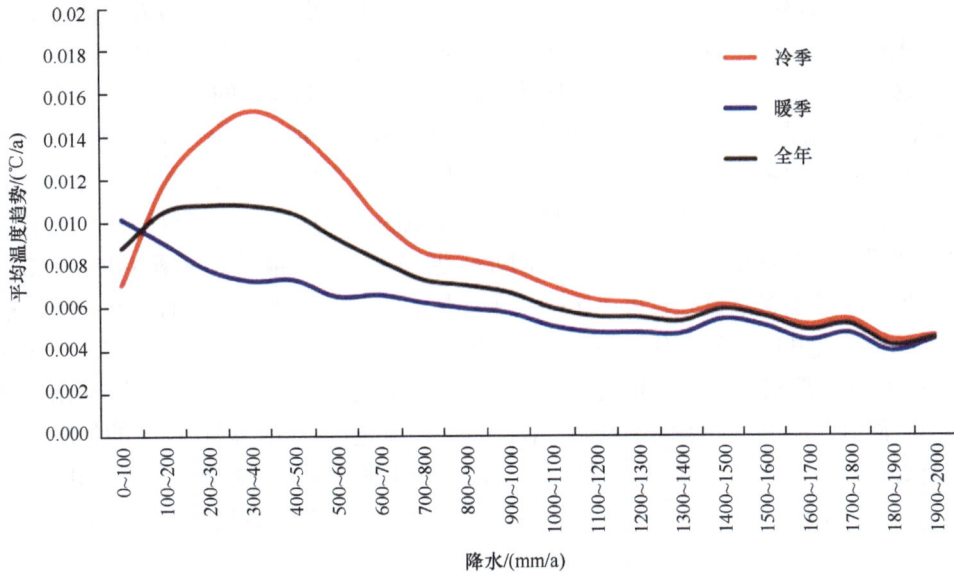

图 10.2　1901~2009 年不同降水区全年、冷季和暖季平均温度变化趋势（Huang et al.，2012）

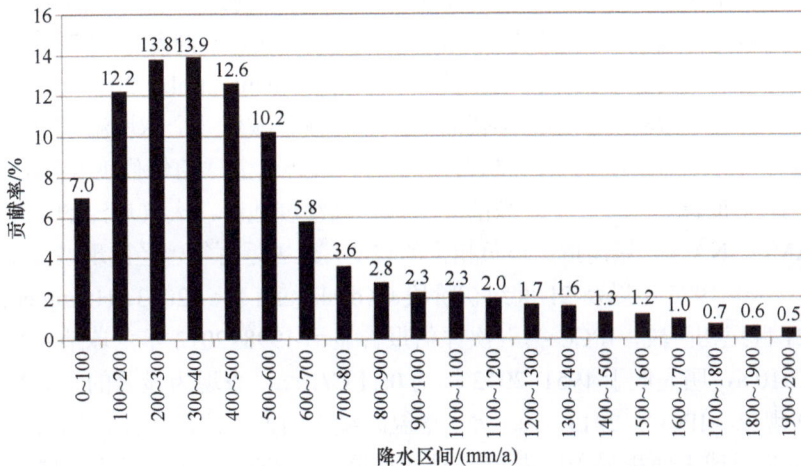

图 10.3　1901~2009 年冷季不同降水区地表温度变化趋势对全球温度变化趋势的贡献（%）（Huang et al.，2012）

表 10.1　1901~2009 年不同中高纬地区地表温度变化趋势对全球温度变化趋势的贡献（%）

（Huang et al.，2012）

分区	欧洲	亚洲	北美
干旱	8.76	5.65	0.64
半干旱	6.29	13.81	6.85
半湿润	3.23	2.48	3.54
湿润	0.73	3.11	2.20

　　Guan 等（2015a）利用最新提出的动力分离方法探究了半干旱区强化增温的驱动因子，并以增温最为显著的东亚半干旱区为例，使用动力分离方法和敏感性实验从原始温度变化资料中识别出动力诱导以及辐射强迫的温度变化。研究结果表明半干旱区强化增温由动力和辐射温度变化组成，其中动力温度与气候系统内部振荡密切相关，在过去近百年里，动力温度变化强度空间分布均匀，起到一个均匀增温背景场的作用。相比之下，非动力的辐射温度则表现出强烈的增温幅度以及显著的空间差异，不同地区的辐射温度差异与人类活动空间分布差异有很大的关系。东亚温度变化在空间分布上表现出北方干旱半干旱区整体存在显著的辐射增温，这主要由于干旱半干旱地区对应植被稀疏的下垫面和脆弱的生态系统，这导致下垫面和陆-气相互作用在该地区的气候变化中发挥着重要作用（Huang et al.，2010，2012）。此外，随着北半球积雪覆盖的显著减少，干旱化的加剧、沙尘气溶胶的排放等都会对冷季增温具有一定的促进作用。随着全球气候变暖，高纬度地区的温度升高，使得长期和季节性冰冻层变薄且边界线向北移动，冰冻层边界线的北缩也进一步加快增温的速率（IPCC，2007）。人类活动也对区域生态系统具有直接影响，尤其是干旱半干旱地区脆弱的生态系统，不合理的人类活动会改变其能量和水分循环，进而影响区域气候（Huang et al.，2017a）。Huang 等（2012）和 Guan 等（2015a）的相关研究结果确定了局地辐射增温在半干旱区强化增温中占主导作用。同时，通过分析不同影响因子在局地半干旱地区强化增温过程中的作用时间和空间尺度及影响范围，指出了辐射增温是一个多因子作用的结果，包含陆气相互作用、气溶胶、荒漠化、人类活动等因素，且不同典型辐射过程特征差异显著，研究结果突出了温室效应和人类活动在干旱半干旱区强化增温中的作用。

　　此外，在全球长期增温趋势背景下，全球温度变化也呈现出年代际变化特征，这种变化特征同样体现在干旱半干旱区。由于干旱半干旱地区环境脆弱，其在气候年代际变化过程中反应敏感，年代际转换现象较其他地区更为明显。研究表明，不同海盆 SST 的年代际信号会造成大气环流异常，从而影响到不同地区的气候演变（Huang et al.，2017a），尤其是温度变化。大气环流异常会导致温度变化的年代际信号加强或者减弱（全球增温速率加快或减缓）。在过去的一百多年里，不同尺度的调制振荡对北半球乃至全球的气候变化都产生了显著影响，尤其对广泛分布着干旱半干旱区域的北半球中高纬度地区，大气环流的作用不可忽视。由于 PDO、AMO、NAO 等振荡指数正负相位的转变，过去近百年曾经出现过两次增温减缓的时期，分别是 1940~1975 年以及 21 世纪初阶段（Kosaka and Xie，2013；Huang et al.，2017b）。其中，对于 21 世纪初阶段，IPCC 第五次评估报告显示 1998~2012 年全球地表平均温度变化趋势为 0.04℃/10 a，明显低于 1951~2012 年的 0.11℃/10 a，表现为显著的全球平均地表温度增温趋势减缓现象（IPCC，2013）。此次"增温减缓"引发了广泛关注。同时，全球陆地空间分布表现为北半球大面积显著降温，并且这些降温中心主要分布在北半球干旱半干旱地区，表明干旱半干旱地区温度变化具有明显的年代际变化特征。关于全球增温减缓形成机制的讨论，以往研究最先提出海洋对热量的吸收是导致增温减缓出现的可能原因，即被海洋吸收的热量更进一步传递到深海中，造成深海温度明显上升，并且利用模式验证了该理论的合理性（Guemas et al.，2013；Kosaka and Xie，2013；Meehl et al.，2013；Chen and Tung，2014）。但是海洋消耗的能量并不能全面解释"增温减缓"过程的动力降温作用，尤其是对于拥有大面积陆地降温中心的北半球干旱半干旱区。

　　Guan 等（2015b）利用动力调整法将北半球原始温度变化分解为动力与辐射温度变化，如图 10.4 中的不同地区动力温度和辐射温度的时间变化序列所示，其中动力温度变化则是由气候系统内部变率所主导，辐射温度变化则由 CO_2 排放等人为原因所主导。研究结果指出在加速增温时期，动力温度呈现出上升趋势，动力增温与辐射增温相叠加造成这一时期加速增温，而增温减缓是由动力降温抵消辐射增温所致的，其中，动力降温主要是由 NAO、PDO、AMO 的共同作用导致的。同时，Huang 等（2017b）进一步针对"增温减缓"这一现象探究了北半球陆地降温对全球增温减缓的贡献及其动力机制。研究表明，在增温减缓时期的冷季，北半球陆地对于北半球的降温贡献可达到 66%，其中拥有大面积干旱半干旱区域的欧亚大陆与北美为最主要降温区。Huang 等（2017b）利用集合经验模态分解（EEMD）得出了温度的年代际调制振荡（DMO）与温度变化的长期趋势，如图 10.5 所示。研究结果表明温度变化的长期趋势持续上升，而 DMO 则呈现出振荡的变化特征。在增温加速期间 DMO 呈现上升趋势，上升的 DMO 与温度的长期上升趋势作用相叠加使得这一时期北半球呈现出迅速升温的现象；而在增温减缓期间 DMO 呈现出下降趋势，抵消了温度的长期上升趋势，从而造成了全球增温减缓。Guan 等（2015a，2105b）和 Huang 等（2017b）的研究均表明年代际信号是造成增温加速和增温减缓阶段性转变的原因。其中陆地降温主要由海陆热力差在增温减缓

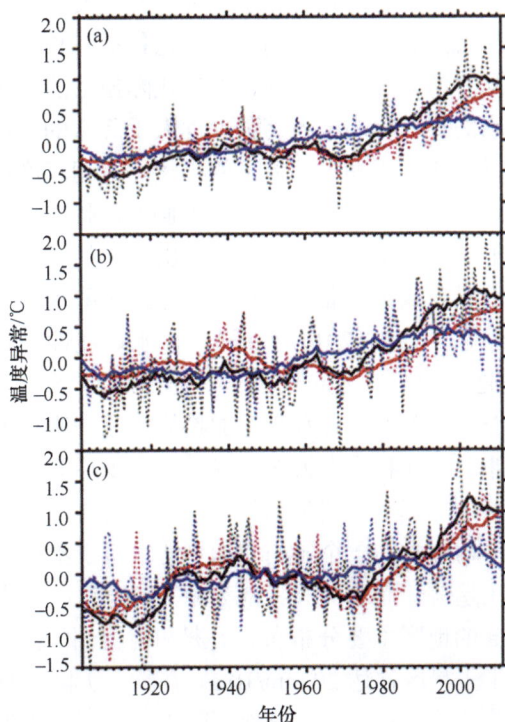

图 10.4　北半球（a）、欧亚（b）、北美（c）原始温度（黑线）、动力温度（蓝线）和辐射温度（红色）区域
平均时间序列（Guan et al.，2015a）

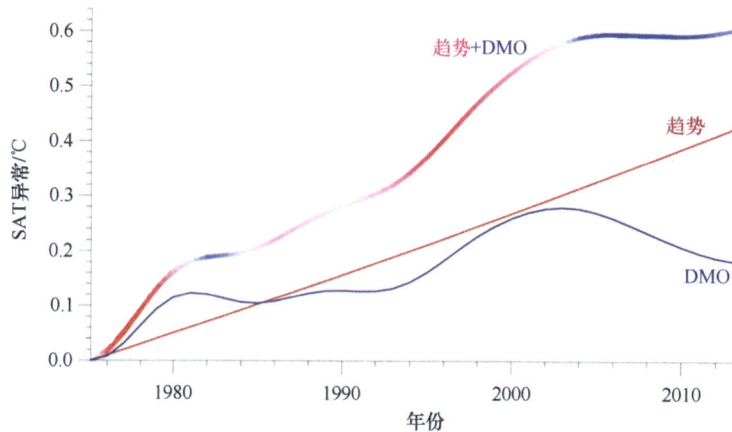

图 10.5　EEMD 分解得出的全球平均温度长期趋势、年代际调制振荡（DMO）
以及二者之和的时间序列（Huang et al.，2017b）

时期发生位相转变所致。增温减缓期间，海陆热力差异增大，行星波活动增强，西风减弱，导致 10d 以上阻塞次数和天数增加，进而导致内陆地区的冷空气活动增多，如北半球干旱半干旱区，出现地表温度降低现象。该理论不仅补充解释了热带海洋导致北半球"增温减缓"的动力机制，也进一步阐明了气候系统内部年代际振荡所处的位相组合以及海陆热力差异主导的大气环流变化在增温减缓过程中发挥着不可忽视的作用。

10.2.2　降水变化

在全球增温背景下（IPCC，2007，2013），陆地降水也发生了显著的变化，并且降水变化区域差异明显。过去近半个世纪全球陆地降水存在多时空变化特征，从时间演变来看，降水的年代尺度变化既包括年代际、多年代际的振荡，也包括其长期趋势。因此，不仅要关注其长期趋势的问题，也要同时考虑降水年代际、多年代际振荡的变化规律。研究表明过去近半个世纪全球陆地平均降水的年代际周期振荡强度远大于降水的长期趋势，二者的共同作用使全球陆地平均降水呈现以年代际周期振荡为主的年代际时间尺度特征（马柱国和符淙斌，2007）。同样，在全球一致增暖背景下，干旱半干旱地区降水的变化时间以年代际变化特征为主导。同时，在空间上干旱半干旱区降水变化呈现出显著的区域差异，例如，过去近半个世纪非洲和东亚地区的降水显著减少，北美和欧洲部分地区降水则呈现增加趋势（马柱国和符淙斌，2007）。图 10.6 给出了 1951~2010 年全球年降水量线性趋势的空间分布。由图 10.6可以看出，陆地降水长期趋势的全球分布极其不均匀。对比全球及东西半球降水变化发现（图 10.6），西半球（北美洲和南美洲）降水为增加趋势的范围明显大于降水为减少趋势的范围，东半球（欧亚大陆、非洲大陆和澳洲大陆）降水为减少趋势的范围大于降水为增加趋势的范围，即 1951~2010 年西半球降水为增加趋势，东半球为减少趋势，东西半球陆地降水的趋势相反，使得全球陆地平均降水是一个弱的增加趋势。对于不同地区而言，非洲和东亚地区仍然维持着明显的干旱化趋势，而北美洲和南美洲大部分地区降水呈显著的增加趋势。降水增加趋势大于 15mm/10 a 的地区主要分布在北美洲和南美洲的部分地区，而降水减少趋势最大的地区主要为北非的半干旱区，达 20 mm/10 a。在欧亚大陆，45°~67.5°N 有一带状的降水呈增加趋势的区域；南美的亚马孙流域部分地区降水有明显减少的趋势。中国东部呈现南涝北旱，北方呈现西部降水增多、东部降水减少的空间分布格局（徐保梁等，2017），与马柱国和符淙斌（2007）的结论一致。Li 等（2015）也指出了中国降水在西北大部分地区呈现增加趋势，而在东北、华北及西南部降水呈减少趋势。同时，中国干旱区和半干旱区降水表现出相反的变化趋势，即干旱区降水增多，而半干旱区降水则减少。干旱趋势分布与研究降水得到的分布型一致，即西北大部分地区变湿，而东北、华北及西南部地区变干。

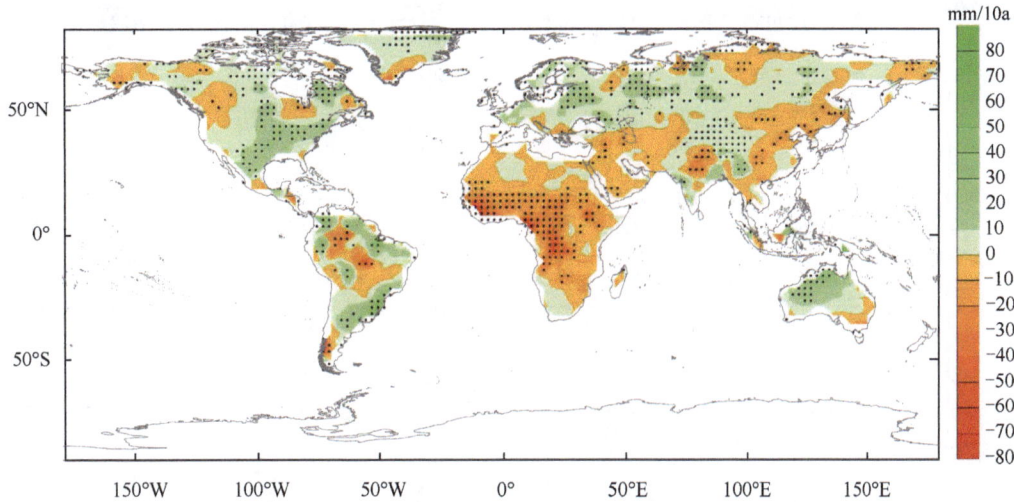

图 10.6 1951~2010 年全球陆地年降水量的线性趋势分布（徐保梁等，2017）
黑点表示通过 95%的信度检验

干旱半干旱地区是对水分变化最敏感的地区，常常由于降水无法满足潜在蒸发的需求而出现缺水状态。根据陆地降水变化的空间分布可知（图 10.6），全球增暖背景下干旱半干旱地区的降水变化存在显著的区域差异（施雅风等，2002；马柱国和符淙斌，2006；马柱国，2007；Ault and George，2010）。大量事实表明，过去近百年全球干旱半干旱区变得越来越干（Nicholson et al.，1998；Nicholson and Grist，2001；马柱国和邵丽娟，2006；Narisma et al.，2007）。以往关于全球和区域降水变化的研究已取得了一系列有意义的进展（Huang et al.，2011；Ding et al.，2009；Rasmusson and Akin，1993；Trenberth，2011；Gu and Adler，2013，2015），但对全球干旱半干旱区不同尺度降水年代际变化的比较研究较少。同时，近百年的全球重大干旱事件多发生在干旱半干旱地区，且多为年代尺度的气候变化，而降水是年代尺度干旱形成的重要影响因子之一。因此，研究干旱半干旱地区降水变化特征具有重要的科学指导意义（Delworth and Manabe，1993；符淙斌和黄燕，1996；王绍武和朱锦红，1999；李崇银等，2002；黄荣辉等，2006；马柱国和符淙斌，2007；Fu et al.，2008）。图 10.7 给出了北美、华北、北非及中亚干旱半干旱区四个典型代表区的年代际振荡、趋势和年代尺度合成降水变化（徐保梁等，2017），通过分析其演变特征，可以认识全球典型干旱半干旱区的年代尺度降水演变特征及其区域差异。由图 10.7 可以看出，四个典型区具有不同的年代际振荡周期。北美和中亚都具有约 30 年的年代际周期且位相基本一致，二者的趋势项均为正值，且分别在 1971 年和 1975 年转为偏湿的时段。华北与北美及中亚的年代际周期基本相等且位相相差不大，但长期趋势却是反向的。值得注意的是，北非的年代际周期位相和趋势与其他三个地区明显不同，这也是华北与北非的重要区别。以往研究发现，北非与华北的长期变化具有类似的特征（严中伟等，1990；马柱国和符淙斌，2007），但限于研究方法，无法揭示两个地区年代际尺度变化的特征差异。另外，如表 10.2 所示，华北的干旱化趋势持续时间最长，达 38 年，其次为北非（34 年）、北美（17 年），尽管中亚干旱化持续时间最短，但在过去 60 年却出现了两次干旱化趋势。相对于干旱化,中亚湿润化的持续时间相对较短,但出现的频次较多。除了北非以外,其他三个地区都出现了两次湿润化时期。表明四个典型干旱半干旱区降水的年代际尺度变化具有明显的区域差异。

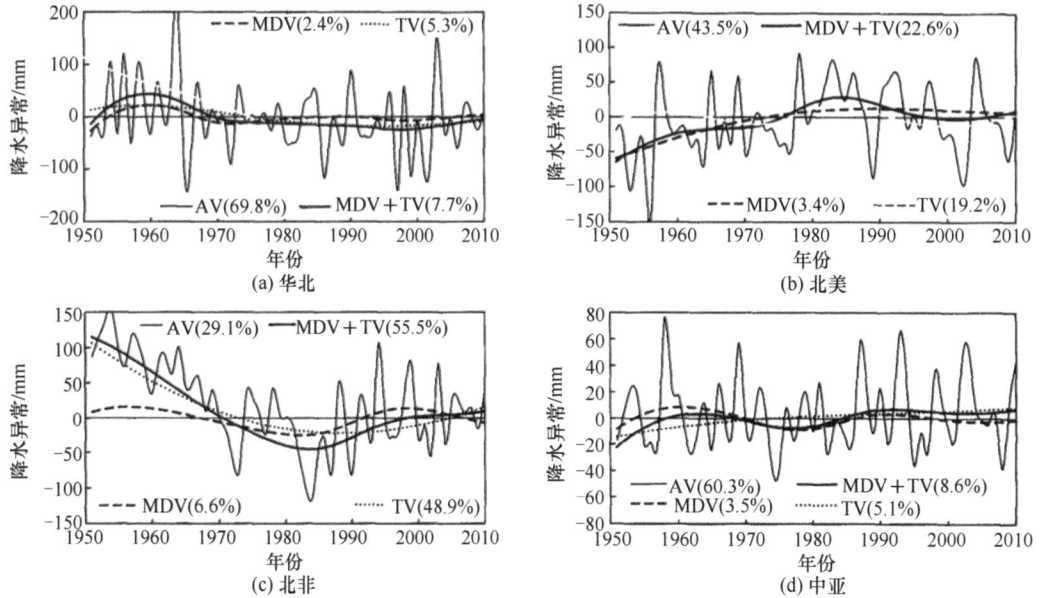

图 10.7 利用 EEMD 方法提取的全球四个典型干旱半干旱区平均年降水量的多时间尺度变化特征
(徐保梁等,2017)

其中 AV(annual variability)为降水的年际变化,MDV(multi-decadal variability)为多年代际变化,TV(trend variability)为长期趋势的变化,MDV+TV 表示多年代尺度变化,括号中数字为各分量的方差贡献率

表 10.2 典型干旱半干旱区平均年降水量趋势及年代际干湿振荡的时间统计(徐保梁等,2017)

项目	时段	时间统计(年份)			
		北美	华北	北非	中亚
趋势	干旱时段	1985~2001	1961~1998	1951~1984	1964~1977
					1993~2003
	湿润时段	1951~1984	1951~1960	1985~2010	1951~1963
		2001~2010	1999~2010		1978~1992
年代际振荡	干旱时段	1951~1974	1970~2010	1969~2010	1951~1958
					1969~1984
	湿润时段	1975~2010	1952~1969	1951~1968	1959~1968
					1985~2010

对于全球变暖背景下干旱半干旱地区年代际尺度降水演变的区域差异,已有研究表明 NAO、PDO、AMO 等年代际信号不仅通过影响大气环流异常造成全球增温加速和增温减缓,而且通过这种大气环流异常间接影响不同地区的降水演变。例如,已有研究利用大气环流模式(atmospheric general circulation model,AGCM)将 SST 作为强迫场进行模拟,研究结果表明海洋在萨赫勒地区的半干旱气候变化中起到了极其重要的作用,萨赫勒地区在 20 世纪 70~80 年代的严重干旱主要是由热带大西洋和印度洋变暖造成的(Giannini et al.,2003;Bader and Latif,2003;Lu and Delworth,2005;Hoerling et al.,2006,2010;Straus and Shukla,2002)。

针对北美地区的许多研究表明，太平洋与大西洋持续的海温异常通过影响大气环流而强烈影响了美国本土的降水（Ting and Wang，1997；Dai and Wigley，2000；Schubert et al.，2009；Mo et al.，2009；Hu and Feng，2012；Dai，2013b；Dong and Dai，2015），尤其是太平洋，对于美国西部的干旱半干旱区的降水起到了极其重要的作用，超过一半的美国本土年代际干旱是由 PDO 与 AMO 位相变化所致（McCabe et al.，2004）。值得注意的是，亚洲地区的干旱半干旱区气候变化与 PDO 联系密切，在 PDO 的暖相位时期，中国北部的半干旱区会更易于出现干旱现象（Ma and Fu，2003，2006；马柱国和邵丽娟，2006；Ma，2007；Qian and Zhou，2014；Yang et al.，2017）。因此，众多研究结果均表明我国及全球干旱半干旱地区年代际尺度的降水变化与年代际信号因子的位相转变密切相关。

10.2.3　干旱指数的变化

IPCC 第五次评估报告指出，在全球气候变暖背景下未来高温热浪天气将会频繁发生，一些干旱的地区可能更加干燥，而湿润地区可能有更多降水。干旱的频繁发生和长期持续不但会给社会经济，特别是农业生产带来巨大损失，还会造成水资源短缺、荒漠化加剧、沙尘暴频发等诸多生态和环境方面的不利影响，甚至会造成国家社会不安。通过分析 1948~2008 年全球不同半干旱地区的 AI 时空变化特征，Huang 等（2016b）发现干旱半干旱地区不是一个固定的分布，而是存在动态的改变（图 10.8）。半湿润（半干旱）到半干旱（干旱）的转变主要发生在东亚、北非、南非及澳大利亚东部。而半干旱（干旱）向半湿润/湿润（半干旱）过渡的区域主要分布在澳大利亚中部/西部、北美和南美洲南部，即东亚、北非、南非及澳大利亚东部出现了干旱化趋势（AI 呈现下降趋势）；相比之下，中亚、澳大利亚中部/西部、北美及南美的半干旱区越来越湿润。因此，除澳大利亚中部/西部以外，东半球主要表现为干旱化，而北美和南美中纬度则变得湿润。Cai 等（2012）也指出自 20 世纪 70 年代后期开始，南半球半干旱地区，如智利南海岸、南非和南澳大利亚，在秋季表现为变干趋势，尤其是 4~5 月变干最为显著。土壤湿度变化趋势同样表明过去近 60 年来全球总体呈现为显著的土壤干旱化趋势，主要表现为东亚和北非地区的土壤干旱化（Cheng et al.，2015；Cheng and Huang，

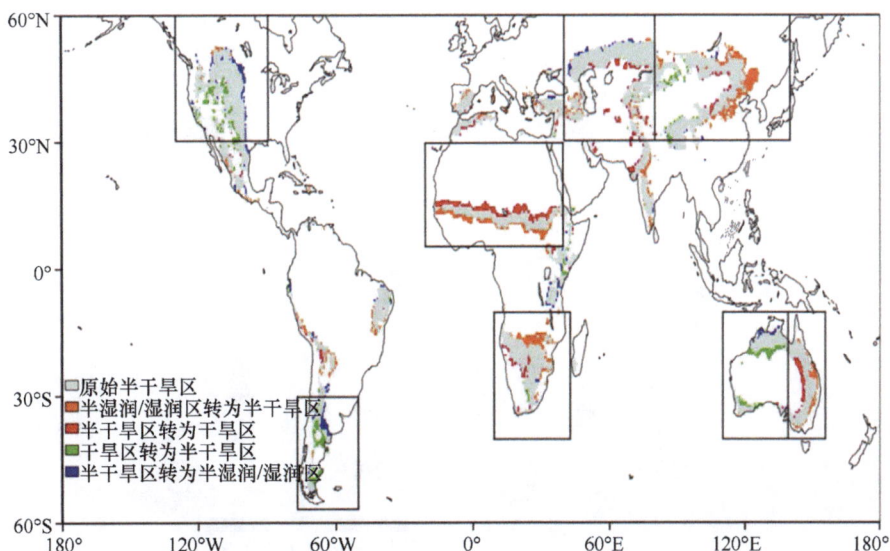

图 10.8　半干旱地区的全球分布及 1990~2004 年相对于 1948~1962 年半干旱区发生气候类型转变的空间分布（Huang et al.，2016b）

2016）。此外，北美和东亚的两个温带半干旱地区呈现出不同的变化特征，通过对比这两个区域的 AI、潜在蒸散发（PET）及降水变化，发现 AI 在东亚半干旱区呈现下降趋势，但在北美半干旱区呈现上升趋势；PET 在东亚半干旱区增大，但在北美半干旱区减小；降水与AI 的结果一致。这说明东亚大部分半干旱和半湿润区变得更加干旱，而北美半干旱地区变得更加潮湿。这些地区的干旱化趋势同样也体现在河流流量记录、PDSI 及土壤湿度的变化特征中（Zhao and Dai，2016；Cheng et al.，2015；Cheng and Huang，2016）。Li 等（2015）通过分析中国地区 AI 的变化趋势发现中国北方呈现显著的干旱化趋势，且主要出现在黄河中下游、黑龙江省和甘肃省。

非洲、南欧、东亚和澳大利亚东部等地区的干旱化趋势使全球干旱半干旱区面积持续增加（Dai，2011a，2011b，2013a；Zhao and Dai，2016；Huang et al.，2017c；Fu and Mao，2017），这种干旱化趋势很大程度上与 PDO 导致的降水量减少和 20 世纪 80 年代以来的迅速升温有密切关系（Dai，2013a；Zhao and Dai，2016）。例如，Trenberth 等（2014）指出自然变化，尤其是 ENSO 在全球干湿变化中起重要作用。同时，由于受到 PDO 的影响和调控，在冷暖不同的 PDO 位相下，ENSO 所导致的干湿变化强度将会发生改变。Wang 等（2014）通过采用自校准的 PDSI 干旱指数分析了在 PDO 和 ENSO 共同影响下全球陆地干湿变化分布。结果发现当 ENSO 与 PDO 同位相时，厄尔尼诺事件造成的干旱异常和湿润异常的强度要剧烈得多，而且影响范围增大；当 PDO 与 ENSO 反位相时，厄尔尼诺事件造成的干湿异常强度相对较弱，有些区域的干湿异常甚至会消失（图 10.9）。此外，全球增温减缓背景下，干旱半干旱地区的干旱指数的年代际变化特征同样显著，Guan 等（2017）的最新研究表明，增温减缓时期北半球中高纬度地区的长期干旱出现了缓解（即 AI 呈增大趋势），缓解区主要包括欧

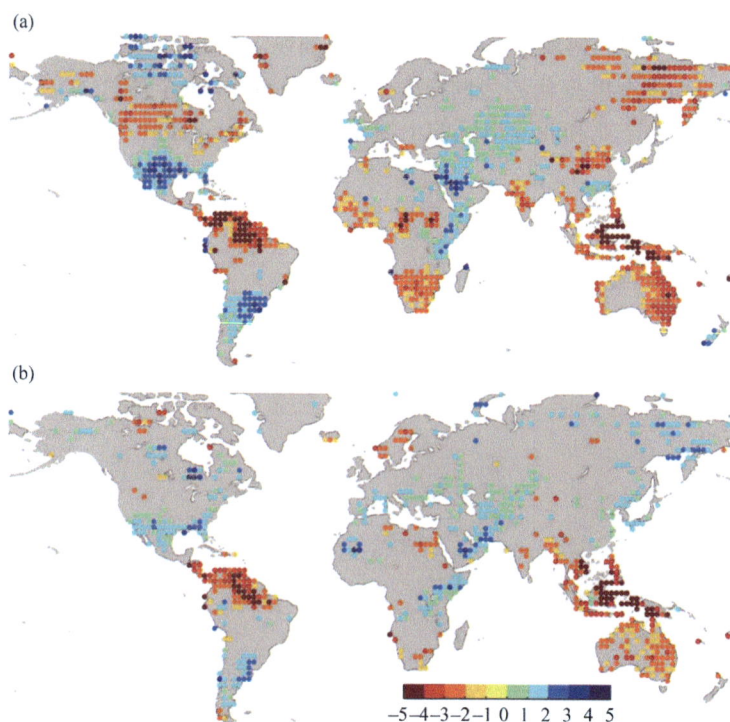

图 10.9　ENSO 和 PDO 同位相（a）和反位相（b）时，厄尔尼诺与拉尼娜造成的干湿变化的差值分布
（Wang et al.，2014）

亚与北美的干旱半干旱区。增温减缓期间，这些地区的干旱化缓解趋势主要是由于温度在此期间虽仍处在高位，但年代际信号因子（NAO、PDO、AMO 等）的相位转变造成的大气环流异常导致了降水增加，且潜在蒸散发变化不显著，因此 AI 也随之增大，如图 10.10 所示。Guan 等（2017）进一步利用动力调整法将 AI 分解为动力主导的 AI（DAI）与辐射强迫的 AI（RAI），分析发现 AI 的反转是由 DAI 的下降趋势减缓主导的，DAI 的下降趋势减缓与 NAO、PDO、AMO 等年代际信号因子的相位变化密不可分。同时 Guan 等（2017）还指出，虽然在增温减缓期间北半球中高纬度地区的长期干旱出现了缓解，但这只是暂时的，一旦 NAO、PDO、AMO 等年代际信号因子相位发生改变，全球将继续转向加速增温，现有的欧亚地区变干减缓现象也会随之消失。

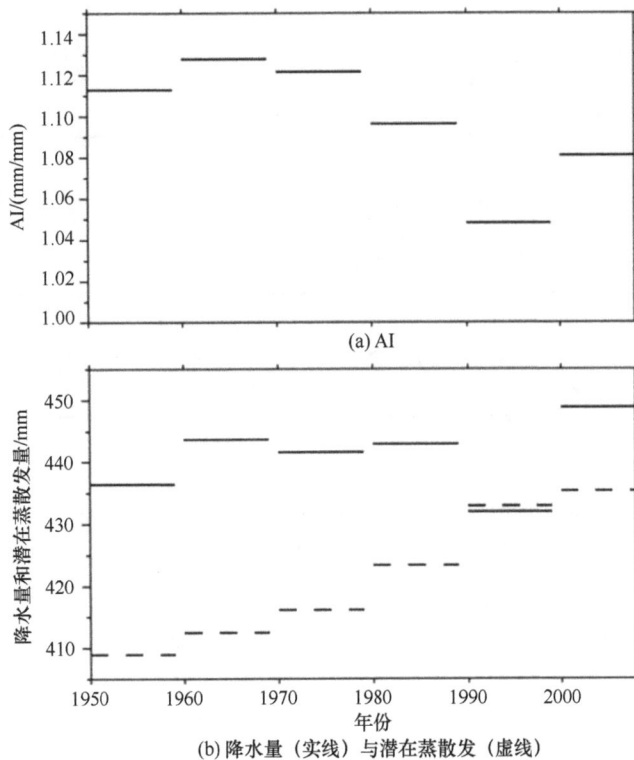

图 10.10　不同变量的年代际变化（Guan et al.，2017）

10.2.4　干旱半干旱区的扩张

在全球干旱半干旱区面积扩张背景下（图 10.11），中国半干旱区的面积在过去半个世纪同样出现了显著扩张（马柱国和符淙斌，2005；Li and Ma，2012；Li et al.，2015）。图 10.12 给出了中国干旱半干旱区面积随时间的演变特征。1948~2008 年我国总的干旱半干旱区面积持续增加，其中，半干旱区的面积扩张速率最快，达到 $0.588×10^5\ km^2/10a$，干旱区扩张为弱的增加趋势（$0.165×10^5\ km^2/10a$）。在近 10 年（2009~2018 年），中国半干旱区面积扩大了约 10%，而极端干旱区面积缩小了约 25%。过去 68 年中国干旱半干旱区最大的扩张发生在半干旱区，其面积的大幅扩张与半湿润区面积的减少有关。研究指出，中国北方干旱或半干旱区的边界向东或向南扩展了 150~300 km（马柱国和符淙斌，2005），黄河中游的南部边界也向南扩展了大约 1 个纬度。符淙斌和马柱国（2008）指出中国西北东部和华北地区在 20 世纪 70 年代末发生了明显的由湿转干的年代际转折性变化，这两个地区与东北的东南部均呈现出

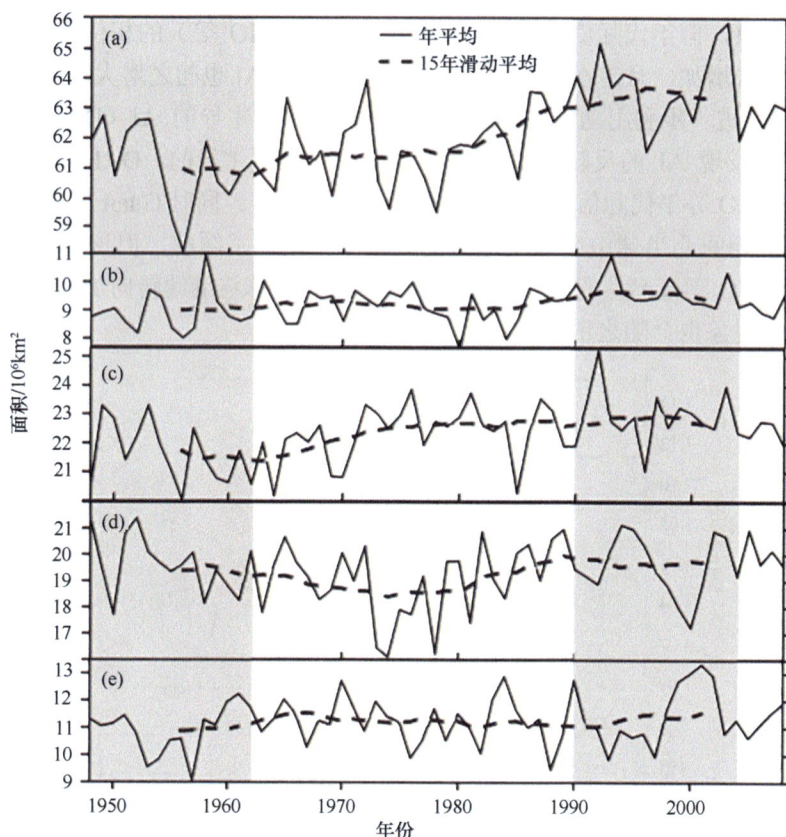

图 10.11　1948~2008 年全球总的干旱区（a）、半湿润区（b）、半干旱区（c）、干旱区（d）和极端干旱区（e）面积的时间变化（Huang et al.，2016b）

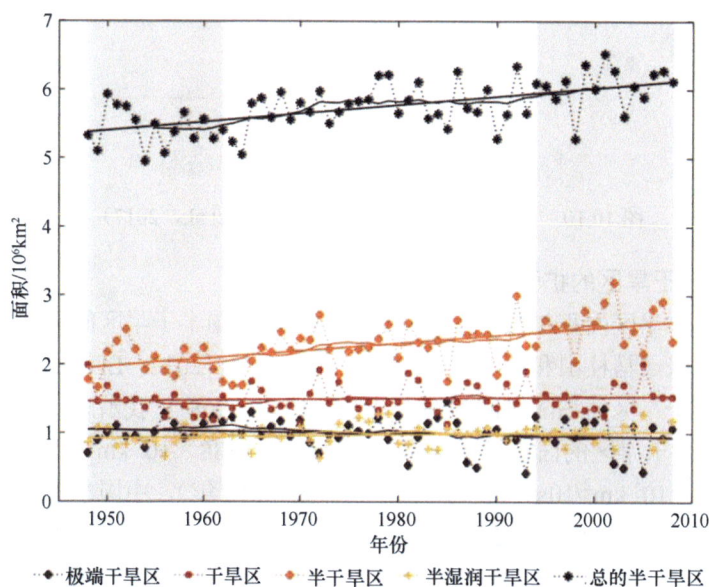

图 10.12　中国北方干旱半干旱区及各子区面积的时间演变序列（Huang et al.，2016b）

虚线为原始面积，实曲线为 15 年滑动平均的结果，直线为趋势

显著的干旱化扩张趋势，且 80 年代以后，这三个地区的极端干旱发生频率明显增大，其中东北地区增大的幅度最大。总的来说，中国半干旱区面积扩张主要是由半湿润区向半干旱区转化引起的，这些地区的降水减少及潜在蒸散发增加的共同作用导致其干旱化加剧。相比于中国，Huang 等（2016b）进一步指出，从全球来看，东半球的干旱半干旱区面积持续扩张，而西半球则表现为缩小趋势，且北美湿润化地区面积约为干旱化地区面积的 10 倍。东半球干旱半干旱区的干旱化引起面积扩张的主要原因是湿润、半湿润区向半干旱区转变，这种半干旱区的干旱化扩张最显著的地区在东亚，并且东亚半干旱区扩张对全球半干旱区的干旱化扩张贡献了将近 50%（图 10.8）。Feng 和 Fu（2013）指出 20 世纪 70 年代南半球大面积降水异常有助于南半球干旱地区面积减少和半干旱区面积增加。Dai 等（2004）的研究结果也表明自 20 世纪 70 年代以来，全球极端干旱区面积增加超过一倍，并且极端湿润地区面积有所减少。此外，观测数据表明干旱半干旱区扩张的总面积是 CMIP5 20 个气候模式集合平均结果的 4 倍，集合平均模拟结果偏低的主要原因是模式结果高估了区域平均降水量，尤其是非洲的萨赫勒、东亚以及澳大利亚东部等半干旱及半湿润地区的降水（Huang et al.，2016b；Ji et al.，2015）。

10.3　年代际干旱半干旱气候变化的驱动机制

干旱半干旱区是对气候变化最为敏感的地区之一，也是人类活动最活跃的地区之一，其变化机理既受气候系统内部变率的控制又受人类活动的影响，气候变化成因极其复杂，本节将从气候系统内部变率影响的三个方面进行分析：①中高纬环流的影响；②青藏高原的影响；③大尺度海洋的影响。

10.3.1　中高纬环流的影响

我国干旱半干旱地区东西跨度大，包括受季风影响较大的东部季风区，以及受西风气流影响较大的西北内陆区，其气候变化特征和成因具有多样性和复杂性。其中，北半球中高纬度的环流系统是影响我国干旱半干旱地区气候的重要因素，主要包括北极涛动、北大西洋涛动、阻塞高压，以及西风急流和一些大气遥相关波列等。

1. 北极涛动

北极涛动（AO）是一种行星尺度的大气环流模态，表现为北极地区与其周围环状地区间气压的跷跷板式变化，对整个中高纬地区的气候都有重要影响。

夏季 AO 对中国西北地区和华北地区干湿特征的影响相反。对于西北地区，二者在年代际尺度上存在显著的正相关关系。当 AO 正位相时，贝加尔湖地区及其下方有较强的反气旋性环流异常，使得西北地区的西风带出现西风距平，水汽的输送增大，降水增多（王鹏祥等，2007）；而对于华北地区，当 AO 正位相时，海平面气压场在东亚大陆为正距平，在太平洋为负距平，海陆间气压梯度力减弱，导致季风区出现偏北风异常，不利于水汽向北推进，这也是导致华北干旱加剧的环流背景之一（琚建华等，2006）。此外，与 AO 相关的极涡的变化也会与东亚季风系统相配置，影响中国夏季大尺度的旱涝分布（季飞等，2014）。对冬季而言，AO 可以通过激发欧亚型（EU）遥相关波列，影响西伯利亚高压和东亚大槽，进而导致华北地区气温异常，例如在冬季 AO 的高指数年，西伯利亚高压减弱，东亚大槽变弱，冬季风减弱，华北地区偏暖（何春和何金海，2003）。此外，在 AO 正位相年，沙尘暴的频次和强度也会减小，这一方面是由于冬季风减弱、贝加尔湖阻塞高压强盛，华北和西北地区位于贝加尔湖阻塞高压底部暖区里，中高纬冷空气的活动较弱且频次减小，不利于大风、寒潮天气的发生；另一方面则是由于作为沙源的西北和内蒙古地区降水偏多，气候偏湿，不利于起沙（Ding et al.，2005；康杜娟和王会军，2005；郑广芬等，2009）。

2. 北大西洋涛动

北大西洋涛动（NAO）是指北大西洋亚速尔高压和冰岛低压之间气压的反向变化关系，是北大西洋地区最显著的大气模态，具有明显的年际和年代际变化特征（Thompson and Wallace，2000；龚道溢等，2001）。虽然该模态中心主要位于大西洋，但基于历史时期代用资料、重建的旱涝资料以及器测资料的许多研究都表明，在年代际尺度上，NAO 可以通过调节西风气流、激发大气遥相关波列等，对中国干旱半干旱地区的温度、降水以及沙尘等不同方面产生重要影响（Chen et al.，2010；Guan et al.，2015a）。

从降水上，符淙斌和曾昭美（2005）通过研究重建的 530 年中国东部夏季旱涝等级序列发现，冬季的 NAO 与中国东部（尤其是其北部地区）夏季的旱涝具有相似的年代际振荡特征。而夏季的 NAO 则可通过斯堪的纳维亚半岛—中欧—西亚和中亚的准静止波列，对新疆地区同期降水产生影响（杨莲梅和张庆云，2008）。此外，NAO 对干旱区干湿变化的影响也存在滞后效应，Wang 等（2015）指出，NAO 的正位相会使得中纬度地区西风气流北移并加强，导致其带来的水汽输送增大，使得其后期干旱区的干旱长度和频率减小。从温度上看，NAO 是影响干旱半干旱区冷季地表温度的重要因子（Guan et al.，2015a）。夏季的 NAO 正位相时，亚洲急流入口区会产生低层辐散增强，然后通过埃克曼抽吸引起高层的辐合异常，进而激发沿高层急流传播的纬向准静力正压罗斯贝波，将环流异常传至东亚地区，引起我国干旱半干旱地区的环流异常（Sun et al.，2008）。此外，NAO 也会影响干旱半干旱区沙尘暴的发生频率。Zhao 等（2013）的研究指出，冬季的 NAO 会通过调节中纬度从大西洋至太平洋的大气波列从而在年代际和年际尺度上影响春季塔里木盆地沙尘的发生频率，在强 NAO 年份，该波列造成的中国西北地区的环流异常一方面在高层使得冷空气难以入侵，而另一方面在低层使得近地面风速减弱，这两方面都使得沙尘暴的发生频率变小。

3. 阻塞高压

我国北面的阻塞高压反映了中高纬度冷空气活动的异常。阻塞高压与其他不同纬度环流系统共同作用，影响冷暖气流的输送和交汇，造成中国干旱半干旱地区的气候异常（李维京等，2003）。

贝加尔湖、乌拉尔山及鄂霍茨克海地区的阻塞高压是影响华北地区降水变化的重要因子（孙安健和高波，2000；李春等，2002；李春和孙照渤，2003）。在阻塞高压的频发期，中纬度西风带在贝加尔湖附近发生分支，分别在高纬度、副热带地区形成极地锋区和副热带锋区，华北地区处于两个锋区之间，造成华北地区夏季干旱。同时，副热带高压的位置偏南，使得夏季风偏弱，华北地区降水偏少；在阻塞高压的少发期，大气环流异常则相反，华北地区降水偏多。因此，在 20 世纪 70 年代中期之前，贝加尔湖阻塞高压发生频率低，华北地区夏季多雨；而在 70 年代之后，贝加尔湖阻塞高压发生频率高，华北地区夏季则少雨。

4. 其他环流系统

除上述因子外，北半球中高纬度的其他环流系统也会对干旱半干旱地区的气候变化产生影响。

Li 等（2012）指出，西伯利亚高压的年代际减弱是导致 1960~2010 年我国西北干旱区地表气温的升高速率高于其他地区的重要原因。欧亚大陆中纬度地区的波列异常也会对干旱半干旱地区的降水异常产生影响（张庆云等，2003；Ding et al.，2005；周连童，2009；王远皓等，2012）。例如，当对流层中下层位于乌拉尔山东侧的高压脊异常偏强，贝加尔湖附近及其以东地区为低压槽所控制，并且西太平洋副热带高压加深北抬时，西北干旱半干旱区降水往往偏多。特别是当低压槽位于贝加尔湖东侧且伸展到日本时，通常对应着 100°E 以西的干旱半干旱区夏季降水偏多；而当低压槽位于贝加尔湖南侧且中亚里海附近有显著的高度负异常时，往往对应着 100°E 以东地区夏季降水偏多（王远皓等，2012）。此外，也有研究指出亚洲—太平洋涛动（Li et al.，2013）等对干旱半干旱地区气候变化的影响。

由上述研究可见，中高纬环流系统的年代际变化可以通过影响冷空气的路径和强度、西风气流对水汽的输送、激发遥相关波列造成局地环流异常、影响低纬度系统的活动等，对我国干旱半干旱地区的年代际气候变化产生作用。因此，理解这些系统的年代际变化特征及其未来可能变化，掌握其对干旱半干旱区气候变化的影响机制在未来的研究中十分重要。尤其考虑到我国干旱半干旱区气候特征和影响因子的复杂性，需要着重研究同一个因子对不同地区影响的差异性，以及不同纬度影响因子间的协同作用。

10.3.2　青藏高原的影响

青藏高原是世界上海拔最高且地形最复杂的高原，它在中国、亚洲甚至全球的天气气候系统中都起着非常重要的作用（叶笃正和高由禧，1979；吴国雄等，2005）。青藏高原对大气环流的影响主要有动力和热力作用：动力方面主要是高原大地形的机械阻挡作用，它的上空有强大的辐散而对周围大气运动起到"气泵"作用，同时对南来的气流起到阻挡、牵引作用，对中纬度西风气流有分流作用；热力方面主要是高原对大气的非绝热加热，其中以感热和有效辐射为主。作为东亚季风气候系统的一个重要组成部分（黄荣辉等，1999b），青藏高原的动力和热力作用直接影响东亚夏季风大气环流的形成与增强以及夏季风的爆发、季节演变与季风雨带的进退，进而影响中国大范围和长期的旱涝等天气气候的形成和演变。这就是说，东亚夏季风是青藏高原影响中国旱涝分布格局的关键媒介。

作为典型的半干旱区，华北地区的干湿变化与东亚夏季风的强弱紧密相关。已有研究指出，1948~2017 年东亚夏季风强度总体上呈现出显著的减弱趋势，并具有显著的年代际演变特征（Wang，2001；Ding et al.，2008；Si and Ding，2012，2013；丁一汇等，2013）。20 世纪 50~70 年代，东亚夏季风异常偏强，季风雨带异常偏北，造成华北地区降水偏多；70 年代末夏季风突然减弱，导致季风雨带滞留在长江流域，使得长江流域降水偏多，华北地区降水偏少；20 世纪 90 年代中后期以后，东亚夏季风又开始增强，华北地区降水偏多。

在 20 世纪 70 年代末与 90 年代中后期这两个关键的时间节点上，青藏高原的诸多要素均发生了显著的年代际变化，并被认为是引起中国东部旱涝分布格局的重要原因之一（黄刚和周连童，2004；朱玉祥等，2007，2009；Duan and Wu，2008；Ding et al.，2009；Liu et al.，2012a；Wu et al.，2012；李维京等，2016）。下文将分别介绍在这两个时间节点上青藏高原陆气过程的年代际变化及其影响中国东部旱涝分布格局的动力学机制。

1. 20 世纪 70 年代末

青藏高原的诸多要素均发生了显著的年代际突变，其中最显著的是青藏高原西侧绕流的年代际减弱和冬春积雪的年代际增加。

黄刚和周连童（2004）研究发现青藏高原西侧绕流偏北风系与东亚夏季风和华北地区夏季降水关系密切。1977 年以后，青藏高原西侧绕流偏北风系显著减弱，可能导致了东亚夏季风偏南风分量的减弱，使得输向华北地区的水汽显著减少，引起华北地区降水减少。

韦志刚等（2002）研究发现自 20 世纪 70 年代后半期开始，青藏高原积雪厚度、天数增加。冬春积雪的增加降低了地表温度，减弱了地面热源。朱玉祥等（2007）指出其内在机制是：积雪初期，其对太阳短波辐射的反射增加，使得青藏高原地面对太阳辐射能量的吸收减少；积雪融化时期，融雪吸收溶解热；雪融化以后，积雪融水形成的湿土壤与大气发生长期相互作用，以潜热的形式把地表的热量带走。青藏高原地表温度的降低和地面热源的减弱减少了青藏高原地面往大气的热量输送，致使青藏高原及其附近地区大气热源减弱。这就是说，青藏高原积雪的年代际增加在一定程度上导致了青藏高原大气热源的年代际减弱（Ding et al.，2009；段安民等，2016；Wang et al.，2018）。

上述变化对应了东亚夏季风的年代际减弱，使得雨带主要集中在长江流域，而华北地区降水减少。其影响过程主要通过以下三种途径：第一，青藏高原春夏季大气热源减弱，使得海陆热力差异减小，东亚夏季风强度减弱，输送到华北地区的水汽减少；同时，青藏高原热源减弱，使得副热带高压偏西，夏季雨带在长江流域维持更长时间；导致 20 世纪 70 年代末以后长江流域降水偏多，而华北地区偏少（图 10.13；朱玉祥等，2007，2009；Ding et al.，2009）；第二，青藏高原春夏季大气热源减弱，使得感热加热引起的上升运动减弱，不利于青藏高原感热通量的向上输送，青藏高原上空的对流层加热减弱，对流层温度偏低，青藏高原南侧温度梯度减小，造成东亚夏季风减弱，华北地区降水偏少（张顺利和陶诗言，2001）；第三，青藏高原春夏季大气热源减弱，使得东亚大槽位置偏东、强度偏弱，冬季南海南部积云对流偏弱，高层辐散偏弱，沃克环流减弱，造成赤道太平洋冬、春季信风弱，易触发厄尔

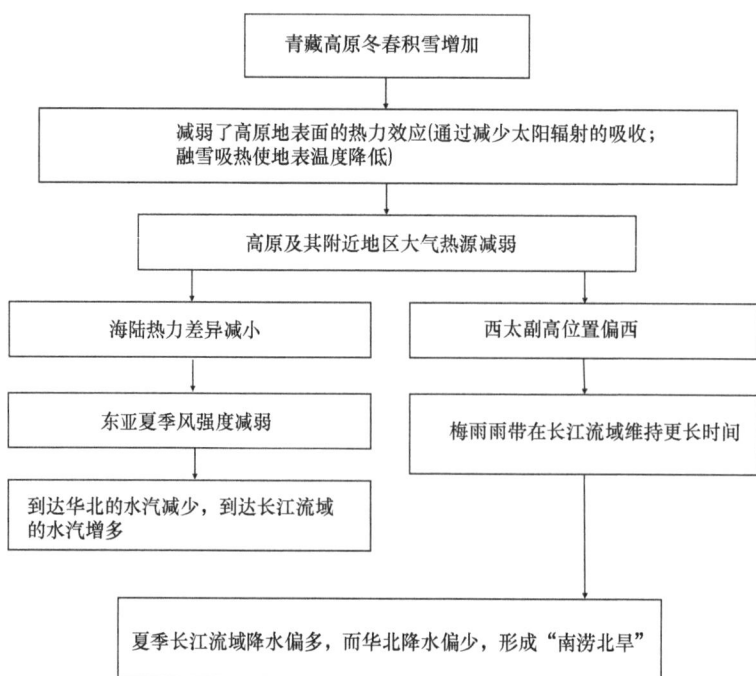

图 10.13　青藏高原大气热源异常对中国东部降水影响的示意图（朱玉祥等，2007）

尼诺事件，北印度洋 SSTA 南高北低，东亚夏季风减弱，华北地区降水偏少（李栋梁和王春学，2011）。

2. 20 世纪 90 年代中后期

郑然和李栋梁（2016）研究发现青藏高原多种气象要素在 20 世纪 90 年代中后期发生了变化，例如，气温持续升高并于 1998 年发生了暖突变；平均风速由显著下降趋势转变为平稳无明显变化；相对湿度由上升转为下降趋势，且下降幅度较大；潜在蒸散发量则由下降趋势转为上升趋势等。此外，青藏高原的冬春积雪在 1997 年以后显著减少（胡豪然和伍清，2016）。

Si 和 Ding（2013）研究发现青藏高原冬春积雪与东亚夏季降水的相关关系在 90 年代末以后发生了显著的变化，二者正相关的区域由长江流域和日本南部向北推至黄河流域和朝鲜半岛。这是因为 2000~2010 年青藏高原冬春积雪显著减少，对应于青藏高原大气热源显著增加（Zhu et al.，2015），结合赤道中东太平洋 SSTA 冷异常，使得海陆间热力差异加大，东亚夏季风强度增大，导致东亚季风雨带北移，从而造成青藏高原冬春积雪与东亚夏季降水的高相关区也向北推移。这也意味着，到达华北地区的水汽增多、降水增加，长江流域降水减少，中国东部降水异常由"南涝北旱"转为了"南旱北涝"。

如上所述，青藏高原陆-气的年代际变化（尤其是积雪）与东亚夏季风的年代际变化有很好的对应关系。但是，需要注意的是，并不能说东亚夏季风的年代际变化完全是由青藏高原陆-气的年代际变化引起的。这是因为二者可能同时受其他外强迫的影响（Si and Ding，2013）。例如，20 世纪 70 年代末，不仅青藏高原积雪发生了年代际突变，全球气候系统中几个主要的大气与海洋涛动，如 ENSO、NAO、NPO、PDO 等都发生了年代际变化。这说明 20 世纪 70 年代末全球海-陆-气耦合系统发生了显著的年代际变化。因此，东亚夏季风的年代际变化是多因子、多时间尺度协同作用的综合结果，青藏高原积雪的年代际突变是引起东亚夏季风强度以及中国旱涝分布格局发生年代际变化的一个重要因子，但并非唯一因子。

10.3.3　海温对干旱半干旱年代际气候变化的影响

全球海洋，尤其是热带海洋，是形成全球干湿分布的一个重要强迫源（华丽娟和马柱国，2009）。Trenberth 等（1998）的研究指出，热带海洋海表温度的异常强迫信号，可以通过哈得来环流被输送到中纬度地区，进而影响中纬度大气准定常波和风暴路径，最终造成全球尺度的大范围环流异常。PDO（Mantua et al.，1997；Mantua and Hare，2002）是一种发生于中北太平洋的类厄尔尼诺型 SST 振荡，其持续时间为 20~30 年，又被称为"年代际厄尔尼诺现象"。IPO 是整个太平洋 SST 的第一模态。一般认为 PDO 是 IPO 北太平洋的一部分。已有的研究指出我国华北地区从 20 世纪 70 年代中后期至 2005 年发生的持续性干旱与 1976 年 PDO 由冷位相向暖位相的转变密切相关（马柱国和邵丽娟，2006；马柱国，2007）。IPO 的冷、暖位相分别对应美国中西部降水的偏少与偏多（Dai，2013b）。

大西洋 SST 异常对全球气候干湿变化的影响也不容忽视（Sutton and Hodson，2005；Knight et al.，2006；Zhang and Delworth，2006）。赤道太平洋与大西洋的 SST 异常都会影响南美洲东南部降水，但作用的时间尺度不同。其中，赤道太平洋主要作用于年际时间尺度，而赤道大西洋则作用于年代际或更长的时间尺度。对应于 20 世纪 AMO 的冷位相，南美洲东南部持续变湿（Seager et al.，2010）。Ting 等（2011）指出，AMO 处于暖位相时，大西洋赤道辐合带（intertropical convergence zone，ITCZ）向北移动，导致非洲 Sahel 西部、赤道北大西洋以及美国中部降水增加，而南非西部、赤道南大西洋及南美洲东部降水减少。

　　Bichet 等（2011）组合不同气候驱动场进行了 27 个敏感性试验，结果指出 SST 变化基本上决定了全球陆地降水的年际和年代际变化。

　　过去，关于全球海温变化对干旱半干旱地区气候变化影响的研究主要集中在北非、北美西部和东亚北部三个干旱半干旱区。过去 30 年，非洲 Sahel 的干旱化是全球气候变化研究的焦点。大量研究表明，热带大西洋和热带印度洋的异常变暖对 Sahel 的干旱化起决定性的作用（Bader and Latif，2003；Giannini et al.，2003；Hagos and Cook，2008）。Manabe 和 Stouffer（1993）、Lu 和 Delworth（2005）则强调了全球海洋对北非干旱化的重要性；不同区域海洋影响北非气候变化的时间尺度不同，太平洋通过 ENSO 过程影响了北非气候的年际变化，而 Sahel 气候的年代际特征与大西洋和印度洋的 SST 变化有关（Giannini et al.，2003，2005）。研究发现北美的年代尺度干旱也起因于太平洋和大西洋海温的异常变化（Manabe et al.，2004；Pegion and Kumar，2010；Vizy and Cook，2010），例如，AMO 对美国西部及墨西哥的持续干旱有重要的影响。中国北方近几十年的干旱化也与 PDO 有关（马柱国，2007）。多模式集成的结果也指出全球海温变化在近百年年代际干旱形成中的重要作用（Findell and Delworth，2010）。尽管在实际海温驱动下数值模拟能够较好地再现 Sahel、北美和东亚年代际干旱的时间变化和持续性特征，但多数模式还不能准确描述降水的变幅，比实际观测的变幅偏小，例如，仍无法解释 20 世纪 30 年代美国的沙尘暴事件（Cook et al.，2009）。这说明了陆气之间反馈的重要性（Giannini et al.，2008）。过去 100 年，全球海温变化在年代尺度干旱形成过程中起着关键作用，决定了干旱的年际和年代际变化特征，同时地表和大气的反馈过程也调节了气候变化的振幅。但是，全球模式的分辨率较粗，不能客观表征不同区域下垫面的非均匀状况，导致难以从全球模式的模拟结果中提取区域尺度地气相互作用的可靠信号。

　　针对干旱半干旱区年代际尺度气候变化的机理问题，过去的研究更多是关注太平洋和大西洋的年代际和多年代际振荡对降水的影响，即 PDO 和 AMO 对干旱半干旱气候的作用。在干旱半干旱区，生态系统和水资源对气候变化，尤其是降水的变化极其敏感，因此，干旱半干旱地区气候变化研究的核心问题是降水的异常变化，对其变化特征、形成机理进行研究和对未来进行预测一直是科学界和政府部门所关注的问题。近年来，中国政府提出了"一带一路"倡议，对其沿途的经济发展具有重要的促进作用。然而，"丝绸之路"发展的主要制约因素是有限的水资源，沿途国家大多数地处干旱半干旱区，水资源短缺严重地影响了区域经济的发展。研究表明，干旱半干旱区降水的长期变化与 PDO 和 AMO 具有密切的关系（马柱国和邵丽娟，2006；Ma，2007；Ma and Fu，2007；Yang et al.，2017），有些地区降水的年代际变化与 AMO 有着显著的关联性，但另外一些地区的年代际干湿变化却与 PDO 的关系密切（马柱国和邵丽娟，2006；Ma，2007；Ma and Fu，2007；McCabe et al.，2004；Hu and Huang，2009）。如研究发现，北非 20 世纪 60 年代开始的干旱化趋势主要归因于 AMO 的影响（Shanahan et al.，2009），PDO 与华北地区和北美西部的年代际干湿变化有关（Ma，2007；Yang et al.，2017，2019），即当 PDO 处于暖位相时，华北地区对应一个持续干旱的时段，而北美西部则对应一个持续多雨的时段。这些结果提升了我们对干旱半干旱区的气候变化形成机理的认识。但问题是过去把 PDO 或者 AMO 完全孤立起来研究其与干旱半干旱区气候变化的关系，这与实际情况不符。最近研究的突出进展就是考虑了 PDO 和 AMO 的协同作用，即根据 PDO 和 AMO 的协同作用认识年代际尺度气候变化的机制（Yang et al.，2017；Zhang et al.，2018）。研究表明，PDO 和 AMO 的协同作用主导了全球陆地降水的年代际变化（Yang et al.，2019），尤其是对干旱半干旱地区气候变化的作用。值得注意的是，PDO 和 AMO 对干旱半干旱区的协同作用具有明显的区域差异，如 PDO 对中国华北地区（马柱国和邵丽娟，2006；马柱国，2007）和北美西部地区降水的年代际变化产生重要的影响，AMO 的作用次之（Yang et al.，2019）；但在北非地区，AMO 的影响则起着主导作用。在中国东部地区，尤其是 100°E 以东地区，当 PDO 的位相确定时，我国东部降水的年代际变化的分布格局基本确定，而 AMO 的作用对这种分布格局起着加强或者削弱的作用，即当两者同位相时，AMO 起着削弱作用，两者异位相时，AMO 起着加强作用。尽管目前对全球干旱半干旱区年代际气候变化的协同作用及这种协同作用的区域差异取得了新认识，但仍然缺乏对其协同作用各自定量贡献的估算，也缺乏对全球三大洋（太平洋、大西洋和印度洋）海温的协同作用的分析。过去几十年，中国东部降水呈现出显著的年代际变化分布特征，2000 年以前，中国东部降水的年代际变化表现出"南涝北旱"的空间分布格局，即华北地区降水偏少而长江以南地区降水偏多，这种分布格局与 PDO 和 AMO 的协同作用具有密切的关系，且 PDO 主导这种格局的变化。2000 年以后，PDO 由暖位相转为冷位相，而中国东部降水也由原来的"南涝北旱"转变成"南旱北涝"，北方大部分地区的降水由减少趋势转为增加趋势（马柱国等，2018）。其动力学机制可解释为，当 PDO 正位相时，赤道中东太平洋的暖 SST 异常会增加从海洋到大气的感热通量，加热整个热带对流层，使其出现正的温度异常；与此同时，北半球中纬度的对流层温度会异常变冷，从而改变北太平洋及周边地区的经向温度梯度。具体来说，副热带到中纬度地区的经向温度梯度增大，根据热成风原理，该地区的西风增强；而热带和高纬度的经向温度梯度减弱，相应地出现东风异常。这种风场异常使得北太平洋对流层上层出现"南负北正"的涡度切变，即北太平洋北部出现异常气旋，而北太平洋南部出现异常反气旋。由此造成阿留申低压增强，副高也增强。相对应地，在对流层低层，北太平洋北部出现了一个大范围的气旋性风场，在西北太平洋出现了一个反气旋性风场。长江以南地区出现异常西南风，华北地区则出现异常西北风。这种异常风场会削弱东亚夏季风，阻止热带水汽和雨带向北推进，使得华北地区降水减少，而降水更多集中在长江以南地区，中国东部出现"南涝北旱"。当 PDO 负位相时，大气环流的响应则反向，中国东部出现"南旱北涝"（Yang et al.，2017）。

大量研究证明，海温的年代际变化对干旱半干旱区的年代际气候变化具有重要影响，尤其是对年代尺度干旱的影响。PDO 和 AMO 的变化主导了全球陆地降水的年代际变化，而两者的协同作用决定干旱半干旱地区降水的年代际变化特征及趋势，两者协同作用的相对贡献大小具有明显的区域差异。北美西部半干旱区和中国华北地区年代尺度干湿变化主要受 PDO 的影响，AMO 起着一个加强或削弱这种影响的调制作用；北非半干旱区与 AMO 的关系密切，PDO 的作用次之。PDO 和 AMO 通过改变大尺度环流的年代际变化影响全球陆地降水的年代际变化。所要强调的是，除大西洋和太平洋外，IOD 也不可忽视。最近，Zhang 等（2018）对 PDO、AMO 和 IOBM 的共同作用影响东亚夏季降水进行了研究。不难看出，海温的年代际尺度变化对全球陆地年代际降水的变化具有重要的作用。然而，现在还没有定量确定不同区域不同海域的海温年代际变化对某个地区年代际变化的相对贡献，这将是未来研究年代际气候变化形成机理的前沿科学问题之一。

10.4　人类活动对干旱半干旱区气候的影响

10.4.1　温室气体的影响

IPCC 报告指出，1750 年以来大气中 CO_2 浓度的增大是导致人为辐射强迫增加的主要原因，也是导致 20 世纪 50 年代以来全球气候变暖的主要原因（贡献超过 50%，其信度超过 95%）；

近几十年已观测到许多极端天气和气候事件都与人类活动影响有关，包括极端低温事件减少、极端高温热浪事件增多、极端强降水事件增多以及海平面上升等（IPCC，2013）。CMIP5多模式模拟结果也一致表明，如果考虑人类活动引起的温室气体浓度增大，全球平均气温会显著升高，极端高温事件也会明显增加，人为因素引起的气候变暖是导致极端降水事件增加的重要原因；在典型浓度路径中等和高等（RCP4.5和RCP8.5）排放情景下，未来全球地表平均气温将继续升高，热浪、强降水等极端事件的发生频率将继续增大，全球陆地呈现的"干区愈干、湿区愈湿"的趋势将持续加剧（Zhao et al.，2014）。但与观测相比，现有的气候系统模式明显低估了极端降水，且多模式间存在较大的不确定性（Min et al.，2011；Zhou et al.，2014）。

20世纪早期中国区域的气温变化主要受自然因子调控，但20世纪后期的变暖则主要源于温室气体的贡献（满文敏等，2012；Zhao et al.，2016）。CMIP5多模式的模拟结果显示，人为和自然因素的综合强迫作用可解释近60年（1946~2005年）中国干旱半干旱区观测气温变化的90%以上，其中温室气体的贡献几乎是观测增暖趋势的2倍（图10.14），且能解释大气水汽变化的95%以上是导致北方地区降水增多的主要外强迫因子（李春香等，2014；Zhao et al.，2016；Li et al.，2017；Zhang et al.，2019）。还有一些研究结果显示，在全球变暖背景下，中国大部分地区降水量增加，江淮和华北强降水频率增多；自然变率主导了中国东部降水的"南涝北旱"的分布格局，而人为温室气体排放则是中国西北地区降水增加的主要贡献者（朱坚等，2009；张冬峰等，2015）。中国北方干旱半干旱区降水变化与热带海温异常显著相关，但由温室气体引起的辐射强迫会影响降水多年代际变率与海温异常的相互作用，改变降水多年代际变率的幅度，增加极端降水事件的发生概率（赵天保和从靖，2018）。然而，就整个中国区域平均而言，尚无法从降水观测序列中检测到温室气体对极端降水趋势的显著影响（Li et al.，2017，2018a）。此外，温室气体浓度的增大还可以导致北半球中高纬度地区年平均地面气温日较差显著降低，特别是在冷季的贡献比较大（胡祖恒等，2017）。

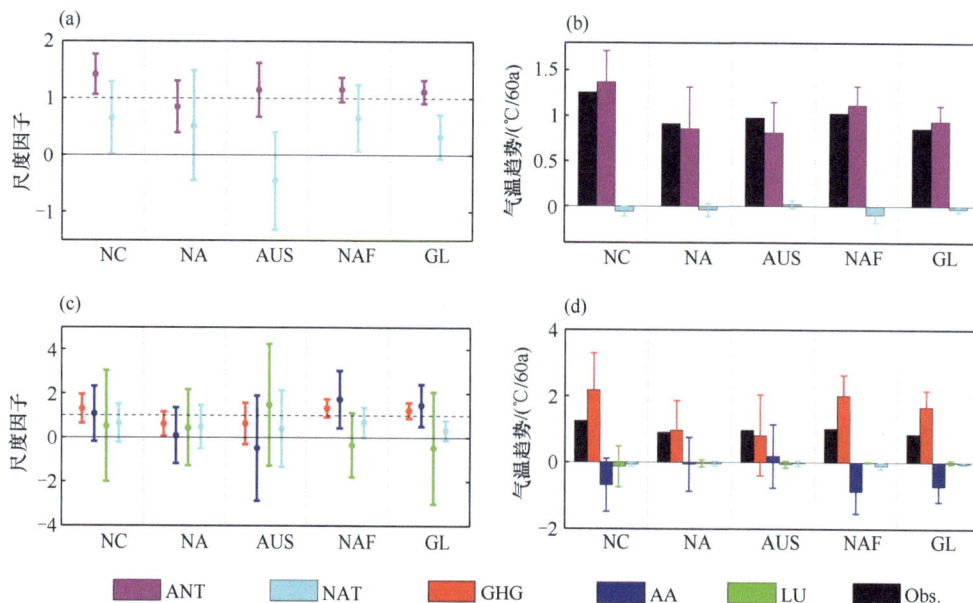

图10.14 人类活动影响干旱半干旱区气温变化的检测归因（Li et al.，2017）
（a）外强迫的尺度因子；（b）观测（Obs.）以及人为（ANT）和自然因素（NAT）引起的趋势；（c）和（d）为温室气体（GHG）、气溶胶（AA）、土地利用（LU）和NAT强迫的结果
研究区域为中国北方（NC），北美西部（NA），澳大利亚（AUS），北非（NAF），全球陆地（GL）

从全球干旱长期变化来看（主要基于干旱指数 sc_PDSI），人为排放温室气体所导致的气候变暖是近 60 年来全球陆地干旱化趋势主要影响因素，其中 20 世纪 80 年代以来的全球陆地约 10%的面积可归因于气候变暖（Dai，2013a；Dai and Zhao，2017；Zhao and Dai，2017）。CMIP5 多模式预估结果表明，在未来气候变暖背景下，中国干旱半干旱区是未来气温上升和降水增加最为显著的地区之一（Huang et al.，2017a）；未来全球陆地极端气象、农业和水文干旱事件仍然趋多、趋强，特别是极端农业和气象干旱事件在北美西南部、南美亚马孙河流域、欧洲南部、非洲南部、澳大利亚以及东亚和西亚等地区的发生频率将增加 1~2 倍，未来极端农业干旱事件频发主要归因于降水减少和蒸发增加的共同作用，而未来极端气象干旱事件增多主要是由于潜在蒸散发增加引起热带地区降水减少（Zhao and Dai，2015）。不同气候系统模式（如 CMIP3 和 CMIP5）所预估的未来全球干旱变化趋势及其对气候增暖的响应特征基本一致，但不同模式对降水模拟的差异是导致未来干旱预估不确定性的主要来源（Zhao and Dai，2017）。

10.4.2 气溶胶的影响

在众多影响中国气候变化的关键因子中，人为气溶胶是很不确定和亟待深入认识的因子。虽然就全球平均而言，人为气溶胶仅占气溶胶总量的大约 10%，但不同种类的气溶胶在不同区域大气中所占比例差异巨大，尤其人为排放的硫酸盐气溶胶和黑碳气溶胶可占 80%左右（Ramanathan et al.，2001；Heintzeberg et al.，2003）。作为地球—大气—海洋系统的重要成分，人类排放气溶胶主要通过其直接和间接辐射强迫效应来影响气候系统的收支平衡。一方面，通过散射、吸收短波和长波辐射改变地球—大气系统的辐射能量收支，对气候产生直接影响（Coakley et al.，1983）；另一方面，气溶胶作为云凝结核与云相互作用改变云的微观和宏观特性，进而对天气和气候产生间接影响（Twomey，1977；Kaufman and Nakajima，1993；Hansen et al.，1997；Jiang et al.，2008；Bauer and Menon，2012；Rosenfeld et al.，2014）。此外，气溶胶粒子间接影响大气化学过程，从而改变温室气体等其他大气成分（Chin et al.，2014）。

目前，对人为气溶胶对中国气候的影响效应及其机制已取得了一系列新认识。有研究表明，气溶胶是影响中国东部降水变化分布型的主要外强迫因子，尤其是黑碳和硫酸盐等人为排放气溶胶的气候效应是不容忽视的（柳艳香和郭裕福，2006；Boucher et al.，2013；Liao et al.，2015；吴国雄等，2015；Zhao et al.，2016）。气溶胶导致中国大气层顶直接辐射效应（DRE）为正，贡献最大的是黑碳（4.5 W/m^2），其次是硫酸盐（−1.4 W/m^2）（Huang et al.，2015）。黑碳气溶胶总体上具有增温效应，会使北方地区降水减少、南方地区降水增加，是近几十年"南涝北旱"降水格局的重要影响因子，但如果综合考虑硫酸盐、有机碳和黑碳的气候效应，中国大多数地区降水减少、平均气温下降（Menon et al.，2002；Liu et al.，2010）。硫酸盐气溶胶可以通过散射作用减少到达地球表面的太阳短波辐射，而且还会减少全球降水，同时会反射更多的太阳辐射使地气系统变冷（Lin and Cheng，2016）。近 50 年（1950~1999 年）中国东部呈现的"南冷北暖""南涝北旱"的气候格局中，夏季硫酸盐气溶胶的负辐射效应超过了温室气体的增暖效应，从而对变冷产生贡献。但现有的数值模拟证据不足以说明气溶胶增加对"南涝北旱"型降水异常有贡献（周天军等，2008）。定量来看，气溶胶的冷却效应引起中国区域平均降温 0.8℃/100a 左右，其中直接效应引起的降温幅度为 0.6℃/100a 左右，而其他作用（除直接效应）造成的降温幅度则在 0.1~0.3℃/100a（Li et al.，2016）。此外，气溶胶造成的空气污染可明显减少山区水资源，使干旱更易发生，而这种地形云降水是中国很多地区，尤其是干旱和半干旱地区水资源的主要来源（Rosenfeld et al.，2007）。

10.4.3 土地利用的影响

人类活动所引起的土地利用变化已经改变了约50%的全球地表覆盖。中国东部地区是全球土地利用变化最显著的地区之一，大范围的土地利用变化会显著改变陆地与大气之间的动量、能量和水分交换，进而影响季风区气候（符淙斌和袁慧玲，2001；Gao et al.，2003）。土地利用变化引起的反照率增大对全球平均辐射强迫的贡献是 $-0.2\pm0.2W/m^2$，远小于温室气体所引起的辐射强迫（$2.63\pm0.26W/m^2$），并且具有很大的不确定性（Forster et al.，2007）。但在区域尺度上，土地利用对气候的影响可能达到与温室气体作用同样的量级（Avila et al.，2012）。然而，大尺度土地利用变化对全球和区域气候的影响仍存在较大的不确定性。不确定性主要来源包括历史时期土地利用数据的不确定性、观测事实的分析和证据不足、缺乏基于观测的陆面参数、对土地利用影响区域气候的机理认识不足等。在不同的气候背景下，土地利用的气候效应也表现出显著差异（Pitman et al.，2011；Hua et al.，2015）。这些都说明土地利用气候效应研究是一个非常有挑战性的科学问题。考虑到模式本身的不确定性，针对土地利用变化对气候的影响，国际上开展了LUCID（land-use and climate, identification of robust impacts）多模式集合模拟试验（De Noblet-Ducoudré et al.，2012）。

土地利用的气候效应通常主要体现在夏季的近地层，无法对对流层产生显著影响（Findell et al.，2009）。但在东亚区域，土地利用在夏季对对流层温度的影响不显著，在春秋季对气温有显著影响，其作用会使地表气温升高、对流层温度显著降低（Zhang et al.，2016）。如果同时考虑土地利用和温室气体对干旱半干旱区气候变化的共同作用，土地利用对降水的影响不显著，但会导致冷季气温降低约 0.3℃，其影响幅度远低于温室气体增加所引起的增温（1~1.5℃）。土地利用除了对地表气温、降水以及陆气通量的气候平均态存在显著影响外（丁一汇等，2005；Lawrence and Chase，2010），还显著地影响区域气候变率。Xu等（2015）的研究发现，土地利用导致秋季黄淮流域—贝加尔湖以南的广大地区气温年际变率显著减小，而使印度半岛、中南半岛大部分地区气温年际变率增大；土地利用变化导致中国东部地区地表反照率增大、感热减小，使得该地区 850hPa 气温显著降低，在长江流域到贝加尔湖以东地区出现由南向北的温度梯度异常［图10.15（b）］。这表明，土地利用减弱了东亚地区南北向温度梯度，从而有利于温度平流的年际变化减弱，进而导致黄淮流域—贝加尔湖以南地区气温年际变率减弱。

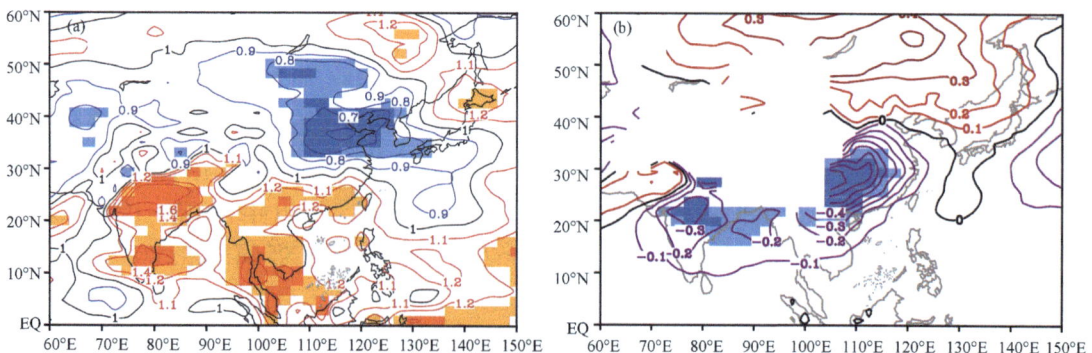

图10.15 （a）现实植被与潜在植被试验中地表气温标准差的比值（深色和浅色阴影分别代表气温标准差的差异达到F检验的0.01和0.05显著性水平）；（b）现实植被与潜在植被试验秋季850hPa气温的差异（阴影区代表两个试验的气温差异达到0.05显著性水平）（Xu et al.，2015）

人类活动引起的温室气体（GHG）浓度增加和大尺度土地利用变化（LULCC）是影响区域气候变化和未来气候变化预估的重要人为外强迫。在区域尺度上 LULCC 对地表水分收支的影响可与 GHG 的贡献相当（Hu et al.，2019）。温室气体增加导致大气水汽含量增加，水汽循环率和降水效率都显著增强，从而导致西北干旱区冷季降水显著增加。LULCC 导致半干旱区日最高、最低气温显著降低 0.13~0.33℃，并且暖日降温幅度大于暖夜降温幅度，冷日降温幅度大于冷夜降温幅度，导致温度日较差显著减小（Xu and Yang，2017）。

10.5　未来干旱半干旱气候变化预估

干旱半干旱土地占全球陆地面积的 41.3%，生活在干旱半干旱区的总人口有 21 亿，占全球人口比例的 35.5%，是环境、气候变化最敏感的区域之一（Reynolds et al.，2007）。大部分干旱半干旱区土壤相对贫瘠、植被稀疏，生态系统极为脆弱。在全球变暖以及经济发展、人口显著增长的大背景下，近年来荒漠化趋势十分明显（符淙斌和马柱国，2008；Middleton and Thomas，1997；Reynolds，2011）。研究表明，在全球变暖的影响下，降水事件频率变小，且覆盖面积变小，同时干旱期大幅度增加将成为主要趋势（Giorgi et al.，2014）。这些趋势均可引发干旱半干旱区面积扩张，从而进一步使水资源短缺和土地退化（Nicholson，2011）。2015 年，《联合国气候变化框架公约》通过的《巴黎协定》旨在将全球变暖控制在 2℃以下，并努力将其控制在 1.5℃以内。因此，预估干旱半干旱区对未来全球增温的气候响应对适应策略的提出以及维持干旱半干旱区的可持续发展具有重要参考意义。

10.5.1　温度变化

根据 CMIP5 多模式集合平均的未来预估结果（图 10.16），在 RCP8.5（RCP4.5）温室气体排放情景下，21 世纪末全球平均增温相较于工业前或达 4.5℃（2.8℃），而相应的全球干旱半干旱区平均增温或达 6.5℃（3.5℃），显著高于全球平均；当全球平均增温达 2℃（1.5℃）时干旱半干旱区增温或达 2.7℃（2℃）。所有模式的预估结果均一致地体现出干旱半干旱区强化增温的信号，但和观测资料相比，各气候模式对干旱半干旱区的强化增温存在显著的低估，因此在未来的预估中这种低估很可能依然存在。为了更准确地预估干旱半干旱区未来温

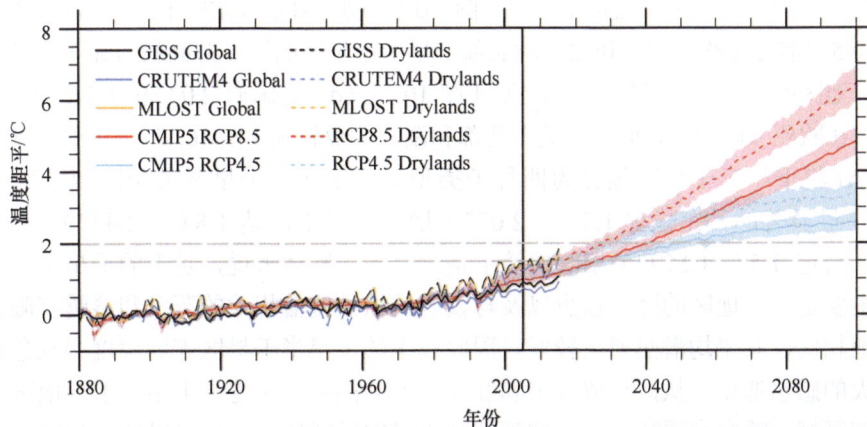

图 10.16　三种观测资料（GISS、CRUTEM4、MLOST）和 CMIP5 集合平均的温度距平变化序列（相较于 1861~1900 年）（Huang et al.，2017c）

其中实线为全球平均气温，虚线为干旱半干旱区气温，红线为 CMIP5 的 RCP8.5 排放情景，蓝线为 CMIP5 的 RCP4.5 排放情景，阴影为 95%置信区间

度变化，Huang 等（2017c）用 CMIP5 多模式集合平均对观测资料进行线性回归，分离得到外强迫分量和内部变率分量，基于外强迫分量得到干旱半干旱区的增温放大率为 1.6~2.0。基于此得到的订正预估结果表明，当未来全球平均升温达 2℃时，湿润区升温 2.4~2.6℃，而干旱半干旱区或达 3.2~4℃，比湿润区高约 44%，气温升高所导致的玉米减产、地表径流减少、干旱加剧和疟疾传播等在干旱半干旱区也最为严重。

以上结果是基于 CMIP5 多模式集合平均来评估 1.5℃和 2℃增暖对干旱半干旱区气候所带来的影响，这与许多其他研究（Schleussner et al.，2016；Zhou et al.，2018a，2018b；Mitchell et al.，2016）的做法一致。但在 RCP4.5 和 RCP8.5 情景下全球变暖在 21 世纪末显著超过了增暖目标。为此，NCAR 的 CESM 模式和基于 CMIP5 模型的 HAPPI（0.5℃额外增温，预测和预计影响）试验提供了与 1.5℃或 2℃增温目标提法更为贴近的稳定增暖试验（Sanderson et al.，2017；Mitchell et al.，2017），在这些试验中地表气温相对于工业革命前水平增暖将在 21 世纪末达到 1.5℃或 2℃，它们已经被许多学者用来评估 1.5℃和 2℃增暖所带来的影响（Lehner et al.，2017；Wang et al.，2017；Nangombe et al.，2018；Li et al.，2018b；Zhou et al.，2018b）。下文将给出 CESM 稳定增暖 1.5℃和 2℃下全球干旱半干旱区温度的变化。

当全球增暖在 21 世纪末稳定地达到 1.5℃和 2℃时，全球干旱半干旱区温度将分别增暖1.6℃和 2.3℃。而在 RCP8.5 情景下，全球平均地表气温相对于工业前水平的变暖将在2023~2033 年和 2035~2045 年达到 1.5℃和 2℃（Wei et al.，2019）。干旱半干旱区平均增暖将在 2018~2028 年和 2028~2038 年达到 1.5℃和 2℃，比全球平均水平要提前约 10 年（Wei et al.，2019）。

图 10.17（a）~图 10.17（c）给出了 1.5℃增暖情景和 1961~1990 年基态之间干旱半干旱区增暖差异的空间分布。相对于基态，1.5℃增暖情景下全球干旱半干旱区温度都将显著升高，其中欧亚大陆、北非和北美的干旱半干旱区的增暖最明显（约 1.5℃）。与基态相比，稳定［图 10.17（a）］和瞬时［图 10.17（b）和图 10.17（c）］1.5℃增暖情景之间温度变化的差异在这三个区域也很显著。在 1.5℃瞬时增暖情景中，干旱半干旱区的增暖通常高于 1.5℃稳定增暖情景，并且普遍的增暖发生在北半球的温带，这与之前的许多研究一致（Volodin and Galin，1999；Wallace et al.，2012；Rangwala et al.，2013）。与 1.5℃增暖情景相比，2℃增暖情景下的温度变化在全球干旱半干旱区也是显著的［图 10.17（d）~图 10.17（f）］。不同之处在于，这种额外的 0.5℃增暖使欧亚大陆和北美洲北部干旱半干旱区的温度升高最为显著，特别是欧亚大陆，这一地区的温度升高可能高达 1.0℃［图 10.17（d）］。瞬时 2.0℃和 1.5℃增暖情景之间的增温差异在欧亚大陆较小，但在北美洲北部和澳大利亚较大［图 10.17（e）和图 10.17（f）］。

根据 AI 将干旱半干旱区划分为四种子类型。对于 4 个干旱子类型区域，极端干旱区域的增暖是最显著的，在稳定 1.5℃（2.0℃）增暖情景下高达 1.8℃（2.4℃），而半干旱地区的增暖在稳定 1.5℃（2.2℃）增暖情境下是最小的。整体来说，越干的干旱半干旱区增暖越显著，主要是干旱地区的降水较少以及与较低的植被覆盖相关的蒸发和蒸腾有限，导致与湿润的旱地相比，其平均潜热通量较低。因此较干的干旱半干旱区表面温度必须急剧升高，以产生更大的感热通量，从而释放太阳和红外辐射的热量。无论是干旱半干旱地区还是四个干旱子类型区域，瞬时增暖情景下的增暖都高于稳定增暖情景，这可以通过相同温升情景下瞬时情景辐射强迫大于稳定情景来解释。相对于稳定 1.5℃增暖情景，当全球平均近地气温在 21 世纪末稳定增暖到 2℃时，干旱半干旱区温度将升高约 0.7℃，其中干旱半湿润区的增暖最大（约 0.7℃），干旱区的增暖最小（约 0.6℃）（Wei et al.，2019）。

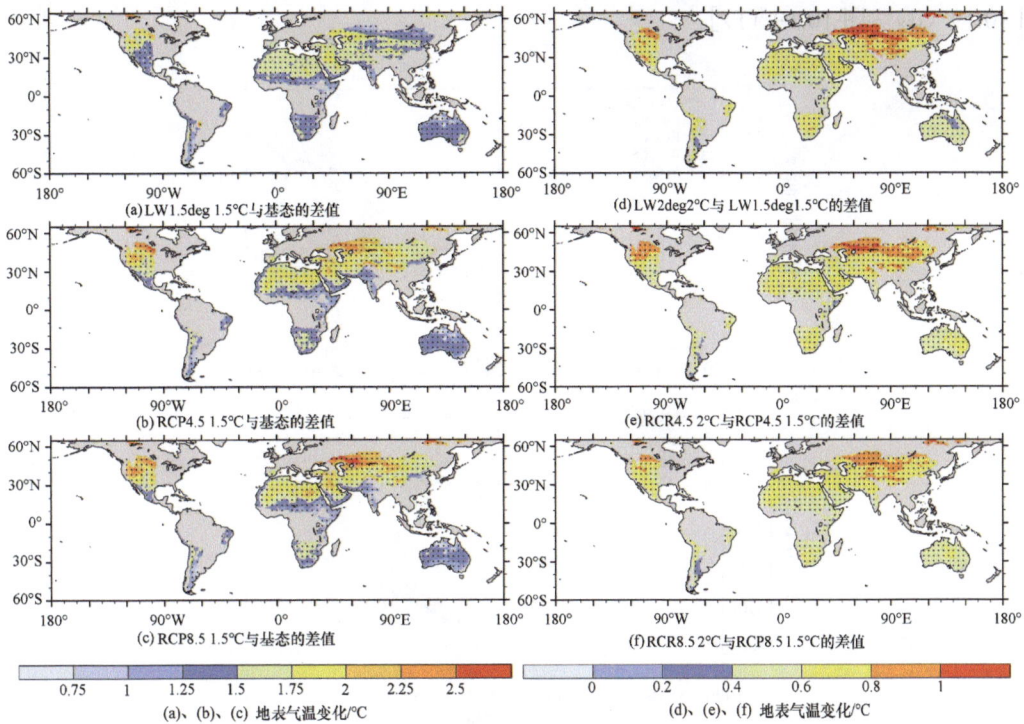

图 10.17　1.5℃增暖情景下相对于 1961~1990 基态全球干旱半干旱区地表气温变化的集合平均以及 2℃增暖情景相对于 1.5℃增暖情景的变化（Wei et al.，2019）

加点代表变化通过 95%信度检验

10.5.2　降水变化

干旱半干旱区通常被认为是土壤处于缺水状态的区域，具体表现为降水不足以补偿 PET 和径流（Feng and Fu，2013；Dai，2011a；Huang et al.，2017a）。降水和 PET 在干旱中起决定性作用（Sun et al.，2016）。在 20 世纪，在干旱半干旱区观测到的降水量呈小幅上升趋势，但是 PET 的增加更为明显，CESM 模式基本捕获了这些特征（Wei et al.，2019）。下文使用 CESM 模式预测结果来预估未来降水量和 PET 变化。未来稳定和瞬时 1.5℃（2℃）增暖情景下，降水量和 PET 都在未来显示出显著的增长趋势（图 10.18）。然而，在稳定 1.5℃（2℃）增暖情景下，降水量增加［25.0±5.2（95%置信区间）（34.3±4.0）mm/a］不足以弥补 PET 的增加［67.5±3.3（95.1±2.7）mm/a］，这可能能导致未来干旱程度加剧。在瞬时增暖情景下，先前的研究（Fu et al.，2016）也观察到降水量/PET 降低导致的干旱程度加剧现象。PET 的增加很大一部分是由温度升高导致的（Fu and Feng，2014）。稳定增暖情景下，降水量的增加大于瞬时情景，而 PET 的增加在两种情景之间没有显著差异（图 10.19 和图 10.20）。根据干旱（降水量/PET）的定义，可以认为瞬时增暖情景下的干旱半干旱区将比稳定增暖情景更干。

在 1.5℃和 2℃增暖情景下，降水和 PET 变化的空间分布如图 10.19 和图 10.20 所示。在稳定 1.5℃增暖情景下，基本上，全球干旱半干旱区的降水量相对于基态将增加，特别是在欧亚大陆、北美洲和南美洲［图 10.19（a）］。而在瞬时 1.5℃增暖情景下，降水量增加最大的区域分布在欧亚大陆和撒哈拉沙漠的南部［图 10.19（b）和图 10.19（c）］。也有少部分干旱半干旱区的降水相对于基态是减少的，如沙特阿拉伯南部以及印度北部的干旱半干旱区。相对于全球增暖 2℃，全球增暖 1.5℃时，澳大利亚、撒哈拉沙漠南部以及北美洲干旱半干旱区的降水量将增加，而北美洲南部、撒哈拉沙漠北部以及南非干旱半干旱区的降水将减少

［图 10.19（d）~图 10.19（f）］。

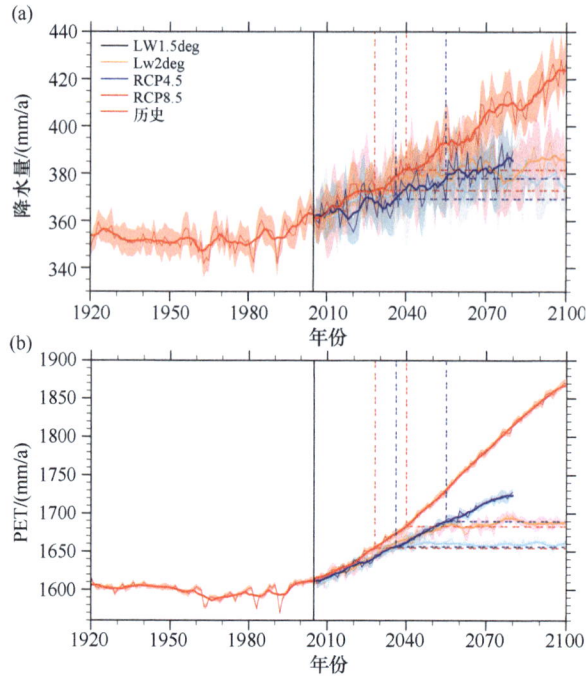

图 10.18　CESM 中干旱半干旱区平均降水量（a）及 PET（b）的时间序列（Wei et al.，2019）

彩色细线代表 CESM 历史模拟以及 RCP8.5（RCP4.5、LW2deg、LW1.5deg）情景下预估的集合平均结果。阴影代表集合平均的 95%置信区间。彩色粗线为 11 年平滑。点线代表全球增暖达到 1.5℃（2℃）的时间及其相应变量的变化

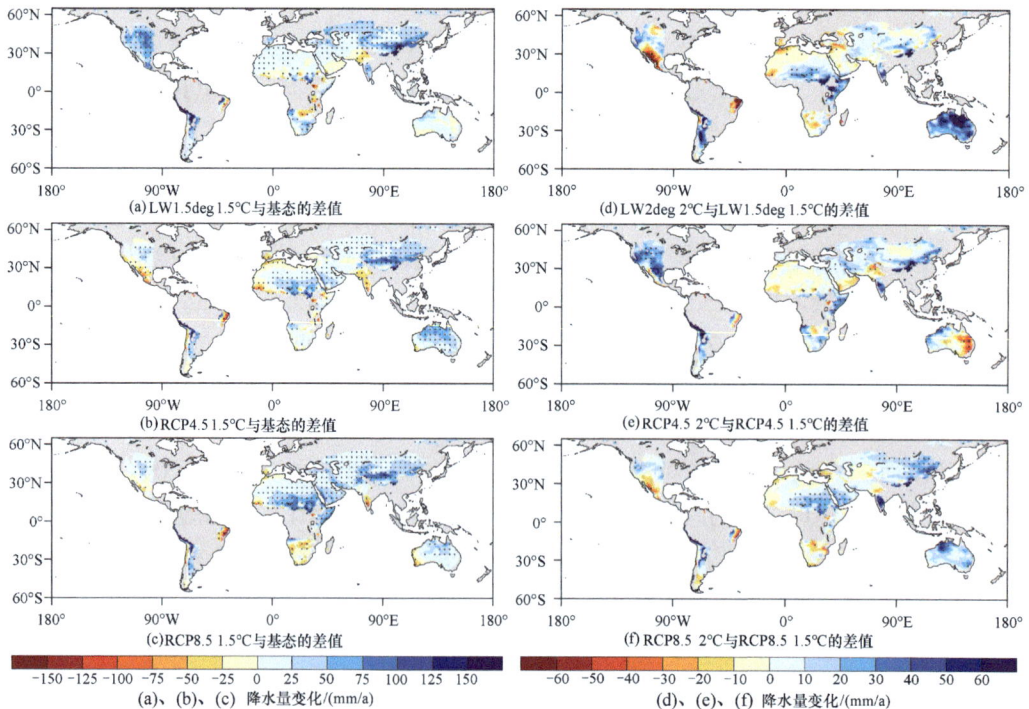

图 10.19　1.5℃增暖情景下相对于 1961~1990 基态全球干旱半干旱地区年降水量（P）变化的集合平均以及 2℃增暖情景相对于 1.5℃增暖情景的变化（Wei et al.，2019）

加点代表变化通过 95%信度检验

10.5.3　潜在蒸散发变化

稳定 1.5℃增暖情景下，PET 与降水一样，几乎所有的干旱半干旱区的 PET 相对于基态都呈现增加的趋势 [图 10.20（a）]，除了欧亚大陆和撒哈拉沙漠南部，但这些干旱半干旱区的降水增加相对于其他干旱半干旱区较大 [图 10.19（a）]。同样地，北非和澳大利亚干旱半干旱区的 PET 增加显著，但降水基本保持不变 [图 10.19（a）和图 10.20（a）]。降水和 PET 的变化在空间中显示出反对称关系 [图 10.19（a）和图 10.20（a）]。稳定 [图 10.19（a）] 和瞬态 [图 10.19（b）] 1.5℃增暖情景下降水变化之间的差异大于 PET 的变化 [图 10.20（a）和图 10.20（b）]。例如，在北非干旱地区，降水量在 1.5℃的稳定增暖情景下变化最小，但在 1.5℃的瞬时增暖情景下显著增加 [图 10.19（a）～图 10.19（c）]。而稳定和瞬时增暖情景下都显示出从地中海到撒哈拉沙漠 PET 增加以及沙赫尔沙漠地区 PET 减少 [图 10.20（a）～图 10.20（c）]。

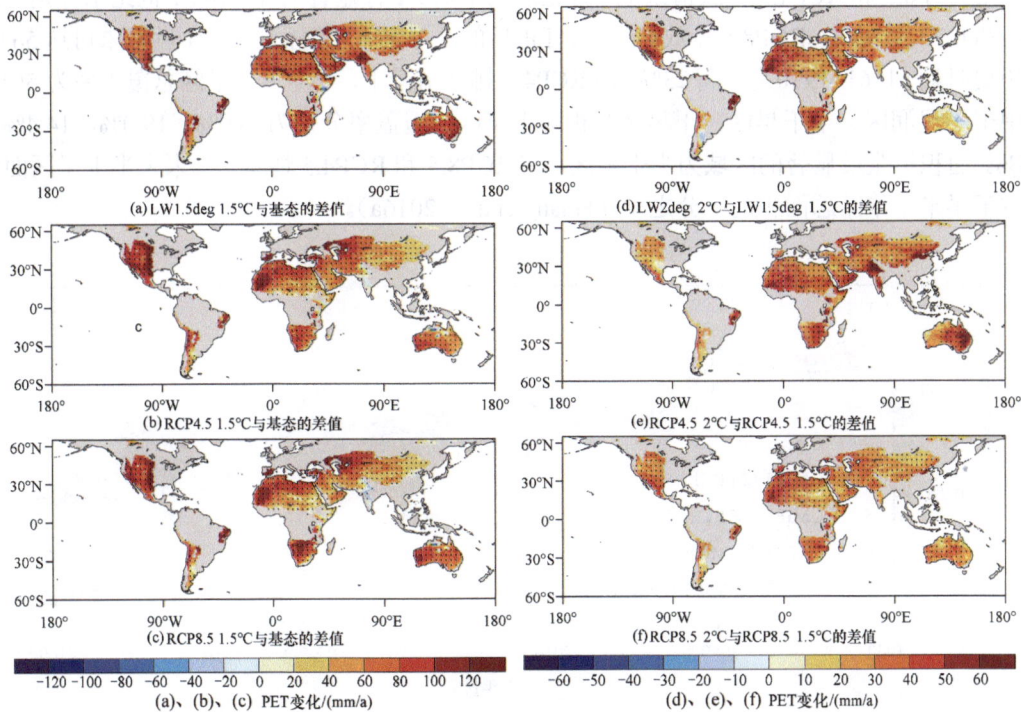

图 10.20　1.5℃增暖情景下相对于 1961~1990 年基态全球干旱半干旱区年潜在蒸散发量变化的集合平均以及 2℃增暖情景相对于 1.5℃增暖情景的变化（Wei et al.，2019）
加点代表变化通过 95%信度检验

相对于稳定 1.5℃增暖情景下，全球增暖达到 2℃时，不同于降水变化存在的区域差异，基本上全球干旱半干旱区的 PET 都将增加 [图 10.20（d）～图 10.20（f）]。其中欧亚大陆、撒哈拉沙漠东部以及南美干旱半干旱区的 PET 增加相对较小，而北美南部、撒哈拉沙漠西部以及南非干旱半干旱区的 PET 将有显著增加 [图 10.20（d）～图 10.20（f）]。但是额外的 0.5℃增暖将导致北美洲南部、南非和北非的降水减少，最终导致这些地区干旱加剧。在欧亚大陆的干旱半干旱区，额外的 0.5℃增暖不会导致降水增加，但 PET 仍会显著增加。仅有的不同在澳大利亚，降水量将增加，PET 的增加将低于降水量 [图 10.19（d）和图 10.20（d）]。

另外，这里还对比了四个干旱子类型区域降水和 PET 在 1.5℃和 2℃增暖情景下相对于基态的变化。对于干旱半干旱区，PET 在稳定和瞬时 1.5℃（2℃）增暖情景下的变化是相似的。全球干旱半干旱区的降水和 PET 呈增加趋势，但存在区域差异。在稳定和瞬时 1.5℃（2℃）增暖情景下，极端干旱地区降水量变化差异很大，瞬时增暖情景下的降水变化明显高于稳定增暖情景。与稳定增暖情景相比，在瞬时增暖情景下，全球干旱半干旱区的降水变化较小。对于稳定 1.5℃（2℃）增暖情景，更干地区的降水变化大于更湿的干旱半干旱区，但更湿地区的 PET 变化大于更干的干旱半干旱区，这可能表明较湿润的干旱半干旱区将变干，较干燥的干旱半干旱区将变湿，全球干旱半干旱区的干旱差异将减小。

10.5.4　干旱面积变化

图 10.21 给出了全球平均 AI 以及干旱半干旱区总面积和四种干旱子类型的面积变化情况。与历史观测相比，CMIP5 所模拟的干旱半干旱区的扩张被严重低估。经过偏差订正后的 CMIP5 模拟结果有效减少了对干旱半干旱区面积低估的问题，使得模拟结果和观测更为相近。在 RCP8.5 和 RCP4.5 排放情景下，订正后的平均 AI 有显著上升，在 21 世纪末分别可达 0.67 和 0.72。此外，在 RCP8.5 排放情景下，订正后的干旱半干旱区面积在 21 世纪末可达 56%，比历史时期（1961~1990 年）高 23%。在 RCP4.5 排放情景下，干旱半干旱区总覆盖率为 50%，其中干旱湿润区、半干旱区、干旱区和极端干旱区的覆盖率分别为 8.9%、19.0%、14.4% 和 8.4%。面积扩张最显著的区域为半干旱区，在 RCP8.5 和 RCP4.5 情景下，未来半干旱区面积将占干旱半干旱区总面积的三分之一（Huang et al.，2016a）。

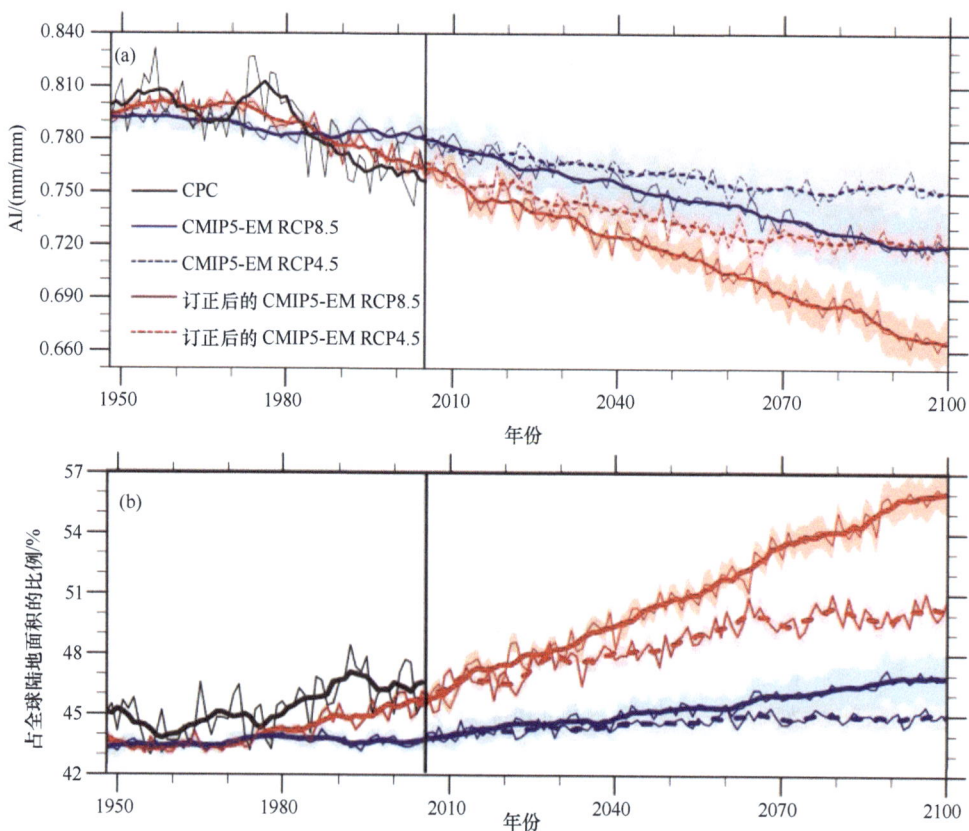

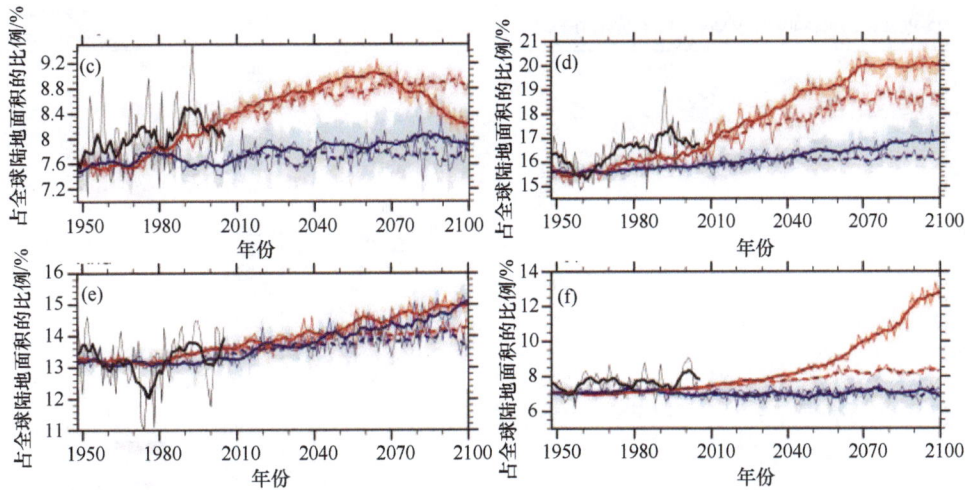

图 10.21　全球平均 AI（a）、全球干旱半干旱区总面积（b）、半湿润区（c）、半干旱区（d）、干旱区（e）
和极端干旱区（f）占全球陆地面积比值的时间变化（Huang et al.，2016a）
细黑线为 CPC 观测，细蓝实（虚）线为 CMIP5 历史模拟和 RCP8.5（RCP4.5）情景下的预测，细红实（虚）线为订正后的 CMIP5
历史模拟和 RCP8.5（RCP4.5）情景下的预测，阴影表示 20 个模式的 95% 置信区间，粗线均为 7 年平滑后的结果

　　下面分时段研究未来干旱半干旱区面积的变化情况。在 21 世纪早期，干旱半干旱区面积扩张并不明显，空间分布较分散；增加的半干旱区和干旱湿润区大多出现在原干旱半干旱区的边缘［图 10.22（a）］，增加的干旱区和极端干旱区出现在阿拉斯加、加拿大西北部和东西伯利亚。21 世纪中期，干旱半干旱区面积变化最为显著。干旱半干旱区面积主要集中在西伯利亚的东部、中国北部、亚洲西部以及非洲中部和加拿大中部［图 10.22（b）］。21 世纪后期［图 10.22（c）］，干旱半干旱区面积进一步增加，总体变干的面积显著大于变湿的面积，干旱半干旱区将成为全球陆地的主要土地类型（Huang et al.，2016a）。

　　Sanderson 等（2017）通过分析 CESM 稳定增暖情景下全球干旱半干旱面积的变化，指出在 2℃增暖情景下干旱半干旱区面积的增加是 1.5℃增暖情景的两倍。在这里比较了稳定以及瞬时增暖情景下 1.5℃或 2℃增暖时干旱半干旱区面积的变化［图 10.23（a）］。当全球增暖达到 1.5℃（2℃）时，RCP4.5 和 RCP8.5 情景下全球干旱半干旱区面积将持续增加。稳定 1.5℃（2℃）增暖情景下干旱区面积增加小于瞬时情景。这意味着，相对于瞬时情景（RCP8.5），稳定情景可以通过温室气体减排来有效地抑制干旱半干旱区的未来扩张。

　　对于四种干旱子类型区域［图 10.23（b）~图 10.23（e）］，区域面积的时间变化与总干旱地区面积的变化有显著差异。在稳定 1.5℃和 2℃增暖情景下，半湿润和极端干旱地区面积将增加，半干旱地区面积将先增加然后减少，干旱地区面积将减少。然而，RCP8.5 情景下的面积变化有所不同，所有四种干旱子类型区域面积都将显著增加［图 10.23（b）~图 10.23（e）］。许多研究（Lau and Kim，2015；Johanson and Fu，2009；Shin et al.，2012；Seager et al.，2007；Staten et al.，2018）指出干旱地区面积扩张可能与亚热带扩张及哈得来环流的极向扩张有关。

　　在稳定 1.5℃增暖情景下，四种干旱子类型区域的面积将增加，这将导致总干旱地区的面积增加约 1%（占全球陆地面积的百分比）。在稳定 2℃增暖情景下，总干旱半干旱区和四种干旱子类型区域的面积扩张要比 1.5℃增暖情景下更显著（图 10.23）。相对于 1.5℃增暖情景，总干旱区面积将在稳定 2℃增暖情景下增加约 0.7%，其中极端干旱区面积扩张最明显，干旱区扩张面积最小（图 10.23）。对比稳定和瞬时 1.5℃（2℃）增暖情景，干旱半干旱区的

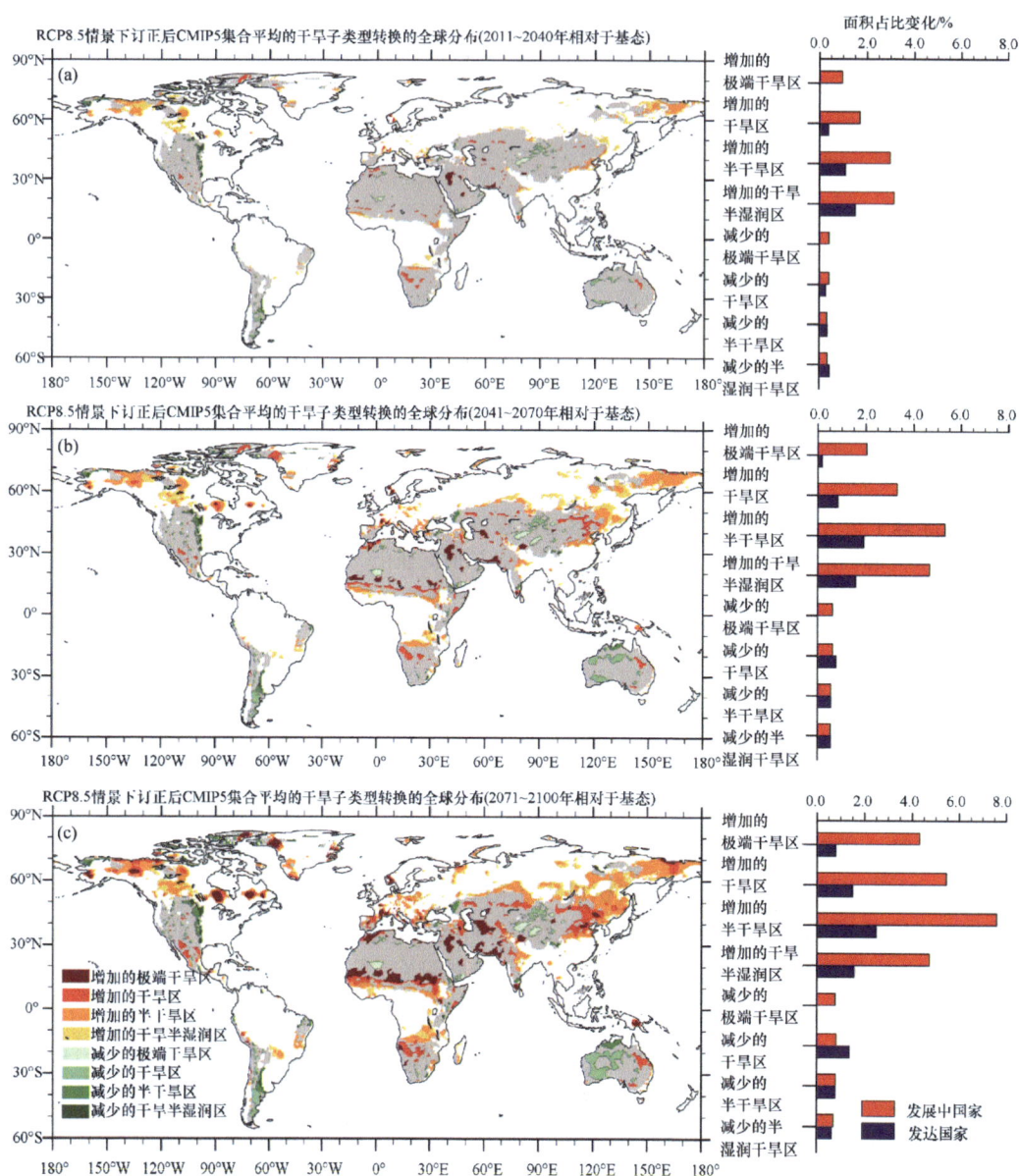

图 10.22　RCP8.5 情景下订正后 CMIP5 的干旱子类型转换的全球分布（Huang et al.，2016a）

基准为 1961~1990 年气候平均，（a）为 2011~2040 年，（b）为 2041~2070 年，（c）为 2071~2100 年，灰色阴影为 1961~1990 年平均的干旱半干旱区，柱状图为发展中国家和发达国家的对应转换面积，单位为占全球陆地面积的比例。其中转换包含相邻和不相邻的干旱子类型，例如增加的干旱区包含半干旱区、干旱半湿润区和湿润区等向干旱区转换，减少的干旱区包含向这些更湿子类型的转换

面积变化显示出较大的差异。在瞬时增暖情景下，干旱半干旱区从基态到 1.5℃ 增暖时的扩张更显著，特别是干旱区。在瞬时增暖情景下，干旱区总面积的变化可以达到稳定增暖情景的 2 倍。然而，在 RCP8.5 情景下，半干旱和干旱区的面积变化比 RCP4.5 情景下更大（图 10.23）。稳定情景可以有效地抑制旱地的扩张，特别是干旱区的扩张。

　　未来干旱扩张会对人类生存发展产生显著影响，2025 年的人口预估结果表明，全球很多干旱半干旱区，如中国北部、亚洲西部、印度和非洲东部等地均为人口密集带。由于这些地区的生态系统脆弱，干旱半干旱区的急剧扩张将会危及人类生存环境（Huang et al.，2016a）。

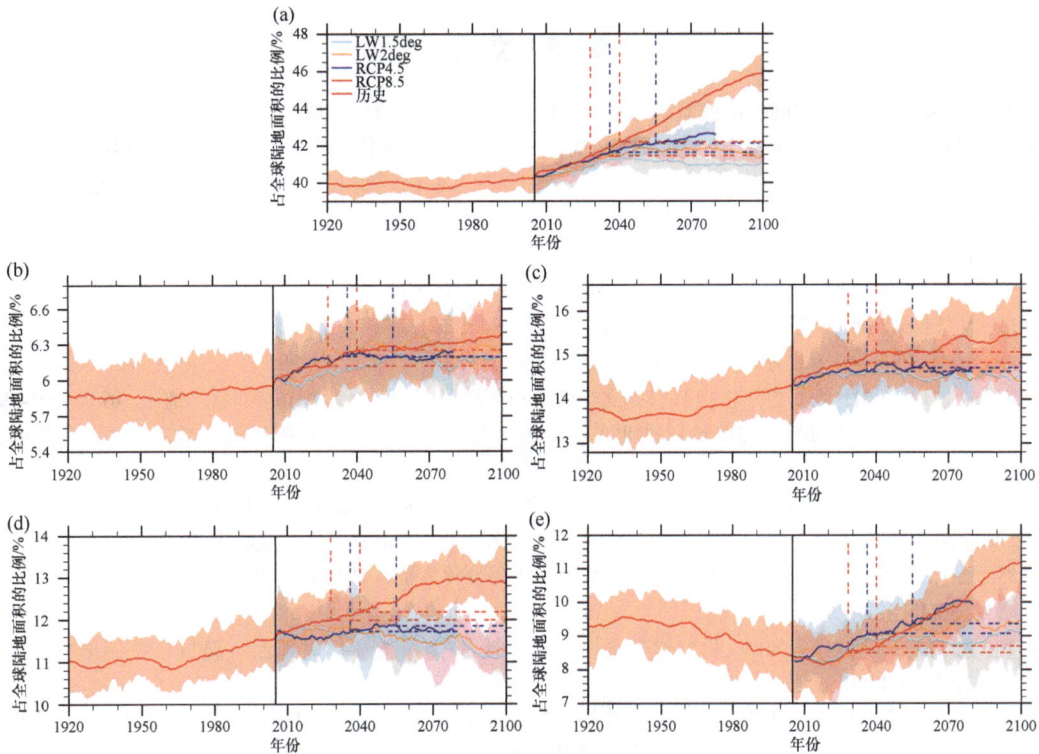

图 10.23　CESM 模式全球干旱半干旱区（a）、半湿润区（b）、半干旱区（c）、干旱区（d）和极端干旱区（e）
覆盖面积的时间变化图（Wei et al.，2019）

图中线都取了 11 年平滑。彩色实线代表集合平均，阴影代表集合平均的 95% 置信区间。点线代表全球增暖达到 1.5℃（2℃）的
时间及其相应面积

与 2000 年相比，全球 50% 的人口增长发生在发展中国家的干旱半干旱区，其中极端干旱
区、干旱区、半干旱区和半湿润区的比例分别为 4%、14%、21% 和 11%，而仅有 1% 的人
口增长发生在发达国家的干旱半干旱区。由于各区域的人口基数不同，因此这里采用人
口增长率，即人口增长量与 2000 年相应的人口基数的比值作为另一评估指标。对于发展
中国家的干旱半干旱区，极端干旱区、干旱区、半干旱区和半湿润区的人口增长率分别
是 65%、73%、38% 和 38%，人口增长率均比湿润区的 35% 要高，由于极端干旱区和干旱
区人口基数少，人口增长率是最高的（Huang et al.，2016a）。发展中国家人口的迅速增长
将导致农业生产力大幅度增加，同时人类活动加剧，从而导致本就脆弱的干旱半干旱区
土壤退化。

　　综上所述，干旱加剧、气候变暖和人口增长的共同作用将增大发展中国家发生荒漠化的
风险，从而进一步扩大全球经济发展的区域差异。已有研究表明干旱半干旱区在未来将加速
扩张，并使得发展中国家的处境变得更加艰难。因此，发展中国家未来可能面临三大困境：
干旱扩张、强化增温以及人口快速增长。这些危机之间存在正反馈过程，这种相互作用将使
得危机加剧，即使较小的人为扰动也可能造成灾难性的后果，因此土壤退化和荒漠化的风险
要比预期更高。发展中国家占据了全球陆地面积的 70%，荒漠化将成为全球生态系统和人类
生存面临的一大挑战。为了防止未来严峻的荒漠化问题出现，合理利用水资源、修复土壤植
被等减小生态系统脆弱性措施是目前急需采取的全球性行动。

参 考 文 献

丁一汇, 李巧萍, 董文杰. 2005. 植被变化对中国区域气候影响的数值模拟研究. 气象学报, 63(5): 613-621.

丁一汇, 司东, 柳艳菊, 等. 2018. 论东亚夏季风的特征、驱动力与年代际变化. 大气科学, 42 (3): 533-558.

丁一汇, 孙颖, 刘芸芸, 等. 2013. 亚洲夏季风的年际和年代际变化及其未来预测. 大气科学, 37 (2): 253-280.

段安民, 肖志祥, 吴国雄. 2016. 1979-2014 年全球变暖背景下青藏高原气候变化特征. 气候变化研究进展, 12(5): 374-381.

符淙斌, 黄燕. 1996. 亚洲的全球变化问题. 气候与环境研究, 1: 97-112.

符淙斌, 马柱国. 2008. 全球变化与区域干旱化. 大气科学, 32 (4): 752-760.

符淙斌, 温刚. 2002. 中国北方干旱化的几个问题. 气候与环境研究, 7(1): 22-29.

符淙斌, 袁慧玲. 2001. 恢复自然植被对东亚夏季气候和环境影响的一个虚拟试验. 科学通报, 46(8): 691-695.

符淙斌, 曾昭美. 2005. 最近 530 年冬季北大西洋涛动指数与中国东部夏季旱涝指数之联系. 科学通报, 50(14): 1512-1522.

龚道溢, 周天军, 王绍武. 2001. 北大西洋涛动变率研究进展. 地球科学进展, 16(3): 413-420.

何春, 何金海. 2003. 冬季北极涛动和华北冬季气温变化关系研究. 南京气象学院学报, 26(1): 1-7.

胡豪然, 伍清. 2016. 近 44 年青藏高原东部积雪的年代际变化特征及其与降雪和气温的关系. 高原山地气象研究, 36(1): 38-43.

胡祖恒, 徐忠峰, 马柱国. 2017. 北半球温室气体和土地利用/覆盖变化对地面气温日较差的影响. 气象, 43(12): 1453-1460.

华丽娟, 马柱国. 2009. 亚洲和北美干湿变化及其与海表温度异常的关系. 地球物理学报, 52(5): 1184-1196.

黄刚. 2006. 与华北干旱相关联的全球尺度气候变化现象. 气候与环境研究, 11(3): 270-279.

黄刚, 周连童. 2004. 青藏高原西侧绕流风系对东亚夏季风和我国华北地区夏季降水的关系. 气候与环境研究, 9: 316-330.

黄荣辉. 2006. 我国重大气候灾害的形成机理和预测理论研究. 地球科学进展, 21(6): 565-575.

黄荣辉, 韦志刚, 李锁锁, 等. 2006. 黄河上游和源区气候、水文的年代际变化及其对华北水资源的影响. 气候与环境研究, 11: 245-258.

黄荣辉, 徐予红, 周连童. 1999a. 我国夏季降水的年代际变化及华北干旱化趋势. 高原气象, 18(4): 465-476.

黄荣辉, 张人禾, 严邦良. 1999b. 关于东亚气候系统年际变化研究进展及其需进一步研究的问题. 中国基础研究, Z1: 66-75.

季飞, 赵俊虎, 申茜, 等. 2014. 季风与极涡的异常配置下中国夏季大尺度旱涝分布. 物理学报, 63(5): 059201.

琚建华, 吕俊梅, 任菊章. 2006. 北极涛动年代际变化对华北地区干旱化的影响. 高原气象, 25(1): 74-81.

康杜娟, 王会军. 2005. 中国北方沙尘暴气候形势的年代际变化. 中国科学 D 辑(地球科学), 35(11): 1096-1102.

李崇银, 朱锦红, 孙照渤. 2002. 年代际气候变化研究. 气候与环境研究, 7: 209-219.

李春, 孙照渤. 2003. 中纬度阻塞高压指数与华北夏季降水的联系. 南京气象学院学报, 26(4): 458-464.

李春, 孙照渤, 陈海山. 2002. 华北夏季降水的年代际变化及其与东亚地区大气环流的联系. 南京气象学院学报, 25(4): 455-462.

李春香, 赵天保, 马柱国. 2014. 基于 CMIP5 多模式结果评估人类活动对全球典型干旱半干旱区气候变化的影响. 科学通报, 59: 2972-2988.

李栋梁, 王春学. 2011. 积雪分布及其对中国气候影响的研究进展. 大气科学学报, 34(5): 627-636.

李庆祥, 刘小宁, 李小泉. 2002. 近半世纪华北干旱化趋势研究. 自然灾害学报, 11(3): 50-56.

李维京, 张若楠, 孙丞虎, 等. 2016. 中国南方旱涝年际年代际变化及成因研究进展. 应用气象学报, 27(5): 577-591.

李维京, 赵振国, 李想, 等. 2003. 中国北方干旱的气候特征及其成因的初步研究. 干旱气象, 21(4): 1-5.

柳艳香, 郭裕福. 2006. 外强迫因子变化在 2003 年夏季旱涝预测中的作用. 地球物理学报, 49(4): 1001-1005.

马柱国. 2005. 我国北方干湿演变规律及其与区域增暖的可能联系. 地球物理学报, 48(5): 1011-1018.

马柱国. 2007. 华北干旱化趋势及转折性变化与太平洋年代际振荡的关系. 科学通报, 52: 1199-1206.

马柱国, 符淙斌. 2001. 中国北方干旱区地表湿润状况的趋势分析. 气象学报, 59(6): 737-746.

马柱国, 符淙斌. 2005. 中国干旱和半干旱带的 10 年际演变特征. 地球物理学报, 48(3) : 519-525.

马柱国, 符淙斌. 2006. 1951—2004 年中国北方干旱化的基本事实. 科学通报, 51: 2429-2439.

马柱国, 符淙斌. 2007. 20 世纪下半叶全球干旱化的事实及其与大尺度背景的联系. 中国科学(D 辑: 地球科学), 37: 222-233.

马柱国, 符淙斌, 杨庆, 等. 2018. 关于我国北方干旱化及其转折性变化. 大气科学, 42 (4): 951-961.

马柱国, 邵丽娟. 2006. 中国北方近百年干湿变化与太平洋年代际振荡的关系. 大气科学, 30: 464-474.

满文敏, 周天军, 张丽霞, 等. 2012. 20 世纪温度变化中自然变率和人为因素的影响: 基于耦合气候模式的归因模拟. 地球物理学报, 55(2): 372-383.

施雅风, 沈永平, 胡汝骥. 2002. 西北气候由暖干向暖湿转型的信号、影响和前景的初步探讨. 冰川冻土, 24: 219-226.

孙安健, 高波. 2000. 华北平原地区夏季严重旱涝特征诊断分析. 大气科学, 24(3): 393-402.

田华, 马建中, 李维亮, 等. 2005. 中国中东部地区硫酸盐气溶胶直接辐射强迫及气候效应的数值模拟. 应用气象学报, 16(3): 322-333.

王鹏祥, 何金海, 郑有飞, 等. 2007. 夏季北极涛动与西北夏季干湿特征的年代际关系. 中国沙漠, 27(5): 883-889.

王绍武, 朱锦红. 1999. 国外关于年代际气候变率的研究. 气象学报, 57: 376-384.

王远皓, 陈文, 张井勇. 2012. 东亚中纬度干旱/半干旱区降水年际变化及其可能成因. 气候与环境研究, 17(4): 444-456.

韦志刚, 黄荣辉, 陈文, 等. 2002. 青藏高原地面站积雪的空间分布和年代际变化特征. 大气科学, 26: 496-508.

魏凤英, 曹鸿兴. 1998. 华北干旱异常的地域特征. 应用气象学报, 9(2): 205-212.

吴国雄, 李占清, 符淙斌, 等. 2015. 气溶胶与东亚季风相互影响的研究进展. 中国科学: 地球科学, 45(11): 1609-1627.

吴国雄, 刘屹岷, 刘新, 等. 2005. 青藏高原加热如何影响亚洲夏季的气候格局. 大气科学, 29: 47-56.

吴涧, 蒋维楣, 刘红年, 等. 2002. 硫酸盐气溶胶直接和间接辐射气候效应的模拟研究. 环境科学学报, 22(2): 129-134.

徐保梁, 杨庆, 马柱国. 2017. 全球不同空间尺度陆地年降水的年代尺度变化特征. 大气科学, 41 (3): 593-602.

严中伟, 季劲均, 叶笃正. 1990. 60 年代北半球夏季气候跃变 I. 降水和温度变化. 中国科学(B 辑), 33: 97-103.

杨莲梅, 张庆云. 2008. 北大西洋涛动对新疆夏季降水异常的影响. 大气科学, 32(5): 1187-1196.

叶笃正, 高由禧. 1979. 青藏高原气象学. 北京: 科学出版社.

张冬峰, 高学杰, 罗勇, 等. 2015. RegCM4.0 对一个全球模式 20 世纪气候变化试验的中国区域降尺度: 温室气体和自然变率的贡献. 科学通报, 60(17): 1631-1642.

张庆云, 陈烈庭. 1991. 近 30 年来中国气候的干湿变化. 大气科学, 15(5): 72-811.

张庆云, 卫捷, 陶诗言. 2003. 近 50 年华北干旱的年际和年代际变化及其大气环流特征. 气候与环境研究, 8(3): 307-318.

张顺利, 陶诗言. 2001. 青藏高原积雪对亚洲夏季风影响的诊断及数值研究. 大气科学, 25(3): 372-390.

赵天保, 从靖. 2018. 基于 CCSM4.0 长期积分试验评估不同辐射强迫对中国干旱半干旱区降水的影响. 大气科学, 42(2): 311-322.

郑广芬, 赵光平, 姚宗国, 等. 2009. 北极涛动异常对西北地区东部沙尘暴频次的影响. 中国沙漠, 29(3): 551-557.

郑然, 李栋梁. 2016. 1971—2011 年青藏高原干湿气候区界限的年代际变化. 中国沙漠, 36(4): 1106-1115.

周连童. 2009. 引起华北地区夏季出现持续干旱的环流异常型. 气候与环境研究, 14(2): 120-130.

周天军, 李立娟, 李红梅, 等. 2008. 气候变化的归因和预估模拟研究. 大气科学, 32: 906-922.

朱坚, 张耀存, 黄丹青. 2009. 全球变暖背景下中国东部地区不同等级降水变化特征分析. 高原气象, 28(4): 889-896.

朱玉祥, 丁一汇, 刘海文. 2009. 青藏高原冬季积雪影响我国夏季降水的模拟研究. 大气科学, 33 (5): 903-915.

朱玉祥, 丁一汇, 徐怀刚. 2007. 青藏高原大气热源和冬春积雪与中国东部降水的年代际变化关系. 气象学报, 65(6): 946-958.

Agnew C T, Anderson E. 1992. Water Resources in the Arid Realm. Routledge, London.

Ault T R, George S S. 2010. The magnitude of decadal and multidecadal variability in north American precipitation. Journal of Climate, 23: 842-850.

Avila F B, Pitman A J, Dona M G, et al. 2012. Climate model simulated changes in temperature extremes due to land cover change. Journal of Geophysical Research, 117: D04108.

Bader J, Latif M. 2003. The impact of decadal-scale Indian ocean sea surface temperature anomalies on Sahelian rainfall and the North Atlantic Oscillation. Geophysical Research Letters, 30(22): 2169.

Bauer S E, Menon S. 2012. Aerosol direct, indirect, semidirect, and surface albedo effects from sector contributions based on the IPCC AR5 emissions for preindustrial and present-day conditions. Journal of Geophysical Research, 117: D13206.

Bichet A, Wild M, Folini D, et al. 2011. Global precipitation response to changing forcings since 1870. Atmospheric Chemistry and Physics, 11(18): 9961-9970.

Boucher O, et al. 2013. Clouds and aerosols. Climate Change 2013: The Physical Science Basis. Contribution of Working Group I to the Fifth Assessment Report of the Intergovernmental Panel on Climate Change. Cambridge and New York: Cambridge University Press.

Cai W J, Cowan T, Thatcher M. 2012. Rainfall reductions over Southern Hemisphere semi-arid regions: The role of subtropical dry zone expansion. Sci Rep, 2: 702.

Chen F H, Chen J H, Holmes J, et al. 2010. Moisture changes over the last millennium in arid central Asia: A review, synthesis and comparison with monsoon region. Quaternary Science Reviews, 29(7-8): 1055-1068.

Chen X, Tung K K. 2014. Varying planetary heat sink led to global-warming slowdown and acceleration. Science, 345: 897-903.

Cheng S H, Yang L X, Zhou X H, et al. 2011. Size-fractionated water-soluble ions, situ pH and water content in aerosol on hazy days and the influences on visibility impairment in Jinan. China. Atmospheric Environment, 45(27): 4631-4640.

Cheng S J, Guan X D, Huang J P, et al. 2015. Long-term trend and variability of soil moisture over East Asia. J Geophys Res-Atmos, 120: 8658-8670.

Cheng S J, Huang J P. 2016. Enhanced soil moisture drying in transitional regions under a warming climate. J Geophys Res-Atmos, 121: 2542-2555.

Chin M, Diehl T, Tan Q, et al. 2014. Multi-decadal aerosol variations from 1980 to 2009: A perspective from observations and a global model. Atmospheric Chemistry and Physics, 14(7): 3657-3690.

Coelho C A S, Goddard L. 2009. El Niño–induced tropical droughts in climate change projections. Journal Climate, 22(23): 6456-6476.

Cook B I, Miller R L, Seager R. 2009. Amplification of the north American "Dust Bowl" drought through human-induced land degradation. Proceedings of the National Academy of Sciences of the United States of America, 106: 4997-5001.

Dai A G. 2011a. Drought under global warming: A review, wiley interdisciplinary reviews. Climate Change, 2: 45-65.

Dai A G. 2011b. Characteristics and trends in various forms of the Palmer Drought Severity Index (PDSI) during 1900-2008. J Geophys Res, 116: D12115.

Dai A G. 2013a. Increasing drought under global warming in observations and models. Nat Clim Change, 3: 52-58.

Dai A G. 2013b. The influence of the inter-decadal pacific oscillation on US precipitation during 1923-2010. Climate Dynamics, 41: 633-646.

Dai A G, Fung I Y, Anthony D, et al. 1997. Surface observed global land precipitation variations during 1900-88. Journal Climate, 10: 2943-2962.

Dai A G, Trenberth K E, Qian T. 2004. A global dataset of Palmer Drought Severity Index for 1870—2002: Relationship with soil moisture and effects of surface warming. J Hydrometeorol, 5: 1117-1130.

Dai A G, Wigley T. 2000. Global patterns of ENSO-induced precipitation. Geophysical Research Letters, 27(9): 1283-1286.

Dai A G, Zhao T B. 2017. Uncertainties in historical changes and future projections of drought. Part I: Estimates of historical drought changes. Climatic Change, 144: 519-533.

De Noblet-Ducoudré N, Boisier J P, Pitman A J, et al. 2012. Determining robust impacts of Land-Use induced Land-Cover Changes on surface climate over North America and Eurasia: Results from the first of LUCID experiments. Journal of Climate, 25: 3261-3281.

Delworth T L, Manabe S. 1993. Climate variability and land-surface processes. Adv Water Resour, 16: 3-20.

Ding R Q, Li J P, Wang S G, et al. 2005. Decadal change of the spring dust storm in northwest China and the associated atmospheric circulation. Geophysical Research Letters, 32(2): L02808.

Ding Y H, Sun Y, Wang Z Y, et al. 2009. Inter-decadal variation of the summer precipitation in China and its association with decreasing Asian summer monsoon Part II: Possible causes. International Journal of Climatology, 29: 1926-1944.

Ding Y H, Wang Z Y, Sun Y. 2008. Inter-decadal variation of the summer precipitation in East China and its association with decreasing Asian summer monsoon. Part I: Observed evidences. International Journal of Climatology, 28 (9): 1139-1161.

Dong B, Dai A G. 2015. The influence of the Inter-decadal Pacific Oscillation on temperature and precipitation over the globe. Climate Dynamics, 45: 2667-2681.

Duan A M, Wu G X. 2008. Weakening trend in the atmospheric heat source over the Tibetan plateau during recent decades. Part I: Observations. Journal of Climate, 21: 3149-3164.

Feng S, Fu Q. 2013. Expansion of global drylands under a warming climate. Atmos Chem Phys, 13: 10081-10094.

Findell K L, Delworth T L. 2010. Impact of common sea surface temperature anomalies on global drought and pluvial frequency. Journal of Climate, 23: 485-503.

Findell K L, Pitman A J, England M H, et al. 2009. Regional and global impacts of land cover change and sea surface temperature anomalies. Journal of Climate, 22(12): 3248-3269.

Forster P, Ramaswamy V, Artaxo P, et al. 2007. Changes in Atmospheric Constituents and in Radiative Forcing. //Solomon S, Qin D, Manning M, et al. Climate Change 2007: The Physical Science Basis. Contribution of Working Group I to the Fourth Assessment Report of the Intergovernmental Panel on Climate Change. Cambridge and New York: Cambridge University Press.

Fu C B, Jiang Z H, Guan Z Y, et al. 2008. Climate of China and East Asian Monsoon. Berlin: Springer-Verlag.

Fu C B, Mao H T. 2017. Aridity Trend in Northern China. World Sci: Singapore.

Fu Q, Feng S. 2014. Responses of terrestrial aridity to global warming. J Geophys Res-Atmos, 119: 7863-7875.

Fu Q, Lin L, Huang J, et al. 2016. Changes in terrestrial aridity for the period 850-2080 from the Community Earth System Model. J Geophys Res-Atmos. 121: 2857-2873.

Gao X, Luo Y, Lin W, et al. 2003. Simulation of effects of land use change on climate in China by a regional climate model. Advances in Atmospheric Sciences, 20: 583-559.

Gao Y, Zhang M, Liu Z, et al. 2015. Modeling the feedback between aerosol and meteorological variables in the atmospheric boundary layer during a severe fog–haze event over the North China Plain. Atmospheric Chemistry and Physics, 15: 4279-4295.

Giannini A, Biasutti M, Verstraete M M. 2008. A climate model-based review of drought in the Sahel: Desertification, the re-greening and climate change. Global and Planetary Change, 64: 119-128.

Giannini A, Saravanan R, Chang P. 2003. Oceanic forcing of Sahel rainfall on interannual to interdecadal time scales. Science, 302: 1027-1030.

Giannini A, Saravanan R, Chang P. 2005. Dynamics of the boreal summer African monsoon in the NSIPP1 atmospheric model. Climate Dynamics, 25: 517-535.

Giorgi F, Coppola E, Raaele F. 2014. A consistent picture of the hydroclimatic response to global warming from multiple indices: Models and observations. J Geophys Res-Atmos, 119: 11695-11708.

Greve P, Orlowsky B, Mueller B, et al. 2014. Global assessment of trends in wetting and drying over land. Nat Geosci, 7: 716-721.

Gu G J, Adler R F. 2013. Interdecadal variability/long-term changes in global precipitation patterns during the past three decades: global warming and/or pacific decadal variability. Climate Dynamics, 40: 3009-3022.

Gu G, Adler R F. 2015. Spatial patterns of global precipitation change and variability during 1901-2010. Journal of Climate, 28: 4431-4453.

Guan X D, Huang J P, Guo R X, et al. 2015a. Role of radiatively forced temperature changes in enhanced warming semi-arid warming in the cold season over the east Asia. Atmospheric Chemistry and Physics, 15: 13777-13786.

Guan X D, Huang J P, Guo R X, et al. 2015b. The role of dynamically induced variability in the recent warming trend slowdown over the Northern Hemisphere. Sci Rep, 5: 12669.

Guan X D, Huang J P, Guo R X. 2017. Changes in aridity in response to the global warming hiatus. J Meteor Res, 31: 117-125.

Guemas V, Doblas-Reyes F J, Andreu-Burillo I, et al. 2013. Retrospective prediction of the global warming slowdown in the past decade. Nat Clim Change, 3: 649-653.

Hagos S M, Cook K H. 2008. Ocean Warming and Late-Twentieth-Century Sahel Drought and Recovery. Journal of Climate, 21: 3797-3814.

Hansen J, Sato M, Ruedy R. 1997. Radiative forcing and climate response. Journal of Geophysical Research Atomspheres, 102(D6): 6831-6864.

Hirschi M, Seneviratne S, Alexandrov V, et al. 2011. Observational evidence for soil-moisture impact on hot extremes in southeastern Europe. Nature Geosci, 4: 17-21.

Hoerling M P, Eischeid J, Perlwitz J. 2010. Regional precipitation trends: Distinguishing natural variability from anthropogenic forcing. Journal of Climate, 23: 2131-2145.

Hoerling M P, Hurrell J W, Eischeid J, et al. 2006. Detection and attribution of twentieth-century northern and southern African rainfall change. Journal of Climate, 19: 3989-4008.

Hu Q, Feng S. 2012. AMO- and ENSO-driven summertime circulation and precipitation variations in North America. Jourmal of Climate, 25: 6477-6495.

Hu Z H, Xu Z F, Ma Z G, et al. 2019. Potential surface hydrologic responses to increases in greenhouse gas concentrations and land use and land cover changes. International Journal of Climatology, 39(2): 814-827.

Hu Z Z, Huang B H. 2009. Interferential impact of enso and pdo on dry and wet conditions in the U.S. great plains. Journal of Climate, 22: 6047-6065.

Hua W, Chen H, Li X. 2015. Effects of future land use change on the regional climate in China. Science China Earth Sciences, 58(10): 1840-1848.

Huang G, Liu Y, Huang R. 2011. The interannual variability of summer rainfall in the arid and semiarid regions of Northern China and its association with the northern hemisphere circumglobal teleconnection. Adv Atmos Sci, 28: 257-268.

Huang J P, Guan X D, Ji F. 2012. Enhanced cold-season warming in semi-arid regions. Atmospheric Chemistry and Physics, 12: 5391-5398.

Huang J P, Ji M X, Xie Y K, et al. 2016b. Global semi-arid climate change over last 60 years. Climate Dynamics, 46: 1131-1150.

Huang J P, Li Y, Fu C B, et al. 2017a. Dryland climate change: Recent progress and challenges. Reviews of Geophysics, 55: 719-778.

Huang J P, Minnis P, Yan H, et al. 2010. Dust aerosol effect on semi-arid climate over Northwest China detected from A-Train satellite measurements. Atmos Chem Phys, 10: 6863-6872.

Huang J P, Xie Y K, Guan X D, et al. 2017b. The dynamics of the warming hiatus over the Northern Hemisphere. Climate Dynamics, 48: 1-18.

Huang J P, Yu H P, Dai A G, et al. 2017c. Drylands face potential threat under 2℃ global warming target. Nature Climate Change, 7: 417-422.

Huang J P, Yu H P, Guan X D, et al. 2016a. Accelerated dryland expansion under climate change. Nat Clim Change, 6(2): 166-172.

Huang X, Song Y, Zhao C, et al. 2015. Direct radiative effect by multicomponent aerosol over China. Journal of Climate, 28: 3472-3495.

IPCC. 2007. Fourth Assessment Report of the Intergovernmental Panel on Climate Change. Cambridge: Cambridge University Press.

IPCC. 2013. Fifth Assessment Report of the Intergovernmental Panel on Climate Change. Cambridge: Cambridge University Press.

Ji D, Wang Y, Wang L, et al. 2012. Analysis of heavy pollution episodes in selected cities of northern China. Atmospheric Environment, 50: 338-348.

Ji F, Wu Z, Huang J, et al. 2014. Evolution of land surface air temperature trend. Nat Clim Change, 4(6): 462-466.

Ji M, Huang J, Xie Y, et al. 2015. Comparison of dryland climate change in observations and CMIP5 simulations. Adv Atmos Sci, 32(11): 1565-1574.

Jiang J H, Su H, Schoeberl M R, et al. 2008. Clean and polluted clouds: Relationships among pollution, ice clouds, and precipitation in South America. Geophysical Research Letters, 35(14): L14804.

Johanson C M, Fu Q. 2009. Hadley cell expansion: model simulations versus observations. Journal of Climate, 22: 2713-2725.

Jr Coakley J A, Cess R D, Yurevich F B. 1983. The effect of tropospheric aerosols on the earth's radiation budget: A parameterization for climate models. Journal of the Atmospheric Sciences, 40(1): 116-138.

Kaufman Y J, Nakajima T. 1993. Effect of Amazon smoke on cloud microphysics and albedo-Analysis from satellite imagery. Journal of Applied Meteorology, 32(4): 729-744.

Knight J R, Folland C K, Scaife A A. 2006. Climate impacts of the Atlantic Multidecadal Oscillation. Geophysics Research Letters, 33(17): L17706.

Kosaka Y, Xie S P. 2013. Recent global-warming hiatus tied to equatorial Pacific surface cooling. Nature, 501: 403.

Lal A. 2003. Carbon sequestration in dryland ecosystems. Environ Manage, 33: 528-544.

Lau W K M, Kim K M. 2015. Robust hadley circulation changes and increasing global dryness due to CO_2 warming from CMIP-5 model projections. Proc Natl Acad Sci USA, 112: 3630-3635.

Lavanchy V M H, Gäggeler H W, Schotterer U, et al. 1999. Historical record of carbonaceous particle concentrations from a European high-alpine glacier (Colle Gnifetti, Switzerland). Journal of Geophysical Research, 104(D17): 21227-21236.

Lawrence P J, Chase T N. 2010. Investigating the climate impacts of global land cover change in the community climate system model. International Journal of Climatology, 30: 2066-2087.

Legrand M, Hammer C, De Angelis M, et al. 1997. Sulfur-containing species (methanesulfonate and SO_4) over the last climatic cycle in the Greenland Ice Core Project (central Greenland) ice core. Journal of Geophysical Research, 102(C12): 26663-26679.

Lehner F, Coats S, Stocker T F, et al. 2017. Projected drought risk in 1.5℃ and 2℃ warmer climates. Geophysics Research Letters, 44: 7419-7428.

Li B, Chen Y, Shi X. 2012. Why does the temperature rise faster in the arid region of northwest China. J Geophys Res-Atmos, 117: D16115.

Li C, Zhao T, Ying K. 2017. Quantifying the contributions of anthropogenic and natural forcings to climate changes overland during 1946-2005. Climatic Change, 144(3): 505-517.

Li H, Chen H P, Wang H J, et al. 2018b. Future precipitation changes over China under 1.5℃ and 2.0℃ global warming targets by using CORDEX regional climate models. Science of The Total Environment, s640-641: 543-554.

Li M X, Ma Z G. 2012. Soil moisture-based study of the variability of dry-wet climate and climate zones in China. Chinese Science Bulletin, 58(4-5): 531-544.

Li Q, Liu Y, Song H, et al. 2013. Long-term variation of temperature over North China and its links with large-scale atmospheric circulation. Quaternary International, 283: 11-20.

Li Q, Zhang R, Wang Y. 2016. Interannual variation of the wintertime fog-haze days across central and eastern China and its relation with East Asian winter monsoon. International Journal of Climatology, 36(1): 346-354.

Li W, Jiang Z, Zhang X, et al. 2018a. On the emergence of anthropogenic signal in extreme precipitation change over China. Geophysical Research Letters, 45: 9179-9185.

Li W, Zhou S, Wang X, et al. 2011. Integrated evaluation of aerosols from regional brown hazes over northern China in winter: Concentrations, sources, transformation, and mixing states. Journal of Geophysical Research, 116: D09301.

Li Y, Huang J P, Ji M X, et al. 2015. Dryland expansion in Northern China from 1948 to 2008. Adv Atmos Sci, 32: 870-876.

Liao H, Chang W Y, Yang Y. 2015. Climatic effects of air pollutants over China: A review. Adv Atmos Sci, 32(1): 115-139.

Lin T, Cheng F. 2016. Impact of soil moisture initialization and soil texture on simulated land-atmosphere interaction in Taiwan. Journal of Hydrometeorology, 17(5): 1337-1355.

Liu H, Zhang L, Wu J. 2010. A modeling study of the climate effects of sulfate and carbonaceous aerosols over china. Adv Atmos Sci, 27(6): 1276-1288.

Liu X, Easter R C, Ghan S J, et al. 2012b. Toward a minimal representation of aerosols in climate models: Description and evaluation in the Community Atmosphere Model CAM5. Geoscientific Model Development, 5: 709-739.

Liu Y M, Wu G X, Hong J L, et al. 2012a. Revisiting Asian monsoon formation and change associated with Tibetan Plateau forcing: II. Change. Climate Dynamics, 39(5): 1183-1195.

Lu J, Delworth T L. 2005. Oceanic forcing of the late 20th century Sahel drought. Geophysics Research Letters, 32: L22706.

Lu J, Vecchi G A, Reichler T. 2007. Expansion of the Hadley cell under global warming. Geophysics Research Letters, 34: L06805.

Lyon B. 2004. The strength of El Niño and the spatial extent of tropical drought. Geophysics Research Letters, 31(21): L21204.

Ma Z G. 2007. The interdecadal trend and shift of dry/wet over the central part of North China and their relationship to the Pacific Decadal Oscillation (PDO). Chinese Sci Bullet, 52: 1199-1206.

Ma Z G, Fu C B. 2003. Interannual characteristics of the surface hydrological variables over the arid and semi-arid areas of Northern China. Global Planet Change, 37: 189-200.

Ma Z G, Fu C B. 2006. Some evidences of drying trend over North China from 1951 to 2004. Chinese Science Bulletin, 51(23): 2913-2925.

Ma Z G, Fu C B. 2007. Global aridification in the second half of the 20th century and its relationship to large-scale climate background. Science in China. Series D, Earth sciences, 50: 776-788.

Manabe S, Stouffer R. 1993. Century-scale effects of increased atmospheric CO_2 on the ocean-atmosphere system. Nature, 364: 215-218.

Manabe S, Wetherald R T, Milly P C D, et al. 2004. Century-Scale Change in Water Availability: CO_2-Quadrupling Experiment. Climatic Change, 64: 59-76.

Mantua N J, Hare S R, Zhang Y, et al. 1997. A Pacific interdecadal climate oscillation with impacts on salmon production. Bull Amer Meteorol Soc, 78: 1069-1079.

Mantua N J, Hare S R. 2002. The Pacific decadal oscillation. J Oceanogr, 58(1): 35-44.

Mayewski P A, Lyons W B, Spencer M J, et al. 1990. An ice-core record of atmospheric response to anthropogenic sulphate and nitrate. Nature, 346: 554-556.

McCabe G J, Palecki M A, Betancourt J L. 2004. Pacific and Atlantic Ocean influences on multidecadal drought frequency in the United States. Proc Natl Acad Sci, 101: 4136-4141.

Meehl G A, Hu A, Arblaster J M, et al. 2013. Externally forced and internally generated decadal climate variability associated with the Interdecadal Pacific Oscillation. Journal of Climate, 26: 7298-7310.

Menon S, Hansen J, Nazarenko L, et al. 2002. Climate effects of black carbon aerosols in china and india. Science, 297: 2250-2253.

Middleton N, Thomas D. 1997. World atlas of desertification. Oxford University Press.

Min S K, Zhang X, Zwiers F W, et al. 2011. Human contribution to more-intense precipitation extremes. Nature, 470: 378-381.

Mitchell D, Achutarao K, Allen M, et al. 2017. Half a degree additional warming, prognosis and projected impacts (HAPPI): background and experimental design. Geosci Model Dev, 10: 571-583.

Mitchell D, James R, Forster P M, et al. 2016. Realizing the impacts of a 1.5℃ warmer world. Nat Clim Change, 6: 735-737.

Mitchell J F B, Wilson C A, Cunnington W M. 1987. On CO_2 climate sensitivity and model dependence of results. Q J R Meteorol Soc, 113: 293-322.

Mo K C, Ha K J, Yoo S H. 2009. Influence of ENSO and the atlantic multidecadal oscillation on drought over the United States. J Climate, 22: 5962-5982.

Nangombe S, Zhou T, Zhang W, et al. 2018. Record-breaking climate extremes in Africa under stabilized 1.5℃ and 2℃ global warming scenarios. Nat Clim Change, 8: 375.

Narisma G T, Foley J A, Licker R, et al. 2007. Abrupt changes in rainfall during the twentieth century. Geophysics Research Letters, 34: L06710.

Nicholson S E. 2011. Dryland Climatology. Cambridge University Press.

Nicholson S E, Grist J P. 2001. A conceptual model for understanding rainfall variability in the West African Sahel on interannual and interdecadal timescales. Int J Climatol, 21: 1733-1757.

Nicholson S E, Some B, Kone B. 2000. An analysis of recent rainfall conditions in West Africa, including the rainy seasons of the 1997 El Niño and the 1998 La Nina years, Journal of Climate, 13(14): 2628-2640.

Nicholson S E, Tucker C J, Ba M B. 1998. Desertification, drought, and surface vegetation: An example from the

West African Sahel. Bull Am Meteorol Soc, 79: 815-829.

O'Gorman P, Allan R, Byrne M, et al. 2012. Energetic constraints on precipitation under climate change. Survey in Geophysics, 33 (3-4): 585-608.

Palmer W C. 1965. Meteorological Drought. United States Department of Commerce, Weather Bureau, Research Paper No. 45.

Pegion P J, Kumar A. 2010. Multimodel estimates of atmospheric response to modes of SST variability and implications for droughts. Journal of Climate, 23: 4327-4341.

Peng S S, Piao S H, Ciais P, et al. 2013. Asymmetric effects of daytime and night-time warming on Northern Hemisphere vegetation. Nature, 501: 88-92.

Pitman A J, Avila F B, Abramowitz G, et al. 2011. Importance of background climate in determining impact of land-cover change on regional climate. Nat Clim Change, 1: 472-475.

Qian C, Zhou T J. 2014. Multidecadal variability of North China aridity and its relationship to PDO during 1900-2010. Journal of Climate, 27: 1210-1222.

Ramanathan V, Crutzen P J, Lelieveld J, et al. 2001. Indian ocean experiment: An integrated analysis of the climate forcing and effects of the great Indo-Asian haze. Journal of Geophysical Research, 106(D22): 28371-28398.

Rangwala I, Sinsky E, Miller J R. 2013. Amplified warming projections for high altitude regions of the northern hemisphere mid-latitudes from CMIP5 models. Environ Res Lett, 8: 279-288.

Rasmusson E M, Akin P. 1993. A global view of large-scale precipitation variability. Journal of Climate, 6: 1495-1522.

Rayner N A, Parker D E, Horton E B, et al. 2003. Global analyses of sea surface temperature, sea ice, and night marine air temperature since the late nineteenth century. J Geophys Res-Atmos, 108(D14): 4407.

Reynolds J F. 2011. Scientific concepts for an integrated analysis of desertification. Land Deg Develop, 22: 166-183.

Reynolds J F, Smith D M S, Lambin E F, et al. 2007. Global desertification: Building a science for dryland development. Science, 316: 847-851.

Rosenfeld D, Andreae M O, Asmi A, et al. 2014. Global observations of aerosol-cloud-precipitation-climate interactions. Reviews of Geophysics, 52: 750-808.

Rosenfeld D, Dai J, Yu X, et al. 2007. Inverse relations between amounts of air pollution and orographic precipitation. Science, 315: 1396-1398.

Safriel U, Adeel Z. 2005. Dryland systems. In: Hassan R, Scholes R, Ash N (eds) Ecosystems and human well-being, current state and trends, vol 1. Island Press, Washington, pp 625-658.

Sanderson B M, Yu Y, Tebaldi C, et al. 2017. Community Climate Simulations to assess avoided impacts in 1.5℃ and 2℃ futures. Earth System Dyn, 8: 827-847.

Schleussner C F, Lissner T K, Fischer E M, et al. 2016. Differential climate impacts for policy-relevant limits to global warming: the case of 1.5℃ and 2℃. Earth System Dyn, 7: 327-351.

Schubert S, Gutzler D, Wang H L, et al. 2009. A US CLIVAR project to assess and compare the responses of global climate models to drought-related SST forcing patterns: Overview and results. Journal of Climate, 22(19): 5251-5272.

Seager R, Naik N, Baethgen W, et al. 2010. Tropical oceanic causes of interannual to multidecadal precipitation variability in Southeast South America over the past century. Journal of Climate, 23(20): 5517-5539.

Seager R, Ting M, Held I, et al. 2007. Model projections of an imminent transition to a more arid climate in southwestern north America. Science, 316: 1181-1184.

Seneviratne S I, Corti T, Davin E L, et al. 2010. Investigating soil moisture–climate interactions in a changing climate: A review. Earth-Sci Rev, 99: 125-161.

Shanahan T M, Overpeck J T, Anchukaitis K J, et al. 2009. Atlantic forcing of persistent drought in west Africa. Science, 324: 377-380.

Sharma P, Abrol V, Abrol S, et al. 2012. Resource Management for Sustainable Agriculture Ch. 6.

Sherwood S, Fu Q. 2014. A drier future. Science, 343: 737-739.

Shin S H, Chung I U, Kim H J. 2012. Relationship between the expansion of drylands and the intensification of Hadley circulation during the late twentieth century. Meteorology and Atmospheric Physics, 118: 117-128.

Si D, Ding Y H. 2012. The tropospheric biennial oscillation in the East Asian monsoon region and its influence on the precipitation in China and large-scale atmospheric circulation in East Asia. International Journal of

Climatology, 32(11): 1697-1716.

Si D, Ding Y H. 2013. Decadal change in the correlation pattern between the Tibetan Plateau winter snow and the East Asian summer precipitation during 1979-2011. Journal of Climate, 26(19): 7622-7634.

Staten P W, Lu J, Grise K M, et al. 2018. Re-examining tropical expansion. Nat Clim Change, 8: 768-775.

Straus D M, Shukla J. 2002. Does ENSO force the PNA. Journal of Climate, 15: 2340-2358.

Streets D G, Gupta S, Waldhoff S T, et al. 2001. Black carbon emissions in China. Atmospheric Environment, 35: 4281-4296.

Sun J, Wang H, Yuan W. 2008. Decadal variations of the relationship between the summer North Atlantic Oscillation and middle East Asian air temperature. Journal of Geophysical Research, 113: D15107.

Sun S, Chen H, Wang G, et al. 2016. Shift in potential evapotranspiration and its implications for dryness/wetness over Southwest China. J Geophy Res-Atmos, 121: 9342-9355.

Sutton R T, Hodson D L R. 2005. Atlantic ocean forcing of north American and European summer climate. Science, 309(5731): 115-118.

Tan J H, Duan J C, Chen D H, et al. 2009. Chemical characteristics of haze during summer and winter in Guangzhou. Atmospheric Research, 94: 238-245.

Thompson D W, Wallace J M. 2000. Annular modes in the extratropical circulation. Part I: Month-to-month variability. Journal of Climate, 13(5): 1000-1016.

Thornthwaite C W. 1948. An approach toward a rational classification of climate. Geographical Review, 38(1): 55-94.

Ting M F, Kushnir Y, Seager R, et al. 2011. Robust features of Atlantic multi-decadal variability and its climate impacts. Geophysics Research Letters, 38: L17705.

Ting M, Wang H. 1997. Summertime US precipitation variability and its relation to Pacific sea surface temperature. Journal of Climate, 10: 1853-1873.

Trenberth K E. 2011. Changes in precipitation with climate change. Clim Res, 4: 123-138.

Trenberth K E, Branstator G W, Karoly D, et al. 1998. Progress during TOGA in understanding and modeling global teleconnections associated with tropical sea surface temperatures. J Geophys Res-Oceans, 103(C7): 14291-14324.

Trenberth K E, Dai A G, Schrier G, et al. 2014. Global warming and changes in drought. Nat Clim Change, 4(1): 17-22.

Trenberth K E, Fasullo J T, Kiehl J. 2009. Earth's global energy budget. Bull Am Meteorol Soc, 90: 311-323.

Twomey S. 1977. The influence of pollution on the shortwave albedo of clouds. Journal of the Atmospheric Sciences, 34: 1149-1152.

Vizy E K, Cook K H. 2010. Influence of the Amazon/Orinoco Plume on the summertime Atlantic climate. J Geophys Res Atmos, 115: D21112.

Volodin E M, Galin V Y. 1999. Interpretation of winter warming on northern hemisphere continents in 1977-94. Journal of Climate, 12: 2947-2955.

Wallace J M, Fu Q, Smoliak B V, et al. 2012. Simulated versus observed patterns of warming over the extratropical Northern Hemisphere continents during the cold season. Proc Natl Acad Sci USA, 109: 14337-14342.

Wang H J. 2001. The weakening of the Asian monsoon circulation after the end of 1970's. Adv Atmos Sci, 18 (3): 376-386.

Wang H, Chen Y, Pan Y, et al. 2015. Spatial and temporal variability of drought in the arid region of China and its relationships to teleconnection indices. Journal of Hydrology, 523: 283-296.

Wang S, Huang J, He Y, et al. 2014. Combined effects of the Pacific Decadal Oscillation and El Nino-Southern Oscillation on global land dry-wet changes. Sci Rep, 4: 6651.

Wang Z, Lin L, Zhang X, et al. 2017. Scenario dependence of future changes in climate extremes under 1.5℃ and 2℃ global warming. Scientific Reports, 7: 46432.

Wang Z, Wu R, Chen S, et al. 2018. Influence of western Tibetan Plateau summer snow cover on East Asian summer rainfall. J Geophys Res-Atmos, 123: 2371-2386.

Wei Y, Yu H, Huang J, et al. 2019. Drylands climate response to transient and stabilized 2℃ and 1.5℃ global warming targets. Climate Dynamics, 53(3-4): 2375-2389.

Wu D, Tie X, Li C, et al. 2005. An extremely low visibility event over the Guangzhou region: A case study. Atmospheric Environment, 39: 6568-6577.

Wu G X, Liu Y M, Dong B W, et al. 2012. Revisiting Asian monsoon formation and change associated with Tibetan Plateau forcing: I. Formation. Climate Dynamics, 39(5): 1169-1181.

Wu Z, Huang N E. 2009. Ensemble empirical mode de-composition: A noise-assisted data analysis method. Adv Adapt Data Anal, 1: 1-41.

Xiao Z M, Zhang Y F, Hong S M, et al. 2011. Estimation of the main factors influencing haze, based on a long-term monitoring campaign in Hangzhou, China. Aerosol and Air Quality Research, 11: 873-882.

Xu Z F, Mahmood R, Yang Z L, et al. 2015. Investigating diurnal and seasonal climatic response to land use and land cover change over monsoon Asia with the community earth system model. Journal of Geophysical Research, 120: 1137-1152.

Xu Z F, Yang Z L. 2017. Relative impacts of increased greenhouse gas concentrations and land cover change on the surface climate in arid and semi-arid regions of China. Climatic Change, 144(3): 491-503.

Yang Q, Ma Z G, Fan X G, et al. 2017. Decadal modulation of precipitation patterns over Eastern China by sea surface temperature anomalies. Journal of Climate, 30(17): 7017-7033.

Yang Q, Ma Z, Wu P, et al. 2019. Interdecadal seesaw of precipitation variability between North China and the Southwest US. Journal of Climate, 32(10): 2951-2968.

Yu H, Liu S C, Dickinson R E. 2002. Radiative effects of aerosols on the evolution of the atmospheric boundary layer. Journal of Geophysical Research, 107: D12.

Zhang J, Zhao T, Dai A, et al. 2019. Detection and attribution of atmospheric precipitable water changes since the 1970s over China. Scientific Reports, 9: 17609.

Zhang R, Delworth T L. 2006. Impact of Atlantic multidecadal oscillations on India/Sahel rainfall and Atlantic hurricanes. Geophysics Research Letters, 33(17): L17712.

Zhang W, Xu Z, Guo W. 2016. The impacts of land use and land cover change on tropospheric temperatures at global and regional scales. Earth Interactions, 20(7): 160108151125000.

Zhang Z Q, Sun X, Yang X Q. 2018. Understanding the interdecadal variability of east asian summer monsoon precipitation: Joint influence of three oceanic signals. Journal of Climate, 31: 5485-5506.

Zhao T B, Chen L, Ma Z. 2014. Simulation of historical and projected climate change in arid and semi-arid areas by CMIP5 models. Chinese Science Bulletin, 59: 412-429.

Zhao T B, Dai A G. 2015. The magnitude and causes of global drought changes in the 21st century under a low-moderate emissions scenario. Journal of Climate, 28: 4490-4512.

Zhao T B, Dai A G. 2016. Uncertainties in historical changes and future projections of drought, Part I: Estimates of historical drought changes. Climatic Change, 144: 519-533.

Zhao T B, Dai A G. 2017. Uncertainties in historical changes and future projections of drought. Part II: Model simulated historical and future drought changes. Climatic Change, 144: 535-548.

Zhao T B, Li C X, Zuo Z Y. 2016. Contributions of anthropogenic and external natural forcings to climate changes over China based on CMIP5 model simulations. Science China Earth Sciences, 59: 503-517.

Zhao Y, Huang A, Zhu X, et al. 2013. The impact of the winter North Atlantic Oscillation on the frequency of spring dust storms over Tarim Basin in northwest China in the past half-century. Environmental Research Letters, 8(2): 024026.

Zhou B, Wen H Q, Xu Y, et al. 2014. Projected changes in temperature and precipitation extremes in China by the CMIP5 multimodel ensembles. Journal of Climate, 27(17): 6591-6611.

Zhou B, Zhai P, Chen Y, et al. 2018c. Projected changes of thermal growing season over Northern Eurasia in a 1.5 and 2 warming world. Environ Res Lett, 13: 035004.

Zhou T, Ren L, Liu H, et al. 2018b. Impact of 1.5℃ and 2.0℃ global warming on aircraft takeoff performance in China. Science Bull, 63(11): 700-707.

Zhou T, Sun N, Zhang W X, et al. 2018a. When and how will the Millennium Silk Road witness 1.5℃ and 2℃ warmer worlds. Atmos Oceanic Sci Lett, 11: 180-188.

Zhu Y, Liu H, Ding Y, et al. 2015. Interdecadal variation of spring snow depth over the Tibetan Plateau and its influence on summer rainfall over East China in the recent 30 years. International Journal of Climatology, 35: 3654-3660.

第11章 南、北极和青藏高原与中国气候变化

首席专家：赵进平 程晓

主要作者：陈卓奇 杨韵 李香兰 游庆龙 康世昌 黄菲 武炳义 郭万钦

摘 要

1979~2018 年北极增暖速度为全球平均水平的 2~3 倍，9 月北极海冰范围以约 12.8%/10a 的速度快速减小，多年海冰面积占比下降了 90%。1950~2018 年，南极半岛和西南极升温显著，而南极其他地区气温变化较小。2007~2016 年南极冰盖质量损失是 1997~2006 年的 3 倍。青藏高原在过去半个世纪以来变暖趋势明显，气温升高幅度比同纬度地区大，与人类活动有关的温室气体排放加剧对青藏高原气候变化的影响可能比全球其他地区更显著。

11.1 北极对全球变化的响应和对中国气候的影响

极地系统是地球整体系统的一部分，它直接影响全球的大气环流、大洋环流和气候变异。全球气候变暖在北极地区最直接的体现就是北极海冰总量及覆盖面积不断减少。北极海冰减少直接导致表面反照率下降，海洋吸收热量增多，进而加剧海冰的融化。海冰减少使温室效应导致的全球变暖在高纬度和极区大气增温最强最快，这一现象被称为北极放大。

北极作为全球气候变化的驱动器之一，是全球气候变化最为灵敏的响应器，对全球气候产生重要反馈。在过去的百年时间里，北极的平均升温幅度是全球的 2 倍，更加温暖的极区改变了地球热机的行为，从而影响了整个地球气候系统。

11.1.1 北极海冰减退日益严重

夏季北极海冰范围以 3.8%/10a 的速度快速减小（图 11.1）。有卫星记录以来，北冰洋海冰范围的最低值出现在 2012 年 9 月 16 日，为 $3.41×10^6km^2$，相对 1979~2000 年的平均值减少了约 45%（Parkinson and Comiso，2013）。2007 年以来，每年夏季北极海冰范围的最小值均小于 2007 年以前的观测值（Comiso and Hall，2014）。IPCC（2019）评估报告指出，1979~2018 年北极增暖速度约为全球平均水平的 2~3 倍，9 月北极海冰范围以约 12.8%/10a 的速度快速减小，多年海冰面积占比下降了 90%。

1979~2012 年数据序列的统计分析发现，海冰夏季融化和边缘线向北退缩有提前的趋势，其向北极退缩的速度也在增大，其中拉普捷夫—东西伯利亚—楚科奇—波弗特扇区最为明显（Xia et al.，2014）。过去海冰的减少主要发生在海冰覆盖区的外缘，而近年来北极中央区也发生了海冰密集度的大规模降低，出现大范围的开阔水（Zhao et al.，2018）。

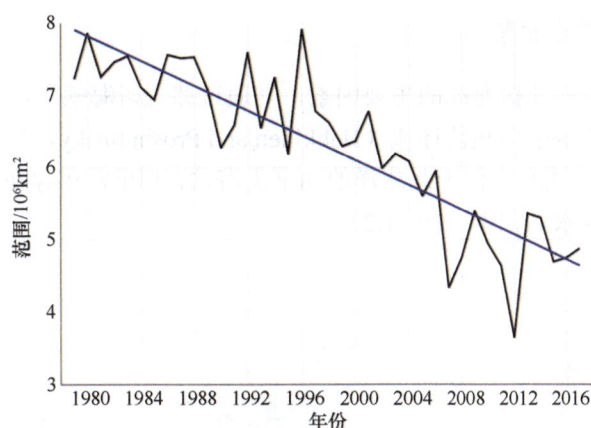

图 11.1 1979~2017 年 9 月北冰洋海冰范围的变化趋势（引自美国冰雪数据中心）

北极海冰减少的同时，多年冰也明显减少，逐渐被一年冰代替。航空遥感观测的结果表明一年冰的融池覆盖率可以达到 40%以上，多年冰一般在 25%以下（Nicolaus et al.，2012）。这使得一年冰整体的反照率要小于多年冰；同时一年冰厚度也明显小于多年冰。

北极海冰的退缩和变薄使得北极航道，尤其是东北航道的适航性显著提高。2007~2012年东北航道海冰厚度减小至 0.2~0.6m，2007 年以后沿东北航道几乎没有多年冰存在（Lei et al.，2015）。1979~2005 年常规船舶适航于东北航道的概率是 40%或者更低，2006~2015 年这一概率提高到了 61%~75%，2040~2059 年可望提高到 94%~98%（Smith and Stephenson，2013），平均适航期从 20 世纪 80 年代的约 50 天增加到最近几年的约 140 天。海冰减少有利于促进北极航道的商业开发（Kiiski et al.，2018）。

海冰厚度是海冰物候学中量度海冰状态的关键参数。结合 ICESat 激光高度计和潜艇仰视声呐的观测数据，证实了相对 1958~1976 年的集合平均值，2003~2008 年的集合平均值海冰厚度减小了约 1.6m （Kwok and Rothrock，2009），秋季北冰洋海冰体积减小了约 4291 km^3（Laxon et al.，2013）。2010~2012 年，北极海冰体积进一步减小了约 14%（Tilling et al.，2015）。

积雪覆盖海冰的反照率为 0.7~0.85，融池表面的反照率则在 0.3~0.5。融池的形成、发展和重新冻结会明显影响海盆尺度的区域平均反照率和短波辐射能量收支（Perovich et al.，2007，Nicolaus et al.，2012）。北极海冰表面融池覆盖率可以一般达到 50%~60%的年最大值（Eicken et al.，2004；Perovich，2011）。海冰面积的减少和融池总覆盖率的增大导致 1979~2005 年北冰洋上层海洋吸收的短波辐射增加了 89%（Perovich et al.，2007）。

由于海冰覆盖率的减小和多年冰逐渐被一年冰取代，1979~2011 年夏季北冰洋整体平均反照率从 0.52 下降到了 0.48，相应地，海洋-海冰系统表面吸收的短波辐射增加了 6.4±0.9 W/m^2。若该能量平均到全球表面，北冰洋反照率减小导致的短波辐射增加量约为同期二氧化碳排放增加导致的辐射强迫增加量的 25%（Pistone et al.，2014）。

11.1.2 北冰洋淡水积聚与上层环流变化

水团是海洋中巨大的水体，水团发生的变化指示着过去一段时间某些因素长时间作用的结果，是研究海洋的重要手段和依据。在北极快速变化过程中，水团结构的变化是最重要的研究内容之一。海洋环流是海水运动的主要方式，对大气的驱动有很好的响应，也直接影响水团的分布与变化。在北极快速变化背景下，北冰洋水团和环流是发生显著变化的海洋现象，与海冰减退、气候变异、全球响应等有密切关系。

1. 加拿大海盆的淡水积聚

北冰洋的淡水是影响北极海冰的主要因素，并通过弗拉姆海峡和加拿大北极群岛输出到北欧海和北大西洋，影响全球热盐环流（Hakkinen and Proshutinsky，2004；Jungclaus et al.，2005）。北冰洋中最大的淡水库位于北冰洋的加拿大海盆，那里常年存在的反气旋式环流（即波弗特流涡）有利于淡水的积聚（图 11.2）。

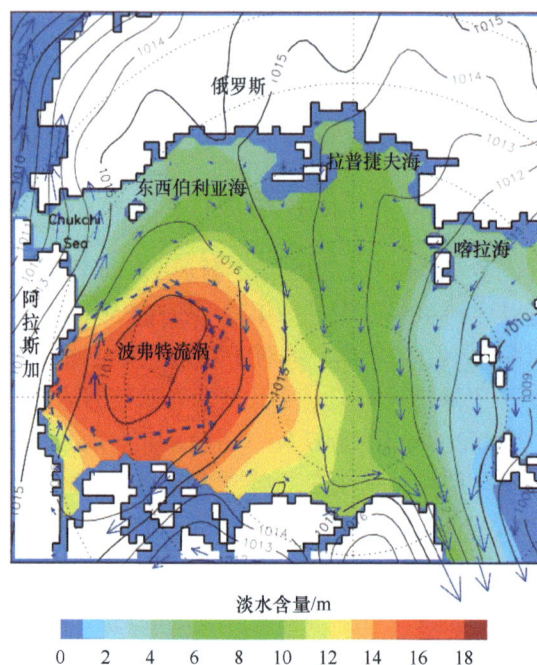

图 11.2　北冰洋淡水含量的分布（2000~2009 年平均值）（Manucharyan and Spall，2016）

蓝色虚框标记的为加拿大海盆所在位置；图中数字是气压，单位为 hPa

过去 20 多年以来，加拿大海盆的淡水呈现出显著的增加（Polyakov et al.，2008；Proshutinsky et al.，2009；McPhee et al.，2009；Rabe et al.，2014；Haine et al.，2015；Zhong et al.，2015）。2003~2008 年淡水的增加主要发生在太平洋冬季水以上的水层中（Guo et al.，2011）。淡水总量在 2015 年达到了创纪录的极大值 22600 km^3（Proshutinsky et al.，2019）。淡水增加主要来源于以下几个贡献：太平洋入流水的增加（Woodgate et al.，2012）、河流径流的注入（Fichot et al.，2013）、海冰的融化（Yamamoto-Kawai et al.，2009；Krishfield et al.，2014）、降水的增加（Bintanja and Selten，2014）。

伴随着淡水增加，上层海洋发生了一系列变化，包括地转流显著增强（McPhee，2013；Armitage et al.，2017），表层水的淡化抑制了次表层营养盐的补偿，减少了初级生产力，改变了真光层内浮游生物的大小、结构等（Tremblay and Gagnon，2009；Li et al.，2009；McLaughlin and Carmack，2010）。尽管近年来海冰快速退缩，风输入海洋中的近惯性能量也有所增加（Dosser and Rainville，2016），但是海洋中层的混合并没有出现显著的变化（Lincoln et al.，2016）。

从长期变化看，1948~1996 年北冰洋由气旋式和反气旋式两种环流距平形态交替主导，交替时间为 5~7 年（Proshutinsky and Johnson，1997；Proshutinsky et al.，2002）。然而自 20 世纪 90 年代后期以来，春、夏季节北冰洋由以前的气旋性环流异常变成反气旋性环流异常（Wu et al.，2012），与此同时，淡水含量显著增加，二者共同造就了波弗特流涡的自旋加速。

关于淡水积聚的原因目前主要有两种观点，一种与表面强迫场的变化直接联系，即风场强迫驱动下的埃克曼输运辐聚淡水（Proshutinsky et al.，2009；Yang，2009；Giles et al.，2012；Timmermans et al.，2014）。另一种是地转层内由地转流带来的淡水输运的贡献（Morison et al.，2012）。然而淡水不会无限制增长下去，需要有一个因素来使其平衡稳定。Spall（2013）和Lique 等（2015）指出，从加拿大海盆内部向海盆边缘的涡通量输运是平衡海盆内部埃克曼抽吸的重要因素。Manucharyan 和 Spall（2016）、Yang 等（2016）的研究通过理论更进一步揭示出盐跃层边缘倾斜度增加积蓄了重力位势能，从而引起斜压不稳定产生涡旋，对积聚淡水的释放起到了重要作用，涡旋的累积作用使得盐跃层趋于扁平，并抑制了盐跃层加深的趋势。Meneghello 等（2017）从观测的角度揭示出，在加拿大海盆最主要的动力学过程为表层的埃克曼泵吸和次表层的涡输运之间的平衡。

最新的研究表明，由淡水增加所造成的地转流增强对埃克曼动力过程具有重要的调制作用，增强的地转流减缓了埃克曼抽吸和埃克曼输运的强度（Zhong et al.，2018）。其具体作用机制为，波弗特流涡在地转流增强后改变了冰水界面应力，进而改变了埃克曼抽吸的强度（图 11.3），这对淡水收支的变化起重要的作用。

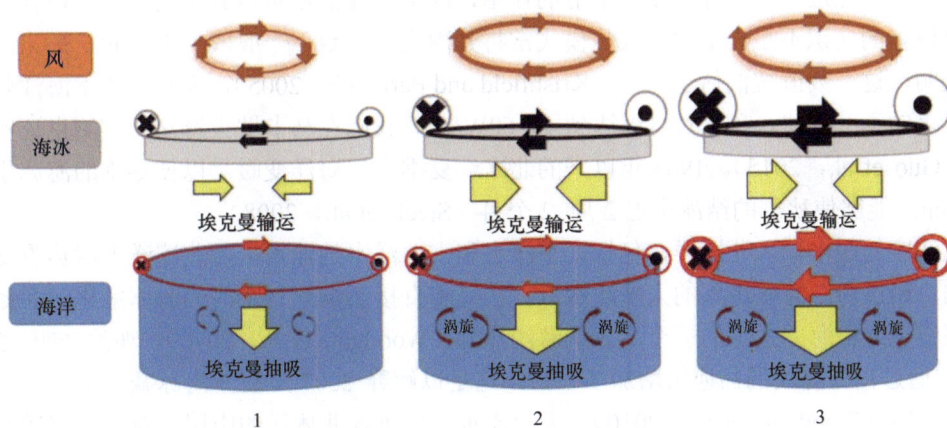

图 11.3　波弗特流涡系统下埃克曼动力学过程的三种情形及地转流调节埃克曼动力学过程的示意图
（Zhong et al.，2018）
红圈及红箭头为地转流，箭头的大小代表着每个变量相对的强度

2. 上层海洋环流变化

早期人们对北冰洋上层环流的认识处在一个气候态水平上，认为上层环流的代表性结构是穿过北冰洋的北极穿极流和位于加拿大海盆反气旋式的波弗特流涡组成的（Thorndike and Colony，1982；Proshutinsky and Johnson，1997；Proshutinsky et al.，2009）。与穿极流和波弗特流涡有密切联系的空间结构占 54%（Wang and Zhao，2012）。北冰洋上层环流还有另外一个重要驱动因素，就是太平洋和大西洋有 50cm 的海面高度差（Stigebrandt，1984），驱动来自太平洋的海水从白令海峡进入北冰洋。这些水体大部分汇入穿极流和波弗特流涡系统（McLaughlin et al.，1996；Jones et al.，1998），影响整个加拿大海盆，直至弗拉姆海峡（Ekwurzel et al.，2001）。北冰洋上层环流在上述两个主要驱动因素的作用下运动，并受到海底地形的显著影响，是与海底地形分布密切相关的流动（Woodgate et al.，2007）。

北极海冰减少会通过一系列反馈作用影响大洋环流和水团特性（Jahn and Holland，2013；

Bhatt et al., 2014; Zhong and Zhao, 2014)。随着北极海冰的减退，北冰洋上层环流正在发生显著变化，呈现以下主要特征。首先是海冰减退直接弱化了波弗特高压，导致波弗特流涡范围减小。同时，穿极流的起源除了传统的东西伯利亚海起源之外，还出现了楚科奇海起源。两个起源的水体最终汇聚成穿极流，其影响范围显著增大（Zhao et al., 2015）。

虽然上层海洋环流发生了很大变化，但由于波弗特流涡因淡水积聚而加强，穿极流+波弗特流涡的流型没有发生根本的改变，当前的流型还会长期保持下去（Zhao et al., 2019）。

11.1.3 北冰洋上层海洋热收支的改变

过去 30 年的海冰减退使得海表面反照率降低，极大地改变了北冰洋上混合层的热收支（Perovich et al., 2007）。增加的热量主要来自通过冰间水道和穿过海冰进入海洋的太阳辐射。数值模拟结果表明，北冰洋太平洋扇区上层海洋在 21 世纪增暖中的 80%来自海表面的热通量（Steele et al., 2010）。次表层暖水（也称为近表层温度极大值，NSTM）是北冰洋上层储存太阳辐射的一种特殊形式（Jackson et al., 2011; Zhao and Cao, 2011）。2007 年夏季之后，加拿大海盆次表层暖水的热含量异常增大，这些热量在接下来的秋冬季通过剪切和对流造成的混合被卷挟到表层，减缓海冰的生成（Timmermans, 2015）。

在海冰融化过程中，除了太阳辐射的作用，冰下海洋热通量也有重要贡献。以往对冰下海洋热通量的认识不足，早期的数值模式常将其固定为常数，一般取为 2W/m²。后来的实际观测表明，这一数值被低估了一倍（Krishfield and Perovich, 2005），而且，冰下海洋热通量还有显著的季节变化，在 8 月可以达到 40~60W/m²，我国在马卡罗夫海盆的实测也证实了这一点（Guo et al., 2015）。1965 年以来的北冰洋夏季上层海洋变暖足以使冬季的海冰生长减少 0.75m，能够使秋季的结冰推迟 2 周~2 个月（Steele et al., 2008）。

低纬度的暖水输入北冰洋，包括太平洋水和大西洋水的输入，对北冰洋上层热收支有重要影响。通过白令海峡进入的太平洋水流，在夏季直接影响楚科奇海的海冰融化，在冬季则成为保留在北极海冰之下的一个次表层海洋热源（Woodgate et al., 2010）。观测表明，2000~2007 年通过白令海峡的热通量增加了一倍，这足以解释 2007 年夏季海冰减少了总量的三分之一的原因（Woodgate et al., 2010）。大西洋水主要进入北冰洋的中层，对上层海洋的直接热贡献有限。不过，在大西洋扇区，大西洋水接近表层，其携带的热量造成了斯瓦尔巴群岛北部和东北部陆坡上海冰厚度显著减小（Onarheim et al., 2014）。据估计，2004 年以来，大西洋水增暖造成的海冰减少占北极海冰减少总量的 20%（Ivanov et al., 2012）。

11.1.4 北极气候变化与北极放大

最近 40 年，北极增暖速度约为全球平均水平的 2~3 倍（Serreze et al., 2009; Overland et al., 2014; Andry et al., 2017）（图 11.4），这一现象被称为北极放大（Arctic amplification; Screen and Simmonds, 2010），因而极区被称为气候变化的放大器。更加温暖的寒极改变了地球热机的行为，从而影响了整个地球气候系统。

北极放大现象在历史上曾经多次发生（Dahl-Jensen et al., 1998; Bekryaev et al., 2010）。这次北极放大现象始于 21 世纪初并一直持续到现在（Wang et al., 2017），它在全球变暖减缓背景下与北极海冰创纪录的快速融化相联系。Wang 等（2017）将极区和中纬度区域平均的 2m 气温的距平差定义为北极放大指数，发现该指数清晰地反映出显著的线性增长趋势，特别是在 21 世纪之后呈现出明显的增大特征（图 11.5），秋冬季的增温趋势最显著，夏季无显著增温趋势，且发现北极放大在 2002 年前后存在显著的年代际转型特征，即北极放大主要开始于 21 世纪初，2002 年之前北半球中纬度增温更快，2002 年之后北极加速增暖。

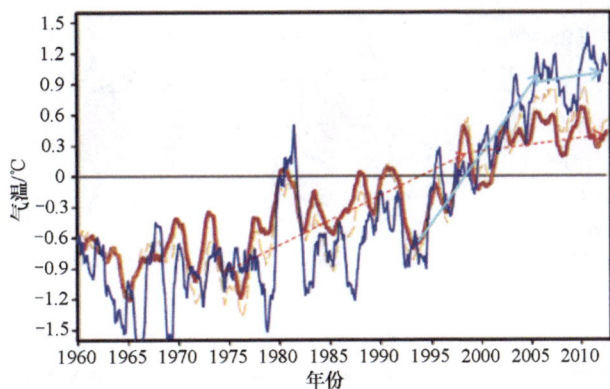

图 11.4 1960~2014 年区域平均的地面 2m 气温的距平变化曲线（相对于 1981~2010 年的气候月平均）

蓝线为北极区域平均（65°N 以北），红线为全球平均，黄线为北半球平均，全球平均和北半球平均的曲线扩大了 2 倍

资料来自美国 NCEP/NCAR 再分析资料

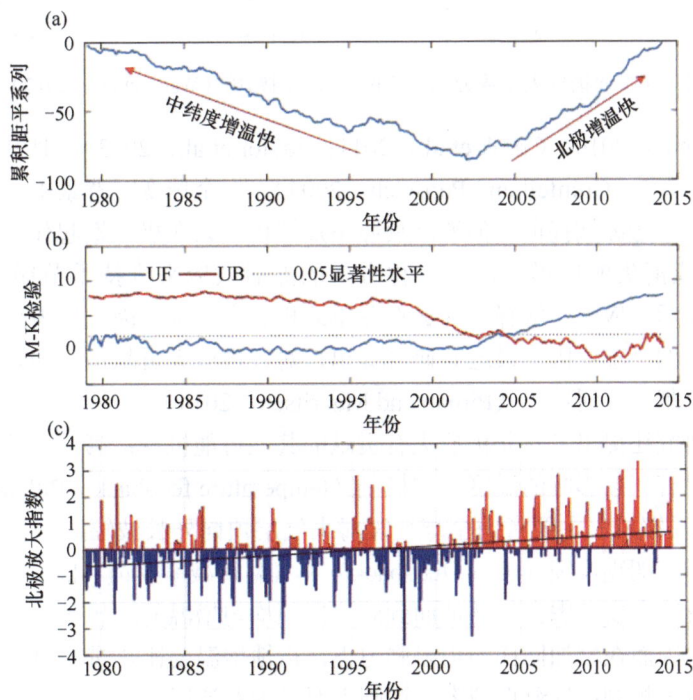

图 11.5 1979~2014 年北极累积距平序列（a）、M-K 检验（b）以及北极放大指数（c）（Wang et al.，2017）

另外，北极放大效应在北极并不是均一增暖的，还存在显著的空间差异（Serreze et al.，2006；Serreze and Barry，2011）和季节性差异（Lu and Cai，2009；Screen and Simmonds，2010）。空间上北极放大的主要增暖区位于欧亚大陆北冰洋沿岸的喀拉海、拉普捷夫海以及波弗特海，欧亚大陆和北美洲大陆的中纬度地区增暖相对缓慢；但这种极区快速增暖、中纬度地区相对增暖缓慢的格局在 2002 年以后较为更偏向于欧亚大陆一侧（图 11.6）。季节变化上这种北极放大的空间分布特征主要反映在冬季，春、秋季则主要表现为以北冰洋为中心的半球尺度的增暖特征。

关于造成北极放大的物理过程和机制，被许多人广为接受的一种理论是地表反照率反馈机制（surface albedo feedback；Croll，1875；Manabe and Wetherald，1975；Serreze et al.，2006；

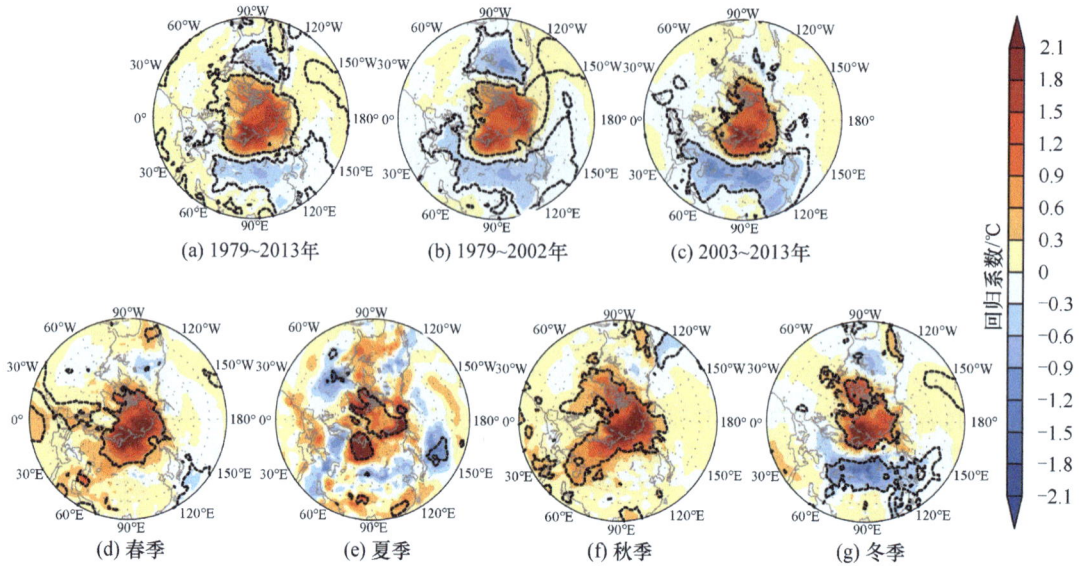

图 11.6　北极放大指数分别与 2m 气温的回归场（Wang et al.，2017）

Screen and Simmonds，2010；Crook et al.，2011；Taylor et al.，2013），且其存在于相变过程中（Curry et al.，1995；Grenfell and Perovich，2004）。在全球变暖背景下，这种相变相关的反馈过程会导致春季融冰期提前。但海冰反照率反馈机制只在极昼期起作用，对秋冬季节太阳短波辐射很弱或消失的情形，需要一种有效的滞后效应来维持季节循环（Lindsay and Zhang，2005）。滞后效应无法解释为什么在冬季北极放大最强，因此地表反照率反馈机制不足以解释北极放大的全部原因。最近有研究提出，对北极放大贡献最大的是温度反馈，而地表反照率反馈的贡献则位居第二（Pithan and Mauritsen，2014）。

　　近年来不少研究还提出了对北极放大有贡献的其他可能机制：第一种是全球变暖对大气层顶向外长波辐射有直接影响的温度反馈机制（temperature feedback；Pithan and Mauritsen，2014），这种温度反馈机制主要考虑全球变暖对大气层顶向外长波辐射有直接影响的地面补偿增温过程，包括普朗克反馈（Plank feedback）和气温直减率反馈（lapse-rate feedback）两种机制。普朗克反馈主要考虑大气从地面到对流层顶均匀增温的理想状态下，由于热带温度高而极地温度低，因而在增加同样的辐射强迫下，极地增温要比热带增温大，这是大气自身拥有的一种北极放大机制；气温直减率反馈则主要考虑对流层中相对于垂直均匀增温的大气垂直不均匀增温的偏差部分，即气温直减率在热带和极地由加热结构的不同而引起的北极地面补偿性增温，而热带则可能出现负反馈。温度反馈机制不仅能解释北极不需要冰雪反照率反馈也能发生北极放大现象的原因，而且还能很好地解释北极放大的季节性差异和垂直结构的分布特征。

　　第二种是温室效应使大气中产生更多的水汽而形成的水汽反馈机制（water vapour feedback；Graversen and Wang，2009）；同时，水汽的增多也改变了大气中云的分布和变化，进而影响地表辐射平衡的云反馈机制（cloud feedback；Vavrus，2004）。对于北极而言，水汽反馈对大气层顶辐射平衡的影响在夏季要比冬季强，但从地表辐射平衡的角度来看，水汽反馈在冬季的贡献则可能更大（Pithan and Mauritsen，2014）；云反馈作用在夏季阻挡了太阳短波辐射到达地面，成为负反馈作用，而在冬季则使得向下的净长波辐射增强而使地面增温，表现为正反馈作用。另外，对北极放大有贡献的物理过程还有大气热输送（Manabe and

Wetherald，1980）和海洋热传输（Manabe and Wetherald，1975；Khodri et al.，2001；Spielhagen et al.，2011），海洋热传输主要在北半球的冬季贡献较大（Pithan and Mauritsen，2014）。

实际上上述诸多反馈过程在北极放大过程中可能都存在，但尚不清楚哪种反馈过程和机理贡献最大。在有些季节还会出现负反馈贡献（Pithan and Mauritsen，2014）。

11.1.5　北极放大对中纬度天气气候的影响机制

北极是影响北半球冬季天气气候的关键区域之一，这里有终年存在的大气极涡、大气遥相关型（北极涛动/北大西洋涛动、北极偶极子异常等），以及季节性和多年性北极海冰。冬季极地冷空气南下是造成欧亚大陆和北美大陆阶段性强降温和强降雪的主要原因之一，在高层大气扰动和极地冷空气爆发影响下形成的冬季风冷涌，甚至可以影响热带西太平洋的对流活动。近 20 年来，随着全球增暖的持续以及北极海冰的持续减少，北极对全球增暖的放大效应越发凸显，从而加强了北极与中低纬度之间的联系，加大了大气环流季节内和年际变率，从而有利于极端天气气候（甚至灾害）事件的发生（武炳义，2018）。

北极加速变暖（北极放大）对中纬度天气气候的影响可以通过异常热力强迫和大气动力驱动两种途径实现。异常热力强迫影响途径主要包含两种方式，一种是大气直接对北极地区局地增暖的异常响应，主要通过激发大气遥相关波列影响中纬度地区，或者极区上空对流层低层大气的异常响应，通过垂直方向动量热量上传影响对流层高层和平流层低层，进而通过中高层大气环流异常影响中纬度地区；另一种是北极放大有利于"暖北极/冷大陆"型热力强迫的影响。大气动力驱动影响途径则主要表现在，北极放大造成北极和中低纬度之间的经向温度梯度减弱，进而改变中纬度西风和罗斯贝波的传播特征，引起 AO 的异常变化，造成中纬度不同区域天气气候的异常变化。

1. 异常热力强迫

1）北极放大引起的大气遥相关响应

北极变化和北美极端天气气候之间的联系是最早引起关注的。研究发现北美东部地区自 1990 年以来冬季气温出现显著下降趋势，这与北极增暖的上升趋势同时发生（Cohen et al.，2014；Kug et al.，2015）。Kug 等（2015）通过观测和耦合模式试验认为 1979~2014 年东西伯利亚海—楚科奇海区域的异常增暖和北美东部的严冬之间存在显著的相关性，这种联系是通过北极异常增暖区域激发的大气遥相关来实现的，即在该区域上空产生相当正压的异常反气旋，在下游地区出现异常气旋式环流。这种异常反气旋意味着阿留申低压减弱以及更为频繁的北太平洋大气阻塞事件的发生，导致阻塞高压脊前的偏北风将北极冷空气持续输送至北美洲北部（Kug et al.，2015）。2016 年 11 月楚科奇海的海冰偏少和气温偏高体现了这种机制，秋季向北延伸进入北极中心的北美西岸西部阻塞高压脊，持续不断地从北极输送冷空气南下，造成随后 12 月初的北美东部极端冷事件发生（Cohen et al.，2018b）。

最近一系列新的研究调查了快速变暖的北极与北半球中纬度极端天气之间的联系，Overland 等（2016）对前人的主要工作进行了较为系统的总结。他们指出，北极放大的直接效应会导致北极上空大气位势高度增加，且这种高度变化在不同季节和不同区域存在差异。在大西洋扇区，这种变化会使得格陵兰阻塞高压的出现更为频繁（Hanna et al.，2015；Overland and Wang，2010）。在冬季，这种变化会使得巴伦支海—喀拉海的海冰减退，从而造成局地位势高度增加和下游槽加深，使得行星波动在垂直方向上更易于向上传播（Cohen et al.，2014；Kim et al.，2017；Kug et al.，2015；Zhang et al.，2016）。Kim 等（2017）发现初冬（11~12 月）

巴伦支海—喀拉海的海冰减少可以造成行星波（主要是 1 波和 2 波）能量的垂直向上传播，在仲冬（1~2 月）削弱平流层极涡强度后将波动能量下传至对流层，使得急流振幅加大并维持到冬季中后期。东北太平洋海冰减退也会产生类似的效应（Gervais et al., 2016；Kug et al., 2015）。这些变化会使得中纬度大振幅槽脊的出现更为频繁（Di Capua and Coumou, 2016；Francis and Vavrus, 2012）。

此外，Lee（2014）和 Sun 等（2016）的研究表明海冰减退可以放大热带和北太平洋对秋冬季北美洲气候的影响。Overland 和 Wang（2018）通过个例分析发现 2010 年和 2017 年 12 月的严寒天气也与北极海冰冻结的延迟有显著的联系，其主要是通过阿拉斯加大气长波脊和格陵兰—巴芬湾阻塞高压建立起来的，这种联系也取决于其与急流中大尺度波动位置之间的建设性或破坏性的相互作用（Cohen et al., 2018b）。最近，Cohen 等（2018a）通过反映北极大气整体位势高度和温度异常的指标来对北极变化和中纬度极端严冬天气之间的联系进行广泛而定量的分析，他们发现北极气温与美国冬季严寒天气之间存在着稳定的关系。与北极寒冷时相比，北极变暖时美国低温和大雪都出现得更加频繁。更具体地说，最近几十年里冬季中后期当北极剧烈增暖延伸至对流层上层和平流层下层时，美国东部地区冬季严寒天气发生的频次在不断增加。

2）"暖北极/冷大陆"型热力强迫的影响

北极放大对中纬度气候的影响不仅体现在大气对北极局地增暖的异常遥响应方面，还体现在对"暖北极/冷大陆"型热力强迫的贡献及其气候效应方面。近几十年来北极显著的增暖趋势与中纬度地区冬季变冷趋势同时出现，这种北半球气温信号的分布型被称为"暖北极/冷大陆"（Cohen et al., 2014；Overland and Wang, 2010），其中中纬度地区的变冷尤以欧亚大陆中心为甚（Mori et al., 2014），这意味着欧亚大陆上的西伯利亚高压增强（Kim et al., 2017；Mori et al., 2014），因此其也被称为"暖北极/冷西伯利亚"型（WACS）（Inoue et al., 2012）。Honda 等（2009）首次证明了 WACS 分布型可以归因为前期秋季巴伦支海和喀拉海的海冰融化引发的从海洋到大气的湍流热通量的增加。秋季从开阔水域向较冷大气的表面热通量增加，低层大气异常增暖，会引起斜压波活动增加和罗斯贝波振幅加大，从而有利于阻塞的发展和极端天气，如冷空气爆发等的出现（Cohen et al., 2014；Honda et al., 2009；Luo et al., 2016a；Mori et al., 2014；Petoukhov and Semenov, 2010）。最近，Mori 等（2014）的定量分析进一步表明，1995~2014 年欧亚大陆中心变冷趋势的约 44%可归因于巴伦支海—喀拉海的海冰融化，剩余部分则与 AO 负位相分布型相似（图 11.7）。

2. 大气动力驱动

1）大气动力过程的影响

北极放大会导致向极温度梯度减小，并通过热成风造成对流层上层西风减弱（Francis and Vavrus, 2012；Pedersen et al., 2016），使得受到扰动的急流更容易发生偏移，弯曲程度加大，急流的南北分量加大（Francis and Vavrus, 2012），从而使得大振幅扰动（如大气阻塞环流和北美大槽）的发生更为频繁，进一步导致更为持久的天气形势，出现干旱、热浪、寒潮和洪水等极端事件的可能性增大（Cohen et al., 2018a, 2014；Francis, 2017；Liu et al., 2012；Tang et al., 2013；Screen and Simmonds, 2014），例如，在格陵兰地区，前期巴芬湾、戴维斯海峡和拉布拉多海的海冰异常偏少会减弱北大西洋中高纬度及其上游纬向风，造成格陵兰阻塞高压持续时间延长并向西撤退，使得北美洲东部地区寒潮天气出现得更为频繁（Chen and Luo,

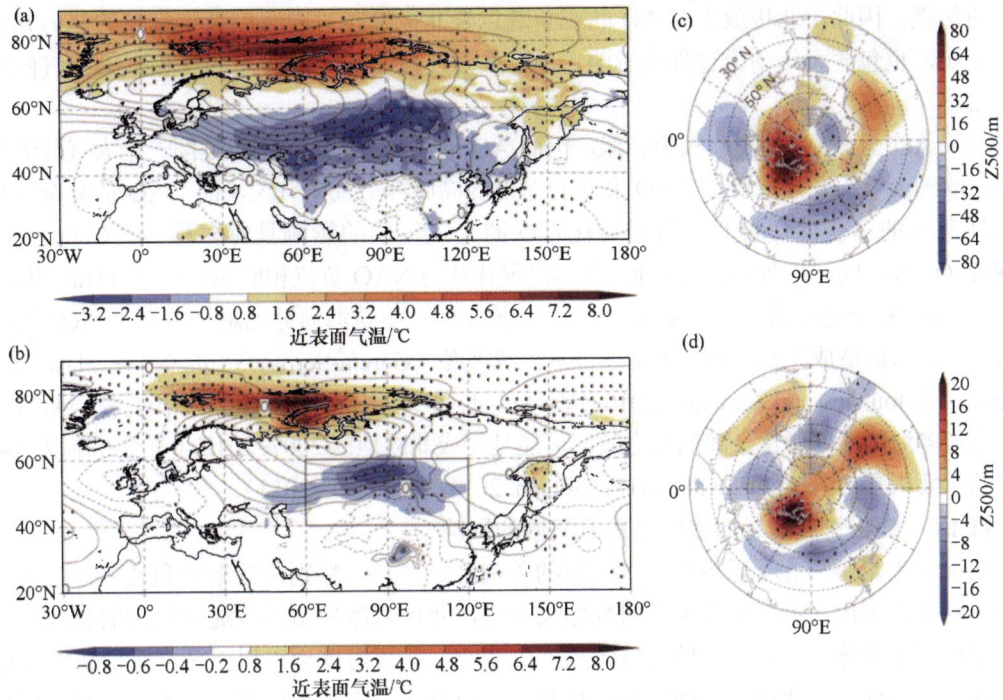

图 11.7　冬季近表面气温和与巴伦支海—喀拉海地区海冰减退相关的大气环流的观测和模拟变化

（Mori et al.，2014）

（a）图和（b）图为 ERA-Interim（a）以及 LICE 和 HICE（b）试验里的 100 个成员集合中冬季近表面气温（填色）和海平面气压（等值线）的低冰年和高冰年之间合成场的差异（即前者减去后者）。等值线间隔在（a）中为 0.8 hPa，在（b）中为 0.2 hPa，负等值线为虚线。打点表明显著差异超过 95% 的统计置信度的区域。（c）图和（d）图为冬季中 Z500 的低冰年和高冰年之间合成场的差异（即前者减去后者），取自 ERA-Interim（c）以及 LICE 和 HICE（d）试验里的 100 个成员集合。打点代表显著差异超过 95% 的统计置信度的区域

2017）。Walsh（2014）从大气环流角度将北极变化和中纬度之间的联系归纳为两个机制，第一个即北极放大会造成行星尺度长波的振幅加大和移动速度减慢，并减弱纬向风，进而使得阻塞形势的出现更为频繁及带来更多的极端天气事件（Cvijanovic and Caldeira, 2015；Francis and Vavrus, 2012；Overland et al., 2015；Overland and Wang, 2010）；第二个机制认为北极和中纬度之间的联系通过欧亚大陆的积雪来表现（Cohen et al., 2012；Hopsch et al., 2012）。Cohen 等（2014）揭示了三个潜在动力路径连接北极放大和中纬度天气：风暴轴的变化、急流、行星波及与它们相关的能量的传播。

北极放大对中纬度天气的影响可能不仅限于秋冬季。Coumou 等（2015）的结果表明夏季向极温度梯度的减弱也有利于旷日持久的极端高温事件的发生。近期 Coumou 等（2018）又提出了将北极放大与夏季中纬度天气形势联系起来的几种机制，可以分为风暴轴的减弱、中纬度急流纬向位置的移动和全球波列振幅的加大，这与 Cohen 等（2014）提出的冬季机制相对应。

2）AO

AO 是北半球中高纬度的大气环流主模态，是联系北极和中纬度天气气候异常的重要大气动力系统。北极增暖一方面通过高纬度大气的异常高压响应，直接影响中纬度的天气气候变化，另一方面通过改变南北温度梯度间接影响中纬度西风急流减弱和行星波活动异常，进而造成中纬度极端天气的发生。这两个方面的影响无疑都会影响 AO 的异常变化，北极地区的异常高压响应会加强 AO 负位相的异常环流，同时中纬度西风急流的减弱也对应着 AO 负

位相的加强。因此，北极放大对 AO 的影响既包含北极增暖对中纬度天气气候的热力异常强迫的影响，也包含大气动力过程的影响，AO 成为连接北极放大和中纬度极端天气气候的重要纽带。

由于 AO 与 NAO 的变化极为相似，因此 AO 通常与 NAO 被认为是同一个大气环流遥相关型。欧洲天气的变化主要与 NAO 和来自东部的高压冷空气团有关，而 NAO 的复杂性和北大西洋急流的多变性使得北极气候变化对欧洲天气气候的影响具有多样性（Cohen et al.，2018b；Overland et al.，2015）。欧洲寒冬的出现往往与 NAO 负位相联系在一起（Hurrell et al.，2003）。前期夏季至同期冬季，尤其是 11 月巴伦支海—喀拉海海冰的融化有利于 AO/NAO 转入负位相，从而造成北欧（欧亚大陆北部）出现严冬（García-Serrano et al.，2015；Nakamura et al.，2015；Petoukhov and Semenov，2010；Yang et al.，2016）。此外，前期鄂霍茨克海与哈得逊湾和拉布拉多海的海冰融化之间的接力效应可能是促成北欧地区 2007~2012 年连续 6 年夏季降水偏多的重要因素（Mesquita et al.，2011；Screen，2013；Wu et al.，2013）。

11.1.6　北极快速变化对我国及东亚气候的影响

北极历来是影响北半球冬季天气气候的关键区域之一，特别是对东亚和北美中、东部区域的影响尤为突出。近 20 年来的研究结果表明，北极海冰异常偏少通过复杂的相互作用和反馈过程对北半球中、低纬度的天气气候产生影响。北极海冰通过以下两个可能机制来影响冬季的天气气候：①北极海冰的负反馈机制；②由海冰异常偏少引起的平流层—对流层相互作用机制。秋、冬季节北极海冰持续异常偏少，特别是，巴伦支海—喀拉海海冰异常偏少，既可以加强冬季西伯利亚高压（东亚冬季风偏强），也可以导致冬季风偏弱。导致海冰影响不确定性的部分原因是：①夏季北极大气环流状态影响北极海冰异常偏少对冬季大气环流的反馈效果；②冬季大气环流对北极海冰异常偏少响应的位置、强度不同。秋、冬季节北极海冰持续异常偏少，在适宜的条件下（例如，前期夏季北极大气环流的热力和动力条件，有利于加强北极海冰偏少对冬季大气的反馈作用），可以激发出有利于冬季亚洲大陆极端严寒过程的大气环流异常。但是，关于秋、冬季节北极海冰持续异常偏少影响冬季欧亚大陆季节内变化以及极端天气气候事件的过程和机制，依然不清楚。

1. 北极海冰异常偏少与东亚冬季冷暖异常

20 世纪 90 年代后期以来，北极海冰范围出现了快速融化趋势。2007 年以后，9 月北极海冰范围频繁出现创纪录新低，而后期冬季，东亚地区频繁经历严冬的侵袭（如 2007/2008 年，2009/2010 年，2010/2011 年，2011/2012 年，2012/2013 年）。研究表明，秋、冬季节北极海冰异常偏少，冬季欧亚大陆容易出现冷冬（Wu et al.，1999，2011；Honda et al.，2009；Petoukhov and Semenov，2010；Wu and Zhang，2010；Inoue et al.，2012；Liu et al.，2012）。冬季巴伦支海—喀拉海是影响冬季气候变化的关键海域，该海域冬季海冰变化与 500 hPa 欧亚大陆遥相关型有密切联系，该海域海冰异常偏多（少），则东亚大槽偏弱（强），冬季西伯利亚高压偏弱（强），东亚冬季风偏弱（强），入侵中国的冷空气偏少（多）（Wu et al.，1999）。近期的研究结果进一步证实了这一结论（Petoukhov and Semenov，2010；Inoue et al.，2012）。数值模拟试验结果表明，冬季巴伦支海—喀拉海海冰密集度减少将导致欧亚大陆出现冷冬，并且大气环流对该海域海冰强迫的响应呈现非线性特征。冬季巴伦支海海冰偏少，该海域和欧亚大陆北部边缘海域反气旋活动盛行，导致欧亚大陆北部气压升高（Inoue et al.，2012）。事实上，不仅冬季北极海冰，夏末秋初北极海冰异常偏少与后期冬季大气环流也有密切的关系

（Francis et al.，2009；Honda et al.，2009；Wu and Zhang，2010）。Francis 等（2009）指出，这种滞后联系的主要机制与大气行星边界层的加深有关系，对流层低层的增暖和不稳定性加强，增加了云量，导致 500~1000hPa 大气厚度经向梯度减弱，进而减弱大气极夜急流。在远东地区，初冬的显著冷异常和晚冬从欧洲至远东地区纬向分布的冷异常，均与前期 9 月北极海冰减少有关，后者能够加强西伯利亚高压（Honda et al.，2009）。而夏、秋季节北极海冰偏少，与后期冬季类似北极涛动负位相的大气环流异常有显著的统计关系（Wu and Zhang，2010）。Wu 等（2011）发现，秋、冬季节北极关键海域（巴伦支海—喀拉海—拉普捷夫海，以及这些海域的北部相邻海域）海冰密集度持续异常偏低，同时，在副北极和北大西洋海域海温异常偏高，则后期冬季西伯利亚高压偏强，东亚地区冬季气温偏低。Peings 和 Magnusdottir（2014）利用 CMA5 大气环流模式模拟了冬季大气环流对 2007~2012 年观测到的北极海冰异常偏少的响应。结果表明，冬季显著变冷只出现在亚洲大陆的中纬度地区，而不是欧洲和北美地区。

然而，诊断分析研究及海冰强迫的数值模拟试验结果并非一致性地支持北极海冰异常偏少对中纬度区域可以产生显著影响（Screen et al.，2014；Peings and Magnusdottir，2014；Walsh，2014）。例如，2012 年 9 月 16 日，北极海冰范围只有 $3.14×10^6$ km^2，是 1979 年有卫星观测记录以来的最低值。但是，在随后的 2012/2013 年冬季，冬季西伯利亚高压强度接近正常。此外，2006/2007 年冬季，西伯利亚高压强度异常偏弱，其前期 9 月关键海域（76.5~83.5°N，60.5~149.5°E）海冰密集度也为负异常［见 Wu 等（2011）中的图 1 和图 2］。当然，除北极海冰以外，尚有诸多其他因素影响冬季西伯利亚高压，例如，欧亚大陆辐射冷却作用、对流层高层的大气扰动、北极涛动（北大西洋涛动）、热带太平洋海温等。另外，上述两个冬季大气环流呈现截然不同的特征，2006/2007 年冬季，东亚大气环流异常与西伯利亚异常偏弱有密切联系，而 2012/2013 年冬季，东亚大气环流主要反映了亚洲—北极遥相关型的主要特征（Wu et al.，2015）。因此，利用北极海冰异常偏少这一单一因子来预测冬季截然不同的大气环流型不可能获得好的预测效果。

秋、冬季节北极海冰异常偏少，既可以加强西伯利亚高压，也可以导致类似亚洲—北极遥相关型的负位相出现，而后者对应减弱的冬季风（Wu et al.，2015a）。这就涉及北极海冰与中、高纬度天气气候之间的联系还存在很大的不确定性（包括非线性联系）（Petoukhov and Semenov，2010；Rinke et al.，2013；Screen et al.，2014；Overland et al.，2015，2016；Perlwitz et al.，2015；Semenov and Latif，2015；Wu et al.，2015b）。Rinke 等（2013）利用区域耦合气候模式研究了冬季大气环流对晚夏北极海冰偏少的响应。结果表明，模拟的冬季大气环流响应对区域海冰异常的位置、强度以及分析的时段非常敏感。

2. 北极海冰异常偏少与冬季极端事件

20 世纪 80 年代后期以来，欧亚大陆北部冬季表面气温呈现降温趋势。这显然与全球变暖趋势不一致（Cohen et al.，2012；Wu et al.，2011），但与冬季西伯利亚高压的加强（或恢复）趋势是吻合的。近期的研究结果表明，秋季北极海冰减少，以及北冰洋和北大西洋海温升高，可能是造成欧亚大陆北部冬季气温呈现下降趋势的主要原因（Cohen et al.，2012；Cohen，2016；Wu et al.，2011，2013）。在这一气候背景下，秋、冬季节北极海冰的异常偏少不仅导致近年来欧亚大陆冷冬频繁出现，而且可能加剧极端天气气候灾害的发生。例如，2005 年、2007 年、2008 年、2010 年、2011 年、2012 年、2015 年 9 月北极海冰范围异常偏低（自 1978 年以来，9 月海冰范围最低值从小到大顺序是：2012 年、2007 年、2011 年、2015 年、2008

年、2010 年、2009 年和 2005 年）（北极海冰范围数据取自美国国家雪冰数据中心），后期 2005 年 12 月，日本发生了极端降雪事件；2008 年初，我国南方出现了历史上罕见的雨雪冰冻灾害；2008 年 12 月至 2009 年初，我国经历了严重的旱灾；2010 年秋、冬季节，我国华北大部、黄淮及江淮北部降水量普遍较常年同期异常偏少，冬小麦受旱面积超过 1 亿亩[①]，导致几十万人畜饮水困难。导致极端干旱的直接原因是西伯利亚高压异常偏强，2010 年 12 月至 2011 年 1 月，西伯利亚高压平均强度接近 1034 hPa，是过去 30 年以来的第二高值。秋、冬季节北大西洋海温持续偏高以及北极海冰持续偏少可能是导致冬季西伯利亚高压异常偏强的主要原因（Wu et al.，1999，2011）。2012 年 1 月 17 日至 2 月 1 日，亚洲大陆经历了罕见的严寒过程，此后，冷空气向西席卷欧亚大陆。据媒体报道，这次严寒过程导致欧亚大陆超过 700 人被冻死。2012 年 12 月中下旬，俄罗斯遭遇自 1938 年以来最强的寒流，西伯利亚地区气温降到-50℃，12 月 24 日莫斯科气温低至-25℃，俄罗斯至少有 88 人被冻死、1200 多人被冻伤。同期，我国东北、华北平均气温为过去 27 年同期的最低值。尽管 2013/2014 年、2014/2015 年连续两个冬季我国平均气温明显偏高，尤其是我国北方地区，气温偏高尤为突出，但是，这两个冬季北美地区却经历了罕见的强降雪和严寒天气过程。特别是 2013/2014 年冬季，北美多地气温降至-35℃，位于美国与加拿大边境的五大湖几乎完全封冻，这是过去 35 年以来首次出现这种现象（Van Oldenborgh et al.，2015）。2016 年 1 月 20~25 日，受北极大气环流变化的影响，我国自北向南陆续出现大风降温天气。1 月 22~25 日，全国出现了一次大范围的寒潮过程。国家气候中心数据显示，1 月 20~25 日，全国共 529 个气象站过程降温超过 12℃，49 个气象站发生极端日降温事件，8 个气象站日降温幅度突破历史极值；有 690 个气象站发生极端低温事件，其中，67 个县（市）日最低气温突破历史极值。这次强寒潮过程还对日本西部地区造成影响，导致冲绳出现了有观测记录以来的首次降雪。

　　尽管这些极端事件均发生在北极海冰异常偏少的后期秋、冬季节，但是还不能把海冰异常偏少与极端事件的个例直接联系起来。通过回归分析，Tang 等（2013）把冬季极端冷事件的发生频次与北极海冰融化联系起来，认为与北极海冰融化有联系的冬季大气环流异常有利于北半球大陆中纬度地区出现极端严寒事件，并且，他们认为，与夏季北极海冰偏少相比，极端冷事件与冬季北极海冰偏少的关系更为密切。从动力学角度出发，Wu 等（2013）揭示了欧亚大陆中、高纬度（40°~70°N）地区冬季逐日风场变率的最优天气型，该天气型包含两个不同子型（偶极子型和三极子型）。研究发现，只有三极子型的年际变化（包括强度和极端负位相的发生频次）与前期秋季北极海冰变化有密切关系，北极海冰减少的数值模拟试验也支持这一结论（图 11.8）。在该研究中，极端负位相的定义为标准化的三极型强度小于-1.28，对应其发生概率小于 10%（属于极端天气事件）。从这一点看，北极海冰融化与冬季欧亚大陆盛行天气型的极端事件有联系。

　　就极端严寒事件的个例而言，发生在 2012 年 1 月中、下旬的亚洲大陆极端严寒过程很可能是北极海冰异常偏少与前期夏季北极大气环流共同作用的结果（Wu et al.，2017）。亚洲大陆的这次极端严寒事件持续长达 16 天（2012 年 1 月 17 日至 2 月 1 日）[图 11.9（a）]，已经不是天气尺度事件，而是一次短期极端气候事件。这次极端严寒事件的突出特征是，在冷空气爆发前阿留申低压经历了一次极端减弱的过程，并于 1 月 16 日达到最弱（1040 hPa），当其气压开始回落时，冷空气爆发，并且阿留申低压最弱超前西伯利亚高压最强 4 天[图 11.9（b）]。

---

① 1 亩≈666.67 m²．

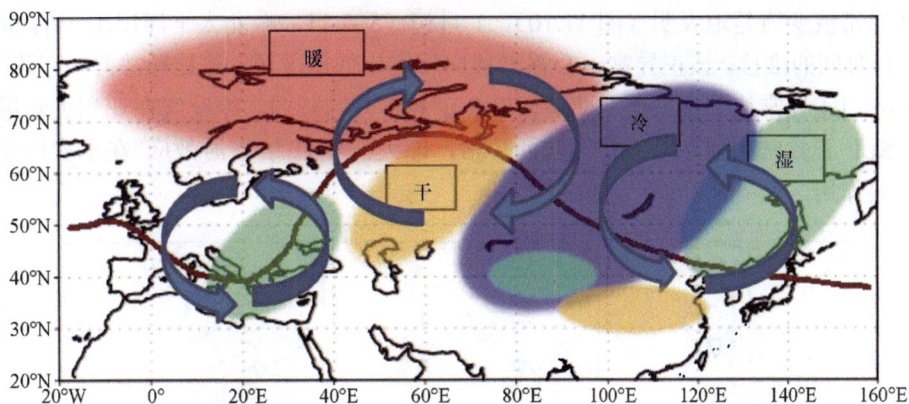

图 11.8　北极海冰异常偏少影响冬季欧亚大陆对流层低层盛行天气型以及表面气温和降水趋势的示意图
（Wu et al.，2013）

弯曲的箭头表示与冬季欧亚大陆三极子型的负位相相对应的异常气旋和反气旋的空间分布，褐色线表示 500 hPa 等高线，黄色和
绿色区域分别表示冬季降水偏少和偏多区域，红色和紫色区域分别表示正、负表面气温异常

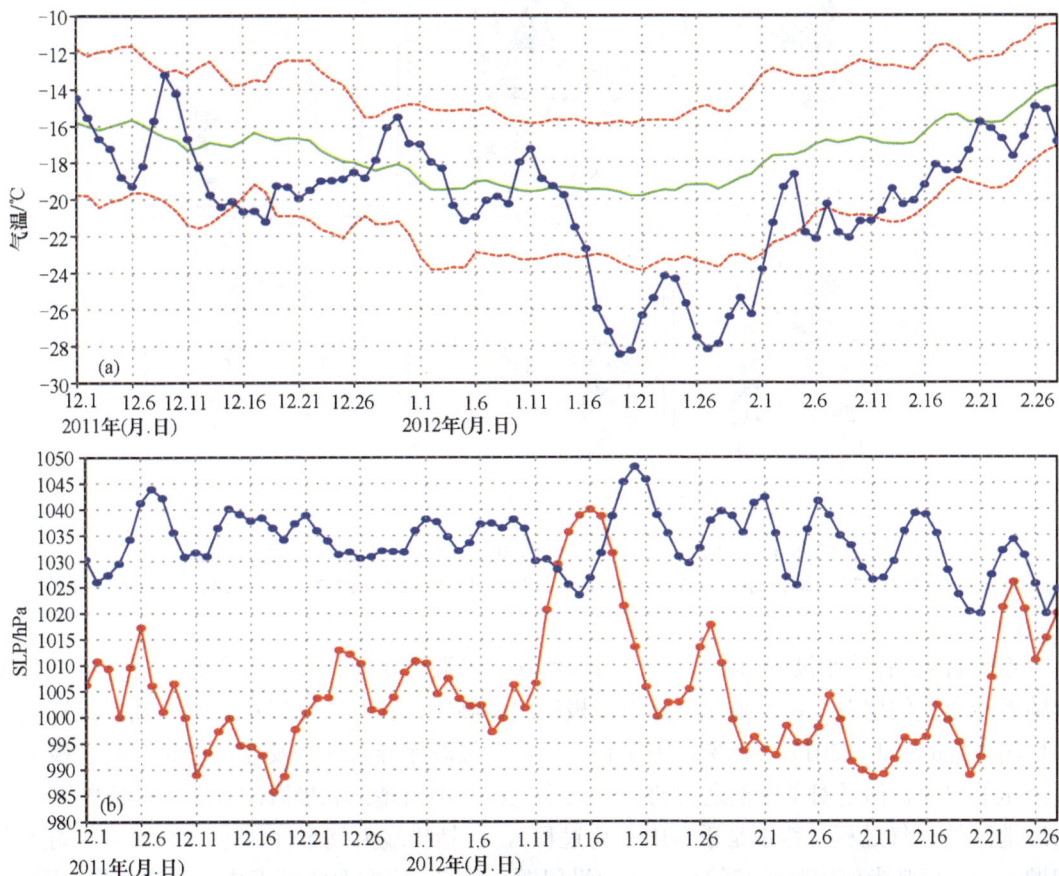

图 11.9　2012 年 1 月中、下旬的亚洲大陆极端严寒过程（Wu et al.，2017）

（a）2011 年 12 月 1 日至 2012 年 2 月 28 日区域（80°~120°E，40°~60°N）平均表面气温的逐日演变曲线（蓝色），绿色曲线为同
一区域 1979~2012 年冬季（12 月 1 日至次年 2 月 28 日）逐日表面气温平均值的演变曲线，红色虚线为该区域冬季逐日表面平均
值±逐日标准偏差。（b）2011 年 12 月 1 日至 2012 年 2 月 28 日区域（80°~120°E，40°~60°N）平均 SLP 的逐日演变曲线为蓝色曲
线，该曲线反映了西伯利亚高压强度指数的逐日演变特征；冬季区域（150°~180°W，50°~70°N）平均 SLP 的逐日演变曲线为红
色曲线，该曲线反映了阿留申低压强度指数的逐日演变特征

SLP 异常演变清楚地表明（图 11.10），1 月初（5~7 日）东北太平洋出现正的 SLP 异常中心，随着时间的推移，该正异常中心逐渐移向阿留申低压区域，并且异常振幅在逐渐增大，并于 14~16 日正异常达到最大值。此后，SLP 正异常开始减弱，冷空气在亚洲大陆爆发。图中显示，SLP 正异常主要从北太平洋向西传播，即大气环流的"下游效应"在本次极端严寒事件中起重要作用。

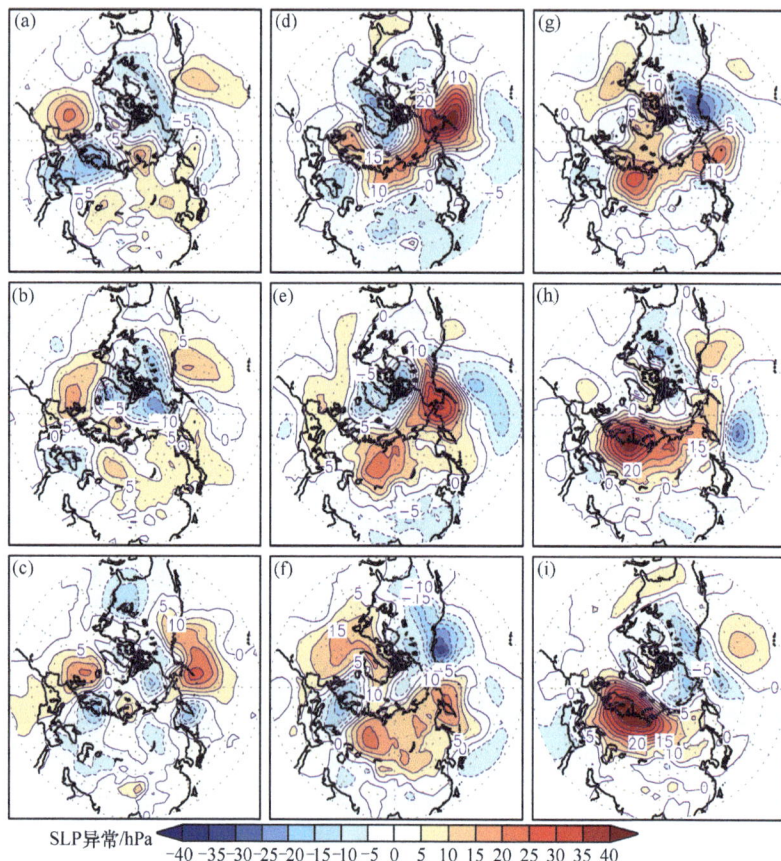

图 11.10　2012 年 1 月 SLP 异常（相对于 1979~2012 年冬季逐日平均值）的演变特征

（a）~（i）分别为 1 月 5~7 日、8~10 日、11~13 日、14~16 日、17~19 日、20~22 日、23~25 日、26~28 日、29~31 日 SLP 异常的平均值

不能否认，有关北极海冰-气相互作用导致这次极端严寒的具体过程依然不清楚，特别是，伴随着冷空气的爆发，在太平洋一侧出现极地阻塞高压，其对冷空气在东亚区域的维持起重要作用（Wu et al.，2017，见该文中图 4）。尽管北极海冰异常偏少及北极增暖有利于极地阻塞高压的出现，但是对于它们之间的可能联系过程并不清楚。北极海冰融化如何影响冬季中纬度地区的天气过程（特别是季节内变化过程），包括极端天气事件，是学术界关注的焦点问题之一，更是当前国际研究的热点和前沿问题。目前，这方面研究工作还非常有限，因此，亟须对其开展深入细致的研究。

11.2　南极对全球变化的响应与反馈

11.2.1　南极气候变化特征及未来趋势

南极气温变化存在明显时空差异。20 世纪 50 年代以来，南极半岛和西南极升温显著，而南极其他地区气温变化较小（Turner et al.，2005）。在南极，升温最显著的区域是南极半岛的西部和北部。Faraday/Vernadsky 站在 1951~2011 年的升温速度达到了 0.54℃/10a，冬季升温尤为剧烈，达到了 1.03℃/10a（Turner et al.，2013）。1958~2010 年西南极气温累计上升约 2.4±1.2℃（Bromwich et al.，2013）。在增暖的同时，南极半岛的每年极端冷天数持续下降（Turner et al.，2012）。2000~2011 年在南极半岛 Faraday/Vernadsky 站以北的多个站点观测到温度出现轻微的下降趋势（Blunden and Arndt，2012）。有研究结果表明，南极的升温现象与热带太平洋海温的变化密切相关（Schneider et al.，2012），这可能与厄尔尼诺事件频发有关（Pike et al.，2013）。

与南极半岛升温趋势不同，东南极大陆许多测站的温度呈降温趋势。我国长城站和中山站的二十余年逐月气温资料显示，长城站四季平均气温呈上升趋势，中山站春冬季降温明显。普里兹湾地区也呈现明显降温倾向。这种月平均气温异常变化过程与南极大陆地面高压和绕极地低压的中心位置、强弱等异常分布特征关系密切（卞林根等，2010）。位于南极点附近 Amundsen-Scott 站的观测数据同样显示气温持续下降（Turner et al.，2014）。

除此以外，南极地区还呈现平流层下部气候显著变冷和对流层变暖趋势（Screen and Simmonds，2012）。产生这一现象的重要原因是南极春季臭氧显著减少和夏季太阳通量显著增强，这些现象都与持续增加的温室气体有关。南极对流层变暖可能加剧南极大陆边缘冰雪消融和海冰减少（Li et al.，2016）。

IPCC（2019）评估报告显示，1950~2018 年南极半岛和西南极升温显著，而南极其他地区气温变化较小。2007~2016 年南极冰盖质量损失是 1997~2006 年的三倍。

11.2.2　南极海洋环流变化及其气候效应

1970 年以来南极海洋（南大洋）西风带呈现增强并向极移动的趋势是由全球变暖和南极臭氧层空洞共同作用所导致的，并且这一趋势将持续到未来（Zheng et al.，2013）。古气候数据显示南大洋西风在过去的气候中一直比较弱，现在是近 1000 年中风速最强盛的时期（Abram et al.，2014）。南大洋海洋环流主要由纬向的南极绕极流（antarctica circumpolar current，ACC）和南大洋经向翻转流（meridional overturning circulatin，MOC）组成。南大洋海域强劲的西风是这两支海洋环流的主要驱动力，因此西风的变化将如何影响 ACC 和 MOC 是气候学研究的热点问题。

全球变暖背景下 ACC 并没有发生明显的变化。卫星高度计数据显示，过去 20 年间 ACC 流量没有表现出长期变化趋势（图 11.11；Koenig et al.，2016），这一现象在高分辨率模式中也有很好的体现（Farneti et al.，2015）。一般认为西风的变化会导致 ACC 随之加强与向极移动，这一猜想也在低分辨率模式中得到了验证（Sen Gupta and England，2006）。然而南大洋海域中尺度涡作用显著，低分辨率模式不能刻画出这一动力过程及其贡献。利用涡分辨率模式结果发现了涡饱和理论，即西风加强会导致向极涡通量的增强，抵消了埃克曼输送，使得 ACC 强度基本保持不变（Munday et al.，2013）。而风增强所引起的多余动量则被传输到海底，为拖曳力所耗散（Ward and Hogg，2011）。

MOC 对全球变暖的响应尚不清楚。在南大洋存在着两个反向的经向翻转环流，即风驱动的顺时针环流和涡旋驱动的逆时针环流，MOC 则为这两个环流的余量（Marshall and Radko，2003）。南大洋海域观测数据十分匮乏，不能分辨出 MOC 及其在过去几十年的变化，因此这一研究主要基于数值模拟。利用涡分辨率模式研究发现了涡补偿机制：涡旋质量输送抑制风驱动的翻转环流，使得南大洋经向翻转环流输送对风应力增强的敏感性减弱（Viebahn

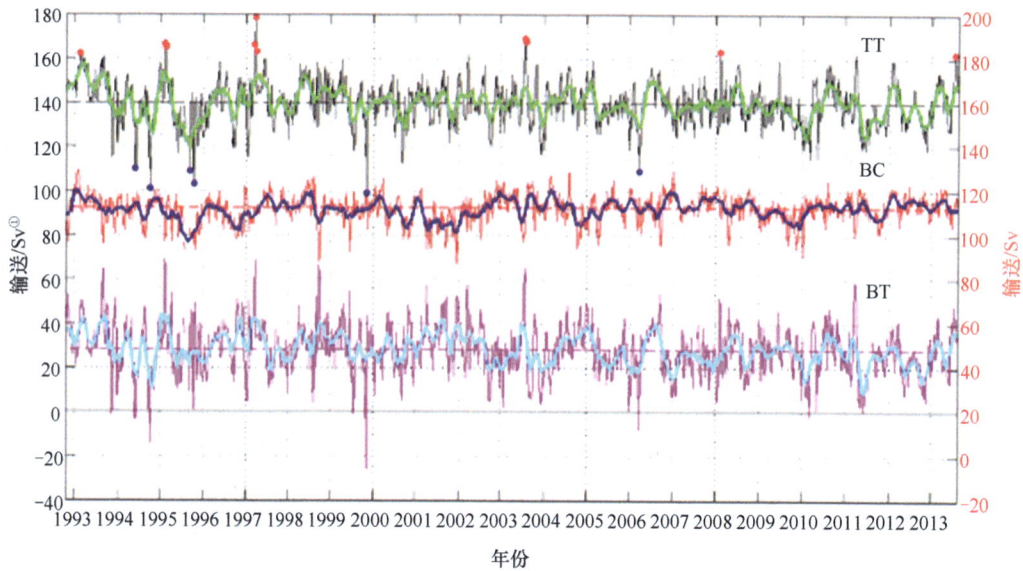

图 11.11　根据卫星高度计数据推算的德雷克海峡的总流量（黑线，左侧坐标）、斜压流量（红线，左侧坐标）和正压流量（紫色线，右侧坐标）时间序列（Koenig et al.，2016）[①]

参考面为 3000 m，粗线为 1 个月的滑动平均结果

and Eden，2010）。在完整的涡补偿情形下，强西风带驱动向北埃克曼输送的增加完全被向南涡旋质量输送的增加抵消。然而模式研究表明涡旋只能部分地补偿风驱动的环流（Munday et al.，2013），其补偿程度取决于表层边界条件（Abernathey et al.，2011）、模式分辨率（Bishop et al.，2016），以及扰动动能和涡旋扩散率的变化等（Marshall et al.，2017）。另外，南半球中纬度浮力通量的改变也显著影响着翻转环流的强度（Radko and Marshall，2006），而其敏感性很大程度上依赖于风应力、浮力强迫和上涌区的位置。

11.2.3　南极海冰时空变化及其气候效应

海冰是极地气候系统的重要组成部分，对极区及全球气候系统具有重要的影响。海冰的高反照率会将大部分太阳入射辐射能量反射回大气和太空，减少地表吸收的能量；海冰会有效地阻隔海洋与大气间的热量和水汽交换，南极冬季开阔水域和海冰覆盖区海洋-大气间的热通量会相差 1~2 个数量级（Massom et al.，1998）；海冰形成时海水中的盐分析出，导致海洋表层水盐度升高，而海冰的融化又会释放大量的淡水，析盐和淡化过程会对大洋温盐流的形成和循环的强度产生影响。南极海冰的变化会对极地气候产生影响，进而影响全球的气候系统，并对我国的气候变化产生影响。

南极海冰具有明显的季节性 [图 11.12（a）]，3~9 月是海冰冻结期，10 月至次年 2 月为海冰消融期。9 月南极海冰最大范围可超过 2000 万 km²，2 月其最小范围仅有 210 万 km²。卫星遥感观测显示，在全球气候变暖背景下，北极海冰范围呈现出剧烈的减小趋势，而南极海冰范围却呈现增大的趋势（Cavalieri and Parkinson，2008；Comiso et al.，2017；Parkinson and Cavalieri，2012；Parkinson and DiGirolamo，2016；Stammerjohn et al.，2008；Turner et al.，2015，2017），目前尚未有气候模式能够准确地模拟出南极海冰的这种增长趋势。南极海冰范围在 1978~2015 年以（1.7%±0.2%）/10a 的速度增加（Comiso et al.，2017），其中南极秋季（3~5 月）的增幅可达 3.8%/10a，而春季（9~11 月）的增幅最小，约为 0.93%/10a。但是

---

① 1 Sv=10⁶ m³/s.

2016 年春季，南极海冰消融速度异常增快，整个春季的海冰消融量比历史平均值高出了 46%，这也导致了 2017 年海冰最小范围达到了历史最低值（Turner et al.，2017），而且卫星观测结果显示，2016 年春季至今南极海冰范围均低于 1981~2010 年平均值（图 11.13），目前还没有

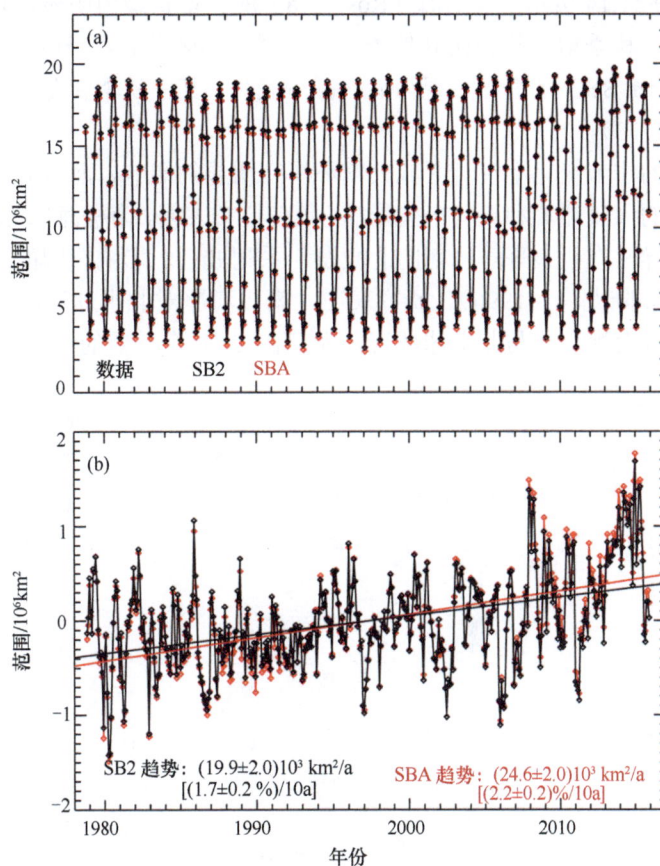

图 11.12　1978~2015 年南极海冰月平均海冰范围（a）以及月平均海冰范围距平（b）（Comiso et al.，2017）

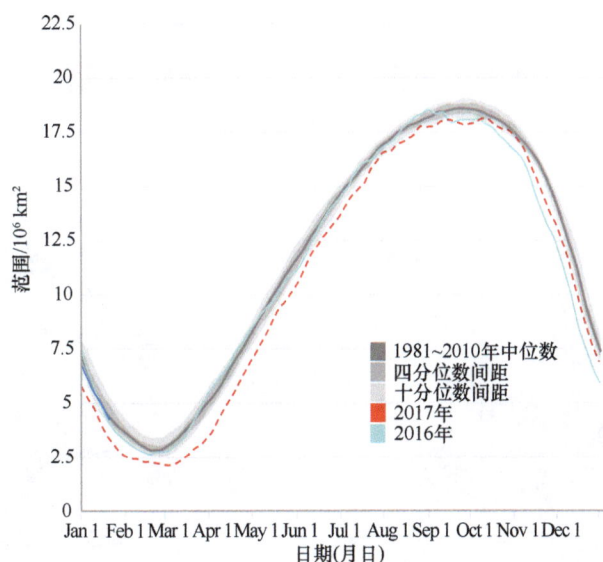

图 11.13　南极海冰范围曲线（美国国家冰雪数据中心）

研究对造成 2016 年后南极海冰范围异常减少的原因做出合理的解释。由于时间较短,目前无法定论南极海冰从增长趋势转为减少趋势。

南极海冰变化存在明显的区域性差异(King,2014;Parkinson and Cavalieri,2012;Turner et al.,2015)。如图 11.14 所示,罗斯海(Ross Sea)海冰增长最为明显,且在所有季节海冰均表现为增长趋势,秋季增长趋势比其他季节更显著。而阿蒙森-别林斯高晋海(Amundsen Sea and Bellingshausen Sea)的海冰表现为显著减少趋势,其中秋季和夏季的较少趋势最为显著(Turner et al.,2015)。

南极海冰显著的季节变化不仅对区域大气环流有明显的影响,而且对绕极环流、中低纬大气环流甚至全球的大气环流和天气产生影响。数值模拟表明,南极海冰等环境特征的异常,可以通过赤道环流异常在西太平洋从南向北激发一系列波列,影响我国的天气气候(陈隆勋等,1996;周秀骥和陆龙骅,1996)。研究表明,南极海冰对北半球环流系统的影响具有区域性差异,通常南极海冰变化与北半球环流之间存在 2~3 个季节的滞后时间(Xue et al.,

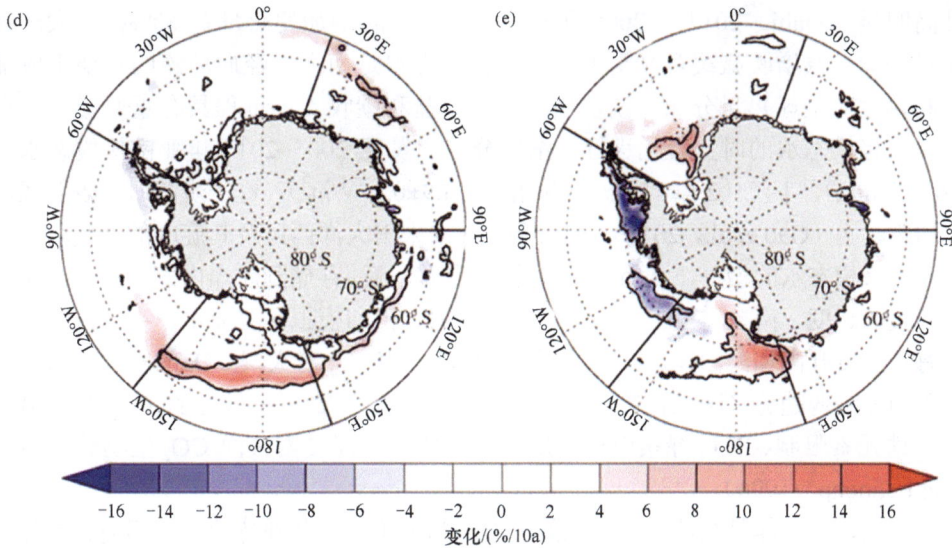

图 11.14　南极海冰密集度在 1979~2013 年的变化趋势（Turner et al.，2015）
（a）表示南极海冰密集度的年均变化；（b）~（e）分别表示秋季、冬季、春季和夏季的海冰密集度变化趋势

2003；彭公炳等，1992；周秀骥和陆龙骅，1996）。已有研究表明南极海冰北界涛动（ASEOI）会对我国夏季长江中下游降水和全国大部分地区温度产生影响，如当前一年 10 月的南极海冰北界 ASEOI 偏低时，当年 7 月我国长江中下游流域的降水则偏多，北方温度偏高，反之则降水偏少，北方温度偏低（马丽娟等，2007）。虽然这些研究表明南极海冰与我国气候之间存在遥相关关系，但对于其中的物理机制目前还尚不明确，需要通过观测和数值模拟的方法来进一步研究。

11.2.4　南大洋碳汇对全球增暖的稳定作用

全球变暖是毫无争议的事实，大气中 CO_2 浓度呈现逐年上升的趋势。1750 年，大气中 CO_2 浓度为 277 ppm（Joos and Spahni，2008）；工业革命以来，随着人类活动加剧，人为排放源 CO_2 浓度迅速升高，2018 年达 410 ppm（Dlugokencky and Tans，2018）；预计 2100 年大气 CO_2 浓度将达到 1071 ppm（Plattner et al.，2001）。海洋生态系统发挥着重要的碳汇功能，过去 10 年通过海-气交换从大气中吸收的 CO_2 大约为 2.4 Pg C（Pg = 1015 g C）（Le Quéré et al.，2018）。南大洋占全球大洋总面积的 20%，处于亚热带锋（45°S）和南极洲大陆之间的海域（Quéguiner et al.，1991）是全球海洋主要的 CO_2 汇区。占比不到南大洋总面积 10% 的南极近岸海域，主导着南大洋的碳循环（Arrigo et al.，2008）。南大洋碳汇具有对全球增暖的稳定作用。

南大洋被认为是全球碳循环的主控地区，全球变化同时影响着南大洋对大气 CO_2 的吸收能力。南大洋对大气中 CO_2 的吸收主要通过物理泵（溶解）和生物泵的方式，物理泵是指大气中的 CO_2 通过气体交换进入大洋，主要影响因素是风速和海-气界面 CO_2 气体的分压差（Sabine and Tanhua，2010）；而生物泵是通过生物食物链传递以及生源碎屑向真光层以外输出。10°S~10°N 海域为大气 CO_2 的主要源区，而北大西洋和南大洋为大气 CO_2 的主要汇区（Tans et al.，1990）。1800 年和 1994 年，超过 40% 的人为排放 CO_2 分布在 14°S~50°S，如果没有海洋碳吸收，大气中 CO_2 浓度将高出大约 55 ppm（Sabine et al.，2004）。

随着全球变暖，南大洋出现了显著的增暖趋势，中下层海洋的增暖以及北部区域海表面温度升高明显（Riahi，2014）。2006 年以来，全球变暖增加的热量有 60%被南大洋吸收，南大洋对全球气候增暖减缓意义重大。亚南极模态水是南大洋经向环流的重要组成部分，其下沉和输运对全球热量分配、淡水循环、营养盐和碳收支等过程具有重要影响。高立宝等针对亚南极模态水的时空变化进行了细致分析，发现 2005~2015 年亚南极模态水显著增厚（3.6±0.3 m/a）、下沉（2.4±0.2 m/a）和增暖（3.9±0.3 W/m^2），进一步的研究表明风应力是最主要的驱动力（Gao et al.，2017）。研究预测，未来南大洋西风及其旋度的继续增强将进一步引起亚南极模态水的增厚，从而将更多热量从海气界面存储到海洋内部，从而减缓全球表层温度增暖的速度。南大洋过去 50 年的观测数据分析和模拟研究显示，在气候强迫所引起的表层海水温度升高和海面风速减弱等因素影响下，南大洋对大气 CO_2 的吸收能力近几十年来出现了明显减弱趋势（陈立奇等，2013）。但是南大洋仍然具有较强的 CO_2 吸收潜力，高营养盐、铁元素限制、低叶绿素海域和底层水形成都可能使南大洋 CO_2 生物碳汇能力提高（Vaz and Lennonp，1996）。

综上所述，南大洋是全球气候变化的关键区和敏感区，其独特的自然环境、源热汇、脆弱生态以及复杂多变的水文环境吸引了越来越多的关注。加深对南大洋碳循环的了解，揭示南大洋碳通量时空变化特征、碳循环驱动机制与动力学过程具有重要意义。南大洋碳通量观测与模拟将为研究南大洋碳汇对全球增暖的稳定作用提供重要理论支撑。

11.2.5 南极冰盖变化对区域气候和海平面上升的影响

地球陆地表面的 12.5%都被永久冰覆盖，南极冰盖是世界上最大的冰盖，其总冰量占世界淡水总量的 72%（Bamber et al.，2018），全部融化则将会使海平面上升 58m（Fretwell et al.，2013），所造成的全球性影响十分严峻。20 世纪海平面上升了约 20cm，平均速度为 1.7mm/a（Church et al.，2013a）。

南极冰盖通常分为东南极冰盖、西南极冰盖和南极半岛冰盖。东南极冰盖是世界上最大的冰库，而西南极冰盖拥有足够使全球海平面上升超过 5m 的冰量。南极半岛冰盖的大部分冰形成陆地冰帽，表面降水驱动的冰盖增长能够抵消拉森 A 和拉森 B 冰架的加速冰流，因此南极半岛冰盖对海平面上升的贡献微不足道（Shepherd and Wingham，2007）。近十几年，卫星激光/雷达高度计、重力和 InSAR 的测量结果均显示，南极冰盖处于物质亏损状态，对海平面上升的贡献约为 10%（Rignot et al.，2008；Zwally et al.，2005；Barletta et al.，2012；Cazenave et al.，2009；Chen et al.，2009；Rignot et al.，2011；Velicogna，2009；Wen et al.，2007；鄂栋臣等，2009；温家洪等，2004；任贾文等，2002a，2002b）。在物质损耗严重的西南极和局部东南极区域，同时监测到冰流的加速和冰架的变薄（Pritchard et al.，2012）、表面裂隙增加以及崩解加快（MacGregor et al.，2012；Liu et al.，2015）。冰架的变薄和快速崩解导致冰架范围变小很可能削弱冰架对冰盖的支撑力，进而导致内陆冰盖冰流加速和物质损耗加剧（Scambos et al.，2004；Domack et al.，2005；Rignot and Jacobs，2002；Shepherd et al.，2004；Prichard et al.，2012；Rignot et al.，2013；Depooter et al.，2013；Liu et al.，2015）。整个南极冰盖的物质损耗正在加剧（Rignot et al.，2011），这主要是由大气和海洋的温度上升导致的（Golledge et al.，2019）。南极冰盖边缘虽正处于减薄的状态，但由于降水量增加，冰盖内部却在增厚（Bevis et al.，2019）。南极冰盖的融水将会把暖水困在表面以下，形成一个正反馈，加剧南极冰盖冰量的损失（Golledge et al.，2019）。

冰盖物质损耗的加剧会使输入到海洋中的淡水持续增加，改变温盐平衡的作用，最终会减弱或阻断大西洋经向翻转环流（atlantic meridional overturning circulation，AMOC）（丁永建和张世强，2015）。在 Golledge 等（2019）的模拟中，未来冰盖的融化将增大全球温度的可变性。年际温度变化增大可能会比逐渐变暖产生更加直接的影响，导致更广泛或者更频繁的热浪。冰盖融化使得全球年际变化幅度显著变化，这一变化超过了 50%。由于全球深层水形成区都紧邻冰盖，因此任何来自冰盖的淡水流量的增加都能引起海洋热传输的变化，从而导致气候的变化（Alley et al.，2005）。

冰盖物质损耗加剧会加速海平面上升，而海平面上升被认为是未来气候变化最严重的结果。地球上有 1.46 亿人口居住在海平面 1m 以下，海平面上升 1.4m 会对沿海地区产生严重威胁（陈立奇，2013）。即使是很小的海平面上升也会通过海岸侵蚀、易受风暴潮影响、盐侵入地下水以及其他对当地社会和经济产生重大影响（Alley et al.，2005）。尽管在过去的一个世纪里，海水的热膨胀以及山地冰川的融化主导了全球平均海平面的上升，但是在未来不断变暖的情形下，南极冰盖的潜在贡献大于 IPCC 第五次评估报告中的预测（Bamber et al.，2018）。自 1979 年以来，南极冰盖对海平面上升的贡献累计为 14±2mm，平均为 3.6±0.5mm/10a，其中西南极贡献了 6.9±0.6mm，东南极贡献了 4.4±0.9mm，南极半岛贡献了 2.5±0.4mm（Rignot et al.，2019）。我们现在正处于气候变暖的形势下，变暖的程度与过去极地冰盖的显著减少有关（Dutton et al.，2015）。人们猜测，在气候不断变暖的情况下，冰盖融化所造成的海平面上升将会加速（Shepherd and Wingham，2007）。

由于气候变暖，南极冰盖比预期变化得更快、更显著，预测冰盖在接下来的一个世纪甚至以后依旧是一个主要的科学和社会挑战[①]。随着卫星和航空测量数据的不断增加，南极冰盖变化对海平面上升的贡献基本保持缓慢上升的趋势（丁永建和张世强，2015）。从预估的未来海平面变化来看，南极冰盖未来的变化具有较大的不确定性，尤其是西南极冰盖的不稳定性（丁永建和张世强，2015），因此对南极冰盖进行持续观测是必不可少的。

11.3　青藏高原对全球气候的响应与反馈

11.3.1　青藏高原气候变化事实及未来趋势

青藏高原平均海拔为 4000 多米，被称为"世界屋脊"。青藏高原及其周边地区具有除极地地区外最多的冰川，这些冰川位于许多主要的亚洲河流的上游（Yao et al.，2019；陈发虎等，2017；姚檀栋等，2017a，2017b）。青藏高原对于气候变化来说具有敏感性和脆弱性，被视为气候变化早期的敏感指示器（Kang et al.，2010）。在近几十年，基于地面观测台站、再分析资料、卫星遥感数据及气候模式等集成资料的研究表明，青藏高原的气候和环境都发生了显著的变化。青藏高原在过去半个世纪以来变暖趋势明显，始于 20 世纪 50 年代初的变暖要早于北半球的趋势（20 世纪 70 年代中期）。青藏高原气温升高幅度比同纬度地区大，在过去和未来排放情景下青藏高原海拔依赖型变暖现象独特。与人类活动有关的温室气体排放加剧对青藏高原气候变化的影响可能比全球其他地区更显著（Yao et al.，2019；You et al.，2019）。基于 CMIP5 模式的模拟结果表明，CMIP5 模式可以再现青藏高原近期的迅速变暖，虽然多个模式会低估观测资料所观测到的升温速率，模式集合平均数据表明冰冻圈积雪/冰-反照率反馈过程很可能会导致青藏高原出现持续的地表变暖（You et al.，2016）。

---

① The climate change：uncertainties and opportunities for grassland and forage systems. Synthesis and teachings of Days AFPF 2013，2013.

青藏高原降水量在南部和北部的变化方式存在显著差异，甚至呈现相反的趋势。近期降水量表现为北部明显增加，南部有减小趋势，但总体呈现增加趋势，每 10 年增加 2.2%（陈德亮等，2015）。整体上青藏高原年平均降水量在 1979~2014 年显著增加，增加速率为 0.61mm/10a，且这种增速主要发生在 20 世纪 90 年代中期以后（段安民等，2016）。表明在全球持续变暖背景下，青藏高原降水量随着高原加速增温而迅速增加，同时在总体降水增加的背景下，青藏高原湿润的东南部有变干的趋势，而干旱的西南部有变湿的趋势（尹云鹤等，2012）。

基于气候模式和物理统计模型的预估分析显示，未来青藏高原地面气温将升高，21 世纪后期增温更显著。未来青藏高原气候变化仍以变暖和变湿为主要特征。近期（现今至 2050 年）和远期（2051~2100 年）年平均温度分别比 1961~1990 年基准期升高 3.2~3.5℃和 3.9~6.9℃，但升温幅度存在区域和季节性差异。近期和远期年降水量分别比 1961~1990 年基准期增加 10.4%~11.0%和 14.2%~21.4%，最大的降水增幅出现在夏季，冬季降水增幅最小（陈德亮等，2015）。总体来说 21 世纪青藏高原以降水增加和极端天气气候事件增加为主要趋势。

11.3.2　季风和西风相互作用对青藏高原气候变化的影响

青藏高原是西风与南亚季风两大环流系统的交汇区，其变化不仅能够改变青藏高原地区的气候条件，也在更大的尺度上影响着东亚、南亚的气候变迁（Yao et al.，2019；姚檀栋等，2017b）。西风与印度季风两大环流是控制青藏高原气候与环境变化的决定性因素，表现为印度季风模态、西风模态和过渡模态三种模态。这三种模态对现代青藏高原环境产生连锁式环境效应，使得该区的冰川、湖泊、生态系统变化具有明显的区域特征，具体表现为印度季风模态的冰川强烈退缩，湖泊趋于萎缩；西风模态的冰川趋于稳定甚至部分出现前进，湖泊趋于扩张；过渡模态的冰川退缩程度减弱，湖泊变化不明显。西风模态的植被返青期提前，印度季风模态的植被返青期推后，而过渡模态的植被变化过程比较复杂（姚檀栋等，2017b）。

西风与南亚季风两大环流系统的影响区域和影响强度与全球变化、纬圈经向热力差异变化、海陆热力差异变化等有关。其影响青藏高原区域的划分标准为：青藏高原切变线以南，主要是来自西南季风的水汽输送；青藏高原切变线以北，主要是来自西风带的水汽输送；青藏高原切变线向东北方向的延长部位是一鞍形区，为西风带与西南季风的共同影响区。青藏高原东部的西南季风气流有绕行和向北翻越青藏高原的水汽输送；而青藏高原中西部地区，主要是由青藏高原周边向主体的水汽输送，没有明显的翻越青藏高原的水汽输送。在青藏高原以北的大部分地区以对流层中层的水汽输送为主；青藏高原南部以低层水汽输送为主。在青藏高原以北的大部分地区，水汽输送为辐散，即输入的水汽又被扩散出去了；青藏高原主体为水汽输送的辐合区（王可丽等，2005）。青藏高原季风强弱与北半球西风带位置变化相关联。西风带北跳期间，高原夏季风强年相较于常年南亚高压加强北上，贝加尔湖西部槽向南发展扩张，青藏高原经度范围内的槽加深，青藏高原北部偏北气流强，使得中纬度西风带加强北移，东风带向北推进，促进西风带北跳的发生（方韵等，2016）。

西风带与南亚季风所挟带的水汽对青藏高原的影响类似跷跷板。西风带主要是中高纬度的水汽纬向输送，而南亚季风为低纬度的水汽经向输送。当南亚季风所挟带的水汽增加时，即向北的经向输送增强时，向中高纬纬向输送的西风带水汽有整体向北的运动，使得西风带所挟带的水汽输送高值中心向北偏移，此时水汽的高值中心将偏离青藏高原，落入青藏高原西边界的水汽纬向输送的量将会减小；同样地，当西风带增强时，其所挟带的水汽将会占据主要地位，其位置相对弱年偏南，挤压了南亚季风由南向北的经向水汽输送，导致南亚季风所挟带的水汽不能到达更北的地域，从而导致此时南边界的水汽输送量相对减小。因此，南亚季风强年，水汽主要来自南边界的输送；而西风带强年，青藏高原的水汽主要依赖西风带所挟带的水汽（Lin et al.，2016）。

11.3.3　动力和热力强迫及与全球和中国气候的联系

半个多世纪以来，青藏高原动力和热力强迫及其与全球和中国气候的联系一直是高原气象学的重要研究内容（Wu and Liu，2016；Wu et al.，2015b；段安民等，2018，2014；马耀明等，2014）。青藏高原动力作用主要体现在绕流方面，冬、春季北半球中纬度西风经过青藏高原的绕流与爬坡现象明显，而夏季则以绕流作用为主；从而显示青藏高原对寒潮、西南涡、热带气旋等天气系统有阻挡和屏障作用，对其系统的发生发展和移动路径都有重要影响；在青藏高原对气候系统的阻挡和对季风的牵引作用下，形成了我国西北干旱，江南、华南湿润的气候背景（乔钰等，2014）。

青藏高原感热变化通过其"感热气泵效应"的驱动作用，对亚洲夏季风和中国东部降水产生重要影响。东亚夏季降水在年际和年代际尺度上均存在"三极型"和"南北反相"型的空间分布特征，青藏高原春季地表热源在年代际和年际尺度上主要影响东亚夏季降水"三极型"模态，在年代际尺度上它是中国东部出现"南涝北旱"格局的重要原因，春季感热减弱有利于华南夏季降水增多而华北和东北地区夏季降水减少（段安民等，2014，2018）。青藏高原春季感热减弱仍在持续，其春季感热减弱是对气候变暖随纬度不均匀分布的局地响应。这种变化反过来又影响周边地区的气候变化，特别是对地形陡峭的高原南坡和东侧降水减少起主导作用，对东亚季风和南亚季风总体变化趋势而言，青藏高原的感热变化尚未对其产生直接影响（马耀明等，2014）。全球模式敏感性数值试验则进一步证明青藏高原和伊朗高原"感热气泵"在亚洲夏季风的形成中扮演着至关重要的作用，南亚夏季风南支分量主要受海陆热力差异的影响，而北支分量的形成受到青藏高原和伊朗高原的感热气泵效应的驱动作用，而东亚夏季风的形成主要受海陆热力差异及高原热力作用的共同影响（Wu et al.，2015b；Wu and Liu，2016）。

由于青藏高原独特的地理特性，感热的直接观测资料相对缺乏，且存在准确性、覆盖率低等特点，难以准确描述青藏高原感热的时空变化特性，青藏高原气象观测数据问题是阻碍青藏高原气象学取得突破进展的瓶颈所在。需要进一步加强对青藏高原地面感热影响亚洲夏季降水的具体物理过程和动力学机制的研究（Wu and Liu，2016；Wu et al.，2015b；段安民等，2014，2018；马耀明等，2014）。

11.3.4　青藏高原水资源与水循环对气候变化的响应

青藏高原气候趋于暖湿化，该地区水资源与水循环正在加强且正在发生显著变化，具体表现为冰川后退、湖泊扩张、积雪减少、径流增加等，这是水体对气候变暖和变湿的响应，预估在近期的 2050 年和远期的 2100 年前后这些过程仍将继续（Yang et al.，2011；陈德亮等，2015）。

青藏高原冰川结束了 2000 年中相对寒冷期普遍前进的态势，20 世纪以来的增温使冰川整体后退，其中以喜马拉雅山和藏东南地区冰川后退最为显著（Gao et al.，2019；Yao et al.，2019）。但由于同期降水增加，喀喇昆仑和西昆仑地区的冰川较为稳定，甚至有冰川前进的现象（陈德亮等，2015）。

在快速变暖的背景下，青藏高原地区冰冻圈对区域水资源与广泛分布的湖泊变化产生了重要的影响。2010 年青藏高原面积大于 1 km^2 的湖泊有 1236 个，主要分布在内流区（面积占整个青藏高原湖泊面积的 66%）。20 世纪 70 年代至 1990 年，大于 1 km^2 的湖泊总数量和面积都略有减少，然而在 1990~2010 年明显增加。近 40 年来湖泊面积增加了 7240 km^2（18%），湖泊面积的增加主要发生在 2000~2010 年（占 40 年来的 84%）及内流区。青藏高原的湖泊变化存在显著的南北差异：北部湖泊水位显著上升，南部的雅鲁藏布江流域湖泊水位显著下降（张国庆，2018）。

近 50 年来，青藏高原的积雪呈先增加后减少的变化（Ji and Kang，2013）：1960~1990 年青藏高原的积雪日数和雪水当量均呈增加趋势，积雪日数增加了 13 天，雪水当量增加了 1.5 mm；1990 年以来出现减少趋势，1990~2004 年积雪日数减少了 20 天，雪水当量减少了 1.2 mm（陈德亮等，2015）。

青藏高原河流径流量在 20 世纪 80 年代到 21 世纪初整体呈现减少趋势，但是 21 世纪初以来，一些河流径流出现增加趋势（Yang et al.，2011）。以雅鲁藏布江、怒江和澜沧江为例，20 世纪 60 年代为丰水期；70 年代和 80 年代为枯水期；除澜沧江以外，90 年代以来为丰水期。冰川、冻土的加速消融可能是引起 20 世纪 90 年代以来青藏高原南部河流径流量增长的主要原因（陈德亮等，2015）。青藏高原径流的未来变化较复杂，不同流域之间的差异较大，径流在不同流域表现为增加和减少并存（张人禾等，2015）。

11.3.5　青藏高原荒漠化对气候的响应

青藏高原是中国荒漠化（沙漠化）最为严重的地区之一。青藏高原沙漠化分布特点为，西藏高原沙漠与沙地多呈零星分布，主要分布在大江大河的宽谷、湖滨平原以及山前洪积平原。大江大河谷地的沙地主要分布于雅鲁藏布江和长江源区的宽谷地段，呈串珠状零星分布，自河漫滩开始发育，脱离水成环境，从蝌蚪状沙饼—沙盾—雏形新月形沙丘—新月形沙丘—新月形沙丘链，沿阶地延伸，并爬升至半坡乃至山顶，形成爬坡沙丘。构成沙漠的沉积物可划分为冲积物、洪积物、湖积物、冰碛物、冰水沉积物和冲积-洪积-湖积物等。沙丘是沙漠典型的风沙地貌，相比于中国北方其他沙丘，青藏高原沙丘类型较为单一，以新月形沙丘为主，沙丘粒度组成和沙粒微形态均显示较弱的成熟度（陈德亮等，2015；董玉祥，1999；董治宝等，2012）。

青藏高原沙漠化成因具有多因性和地域性。沙漠化过程是以缓慢的自然沙漠化过程为基础，自然与人为因素共同作用所形成的人为加速加剧过程。沙漠化的形成与发展及其速率是由自然沙漠化过程、近期气候干旱化加剧其相应过程强度和相互关系造成的。各地沙漠化的成因及其主要影响因子有很大差别，既存在以自然成因为主的沙漠化地区，也有以人为因素为主的沙漠化地区。沙漠化的成因具有多因性和地域性（董玉祥，1999）。人类在沙漠化发展或逆转的过程中只起加速或延缓的作用，主要影响因子还是气候的干湿变化。气候变化是造成沙漠化的重要影响因子，气候变干变暖、局地暴雨增强、多大风、蒸发强烈等有利于沙漠化。气温升高和降水减少是草地沙化的主导因子，日照时数影响草地植被的生长，风速、风向决定了沙化速率和蔓延方向（张余等，2019）。

冻土退化和沙漠化加剧是陆表环境变化的主要特征。随着气候变暖，青藏高原多年冻土活动层增厚，同时冻土层上限温度也以约 0.3℃/10a 的幅度升高。虽然青藏高原的降水量和归一化植被指数总体呈增加趋势，但局部地区沙漠化面积扩大，程度加剧，以江河源区尤为突出；水土流失总体呈现先加剧后略微减轻的趋势（陈德亮等，2015）。青藏高原沙漠化土地的变化以江河源区最为突出。长江源区沙漠化面积为 3.32 万 km^2，占江河源沙漠化总面积的 66%（董治宝等，2012）。近 50 年来，江河源区沙漠化土地面积总体上呈扩张趋势，沙漠化程度呈加重趋势，但不同区域在不同时间段内沙漠化发展的趋势又存在较大区别（董治宝等，2012）。长江源区的沙漠化与气候变暖导致的冻土退化关系密切，面积一直呈增加趋势，沙漠化土地的增加主要是由流动沙（丘）地的增加引起的，风沙活动大大增强。从各个监测时段来看，1990~2000 年其增加速度较小，但是自 2000 年以来，其增加速度很快（陈德亮等，2015）。

11.3.6　热带海洋对青藏高原大气环流的影响

热带海洋储存大量的水汽及能量，对青藏高原大气环流和大气运动的影响极为重要。热带印度洋海温或印度洋海盆模态的变化可以影响青藏高原的大气环流。当热带印度洋海温升高时，孟加拉湾的南风异常加强，印缅槽加深，有利于北方冷空气南下，同时来自青藏高原南部的南风异常有利于带来更多的水汽输送。在雨季前，青藏高原 5 月降水和同期印度洋海温相关图表明，赤道和西北印度洋地区显示出整体的负相关，因此印度洋海盆模态是造成海温一致性变化的原因，也是青藏高原降水重要的影响因子。南亚夏季风是正、负印度洋海盆模态年间最为显著的差异信号。印度洋海温与其上空整层大气温度正相关，因此印度洋海盆模态会导致海陆热力差的变化，相关分析表明南亚夏季风与海陆热力差为负相关，海陆热力差异越大，南亚夏季风越弱（Chen and You，2017）。印度洋海盆模态以及青藏高原热力作用对东亚气候的影响是互相联系的，并且可以对东亚春夏季的环流及降水产生协同的影响（Hu and Duan，2015）。

前期太平洋以及印度洋海温变化也可以影响春季青藏高原地表感热通量的年际变化主要的模态（金蕊等，2016）。与冬季 ENSO 事件相应的赤道中东太平洋海温强迫可以激发一个向极向西的波列，通过改变青藏高原南侧的环流和降水异常，形成一个纬向偶极型分布的高原感热第一模态；而春季印度洋的三极型海温分布可以强迫出一个跨越南北半球的波列，使青藏高原主体表现为东风异常，背景西风减弱，从而形成一个青藏高原主体与周围反相关的回字形感热第二模态。ENSO 事件以及印度洋海温分布分别与青藏高原春季感热两个主模态相联系（金蕊等，2016）。

印太暖池海温变化也是青藏高原大气运动的重要驱动力。北半球冬季当印太暖池异常偏暖时，因为最大的增暖中心位于南半球，非均匀增暖的海温经向梯度使得在增暖中心附近形成异常辐合上升，异常下沉分别处于南、北半球 20°~30°纬度范围内，结果使冬季哈得来环流主体加强；在北半球夏季时，由于印太暖池的增暖结构与冬季类似，在经向海温梯度的作用下，异常经圈环流的下沉支分别位于 30°S 与 20°N 附近，环流位于北半球的异常下沉支抵消了哈得来位于 20°N 附近上升支的强度，结果使夏季哈得来环流主体减弱。近几十年，印太暖池表现出显著的增暖趋势，显著改变了哈得来环流的结构，导致其在南、北半球的副热带地区异常下沉加强，从而对青藏高原大气运动产生重大影响（李建平等，2013）。

11.4　南、北极和青藏高原气候系统的变化与相互影响

11.4.1　南、北极和青藏高原大气环流联动及气候变化的协同性

南、北极作为地球气候系统的冷极，对大气环流的形成和维持起着重要的作用。近年来，随着全球变暖，两极的海冰加速融化，极地放大效应更加突显，特别是北极放大更是引起了广泛的关注。地球大气作为一个整体，从较长时间来看大气质量是守恒的，热带和极地之间由太阳辐射造成的南北热力差异驱动了地球大气的运动，形成了大气环流和地球上几个主要的永久性或半永久性大气活动中心，因此大气环流的本质就是地球大气质量的

再分配过程。

南极和北极虽然相隔遥远，但大气质量的再分配从年际、年代际时间尺度（Trenberth et al.，1987；Trenberth and Guillemot，1994；Chen et al.，1997a）到季节（Van den Dool and Saha，1993；Chen et al.，1997b）和次季节（Holl et al.，1988；Christy et al.，1989；Carrera and Gyakum，2003）时间尺度都存在，特别是季节到次季节尺度（S2S）两半球之间大气质量的再分配可能主要反映了南、北极大气环流之间的联系和调整。越赤道气流的存在就是南、北半球大气质量交换的有力证据，也是南、北极大气环流异常联系的直接途径。南、北半球的大气通过越赤道气流进行质量交换最典型的季节发生在冬、夏季，且主要发生在印度洋和西太平洋地区典型的亚洲季风区。在北半球的夏季，南半球澳大利亚寒潮冷空气的爆发往往与其后一周左右东亚西南季风的爆发有关；而在北半球的冬季，欧亚大陆西伯利亚高压的建立往往早于东南亚和北美季风区冷空气向南半球的爆发，有利于形成大气质量向南半球的堆积和北半球气压的普遍降低（图11.15），进而加强南太平洋和南印度洋中高纬度的大气阻塞环流，引起南半球高纬度的大气环流异常（Carrera and Gyakum，2003）。这种次季节尺度的大气质量跨半球的再分配过程，可以形成全球大气海平面气压场的跨半球振荡（inter-hemispheric oscillation，IHO）特征（Guan and Yamagata，2001）。

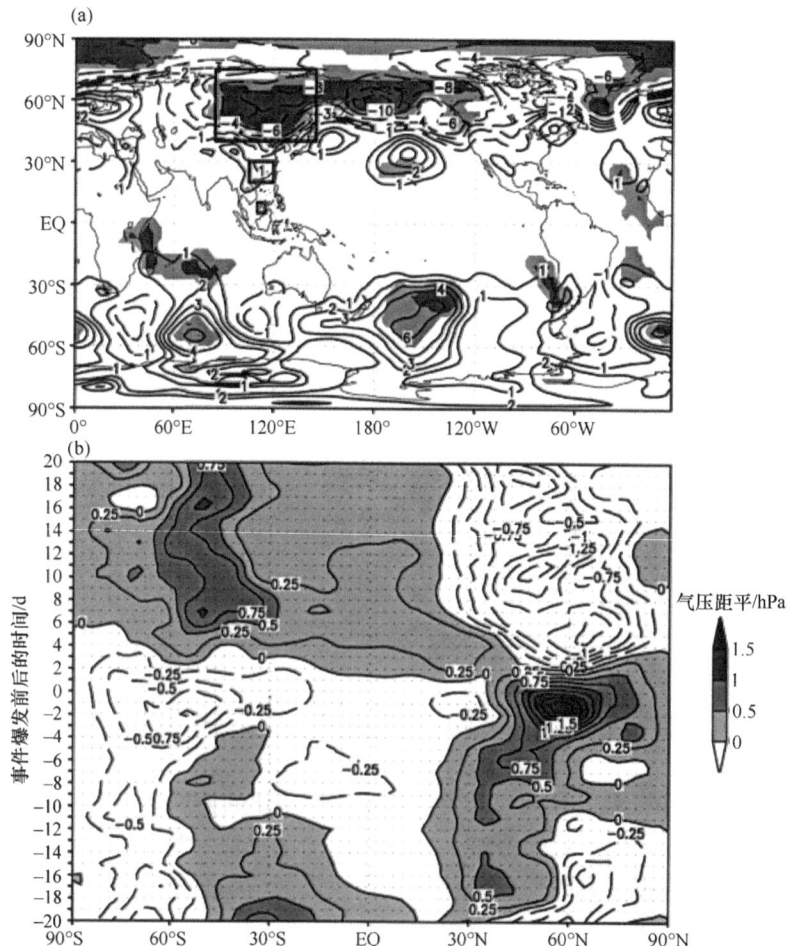

图 11.15　北半球冷空气向南半球爆发事件合成的海平面气压距平场水平分布（a）和纬圈平均的纬度-时间剖面图（b）（Carrera and Gyakum，2003）

亚洲季风区之所以成为全球最典型的季风区，不仅由于这里受全球最大的海洋太平洋和全球最大的陆地欧亚大陆的影响，海陆热力差异显著，而且这里还拥有世界最高的屋脊青藏高原，青藏高原大地形的热力和动力作用不仅会加剧冬、夏季节南北半球的气压差，引起越赤道气流的异常变化，也会导致北极—热带南北温差形成的北半球西风急流的异常变化，这些都会对我国的天气、气候变化产生深远的影响。

11.4.2　夏季北极和青藏高原协同变化及其对极端事件的影响

南、北极作为气候系统的冷源区域，其变化不仅影响两极区域的天气和气候，而且通过复杂的相互作用与反馈过程，也会对两极以外区域产生重要的影响，这一点早已被观测到的联系所证实。源于北极的强冷空气不仅影响欧亚大陆，而且可以向南扩展到东亚低纬度区域，甚至南半球，从而加强了热带对流，进而影响哈得来环流的强度和位置。尽管南极远离东亚区域，但是，南极冰雪以及大气环流变化与长江流域夏季降水变率也存在联系。

青藏高原广袤高耸的大地形直接影响大气环流，使其产生绕流和涡旋。此外，青藏高原在冬、夏季节，冷热源性质截然不同，冬季其冷源作用突出，这一点与南、北极的作用是一致的，而夏季其由于强烈的地表感热加热而变成热源。青藏高原不仅对东亚季风的形成和演变有直接影响，还对北美的气候变率有影响。

长期以来，国内外学者特别关注南、北极和青藏高原自身的多圈层相互作用的主要特征，以及对它们各自对气候事件和气候变率的影响途径和机理，而对于它们之间的协同变化及其影响的关注明显不够。研究表明，夏季青藏高原与北极大气环流存在反向变化关系，这种协同变化与夏季包括青藏高原在内的高温事件发生频次有密切的关系。近 20 年来，夏季北极对流层中、低层持续、频繁出现增暖异常。在这一背景下，2005 年以后夏季北极对流层中、低层冷异常频繁出现，包括青藏高原在内的东亚区域，夏季频繁经历高温热浪的侵袭，例如，2006 年、2010 年、2013 年以及 2016 年等。事实上，北极夏季对流层中、低层的冷异常与东亚夏季频繁发生的高温热浪事件有直接的关系，北半球对流层纬向西风异常的空间分布成为连接北极冷异常和高温事件的纽带（Wu and Francis，2019）。

观测分析表明，夏季加强的北极西风与欧亚大陆中、低纬度区域减弱的西风同时并存（图 11.16）。后者有利于包括青藏高原在内的亚洲中、低纬度区域空气堆积滞留，从而在对流层中、低层形成高气压异常，这不仅抑制了对流活动，而且有利于地表对太阳短波辐射吸收，导致高温和热浪事件频繁发生。夏季欧亚大陆纬向西风的系统性北移是北极西风增强与青藏高原区域西风减弱的主要原因。对于北极区域，加强的对流层西风，一方面增强了北极区域的气旋活动，有利于北极对流层中、低层冷却；另一方面，阻隔了北极与低纬度之间的热量交换。在青藏高原和东亚中、低纬度区域，对流层西风的减弱则不利于天气尺度气旋活动。可以预期，在未来一段时期，北极和青藏高原区域夏季纬向西风将频繁出现反向变化关系，这不仅直接对北极和青藏高原区域产生影响，也会影响毗邻区域。

11.4.3　南、北极和青藏高原冰冻圈的不稳定性过程

1. 极地冰盖变化

已有观测表明南极地区部分站点的气温升高速率比全球平均值高出 4~6 倍（Vaughan et al.，2003），南极西部大陆架深部绕极流温度也不断升高（Martinson et al.，2008）。这些变化导致南极的冰架和冰川持续处于快速、不可逆的退缩状态（IPCC，2013）。南极冰架的解体速度也前所未有，类似 Larsen B 冰架 2002 年的解体在过去 1 万年以来史无前例，导致分

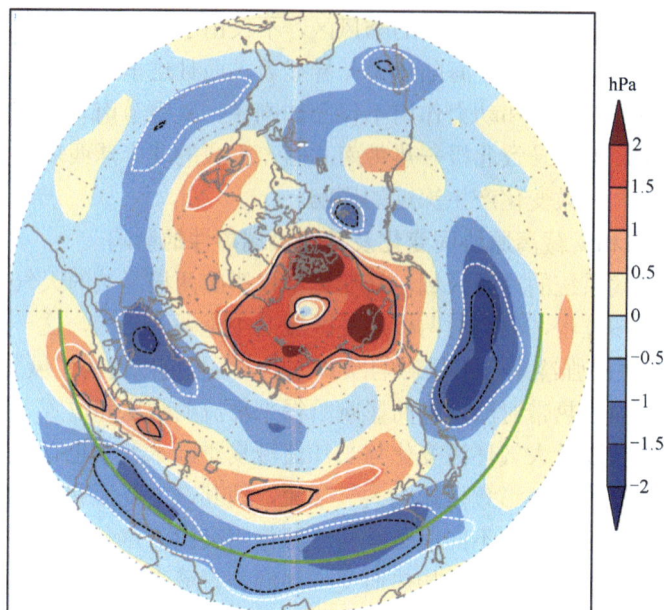

图 11.16　与夏季北极对流层中、低层冷异常相对应的 300 hPa 纬向风异常（Wu and Francis，2019）

在欧亚大陆中、低纬度区域，减弱的对流层西风引导气流（300 hPa）把东亚夏季高温热浪与北极冷异常联系起来。图中阴影区域是与夏季北极对流层中、低层冷异常相对应的 300 hPa 纬向风异常（由回归分析计算得到）。白色和黑色等值线表示西风异常超过 95% 和 99% 显著性水平。绿线表示 0°~180°E 范围内的 30°N 纬圈

支冰川的运动速度增加了 300%~800%（De Angelis and Skvarca，2003；Rignot et al.，2004；Scambos et al.，2004；Rott et al.，2011）。在所有冰山崩解停止的条件下，解体后的 Larsen B 冰架恢复其原有状态也需要数百年时间（Rignot et al.，2004）。2017 年夏季一个大冰山的崩解使 Larsen C 冰架进入与 2002 年 Larsen C 解体之前类似的极不稳定状态（Jansen et al.，2015），因而目前看其有很大的解体风险（Schannwell et al.，2018）。模拟结果同时显示 George VI 冰架在未来也有较大的解体风险，并且两者的解体将会对全球海平面产生重要影响（Schannwell et al.，2018）。

格陵兰冰盖对全球海平面的贡献主要来自其表面的消融，该过程还导致冰盖表面高程的降低和反照率的增大，进而进一步增加了格陵兰冰盖的消融。过去 20 多年，特别是 2012 年格陵兰的夏季温度升高程度即便在过去几百年也很少见（Van den Broeke et al.，2009）。强烈的消融甚至影响了格陵兰最北侧地区，并可能是导致 Ostenfeld Gletscher 和 Zacharise Isstrom 两条冰川冰舌在 2000~2006 年崩解的一个原因（Moon and Joughin，2008）。

冰盖下部的高温水对南极和格陵兰外围冰架的演化和消融起着非常重要的作用。观测数据和理论研究都显示冰架在海平面以下与陆地接触的部分经历了最为迅速的变化，特别是海水升温等导致传递到冰架边缘的热量显著增加（Schoof，2007；Ross et al.，2012），并导致冰架崩解速率增大和冰架边缘退缩（Motyka et al.，2003；Benn et al.，2007；Thomas et al.，2011）。坐落在冰架边缘反向坡上的冰体也受冰架不稳定性的影响（Schoof，2007），如大部分西南极冰架便坐落在此类反向坡上。东南极的冰架也存在类似的不稳定性（Young et al.，2011）。同样，格陵兰的 Jakobshavn Isbrae 冰川的快速退缩也有证据表明主要是由高温海水侵入浮动冰舌下方造成的（Holland et al.，2008）。

2. 北极海冰变化

北极海冰的观测具有 100 多年的历史，其结果显示出北极海冰的范围具有明显的年际变化特征（Walsh and Chapman，2001）。被动微波遥感观测结果显示北极海冰面积具有很大的季节变化（6×10^6~15×10^6 km^2；Comiso et al.，2008；Cavalieri and Parkinson，2012；Meier et al.，2012），其在 2~3 月最大，9 月最小。10 年际尺度的变化显示出北极夏季海冰的面积变化比冬季变化更加显著，其中，1979~1998 年冬季海冰面积只有很小的变化。1989~1998 年夏季北极海冰面积相比于 1979~1988 年减小了 0.5×10^6 km^2，而 1999~2008 年相比于 1989~1998 年减小了 1.2×10^6 km^2。2012 年最小海冰面积仅为 3.44×10^6 km^2，仅次于 2007 年的 4.22×10^6 km^2（Parkinson and Comiso，2013）。

北极海冰的厚度也发生了很大的变化。基于 EnviSat 雷达测高数据的研究表明，在 2007 年最小海冰范围事件之后，北极海冰 2007/2008 年的平均厚度比 2002/2003 年减薄了 0.26m，其中西北极地区海冰厚度的变化达到了 0.49m（Giles et al.，2008）。基于 ICESat 激光测高数据的结果也确认了这一变化特征，显示北极春季海冰的厚度平均减薄了约 0.6m（Kwok，2009）。该研究同样揭示了北极海冰体积的变化，结果显示 2004~2008 年北极海冰的体积减小了 6300 km^3（>40%）。CryoSat-2 雷达测高数据的测量结果显示 2003~2008 年至 2010~2012 年北极秋季海冰的体积减小了 4291 km^3，冬季海冰的体积减小了 1479km^3（Laxon et al.，2013）。

3. 北极冻土变化

冻土的变化相对而言具有很大的差异性。低温冻土区的冻土温度在 20 世纪 70 年代以来最高升高了 2℃，但升温的时间具有很大的空间差异（Romanovsky et al.，2010）。过去 30 年间高温冻土区的温度增幅通常都小于 1℃，并且如加拿大北极等地区 20 世纪 90 年代中期以前的冻土温度甚至出现了降低特征（Smith et al.，2009）。冻土温度的升高主要是由空气温度的升高和积雪覆盖度的变化导致的。积雪覆盖的变化在低温浅层冻土的升温中有重要作用（Smith et al.，2010）。但在森林覆盖的高温冻土区，较小的冻土升温幅度主要是由地表热隔热效应（Smith et al.，2012；Throop et al.，2012）和潜热（Romanovsky et al.，2010）变化导致的。

以热融喀斯特、热融湖扩张、活动层分离和石冰川失稳为主要特征的冻土退化在北极地区广泛存在（Haeberli et al.，2006；Jorgenson et al.，2006；Ravanel et al.，2010；Sannel and Kuhry，2011）。俄罗斯北极地区冻土的退化最为显著，1975~2005 年有 10~15m 的高温冻土完全融化，导致多年冻土南线向北移动了 15~50km（Oberman，2008）。多年冻土的消融和融区的形成也出现在西俄罗斯北部的 Nadym 和 Urengoy 地区（Drozdov et al.，2010）。另外，北极地区海岸侵蚀和冻土的退化近年来也非常显著（Jones et al.，2009）。这些变化部分是由海水的热力和化学效应导致的（Rachold，2007）。类似的效应也发生在近年来形成的热融湖底部（Sannel and Kuhry，2011）。阿拉斯加北部热融湖底部消融引起的冻土消融达到了 0.9~1.7cm/a（Ling，2003）。

4. 青藏高原冰冻圈失稳

受全球变暖的影响，青藏高原也处于快速增温状态。受所处海拔的控制，青藏高原，特别是其内部核心区域的本底温度较低，气候变化对高原地区冰川和冻土变化的影响相对于其他区域强度较弱，冰川面积的萎缩和冻土的退化程度等也相对较轻（Zemp et al.，2015；Ding et al.，2019）。但受长期增温累积效应的影响，高原地区冰冻圈的稳定性格局产生了很大的变化，冰川和冻土的稳定性变弱，导致近年来极端变化事件的频率较之前时段显著增大。2015年9月，帕米尔高原公格尔山北坡克亚拉伊拉克冰川发生跃动，冰体翻越冰川侧碛，导致冰川左侧若干牧民的房屋被毁（Shangguan et al.，2016）；2016年7月和9月，西藏阿里地区阿汝错流域的两条冰川先后因跃动导致大范围冰崩，造成9名牧民和大量牲畜死亡，以及大范围草场被掩埋（图11.17）（Kääb et al.，2018）；同年10月，青藏高原东北部阿尼玛卿山西坡的一条冰川发生2000年以来的第三次冰崩（胡文涛等，2018），冲毁了新修的道路和桥梁，并掩埋了大面积的草场；2017年9月，青海省玉树藏族自治州称多县扎朵镇直美村中卡社牧场发生融冻泥流事件，造成了牧民帐篷和车辆等损失；2018年10月，西藏米林县派镇加拉村色东普冰川发生冰川泥石流灾害，堵塞雅鲁藏布江干流并形成堰塞湖。因此，由气候变化累积效应引起的青藏高原冰冻圈失稳正在引起连锁反应，可以预见在未来一定时段内会有更多灾害事件发生。

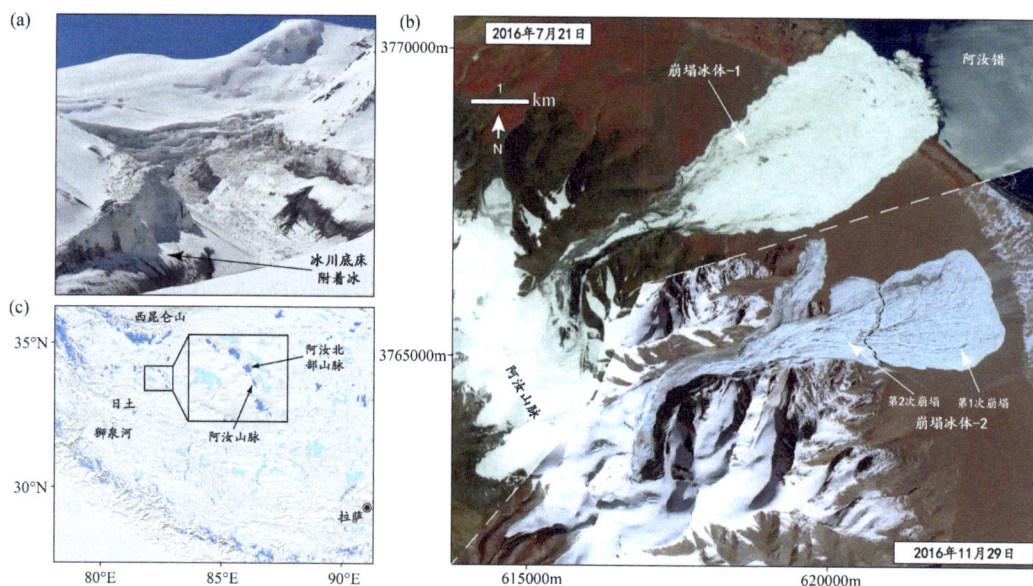

图11.17　2016年西藏阿里阿汝错发生冰崩的两条冰川所在位置及其冰崩范围（Kääb et al.，2018）

11.4.4　海洋热盐环流源区变化和深层水体循环机制

AMOC是全球大洋环流系统的一个重要组成部分，它将大量的热量由热带输送到北大西洋的高纬地区，形成了北半球的主要热量来源之一，海气系统向极地输送热量的一半都是由AMOC提供的。作为经向翻转环流的重要组成部分，北上海流的绝大部分是通过发生在格陵兰海的下沉运动到达海洋深层，再通过溢流从深层返回低纬度，形成全球海洋的质量平衡。

北欧海位于北大西洋和北冰洋之间，由4个主要海盆，即罗弗敦海盆、挪威海盆、格陵兰海盆和冰岛海盆组成。北欧海东侧有挪威暖流向北流动，带来了大量北上的热量；而其西侧有东格陵兰寒流向南流动，构成了北冰洋和北大西洋水体交换的纽带（Jónsson and Valdimarsson，2012；Berx et al.，2013；Hansen et al.，2015）。北欧海存在强海气相互作用，冰岛海海气热通量与冷空气爆发的北风风向关系显著（Harden et al.，2015），冷空气造成北欧海60%~80%的感热和潜热通量损失（Papritz and Spengler，2017）。Zhao和Drinkwater（2014）指出北欧海的热量夏季以太阳短波辐射为主，冬季以来自海洋的长波辐射、感热和潜热通量为主。在 4 个海盆中，格陵兰海盆的热通量最为特殊，短波辐射高出约 50%，长波辐射高出约 40%，潜热高出约 60%，感热高出近 4 倍。

北欧海对气候系统有重要作用，一方面暖流与大气进行热交换（Moore et al.，2012；Zhao and Drinkwater，2014），对北极地区的气候有重大贡献，甚至对北半球的气候都有重要影响；另一方面，北欧海的对流活动产生大量低温高盐水体，在次表层向南输送，形成溢流进入北大西洋，是大西洋底层水的重要来源（Swift and Aagaard，1981），也是全球热盐环流的驱动因素（Blindheim and Østerhus，2005）。

AMOC 下沉运动的主要形式是发生在格陵兰海的对流。在冬季，海洋向大气释放大量热量导致了海洋深对流和高密度水的形成，是驱动全球大洋热盐环流的重要因素（Eldevik et al. 2009）。由于地转效应，对流以对流元（convection plumes）的形式发生。观测到的对流元中海水的垂直速率可达 10cm/s，然而其中垂直物质输运的净速率仅为 10^{-4} m/s（Schott et al.，1996）。虽然对流的净输运速度很慢，但是发生对流的空间范围很大，仍然可以产生很大的垂向净流量，以往的研究估计出北大西洋的对流流量可达 10 Sv（Paluszkiewicz et al.，1994）。

全球变暖以来，北欧海正在发生重大的变化，这些变化不仅改变北欧海的水团与环流结构，而且对全球海洋热盐环流有重要的影响。由于全球变暖，上层海洋表层温度升高、格陵兰冰川融化导致盐度降低，不利于深对流的产生（Voet et al.，2010），也导致溢流水密度的降低（Dickson et al.，2002）。

然而，北欧海的溢流流量并没有明显改变，这要归因于北欧海与北大西洋的海面高度梯度。我们的研究表明，北欧海内部存在内部溢流，并在挪威海形成面积庞大的冷水库，支撑北欧海溢流的长期存在（Shao et al.，2019）。对内部溢流的认识支持北欧海内部的海面高度升高。

格陵兰海对流形成的水体从两个通道流出，一个是沿东格陵兰流向南输送进入冰岛海，另一个是沿扬马延水道和莫恩海脊向东进入挪威海。最新的研究（Shao et al.，2019）指出了对流水体向东进入挪威海的证据，这些来自格陵兰海的水体在进入挪威海后，深度加大 150~200m，被命名为北欧海的内部溢流（图 11.18）。这些水体聚集在 330~1140m 深度范围内，东西跨度达到 160km 以上，被称为挪威海冷水库。该冷水库的水体与法罗-设得兰水道的水体性质高度一致，表明冷水库可能是格陵兰—苏格兰海脊溢流的重要水源，并在维持和稳定溢流方面扮演了重要角色。

通过分析观测数据发现，AMOC 具有显著的多年代际变异特征（图 11.19）。20 世纪 90 年代后期，AMOC 变强，北大西洋北部海水的温度-盐度持续上升，大洋热盐环流的下沉分支变强，向深层海洋输送了大量的热量，从而减缓了全球表面温度的上升，这一发现初步回答了 1998~2012 年全球气候变暖"减缓"期间，气候系统所吸收的热量到了何处的问题。类似的现象也发生在 20 世纪 50~70 年代，并且两次事件中北大西洋 0~1500m 层海洋温度和盐度都具有非常显著并同步的多年代际振荡特征（Chen and Tung，2014）。

在温室气体持续加速排放的背景下，海面吸收的热量如何分配主要取决于海洋与气候系统的内部动力学过程，而这种内部变化过程将调制全球气候变暖的进程：在 AMOC 强度变化的调制下，当上层海洋的温度-盐度处于负距平时，全球平均表面温度加速上升；与之相反，当上层海洋温度-盐度显示为正距平时，全球平均表面温度上升速度则减缓（Chen and Tung，

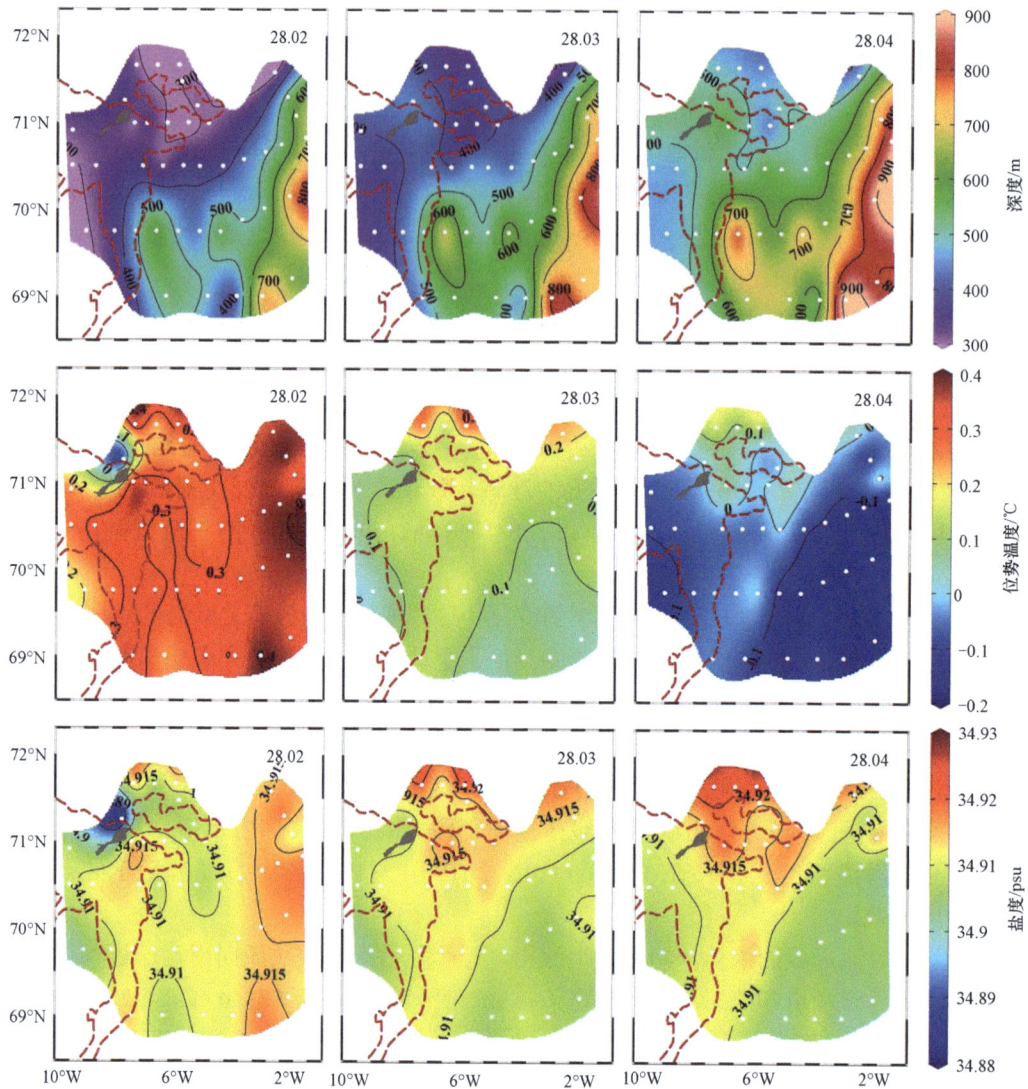

图 11.18　北欧海 28.02、28.03、28.04 等密度面的深度、位势温度和盐度

图中暗红色虚线为 1500m 等深线，用于表明扬马延水道的位置；psu 全称为 pratical salinity units

2018）。进一步研究指出，在温室效应持续增强的背景下，北大西洋经向翻转环流减弱会加剧全球气候变暖（图 11.20）。这一发现与以往研究所提出的古气候背景下北大西洋经向翻转环流减弱导致全球气候变冷的经典观点不同，揭示了人类活动对气候系统自然变率的影响。这一研究成果不仅有助于了解热盐环流变异影响气候变化的物理机制，更为提升全球气候变化的预测能力提供了观测依据。

11.4.5　南、北极和青藏高原协同变化对我国天气、气候的可能影响

目前关于南、北极和青藏高原大气环流联动对我国天气、气候的影响并没有直接的相关研究成果，但以往的研究表明，南极、北极大气环流的异常变化可以通过两半球气压场的跨半球振荡（IHO；Guan and Yamagata，2001）相联系。IHO 不同于 AO 和 AAO 模态，它是全球海平面气压场 EOF 分解得到的第三模态，方差贡献占 14.5%，但它的时间序列包含从次季节到年代际不同尺度的变化特征，表明大气质量在两半球的再分配具有多时间尺度的变化特征，也暗示了南、北极大气环流异常的联系也可能存在于多种时间尺度上。

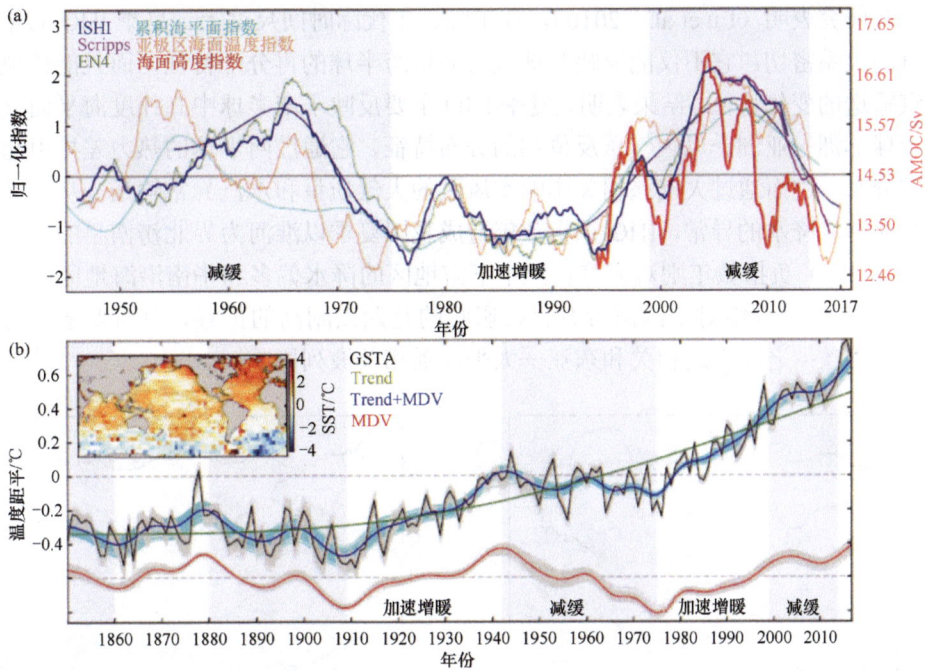

图 11.19　北大西洋经向翻转流的强度变化（a）和全球表面温度变化（b）（Chen and Tung，2018）

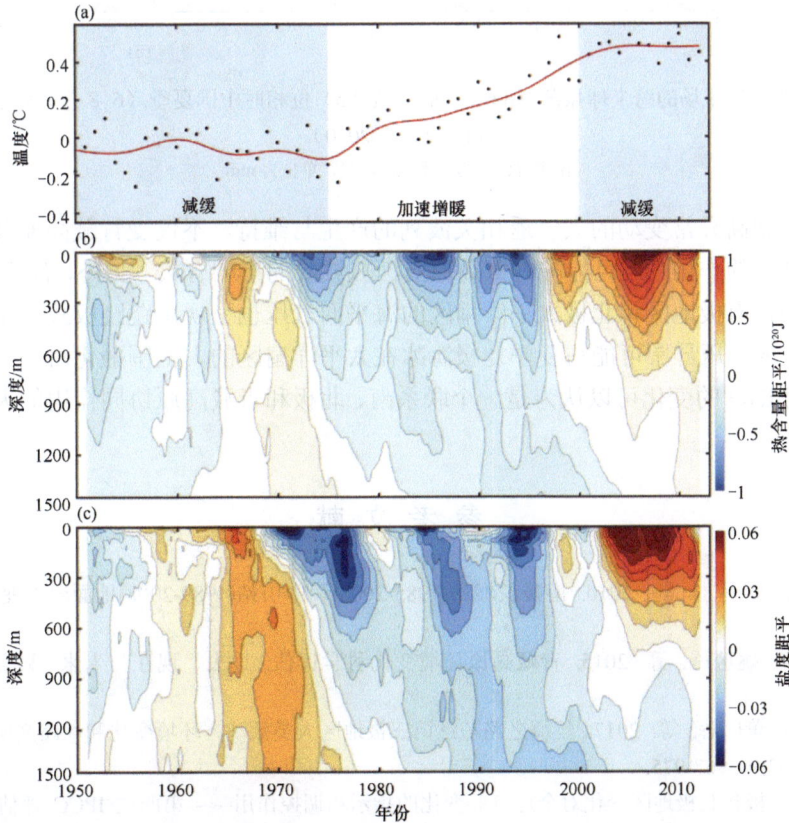

图 11.20　全球海面温度的变化与海洋变化的一致性（Chen and Tung，2014）

全球平均表面温度（a）（红线）的多年代际振荡与北大西洋海洋热含量（b）和盐度（c）剖面变化一致，显示出北大西洋经向翻转环流向深层海洋输送热量的同时，减缓了表面温度的上升速度

最近有研究表明（Lu et al.，2010），在年际、年代际时间尺度上，夏季 IHO 的年际变化与夏季风的关系密切，它不仅能反映全球大气质量跨半球的再分配特征，而且能体现低空大气中水汽输送的变化特征。结果表明，夏季 IHO 主要反映了南半球中高纬度海平面气压和其北部东半球非洲—亚洲季风区气压反位相的分布特征，它通过两半球的热力差异引起大气质量的异常分布，进而通过大气遥相关影响季风区的大气质量和水汽异常输送，从而影响西非季风和东亚季风降水的异常，IHO 正指数年造成我国夏季以淮河为界北涝南旱的异常降水分布特征，而 IHO 负指数年则对应着长江中下游地区的降水偏多和华南沿海地区的降水偏少（图 11.21）。在此过程中对中国雨带有直接影响的是西太副高的位置，而西太副高的异常变化则受欧亚"丝绸之路"遥相关和东亚—太平洋遥相关波列影响。

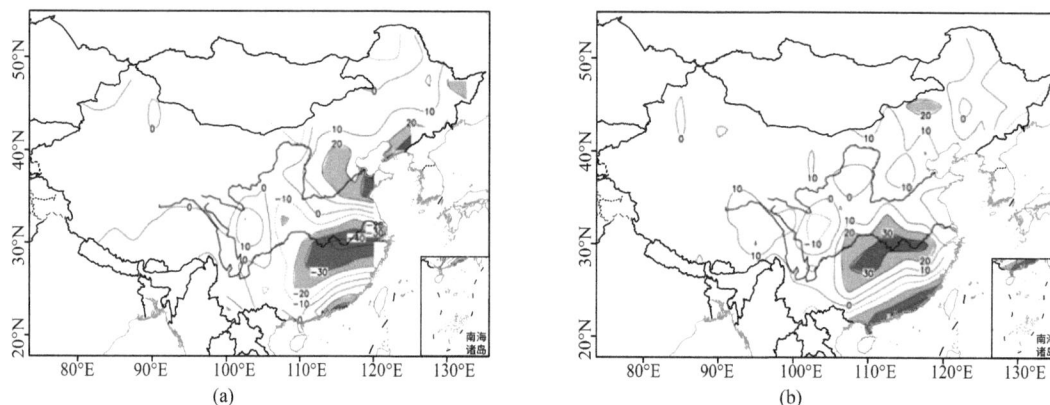

图 11.21　两半球气压场的跨半球振荡 IHO 正（a）、负（b）位相时中国夏季（6~8 月）降水的异常分布
（Lu et al.，2010）

图中等值线为降水量的距平，单位为 mm

影响西太副高异常变动的大气遥相关波列的产生与维持，不仅受青藏高原及其周边地区局地非绝热加热的作用，还可能与青藏高原对西风波导的影响有关。另外，注意到 IHO 模态的空间分布中，南极地区和北极太平洋扇区的海平面气压也呈现出跷跷板式的反位相变化特征，北极地区的气压异常可能与夏季北极海冰在太平洋扇区的大范围融化对大气的非绝热加热有关。因此 IHO 的变化可以认为是一个联系南、北极和青藏高原协同作用的大气内部变率的模态。

参 考 文 献

卞林根, 马永锋, 逯昌贵, 等. 2010. 南极长城站(1985-2008)和中山站(1989-2008)地面温度变化. 极地研究, 22(1): 1-9.

陈德亮, 徐柏青, 姚檀栋, 等. 2015. 青藏高原环境变化科学评估：过去、现在与未来. 科学通报, 60(32): 3023-3035.

陈发虎, 安成邦, 董广辉, 等. 2017. 丝绸之路与泛第三极地区人类活动、环境变化和丝路文明兴衰. 中国科学院院刊, 32(9): 967-975.

陈立奇. 2013. 南极和北极地区变化对全球气候变化的指示和调控作用——第四次 IPCC 评估报告以来一些新认知. 极地研究, 25(1): 1-6.

陈立奇, 高众勇, 詹力扬, 等. 2013. 极区海洋对全球气候变化的快速响应和反馈作用. 应用海洋学学报, 32(1): 138-144.

陈隆勋, 王予辉, 繆群. 1996. 南极与全球气候环境相互作用和影响的研究. 北京: 气象出版社.

丁永建, 张世强. 2015. 冰冻圈水循环在全球尺度的水文效应. 科学通报, 60(7): 593-602.

董玉祥. 1999. 青藏高原沙漠化研究的进展与问题. 中国沙漠, (3): 54-58.

董治宝, 胡光印, 颜长珍. 2012. 江河源区沙漠化. 北京: 科学出版社.

段安民, 肖志祥, 王子谦. 2018. 青藏高原冬春积雪和地表热源影响亚洲夏季风的研究进展. 大气科学, 42(4): 755-766.

段安民, 肖志祥, 吴国雄, 等. 2014. 青藏高原冬春积雪影响亚洲夏季风的研究进展. 气象与环境科学, 37(3): 94-101.

段安民, 肖志祥, 吴国雄. 2016. 1979-2014 年全球变暖背景下青藏高原气候变化特征. 气候变化研究进展, 12(5): 374-381.

鄂栋臣, 杨元德, 晁定波. 2009. 基于 GRACE 资料研究南极冰盖消减对海平面的影响. 地球物理学报, 52(09): 2222-2228.

方韵, 范广洲, 赖欣, 等. 2016. 青藏高原季风强弱与北半球西风带位置变化的关系. 高原气象, 35(6): 1419-1429.

胡文涛, 姚檀栋, 余武生, 等. 2018. 高亚洲地区冰崩灾害的研究进展. 冰川冻土, 40(6): 1141-1152.

金蕊, 祁莉, 何金海. 2016. 春季青藏高原感热通量对不同海区海温强迫的响应及其对我国东部降水的影响. 海洋学报, 38(5): 83-95.

李建平, 任荣彩, 齐义泉, 等. 2013. 亚洲区域海—陆—气相互作用对全球和亚洲气候变化的作用研究进展. 大气科学, 37(2): 518-538.

马丽娟, 陆龙骅, 卞林根. 2007. 南极海冰北界涛动指数及其与我国夏季天气气候的关系. J Appl Meteorol Sci, 18(4): 568-572.

马耀明, 胡泽勇, 田立德, 等. 2014. 青藏高原气候系统变化及其对东亚区域的影响与机制研究进展. 地球科学进展, 29(2): 207-215.

彭公炳, 李倩, 钱步东. 1992. 气候与冰雪覆盖. 北京: 气象出版社.

乔钰, 周顺武, 马悦, 等. 2014. 青藏高原的动力作用及其对中国天气气候的影响. 气象科技, 42(6): 1039-1046.

任贾文, 秦大河, 效存德, 等. 2002a. 南极地区数百年来气候变化的冰芯记录对比研究. 冰川冻土, (5):484-491.

任贾文, 效存德, 秦大河. 2002b. Lambert 冰川流域物质平衡和南极冰盖变化. 自然科学进展, (10): 58-63.

王可丽, 江灏, 赵红岩. 2005. 西风带与季风对中国西北地区的水汽输送. 水科学进展, (3): 432-438.

温家洪, 孙波, 李院生等. 2004. 南极冰盖的物质平衡研究:进展与展望. 极地研究, (02): 114-126.

武炳义. 2018. 北极海冰融化影响东亚冬季天气和气候的研究进展以及学术争论焦点问题. 大气科学, 42(4): 786-805.

姚檀栋, 陈发虎, 崔鹏, 等. 2017a. 从青藏高原到第三极和泛第三极. 中国科学院院刊, 32(9): 924-931.

姚檀栋, 朴世龙, 沈妙根, 等. 2017b. 印度季风与西风相互作用在现代青藏高原产生连锁式环境效应. 中国科学院院刊, 32(9): 976-984.

尹云鹤, 吴绍洪, 赵东升, 等. 2012. 1981-2010 年气候变化对青藏高原实际蒸散的影响. 地理学报, 67(11): 1471-1481.

张国庆. 2018. 青藏高原湖泊变化遥感监测及其对气候变化的响应研究进展. 地理科学进展, 37(2): 214-223.

张人禾, 苏凤阁, 江志红, 等. 2015. 青藏高原 21 世纪气候和环境变化预估研究进展. 科学通报, 60(32): 3036-3047.

张余, 张克存, 孟宪红, 等. 2019. 高寒草地沙化过程的气候因子分析. 高原气象, 38(1): 187-195.

周秀骥, 陆龙骅. 1996. 南极与全球气候环境相互作用和影响的研究. 北京: 气象出版社.

Abernathey R, Marshall J, Ferreira D. 2011. The dependence of southern ocean meridional overturning on wind stress. J Phys Oceanogr, 41(12): 2261-2278.

Abram N J, Mulvaney R, Vimeux F, et al, 2014. Evolution of the southern annular mode during the past millennium. Nat Clim Change, 4(7): 564-569.

Alley R B , Clark P U, Huybrechts P, et al. 2005. Ice-sheet and sea-level changes. Science, 310(5747): 456-460.

Andry O, Bintanja R, Hazeleger W. 2017. Time-dependent variations in the Arctic's surface albedo feedback and the link to seasonality in sea ice. J Climate, 30: 393-410.

Armitage T W K, Bacon S, Ridout A L,et al. 2017. Arctic Ocean surface geostrophic circulation 2003-2014. The Cryosphere, 11: 1767-1780.

Arrigo K R, Van Dijken G, Pabi S. 2008. Impact of a shrinking Arctic ice cover on marine primary production. Geophys Res Lett, 35(19): 116-122.

Bamber J L, Westaway R M, Marzeion B, et al. 2018. The land ice contribution to sea level during the satellite era. Environ Res Lett, 13(6).

Barletta V R, Bordoni A, Aoudia A, et al. 2012. Squeezing more information out of time variable gravity data with a temporal decomposition approach. Global and Planetary Change, 82-83: 51-64.

Bekryaev R V, Polyakov I V, Alexeev V A. 2010. Role of polar amplification in long-term surface air temperature variations and modern arctic warming. J Climate, 23: 3888-3906.

Benn D I, Warren C R, Mottram R H. 2007. Calving processes and the dynamics of calving glaciers. Earth-Science Reviews, 82(3-4): 143-179.

Berx B, Hansen B, Østerhus S,et al. 2013. Combining in situ measurements and altimetry to estimate volume, heat and salt transport variability through the Faroe-Shetland Channel. Ocean Sci, 9: 639-654.

Bevis M, Harig C, Khan S A, et al. 2019. Accelerating changes in ice mass within Greenland, and the ice sheet's sensitivity to atmospheric forcing. Proc Natl Acad Sci U S A, 116(6): 1934-1939.

Bhatt U S, Walker D A, Walsh J E, et al. 2014. Implications of arctic sea ice decline for the earth system. Annual Review of Environment and Resources, 39: 57-89.

Bintanja R, Selten F M. 2014. Future increases in Arctic precipitation linked to local evaporation and sea-ice retreat. Nature, 509: 479-482.

Bishop S P, Gent P R, Bryan F O, et al. 2016. Southern ocean overturning compensation in an eddy-resolving climate simulation. J Phys Oceanogr, 46(5): 1575-1592.

Blindheim J, Østerhus S. 2005. The nordic seas, main oceanographic features//Drange H, Dokken T, Furevik T, et al. The Nordic Seas: An Integrated Perspective. Washington : American Geophysical Union.

Blunden J, Arndt D S. 2012. State of the climate in 2011. Bull Amer Meteorol Soc, 93(7): S1-S282.

Bromwich D H, Nicolas J P, Monaghan A J, et al. 2013. Central West Antarctica among the most rapidly warming regions on Earth. Nat Geosci, 6(2): 139.

Carrera M L, Gyakum J R. 2003. Significant events of interhemispheric atmospheric mass exchange: Composite structure and evolution. J Climate, 16: 4061-4078.

Cavalieri D J, Parkinson C L. 2008. Antarctic sea ice variability and trends, 1979-2006. J Geophys Res-Oceans, 113(C7): 871-880.

Cavalieri D J, Parkinson C L. 2012. Arctic sea ice variability and trends, 1979-2010. Cryosphere, 6(4): 881-889.

Cazenave A, Dominh K, Guinehut S, et al. 2009. Sea level budget over 2003–2008: A reevaluation from GRACE space gravimetry, satellite altimetry and Argo. Global and Planetary Change, 65(1): 83-88.

Chen J L, Wilson C R, Blankenship D, et al. 2009. Accelerated Antarctic ice loss from satellite gravity measurements. Nature Geoscience, 2(12): 859-862.

Chen T C, Chen J M, Schubert S. 1997a. Interannual variation of atmospheric mass and the Southern Oscillation. Tellus, 49A: 544-558.

Chen T C, Chen J M, Takacs L L. 1997b. Seasonal variation of global surface pressure and water vapor. Tellus, 49A: 613-621.

Chen X Y, Tung K K. 2018. Global surface warming enhanced by weak Atlantic overturning circulation. Nature, 559: 387-391.

Chen X, Luo D. 2017. Arctic sea ice decline and continental cold anomalies: Upstream and downstream effects of Greenland blocking. Geophys Res Lett, 44: 3411-3419.

Chen X, Tung K K. 2014. Varying planetary heat sink led to global warming slowdown and acceleration. Science, 345: 897-903.

Chen X, You Q L. 2017. Effect of Indian Ocean SST on Tibetan Plateau precipitation in the early rainy season. J Climate, 30(22): 8973-8985.

Christy J R, Trenberth K E, Anderson J R. 1989. Large-scale redistribution of atmospheric mass. J Climate, 2: 137-148.

Church J A, Monselesan D, Gregory J M, et al. 2013a. Evaluating the ability of process based models to project sea-level change. Environ Res Lett, 8(1): 014051.

Church J A, Monselesan D, Gregory J M. 2013b. The climate change: Uncertainties and opportunities for grassland and forage systems. Synthesis and teachings of Days AFPF 2013. Fourrages, (215): 265-266.

Cohen J. 2016. An observational analysis: Tropical relative to Arctic influence on midlatitude weather in the era of Arctic amplification. Geophys Res Lett, 43: 5287-5294.

Cohen J L, Furtado J C, Barlow M A, et al. 2012. Arctic warming, increasing snow cover and widespread boreal winter cooling. Environ Res Lett, 7: 014007.

Cohen J, Pfeiffer K, Francis J A. 2018a. Warm arctic episodes linked with increased frequency of extreme winter weather in the united states. Nat Commun, 9(1): 869.

Cohen J, Screen J A, Furtado J C, et al. 2014. Recent Arctic amplification and extreme mid-latitude weather. Nature Geosci, 7: 627-637.

Cohen J, Zhang X, Francis J, et al. 2018b. Arctic change and possible influence on mid-latitude climate and weather A US CLIVAR White Paper. Arctic Change & Possible Influence on Mid-latitude Climate & Weather.

Comiso J C, Gersten R A, Stock L V, et al. 2017. Positive Trend in the Antarctic sea ice cover and associated changes in surface temperature. J Climate, 30(6): 2251-2267.

Comiso J C, Hall D K. 2014. Climate trends in the Arctic as observed from space. Wiley Interdisciplinary Reviews: Climate Change, 5(3): 389-409.

Comiso J C, Parkinson C L, Gersten R, et al. 2008. Accelerated decline in the Arctic Sea ice cover. Geophys Res Lett, 35(1): L01703.

Coumou D, Capua Di G, Vavrus S, et al. 2018. The influence of Arctic amplification on mid-latitude summer circulation. Nat Commun, 9: 2959.

Coumou D, Lehmann J, Beckmann J. 2015.The weakening summer circulation in the Northern Hemisphere mid-latitudes. Science, 348: 324-327.

Croll J. 1875. Climate and time in their geological relations, a theory of secular change of the Earth's climate. London: Daldy, Ibister and Co.

Crook J A, Forster P M, Stuber N. 2011. Spatial patterns of modeled climate feedback and contributions to temperature response and polar amplification. J Climate, 24: 3575-3592.

Curry J A, Schramm J L, Ebert E E. 1995. Sea- ice albedo climate feedback mechanism. J Climate, 8: 240-247.

Cvijanovic I, Caldeira K. 2015. Atmospheric impacts of sea ice decline in CO_2 induced global warming. Clim Dynam, 44: 1173-1186.

Dahl-Jensen D, Mosegaard K, Gundestrup N, et al. 1998. Past temperatures directly from the greenland ice sheet. Science, 282: 268-271.

De Angelis H, Skvarca P. 2003. Glacier surge after ice shelf collapse. Science, 299(5612): 1560-1562.

De Conto R M, Pollard D. 2016. Contribution of Antarctica to past and future sea-level rise. Nature, 531(7596): 591-597.

Depoorter M A, Bamber J L, Griggs J A, et al. 2013. Calving fluxes and basal melt rates of Antarctic ice shelves. Nature, 502(7469): 89-92.

Di Capua G, Coumou D. 2016. Changes in meandering of the northern hemisphere circulation. Environ Res Lett, 11(9): 094028.

Dickson B, Yashayaev I, Meincke J, et al. 2002. Rapid freshening of the deep North Atlantic Ocean over the past four decades. Nature, 416(6883): 832-837.

Ding Y J, Zhang S Q, Zhao L, et al. 2019. Global warming weakening the inherent stability of glaciers and permafrost. Science Bulletin, 64: 245-253.

Dlugokencky E, Tans P. 2018. Trends in atmospheric carbon dioxide, National Oceanic & Atmospheric Administration, Earth System Research Laboratory (NOAA/ESRL). http: //www.esrl.noaa.gov/gmd/ccgg/trends/global.html[2021-5-30].

Domack E, Duran D, Leventer A, et al. 2005. Stability of the Larsen B ice shelf on the Antarctic Peninsula during the Holocene epoch. Nature, 436(7051): 681-685.

Dosser H V, Rainville L. 2016. Dynamics of the changing near-inertial internal wave field in the Arctic Ocean. J Phys Oceanogr, 46(2): 395-415.

Drozdov D S, Ukraintseva N G, Tsarev A M, et al. 2010. Changes in the temperature field and in the state of the geosystems within the territory of the Urengoy field during the last 35 years (1974-2008). Earth Cryosphere,(14): 22-31.

Dutton A, Carlson A E, Long A J, et al. 2015. Sea-level rise due to polar ice-sheet mass loss during past warm periods. Science, 349(6244): 4019.

Eicken H, Grenfell T C, Perovich D K, et al. 2004. Hydraulic controls of summer Arctic pack ice albedo. J Geophys Res-Atoms, 109: C08007.

Ekwurzel B, Schlosser P, Mortlock R A, et al. 2001. River runoff, sea ice meltwater, and Pacific water distribution and mean residence times in the Arctic Ocean. J Geophys Res-Atmos, 106(C5): 9075-9092.

Eldevik T, Nilsen J E Ø, Iovino D, et al. 2009. Observed sources and variability of Nordic seas overflow. Nature Geoscience, 2: 406.

Farneti R, Downes S M, Griffies S M, et al. 2015. An assessment of antarctic circumpolar current and southern ocean meridional overturning circulation during 1958-2007 in a suite of interannual CORE-II simulations. Ocean Model, 93: 84-120.

Fichot G G, Kaise K, Hooker S B, et al.2013. Pan-Arctic distributions of continental runoff in the Arctic Ocean. Sci Rep, 3: 1053.

Francis J A. 2017. Why are Arctic linkages to extreme weather still up in the air. Bull Amer Meteoro Soc, 98: 2551-2557.

Francis J A, Chan W, Leathers D J, et al. 2009. Winter north hemisphere weather patterns remember summer Arctic sea-ice extent. Geophys Res Lett, 36: L07503.

Francis J A, Vavrus S J. 2012. Evidence linking Arctic amplification to extreme weather in mid-latitudes. Geophys Rev Lett, 39: L06801.

Fretwell P, Pritchard H D, Vaughan D G, et al. 2013. Bedmap2: Improved ice bed, surface and thickness datasets for Antarctica. The Cryosphere, 7: 375-393.

Gao J, Yao T, Masson-Delmotte V, et al. 2019. Collapsing glaciers threaten Asia's water supplies. Nature, 565: 19-21.

Gao L, Rintoul S R , Yu W. 2017. Recent wind-driven change in Subantarctic Mode Water and its impact on ocean heat storage. Nat Clim Change, 8(1): 58.

García-Serrano J, Frankignoul C, Gastineau G, et al. 2015. On the predictability of the winter Euro-Atlantic climate: Lagged influence of autumn Arctic sea ice. J Climate, 28: 5195-5216.

Gervais M, Atallah E, Gyakum J R, et al. 2016. Arctic air masses in a warming world. J Climate, 29(7): 2359-2373.

Giles K A, Laxon S W, Ridout A L, et al. 2012. Western Arctic Ocean freshwater storage increased by wind-driven spin-up of the Beaufort Gyre. Nat Geosci, 5: 194-197.

Giles K A, Laxon S W, Ridout A L. 2008. Circumpolar thinning of Arctic sea ice following the 2007 record ice extent minimum. Geophys Res Lett, 35(22): L22502.

Golledge N R, Keller E D, Gomez N, et al. 2019. Global environmental consequences of twenty-first-century ice-sheet melt. Nature, 566(7742): 65-72.

Graversen R G, Wang M. 2009. Polar amplification in a coupled climate model with locked albedo. Clim Dynam, 33: 629-643.

Grenfell T C, Perovich D K. 2004. Seasonal and spatial evolution of albedo in a snow-ice-land-ocean environment. J Geophys Res-Oceans, 109: C01001.

Guan Z, Yamagata T. 2001. Interhemispheric oscillations in the surface air pressure field. Geophys Res Lett, 28: 263-266.

Guo G, Shi J, Jiao Y. 2015. Temporal variability of vertical heat flux in the Makarov Basin during the ice camp observation in summer 2010. Acta Oceanol Sin, 11(34): 118-125.

Guo G, Shi J, Zhao J, et al. 2011. Summer freshwater content variability of the upper ocean in the Canada Basin during recent sea ice rapid retreat. Advances in Polar Science, 22 (3): 153-164.

Haeberli W, Hallet B, Arenson L, et al. 2006. Permafrost creep and rock glacier dynamics. Permafrost and Periglacial Processes, 17(3): 189-214.

Haine T W N, Curry B, Gerdes R, et al. 2015. Arctic freshwater export: Status, mechanisms, and prospects, Global Planet. Change, 125: 13-35.

Hakkinen S, Proshutinsky A. 2004. Freshwater content variability in the Arctic Ocean. J Geophys Res-Oceans, 109: C03051.

Hanna E, Cropper T E, Jones P D,et al. 2015. Recent seasonal asymmetric changes in the NAO (a marked summer decline and increased winter variability) and associated changes in the AO and Greenland Blocking Index. International Journal of Climatology, 35: 2540-2554.

Hansen B, Larsen K M H, Hátún H, et al. 2015. Transport of volume, heat, and salt towards the Arctic in the Faroe Current 1993-2013. Ocean Sci, 11: 743-757.

Harden B E, Renfrew I A, Petersen G N. 2015. Meteorological buoy observations from the central Iceland Sea. J Geophys Res-Atmos, 120: 3199-3208.

Harig C, Simons F J. 2012. Mapping Greenland's mass loss in space and time. Proc Nat Acad Sci U S A, 109(49): 19934-19937.

Hinkel J, Nicholls R J, Tol R S J, et al. 2013. A global analysis of erosion of sandy beaches and sea-level rise: An application of DIVA. Glob Planet Change, 111: 150-158.

Holl M M, Wolff P M, Bush Y A. 1988. Cross-equatorial air mass exchanges. Geophys Res Lett, 15: 1377-1380.

Holland D M, Thomas R H, De Young B, et al. 2008. Acceleration of Jakobshavn Isbrae triggered by warm subsurface ocean waters. Nature Geoscience, 1(10): 659-664.

Honda M, Inous J, Yamane S. 2009. Influence of low Arctic sea-ice minima on anomalously cold Eurasian winters. Geophys Res Lett, 36: L08707.

Hopsch S, Cohen J, Dethloff K.2012. Analysis of a link between fall Arctic sea ice concentration and atmospheric patterns in the following winter. Tellus, 64A: 18624.

Hu J, Duan A. 2015. Relative contributions of the Tibetan Plateau thermal forcing and the Indian Ocean Sea surface temperature basin mode to the interannual variability of the East Asian summer monsoon. Clim Dynam, 45(9): 2697-2711.

Hurrell J W, Kushnir Y, Ottersen G, et al. 2003. The north atlantic oscillation: Climatic significance and environmental impact. Geophys Monogr, 134: Doi: 10.1029/GM134.

Inoue J, Hori M, Takaya K. 2012. The role of Barents sea ice in the wintertime cyclone track and emergence of a Warm-Arctic Cold-Siberian anomaly. J Climate, 25(7): 2561-2568.

IPCC. 2013. Climate change 2013: The physical science basis//Stocker T F, Qin D, Plattner G K, et al. Contribution of Working Group I to the Fifth Assessment Report of the Intergovernmental Panel on Climate Change. Cambridge and New York: Cambridge University Press.

IPCC. 2014. Climate Change 2014: Synthesis Report. Geneva: Contribution of Working Groups I, II and III to the Fifth Assessment Report of the Intergovernmental Panel on Climate Change.

IPCC. 2019. IPCC Special Report on the Ocean and Cryosphere in a Changing Climate.

Ivanov V V, Alexeev V A, Repina I, et al. 2012. Tracing atlantic water signature in the arctic sea ice cover east of svalbard. Advances in Meteorology, 2012(23): 1-11.

Jackson J M, Allen S E, McLaughlin F A, et al. 2011. Changes to the near-surface waters in the Canada Basin, Arctic Ocean from 1993-2009: A basin in transition. Journal of Geophysical Research, 116(C10): C10008.

Jahn A, Holland M M. 2013. Implications of Arctic sea ice changes for North Atlantic deep convection and the meridional overturning circulation in CCSM4-CMIP5 simulations. Geophys Res Lett, 40: 1206-1211.

Jansen D, Luckman A J, Cook A, et al. 2015. Brief Communication: Newly developing rift in Larsen C Ice Shelf presents significant risk to stability. Cryosphere, 9(3): 1223-1227.

Ji Z, Kang S. 2013. Projection of snow cover changes over China under RCP scenarios. Climate Dynamics, 41(3): 589-600.

Jones B M, Arp C D, Jorgenson M T, et al. 2009. Increase in the rate and uniformity of coastline erosion in Arctic Alaska. Geophysical Research Letters, 36(3): DOI: 10.1029/2008GL036205.

Jones E P, Anderson L G, Swift J H. 1998. Distribution of Atlantic and Pacific waters in the upper Arctic Ocean: Implications for circulation. Geophys Res Lett, 25(6): 765-768.

Jónsson S, Valdimarsson H. 2012. Water mass transport variability to the North Icelandic shelf, 1994-2010. ICES J Mar Sci, 69: 809-815.

Joos F, Spahni R. 2008. Rates of change in natural and anthropogenic radiative forcing over the past 20 000 years. Proc Nat Acad Sci USA, 105(5): 1425-1430.

Jorgenson M T, Shur Y L, Pullman E R. 2006. Abrupt increase in permafrost degradation in Arctic Alaska. Geophys Res Lett, 33(2): L02503.

Jungclaus J H, Haak H, Latif M, et al. 2005. Arctic-North Atlantic interactions and multidecadal variability of the meridio-nal overturning circulation. J Climate, 18(19): 4013-4031.

Kääb A, Leinss S, Gilbert A, et al. 2018. Massive collapse of two glaciers in western Tibet in 2016 after surge-like instability. Nature Geoscience, 11(2): 114-120.

Kang S C, Xu Y W, You Q L, et al. 2010. Review of climate and cryospheric change in the Tibetan Plateau.

Environ Res Lett, 5(1): 015101.

Khodri M, Leclainche Y, Ramstein G. 2001. Simulation the amplification of orbital forcing by ocean feedbacks in the last glaciation. Nature, 410: 570-574.

Kiiski T, Solakivi T, Töyli J, et al. 2018. Long-term dynamics of shipping and icebreaker capacity along the Northern Sea Route. Maritime Economics & Logistics, 20: 375-399.

Kim I, Hahm D, Park K, et al. 2017. Characteristics of the horizontal and vertical distributions of dimethyl sulfide throughout the Amundsen Sea Polynya. Science of the Total Environment, 584-585: 154-163.

King J. 2014. A resolution of the Antarctic paradox. Nature, 505(7484): 491.

Koenig Z, Provost C, Park Y, et al. 2016. Anatomy of the antarctic circumpolar current volume transports through drake passage. J Geophys Res-Oceans, 121(4): 2572-2595.

Krishfield R A, Perovich D K. 2005. Spatial and temporal variability of oceanic heat flux to the Arctic ice pack. J Geophys Res, 110: C07021.

Krishfield R A, Proshutinsky A, Tateyama K, et al. 2014. Deterioration of perennial sea ice in the Beaufort Gyre from 2003 to 2012 and its impact on the oceanic freshwater cycle. J Geophys Res-Oceans, 119: 1271-1305.

Kug J S, Jeong J H, Jang Y S, et al. 2015. Two distinct influences of Arctic warming on cold winters over North America and East Asia. Nat Geosci, 8: 759-752.

Kwok R. 2009. Outflow of arctic ocean sea ice into the Greenland and Barents Seas: 1979-2007. J Climate, 22(9): 2438-2457.

Kwok R, Rothrock D A. 2009. Decline in Arctic sea ice thickness from submarine and ICESat records: 1958-2008. Geophys Res Lett, 36: L15501.

Laxon S W, Giles K A, Ridout A L, et al. 2013. CryoSat-2 estimates of Arctic sea ice thickness and volume. Geophys Res Lett, 40(4): 732-737.

Le Quéré C, Andrew R M, Friedlingstein P, et al. 2018. Global carbon budget 2018. Earth Syst Sci Data, 10: 2141-2194.

Lee S. 2014. A theory for polar amplification from a general circulation perspective. Asia-Pac J Atmos Sci, 50: 31-43.

Lei R B, Xie H J, Wang J, et al. 2015. Changes in sea ice conditions along the Arctic Northeast Passage from 1979 to 2012 (2015). Cold Regions Technology and Science, 119: 132-144.

Li F, Vikhliaev Y, Newman P A, et al. 2016. Impacts of interactive stratospheric chemistry on Antarctic and Southern Ocean climate change in the Goddard Earth Observing System Version 5 (GEOS-5). J Climate, 29(9): 3199-3218.

Li W K W, McLaughlin F A, Lovejoy C, et al. 2009. Smallest algae thrive as the Arctic Ocean freshens. Science, 326(5952): 539.

Lin H, You Q, Zhang Y, et al. 2016. Impact of large-scale circulation on the water vapour balance of the Tibetan Plateau in summer. International Journal of Climatology, 36(13): 4213-4221.

Lincoln B J, Rippeth T P, Lenn Y D, et al. 2016. Wind-driven mixing at intermediate depths in an ice-free Arctic Ocean. Geophys Res Lett, 43: 9749-9756.

Lindsay R W, Zhang J. 2005. The thinning of Arctic sea ice, 1988-2003: Have we passed a tipping point. J Climate, 18: 4879-4894.

Ling F. 2003. Numerical simulation of permafrost thermal regime and talik development under shallow thaw lakes on the Alaskan Arctic Coastal Plain. J Geophys Res-Atmos, 108(D16).

Lique C, Johnson H L, Davis P E. 2015. On the interplay between the circulation in the surface and the intermediate layers of the Arctic Ocean. J Phys Oceanogr, 45(5): 1393-1409.

Liu J, Curry J A, Wang H J, et al. 2012. Impact of declining Arctic sea ice on winter snowfall. Proc Nat Acad Sci USA, 109: 4074-4079.

Liu Y, Moore J C, Cheng X, et al. 2015. Ocean-driven thinning enhances iceberg calving and retreat of Antarctic ice shelves. Proc. Nat Acad Sci, 112(11): 3263-3268.

Lu C H, Guan Z Y, Cai J X. 2010. Interhemispheric atmospheric mass oscillation and its relation to interannual variations of the Asian monsoon in boreal summer. Sci China Earth Sci, 53 (9): 1343-1350.

Lu J, Cai M. 2009. Seasonality of polar surface warming amplification in climate simulations. Geophys Res Lett, 36(16): 1-6.

Luo D, Xiao Y, Diao Y, et al. 2016b. The impact of Ural blocking on winter warm Arctic-cold Eurasian anomalies, Part II: The link to the North Atlantic Oscillation. J Climate, 29: 3949-3971.

Luo D, Xiao Y, Yao Y, et al. 2016a. The impact of Ural blocking on winter warm Arctic-cold Eurasian anomalies, Part I: Blocking-induced amplification. J Climate, 29: 3925-3947.

MacGregor J A, Catania G A, Markowski M S, et al. 2012. Widespread rifting and retreat of ice-shelf margins in the eastern Amundsen Sea Embavment between 1972 and 2011. J Glaciol, 58(209): 458-466.

Manabe S, Wetherald R T. 1980. On the distribution of climate change resulting from an increase in CO_2 content of the atmosphere. J Atmos Sci, 37: 99-118.

Manabe S, Wetherald R. 1975. The effects of doubling the CO_2 concentration on the climate of a general circulation model. J Atmos Sci, 32: 3-15.

Manucharyan G E, Spall M A. 2016. Wind-driven freshwater buildup and release in the Beaufort Gyre constrained by mesoscale eddies. Geophys Res Lett, 43: 273-282.

Marshall D P, Ambaum M H, Maddison J R, et al. 2017. Eddy saturation and frictional control of the Antarctic Circumpolar Current. Geophys Res Lett, 44(1): 286-292.

Marshall J, Radko T. 2003. Residual-mean solutions for the antarctic circumpolar current and its associated overturning circulation. J Phys Oceanogr, 33: 2341-2354.

Martinson D G, Stammerjohn S E, Iannuzzi R A, et al. 2008. Western Antarctic Peninsula physical oceanography and spatio-temporal variability. Deep-Sea Research Part Ii-Topical Studies in Oceanography, 55(18-19): 1964-1987.

Massom R A, Harris P T, Michael K J, et al. 1998. The distribution and formative processes of latent-heat polynyas in East, Antarctica. Ann Glaciol, 27: 420-426.

McLaughlin F A, Carmack E C. 2010. Nutricline deepening in the Canada Basin, 2003-2009. Geophys Res Lett, 37: L24602.

McLaughlin F A, Carmack E C, Macdonald R W, et al. 1996. Physical and geochemical properties across the Atlantic/Pacific water mass front in the southern Canadian Basin. J Geophys Res, 101(C1): 1183-1197.

McPhee M G. 2013. Intensification of geostrophic currents in the Canada Basin, Arctic Ocean. J Climate, 26: 3130-3138.

McPhee M G, Proshutinsky A, Morison J H, et al. 2009. Rapid change in freshwater content of the Arctic Ocean. Geophys Res Lett, 36: L10602.

Meier W N, Stroeve J, Barrett A, et al. 2012. A simple approach to providing a more consistent Arctic sea ice extent time series from the 1950s to present. Cryosphere, 6(6): 1359-1368.

Meneghello G, Marshall J C, Cole S T. 2017. Observational inferences of lateral eddy diffusivity in the halocline of the Beaufort Gyre. Geophys Res Lett, 444(24): 12331-12338.

Mesquita M D, Hodges K I, Atkinson D E, et al. 2011. Sea-ice anomalies in the Sea of Okhotsk and the relationship with storm tracks in the Northern Hemisphere during winter. Tellus, 63A: 312-323.

Moon T, Joughin I. 2008. Changes in ice front position on Greenland's outlet glaciers from 1992 to 2007. Journal of Geophysical Research-Earth Surface, 113(F2): DOI: 10.1029/2007JF000927.

Moore G W K, Renfrew I A, Pickart R S. 2012. Spatial distribution of air-sea heat fluxes over the sub-polar North Atlantic Ocean. Geophys Res Lett, 39: L18806.

Mori M, Watanabe M, Shiogama H, et al. 2014. Robust Arctic sea-ice influence on the frequent Eurasian cold winters in past decades. Nat Geosci, 7: 869-873.

Morison J, Kwok R, Peralta-Ferriz C, et al. 2012. Changing Arctic Ocean freshwater pathways. Nature, 481: 66-70.

Motyka R J, Hunter L, Echelmeyer K A, et al. 2003. Submarine melting at the terminus of a temperate tidewater glacier, LeConte Glacier, Alaska, USA. Annals of Glaciology, 36(1): 57-65.

Munday D R, Johnson H L, Marshall D P, et al. 2013. Eddy saturation of equilibrated circumpolar currents. J Phys Oceanogr, 43(3): 507-532.

Nakamura T, Yamazaki K, Iwamoto M, et al. 2015. A negative phase shift of the winter AO/NAO due to the recent Arctic sea-ice reduction in late autumn. J Geophys Res, 120: 3209-3227.

Nicolaus M, Katlein C, Maslanik J, et al. 2012. Changes in Arctic sea ice result in increasing light transmittance and absorption. Geophys Res Lett, 39: L24501.

Oberman N G. 2008. Contemporary Permafrost Degradation of Northern European Russia. Fairbanks: 9th International Conference on Permafrost, Institute of Northern Engineering, University of Alaska.

Onarheim I H, Smedsrud L H, Ingvaldsen R, et al. 2014. Loss of sea ice during winter north of Svalbard. Tellus, 66: 23933.

Overland J E, Dethloff K, Francis J A, et al. 2016. Nonlinear response of mid-latitude weather to the changing

Arctic. Nat Clim Change, 6: 992-999.

Overland J E, Wang M. 2018. Arctic-midlatitude weather linkages in north america. Polar Science, 16: 1-9.

Overland J E, Wang M, Walsh J E, et al. 2014. Future Arctic climate changes: Adaptation and mitigation time scales. Earth's Future, 2(2): 68-74.

Overland J, Francis J, Hall R, et al. 2015. The melting Arctic and midlatitude weather patterns: Are they connected. J Climate, 28: 7917-7932.

Overland J, Wang M. 2010. Large-scale atmospheric circulation changes associated with the recent loss of Arctic sea ice. Tellus, 62A: 1-9.

Paluszkiewicz T, Garwood R W, Denbo D W. 1994. Deep Convective plumes in the ocean. Oceanography, 7(2): 37-44.

Papritz L, Spengler T. 2017. A Lagrangian climatology of wintertime cold air outbreaks in the irminger and Nordic Seas and their role in shaping air-sea heat fluxes. J Climate, 30(8): 2717-2737.

Parkinson C L, Cavalieri D J. 2012. Antarctic sea ice variability and trends, 1979-2010. Cryosphere, 6(4): 871-880.

Parkinson C L, Comiso J C. 2013. On the 2012 record low Arctic sea ice cover: Combined impact of preconditioning and an August storm. Geophys Res Lett, 40(7): 1356-1361.

Parkinson C L, DiGirolamo N E. 2016. New visualizations highlight new information on the contrasting Arctic and Antarctic sea-ice trends since the late 1970s. Remote Sens Environ, 183: 198-204.

Pedersen R A, Cvijanovic I, Langen P L, et al. 2016. The impact of regional Arctic sea ice loss on atmospheric circulation and the NAO. J Climate, 29(2): 889-902.

Peings Y, Magnusdottir G. 2014. Response of the wintertime Northern Hemisphere atmospheric circulation to current and projected Arctic sea ice decline: A numerical study with CAM5. J Climate, 27: 244-264.

Perlwitz J, Hoerling M, Dole R. 2015. Arctic tropospheric warming: Causes and linkages to lower latitudes. J Climate, 28: 2154-2167.

Perovich D K. 2011. The changing Arctic sea ice cover. Oceanography, 24: 162-173.

Perovich D K, Light B, Eicken H, et al. 2007. Increasing solar heating of the Arctic Ocean and adjacent seas, 1979-2005: Attribution and role in the ice-albedo feedback. Geophys Res Lett, 34: L19505.

Petoukhov V, Semenov V A. 2010. A link between reduced Barents-Kara sea ice and cold winter extremes over northern continents. J Geophys Res, 115: D21111.

Pike J, Swann G E A, Leng M J, et al. 2013. Glacial discharge along the west Antarctic Peninsula during the Holocene. Nat Geosci, 6(3): 199-202.

Pistone K, Eisenman I, Ramanathan V. 2014. Observational determination of albedo decrease caused by vanishing Arctic sea ice. Proc Natl Acad Sci USA, 111(9): 3322-3326.

Pithan F, Mauritsen T. 2014. Arctic amplification dominated by temperature feedbacks in contemporary climate models. Nature Geoscience, 7: 181-184.

Plattner G K, Joos F, Stocker T F, et al. 2001. Feedback mechanisms and sensitivities of ocean carbon uptake under global warming. Tellus B Chem Phys Meteorol, 53(5): 564-592.

Polyakov I V, Alexeev V A, Belchansky G I, et al. 2008. Arctic Ocean freshwater changes over the past 100 years and their causes. J Climate, 21: 364-384.

Pritchard H, Ligtenberg S R, Fricker H A, et al. 2012. Antarctic ice-sheet loss driven by basal melting of ice shelves. Nature, 484(7395): 502-505.

Proshutinsky A Y, Johnson M A. 1997. Two circulation regimes of the wind-driven Arctic Ocean. J Geophys Res, 102: 12493-12514.

Proshutinsky A, Bourke R H, McLaughlin F A. 2002. The role of the Beaufort Gyre in Arctic climate variability: Seasonal to decadal climate scales. Geophys Res Lett, 29(23): 2100.

Proshutinsky A, Krishfield R, Timmermans M L, et al. 2009. Beaufort Gyre freshwater reservoir: State and variability from observations. J Geophys Res, 114: C00A10.

Proshutinsky A, Krishfield R, Toole J M, et al. 2019. Analysis of the Beaufort Gyre freshwater content in 2003–2018. Journal of Geophysical Research:Oceans, 124: https://doi.org/10.1029/2019JC015281.

Quéguiner B, Tréguer P, Nelson D M. 1991. The production of biogenic silica in the Weddell and Scotia Seas. Marine Chemistry, 35(4): 449-459.

Rabe B, Karcher M, Kauker F, et al. 2014. Arctic Ocean basin liquid freshwater storage trend 1992-2012. Geophys Res Lett, 41: 961-968.

Rachold V. 2007. Near-shore Arctic subsea permafrost in transition. EOS Trans Am Geophys Union, (88): 149-156.

Radko T, Marshall J. 2006. The Antarctic circumpolar current in three dimensions. J Phys Oceanogr, 36: 651-669.

Ravanel L, Allignol F, Deline P, et al. 2010. Rock falls in the Mont Blanc Massif in 2007 and 2008. Landslides, 7(4): 493-501.

Riahi K. 2014. Fifth Assessment Report, IPCC.

Rignot E, Bamber J L, Van Den Broeke M R, et al. 2008. Recent Antarctic ice mass loss from radar interferometry and regional climate modelling. Nature Geoscience, 1(2): 106-110.

Rignot E, Casassa G, Gogineni P, et al. 2004. Accelerated ice discharge from the Antarctic Peninsula following the collapse of Larsen B ice shelf. Geophys Res Lett, 31(18): L18401.

Rignot E, Jacobs S S. 2002. Rapid bottom melting widespread near Antarctic ice sheet grounding lines. Science, 296(5575): 2020-2023.

Rignot E, Jacobs S, Mouginot J, et al. 2013. Ice-shelf melting around Antarctica. Science, 341(6143): 266-270.

Rignot E, Mouginot J, Scheuchl B, et al. 2019. Four decades of Antarctic Ice Sheet mass balance from 1979-2017. Proc Natl Acad Sci U S A, 16(4): 1095-1103.

Rignot E, Velicogna I, Van Den Broeke M R, et al. 2011. Acceleration of the contribution of the Greenland and Antarctic ice sheets to sea level rise. Geophysical Research Letters, 38(5): L05503.

Rinke A, Dethloff K, Dorn W, et al. 2013. Simulated Arctic atmospheric feedbacks associated with late summer sea ice anomalies. J Geophys Res, 118(14): 7698-7714.

Ritz C, Edwards T L, Durand G, et al. 2015. Potential sea-level rise from Antarctic ice-sheet instability constrained by observations. Nature, 528(7580): 115-118.

Romanovsky V E, Smith S L, Christiansen H H. 2010. Permafrost Thermal State in the Polar Northern Hemisphere during the International Polar Year 2007-2009: A Synthesis. Permafrost and Periglacial Processes, 21(2): 106-116.

Ross N, Bingham R G, Corr H F J, et al. 2012. Steep reverse bed slope at the grounding line of the Weddell Sea sector in West Antarctica. Nat Geosci, 5(6): 393-396.

Rott H, Mueller F, Nagler T, et al. 2011. The imbalance of glaciers after disintegration of Larsen-B ice shelf, Antarctic Peninsula. Cryosphere, 5(1): 125-134.

Sabine C L, Feely R A, Gruber N, et al. 2004. The oceanic sink for anthropogenic CO_2. Science, 305(5682): 367-371.

Sabine C L, Tanhua T. 2010. Estimation of Anthropogenic CO_2 Inventories in the Ocean. Annu Rev Mar Sci, 2(1): 175-198.

Sannel A B K, Kuhry P. 2011. Warming-induced destabilization of peat plateau/thermokarst lake complexes. Journal of Geophysical Research-Biogeosciences, 116(G3).

Scambos T A, Bohlander J A, Shuman C A, et al. 2004. Glacier acceleration and thinning after ice shelf collapse in the Larsen B embayment, Antarctica. Geophys Res Lett, 31(18): 1-18.

Schannwell C, Cornford S, Pollard D, et al. 2018. Dynamic response of Antarctic Peninsula Ice Sheet to potential collapse of Larsen C and George VI ice shelves. Cryosphere, 12(7): 2307-2326.

Schneider D P, Deser C, Okumura Y, et al. 2012. An assessment and interpretation of the observed warming of West Antarctica in the austral spring. Clim Dynam, 38: 323-347.

Schoof C. 2007. Ice sheet grounding line dynamics: Steady states, stability, and hysteresis. Journal of Geophysical Research-Earth Surface, 112(F3): F03S28.

Schott F, Visbeck M, Send U, et al. 1996. Observations of deep convection in the gulf of lions, northern mediterranean, during the Winter of 1991/92. J Phys Oceanogr, 26: 505-524.

Screen J A. 2013. Influence of Arctic sea ice on European summer precipitation. Environ Res Lett, 8: 044015.

Screen J A, Deser C, Simmonds I, et al. 2014. Atmospheric impacts of Arctic sea-ice loss, 1979-2009: Separating forced change from atmospheric internal variability. Clim Dynam, 43: 333-344.

Screen J A, Simmonds I. 2010. The central role of diminishing sea ice in recent Arctic temperature amplification. Nature, 464: 1334-1337.

Screen J A, Simmonds I. 2012. Half-century air temperature change above Antarctica: Observed trends and spatial reconstructions. J Geophys Res-Atmos, 117(D16): DOI: 10.1029/2012JD017885.

Screen J A, Simmonds I. 2014.Amplified mid-latitude planetary waves favour particular regional weather extremes. Nat Clim Change, 4: 704-709.

Semenov V, Latif M. 2015. Nonlinear winter atmospheric circulation response to Arctic sea ice concentration anomalies for different periods during 1966-2012. Environ Res Lett, 10: 471-477.

Sen Gupta A, England M H. 2006. Coupled ocean-atmosphere-ice response to variations in the Southern Annular Mode. J Climate, 19(18): 4457-4486.

Serreze M C, Barrett A P, Slater A G, et al. 2006. The large-scale freshwater cycle of the Arctic. J Geophys Res-Oceans, 111: C11010.

Serreze M C, Barrett A P, Stroeve J C, et al. 2009. The emergence of surface-based Arctic amplification. The Cryosphere, 3(1): 11-19.

Serreze M C, Barry R G. 2011. Processes and impacts of Arctic amplification: A research synthesis. Global Planet Change, 77(1-2): 85-96.

Shangguan D, Liu S, Ding Y, et al. 2016. Characterizing the May 2015 Karayaylak Glacier surge in the eastern Pamir Plateau using remote sensing. Journal of Glaciology, 62(235): 944-953.

Shao Q, Zhao J, Drinkwater K F, et al. 2019. Internal overflow in the Nordic Seas and the cold reservoir in the northern Norwegian Basin. Deep-Sea Research Part I, 148: 67-79.

Shepherd A, Ivins E R, Geruo A, et al. 2012. A reconciled estimate of ice-sheet mass balance. Science, 338(6111): 1183-1189.

Shepherd A, Wingham D, Rignot E. 2004. Warm ocean is eroding West Antarctic ice sheet. Geophys Res Lett, 31(23): 402-405.

Shepherd A, Wingham D. 2007. Recent sea-level contributions of the Antarctic and Greenland ice sheets. Science, 315(5818): 1529-1532.

Smith L C, Stephenson S R. 2013. New Trans-Arctic shipping routes navigable by midcentury. Proc Natl Acad Sci, 110(13): 1191-1195.

Smith S L, Romanovsky V E, Lewkowicz A G, et al. 2010. Thermal state of permafrost in north America: A contribution to the international polar year. Permafrost and Periglacial Processes, 21(2): 117-135.

Smith S L, Throop J, Lewkowicz A G. 2012. Recent changes in climate and permafrost temperatures at forested and polar desert sites in northern Canada. Canadian Journal of Earth Sciences, 49(8): 914-924.

Smith S L, Wolfe S A, Riseborough D W, et al. 2009. Active-layer characteristics and summer climatic indices, Mackenzie Valley, Northwest Territories, Canada. Permafrost and Periglacial Processes, 20(2): 201-220.

Spall M A. 2013. On the circulation of Atlantic Water in the Arctic Ocean. J Phys Oceanogr, 43: 2352-2371.

Spielhagen R F, Werner K, Sørensen S A, et al. 2011. Enhanced modern heat transfer to the Arctic by warm Atlantic water Science, 331: 450-453.

Stammerjohn S, Martinson D G, Smith R C, et al. 2008. Trends in Antarctic annual sea ice retreat and advance and their relation to El Niño-Southern Oscillation and Southern Annular Mode variability. J Geophys Res, 113(C3): C03S90.

Steele M, Ermold M, Zhang J. 2008. Arctic Ocean surface warming trends over the past 100 years. Geophys Res Lett, 35: L02614.

Steele M, Zhang J, Ermold W. 2010. Mechanisms of summertime upper Arctic Ocean warming and the effect on sea ice melt. J Geophys Res, 115: C11004.

Stigebrandt A. 1984. The North Pacific: A global scale estuary. J Phys Oceanogr, 14: 464-470.

Sun L, Perlwitz J, Hoerling M. 2016. What caused the recent "Warm Arctic, Cold Continents" trend pattern in winter temperatures. Geophys Res Lett, 43: 5345-5352.

Sweet W V, Park J. 2014. From the extreme to the mean: Acceleration and tipping points of coastal inundation from sea level rise. Earth Future, 2(12): 579-600.

Swift J H, Aagaard K. 1981. Seasonal transitions and water mass formation in the Iceland and Greenland seas. Deep Sea Research Part A. Oceanographic Research Papers, 28(10): 1107-1129.

Tang Q H, Zhang X D, Yang X H, et al. 2013. Cold winter extremes in northern continents linked to Arctic sea ice loss. Environ Res Lett, 8: 014036.

Tans P P, Fung I Y, Takahashi T. 1990. Observational contrains on the global atmospheric CO_2 budget. Science, 247(4949): 1431-1438.

Taylor P C, Cai M, Hu A X, et al. 2013. A decomposition of feedback contributions to polar warming amplification. J Climate, 26: 7023-7043.

Thomas I D, King M A, Bentley M J, et al. 2011. Widespread low rates of Antarctic glacial isostatic adjustment revealed by GPS observations. Geophys Res Lett, 38(22).

Thorndike A S, Colony R. 1982. Sea ice motion in response to geostrophic winds. J Geophys Res, 87(C8): 5845-5852.

Throop J, Lewkowicz A G, Smith S L. 2012. Climate and ground temperature relations at sites across the continuous and discontinuous permafrost zones, northern Canada. Canadian Journal of Earth Sciences, 49(8): 865-876.

Tilling R L, Ridout A, Shepherd A, et al. 2015. Increased Arctic sea ice volume after anomalously low melting in 2013. Nature Geoscience, 8(8): 643-646.

Timmermans M L. 2015. The impact of stored solar heat on Arctic sea ice growth. Geophys Res Lett, 42(15): 6399-6406.

Timmermans M L, Proshutinsky A, Golubeva E, et al. 2014. Mechanisms of pacific summer water variability in the Arctic's central Canada Basin. J Geophys Res-Oceans, 119: 7523-7548.

Tremblay J E, Gagnon J. 2009. The effects of irradiance and nutrient supply on the productivity of Arctic waters: A perspective on climate change//Nihoul C J, Kostianoy A G. Influence of Climate Change on the Changing Arctic and Subarctic Conditions. Berlin : Springer Science.

Trenberth K E, Christy J R, Olson J G. 1987. Global atmospheric mass, surface pressure, and water vapor variations. J Geophys Res, 92: 14815-14826.

Trenberth K E, Guillemot C J. 1994. The total mass of the atmosphere. J Geophys Res, 99: 23079-23088.

Turner J, Barrand N, Bracegirdle T, et al. 2014. Antarctic climate change and the environment: An update. Polar Record, 50(3): 237-259.

Turner J, Colwell S R, Marshall G J, et al. 2005. Antarctic climate change during the last 50 years. Int J Climatol, 25(3): 279-294.

Turner J, Hosking J S, Bracegirdle T J, et al. 2015. Recent changes in Antarctic sea ice. Philos Trans A Math Phys Eng Sci, 373(2045): DOI: 10.1098/rsta. 2014.0163.

Turner J, Maksym T, Phillips T, et al. 2013. The impact of changes in sea ice advance on the largewinter warming on the western Antarctic Peninsula. Int J Climatol, 33(4): 852-861.

Turner J, Phillips T, Hosking J S, et al. 2012. The Amundsen Sea Low. Int J Climatol. 33: 1818-1829.

Turner J, Phillips T, Marshall G J, et al. 2017. Unprecedented springtime retreat of Antarctic sea ice in 2016. Geophys Res Lett, 44(13): 6868-6875.

Van Den Broeke M, Bamber J, Ettema J, et al. 2009. Partitioning recent Greenland mass loss. Science, 326(5955): 984-986.

Van Den Dool H, Saha S. 1993. Seasonal redistribution and conservation of atmospheric mass in a general circulation model. J Climate, 6: 22-30.

Van Oldenborgh G, Haarsma R, Vries H, et al. 2015. Cold extremes north America vs. mild weather in Europe: The winter of 2013-14 in the context of a warming world. Bull Amer Meteor Soc, 96: 707-714.

Vaughan D G, Marshall G J, Connolley W M, et al. 2003. Recent rapid regional climate warming on the Antarctic Peninsula. Climatic Change, 60(3): 243-274.

Vavrus S. 2004. The impact of cloud feedbacks on Arctic climate under greenhouse forcing. J Climate, 17: 603-615.

Vaz R A N, Lennonp G W. 1996. Physical oceanography of the Prydz Bay region of Antarctic waters. Deep-Sea Res Part I-Oceanogr Res Pap, 43(5): 603-641.

Velicogna I. 2009. Increasing rates of ice mass loss from the Greenland and Antarctic ice sheets revealed by GRACE. Geophysical Research Letters, 36(19): L19503.

Viebahn J, Eden C. 2010. Towards the impact of eddies on the response of the Southern Ocean to climate change. Ocean Modell, 34: 150-165.

Voet G, Quadfasel D, Mork K A, et al. 2010. The mid-depth circulation of the Nordic Seas derived from profiling float observations. Tellus A, 62(4): 516-529.

Walsh J E. 2014. Intensified warming of the Arctic: Causes and impacts on middle latitudes. Global Planet Change, 117: 52-63.

Walsh J E, Chapman W L. 2001. 20th-century sea-ice variations from observational data. Annals of Glaciology, 33: 444-448.

Wang X Y, Zhao J P. 2012. Seasonal and inter-annual variations of the primary types of the Arctic sea ice drifting patterns. Advances in Polar Science, 23(2): 72-81.

Wang Y, Huang F, Fan T. 2017. Spatial-temporal variations of arctic amplification and their linkage with the arctic oscillation. Acta Oceanologica Sinica, 36(8): 43-52.

Ward M L, Hogg A M. 2011. Establishment of momentum balance by form stress in a wind-driven channel. Ocean Modell, 40(2): 133-146.

Wen J H, Jezek K C, Csatho B M, et al. 2007. Mass budgets of the Lambert, Mellor and Fisher Glaciers and basal fluxes beneath their flowbands on Amery Ice Shelf. Science in China Series D-Earth Sciences, 50(11): 1693-1706.

Woodgate R A, Aagaard K, Swift J H, et al. 2007. Atlantic water circulation over the Mendeleev Ridge and Chukchi Borderland from thermohaline intrusions and water mass properties. J Geophys Res, 112: C02005.

Woodgate R A, Weingartner T J, Lindsay R. 2012. Observed increases in Bering Strait oceanic fluxes from the Pacific to the Arctic from 2001 to 2011 and their impacts on the Arctic Ocean water column. Geophys Res Lett, 39: L24603.

Woodgate R A, Weingartner T, Lindsay R.2010. The 2007 Bering Strait oceanic heat flux and anomalous Arctic sea-ice retreat. Geophys Res Lett, 37: L01602.

World Meteorological Organization. 2019. WMO Statement on the State of Global Climate in 2019.

Wu B Y, Handorf D, Dethloff K, et al. 2013. Winter weather patterns over northern Eurasia and Arctic sea ice loss. Mon Wea Rev, 141: 3786-3800.

Wu B Y, Huang R H, Gao D Y. 1999. Effects of variation of winter sea-ice area in Kara and Barents seas on East Asian winter monsoon. Acta Meteorologica Sinica, 13: 141-153.

Wu B Y, Su J, D'Arrigo R. 2015a. Patterns of Asian winter climate variability and links to Arctic sea ice. J Climate, 28: 6841-6858.

Wu B Y, Su J, Zhang R. 2011. Effects of autumn-winter arctic sea ice on winter Siberian High. Chinese Science Bulletin, 56(30): 3220-3228.

Wu B Y, Yang K, Francis J A. 2017. A Cold Event in Asia during January-February 2012 and Its Possible Association with Arctic Sea-Ice Loss. J Climate, 30: 7971-7990.

Wu B, Francis J A. 2019. Summer Arctic cold anomaly dynamically linked to East Asian heatwaves. J Climate, 32: 1137-1150.

Wu B, Overland J E, D'Arrigo R, et al. 2012. Anomalous Arctic surface wind patterns and their impacts on September sea ice minima and trend. Tellus, 64A: 18590.

Wu G X, Duan A M, Liu Y M, et al. 2015b. Tibetan Plateau climate dynamics: recent research progress and outlook. National Science Review, 2: 100-116.

Wu G, Liu Y. 2016. Impacts of the Tibetan Plateau on Asian Climate. Meteorological Monographs, 56: 7.1-7.29.

Wu Q, Zhang X D. 2010. Observed forcing-feedback processes between Northern Hemisphere atmospheric circulation and Arctic sea ice coverage. J Geophys Res, 115: D14119.

Xia W, Xie H, Ke C Q. 2014. Assessing trend and variation of Arctic sea ice extent during 1979-2012 from a latitude perspective of ice edge. Polar Research, 33: 21249.

Xue F , Guo P , Yu Z. 2003. Influence of interannual variability of Antarctic sea-ice on summer rainfall in Eastern China. Adv Atmos Sci, 20(1): 97-102.

Yamamoto-Kawai M, McLaughlin F A, Carmack E C, et al. 2009. Surface freshening of the Canada Basin, 2003-2007: River runoff versus sea ice meltwater. J Geophys Res, 114: C00A05.

Yang J. 2009. Seasonal and interannual variability of downwelling in the Beaufort Sea. J Geophys Res, 114: C00A14.

Yang J, Proshutinsky A, Lin X. 2016. Dynamics of an idealized Beaufort Gyre: 1. The effect of a small beta and lack of western boundaries. J Geophys Res-Oceans, 121: 1249-1261.

Yang K, Ye B S, Zhou D G, et al. 2011. Response of hydrological cycle to recent climate changes in the Tibetan Plateau. Climatic Change, 109(3-4): 517-534.

Yao T, Xue Y, Chen D, et al. 2019. Recent Third Pole's rapid warming accompanies cryospheric melt and water cycle intensification and interactions between monsoon and environment: Multi-disciplinary approach with observation, modeling and analysis. Bulletin of the American Meteorological Society, 100(3): 423-444.

You Q L, Min J, Kang S. 2016. Rapid warming in the Tibetan Plateau from observations and CMIP5 models in recent decades. International Journal of Climatology, 36(6): 2660-2670.

You Q L, Zhang Y Q, Xie X, et al. 2019. Robust elevation dependency warming over the Tibetan Plateau under global warming of 1.5℃ and 2℃. Clim Dynam, 53: 2047-2060.

Young D A, Wright A P, Roberts J L, et al. 2011. A dynamic early East Antarctic Ice Sheet suggested by ice-covered fjord landscapes. Nature, 474(7349): 72-75.

Zemp M, Frey H, Gaertner-Roer I, et al. 2015. Historically unprecedented global glacier decline in the early 21st century. Journal of Glaciology, 61(228): 745-762.

Zhang R, Sutton R, Danabasoglu G, et al. 2016. Comment on "The Atlantic Multidecadal Oscillation without a role for ocean circulation". Science, 352: 1527.

Zhao J P, Barber D, Zhang S G, et al. 2018. Record low sea-ice concentration in the central Arctic during summer 2010. Adv Atmos Sci, 35(1): 104-113.

Zhao J P, Cao Y. 2011. Summer water temperature structures in upper Canada Basin and their interannual variation. Advances in Polar Science, 22(4): 223-234.

Zhao J P, Drinkwater K. 2014. Multiyear variation of the main heat flux components in the four basins of Nordic Seas. Journal of Ocean University of China, 44(10): 9-19.

Zhao J P, Wang W B, Kang S H, et al. 2015. Optical properties around Mendeleev Ridge related to the physical features of water masses. Deep Sea Research, Part II, 120: 43-51.

Zhao J P, Zhong W L, Diao Y, et al. 2019. The rapidly changing arctic and its impact on global climate. Journal of Ocean University of China, 18(3): 537-541.

Zheng F, Li J, Clark R T, et al. 2013. Simulation and projection of the southern hemisphere annular mode in CMIP5 models. J Climate, 26: 9860-9987.

Zhong W, Steele M, Zhang J, et al. 2018. Greater role of geostrophic currents in Ekman dynamics in the western Arctic Ocean as a mechanism for Beaufort Gyre Stabilization. J Geophys Res-Oceans, 123: 149-165.

Zhong W, Zhao J, Shi J, et al. 2015. The Beaufort Gyre variation and its impacts on the Canada Basin in 2003-2012. Acta Oceanologica Sinica, 34(7): 19-31.

Zhong W, Zhao J. 2014. Deepening of the Atlantic Water Core in the Canada Basin in 2003-11. J Phys Oceanogr, 44: 2353-2369.

Zwally H J, Giovinetto M B, Li J, et al. 2005. Mass changes of the Greenland and Antarctic ice sheets and shelves and contributions to sea-level rise: 1992–2002. Journal of Glaciology, 51(175): 509-527.

第12章 气候敏感度、温升阈值及减缓、适应视角

首席作者：周天军 刘禹

主要作者：郑景云 汪明怀 陈晓龙 蓝江湖 孙长峰 张学珍

郭准 周晨 胡晓明 满文敏 郑伟鹏 孙咏

摘 要

本章旨在为认识中国现代气候变化提供一个长时间和全球尺度的背景，关注影响中国气候的关键因子在古气候记录中的变化，阐明气候敏感度、温升阈值和碳排放的关系，评估全球增暖背景下中国气候变化的主要区域差异，为减缓和适应未来气候变化提供参考。了解古气候暖期的气候变化对认识当前以及未来可能的气候变化有重要的指导意义。研究显示东亚季风降水在暖期（如中上新世暖期）可能增加，但其他影响我国气候的重要因子，如厄尔尼诺、西风环流、北极海冰等，在古气候中的变化仍具有很大不确定性。平衡态气候敏感度（ECS）是衡量气候系统对温室气体响应的重要指标，基于古气候资料估算的ECS范围与现代气候研究结果类似，为1.5~4.5K，仍相当不确定。综合多种来源资料，最新研究将这一范围缩小至2.3~4.7K（5%~95%置信区间）。ECS很大程度上决定了某一温升阈值下的大气CO_2浓度和相应的碳排放空间。对ECS的约束结果显示其最佳估值约为3K，为实现2℃的温升目标，需要尽快强化全球范围内的减排措施。在全球变暖背景下，中国气候的部分区划界线已出现了不同程度的变动，主要经济区（圈、带）和生态脆弱区显著增暖，区域极端事件发生频率呈增大态势，但气候变化的区域差异显著，需更有针对性地制定差异化的区域适应气候变化策略与举措。

12.1 古气候印记

全球气候变暖是当代气候变化的主要特征，温升的归因是当前全球共同关注的焦点。在全球范围对温度和其他变量的观测始于19世纪中叶，记录的时间尚短，古气候印记可使一些记录延伸到几百年乃至几百万年前，提供了研究气候长期变化的综合视角。对古气候变化的认识有利于提高我们对当今气候变暖问题的理解和对未来的气候变化进行正确的预估，同时，对了解人类活动对气候变化的影响程度大有裨益。

古气候印记主要通过气候模式模拟和气候重建两种途径呈现。气候模式模拟是指通过比较包括外部强迫（太阳活动、火山活动等）和人类排放的温室气体和气溶胶在内的模式模拟结果，定量识别当今气候变暖中自然和人为因素的相对贡献。古气候重建是指通过树木年轮

与冰芯、石笋、湖泊沉积物、珊瑚沉积物、黄土、深海岩心等生物和地质记录提取过去气候环境变化信息。

古气候研究不仅可以提供过去气候变化特征，而且能够量化太阳辐射、火山喷发及人类活动等强迫以及亚洲季风、西风、青藏高原冰川、南北极冰盖、厄尔尼诺-南方涛动、北大西洋涛动等气候系统在过去不同时段对中国气候变化的影响，例如，基于黄土沉积的中更新世气候转型研究发现，冰盖消长和温室气体浓度变化会改变地球气候系统，尤其是低纬水文循环对外部强迫的响应（Sun et al.，2019）。借助石笋对过去 2300 年降水变化研究得出，在小冰期和黑暗冷期，弱太阳活动减少了亚洲大陆和西北太平洋的热力差，减弱了东亚夏季风的强度；同时，西风急流相对较强，导致西风南支北跳时间推迟，造成雨带更长时间集中在中国南方，从而导致小冰期和黑暗冷期南涝北旱的空间分布；反之，在中世纪暖期，亚洲大陆和西北太平洋的热力差加大，东亚夏季风增强，而此时西风强度较弱，导致西风北跳提早，造成中国南旱北涝的空间分布（Tan et al.，2018）。因此，认识和理解不同时段的古气候印记可以为我们预估未来冷暖期气候变化规律，特别是冷暖期极端气候事件的发生提供极有价值的参考信息。

12.1.1　亚洲季风

中国地处东亚季风区，深受季风气候的影响。东亚季风有别于典型的热带季风，具有独特的季风特征，它综合了热带季风和副热带季风的特征。东亚季风的复杂性及当前观测资料时段的局限性，均使理解季风多时间尺度变化机理和开展行之有效的未来预估面临较大的挑战。追溯过去，开展地质时期的季风动力学研究，一来可以丰富我们对季风演变特征和机制的认识，二来可以减少对未来季风预估的不确定性。

中上新世暖期（mid-Pliocene 或 mid-Piacenzian）是距今 3 百万前的地质暖期，该时期在以下诸多方面与当前类似或略高于当前。例如，该时期拥有与当今类似的海陆分布、CO_2 浓度（405 ppm）；略低于当前的冰盖以及略高于当前的海平面高度（22 m，相对于工业革命前）和地表升温（2~3℃，相对于工业革命前），因此该时期的气候特征通常被视为当前气候在未来可能出现的气候相似型而加以研究（IPCC，2013）。

"中上新世暖期和未来气候的相似型"是当前气候领域的热点话题，即从古气候模拟和未来气候预估模拟比较的新视角出发，揭示过去地质暖期气候特征、理解其变化机理，并与未来预估结果比较，是当前减少未来预估不确定性的可行途径之一。截至目前，围绕该地质时期的气候特征与未来气候预估的可比性，相关研究尚处于起步阶段。

近期，中法学者基于中上新世暖期气候模拟国际比较计划（PlioMIP1）中的两类试验（单独的大气环流模式（AGCM）和耦合气候系统模式（CGCM）），分析了模拟的东亚夏季风降水和环流变化，并将现代气候动力学方法拓展到古气候模拟研究领域，来理解中上新世暖期东亚夏季风降水增强的热力成因和动力机制。首先，基于水汽收支指出东亚季风降水增强源于大气中水汽含量对中上新世暖期地表升温的响应（热力成因）。随后，基于湿静力能方程揭示了纬向热力对比的增大加强了东亚季风环流及与之相关的水汽输送，并通过增加局地定常经向风辐合，促使中上新世暖期东亚夏季风降水增加（动力机制）。此外，湿静力能诊断还可较好地用于解释两类试验模拟的降水空间分布差异（Sun et al.，2016）。

中上新世暖期和未来预估的东亚夏季风降水变化既有共同特征，也有不同之处。具体表现为模拟的降水均增加，但增加的区域不同。中国南方陆地降水在中上新世暖期显著增加，而未来降水显著增加出现在海洋上。物理过程诊断分析表明，热力控制下的大尺度水汽输送的增加是这两个暖期东亚夏季风降水增加的同一背景，而湿静力能调控下的东亚季风区垂直运动有差异是两个时期呈现不同降水空间分布的主要原因（Sun et al.，2018）。

需要指出的是，即使中上新世暖期具有与当前类似的 CO_2 浓度，但该时期全球地表升温幅度远高于当前，这主要归结于两个时期所处的气候状态不同，前者已达到平衡，而当前人为强迫下的全球增暖远未达到平衡。

12.1.2 青藏高原冰川

冰冻圈由于对气候的高度敏感性和重要的反馈作用，是影响全球和区域气候变化的重要因子。青藏高原是中国冰冻圈分布最广的区域，占中国冰冻圈总面积的 70%（姚檀栋等，2013）。古气候重建记录表明，第四纪以来，青藏高原不断隆升，高原面达到 3000m 以上，冰川开始发育，形成了 0.6~0.8Ma BP 的倒数第三次冰期或者最大冰期。在以 10 万年为周期的气候旋回中，冰期冰川规模扩大，间冰期冰川规模退缩（施雅风，1998；赵井东等，2011；苏珍等，2014）。模拟结果也表明，末次盛冰期（last glacial maximum，LGM）当地冰川平衡线高度与现代相比降低了 300~900m，意味着 LGM 时期青藏高原冰川的大规模扩张（赵平等，2003）。新仙女木事件造成的剧烈降温也意味着高原出现冰进（Tschudi et al.，2003）。15~19 世纪小冰期也出现冰进现象（赵井东等，2011）。近百年，随着全球气候变暖，青藏高原冰川呈明显的波动退缩趋势（蒲健辰等，2004）。总体而言，青藏高原冰川的变化基本与全球冷暖气候波动一致。

12.1.3 厄尔尼诺

ENSO 研究通常可以分为三种时间尺度（闻新宇等，2007）：①千年-万年尺度，也可称为古 ENSO 尺度，主要依靠代用资料反演；②千年-百年尺度，也称历史时期尺度，除了代用资料外，还考虑了人类记录资料；③近百年尺度，主要依靠器测数据。古气候代用资料和数值模拟结果均表明，无论是在偏冷还是在偏暖的地质历史时期（如末次盛冰期和中上新世暖期），热带太平洋地区都存在 ENSO 的年际变化信号（Scroxton et al.，2011；Koutavas and Joanidis，2009；Von Der Heydt et al.，2011；Zheng et al.，2008）。

古 ENSO 尺度上，对几个关键的地质历史时期的研究较多，主要通过考察不同气候背景下 ENSO 变化的特点，来分析未来 ENSO 变化的可能趋势。例如，中上新世暖期由于 CO_2 浓度与现代气候类似，常被用来类比现代气候，有研究认为在中上新世暖期热带太平洋表现为持续性的厄尔尼诺状态（Wara et al.，2005），但最近代用资料和模式的结果均表明这种状态并不存在（Watanabe et al.，2011；Zhang et al.，2014）。由于影响 ENSO 振幅和热带太平洋东西向海温梯度的因子繁多，彼此相互作用，因此研究认为中上新世暖期并不适合作为全球变暖的类比，未来气候中出现持续性 El Niño 的概率非常低（Wang et al.，2017）。末次冰期受到干冷气候背景和岁差因子的共同调制，尽管海气相互作用较弱，但是 ENSO 依然存在，年际变率表现为高频稳定、低频减弱的特点（Rittenour et al.，2000；Tudhope et al.，2001），但末次盛冰期 ENSO 振幅的变化还存在较大不确定性（Zheng et al.，2008；Zhu et al.，2017）。大量的研究工作表明中全新世 ENSO 振幅相对于现代气候是减弱的（Zheng et al.，2008；Wang et al.，2017；White et al.，2018），这主要受地球轨道参数中岁差因子所引起的太阳辐射变化的影响。在千年-百年尺度上，有研究指出近千年来 ENSO 逐渐增强（Cobb et al.，2003），但其中小冰期 ENSO 的振幅变化还存在一定的争议（王绍武等，2003；Wang et al.，2004；Diaz and Pulwarty，1994），而 ENSO 与季风环流合成分析的研究也表明中世纪暖期的环流特征和热带太平洋增温形态明显区别于现代暖期（谭明，2016；Chen et al.，2015），因此也不宜简单地将其用于现代暖期的类比。

研究古气候不同气候背景场下 ENSO 的变化，有几个问题需要特别关注，这对于加深理解 ENSO 动力学机制和未来气候预估都具有关键意义。①代用资料的解释。例如，Rodbell 等（1999）分析了厄瓜多尔湖泊沉积物灰度等指标，指出中全新世 ENSO 减弱，但最新的研究结果则表明该湖泊沉积物无法提供明确的 ENSO 变化信息（Schneider et al.，2018）。②模式的不确定性。这与模式的性能和物理过程有关（Zheng et al.，2008；Capotondi and Wittenberg，2013），通过分析模式间偏差有助于改进 ENSO 的模拟（Ham and Kug，2015）。③资料和模式的对比。一方面，需要加强对古气候资料中氧同位素的理解；另一方面，当前大多数模式输出的结果不包含氧同位素，无法直接与代用资料进行对比，在这方面已有模式直接输出氧同位素的研究，便于资料-模式对比（Zhu et al.，2017）。

12.1.4 西风环流/北大西洋涛动

我国西北内陆和青藏高原北部地区，气候变化不直接受亚洲季风影响，主要为中纬西风环流所控制（黄伟等，2015）。在年际-百年尺度上，该地区降水与东亚季风区呈相反的变化特征。晚全新世以来，我国西风控制区气候变化呈现典型暖干-冷湿组合特征（蓝江湖等，2019；Chen et al.，2010；Lan et al.，2018）。例如，中世纪时期表现为温度上升、降水减少；而小冰期表现为温度下降、降水增加。虽然在全新世尺度上存在争论，但最新研究指出早全新世和晚全新世气候条件较为湿润，在温暖的中全新世表现为显著干旱的气候特征（Xu et al.，2019）。

根据我国西北地区地质记录重建的水文气候变化与摩洛哥树轮和苏格兰石笋（Trouet et al.，2009）、格陵兰湖泊（Olsen et al.，2012）以及阿尔卑斯南部湖泊（Wirth et al.，2013）记录的 NAO 指数表现为显著负相关关系。当 NAO 指数为负相位时，北大西洋和地中海气旋活动加强、西风环流南移，促使更多的北大西洋、地中海、黑海、里海和咸海等水汽输送至我国西北地区，导致降水增加；反之，降水减少。美国国家海洋和大气管理局（NOAA）HYSPLIT 后向轨迹模式分析结果也支持我国西北地区乃至整个中亚干旱区的水汽皆主要来源于上述地区（Wolff et al.，2017；Yan et al.，2019）。因此，整个北大西洋地区大气环流南移，特别是中纬西风环流主要路径南移，是我国西北地区降水增加的主要驱动因素。

此外，地质记录显示，我国西北地区最近 100 年来降水呈上升趋势；现代器测资料也佐证了这一观点。

12.1.5 北极海冰

冰冻圈在全球气候系统中扮演着重要角色，北极海冰的变化对全球气候变化十分敏感，其反馈作用对北半球乃至全球气候和天气都有重要的影响（Vihma，2014）。古气候重建资料表明（Stein et al.，2012），进入第四纪以来，受到地球轨道参数的影响，北极海冰呈现出冰期—间冰期的轨道时间尺度循环，冰期海冰增长、间冰期海冰消融。

由于海冰重建资料的不确定性，直接通过资料分析古气候背景下的北极海冰变化对气候的影响还存在一定困难，而古气候数值模拟试验则提供了一个途径。对中上新世暖期（约 3Ma）的模拟研究表明，北极海冰的减少对北半球中高纬度的增温具有显著的作用（Hill et al.，2014；Salzmann et al.，2013；Yan et al.，2014）。第四纪冰期时，海冰的反馈机制可能对冰期—间冰期的转换有所影响，海冰动力作用对局地温度和水循环的影响可能大于其反照率反馈作用（Gildor et al.，2013），北半球冰盖的发育与东亚气候变化存在遥相关，但其机制还有待于进一步的动力学分析（张仲石等，2017）。过去 2000 年，北极海冰的扩张对小冰期的维持至关重要，这与火山活动等因素是联系在一起的（Gildor et al.，2013）。因此，未来研究需要进一步整合古气候资料和数值模拟，加深对未来气候北极海冰变化对东亚地区气候影响的认识（Gao et al.，2015）。

知识窗

古气候代用资料

利用生物及地质记录进行古气候研究可为当今气候认识和未来气候预估提供更宽广的视角。深海沉积、极地冰芯和黄土沉积是古气候重建的三大载体，成为研究全球古气候变化过程和动力学机制的重要工具。基于三大载体的古气候重建了当今全球变暖的长期气候变化背景。目前，能达到日历年要求的代用资料有树木年轮以及石笋、珊瑚、冰芯、湖泊、历史文献等（图 12.1）。

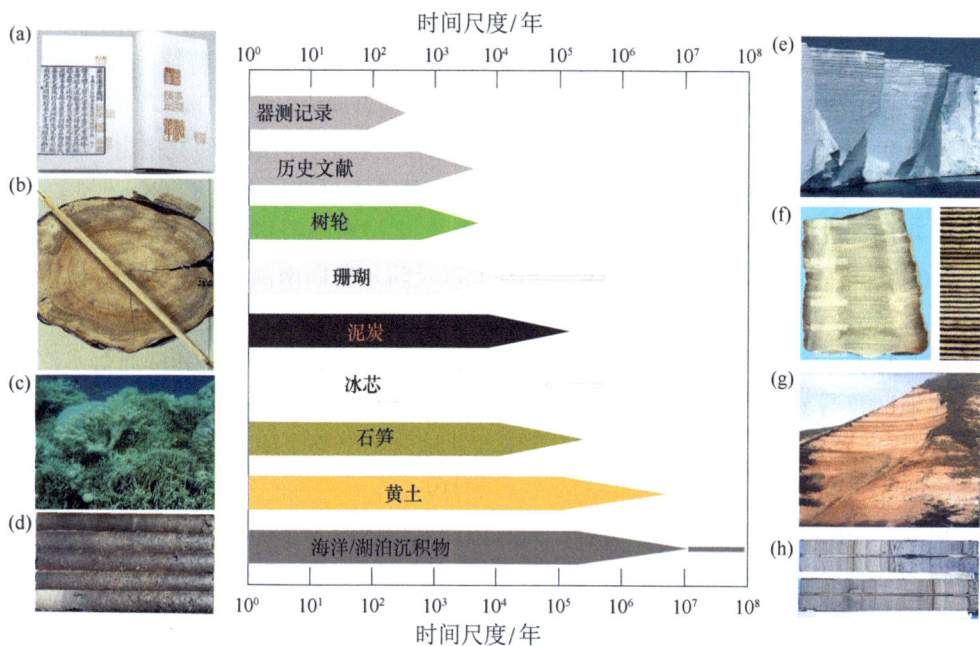

图 12.1　古气候代用记录的来源及其代表的时间尺度

古气候信息来源包括历史文献（a）、树轮（b）、珊瑚（c）、泥炭（d）、冰芯（e）、石笋（f）、黄土（g）和水体沉积物（h）

深海沉积记录了海洋物理和化学过程以及全球气候和环境变化历史信息。海洋沉积物中黏土矿物组合的变化与长期气候演变存在一定的关系，黏土周期性沉积响应与地球轨道驱动因子作用有关，陆源黏土通量既受大陆冰盖厚度和海平面变化及环流强度的控制，又受源区物理、化学风化程度的影响。因此，黏土矿物组合的变化反映了源区气候冷、暖周期性旋回，记录了搬运、再沉积和气候环境演化的重要信息。

黄土地层中夹有浅红色、褐色、棕红色的黏化层古土壤。古土壤是在当时气候条件下，经过生物造壤作用形成的。根据古土壤的岩性厚度、颜色、发育程度及层数的多少等不同组合特征，可将其分为黑垆土型古土壤、褐土型古土壤、棕壤型古土壤等多种类型。土壤类型、颜色、成分、结构等能直接反映当时气候的冷暖和干湿等条件，例如，黑垆土型古土壤反映形成时期的气候条件暖湿；褐土型古土壤是干旱的偏暖的草原气候产物；棕壤型古土壤反映当时的成土条件是森林草原气候。

树木年轮是指树木茎干的韧皮部里的同心环纹。树木年轮具有定年准确、连续性强、分辨率高、分布广泛和易于取样等优点，是过去百年至千年高分辨率古气候重建的重要资料。树木生长过程中的降水、温度、光照等气候变化会影响树木年轮结构特征的变化，体现在树轮宽度、密度及稳定同位素等指标上。树木年轮主要用于降水、温度、光照等古气候重建。

石笋是生长在洞穴中的一种碳酸钙沉积物。在气候环境季节性变化显著的区域，石笋因季节沉积差异可形成微生长纹层（例如，荧光年层、可见年层、方解石/文石层等）。石笋古气候重建的代用指标的形成是从大气降水开始的，经过土壤层、洞穴顶板层，最终以洞穴滴水的形式逐渐沉积为洞穴次生化学沉积物。常用的石笋古气候代用指标主要有：稳定同位素、微量元素、沉积速率、年层厚度、灰度、荧光强度等。石笋可直接用于降水和温度等古气候重建。

冰芯是通过冰钻从冰川上部向下钻取的圆柱状冰体。降雪过程沉积到冰川内部的多种物质与化学成分，包括气溶胶微粒、火山尘埃、大气成分、人类排放的固体与气体等，都被保存在冰芯中。利用多种定年手段，可根据冰芯中不同气候环境指标（稳定同位素、化学离子成分、包裹气体、气溶胶微粒等）的变化，重建过去不同时间尺度的气候变化及人类活动过程。

湖泊沉积物是指在不同地质、气候、水文条件下各类碎屑、黏土、自生/生物成因矿物以及有机物等沉积在湖泊底部的综合体。沉积物蕴含着丰富的区域和全球环境演变信息，如湖水的化学组成、流域构造、气候、水文以及人类活动的相互作用等。研究时间尺度从百万年、万年、千年到近现代。常用的湖泊沉积物代用指标主要有孢粉、硅藻、介形类、矿物、元素含量及其比值、碳酸盐含量、有机和无机碳氧同位素等。综合运用多种代用指标可开展古温度、古降水和历史时期人类活动影响等方面的研究。

珊瑚具有类似树木年轮的带状年纹层。它包含两个方面的记录，即与珊瑚骨骼自身生长相联系的气候环境信息和生长过程中形成于珊瑚骨骼中的无机或有机物质所反映的气候信息。活珊瑚有数米高，所提供的信息可覆盖过去几个世纪；化石珊瑚提供的信息可延伸到整个第四纪。以年为周期的骨骼密度变化可用于重建海水温度和光照；珊瑚的生长率和钙化率可研究厄尔尼诺、降水量和水深等。

历史文献是研究古气候变化的主要手段之一。其记录主要分为天气、气象灾害、物候以及区域气候特征及其影响四大类。历史文献中的绝大多数气象记录定年准确、地点明确，代用指标的气候意义清晰，如降水异常、水旱灾害记载不会被误解为温度或其他气候信息。利用历史文献中气象记录可定量重建过去数千年温度、降水等气候变化。

12.2　温升目标与气候敏感度

12.2.1　辐射强迫、气候反馈和气候敏感度的概念

辐射强迫是气候变化的驱动因子，包括自然因子（如太阳辐射的变化、火山喷发排放的气溶胶等）和人为因子（如人类活动排放的温室气体和气溶胶等），这些因子扰动地-气系统的辐射能量平衡所引起的大气层顶净辐射通量的变化即定义为辐射强迫。所有辐射强迫概念（如后面提到的瞬时辐射强迫、有效辐射强迫等）均是相对于工业革命前水平而言的。人为排放的温室气体中除了 CO_2 外还有很多痕量气体，如氟氯碳化合物（CFCs），它们单位浓度下的辐射效应比 CO_2 高得多（石广玉，1999；王明星等，2000），为了方便比较，一般将这些痕量气体的浓度换算为同等辐射效应下的 CO_2 浓度，称为等效 CO_2 浓度。

在辐射强迫概念中，瞬时辐射强迫是指强迫因子发生变化后气候系统的所有部分（大气的温湿廓线、云、陆地和海洋）均未响应时大气层顶的净辐射通量变化。CO_2 浓度增大至工

业革命前的两倍（$2 \times CO_2$）对应的瞬时辐射强迫约为 4.37 W/m^2（Ramaswamy et al.，2001）。但人们逐渐认识到能够引起长期气候变化的"强迫"是那些经过快速响应过程调整之后的强迫，例如平流层过程可以在几个月内完成对温室气体强迫的响应而达到辐射平衡，此时在大气层顶和对流层顶测量到的辐射强迫应当是相等的（周天军和陈晓龙，2015）。而对流层温度的调整相比于平流层更慢，所以平流层调整后的辐射强迫比瞬时辐射强迫更适合衡量地表温度的长期变化。因此，在 IPCC 第三次评估报告（TAR）中采用了"允许平流层调整到热平衡、而对流层及其他部分还未响应时对流层顶净辐射通量的变化"作为"辐射强迫"的定义（Ramaswamy et al.，2001）。平流层的调整可以将两倍 CO_2 浓度对应的辐射强迫修正为 3.71 W/m^2。虽然 IPCC 第四次评估报告（AR4）保留了与 TAR 相同的辐射强迫定义，但是也提出了计算辐射强迫的不同方法（Forster et al.，2007），如包含更多的快响应过程（与气溶胶有关的云变化、对流层温度调整等）（Jacob et al.，2005；Hansen et al.，2005）。

IPCC 第五次评估报告（AR5）增加了有效辐射强迫（effective radiative forcing，ERF）的概念（IPCC，2013）。有效辐射强迫指考虑了快速调整过程的辐射强迫。这些快速调整过程包括大气（温度垂直结构、水汽）、云和陆表温度的调整（Myhre et al，2013）。ERF 能更好地反映较长时间尺度上强迫因子对全球平均温度的影响（张华和黄建平，2014）。由于对其中许多快速调整过程的认识尚不清楚，模式估算的 ERF 具有较大的不确定性（如长寿命温室气体的 ERF 为 2.26~3.4 W/m^2）（Myhre et al.，2013）。

气候敏感度描述了全球平均地表气温（T_s）对"强迫"的"响应"，但最终响应的大小不仅取决于强迫，而且还受到各种反馈过程的影响。正反馈越强，敏感度越高，反之亦然。"强迫-响应-反馈"是一种循环作用的关系（图 12.2），直至达到新的平衡态。

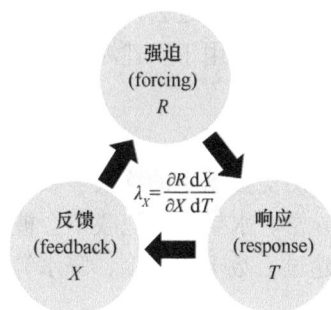

图 12.2　"强迫-响应-反馈"关系示意图（周天军和陈晓龙，2015）
λ_X 为反馈因子 X 的反馈强度，含义是单位地表温度 T 的变化导致的 X 的变化在大气层顶产生的辐射强迫的大小

以工业革命前的气候态为基准，在两倍于工业革命前 CO_2 浓度下，气候系统完全响应达到新的平衡态时，T_s 的变化被称为"平衡态气候敏感度"（equilibrium climate sensitivity，ECS），简称为"气候敏感度"（Cubasch et al.，2001；Randall et al.，2007；王绍武等，2021）。ECS 只关注最后的平衡态，而不管如何到达平衡态。但是，历史气候变化以及在不同情景下预估的未来变化都不能看作平衡态，因此需要引入另一个量来衡量这种尚未达到平衡态（瞬态）时的"气候敏感度"，这个量被称为"瞬态气候响应"（transient climate response，TCR）。TCR 定义为在 CO_2 浓度每年增长 1%的情景下，当 CO_2 浓度达到 2 倍于工业革命前的水平时，T_s 相对于工业革命前的变化（Randall et al，2007）。

近年来人们注意到 T_s 的变化与累积碳排放有很好的线性关系，并且这种关系在不同时间和情景下表现得比较稳定，能够反映年代际到百年际以上的增暖（Matthews et al.，2009；

Goodwin et al.，2015）。结合 TCR 与大气中累积的 CO_2 排放，将单位累积碳排放下的 T_s 变化定义为"累积碳排放的瞬态气候响应"（TCR to cumulative CO_2 emissions，TCRE）。TCRE 能够给出增温稳定在某一阈值下大气中允许累积的碳排放量（Collins et al.，2013），也就是将温度控制目标和减排目标联系起来，可为减排政策的制订提供重要参考。

12.2.2　基于古气候记录和模拟的气候敏感度

近十几年来，古气候学者试图从地质历史时期的气候变化入手，利用观测重塑的古气候资料和古气候模式估算 ECS（姜大膀和刘叶一，2016）。与当代气候变化相比，古气候变化趋近于辐射平衡。海洋对热量的吸收对气候变化的影响相对较小，辐射强迫多来自冰川、火山爆发和温室气体，因此古气候记录和模拟可以用来估计 ECS（Edwards et al.，2007；Köhler et al.，2010），特别是末次盛冰期（LGM）和全新世阶段。基于 LGM 数据，得到 ECS 的最佳范围是 2.4~5℃（Köhler et al.，2010），而利用 LGM 至全新世的数据估计 ECS 范围在 1.3~2.3℃（Chylek and Lohmann，2008）。此外，部分研究基于古气候模式比较计划（PMIP）多模式产品对 ECS 进行估计（Hargreaves et al.，2012；Schmidt et al.，2014）。利用古气候记录和模拟估算的 ECS 范围与 IPCC 报告中提出的 1.5~4.5℃基本保持一致，但依然存在较大不确定性。

现阶段基于古气候记录和模拟的 ECS 不确定性来源主要包括三个部分：①古气候资料重建带来的不确定性；②基于相似数据，多样化的估计方法及使用数据时的假设差异（Rohling et al.，2012）；③模式间结构的差异（Chylek and Lohmann，2008）。总的来说，利用古气候数据重建 ECS 具有描绘真实世界反应的优势，但 ECS 对背景气候状态具有依赖性（Caballero and Huber，2013）。这种依赖性主要存在于两个方面：第一，古气候资料的重建依赖于现代气候状态下的校准（Von Der Heydt et al.，2016）；第二，ECS 本身对背景气候态也存在依赖性（Kutzbach et al.，2013；Hu et al.，2017；Stap et al.，2018）。因此，如何利用基于古气候数据估计的 ECS 来缩小现代气候状态下 ECS 的不确定性，仍需进一步讨论。

12.2.3　基于现代气候观测和模拟的气候敏感度

现代气候观测和气候模拟是估计 ECS 的重要方式。相较于古气候记录，现代气候观测数据质量更为可靠，同时考虑到气候敏感度也依赖于所研究时段的气候态，基于现代气候观测和模拟的气候敏感度有望更接近当前气候态的真实气候敏感度。IPCC 第五次评估报告中 ECS 的可能范围是 1.5~4.5℃。综合多种来源资料，最新研究将这一范围缩小至 2.3~4.7K（5%~95%；Sherwood et al.，2020）。而自 IPCC 第五次评估报告发布以来，气候敏感度研究取得了多项进展。其中，基于历史气候记录和基于观测约束的模式估计越来越成为气候敏感度估计的重要方式。

结合观测到的工业革命以来地表温度变化、模式估计的有效辐射强迫以及观测到的能量不平衡，可以用能量平衡方程估计气候敏感度。但这一方法给出的是有效气候敏感度（ECS_{eff}），这是基于瞬时气候变化得到的，并不一定等于基于平衡态气候变化得到的 ECS。前期研究表明，ECS_{eff} 一般小于基于气候模式和古气候记录得到的气候敏感度。而近期的多项研究表明，ECS_{eff} 比 ECS 小的主要原因是升温空间分布的差异（Zhou et al.，2016，2017；Armour，2017；Andrews et al.，2018）。基于瞬时气候变化（也就是基于历史观测记录的变暖）得到的地表增温的空间分布和基于平衡态得到的地表增温的空间分布是不同的，如在平衡态下模拟出来的南大洋的变暖在当前历史观测数据中并不明显。而这种增温空间分布的不同导致了辐射反馈的不同，如在平衡态下南大洋增温导致的冰雪反馈就比历史观测数据中强很多，而得到的低云反馈也不同。这些差异导致了 ECS 大于 ECS_{eff}。最近的一项研究表明

（Andrews et al.，2018），基于多个大气海洋模式得到的平均 ECS 比基于观测历史海温和海冰驱动的相应大气模式得到的平均 ECS_{eff} 要高 67%（不同模式中从 21% 到 114% 不等）。这表明，基于历史气候记录得到的 ECS 被严重低估了。这里可以通过模式中 ECS 和 ECS_{eff} 的差异，并利用历史气候记录得到的 ECS_{eff} 来估计 ECS，这样得到的 ECS 的可能范围是 1.5~8.1℃，中心值是 3.2℃（Andrews et al.，2018）。这一估计的上限比 IPCC 第五次评估报告要高很多，主要是因为 ECS_{eff} 大时，ECS_{eff} 和 ECS 之间的差异也大。

而基于气候模式估计得到的 ECS 依赖于模式中参数和关键过程的处理。CMIP 系列模式中 ECS 数值一般难以出现在基于历史观测得到的 ECS 高值分布区。一个可能的原因是气候模式需要重现历史气候变暖，而 ECS 太高的模式难以模拟出观测到的历史升温。另外，气候模式本身难以模拟所有真实大气中对气候反馈起关键作用的重要过程，从而会影响对 ECS 的估计。例如，有研究表明气候模式中缺乏对云砧面积反馈的模拟（Mauritsen and Stevens，2015），而其中模拟的混合云反馈也有较大偏差（Tan et al.，2016）。近年来对流或者云解析模式越来越多地用于估计气候敏感度（Tsushima et al.，2014），但这些高精度模式结果并不一致，难以得到普遍性的结论。这些不确定性使得完全基于模式的估计不再是气候敏感度估计的主要来源，而更多的是起一个辅助的作用。

12.2.4 影响气候敏感度的关键过程

ECS 由二氧化碳加倍所产生的有效辐射强迫和地球气候系统中辐射反馈的强度共同决定。当地球气候系统处于能量平衡状态时，地球吸收的太阳短波辐射等于其向外发射的长波热辐射，因此大气层顶的平均净辐射通量密度是零。如果二氧化碳浓度突然增加为原来的两倍，额外的二氧化碳所产生的温室效应将立即减少地球向外发射的长波辐射，同时大气温度、湿度、云的属性、气溶胶浓度和地表反照率等变量会在短时间内发生快速变化，从而使得大气层顶的净辐射通量密度由零变为 F_{eff}，F_{eff} 即为二氧化碳的有效气候强迫（Myhre et al.，2013）。传统上假设气候反馈所产生的大气层顶净辐射的变化与地球表面温度的变化成正比（Gregory et al.，2004；Andrews et al.，2012；Caldwell et al.，2016），那么大气层顶的净辐射通量密度为

$$\Delta N = F_{eff} + \lambda \Delta T_s \tag{12.1}$$

式中，λ 是气候反馈的强度，定义为在辐射强迫恒定的情况下，全球平均地表温度升高 1℃时大气层顶净辐射通量密度的变化值；ΔT_s 是全球平均地表温度的变化值。当地球气候系统再次达到平稳态时，即 $\Delta N=0$ 时，ΔT_s 的值即为 ECS 的值：

$$ECS = -F_{eff} / \lambda \tag{12.2}$$

由于气候反馈过程非常复杂，常使用辐射内核将气候反馈拆分为多个分量来进行研究（Soden et al.，2008）：

$$\lambda = \lambda_{PI} + \lambda_{LR} + \lambda_{WV} + \lambda_{cloud} + \lambda_{Alb} + \lambda_{others} \tag{12.3}$$

λ_{PI} 代表普朗克反馈的强度。根据普朗克黑体辐射定律，当地表温度升高而其他气象要素不变时，地球向外发射的长波辐射通量会增加，从而使得大气层顶的净辐射通量降低。

λ_{WV} 是水汽反馈的强度。数值模拟试验表明，大气的相对湿度在全球变暖过程中变化不大，但是饱和水汽压随着大气温度的升高而显著增大，因此大气的总水汽含量随温度的升高而增加。水汽对太阳短波辐射和地球向外发射的长波辐射都有显著的吸收作用，所以水汽会对气候变化产生正反馈作用（Held and Soden，2000）。

λ_{LR} 是温度直减率反馈。如果温度直减率减小而其他变量保持不变，大气层上层的温度升

高，向外发射更多的长波辐射，从而使大气层顶的净辐射通量降低；相反，如果温度直减率增大，大气层顶的净辐射通量则会增加。由于水汽含量与大气温度正相关，气候模式中 λ_{WV} 与 λ_{LR} 有较强的负相关性，因此 $\lambda_{WV}+\lambda_{LR}$ 在模式中有着很好的一致性，其值为正值（Boucher et al.，2013）。

λ_{Alb} 是地表反照率反馈。随着温度升高，地表冰雪覆盖面积减少，这将使得地表反照率降低，更多的太阳短波辐射被地表所吸收，从而对气候变化产生正反馈。

λ_{cloud} 是云反馈。云对太阳短波辐射的反射会对地球气候系统产生强烈的冷却作用，而云对地球向外长波辐射的阻挡作用会使气候系统产生温室效应，因此云属性的变化会极大地改变大气层顶的净辐射通量。在全球温度上升过程中，热带对流层上层水汽的增加会改变辐射冷却率，对流加热与辐射冷却之间平衡态的变化让热带深对流能够上升到更高的高度（Hartmann and Larson，2002；Zelinka and Hartmann，2010），从而使得低纬地区砧状云的平均云顶高度增加。云向外太空发射的长波辐射和云的温度正相关，因此云高的增加会增强云的温室效应，对气候变化产生正反馈。在中高纬地区，温度升高会使得部分冰云融化成为水云。由于水云的平均粒子有效半径比冰云小，下落速度更小的水云粒子停留在空中的时间会比冰云粒子更长，而水云的光学厚度也比同等云水含量的冰云更大。因此，云的冰-水相态的变化将使中高纬地区云的光学厚度增大，反射更多的太阳短波辐射，对气候变化产生负反馈作用（McCoy et al.，2015；Ceppi et al.，2016）。中低纬地区边界层的低云云量会在长期气候变化过程中随着全球温度的升高而减少，减少对太阳短波辐射的反射，从而对气候变化产生正反馈作用（Zelinka et al.，2016；Klein et al.，2017）。大部分气候模式中 λ_{cloud} 为正值，但是模式间的差异非常大，这主要是由低云云量变化的差异引起的。

λ_{others} 包含气溶胶、痕量气体等其他过程的贡献，以及不同反馈过程之间的相互作用产生的高阶量。

在影响气候敏感度的气候反馈分量中，λ_{Pl} 和 $\lambda_{LR}+\lambda_{WV}$ 的模式平均绝对值较大，但各模式间的差异比较小；λ_{cloud} 的模式平均绝对值比较小，但各模式间的差异非常大。因此，云反馈是决定气候模式中气候敏感度差异的主要不确定因素（Boucher et al.，2013；Flato et al.，2013；Caldwell et al.，2016），对云反馈相关过程的研究是减少气候敏感度不确定性的关键所在。

使气候模式达到平衡状态所需要的计算成本非常高，而现实中的气候系统也往往处于不平衡状态，因此式（12.2）被广泛地用来计算 ECS（周天军和陈晓龙，2015）。但是，气候反馈的强度会随着时间的推移而发生变化，因此使用式（12.2）计算得到的模式 ECS 往往会出现偏差，采用不同时期的历史数据估算得到的 ECS 结果也会有很大差异。这是由于随着时间的推移，海温的水平分布状态会发生变化，而不同区域的海温对大气层顶净辐射通量有不同的影响。当热带气流上升区域海温升高时，更多的水汽被大气环流带到热带对流层，其释放的潜热使得整个热带对流层温度升高，产生较强的温度直减率负反馈；热带气流下层区域的自由大气温度升高会使得这些区域对流层下层的静力稳定度增大，边界层变得更稳定，低云云量增加，产生负的云反馈，λ 偏低。而热带气流下沉区域和中高纬地区的海温增温仅会改变局地近地面的气温，对流层上层的温度变化比地面小，所以温度直减率反馈趋近于零甚至是正值；增温地区的低云云量会随着静力稳定度的减小和海温的升高而减少，产生正的云反馈，λ 偏高。因此，气候反馈的强度很大程度上取决于海温变暖是否集中在热带气流上升区域（Zhou et al.，2017；Andrews and Webb，2018）。

12.2.5 气候敏感度与温升的关系

《巴黎协定》要求"把全球平均气温升幅控制在工业化前水平以上低于 2℃之内，并努力将气温升幅限制在工业化前水平以上 1.5℃之内"（UNFCCC，2015），为人类社会减少碳排放、降低气候变化的风险和影响提供了一个明确的目标。"2℃"温升目标成为一个重要的气候阈值。升温超过 2℃后气候系统可能发生不可逆的变化，对生态圈、农业生产和人类健康等产生危害的可能性会大大增加（Mann，2009；Field et al.，2014）。ECS 表征了全球平均气温在 2 倍工业革命前 CO_2 浓度下的最终变化，因此它是联系温升目标和大气 CO_2 浓度目标的重要桥梁，能够告诉我们需要将大气 CO_2 浓度限制在什么水平才能实现温升目标，以此为基础来制订减排政策。尽管近些年来"累积碳排放的瞬态气候响应"这一新的敏感度指标直接将温升目标和碳排放总量联系起来，更加便于决策，但 ECS 和温升的关系仍是重要的科学基础（Collins et al.，2013；王绍武等，2013）。

在气候反馈不变的假设下，ECS、全球气温最终的变化 ΔT（相对于工业革命前）和大气等效 CO_2 浓度 C_{eq} 之间存在如下关系（周天军和陈晓龙，2015）：

$$\frac{\Delta T}{ECS} = \frac{\ln(C_{eq}/278)}{\ln 2}$$

式中，C_{eq} 为当前等效 CO_2 浓度并假设其不再变化（ppm）；278 代表工业革命前大气 CO_2 浓度（ppm）。

当给定某一温升目标（ΔT）时，C_{eq} 值由 ECS 决定；ECS 越高，达到温升目标所允许的等效 CO_2 浓度越低 [图 12.3（a）]，意味着未来需要的减排力度越大。当 ECS 确定时，温升目标越严格（越小），则允许的 C_{eq} 值也越小 [图 12.3（b）]。在较高的 ECS 下，实现 1.5℃和 2℃温升目标所对应的 C_{eq} 区别较小，意味着尽管较高的气候敏感度增大了减排难度，但单位减排的温控效率也更高。ECS 的不确定性对实现温升目标有很大影响，如在 2℃温升目标

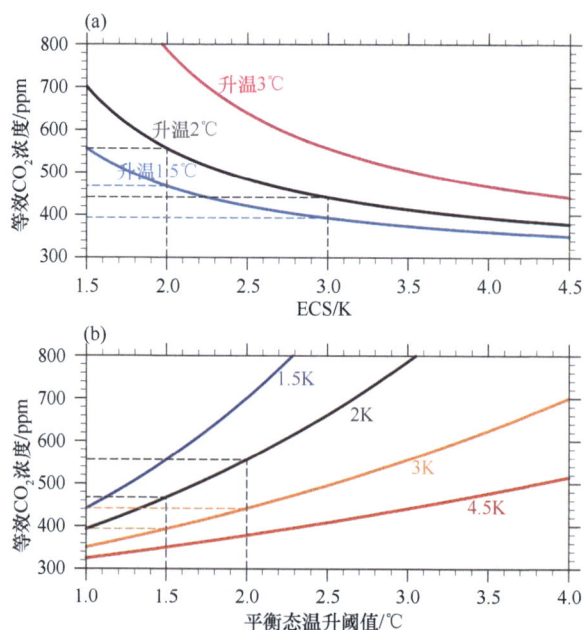

图 12.3　ECS、平衡态温升、平衡态等效 CO_2 浓度之间的关系（改自周天军和陈晓龙，2015）
（a）给定温升目标的情况下，等效 CO_2 浓度随 ECS 的变化；（b）给定 ECS 情况下，等效 CO_2 浓度随平衡态温升的变化。虚线标出了不同 ECS 对 1.5℃和 2℃温升目标要求的等效 CO_2 浓度限值的影响

下，2 K 的 ECS 所允许的等效 CO_2 比 3 K 的 ECS 高 120 ppm（图 12.3），这相当于 255 Pg C；若人类活动碳排放的 25%能长期保留在大气中（Collins et al.，2013），意味着可以多排放 1020 Pg C。近年的研究表明，平衡态气候敏感度最佳估计值约为 3 K（Cox et al.，2018；Rypdal et al.，2018），此时 2℃温升对应的等效 CO_2 浓度约为 440 ppm，1.5℃温升对应的等效 CO_2 浓度约为 400 ppm（图 12.3）。

需要注意的是，温升和对应的等效 CO_2 浓度均可在不同时间尺度上变化，这里用 ECS 反映百年至千年尺度的准平衡态变化。尽管当前大气的 CO_2 浓度已经达到并超过 400 ppm（Betts et al.，2016），但如果未来减排措施得力，陆地和海洋对大气 CO_2 的进一步吸收、存储，可以使得大气 CO_2 浓度下降至 400 ppm 甚至更低，从而有望达到《巴黎协定》的温升要求。

> **知识窗**
>
> ### 气候敏感度
>
> 当温室气体浓度增大时，地球向外太空发射的长波辐射量将会在温室效应的作用下减少，这将导致地球气候系统吸收的太阳短波辐射超过向外发射的热辐射，使得地表温度缓慢升高，而全球平均地表温度对温室气体浓度变化响应的幅度和快慢被称为气候敏感度。
>
> 用来表征气候敏感度的常见参数是平衡态气候敏感度和瞬态气候响应。平衡态气候敏感度指的是以工业革命前的气候平衡态为基准，当 CO_2 的浓度加倍以后，气候系统经过长期的调整再次达到平衡态时，全球平均地表温度的变化。瞬态气候响应指的是在 CO_2 的浓度以每年 1%的速度增加的情景下，CO_2 浓度增加到基准态两倍时的前后各 10 年内全球地表温度的平均值与基准态的差值。平衡态气候敏感度由 CO_2 的有效辐射强迫和气候反馈决定，而瞬态气候响应还取决于海洋吸收热量的速度。由于海洋巨大的热惯性，即使 CO_2 浓度达到基准的两倍后不再上升，变暖依然会继续，直至达到新的辐射平衡，因此平衡态气候敏感度大于瞬态气候响应（图 12.4）。
>
>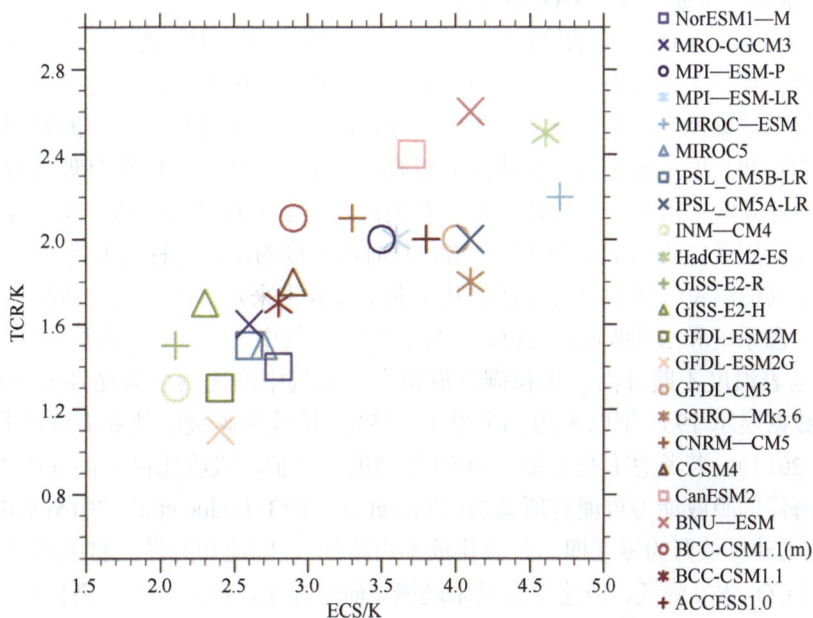
>
> 图 12.4　CMIP5 气候模式中 ECS 和 TCR 的关系

由于气候敏感度无法被直接测量，其估值需要结合观测资料和模式进行间接计算。目前使用最多的方法是基于观测的工业革命以来全球平均地表温度的变化和模式模拟的气候强迫值，通过简单的地球系统能量收支模型来估算气候敏感度，其主要优点是现代温度观测的相对可靠性，但是由于观测时间较短，估算结果受气候反馈的非线性影响较大。另一种重要的方法是使用古气候记录来进行估算，其优点是古气候记录的时间很长，而且气候系统比现代气候更接近辐射平衡状态，缺点是远古时代的数据可靠性相对较低。还有一种方法是使用气候模式建立某一变量和气候敏感度的关系，然后通过观测这个变量来估算气候敏感度。这种被称为涌现约束（emergent constraint）的方法能够极大地减少气候敏感度的不确定区间，但是气候模式的潜在系统性偏差可能导致气候敏感度的估值出现偏差，所以这种方法得到的约束结果存在争议。

ECS 的不确定性非常大。IPCC 第五次评估报告给出的 ECS 66%置信度估值区间是1.5~4.5℃，TCR 的估值区间是1~2.5℃。ECS 的大小直接决定了预估的未来气候变化的幅度，同时也决定了特定温升目标下的碳排放空间。为了将全球温度控制目标和温室气体减排目标联系起来，科学家们提出了累积碳排放的 TCR 的概念，其定义为在 CO_2 连续排放的情景下，累积碳排放达到单位量（1000Pg C）时全球平均温度的变化。IPCC 报告给出的累积碳排放的TCR 的估值区间是 0.8~2.5℃/1000 Pg C。未来，ECS 的估值区间约束和相关物理过程的分析将是重要的研究方向之一。

12.3　累积碳排放与温升目标下的排放空间

累积碳排放指工业革命以来人类活动排放的碳总量，它与大气中 CO_2 浓度和地表温度的升高息息相关。在限定某一温升目标下，累积碳排放也必然受限，建立累积碳排放和温升之间的关系对估计剩余的碳排放空间、制订相关的气候变化减缓和适应措施至关重要。

12.3.1　累积碳排放与大气 CO_2 浓度的关系

1870 年以来大气 CO_2 浓度的快速升高是人类活动的结果，主要源于化石燃料的燃烧，其次还包括毁林开荒等土地利用的变化（Ciais et al.，2013）。排放进入大气的 CO_2 通过海气和陆气界面参与全球碳循环而不断被从大气中去除，但自然去除过程有不同的时间尺度，几十年至上百年的时间尺度主要是陆地和海洋的吸收；百年至千年尺度以深海吸收为主；千年至万年尺度与海底碳酸钙沉积进行的化学反应有关；万年至十万年尺度则是陆表岩石参与的非常缓慢的风化作用（Ciais et al.，2013）。这种长时间尺度的循环过程是 CO_2 作为长寿命温室气体，有别于其他温室气体的重要特征。从工业革命到未来几百年，人类活动碳排放的其中一部分碳被生态系统和水体吸收，其余则继续存留在大气中，产生辐射强迫，驱动气候变化，使全球平均地表温度不断升高。累积碳排放留存在大气中的比例由碳循环的各种反馈过程控制，观测数据显示 1959 年以来约一半以上（55%）排放的碳被陆地和海洋吸收（图 12.5；Ciais et al.，2013）。若考虑工业革命至 1959 年前的估计值，吸收比例更高（图 12.5），这意味着陆地和海洋的吸收能力可能有所减弱（Ciais et al.，2013；Leduc et al.，2015；Williams et al.，2016）。若未来碳排放降为零（即累积碳排放不再增加），陆地和海洋还将继续吸收大气中的 CO_2，使大气 CO_2 浓度降低，但速率会越来越慢。研究显示，经过千年，仍将有 25% ± 5%的 CO_2 存留在大气中（Collins et al.，2013），决定了百年至千年尺度的气候变化。

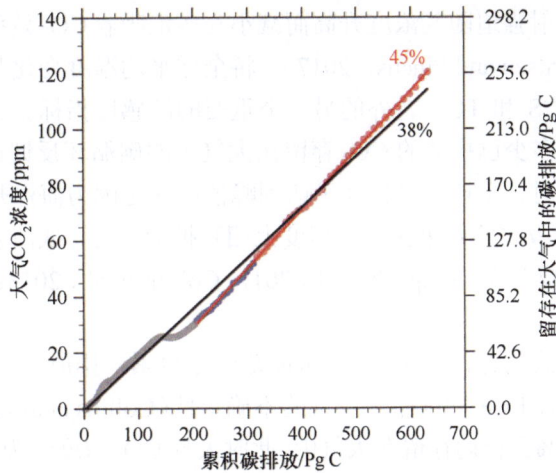

图 12.5　工业革命以来（1850~2017 年）人类活动的累积碳排放（仅考虑化石燃料和土地利用）和全球平均大气 CO_2 浓度变化（相对于 1850 年的 285 ppm）及对应存留在大气中的碳排放的关系

碳排放数据来自 Le Quéré 等（2018）；灰色部分为 1850~1958 年全球平均 CO_2 浓度估计值，来自 CMIP5 历史试验的强迫场（https://pcmdi.llnl.gov/mips/cmip5/forcing.html）；红色部分为 1980~2017 年 CO_2 浓度观测值，来自 NOAA 的全球监测网络（ftp://aftp.cmdl.noaa.gov/products/trends/co2/co2_annmean_gl.txt）；蓝色部分为使用 1959~1979 年 Mauna Loa 站的观测数据（ftp://aftp.cmdl.noaa.gov/products/trends/co2_annmean_mlo.txt），根据 1980~2017 年 Mauna Loa 与 NOAA 全球监测值之间的关系，导出的全球平均 CO_2 浓度，黑色线为 1850~2017 年数据的线性拟合，红色线为 1959~2017 年数据的拟合，对应数字为在相应时段存留在大气中的碳占累积碳排放的百分比

12.3.2　累积碳排放与温度变化的关系

尽管驱动气候变化的主要是留存在大气中使 CO_2 浓度升高的这部分碳排放（见 12.2.5 小节），但若能将累积碳排放和温度变化直接联系起来，可以更加方便地指导减缓和适应气候变化行动。研究发现，累积碳排放和全球平均温度变化之间存在较一致的线性关系，这一关系受排放路径的影响很小（图 12.6；Collins et al.，2013），在升温达到峰值之前都非常稳定，

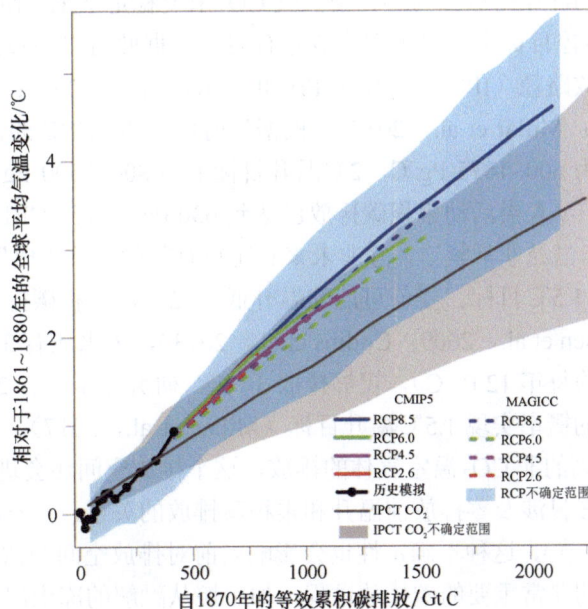

图 12.6　不同排放情景下全球平均气温变化（相对工业革命前）与累积碳排放之间的关系（改自 Wang et al.，2018a）

数据来自 CMIP5 和温室气体导致的气候变化评估模式（MAGICC）试验

这是单位 CO_2 产生的辐射强迫随其浓度升高而减小与碳汇吸收 CO_2 效率随其浓度升高而降低相互抵消的结果（Mauritsen and Pincus，2017）。将全球平均温度变化与人为累积碳排放之比称为 TCRE，这是除 ECS 和 TCR 之外的另一个重要的敏感度指标。它不仅与物理气候的敏感度有关，还与决定有多少已排放的 CO_2 存留在大气中的碳循环反馈过程有关。当累积碳排放达到峰值（零排放）时，全球气温也几乎达到峰值，这是因为海洋热惯性导致的持续增暖与碳汇对大气 CO_2 持续吸收的效果在一定程度上相互抵消，最终抵消的结果决定了温度是继续上升，是持平还是缓慢下降（Raupach et al.，2011；Collins et al.，2013；Mauritsen and Pincus，2017）。

基于观测和气候模式的评估，TCRE 的可能范围是每累积排放 1000 Pg C，全球平均气温上升 0.8~2.5℃，其中包含 ECS 和碳循环反馈的不确定性（Collins et al.，2013）。若 ECS 为 3℃，且排放 1000 Pg C 的 25%会长期存留在大气中（此时大气 CO_2 浓度约为 400 ppm），那么 TCRE 约为 1.5℃/1000 Pg C。在给定未来温室气体排放路径的情况下，基于 TCRE 可以估算该路径下全球平均温度变化。若有如甲烷、一氧化二氮等其他温室气体，可将其温室效应换算为等效的 CO_2 排放。在《巴黎协定》的要求下，各国制订了直到 2030 年应对气候变化的国家自主贡献，但研究表明，在当前的减排方案下，2030 年的升温就会达到 1.5℃左右（1.3~1.7℃），到 21 世纪末则达到 3.2℃（2.6~4.3℃），远超《巴黎协定》的温控目标（Wang et al.，2018a，2018b）。因此，需要世界各国对当前的减排方案做进一步修订，采取更加有力的减排措施。

累积碳排放和区域温度变化之间可以通过全球平均温度联系起来。在 CO_2 驱动下，区域升温往往与全球平均温度变化成正比，不同区域的比例系数不同。根据累积碳排放估算出全球温度变化后，利用空间型标度法（pattern scaling）给出的比例系数便可进行区域气候预估，此方法已得到广泛应用（Collins et al.，2013；陈晓龙和周天军，2017）。

12.3.3 不同温升目标下的排放空间

恒定的全球平均温度响应对应累积碳排放不再变化，意味着要将温度控制在某一水平，必须在适当时刻将人为净碳排放降为零，使大气 CO_2 浓度稳定下来（Matthews and Caldeira，2008）。因此，限定温控目标下的累积碳排放是有限的，据此可以估算温升目标下的排放空间并且设计可行的排放路径（IPCC，2014；Friedlingstein et al.，2014；Rogelj et al.，2016；Matthews et al.，2017；Millar et al.，2017）。根据目前估算的 TCRE 的范围，1.5℃温升目标下允许的累积碳排放为 600~1875 Pg C，2℃温升目标下为 800~2500 Pg C，其中存在相当大的不确定性。至 2017 年，人类活动累积碳排放已达到 630 Pg C，若 TCRE 为 2.5℃/1000 Pg C，那么实现 2℃温升目标已经非常紧迫，除非未来有比较有效的"负排放"（碳捕获和存储）技术，否则不可能实现 1.5℃目标。要使可能的温升低于 2℃，累积碳排放需要控制在不超过 1000 Pg C（Meinshausen et al.，2009；Collins et al.，2013），未来还有 370 Pg C 的排放空间。按目前的排放速率（约每年 12 Pg C），仅够排放 30 年。研究显示，若 2015 年后排放不超过 200 Pg C，则有 66%的概率实现 1.5℃温升目标（Millar et al.，2017）。若考虑如甲烷等其他单位温室效应比 CO_2 高的非 CO_2 温室气体的排放，这个排放空间还会进一步缩小。

此外，由于 TCRE 只涉及零排放前温升和累积碳排放的关系，并不能完全指示零排放后的温度变化（12.3.2 小节），这种不确定性也会影响当前对排放空间的估计。未来还可能出现一些由气候变化导致的非常重要的碳排放过程，如甲烷从融解的冻土层中释放等，这些因素会缩减 100 Pg C 的排放空间（MacDougall et al.，2015）。排放空间还受排放路径的影响，如果减排延缓使温升短暂超过控制目标，之后通过人为"负排放"从大气中去除 CO_2，这种情况下总的碳排放空间要小于不使温升超过控制目标的情形（MacDougall et al.，2015；Rogelj et al.，2015a）。大面积恢复森林的措施可以增加"负排放"，因此未来土地利用变化的不确定性对化石燃料排放空间估算也有较大的影响（Simmons and Matthews，2016）。大力减排寿命较短的非 CO_2 的温室气体可以增加碳排放空间（Rogelj et al.，2015b）。

12.4 中国气候变化的主要区域差异及对适应的启示

12.4.1 全球增暖背景下中国气候的主要区划界线变化

中国气候区划通常以日平均气温稳定≥10℃的日数作为一级指标划分温度带，揭示气候的纬向分异特征和垂直地带性；以干燥度作为二级指标划分干湿区，揭示气候经向分异特征；以最热月气温作为三级指标划分气候区，揭示我国气候的非地带性特征；同时分别以 1 月平均气温、年降水量作为温度带、干湿区划分的辅助指标，以日平均气温稳定≥10℃的积温（简称"活动积温"）及极端最低气温的多年平均值作为划分温度带的参考指标；并采用 30 年的气象观测资料计算区划指标值（郑景云，2013a）。因此受气候多年代尺度波动和趋势变化等影响，不同时段的气候区划结果，特别是区划界线的变动，直观指示了全球变化影响下的气候带（区）变动特征。

中国学者自 21 世纪初起开始关注全球增暖下的气候带（区）变动，特别是温度带北移及干湿界线摆动问题（沙万英等，2002；杨建平等，2002；Ye et al.，2003；王菱等，2004；马柱国和符淙斌，2005）。此后，郑景云等（2013b）对由台站迁移及测站类型变更导致的资料不连续问题进行了整合与均一性订正，根据同一来源资料，按同一区划原则，采用同一区划系统、指标体系与划分标准，编制 1951~1980 年、1961~1990 年、1971~2000 年和 1981~2010 年 4 个时段的中国气候区划方案，通过不同时段的区划结果对比，揭示了过去 60 年（1951~1980 年以及 1981~2010 年）中国气候的主要区划界线变化特征（卞娟娟等，2013）。吴绍洪等（2016）利用经均一化订正的中国 545 个气象站 1960~2011 年逐日气温资料，分析了其间温度带的变动幅度与速率。综合评估这些研究结果显示，在全球增暖背景下，中国气候的主要区划界线已出现了一定程度的变动。与 1951~1980 年相比，1981~2010 年中国东部的多个温度带呈现了北移趋势，青藏高原的温度带也部分出现了上移趋势。其中，在中国东部，寒温带界线出现西缩、北移，但幅度小于 50km；暖温带北界东段北移，最大幅度超过 1 个纬度，西段受地形影响未出现显著变化；北亚热带北界东段平均北移 1 个纬度以上，并越过淮河一线，但西段仍以秦岭为界。中亚热带北界中段从江汉平原南沿移至了江汉平原北部，最大移动幅度达 2 个纬度，但其东、西两段并未出现显著移动；南亚热带北界西段从云南中部（玉溪—腾冲一线）移至云南北部，局部最北位置达滇中北的金沙江干热河谷地区，北移幅度达 0.5~2.0 个纬度，但其东段因南岭的阻隔作用未出现显著移动 [图 12.7（a）]。在青藏高原，位于其东北部、东缘和东南部的高原温带范围扩大，而东中部的高原亚寒带范围则有所缩小（吴绍洪等，2016）。这些结论具有高信度。

虽然受降水变化影响，1981~2010 年中国各地干湿状况与 1951~1980 年相比也出现了不同程度变化，但因其间多数站降水变化以年际和年代际波动为主要特征，有 67%的站点干燥度变化幅度小于 0.1，因此从总体上看，中国干湿区界线未出现显著的变动趋势（卞娟娟等，2013）。不过，其间仍有多个干湿区的干湿程度出现了一定变化，并呈现出北方较南方显著、西部较东部明显的总体特征。其中在北方地区：一是位于东北东部的中温带湿润-半湿润东界

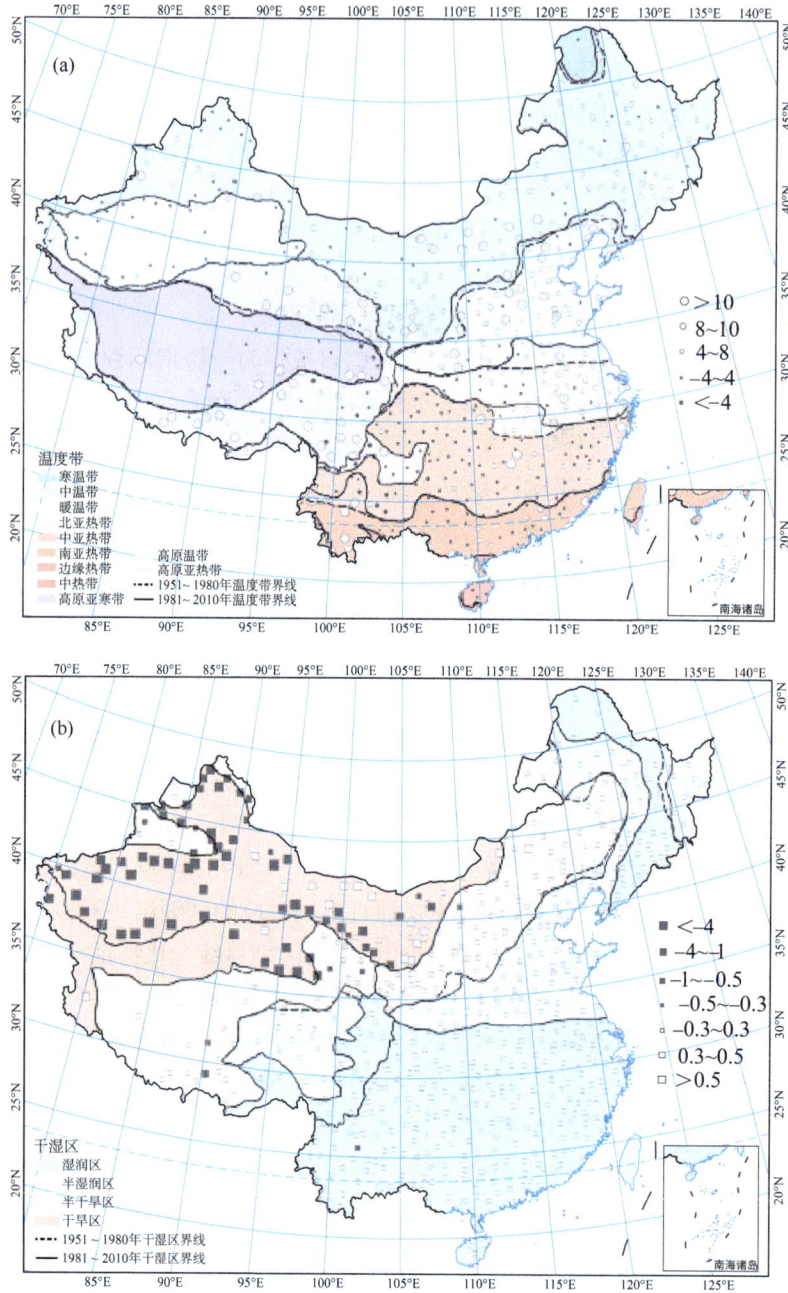

图 12.7　1951~1980 年至 1981~2010 年中国温度带界线与日平均气温稳定≥10℃日数（圆点）的变化（单位：天）（a）以及干湿区界线与年干燥度（方块）的变化（b）（卞娟娟等，2013）

东移，位于大兴安岭中部与南部的半湿润-半干旱界线北扩。二是位于黄土高原南端至东北西部的北方半湿润-半干旱干湿分界线虽因受地形影响未出现显著的水平移动，但其两侧北方半干旱区与华北半湿润区的干燥度均加大，呈现出较显著转干特征。三是位于西北的干旱区和半干旱区，呈现出总体转湿特征，特别是河西走廊和新疆等干旱区，转湿幅度最为显著，不过这些地区气候显著干旱，因而干旱区和半干旱区气候界线也并未出现明显的水平移动。青藏高原，特别是其东部地区，总体上以转湿为主，但转湿幅度较西北地区小；不过因为青藏高原的气候较西北地区相对湿润，因而也导致了高原温带地区的半湿润-半干旱界线略有北扩，使得高原的半干旱区有所缩小，半湿润区有所扩大 [图 12.7 (b)]。而在南方湿润区，各地虽也是转干与趋湿并存，但多数站点的干燥度变化幅度较小，因此其干湿区界线也未出现移动。这些结论也具有高信度。

12.4.2　主要经济带（区）的气候变化

（1）环渤海经济区：包括北京、天津及河北、辽宁、山东、山西和内蒙古中东部地区，共 5 个省（自治区）、2 个直辖市，面积约 106.9 万 km²，人口 3.03 亿（约占全国的 21.9%），GDP 约占全国的 26.1%，城区人口超百万的城市有 13 个，耕地面积约 26.4×10⁶ hm²（约占全国耕地总面积的 20%）。区内主要为暖温带半湿润气候，仅辽东半岛东部为暖温带湿润气候，山西大部为暖温带半干旱气候，内蒙古中部为中温带半干旱气候；水资源短缺是影响该地区社会经济发展的最主要因素。与 1951~1980 年相比，1981~2010 年该区无霜期延长，多数站点增加了 10~15 天，活动积温增加了 100~250℃，干燥度增加了 0.2~0.4，呈现出暖干化态势（卞娟娟等，2013）。

《第三次气候变化国家评估报告》表明，该区过去 60 年增暖和趋干并存，是全国范围内增暖和趋干趋势最显著的区域之一；其中 1961~2012 年该区年平均气温上升趋势达 0.3℃/10a（《第三次气候变化国家评估报告》编写委员会，2015），但 1998 年以后的增温趋势已显著减缓，其中 1998~2014 年的变化趋势为-0.4~0℃/10a（许艳等，2017）。1956~2013 年降水量呈波动减少趋势（《第三次气候变化国家评估报告》编写委员会，2015），其间多数站点年降水量减少 5~10mm/10a（任国玉等，2015）。1961~2013 年，除天津、河北南部、山东中西部高温日数呈微弱下降趋势外，其他各地则均呈增加趋势；特别是 20 世纪 80 年代以来，该区的极端气象干旱发生频率明显增加（秦大河，2015）。

新近研究将资料延长后，结果显示，该区 2015~2018 年继续增暖，1961~2018 年年平均气温上升趋势达 0.35℃/10a（张学珍等，2020）；2017 年、2018 年其大部分地区高温日数（每年中日最高气温≥35℃的总天数）均较常年偏多 5~10 天，其中 2018 年辽东半岛、山东半岛及京津与河北中部多数站点最高气温超历史极值或发生概率≤10%的极端阈值（中国气象局，2018，2019）。1961~2018 年该区年降水量约减少 4.5mm/10a，不过 2001~2018 年其降水下降趋势已有所减缓，特别是 2012~2018 年有 4 年（2012 年、2013 年、2016 年和 2018 年）降水相对偏多，其中 2012 年偏多 20%以上，且 2014 年、2015 年和 2017 年只有部分地区降水偏少，区域平均降水仅小幅偏低（张学珍等，2020）。虽然在暖干化背景下，1961~2014 年京津冀地区有 80%以上的站点暴雨日数、雨强和雨量呈减少趋势（谭畅等，2018），但近 10 年该区日降水量超过 100mm 的局地极端强降水和干旱事件却呈频发趋势；北京 2012 年 7 月 21 日和 2016 年 7 月 19~21 日两次特大暴雨的城区测站平均降水量分别达 215 mm 和 274 mm，均超过其前器测记录的历史极值。部分站点最大连续无雨日数（CDD）也呈增加趋势（Shi et al.，2018）；其中 2017 年 10 月 23 日至 2018 年 3 月 16 日，北京连续 145 天无降水，为有观测以来的最大值（中国气象局，2019）。

（2）长江经济带：包括上海、江苏、浙江、安徽、江西、湖北、湖南、重庆、四川、云南、贵州 11 省（直辖市），面积约 205.8 万 km²，人口和 GDP 均超过全国的 40%，内含长三角、皖江、长江中游、成渝、黔中、滇中等多个城市群与区域经济协作区，耕地面积约 44.3×10⁶ hm²（约占全国耕地总面积的 33.3%）。区内主要为亚热带湿润气候，仅云南最南端为边缘热带湿润气候。与 1951~1980 年相比，1981~2010 年该区多数站点无霜期延长 7~10 天，活动积温增加 50~150℃（主要分布在长江中下游及云南的大部分地区），上游也有部分站点略有减少；各站的干燥度虽增减不一，但变化不大（卞娟娟等，2013）。

《第三次气候变化国家评估报告》显示，这一地区增暖程度存在显著的区域差异，其中1961~2012 年长三角的年平均气温上升趋势达 0.30℃/10a 以上；长江中下游大部分地区年平均气温上升趋势为 0.10~0.30℃/10a；上游的重庆、四川、贵州则大多低于 0.10℃/10a，局部区域甚至还存在微弱的降温趋势，不过云南的大部分地区年平均气温上升趋势也达0.10~0.30℃/10a。1956~2012 年，长江上游各省区降水呈减少趋势，中、下游各省区则呈增加趋势（《第三次气候变化国家评估报告》编写委员会，2015）。特别是 2006~2013 年，长江上游地区曾发生多次区域性极端大旱，其中 2009~2013 年连续 5 年出现冬春大旱，为有气象观测以来的最严重连旱，2006 年重庆及周边地区的春夏大旱甚至达百年一遇（秦大河等，2015）。而下游的长三角地区 1961~2014 年暴雨日数、雨强和雨量均呈增加趋势，其中多数站点的暴雨日数增加 0.2d/10a 以上（谭畅等，2018）。

新近研究显示，1998 年以后该区的增温趋势出现减缓特征，其中长江中上游地区 1998~2014 年的年平均气温仍呈上升趋势，大多数站点达 0~0.2℃/10a；但长江下游地区年平均气温略有下降，速率为–0.2~0℃/10a（许艳等，2017）。不过 2016~2018 年该区年平均气温距平又显著偏高，因而 1961~2018 年整个经济带的升温趋势仍达 0.2℃/10a；且 2014~2018 年，最高气温超历史极值或极端阈值的高温事件每年皆有发生。但在总体增暖的同时，近年也发生了多次大范围极端低温事件，其中 2008 年 1 月 10 日至 2 月 2 日的低温雨雪冰冻事件，区内大部分站点的最大连续低温日数、最大连续降雪日数及降雪量、最大连续冰冻日数均达 1951年有系统器测记录以来的最大值。2014 年 2 月上中旬，这一地区又先后出现 3 次大范围低温雨雪、冰冻天气，同年 8 月 7~31 日，长江中下游地区出现持续低温阴雨天气，大部地区气温较常年同期偏低 2~3℃，部分地区偏低 3℃以上；安徽、江苏平均气温为 1961 年以来历史同期最低值，湖北为次低值，湖南为第三低；2015 年 4 月上旬还出现大范围的倒春寒（张学珍等，2020）。

1961~2018 年整个经济带的降水以年际和年代际波动为主要特征，且变幅呈增大趋势，2016 年为全区平均降水量最多的年份，导致长江中下游各地发生严重洪涝；不过 2014~2018年长江上游地区的降水又大致趋于正常。此外，台风也是影响这一地区社会经济活动的主要极端天气、气候事件；其中 2018 年，"安比"（1810）、"云雀"（1812）、"温比亚"（1818）3个台风在上海登陆，台风"摩羯"（1814）在浙江温岭登陆，而常年在浙江至江苏一带沿海地区登陆的台风年均只有 1 个，一年内有 4 个台风在这一带沿海登陆为历史仅见；特别是"温比亚"带来的强降雨和大风还广泛影响江苏、浙江、安徽、山东、河南、河北、辽宁等省（市），造成 1800.4 万人受灾，直接经济损失达 369.1 亿元（中国气象局，2015，2016，2017，2018，2019）。

（3）华南经济圈：指以南岭以南为主体的区域经济合作区，主要包括广东、广西、福建、海南、台湾、香港、澳门，含珠三角经济区、海西经济区、北部湾经济区及海南经济特区等。区内人口稠密，耕地面积虽仅约占全国的 7.3%，但复种指数高，且第二、第三产业发达，因而其 GDP 约占全国的 30%，是中国乃至世界上最活跃的经济中心之一。该区主要为南亚热带及热带湿润季风气候。

《第三次气候变化国家评估报告》显示，1961~2012 年华南地区年平均气温上升趋势达0.16℃/10a，是我国增暖趋势最弱的区域之一，且降水无显著变化趋势（《第三次气候变化国家评估报告》编写委员会,2015)。与 1951~1980 年相比,1981~2010 年华南地区 80%以上站点无霜期延长,活动积温增加;其中约 30.0%以上站点无霜期延长 5 天以上,活动积温增加 200℃以上。各站的干燥度虽增减不一,但变化不大(卞娟娟等,2013)。

新近研究显示,尽管该区曾在 1998~2014 年出现降温趋势(许艳等,2017),但 2015~2018 年其平均气温又连续 4 年较常年偏高,使得 1961~2018 年区域平均气温上升趋势达 0.2℃/10a,其中 2015 年为此期间最高的年份。其间全区平均降水仍以显著的年际和年代际波动为主,但未见明显的变化趋势,其中 2012 年以后又进入了相对多雨期,除 2018 年区域平均降水略偏少外,2012~2017 年连续 6 年降水偏多,2016 年为 1961~2018 年降水最多的年份(张学珍等,2020)。

暴雨、台风是影响这一地区的主要极端天气、气候事件。1961~2014 年华南多数站点的暴雨日数、雨强和雨量均呈增加趋势,其中珠三角多数站点的暴雨日数增加 0.2d/10a 以上(谭畅等,2018)。2010 年以来,台风对华南地区的社会经济影响呈现出加重态势。2014 年,超强台风"威马逊"(1409)先后在海南、广东、广西三度登陆,其最大风力分别达 17 级、17 级和 15 级,强台风"麦德姆"(1410)先后在台湾、福建、山东三度登陆,台风"凤凰"(1416)在台湾、浙江、上海先后四度登陆;同一台风在我国多地登陆为历史罕见(中国气象局,2015)。2015 年台风"苏迪罗"(1513)于 8 月 7~8 日先后在台湾和福建沿海登陆后,深入内陆影响范围广,带来的风雨强度大,造成 824 万人受灾,直接经济损失达 242.5 亿元。强台风"彩虹"(1522)10 月 4 日在广东湛江沿海登陆,最大风力 15 级,并深入广西,造成广东、广西、海南 3 省 788.5 万人受灾,直接经济损失 300.1 亿元(中国气象局,2015)。2016 年台风"莫兰蒂"(1614)在福建厦门登陆时的最大风力也达 15 级,又恰逢天文大潮,致使厦门全城电力供应基本瘫痪,全面停水,基础设施损坏严重;同时影响福建、浙江、江西、上海、江苏等省(直辖市),造成 375.5 万人受灾,直接经济损失 316.5 亿元(中国气象局,2016)。2017 年,台风在华南登陆时间集中、地点高度重叠。其中 7 月 30~31 日,台风"纳沙"(1709)和"海棠"(1710)先后在福建省福清沿海登陆;8 月 23~27 日,台风"天鸽"(1713)、"帕卡"(1714)先后在广东珠海和台山登陆。"天鸽"登陆时的最大风力达 14 级,受其影响,8 月 22~25 日,广东东部沿海和西南部、广西南部、云南东南部、贵州西部等地出现强风暴雨天气,共造成 245.9 万人受灾,直接经济损失 289.1 亿元(中国气象局,2017)。2018 年,强台风"玛利亚"(1808)在福建连江、"山竹"(1822)在广东台山登陆时的最大风力均达 14 级,分别对江西、浙江、福建、湖南和广东、海南、广西、湖南、云南、贵州等地造成了严重影响(中国气象局,2015,2016,2017,2018,2019)。

(4)东北经济区:指以东北黑龙江、吉林、辽宁三省和内蒙古东二盟三市(呼伦贝尔市、兴安盟、锡林郭勒盟、通辽市和赤峰市)及河北秦皇岛市组成的区域经济合作区,与环渤海经济区有部分交叉,面积约 148.1 万 km^2,人口 1.25 亿(约占全国的 9.0%),耕地面积约 $32.0×10^6$ hm^2(约占全国耕地总面积的 23.7%),GDP 约占全国的 8.5%,是我国的老工业基地和粮食主产区之一。该区主要为中温带湿润、半湿润气候区,但最北端的黑龙江漠河为寒温带湿润气候区,而内蒙古东部则为中温带半干旱气候区。低温冷冻和干旱等是影响这一地区的主要极端天气、气候事件。

《第三次气候变化国家评估报告》显示,东北地区是我国近 60 年增暖最显著的区域之一,1961~2012 年区域年平均气温上升趋势达 0.36℃/10a,1956~2012 年区域年降水减少 6.6mm/10a(《第三次气候变化国家评估报告》编写委员会,2015)。与 1951~1980 年相比,1981~2010 年该区所有站点的生长季平均延长约 6 天，活动积温增加 168℃；半数以上站点干燥度增大，存在转干趋势，少半站点干燥度减小，但变幅均不大（卞娟娟等，2013）。

最新研究显示，1998~2014 年东北大部分地区年平均气温呈下降趋势，幅度达 0~−0.4℃/10a，其中以北部地区最为显著（许艳等，2017）。不过 1961~2018 年该区的温度变化趋势显示，尽管近 20 年其增暖趋势已有所减缓，但仍在持续（张学珍等，2020）。其中 2015 年，整个东北地区显著偏暖，区域年平均气温距平为历史第三高值；2016~2018 年也均为正距平，且 2018 年吉林、辽宁等地的日最高气温还突破了历史极值（中国气象局，2015，2016，2017，2018）。与 1956~2012 年该区降水呈减少趋势相比，该区 2012~2018 年有 6 年全区降水相对偏多，其中 2013 年全区普遍多雨，松花江流域为 1951 年以后最多。尽管 1981~2015 年东北地区的最大连续无雨日数（CDD）呈缩短趋势（Shi et al.，2018），但区域性重度干旱事件仍呈多发态势。其中 2015 年 6 月下旬至 9 月下旬，辽宁中西部等降水量普遍不足 200mm，其中 6 月 20 日至 7 月 20 日，辽宁省各站平均降水仅 30.7mm，为 1961 年以来同期最少（中国气象局，2016）。2017 年 4 月上旬至 7 月下旬，东北西部及内蒙古东部降水不足 200mm，比常年同期偏少 30%~80%，且气温又较常年同期显著偏高，出现了严重旱情（中国气象局，2018）。此外，先前逐渐趋弱的极端低温冷冻事件在近年也呈多发态势。其中 2014 年 4 月下旬至 5 月初，因强冷空气袭击而出现倒春寒，这一地区出现严重低温冷冻灾害（中国气象局，2016）。2015 年 5 月 5~16 日，内蒙古大部、黑龙江北部、吉林东部等地再次受强冷空气袭击，降温幅度达 8~12℃，导致大范围的作物冷害（中国气象局，2016）。2018 年 10 月 7~8 日，大部分地区又因强冷空气袭击而降温 8~12℃，导致黑龙江大部分地区遭受低温冷冻灾害（中国气象局，2019）。

12.4.3 主要生态脆弱区的气候变化

（1）西北生态脆弱区：包括内蒙古西部、宁夏、陕西、甘肃、新疆等省（自治区），其大部分地区属于温带大陆性干旱、半干旱气候，区内地形复杂，生态系统脆弱，是我国生态脆弱区集中分布区和重要生态屏障。面临的主要气候与生态问题有干旱与沙尘多发、冰川退缩、冻土和自然植被退化、生物丰度和多样性下降等。

《第三次气候变化国家评估报告》显示，西北地区 1961~2012 年区域年平均气温上升趋势达 0.32℃/10a；降水变化趋势存在区域差异，大致以黄河源区至巴音淖尔段为界，其以西区域降水呈增加趋势，其以东区域则呈减少趋势（《第三次气候变化国家评估报告》编写委员会，2015）。与 1951~1980 年相比，1981~2010 年该区 80%以上站点的生长季延长，其中半数以上站点延长 5 天以上，活动积温增加 150℃以上；80%以上站点干燥度下降，气候存在转湿趋势，但仍属于干旱与半干旱气候（卞娟娟等，2013）。

最新研究显示，1998~2014 年西北大部分地区年平均气温出现下降趋势，其中降幅最显著的地区为新疆南部、河套及陕西北部，降幅超过−0.3℃/10a；仅新疆东北部和甘肃东部仍为微弱升温。不过 2014~2018 年，西北地区年平均气温连续保持正距平，较 1981~2010 年均值，2015 年气温偏高 1.0℃，2016 年偏高 1.1℃，2017 年偏高 0.9℃，表明这一地区 2014 年以后很可能又转为继续增暖。资料延长后的计算结果显示，1956~2013 年，西北地区多数站点年降水呈增加趋势，幅度为 0~20mm/10a，与先前的评估结果基本一致（任国玉等，2015）。相较于 1981~2010 年均值，2014~2015 年西北降水小幅偏少，2016 年小幅偏多，2017 年和 2018 年又分别偏多 15%和 13%（中国气象局，2015，2016，2017，2018，2019）。虽然西北地区 CDD 在 1961~1985 年无趋势变化，但之后却出现显著下降趋势，使得 1961~2015 年的下降趋势达 2.8d/10a，这也说明西北的降水日数可能又在趋于增多（Shi et al.，2018）。

（2）青藏高原生态脆弱区：包括青海省和西藏自治区，约占我国陆地总面积的四分之一；平均海拔 4000m 以上，是全球海拔最高的巨型构造地貌单元和典型的生态脆弱区，具有独特的自然地理环境和高寒气候；也是我国长江、黄河等多条河流的发源地和重要生态屏障，被誉为"亚洲水塔"。面临的主要生态问题有冰川退缩、冻土退化等。

《第三次气候变化国家评估报告》显示，1961~2012 年青藏高原大部分区域年平均气温上升趋势达 0.3℃/10a 以上，其中部分地区甚至超过 0.5℃/10a，是全国增暖最显著的地区；降水呈增加趋势（《第三次气候变化国家评估报告》编写委员会，2015）。与 1951~1980 年相比，1981~2010 年这一地区生长季长度平均延长 8.2 天，活动积温增加 136℃，其中有 40%以上的站点生长季长度延长 10 天以上，活动积温增加 150℃以上；80%以上站点干燥度下降，气候在总体上存在转湿趋势（卞娟娟等，2013）。

最新研究显示，1998~2014 年在全国增暖显著趋缓的背景下，青藏高原地区仍存在显著增温，其中大部分地区增温趋势仍达 0.3℃/10a 以上，且约有 30%的区域（主要出现在唐古拉山和昆仑山）达 0.45℃/10a 以上；2015~2018 年青藏高原年平均气温又连续 4 年较 1981~2010 年均值高 0.8℃以上；对区域冰川退缩、冻土退化造成了显著影响。1956~2013 年，青藏高原年降水量增加趋势达 2%~10%/10a，其中青藏高原北部增加趋势最明显（任国玉等，2015）；2014~2018 年青藏高原年降水量除 2015 年比 1981~2010 年均值显著偏少（约低 19%）外，其他各年均偏多，其中 2018 年青海降水偏多 29%，为器测以来历史最多（中国气象局，2015，2016，2017，2018，2019）。

上述评估表明，在全球变暖背景下，中国气候的部分区划界线已出现了不同程度的变动，主要经济区（圈、带）和生态脆弱区显著增暖，区域极端事件发生频率呈增加态势。主要特征包括：①与 1951~1980 年相比，1981~2010 年中国东部温度带的多条界线出现北移趋势，其中整体北移最显著的北亚热带北界东段已越过淮河一线，中亚热带北界中段和南亚热带北界西段也出现显著的局部北移；同时青藏高原东部的高原温带范围扩大、亚寒带范围缩小。此期间尽管干湿区界线未出现显著的趋势变化，但大多数地区的降水却存在显著的年代际尺度波动。②1961~2018 年，环渤海经济区、长江经济带、华南经济圈和东北经济区的年均气温上升趋势分别达 0.35℃/10a、0.2℃/10a、0.2℃/10a 和 0.33℃/10a，除东北经济区外，其他三个经济区年均气温均在 2014 年后突破了其前最暖年的记录；环渤海经济区的降水减少和暖干化趋势仍在持续。2014~2018 年，各经济区（圈、带）最高气温超历史极值或极端阈值（发生概率≤10%的分位值）的极端高温事件及环渤海经济区、东北经济区的区域性跨季连旱和极端特大暴雨等事件的发生频率增大，长江经济带暴雨日数增多，华南经济区受台风影响加重；长江经济带和东北经济区在增暖同时也出现了多次大范围的极端低温事件。③西北和青藏高原等生态脆弱区在 1961~2018 年持续增暖；尽管在近 30 年其中大多数区域出现了降水增多、气候转湿趋势；但由于这些地区大多属于干旱、半干旱气候，这些地区面临的干旱与沙尘多发、冰川退缩、冻土退化等生态问题仍在持续。

科学认识全球增暖背景下中国气候与极端事件变化的区域差异是因地制宜适应气候变化的重要依据。针对上述中国气候与极端事件变化区域差异基本特征，我国在下一阶段制定适应气候变化的区域差异化策略与举措时，应更有针对性地应对。

知识窗

气 候 区 划

气候区划指以气候区域分异规律和各地气候特征为基础,将特定地域按特定指标体系和标准划分气候区的过程,旨在刻画地域气候的差异性及气候区的地域独特性。中国气候区划工作由竺可桢开创,经过多年的实践,至 20 世纪 80 年代中期,已建立了适合中国温度带、干湿区、气候区三个等级区划的主要指标、划分标准以及计算各个指标的方法体系;形成了"气候带和气候大区名称与代码"国家标准。主要是:先根据青藏高原和我国其他区域的自然地域分异特征,将青藏高原划分为一个独立的自然单元;然后再分别根据青藏高原和其他区域的气候特征,进行各个等级的气候带、区划分。其中以日平均气温稳定≥10℃的日数作为一级指标划分温度带(表 12.1),揭示我国气候的纬向和垂直分异特征;以干燥度作为二级指标划分干湿区(表 12.2),揭示气候经向分异特征;以最热月气温作为三级指标划分气候区(表 12.3),揭示我国气候的非地带性特征;并分别以 1 月平均气温、年降水量作为温度带、干湿区划分的辅助指标,以日平均气温稳定≥10℃的积温及极端最低气温的多年平均值作为划分温度带的参考指标。气候区划要求采用 30 年的气象观测资料计算区划指标值。因此,气候多年代尺度波动和趋势变化等导致的气候区划结果(特别是区划界线)变动,可直观指示全球变化影响下的气候带(区)等变化特征。

表 12.1　划分温度带的指标体系及其标准

温度带	主要指标	辅助指标		参考指标	
	日平均气温稳定≥10℃的日数/天	1 月平均气温/℃	7 月平均气温/℃	日平均气温稳定≥10℃期间的积温/℃	年极端最低气温多年平均值/℃
寒温带	<100	<-30		<1600	<-44
中温带	100~170	-30 至-12~-6		1600 至 3200~3400	-44~-25
暖温带	170~220	-12~-6 至 0		3200~3400 至 4500~4800	-25~-10
北亚热带	220~240 210~225(云贵高原)①	0~4		4500~4800 至 5100~5300 3500~4500(云贵高原)	-14~-10 至-6~-4
中亚热带	240~285 225~285(云贵高原)	4~10		5100~5300 至 6400~6500 4000~5000(云贵高原)	-6~-4 至 0 -4~0(云贵高原)
南亚热带	285~365	10~15 9~10 至 13~15(云南高原)		6400~6500 至 8000 5000~7500(云南高原)	0~5 0~2(云南高原)
边缘热带	365	15~18 >13~15(云南高原)		8000~9000 7500~8000(云南高原)	5~8 >2(云南高原)
中热带	365	18~24		9000~10000	8~20
赤道热带	365	>24		>10000	>20
高原②亚寒带	<50	-18 至-10~-12	<11		
高原温带	50~180	-10~-12 至 0	11~18		
高原亚热带山地	180~350	>0	18~24		

注:①指在云贵高原用该标准划分中亚热带,其他括号义同;②高原范围根据张镱锂等(2002)界定的范围划定

表 12.2　划分干湿区的指标体系及其标准

干湿状况	主要指标（年干燥度）	辅助指标（年降水量/mm）
湿润	≤1.00	>800~900 >600~650（东北、川西山地）
半湿润	1.00~1.50	400~500 至 800~900 400~600（东北）
半干旱	1.50~4.00 1.50~5.00（青藏高原）	200~250 至 400~500
干旱	≥4.00 ≥5.00（青藏高原）	<200~250

表 12.3　划分气候区的指标（7 月平均气温）及其标准

气候区	Ta	Tb	Tc	Td	Te	Tf	Tg
7 月平均气温（℃）	≤18	18~20	20~22	22~24	24~26	26~28	≥28

参 考 文 献

卞娟娟, 郝志新, 郑景云, 等. 2013. 1951—2010 年中国主要气候区划界线的移动. 地理研究, 32(7): 1179-1187.

陈晓龙, 周天军. 2017. 使用订正的"空间型标度"法预估 1.5℃温升阈值下地表气温变化. 地球科学进展, 32: 435-445.

黄伟, 陈建徽, 张肖剑, 等. 2015. 现代气候条件下降水变化的"西风模态"空间范围及其影响因子初探. 中国科学: 地球科学, 45: 379-388.

姜大膀, 刘叶一. 2016. 温室效应会使地球温度上升多高——关于平衡气候敏感度. 科学通报, 691: 1-5.

蓝江湖, 徐海, 郁科科, 等. 2019. 中亚东部晚全新世水文气候变化及可能成因. 中国科学: 地球科学, 49(8): 1278-1292.

马柱国, 符淙斌. 2005. 中国干旱和半干旱带的 10 年际演变特征. 地球物理学报, 48(3): 519-525.

蒲健辰, 姚檀栋, 王宁练, 等. 2004. 近百年来青藏高原冰川的进退变化. 冰川冻土, 26(5): 517-522.

秦大河. 2015. 中国极端天气气候事件和灾害风险管理与适应国家评估报告. 北京: 科学出版社.

任国玉, 任玉玉, 战云健, 等. 2015. 中国大陆降水时空变异规律——II. 现代变化趋势. 水科学进展, 26(4): 451-465.

沙万英, 邵雪梅, 黄玫. 2002. 20 世纪 80 年代以来中国的气候变暖及其对自然区域界线的影响. 中国科学(D辑), 32(4): 317-326.

施雅风. 1998. 第四纪中期青藏高原冰冻圈的演化及其与全球变化的联系. 冰川冻土, 20(3): 197-208.

石广玉. 1999. 大气微量气体的辐射强迫与温室气候效应. 中国科学(B 辑), 21(7): 776-784.

苏珍, 赵井东, 郑本兴, 2014. 中国现代冰川平衡线分布特征与末次冰期平衡线下降值研究. 冰川冻土, 36: 9-19.

谭畅, 孔锋, 郭君, 等. 2018. 1961—2014 年中国不同城市化地区暴雨时空格局变化—以京津冀、长三角和珠三角地区为例. 灾害学, 33(3): 132-139.

谭明. 2016. 近千年气候格局的环流背景: ENSO 态的不确定性分析与再重建. 中国科学: 地球科学, 46: 657-667.

王菱, 谢贤群, 李运生, 等. 2004. 中国北方地区 40 年来湿润指数和气候干湿带界线的变化. 地理研究, 23(1): 45-53.

王明星, 张仁健, 郑循华. 2000. 温室气体的源与汇. 气候与环境研究, 5(1): 75-79.

王绍武, 罗勇, 赵宗慈, 等. 2013. 全球变暖的科学. 北京: 气象出版社.

王绍武, 罗勇, 赵宗慈, 等. 2021. 平衡气候敏感度. 气候变化研究进展, 8(3): 232-234.

王绍武, 朱锦红, 蔡静宁, 等. 2003. ENSO 变率的不规则性. 北京大学学报(自然科学版), 39: 125-132.

闻新宇, 王绍武, 朱锦红. 2007. 古 ENSO 的研究进展. 地球物理学报, 50(2): 387-396.

吴绍洪, 刘文政, 潘韬, 等. 2016. 1960~2011 年中国陆地表层区域变动幅度与速率. 科学通报, 61: 2187-2197.

许艳, 唐国利, 张强. 2017. 基于均一化格点资料的全球变暖趋缓期中国气温变化特征分析. 气候变化研究进展, 13(6): 569-577.

杨建平, 丁永建, 陈仁升, 等. 2002. 近 50 年来中国干湿气候界线的 10 年际波动. 地理学报, 57(6): 655-661.

姚檀栋, 秦大河, 沈永平, 等. 2013. 青藏高原冰冻圈变化及其对区域水循环和生态条件的影响. 自然杂志, 35(3): 179-186.

张华, 黄建平. 2014. 对 IPCC 第五次评估报告关于人为和自然辐射强迫的解读. 气候变化研究进展, 10(1): 40-44.

张学珍, 郝志新, 郑景云. 2020. 中国主要经济区的近期气候变化特征评估. 地理科学进展, 39(10): 1609-1618.

张镱锂, 李炳元, 郑度. 2002. 论青藏高原范围与面积. 地理研究, 21: 1-8.

张仲石, 燕青, 张冉, 等. 2017. 第四纪北半球冰盖发育与东亚气候的遥相关. 第四纪研究, 37(5): 1009-1016.

赵井东, 施雅风, 王杰. 2011. 中国第四纪冰川演化序列与 MIS 对比研究的新进展. 地理学报, 66(7): 867-884.

赵平, 陈隆勋, 周秀骥, 等. 2003. 末次盛冰期东亚气候的数值模拟. 中国科学, 33(6), 557-562.

郑景云, 卞娟娟, 葛全胜, 等. 2013a. 1981~2010 年中国气候区划. 科学通报, 58(30): 3088-3099.

郑景云, 卞娟娟, 葛全胜, 等. 2013b. 中国 1951-1980 年及 1981—2010 年的气候区划. 地理研究, 32(6): 987-997.

中国气象局. 2015. 2014 年中国气候公报.

中国气象局. 2016. 2015 年中国气候公报.

中国气象局. 2017. 2016 年中国气候公报

中国气象局. 2018. 2017 年中国气候公报

中国气象局. 2019. 2018 年中国气候公报.

周天军, 陈晓龙. 2015. 气候敏感度、气候反馈过程与 2 度增温阈值的不确定性问题. 气象学报, 73: 624-634.

《第三次气候变化国家评估报告》编写委员会. 2015. 第三次气候变化国家评估报告. 北京: 科学出版社.

Andrews T, Gregory J M, Paynter D, et al. 2018. Accounting for changing temperature patterns increases historical estimates of climate sensitivity. Geophysical Research Letters, 45: 8490-8499.

Andrews T, Gregory J M, Webb M J, et al. 2012. Forcing, feedbacks and climate sensitivity in CMIP5 coupled atmosphere-ocean climate models. Geophysical Research Letters, 39: L09712.

Andrews T, Webb M J. 2018. The dependence of global cloud and lapse rate feedbacks on the spatial structure of tropical pacific warming. Journal of Climate, 31(2): 641-654.

Armour K C. 2017. Energy budget constraints on climate sensitivity in light of inconstant climate feedback. Nature Climate Change, 7(5): 331-335.

Betts R A, Jones C D, Knight J R, et al. 2016. El Niño and a record CO_2 rise. Nature Climate Change, 6: 806-810.

Boucher O, Randall D, Artaxo P, et al. 2013. Clouds and aerosols//Stocker T F, Qin D H, Plattner G K, et al. Climate Change 2013: The Physical Science Basis. Contribution of Working Group I to the Fifth Assessment Report of the Intergovernmental Panel on Climate Change. Cambridge and New York: Cambridge University Press.

Caballero R, Huber M. 2013. State-dependent climate sensitivity in past warm climates and its implications for future climate projections. Proceedings of the National Academy of Sciences of the United States of America, 110: 14162-14167.

Caldwell P M, Zelinka M D, Taylor K E, et al. 2016. Quantifying the sources of intermodel spread in equilibrium climate sensitivity. Journal of Climate, 29: 513-524.

Capotondi A, Wittenberg A. 2013. ENSO diversity in climate models. US CLIVAR Variations, 11(2): 10-13.

Ceppi P, McCoy D T, Hartmann D L. 2016. Observational evidence for a negative shortwave cloud feedback in middle to high latitudes. Geophysical Research Letters, 43: 1331-1339.

Chen F H, Chen J H, Holmes J, et al. 2010. Moisture changes over the last millennium in arid central Asia: A review, synthesis and comparison with monsoon region. Quaternary Science Reviews, 29: 1055-1068.

Chen J H, Chen F H, Feng S, et al. 2015. Hydroclimatic changes in China and surroundings during the medieval climate anomaly and little ice age: Spatial patterns and possible mechanisms. Quaternary Science Reviews,

107: 98-111.

Chylek P, Lohmann U. 2008. Aerosol radiative forcing and climate sensitivity deduced from the Last Glacial Maximum to Holocene transition. Geophysical Research Letters, 35: 1-5.

Ciais P, Sabine C, Bala G, et al. 2013. Carbon and other biogeochemical cycles//Stocker T F, Qin D H, Plattner G K, et al. Climate Change 2013: The Physical Science Basis. Contribution of Working Group I to the Fifth Assessment Report of the Intergovernmental Panel on Climate Change. Cambridge and New York: Cambridge University Press.

Cobb K M , Charles C D , Cheng H, et al. 2003. El Niño/Southern Oscillation and tropical Pacific climate during the last millennium. Nature, 424: 271-276.

Collins M, Knutti R, Arblaster J, et al. 2013. Long-term climate change: Projections, commitments and irreversibility//Stocker T F, Qin D H, Plattner G K, et al. Climate Change 2013: The Physical Science Basis. Contribution of Working Group I to the Fifth Assessment Report of the Intergovernmental Panel on Climate Change. Cambridge and New York: Cambridge University Press.

Cox P M, Huntingford C, Williamson M S. 2018. Emergent constraint on equilibrium climate sensitivity from global temperature variability. Nature, 533: 319-322.

Cubasch U, Meehl G A, Boer G J, et al. 2001. Projections of future climate change//Houghton J T, Ding Y H, Griggs D J, et al. Climate Change 2001: The Scientific Basis. Contribution of Working Group I to the Third Assessment Report of the Intergovernmental Panel on Climate Change. Cambridge and New York: Cambridge University Press.

Diaz H F , Pulwarty R S. 1994. An analysis of the time scales of variability in centuries-long ENSO-sensitive records in the last 1000 years. Climatic Change, 26: 317-342.

Edwards T L, Crucifix M, Harrison S P. 2007. Using the past to constrain the future: How the palaeorecord can improve estimates of global warming. Progress in Physical Geography, 31: 481-500.

Field C B, Barros V R, Mach K J, et al. 2014. Technical summary//Field C B, Barros V R, Dokken D J, et al. Climate Change 2014: Impacts, Adaptation, and Vulnerability. Part A: Global and Sectoral Aspects. Contribution of Working Group II to the Fifth Assessment Report of the Intergovernmental Panel on Climate Change . Cambridge and New York: Cambridge University Press.

Flato G, Marotzke J, Abiodun B, et al. 2013. Evaluation of climate models. I// Stocker T F, Qin D H, Plattner G K, et al. Climate Change 2013: The Physical Science Basis. Contribution of Working Group I to the Fifth Assessment Report of the Intergovernmental Panel on Climate Change. Cambridge and New York: Cambridge University Press.

Forster P, Ramaswamy V, Artaxo P, et al. 2007. Changes in atmospheric constituents and in radiative forcing// Solomon S, Qin D H, Manning M, et al. Climate Change 2007: The Physical Science Basis. Contribution of Working Group I to the Fourth Assessment Report of the Intergovernmental Panel on Climate Change. Cambridge and New York: Cambridge University Press.

Friedlingstein P, Andrew R M, Rogelj J. et al. 2014. Persistent growth of CO_2 emissions and implications for reaching climate targets. Nature Geoscience, 7: 709-15.

Gao Y, Sun J, Li F, et al. 2015. Arctic sea ice and Eurasian climate: A review. Advances in Atmospheric Sciences, 32(1): 92-114.

Gildor H, Ashkenazy Y, Tziperman E, et al. 2013. The role of sea ice in the temperature-precipitation feedback of glacial cycles. Climate Dynamics, 43: 1001-1010.

Goodwin P, Williams R G, Ridgwell A. 2015. Sensitivity of climate to cumulative carbon emissions due to compensation of ocean heat and carbon uptake. Nature Geoscience, 8(1): 29-34.

Gregory J M, Ingram W J, Palmer M A, et al. 2004. A new method for diagnosing radiative forcing and climate sensitivity. Geophysical Research Letters, 31: L03205.

Ham Y G, Kug J S. 2015. Improvement of ENSO simulation based on intermodel diversity. Journal of Climate, 28(3): 998-1015.

Hansen J, Sato M, Ruedy R, et al. 2005. Efficacy of climate forcings. Journal of Geophysical Research, 110(D18): D18104.

Hargreaves J C, Annan J D, Yoshimori M, et al. 2012. Can the Last Glacial Maximum constrain climate sensitivity. Geophysical Research Letters, 39: L24702.

Hartmann D L, Larson K. 2002. An important constraint on tropical cloud-climate feedback. Geophysical Research Letters, 29(20): 1951.

Held I M, Soden B J. 2000. Water vapor feedback and global warming. Annual Review of Environment and Resources, 25: 441-475.

Hill D J, Haywood A M, Lunt D J, et al. 2014. Evaluating the dominant components of warming in Pliocene climate simulations. Climate of the Past, 10(1): 79-90.

Hu X, Taylor P C, Cai M, et al. 2017. Inter-model warming projection spread: Inherited traits from control climate diversity. Scientific Report, 7: 4300.

IPCC. 2013. Climate Change 2013: The Physical Science Basis. Cambridge and New York: Cambridge University Press.

IPCC. 2014. Climate Change 2014: Synthesis Report. Geneva: Contribution of Working Groups I, II and III to the Fifth Assessment Report of the Intergovernmental Panel on Climate Change.

Jacob D J, Avissar R, Bond G C, et al. 2005. Radiative Forcing of Climate Change: Expanding the Concept and Addressing Uncertainties. Washington: The National Academies Press.

Klein S A, Hall A, Norris J R, et al. 2017. Low-cloud feedbacks from cloud-controlling factors: A review. Surveys in Geophysics, 38: 1307-1329.

Köhler P, Bintanja R, Fischer H, et al. 2010. What caused Earth's temperature variations during the last 800 000 years. Data-based evidence on radiative forcing and constraints on climate sensitivity. Quaternary Science Reviews, 29: 129-145.

Koutavas A, Joanidis S. 2009. El Niño during the last glacial maximum. Geochim Cosmochim Acta, 73: A690-A690.

Kutzbach J E, He F, Vavrus S J, et al. 2013. The dependence of equilibrium climate sensitivity on climate state: Applications to studies of climates colder than present. Geophysical Research Letters, 40: 3721-3726.

Lan J H, Xu H, Sheng E G, et al. 2018. Climate changes reconstructed from a glacial lake in High Central Asia over the past two millennia. Quaternary International, 487: 43-53.

Le Quéré C, Andrew R M, Friedhingstein P, et al. 2018. Global Carbon Budget 2018. Earth Syst Sci Data, 10: 2141-2194.

Leduc M, Matthews H D, De Elía R. 2015. Quantifying the limits of a linear temperature response to cumulative CO_2 emissions. Journal of Climate, 28: 9955-9968.

MacDougall A H, Zickfeld K, Knutti R. 2015. Sensitivity of carbon budgets to permafrost carbon feedbacks and non-CO_2 forcings. Environmental Research Letters, 11: 055006.

Mann M E. 2009. Defining dangerous anthropogenic interference. Proceedings of the National Academy of Sciences of the United States of America, 106: 4065-4066.

Matthews H D, Caldeira K. 2008. Stabilizing climate requires near-zero emissions. Geophysical Research Letters, 35: L04705.

Matthews H D, Gillet N P, Stott P A, et al. 2009. The proportionality of global warming to cumulative carbon emissions. Nature, 459(7248): 829-832.

Matthews H D, Landry J S, Partanen A I, et al. 2017. Estimating carbon budgets for ambitious climate targets. Current Climate Change Reports, 3(1): 69-77.

Mauritsen T, Pincus R. 2017. Committed warming inferred from observations. Nature Climate Change, 7: 652-655.

Mauritsen T, Stevens B. 2015. Missing iris effect as a possible cause of muted hydrological change and high climate sensitivity in models. Nature Geoscience, 8: 346-351.

McCoy D T, Hartmann D L, Zelinka M D, et al. 2015. Mixed-phase cloud physics and Southern Ocean cloud feedback in climate models. Journal of Geophysical Research Atmosphere, 120: 9539-9554.

Meinshausen M, Meinshausen N, Hare W, et al. 2009. Greenhouse-gas emission targets for limiting global warming to 2℃. Nature, 458: 1158-1162.

Millar R J, Fuglestvedt J S, Friedlingstein P, et al. 2017. Emission budgets and pathways consistent with limiting warming to 1.5℃. Nature Geoscience, 10: 741-747.

Myhre G, Shindell D, Bréon F M, et al. 2013. Anthropogenic and natural radiative forcing//Stocker T F, Qin D H, Plattner G K, et al. Climate Change 2013: The Physical Science Basis. Contribution of Working Group I to the Fifth Assessment Report of the Intergovernmental Panel on Climate Changes. Cambridge and New York: Cambridge University Press.

Olsen J, John Anderson N, Knudsen M F. 2012. Variability of the North Atlantic Oscillation over the past 5200 years. Nature Geoscience, 5(11): 808-812.

PALAEOSENS Project Members. 2012. Making sense of palaeoclimate sensitivity. Nature, 491: 683-691.

Ramaswamy V, Boucher O, Haigh J, et al. 2001. Radiative forcing of climate change//Houghton J T, Ding Y H, Griggs D J, et al. Climate Change 2001: The Scientific Basis. Contribution of Working Group I to the Third Assessment Report of the Intergovernmental Panel on Climate Change. Cambridge and New York: Cambridge University Press.

Randall D A, Wood R A, Bony S, et al. 2007. Climate models and their evaluation//Solomon S, Qin D H, Manning M, et al. Climate Change 2007: The Physical Science Basis. Contribution of Working Group I to the Fourth Assessment Report of the Intergovernmental Panel on Climate Change. Cambridge and New York: Cambridge University Press.

Raupach M, Canadell J G, Ciais P, et al. 2011. The relationship between peak warming and cumulative CO_2 emissions, and its use to quantify vulnerabilities in the carbon-climate-human system. Tellus B, 63: 145-164.

Rittenour T M , Brigham-Grette J , Mann M E. 2000. El Niño-like climate teleconnections in New England during the late Pleistocene. Science, 288: 1039-1042.

Rodbell D T, Seltzer G O, Anderson D M, et al. 1999. An 15, 000-year record of El Niño-driven alluviation in southwestern Ecuador. Science, 283(5401): 516-520.

Rogelj J, Reisinger A, McCollum D L, et al. 2015a. Mitigation choices impact carbon budget size compatible with low temperature goals. Environmental Research Letters, 10: 075003.

Rogelj J, Meinshausen M, Schaeffer M, et al. 2015b. Impact of short-lived non-CO_2 mitigation on carbon budgets for stabilizing global warming. Environmental Research Letters, 10: 075001.

Rogelj J, Schaeffer M, Friedlingstein P, et al. 2016. Differences between carbon budget estimates unravelled. Nature Climate Change, 6: 245-252.

Rohling E J, Sluijs A, Dijkstra H A, et al. 2012. Making sense of palaeoclimate sensitivity. Nature, 491: 683-691.

Rypdal M, Fredriksen H B, Rypdal K, et al. 2018. Emergent constraints on climate sensitivity. Nature, 563: E4-E5.

Salzmann U, Dolan A M, Haywood A M, et al. 2013. Challenges in quantifying Pliocene terrestrial warming revealed by data-model discord. Nature Climate Change, 3: 969-974.

Schmidt G A, Annan J D, Bartlein P J, et al. 2014. Using palaeo-climate comparisons to constrain future projections in CMIP5. Climate of the Past, 10: 221-250.

Schneider T, Hampel H, Mosquera P V, et al. 2018. Paleo-ENSO revisited: Ecuadorian Lake Pallcacocha does not reveal a conclusive El Niño signal. Global and Planetary Change, 168: 54-66.

Scroxton N, Bonham S G, Rickaby R E M, et al. 2011. Persistent El Niño-Southern Oscillation variation during the Pliocene Epoch. Paleoceanography, 26: PA2215.

Sherwood S, Webb M J, Annan J D, et al. 2020. An assessment of Earth's climate sensitivity using multiple lines of evidence. Reviews of Geophysics, 58: e2019RG000678.

Shi J, Cui L, Wen K M, et al. 2018. Trends in the consecutive days of temperature and precipitation extremes in China during 1961-2015. Environmental Research, 161: 381-391.

Simmons C T, Matthews H D. 2016. Assessing the implications of human land-use change for the transient climate response to cumulative carbon emissions. Environmental Research Letters, 11: 035001.

Soden B J, Held I M, Colman R, et al. 2008. Quantifying climate feedbacks using radiative kernels. Journal of Climate, 21: 3504-3520.

Stap L B, Van De Wal R S W, de Boer B, et al. 2018. Modeled influence of land ice and CO_2 on polar amplification and paleoclimate sensitivity during the past 5 million years. Paleoceanography and Paleoclimatology, 33: 381-394.

Stein R, Fahl K, Müller J. 2012. Proxy reconstruction of Cenozoic Arctic Ocean sea ice history-from IRD to IP25. Polarforschung, 82(1): 37-71.

Stocker T F, Qin D H, Plattner G K, et al. 2013. Technical summary//Stocker T F, Qin D H, Plattner G K, et al. Climate Change 2013: The Physical Science Basis. Contribution of Working Group I to the Fifth Assessment Report of the Intergovernmental Panel on Climate Change. Cambridge and New York: Cambridge University Press.

Sun Y B, Yin Q Z, Crucifix M, et al. 2019. Diverse manifestations of the Mid-Pleistocene climate transition. Nature Communications, 10: 352.

Sun Y, Ramstein G, Li L Z X, et al. 2018. Quantifying East Asian summer monsoon dynamics in the ECP4.5 scenario with reference to the mid-Piacenzian warm period. Geophysical Research Letters, 45: 523-533.

Sun Y, Zhou T J, Ramstein G, et al. 2016. Drivers and mechanisms for enhanced summer monsoon precipitation over East Asia during the mid-Pliocene in the IPSL-CM5A. Climate Dynamics, 46: 1437-1457.

Tan I, Storelvmo T, Zelinka M D. 2016. Observational constraints on mixed-phase clouds imply higher climate sensitivity. Science, 352: 224-227.

Tan L C, Cai Y J, Cheng H, et al. 2018. High resolution monsoon precipitation changes on southeastern Tibetan Plateau over the past 2300 years. Quaternary Science Reviews, 195: 122-132.

Trouet V, Esper J, Graham N E, et al. 2009. Persistent positive North Atlantic Oscillation mode dominated the Medieval Climate Anomaly. Science, 324: 78-80.

Tschudi S, Schäfer J M, Zhao Z Z, et al. 2003. Glacial advances in Tibet during the Younger Dryas? Evidence from cosmogenic 10Be, 26Al, and 21Ne. Journal of Asian Earth Sciences, 22(4): 301-306.

Tsushima Y, Iga S, Tomita H, et al. 2014. High cloud increase in a perturbed SST experiment with a global nonhydrostatic model including explicit convective processes. Journal of Advances in Modeling Earth Systems, 6: 571-585.

Tudhope A W, Chilcott C P, McCulloch M T, et al. 2001. Variability in the El Niño-Southern Oscillation through a Glacial-Interglacial cycle. Science, 291: 1511-1517.

UNFCCC. 2015. Paris Agreement.

Vihma T. 2014. Effects of Arctic sea ice decline on weather and climate: A review. Surveys in Geophysics, 35: 1175-1214.

Von Der Heydt A S, Dijkstra H A, Van De Wal R S W, et al. 2016. Lessons on climate sensitivity from past climate changes. Current Climate Change Reports, 2: 148-158.

Von Der Heydt A S, Nnafie A, Dijkstra H A. 2011. Cold tongue/warm pool and ENSO dynamics in the Pliocene. Climate of the Past, 7: 903-915.

Wang C, Deser C, Yu J Y, et al. 2017. El Niño and southern oscillation (ENSO): A review. Coral Reefs of the Eastern Tropical Pacific. Dordrecht: Springer.

Wang F, Ge Q S, Chen D L, et al. 2018b. Global and regional climate responses to national-committed emission reductions under the Paris agreement. Geografiska Annaler: Series A, Physical Geography, 100: 3240-3253.

Wang F, Tokarska K B, Zhang J T, et al. 2018a. Climate warming in response to emission reductions consistent with the Paris Agreement. Advances in Meteorology, 2018: 2487962.

Wang S W , Zhu J H , Cai J N , et al. 2004. Reconstruction and analysis of time series of ENSO for the last 500 years. Progress in Natural Sciences, 14 (12): 1074-1079.

Wara M W, Ravelo A C, Delaney M L. 2005. Permanent El Niño-like conditions during the Pliocene warm period. Science, 309: 758-761.

Watanabe T, Suzuki A, Minobe S, et al. 2011. Permanent El Niño during the Pliocene warm period not supported by coral evidence. Nature, 471: 209-211.

White S M, Ravelo A C, Polissar P J. 2018. Dampened El Niño in the early and mid-holocene due to insolation-forced warming/deepening of the thermocline. Geophysical Research Letters, 45: 316-326.

Williams R G, Goodwin P, Roussenov V M, et al. 2016. A framework to understand the transient climate response to emissions. Environmental Research Letters, 11: 015003.

Wirth S B, Glur L, Gilli A, et al. 2013. Holocene flood frequency across the Central Alps-solar forcing and evidence for variations in North Atlantic atmospheric circulation. Quaternary Science Reviews, 80: 112-128.

Wolff C, Plessen B, Dudashvilli A S, et al. 2017. Precipitation evolution of Central Asia during the last 5000 years. The Holocene, 27: 142-154.

Xu H, Zhou K, Lan J H, et al. 2019. Arid Central Asia saw mid-Holocene drought. Geology, 47(3): 255-258.

Yan D N, Xu H, Lan J H, et al. 2019. Solar activity and the westerlies dominate decadal hydroclimatic changes over arid Central Asia. Global and Planetary Change, 173: 53-60.

Yan Q, Zhang Z, Wang H, et al. 2014. Simulation of Greenland ice sheet during the mid-Pliocene warm period. Chinese Science Bulletin, 59(2): 201-211.

Ye D Z, Jiang Y, Dong W J. 2003. The northward shift of climatic belts in China during the last 50 years and the corresponding seasonal responses. Advances in Atmospheric Sciences, 20(6): 959-967.

Zelinka M D, Hartmann D L. 2010. Why is longwave cloud feedback positive? Journal of Geophysical Research, 115: D16117.

Zelinka M D, Zhou C, Klein S A. 2016. Insights from a refined decomposition of cloud feedbacks. Geophysical Research Letters, 43(17): 9259-9269.

Zhang Y G, Pagani M, Liu Z. 2014. A 12-million-year temperature history of the tropical Pacific Ocean. Science,

344(6179): 84-87.

Zheng W, Braconnot P, Guilyardi E, et al. 2008. ENSO at 6ka and 21ka from ocean-atmosphere coupled model simulations. Climate Dynamics, 30: 745-762.

Zhou C, Zelinka M D, Klein S A. 2016. Impact of decadal cloud variations on the Earth's energy budget. Nature Geoscience, 9: 871-874.

Zhou C, Zelinka M D, Klein S A. 2017. Analyzing the dependence of global cloud feedback on the spatial pattern of sea surface temperature change with a Green's function approach. Journal of Advances in Modeling Earth Systems, 9: 2174-2189.

Zhu J, Liu Z, Brady E, et al. 2017. Reduced ENSO variability at the LGM revealed by an isotope-enabled Earth system model. Geophysical Research Letters, 44(13): 6984-6992.

第二部分

气候变化影响、风险与适应

第13章 评估的目标、范围、对象与进展

首席作者：吴绍洪 赵东升

主要作者：尹云鹤 高江波 张弛 刘小莽 刘路路

摘 要

本章指出了气候变化影响、风险与适应性评估政策环境背景，指出了评估报告应为国家应对气候变化宏观政策制定、环境外交与气候谈判、保障国家安全、促进社会经济可持续发展提供科技支撑的总体目标，总结了编制和发布气候变化国家评估报告在文化、价值观、伦理、身份、行为和历史经验方面的意义，评述了气候变化对重要部门及区域影响和风险评估工作的重要性。凝练了 IPCC 和气候变化国家评估报告关于影响、风险和适应性的主要结论，指出了本部分评估所用到的社会经济情景、气候情景、影响和风险评估的技术框架体系、主要评估工具和方法。本章系统总结了《第三次气候变化国家评估报告》以来重点领域和区域影响、风险和适应所取得的新认识，以及在研究方法方面的进展。

13.1 气候变化影响、风险与适应性评估的目的和意义

13.1.1 目的

1. 政策环境背景

气候变化不仅是当今社会最突出的环境问题之一，也是未来人类可能面临的巨大风险。中国地处东亚季风区，是世界上气候变化最为脆弱地区之一，气候变化深刻地影响经济社会的可持续发展，对粮食安全、生态安全、国土安全和水资源保障安全构成严重威胁。中国正处于经济快速发展时期，气候变化进一步加剧，将使众多的人口和迅速增长的社会财富越来越多地暴露在气候变化的影响之下，给中国社会经济发展带来诸多挑战。

习近平总书记在党的十九大报告中指出，从十九大到二十大，是"两个一百年"奋斗目标的历史交汇期。我们既要全面建成小康社会、实现第一个百年奋斗目标，又要乘势而上开启全面建设社会主义现代化国家新征程，向第二个百年奋斗目标进军（习近平，2017）。未来20年仍将是中国经济快速增长期，日趋显现的气候变化影响和风险问题给社会经济发展带来了新的挑战。实现联合国可持续发展目标必须克服人类面临的各种挑战，而气候变化应对与这些目标都息息相关。因此，从国家层面全面、准确地评估气候变化影响、风险和适应，是提升国家竞争力、维护国家安全工作的战略举措，关系到我们能否实现全面、协调和可持续发展。

根据《巴黎协定》，各缔约国要把全球温升控制在工业化前水平以上低于2℃以内，并努

力控制在 1.5℃之内。中国的气候变化研究必须为中国环境外交，尤其是关于全球气候变化的国际谈判提供坚实的科技支撑，为在新一轮谈判中确定合理的国际义务、维护中国权益提供决策依据，这都需要从国家层面对气候变化影响、风险和适应进行科学评估，才能科学地制定符合中国国情的环境外交政策，使中国在外交谈判中处于主动地位，利益不受到损害，并为中国在全球应对气候变化担当大国责任的积极行动提供科技支撑。

因此，本报告的核心目的一是为制定国民经济和社会的长期发展战略提供科学决策依据，二是为中国参与气候变化领域的国际行动提供科学支撑，三是总结中国的气候变化研究成果，为未来的科学研究和适应行动指明方向。

2. 本报告的目标

在以过去 5 年气候变化对相关领域影响研究的基础上，从全国尺度科学、系统地评估气候变化对我国国家环境安全与社会经济可持续发展重点领域影响的程度和范围，全面揭示气候变化对各重点领域影响的时空格局及区域差异，预估不同升温程度给中国重点领域和区域带来的风险，为国家应对气候变化宏观政策制定、环境外交与气候谈判、保障国家安全、促进社会经济可持续发展提供科技支撑。本报告评估主要包括以下几个方面内容。

农业领域包括农业系统对气候变化敏感程度和脆弱性评估；气候变化程度、变化频率和极端事件对农业的影响；气候变化对粮食供给和需求的影响；未来农业的气候变化风险；农业适应气候变化宏观对策。

自然生态系统领域包括森林、草原、湿地等自然生态系统的地带性分布特征；生态系统供给服务、调节服务和服务价值；物候、生物多样性及其生产力对气候变化的敏感性与适应性；森林和其他生态系统的变化导致的水利、林业与农牧业效应；提出确保这些自然生态系统可持续发展的对策与适应措施；自然生态系统对气候变化的响应程度及其适应性评价技术。

水资源领域包括水资源系统对气候变化的脆弱性；未来气候变化对水资源量、水资源供需情势；冰川融雪以及水资源可持续利用的可能影响；未来水资源的气候变化脆弱性和风险；水资源系统适应气候变化的对策措施。

海洋和海岸带影响方面包括气候变化对海洋和海岸带生态系统的影响；全球变暖对海水温度和盐度的影响；海平面上升对中国近海和海岸带环境的影响；海平面上升对生态系统的影响。

环境质量、人体健康和旅游活动方面包括气候变化对大气环境质量、地表水环境质量和地下水环境质量的影响和风险；未来气候变化情景大气环境、地表水环境、地下水环境影响环境管理和生态修复对策；气候变化和极端事件对宜居性的影响与风险；气候变化对传染性疾病、慢性非传染性疾病、人体伤害和心理/精神疾病的影响与风险；人体健康适应气候变化策略与技术；气候变化对旅游业和旅游资源的影响和风险；中国旅游业应对气候变化的策略和技术。

重大工程和能源方面包括气候变化对重大水利工程、交通工程、生态工程和海洋工程的影响并带来的风险；气候变化对能源供给、能源消费、能源基础设施和能源运输的影响；气候变化情景下能源系统风险预估；能源系统适应气候变化措施、技术和策略。

13.1.2　意义

我国于 2007 年、2011 年和 2015 年发布了三次气候变化国家评估报告，编制和发布气候变化国家评估报告的意义在于，表明我国应对全球气候变化的立场、态度、原则和主张，树立正确的文化观、价值观，为我国参与全球气候治理与合作提供科技支撑，为政府制定国民经济和社会发展规划、应对气候风险提供参考依据，为我国参与全球变化领域的科学研究指出方向。

1. 文化、价值观、伦理、身份、行为、历史经验

1）文化

气候变化会深刻影响文化传播、文化完整性和文化多样性，很多历史文化遗产正面临着气候变化带来的威胁。文化遗产政策是气候外交领域的重要手段之一，利用文化遗产培育历史认同感和身份认同感，为全球气候谈判创造良好的舆论环境，有利于开展区域合作、带动环境产业发展（张玥等，2018）。以气候变化对文化的影响评估为基础，探讨文化因素在气候变化适应中的作用，能够帮助社会公众增进对气候变化的理解和认识，提升文化输出影响力和气候外交能力。

2）价值观

党的十九大报告指出，坚持人与自然和谐共生，建设生态文明是中华民族永续发展的千年大计。坚持生态文明理念是在经济社会发展中尊重自然规律、顺应和保护自然，实现人对自然在有限范围内的使用，不影响人与自然的和谐发展，不以牺牲自然环境为代价（蒋佳妮等，2017）。发挥气候变化背景下价值观的重要作用，以生态文明理念构建应对气候变化的技术合作体系，有利于创造生态和经济相生共赢、利益与道德更加平衡的局面。

3）伦理

从伦理学的视角看，气候变化问题涉及历史责任与当下行动、国家利益与全球合作、当代人权益与未来人权益、发展中国家权益与发达国家权益之间的讨论等。如何公平地分配应对气候变化相关的利益和责任，是国际上争辩的焦点。理清不同气候伦理原则的内在逻辑，明确不同主体的诉求和理由，能够为达成公平的碳排放分配方案提供启示。加强气候变化科学评估，提高相关成果的国际认可度并加强推广应用，把握好科学评估与公约谈判的关系，有利于更好地利用科学辅助政治决策，做好整体气候变化战略布局（张永香等，2018）。

4）身份

"共同的人类身份"激励国家行为体和非国家行为体达成气候正义基本共识，基于人类身份产生的集体理性是对抗政治不确定性的重要力量（张肖阳，2018）。美国退出《巴黎协定》虽然致使全球气候治理在减排、资金、技术和领导力等方面的缺口加剧，给国际气候变化制度建设带来了消极影响，但在客观上增强了其他国家的"共同命运感"（李慧明，2018）。积极开展气候变化评估有助于加强不同群体在气候变化问题上的沟通，增进群体内外的相互理解和协调合作，有利于探索未来全球气候治理模式、推动建设人类命运共同体。

5）行为

气候变化影响人们的认知、情绪和行为。有研究表明，长期累积的气候变化相关消极情绪体验可能严重影响个体的正常生活，甚至引发攻击性行为和暴力犯罪（陆亚等，2014）。尽管国家层面已经出台了许多应对气候变化的政策措施，但是普通公众对于气候变化及其危害的认知水平还不够。加强气候变化科学知识普及和责任意识教育，有助于普通公众更加客观、合理地理解气候变化问题，保持积极健康的心理状态，促使个体产生更多的环境保护行为，从而更好地适应气候变化。

6）历史经验

历史气候变化是区域文明兴衰的重要影响因素之一（方修琦等，2017）。研究表明，我国历史上暖期气候对社会发展，尤其是农业发展具有一定促进作用，同时，暖期社会的快速

发展使得资源环境压力不断加大、社会脆弱性增强，重大气候灾害容易引发严重的社会危机（葛全胜等，2014）。剖析过去气候变化对我国社会经济发展的影响及其区域差异，探讨人类适应气候变化的经验方法和策略，能够为应对当代和未来气候变化、保障社会经济可持续发展提供经验借鉴。

2. 自然和人类系统敏感部门

气候变化影响评估涉及自然和人类系统的多个部门，自然系统包括水资源、生态系统、冰川和海岸带等，人类系统包括农业、重大工程、人体健康和环境质量等。更新扩展气候变化影响评估的范围和内容，研究分析重点领域对气候变化的响应过程，有助于合理利用气候变化带来的有利因素，规避气候变化带来的不利影响，建立气候变化有序适应机制，制定气候变化定量适应措施，以促进重点领域和气候敏感产业的可持续发展。

3. 区域气候变化风险应对

气候变化给社会经济带来的风险包括已有健康问题恶化、水资源短缺加剧、粮食产量和农业收入不稳定、农村饮水和灌溉困难等，甚至引发社会动荡，危及人类安全（秦大河，2014）。IPCC 评估报告将风险概念纳入气候变化领域，侧重于关注气候变化对自然和人类系统的不利影响，报告明确了基于危害、暴露度和脆弱性复杂相互作用的气候变化风险评估框架（吴绍洪等，2017）。为加强气候变化风险应对能力，需要针对区域气候变化影响与风险的特征，进一步提高气候变化影响与风险评估能力，制定相应的防御措施，采取有效的管理措施避免或降低风险，保障自然和社会经济系统可持续发展。随着经济发展水平提升、排放总量增加、环境压力加大，以及对气候变化风险认识的发展，我国在应对气候变化的国际进程中，正逐步实现从被动防范向主动迎战转变（潘家华和张莹，2018）。

13.2　影响、风险和适应的含义

13.2.1　气候变化影响

气候变化影响（impacts）主要是指极端天气气候事件或者气候变化对自然和人类系统所产生的影响（effects）。影响是指在特定时间段内气候变化、灾害性气候事件或两者之间相互作用对经济、生态、工业、农业、水文、城市生活、健康、文化、基本设施等所产生的影响。影响可以是其直接结果，也可以指间接或最终后果。气候变化对地球物理系统的影响包括洪水、干旱和海平面上升，其是自然系统影响的一部分。气候变化对不同领域的影响一直是 IPCC第二工作组和气候变化国家评估报告的主要评估内容。气候变化对人类社会及生存环境必然产生不同程度的影响，但这种影响因受体的差别分为有利影响与不利影响，总体上利弊共存，弊大于利。

气候变化直接影响对我国有利的方面包括：气候变暖导致北方部分地区种植制度界限变化，区域粮食单产增加；部分高寒地区热量资源增加、作物生育期延长，如青藏河谷、东北地区，使得品种类型改变，生育期延长，种植范围北扩；西北地区降水增加，气候由暖干向暖湿化发展，青藏高原、内蒙古西部等部分地区植被覆盖度得到显著改善，有利于遏制荒漠化趋势；较高纬度与海拔地区一定程度的温度上升可能使作物产量有所增加；冰川融水增加，使得塔河等流域径流量增加，有利于西北干旱区绿洲农业的发展；中国森林生物量碳库累计增加；气候变暖会增加对空调、冷饮、啤酒等部分工业产品的需求，促进其扩大生产规模。

气候变化的近期影响不同地区和领域之间差异很大，有些地区和领域负面影响已很明显，有些则不严重，但中长期高幅度增温负面影响将可能比较突出。例如，气候变化导致的极端天气事件频率与强度增加，可能造成重大的自然灾害损失；降水时空变化的空间差异导致水资源时空分布不均，洪涝干旱频繁发生，部分地区的水资源匮乏可能加剧；大幅升温将加剧生态系统脆弱性，导致生产力与服务功能下降，生境退化、生物多样性降低，甚至导致部分物种灭绝；沿海地区海平面上升，风暴潮频率、强度增大，海岸侵蚀和咸潮入侵加剧，并显著影响海岸带生态系统；极端农业气象事件导致作物产量降低，农业病虫害增加；气候变化引起的人体健康、重大工程建设问题等；极端气候事件对旅游业影响较大。

13.2.2　气候变化风险

气候变化风险来自气候相关危害与人类和自然系统的暴露度和脆弱性相互作用，其构成包括两个维度（即致险因子和承险体）、三个方面（即危险性、脆弱性和暴露度）（吴绍洪等，2011）。单独气候变化并不一定导致灾害，而必须与脆弱性和暴露程度有交集之后才可能产生风险。

1. 致险因子

在自然灾害的研究范畴，致灾因子是自然或人为环境中，能够对人类生命、财产或各种活动产生不利影响，并达到造成灾害程度的罕见或极端的事件。而在气候变化研究中，致险因子为自然气候与人为气候的变化，决定着风险发生的可能性；气候变化风险源主要包括两个方面：一是平均气候状况（气温、降水趋势），属于渐变事件；二是极端天气/气候事件（热带气旋、风暴潮、极端降水、河流洪水、热浪与寒潮、干旱），属于突发事件。

2. 脆弱性

脆弱性是指受到气候变化不利影响的倾向或趋势，常以敏感性和易损性为表征指标，是系统内的气候变率特征、幅度和变化速率及其敏感性和适应能力的函数，气候变化脆弱性是系统对气候负面影响的敏感度，也是系统不能应对负面影响的能力反映。IPCC 第四次评估报告对脆弱性的定义为，某个系统容易受到但却无力应对气候变化的各种不利影响的程度，其中包括气候变率和极端事件。脆弱性可以分为物理脆弱性和社会脆弱性，前者是反映受体物理性质的特征量，表征不同气候变化强度下，受体发生的物理损坏；后者是描述整个社会系统在气候变化影响下可能遭受损失的一种性质，是社会、经济、政治、文化等因素的复合函数，常由伤亡人数和经济损失来界定。

3. 暴露度

暴露度是指处在有可能受到气候变化不利影响位置的承险体数量。IPCC 第五次评估报告将其定义为：人员、生计、物种或生态系统、环境功能和服务，以及各种资源、基础设施或经济、社会或文化资产处在有可能受到不利影响的位置。

对于气候变化风险来说，脆弱性与暴露度是一组平行的概念，是表征承险体两个方面特征的重要指标。其中，系统组分的响应程度，即敏感性，指系统固有的、内在的、潜在的脆弱因素面对外界扰动表现出来的不稳定性；适应能力是系统对外界干扰产生的适应性响应，即对变化的应对能力。而暴露度是指脆弱的"承险体""暴露"于气候因子下的程度，是系统置于气候因子下的"量",而不属于系统的内在属性。因此,本报告认为暴露量不属于脆弱性的范畴。

13.2.3 气候变化适应

1. 适应的含义

IPCC 评估报告将适应定义为对实际或预期的气候及其影响进行调整的过程。适应是为了趋利避害,主要通过降低脆弱性减少气候变化的影响和风险。IPCC 评估报告给出了多种适应措施,可以归纳为三类,一是针对较少暴露度的措施,二是增量调整适应的措施,三是转型适应措施。适应是一项长期的任务,需要社会、经济、政策、技术的协调机制,而且必须突出这个机制的有序性,使各个方面发挥最佳效益。

2. 中国的适应气候变化行动包括适应对策和成果

当前,中国采取的适应气候变化行动可以归结如下。

1)制定并实施适应气候变化的相关政策法规与规划

制定《中国应对气候变化国家方案》和《国家适应气候变化战略》,提出了应对气候变化的具体目标、基本原则、重点领域及政策措施,并提出了 2020 年的适应目标。制定和实施了一系列相关法律法规与规划。加强灾害监测和预警,开展气候灾害的风险区划、产业规划和布局等工作。

2)各领域采取的适应对策和成果[①]

农业领域。大力推动农田水利基本建设,统筹实施高效节水灌溉,大力推进农业水价综合改革。推动大规模旱涝保收标准农田建设,推广农田节水技术。培育并推广产量高、品质优良的抗逆品种。开展精细化农业气候区划和主要农业气象灾害风险区划,为农业气象灾害风险管理提供支撑。

林业领域。努力保护森林和其他自然生态系统,推动全面实施全国生态环境建设和保护规划。实施湿地保护、恢复、可持续利用示范、能力建设等重点工程。强化林地定额管理,加强草原生态保护,推行禁牧休牧和草畜平衡政策,加强草原执法监督。

水资源领域。加强了水利工程和流域防洪重点工程的建设,加快骨干枢纽和重点水源工程建设,开展水权交易。投资建设集中供水工程、分散供水工程和农村饮水安全工程,提高水资源利用效率。持续强化重点流域水生态环境保护,不断深化饮用水水源环境保护。

海洋领域。加强海洋气候观测,设立生态环境监测站。全面评估海平面上升及其影响状况,为沿海地区科学应对气候变化提供依据。加强对海岛、海岸带和沿海地区的保护管理,将气候变化影响作为修编海洋功能区划、海岸保护与利用规划的重要考虑因素,严格控制围填海规模。

健康领域。明确自然灾害卫生应急工作的目标和原则,确立自然灾害卫生应急工作机制、响应级别和响应措施。制定不同灾种自然灾害卫生应急工作方案。基本建立了培训、监测、快速响应和防控框架。

跨领域综合措施。通过推进社会经济改革来增强中国适应能力,在自愿基础上逐步开展生态移民,通过适当调整产业结构布局,加强生态脆弱地区的扶贫开发力度。

---

① 生态环境部. 2018. 中国应对气候变化的政策与行动.

13.3　IPCC 和国家评估报告关于影响、风险和适应性的主要结论

13.3.1　IPCC 评估报告的主要结论

本节内容主要整理自 IPCC 第五次评估报告第二工作组报告（IPCC，2014），《管理极端事件和灾害风险，提升气候变化适应能力》特别报告（IPCC，2012），《IPCC 全球升温 1.5℃特别报告》（IPCC，2018），《气候变化与土地特别报告》（IPCC，2019a），《气候变化中的海洋和冰冻圈特别报告》（IPCC，2019b）。总结了 IPCC 对各领域气候变化影响、风险和适应的主要结论。

1. 淡水资源

气候变化引起的水文循环变化造成水资源的时空分配及总量变化，从而导致各类影响与风险。自 20 世纪 50 年代以来，径流变化趋势通常与观测到的区域降水和温度变化相一致。观测到的气候变化对水质变化的影响多来自孤立的研究，对于二者之间的联系应在区域尺度上谨慎讨论。气候变化对全球尺度上洪水灾害频率与强度的影响缺乏足够证据，但研究高信度表明洪水灾害造成的社会经济损失正在增加（Jiménez Cisneros et al.，2014）。预报模型显示与淡水资源相关的气候变化风险随温室气体浓度的增大而显著增大。

2. 陆地生态系统

受气候变化影响，最近几十年物种与生态系统产生了显著的变化。人类活动与气候变化共同推动土地利用与覆盖变化、生物地球化学循环过程、植物生产力、物候、物种的变化。检测与归因分析显示，温度变化对生物体和生态系统的影响最为明显（Settele et al.，2014）。未来几十年中许多植物和动物物种将通过调整以适应气候变化。气候变化、森林砍伐与退化等导致陆地固碳能力减弱。生物体和生态系统具有一定的自主适应能力，包括生理、行为、物候和生物物理形态的变化等。

3. 海岸带系统

海岸带对与气候变化相关的海平面、海水温度及海洋酸度具有高度敏感性。海洋变暖导致的海水热膨胀，以及格陵兰和南极的冰川、冰帽及冰盖的融水，是造成全球相对海平面上升的主要因素。预计到 2100 年全球海平面上升 0.28~0.98m，但由于区域变化和局部因素，当地海平面上升的影响可能大于全球平均海平面上升的影响，这对沿海城市、三角洲和地势低洼的地区将有严重的影响。海平面的上升与风暴潮的发生将使极端水位更高，发生更频繁，从而加速对海滩、沙丘、岩石海岸、沿海湿地的侵蚀（Wong et al.，2014）。IPCC 对海岸带适应策略的分类包括撤退、适应和保护，该适应策略被广泛应用于实践。

4. 海洋系统

气候变化改变了海洋的物理、化学和生物特性。气候变暖和淡化都导致海水密度分层增强。在自然和人为因素影响下，潜在的生物地球化学效应以及热带海洋动力学的演变存在很大的不确定性，对于未来缺氧和低氧水域的数量尚未达成共识。根据气候情景，预计到 2050 年，最大渔获量潜力将在高纬度地区增大，在低纬度地区减小。人类社会受益于海洋生态系统提供的生态系统服务，气候变化将对海洋资源的管理同时产生积极与消极的影响（Pörtner et al.，2014）。

5. 粮食生产与安全

气候变化对粮食生产与陆地粮食生产的影响显著，且气候变化的负面影响总体大于正面影响，而有利影响多见于高纬度地区。除气候变化（气候变暖与气候极端事件）的影响之外，大气成分变化对于作物也有明显影响（Porter et al.，2014）。粮食安全的关键要素，例如，水、环境条件、能源供应等都在一定程度上受到气候变化的影响。极端气候频率和强度的变化可能影响粮食供应和价格的稳定性，从而影响粮食安全。预估表明，2030 年之后全球粮食作物平均产量受气候变化的负面影响将更为复杂。

6. 城市地区

大部分关键的和正在出现的全球气候风险集中在城市地区，与城市气候变化相关的风险正在增加（包括海平面上升、风暴潮、热应激、极端降水、内陆和沿海洪水、山体滑坡、干旱、干旱加剧、水资源短缺和空气污染），对区域和国家的经济和生态系统造成了广泛的负面影响。城市人口越来越集中于沿海地区和低海拔地区，使海平面上升成为城市面临的主要威胁，这些地区面临着来自洪水和风暴潮的风险（Revi et al.，2014）。人口和活动日益集中在城市中心，城市的数量和规模不断增大，这可能会产生新的灾害风险、暴露和脆弱性模式。

7. 农村地区

发展中国家的农村地区依赖于农业和自然资源生存，他们对气候变化与气候极端事件高度敏感。气候变化一方面影响农村基础设施，造成直接的财产损失，另一方面对农村人口赖以生存的生态系统产生影响，从而影响农村地区居住、生计和收入模式（Dasgupta et al.，2014）。世界上许多地方的农村人口已经学会如何应对气候变化政策（例如，增加可再生资源的能源供应、鼓励种植生物燃料植物），这将在一些农村地区产生重要的次级影响，这种影响既有积极的（例如，增加就业机会），也有消极的（例如，与稀缺资源的冲突增加）。

8. 人类健康、福祉与安全

人类健康对于天气模式的转变与气候变化非常敏感。温度和降水的变化，以及热浪、洪水、干旱及火灾的发生直接影响人体健康。气候变化带来的生态系统破坏（例如，作物歉收、疾病载体的转变）以及人类系统对气候变化的不良反应（例如，营养不良、精神压力、长期干旱导致人口流离失所）间接对人类健康产生影响。气候变化下的人类健康脆弱性影响因素包括地理位置、当前健康状况、年龄与性别、社会经济地位、公共卫生及其他基础设施建设等（Smith et al.，2014）。

9. 海洋冰冻圈

全球变暖导致冰冻圈面积大范围缩小，冰盖与冰川产生质量损失，积雪减少，北极海冰的范围与厚度减小及永久冻土温度升高，并对海洋温度、酸度及海平面产生影响。冰冻圈和相关的水文变化影响北极和高山地区及海洋和沿海生态系统的物种组成、丰度和生物量，对生态系统的结构与功能产生级联效应，对人类粮食安全、水资源、生计与福祉等方面形成挑战。基于生态系统的保护性、恢复性和预防性的管理方法以及减少海洋和大气污染可以支持海洋冰冻圈提供更为持久的生态系统服务，但需要考虑随时间进行调整的成本与收益间的权衡（Elliff and Kikuchi，2015；Mazor et al.，2021）。

　　10. 土地利用

　　气候变化和极端事件导致了部分区域的土地荒漠化与土地退化，并加剧了人类生计、生物多样性、生态系统健康、基础设施与粮食系统的现有与未来气候变化风险。同时区域土地利用的演变对气候变化产生随时空变化的反馈。适应和减缓气候变化的土地对策与防治土地荒漠化的活动有助于互为实现双方目标。地方利益攸关方（包括土著、妇女、穷人、边缘人物及地方社区）应参与选择、评价、执行和监测土地政策以提高决策和治理的效用，以及增强气候变化适应能力（Sherman and James，2014；Wamsler，2017）。

13.3.2　《第三次气候变化国家评估报告》的主要结论

　　《第三次气候变化国家评估报告》根据气候变化影响受体涵盖范围，重点评估领域涉及自然生态系统与社会经济系统的多个方面。近年来，在科学发展推动和社会需求下，重点领域气候变化影响评估工作取得了长足发展，已基本形成对气候变化影响较为系统的认识（表 13.1；吴绍洪等，2016）。

表 13.1　关键领域与重点区域气候变化影响利弊

关键领域	利弊影响		重点区域
	有利	不利	
农业	热量资源增加、种植制度调整、二氧化碳施肥效应提高、作物水分利用效率提升	耕地质量下降、用水供需矛盾、病虫害加重、高温灾害与霜冻加剧	东北地区（+）、华北地区（−）、华东地区（−）、华中地区（+&−）、西北地区（−）
水资源	干旱地区冰雪融水增加、易涝地区径流减少	旱涝灾害加重	华北地区（−）、华中地区（−）、西南地区（−）、西北地区（+）
森林与其他自然生态系统	森林总体碳汇、温带草原增加、高山牧场草原界线上移	西部荒漠化、生产力下降、东部湿地萎缩、北方落叶林减少、局部物种消失	东北地区（−）、西南地区（+&−）、西北地区（−）
海岸带和近海环境	—	海洋酸化加剧，赤潮、风暴潮加重，海岸侵蚀强度增大，红树林和珊瑚礁退化	华东地区、华南地区
冰冻圈环境	冰川融水增加、冰封期缩短、凌期趋于缓和、海冰冰情总体缓解	冰川萎缩、厚度减薄，冰湖溃决风险加大，多年冻土面积萎缩，雪灾频次总体增加，海冰冰情年际变化大	东北地区（−）、西南地区（−）、西北地区（+&−）
人体健康与环境质量	促进高寒地区人类活动和减少低温诱发伤病，冷空气活动减弱和降水增多使风沙减轻	自然灾害导致疾病或死亡、传染病和自然疫源性疾病发病率及流行区域增加、水体富营养化、水质及大气污染等加剧	华东地区、华中地区
重大工程	高寒地区施工期延长，北极航线有望夏季开通	南水北调中线工程可调水量减少、三峡洪涝风险增大、青藏铁路路基变形风险、气候暖干化不利于三北防护林提高植树存活率与生产力、电力网络受损风险加大	

　　注：+、−分别代表气候变化影响的利和弊

1. 气候变化对重点领域影响的新进展与认识

1）农业

　　论证了气候变化对不同作物类型的影响程度（Tao et al.，2012a，2012b），突出了粮食安全的综合影响评估工作（秦大河等，2012；Piao et al.，2010）。气候变暖导致病虫害呈加重态势、耕地质量总体下降，粮食安全风险增大（图 13.1，Ye et al.，2013）。

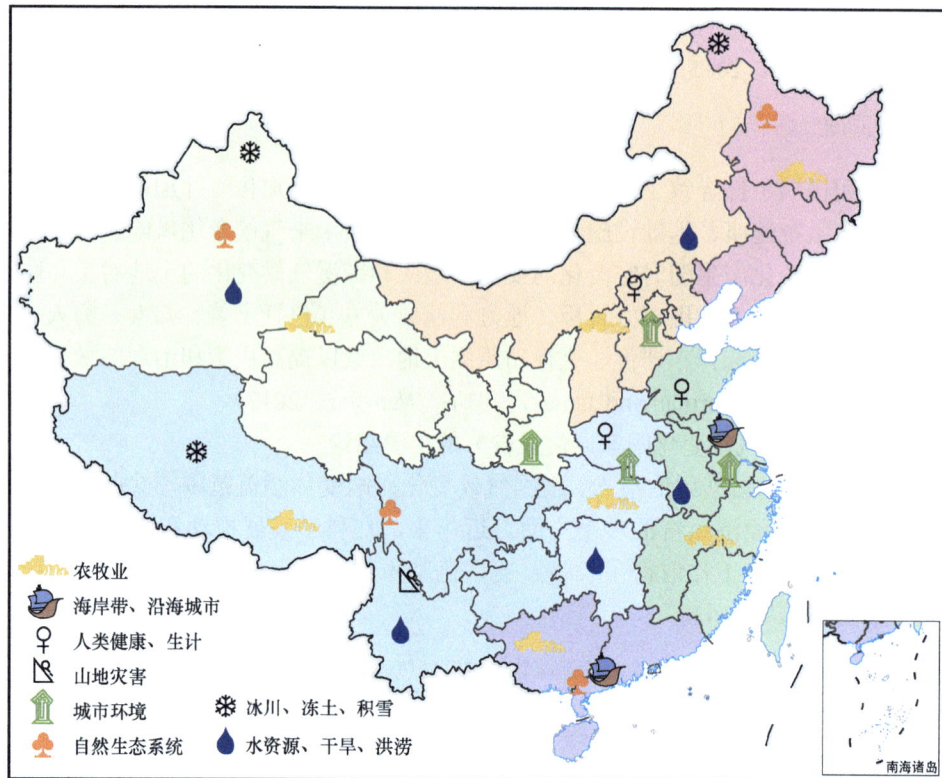

图 13.1 中国各区域气候变化影响的关键领域（《第三次气候变化国家评估报告》编写委员会，2015）

2）水资源

近 50 年来气候变化对海河流域、黄河中游河川径流减少的贡献率分别为 26%和 38%（Tang et al.，2008）；区域径流敏感性干旱区最大，气候过渡区次之，湿润地区最弱（王国庆等，2011）；在 RCP4.5 排放情景下，水资源南多北少格局不会改变，但水资源量总体减少 5%以内，旱涝灾害频次和强度增大；气候变化导致需水增加，水资源供需缺口增大。

3）森林与其他自然生态系统

植物生长季开始提前、结束推后，生长期延长（Ge et al.，2015）；森林分布北移高扩，总体呈碳汇增加趋势（Ren et al.，2011；Liu et al.，2012）；预计未来影响继续，中、远期负面影响较大（Wu et al.，2010）。

4）海岸带和近海环境

平均盐度上升、海水文石饱和度<2.0 的海水酸化现象日益严峻；未来百年海表呈明显增温趋势，风暴潮灾害频率增高和损失加剧，尤其是进入 21 世纪后更加明显；海岸带侵蚀增强，滨海湿地减少、红树林和珊瑚礁退化，渔业和近海养殖业深受影响。

5）冰冻圈环境

冰川萎缩、径流增加（Jin et al.，2007；丁永建和秦大河，2009；Zhao et al.，2010），冰湖溃决突发洪水风险加大，在 RCP4.5 和 RCP8.5 情景下，预计 2100 年冰川面积平均剩余 25%和 10%；多年冻土区面积萎缩，融区范围不断扩大（Yang et al.，2010；Wu and Niu，2013）；应对北极"西北航道"给予高度关注。

6）重大工程

三峡工程库区极端气候事件趋强趋多，将使三峡水库的运行风险增大（张建敏等，2000）；

未来气候变化情景下，南水北调工程调水区水资源量可能减少，主要受水区水资源可能有所增加（王学潮，2013）；冻土融化加快影响青藏高原交通工程的路基稳定性（Mu et al.，2012）；气候变化增大塔里木河工程生态修复的难度（施雅风等，2002；Chen and Xu，2005）；三江源工程植被受到气候变化的显著影响（路云阁等，2015）。

7）人体健康与环境质量

气候变化对人体健康影响的研究主要集中在极端气候对健康的影响与气候变化对媒介传播疾病的影响方面，表现为间接、负面影响为主（周晓农，2010）。

8）气候变化对重点领域影响的区域特征

《第三次气候变化国家评估报告》肯定了第一、二次评估报告的结论（吴绍洪等，2015）；补充了新的研究结果。不同区域主要影响领域及影响利弊如图 13.1 和表 13.1 所示。

2. 气候变化适应技术与策略

适应气候变化包含 3 个层面，由气候变化影响与风险评估、适应决策与技术研发、适应技术应用与保障组成，最终目标是有序适应气候变化。

1）气候变化适应技术

由于气候变化适应机理研究薄弱、领域和区域间适应技术差异较大，近期应以"技术先导"为核心，立足领域和区域适应技术挖掘、研发和应用示范，厘清重点领域和区域适应气候变化技术清单，增强适应技术研发及其领域可用性、区域适用性，重点任务见表 13.2。

表 13.2　重点任务（技术研发）及其对应的具体适应技术（《第三次气候变化国家评估报告》编写委员会，2015）

重点任务	适应技术
气候变化影响-脆弱性-风险基础研究	极端天气气候事件预测预警技术；气候变化影响与风险评估技术；人工影响天气技术
重点领域气候变化适应技术体系	干旱地区水资源开发与高效利用、合理配置与优化调度技术；植物抗旱耐高温品种选育与病虫害防治技术；典型气候敏感生态系统的保护与修复技术；人体健康综合适应技术；典型海岸带综合适应技术；应对极端天气气候事件的城市生命线工程安全保障技术
重大工程和基础设施气候论证	重点行业适应气候变化的标准与规范修订；应对极端天气气候事件的城市生命线工程安全保障技术
社会经济系统适应能力提升	人体健康综合适应技术；典型海岸带综合适应技术；应对极端天气气候事件的城市生命线工程安全保障技术

2）适应气候变化的制度与政策

中央政府高度重视气候变化适应，制定了一系列相关的法规、政策和国家战略；在国家、部门和地方的重要发展规划中，包括了气候变化的适应内容。我国已建立并逐步形成由国家应对气候变化领导小组统一领导、生态环境部归口管理、各有关部门分工负责、各地方各行业广泛参与的应对气候变化管理体制和工作机制。当前，我国正在开展《应对气候变化法》的编制工作，将适应气候变化作为保障国家气候安全，推进生态文明建设，实现经济社会可持续发展的重要方面。

13.4　评估的范围和手段

13.4.1　社会经济情景

合理设定社会经济情景是气候变化预估的基础，也是气候变化影响、风险与适应评估的前提。在 IPCC 的历次评估报告中，先后采用了简单的 CO_2 加倍及递增试验、SA90、IS92、典型浓度路径（representative concentration pathways，RCPs）等社会经济情景和排放情景特别报告（The Special Report on Emissions Scenarios，SRES）中的排放情景。在《IPPC 第五次评估报告》中，IPCC 采用 RCPs 来描述温室气体浓度，RCPs 是指"对辐射活性气体和颗粒物排放量、浓度随时间变化的一致性预测，作为一个集合，它涵盖广泛的人为气候强迫"（IPCC，2014）。此外，IPCC 在 RCPs 的基础上发展了共享社会经济路径（shared socio-economic pathways，SSPs）来构建社会经济情景。SSPs 主要包括人口和人力资源、经济发展、人类发展、技术、生活方式、环境和自然资源禀赋、政策和机构管理七方面指标。每一种具体的社会经济路径代表了一类发展模式，包括相应的人口增长、经济发展、技术进步、环境条件、公平原则、政府管理、全球化等发展特征和影响因素的组合。

典型浓度路径主要包括 IPCC 的 RCP2.6、RCP4.5、RCP6.0 和 RCP8.5 四种典型排放路径。RCP2.6 接近 CO_2 排放参考范围第 10 个百分位数的低排放路径，是 CO_2 浓度先升后降达到稳定的路径；RCP8.5 为接近 CO_2 排放参考范围第 90 个百分位数的高排放路径，其辐射强迫高于 SRES 中的高排放（A2）情景和化石燃料密集型（A1F1）情景；RCP6.0 和 RCP4.5 都为中间稳定路径，其路径形式都没有超过目标水平达到稳定，RCP4.5 的优先性大于 RCP6.0，RCP4.5 相当于浓度约为 650 CO_{2-eq}，RCP6.0 相当于浓度约为 860 CO_{2-eq}（张杰等，2013）。

共享社会经济路径主要包括可持续发展、中度发展、局部发展、不均衡发展和常规发展五种社会经济路径（图 13.2）。在五种社会经济路径中，SSP1 考虑了可持续发展和千年发展目标的实现，降低资源使用强度和化石能源依赖度，是一个可持续发展、气候变化挑战较低的情景；SSP2 是中等发展情景，面临中等气候变化挑战，世界按照近几十年的典型趋势继续发展下去，在实现发展目标方面取得了一定进展，一定程度上降低了资源和能源强度，慢慢减少对化石燃料的依赖；SSP3 是局部发展或不一致发展情景，面临气候变化挑战，未能实现全球发展目标，资源密集，对化石燃料高度依赖，在减少或解决当地的环境问题方面进展不大；SSP4 是不均衡发展情景，以适应挑战为主，人数相对少且富裕的群体产生了大部分的排放量；SSP5 是一个常规发展情景，以减缓挑战为主，强调传统的经济发展导向，能源系统以化石燃料为主（曹丽格等，2012）。

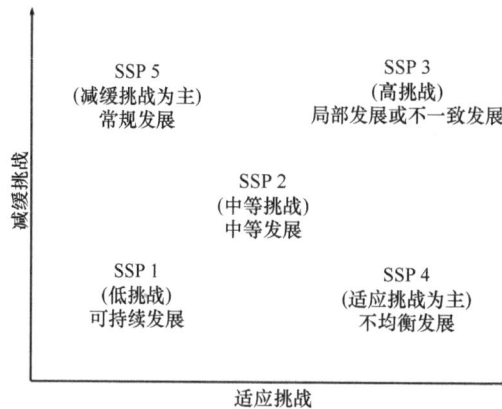

图 13.2 考虑适应和减缓挑战的 SSPs 示意图（曹丽格等，2012）

此外，本部分研究根据当前我国社会经济数据以及发展规划，利用 SSPs 的指标体系设定了我国的社会经济发展路径，如设置不同的人口发展模式、经济增长速度、能源技术发展，评估这些变化对未来社会发展的影响，在此基础上综合评估气候变化和不同的社会经济路径对我国的影响、风险与适应。

13.4.2　气候情景

目前进行未来气候情景预估的主要工具是气候模式和地球系统模式。气候模式包括全球气候模式（global climate model，GCM）和区域气候模式（regional climate model，RCM）。地球系统模式（earth system model，ESM）是采用数值模拟方法研究地球各个圈层之间的联系及其演变规律，理解过去气候演变过程并预测未来潜在全球气候变化的重要工具。相对于气候模式，地球系统模式包含更多的生物地球化学过程①。

IPCC 第五次评估报告（AR5）中关于未来气候变化的预估主要基于全球耦合模式比较计划第五阶段（Coupled Model Intercomparison Project Phase 5，CMIP5）的 46 个 GCMs 或 ESMs 结果。中国发展的 6 个模式参加了全球耦合模式比较计划第五阶段 CMIP5，分别为国家气候中心 BCC-CSM1.1 和 BCC-CSM1.1-M、中国科学院大气物理研究所 FGOALS-s2 和 FGOALS-g2、北京师范大学 BNU-ESM、自然资源部第一海洋研究所 FIO-ESM。为预估未来气候的可能变化（Zhou et al.，2014），在 CMIP5 中全球各国模式组开展了长期气候模拟（long-term simulations）试验，包括历史气候模拟和未来气候预估。历史试验积分的时段一般为 1850~2005 年，个别模式积分到 2012 年。未来预估的时段一般为 2006~2100 年。外强迫因子多数模式考虑自然强迫，如太阳活动和火山活动，人类活动都考虑了温室气体和气溶胶等，有些模式则考虑了更多的因素。与 IPCC 第四次评估报告（AR4）不同的是，AR5 预估所使用的温室气体排放情景为典型浓度路径 RCPs。

未来气候情景预估采用的模式不尽相同，部分研究基于 50 多个全球模式未来气候预估的中值或均值开展影响、风险与适应研究，也有部分研究基于一个或者若干个全球模式的未来气候预估结果开展评估研究工作。目前，未来气候预估主要采用全球气候模式 GCMs，但由于计算能力的限制，GCMs 的水平分辨率是几百公里，虽能模拟大尺度的气候特性，但在模拟区域气候时误差很大。为此，区域气候模式 RCMs 被用来研究区域气候变化。RCMs 可细致描述地形、海陆分布和植被等下垫面特征，模拟地形强迫等因素引起的中小尺度天气气候系统。目前，在中国运用较为广泛的区域气候模式 RCMs 有英国气象局 Hadley 中心开发的 PRECIS（providing regional climates for impacts studies）、意大利国际理论物理中心发展的 RegCM4（regional climate model version 4）模式等，这些模式均能够较好地模拟出中国降水的年、季地理分布和季节变化特征。但同时注意到一些问题，区域气候模式 RCMs 数量少，长时段的连续模拟完成得较少。

此外，IPCC 第六次评估报告正在启动和进行中，世界气候研究计划（World Climate Pro-gramme，WCRP）正在组织第六次气候模式对比计划（CMIP6），全球各个气候模式组正在抓紧发展新模式和做多种相关的数值试验，将有更多的地球系统模式参与 CMIP6 的模式对比工作（周天军等，2019）。

13.4.3　评估框架体系

目前气候变化影响研究比较分散，脆弱性和风险的综合评估理论落后，数据资料、模型方法、时空尺度缺乏可比性，评估技术体系不完善、应用过程需规范（IPCC，2014）。借助库恩范式理论（托马斯·库恩，2012），以强化气候变化影响与风险研究整体系统性的

---

① IPCC. 2013. Climate Change 2013: The Physical Science Basis. Contribution of Working Group I to the Fifth Assessment Report of the Intergovernmental Panel on Climate Change.

"脆弱性—要素分离—不确定性—风险"理论框架逐步得到建立（高江波等，2017），其简单描述为：以脆弱性研究作为基础，分离不同气候要素的影响程度，并以不确定性分析贯穿始终，最后形成气候变化的过去影响和未来风险两个研究中心。围绕这一研究框架，国内外已形成丰富的气候变化影响研究方法。这些方法大致分为清查、普查、遥感等观测技术，借助实验装置的模拟技术，气候、生态、水文、作物等数值模式与统计模型，脆弱性和风险评估方法等（图13.3）。

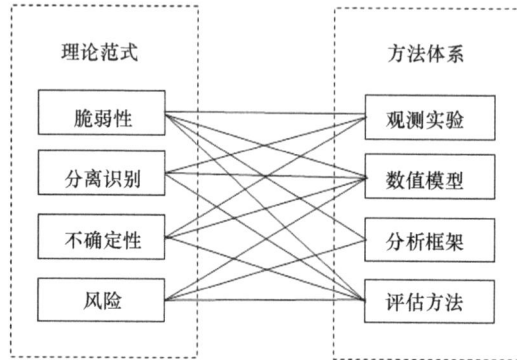

图 13.3　气候变化影响与风险研究理论框架与方法体系（改自高江波等，2017）

1. 实地观测与科学实验

随着对地观测技术的发展，对陆地表层变化信息的获取实现了前所未有的覆盖度，获得了全球高时空精度的监测资料（Boyd，2009），再加上各类社会经济普查资料和统计数据，促使气候变化影响从过去对地理环境变化现象的定性分析转向抽象概括、定性与定量相结合。近年来，各种实验模拟装置和技术在气候变化对动植物的影响研究领域得到迅速发展，如自由 CO_2 气体施肥实验（FACE）等。

2. 数值模型和统计方法

气候变化影响与风险研究中的数值模型包括：全球/区域气候模型；生态、水文、作物等领域评估模型。历史气候数据可通过气象站点观测资料插值、遥感反演、代用资料气候重建、数据同化等手段获得，但对于未来气候变化情景，主要依靠气候模式，包括全球气候模式和基于动力降尺度的区域气候模式。统计降尺度常与 RCM 同时使用，以考察降尺度方法本身的不确定性。重点领域脆弱性及其影响的气候归因等研究中运用的统计方法日渐丰富（Tao et al.，2012b），包括参数化的统计方法，如聚类和非参数化的机器学习算法，如粗糙集等。

统计方法同时也是剖析不确定性的重要手段。对一些不确定性可用量化的度量表示（如不同模式计算值的一个变化范围），而对另一些不确定性可进行定性描述。此外，不确定性的定量分析方法还包括局部敏感性分析和全局敏感性分析、普适似然不确定性估计方法、集合模拟及贝叶斯分级建模等（姚凤梅等，2011）。由于综合考虑了多种不确定因素，由集合模拟或贝叶斯分级建模产生的概率型气候情景可以直接用于风险评估，进而实现基于风险的影响评估（Naylor et al.，2007；New et al.，2007）。

3. 风险定量化评估方法

基于气候变化风险组成的三要素气候变化、受体脆弱性和暴露量，当前实现风险定量化的评估模型主要分为两类：第一类模型建立在传统自然灾害风险评估模型基础上，风险的定量化程度是气候变化与极端气候事件的危险性、承灾体脆弱性与暴露量相乘的结果（王雪臣，2008）。第二类模型从系统的脆弱性出发，基于系统可应对范围的临界阈值，风险表达式为：风险=P（脆弱性）（Jones and Mearns，2004），即脆弱临界阈值被超越的概率。此外，指标体系法常用于风险与脆弱性评估模型的建立（王宁等，2012），在确定评价指标体系后，一般运用系统分析等统计学方法将所研究的问题分成若干个有序的层次进行评价。

13.4.4　评估工具和方法

气候变化影响评估在不同领域采用的方法不同，下文主要对农业、水资源、海洋和海岸带、陆地自然生态系统、能源、环境质量和重大工程等领域的影响评估方法和工具进行简单总结。

1. 气候变化对农业影响的评估方法

对于已经发生的气候变化影响评估，通常采用统计分析的方法。从气候变化对农业的影响来看，目前方法主要集中在观测试验和模型模拟两方面。观测试验多采用田间试验和环境控制试验两种方法。利用计算机进行数值模拟和预测研究是目前定量化研究气候变化对农业影响的较科学和理想的方法。国内外学者多采用作物模型，结合不同的气候或天气模式，评价气候变化对作物的影响，并给出建议和对策（郭建平，2015）。国外具有代表性的作物模型包括美国农业部开发的 CERES 系列、荷兰的 WOFOST 系列，国内主要是 RCSODS 系列模型（林忠辉等，2003）。

2. 气候变化对水资源影响的评估方法

气候变化对水文与水资源影响的研究基本上都遵从"未来气候情景设计—水文模拟—影响研究"的模式（李峰平等，2013），具体来说可以归纳为：①设计或选定未来气候变化情景；②选择、建立并验证水文水资源模型；③以气候变化情景作为模型输入，计算并分析区域水文循环过程和水文变量；④评估气候变化对水文水资源的影响，提出相应的对策和措施。目前气候变化对水资源的研究主要集中在气候变化对流域水资源量、洪水灾害、极端洪旱事件、冰川融化、海平面上升等方面的影响，而对气候变化对水质的影响、对农业灌溉的影响以及对供水系统的可靠性、生态系统恢复性和脆弱性的影响等研究较为薄弱。气候变化对水文与水资源影响的代表性评价模型有集总式水文模型（新安江、SWMM 模型等）、半分布式模型（PRMS、TOPMODEL 模型等）、全分布式模型（SWAT、SHE、VIC 模型等）（吕允刚等，2008；李峰平等，2013）。

3. 气候变化对海洋和海岸带影响的评估方法

对于海平面与海岸带影响评估的研究可以依据以下三个步骤开展工作（左军成等，2013）：①风险区域识别。根据 DEM、行政区划图等空间数据库，借助 GIS 工具获得可能遭受海平面上升影响的区域。②脆弱性评估。结合社会经济数据等属性数据库，利用模型建立风险地区的脆弱性评价体系，评估风险区域的风险等级等。③综合评估气候变化情景下区域受到的影响，并提出应对策略等。海平面上升预测主要有 2 种方法，一种是对历史观测数据进行统计分析，得到过去海平面变化的主要周期和速率，通过简单外推对未来海平面变化进行预测；另一种是基于全球 CO_2 排放情景的假设，采用全球海、气、陆及海冰的耦合模式对未来海平面变化进行预测（左军成等，2015）。定量评估气候变化对海岸带系统影响的模型包括分布过程模型（Bryan et al.，2001）、SLAMM 模型（美国环境保护署）等。

4. 气候变化对陆地自然生态系统影响的评估方法

气候变化对陆地自然生态系统影响的评估在内容上主要包括气候变化影响的特征、脆弱性、适应性等方面；在时间尺度上，气候变化的影响评估包括对已经发生的气候变化对生态系统影响的评估，以及未来气候变化对生态系统可能产生的影响的评估（Gao et al.，2018）。由于生物对气候变化的响应往往具有"滞后"的特点，以及生物对不断变化的"环境"往往表现出"自适应"的特点，在气候变化影响的评估中需要对这些特点予以充分考虑，以降低评估的不确定性。同时，气候变化情景存在不确定性，需要对相应生态模型模拟得到的结果做不确定分析。常用的生态模型包括动态植被模型（lund potsdam jena，LPJ）、IBIS（integrated biosphere simulator）、TRIFFID（top-down representation of interactive foliage and flora including dynamics）、陆地生态系统模型（terrestrial ecosystem model，TEM）和CENTURY 模型等。

5. 气候变化对能源影响的评估方法

对能源的评估主要通过分析气候变化对工业、农业等行业以及居民生活、生产等能耗的影响，建立气候变化对能源影响的评估统计模型，分析和估算气候变化对能源的影响。此外，近十年来随着国际上对全球气候变化和温室气体排放问题关注的增强，情景分析方法在研究未来能源问题时得到了越来越多的应用（Wang et al.，2014a），能源活动是产生人为温室气体排放的最主要原因，对长时间尺度气候变化的影响具有很大的不确定性。研究能源领域，特别是可再生能源领域（Wang et al.，2014b）的减缓气候变化对策时，不仅要考虑未来最可能的能源发展趋势，更要研究改变这种趋势的各种可能性及实现不同的可能性所需要的前提条件。常用的气候变化对经济能源影响的综合评估模型有气候经济动态综合模型（DICE）、多区域资源与产业配置模型（MARIA）、温室气体减排政策的区域及全球影响评价模型（MERGE）、袖珍型气候评估模型（MiniCAM）和亚太综合模型（AIM）等（岳天祥，2003）。

6. 气候变化对环境质量影响的评估方法

气候变化对环境质量的影响主要从对大气环境、地表水环境和地下水环境三方面进行。气候变化主要通过以下方式影响空气质量：①影响天气，从而影响当地和区域内的污染物浓度；②影响人为排放，包括增加化石燃料燃烧以适应极端气候事件；③影响空气污染物排放的自然来源；④改变空气中过敏源的分布和类型。常用的空气质量评估模型包括天气研究和预测（WRF）模型、社区多尺度空气质量（CMAQ）模型和 GISS-E2-R 模型（Wu et al.，2015）等。

气候变化通过多种因素影响水生态系统，导致水环境质量变化，影响因素主要包括气温、降水、辐射和风速等。气候变化情景下极端天气气候事件频率和强度的增大将进一步放大水环境质量下降和污染事件发生的频率和幅度。气候变化对地下水的影响包括对地下水补给量和地下水质的影响。降水量和温度变化引起地下水补给量变化，干旱影响下地下水超采造成地下水位下降，造成滨海地区海水入侵和内陆地下水咸化，气温变化造成地表温度变化也会引起地下水化学成分变化等。常用的地表地下水质模型有神经网络模型、QUAL 系列模型、WASP 系列模型和 MIKE 系列模型等（王海涛和金星，2019）。对气候变化对地表地下水质影响的研究需结合气候模式和地表水-地下水耦合模型，同时考虑自然和社会因素的影响对各种预估不确定性进行深入分析研究。

7. 气候变化对重大工程影响的评估方法

重大工程包括重大水利工程、重大海洋工程、重大生态工程和青藏铁路工程等。气候变化对水利、生态和海洋工程的影响有专门的领域模型，前文已有介绍。气候变化对青藏铁路工程的影响主要表现为青藏高原气候暖湿化对工程安全的影响，在气候变暖和工程活动双重影响下，冻土的空间变异和热扰动会给路基的稳定性带来极大危害（尹国安等，2014）。气候湿化引发地表水和地下水变化使得青藏铁路大多存在路基透水的情况。持续增加的年降水和连续的极端降水诱发湖泊溃决风险显著增大。盐湖一旦溃决，将直接冲毁青藏公路、青藏铁路，危害性极大。应对气候变化对青藏铁路工程的影响，需要建立青藏铁路沿线大风、降水、气温等要素的客观化分析预报和预警模型，对极端天气过程进行预报，同时需建立铁路地质灾害预警模型（王冀等，2016）。

13.5　《第三次气候变化国家评估报告》以来的主要进展

13.5.1　重点领域和区域影响、风险和适应的进展

《第三次气候变化国家评估报告》发布以来，对气候变化对不同领域和区域的影响进行了广泛的研究，取得了一系列成果，主要进展汇总于表 13.3 和表 13.4。气候变化对不同领域和区域的影响以及未来风险各异，总体上弊端更大，特别体现在未来的风险上。

表 13.3　气候变化对不同领域的影响

影响方面	观测到的影响		未来的影响和风险	
	有利	不利	有利	不利
农业	农业热量资源增加，作物适宜生长季延长，多熟制面积扩大。1981~2010 年我国一年一熟种植地区缩小 0.5%，而一年三熟种植整体面积扩大 2.8%	农田土壤退化，灾害增强，病虫害影响加重。1961 以来，生育期内平均温度升高使冬小麦、玉米、双季稻的平均单产分别减少 5.8%、3.4%、1.9%	土壤微生物种类增多，农业熟制增加，作物种类多样化	我国小麦、玉米和水稻作物减产，经济作物大多表现为减产。在升温 1.5℃和 2.0℃背景下玉米平均减产幅度为 3.7%和 11.5%；黄土高原马铃薯产量总体呈现下降趋势
水资源	西北水资源增加，二氧化碳浓度增大的抑蒸节水效应	生产生活耗水增多，暖干化地区水资源减少，旱涝加剧，水资源不稳定	西北水资源进一步增加	冰雪消融与旱涝频发加剧水资源不稳定，生产生活耗水进一步加大
海洋与海岸带	减轻海港淤塞有利航运	风暴潮、侵蚀、咸潮加剧，赤潮频发，海水酸化，红树林珊瑚礁退化	海港航运条件进一步改善	各类海洋灾害加剧，海岸带淹没，海洋酸化导致生态退化与物种灭绝
自然生态系统	中国东部地区木本植物北移、西北地区木本植物西移；西部荒漠略有退缩；青藏高原高寒草地向高海拔地区移动，湿地面积显著增加；中国北方森林的碳储量持续增加；气候变化扩大了部分鸟类、兽类、爬行类、两栖类，以及野生植物分布，增加了物种丰富度	中国北方林分布面积大幅度减小；内蒙古典型草原和荒漠草原的生产力呈下降趋势，对生态系统服务多有不利影响；使部分有害生物适生范围扩大、危害增大；西北部分区域气温升高使得沙质荒漠化明显加重	森林向高海拔和高纬度地区迁移；内蒙古温性草原的总面积有所增加；湿地生产力呈增加趋势；西北干旱区温带荒漠呈减少趋势，植被生产力呈增加趋势；中国森林生态系统服务总价值均呈逐年增加趋势	气候变暖使得温带和北方森林面积呈减少趋势；热带常绿树种分布区将大幅度减小；森林植被和土壤固碳速率将大幅降低；青藏高原湿地总面积呈减少趋势。湿地甲烷排放量较当前水平大幅增加；野生动植物栖息地萎缩，适宜分布地区缩小；种质资源大量丧失
能源系统	减少供暖耗能，潮汐能与北冰洋油气开发潜力增大	增加空调能耗，太阳能、风能、水能利用趋于不稳定，变暖与极端事件影响供电与输油气系统安全	供暖耗能进一步减少，潮汐能与北冰洋油气开发潜力更大	空调耗能剧增，水能更不稳定，变暖与极端事件降低能源系统安全性，迫使技术标准大调整，系统大改造

续表

影响方面	观测到的影响		未来的影响和风险	
	有利	不利	有利	不利
环境质量、人体健康和旅游活动	高寒地区生活出行条件及健康改善，风沙减轻，冬季疾病减轻，促进避暑旅游	风速减弱加剧空气污染，变暖加剧水体富营养化，中暑与媒传疾病风险增大，变暖不利于冬令体育和旅游，高海拔地区紫外辐射危害	高寒地区宜居与出行条件进一步改善，避暑旅游大发展	雾霾、臭氧空气污染和水体富营养化加重，热胁迫与中暑频发，媒传疾病大幅扩大，冬令旅游和体育及滨海旅游萎缩
重大工程（水利工程）	三峡库区雾日天数有所减少，对航运交通等有利。气温升高后，库区冬暖得到加强，入春提前，秋、冬、春三季旅游条件得到改善	三峡库区年内降水变率增大，加剧水库运行的不稳定性。霾日增加，对航运交通造成不利影响，持续性的旱涝灾害呈增强趋势，增大了南水北调正常运行的风险	预估21世纪中期三峡库区以及整个长江上游地区的降水会增加，有利于三峡工程的防洪、发电航运等综合效益的持续发挥，促进区域乃至全国经济发展	预估气候变暖背景下三峡周边极端天气事件发生频率及强度可能增大，将引发超标洪水的产生，对三峡工程造成防洪压力。持续的秋季干旱对三峡水库的蓄水、发电、航运以及水环境产生不利影响；预估未来华北平原河流的径流量呈减少趋势，加剧南水北调的供水压力
重大工程（青藏铁路）		气候变暖、工程活动增多，导致青藏高原多年冻土逐渐退化，限制列车行车速度及通行能力；降水量逐渐增加，加速了冻土退化，同时极易引起水害侵袭；连续的极端降水使湖泊溃决风险显著增大，青藏公路、青藏铁路和兰西拉光缆存在被冲毁的风险		青藏高原将面临持续的气候暖湿化，会对冻土过程及寒区环境带来深刻影响。冻土持续退化，降雨逐渐增多，热融湖塘不断增加、扩大，都将对青藏铁路的安全运营产生严重威胁
重大工程（生态工程）	气温变暖导致植被返青期提前、冰川冻土融水增多，同时降水增加，对植被生长起到了促进作用，使荒漠化进程减缓，荒漠面积减少。天然林保护工程区和"三北"防护林体系建设工程区森林资源持续增长，生物多样性得到有效保护，植被防风固沙能力显著提升。退耕还林（还草）工程区林草覆盖度和蓄积量增加，土壤侵蚀降低、水土保持能力提高，土壤有机碳储量和肥力增大。京津风沙源治理区生态环境明显好转，风沙天气和沙尘暴天气明显减少	气温升高后加剧冻土退化，多年冻土层面积减小、活动层增厚，土壤水分保持能力变差	未来气温升高，将为三江源生态保护植被生长，特别是草地生长创造水热条件，有利于草地景观向其他景观类型扩张；未来气候变暖，有利于天然林保护工程区植被恢复与生长；暖湿化的气候会促进三北防护林地区植被生长，强化三北防护林的生态效应和气候效应；未来气候变暖将使北京周围生态环境得到明显改善	预估未来气候变暖的趋势下，三江源生态保护区蒸发量将持续上升，荒漠面积将持续扩大，荒漠化问题加剧；预估显示未来气候干暖化情境下天然林保护工程区土壤中的碳被释放回大气的风险增高
重大工程（海洋工程）		海水酸化问题使得海水腐蚀性进一步增强，海水酸化则进一步加速了核电站冷却系统的腐蚀，对钢结构海洋平台造成重大安全隐患；在高强度的风暴潮影响下，海堤的破坏和海水的漫堤会同时发生，造成重大经济损失和人员伤亡；海上状况恶化，会使珊瑚礁海岸侵蚀后退，使得原有海岸建筑、防护措施等遭到破坏		海平面上升还会造成地势相对较低的核电站存在被淹没的可能；风暴潮频发影响海堤护面块体稳定性、背水坡的防水性、海堤的结构强度、海堤的地基稳定性；海平面上升将增加海岸防护措施与高含盐量海水直接接触的概率和时间，加速海水中氯离子侵蚀、硫酸盐侵蚀、微生物腐蚀

表 13.4 不同领域气候变化的区域影响

区域	观测到的影响		预估未来的影响	
	有利	不利	有利	不利
东北	玉米生育期延长 7~10 天，南部可种植中晚熟品种；水稻安全种植界限北移；低温灾害减轻；植被生态质量持续好转，防风固沙能力显著提升，变暖使施工期延长	耕地土壤退化，西部干旱缺水加重，病虫害北扩；湿地退化，森林火险加大	晚熟玉米种植区域北扩至东北中东部，南部复种指数增加；变暖使基础设施建设施工期明显延长；暖湿化的气候会促进地区植被生长，强化生态效应和气候效应	农业：农业高温灾害与病虫害加重，水资源更加紧缺
华北	农业冷害与冻害减轻，冬小麦北界扩移，二氧化碳浓度增强，作物抗寒能力增高；生态工程区植被生态质量持续好转，生态环境明显好转，风沙天气和沙尘暴天气明显减少	农业干旱影响加重，灌溉水极度匮乏，高温热害与病虫害明显加重；风速减弱加重大气污染；持续性的旱涝灾害增加了南水北调正常运行的风险	作物种植熟制增加；暖湿化的气候会促进地区植被生长，强化生态效应和气候效应	南部高温热害与病虫害将明显加重，小麦、玉米产量下降，农用化肥利用率降低；预估显示未来华北平原河流的径流量呈减少趋势，加剧南水北调的供水压力
华东	农业低温灾害减轻，作物种植期延长，越冬工作与生活条件改善	高温热害、洪涝、病虫害、空气与水污染加剧，沿海台风、风暴潮、咸潮危害加重，赤潮频发	农业热量资源进一步增加，复种指数提高，冬季舒适度提高	高温危害作物与健康，海洋灾害更加频繁和严重，沿海低地淹没，洪涝加重，咸潮上溯
华中	热量增加有利于提高复种指数，冷冻灾害减轻；冬季供暖耗能减少，舒适度提高；三峡库区雾日天数有所减少，对航运交通等有利；秋、冬、春三季旅游条件得到改善	高温热害与病虫害加重，季节性旱涝加剧，水资源不稳定；血吸虫等媒传疾病北扩蔓延；夏季热浪危害健康，降低工作效率；三峡库区年内降水变率增大；加剧水库运行的不稳定性	预估 21 世纪中期三峡库区以及整个长江上游地区的降水有望增加，有利于三峡工程的防洪、发电航运等综合效益的持续发挥，促进区域乃至全国经济发展	高温热害与病虫害持续加重，水资源不稳定性加强；血吸虫等媒传疾病大范围北扩；夏季热浪加重，严重降低工作效率；重大工程：将引发超标洪水的产生，对三峡工程造成防洪压力；加剧中线的供水压力
华南	麦稻两熟种植北界向北移动，发展冬作蔬菜与热带经济作物北扩；森林资源持续增长，生物多样性得到有效保护	洪涝和热害加重，沿海台风、风暴潮、咸潮、海岸侵蚀加重，海洋生态退化，登革热等媒传疾病北扩	冬季农业与热带经济作物大发展，航运条件改善	台风、洪涝、高温、风暴潮及其他海洋灾害进一步加剧，沿海低地与岛礁被淹没，媒传疾病威胁加大
西南	林线上升，变暖促进了冬季与高海拔地区农业	冬春季节性干旱与森林火险加重。旱涝急转易加剧水土流失	对高海拔地区生态与农业有利	低海拔地区高温热害与生物入侵加重，季节性旱涝都可能加重
西北	暖湿化和冰雪消融增加了水资源，风速减弱使沙尘灾害减轻，有利于生态恢复、荒漠化防治与发展绿洲特色农业；利于高寒地区人类活动与基础设施建设	融雪性洪水频发，太阳辐射与风速减弱不利于可再生能源开发，黄土高原暖干化加剧干旱缺水	进一步变暖可提高复种指数，扩大喜温作物种植；暖湿化的气候会促进地区植被生长，强化生态效应和气候效应	冰雪消融加快带来水资源的不确定性与不稳定
青藏	变暖有利于高原人类活动，延长施工期，林线上升；降水增多有利于植被生长与水资源增加。气候暖湿化促进了河谷农业发展	融雪性洪水与山地灾害频发，紫外辐射增强不利于健康；冻土不稳定对交通与建筑工程带来隐患	增加热量资源，农业用地面积持续增加；冰川融化使可利用水资源增加	增温使青海草地物种丰富度显著降低，可食牧草比例下降；气候湿润化将长期持续，其带来的冻土退化等问题将愈演愈烈

13.5.2 区域影响与综合风险

已有研究表明，气候变化对中国区域的影响弊大于利。特别是，未来预估结果显示，进一步变暖将主要产生负面影响，并加剧区域面临的风险（图 13.4）。华北地区高风险领域是水资源和农业；东北地区高风险领域为水资源、农业和人群健康；华中地区高风险领域是水资源、生态系统、旅游、生计和人群健康；华东地区高风险领域是交通和能源；华南地区高风险领域是交通、能源、生计和人群健康；西北地区高风险领域是水资源、生态系统、旅游和能源；西南地区高风险领域是农业、旅游和交通（Feng and Chao，2020）。

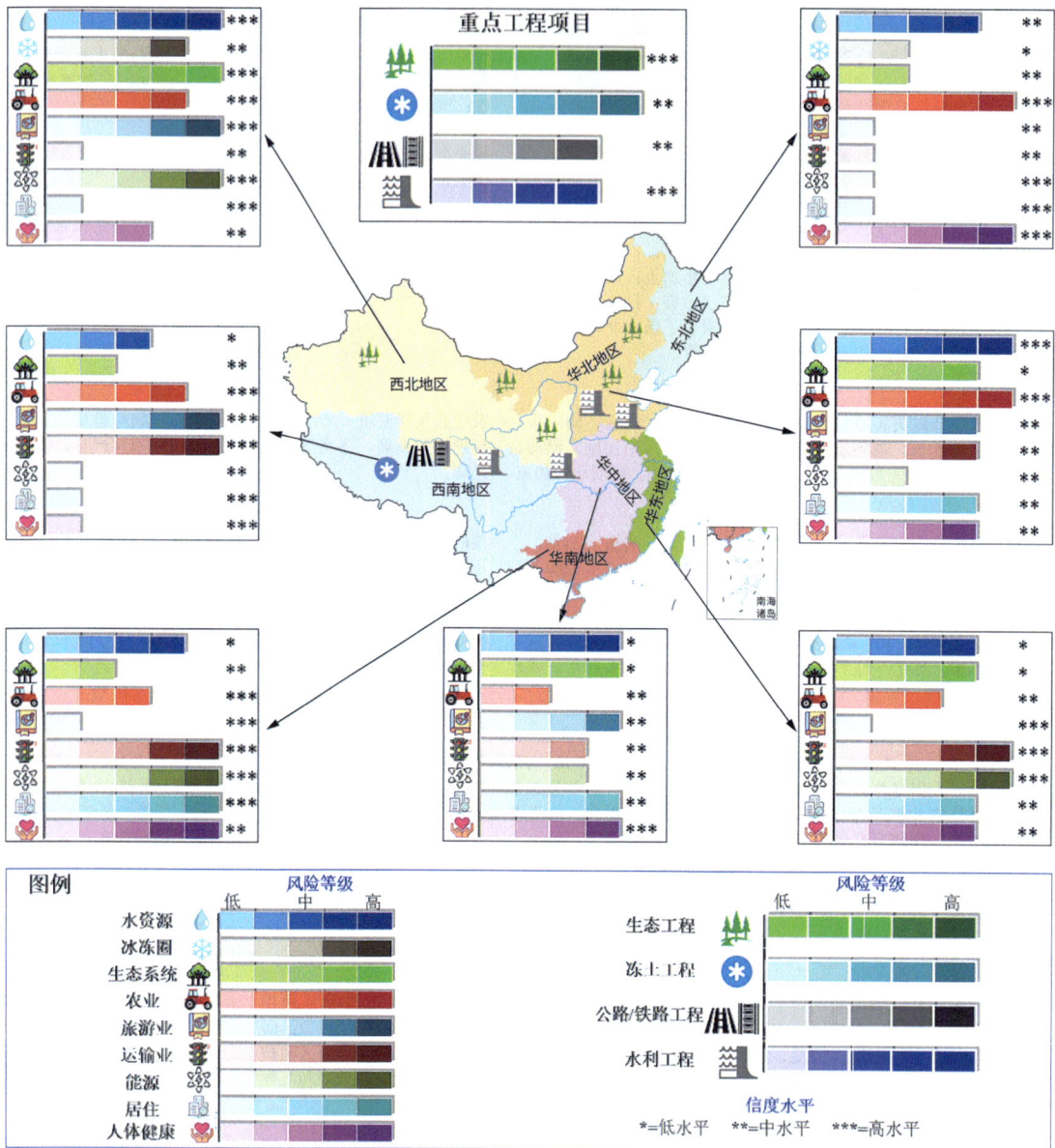

图 13.4　中国不同区域气候变化影响与风险

通过辨识气候变化发生的敏感区域、极端事件发生的危险区域和承灾体的风险区域，应用自然地域系统集成的方法论，获得中国气候变化的综合风险格局（图 13.5）。东北、华中、青藏高原显著增暖；青藏高原南部、西南、华南显著增雨，华中显著减雨。东部，东北到华南是极端降雨的高危险区；中部，从华北到华南以及西北部是高温热浪的高危险区；华北、黄土高原、青藏高原东部、西北和西南地区是干旱的高危险地区。东部为人口、经济高风险区域；西南、华南、黄土高原、农牧交错带、松嫩平原为自然生态系统的高风险区域；华南-西南、长江中下游、西北绿洲是粮食生产的高风险区域（吴绍洪等，2017）。

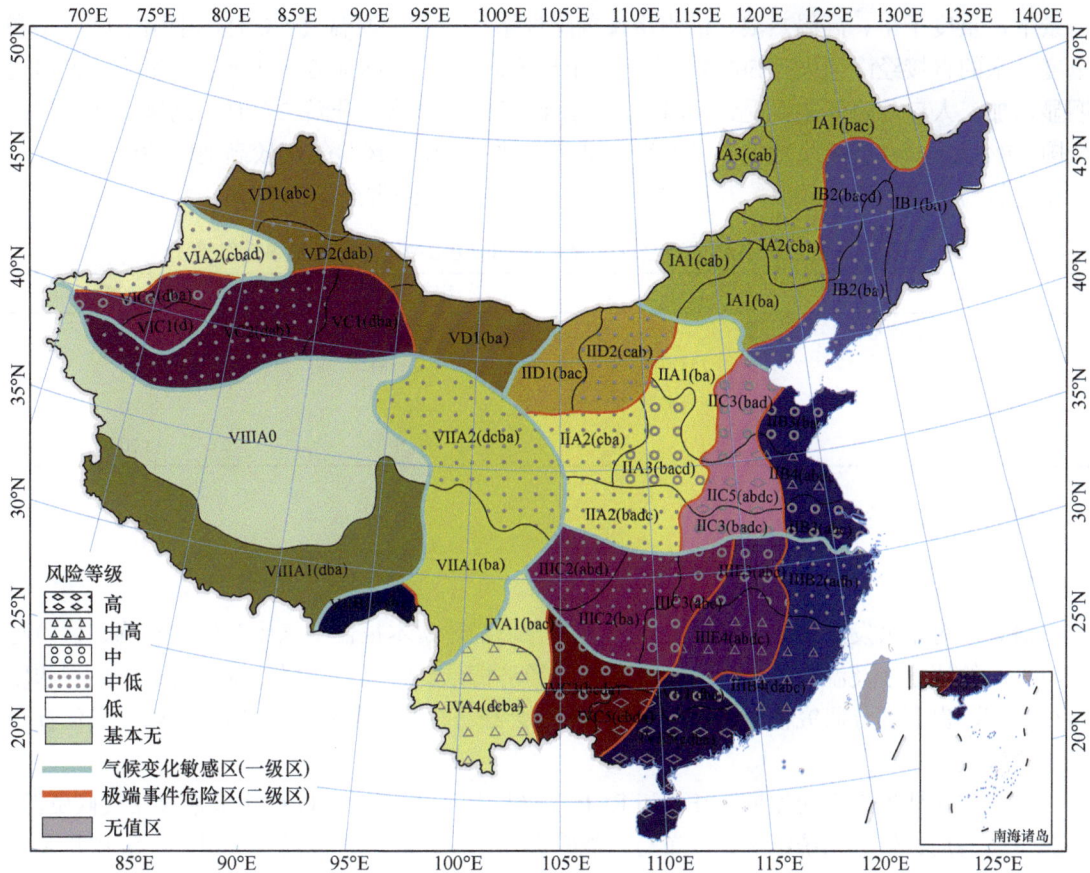

气候变化综合风险区划

I 东北强暖增雨敏感区
IA 大小兴安岭-内蒙古高原干旱危险区
　IA1 (ba) 经济人口低风险区
　IA1 (bac) 经济人口生态低风险区
　IA1 (cab) 生态人口经济低风险区
　IA2 (cba) 生态经济人口中低风险区
　IA3 (cab) 生态人口经济中低风险区
IB 松辽平原-长白山山地洪涝危险区
　IB1 (ba) 经济人口低风险区
　IB2 (ba) 经济人口中低风险区
　IB2 (bacd) 经济人口生态粮食中低风险区

II 华北弱暖增雨敏感区
IIA 黄土高原干旱危险区
　IIA1 (ba) 经济人口低风险区
　IIA2 (badc) 经济人口粮食生态中低风险区
　IIA2 (cba) 生态经济人口中低风险区
　IIA3 (bacd) 经济人口生态粮食中低风险区
IIB 华东沿海洪涝危险区
　IIB3 (aba) 人口经济生态中风险区
　IIB3 (ba) 经济人口中风险区
　IIB4 (abdc) 人口经济粮食生态中高风险区
IIC 华北平原热浪危险区
　IIC3 (bad) 经济人口粮食中风险区
　IIC3 (badc) 经济人口粮食生态中风险区
　IIC5 (abdc) 人口经济粮食生态高风险区
IID 鄂尔多斯高原旱热危险区
　IID1 (bac) 经济人口生态低风险区
　IID2 (cab) 生态人口经济中低风险区

III 华东-华中强暖减雨敏感区
IIIB 东南沿海洪涝危险区
　IIIB2 (adb) 人口粮食经济中低风险区
　IIIB4 (dabc) 粮食人口经济生态中高风险区
IIIC 四川盆地-鄂黔山地热浪危险区
　IIIC2 (abd) 人口经济粮食中低风险区
　IIIC2 (ba) 经济人口中低风险区
　IIIC3 (abc) 人口经济生态中风险区
IIIE 长江中下游湿热危险区
　IIIE3 (abc) 人口经济生态中风险区
　IIIE4 (abdc) 人口经济粮食生态中高风险区

IV 华南-西南弱暖增雨敏感区
IVA 滇西-滇中干旱危险区
　IVA1 (bac) 经济人口生态低风险区
　IVA4 (dcba) 粮食生态经济人口中高风险区
IVC 黔滇山地热浪危险区
　IVC3 (bcda) 经济生态粮食人口中风险区
　IVC5 (cbda) 生态经济粮食人口高风险区
IVE 华南沿海湿热危险区
　IVE3 (dba) 粮食经济人口中风险区
　IVE5 (cdba) 生态粮食经济人口高风险区

V 西北强暖增雨敏感区
VC 东塔里木盆地热浪危险区
　VC1 (dba) 粮食经济人口低风险区
　VC2 (dab) 粮食人口经济中低风险区
VD 新甘蒙-淮噶尔旱热危险区
　VD1 (abc) 人口经济生态低风险区
　VD1 (ba) 经济人口低风险区
　VD2 (dab) 粮食人口经济中低风险区

VI 西北弱暖减雨敏感区
VIA 天山高山盆地干旱危险区
　VIA2 (cbad) 生态经济人口粮食中低风险区
VIC 西塔里木盆地热浪危险区
　VIC1 (d) 粮食低风险区
　VIC3 (dba) 粮食经济人口中风险区

VII 青藏高原弱暖增雨敏感区
VIIA 青藏高原东部干旱危险区
　VIIA1 (ba) 经济人口低风险区
　VIIA2 (dcba) 粮食生态经济人口中低风险
VIIB 东喜马拉雅南翼洪涝危险区
　VIIB1 (cab) 生态人口经济低风险区

VIII 青藏高原强暖增雨敏感区
VIIIA 青藏高原中西部干旱危险区
　VIIIA0 基本无风险区
　VIIIA1 (dba) 粮食经济人口低风险区

图 13.5　气候变化情景（RCP8.5）下中国综合风险

干旱、高温热浪、洪涝极端事件（气候灾害）危险性高、影响范围广，中国的人口、社会、经济的脆弱性高，其风险随升温逐渐增强。总体灾害风险上升（Wu et al.，2019；Su et al.，2018），全球增温2℃与1.5℃相比，中国重度干旱和洪水经济损失将可能增加近1倍（表13.5）。极端事件使中国区域未来气温不断升高，极端事件的发生强度和频率也随之改变。RCP8.5

情景下，重度干旱、高温热浪、洪涝事件危险性增高。全球增温 1.5℃时，中国重度干旱和重度洪水的直接经济损失为 502.3 亿美元，全球增温 2℃时为 956.6 亿美元，受影响的人口也明显增加。人口承险体主要受到高温热浪和洪涝事件的影响，升温 2℃时，高风险区面积占全国 27%以上。经济承险体主要受干旱和洪涝事件的影响，风险等级较高地区的分布格局与变化趋势与人口承险体相似，升温 2℃时，高风险区面积约占全国的 16%。

表 13.5　RCP8.5 情景下全球变暖 1.5℃和 2.0℃中国重度极端事件风险

风险	目前	升温 1.5℃	升温 2.0℃
干旱经济损失/亿美元	74.8	172.0	296.7
洪涝经济损失/亿美元	122.0	330.3	659.9
热浪影响人口/百万人	255.7	404.6	660.0
洪涝影响人口/百万人	9.13	11.21	13.20

13.5.3　方法论的进展

1. 使用情景

情景是对未来发展变化的时空分布形式的合理描述，本报告中气候变化的影响、风险与适应采用的情景涉及温室气体排放情景及社会经济情景。研究中使用的排放情景以典型浓度路径为主，也有部分研究使用 SRES。使用的社会经济情景主要包含 SSPs，得以定量化社会经济的假设。

农业与陆地生态系统领域 SRES 和 RCPs 都得到了广泛应用，以预测未来农业气候资源、农业生产格局、生态系统结构、分布与功能等方面的变化趋势，以反映人口、经济增长和能源结构调整下的各领域发展状况。在气候变化对水资源、海洋与海岸带、环境质量与重大工程等领域的影响、风险与适应研究中主要应用 RCPs 情景，水资源领域也有研究使用 SSPs 情景分析水资源脆弱性。其中在海洋与海岸带领域，对于未来极值水位、潮汐和海浪的变化预估，仍缺乏基于不同气候变化情景的研究。能源领域中能源需求与能源储量未来风险则在 SRES、RCPs 及 SSPs 情景下的分析均有涉及。本报告各领域 RCPs 情景下的分析普遍较少涉及 RCP 2.6 情景，该情景反映的全球平均温度上升限制在 1.5℃下的情景。而对于 1.5℃情景下的影响分析中，多使用 RCP 4.5 和 RCP 8.5 情景平均升温 1.5℃达到的时间段来确定，反映不同学者对于 1.5℃情景理解的差异。

2. 检测与归因

气候变化影响的检测与归因研究的方法有多种，如简单的指标和序列法、格兰杰因果检验法、贝叶斯分类方法等，部分研究也涉及对比观测和实验，其主要工具为数理统计方法和模型模拟。其中广泛使用的关键方法为基于回归分析的指纹法，该方法将观察到的气候变化回归整合到模式模拟的特定强迫因子的响应模式中，通过统计分析方法计算获得比例因子，并通过对该因子进行给定置信水平上的推理检验，从而将观察到的影响（部分）归因于相应的强迫因子。指纹法在农业、水资源、陆地生态系统乃至极端事件等领域中应用广泛，采用模型与统计学方法可以剥离气候变化对于粮食作物产量、河流径流、植被覆盖度、极端降水等要素的影响。而格兰杰因果检验方法也被普遍用于气候要素变化、植被变化及极端事件的归因。此外，越来越多的气候变化与极端事件的归因研究使用了多步归因法，该方法将变量归因于气候或其他环境条件的变化，并进一步将这些变化分别归因于外部强迫。然而在广度上区域尺度气候变化归因研究较全球尺度更为困难，而极端事件归因由于其阶段性、区域差异大等特点，中国的研究仍相对较少。在深度上，国内研究在一致性检验方面，仍需加强基于数理统计方法的检测归因研究（孙颖等，2013）。

3. 风险定量评估

风险被认为是致险因子、承险体暴露度与脆弱性相互作用的结果，有关气候变化风险定量评估的研究多以致灾因子或承险体单要素为主导开展（吴绍洪等，2018）。本报告中风险评估方法主要分为两大类：①基于数理统计与模型方法，分析获取过去影响的时空演化规律，推演计算获得未来风险概率时空分布。②基于灾害风险系统理论的综合评估，从致险因子致险程度与承险体脆弱性等方面建立评价指标体系，构建风险定量评估模型。

在气候变化背景下农业领域的风险评估中，部分研究者使用基于灾害风险系统理论框架的评估方法。在该方法体系下，往往以作物或作物的某个指标为承险体因子，构建致险因子综合评价指标，选取合适的孕险环境因子建立指标，取各风险均值（赵俊晔和张峭，2013）、权重乘积（李丽纯等，2013；陆魁东等，2013；王春乙等，2016）等作为综合风险评价指标，从而定量评估农业领域风险。也有研究者在致险因子、敏感性、暴露度之外加入表征防灾减灾能力的指标综合分析（唐为安等，2012）。同时有大量研究通过概率统计方法分析作物遭受各类灾害发生的风险大小，使用等权重平均（马树庆等，2011）、加权综合（霍治国等，2017；张蕾等，2018）等方式计算综合风险指标来进行定量评估。水资源领域面临的气候变化风险主要涉及旱灾与洪涝灾害两个方面，相似地，二者主要通过基于随机理论的概率统计方法及基于灾害系统理论的模糊综合评价方法进行灾害风险综合评估。国内对在未来气候情境下区域尺度的海平面上升的预估研究较多，而对未来不同气候情境下，中国沿海地区的灾害风险评估较少（方佳毅和史培军，2019）。评估未来气候变化情境下不同类型生态系统面临的风险采用物理方法（熵值法和暴露-反应法）、数学方法如模糊数学法（高江波等，2016）、灰色系统理论、马尔可夫预测法、概率风险分析方法、机理模型（Yuan et al.，2017；赵东升和吴绍洪，2013）、计算机模拟方法（人工神经网络模型和蒙特-卡罗模型）（周婷和蒙吉军，2009），研究者常通过脆弱性指数来表达生境的易损性。能源系统的脆弱性则多由损失曲线进行表征或通过指标合成的方法综合构建度量指标进行评价。

参 考 文 献

曹丽格, 方玉, 姜彤, 等. 2012. IPCC 影响评估中的社会经济新情景(SSPs)进展. 气候变化研究进展, 8(1): 74-78.

巢清尘, 胡婷, 张雪艳, 等. 2018. 气候变化科学评估与政治决策. 阅江学刊, (1): 28-45.

陈鹏狮, 米娜, 张玉书, 等. 2009. 气候变化对作物产量影响的研究进展. 作物杂志, (2): 5-9.

陈文江, 李才旭, 林明和, 等. 2002. 海南省全年适于登革热传播的时间以及气候变暖对其流行潜势影响的研究. 中国热带医学, 2(1): 31-34.

慈龙骏. 1994. 全球变化对我国荒漠化的影响. 自然资源学报, 9(4): 289-303.

慈龙骏, 杨晓晖, 陈仲新. 2002. 未来气候变化对中国荒漠化的潜在影响. 地学前缘, 9(2): 287-294.

丁永建, 秦大河. 2009. 冰冻圈变化与全球变暖: 我国面临的影响与挑战. 中国基础科学, 11(3): 4-10.

方佳毅, 史培军. 2019. 全球气候变化背景下海岸洪水灾害风险评估研究进展与展望. 地理科学进展, 38(5): 625-636.

方修琦, 萧凌波, 苏筠, 等. 2017. 中国历史时期气候变化对社会发展的影响. 古地理学报, 19(4): 729-736.

高江波, 侯文娟, 赵东升, 等. 2016. 基于遥感数据的西藏高原自然生态系统脆弱性评估. 地理科学, 36(4):

580-587.

高江波, 焦珂伟, 吴绍洪. 2017. 气候变化影响与风险研究的理论范式和方法体系. 生态学报, 37(7): 2169-2178.

葛全胜, 方修琦, 郑景云. 2014. 中国历史时期气候变化影响及其应对的启示. 地球科学进展, 29(1): 23-29.

郭建平. 2015. 气候变化对中国农业生产的影响研究进展. 应用气象学报, 26(1): 1-11.

郭建平, 高素华. 1999. CO_2 浓度倍增对春小麦不同品系影响的试验研究. 资源科学, 21(6): 25-28.

国志兴, 张晓宁, 王宗明, 等. 2010. 东北地区植被物候对气候变化的响应. 生态学杂志, 29(3): 578-585.

郝兴宇, 韩雪, 居辉, 等. 2010. 气候变化对大豆影响的研究进展. 应用生态学报, 21(10): 2697-2706.

贺瑞敏, 王国庆, 张建云, 等. 2008. 气候变化对大型水利工程的影响. 中国水利, (2): 52-54, 46.

黄菲, 狄慧, 胡蓓蓓, 等. 2014. 北极海冰的年代际转型及极端低温变化特征. 气候变化研究快报, 3(2): 39-45.

霍治国, 范雨娴, 杨建莹, 等. 2017. 中国农业洪涝灾害研究进展. 应用气象学报, 28(6): 641-653.

霍治国, 李茂松, 李娜, 等. 2012. 季节性变暖对中国农作物病虫害的影响. 中国农业科学, 45(11): 2168-2179.

蒋佳妮, 王文涛, 王灿, 等. 2017. 应对气候变化需以生态文明理念构建全球技术合作体系. 中国人口·资源与环境, 27(1): 57-64.

焦树仁. 1987. 辽宁章古台樟子松人工林水分动态的研究. 植物生态学与地植物学学报, 11(4): 296-307.

金会军, 孙立平, 王绍令, 等. 2008. 青藏高原中、东部局地因素对地温的双重影响(I): 植被和雪盖. 冰川冻土, 30(4): 535-545.

李峰平, 章光新, 董李勤. 2013. 气候变化对水循环与水资源的影响研究综述. 地理科学, 33(4): 457-464.

李慧明. 2018. 构建人类命运共同体背景下的全球气候治理新形势及中国的战略选择. 国际关系研究, (4): 3-20.

李丽纯, 陈家金, 陈惠, 等. 2013. 福建省马铃薯气候减产的风险分析和区划. 中国农业气象, 34(2): 186-190.

李荣平, 周广胜. 2010. 1980~2005 年中国东北木本植物物候特征及其对气温的响应. 生态学杂志, 29(12): 2317-2326.

李荣平, 周广胜, 郭春明, 等. 2008. 1981~2005 年中国东北榆树物候变化特征及模拟研究. 气象与环境学报, 24(5): 20-24.

李英年, 赵新全, 赵亮, 等. 2003. 祁连山海北高寒湿地气候变化及植被演替分析. 冰川冻土, 25(3): 243-249.

林忠辉, 莫兴国, 项月琴. 2003. 作物生长模型研究综述. 作物学报, 29(5): 750-758.

陆魁东, 彭莉莉, 黄晚华, 等. 2013. 气候变化背景下湖南油菜气象灾害风险评估. 中国农业气象, 34(2): 191-196.

陆亚, 尹可丽, 钱丽梅, 等. 2014. 气候变化的心理影响及应对策略. 心理科学进展, 22(6): 1016-1024.

路云阁, 刘晓, 张振德. 2015. 近 32 年三江源地区土地沙化特征及驱动力分析. 国土资源遥感, 86(增刊): 80-84.

吕景华, 白静, 苏利军, 等. 2012. 气候变暖对呼和浩特地区自然物候的影响. 气象科技, 40(2): 299-303.

吕允刚, 杨永辉, 樊静, 等. 2008. 从幼儿到成年的流域水文模型及典型模型比较. 中国生态农业学报, 16(5): 1331-1337.

马京津, 张自银, 刘洪. 2011. 华北区域近 50 年气候态类型变化分析. 中国农业气象, 32(增刊 1): 9-14.

马树庆, 王琪, 王春乙, 等. 2011. 东北地区水稻冷害气候风险度和经济脆弱度及其分区研究. 地理研究, 30(5): 931-938.

潘根兴, 高民, 胡国华, 等. 2011. 气候变化对中国农业生产的影响. 农业环境科学学报, 30(9): 1698-1706.

潘家华, 张莹. 2018. 中国应对气候变化的战略进程与角色转型: 从防范"黑天鹅"灾害到迎战"灰犀牛"风险. 中国人口·资源与环境, 28(10): 1-8.

秦大河. 2014. 气候变化科学与人类可持续发展. 地理科学进展, 33(7): 874-883.

秦大河, 陈振林, 罗勇, 等. 2007. 气候变化科学的最新认知. 气候变化研究进展, 3(2): 63-73.

秦大河, 丁永建, 穆穆, 等. 2012. 中国气候与环境演变: 影响与脆弱性. 第二卷. 北京: 气象出版社.

施雅风, 沈永平, 胡汝骥. 2002. 西北气候由暖干向暖湿转型的信号, 影响和前景初步探讨. 冰川冻土, 24: 219-226.

孙白妮, 门艳忠, 姚凤梅. 2007. 气候变化对农业影响评价方法研究进展. 环境科学与管理, 32(6): 165-168.

孙颖, 尹红, 田沁花, 等. 2013. 全球和中国区域近 50 年气候变化检测归因研究进展. 气候变化研究进展, 9(4): 235-245.

唐茂宁, 刘煜, 李宝辉, 等. 2012. 渤海及黄海北部冰情长期变化趋势分析. 海洋预报, 29(2): 45-49.

唐为安, 田红, 杨元建, 等. 2012. 基于 GIS 的低温冷冻灾害风险区划研究——以安徽省为例. 地理科学, 32(3): 356-361.

托马斯·库恩. 2012. 科学革命的结构. 金吾伦, 胡新和, 译. 北京: 北京大学出版社.

王春乙. 1993. OTC-1 型开顶式气室中 CO_2 对大豆影响的试验结果. 气象, 19(7): 23-26.

王春乙, 姚蓬娟, 张继权, 等. 2016. 长江中下游地区双季早稻冷害、热害综合风险评价. 中国农业科学, 49(13): 2469-2483.

王国庆, 张建云, 刘九夫, 等. 2011. 中国不同气候区河川径流对气候变化的敏感性. 水科学进展, 22(3): 307-314.

王海涛, 金星. 2019. 水质模型的分类及研究进展. 水产学杂志, 32(3): 48-52.

王冀, 马宁, 申文军, 等. 2016. 华北地区汛期降水特征及对铁路害的影响. 自然灾害学报, 25(4): 30-39.

王晾晾, 杨晓强, 李帅, 等. 2012. 东北地区水稻霜冻灾害风险评估与区划. 气象与环境学报, 28(5): 40-45.

王宁, 张利权, 袁琳, 等. 2012. 气候变化影响下海岸带脆弱性评估研究进展. 生态学报, 32(7): 2248-2258.

王文涛, 滕飞, 朱松丽, 等. 2018. 中国应对全球气候治理的绿色发展战略新思考. 中国人口·资源与环境, 28(7): 1-6.

王学潮. 2013. 南水北调西线工程技术经济分析. 工程研究——跨学科视野中的工程, (4): 332-340.

王雪臣. 2008. 中国极端气候事件的风险分析及保险适应机制研究. 北京: 气象出版社.

吴绍洪, 高江波, 邓浩宇, 等. 2018. 气候变化风险及其定量评估方法. 地理科学进展, 37(1): 28-35.

吴绍洪, 罗勇, 王浩, 等. 2016. 中国气候变化影响与适应: 态势和展望. 科学通报, 61(10): 1042-1054.

吴绍洪, 潘韬, 贺山峰. 2011. 气候变化风险研究的初步探讨. 气候变化研究进展, 7(5): 363-368.

吴绍洪, 潘韬, 刘燕华, 等. 2017. 中国综合气候变化风险区划. 地理学报, 72(1): 3-17.

吴绍洪, 赵艳, 汤秋鸿, 等. 2015. 面向“未来地球”计划的陆地表层格局研究. 地理科学进展, 34(1): 10-17.

习近平. 2017. 决胜全面建成小康社会 夺取新时代中国特色社会主义伟大胜利——在中国共产党第十九次全国代表大会上的报告. 北京: 人民出版社.

夏军, 石卫. 2016. 变化环境下中国水安全问题研究与展望. 水利学报, 47(3): 292-301.

严作良, 周华坤, 刘伟, 等. 2003. 江河源区草地退化状况的成因. 中国草地, 25(1): 73-78.

颜梅, 左军成, 傅深波, 等. 2008. 全球及中国海海平面变化研究进展. 海洋环境科学, 27(2): 197-201.

姚凤梅, 秦鹏程, 张佳华, 等. 2011. 基于模型模拟气候变化对农业影响评估的不确定性及处理方法. 科学通报, 56(8): 547-555.

姚晓军, 刘时银, 郭万钦, 等. 2012. 近 50 a 来中国阿尔泰山冰川变化——基于中国第二次冰川编目成果. 自然资源学报, 27(10): 1734-1745.

姚治君, 段瑞, 董晓辉, 等. 2010. 青藏高原冰湖研究进展及趋势. 地理科学进展, 29(1): 10-14.

叶柏生, 陈鹏, 丁永建, 等. 2008. 100 多年来东亚地区主要河流径流变化. 冰川冻土, 30(4): 556-561.

尹国安, 牛富俊, 林战举, 等. 2014. 青藏铁路沿线多年冻土分布特征及其对环境变化的响应. 冰川冻土, 36(4): 772-781.

岳天祥. 2003. 资源环境数学模型手册. 北京: 科学出版社.

张建敏, 黄朝迎, 吴金栋. 2000. 气候变化对三峡水库运行风险的影响. 地理学报, 55(增刊 1): 26-33.

张杰, 曹丽格, 李修仓, 等. 2013. IPCC AR5 中社会经济新情景(SSPs)研究的最新进展. 气候变化研究进展, 9(3): 225-228.

张蕾, 侯英雨, 杨冰韵, 等. 2018. 长江流域一季稻高温热害分布特征及风险分析. 自然灾害学报, 27(2): 107-114.

张肖阳. 2018. 后《巴黎协定》时代气候正义基本共识的达成. 中国人民大学学报, 32(6): 90-100.

张永香, 巢清尘, 李婧华, 等. 2018. 气候变化科学评估与全球治理博弈的中国启示. 科学通报, 63(23): 2313-2319.

张玥, 何延昆, 曾文如, 等. 2018. 欧盟气候外交政策的文化视角——以欧洲文化遗产政策为例. 改革与开放, (13): 51-54.

赵东升, 吴绍洪. 2013. 气候变化情景下中国自然生态系统脆弱性研究. 地理学报, 68(5): 602-610.

赵俊晔, 张峭. 2013. 我国玉米自然灾害风险区识别研究. 自然灾害学报, 22(1): 29-37.

仲舒颖, 郑景云, 葛全胜. 2008. 1962~2007 年北京地区木本植物秋季物候动态. 应用生态学报, 19(11): 2352-2356.

周广胜, 张新时. 1996. 全球气候变化的中国自然植被的净第一性生产力研究. 植物生态学报, 20(1): 11-19.

周天军, 邹立维, 陈晓龙. 2019. 第六次国际耦合模式比较计划(CMIP6)评述. 气候变化研究进展, 15(5): 445-456.

周婷, 蒙吉军. 2009. 区域生态风险评价方法研究进展. 生态学杂志, 28(4): 762-767.

周晓农. 2010. 气候变化与人体健康. 气候变化研究进展, 6(4): 235-240.

朱教君, 李凤芹. 2007. 森林退化/衰退的研究与实践. 应用生态学报, 18(7): 1601-1609.

祝毅然. 2018. 气候变化对交通领域的影响及相关对策. 交通与运输, 34(6): 63-64.

左军成, 杜凌, 陈美香, 等. 2013. 气候与海平面变化及其对海岸带的影响. 北京: 科学出版社.

左军成, 左常圣, 李娟, 等. 2015. 近十年我国海平面变化研究进展. 河海大学学报(自然科学版), 43(5): 442-449.

《第三次气候变化国家评估报告》编写委员会. 2015. 第三次气候变化国家评估报告. 北京: 科学出版社.

Bao Z X, Zhang J Y, Wang G Q, et al. 2012. Attribution for decreasing streamflow of the Haihe River Basin, northern China: Climate variability or human activities? Journal of Hydrology, 460-461: 117-129.

Boyd D S. 2009. Remote sensing in physical geography: A twenty-first-century perspective. Progress in Physical Geography, 33(4): 451-456.

Bryan B, Harvey N, Belperio T, et al. 2001. Distributed process modeling for regional assessment of coastal vulnerability to sea-level rise. Environmental Modeling & Assessment, 6(1): 57-65.

Chaudhuri U N, Kirkham M B, Kanemasu E T. 1990. Root growth of winter wheat under elevated carbon dioxide and drought. Crop Science, 30: 853-857.

Chen Y, Xu Z. 2005. Plausible impact of global climate change on water resources in the Tarim River Basin. Science in China Series D: Earth Sciences, 48(1): 65-73.

Dasgupta P, Morton J F, Dodman D, et al. 2014. Rural Areas. Climate Change 2014: Impacts, Adaptation, and Vulnerability. Part A: Global and Sectoral Aspects. Contribution of Working Group II to the Fifth Assessment Report of the Intergovernmental Panel on Climate Change. Cambridge and New York: Cambridge University Press.

Elliff C I, Kikuchi R K P. 2015. The ecosystem service approach and its application as a tool for integrated coastal management. Natureza & Conservação, 13(2): 105-111.

Feng A Q, Chao Q C. 2020. An overview of assessment methods and analysis for climate change risk in China. Physics and Chemistry of the Earth, 117: 102861.

Gao J, Jiao K, Wu S, 2018. Quantitative assessment of ecosystem vulnerability to climate change: Methodology and application in China. Environmental Research Letters, 13(9): 094016.

Ge Q, Wang H, Rutishauser T, et al. 2015. Phenological response to climate change in China: A meta-analysis. Global Change Biology, 21(1): 265-274.

Holland J H. 1995. Hidden Order: How Adaptation Builds Complexity. New York: Addison-Wesley Publishing Company.

IPCC. 2012. Managing the Risks of Extreme Events and Disasters to Advance Climate Change Adaptation. Cambridge: Cambridge University Press.

IPCC. 2014. Climate Change 2014: Impacts, Adaptation, and Vulnerability. Part A: Global and Sectoral Aspects. Contribution of Working Group II to the Fifth Assessment Report of the Intergovernmental Panel on Climate Change. Cambridge: Cambridge University Press.

IPCC. 2018. Special Report on Global Warming of 1.5℃ (SR15). Cambridge: Cambridge University Press.

IPCC. 2019a. Summary for Policymakers. //IPCC Special Report on the Climate Change and Land. https://www.ipcc.ch/srocc/.[2019-08-12].

IPCC. 2019b. Summary for Policymakers. //IPCC Special Report on the Ocean and Cryosphere in a Changing Climate. https://www.ipcc.ch/srocc/chapter/summary-for-policymakers/.[2019-09-24].

Jiménez Cisneros B, Oki T, Arnell N, et al. 2014. Freshwater Resources. Climate Change 2014: Impacts, Adaptation, and Vulnerability. Part A: Global and Sectoral Aspects. Contribution of Working Group II to the Fifth Assessment Report of The Intergovernmental Panel on Climate Change. Cambridge and New York: Cambridge University Press.

Jin H, Yu Q, Lü L, et al. 2007. Degradation of permafrost in the Xing'anling Mountains, Northeastern China. Permafrost and Periglacial Processes, 18(3): 245-258.

Jones R N, Mearns L O. 2004. Assessing future climate risks//Lim L, ed. Adaptation Policy Frameworks for Climate Change: Developing Strategies, Policies and Measures. Cambridge, UK: Cambridge University Press.

Liu S N, Zhou T, Wei L Y, et al. 2012. The spatial distribution of forest carbon sinks and sources in China. Chinese Science Bulletin, 57(14): 1699-1707.

Mazor T, Runting R K, Saunders M I, et al. 2021. Future-proofing conservation priorities for sea level rise in coastal urban ecosystems. Biological Conservation, 260: 109190.

Mu Y H, Ma W, Wu Q H, et al. 2012. Thermal regime of conventional embankments along the Qinghai–Tibet Railway in permafrost regions. Cold Regions Science and Technology, 70: 123-131.

Naylor R L, Battisti D S, Vimont D J, et al. 2007. Assessing risks of climate variability and climate change for Indonesian rice agriculture. Proceedings of the National Academy of Sciences of the United States of America, 104(19): 7752-7757.

New M, Lopez A, Dessai S, et al. 2007. Challenges in using probabilistic climate change information for impact assessments: An example from the water sector. Philosophical Transactions of the Royal Society A: Mathematical Physical and Engineering Sciences, 365(1857): 2117-2131.

Piao S, Ciais P, Huang Y, et al. 2010. The impacts of climate change on water resources and agriculture in China. Nature, 467(7311): 43-51.

Porter J R, Xie L, Challinor A J, et al. 2014. Food Security and Food Production Systems. Climate Change 2014: Impacts, Adaptation, and Vulnerability. Part A: Global and Sectoral Aspects. Contribution of Working Group II to the Fifth Assessment Report of the Intergovernmental Panel on Climate Change. Cambridge and New York: Cambridge University Press.

Pörtner H O, Karl D M, Boyd P W, et al. 2014. Ocean Systems. Climate Change 2014: Impacts, Adaptation, and Vulnerability. Part A: Global and Sectoral Aspects. Contribution of Working Group II to the Fifth Assessment Report of the Intergovernmental Panel of Climate Change. Cambridge and New York: Cambridge University Press.

Ren W, Tian H Q, Tao B, et al. 2011. Impacts of tropospheric ozone and climate change on net primary productivity and net carbon exchange of China's forest ecosystems. Global Ecology and Biogeography, 20(3): 391-406.

Revi A, Satterthwaite D E, Aragón-Durand F, et al. 2014. Urban Areas. Climate Change 2014: Impacts, Adaptation, and Vulnerability. Part A: Global and Sectoral Aspects. Contribution of Working Group II to the Fifth Assessment Report of the Intergovernmental Panel on Climate Change. Cambridge and New York: Cambridge University Press.

Settele J, Scholes R, Betts R A, et al. 2014. Terrestrial and Inland Water Systems. Climate Change 2014: Impacts, Adaptation, and Vulnerability. Part A: GLobal and Sectoral Aspects. Contribution of Working Group II to the Fifth Assessment Report of the Intergovernmental Panel on Climate Change. Cambridge and New York: Cambridge University Press.

Sherman M H, James F. 2014. Stakeholder engagement in adaptation interventions: An evaluation of projects in developing nations. Climate Policy, 3: 417-441.

Smith K R, Woodward A, Campbell-Lendrum D, et al. 2014. Human Health: Impacts, Adaptation, and Co-Benefits. Climate Change 2014: Impacts, Adaptation, and Vulnerability. Part A: Global and Sectoral Aspects. Contribution of Working Group II to the Fifth Assessment Report of the Intergovernmental Panel on Climate Change. Cambridge and New York: Cambridge University Press.

Su B, Huang J L, Fischer T, et al. 2018. Drought losses in China might double between the 1.5℃ and 2.0℃ warming. PNAS, 115(42): 10600-10605.

Tang Q, Oki T, Kanae S, et al. 2008. Hydrological cycles change in the Yellow River Basin during the last half of the twentieth century. Journal of Climate, 21(8): 1790-1806.

Tao F L, Zhang Z, Zhang S, et al. 2012b. Response of crop yields to climate trends since 1980 in China. Climate Research, 54(3): 233-247.

Tao F, Zhang S, Zhang Z. 2012a. Spatiotemporal changes of wheat phenology in China under the effects of temperature, day length and cultivar thermal characteristics. European Journal of Agronomy, 43: 201-212.

Taylor K E, Stouffer R J, Meehl G A. 2012. An overview of CMIP5 and the experiment design. Bulletin of the American Meteorological Society, 93(4): 485-498.

Wamsler C. 2017. Stakeholder involvement in strategic adaptation planning: Transdisciplinarity and co-production at stake. Environmental Science & Policy, 75: 148-157.

Wang B, Ke R Y, Yuan X C, et al. 2014a. China's regional assessment of renewable energy vulnerability to climate change. Renewable and Sustainable Energy Reviews, 40: 185-195.

Wang B, Liang X J, Zhang H, et al. 2014b. Vulnerability of hydropower generation to climate change in China: Results based on Grey forecasting model. Energy Policy, 65: 701-707.

Wong P P, Losada I J, Gattuso J P, et al. 2014. Coastal Systems and Low-Lying areas. Climate Change 2014: Impacts, Adaption and Vulnerability. Part A: Global and Sectoral Aspects. Contribution of Working Group II to the Fifth Assessment Report of the Intergovernmental Panel on Climate Change. Cambridge and New York: Cambridge University Press.

Wu J, Xu Y, Zhang B. 2015.Projection of PM2.5 and ozone concentration changes over the Jing-Jin-Ji Region in China. Atmospheric And Oceanic Science Letters, 8(3): 143-146.

Wu Q B, Niu F J. 2013. Permafrost changes and engineering stability in Qinghai-Xizang Plateau. Chinese Science Bulletin, 58(10): 1079-1094.

Wu Q B, Zhang T J. 2008. Recent permafrost warming on the Qinghai-Tibetan Plateau. Journal of Geophysical Research: Atmospheres, 113(D13).

Wu S H, Yin Y H, Zhao D S, et al. 2010. Impact of future climate change on terrestrial ecosystems in China. International Journal of Climatology, 30(6): 866-873.

Wu S, Liu L, Gao J, et al. 2019. Integrate risk from climate change in China under global warming of 1.5 and 2.0℃. Earth's Future, 7(120): 1307-1322.

Yang M, Nelson F E, Shiklomanov N I, et al. 2010. Permafrost degradation and its environmental effects on the Tibetan Plateau: A review of recent research. Earth-Science Reviews, 103(1-2): 31-44.

Ye L, Xiong W, Li Z, et al. 2013. Climate change impact on China food security in 2050. Agronomy for Sustainable Development, 33(2): 363-374.

Yuan Q, Wu S, Dai E, et al. 2017. Modeling net primary productivity of the terrestrial ecosystem in China from 1961 to 2005. Journal of Geographical Sciences, 27(2): 131-142.

Zhao L, Wu Q, Marchenko S S, et al. 2010. Thermal state of permafrost and active layer in Central Asia during the International Polar Year. Permafrost and Periglacial Processes, 21(2): 198-207.

Zhou T, Zou L, Wu B, et al. 2014. Development of earth/climate system models in China: A review from the coupled model intercomparison project perspective. Journal of Meteorology Research, 28(5): 762-779.

第14章 对农业领域的影响、风险与适应

首席作者：居辉 谢立勇 杨晓光

主要作者：赵俊芳 张馨月 王靖 刘志娟 徐琳 刘园

张天一 何奇瑾 韩雪

摘 要

　　本章评估了自《第三次气候变化国家评估报告》以来，气候变化对中国农业影响及适应研究领域国内外发表的科学文献及研究报告，涉及当前和未来气候变化对农业生产环境、生产能力、粮食安全以及农业脆弱性和风险管理等评估内容。在以往影响评估重点关注粮食作物生长发育及产量变化基础上，本次评估将气候、土壤与病虫害作为农业环境整体予以了系统评估，并扩展了种植业、养殖业中经济作物、草地和渔业影响评估；在粮食安全部分增补了作物品质与营养、食物消费结构等内容，从粮食供需平衡角度论述气候变化对粮食安全的影响；由于极端气候事件对农业的影响更为严重与紧迫，本次评估在农业脆弱性与风险管理方面，更为关注不同作物及区域的农业暴露度、敏感性及脆弱性，引入风险管理理念深化评估了农业对气候变化的适应潜力，并在适应方法与措施、区域实践方面提供了适应行动参考，对适应策略及前景进行了综合评述。

14.1 气候变化对农业生产环境的影响

14.1.1 农业气候资源

　　农业气候资源是影响农作物生长发育和产量形成的最主要的环境条件和物质能量基础，主要包括热量资源、水分资源、光资源和大气资源。全球气候变化极大地改变了我国农业气候资源的时空分布格局（IPCC，2014；Zhao and Guo，2015；Zhao et al.，2018）。农业热量资源表现出总量增加、空间分布极其不均衡的变化特征：各地年平均气温、最高气温、最低气温均有升高，80%保证率下日平均气温稳定通过0℃和10℃期间的积温均明显增加，北方地区增温幅度大于南方地区，且冬季和夜间增温幅度较大；日平均气温稳定通过0℃和10℃的持续日数均明显延长，主要表现为稳定通过各界限温度初日的提前和终日的推迟（周广胜，2015）；大部分地区无霜期均有不同程度的延长，其中，1981~2010年云南、西藏北部、青海南部、新疆局部地区延长趋势最明显，幅度达14~30 d/10 a（李萌等，2016）。水分资源总体表现出显著的年际和年代际变化、空间分布不均以及农业水分利用效率偏低的特征：与1961~1980年相比，1981~2010年干旱区的小雨和中雨等级的降水量和降水日数增加幅度最大；降水量的空间变异

较大，值得关注的是华北和西南地区降水明显减少（代姝玮等，2011；张强等，2017）；2000~2015 年全国 80%的地区农业水分利用效率只达到中等以上水平（Wang et al.，2019），农业用水短缺程度加剧（Fuentes et al.，2017）。光照资源表现出总体减少、空间分布不均的显著变化特点：1981~2010 年我国太阳辐射资源较前 30 年总体减小 458.07MJ/m²，日照时数总体减小 126h（梁玉莲等，2015）；各地日平均气温稳定通过 0℃和 10℃期间的日照总时数表现为减少趋势，且区域变化差异显著；其中，日平均气温稳定通过 10℃期间，新疆大部、西南地区、华南大部、华北平原、东北地区的日照时数以减少为主，青藏高原大部的日照时数以增加为主，而在内蒙古中部、黄土高原东部、华中大部、长江中下游大部变化不明显（郭建平，2010）。大气资源总体表现出温室气体浓度明显增大和大气污染日趋严重的特征（赵俊芳等，2018b）：1993~2011 年我国农业 CH_4 排放量基本保持平稳，波动不大，N_2O 排放量增加 29.3%，农业生产 CO_2 排放量成倍增加（尚杰等，2015），大气 O_3 浓度近年来也明显增加（Feng et al.，2020）。

未来我国农业热量资源表现出总体增加的趋势：预计 2021~2050 年我国各地日平均气温稳定通过 0℃、3℃、5℃、10℃、15℃期间的持续日数和平均无霜期日数均明显延长；大部分地区日平均气温稳定通过 0℃、3℃、5℃、10℃、15℃期间的积温均呈增加趋势（赵俊芳等，2010；Guo et al.，2015）。其中，1961~2099 年东北地区在 RCP4.5 和 RCP8.5 情景下，稳定通过 10℃初日预计提前 3~4 天，初霜日推迟 2~6 天（初征等，2017）。未来农业水分资源的变化主要表现出总体增加、区域差异显著的特征：预计 2021~2050 年，除零星地区外，全国各地区日平均气温稳定通过 0℃、3℃、5℃、10℃、15℃期间的降水量和潜在蒸散发量均呈增加趋势；地区间差异显著，其中，2071~2100 年云南、江西、福建、浙南地区将更加湿润（汤绪等，2011）。未来光照资源总体表现出减少的趋势，预计 2006~2049 年在 RCP8.5 情景下，我国各地太阳辐射量总体处于下降趋势，青海省下降幅度最大，每年下降 0.08 W/m²（Yang et al.，2018）。未来大气资源的变化主要体现为温室气体浓度和气溶胶浓度增大：预计 2000~2050 年在 RCP6.0 和 RCP8.5 情景下全国二次有机气溶胶在东部地区均不同程度增加（Zhang et al.，2018a）。

14.1.2 耕地与土壤

气候变化影响土壤的碳氮组成，对农田土壤质量存在一定影响。增温能促进农田土壤的养分运移，提高土壤的净氮矿化速率。作物对不同形态氮素的选择性吸收，将进一步改变土壤中铵态氮和硝态氮的组成，导致残留在土壤表面的过剩氮素通过径流或淋溶损失，引起土壤硬化、酸化，以及地表水和地下水污染等问题，最终会造成土壤中可利用氮逐年降低，影响土壤质量（虞凯浩等，2015）。CO_2 浓度和温度升高会使土壤有机碳输入增加，进而增加土壤碳库（Zhu et al.，2016）；同时也会加快土壤呼吸，加速有机质分解，减少土壤碳库（熊正琴等，2011）。因此气候变化对土壤碳库的影响取决于上述两者抵消的结果。土壤有机质的积累与降解需要一个较长的时间尺度达到新的平衡，目前基于短期和中期田间试验得到的结论，预测未来气候变化下农业土壤的碳汇功能还存在较大的不确定性。

气候变化还会对土壤微生物的结构和功能产生影响，改变土壤的碳氮循环过程。CO_2 浓度升高显著增加土壤微生物生物量碳和微生物生物量氮含量（姚文琳，2018）。CO_2 浓度升高可使土壤中细菌和放线菌的数量有所增加，而真菌的数量趋于减少（尹飞虎等，2013），同时还会促进作物生长季土壤中细菌的多样性（刘远等，2016）。温度升高会降低土壤微生物的呼吸速率、抑制酶活性、改变土壤微生物的资源利用模式（陆雅海等，2015），但在作物不同生育期的表现并不一致，观测结果表明小麦在分蘖和抽穗期，增温促进土壤微生物多样性（刘远等，2016），在抽穗和成熟期则提高土壤微生物的呼吸速率和土壤微生物的酶活性（刘远等，2017）。

随着化肥的使用，氮沉降迅速增加，仅 1980~2010 年，中国北方氮沉降就从 1.3 g/（m²·a）增加至 2.1 g/（m²·a）（Liu et al.，2013）。氮沉降增加影响土壤微生物群落，导致土壤微生物种类、数量、生物量下降（赵超等，2015）。而一定范围内的氮沉降增加会提高微生物多样性，但超过微生物的耐受阈值后，微生物多样性由升高转变为下降（王美溪等，2018）。

未来气候暖干化趋势将进一步加重土地荒漠化，导致耕地面积减少。地表土壤温度明显升高，同时潜在蒸发量也将增加、土壤湿度降低，而长时间、持续的土壤干旱、土壤风蚀发生频次增加会进一步加重土地荒漠化（郭瑞霞等，2015）。温度的跃变式升高和极端降水事件也不利于植被恢复，可能加剧水土流失风险，加速荒漠化进程（Li et al.，2015c；Chen et al.，2016b）。尽管总体上气候变化对土壤荒漠化存在不利影响，但这种影响表现出明显的区域差异（Zhou et al.，2015）。华北及东北南部增温显著、干旱加剧，当地水资源匮乏进一步加剧，沙质荒漠化土地面积逐年扩展；而在西北大部分地区，平均降水量较以往偏多，土壤湿润指数呈增大趋势，土地荒漠化呈减弱态势（胡静霞和杨新兵，2017；Liu et al.，2018a）。

14.1.3　农业气象灾害与病虫害

气候变化加剧了农业气象灾害，主要表现为干旱、洪涝、高温和低温灾害等频率和强度的变化。中国农业气象灾害类型多样，其中对农业生产影响范围最广、影响面积最大，且发生频率最高的是干旱灾害（刘笑等，2017）。旱灾主要分布在北方的黄淮海平原、河套平原与南方的江南丘陵、西南云贵高原（李祎君和吕厚荃，2017）。气候变暖增加了生产、生活和生态耗水，使旱季缺水状况持续加重。1950 年以来，北方主要的农业区干旱范围有明显的扩大趋势，东北、西北和华北地区旱灾成灾比例显著上升，旱灾成灾面积呈现增长趋势，且年际间波动大。1951~2010 年华北平原粮食因灾损失量不断增加，因旱灾减产的风险度最高；随着时间推移，旱灾减产高风险区不断向华北平原北部转移（胡亚南等，2013）。20 世纪 90 年代以来，西北地区农业干旱受灾面积扩大，成灾面积增加，每年由干旱造成的经济损失占 GDP 的 4%~6%，远高于其他地区（何斌等，2017）。受气候变率的影响，农业有效降水总体也在减少，尤其是春秋干旱面积扩大，水资源紧缺地区的农业生产将对干旱更为敏感（孙华等，2015）。

洪涝灾害对农业生产的影响仅次于旱灾，主要分布在中国东南部，在长江和黄淮海流域地区尤其集中。此外，东北地区遭受洪涝的风险较高；而西北部受灾、成灾面积小，洪涝灾害风险较低（胡亚男等，2015）。由于全球变暖，海温升高，台风增加对中国东南部地区的影响导致 21 世纪南方洪涝加剧。在全国及中东部大部分地区，农作物受灾率和成灾率与极端降水事件显著相关。气候变暖背景下极端降水事件频率和强度的显著变化直接导致农业洪涝成灾率呈南方增强、北方减缓、总体上升的趋势（霍治国等，2017）。同时，作物种植界限北移和适宜播种范围扩大增加了农业洪涝灾害的暴露度，1976~2015 年洪涝灾害发生重灾的次数最多。

高温严重威胁着农作物的生长和发育，其中夏玉米受高温影响较为显著。中国各玉米种植区生长季内温度均显著升高，极端高温事件频发（刘哲等，2015；尹小刚等，2015）。高温对其他作物的影响也逐渐加重，受高温影响，水稻抽穗扬花期的光合作用降低显著（凌霄霞等，2019）。气候变化也导致干热风的频次和强度增大，发生区域扩大，危害加重（霍治国等，2019）。在未来气候情景下，极端高温的频次和强度将会持续增大，且发生的间隔时间变短，对农作物的影响更加严重（Chen et al.，2018；李阔等，2018）。而气候变暖导致低温灾害发生程度逐渐减小，1990~2017 年相对于 1961~1990 年，中国可种植区内小麦冻害和拔节期霜冻频率总体均呈降低趋势（郑冬晓，2018）。春玉米种植区各等级冷害发生年数、区域面积及频率都呈显著减少趋势（余弘泳等，2017）。但是部分地区在气候变暖影响下，种植界限变化导致霜冻存在增加趋势（佟金鹤，2016）。未来气候变化情景下，极端低温发生频次和影响范围均呈下降趋势，但其强度升高。全球升温 1.5℃情景下，极端低温相对于工业革命前频次下降 30%~54%，强度变化-1%~8.8%；全球升温 2℃情景下，频次下降48%~80%，强度上升 6%~11.5%（王安乾等，2017）。

气候变化和极端天气气候事件的增加等一定程度上改变了病虫害的生境，导致病虫害的种群结构、适生区域、发生时段、发生与流行程度等变化，总体向着有利于病虫害暴发的方向发展（傅小琳，2015）。中国农作物病虫害近 1600 种，其中可造成严重危害的有 100 种以上，重大流行性、迁飞性病虫害有 20 多种，因病虫害造成的农业产值损失约为农业总产值的 20%~25%（赵淼等，2015）。

近年来我国农作物病虫害发生面积呈增加趋势，病虫害、病害和虫害的发生面积1961~2010 年分别增加了 5.38 倍、7.27 倍和 4.72 倍，其中病害的增加速度远高于虫害（周广胜，2015），且病虫害在全国各地均有发生，总体上呈现由沿海向内陆递减的趋势（赵淼等，2015）。气候变化对我国不同地区病虫害影响不同，西南、华北和长江流域地区呈暖干化趋势，病虫害日益加剧；东北地区冬季升温明显，导致病虫害的分布地区呈现扩大趋势；西北地区呈暖湿化特征，有利于喜湿性病害的发展（孙华等，2015；Yin et al.，2016）。气候变暖，尤其是暖冬凸显，病虫进入越冬阶段推迟，延长病菌冬前侵染、冬中繁殖时间，降低害虫越冬死亡率，增加冬后菌源和虫源基数；使病虫越冬北界北移、海拔上限升高（周广胜，2015）。暖春同样有利于病虫害危害期提前、扩展速度加快、发生程度加重（霍治国等，2012a）。另外，气候变暖使大部分病虫害发育期缩短、危害期延长，害虫种群增长力增强、繁殖世代数可比常年增加 1 个代次；病虫害发生地理范围扩大，发生界限北移、海拔界限高度升高，危害程度呈明显加重趋势（霍治国等，2012b；贺奇等，2016）。

但一些对高温敏感的病虫害发生呈减弱趋势，如对于生长发育和繁殖要求相对较低的一些危害病虫种类，高温会抑制这些害虫的种群增长、病菌的繁殖侵染（霍治国等，2012b）。气候变暖加快了迁飞性害虫的生长发育，致使害虫出现期、迁飞期及种群高峰期提前，且在未来气候变暖情景下，迁飞性害虫比现在分布更广、危害更大（李小霞和赵宣鼎，2017）。农业气象灾害和极端天气气候事件的增加也会致使部分病虫害的发生趋于严重。例如，台风发生频率的增加会导致病原物向新的区域传播，导致病害突发流行。当然，极端天气事件的增加也并非加重所有病虫害影响，如干旱和极端高温会减少喜湿和喜凉病虫害的发生，台风和暴雨会降低害虫虫口密度。气候变化也会导致生物种群关系发生变化，病原物发生基因重组、变异繁殖，害虫与寄主作物产生同步性改变（姜培刚，2015）。

14.2　气候变化对农业生产能力的影响

14.2.1　种植格局

气候变暖使我国多熟制可能的种植北界向高纬度高海拔地区扩展，多熟种植面积扩大（图 14.1）。与 1951~1980 年相比，1981~2010 年中国一年一熟区种植面积由 19.7%减少到19.2%，相当于减少 8200 hm²，两熟区耕地面积由 52.3%减少到 50.0%，相当于减少 49900 hm²，三熟区耕地面积由 28.0%增加到 30.8%，相当于增加 98500 hm²，复种指数可增加 1.7%；2011~2040 年和 2071~2100 年，我国一年一熟和一年两熟种植面积将进一步缩小，而一年三熟种植面积将持续增加（Yang et al.，2015）。

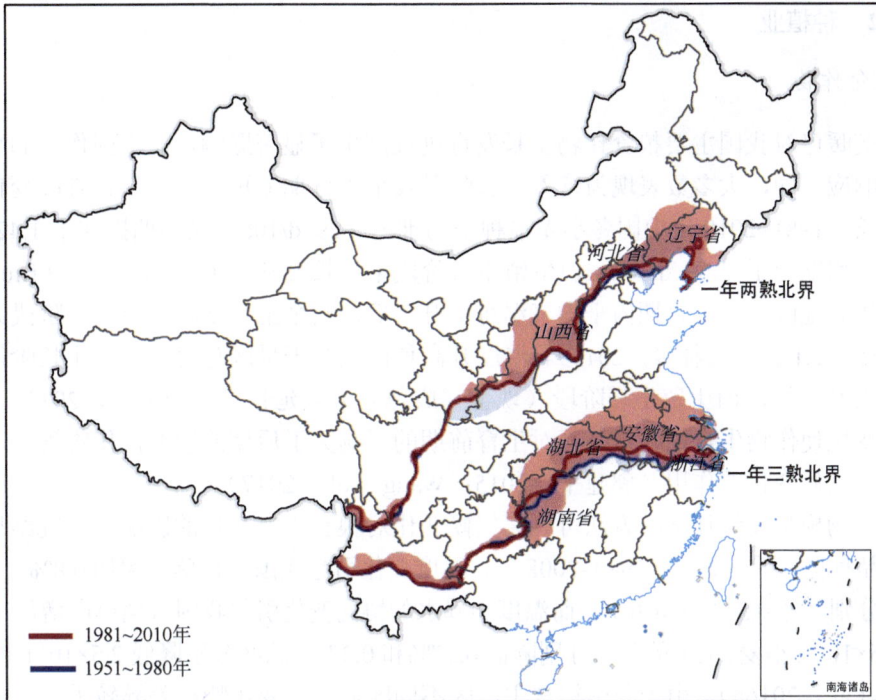

图 14.1　1981~2010 年中国一年两熟和一年三熟可能种植北界北移
(改自杨晓光和陈阜, 2014; Yang et al., 2015)

　　气候变化使作物布局变化, 可种植面积扩大。与 1951~1980 年相比, 1981~2010 年东北三省寒地水稻种植北界平均北移 120 km, 水稻安全种植北界可北移至嫩江中部—五大连池—逊克北部一线; 未来升温 1~3℃情景下, 寒地水稻安全种植北界向北移动 411~545 km, 向北扩展至黑龙江省呼玛以北地区, 温度升高 3℃时, 除漠河地区外, 都可种植寒地水稻 (王晓煜等, 2016)。与 1951~1980 年相比, 1981~2010 年华南地区麦稻两熟、早三熟、中三熟和晚三熟可种植北界分别平均移动约 10 km、30 km、52 km 和 66 km (Ye et al., 2014)。2011~2100 年, 华南主要稻作制可种植北界北移空间位移更大, 四川盆地及云贵高原等区域将成为受气候波动影响最大的区域 (Ye et al., 2015)。对于东北地区春玉米种植区域来说, 在 RCP4.5 和 RCP8.5 情景下, 2011~2100 年晚熟玉米种植区域将北扩至黑龙江、内蒙古中部地区和吉林大部分地区, 不能种植区域明显减少 (初征和郭建平, 2018)。

　　气候资源变化使得主要粮食作物的适宜种植区发生变化。与 1951~1980 年相比, 1981~2010 年中国冬小麦光温潜在产量最高产区和高产区面积分别增加 6.3%和 7.4%, 最稳产区面积减少了 25.8%; 冬小麦最适宜区、适宜区和可种植区界限在空间上都发生改变。其中, 最适宜区界限北移西扩, 适宜区界限向东北方向移动 (孙爽等, 2015)。与 1951~1980 年相比, 1981~2010 年中国单季稻和双季早稻适宜区减小, 而双季中稻和双季晚稻适宜区扩大, 2011~2040 年和 2071~2100 年会呈现类似的变化趋势 (Ye et al., 2015)。与 1951~1980 年相比, 1981~2010 年东北三省春玉米气候适宜区和次适宜区面积比例由 61.1%增加为 83.0%, 最适宜区面积比例由 18.8%减少为 6.7%, 可种植区面积比例由 20.1%减少为 10.3% (Zhao et al., 2016)。与 1961~1986 年相比, 1987~2014 年甘肃省马铃薯最适宜和适宜种植区面积分别减少 3.8%和 0.7%, 次适宜和可种植区面积分别增加 3.5%和 1.3%, 其中以陇中黄土高原变化最为显著 (王鹤龄等, 2017)。

14.2.2 种植业

1. 粮食作物

气候变暖已对我国主要粮食作物生长发育进程产生了显著影响，但不同作物的物候期对气候变化响应不同，大多数表现为营养生长阶段及全生育期缩短，生殖生长阶段变化不明显或略有延长。1981~2010 年中国冬小麦播种平均推迟 2.29 d/10a，成熟期提前了 1.42 d/10a，全生育期平均缩短了 3.69 d/10a，但生殖生长阶段平均长度延长了 0.61 d/10a（Liu et al.，2018b）。华北地区玉米生育期内平均气温每上升 1℃，其全生育期和生殖生长阶段天数分别缩短 2.7 天和 1.1 天（孟林等，2015）。温度升高使西北半干旱区马铃薯营养生长阶段（播种—现蕾）天数缩短，而生殖生长阶段（现蕾—成熟）天数延长（肖国举等，2015）。总体而言，气候变化使作物生育期缩短，且对生育前期的影响大于后期的影响，作物管理对生育期的影响大于气候变化的作用（郭建平，2015；Wang et al.，2017）。

采用作物模型及统计学的方法可剥离气候变化对粮食作物产量的影响。研究结果显示，在不考虑品种更替的背景下，1980~2008 年，温度变化引起我国水稻单产增加 0.8%，小麦、玉米的单产分别降低 0.31%和 0.40%；而温度和降水的协同变化引起我国水稻单产增加 1.2%，总产增加 $4.6×10^8$ t；小麦、玉米的单产分别降低 0.27%和 0.37%，总产分别降低 $2.5×10^7$ t 和 $1.5×10^8$ t（Zhang et al.，2016a）。由于我国粮食主产区不同区域气候变化特征差异较大，因此气候变化对不同主产区粮食作物的影响不尽相同。1981~2009 年，气候变化使我国北方小麦增产 0.9%~12.9%，南方小麦减产 1.2%~10.2%（Tao et al.，2014a）；华北平原夏玉米减产 15.0%~30.0%（Xiao and Tao，2016），西南玉米减产 13.0%~17.0%，西北玉米增产 13.0%~14.0%（Tao et al.，2016）。在全球升温 1.5℃和 2.0℃情景下，考虑 CO_2 肥效作用，中国玉米平均减产幅度约为 3.7%和 11.5%；小麦产量平均变化幅度约为-1.3%和 2.2%；水稻平均减产幅度约为 3.6%和 6.2%，其中单季稻减产幅度为 3.8%和 5.3%，双季早稻减产幅度为 2.5%和 4.3%，双季晚稻减产幅度为 4.4%和 5.8%。若不考虑 CO_2 肥效作用，小麦平均减产幅度约为 5.2%和 4.6%；水稻平均减产幅度约为 5.3%和 11.4%，其中单季稻减产幅度为 5.2%和 10.8%，双季早稻减产幅度为 4.5%和 11.1%，双季晚稻减产幅度为 6.2%和 12.2%，由于各位学者采用的方法具有一定的差异性，目前结果缺乏相对的一致性（李阔等，2018；孙茹等，2018；Liu et al.，2018b）。气候变化对西北半干旱地区马铃薯产量具有显著的负效应（姚玉璧等，2016；亢艳莉等，2017）。1961~2016 年气候变化使得晋北地区马铃薯气候生产潜力每年降低 17.7 kg/hm^2，其中辐射的影响最大（马雅丽等，2019）。在未来气候变化背景下，中国黄土高原马铃薯产量总体呈现下降趋势（Wang et al.，2015）。

2. 经济作物

气候变化加大了经济作物生产的不稳定性和敏感性，同时气候变暖、CO_2 浓度升高给经济作物生产带来新的机遇，尤其是高纬度地区生长期延长，光合作用增强（郑冰婵，2012），但气候变暖也加快了经济作物的呼吸作用和发育进程，导致减产（万书波，2008；邱译萱等，2018）。1961~2012 年，气候变暖使我国西北棉花种植区生育期延长 3.5 d/10a，对棉花产量和品质的提高都十分有利（王志伟等，2012），棉花生育期所需≥10℃有效积温增加 56.6℃·d/10a，南疆地区中熟棉、中早熟棉区面积分别扩大 1.76 万 km^2 和 4.30 万 km^2（张山清等，2015）；气候变暖一定程度上促进棉花增产提质（吴建梅等，2012；孙华等，2015；李阔和许吟隆，

2017）。棉花属于耗水少、效益高的经济作物，冬季温度升高、晚霜冻害提前等气候变化特征使得棉花播期提前，遭受低温冷害风险加大；其中，西北由于整体水资源匮乏，棉花各生育期均处于严重缺水状态，开花到吐絮阶段水分亏缺程度最严重（陈超等，2015）。广西地区 2013~2016 年，甘蔗抽穗前 30~45 天平均气温及平均湿度普遍增加，利于甘蔗抽穗率和产量提升（古丽等，2011；郭晋川等，2015）。气候是影响虫害发生的重要原因之一，虫害的发生也会影响甘蔗的最终产量和质量（黄敏堂和吴晓伟，2011；张蕾等，2012）。

烟草作为我国重要经济作物之一，影响烤烟产量和品质的主要气象因子依次为降水量、日照时数和气温（陈伟等，2008；赵跃等，2013）。河南平顶山烟区 1995~2009 年 8 月昼夜温差的减小、7 月降水量的增多有利于烟叶中总糖和还原糖含量的提高，不利于烟碱和总氮含量的提高；8 月昼夜温差的增大、日照时数的减少，有利于钾氯比的提高（李亚男等，2011）。烟草生长期内温度高于 30℃，特别是在大于 35℃ 时，干物质消耗高于积累，明显降低烟草品质。烟叶成熟期适宜温度在 20~28℃，如果温度过高、太阳辐射较强，则烟叶水溶性总糖、还原糖、烟碱和氯含量降低（查宏波等，2014）。温度过高、CO_2 浓度升高会降低油料作物品质，不利于蛋白质和脂肪的累积（宋蜜蜂，2009），加大了黑龙江大豆生产风险（梁群等，2015；杨晓娟等，2016）。麻类作物是我国传统经济作物，是继粮食、棉花、油料作物和蔬菜之后的第五大作物群。温度升高不利于苎麻病虫害的控制，秋季降水减少会加重三麻干旱（刘志远和唐守伟，2014）。杂粮是种植业调结构、转方式的重要替代作物，其区域性较强，对干旱少雨的气候环境也能适应，可作为适应气候暖干化的作物种植结构调整备选作物之一[①]。

未来气候情景下，最冷月低温、年均温、最冷季平均降水量、最湿季均温是影响罗布麻分布的主导环境因子；2050~2070 年，在 RCP2.6 和 RCP8.5 气候情景下，罗布麻适宜生境有所减少（杨会枫等，2017）。气候变暖导致棉花生育期缩短、产量增加，2070 年后，产量因生长发育速率过快、生育期缩短而下降，更换生育期更长的中熟、晚熟品种有利于提高产量（Yang et al.，2014）。未来长期太阳总辐射高于气候基准期（1981~2010 年）平均值，并在未来呈显著增加趋势，这将导致烤烟化学成分协调性评分下降，两种情景下以 RCP8.5 情景下降更明显（姬兴杰和石英，2017）。2015~2099 年，A2 和 B2 情景下新疆棉花需水量均下降，且 A2 需水量较 B2 降低更明显，遭受干旱风险降低（李毅和周牡丹，2014）。

14.2.3 养殖业

1. 草地畜牧业

我国草地畜牧业主要集中在内蒙古、新疆、青海、西藏四大牧区，大多位于北方温带干旱半干旱气候区和青藏高寒气候区，气候资源变率大，草地生态系统自身适应调节能力有限，是气候变化影响的敏感区和脆弱区。近 50 年来，我国草原区气温普遍升高，降水时空差异较大（梁艳等，2014）。其中，北方温带草原区气温显著变暖，降水量有所减少但并不显著，总体上呈现暖干趋势，尤其是夏季暖干化趋势明显（Han et al.，2015；张煦庭等，2017）。青藏高原区则呈暖湿化趋势，气温显著升高，年降水量显著增加（李庆等，2018；冀钦等，2018）。此外，极端高温、极端降水等天气、气候事件出现频次有升高趋势（Ding et al.，2013；Jin et al.，2018）。气候变化主要通过改变草原牧草的生育期、物种多样性、产量和品质以及牲畜生长发育状况，进而影响草地生态系统的结构和功能以及草地畜牧业的动植物生产能力。

---

① 农业部小宗粮豆专家指导组，全国农业技术推广服务中心. 2017. 2016 年全国杂粮生产指导意见.

气候变化已显著改变了我国草原植物的发育期。草原植物物候观测研究显示，20 世纪80 年代以来，内蒙古草原返青期、开花期总体呈显著提前趋势，黄枯期推迟不显著，生长季长度有延长的趋势，但存在种间和区域差异（苗百岭等，2016；师桂花等，2017；高亚敏，2018）。1988~2010 年，青藏高原东北部 5 个站点代表性牧草生育期变化区域差异明显，其中南部三江源地区返青、开花、黄枯期大多呈提前趋势，北部环青海湖地区针茅生育期有推迟趋势，生长季长度北部延长，而南部则多呈缩短趋势（牟成香等，2013；徐维新等，2014）。模拟增温和控水试验表明，气温和降水与草地物种丰富度和生物多样性相关。在内蒙古乌拉特后旗的野外降水量试验中发现，降水量增加会使物种多样性指数先下降后升高，而降水量减少 40%时，物种多样性最低（张蕊等，2019）。青海海北高寒草甸地区的增温试验发现，增温使草地物种丰富度显著降低了 10%，消失的多为群落中的偶见种（Wang et al.，2012a）。草地生物量估算及其对气候变化的响应是全球变化研究的重要科学问题。目前，基于样地调查、遥感归一化植被指数及气候资料，通过建立统计或机理模型对我国草地生物量模拟开展了广泛研究。例如，使用光能利用率模型（CASA 模型）模拟了 1982~2010 年中国草地净初级生产力，分析了其与气候因子的关系，得出全区净初级生产力总体呈上升趋势，明显增加的区域主要包括青藏高原西部、阿拉善高原和新疆西部，明显降低的区域主要分布在内蒙古地区（周伟等，2017）。水分盈亏是影响草地净初级生产力的主要因素，气候变化通过改变植被类型进而影响牧草品质的格局，年均温对牧草粗纤维有直接影响（石岳等，2013）。此外，在气候暖干化背景下，受干旱、超载放牧等因素影响，天然草地退化，可食牧草比例下降，毒草滋生蔓延，造成牲畜中毒，严重影响草地畜牧业发展和生态安全（郭亚洲等，2017；尤延飞等，2018）。

气候变化不仅对草原牧草生长有影响，也会对牲畜的生产能力产生直接影响。一方面，气候变暖，尤其是冬季升温使草原大部分地区放牧牲畜抓秋膘的时间延长，牲畜能满膘过冬，掉膘期则显著缩短，抵御冬季寒冷的能力增强，有利于畜牧业生产（杜军等，2015；刘彩红等，2015）。青海地区冬季降雪量减少，牧区雪灾趋于减少，牲畜的死损率明显减小，幼畜的成活率有所上升（王晓明等，2013）。另一方面，极端气候事件增多，降水时空分布不均，干旱频率增大，春季气温回暖提前，土壤墒情下降，沙尘暴强度加大，导致畜牧业生产的不稳定性增强（王明玖和张存厚，2013）。

2. 渔业及海产品

气候变化可能会造成世界渔业捕捞量在 10%的幅度内变化，捕鱼地点分布也将发生显著变化（国家海洋局，2015；FAO，2016），面对气候变化的不确定性，各海域国家及时调整休渔期及管理策略以适应气候变化（Melnychuk，2014）。气候变化造成浮游生物大量增加，鱼类生理、繁殖季节性等方面均受到气候变化带来的影响而发生改变（Li et al.，2016）。在气候变化影响下，南海北部带鱼渔获量年间变化增大（王跃中等，2012）、东海太平洋磷虾的丰度锐减；浮游植物群落结构逐步发展为蓝藻占优（邓建明和秦伯强，2015）。

气候变化带来的海水酸化影响太平洋牡蛎等钙化生物的生长代谢、危害贝类养殖；水母繁殖过快扰乱了海洋生态结构。气候变化引起的台风降低了渔业捕捞量，浒苔暴发导致绿潮，赤潮引起虾、贝类大面积死亡（李超，2013），我国刺参及浅海养殖业产量与品质下降，年损失高达 100 亿元以上（王跃中等，2012；刘锡胤等，2015）。

14.3　气候变化对粮食安全的影响

14.3.1　粮食供给与需求

水稻、小麦、玉米和大豆四大作物占据中国粮食作物总产的94%。其中水稻、小麦和玉米是中国最主要的谷物作物。自2001年以来，三大谷物作物总产均呈现增加趋势[图14.2（a）]，其中水稻总产由2001年的1.8亿t增长到2017年的2.1亿t，小麦总产由2001年的0.9亿t增长到2017年的1.34亿t，玉米增幅最为显著，由2001年的1.1亿t增长到2017年的2.6亿t。每年中国三大谷物产量占据了全球谷物总产相当大的比例，2017年水稻总产占全球水稻总产的27.9%，小麦占据17.4%，玉米则达到了22.8%的份额（FAOSTAT，2019）。虽然中国谷物生产总量巨大且增幅迅速，但自2008年以来，中国已逐渐由粮食出口国转变成了进口国[图14.2（b）]，2017年中国净进口约283万t水稻、442万t小麦和274万t玉米。在新的历史时期，立足世情、国情、农情，我国提出了"以我为主、立足国内、确保产能、适度进口、科技支撑"的粮食安全新战略，确立了"谷物基本自给，口粮绝对安全"的国家粮食安全新目标。2012年我国粮食总产量首次突破6.0亿t大关，粮食综合生产能力跃上新台阶，2013~2014年持续站稳新台阶，2015年我国粮食总产量超过6.5亿t，之后的三年一直稳定在这一水平上，2017年全国粮食总产量为6.61亿t，比2012年增长8.1%（国家统计局农村社会经济调查司，2019）。

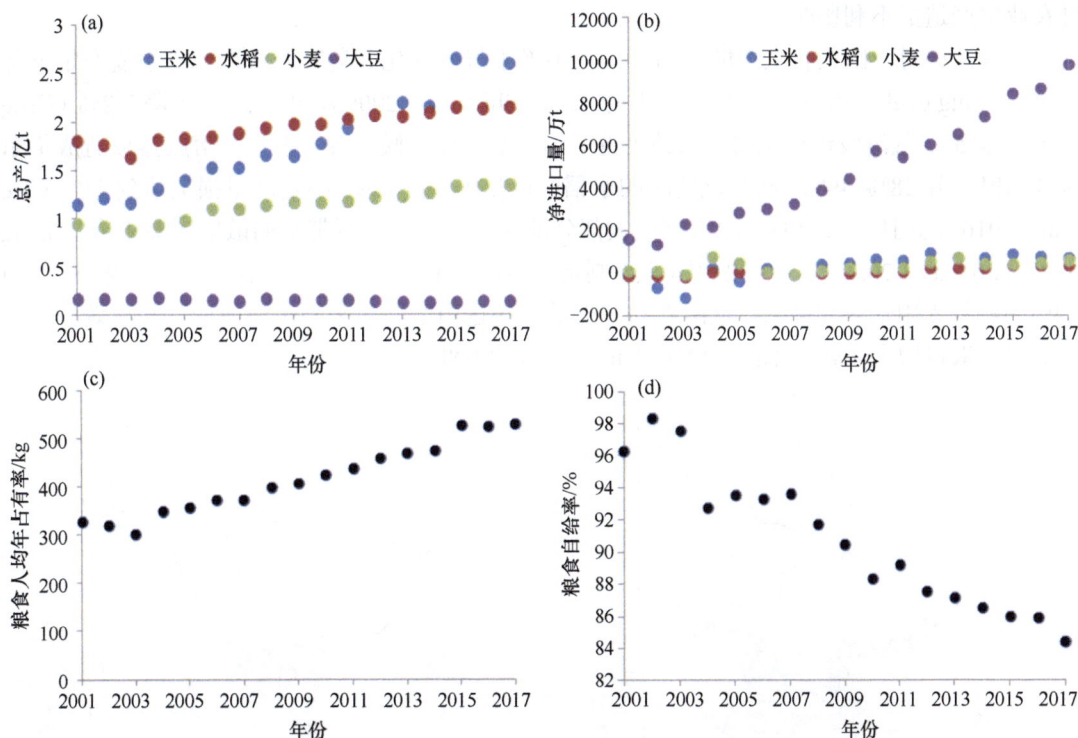

图 14.2　2001~2017 年中国粮食作物（含大豆）总产（a）、净进口量（b）、粮食人均年占有率（c）和粮食（含大豆）自给率（%）的时间变化趋势（FAOSTAT，2019）

大豆是中国最为重要的豆类作物，不仅提供日常蛋白质所需，还是制油和饲料等农产品加工业的重要原材料。但不同于谷物作物的生产趋势，中国大豆总产[图14.2（a）]自2001年基本上稳定维持在一个固定水平，并没有出现显著增加。大豆消费主要来自进口[图 14.2（b）]，自 2001 年以来，中国一直是全球最大的大豆净进口国，2001 年大豆净进口量为 1266.5 万 t，占据当年大豆总消费量的 51.1%，而 2017 年大豆净进口量达到 9798.3 万 t，增幅达到 6.74 倍，占中国大豆总消费量的 88.2%。中国大豆进口量是国际大豆交易市场份额的 66%（FAOSTAT，2019）。

粮食产量与进口量的增加导致中国人均粮食占有率呈现上升趋势[图 14.2（c）]。2001 年中国粮食人均年占有量约为 327 kg，与同年全球水平持平，但在 2017 年，粮食人均年占有量已上升到约 528 kg，高于全球平均水平。但是这段时间内中国的粮食自给率出现了一定程度的下滑：2001 年中国粮食自给率为 96%，但是 2017 年自给率下降了 12 个百分点，仅为 84%[图 14.2（d）]，这主要是由中国近些年来特定品类粮食进口量激增所致，特别是大豆的大量进口[图 14.2（b）]，但我国三大谷类作物自给率超过 95%。以上数据显示，虽然中国每年的粮食生产总量巨大，并呈现持续增长趋势，但是随着社会进步和食物消费结构升级，中国粮食安全依然面临巨大挑战。

未来中国的粮食供给问题将更加严峻。据估计，中国人口于 2025 年将达到 14.2 亿（Cui and Shoemaker，2018）。在保持 2017 年的人均粮食占有率和粮食自给率下，2025 年的粮食产出需要稳定达到 6.35 亿 t/a。大量研究显示，气候变化导致的生长季变暖已经造成了中国主要粮食作物生育期的缩短和关键生育阶段的前移（Zhang et al.，2012；Xiao et al.，2013；Tao et al.，2014b），还导致极端气候（包括干旱、洪涝和极端热害）发生更加频繁，气候变化将对农业生产造成不利影响。

大气污染对中国粮食供给能力的影响也不逊于气候变化。臭氧增加造成冬小麦产量下降 13.4%（Tang et al.，2013），水稻产量下降 12%（Shi et al.，2009），玉米产量下降 7.2%（Feng et al.，2015）。气溶胶污染也将显著改变光、温、水农业气候资源。人为气溶胶排放造成华东地区辐射下降 28%~49%，同时该地区的水稻产量损失达到 4%，小麦产量损失达到 11%（Tie et al.，2016），并且该效应的负面影响在大部分地区超过气溶胶所带来的散射增益效应（Zhang et al.，2017a）。2030 年，如果中国能够制定更为严格的大气污染治理计划，将带来 8.3% 和 9.4% 的额外太阳辐射和降水，这两者的综合效应超过由增温带来的负面效应，其净效应也使得中国玉米将增产 4.4%（图 14.3）（Zhang et al.，2018b）。

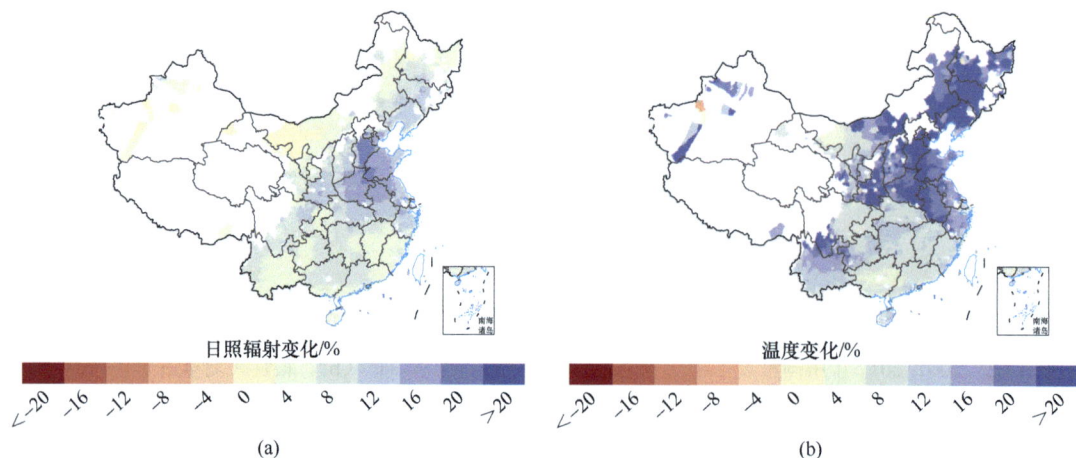

日照辐射变化/%

< -20 -16 -12 -8 -4 0 4 8 12 16 20 > 20

(a)

温度变化/%

< -20 -16 -12 -8 -4 0 4 8 12 16 20 > 20

(b)

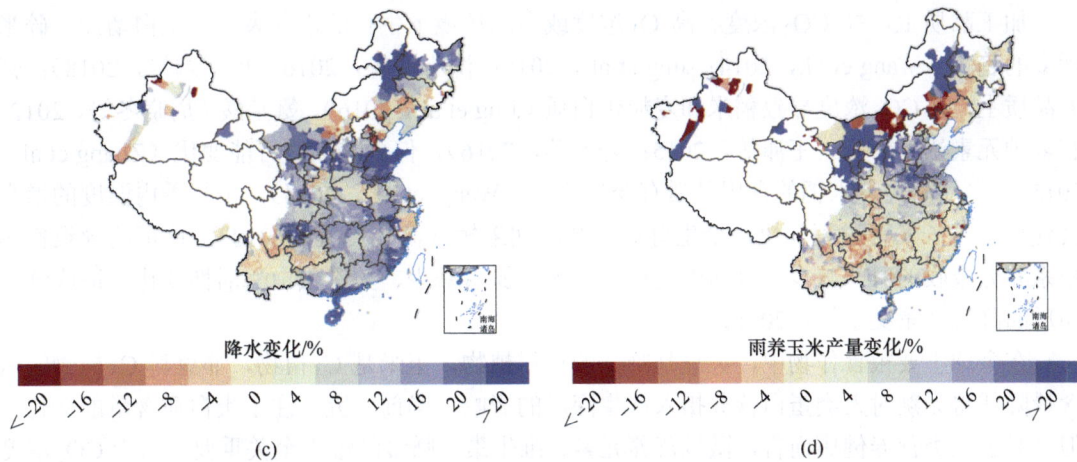

图 14.3　采用最先进空气污染治理技术情景下，中国区域 2030 年的日照辐射（a）、温度（b）、降水（c）和雨养玉米产量（d）的变化趋势

注：台湾省数据暂缺

> **知识窗**
>
> ### 农业生产系统释义
>
> 气候变化影响农业生产系统，包括粮食安全、生态系统服务功能。农业生产系统可以通过适应技术及对策来减少气候变化的不利影响，发挥其有利的方面。
>
> 农业生产系统——整合与食物生产、加工、分配、储备和消费以及与这些活动相关的后期效应（包括社会经济和环境等）有关的所有因子（如环境、人口、投入、过程、基础设施、机构）和活动等[①]。
>
> 粮食安全——所有人在任何时候都可以通过自身、社会和经济途径获得满足其生存需求和饮食偏好的充足、安全和有营养的食物。粮食安全包括粮食的可获得性、质量、获得粮食的机会、粮食加工利用和粮食的长期稳定供给等。粮食安全包括营养安全，是农业生产系统的综合评价指标之一（FAO，2018）。
>
> 生态系统服务功能——指人类从生态系统获得的所有惠益，包括供给服务（如提供食物和水）、调节服务（如控制洪水、干旱、土地培育和养分循环以及疾病防控等）、文化服务（如精神、娱乐和宗教文化等非物质惠益）（Reid and Mooney，2016）。

14.3.2　粮食品质与营养

气候资源变化通过影响作物初级和次级代谢物的浓度和组成，影响其营养和口感。CO_2 作为光合作用的原料，其浓度升高可能不同程度提高作物生物量和产量，但是对品质的影响并不一致（姜帅等，2013）。对主要粮食作物而言，除了豆科植物和 C_4 光合途径植物（玉米和高粱），CO_2 浓度的增大通常对非豆科 C_3 植物的营养品质产生不利影响，造成籽粒氮含量下降，氨基酸组分发生变化，蛋白质减少，微量元素也呈现下降趋势（柴如山等，2011；景立权等，2018）。

---

① HLPE. 2017. Sustainable Forestry for Food Security and Nutrition: Sustainable Forestry for Food Security and Nutrition. Rome: A Report by the High Level Panel of Experts on Food Security and Nutrition of the Committee on World Food Security.

加工品质上，高 CO_2 浓度、高 O_3 浓度或高温环境下生长的水稻表现出垩白增加、碎米增多的趋势（Wang et al.，2014；Jing et al.，2016；沈士博等，2016；杨陶陶等，2018）；营养品质上，高 CO_2 浓度导致稻米和麦粒蛋白质（Jing et al.，2016）、氨基酸（周晓冬等，2012）和多种元素浓度下降（王潇等，2015；陈旭等，2016），但食味品质可能变优（Zhang et al.，2015）；臭氧胁迫使水稻的食用品质有变劣趋势（Wang et al.，2014）。生长季内温度的增高会使作物生长发育进程加快，全生育期持续时间缩短（高美玲等，2018），这可能导致作物根系养分吸收的时间减少，进而引起籽粒分配的氮素减少、关键蛋白酶活性变化，造成营养品质的降低（董文军等，2011）。

在全球主要粮食作物中，大豆是唯一的豆科植物，玉米是 C_4 植物，非豆科 C_3 植物的氮含量降低将无疑对人类蛋白营养摄入产生深远的影响。当前研究关注了蛋白质含量的变化，但是对于人类营养健康而言，微量营养元素、维生素、膳食纤维也至关重要。由于 CO_2 浓度升高使得主要作物的 Fe、Zn 含量和维生素含量降低（Zhu et al.，2018），气候变化对人类营养摄入的影响也引起了关注。

降水频次和强度的变异幅度加大，改变土壤通气性会影响作物根系吸收和转运养分的能力，进而影响营养物质在籽粒中的积累（周广胜，2015）。未来随着气候变化日趋加重，日照时数进一步减少，极端天气事件逐渐增多，可能对作物的生长发育和品质造成更大影响。但是田间气象条件变化在不同气候区、不同时段以及不同耕作栽培制度下产生的影响并不一致，因而可能从不同方向影响作物品质。轻度的胁迫可有利于作物的高产和优质，而中度至重度的胁迫更倾向于形成较劣的品质。

14.3.3 食物消费结构与粮食安全

气候变化对农业及农产品市场的影响不仅表现在农产品的产量上，也表现在粮食的可获得性上，肉、蛋、奶和酒类消费品供给和食物营养结构等方面，如以雨养农牧业维持生计的贫困人口，在面临气候变化及干旱灾害威胁情况下，会在短期内显现粮食安全和营养不良危机（Cooper et al.，2019）。从全球范围看，气候变化和极端气候事件是导致地区粮食危机、营养不良的关键因素之一，极端事件恶化了营养不良的基本条件，难以获得各种健康食品、卫生保健和安全用水，扩大霍乱、疟疾和腹泻等疾病患病率（FAO，2018）。气候变化可能加剧世界范围内人口营养不良和地区性粮食短缺的形势。未来 30~80 年在大气 CO_2 浓度升高到 550ppm 环境下，谷物中 Fe 和 Zn 的含量可能下降 3%~17%，到 2050 年膳食原因可能使 Fe 含量降低 40%，诱发全球 14 亿育龄妇女和 5 岁以下儿童贫血病风险（Smith and Myers，2018）。

1980 年以来，中国粮食产量持续稳定增长得益于不断增加的科技、成本投入克服了不利气候因素的影响。与此同时，居民食品消费结构也逐渐从以植物性食物为主向动物性和植物性食物并重的食物消费模式与营养模式转变（刘晓磊等，2016；杨旺明等，2013），包括饮食习惯和烹调方式也发生了改变，零食和小吃、油炸食品与烧烤比例增加。1990~2010 年全国居民家庭人均食物购买量呈下降趋势，其中粮食购买量呈显著下降趋势，占比从 52.6%下降到 37.0%；蔬菜略有降低，水果、肉类、蛋购买量增长了 1 倍，奶类、水产品增长幅度最大；动物性食物人均购买量增长了 126.2%，占比从 6.8%增长到 18.1%。动物性食物消费替代粮食消费的趋势发展迅速（王晓和齐晔，2013；梁凡等，2013）。

从长期看，气候变化导致粮食系统不确定性增强，对中国粮食生产的影响加剧，进一步增加粮食生产的成本和粮食供给的风险（谢立勇等，2014a，2014b；刘立涛等，2018）。极端气候事件破坏水果和蔬菜的生产，从而导致价格上涨，使低收入家庭难以负担（An et al.，2018）。预期 21 世纪下半叶，气候变化更趋明显，人类的食物消费和饮食结构也会进一步受到影响。例如，极端事件在全球大麦（啤酒主要原料）主产区的强度和频率均有增加，不同温升情景下大麦单产平均降低 3%~17%，欧洲一些国家损失高达 40%。全球啤酒供应将减少 4%~16%（最多相当于美国啤酒的年均饮用量），而啤酒价格将增高 15%~100%（Xie et al.，2018）。

　　粮食安全是全球气候变化的主要应对目的之一，粮食生产要素的重新配置可能加剧气候变化的影响。极端事件造成局部地区粮食供给不足，或者造成区域居民的饮食营养达不到应有的水平（IPCC，2014）。影响程度与一个地区的适应能力和恢复力密切相关，如果决策适当、执行有力，可以克服或避免一定范围内的灾害影响。多尺度有机结合应对气候变化、保障中国粮食安全，需要在"藏粮于技""藏粮于地"的基础上，实现提质增效、注重生态建设、坚持市场为主导，完善粮食政策体系（刘立涛等，2018）。

14.4　农业对气候变化的脆弱性及风险管理

14.4.1　敏感性及暴露度

　　随着全球气候变化，三大粮食作物（玉米、水稻、小麦）生产面临的气候风险增加。玉米对气候变暖的敏感性高于小麦，热带地区作物产量对气候变暖的敏感性高于温带地区，雨养农业区作物产量的敏感性高于灌溉农业区（黄耀，2017）。气候变暖使作物适宜生长季延长，实际生育期缩短，作物的种植界线改变；虽然在一些区域能够促进产量增加，但也给作物品质带来负面影响，同时改变气象灾害与病虫害的规律，最终导致损失增加（谢立勇等，2014b）。当发生农业气象灾害时，过高的暴露度将引起产量严重下降，影响区域经济的稳定性。

　　东北地区春玉米在黑龙江中部、吉林东南部、辽宁西北部和中部大部分地区播种面积所占比例较高，暴露度大于东北地区东部（王春乙等，2015）。黄淮海地区夏玉米高暴露度区分布在河北省（除衡水、邢台部分地区），河南省西部和北部，山东省北部（薛昌颖等，2016）；洪涝高敏感区分布在黄淮海西北部及中部部分地区（蒋春丽等，2015）。

　　东北地区水稻高暴露度区位于黑龙江的哈尔滨大部、吉林的中部等地；哈尔滨南部、长春北部、四平市以及吉林市为霜冻灾害灾损的高敏感区（王晾晾等，2012；张丽文等，2014）。湖南和江西长江中下游地区是早稻的重要产区，也是暴露度的重要高值区（姚蓬娟，2015）。

　　黄淮海地区的河南东北部、山东南部和西北部以及河北南部太行山东侧地区冬小麦的种植比例较高，暴露度高。北京市、天津市、河北省北部和西部、山东省中部和东部以及河南省西部和南部冬小麦种植比例较低，暴露度低（王春乙等，2016b）。河南省东部（除部分县以外）平原地区的冬小麦干旱敏感性较高，西部伏牛山区的敏感性较低，整体上呈现出平原敏感性等级高、山区敏感性等级低的格局（武洪涛等，2018）。

　　新疆中东部气象灾害对林果产业造成的破坏严重，是气象灾害高敏感区（鲁天平等，2016）。四川烟区的雅砻江下游流域、安宁河流域以及偏南的低山、丘陵及干热河谷区是冰雹灾害的高敏感性区域（张菡等，2016）。随着海水养殖区域由滩涂、港湾及浅海向深海逐步推进，海域利用范围不断扩大，海水养殖风险的暴露度也在增加（郑世忠和刘广东，2019）。

14.4.2 农业脆弱性

自《第三次气候变化国家评估报告》以来，全球变化下中国陆地生态系统脆弱性评价与适应性管理研究全面深入。未来气候变化总体对主要粮食（玉米、水稻、小麦）作物种植面积扩大有利，但不同粮食作物对气候变化的适应性与脆弱性不同（周广胜等，2015）。

在脆弱性评估方面，除综合指标法外，地理信息系统、遥感技术和作物模型等新方法的应用有效地提高了农业脆弱性评价准确性。当前对农业脆弱性评估主要集中在气候变化造成的农业产出波动、农业产出影响因素之间的定量关系，以及农业系统的适应能力方面。

1. 农业产出波动性增加

通过研究农业产量与长时间气候要素变化的特征，量化农业系统适应气候变化的能力。通过统计方法研究 1980~2008 年气候变化对水稻、小麦、玉米和大豆产量的影响，分析表明，温度升高 1℃，作物产量降低 5%~10%，甚至更多（Zhang et al.，2016a）。未来产量模拟部分研究主要集中在对模拟不确定性的探讨，诸如利用统计模型模拟未来 50 年中国东北玉米产量的变化，尽管模拟产量增减结果不尽相同，但是对于不确定的来源都进行了探讨，从而提高了气候变化对农业影响评估的科学性，也使脆弱性评价更为准确客观（Zhou and Wang，2015；Zhang et al.，2017b）。

农业脆弱性研究不仅关注气候平均态变化对农业产出的影响，而且更多地关注农业系统面临的极端气候变化扰动，这些方法主要用于风险评估（Xie et al.，2018）和农业产出的异常分布分析（Wang et al.，2016a）。中国东北和长江中下游水稻种植区是极端气温事件最脆弱的地区，产量损失中值分别为 18.4% 和 12.9%（Wang et al.，2016b）。另外，用于干旱和热害监测的遥感数据大幅增加（Chen et al.，2016a），也进一步提升了统计模型和作物模型对作物产量脆弱性的评估工作。

2. 气候扰动定量评估

针对影响农业系统的某一种气候扰动，定量评估气候扰动特征和强度，进而构建气候扰动与作物产量的回归关系。这方面研究主要体现了气候扰动与作物产量、农民生计和价格波动的关系，进而评估系统脆弱性，诸如高温与作物产量（Tao et al.，2015；Zhang et al.，2016b；Chen et al.，2016b）、干旱与作物产量的关系（Han et al.，2016；Chen et al.，2016b）。品种改良、农艺管理提升对降低农业对气候变化脆弱性的贡献识别也方兴未艾，包括水稻（Zhang et al.，2016c；Song et al.，2015）、玉米（杨笛等，2017）、小麦（Bai et al.，2016）。

尽管可以定量评估某一特定气候扰动的强度和频率变化对农业脆弱性的影响，但是这些研究主要局限在生物技术层面，只包含气候变化、品种改良和农艺措施，没有考虑经济发展状况等社会因素的影响。

3. 农业系统的适应能力综合评估

农业系统适应能力着重于在系统内部通过一系列综合指标确定适应功能，而不是农业产出来衡量农业系统的稳定性与抗逆性（Li et al.，2015a；Chen et al.，2015；Yuan et al.，2015）。这种基于指标的方法适用于多种尺度、多目标的综合评估，也可以包含农业系统的适应能力。在指标构建中选择可以增强或者削弱农业系统应对气候变化的关键要素，如采用降水变率、暴雨日数、霜冻日数、作物产量变率、农机配套、地方农业经济和受教育程度等 2 级 16 个指标分析中国农业脆弱性的时空分布，贵州、广西和云南最为脆弱，适应能力与经济发展状况密切相关，适应能力薄弱地区，如贵州、云南和甘肃均是经济欠发达地区（Li et al.，2015b）。依据致灾因子—成灾两步法构建旱灾风险综合指标，指出中国东北和西南干旱风险主要由于灾害频率和强度增大，西北干旱风险主要由于基础条件薄弱、适应能力较低，而长江中下游地区尽管干旱形势严峻，但是适应能力较强，成灾风险较低（Yuan et al.，2015）。这种脆弱性评价方法通常将各级指标加权聚合形成脆弱性综合指标，利用 GIS 显示某一地区的脆弱区分布，如黄淮海平原农业干旱风险（Li et al.，2015c）、西南干旱风险（Han et al.，2016）、西部生态脆弱性风险（Jin and Wang，2016），研究方法对监测趋势变化更为便利，但是由于指标选择和权重设定上有很大的主观性，不同研究难以验证。

以上三个方面都是研究农业系统在更为复杂多变的气候变化环境下如何响应，互有补充。尽管方法和结果不尽相同，但是加深了农业系统对气候变化的脆弱性科学认识，以及如何提升农业系统的气候变化适应能力。另外，这些方面可以在不同尺度上互为补充。

14.4.3 农业风险管理

在气候变化背景下，保证农业可持续发展和粮食安全是应对气候变化的重要目标，手段之一是准确、定量评估农业生产风险，为灾害防御和风险管理提供理论依据（周广胜等，2014；矫梅燕等，2014）。

干旱是中国玉米产区最主要的灾害，其次是洪涝、低温和风雹。不同种类灾害大多具有连片发生的特点，玉米干旱灾害主要集中在黄淮海以及我国北部和西南玉米产区，洪涝灾害主要集中在西南和黄淮海平原玉米产区，低温冷害主要集中于东北的北部地区。各种灾害的高风险区主要集中于北部和黄淮海平原玉米产区（赵俊晔和张峭，2013）。东北地区的北部和东部是水稻冷害高风险区（马树庆等，2011；张丽文等，2014），黑河地区大部、伊春西部和吉林的延边州西部、白山北部等地则是水稻霜冻灾害高风险区（王晾晾等，2012）。西南地区一季稻洪涝灾害风险移栽分蘖期>拔节孕穗期>抽穗成熟期，高风险区域主要位于云南南部和东北部、贵州南部，以及四川中部的成都、眉山和德阳地区（杨建莹等，2015）。长江流域一季稻高温热害高风险区主要在重庆中部和北部（张蕾等，2018）。长江中下游地区双季早稻冷害和热害综合风险在浙江中西部、江西东北部、湖南中部、湖北东部较高（王春乙等，2016a）。未来在 RCP2.6 和 RCP8.5 情景下，无论是全国水平，还是各稻区持续 3~5 天的高温事件明显增多，1961~2000 年中国水稻高温中心主要集中在 110°~113°E，28°~30°N，湖南北部与湖北交界处附近，未来 2021~2050 年，高温中心有向东北方向移动的趋势（熊伟等，2016）。

全国范围内小麦旱灾风险呈现从西北干旱地区到东部湿润地区递减的趋势。以中国农牧交错带为界，以西为相对高值区，以东为相对低值区（王志强等，2010）。北方冬麦区（包括西北地区东部、华北中南部、黄淮、江淮北部等地）干旱的高风险区位于河北中南部、山西中部及陇东北部等地（张存杰等，2014；薛昌颖等，2016）。江淮地区小麦涝渍综合高风险区主要位于安徽省江淮南部（盛绍学等，2010）。

齐齐哈尔作为黑龙江大豆的最大产区，中灾、重灾和巨灾风险比较大（杨晓娟等，2016）。福建烟区气象灾害综合风险呈现由东南至西北逐级增加的趋势，重度以上风险区主要分布在南平和三明两市的西北部山区，其中 1000m 以上高海拔地区存在严重气象灾害风险（陈家金等，2016）。四川烟区受冰雹灾害影响显著，高风险区位于以冕宁为代表的安宁河源头河谷区及雅砻江下游流域和以会理为代表的南部河谷低山区和丘陵区（张菡等，2016）。江南茶区茶树高温热害风险发生的高值区主要分布在浙江金华—龙泉—衢州一带、江西景德镇—樟树—宜春以南大部分地区（杨菲等，2015），浙江茶区茶叶农业气象灾害综合高风险区主要位于浙西北和浙中北（金志凤等，2014）。中国产区苹果越冬冻害风险高值区主要为甘肃、辽宁、河北和山西。其中，极端低温冻害风险区主要分布在环渤海湾北区产区、黄土高原西北部、北疆和川西小部分区域。初冬冻害风险分布范围则较极端低温冻害分布范围广，除黄河故道产区和云南产区外，基本覆盖了全部的苹果生产区域（屈振江和周广胜，2017）。南疆林果产业遭受大风沙尘的风险高于北疆，塔克拉玛干沙漠南缘和田地区为主的林果业风沙危害最为严重，是一级防控区（鲁天平等，2016）。

青海牧区雪灾风险呈南高北低的态势，高风险区主要分布在称多县、玉树县、囊谦县、达日县、甘德县以及玛沁县等地（马晓芳等，2017）。内蒙古细毛羊主产区气象灾害风险呈东—西向带状分布，接羔保育期和配种期为东高西低，剪毛期和打草期为东低西高（哈斯塔木嘎和格日乐，2017）。海水养殖风险中既有"天灾"又有"人祸"，其风险特征具有明显的地域特点，如青岛海水养殖业面临着更大概率的病害风险问题，闽浙沿海海水网箱养殖则台风风险频发，大连海水养殖风险的最大影响因素是海冰（郑世忠和刘广东，2019）。

由于中国农业风险暴露程度较高，气候变化所引起的极端天气气候事件极易造成农业生产损失。从风险管理角度而言，农业风险具有风险单位大、区域性、伴生性、风险事故与风险损失的非一致性，以及农业灾害发生频率高且损失规模较大等突出特点（郑大玮等，2013）。农业气象灾害的发生具有较强的客观性，但是最终造成的实际损失还取决于农业生产体系的承灾能力与减灾措施的成效。采取有效的风险管理手段应对气候变化是保障中国粮食安全的重要前提。应对和规避农业灾害风险的措施可分为适应性措施和预防性措施。适应性措施是未来应对气候变化机制的核心，主要措施包括品种改良，调整作物播期、复种指数、种植区域，改善生产管理方式等。预防性措施主要包括农业灾害预警、农业抗灾工程建设和农业保险等（叶明华，2014；秦大河等，2015）。

14.5　农业适应气候变化措施及实践

14.5.1　措施与途径

以全球变暖为特征的气候变化给自然生态系统和人类社会的可持续发展带来了严重的潜在威胁。研发和合理利用科学、有效的农业技术措施，是降低气候变化对农业生产不利影响的主要方法和技术对策（何霄嘉等，2017）。适应气候变化的基本科学途径包括充分利用非生物系统自身弹性，充分利用生物与人类系统自适应机制，增强生物系统与人类系统的自适应能力，改善局部环境，缓解气候变化胁迫（郑大玮，2016）。具体的方法主要包括品种选育、管理措施调控以及政府和农户适应能力的提高等。

1. 抗逆性品种选育

气候变化导致全球气温升高、辐射降低、降水年际波动增大，极端气候频发，病虫害发生加剧，选育抗逆的品种是适应气候变化的最有效方法之一。全球变暖导致作物生育期长度缩短，而选择中晚熟品种可以保证或延长作物生长期，更充分地利用光温资源（李扬等，2019）；对于越冬作物，如冬小麦和冬油菜，其在安全越冬的前提下，采用弱冬性品种替代强冬性品种可有效提高产量（He et al.，2017）。气候变化导致的辐射降低是造成作物产量降低的因素之一（Xiao and Tao，2016），因此，选育光合能力更强的品种或改变作物的株型能显著提高光能利用率，同时短小和竖直的作物冠层有利于密度容忍性的提高（Ma et al.，2014；Huang et al.，2018）。降水显著影响作物产量，气候变化背景下全球降水不均匀分布，极端干旱事件频发，选育抗旱品种可降低干旱对产量的影响，如在一定范围内降低水稻的气孔密度可以增强其干旱耐受性，提高品种的水分利用效率（Caine et al.，2019）。气候变化背景下极端气候事件的频发对养殖业也造成了严重威胁，通过选育耐寒性较强的暖水性鱼类品种可以降低这种影响（郭建丽等，2013）；近年来极端高温热浪频发，选育抗高温品种能够缓解高温对作物生长发育的影响，如夏玉米花粉活性易受高温影响，提高花粉在高温下活性可降低穗粒数的高温影响（Zhang and Zhao，2017）；高温易造成棉花育性降低，结铃减少，提高棉花在花铃期的耐高温能力可降低影响（王家宝等，2018）。气候变化还会导致我国农作物病害发生面积增加，为此需要选育抗病能力较强的作物品种（徐春阳和高玉军，2018）。此外，对于种质资源结构多样性和功能多样性的研究愈加深入，对挖掘新基因和选育抗逆性品种起到了推动作用（黎裕等，2015）。抗病虫害以及作物在各种恶劣环境下的抗性研究是目前种质资源抗逆性研究的主要方向（石晗，2017）。

2. 管理措施

采取适当的管理措施是应对气候变化的有效手段，目前主要的适应措施包括种植界限的北扩、种植熟制的调整、播期调控、灌溉和施肥方式的优化以及病虫害的精准治理等。此外，针对畜牧业、渔业等养殖业，应通过养殖方式的结构优化，提高生物抗病能力和适应能力（吴小影等，2017）。气候变化使中国各种植区光、热、水等资源配置发生改变，由于温度上升，种植界限可以适当向北扩张（杨晓光等，2010），部分地区种植制度可逐渐转化成一年两熟、两年三熟或一年三熟（杨晓光，2014）。同时，根据气候变化情况可选择轮作、间作、套作等不同的耕作制度来保证经济效益（Lei et al.，2016；Yin et al.，2016；吕伟生等，2018；熊瑛等，2018）。播期调控是另一项适应气候变化的有效措施，如在华北平原，冬前积温增加导致冬小麦可适当晚播，为夏玉米适时晚收提供了有利条件，小麦-玉米轮作系统通过适应气候变暖实现了产量增加（Wang et al.，2012a；王娜等，2015）。在农牧交错带，气候变暖导致作物播种窗口增加，可结合降水年型进行播期调控，提高作物产量和水分利用效率（杨宁等，2014；黄明霞等，2018；Tang et al.，2018）。在暖干化背景下，优化水肥管理制度是适应变暖和发展绿色农业的重要措施，现代农业节水技术主要包括滴灌、调亏灌溉、精准灌溉、变量灌溉和沟垄集雨等（顾哲等，2018；李秀梅等，2018；Lv et al.，2019）。降低温室气体排放的主要措施包括施肥方式和种类的变化，如测土配方施肥、氮肥运筹优化、土壤改良和使用缓控释新型肥料等（吴良泉等，2015）。温度升高使我国农作物病虫害发生面积显著增加，为此需要种植抗病能力较强的作物品种，采用生物治虫防病，精准施药，广泛推广缓释型农药等非化学防治或低污染化学防治手段取代当下的施药手段（张秀云等，2017）。

3. 农户和政府适应气候变化的能力

农户和政府适应气候变化的能力包括政府统筹部署和农户自身适应两方面。在政府层面上，可以通过发放农业补贴、推广农业保险、加强农村基础设施建设、提高粮食收购价格、降低养殖成本、普及农业科技服务体系等方面给予政策引导，并加强对农业灾害性天气的预警与响应设施的建设，重点对粮食和经济作物种植大户提供农业适应气候变化技术培训，在政策层面上做好应对气候变化的教育和相关工作（李根丽等，2016；谭灵芝和郭艳琴，2016；Hou et al.，2017）。另外，农户自身通过加强社会网络、社会信任和社会规范方面的建设进而提升对气候变化的风险认识和应对气候变化风险的能力，从而降低气候变化带来的损失（周曙东等，2010；吴婷婷，2015；李根丽等，2016）。

14.5.2 区域实践

气候变化具有明显的区域差异，因此各地农业适应气候变化的措施和对策也不相同。我国在农业种植制度、作物布局、品种布局等方面积累了丰富的适应气候变化实践经验（李阔和许吟隆，2017）。本节以东北水稻大棚育秧技术和华北冬小麦-夏玉米轮作区"两晚"技术为典型案例，介绍我国目前已采取的主动适应气候变化的有效措施和实践，以提高对农业适应气候变化的认识，促进农业可持续发展。

水稻大棚育秧技术是针对东北寒地稻作区春季气温低，有效积温不足，无霜期短，易受低温冷害影响的气候特征，而采取的先大棚育秧后大田移栽的分段栽培技术。1961~2010 年，我国北方地区热量资源总体呈增加趋势，尤其是东北地区年平均气温和≥10℃积温增幅最大（杨晓光等，2016）。为充分利用东北地区光温资源，农业农村部水稻专家指导组会同全国农业技术推广服务中心提出早摆盘、早播种、早泡田、早整地、早插秧、抢农时、抢积温"五早两抢"技术路径。通过大棚保温、精选良种、精量播种、精确施肥、病虫害防治、培育壮秧等关键技术实现水稻增产（朱德峰和陈惠哲，2013）。目前，水稻大棚育秧技术已在东北地区大面积示范推广，仅在 2012 年，辽宁省盘锦市新建水稻工厂化大棚 3200 栋，累计 4300 栋，比 2011 年增长了 290 %，育苗面积为 300 万 m^2，可覆盖本地插秧面积 4.73 万 hm^2（钟波，2012）。

"两晚"技术是指在冬小麦-夏玉米一年两熟种植区，通过适当推迟夏玉米收获期和冬小麦播种期，使小麦-玉米轮作充分发挥增产潜力的节水、高产、高效栽培技术。近 50 年来华北冬麦区气候明显变暖，冬小麦各主要发育阶段的温度均呈上升趋势，且其平均增温速率超过全国的增温速率（张玉静等，2015；阿多等，2016）。因此在传统播种期播种冬小麦可能发生冬前旺长、拔节和孕穗期提前的情况，并增大冬春冻害风险，不利于冬小麦越冬（许吟隆等，2014），且玉米收获与小麦播种之间的时间较长，常在夏玉米还没完全成熟、灌浆还在进行时开始收获，造成夏玉米产量受到损失（荣清林，2013）。实施以小麦晚播和玉米晚收为核心的"双晚"技术，可最大限度利用光、热、水、气等自然资源，优化周年资源分配，提高光能利用率（孟庆华等，2017）。大田试验和作物模型模拟研究表明，实施"两晚"技术后冬小麦晚播产量降低不显著，而夏玉米晚收产量显著提高。在雨养条件和充分灌溉条件下，如果采用"两晚"技术，则在河北、山东和河南冬小麦-夏玉米轮作区小麦会轻微减产，而玉米会较大幅度增产，小麦-玉米轮作体系的产量增加，但各地增加的幅度会有不同（王娜等，2015）。

14.5.3 策略与展望

气候变化已经对农业生产造成诸多影响，但仍可采取有效适应措施趋利避害，实现有效或特色的气候资源充分利用。主要适应策略包括：根据农业气候资源区域特征，合理调整农业种植区划与作物布局；建立农业气象灾害和生物灾害的防控技术体系，构建防灾减灾农作制度；建立作物适应与减排协同的栽培耕作技术体系；选育抗逆稳产新品种作物，提高作物种质资源多样性保护与开发利用技术；加强农田水利设施与生态环境建设等（矫梅燕等，

2017；杨晓光和陈阜，2014）。

　　当前科学研究提高了我们对气候变化对农业生产影响的客观认识，为确保农业生产稳定与粮食安全提供了决策支持，但仍存在一定的不足，如对气候变化对作物的综合影响认识不足，对气候变化对农业气象灾害与病虫害的影响与农业产量的定量关系研究不够，以及评估模型还不能动态地反映农业种植制度与各种适应措施的影响等（周广胜，2015）。因此，未来需要关注的研究方向包括：加强气候变化对农业影响的综合系统研究，引入水资源、能源、土地利用等，提升农业影响综合评估的能力与水平；加强大气污染监测预警方法技术研究，构建臭氧、气溶胶等污染对农业生产影响的评估指标体系；建立区域性和综合性的农业适应技术清单和技术集成体系，并评估适应技术成效；借鉴智能科技和智慧管理模式，发展气候智慧农业；研发基于现代信息技术的农业气象监测、预报预警、影响评估、决策支持、风险管理、应对技术措施等一体化解决方案（赵俊芳等，2018a；梅旭荣，2018）。

参 考 文 献

阿多, 熊凯, 赵文吉, 等. 2016. 1960~2013 年华北平原气候变化时空特征及其对太阳活动和大气环境变化的响应. 地理科学, 36(10): 1555-1564.

柴如山, 牛耀芳, 朱丽青, 等. 2011. 大气 CO_2 浓度升高对农产品品质影响的研究进展. 应用生态学报, 22(10): 2765-2775.

陈超, 庞艳梅, 潘学标, 等. 2015. 1961—2012 年中国棉花需水量的变化特征. 自然资源学报, 30(12): 2107-2119.

陈家金, 黄川容, 孙朝锋, 等. 2016. 基于 GIS 的福建省烤烟气象灾害综合风险区划. 中国农业气象, 37(6): 711-719.

陈伟, 王三根, 唐远驹, 等. 2008. 不同烟区烤烟化学成分的主导气候影响因子分析. 植物营养与肥料学报, 14 (1): 144-150.

陈旭, 沈士博, 赖上坤, 等. 2016. 大气二氧化碳体积分数、氮肥、移栽密度对汕优 63 稻米矿质元素的影响——FACE 研究. 江苏农业科学, 44(2): 94-98.

初征, 郭建平. 2018. 未来气候变化对东北玉米品种布局的影响. 应用气象学报, 29(2): 165-176.

初征, 郭建平, 赵俊芳. 2017. 东北地区未来气候变化对农业气候资源的影响. 地理学报, 72(7): 1248-1260.

代姝玮, 杨晓光, 赵孟, 等. 2011. 气候变化背景下中国农业气候资源变化 II. 西南地区农业气候资源时空变化特征. 应用生态学报, 22(2): 442-452.

邓建明, 秦伯强. 2015. 全球变暖对淡水湖泊浮游植物影响研究进展. 湖泊科学, 27(1): 1-10.

董文军, 田云录, 张彬, 等. 2011. 非对称性增温对水稻品种南粳 44 米质及关键酶活性的影响. 作物学报, 37(5): 832-841.

杜军, 马鹏飞, 杜晓辉, 等. 2015. 气候变化对藏东北牧业生产关键期的影响. 冰川冻土, 37(5): 1361-1371.

傅小琳. 2015. 气候变化对临朐玉米、小麦部分病虫害发生规律的影响. 泰安: 山东农业大学.

高美玲, 张旭博, 孙志刚, 等. 2018. 中国不同气候区小麦产量及发育期持续时间对田间增温的响应. 中国农业科学, 51(2): 386-400.

高亚敏. 2018. 气候变化对通辽草甸草原草本植物物候期的影响. 草业科学, 35(2): 423-433.

古丽, 黄智刚, 李文宝, 等. 2011. 1980~2007 年南宁蔗区甘蔗气象产量变化及影响因子分析. 南方农业学报, 42(5): 492-495.

顾哲, 袁寿其, 齐志明, 等. 2018. 基于 ET 和水量平衡的日光温室实时精准灌溉决策及控制系统. 农业工程学报, 34(23): 101-108.

郭建丽, 马爱军, 岳亮, 等. 2013. 鱼类抗逆性状选育研究进展. 海洋科学, 37(10): 148-156.

郭建平. 2010. 气候变化背景下中国农业气候资源演变趋势. 北京: 气象出版社.

郭建平. 2015. 气候变化对中国农业生产的影响研究进展. 应用气象学报, 26(1): 1-11.

郭晋川, 吴卫熊, 何令祖. 2015. 影响广西糖料蔗产量的气候因子及其变化特征分析. 广西水利水电, (4): 1-4, 9.

郭瑞霞, 管晓丹, 张艳婷. 2015. 我国荒漠化主要研究进展. 干旱气象, 33 (3): 505-514.

郭亚洲, 张睿涵, 孙暾, 等. 2017. 甘肃天然草地毒草危害、防控与综合利用. 草地学报, 25(2): 243-256.

国家海洋局. 2015. 中国海洋统计年鉴2014. 北京: 海洋出版社.

国家统计局农村社会经济调查司. 2019. 2018中国农村统计年鉴. 北京: 中国统计出版社.

国家统计局农村社会经济调查司. 2020. 2019中国农村统计年鉴. 北京: 中国统计出版社.

哈斯塔木嘎, 格日乐. 2017. 基于GIS的内蒙古细毛羊放牧期气象灾害风险区划. 灾害学报, 32(4): 90-93.

何斌, 刘志娟, 杨晓光, 等. 2017. 气候变化背景下中国主要作物农业气象灾害时空分布特征(Ⅱ): 西北主要粮食作物干旱. 中国农业气象, 38(1): 31-41.

何霄嘉, 许吟隆, 郑大玮. 2017. 中国适应气候变化科技发展路径探讨. 干旱区资源与环境, 31(8): 7-12.

贺奇, 杨锋, 马洪文, 等. 2016. 1991~2010年宁夏水稻病虫害发生特征与经济损失分析. 环境昆虫学报, 38(3): 500-507.

胡静霞, 杨新兵. 2017. 我国土地荒漠化和沙化发展动态及其成因分析. 中国水土保持, (7): 55-59.

胡亚男, 郑金伟, 潘根兴, 等. 2015. 1978~2008年中国十省主要农业气象灾害动态及其影响分析. 气候变化研究进展, 11(2): 123-130.

胡亚南, 李阔, 许吟隆. 2013. 1951~2010年华北平原农业气象灾害特征分析及粮食减产风险评估. 中国农业气象, 34(2): 197-203.

黄敏堂, 吴晓伟. 2011. 上思县甘蔗主要虫害发生特点及防治对策. 中国糖料, (3): 45-47.

黄明霞, 王靖, 唐建昭, 等. 2018. 基于APSIM模型分析播期和水氮耦合对油葵产量影响. 农业工程学报, 34(13): 134-143.

黄耀. 2017. 粮食作物产量对气候变暖的响应. 科学通报, 62(36): 4220-4227.

霍治国, 范雨娴, 杨建莹, 等. 2017. 中国农业洪涝灾害研究进展. 应用气象学报, 28 (6): 641-653.

霍治国, 李茂松, 李娜, 等. 2012a. 季节性变暖对中国农作物病虫害的影响. 中国农业科学, 45(11): 2168-2179.

霍治国, 李茂松, 王丽, 等. 2012b. 气候变暖对中国农作物病虫害的影响. 中国农业科学, 45(10): 1926-1934.

霍治国, 尚莹, 邬定荣, 等. 2019. 中国小麦干热风灾害研究进展. 应用气象学报, 30(2): 129-141.

姬兴杰, 石英. 2017. 气候变化对河南烟区烤烟化学品质的影响. 气候变化研究进展, 13(3): 262-272.

冀钦, 杨建平, 陈虹举. 2018. 1961~2015年青藏高原降水量变化综合分析. 冰川冻土, 40(6): 1090-1099.

姜培刚. 2015. 气候变化对昌邑市农作物病虫害发生程度的影响. 泰安: 山东农业大学.

姜帅, 居辉, 韩雪, 等. 2013. CO_2肥效及水肥条件对作物影响研究进展. 核农学报, 27(11): 1783-1789.

蒋春丽, 张丽娟, 姜春艳, 等. 2015. 黄淮海地区夏玉米洪涝灾害风险区划. 自然灾害学报, 24(3): 235-243.

矫梅燕, 周广胜, 陈振林. 2014. 农业应对气候变化蓝皮书-气候变化对中国农业影响评估报告(No.1). 北京: 社会科学文献出版社.

矫梅燕, 周广胜, 张祖强, 等. 2017. 农业应对气候变化蓝皮书-中国农业气象灾害及其灾损评估报告(No.2). 北京: 社会科学文献出版社.

金志凤, 胡波, 严甲真, 等. 2014. 浙江省茶叶农业气象灾害风险评价. 生态学杂志, 33(3): 771-777.

景立权, 户少武, 穆海蓉, 等. 2018. 大气环境变化导致水稻品质总体变劣. 中国农业科学, 51 (13): 2462-2475.

亢艳莉, 申双和, 张学艺, 等. 2017. 气候变化对宁夏南部山区马铃薯产量的影响及马铃薯水分供需特征分析. 江苏农业学报, 33(5): 1056-1061.

黎裕, 李英慧, 杨庆文, 等. 2015. 基于基因组学的作物种质资源研究: 现状与展望. 中国农业科学, 48(17): 3333-3353.

李超. 2013. 北方地区秋季极端天气对池塘健康养殖的影响及补救措施. 中国水产, (12): 75-76.

李根丽, 魏凤, 赵敏娟. 2016. 农户气候变化认知及其影响因素分析——基于陕西省关中地区544份农户调查数据. 湖南农业大学学报(社会科学版), 17(4): 15-21.

李阔, 许吟隆. 2017. 适应气候变化的中国农业种植结构调整研究. 中国农业科技导报, 19(1): 8-17.

李阔, 熊伟, 潘婕, 等. 2018. 未来升温1.5℃与2.0℃背景下中国玉米产量变化趋势评估. 中国农业气象, 39(12): 765-777.

李萌, 申双和, 褚荣浩, 等. 2016. 近 30 年中国农业气候资源分布及其变化趋势分析. 科学技术与工程, 16(21): 1-11.

李庆, 张春来, 王仁德, 等. 2018. 1965—2016 年青藏高原关键气象因子变化特征及其对土地沙漠化的影响. 北京师范大学学报(自然科学版), 54(5): 659-665.

李小霞, 赵宣鼎. 2017. 气候变化对中国农业气象灾害与病虫害的影响. 农业与技术, 37(18): 239.

李秀梅, 赵伟霞, 李久生, 等. 2018. 水分亏缺程度对变量灌溉水分传感器埋设位置预判的影响. 农业工程学报, 34(23): 94-100.

李亚男, 闫鼎, 宋瑞芳, 等. 2011. 平顶山烟区气候因素分析及对烟叶化学成分的影响. 浙江农业科学, (1): 160-164.

李扬, 王靖, 唐建昭, 等. 2019. 播期和品种变化对马铃薯产量的耦合效应. 中国生态农业学报, 27(2): 296-304.

李祎君, 吕厚荃. 2017. 近 50a 南方农业干旱演变及其影响. 干旱气象, 35(5): 724-733.

李毅, 周牧丹. 2014. 新疆地区棉花和甜菜需水量的统计降尺度模型预测. 农业工程学报, 30(22): 70-79.

梁凡, 陆迁, 同海梅, 等. 2013. 我国城镇居民食品消费结构变化的动态分析. 消费经济, (3): 22-26.

梁群, 张国林, 尹洪涛. 2015. 基于分期播种气温对大豆生长速度及产量的影响. 安徽农学通报, 21(5): 134-137.

梁艳, 干珠扎布, 张伟娜, 等. 2014. 气候变化对中国草原生态系统影响研究综述. 中国农业科技导报, 16(2): 1-8.

梁玉莲, 韩明臣, 白龙, 等. 2015. 中国近 30 年农业气候资源时空变化特征. 干旱地区农业研究, 33(4): 259-267.

凌霄霞, 张作林, 翟景秋, 等. 2019. 气候变化对中国水稻生产的影响研究进展. 作物学报, 45(3): 323-334.

刘彩红, 李红梅, 张调风. 2015. 气候变暖背景下青南牧区牧业生产关键期变化特征及预估研究. 草业科学, 32(8): 1352-1362.

刘立涛, 刘晓洁, 伦飞, 等. 2018. 全球气候变化下的中国粮食安全问题研究. 自然资源学报, 033(006):927.

刘锡胤, 徐惠章, 黄华, 等. 2015. 高温多雨期刺参育苗常见问题及技术措施. 海洋与渔业, (9): 60-62.

刘晓磊, 田青, 阎东东. 2016. 中国城乡居民饮食结构差异分析——基于营养级视角. 营养学报, 2016(4): 332-336.

刘笑, 何学敏, 游松财. 2017. 1976—2015 年中国主要农业气象灾害的变化特征. 中国农业气象, 38(8): 481-487.

刘远, 潘根兴, 张辉, 等. 2017. 大气 CO_2 浓度和温度升高对麦田土壤呼吸和酶活性的影响. 农业环境科学学报, 36(8): 1484-1491.

刘远, 张辉, 熊明华, 等. 2016. 气候变化对土壤微生物多样性及其功能的影响. 中国环境科学, 36(12): 3793-3799.

刘哲, 乔红兴, 赵祖亮, 等. 2015. 黄淮海夏播玉米花期高温热害空间分布规律研究. 农业机械学报, 46(7): 272-279.

刘志远, 唐守伟. 2014. 我国麻类作物的生产现状、问题及发展趋势. 农业科技管理, 33(3): 86-89.

鲁天平, 郭靖, 陈梦, 等. 2016. 新疆林果产业大风沙尘灾害风险评估模型的构建与区划. 农业工程学报, 32(增刊 2): 169-176.

陆雅海, 傅声雷, 褚海燕, 等. 2015. 全球变化背景下的土壤生物学研究进展. 中国科学基金, 29(1): 19-24.

吕伟生, 肖国滨, 叶川, 等. 2018. 油-稻-稻三熟制下双季稻高产品种特征研究. 中国农业科学, 51(1): 37-48.

马树庆, 王琪, 王春乙, 等. 2011. 东北地区水稻冷害气候风险度和经济脆弱度及其分区研究. 地理研究, 30(5): 932-938.

马晓芳, 黄晓东, 邓婕, 等. 2017. 青海牧区雪灾综合风险评估. 草业学报, 26(2): 10-20.

马雅丽, 郭建平, 赵俊芳. 2019. 晋北农牧交错带作物气候生产潜力分布特征及其对气候变化的响应. 生态学杂志, 38(3): 818-827.

梅旭荣. 2018. 农业气象学发展现状及展望. 农学学报, 8(1): 61-66.

孟林, 刘新建, 邬定荣, 等. 2015. 华北平原夏玉米主要生育期对气候变化的响应. 中国农业气象, 36(4): 375-382.

孟庆华, 王信宝, 王凤梅, 等. 2017. 山东省小麦-玉米一年两熟"双晚"栽培技术. 耕作与栽培, (2): 70-71.

苗百岭, 梁存柱, 韩芳, 等. 2016. 内蒙古主要草原类型植物物候对气候波动的响应. 生态学报, 36(23):

7689-7701.

牟成香, 孙庚, 罗鹏, 等. 2013. 青藏高原高寒草甸植物开花物候对极端干旱的响应. 应用与环境生物学报, 19(2): 272-279.

秦大河, 张建云, 闪淳昌, 等. 2015. 中国极端天气气候事件和灾害风险管理与适应国家评估报告. 北京: 科学出版社.

邱译萱, 马树庆, 李秀芬. 2018. 吉林春大豆生育期变化及其对气候变暖的响应. 中国农业气象, 39(11): 715-724.

屈振江, 周广胜. 2017. 中国产区苹果越冬冻害的风险评估. 自然资源学报, 32(5): 829-840.

荣清林. 2013. 玉米和小麦"两晚"栽培模式亟待推广. 现代农村科技, (19): 10.

尚杰, 杨果, 于法稳. 2015. 中国农业温室气体排放量测算及影响因素研究. 中国生态农业学报, 23(3): 354-364.

沈士博, 张顶鹤, 杨开放, 等. 2016. 近地层臭氧浓度增高对稻米品质的影响: FACE研究. 中国生态农业学报, 24(9): 1231-1238.

盛绍学, 霍治国, 石磊. 2010. 江淮地区小麦涝渍灾害风险评估与区划. 生态学杂志, 29(5): 985-990.

师桂花, 季晓丽, 陈素华. 2017. 气候变化对典型草原糙隐子草物候期和产量的影响. 中国草地学报, 39(1): 42-49.

石晗. 2017. 不同类型水稻种质资源农艺性状鉴定与抗逆性筛选. 武汉: 华中农业大学.

石岳, 马殷雷, 马文红, 等. 2013. 中国草地的产草量和牧草品质: 格局及其与环境因子之间的关系. 科学通报, 58(3): 226-239.

宋蜜蜂. 2009. 大气CO_2浓度升高对油菜光合生理及产量品质的影响. 合肥: 安徽农业大学.

孙华, 何茂萍, 胡明成. 2015. 全球变化背景下气候变暖对中国农业生产的影响. 中国农业资源与区划, 36(7): 51-57.

孙茹, 韩雪, 潘婕, 等. 2018. 全球1.5℃和2.0℃升温对中国小麦产量的影响研究. 气候变化研究进展, 14(6): 573-582.

孙爽, 杨晓光, 赵锦, 等. 2015. 全球气候变暖对中国种植制度的可能影响XI. 气候变化背景下中国冬小麦潜在光温适宜种植区变化特征. 中国农业科学, 48(10): 1926-1941.

谭灵芝, 郭艳琴. 2016. 外界干预气候变化适应性政策对农业生产的影响研究. 中国延安干部学院学报, 9(1): 113-127.

汤绪, 杨续超, 田展, 等. 2011. 气候变化对中国农业气候资源的影响. 资源科学, 33(10): 1962-1968.

佟金鹤. 2016. 气候变化条件下农业低温灾害特征分析. 北京: 中国农业科学院.

万书波. 2008. 气候变暖对花生生产的影响及应对策略. 山东农业科学, (6): 107-109.

王安乾, 苏布达, 王艳君, 等. 2017. 全球升温1.5℃与2.0℃情景下中国极端低温事件变化与耕地暴露度研究. 气象学报, 75(3): 415-428.

王春乙, 姚蓬娟, 张继权, 等. 2016a. 长江中下游地区双季早稻冷害、热害综合风险评价. 中国农业科学, 49(13): 2469-2483.

王春乙, 张继权, 霍治国, 等. 2015. 农业气象灾害风险评估研究进展与展望. 气象学报, 73(1): 1-19.

王春乙, 张玉静, 张继权. 2016b. 华北地区冬小麦主要气象灾害风险评价. 农业工程学报, 32(增刊1): 203-213.

王鹤龄, 张强, 王润元, 等. 2017. 气候变化对甘肃省农业气候资源和主要作物栽培格局的影响. 生态学报, 37(18): 6099-6110.

王家宝, 高明伟, 张超, 等. 2018. 气候变化对山东棉花品种选育的影响. 中国棉花, 45(7): 4-6.

王晾晾, 杨晓强, 李帅, 等. 2012. 东北地区水稻霜冻灾害风险评估与区划. 气象与环境学报, 28(5): 40-45.

王美溪, 刘珂艺, 邢亚娟. 2018. 气候变化背景下土壤微生物与植物物种多样性关联分析. 中国农学通报, 34(20): 111-117.

王明玖, 张存厚. 2013. 内蒙古草地气候变化及对畜牧业的影响分析. 内蒙古草业, 25(1): 5-12.

王娜, 王靖, 冯利平, 等. 2015. 华北平原冬小麦-夏玉米轮作区采用"两晚"技术的产量效应模拟分析. 中国农业气象, 36(5): 611-618.

王潇, 谢丽坤, 武慧斌, 等. 2015. 铜镉污染土壤上CO_2浓度升高对籼稻稻米品质的影响. 生态学报, 35(17): 5728-5737.

王晓, 齐晔. 2013. 我国饮食结构变化对农业温室气体排放的影响. 中国环境科学, 33(10): 2.

王晓明, 徐芸皎, 李少魁. 2013. 青海省海南州南部牧区气候变化对畜牧业的影响. 安徽农业科学, 41(9): 3909-3912.

王晓煜, 杨晓光, 吕硕, 等. 2016. 全球气候变暖对中国种植制度可能影响XII. 气候变暖对黑龙江寒地水稻安全种植区域和冷害风险的影响. 中国农业科学, 49(10): 1859-1871.

王亚民, 李薇, 陈巧媛. 2009. 全球气候变化对渔业和水生生物的影响与应对. 中国水产, 397(1): 21-24.

王友华, 周治国. 2011. 气候变化对我国棉花生产的影响. 农业环境科学学报, 30(9): 1734-1741.

王跃中, 孙典荣, 陈作志, 等. 2012. 气候环境因子和捕捞压力对南海北部带鱼渔获量变动的影响. 生态学报, 32(24): 7948-7957.

王志强, 方伟华, 史培军, 等. 2010. 基于自然脆弱性的中国典型小麦旱灾风险评价. 干旱区研究, 27(1): 6-12.

王志伟, 马雅丽, 王润元, 等. 2012. 气候变暖对西北地区棉花生长发育的影响分析. 中国农学通报, 28(15): 42-45.

吴建梅, 孙金森, 陈林祥, 等. 2012. 气候变化对农业生产的影响——以山东省诸城市为例. 农学学报, 4: 63-68.

吴良泉, 武良, 崔振岭, 等. 2015. 中国玉米区域氮磷钾肥推荐用量及肥料配方研究. 土壤学报, 52(4): 802-819.

吴婷婷. 2015. 南方稻农气候变化适应行为影响因素分析——基于苏皖两省 364 户稻农的调查数据. 中国生态农业学报, 23(12): 1588-1596.

吴小影, 刘冠秋, 齐熙, 等. 2017. 气候变化对渔区感知指数、生计策略和生态效应的影响. 生态学报, 37(1): 313-320.

武洪涛, 郭佳伟, 郑朋涛. 2018. 河南省冬小麦产量的干旱脆弱性研究. 地域研究与开发, 37(5): 170-175.

肖国举, 仇正跻, 张峰举, 等. 2015. 增温对西北半干旱区马铃薯产量和品质的影响. 生态学报, 35(3): 830-836.

肖启华, 黄硕琳. 2018. 气候变化对渔业影响研究的文献计量分析. 上海海洋大学学报, 27(2): 304-310.

谢立勇, 李悦, 钱凤魁, 等. 2014b. 粮食生产系统对气候变化的响应-敏感性与脆弱性. 中国人口·资源与环境, 24(5): 25-30.

谢立勇, 李悦, 徐玉秀, 等. 2014a. 气候变化对农业生产与粮食安全影响的新认知. 气候变化研究进展, 10(4): 235-239.

熊伟, 冯灵芝, 居辉, 等. 2016. 未来气候变化背景下高温热害对中国水稻产量的可能影响分析. 地球科学进展, 31(5): 518-528.

熊瑛, 王龙昌, 赵琳璐, 等. 2018. 保护性耕作下蚕豆/玉米/甘薯三熟制农田土壤呼吸、碳平衡及经济-环境效益特征. 中国生态农业学报, 26(11): 1653-1662.

熊正琴, 邹建文, 潘根兴. 2011. 气候变化对农田生态系统碳氮过程的影响及其对生产的启示. 农业环境科学学报, 30(9): 1720-1725.

徐春阳, 高玉军. 2018. 气候变化对农作物病虫害发生发展趋势的影响. 农业与技术, 38(1): 136-137.

徐广远, 邹明, 张恩鹏, 等. 2010. 冬季海冰灾害期间海参养殖管理方法. 中国水产, (11): 45-46.

徐维新, 辛元春, 张娟, 等. 2014. 近 20 年青藏高原东北部禾本科牧草生育期变化特征. 生态学报, 34(7): 1781-1793.

许吟隆, 郑大玮, 刘晓英, 等. 2014. 中国农业适应气候变化关键问题研究. 北京: 气象出版社.

薛昌颖, 张弘, 刘荣花. 2016. 黄淮海地区夏玉米生长季的干旱风险. 应用生态学报, 27(5): 1521-1529.

薛庆禹, 王靖, 曹秀萍, 等. 2012. 不同播期对华北平原夏玉米生长发育的影响. 中国农业大学学报, 17(5): 30-38.

杨笛, 熊伟, 许吟隆, 等. 2017. 气候变化背景下中国玉米单产增速减缓的原因分析. 农业工程学报, 33(z1): 231-238.

杨菲, 王学林, 杨再强, 等. 2015. 江南地区茶树高温热害时空分布特征及风险区划. 自然灾害学报, 24(3): 216-224.

杨会枫, 郑江华, 贾晓光, 等. 2017. 气候变化下罗布麻潜在地理分布区预测. 中国中药杂志, 42(6): 1119-1124.

杨建莹, 霍治国, 吴立, 等. 2015. 西南地区水稻洪涝等级评价指标构建及风险分析. 农业工程学报, 31(16): 136-144.

杨军杰, 史宏志, 王红丽, 等. 2015. 中国浓香型烤烟产区气候特征及其与烟叶质量风格的关系. 河南农业大学学报, 49(2): 158-165.

杨宁, 潘学标, 张立祯, 等. 2014. 适宜播期提高农牧交错带春小麦产量和水氮利用效率. 农业工程学报, 30(8): 81-90.

杨陶陶, 胡启星, 黄山, 等. 2018. 双季优质稻产量和品质形成对开放式主动增温的响应. 中国水稻科学, 32(6): 572-580.

杨旺明, 栾一博, 杨陈, 等. 2013. 中国饮食所需耕地面积长时间尺度变化研究. 资源科学, 35(5): 901-909.

杨晓光. 2014. 气候变化对中国种植制度影响研究. 北京: 气象出版社.

杨晓光, 陈阜. 2014. 气候变化对中国种植制度的影响研究. 北京: 气象出版社.

杨晓光, 李茂松, 等. 2016. 北方主要作物干旱和低温灾害防控技术. 北京: 中国农业科学技术出版社.

杨晓光, 刘志娟, 陈阜. 2010. 全球气候变暖对中国种植制度可能影响 I. 气候变暖对中国种植制度北界和粮食产量可能影响的分析. 中国农业科学, 43(2): 329-336.

杨晓娟, 刘园, 白薇, 等. 2016. 黑龙江大豆生产时空分析与风险评估. 干旱地区农业研究, 34(2): 201-205.

姚蓬娟. 2015. 长江中下游地区双季早稻冷害、热害风险评价. 北京: 中国气象科学研究院.

姚文琳. 2018. 大气 CO_2 浓度升高对旱作玉米土壤微生物量碳氮与矿质氮的影响. 咸阳: 西北农林科技大学.

姚玉璧, 雷俊, 牛海洋, 等. 2016. 气候变暖对半干旱区马铃薯产量的影响. 生态环境学报, 25(8): 1264-1270.

叶明华. 2016. 农业气象灾害的空间集聚与政策性农业保险的风险分散——以江、浙、沪、皖 71 个气象站点降水量的空间分析为例(1980—2014). 财贸研究, (4): 32-41.

尹飞虎, 高志建, 谢宗铭, 等. 2013. 大气 CO_2 浓度升高和施氮对棉田土壤理化性质及微生物区系的影响. 地理研究, 32(2): 214-222.

尹小刚, 王猛, 孔箐锌, 等. 2015. 东北地区高温对玉米生产的影响及对策. 应用生态学报, 26(1): 186-198.

尤延飞, 马青成, 郭亚洲, 等. 2018. 内蒙古天然草地毒草危害状况与防控对策. 动物医学进展, 39(4): 105-110.

余弘泳, 赵俊芳, 余会康. 2017. 气候变化对年代际东北玉米冷害影响分析. 中国农业资源与区划, 38(5): 113-122.

虞凯浩, 陈效民, 陈旭, 等. 2015. 模拟气候变化条件下太湖地区典型农田氮素的动态变化. 水土保持学报, 29(1): 96-100, 230.

袁宗勤, 倪成男, 李海红, 等. 2014. 冰封期海参病害发生原因和应对措施. 科学养鱼, (11): 86-88.

查宏波, 付修廷, 李晓燕, 等. 2014. 昭通烟区田间小气候类型及与烟叶化学成分的相关性. 中国烟草科学, 35(2): 88-92.

张存杰, 王胜, 宋艳玲, 等. 2014. 我国北方地区冬小麦干旱灾害风险评估. 干旱气象, 32(6): 883-893.

张菡, 刘晓璐, 房鹏. 2016. 四川烤烟主产区冰雹灾害风险评估. 气象科技, 44(3): 468-473.

张蕾, 侯英雨, 杨冰韵, 等. 2018. 长江流域一季稻高温热害分布特征及风险分析. 自然灾害学报, 27(2): 107-115.

张蕾, 霍治国, 王丽, 等. 2012. 气候变化对中国农作物虫害发生的影响. 生态学杂志, 31(6): 1499-1507.

张丽文, 王秀珍, 李秀芬. 2014. 基于综合赋权分析的东北水稻低温冷害风险评估及区划研究. 自然灾害学报, 23(2): 137-146.

张慢慢, 邵惠芳, 郑劲民, 等. 2014. 烤烟产量的主要影响因素及预测方法研究进展. 江西农业学报, 26(10): 76-80.

张强, 姚玉璧, 王莺, 等. 2017. 中国南方干旱灾害风险特征及其防控对策. 生态学报, 37(21): 7206-7218.

张蕊, 赵学勇, 左小安, 等. 2019. 荒漠草原沙生针茅(Stipa glareosa)群落物种多样性和地上生物量对降雨量的响应. 中国沙漠, 39(2): 45-52.

张山清, 普宗朝, 李景林, 等. 2015. 气候变暖背景下南疆棉花种植区划的变化. 中国农业气象, 36(5): 594-601.

张树杰, 张春雷. 2011. 气候变化对我国油菜生产的影响. 农业环境科学学报, 30(9): 1749-1754.

张秀云, 姚玉璧, 杨金虎, 等. 2017. 中国西北气候变暖及其对农业的影响对策. 生态环境学报, 26(9): 1514-1520.

张煦庭, 潘学标, 徐琳, 等. 2017. 基于降水蒸发指数的 1960—2015 年内蒙古干旱时空特征. 农业工程学报,

35(15): 190-199.

张玉静, 王春乙, 张继权. 2015. 基于 SPEI 指数的华北冬麦区干旱时空分布特征分析. 生态学报, 35(21): 7097-7107.

赵超, 彭赛, 阮宏华, 等. 2015. 氮沉降对土壤微生物影响的研究进展. 南京林业大学学报(自然科学版), 39(3): 149-155.

赵俊芳, 郭建平, 马玉平, 等. 2010. 气候变化背景下我国农业热量资源的变化趋势及适应对策. 应用生态学报, 21(11): 2922-2930.

赵俊芳, 姜月清, 詹鑫, 等. 2018a. 我国气溶胶污染对农作物影响研究进展. 气象科技进展, 8(5): 6-10.

赵俊芳, 徐慧, 孔祥娜, 等. 2018b. 基于 MODIS 和 AERONET 的气溶胶地表直接辐射效应评价. 中国农业气象, 39(11): 693-701.

赵俊晔, 张峭. 2013. 我国玉米自然灾害风险区识别研究. 自然灾害学报, 22(1): 29-37.

赵美华. 2010. 分宜气候变化特征及其对苎麻生产的影响和对策. 中国麻业科学, 32(1): 48-50.

赵淼, 赵闯, 孙振中, 等. 2015. 近 20 年来我国农作物病虫害时空变化特征. 北京大学学报(自然科学版), 51(5): 965-975.

赵跃, 汪灿, 甄安忠, 等. 2013. 道真县烤烟产量与气象因子关系的研究. 农业与技术, (2): 211-212.

郑冰婵. 2012. 气候变化对中国种植制度影响的研究进展. 中国农学通报, 28(2): 308-311.

郑大玮. 2016. 适应气候变化的意义、机制与技术途径. 北方经济, (3): 73-77.

郑大玮, 李茂松, 霍治国. 2013. 农业灾害与减灾对策. 北京: 中国农业大学出版社.

郑冬晓. 2018. 不同冬春性小麦低温灾害指标和可种植界限变化研究. 北京: 中国农业大学.

郑世忠, 刘广东. 2019. 大连海水养殖风险及其影响因素研究. 渔业信息与战略, 34(3): 194-198.

钟波. 2012. 盘锦市水稻大棚育秧技术. 现代农业科技, (23): 37, 43.

周广胜. 2015. 气候变化对中国农业生产影响研究展望. 气象与环境科学, 38(1): 80-94.

周广胜, 郭建平, 霍治国, 等. 2014. 中国农业应对气候变化. 北京: 气象出版社.

周广胜, 何奇瑾, 殷晓洁. 2015. 中国植被/陆地生态系统对气候变化的适应性与脆弱性. 北京: 气象出版社.

周曙东, 周文魁, 朱红根, 等. 2010. 气候变化对农业的影响及应对措施. 南京农业大学学报(社会科学版), 10(1): 34-39.

周伟, 牟凤云, 刚成诚, 等. 2017. 1982—2010 年中国草地净初级生产力时空动态及其与气候因子的关系. 生态学报, 37(13): 4335-4345.

周晓冬, 赖上坤, 周娟, 等. 2012. 开放式空气中 CO_2 浓度增高(FACE)对常规粳稻蛋白质和氨基酸含量的影响. 农业环境科学学报, 31(7): 1264-1270.

朱德峰, 陈惠哲. 2013. 水稻大棚育秧及机插技术. 农民科技培训, 7: 30-32.

Bai H, Tao F, Xiao D, et al. 2016. Attribution of yield change for rice-wheat rotation system in China to climate change, cultivars and agronomic management in the past three decades. Climatic Change, 135(3-4): 539-553.

Caine R, Yin X, Jennifer S, et al. 2019. Rice with reduced stomatal density conserves water and has improved drought tolerance under future climate conditions. New Phytologist, 221(1): 371-384.

Chakraborty S, Tiedemann A V, Teng P S. 2000. Climate change: Potential impact on plant diseases. Environmental Pollution, 108(3): 317-326.

Chen M, Sun F, Berry P, et al. 2015. Integrated assessment of China's adaptive capacity to climate change with a capital approach. Climatic Change, 128(3-4): 367-380.

Chen Y N, Li Z, Li W H, et al. 2016a. Water and ecological security: Dealing with hydroclimatic challenges at the heart of China's Silk road. Environmental Earth Sciences, 75(10): 2-10.

Chen Y, Zhang Z, Tao F. 2018. Impacts of climate change and climate extremes on major crops productivity in China at a global warming of 1.5 and 2.0℃. Earth System Dynamics, 9: 543-562.

Chen Y, Zhang Z, Wang P, et al. 2016b. Identifying the impact of multi-hazards on crop yield—A case for heat stress and dry stress on winter wheat yield in northern China. European Journal of Agronomy, 73(73): 55-63.

Cooper M W, Brown M E, Hochrainer-Stigler S, et al. 2019. Mapping the effects of drought on child stunting. Proceedings of the National Academy of Sciences, 116: 17219-17224.

Cui K, Shoemaker S P. 2018. A look at food security in China. Npj Science of food, 2: 4.

Ding M J, Zhang Y L, Sun X M, et al. 2013. Spatiotemporal variation in alpine grassland phenology in the

Qinghai-Tibetan Plateau from 1999 to 2009. Chinese Science Bulletin, 58(3): 396-405.

FAO. 2014. The State of World Fisheries and Aquaculture: Opportunities and Challenges. Rome: FAO.

FAO. 2016. The State of World Fisheries and Aquaculture 2016: Contributing to Food Security and Nutrition for All. Rome: FAO.

FAO. 2018. Food security and nutrition in the world. IEEE Journal of Selected Topics in Applied Earth Observations and Remote Sensing, 202, DOI: 10.1109/JSTARS.2014.2300145.

FAOSTAT. 2019. Food and Agriculture Organization of the United Nations Good and agricultural data. http://www.fao.org/faostat/en/#home[2021-5-30].

Feng Z, Hu E, Wang X, et al. 2015. Ground-level O_3 pollution and its impacts on food crops in China: A review. Environmental Pollution, 199: 42-48.

Feng Z, Hu T, Tai A P K, et al. 2020. Yield and economic losses in maize caused by ambient ozone in the North-China Plain (2014–2017). Science of the Total Environment, 722: 137958.

Fuentes E, Arce L, Salom J. 2017. A review of domestic hot water consumption profiles for application in systems and buildings energy performance analysis. Renew. Sustain Energy Rev, 81(1): 1530-1547.

Guo J P, Zhao J F, Xu Y H, et al. 2015. Effects of adjusting cropping systems on utilization efficiency of climatic resources in Northeast China under future climate scenarios. Physics and Chemistry of the Earth, 87-88: 87-96.

Han F, Zhang Q, Buyantuev A, et al. 2015. Effects of climate change on phenology and primary productivity in the desert steppe of Inner Mongolia. Journal of Arid Land, 7(2): 251-263.

Han L, Zhang Q, Ma P, et al. 2016. The spatial distribution characteristics of a comprehensive drought risk index in southwestern China and underlying causes. Theoretical & Applied Climatology, 124(3-4): 517-528.

He D, Wang E, Wang J, et al. 2017. Genotype × environment × management interactions of canola across China: A simulation study. Agricultural and Forest Meteorology, 247: 424-433.

Hou L, Huang J, Wang J. 2017. Early warning information, farmers' perceptions of, and adaptations to drought in China. Climatic Change, 141(2): 197-212.

Huang S, Lv L, Zhu J, et al. 2018. Extending growing period is limited to offsetting negative effects of climate changes on maize yield in the North China Plain. Field Crops Research, 215: 66-73.

IPCC. 2014. Global and Sectoral Aspects. Contribution of Working Group II to the Fifth Assessment Report of the Intergovernmental Panel on Climate Change//Field C B, Barros V R, Dokken D J, et al. Climate Change, Impacts, Adaptation, and Vulnerability. Cambridge and New York: Cambridge University Press.

Jin D, Lan C, Yongxin Z, et al. 2018. Monthly and annual temperature extremes and their changes on the Tibetan Plateau and its surroundings during 1963-2015. Scientific Reports, 8(1): 11860.

Jin J, Wang Q. 2016. Assessing ecological vulnerability in western China based on Time-Integrated NDVI data. Journal of Arid Land, 8(4): 533-545.

Jing L, Wang J, Shen S, et al. 2016. The impact of elevated CO_2, and temperature on grain quality of rice grown under open-air field conditions. Journal of the Science of Food and Agriculture, 96(11): 3658-3667.

Lei Y, Liu C, Zhang L, et al. 2016. How smallholder farmers adapt to agricultural drought in a changing climate: A case study in southern China. Land Use Policy, 55: 300-308.

Li Y, Huang H, Ju H, et al. 2015b. Assessing vulnerability and adaptive capacity to potential drought for winter-wheat under the RCP 8.5 scenario in the Huang-Huai-Hai Plain. Agriculture, Ecosystems and Environment, 209: 125-131.

Li Y, Xie P, Zhao D, et al. 2016. Eutrophication strengthens the response of zooplankton to temperature changes in a high-altitude lake. Ecology and Evolution, 6(18): 6690-6701.

Li Y, Xiong W, Hu W, et al. 2015a. Integrated assessment of China's agricultural vulnerability to climate change: A multi-indicator approach. Climatic Change, 128(3-4): 355-366.

Li Z, Chen Y N, Li W H, et al. 2015c. Potential impacts of climate change on vegetation dynamics in Central Asia. Journal of Geophysical Research, 120: 2045-2057.

Liu Q F, Zhao Y Y, Zhang X F, et al. 2018a. Spatiotemporal patterns of desertification dynamics and desertification effects on ecosystem Services in the Mu Us Desert in China. Sustainability, 10: 1-19.

Liu X, Zhang Y, Han W, et al. 2013. Enhanced nitrogen deposition over China. Nature, 494(7438): 459-462.

Liu Y J, Chen Q M, Ge Q S, et al. 2018b. Modelling the impacts of climate change and crop management on phenological trends of spring and winter wheat in China. Agricultural and Forest Meteorology, 248: 518-526.

Liu Y, Tang L, Qiu X, et al. 2020. Impacts of 1.5 and 2.0℃ global warming on rice production across China. Agricultural and Forest Meteorology, 284(7): 107900.

Luo Q, Michael B, Loretta C. 2014. Cotton crop phenology in a new temperature regime. Ecological modelling, 285: 22-29.

Lv Z Y, Diao M, Li W H, et al. 2019. Impacts of lateral spacing on the spatial variations in water use and grain yield of spring wheat plants within different rows in the drip irrigation system. Agricultural Water Management, 212: 252-261.

Ma D, Xie R, Niu X, et al. 2014. Changes in the morphological traits of maize genotypes in China between the 1950s and 2000s. European Journal of Agronomy, 58: 1-10.

Melnychuk M C, Banobi J A, Hilborn R. 2014. The adaptive capacity of fishery management systems for confronting climate change impacts on marine populations. Reviews in Fish Biology and Fisheries, 24(2): 561-575.

Reid W V, Mooney H A. 2016. The Millennium Ecosystem Assessment: Testing the limits of interdisciplinary and multi-scale science. Current Opinion in Environmental Sustainability, 19: 40-46.

Shi G, Yang L, Wang Y, et al. 2009. Impact of elevated ozone concentration on yield of four Chinese rice cultivars under fully open-air field conditions. Agriculture, Ecosystems Environment, 131(3-4): 178-184.

Smith M R, Myers S S. 2018. Impact of anthropogenic CO_2 emissions on global human nutrition. Nature Climate Change, 8: 834-839.

Song Y, Wang C, Ren G, et al. 2015. The relative contribution of climate and cultivar renewal to shaping rice yields in China since 1981. Theoretical & Applied Climatology, 120(1-2): 1-9.

Tang H, Takigawa M, Liu G, et al. 2013. A projection of ozone induced wheat production loss in China and India for the years 2000 and 2020 with exposure-based and flux-based approaches. Global Change Biology, 19(9): 2739-2752.

Tang J Z, Wang J, Wang E, et al. 2018. Identifying key meteorological factors to yield variation of potato and the optimal planting date in the agro-pastoral ecotone in North China. Agricultural and Forest Meteorology, 256-257: 283-291.

Tao F L, Zhang Z, Xiao D P, et al. 2014a. Responses of wheat growth and yield to climate change in different climate zones of China, 1981-2009. Agricultural and Forest Meteorology, 189-190: 91-104.

Tao F L, Zhang Z, Zhang S, et al. 2016. Historical data provide new insights into response and adaptation of maize production systems to climate change/variability in China. Field Crops Research, 185: 1-11.

Tao F, Zhang S, Zhang Z, et al. 2014b. Maize growing duration was prolonged across China in the past three decades under the combined effects of temperature, agronomic management, and cultivar shift. Global Change Biology, 20(12): 3686-3699.

Tao F, Zhang Z, Zhang S, et al. 2015. Heat stress impacts on wheat growth and yield were reduced in the Huang-Huai-Hai Plain of China in the past three decades. European Journal of Agronomy, 71(71): 44-52.

Tie X, Huang R J, Dai W, et al. 2016. Effect of heavy haze and aerosol pollution on rice and wheat productions in China. Scientific Reports, 6: 29612.

Timothy R G, Makoto T, Henk K, et al. 2011. Beneath the surface of global change: Impacts of climate change on groundwater. Review Article Journal of Hydrology, 405(3): 532-560.

Wang C L, Shen S H, Zhang S Y, et al. 2015. Adaptation of potato production to climate change by optimizing sowing date in the Loess Plateau of Central Gansu, China. Journal of Integrative Agriculture, 14(2): 398-409.

Wang F T, Yu C, Xiong L C, et al. 2019. How can agricultural water use efficiency be promoted in China? A spatial temporal analysis. Resources, Conservation & Recycling, 145: 411-418.

Wang H, Vicenteserrano S M, Tao F, et al. 2016a. Monitoring winter wheat drought threat in Northern China using multiple climate-based drought indices and soil moisture during 2000–2013. Agricultural & Forest Meteorology, 228-229(228): 1-12.

Wang J, Wang E, Yang X, et al. 2012a. Increased yield potential of wheat-maize cropping system in the North China Plain by climate change adaptation. Climatic Change, 113(3-4): 825-840.

Wang P, Zhang Z, Chen Y, et al. 2016b. How much yield loss has been caused by extreme temperature stress to the irrigated rice production in China. Climatic Change, 134(4): 635-650.

Wang S, Duan J, Xu G, et al. 2012b. Effects of warming and grazing on soil N availability, species composition, and ANPP in an alpine meadow. Ecology, 93(11): 2365-2376.

Wang X H, Ciais P, Li L, et al. 2017. Management outweighs climate change on affecting length of rice growing period for early rice and single rice in China during1991–2012. Agricultural and Forest Meteorology, 233: 1-11.

Wang Y, Song Q, Frei M, et al. 2014. Effects of elevated ozone, carbon dioxide, and the combination of both on the grain quality of Chinese hybrid rice. Environmental Pollution, 189: 9-17.

Xiao D, Tao F. 2016. Contributions of cultivar shift, management practice and climate change to maize yield in North China Plain in 1981–2009. International Journal of Biometeorology, 60(7): 1111-1122.

Xiao D, Tao F, Liu Y, et al. 2013. Observed changes in winter wheat phenology in the North China Plain for 1981–2009. International Journal of Biometeorology, 57(2): 275-285.

Xie W, Xiong W, Pan J, et al. 2018. Decreases in glrobal beer supply due to extreme drought and heat. Nature Plants, 4(11): 964-973

Yang L W, Jiang J X, Liu T, et al. 2018. Projections of future changes in solar radiation in China based on CMIP5 climate models. Global Energy Interconnection, 1(4): 452-459.

Yang X G, Chen F, Lin X M, et al. 2015. Potential benefits of climate change for crop productivity in China. Agricultural and Forest Meteorology, 208: 76-84.

Yang Y M, Yang Y H, Han S M, et al. 2014. Prediction of cotton yield and water demand under climate change and future adaptation measures. Agricultural Water Management, 144: 42-53.

Ye Q, Yang X G, Dai S W, et al. 2015. Effects of climate change on suitable rice cropping areas, cropping systems and crop water requirements in southern China. Agricultural Water Management, 159: 35-44.

Ye Q, Yang X G, Liu Z J, et al. 2014. The effects of climate change on the planting boundary and potential yield for different Rice cropping systems in Southern China. Journal of Integrative Agriculture, 13(7): 1546-1554.

Yin X, Olesen J E, Wang M, et al. 2016. Adapting maize production to drought in the Northeast Farming Region of China. European Journal of Agronomy, 77: 47-58.

Yuan X C, Tang B J, Wei Y M, et al. 2015. China's regional drought risk under climate change: A two-stage process assessment approach. Natural Hazards, 76(1): 667-684.

Zhang G Y, Sakai H, Usui Y, et al. 2015. Grain growth of different rice cultivars under elevated CO_2 concentrations affects yield and quality. Field Crops Research, 179: 72-80.

Zhang H, Tao F, Xiao D, et al. 2016c. Contributions of climate, varieties, and agronomic management to rice yield change in the past three decades in China. Frontiers of Earth Science, 10(2): 315-327.

Zhang S, Tao F, Zhang Z. 2016b. Changes in extreme temperatures and their impacts on rice yields in southern China from 1981 to 2009. Field Crops Research, 189: 43-50.

Zhang T, Huang Y, Yang X. 2012. Climate warming over the past three decades has shortened rice growth duration in China and cultivar shifts have further accelerated the process for late rice. Global Change Biology, 19(2): 563-570.

Zhang T, Li T, Yue X, et al. 2017a. Impacts of aerosol pollutant mitigation on lowland rice yields in China. Environmental Research Letters, 12(10): 104003.

Zhang T, Yue X, Li T, et al. 2018b. Climate effects of stringent air pollution controls mitigate future maize losses in China. Environmental Research Letters,13(12): 124011.

Zhang Y, Liao H, Ding X, et al. 2018a. Implications of RCP emissions on future concentration and direct radiative forcing of secondary organic aerosol over China. Science of the Total Environment, 640-641: 1187-1204.

Zhang Y, Zhao Y, Wang C, et al. 2017b. Using statistical model to simulate the impact of climate change on maize yield with climate and crop uncertainties. Theoretical & Applied Climatology, 130(3-4): 1-7.

Zhang Y, Zhao Y. 2017. Ensemble yield simulations: Using heat-tolerant and later-maturing varieties to adapt to climate warming. Plos One, 12(5): 1-11.

Zhang Z, Song X, Tao F, et al. 2016a. Climate trends and crop production in China at county scale, 1980 to 2008. Theoretical & Applied Climatology, 123(1-2): 291-302.

Zhao J F, Guo J P. 2015. Multidecadal changes in moisture condition during climatic growing period of crops in Northeast China. Physics and Chemistry of the Earth, 87-88: 28-42.

Zhao J F, Zhan X, Jiang Y Q, et al. 2018. Variations in climatic suitability and planting regionalization for potato in northern China under climate change. Plos One, 13(9): e0203538.

Zhao J, Yang X G, Liu Z J, et al. 2016. Variations in the potential suitability distribution patterns and grain yields for spring maize in Northeast China under climate change. Climatic Change, 137: 29-42.

Zhou M, Wang H. 2015. Potential impact of future climate change on crop yield in northeastern China. Adv Atmos Sci, 2: 889-897

Zhou W, Gang C C, Zhou F C, et al. 2015. Quantitative assessment of the individual contribution of climate and human factors to desertification in northwest China using net primary productivity as an indicator. Ecological Indicators, 48: 560-569.

Zhu C, Kobayashi K, Loladze I, et al. 2018. Carbon dioxide (CO_2) levels this century will alter the protein, micronutrients, and vitamin content of rice grains with potential health consequences for the poorest rice-dependent countries. Advancement of Science, 4(5): eaaq1012.

Zhu Z, Piao S, Myneni R B, et al. 2016. Greening of the Earth and its drivers. Nature Climate Change, 6(8): 791-795.

第15章 气候变化对水资源领域的影响、风险与适应

首席作者：严登华 王国庆

主要作者：李传哲 鲍振鑫 刘佳 刘艳丽 杨勤丽

秦天玲 曾春芬 翁白莎 王怀军

摘 要

20世纪80年代以来，长江、西北内陆河地表水资源量总体呈增加趋势，海河、黄河等流域表现为减少趋势。我国天山、祁连山、阿尔泰山、昆仑山和三江源等地区冰川融化出现不同程度的加速态势，冰川末端退缩，冰川面积和冰储量减少。主要江河水质在2009年以来有转好趋势，降水量增大和排污总量减少是水质好转的重要因素。全球变暖背景下极端水文事件存在增多趋势，由于降水量增多，我国水资源脆弱性近些年整体改善。2020~2050年我国水资源可能较正常年份略少，但变异性增大，同时区域变化格局存在差异；气候变暖将可能导致城市洪涝灾害风险和强度增大，区域干旱风险增大，未来粮食主产区水资源供需矛盾将更为突出；未来气候变化的影响可能导致全国水资源脆弱性增强。

15.1 气候变化对水资源的影响

15.1.1 径流与水资源量

我国是对气候变化最为敏感，水资源问题最为突出的地区（丁一汇和任国玉，2008）。我国最重要的江河水系包括长江、黄河、淮河、海河、辽河、松花江、东南诸河、珠江等。在强烈的气候变化和人类活动等因子共同作用下，径流变化复杂（夏军等，2016）。

1. 径流时空演变

总体上，我国过去60年径流主要呈减少趋势，但不同流域径流具有不同的阶段性变化特征。从空间分布上看，北部径流主要呈减少趋势，变化特征较明显，而南部径流变化复杂，变化特征不明显。

北部的流域，包括辽河、松花江、黄河和海河，大部分区域径流呈减少趋势。最北端的辽河流域和松花江流域年径流量在过去60年均有不同程度的减少趋势。其中，辽河多年平均年径流深75~200mm，年径流变差系数在0.5~0.7，最大径流深出现在东部，最小径流深出现在西部（郭松，2016）。近年来在气候自然变率和人为强迫的共同作用下，辽河干流年平均径流总量有下降趋势，但趋势不显著，年代际上经历了多–少–正常–偏多四个阶段，年内7~9月径流量最大（王乐扬等，2020）。辽河中上游径流也呈减少趋势，径流年际变化大，径流量在21世

纪前 10 年最小。降水和径流系数总体呈减小趋势，而气温呈升高趋势，年降水量和年径流量存在明显的阶段性演变特征（马龙等，2015；胡海英等，2013）。与辽河流域类似，松花江流域在过去 60 年 33 个站点中，31 个站点年径流量表现出减少趋势，这种减少趋势在 1990 年之后更加明显，松花江干流径流量减少显著。1990 年后，月径流不均匀系数增大，其中春季和秋季呈现明显的下降趋势。降水也呈现出明显的下降趋势，特别是 1990 年之后持续下降，其空间变化也较为明显，东部山区降水远多于西部干旱区。从季节性看，夏秋季降水减少，冬春季降水增加。由于松花江流域降水集中在夏秋月份，因此夏秋季节降水减少是该区域年降水减少的主要原因。流域降水空间差异性较大，平均年降水量从嫩江下游到第二松花江下游增加，且在嫩江和第二松花江流域，上游降水量明显大于下游。流域的年平均气温出现显著的上升趋势，其中各季节气温也表现出极显著的升高趋势，且高于同阶段我国气候变暖的速率，说明高纬度地区松花江流域对气候变化具有更高的敏感性。尽管松花江流域平均气温上升明显，但松花江流域的潜在蒸散发只表现出微弱的上升，空间上嫩江下游潜在蒸散发最小，嫩江上游潜在蒸散发最大（李峰平，2015）。黄河流域近 60 年实测径流也呈减少趋势，且该趋势较为显著，径流突变发生在 20 世纪 70 年代左右（赵建华等，2018）。干支流 4 个重点水文站实测径流量与响应区间的降水量之间存在较好的相关性，21 世纪以来黄河流域相同降水下的产流明显减少。其干流多年平均径流量自上游到下游依次增加，径流量呈正偏分布，径流量分布较分散（田翠，2017）。海河流域作为我国受人类活动影响最严重的地区，其多年径流量也呈减少趋势，且流域径流敏感性将随降水的增加而增强（杨永辉等，2018）。20 世纪 70 年代开始，海河流域山区来水逐渐减少，1978~1985 年该区域径流量减少明显，多个水文站的实测径流都发生了显著变化，且径流发生突变的年份均在 1970 年前后（Bao et al.，2012）。过去 60 年海河流域年平均气温升高，年平均降水量减少（张利茹等，2017；鲍振鑫等，2014）。

在中部的淮河流域，由于区域取调水情况复杂，近年来对整个流域径流演变规律尚未形成一致的研究成果。淮河中上游 1959~2009 年径流呈不显著减少趋势，降水和径流存在较好的相关关系（安贵阳和郝振钝，2016），而 2000~2010 年淮河上游径流增加显著（刘睿和夏军，2013）。

包括长江流域、珠江流域和东南诸河流域在内的我国南部多年径流量具有一定的区域差异性。同一流域不同时段，不同子流域相同时段都表现出径流变化的差异性。其中，长江流域寸滩站断面以上流域径流呈减少趋势，降水与径流有很好的相关性，特别是在金沙江和嘉陵江流域，寸滩站、宜昌站和螺山站年均径流量都呈显著下降趋势（黄金龙，2014；李姝蕾等，2015），而长江上游屏山站径流不显著上升。上游年均降水量整体呈下降趋势，秋季降水量的减少是年降水量减少的主要原因，径流量年内分布不均，主要分布在 4~9 月，径流和降水表现出较好的相关性（孙甲岚等，2012；冯亚文等，2013）。近年来，珠江流域大部分区域径流呈减少趋势。珠江流域年径流变化表现出较大差异性。其中，珠江中上游地区径流、降雨、风速、相对湿度呈现下降趋势，而平均温度、最高温度和最低温度都存在上升趋势（李天生和夏军，2018）。西江马口站的径流量在 1983 年之后总体呈减少趋势，北江的三水站径流量在 1993 年之后呈大幅增加趋势（袁菲等，2017）。与珠江流域类似，东南诸河年径流量变化也表现出明显的区域差异性。其中，钱塘江年径流量有增加趋势，径流序列的变异时间均发生在 20 世纪 70~80 年代（高希超，2014；王翠柏等，2013）。南流江年径流量也呈下降趋势，气温呈上升趋势，降水基本处于动态平衡（何文，2015）。在研究时段相同的情况下，对于闽江流域的年径流量变化趋势，不同研究方法得出的结论不同（郭晓英等，2016；王跃峰等，2013）。韩江年径流量则总体呈上升趋势，在 1980 年发生突变，1980 年之前径流量为缓慢下降趋势，1980 年之后开始稳步上升，汛期径流量缓慢下降，枯水期径流量上升（缪连华，2013）。

2. 径流变化成因

我国径流变化复杂，以径流减少为主，对于其变化成因的分析有助于人类认识变化环境背景下地表径流的变化机制与环境变化带来的适应性风险，为更高效、合理地调配和利用水资源打好基础。综合来看，整个区域径流的减少主要受自然变率的影响（丁一汇和任国玉，2008），其中北方径流的敏感性明显大于南方（Wang et al.，2017a），但近年来人类活动的加剧导致区域径流变化受人类活动影响增大，特别是人口密集的黄淮海地区，其人类活动对区域径流变化影响较大。

北部流域中，辽河流域和松花江流域气候变化对径流变化贡献率较大，而海河流域和黄河流域径流变化的主要驱动因素为人类活动。其中，辽河流域降水与径流相关性较好（梁红等，2012），天然降水减少、水利工程拦蓄水、水资源取用量增加是导致该流域径流减少的主要原因，特别是随着经济社会的发展，人类从河道外引水量不断增加，直接减少了进入河道的径流量。另外，在流域内修建的红山水库、南城子水库、清河水库等水利工程使得部分径流被拦蓄在水库内，从而减少径流（胡海英等，2013），但在不同站点气候变化和人类活动对径流变化的贡献率不同。临近的松花江流域，气候变化是其径流减少的主要原因，但 1975~1989 年气候变化导致嫩江下游径流深增加了 19mm，这是由于 1975 年之后平均降水和潜在蒸散发都有所增大，且降水增幅大于潜在蒸散发，而径流对降水变化更为敏感。与松花江流域不同，黄河流域近期径流减少主要受人类活动的影响（李二辉等，2014），且这种影响在持续加强，特别是 21 世纪以来，相同降水下的产流明显减少，黄河源区人类活动对径流的影响较小，其余各分区人类活动是径流变化的主要因素，黄河中游的黄土高原地带，径流减少主要受水土保持工程的影响（Wang et al.，2016a），1996 年之后气候变化对各控制站点径流变化的贡献率明显提升（Li et al.，2018）。海河流域径流变化也受人类活动影响显著，人类活动的明显增长趋势及农业用水增加是该流域径流减少的主要驱动因素（杨永辉等，2018）。海河流域径流发生突变的年份在 1970 年前后，正是在 "63·8" 大洪水之后开始了植树、种草、修建水利工程和开采地下水等大规模的人类活动，其导致的下垫面变化是该区域径流减少的主要原因（张利茹等，2017）。中部的淮河流域径流变化成因复杂，1986~1999 年淮河上游径流减少的主要原因是人类活动影响，2000~2010 年淮河上游径流增加的主要原因是气候变化（李小雨等，2015）。覆被变化对径流变化的影响也较为显著，主要表现为林地转化为耕地、草地等其他用地，导致淮河流域总蒸发量减少（Wang et al.，2018a）。

我国南部的长江流域、珠江流域和东南诸河流域多年径流量变化成因较为复杂，在不同流域，甚至同一流域的不同区域由于自然禀赋和强迫因子的不同而表现出较大的差异性。其中，长江流域上游宜昌站和寸滩站径流总量下降主要受年降水量下降影响，中游湘江也受降水影响显著，而人类活动和上游洞庭湖的调蓄作用是长江螺山站年径流量下降的主要原因（黄金龙，2014；李姝蕾等，2015）。人类活动导致的土地利用变化对长江流域径流的主要影响是使径流量增加，但在不同区域和不同时期变化趋势不同。上游地区土地利用变化导致径流量减少，而流域其他地区土地利用变化导致径流量增加（徐苏，2017）。珠江流域降水量减少是径流量减少的主导因素，但珠江三角洲西水东调工程等水利工程对该流域径流量变化也有显著影响（涂新军等，2016）。东南诸河径流变化主要受气候变化影响，其中气候变化是导致钱塘江、闽江干流和 3 个子流域径流量增加的主要影响因素。

15.1.2 冰雪融水资源

1. 气候变化下冰川融雪及相关河流径流变化

气候变化导致地表温度上升，近几十年来，我国天山、祁连山、阿尔泰山、昆仑山和三江源等地区冰川融化出现不同程度的加速，冰川末端退缩，冰川面积和冰储量减少。冰川变化对水资源量的年际、年内分配产生了重要影响，部分河流已经出现冰川消融拐点。气温升高导致冰雪融化加快是近年来以冰雪融水补给河流径流增长较快的重要原因（杨春利等，2017）。各地区径流总体上均呈趋丰态势，在变化拐点时间和程度上存在差异。

1）祁连山北坡

石羊河发源于祁连山冰川，其流域上游 1956~2009 年气温整体呈明显上升趋势，降水量大体趋势基本无变化，仅有微弱增加的势头，年径流量整体呈减少趋势，2000 年以后又呈增加的趋势（周俊菊等，2012）。同源自祁连山的黑河（莺落峡以上）和疏勒河的年径流量有逐年增加的趋势，特别是在 20 世纪 90 年代以后增幅较大，尤其是疏勒河表现得十分显著（程建忠等，2017）。甘肃祁连山石羊河、黑河、疏勒河部分水文站点径流过程如图 15.1~图 15.3 所示。

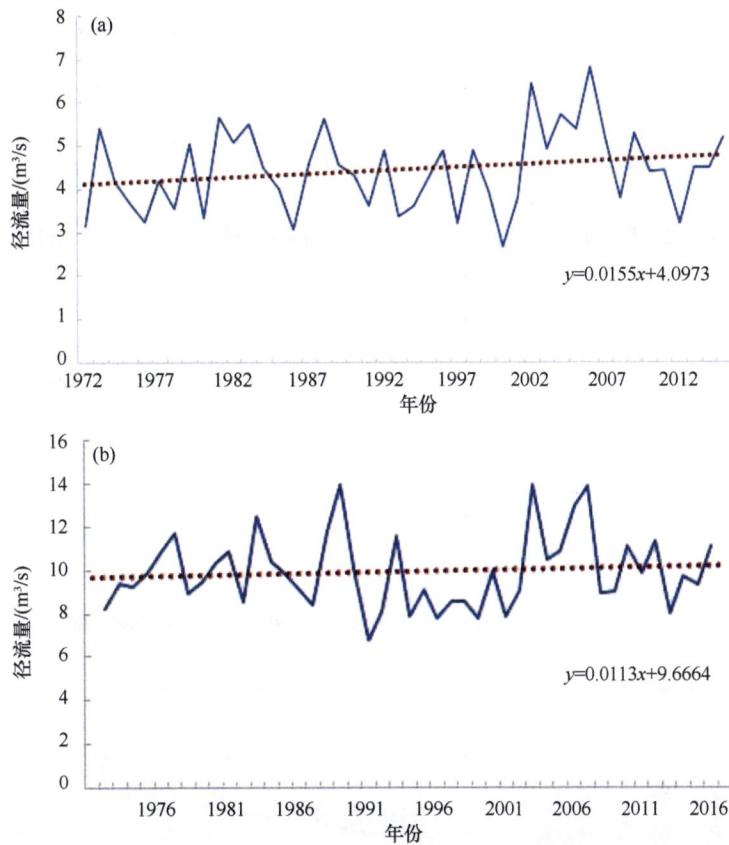

图 15.1 石羊河九条岭站非汛期径流量（a）和年径流量（b）变化过程

2）天山北坡和南坡

玛纳斯河发源于天山北麓冰川，径流年内分配极不均匀，径流年际变化大，径流变化具有明显的周期性及阶段性。近 60 年玛纳斯河径流量总体呈增加趋势（吉磊等，2013）。肯斯瓦特水文站年径流量于 1957~2012 年呈现持续上升趋势（刘艳等，2017），而红山嘴水文站

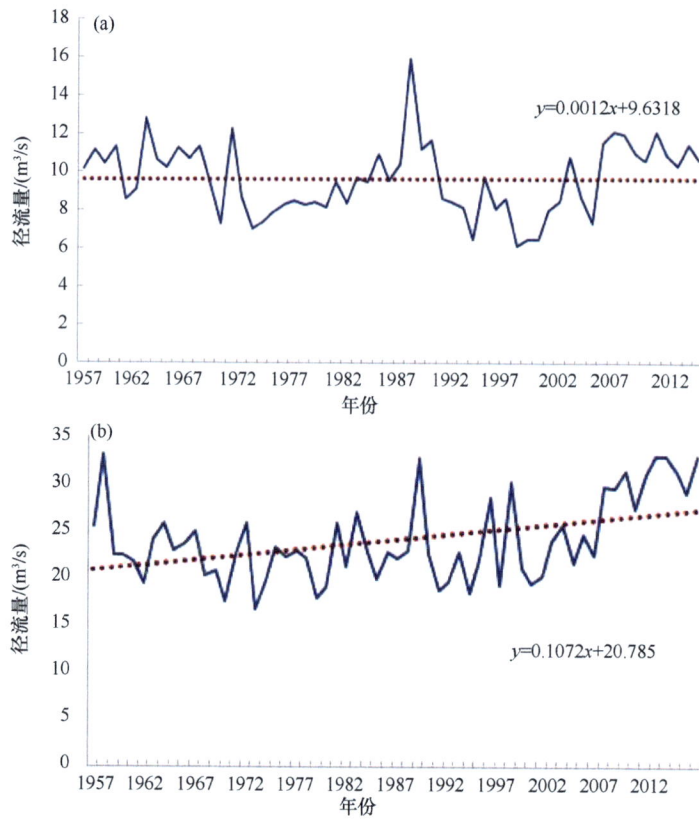

图 15.2 黑河扎马什克站非汛期径流量（a）和年径流量（b）变化过程

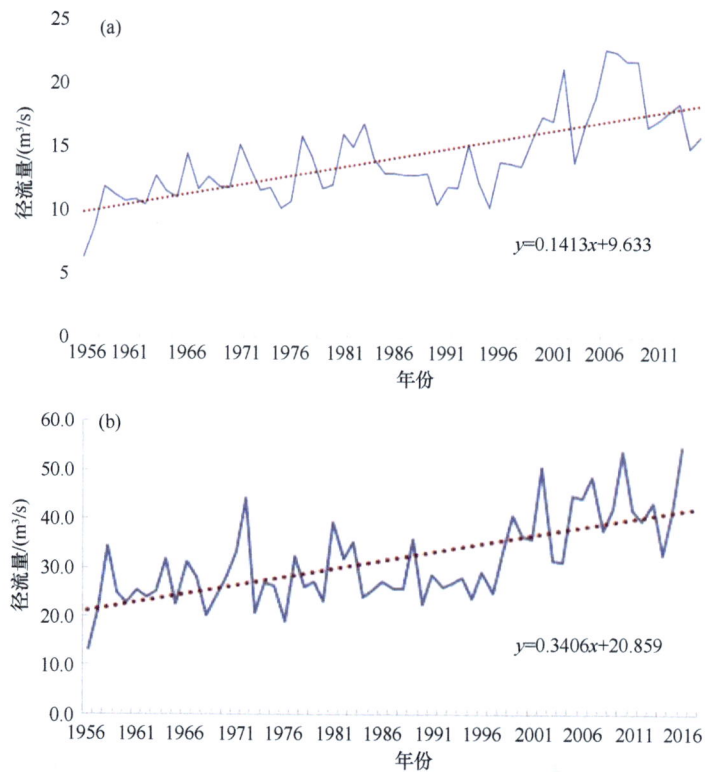

图 15.3 疏勒河昌马堡站非汛期径流量（a）和年径流量变化（b）

的年径流量在 1996~2013 年进入了丰水周期（常浩娟等，2016）。同发源于天山北麓的呼图壁河年径流量在 1987 年发生突变，之后呈上升趋势，在 1998~2004 年下降趋势显著（魏天锋等，2015）[图 15.4（a）]。发源于昆仑山北麓的叶尔羌河 1954~2012 年径流量呈稳步增加趋势（库路巴依·吾布力，2016）。

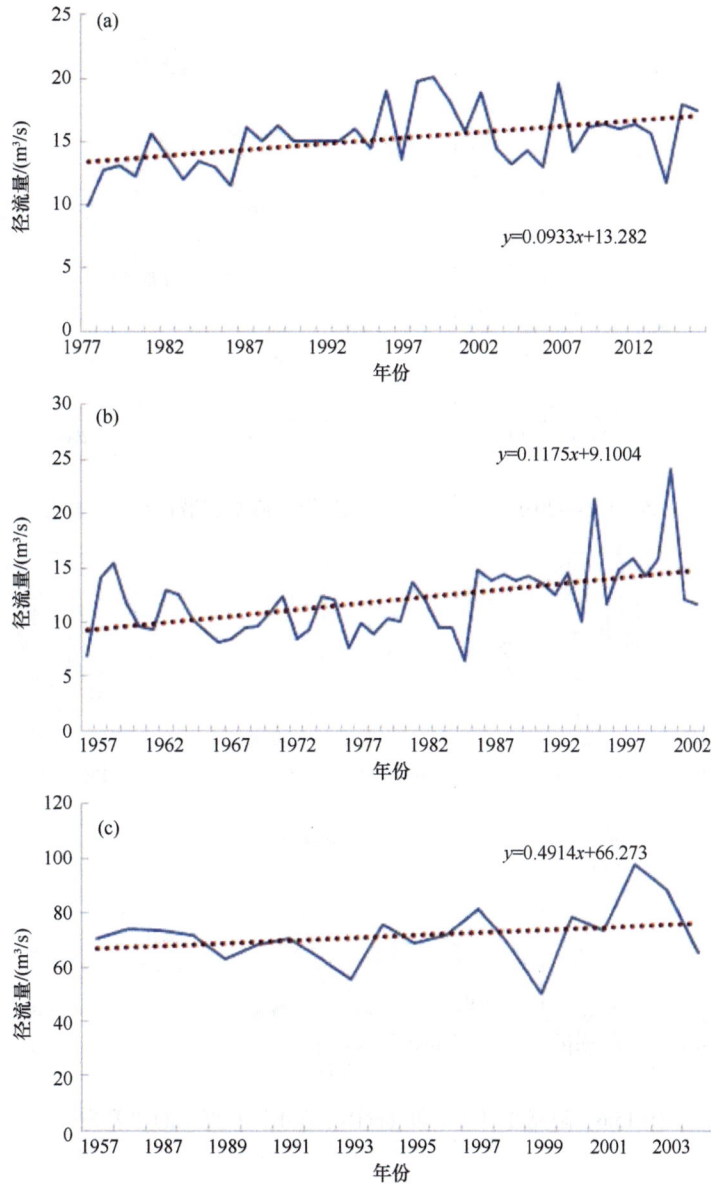

$y=0.0933x+13.282$

$y=0.1175x+9.1004$

$y=0.4914x+66.273$

图 15.4　天山北坡呼图壁河（a）、南坡库车河（b）、南坡木扎特河（c）水文站年径流过程

南天山区从 20 世纪 90 年代开始，在年尺度和季节尺度上，河流流量都呈现上升趋势（魏天锋等，2015；Shen et al.，2018）[图 15.4（b）（c）]。发源于天山南麓的阿克苏河，1960~2010 年径流量总体呈增加趋势，其中 1994 年往后，径流量总体处于偏丰状态；在年际尺度上，径流与气温、降水和潜在蒸发均表现为不显著的正相关关系，而在年代际尺度上，径流与气温和降水则为显著的正相关关系，与潜在蒸发却呈现出显著的负相关关系，如图 15.5 和图 15.6 所示（柏玲等，2017）。

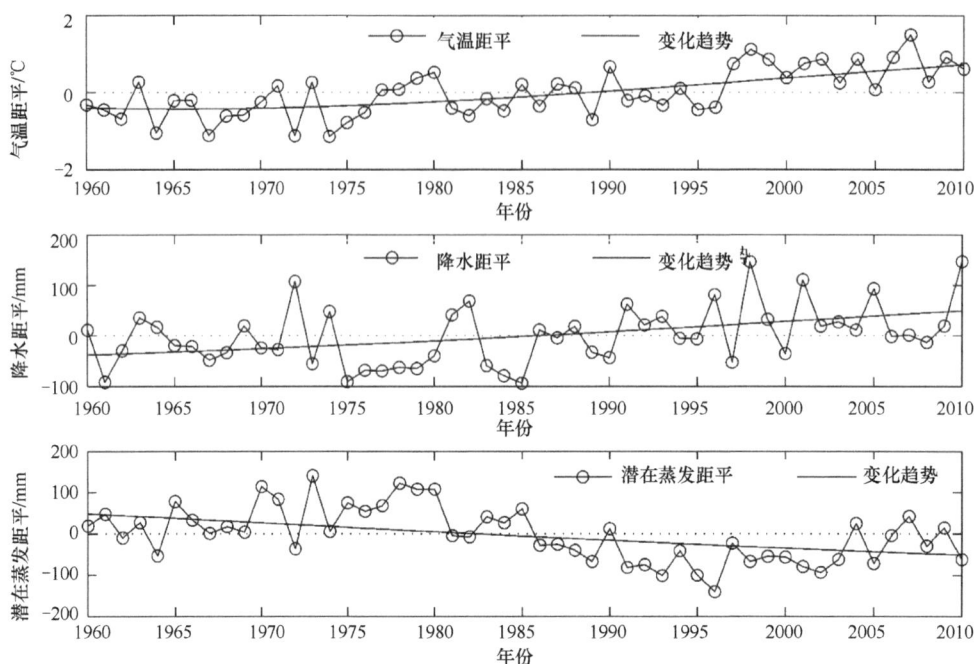

图 15.5　1960~2010 年阿克苏河流域气温、降水和潜在蒸发变化趋势

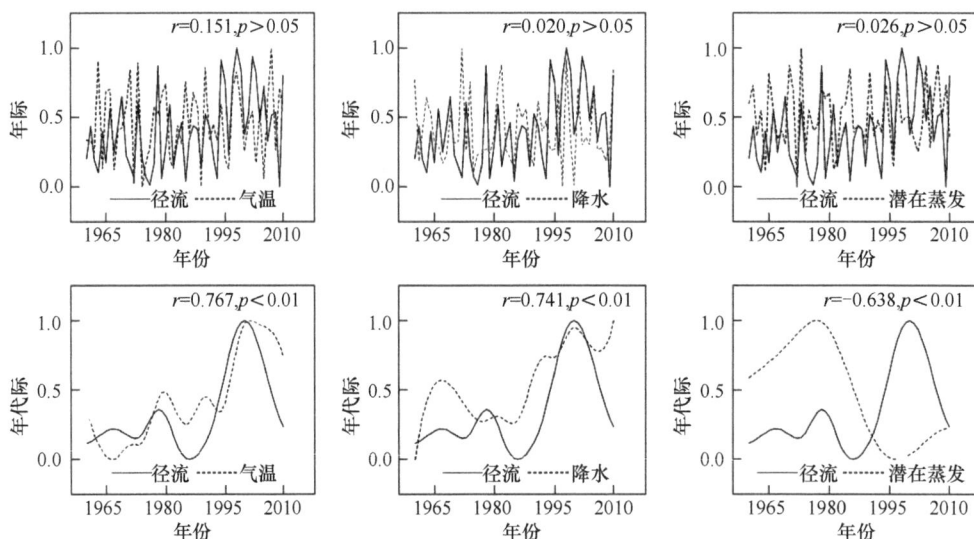

图 15.6　阿克苏河径流和气候因子在不同尺度上的相关关系

3）三江源区

对于青藏高原三江源区的研究结果表明（刘希胜等，2016；苏中海等，2016a；苏中海和陈伟忠，2016b），1956~2012 年长江源区和澜沧江源区径流量呈显著增加趋势，而黄河源区吉迈水文站以上年径流量则有微弱增加趋势。该地区的降水量在研究时段内基本呈增加趋势。同处于青藏高原的怒江上游，自 1979 年以来年径流呈增加趋势（刘少华，2017）。怒江中上游 1956~2000 年的枯季径流呈明显上升趋势，这与冬春季节气温升高和降水增加有一定关系。三江源区降水增多直接导致径流增加，另外，气温上升加速了融雪及冻土冻融形成径流的过程（樊辉和何大明，2012；罗贤等，2016）。

托木尔峰的 78 条冰川在 1964/1971~2000 年失去了 4.50%的表面积，在 2000~2011 年又失去了 1.60%。约 73.50%的网格面积表面高程下降，主要集中在冰川消融带，总平均厚度损失 22.35 m（Huai et al.，2015）。与中国其他山系冰川相比，青藏高原东南部岗日嘎布山冰川是年平均面积退缩速率较大、退缩最强烈的地区之一。岗日嘎布山冰川变化与气候变化关系密切。自 1980 年以来，岗日嘎布山 5~9 月平均气温显著上升、降水变化不明显是导致该区域冰川呈现快速退缩的主要原因（吴坤鹏等，2017）。

2. 冰雪水资源对气候变化的响应

冰雪水资源对气候变化的响应研究进展主要聚焦于温度和降水，响应关系具有明显的季节性特征。中国天山额尔比尔湖盆地 446 条冰川的调查显示，1964~2004 年，总冰川面积减少了 14.7%，对应的估计体积变化为 20.5%。在此期间，冰川面积的急剧减少与气温的迅速上升相对应（Wang et al.，2017c）。低温条件下降水概率增大对流域降雪量的增加具有显著促进作用，但 1979 年以后气温的显著升高对降雪量的影响占据主导作用，使得流域降雪量整体呈减少趋势（刘少华等，2018）。开都河流域山区温度升高和降水增加对径流的影响明显。温度对春季积雪变化影响较大，而降水则对冬季积雪变化影响较大。河川径流与径流峰值均呈增加趋势，夏季径流对气温和降水变化敏感，而春季对积雪面积的变化响应敏感（向燕芸等，2018）。近几十年来，南天山地区的年径流量明显增加，特别是在春季和冬季。从季节上看，气温对秋冬季径流影响较大，而夏季径流对降水变化较为敏感（Shen et al.，2018）。过去 50 年间，澜沧江和怒江流域的气温都呈升高趋势，年总降水量的变化趋势不明显，但春季降水增加趋势明显。空间上水资源量呈现北低、南高的格局。在未来，两江流域气温仍呈升高趋势，降水呈增加趋势，径流呈增加趋势（刘苏峡等，2017）。

冰川变化的水文影响显著，部分河流出现了冰川拐点。在未来，地表水的数量可能会保持高波动的状态。在全球气候变化背景下，极端水文事件的频度和强度增大、较强的季节性变化，加剧了水资源脆弱性和不确定性，对水资源安全具有较大的挑战性。年代际尺度更适于评价径流对气候波动的响应。因此建议，一是加强西部主要河流的径流水源监测和分析；二是加强河川径流变化的趋势及其与气候变化的响应研究。未雨绸缪，提出有针对性的科学规划与应对策略。确保水资源安全与生态安全，促进区域经济可持续发展。

15.1.3　旱、涝等极端事件

中国气象灾害每年造成的经济损失占全部自然灾害损失的 70%以上，而旱灾是当前最主要的农业气象灾害，平均每年的受灾面积高达 2200 万 hm^2，占各种灾害受灾面积的 40%以上，造成的粮食损失约 120 亿 kg。1997 年、1999~2002 年和 2009 年北方出现区域性大旱；2003 年和 2004 年江南、华南遭受严重区域性干旱；2006 年川渝地区出现百年一遇的大旱，2010~2013 年西南地区连续 4 年出现干旱；2011 年 1~5 月，长江中下游地区降水为近 50 年来历史同期最少，无降水日数为 1961 年以来历史同期最大，受干旱影响范围为近 60 年来同期最广。1951~2008 年 40%的月份发生了月尺度的土壤干旱，平均影响面积占我国陆地总面积的 54.6%（李明星和马柱国，2015）。干旱概率较高的地区主要位于我国西北、西南和华北地区（Ayantobo et al.，2018）。趋势分析表明，1949~2014 年经历干旱/湿润趋势的区域大致相等，以干旱趋势为主的区域位于 100°E 以东，以湿润趋势为主的区域在 100°E 以西。在中国西北部（Li et al.，2017）、柴达木盆地和青藏高原东北部地区观测到湿润趋势；而东北—内蒙古高原、青藏高原北部、西南地区和中国中部的干旱风险正在增加（Liu et al.，2017a；Zhai et al.，2016）。

中国西北地区干旱发生的强度具有增大趋势，表明在气候总体湿润背景下会有更多的极端干旱出现（Wang et al.，2017e）。干旱程度较大的地区与较高的干旱持续时间有关，在20世纪90年代和21世纪初期，华北、西北和西南地区的干旱持续时间普遍较长（Ayantobo et al.，2017）。对CMIP5模拟结果的检验表明，由于气溶胶增加的直接降温作用，减弱的东亚夏季风（EASM）环流导致华北地区干旱发生频率更高（Zhang et al.，2017）。中国北部增强的温暖-干燥的反气旋加剧了干旱，这可能与最近春季积雪深度减少有关（Choi et al.，2016）。中国南方东部地区干旱下降趋势主要受20世纪60~90年代东亚夏季风（EASM）减弱的影响，导致夏季主要雨带从华北移至华南地区并造成20世纪60~90年代，中国南方东部地区降水量增加。中国南方西部地区干旱的增强不仅受到东亚夏季风的影响，而且还与印度—缅甸海槽（IBT）的减弱有关，这致使中国西南地区的湿润空气减少，从而加剧了干旱（Wang et al.，2017e）。1982~2010年中国温度植被干旱指数（temperature vegetation drought index，TVDI）研究结果显示，西北地区和西藏西南地区的干旱现象更为频繁，而中国北方和西南地区的干旱中心出现在黄淮海平原和云南—贵州高原；干旱频率整体上升，严重干旱的频率在1982~2010年增加了4.86%，轻度干旱缓慢增强（Zhao et al.，2017）。此外，干旱演变对各种气象变量的敏感性分析表明，中国南方、北方和青藏高原最敏感的变量是降水，其次是风速、温度、相对湿度和日照时数；而在中国西北地区，则为风速、降水、温度、相对湿度和日照时数（Wang et al.，2019a）。

基于改进帕尔默干旱指数（scPDSI）干旱特征结果表明，青藏高原、西南、东南和全国均有明显的干旱趋势，干旱面积在全国每10年增加约1.16%；干旱持续时间、严重程度和频率的变化趋势也表明，在过去36年中，中国的干旱变得更加严重（Shao et al.，2018）。同时我们也注意到选择不同的干旱指数可能导致差异性结果；例如，利用Thornthwaite算法计算的帕尔默干旱指数（PDSI_th）表明中国干旱变得更加严重，但用彭曼公式计算的帕尔默干旱指数（PDSI_pm）估计的干旱却略有减少，后者通过风速和太阳辐射的降低使PDSI_pm向湿润化发展（Jie et al.，2016）。干旱与降水量不足密切相关，但年代际潜在蒸发散量（PET）异常对干旱持续时间和强度的贡献正在不断加强，PET增强了干旱持续的时间和强度（Sun et al.，2017）。CMIP5中的外部自然和温室气体强迫实验表明自然变异性和人为活动在我国东部地区干旱的形成中起重要作用。随着持续的气候变暖，中国东部的干旱态势将持续增加。在RCP4.5和RCP8.5情景下，中国21世纪的干旱频率将增加。在21世纪中叶（2021~2050年），在三种排放情景下发现了类似的干旱频率模式，每年的干旱持续时间将持续3.5~4个月。在21世纪末（2071~2100年），在RCP8.5情景下，中国西北地区以及中国东部和南部沿海地区的年干旱持续时间可能超过5个月。在RCP2.6情景下，整个21世纪的干旱略有减少，而在RCP8.5情景下，中国大部分地区的干旱危害将更为严重（Liang et al.，2018）。在RCP4.5情景下，21世纪末严重干旱的概率增大：中国北方增大33%，东北增大25%，南方增大34%（Chen and Sun，2017）。在RCP2.6情景下，预计中国西南和东南地区将出现持续时间较长且频率较高的干旱事件；在RCP4.5和RCP8.5情景下，沿着从中国西南到东北一线，预计会出现更多干旱；在所有情景下，预计的长时间干旱事件将比基准期更频繁、更严重，其中心位置可能会向中国东南部转移（Huang et al.，2018）。随着干旱强度和面积的增加，1.5℃温升情景下预估的损失将增加10倍（与1986~2005年相比）和3倍（与2006~2015年相比）。然而，将温度上升限制在1.5℃（相较于温升2.0℃）可以将中国每年的干旱损失减少数百亿美元（Su et al.，2018）。干旱风险评估结果也表明，中国东部地区的人口暴露风险高于西部地区，其中，长江中下游地区暴露量最高，青藏地区最低。人口变化是 1.5℃温升情景下干旱暴露风险的主要原因（79.95%），超过气候变化（29.93%）或相互作用效应（–9.88%）。在三种干旱强度中（轻度、中度和极端），中度干旱对暴露的贡献最大（63.59%）。总干旱频率增大或减小的概率大致相等（分别为 49.86%、49.66%），而在 1.5℃全球变暖情景下中度极端干旱的频率可能减小（概率为 71.83%），因此控制在 1.5℃温升目标是减轻气候变化对干旱危害和人口暴露影响的潜在途径（Chen et al.，2018）。

气候变暖背景下，中国农业洪涝成灾率呈南方增强、北方减缓的趋势，但总体呈上升趋势。这一方面与极端降水事件的变化有直接关系，另一方面受作物气候适宜性变化等因素的间接影响（霍治国等，2017）。在洪涝灾害最严重的东南地区，暴雨洪涝灾害在 20 世纪 80 年代有较大范围的突变性增加；20 世纪 90 年代，各省均先后出现了暴雨洪涝灾害相对灾情指数最大值；在考虑了东南地区热带气旋带来的暴雨洪涝灾害影响后，变暖背景下各省的相对灾情风险指数除江苏省减小 7% 外，其他省份均增大（姜仁贵等，2016）。气候变暖背景下，中国的洪涝灾害将变得更加频繁，与 2010 年夏季中国东南部极端洪水相似的事件发生频率在温升 1.5℃或 2℃情景下将分别增加 2 倍或 3 倍。城市扩张使得区域不透水面积迅速增大，改变了城市水循环过程，导致极端降水事件增多、径流系数增大、径流量增加、城市暴雨洪涝风险增大。城市暴雨洪涝灾害给我国造成严重的人员伤亡和经济损失，危害经济社会健康发展。以 2013 年为例，全国 31 个省（自治区、直辖市）均遭受不同程度的洪涝灾害，受灾人口近 1.2 亿人，因灾死亡 775 人，直接经济损失高达 3155 亿元，2266 个市（县、区）遭受洪涝灾害，其中，243 座城市发生严重内涝或进水受淹，相比之下，2011 年和 2012 年分别为 136 座和 184 座，直接经济损失分别为 1301 亿元和 2675 亿元。可见，遭受暴雨洪涝影响的城市数量和洪灾损失逐年增加。近年来我国典型的城市暴雨，如 2012 年的"7·21"京津冀特大暴雨，2013 年 7 月上中旬四川成都等城市的特大暴雨，2014 年 9 月上中旬发生在陕西汉中等 10 个市 50 个县（区）和四川广元等 7 市的暴雨，以及 2015 年入汛以来南京、上海、昆明等多个城市发生的强降雨过程，引发了严重洪涝灾害（张建云等，2016）。2008~2010 年，全国有 60% 以上的城市发生过不同程度的洪涝，其中有近 140 个城市洪涝灾害超过 3 次。1960~2014 年中国 146 个城市极端降雨趋势研究显示，极端降雨趋势存在较强的空间变化，华北地区呈减少趋势，东南地区呈增加趋势。京津冀城市群中所有城市的极端降雨呈下降趋势，长江城市群中（Yangtze City Cluster）所有城市显示出增加趋势（Zhou et al.，2017；Cai et al.，2018）。利用 22 个 CMIP5 全球气候模式模拟结果，结合社会经济数据和地形高度数据，分析了 RCP8.5 温室气体排放情景下 21 世纪近期（2016~2035 年）、中期（2046~2065 年）和后期（2080~2099 年）中国洪涝致灾危险性、承载体易损性以及洪涝灾害风险，结果表明，洪涝危险性等级较高的地区集中在中国的东南部，洪灾承载体易损度高值区位于中国东部地区。在 RCP8.5 情景下，未来我国洪涝灾害高风险区主要分布在四川东部、华东大部分地区、华北的京津冀地区、陕西和山西的部分地区以及东南沿海地区。与此同时，东部地区的各大省会城市面临洪涝灾害的风险也较高。与基准期相比，21 世纪后期，虽然洪涝灾害的区域变化不大，但高风险区域有所增加，但由于气候模式较粗的分辨率，洪涝灾害风险的预估还存在较大的不确定性（徐影等，2014）。

15.2 气候变化对区域水安全的影响

15.2.1 水资源供给

气候变化是影响水资源供应与损耗的关键因素,会对全球水资源产生重大影响,当前全球变暖的趋势已非常明显,无疑会急剧增加未来水资源的供给压力,并对地球系统产生广泛多样的影响(何盘星等,2019)。

1. 气候变化对水资源可利用量的影响

气候变化对陆地水储量的影响:气候变化对陆地水储量(TWS)具有很大的影响,根据地域间的差异,将我国划分出 10 个关键区域,利用 GRACE 重力卫星数据与气象资料进行研究,其中包括 6 个流域与 4 个地区,分别在地图中以字母(A~J)代替(图 15.7)。

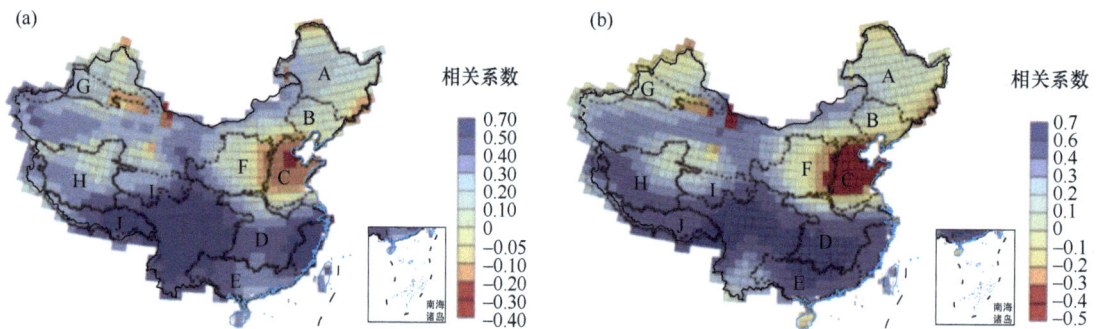

图 15.7 陆地水储量与气候数据的相关性
A. 松花江流域,B. 辽河流域,C. 华北平原,D. 长江中下游,E. 珠江流域,F. 黄土高原,
G. 天山山脉,H. 青藏高原中部,I. 三江源自然保护区,J. 雅鲁藏布江流域
(a)TWS 与降水的 Spearman 相关性;(b)TWS 与气温的 Spearman 相关性

图 15.7 中红色的区域代表陆地水储量与气候或降水负相关,蓝色的区域则代表正相关。从图 15.7 中可以看出陆地水储量与气温和降水的相关性具有相似性,南部的区域 D、E 及西部的 I、J 均呈现出正相关性,但在北方的区域 B、C、F 则以负相关为主。区域 D、E、I 和 J 与气温和降水均正相关(0.2~0.7),且 $p<0.05$,说明这些区域的陆地水储量很大程度上受气候变化影响;区域 C 的陆地水储量与气温和降水均负相关,且 $p<0.05$,说明区域 C 的陆地水储量很可能受到人类活动的影响(何盘星等,2019)。

气候变化对地表水的影响:以气温升高和降水变化为主要特征的全球气候变化对地球系统产生了深远的影响,其中水文过程是受气候变化影响最直接和最重要的过程之一。气候变暖将加剧水文循环过程,影响降水、蒸散发、土壤含水量和河川径流等时空分布特征,并且影响区域水资源状况,从而影响国家中长期发展战略。

根据 IPCC 的评估报告,未来平均气温的升高具有很大的可信度,假定年平均气温升高 2℃;而降水的变化具有很大的不确定性,假定年降水量增加或者减少 10%,以及汛期降水量占年降水量的比例增加或者减少 10%。共设定了 9 种气候变化情景,详见表 15.1。

如图 15.8 所示,假定气候变化情况下,年平均气温升高 2℃时,海河流域的径流量将减少 6.5%;当年降水量增加或者减少 10% 时,海河流域的径流量将分别增加 26% 和减少 23%;当

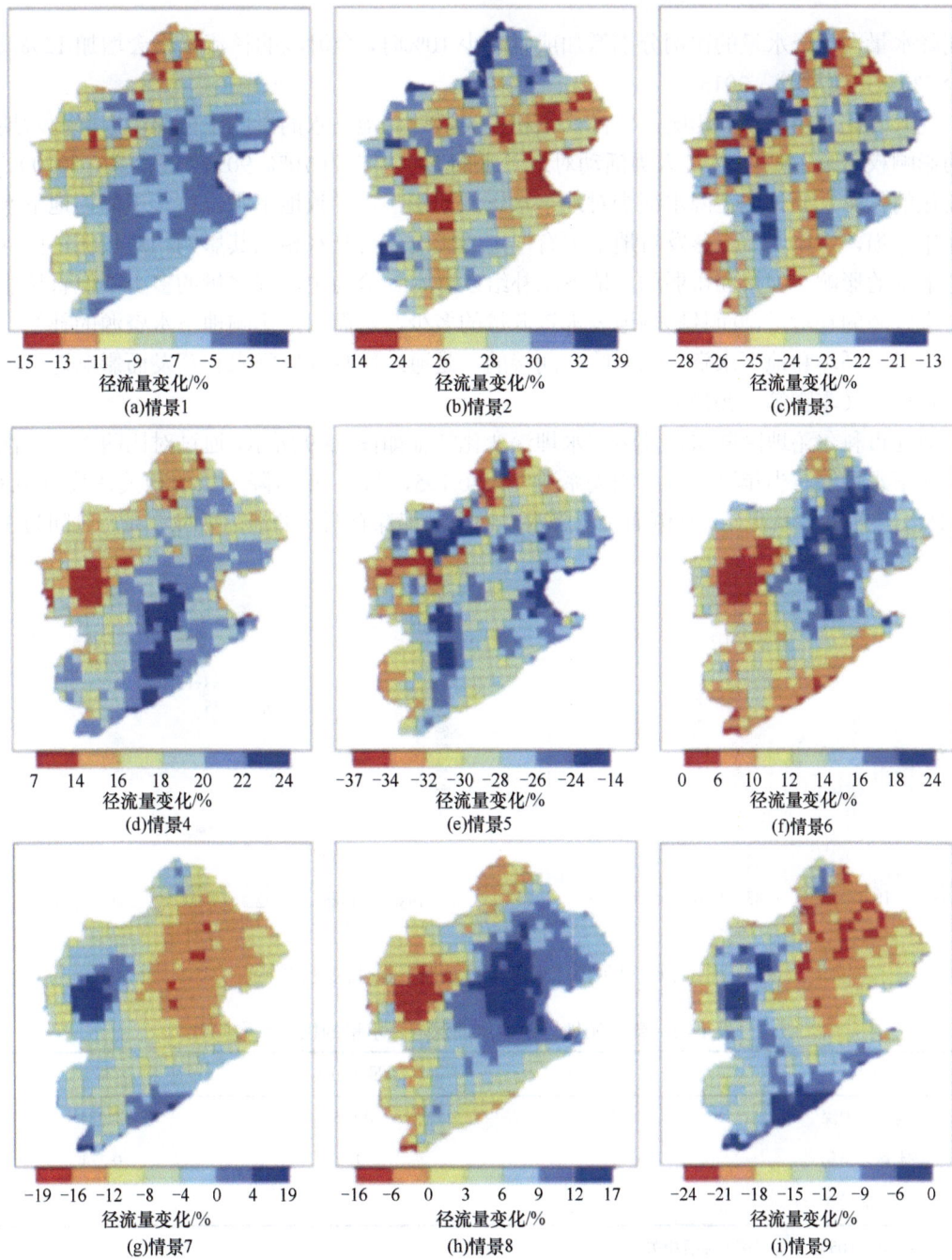

图 15.8　海河流域河川径流量对气候变化响应的空间分布

表 15.1　假定的 9 种气候变化情景及海河流域

假定	情景 1	情景 2	情景 3	情景 4	情景 5	情景 6	情景 7	情景 8	情景 9
年平均气温升高 2℃	√			√	√			√	√
年降水量增加 10%		√		√					
年降水量减少 10%			√		√				
年降水量不变，汛期降水量增加 10%						√		√	
年降水量不变，汛期降水量减少 10%							√		√
径流对气候变化的响应/%	−6.52	26.4	−23.0	18.2	−27.9	11.8	−6.85	5.24	−13.5

汛期降水量占年降水量的比例分别增加或者减少10%时，全流域的径流量将会增加12%或者减少7%（贺瑞敏等，2015）。

气候变化对地下水的影响：气候变化和人类活动对地下水的影响十分显著。降雨对地下水的影响权重是10%~30%，人类活动对地下水的影响权重为70%~90%（高占义，2010）。气候变化的作用主要体现在降水减少对地下水资源的影响，导致地下水位持续下降，地下水资源连年亏损，水质变差。蒸发对地下水有一定的影响，与降水相比其影响相对较弱，而气温对地下水的影响是间接和微弱的。地下水补给以降水补给为主，降水量的多少不但直接影响地下水资源的补给量，而且影响地表水资源量的多少，进而间接影响地下水资源的补给。气温变化对水循环和地下水资源的影响是间接的，是通过影响区域降水和蒸发而影响地下水资源的补排量（李鹏等，2017）。

通辽市科尔沁地区降水量及地下水埋深变化特征如图15.9所示，通过对比两者相关性可知，地下水埋深与当年降水量的相关系数仅为-0.195，与3年前降水量的相关系数为-0.374（表15.2），相关关系明显，从侧面说明降水对地下水埋深有明显的滞后效应，滞后时间为3年（朱永华等，2017）。

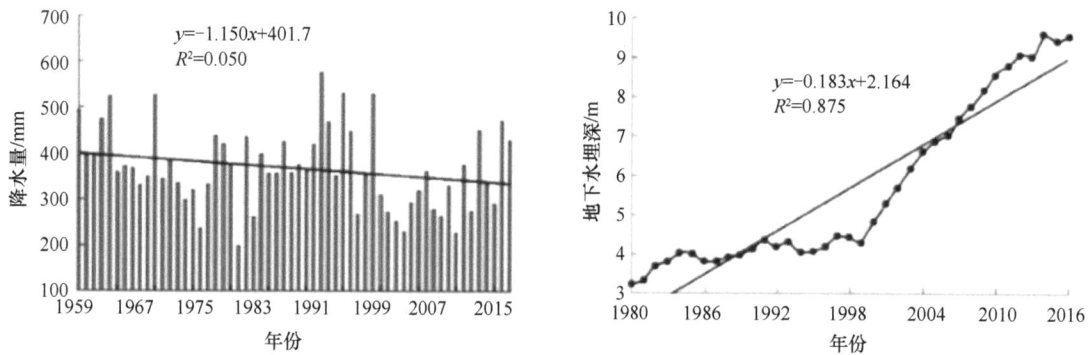

图15.9 科尔沁地区降水量及地下水埋深变化特征

表15.2 科尔沁地区地下水埋深与降水量的相关系数

项目	地下水埋深	降水量（当年）	降水量（滞后3年）
地下水埋深	1	-0.195	-0.374[*]
降水量（当年）		1	0.274
降水量（滞后3年）			1

*表示在$p<0.05$水平（双侧）显著相关

气候变化对水质的影响：气候变化影响了水文循环的各个要素和循环方式，而水作为污染物的主要运输载体和溶剂，气候变化对水量的影响将直接影响水环境中污染物的来源和迁移转化行为，最终影响水环境质量。对淮河流域的研究发现，蚌埠站水质变化与降水变化显著相关。此外，温度的升高、风速和风型的改变，光照时间长短以及辐射增强等变化可以通过影响水体中污染物的迁移转化方式、生化反应速率和生态效应等过程而直接或间接对水环境质量产生影响。例如，温度升高会影响湖泊的富营养化和水体底泥中污染物质的二次释放；风向和风速的改变会直接影响污染物在水环境中的再分布（夏星辉等，2012）。对地下水水质影响方面，降水补给减少导致地下水稀释能力减弱，加之超采导致地下水径流途径加长、组分积累，浅层水中总溶解固体、硬度和 NO_3^- 均呈逐年升高趋势，深层水中总溶解固体、硬度变化较小，但 NO_3^- 含量明显提高。

2. 气候变化对重大水利工程的影响

气候变化会引起流域降水和径流的变化，将可能加剧干旱发生的频率、范围和程度，加大极端水文气候事件发生的频次和强度，进而影响水利工程的供水保证率（贺瑞敏等，2008）。

气候变化对三峡工程的影响：不同气候模式对长江流域给出的未来气候情景，无论在季节上，还是在上、中、下游地区的分布上都有所不同。共同之处是，气候变化将使长江流域上游地区干旱趋势有所减缓，汛期长江洪涝发生的频率增大，尤以中游汛期洪涝频发的可能性较大，枯水期干旱发生的频率可能加大。通过降水量随机模型及其参数，采用蒙特-卡罗方法生成未来气候情景下月降水量的随机序列（共 1000 个样本），初步探讨了气候变化对三峡工程建成后运行可能造成的影响，得到以下初步结论：

（1）CO_2 加倍时，三峡水库以上春季和冬季月降水量增加明显，夏季和秋季略有增加，但各月存在一定差异。在此情景下，三峡地区 5~7 月洪涝风险增大，对汛期大坝安全、水库管理以及防洪等不利；而枯水期虽然干旱风险指数普遍减小，但个别月份（如 1 月和 2 月）降水的不稳定性增强，极端干旱等风险事件发生的可能性会增大，水库调度以及蓄水和发电等效益的发挥将受到不利影响。

（2）未来气候情景下，极端干旱或洪涝事件的可能性增大。1~4 月由于降水量增加，干旱风险指数基本持平或减小，8 月和 9 月降水量减少使得洪涝指数略有减小，降水变异系数增大意味着降水的不稳定性加大；5~7 月的洪涝风险指数和降水量变异系数均增大。气候变化将使长江上游地区年来水量增加，汛期发生洪涝以及枯水期发生干旱的频率可能加大。强降水增加导致库区突发的泥石流、滑坡等地质灾害发生概率可能增大，对水库管理、大坝安全以及防洪和抗洪等产生不利影响；枯水期的干旱将影响水库的蓄水、发电、航运以及水环境。这给三峡水库的调度运行和蓄水发电等效益的发挥带来严峻考验。

气候变化对南水北调工程的影响：气候变化对受水区（华北地区）影响的研究表明，2050 年甚至 2100 年降水量都将增加，但气温升高幅度大，蒸发量加大，使得径流增加不显著。综合考虑人类活动对径流的削减作用、科技发展对节水的影响以及生态需水量的增加，气候变化可能不会有效缓解我国北方南水北调受水区的缺水形势。

气候变化对调水区的可能影响：气候变化将影响河流径流在时间和空间上的变化，因此直接影响调出区的可调出水量的大小，同时也影响调入区需水量的变化。①对东线可调水量的影响。研究表明，气候变化将增加汛期长江下游径流量，但其年内分配可能变化，当三峡水库蓄水与南水北调同时运行时，要防止枯水年对下游航运及生态环境的制约，以及入海径流的锐减可能导致的海水入侵与风暴潮灾害的加剧。另外，气温升高对调水水质的影响，尤其在枯水年，可能是不可忽略的。②对中线可调水量的影响。陈剑池等利用月水量平衡模型及 7 个 GCMs 模型给出的温室气体加倍时的气候情景输出值，结合汉江流域未来的需水预测，模拟计算了丹江口以上年径流量对不同气候情景的响应以及对丹江口可调水量的影响。模拟结果平均得到初期与后期的具体后期可调水量将减少 3.5%，后期可调水量减少 2.2%，年调水量减少 4.8 亿~5.0 亿 m^3。气候变化对可调水量的影响很小，可忽略不计。

3. 气候变化对城乡供水的影响

气候变化对城镇供水安全的影响：影响供水安全的因素繁多而复杂，包括水资源情况、极端水文事件情况、区域内水生态环境状况、区域内农作物种植结构等，而影响供水安全的众多因素又会受到气候变化的影响。气候变化引起降水变化、海平面变化和冰冻圈变化，进而影响水资源在时间、空间上的重新分配，加重了水资源的脆弱性，改变了水资源总量和可利用水资源量。而与此同时，随着我国经济和城市化建设的发展，城市供水总量一直处于不断增长的态势。气候变化将影响区域性可利用水资源量及其开发稳定性，进而直接影响城市供水的取水量及稳定性。

气候变化引起的干旱和洪涝强度加重或频率加大都会破坏水体生态环境健康，进而威胁供水安全。干旱缺水导致的河流断流频率增大、河床萎缩、湖库蓄水水位下降和湿地功能退化，洪涝引起的泥沙拥堵、河床抬高和农田退化等，都可能引发水生微生物、藻类和植物的种类变化、数量减少，破坏土壤结构，从而削弱土壤和自然水体的自净能力，使水源水质变差。水源水质变差，一方面可能加重供水源水质风险，使其丧失清洁水源功能；另一方面也可能加大供水企业制水工艺难度，增加制水成本，甚至可能无法保证出水水质（潘颖，2018）。

气候变化对农村供水安全的影响：农村供水工程选取的水源主要为地表水和地下水。地表水受时空因素影响明显，当遭遇严重干旱时，地表水量会减少，可能会导致供水工程供水量减少和供水保障率减小。干旱地区很少有常年河流和淡水湖泊，致使可利用的地表水有限。地下水的水量稳定性和供水保障率相对较高，因而地下水通常是干旱地区最重要的水源和最佳的供水选择。气候变化会进一步加剧干旱地区农村供水的紧张形势。

气候变化对饮用水水质的影响：①对水源（河流和湖泊）水质指标（物理、化学和生物指标）的影响，小规模供水设施的湖水和河水更容易受气候变化的影响；②对饮用水生产和供水水质的影响，主要对水中氯离子、溶解性总固体、pH 等产生影响（罗庆等，2018）。

气候变化对供水管网的影响：城镇供水水平呈季节性变化，极端天气对取水水源造成的影响会损害水厂取水、供水、排水和污水处理等一系列系统的正常运行，稳定的供水将难以保障，严重影响人民正常生产生活。

气候变化对水厂取水的影响于从地表水取水的水厂而言，当雨季发生洪涝灾害时，大量固体和液体废物经雨水冲刷进入河流，造成严重的水质污染。气候变化引起的水量变化对城镇给水、排水设施造成压力。而水量的减少使得水质污染和恶化现象突显，受污染水质也会诱发水传染病和水质性疾病；对于从地下水取水的水厂而言，气候变化会导致海平面上升，影响地下水补给率、可再生地下水和地下水位，导致咸水流入沿海地下水井，同时，较高的水温和径流量的变化也会污染水质，影响人类健康。

15.2.2　水资源需求

气候变化尤其是气温和降水变化，直接影响了全球及区域水循环，导致其要素过程发生变化。上述变化进一步改变了农业、工业、生活和生态需水过程。与国外研究相比，我国在气候变化对需水方面的研究主要集中于农业灌溉需水；生活需水还需要进一步定量化研究；工业需水的影响机理尚不明确；生态需水方面的研究集中于小尺度。

1. 农业需水

农业现状用水量占全球鲜水总用水量的 90%，且未来需水量还呈现增加态势（Huang et

al.，2019）；而气候变化是影响农业需水的主要因子，将影响未来农业水资源的可利用量（Sun et al.，2018）。高温导致的蒸散发量增加可直接增加灌溉用水需求量，间接缩短作物年生长期；降水的变化也将影响灌溉供水能力。在气候变化对农业需水的影响方面，我国在国家、流域和区域尺度上的研究更侧重于各种气候情景下农业灌溉需水量变化分析。

1960~2009 年，全国平均温度上升 1.1℃，20 世纪 80 年代以后气候变暖加剧，增幅北方大于南方。农作物蓝水蒸散发量有不同程度下降；20 世纪 90 年代前蓝水蒸散发量主要影响因子为降水量，20 世纪 90 年代后为温度；气候变化使得东北、内蒙古农作物种植面积增加，农作物蓝水需水量上升；从蓝水蒸散发量出发，调整地区间农作物种植结构可以缓解因气候变化给北方地区带来的农业水资源压力（蔡超等，2014）。

不同 RCP 排放情景下小麦需水量的敏感性分布不同，RCP8.5 高排放情景下的小麦需水量敏感性区域比 RCP4.5 情景下明显扩大，轻度和中度敏感区域扩大尤为明显（雒新萍和夏军，2015）。

黄淮海流域作为地下水超采严重地区，未来气候变暖和干旱将增加其作物需水量。在 RCP 8.5 情景下，四季和全年 ET_0 均呈现增加趋势，夏季最大增量为 1.36 mm/a，年增量为 3.37 mm/a；季节性和年 ET_0 的空间格局表现为东南地区最低，山东东北地区最高（Liu et al.，2017b）。黄河流域温度升高 1~2℃，多年平均蒸散发量将增加 0.1~0.5mm/d，增幅为 3.45%~16.9%；对冬小麦而言，需水量将增加 0.1~0.55mm/d（表 15.3；王富强和陈希，2014）。海河流域在过去的 50 年中，气温升高，作物生长期缩短，导致冬小麦净灌溉需水量减少。气温升高导致缺水量增加，从而对作物产量造成不利影响。气候变化将增加石羊河流域小麦、玉米、甜椒、棉花、胡麻和苹果 6 种典型作物的净灌溉定额，未来流域净灌溉需水量和耗水量都呈明显上升趋势，且 A2 情景下的上升幅度大于 B2 情景；流域农业灌溉需水在未来将持续增加，21 世纪 50 年代之后增加趋势更为显著（牛纪苹等，2016）。

表 15.3　不同温度情景下黄河流域各站点冬小麦需水量

地区	冬小麦实际蒸发量/(mm/d)	温度升高 1℃/(mm/d)	增加量/(mm/d)	增幅/%	温度升高 1℃/(mm/d)	增加量/(mm/d)	增幅/%
太原市	3.09	3.27	0.18	5.83	3.46	0.37	11.97
泰安市	3.2	3.5	0.3	9.37	3.7	0.5	15.63
西安市	2.9	3	0.1	3.45	3.23	0.33	11.38
孟津区	3.44	3.69	0.25	7.27	3.94	0.5	14.53
济南市	3.92	4.19	0.2754	7.03	4.44	0.52	13.28

松嫩平原历史时期和气候变化情景下玉米全生育期灌溉需水量随年代呈波动增加趋势，其中前者以 29.1 mm/10a 的速度增加，后者以 17.5 mm/10a 的速度增加（黄志刚等，2017）。基于黑龙江省逐日气象数据、实地土壤数据和作物参数，利用 CROPWAT 模型获得大豆、玉米和水稻各生育期内需水量变化，结果表明，西部大豆生育期需水量以 9.24 mm/10 a 的速率下降，变化范围为 331.5~495.6 mm（姜浩等，2018）；肇州县玉米生长期内需水量受最高温度影响，以 8.72mm/10a 的速率增长，变化范围为 374.7~537mm；庆安县水稻生育期需水量在气象因素共同作用下以 13.68mm/10 a 速率下降，变化范围为 410.8~574.6mm。

在 RCP4.5 情景下，华北平原年均气温每升高 1℃，保定、德州和沧州农业区粮食作物需水量分别增加 29.1 mm、44.2 mm 和 39.6 mm。与现状条件相比，山前平原和中部平原缺水程度有所增大，滨海平原缺水程度呈降低特征（冯慧敏等，2015）。

基于河南省 17 个气象站点观测资料和 25 个 CMIP5 模式预估数据，RCP4.5 情景下 2021~2050 年夏玉米全生育期内气温升高 1.8℃，降水量增加 3.6%，引起作物需水量和有效降水量分别增加 5.1%和 1.5%，净灌溉需水量增加 5.6%（闫旖君等，2017）。与 1981~2010 年相比，在 A2 和 B2 情景下，河南省冬小麦全生育期的有效降水量、需水量和缺水量均表现出增加趋势；其中，需水量均以 21 世纪 10 年代时段增加最多，分别增加 22.5%和 17.5%，年代间呈现明显递减趋势。未来河南省水资源可能更趋于短缺（姬兴杰等，2015）。

1963~2015 年，河北省夏玉米需水量呈现下降趋势；从未来气候变化情景来看，相对于 2015 年，在 RCP2.6 和 RCP8.5 情景下，2020 年、2030 年、2050 年和 2070 年未来 4 个典型年份夏玉米的需水量均表现出增加的特征（曹永强等，2019）。

气候变暖对陕西省不同地区玉米和小麦作物需水量的影响存在差异：对高寒地区的影响大于温暖地区；对干旱地区的影响最大，半湿润地区次之，半干旱地区最小。对于陕西北部来说，在 RCP8.5、RCP4.5 和 RCP2.6 情景下，区域农业灌溉需水量下降速率分别为–0.9%/a、–0.77%/a 和–0.30%/a（Sun et al.，2018；图 15.10）。

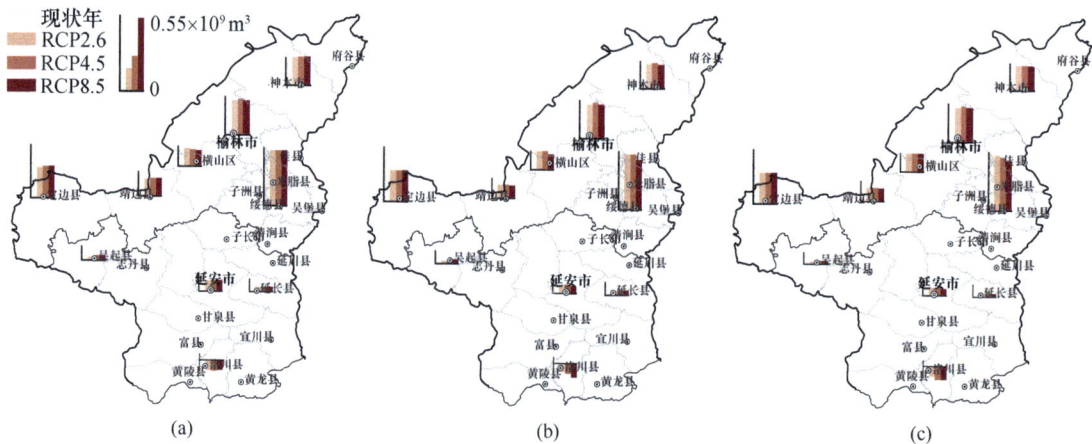

图 15.10　不同情景下陕西北部农业需水空间分布
（a）21 世纪 20 年代；（b）21 世纪 30 年代；（c）21 世纪 40 年代

在未来 21 世纪 50 年代和 80 年代，以江苏省昆山市水稻为例，由于气温不断升高以及辐射下降，其产量显著下降，生长周期明显缩短；需水量随着辐射的降低而降低，但在 80 年代，气温的迅速上升带来了需水量的升高，但仍低于历史基准期水平，而需水量的下降并不能抵消产量下降对水分利用效率的负面影响（王卫光等，2016）。在未来气候条件下，昆山水稻需水量在 BCC-CSM1.1（m）和 HadGEM2-ES 两种模式下均大于基准期均值，而在 GFDL-ESM2M 模式下呈现出一定的下降趋势，水稻灌溉需水量变化特征与需水量相似，但变化幅度更大（鲍金丽等，2016）。

对新疆地区 1961~2010 年及 2015~2099 年主要经济作物棉花和甜菜需水量变化趋势进行预估，结果表明，未来新疆棉花和甜菜用水需求量降低，遭受干旱的风险降低。1960~2015 年阿克苏灌区多年平均作物需水量为 586 mm，且呈显著上升趋势，上升速率为 38.43 mm/10 a。随着气候变化和作物种植结构的改变，1990~2015 年作物需水量急剧增加，增加速率高达 99.37 mm/10 a（王志成等，2018）。小麦全育期年需水量平均以 7.8 mm/10 a 的速率呈极显著下降趋势，并于 1978 年开始发生突变；风速降低、日照时数减少是导致小麦全育期需水量下降的主要原因。河套灌区未来气候向湿热化方向发展，作物灌溉需水量呈增加趋势；在种植结构不变的情况下，到 2030 年，河套灌区净灌溉需水量在 A2 情景下将会增长 3.76 亿 m³，在 B2 情景下增长 2.76 亿 m³（周天娃，2017）。

采用水稻生育期模型、水量平衡模型和水稻常规灌溉制度，结合降尺度后的 CMIP5 大气环流模式，模拟 RCP4.5 和 RCP8.5 情景下未来 21 世纪 20 年代、50 年代和 80 年代四川省水稻生育期的变化趋势，结果表明，未来气温显著升高导致四川省水稻生育期长度显著缩短，而降水量的显著增加导致灌溉需水量明显减少（王晓宇等，2019）。

2. 生活需水

由于生活需水受人类活动干扰较强，不同区域难以呈现出一致的变化规律。未来气候变化将显著提高黄河流域地表温度，对流域不同区域生活需水量的影响不尽相同，具体模拟结果如下，温度每升高 1℃，龙羊峡以上流域需水量仅增加 21 万 m³，而龙羊峡以下流域将增加 1800 万 m³；花园口以下流域响应最大，将增加 42.2%，是黄河流域气候变化的敏感区（Wang et al.，2017d）。频发的极端高温事件将导致城市用水量增长，增加城市供水设施运行的风险。以北京某新城区为研究案例，模拟结果表明，极端高温事件将使日用水量较夏季常态增加 5.7%，居民生活用水总量增加了 0.81 万 m³，人均日用水量增加 19.83L（曹文静等，2018）。

3. 生态需水

陆地生态系统在全球水循环中具有重要作用（Huang et al.，2016）。温度、降水、土地利用、生态工程和人口密度等各种气候和人为因素都会影响植被需水过程（Hasper et al.，2015；Qu et al.，2018）。气候变化高排放情景 A2 和低排放情景 B1 模拟结果显示，2010~2099 年全球陆生生态系统水分有效利用效率将降低 16.3%（Huang et al.，2019）。气温升高将降低全球灌木林、稀树草原和非木本草原的水分利用效率，这是由于生态需水的增加速率大于净初级生产力的增加速率（Gang et al.，2016）。

在气候条件变化下，黄河源区河流出现断流，冻土减少，植被荒漠化风险加大；中下游断流时间和断流长度早在 20 世纪 90 年代开始增加，虽然进入 21 世纪未出现干流断流现象，但流域内湿地和湖泊面积减少严重，物种多样性面临挑战；在气候条件变化下，科学计算流域内生态需水成为生态保护的关键（雷雨，2018）。

在 RCP2.6、RCP4.5 和 RCP8.5 情景下，嫩江湿地生态需水量呈先增加后减少的趋势。在 RCP4.5 和 RCP8.5 情景下，需水量整体呈增加趋势；到 2100 年分别达到 147.337 亿 m³ 和 132.659 亿 m³（董李勤等，2015）。

RCP4.5 情景下，2018~2060 年紫荆关水文站附近 3 km 长的拒马河河段年径流量呈增加趋势，河道内年生态需水量为 $4.11×10^8$~$7.42×10^8$ m³，模拟的 2018~2030 年河道内年径流量难以满足其生态需水量的需求，而 2031~2060 年的年径流量基本能够满足生态需水量的需求；除秋季外，其他季节的径流量难以满足生态需水量的需求；2018~2060 年河道内的麦穗鱼最适物理栖息地面积呈增加趋势，且秋季其栖息地面积明显增加（平凡等，2017）。

4. 总需水量

随着降水量增加，海河区需水量减少，特别是在降水量为 400~600 mm 时，需水量随着降水量变化的响应关系明显。根据统计分析结果，在接近平水年的降水状态下，降水每减少10 mm，需水量约增加 3.4 亿 m^3。1980~2010 年降水量比 1956~1979 年减少 66 mm，据此推算，降水减少导致水资源需求增加约 22 亿 m^3（曹建廷等，2015）。气候变化影响下，黑河流域需水量整体呈增加趋势，以中游需水增加最大，且整体需水时间逐渐前移。对于流域整体的需水变化，在 25%频率下，以 9 月和 5 月需水量增加最大；在 50%频率下，以 8 月和 7 月需水量增加最大；在 90%频率下，以 6 月、5 月和 7 月需水量增加最大（冯婧，2015）。气温升高使得阿克苏绿洲蒸散发量明显增加，作物需水量增多，加之农作物种植面积扩大，阿克苏绿洲的绿水耗水总量显著增加（段峥嵘等，2018）。

15.2.3　水资源承载能力

国家或区域资源承载力是指与当前和社会发展方向一致，既能够持续地支撑当地能源、自然资源、人类文明技术等，又能支撑预见未来的发展。基于此衍生了水资源承载能力概念。为了应对全球气候变化，能够在各层面形成有效的评价指标体系，动态的水资源评价指标应运而生。其相关研究成果侧重于评估变化情景下的用水、水量、水质在长时间序列、区域层面的可持续发展情况。水资源承载力应具有自然-社会双重属性，以可持续发展为原则，以维护生态环境良性发展为前提，在水资源合理配置和高效利用的条件下，实现区域社会经济发展的最大人口容量（王浩等，2004）。

1. 气候变化对水资源承载能力的影响机制

气候变化通过改变降雨、蒸发、径流和土壤含水量等水文变量来影响水文系统。这些变化将导致水资源的时空再分配，进而影响水的供需平衡（Fu et al.，2008）。另外，气候变化通过水温与水文情势的影响导致水质与水生态环境的变化（夏军等，2010）。由于它的复杂性和不确定性，目前针对该问题的科学研究和科学实践仍然十分有限。同样地，在地下水方面，气候变化对地下水的相关影响研究也处在起步阶段（刘春蓁等，2007）。

1）气候变化对水资源承载主体的影响机制

气候变化对水资源承载主体的影响主要体现在气温、降水等气象要素的变化对水资源数量和水环境质量的影响方面。

A. 气候变化对水量的影响机制

降水是流域水资源最主要的来源，降水对流域水资源数量的影响至关重要。对同一个流域而言，在其他气象要素及下垫面等条件不变的前提下，降水量的减少一般会导致径流量的减少。此外，降水历时和降水强度的变化也会直接影响径流量的大小。

除了降水，蒸发也决定着一个流域的水资源数量大小。太阳辐射是大气水、地表水、土壤水和地下水等水循环过程的主要驱动力，是蒸发过程所需的能量来源。此外，蒸发还受到气温、湿度和风速等气象要素的影响。在全球气候变化背景下，温室气体浓度的显著增大改变了地球大气系统辐射平衡从而引起气温升高，蒸发量加大，将对水资源量产生一定的影响。总体来看，气温升高、风速增大、湿度减小、辐射增强会导致蒸发量增加，进而导致流域径流量减少。

B. 气候变化对水质的影响机制

气候变化对水质的影响表现为气温、降水、风速和辐射等气象因子对水环境中污染物的来源和分布、污染物的迁移转化行为以及产生的生态效应的影响。其中，气温变化和降水变化主要会影响水环境中污染物的来源和迁移转化行为（夏星辉等，2012）；风速的改变主要会影响污染物在水中的分布特征及水体的自净能力；光照强度和光照时长的改变也会通过影响水生植物的光合作用，间接对水质产生一定的影响（Nicole and Jeannie，2000）。可见，气候变化对水质的影响是一个复杂的过程。

2）气候变化对水资源承载客体的影响机制

气候变化对水资源承载客体的影响主要体现在降水和气温的变化对经济社会需水过程和总量的影响上。

在农业需水方面，气候变化主要通过有效降水和气温的共同作用改变作物需水量，进而引起农业灌溉需水量的变化。需水定额、作物种植结构和覆盖面积三个要素对作物需水量的影响较大（冯婧，2015），一方面，气温的升高导致作物蒸发与蒸腾加剧，引起土壤水分减少，影响作物需水定额，进而增加农业灌溉需水量；另一方面，有效降水的减少，虽然不会改变作物的需水定额，但会使得渗入土壤中储存在作物主要根系吸水层中的水分变少，从而引起农业灌溉需水量的增加。

在生活需水方面，气候变化主要通过气温的升高影响人们的生活用水需求。气温的升高使得干热天数增多，人们为适应这种气候变化，理论上生活用水需求自然也会相应地增加，尤其是夏季高峰期的生活需水对气候变化最为敏感。对国内外典型城市的初步研究成果表明，气温每升高 1℃，生活用水量增加 1.0%左右。

在工业需水方面，气候变化的影响主要体现在气温的升高对工业冷却水的影响方面。气温的升高会导致工业冷却水的效率降低，从理论上看，会增加工业用水的需求。以火电行业为例的初步研究表明，气温每升高 1℃将导致冷却水需水量增加 1%~2%（王建华和杨志勇，2010）。

2. 气候变化对我国整体水资源承载能力的影响

按流域分区来看，近 10 年来我国水资源情况为：辽河、长江及珠江流域居民生活用水相对强度高；西北诸河、东南诸河及长江流域个别年度生态环境用水相对强度高但呈下降趋势，北方其他 4 区生态环境用水相对强度不高但上升趋势明显；松花江、黄河、西北诸河流域农业用水相对强度高；松花江、长江、珠江流域工业用水相对强度高。从各省级行政单元的水资源承载力来看：我国省区城镇居民生活用水承载力相对稳定；生态环境用水承载力呈现比较明显的波动变化趋势；农业用水和工业用水承载力持续提高（臧正，2019）；占我国人口 95%和国土面积 1/2 的东部季风区，其中接近 90%区域的水资源处在较脆弱和脆弱状态，我国北方海河、黄河、淮河流域的脆弱性最高。预计在未来，极端气候事件会变得更频繁，南涝北旱的格局会进一步加重，而水资源短缺也将在全国范围内持续，加剧水资源的脆弱性（夏军等，2015c）。

图 15.11 是不同情景下我国城市水资源压力分布图，其中近期为 2020 年，远期为 2050 年，城市水资源压力计算公式为：

$$P = \frac{Q}{R \times A}$$

式中，P 为基于降水禀赋的城市水资源压力指数；Q 为城市总供水量（万 m^3）；R 为总降水量（mm）；A 为城市辖区面积（km^2）。

2020 年我国整体城市水资源压力相对于现阶段增加了 2%左右，具体水资源压力增大的城市有 170 个，水资源压力减小的城市有 110 个，9 个城市水资源压力受气候变化的影响

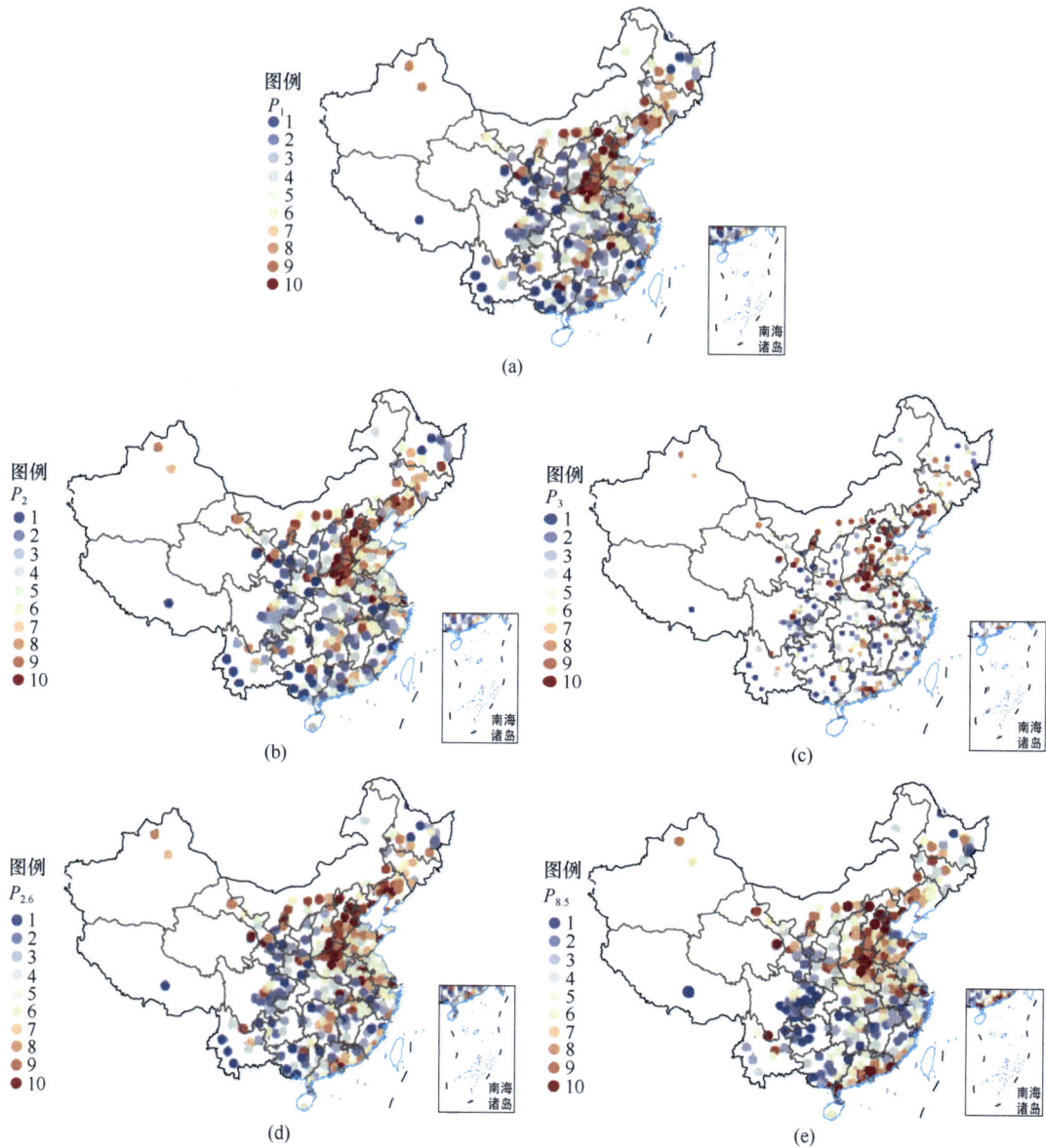

图 15.11　我国城市水资源压力图（陆咏晴等，2018）

（a）基于降水禀赋的城市水资源压力指数（P_1）；（b）极端干旱情况下城市水资源压力指数（P_2）；（c）近期城市水资源压力指数
（P_3）；（d）RCP2.6 情景下城市远期水资源压力指数（$P_{2.6}$）；（e）RCP8.5 情景下城市远期水资源压力指数（$P_{8.5}$）

注：台湾省数据暂缺

比较小。在低应对的 RCP8.5 情景下，城市水资源压力远远高于在 RCP2.6 情景下，说明减缓气候变化工作对降低我国城市水资源压力有积极作用；城市水资源压力的变化并不均匀，呈现南部减少而北部增加的变化趋势，我国华北地区城市的水资源压力最大，随着气候的变化，该地区的水资源压力也在随着时间不断增大（陆咏晴等，2018）。

3. 气候变化对我国部分地区水资源承载能力的影响

塔里木河为我国第一大内陆河，对其 40 年的径流数据进行处理并进行长期历史气候模拟以及在 RCP2.6、RCP4.5、RCP8.5 情景下对未来水资源量变化进行预估（表15.4）。

表 15.4　塔里木河流域水资源量动态预测　　　　　　　　（单位：万 m³）

分区范围	2010 年不同情景下水资源量			2020 年不同情景下水资源量			2030 年不同情景下水资源量		
	RCP2.6	RCP4.5	RCP8.5	RCP2.6	RCP4.5	RCP8.5	RCP2.6	RCP4.5	RCP8.5
和田河	466434	492516	496005	463242	462749	468906	461403	462750	454587
叶尔羌河	728620	768062	756783	722798	719962	720004	705851	704811	698280
阿克苏河	748001	721450	758372	796123	793728	813991	846141	869591	861298
开孔河	357557	362734	377185	363181	385238	388575	393206	373832	384039
合计	2300612	2344762	2388345	2345344	2361677	2391476	2406601	2410984	2398204

2010 年、2020 年、2030 年 RCP8.5、RCP4.5、RCP2.6 三种情景下塔里木河流域水资源承载力呈动态变化趋势，和田河流域水资源承载度变化不大，虽略有好转，但经济社会的发展规模一直处于水资源承载力的临界状态；开孔河流域、叶尔羌河流域水资源承载度变化比较明显，经济社会的发展规模逐渐控制在水资源承载力的范围之内；阿克苏河流域水资源承载度变化最为明显，但经济社会的发展规模仍然超出水资源承载力的范围（表 15.5 和表 15.6）。尽管阿克苏河水量多，但需水量大主要是农业用水多，导致承载压力较大（左其亭和张修宇，2015）。

表 15.5　塔里木河流域水资源动态承载力（人口规模）计算结果　　　（单位：万人）

分区范围	2010 年不同情景下承载的人口数			2020 年不同情景下承载的人口数			2030 年不同情景下承载的人口数		
	RCP2.6	RCP4.5	RCP8.5	RCP2.6	RCP4.5	RCP8.5	RCP2.6	RCP4.5	RCP8.5
和田河	122.2	129.0	129.9	161.7	161.5	163.7	195.2	195.8	192.3
叶尔羌河	209.7	221.1	217.8	263.0	262.0	262.0	319.5	319.1	316.1
阿克苏河	93.0	89.7	94.3	136.9	136.5	140.0	170.2	175.0	173.3
开孔河	94.7	96.1	99.9	181.5	192.3	194.2	258.1	245.4	252.1
合计	519.6	535.9	541.9	743.1	752.5	759.9	943.0	935.3	933.8

表 15.6　塔里木河流域水资源承载度 D 计算结果

分区范围	2010 年不同情景下水资源承载度 D			2020 年不同情景下水资源承载度 D			2030 年不同情景下水资源承载度 D		
	RCP2.6	RCP4.5	RCP8.5	RCP2.6	RCP4.5	RCP8.5	RCP2.6	RCP4.5	RCP8.5
和田河	1.11	1.05	1.04	1.01	1.01	1.00	1.01	1.01	1.02
叶尔羌河	1.01	0.96	0.97	0.92	0.93	0.93	0.89	0.89	0.90
阿克苏河	1.43	1.48	1.41	1.16	1.16	1.13	1.09	1.06	1.07
开孔河	1.27	1.25	1.21	0.92	0.86	0.86	0.83	0.87	0.85
合计	1.16	1.12	1.11	0.98	0.97	0.96	0.93	0.94	0.94

15.3　水资源系统的气候变化风险

15.3.1　水环境

水环境恶化问题日益严重且难以解决，已成为我国地表水环境污染治理面临的严峻挑战之一。水环境污染来源主要分为点源和非点源污染两种，随着点源污染逐步得到控制，非点源污染成为引起河湖富营养化问题的主要因素。河湖水环境的变化主要受人类排污的影响，气候变化影响水文循环的各个要素和循环方式，水作为污染物的主要运输载体和溶剂，水文循环过程的改变将直接影响水环境中污染物的来源和迁移转化行为，进而影响水环境质量。气候变化对水环境的影响机理极为复杂，是一个多阶影响过程，其中既有人类经济活动，如点源排污、农业面源污染的影响，又有温度升高和降水变化加剧水环境的高阶影响（Crossman et al.，2013；刘梅，2015；张永勇等，2017）。

依据地表水水域环境功能和保护目标，水质级别（water grades）按功能高低依次划分为：Ⅰ、Ⅱ、Ⅲ、Ⅳ、Ⅴ和劣Ⅴ，共6类。其中，Ⅰ~Ⅲ类水质经过处理后可以直接饮用，Ⅲ类以上水质恶劣，不能作为饮用水水源。不同水质河长占比（不同水质河长与当年评价总河长的比例）直接说明了河流的水质状况，Ⅰ~Ⅲ类占比越大，说明河流水质越好；相反，Ⅲ类以下占比越大，说明水质越差。图15.12给出了1997~2017年中国江河不同水质等级河长占比的变化情况。由图15.12可以看出：①2009年之前，Ⅰ~Ⅲ类水质河长占比在60%上下波动，表现较为稳定，在2009年之后则呈现持续增大趋势；②Ⅳ~Ⅴ类水质河长占比在2009年之前没有明显变化趋势，在2010年之后出现减少趋势；③而劣Ⅴ类水质河长占比呈现先增大后减小的趋势，在2004~2007年达到最大值（约21%）。④Ⅰ~Ⅲ类水质河长占比在2017年达到80%，劣Ⅴ类水质河长占比仅剩不到10%。图15.12说明我国江河水质总体在最近10年有转好趋势（王乐扬等，2019）。

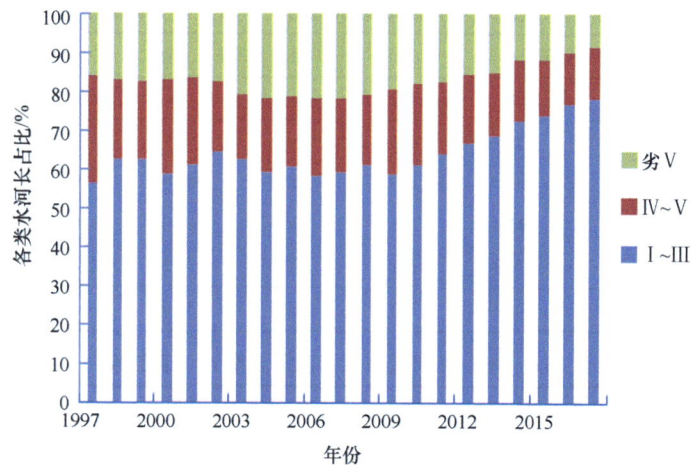

图15.12 1997~2017年中国江河不同水质等级河长占比的变化趋势（王乐扬等，2019）

河流水质变化是污染物排放、河流气候水文条件等多种因素综合的产物，就某些局部河段而言，由于人类活动和水文条件的差异，河流水质变化具有较大的不同。2011~2015年，黄河甘肃段多条支流的水质均有明显好转（赵凯歌等，2018）；2008~2015年珠江干流水质综合污染指数呈显著性下降趋势，水质显著性好转（单凤霞和刘珩，2017）。渭河支流浐河河口近些年水质污染严重，有机物和富营养化是水质恶化的主要原因（杜麦等，2017）。

1997~2017年，全国平均降水量为643.6 mm，总体呈现略微增加的趋势，平均线性增加率为1.67 mm/a；最近10年，降水量变异幅度较大，范围在550~750 mm，同时，增大的幅度也更为明显。由图15.13可以看出，随着降水量的增加，Ⅰ~Ⅲ类水质河长占比增加，Ⅳ~Ⅴ类和劣Ⅴ类水质河长占比减少。统计结果表明，我国污水排放量虽然在近20年呈现增长趋势，但在2011年之后逐年稳定下降，虽然降水量较多的年份中国河流水质相对较好，但近些年排污总量的减少才是我国江河水质好转的重要因素。

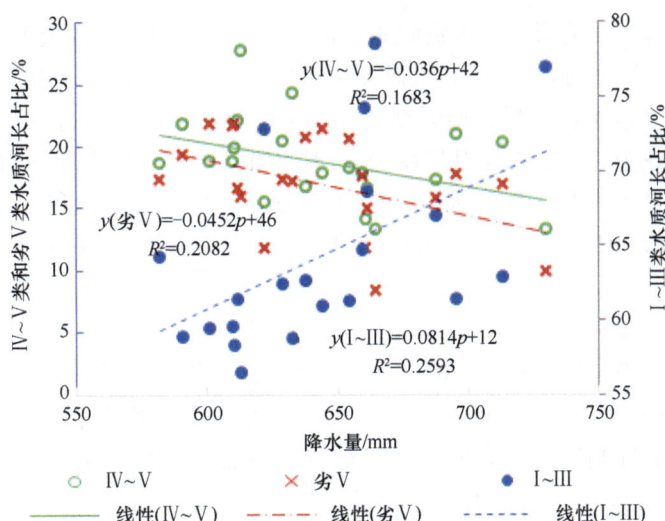

图 15.13　不同水质级别河长占比与相应年份降水量之间的相关关系（王乐扬等，2019）

湖泊水库是我国重要的水体，湖泊水库水质变化严重影响区域供水安全。东平湖近 23 年的年均气温呈上升趋势，年降水量呈显著下降趋势，水体总氮和总磷与年降水量显著正相关，浓度显著降低（王丹等，2016）。于桥水库 1992~2011 年 20 年间的气候要素在各季节的变化有可能对水库总磷和溶解氧浓度造成潜在影响，并证实春季气温升高降低了水库总磷浓度（张晨等，2016）。此外，气候变化引起新安江水库水体叶绿素浓度上升，水体富营养化加重（盛海燕等，2015）；对气候变化较为敏感的一些藏区湖泊还出现了矿化程度高、氯离子浓度升高等水质恶化问题（周洪华等，2014；李承鼎等，2016）。

未来气候变化对流域水文情势、非点源污染和污染负荷产生一定影响。在未来气温升高、降水量增加（平均气温升高 2.2℃，降水量增加 7%）的共同作用下，2050 年渭河陕西段径流量将增加 11.9%，流域年均总氮负荷增加 20.9%，总磷负荷增加 13.3%（刘吉开等，2018）。气温升高、降水微弱增加将导致我国东部长乐江流域营养物总氮和总磷负荷量呈微弱增加趋势，且在不同的气候变化情景下，年内径流和营养物负荷变化情况存在较大差异（刘梅等，2015）。在降雨减少、温度升高的情景下，淮河和大凌河入河污染负荷减少，水体污染负荷降解速率加快，出口断面污染负荷减少（于保慧，2015；张永勇等，2017）。气温变化对密云水库流域径流和水质负荷的影响不是很明显，总氮和总磷负荷随径流量增加而增大，降雨增加 20%，总氮和总磷负荷分别增加约 70.8%和 78.3%，且年内非点源污染负荷主要集中在汛期（耿润哲等，2015）。

湖泊和水库水环境变化主要受进入水体污染物、水文水动力和气象条件的影响，气候变化通过改变水文气象条件改变水体水环境状况。气候变暖还会对水体中浮游植物生长、反硝化过程和氨氮的矿化作用产生影响，进而改变水体的自净能力（张质明等，2017）。气候变化下一些气象条件的改变还会改变水库水体水环境，如水库中春季风扰动、冬季降水及全年太阳辐射均会导致悬浮物（SS）质量浓度升高，而 SS 的吸附性及再悬浮作用又会导致总磷质量浓度升高（果有娜和张晨，2018）。潘家口水库在不同的 RCP 情景下，气候变化提前了藻类的生长，从而提早了叶绿素浓度峰值出现的时间（徐婉珍，2016）。

15.3.2　水资源系统脆弱性

水资源系统脆弱性是表征水资源系统敏感性与适应性的重要指标，是受到气候变化、极端事件、人类活动等因素的影响，水资源系统正常的结构和功能受到损害并难以恢复到原有状态的倾向或趋势（夏军等，2012）。气候变化可加剧水文循环，进而改变水资源时空分配，导致极端降水事件（洪水、干旱）增强增多，严重威胁水资源的脆弱性（夏军等，2012）。中国地表年均气温在1951~2017年升温率为0.24℃/10a，高于同期全球平均升温水平（CMA，2018）。未来预计中国东北地区年降水量减少（Piao et al.，2010），西北和东南地区增加（Zhang et al.，2016；Su et al.，2017；Yu et al.，2018），全国可用水资源的空间分布差距将会更大（Wang et al.，2018b）。因此，中国水资源脆弱性在气候变化背景下面临严峻挑战，评估水资源脆弱性是我国水资源管理和利用应对气候变化的重要科学依据。

当前全国水资源脆弱性具有很大的空间差异性。评估数据显示，2013年除了宁夏的水资源系统极端脆弱之外，中国西部和东北部的水资源系统脆弱性均为中低脆弱性；中国东部和中部地区水资源脆弱性则呈现严重的两极分布（Cai et al.，2017；图15.14）。2013年河北、河南、江苏、上海、陕西、天津、北京、山东和安徽9个省（直辖市）的水资源为高脆弱性，而脆弱性低的地区包括海南、福建、江西、浙江和广东5个省份。中国东部季风区接近90%的区域水资源处于中度脆弱及以上状态，其中水资源中度和高度脆弱区域约占全区的75%，极端脆弱区域接近15%（夏军等，2015a）。中国北方干旱地区的径流对气候变化的敏感程度要高于华南地区，温度上升1℃可能会导致径流减少1.2%~4.4%，降水量减少10%将导致径流减少9.4%~17.4%（Wang et al.，2017b）。淮河流域水资源在2000~2016年的大部分时间内处于严重的脆弱性水平（Chen et al.，2016）。黄河流域花园口下游是温度变化最大的地区，也被认为是水资源最脆弱的地区，当温度上升1℃时，生活用水需求增加近42.2%（1.95×$10^8 m^3$）（Wang et al.，2017d）。气候变化下北京的水资源脆弱性处于中度水平，评估系统的不确定性在37.77%~39.99%（Yang et al.，2016）。水资源变化和用水水平因素在北京水资源脆弱性评价体系中发挥着越来越重要的作用。

全国水资源脆弱性具有时间演化性。湖南省2005~2013年水资源脆弱性呈现"中高周低，东强西弱"、"首尾时段波动明显，中间时段相对稳定"的特征（杨琴等，2018）。人类活动的影响是湖南省水资源持续脆弱的主导因素；强降雨事件发生的频率是区域水资源系统性增强与减弱并存的直接原因。安徽省的水资源在2001~2015年脆弱性水平波动并呈现出明显的改善趋势（Pan et al.，2017）。2003~2013年，全国水资源脆弱性总体呈现下降趋势，其中17个省（自治区、直辖市），即青海、宁夏、甘肃、四川、重庆、贵州、云南、陕西、河北、北京、天津、江苏、浙江、江西、福建、广东、海南，下降趋势显著，而河南省水资源脆弱性则显著上升（Cai et al.，2017；图15.15），由中脆弱性衰退为高脆弱性。

未来气候变化对水资源脆弱性的影响也存在时空差异。预估2030年我国各省份水资源脆弱性的空间分布如图15.16所示。在全球增温[1.5℃（2019~2038年）、2℃（2032~2054年）和4℃（2068~2090年）]和社会经济发展（SSP2、SSP3和SSP5）下，我国水资源脆弱性相对于基准期（1981~2010年）整体呈减少趋势（Koutroulis et al.，2019）。不同RCP情景下21世纪30年代我国东部季风区水资源中度脆弱及以上区域面积将有明显的扩大，极端脆弱区域将达到20%~25%（夏军等，2015a）。在RCP 4.5情景下，整个西北干旱、半干旱地区的水资源脆弱性将会下降，但河西走廊、天山北部和塔里木河源头的内陆河流仍然处于严重的水平（Xia et al.，2017）。气候变化将导致我国西北地区开都流域2016~2070年水资源更短缺，缺水率预计更高（Zhuang et al.，2018）。在RCP 4.5和RCP 8.5情景下，2020~2049年径流量与基准期（1980~2009年）相比，嫩江流域和松花江下游的径流量将减少20.3%~37.8%，而

(a) 2003年

(b) 2013年

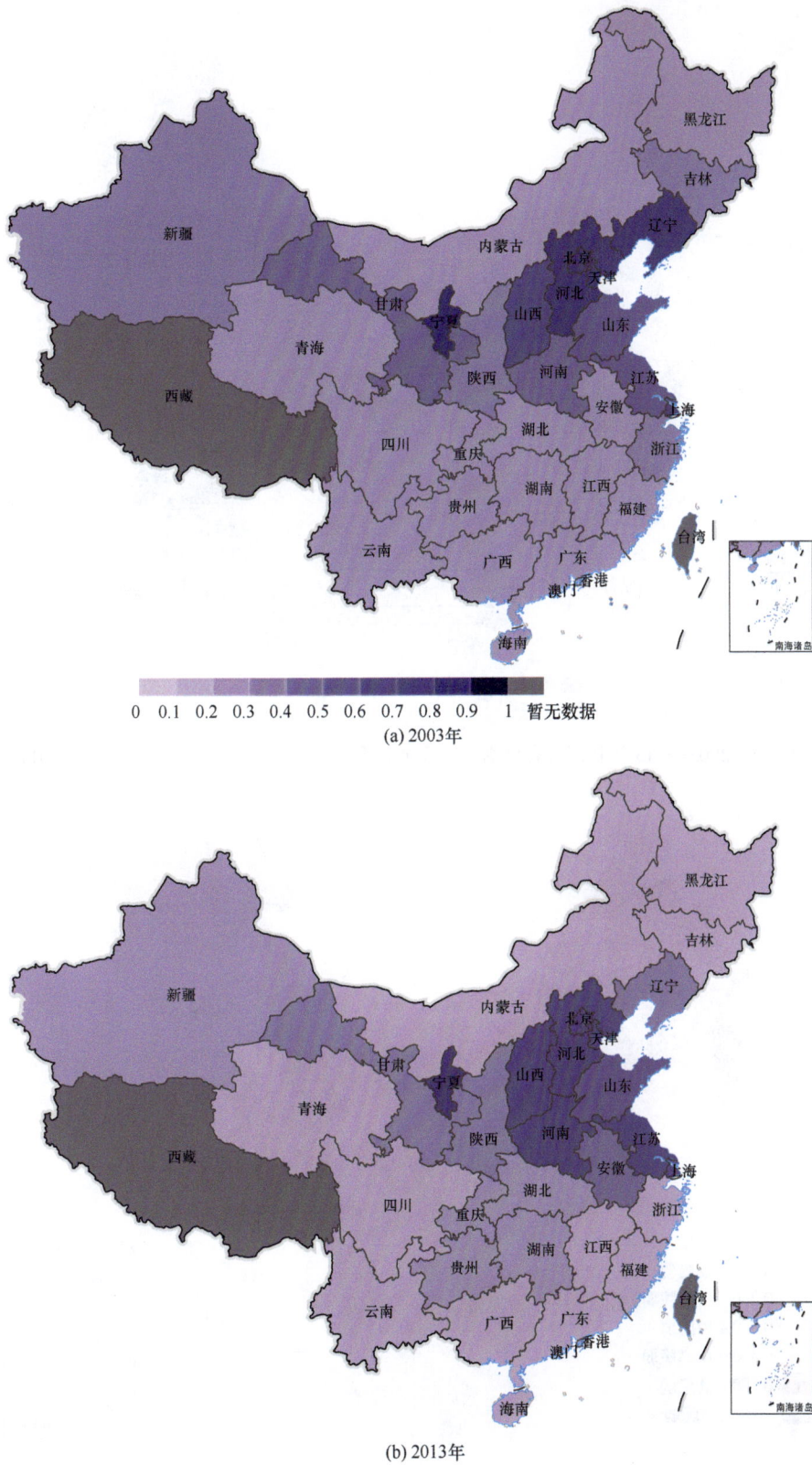

图 15.14　中国各省份 2003 年和 2013 年水资源脆弱性指数空间分布图（修改自 Cai et al.，2017）

[0，0.2]：低脆弱；（0.2，0.4]：中脆弱；（0.4，0.7]：高脆弱；（0.7，1]：严重脆弱，灰色区域：数据缺失区

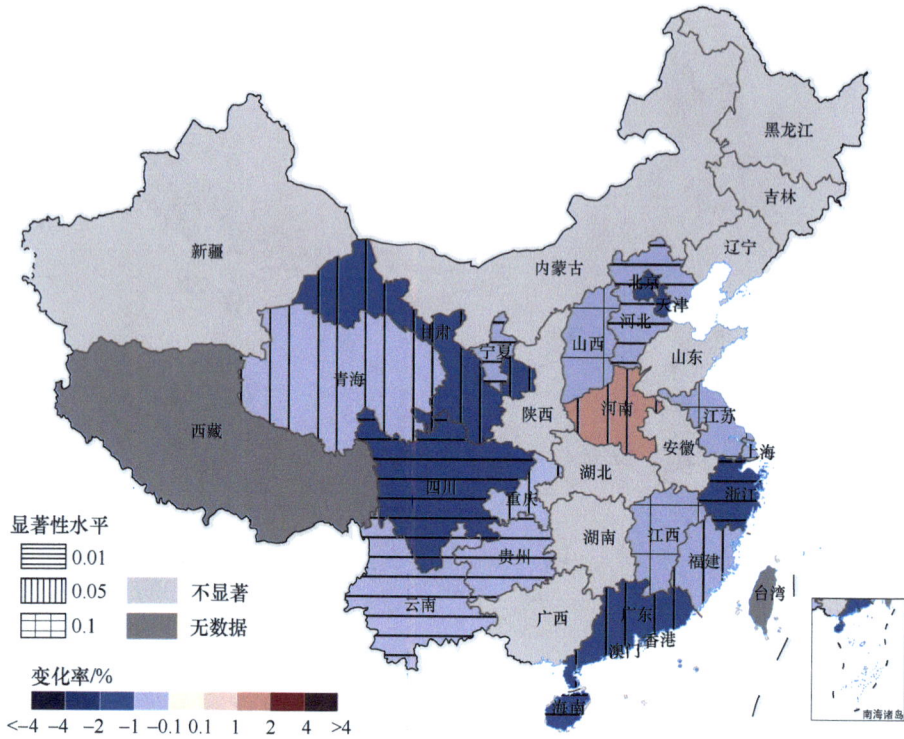

图 15.15　2003~2013 年我国各省份水资源脆弱性变化趋势空间分布图（Cai et al.，2017）

图 15.16　RCP4.5 情景下 21 世纪 30 年代我国各省份水资源脆弱性空间分布
（夏军等，2015a；Xia et al.，2017）

松花江上游的径流量将增加 9.68%~17.7%（Li et al.，2016）。黄河流域未来气温呈上升趋势，可能会恶化现有的生活用水需求问题，甚至会引发不同用水部门之间的激烈竞争（Wang et al.，2017d）。在 RCP 2.6 和 RCP 6.0 情景下，北京水资源脆弱性将变得更低，而在 RCP4.5 和 RCP8.5 情景下将变得更高（Yang et al.，2016）。

未来政府应实施提高水资源系统适应性的措施，加强水资源可持续利用的综合管理体系，建设农业-工业-城市全面节水型社会，以减少水资源脆弱性和水安全风险（Shi et al.，2017）。

综上所述，2003~2013 年我国水资源脆弱性整体呈现减弱趋势，但是变化环境下未来中国水资源脆弱性将面临巨大挑战。我国水资源脆弱性具有空间异质性和时间演化性。水资源脆弱性评价结果因研究区域、未来气候情景、模型选择、评估方法不同而不同，且具有一定的不确定性。就研究区域而言，水资源系统的脆弱性研究多集中在北方地区，尤其是西北干旱、半干旱地区，南方偏少。从研究趋势上看，由以往围绕单一年份、整个区域开展研究发展到水资源脆弱性时空演变研究。就研究方法而言，评价模型多种多样，评价指标不一。其中，基于敏感性、抗压性、暴露度和灾害风险的 RESC 评估模型，水资源脆弱性压力驱动（DPSIR）模型，压力度-敏感性-适应性（PSR）模型应用广泛，与 GIS 和 RS 等信息技术的结合日益增多。提高水资源系统适应性的措施亟待实施和推进。

15.3.3　风险

IPCC 第五次评估报告指出，1880~2012 年，全球平均地表温度升高了 0.85[0.65~1.06]℃，1951~2012 年，全球平均地表温度的升温速率（0.12[0.08~0.14]℃/10a）几乎是 1880 年以来的两倍（秦大河和 Thomas，2014）。同时也指出极有可能（95%以上的概率）1951 年以来一半以上的全球变暖是由人类活动引起的（Barker et al.，2007），并认为除非控制温室气体排放，否则未来气候变暖将对国家造成"十分危险"的后果（Kerr，2013）。随着气候变化导致水文趋势变异性加大，为了保证水、食物和能源的正常供给水平，需要更充足的水资源储备。

日益增长的食品需求、快速城市化及气候变化增加了全球供水的压力。2015 年，世界上不能饮用安全水的人口仍将近 10 亿；到 21 世纪中叶，农业用水需求将增加 19%以上，而目前农业用水已占淡水用量的 70%。全球气候变化加剧了世界水资源的紧张形势。在气候变化的作用下，由于气温升高，大气水汽含量增大，全球水资源量和需求量可能同时呈增大趋势，但由于极端事件的发生，可供人类调控的水资源量降低，水资源的时空差异增大，干旱区域水资源量降低，干旱季节需水量增大而可利用水量减少，水资源供需矛盾加剧，以干旱、半干旱缺水区的影响最大。

过去 40 多年，在全球气候变暖背景下，我国北方地区旱情加重，水生态环境恶化，南方地区极端洪涝灾害增多，严重制约了社会经济的可持续发展。未来气候变化将极有可能对我国"南涝北旱"的格局和未来水资源分布产生更为显著的影响，对我国华北和东北粮食增产工程、南水北调水资源配置工程、南方江河防洪体系规划等国家重大工程的预期效果产生不利的影响（夏军等，2011）。

随着全球气候变化和人类活动的加剧，流域下垫面状况和水循环系统都不同程度地发生了变化，降水年际年内变化增大，水资源时空分布不均问题更加明显，部分流域，尤其是北方缺水地区降水和水资源的转换规律发生了变化，相同降水条件下产水量呈减少趋势。气候变化既影响可利用水资源量，也改变各部门水资源的消耗量。气温升高、植被和裸地的蒸散发增加，以及陆地蒸散发的改变影响可利用水资源（Barnett et al.，2005）。气候变化将成为未来影响我国水资源安全的重要不确定性因素，给我国水资源风险防控增加难以预测的风险和难度，对我国风险防控能力建设提出了新要求和新挑战。

气候变化背景下，部分流域极端气候、水文事件频率和强度可能增大，加剧我国水旱灾害频发的风险，影响现有水利工程和水灾害应急管理系统。我国地理环境的区域分异性使得河川径流对气候变化非常敏感，水资源系统对气候变化的承受能力十分脆弱。加之我国人口众多，经济发展迅速，耗水量不断增加。许多地区面临着水资源短缺问题；基础设施的建设和社会经济的快速发展也使洪水、干旱造成的经济损失巨大。研究表明，就气候变化下我国的水资源风险而言，东北地区的风险区包括松花江流域和辽河流域，其中需要重点关注辽河流域的水资源风险，导致该区域水资源风险的主要因素是高强度的人类活动，尤其是过度的水资源开发利用，其风险效果呈现出以水量短缺为主的综合特征。华北地区主要位于海河流域，在气候变化和人类活动双重影响下，加之水生态脆弱性较高，该地区水资源风险水平极高，呈现出水量、水质、水生态相互交织、系统整体恶化的状况。华中地区包括长江流域中下游和淮河流域部分，该区域的水资源风险水平整体不高，但要关注跨流域调水和河湖关系演变带来的潜在水资源风险问题。东南地区包括太湖流域、东南诸河流域和珠江流域部分地区，该区域的水资源风险水平一般，需要重点关注以水污染为主要特征的水资源风险问题。西南地区包括长江流域和珠江流域上游，该区域水资源开发利用程度不高，且影响水资源风险的因素较少，水资源风险水平较低。西北地区涉及黄河流域上游和西北诸河流域，受自然本底较为脆弱和人类活动双重影响，该区域水资源风险呈现出以水量严重短缺、水生态退化为主，多种问题相互交织的总体态势，水资源风险水平极高（田英等，2018）。

城市既是人口和财富高度密集的地区，也是全球气候变化灾害风险的高发区域（IPCC，2012），城市是适应气候变化的重要领域。在全球变暖和城镇化发展的共同影响下，城市暴雨特性发生了明显的变化。早在1968年，美国科学家Changnon建议发起并实施了大城市气象观测试验计划（METROMEX计划），试验结果指出了城市对夏季中等以上强度的对流性降水的增雨效果显著，并提出了城市增强降水机制的假说（张建云等，2014）。城市化对锋面降水过程的影响最为明显，使得锋面系统提前达到城区并延缓了锋面在城区的移动，最终导致城区及其边缘地区的降水时间延长1 h。另外，随着城市的扩张，总降水量超过250 mm以及强度超过40 mm/h的降水出现的频率随之增加，这也使得城市内涝出现的风险增大。水利部应对中国科学院气候变化研究中心根据1981~2010年与1961~1980年的资料进行对比分析，发现在长三角地区，城区暴雨天数增幅明显高于郊区：城区和郊区暴雨日数增幅，苏州市为30.0%和18.0%，南京市为22.5%和11.0%，宁波市为32.0%和2.0%。在全球变化的大背景下，随着中国城镇化的快速发展，城市洪涝灾害问题日趋严重，成为制约经济社会持续健康发展的突出瓶颈（袁艺等，2003）。城市化和人类活动引起的下垫面变化影响流域的产流汇流机制，流域的径流系数增大，汇流速度加快，加上城市的无序开发，破坏了城市的排水和除涝系统，多种因素综合作用的结果导致城市洪涝问题越来越突出（张建云等，2016）。

气候变化风险的不确定性和复杂性使得城市管理者越来越难以应对突发的极端灾害带来的城市水资源风险，城市公共治理和社会管理能力面临着日益巨大的挑战。强降水事件发生频率增大，加大了城市内涝风险和市政排水压力，严重时会导致城区雨水排水系统瘫痪，对城市基础设施、居民生活生产造成严重的破坏和影响。同时，大量径流污染物短时间溢流排放会对城市河流水质产生重大冲击，受纳水体被污染从而破坏水生生物的栖息地。此外，未经有效处理的径流雨水排入水源地，使城市水资源受到污染而威胁人类健康。全球进入暖期后，气候变暖再加上城市热岛效应，会直接增加居民对水的需求，进而加剧水资源供需紧张的矛盾。在干旱季节更容易引发大范围的缺水压力，会出现景观水体和园林绿化用水与人争水的局面，加重地下水超采和水土流失问题，依靠地下水应急补充水资源缺口，将会引起地面沉降或其他更为严重的问题。

气候变化对跨境水资源同样提出了挑战。未来亚洲，尤其是东亚、南亚和东南亚最大的威胁将是水资源短缺。随着水资源状况的不断恶化，跨境水资源问题引发的国家间矛盾和冲突也日益增多，给地区稳定和国家安全带来了不利影响。我国西南地区跨境河流众多，有澜沧江—湄公河，雅鲁藏布江—布拉马普特河等亚洲主要河流。季风降水和冰雪融化是这些跨境河流的主要补给来源，受气候变化影响，河流径流总量减少、洪涝灾害增大。流域所在地区和国家均为农业型发展中国家，水资源消耗较大，对跨境河流水资源较为依赖（Scott，2009）。目前各流域所在国家大量修建水库大坝，引发了上下游之间新的水量分配争端（刘思伟，2010）。而国际政治力量的参与使得西南边境水资源问题更为复杂。

整体上，我国水资源管理应对气候变化的能力还相对薄弱。现行水利工程和水资源规划管理中，基本上是基于稳定的水文随机变量，随机序列中只有波动变化而无趋势变化，即以外延历史气候为依据，缺少考虑气候变化的影响，包括均值、方差及极端气候的变化影响，从而可能导致水利工程出现重大不安全问题。气候变化将改变水资源空间格局，导致可利用或可供给水资源量的变化；气候变化可能影响社会经济发展对水资源需求量及耗水量的变化，从而影响区域经济社会发展的水资源供需关系。开展气候变化下水资源脆弱性和适应性的系统研究，揭示气候变化下水资源可供给量与社会经济对水的需求量之间的相互作用关系，是应对气候变化不利影响、实施最严格的水资源需求管理的重要科学基础。

我国水资源系统面临气候变化与经济社会发展的双重压力。未来全球气候变化究竟在多大范围和程度上可能改变水资源空间配置状态，加剧水资源供给压力和脆弱性，将直接影响水资源稀缺地区的可持续发展。但是目前在气候变化分析和气候政策制定过程中尚未充分地对待水资源问题。同样，在大多数情况下，尚未利用水资源分析、水资源管理和制定政策的方式充分地处理各种气候变化问题（IPCC，2007；Bates et al.，2008）。

因此，需要从各行业用水、城市水资源安全、流域及跨境水资源管理等方面深入研究气候变化风险，加强水文、气象、地理、生态和社会科学的多学科交叉研究与合作，提高我国水资源系统应对气候变化的能力。

15.4　水资源适应气候变化的策略与技术

15.4.1　适应技术

适应技术就是针对气候变化所表现出来的局地特征和对行业领域或部门产生的具体影响，所采取的有针对性的技术措施，减轻系统脆弱性和气候变化的不利影响，并尽可能地利用气候变化的有利影响所带来的机遇（IPCC，2014）。

近年来，针对我国现阶段水资源问题及治水实践过程，已逐步开展相关适应技术的研究。刘燕华等（2013）初步总结归纳出 11 项应对气候变化的适应技术表达方式。曹建廷（2015）结合国际水资源适应性管理成果，提出实施水资源适应性管理，在应对气候变化、修复河湖生态等方面具有广阔应用前景。李阔等（2016）提出了不同的适应气候变化技术分类方式，针对气候变化及其影响梳理了中国不同区域与不同领域的适应气候变化技术清单。左其亭（2017）分析我国现代治水实践中暗含的水资源适应性利用理论，指出了我国治水实践中存在的问题，并提出了应用水资源适应性利用理论解决问题的可能途径。

我国幅员辽阔，区域气候特征差异性较大。从流域气候变化对水资源的影响来看，近年来，黄河、海河、嫩江流域均存在水资源短缺、供需矛盾突出等共性问题。针对共性问题，各个流域均采取了加强水资源管理和综合调控能力的适应技术（表15.7）。针对异性问题，黄河流域水旱灾害严重，生态环境恶化，采取增加水资源高效利用的适应技术（夏军等，2014；何霄嘉，2017）。海河流域水功能区达标率低和干旱化趋势严重，采取建立耦合环境变化综合的水资源脆弱性定量评价模型的适应技术（夏军等，2015b）。嫩江流域湿地萎缩，采取重点湿地优先保护、重点湿地常态补水的措施，并重视洪水资源利用，建立和完善湿地生态环境监测体系，加强湿地保护法律法规建设等适应技术（董李勤，2013）。

表 15.7　流域水资源适应技术

流域	气候变化对水资源的影响	适应技术
黄河	水资源供需矛盾日益突出、水资源短缺、水旱灾害严重、生态环境恶化	加强水资源管理和高效利用；增强水资源综合调控和管理能力
海河	水资源供需矛盾尖锐、人均水资源量不足、水功能区达标率低、干旱化趋势严重	建立多层次水资源适应性管理指标体系；建立耦合环境变化对水资源影响的暴露度、水旱灾害、敏感性和抗压性综合的水资源脆弱性定量评价模型
嫩江	水资源短缺、湿地萎缩、水功能区退化	建立水资源保护策略、重点湿地优先保护、重点湿地常态补水、重视洪水资源利用；建立和完善湿地生态环境监测体系；加强湿地保护法律法规建设等措施，对流域湿地水资源进行管理

从区域气候变化对水资源的影响来看，近年来，各个区域均存在水资源短缺、极端事件频度和强度增大的共性问题，见表15.8。针对共性问题，采取加强水资源适应性管理体系建设、加强工程建设实现水资源优化配置、强化洪旱灾害预警预报、严格水资源管理、发展节水型社会建设等适应技术。针对异性问题，以及西北干旱区缺水严重问题，采取增加地表水资源总量，调整农业、工业结构和合理设计气候移民方案等适应技术（王玉洁和秦大河，2017）。对于西南地区冰川、湿地萎缩问题，采取完善湿地保护政策、提高森林植被覆盖率、保护天然草地、抑制沙化等适应技术（马杏等，2015）。对于北方城区城市热浪、内涝问题，采取加强防洪工程和排水系统建设、推广雨洪利用技术、推广应用节水设施、建立应急预案等适应技术（冯利利等，2014）。

表 15.8　区域水资源适应技术

区域	气候变化对水资源影响	适应技术
西北干旱区	水资源短缺、极端事件频度和强度增大、生态环境恶化	增加地表水资源总量；发展农业节水技术；调整农、工业结构；合理设计气候移民方案
西南地区	水资源时空分布不均、水污染日趋严重、季节性差异导致供需矛盾加剧、冰川萎缩、极端事件频率和强度增大	加强水资源适应性管理体系；健全法律法规体制机制；完善湿地保护政策；提高森林植被覆盖率；保护天然草地，抑制沙化
华北地区*	洪旱灾害频繁发生、水资源供需矛盾突出、水资源短缺	加强工程建设，实现水资源优化配置；强化洪旱灾害预警预报；严格水资源管理，发展节水型社会
东部地区**	极端事件频度和强度增大、水资源供需矛盾加剧、水资源短缺	建立水资源适应决策系统；实施严格水资源"三条红线"管理
北方城区	城市热浪、干旱缺水、强降水及城市内涝	加强防洪工程和排水系统建设；推广雨洪利用技术；推广应用节水设施；建立应急预案

*引自王国庆等（2014）；**引自夏军等（2016）

从行业领域气候变化对水资源的影响来看，各个区域在农业、水利工程措施和跨境调水等方面均采取适应技术以期合理利用气候变化带来的有利影响。在农业方面，黄淮海地区培育适应气候变化的作物品种、发展节水农业和管理技术（胡实等，2015）。在水利工程方面，南水北调中线水源区应用人水和谐和水资源可持续利用理论，以人水系统为对象，评估环境变化下水资源适应性利用，制定和优选水资源适应性利用方案（左其亭等，2018）。在跨境调水方面，提出气候变化影响决策评估工具，包括信息收集、需求分析、对策分析、综合评估以及实施与调控 5 个阶段，从跨界层面制定具有针对性的适应性管理对策（匡洋等，2018）。

15.4.2　适应策略

适应是应对气候变化对水资源影响的基本策略，在全球变化的大背景下，我国水资源供需矛盾日益凸显，必须采取以水资源可持续开发利用保护与管理为准则的适应性策略，增强水资源系统的适应气候变化的能力，降低水资源系统对气候变化的脆弱性，实现水资源支撑国民经济可持续发展。

水资源对气候变化的响应不仅是在水资源量上更加短缺，还包括水质量和水环境严重恶化，水资源灾害频发以及水资源供需平衡问题突出。应科学认识气候变化条件下水资源面临的问题，采取科学的适应策略；加强水资源管理和高效利用，增强水资源综合调控和管理能力；努力将气候变化的负面影响降到最低，并充分利用和发挥气候变化的正面效应（何霄嘉，2017）。水资源领域应对气候变化适应措施主要包括以下若干方面：发展节水集水技术；改善社会经济需水结构；加强水利基础工程建设；有步骤地实施跨流域调水工程；加强非常规水资源利用；加强水资源灾害防治；水资源保护立法；加强水利监管等（刘燕华等，2013）。

1. 全面推进节水型社会建设

节水型社会建设对于实现区域水资源的可持续利用、保障水资源安全等有重要意义，全面建立节水型社会是解决目前水资源供需矛盾最重要的措施。节水型社会建设涉及国民经济的各行各业，包括生产、生活、生态的各个环节。水资源节约主要体现在用水效率和节水水平的提高上。

我国农业用水占 60%以上，农业节水是建立节水型社会的关键和重点。推进节约用水和高效节水灌溉，加快实施大中型灌区续建配套和节水改造，大力发展有效灌溉面积。结合农业种植结构调整，大力发展节水型设施农业和旱作农业。完善节水灌溉技术服务体系，加强量水设施建设，改进水费计收手段，抓好输水、灌水、用水过程节水。积极研发质优价廉的节水灌溉技术和设备。集中力量建设一批规模化高效节水灌溉示范区。大力推广和普及节水设施和器具，建立完备的适应节水型社会的管理体制、政策、法律、法规，从技术、经济和制度上促进全面节水，实现水资源的高效利用，保障社会经济的可持续发展。

2. 调整经济结构适水发展

调整产业结构，就是从产业布局、经济角度改变区域需水结构和总量，提高水资源的效益和效率。调整产业结构，以水定产业结构，能更好地解决供需矛盾。要更好地应对气候变化对水资源的影响，就需要建立与流域水资源承载能力相适应的经济社会需水布局。以可持续利用为目标，统筹水资源承载能力、水资源开发利用条件和工程布局等因素，研究多种用水模式下的国民经济需水方案，优化提出与水资源承载能力相适应的需水方案，建立与水资源承载能力相适应的需水布局，促进经济社会发展与水资源承载能力相协调（夏军等，2014）。

2018 年我国生活用水、农业用水、工业用水、生态用水占比分别为 14.3%、61.4%、21.0%、3.3%。未来要坚持可持续发展，坚持以水调整经济结构，量水发展、因水制宜，坚持"以水定城、以水定地、以水定人、以水定产"原则，通过调整产业结构，优化空间布局。我国是农业大国，未来农业种植结构调整是适水发展的关键领域。对于地表水过度开发和地下水超采问题较严重的区域，考虑农业用水占比，在缺水地区试行退地减水，适当减少用水量较大的农作物种植面积，改种耐旱作物和经济林；对于地下水易受污染地区，合理调整种植结构，优先种植需肥需药量低、环境效益突出的农作物。

在区域宏观经济布局中，应充分考虑水资源条件的制约，加大经济结构的升级改造和产业布局的优化调整，加快建立区域和城市发展规划的水资源论证制度，完善总量控制下的建设项目的水资源论证制度，以最严格的水资源管理制度的建设促进地区经济社会发展方式的战略转型，加速建立与水资源条件相适应的社会经济系统。

3. 补齐水利基础设施建设的短板

建设水利工程是保障供水、有效应对防汛抗旱减灾的重要载体，也是解决水资源供需矛盾的主要对策。在严格论证的基础上，加快水库、调水工程、河堤、蓄滞洪区、农村五小工程等水利基础设施建设，加快实施国家水网战略，科学规划，开辟水源，在水资源有潜力的地区建设必要的储水设施，增强水资源的时空调配能力，提高水资源适应气候变化的能力。

4. 积极实施外流域调水

对于一个严重缺水且水资源已过度开发的流域而言，节水量是有限度的，只有实施跨流域调水方可有效缓解流域严峻的水资源供需矛盾。例如，黄河流域，自身水资源条件差，流域经济社会发展和生态环境改善对水资源需求旺盛，加之近年来水资源衰减加剧，在强化节水条件下，黄河流域，尤其是其上中游地区国民经济水资源供需缺口仍然较大，供需矛盾极为尖锐。南水北调西线工程从长江上游调水入黄河源头地区，供水范围覆盖黄河上中下游的广大地区，可利用黄河干流骨干工程调节作用，最大限度地缓解黄河流域的国民经济缺水问题（夏军等，2014）。

5. 大力开发非常规水资源

应积极开发各种非常规水资源，增加可供水量，缓解水资源供需矛盾，形成多元互补的良性格局（何霄嘉，2017）。相比于国外发达国家而言，我国污水处理、海水、雨洪水利用还有很大的空间，具有很大的潜力。加强非常规水资源利用技术，突破相关技术瓶颈，并进一步降低非常规水资源利用的成本。加快城市再生水管网等管网建设，加大城市再生水资源利用。此外，在科学评估气候变化影响的前提下，改进水库的调度规则，提高雨洪资源利用。未来应积极开发各种非常规水资源，增加可供水量，缓解水资源供需矛盾，形成多元互补的良性格局。同时，建议加快构建以配额制为核心的非常规水源利用扶持政策体系，切实推进非常规水源利用，为保障国家水安全提供支撑。

6. 提高防洪抗旱减灾应急能力

全球气候变化加速了全球水循环的演变,进一步提高了暴雨、干旱等极端天气发生概率,极大地加剧了气象灾害的危害性。为更好地提高防洪抗旱减灾能力,必须深入贯彻习近平总书记提出的"两个坚持、三个转变"的新时期防灾减灾新理念,坚持以防为主、防救结合,坚持常态减灾与非常态减灾相统一,从注重灾后救助向注重预防转变,从应对单一灾种向综合减灾转变,从减少灾害损失向减轻灾害风险转变,全面提高我国防洪抗旱成灾应急能力。

7. 全面实施河湖长制,落实最严格水资源管理制度

全面推行河湖长制是党中央、国务院作出的重大决策部署。以河湖长制为平台,实现上下游、左右岸水资源保护联动机制。全面落实全国水资源综合规划以及流域、省区等水资源综合规划成果,编制防汛、抗旱、减灾规划,保障和规范水资源综合管理,促进水资源可持续开发利用和有效保护。

深入贯彻实施最严格水资源管理制度,健全水资源总量控制、用水效率控制和水功能区限制纳污"三条红线"管理的考核指标体系。建立现代化水利管理体系,把水资源作为最大的刚性约束强化水资源统一管理和有效保护。完善适应气候变化的水利相关政策法规,建成健全的水利相关政策、法律、法规体系。

8. 加强水利行业监管,发挥已建水利工程的最大效益

根据不同流域、不同区域的自然条件及经济社会发展状况,节水优先、以水定需,在生态方面提出可量化、可操作的指标和清单,建立一套完善的标准规范和制度体系,为人的行为划定红线。针对河湖管理中的突出问题,聚焦管好"盛水的盆"和"盆里的水"。以全面推行河长制、湖长制为抓手,实现河湖面貌根本改善。建立全国统一分级的监管体系,运用现代化监管手段,通过强有力的监管发现问题,通过加强水利行业监管,发挥已建水利工程的最大效益,提高水利工程应对气候变化的能力。

开展气候变化下水资源适应策略研究必须以未来气候情景下水循环要素对气候变化的响应规律、极端水文事件发生的概率和程度以及气候变化对水文水资源影响研究的不确定性等基础研究为前提。然而由于以上方面研究的限制和公众对这方面问题的意识不够,我国在应对气候变化的水资源适应策略方面的研究还比较薄弱,要充分认识气候变化对水文水资源影响研究的重要性和艰巨性,加强水资源适应性对策研究(郗梓添, 2016)。另外,为了进一步深入了解气候变化、水资源和社会经济发展之间的关系,以及各种适应性措施的有效性和可行性,迫切需要开展大量的实地调查,运用调查数据开展系统、深入的实证研究(王金霞等, 2008)。

参 考 文 献

安贵阳, 郝振钝. 2016. 淮河中上游流域降水及径流变化特性//章光新, 张蕾, 李峰平, 等. 面向未来的水安全与可持续发展. 北京: 中国水利水电出版社.

柏玲, 陈忠升, 王充, 等. 2017. 西北干旱区阿克苏河径流对气候波动的多尺度响应. 地理科学, 37(5): 799-806.

鲍金丽, 王卫光, 丁一民. 2016. 控制灌溉条件下水稻灌溉需水量对气候变化的响应. 中国农村水利水电, 8:

105-108.

鲍振鑫, 张建云, 严小林, 等. 2014. 环境变化背景下海河流域水文特征演变规律. 水电能源科学, 32(10): 1-5.

蔡超, 任华堂, 夏建新. 2014. 气候变化下我国主要农作物需水变化. 水资源与水工程学报, 25(1): 71-75.

曹建廷. 2015. 水资源适应性管理及其应用. 中国水利, 17: 28-31.

曹建廷, 邱冰, 夏军. 2015. 1956—2010 年海河区降水变化对水资源供需影响分析. 气候变化研究进展, 11(2): 111-114.

曹文静, 孙傅, 刘益宏, 等. 2018. 极端高温事件对城市用水量和供水管网系统的影响. 气候变化研究进展, 14 (5): 485-494.

曹永强, 刘明阳, 张路方. 2019. 河北省夏玉米需水量变化特征及未来可能趋势. 水利经济, 37(2): 46-52.

常浩娟, 刘卫国, 吴琼. 2016. 60 年玛纳斯河红山嘴径流规律特征分析. 水土保持研究, 23(6): 128-134.

陈剑池, 金蓉玲, 管光明. 1999. 气候变化对南水北调中线工程可调水量的影响. 人民长江, (003): 9-10,16.

程建忠, 陆志翔, 邹松兵, 等. 2017. 黑河干流上中游径流变化及其原因分析. 冰川冻土, 39(1): 123-129.

丁一汇, 任国玉. 2008. 中国气候变化科学概论. 北京: 气象出版社.

董李勤. 2013. 气候变化对嫩江流域湿地水文水资源的影响及适应对策. 北京: 中国科学院研究生院(东北地理与农业生态研究所).

董李勤, 章光新, 张昆. 2015. 嫩江流域湿地生态需水量分析与预估. 生态学报, 35(18): 6165-6172.

杜麦, 陈小威, 王颖. 2017. 基于多元统计分析的浐灞河水质污染特征研究. 华北水利水电大学学报: 自然科学版, 38(6): 88-92.

段峥嵘, 祖拜代·木依布拉, 夏建新, 等. 2018. 气候及土地类型变化条件下 阿克苏绿洲耗水特征演变. 应用基础与工程科学学报, 26(6): 1203-1216.

樊辉, 何大明. 2012. 怒江流域气候特征及其变化趋势. 地理学报, 67(5): 621-630.

冯慧敏, 张光辉, 王电龙, 等. 2015. 华北平原粮食作物需水量对气候变化的响应特征. 中国土保持科学, 13(3): 130-136.

冯婧. 2015. 气候变化对黑河流域水资源系统的影响及综合应对. 上海: 东华大学.

冯利利, 童晶晶, 张明顺, 等. 2014. 北京市水资源领域适应气候变化对策及保障措施探讨. 中国环境管理, 6(3): 5-8.

冯亚文, 任国玉, 刘志雨, 等. 2013. 长江上游降水变化及其对径流的影响. 资源科学, 35(6): 1268-127.

高希超. 2014. 气候变化对钱塘江流域水资源的影响. 杭州: 浙江大学.

高占义. 2010. 气候变化对地下水影响的研究. 中国水利, (8): 8.

耿润哲, 张鹏飞, 庞树江, 等. 2015. 不同气候模式对密云水库流域非点源污染负荷的影响. 农业工程学报, 31(22): 240-249.

郭松. 2016. 辽河流域水文特性分析. 水科学与工程技术, (3): 29-30.

郭晓英, 陈兴伟, 陈莹, 等. 2016. 气候变化与人类活动对闽江流域径流变化的影响. 中国水土保持科学, 14(2): 88-94.

果有娜, 张晨. 2018. 气象因素作用下于桥水库悬浮物对总磷的影响. 水资源保护, 34(6): 75-79.

何盘星, 胡鹏飞, 孟晓于, 等. 2019. 气候变化与人类活动对陆地水储量的影响. 地球环境学报, 10(1): 38-48.

何文. 2015. 基于 RS/GIS 和 SWAT 模型的南流江流域分布式水沙耦合模拟研究. 桂林: 广西师范学院.

何霄嘉. 2017. 黄河水资源适应气候变化的策略研究. 人民黄河, 39(8): 44-48.

贺瑞敏, 王国庆, 张建云, 等. 2008. 气候变化对大型水利工程的影响. 中国水利, (2): 52-54, 46.

贺瑞敏, 张建云, 鲍振鑫, 等. 2015. 海河流域河川径流对气候变化的响应机理. 水科学进展, 26(1): 1-9.

胡海英, 黄国如, 黄华茂. 2013. 辽河流域铁岭站径流变化及其影响因素分析. 水土保持研究, 20(2): 98-102.

胡实, 莫兴国, 林忠辉. 2015. 气候变化对黄淮海平原冬小麦产量和耗水的影响及品种适应性评估. 应用生态学报, 26(4): 1153-1161.

黄金龙. 2014. 长江寸滩以上流域径流变化研究. 南京: 南京信息工程大学.

黄志刚, 肖烨, 张国, 等. 2017. 气候变化背景下松嫩平原玉米灌溉需水量估算及预测. 生态学报, 37(7): 2368-2381.

霍治国, 范雨娴, 杨建莹, 等. 2017. 中国农业洪涝灾害研究进展. 应用气象学报, 28(6): 641-653.

姬兴杰, 成林, 方文松. 2015. 未来气候变化对河南省冬小麦需水量和缺水量的影响预估. 应用生态学报, 26(9): 2689-2699.

吉磊, 何新林, 刘兵, 等. 2013. 近 60 年玛纳斯河径流变化规律的分析. 石河子大学学报: 自然科学版, 31(6): 765-769.

姜浩, 聂堂哲, 陈鹏, 等. 2018. 基于 CROPWAT 模型的大豆需水量及灌溉制度研究. 水利水电技术, 49(11): 211-217.

姜仁贵, 韩浩, 解建仓, 等. 2016. 变化环境下城市暴雨洪涝研究进展. 水资源与水工程学报, 27(3): 11-17.

库路巴依·吾布力. 2016. 新疆叶尔羌河水文要素变化特性分析. 水利规划与设计, (5): 41-44.

匡洋, 李浩, 夏军, 等. 2018. 气候变化对跨境水资源影响的适应性评估与管理框架. 气候变化研究进展, 1: 67-76.

匡洋, 夏军, 张利平, 等. 2012. 海河流域水资源脆弱性理论及评价. 水资源研究, 1(5): 320-325.

雷雨. 2018. 气候变化对黄河流域生态环境影响及生态需水研究. 水利科技与经济, 24(8): 31-37.

李承鼎, 康世昌, 刘勇勤, 等. 2016. 西藏湖泊水体中主要离子分布特征及其对区域气候变化的响应. 湖泊科学, 28(4): 743-754.

李二辉, 穆兴民, 赵广举. 2014. 1919—2010 年黄河上中游区径流量变化分析. 水科学进展, 25(2): 155-163.

李峰平. 2015. 变化环境下松花江流域水文与水资源响应研究. 北京: 中国科学院研究生院(东北地理与农业生态研究所).

李阔, 何霄嘉, 许吟隆, 等. 2016. 中国适应气候变化技术分类研究. 中国人口·资源与环境, 26(2): 18-26.

李明星, 马柱国. 2015. 基于模拟土壤湿度的中国干旱检测及多时间尺度特征. 中国科学(地球科学), 45(7): 994-1010.

李鹏, 王新娟, 孙颖, 等. 2017. 气候变化对北京地下水资源的影响分析. 节水灌溉, (5): 80-83, 89.

李姝蕾, 鲁程鹏, 李伟, 等. 2015. 长江螺山站 50 年来基流演变趋势分析. 水资源与水工程学报, 26(5): 128-131.

李天生, 夏军. 2018. 基于 Budyko 理论分析珠江流域中上游地区气候与植被变化对径流的影响. 地球科学进展, 33(12): 1248-1258.

李小雨, 余钟波, 杨传国, 等. 2015. 淮河流域历史覆被变化及其对水文过程的影响. 水资源与水工程学报, 26(1): 37-42.

梁红, 孙凤华, 隋东. 2012. 1961—2009 年辽河流域水文气象要素变化特征. 气象与环境学报, 28(1): 59-64.

刘春蓁, 刘志雨, 谢正辉. 2007. 地下水对气候变化的敏感性研究进展. 水文, 27(2): 1-6.

刘吉开, 万甜, 程文, 等. 2018. 未来气候情境下渭河流域陕西段非点源污染负荷响应. 水土保持通报, 38(4): 88-92.

刘梅. 2015. 我国东部地区气候变化模拟预测与典型流域水文水质响应研究. 杭州: 浙江大学.

刘梅, 吕军. 2015. 我国东部河流水文水质对气候变化响应的研究. 环境科学学报, 35(1): 108-117.

刘睿, 夏军. 2013. 气候变化和人类活动对淮河上游径流影响分析. 人民黄河, 35(9): 30-33.

刘少华. 2017. 怒江上游流域水循环演变规律及其对气候变化的响应. 北京: 中国水利水电科学研究院.

刘少华, 严登华, 王浩, 等. 2018. 怒江上游流域降雪识别及其演变趋势和原因分析. 水利学报, 49(2): 254-262.

刘思伟. 2010. 水资源与南亚地区安全. 南亚研究, 2: 1-9.

刘苏峡, 丁文浩, 莫兴国, 等. 2017. 澜沧江和怒江流域的气候变化及其对径流的影响. 气候变化研究进展, 13(4): 356-365.

刘希胜, 李其江, 段水强, 等. 2016. 黄河源径流演变特征及其对降水的响应. 中国沙漠, 36(6): 1721-1730.

刘艳, 杨耘, 聂磊, 等. 2017. 玛纳斯河出山口径流 EEMD-ARIMA 预测. 水土保持研究, (6): 273-280.

刘燕华, 钱凤魁, 王文涛, 等. 2013. 应对气候变化的适应技术框架研究. 中国人口·资源与环境, 23(5): 1-6.

龙泽锟. 2016. 气候变化对钱塘江流域水资源带来的威胁. 资源节约与环保, (1): 158-160, 168.

陆咏晴, 严岩, 丁丁, 等. 2018. 我国极端干旱天气变化趋势及其对城市水资源压力的影响. 生态学报, 38(4): 1470-1477.

罗庆, 李洪兴, 魏海春, 等. 2018. 气候变化下饮水安全及其健康影响因素进展. 公共卫生与预防医学, 29(3): 88-92.

罗贤, 何大明, 季漩, 等. 2016. 近 50 年怒江流域中上游枯季径流变化及其对气候变化的响应. 地理科学, 36(1): 107-113.

雒新萍, 夏军. 2015. 气候变化背景下中国小麦需水量的敏感性研究. 气候变化研究进展, 11(1): 38-43.

马龙, 刘廷玺, 马丽, 等. 2015. 气候变化和人类活动对辽河中上游径流变化的贡献. 冰川冻土, 37(2): 470-479.

马杏, 何燕, 何雁东, 等. 2015. 气候变化对云南省水资源影响研究进展综述. 云南大学学报(自然科学版), 37(4): 516-525.

缪连华. 2013. 韩江流域径流变化规律研究. 广东水利水电, (5): 41-42, 59.

牛纪苹, 粟晓玲, 唐泽军. 2016. 气候变化条件下石羊河流域农业灌溉需水量的模拟与预测. 干旱地区农业研究, 34(1): 206-212.

潘颖. 2018. 气候变化对城市供水安全的影响分析及保障哈尔滨市供水安全的应对策略. 重庆: 2018 第十三届中国城镇水务发展国际研讨会与新技术设备博览会.

平凡, 刘强, 于海阁, 等. 2017. BNU-ESM.RCP4.5 情景下 2018-2060 年拒马河河道内生态需水量和麦穗鱼栖息地面积模拟研究. 湿地科学, 15(2): 276-280.

秦大河, Thomas S. 2014. IPCC 第五次评估报告第一工作组报告的亮点结论. 气候变化研究进展, 10(1): 1-6.

单凤霞, 刘珩. 2017. 珠江干流(2008—2015 年)水质变化趋势与驱动力分析. 广东水利水电, (6): 7-10.

商彦蕊. 2000. 自然灾害综合研究的新进展——脆弱性研究. 地域研究与开发, 19(2): 73-77.

盛海燕, 吴志旭, 刘明亮, 等. 2015. 新安江水库近 10 年水质演变趋势及与水文气象因子的相关分析. 环境科学学报, 35(1): 118-127.

苏中海, 陈伟忠. 2016. 近 60 年来长江源区径流变化特征及趋势分析. 中国农学通报, 32(34): 166-171.

苏中海, 陈伟忠, 闫永福. 2016. 青海澜沧江源径流变化及其对降水的响应. 现代农业科技, (8): 180-182.

孙甲岚, 雷晓辉, 蒋云钟, 等. 2012. 长江流域上游气温、降水及径流变化趋势分析. 水电能源科学, 30(5): 1-4.

田翠. 2017. 黄河径流演变特征与预报模型研究. 郑州: 华北水利水电大学.

田英, 赵钟楠, 黄火键, 等. 2018. 中国水资源风险状况与防控策略研究. 中国水利, (5): 7-9, 31.

涂新军, 陈晓宏, 刁振举, 等. 2016. 珠江三角洲 Copula 径流模型及西水东调缺水风险分析. 农业工程学报, 32(18): 162-168.

王翠柏, 梁小俊, 楼章华, 等. 2013. 钱塘江上游径流时序变化的多时间尺度分析. 人民黄河, 35(3): 30-32.

王丹, 陈永金, 燕东芝. 2016. 近 23 a 气候变化对东平湖水位及 TN、TP 的影响. 人民黄河, 38(8): 60-64.

王富强, 陈希. 2014. 气候变化对黄河流域农业需水的影响评价. 中国农村水利水电, (5): 45-48, 52.

王国庆, 金君良, 鲍振鑫, 等. 2014. 气候变化对华北粮食主产区水资源的影响及适应对策. 中国生态农业学报, 22(8): 898-903.

王浩, 秦大庸, 王建华, 等. 2004. 西北内陆干旱区水资源承载能力研究. 自然资源学报, 19(2): 151-159.

王建华, 杨志勇. 2010. 气候变化将对用水需求带来影响. 中国水利, (1): 5.

王金霞, 李浩, 夏军, 等. 2008. 气候变化条件下水资源短缺的状况及适应性措施: 海河流域的模拟分析. 气候变化研究进展, (6): 336-341.

王乐扬, 李清洲, 杜付然, 等. 2019. 近 20 年中国河流水质变化特征及原因. 华北水利水电大学学报: 自然科学版, (3): 88-93.

王乐扬, 李清洲, 王金星, 等. 2020. 变化环境下近 60 年来中国北方江河实测径流量及其年内分配变化特征. 华北水利水电大学学报(自然科学版), 41(2): 36-42.

王卫光, 丁一民, 徐俊增, 等. 2016. 多模式集合模拟未来气候变化对水稻需水量及水分利用效率的影响. 水利学报, 47(6): 715-723.

王晓宇, 王卫光, 丁一民, 等. 2019. 生育期模型的不确定对未来四川水稻灌溉需水量影响. 中国农村水利水电, 7: 11-14, 21.

王玉洁, 秦大河. 2017. 气候变化及人类活动对西北干旱区水资源影响研究综述. 气候变化研究进展, (5): 483-493.

王跃峰, 陈莹, 陈兴伟. 2013. 基于 TFPW-MK 法的闽江流域径流趋势研究. 中国水土保持科学, 11(5): 96-102.

王志成, 方功焕, 张辉, 等. 2018. 阿克苏河灌区作物需水量对气候变化的敏感性分析. 沙漠与绿洲气象, 12(3): 33-39.

魏天锋, 刘志辉, 姚俊强, 等. 2015. 呼图壁河径流过程对气候变化的响应. 干旱区资源与环境, (4): 102-107.

翁建武, 夏军, 陈俊旭. 2012. 气候变化背景下水资源脆弱性评价方法及其应用分析. 水资源研究, 1: 195-203.

吴坤鹏, 刘时银, 鲍伟佳, 等. 2017. 1980~2015 年青藏高原东南部岗日嘎布山冰川变化的遥感监测. 冰川冻土, 39(1): 24-34.

郗梓添. 2016. 气候变化对水循环与水资源的影响研究综述. 珠江水运, (6): 78-79.

夏军, 程书波, 郝秀平, 等. 2010. 气候变化对水质与水生态系统的潜在影响与挑战: 以中国典型河流为例(英文). Journal of Resources and Ecology, 1(1): 31-35.

夏军, 刘春蓁, 刘志雨, 等. 2016. 气候变化对中国东部季风区水循环及水资源影响与适应对策. 自然杂志, 38(3): 167-176.

夏军, 刘春蓁, 任国玉. 2011. 气候变化对我国水资源影响研究面临的机遇与挑战. 地球科学进展, 26(1): 1-12.

夏军, 雒新萍, 曹建廷, 等. 2015a. 气候变化对中国东部季风区水资源脆弱性的影响评价. 气候变化研究进展, 11(1): 8-14.

夏军, 彭少明, 王超, 等. 2014. 气候变化对黄河水资源的影响及其适应性管理. 人民黄河, 36(10): 1-4, 15.

夏军, 邱冰, 潘兴瑶, 等. 2012. 气候变化影响下水资源脆弱性评估方法及其应用. 地球科学进展, 27(4): 443-451.

夏军, 石卫, 陈俊旭, 等. 2015b. 变化环境下水资源脆弱性及其适应性调控研究——以海河流域为例. 水利水电技术, 46(6): 27-33.

夏军, 石卫, 雒新萍, 等. 2015c. 气候变化下水资源脆弱性的适应性管理新认识. 水科学进展, 26(2): 279-286.

夏星辉, 吴琼, 牟新利. 2012. 全球气候变化对地表水环境质量影响研究进展. 水科学进展, 23(1): 124-133.

向燕芸, 陈亚宁, 张齐飞, 等. 2018. 天山开都河流域积雪、径流变化及影响因子分析. 资源科学, 40(9): 1855-1865.

徐苏. 2017. 近 35 年长江流域土地利用时空变化特征及其径流效应. 郑州: 郑州大学.

徐婉珍. 2016. 潘家口藻类生物生长对气候变化响应的研究. 重庆交通大学.

徐影, 张冰, 周波涛, 等. 2014. 基于 CMIP5 模式的中国地区未来洪涝灾害风险变化预估. 气候变化研究进展, 10(4): 268-275.

闫旖君, 徐建新, 肖恒. 2017. 2021~2050 年河南省夏玉米净灌溉需水量对气候变化的响应. 气候变化研究进展, 13 (2): 138-148.

杨春利, 蓝永超, 王宁练, 等. 2017. 1958~2015 年疏勒河上游出山径流变化及其气候因素分析. 地理科学, 37(12): 1894-1899.

杨琴, 柯樱海, 李小娟, 等. 2018. 湖南省水资源脆弱性时空演变研究. 河南理工大学学报(自然科学版), 37(3): 79-85.

杨永辉, 任丹丹, 杨艳敏, 等. 2018. 海河流域水资源演变与驱动机制. 中国生态农业学报, 26(10): 1443-1453.

于保慧. 2015. 气候变化模式对大凌河流域水质影响的定量分析. 东北水利水电, 33(9): 30-32.

袁菲, 卢陈, 何用, 等. 2017. 近 50 年来西、北江干流径流变化特征及其发展趋势预测. 人民珠江, 38(4): 8-11.

袁艺, 史培军, 刘颖慧, 等. 2003. 土地利用变化对城市洪涝灾害的影响. 自然灾害学报, 12(3): 6-13.

臧正. 2019. 水资源可持续承载力的概念与实证: 以中国大陆为例. 资源与生态学报, 10(1): 9-20.

张晨, 刘汉安, 高学平. 2016. 气候变化对于桥水库总磷与溶解氧的潜在影响分析. 环境科学, 37(8): 2932-2939.

张建云, 宋晓猛, 王国庆, 等. 2014. 变化环境下城市水文学的发展与挑战: I. 城市水文效应. 水科学进展, 25(4): 594-605.

张建云, 王银堂, 贺瑞敏, 等. 2016. 中国城市洪涝问题及成因分析. 水科学进展, 27(4): 485-491.

张利茹, 贺永会, 唐跃平, 等. 2017. 海河流域径流变化趋势及其归因分析. 水利水运工程学报, (4): 59-6.

张永勇, 花瑞祥, 夏瑞. 2017. 气候变化对淮河流域水量水质影响分析. 自然资源学报, (1): 116-128.

张质明, 王晓燕, 马文林, 等. 2017. 未来气候变暖对北运河通州段自净过程的影响. 中国环境科学, 37(2): 730-739.

赵建华, 刘翠善, 王国庆, 等. 2018. 近 60 年来黄河流域气候变化及河川径流演变与响应. 华北水利水电大学学报(自然科学版), 39(3): 1-5, 12.

赵凯歌, 张正煜, 赵玉龙. 2018. 黄河甘肃段"十二五"期间水质变化趋势分析. 甘肃科技纵横, (12): 16-18, 67.

周洪华, 李卫红, 陈亚宁, 等. 2014. 博斯腾湖水盐动态变化(1951~2011 年)及对气候变化的响应. 湖泊科学, (1):

55-65.

周俊菊, 师玮, 石培基, 等. 2012. 石羊河上游1956~2009年出山径流量特征及其对气候变化的响应. 兰州大学学报(自科版), 48(1): 27-34.

周天娃. 2017. 未来气候情境对作物生产水足迹的影响研究——以河套灌区为例. 咸阳: 西北农林科技大学.

朱永华, 张生, 赵胜男, 等. 2017. 气候变化与人类活动对地下水埋深变化的影响. 农业机械学报, 48(9): 199-205.

左其亭. 2017. 水资源适应性利用理论及其在治水实践中的应用前景. 南水北调与水利科技, 1: 18-24.

左其亭, 王妍, 陶洁, 等. 2018. 南水北调中线水源区水文特征分析及其水资源适应性利用的思考. 南水北调与水利科技, 4: 42-49.

左其亭, 张修宇. 2015. 气候变化下水资源动态承载力研究. 水利学报, 46(4): 387-395.

Ayantobo O O, Li Y, Song S, et al. 2017. Spatial comparability of drought characteristics and related return periods in mainland China over 1961-2013. Journal of Hydrology, 550: 549-567.

Ayantobo O O, Li Y, Song S, et al. 2018. Probabilistic modelling of drought events in China via 2-dimensional joint copula. Journal of Hydrology, 559: 373-391.

Bao Z X, Zhang J Y, Liu J F, et al. 2012. Sensitivity of hydrological variables to climate change in the Haihe River basin, China. Hydrological Processes, 26(15): 2294-2306.

Barker T, Bashmakov I, Bernstein L, et al. 2007. Summary for Policymakers. Climate Change Mitigation, 9(1): 123-124.

Barnett T P, Adam J C, Lettenmaier D P. 2005. Potential impacts of a warming climate on water availability in snow-dominated regions. Nature, 438(7066): 303-309.

Bates B C, Kundzewicz Z W, Wu S, et al. 2008. Climate Change and Water. Geneva: Technical Paper of the Intergovernmental Panel on Climate Change, IPCC Secretariat.

Cai J, Kummu M, Niva V, et al. 2018. Exposure and resilience of China's cities to floods and droughts: A double-edged sword. International Journal of Water Resources Development, 34(4): 547-565.

Cai J, Varis O, Yin H. 2017. China's water resources vulnerability: A spatio-temporal analysis during 2003-2013. Journal of Cleaner Production, 142(4): 2901-2910.

Chen H, Sun J. 2017. Characterizing present and future drought changes over eastern China. International Journal of Climatology, 37: 138-156.

Chen J, Liu Y, Pan T, et al. 2018. Population exposure to droughts in China under the 1.5 degrees C global warming target. Earth System Dynamics, 9(3): 1097-1106.

Chen J, Xia J, Zhao Z, et al. 2016a. Using the RESC model and diversity indexes to assess the cross-scale water resource vulnerability and spatial heterogeneity in the Huai River Basin, China. Water, 8(10): 431.

Choi J W, Kim I G, Kim J Y, et al. 2016. The assessment of droughts in Northern China and Mongolian areas using PDSI and relevant large-scale environments. International Journal of Climatology, 36(9): 3259-3269.

Crossman J, Futter M N, Oni S K, et al. 2013. Impacts of climate change on hydrology and water quality: Future proofing management strategies in the Lake Simcoe watershed, Canada. Journal of Great Lakes Research, 39(1): 19-32.

Fu C B, Jiang Z H, Guan Z Y, et al. 2008. Regional Climate Studies of China. Heidelberg: Springer.

Gang C, Wang Z, Zhou W, et al. 2016. Assessing the spatiotemporal dynamic of global grassland water use efficiency in response to climate change from 2000 to 2013. Journal of Agronomy and Crop Science, 202(5): 343-354.

Hasper T B, Wallin G, Lamba S, et al. 2015. Water use by Swedish boreal forests in a changing climate. Functional Ecology, 30(5): 690-699.

Huai B, Li Z, Sun M, et al. 2015. Change in glacier area and thickness in the Tomur Peak, western Chinese Tien Shan over the past four decades. Journal of Earth System Science, 124(2): 353-363.

Huang J, Zhai J, Jiang T, et al. 2018. Analysis of future drought characteristics in China using the regional climate model CCLM. Climate Dynamics, 50(1-2): 507-525.

Huang L, Zeng G, Liang J, et al. 2017. Combined impacts of land use and climate change in the modeling of future groundwater vulnerability. Journal of Hydrologic Engineering, 22(7): 05017007.

Huang M, Piao S, Zeng Z, et al. 2016. Seasonal responses of terrestrial ecosystem water-use efficiency to climate change. Global Change Biology, 22(6): 2165-2177.

Huang Z W, Hejazi M, Tang Q H, et al. 2019. Global agricultural green and blue water consumption under future climate and land use changes. Journal of Hydrology, 574: 242-256.

IPCC. 2007. Climate Change 2007. The Physical Science Basis. Contribution of Working Group I to the Third Assessment Report of the IPCC. Solomon S, Qin D, et al, eds. Cambridge: Cambridge University Press.

IPCC. 2012. Managing the Risks of Extreme Events and Disasters to Advance Climate Change Adaptation. Cambridge: Cambridge University Press.

IPCC. 2014. Climate Change 2014: Impacts, Adaptation, and Vulnerability. Part A: Global and Sectoral Aspects. Contribution of Working Group II to the Fifth Assessment Report of the Intergovernmental Panel on Climate Change. Cambridge and New York: Cambridge University Press.

Jie Z, Sun F, Xu J, et al. 2016. Dependence of trends in and sensitivity of drought over China (1961–2013) on potential evaporation model. Geophysical Research Letters, 43(1): 206-213.

Kerr R A. 2013. The IPCC gains confidence in key forecast. Science, 342(6154): 23-24.

Koutroulis A G, Papadimitriou L V, Grillakis M G, et al. 2019. Global water availability under high-end climate change: A vulnerability based assessment. Global and Planetary Change, 175(Apr.): 52-63.

Li B Q, Liang Z M, Zhang J Y, et al. 2018a. Attribution analysis of runoff decline in a semiarid region of the Loess Plateau, China. Theoretical And Applied Climatology, J131(1-2): 845-855.

Li F, Zhang G, Xu Y. 2016. Assessing climate change impacts on water resources in the Songhua River Basin. Water, 8(10): 420.

Li Y, Yao N, Sahin S, et al. 2017. Spatiotemporal variability of four precipitation-based drought indices in Xinjiang, China. Theoretical and Applied Climatology, 129(3-4): 1017-1034.

Liang Y, Wang Y, Yan X, et al. 2018. Projection of drought hazards in China during twenty-first century. Theoretical & Applied Climatology, 133(1-2): 331-341.

Liu M, Xu X, Sun A Y, et al. 2017a. Decreasing spatial variability of drought in southwest China during 1959–2013. International Journal of Climatology, 37(13): 4610-4619.

Liu Q, Yan C, Ju H, et al. 2017b. Impact of climate change on potential evapotranspiration under a historical and future climate scenario in the Huang-Huai-Hai Plain, China. Theoretical and Applied Climatology, 132(1-2): 387-401.

Nicole G, Jeannie D. 2000. Sensitivity of microorganisms to different wavelengths of UV light: Implications on modeling of medium pressure UV systems. Water Research, 34(16): 4007-4013.

Pan Z, Jin J, Li C, et al. 2017. A connection entropy approach to water resources vulnerability analysis in a changing environment. Entropy, 19(11): 591.

Piao S, Ciais P, Huang Y, et al. 2010. The impacts of climate change on water resources and agriculture in China. Nature, 467(7311): 43.

Qu S, Wang L, Lin A, et al. 2018. What drives the vegetation restoration in Yangtze River basin, China: Climate change or anthropogenic factors? Ecological Indicators, 90: 438-450.

Scott M. 2009. Climate change, Water and China's National interest. China Security, 5(3): 25-39.

Shao D G, Chen S, Tan X Z, et al. 2018. Drought characteristics over China during 1980-2015. International Journal of Climatology, 38(9): 3532-3545.

Shen Y J, Shen Y, Fink M, et al. 2018. Trends and variability in streamflow and snowmelt runoff timing in the southern Tianshan Mountains. Journal of Hydrology, 557: 173-181.

Shi W, Xia J, Gippel C J, et al. 2017. Influence of disaster risk, exposure and water quality on vulnerability of surface water resources under a changing climate in the Haihe River basin. Water International, 42(4): 462-485.

Su B D, Huang J L, Fischer T, et al. 2018. Drought losses in China might double between the 1.5 degrees C and 2.0 degrees C warming. Proceedings of the National Academy of Sciences of the United States of America, 115(42): 10600-10605.

Su B, Huang J, Zeng X, et al. 2017. Impacts of climate change on streamflow in the upper Yangtze River basin. Climatic Change, 141(3): 533-546.

Sun S K, Li C, Wu P T, et al. 2018. Evaluation of agricultural water demand under future climate change scenarios in the Loess Plateau of Northern Shaanxi, China. Ecological Indicators, 84: 811-819.

Sun S, Chen H, Ju W, et al. 2017. On the coupling between precipitation and potential evapotranspiration: Contributions to decadal drought anomalies in the Southwest China. Climate Dynamics, 48(11-12): 3779-3797.

Vörösmarty C J, Green P, Salisbury J, et al. 2000. Global water resources: Vulnerability from climate change and population growth. Science, 289(5477): 284-288.

Wang G Q, Zhang J Y, He R M, et al. 2017a. Runoff sensitivity to climate change for hydro-climatically different catchments in China. Stochastic Environmental Research And Risk Assessment, 31(4): 1011-1021.

Wang G Q, Zhang J Y, Yang Q L. 2016a. Attribution of Runoff Change for the Xinshui River Catchment on the Loess Plateau of China in a Changing Environment. Water, 8(6):267.

Wang G, Gong T, Lu J, et al. 2018a. On the long-term changes of drought over China (1948–2012) from different methods of potential evapotranspiration estimations. International Journal of Climatology, 38(7): 2954-2966.

Wang G, Zhang J, He R, et al. 2017b. Runoff sensitivity to climate change for hydro-climatically different catchments in China. Stochastic Environmental Research and Risk Assessment, 31(4): 1011-1021.

Wang H J, Chen Y N, Pan Y P, et al. 2019. Assessment of candidate distributions for SPI/SPEI and sensitivity of drought to climatic variables in China. International Journal of Climatology, 39(11): 4392-4412.

Wang L, Li Z, Wang F, et al. 2017c. Glacier shrinkage in the Ebinur lake basin, Tien Shan, China, during the past 40 years. Journal of Glaciology, 60(220): 245-254.

Wang X J, Zhang J Y, Gao J, et al. 2018b. The new concept of water resources management in China: Ensuring water security in changing environment. Environment, Development and Sustainability, 20(2): 897-909.

Wang X J, Zhang J Y, Shamsuddin S, et al. 2017d. Impacts of climate variability and changes on domestic water use in the Yellow River Basin of China. Mitigation and Adaptation Strategies for Global Change, 22(4): 595-608.

Wang Y, Ren F, Zhao Y, et al. 2017e. Comparison of two drought indices in studying regional meteorological drought events in China. Journal of Meteorological Research, 31(1): 189-197.

Xia J, Ning L, Wang Q, et al. 2017. Vulnerability of and risk to water resources in arid and semi-arid regions of West China under a scenario of climate change. Climatic Change, 144(3): 549-563.

Yang X H, Sun B Y, Zhang J, et al. 2016. Hierarchy evaluation of water resources vulnerability under climate change in Beijing, China. Natural Hazards, 84(1): 63-76.

Yu Z, Gu H, Wang J, et al. 2018. Effect of projected climate change on the hydrological regime of the Yangtze River Basin, China. Stochastic Environmental Research and Risk Assessment, 32(1): 1-16.

Zhai J, Huang J, Su B, et al. 2016. Intensity–area–duration analysis of droughts in China 1960–2013. Climate Dynamics, 48(1-2): 151-168.

Zhang L, Nan Z, Xu Y, et al. 2016. Hydrological impacts of land use change and climate variability in the headwater region of the Heihe River Basin, Northwest China. Plos One, 11(6): e0158394.

Zhang L, Wu P, Zhou T. 2017. Aerosol forcing of extreme summer drought over North China. Environmental Research Letters, 12(3): 034020.

Zhao S, Cong D, He K, et al. 2017. Spatial-temporal variation of drought in China from 1982 to 2010 based on a modified temperature vegetation drought index (mTVDI). Scientific Reports, 7(1): 17473.

Zhou X, Bai Z, Yang Y. 2017. Linking trends in urban extreme rainfall to urban flooding in China. International Journal of Climatology, 37(13): 4586-4593.

Zhuang X W, Li Y P, Nie S, et al. 2018. Analyzing climate change impacts on water resources under uncertainty using an integrated simulation-optimization approach. Journal of Hydrology, 556: 523-538.

第16章 对海洋和海岸带的影响、风险与适应

首席作者：蔡榕硕　左军成　王文涛

主要作者：韩志强　纪棋严　李新正　李文善　刘克修　刘素美

齐庆华　谭红建　佟蒙蒙　王慧　徐焕志　徐勇　颜秀花

摘　要

本章主要关注气候变化对中国海洋和海岸带的影响、风险与适应对策。重点评估气候变化对近海和海岸带环境与生态系统的影响，开展环境与生态系统变化的归因分析，脆弱性、关键风险及适应对策评估。评估表明：①1958年以来，中国近海显著变暖和海平面持续上升，且区域性特征显著（高信度），局部海域溶解氧含量和海水 pH 持续降低（证据量有限，一致性中等），近岸海域营养盐失衡严重（证据量充分，一致性高），北太平洋黑潮暖流入侵东海陆架出现年代际加强（证据量充分，一致性高），在气候驱动因子的作用下，海洋的物候特征、生物的地理分布、物种组成和生命过程的节律发生了明显变化（证据量充分，一致性高），如近岸浮游植物赤潮、绿潮和大型水母等生态灾害频发（证据量充分，一致性高），鱼类物种分布向高纬度海区迁移（证据量充分，一致性高），近海底栖动物分布有显著变化（证据量中等，一致性中等）。其中，东海浙江外海的底栖动物群落分布出现三种不同的群落结构，类似"三明治"的空间格局（证据量中等，一致性中等）。②近几十年来，强台风和海洋热浪等极端气候事件趋强趋繁（高信度）；同时，陆源污水排海、大规模围填海和过度捕捞等人类活动的影响，加剧了海洋生物资源分布格局的变化和典型海岸带生态系统的退化（高信度），红树林、珊瑚礁、河口等典型海岸带生态系统呈现较高脆弱性和风险（证据量中等，一致性高）。③海平面上升加大了海岸侵蚀和海水入侵的影响，抬高了强台风-风暴潮引起的极值水位的基础高度，并且在不同气候情景下，当前百年一遇极值水位事件的重现期未来将显著缩短，导致沿海水利和港口等工程设施的设计标准降低，严重影响沿海地区防洪排涝能力，增大沿海地区的洪涝灾害风险（高信度）。④在气候变化叠加人类活动的影响下，中国近海和海岸带系统具有较高的气候脆弱性及风险，且适应能力不足（高信度）。此外，对气候变化背景下海洋和海岸带的变化、机理及影响归因等方面的认识仍存在较大空白，需加强相关工作。

16.1 海洋和海岸带变化的驱动因子

本节主要评估气候变化引起的驱动因子，如中国沿海的相对海平面、局地海平面和海浪等因子的变化及其对极值水位、风暴潮和潮汐的影响。

16.1.1 气候驱动因子

1. 相对海平面上升

本节评估的海平面均为相对海平面，指相对于验潮站址地面的海平面，包括绝对海平面变化、地壳升降和局地地面沉降（Oppenheimer et al.，2019；张锦文等，2001；陈宗镛等，1996）。1980~2019 年，中国沿海海平面上升速率为 3.4 mm/a，高于同期全球平均水平（*高信度*）（自然资源部，2020；Abernethy et al.，2018）；1993~2019 年，中国沿海海平面上升速率为 3.9 mm/a（自然资源部，2020；王慧等，2018），同期全球平均海平面上升速率约为 3.2 mm/a[①]。2019 年，中国沿海海平面较常年高 72 mm，较 2018 年高 24 mm，为 1980 年以来第三高位（自然资源部，2020）。在多种因素的共同影响下，未来中国沿海海平面将持续上升（*证据量充分，一致性高*）（自然资源部，2020；陈特固等，2013；时小军等，2008；张锦文等，2001）。因此，*几乎可以确定的*是，1980 年以来中国沿海海平面总体呈波动上升趋势，且 20 世纪 90 年代以来的上升趋势尤为显著（国家海洋局，2017）。

中国沿海海平面总体呈现显著上升趋势，且区域变化特征明显（*高信度*）。1980~2019 年，渤海和南海沿海海平面上升速率分别为 3.7mm/a 和 3.5mm/a；同期黄海和东海沿海海平面上升速率分别为 3.2mm/a 和 3.3mm/a（自然资源部，2020）。2019 年，长江口至台湾海峡沿海、珠江口沿海海平面较高，其中浙江温州和福建宁德沿海海平面达 1980 年以来最高，比 1993~2011 年平均值分别高约 120 mm 和 140 mm（自然资源部，2020），见图 16.1。沿海局部区域海平面的上升速率远高于同期全国平均，且不同时段不同区域差异较大。1980~2017 年，浙江杭州湾和海南海口沿海海平面上升显著，上升速率均达到 4.6 mm/a，高于同时段全国平均水平（Feng and Tsimplis，2014；颜秀花等，2019）。1993~2012 年，福建沿海海平面上升速率为 3~4 mm/a（袁方超等，2016），同期广东沿海海平面上升速率为 3.6±0.7 mm/a（陈特固等，2013）。1975~2006 年和 1993~2006 年，珠江口沿海海平面上升速率分别为 3.0 mm/a 和 3.6 mm/a，海平面呈现加速上升趋势，预计到 2050 年，部分岸段海平面将很可能上升 50 cm（时小军等，2008）。

中国沿海海平面季节变化显著，年较差从北到南依次递减，从渤海的 60 cm 到南海沿海的 25 cm；变化位相从北到南依次滞后，年最高海平面从渤海的 7 月到南海的 11 月（方国洪等，1986）。渤海与黄海沿海海平面季节变化趋势基本一致，近似于余弦曲线。在多种因素的共同影响下，未来中国沿海海平面将持续上升，预计未来 30 年（相对于 2019 年），渤海、黄海、东海和南海沿海海平面分别将上升 55~180 mm、50~180 mm、45~170 mm 和 50~180 mm（自然资源部，2020），但是，气候变化对中国沿海海平面季节变化规律的影响有待研究。

2. 极端水位和海浪

极端（值）水位是指在一定时间段内水位的极大值或极小值，本节则指一年内水位的极大值，其主要成分包括海平面、潮汐和风暴潮增水等。

---

① WMO. 2020. WMO Statement on the State of the Global Climate in 2019.

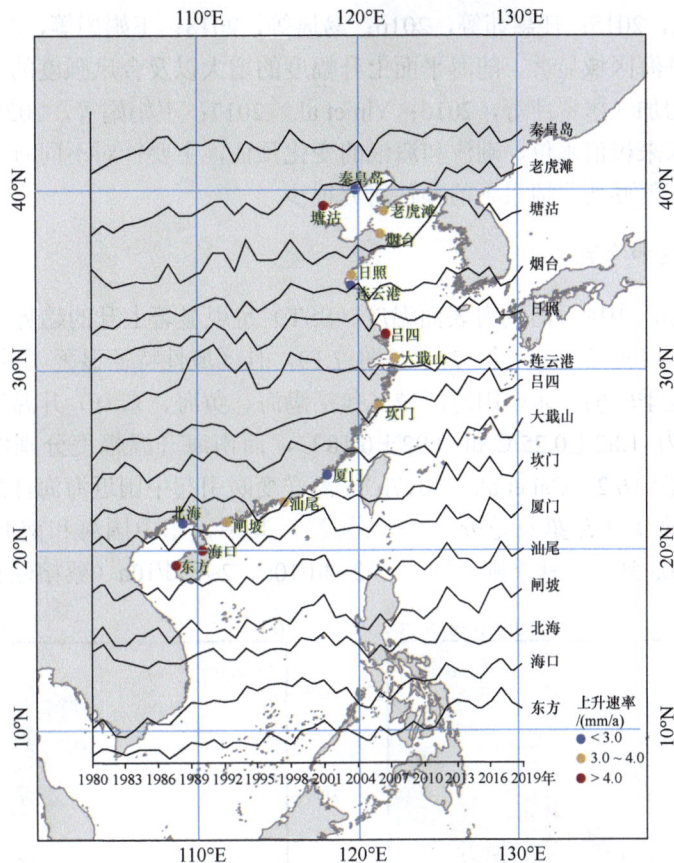

图 16.1 1980~2019 年中国沿海主要海洋站海平面变化（自然资源部，2020）

20 世纪 50 年代以来，中国近海大部分海域极值水位呈现增大趋势（*高信度*）。1954~2012 年，中国沿海极值水位增大速率为 2.0~14.1mm/a（Feng and Tsimplis，2014）；1954~2013 年，基隆、厦门和香港的极值水位增大速率为 1.5~6.0mm/a（Feng et al.，2015b），香港和厦门 50 年一遇极值水位分别增大了 22cm 和 12cm（Feng and Jiang，2015）；1951~2008 年，浙江沿海超警戒风暴潮、较大风暴增水、极值水位等都呈现增大趋势（孙志林等，2014）；天津沿海极值水位有增大趋势，1980~2012 年天津沿海不同重现期潮位值明显高于 1950~1979 年相应重现期潮位值（马筱迪等，2016）；1980~2016 年，渤海沿岸极值水位呈增大趋势，但其速率小于中国沿海其他地区（Feng et al.，2018a）。

20 世纪 50 年代以来，中国近海潮汐发生了趋势性变化（*高信度*）。大部分海域平均高潮位上升，潮差增大；黄海、东海北部、台湾海峡等大部分海域半日潮振幅潮呈增大趋势，其中黄海 M_2 分潮振幅增速可达 4~7mm/a；渤海西部、南海北部等部分海域半日潮振幅呈减小趋势；全日潮的趋势性变化较小（陈美榕等，2014；Feng et al.，2015a，2015b，2018a；Li et al.，2016b；Liu et al.，2017a）。潮汐变化受海平面上升影响，但与海平面变化趋势并非完全一致，海平面上升导致中国近海潮波系统的同潮时线发生偏转，无潮点偏移，振幅也发生变化（左军成等，2015；Devlin et al.，2017）。

中国近海大部分海域海浪有效波高的年平均值和最大值呈增大趋势，南海为有效波高上升趋势最明显区域（*高信度*），东海次之，渤黄海较弱（*证据量有限，一致性中等*）。1979~2019 年南海大部分海域的有效波高增速为 2~8cm/10a（Dobrynin et al.，2014；Wang et al.，

2015；Zheng et al.，2015；任惠茹等，2016；易风等，2018；王娟娟等，2021）。中国近海有效波高改变量比外海区域显著，随海平面上升幅度的增大以及台风强度的增强，有效波高极值变化量也随之增加（匡翠萍等，2016；Yin et al.，2017；王娟娟等，2021）。

迄今，对于未来极值水位、潮汐和海浪的变化预估，主要针对不同海平面上升幅度下的变化，而基于不同气候变化情景下的预估研究很少。

3. 海温、盐度和海流

1958~2018 年，中国近海的海表面温度（SST）呈现显著上升的趋势，是全球海洋变暖最显著的区域之一（见第一部分第 7 章，图 7.1），且区域性特征显著（*高信度*）。其中，冬季升温最强烈，夏季较弱；东中国海区域（包括渤海、黄海、东海）升温最显著，冬、夏季升温幅度分别约为 1.82±0.25℃和 0.92±0.18℃，而南海升温幅度分别约 1.11±0.18℃和 0.79±0.12℃，见图 16.2（Cai et al.，2017b）。海洋变暖引起中国近海海洋地理等温线北移，物候发生了明显改变（*证据量充分，一致性高*）。其中，东中国海和南海的春季分别提前 2~5d/10a、3~5d/10a 到来；秋季则分别延迟 2~4d/10a、2~15d/10a（蔡榕硕和付迪，2018）。

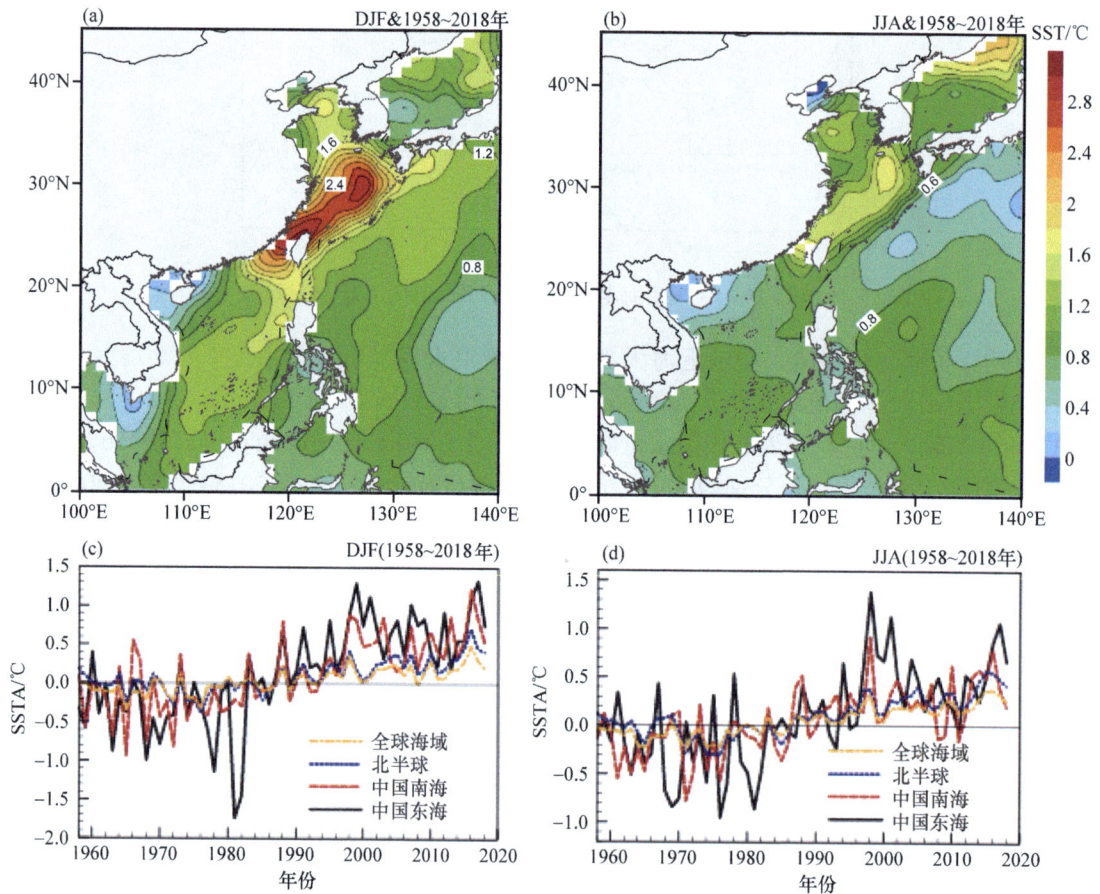

图 16.2 1958~2018 年冬、夏季东中国海（渤海、黄海、东海）和南海的 SST 线性上升幅度[（a）和（b）]及距平时间序列[（c）和（d）]（修改自 Cai et al.，2017b；采用 HadISST 数据更新至 2018 年）

在中国近海变暖背景下，海洋热浪等极端事件频繁发生，强度逐渐增强（Tan and Cai，2018；Yao et al.，2020；Yao and Wang，2021；Tan et al.，2022）。例如，2016 年 8 月，东中

国海发生了破纪录的极端高海温事件，月平均 SST 超过 28.7℃，高于气候态近 2℃；同时，28.5℃和 30℃等温线分别达到 36°N 和 32°N，达到有记录以来的最北位置（Tan and Cai，2018）。未来，中国近海，尤其是东中国海将可能经历更显著的升温（*证据量中等，一致性高*）（黄传江等，2014；宋春阳等，2016；谭红建等，2016，2018a，2018b）。在未来不同气候情景下（温室气体典型浓度路径，RCP4.5），到 2030~2039 年、2060~2069 年和 2090~2099 年东中国海升温将会分别超过 1℃、2℃和 3℃左右（相对于 1970~2005 年），其增温幅度高于南海。在 RCP8.5 情景下，升温幅度将更大；并且 2090~2099 年（相比于 1980~2005 年），东中国海和南海升温将分别超过 3.24℃、2.92℃，成为全球海洋升温幅度最高的海区之一（谭红建等，2016，2018a，2018b；Tan et al.，2020）。

　　IPCC AR5 评估指出，全球海洋在大洋副热带涡旋海域等以蒸发为主导的区域海表面盐度增大，而在热带西太平洋等以降水为主导的海域盐度减小，即"咸更咸，淡更淡"（Durack et al.，2010）。中国近海海表面盐度变化的区域性特征明显。过去几十年，渤海和黄海平均海表面盐度有升高的趋势。例如，1961~2009 年，北隍城、葫芦岛、秦皇岛和塘沽年平均海表面盐度分别上升了 0.4 psu[①]、3.1 psu、1.8 psu 和 1.5 psu（马超等，2010）。而东海黑潮区上层盐度在过去 50 年里呈现下降趋势（*证据量中等，一致性中等*），这可能与局地降水增加有关（Wu et al.，2017）。南海整个区域平均盐度呈现下降趋势（*证据量中等，一致性高*），春季下降最为显著，其中以吕宋海峡以西的南海上 100 m 盐度下降最为明显（Du et al.，2015）。

　　中国近海海洋环流受北太平洋西边界流（黑潮）和东亚季风变化的影响明显（*高信度*）。研究表明，近百年来黑潮的经向热输送有增强的趋势；并且，在气候变暖背景下，随着东亚季风的年代际减弱，台湾以东黑潮暖流入侵东海陆架出现年代际增强的现象，这可能是中国近海显著变暖的重要原因之一（*证据量充分，一致性高*）（Wu et al.，2012；蔡榕硕等，2013；Oey et al.，2013；Park et al.，2015；Cai et al.，2017a；Yang et al.，2012；Wang et al.，2016a），如图 16.3 所示。黑潮输运（体积或热量等）还存在显著的季节特征和年际、年代际变化

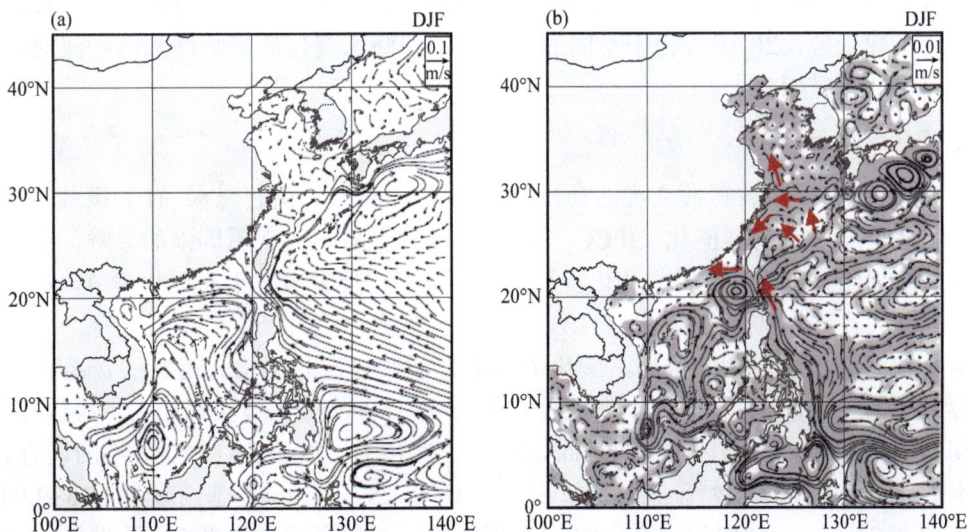

图 16.3　1958~2008 年冬季中国近海上 30m 层气候态海流（a）；低通滤波 8 年滑动平均的上 30m 层海洋流与东亚冬季风 925 hPa 低空风场的关系（阴影代表 95%以上信度）（b）（Cai et al.，2017a，2017b）

---

　　① psu（practical salinity units）是海洋学中表示盐度的标准，为无量纲，一般以‰表示.

（齐庆华等，2012；Wei and Huang，2013）。例如，1993~2013 年，黑潮经向输运出现减弱现象，这可能与全球气候变暖暂缓有关（Wang et al.，2016b，2016c）。

此外，中国近岸海域有丰富的上升流系统，如渤海湾、长江口、闽浙沿岸、台湾浅滩、广东珠江口和海南东部等处的海域。研究表明，中国沿岸上升流具有显著的季节、年际和年代际变化特征。受西南季风的影响，中国近岸上升流在夏季最为显著。强烈的上升流将底层营养盐带到表层，使得不论是磷酸盐含量，还是浮游植物数量、叶绿素 a 的含量都在夏季呈现高峰（孙鲁峰等，2013）。在年代际尺度上，由于东亚夏季风的年代际减弱，南海北部的上升流系统也表现出相应的年代际特征。例如，在 20 世纪 70 年代较强，而在 80 年代和 90 年代偏弱（Su et al.，2013；Hu and Wang，2016）。

由于观测数据不足，关于气候变化对中国近海盐度和海流（含上升流）影响的研究较少，大多研究基于数值模拟或再分析数据，得到的结论具有较大的不确定。因此，需要开展系统的研究，以加强对中国近海区域气候响应机理的认识。

4. 淡水输入

海洋淡水输入主要指海面的淡水通量和径流输入等，是气候系统中水循环的重要环节。在气候变化背景下，20 世纪 80 年代以来，中国大陆入海河流的径流量出现明显变化（*高信度*）。例如，海河、黄河、闽江及珠江等流域呈现减少趋势，其中海河减少最为明显（张建云等，2008；刘春蓁等，2004；邵爱军等，2010）。但是，闽江及珠江流域径流量减少幅度不大，其距平百分率最大值仅为−2.2%。2005 年以后，气温急剧上升导致的冰川和积雪融水增多，长江源区年及四季的平均流量均呈显著增加趋势，且增加幅度很大，年平均流量增幅达 79.6m³/（s·10a），春、夏、秋、冬四季的增幅分别为 50.3m³/（s·10a）、161.9m³/（s·10a）、104.4m³/（s·10a）、19.4m³/（s·10a）（齐冬梅等，2015）。1961~2014 年，受到降水量减少和水利工程建设等人类活动增加的双重影响，长江中下游及入海口径流量呈明显线性减少的趋势（代稳等，2016）。有研究显示，长江入海流量总体上呈下降趋势（万智巍等，2018）。最近的研究则指出，全国主要江河径流量显著减少，但长江变化不明显（张建云等，2020）。由于不同的径流来源区降水变化的影响，入海径流通量的变化和趋势特征差异明显。

5. 海洋酸化和低氧

工业革命以来，海洋吸收人类活动排放到大气中的 CO_2，引起海水 pH 和碳酸钙饱和度（Ω）下降的现象称为海洋酸化（IPCC，2014）。受自然和人为双重因素的影响，中国近海酸化与外海相比具有明显的时空变化特征，即海洋酸化现象多发生在夏秋季节，而且酸化程度、幅度大致呈北重南轻趋势（*证据量有限，一致性中等*）。

渤海和黄海是较封闭的浅海，酸化的季节特征明显，且呈增大趋势（*证据量有限，一致性中等*）。2011 年，夏季，黄海底层水的 Ω 为 1.76±0.29（Zhai et al.，2014），2015 年同期 Ω 显著降低，为 1.13~2.00（Zhai，2018）。2012 年、2015 年和 2016 年的调查表明，底层水酸化具有明显季节特征，如冬季和春季 Ω 为 1.57~2.19，夏季则降为 1.13~2.00，秋季为 1.02~2.21（Zhai，2018）。预计 2100 年时，黄海北部海域表层水 Ω 将降至 1.4~1.9（平均 1.6），南部降至 1.6~2.1（平均 1.8）（Xu et al.，2018a，2018c）。1982~2007 年，东海大陆架坡折海域和冲绳海槽 900m 处海水呈现酸化现象（Lui et al.，2015）。相对于东中国海而言，南海北部海域酸化强度和幅度较低（*证据量有限，一致性低*）。表层水 Ω 仍保持较高水平，底层水表现为酸化，但 Ω 最低值仍高于 1.9（Cao et al.，2011；Guo and Wong，2015；Dong et al.，2017）。在 RCP4.5 和 RCP8.5 情景下，预计 21 世纪末期（2090~2100年）东海海水 pH 分别降低 0.16、0.35，下降幅度均超过同期南海的变化（谭红建等，2018a，2018b）。

中国近岸浅海区多发生低氧现象，近海 DO 含量也呈明显下降趋势（*证据量有限，一致性中等*）。例如，锦州湾、辽河口、莱州湾、长江口、三沙湾、厦门湾、珠江口，大多数低氧区面积只有几百平方千米（甚至更少）。渤海海域 DO 含量 1978~2013 年来呈下降趋势（Zhang et al.，2016a；石强等，2016）。2011 年 8 月在渤海西北部、北部近岸水深 20~35 m 的带状区域内底层 DO 仅为 3.3~3.6 mg/L（翟惟东等，2012）；2014 年同期底层水出现面积约 4.2×10^3 km²、DO<3 mg/L 的低氧区（Zhang et al.，2016a，2016b）。

自 1959 年首次观测长江口低氧区以来，其范围和程度呈扩大趋势（*证据量有限，一致性高*）。1959 年，长江口 DO<2.00 mg/L 的低氧区面积为 1900 km²，1999 年扩大到 13700 km²（Wang et al.，2017a），2006 年为 15400 km²（Zhu et al.，2011），2009 年为 15700 km²（Wang et al.，2013）。与 2011 年（DO 约 4 mg/L）同期相比，2013 年夏长江口北部海域底层水 DO 平均水平（3 mg/L）呈下降趋势（Zhu et al.，2017）。在 RCP4.5 情景下，中国东海 DO 含量在未来百年里将持续下降（谭红建等，2018a，2018b）。

在南海观测到的低氧区报道相对较少，但酸化范围亦呈扩大趋势（*证据量有限，一致性低*）。珠江口及其毗邻海域低氧现象呈现加重趋势。尽管 2009~2014 年珠江口 DO<2.00 mg/L 的低氧现象仅观测到 4 次（2002 年 2 月，以及 2007 年、2010 年、2011 年 8 月），但 2000 年后 DO<3.00 mg/L 观测站却占观测数据的 90%；1990~2015 年，珠江河口低层水 DO 年最低浓度以约 2 ± 0.9 mmol/（kg·a）的速率下降（Qian et al.，2018）。2010 年 8 月低氧区面积为 1000 km²（Qian et al.，2018），2015 年夏季观测的 DO<4 mg/L 面积约为 1500 km²（Li et al.，2018）。未来南海的 DO 含量也将持续降低，只是降低幅度小于东中国海（谭红建等，2018a，2018b）。

鉴于大气中 CO_2 持续增加和全球气候持续变暖的事实，在 RCP4.5 情景下，中国近海区域的 DO 水平将降低，酸化加重；并且在相同的 CO_2 排放情景下，中国东海 DO 含量减小、海水 pH 降低幅度要显著高于南海（*证据量有限，一致性高*）。

16.1.2 人为驱动因子

1. 人类开发活动

过去 70 年来，在海洋开发和海岸工程建设中，围填海等活动改变了自然海岸格局，诱发环境灾害频发和海洋生态系统失衡（*高信度*）（李文君和于青松，2013；林磊等，2016）。中国大陆约有超过 68% 的海岸向海扩张，超过 22% 的海岸向陆地侵蚀，长江三角洲表现出扩张的特征，而黄河三角洲则表现出缩小的特征（Wu et al.，2012；侯西勇等，2016；Xu and Gong，2018）。近 20 年来，岸线人工化尤为显著，环渤海和珠江三角洲的岸线人工化增速远大于长江三角洲（Wu et al.，2012），特别是 1991~2015 年，中国岸线向海扩张速度逐渐加快，由前15 年的 114.72 km²/a 增加到后 10 年的 474.01 km²/a（Xu et al.，2018c）。

近几十年来，除了大规模围垦填海外，人类陆源污水排放和过度捕捞等活动对中国近海区域产生了显著影响（*高信度*）。据估算，80% 的海洋污染物来自陆上（国家统计局，2010），2003 年，渤海、黄海、东海和南海四大海域共接纳陆源废水排放总量分别为 4.9×10^8 t、5.9×

10^8t、19.2×10^8t、20.3×10^8t，总量为 50.3×10^8t，其中南海接纳的废水量、化学需氧量和氨氮最多，东海次之；东海接纳的石油类等其他污染物最多，渤海次之（付青和吴险峰，2006）。调查表明，人类陆源营养物的输入会形成富营养化的河流羽流区，并加剧近海的酸化，如中国东海海水酸化（pH 下降）（Cai et al.，2011）。其中，中国东海黑潮流域中层水的酸化不仅归因于从大气中输入的人为二氧化碳的增加，而且还与局地的耗氧率有关（Liu et al.，2014）。陆源污染物的排放导致水体营养盐比例失衡，赤潮灾害频发，生物多样性遭到破坏（杜波等，2006）。污水排海使渤海生态环境面临巨大压力，使赤潮频率和强度增大，渔业资源衰退（Nie and Tao，2009），造成河口附近局部水域海洋生物的种类组成和数量分布改变（马志华，1996）。

近几十年来，我国海洋捕捞力量迅猛发展，海洋过度捕捞成为影响中国近海生态的重要因子（*高信度*）。1954~2009 年全国海洋捕捞渔船数从 347 艘增加至 20.69 万艘，海洋捕捞功率从 1954 年的约 2.5 万 kW 增长至 2015 年的 1430 万 kW（农业部渔业渔政管理局，2016），超出了近海捕捞量的最大可持续产量 767 万~1087 万 t（蔡莉，2012；梁铄，2018）。部分海域渔场的过度捕捞现象严重（李九奇等，2012；王琪，2019）。近年来，尽管捕捞量维持在1100 万 t，但单位捕捞努力量渔获量仍不断降低。这表明捕捞量的稳定是依靠不断增大的捕捞功率实现的（王琪，2019）。

2. 营养盐输入

近几十年，随着沿海地区经济的快速发展和人口增加，中国近海的营养盐浓度和结构发生显著的变化，尤其是河口海域无机氮（DIN）相对过剩，富营养化严重，营养盐结构失衡（*高信度*）。1978~1987 年，渤海硅酸盐（SiO_3^{2-}-Si）浓度与 Si/P 呈降低趋势，而后呈升高趋势；1978~2016 年，磷酸盐（PO_4^{3-}-P）浓度呈总体降低趋势，但夏季总体呈现降低趋势，而冬季呈现微弱的波动上升趋势，且夏季各营养盐浓度普遍低于冬季。此外，自 1990 年开始，渤海硝酸盐（NO_3^--N）与 DIN 浓度及 N/P 呈现升高趋势。渤海营养盐限制整体呈现由 N 限制向 P 和 Si 限制的变化趋势（Wang et al.，2019）。

1976~2006 年，北黄海的 NO_3^--N 和 DIN 浓度及 N/P 呈增加趋势。从 20 世纪 70 年代中期到 90 年代早期，SiO_3^{2-}-Si 浓度与 Si/P 逐渐减小，以后逐渐增大。PO_4^{3-}-P 浓度变化有季节差异，冬季从 20 世纪 70 年代中期到 80 年代中后期逐渐减小，随后逐渐增大；夏季 PO_4^{3-}-P 浓度呈现降低趋势（Yang et al.，2018a）。1976 年以来，南黄海海域的营养盐结构正经历明显的变化，如 36°N 断面 124.5°E 以西海域 DIN 和 N/P 呈不断升高的趋势，而磷酸盐（PO_4^{3-}-P）和 SiO^{2-}-Si 总体呈下降趋势（Lin et al.，2005），但 20 世纪 90 年代中期以后，发生转折并出现升高的趋势，黄海存在由早期的氮限制向磷、硅限制转变的趋势（Wei et al.，2015；韦钦胜等，2013）。

自 20 世纪 60 年代以来，受陆源污染物输入的影响，长江口及邻近海域呈现出 DIN 浓度、PO_4^{3-}-P 和 N/P 升高以及 Si/P 下降的现象，但 SiO^{2-}-Si 浓度变化趋势不明显（Li et al.，2007；Wang et al.，2016a；Jiang et al.，2014）。基于 1987~2009 年对东海外陆架/陆坡的观测，黑潮区中、下层 NO_3^--N 浓度明显增加（Guo et al.，2012）。

近几十年来，南海北部陆架区总体呈现出 DIN 浓度和 N/P 升高、Si/P 下降的趋势。珠江口及邻近海域已呈现出明显的富营养化状态（贾国东等，2002）。此外，珠江口—南海海域出现 DIN 浓度较 PO_4^{3-}-P 相对过剩，N/P 较高，磷为潜在限制性营养盐，而在不受河口影响的南海深水区，氮是限制性营养盐（Yin et al.，2017）。

16.2 气候变化对海洋和海岸带的影响

本节主要评估气候变化对海洋和海岸带生态系统、海岸带环境、海岸防洪排涝等的影响，并预估未来的影响，包括检测和归因分析。

16.2.1 对海洋生物与生态系统的影响

已知的海洋生物大约有 20 多万种（真实的种数可能比此高 10 倍），按生活方式分为浮游生物、游泳动物和底栖生物三大生态类群。其中，海洋浮游生物是海洋生产力的基础，在海洋生态系统中占有非常重要的地位，也是海洋生态系统能量流动和物质循环的最主要环节；并且其种群动态变化影响游泳动物（包括鱼类和其他动物）的资源量。

1. 浮游生物

海洋浮游植物是海洋的初级生产者，浮游动物通过摄食浮游植物影响初级生产力。浮游植物的长期变化具有显著的区域性特征（*高信度*）。观测表明，代表浮游植物现存量的叶绿素 a（cha）含量，在中国近海虽然有一定的波动，但在东中国海整体呈现一定的上升趋势（吕瑞华等，1999；伍玉梅等，2008；许士国等，2015；郭海峡等，2016；唐森铭等，2017；李晓玺等，2017），而南海叶绿素 a 含量则呈现略减少的趋势（Hoegh-Guldberg et al.，2014；唐森铭等，2017），见图 16.4。浮游植物物种多样性指数在东海（黄邦钦等，2011）、台湾海峡（林更铭和杨清良，2011）等海域降低，但南海的物种丰富度增加（刘海娇等，2015）。浮游植物物种的组成也出现明显变化，硅藻是中国近海主要浮游植物种类，但甲藻、蓝藻或隐藻有时成为局部海域的优势种群。例如，在 1965~2016 年，甲藻的种类和数量呈增加趋势（李涛等，2010；黄邦钦等，2011；孙军和薛冰，2016；杨阳等，2016）。

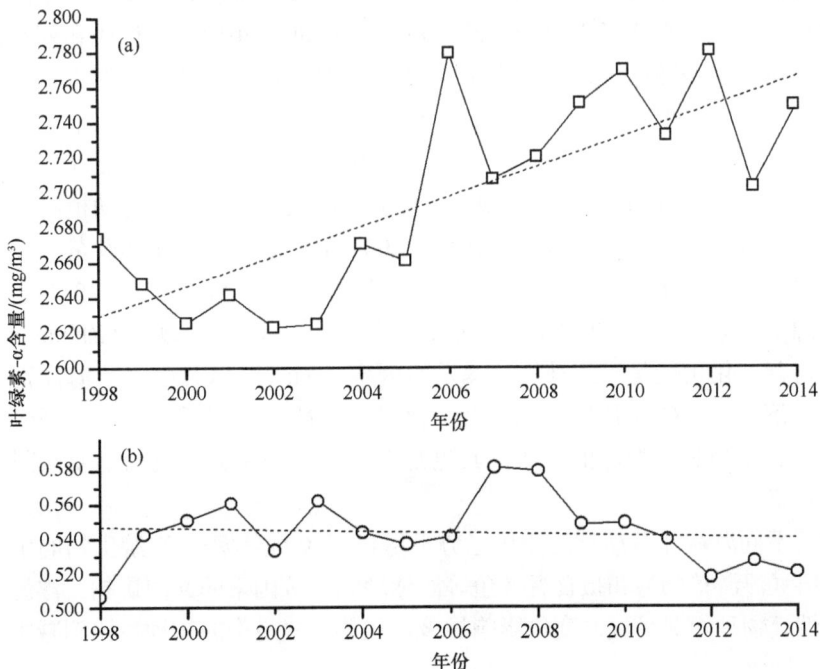

图 16.4 1998~2014 年中国近海叶绿素-a 平均浓度的时间演变和拟合的线性变化趋势（唐森铭等，2017）

（a）东中国海；（b）南海

近几十年来，气候变化背景下中国近岸海域赤潮（有害藻华）的发生趋于频繁（*高信度*）。1933~2017 年，中国海域共记录赤潮（有害藻华）事件近 1000 次[①]（中国海洋年鉴编写委员会，1994，1999，2000，2001，2002，2003，2004；齐雨藻，1999）。其中，自 20 世纪 70 年代末以来，中国近岸赤潮的发生频率以前所未有的速度剧增，并在 2003 年（119 次）和 2017 年（68 次）达到两个高峰值，呈现出年代际气候变化特征（*证据量充分，一致性高*）（蔡榕硕等，2016；Cai et al.，2016），见图 16.5。中国近海赤潮的发生面积和持续时间总体增加，分别达数千平方千米和一个月以上。

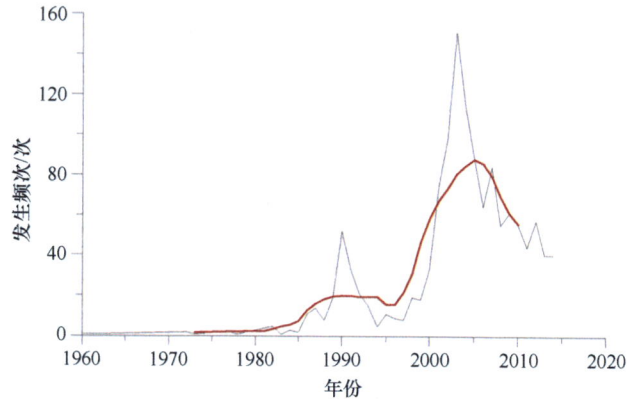

图 16.5　1960~2014 年中国东海赤潮发生的频次变化（Cai et al.，2016）
细线表示中国东海海域的赤潮发生频次，粗线为 9 年滑动平均值

赤潮原因呈现"多样化、有害化和小型化"的演变趋势。东海的原甲藻现已成为该海域十多年来的反复赤潮物种，并伴随着有毒甲藻米氏凯伦藻和亚历山大藻等出现（周名江和朱明远，2006；于仁成和刘东艳，2016）。球形棕囊藻和抑食金球藻等小型细胞藻在南海和渤海秦皇岛沿海水域形成了大量的赤潮（Zhang et al.，2012；于仁成和刘东艳，2016；沈萍萍等，2018）。以多种营养方式生存的有毒藻种越来越多，其产生的毒素在多个海域被检测到（刘仁沿等，2004；梁玉波，2012；渠佩佩，2016）。1970 年以来中国近海显著变暖，导致地理等温线北移，海洋物候发生变化，如春季提前、秋季滞后（蔡榕硕和付迪，2018），这影响了海洋生物的季节生长规律、优势种的演替，以及浮游动植物之间的摄食压力（徐兆礼，2011；Xu et al.，2011）；并且，2007 年以来，东海北部及黄海经常暴发浒苔绿潮，其发生与气候变化密切相关，并影响海洋生态系统（Qiao et al.，2011）。此外，2017年发生了起源于东海，但暴发于黄海的大面积马尾藻藻华（金潮）现象（Zhang et al.，2017），海洋酸化或富营养化可能是导致马尾藻暴发的因素（Xu et al.，2017）。海洋富营养化程度加深，水温、溶解氧、CO_2 浓度等水环境变化异常，严重影响了海洋生态平衡，包括浮游植物中微微型、微型和大型藻的平衡，其也是近些年大型藻类暴发的主要原因（*证据量充分，一致性中等*）。

中国近海不同海域浮游动物的变化趋势不尽相同（*高信度*），浮游生物的生物量和种类受环境、饵料（浮游植物）和摄食者（鱼等游泳动物）等因素的共同影响。浮游生物的生物量出现波动性，物种组成受气候变化影响显著，优势种桡足类的物种数比例减少（杨颖和徐韧，2015）。

[①] 自然资源部. 1992，1997，2005~2017. 中国海洋灾害公报. http://www.mnr.gov.cn/sj/sjfw/hy/gbgg/zghyzhgb/.[2021-10-13].

2000 年之前，渤海和黄海浮游生物生物量呈现降低趋势（Lin et al.，2001；王金辉等，2004），但 2000~2009 年出现上升（左涛，2003；徐东会等，2016），而 1959~2013 年物种数则下降（毕洪生等，2000；王克等，2002；杜明敏等，2013；徐东会等，2016）。其中，胶州湾浮游生物生物量和丰度峰值出现的季节逐渐从夏季转换为春季（孙松等，2011）。

1959~2002 年，长江口海域的浮游生物生物量有增加趋势，其物种数量在 1982~2014 年呈现先上升，至 2008 年达到峰值后下降的变化；东海优势种始终为桡足类，但桡足类的物种数在浮游动物中的比例逐渐减少（杨颖和徐韧，2015）。近 20 年，长江口浮游生物种类减少 69%，底栖生物种类减少 54%，底栖生物生物量减少 88.6%（高宇等，2017）。

南海北部浮游生物丰度和物种数量（1959~2008 年）明显增加（王雨等，2014），种类总数（1959~2008 年）明显增加，物种多样性有明显上升趋势，但种类组成结构基本稳定。南黄海桡足类、毛颚类等浮游动物类群的长期变化趋势呈现波动状态，而以水母和被囊类为代表的胶质浮游动物则显著增加（孙松等，2011）。

气候变化背景下海洋变暖、富营养化及浮游植物种群的变化很可能是导致水母暴发加重的重要原因（*证据量中等，一致性中等*）。20 世纪 90 年代后期以来，以沙海蜇、霞水母为代表的黄海、东海大型水母暴发频率的增大，日渐成为黄海、东海生态系统的威胁（严利平等，2004；Uye，2008；Zhang et al.，2012；李建生等，2014；Sun et al.，2015）。近年来，中国近海水母类等胶质浮游动物显著增加（孙松等，2011）。

总体而言，1958~2018 年，中国近海浮游植物生物量总体上表现为北部增加、南部降低的趋势，主要优势种仍为硅藻，但生物多样性降低，甲藻等有害赤潮藻在部分海域频发（*证据量充分，一致性高*）；同时，浮游生物生物量变化趋势不明显，物种多样性呈现一定程度的降低，水母暴发性繁殖，造成生态危害（*证据量充分，一致性高*）。气候变化背景下海水温度升高、酸化和缺氧加剧，从影响海洋初级生产开始直至整个生态系统，但气候变化对海洋生态系统的影响具有长期缓慢且复杂的特点，不同海域和不同物种对环境变化的响应不同，因此，存在很多不确定性。

2. 游泳动物

游泳动物是渔业资源的主要组成部分，其中，鱼类是最重要的游泳动物。近几十年，中国海洋变暖对游泳动物的生物学特征、种群数量以及分布和群落结构等方面有显著影响（*高信度*），包括物种北移，繁殖季节提前。其中，鱼类早期补充群体，如鱼卵和仔稚鱼等季节性浮游生物，其生命周期的时间节点主要受温度调节的生理反应控制；并且，鱼类生理周期（胚胎发育、仔鱼孵化和开口摄食等）的提前可导致鱼类早期补充群体与饵料生物发生错配，以及渔业种群的衰退，即上行控制（bottom-up control）（卞晓东等，2018）。

渤海、黄海的冷温性和暖温性鱼类的分布区、生活史特征和种群数量对海洋变暖有高度的敏感性（*证据量充分，一致性高*）。与 1959 年相比，黄海典型冷温性鱼类大头鳕分布的南边界纬度向北移动了约 0.5°，达到 35°N（李忠炉等，2012）。随着未来渤海和黄海的变暖，冷温种的栖息环境将受到重大影响，其分布区将明显缩小（*证据量充分，一致性高*）。除分布区变化外，黄海冷温性渔业资源的种群密度也在下降（刘静和宁平，2011）。随着海水温度升高，大头鳕幼体密度有显著减小的趋势，未来温度持续上升将破坏大头鳕的种群补充机制（张人元等，2018）。

黄海鱼类群落暖温性优势种分布区明显北移（周志鹏等，2012；陈云龙等，2013）。调查表明，2000~2010 年黄海优势种小黄鱼分布区向北偏移（单秀娟等，2011）；并且，对观测数据的拟合表明，SST 每升高 1℃，小黄鱼生殖群体的分布重心将向北部迁移 0.42 个纬度（刘尊雷等，2018）。除向北迁移外，小黄鱼集中分布区也有远离近岸水域的趋势（Cheung et al.，2009）。随海水温度升高，小黄鱼性成熟年龄在减小（李忠炉，2011）。鳀鱼是黄海生态系统的关键种，在不同气候情景下，未来 30 年（2013~2043 年）鳀鱼资源重心年际之间的北移趋势明显，移动范围达到 2.5~2.7 个纬度，平均向北移动速度为每年 0.09°（陈云龙，2014），见图 16.6。Liu 等（2020）基于不同的海洋升温情景，对中国近海鳀鱼分布范围的预估结果也得到了较一致的变化趋势。

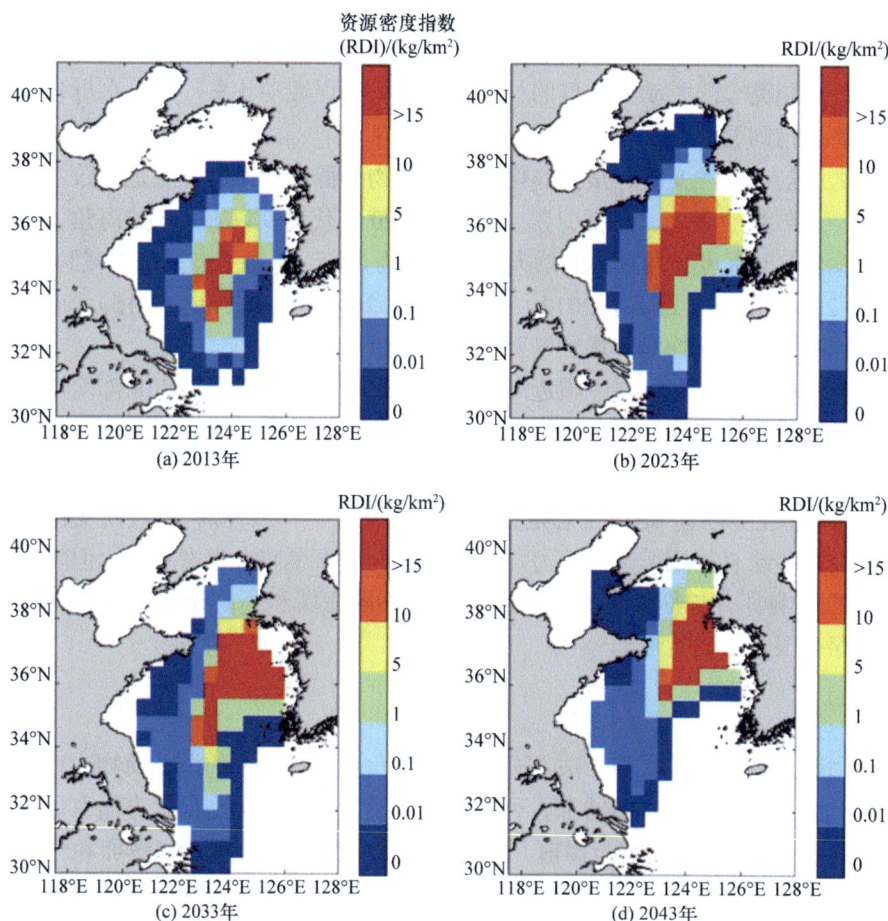

图 16.6　RCP4.5 情景下未来黄海鳀鱼分布趋势（陈云龙，2014）

随着海洋变暖，渤海、黄海一些暖水性鱼类的种群资源数量有所增加而部分种类资源量可能下降（*证据量有限，一致性高*）。统计表明，渤海、黄海的 SST 与小黄鱼渔获量变动显著正相关。因此，预计随着渤海、黄海海水温度的持续上升，未来该海域小黄鱼的渔获量可能上升（刘笑笑等，2017）。但对于黄海带鱼资源而言，黄海 SST 与渔获量年间的变动显著负相关（$p<0.01$），在气候变暖背景下，未来黄海、渤海带鱼渔获量可能会减少（王跃中等，2012b；刘允芬，2000）。

20 世纪下半叶以来，东海和南海鱼类物种地理分布也出现北移现象（*证据量中等，一致性高*）。其中，原分布在南海的 13 种暖水种鱼类出现在东海南部的台湾海峡；台湾海峡南部的乔氏台雅鱼 25 种鱼类也出现在台湾海峡北部（戴天元，2004）。在南海北部湾也有热带暖水性鱼类新记录种的出现，如苏门答腊金线鱼（黄梓荣和王跃中，2009）。除物种北移现象外，东海主要经济种类资源量与气候变化也有密切关系。随着海洋变暖，一些暖水性鱼类的种群密度和数量可能有所增加（*证据量中等，一致性高*）。1955~2013 年，东海带鱼渔获量与海温等因子显著正相关（$p<0.05$）（张志敏和徐年军，2016）。水温的升高可能有利于东海和南海北部带鱼的性腺发育与成熟，并增加其饵料供应，从而可能有利于东海带鱼和马面鲀资源量的恢复，但渔获量年间变动幅度将会比以往更大（王跃中等，2011，2012a，2013；刘尊雷等，2015）。

20 世纪 60 年代以来，海洋变暖和过度捕捞已成为影响渔业资源量及群落结构的重要因素，造成中国近海传统渔业资源，如大黄鱼、曼氏无针乌贼、太平洋鲱和中国对虾等重要经济游泳动物资源枯竭，出现了群落多样性下降、优势种更替和平均营养级降低，以及优势种小型化、低龄化和性成熟提前的现象，小黄鱼、带鱼、鲳鱼等传统经济种类已不能形成渔汛（*高信度*）；渔业资源由 20 世纪 50 年代的开发不足，演变为现在的过度捕捞状态，长江口渔场、舟山渔场和渤海湾渔场变化尤其明显。游泳动物种群的脆弱性和渔业的气候变化综合风险日益显现，海洋生态系统的环境敏感性也随之升高（徐开达和刘子藩，2007；李继姬等，2011；凌建忠等，2006；杨涛等，2018；郑元甲等，2013；鞠培龙，2014）。例如，东海带鱼和小黄鱼平均体长分别减短 23%、32%，繁殖群体从以 2 龄鱼为主变为以 1 龄鱼为主；其中，长期过度选择性捕捞使长江口刀鲚繁育群体趋于小型化（如体长减短 17.4%，体质量减轻 38.9%）和低龄化（3~4 龄降低至 1~2 龄）（刘凯等，2012）；东海带鱼平均肛长从 1960 年的 232.4mm 下降到 20 世纪初的 179mm，下降幅度为 23.0%，繁殖群体从以 2 龄鱼为主变为目前的以 1 龄鱼为主（李建生和程家骅，2005）；蓝点马鲛初次性成熟最小叉长从 20 世纪 60 年代初的 529mm 减小为 380 mm（20 世纪初），下降 28%（孙本晓，2009），繁殖群体优势年龄组从 2 龄变为 1 龄（牟秀霞等，2018）；20 世纪 50 年代中期以来，黄渤海渔获物平均营养级呈现逐步降低的趋势（张波和唐启升，2004；许思思等，2014；张波等，2011）。简言之，我国传统渔业群落结构呈现优势种类低值化、种群年龄结构简单化、体型小型化、性成熟提前等特征，小黄鱼、带鱼、银鲳等传统经济种类已不能形成渔汛（*高信度*）。

预估表明，到 21 世纪末，我国近海将大幅升温（Tan et al.，2020）。这对海洋生态系统和渔业资源将产生更大的负面影响。研究预计，在温室气体高浓度排放情景下，相比于 1980~2005 年，到 21 世纪末，东中国海和南海升温将分别超过 3.24℃、2.92℃，成为全球海洋升温幅度最高的海区之一（Tan et al.，2020）。东中国海的主要渔业资源中心将明显北移，黄海、渤海的玉筋鱼、大头鳕等重要冷温性渔业资源将进一步衰退，甚至枯竭，长江口和黄河口渔业生态系统健康水平将明显降低。

3. 底栖生物

中国近海大型底栖生物物种数呈现南多北少的特点（本节只评估底栖动物）。从 10~50 年的长期变化来看，渤海、黄海及东海长江口海域的大型底栖生物群落发生了显著变化（*证据量充分，一致性中等*），南海在种类组成上未发生明显变化（*证据量中等，一致性高*）。这可能与海洋变暖程度不同有关。

渤海大型底栖生物种类贫乏、单调、多样性低，除了湾口深水海域外，区系成分没有明显差异。20 世纪 80~90 年代，渤海大型底栖生物群落结构发生了显著变化，个体较小的多毛类动物、双壳类动物和甲壳动物的丰度显著增大，棘皮动物的丰度减小，其中，心形海胆和东亚壳菜蛤在 90 年代几乎全部消失（Zhou et al.，2007a）。从渤海整体来看，大型底栖生物物种多样性在过去 30 年内并没有出现显著变化，但不同海区情况不同（*证据量中等，一致性中等*）：20 世纪 80 年代至 21 世纪初，渤海湾的物种多样性不断增加，莱州湾出现周期性变化，渤海中部变化较小（Zhou et al.，2012）。渤海南部大型底栖生物群落的长期变化显著。研究表明，过去 50 余年来，渤海南部海域大型底栖生物物种数、生物量、丰度以及群落结构等方面都发生了较大的变动，寿命长、体积大、具有高竞争力的 K 对策种逐渐被寿命短、适应能力宽、具有高繁殖能力的 R 对策种所取代（陈琳琳等，2016）。另有研究发现，渤海南部莱州湾大型底栖生物出现优势种小型化的趋势（周红等，2010；刘晓收等，2014）。

黄海大型底栖生物具有很高的物种多样性和生物量。1959 年以来，黄海大型底栖生物的生物量发生了较大变化（*证据量充分，一致性高*）：1959 年北黄海的大型底栖生物量是南黄海的 2 倍，而 2007 年南黄海的生物量却略高于北黄海；1959 年南、北黄海均以软体动物最占优势，而 2007 年北黄海变为棘皮生物最占优势，南黄海变为多毛类生物最占优势（李新正等，2010；李新正，2011；Li et al.，2014a，2014b）。黄海不同海区大型底栖生物群落的长期变化趋势不同（*证据量充分，一致性高*）。1958~2014 年，多毛类生物的丰度在南黄海浅水区持续增大，在深水区持续减小，棘皮生物的丰度呈相反趋势；大型底栖生物物种数和多样性在浅水区呈上升趋势，在深水区呈下降趋势（Xu et al.，2017）。2007 年夏季黄海大型底栖生物深水群落与历史资料相比变化不大，在物种组成上以冷水种为主，而浅水群落变化较大，以分布广泛的多毛类生物为主（Zhang and Sheng，2015）。气候变化对黄海大型底栖生物的影响不仅体现在气候变暖背景下大型底栖生物的长期变化上，还更直观地体现在气候变化与大型底栖生物长期变化的相关性上（*证据量中等，一致性中等*）。在黄海中部，太平洋年代际振荡（PDO）与双壳类丰度变化的相关性表明，PDO 可能会通过影响沉积过程来影响滤食性双壳类丰度在年代际尺度上的变化（Xu et al.，2018a）。

东海大型底栖生物具有物种丰富、数量较多的特点（蔡立哲等，2012a）。在整体上，2000~2001 年与 1958~1960 年、1976 年相比，占优势的东海大型底栖生物种类大体相同，群落结构和种类组成未发生明显变化（刘录三和李新正，2002）。长江口海区大型底栖生物的长期变化显著（*证据量有限，一致性高*）。1959 年以来个体较小、生长周期较短的多毛类生物取代个体较大、生长周期较长的棘皮生物，成为长江口冲淡水区最重要的优势类群（刘录三等，2008），大型底栖生物多样性和丰富度整体上呈下降趋势（Yan et al.，2017）。厄尔尼诺的发生对东海大型底栖生物也有明显影响（*证据量有限，一致性中等*）。研究发现，与非厄尔尼诺期间（2006/2005）比较，厄尔尼诺期间（2003/2002）三门湾的大型底栖生物种类数大为减少（张海生等，2007）。调查研究发现，受黑潮入侵陆架分支（近岸分支，NKBC）的影响，在东海浙江外海 NKBC（约 60m 等深线）处及其两侧的大型底栖生物群落结构存在显著差异，可分成近岸区、黑潮分支处和离岸区三种不同的群落结构，其空间分布类似“三明治”的分布格局（Xu et al.，2018b），见图 16.7 和图 16.8；并且，这三种不同群落结构的分布格局随不同月份的变化小，见图 16.8（b）。这主要归因于黑潮暖水入侵东中国海陆架的影响（*证据量中等，一致性中等*）（Xu et al.，2018b；Yang et al.，2012；Wang et al.，2016c；Oey et al.，2013；Cai et al.，2017a）。值得关注的是，全球变暖背景下东海陆架受到黑潮入侵的影响强度也有明显增大（*证据量充分，一致性高*）（蔡榕硕等，2013；Oey et al.，2013；Cai et al.，

2017b），如图 16.7（b）所示，但底栖生物群落结构对黑潮暖水入侵的长期响应还有待今后持续的调查研究。

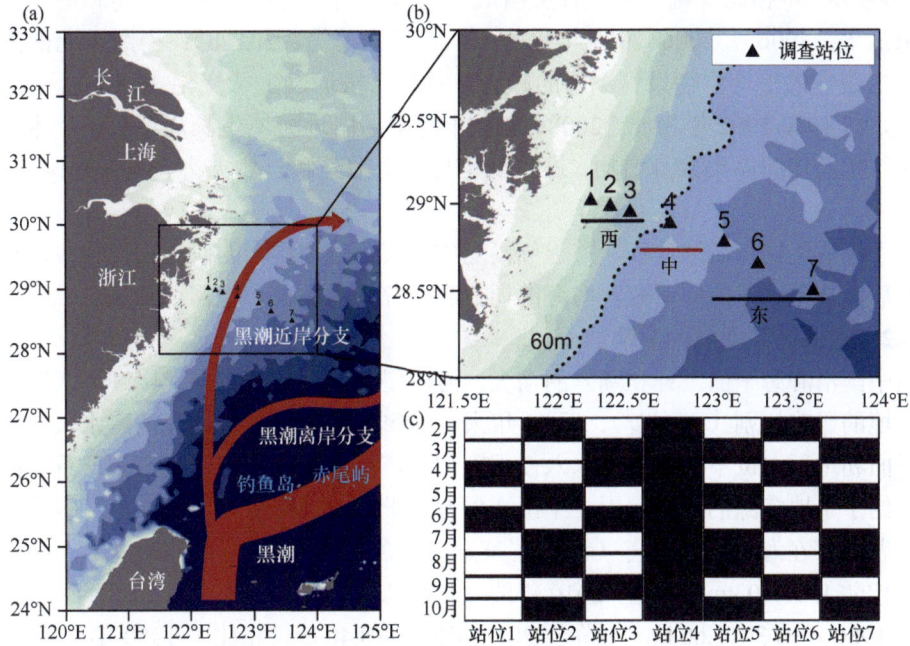

图 16.7 东海采样站位图

（a）黑潮及其分支；（b）采样站位；（c）各月采样情况，黑色表示生物调查（Xu et al.，2018b）

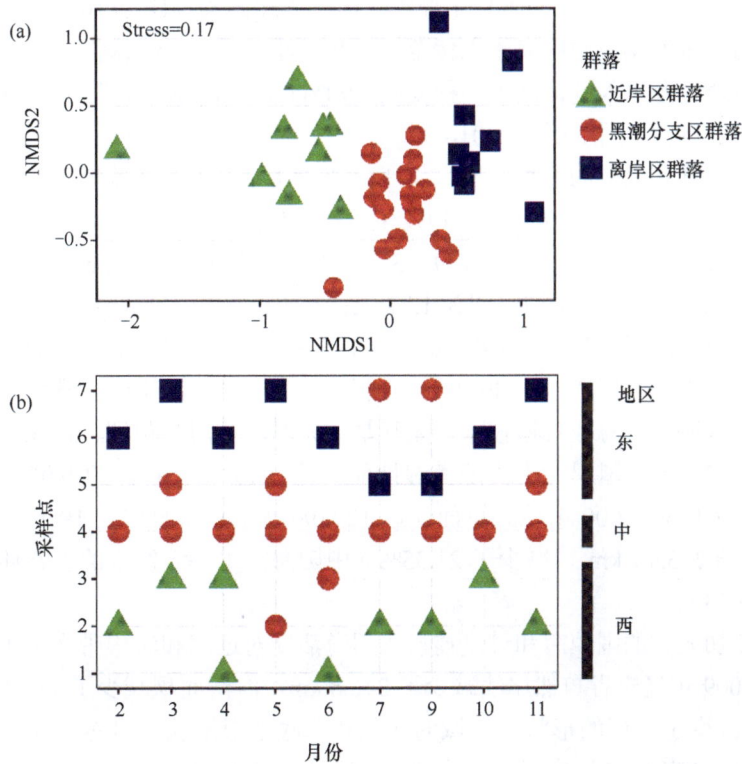

图 16.8 东海大型底栖动物的非参数多维标度（NMDS）排序（a）和群落的空间分布（b）（Xu et al. 2018b）

南海的底栖生物多样性高于渤海、黄海和东海。从长期变化来看，南海北部大型底栖动物的种类组成未发生明显变化（*证据量中等，一致性高*）。南海北部 1997~1999 年的物种数与 1980~1985 年相比变化不大，种类组成上均以多毛类动物、软体动物和甲壳动物占优势（李荣冠等，2006），2006~2007 年也是如此（蔡立哲等，2012b）；南海东北部大陆架海域大型底栖生物的平均生物量有下降的趋势，且分布格局发生了变化（李荣冠等，2006）。研究发现，与 1990/1992 年相比，2008~2012 年海南岛附近海域生长周期长、个体大的藻类衰退，细丝状藻体的藻类数量增加，这种变化与海水污染和自然灾害有关（Titlyanov et al.，2015）。

相比于浮游生物和游泳动物，关于气候变化对底栖生物影响的研究相对较少，存在巨大缺口，今后需加强这方面的研究。南海的调查和研究相对更少，也需要加强。

16.2.2　对海岸带环境的影响

伴随中国沿海海平面上升和潮差的增大，海岸侵蚀的程度、海水（咸潮）入侵及其对滨海湿地生境的影响加剧（*高信度*）。近 50 年来，河口地区和海岸带地区的海水入侵加剧，异常高海平面和地下水位下降导致海水入侵程度增大，沿海地区淡水资源遭到严重影响，土壤盐渍化制约了土地资源的有效利用。中国 1.8 万多千米的大陆海岸线和 1.4 万多千米的岛屿海岸线上普遍存在海岸侵蚀灾害（*证据量充分，一致性中等*）。在自然岸线中，淤泥质海岸由 1980 年的 1518.00 km 下降至 2010 年的 349.20 km，相比于 1980 年下降了 77.00%，砂质海岸由 1980 年的 3612.60 km 下降至 2010 年的 2118.40 km，相比于 1980 年下降了 41.36%（高义，2013）。监测表明，2011~2015 年，辽宁盘锦和葫芦岛、江苏连云港、福州市长乐区漳港街道和茂名市龙山镇监测区海水入侵距离呈缓慢上升趋势。至 2015 年，海水入侵严重地区主要分布于渤海滨海平原，46%以上监测区海水入侵距离为距岸 10~43km，分布在河北、山东沿岸；黄海和东海滨海地区海水入侵范围总体较小，约 86%监测区海水入侵距岸 5 km 以内；南海滨海地区海水入侵范围小、程度低，90%监测区海水入侵距岸 0.5 km 以内（国家海洋信息中心，2019b；于福江等，2016）。

由于海平面上升和大潮的叠加作用，长江口和珠江口每年遭遇咸潮入侵次数增加（*证据量充分，一致性高*）。2008~2017 年长江口发生咸潮入侵平均次数为 5.6 次，持续平均时间为 5.03 天，珠江口发生咸潮入侵平均次数为 5.3 次，持续平均时间为 12.6 天，杭州湾发生咸潮入侵平均次数为 1.5 次，持续平均时间为 1.77 天；其中，1990 年以来，珠江口咸潮入侵次数虽未明显变化，但持续时间呈上升趋势；2017 年 1~3 月，珠江口咸潮最大上溯距离超过 50km，影响广东省中山市南镇水厂取水达 30 天（李文善等，2019）。海平面上升将导致滩涂和滨海湿地被淹没。我国海岸带海拔普遍较低，尤其是渤海湾、黄河三角洲、长江三角洲和珠江三角洲沿岸。过去 70 年中国累计丧失滨海湿地面积约 2.19 万 km²，约占滨海湿地总面积的 40%，福建兴化湾 1959~2000 年填海总面积达 122.08km²，滩涂面积由 1959 年的 286.60 km² 减少至 2000 年的 225.40 km²，减少了 21.35%（中国海洋可持续发展的生态环境问题与政策研究课题组，2013）。

气候变化叠加人类的围填海和过度捕捞等用海活动对近海和海岸带产生了重要影响（*高信度*）。1990~2009 年辽宁省自然岸线减少了 246.8 km，海湾面积减少了 18.4%（张秋丰等，2017）。围填海改变了海岸的形状、海域的面积和海底地形地貌等自然属性，引起水动力环境的变化，影响了海湾的环境容量（狄乾斌和韩增林，2008；Murray et al.，2014；吴桑云等，2011；Song et al.，2013；Lin et al.，2015；鲍献文等，2008；曾相明等，2011；Xie et al.，2009；

刘明等，2013；索安宁等，2012）；并且，破坏了生物栖息地，导致生物多样性丧失，影响到生态系统结构与功能的稳定性（Yang et al.，2011；Yan et al.，2013），影响生物地球化学过程，加速富营养化进程，恶化水质，增加生态灾害风险（Li et al.，2007）。

东莞市虎门港长安港区在实施围填海工程之后，大型底栖生物物种急剧减少，靠近灵昆岛围垦区的大型底栖生物生物量及密度比远离围垦区小，且底栖动物优势种也发生演变（葛宝明等，2007）。围填海使得海底地形地貌发生改变，影响潮流和泥沙运移，改变冲淤平衡，从而可能影响航运（*证据量中等，一致性中等*）。研究表明，防城港钢铁项目围填海使防城港海湾的纳潮量最大减少 8%，口门宽度减少 2.56km，水体交换周期减慢，涨落潮流速减缓（蒋磊明等，2009）。

16.2.3　对海岸带典型生态系统的影响

本节主要评估气候变化对红树林、珊瑚礁、河口等典型海洋生态系统的影响。

1. 红树林生态系统

红树林湿地是生产力最高的海岸生态系统之一，有抵抗风浪、保护海岸、防灾减灾的作用。我国红树林自然分布于海南、广西、广东、福建等省，最北界为福建省福鼎市（27°N）。2000 年以后，红树植物人工引种至浙江温州和舟山（30°N）（傅秀梅等，2009；林楠，2010）。然而，近年来，红树林生态系统不但面临海平面上升、海岸侵蚀和极端气候事件的影响，还受到围填海和水产养殖业等人类活动的显著影响。其中，从长期变化的角度看，海平面上升是红树林面临的最大威胁（*高信度*）。

研究表明，如果相对海平面上升速率超过 6.1mm/a，红树林的生长就会受到严重威胁；并且，在温室气体高排放情景下，30 年内热带海岸地区相对海平面上升速率就可能超过这个阈值（Saintilan et al.，2020）。到 21 世纪 80 年代，仅海平面上升（约 10 cm），已使世界22%的海滨盐沼和红树林丧失（杨玉辉等，2012）。1980~2000 年，全球红树林湿地面积减少了 35%，2000~2005 年仍以 66%的速率消失。到 21 世纪末，海平面将持续上升 0.43~0.84 m（Oppenheimer et al.，2019），将使得红树林面临群落衰退、分布面积减小，生境逐渐被淹没的风险。据统计，1950~2000 年，中国红树林面积从 42000 hm^2 下降至 22025 hm^2，减少了约47.6%（国家林业局森林资源管理司，2002；张乔民和隋淑珍，2001），20 世纪 90 年代以来，红树林砍伐得到抑制，且由于设立保护区和人工种植红树林等，红树林逐步得到恢复，面积有较大幅度增加（贾明明，2014；丁平兴，2020）；至 2013 年，红树林面积回升为 30077 hm^2（贾明明，2014；Jia et al.，2013）。研究还表明，海南省东寨港地区沿海海平面的上升速率达到了 4.56 mm/a，远高于全国平均水平，这使得我国成片面积最大、种类最全、现状面积约1578hm^2 的东寨港红树林保护区处于海平面快速上升的威胁之中；并且，超强台风的破坏性影响也正在逐步显现（颜秀花等，2019）。

气候变化背景下趋于频繁的极端事件，如超强台风、风暴潮已成为直接造成红树林损毁和死亡的重要因素，对红树林中高大树种的影响尤其严重，并会导致红树林多样性指数的降低（*证据量中等，一致性高*）（陈小勇和林鹏，1999；邱明红等，2016；Long et al.，2016；Villamayor et al.，2016）。并且，风暴潮和海浪的强度、频度的增大还会增大对土壤侵蚀的影响，降低红树林湿地的沉积速率（陈小勇和林鹏，1999；Cahoon and Hensel，2006），增大红树林湿地对海平面上升的脆弱性。当诸多不利因素集中在一个时间段发生时，更是会给红树林带来毁灭性的影响（Harris et al.，2017；Long et al.，2016；Villamayor et al.，2016）。调查表明，广西防城港市企沙半岛的红树林明显受到海岸侵蚀的影响。近 30 年来，防城港市受侵蚀的红树林海岸长度达 4km，最大侵蚀距离为 122m，导致红树林面积萎缩；北海市大冠沙红树林不断受沙坝上移影响，红树林和底栖动物显著退化，底栖动物群落的种数、密度和生物量分别下降了 35%、75%和 90%（李莎莎，2015）。类似地，2008 年 1 月、2011 年 1 月，我国南方地区遭遇了 50 年罕见的长时间的低温雨雪冰冻灾害。我国南方沿海红树林受灾面积达 5000hm² 以上，造成大面积红树林不能正常开花和结果。2010 年，我国南方持续特大干旱也导致大面积的红树林不能正常生长与发育（李莎莎，2015）。

此外，大规模围填海、养殖业发展和过度捕捞等人类活动对红树林产生显著的影响（罗丹等，2013；李儒等，2017；徐晓然等，2018）（*证据量充分，一致性高*）。2000 年前海南省八门港红树林湿地受过度开发和渔业活动的影响，其面积大量减少，2000 年后受快速城市化的影响对红树林周边环境的切割使得自然廊道不断破损，周边环境的能量流动以及物质循环受到了严重影响，从而对红树林的生长环境带来了消极作用；城市污水、工农业污水同样使红树林生长的水环境遭到破坏（徐晓然等，2018）。

2. 珊瑚礁生态系统

珊瑚礁生态系统是由珊瑚虫（造礁珊瑚）分泌的碳酸钙构成珊瑚礁骨架，通过堆积、填充、胶结各种生物碎屑，经过不断积累而形成的典型生态系统。珊瑚礁生物群落是海洋中物种最丰富、多样性最高，且最富有生产力的生物群落。中国的珊瑚礁海岸，大致从台湾海峡南部开始，延伸至南海（沈国英等，2010；梁文等，2010）。

近几十年来，中国海域的珊瑚礁生态系统正面临气候变化和人类活动的影响，珊瑚礁面积快速消失，珊瑚礁生态系统总体呈衰退现象，造礁石珊瑚覆盖率明显下降（*高信度*）。据统计，我国有 38000km² 的珊瑚礁，造礁珊瑚种类约 300 种，分别占全球海洋的 13.5%和 1/3。过去 30 年来，中国大陆和海南岛的近岸珊瑚消失了 80%，而在南海的近海环礁和群岛上，在 2012 年之前的 10~15 年，珊瑚覆盖率从超过 60%下降到了 20%左右，且主要归因于人类活动的影响（Hughes et al.，2013）。例如，涠洲岛海域珊瑚礁群落整体呈现衰退迹象（*证据量充分，一致性高*）。从 20 世纪 60 年代到 21 世纪初，涠洲岛海域珊瑚礁优势种群物种数减少；曾经一直占优势的鹿角珊瑚种群出现退化；珊瑚礁属种的多形态组合变为相对简单形态组合；珊瑚礁群落生物多样性呈现衰退趋势（梁文等，2010）。涠洲岛海域活珊瑚覆盖率呈下降趋势（*证据量充分，一致性高*），北部活珊瑚覆盖率由 2005 年的 63.70%下降到 2010 年的 12.10%，东南部由 1991 年的 60.00%下降到 2010 年的 17.58%，西南部由 1991 年的 80.00%下降到 2010 年的 8.45%（王文欢等，2016）。气候变化导致的极端冷水和暖水事件对涠洲岛海域造礁珊瑚澄黄滨珊瑚的骨骼生长速率有显著影响，其平均生长速率由 1984~1996 年的 7.3 mm/a 下降为 1997~2010 年的 5.4 mm/a，下降了 26.03%（Chen et al.，2013）。

海南岛附近海域活珊瑚覆盖率总体上呈下降趋势（*证据量充分，一致性高*）。在海南文昌潮下带，2010 年气候变暖导致降水量增加，引发洪水，导致活珊瑚的覆盖面积由原来的 15.2%下降为 9.8%（Huang et al.，2014）；在海南铜鼓岭国家级自然保护区海域，2010 年洪水使大量淡水汇入珊瑚礁海域，盐度降低，导致珊瑚白化，在 2011 年死亡率增大（李元超等，2014）。三亚珊瑚礁保护区海域珊瑚覆盖率平均为 14.50%，造礁珊瑚覆盖率和总珊瑚覆盖率相近，为 14.31%，软珊瑚所占比例很小（孙有方等，2018）。三亚鹿回头风景区的珊瑚覆盖率从 20 世纪 60 年代的 80%~90%下降到如今的 21.83%（Hughes et al., 2013）。吴钟解等（2012）通过调查发现 2006~2009 年大东海、西岛、亚龙湾活珊瑚覆盖率呈现逐渐下降趋势，死珊瑚覆盖率则逐渐升高，鹿回头活珊瑚覆盖率处于较低水平，但是蜈支洲活珊瑚覆盖率保持在较高水平，死珊瑚覆盖率较低，珊瑚补充量较高。

西沙群岛造礁石珊瑚呈现退化趋势（*证据量中等，一致性高*）。研究表明，2007~2016 年永兴岛造礁石珊瑚种类数从 39 种下降到 18 种（下降率为 53.85%），北岛从 23 种下降到 17 种（26.09%），赵述岛从 46 种下降到 12 种（73.91%），西沙洲从 51 种下降到 15 种（70.59%）；造礁石珊瑚群体中分枝类下降了 59.26%，叶片状下降了 75.00%，圆盘状下降了 87.50%，团块状下降了 57.14%（李元超等，2018）。西沙生态监控区的活造礁石珊瑚覆盖率从 2005 年的 65%下降到 2009 年的 7.93%，而死造礁石珊瑚覆盖率从 2005 年的 4.70%增加到 2009 年的 72.90%；新生珊瑚的补充量越来越少，2005 年为 1.21 个/m^3，而 2009 年仅为 0.07 个/m^3（吴钟解等，2011）。

中国近海珊瑚礁对大气 CO_2 上升、海水酸化的响应问题仍存在着许多不确定因素，仍缺乏充分的研究。

3. 河口生态系统

河口地区处于海陆交界处，是海水和淡水交汇混合的水域，受到气候变化和人类的排污、围填海和捕捞等活动的叠加影响。河口生态系统是河口水域各类生物之间及其与环境形成的系统，河口地区是许多海洋经济生物的产卵场、育幼场、索饵场和重要的洄游通道，具有重要的生态价值和经济价值。

海平面上升和人类围垦活动可能导致滨海湿地面积锐减、生境退化和生物多样性下降等（*证据量充分，一致性高*）。研究显示，长江口中华绒螯蟹繁育场面积由历史上的 300 km^2 萎缩至崇明东滩 5 次大围垦之后的 56 km^2（高宇等，2017）。在近 30 年长江口平均海平面上升速率（0.26cm/a）情景下，至 2030 年，长江口滨海湿地处于轻度脆弱和中度脆弱的比例分别为 6.6%和 0.1%；至 2050 年，轻度脆弱和中度脆弱的面积比例分别增至 9.8%和 0.2%（崔利芳等，2014）。

过度捕捞、大型工程建设和生境退化使长江口及邻近海区的海洋生物群落失去恢复力和完整性，生态系统稳定性变差（*证据量充分，一致性高*）。长江口及邻近海域海洋生物多样性已显著减少，比较近 20 年的资料，长江口浮游生物种类减少 69%，底栖生物种类减少 54%，底栖生物生物量减少 88.6%（高宇等，2017）。长江口及邻近的杭州湾区域，鱼类资源小型化、低龄化趋势明显加剧。长江口渔场和舟山渔场的带鱼、凤鲚、大黄鱼和小黄鱼等传统捕捞对象近年来资源衰退严重，低龄化和小型化明显（陈云龙等，2013；王淼等，2016）。渔业资源调查物种的统计结果显示，近 20 年来，长江口及其邻近海域的渔业资源优势种发生显著变化，从原来以鱼类为主演变为甲壳类为主。2000~2002 年长江口海域各季节均以鱼类为绝对优势类群，甲壳类单季所占百分比最高为 11.2%（李建生等，2004）。2012~2013 年，甲壳类在长江口的渔获中所占比例为 40.1%~54.2%（孙鹏飞等，2015），并且长江口区生物多样性指数明显低于黄海南部和南部的舟山渔场（戴芳群等，2020）。

近年来，由于人类活动和气候变化的加剧，长江口水域生态环境发生了很大的变化，水母大量繁殖，并成为干扰长江口生态系统的主要类群（*证据量中等，一致性高*）。水母的旺发改变了海洋生物群落结构和生态系统的能量传递方式，从以硅藻—甲壳类浮游动物—鱼类为主的生态系统，转变为以甲藻—原生动物和微型浮游动物—水母为主的生态系统，从而使海洋生态系统结构和功能发生了根本性的改变，并严重影响了渔业资源的可持续利用（陈洪举和刘光兴，2010；单秀娟等，2011）。温室效应、厄尔尼诺现象以及水母主要分布区冷暖水系交汇的锋面引起的温度改变被认为是长江口水母暴发的重要原因。但由于缺乏足够的现场调查资料，对长江口水域大型水母暴发的原因和机制尚待进一步研究。

在 RCP2.6、RCP6.0 和 RCP8.5 情景下，长江口鱼类资源密度增量、底层鱼类资源密度增量随着时间推移均呈递增趋势，至 2030 年，底层鱼类资源密度增量增加，至 2050 年，底层鱼类资源密度增量显著增加，并且递增程度和增量重心分布范围随着温室气体排放的增加而扩大（RCP8.5>RCP6.0>RCP2.6）；鱼类资源密度增量重心主要分布在长江口崇明岛沿岸水域，长江口外侧水域资源密度增量相对较低，并且资源密度增量重心有向南迁移的趋势（单秀娟等，2016）。因此，随着气候的变暖和海水温度的上升，部分敏感区域鱼类数量分布空间格局将发生明显改变（*中等信度*）。渔业生态系统健康是维持渔业生物多样性、保证渔业生物生产的关键过程稳定持续。从生态环境、生物群落结构和生态系统功能三个层面对不同气候变化情景（RCP2.6、RCP6.0、RCP8.5）对长江口和黄河口渔业生态系统健康的潜在影响分析表明，2015~2050 年，长江口和黄河口渔业生态系统健康水平随着温室气体排放程度的增大而降低，即 RCP2.6 情景下健康水平最高。

16.2.4 对沿海地区防洪排涝的影响

海平面上升使沿海高潮位升高、极值水位重现期缩短、潮流与波浪作用增强，导致沿海防护、水利、港口等工程设施的设计标准降低、功能下降，加剧了洪涝灾害的威胁程度，严重影响沿海地区防洪排涝能力（国家海洋局，2017）。由于沿海海平面上升，到 21 世纪中叶，长江口沿岸低海拔地区，如上海市的大部分地区将位于沿海高潮线以下（Kopp et al.，2014；Kulp and Strauss，2019）（*证据量中等，一致性高*）。近几十年来，中国沿海海平面的持续上升抬高了风暴潮增水的基础水位。因此，风暴增水同时叠加高海平面和天文大潮，极易形成灾害性高潮位，并加重致灾程度（Feng and Tsimplis，2014；自然资源部，2019，2020，2021；国家海洋信息中心，2019b）（*高信度*）。例如，2018 年 8 月，浙江沿海处于季节性高海平面期，海平面较常年高 258 mm，为 1980 年以来同期第三高。台风"摩羯"于 12 日登陆浙江温岭沿海，期间恰逢天文大潮，高海平面和天文大潮加剧灾害影响（自然资源部，2019）。上海现有海堤的防护标准多为 100~200 年一遇，2100 年海平面预计上升 0.56m 情景下（RCP4.5），海堤的防护标准将降为不足 20 年一遇（国家海洋信息中心，2019a，2019b）。预估表明，在海平面的持续上升情景下，珠江三角洲沿海现有海堤的防护标准将明显降低。例如，2030 年相对于 1999 年防护标准在影响较大区将降低半个等级，在影响最大区将降低一个半等级，受影响的海堤长度为 2608km，维护工作量为 $1752×10^4m^3$（黄振国等，1999）。海平面上升叠加极端风暴潮引发的 100 年一遇极值水位，到 2050 年，将导致杭州湾沿海低海拔风险区面积达到 $14300\ km^2$，因此，海堤等沿海防护工程的防御设计标准对保护沿海地区的安全至关重要（Feng and Tsimplis，2014）。

沿海城市排水因海水顶托而受到影响，海平面上升使城市排水状况进一步恶化，特别在台风、暴雨期间，高海平面和风暴增水叠加，排水受阻，形成严重的内涝灾害（*证据量充分，一致性高*）。2013 年 10 月，浙江沿海海平面较常年异常偏高，强台风"菲特"在 7 日影响浙江沿海，高海平面、天文大潮和风暴增水三者叠加，造成浙江沿海地区行洪困难，内涝严重，经济损失约 449 亿元，受灾人口近 666 万人（国家海洋局，2014），其中余姚市是受灾最严重的地区之一，"菲特"影响期间全城 70%地区被淹（廖克武等，2014），大部分地区内涝达到 5 天以上，部分地区内涝超过 7 天（周福等，2014）。

16.3　海洋和海岸带的关键风险

16.3.1　极端事件与灾害趋势

本节主要关注对中国近海区域影响严重的几种极端事件，包括（超）强台风、风暴潮和海洋热浪等致灾因子。

全球变暖可能导致西北太平洋（超）强台风的数量增加，强度增大，达到最大强度的位置或登陆地点北移（*高信度*）（Kossin et al.，2014；Zhang et al.，2016a；Nakamura et al.，2017）。登陆中国大陆的（超）强台风数量将会增加，强度将进一步加强，并且，中国海岸带和近海中高纬度区域也将暴露在强台风之下（*证据量充分，一致性高*）（Kossin et al.，2016；Mei and Xie，2016）。由台风引起的风暴潮和极端海浪频率和强度也将进一步增大，这将可能对中国近岸海域港口工程、养殖设备等基础设施造成影响（Feng and Tsimplis，2014）。

在海平面上升的背景下，台风、风暴潮、极端降水和径流叠加影响下的滨海城市洪涝危险性显著增大（*证据量充分，一致性高*）。以上海为例，1997 年 11 号台风"Winnie"登陆浙江台州时适逢天文大潮，上海吴淞站瞬时极值水位达到 587cm（相对于当地平均海平面，百年一遇），台风和风暴潮灾害造成了上海和浙江等地共计超过 300 人死亡，直接经济损失超过 200 亿人民币（Xian et al.，2018）。未来在海平面上升叠加台风风暴潮影响的情景下，吴淞站百年一遇的极值水位发生频率显著增大。例如，在 RCP8.5 情景下，百年一遇极值水位发生频率到 20 世纪 50 年代将会提高 40%，最大淹没深度和淹没面积也将提高 17%和 40%（Yin et al.，2013）。到 21 世纪末，我国许多滨海城市当前百年一遇的极值水位，重现期几乎都将缩短至 20 年一遇及以下，其中，大连、青岛、上海和厦门等城市海岸极值水位重现期很可能缩短为（或低于）1 年一遇（RCP 8.5）（Kopp et al.，2014；Kulp and Strauss，2019；Oppenheimer et al.，2019；蔡榕硕和谭红建，2020；许炜宏和蔡榕硕，2021，2022），极端灾害事件危险性（强度-频率）的加强将会进一步导致灾害损失增加（蔡榕硕和许炜宏，2022）。未来在全球升温 2.5℃时，由台风引起的西北太平洋灾害损失可能增加近 30%（Ranson et al.，2014）。

气候变暖背景下，中国近海，尤其是中纬度的东中国海区将会是升温最显著的区域之一，部分海区升温幅度可能会超过 4℃（*证据量中等，一致性高*）（黄传江等，2014；宋春阳等，2016；谭红建等，2016）。海洋变暖将导致海洋热浪的出现更频繁、范围更广、强度更大、持续时间更久（*证据量中等，一致性高*）。基于多模式的预估结果，Frölicher 和 Laufkötter（2018）指出未来当全球平均温度上升 1.5℃时，海洋热浪发生的频率将是当前（1982~2016 年）的 16 倍，如果温度升高 3.5℃，这一频率将提高至 41 倍。海洋热浪会对海洋生物及生态系统带来十分严重的后果，如珊瑚白化等（Hughes et al.，2017；Perry and Morgan，2017）。

16.3.2　脆弱性

本小节采用 IPCC AR5 有关气候变化综合风险的概念（IPCC，2014），例如，自然和社会系统（承灾体）的脆弱性是指其易受气候变化等致灾因子不利影响的倾向或习性，而容易受到损害的一种状态，是由承灾体的敏感性和适应性等关键要素共同作用的结果（Ekstrom et al.，2015；Ding et al.，2019）。极端事件影响的严重性，以及能否构成灾害，不仅取决于极端事件本身的严重程度，还很大程度上取决于暴露度和脆弱性水平。暴露度是指气候变化致灾因子发生时的不利影响范围与承灾体分布在空间上的交集（秦大河等，2015）。敏感性是指承灾体在面对气候变化致灾因子和人类活动扰动时，易于感受的内在属性（性质），反映了承灾体能承受扰动的程度。适应性是指承灾体面对多种气候变化和人类活动扰动时的应对能力，以及受损后的恢复能力。

近几十年来，在气候变化和人类活动的双重胁迫下，我国近海和海岸带生态系统面临的气候脆弱性愈加凸显（*高信度*）。主要表现在以下几方面：首先，近几十年来，随着中国近海的显著变暖、海平面的持续上升，极端气候事件，如超强台风、海洋热浪等趋繁趋强，使得沿海的高潮位升高，极值水位重现期缩短，且潮流与波浪作用增强，这导致沿海防护、水利、港口等工程设施的设计标准降低、功能下降；也使得气候驱动因子的不利影响与我国海洋和海岸带不同承灾体系统的交集增加，即暴露度呈现出上升的趋势（*高信度*）。其次，人类的陆源排污、围填海及过度捕捞等活动的加剧使得我国近海和海岸带的生态系统长期处于不健康或亚健康状态，因而我国海洋和海岸生态系统的气候敏感性愈发突出（*高信度*），具体表现为我国大陆人工岸线增加迅速，近岸水体的富营养化、低氧区和酸化加剧，滨海湿地面积锐减、生境退化严重和生物多样性下降明显；并且，近岸的赤潮、绿潮等生态灾害频繁发生，珊瑚礁生态系统退化明显，海洋生物资源分布格局变化显著，许多重要经济种的渔业资源趋于枯竭，传统经济种类已不能形成鱼汛。此外，中国沿海部分地区地面高程较低，是自然灾害多发的易灾区。沿海城市排水因海水顶托而受到影响，海平面上升后，使城市排水状况进一步恶化，特别是在台风、暴雨期间，高海平面和风暴增水叠加，排水受阻，形成严重的内涝灾害（国家海洋局，2018）。在海平面上升背景下，台风风暴增水叠加高天文大潮，形成灾害性的高潮位，引起沿海地区严重的洪涝灾害不断出现。

自然生态系统和沿海经济社会的暴露度和脆弱性随不同的时间和空间尺度动态变化，并取决于经济、社会、地理、人口、文化、体制、管理和环境因素（IPCC，2012）。我国沿海地区是我国经济最为发达、人口最为稠密、社会财富高度集中的地区，沿海省（自治区、直辖市）以13.3%土地承载了全国43.4%的人口和57.4%的GDP（国家统计局，2018）。密集的人口和经济布局，将增加其在海岸带灾害中的暴露度和脆弱性。虽然我国近年来积极采取各种应对措施，如在近海和海岸带采取设立自然保护区、休渔季节和生态红线制度等应对措施，加强应对极端气候灾害事件影响的能力，但从沿海地区频繁发生的洪涝灾害灾情看，我国在灾害的应急体系、预测预警方面仍存在不足，防洪标准和技术有待及时更新等。例如，自2000年以来，超强台风、风暴潮和赤潮等致灾事件的发生频次呈显著增加趋势，且2016~2018年，中国沿海地区的SST和气温不断出现有记录以来的最高值，并造成海洋经济的巨大损失，每年各类海洋灾害总损失仍高达百亿元量级（年均直接经济损失约120亿元），其中，2005年总损失达到最高，约332亿元，这与致灾事件的强度以及各致灾事件、灾种的叠加放大效应有密切关系（*证据量充分，一致性高*）。（齐庆华等，2019）。见图16.9。简言之，我国海洋和海岸带系统适应气候变化能力仍然十分不足。

综上所述，我国海洋和海岸带系统处于较高的气候暴露度，且由于近几十年来人类活动的剧烈影响，以及适应能力的不足（*高信度*），因此，在气候变化和人类活动双重胁迫下，我国海洋和海岸带系统处于较脆弱的状态，沿海地区经济社会的可持续发展和气候安全有待加强。

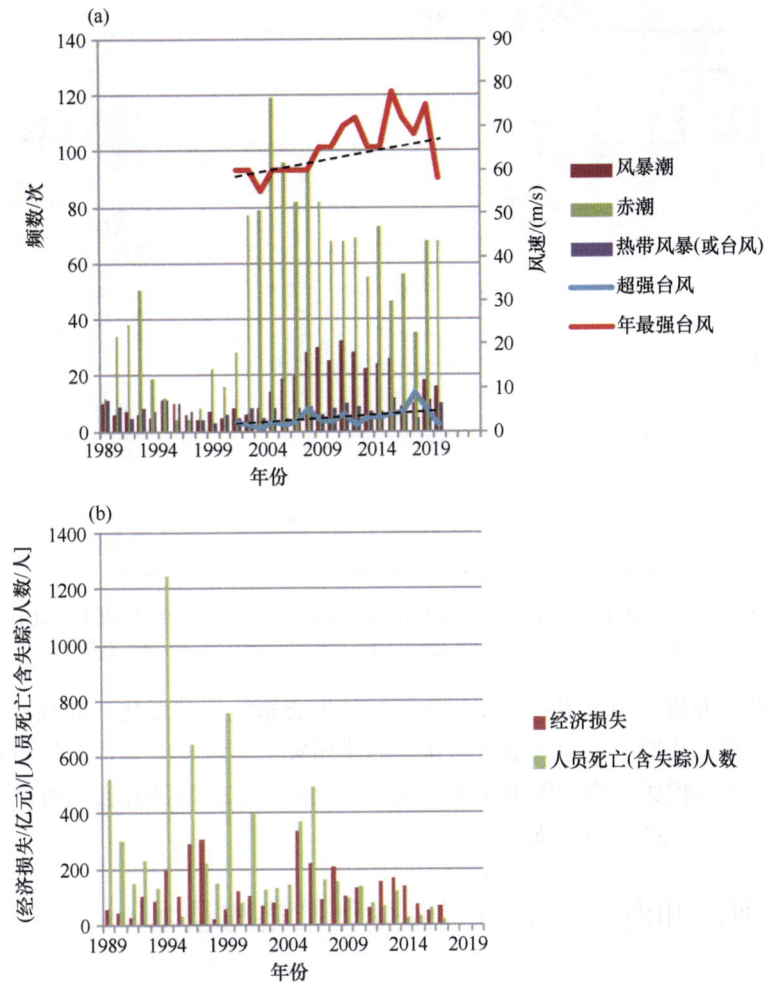

图 16.9 近 30 年来影响我国沿海的热带风暴（或台风）、风暴潮和赤潮致灾事件频次及
海洋灾害总体经济损失（齐庆华等，2019）

16.3.3 关键风险

基于 IPCC AR5 气候变化风险核心概念，本节形成了中国海洋和海岸带系统的气候变化综合风险框架，如图 16.10 所示。当自然和社会系统（承灾体）处于气候变化致灾因子高危险（害）性、高暴露度和脆弱性时，潜在的风险被认为是关键的，包括不可逆或大幅度的影响、持续的暴露度和脆弱性、适应影响和风险的潜力有限（IPCC，2014）。

基于 16.1 节和 16.2 节的分析，由不同气候情景下未来中国近海的 SST、海平面变化预估可见，如在不同气候情景下，中国近海将继续显著变暖，海平面也将持续上升，强台风和极端高海温/海洋热浪将趋于频繁，且由于海洋和海岸带系统的暴露度和脆弱性相对较高，其适应气候变化的能力仍有限。在不同气候情景下（RCP4.5、RCP8.5），相对于 1986~2005 年平均，到 2100 年东海海平面分别上升 33~84cm、47~122cm，南海海平面分别上升 34~79cm、49~109cm（见第一部分第 7 章，图 7.11）；并且，登陆中国的强台风数量可能更多，强度更强，登陆位置向北迁移。因此，我国海洋和海岸带系统面临较高的风险，其中关键风险主要表现：在海洋持续变暖和人类活动干扰影响下，海洋和海岸带生态系统结构的变化与服务功能的损失存在较高风险，包括海洋生物资源分布格局的剧烈变化，海洋生态灾害趋频

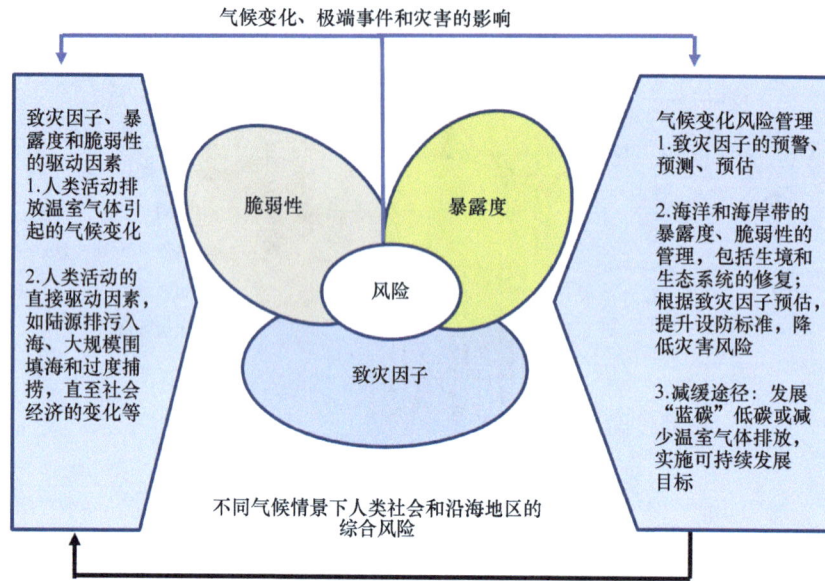

图 16.10　中国海洋和海岸带的气候变化综合风险概念图（修改自 IPCC，2014）
气候变化综合风险来自气候变化致灾因子与海洋和海岸带系统的相互作用

趋重，近海渔业资源进一步衰退，珊瑚礁和红树林生态系统持续退化；并且，在海平面持续上升和强台风趋繁的影响下，沿海地区百年一遇洪涝灾害重现期缩短，海岸带存在海水（咸潮）入侵加重、海岸侵蚀加剧和湿地生境丧失，以及沿海地区经济社会的可持续发展缺乏上述海洋和海岸带生态系统的有力支撑。

16.4　海洋和海岸带适应气候变化策略与技术

16.4.1　适应策略

近年来，我国已将海岸带及沿海地区列为适应气候变化的四大重点区域之一（国务院，《中国应对气候变化国家方案》），我国颁布了《关于海洋领域应对气候变化有关工作的意见》，提出了加大海洋开发活动的规划和监管力度，切实提高海洋环境观测预警和检测能力，全面推进海洋保护区建设管理和海洋生态建设，以及完善有关组织领导、制度建设和公众宣传。并且，为系统深入认识海洋和海岸带的主要气候变化影响和关键风险，我国不断加强应对气候变化的科学研究、灾害抵御和工程防护等工作。"十三五"期间实施"海洋环境安全保障"、国家重点研发计划"全球变化及应对"和"典型脆弱生态修复与保护研究"重点专项等，开展了气候变化对海岸带和沿海地区的影响、脆弱性和综合风险评估；积极开展了海平面变化影响调查及评估、海洋防灾减灾和风险防范工作；编制了国家和地方的防灾减灾和工程防护规划，构建了多层级海洋气候变化风险防范体系，实施"蓝色海湾""南红北柳""生态岛礁"三大生态修复工程；加强了海岸带和沿海地区适应海平面上升的基础防护能力建设，建立了防台风和风暴潮的应急机制。

鉴于海洋和海岸带系统的脆弱性和气候风险较突出，如不采取有效的适应措施，气候变化所造成的损失将进一步加大（*高信度*）。特别是，在不同气候情景（RCP2.6、RCP8.5）下，到 21 世纪末，全球和中国海洋将有较显著的升温，其中，东中国海未来的升温尤为显著，可能成为全球升温最高的海域之一（Tan et al.，2020）；全球海平面相对于 1986~2005 年平均将分别上升约 0.43 m（0.29~0.59 m）和 0.84 m（0.61~1.10 m）（Oppenheimer et al.，2019；蔡榕硕和谭红建，2020）（*中等信度*），这将进一步抬升沿海发生极值水位的基础高度。在 RCP8.5 情景下，当前沿海地区较少发生的百年一遇极值水位事件将变为一年一遇或更频繁（*高信度*）（Oppenheimer et al.，2019；蔡榕硕和谭红建，2020；许炜宏和蔡榕硕，2021，2022）。沿海地区极易受到海平面上升和台风-风暴潮影响的低海拔区域面积达 126000 km^2，将面临更严峻的气候变化的影响与风险。例如，如果仅保持当前的适应能力，到 2050 年，我国有 5 个沿海城市（广州市、深圳市、天津市、湛江市和厦门市）因洪涝灾害影响的年均经济损失将位于全球 20 个损失最多的沿海城市之列（Hallegatte et al.，2013）；到 2100 年，上海市、广州市和天津市因海岸洪水灾害引起的社会经济损失风险将位于我国滨海城市的前列（蔡榕硕和许炜宏，2022）。因此，亟须提升沿海地区应对海平面上升影响和风险的能力。为此，需要加强对气候变化影响和风险的认知，并采取积极有效的适应与防范措施。

（1）加强"陆海统筹"，严控围填海、污染物排海和过度捕捞，降低近岸海域富营养化，降低生态灾害的发生频次，提高海洋生态系统的健康；加强海洋保护区和相关机制的建设，依据海洋和海岸带物候的变化，采取动态的保护区和休渔时间；基于自然的解决方案和遵循"自然恢复为主，人工干预为辅"的原则，修复受损的暖水珊瑚礁和红树林等典型海岸带生态系统，以增强海岸带生态系统适应气候变化的韧性和恢复力。

（2）在沿海地区发展规划和重大工程建设中，加强重大气候灾害综合风险的评估，提高海岸工程和重大工程的设计标准；加强海岸地区极端天气气候致灾事件的监测和影响调查以及早期预警系统的建设，加高加固海岸防潮和防洪排涝工程等海岸地区"软、硬"措施的建设；加强河口区径流和海平面变化监测，采取"削峰补谷，以淡压咸"的流域水资源调控措施，保障河口区上游用水安全，减缓海平面上升的影响。

16.4.2　适应技术

海岸带及沿海地区是我国适应气候变化的四大重点领域之一，以生态工程为核心理念构建和管理我国海岸防护体系，才能起到保障社会经济发展和维持生态健康的最佳效果（张华等，2015）。从海洋可持续发展角度出发，建立一体化的海岸带综合管理体制（洪华生等，2003；仇天宇，2010），在海洋和海岸带生态修复方面，应采取自然恢复为主与人工干预为辅相结合的生态平衡修复方式（姜中鹏等，2006；唐迎迎等，2018）。对于沿海灾害频繁发生的区域，应采取主动减灾策略，尽量避免建造大型基础设施和居民社区、大量采集沙滩泥沙、围海造地建立大型海岸建筑等（尤再进，2016）。在滨海旅游等行业部门主张"以私营部门为参与主体，发挥政府引导作用和行业协会组织能力"，构建多主体参与的气候变化应对策略（朱璇和刘明，2016）。

近年来，围绕气候变化影响评估标准与风险评估技术体系构建，初步建立了适应气候变化及风险综合管理体系，集成了综合减灾关键技术、风险规避与防御技术以及决策支持系统，推动了海洋脆弱区的适应技术体系构建、应用示范及保障能力建设，积极提高预测预警、预估能力等防灾减灾的技术水平，不断加强海洋生态系统的保护和恢复技术研发，降低海岸带生态系统的脆弱性，修订和改进防护工程技术和标准体系（于良巨等，2014；彭飞等，2018；蒋兴伟等，2018；王丽荣等，2018；左其华等，2015）。

然而，气候变化适应机理研究仍较薄弱（李阔等，2016；何霄嘉等，2017），需继续推进预测预警、风险评价和减灾防御等关键适应技术的研发。完善海洋环境精细化监测，完善国家海洋立体监测网体系，逐步建立和完善气候变化风险防范体系，包括增进沿海地区流域水文、验潮站等观测数据共享；加强近岸灾害风险气候模式的建设，提升海平面上升影响和风险的预估能力；加强海洋监测和预报技术、海洋生态保护技术和海岸带管理技术研究，开展近海固碳能力、碳捕获和碳埋藏技术的研发等；完善海岸带和相关海域的海平面变化和海洋灾害监测系统，重点加强风暴潮、海浪、海冰、赤潮、咸潮、海岸带侵蚀等海洋灾害的立体化监测和预报预警能力，强化应急响应服务能力。

16.5　存在问题与优先领域

16.5.1　存在问题

我国海洋和海岸带受到气候变化和人类活动的双重影响，其中，污染物排海、大规模围填海、过度捕捞等人类活动加剧了海洋和海岸带的脆弱性，提高了气候变化的综合风险。对于气候变化背景下海洋和海岸带的变化事实、机理及影响归因等方面的认识仍存在巨大的缺口。为此，本章提出以下今后研究工作的优先领域。

16.5.2　优先领域

开展气候变化背景下海洋和海岸带致灾影响因子变化的研究，包括研究气候变化下中国沿海海平面季节变化，未来强台风、风暴潮等极端事件的演变，不同气候情景下未来海洋环境与资源格局的变化；为研究不同气候情景下未来海洋和海岸带系统的暴露度和脆弱性的演变，亟须开展海洋生物生态和资源环境的长期观测和研究；同时，从自然科学和社会科学的角度出发，基于海洋和海岸带自然生态系统，开展降低海洋和海岸带系统脆弱性和综合风险的研究，并针对脆弱性特征，开展以"自然恢复为主、人工干预为辅"为原则的修复工作，提高海洋和海岸带系统的恢复力，从而为应对气候变化和防灾减灾服务。

参 考 文 献

鲍献文, 乔璐璐, 于华明, 等. 2008. 福建省海湾围填海规划水动力影响评价. 北京: 科学出版社.

毕洪生, 孙松, 高尚武, 等. 2000. 渤海浮游动物群落生态特点 I . 种类组成与群落结构. 生态学报, 20(5): 715-721.

卜晓东, 万瑞景, 金显仕, 等. 2018. 近 30 年渤海鱼类种群早期补充群体群聚特性和结构更替. 渔业科学进展, 39(2): 1-15.

蔡莉. 2012. 中国新东部海洋渔业资源人口承载力研究(2010—2020). 北京: 中国社会科学出版社.

蔡立哲, 李新正, 王金宝, 等. 2012a. 东海底栖动物//孙松. 中国区域海洋学-生物海洋学. 北京: 海洋出版社: 269-285.

蔡立哲, 李新正, 王金宝, 等. 2012b. 南海底栖动物//孙松. 中国区域海洋学-生物海洋学. 北京: 海洋出版社: 400-426.

蔡榕硕, 付迪. 2018. 全球变暖背景下中国东部气候变迁及其对物候的影响. 大气科学, 42(4): 729-740.

蔡榕硕, 齐庆华, 谭红建. 2016. 中国海区域的气候变化影响与适应. 气候变化绿皮书: 应对气候变化报告. 北京: 社会科学文献出版社.

蔡榕硕, 齐庆华, 张启龙. 2013. 北太平洋西边界流的低频变化特征. 海洋学报, 35(1): 9-14.

蔡榕硕, 谭红建. 2020. 海平面加速上升对低海拔岛屿、沿海地区及社会的影响和风险. 气候变化研究进展, 16(2): 163-171.

蔡榕硕, 许炜宏. 2022. 未来中国滨海城市海岸洪水灾害的社会经济损失风险. 中国人口·资源与环境, DOI: 10.12062/cpre.20220505.

陈洪举, 刘光兴. 2010. 夏季长江口及邻近海域水母类生态特征研究. 海洋科学, 34(4): 17-24.

陈琳琳, 王全超, 李晓静, 等. 2016. 渤海南部海域大型底栖动物群落演变特征及原因探讨. 中国科学: 生命科学, 46: 1121-1134.

陈美榕, 吕忻, 肖文军. 2014. 海沿海潮汐特征相应海平面上升关系研究. 海洋预报, 31(1): 42-48.

陈特固, 黄博金, 杨超莲, 等. 2013. 广东省海平面变化的过去和未来. 广东气象, 35(2): 8-13.

陈小勇, 林鹏. 1999. 我国红树林对全球气候变化的响应及其应用. 海洋湖沼通报, (2): 11-17.

陈永利, 王凡, 白学志, 等. 2004. 东海带鱼(*Trichiurus haumela*)渔获量与邻近海域水文环境变化的关系. 海洋与湖沼, 35(5): 404-412.

陈云龙. 2014. 黄海鳀鱼种群特征的年际变化及越冬群体的气候变化情景分析. 青岛: 中国海洋大学.

陈云龙, 单秀娟, 戴芳群, 等. 2013. 东海近海带鱼群体相对资源密度、空间分布及其产卵群体的结构特征. 渔业科学进展, 34(4): 8-15.

陈宗镛, 左军成, 田晖. 1996. 关于平均海面变化研究的若干问题. 中国海洋大学学报(自然科学版), (4): 75-78.

崔利芳, 王宁, 葛振鸣, 等. 2014. 海平面上升影响下长江口滨海湿地脆弱性评价. 应用生态学报, 25(2): 553-561.

代稳, 吕殿青, 李景保, 等. 2016. 气候变化和人类活动对长江中游径流量变化影响分析. 冰川冻土, 38(2): 488-497.

戴芳群, 朱玲, 陈云龙. 2020. 黄、东海渔业资源群落结构变化研究. 渔业科学进展, 41(1), 1-10.

戴天元. 2004. 福建海区渔业资源生态容量和海洋捕捞业管理研究. 北京: 科学出版社.

狄乾斌, 韩增林. 2008. 大连市围填海活动的影响及对策研究. 海洋开发与管理, 25(10): 122-126.

丁平兴. 2020. 气候变化对海岸带的影响//《第一次海洋与气候变化科学评估报告》编著委员会. 第一次海洋与气候变化科学评估报告(二). 北京: 海洋出版社.

丁张巍, 黎伟标, 温之平, 等. 2010. 近 50 年来南海海面蒸发量的时空变化特征分析. 热带海洋学报, 29(6): 34-45.

董剑希, 李涛, 侯京明. 2016. 福建省风暴潮时空分布特征分析. 海洋通报, 35(3): 331-339.

都金康, 史运良. 1993. 未来海平面上升对江苏沿海水利工程的影响. 海洋与湖沼, 24(3): 279-285.

杜波, 方陆乡, 林广. 2006. 控制陆源污染, 保护海洋环境. 环境保护, (20): 60-63.

杜明敏, 刘镇盛, 王春生, 等. 2013. 中国近海浮游动物群落结构及季节变化. 生态学报, 33(17): 5407-5418.

杜岩, 王东晓, 施平, 等. 2004. 南海障碍层的季节变化及其与海面通量的关系. 大气科学, 28(1): 101-111.

杜岩, 张玉红, 施建成. 2019. 海洋表面盐度与海洋环流和气候变化的关系. 中国科学: 地球科学, 49(5): 17-29.

范锦春等. 1994. 海平面上升对珠江三角洲水环境的影响//中国科学院地学部编. 海平面上升对中国三角洲地区的影响与对策. 北京: 科学出版社.

方国洪, 郑文振, 陈宗镛, 等. 1986. 潮汐和潮流的分析和预报. 北京: 海洋出版社.

方国华, 钟淋涓, 苗苗. 2008. 我国城市防洪排涝安全研究. 灾害学, 23(3): 119-123.

付迪, 蔡榕硕. 2017. 热带西太平洋海表盐度的变化特征及其对淡水通量的响应. 应用海洋学学报, 36(4): 466-473.

付青, 吴险峰. 2006. 我国陆源污染物入海量及污染防治策略. 中央民族大学学报(自然科学版), 15(3): 213-217.

傅秀梅, 王亚楠, 邵长伦, 等. 2009. 中国红树林资源状况及其药用研究调查 II. 资源现状、保护与管理. 中国海洋大学学报(自然科学版), 39: 705-711.

高义. 2013. 中国大陆海岸线近 30 a 的时空变化分析. 海洋学报, 35(6): 31-42.

高宇, 章龙珍, 张婷婷, 等. 2017. 长江口湿地保护与管理现状、存在的问题及解决的途径. 湿地科学, 15(2): 302-308.

葛宝明, 郑祥, 程宏毅, 等. 2007. 灵昆岛围垦滩涂潮沟大型底栖动物群落和物种生态位分析. 水生生物学报, 31(5): 675-681.

郭海峡, 蔡榕硕, 谭红建. 2016. 基于 DINEOF 方法重构台湾海峡叶绿素 a 遥感缺失数据的初步研究. 应用海洋学学报, (4): 550-558.

国家海洋局. 2014. 2013 年中国海平面公报. 北京: 国家海洋局.

国家海洋局. 2018. 2017 年中国海平面公报. 北京: 国家海洋局.

国家海洋信息中心. 2019a. 2019 年中国气候变化海洋蓝皮书. 天津: 国家海洋信息中心.

国家海洋信息中心. 2019b. 中国沿海海平面上升影响专题评估报告. 北京: 海洋出版社.

国家统计局. 2010. 第六次全国人口普查主要数据公报(第二号). 北京: 国家统计局.

国家统计局. 2018. 2018 年中国统计年鉴. 北京: 中国统计出版社.

何霄嘉, 郑大玮, 许吟隆. 2017. 中国适应气候变化科技进展与新需求. 全球科技经济瞭望, 32(2): 58-65.

洪华生, 丁原红, 洪丽玉, 等. 2003. 我国海岸带生态环境问题及其调控对策. 环境工程学报, 4(1): 89-94.

侯西勇, 毋亭, 侯婉, 等. 2016. 20 世纪 40 年代初以来中国大陆海岸线变化特征. 中国科学: 地球科学, 46(8): 1065-1075.

黄邦钦, 胡俊, 柳欣, 等. 2011. 全球气候变化背景下浮游植物群落结构的变动及其对生物泵效率的影响. 厦门大学学报(自然科学版), 50(2): 402-410.

黄传江, 乔方利. 2015. 基于 CMIP5 模式的南海海平面未来变化预估. 海洋学报, 34(3): 31-41.

黄传江, 乔方利, 宋亚娟, 等. 2014. CMIP5 模式对南海 SST 的模拟和预估. 海洋学报, (1): 38-47.

黄日增, 邓颂征. 2008. 海平面上升对珠海市用地规划和排水工程的影响及对策研究. 广东科技, (16): 53-54.

黄振国, 张伟强, 赖冠文. 1999. 珠江三角洲海平面上升对堤围防御能力的影响. 地理学报, 54(6): 518-525.

黄梓荣, 王跃中. 2009. 北部湾出现苏门答腊金线鱼及其形态特征. 应用海洋学学报, 28(4): 516-519.

贾国东, 彭平安, 傅家谟. 2002. 珠江口近百年来富营养化加剧的沉积记录. 第四纪研究, 22(2): 158-165.

贾明明. 2014. 1973~2013 年中国红树林动态变化遥感分析. 长春: 中国科学院东北地理与农业生态研究所.

姜中鹏, 刘宪斌, 曹佳莲. 2006. 海岸带湿地生态系统破坏原因及修复策略. 海洋信息, (3): 14-15.

蒋磊明, 陈波, 邱绍芳. 2009. 围填海工程对防城港湾及其周边水动力条件环境变化的影响分析. 广西科学院学报, 25(2): 116-118.

蒋兴伟, 林明森, 张有广, 等. 2018. 海洋遥感卫星及应用发展历程与趋势展望. 卫星应用, (5): 10-18.

鞠培龙. 2014. 台湾海峡及其邻近海域四种底层及近底层鱼类生态学特征变化的研究. 厦门: 厦门大学.

匡翠萍, 汤俐, 陈维, 等. 2016. 海平面上升对长江口波浪影响的预测与分析. 同济大学学报(自然科学版), 44(9): 1377-1383.

李继姬, 郭宝英, 吴常文. 2011. 浙江海域曼氏无针乌贼资源演变及修复路径探讨. 浙江海洋学院学报(自然科学版), 30(5): 381-385.

李建生, 程家骅. 2005. 长江口水域主要渔业生物资源状况的分析. 南方水产, (2): 21-25.

李建生, 李圣法, 任一平, 等. 2004. 长江口渔场渔业生物群落结构的季节变化. 中国水产科学, 11(5): 432-439.

李建生, 凌建忠, 程家骅. 2014. 中国海域两种大型食用水母利用状况分析及沙海蜇资源量评估. 海洋渔业, 36(3): 202-207.

李九奇, 聂小杰, 叶昌臣, 等. 2012. 基于 Bayes 方法的渤海渔业资源动态评析. 自然资源学报, 27(4): 643-649.

李阔, 何霄嘉, 许吟隆, 等. 2016. 中国适应气候变化技术分类研究. 中国人口·资源与环境, 26(2): 18-26.

李荣冠, 江锦祥, 郑成兴, 等. 2006. 底栖动物//唐启升. 中国专属经济区海洋生物资源与栖息环境. 北京: 科学出版社.

李儒, 朱博勤, 童晓伟, 等. 2017. 2002~2013 年海南东寨港自然保护区湿地变化分析. 国土资源遥感, 29(3): 149-155.

李莎莎. 2015. 海平面上升影响下广西海岸带红树林生态系统脆弱性评估. 上海: 华东师范大学.

李涛, 刘胜, 王桂芬, 等. 2010. 2004 年秋季南海北部浮游植物组成及其数量分布特征. 热带海洋学报, 29(2): 65-73.

李文君, 于青松. 2013. 我国围填海历史、现状与管理政策概述. 国土论坛, (1): 36-38.

李文善, 左常圣, 王慧, 等. 2019. 中国主要入海河口咸潮入侵变化特征. 海洋通报, 38(6): 650-655.

李晓玺, 袁金国, 刘夏菁, 等. 2017. 基于 MODIS 数据的渤海净初级生产力时空变化. 生态环境学报, 26(5): 785-793.

李新正. 2011. 我国海洋大型底栖生物多样性研究及展望: 以黄海为例. 生物多样性, 19(6): 676-684.

李新正, 刘录三, 李宝泉. 2010. 中国海洋大型底栖生物-研究与实践. 北京: 海洋出版社.

李元超, 陈海洲, 郑新庆, 等. 2014. 海南铜鼓岭国家级自然保护区海域珊瑚的分布及其健康状况评价. 应用海洋学学报, (4): 539-545.

李元超, 陈石泉, 郑新庆, 等. 2018. 永兴岛及七连屿造礁石珊瑚近 10 年变化分析. 海洋学报, 40(8): 97-109.

李忠炉. 2011. 黄渤海小黄鱼、大头鳕和黄鮟鱇种群生物学特征的年际变化. 北京: 中国科学院研究生院.

李忠炉, 金显仕, 张波, 等. 2012. 黄海大头鳕(Gadus macrocephalus)种群特征的年际变化. 海洋与湖沼, 43(5):

924-931.

梁海萍, 梁海燕, 陈海南, 等. 2017. 1991~2013 年发生在西沙永兴岛的台风风暴潮统计特征分析. 应用海洋学报, 36(2): 243-248.

梁铄. 2018. 中国海洋捕捞业生产的理论与实证研究. 北京: 经济管理出版社.

梁文, 黎广钊, 张春华, 等. 2010. 20 年来涠洲岛珊瑚礁物种多样性演变特征研究. 海洋科学, 34(12): 78-87.

梁玉波. 2012. 中国赤潮灾害调查与评价. 北京: 海洋出版社.

廖克武, 丁晓光, 潘池泓, 等. 2014. 台风"菲特"引发的浙江余姚地质灾害类型与特征分析. 中国地质灾害与防治学报, 25(2): 130-135.

林更铭, 杨清良. 2011. 全球气候变化背景下台湾海峡浮游植物的长期变化. 应用与环境生物学报, 17(5): 615-623.

林磊, 刘东艳, 刘哲, 等. 2016. 围填海对海洋水动力与生态环境的影响. 海洋学报, 38(8): 1-11.

林楠. 2010. 舟山地区红树植物秋茄移植技术研究. 舟山: 浙江海洋学院.

凌建忠, 李圣法, 严利平. 2006. 东海区主要渔业资源利用状况的分析. 海洋渔业, 28(2): 111-116.

刘春蓁, 刘志雨, 谢正辉. 2004. 近 50 年海河流域径流的变化趋势研究. 应用气象学报, 15(4): 385-393.

刘海娇, 傅文诚, 孙军. 2015. 2009—2011 年东海陆架海域网采浮游植物群落的季节变化. 海洋学报, 37(10): 106-122.

刘静, 宁平. 2011. 黄海鱼类组成、区系特征及历史变迁. 生物多样性, 19(6): 764-769.

刘凯, 段金荣, 徐东坡, 等. 2012. 长江口刀鲚鱼汛特征及捕捞量现状. 生态学杂志, 31(12): 3138-3143.

刘录三, 李新正. 2002. 东海春秋季大型底栖动物分布现状. 生物多样性, 10(4): 351-358.

刘录三, 田自强, 等. 2008. 长江口及毗邻海域大型底栖动物的空间分布与历史演变. 生态学报, 28(7): 3027-3034.

刘明, 席小慧, 雷利元, 等. 2013. 锦州湾围填海工程对海湾水交换能力的影响. 大连海洋大学学报, 28(1): 111-114.

刘仁沿, 付云娜, 关道明. 2004. HPLC 分析检测我国沿海双壳贝类体内赤潮毒素. 海洋环境科学, 23(1): 70-72.

刘晓收, 赵瑞, 华尔, 等. 2014. 莱州湾夏季大型底栖动物群落结构特征及其与历史资料的比较. 海洋通报, (3): 283-292.

刘笑笑, 王晶, 徐宾铎, 等. 2017. 捕捞压力和气候变化对黄渤海小黄鱼渔获量的影响. 中国海洋大学学报: 自然科学版, 47(8): 58-64.

刘允芬. 2000. 气候变化对我国沿海渔业生产影响的评价. 中国农业气象, 21(4): 1-5, 28.

刘尊雷, 陈诚, 袁兴伟, 等. 2018. 基于调查数据的东海小黄鱼资源变化模式及评价. 中国水产科学, 25(3): 632-641.

刘尊雷, 袁兴伟, 杨林林, 等. 2015. 气候变化对东海北部外海越冬场渔业群落格局的影响. 应用生态学报, 26(3): 901-911.

吕瑞华, 夏滨, 李宝华, 等. 1999. 渤海水域初级生产力 10 年间的变化. 黄渤海海洋学报, 17(3): 80-86.

罗丹, 李正会, 王德智, 等. 2013. 海口市东寨港红树林面积动态变化分析. 林业科学, 24(2): 97-99.

马超, 鞠霞, 吴德星, 等. 2010. 黄、渤海断面及海洋站的盐度分布特征与变化趋势. 海洋科学, 34(9): 70-75.

马筱迪, 张光宇, 袁德奎, 等. 2016. 基于历史数据的天津沿岸风暴潮特性分析. 海洋科学进展, 34(4): 516-522.

马志华. 1996. 陆源排污对渤海湾海洋生物生态的影响. 海洋信息, (10): 25-30.

毛锐. 1992. 海平面上升对太湖湖东低洼地排水的影响及灾情评估//施雅风. 中国气候与海平面变化研究进展(二). 北京: 海洋出版社.

牟秀霞, 张弛, 张崇良, 等. 2018. 黄渤海蓝点马鲛繁殖群体渔业生物学特征研究. 中国水产科学, 25(6): 161-169.

农业部渔业渔政管理局. 2016. 2016 年中国渔业统计年鉴. 北京: 中国农业出版社.

彭飞, 孙才志, 刘天宝, 等. 2018. 中国沿海地区海洋生态经济系统脆弱性与协调性时空演变. 经济地理, 38(3): 165-174.

齐冬梅, 李跃清, 陈永仁, 等. 2015. 气候变化背景下长江源区径流变化特征及其成因分析. 冰川冻土, 37(4):

1075-1086.

齐庆华, 蔡榕硕, 颜秀花. 2019. 气候变化与我国海洋灾害风险治理探讨. 海洋通报, 38(4): 361-367.

齐庆华, 蔡榕硕, 张启龙. 2012. 台湾以东黑潮经向热输送变异及可能的气候效应. 海洋学报, 34(5): 31-38.

齐雨藻. 1999. 赤潮. 广州: 广东科技出版社.

秦大河, 宋连春, 等. 2015. 中国极端天气气候事件和灾害风险管理与适应国家评估报告. 北京: 科学出版社.

邱明红, 王荣丽, 丁冬静, 等. 2016. 台风"威马逊"对东寨港红树林灾害程度影响因子分析. 生态科学, 35(2): 118-122.

裘诚, 朱建荣. 2015. 低径流量条件下海平面上升对长江口淡水资源的影响. 气候变化研究进展, 11(4): 245-255.

渠佩佩. 2016. 固相吸附毒素跟踪技术(SPATT)在浙江海域的应用. 杭州: 浙江大学.

任惠茹, 李国胜, 崔林林, 等. 2016. 近 60 年来渤海海域波候变化及其与东亚环流的联系. 气候与环境研究, 21(4): 490-502.

单秀娟, 陈云龙, 金显仕, 等. 2016. 气候变化对长江口鱼类资源密度分布的重塑作用. 渔业科学进展, 37(6): 1-10.

单秀娟, 陈云龙, 金显仕. 2017. 气候变化对长江口和黄河口渔业生态系统健康的潜在影响. 渔业科学进展, 38(2): 1-7.

单秀娟, 庄志猛, 金显仕, 等. 2011. 长江口及其邻近水域大型水母资源量动态变化对渔业资源结构的影响. 应用生态学报, 22(12): 3321-3328.

邵爱军, 左丽琼, 王丽君. 2010. 气候变化对河北省海河流域径流量的影响. 地理研究, 29(8): 1502-1509.

沈国英, 黄凌风, 郭丰, 等. 2010. 海洋生态学(第三版). 北京: 科学出版社.

沈萍萍, 齐雨藻, 欧林坚. 2018. 中国沿海球形棕囊藻(Phaeocystis globosa)的分类, 分布及其藻华. 海洋科学, 42(10): 146-142.

石强, 杨鹏金, 霍素霞, 等. 2013. 近 36 年来渤海海水酸化进程. 昆明: 2013 中国环境科学学会学术年会.

石先武, 高廷, 谭骏, 等. 2018. 我国沿海风暴潮灾害发生频率空间分布研究. 灾害学, 33(1): 49-52.

时小军, 陈特固, 余克服. 2008. 近 40 年来珠江口的海平面变化. 海洋地质与第四纪地质, 28(1): 127-134.

宋春阳, 张守文, 姜华, 等. 2016. CMIP5 模式对中国海海表温度的模拟及预估. 海洋学报, 38(10): 1-11.

苏涛, 封国林. 2015. 基于不同再分析资料的全球蒸发量时空变化特征分析. 中国科学: 地球科学, 45(3): 351-365.

孙本晓. 2009. 黄渤海蓝点马鲛资源现状及其保护. 北京: 中国农业科学院.

孙军, 薛冰. 2016. 全球气候变化下的海洋浮游植物多样性. 生物多样性, 24(7): 739-747.

孙鲁峰, 柯昶, 徐兆礼, 等. 2013. 上升流和水团对浙江中部近海浮游动物生态类群分布的影响. 生态学报, 33(6): 1811-1821.

孙鹏飞, 戴芳群, 陈云龙, 等. 2015. 长江口及其邻近海域渔业资源结构的季节变化. 渔业科学进展, 36(6): 8-16.

孙松, 李超伦, 张光涛, 等. 2011. 胶州湾浮游动物群落长期变化. 海洋与湖沼, 42(5): 625-631.

孙有方, 雷新明, 练健生, 等. 2018. 三亚珊瑚礁保护区珊瑚礁生态系统现状及其健康状况评价. 生物多样性, 26(3): 258-265.

孙志林, 卢美, 聂会, 等. 2014. 气候变化对浙江沿海风暴潮的影响. 浙江大学学报(理学版), 41(1): 90-94.

索安宁, 张明慧, 于永海, 等. 2012. 曹妃甸围填海工程的海洋生态服务功能损失估算. 海洋科学, 36(3): 108-114.

谭红建, 蔡榕硕, 颜秀花. 2016a. 基于IPCC-CMIP5预估21世纪中国海海表温度变化. 应用海洋学学报, 35(4): 451-458.

谭红建, 蔡榕硕, 颜秀花. 2018a. 基于 CMIP5 预估 21 世纪中国近海海洋环境变化. 应用海洋学学报, 37(2): 152-160.

谭红建, 蔡榕硕, 颜秀花. 2018b. 基于IPCC-CMIP5预估21世纪中国海海洋环境要素变化. 应用海洋学学报, 37(2): 1-10.

唐森铭, 蔡榕硕, 郭海峡, 等. 2017. 中国海区域浮游植物生态对气候变化的响应. 应用海洋学学报, 36(4): 455-465.

唐迎迎, 高瑜, 毋瑾超, 等. 2018. 海岸带生境破坏影响因素及整治修复策略研究. 海洋开发与管理, 35(9): 57-61.

万智巍, 连丽聪, 贾玉连, 等. 2018. 近 150 年来长江入海流量变化的趋势、阶段与多尺度周期. 水土保持通报, 38(2): 14-18.

王慧, 刘秋林, 李欢, 等. 2018. 海平面变化研究进展. 海洋信息, 33(3): 22-28.

王金辉, 黄秀清, 刘阿成, 等. 2004. 长江口及邻近水域的生物多样性变化趋势分析. 海洋通报, 23(1): 8.

王娟娟, 李本霞, 高志一, 等. 2021. 中国海的极端海浪强度变化及归因分析. 科学通报, 66(19): 2455-2467.

王克, 张武昌, 王荣, 等. 2002. 渤海中南部春秋季浮游动物群落结构. 海洋科学集刊, (44): 34-42.

王丽荣, 于红兵, 李翠田, 等. 2018. 海洋生态系统修复研究进展. 应用海洋学学报, 37(3): 435-446.

王淼, 洪波, 张玉平, 等. 2016. 春季和夏季杭州湾北部海域鱼类种群结构分析. 水生态学杂志, 37(5): 75-81.

王琪. 2019. 浙江省海洋渔业资源可持续利用研究. 舟山: 浙江海洋大学.

王文欢, 余克服, 王英辉. 2016. 北部湾涠洲岛珊瑚礁的研究历史、现状与特色. 热带地理, 36(1): 72-79.

王雨, 陈兴群, 林茂, 等. 2014. 南海北部浮游动物群落的组成分布与年际变化. 福州: 福建省海洋学会 2014 年学术年会暨福建省科协学术年会分会场.

王跃中, 贾晓平, 林昭进, 等. 2011. 东海带鱼渔获量对捕捞压力和气候变动的响应. 水产学报, 35(12): 1881-1889.

王跃中, 孙典荣, 陈作志, 等. 2012a. 气候环境因子和捕捞压力对南海北部带鱼渔获量变动的影响. 生态学报, 3(24): 7948-7957.

王跃中, 孙典荣, 贾晓平, 等. 2013. 捕捞压力和气候变化对东海马面鲀渔获量的影响. 南方水产科学, 9(1): 8-15.

王跃中, 孙典荣, 林昭进, 等. 2012b. 捕捞压力和气候因素对黄渤海带鱼渔获量变化的影响. 中国水产科学, (6): 1043-1050.

韦钦胜, 王辉武, 葛人峰, 等. 2013. 黄海和东海分界线附近水文、化学特征的季节性演替. 海洋与湖沼. 海洋与湖沼, 44(5): 1170-1181.

韦兴平, 石峰, 樊景凤, 等. 2011. 气候变化对海洋生物及生态系统的影响. 海洋科学进展, 29(2): 241-252.

吴桑云, 王文海, 丰爱平, 等. 2011. 我国海湾开发活动及其环境效应. 北京: 海洋出版社.

吴钟解, 王道儒, 涂志刚, 等. 2011. 西沙生态监控区造礁石珊瑚退化原因分析. 海洋学报(中文版), 33(4): 140-146.

吴钟解, 王道儒, 叶翠信, 等. 2012. 三亚珊瑚变化趋势及原因分析. 海洋环境科学, 31(5): 682-685.

伍玉梅, 徐兆礼, 崔雪森, 等. 2008. 1997—2007 年东海叶绿素 a 质量浓度的时空变化分析. 环境科学研究, 21(6): 137-142.

徐东会, 孙雪梅, 陈碧鹃, 等. 2016. 渤海中部浮游动物的生态特征. 渔业科学进展, 37(4): 7-18.

徐开达, 刘子藩. 2007. 东海区大黄鱼渔业资源及资源衰退原因分析. 大连海洋大学学报, 22(5): 392-396.

徐晓然, 谢跟踪, 邱彭华. 2018. 1964—2015 年海南省八门湾红树林湿地及其周边土地景观动态分析. 生态学报, 38(20): 7458-7468.

徐延廷, 徐长乐, 刘洋. 2015. 全球气候变化背景下上海社会经济脆弱性评价研究-基于 PSR 模型. 资源开发与市场, 31(3): 288-292.

徐兆礼. 2011. 中国海浮游动物多样性研究的过去和未来. 生物多样性, 19(6): 635-645.

许金电, 高璐. 2018. 热带印度洋降水、蒸发的时空特征及其对海表盐度的影响. 海洋学报, 40(7): 90-102.

许士国, 富砚昭, 康萍萍. 2015. 渤海表层叶绿素 a 时空分布及演变特征. 海洋环境科学, 34(6): 898-903.

许思思, 宋金明, 李学刚, 等. 2014. 渤海鱼获物资源结构的变化特征及其影响因素分析. 自然资源学报, 29(3): 500-506.

许炜宏, 蔡榕硕. 2021. 海平面上升、强台风和风暴潮对厦门海域极值水位的影响及危险性预估. 海洋学报(中文版), (5): 14-26.

许炜宏, 蔡榕硕. 2022. 不同气候情景下中国滨海城市海岸极值水位重现期预估. 海洋通报, Doi:10.11840/j.issn.1001-6392.2022.04.003.

严利平, 李圣法, 丁峰元. 2004. 东海、黄海大型水母类资源动态及其与渔业关系的初探. 海洋渔业, 26(1): 9-12.

颜秀花, 蔡榕硕, 郭海峡, 等. 2019. 气候变化背景下海南省东寨港红树林脆弱性评估. 应用海洋学学报, 38(3): 338-349.

杨德周, 尹宝树, 侯一筠, 等. 2017. 黑潮入侵东海陆架途径及其影响研究进展. 海洋与湖沼, 48(6): 1196-1207.

杨涛, 单秀娟, 金显仕, 等. 2018. 莱州湾春季鱼类群落关键种的长期变化. 渔业科学进展, 39(1): 1-11.

杨阳, 孙军, 关翔宇, 等. 2016. 渤海网采浮游植物群集的季节变化. 海洋通报, 35(2): 121-131.

杨颖, 徐韧. 2015. 近 30a 来长江口海域生态环境状况变化趋势分析. 海洋科学, 39(10): 101-107.

杨玉辉, 付吉林, 王承伟, 等. 2012. 气候变化对湿地影响研究. 北京农业, (8): 137-138.

叶属峰, 纪焕红, 曹恋, 等. 2004. 长江口海域赤潮成因及其防治对策. 海洋科学, 28(5): 26-32.

易凤, 冯卫兵, 曹海锦. 2018. 基于 ERA-Interim 资料近 37 年南海波浪时空特征分布. 海洋预报, 35(1): 44-51.

尤再进. 2016. 中国海岸带淹没和侵蚀重大灾害及减灾策略. 中国科学院院刊, 31(10): 1190-1196.

于福江, 董剑希, 许富祥, 等. 2016. 中国近海海洋-海洋灾害. 北京: 海洋出版社.

于良巨, 王斌, 侯西勇. 2014. 我国沿海综合灾害风险管理的新领域-海陆关联工程防灾减灾. 海洋开发与管理, 31(9): 104-109.

于仁成, 刘东艳. 2016. 我国近海藻华灾害现状、演变趋势与应对策略. 中国科学院院刊, 31(10): 1167-1174.

袁方超, 张文舟, 杨金湘, 等. 2016. 福建近海海平面变化研究. 应用海洋学学报, (1): 20-32.

袁兴伟, 刘尊雷, 程家骅, 等. 2017. 气候变化对冬季东海外海中下层游泳动物群落结构及重要经济种类的影响. 生态学报, 37(8): 2796-2808.

曾丽丽, 施平, 王东晓, 等. 2009. 南海蒸发和净淡水通量的季节和年际变化. 地球物理学报, 52(4): 929-938.

曾相明, 管卫兵, 潘冲. 2011. 象山港多年围填海工程对水动力影响的累积效应. 海洋学研究, 29(1): 73-83.

曾昭璇, 梁景芬, 丘世钧. 1997. 国珊瑚礁地貌研究. 广州: 广东人民出版社.

翟惟东, 赵化德, 郑楠, 等. 2012. 2011 年夏季渤海西北部、北部近岸海域的底层耗氧与酸化. 科学通报, 57(9): 753-758.

张波, 唐启升. 2004. 渤、黄、东海高营养层次重要生物资源种类的营养级研究. 海洋科学进展, 22(4): 393-404.

张波, 吴强, 牛明香, 等. 2011. 黄海北部鱼类群落的摄食生态及其变化. 中国水产科学, 18(6): 1343-1350.

张翠, 韩美, 史丽华. 2015. 黄河入海径流量变化特征及其对气候变化的响应. 人民黄河, 37(5): 10-14.

张海生, 陆斗定, 朱小莹, 等. 2007. UK~(37)沉积地层记录: 三门湾海表温度(SST)和 El Niño 现象及其对大型底栖动物生命活动的影响. 生态学报, 27(12): 4935-4943.

张华, 韩广轩, 王德, 等. 2015. 基于生态工程的海岸带全球变化适应性防护策略. 地球科学进展, 30(9): 996-1005.

张建云, 王国庆, 金君良, 等. 2020. 1956—2018 年中国江河径流演变及其变化特征. 水科学进展, 31(2): 153-161.

张建云, 王金星, 李岩, 等. 2008. 近 50 年我国主要江河径流变化. 中国水利, (2): 31-34.

张锦文, 王喜亭, 王慧. 2001. 未来中国沿海海平面上升趋势估计. 测绘通报, (4): 4-5.

张乔民, 隋淑珍. 2001. 中国红树林湿地资源及其保护. 自然资源学报, 16(1): 28-36.

张秋丰, 靳玉丹, 李希彬, 等. 2017. 围填海工程对近岸海域海洋环境影响的研究进展. 海洋科学进展, 35(4): 454-461.

张人元, 卞晓东, 单秀娟, 等. 2018. 黄海大头鳕 0 龄幼体分布及其与环境因子的关系. 水产学报, 42(6): 870-880.

张晓娅, 杨世伦. 2014. 流域气候变化和人类活动对长江径流量影响的辨识(1956~2011). 长江流域资源与环境, 23(12): 1729-1739.

张远辉, 陈立奇. 2006. 南沙珊瑚礁对大气 CO_2 含量上升的响应. 台湾海峡, 25(1): 68-76.

张志敏, 徐年军. 2016. 东海渔获量受捕捞努力与气候因子影响的年际变动分析. 宁波大学学报(理工版), 29(4): 112-116.

仉天宇. 2010. 我国海洋领域适应气候变化的政策与行动. 海洋预报, 27(4): 67-73.

郑元甲, 洪万树, 张其永. 2013. 中国主要海洋底层鱼类生物学研究的回顾与展望. 水产学报, 37(1): 151-160.

中国海洋可持续发展的生态环境问题与政策研究课题组. 2013. 中国海洋可持续发展的生态环境问题与政策研究. 北京: 中国环境出版社.

中国海洋年鉴编写委员会. 1994. 1991—1993 中国海洋年鉴. 北京: 海洋出版社.

中国海洋年鉴编写委员会. 1999. 1997—1998 中国海洋年鉴. 北京: 海洋出版社.

中国海洋年鉴编写委员会. 2001. 1999—2000 中国海洋年鉴. 北京: 海洋出版社.

中国海洋年鉴编写委员会. 2002. 2001 中国海洋年鉴. 北京: 海洋出版社.

中国海洋年鉴编写委员会. 2003. 2002 中国海洋年鉴. 北京: 海洋出版社.

中国海洋年鉴编写委员会. 2004. 2003 中国海洋年鉴. 北京: 海洋出版社.

中国海洋年鉴编写委员会. 2005. 2004 中国海洋年鉴. 北京: 海洋出版社.

中国气象局气候变化中心. 2017. 中国气候变化监测公报(2016 年). 北京: 科学出版社.

周福, 钱燕珍, 朱宪春, 等. 2014. "菲特"减弱时浙江大暴雨过程成因分析. 气象, 40(8): 930-939.

周红, 华尔, 张志南. 2010. 秋季莱州湾及邻近海域大型底栖动物群落结构的研究. 中国海洋大学学报(自然科学版), 40(8): 80-87.

周名江, 朱明远. 2006. "我国近海有害赤潮发生的生态学、海洋学机制及预测防治"研究进展. 地球科学进展, 21(7): 673-679, 764-765.

周天军, 张学洪. 1999. 全球水循环的海洋分量研究. 气象学报, 57(3): 264-282.

周志鹏, 金显仕, 单秀娟, 等. 2012. 黄海中南部细纹狮子鱼的生物学特征及资源分布的季节变化. 生态学报, 32(17): 5550-5561.

朱璇, 刘明. 2016. 滨海旅游业应对气候变化策略与实践. 海洋开发与管理, 33(1): 57-64.

自然资源部. 1992, 1997, 2005~2017. 中国海洋灾害公报. http://www.mnr.gov.cn/sj/sjfw/hy/gbgg/zghyzhgb/. [2021-10-13].

自然资源部. 2019. 2018 年中国海平面公报. 北京: 自然资源部.

自然资源部. 2020. 2019 年中国海平面公报. 北京: 自然资源部.

自然资源部. 2021. 2020 年中国海平面公报. 北京: 自然资源部.

左军成, 左常圣, 李娟, 等. 2015. 近十年我国海平面变化研究进展. 河海大学学报(自然科学版), 43(5): 442-449.

左其华, 窦希萍, 段子冰. 2015. 我国海岸工程技术展望. 海洋工程, (1): 1-13.

左涛. 2003. 东、黄海浮游动物群落结构研究. 青岛: 中国科学院海洋研究所.

Abernethy R, Ackerman S, Alder R F, et al. 2018. State of the Climate in 2017. Bulletin of the American Meteorological Society, 99(8): Si-S332.

Alongi D M. 2014. Mangrove Forests of Timor-Leste: Ecology, Degradation and Vulnerability to Climate Chang// Faridah-Hanum I, et al. Mangrove Ecosystems of Asia: Status, Challenges and Management Strategies. New York: Springer.

Beuchel F, Gulliksen B, Carroll M L. 2006. Long-term patterns of rocky bottom macrobenthic community structure in an Arctic fjord (Kongsfjorden, Svalbard) in relation to climate variability (1980-2003). Journal of Marine Systems, 63(1-2): 35-48.

Binelli A, Provini A. 2003. The PCB pollution of Lake Iso (N. Italy) and the role of biomagnification in the pelagic food web. Chemosphere, 53(2): 143-151.

Birchenough S N R, Reiss H, Degraer S, et al. 2015. Climate change and marine benthos: A review of existing research and future directions in the North Atlantic. Wiley Interdisciplinary Reviews-Climate Change, 6(2): 203-223.

Cahoon D R, Hensel P F. 2006. High-Resolution Global Assessment of Mangrove Responses to Sea-Level Rise: A Review//Gilman E. Proceedings of the Symposium on Mangrove Responses to Relative Sea-Level Rise and Other Climate Change Effects. 13 July 2006. Catchments to Coast. The Society of Wetland Scientists 27th International Conference, 9-14 July 2006, Cairns Convention Centre, Cairns, Australia. Published by the Western Pacific Regional Fishery Management Council, Honolulu, USA.

Cai R, Guo H, Fu D, et al. 2017a. Response and Adaptation to Climate Change in the South China Sea and Coral Sea. Climate Change Adaptation in Pacific Countries. Springer, Cham, 2017: 163-176.

Cai R, Tan H, Kontoyiannis H. 2017b. Robust surface warming in Offshore China Seas and its relationship to the East Asian monsoon wind field and ocean forcing on interdecadal time scales. Journal of Climate, 30: 8987-9005.

Cai R, Tan H, Qi Q. 2016. Impacts of and adaptation to inter-decadal marine climate change in coastal China seas.

Cai W J, Hu X, Huang W J, et al. 2011. Acidification of subsurface coastal waters enhanced by eutrophication. Nature Geosci, 4(11): 766-770.

Cao W Z, Wong M H. 2007. Current status of coastal zone issues and management in China: A review. Environment International, 33(7): 985-992.

Cao Z, Da M, Zheng N, et al. 2011. Dynamics of the carbonate system in a large continental shelf system under the influence of both a river plume and coastal upwelling. Journal of Geophysical Research, 116(G2): G02010-1-G02010-14.

Chen T, Li S, Yu K, et al. 2013. Increasing temperature anomalies reduce coral growth in the Weizhou Island, northern South China Sea. Estuarine Coastal and Shelf Science, 130(20): 121-126.

Cheung W W, Lam V M, Sarmiento J L, et al. 2009. Projecting global marine biodiversity impacts under climate change scenarios. Fish and Fisheries, 10(3): 235-251.

Chou W C, Gong G C, Cai W J, et al, 2013a. Seasonality of CO_2 in coastal oceans altered by increasing anthropogenic nutrient delivery from large rivers: Evidence from the Changjiang–East China Sea system. Biogeosciences, 10: 3889-3899.

Chou W C, Gong G C, Hung C C, et al. 2013b. Carbonate mineral saturation states in the East China Sea: Present conditions and future scenarios. Biogeosciences, 10(10): 6453-6467.

Dai M, Guo X, Zhai W, et al. 2006. Oxygen depletion in the upper reach of the Pearl River estuary during a winter drought. Marine Chemistry, 102(1-2): 159-169.

Dando P R, Southward A J, Southward E C. 2004. Rates of sediment sulphide oxidation by the bivalve mollusc Thyasira sarsi. Marine Ecology Progress Series, 280: 181-187.

De Jong M F, Baptist M J, Lindeboom H J, et al. 2015. Short-term impact of deep sand extraction and ecosystem-based landscaping on macrozoobenthos and sediment characteristics. Marine Pollution Bulletin, 97: 294-308.

Devlin A T, Jay D A, Zaron E D, et al. 2017. Tidal variability related to sea level variability in the Pacific Ocean. Journal of Geophysical Research: Oceans, 122(11): 8445-8463.

Ding Q, Chen X J, Hilborn R, et al. 2019. Vulnerability to impacats of climate change on marine fisheries and food security. Marine Policy, 83: 55-61.

Dobrynin M, Murawski J, Baehr J, et al. 2014. Detection and attribution of climate change signal in ocean wind waves. Journal of Climate, 28(4): 1578-1591.

Dong X, Huang H, Zheng N, et al. 2017. Acidification mediated by a river plume and coastal upwelling on a fringing reef at the east coast of Hainan Island, Northern South China Sea. J Geophys Res Oceans, 122: 7521-7536.

Dove S G, Kline D I, Pantos O, et al. 2013. Future reef decalcification under a business-as-usual CO_2 emission scenario. Proceedings of the National Academy of Sciences of the United States of America, 110(38): 15342-15347.

Du Y, Zhang Y, Feng M, et al. 2015. Decadal trends of the upper ocean salinity in the tropical Indo-Pacific since mid-1990s. Scientific Reports, 5(1): 16050.

Duan W, Song L, Li Y, et al. 2013. Modulation of PDO on the predictability of the interannual variability of early summer rainfall over south China. Journal of Geophysical Research-Atmospheres, 118(23): 13008-13021.

Durack P J, Wijffels S E. 2010. Fifty-year trends in global ocean salinities and their relationship to broad-scale warming. J Climate, 23: 4342-4362.

Ekstrom J A, Suatoni L, Cooley S R, et al. 2015. Vulnerability and adaptation of US shellfisheries to ocean acidification. Nature Climate Change, 5(3): 207-214.

Feng J L, Li D L, Wang H, et al. 2018a. Analysis on the extreme sea levels changes along the coastline of Bohai Sea, China. Atmosphere, 9(8): 324.

Feng J L, Li W S, Wang H, et al. 2018b. Evaluation of sea level rise and associated responses in Hangzhou Bay from 1978 to 2017. Advances in Climate Change Research, 9(4): 227-233.

Feng J L, Von Storch H, Jiang W S, et al. 2015b. Assessing changes in extreme sea levels along the coast of China. Journal of Geophysical Research: Oceans, 120(12): 8039-8051.

Feng J, Jiang W S. 2015. Extreme water level analysis at three stations on the coast of the Northwestern Pacific Ocean. Ocean Dynamics, 65(11): 1383-1397.

Feng X, Tsimplis M N, Woodworth P L. 2015a. Nodal variations and long-term changes in the main tides on the coasts of China. J Geophys Res Oceans, 120(2): 1215-1232.

Feng X, Tsimplis M N. 2014. Sea level extremes at the coasts of China. J Geophys Res Oceans, 119: 1593-1608.

Frölicher T L, Laufkötter C. 2018. Emerging risks from marine heat waves. Nature Communications, 9(1): 650.

Garner A J, Mann M E, Emanuel K A, et al. 2017. Impact of climate change on New York City's coastal flood hazard: Increasing flood heights from the preindustrial to 2300 CE. Proceedings of the National Academy of Sciences, 114(45): 201703568.

Göransson P. 2017. Changes of benthic fauna in the Kattegat-An indication of climate change at mid-latitudes. Estuarine Coastal and Shelf Science, 194(15): 276-285.

Greenstein B J, Pandolfi J M. 2008. Escaping the heat: Range shifts of reef coral taxa in coastal Western Australia. Global Change Biology, 14(3): 513-528.

Grilo TF, Cardoso P G, Dolbeth M, et al. 2011. Effects of extreme climate events on the macrobenthic communities' structure and functioning of a temperate estuary. Marine Pollution Bulletin, 62(2): 303-311.

Guo X, Wong G T F. 2015. Carbonate chemistry in the Northern South China Sea Shelf-sea in june 2010. Deep-Sea Research II, 117: 119-130.

Guo X, Zhu X H, Wu Q S, et al. 2012. The Kuroshio nutrient stream and its temporal variation in the East China Sea J Geophys Res, 117(C1): C01026: 1-17.

Hallegatte S, Green C, Nicholls R J, et al. 2013. Future flood losses in major coastal cities. Nature Climate Change, 3(9): 802-806.

Harris T, Hope P, Oliver E, et al. 2017. Climate drivers of the 2015 Gulf of Carpentaria mangrove dieback. Earth Systems and Climate Change Hub Report No. 2, NESP Earth Systems and Climate Change Hub, Australia.

Hewitt J E, Ellis J I, Thrush S F. 2016. Multiple stressors, nonlinear effects and the implications of climate change impacts on marine coastal ecosystems. Global Change Biology, 22(8): 2665-2675.

Hoegh-Guldberg O, Cai R, Poloczanska E S, et al. 2014. The Ocean. Climate Change 2014: Impacts, Adaptation, and Vulnerability. Part B: Regional Aspects. Contribution of Working Group II to the Fifth Assessment Report of the Intergovernmental Panel of Climate Change. Cambridge and New York: Cambridge University Press.

Hoegh-Guldberg O, Mumby P J, Hooten A J, et al. 2007. Coral reefs under rapid climate change and ocean acidification. Science, 318: 1737-1742.

Holland G, Cindy L. 2014. Bruyère. Recent intense hurricane response to global climate change. Climate Dynamics, 42(3-4): 617-627.

Hsin Y. 2015. Multidecadal variations of the surface Kuroshio between 1950s and 2000s and its impacts on surrounding waters. Journal of Geophysical Research Oceans, 120(3): 1792-1808.

Hu B Q, Yang Z S, Zhao M X, et al. 2012. Grain size records reveal variability of the East Asian Winter Monsoon since the Middle Holocene in the Central Yellow Sea mud area, China. Science China-Earth Sciences, 55(10): 1656-1668.

Hu B, Yang Z, Qiao S, et al. 2014. Holocene shifts in riverine fine-grained sediment supply to the East China Sea Distal Mud in response to climate change. Holocene, 24(10): 1253-1268.

Hu J, Wang X H. 2016. Progresson upwelling studies in the China seas. Reviews of Geophysics, 54(3): 653-673.

Huang H, Yang Y, Li X, et al. 2014. Benthic community changes following the 2010 Hainan flood: Implications for reef resilience. Marine Biology Research, 10: 601-611.

Hughes T P, Huang H, Young M A L. 2013. The wicked problem of China's disappearing coral reefs. Conservation Biology, 27(2): 261-269.

Hughes T P, Kerry J T, Lvarez-Noriega M, et al. 2017. Global warming and recurrent mass bleaching of corals. Nature, 543(7645): 373-377.

IPCC. 2012. Managing the Risks of Extreme Events and Disasters to Advance Climate Change Adaptation: A Special Report of Working Groups I and II of the Intergovernmental Panel on Climate Change. Cambridge and New York: Cambridge University Press.

IPCC. 2014. Summary for policymakers. Climate Change 2014: Impacts, Adaptation, and Vulnerability. Cambridge and New York: Cambridge University Press.

Jia M, Wang Z, Li L, et al. 2013. Mapping china's mangroves based on an object-oriented classification of landsat imagery. Wetlands, 34(2): 277-283.

Jiang Z, Liu J, Chen J, et al. 2014. Responses of summer phytoplankton community to drastic environmental changes in the Changjiang (Yangtze River) estuary during the past 50 years. Water Research, 54(1): 1-11.

Kleypas J A, Danabasoglu G, Lough J M. 2008. Potential role of the ocean thermostat in determining regional differences in coral reef bleaching events. Geophysical Research Letters, 35(3): 3613-1-3613-6-0.

Knutson T R, Sirutis J J, Vecchi G A, et al. 2013. Dynamical downscaling projections of twenty-first-century Atlantic hurricane activity: CMIP3 and CMIP5 model-based scenarios. Journal of Climate, 26(17): 6591-6617.

Kopp R E, Horton R M, Little C M, et al. 2014. Probabilistic 21st and 22nd century sea-level projections at a global network of tide-gauge sites. Earth's Future, 2(8): 383-406.

Kossin J P, Emanuel K A, Vecchi G A. 2014. The poleward migration of the location of tropical cyclone maximum intensity. Nature, 509(7500): 349-352.

Kossin J P, Emanuel. A, Camargo S J. 2016. Past and projected changes in western North Pacific tropical cyclone exposure. Journal of Climate, 29: 5725-5739.

Kröncke I, Dippner J W, Heyen H, et al. 1998. Long-term changes in macrofaunal communities off Norderney (East Frisia, Germany) in relation to climate variability. Marine Ecology Progress Series, 167: 25-36.

Kröncke I, Zeiss B, Rensing C. 2001. Long-term variability in macrofauna species composition off the island of Norderney (East Frisia, Germany) in relation to changes in climatic and environmental conditions. Sencken-Bergiana Maritima, 31: 65-82.

Kulp S A, Strauss B H. 2019. New elevation data triple estimates of global vulnerability to sea-level rise and coastal flooding. Nature Communications, 10(1): 1-12.

Kumagai N H, Molinos J G, Yamano H, et al. 2018. Ocean currents and herbivory drive macroalgae-to-coral community shift under climate warming. Proceedings of the National Academy of Sciences of the United States of America, 115: 8990-8995.

Li C, Zhao L, Song S. 2016a. Distribution of chlorophyll a and its correlation with the formation of hypoxia in the Changjiang River Estuary and its adjacent waters. Marine Sciences, 40(2): 1-10.

Li G, Liu J, Diao Z, et al. 2018. Subsurface low dissolved oxygen occurred at fresh- and saline-water intersection of the Pearl River estuary during the summer period. Marine Pollution Bulletin, 126: 585-591.

Li J, Yao Y, Li X, et al. 2008. Numerical analysis on water exchange and its response to the coastal engineering in the Yueqing Bay in China. Acta Oceanologica Sinica, 27 (Z1): 60-73.

Li M, Xu K, Watanabe M, et al. 2007. Long-term variations in dissolved silicate, nitrogen, and phosphorus flux from the Yangtze River into the East China Sea and impacts on estuarine ecosystem. Estuarine, Coastal and Shelf Science, 71(1-2): 3-12.

Li X Z, Wang H F, Wang J B, et al. 2014b. Biodiversity variability of macrobenthic in the Yellow Sea and East China Sea between 2001 and 2011. Zoological Systematics, 39: 459-484.

Li X, Wang H, Zhang B, et al. 2014a. Advance of the study on the macrobenthos from the Yellow Sea and East China Sea//Sun S, Andery V A, Konstantin A L, et al. Marine Biodiversity and Ecosystem Dynamics of the Northwest Pacific Ocean. Beijing: Science Press.

Li Y F, Zhang H, Tang C, et al. 2016b. Influence of rising sea level on tidal dynamics in the Bohai Sea. Journal of Coastal Research, 74(sp1): 22-31.

Lin C L, Ning X R, Su J L, et al. 2005. Enviromental changes and respondes of ecosystem of the Yellow Sea during 1976-2000. Journal of Marine Systems, 55: 223-234.

Lin C L, Su J L, Xu B R, et al. 2001. Long-term variations of temperature and salinity of the Bohai Sea and their influence on its ecosystem. Progress in Oceanography, 49(1-4): 7-19.

Lin L, Liu Z, Xie L, et al. 2015. Dynamics governing the response of tidal current along the mouth of Jiaozhou Bay to land reclamation. Journal of Geophysical Research: Oceans, 120 (4): 2958-2972.

Liu B, Zhang X, Zeng J, et al. 2018. The Origin and process hypoxia in the Yangtze River Estuary. Marine Geology & Quaternary Geology, 38(1): 187-194.

Liu K X, Wang H, Fu S J, et al. 2017a. Evaluation of sea level rise in Bohai Bay and associated responses. Advances in Climate Change Research, 8(1): 48-56.

Liu S H, Chen C L, Liu K X, et al. 2015. Vertical motions of tide gauge stations near the Bohai Sea and Yellow Sea. Science China, 58(12): 2279-2288.

Liu S, Liu Y, Alabia I D, et al. 2020. Impact of climate change on wintering ground of Japanese anchovy (*Engraulis japonicus*) using marine geospatial statistics. Frontiers in Marine Science, 7: 604.

Liu X, Sun D, Hung B, et al. 2017b. Acidification and the factors in surface seawater of the East China Sea Coast. Oceanolgy et Limnologia Sinica, 48(2): 398-405.

Liu Y, Peng Z C, Zhou R J, et al. 2014. Acceleration of modern acidification in the South China Sea driven by anthropogenic CO_2. Sci Rep, 4(6): 1158-1159.

Long J, Giri C, Primavera J, et al. 2016. Damage and recovery assessment of the Philippines' mangroves following Super Typhoon Haiyan. Marine Pollution Bulletin, 109: 734-743.

Lui H, Chen C T A, Lee J, et al. 2015. Acidifying intermediate water accelerates the acidification of seawater on shelves: An example of the East China Sea. Continental Shelf Research, 111(B): 223-233.

Luo Y, Boudreau B P. 2016. Future acidification of marginal seas: A comparative study of the Japan/East Sea and the South China Sea. Geophysical Research Letters, 43: 6393-6401.

Mantua N J, Hare S R, Zhang Y, et al. 1997. A Pacific inter-decadal climate oscillation with impacts on salmon production. Bulletin of the American Meteorological Society, 78: 1069-1079.

Mei W, Xie S P. 2016. ntensification of landfalling typhoons over the northwest Pacific since the late 1970s. Nature Geoscience, 9(10): 753-757.

Murray N J, Clemens R S, Phi S R, et al. 2014. Tracking the rapid loss of tidal wetlands in the Yellow Sea. Frontiers in Ecology and the Environment, 12(5): 267-272.

Nakamura J, Camargo S J, Sobel A H, et al. 2017. Western North Pacific tropical cyclone model tracks in present and future climates. Journal of Geophysical Research: Atmospheres, 122(18): 9721-9744.

Nan F, Xue H J, Chai F, et al. 2013. Weakening of the Kuroshio intrusion into the South China Sea over the past two decades. Journal of Climate, 26(20): 8097-8110.

Nan F, Xue H J, Yu F. 2015. Kuroshio intrusion into the South China Sea: A review. Progress in Oceanography, 137: 314-333.

Nie Ho, Tao J. 2009. Eco-environment status of the Bohai Bay and the impact of coastal exploitation. Marine Science Bulletin, 11(2): 81-96.

Oey L Y, Chang M C, Chang Y L, et al. 2013. Decadal warming of coastal China Seas and coupling with winter monsoon and currents. Geophysical Research Letters, 40(23): 6288-6292.

Oey L Y, Chou S. 2016. Evidence of rising and poleward shift of storm surge in western North Pacific in recent decades. J Geophys Res Oceans, 121: 5181-5192.

Oliver E C J, Burrows M T, Donat M G, et al. 2019. Projected marine heatwaves in the 21st century and the potential for ecological impact. Frontiers in Marine Science, 6: 734.

Oppenheimer M, Glavovic B, Hinkel J, et al. 2019. Sea Level Rise and Implications for Low Lying Islands, Coasts and Communities. IPCC Special Report on the Ocean and Cryosphere in A Changing Climate. https://www.ipcc.ch/srocc/home/chapter/chapter-4-sea-level-rise-and-implications-for-low-lying-islands-coasts-and-communities/[2021-7-30]

Ottersen G, Stenseth N C. 2001. Atlantic climate governs oceanographic and ecological variability in the Barents Sea. Limnology and Oceanography, 46: 1774-1780.

Pacheco A S, Riascos J M, Orellana F, et al. 2012. El Nino-Southern Oscillation cyclical modulation of macro-benthic community structure in the Humboldt Current ecosystem. Oikos, 121: 2097-2109.

Park K A, Lee E Y, Chang E, et al. 2015. Spatial and temporal variability of sea surface temperature and warming trends in the Yellow Sea. Journal of Marine Systems, 143: 24-38.

Perry A L, Low P J, Ellis J R, et al. 2005. Climate change and distribution shifts in marine fishes. Science, 308: 1912-1915.

Perry C T, Morgan K M. 2017. Bleaching drives collapse in reef carbonate budgets and reef growth potential on southern Maldives reefs. Scientific Reports, 7: 40581.

Pitacco V, Mistri M, Munari C. 2018. Long-term variability of macrobenthic community in a shallow coastal lagoon (Valli di Comacchio, northern Adriatic): Is community resistant to climate changes? Marine Environmental Research, 137: 73-87.

Pollack J B, Palmer T A, Montagna P A. 2011. Long-term trends in the response of benthic macrofauna to climate variability in the Lavaca-Colorado Estuary, Texas. Marine Ecology Progress Series, 436: 67-80.

Qian W, Gan J, Liu J, et al. 2018. Current status of emerging hypoxia in a eutrophic estuary: The lower reach of the Pearl River Estuary, China. Estuarine Coastal and Shelf Science, 205(MAY31): 58-67.

Qiao F L, Wang G S, Lu X G, et al. 2011. Drift characteristics of green macroalgae in the Yellow Sea in 2008 and 2010. Chinese Science Bulletin, 56(21): 2236-2242.

Qu B, Song J, Yuan H, et al. 2015. Summer carbonate chemistry dynamics in the Southern Yellow Sea and the East China Sea: Regional variations and controls. Continental Shelf Research, 111: 250-261.

Ranson M, Kousky C, Ruth M, et al. 2014. Tropical and extratropical cyclone damages under climate change. Climatic Change, 127(2): 227-241.

Ray R D, Douglas B C. 2011. Experiments in reconstructing twentieth-century sea levels. Progress in Oceanography, 91(4): 496-515.

Reed A J, Mann M E, Emanuel K A, et al. 2015. Increased threat of tropical cyclones and coastal flooding to New York City during the anthropogenic era. Proceedings of the National Academy of Sciences, 112(41): 12610-12615.

Sabine C L, Feely R A, Gruber N, et al. 2004. The oceanic sink for anthropogenic CO_2. Science, 305: 367-371.

Saintilan N, Khan N S, Ashe E, et al. 2020. Thresholds of mangrove survival under rapid sea level rise. Science, 368(6495): 1118-1121.

Schroeder A. 2005. Community dynamics and development of soft bottom macrozoobenthos in the German Bight (North Sea) 1969-2000. Berichte zur Polar-und Meeresforschung, 494(4): 1-181.

Shan X J, Li X S, Yang T, et al. 2017. Biological responses of small yellow croaker (Larimichthys polyactis) to multiple stressors: A case study in the Yellow Sea, China. Acta Oceanologica Sinica, 36(10): 39-47.

Silva A C F, Tavares P, Shapouri M, et al. 2012. Estuarine biodiversity as an indicator of groundwater discharge. Estuarine Coastal and Shelf Science, 97: 38-43.

Singer A, Millat G, Staneva J, et al. 2017. Modelling benthic macrofauna and seagrass distribution patterns in a North Sea tidal basin in response to 2050 climatic and environmental scenarios. Estuarine Coastal and Shelf Science, 188: 99-108.

Skliris N, Marsh R, Josey S A, et al. 2014. Salinity changes in the World Ocean since 1950 in relation to changing surface freshwater fluxes. Climate Dynamics, 43(3-4): 709-736.

Song D, Wang X, Zhu X, et al. 2013. Modeling studies of the far-field effects of tidal flat reclamation on tidal dynamics in the East China Seas. Estuarine, Coastal and Shelf Science, 133: 147-160.

Srokosz M A, Bryden H L. 2015. Observing the Atlantic Meridional Overturning Circulation yields a decade of inevitable surprises. Science, 348(6241): 1255575.

Stenseth N C, Mysterud A, Ottersen G, et al. 2002. Ecological effects of climate fluctuations. Science, 297(5585): 1292-1296.

Su J, Xu M Q, Pohlmann T, et al. 2013. A western boundary upwelling system response to recent climate variation (1960–2006). Continental Shelf Research, 57(SI): 3-9.

Sui Y, Liu Y, Zhao X, et al. 2017. Defense responses to short-term hypoxia and seawater acidification in the Thick Shell Mussel Mytilus coruscus. Front Physiol, 8: 145.

Sun S, Zhang F, Li C, et al. 2015. Breeding places, population dynamics, and distribution of the giant jellyfish Nemopilema nomurai (Scyphozoa: Rhizostomeae) in the Yellow Sea and the East China Sea. Hydrobiologia, 754(1): 59-74.

Tan H J, Cai R S. 2018. What caused the record-breaking warming in East China Seas during August 2016? Atmospheric Science Letters, 19(10): e853.

Tan H J, Cai R S, Huo Y L, et al. 2020. Projections of changes in marine environment in coastal China seas over the 21 st century based on CMIP5 models. Journal of Oceanology and Limnology, (6): 1676-1691.

Tan H J, Cai R S, Wu R G, et al. 2022. Summer Marine Heatwaves in the South China Sea: Trend, Variability and Possible Causes, Advances in Climate Change Research, DOI: 10.1016/j.accre.2022.04.003.

Thornalley D J R, Oppo D W, Ortega P, et al. 2018. Anomalously weak Labrador Sea convection and Atlantic overturning during the past 150 years. Nature, 556(7700): 227.

Titlyanov E A, Titlyanova T V, Li X, et al. 2015. Recent (2008-2012) seaweed flora of Hainan Island, South China Sea. Marine Biology Research, 11(5): 540-550.

UNDP/GEF. 2007. The Yellow Sea: Analysis of environmental status and trends, volume 2, part II, national reports-China. Ansan, Republic of Korea: UNDP/GEF Yellow Sea Project.

Uye S I. 2008. Blooms of the giant jellyfish Nemopilema nomurai: A threat to the fisheries sustainability of the East Asian Marginal Seas. Plankton and Benthos Research, 3: 125-131.

Villamayor B M R, Rollon R N, Samson M S, et al. 2016. Impact of Haiyan on Philippine mangroves: Implications to the fate of the widespread monospecific Rhizophora plantations against strong typhoons. Ocean Coastal Management, 132: 1-14.

Wang B, Chen J, Jin H, et al. 2013. Inorganic carbon parameters responding to summer hypoxia outside the Changjiang Estuary and the related implications. Journal of Ocean University of China, 12(4): 568-576.

Wang B, Chen J, Jin H. 2017a. Diatom bloom-derived bottom water hypoxia off the Changjiang estuary, with and without typhoon influence. Limnolgy and Oceanography, 64(4): 1552-1569.

Wang H, Liu K, Gao Z, et al. 2017b. Characteristics and possible causes of the seasonal sea level anomaly along the South China Sea coast. Aata Oceanol Sin, 36(1): 9-16.

Wang J, Yu Z, Wei Q, et al. 2019. Long-term nutrient variations inthe Bohai Sea over the past 40 years. Journal of Geophysical Research: Oceans, 124(1): 703-722.

Wang L, Li Q, Bi H, et al. 2016a. Human impacts and changes in the coastal waters of south China. Science of the Total Environment, 562: 108-114.

Wang T, Yu Z, Song X, et al. 2016b. The effect of Kuroshio Current on nitrate dynamics in the southern East China Sea revealed by nitrate isotopic composition. Journal of Geophysical Research-Oceans, 121(9): 7073-7087.

Wang X L, Feng Y, Swail V R. 2015. Climate change signal and uncertainty in CMIP5-based projections of global ocean surface wave heights. Journal of Geophysical Research-Oceans, 120(5): 3859-3871.

Wang Y, Wu C, Chao S. 2016c. Warming and weakening trends of the Kuroshio during 1993–2013. Geophysical Research Letters, 43(17): 9200-9207.

Watson C S, White N J, Church J A, et al. 2015. Unabated global mean sea-level rise over the satellite altimeter era. Nature Climate Change, 5(6): 565-568.

Wei G, Wang Z, Ke T, et al. 2015. Decadal variability in seawater pH in the West Pacific: Evidence from coral d11B records. Journal of Geophysical Research-Oceans, 120: 7166-7181.

Wei Y, Huang D. 2013. Interannual to decadal variability of the Kuroshio Current in the East China Sea from 1955 to 2010 as indicated by in-situ hydrographic data. Journal of Oceanography, 69(5): 571-589.

Wu L X, Cai W J, Zhang L P, et al. 2012. Enhanced warming over the global subtropical western boundary currents. Nature Climate Change, 2: 161-166.

Wu S H, Feng A Q, Gao J B, et al. 2017. Shortening the recurrence periods of extreme water levels, under future sea-level rise. Stochastic Environmental Research and Risk Assessment, 31(10): 2573-2584.

Wu T, Hou X, Xu X. 2014. Spatio-temporal characteristics of the mainland coastline utilization degree over the last 70 years in China. Ocean & Coastal Management, 98(98): 150-157.

Xian S, Yin J, Lin N, et al. 2018. Influence of risk factors and past events on flood resilience in coastal megacities: Comparative analysis of NYC and Shanghai. Science of the Total Environment, 610: 1251-1261.

Xiao Z, Gao Z, Sun H. 2016. Increased acidifcation of the southern ocean surface waters. Chinese Journal of Polar Research, 28(3): 390-399.

Xie D F, Wang Z B, Gao S, et al. 2009. Modeling the tidal channel morphodynamics in a macro-tidal embayment, Hangzhou Bay, China. Continental Shelf Research, 29 (15): 1757-1767.

Xu N, Gong P. 2018. Significant coastline changes in China during 1991–2015 tracked by Landsat data. Sci Bull, 63(14): 883-886.

Xu X, Wu J, Liu P. 2016a. Research progress of ocean acidification and its ecological efficiency in China. Fisheries Science, 35(6): 735-740.

Xu X, Zang K, Huo C, et al. 2016b. Aragonite saturation state and dynamic mechanism in the southern Yellow Sea, China. Marine Pollution Bulletin, 109(1): 142-150.

Xu X, Zheng N, Zang K, et al. 2018c. Aragonite saturation state variation and control in the river-dominated marginal BoHai and Yellow Seas of China during summer. Marine Pollution Bulletin, 135: 540-550.

Xu Y, Sui J, Li X, et al. 2018a. Variations in macrobenthic community at two stations in the southern Yellow Sea and relation to climate variability (2000-2003). Aquatic Ecosystem Health & Management, 21: 50-59.

Xu Y, Sui J, Yang M, et al. 2017. Variation in the macrofaunal community over large temporal and spatial scales in the southern Yellow Sea. Journal of Marine Systems, 173: 9-20.

Xu Y, Yu F, Li X, et al. 2018b. Spatiotemporal patterns of the macrofaunal community structure in the East China Sea, off the coast of Zhejiang, China, and the impact of the Kuroshio Branch Current. Plos One, 13(1): e0192023.

Xu Z L, Ma Z L, Wu Y M. 2011. Peaked abundance of Calanus sinicus earlier shifted in the Changjiang River (Yangtze River) Estuary: A comparable study between 1959, 2002, and 2005. Acta Oceanologica Sinica, 30(3): 84-91.

Yamano H, Sugihara K, Nomura K. 2011. Rapid poleward range expansion of tropical reef corals in response to rising sea surface temperatures. Geophysical Research Letters, 38(4): 155-170.

Yan H K, Wang N, Yu T L, et al. 2013. Comparing effects of land reclamation techniques on water pollution and fishery loss for a large-scale of foreshore airport island in Jinzhou Bay, Bohai Sea, China. Marine Pollution Bulletin, 71(1/2): 29-40.

Yan J, Xu Y, Sui J, et al. 2017. Long-term variation of the macrobenthic community and its relationship with environmental factors in the Yangtze River estuary and its adjacent area. Marine Pollution Bulletin, 123(1-2): 339-348.

Yang D, Yin B, Liu Z, et al. 2012. Numerical study on the pattern and origins of Kuroshio branches in the bottom water of southern East China Sea in summer. Journal of Geophysical Research-Oceans, 117(C2): C02014.

Yang F, Lau K. 2004. Trend and variability of China precipitation in spring and summer: Linkage to sea surface temperatures. International Journal of Climatology, 24(24): 1625-1644.

Yang F, Wei Q, Chen H, et al. 2018a. Long-term variations and influence factors of nutrients in the western North Yellow Sea, China. Marine Pollution Bulletin, 135: 1026-1034.

Yang H Y, Chen B, Barter M, et al. 2011. Impacts of tidal land reclamation in Bohai Bay, China: Ongoing losses of critical Yellow Sea water bird staging and wintering sites. Bird Conservation International, 21(3): 241-259.

Yang X, Sun W, Li P, et al. 2018b. Reduced sediment transport in the Chinese Loess Plateau due to climate change and human activities. Science of the Total Environment, 642: 591-600.

Yao Y, Wang C. 2021. Variations in Summer Marine Heatwaves in the South China Sea. Journal of Geophysical Research-Oceans, e2021JC017792.

Yao Y, Wang J, Yin J, et al. 2020. Marine heatwaves in China's marginal seas and adjacent offshore waters: Past, Present, and Future. Journal of Geophysical Research-Oceans 125: e2019JC015801.

Yates K K, Halley R B. 2006. CO_3^{2-} concentration and pCO(2) thresholds for calcification and dissolution on the Molokai reef flat, Hawaii. Biogeosciences, 3(3): 357-369.

Yin J, Yu D, Yin Z, et al. 2013. Modelling the combined impacts of sea-level rise and land subsidence on storm tides induced flooding of the Huangpu River in Shanghai, China. Climatic Change, 119(3-4): 919-932.

Yin K, Xu S D, Huang W R, et al. 2017. Effects of sea level rise and typhoon intensity on storm surge and waves in Pearl River Estuary. Ocean Engineering, 136: 80-93.

Zhai W D, Zheng N, Huo C, et al. 2014. Subsurface pH and Carbonate saturation state of aragonite on the Chinese side of the North Yellow Sea: Seasonal variation and controls. Biogeosciences, 11(4): 1103-1123.

Zhai W D. 2018. Exploring seasonal acidification in the Yellow Sea. Sci China Earth Sci, 61(6): 647-658.

Zhang F, Sun S, Jin X, et al. 2012. Associations of large jellyfish distributions with temperature and salinity in the Yellow Sea and East China Sea. Hydrobiologia, 690(1): 81-96.

Zhang H, Li Y F, Tang C, et al. 2016a. Spatial characteristics and formation mechanisms of bottom hypoxia zone in the Bohai Sea during summer. Chin Sci Bull, 61(14): 1612-1620.

Zhang H, Sheng J Y. 2015. Examination of extreme sea levels due to storm surges and tides over the northwest Pacific Ocean. Continental Shelf Research, 93: 81-97.

Zhang J L, Xiao N, Zhang S P, et al. 2016b. A comparative study on the macrobenthic community over a half century in the Yellow Sea, China. Journal of Oceanography, 72(2): 189-205.

Zhang L, Karnauskas K B, Donnelly J P, et al. 2017. Response of the North Pacific tropical cyclone climatology to global warming: application of dynamical downscaling to CMIP5 models. Journal of Climate, 30(4): 1233-1243.

Zhang Q, Sui S. 2001. The mangrove wetland resources and their conservation in China. Journal of Natural Resources, 16(1): 28-36.

Zheng C, Pan J, Tan Y, et al. 2015. The seasonal variations in the significant wave height and sea surface wind speed of the China's seas. Acta Oceanol Sin, 34(9): 58-64.

Zhou H, Zhang Z N, Liu X S, et al. 2007a. Changes in the shelf macrobenthic community over large temporal and spatial scales in the Bohai Sea, China. Journal of Marine Systems, 67(3-4): 312-321.

Zhou H, Zhang Z, Liu X, et al. 2012. Decadal change in sublittoral macrofaunal biodiversity in the Bohai Sea, China. Marine Pollution Bulletin, 64: 2364-2373.

Zhou L T, Tam C Y, Zhou W, et al. 2010. Influence of South China Sea SST and the ENSO on winter rainfall over South China. Advances in Atmospheric Sciences, 27(4): 832-844.

Zhou W, Li C, Wang X. 2007b. Possible connection between Pacific Oceanic interdecadal pathway and east Asian winter monsoon. Geophysical Research Letters, 34: L01701.

Zhu Z Y, Wu H, Liu S M, et al. 2017. Hypoxia off the Changjiang (Yangtze River) Estuary and in the adjacent East China Sea: Quantitative approaches to estimating the tidal impact and nutrient regeneration. Marine Pollution Bulletin, 125(1-2): 103-114.

Zhu Z Y, Zhang J, Wu Y, et al. 2011. Hypoxia off the Changjiang (Yangtze River) Estuary: Oxygen depletion and organic matter decomposition. Marine Chemistry, 125(1-4): 108-116.

第17章 对陆地自然生态系统及其服务功能的影响、风险与适应

首席作者：周广胜　戴君虎　吴建国

主要作者：周莉　石耀辉　吕晓敏　汲玉河　何奇瑾　王玉辉　肖治术

刘耕源　郝树广　刘宣　杨青　黄文婕　韩永伟　王立

摘　要

气候变化及极端天气气候事件对中国森林、草地、湿地和荒漠等类型生态系统的地理分布、物候、结构和功能、服务、野生动植物以及灾害和脆弱性均产生了可明显观测到的影响。未来气候变化将进一步影响森林、草地、湿地和荒漠生态系统的地理分布、物候、结构和功能、脆弱性和服务以及野生动植物、种质资源、入侵生物、保护物种和保护区。现有的中国生态保护对策和行动对生态系统适应气候变化方面起到了积极作用。未来需要针对气候变化带来的风险，从生态系统保护和资源利用、生物多样性保护、生态灾害防御和退化生态恢复等方面因地制宜地采取不同的适应措施。

17.1　观测到的影响事实

17.1.1　气候变化对生态系统地理分布的影响

气候变化已明显影响物种、群落和生态系统的地理分布。宋文静等（2016）通过对近30年中国中东部地区调查以及文献资料中119个物种、251条证据的荟萃分析表明，一些关键物种具有明显北移趋势；西北地区主要木本植物树种呈西移趋势（张晓芹，2018）；大兴安岭地区湿地面积呈减小趋势（Liu et al.，2011）。华北和东北辽河流域向草原化发展，西部荒漠和草原略有退缩（赵茂盛等，2002）；青藏高原高寒草地分布面积缩小并向高海拔地区移动（刘文胜等，2018）。气候变暖加速了青藏高原的冰川融化，湿地面积显著增加（邢宇，2015）；华北地区湿地面积减小且部分向草地和耕地转变，湿地核心区呈北移趋势（齐述华等，2014）；长江中下游地区的湿地面积逐渐萎缩（刘俊威和吕惠进，2012）。

17.1.2　气候变化对植被物候的影响

森林植被生长季的开始期以提前为主，结束期以推迟为主（Tao et al.，2017；Wang et al.，2017；黄文婕等，2017）。1960~2012年，714条木本植物（含乔木和灌木）的春、夏季物候期序列中有94%提前，平均提前趋势为−2.55d/10a；294条木本植物秋季物候期（叶变色

和落叶期）序列中有 77.5%推后，平均推后趋势为 1.98d/10a（Ge et al.，2015）。中国春季物候区域差异显著，华北平原木本植物物候变化趋势最大，云贵高原变化趋势最小（Dai et al.，2014）。森林植物春季物候尽管在多数站点呈显著变化趋势，但个别站点的变化并不明显，如牡丹江的 40 种木本植物中仅 1 种在 1978~2014 年显著提前（徐韵佳等，2017）。遥感物候监测表明，东北地区针叶林的春季物候期以 2d/10a 的速率显著提前，但大兴安岭山地植被（Tang et al.，2015）和阔叶林的春季物候期变化不显著（Zhao et al.，2016a）。1982~2010年，中国植被秋季物候呈推迟趋势，其中温带落叶阔叶林平均推迟 2.5d/10a（$p<0.01$）、落叶松林平均推迟 1.3d/10a（$p<0.05$）、寒温带大兴安岭山地植被平均推迟 3.2d/10a（$p<0.01$）（Tang et al.，2015）。但未来不同气候情景的影响不同。森林总初级生产量累积开始日期在RCP4.5 情景下呈推迟趋势，在 RCP8.5 情景下呈提前趋势，但两种情景下生物量累积结束日期均呈推迟趋势，累积时期都呈延长趋势，累积速率呈增大趋势（冯瑶和赵昕奕，2018）。草本植物返青期以提前为主，黄枯期推后趋势不明显，物种间和站点间的变化趋势差异很大。气候变化使内蒙古草原植物返青期略有提前，黄枯期显著推后，生长季延长（Tang et al.，2015；苗百岭，2017），其中呼伦贝尔温性草甸草原春季气温每升高 1℃，羊草和贝加尔针茅返青期提前 1.7~1.9d/10a；夏、秋季气温每升高 1℃，枯黄期推迟 2.0~2.3d/10a（李夏子和韩国栋，2013）。

青藏高原高寒草甸和高寒草原的返青期提前速率分别为 7.8d/10a 和 7.2d/10a（宋春桥等，2012），枯黄期推迟（雷占兰和周华坤，2012），生长季均呈延长趋势。也有研究表明，青藏高原的车前（*Plantago asiatica*）和蒲公英（*Taraxacum mongolicum*）展叶始期在 2000~2012年无显著变化，而蒲公英的枯黄期以 6.7d/10a 的速率显著推迟（Zhu et al.，2018）；新疆草地返青期提前，枯黄期呈推迟趋势，生长季延长速率为 2.5d/10a；东北地区草甸和草原返青期呈提前趋势，枯黄期呈推迟趋势（王彦颖，2016）。但是，一些草地物种，如糙隐子草（*Cleistogenes squarrosa*）和西北针茅（*Stipa sareptana* var. *krylovii*）随气候变化返青期显著延迟，后续物候期均呈提前趋势，整个生长季呈缩短趋势（师桂花等，2017）。温带地区 52 个站点的蒲公英展叶始期在 1990~2009 年平均以 2.1d/10a 的速率提前，枯黄期以 3.1d/10a 的速率推后（Chen et al.，2015）。1960~2012 年发表的文献中，127 条草本植物的春、夏季物候期序列中有 83%提前（Ge et al.，2015）。遥感物候监测表明，草原返青期在青藏高原西南部和内蒙古高原的 20 世纪 80 年代~21 世纪初主要呈提前趋势，在东北地区的 2000 年后开始推迟；草原黄枯期在青藏高原的推迟趋势不明显（Yang et al.，2015），但在内蒙古高原以1.1d/10a 的速率推迟（Ren et al.，2018）。

17.1.3　气候变化对生态系统结构和功能的影响

中国南方阔叶林、针叶林和森林的总地上生物量（吴卓等，2018），以及东北地区，特别是长白山和小兴安岭北部的森林生物量均呈显著增加趋势（Tan et al.，2007）。内蒙古草原植被生产力在典型草原和荒漠草原呈下降趋势，在草甸草原呈弱上升趋势（祁晓婷等，2018）。气候变暖使得中国北方森林的碳储量持续增加（黄超等，2018），尽管对北方草原土壤碳储量的影响存在较大的空间差异，但高寒草甸、高寒草原、温带草甸草原、典型草原、高寒荒漠和温带荒漠的土壤碳储量均呈下降趋势。

17.1.4　气候变化对生态系统服务功能的影响

生态系统服务指人类从各类生态系统中获得的所有惠益，包括供给服务、调节服务、文化服务以及支持服务（戴君虎等，2012）。气候变化对大多数（59%）生态系统服务都具有负面影响（Runting et al.，2016）。极端降水和气温变化异常增大病虫害发生频率，降低森林生态系统服务供给水平（Trumbore et al.，2015）；气候变暖及极端气候发生频率增大加剧了农业外来物种入侵的风险（李保平和孟玲，2010）。海平面上升和人类发展共同造成滨海湿地和红树林减少，影响热带亚热带红树林、温带盐沼提供的支持服务，如养分的累积和转化、破浪和风暴的减弱、沉积物的结合及丰富的生物群落支持（Solomon et al.，2007）；气候变化影响下林地对产水量、营养物沉积具有显著影响，水田和旱地对营养物沉积的影响较小（Fan et al.，2016）。

17.1.5　气候变化对野生动物的影响

气候变化导致许多动植物的物候提前或改变，割裂物种间原有的相互联系，形成新的物种间相互作用，加剧气候变化的影响（Ockendon et al.，2014），威胁野生物种种群及其生态系统功能（Thackeray et al.，2016）。气候和地理因素共同影响物种原产地分布区大小（Li et al.，2016b），亚洲象（*Elephas maximus*）和亚洲多种犀牛（*Rhinoceros unicornis*，*Dicerorhinus sumatrensis*，*Rhinoceros sondaicus* 等）的西南退缩与气候变冷和人类活动增强密切相关（Wan and Zhang，2017）。温度和降水的变化对棉铃虫、小菜蛾、沙漠蝗、草原蝗虫等种群动态和暴发期起着决定性作用（Andresen et al.，2016；Boggs，2016；Macfadyen et al.，2018）。温度升高导致棉铃虫越冬代成虫的持续时间和数量增加，且其蛹的羽化时间也提前（Ouyang et al.，2016）。小雨加剧了内蒙古沙漠草原极端高温对雌性蜥蜴繁殖的影响，气候变暖和荒漠化威胁到沙漠蜥蜴的生存（Tang et al.，2018）。温度、降水、风和极端天气事件变化与蚊媒疾病（疟疾、登革热和日本脑炎）的传播有关，但在地理空间上不一致（Bai et al.，2013）。气候变暖导致全球大部分观测两栖动物种群的繁殖物候呈提前趋势（Cohen et al.，2018），显著缩短中国黑斑侧褶蛙（*Pelophylax nigromaculatus*）的冬眠时间并改变黑斑侧褶蛙的繁殖时间 （Gao et al. 2015a，2015b）；直接促进悬铃木方翅网蝽越冬成虫的繁殖及其后代的发育和存活（Ju et al.，2017）。气候变化导致许多昆虫物种物候期提前，物种间原有相互作用被割裂，形成新的种间相互作用，加剧了气候变化的影响（Ockendon et al.，2014），威胁野生物种种群及其生态系统功能（Thackeray et al.，2016）。气候变化通过改变外来两栖爬行动物的栖息地特征来影响其全球入侵格局，其中生物多样性热点地区的入侵风险增大明显（Li et al.，2016a）。气候变化还影响两栖动物的重要生活史特征，如入侵到中国西南山地的北美牛蛙在高海拔寒冷地区的身体大小比同一溯源种群的低海拔种群显著降低（Liu et al.，2010）。温度升高与中国县级 252 种重点保护脊椎动物物种的损失正相关，降水增加与鸟类物种损失负相关，特别是在物种丰富和高生物多样性地区（He et al.，2018）。

17.1.6　气候变化对生态系统的灾害与脆弱性影响

气候变化通过影响火灾与病虫害加剧生态系统的灾害与脆弱性。气候暖干化使森林火灾发生频率和发生重特大火灾的可能性增大，如 2000~2011 年重庆地区气温显著升高，森林火灾次数呈阶梯状增加趋势（袁建，2013），但草原火灾呈逐年递减趋势（李兴华等，2014）。气候变暖，尤其是冬季气温升高，有利于病虫害越冬、繁殖，使得病虫害危害时间延长，危害程度加重（李祎君等，2010）。

气候变化通过影响径流量导致流域不同程度的水土流失（陈滋月，2016）。气候暖干化使黄土高原主要河流径流量明显下降，一定程度上减弱了该地区的水土流失（唐丽霞，2009）。

荒漠化也是气候变化影响生态系统的灾害与脆弱性的重要形式。浑善达克沙地的年均气温呈下降趋势，年均降水量呈增加趋势，且年均降水量对荒漠化动态变化的影响较年均气温影响大，导致浑善达克沙地以荒漠化面积缩小为主（李春兰等，2015）；在新疆大部分地区、西藏北部和西北部、青海西北部，区域气温升高使得沙质荒漠化明显加重（崔瀚文等，2013）。

冻土退化也是气候变化影响生态系统灾害与脆弱性的重要形式。北半球多年冻土随气候变暖逐渐消融（Koven et al.，2011），进而影响碳水循环过程（Xia et al.，2017）。中国高寒冻土随气温上升逐步退化，其中多年冻土的活动层深度呈增加趋势，季节冻土的最大冻结深度逐渐减少（刘双等，2018），平均土壤冻结深度呈显著递减趋势（彭小清，2017）。

17.1.7 极端天气气候事件对生态系统的影响

极端天气气候事件指某个异常天气或气候变量值的发生高于（或低于）观测值区间的上限（或下限）端附近某一阈值的事件（IPCC，2012）。气候变暖背景下极端天气气候事件，特别是干旱、强降雨、高温热浪事件等呈不断增多与增强趋势（IPCC，2013），显著影响生态系统。

物候：温带冬末早春的变暖事件使得植物更早地从休眠转向生理活动，季节性植物生长较早发生，植被返青期提前（Crabbe et al.，2016），花期提前或秋季出现二次开花，一些物种花期延长至初冬，甚至不能完成开花（Nagy et al.，2013）；同时也使植物受早春霜冻事件伤害的风险增大，如组织死亡率提高（Polle et al.，1996）、植被冠层大范围枯萎（Hufkens et al.，2012）、树木生长速率降低（Kreyling，2010）；也给演替早期物种带来更大的生存机会（Leuzinger et al.，2011）。秋季极端变暖事件可使植被的枯黄期延迟，生长季延长（Ramming and Mahecha，2015），并使来年春季返青期显著提前（Crabbe et al.，2016）。极端变暖还会减少城市和农村地区春季物候的差异（Jochner et al.，2011）。春季极端干旱对花期的影响结论不一，如生长季初期极端干旱使青藏高原高寒草甸植被群落半花期提前 2.3 天，旺季极端干旱将显著缩短花期持续时间（牟成香等，2013）；极端干旱使染料木（*Genista tinctoria*）的盛花期明显推迟 1 个月，但对花期长度没有影响，对帚石南（*Calluna vulgaris*）的盛花期也没有影响，但使整个花期延长 6~10 天，极端降雨使金龟子的盛花期提前，花期长度缩短 2 个月，而对石楠盛花期没有影响，亦使整个花期缩短 4 天（Nagy et al.，2013）。寒冷、霜冻、潮湿条件和热浪会使落叶林更早进入休眠期，结束生长；中度的高温和干旱胁迫则会使得植被推迟进入休眠期，且不同地点的落叶林秋季物候对极端气候因子的非线性响应存在差异（Xie et al.，2015）。

植物生理过程：极端气候事件对植物的水分关系、光合作用及养分吸收均会产生影响（Xu et al.，2013a，2013b），且新叶较老叶对极端气候事件更为敏感（Colmer and Flowers，2008）。极端干旱强烈改变植物的光合和蒸腾过程（Reichstein et al.，2013；Reyer et al.，2013），对叶片叶肉细胞和叶绿体结构造成不可恢复的破坏（徐当会等，2012）。极端降水引发的涝渍灾害致使植物内部代谢发生紊乱，清除活性氧自由基的超氧化歧化酶、过氧化物酶和过氧化氢酶的活性显著降低，丙二醛等有毒物质的含量显著升高（张彬等，2014），抑制植物根系的有氧呼吸速率和叶片的气体交换过程，进而限制植物生长，甚至导致枯萎死亡（Bartholomeus et al.，2011）。高温热浪还会引起维持呼吸迅速增加，如欧洲山杨（*Populus tremula*）在 55℃时的维持呼吸较 20℃时高出 8 倍（Hüve et al.，2012）。高温伴随着干旱，热胁迫影响加剧，可能导致植物死亡（Teskey et al.，2015）。

生态系统碳循环：极端气候事件通过影响碳循环的各个过程对生态系统碳固存及其分配产生影响（石耀辉等，2013；徐升华等，2014）。极端降水显著促进荒漠草原固碳能力，而短时的热浪、干旱会加速陆地生态系统碳排放。同时，极端干旱事件对陆地生态系统影响具有滞后性，如植被死亡、火灾、虫害等，对碳循环的影响呈非线性（Reichstein et al.，2013）。极端风暴和台风会严重影响区域碳收支，2005 年的卡特里娜飓风摧毁了相当于美国森林年净碳汇的 50%~140%（Chambers et al.，2007）。草地异养呼吸在异常增温一年后明显提高，抵消了生态系统净碳吸收（Arnone et al.，2008）。100 年一遇的干旱（控制实验）使草地生态系统的初始光利用效率和最大净生态系统碳交换（NEE）增加，土壤呼吸没有显著变化，最大碳吸收能力（GPP_{max}）增加 15%（Mirzaei et al.，2008）。

17.2　气候变化影响预估与风险

17.2.1　生态系统结构与功能

1. 森林

气候变暖将导致树种向高海拔和高纬度地区迁移（刘世荣等，2014），树线向高海拔迁移（付玉等，2014）；温带森林分布向冷干气候迁移，亚热带森林向较冷气候迁移，热带森林向冷湿气候迁移（车彦军等，2014）；热带和暖温带森林的面积呈增加趋势，温带和北方森林面积呈减少趋势，中国东部的大部分植被，特别是北方森林和热带森林的北界北移（Zhao and Wu，2014）；未来 RCP4.5 和 RCP8.5 情景下，2011~2040 年中国热带常绿树种适宜分布区将大幅度减小，仅在云南省存在；热带雨林树种适宜分布区将增加 2 倍以上；亚热带常绿树种适宜分布区减小；温带落叶阔叶树种和温带常绿针叶树种适宜分布区西移；北方落叶针叶树种适宜分布南界北移，分布面积减小（周广胜等，2015）；东北兴安落叶松、白桦和红皮云杉的分布区北移（晏寒冰等，2014）；小兴安岭地区森林将由白桦针阔混交林过渡到落叶针阔混交林（刘珂艺，2018）。

未来降水增加（何丽鸿等，2015；霍晓英，2018）或 CO_2 浓度增加（何丽鸿等，2015）有利于森林净初级生产力（NPP）增加。不同类型和区域的森林 NPP 对温度变化的响应存在差异，常绿阔叶林、落叶阔叶林及针阔混交林的生产力与温度变化正相关，常绿针叶林生产力则与温度变化负相关（何丽鸿等，2015；霍晓英，2018）。未来气候变暖不利于成熟林固碳，未来在气温增幅较大的东北和东南林区，特别是长白山林区，森林植被和土壤固碳速率将大幅降低，而在气温增幅较小的西南林区的南部和其他林区，植被和土壤固碳速率将提高（黄玫等，2016）。也有研究表明，气候变化整体效应仍然能够增加大兴安岭森林的碳储量，未来 100 年森林地上和土壤有机碳储量分别增加 9%~22% 和 6%~9%（黄超等，2018）；到 2050 年，中国乔木林和新造林的总碳储量和平均碳密度与 2010 年相比将分别增加 81% 和 41%（李奇等，2018）；2014~2094 年南方森林地上总生物量将增加 68.2%~79.3%（戴尔阜等，2016）。

2. 草地

在未来气温升高、中国西南部降水显著增加而东北部降水减少情景下，内蒙古温性草原的总面积有所增加，主要源自典型草原北扩和荒漠草原西扩导致的面积增加；草甸草原的南北边界都有北移趋势，但面积将有所减少；内蒙古草原东部的气候暖干化有使森林被草甸草原替代的趋势，而西部的气候暖湿化有使温性草原向荒漠带扩张的趋势（Zhao and Wu，2014）；冻原高山草地向西北的冷干气候区移动，青藏高寒区冻原高山草地面积比从 60.40% 减小至

36.75%，东部季风区的冻原高山草地将在 21 世纪末消失（车彦军等，2014）；温性典型草原和高寒草甸的适宜分布区减小，大针茅（*stipa grandis*）、贝加尔针茅（*stipa baicalensis*）、短花针茅（*stipa breviflora*）等主要建群种的适宜分布区向西南扩展（周广胜等，2015）。

　　未来气候变化情景下，温带草原生产力呈下降趋势（郭灵辉等，2016；刘丹丹，2018）；青藏高原高寒草甸 NPP 呈增加趋势（耿元波等，2018），在考虑 CO_2 肥效作用时，增加更明显。也有研究表明，未来不同气候变化情景下，中国各类型草地的生产力均呈增加趋势（栗文瀚，2018）；若考虑大气 CO_2 肥效作用，高寒草甸、温性草甸草原、温性典型草原和温性荒漠草原 4 类草原的 NPP 在气候变化情景下均明显增加（莫志鸿等，2012）。未来气候变化情景下，高寒区域不同类型草地的土壤有机碳均明显增加，而温带地区不同类型草地均有所降低（Zhao et al.，2015；栗文瀚，2018）。但也有研究表明，未来气候变化情景下三江源草地的土壤有机碳呈显著减少趋势（张文娟，2018）。

3. 湿地

　　未来气候变化情景下，东北地区沼泽湿地面积呈明显减少趋势，且分布区呈由东向西迁移、南北向中心收缩的趋势（贺伟等，2013）；青藏高原湿地总面积呈减少趋势（Xue et al.，2014）。也有研究表明，三江平原沼泽湿地尽管受未来气候变化的不利影响，但面积仍呈增加趋势（孟焕，2016）。未来不同气候变化情景的影响不同，RCP4.5 情景下东北湿地完全适宜分布区显著增加，并向南扩展，而在 RCP8.5 情景下适宜分布面积则明显萎缩（周广胜等，2015）。皱蒴藓属（*Aulacomnium*）和寒藓属（*Meesia*）是北温带沼泽或湿原藓类属的代表。未来气候变化情景下，皱蒴藓属的分布区呈增加趋势，寒藓属的分布区则呈减少趋势（刘艳和赵正武，2017）。

　　未来气候情景下，三江平原沼泽湿地的 NPP 及其空间分布没有显著变化，但年际波动加剧（刘夏，2016）。但也有研究表明，未来不同气候情景下的三江平原湿地 NPP 均呈增加趋势，但增加的幅度不同（尹晓梅，2013）；辽河三角洲芦苇沼泽 NPP 呈增加趋势（陈吉龙等，2017；贾庆宇，2018）。湿地是全球最大的甲烷自然排放源。研究表明，即使青藏高原和三江平原湿地保持现有分布面积不变，未来气候变化将使湿地甲烷排放量较当前水平增加 32.0%~90.8%（刘建功，2015）。

4. 荒漠

　　未来气候情景下，温带荒漠向冷湿气候迁移，半荒漠向暖湿气候迁移，热带荒漠向暖干气候显著迁移；西北干旱区温带荒漠呈减少趋势，热带荒漠呈增加趋势（车彦军等，2014）。荒漠树种的东部边缘适宜区缩减，多数树种适宜区西移（张晓芹，2018）。57.14%的荒漠植物适宜分布区明显向高纬度地区迁移，而 42.86%的荒漠植物适宜分布区向低纬度地区迁移（李晓辰，2018）。梭梭林在未来气候情景下呈显著增加趋势，分布区向西北和东北迁移（马松梅等，2017；常红，2018）。

　　未来气候变化情景下，西北干旱区植被 NPP 呈增加趋势（Zhao et al.，2013）；西鄂尔多斯 5 种荒漠灌丛（沙冬青、霸王、四合木、半日花和红砂）的土壤碳排放量将比基准高出 6.60%~14.66%，其中沙冬青灌丛地增加幅度最小，半日花灌丛地增加幅度最大（党晓宏，2018）。也有研究表明，新疆北部和南部的荒漠碳汇潜力在未来降水持续增加条件下将明显增大（陶冶和张元明，2013）。

5. 脆弱性和风险

　　中国植被对 IPCC-SERS-A2 情景 2071~2100 年的未来气候变化的适应性总体较好，84%的中国植被变化表现为正向的变化，特别是西北地区的植被覆盖可能有所提高；青藏高原南部、内蒙古地区和西北部分地区的草地生态系统对未来气候的适应性较差，有退化倾向（於琍等，2010）。也有研究表明，未来气候变化将使中国东部地区自然生态系统的脆弱程度呈上升趋势，西部地区呈下降趋势，自然生态系统脆弱性的总体格局没有显著变化，仍呈西高东低、北高南低的特点（Zhao and Wu，2014）。北方农牧交错带的核心区处于中国半湿润区向半干旱区的过渡地带，气候变率较大，其风险与未来气候情景密切相关，风险范围随全球温升的增加而扩展，风险面积从近期的 $98.57\times10^4km^2$ 扩大到远期的 $165.72\times10^4km^2$，均以低风险为主；混交林、稀树草原与荒漠草原一直是北方农牧交错带较危险的生态系统；高寒草甸与常绿针叶林是较为安全的生态系统（石晓丽等，2017）。

17.2.2　生态系统服务与生态功能区

　　综合全球 1567 篇相关文献发现，气候变化对 59%的生态系统服务都具有负面影响，且未来呈逐渐增强趋势（Runting et al.，2016）。未来气候变化情景下，中国森林生态系统服务总价值均呈逐年增加趋势，基准期（1971~2000 年）及未来 RCP4.5 和 RCP8.5 情景下年均值分别为 12.80（4.55~20.72）万亿元、14.81（5.26~23.97）万亿元和 15.13（5.38~24.49）万亿元（图 17.1），呈西部和东北部低、南部高的空间格局。森林生态系统服务总价值除在少数地区（新疆中部、内蒙古西部、甘肃西北部、西藏东南部以及东北和南方部分森林边缘地区）将降低外，在其他地区均呈增加趋势，且增幅在东部大于西部，南部大于北部，其中华南增幅最大（RCP4.5 和 RCP8.5 情景下年均增幅分别达 1.87 亿元和 2.13 亿元）；高增幅比例（>45%）主要分布在东北北端。未来中国森林生态系统服务各功能构成项对总价值的贡献率依次为：土壤形成与保护（17.8%）>气体调节（16.0%）>生物多样性保护（14.9%）>水源涵养（14.6%）>气候调节（12.4%）>原材料生产（11.9%）>废物处理（6.0%）>娱乐文化（5.9%）>食物生产（0.5%），即物质产品产出价值（12.4%）远低于非物质价值（87.6%）（图 17.2）。未来除贡献率低的食物生产、废物处理及娱乐文化的年际变化趋势不明显外，森林生态系统服务总价值的其余各构成项均呈增加趋势，但增加幅度均小于森林生态系统服务总价值。

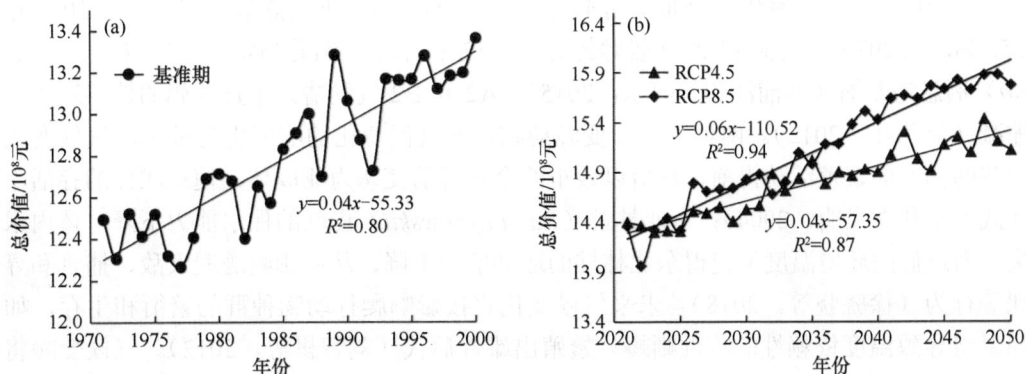

图 17.1　基准期（a）以及 RCP4.5 和 RCP8.5（b）情景下中国森林生态系统服务总价值年际变化（徐雨晴等，2018）

气候变化并不是对所有生态系统服务均产生消极影响。未来不同温室气体排放情景下，中国森林生态系统服务价值总体将增加，且增幅东部大于西部，南部大于北部（徐雨晴等，2018；张明军和周立华，2004）。我国大部分地区森林生态系统服务价值将有所增加，少数地区，特别是常绿和落叶针叶林分布地区及部分森林边缘由于气候变化的影响及森林片段的边缘化效应，森林生态系统服务价值将有所下降（徐雨晴等，2018）。

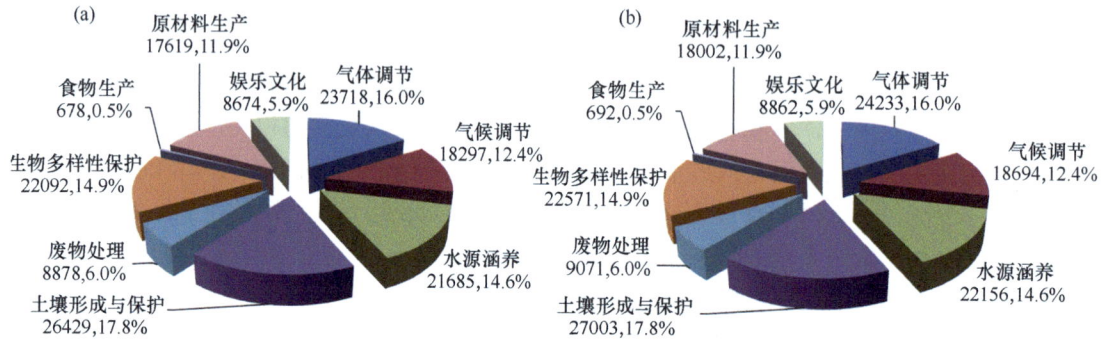

图 17.2　RCP4.5（a）和 RCP8.5（b）情景下中国森林生态系统服务价值（单位：万元）各功能构成项贡献率（徐雨晴等，2018）

17.2.3　生物多样性

1. 野生动植物

野生动物（鸟类、兽类、两栖类、爬行类、昆虫等）：气候变化不仅改变一些鸟类的生活习性以及迁徙的时间和路线，且使一些濒危鸟类栖息地萎缩，如斑嘴鸭（*Anas poecilorhyncha*）由渤海湾地区的夏候鸟变化成了留鸟（马瑞俊和蒋志刚，2005），还使一些野生保护鸟类的适宜分布地区缩小，如四川山鹧鸪国家 I 级重点保护野生动物的适宜生境面积在 RCP2.6 情景下将减少 43.1%~52.4%，在 RCP8.5 情景下将减少 80.8%~91.7%（雷军成，2014）；国家一级保护动物细嘴松鸡（*Tetrao parvirostris*）在 20 世纪 70 年代的适宜分布区面积为 17.02 万 km²，RCP4.5 情景下 2050 年的适宜分布区面积为 12.02 万 km²，2070 年的适宜分布区面积进一步缩小，面积仅 9.43 万 km²（任月恒，2016）。气候变化还对珍稀濒危兽类：大熊猫、雪豹、野骆驼、川金丝猴、藏野驴、鹅喉羚、岩羊、盘羊、狼、赤狐、雪豹、豺、猞猁等的栖息地产生显著影响，导致适宜生境分布空间不足，如 RCP8.5 情景下大熊猫适宜生境在 2050 年减少 25.7%，在 2070 年减少 37.2%（晏婷婷等，2017）；未来气温升高将直接导致雪豹（*Uncia uncia*）栖息地萎缩（刘浦江和韩海东，2015）；A2 和 B2 气候情景下丹顶鹤的繁殖适生区不断缩减（吴伟伟，2012）。两栖类属于变温动物，对气候变化的响应更为敏感。气候变暖导致一些两栖类的繁殖活动提前，蝌蚪以较小的个体提前变态为亚成体，使亚成体的存活率降低（武正军和李义明，2004）；东北林蛙（*Rana dybowskii*）皮肤的保水能力下降，体内水分流失，而过低的环境温度又使得东北林蛙的运动能力下降，从而影响逃避天敌、捕食和寻找配偶等行为（徐骁骁等，2018）。未来气候变化直接影响爬行动物种群的繁衍和生存，如持续高温将导致温度依赖性的雌性蜥蜴只繁殖出雄性后代（刘智棋等，2012）。气候变暖将改变害虫的分布格局，扩大林业受害面积，如气候变暖将加快昆虫生长发育、增加越冬存活，害虫危害形势更为严峻（孙玉诚等，2017），但未来气候变暖对冬虫夏草（*Ophiocordyceps sinensis*）的分布格局影响不明显，适生区面积略有增加（袁峰，2015）。1971~2100 年，气候变暖使松材线虫的生活环境分布面积逐渐扩大，原来不适于分布的地区成为适宜分布地区（程功等，2015）。

野生植物（藻类、苔藓植物、蕨类植物、裸子植物、被子植物等）：气候变暖促使许多水体的藻类繁盛，尤其是导致蓝藻大面积暴发，如气温升高导致太湖春季蓝藻生物量增加，尤其是微囊藻生物量增加显著，微囊藻生物量增幅在夏季和秋季最大，使得蓝藻水华暴发的可能性增加（李洪利，2013），蓝藻暴发的风险平均 10 年将增大约 2%（黄国情等，2014）。苔藓植物可以直接从空气中进行水分和营养物质的交换，对气候变化的响应较其他植物敏感。湿度升高使得贡嘎山毛灯藓属（*Rhizomnium*）和赤茎藓[*Pleurozium schreberi*（Brid.）Mitt.]体内的多种生理生化指标含量不同程度提高（何刚，2014）。未来气候情景下（2070 年）皱蒴藓属（*Aulacomnium*）的分布面积将增加 5.94%；寒藓属（*Meesia*）的分布面积将减少 0.27%（刘艳和赵正武，2017）。未来气候情景下（2050 年和 2070 年）我国蔓藓属（*Meteorium*）适生区面积略有减少，为现有适生区面积的 94.48%和 95.78%（刘艳和赵正武，2017）。气候变化与蕨类分布关系十分密切。中国蕨类种类繁多，保护难度大，现有保护区不足以保护众多珍稀濒危蕨类（Wang et al.，2016a），未来气候变化可能会导致蕨类植物分布区域变迁，一些珍稀濒危蕨类消失。气候变暖对裸子植物的物候和地理分布产生了明显影响。未来气候变化情景下，2 月温度上升 1℃时，东北地区典型裸子植物红松（*Pinus koraiensis*）、红皮云杉（*Picea koraiensis*）、臭冷杉（*Abies nephrolep*）、樟子松（*Pinus sylvestnis*）的芽膨大始期将提前 2.2~2.6 天；春季平均气温上升 1℃时，芽开放期将提前 5.1~6.2 天；展叶始期将提前 2.5~5.6 天（裴顺祥等，2011）。未来气候变化情景下，中国冷杉属（*Abies* Mill.）植物的适宜生境呈北移趋势，面积明显减少（刘然等，2018）。气候变暖对被子植物的物候和地理分布产生了明显影响，如 1~6 月均温上升 1℃时，毛桃和山桃的始花期分别提前 2.079 天和 3.09 天。但是，不同气候带的毛桃始花期对气候变化响应存在差异，秦岭—淮河以北地区在 2~5 月均温上升 1℃时，毛桃的始花期提前 2.41 天；秦岭—淮河以南地区在 1~4 月均温上升 1℃时，毛桃的始花期提前 3.88 天（裴顺祥等，2011）。气候变暖背景下，中国橡胶树（*Hevea brasiliensis*）种植的气候适宜区向高纬度地区转移，气候适宜区面积明显减少（代云川，2017）。

种质资源：中国植物约 3 万种，其中特有种占 5%以上。生态环境的重大变化使得中国面临灭绝危险的植物达 3000 余种（谷建田，1994），每年有 300 多种自然物种趋于濒危乃至消失（王楠，2014）。气候因素在物种进化过程中具有对种质性状的选择作用，相似的气候会使种质获得部分相同的性状，并向子代遗传（霍宏亮等，2016）。因此，气候变化不仅直接导致濒危物种的种质资源大量丧失，还可以在物种进化过程中改变种质资源的性状，创造出更加丰富的种质资源。

入侵生物：未来气候变化为入侵生物创造了更多适宜生存环境，是促进入侵生物地理分布范围扩大的一个重要因素，如紫茎泽兰（*Ageratina adenophora*）（王翀等，2014）、互花米草（*Spartina alterniflora* Lois.）（刘金雪，2016）、福寿螺（*Pomacea canaliculata*）（Lei et al.，2017）、马铃薯甲虫（*Leptinotarsa decemlineata*）（王聪，2017）、苹果蠹蛾（*Cydia pomonella* L.）（武目涛等，2018）和悬铃木方翅网蝽（*Corythucha ciliata*）（朱海燕，2016）等都存在入侵区域扩大的风险。

2. 保护物种

未来气候变化会给中国濒危物种带来更大风险，如野生高等植物濒危比例达 15%~20%，野生动物濒危程度不断加剧，有 233 种脊椎动物面临灭绝，约 44%的野生动物数量呈下降趋势（何霄嘉等，2012）。未来气候变化情景下，中国 208 个特有和濒危物种（包括哺乳动物、鸟类、爬行动物、两栖动物和植物）中的 135 个物种适宜分布范围将减少 50%（Li et al.，2013b）。三江源是全球高寒生物和遗传基因的巨大储存库，气候暖湿化将使三江源濒危保护植物的分布向西部和北部扩大，40 种濒危保护草本植物中有 35 种的分布面积呈增加趋势，只有 5 种分布面积呈减少趋势，濒危等级可能降低（武晓宇等，2018）。未来气候变化将导致秦岭地区濒危物种适宜分布面积均减少，川金丝猴适宜生境面积减少最多，减少约 51.22%；大熊猫适宜生境将向更高海拔地区转移，适宜生境面积减少 281 km² （李佳，2017）；未来气候变化将使大熊猫栖息地丧失 52.9%~71.3%（Li et al.，2015a）。黑麂（*Muntiacus crinifrons*）为中国特有种，RCP2.6 情景下的适宜生境面积减少幅度分别为 11.9%（20 世纪 50 年代）和6.2%（20 世纪 80 年代），RCP8.5 情景下的适宜生境面积将分别减少 36.9%（20 世纪 50 年代）和 52.0%（20 世纪 80 年代）（雷军成等，2016）。

3. 自然保护区和生物多样性保护优先区

未来气候变化对自然保护区和生物多样性保护优先区产生显著的负面影响，如中国自然保护区保护濒危物种的能力将会被削弱，无法满足实际的保护需求（Wang et al.，2016b）。遥感图像的解译结果显示，1975~2015 年，珠穆朗玛峰自然保护区湿地总体呈减少趋势（王毅，2017）。未来气候变化情景下，达里诺尔国家级自然保护区及其各类生境面临的气候变化风险均有所增强，尤其是影响鸟类分布的沼泽生境易受气候变化影响，气候变化风险相对较高（赵卫等，2016）。长白山自然保护区具有保存尚好的亚洲东部典型的山地森林生态系统，特别是沿海拔梯度形成的水热条件变化使植被呈明显的山地垂直分布带谱。温度升高5℃、降水无明显变化条件下，落叶松、云杉、冷杉生物量均有较大幅度增加，长白山下部的云冷杉林带有上移趋势；亚高山云冷杉林生物量有较大幅度的增加，生长会加快，但阔叶红松林仍将维持目前的状态（郝占庆等，2001）。

17.3　气候变化适应策略与技术

17.3.1　现有策略与技术对适应气候变化有效性

陆地生态系统具有自然适应气候变化的特点，主要表现在：天然林、草地、荒漠和湿地结构和功能有一定的稳定性、对灾害的抗干扰性以及自然恢复能力、植被演替恢复能力等（朱清科等，2012）；物种对灾害抗性、土壤抗冲性和抗蚀性、物种生态幅宽度、抗自然灾害能力（干旱、水涝、冷害等）、抗病虫及耐火性等。但是，目前对陆地生态系统的自适应能力认识不足。

生态保护政策与技术对适应气候变化意义：从 20 世纪 50 年代至今，中国制定实施了一系列生态保护相关的法律法规，包括《中华人民共和国环境保护法》《中华人民共和国森林法》《中华人民共和国草原法》《中华人民共和国水土保持法》《中华人民共和国自然保护区条例》，以及关于自然资源保护的法律和法规，以及《中华人民共和国防沙治沙法》《草原防火条例》《中华人民共和国抗旱条例》《森林防火条例》等，并且进行了《全国主体功能区规划》，加大了生态系统功能恢复与重建，实施了近自然经营、育种、草畜平衡、退耕还林工程、"三北"防护林、京津风沙源治理工程等。这些措施的实施使得中国森林覆盖率和面积都呈现了增加趋势，人工林面积世界第一，沙化局势整体遏止、局部扩张等（李世东等，2010）。2017 年 6 省（自治区）开展第二批山水林田湖草生态保护修复工程试点，持续推进青海三江源区、岩溶石漠化区、京津风沙源区、祁连山等重点区域综合治理工程，同时推进新一轮退耕还林还草、重点防护林体系建设等，完成营造林面积 2.35 亿亩。持续加强天然林保护，新纳入天然林保护政策范围的天然商品林面积近 2 亿亩。实施湿地保护与修复工程，恢复退化湿地 30 万亩，退耕还湿 20 万亩等。这些措施对适应目前气候变化有积极作用，但在未来全球升温 1.5~2℃或更高温升情景下，这些措施能否保证自然生态系统能够有效适应，目前的认识还不足。

　　生态功能区、生态保护红线划分、生态补偿等对适应气候变化的有效性：国家生态功能区包括大小兴安岭森林生态功能区等 25 个地区，总面积约 386 万 km²，占全国陆地面积的 40.2%。《全国主体功能区规划》《全国生态功能区划（修编版）》《国家重点生态功能保护区规划纲要》《全国生态脆弱区保护规划纲要》颁布实施，加强国家重点生态功能区保护和管理是生态文明建设战略的任务。2010 年国务院印发的《全国主体功能区规划》中明确提出国家重点生态功能区应对气候变化的需要，包括推进天然林资源保护、退耕还林还草、退牧还草、风沙源治理、防护林体系建设、野生动植物保护、湿地保护与恢复等，增加陆地生态系统的固碳能力。《"十三五"国家环境保护规划》提出，要强化生态功能区保护和建设，包括加强大小兴安岭森林、长白山森林等 25 个国家重点生态功能区保护和管理，完成国家重点生态功能区的动态评估，建立国家重点生态功能区生态环境保护及管理政策和标准体系，发展生态适应技术。《关于加强国家重点生态功能区环境保护和管理的意见》提出，要加强国家重点生态功能区环境保护和管理，增强区域整体生态功能，保障国家和区域生态安全，促进经济社会可持续发展，也明确要按照《全国主体功能区规划》要求，对国家重点生态功能区范围内各类开发活动进行严格管制等。《全国生态保护"十三五"规划纲要》全面划定生态保护红线，管控要求得到落实，国家生态安全格局总体形成；自然保护区布局更加合理，管护能力和保护水平持续提升。2017 年，中共中央办公厅、国务院办公厅印发的《关于划定并严守生态保护红线的若干意见》规定，生态保护红线是指在生态空间范围内具有特殊重要生态功能，必须强制严格保护的区域，是保障和维护国家生态安全的底线和生命线。实现生态保护红线制度的核心是生态保护的政体调适，其要求在体制上理顺上下级之间的环境行政权，同级间环保部门统一监管与行业部门分段监管间的关系（肖锋和贾倩倩，2016）。1999 年以来，国家相继出台了天然林保护、生态公益林补偿、草原生态补偿政策，大幅度增加对林草植被保护的投入，抑制了不合理的人为活动，调动了广大群众保护林草植被的积极性。40 年来，在国家重点生态功能区转移支付、森林生态效益补偿、草原生态保护补助奖励、流域上下游横向生态补偿、矿山资源治理和生态恢复保证金制度等方面形成了比较完善的制度，湿地、荒漠、海洋、耕地和土壤等生态补偿正在有效试点（李国平和刘生胜，2018）。在两轮退耕还林交错期研究农户的退耕还林生态补偿意愿对于工程的有效开展和可持续发展有重要意义（皮泓漪等，2018）。生态功能区、生态保护红线划分、生态补偿等对减少人为活动对生态环境破坏有积极意义，间接对适应气候变化起到一定的积极作用（*高信度*）。

　　生物多样性保护对适应气候变化的有效性：我国从 1956 年建立第一个自然保护区，到目前已经有 463 个国家级自然保护区。近些年发布实施了《中国生物多样性保护战略与行动计划》（2011—2030 年），启动了"联合国生物多样性十年中国行动（2011—2020）"和生物多样性保护重大工程。截至 2017 年底，全国共建立各种类型、不同级别的自然保护区 2750 个，总面积 147.17 万 km²。其中，自然保护区陆域面积 142.70 万 km²，占陆域土地面积的 14.86%。国家级自然保护区 463 个，面积为 97.45 万 km²。2017 年，国家湿地公园总数达到 898 处，新增国家湿地公园 64 处；全国共建立国家级风景名胜区 244 处，总面积约 10.66 万 km²，约占国土面积的 1.11%。全国风景名胜区面积约占国土面积的 2.23%。2017 年，国家积极推进了三江源、东北虎豹、大熊猫、祁连山等国家公园体制，出台《建立国家公园体制总体方案》等[1]。这些措施对生物多样性保护起到积极的作用，但这些措施还没有考虑气候变化影响，对全球温升 1.5~2.0℃或更高温升下适应气候变化会存在不足。

森林与草原火灾、生态灾害的防御技术与对策对适应气候变化的有效性：针对 2008 年南方发生的低温雨雪冰冻灾害采取了灾害应对对策，包括在较近地区采取清理与补植补造、清理与利用结合的方式，在较远地区采取封山育林、不加以利用的方式，分清理、补植补造和幼中林抚育，在补植补造中与常规造林技术规程一致，但加大乡土树种、抗逆性强树种所占比例，严格把握林木优良、林分结构合理、措施得当，充分利用灾后的林木个体，保留倒木。政策方面包括设立生态恢复基金、启动恢复重建工程、建立森林风险保障机制、完善森林资源管理政策体系，推广森林恢复重建的技术、森林管理技术、强化灾区科技服务等。各林分恢复不完全相同，但林木生长趋于正常，各项功能恢复，次生灾害得到控制（尹伟伦和翟明普，2010）。另外，近年来国家加强了对有害生物危害和生态灾害的防控力度，灾害损失有所下降。2017 年，全国主要林业有害生物发生 1240.16 万 hm²，比 2016 年上升 2.38%。其中，虫害发生 895 万 hm²，比 2016 年上升 4.43%；病害发生 131.8 万 hm²，比 2016 年下降 1.74%；鼠（兔）害发生 193.49 万 hm²，比 2016 年下降 0.97%；有害植物发生 19.88 万 hm²，比 2016 年上升 3.60%。入侵并能造成危害的主要外来林业有害生物有 43 种，其中松材线虫、美国白蛾、松突圆蚧等发生面积 16.67 万 hm²。2016 年，与前三年（2014~2016 年）均值相比，火灾次数和受害森林面积分别上升 11.48%和 92.05%，伤亡人数下降 20.69%（其中死亡人数下降 6.25%）。与 2016 年相比，2017 年重特大草原火灾发生次数减少 1 起，受害草原面积减少 3.4 万 hm²，经济损失减少 272 万元。全国草原鼠害危害面积 2844.7 万 hm²，约占全国草原总面积的 7.2%，比 2016 年下降 1.3%。全国草原虫害危害面积 1296.1 万 hm²，约占全国草原总面积的 3.3%，危害面积比 2016 年上升 3.6%[1]。总体上，这些措施还没有系统考虑适应气候变化的效果，在全球升温 1.5~2.0℃或更高温升下有效性认识存在不足。

荒漠化、水土流失、冻土退化、泥石流等的防御技术与对策对适应气候变化的有效性：第五次全国荒漠化和沙化监测结果显示，截至 2014 年，全国荒漠化土地面积 261.16 万 km²，沙化土地面积 172.12 万 km²。与 2009 年相比，5 年间荒漠化土地面积净减少 12120 km²，年均减少 2424 km²；沙化土地面积净减少 9902 km²，年均减少 1980 km²。自 2004 年以来，全国荒漠化和沙化状况连续三个监测期"双缩减"，呈现整体遏制、持续缩减、功能增强、效果明显的良好态势，但防治形势依然严峻。1999 年以来，国家在石漠化地区实施退耕还林还草工程，加大长江、珠江防护林等重点生态工程建设投入，防治速度明显加快，成效显著。2008 年国务院批复了《岩溶地区石漠化综合治理规划大纲》（2006~2015 年），启动石漠化综合治理试点工作，进一步加快了石漠化治理步伐（国家林业局，2012）。2017 年，新增水土流失综合治理面积 5.9 万 km²[1]。目前对生态脆弱区管理

---

① 生态环境部. 2018. 2017 年中国生态环境状况公报.

政策与保护技术对适应气候变化的有效性还认识不足。

总体上，中国生态保护对策和行动对生态保护起到积极作用，但都是基于现实的生态状况，对未来全球升温 1.5~2.0℃或更高温升下有效性认识存在不足。

17.3.2　未来适应政策与技术选择

针对未来气候变化带来的风险，需要因地制宜地采取生态系统保护与利用的政策与技术。

1. 生态系统保护和资源利用的适应气候变化对策

实施气候变化条件下森林可持续经营政策，全面开展森林抚育经营，提高森林生态系统在气候变化条件下的抗逆性和稳定性。根据未来气候变化情景，从增强人工林生态系统的适应性和稳定性角度，科学规划和确定造林区域，合理选择和配置造林树种和林种，优化林分结构，注意选择优良乡土树种和耐火树种，积极营造多树种混交林和针阔混交林，构建适应性和抗逆性强的人工林生态系统。在造林过程中，要把营造林技术措施和森林防火有机结合起来，减少森林火灾隐患。加强森林经营管理。完善林业发展规划，合理调整与配置林分结构，构建适应性强的人工林系统。对现存人工纯林进行适度改造，尽可能避免长期在同一立地上多代营造针叶纯林，提高人工林整体功能，保护生物多样性（吴建国，2017）。扩大治理水土流失的生物措施范围，减少水蚀、风蚀导致的土壤有机碳损失。加强天然林保护、退耕还林等重点工程建设。基于草畜平衡的小区域划区轮牧技术，发展人工草地建植技术和退化草地恢复与草地改良技术；推进抗逆、高产、优质牧草新品种培育技术。发展基于景观与区域间大尺度划区轮牧、休牧、舍饲组合技术，筛选适应性强的抗逆、高产、优质的乡土牧草品种，开发基于区域水资源配置及气候波动的高效人工草地建植技术与草地灌溉技术，建立系统性的综合适应技术体系和适应措施，建立完善的技术推广体系。增设草原生态红线相关制度，包括把草原生态保护红线作为刚性政策列入《中华人民共和国土地管理法》和《中华人民共和国草原法》，树立草原生态红线不可侵犯的法律地位，完善草原生态红线补偿、保护及监管的配套制度（朱洋洋和马林，2018）。恢复和提高草原涵养水源、保持水土和防风固沙能力，提高草原火灾防控能力，加大草原虫鼠害监控和防治力度，控制天然草原的毒害草危害。发展基于草料均衡供给、基于区域草地资源调控、基于牧户行为的适应气候变化对策（侯向阳等，2014）。加强湿地和荒漠植被保护和治理，建立和完善湿地保护，大力推进生态清洁小流域建设，加强对海滨湿地、沼泽湿地、泥炭地等保护，遏制湿地面积萎缩和功能退化。加强对重点生态功能区湿地、荒漠等生态系统的保护，促进退化生态系统恢复（丁文广和许端阳，2017；凌铁军和祖子清，2017）。

2. 生物多样性保护适应气候变化的对策

加强气候变化背景下的生物多样性保护，健全完善生物多样性适应气候变化组织机构与协调工作机制，完善生物多样性适应气候变化的制度，健全生物多样性适应气候变化的财政政策，制定生物多样性适应气候变化的产业发展与开发活动管理政策，加快生物适应气候变化的技术推广应用与示范，包括有针对性地遴选适应技术、编制适应技术清单和建立适应技术体系，加强多途径适应技术推广应用及实验示范（吴建国，2017）。

开展物种就地保护，增强物种在原分布区适应气候变化能力，扩大种群数量，加强物种迁地保护和遗传保护技术，增强自然适应能力。加强人工种群野化与野生种群恢复，加强生物遗传资源库建设。人为引种、撒种，建立动物迁移通道。加强对气候变化敏感的典型濒危植物的扩繁与近自然保护技术及回归等种群复壮关键技术，建立濒危动物气候庇护所识别技术，以及适应气候变化的廊道构建技术，珍稀濒危物种遗传保护技术应用，增强濒临灭绝物种的适应能力（吴建国，2017）。严格保护脆弱栖息地，恢复重建严重退化栖息地，将破碎化栖息地连通。在干旱区进行水源保护和人工补水，控制水土流失、沙化、盐碱化。保护岛屿、湿地、海洋和海岸带栖息地，增强自然适应能力（吴建国，2017）。加强林地、林木、野生动植物资源保护管理，结合天然林保护、退耕还林还草、野生动植物自然保护区和湿地保护工程，推进森林可持续经营和管理，开展水土保持生态建设。扩大封山育林面积，科学开展低产低效林改造。加强生态脆弱区域、森林生态系统功能的恢复与重建。根据不同保护区功能、自然条件和管理方式，科学规划和设计自然保护区，增强保护区适应气候变化能力。根据气候变化对保护功能和各个特征的潜在影响，选择有代表性的范围与区域，合理划分核心区、缓冲区和外围区。根据气候变化影响程度，调整自然保护区管理目标与措施。对保护区周边进行监测管理，建立保护区灾害防御体系。发展适应气候变化的自然保护区建设和生物多样性保护技术，适应气候变化的野生动物类型自然保护区功能区划技术，自然保护区巡护监测技术，开展非保护区范围内的生物多样性保护（吴建国，2017）；加强区域可持续发展，提高自然保护区适应气候变化的能力（Zhang et al.，2014）。

3. 生态灾害防御适应气候变化的对策

针对气候变化将对有害生物产生极大的影响，建立有害生物控制对策，包括建立监测预警体系，开发灾害控制技术，采取灾害治理和灾后恢复技术对策；建立防御有害生物入侵的监测与控制体系，编制有害生物入侵突发事件的应急预案。建立病源和疫源微生物监测预警体系，提高应急处置能力，保障人畜健康。加强森林病虫鼠害监测预警工作和国家级中心测报点建设和管理。加强检疫执法，积极与海关部门密切合作，严防外来有害生物入侵。针对气候变化带来的森林有害生物及其天敌活动与发生规律的改变，适当调整适宜防治期与天敌培育释放期。适应气候变化的森林火险预防预警技术方面，针对森林火灾危险区域划分，研究不同区域内相应的林火管理技术；优化集成林分结构调整与生物防治相结合综合生态防控技术等。要对传统非防火季节的森林火灾风险进行评估，适当调整防火期与火险标准；加强森林防火预警系统、基础设施与林火阻隔系统建设；配备现代化先进灭火器械；有计划地烧除、清理林下可燃物，适当调整防火隔离带的适宜树种选择（吴建国，2017）。

4. 退化生态恢复的适应气候变化对策

建立生态环境监测系统，做好生态环境现状调查及生态功能区划工作，落实退耕还林、退牧还草战略，加大对草原生态建设的倾斜支持力度。加强生态环境综合治理、天然林保护和"三北"防护林建设，注重沙化治理、水土保持、土壤盐渍化治理等工程。荒漠化和沙化土地得到有效治理。大力推进生态清洁小流域建设，加强对重点生态功能区湿地、荒漠等生态系统的保护，人工促进退化生态系统的功能恢复。适时开展生态移民，减轻脆弱地区环境压力（吴建国，2017）。

总体上，未来适应气候变化的选择包括许多方面，对不同对策的效果需要进一步评估，同时要考虑因地和因时制宜。

17.3.3　未来适应选择的限制与交叉

未来气候变化情景下实施森林、草原、荒漠和湿地等保护与利用政策与技术选择可能的限制包括：生态功能区、生态保护红线划分、生态补偿等实施受到社会经济条件的限制，以及与相关产业与部门工作的交叉，与减缓政策与措施的交叉，与相关法律制度之间的融合（莫张勤，2018），与脱贫和可持续发展的结合（Zhao et al.，2019），避免不良后果的产生（Li et al.，2018）。未来气候变化背景下，森林和草原火灾等防御技术与对策，森林、草原、荒漠病虫害防御技术与对策选择，以及湿地退化、藻类暴发引发富营养化技术与对策实施等可能受到的限制包括：与自然保护区、国家公园、生物多样性保护优先区等工作的交叉，以及实施受到的社会经济条件限制，与相关产业与部门工作的交叉（如与农业、水利、资源等部门的交叉，与减缓政策和措施的交叉）。另外，未来气候变化背景下，生态脆弱区管理政策与保护技术适应气候变化对策选择，包括荒漠化、水土流失、冻土退化、泥石流等防御技术与对策选择实施受到社会经济条件的限制，与相关产业与部门工作存在交叉，包括自然保护区调整、人口发展，与农业发展、水利、林业和畜牧业等相关工作的交叉，与减缓气候变化、污染治理，消除贫困和灾害管理等工作的交叉等。这些限制和交叉问题需要在实施适应对策中考虑（吴建国，2017）。

17.3.4　适应策略实施途径与分区

尽管已经提出了许多措施，但实施途径还存在很大不确定性。需要科学的适应措施的途径。

1. 途径选择

适应气候变化政策实施途径包括政府先行示范引导、政府部门指导和鼓励、市场激励相结合等实施的途径。一些适应气候变化政策措施通过政府部门组织的示范和引导落实，如生物多样性产业发展政策、适应技术推广应用、灾害防御等。政府部门通过适应政策规划，落实实施适应气候变化政策，通过各级政府考核落实适应政策措施实施，主要是针对适应气候变化制度、机制建设的相关政策、培训教育、宣传教育。生物多样性的自发适应活动主要是生物多样性基层保护单位自发对适应技术的培训应用。通过市场调节方式适应气候变化的途径主要通过产业发展实现，如旅游业、畜牧业等发展（吴建国，2017）。

对适应气候变化确定的目标、指标和任务要分解落实到具体的地区和部门，纳入各地区和各部门的经济社会发展综合评价和绩效考核体系，保证规划实施的系统性、连续性和针对性。建立有效的指标体系以及科学、合理的评价考核机制。按照责任落实、措施落实、工作落实的总体要求，对各省（自治区、直辖市）气候变化试点示范进展情况实行年度考核。同时，加强适应政策目标与适应资源的匹配度，配套必要的人力、财力和物力，促进适应政策的落实（吴建国，2017）。

加强能力建设，重点对贫困地区、生态功能退化严重地区、少数民族欠发达地区进行重点基础设施、人居环境、产业发展、技术培训等方面能力的建设。加大财税支持力度，重点对国家生态功能区的生态恢复、关键技术推广、重点区域的适应补偿进行资金倾斜。强化技术适应技术应用推广，加强基层人员的技术培训；强化监测评估适应技术的应用效果效益（吴建国，2017）。

2. 分区实施

按中国林业区划，中国林区包括东北用材、防护林地区，蒙新防护林地区，黄土高原防护林地区，华北防护、用材林地区，青藏高原寒漠非宜林地区，南方用材经济林地区，华南热带林保护地区，共 50 个林区（中国林业区划，1987）。按中国森林区划，中国的林区包括东北温带针叶林及针阔混交林地区（包括 5 个林区）、华北暖温带落叶阔叶林及油松侧柏林地区（包括 8 个林区）、华东中南亚热带常绿阔叶林及马尾松杉木竹林地区（6 个林区）、云贵高原亚热带常绿阔叶林及云南松林地区（4 个林区）、华南热带季雨林地区（5 个林区）、西南高山峡谷针叶林地区（4 个林区）、内蒙古东部森林草原及草原地区（4 个林区）、蒙新荒漠及半荒漠山地针叶林地区（7 个林区）、青藏高原草原草甸及高寒大漠地区（4 个林区）（中国森林编辑委员会，1997）。在中国草原生态区划分中，中国温带草原地带包括大兴安岭两侧及冀北山地森林草原生态区、内蒙古高原及西辽河平原典型草原生态区、乌兰察布荒漠草原生态区；暖温带草原地带包括冀北山地—黄土高原东部灌木草原生态区、黄土高原—鄂尔多斯高原典型草原生态区、西鄂尔多斯—黄土高原西部荒漠草原生态区；高寒草原地带包括那曲—玛多高寒草甸生态区、羌塘高原—长江源高寒草原生态区、北羌塘高原荒漠草原生态区（李博等，1990）。按《全国草原保护建设利用总体规划》，中国草原分为北方干旱半干旱草原区、青藏高寒草原区、东北华北湿润半湿润草原区、南方草地区（高鸿宾，2012）。适应气候变化需要考虑这些区域特点，不同林区和草原区需要采取适宜的适应措施。东北森林带需要加强林火致灾因素和寒潮低温天气的监测预警，及时排除隐患，增强防控力度。选用耐火树种营造防火隔离带，提高森林防火道路网密度，完善森林防火设施设备。选用耐旱树种，培育人工混交林，节约生态用水量，提高造林成活率。加强森林抚育经营，调整森林结构，提高森林质量。建立森林和湿地退化评估机制，严格控制商业采伐和湿地开垦。北方防沙带需要控制生态脆弱地区的人口规模，制止滥开垦、滥放牧、滥樵采，对暂不具备治理条件的连片沙化土地逐步实行封禁保护；统筹流域水资源配置，保障下游生态用水。保护沙区现有植被，加快沙化土地和退耕地植被恢复，营造防沙林，综合治理退化草原，综合运用生物和工程措施治理沙化土地。黄土高原—川滇生态屏障区需要加强对水土流失、植被状况、湿地面积变化、森林火灾、山地灾害的监测。加强黄土高原丘陵地区和秦巴山区水土流失治理。加强黄土高原区和秦巴山区小流域综合治理，加大坡改梯和淤地坝工程建设力度，推广集雨补灌、保墒耕作等土壤增湿措施。川滇高原山地需要实行草原封育禁牧政策，在水源补给区采取严格的湿地面积管控措施，适度发展生态旅游。南方丘陵山区需要加强封山育林和抚育经营。强化山区地质灾害监测预警，综合开展防治工程，加快山区避险设施建设。结合生态扶贫工程，加大崩岗、岩溶区水土流失和石漠化综合治理力度，实行生态移民。加强西南地区干旱监测预警，减少火灾发生隐患。青藏高原生态屏障区需要加强高原区草原载畜能力评估，严格控制畜牧业范围和规模；强化冰川监测，建立冰川—湿地—荒漠综合管理系统。加大高原植被、湿地和特有物种保护力度；加强天然林保护，开展退耕还林和沙化土地综合治理。西北地区需要以可持续发展为出发点采取战略对策，通过灾害风险管理、技术和基础设施调整、统筹规划，趋利避害，科学规划和分步实施人工增雨工程、地表和地下水资源控制工程（水库等）和跨流域调水工程建设，最大限度地管好、用好区域内空中、地表和地下水资源。加强暴雨和洪水监测预警工程建设，重视黄土高原地区的水土保持工作，落实退耕还林、退牧还草战略。加强生态环境综合治理、天然林保护和"三北"防护林建设，注重沙化治理、水土保持、土壤盐渍化治理等生态环境建设工程。加强节水、植被恢复等（Zhao et al.，2014；Lei et al.，2016）。西南区域需要积极倡导当地民族和社区参与的适应气候变化规划，建立全民参与、科学技术和政府行政措施三结合的全方位气候变化的适应体系。建立高原和山地生态系统监测网络，开展珍稀濒危物种的就地保护和迁地保护，建立濒危物种繁育基地，开发物种遗传保护技术。修复关键生态区域、重建物种栖息地及生境。加强小流域治理和江河管理。建立自然保护区网络和气候变化情景下的物种迁移走廊，扩大非保护区型的保护地范围。建立生物多样性保护灾害（病虫害和森林火灾等）防御体系，减少其他不利影响（吴建国，2017；丁文广和许端阳，2017；凌铁军和祖子清，2017；雷茵茹等，2016；Peng and Li，2018）。

3. 优先适应的选择

优先适应区域包括生态脆弱区、生态功能区和气候变化下高风险区域。优先适应的内容包括：协调执行现在的生态保护和生态恢复政策；加强对自然灾害的防御，特别是生态灾害的防御；进行珍稀濒危物种的强化保护，严防入侵生物；严格自然保护区和国家公园的管理；进行森林、草地、生物资源的可持续利用等（吴建国，2017；凌铁军和祖子清，2017）。

17.4　限制和知识不足

17.4.1　难点与不足

过去与现在气候变化对生态系统影响的识别与归因：区分气候变化与其他因素（如人类活动）影响，明确气候变化贡献。中国生物种类多，识别气候变化影响较难。

未来气候变化下风险：气候变化对生态系统关键的风险；气候变化下生态系统响应气候变化的滞后机制；气候变化下生物的进化、基因变异和物种灭绝等方面的机制。

适应气候变化：生态系统和生物多样性自然适应气候变化的过程与程度。实施人为辅助措施适应气候变化不仅需要考虑多部门交叉、社会经济因素限制，还需要考虑适应措施的短期与长期的有效性，特别是全球升温 1.5~2.0℃ 或更高升温下的有效性。生态系统相关部门适应与减缓政策与措施的交叉问题，以及适应限制、不良适应问题等。

17.4.2　关键与优先研究建议

针对目前对气候变化对陆地自然生态系统及其服务功能的影响、风险与适应认知的不足，建议未来拟强化以下研究：气候变化对陆地自然生态系统影响的识别、过程与归因分析，陆地生态系统的气候变化脆弱性、风险与临界条件，陆地生态系统变化的气象条件贡献率评估与适应技术，陆地生态系统响应气候变化的滞后性及其适应技术；陆地生态系统植物、动物与微生物相互作用对气候变化的响应与调控，气候变化背景下陆地生态系统主要气象灾变过程及其适应调控关键技术，适应气候变化的陆地生态系统布局与气候承载力等。

参 考 文 献

常红. 2018. 西北干旱区梭梭潜在适宜分布区对气候变化的响应. 石河子: 石河子大学.

车彦军, 赵军, 师银芳, 等. 2014. 基于 CSCS 和 RegCM3 模型的 21 世纪末中国潜在植被. 生态学杂志, 33(2): 447-454.

陈吉龙, 何蕾, 温兆飞, 等. 2017. 辽河三角洲河口芦苇沼泽湿地植被固碳潜力. 生态学报, 37(16): 5402-5410.

陈滋月. 2016. 气候变化情景模式对流域水土流失影响的定量分析. 水利规划与设计, 6: 32-35.

程功, 吕全, 冯益明, 等. 2015. 气候变化背景下松材线虫在中国分布的时空变化预测. 林业科学, 51(6): 119-126.

崔瀚文, 姜琦刚, 邢宇, 等. 2013. 32a 来气候扰动下中国沙质荒漠化动态变化. 吉林大学学报(地), 43(2): 582-591.

代云川. 2017. 气候变暖背景下橡胶林适宜区的空间扩张及其对亚洲象栖息地的影响. 昆明: 云南师范大学.

戴尔阜, 周恒, 吴卓, 等. 2016. 气候变化对我国南方人工林地上生物量影响的模拟研究——以会同生态站磨哨实验林场为例. 应用生态学报, 27(10): 3059-3069.

戴君虎, 王焕炯, 王红丽, 等. 2012. 生态系统服务价值评估理论框架与生态补偿实践. 地理科学进展, 31(7): 963-969.

党晓宏. 2018. 西鄂尔多斯地区荒漠灌丛生态系统固碳能力研究. 呼和浩特: 内蒙古农业大学.

丁文广, 许端阳. 2017. 气候变化影响与风险-气候变化对沙漠化影响与风险研究. 北京: 科学出版社.

冯瑶, 赵昕奕. 2018. 气候变化对中国北方季风区生态系统总初级生产量的影响评价. 北京大学学报(自然科学版), 54(3): 655-664.

付玉, 韩用顺, 张扬建, 等. 2014. 树线对气候变化响应的研究进展. 生态学杂志, 33(3): 799-805.

高鸿宾. 2012. 中国草原. 北京: 中国农业出版社.

耿元波, 王松, 胡雪荻. 2018. 高寒草甸草原净初级生产力对气候变化响应的模拟. 草业学报, 27(1): 1-13.

谷建田. 1994. 中国植物种质资源保护: 历史、现状与未来. 科技导报, (6): 59-62.

郭灵辉, 郝成元, 吴绍洪, 等. 2016. 21 世纪上半叶内蒙古草地植被净初级生产力变化趋势. 应用生态学报, 27(3): 803-814.

国家林业局. 2012. 中国石漠化状况公报. http://www.forestry.gov.cn/uploadfile/main/2012-6/file/2012-6-15-147e8ffa780643d68d6126b67ae60d7b.pdf.

郝占庆, 代力民, 贺红士, 等. 2001. 气候变暖对长白山主要树种的潜在影响. 应用生态学报, 12(5): 653-658.

何刚. 2014. 高山生态系统苔藓植物对升温和氮沉降的生理响应. 成都: 四川师范大学.

何丽鸿, 王海燕, 王璐, 等. 2015. 长白落叶松林生态系统净初级生产力对气候变化的响应. 北京林业大学学报, 37(9): 28-36.

何霄嘉, 张于光, 张九天, 等. 2012. 中国生物多样性适应气候变化策略研究. 现代生物医学进展, 12(20): 3966-3970.

贺伟, 布仁仓, 刘宏娟, 等. 2013. 气候变化对东北沼泽湿地潜在分布的影响. 生态学报, 33(19): 6314-6319.

侯向阳, 丁勇, 吴新宏, 等. 2014. 北方草原区气候变化影响与适应. 北京: 科学出版社.

黄超, 贺红士, 梁宇, 等. 2018. 气候变化、林火和采伐对大兴安岭森林碳储量的影响. 应用生态学报, 29(7): 2088-2100.

黄国情, 吴时强, 周杰, 等. 2014. 太湖蓝藻生境对气候变化的响应. 水利水运工程学报, (6): 39-45.

黄玫, 侯晶, 唐旭利, 等. 2016. 中国成熟林植被和土壤固碳速率对气候变化的响应. 植物生态学报, 40(4): 416-424.

黄文婕, 葛全胜, 戴君虎, 等. 2017. 贵阳木本植物始花期对温度变化的敏感度. 地理科学进展, 36(8): 1015-1024.

霍宏亮, 马庆华, 李京璟, 等. 2016. 中国榛属植物种质资源分布格局及其适生区气候评价. 植物遗传资源学报, 17(5): 801-808.

霍晓英. 2018. 陕西省油松林生产力动态及对未来气候变化响应. 咸阳: 西北农林科技大学.

贾庆宇. 2018. 辽河三角洲芦苇湿地局地气候变化特征及地-气相互影响关系研究. 沈阳: 沈阳农业大学.

雷军成. 2014. 气候变化情景下四川山鹧鸪适宜生境变化特征研究与保护关键区识别. 南京: 南京林业大学.

雷军成, 王莎, 王军围, 等. 2016. 未来气候变化对我国特有濒危动物黑麂适宜生境的潜在影响. 生物多样性, 24(12): 1390-1399.

雷茵茹, 崔丽娟, 李伟. 2016. 湿地气候变化适应性策略概述. 世界林业研究, 29(1): 36-40.

雷占兰, 周华坤. 2012. 气候变化对高寒草甸垂穗披碱草生育期和产量的影响. 中国草地学报, 34(5): 10-17.

李保平, 孟玲. 2010. 气候变化对农业外来物种入侵的影响. 海口: 第三届全国生物入侵大会论文摘要集——全球变化与生物入侵.

李博, 雍世鹏, 李瑶, 等. 1990. 中国的草原. 北京: 科学出版社.

李春兰, 朝鲁门, 包玉海, 等. 2015. 21 世纪初期气候波动下浑善达克沙地荒漠化动态变化分析. 干旱区地理, 38(3): 556-564.

李国平, 刘生胜. 2018. 中国生态补偿 40 年: 政策演进与理论逻辑. 西安交通大学学报(社会科学版), 38(6): 101-112.

李洪利. 2013. 区域气候变化对太湖主要生态指标影响的分析和模拟研究. 南京: 南京信息工程大学.

李佳. 2017. 秦岭地区濒危物种对气候变化的响应及脆弱性评估. 北京: 中国林业科学研究院.

李奇, 朱建华, 冯源, 等. 2018. 中国森林乔木林碳储量及其固碳潜力预测. 气候变化研究进展, 14(3): 287-294

李世东, 陈幸良, 马凡强, 等. 2010. 新中国生态演变 60 年. 北京: 科学出版社.

李夏子, 韩国栋. 2013. 内蒙古东部草原优势牧草生长季对气象因子变化的响应. 生态学杂志, 32(4): 987-992.

李晓辰. 2018. 中国温带主要荒漠植物的地理分布格局研究. 石河子: 石河子大学.

李兴华, 任丽媛, 刘秀荣. 2014. 气候变化对内蒙古草原火灾的影响. 干旱区资源与环境, 28(4): 129-133.

李祎君, 王春乙, 赵蓓, 等. 2010. 气候变化对中国农业气象灾害与病虫害的影响. 农业工程学报, 26(s1): 263-271.

栗文瀚. 2018. 气候变化对中国主要草地生产力和土壤有机碳影响的模拟研究. 北京: 中国农业科学院.

林业部林业区划办公室. 1987. 中国林业区划. 北京: 中国林业出版社.

凌铁军, 祖子清. 2017. 气候变化影响与风险——气候变化对海岸带影响与风险研究. 北京: 科学出版社.

刘丹丹. 2018. 基于 BIOME-BGC 模型对锡林河流域 NPP 现状研究及风险评价. 呼和浩特: 内蒙古农业大学.

刘建功. 2015. 气候变化背景下中国自然湿地生态系统甲烷排放的时空变化. 咸阳: 西北农林科技大学.

刘金雪. 2016. 气候变化对外来入侵植物互花米草潜在分布区的影响. 南京: 南京师范大学.

刘俊威, 吕惠进. 2012. 气候变化对长江中下游湿地的影响及其响应. 湖南农业科学, (3): 73-76.

刘珂艺. 2018. 增温 2℃小兴安岭地区的森林演替动态. 哈尔滨: 黑龙江大学.

刘浦江, 韩海东. 2015. 托木尔峰自然保护区雪豹种群现状影响及对策. 安徽农业科学, 43(5): 103-104.

刘然, 王春晶, 何健, 等. 2018. 气候变化背景下中国冷杉属植物地理分布模拟分析. 植物研究, 38(1): 37-46.

刘世荣, 温远光, 蔡道雄, 等. 2014. 气候变化对森林的影响与多尺度适应性管理研究进展. 广西科学, 21(5): 419-435.

刘双, 谢正辉, 高骏强, 等. 2018. 高寒生态脆弱区冻土碳水循环对气候变化的响应——以甘南州为例. 高原气象, 37(5): 1177-1187.

刘文胜, 游简舲, 曾文斌, 等. 2018. 气候变化下青藏苔草地理分布的预测. 中国草地学报, 40(5): 43-49.

刘夏. 2016. 气候变化对三江平原沼泽湿地 NPP 的影响研究. 长春: 中国科学院东北地理与农业生态研究所.

刘艳, 赵正武. 2017. 基于最大熵模型模拟气候变化下中国两个沼泽藓类属的潜在分布. 应用与环境生物学报, 23(5): 792-799.

刘智棋, 李婉, 唐森威, 等. 2012. 温度依赖型性别决定在爬行动物中的研究进展. 四川动物, 31(4): 675-678.

马瑞俊, 蒋志刚. 2005. 全球气候变化对野生动物的影响. 生态学报, 25(11): 3361-3366.

马松梅, 魏博, 李晓辰, 等. 2017. 气候变化对梭梭植物适宜分布的影响. 生态学杂志, 36(5): 1243-1250.

孟焕. 2016. 气候变化对三江平原沼泽湿地分布的影响及其风险评估研究. 长春: 中国科学院东北地理与农业生态研究所.

苗百岭. 2017. 干旱与半干旱区植被动态及其对气候变化的响应——以内蒙古为例. 呼和浩特: 内蒙古大学.

莫张勤. 2018. 生态保护红线在环境法律制度中的融合与创新. 生态环境学报, 27(3): 588-594.

莫志鸿, 李玉娥, 高清竹. 2012. 主要草原生态系统生产力对气候变化响应的模拟. 中国农业气象, 33(4): 545-554.

牟成香, 孙庚, 罗鹏, 等. 2013. 青藏高原高寒草甸植物开花物候对极端干旱的响应. 应用与环境生物学报, 19(2): 272-279.

裴顺祥. 2011. 我国高纬度地区典型植物及全国广布种毛桃、山桃物候对气候变化的响应. 北京: 中国林业科学研究院.

裴顺祥, 郭泉水, 辛学兵, 等. 2011. 我国东北 4 种常见阔叶乔木物候对气候变化的响应. 林业科学, 47(11): 181-187.

彭小清. 2017. 北半球季节冻土时空变化特征及其对气候变化的响应. 兰州: 兰州大学.

皮泓漪, 张萌雪, 夏建新. 2018. 基于农户受偿意愿的退耕还林生态补偿研究. 生态与农村环境学报, 34(10): 903-909.

祁晓婷, 韩永翔, 张存厚, 等. 2018. 公元 1—2000 年内蒙古草原 ANPP 序列的重建及特征研究——基于

CENTURY 模型. 干旱区资源与环境, 32(2): 107-113.

齐述华, 张起明, 江丰, 等. 2014. 水位对鄱阳湖湿地越冬候鸟生境景观格局的影响研究. 自然资源学报, 29(8): 1345-1355.

任月恒. 2016. 基于时空尺度的东北地区黑嘴松鸡种群分布变化趋势研究. 北京: 北京林业大学.

盛文萍, 李玉娥, 高清竹, 等. 2010. 内蒙古未来气候变化及其对温性草原分布的影响. 资源科学, 32(6): 1111-1119.

师桂花, 季晓丽, 陈素华. 2017. 气候变化对典型草原糙隐子草物候期和产量的影响. 中国草地学报, 39(1): 42-49.

石晓丽, 陈红娟, 史文娇, 等. 2017. 基于阈值识别的生态系统生产功能风险评价——以北方农牧交错带为例. 生态环境学报, 26(1): 6-12.

石耀辉, 周广胜, 蒋延玲, 等. 2013. CO_2 浓度和降水协同作用对短花针茅生长的影响. 生态学报, 33(14): 4478-4485.

宋春桥, 游松财, 柯灵红, 等. 2012. 藏北高原典型植被样区物候变化及其对气候变化的响应. 生态学报, 32(4): 1045-1055.

宋文静, 吴绍洪, 陶泽兴, 等. 2016. 近 30 年中国中东部地区植物分布变化. 地理研究, 35(8): 1420-1432.

孙玉诚, 郭慧娟, 戈峰. 2017. 昆虫对全球气候变化的响应与适应性. 应用昆虫学报, 54(4): 539-552.

唐丽霞. 2009. 黄土高原清水河流域土地利用/气候变异对径流泥沙的影响. 北京: 北京林业大学.

陶冶, 张元明. 2013. 中亚干旱荒漠区植被碳储量估算. 干旱区地理, 36(4): 615-622.

王翀, 林慧龙, 何兰, 等. 2014. 紫茎泽兰潜在分布对气候变化响应的研究. 草业学报, (4): 20-30.

王聪. 2017. 马铃薯甲虫全球扩散趋势研究. 北京: 中国农业大学.

王楠. 2014. 我国已建立优良基因战略储备. 农家参谋, (11): 5.

王彦颖. 2016. 中国东北植被时空动态变化及其对气候相应研究. 长春: 东北师范大学.

王毅. 2017. 珠穆朗玛峰国家自然保护区湿地动态及对区域气候的响应. 成都: 成都理工大学.

吴建国. 2017. 气候变化影响与风险-气候变化对生物多样性影响与风险研究. 北京: 科学出版社.

吴伟伟. 2012. 气候变化对我国丹顶鹤繁殖地分布影响预测研究. 南京: 南京师范大学.

吴卓, 戴尔阜, 林媚珍. 2018. 气候变化和人类活动对南方红壤丘陵区森林生态系统影响模拟研究——以江西泰和县为例. 地理研究, 37(11): 2141-2152.

武目涛, 邵思, 周慧, 等. 2018. 2030 年气候条件下苹果蠹蛾全球适生区预测. 检验检疫学刊, 28(2): 38-41.

武晓宇, 董世魁, 刘世梁, 等. 2018. 基于 Max-Ent 模型的三江源区草地濒危保护植物热点区识别. 生物多样性, 26(2): 138-148.

武正军, 李义明. 2004. 两栖类种群数量下降原因及保护对策. 生态学杂志, 23(1): 140-146.

肖锋, 贾倩倩. 2016. 论我国生态保护红线制度的应然功能及其实现. 中国地质大学学报(社会科学版), 16(6): 34-45.

邢宇. 2015. 青藏高原 32 年湿地对气候变化的空间响应. 国土资源遥感, 27(3): 99-107.

徐当会, 方向文, 宾振钧, 等. 2012. 柠条适应极端干旱的生理生态机制——叶片脱落和枝条中叶绿体保持完整性. 中国沙漠, 32(3): 691-697.

徐升华, 周本智, 李谦, 等. 2014. 极端干旱对毛竹林土壤呼吸的影响. 中国农业通报, 30(1): 58-62.

徐骁骁, 赵文阁, 刘鹏. 2018. 环境温度对东北林蛙不同地理种群繁殖期体温和胚胎. 生态学报, 38(8): 2965-2973.

徐雨晴, 周波涛, 於琍, 等. 2018. 气候变化背景下中国未来森林生态系统服务价值的时空特征. 生态学报, 38(6): 1952-1963.

徐韵佳, 仲舒颖, 戴君虎, 等. 2017. 1978-2014 年牡丹江地区植物花期变化及模型模拟. 地理研究, 36(4): 779-789.

晏寒冰, 彭丽潭, 唐旭清. 2014. 基于气候变化的东北地区森林树种分布预测建模与影响分析. 林业科学, 50(5): 132-139.

晏婷婷, 冉江洪, 赵晨皓, 等. 2017. 气候变化对邛崃山系大熊猫主食竹和栖息地分布的影响. 生态学报, 37(7): 2360-2367.

尹伟伦, 翟明普. 2010. 南方低温雨雪冰冻的林业灾害与防治对策研究. 北京: 中国环境科学出版社.

尹晓梅. 2013. 气候变化对三江平原湿地植被生产力影响模拟研究. 长春: 中国科学院东北地理与农业生态研究所.

於琍, 李克让, 陶波, 等. 2010. 植被地理分布对气候变化的适应性研究. 地理科学进展, 29(11): 1326-1332.

袁峰. 2015. 冬虫夏草居群谱系地理与适生区分布研究. 昆明: 云南大学.

袁建. 2013. 气候变化对重庆森林火灾的影响以及森林可燃物遥感分类. 杭州: 浙江农林大学.

张彬, 朱建军, 刘华民, 等. 2014. 极端降水和极端干旱事件对草原生态系统的影响. 植物生态学报, 38(9): 1008-1018.

张蕾, 霍治国, 王丽, 等. 2012. 气候变化对中国农作物虫害发生的影响. 生态学杂志, 31(6): 1499-1507.

张明军, 周立华. 2004. 对生态系统服务价值问题的思考. 国土与自然资源研究, (1): 48-49.

张文娟. 2018. 气候变化与放牧管理对三江源草地生物量和土壤有机碳的影响. 兰州: 兰州大学.

张晓芹. 2018. 西北旱区典型生态经济树种地理分布与气候适宜性研究. 杨凌: 中国科学院教育部水土保持与生态环境研究中心.

赵茂盛, Neilson R P, 延晓冬, 等. 2002. 气候变化对中国植被可能影响的模拟. 地理学报, 57(1): 28-38.

赵卫, 沈渭寿, 刘海月. 2016. 自然保护区气候变化风险及其评估——以达里诺尔国家级自然保护区为例. 应用生态学报, 27(12): 3831-3837.

中国森林编辑委员会. 1997. 中国森林第一卷. 北京: 中国林业出版社.

周广胜, 何奇瑾, 殷晓洁. 2015. 中国植被/陆地生态系统对气候变化的适应性与脆弱性. 北京: 气象出版社.

朱海燕. 2016. 春夏不同升温模式对入侵害虫悬铃木方翅网蝽种群生活史性状的影响. 安庆: 安庆师范大学.

朱清科, 张岩, 赵磊磊, 等. 2012. 陕北黄土高原植被恢复及近自然造林. 北京: 科学出版社.

朱洋洋, 马林. 2018. 中国草原保护与建设的理性思考. 大连民族大学学报, 20(4): 323-327.

Andresen L C, Müller C, De Dato G D, et al. 2016. Shifting impacts of climate change: Long-term patterns of plant response to elevated CO$_2$, drought, and warming across ecosystems. https://www.researchgate.net/publication/308899456_Shifting_Impacts_of_Climate_Change_Long-Term_Patterns_of_Plant_Response_to_Elevated_CO2_Drought_and_Warming_Across_Ecosystems[2021-5-30].

Arnone J A, Verburg P S J, Johnson D W, et al. 2008. Prolonged suppression of ecosystem carbon dioxide uptake after an anomalously warm year. Nature, 455(7211): 383-386.

Bai L, Morton L C, Liu Q. 2013. Climate change and mosquito-borne diseases in China: A review. Globalization and Health, 9(1): 10.

Bale J S, Masters G J, Hodkinson I D, et al. 2002. Herbivory in global climate change research: Direct effects of rising temperature on insect herbivores. Global Change Biology, 8(1): 1-16.

Bartholomeus R, Witte J P, Van Bodegom P, et al. 2011. Climate change threatens endangered plant species by stronger and interacting waterrelated stresses. Journal of Geophysical Research, 116: G04023.

Boggs C L. 2016. The fingerprints of global climate change on insect populations. Current Opinion in Insect Science, 17: 69-73.

Chambers J Q, Fisher J I, Zeng H C, et al. 2007. Hurricane Katrina's carbon footprint on US Gulf Coast forests. Science, 318(5853): 1107.

Chen X, Tian Y, Xu L. 2015. Temperature and geographic attribution of change in the Taraxacum mongolicum growing season from 1990 to 2009 in eastern China's temperate zone. International Journal of Biometeorology, 59(10): 1437-1452.

Cohen J M, Lajeunesse M J, Rohr J R. 2018. A global synthesis of animal phenological responses to climate change. Nature Climate Change, 8(3): 224.

Colmer T, Flowers T. 2008. Flooding tolerance in halophytes. New Phytologist, 179(4): 964-974.

Crabbe R A, Dash J, Rodriguez-Galiano V F, et al. 2016. Extreme warm temperatures alter forest phenology and productivity in Europe. Science of the Total Environment, 563: 486-495.

Dai J, Wang H, Ge Q. 2014. Characteristics of spring phonological change in China over the past 50 years. Advances in Meteorology, 2014: 1-8.

Fan M, Shibata H, Wang Q. 2016. Optimal conservation planning of multiple hydrological ecosystem services under land use and climate changes in Teshio river watershed, northernmost of Japan. Ecological Indicators, 62: 1-13.

Gao X, Jin C, Camargo A, et al. 2015a. Allocation trade-off under climate warming in experimental amphibian populations. PeerJ, 3: e1326.

Gao X, Jin C, Llusia D, et al. 2015b. Temperature-induced shifts in hibernation behavior in experimental amphibian populations. Scientific Reports, 5: 11580.

Ge Q, Wang H, Rutishauser T, et al. 2015. Phenological response to climate change in China: A meta-analysis. Global Change Biology, 21(1): 265-274.

He J, Yan C, Holyoak M, et al. 2018. Quantifying the effects of climate and anthropogenic change on regional species loss in China. PLoS One, 13(7): e0199735.

Hufkens K, Friedl M A, Keenan T F, et al. 2012. Ecological impacts of a widespread frost event following early spring leaf-out. Global Change Biology, 18(7): 2365-2377.

Hüve K, Bichele I, Ivanova H, et al. 2012. Temperature responses of dark respiration in relation to leaf sugar concentration. Physiologia Plantarum, 144(4): 320-334.

IPCC. 2012. Managing the Risks of Extreme Events and Disasters to Advance Climate Change Adaptation: A Special Report of Working Groups I and II of the Intergovernmental Panel on Climate Change. Cambridge and New York: Cambridge University Press.

IPCC. 2013. IPCC Fifth Assessment Report (AR5). Cambridge: Cambridge University Press.

IPCC. 2014. Climate Change 2014: Synthesis Report. Geneva: Contribution of Working Groups I, II and III to the Fifth Assessment Report of the Intergovernmental Panel on Climate Change.

Jochner S C, Beck I, Behrendt H, et al. 2011. Effects of extreme spring temperatures on urban phenology and pollen production: A case study in Munich and Ingolstadt. Climate Research, 49(2): 101-112.

Ju R T, Gao L, Wei S J, et al. 2017. Spring warming increases the abundance of an invasive specialist insect: Links to phenology and life history. Scientific Reports, 7(1): 14805.

Koven C D, Bruno R, Pierre F, et al. 2011. Permafrost carbon-climate feedbacks accelerate global warming. Proceedings of the National Academy of Sciences of the United States of America, 108(36): 14769.

Kreyling J. 2010. Winter climate change: A critical factor for temperate vegetation performance. Ecology, 91(7): 1939-1948.

Lei J C, Chen L, Li H. 2017. Using ensemble forecasting to examine how climate change. Environmental Monitoring and Assessment, 189(8): 404.

Lei Y, Zhang H, Chen F, et al. 2016. How rural land use management facilitates drought risk adaptation in a changing climate — A case study in arid northern China. Science of the Total Environment, 550: 192-199

Leuzinger S, Hartmann A, Körner C. 2011. Water relations of climbing ivy in a temperate forest. Planta, 233(6): 1087-1096.

Li C, Filho W L, Wang J, et al. 2018. An assessment of the impacts of climate extremes on the vegetation in Mongolian Plateau: Using a scenarios-based analysis to support regional adaptation and mitigation options. Ecological Indicators, 95: 805-814.

Li R, Xu M, Hang M. et al. 2015a. Climate change threatens giant panda protection in the 21st century. Biological Conservation, 182(1): 93-101.

Li X H, Tian H D, Wang Y, et al. 2013a. Vulnerability of 208 endemic or endangered species in China to the effects of climate change. Reg Environ Change, 13(4): 843-852.

Li X, Jiang G, Tian H, et al. 2015b. Human impact and climate cooling caused range contraction of large mammals in China over the past two millennia. Ecography, 38(1): 74-82.

Li X, Liu X, Kraus F, et al. 2016a. Risk of biological invasions is concentrated in biodiversity hotspots. Frontiers in Ecology and the Environment, 14(8): 411-417.

Li Y M, Cohen J M, Rohr J R. 2013b. Review and synthesis of the effects of climate change on amphibians. Integrative Zoology, 8(3): 145-161.

Li Y, Li X Sandel X, et al. 2016b. Climate and topography explain range sizes of terrestrial vertebrates. Nature Climate Change 6(5): 498-502.

Li Y, Wang Y G, Houghton R A, et al. 2015c. Hidden carbon sink beneath desert. Geophysical Research Letters, 42(14): 5880-5887.

Liu H, Bu R, Liu J, et al. 2011. Predicting the wetland distributions under climate warming in the Great Xing'an Mountains, northeastern China. Ecological Research, 26(3): 605-613.

Liu X, Li Y M, Mcgarrity M. 2010. Geographical variation in body size and sexual size dimorphism of introduced American bullfrogs in southwestern China. Biological Invasions, 12(7): 2037-2047.

Ma W, Liang J, Cumming J R, et al. 2016. Fundamental shifts of central hardwood forests under climate change.

Ecological Modelling, 332: 28-41.

Macfadyen S, McDonald G, Hill M P. 2018. From species distributions to climate change adaptation: Knowledge gaps in managing invertebrate pests in broad-acre grain crops. Agriculture, Ecosystems & Environment, 253: 208-219.

Mirzaei H, Kreyling J, Hussain M Z, et al. 2008. A single drought event of 100-year recurrent enhances subsequent carbon uptake and changes carbon allocation in experimental grassland communities. Journal of Plant Nutrition and Soil Science, 171: 681-689.

Misson L, Degueldre D, Collin C, et al. 2011. Phenological responses to extreme droughts in a Mediterranean forest. Global Change Biology, 17(2): 1036-1048.

Nagy L, Kreyling J, Gellesch E, et al. 2013. Recurring weather extremes alter the flowering phenology of two common temperate shrubs. International Journal of Biometeorology, 57(4): 579-588.

Ockendon N, Baker D J, Carr J A, et al. 2014. Mechanisms underpinning climatic impacts on natural populations: Altered species interactions are more important than direct effects. Global Change Biology, 20(7): 2221-2229.

Ouyang F, Hui C, Men X, et al. 2016. Early eclosion of overwintering cotton bollworm moths from warming temperatures accentuates yield loss in wheat. Agric Ecosyst Environ, 217: 89-98.

Peng C H, Ma Z H, Lei X D, et al. 2011. A drought-induced pervasive increase in tree mortality across Canada's boreal forests. Nat Climate Change, 1(9): 467-471.

Peng S, Li Z. 2018.Potential land use adjustment for future climate change adaptation in revegetated regions. Science of the Total Environment, 639(2): 476-484.

Polle A, Kroniger W, Rennenberg H. 1996. Seasonal fluctuations of ascorbate-related enzymes: Acute and delayed effects of late frost in spring on antioxidative systems in needles of Norway spruce (*Picea abies L*). Plant and Cell Physiology, 37(6): 717-725.

Ramming A, Mahecha M D. 2015. Ecosystem responses to climate extremes. Nature, 527(7578): 315-316.

Reichstein M, Bahn M, Ciais P, et al. 2013. Climate extremes and the carbon cycle. Nature, 500: 287-295.

Ren S, Yi S, Peichl M, et al. 2018. Diverse responses of vegetation phenology to climate change in different grasslands in Inner Mongolia during 2000–2016. Remote Sensing, 10(1): 17.

Reyer C P O, Leuzinger S, Rammig A, et al. 2013. A plant's perspective of extremes: Terrestrial plant responses to changing climatic variability. Global Change Biology, 19(1): 75-89.

Runting R K, Bryan B A, Dee L E, et al. 2016. Incorporating climate change into ecosystem service assessments and decisions: A review. Global Change Biology, 23(1): 28-41.

Sample J E, Baber I, Badger R. 2016. A spatially distributed risk screening tool to assess climate and land use change impacts on water-related ecosystem services. Environmental Modelling & Software, 83(C): 12-26.

Solomon S, Qin D, Manning M, et al. 2007. Climate change 2007: The Physical Science Basis. Contribution of Working Group I to the Fourth Assessment Report of the Intergovernmental Panel on Climate Change. Summary for Policymakers. Intergovernmental Panel on Climate Change Climate Change, 18(2): 95-123.

Stearns F, Lieth H. 1974. Introduction//Lieth H. Phenology and Seasonality Modeling. Berlin, Heidelberg: Springer Berlin Heidelberg.

Tan K, Piao S, Peng C, et al. 2007. Satellite-based estimation of biomass carbon stocks for northeast China's forests between 1982 and 1999. Forest Ecology & Management, 240(1): 114-121.

Tang H, Li Z, Zhu Z, et al. 2015. Variability and climate change trend in vegetation phenology of recent decades in the greater khingan mountain area, northeastern china. Remote Sensing, 7(9): 11914-11932.

Tang W, Zhao B, Chen Y, et al. 2018. Reduced egg shell permeability affects embryonic development and hatchling traits in Lycodon rufozonatum and Pelodiscus sinensis. Integrative Zoology, 13(1): 58-69.

Tao Z, Wang H, Liu Y, et al. 2017. Phenological response of different vegetation types to temperature and precipitation variations in northern China during 1982–2012. International Journal of Remote Sensing, 38(11): 3236-3252.

Teskey R, Timothy W, Ingvar B, et al. 2015. Responses of tree species to heat waves and extreme heat events. Plant, Cell and Environment, 38(9): 1699-1712.

Thackeray S J, Sparks T H, FrederiksenM, et al. 2016. Trophic level asynchrony in rates of phenological change for marine, freshwater and terrestrial environments. Glob Change Biol, 16(1): 3304-3313.

Thom D, Rammer W, Dirnböck T, et al. 2017. The impacts of climate change and disturbance on spatio-temporal trajectories of biodiversity in a temperate forest landscape. Journal of Applied Ecology, 54(1): 28-38.

Trumbore S, Brando P, Hartmann H. 2015. Forest health and global change. Science, 349(6250): 819-822.

Wan X, Zhang Z. 2017. Climate warming and humans played different roles in triggering Late Quaternary extinct-tions in east and west Eurasia. Proc R Soc B, 284(1851): 2438.

Wang C J, Wan J Z, Zhang G M, et al. 2016b. Protected areas may not effectively support conservation of endan-gered forest plants under climate change. Environ Earth Sci, 75(6): 466.

Wang C J, Wan J Z, Zhang Z X, et al. 2016a. Identifying appropriate protected areas for endangered fern species under climate change. Springer Plus, 5(1): 904.

Wang H, Zhong S, Tao Z, et al. 2017. Changes in flowering phenology of woody plants from 1963 to 2014 in North China. International Journal of Biometeorology, 63(5): 579-590.

Wang Z, Xue C, Quan W, et al. 2018. Spatiotemporal variations of forest phenology in the Qinling Mountains and its response to a critical temperature of 10 degrees C. Journal of Applied Remote Sensing, 12(2): 1.

Xia J, Mcguire A D, Lawrence D, et al. 2017. Terrestrial ecosystem model performance in simulating productivity and its vulnerability to climate change in the northern permafrost region: Modeled productivity in permafrost regions. Journal of Geophysical Research, 122(2): 430-446.

Xie Y Y, Ahmed K F, Allen J M, et al. 2015. Green-up of deciduous forest communities of northeastern North America in response to climate variation and climate change. Landscape Ecology, 30(1): 109-123.

Xu Z Z, Hideyuki S, Shoko I, et al. 2013b. Effects of elevated CO_2, warming and precipitation change on plant growth, photosynthesis and peroxidation in dominant species from North China grassland. Planta, 239(2): 421-435.

Xu Z Z, Hideyuki S, Yasumi Y, et al. 2013a. Interactive effects of elevated CO_2, drought, and warming on plants. Journal of Plant Growth Regulation, 32(4): 692-707.

Xue Z, Zhang Z S, Lu X G, et al. 2014. Predicted areas of potential distributions of alpine wetlands under different scenarios in the Qinghai-Tibetan Plateau. China Global and Planetary Change, 123(A): 77-85.

Yang J, Ji X, Deane D C, et al. 2017. Spatiotemporal distribution and driving factors of forest biomass carbon storage in China: 1977–2013. Forests, 8(7): 263.

Yang Y, Guan H, Shen M, et al. 2015. Changes in autumn vegetation dormancy onset date and the climate controls across temperate ecosystems in China from 1982 to 2010. Global Change Biology, 21(2): 652-665.

Zhang Y, Liu F, Wang X, et al. 2014. The impact investigation and adaptation strategy analysis of climate change on nature reserve in China. Acta Ecologica Sinica, 34(2): 106-109.

Zhao D, Wu S, Dai E, et al. 2015. Effect of climate change on soil organic carbon in Inner Mongolia. Int J Climatol, 35(3): 337-347.

Zhao D, Wu S, Yin Y. 2013. Responses of terrestrial ecosystems' net primary productivity to future regional climate change in China. Plos One, 8(4): 1-8.

Zhao D, Wu S. 2014. Vulnerability of natural ecosystem in China under regional climate scenarios: An analysis based on eco-geographical regions. J Geogr Sci, 24(2): 237-248.

Zhao H Y, Guo J Q, Zhang C J, et al. 2014. Climate change impacts and adaptation strategies in northwest China. Advances In Climate Change Research, 5(1): 7-16.

Zhao J, Wang Y, Zhang Z, et al. 2016a. The variations of land surface phenology in Northeast China and its responses to climate change from 1982 to 2013. Remote Sensing, 8(4005): 400.

Zhao Z, Sandhu H S, Ouyang F, et al. 2016b. Landscape changes have greater effects than climate changes on six insect pests in China. Science China Life Sciences, 59(6): 627-633.

Zhao Z, Wang G, Chen J, et al. 2019. Assessment of climate change adaptation measures on the income of herders in a pastoral region. Journal of Cleaner Production, 208: 728-735.

Zhu C, Kobayashi K, Loladze I, et al. 2018. Carbon dioxide (CO_2) levels this century will alter the protein, micronutrients, and vitamin content of rice grains with potential health consequences for the poorest rice-dependent countries. Sci Adv, 4(5): eaaq1012.

第18章　气候变化对能源的影响、风险与适应

首席作者：魏一鸣　邓祥征

主要作者：张帆　王兵　袁潇晨　余碧莹

摘　要

气候变化将影响能源的供给和需求，以及整个系统的运行状况。本章识别了能源系统的脆弱性，评估了气候变化与能源系统之间的相互影响关系，以及在未来气候变化条件下能源系统面临的风险。可再生能源对气候变化较为敏感，未来水力发电在部分地区有显著下降趋势。极端事件将增加能源消耗，城市用能需求将普遍提高。针对潜在影响，提出了能源系统的适应措施。

18.1　气候变化对能源供给、消费、基础设施及运输的影响

气候变化与能源利用密切相关。首先，化石能源的大量使用是导致气候变化的主要原因，而能源发展也将成为应对气候变化的主要措施。提高能源效率、发展可再生能源、推广清洁能源生产等都是各国应对气候变化的主要举措。其次，气候变化及气候极端事件已经严重影响到能源系统的正常运行，尤其是可再生能源的利用，这是因为可再生能源发展依赖于气候要素及其稳定性，而气候变化影响了可再生能源构成要素的强度、时空分布和稳定性，也影响到能源开发利用的全过程（开采、运输、销售和有效使用等）。这种矛盾的统一体直接决定了能源系统面临的气候变化脆弱性与日俱增。

目前，学术界对于能源系统与气候变化之间的关系主要关注"能源消费的温室气体排放及气候变化对能源消费的影响"，关于气候变化对于能源系统影响的研究相对较少。然而，IPCC 第五次评估报告将能源部门视为对气候变化最脆弱的经济部门之一。气候变化对能源系统影响的相关研究自 2010 年以来才逐渐得到较多关注，其中电力部门和可再生能源发展两个领域是研究热点。本节针对气候变化对能源供给、能源消费、能源基础设施、能源运输的影响进行分析。

18.1.1　能源供给

化石能源部门气候变化脆弱性研究取得了最新进展。随着能源系统日益成为国民经济中的重要支柱，研究能源系统面临的气候变化脆弱性逐渐得到学术界的关注。能源系统的运行（能源生产、运输、配送、消费等阶段）较易受到气候变化及其极端气候事件的影响。国际期刊 *Climatic Change* 于 2013 年 11 月出版了 *Climate Change，Extremes，and Energy Systems* 专刊（Mastrandrea and Tavoni，2013），主要讨论气候变化及极端气候事件对能源系统的影响，

涵盖煤、石油、天然气、火力发电、水力发电、太阳能、电网等方面。World Bank 出版了针对整个能源系统面临的气候风险的专题报告（Ebinger and Vergara，2011）。

Cruz 和 Krausmann 总结了不同气候变化类型下油气部门各阶段面临的气候变化脆弱性，认为气候变化脆弱性评估应考虑因地而异的特性以及低海拔海岸地区油气利用面临的较高脆弱性（Cruz and Krausmann，2013）。Sieber（2013）按不同气候类型分析了气候变化对火电厂的影响，提出了不同气候类型下的适应气候变化的措施。Ekmann（2013）在厘清煤的利用周期的基础上，分析了煤的使用过程所面临的气候变化脆弱性，结果认为煤的利用面临的气候变化脆弱性主要来源于煤利用所需要的大型基础设施。Ward（2013）从电网设计出发分析了气候变化对欧洲和北美地区电网运行和电力供应的影响，认为狂风是对电网系统影响最大的极端气候。Ciscar 和 Dowling（2014）从综合评估模型的角度分析了能源部门所面临的气候影响与适应能力，指出了能源设施面临的气候变化脆弱性应该纳入综合评估模型中。

此外，Sathaye 等（2009）分析美国加利福尼亚州地区能源基础设施面临的气候变化脆弱性，涵盖高温对电厂装机、发电、电线、电力需求高峰，野火对电线的影响，海平面上升对沿海电力设施的潜在威胁，认为大气气温上升会导致超过 38%的电力峰值增加。美国能源部从整个能源部门出发分析火力发电设施、沿海能源设施、油气生产、可再生资源禀赋、电力传输等可能受到气候变化（气温、水温上升；水资源减少；极端气候频率增大）影响（U.S. Department of Energy，2013），2015 年 10 月，美国能源部发布了其区域间能源部门所面临的气候变化脆弱性现状，指明了当前进行能源部门脆弱性管理的紧迫性（U.S. Department of Energy，2015a）。Van Vliet 等（2012）分析了欧洲和美国火力发电所面临的气候变化脆弱性，其影响路径为气候变化通过影响火力发电的水需求和水温来影响火电生产。美国能源部印第安部落能源政策与项目办公室发布了美国印第安部落能源系统所面临的气候变化与极端气候事件脆弱性，分析和识别了美国不同地区部落面临的脆弱性差异与原因，并就适应能力建设提供了相应的政策建议（U.S. Department of Energy，2015b）。

根据已有文献（U.S. Department of Energy，2013；Van Vliet et al.，2012），这里整理得到了电力部门气候变化脆弱性机理，如图 18.1 所示。从能源消费端而言，工业能源消费主要来源于煤炭供应，交通领域的能源利用主要来自石油产业，大部分加工转换能源损失来自煤炭；电力消耗部门主要是工业用电和居民用电。基于此，气候变化及其极端事件对能源消费的影响主要分为两个部分：气候变化影响工业一次能源需求和气候变化对电力用能的需求。例如，气候变化对电力部门的影响机理示意图（图 18.1）从气候变化、水文气象影响、电力影响和经济影响四个部分表明了其影响的传导机制。气候变化对电力部门的影响分为直接影响和传导影响。传导影响主要是通过影响电力供应的水文气象因素传导到电力部门。电力部门中的影响对象包含水电、火电和其他电力的装机水平，最终通过影响电力生产的成本来影响经济的发展。

研究气候变化对我国水力发电的影响以及气候变化对水资源的影响，特别是以径流量的影响为主，没有综合考虑水流量变化对水力发电的影响。气候变化对风能和太阳能利用的影响研究相对较少。气候变化对可再生能源系统的影响主要通过气候要素的变化影响可再生能源的生产，气候极端事件的发生会对可再生能源的生产与消费产生影响。可再生能源系统脆弱性研究的地区性特点显著，对水电和风电的研究相对较多。在可再生能源气候变化脆弱性研究领域，通过文献检索，按可再生能源类型整理了相关学者的研究（表 18.1）。所检索的三篇全球层面的研究论文多采用综述的方法进行分析，国家或地区层面的研究占绝大部分，主要研究方法为计量统计和决策理论。由此可见，可再生能源气候变化脆弱性研究继承了气候变化脆弱性一般研究的区域性特点，研究内容和可再生能源技术的成熟度密切相关，未来针对风能和太阳能的研究将会逐步增多。

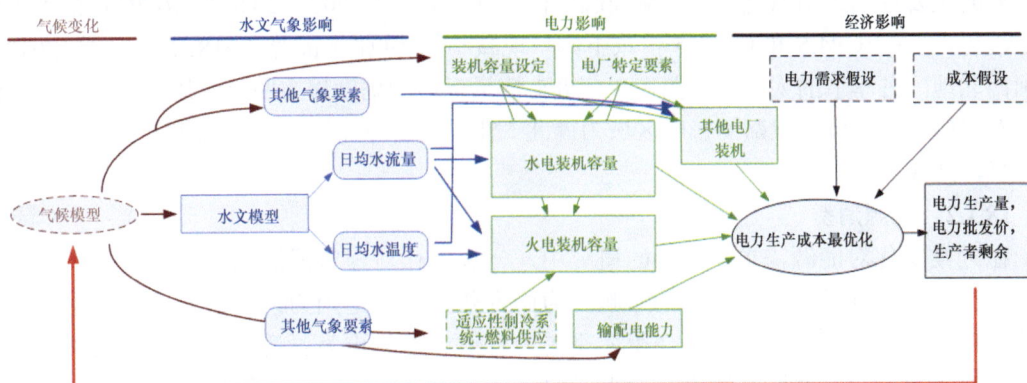

图 18.1　电力部门气候变化脆弱性机理

表 18.1　可再生能源气候变化脆弱性研究分类

研究层次	研究对象	研究内容或方法	作者
国际	太阳能	文献综述	Patt et al.，2013
	水力发电	文献综述和定性描述	Hanududu and Killingtveit，2012；Mukheibir，2013
	风能利用	定量统计	Pryor and Barthelmie，2013
国家	巴西水电与生物质能	计量经济学模型	Lucena et al.，2009
	加拿大水电效率	决策理论	Wang et al.，2014a
	巴西风能	Delta Method	Lucena et al.，2010
	中国水电	计量经济学模型	Wang et al.，2014b
	巴西风能密度	气候模型	Pereira et al.，2013
	中国可再生能源综合	灰色聚类与决策理论	Wang et al.，2014c
	美国风电资源	全球气候模型	Pryor and Barthelmie，2011
地区	美国西北地区风电	区域气候模型	Sailor et al.，2008
	巴西亚马孙地区水电	文献综述与定性描述	Schaeffer et al.，2013
	欧洲水电	综合评估模型	Van Vliet et al.，2013

气候变化通过影响可再生能源禀赋来影响可再生能源的利用。Lucena 等研究了巴西水力发电和生物质能利用（Lucena et al.，2009）、风能开发（Lucena et al.，2010）面临的气候变化脆弱性，总结了巴西不同可再生能源生产地面临的气候变化脆弱性变化趋势。Wang 等（2014b）运用灰色预测模型和计量经济学模型对中国水力发电面临的气候变化脆弱性进行分析，认为中国西南地区的水电生产面临的气候变化脆弱性高于其他地区。Wang 等（2014c）建立了中国可再生能源脆弱性范围图，运用灰色聚类和主成分分析方法研究了中国可再生能源脆弱性的区域特征和驱动因素，从暴露性、敏感性和适应性三个维度给出了中国可再生能源脆弱性示意图。Mukheibir（2013）从径流增加、径流减少、平均温度上升、温度峰值上升等维度分析了气候变化对水电生产的影响，给出了能源供应与气候变化的双向反馈示意图，结合气候变化趋势、极端气候事件总结了间接气候变化影响与经济启示，最后给出了潜在的适应措施。Schaeffer 等（2013）研究了亚马孙地区水力发电面临的气候变化影响，提出了亚

马孙地区水电管理应考虑气候变化的影响。Pryor 和 Barthelmie（2013）从风力发电当前状态及基础、风力资源运营的时空特征、风电产业的相关极端事件、风电产业潜在的气候变化脆弱性等方面分析了欧洲及美国大陆风电面临的气候变化脆弱性，并指出了其他地区风电脆弱性研究的重要性。中国风能资源禀赋面临气候变化的影响在 2020~2030 年 RCP2.6 情景下呈增大趋势，而在 RCP4.5 和 RCP8.5 情景下则呈现减小趋势（张飞民等，2018；张涛涛等，2012）。中国西北地区各季节的太阳能资源在 RCP8.5 情景下增加幅度最为明显，历史记录表明气候变化对中国太阳能资源禀赋的影响区域为西北太阳能资源丰富区（张飞民等，2018；费烨和夏祥鳌，2016）。

18.1.2 能源消费

在气候变化对能源需求端影响的研究中，气温变化对建筑或居民部门能源需求的影响被广泛关注，尤其是对电力需求的影响成为研究热点。这是因为，过去若干年普遍升高的全球平均气温，使居民生活环境变得冬季更为舒适、夏季更为不适，进而使得取暖需求降低，制冷需求增加，而取暖制冷行为大多由电力支撑。McGilligan 等指出建筑部门是容易受到气候变化尤其是全球变暖挑战的部门。IPCC 第五次评估报告第二工作组将气候变化对关键经济部门的影响总结为"电力需求波动增加，而能源供给可靠性降低，极大地影响了经济运行"。

能源需求面临的气候变化影响研究日益增多，且大多数研究针对具体的取暖制冷行为导致的能源需求变化。气候变化导致的气温上升可能对能源需求（夏季制冷和冬季取暖）产生影响。已有研究学者对澳大利亚（Ahmed et al.，2012）、马其顿（Taseska et al.，2012）、芬兰、德国、荷兰、西班牙（Pilli-Sihvola et al.，2010）、意大利（Apadula et al.，2012）、中国（Fan et al.，2015）、欧洲（Eskeland and Mideksa，2010）等国家或地区的能源需求面临的气候变化影响进行研究。这些研究主要聚焦于电力部门所面临的气候变化脆弱性，这是因为相对于其他能源需求来说，气候变化可通过冬季供热与取暖、夏季制冷、电网损失等方面对电力需求施加影响。Taseska 等（2012）采用 MARKAL 气候综合评估模型研究马其顿居民和商业部门能源需求与气候变化之间的关系，提供了能源部门的气候变化适应与减缓行动方案。Pilli-Sihvola 等（2010）采用计量模型研究了 2015~2050 年欧洲四国在不同气候变化情景下面临的气候变化脆弱性，认为其面临的脆弱性普遍增强（Pilli-Sihvola et al.，2010）。Apadula 等（2012）采用参数线性回归方法研究了意大利电力需求与气候变量之间的关系，认为温度是电力需求最重要的气候影响要素。Fan 等（2015）研究了气候因素对中国月度电力消费的影响，结果表明与第一、第二产业相比，居民部门和第三产业的用电需求受气候因素影响较大。Bhartendu 和 Cohen（1987）以加拿大安大略省为例，采用回归方法，考察了大气中 CO_2 浓度增加一倍的情况下，居民部门冬季和夏季的取暖制冷需求带来的能源消费量变化。以美国加利福尼亚州为研究对象，Baxter 和 Calandri（1992）利用一个能源终端使用模型，模拟分析了到 2010 年两种气候变化情景下能源消费量和峰值情况，指出 2010 年电力需求将增长 2.6%。针对中国不同地区电力设备需求面临的气候变化和极端天气脆弱性研究发现，气候变化对于电力设备的选择和电力部门的决策产生了重大影响（田泉和王斌，2017）。张艳艳等（2017）聚焦福建省电力需求面临的气候变化脆弱性问题，讨论了极端气候事件频发影响下的电力需求变化特征，并以此结果修正全年电力需求预测模型。陈凤等（2016）研究了气候变化对于长江中下游采暖制冷负荷的影响，发现夏季制冷需求增长明显，制冷负荷的增长将对电网规划和调度运行产生了突出影响，且需要警惕冬季极寒取暖需求的变化。

通过对能源需求面临的气候变化影响研究综述进行比较发现，气候因素或气候变化对能源需求影响的研究结果存在较为明显的差异，其原因在于研究区域、研究方法、未来气候变化情景不同。此外，一个特定国家或地区的能源需求受到气候因素或气候变化影响的大小，对于其他国家或地区一般都不具有适用性，其结论具有典型的因地而异性。因此，气候变化对能源需求的影响评估需要因地制宜和因时制宜，具有典型的区域特征。

18.1.3 能源基础设施与能源运输

能源基础设施是指能源系统中能源生产设施、能源运输设施、电力传输设施等。能源运输设施作为能源基础设施的一种类型，主要是指电网、管道、公路、铁路、海运等能源输送通道。此外，极端气候事件对能源设施与运输的影响，最突出的是 2008 年南方低温冰雪事件，冻雨导致大量高压线塔倒塌、电杆倒折以及电线下垂、折断，造成南方多省区大面积断电，许多工厂停工，严重影响居民照明、炊事和取暖。冰雪造成铁路、公路运输中断，严重影响煤炭和油气的运输。因此，2008 年的大范围低温冰冻灾害极大增强了全社会对气候变化及其极端事件影响能源设施的关注。

气候变化及其极端事件通常会对发电设施造成破坏，进而影响能源的利用。国内在发电设施对气候极端事件的脆弱性影响方面的研究相对较少。基于国内外研究现状，张礼达和任腊春（2007）详细分析了低温与结冰、台风与雷击等恶劣自然条件对风力发电机组的影响，并就此提供了适应措施。风电机组的环境适应性分析表明，温度、湿度、盐雾、低气压、大风、雷电等环境因素对风力发电设备的性能有重要的影响（李婵等，2013；王帅，2009）。葛珊珊和张韧（2010）通过对全球气候变化特点和我国极端气候事件的分析，探讨了气候变化对海上风电建设的潜在影响。陈莎等（2017）从电力需求部门、供暖系统、其他能源需求、极端天气与可再生能源利用五个方面分析气候变化下北京市能源系统面临的脆弱性，提出了相应的适应措施。气候变化会对能源设施工作效率产生影响。气温上升、水温上升、气候要素流量下降、极端事件频率增加大都将对能源生产设备的工作效率产生重要影响（Gößling-Reisemann et al.，2013）。

气候变化将对能源管道运输产生重要影响。武斌等（2015）从环境温度、降水量、极端天气事件方面分析未来不同气候变化情景下气候变化对油气传输管道可能产生的影响，提出了油气管道适应气候变化的能力建设方案。樊静丽等（2014）以气候变化对能源系统的影响为主题，提出了能源系统的气候变化适应性研究以及气候变化对能源基础设施、能源运输的影响研究的重要性。付琳等（2017）从水分、温度和气流三种致灾因子出发，分析了不同极端气候事件对于能源、交通运输和通信等生命线系统造成的潜在适应气候变化危机，提出了城市生命线系统适应气候变化的政策建议。国家能源局多次提出保障极端天气下煤矿、输电线路、油气管道、水电站大坝等重要基础设施安全以及提高能源领域输变电、配电及用电等设备在高温、强淋雨、沙尘、覆冰等严酷、复杂、组合等特定环境条件下的安全标准，由此可见，能源运输部门对于气候变化的适应能力建设逐步得到国家有关部门的关注。

18.2 能源系统风险

18.2.1 能源系统脆弱性

能源系统脆弱性不但考虑了所面临的内部和外部扰动，也包含了应对扰动维持其服务的应对能力，在评估时依据内外部扰动不同而有所侧重。暴露是引发脆弱性的一个主要原因，即只有当能源系统暴露于危险事件时，才会诱发不利影响。而由于敏感性和适应能力方面的差异，系统中不同单元并不具有一致的脆弱性。因此，在具体评估脆弱性时需要综合考虑两方面因素。一方面脆弱性可由损失曲线表征，来描述在一定社会经济和变化环境条件下脆弱性变动，是降低和调控气候变化风险的重要依据；另一方面，指标合成通过对多层次指标进行归并降维，再由其中的核心成分综合构建，最后将指标值度量脆弱性程度。尺度问题在脆弱性研究中至关重要。例如，领域尺度划定了脆弱性所涵盖的主体范围，时间尺度明确了脆弱性内含时间段以及所处时间点，空间尺度固定了脆弱性代表的区域面积以及所在地理位置。

1. 可再生能源脆弱性

可再生能源利用与气候条件紧密相关，如降水量、太阳辐射与风速等，由于气候因子都具有很大的季节与年际变化，可再生能源面临较大的不稳定性。在气候变化影响下，气候条件的时空特征会明显改变，从而使可再生能源利用形成脆弱性。广东的可再生能源系统具有较高敏感度和暴露度，气候极端事件频发，而应对气候变化负面影响的能力偏弱，因此脆弱性程度较高。相反，上海对气候变化的适应能力较强，而敏感度和暴露度较低，可再生能源系统能够有效降低负面影响，脆弱性程度较低。一部分西部省份，如青海、宁夏和新疆等，脆弱性程度都高于全国平均水平，主要是由于适应能力较低，而敏感度和暴露度高于平均水平。对于其他高脆弱性地区，如海南、广西、贵州等，它们的敏感度较高，而暴露度和适应能力都较低。四川虽具备高于全国平均的适应能力，但由于其敏感度处于最高水平而面临较高脆弱水平。尽管有些地区的脆弱性程度接近，但产生的机制不尽相同。例如，广东属于暴露脆弱型区域，而甘肃则属于敏感度高而适应能力较弱的区域。具体而言，甘肃较高的敏感度是由其可再生能源装机容量大但可再生能源利用所依靠的气候要素波动率较高造成的。其他类似地区（即与甘肃具有相近的敏感度分值的区域），如西藏、青海、内蒙古、湖北等，虽然敏感度高，但受其暴露度和适应能力的影响而呈现不同的脆弱性水平。西藏虽具有较高的敏感度，但其暴露度与适应能力都处于较低的水平，而湖北省正好与之相反，其适应能力相对较强（Wang et al.，2014c）。

2. 能源生产脆弱性

电力生产需要大量水资源，如火力发电消耗大量冷却水，水力发电需大量水资源以形成足够的可开发水能，开采煤炭和石油消耗的水量也相当可观，因此，气候变化引起的水资源短缺将造成电力生产脆弱性。目前，华北地区普遍脆弱程度较高，特别是黄河流域（涵盖陕西、内蒙古、甘肃和宁夏）、海河流域（涵盖内蒙古和山东）以及内陆河流域（涵盖甘肃）受水资源约束较大。通过 A2、B2 和 A1B 情景进行预测后发现，气候变化将显著影响电力生产脆弱水平。黄河流域在三种情景下脆弱性都将上升，而海河流域在 B2 情景下脆弱性将下降。对于内河流域来说，气候变化可能缓解电力生产对水资源短缺的脆弱性，从而新疆的哈密、准东和伊犁三个煤电基地能从中获益（Zheng et al.，2016）。

低温对华北地区能源行业生产的影响程度远大于高温和降水，即冰雪、寒潮等反映极端低温水平的要素对能源生产的影响程度远大于高温热浪等反映极端高温水平的要素和洪涝、干旱等反映降水量波动的要素对能源行业的影响程度。当气象条件变化在社会系统可承受范围之内时，即气象灾害发生频率较少的区间时，气象因素对能源行业主要是正向影响，将推动能源行业产出的增加；但当气象条件变化超出社会系统可承受范围形成灾害时，即气象灾害多发时段，气象因素对能源行业的影响主要是负向的，会对能源的生产、运输、消费各个环节产生破坏效应，最终会对能源行业的产出产生消极影响（许霜等，2014）。

3. 城市能源脆弱性

城市是一个复杂的人工生态系统，具备极高的人口和社会经济活动聚集度。作为重要的城市生命线系统，能源系统维系和保证了城市的正常运转，但面临着气候变化带来的负面影响（Jiang et al.，2018；Li et al.，2018a，2018b；Meng et al.，2018）。气温上升可能降低热力和水力发电的有效发电容量，降低电网的传送效率和有效传送能力，增加制冷电力的需求；可利用水资源减少可能降低热力发电设备有效发电容量和太阳能潜在发电容量，减少生物能源和生物燃料产量；极端降水可能增大发电设备损毁风险，降低生物能源和生物燃料产量；极端高温可能升高电力负荷峰值。

北京市将面临气温上升、城市热岛效应增强、降水减少、雾霾日数增加等气候变化趋势。总体来看，气候变化对生活能源消费的影响相对于生产能源消费更加敏感，对电力消费的影响相对于其他能源形式更加敏感。随着气温的上升和极端高温天气出现频率的增大，北京市电力负荷出现峰值的频率将呈增大趋势，超过电网设计最大电力负荷；从城市天然气管道设计和供应额来看，城市天然气供应系统在极端低温天气条件下，将出现大额的天然气供应空缺，很难满足人们的日常需求（陈莎等，2017）。

18.2.2　未来风险

1. 能源需求

在 A1B 排放情景下，广州地区在 2050 年总能耗将增加 $27MJ/m^2$，至 2100 年总能耗增加 $51MJ/m^2$；北京的总能耗整体呈减少趋势，2050 年能耗将减少 $26MJ/m^2$，2100 年能耗减少 $89 MJ/m^2$。在 B1 排放情景下，广州地区在 2050 年总能耗将增加 $24 MJ/m^2$，至 2100 年总能耗增加 $36 MJ/m^2$；北京地区在 2050 年能耗将减少 $41 MJ/m^2$，2100 年能耗减少 $52 MJ/m^2$。到 21 世纪末，在 B1 排放情景下，夏热冬暖地区采暖能耗将减少 69.6%，制冷能耗增加 19%，总能耗增加 5.0%；寒冷地区采暖能耗将减少 23.5%，制冷能耗增加 9.6%，总能耗减少 6.4%。在 A1B 情景下，夏热冬暖地区采暖能耗将减少 77.3%，制冷能耗增加 26.8%，总能耗增加 7.1%；寒冷地区采暖能耗将减少 40.4%，制冷能耗增加 15.5%，总能耗减少 11.1%（许馨尹等，2016）。

在 A1B 情景下，西安地区的四种类型建筑采暖负荷均呈现降低趋势，而制冷负荷增加。办公建筑在未来近期、中期、远期总负荷约分别增长 10%、14%、18%。在近期典型年，高层住宅建筑总负荷仅增长 4%，在未来中期和远期典型年总负荷分别增长 5% 和 9%。对于酒店建筑的年总累积负荷变化，未来近期、中期与远期总负荷的增长在 5%~10%。对于商场建筑的年总累积负荷变化，未来近期、中期及远期总能耗的增长在 4%~12%（李红莲等，2018）。在 B1/A1B 情景下，天津市采暖负荷在 2011~2050 年将比 1971~2010 年下降 18.1%/22.7%（Xiang and Tian，2013）。

对于上海、合肥、武汉、宁波、南昌、长沙和深圳等城市总体状态来说，在仅考虑气候因素影响时，在 RCP2.6 情景下城市耗电量将在 21 世纪末达到现状的 1.9 倍，在 RCP8.5 情景下达到现状的 4.0 倍。在考虑 SSP5 社会经济发展情景时，在 RCP2.6 情景下城市耗电量将达到现状的 13 倍，在 RCP8.5 情景下城市耗电量将达到现状的 29.2 倍。在考虑 SSP3 社会经济发展情景时，在 RCP2.6 情景下城市耗电量将达到现状的 3.2 倍，在 RCP8.5 情景下城市耗电量将达到现状的 7.0 倍。对上海而言，维持经济和人口不变时，升温 1.5℃耗电量比现在增加 0.6 倍，升温 2.0℃耗电量增加 1.2 倍，升温 4.0℃耗电量增加 1.5 倍。在考虑社会经济和人口发展后，升温 1.5℃耗电量比现状增加 4.3 倍，升温 2.0℃耗电量增加 11.2 倍，升温 4.0℃耗电量增加 12.9 倍。同样升温阈值下上海平均耗电量排序为 SSP5＞SSP2≈SSP1>SSP4＞SSP3（占明锦，2018）。

2. 能源储量

水电是我国的重要可再生能源，对气候变化较为敏感，且受影响十分显著。在 A2 和 B2 情景下，2020 年我国每人每年分别减少电力消费量 23.31°（A2 情景）、15.27°（B2 情景）。2030 年我国水力发电受影响进一步扩大，在 A2 情景下，"不能"接受电力服务的人口将达到 2089.82 万人。A2（高排放）情景与 B2（低排放）情景相比，未来 20 年两个情景下的水力发电损失差异值约为总发电量的 1%，达到 107.21 亿 kW·h（2020 年）和 106.85 亿 kW·h（2030 年）。西南地区、东部沿海地区受影响程度较高，中部发电大省受影响程度低于全国平均水平（Wang et al.，2014b）。

在 RCP2.6 情景下，年总水电潜力在 2020 年前将有小于 2%的下降，随后增长接近 3%。相比于年总量，春季和夏季总水电潜力普遍在 2035 年前有较大下降，冬季总水电潜力在 2060 年前变化不大，秋季总水电潜力约有 8%的较大增长。在 RCP8.5 情景下，年总水电潜力在 2020 年下降约 3%，在 2040 年后实现增长。到 21 世纪后期，全年、夏季和秋季总水电潜力将增长 6%~8%，而冬季、春季总水电潜力变化幅度较小，特别是 2060 年之后。到 2035 年，年总水电潜力在西南和西北地区东部、华中和华南地区北部下降幅度超过 10%，在西藏和大部分华北地区增幅超过 5%（Liu et al.，2016）。

在 RCP2.6 和 RCP8.5 情景下，年水电开发潜力到 2035/2085 年将分别下降 2.2%/1%和 5.4%/3.6%。具体而言，在 RCP2.6 情景下，年水电开发潜力在 2025 年左右下降达 3%，在 2050 年后下降 1%~2%，季节性水电开发潜力（除冬季）也有类似的变化。在 RCP8.5 情景下，年水电开发潜力在 2020 年后的多数年份下降超过 4%，夏季下降幅度较小，而冬季下降幅度较大。华北地区许多水库的开发潜力下降超过 10%，超过全国水库的平均水平。华东、华中和华南地区南部的大部分水库开发潜力降幅小于 5%，但这些地区北部的水库开发潜力降幅将超过 20%（Liu et al.，2016）。

在 RCP4.5 情景下，2016~2045 年新安江水库多年平均水位提高 0.58 m，年发电量极差减小 2.46 亿 kW·h，降幅为 12.97%。水库多年平均发电量减少 0.57 亿 kW·h，降幅为 2.98%，且汛期发电量减少 1.06 亿 kW·h，降幅为 10.81%，非汛期发电量增加 0.49 亿 kW·h，增幅为 5.31%。总体来说，水库年发电量的变化幅度减小，但是多年平均发电效益小幅下降，且发电量年内分配改变，非汛期发电量增加，汛期发电量减少（吴书悦等，2017）。

此外，作为清洁能源的重要组成部分，风能和太阳能的利用在全球得到了快速发展。近地层风速和地表太阳辐射作为太阳能和风能的基本要素，存在显著的年代际变化和区域差异。我国年平均风速在高排放情景下呈减小趋势，且随着排放情景的增加，减小趋势显著，而太阳能资源在各排放情景下均有增加趋势（江滢等，2010；张飞民等，2018）。

18.3　能源系统适应气候变化的策略与技术

18.3.1　适应措施

1. 工程措施

气候变化使能源系统的脆弱性不断增大。随着经济社会的发展，能源消费总量上升，全球变暖的形势愈加恶劣，能源系统的脆弱性也愈加明显。为此在工程建设方面，以工程性措施加强能源系统设施适应气候变化的能力势在必行。针对能源系统的脆弱性，提出以下工程性适应措施。

1）非化石能源可持续发展工程

气候变化是推进能源利用技术改进尤其是可再生能源开发利用的重要动因。在气候变化的影响下，风力的发电需求会增加一倍（杜祥琬，2013）。新建风力农场能够有效提高风力发电总量，同时对风力农场的运营进行必要的维护，可以保证风力发电的持续输出；国际能源和气候变化会议强调，各国应重视开发可再生能源，特别是太阳能，因为太阳能可在海水淡化和发电等方面发挥重要作用，以应对气候变化，太阳能的需求会随着气候变化加剧以及各国减排的进行而迅速增加；气候暖干化地区的水力发电受到水资源减少的影响，西北和青藏高原降水与融雪增多，需要对全国水力发电工程布局做适应性调整。

2）新建和维护电力设施工程

架设在地面上的高压电设施在极端天气事件中极易受损，这将严重威胁能源网络的安全性与稳定性，强天气事件，如大风、洪水、雷暴等将直接对输电和配电网（如电线杆、电力变压器和配电站等）造成不可抗拒的损害（何晓萍，2014）。智能电网同时拥有光伏、风电、储能等新能源特点，能够增强能源的可靠性，适应多变的气候；同时对电网进行定期检查，尤其是对泥石流多发地区和我国西南冻雨多发地区，定点安排维修人员，保证电网的安全、高效运行（Yau and Hasbi，2013）。

3）新建和维护能源绿色消费及惠民利民工程

新能源取暖方式在现实生产生活中逐渐取代了效率低、污染重的燃料取暖方式（Wang et al.，2016）。在太阳能、风能、天然气丰富的地方，利用太阳能、风能、天然气新建绿色环保的分布式供电取暖设施；同时注重维护新建的供电取暖设施，定期进行必要的安全复核，注重养护和维修工作。

4）新建和维护天然气产、供、储、销体系建设工程

在气候变化的影响下，气温上升，天然气设备的使用效率降低，同时恶劣、极端天气频发，导致天然气设备物理损坏风险增大，同时随着"煤改气"项目的推进，天然气体系面临越来越多的困难（李少林和陈满满，2019）。

5）化石能源清洁高效开发利用工程

气候变化导致部分地区旱灾加剧，可利用水资源减少，降低煤炭设备的发电效率和发电容量，对于先进产能的需求越来越大。以大型煤炭基地为重点，建设大型现代化煤矿，合理利用水资源，适应气候变化；新建煤炭深加工工程，例如高硫煤清洁利用油化电热一体化项目，减缓燃煤带来的污染（刘水生，2018）。

2. 技术措施

技术进步在适应气候变化中扮演了重要的角色。尤其是中国作为一个发展中大国，正处于经济起飞的时期，技术对能源系统和气候变化的缓解具有积极意义（Hua et al.，2016）。因此，如表 18.2 所示，针对相关领域和部门，从低碳技术和清洁能源、智慧能源、可再生能源和新能源、高效节能四方面提出多种适应措施。

表 18.2　能源系统适应气候变化的技术措施

相关领域	适应技术	适应目标	参考资料
低碳技术和 清洁能源	二氧化碳捕集、利用与封存技术	CO_2 的大规模、低能耗捕集 CO_2 的大规模资源化利用 CO_2 的安全可靠的封存、监测及运输	李琦等，2018 蔡博峰等，2019 舟丹，2014
	先进核能技术	核能资源勘探开发利用 先进核燃料元件 新一代反应堆 聚变堆	杜祥琬等，2018 石伟群等，2011 顾忠茂，2006 欧阳予，2006
	氢能与燃料电池技术	氢的制取、储运及加氢站 先进燃料电池 燃料电池分布式发电	潘相敏等，2011 邵志刚和衣宝廉，2019 张瑞山，2007
智慧能源	先进电网技术	电池储能技术 信息通信 智能调控	李琼慧等，2017 肖祥香等，2018 杨庆等，2019
	储能技术	储热/储冷 物理储能 化学储能	闫存极等，2019 贾云辉和张峰，2019 张帅等，2018 姜照华，2018
	能源互联网技术	能源互联网架构设计 能源与信息深度融合 能源互联网衍生应用	谈竹奎等，2019 郑玉平等，2019 葛磊蛟等，2019
可再生能源 和新能源	水电开发关键技术研究	掌握高地震烈度区、超深覆盖层等复杂建设条件 下超大型地下空间工程技术 地质灾害防治技术	杨少荣和王小明，2017 吴世勇和申满斌，2007
	高效太阳能利用技术	高参数太阳能热发电与太阳能综合梯级利用系统 太阳能热化学制备清洁燃料 智能光伏电站与风光热互补电站	刘立强等，2016
	大型风电技术	大型风电关键设备 远海大型风电系统建设 基于大数据和云计算的风电场集群运控并网系统 废弃风电设备无害化处理与循环利用	孟卫东和张艳东，2010
	生物质、海洋、地热能利用技术	先进生物质能与化工 海洋能开发利用 地热能开发利用	高金锴等，2019 刘华财等，2019 王永胜和刘荣，2018 刘伟民等，2018 舟丹，2018
高效节能	节能减排共性关键技术	强化节能减排技术支撑和服务体系	吴太茂，2019
	节能减排系统集成技术	推进节能减排技术系统集成应用	岳玉秋，2019

3. 管理措施

促进能源系统适应气候变化，需要一定的强制、惩罚、激励和沟通措施，提出的管理措施主要有加大财税和金融政策支持力度、优化能源结构和产业结构、完善体制机制、强化技术支撑、做好组织实施、鼓励和支持地方开展应对行动、强化能力、培养人才、开展国际合作、加强科普与宣传工作。具体措施如表 18.3 所示（Dai et al.，2016；Shen and Lior，2016）。

表 18.3　能源系统适应气候变化的管理措施

重点任务	关键措施
加大财税和金融政策支持力度	发挥公共财政资金的引导作用 推动气候金融市场建设
优化能源结构和产业结构	推动能源结构优化 发展水电、核电、风电、太阳能、生物能等可再生能源
完善体制机制	建立和健全能源系统和气候变化的法律体系 气候变化适应任务纳入国民经济与社会发展规划 建立健全适应工作组织协调机制 推动能源体制革命，促进治理体系现代化 推动能源供给革命，构建清洁低碳新体系 健全监督管理体系 建立评价考核机制 修订调整能源系统和能源工程的相关技术标准
强化技术支撑	加强适应气候变化领域相关研究机构建设 鼓励适应技术研发与推广 加强行业与区域科研能力建设 开展技术合作，鼓励企业开展合作研发、技术示范、产业化推广，构建不同区域和不同能源系统的适应气候变化技术体系
做好组织实施	加强气候变化对能源系统影响的监测与评估 加强组织领导 强化统筹协调 完善评价机制 做好配套衔接工作
鼓励和支持地方开展应对行动	各地方结合本地区能源系统的实际情况及气候变化影响，围绕科学发展观的贯彻，统筹各方资源，促进本地区的协调发展
强化能力，培养人才	开展重点领域气候变化风险分析 建立健全管理信息系统建设 培养应对气候变化的各类科技人才 建立现代人才激励与竞争机制 引进海外优秀人才和智力
开展国际合作	积极引导和参与全球性、区域性合作和国际规则设计 督促发达国家切实履行《联合国气候变化框架公约》义务 通过国际技术开发和转让机制，推动关键适应技术的研发 与其他发展中国家深入开展适应技术和经验交流 增强国际能源事务话语权 畅通"一带一路"能源大通道，深化国际产能和装备制造合作
加强科普与宣传工作	推进科普教材、示范教育基地建设 由政府主导，利用大众传媒和"科普中国"等平台，推动能源结构适应气候变化的科学知识普及和宣传 培育友好的社会道德文化，提高公众意识，促进全民参与 倡导全民参与，强化社会监督

18.3.2　适应策略

能源系统适应气候变化的路线图的总方向是强调加强我国在能源各方面的合作，构建与完善能源系统适应气候变化的法律保障体系，加强能源系统适应气候变化的科技支撑，发展综合能源系统需根据以下几个方面制定相应的适应策略。

1. 合作

（1）从我国能源战略长远发展的角度，考虑与国外合作的领域和项目。

（2）在适应气候变化的背景下，国家合作应考虑特别易受气候变化不利影响的发展中国家的迫切需要（孙高洋，2008）。

2. 管制机制

1）法律制度

（1）规定国家可再生能源开发利用的绝对量和相对量（柯坚，2015）；

（2）对可再生能源发展的社会政策和环境政策作出有效的法律规定（柯坚，2015）；

（3）对社会公众的参与、监督与督促政府可再生能源发展公共决策和行政行为的权利做出应有的法律规定（杨解君，2016）；

（4）明确电网建设和并网的法律义务，使得国有电力公司能够承担相应的法律责任和社会责任（柯坚，2015）；

（5）加强地方可再生能源立法；

（6）对综合性新能源和可再生能源有针对性地制定专门的法律（李艳芳，2010）；

（7）建立能源综合管理职能部门，并制定相应的能源法律法规（贾宏杰等，2015）。

2）针对综合能源的研发制度，进行制度改革

（1）制定和完善替代燃料的相关标准，保证市场健康、有序运行（倪维斗等，2008）；

（2）强调以可再生能源目标为引导（白建华等，2015）；

（3）优化城市供电、供气基础设施气象灾害防护标准，完善电力科学调度（何晓萍，2014）。

3）政府管制

通过规划、立法、经济调控等手段，对能源产业进行合理干预。

（1）通过市场经济手段鼓励可再生能源领域投资（白建华等，2015）；

（2）完善电价、补贴、税收等政策机制，加强能源税、碳税等环境税研究（刘兰翠等，2009）；

（3）制定相关的电网互联的法律规定，政府在智能电网发展中的作用不可或缺；

（4）建立可支持智能电网技术大规模部署的市场机制（张东霞等，2013）；

（5）出台旨在开放电力市场和激励智能电网投资的新法规，实施分时/实时电价，建立智能电网投资成本回收政策（余贻鑫和刘艳丽，2015）；

（6）加大监管力度，为电力系统基础设施和信息的使用创造公平的竞争环境（余贻鑫和刘艳丽，2015）；

（7）建立完善的市场、管理、价格机制，以公开、开放的市场竞争机制引导资源合理配置（张刚，2011）。

3. 科学技术体系（支撑）/技术

1）能源互联网发展（智能能源系统和综合能源系统）

结合"一带一路"倡议涉及国家实际，从国家层面指导做好能源互联网发展规划，积极构建政府间能源合作平台（王建忠等，2019）。初步形成全国联网的格局，在规模不断扩大的同时，电压等级不断提高，电网技术不断升级，使运行的可靠性、灵活性和经济性得到显著提升（贾宏杰等，2015）。

2）新型能源系统发展/综合能源技术

优化协调包含电气热等多种能源的综合能源系统，追求可再生能源的规模化开发以及能源利用效率显著提升，以解决能源可持续供应和环境污染等问题（余晓丹等，2016）；发展以分布式能源、可再生能源为代表的新型能源系统，探索综合梯级利用与多能源互补利用的新方法与新系统（郭慧等，2016；王惠等，2015）。

3）智能电网技术

在互联网理念、先进信息技术与能源产业深度融合的基础上，通过多能协同的能源网络、信息物理融合的能源系统、创新模式的能源运营，根据天气变化实时调整供热与制冷力度，既能节能和确保极端天气下的能源系统安全，又可提高人体舒适度和工作效率，实现绿色、协调、高效发展，带动经济增长，支撑能源革命（周孝信等，2017）。

4）综合数据挖掘和云计算技术

构建一种基于云计算的能源监测与节能管理系统：解决海量数据存储与处理问题，实现智能辅助决策技术（邓小元，2017）。

4. 能源供给领域

（1）加大可再生能源开发和利用力度；

（2）发展清洁能源和替代能源（能源供应领域）；

（3）调整能源结构，降低能源结构中化石能源的比重，提高可再生能源占比，即实行高比例的可再生能源发展路径（He et al.，2016；Kumar et al.，2017）；

（4）针对煤炭一次能源，实行煤炭产业供给侧结构性改革（吴达，2016）。

5. 主要关注角度/方面

（1）能源需求的适应策略：强调电力需求（主要是建筑能源消费、制冷技术与制冷电耗）；

（2）能源传输侧重于能源基础设施对气候变化的适应：必须从结构、设备、调度、保护以及经济等各方面统筹考虑，全方位保证整个能源系统安全稳定运行（何淑英等，2015）；

（3）能源运输：完善电力和天然气输送系统的布局优化，构建现代能源运输体系，规划电源布局和电力传输，提高区域间输电比例和效率。

18.3.3　适应政策

1. 政策设计

基于政策涉及的尺度及对象不同，适应气候变化的政策针对性也不相同。不同层面的适应气候变化政策涉及的尺度及对象应因地而异。如表 18.4 所示，国家层面的适应气候变化政策主要集中在完善可再生能源、健全监督管理体制、促进新能源产业发展以及加大科研投入和人才培养等方面；城市层面的适应气候变化政策包括发展低碳社区、建筑节能、构建合理的城市交通系统及区域分布式能源系统等方面；农村层面的适应气候变化政策则集中在发展可再生能源、优化能源消费结构以及提高农户节约环保意识等方面。不同能源资源类型的适应气候变化政策设计应因地而异。如表 18.5 所示，传统能源的适应性政策集中在煤炭产业供给侧结构性改革、先进开采技术和节能技术研发，以及加快行业结构调整等方面；可再生能源的适应性政策包括发展创新机制、坚持引领示范、建设三大可再生能源利用基地，以及发展三个全国性的可再生能源利用系统等。

表 18.4　不同适用层面适应气候变化政策设计

政策涉及层面	适应性政策名称	适应政策设计	参考资料
国家	完善可再生能源法律法规的实施细则，增强可操作性 健全监督管理体制 合理运用补贴税收等财政手段促进新能源产业发展 加大能源系统科研资金投入与人才培养	补充和完善法律法规实施细则，提高相关激励政策的系统性 加强能源生产、能源运输、能源消费等过程的监管力度 发展新能源、可再生能源的补贴；消费者使用新能源的补贴 加大资金投入，培养相关技术型人才	兰珊，2015 涂文懋和刘树林，2019
城市	发展低碳社区 建筑节能 构建合理的城市交通系统 区域分布式能源系统	利用新能源、采用环保材料、倡导绿色交通 节能技术研发推广、促进建筑节能减排、形成建筑节能减排共识 倡导绿色出行、合理设置道路网、车辆使用清洁可再生燃料 因地制宜、结合各城市区域与能源系统与经济发展，建立高效的区域分布式能源系统	毕金鹏等，2019 Blumberga et al.，2019 Sayadi et al.，2019 杜存贵，2019
农村	发展可再生能源 优化能源消费结构 加强教育、转变农民消费观念，提高农户节约环保意识	发展太阳能、沼气池等可再生能源 鼓励农民清洁燃料的使用；限制秸秆的直接使用 加强农村居民的基础教育、宣传环保理念，提高环保意识	马丽梅等，2018 翁孝成，2017

表 18.5　不同能源资源类型适应气候变化政策设计

能源资源类型	适应性政策名称	政策设计内容	参考资料
传统能源	煤炭产业供给侧结构性改革 大力推进先进开采技术及节能技术的研发 加快行业结构调整步伐，实施"走出去"战略	加快产业结构调整、实施工技术改造创新、优化火力发电布局、提高火力发电能效技术 积极拓展海外业务、加强国际合作	王雨佳，2018 王芳和赵忠亮，2018
可再生能源	创新机制 坚持引领示范 建设三大可再生能源利用基地 发展三个全国性的可再生能源利用系统	完善可再生能源管理体系、建立可再生能源绿色交易体制 可再生能源供热示范、区域能源转型示范 西南水电基地、北部风能太阳能发电基地、东部沿海海上风能和海洋能利用基地 覆盖城乡的家庭太阳能热利用系统、以城市为中心的屋顶太阳能发电系统、以农村为中心的家庭生物质能源利用系统	张恒旭等，2016

2. 政策实施

在能源资源适应气候变化政策设计实施中，国际能源机构指出，当前世界能源体系正面临着实现向低碳、高效、环保的能源供应体系转变。在当前气候变化背景下，传统能源的发展面临极大的挑战，同时，提升可再生能源的发展是适应气候变化的一项重大举措。

1）传统能源

（1）传统能源清洁化，包括石油、天然气清洁化，进一步发展清洁煤技术（常世彦等，2016）。

（2）煤炭产业供给侧结构性改革（王雨佳，2018；王芳和赵忠亮，2018）。

（3）大力推进先进开采技术及节能技术的研发。

（4）在目前经济全球化背景下，企业应抓住有利时机，积极拓展海外业务。

2）可再生能源

（1）创新机制。要建立可再生能源开发利用目标导向的管理体系。

（2）坚持引领示范，开展可再生能源供热应用示范，建设一批能源转型示范省、能源转型示范城市、农村能源转型示范县、高比例可再生能源示范区等。

（3）建设西南、北部以及东部沿海三大可再生能源基地（张恒旭等，2016）。

（4）发展三个全国性的可再生能源利用系统，包括覆盖城乡的家庭太阳能热利用系统、以城市为中心的屋顶太阳能发电系统（周海珠等，2018）。

3. 政策的绩效评价

能源结构分为能源供给结构和能源消费结构。能源消费结构直接影响着单位能源消费的碳排放量，即能源综合碳排放系数，消费同样的能源总量，能源结构不同，碳排放量也不同（王韶华，2013）。因此根据碳排放量反映的能源结构特征，构建相应的评价指标体系（表 18.6）。

表 18.6　能源结构评价体系（以低碳为目标）

效益	指标名称（单位）	指标方向
社会经济效益	GDP 增长率（%）	正向
	就业率（%）	正向
	进出口贸易总额（亿元）	正向
	产业结构（%）	正向
	城市化进程（%）	正向
	总人口（亿人）	双向
能源规划效益	能源安全（%）	负向
	能源效率（tce*/10^4 元）	负向
	能源价格	双向
	能源供需形势（10^4tce）	负向
	可再生能源规划（%）	正向
气候环境效益	二氧化碳排放强度（tC/10^4 元）	负向
	二氧化硫排放（万 t）	负向
	烟尘排放（万 t）	负向
	污染物治理费用（亿元）	负向

* tce 表示吨标准煤当量，全书同

根据能源结构评价体系所得的适应性政策绩效实施情况，可从以下两个方面着重指定更具有针对性的政策建议（宋恬静，2016）。

（1）区域适应性政策的整体绩效水平不高，综合绩效存在显著差异。一个地区的减缓气候变化综合水平与经济发展水平密切相关。一般而言，社会发展、经济较好的地区，虽然存在工业废气治理指数不高、空气质量改善不到位的情况，但其经济保障性高，也能对减缓气候变化工作给予一定的投入和支持力度，总体而言，在减缓气候变化工作上，经济发展较好的地区要比经济发展缓慢、环保意识不强、经济保障性低的地区好得多。同时，经济条件较差的区域，其整体综合绩效水平不高的原因在于这些地区本身就拥有得天独厚的自然地理条件，且工业发展水平不高，二氧化碳排放量少，气候变化不明显，因此，政府在其减缓气候变化工作方面没有给予更多关注和资金投入，但是日后随着经济的发展，如何使经济效益和环境效益相平衡成为这些区域需要重点关注的问题。

（2）一些区域虽然综合绩效水平高，但各因子的发展存在非均衡性，甚至存在"短板"，从而造成其减缓气候变化能力的脆弱性和高绩效水平的不可持续性。政府以及其他管理部门对单项因子的忽视可能导致这些区域在未来减缓气候变化以及适应气候变化的掣肘，在适应气候变化行动的绩效评价及分析上是否存在"木桶原理"，有待长期数据的证明。地方部门更应该着重关注本区域内的"短板"因素，着重在"短板"方面制定具有针对性及灵活性的政策，从而达到提升区域整体绩效的目的。政府适应气候变化的政策绩效是由各绩效因子有机构成的，包括诸多方面，各地方政府只有进一步均衡各绩效因子，使各因子之间进一步协调发展，才能有效提高地方政府适应气候变化行动绩效的总体综合水平。

参 考 文 献

白建华, 辛颂旭, 刘俊, 等. 2015. 中国实现高比例可再生能源发展路径研究. 中国电机工程学报, 35(14): 3699-3705.

毕金鹏, 吕月霞, 许兆霞. 2019. 低碳示范社区建设路径探索. 中外能源, 24(7): 8-13.

蔡博峰, 庞凌云, 曹丽斌, 等. 2019.《二氧化碳捕集、利用与封存环境风险评估技术指南(试行)》实施 2 年(2016—2018 年)评估. 环境工程, 37(2): 1-7.

常世彦, 卓建坤, 孟朔, 等. 2016. 中国清洁煤技术: 现状和未来前景. Engineering, 2(4): 132-158.

陈凤, 高大兵, 苏盛. 2016. 气候变化对长江中下游地区采暖制冷负荷需求影响分析. 电力科学与技术学报, 31(1): 140-144.

陈莎, 向翾翾, 姜克隽, 等. 2017. 北京市能源系统气候变化脆弱性分析与适应建议. 气候变化研究进展, 13(6): 614-622.

程胜. 2009. 中国农村能源消费及能源政策研究. 武汉: 华中农业大学.

邓小元. 2017. 基于物联网技术的能源监测与节能管理系统研究. 北京: 华北电力大学.

杜存贵. 2019. 浅谈城市道路交通设施建设和发展. 智能城市, (19): 32-33.

杜祥琬, 叶奇蓁, 徐銤, 等. 2018. 核能技术方向研究及发展路线图. 中国工程科学, 20(3): 17-24.

杜祥琬. 2013. 气候变化问题的深度: 应对气候变化与转型发展. 中国人口·资源与环境, 23(9): 1-5.

樊静丽, 梁晓捷, 王璐雯. 2014. 气候变化对能源系统的影响研究: 文献综述. 中国地质大学学报(社会科学版), 14(1): 41-46.

费烨, 夏祥鳌. 2016. 1980—2009 年中国大陆中东部气溶胶-云-辐射变化及其关系. 气象与环境科学, 39(2): 1-9.

付豪, 程远林, 徐健. 2019. 湖南省能源发展与产业结构相关性研究. 山西能源学院学报, 32(4): 75-79.

付琳, 杨秀, 冯潇雅. 2017. 城市生命线系统适应气候变化危机及其对策. 环境经济研究, 2(1): 119-128.

高金锴, 佟瑶, 王树才, 等. 2019. 生物质燃煤耦合发电技术应用现状及未来趋势. 可再生能源, 37(4): 501-506.

葛磊蛟, 汪宇倩, 戚嘉兴, 等. 2019. 面向城市能源互联网的电力物联网内涵、架构和关键技术. 电力建设, 40(9): 91-98.

葛珊珊, 张韧. 2010. 全球气候变化背景下灾害性天气变化及对海上风电的影响. 中国工程科学, 12(11): 71-77.

顾忠茂. 2006. 核能与先进核燃料循环技术发展动向. 现代电力, 23(5): 89-94.

郭慧, 汪飞, 张笠君, 等. 2016. 基于能量路由器的智能型分布式能源网络技术. 中国电机工程学报, 36(12): 3314-3325.

何淑英, 金颖, 齐康. 2015. 上海市能源领域适应气候变化现状和对策研究. 上海节能, (12): 633-637.

何晓萍. 2014. 基础设施的经济增长效应与能耗效应——以电网为例. 经济学, 13(4): 1513-1532.

贾宏杰, 王丹, 徐宪东, 等. 2015. 区域综合能源系统若干问题研究. 电力系统自动化, 39(7): 198-207.

贾文昭, 康重庆, 刘长义, 等. 2011. 智能电网促进低碳发展的能力与效益测评模型. 电力系统自动化, 35(1): 7-12.

贾云辉, 张峰. 2019. 考虑分布式风电接入下的区域综合能源系统多元储能双层优化配置研究. 可再生能源, 37(10): 1524-1532.

江滢, 罗勇, 赵宗慈. 2010. 全球气候模式对未来中国风速变化预估. 大气科学, 34(2): 323-336.

姜照华, 周文博, 李昊, 等. 2018. 基于专利指标的新兴电化学储能技术未来产业影响力比较. 科技管理研究,

38(21): 77-86.

柯坚. 2015. 全球气候变化背景下我国可再生能源发展的法律推进——以《可再生能源法》为中心的立法检视. 政法论丛, (4): 75-83.

兰珊. 2015. 浅析我国可再生能源"法律与政策互补"机制的不足与完善建议. 时代金融, (8): 185-186.

李婵, 黄海军, 王俊, 等. 2013. 风力发电设备在我国不同气候条件下环境适应性分析. 环境技术, (2): 29-33.

李红莲, 吕凯琳, 杨柳. 2018. 气候变化下未来西安几种类型建筑暖通空调负荷分析预测. 西安建筑科技大学学报(自然科学版), 50(4): 549-555.

李琦, 刘桂臻, 蔡博峰, 等. 2018. 二氧化碳地质封存环境风险评估的空间范围确定方法研究. 环境工程, 36(2): 27-32.

李琼慧, 王彩霞, 张静, 等. 2017. 适用于电网的先进大容量储能技术发展路线图. 储能科学与技术, 6(1): 141-146.

李少林, 陈满满. 2019. "煤改气""煤改电"政策对绿色发展的影响研究. 财经问题研究, (7): 49-56.

李艳芳. 2010. 各国应对气候变化立法比较及其对中国的启示. 中国人民大学学报, 24(4): 58-66.

李振宇, 黄格省, 黄晟. 2016. 推动我国能源消费革命的途径分析. 化工进展, 35(1): 1-9.

刘华财, 吴创之, 谢建军, 等. 2019. 生物质气化技术及产业发展分析. 新能源进展, 7(1): 1-12.

刘剑. 2014. 政府推动清洁能源产业发展研究. 济南: 山东师范大学.

刘兰翠, 甘霖, 曹东, 等. 2009. 世界主要国家应对气候变化政策分析与启示. 中外能源, 14(9): 1-8.

刘立强, 王晓临, 李真一, 等. 2016. 太阳能高效利用减反射技术研究进展. 山东建筑大学学报, 31(6): 606-613.

刘水生. 2018. 高硫煤清洁利用油化电热一体化示范项目工程勘察问题探讨. 居业, (5): 12-14.

刘伟民, 麻常雷, 陈凤云, 等. 2018. 海洋可再生能源开发利用与技术进展. 海洋科学进展, 36(1): 1-18.

马丽梅, 史丹, 裴庆冰. 2018. 中国能源低碳转型(2015—2050): 可再生能源发展与可行路径. 中国人口·资源与环境, 28(2): 8-18.

孟卫东, 张艳东. 2010. 河北省风电市场 SWOT 分析及战略选择. 科技管理研究, 30(8): 83-86.

倪维斗, 陈贞, 李政. 2008. 我国能源现状及某些重要战略对策. 中国能源, 30(12): 5-9.

欧阳予. 2006. 先进核能技术研究新进展. 自然杂志, (3): 137-142.

潘相敏, 林瑞, 李昕, 等. 2011. 氢能与燃料电池的研发及商业化进展. 科技导报, 29(27): 73-79.

邵志刚, 衣宝廉. 2019. 氢能与燃料电池发展现状及展望. 中国科学院院刊, 34(4): 469-477.

师华定, 齐永青, 刘韵. 2010. 农村能源消费的环境效应研究. 中国人口·资源与环境, 20(8): 148-153.

石伟群, 赵宇亮, 柴之芳. 2011. 纳米材料与纳米技术在先进核能系统中的应用前瞻. 化学进展, 23(7): 1478-1484.

宋恬静. 2016. 地方政府减缓气候变化行动绩效评价研究. 南京: 南京信息工程大学.

孙高洋. 2008. "适应气候变化"是发展中国家当务之急. 环境经济, (3): 38-42.

谈竹奎, 程乐峰, 史守圆, 等. 2019. 能源互联网接入设备关键技术探讨. 电力系统保护与控制, 47(14): 140-152.

田泉, 王斌. 2017. 气候变化及极端天气对地区电力设备需求影响研究. 电子测试, (15): 127, 119.

涂文懋, 刘树林. 2019. 政府补贴、税收优惠与企业技术创新——基于溢出视角的分析. 武汉理工大学学报(社会科学版), 32(5): 54-61.

王超. 2019. 探讨财税金融政策对区域经济的影响. 中国商论, (10): 49-50.

王芳, 赵忠亮. 2018. 供给侧结构性改革对我国煤炭的影响. 煤炭技术, 37(6): 338-340.

王含, 郑新, 张金龙. 2019. 储能式地热能综合能源系统效益分析. 建筑节能, 47(3): 60-64, 80.

王惠, 赵军, 安青松, 等. 2015. 不同建筑负荷下分布式能源系统优化与政策激励研究. 中国电机工程学报, 35(14): 3734-3740.

王建忠, 李富兵, 黄书君, 等. 2019. "一带一路"沿线国家油气合作进展与合作建议. 中国矿业, 28(13): 18-24.

王韶华. 2013. 基于低碳经济的我国能源结构优化研究. 哈尔滨: 哈尔滨工程大学.

王帅. 2009. 自然环境对风力发电机组安全运行的影响分析. 中国安全生产科学技术, 5(6): 214-218.

王永胜, 刘荣. 2018. 生物质秸秆转化利用技术研究进展. 贵州农业科学, 46(12): 149-153.

王雨佳. 2018. 供给侧改革下能源关系及价格现状——以煤电产业链为例. 现代经济探讨, (7): 26-33, 77.

翁孝成. 2017. 对农村可再生能源利用与发展的探究. 种子科技, 35(8): 33, 35.

吴达. 2016. 我国煤炭产业供给侧改革与发展路径研究. 北京: 中国地质大学.

吴世勇, 申满斌. 2007. 雅砻江流域水电开发中的关键技术问题及研究进展. 水利学报, (S1): 15-19.

吴书悦, 赵建世, 雷晓辉, 等. 2017. 气候变化对新安江水库调度影响与适应性对策. 水力发电学报, 36(1): 50-58.

吴太茂. 2019. 探讨金属矿山地下开采节能减排技术的应用. 中国金属通报, (7): 47, 49.

武斌, 赵俊, 康煜姝. 2015. 气候变化对油气长输管道的影响分析. 石油规划设计, 26(3): 1-4.

肖祥香, 段斌, 陈明杰, 等. 2018. 一种基于先进变流器的微电网潮流态势感知方法. 电力系统保护与控制, 46(20): 94-100.

许霜, 付加锋, 居辉, 等. 2014. 华北地区能源行业产出对气象条件变化的敏感性分析. 资源科学, 36(3): 538-548.

许馨尹, 于军琪, 李红莲, 等. 2016. 气候变化对中国寒冷和夏热冬暖城市建筑能耗的影响. 土木建筑与环境工程, 38(4): 39-45.

闫存极, 李鑫, 窦立广, 等. 2019. 电转甲烷储能技术的研究进展. 电工电能新技术, 38(9): 42-51.

杨解君. 2016. 论中国绿色发展的法律布局. 法学评论, 34(4): 160-167.

杨庆, 孙尚鹏, 司马文霞, 等. 2019. 面向智能电网的先进电压电流传感方法研究进展. 高电压技术, 45(2): 349-367.

杨少荣, 王小明. 2017. 金沙江下游梯级水电开发生态保护关键技术与实践. 人民长江, 48(S2): 54-56, 84.

余晓丹, 徐宪东, 陈硕翼, 等. 2016. 综合能源系统与能源互联网简述. 电工技术学报, 31(1): 1-13.

余贻鑫, 刘艳丽. 2015. 智能电网的挑战性问题. 电力系统自动化, 39(2): 1-5.

岳玉秋. 2019. 土木工程建筑中的节能减排探析. 住宅与房地产, (15): 264.

占明锦. 2018. 全球升温背景下高温对城市能源消耗和人体健康的影响研究. 北京: 中国气象科学研究院.

张东霞, 姚良忠, 马文媛. 2013. 中外智能电网发展战略. 中国电机工程学报, 33(31): 1-15.

张飞民, 王澄海, 谢国辉, 等. 2018. 气候变化背景下未来全球陆地风、光资源的预估. 干旱气象, 36(5): 725-732.

张刚. 2011. 促进我国智能电网发展的政府责任分析. 北京: 财政部财政科学研究所.

张恒旭, 施啸寒, 刘玉田, 等. 2016. 我国西北地区可再生能源基地对全球能源互联网构建的支撑作用. 山东大学学报(工学版), 46(4): 96-102.

张礼达, 任腊春. 2007. 恶劣气候条件对风电机组的影响分析. 水力发电, 33(10): 67-69.

张瑞山. 2007. 印度发展氢能和燃料电池技术的举措和现状. 中外能源, 12(5): 14-21.

张帅, 冯欣, 马君功, 等. 2018. 光伏发电在储能领域应用探究. 科技资讯, 16(23): 105-106.

张涛涛, 延军平, 李双双, 等. 2012. 气候变化对晋西北地区风能资源的影响. 干旱气象, 30(2): 202-206.

张艳艳, 姚德全, 洪兰秀. 2017. 福建省极端气候特征及其对电力需求的影响分析. 能源与环境, (5): 22-23, 31.

郑玉平, 王丹, 万灿, 等. 2019. 面向新型城镇的能源互联网关键技术及应用. 电力系统自动化, 43(14): 2-16.

舟丹. 2014. 碳捕集与封存. 中外能源, 19(6): 41.

舟丹. 2018. 我国地热能开发现状. 中外能源, 23(12): 7.

周海珠, 朱能, 杨彩霞, 等. 2018. 基于理论的多种可再生能源互补供能系统综合性能评价方法. 建筑节能, 46(8): 47-52.

周胜, 王革华. 2006. 国际核能发展态势. 科技导报, 24(6): 15-17.

周孝信, 曾嵘, 高峰, 等. 2017. 能源互联网的发展现状与展望. 中国科学: 信息科学, 47(2): 149-170.

Ahmed T, Muttaqi K M, Agalgaonkar A P. 2012. Climate change impacts on electricity demand in the State of New South Wales, Australia. Applied Energy, 98: 376-383.

Apadula F, Bassini A, Elli A, et al. 2012. Relationships between meteorological variables and monthly electricity demand. Applied Energy, 98: 346-356.

Baxter L W, Calandri K. 1992. Global warming and electricity demand: A study of California. Energy Policy, 20(3): 233-244.

Bhartendu S, Cohen S J. 1987. Impact of CO_2-induced climate change on residential heating and cooling energy requirements in Ontario, Canada. Energy and Buildings, 10(2): 99-108.

Blumberga A, Freimanis R, Muizniece I, et al. 2019. Trilemma of historic buildings: Smart district heating systems, bioeconomy and energy efficiency. Energy, 186(1): 1-11.

Ciscar J C, Dowling P. 2014. Integrated assessment of climate impacts and adaptation in the energy sector. Energy Economics, 46(Nov): 531-538.

Cruz A M, Krausmann E. 2013. Vulnerability of the oil and gas sector to climate change and extreme weather events. Climatic Change, 121(1): 41-53.

Dai H, Xie X, Yang X, et al. 2016. Green growth: The economic impacts of large-scale renewable energy development in China. Applied Energy, 162(15): 435-449.

Ebinger J, Vergara W. 2011. Climate impacts on energy systems: Key issues for energy sector adaptation. Washington DC: World Bank study.

Ekmann J. 2013. Climate impacts on coal, from resource assessments through to environmental remediation. Climatic Change, 121(1): 27-39.

Eskeland G S, Mideksa T K. 2010. Electricity demand in a changing climate. Mitigation and Adaptation Strategy for Global Change, 15(8): 877-897.

Fan J L, Tang B J, Yu H, et al. 2015. Impact of climatic factors on monthly electricity consumption of China's sectors. Natural Hazards, 75(2): 2027-2037.

Gößling-Reisemann S, Wachsmuth J, Stührmann S, et al. 2013. Climate change and structural vulnerability of a metropolitan energy system. Journal of Industrial Ecology, 17(6): 846-858.

Hanududu B, Killingtveit A. 2012. Assessing climate change impacts on global hydropower. Energies, 5(2): 305-322.

He Y, Yang X, Pang Y, et al. 2016. A regulatory policy to promote renewable energy consumption in China: Review and future evolutionary path. Renewable Energy, 89(Apr): 695-705.

Hua Y, Oliphant M, Hu E J. 2016. Development of renewable energy in Australia and China: A comparison of policies and status. Renewable Energy, 85(Jan): 1044-1051.

Jiang D, Xiao W, Wang J, et al. 2018. Evaluation of the effects of one cold wave on heating energy consumption in different regions of northern China. Energy, 142(1): 331-338.

Kumar A, Sah B, Singh A R, et al. 2017. A review of multi criteria decision making (MCDM) towards sustainable renewable energy development. Renewable Sustainable Energy Reviews, 69(Mar): 596-609.

Li J, Yang L, Long H. 2018a. Climatic impacts on energy consumption: Intensive and extensive margins. Energy Economics, 71(Mar): 332-343.

Li M, Cao J, Xiong M, et al. 2018b. Different responses of cooling energy consumption in office buildings to climatic change in major climate zones of China. Energy and Buildings, 173 (Aug): 38-44.

Liu X, Tang Q, Voisin N, et al. 2016. Projected impacts of climate change on hydropower potential in China. Hydrology and Earth System Sciences, 20(8): 3343-3359.

Lucena A F P, Szklo A S, Schaeffer R, et al. 2009. The vulnerability of renewable energy to climate change in Brazil. Energy Policy, 37(3): 879-889.

Lucena A F P, Szklo A S, Schaeffer R, et al. 2010. The vulnerability of wind power to climate change in Brazil. Renewable Energy, 35(5): 904-912.

Manne A, Mendelsohn R, Richels R. 1995. MERGE: A model for evaluating the regional and global effects of GHG reduction policies. Energy Policy, 23(1): 17-34.

Mastrandrea M, Tavoni M. 2013. Foreword to the special issue: Climate change, extremes, and energy systems. Climatic Change, 121(1): 1-2.

Meng F C, Li M C, Cao J F, et al. 2018. The effects of climate change on heating energy consumption of office buildings in different climate zones in China. Theoretical and Applied Climatology, 133(1/2): 521-530.

Mukheibir P. 2013. Potential consequences of projected climate change impacts on hydroelectricity generation. Climatic Change, 121(1): 67-78.

Patt A, Pfenninger S, Lilliestam J. 2013. Vulnerability of solar energy infrastructure and output to climate change. Climatic Change, 121(1): 93-102.

Pereira E B, Martins F R, Pes M P, et al. 2013. The impacts of global climate changes on the wind power density in Brazil. Renewable Energy, 49(Jan.): 107-110.

Pilli-Sihvola K, Aatola P, Ollikainen M, et al. 2010. Climate change and electricity consumption-Witnessing increasing or decreasing use and costs? Energy Policy, 38(5): 2409-2419.

Pryor S C, Barthelmie R J. 2011. Assessing climate change impacts on the near-term stability of the wind energy resource over the United States. PNAS, 108(20): 8167-8171.

Pryor S C, Barthelmie R J. 2013. Assessing the vulnerability of wind energy to climate change and extreme events. Climatic Change, 121(1): 79-91.

Sailor D J, Smith M, Hart M. 2008. Climate change implications for wind power resources in the Northwest United States. Renewable Energy, 33(11): 2393-2406.

Sathaye J, Dale L, Larsen P, et al. 2009. Estimating risk to California energy infrastructure from projected climate change. Sacramento, CA: Lawrence Berkeley National Laboratory.

Sayadi S, Tsatsaronis G, Morosuk T, et al. 2019. Exergy-based control strategies for the efficient operation of building energy systems. Journal of Cleaner Production, 241(Dec20): 1-20.

Schaeffer R, Szklo A, Lucena A F P, et al. 2013. The vulnerable Amazon: The impact of climate change on the untapped potential of hydropower systems. IEEE Power and Energy Magazine, 11(3): 22-31.

Shen P, Lior N. 2016. Vulnerability to climate change impacts of present renewable energy systems designed for achieving net-zero energy buildings. Energy, 114(Nov1): 1288-1305.

Sieber J. 2013. Impacts of, and adaptation options to, extreme weather events and climate change concerning thermal power plants. Climatic Change, 121(1): 55-66.

Taseska V, Markovska N, Callaway J M. 2012. Evaluation of climate change impacts on energy demand. Energy, 48(1): 88-95.

U.S. Department of Energy. 2013. U.S. Energy Sector Vulnerabilities to Climate Change and Extreme Weather. Washington, DC: U.S. Department of Energy.

U.S. Department of Energy. 2015a. Climate change and the U.S. energy sector: Regional vulnerabilities and resilience solutions. http: //www.energy.gov/epsa/office-energy- policy-and- systems-analysis. [2015-10-01].

U.S. Department of Energy. 2015b. Tribal energy system vulnerabilities to climate change and extreme weather. http://www.energy.gov/indianenergy/office-indian-energy-policy- and-programs. [2015-10-01].

Van Vliet M T H, Vogele S, Rubbelke D. 2013. Water constraints on European power supply under climate change: Impacts on electricity prices. Environment Research Letters, 8(3): 1-10.

Van Vliet M T H, Yearsley J R, Ludwig F, et al. 2012. Vulnerability of US and European electricity supply to climate change. Nature Climate Change, 2(9): 676-681.

Wang B, Nistor I, Murty T, et al. 2014a. Efficiency assessment of hydroelectric power plants in Canada: A multi criteria decision making approach. Energy Economics, 46: 112-121.

Wang B, Liang X J, Zhang H, et al. 2014b. Vulnerability of hydropower generation to climate change in China: Results based on Grey Forecasting Model. Energy Policy, 65: 701-707.

Wang B, Ke R Y, Yuan X C, et al. 2014c. China's regional assessment of renewable energy vulnerability to climate change. Renewable and Sustainable Energy Reviews, 40: 185-195.

Wang L, Patel P L, Sha Y, et al. 2016. Win–Win strategies to promote air pollutant control policies and non-fossil energy target regulation in China. Applied Energy, 163(C): 244-253.

Ward D M. 2013. The effect of weather on grid systems and the reliability of electricity supply. Climatic Change, 121(1): 103-113.

Xiang C, Tian Z. 2013. Impact of climate change on building heating energy consumption in Tianjin. Frontiers in Energy, 7(4): 518-524.

Yau Y H, Hasbi S. 2013. A review of climate change impacts on commercial buildings and their technical services in the tropics. Renewable Sustainable Energy Reviews, 18(Feb): 430-441.

Zheng X, Wang C, Cai W, et al. 2016. The vulnerability of thermoelectric power generation to water scarcity in China: Current status and future scenarios for power planning and climate change. Applied Energy, 171(Jun1): 444-455.

第19章 对环境质量、人体健康和旅游活动的影响、风险与适应

首席作者：高吉喜　周晓农　席建超

主要作者：李海东　夏尚　刘俊　李石柱　刘兰翠　汪光　曹国亮

吴建国　田美荣　张彪　王伟民　薛靖波　王心怡　郑金鑫

摘　要

气候变化对大气环境、地表水环境、地下水环境、宜居性、人体健康和旅游活动均产生了直接或间接的影响。气候变化在一定程度上影响大气中 SO_2、NO_x、$PM_{2.5}$ 污染物的迁移转化过程，改变 O_3 前体物浓度，加速 O_3 的生成，使其在大气中的浓度增大，进而影响空气质量。未来气候模式的变化将进一步导致局部地区污染物浓度和大气对流层 O_3 浓度升高。影响地表水环境的气象因素主要包括气温、降水、辐射和风速等，短期放大了水环境质量下降和污染事件发生的频率和幅度，长期影响流域水生态系统。地下水对气候变化的响应存在滞后效应，比地表水复杂。气候变化直接影响地下水蒸腾、向河流排泄等，通过影响农业灌溉需水量间接影响地下水开采量，华北和西北地区农业灌溉需水量对增温最为敏感。地下水位对降水变化的敏感程度要远大于温度变化。天气、气候通过局地和区域影响大气污染物排放的自然来源和污染物浓度，改变舒适度，影响宜居性。气候变化通过气温与降水影响人居环境适宜性，尤其是极端气候事件显著增大人居环境风险。城市高温事件及热岛效应显著，我国主要城市气候舒适性均有所下降；受暴雨内涝、海平面上升及台风频率增大的影响，我国沿海城市人居环境安全性将面临严峻挑战。

19.1 气候变化对环境质量的影响与风险

19.1.1 大气环境

1. 过去气候变化对大气环境的影响

气候变化与大气质量密切相关（Jacob and Winner，2009），大气环流减弱、中纬度气旋减少、气候学风场流动性变差等因素会造成大气污染物浓度增大，其影响因地区而异（Fiore et al.，2012）。气候变化主要通过以下方式影响空气污染：①影响天气，从而影响当地和区域

内的污染物浓度;②影响人为排放,包括增加化石燃料燃烧以适应极端气候事件;③影响空气污染物排放的自然来源,如生物挥发性有机化合物、野火排放、闪电氮氧化物和永久冻土 CH_4 将发生变化;④区域天气状况,包括温度、降水、云、水蒸气、风速和风向均会影响大气化学反应,此外,还可以影响大气的输送过程。大气的化学成分也可能反过来对当地气候产生反馈(Bernard et al.,2001)。

1)雾霾和 $PM_{2.5}$

近 50 年来,大气组分发生改变,不仅因为人为排放,也因为气候变化对大气污染物自然源、人为源排放影响过程(孙家仁等,2011)。大气中 SO_2、臭氧(O_3)、NO_x、$PM_{2.5}$ 污染物成分迁移转化过程也可能改变,影响污染物浓度和空气质量;非常有可能过去几十年我国大气霾变化与气候变化有密切关系,特别是风速和湿度变化有很大关系(陈勇等,2014;丁一汇等,2009;丁一汇和柳艳菊,2014;高歌,2008;胡亚旦,2010;张英娟等,2015;王丽萍等,2006;吴兑等,2010,2011;王莉霞等,2015)。有研究表明,全球气候变化导致极地北冰洋海冰消融与西伯利亚降雪增加,会影响中国冬季风的传播路径与强度,有利于区域静稳天气形成,不利于空气污染物扩散,让中国东部平原人口与工业中心地区更易遭受严重空气污染侵袭(Zou et al.,2017)。全国 664 站点 1961~2012 年逐日霾观测资料、降水量、平均风速和最大风速资料分析表明,我国年霾日数分布呈明显东多西少的特征,中东部大部分地区年霾日数在 5~30 天,部分地区超过 30 天,西部地区基本在 5 天以下。霾日数主要集中在冬半年,冬季最多,秋季和春季次之,夏季最少,12 月是霾日数最多的月份,约占全年霾日数的 2 成。我国中东部地区冬半年平均霾日数呈显著增加趋势(1.7 d/10a),霾日数显著增加时段主要在 20 世纪 60 年代、70 年代和 21 世纪初,在 20 世纪 70 年代初和 21 世纪初发生了明显均值突变。从区域分布来看,华南、长江中下游、华北等地霾日数呈增加趋势,而东北、西北东部、西南东部霾日数呈减少趋势。持续性霾过程增加,持续时间长的霾过程比持续时间短的霾过程增加更为明显。不利的气候条件加剧了霾的出现。霾日数与降水日数在中东部地区基本以负相关为主,中东部冬半年降水日数呈减少趋势(−4 d/10a),表明降水日数的减少导致大气对污染物的沉降能力减弱。另外,霾日数与平均风速和大风日数以负相关为主,而与静风日数则以正相关为主,冬半年平均风速减小和大风日数减少,静风日数增加,表明风速减小导致空气中污染物不易扩散,从而更易形成霾天气(宋连春等,2013)。

2)臭氧

气候变化在一定程度上改变 O_3 前体物浓度,加速 O_3 的生成,使其在大气中的浓度增大,时间更长。影响近地表 O_3 浓度的主要因素有四个:气象条件、光化学反应、扩散和运输。气象条件对近地表 O_3 浓度的影响非常重要,是造成 O_3 浓度日间变化和季节变化的主要原因(刘明花,2009;童俊超,2005)。气象要素对 O_3 光化学过程的影响在很大程度上取决于当地的气候特征和污染源的排放规律(Liu et al.,1987,2002;Madronich,1993),其中温度是最大的贡献者之一,温度和辐射增加对 21 世纪预计的臭氧增加贡献最大。

2015 年我国近地面的 O_3 浓度变化呈先增高后降低的趋势,每个季节的浓度之间的关系是夏季>秋季>春季>冬季,在 7 月达到全年最高值。华东、华南、华北地区的 O_3 污染较为严重。在经纬度变化影响方面,经度变化对近地面 O_3 浓度的影响不大,而纬度变化使 O_3 浓度变化明显;在同一纬度的 3 种不同地形对比中发现,不同地形给近地面 O_3 浓度带来的影响微乎其微。温度和近地面 O_3 浓度的变化呈现良好的正相关关系(段晓瞳等,2017)。研究表明，近地表层的 O_3 浓度呈现出日常的周期性波动。随着温度升高，近地表层的 O_3 浓度逐渐增大。白天 O_3 浓度高，夜间 O_3 浓度低，最高值出现在下午 15：00 左右，最低值出现在早上 07：00 左右（张莹，2014）。

3）NO_x 和 VOCS 等 O_3 前体物

除了直接受当地大气污染物排放影响外，环境空气质量还受区域和全球尺度的气候变化影响。例如，气候变化引起的温度升高，中纬度气旋减弱或向北移动，天气系统停滞（或阻塞），风速下降，热带气旋频率下降等导致的区域或地方空气污染加剧（Balmes，2017；Aw and Kleeman，2003；Jacob and Winner，2009）。

2. 未来气候变化对大气环境的影响

1）大气中 PM 和 NO_x

未来气候变化下，温度、降水以及风速和大气稳定性的改变将对大气污染物自然源、人为源过程产生影响，进一步将影响大气环境中 SO_2、O_3、NO_x、$PM_{2.5}$ 污染物成分迁移转化过程等（江滢等，2010）。采用 WRF 中尺度气象模式对 CCSM4 气候模式的 CMIP5 RCP8.5 情景预估结果进行动力降尺度处理，并为 CMAQ 空气质量模式提供气象场；在 2012 年清华大学 MEIC 大气污染物排放清单的基础上，选取 2005 年作为气候现状代表年、2049~2051 年作为未来气候代表年，对京津冀地区典型月份（1 月、4 月、7 月、10 月）的气象及空气质量数值模拟结果进行对比，以此预估气候变化背景下京津冀地区空气质量潜在变化。在排放情况不变及 RCP8.5 情景下，未来代表年与现状代表年相比，京津冀地区以典型月份为代表的年均气象因素整体呈现温度升高，以及风速、相对湿度和大气边界层高度均降低的趋势；年均大气污染物浓度整体呈现升高的趋势，其中，温度升高约 0.8℃，风速降低约 0.11m/s，相对湿度降低约 2%，大气边界层高度降低约 8 m，$PM_{2.5}$ 浓度升高约 2.4 $\mu g/m^3$，SO_2 浓度升高约 1.8 $\mu g/m^3$，NO_x 浓度升高约 1.0$\mu g/m^3$。此外，主要气象条件（温度、风速、相对湿度、大气边界层高度）中，风速及大气边界层高度的降低可能是造成这些大气污染物浓度变化的主要气象因素，并且风速及大气边界层高度的降低与 $PM_{2.5}$ 浓度降低的相关系数分别约为 –0.44 和 –0.26。气候变化会对京津冀地区造成污染物浓度升高的潜在风险（王堃等，2017）。

2）BVOC 排放

生物源的挥发性有机物对大气 O_3 影响很大。气候变化将加剧生物源挥发性有机物排放，可能增大大气对流层 O_3 的浓度。应用全球气候模式 NorESM1-M 产生的 RCP2.6、RCP4.5、RCP6.0 和 RCP8.5 气候变化情景数据及植物 VOCs 排放计算模型，模拟分析了气候变化对山西太岳山中部油松叶片单萜烯排放速率的影响。未来气候变化影响下，山西太岳山中部气温呈上升趋势，降水和辐射强度波动大。在 RCP2.6、RCP4.5、RCP6.0 和 RCP8.5 情景与基准情景下，油松单萜烯日排放速率在一年中的 1~210 天呈上升趋势，在 210~365 天呈下降趋势；其在未来气候变化情景下比基准情景下高约 2μg/（g·d），在 RCP8.5 情景下最高；油松单萜烯日排放速率在未来气候变化情景与基准情景下的差异在 1~95 天和 296~365 天较小，在 96~295 天波动较大。同时，相比于基准情景，单萜烯日排放速率增幅在 1~190 天较高（增加 12%~14% 以上），在 191~315 天较小（增加 9%~13% 以上），在 316~365 天增加 12%~18% 以上，在 RCP8.5 情景下增幅最大（增加 14% 以上）。另外，油松单萜烯年排放速率在未来气候变化情景下比在基准情景下平均高约 1000μg/（g·a）以上，在 RCP8.5 情景下增幅最大（约

12%）（吴建国和徐天莹，2018）。采用全球气候模式 NorESM1-M 产生的 RCP2.6、RCP4.5、RCP6.0 和 RCP8.5 气候变化情景数据和植物异戊二烯排放计算模型，模拟分析了未来气候变化对武夷山自然保护区毛竹（*Phyllostachys edulis*）异戊二烯排放速率的影响，结果显示，气候变化下武夷山自然保护区气温上升，年降水量和辐射强度波动较大，呈增加或下降趋势。毛竹异戊二烯平均日排放速率在未来气候变化情景下比基准情景下高约 30$g/（g·d），在 RCP8.5 情景下比基准情景下高约 48 $g/（g·d）；毛竹异戊二烯日排放速率在未来气候变化情景下与在基准情景下的差异在 1~90 天和 301~365 天较小，在 91~300 天差异较大；相比于基准情景，未来气候变化情景下毛竹异戊二烯日排放速率在 1~190 天（平均增加 15%以上）和 271~365 天（平均增加 20%）增幅较大，在 191~270 天增幅较小，在 RCP8.5 情景下增幅最大（平均增加 17%）。另外，毛竹异戊二烯年排放速率在未来气候变化情景下比在基准情景下约高 10000 $g/（g·d）以上，在 RCP8.5 情景下比在基准情景下约高 13%（吴建国和徐天莹，2018）；应用全球气候模式 NorESM1-M 产生的 RCP2.6、RCP4.5、RCP6.0 和 RCP8.5 气候变化情景数据和植物异戊二烯排放计算模型，模拟分析了未来气候变化对江苏宜兴、广东龙门、云南玉龙和四川万源的苦竹异戊二烯排放速率的影响，比较了气候变化影响下 4 个地区苦竹异戊二烯排放速率差异。结果表明，在未来气候变化情景下，宜兴、龙门、玉龙和万源年均气温上升，年降水量和辐射强度波动较大、同时存在增长和下降趋势。在基准情景下，苦竹异戊二烯日排放速率为 71~470 μg/（g·d）、年排放速率为 25954~171231 μg/（g·a），日及年排放速率大小依次为龙门、宜兴、万源和玉龙。相比于基准情景，在未来气候变化情景下苦竹异戊二烯日排放速率高 4~45 μg/（g·d），其在宜兴、龙门、玉龙和万源分别高约 23μg/（g·d）、29μg/（g·d）、4μg/（g·d）和 14 μg/（g·d）以上；在未来气候变化情景下，苦竹异戊二烯日排放速率增幅在 5%以上，在万源和宜兴为 13%以上，在龙门和玉龙为 5%以上，在 RCP8.5 情景下最大（11%~18%）。相比于基准情景，在未来气候变化情景下苦竹异戊二烯年排放速率高 1500~17000 μg/（g·a），在宜兴高 8560~13208 μg/（g·a）、在龙门高 10862~16131 μg/（g·a）、在玉龙高 1574~3028 μg/（g·a）、在万源高 5288~8532 μg/（g·a）；苦竹异戊二烯年排放速率增幅为 6%~14%，其在宜兴和万源最高、在龙门和玉龙较低，在 RCP8.5 情景下增幅 9%~14%，说明未来气候变化对不同地区的苦竹异戊二烯排放速率影响程度不同（徐天莹等，2018）。

3）雾霾和 PM~2.5~

近 50 年来，大气组分发生改变，不仅包括人为排放，也包括气候变化对大气污染物自然源、人为源排放影响过程（孙家仁等，2011）。大气中 SO_2、臭氧（O_3）、NO_x、$PM_{2.5}$ 污染物成分迁移转化过程也可能改变，影响污染物浓度和空气质量；非常可能过去几十年我国大气霾变化与气候变化有密切关系，特别是风速和湿度变化有很大关系（陈勇等，2014；丁一汇等，2009；丁一汇和柳艳菊，2014；高歌等，2008；胡亚旦，2010；张英娟等，2015；王丽萍等，2006；吴兑等，2010，2011；王莉霞等，2015）。全国 664 站 1961~2012 年逐日霾观测资料、降水量、平均风速和最大风速资料分析表明：我国年霾日数分布呈明显东多西少特征，中东部大部分地区年霾日数在 5~30 天，部分地区超过 30 天，西部地区基本在 5 天以下。霾日数主要集中在冬半年，冬季最多，秋季和春季次之，夏季最少，12 月是霾日数最多的月份，约占全年霾日数的 2 成。我国中东部地区冬半年平均霾日数呈显著的增加趋势（1.7 d/10a），霾日数显著增加时段主要在 20 世纪 60 年代、70 年代和 21 世纪初，在 20 世纪 70 年代初和 21 世纪初发生了明显均值突变。从区域分布来看，华南、长江中下游、华北等地霾日数呈增加趋势，而东北、西北东部、西南东部霾日数呈减少趋势。持续性霾过程增加，持续时间越长的霾过程比持续时间短的霾过程增加更为明显。不利的气候条件加剧了霾的出现。霾日数与降水日数在中东部地区基本以负相关为主，中东部冬半年降水日数呈减少趋势（–4d/10a），表明降水日数的减少导致大气对污染物的沉降能力减弱。另外，霾日数与平均风速和大风日数以负相关为主，而与静风日数则以正相关为主，冬半年平均风速和大风日数减小，静风日数增加，表明风速减小导致空气中污染物不易扩散，从而更易形成霾天气（宋连春等，2013）。

4）大气中 O_3

气象要素变化对大气中 O_3 浓度影响很大（姚青等，2009）。对 33 年的 NCEP-DOE 再分析 2（NNR2）数据集（1979~2011 年）进行了分析，以了解东亚和北太平洋西部区域尺度大气条件的变化。为了节省计算处理时间，选择了代表过去（1979~1986 年）和当前（2004~2011 年）大气条件的两种情景，但仅针对 O_3 浓度处于高水平的秋季（9 月、10 月和 11 月）。使用天气研究和预测（WRF）模型及社区多尺度空气质量（CMAQ）模型对过去和当前情景进行了数值模拟。对 NNR2 数据的分析表明，气温升高，亚洲大陆反气旋减弱，东北季风流增强，台湾附近形成的低压系统加深。随着海洋蒸发量的增加以及低压系统的加深，台湾目前的降水量增加。如 WRF 模拟所示，地表物理过程对降水增强作出反应，土壤条件受阻，地面温度降低，进而限制了边界层高度的发展。在当前情景中模拟了弱化的海陆风流。随着分散能力的降低，空气污染物将倾向于在排放源附近积聚，导致该地区的空气质量下降。台湾西南部的情况会更糟，因为在当前情况下，停滞的风场会更频繁地发生。另外，在台湾北部，由于云条件增强和太阳辐射减少，在当前情景中模拟的 O_3 浓度在白天较低（Cheng et al.，2015）。基于 GISS-E2-R 模型模拟 2016 年 $PM_{2.5}$ 和 O_3 浓度变化。分别对京津冀地区 35 个不同地区进行了未来的排放情景分析，2.6、4.5、6.0、8.5 代表浓度路径情景（RCP2.6、RCP4.5、RCP6.0 和 RCP8.5）与基线期相比，1851~1970 年（工业化前）和 1986~2005 年（今天）。$PM_{2.5}$ 浓度在所有排放情景下都会增大，最大值出现在大多数情景下该地区的东南部。对于 O_3，相比于基线期，预计其浓度在 2016~2035 年所有排放情景下都会增大，$PM_{2.5}$ 浓度在 2020~2040 年达到峰值，而 O_3 将来可能会稳步增加（Wu et al.，2015）。

19.1.2 地表水环境

1. 过去气候变化对水环境质量的影响

影响地表水环境的气象因素主要包括气温、降水、辐射和风速等。短期来看，主要是极端气候事件的频率和强度增大，使水环境质量下降和污染事件发生的频率和幅度增大。长期来看，气候变化影响流域水生态系统，导致水环境质量变化，这是一个复杂综合并且长期持续的过程，也是一个短期突发的过程（燕守广等，2016）。

1）化学需氧量（COD）、生化需氧量（BOD）和氨氮指标

温度被认为是影响水体中物理化学及生物反应的主要因素。气温升高可以加速水体中的化学反应速率和生物降解速率，同时水温升高将促进微生物生长速率和新陈代谢过程，以及营养物和矿物质循环过程。河流流量的变化会对水环境产生影响，如 COD，在气候变化影响下，其浓度会随着径流量的增加而有所降低，随着径流量的减少有所升高（徐婉珍，2016）。2002~2017 年，广东省北江干流高桥断面逐月水环境数据分析发现，气温变化和降水量变化

对高桥断面水环境变化的贡献率之和为 6.2%，其中以气温为主变量、降水量为协变量时，气温的贡献率为 5.2%；反之，则降水量的贡献率为 1.1%，气温和降水量的交互效应会大于它们各自的贡献率之和。对新疆巴音布鲁克高寒湿地近 50 年来地表水环境和气候变化的研究表明，不论是冬季还是夏季，年平均气温都没有明显的升高趋势，夏季增温幅度高于新疆平均水平；夏季降水量占全年降水量的 68.4%，是湿地水体的主要来源。气候变化对湿地水环境的影响直接关系到湿地的生态系统（杨青和崔彩霞，2005）。

2）溶解氧（DO）

气候变暖和降水量减少均引起湖库溶解氧降低。温度的变化影响水体中 DO 的含量，温度升高将降低水中氧气的饱和溶解量，大约每升高 3℃，饱和溶解量减少 10%。调研发现，漓江气候变化，特别是气温升高，对漓江生态环境影响很大，洪涝和干涸现象频繁发生，河道荒漠化、河床变宽，水源林的面积、储水能力随气候变暖而下降，破坏了漓江的水环境（伍秀莲和白先达，2017）。气象要素在各季节的变化有可能对于桥水库总磷（TP）和 DO 浓度造成潜在影响（张晨等，2016b）。浙江省新安江水库 2003~2012 年每月的水文气象对水质的影响研究表明，降水量与出入库流量、溶解氧、总磷、氨氮浓度显著正相关，与透明度显著负相关。气温与水温、pH、高锰酸盐指数、生化需氧量、总磷和叶绿素 a 显著正相关，与透明度显著负相关，是主要影响因素（盛海燕等，2015）。2002~2017 年，广东省北江干流高桥断面水环境受气候变化影响相关性分析表明，环境因子对 DO 的解释度较高（叶丰等，2013），对 COD_{Cr}、氨氮和 TP 的解释度较低，其中气温与溶解氧呈较好的负相关关系。相比较而言，降水量与 COD_{Cr} 的变化关系较强（汪光和陆俊卿，2017）。

3）富营养化

全球变暖导致风暴天气加剧、降雨格局改变、土壤变暖和冰川融化等，能改变流域内营养盐、重金属、有毒有害物向湖泊水体的输入，从而加剧湖泊的富营养化，导致水环境质量下降，沉积物营养元素的释放也是水体中藻类繁殖的主要原因（Ding et al.，2018）。同时，藻类生长也会导致水体环境的改变，从而引起沉积物与水的交互作用增强，加速营养物释放（Chen et al.，2018）。在包括太湖在内的我国多个湖泊中发现气候变暖有利于小型浮游植物的生长，使浮游植物群落朝小型化方向发展。研究发现，相对于硅藻和绿藻，蓝藻更喜高温，气候变暖促进以蓝藻为优势种的浮游植物群落的稳定性。温度上升促进了有害藻类的过度增殖，降水模式的改变影响了营养盐的外源性负荷（吕笑天等，2017）。变暖与富营养化的协同作用导致水体中浮游植物群落组成向蓝绿藻占优势的方向转化，加速水体富营养化进程（于晨，2017）。变暖导致太湖蓝藻水华暴发时间提前（商兆堂等，2010）。对于亚热带季风气候的湖库来说，其更可能受气候变暖的影响而趋于富营养状态（张晨等，2016a）。内蒙古乌梁素海黄苔面积与气象因素相关性分析表明，当月平均风速与黄苔的产生具有极显著负相关关系（–0.375）；两个月前的日均温度、月均降水量与黄苔的产生均具有极显著正相关关系（分别为 0.527 和 0.364）；月均日照时数与黄苔面积呈极显著正相关关系（0.398），但月均日照时数对黄苔发生的影响呈现 3 个月的滞后性（王艳等，2012）。

2. 未来气候变化对典型地区地表水环境影响的预估

1）累积性影响预估

崔素芳（2015）分析气候变化排放情景对山东省大沽河流域水资源的影响，在现状条件基础上分别设定未来降水量增加 3%、7%和减少 3%、7%；在现状条件基础上分别设定未来气温升高 2℃、4℃和降低 2℃、4℃，T 为气温，P 为降水量，S 为所设定的组合。由分析得知，大沽河流域未来径流量的变化与气温、降水量的关系十分密切。

（1）降水量与径流量呈正相关关系。在相同的气温条件下，降水量越大，径流量越大，径流量随降水量的减少而降低；径流量与气温呈负相关关系，在相同的降水量条件下，气温越低，径流量越大。在相同的气温条件下，蒸发条件也基本相似，地表的径流量随着降水量的增加而增加，增加了进入河道的地表径流量；蒸发量与气温的关系密切，气温的升高必然导致蒸发量增大，地表径流中的部分水分被蒸发带走，导致径流量相对减少。

（2）降水量与气温相比，对流域径流量变化贡献率大的因素应当为降水量。当 T 保持不变、P 增大 20%时，径流深将增加 53.04mm，增加了 16.6%，变化幅度较大；当 P 固定、T 降低 2℃时，径流深将增加 8.69mm，增加了 2.7%，变化幅度较小。因此，控制未来研究区径流量的主要因素是降水量，其次是气温。

（3）研究中假定的所有气候情景中，径流量增加最为明显的组合是 P 增加 20%、T 降低 4℃，这是对未来大沽河流域径流量最好的组合情景。P 减少 20%、T 升高 4℃是径流量减少最为明显的情景组合，这是对未来大沽河流域径流量最为不利的组合情景。

2）突发性影响预估

广东省高州水库位于我国南方沿海地区，是一个频繁受台风强降雨影响的水源水库。高州水库的年降水量的 84%发生在 4~9 月，此期间水库运行过程中水动力条件变化非常大。降水的季节性差异常常是引起水环境中各种环境和生物因素变化的重要原因。高州水库集水区为鉴江流域上游山地，降雨尤其是台风强降雨对地表造成强大的冲刷力，极易引起水土流失，导致大量泥沙进入水库。综合分析高州水库 2004~2015 年降水量与水质（总氮、总磷、叶绿素 a）可知，在每年丰水期初期，特别是第一次大雨至暴雨过后，水体总氮、总磷浓度均较高。

2007~2017 年，高州水库大于 100mm 的暴雨日数为 11 天，大于 200 mm 的暴雨日数为 3 天。气象预测结果表明，未来 80 年高州水库集水区内暴雨频次增加。在 RCP 4.5 情景下，大于 100 mm 的暴雨日数均超过 15d/10a，大于 200 mm 的暴雨日数为 1~6d/10a；在 RCP 8.5 情景下，大于 100 mm 的暴雨日数除 2041~2050 年和 2061~2070 年为 10d/10a，2051~2060 年为 14d/10a 外，其他年份均超过 15d/10a，大于 200 mm 的暴雨日数为 1~6d/10a。

极端强降雨是导致水体中营养盐和初级生产力变化的重要因素。高州水库强降雨大多由台风引起，台风期间雨量占全年降水量的 70%~80%。台风强降雨能够导致河流流量短时间内剧烈变化，冲刷大量的泥沙进入水体，同时，受风浪和水流的同时作用，水沉积物界面经常处于不稳定状态，沉积物容易受扰动而发生再悬浮，加快营养盐或污染物的释放速率，对水环境质量造成一定的影响。

2010 年 9 月 21~23 日，台风"凡亚比"影响高州水库集水区。广东省自动气象站网监测，在台风进入高州水库前 1~2 天，高州水库集水区出现极端强降雨，2010 年 9 月 19 日 0~23 时高州水库集水区内超过 400 mm 的降水记录有高州市马贵镇降雨 829.7 mm、厚园圩降雨 630 mm，是茂名市自有水文记录以来的最强降水。2010 年 9 月 21~22 日台风登陆期间，信宜气象站记录的降水量分别为 83.3 mm 和 76.3 mm。多日连续暴雨引发高州水库集水区发生特大山洪与泥石流灾害，山洪挟带大量的泥沙和营养物质进入库区，对水库水环境质量和水生态系统均造成了重要影响（周文婷，2017）。"凡亚比"台风及泥石流造成高州水库水体锰超标。

2010 年台风"凡亚比"期间极端强降雨为百年一遇，2004~2017 年高州水库集水区没有其他类似降水事件发生。根据气象预测结果，在 RCP 4.5 情景下，未来 80 年内高州水库将有

2 次可能威胁供水安全的极端强降雨事件，分别发生在 2038 年 10 月和 2054 年 10 月，其中 2038 年 10 月 2~5 日和 11~13 日连续每日降水量>50 mm，此期间最大降水量为 340.34 mm，平均降水量为 137.20 mm；2054 年 10 月 6~8 日和 14~15 日连续每日降水量>50 mm，此期间最大降水量为 406.75 mm，平均降水量为 106.98 mm。在 RCP8.5 情景下，未来 80 年内高州水库将有 1 次类似特征的极端强降雨事件，发生在 2084 年 7 月 18~21 日，连续每日降水量>50 mm，此期间最大降水量为 243.78 mm，平均降水量为 163.93 mm，本次连续强降雨前 3 日，即 7 月 15 日发生大暴雨，降水量为 78.23 mm。以上 3 次极端强降雨事件可能对高州水库水质造成较大的影响，威胁供水安全（汪光和陆俊卿，2017）。

19.1.3　地下水环境

1. 过去气候变化对地下水环境的影响

我国地下水资源量为 0.82 万亿 m^3，占水资源总量的 29.3%（1956~2000 年水资源评价成果），在维持生态安全方面发挥着重要作用。地下水自补给进入含水层，在其中的滞留时间一般在几天到几万年尺度，由于含水层系统对地下水补给过程的缓冲作用，地下水对气候变化的响应存在滞后效应，要比地表水复杂得多（贾瑞亮等，2012）。

从水量角度，主要表现为地下水补给量变化。降水量和温度变化引起地下水补给量变化，主要表现为频发的干旱或洪涝等极端气候事件以及冰川融化对地下水补给量的影响；温度变化引发的蒸发量变化将直接导致地下水排泄量变化并影响地下水补给。同时，也间接引起地下水用水量变化，如农田灌溉用水量、沙地植被恢复对地下水的消耗（Li et al.，2017a）。地下水补给量和排泄量变化共同作用引起地下水储存量的变化。在气候变化和人类活动对地下水的影响中，气候变化对地下水的影响权重估计可占 10%~30%（高占义，2010）。

从水质角度，在干旱影响下，地下水超采造成地下水位下降，造成滨海地区海水入侵和内陆地下水咸化，同时海平面上升会加剧海水入侵过程；蒸发量增大会加剧盐分累积和地下水矿化度升高，气温变化造成地表温度变化也会引起地下水化学成分变化。

1）地下水补给量

降雨减少和气温升高一般导致地下水补给量减少，但其他非气象要素，如地表植被和土壤质地等可能导致降水补给对降水量的响应不是严格线性的。包气带氯剖面记录显示陕北黄土高原 20 世纪 90 年代以来降水减少和气温显著升高导致地下水补给明显减少（邓林，2011），而气候变化对地下水补给量的影响通过人类活动进行了放大（高占义，2010），地下水补给过程的改变更大程度上是人类活动改变了自然水循环过程引起的。气候变化对地下水补给量的影响在我国西北和华北的干旱、半干旱地区影响最为显著，对其研究目前也集中在我国西北和华北地区。

塔里木盆地南缘近 40 年平均气温升高 1.4℃，降水量减少 16mm，平均每年递减 0.42mm。城市和农业用水量的增加导致河流出山前被水库截流或者引水渠道引水，山前倾斜平原地下水补给量因为河流渗漏量减小而不断减少，而人工绿洲区地下水补给量则随地表引水量的提高而增加（马金珠等，2002）。

内蒙古达里诺尔湖 1976~2015 年面积减少了 11.6%，气温显著性升高（倾向率为 0.3℃/10a，$p<0.5$），降水略有减少（−0.86mm/a，$p>0.05$），流域植被覆盖率增大了 27.7%，特别是 2001 年以后京津风沙源治理工程成效明显。统计分析表明，湖泊面积减少和植被覆盖增加负相关（$r = 0.397$，$p<0.05$），气温升高和流域植被覆盖增加通过消耗地下水加速了降水量减少

对湖泊萎缩的影响，从而导致国家级自然保护区关键栖息地环境管理风险的增大（李海东，2019）。

石羊河流域自 20 世纪 60 年代以来降水量没有明显减少趋势，反而略有增加，但丰枯交替出现。从 80 年代中期至今随着气温的上升，蒸发量也有上升的趋势。提高渠道衬砌率导致渠灌引水量增加，使红崖山水库入库径流量减少，人为改变地表水与地下水的转化途径导致地下水补给锐减，而蒸发量变化不大（张文化等，2009）。

张掖盆地自 20 世纪 60 年代至今祁连山区气温累计上升 1.48℃，张掖盆地气温累计上升 1.33℃，自 20 世纪 90 年代开始祁连山区降水量显著增加，由 1991 年的 311.85mm/a 增长至 2009 年的 502.60mm/a，平均增速为 10.60mm/a。地下水对气候变化的响应具有非均一特征，山前倾斜平原地下水补给量减小，水位连续下降，张掖盆地南部沿河道地带黑河干流径流量增加和渗漏量增大引起地下水位上升（连英立，2011）。

对于我国西北内陆干旱地区，平原地区地下水的主要补给来源是出山河流的渗漏以及山区基岩裂隙水的侧向补给，潜水补给主要受现代的山区降水和冰雪融水影响，更新速率快，承压地下水年龄较老，其补给更新速率受古气候变化影响（张光辉等，2009）。古气候变化引起的地下水补给和排泄信号也保存在地下水的水化学组成和同位素信息中，地下水也成为气候变化的信息载体（陈宗宇等，2010）。

气温变化对华北滦河流域地下水资源的影响主要表现为温度升高使地面的蒸发量加大，迫使地下水的排泄量增大。滦河流域下游平原区在气温升高 1.0℃时，降水减少 8%，地下水资源减少幅度为 12%（王庆平和刘金艳，2010）。华北山前平原地区长期地下水位下降造成包气带增厚，加剧了包气带对气候变化的缓冲作用，增大了地下水对降雨变化的滞后反应时间（Cao et al.，2016）。

2）地下水排泄量

地下水排泄量指地下水通过蒸腾、泉水、向河流排泄以及人工开采等失去的水量。气候变化能够直接影响地下水蒸腾、向河流排泄等，并通过影响农业灌溉需水量间接影响地下水开采量。

影响作物需水量的最主要因素是参考作物蒸散发量，而气温又是影响参考作物蒸散发量的主要因子。小麦需水量对增温的敏感性存在明显的空间差异，华北地区和西北地区小麦需水量对增温最为敏感，不同 RCP 情景下华北和西北小麦需水量增加都在 50% 以上，东北地区以及云贵高原地带为轻度敏感区，小麦需水量增加率为 10%~30%，其他地区小麦需水量对气候变化不敏感，未来小麦需水量增加率多在 10% 以内（雒新萍和夏军，2015）。华北平原小麦玉米轮作种植模式下，灌溉用水量与当年降水，特别是春季降水有一定关联性（张光辉等，2013）；降水量较大，特别是春季降水明显增多的年份，农林灌溉用水量明显减少；枯水年份，特别是春季降水明显偏少的年份，农林灌溉用水量明显增大。华北平原过去 60 年气温显著上升、降水量轻微下降伴随强烈的年际波动，地下水灌溉可靠性降低（张丽娟，2016）。辽西北地区春玉米净灌溉需水量对增温情景大多表现为不同程度的增加，但也存在灌溉需水量下降的地区（曹永强等，2018）。

我国近年来部分寒区河流冬季径流量出现上升趋势，其中一个重要因素冻土退化引起地下水储量增加，特别是在冬季和春季的枯水期，地下水向河流的排泄量对地表径流补给明显（周京武等，2014）。新疆天山南坡的清水河流域，根据 1956~2012 年克尔古提水文站水文资料分析得出，1991~2012 年流域冬季径流保持持续增长，枯水季地下水对河流径流的贡献是重要因素。东北海拉尔河流域位于多年冻土区南缘，四个水文站的实测径流资料分析也发现，几个水文站的径流季节变化趋势虽然各不相同，但冬季径流皆呈明显的增长趋势（陆胤昊等，2014）。

3）地下水位及储量

地下水补给量和排泄量变化共同影响控制地下水储量的变化，当地下水排泄量大于地下水补给量时即发生地下水储量损失，当地下水开采量超过了地下水多年平均补给量时即发生地下水资源的超采。地下水位变化则是地下水储量变化的直接客观反映。地下水位对气候变化的响应受含水层地质结构、渗透特性，包气带厚度和水力特性，以及地下水位观测井与地下水补给区距离的影响，不同地区的地下水位响应特征可能不同。

黄淮海平原浅层地下水位对降水变化的敏感程度要远大于温度变化，在温度变化 2~5℃，降水变化±15%的情境下，黄淮海平原地下水位变化范围为−81~96mm，且地下水位变化滞后于降水变化（谢正辉等，2009）。极端暴雨造成的洪水可以造成地下水位迅速上升，海河南 1996 年 8 月 3 日至 5 日发生的"96·8"洪水，造成浅层地下水位急剧变化，位于太行山前地区的河北省的正定、永安和无极地区的浅层地下水位升幅达 5~10m（张光辉等，2015）。

海河流域是我国水资源供需矛盾最突出的地区，20 世纪 70 年代以来，经济社会发展对地下水资源的需求增大以及在气候变化共同作用下，地下水超采严重，导致地下水储量减少，地下水位继续下降。结合地下水位变化数据和含水层给水度估算海河流域平原 1959~2013 年浅层地下水位平均累计下降 10.99m，超采量累计 979.45 亿 m^3（贾绍凤等，2016）。

在全球气候变暖背景下，青藏高原近 50 年气温显著上升，高原冻土区的地下水循环也受到了巨大影响。冻土地区的地下水系统与一般平原地区不同，由于冻土特殊的土壤结构和冻融循环，冻土地区的地下水具有其独有的特殊性和复杂性，气候变化造成的冻土退化对地下水系统也产生了极大影响（叶仁政和常娟，2019）。多年冻土退化造成多年冻土层上限变深，直接影响地下水位的同时，增加的冻土消融量和地下冰融化量造成青藏高原冻土区过去十几年中地下水储量增加（Xiang et al.，2016）：金沙江流域为（2.46±2.24）Gt/a，长江源区为（1.86±1.69）Gt/a，黄河源区为（1.14±1.39）Gt/a。青藏高原地下水储量增加（5.01±1.59）Gt/a（Zhang et al.，2017b）。

4）地下水水质

地下水化学变化特征存在空间差异，自西北内陆地区至华北平原和松嫩平原，地下水化学特征改变强度增大，以华北平原和松嫩平原最为明显。华北平原和松嫩平原的山前平原地区，地下水开采强度大，重碳酸型地下水分布边界明显扩大。而西北干旱地区未发生明显的水化学类型变化（刘君等，2017）。松嫩平原西部土地盐碱化面积逐渐扩大与吉林西部地区降水量减少、蒸发量增加有关（王俊臣和李劲松，2013）。

气候变化引起的海平面上升作为我国滨海地区的环境背景，也是破坏咸、淡水间水动力平衡的自然因素之一，与地下水超采引起的海水入侵过程叠加，会进一步加剧滨海地区的海水入侵，造成地下水咸化（夏军等，2013）。另外，风暴潮强度的增大、海平面上升引起河口地区潮水入侵内陆（咸潮上溯）后下渗，造成地下水咸化（夏军等，2013；潘存鸿等，2015）。

5）地下水温度

气候变化除对地下水水量和水质产生影响外，也造成地下水温度变化。影响地下水温度变化的主要因素包括太阳辐射、地球内部热流和地下水开采，太阳辐射对地下水温度的影响主要是通过降水入渗传递，地球内部热流对地下水温的影响取决于含水层的埋藏深度，人类开采地下水则对上述两种影响过程起到强化或削弱的作用（林学钰等，2009）。地下水温度对气温变化的响应与地下水埋藏条件和存储介质有关，孔隙潜水和裂隙承压水对气温的年内变化响应明显，而孔隙承压水温度对气温变化不敏感（林学钰等，2009）。吉林平原研究显示，埋藏深度在 50 m 以浅的孔隙潜水、孔隙承压水和裂隙承压水的温度均不同程度地受气候变暖的影响，呈现明显的上升趋势，20 世纪 80 年代后期到 2001 年近 20 年间，地下水温度上升幅度为 0.6~1.3℃（林学钰等，2009）。成都平原德阳地区地下水温度观测表明，地下水温度多年变化是气温、大气降水、地下水埋深等因素共同影响的结果，地下水温度与气温、降水量总体上呈正相关关系，而随地下水埋深增大，上述因素的影响逐渐减小（姜丽丽等，2015）。

2. 未来气候变化对地下水影响

未来气候变化对地下水的影响一方面是降雨变化对地下水补给的影响，另一方面是蒸发变化对作物需水量的影响。以气候变化对地下水影响研究程度较高的华北平原为例，在华北地区气候模型高、中、低三种排放情景预估未来降水量均呈增加趋势条件下，目前地下水开采量维持不变情景下，模拟分析显示地下水位仍呈下降趋势，但下降速率减缓（Li et al.，2017c）。利用地表水-地下水耦合模型分析未来气候变化对华北平原地下水的影响（Xia et al.，2018）表明：与 1995~2000 年平均地下水补给资源量相比，在 RCP8.5 排放情景下，华北平原 2025~2030 年模拟地下水补给呈显著减小态势，但在 RCP2.6 情景下呈增大态势，2045~ 2050 年模拟地下水补给量在两种排放情景都呈增加态势。即使在维持地下水开采不变情景下，两种排放情景下的地下水储存资源量长期来看呈减小趋势，但在 RCP2.6 排放情景下减小速度明显放缓。但地下水开采量也可能受气候变化间接影响而增大，华北平原在 RCP2.6、RCP4.5 和 RCP8.5 三种排放情境下，总的水分盈余量（P-ET）到 2050 年预估将减少 4%~ 24%，粮食种植面积不减少的情况下，地下水开采量势必要增加以保证华北平原的粮食生产（Mo et al.，2017）。因此，气候变化对地下水影响研究需要利用更加科学精确的气候模式和地表水、地下水耦合模型，同时考虑自然和社会因素的影响对各种预估不确定性进行深入分析研究，为制定更加合理的地下水管理策略提供科学依据。

19.1.4　环境管理适应气候变化策略

我国在制定大气环境、地表水环境和地下水环境适应气候变化的环境管理策略时应从以下方面展开。

1. 大气环境管理适应气候变化策略

大气环境管理适应气候变化策略主要包括：①加强大气中 PM、NO_x、BVOC 排放，大气中 O_3 等的协同控制与管理，制定包括管理政策、经济政策（如税收、信贷）、自愿管理（如有机产业、低碳标志等）的技术政策体系。②基于现有的生态环境监测、统计和考核体系，建立行业和排放源并举的温室气体监测统计核算体系，完善相关考核制度。③不同区域的气候变化及大气 $PM_{2.5}$ 和 O_3 等的机理响应关系尚不明晰，尤其是 $PM_{2.5}$ 中不同组分对辐射强迫的直接和间接效应的研究还存在较大的不确定性，研究气候变化对大气环境质量达标的影响，提出基于气候变化情景的大气环境适应性管理措施和方法。④深入研究气候变化对极端大气污染事件的影响，评估气候变化影响严重大气污染事件发生频次、强度、地域、时段等特征，增强极端大气污染情况下的有效应急管理能力。⑤以大气污染对人体健康的危害风险为重点，开展气候变化影响重点地区大气污染的健康风险评估、损失损害及适应对策研究，推动敏感人群对极端气候下大气环境的应急监测、风险识别与评估、风险防范等技术体系研究，完善适应性管理措施，形成能够有效防范极端气候下大气环境健康风险的管理政策体系。

2. 地表水环境管理适应气候变化策略

地表水环境管理适应气候变化策略主要包括：①加强顶层设计，纳入战略和规划。在应对气候变化相关战略和规划制定时纳入水环境适应气候变化相关内容，在水环境保护相关规划中，基于水环境管理面临的气候变化风险提出适应性管理要求和具体措施。②强化统筹协调，实现多部门联动。根据水环境风险防控的需求，加强部门联动，逐步形成生态环保、气象、水利等多部门统筹协调极端气候的水环境风险防控措施。③完善适应措施，形成管理政策体系。近期，针对极端气候可能导致的水污染事件，出台极端气候水环境风险监控预警和应急相关管理政策，加强极端气候的水环境风险防范能力；远期，针对气温升高和水资源分布变化趋势，适时调整相关敏感水体污染防治规划和水质管理目标，减少气候变化条件下一些水体的累积性水质风险。④加大科研投入，强化科技支撑能力。以饮用水安全保障和生态脆弱区风险防范为重点，开展气候变化对敏感水体水环境质量的影响评估、预警预测、损失损害及适应对策研究，推动生态敏感区极端气候下饮用水源的应急监测、风险识别与评估、风险防范等技术体系研究（汪光和陆俊卿，2017）。

3. 地下水环境管理适应气候变化策略

地下水环境管理适应气候变化策略主要包括：①气候变化和地下水之间的相互关系研究目前还处于起步阶段，加强两者之间及其生态保护修复工程相互关系的定量化研究，有助于预测气候变化对地下水的长期和累积性影响，指导适应气候变化的地下水合理开发利用。②深入研究地下水对暴雨和干旱等极端气候事件的响应，充分发挥含水层对地下水资源的调蓄作用，推进雨洪利用设施建设，利用含水层地下储水空间对雨洪资源进行调蓄，减轻洪涝灾害的同时增大地下水在极端干旱情况下的应急供水能力。③优化调整地下水水源地空间布局和开采量时间分配，采取有效地下水回灌措施，合理利用外调水和城市再生水，对地下水漏斗区地下水进行涵养恢复，增加地下水资源战略储备。

19.2 气候变化对宜居性的影响与风险

19.2.1 对宜居性的影响

人居环境可分为五大系统，包括人、自然、居住、社会和其他支撑系统等；又可分为五个层次，即建筑、社区、城市、区域、全球（吴良镛，2003）。宜居程度是城市社会、经济与环境协调发展的结果，宜居程度的高低由多个因素综合决定。例如，张文忠等（2013）指出，大规模的人类活动、气候与环境变化以及社会因素对人居环境的影响最大。

宜居性包括良好生存条件和生态可持续性，主要受自然环境因素、社会经济因素的综合影响。自然要素不仅深刻影响人类居住环境的质量，而且也影响人类居住环境的适宜性（尹晓科，2010）。舒适是人体对生存环境的基本要求，由于自然地理因素是组成人居环境的基本要素，而气候又是构成自然地理诸要素中最活跃、最敏感的因子，气候条件的适宜程度决定着人居环境的舒适程度，同时也会影响人类的生产生活方式、行为模式、居住形态等。城市宜居性评估中，气候条件一直都是重要的评价指标之一，其他一些指标，如植被、景观等也与气候密切相关。气候变化对城市宜居性的负面影响，包括气温上升、全球气候变暖、海平面上升，以及降水频率的改变、极端天气频率增大等，都是导致城市宜居性下降的重要因素。这些因子长期作用会直接或间接地影响各种人居活动，人居环境与人们生理、心理关系最大，良好的城市气候环境可以让人的中枢神经处于正常工作状态，改善人体温热感和光电效应，促进人身心和体力的恢复，人对气候因子的适应有一个承受区间，超出这个区间范围，不仅工作效率会下降，还会出现一系列不舒适的生理反应（李雪铭和刘敬华，2003）。

有研究指出，气候变化可以从三个方面对人居环境产生影响：一是气候变化后，资源生产、农作物的生长、商品及服务市场的需求产生了变化，使支持居住的经济条件受到影响；二是气候变化对能源输送系统、建筑物、城市设施以及工农业、旅游业、建筑业等特定产业的一些直接影响；三是气候变化后极端天气事件增加以及对人体健康的影响（胡最，2007）。在不同地区、不同气候带以及不同发展程度的城市中，气候对人居舒适的影响存在差异。李雪铭和刘敬华（2003）指出气温与人的舒适感关系最大，为人体感觉舒适与否最重要的生理指标，其次是降水、沙暴等极端天气现象。

1. 气温对宜居性的影响

反映气候状况的指标有很多，但是气温指标是最为主要、最为基本的指标，也是分析气候变化对大城市地区能源消费影响的最主要指标（沈续雷，2011）。有学者依据人居环境气候舒适期的长短和年均温划分全国气候适宜性，分为不适宜、临界适宜、一般适宜、中度适宜和高度适宜五类（尹晓科，2010）。但是在全球气候变暖的影响下，伴随着气候暖干化、城市热岛效应的共同作用，近年来城市的高温热浪现象也较为突出，连续出现持续>35℃的高温热浪天气，将对人们的工作、生活以及能耗环境方面产生各种负面的影响。

在全球气候变暖的大环境下，在大城市地区，经济活动相对于其他地区更加剧烈，形成了独特的城市热岛效应，且大城市地区人口集中，生活水平相对较高，对温度适宜性要求相对更高，容易形成大城市地区"社会经济-气候环境"两个系统之间的恶性循环（沈续雷，2011）。例如，上海地区，近年来城区与郊区年均气温都呈不断升高的趋势，城区和郊区年均气温差及热岛效应强度也在不断增强。目前，上海城市热岛效应空间分布格局与常住人口分布大致一致，主要人口集中分布区热岛效应强度相对较强。上海城市热岛效应强度与城市化发展各指标和综合指标均有比较密切的同步变动关系，因此，上海城市化快速发展是导致城市热岛效应的重要原因。城市热岛产生许多负面影响，如加强了城市夏季高温的酷热程度、伴随有植被覆盖空洞、城市干岛、城市霾岛等现象，从而影响城市生态环境质量，对人们的生活造成影响（沈续雷，2011）。在干旱地区，研究表明 1958~2008 年干旱区气候呈现暖干化趋势，由于多年来该地区降水量的变化不显著，因此出现该现象的决定因子主要来自气温的不断升高，且自 2000 年后，干燥程度明显增加（于国茂，2011）。通过对南疆地区的分析可知，该地区人居环境适宜性程度自北向南、自西向东、从周围向中心（沙漠）、平原向高原递减（阿依努尔·买买提，2011）。

在过去 100 年，尤其是近 50 年里，全球气温急剧上升，地表增温明显；近 100 年和近 50 年中国降水量变化趋势不显著，但年代际波动较大；且在地区分布上差异明显，西部干旱和半干旱区在近 30 年降水持续增加。20 世纪 70 年代至 21 世纪初，冰川面积退缩约 10.1%，冻土面积减少约 18.6%（李明卓，2016）。姚檀栋指出，中国的冰川逐渐消融，在近 40 年间减少达 7%，目前冰川年融水径流量相当于一条黄河（姚檀栋等，2004；姚檀栋和朱立平，2006）。气候变暖导致了江河流量减少、水资源供需矛盾加大、旱涝灾害频率增加、河流水质下降等一系列问题（胡彩虹等，2013），进而影响人类居住环境的宜居性。

2. 降水对宜居性的影响

降水是影响人居环境适宜性的重要因素之一。在尹晓科（2010）对湖南省的研究中指出，湖南省降水在很大程度上受大尺度天气系统影响，在空间上具有普遍多雨或者少雨的一致性，由南向西北逐渐减少，同时指出湖南全省人口集中分布于人居环境适宜程度较高的地区，人居环境适宜度和人口分布均大致呈现由东北向西南阶梯状递减趋势，表明降水在一定程度上会影响人们对环境变化的敏感性，从而影响人们对生活城市的选择。例如，位于温带大陆性干旱气候下的金昌市是我国重点缺水和干旱的城市，其区域年均蒸发量可达降水量的 18 倍（冉利群，2013），在全球气候变暖的严峻形势下，该市的这种情况更加不容乐观，影响居住环境。

3. 极端气候对宜居性的影响

在极端天气和空气污染方面，大量研究表明，环境空气污染与人类的许多疾病的患病率和死亡率密切相关，随着我国经济的快速发展，能源消耗急剧增加，主要污染物排放量在过去的一段时间经历过一个急剧上升的过程，增加了酸雨和光化学烟雾的形成概率，因此大气污染治理仍是今后很长一段时期内我国环境保护工作的重要任务。

冉利群（2013）通过对甘肃省金昌市 2007~2012 年的大气质量分析可知，在这六年里，金昌市主城区的空气综合污染指数显著下降，但由于降水普遍偏少，全市酸雨发生频率有小幅上升，沙尘天气出现频率有明显上升趋势，沙尘所引起的可吸入颗粒物浓度最大值均超过国家二级标准，严重超标。胡最（2007）在异常天气对城市人居质量的影响研究中列出了一系列异常天气对人居生活产生的影响（表 19.1）。

表 19.1 异常天气所产生的影响

天气现象	产生影响
台风	直接破坏建筑物、通信和电力设施等，引发暴雨和洪涝，导致交通阻塞、航班延误等，水质下降
干旱	影响作物生长、导致减产，引发部分农产品价格上涨，导致 CPI 上涨，地下水位下降
暴雨	引发洪涝灾害，导致交通阻塞等，水质下降，诱发地质灾害
寒潮	诱发疾病，造成作物冻害，损毁通信和电力设施等
高温高热	诱发疾病，因空调大量使用导致电力紧缺，易引发火灾
大雾	能见度低，空气质量下降，引发交通事故，航班被延误甚至取消
沙尘	能见度低，空气质量下降，引发交通事故等

注：引自胡最（2007）

19.2.2 对宜居程度的风险

据统计，近 100 年来，全球年平均气温上升了 0.7℃，而大城市的平均气温上升了 2~3℃，城市是人类活动和环境相互作用最强的区域，也是受气候变化影响的最敏感区域（张文忠，2007）。气候变化对人居环境适宜性影响按照风险等级包括三个方面，一是温湿度的舒适性；二是极端气候带来气象灾害，影响人居安全使其变得不适宜；三是气候变化导致无法生存进而移民。

1. 人居环境舒适性风险

全球气候变化直接影响居住环境的舒适性。热舒适评价最早起源于 20 世纪初英国，发展至今已有 100 余年（吴志丰和陈利顶，2016）。热舒适主要针对人体热感觉而言，一般将热舒适定义为人类个体对周围热环境是否满意的主观判断（房小怡等，2015）。热舒适度评价的目的是通过评价外界热环境对人们工作和生活带来的影响，探讨改善热环境的相应措施。在城市规划领域，特别是气候变化的背景下，如何改善城市室外居住环境，提高城市居民生活品质，是该领域的研究热点。

有研究者从负面影响定义了冷热应力，即人体承受的净热负荷，也就是为维持人体核心温度稳定，人体热调节系统需排放的热量，当该值为负时，即为冷应力（孔钦钦等，2017）。此外，通用热气候指数（universal thermal climate index，UTCI）综合了多节点人体热调节模型和自适应穿衣模型，是当前考虑因素最全面、最具普适性的人体冷热应力指标。与其他指标相比，UTCI 具有适用多种气候类型、对气象因素改变灵敏、能更好地描述热环境变化过程等优势（Nassiri et al.，2017）。孔钦钦等（2017）利用中期再分析资料计算了中国 UTCI 值，可以看出，随着气候变化的加剧，中国平均极端 UTCI 暖指数均呈上升趋势，反映了 1979 年以来中国夏季极端热应力的加剧态势。

我国城市易受气候变化及温室效应的影响。以往中国四大火炉城市有武汉、南昌、南京和重庆，随着时间的推移，2017 年国家气候中心发布火炉城市榜单，新"四大火炉"分别是重庆、福州、杭州、南昌。1981~2017 年，重庆市夏季高温日数高居各城市的首位，为 28.5 天。其中连续大于 35℃的高温日数平均值为 11 天。连续高温天气影响居住环境，增大宜居舒适性风险。我国北方沿海地区一直被认为是人居环境气候最佳区域之一。任学慧等（2013）以辽宁沿海城市为例发现，近 60 年来该地区气候变化基本特征呈明显的升温趋势，降水、风速和相对湿度则为下降趋势，未来气温将继续升高，降水量和相对湿度及风速将延续现有的减少趋势，四季气候舒适性将发生改变。

2. 人居环境健康性风险

气候变化关系经济社会发展全局，对维护城市生命线系统运行、人居环境质量、居民生命财产安全和生态安全至关重要。气候变化可以通过各种直接、间接途径和复杂机制影响人类健康，目前，全世界每年有超过 10 万例患者因气象要素死亡，预计到 2030 年可能达到 30 万例（杜尧东等，2019）。

气传致敏花粉是指依靠风媒传粉的且花粉内的特殊蛋白会引起敏感个体超敏反应的花粉。花粉致敏植物是指会产生气传致敏花粉的植物体（程晟等，2015）。大量气传致敏花粉飘散在空气中会引发花粉症，其临床表现主要为呼吸系统症状，通常初发时症状较轻，但可通过每年在花粉季节的反复接触逐渐加重，严重者可危及生命（李全生等，2017）。在某些国家花粉症已经成为季节性流行病，发病率相当高，在美国居民发病率达 2%~10%，在欧洲的发病率由 21 世纪初的 1%上升到 20%，并且预计未来 20 年内会有近 35%的人患有花粉症（江伟明等，2018）。

气候环境与花粉过敏性哮喘的流行有密切联系。绝大部分调查研究表明，在一定的范围内，花粉的数量会随着温度的升高而增加。气候变化下的城市热岛会导致城市内部温度升高，导致花粉数量增多；花粉的致敏性也会随温度升高而增强，如当温度升高 1.1℃时，山桦树花粉中的主要致敏原有所增加；同时，城市内部温度升高，会导致城市植被提前开花，同时也会延后凋零的时间，从而延长花粉飘散的时间。

此外，气候变化对疾病传播有一定影响（林落，2019）。例如，张成和邓林密（2019）研究发现，气候变化对传播性疾病，如疟疾、血吸虫病、登革热等具有重要影响，杜尧东等（2019）的研究表明，气候变暖将增加疟疾传播潜势，延长流行季节，当温度升高 1~2℃时，我国大湾区微小按蚊地区间日疟传播潜势可增大 0.39~0.91 倍，恶性疟传播潜势可增大 0.6~1.4 倍；当温度上升 1℃时，疟疾传播季节可延长约 1 个月；当温度上升 2℃时，传播季节可延长约 2 个月，并且全球气温每升高 1℃，登革热的潜在传染危险将增大 31%~47%。

3. 人居环境安全性风险

气候变化对人居环境最直接的危险是洪涝和滑坡。2012 年北京市 "7·21" 暴雨造成了 79 人死亡，财产损失高达 116.4 亿元。低海拔地区的城镇化大量提高了人口居住密度，而这些城市也处于海岸气候的极端事件危险之中。城市是高密度人口、建筑、财富和基础设施的集中地区，在全球气候变化背景下，极端天气气候事件及灾害发生频数和强度都在变化，对城市人类及财产安全均产生严重威胁（中国城市科学研究会，2009）。

林落（2019）认为，气候影响是 "威胁倍增器"，有可能增强脆弱地区环境恶化，政治不稳定等压力源，从而加剧地区冲突。当气候变化加剧，泥石流、滑坡、洪涝、飓风等极端气候事件频发时，在短期内会导致人口伤亡、财产损失、环境退化等，从而直接或间接引起自然灾害和经济社会问题更加突出，对人类生命财产安全的威胁日益加剧，从而会造成一些人口被迫进行迁移成为灾害移民（何生兵和朱运亮，2019），如孟加拉国波拉岛的一半被永久淹没，致使 50 万人无家可归，印度洋海啸迫使 40 万人逃离家园（蒋洁等，2016）。

19.2.3　对宜居性影响的预估

气候变化和城市化进程导致城市人居气候适宜性降低，尤其是未来气候变化将对海平面上升、全球环流系统变化、全球环境变化、生态系统退化及冰冻圈退缩等产生显著影响，进而影响到人居环境健康。

随着全球气温急剧上升，地表增温明显。根据 IPCC 第四次评估报告预测，未来 100 年，全球地表温度可能会升高 1.6~6.4℃。伴随着持续变暖的温度变化，常征（2012）在对能源利用的碳脉分析中推测出，按照目前的惯性发展，2050 年上海能源消费总量将上升为当前能源消费量的 3.4 倍，产生的导致全球气候变暖的 CO_2 气体的排放量将上升为当前排放量的 4.3 倍。就广州部分城市的调查表明，在未来气候变暖的情景下，夏季平均最高气温每升高 1℃，广州市全年单位工业产值耗电将增加 2.02%，5~10 月的平均气温每升高 1℃，居民生活用电量的百分比将增加 1.25%，因此，未来气候变暖将使城市用电压力有继续增大的趋势（段海来和千怀遂，2009）。这一影响在程纪华（2015）对浙江省的气候变化策略研究、卢俊宇（2013）

对江苏省江阴市的城市系统温室气体排放研究中均有提及。此外，气候变暖对城市生活用水的影响也较大，邹君（2010）对西安市的研究指出，城市生活用水量对温度变化的响应较为敏感，对降水变化的响应比较弱，并预测，该城市年均温每升高 10℃，人均年生活用水量将增加 1.095m³。

中国沿海是热带风暴潮多发的地区，风暴潮灾害的频繁程度居世界首位，每年近 20 个台风影响中国海域，受灾区域尤以福建、广东、海南沿海为甚。王建和刘泽纯（1991）预测，当温度升高 1.5℃时，西北太平洋台风发生频率增大 2 倍，登陆中国的台风频率也将增大 1.76 倍。因此可以说，未来气候变化引起的全球变暖将导致台风等热带天气系统频次增加，随之由台风引发的风暴潮灾害的频次也将增大。李阔和李国胜（2017）评估了未来气候变化影响下，2050 年广东沿海地区珠海市和中山市面临百年一遇风暴潮灾害风险最高，其中，中山市由低风险区上升为极高风险区，广州番禺区和台山市由极高风险区下降为高风险区，珠海市风暴潮风险始终处于极高水平。冉利群（2013）在对甘肃省金昌市的大气质量分析中指出，在现有的社会经济条件、生产条件和治理措施不变的前提下，该市空气综合污染指数将继续呈现下降趋势，环境空气质量将逐年好转。

气候变化会影响人居生活的舒适感受，并且在不同地区、气候带和城市发展程度上的影响不同。任何地区和城市，温度变化是最为关键的因子，温度变化可以直接影响人体跟外界大气环境的水分和热量交换，并对城市能耗和人类活动产生最为直接的影响。全球气候变暖和城市热岛效应对城市人居生活质量影响很大，尤其是在发展快速的大城市当中，无论是高温热浪天气的出现，还是城市植被覆盖空洞等问题，都会不利于城市的人居生活感受，影响其舒适性。另外，温度升高也会对降水、异常天气和空气污染产生间接的影响，从而间接影响人居环境。

19.2.4　人居环境适应气候变化策略

干旱、暴雨和洪泛是迄今为止给人类社会带来惨痛代价的自然灾害，温室气体排放、全球气候变暖以及极端天气频率升高，加剧了自然灾害对人居环境的风险（王墨，2017）。面对快速城市化和居住舒适性的日益提高，在气候变化和城市发展的综合影响下，如何有效地对城市高温、旱涝和雨洪情况进行管控和制定应对策略，在城市建设中显得尤为重要。目前来看，应对气候变化的策略主要是减缓性策略和适应性策略，其中减缓性策略主要是通过温室气体减排来应对气候变化，而适应性策略则需要依靠增大城市弹性来改善（韩贵锋等，2018）。为此，从城市空间规划的角度，黎兴强和田良（2014）基于永续发展、紧凑发展和绿色发展的相关理念，提出了回归城市的空间规划新概念框架，以实现生态、设计、低碳的协同发展，是我国城市转型期应对气候变化的一种途径。

1. 城市高温现象的适应策略

高温会影响城市的热环境气候、空气质量和水文条件等，使城市生物的生存条件和生活方式发生改变，对城市的生物多样性具有显著影响（肖荣波等，2005）。IPCC 第五次评估报告预测未来全球地表平均温度将会继续上升，全球变暖可能导致与热相关的死亡人数增加，与冷相关的死亡人数减少。高温对人体健康影响恶劣，致中暑、热疾的发病率以及超额死亡率显著增加（韩贵锋等，2018）。有研究指出尽管未来与温度相关的老年人心血管疾病的年度寿命损失年数将减少，但是与热相关的寿命损失年数却会明显增加（科学技术部社会发展科技司和中国 21 世纪议程管理中心，2019）。虽然在当前和未来的气候条件下，全球变暖对与温度相关的死亡人数所产生的影响仍存在一部分不确定性,但是对人类适宜程度的影响却真切存在。据了解,在 2050 年,我国城市化率将提高到 70%以上。我国未来城市化还会保持增长态势,人口也将会进一步向城市集中,城市资源和能源的消耗将继续增加,城市建设用地和城市的无序扩张可能会导致城市热岛效应加剧,致使城市高温灾害更加严重(陈明春,2018)。

基于对气候变化和城市发展的综合考量,考虑到我国的现实情况,我们应在宏观层面上对气候变化进行整合协调机制的建立,并在保证和国家层面整体利益高度一致的前提下,在地方应对行动上,针对地方层面多样化的微观现象做具体分析(杨东峰等,2018)。就城市高温现象,建议针对城市不同功能区,综合考虑土地利用、道路交通规划、城市设计、建筑建造、街道空间等方面的影响,并提出应对策略(陈明春,2018)。

2. 城市旱涝现象的适应策略

随着城市化的快速发展,城市的水安全亟待重视,在全球气候变暖的背景下,区域性极端降水和干旱事件发生频率增大,暴雨径流量管控、径流水质和雨水资源利用等方面始终存在着很多问题,城市旱涝雨洪逐渐成为影响人类生活的重要因素(王墨,2017)。根据 IPCC 气候变化,亚洲地区,未来洪水对基础设施、生计和居住区影响的风险水平处于中至高等水平,干旱导致的水和粮食短缺风险处于中等水平,而且短期内人类适应性降低这些风险的能力有限。城市化建设的持续发展,特别是城市路面交通的硬化以及房屋的建设使得城市不渗透表面面积不断扩大,地表水难以及时下渗,以致排水和水质问题的产生,继而改变城市的汇水方式,导致洪峰流量增大,洪水集聚时间缩短,洪水总量变大(李琦,2016)。城市防洪排涝、雨水资源化利用和水污染防控是雨洪管理的核心问题,不仅包括暴雨,还包括雨量、频率的各类降雨事件(梁晨,2018)。

环境变暖导致更多热量散布到大气中,使水文循环过程变得活跃(Güneralp et al.,2015)。城市暴雨内涝是城市气候研究的主要方面,城市化造成的热岛效应、大气凝结核增强、微地形阻碍等效应是城市暴雨频率增强的重要因素(张建云等,2016)。气候变化导致的城市内涝、干旱事件将会给经济发展带来阻力(Xie et al.,2014)。目前,我国雨洪管理的研究主要集中在海绵城市理论,即要求城市在适应环境变化和应对自然灾害方面具有良好的弹性(王墨,2017)。为此,在应对城市旱涝方面,要注重开展典型海绵城市设施属性和适用性研究,具体分析可行的海绵建设途径。

3. 制定绿色宜居村镇建设适应气候变化行动方案

针对气候变化对城乡人居环境的潜在风险分析和不利影响,结合人居环境建设和"乡村振兴"实施,从风险的危险性、承灾体暴露性和易损性等方面,开展绿色宜居村镇建设人居环境气候变化风险评估,识别村镇建设气候变化风险源,提出村镇建设适应气候变化方案,规避乡村建设的气候变化风险和灾害,优化村镇建设生态空间布局和绿色生态建设模式。

调查分析我国现有农村人居环境质量和气候变化风险源,将适应气候变化纳入不同主导生态功能区"乡村振兴"实施过程中,明确乡村人居环境建设适应气候变化的技术措施,制定乡村人居环境建设适应气候变化行动。

面对人居环境面临气候变化的挑战,通过各种宣传平台,提高公众在环境舒适性、人居安全等方面应对气候变化的意识,积极倡导低碳绿色生活方式和消费模式,实践绿色出行、低碳办公，能源节约、环境保护意识明显提升，不断加强公众参与生态环境保护的能力，增强"乡村振兴"实施过程中气候变化不利影响的适应能力。

19.3　气候变化和极端气候事件对人体健康的影响与风险

进入 21 世纪以来，以气候变暖为主要特征的全球气候变化问题使人类社会面临着严峻的挑战。据 IPCC 第五次气候变化评估报告预测，21 世纪末期（2081~2100 年）全球表面温度变化可能超过 1.5℃（IPCC，2014）。随着地表平均温度的上升，低温发生的频率将降低，高温热浪、强降水的频率和强度可能会增大，且持续时间更长。

人类健康对气候变化是极其敏感的，气候变化可以通过温度、湿度、气压、日照时长等气象因素的变化影响自然系统中传染病的病原体、宿主和疾病传播媒介，以及人体系统中的呼吸系统、免疫系统、循环系统和消化系统等，从而对人体造成间接性健康损害；可以通过高温热浪、寒潮、暴雨洪涝和干旱等极端气候和天气事件直接对人体造成危险性暴露伤害；还可以通过改变包括大气层、水、土壤在内的自然环境和农作物产量与地理分布间接对人类健康造成威胁；也可以受包括年龄、性别、社会经济状况等在内的人类自身因素调节，对人类贫困状况、个人与群体心理健康以及经济贸易状况造成影响，从而间接影响人体的身心健康。不同人群对气候变化影响的暴露危险性、敏感性以及适应性的程度是不同的，且气候变化的季节性特征对人体健康的影响较明显（周晓农，2010；常影等，2012）。虽然气候变化对人体健康有一定的正面效应，如使粮食增产进而减少营养不良的现象，但正面效应的规模和程度远不及负面效应。气候变化对人体健康的影响如表 19.2 所示。

表 19.2　气候变化对人体健康的影响

气候变化内容	影响途径/方式	影响结果	参考文献
气候要素的变化（温度、湿度、气压、日照时长、风速等）	通过一些中介变量的改变，如传染病的病原体、宿主和疾病传播媒介的生存环境与地理分布影响人体健康	虫媒传染病：血吸虫病、疟疾、登革热等 肠道传染病：细菌性痢疾、霍乱等 呼吸道传染病：流行性感冒、麻疹等	褚秀娟和郭家钢，2009 钱颖骏等，2010 贾尚春，2004 樊景春，2013 刘雪娜，2017 王鲁茜和阚飙风，2011
	造成人体系统失调甚至疾病，从而直接影响人体健康	呼吸系统疾病：哮喘、气管炎、支气管炎、慢性阻塞性肺疾病等 免疫系统疾病：花粉过敏、过敏性鼻炎、荨麻疹等 循环系统疾病：冠心病、心肌梗死、脑卒中等 消化系统疾病：肠胃炎、消化道出血、胃溃疡等	王敏珍等，2016 翟文慧，2014 李挚等，2015 刘丹等，2014 马守存，2011 聂芳菲，2018 马盼等，2016
极端天气和极端气候事件（高温热浪、寒潮、极端降水、洪涝、台风、冰雹、雾霾、沙尘暴等）	气候要素的骤然变化导致病致死，对人体造成伤害具有滞后性及二次伤害，以及以上多因素交互协同作用扩大了极端天气气候事件对人体健康的影响	气象灾害造成的直接死亡 轻微疾病：皮肤过敏、咳嗽、眼睛干涩、打喷嚏、感冒、高血压等 严重疾病：热衰竭、心肌梗死、脑卒中、冻伤、呼吸困难、沙漠尘肺等 灾难后遗症：创伤后应激障碍、抑郁症、酗酒、吸毒、自杀等 大气层破坏使紫外线辐射增强，导致晒伤和白内障等疾病 水体污染和土壤污染造成人体消化系统疾病	冯雷和李旭东，2016 高璐等，2013 刘健，2017 王金玉等，2013 王宁等，2015 郑山等，2011
气候变化的间接影响	通过改变自然环境（空气、水体），并改变农作物产量、品质以及人群饮食偏好间接影响人类健康	气候恶化地区粮食减产使贫困人群营养不良状况加剧，气候变暖使某些地区粮食增产，为营养不良地区的人们带来一定的积极影响 气候变暖将改变人们的饮食偏好，对养分摄入产生一定影响 二氧化碳浓度增高有可能增大某些作物植株体内的碳氮比，导致农产品蛋白质含量下降	夏旭霞和刘扬，2012 周启星，2006 Qiao et al.，2019 王灏晨等，2014 熊伟等，2016

续表

气候变化内容	影响途径/方式	影响结果	参考文献
气候变化的间接影响	通过人类自身因素（如年龄、性别、职业、地理位置、社会经济状况等）的调节作用间接影响人体健康	不同人群对气候变化影响的暴露危险性、敏感性以及适应性的程度有所差异，如贫困地区人群比发达地区面临着更大程度的生态环境脆弱性和健康风险问题	陆亚等，2014 张倩和孟慧新，2014 罗良文等，2018

为了减缓气候变化和极端事件对人体健康造成的伤害，降低人群的暴露危险性和敏感性，并提高其风险适应性，我国要建立完善的健康预案和行动框架，建设有效的监测预警系统以及适应气候变化的人体健康防治应对策略与评价指标框架；要加强与气候变化相关的交叉学科研究水平；要强化健康适应策略与技术示范区的建设，培育适合不同地区特点的疾病防控模式，总结并推广经验；要促进健康适应策略与技术的交流与合作，在建立健全国内部门间科技协调机制的同时主动在国际上进行交流合作；要进行持续科普，加强气候变化对健康影响和适应策略的宣传教育。

19.3.1 对传染性疾病的影响与风险

1. 对虫媒传染病的影响与风险

气候变化对虫媒传染病的影响主要体现在血吸虫病、疟疾和登革热上。

血吸虫病是一种人畜共患的地方性寄生虫病，钉螺是血吸虫病传播过程中的唯一中间宿主，喜潮湿、荫蔽、水陆交替的湿地环境。调研数据显示 2017 年全国血吸虫病感染人群主要分布在湖北、湖南、江西和安徽 4 省，占全国病人总数的 84.52%（张利娟等，2018）。气候变化对我国血吸虫病的影响主要表现在传播范围和传播程度两个方面，且以间接影响为主。温度的变化可直接决定钉螺的分布范围，影响钉螺的生长，温度升高增大钉螺感染毛蚴的概率，促进阳性钉螺尾蚴的逸出及其在钉螺体内的发育速度，延长传播血吸虫的时间；而湿度可以改变钉螺滋生地的植被从而影响其分布范围和密度；降水量的增加也可促使血吸虫尾蚴逸出量增多，保虫宿主接触疫水的机会增加，造成血吸虫病传播的潜在风险（褚秀娟和郭家钢，2009）。洪涝灾害和汛情的暴发易造成溃垸，导致钉螺大面积扩散，形成新的螺点，造成血吸虫病的进一步传播；同时易造成群众和参与抗洪抢险的人员接触疫水成批感染血吸虫病，特别是急性血吸虫病（聂武夫等，2016）。已有研究表明以 2030 年和 2050 年我国平均气温将分别上升 1.7℃和 2.2℃为依据，我国血吸虫病流行区将明显北移，潜在流行区面积将达全国总面积的 8%，受血吸虫病威胁的人口将增加 2100 万，且由于血吸虫的生活史依赖于中间宿主，可能比其他蠕虫更易受到气候变化的影响（钱颖骏等，2010）。

疟疾是全世界流行最严重的虫媒传染病，气候变化对疟疾的影响包括直接影响和间接影响。直接影响体现在通过温度、降水量和湿度的变化影响疟疾的分布和传播。按蚊是疟疾的传播媒介，温度的升高使蚊媒种群大量繁殖、生存范围扩大、蚊体内疟原虫的发育速度加快、传播季节时间延长。一定程度的降水量增加使媒介蚊种滋生面积扩大并使河流变池塘，帮助媒介蚊虫的繁殖，从而加剧疟疾的流行。高湿度可延长蚊虫寿命，增加传播疟疾的机会。间接影响体现在通过汛情和人为因素影响疟疾的分布与传播。出现汛情后，媒介滋生地扩大，气湿增高，蚊虫密度迅速上升，寿命延长，且灾民通常较集中，生活条件及防蚊条件差，致使疟疾发病迅速上升。我国历史上疟疾流行多是由大面积洪涝水灾引发的。气候变换使夏季时间延长，人群露宿现象增加，造成人蚊接触机会增多，从而加重疟疾流行程度（贾尚春，2004）。学者经过研究，预估相对于 1981~2000 年，2031~2050 年有效疟疾分布范围有向北和向西扩展的趋势；我国疟原虫繁殖代数有明显增加的趋势，全国除了西部高原地区以外，23°N 以南（福建和云南南部、广东和广西中南部、海南等）地区疟原虫繁殖代数有增加 3 代，其他地区增加 1~2 代的趋势；未来我国有效传疟季节，有春季提前开始、秋季延迟结束、有效传疟日数有不同程度延长的趋势（滕卫平等，2013）。

伴随气候变暖，登革热的流行地区从热带一度扩散至亚热带，近年来我国南方地区登革热大规模暴发流行，2014 广东省和 2015 年台湾台南地区暴发的疫情，以及浙江省和上海市的本地传播病例证明了我国登革热传播范围正不断北移。气候变化通过影响主要虫媒白纹伊蚊的适生区范围间接影响登革热在我国的传播。白纹伊蚊在我国分布较广，对我国大部分登革热疾病流行区有着重要作用。研究表明，RCP8.5 情景对白纹伊蚊适生区的影响大于 RCP6 和 RCP4.5，而 RCP6 又大于 RCP4.5，因此气候变化引起的气温升高会使得白纹伊蚊的适生区范围扩大，从而间接增大我国群众感染登革热的概率。另外，通过影响外潜伏期（EIP）的长短来影响登革热病毒的传播，研究表明气温升高使得外潜伏期缩短，从而使蚊虫的传播能力增强，加速了登革热病毒的传播。而气温升高会对我国登革热风险地区流行范围的扩大有直接正相关影响。气温升高环境下的气温突变将使华南地区登革热适宜传播时间增加，且研究表明预计在 2050 年海南省大部分地区很可能由登革热非地方性流行转变为地方性流行，且终年流行区面积将进一步扩大（杜尧东等，2015）。不同气候情景下风险范围扩大速度不同，提示通过减排等措施减缓气候变暖速率是降低登革热扩散风险的最根本措施。另外，随着气候变暖，预测登革热流行区风险范围将不断北移，逐渐由低纬度地区扩大到高纬度地区，提示新疫区人群公共卫生防范意识不足易造成暴发流行，应提高适应能力以应对登革热疫情的出现（樊景春，2013）。

2. 对肠道传染病的影响与风险

气候变化易引起人体肠道菌群紊乱或感染致病菌，诱发细菌性痢疾和霍乱等肠道传染病。

暴雨洪涝后降水量、温度和湿度的变化与细菌性痢疾发病直接相关，暴雨洪涝会造成细菌性痢疾的发病率增大，且涝情程度与持续时间和发病率呈正相关关系，预计在 RCP8.5 情景下，2020 年、2030 年、2050 年和 2100 年细菌性痢疾的 YLDs 分别增加了 20.0%、24.0%、28.0%和 36.0%（刘雪娜，2017），提示相关部门应重视并及早采取相应措施来应对，以避免或减少暴雨洪涝对细菌性痢疾的发病影响。

霍乱是一种由霍乱弧菌引起的烈性传染病，气候变化会通过影响霍乱弧菌的生长繁殖、毒力因子表达和适生范围来直接影响霍乱的流行。水体温度、pH 和水质的改变对霍乱弧菌的生长繁殖、毒力因子表达等有直接影响，一定范围内水温的升高有利于包括霍乱弧菌在内的弧菌属的快速增殖，偏碱性的生长环境（pH 为 8.0~8.5）能够促进霍乱弧菌的生长繁殖，霍乱毒素在盐度 2‰~2.5‰的环境中表达最高，中等浓度的铁离子能够增加霍乱毒素的表达。气候变化通过影响水体中的浮游动植物以及增大水源性污染概率间接影响霍乱流行。在霍乱弧菌与浮游生物共同栖息的水环境中，温暖适宜的气候使藻类和浮游动物迅速繁殖，为霍乱弧菌无限制的生长繁殖创造了条件，随着水体中霍乱弧菌的密度增高，人类在进行生产活动时被霍乱弧菌感染的机会显著增加。气温升高使霍乱弧菌能够向高纬度地区传播，流行持续的时间延长；气温升高引起海平面升高使海水入侵，增加内陆水体的盐度，进而扩大霍乱弧菌适宜生存的范围；洪水和干旱易导致饮用水源数量减少，水源污染概率增高，水质恶化，从而间接促进霍乱流行（王鲁茜和阚飙，2011）。不同地域的霍乱流行具有一致的时空分布特点，提示气候变化和环境因素直接或间接限制霍乱流行的范围和强度，高温、降雨等气候可能对霍乱的传播产生驱动效应。

19.3.2 对慢性非传染性疾病的影响与风险

1. 对呼吸系统疾病的影响与风险

气候变化导致的气温、相对湿度等气象因素年际变化和异常变化对呼吸系统疾病发病率有直接影响，季节更替时的气候波动也对人体呼吸系统健康造成一定影响。气温和相对湿度对于呼吸系统疾病发病率的影响是有阈值的，研究表明，只有当气温高于某阈值或相对湿度大于某阈值时，呼吸系统疾病急诊就诊人数才和温度与相对湿度正相关；且平均气温对呼吸系统疾病的影响受相对湿度水平的调节，在低温环境下，相对湿度越小，气温对呼吸系统疾病的影响越显著，高温热浪环境下，当相对湿度较大时气温健康效应较强（王敏珍等，2016）。风速的改变在此基础上产生了叠加修正作用，一方面改变了人体体表与环境的热交换速率和呼吸道的舒适与功能，另一方面通过空气流动影响细菌、病毒等微生物的传播。气候变暖会使空气中出现污染物的概率增大，通过扰乱气流模式使某些地区污染物不易扩散，同时土地荒漠化引起的沙尘暴和森林火灾引发的烟雾颗粒物扩散等问题都使大气中 PM_{10}、$PM_{2.5}$、$PM_{1.0}$、SO_2 和 NO_2 等污染物浓度不断上升，从而导致人体呼吸系统疾病发病率上升。不同人群对空气污染物的敏感程度有差异，老人、儿童和女性较为敏感。呼吸系统疾病的发生和传播与季节因素也密切相关，虽然冬季变暖有利于减轻呼吸道疾病的发生，但气候波动加剧、冷暖骤变会降低人群对呼吸道疾病的抵抗力。人体生理机能对季节变化有滞后性反应。春季风沙大、温差骤增是呼吸道疾病多发的原因；夏秋两季降水日数多，空气湿润，气温高且起伏变化小，所以呼吸道疾病发生较少（邓学峰和寇力斐，2017）。冬季时，如果气温低、温差小，且水汽压也小，会降低呼吸道黏膜的抵抗力，而且人体会感觉干冷，容易患呼吸道等疾病（雷静等，2014）。

2. 对免疫系统疾病的影响与风险

气候要素变化和季节性因素变化及其交互作用会对免疫系统疾病产生影响，加剧人体的过敏症状。季节更替背景下温度、相对湿度、日照时间、降雨量、气压和风速等因素的骤然变化及其与其他环境因素的交互协同效应会降低脆弱人群的免疫力，增加花粉、气溶胶颗粒物及微尘微粒等过敏源浓度，对易过敏人群造成困扰。例如，有相关研究表明，花粉总数与温度和日照时长正相关，蒿属花粉和葎草花粉数量与风速负相关，花粉症发病率与同期花粉总数高度正相关（李挚等，2015）；过敏性鼻炎在多种气象因素相互交叉作用下易发作（刘丹等，2014）；天气变化比空气污染浓度的变化对哮喘病人的影响更加明显，而空气污染物浓度的变化可能对哮喘病人病情轻重程度有一定影响（翟文慧，2014）；气溶胶颗粒是生物体、生殖材料及病原体分布扩散的载体，气候变暖引起的气溶胶颗粒物扩散会引起人群过敏症状（杜超，2013）。

3. 对循环系统疾病的影响与风险

气候变暖引起气象因素骤变，高温热浪、寒潮、台风、沙尘暴等极端气候事件的发生愈发频繁且难以预测，造成人体循环系统疾病的发病。气候变暖背景下，高温高湿天气日数增加将进一步造成人体心脏排血量增加，心脏负荷的加重最终导致心脏功能衰减；强降温天气日数的增多将更易导致人体肾上腺素水平上升，从而造成心跳加快，血压升高，同时寒冷刺激可使交感神经过度兴奋，诱发冠状动脉痉挛甚至心肌梗死；冷锋和冷高压的频繁出现会影响心脑血管疾病的发病率和死亡率；暖锋天气的出现使心脑血管发病入院人数最多；台风来临时，脑出血、脑梗死发病概率比平时高，且风速的大小与冠心病的发作有关；焚风情况下的骤然升温会导致人体体感不适，引起心跳加快，心悸，血压升高，年老体弱和有心血管疾病的人病情会加重（马守存等，2011）；沙尘暴天气下大气 PM_{10}、$PM_{2.5}$ 暴露与心血管疾病的入院率和死亡率有关，目前认为大气污染物颗粒主要通过造成血管功能障碍、凝血功能异常、促进动脉粥样硬化形成、氧化应激和炎性反应对心血管系统健康产生危害（聂芳菲等，2018）。此外，在相同气象要素变化条件下，高血压患者脑卒中和冠心病发病的危险度增大幅度更大。除风速外，各主要气象要素对脑卒中和冠心病发病的影响显著且存在滞后效应，在大于或小于某一阈值后，疾病发病危险度随气象要素的变化呈线性变化（刘博，2014）。

4. 对消化系统疾病的影响与风险

气候变化背景下的气温持续升高及湿度的变化对人体消化系统健康产生影响，其主要体现为"高温效应"，即高于 25℃时危险度随气温的升高而增大，极端的湿度（RH<10%或RH>90%）会显著增加消化系统疾病的发病，并具有持久作用，其与高温结合会形成"高温低湿"和"高温高湿"两种让人不适的情况。另外，较之于 SO_2，消化系统疾病对 PM_{10} 和 NO_2 更敏感。气候变暖使大气中污染物浓度增大，当 SO_2 浓度较高时会在累积作用一段时间以后显著增大消化系统疾病发病频率，且不同污染物对人消化系统的影响有差异（马盼等，2016）。气象因子季节性突变易于引发消化系统疾病，春秋两季上消化道出血和消化性溃疡高发，夏季为胃炎、肠炎痢疾的高峰期。

19.3.3　对人体伤害和心理/精神疾病的影响和风险

1. 极端天气气候事件造成的人体伤害

气候变暖背景下，极端天气气候事件发生频率不断增大，我国是旱涝、台风、寒潮等自然灾害多发的国家，北方旱灾、雪灾、寒潮和沙尘暴灾害频发，东南部地区台风、高温和洪涝灾害影响严重。

气候变暖导致的极端高温对我国某些地区造成了干旱威胁。干旱期间，粮食短缺导致人体能量供应不足、营养不良的患病率升高，人体某些维生素和微量元素缺乏症的患病率也会增高（王宁等，2015）。气候变暖趋势下高温热浪事件频发，高温热浪可直接引起人体热痉挛、热衰竭和热射病，甚至导致死亡，也可间接引起循环系统和呼吸系统的严重疾病，如心肌梗死、脑卒中、缺血性心脏病、高血压、呼吸困难等（冯雷和李旭东，2016）。高温热浪对人体的伤害具有滞后性，且发生季节的早晚对健康影响有差异。也有研究预测在 RCP2.6 和 RCP8.5 情景下我国水稻种植区域水稻高温热害损失的概率增大 20%，这可能造成粮食产量下降，增加贫困人群营养不良的风险（熊伟等，2016）。虽然气候变暖趋势下寒潮发生强度总体减弱（白松竹等，2015），但气温骤降会降低人体抵抗力。寒潮不仅可以直接给人体造成冻僵、冻伤和关节损害，而且可间接诱发心绞痛、心肌梗死、十二指肠溃疡、支气管哮喘、急慢性支气管炎、上呼吸道感染等多种疾病，对老人和儿童群体的影响较大（郑山等，2011）。沙尘暴会直接引起人体的皮肤、眼、呼吸系统及循环系统的急性损伤，调研发现沙尘暴当天人体咳痰、眼睛干涩、打喷嚏等急性刺激症状发生率均升高，症状发生率与大气中 $PM_{2.5}$ 的浓度正相关，可明显影响呼吸系统和循环系统，其对人体健康的慢性效应在于在沙尘天气多发区，长期居住的居民罹患沙漠尘肺，且肺功能也有不同程度的损伤（王金玉等，2013）。然而随着气候变化和风速的减弱，中国沙尘灾害总体减轻，有助于减少相关疾病的发生和健康损失。气溶胶增多和风速减弱不利于大气污染物的扩散稀释，城市雾霾天气增多，加大了呼吸道系统疾病发生的风险。雾霾中的超细颗粒物及其吸附物可直接作用于心脏，导致心血管疾病；可长时间沉积于肺组织中增加肺负载；可通过毒理学效应减弱人体心肺功能，尤其容易诱发慢性阻塞性肺病和高血压病。在气候变暖趋势下，近年来虽然我国台风来临次数并未明显增加，但强度增大，奇异路径增多，对台风到达地区人群的安全和健康威胁增大。台风过境后造成的次生灾害（暴雨、洪涝等）和二次伤害也会给灾民造成心理障碍，甚至严重的精神创伤（刘健，2017）。2018年超强台风"山竹"风力强大，降雨影响区域广，过境后涝水浸街，我国南方地区人民群众传染病风险暴露程度急剧上升。气候变暖导致的短时强降水增多和长时间极端降水减少引起洪涝灾害频发，间接增加了人体消化道疾病、呼吸道疾病和虫媒传播疾病的患病机会。洪涝期间粪-口传播疾病盛行，坑洼等地多处积水，会滋生大量蚊蝇，由蚊蝇传播的传染病，如疟疾、登革热、乙脑等发病率上升，也会给受灾人群造成长期的心理和精神影响（高璐等，2013）。

2. 改变自然环境间接影响人体健康

气候变化通过对自然环境的改变间接影响人体健康，主要包括大气层破坏、水环境的改变和土壤环境的改变。气候变化对大气层的破坏体现在温室气体中的氟对大气臭氧层有较大破坏性，增加紫外线辐射。由于臭氧层遭到破坏，中国西藏地区白内障发病率居全国首位（夏旭霞和刘扬，2012）。气温升高也加剧光化学反应，生成二次污染物，同大气污染对人体健康负面影响方面产生协同作用。气候变化对水环境的影响体现在年平均降水量、降水强度及分布的变化。降雨强度的增大使土壤中的可溶性污染物及部分附着在土壤表面的不溶性污染物随着暴雨被冲刷到水体中，加剧水体污染，从而引起人类消化系统方面的疾病。气候变化对土壤环境的影响体现在气候变暖使得土壤有机质的生物分解过程加速，由于微生物更加活跃、土壤酶活力提高而加快，导致土壤环境释放大量污染物；同时，土壤环境各种离子交换过程区域活跃也导致了土壤污染（周启星，2006）。尽管目前尚无法建立气候变化导致土壤微量元素变化进而影响人体健康的直接联系，但土壤环境的污染对人体健康的影响仍值得注意。

3. 改变农作物产量和地理分布间接影响人体健康

气候变化通过影响农作物产量和地理分布间接影响人体健康。气候变化对农作物产量和地理分布产生直接影响，而产量和地理分布的变化对人类健康带来正面和负面的影响。

气温变化对农作物产量呈现出区域性和季节性影响，对降水、水源变化也会产生不同的影响。在大多数情况下，气温升高会使粮食增产，尤其是水热同期条件下农作物增产幅度大。国内学者最新研究表明，温度和 CO_2 浓度的增大共同提高了大豆和玉米籽粒的产量和质量（Qiao et al.，2019）。气候变暖对降雨型农田有害而对灌溉型农田有益，西北将承受气候变暖带来的巨大风险。从地理位置看，气候变化影响随纬度的变化而变化，随经度的变化相对较小，越往北，粮食产量的变化梯度越大。在中高纬度地区如果平均气温升高 1~3℃，粮食产量会增加。而在低纬度地区，特别是干季热带地区，气温每升高 1~2℃都会导致产量降低。气候变化对可耕地面积增加有益，利用"灌溉+降水"，面积增大幅度为 2.5%~16.2%，在仅有"降水"条件下，增大幅度为 2.3%~18%。除去气温变化，CO_2 的肥效也会对农作物产量产生明显影响。温室气体中 CO_2 含量的提高直接刺激作物生长发育（王灏晨等，2014）。

4. 气候变化对心理健康的影响与风险

气候变化对人群的心理健康和幸福感造成了重大的负面影响，而这种影响可能在弱势群体和严重精神疾病群体身上表现得更加明显。研究发现气候变化引起的极端天气和其他自然灾害对心理健康有着立竿见影的效果，可以直接对人类造成严重的心理健康问题，如急性应激障碍、创伤后应激障碍、躯体障碍、抑郁症、吸毒、酗酒、自杀，以及儿童虐待和家庭暴力等。例如，遭受干旱灾害地区的农民的心理发病率是非干旱区农民的 2 倍，其因干旱遭受到身体伤害和财产损失，感到害怕、愤怒、痛苦等激烈情绪，这些情绪逐渐平息后就会产生创伤后应激障碍（PTSD）。除了极端天气气候事件以外，长期气候变化也会对人群心理健康和幸福感造成影响，这种变化会影响农业、基础建设和居住环境等，从而改变工作、生活质量，令人类感到失控、无助、担忧等。气候变化还会影响群体心理健康，通过媒体和社会交流等方式间接扩大人群的恐惧意识，增强敌对情绪，增加个人之间、群体之间的攻击行为，影响社会认同感和凝聚力（陆亚等，2014）。气候变化对于大多数人而言，造成的心理影响是间接而缓慢的，并通过这种长期、渐进的过程影响心理健康。

5. 受人群自身因素调节的影响而间接影响人体健康

气候变化也受人群自身因素调节的影响从而间接影响人体健康，如年龄、性别、职业、地理位置、社会经济状况等，不同人群对气候变化影响的暴露危险性、敏感性以及适应性的程度是不同的。在我国，贫困地区与生态环境脆弱地带在地理空间分布上具有较高的一致性。贫困地区是气候变化的主要影响地区，气候变化通过对农业生产、水资源、生物多样性和健康等方面的影响，加剧贫困地区人群面临的生态环境脆弱性和健康风险，给扶贫工作带来巨大的挑战（张倩和孟慧新，2014）。在未来，降低个人和社会对气候变化的脆弱性的研究将有助于扶贫减贫工作的开展。专家认为，伴随气候变暖，人类总经济损失会增加，经济增长的速度受到影响，从而延长现有贫困的时间并产生新的贫困，进一步加剧经济状况较差人群的健康问题（罗良文等，2018）。气候变化冲击也会通过经济变量间接调节人体健康状况，如在影响农业产量的同时也影响农作物的价格、贸易和农民的收入水平，影响劳动力市场的劳动力生产率、劳动力流动率和劳动力结构，从而间接影响人群的身心健康，这种影响机制更为间接且隐晦，未来有待对其进一步明晰。

19.3.4 人体健康适应策略与技术

鉴于气候变化及其影响在不同程度上已成为制约我国经济、社会发展的重要因素，已相继开展相关卫生项目、颁布且完善相关卫生政策。2010年国家发展改革委发布的《中国应对气候变化的政策与行动——2010年度报告》指出，继续推进《国家环境与健康行动计划》的实施，并以应对气候变化为重点，在江苏等地重点开展地方环境与健康行动计划的制定和实施试点工作。2013年，由上海市气象局气候中心主持，联合多地气候中心和研究所共同参与的"典型城市群区域气候变化特别评估报告——以长三角为例"项目，对不同城市适应气候变化的脆弱性进行了对比分析，并以"适应气候变化"为重点提出应对措施（中国气象局，2013）。有学者探讨了长三角地区典型区域在全球气候变化背景下的脆弱性，认为该地区大部分区域脆弱性处于中等偏高水平（王洁等，2017）。同时研究开发了各类监测预警平台，如2013年由中国疾病预防控制中心环境所研发的高温热浪与健康风险早期预警系统在南京市试运行，在运行74天内平均每日发出信息2.18条，灵敏度达72.5%（汪庆庆等，2014）。"健康气象"微信公众号定时发布呼吸系统疾病气象风险，多面向公众和易感人群。其中，儿童哮喘气象风险预报还通过多渠道提醒家长，以及时防范极端天气事件所引发的健康危害（彭丽等，2017）。

为积极应对未来气候变化和极端气候事件对人体健康的影响，建议在制定相应适应策略与技术时从以下方面进行展开。

（1）提高认识，建立健康预案和行动框架。建立和完善监测预警系统，坚持以防为主，建立行之有效的监测预警系统是适应气候变化对人体健康影响的重要措施。目前我国上海已经建立了热浪与健康监测预警系统，2007年以来我国建立并使用了疫情及突发公共卫生事件的网络直报系统，目前已建立世界上最大的疾病监测系统。结合我国实际，必须建立集预测、监测、应对、快速响应于一体的预警预报系统，并及时发布预测、预警报告，建立相关机制，以应对可能出现的由气候变化引起的突发事件及气温升高带来的公共安全问题。建立适应气候变化的人体健康防治应对策略与评价指标框架，为相应公共卫生政策标准的制定提供依据。

（2）加强研究，提升气候变化对健康影响的交叉学科研究水平。将气候变化对人体健康的影响作为优先工作领域，加强研究。气候变化与人体健康研究是一个多学科交叉合作研究的新领域，目前多数研究集中在揭示并明确两者关系事实的阶段，对于气候变化致病机制、气候变化健康预警系统和风险评估的研究则很少。近几年我国加大了气候变化与健康方面的科学研究，如国家重点研发计划"全球变化及应对"立足于发挥优势和资源整合的出发点，旨在解决全球变化领域若干关键科学问题，增强学科交叉研究能力；国家自然科学基金资助开展了气候变化对我国人体健康的影响分析；卫生部积极参与国际合作，参加了全球环境基金（GEF）"应对气候变化，保护人类健康"全球项目，为研究应对气候变化措施、提高应对气候变化能力、有效保护人类健康做出努力（常影等，2012）。对于气候变化与人体健康的深入研究，需要气象学、生物学、医学等多学科人才共同开展。需培养复合型人才，加强影响机制研究，为实际应用奠定基础。

（3）扩大试点，强化健康适应策略与技术示范区的建设。响应《"健康中国2030"规划纲要》的号召，坚持把人民健康放在优先发展的战略位置，坚持以改革创新为推动健康中国建设的根本动力，建立公共卫生示范区和疾病防控示范区，培育适合不同地区特点的疾病防控模式，总结并推广相关经验，完善以政府主导的卫生健康建设机制与疾病防控机制，构建与人民群众健康需求相匹配的健康适应与疾病防控体系。

（4）进行协调，促进健康适应策略与技术的交流与合作。气候变化是全球性问题，需要加强国际合作与交流，借鉴国际上好的做法。同时完善国内相关工作，建立健全跨部门的适应科技协调机制，加强主要部门适应科技工作的相互配合，有效吸取其他国家的经验，结合我国实际制定应对或适应气候变化的有关策略，才能更有效地保护人类健康。

（5）持续科普，加强气候变化对健康影响和适应策略的宣传教育。应对气候变化，必须积极开展气候变化宣传，特别是提高全民参与应对气候变化的意识。需要充分发挥政府的作用，一方面积极宣传我国应对气候变化的各项方针政策，切实提高政府工作人员的气候变化意识；另一方面大力推进气候变化宣传、教育和培训工作，加强公众的自我保护意识和健康教育，特别是要针对医疗卫生人员，加强气候变化影响知识培训。同时可积极发挥民间社会团体和非政府组织的作用，多方参与，共同促进。

19.4　气候变化对旅游业的影响与风险

19.4.1　气候变化对旅游资源的影响

IPCC 历次评估报告中大量的自然和人文证据表明，全球范围的气候变化是毋庸置疑的科学事实（IPCC，2014）。中国平均增温速度高于世界平均水平，气候变化对中国的影响可能比之前认识到得更严重。旅游业是一个气候依赖的产业（Amelung et al.，2007），与其他很多产业一样，它不会对气候变化有"免疫"功能。气候的变化不仅会危及全人类的活动与健康，也影响着全球范围内的旅游活动（Scott and Susanne，2010）。人类旅游活动的开展需要一定的气候条件和自然环境基础，这使得旅游业对气候的变化比较敏感，相对于其他产业更容易受到气候变化的影响（Bode et al.，2003）。因此，气候变化也是未来旅游业发展的主要挑战之一，评估气候变化对旅游业的影响，探索旅游业适应气候变化的策略将成为未来旅游可持续发展研究的重要领域（席建超等，2010）。

1. 对气候旅游资源的影响

气候本身就是一种基本的旅游资源，它与其他因素一同决定着一系列旅游者活动的适宜位置，而且它还是旅游季节性需求的基本推动力（David，2002）。一个地区旅游气候舒适性及持续期的长短，对游客目的地选择的影响重大，也决定了旅游季节的长短。近年来，在全球气候变化下，我国不同地区的气候舒适度及其持续时间的长短发生变化，对旅游业产生重要影响。

总的来说，气候变化增加了气候舒适时间，延长了居民出游适宜时期，其中 4~10 月是游客出游的最佳时期；全球变暖拓展了居民出游的边界，气候变化为高纬度/海拔地区、低纬度/海拔地区的旅游活动创造更好的条件，促进当地居民旅游发展；中国北部和西南部地区利于开展夏季旅游活动，南岭山脉以南适合开展冬季旅游活动（排除东北地区的冬季体育旅游在寒冷期间出现高峰）。

从全国尺度来看，春季和秋季是游客出游的最佳时期。在过去的三个 10 年里，随着全球气候变暖和城市热岛效应加剧，中国大陆的省会城市在冬末和早春气候舒适的时间不断增加，春秋旅游舒适时间的延长有利于旅游活动的开展。目前，中国大部分地区的气候在春季和秋季都适合游客，整个中国的适游月份数量从 0（青藏高原地区）到 10（云南省）不等，大多数地方有 5~8 个适宜旅游月（Yan and Jie，2015）。

中国北部和西南部更适合开展夏季的旅游活动，南岭山脉以南的地区更适合开展冬季旅游活动（Kong et al.，2016）。在气候变暖的背景下，低纬度/海拔地区的炎热天数会逐渐增多，旅游业会受到不利影响（Yang et al.，2017）；高海拔/纬度城市寒冷天数累计减少，为该地区旅游发展创造良好的气候条件。

中国所有地区旅游气候可以分为冬季高峰、夏季高峰和双峰肩峰这三种类型（Yan and Jie，2015）。其中，中国夏季旅游分布具有双峰特征，主要集中在中高纬度和高海拔地区，贵阳、青岛、哈尔滨和大连是最具有影响力的避暑胜地，其中 6 月是夏季出游的最佳时期（Yang et al.，2017）。

通过青藏高原 50 年的数据发现，随着气候变暖，青藏高原热舒适度天数的增加可能会为当地社区居民和游客提供有利条件，对促进旅游发展创造了良好的气候条件。青藏高原的热有利天数在累计增加，而冷天数在不断减少，尤其是在低海拔地区，其中西宁、拉萨和玉树属于热舒适度有利的城市（Li and Chi，2014）。对青海省而言，基于 50 年的数据发现，6~8 月是最适宜的旅游期，而 12 月至次年 2 月最不适宜旅游，其中格尔木市、玉树州东部、大柴旦，以及杜兰和冷湖两县是最适宜的旅游目的地（Tang and Zhong，2012）。

在甘肃河西走廊，随着全球气候变暖，气候舒适时间不断增加，延长了居民出游适宜时期。30 年内相对寒冷条件下的累计日数逐年减少，且舒适和较热条件下的累积日数逐年增加，其中最佳旅行时间为 5~9 月（Zhang et al.，2017a）。

基于台湾和华东地区 1961~1990 年的数据研究发现，对于那些居住在温带地区的人来说，台湾和华东地区在春季和秋季都会感到舒适，而只有春季的南部地区和夏季的北部地区被认为使居住在（亚）热带地区的人们感到舒适（Lin and Matzarakis，2011），因此台湾和华东地区的旅游目标市场应定为与其气候有显著差异的地区。

北京市在过去 63 年中，其旅游气候舒适度持续升高，趋势线从 1951 年的Ⅲ级（65）升高到 2014 年Ⅱ级（73），平均增加 1.17/10a。且一年四季旅游舒适度呈上升趋势，双峰型旅游气候格局的峰区逐渐变宽，旅游气候持续改善，成为促进旅游业发展的有利因素。随着时间推移，降水对旅游气候舒适度的不利影响持续减弱（向柳等，2016）。

在海南省，全年皆可开展旅游活动，但旅游气候缓解优势在冬季，其中 11~3 月是海南旅游的最适宜期；4~10 月海南有长达 7 个月左右的闷热天气，对旅游活动有一定影响。但沿海地区有海陆风调节，山地地区有山谷风调节，对闷热具有一定的缓解作用，因此夏半年在沿海和山区可开展避暑、休疗养和其他旅游活动。与海口相比，三亚旅游业对气候更加敏感（吴普和葛全胜，2009）。

2. 对冰雪旅游资源的影响

气候变化对中国冰川旅游影响的研究主要集中在西部地区，尤其是在玉龙雪山以及贡嘎雪山地区。气候变化带来的冰川的变化是立体的、全方位的，不仅长度在缩短，宽度和厚度也在不断变窄和变薄（李宗省等，2009）。这将直接影响冰川旅游景观质量，降低冰川旅游资源的吸引力。尽管温度上升在短期内会使可观赏期延长，可能带来更多的游客量，但从长期来看，气候变化导致的冰川消退与质量下降不利于冰川旅游的可持续发展。

以现代冰川和古冰川为主要特色的玉龙雪山冰川国家地质公园，在全球气候变暖和旅游业的快速发展下，截至目前，玉龙雪山冰川仅存 15 条，总面积仅 8.5km²，较 1957 年减少了 4 条冰川，面积减少近 26.78%（约 3.11km²）。冰川的消退必然导致冰川形态、景观质量以及吸引力的降低（王世金等，2012），会对当地旅游业造成直接的经济损失，并且减小当地旅游业的市场吸引力（Yuan et al.，2006），不利于冰川的生态环境保护与旅游业的可持续发展（Wang et al.，2010）。

贡嘎山风景名胜区以海螺沟为核心，主要发展冰川观光旅游。然而，气候变化强烈影响了贡嘎山的冰川景观。海螺沟冰川自 1823 年以来末端海拔上升 300 m，年均升高 1.64 m，20 世纪以来末端海拔上升速度加快；在 20 世纪呈现明显的退缩变化，1930 年后 76 年冰川后退 1821.8 m，年均后退 24 m（李宗省等，2009）。近 20 年来气候变暖致使海螺沟长草坪大冰瀑布上出现了 4 个"天窗"（1993~2004 年），许多著名景观消退乃至消失，冰川景观观赏价值明显降低。尽管随着气候变暖，贡嘎山适宜旅游的季节从 4~10 月向两端延伸至 3~11 月，游客量会增加，但在今后很长一段时间内海螺沟冰川仍处于后退期，长期来看将给风景区旅游业发展带来负面影响（郭剑英和王根绪，2011）。此外，气候变暖导致的冰川融化可能会导致雪崩等灾难，这将对游客的人身安全造成威胁（Guo，2010）。

冰雪资源对气候变化高度敏感，滑雪（冰）旅游已受到气候变暖的强烈冲击。气候变化导致积雪覆盖面积减少、积雪质量持续下降及冰面变薄，这导致滑雪场和滑冰场开放时间缩短，开放区域变小，对冰雪旅游产生了消极影响。

作为著名的冰雪旅游目的地，香格里拉受到气候变化带来的不利影响。过去 40 年，香格里拉地区积雪覆盖面积持续明显下降，从 1974 年的 4188 km² 下降到 2012 年的 901 km²。随着海拔上升，积雪面积逐渐减少，海拔 4000~5000 m 处减少最为明显，自 1974 年以来减少了 2800 km²；该地区西北部积雪量比东南部减少更多（Yan et al.，2015）。

在以北京为典型的中国北方地区，气候变暖已导致冰面厚度变薄、冰场开放面积减少、开放时间缩短，对游客的滑冰造成了不利影响。过去 26 年户外冰场开放时间和开放持续时间呈现明显的周期变化规律。12 月气温上升 1℃会导致当年冰场开放日期推迟 3.80 天，持续时间缩短 4.49 天。

3. 对植物景观资源的影响

近年来，世界各地的植物观赏时令旅游活动，如开花和秋季叶变色，吸引了大量的游客。观赏植物开花和叶变色的旅游体验成了旅游目的地重要的旅游资源之一（Sparks，2014），并为目的地创造着巨大的文化和经济价值。观赏桃花、梨花、牡丹、枫叶、银杏等各类植物是中国的传统习俗。如今，观花赏叶活动已成为公众重要的休闲方式。春秋季各大景区、公园举办的桃花节、梨花节、樱花节、枫叶节等吸引了大量游客。

中国的植物观赏对气候变化高度敏感，主要通过影响开花时间、叶变色时间、果实采摘时间改变植物观赏旅游时期。从观赏植物种类来看，桃花、樱花、牡丹花、枫叶较为敏感，是旅游部门重点关注的对象；从区域来看，北方地区（北京、西安、黄河中下游）植物观赏旅游受到的影响较为复杂，对南方地区的研究相对较少。整体来看，气候变化多导致春季植物赏花期提前，延长了旅游经营者的时间，对旅游发展有利；秋季植物叶变色呈现出延迟的状况，这缩短了叶变色植物的观赏时间，阻碍了秋季赏叶旅游的进一步发展；相较于赏花期和赏叶期，水果采摘旅游更为复杂，存在果实成熟期显著推迟和显著提前的不同趋势。

在全国尺度上，过去 50 年植物观赏旅游受气候变化的强烈影响。全国各地区的赏花期和观叶期存在显著的区域差异。赏花最佳时间从 4 月 3 日（昆明）到 5 月 24 日（牡丹江）；而赏枫季从 10 月 1 日（牡丹江）至 11 月 30 日（上海）。温度决定了赏花期/赏叶期的时间。赏花期/赏叶期与温度显著相关，在春季，3~5 月温度每升高 1℃，最佳赏花时间提前 4.04 天；在秋季，温度每升高 1℃，赏叶期延迟 2.98 天。春季赏花期与纬度正相关，秋季赏叶期与纬度负相关。由于存在南北温度梯度，赏花最佳日期提前，赏叶最佳日期延后，游客可以在春季从南到北旅行，在秋季从北到南旅行（Tao et al.，2015）。

区域尺度上，成都赏花旅游对气候变化响应极为显著，赏花期对气候变化高度敏感，桃花最佳观赏期前三个月和前一个月温度升高 1℃，最佳观赏期分别提前 6.47 天和 4.16 天。根据桃花节开幕日期与温度变化趋势及周期对比、两者相关分析发现，过去近 30 年，成都桃花节组织者通常会根据温度变化调节赏花节开幕日期，但 2000~2008 年更多的是将节日安排在周末（刘俊等，2016）。

气候变暖背景下，北京桃花和樱花时令旅游产生较不稳定的波动，主要是影响赏花季开始的时间。以桃花为代表的北京春季赏花季整体呈现提前的趋势（马丽和方修琦，2006）。由于旅游经营者相应气候变化的滞后性，气候变暖有利于桃花、樱花等节事活动持续日数的延长（Wang et al.，2017）。

黄河中下游的牡丹观赏旅游与气候变化紧密相关。过去 57 年，牡丹花最佳赏花期提前了 6~9 天，以 0.8~1.8d/10a 的速率提前。在春季，2~4 月，温度每升高 1℃，牡丹观赏旅游最佳时期提前 3.02 天。太行山和吕梁山东部前陆地区盛花期增幅明显高于其他地区（Liu et al.，2017a）。

全球气候变暖影响了北京和西安的红叶观赏季，改变了秋季游客出游假期。近 30 年来，9~10 月的温度对红叶观赏旅游具有决定性作用，导致北京和西安秋季赏枫旅游季平均延迟 4~5d/10a。在北京，9 月温度对枫叶观赏旅游季的影响十分重大。温度升高 1℃，秋季赏叶开始时间、赏叶最佳时期、结束期分别延长 5.3 天、3.5 天和 3.7 天，在西安，9 月的温度对枫叶变色始期起决定性作用，而 10 月的气温决定了落叶的结束期。温度升高 1℃，秋季赏枫叶始期、最佳时期和末期分别延迟 3.3 天、2.9 天和 3.1 天（Ge et al.，2013）。

水果采摘旅游受气候变化的显著影响，但更为复杂。通过对重庆市 1980~2013 年 45 种植物的研究发现，果实采摘期前 1~3 个月的温度对果实采摘旅游有着决定性的影响。4 种与采摘水果旅游密切的植物，其果实采摘期因气候变暖显著提前，敏感程度为 3.19~5.84d/℃，石榴最敏感，西柚最不敏感。6 种与采摘水果旅游密切的植物，其果实采摘期因气候变暖显著延迟，敏感程度为 2.06~6.64d/℃，其中苹果最敏感，桃子最不敏感（Liu et al.，2016）。

19.4.2 气候变化对游客行为的影响

气候变化对旅游流的影响主要通过改变旅游气候舒适度，从而影响旅游者的流向。我国旅游流主要受气温因素的影响，降水等因素也对其有一定影响。然而，气候变化对旅游流的影响因地区、季节差异而有所不同。

总体来看，对中国 31 个省会城市的近 30 年的气候与游客数据分析发现，城市的游客量很大程度上受当地适宜气候持续时间的影响。其中，海口和呼和浩特的每月游客流量与 PET13-29℃、PET13-23℃、PET18-23℃、UTCI9-26℃和 UTCI14-26℃的累计日数正相关（PET：生理等效温度；UTCI：通用热气候指数）；上海月旅游流量与 PET13-18℃、UTCI9-14℃、UTCI9-19℃和 UTCI14-19℃的月累计日数正相关；成都的每月游客流量与 PET13-23℃和

UTCI9-26℃的累计日数正相关。与此同时，中国大陆的老年人为了寻找气候适宜的城市，越来越多地以季节性迁移的方式过着退休生活。例如，冬季迁移到 II 型城市（春夏秋舒适而夏季炎热），并在夏天迁移到 I 型（夏季舒适而冬季寒冷）、V 型（春夏秋舒适，冬季寒冷）和 III 型城市（春夏舒适，夏季较热，冬季寒冷），只春季和秋季待在家中。这样的人口季节性迁徙也会给迁入地的城市建设和管理带来巨大的挑战（Chi et al., 2017）。

关于气候变化对旅游流影响的研究主要集中于中国南部与西部发达的旅游城市。首先是香港，香港本地出行内地的旅游需求主要受当地气候因素的影响，日最高温是对旅游需求影响最显著的积极因素；旅游目的地与两地之间的气候差异对旅游需求的影响相对较小，当目的地的气候与香港的气候差异很大的时候，该差异对旅游需求有显著影响，差异越大，旅游者越愿意去该地区旅行（Li et al., 2017b）。而香港入境旅游需求的季节波动主要受气候因素的影响，相对温度[香港温度（℃）除以客源地温度（℃）]每升高 1%，中国、韩国、日本的游客季节波动分别会增加 0.28%、0.0129%以及 0.172%。相对温度对所有研究区域都有显著的积极影响，只是影响程度会根据各国需求而有所不同（Zhang and Kulendran, 2017）。

在著名的冬季度假胜地海南三亚，以气温为主导的气候舒适度是海南旅游客流年内淡旺季变化及游客旅游决策的主要影响因素（吴普和葛全胜，2009）。三亚的两大主要入境客源国的旅游需求受季节因素的显著影响，其中温度是最主要的影响因素。海南当地的温度对韩国、俄罗斯的入境游客量有显著的积极影响（Chen et al., 2017）。RCP4.5 情景下，根据区域气候模式得出，2011~2040 年和 2041~2070 年，在温度和降水增加的情况下，海南岛旅游气候指数与 1981~2010 年平均水平相比，1 月适合旅游活动的舒适水平提高，而 4 月、7 月、10 月适合旅游活动的舒适水平降低。假定在旅游吸引力不变的情况下，分析预测：随着旅游气候指数的减小，该月接待过夜游客的数量呈下降趋势。2011~2040 年三亚 1~3 月、11~12 月过夜游客数量与 2003~2012 年平均客流量相比呈增加趋势；4~10 月过夜游客数量呈下降趋势，降幅最大的是 7 月，降幅为 9.31%。2041~2070 年三亚 1~2 月、8 月、12 月过夜游客数量与 2003~2012 年平均客流量相比呈增加趋势；其余月份的过夜游客数量呈下降趋势，降幅最大的是 7 月，降幅为 9.25%（刘少军等，2014）。

在台湾，对 2001 年 1 月至 2008 年 12 月其五处国家公园月度游客量以及气候数据的分析发现，相较于温度，降水对公立公园游客量的影响更为一致。降水对所有公园的游客都有负向影响，四处景区的降水量增加会导致游客量显著减少（1%），太鲁阁、玉山和雪霸三处国家公园的降水量每增加 100cm，游客量分别下降 5%、4%和 5%。降水量对游客量的消极影响表明未来气候变化可能会增大公园管理的难度（Liu, 2016）。

而在中国内陆区域，在 2070 年的模拟增温情况下，浙江、广东、海南、四川和云南接待的过夜游客数量与 2008 年相比变化不大。其中，海南省全年接待的过夜游客数量较 2008 年有所下降，下降幅度为 6.8%；广东省、浙江省、四川省和云南省全年接待的过夜游客数量较 2008 年变化幅度小，变化幅度分别为 2.28%、–2.21%、–3.38% 和–1.62%。但是在旅游流的季节影响分布上，差异较为明显。冬季旅游流基本呈上升趋势，而夏季则呈现出下降趋势，其中广东省受影响最大，2 月增幅高达 13.02%，8 月降幅高达 13.62%。春季和秋季呈现不规律的过渡性变动，浙江省春季接待过夜游客的数量呈明显上升趋势，而海南省呈下降趋势；秋季的情况与春季正好相反（席建超等，2010）（图 19.1）。

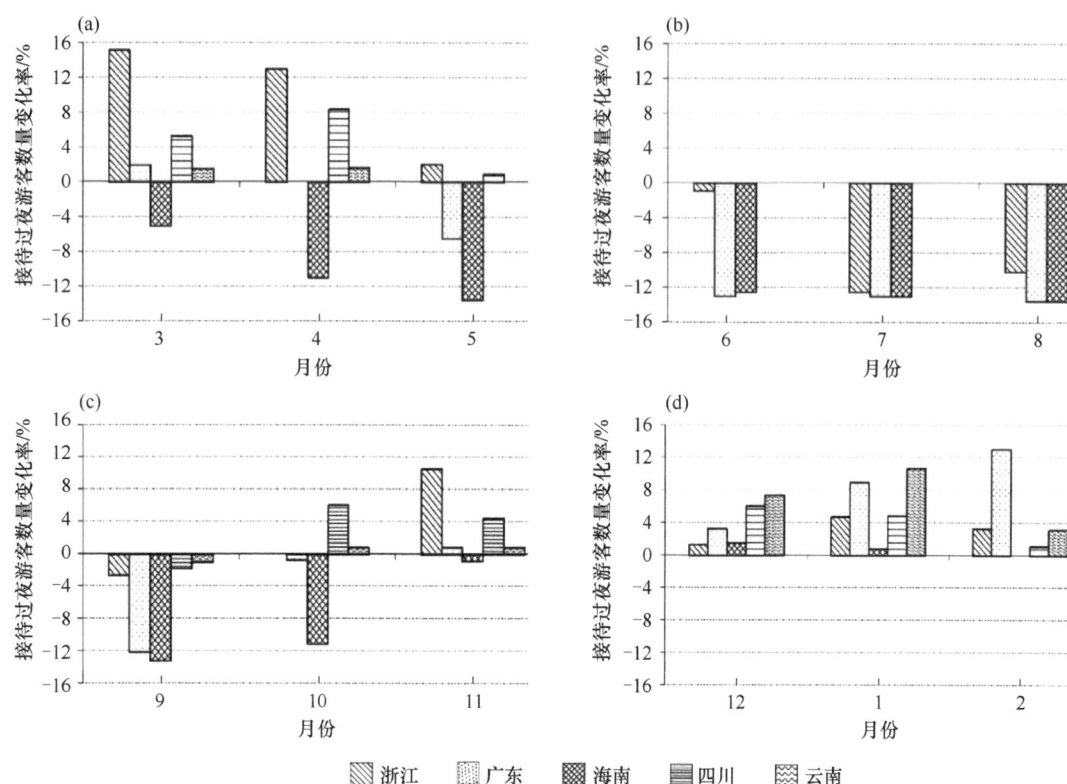

图 19.1 区域气候模式下春（a）、夏（b）、秋（c）、冬（d）季各省接待过夜游客数量变化率

西安气候舒适度变化对城市国内外旅游流都有重要影响，30 年来西安市年综合气候舒适指数呈上升趋势，气候舒适度升高，对旅游业发展有促进作用，30 年来共使入境和国内游客增加 66.7 万人次和 1269.5 万人次。1998 年以来 1~4 月和 12 月气候舒适度明显提高，30 年来共使入境和国内游客增加 1.9 万~41.1 万人次和 35.3 万~782.8 万人次。5 月和 7 月气候舒适度明显下降，30 年来共使入境和国内游客减少 18.9 万~21.5 万人次和 359.7 万~409.1 万人次（马丽君等，2011）。相似地，青藏高原热舒适度的增大可能会为当地社区居民和游客提供有利条件，对促进旅游发展创造了良好的气候条件（Li and Chi，2014）。

19.4.3 极端天气气候事件对旅游的影响

极端或恶劣的天气和气候是人们开展户外旅游和休闲活动的限制性因素。按其影响机制大致可以将其分成 3 种类型，一是影响公众旅游意愿的事件，如高温热浪；二是影响旅游区可进入性的事件，如大雾等阻断交通；三是影响公众生命财产安全的事件，如暴雨洪水等（马丽君等，2010）。

单从游客流量来说，极端天气气候事件的影响并不大。2008 年受雪灾的影响，我国各省区入境游客流量影响损失率最大的为 4.98%。贵州、江西、湖南、广西旅游损失率较大，损失率在 1.48%~4.98%。入境游客损失大小为，广东、江苏损失量较大，分别为 11.7 万人和 5.6 万人；上海、安徽、湖北损失最小，客流损失量小于 1 万人（马丽君等，2010）。

极端天气气候事件会严重影响旅游安全、旅游秩序。突发的大雾天气导致旅游航班飞机无法正常起降，突发的暴雨导致陆上旅游交通受阻，突发的狂风导致旅游铁路、公路交通安全事故，突发的飓风和大雾天气对水上旅游交通产生影响。1996 年皖南地区山洪暴发导致黄山旅游地交通完全中断，2006 年山西南部、陕西中部、安徽北部、河南、湖北出现的大暴雪天气造成京广、陇海等沿线数十万旅客滞留，2007 年新疆突发的大风等天气事件造成的旅游列车安全事故等都是典型的案例（杨尚英和胡静，2010）。

　　沿海地区、海岛和山地旅游区面临的形势尤为严峻。2050 年情景下，大部分沿海景区的风险等级为中等偏下，而 2100 年情景下，大部分沿海景区的风险等级为中等偏上。自然型景观的风险度比人文型景观的风险度高（邹莹，2018）。福建省平潭岛受季节性台风影响严重，东部的东库乡和南部的南海乡风险值最高，西部与北部的各乡镇风险值略低（郭伟尚，2013）。秦岭山地景区面对暴雨灾害处于较高敏感性、中等应对能力、中等偏上恢复力和较高脆弱性的状态，脆弱性的主要影响因素是不同景区的敏感性。旅游景区不同旅游线路的脆弱性有较大差异（洪媛，2017）。

19.4.4　中国旅游业应对气候变化的策略和技术

1. 策略

1）开展全国范围的旅游资源敏感性评估

　　政府应尽快推进全国区域尺度下的旅游资源敏感性的重新普查和评估工作，重点开展关于冰雪、植物等对气候变化高度敏感的旅游资源的评估工作，明确气候变化对这类资源的影响程度和作用机制，并对其发展重新定位。同时识别出在气候变化影响下尤为脆弱的旅游地区。制订方案保护脆弱性旅游资源，提前评估分析气候变化对旅游带来的不利因素，采取针对性的策略来应对全球气候变化给旅游敏感部门带来的不利后果。

2）建立健全旅游资源监测、发布机制

　　通过科学选择监测的资源类型、区域范围，安装智能的监测仪器，培训监测人员。通过广泛的科学观测，建立健全旅游资源时令变化的及时上报机制和信息发布共享机制，并且要重点监测对气候变化高度敏感的旅游资源，做到精准监测与实时跟进。可以通过发展公众资源，建立实施上报机制，鼓励民众广泛参与旅游资源观测、上报观测信息和图片。

3）建立灵活的休假制度，增加带薪假期

　　国民因缺乏灵活的休假时间，易错过时令旅游的最佳观赏日期，如红叶最红日期、樱花盛花期、果实采摘期等。对此，灵活的休假制度是提升时令旅游适应气候变化能力的重要政策保障。在政策制定层面可借鉴发达国家及地区的样板经验，在倡导以人为本的基础上，推行可行性强、灵活性大的休假体制结构，增加员工的带薪假期。

4）推进旅游数据搜集及共享制度建设

　　对逐年的旅游资源历史监测信息进行收集、记录和整理，建立相应的基础数据库。基于当前时代信息传播渠道和发布机制，立足于移动信息技术，精细化旅游信息的发布内容和渠道。例如，增加高分辨率的旅游空间数据、月度的游客数据等；建立专门的旅游信息发布平台，对相关旅游活动进行观赏期预报、实时监测景观质量、定期公布游客数量监测等内容。

5）广泛开展针对游客、经营者、管理者等利益相关者的科普及教育

　　全面传播和普及气候变化的客观事实，通过开展讲座等方式帮助各利益相关者充分认识气候对旅游产业的影响。督促旅游管理者，如政府管理部门、旅游相关部门制定高效实用的应对策略。加强对旅游经营者及时有效应对气候变化的教育，鼓励旅游经营者之间形成良好的沟通和交流，分享和总结应对气候变化的经验。引导游客生态、绿色的出行方式及节能减排的旅游方式，以减缓气候变化。

2. 技术

1）旅游+区块链技术

按照"气候链联盟"的宗旨与实现《巴黎协定》的长期目标，在旅游业中利用区块链技术提高旅游管理部门、旅游经营者、游客等利益相关者的参与度和透明度，提高旅游业气候行动的透明度、可追溯性和成本效益。区块链技术有助于旅游业将优先的资源投入到应对气候变化的重点区域、领域和旅游活动类型，避免重复工作，避开新技术和无数不确定因素可能导致的工作陷阱。目前可行的应用主要包括利用区块链技术增强对旅游业气候行动影响的监测、报告和验证更好地跟踪和报告旅游业温室气体减排量并避免重复计算，使不同区域旅游业温室气体排放量变得更加透明，并使其更容易追踪、计算减排量和减排潜力，解决可能的重复计算问题。

2）旅游资源风险监测与防控技术

发展适用于气候变化敏感、脆弱的旅游区，如世界自然、文化遗产地，重要的国家自然保护区的自然、文化旅游资源极端天气气候事件灾害风险评估技术与应急处置方法。开展我国典型旅游区旅游资源气候变化风险评估方法研究；研究不同气候条件区域和不同类型旅游资源气候变化风险监测策略和风险管理框架；研究预防和降低旅游资源气候变化风险的预防性保护方法和应急处置方法。

3）旅游区气候适应性规划技术

以提升旅游城市、旅游景区的韧性为目标，在分析各类型、多尺度的旅游区规划控制要素以及区域气候与旅游区韧性的关系的基础上，提出气候适应性规划的目标、原则及减缓与适应气候变化的旅游规划关键技术框架，重点发展适应气候变化的多尺度旅游区热环境监测、评估和模拟技术，开展旅游减缓气候变化的旅游公共交通导向、基于游客热环境感知的景区尺度控制和旅游公共服务设施多元分布等技术的研发。

4）旅游大数据技术

旅游应对气候变化的大数据技术主要包括旅游大数据的融合集成技术、旅游大数据挖掘模拟技术：多源旅游大数据的融合和集成技术。其中，旅游大数据的融合和集成技术是指对与旅游相关的多源、异构数据的融合集成，包括气候系统观测资料、数值模拟资料、旅游社会经济资料、旅游土地利用资料、旅游空间行为轨迹等资料的融合技术。旅游大数据挖掘模拟技术主要是利用地理大数据，基于复杂性分析方法，通过统计物理学的系列指标描述气候变化敏感的旅游区的复杂非线性特征，利用深度学习、复杂网络、多智能体等方法，实现旅游区应对气候变化的分析、模拟、反演与预测的技术。

5）旅游清洁生产技术

按照循环经济、低碳经济的要求，以旅游企业为主体，实施清洁生产，提高能源资源利用效率。引入和研发旅游航空、旅游饭店等高耗能部门清洁生产工艺和集成技术，研发旅游景区、旅游饭店等固体废物资源化关键技术以及旅游区循环经济集成技术，制定促进旅游区循环经济发展的技术模式。大型景区、旅游饭店、旅游交通部门要使用清洁能源和可再生能源，加强建筑节能在旅游景区宾馆饭店的应用。

参 考 文 献

阿依努尔·买买提. 2011. 基于 GIS 的南疆地区人居环境适宜性评价研究. 乌鲁木齐: 新疆大学.

白松竹, 博尔楠·哈不都拉, 谢秀琴. 2015. 气候变暖背景下阿勒泰地区寒潮活动变化特征. 冰川冻土, 37(2): 387-394.

曹永强, 李维佳, 赵博雅. 2018. 气候变化下辽西北春玉米生育期需水量研究. 资源科学, 40(1): 150-160.

常影, 黄文龙, 等. 2012. 气候变化对人体健康的影响及我国公共卫生服务系统适应对策. 医学研究杂志, 41(10): 182-184.

常征. 2012. 基于能源利用的碳脉分析. 上海: 复旦大学.

陈传红. 2012. 近 200 年泸沽湖藻类沉积记录及其对气候变化的响应. 武汉: 华中师范大学.

陈惠娟. 2007. 中国城市水资源消费变化及其与经济和气候的关系. 广州: 广州大学.

陈明春. 2018. 基于多源数据的城市高温灾害风险评估及规划应对. 重庆: 重庆大学.

陈勇, 匡方毅, 范昱. 2014. 长沙近 42 年气候变化对霾日的影响. 环境科学与技术, 37(4): 79-85.

陈宗宇, 齐继祥, 张兆吉, 等. 2010. 北方典型盆地同位素水文地质学方法应用. 北京: 科学出版社.

谌丽, 张文忠, 李业锦. 2008. 大连居民的城市宜居性评价. 地理学报, 63(10): 1022-1032.

程纪华. 2015. 碳视角下省域应对气候变化策略研究. 合肥: 中国科学技术大学.

程麟钧, 王帅, 宫正宇, 等. 2017. 京津冀区域臭氧污染趋势及时空分布特征. 中国环境监测, 33(1): 14-21.

程晟, 余咏梅, 阮标. 2015. 中国主要城市气传花粉植物种类与分布. 中华临床免疫和变态反应杂志, (2): 136-141.

褚秀娟, 郭家钢. 2009. 气候变暖对血吸虫病传播的影响及相关研究技术的应用. 中国寄生虫学与寄生虫病杂志, 27(3): 267-271.

崔素芳. 2015. 变化环境下大沽河流域地表水——地下水联合模拟与预测. 济南: 山东师范大学.

党云晓, 余建辉, 张文忠, 等. 2016. 环渤海地区城市居住环境满意度评价及影响因素分析. 地理科学进展, 35(2): 184-194.

邓林. 2011. 地下水补给历史及其对气候变化的响应. 西安: 长安大学.

邓学峰, 寇力斐. 2017. 兰州市沙尘天气对环境空气质量及人体健康的影响. 环境研究与监测, 30(1): 55-57.

丁一汇, 李巧萍, 柳艳菊, 等. 2009. 空气污染与气候变化. 气象, 35(3): 3-14, 129.

丁一汇, 柳艳菊. 2014. 近 50 年我国雾和霾的长期变化特征及其与大气湿度的关系. 中国科学, 44(1): 37-48.

杜超. 2013. 大气气溶胶的组成及气候和健康效应. 山西煤炭管理干部学院学报, 26(4): 131-132.

杜尧东, 段海来, 刘畅, 等. 2019. 气候变化对大湾区人群健康影响研究进展. 气象科技进展, 9(3): 185-189, 194.

杜尧东, 吴晓绚, 王华. 2015. 华南地区温度变化及其对登革热传播时间的影响. 生态学杂志, 34(11): 3174-3181.

杜怡心, 胡琳, 王琦, 等. 2018. 2016 年西安市气象条件对大气污染影响评价. 陕西气象, (1): 30-33.

段海来, 千怀遂. 2009. 广州市城市电力消费对气候变化的响应. 应用气象学报, 20(1): 80-87.

段晓瞳, 曹念文, 王潇, 等. 2017. 2015 年中国近地面臭氧浓度特征分析. 环境科学, 38(12): 4976-4982.

樊景春. 2013. 气候变化对登革热影响及适应能力研究中文摘要. 北京: 中国疾病预防控制中心.

房小怡, 李磊, 杜吴鹏, 等. 2015. 近 30 年北京气候舒适度城郊变化对比分析. 气象科技, 43(5): 918-924.

冯雷, 李旭东. 2016. 高温热浪对人类健康影响的研究进展. 环境与健康杂志, 33(2): 182-188.

付晓燕, 姜峰. 2014. 东北地区-大连臭氧浓度分布与影响因素研究. 环境科学与管理, 39(8): 38-41.

甘甜. 2018. 新城市主义视角下基于 CRAI 的社区宜居性评价. 武汉: 武汉大学.

高峰, 孙成权, 曲建升. 2001. 气候变化对自然和人类社会系统的影响. 地球科学进展, 16(4): 590-592.

高歌. 2008. 1961 — 2005 年中国霾日气候特征及变化分析. 地理学报, 63(7): 761-768.

高璐, 丁国永, 姜宝法. 2013. 洪水事件对人群健康影响的研究进展. 环境与健康杂志, 30(6): 546-549.

高占义. 2010. 气候变化对地下水影响的研究. 中国水利, 8: 8.

葛庆龙. 2004. 城市主要能源及用水量对全球气候变化的响应——以大连市为例. 大连: 辽宁师范大学.

顾立忠, 孙小磊, 蔡宏炜. 2017. 北江流域突发性水污染事件影响分析. 广东水利水电, (9): 10-13.

郭剑英, 王根绪. 2011. 贡嘎山风景名胜区的气候变化特征及其对旅游业的影响. 冰川冻土, 33(1): 214-219.

郭伟尚. 2013. 海岛旅游地台风灾害风险评估研究. 厦门: 华侨大学.

韩贵锋, 陈明春, 曾卫, 等. 2018. 城市高温灾害的规划应对研究进展. 西部人居环境学刊, 33(2): 77-84.

韩骥, 袁坤, 黄鲁霞, 等. 2017. 全球城市宜居性评价及发展趋势预测——以上海市为例. 华东师范大学学报 (自然科学版), (1): 80-90.

何生兵, 朱运亮. 2019. 极端气候变化背景下灾害移民的社会适应策略探析. 水利经济, 37(5): 73-76, 80.

洪媛. 2017. 山地景区暴雨灾害脆弱性评价研究. 西安: 陕西师范大学.

胡彩虹, 王纪军, 柴晓玲, 等. 2013. 气候变化对黄河流域径流变化及其可能影响研究进展. 气象与环境科学, 36(2): 57-65.

胡亚旦. 2010. 中国霾天气的时空分布特征及其与气候环境变化的关系. 兰州大学学报: 自然科学版, 46(2): 26-32.

胡最. 2007. 异常天气对城市人居质量的影响研究//人居环境学研究论文集. 长沙: 湖南省社会科学界联合会学会工作处.

黄冬强, 吴链, 叶峰, 等. 2016. 长沙市近 40 年人体舒适度气象指数变化特征和趋势分析. 低碳技术, (34): 82-83.

黄艳玲, 陈慧娴. 2017. 佛山市臭氧浓度时间变化特征及主要影响因子. 环境监控与预警, 9(1): 54-58.

贾瑞亮, 周金龙, 李巧. 2012. 我国气候变化对地下水资源影响研究的主要进展. 地下水, 34(1): 1-4.

贾尚春. 2004. 全球气候变暖对疟疾传播的潜在影响. 中国寄生虫病防治杂志, 17(1): 69-71.

贾绍凤, 李媛媛, 吕爱锋, 等. 2016. 海河流域平原区浅层地下水超采量估算. 南水北调与水利科技, 14(4): 1-7.

贾占华, 谷国锋. 2017. 东北地区城市宜居性评价及影响因素分析——基于 2007-2014 年面板数据的实证研究. 地理科学进展, 36(7): 832-842.

江泉, 曹莹雪, 杨建军. 2017. 气候变化对陕西省大气污染潜势的影响. 环境工程技术学报, 7(3): 278-284.

江伟明, 潘睿聪, 罗传秀, 等. 2018. 城市空气花粉的研究进展. 生态科学, 37(6): 199-208.

江滢, 罗勇, 赵宗慈. 2010. 全球气候模式对未来中国风速变化预估. 大气科学, 34(2): 323-336.

姜丽丽, 吴勇, 孙先锋, 等. 2015. 德阳城区地下水温度动态特征及影响因素. 四川地质学报, 35(1): 99-103.

蒋洁, 卫承霈, 钮敏. 2016. 亚太地区气候移民的动因剖析与应对策略. 新疆大学学报(哲学·人文社会科学版), 44(2): 88-93

蒋璐璐, 钱燕珍, 杜坤, 等. 2014. 宁波市近地层臭氧质量浓度分布及预测研究. 成都: 中国环境科学学会学术年会.

科学技术部社会发展科技司, 中国 21 世纪议程管理中心. 2019. 应对气候变化国家研究进展报告 2019. 北京: 科学出版社.

孔钦钦, 葛全胜, 郑景云. 2017. 中国极端通用热气候指数的时空变化. 地理研究, 36(6): 1171-1182.

来东槟. 2018. 城市宜居性评价研究. 西安: 西北大学.

雷静, 马杰, 武振军, 等. 2014. 银川市呼吸道传染病发病与气候因素的关系初步探讨. 宁夏医学杂志, 36(4): 338-340.

黎兴强, 田良. 2014. 回归城市: 一种适应气候变化的空间规划新概念. 现代城市研究, (1): 42-49.

李波兰, 周筠王君, 向钢. 2014. 成都地区闪电产生氮氧化物的观测研究. 成都信息工程学院学报, (s1): 116-122.

李丹妮. 2009. 我国城市宜居社区评估研究. 大连: 大连理工大学.

李海东. 2019. 脆弱区气候变化与生态保护修复成效评估研究. 北京: 中国环境出版集团.

李晗. 2015. 石家庄市空气污染状况与气象条件相关性分析. 石家庄: 河北科技大学.

李阔, 李国胜. 2017. 气候变化影响下 2050 年广东沿海地区风暴潮风险评估. 科技导报, 35(5): 89-95.

李明卓. 2016. 辽宁省西部地区气候环境舒适性分析. 大连: 辽宁师范大学.

李琦. 2016. 城市水文效应产生的原因及应对策略研究. 水资源开发与管理, (7): 57-59.

李全生, 江盛学, 李欣泽, 等. 2017. 中国气传致敏花粉的季节和地理播散规律. 解放军医学杂志, 42(11): 25-29.

李雪铭, 刘敬华. 2003. 我国主要城市人居环境适宜居住的气候因子综合评价. 经济地理, 23(5): 656-660.

李挚, 何海娟, 孙国强, 等. 2015. 北京市区与过敏相关的气传花粉. 基础医学与临床, 35(6): 734-738.

李宗省, 何元庆, 贾文雄, 等. 2009. 全球变暖背景下海螺沟冰川近百年的变化. 冰川冻土, 31(1): 75-81.

连英立. 2011. 张掖盆地地下水对气候变化响应特征与机制研究. 北京: 中国地质科学院.

梁晨. 2018. 气候变化背景下的城市旱涝风险应对策略. 石家庄: 河北科技大学.

林落. 2019. 当公共健康遭遇气候变化. 科学新闻, 9(4): 22-24.

林学钰, 方燕娜, 廖资生, 等. 2009. 全球气候变暖和人类活动对地下水温度的影响. 北京师范大学学报(自然科学版), 45(Z1): 452-457.

刘博. 2014. 脑卒中和冠心病对天气变化响应及预测模型研究. 兰州: 兰州大学.

刘丹, 史丽萍, 袁卫玲, 等. 2014. 气象因素与过敏性鼻炎发病相关性研究进展. 中华中医药杂志, 29(7): 2287-2289.

刘辉. 2011. 区域城市化空间格局及环境响应研究. 西安: 西北大学.

刘健. 2017. 2010-2014 年台风对海口市感染性腹泻的影响研究. 北京: 中国疾病预防控制中心.

刘君, 陈宗宇, 王莹, 等. 2017. 大规模开采条件下我国北方区域地下水水化学变化特征. 地球与环境, 45(4): 408-414.

刘俊, 李云云, 刘浩龙, 等. 2016. 气候变化对成都桃花观赏旅游的影响与人类适应行为. 地理研究, 35(3): 504-512.

刘闽, 王闯, 侯乐, 等. 2017. 沈阳臭氧污染时空分布特征及变化趋势. 中国环境监测, 33(4): 126-131.

刘明花. 2009. 上海市地面臭氧浓度分析及多元非线性预报模式研究. 上海: 华东师范大学.

刘钦普, 林振山, 冯年华. 2005. 江苏城市人居环境空间差异定量评价研究. 地域研究与开发, 24(5): 30-33.

刘少军, 张京红, 吴胜安, 等. 2014. 气候变化对海南岛旅游气候舒适度及客流量可能影响的分析. 热带气象学报, 30(5): 977-982.

刘新春, 钟玉婷, 何清, 等. 2013. 塔克拉玛干沙漠腹地近地面臭氧浓度变化特征及影响因素分析. 中国沙漠, 33(2): 626-633.

刘雪娜. 2017. 暴雨洪涝对细菌性痢疾影响的归因疾病负担及预估研究. 济南: 山东大学.

刘园园, 陈光杰, 施海彬, 等. 2016. 星云湖硅藻群落响应近现代人类活动与气候变化的过程. 生态学报, 36(10): 3063-3073.

刘芷君, 谢小训, 谢旻, 等. 2016. 长江三角洲地区臭氧污染时空分布特征. 生态与农村环境学报, 32(3): 445-450.

卢俊宇. 2013. 城市系统温室气体排放核算框架构建及实证研究. 南京: 南京大学.

陆亚, 尹可丽, 钱丽梅, 等. 2014. 气候变化的心理影响及应对策略. 心理科学进展, 22(6): 1016-1024.

陆胤昊, 叶柏生, 李翀. 2014. 近 50a 来我国东北多年冻土区南缘海拉尔河流域径流变化特征分析. 冰川冻土, 36(2): 394-402.

吕睿喆. 2016. 河套地区地表水质对气候变化的响应分析. 上海: 东华大学.

吕笑天, 吕永龙, 宋帅, 等. 2017. 气候变化与人类活动双重驱动的冷水湖泊富营养化. 生态学报, 37(22): 7375-7386.

罗良文, 茹雪, 赵凡. 2018. 气候变化的经济影响研究进展. 经济学动态, (10): 116-130.

雒新萍, 夏军. 2015. 气候变化背景下中国小麦需水量的敏感性研究. 气候变化研究进展, 11(1): 38-43.

马金珠, 李吉均, 高前兆. 2002. 气候变化与人类活动干扰下塔里木盆地南缘地下水的变化及其生态环境效应. 干旱区地理, 25(1): 16-23.

马丽, 方修琦. 2006. 近 20 年气候变暖对北京时令旅游的影响——以北京市植物园桃花节为例. 地球科学进展, 21(3): 313-319.

马丽君, 孙根年, 马彦如, 等. 2011. 30 年来西安市气候舒适度变化对旅游客流量的影响. 干旱区资源与环境, 25(9): 191-196.

马丽君, 孙根年, 马耀峰, 等. 2010. 极端天气气候事件对旅游业的影响——以 2008 年雪灾为例. 资源科学, 32(1): 107-112.

马盼, 李若麟, 乐满, 等. 2016. 气象环境要素对北京市消化系统疾病的影响. 中国环境科学, 36(5): 1589-1600.

马守存, 张书余, 王宝鉴, 等. 2011. 气象条件对心脑血管疾病的影响研究进展. 干旱气象, 29(3): 350-354, 361.

毛敏娟, 杜荣光, 胡德云. 2018. 气候变化对浙江省大气污染的影响. 环境科学研究, 31(2): 221-230.

慕彩芸, 屠月青, 冯瑶. 2011. 气象因子对哈密市大气可吸入颗粒物浓度的影响分析. 气象与环境科学, 34(s1): 75-79.

聂芳菲, 雷林峰, 李星辉, 等. 2018. 沙尘暴天气颗粒物对心血管疾病的影响及缺血的作用机制研究进展. 中西医结合心血管病电子杂志, 6(29): 51, 54.

聂武夫, 王彩, 王威. 2016. 环洞庭湖区气候变化对人体健康的影响. 西安: 第 33 届中国气象学会年会.

潘存鸿, 张舒羽, 唐子文. 2015. 钱塘江河口水流-河床相互作用及对盐水入侵的影响. 水科学进展, 26(4): 535-542.

彭超, 廖一兰, 张宁旭. 2018. 中国城市群臭氧污染时空分布研究. 地球信息科学学报, 20(1): 57-67.

彭丽, 许建明, 耿福海, 等. 2017. 上海健康气象预测研究和服务. 气象科技进展, 7(6): 157-161.

彭梅香, 谢莉, 陈静, 等. 2003. 黄河中游泾渭洛河近 50 年降水分布特征及其变化特点分析. 陕西气象, (1): 19-23.

祁瑞, 罗琼, 舒红, 等. 2017. 基于地理国情普查数据的武汉市中心城区社区宜居性评价. 城市勘测, (3): 13-18.

钱颖骏, 李石柱, 王强, 等. 2010. 气候变化对人体健康影响的研究进展. 气候变化研究进展, 6(4): 241-247.

屈芳, 肖子牛. 2019. 气候变化对人体健康影响评估. 气象科技进展, 9(4): 34-47.

冉利群. 2013. 金昌市人居环境空气质量评价及预测研究. 兰州: 兰州大学.

任学慧, 李颖, 王健. 2013. 近60a北方沿海城市人居环境气候舒适性评价——以辽宁省为例. 自然资源学报, 28(5): 811-821.

商兆堂, 任健, 秦铭荣, 等. 2010. 气候变化与太湖蓝藻暴发的关系. 生态学杂志, 29(1): 55-61.

沈续雷. 2011. 气候变化对大城市能源消费的影响研究. 上海: 复旦大学.

盛海燕, 吴志旭, 刘明亮, 等. 2015. 新安江水库近10年水质演变趋势及与水文气象因子的相关分析. 环境科学学报, 35(1): 118-127.

石岚, 冯震, 徐丽娜, 等. 2012. SWAT 模型在黄河河万区间入库径流模拟中的应用. 高原气象, 31(5): 1446-1453.

斯琴, 同丽嘎, 张靖. 2017. 2015 年呼和浩特市 PM2.5、PM10 污染特征及其与气象条件的关系. 中国农学通报, 33(11): 112-118.

宋连春, 高荣, 李莹, 等. 2013. 1961—2012 年中国冬半年霾日数的变化特征及气候成因分析. 气候变化研究进展, 9(5): 313-318.

孙家仁, 许振成, 刘煜, 等. 2011. 气候变化对环境空气质量影响的研究进展. 气候与环境研究, 16(6): 805-814.

谈建国, 陆晨, 陈正洪, 等. 2009. 高温热浪与人体健康. 北京: 气象出版社.

滕卫平, 俞善贤, 胡波, 等. 2013. 气候变化对中国疟疾传播范围与强度的影响. 科技通报, 29(7): 38-42.

童俊超. 2005. 气象因子对近地面层臭氧浓度的影响研究. 北京: 中国科学院测量与地球物理研究所.

汪光, 陆俊卿. 2017. 气候变化对典型流域水环境质量的影响评估及适应对策. 北京: 中国环境出版社.

汪庆庆, 李永红, 丁震, 等. 2014. 南京市高温热浪与健康风险早期预警系统试运行效果评估. 环境与健康杂志, 31(5): 382-384.

王备备. 2016. 呼包鄂城市群大气污染特征分析. 呼和浩特: 内蒙古大学.

王灏晨, 路凤, 武继磊, 等. 2014. 中国气候变化对人口健康影响研究评述. 科技导报, 32: 109-116.

王建, 刘泽纯. 1991. 全球变暖后西北太平洋台风频率的可能变化. 第四纪研究, 11(3): 277-281.

王洁, 王卫安, 王守芬. 2017. 气候变化背景下中国沿海地区典型区域脆弱性评价——以长三角为例. 测绘与空间地理信息, 40(3): 81-85, 89.

王金玉, 李盛, 王式功, 等. 2013. 沙尘污染对人体健康的影响及其机制研究进展. 中国沙漠, 33(4): 1160-1165.

王俊臣, 李劲松. 2013. 气候变化和人类活动对吉林西部生态环境的影响及防治措施. 水利与建筑工程学报, 11(4): 85-90.

王堃, 师华定, 高佳佳, 等. 2017. CCSM4 WRF-CMAQ 动力降尺度预估 RCP8.5 情景下京津冀地区空气质量的潜在变化. 环境科学研究, 30(11): 1661-1669.

王磊, 刘端阳, 韩桂荣, 等. 2018. 南京地区近地面臭氧浓度与气象条件关系研究. 环境科学学报, 38(4): 1285-1296.

王莉霞, 李建刚, 赵烜. 2015. 兰州市气候变化与大气污染关系研究. 天水师范学院学报, (5): 8-11.

王丽萍, 陈少勇, 董安祥. 2006. 气候变化对中国大雾的影响. 地理学报, 61(5): 527-535.

王鲁茜, 阚飙. 2011. 气候变化影响霍乱流行的研究进展. 疾病监测, 26(5): 404-408.

王敏珍, 郑山, 王式功, 等. 2016. 气温与湿度的交互作用对呼吸系统疾病的影响. 中国环境科学, 36(2): 581-588.

王墨. 2017. 应对气候变化和城市发展的城市雨洪管控模式研究. 福州: 福建农林大学.

王宁, 李杰, 李学文, 等. 2015. 极端天气事件干旱对人类健康影响研究进展. 中国公共卫生, 31(3): 379-382.

王庆平, 刘金艳. 2010. 气候变化和人类活动对滦河下游地区水资源变化影响分析. 中国水利, (15): 41-44.

王世金, 赵井东, 何元庆. 2012. 气候变化背景下山地冰川旅游适应对策研究——以玉龙雪山冰川地质公园为例. 冰川冻土, 34(1): 207-213.

王伟光, 郑国光. 2013. 气候变化绿皮书: 应对气候变化报告(2013). 北京: 社会科学文献出版社出版.

王艳, 黄永梅, 于长水, 等. 2012. 基于 MODIS 数据的 2000-2010 年乌梁素海"黄苔"时空变化. 湖泊科学, 24(4): 519-527.

王毅, 陆玉麒, 车冰清, 等. 2017. 浙江省生态环境宜居性测评. 山地学报, 35(3): 380-387.

王莹, 文小航, 曹庭伟, 等. 2017. 成渝城市群臭氧污染特征和影响因素分析. 郑州: 中国气象学会年会 s9 大气成分与天气、气候变化及环境影响.

吴兑, 吴晓京, 李菲, 等. 2010. 1951—2005 年中国大陆霾的时空变化. 气象学报, 68(5): 680-688.

吴兑, 吴晓京, 李菲, 等. 2011. 中国大陆 1951—2005 年雾与轻雾的长期变化. 热带气象学报, 27(2): 145-151.

吴建国, 徐天莹. 2018. 气候变化对太岳山中部油松单萜烯排放的影响. 中国环境科学, 38(1): 1-13.

吴敬禄, 马龙, 曾海鳌. 2013. 乌伦古湖水量与水质变化特征及其环境效应. 自然资源学报, 28(5): 844-853.

吴锴, 康平, 王占山, 等. 2017. 成都市臭氧污染特征及气象成因研究. 环境科学学报, 37(11): 4241-4252.

吴良镛. 2003. 人居环境科学的人文思考. 城市发展研究, 10(5): 4-7.

吴普, 葛全胜. 2009. 海南旅游客流量年内变化与气候的相关性分析. 地理研究, 28(4): 1078-1084.

吴志丰, 陈利顶. 2016. 热舒适度评价与城市热环境研究: 现状, 特点与展望. 生态学杂志, 35(5): 1364-1371.

伍秀莲, 白先达. 2017. 气候变化对漓江生态环境的影响. 气象研究与应用, 38(1): 97-101.

席建超, 赵美风, 吴普, 等. 2010. 国际旅游科学研究新热点: 全球气候变化对旅游业影响研究. 旅游学刊, 25(5): 86-92.

夏军, 李淼, 李福林, 等. 2013. 海平面上升对山东省滨海地区海水入侵的影响. 人民黄河, 35(9): 1-3.

夏开益. 2007. 关于城市可持续发展的战略思考(上)——试论城市的生态化、民族化、现代化. 当代贵州, (14): 57-58.

夏星辉, 吴琼, 牟新利. 2012. 全球气候变化对地表水环境质量影响研究进展. 水科学进展, 23(1): 124-133.

夏旭霞, 刘扬. 2012. 环境紫外线辐射与老年性白内障. 中国公共卫生, 28(7): 992-994.

向柳, 张玉虎, 陈秋华. 2016. 北京城区旅游气候变化及风险分析. 干旱区地理, (3): 654-661.

向毓意, 张永勤, 刘文泉, 等. 1999. 气候变化对长江三角洲工业和生活用水影响的统计模型. 南京气象学院学报, (S1): 523-528.

肖荣波, 欧阳志云, 李伟峰, 等. 2005. 城市热岛的生态环境效应. 生态学报, (8): 2055-2060.

肖雪, 曹云刚, 张敏. 2018. 成都市 $PM_{2.5}$ 浓度时空变化特征及影响因子分析. 地理信息世界, 25(1): 65-70.

谢意. 2013. 大气细颗粒物($PM_{2.5}$)质量浓度的遥感估算模型研究——以南京仙林为例. 南京: 南京师范大学.

谢正辉, 梁妙玲, 袁星, 等. 2009. 黄淮海平原浅层地下水埋深对气候变化响应. 水文, 29(1): 30-35.

熊伟, 冯灵芝, 居辉, 等. 2016. 未来气候变化背景下高温热害对中国水稻产量的可能影响分析. 地球科学进展, 31(5): 515-528.

徐天莹, 吴建国, 王立. 2018. 气候变化影响下不同地区苦竹异戊二烯排放速率对比. 应用生态学报, 29(6): 2028-2042.

徐婉珍. 2016. 潘家口水库藻类生长对气候变化响应的研究. 重庆: 重庆交通大学.

薛天柱, 马灿, 魏国孝, 等. 2011. 甘肃梨园河流域 SWAT 径流模拟与预报. 水资源与水工程学报, 22(4): 61-65.

燕守广, 李海东, 方颖, 等. 2016. 气候变化背景下近 15a 乌梁素海流域植被动态变化. 生态与农村环境学报, 32(6): 958-963.

杨东峰, 刘正莹, 殷成志. 2018. 应对全球气候变化的地方规划行动——减缓与适应的权衡抉择. 城市规划, 42(1): 35-42, 59.

杨丽蓉, 郭英茹, 张俊生, 等. 2016. 银川市臭氧污染特征及影响因素分析. 环境保护科学, 42(2): 55-59.

杨青, 崔彩霞. 2005. 气候变化对巴音布鲁克高寒湿地地表水的影响. 冰川冻土, 27(3): 397-403.

杨尚英, 胡静. 2010. 气象灾害对我国旅游业的影响. 安徽农业科学, 38(13): 6977-6980.

姚青, 孙玫玲, 刘爱霞. 2009. 天津臭氧浓度与气象因素的相关性及其预测方法. 生态环境学报, 18(6): 2206-2210.

姚檀栋, 刘时银, 蒲健辰, 等. 2004. 高亚洲冰川的近期退缩及其对西北水资源的影响. 中国科学(D 辑: 地球 科学), 34(6): 535-543.

姚檀栋, 朱立平. 2006. 青藏高原环境变化对全球变化的响应及其适应对策. 地球科学进展, 21(5): 459-464.

叶丰, 黄小平, 施震, 等. 2013. 极端干旱水文年(2011 年)夏季珠江口溶解氧的分布特征及影响因素研究. 环 境科学, 34(5): 1707-1714.

叶仁政, 常娟. 2019. 中国冻土地下水研究现状与进展综述. 冰川冻土, 41(1): 183-196.

叶依广, 周耀平. 2004. 城市人居环境评价指标体系刍议. 南京农业大学学报(社会科学版), 4(1): 39-42.

易睿, 王亚林, 张殷俊, 等. 2015. 长江三角洲地区城市臭氧污染特征与影响因素分析. 环境科学学报, 35(8): 2370-2377.

尹晓科. 2010. 基于 GIS 的湖南省人居环境适宜性研究. 长沙: 湖南师范大学.

于晨. 2017. 浮游植物群落演替与营养吸收对变暖响应特征的系统模拟研究. 武汉: 华中农业大学.

于国茂. 2011. 锡林郭勒盟生态系统时空变化及其驱动机制. 济南: 山东师范大学.

于汉学. 2007. 黄土高原沟壑区人居环境生态化理论与规划设计方法研究. 西安: 西安建筑科技大学.

余兴湛, 何佳苗, 刘升源, 等. 2018. 气候变化对江门市高温和旱涝灾害的影响. 热带农业科学, 38(8): 85-89.

翟广宇, 王式功, 董继元, 等. 2015. 兰州市不同粒径大气颗粒物污染特征及气象因子的影响分析. 生态环境 学报, 24(1): 70-75.

翟文慧. 2014. 气候因子和空气污染物与哮喘急诊就医的关系研究. 北京: 中国人民解放军医学院.

张朝能, 王梦华, 胡振丹, 等. 2016. 昆明市 PM 浓度时空变化特征及其与气象条件的关系. 云南大学学报(自 然科学版), 38(1): 90-98.

张晨, 来世玉, 高学平, 等. 2016a. 气候变化对湖库水环境的潜在影响研究进展. 湖泊科学, 28(4): 691-700.

张晨, 刘汉安, 高学平, 等. 2016b. 气候变化对于桥水库总磷与溶解氧的潜在影响分析. 环境科学, 37(8): 2932-2939.

张成, 邓林密. 2019. 国内外气候变化与健康应对的研究进展. 中国医疗管理科学, 9(5): 46-52.

张帆. 2012. 济南市环境空气 VOCs 污染特征及迁移转化规律研究. 济南: 山东建筑大学.

张光辉, 费宇红, 刘春华, 等. 2013. 华北平原灌溉用水强度与地下水承载力适应性状况. 农业工程学报, 29(1): 1-10.

张光辉, 费宇红, 聂振龙, 等. 2009. 祁连山冰雪融水补给山前平原地下水特征. 黑河: 寒区水循环及冰工程 研究——第 2 届 "寒区水资源及其可持续利用" 学术研讨会论文集.

张光辉, 费宇红, 田言亮, 等. 2015. 暴雨洪水对地下水超采缓解特征与资源增量. 水利学报, 46(5): 594-601.

张吉喆. 2014. 大连市近地面环境空气中臭氧浓度的变化特征及成因分析. 环境与可持续发展, 39(6): 174-176.

张建云, 王银堂, 贺瑞敏, 等. 2016. 中国城市洪涝问题及成因分析. 水科学进展, 27(4): 485-491.

张丽娟. 2016. 气候变化对地下水灌溉供给的影响及灌溉管理的适应性反应. 沈阳: 沈阳农业大学.

张利娟, 徐志敏, 戴思敏, 等. 2018. 2017 年全国血吸虫病疫情通报. 中国血吸虫病防治杂志, 30(5): 481-488.

张南. 2016. 北京冬季 PM$_{2.5}$ 质量浓度变化特征及其对气象因素的响应. 乌鲁木齐: 新疆大学.

张倩, 孟慧新. 2014. 气候变化影响下的社会脆弱性与贫困: 国外研究综述. 中国农业大学学报(社会科学版), 31(2): 56-67.

张文化, 魏晓妹, 李彦刚. 2009. 气候变化与人类活动对石羊河流域地下水动态变化的影响. 水土保持研究, 16(1): 183-187.

张文忠. 2007. "宜居北京" 评价的实证研究. 北京规划建设, (1): 25-30.

张文忠, 谌丽, 杨翌朝. 2013. 人居环境演变研究进展. 地理科学进展, 32(5): 710-721.

张秀丽, 孙燕. 2007. 近 50a 北京人居环境中气候因子的变化特征. 南京气象学院学报, 30(4): 519-523.

张英娟, 张培群, 王冀, 等. 2015. 1981—2013 年京津冀持续性霾天气的气候特征. 气象, 41(3): 311-318.

张莹. 2014. 中国臭氧总量 30a 时空变化以及近地面臭氧浓度气象要素影响研究. 南京: 南京信息工程大学.

张永勇, 花瑞祥, 夏瑞. 2017. 气候变化对淮河流域水量水质影响分析. 自然资源学报, 32(1): 114-126.

赵晨曦, 王云琦, 王玉杰, 等. 2014. 北京地区冬春 PM$_{2.5}$ 和 PM$_{10}$ 污染水平时空分布及其与气象条件的关系. 环境科学, 35(2): 418-427.

郑秋萍, 王宏, 陈彬彬, 等. 2015. 福州市 PM$_{2.5}$、PM$_{10}$ 和能见度变化特征及影响分析. 天津: 中国气象学会年会 s9 大气成分与天气、气候变化.

郑山, 王敏珍, 史莹莹, 等. 2011. 低温寒潮对人体健康影响研究进展. 兰州大学学报(自然科学版), 47(4): 44-48.

中国城市科学研究会. 2009. 中国低碳生态城市发展战略. 北京: 中国城市出版社.

中国国家发展和改革委员会. 2010. 中国应对气候变化的政策与行动 2010 年度报告. 北京: 国家应对气候变化战略研究和国际合作中心.

中国气象局. 2013. 国内首份城市群气候变化评估报告揭示气候变化影响长三角地区发展. http://www.cma. gov.cn/2011xwzx/2011xqxxw/2011xqxyw/201311/t20131111_231231. html: [2013-11-11/2020-07-15].

钟学才, 张溥亮, 胡希, 等. 2014. 株洲市臭氧污染状况及相关气象因子分析. 中国环境管理干部学院学报, (4): 43-45, 49.

周京武, 阿不力米提·阿不力克木, 毛炜峄, 等. 2014. 天山南坡清水河流域径流过程对气候变化的响应. 冰川冻土, 36(3): 685-690.

周启星. 2006. 气候变化对环境与健康影响研究进展. 气象与环境学报, 22(1): 38-44.

周文婷. 2017. 极端天气强降雨对高州水库水环境质量影响. 西安: 西安工程大学.

周晓农. 2010. 气候变化与人体健康. 气候变化研究进展, 6(4): 235-240.

周雪玲, 梁家权. 2016. 佛山市近地面臭氧污染特征及相关气象因子分析. 环境监控与预警, 8(2): 39-44.

朱珠, 王波, 褚艳玲, 等. 2014. PM$_{2.5}$/PM$_{10}$ 浓度变化规律及其气象条件分析——以深圳市龙岗区为例. 成都: 中国环境科学学会学术年会.

邹君. 2010. 湖南生态水资源系统脆弱性评价及其可持续开发利用研究. 长沙: 湖南师范大学.

邹莹. 2018. 沿海景区洪水灾害风险形成机制与评估. 郑州: 郑州大学.

Amelung B, Nicholls S, Viner D. 2007. Implications of global climate change for tourism flows and seasonality. Journal of Travel Research, 45(3): 285-296.

Aw J, Kleeman M J. 2003. Evaluating the first-order effect of intraannual temperature variability on urban air pollution. J Geophys Res, 108(D12): 4365.

Balmes J. 2017. Air Pollution and Climate Change. Achieving Respiratory Health Equality: 39-55.

Bernard S M, Samet J M, Grambsch A, et al. 2001. The potential impacts of climate variability and change on air pollution-related health effects in the united states. Environmental Health Perspectives, 109(suppl 2): 199-209.

Birkmann J, Garschagen M, Kraas F, et al. 2010. Adaptive urban governance: New challenges for the second generation of urban adaptation strategies to climate change. Sustainability Science, 5(2): 185-206.

Bode S, Hapke J, Zisler A. 2003. Need and options for a regenerative energy supply in holiday facilities. Tourism and Management, 24(3): 257-266.

Cao G L, Scanlon B R, Han D M, et al. 2016. Impacts of thickening unsaturated zone on groundwater recharge in the North China Plain. Journal of Hydrology, 537: 260-270.

Chen F, Liu J, Ge Q S. 2017. Pulling vs. pushing: Effect of climatic factors on periodical fluctuation of Russian and South Korean tourist demand in Hainan Island, China. Chinese Geographical Science, 27(4): 648-659.

Chen M, Ding S, Chen X, et al. 2018. Mechanisms driving phosphorus release during algal blooms based on hourly changes in iron and phosphorus concentrations in sediments. Water Research, 133(Apr15): 153-164.

Cheng F Y, Jian S P, Yang Z M, et al. 2015. Influence of regional climate change on meteorological characteristics and their subsequent effect on ozone dispersion in Taiwan. Atmospheric Environment, 103: 66-81.

Chi X, Li R, Cubasch U, et al. 2017. The thermal comfort and its changes in the 31 provincial capital cities of mainland China in the past 30 years. Theoretical & Applied Climatology, 132(1-2): 599-619.

David K. 2002. The "Pull" of tourism destinations: A meansend investigation. Journal of Travel Research, 40(4): 385-395.

Ding S, Chen M, Gong M, et al. 2018. Internal phosphorus loading from sediments causes seasonal nitrogen limitation for harmful algal blooms. Science of The Total Environment, 625: 872-884.

Fiore A M, Naik V, Spracklen D V, et al. 2012. Global air quality and climate. Chemical Society Reviews, 41(19): 6663-6683.

Ge Q S, Dai J H, Liu J, et al. 2013. The effect of climate change on the fall foliage vacation in China. Tourism Management, 38(38): 80-84.

Güneralp B, Güneralp I, Liu Y. 2015. Changing global patterns of urban exposure to flood and drought hazards. Global Environmental Change, 31: 217-225.

Guo J. 2010. Trends of Climate Change on Mt. Gongga and Its Impacts on Tourism Development. International Conference on Management and Service Science. IEEE: 1-5.

IPCC. 2014. Summary for Policymakers of Climate Change 2014: The Physical Science Basis Contribution of Working Group I to the Fourth Assessment Report of the Intergovernmental Panel on Climate Change. Cambridge: Cambridge University Press.

Jacob D J, Winner D A. 2009. Effect of climate change on air quality. Atmospheric Environment, 43(1): 51-63.

Kong Q, Ge Q, Xi J, et al. 2016. Human-biometeorological assessment of increasing summertime extreme heat events in Shanghai, China during 1973–2015. Theoretical & Applied Climatology, 130: 1055-1064.

Li H D, Gao Y Y, Li Y K, et al. 2017a. Dynamic of Dalinor Lakes in the Inner Mongolian Plateau and its Driving Factors during 1976-2015. Water, 9(10): 749.

Li H, Song H, Li L. 2017b. A dynamic panel data analysis of climate and tourism demand: Additional evidence. Journal of Travel Research, 56(2): DOI: 10.11771004728751 5626304.

Li R, Chi X. 2014. Thermal comfort and tourism climate changes in the Qinghai—Tibet Plateau in the last 50 years. Theoretical & Applied Climatology, 117(3-4): 613-624.

Li X, Ye S Y, Wei A H, et al. 2017c. Modelling the response of shallow groundwater levels to combinedclimate and water-diversion scenarios in Beijing-Tianjin-HebeiPlain, China. Hydrogeology Journal, 25: 1733-1744.

Lin T P, Matzarakis A. 2011. Tourism climate information based on human thermal perception in Taiwan and Eastern China. Tourism Management, 32(3): 492-500.

Liu H, Dai J, Liu J. 2017a. Spatiotemporal variation in full-flowering dates of tree peonies in the middle and lower reaches of China's Yellow River: A simulation through the panel data model. Sustainability, 9(8): 1343.

Liu J, Chen F, Ge Q, et al. 2016. Climate change and fruit-picking tourism: Impact and adaptation. Advances in Meteorology, (2): 1-11.

Liu J, Cheng H, Sun X, et al. 2017b. Effects of climate change on outdoor skating in the Bei Hai Park of Beijing and related adaptive strategies. Sustainability, 9(7): 1147.

Liu K Y, Wang Z, Hsiao L F. 2002. A modeling of the sea breeze and its impacts on ozonedistribution in northern Taiwan. Environ Modelling Software, 17(1): 21-27.

Liu S C, Trainer M, Fehsenfeld F C, et al. 1987. Ozone production in the rural troposphere and theimplications for regional and global ozone distributions. Journal of Geophysical Research, 92: 4191-4207.

Liu T M. 2016. The influence of climate change on tourism demand in Taiwan national parks. Tourism Management Perspectives, 20: 269-275.

Madronich S. 1993. UV radiation in the natural and perturbed atmosphere. https://opensky.ucar.edu/islandora/object/books: 561. [2021-5-30].

Mckercher B, Prideaux B, Cheung C, et al. 2010. Achieving voluntary reductions in the carbon footprint of tourism and climate change. Journal of Sustainable Tourism, 18(3): 297-317.

Mo X, Hu S, Lin Z, et al. 2017. Impacts of climate change on agricultural water resources and adaptation on the North China Plain. Advances in Climate Change Research, 8(2): 93-98.

Nassiri P, Monazzam M R, Golbabaei F, et al. 2017. Application of universal thermal climate index (UTCI) for assessment of occupational heat stress in open-pit mines. Industrial Health, 5(55)DOI: 10.24861 indhealth. 2019-0018.

Qiao Y, Miao S, Li Q, et al. 2019. Elevated CO_2 and temperature increase grain oil concentration but their impacts on grain yield differ between soybean and maize grown in a temperate region. Science of the Total Environment, 666: 405-413.

Scott D, Susanne B. 2010. Adapting to climate change and climate policy: Progress, problems and potentials. Journal of Sustainable Tourism, 18(3): 283-295.

Shi J, Cui L L. 2012. Characteristics of high impact weather and meteorological disaster in Shanghai, China. Natural Hazards, 60(3): 951-969.

Sparks T H. 2014. Local-scale adaptation to climate change: The village flower festival. Climate Research, 60(1): 87-89.

Tang C C, Zhong L S. 2012. A comprehensive evaluation of tourism climate suitability in Qinghai Province, China. Journal of Mountain Science, 9(3): 403-413.

Tao Z, Quansheng G E, Wang H, et al. 2015. Phenological basis of determining tourism seasons for ornamental plants in central and eastern China. Journal of Geographical Sciences, 25(11): 1343-1356.

Wang L, Ning Z, Wang H, et al. 2017. Impact of climate variability on flowering phenology and its implications for the schedule of blossom festivals. Sustainability, 9(7): 1127.

Wang S, He Y, Song X, et al. 2010. Impacts of climate warming on alpine glacier tourism and adaptive measures: A case study of Baishui Glacier No. 1 in Yulong Snow Mountain, Southwestern China. Journal of Earth Science, 21(2): 166-178.

Wu J, Xu Y, Zhang B. 2015. Projection of PM2.5 and ozone concentration changes over the Jing-Jin-Ji Region in China. Atmospheric And Oceanic Science Letters, 8(3): 3143-146

Wu L, Long T Y, Cooper W J. 2012. Simulation of spatial and temporal distribution on dissolved non-point source nitrogen and phosphorus load in Jialing River Watershed, China. Environmental Earth Sciences, 65(6): 1795-1806.

Xia J, Wang Q, Zhang X, et al. 2018. Assessing the influence of climate change and inter-basinwater diversion on Haihe River basin, eastern China: A coupledmodel approach. Hydrogeology Journal, 26: 1455.

Xia R, Chen Z, Zhou Y. 2012. Impact assessment of climate change on algal blooms by a parametric modeling study in Han River. Journal of Resources and Ecology, 3(3): 209-219.

Xiang L W, Wang H S, Steffen H, et al. 2016. Groundwater storage changes in the Tibetan Plateau and adjacent areas revealed from GRACE satellite gravity data. Earth and Planetary Science Letters, 449: 228-239.

Xie X L, Lo A Y, Zheng Y, et al. 2014. Generic security concern influencing individual response to natural hazards: Evidence from Shanghai, China. Area, 46(2): 194-202.

Yan F, Jie Y. 2015. National assessment of climate resources for tourism seasonality in China using the Tourism Climate Index. Atmosphere, 6(2): 183-194.

Yan Y, Zhang Y, Shan P, et al. 2015. Snow cover dynamics in and around the Shangri-La County, southeast margin of the Tibetan Plateau, 1974–2012: the influence of climate change and local tourism activities. International Journal of Sustainable Development & World Ecology, 22(2): 156-164.

Yang J, Zhang Z, Li X, et al. 2017. Spatial differentiation of China's summer tourist destinations based on climatic suitability using the Universal Thermal Climate Index. Theoretical and Applied Climatology, 134: 859-874.

Ye H J, Sui Y, Tang D L, et al. 2013. A subsurface chlorophyll a bloom induced by typhoon in the South China Sea. Journal of Marine Systems, 28(7): 138-145.

Yuan L, Lu A, Ning B, et al. 2006. Impacts of Yulong Mountain Glacier on Tourism in Lijiang. Journal of Mountain Science, 3(1): 71-80.

Zhang F, Zhang M, Wang S, et al. 2017a. Evaluation of the tourism climate in the Hexi Corridor of northwest China's Gansu Province during 1980–2012. Theoretical & Applied Climatology, 129(3-4): 1-12.

Zhang G Q, Yao T D, Shum C K, et al. 2017b. Lake volume and groundwater storage variations in Tibetan Plateau's endorheic basin. Geophysical Research Letters, 44(11): 5550-5560.

Zhang H Q, Kulendran N. 2017. The impact of climate variables on seasonal variation in Hong Kong inbound tourism demand. Journal of Travel Research, 56(1): 94-107.

Zou Y, Wang Y, Zhang Y, et al. 2017. Arctic sea ice, Eurasia snow, and extreme winter haze in China. Science Advances, 3(3): e1602751.

第20章 气候变化对重大工程的影响、风险与适应

首席作者：肖伟华 温智

主要作者：陈鲜艳 鲁帆 夏朝宗 陶爱峰 李秀芬 栾军伟 侯保灯

许条建 王贺佳 周毓彦 赵金成 李想 刘翠善 冯文杰 郭磊 金君良

摘　要

重大工程是指关系一个国家或地区国计民生的生命线工程，其具有投资规模大、复杂性高的特点，对政治、经济、社会、科技发展、环境保护、公众健康与国家安全具有重要影响。近几十年来，我国重大工程建设的数量与规模不断增大，涉及众多领域，包括水利工程、交通运输工程、生态环境保护工程及海洋工程等。近些年来，受全球气候变化的影响，气温升高、极端事件的强度和频次增大，由此引发一系列灾害，对各类重大工程均有可能产生影响，并造成一定的风险。因此，为保障经济社会的可持续发展及人民生命财产安全，需系统评估气候变化对重大工程的影响及重大工程所面临的风险，并提出相应的适应对策。本章以水利工程、交通运输工程、生态环境保护工程及海洋工程等不同领域的重大工程为例，在系统梳理《第三次气候变化国家评估报告》以来各类重大工程领域研究进展的基础上，评估了气候变化对各类重大工程的影响。评估结果表明，气候变化对重大工程运营产生了显著的影响，在评估的工程中，对生态建设类工程具有诸多正面影响，对水利工程、青藏铁路和海洋工程负面影响大。

20.1　概述

20.1.1　受气候变化影响显著的重大工程

重大工程是指关系一个国家或地区国计民生的生命线工程，其具有投资规模大、复杂性高的特点，对政治、经济、社会、科技发展、环境保护、公众健康与国家安全具有重要影响。近几十年来，我国重大工程建设的数量与规模不断增大，涉及众多领域，包括水利工程（如三峡工程、南水北调工程等）、交通运输工程[如青藏铁路、高速铁（公）路等]、生态环境保护工程（如三江源生态保护工程、三北防护林工程等）、海洋工程（如滨海核电站、海洋石油平台等）、电力工程（如西电东送等）及能源工程（如西气东输等）等。近些年来，受全球气候变化影响，气温升高、极端事件的强度和频次增大，由此引发一系列灾害，对我国重大工程产生一定程度的影响，增加了重大工程在建设施工与运行管理中的风险（陈鲜艳等，2015）。因此，为保障经济社会的可持续发展及人民生命财

产安全，需明晰气候变化对重大工程的影响及重大工程所面临的风险，并提出相应的适应对策。

20.1.2　气候变化对重大工程的影响与风险

受全球气候变化的影响，极端天气气候事件频发，局地气候条件也发生了改变，对重大工程建设施工等各个环节均有可能造成一定的影响。例如，海平面上升、风暴潮加剧会对沿海港口工程的选址产生影响；气温升高促使冻土融化加速，进而导致冻土的地基承载力下降，对寒区铁路轨道路线的设计产生一定的影响。在施工过程中，由气候变化造成的极端天气气候事件一方面会影响工程质量，如在土方开挖、混凝土浇筑等过程中，连续强降雨、极端低温等事件对重大工程的排水、防冻提出了更高的要求；另一方面也会造成工程停工，直接影响工程建设的正常进行，存在影响工程预期目标实现的风险。此外，气候变化对重大工程的技术标准的影响也不可忽视。例如，在降水频率和强度增大的背景下，水利工程原有的防洪标准可能无法满足原设计需求（高斌等，2021）。因此，在成本可控的前提下，提高现有重大工程的稳定性、耐久性及设计标准，是一个值得关注和研究的问题。

气候变化可通过对工程本身及工程所依托的外部环境的影响对重大工程的运行安全造成影响。对于工程设施本身，如极端强降雨事件往往容易引发山体滑坡并携带大量泥石流，可冲毁高速公路铁路等交通设施，造成巨大损失。对于工程所依托的外部环境，以海上潮汐发电站为例，气候变化导致台风强度增大，长期的台风冲击和海水侵蚀会对潮汐发电站的大坝、厂房及泄水闸等海工建筑物造成强烈的冲击，影响发电站的安全运行。

此外，气候变化对重大工程经济效益的影响也体现在多个方面。例如，气象灾害导致高速列车降速甚至停运，影响了列车的运营和调度，造成经济损失。极端旱涝事件加剧了水资源时空分布的不均匀性，进而对重大水利工程的调度提出严峻的考验，在一定程度上影响了防洪减灾、水力发电、航运等的综合效益（Wang et al.，2019）。然而，气候变化并非只造成经济损失，如西北地区气候的暖湿化在一定程度上可以改善水循环机制，径流量和湖泊面积会有所增大，农作物适宜种植面积有所扩展，促使当地的生态环境有所改善。

20.1.3　重大工程应对气候变化影响的适应对策

气候变化对重大工程的影响有可能进一步影响经济社会的可持续发展，明确其影响对保障国家安全具有重要意义。因此，亟须在重大工程建设施工、运行管理等各环节加强相关科学研究工作，提出重大工程应对气候变化影响的适应对策。在重大工程立项和选址阶段，应做好重大工程应对气候变化的前期规划与设计，建立气候可行性论证制度，并将气候变化的可能影响引入环境影响评价工作中。对于重大工程未来可能面临的风险、效益及运行成本可能发生的变化，需针对不同气候变化情景开展预评估，制定相应的应对预案，并针对关键适应技术进行研究。此外，还应修订适应未来气候变化的若干重大工程技术标准，及时跟踪气候变化对各项重大工程影响的最新研究进展以及重大工程建设施工与运行管理中存在的适应性问题。

20.2　气候变化对重大水利工程的影响、风险与适应

20.2.1　气候变化对三峡工程的影响、风险与适应

三峡工程地处长江干流西陵峡河段，控制流域面积约 100 万 km^2，水库正常蓄水位 175m，相应库容 393 亿 m^3，汛期防洪限制水位 145m，防洪库容 221.5 亿 m^3。

1. 气候变化对三峡工程的影响

1）气候变化对库区水文情势的影响

根据长江上游流域未来的气候情景模拟分析，由于气候变化的影响，三峡未来入库径流量在未来30年内呈弱减少趋势，而60年后则呈增大趋势（王渺林和侯保险，2012）。上游来水减少将降低工程蓄水和发电效益，反之，入库径流超出工程设计预期，加大汛期坝体压力。

对于库区区间而言，1961~2014年气温均值为16.51℃。1961~2014年以来，库区气温呈先降低后升高的变化趋势，特别是20世纪90年代以来，库区气温剧烈上升，2006年后升温趋势有所减缓（向菲菲等，2018；张静等，2019）。三峡库区降水量丰沛，1961~2014年年降水量均值为1132.6 mm，整体呈微弱的下降趋势。降水的年际与年代际变化较大，近60年来年降水量经历了"少—多—少"的变化趋势（周小英等，2017）。从年内分配来看，汛期径流量所占比例达70%以上。

2）气候变化对水库运行的影响

20世纪以来，三峡库区流域旱涝均呈增加趋势，偏涝以上、偏旱以上次数增加至34次，旱涝次数显著增加，且旱年出现次数大于涝年，库区气候呈现趋旱趋势。在温室气体浓度增高情景（RCP4.5情景）下，三峡库区2016~2050年年降水量没有明显的变化趋势，而年暴雨日数则呈显著增加趋势（王若瑜等，2017；王贺佳，2020）。21个CMIP5全球气候模式模拟结果表明，未来三峡水库发电量会出现更为严重的短缺。与1951~1990年相比，三峡水库2011~2040年的年发电量预计将减少1.9%~8.0%；2041~2100年将增加9.3%~24.4%（Wang et al.，2017）。

2. 三峡工程的气候变化风险

三峡工程的气候变化风险主要来源于旱涝对水库安全运行的影响、区间暴雨造成的地质灾害与面源污染、上游水土保持效应对入库水质-水温的影响及各种不确定性风险。水库的气候效应及长江上游气候变化对水循环的影响具有一定的不确定性（陈鲜艳等，2013）；降水的随机性是影响水库运行的最重要的自然因素（张建敏等，2000）。将三峡库区及其上游的降水、气温等气候因子的不确定性，与水文模型结构、输入、参数、状态等不确定性（王浩等，2015；崔豪等，2021）进行叠加，则对入库径流的预测带来更大的不确定性。

3. 应对气候变化影响的适应对策

工程技术领域具体措施如下。

在水污染防治方面，加强水质监测，确保库区水质达到国家地表水环境质量Ⅱ类和Ⅲ类标准的良好状况；同时，结合第二次污染源普查结果，加强源头治理，提高重庆市等城市工业、企业等的排放标准。

在改善生态环境方面，加强上游水土保持对入库泥沙的控制措施，合理调控库区泥沙，加快库周防护林带建设步伐，强化消落区保护和管理；完善三峡工程生态与环境监测系统；科学保护生物多样性，提高自然资本存量和气候适应能力。

在水库调度方面，实时滚动预报，开展分区预报，加强预报分析总结；利用三峡遥测系统提高预报精度，延长预见期；建立长江上游流域水库群信息共享平台，并建立以三峡水库为骨干的长江上游流域水库群联合调度运行保障机制和政策，加强长江上游水利工程联合调度，提高应对气候变化的能力。

在风险预警与抢险方面，加强库区地质灾害隐患排查和风险评估，在暴雨中心区等区域布设滑坡、泥石流监测系统；利用区域气候模式进行气象预报，并对高风险区域进行预警。同时，编制和实施应急抢险救援预案。

20.2.2　气候变化对南水北调工程的影响、风险与适应

南水北调是缓解中国北方水资源严重短缺局面的战略性工程，分为东线、中线、西线三条调水线。其中，东线工程从长江下游调水，向黄淮海平原东部和山东半岛补充水源；中线一期工程南起汉江下游湖北丹江口水库，跨长江、淮河、黄河、海河四大流域，解决北京、天津及河北、河南京广铁路沿线城市供水问题；西线工程从长江上游干支流调水入黄河上游，来补充黄河水资源不足，解决我国西北地区干旱缺水问题。

1. 南水北调工程水源区与受水区气候变化特征

1）观测到的气候变化特征

通过长系列观测资料可知，南水北调东线工程及中线工程受水区年平均气温呈升高趋势（王浩等，2016），西线工程的水源区多年平均日气温从北向南逐渐升高，年平均气温整体呈升高趋势（杨鹏鹏等，2015）。在降水的变化上，东线工程受水区年降水量整体呈增加趋势（陶佳辉等，2021），中线工程水源区（汉江流域）和受水区（海河流域）年平均降水均呈不显著的下降趋势，西线工程水源区的径流量随着降水量与融雪量的显著增加而加大（宋雯雯等，2020）。

2）未来气候变化情景预估

利用全球大气耦合海洋环流模式（NCC/IAPT63），对南水北调东线工程受水区未来 10~30 年的气候变化进行预估，结果表明，该区域将进一步变暖，尤以冬季东线北部变暖最明显。依据 WCRP 的耦合模式比较计划——阶段 3 的多模式数据结果，选取 1961~1990 年作为气候基准期，3 种气候变化情景下未来降水量变化趋势总体一致，都较基准期呈现出增加趋势。3 种气候变化情景下未来年平均气温都较基准期呈现出显著的上升趋势。基于区域气候模式 RegCM3，CO_2 浓度加倍后，西线水源区近地面气温升高、降水和径流（尤其是夏季）增加（张利平等，2021）。

2. 气候变化对南水北调工程水源区与受水区的影响

1）气候变化对南水北调水源区的影响

20 世纪 80 年代后期，丹江口水库入库径流量显著减小，且在 1985 年前后发生突变，1961~1985 年汉江流域平均径流为 428.4 mm，1986~2013 年平均径流为 336.2mm，减少了 92.2mm（李凌程等，2014；夏军和李原园，2016）。在未来气候变化情景下，高排放、中等排放和低排放 3 种气候情景下 21 世纪水源区年径流量变化趋势一致，都较基准期呈现出随时间增加的趋势，增加率分别为 0.32%、0.22%和 0.23%。

2）气候变化对南水北调受水区的影响

由长系列资料可知，1960~2002 年海河流域径流量呈显著减小的趋势，2000 年后的年均入海径流量仅为 1.6 亿 m^3，而 20 世纪 60 年代的年均入海径流量为 16.1 亿 m^3。水利部信息

中心的模拟结果表明，2061~2090 年，北方地区的宁夏、甘肃、陕西和山西等省（自治区）径流量呈减少趋势，减幅分别为 10%、6%、3%和 2%。海河流域气候暖干化，降水量与径流量持续减少，使南水北调中线水量更加不能满足需求（王刚等，2014）。

3. 气候变化对南水北调工程运行管理的影响

在未来气候变化背景下，南水北调中线工程水源区与海河受水区同时遭遇干旱及严重干旱的概率均增大（Xu et al.，2011）。就汛期而言，水源区与受水区同重旱的概率增大较明显；对于非汛期，南北遭遇同重旱的概率增大较明显，几乎为现状概率的两倍，而同时发生轻旱的概率变化不大，但还是处于较高值，可以看出非汛期将面临比较严重的缺水状况，需要配套其他措施进行联合调度以保证工程正常运行（余江游等，2018）。中线水源区与受水区还有可能同时出现偏涝的概率，这样则会增大水库堤坝压力，为确保防洪安全被迫弃水，造成水资源浪费。此外，上游暴雨引发的地质灾害可能会对输水工程的安全性和耐久性产生影响（陈锋和谢正辉，2012）。

4. 减轻气候变化影响的适应对策

针对上述问题应采取的措施如下。

（1）进一步完善防洪抗旱减灾工程体系建设。一是制定跨区域、跨部门的水量分配、水文风险、工程安全应急预案体系；二是要加快南水北调东、中线受水区配套工程建设，增强工程应对极端气候事件的能力；三是深入研究南水北调西线工程以及南水北调东、中线二期工程的合理建设方案，尽快开展南水北调西线工程的前期工作。

（2）提高水文气象监测和预报能力，优化水资源配置和调度。一是要优化现有气象水文监测网络，增大监测密度，加强水情预报技术研究；二是要加强变化环境下"自然-社会"二元水循环基础理论研究，定量评估气候变化对水安全的影响；三是要加强长江干流已建成和规划的骨干水库的联合调度及其与南水北调东、中线工程的联合调度研究。

（3）加强中线上游水土保持和水质监控。受水区厉行节约用水，水源区与受水区同时偏丰年份，与本地蓄水工程联合调度，积极回补受水区地下水，并增加蓄水，以备同枯年之需。

20.3　气候变化对青藏铁路工程的影响、风险与适应

青藏铁路多年冻土区长度为 632 km，大片连续多年冻土区长度约为 550 km，岛状不连续多年冻土区长度为 82 km。在气候变化和高温高含冰量冻土广泛分布的复杂工程背景下，基于冷却路基、降低多年冻土的设计新思路，采取了调控热的传导、对流和辐射的工程技术措施，较好地解决了青藏铁路工程建设的冻土难题。

20.3.1　青藏高原气候暖湿化对青藏铁路重大工程安全的影响

冻土是寒冷气候的产物，气候环境的变化势必对青藏铁路工程走廊多年冻土的赋存产生巨大影响。在全球变暖的大背景下，青藏高原的多年冻土正在逐渐地退化，产生了一系列变化（林战举等，2010）。

相比于北极高纬度冻土，青藏高原多年冻土的地温普遍较高，热稳定性较差，对外界温度变化十分敏感。多年冻土的空间变异和热扰动将会给路基工程的稳定性带来极大危害，对

铁路系统产生直接影响。在气候变暖和工程活动双重影响下，高温冻土面积将不断增加，对工程稳定性的影响程度将日趋显著（尹国安等，2014）。另外，气候湿化引发的地表水、地下水变化使青藏铁路大多都存在路基透水的情况。

同时，我国铁路每年都遭受不同程度的水害侵袭。铁路沿线水害的主要类型为路基工程水害、涵洞工程水害、桥梁工程水害和水漫线路水害。高原气候差异明显，对铁路路基、桥梁、隧道造成很大的威胁。

热融湖及其变化对多年冻土热状态、水文过程、生态环境、冻土工程稳定性等有重要的影响（杨振等，2013）。近年来，青藏高原气候的暖湿化导致热融湖数量逐年增加。大湖塘强烈的侧向水热侵蚀可导致公路、铁路路基一侧季节融化深度增加（林战举等，2012），进而引起路基的不均匀沉降变形，严重时可导致路基一侧出现倾斜、滑塌等（穆彦虎等，2014）。

另外，持续增加的年降水和连续的极端降水诱发湖泊溃决风险显著增大。盐湖一旦溃决，溢水溃决破坏程度应该与卓乃湖相当，将直接冲毁青藏公路、青藏铁路和兰西拉光缆，并对保护区内其他设施造成危害。在全球气候暖湿化背景下，由冰湖溃决引发的洪水和泥石流灾害呈现数量增多、危害程度加剧的特征（崔鹏等，2014）。中国西藏地区自 20 世纪 30 年代以来至少发生过 28 次冰湖溃决事件，2000 年后此类灾害具有频次增加和时空延拓趋势（孙美平等，2014）。

20.3.2　适应性和减轻气候变化影响对策

多年冻土地区工程的稳定性取决于工程环境与多年冻土环境的相容性（严学斌，2013）。随着青藏高原气候逐渐湿化、热化，单纯依靠增加热阻（增加路堤高度、使用保温材料）对冻土进行保护已经成为一种消极的方法，难以保证路堤的稳定性。在青藏铁路建设过程中，程国栋院士提出青藏铁路的设计思想应由"被动保温"转向"主动降温"，采用"冷却地基"的方法确保路基稳定。针对青藏铁路工程多年冻土区线路危害，提出"先治水，后补强；先环境，后工程"的综合整治方案。

对泥石流、洪水等灾害进行防范，建立青藏铁路沿线大风、降水、气温等要素的客观化分析预报模型，对极端天气过程进行预报是一个重要方面。国内学者做了很多关于降水特征与水害的关系、地质灾害时空分布特征与气象条件的关系及铁路地质灾害与气象预警模型的研究（陈颖等，2017；魏庆朝和张大炜，2002），有效地保障了青藏铁路安全畅通（格央等，2016）。

20.4　气候变化对重大生态工程的影响、风险与适应

20.4.1　三江源生态保护工程

三江源地区位于我国西部，青海省南部，平均海拔 3500~4800m，是世界屋脊——青藏高原的腹地，素有"中华水塔"之称。社会的发展与建设导致了降水格局变化、增温等现象，这加剧了高原湿地的退化，使水位下降，并加快了历史上储存下来的碳库（泥炭地）的损失。水分条件的变化造成植物群落结构产生深刻变化，高原草食动物食物源受到威胁，食物网断裂，鼠害增加。特有种（如黑颈鹤）栖息地遭受严重损失，保护难度加剧。"中华水塔"储水力下降，直接影响下游占比超过 70%中国人口的水源问题。2005 年，我国启动三江源生态保护和建设工程，截至目前，累计在草原植被恢复、沙漠化治理等生态修复领域投入资金 183.5 亿元，初步遏制了这一地区的生态退化趋势。

气候情景下的青藏高原在 21 世纪（2011~2100 年）年平均气温显著升高，与气温、降水有关的事件都趋于极端化并表现为上升趋势，如极端降水频次增加，强度加重（刘彩红等，2015）。该区应该合理使用草地资源，准确界定各草场的合适载畜量，加大草场建设投入，提高牧草利用率；加强水资源的保护和科学利用；加大农业科技投入力度，提高农业生产集约化高效性；应着力于建立三江源自然保护区核心区，减少人为对生态环境再次破坏；加大生态环境工程建设及治理力度，通过人为干预的方式适时对其生态恢复进行调节，从而发挥研究区巨大生态功能（窦睿音，2016）。

20.4.2 天然林保护工程

1998 年长江流域、松花江和嫩江流域特大洪灾后，党中央、国务院决定在云南、四川等12 个省（区）国有林区开展天然林保护试点。截至 2018 年，我国天然林保护工程实施 20 周年，20 年来，国家投入 3800 多亿元对天然林进行保护。作为全国最大的生态保护工程之一，"天保工程"在保护森林资源、促进森林增长、提高森林质量方面取得了重大成果。工程区天然林面积增加 1.5 亿亩左右，天然林蓄积量增加 12 亿 m^3，森林资源持续增长，生物多样性得到有效保护。从 2017 年起，国家全面停止天然林商业性采伐，我国天然林保护工程取得了最新进展。

相关研究发现，我国天然林最集中的东北林区（孙凤华等，2005）和西南林区（韩兰英等，2014）都有气候暖干化的趋势，旱季森林火灾（田晓瑞等，2017）与虫鼠害（国家林业局森林病虫害防治总站，2012）的风险增大。生长季和生长季前期发生的干旱对植被生长都有很大的负面影响，并且对中国北方，尤其是西北地区影响显著（Wang et al.，2015）。同时，森林破坏及水资源管理不善加剧了诸如云南重大干旱造成的破坏性影响（Qiu，2010）。应该在加强关键区域的森林保护工作的同时，在水资源管理方面加强相应研究和科学调控，解决流域水资源污染、积极发展并完善有效的水利网络以应对未来极端事件。此外，天然林保护有利于固碳减排（Yu et al.，2014），促进森林生态系统健康稳定发展，但在未来气候干暖化情景下，植被和土壤中的碳被释放回大气的风险增大（Luan et al.，2011）。气候变化的多重性使自然生态系统响应变化更加复杂（Luan et al.，2019），有待进一步研究。此外，研究表明，近 50 年来，气候变化加剧、全球变暖明显、陆地表面趋于干旱，与此同时，森林病虫灾害损失不断增加，两者关系密切（张鹏霞等，2017）。因此，应进一步加强相关研究，提出适应性对策。针对我国大面积退化的天然林，应依据自然演替规律，仿拟天然老龄林的物种组成和群落结构，促进土壤和群落功能的修复，跨越或缩短某些演替阶段，尽可能利用乡土树种定向恢复以大径级、高经济价值林木为目标的森林群落以恢复重建退化天然林（刘世荣等，2009）。

20.4.3 "三北"防护林体系建设工程

"三北"防护林体系建设工程（三北工程）是指在中国风沙危害和水土流失严重的北方地区（西北大部、华北北部和东北西部）建设的大型人工林业生态工程，其目的是改善北方旱区的生态环境（朱教君等，2016；安琪，2018）。工程涵盖黑龙江、北京、新疆等 13 个省（直辖市、自治区）和新疆生产建设兵团，东西长 4480km，南北宽 560~1460km。工程区面积为 406.9 万 km^2，占我国陆地总面积的 42.4%。截至 2018 年，累计完成造林保存面积 3014 万 hm^2，使三北地区的森林覆盖率从 1977 年的 5.05%提高到现在的 13.57%，在我国北方构筑起了一道绿色长城。工程区沙化土地面积持续扩展的态势得到扭转，成功实现了由"沙进人退"向"人进沙退"的历史性转变。

三北工程建设以来（1978~2013 年），我国三北地区平均气温呈显著上升趋势（李泽椿等，2015；王鹏涛等，2014），增温达到了 1.1℃，并伴随明显的年代际和空间变化特征。此外，受大尺度大气环流与下垫面异常的影响，北方地区 10m 高度风速以 0.19m/（s·10a）速度下降（赵宗慈等，2011；陈练，2013），受风场减弱和植被覆盖度增加双重因素的影响，三北工程区的陆地植被防风固沙能力显著提升（李泽椿等，2015；黄麟等，2018）。三北地区林业生态工程建设对该地区植被恢复发挥了重要作用，近 30 年来三北防护林工程区域内植被总体状况得到了改善（He et al.，2015）。因此，应根据不同地区表现出的不同地理分异特征制定不同的应对措施和决策。提出多树种造林模式，增大混交林比例，提高抗干扰胁迫能力，尤其要提高乡土树种比例，提高适应力的同时，有利于未来自然更新，应对气候变化。

20.4.4　退耕还林（还草）工程

退耕还林（还草）工程是迄今为止我国政策性最强、投资量最大、涉及面最广和群众参与度最高的一项生态建设工程，也是最大的"强农、惠农"项目。1999 年在四川、陕西、甘肃三省进行退耕还林试点，之后在北京、天津、河北等 25 个省份全面展开。已累计完成退耕地造林 906.30 万 hm²，荒山荒地造林 1533.97 万 hm²，新封山育林 246.81 万 hm²。退耕还林工程的实施为我国的生态建设做出了重要贡献。经过退耕还林工程建设的区域生态治理效果良好，全区植被恢复效果明显，主要表现为林草覆盖度和蓄积量增加，土壤侵蚀降低，水土保持能力提高，土壤有机碳储量和肥力增大（布日古德，2019；赵娟等，2019；崔晓临等，2016；刘淑娟等，2016；薛亚永和王晓峰，2017）。

Deng 等（2012）利用 11 个中国河流系统的数据，定量分析了退耕还林对土壤侵蚀的影响。结果表明，由于退耕还林面积的增加，径流减少，土壤侵蚀明显减少。Li 等（2019）研究认为退耕还林强烈地改变了黄土高原中的植被，生长季平均 NDVI 和年平均 NDVI 在 1999 年退耕还林启动前略有下降，实施退耕还林后两者表现出显著的增加趋势，在实施退耕还林前，气候变化对黄土高原中的植被影响为负面效应，但对实施退耕还林后的植被产生了积极的影响。不过，在黄土高原最近的研究表明人工植树造林已经达到该区水资源可持续利用的临界值（Feng et al.，2016），不宜再进一步扩大造林面积。

20.4.5　京津风沙源治理工程

2000 年国家紧急启动京津风沙源治理工程，工程区涉及北京、天津、河北、山西及内蒙古等五省（自治区、直辖市）的 75 个县（旗、市、区），总面积为 45.8 万 km²。2000~2011 年，国家累计安排退耕还林及营造林约 696.87 万 hm²，草地治理约 373.67 万 hm²，暖棚 1080 万 m²，饲料机械 12.2 万套，小流域综合治理 1500 万 hm²，节水灌溉和水源工程共 18.6 万处，生态移民 17.9 万人。2012 年实施二期工程，覆盖北京、天津、河北、山西、内蒙古、陕西 6 省（自治区、直辖市）的 138 个县（旗、市、区），总面积为 71.05km²。

Wu 等（2014）研究了京津沙源区干旱和生态恢复方案对植被活动的动态影响，探讨了干旱信号在评价生态恢复方案有效性中的作用。结果表明，人类活动，特别是生态恢复工程，对植被变化有积极的影响，抵消了干旱对生态恢复的负面影响，促进沙源区中植被活动增加的作用。

20.4.6　石漠化综合治理工程

石漠化是指在亚热带、热带湿润岩溶地区，土壤严重侵蚀，基岩大面积裸露，地表呈现石质化的土地退化现象，是岩溶地区最为严重的生态问题。截至 2011 年底，我国石漠化面积约为12万km²，占喀斯特地貌总面积的26.5%，占区域面积的11.2%，防治形势十分严峻（国家林业局防沙治沙办公室，2012）。2008年国家启动石漠化综合治理试点工程。

近几十年来，我国西南地区气候整体呈暖干化态势（苏秀程等，2014），气温明显上升，降水量有所减少（韩兰英等，2014；陆虹等，2015），极端气候事件发生频率和强度显著增大（任国玉等，2010；郑景云等，2014），地表水热环境的改变给喀斯特石漠化治理带来了新的挑战，尤其是干旱发生概率增大，进一步加剧了石漠化土地的喀斯特干旱现象。云南曲靖等喀斯特地区就在持续干旱气候影响下石漠化面积扩展了6.8%，生物治理成果遭受严重破坏（温庆忠等，2014）。石漠化治理主要工程措施是坡改梯，部分坡改梯工程配套田间道路和微集水工程（张信宝等，2012），与生物治理措施相比，气候因子对工程措施的影响方式较为单一，与降雨因子关系最为密切。

西南喀斯特石漠化治理工程区主要位于亚热带季风气候区，年降水和产流高峰均集中在夏季，充分评估极端气候事件（暴雨、干旱）的潜在威胁，有利于科学、合理地设计相关工程措施。

20.5 气候变化对重大海洋工程的影响、风险与适应

20.5.1 重大海洋工程基本情况

海洋工程服务于海洋资源开发利用与保护，是建设海洋强国的重要基础支撑。以海平面上升为主要特征的海洋气候变化已成为公认的事实，随之而来的水温变化、海水酸化和极端海洋灾害事件频发等严重威胁我国沿海重大工程的安全。针对滨海核电站、滨海机场、海堤、危化品港口、岛礁工程和深海作业平台六类沿海重大工程，分析了影响沿海重大工程的主要气候条件及变化趋势，评估了未来海洋气候变化对六类沿海重大工程的可能影响。

20.5.2 观测到的气候变化的影响

1. 滨海核电站

我国已建和在建的核电站全部位于沿海区域，海平面上升降低了已建工程的水位设计标准及核电站的安全性。由于气候变暖，极端气象事件，特别是强降雨的发生频率不断增大，强度不断增强。在沿海地区，强降雨经常与风暴潮灾害同时发生，从而引发洪水灾害，威胁滨海核电站运营安全。气候变化背景下，登陆我国沿海的台风次数虽未增加，但强度增大，发生时间与路径有很大变化，可能对核电站造成不利影响。核电站冷却水系统是确保核电站安全有效运行的重要保障。在全球气候变化背景下，大气中二氧化碳等温室气体含量增高而带来的逐年加剧的海水酸化问题使得海水腐蚀性进一步增强，海水酸化则进一步加速了核电站冷却系统的腐蚀，缩短了核电站的服役寿命以及设备维护周期。

2. 滨海机场

滨海机场建设往往依赖于大型围填海工程的建设，从工程实践情况看，地基土承载力较低和工后沉降较大是目前围填海工程普遍存在的问题。海洋环境下水位变动较为频繁，地下水位的变化对沉降的影响也不可忽略。目前，超采地下水与建筑物超负荷是导致滨海平原地面下沉的主要原因，在气候变化背景下，海平面上升加大了风暴潮、台风、海啸、咸潮、海水侵蚀等海洋灾害的威胁，对填海工程的影响尤为显著。例如，日本关西机场，于1994年建

成投入使用后的 7 年内就下沉了近 12m，远远超过工程设计预期。虽然没有造成结构破坏，但也给机场正常运营带来了极大的影响。

3. 人工海堤

海平面上升累积效应大大加剧了海岸侵蚀程度。海平面上升特征潮位相应增高，潮汐作用增强，近岸区域水深增大，波浪作用增强，使河口地区径流比降变小，海洋水动力条件变化，影响径流挟沙入海（李加林等，2005）。

在高强度的风暴潮影响下，海堤的破坏和海水的漫堤会同时发生，导致城市严重淹水，建筑设施破坏，道路积水中断，农田大面积淹没，容易造成重大的人员伤亡和严重的经济损失。海堤基础会受到风浪的淘刷与冲击，并且在波浪压力下反复受到渗流作用，产生管涌、滑坡甚至垮塌。

4. 重大港口工程

危化品港口事故与极端气象事件也有密切关系，港口及其设备设施安全受到台风、极端高温、强降雨、雷击等自然灾害的影响。在极端高温条件下，则可能触发危化品的化学性质，导致危化品在温度过高时发生爆炸。强降雨事件常与风暴潮灾害同时发生，可能导致港区装卸作业平台淹水，继而引发石化罐区渗水现象。此外，雷击可能造成危化品港口罐区产生明火，引起火灾和严重爆炸。

5. 新兴岛礁工程

风暴潮、极端高潮位、极端大浪等海洋灾害对珊瑚礁自身及其相关工程的安全带来了极大的挑战。气候变化引起的海上波况恶化增加了珊瑚礁受大浪作用的频率和时间。风浪作用下产生沿岸流造成珊瑚砂的流失，剧烈的冲刷作用会使珊瑚礁海岸侵蚀后退，使得原有海岸建筑、防护措施等遭到破坏，影响岛礁上的生产生活措施正常运行。此外，考虑到珊瑚砂的特殊工程地质属性，其松散多孔的特性使其承载力与大陆沿岸的硅质砂不同，在波浪的周期性荷载作用下，可能发生失稳破坏，对其上的岛礁建筑物的安全造成威胁。

6. 海洋石油平台

海洋酸化将导致海洋的电化学腐蚀效果加强，对钢结构海洋平台造成重大安全隐患，使钢构件生锈、蚀孔、断裂等，影响结构耐久性和正常使用，对现有的海洋防腐技术提出新的挑战。此外，海水的物理特性也与其生物化学特性息息相关，气候变化引起的海水酸化也会对生物腐蚀过程产生影响。受全球气候变暖影响，极地冰圈的面积有所减少，中国近海结冰现象有所缓解，但会导致大气环流变化、异常气候增加，使中国近海异常冰情出现概率增大，会影响海洋石油平台及其附属设施的正常运行。另外，在气候变化背景下，未来登陆我国的台风强度呈增强趋势，超强台风出现概率呈增大趋势，导致海洋石油平台面临的倾覆、损毁等破坏风险上升，严重威胁海上石油平台及相关人员的安全。海洋内波在密跃层中传播时会携带巨大能量并诱发突发性强流，对海上结构物，如海洋平台、立管、钻杆、海底石油管道、储油轮和缆绳等产生很大的冲击载荷，甚至导致其大幅度运动，进而对其施工安装以及正常工作时的安全或操作性能产生巨大影响。

20.5.3　适应对策

1. 滨海核电站

在全球气候变化背景下，应科学评估滨海核电站面临海平面上升、风暴潮、洪水等灾害的风险，提出有针对性的减缓措施，编制各滨海核电站的气候变化应对规划（丁一汇和杜祥琬，2016）。科学评估滨海地区盐度变化和海水酸化的变化对滨海核电站海水冷却系统腐蚀的影响，确定设备对各环境因素的适应程度，选择合理的防腐蚀方案（刘飞华等，2007）。加强对设备冲洗水的管理，并改进防火封堵的设计；科学选择核电站用水系统中进水母管隔离阀及附近短管的外部防腐蚀涂料（刘飞华等，2007）。

在滨海核电站风险预测系统研发方面，科学评估和判断气候变化对滨海核电站的危害，开展灾害应急预案的分析和研究（侯西勇等，2014）。应提高滨海核电站操作人员对气候变化的敏感度，科学分析并建立人因事件可靠性分析模式，并提高操作人员的防灾意识，加强相应人员的应急响应能力（Swain and Guttmann，1983）。

2. 滨海机场

滨海机场作为沿海城市的大型运输枢纽，在全球气候急剧变化的背景下，易遭受海平面上升、极端海洋灾害频发、高温热浪频发等气候变化带来的负面影响，以下提出滨海机场适应气候变化的相关对策。

针对气候变化下高温热浪的频发情况，一方面科学合理规划滨海机场飞机滑行跑道长度，从而解决高温天气飞机起飞动力不足问题；另一方面建议科学合理控制极端高温下的飞机载重。同时，对于气候变化下高温对机场道面的影响，可通过合理选择材料、科学设计混合料、控制施工方法等改善高温情况下机场道面的耐高温性能（Wang et al.，2015）。

气候变化增加了极端海洋灾害发生频率，机场需要对人员进行紧急疏散（Council National，2011）。一方面，科学合理安排机场人员疏散路线；另一方面，合理提高滨海机场运输通道的输运能力（李保瑞，2011）。提升滨海机场辅助设施系统的抗风险能力，保障极端海洋灾害发生时滨海机场的正常运行（王诺等，2011）。

3. 人工海堤

人工海堤作为沿海地区防御台风、风暴潮、极端大浪灾害，在其建设和运营过程中，需要充分考虑气候变化的可能影响。合理提高护面结构的设计标准，防止防浪墙冲倒引起的越浪。制定海堤的耐腐性标准，综合选择防腐蚀性措施，合理加强堤脚的保护，加强海堤地基强度。

完善海堤在气候变化下的防潮防浪标准，优化海堤工程的建设规划，充分考虑在气候变化影响下海岸的自然形态和环境保护问题。将海堤工程规划与城市发展规划、国家战略规划、自然环境规划有机结合。

针对气候变化带来的气象灾害，健全应对气候变化的海堤管理体制。针对气候变化影响下的我国海堤工程，利用大数据、深度学习等先进技术和基于高性能计算机的数值计算模型，努力将灾害造成的损失降到最低水平，充分保障人民的生命和财产安全。

4. 重大港口工程

目前，我国正在进行有关气候变化的影响研究，涉及港口的研究较少。为应对气候变化，结合国内外先进的方法模拟港区的未来环境，明确气候变化的变化过程及影响区域（王琦，2012）。同时，深化极端海洋灾害事件对港口影响的数学模拟和物理模型试验研究（贾良文等，2012）。港口码头选址时，应结合当地的历史气候条件，主动避开受气候影响较大的区域（贾良文等，2012）。在港口设计时，要考虑将气候变化的数据纳入设计中，合理提高港口的安全等级及设计波要素标准，同时进行经济技术的分析论证。已建成的重大港口工程，应科学评估其应对气候变化的能力，加强港航设施巡查与维护制度的落实，加强港航工程的管理、维修和养护以及维护港航工程的安全和正常运行（贾良文等，2012）。

港口要加强监测极端天气事件能力建设，加强潮位观测站建设，完善海洋卫星和定点测量体系，为气象预报的准确性提供数据支撑（甘申东等，2012）。同时，重大港口工程单位要加强与地方政府及科学研究组织的联系（于良巨等，2014），尽快建设和完善极端海洋灾害事件的预测和预报系统，制订完善的防御和应对预案。明确港航设施的潜在风险、抢险物资储量、存放点、人员转移安排等（贾良文等，2012）。

5. 新兴岛礁工程

气候变化加大了岛礁工程所面临的困难，包括珊瑚岛礁的生态保护、钙质砂地质的工程性质、远海工程的防腐设计和抗风浪设计，对这些问题在气候变化条件下如何发展演变仍缺乏清晰、确定的认知了解，相关科学研究的开展不够充分。考虑到当前气候正发生深刻、复杂的变化，加强对重点岛礁工程区域的气候水文等环境数据的监测收集更为必要和迫切，同时考虑建立国家标准的数据库，规范对相关数据的管理使用。

岛礁工程建设方面，急需制定相应规范，指导岛礁工程的合理规范建设。需制定岛礁工程在风暴潮等气象灾害引发的极端海况下的防灾避险方案。进一步提高生态环境保护在岛礁工程中的地位，开发与保护措施并举。同时，还应科学监控污染物的排放情况和各项环境参数、指标的变化。

6. 海洋石油平台

深水钻井作业时，建立深水钻井平台应对内波流技术方案，以保障作业的安全；对于锚泊定位平台，作业前期要优化锚泊设计，对艏向、锚头和锚缆等做重点研究。监测到内波时，守护船及时接拖待命，根据平台指挥使拖船适当地提高双车功率，尽量稳住平台位置；对于动力定位平台，当监测到内波时，及时调整平台艏向对准内波流方向，增大推进器功率，稳定钻井装置位置。此外，平台配备雷达来探测内波流踪迹，提前将平台艏向对准内波流方向，或者行驶到平台至井口中心，根据流速调节推进器功率（胡伟杰，2015）。对海洋平台结构在海洋环境中腐蚀区域的腐蚀情况进行分析和界定，根据海洋环境、腐蚀特点和平均腐蚀率不同，对海洋平台的海洋大气区、飞溅区和全浸区三大区域提出不同的防护技术。

加强国家环境预报中心和海洋预报台的建设，加强风暴潮预警的同步性。对于地处风暴潮多发区的平台，采用简易卫星平台加海底管线的开发方式，以求在恶劣工作环境下，保证设施和人员安全，确保油田正常生产。

7. 成功案例

在气候变化背景下，海平面上升导致我国东部沿海地区咸潮上溯加剧，威胁城市居民日常饮用水源安全、影响农耕灌溉用水。针对以上问题，2006年上海市启动青草沙水库工程，水库取水采用泵、闸相结合的运行方式，在非咸潮期以水闸自流引水入库为主，咸潮期通过水库预蓄的调蓄水量和抢补淡水满足受水区域的用水需求。工程设计揭示了工程区复杂的"水沙盐"特征、河势演变的基本规律，系统性优化了工程布置、泵闸规模及其调度运行规则，成功实现了泵闸联动、以闸为先的水库自流引水最大化节能运行模式（陆忠民和吴彩娥，2013）。对于珠江地区，全国上下积极组织协调实施压咸补淡水量调度措施，形成"多库联合调度""前蓄后补""避涨压退"等富有成效的调度理念，采取"月计划、旬调度、周调整、日跟踪"的运作方式，有效遏制了咸潮上溯的影响，确保了珠三角供水安全（蔡尚途等，2008）。

参 考 文 献

安琪. 2018. 三北工程四十年——崛起的绿色长城. 国土绿化, (11): 12-17.

布日古德. 2019. 内蒙古三大国家重点工程建设成效初步分析. 内蒙古林业调查设计, 42(3): 97-100.

蔡尚途, 吴怡蓉, 张虹. 2008. 珠江压咸补淡水量调度以人为本确保珠三角供水安全. 中国水利, (24): 218-221.

陈锋, 谢正辉. 2012. 气候变化对南水北调中线工程水源区与受水区降水丰枯遭遇的影响. 气候与环境研究, 17(2): 139-148.

陈练. 2013. 气候变暖背景下中国风速(能)变化及其影响因子研究. 南京: 南京信息工程大学.

陈良华, 郭乐, 王玉华. 2013. 气候变化条件下的三峡梯级水库调度. 中国三峡, (5): 47-50.

陈鲜艳, 梅梅, 丁一汇, 等. 2015. 气候变化对我国若干重大工程的影响. 气候变化研究进展, 11(5): 337-342.

陈鲜艳, 宋连春, 郭占峰, 等. 2013. 长江三峡库区和上游气候变化特点及其影响. 长江流域资源与环境, 22(11): 1466-1471.

陈颖, 陈鹏翔, 江远安, 等. 2017. 乌鲁木齐河流域致灾洪水临界雨量分析. 沙漠与绿洲气象, 11(2): 8-13.

程国栋, 吴青柏, 马巍. 2009. 青藏铁路主动冷却路基的工程效果. 中国科学(E辑: 技术科学), 39(1): 16-22.

崔豪, 王贺佳, 肖伟华, 等. 2021. 三峡库区CMFD降水数据适用性评估. 人民长江, 52(8): 98-104.

崔鹏, 陈容, 向灵芝, 等. 2014. 气候变暖背景下青藏高原山地灾害及其风险分析. 气候变化研究进展, 10(2): 103-109.

崔晓临, 雷刚, 王涛, 等. 2016. 退耕还林还草工程实施对洛河流域土壤侵蚀的影响. 水土保持研究, 23(5): 68-73.

达波, 余红发, 麻海燕, 等. 2016. 南海岛礁普通混凝土结构耐久性的调查研究. 哈尔滨工程大学学报, 37(8): 1034-1040.

丁一汇, 杜祥琬. 2016.《第三次气候变化国家评估报告》特别报告, 气候变化对我国重大工程的影响与对策研究. 北京: 科学出版社.

窦睿音. 2016. 近半个世纪三江源地区气候变化与可持续发展适应对策研究. 生态经济, 32(2): 165-171.

冯曦, Maitaine Olabarrieta, Arnoldo Valle-Levinson, 等. 2017. 南大西洋湾内风暴增水半日扰动现象的数值模拟实验. 北京: 中国海洋出版.

甘申东, 章卫胜, 宗虎城, 等. 2012. 我国南海沿海台风风暴潮灾害分析及减灾对策. 水利水运工程学报, (6): 51-58.

高斌, 肖伟华, 鲁帆, 等. 2021. 基于GAMLSS模型的三峡库区主汛期降雨非一致性分析. 水土保持研究, 28(5): 152-158, 171.

格央, 德庆卓嘎, 次旦巴桑. 2016. 青藏铁路高影响天气指标及实况数据订正反演. 高技术通讯, 26(Z1): 792-798.

国家林业局防沙治沙办公室. 2012. 中国石漠化状况公报. 北京: 国家林业局.

国家林业局森林病虫害防治总站. 2012. 气候变化对林业生物灾害影响及适应对策研究. 北京: 中国林业出版社.

韩兰英, 姚玉璧, 王静, 等. 2014. 近 60 年中国西南地区干旱灾害规律与成因. 地理学报, 69(5): 632-639.

侯西勇, 于良巨, 骆永明. 2014. 我国沿海核电发展态势、致灾因素分析及研究建议. 科技促进发展, 10(4): 101-109.

胡伟杰. 2015. 南海内波流对深水钻井的影响及对策. 石油钻采工艺, 37(1): 160-162.

黄麟, 祝萍, 肖桐, 等. 2018. 近 35 年三北防护林体系建设工程的防风固沙效应. 地理科学, 38(4): 600-609.

贾良文, 谢凌峰, 罗敬思, 等. 2012. 风暴潮对广东省沿海港航设施影响及防护对策研究. 海岸工程, 31(3): 55-64.

雷小途, 徐明, 任福民. 2009. 全球变暖对台风活动影响的研究进展. 气象学报, 67(5): 679-688.

李保瑞. 2011. 离岸型海上机场运输通道配置研究. 大连: 大连海事大学.

李加林, 张殿发, 杨晓平, 等. 2005. 海平面上升的灾害效应及其研究现状. 灾害学, 20(2): 49-53.

李凌程, 张利平, 夏军, 等. 2014. 气候波动和人类活动对南水北调中线工程典型流域径流影响的定量评估. 气候变化研究进展, 10(2): 118-126.

李泽椿, 郭安红, 延昊, 等. 2015. 气候变化对生态保护工程的影响. 气候变化研究进展, 11(3): 179-184.

林战举, 牛富俊, 葛建军, 等. 2010. 青藏铁路北麓河地区典型热融湖变化特征及其对冻土热状况的影响. 冰川冻土, V32(2): 341-350.

林战举, 牛富俊, 刘华, 等. 2012. 青藏高原热融湖对冻土工程影响的数值模拟. 岩土工程学报, 34(8): 1394-1402.

刘彩红, 余锦华, 李红梅. 2015. RCPs 情景下未来青海高原气候变化趋势预估. 中国沙漠, 35(5): 1353-1361.

刘飞华, 任爱, 杨帆, 等. 2007. 核电站海水冷却系统的腐蚀与防腐蚀设计. 腐蚀与防护, 28(6): 313-316.

刘世荣, 史作民, 马姜明, 等. 2009. 长江上游退化天然林恢复重建的生态对策. 林业科学, 45(2): 120-124.

刘淑娟, 张伟, 王克林, 等. 2016. 桂西北典型喀斯特峰丛洼地退耕还林还草的固碳效益评价. 生态学报, 36(17): 5528-5536.

刘文惠, 谢昌卫, 王武, 等. 2019. 青藏高原可可西里盐湖水位上涨趋势及溃决风险分析. 冰川冻土, 41(6): 1467-1774.

陆虹, 覃卫坚, 李艳兰, 等. 2015. 近 40 年广西石漠化地区气候变化特征分析. 气象研究与应用, 36(1): 6-9.

陆忠民, 吴彩娥. 2013. 上海长江水源地青草沙水库工程. 水利规划与设计, (12): 97-97.

穆彦虎, 马巍, 牛富俊, 等. 2014. 多年冻土区道路工程病害类型及特征研究. 防灾减灾工程学报, 34(3): 259-267.

任国玉, 封国林, 严中伟. 2010. 中国极端气候变化观测研究回顾与展望. 气候与环境研究, 15(4): 337-353.

宋雯雯, 郭洁, 袁媛, 等. 2020. 1981~2017 年雅砻江流域面雨量变化特征分析. 高原山地气象研究, 40(1): 56-60.

苏秀程, 王磊, 李奇临, 等. 2014. 近 50a 中国西南地区地表干湿状况研究. 自然资源学报, 29(1): 104-116.

孙凤华, 杨素英, 陈鹏狮. 2005. 东北地区近 44 年的气候暖干化趋势分析及可能影响. 生态学杂志, 24(7): 751-755.

孙美平, 刘时银, 姚晓军, 等. 2014. 2013 年西藏嘉黎县"7·5"冰湖溃决洪水成因及潜在危害. 冰川冻土, 36(1): 158-165.

陶佳辉, 卞锦宇, 敖天其, 等. 2021. 南水北调东线调水区及受水区降水径流变化特征. 水资源保护, 网络首发. 2021-12-07.

田晓瑞, 舒立福, 赵凤君, 等. 2017. 气候变化对中国森林火险的影响. 林业科学, 53(7): 159-169.

王刚, 严登华, 张冬冬, 等. 2014. 海河流域 1961 年—2010 年极端气温与降水变化趋势分析. 南水北调与水利科技, 12(1): 1-6, 11.

王国忠. 2005. 全球海平面变化与中国珊瑚礁. 古地理学报, 7(4): 483-492.

王浩, 李扬, 任立良, 等. 2015. 水文模型不确定性及集合模拟总体框架. 水利水电技术, 46(6): 21-26.

王浩, 王建华, 贾仰文. 2016. 海河流域水循环演变机理与水资源高效利用. 北京: 科学出版社.

王贺佳. 2020. 陆面过程与二元水循环耦合研究及其在长江流域的应用. 博士学位论文. 北京: 清华大学.

王渺林, 侯保俭. 2012. 长江上游流域径流年内分配特征分析. 重庆交通大学学报(自然科学版), (4): 873-876.

王渺林, 侯保俭, 傅华. 2012. 未来气候变化对三峡入库径流影响分析. 重庆交通大学学报(自然科学版), 31(1): 103-105, 127.

王诺, 陈爽, 杨春霞, 等. 2011. 离岸式海上机场水运交通规划与布置. 中国港湾建设, (1): 74-76.

王鹏涛, 延军平, 蒋冲, 等. 2014. 三北防护林工程区气候变化分析. 水土保持通报, 34(1): 273-278.

王琦. 2012. 浅析英国应对海平面上升的举措与对我国的借鉴意义. 海洋信息, (4): 58-61.

王若瑜, 谭云廷, 程炳岩, 等. 2017. 基于高分辨率区域气候模式的三峡库区降水变化模拟与预估. 干旱气象, 35(2): 291-298.

魏庆朝, 张大炜. 2002. 中国铁路水害环境致灾因子分析. 自然灾害学报, 11(1): 123-127.

温庆忠, 肖丰, 罗娅妮. 2014. 气候因素对云南石漠化治理的影响与对策. 林业调查规划, 39(5): 61-64.

吴青柏, 张中琼, 刘戈. 2020. 青藏高原气候转暖与冻土工程的关系. 工程地质学报, 29(2): 342-352.

夏军, 李原园. 2016. 气候变化影响下中国水资源的脆弱性与适应对策. 北京: 科学出版社.

夏军, 刘春蓁, 任国玉, 等. 2011. 气候变化对我国水资源影响研究面临的机遇与挑战. 地球科学进展, 26(1): 1-12.

夏军, 马协一, 邹磊, 等. 2017. 气候变化和人类活动对汉江上游径流变化影响的定量研究. 南水北调与水利科技, 15(1): 1-6.

向菲菲, 王伦澈, 姚瑞, 等. 2018. 三峡库区气候变化特征及其植被响应. 地球科学, 43(s1): 42-52.

薛亚永, 王晓峰. 2017. 黄土高原森林草原区退耕还草土壤保持效应评估. 干旱地区农业研究, 35(5): 122-128.

严学斌. 2013. 青藏铁路五道梁冻土路基稳定性评价方法研究. 北京: 北京交通大学.

杨鹏鹏, 黄晓荣, 柴雪蕊, 等. 2015. 南水北调西线引水区近50年径流变化趋势对气候变化的响应. 长江流域资源与环境, 24(2): 271-277.

杨振, 温智, 马巍, 等. 2015. 基于移动网格技术的热融湖动态演化过程数值模拟. 冰川冻土, 37(1): 183-191.

杨振, 温智, 牛富俊, 等. 2013. 多年冻土区热融湖研究现状与展望. 冰川冻土, 35(6): 1519-1526.

尹国安, 牛富俊, 林战举, 等. 2014. 青藏铁路沿线多年冻土分布特征及其对环境变化的响应. 冰川冻土, 36(4): 772-781.

于良巨, 王斌, 侯西勇. 2014. 我国沿海综合灾害风险管理的新领域——海陆关联工程防灾减灾. 海洋开发与管理, 31(9): 104-109.

余江游, 夏军, 于敦先, 等. 2018. 南水北调中线工程水源区与海河受水区干旱遭遇研究. 南水北调与水利科技, 16(1): 63-68.

张爱玲. 2011. 我国滨海核电厂的防洪设计现状及技术探讨. 核安全, (2): 47-52.

张建敏, 黄朝迎, 吴金栋. 2000. 气候变化对三峡水库运行风险的影响. 地理学报, 55(z1): 26-33.

张静, 保广裕, 周丹, 等. 2018. 基于回归模型的青藏铁路水害气象风险评估. 沙漠与绿洲气象, 12(1): 53-56.

张静, 刘增进, 肖伟华, 等. 2019. 三峡水库蓄水后库区气候要素变化趋势分析. 人民长江, 50(3): 113-116, 165.

张利平, 秦琳琳, 胡志芳, 等. 2010. 南水北调中线工程水源区水文循环过程对气候变化的响应. 水利学报, 41(11): 1261-1271.

张鹏霞, 叶清, 欧阳芳, 等. 2017. 气候变暖、干旱加重江西省森林病虫灾害. 生态学报, 37(2): 639-649.

张信宝, 王世杰, 孟天友. 2012. 石漠化坡耕地治理模式. 中国水土保持, (9): 41-44.

赵娟, 刘任涛, 刘佳楠, 等. 2019. 北方农牧交错带退耕还林与还草对地面节肢动物群落结构的影响. 生态学报, 39(5): 1653-1663.

赵宗慈, 罗勇, 江滢. 2011. 全球大风在减少吗? 气候变化研究进展, 7(2): 149-151.

郑景云, 郝志新, 方修琦, 等. 2014. 中国过去 2000 年极端气候事件变化的若干特征. 地理科学进展, 33(1): 3-12.

周小英, 谢世友, 任伟. 2017. 1955—2014 年三峡库区降水特征分析——以重庆市万州区为例. 西南大学学报 (自然科学版), 39(10): 102-108.

朱大运, 熊康宁. 2018. 气候因子对我国喀斯特石漠化治理影响研究综述. 江苏农业科学, 46(7): 19-23.

朱教君, 郑晓, 闫巧玲, 等. 2016. 三北防护林工程生态环境效应遥感监测与评估研究. 北京: 科学出版社.

Chappell J. 1983. Evidence for smoothly falling sea level relative to north Queensland, Australia, during the past 6, 000 yr. Nature, 302(5907): 406-408.

Chen S, Wang W, Xu W, et al. 2018. Plant diversity enhances productivity and soil carbon storage. Proceedings of the National Academy of Sciences, 115(16): 4027-4032.

Coffel E, Horton R. 2015. Climate change and the impact of extreme temperatures on aviation. Weather, Climate, and Society, 7(1): 94-102.

Costa A, Appleton J. 2002. Case studies of concrete deterioration in a marine environment in Portugal. Cement & Concrete Composites, 24(1): 169-179.

Council National. 2011. Adapting Transportation to the Impacts of Climate Change: State of the Practice 2011. Transportation Research E-Circular.

Deng L, Shangguan Z, Li R. 2012. Effects of the grain-for-green program on soil erosion in China. International Journal of Sediment Research, 27(1): 120-127.

Ding Y, Zhang S, Zhao L, et al. 2019. Global warming weakening the inherent stability of glaciers and permafrost. Science Bulletin, 64(4): 245-253.

Feng X, Fu B, Piao S, et al. 2016. Revegetation in China's Loess Plateau is approaching sustainable water resource limits. Nature Climate Change, 6(11): 1019-1022.

Guo J, Chen H, Xu C, et al. 2012. Prediction of variability of precipitation in the Yangtze River Basin under the climate change conditions based on automated statistical downscaling. Stochastic Environmental Research and Risk Assessment, 26(2): 157-176.

He B, Chen A, Wang H, et al. 2015. Dynamic response of satellite-derived vegetation growth to climate change in the three north shelter forest region in China. Remote Sensing, 7(8): 9998-10016.

Keeling R E, Körtzinger A, Gruber N. 2010. Ocean deoxygenation in a warming world. Annual Review of Marine Science, 2(1): 199.

Knutson T, Landsea C, Emanuel K. 2010. Tropical Cyclones and Climate Change: A Review. Global Perspectives on Tropical Cyclones: From Science to Mitigation.

Li G, Sun S, Han J, et al. 2019. Impacts of Chinese Grain for Green program and climate change on vegetation in the Loess Plateau during 1982-2015. Sci Total Environ, 660: 177-187.

Liu X D, Chen B D. 2015. Climatic warming in the Tibetan plateau during recent decades. International Journal of Climatology, 20(14): 1729-1742.

Luan J, Liu S, Wang J, et al. 2011. Rhizospheric and heterotrophic respiration of a warm-temperate oak chronosequence in China. Soil Biology and Biochemistry, 43(3): 503-512.

Luan J, Liu S, Wang J, et al. 2018. Tree species diversity promotes soil carbon stability by depressing the temperature sensitivity of soil respiration in temperate forests. Science of The Total Environment, 645: 623-629.

Luan J, Wu J, Liu S, et al. 2019. Soil nitrogen determines greenhouse gas emissions from northern peatlands under concurrent warming and vegetation shifting. Communications Biology, 2(1): 132.

Niu F, Xu J, Lin Z. 2008. Engineering Activity Induced Environmental Hazards in Permafrost Regions of Qinghai-Tibet Plateau. Fairbanks: 9th International Conference on Permafrost, 1287-1292.

Piao S, Ciais P, Friedlingstein P, et al. 2008. Net carbon dioxide losses of northern ecosystems in response to autumn warming. Nature, 451(7174): 49-52.

Qiu J. 2010. China drought highlights future climate threats. Nature, 465(TN7295): 142-143.

Shang Y Z, Lu S B, Ye Y T, et al. 2018. China's energy-water nexus: Hydropower generation potential of joint operation of the Three Gorges and Qingjiang cascade reservoirs. Energy, 142: 14-32.

Swain A D, Guttmann H E. 1983. Handbook of Human-Reliability Analysis with Emphasis on Nuclear Power Plant Applications. Prepared by Sandia National Laboratories.

Wang H J, Xiao W H, Zhao Y, et al. 2019. The spatiotemporal variability of evapotranspiration and its response to climate change and land use land cover change in the Three Gorges Reservoir. Water, 11(9): 1739.

Wang H, Chen A, Wang Q, et al. 2015. Drought dynamics and impacts on vegetation in China from 1982 to 2011. Ecological Engineering, 75: 303-307.

Wang W P, Chen Y F, Becker S, et al. 2017. The impact of climate change on the hydropower potential of the Three Gorges Reservoir. IAHS Scientific Assembly, IAHS2017-378.

Wen Z, Zhelezniak M, Wang D, et al. 2018. Thermal interaction between a thermokarst lake and a nearby embankment in permafrost regions. Cold Regions Science and Technology, 155(Nov): 214-224.

Woodroffe C D. 2008. Reef-island topography and the vulnerability of atolls to sea-level rise. Global & Planetary Change, 62(1): 77-96.

Working Group I of the IPCC. 2013. Climate Change; The Physical Science Basis. Cambridge: Cambridge University Press.

Wu Q, Zhang T, Liu Y. 2012. Thermal state of the active layer and permafrost along the Qinghai-Xizang (Tibet) Railway from 2006 to 2010. Cryoshere, 6(3): 2465-2481.

Wu Z, Wu J, He B, et al. 2014. Drought offset ecological restoration program-induced increase in vegetation activity in the Beijing-Tianjin Sand Source Region, China. Environ Sci Technol, 48(20): 12108-12117.

Xu Y, Lin S, Huang Y, et al. 2011. Drought analysis using multi-scale standardized precipitation index in the Han River Basin, China. Journal of Zhejiang University-Science A, 12(6): 483-494.

Yu G, Chen Z, Piao S, et al. 2014. High carbon dioxide uptake by subtropical forest ecosystems in the East Asian monsoon region. Proceedings of the National Academy of Science, 111(13): 4910-4915.

Yu K F, Zhao J X. 2010. U-series dates of Great Barrier Reef corals suggest at least +0.7m sea level~7000 years ago. Holocene, 20(2): 161-168.

第21章 气候变化对生态脆弱与贫困地区的影响与风险

首席作者：张树文 马欣 高江波

主要作者：杨久春 李飞 赵东升

摘 要

脆弱与贫困地区是对气候变化最敏感的地区，也是适应气候变化的关键区域。本章在历次气候变化国家评估报告的基础上，结合 2012 年以来的研究进展，重点评述了青藏高原、喀斯特地区、北方农牧交错带、黄土高原等典型生态脆弱区及连片贫困地区的气候变化观测事实、影响及未来风险，并针对不同地区提出了适应区域气候变化的策略与建议。青藏高原气候暖湿化趋势明显，致使水循环速率加快、植被覆盖度上升、净初级生产力增加、农田面积扩大，但同时也带来了灾害风险增强、冻土退化、冰川和积雪减少、沙漠化面积扩大等负面影响。未来青藏高原气候仍以变暖和变湿为主要特征，冰川和积雪将持续减少，河流径流量则将增加，高寒草甸分布区可能被灌丛挤占，多年冻土区面积将进一步退化。喀斯特地区气候变化对植被覆盖影响呈利好趋势，主要植被类型覆盖度呈上升趋势。气候变化对喀斯特地区水文循环和水资源的影响较为明显，加大了水土流失风险。北方农牧交错带气候变化总体呈暖干化趋势，增温远快于中国和全球陆地的平均水平，导致气候界线整体向东南移动，粮食生产潜力降低。受气候变化影响，北方农牧交错带内大部分草地的净初级生产力增加，生长季归一化植被指数缓慢上升。黄土高原暖干化趋势明显，区域年平均气温显著升高，增温速率高于全球和中国平均水平。受气候变化影响，黄土高原半干旱和半湿润区南移，洪涝灾害风险加剧，陆地水储量显著下降，植被有所恢复，水土流失减少，越冬作物种植界线北移西扩，喜温作物种植面积和气候生产潜力增大，农业生产的不确定性上升。未来气候变化是已观测到的气候变化的放大，将进一步加剧水资源的供需矛盾，致使植被恢复工程受限，农业生产脆弱性增大。气候变化会加剧贫困人口面临的各种风险，生计和贫困问题越发突出。应对气候变化的脆弱性与贫困具有极高的伴生关系，减缓和适应气候变化的政策和行动对生计、贫困和不平等性的影响有利有弊，在某些情况下甚至会进一步恶化贫困人口和边缘人群的境况。

21.1　青藏高原气候变化的影响、风险与适应

青藏高原是全球气候变化的启动区和敏感区（Yao et al.，2012；Liu and Chen，2015）。20 世纪以来青藏高原气候快速变暖，近 50 年来的变暖速率超过全球同期平均升温率的 2 倍，冬季增温最为明显，增温主要位于高海拔地区（Ye et al.，2013；郑然等，2015；Kuang and Jiao，2016）。

21.1.1　气候变化对青藏高原水循环和生态系统产生了重要的影响

气候变暖使青藏高原的水循环速率显著增大。青藏高原降水主要受季风和西风的影响，受季风影响的青藏高原东部和南部地区降水减少，受西风影响的青藏高原北部和中部降水则呈增加趋势（Yang et al.，2011；Yao et al.，2012）。气候变化下，青藏高原蒸发量呈上升趋势（Yang et al.，2014；Liu et al.，2018a），各大流域的蒸发普遍增强（Li et al.，2014）。受蒸发和降水变化的影响，青藏高原中北部径流增加，湖泊扩张；青藏高原南部径流减少，雅鲁藏布江流域湖泊水位下降，一些湖泊出现萎缩。近 20 年，青藏高原降雪量和积雪日数均呈减小趋势，夏季和秋季减少明显。增温使冰川整体后退，其中以藏东南地区和喜马拉雅山冰川后退最为明显，但由于降水补给增加，西昆仑和喀喇昆仑地区的冰川较为稳定，有些冰川甚至出现前进的现象。增温使青藏高原土壤冻融循环加剧，1988~2007 年土壤融化日提前 14 天，土壤冻结日推迟 17 天（Li et al.，2012a），永久冻土分布区向高海拔移动（Ran et al.，2018）。

青藏高原生态系统变化为总体趋好。高寒草原是青藏高原最主要的生态系统类型，近年来青藏高原草地植被覆盖度呈微弱上升趋势，生态系统结构整体稳定。过去 30 年青藏高原物候变化的主要特征为返青期提前，导致高寒植被生长季延长，植被净初级生产力增加8.1%~20%，显示增加的面积达 32%以上（Gao et al.，2013，2016；Zhang et al.，2014；Chen et al.，2014），生态系统功能稳定向好。气候变暖对青藏高原草地的影响在时间和空间上都存在显著的差异，特别是降水的时空变化对干旱和半干旱地区草地影响较大（张宪洲等，2015），气候干旱和人类放牧活动的双重影响导致干旱和半干旱地区草地严重退化。过去40 年青藏高原高寒湿地受气候变暖影响，面积以 0.13 %/a 的速率退缩，但近十多年有所恢复。1990 年之前，气候变暖导致的蒸发增强致使青藏高原湿地分布大幅度减少。而 1990 年之后，冰川融化和降水增加使高原湿地面积逐渐开始恢复，特别是西藏地区的湿地恢复较为明显（赵志龙等，2014；邢宇，2015；Xue et al.，2018）。

草地是青藏高原畜牧业赖以生存和发展的物质基础，气候变化下，20 世纪 80 年代以来，青藏高原草地净初级生产力呈现整体增大趋势，增加量在 20%~40%。2000~2006 年，干旱和较大的放牧压力导致藏北高原草地呈退化的趋势，草地地上生物量明显减少；2007~2014 年，降水增加以及退牧还草工程的实施使得草地呈现改善态势。70 年代中期以来，气候变暖使青藏高原农作物适种范围呈扩大趋势，春青稞适种上限升高了 550m，冬小麦适种海拔上限升高了 133m，两季作物适种的潜在区域也在扩大，复种指数增大，拓展了农牧业结构调整空间。温度升高改变了青藏高原农区种植制度，过去 50 年来，农作物≥0℃的生育期平均每 10 年延长 4~9 天，≥10℃的生育期平均每 10 年延长 4 天。

未来青藏高原气候仍以变暖和变湿为主要特征。冰川和积雪将持续减少，河流径流量则会出现不同程度的增加。在这种气候情景下，青藏高原近期（现今至 2050 年）和远期

（2051~2100 年）森林和灌丛将向西北扩张，高寒草甸分布区可能被灌丛挤占，植被净初级生产力将增大；种植作物适宜区将向高纬度和高海拔地区扩展，冬播作物的适种范围也将进一步增大，复种指数进一步提高。多年冻土区面积将持续缩小，并且活动层厚度将显著增加。

21.1.2　气候变化导致青藏高原灾害风险持续增强

过去 50 年，受气候变暖影响青藏高原极端天气事件的频率和强度均不同程度增大（吴国雄等，2013；杜军等，2013；崔鹏等，2014），气候模拟结果表明，未来 100 年青藏高原的气温和降水仍将以上升趋势为主。气候变暖及其导致的极端天气事件将显著地增大青藏高原泥石流、滑坡、冰湖溃决的发生频率和强度，同时气候暖湿化也提高了多年冻土的上限温度，综合这些不利影响，青藏高原灾害风险将显著增大。

青藏高原一年中日降水量≥10 mm、年最大日降水量和降水量的天数分别以 6.59 mm/10a、0.33 mm/10a、0.26 d/10a 的速率增加。雨热同季的气候特点有利于溃决洪水、泥石流和大规模滑坡的形成发展，并增大其形成次生灾害、造成重大损失的风险。升温使青藏高原大部分山地冰川的面积和体积明显减少（辛惠娟等，2013；张其兵等，2016；段克勤等，2017），1999~2015 年，年均温度升高和降水减少致使念青唐古拉山冰川退缩，冰川总面积减少了 56.32 km^2（安国英等，2019）。升温使雪线附近冰川的季节性消融增强，将大幅增加冰面和冰下径流，致使短时间内流量猛增，增大冰湖溃决的风险。

青藏高原冻土退化和沙漠化增强是环境恶化的主要特征。青藏高原多年冻土分布面积为 175.39×10^4 km^2，占国土面积的 18.3%，是地球上面积最大的高海拔多年冻土（马巍等，2012）。气温升高、降水增加导致青藏高原地区多年冻土退化，使高寒冻土温度升高、活动层厚度增大、地下冰融化（孟超等，2018）。冻土的退化加速了青藏铁路、公路路基的不均匀下沉速率，对交通安全运行造成极大的威胁（彭惠等，2015；汪双杰等，2015）。气温升高导致青藏高原河谷沙漠化面积扩大、程度加剧，土壤风蚀呈现先加剧后略微减轻的趋势。气候变化主要通过改变温度和风速影响高原地区河谷风沙活动，在全球气候变化情景下，青藏高原大部分地区平均风速呈下降趋势，这将在一定程度上抑制河谷风沙活动。但另外，温度升高增强岩石的物理风化作用，河水径流量增大，侵蚀能力增强，河流泥沙含量增加，使大量泥沙沉积到河湖底部，干季水位下降，大片河湖滩地露出水面，为河谷风沙活动提供了充足的物质来源（安志山等，2014）。同时，温度升高导致河谷地区蒸散发增强（Wang et al.，2005），干旱程度加剧，沙地范围扩张，为河谷风沙活动提供了大量沙源，在一定程度上又促进了河谷风沙活动（Hu et al.，2015；Shen et al.，2015）。

21.2　喀斯特地区气候变化的影响、风险与适应

21.2.1　喀斯特地区气候变化的影响

1. 气候变化对生态系统结构功能的影响

气候变化对植被覆盖影响呈现利好趋势。在气候变化对植被覆盖的影响方面，主要是借助线性趋势分析法和 Mann-Kendall 法研究近 20~40 年植被覆盖度的变化趋势，进一步利用多元线性回归法、残差分析探究气候变化和人类活动的影响。近几十年来，虽然

西南喀斯特地区不同区域气候各自呈现冷湿化（环江喀斯特地区）、冷干化（贵州西部六盘水市）、暖干化（桂西北喀斯特地区）等趋势，但是各区域的主要植被类型覆盖度均呈现上升趋势（张勇荣等，2014），在宏观尺度上气候变化影响更大，且温度强于降水量（Hou et al.，2015），而在局地尺度上，非气候因素对植被生长作用较为明显（童晓伟等，2014；Hou and Gao，2020）。在不同地区和植被类型区，植被覆盖度变化趋势有所差异，且影响因子不同。环江喀斯特地区森林植被改善情况最好，其中森林和草地主要受辐射和温度共同影响，农田植被变化受温度影响（张凯选等，2019）。但也有研究基于树木年轮宽度序列和气象站点数据，发现季风期前的水热条件是西南喀斯特地区针叶、阔叶树生长最主要的气候限制因子，而在高海拔地区降水并非树木生长的限制因子（许海洋等，2018）。

气候变化对生态系统生产力的影响存在区域差异，影响因子也具有尺度效应。黄晓云等（2013）借助 MODIS NPP 产品，采用 2000~2011 年中国南方 8 省喀斯特地区遥感和气象资料，得知 NPP 总体呈先上升后下降趋势，2005 年转折，且喀斯特地区 NPP 变化幅度明显大于非喀斯特地区；气温和降水是影响 NPP 的主要因素，其中 NPP 与气温的相关性高于降水。而 Liu 等（2017）的研究发现不同时间尺度 NPP 的影响因子有所差别，3 年尺度 NPP 与日照时数和温度存在显著的正相关关系，而 5 年尺度年降水量为主导影响因子。曾思博（2017）的研究发现岩溶作用碳汇对气候变化存在敏感反馈效应，能快速响应区域的气候变化，与降水和气温有较好的相关性，且降雨与气温直接控制着岩溶作用碳汇影响因子径流和碳酸盐平衡浓度的大小。

气候变化对喀斯特地区石漠化、脆弱性具有一定影响，但研究存在不同结论。马华等对 1991~2010 年广西地区的研究表明，其气候呈现暖干化的趋势，对土地石漠化发展产生一定的抑制作用，但不利于植物的生长（马华等，2014）。而 Yang 等（2019）根据 1993~2013 年 NDVI 指数计算植被覆盖率和裸露岩石率，发现我国西南地区，特别是川东、重庆、滇西南、桂西南喀斯特石漠化呈上升趋势。西南喀斯特山区生态系统脆弱性随着气候变化速率的增大而轻微增大，总体上脆弱性变化强度随着降水气候倾向率的增大而增大（郭兵等，2017）。

2. 气候变化对水文过程的影响

近几十年来，气候变化对喀斯特地区水文循环和水资源的影响较为明显，以人类活动和降雨的影响显著为主。总体来看，近 60 年来西南地区气候变化增加洪水和干旱频率外，对径流变化特征和水资源再分配也有影响（Lian et al.，2015）。Wu 等（2017）发现近 30 年来贵州印江流域径流量无明显增长趋势，且降雨对径流变化的贡献为 50%~60%，影响较高且稳定。同样 Li 等（2016b）利用非参数曼恩-肯德尔和上质量曲线法分析也发现，西南地区岩溶集水区水流量主要受气候变化影响。也有学者研究了岩溶地下河系统径流变化趋势，发现 1972~2014 年地下径流呈现波动减少趋势，而且降水量、蒸散发量与径流量变化趋势并不完全一致，人类活动较气候变化的影响更为明显（王赛男等，2019）。针对喀斯特地貌区实际蒸散发量，发现气候变化对其贡献为负值，且在喀斯特面积占比越大的流域，负面贡献较大（Liu et al.，2016）。Gao 和 Wu（2014）的研究表明，气候变化背景下，石漠化地区地表水源涵养量增加，但蒸散发减少、产流量增加、土壤含水量降低，间接带来水土流失等生态风险。

21.2.2　喀斯特地区气候变化的风险与适应

1. 喀斯特地区气候变化风险

中国西南喀斯特地区气候变化风险以旱涝灾害为主,且旱涝灾害的发生除与气候变化有关外,还受到特殊的喀斯特地貌的影响。喀斯特地区旱灾发生频率非常高,以气候干旱和特殊的"喀斯特干旱"为主,而洪涝灾害以江河洪水、地下河洪水和喀斯特洼地内涝为主。总体来看,中国西南地区喀斯特地区受气候变化影响程度最大、风险最高,沿海和海岛地区次之,原始森林地区气候保持最稳定,风险最低(何洁琳等,2017)。1900 年以来西南岩溶区干旱总体呈现出"每年旱灾,3~6 年中旱,7~10 年大旱"的特点,洪水总体上呈现"2~3 年中洪,5~8 年大洪"的特点,具有范围广、时间长、灾情重的特征。在空间分布上,西南喀斯特区春旱频率自西向东递减,其中桂西石漠化区大部分春旱频率在 70%以上;洪涝灾害(发生频率为 30%~98%)风险较高区分布在桂东北山区和桂西山区(黄雪松等,2015),且存在着岩溶区特殊的内涝,在岩溶洼地集中的地区频发(郭纯青等,2015)。在时间尺度上,广西喀斯特地区冬旱、夏旱呈波动减弱趋势,春、秋旱呈增强趋势;在 15~20 年尺度上,年和季节干旱存在明显的干湿循环,5 年以下小尺度干旱周期振荡更频繁(陈燕丽等,2019)。此外,气候变化影响下喀斯特纯灰岩边坡的水土流失风险较大,应特别注意防止过度放牧,因为放牧地单次暴雨造成的水土流失量是年容许水土流失量的 5 倍(Peng and Wang,2011)。

2. 喀斯特地区气候变化适应策略与技术

针对气候变化影响下的喀斯特地区旱涝灾害,不同的地貌类型区适应策略不同。岩溶峰丛洼地区,应通过引、提地下水或堵地下河的方法来解决用水问题,但对那些既远离地表水源,地下水位埋藏又深的山区,就应建设雨水积蓄工程设施来应对干旱缺水问题;对于洪涝防治,主要应以疏通地下河管道为主,也可通过开挖明渠和排水隧洞等方法防治内涝。在岩溶峰林平原区,旱涝治理应积极采用堵地下河、提地下水及普及性打井等方法开发地下水资源以应对缺水问题,同时应主动疏通地表河道,保证地表水文网的连通性以应对洪涝灾害(黄雪松等,2015)。

针对气候变化对喀斯特地区农林业的影响,要加大喀斯特地区植树造林力度,对喀斯特山区严格实行封山育林;加强农业气象预报的准确性和及时性,积极开展人工影响天气活动;根据气候条件的变化合理调整农业布局,大力推进循环农业和生态农业;根据农业生产布局利用气温在垂直方向上变化较大的特点,调整种植制度,易旱地区适当扩大低耗水或旱作农业的比例(敖向红,2016)。

针对气候变化影响下的石漠化治理:①在地下河适当位置修建堵体,以提高水位,合理开发地下河水资源;②在岩溶洼地合适的部位修建地表水库以储存雨水,并可修建排洪渠道,防治内涝;③改进地球物理勘探方法,提高定井准确性,以便进行适当的钻探和开采地下水;④重复利用表层岩溶泉,修建小型拦、蓄设施,提高喀斯特水资源收集和利用效率(Jiang et al.,2014);⑤选择适生植物种类,在对石漠化土地生境和立地条件进行详细调查的基础上筛选适宜种类;⑥加大石漠化治理对策投资标准,促进石漠化治理投资渠道多元化;⑦鼓励石漠化治理与光伏电站建设相结合(温庆忠等,2014)。未来对喀斯特石漠化治理与气候变化关系问题应加强对极端气候对石漠化治理的影响机制及预防。结合遥感技术,构建石漠化治理与气候变化适应性模型（朱大运和熊康宁，2018）。

21.3 北方农牧交错带气候变化的影响、风险与适应

中国农牧交错带包括北方农牧交错带、西南半干旱过渡带、西北干旱区绿洲荒漠过渡带等，其中北方农牧交错带面积最大、延伸长度最长。北方农牧交错带属于半湿润气候区与半干旱气候区的过渡带，是全国乃至全球气候最敏感的区域。

21.3.1 气候变化特征

近50余年，北方农牧交错带气候变化总体上呈暖干化趋势。1961~2013年，北方农牧交错带升温速度达到0.32℃/10a，远快于中国和全球陆地的平均增温形势，增温趋势极显著（$p<0.001$）（李英杰等，2016；曾晟轩，2018）。分年代际来看，增温趋势主要出现在20世纪70~90年代，而在20世纪60年代和21世纪以来平均气温呈降低趋势，特别是2006年以来，这种增暖停滞程度更为明显（赵威等，2016）。分季节来看，北方农牧交错带冬季增温最快，而夏季增温最慢（冉津江等，2014；赵威等，2016）。从空间分布来看，温度高值区也是增温速度较大的地区，主要集中在陕北高原区、科尔沁沙地区，其次为东北大兴安岭以东地区（李英杰等，2016）。

1964~2013年，北方农牧交错带年降水量呈略减少趋势，近50年减少约13mm，并且存在准3年振荡周期。其年代际变化大致可分三个阶段：20世纪90年代以前，年降水量呈稳定波动；20世纪90年代到2006年，年降水量明显下降；2006年以来又明显增加（赵威等，2016）。分季节来看，春季降水略有增多，冬季降水变化的趋势不明显，秋季轻微减少，而夏季降水的减少对近50年降水变化起决定性作用（李超等，2012；刘亚南等，2012）。从空间分布来看，除东北区大兴安岭北段年降水量略微上升外，其他区域均呈下降趋势，并且东部年降水量的年代际变化比西北部、华北部更明显（赵威等，2016）。

近50余年，北方农牧交错带相对湿度、平均风速和日照时数呈极显著下降趋势（$p<0.001$），陕北高原、青海高原东部地区相对湿度下降速率最快，平均风速减小速率最明显的区域主要集中在东北地区，日照时数减小最明显的区域集中在东北大兴安岭以东、陕北高原及吕梁山脉一带（李英杰等，2016）。

21.3.2 已观测到气候变化的影响

1. 对北方农牧交错带界线的影响

虽然北方农牧交错带是人类与气候相互作用最激烈的地区之一，但是气候冷暖和干湿波动对其形成和变迁有深刻影响。20世纪以来，北方农牧交错带界线波动的主要原因是降水（李秋月和潘学标，2012；郑圆圆等，2014）。随着近几十年降水量的减少，北方农牧交错带的气候界线（北界：200mm等降水量线；南界：400mm等降水量线）整体向东南移动较为明显（Lu and Jia，2013；Gao and Yi，2012）。不同区域变迁范围有所差异，东北段气候界线向东移动，其东南界和西北界移动的最大距离分别为259.7km和220.5km，华北段和西北段界线均向东南移动，其东南界、西北界移动的最大距离分别为126.5km、96.4km以及118.9km、98.1km（Liu et al.，2011；Gao et al.，2012）。在大兴安岭东南缘农田控制水源涵养生态功能区的西北段，以内蒙古高原东南缘农-林-牧业生态-生产功能区的西北段气候贡献率最高，为1.1%~16.8%（史文娇等，2017；Shi et al.，2018），并且在20世纪70~80年代，气候对北方

农牧交错带界线变迁的贡献程度最为显著，且西北段的气候贡献率为 2.7%~16.8%，略大于东南段。

2. 对农牧业生产的影响

（1）对粮食生产潜力的影响：气候变化对粮食生产潜力的影响主要体现在温度、降水和日照时间对作物生长的影响。1990~2010 年气候变化致使北方农牧交错带粮食生产潜力减产 1105 万 t。其中，1990~2000 年，以年降水量减少为主导，气候变化导致北方农牧交错带大部分地区粮食生产潜力降低，并且减产影响远大于耕地增加带来的增产影响。粮食生产潜力降低最大的区域在黑龙江与内蒙古交界地区和陕甘宁与内蒙古交界地区，仅在吉林省洮南市地区、内蒙古通辽地区和呼和浩特市周边地区，粮食生产潜力有较小幅度的增大。而 2000~2010 年，气候变化导致北方农牧交错带大部分地区的粮食生产潜力增大，不过增产效果不及耕地减少导致的减产效果。在暖湿化气候区增产趋势明显，而在暖干化气候区仍为减产趋势（高守杰，2014）。

（2）对作物产量的影响：水资源是北方农牧交错带发展种植业的首要限制因子，北方农牧交错带的旱作作物产量极不稳定，北方农牧交错带春小麦/马铃薯产量与降水量变化正相关，尤其是春季降水量（李政等，2017；Tang et al.，2018）。而在灌溉条件下，作物产量仍由降水条件主导。湿润年份，不同区域的作物产量差异不显著，而干旱年份，作物产量在有无灌溉区域差别显著（随金明等，2017）。

（3）对作物生育特征的影响：北方农牧交错带内小麦、莜麦和马铃薯三种作物的耗水量与生育期内降水量呈极显著正相关关系，丰水年耗水量远大于欠水年；而生育期内积温与作物耗水量呈负相关关系（赵凌玉等，2012）。因此，温度升高同时降水减少的总体趋势对北方农牧交错带农业生产不利。对于春小麦，在 1992~2010 年气温升高趋势下，受土壤相对湿度降低影响，其播种期与分蘖期的推迟现象较明显，推迟 7 天（董智强等，2012；Liu et al.，2018b）。进一步对春小麦、莜麦、油菜、向日葵、马铃薯产量变化与气象因子的变化进行分析，发现油菜、莜麦的产量与播期的关系不显著（杨宁，2014），而越是干旱年份，向日葵与马铃薯越需提早种植（Tang et al.，2018），并且与 20 世纪 60 年代相比，21 世纪以来，上述作物的适宜播种区间增加了 13~25 天，即随着气候变暖，北方农牧交错带主要作物的弹性播种区间呈现逐渐加大的趋势（杨宁，2014）。

（4）对草地 NPP 的影响：草地是北方农牧交错带分布最广泛的生态系统之一，达 80 万 km²。2000 年以来，68.06% 的草地呈现出 NPP 增大的趋势，31.94% 的草地呈现出 NPP 减小的趋势。气候变化造成的草地退化面积占总草地面积的 18.46%，主要集中在中部地区，零散分布在东北部和西南部；气候变化与人类活动共同作用造成的草地退化面积占草地总面积的 16.44%，主要分布在东北和中东部地区。气候变化促进草地恢复的区域占总草地面积的 7.51%，分布在东北部和西北部；气候变化和人类活动共同作用促进草地恢复的区域占 19.94%，主要分布在东北和西部地区（杜金燊和于德永，2018）。

（5）对 NDVI 的影响：20 世纪 80 年代初期至 2000 年，在北方农牧交错带中部地区，NDVI 与 5 月的温度相关性最强；在北方农牧交错带东部和西部，NDVI 与 8~10 月温度相关性最强；在整个农牧交错带，NDVI 与 8~10 月降水和太阳辐射具有很好的相关关系（Liu et al.，2018b）。2000 年以来，北方农牧交错带生长季 NDVI 整体呈缓慢上升趋势，上升速率为 0.0046/a。其变化与降水量变化基本一致，即降水量的变化是植被 NDVI 增减的主导驱动力之一；而与气温负相关，主要是由于气温升高加快了植物的蒸腾作用，并未对生长季 NDVI 增大起促进作用（高原，2018；Liu et al.，2018b）。在土地覆盖类型没有发生改变的地区，农田的 NDVI 年际变化最大，其次为草地，对气候因子变化敏感，与月平均气温和太阳辐射负相关，与月平均降水正相关。另外，土地覆盖类型分散的地区更容易受到气候因素变化的影响（Su et al.，2016；Liu et al.，2018b）。

21.3.3 未来气候变化风险预估

以 IPCC 中不同情景模拟未来气候变化及其影响，在 SRES B2 情景，即中-低排放情景下，气候变化对北方农牧交错带生态系统生产功能产生影响的地区主要分布在西北地区北部、内蒙古地区东北部和东北地区中南部（周一敏等，2017；石晓丽等，2017）。预测至近期（2020 年）北方农牧交错带平均气温将升高 0.95℃，未来中期（2021~2050 年）升高 1.93℃，远期（2051~2080 年）升高 2.99℃，高于同时期全国平均增温（石晓丽等，2017）。

在 SRES B2 情景下，风险范围随着增温幅度的增大而扩展。北方农牧交错带生态系统生产功能风险面积从近期的 $98.57 \times 10^4 \, km^2$，扩大到中期的 $136.22 \times 10^4 \, km^2$，远期时高达 $165.72 \times 10^4 \, km^2$。北方农牧交错带 44.78%区域处于风险状态（周一敏等，2017；石晓丽等，2017），虽然均以低风险为主，但是高风险面积呈翻倍扩展趋势。混交林、草原和荒漠草原较为危险，而高寒草甸和常绿针叶林是较为安全的生态系统（石晓丽等，2018）。农牧交错带核心区风险程度高于边缘区，西北地区北部、内蒙古地区东北部和东北区中南部区域在未来气候变化下更趋于脆弱的趋势（Liu et al.，2013；周一敏等，2017）。

21.4 黄土高原气候变化的影响、风险与适应

黄土高原位于中国内陆腹地，西连青藏高原，东接华北平原，南抵秦岭，北达阴山，总面积约 64.1 万 km^2，是我国乃至世界上水土流失最严重、生态环境最脆弱的地区。近半个世纪以来，区域气候总体呈暖干化趋势，对植被恢复与重建、水土资源以及农业生产产生了显著影响。

21.4.1 观测到的气候变化及其影响

1. 观测到的气候变化

1961~2018 年，黄土高原暖干化趋势明显。区域年平均气温呈显著升高趋势，升温速率约为 0.33℃/10a，高于全球和中国平均水平；增温速率季节差异明显，冬季气温增暖速率最大，夏季最小；气温年代际变化呈明显的变暖趋势（晏利斌，2015；顾朝军等，2017）。季节温度的年代际变化也皆呈增暖趋势，其中冬季均温增幅最大。年均气温存在 4 年和 7~9 年的变化周期；气温增温速率空间差异性明显，西北部增温较快，东南部增温较慢（任靖宇等，2018）。

黄土高原年降水量在波动中下降，线性下降趋势不显著。季节降水量呈现不同的变化趋势和强度；21 世纪以来，除夏季降水量减少外，其他季节降水量均有增加。降水量年代际减少趋势不明显。年降水量具有 5~7 年和 12~14 年的变化周期（晏利斌，2015）。黄土高原东南部降水量减少最显著，西北部降水变化不明显。

区域年均日照时数呈减少趋势，夏季日照时数减少最显著（逯亚杰，2016）。平均风速也显著下降，尤其是在风蚀区大风发生频率降低了约 10%（Jiang et al.，2016）。

2. 观测到的影响

（1）对植被恢复与重建的影响：黄土高原 NDVI 在 20 世纪 90 年代之前下降速度较慢，21 世纪以来 NDVI 显著增大，增速为前者的 10 倍。不同季节和生长季的植被状况均呈良性发展趋势；其中，夏秋季植被 NDVI 变化速率最大（张含玉等，2016；Zhao et al.，2018）。NDVI 增大的地区集中在黄土高原的北部，西北部的 NDVI 有所减小（Li et al.，2017）。植被覆盖度的提高受益于气候变化和人类活动，其中气候变化的贡献占比为 58%~77%（刘旻霞等，2018）。气温升高促进了水资源压力较低地区的植被生长（马利群等，2018）。然而，在黄土高原西北部，气候变暖导致植被退化。另外，多年冻土因增温而缓慢退化，导致表层土壤含水量下降，并最终对植被造成不利影响（Sun et al.，2015）。降水减少对黄土高原人工物种的生长产生了负影响，而对自然恢复物种生长的影响较小（韦景树等，2018）。

（2）对水土资源的影响：气候变化导致黄土高原干旱历时增长、强度增大、范围增大的显著干旱化趋势；半干旱和半湿润区整体南移（刘宇峰等，2017；孙艺杰等，2019）。极端干旱程度亦呈增大趋势，夏季极端干旱最为严重（Sun et al.，2016）。降水集中度增大，降水集中期提前，加剧了洪涝灾害风险（刘宪锋等，2012）。受降水和地表温度的影响，黄土高原陆地水储量显著下降（胡鹏飞等，2019）。在水蚀区，降水减少促使区域内土壤侵蚀模数下降；气温上升有效促进了植被覆盖的增加，降低了水力侵蚀强度。在风蚀区，风速下降导致风蚀气候因子指数下降。在风蚀水蚀交错区，由于风速下降与降水减少的共同作用，风水复合侵蚀强度降低（李耀军，2015）。气候变化导致黄土高原大部分河流的径流减少和输沙量下降；30% 的河流径流量减少是由气候变化引起的，气候变化导致的输沙量下降占黄土高原输沙量减少总量的 29%~36%（Wang et al.，2013；Zhao et al.，2017；Lyu et al.，2019）。

（3）对农业生产的影响：气候变暖致使黄土高原越冬作物种植界线北移西扩，多熟制向北推移，喜温作物种植面积和气候生产潜力增大，喜凉作物的气候产量降低（He et al.，2014；邓浩亮等，2015；吴乾慧等，2017）。气候变暖导致冬小麦播种期推后，返青期、开花期和成熟期提前，越冬期、全生育期缩短；玉米拔节—成熟期提前（姚玉璧等，2012；He et al.，2015；Mo et al.，2016；吴乾慧等，2017）。冬小麦可种植区扩大，种植北界北移至 38.73°N 附近，可种植的海拔上限亦升高；玉米适宜种植区扩大了 20% 左右（王鹤龄等，2017）。黄土高原降水的减少和最高气温的升高均不利于农业生产，而最低气温的升高对农业生产较为有利（王学春等，2017；Li et al.，2019）。冬季气温升高提高了病虫害发生概率，致使越冬作物产量稳定性变差；夏季极端干旱增大了农业生产的不确定性。

21.4.2 黄土高原气候变化的未来风险

1. 未来气候变化情景

在 RCP2.6、RCP4.5 和 RCP8.5 情景下，黄土高原 2015~2100 年气温皆将持续上升；至 21 世纪末，在 RCP2.6 情景下，年均温与气候平均值相比将上升 0~5.12℃；在 RCP4.5 和 RCP8.5 情景下，分别上升 0.38~6.14℃ 和 2.56~8.25℃；无论在何种情景下，四季中冬季气温的上升速率最快（任婧宇，2018；Sun et al.，2018）。3 种 RCP 情景下的区域年降水量均无显著变化趋势，但夏季降水量显著下降。至 21 世纪末，在 3 种 RCP 情景下，年降水量与气候平均值相比将分别增加 0~22.86%、0~30.08%和 0~52.13%（Gao et al.，2017；Liang et al.，2019）。黄土高原仅冬季气候呈暖湿化态势，年和其他季节均朝着暖干化方向发展（顾朝军等，2017）。未来极端高温和干旱发生频率增大，极端寒冷事件减少，极端温差缩小，日降水强度增大、最长无雨期增加，极端降水将更加频繁和强烈（Li et al.，2012b；Zhang et al.，2012）。

2. 未来气候变化的影响

（1）对植被恢复与重建的可能影响：随着气候变暖，预测黄土高原的参考蒸散量将在 21 世纪继续增加，2050 年后上升趋势将更加明显，地表水和地下水可用性下降，黄土高原可能面临支持植被恢复的用水困难，植被恢复区域面积难以进一步扩大（Li et al.，2012c；Zhang et al.，2016）。由于难以满足人工物种对水分的需求，人造林可能发生退化。预计 2072~2100 年，森林面积将减少，草原面积会增加，目前观测到的 45%~75%的森林将转化为草原（Peng and Li，2018）。

（2）对水土资源的可能影响：虽然黄土高原降水量将有所增加并导致径流量上升，然而，在所有 RCP 情景下潜在蒸散发量和标准化降水蒸散指数将显著上升（Li et al.，2012c；Gao et al.，2017）。日益严重的夏季干旱可能导致地表水和地下水供应减少以及土壤蓄水量下降，若大面积恢复植被将进一步加剧水资源的供需矛盾（Zhang et al.，2016）。由气候变化引起的农业用水需求增加将给水系统带来额外的压力。年降水量的增加、极端降水事件的频发将导致土壤侵蚀量增加，黄河流域典型支流在未来几十年内的径流深和侵蚀模数均呈增加趋势（魏宁和魏霞，2016）。

（3）对农业生产的可能影响：气温持续上升将有利于黄土高原寒冷地区的作物，以及其他地区喜温作物（玉米和棉花）产量的提高，喜凉作物则由于物候的加速而产量下降（Chen et al.，2019）。此外，在作物生殖发育过程中温度升高和热浪频率增大造成作物歉收的风险更大（He et al.，2014）。日降水强度和最长无雨期增加将进一步增大农业生产的脆弱性。

21.4.3　适应战略

气候模型表明，未来气候变化是已观测到的气候变化的进一步放大，这些变化已经并将继续为黄土高原的可持续发展带来严峻挑战。为了应对气候变化对黄土高原社会-生态系统的不利影响，应采取多种措施以提高对气候变化的适应能力。

1. 植被恢复与建设

根据水容量调整现有的植被恢复策略，包括确定适宜的优先区域以及相应的物种、密度和管理措施，以保持生态系统健康（Zhang et al.，2016）。尤其是在半干旱区，生态恢复计划应避免因扩大造林面积而增大蒸腾作用，导致局部水资源短缺和土壤生态系统退化。为满足中国退耕还林工程的要求，现有陡坡耕地应以转为草地为主（Peng and Li，2018）。

2. 水土资源保护

加强水资源综合管理，提高利用效率，缓解突出的干旱问题，加强极端气候事件监测预警，降低旱涝灾害的损失。合理进行要素配置、降低流域资源环境系统与社会经济系统的非良性互动的概率，注重经济发展与流域生态环境的平衡（Liang et al.，2019）。规模化、科学化开发耕地，将粗放型的经营模式向集约型转变，增强水土保持能力（Wang et al.，2018）。

3. 农业生产

结合气候变化和经济效益，适当扩大喜温作物种植面积，重构喜凉作物生产空间（邓浩亮等，2015）。提前春播作物播种期，推迟秋播作物播种期以适应作物物候变化（吴乾慧等，2017）。引入和培育耐热、抗旱、晚熟的作物新品种以降低气候变暖带来的不利影响（Ding et al.，2016）。加强农业气象灾害监测、预测、预警体系建设，建立能够抵御和适应气候不确定性因素的可持续农业系统（Li et al.，2016a）。探索土地综合管理模式，保护水土。加强农业基础设施建设，提高农村经济发展水平，实施改善农村生计的政策，提高农户适应气候变化的能力。

21.5　贫困地区气候变化的影响、风险与适应

《2030 年可持续发展议程》作为新的全球发展计划，其核心是消除全球贫困与促进包容性发展，包括消除贫困、饥饿以及应对气候变化等内容。其中适应气候变化是实现可持续发展的重要问题，气候变化威胁人的安全，增加暴力冲突的风险，影响粮食、水和能源等核心安全，对社会各领域和不同区域造成广泛的负面影响（董亮，2018）。发展中国家，尤其是最不发达国家，面临的主要任务是消除贫困，而气候变化会放大贫困人口面临的各种风险，因此有必要专门对气候变化对生计和贫困的影响进行评估。

气候变化、气候变率和极端气候事件给城市和农村贫困人口增添了额外的负担，往往起着"风险放大器"的作用。气候变化、非气候因子以及不平等性因素三者共同构成了新的脆弱性，使得目前的生计、贫困和不平等状况进一步恶化。在未来（当前至 2100 年），气候变化将导致低收入、中等收入甚至高收入国家出现新的贫困人口，进而危及国家和地区的可持续发展。

当前减缓和适应气候变化的政策和行动对生计、贫困和不平等性的影响有利有弊，在某些情况下甚至会进一步恶化贫困人口和边缘人群的境况。虽然理论和模型研究认为减缓和适应气候变化与减贫存在很多的协同效益，但清洁发展机制（CDM）和减少发展中国家砍伐森林和森林退化的碳排放（REDD+）项目，对减贫和可持续发展并没有或只有很小的作用。一些减缓行动，例如大规模占用土地生产生物燃料，使得当地的贫困人口，尤其是妇女失去赖以生存的土地和森林等资源，对他们的生计造成了不利影响。当前推行的气候恢复力发展路径，对减贫也只有微小的作用。根本原因在于目前的大多数减缓、适应和旨在提升气候恢复力的政策和项目，没有或很少考虑生计、贫困和不平等性问题，从而导致对生计和贫困的不利影响（张存杰等，2014）。

从我国《国家八七扶贫攻坚计划》中所确定的 592 个重点贫困县分布来看，贫困县分布态势可概括为"一带两片"，主要集中在自然条件恶劣、地理位置偏远、生态环境差、基础设施薄弱以及少数民族聚居的中、西部地区。这些地区，基础设施严重缺乏，社会服务十分落后，地理位置相对偏远，交通闭塞，通信手段落后，远离社会经济活动中心，生活和生产的条件极差，同时人口具有非流动性等，使这些地区的贫困问题日趋严重（魏婷，2015）。《中国农村扶贫开发纲要（2011—2020 年）》将六盘山区、武陵山区等 14 个集中连片特殊困难区

（简称连片特困区）作为新一轮脱贫攻坚主战场。以气候变化作为区域协同风险的代理变量，可以较好地反映连片贫困户共同面临的生产风险。连片贫困与协同气象灾害具有高度拟合性，中国农村绝对贫困户呈现区域集中连片特征的同时，还呈现出区域气象风险的协同脆弱性。可见，在贫困户集中连片的背景下，气候变化以及极端气候事件对连片式减贫无疑是一项重大挑战，尤其对于高度依赖农业生产并缺乏气象灾害应对能力的特困地区而言。

21.5.1　气候变化与贫困

1. 气候贫困的界定与发展

气候贫困的概念最早由国际扶贫组织乐施会在 2007 年提出，主要是指在全球气候变化的影响下，气温发生变化，气候灾难事件增多，从而使得贫困加剧或导致新的贫困。中国 95% 的贫困人口生活在生态脆弱区，生态脆弱区受气候变化的影响最大，气候变化会加剧这些地区贫困人口在生存环境、谋生途径和经济收入等方面的变化，带来新的生存挑战。气候贫困将是 21 世纪人类与贫困斗争的新的现象、挑战。气候贫困与收入贫困、教育贫困和制度性贫困等相比有其特殊之处，被称为多维贫困中最难以用量化指标来衡量，同时也是最严重的贫困。气候变化的不确定性较高，因此气候灾害往往具有突发性特点，发生的时间和地点无法确定。在气候贫困的识别方面，存在严重的信息不对称，识别难度也很高，因为气候贫困的地理范围、规模等都无法确定（张胜玉和王彩波，2016）。

贫困人口受气候变化影响的趋势越来越明显，因为气候变化将直接或间接加剧贫困。直接影响是指极端气候事件对农业、居民的生命财产、生计、基础设施等造成的损失。这体现在气象灾害发生的频次增加、强度增大，极端气候事件不仅对灾害发生时期的生产活动产生巨大影响，而且会因对自然环境和基础设施的损坏而给灾后恢复和发展带来严重的影响。间接影响来自对经济增长和社会发展的长期影响。发展中国家和人口最容易受到气候变化的威胁，因为他们的农业和生活更依赖自然降水，对水资源变化和自然灾害的适应力更脆弱，适应气候变化的财政、技术和制度的能力也不强（魏婷，2015）。

2. 气候变化导致贫困的机制

气候变化通过影响农户的物质资本、人力资本和生态系统服务间接作用于金融资本。它通过影响生态系统的供给服务来影响金融资本，例如气候变化影响农作物、草地或渔业产量的变化，直接影响了农户收入；通过影响生态系统支持和调节服务来影响金融资本，如干旱影响病虫害和土地质量，使农户在化肥、农药或预防设施等方面支出增多，金融资本存量减少；通过影响人力资本来影响金融资本，如气候变暖促使人疾病及传染病发病率增大，医疗费用等支出增多；通过影响物质资本来影响金融资本，如气象灾害造成农户房屋、农田、船只等基础设施受损或牲畜死亡，金融资本受损（图 21.1）。

气候变化通过影响生态系统服务和金融资本对人力资本产生影响。它通过影响生态系统的供给服务、调节服务和文化服务影响农户的人力资本，如粮食产量的减少或品质下降造成人营养不良，大气或植被环境的变化影响人身心健康，极端气象灾害可能直接导致人死亡；通过影响生态系统的支持服务影响人力资本，如气候变化造成风险的不均分配，会间接影响农户向更有利的环境迁移，包括外出务工、永久性迁移和暂时性迁移等方式，造成人力资本流失；通过影响金融资本来影响人力资本，如气候变化影响农业收入，这会影响农户对人力资本投资的积极性，包括教育和精神文化娱乐等。

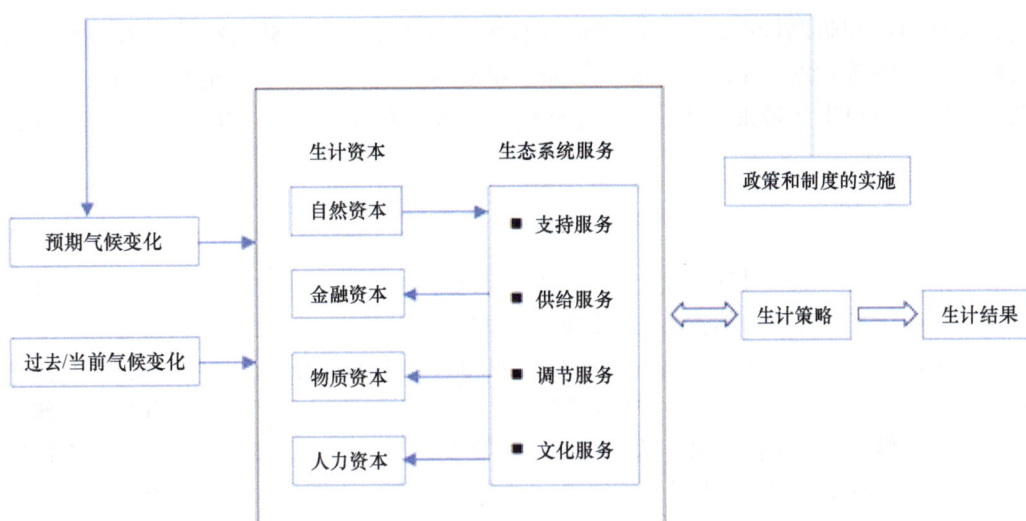

图 21.1　气候变化对生计贫困的影响机制

气候变化对物质资本的影响主要通过极端气象灾害的直接作用和对金融资本影响的间接作用。气象灾害直接减少农户的物质资本存量，例如极端气候事件造成农户房屋、船只等设施损坏及牲畜死亡；金融资本减少可能会影响农户对物质资本购建的能力。气候变化通过影响生态系统服务和其他生计资本间接影响农户的社会资本。由于农户面临的生计风险不同，气候变化对农户其他生计资本或生态系统服务影响作用的差异使农户的社会网络出现了分化，进而影响农户社会资本的构建，例如，受气候变化影响的脆弱群体在社会活动及其他各方面受到排挤，即"由于缺乏资源而无力参与"的情况出现；农户参与的用水协会、小额贷款协会等社会组织增多，可能会加强农户的社会资本；气候变化通过对人力资本的影响而作用于社会资本，如农户中掌握社会资源的"社会精英"或"能人"因无法或不愿忍受恶劣的气候而迁移出当地社区或外出务工和经商，进而影响了当地农户的社会网络资源；随着气候变化对农户生计影响作用的加强，政府在制度或政策层面逐渐向农户倾斜，农户社会资本量在一定程度上可以得到提升。

在气候变化背景下，农户的生计资本均受到不同程度的影响，其资本存量和构成比例发生变化，农户通过对不同生计资产的组合或使用来应对风险和冲击，灵活转换生计策略以维护其生计安全。在中国，农户一方面调整种植制度和布局、选育优良农作物品种、加强农业气候灾害防控与农业基础设施建设，另一方面依靠政府提供风险信息及适应性策略方面的信息、技术支持、指导和培训等来应对气候变化。此外，谷物保险也是农户应对气候变化风险的重要工具。大量研究证实，生计多样化已成为农户应对气候变化的主要策略，它不仅有利于降低农户生计脆弱性，而且能增强农户响应气候变化的能力。中国内蒙古和黄土高原的农户则通过生计多样化、外出务工、自主性迁移等自适应方式来适应气候变化。

为了减缓预期气候变化对农户生计的可能影响和追求积极的生计产出，实现可持续的生计目标，政府政策和制度的转变变得尤为重要，它涉及从个人、家庭到集体、公共领域的各个层面，并以影响生计的其他功能的所有方式来表现，有效地决定着不同种类资本和服务的拥有与相互转换、任一给定资本战略的实施和反馈等，例如各种资本的获得、从资产获得的回报及开发资产的动力。同时，它也影响着农户的生计策略——资产组合与使用方式、生计风险和脆弱性等。目前，国内外有关研究主要集中在政策措施、农业经营组织和农村社区组织等对农户生计的影响，例如退耕还林（草、湖、湿）、退旱还稻、禁牧等生态保护政策对农户生计带来的影响，集体林权制度改革对农户生计产生的影响等（张钦等，2016）。

3. 气候贫困区域的案例

很多案例研究发现应对气候变化的脆弱性与贫困具有极高的伴生关系。例如，锡林郭勒盟 1999~2001 年三年连续自然灾害，导致返贫人口大幅度增加，以锡林郭勒盟苏尼特右旗为例，牧民人均纯收入由 1998 年的 2152 元下降到 2001 年的 847 元，在长期抗灾自救过程中，很多牧民耗尽积蓄，95%以上的牧户耗尽积蓄，70%以上的牧户负债经营。有相当一部分牧户每年都要靠借债维持生活，对于这些债务，多数家庭无力偿还。极端气候的发生不仅导致受影响地区贫困发生率提高，也为脱贫攻坚增大了新的难度。例如，新疆阿克陶县公格尔九别峰地区，近 50 年来平均气温累计上升约 1.4℃。温升加剧使公格尔九别峰冰川雪线持续上升，加之地表蓄水能力弱，地质结构疏散。2015 年 5 月公格尔九别峰发生了有记录以来最大的一次雪崩，逾 1000hm² 牧场被毁，该地区牧民丧失生存的自然资本，无法饲养牛羊等牲畜，失去收入来源。此外，冰川崩塌导致河流断流形成的堰塞湖溃坝，牧民的房屋、牛羊等既有资产严重受损，严重影响了生活，他们沦为气候贫困灾民。

位于宁夏南部的西吉县，不同标准的干旱频繁发生，各地的粮食产量都受到了不同程度的影响。干旱引起的降水减少、温度升高等现象使得病虫害加剧，造成农作物受损、粮食减产。研究区调查结果表明，干旱现象加剧导致 89.53%的农户家庭收入减少，同时以食品费用和水费支出为主的家庭开支有所增加，在双重影响下，极端气候影响区人口的经济状况会进一步恶化。基础教育和技能培训等人口发展能力和权利也受到了严重威胁。一方面，贫困通过影响人们对于资源的可获得性、个人对灾害影响的预期和人们投资于降低风险的能力而影响着脆弱性。另一方面，脆弱性越来越被认为是贫困的一个重要方面，它代表一个家庭在未来某个阶段陷入贫困的风险和可能性。气候事件会引起不可挽回的人力物力资本损失，从而可能引起贫困陷阱。一些贫困人口会逐渐陷入恶性循环，即贫困导致高脆弱性，灾害中贫困人口会受到更大的损失，包括劳动力受到伤害或死亡、生产资料损失、丢失土地、暂时或长久的移民、还债等，所有这些负面影响导致这些人口进一步贫困，由此跌入贫困陷阱（张倩，2014）。为此我国积极开展国家和地方行动，提升其气候适应能力，落实气候适应政策，制定气候贫困评价指标体系，以制定预防性决策。在原有脱贫攻坚的政策路径中融入解决气候贫困的问题，缓减与消除气候变化导致的受灾与贫困恶循环现象。例如，我国宁夏地区近年干旱现象频发，气温升高、降水量与蒸发量相差悬殊等气候变化情况造成的影响愈发严重，使得干旱致贫问题频出（曹志杰和陈绍军，2016）；干旱导致的农牧业生产风险增大、水资源短缺、人类健康水平下降等现象屡见不鲜。宁夏对贫困问题的治理历经了"三西"农业建设专项、双百脱贫攻坚和新世纪千村脱贫攻坚三个各具特色的扶贫救助时期。结合干旱对宁夏生产生活造成的影响，政府在对气候变化下的旱情及干旱影响进行评估的基础上，采取了两种帮扶政策：对于能够适应气候变化的干旱地区的人口采取原地发展农业生产的方式；对于不能适应气候变化的干旱地区的人口进行扶贫移民。截至 2010 年，宁夏南部山区的绝对贫困人口从 1982 年的 119.3 万人减少到 10.2 万人，贫困发生率也从 74.8%降低到 3.9%（梁誉等，2015）。

　　甘肃省永靖县近 40 年发生了气温不断升高、降水不断减少等气候变化，农业生产受到了极大影响，面临着粮食产量下降，低而不稳，经济效益差，群众丰年温饱，灾年返贫等威胁。为解决气候贫困问题，政府投入资金建设基础设施、改善农村生活条件、发展特色经济，加快产业化扶贫，并且于 1999 年实施了退耕还林工程、国家级生态环境综合治理项目，森林覆盖率提高到 12.70%，治理流域面积 237 km²，有效地缓解了水土流失。同时发展旅游业，2004 年全县共接待中外游客 29.5 万人次，实现综合收入 4425 万元。

　　四川省甘孜藏族自治州气候贫困问题主要由干旱、暴雨洪涝、洪涝等极端突变气候引起，这些突发的气象灾害严重威胁了该地区人民生命财产安全，并且极易引发病虫害、畜禽疫病等次生灾害，进而形成灾害网和灾害链，导致甘孜藏族自治州农牧民极易陷入长期贫困的境地。当地政府加大了资金投入力度，以确保贫困村户能够加强与外界的沟通、积极发展当地产品；完善农业基础设施和市场体系建设。此外不断拓宽宣传渠道，增强农牧民对气候贫困的认知程度，积极开展科普下乡活动、讲座等。通过提升贫困农牧民自身素质来提升贫困人口和社会的参与度，积极引导贫困农民对优势资源进行有效利用。总结学习其他地区脱贫经验，建立科学有效的多层次农村贫困社区安全保障体系（易兰，2019）。截至 2020 年 2 月 14 日，根据省政府网站发布的《四川省脱贫攻坚领导小组办公室关于面向社会公众征求北川县等 15 个贫困县退出贫困县序列的公示》，甘孜藏族自治州实现全域脱贫摘帽。

21.5.2　适应与脱贫

1. 适应气候变化与脱贫的协同

　　AR5 首次将生计和贫困问题单独成章，这为各国如何在气候变化背景下更好地关注贫困和边缘人群、减少不平等性、发展生计和消除贫困提供了重要的评估信息和指导建议。其次，在概念框架、分析方法、评估结论和政策信息上都有创新之处。在概念上，将生计、贫困和不平等性区别开来，提出了"关系型贫困"（relational poverty）概念，区分了"长期性贫困"（chronic poverty）和"暂时性贫困"（transient poverty）。在方法上，对分析生计的两种方法（可持续生计框架和新自由主义生计方法）及其动力机制进行区分；对不同的贫困指标（联合国开发计划署的多维度贫困指标和世界银行的国际贫困线）和统计口径进行区分；提出不平等性和脆弱性的经济、社会、政治、权力等多个维度，更加关注原住民和女性等更易受气候变化不利影响的人群。在政策上，提出要将适应放在发展的优先地位，通过社会保障、灾害风险管理和保障能源可得性等途径推行有利于贫困人口的适应政策和行动，推动真正能提高生计水平、减少贫困和注重公平的具有气候恢复力的发展路径（张存杰，2014）。

　　减贫是中国的一项重要国策，但我国在这方面的研究显得不足，除了对一般性问题（如对生计和贫困内在的动力机制、不平等性的多个维度、气候变化对生计和贫困的影响等方面）的基础性研究缺乏外，对气候变化背景下具有中国特色的扶贫减贫、社会公平与应对气候变化等方面的研究也不足，尤其缺乏针对微观主体的研究和定量的分析。在政策方面，未来我国在制定和实施相关政策时需要更加重视气候变化和极端气候事件对城市和农村贫困人口的影响；在实施减缓和适应项目时，需要统筹兼顾对生计、贫困和不平等性的影响（张存杰，2014）。

2. 适应气候变化减少贫困的政策与措施

气候变化将为人类的发展带来大规模的增量风险。气候变化是全球性的，但影响将是局部的。实际影响将取决于地理因素以及全球变暖和现有气候格局之间微妙的相互作用。这些影响的范围很广，不同地区面临的问题自然不同。气候格局和现存社会经济脆弱性之间相互作用的结果不同，人类发展所受的影响也不相同。其中，农业生产力下降、用水加剧、沿海洪灾和极端天气日益频繁、生态系统瓦解以及健康风险加大这些气候变化导致的恶劣因素，尤其能加剧人类发展的风险，导致人类发展倒退。

采取应对气候变化行动，首要原因是考虑全球最贫困和最弱势人群的社会正义、人权和伦理关怀。数百万最贫困和最弱势群体正面临着气候变化带来的早期影响。这些影响已经减缓了人类发展的进程，所有可能的设想都显示如此，甚至更糟。由于在几十年内，减排对气候变化的影响有限，因此为适应气候变化而进行投资是在为世界贫困人口买下一张保单（徐保风，2018）。

许多政策在降低气候变化对贫困的影响方面是有效的，在减少贫困人口和促进经济发展方面也是有效的。许多政策本来就具有相通性，在短期内，适应气候变化的政策应当关注以下五个方面。第一，建设和完善应对气候灾害的相关基础设施。在公共服务方面和基础设施建设方面（如防止洪涝发生的基础设施、提高灌溉能力的基础设施等），贫困地区政府应该加大投入力度，减少灾害发生的机会，降低可能造成的影响。第二，设立生计基金和信贷服务，为贫困人群建立一定的安全网络。建立微金融制度，通过社会保护项目帮助农村和城市中的穷人，同时降低穷人进入信贷和保险市场的门槛。第三，提高农作物的气候适应能力。通过农作物品种的改良，增强其抗涝、抗旱、抗寒等能力，抵御气候变化的消极影响；同时，更好的流域管理、水资源管理和土地使用管理，适应性的农作物种植和耕作方法等都可以提高农作物的适应能力。第四，加强政策扶持力度，增加农业投资，提高政府的气象灾害应急能力。政策扶持和农业投资包括拓宽农业从业人口的职业流动渠道和收入渠道，加强相关的职业培训，提供准确的天气预报等。在生产分配方面进行适当的政策调整，减少粮食价格波动，维护食品安全。各个地区应向居民提供符合该地区实际的气候适应方面的知识和信息，并将这些知识和信息及时传递出去。提高地方政府的气象灾害应急能力，在风险预报、防灾减灾、通信系统等各个方面提高灾害预测预警和灾害管理的能力，加强风险管理。第五，降低贫困地区的生态脆弱性，减少气候贫困的发生。气候变化会提高脆弱性，贫困地区往往是生态脆弱区，更容易受气候变化的影响。地方政府在自然生态保护方面需要出台更多、更科学的政策，大力改善生态脆弱区的自然生态环境（张胜玉，2016）。

参 考 文 献

安国英, 韩磊, 黄树春. 2019. 念青唐古拉山现代冰川 1999—2015 年期间动态变化遥感研究. 现代地质, 33(1): 176-186.

安志山, 张克存, 屈建军, 等. 2014. 青藏铁路沿线风沙灾害特点及成因分析. 水土保持研究, 21(2): 285-289.

敖向红. 2016. 气候变化对喀斯特地区农业的影响及适应策略——以贵州西部六盘水市为例. 贵阳学院学报(自然科学版), 11(1): 58-62.

曹志杰, 陈绍军. 2016. 气候风险视阈下气候贫困的形成机理与演变态势. 河海大学学报(哲学社会科学版),

18(5): 52-59.

陈燕丽, 蒙良莉, 黄肖寒, 等. 2019. 基于 SPEI 的广西喀斯特地区 1971—2017 年干旱时空演变. 干旱气象, 37(3): 353-362.

崔鹏, 陈容, 向灵芝, 等. 2014. 气候变暖背景下青藏高原山地灾害及其风险分析. 气候变化研究进展, 10(2): 103-109.

邓浩亮, 周宏, 张恒嘉, 等. 2015. 气候变化下黄土高原耕作系统演变与适应性管理. 中国农业气象, 36(4): 393-405.

董亮. 2018. 2030 年可持续发展议程下人的安全及其治理. 国际安全研究, 3: 64-81.

董智强, 潘志华, 安萍莉, 等. 2012. 北方农牧交错带春小麦生育期对气候变化的响应: 以内蒙古武川县为例. 气候变化研究进展, 8(4): 265-271.

杜金燊, 于德永. 2018. 气候变化和人类活动对中国北方农牧交错区草地净初级生产力的影响. 北京师范大学学报(自然科学版), 54(3): 365-372.

杜军, 路红亚, 建军. 2013. 1961-2010 年西藏极端气温事件的时空变化. 地理学报, 68(9): 1269-1280.

段克勤, 姚檀栋, 石培宏, 等. 2017. 青藏高原东部冰川平衡线高度的模拟及预测. 中国科学: 地球科学, 47(1): 108-117.

高守杰. 2014. LUCC 和气候变化对我国北方生态交错带粮食生产潜力的影响. 武汉: 湖北大学.

高原. 2018. 气候和土地利用变化对北方农牧交错区植被覆盖变化的影响. 呼和浩特: 内蒙古师范大学.

顾朝军, 穆兴民, 高鹏, 等. 2017. 1961—2014 年黄土高原地区降水和气温时间变化特征研究. 干旱区资源与环境, 31(3): 136-143.

郭兵, 姜琳, 罗巍, 等. 2017. 极端气候胁迫下西南喀斯特山区生态系统脆弱性遥感评价. 生态学报, 37(21): 7219-7231.

郭纯青, 周蕊, 潘林艳. 2015. 中国西南岩溶区 1900—2012 年旱涝灾害分析. 水资源与水工程学报, 26(2): 12-15.

何洁琳, 黄卓, 谢敏, 等. 2017. 广西生物多样性优先保护区的气候变化风险评估. 生态学杂志, 36(9): 2581-2591.

胡鹏飞, 李净, 张彦丽, 等. 2019. 黄土高原水储量的时空变化及影响因素. 遥感技术与应用, 4(1): 176-186.

黄晓云, 林德根, 王静爱, 等. 2013. 气候变化背景下中国南方喀斯特地区 NPP 时空变化. 林业科学, 49(5): 10-16.

黄雪松, 陆虹, 廖雪萍, 等. 2015. 广西典型石漠化区旱涝灾害分布特征及防御对策. 气象研究与应用, 36(2): 59-61, 126.

李超, 刘亚南, 潘志华, 等. 2012. 北方农牧交错带气候变化的时空特征研究. 沈阳: 第 29 届中国气象学会年会.

李秋月, 潘学标. 2012. 气候变化对我国北方农牧交错带空间位移的影响. 干旱区资源与环境, 26(10): 1-6.

李晓英, 姚正毅, 肖建华, 等. 2016. 1961-2010 年青藏高原降水时空变化特征分析. 冰川冻土, 38(5): 1233-1240.

李耀军. 2015. 黄土高原土壤侵蚀时空变化及其对气候变化的响应. 兰州: 兰州大学.

李英杰, 延军平, 王鹏涛. 2016. 北方农牧交错带参考作物蒸散量时空变化与成因分析. 中国农业气象, 37(2): 166-173.

李政, 呼格吉勒图, 李文通. 2017. 阴山北麓农牧交错带 1980 年以来气候变化特征及对农作物产量的影响: 以武川县为例. 农业气象, 34(5): 91-92.

梁誉, 韩振燕, 陈绍军. 2015. 气候变化下的干旱致贫及救助路径研究——以宁夏回族自治区为例. 西北人口, (5): 115-120.

刘旻霞, 赵瑞东, 邵鹏, 等. 2018. 近 15 a 黄土高原植被覆盖时空变化及驱动力分析. 干旱区地理, 41(1): 101-110.

刘宪锋, 任志远, 张翀, 等. 2012. 1959—2008 年黄土高原地区年内降水集中度和集中期时空变化特征. 地理科学进展, 31(9): 1157-1163.

刘亚南, 潘志华, 李超, 等. 2012. 近 50 年北方农牧交错带气候月季变化和空间分布规律. 中国农业大学学报, 17(4): 96-102.

刘宇峰, 原志华, 李文正, 等. 2017. 1961—2013 年黄土高原地区旱涝特征及极端和持续性分析. 地理研究, 36(2): 345-360.

逯亚杰. 2016. 黄土高原地区气候生产力估算及其对气候变化的响应. 杨凌: 西北农林科技大学.

马华, 王云琦, 王力, 等. 2014. 近 20a 广西石漠化区植被覆盖度与气候变化和农村经济发展的耦合关系. 山地学报, 32(1): 38-45.

马利群, 秦奋, 孙九林, 等. 2018. 黄土高原昼夜不对称性增温及其对植被 NDVI 的影响. 资源科学, 40(8): 192-200.

马巍, 牛富俊, 穆彦虎. 2012. 青藏高原重大冻土工程的基础研究. 地球科学进展, 27(11): 1185-1191.

孟超, 韩龙武, 赵相卿, 等. 2018. 气温持续升高对青藏铁路运输安全的影响研究. 中国安全科学学报, 28(2): 1-5.

彭惠, 马巍, 穆彦虎, 等. 2015. 青藏公路普通填土路基长期变形特征与路基病害调查分析. 岩土力学, 36(7): 2049-2056.

冉津江, 季明霞, 黄建平, 等. 2014. 中国干旱半干旱地区的冷季快速增温. 高原气象, 33(4): 947-956.

任婧宇. 2018. 黄土高原 1901—2100 年气候变化及趋势研究. 杨凌: 西北农林科技大学.

任婧宇, 彭守璋, 曹扬, 等. 2018. 1901—2014 年黄土高原区域气候变化时空分布特征. 自然资源学报, 33(4): 621-633.

邵全琴, 樊江文, 刘纪远, 等. 2017. 基于目标的三江源生态保护和建设一期工程生态成效评估及政策建议. 中国科学院院刊, 32(1): 35-44.

石晓丽, 陈红娟, 史文娇, 等. 2017. 基于阈值识别的生态系统生产功能风险评价: 以北方农牧交错带为例. 生态环境学报, 26(1): 6-12.

史文娇, 刘奕婷, 石晓丽. 2017. 气候变化对北方农牧交错带界线变迁影响的定量探测方法研究. 地理学报, 72(3): 407-419.

随金明, 宋乃平, 王兴, 等. 2017. 灌溉条件下农牧交错带作物产量影响因子分析: 以盐池县皖记沟村为例. 中国农业资源与区划, 38(5): 128-133.

孙艺杰, 刘宪锋, 任志远, 等. 2019. 1960-2016 年黄土高原多尺度干旱特征及影响因素. 地理研究, 38(7): 1820-1832.

童晓伟, 王克林, 岳跃民, 等. 2014. 桂西北喀斯特区域植被变化趋势及其对气候和地形的响应. 生态学报, 34(12): 3425-3434.

汪双杰, 王佐, 袁堃, 等. 2015. 青藏公路多年冻土地区公路工程地质研究回顾与展望. 中国公路学报, 28(12): 1-8.

王鹤龄, 张强, 王润元, 等. 2017. 气候变化对甘肃省农业气候资源和主要作物栽培格局的影响. 生态学报, 37(18): 6099-6110.

王赛男, 李建鸿, 蒲俊兵, 等. 2019. 气候和人类活动对典型岩溶地下河系统径流年际变化的影响. 自然资源学报, 34(4): 759-770.

王学春, 李军, 王红妮, 等. 2017. 黄土高原冬小麦田土壤水分与小麦产量对降水和气温变化响应的模拟研究. 自然资源学报, 32(8): 1398-1410.

韦景树, 李宗善, 焦磊, 等. 2018. 黄土高原羊圈沟小流域人工物种和自然物种径向生长对气候变化的响应差异. 生态学报, 38(22): 166-176.

魏宁, 魏霞. 2016. 气候变化对黄土高原土壤侵蚀影响的回顾与展望. 中国人口·资源与环境, 26(11): 32-35.

魏婷. 2015. 多维度视角下贫困问题的再探析. 经济研究导刊, (9): 3-4.

温庆忠, 肖丰, 罗娅妮. 2014. 气候因素对云南石漠化治理的影响与对策. 林业调查规划, 39(5): 61-64.

吴国雄, 段安民, 张雪芹, 等. 2013. 青藏高原极端天气气候变化及其环境效应. 自然杂志, 35(3): 167-171.

吴乾慧, 张勃, 马彬, 等. 2017. 气候变暖对黄土高原冬小麦种植区的影响. 生态环境学报, 26(3): 429-436.

辛惠娟, 何元庆, 张涛, 等. 2013. 青藏高原东南缘丽江玉龙雪山气候变化特征及其对冰川变化的影响. 地球科学进展, 28(11): 1257-1268.

邢宇. 2015. 青藏高原 32 年湿地对气候变化的空间响应. 国土资源遥感, 27(3): 99-107.

徐保风. 2018. 论实现气候公正的普惠性道德目标. 伦理学研究, (5): 37-42.

许海洋, 刘立斌, 郭银明, 等. 2018. 我国西南地区喀斯特森林树木年轮对气候变化的响应. 地球与环境, 46(1): 23-32.

晏利斌. 2015. 1961—2014 年黄土高原气温和降水变化趋势. 地球环境学报, 6(5): 276-282.

杨宁. 2014. 内蒙古农牧交错带主要作物对气候的敏感性与适应弹性研究. 北京: 中国农业大学.

姚玉璧, 王润元, 杨金虎, 等. 2012. 黄土高原半湿润区气候变化对冬小麦生长发育及产量的影响. 生态学报, 32(16): 5154-5163.

易兰. 2019. 甘孜州气候贫困分析及发展建议. 农家参谋, (19).

曾晟轩. 2018. 典型西北农牧交错带气候水热时空规律研究. 兰州: 兰州大学.

曾思博. 2017. 西南地区近 40 年气候变化及其对岩溶作用碳汇的影响研究. 重庆: 西南大学.

张存杰, 黄大鹏, 刘昌义, 等. 2014. IPCC 第五次评估报告气候变化对人类福祉影响的新认知. 气候变化研究进展, 10(4): 1673-1719.

张含玉, 方怒放, 史志华. 2016. 黄土高原植被覆盖时空变化及其对气候因子的响应. 生态学报, 36(13): 3960-3968.

张凯选, 范鹏鹏, 王军邦, 等. 2019. 西南喀斯特地区植被变化及其与气候因子关系研究. 生态环境学报, 28(6): 1080-1091.

张其兵, 康世昌, 张国帅. 2016. 念青唐古拉山脉西段雪线高度变化遥感观测. 地理科学, (12): 174-181.

张倩. 2014. 贫困陷阱与精英捕获: 气候变化影响下内蒙古牧区的贫富分化. 学海, (5): 132-142.

张钦, 赵雪雁, 王亚茹, 等. 2016. 气候变化对农户生计的影响研究综述. 中国农业资源与区划, 37(9): 71-79.

张胜玉, 王彩波. 2016. 气候变化背景下气候贫困的应对策略. 阅江学刊, (3): 45-52.

张宪洲, 杨永平, 朴世龙, 等. 2015. 青藏高原生态变化. 科学通报, 60(32): 3048-3056.

张勇荣, 周忠发, 马士彬, 等. 2014. 基于 NDVI 的喀斯特地区植被对气候变化的响应研究——以贵州省六盘水市为例. 水土保持通报, 34(4): 114-117.

赵凌玉, 潘志华, 安萍莉, 等. 2012. 北方农牧交错带作物耗水特征及其与气温和降水的关系: 以内蒙古呼和浩特市武川县为例. 资源科学, 34(3): 401-408.

赵威, 韦志刚, 郑志远, 等. 2016. 1964-2013 年中国北方农牧交错带温度和降水时空演变特征. 高原气象, 35(4): 979-988.

赵志龙, 张镱锂, 刘林山, 等. 2014. 青藏高原湿地研究进展. 地理科学进展, (9): 1218-1230.

郑然, 李栋梁, 蒋元春. 2015. 全球变暖背景下青藏高原气温变化的新特征. 高原气象, 34(6): 1531-1539.

郑圆圆, 郭思彤, 苏筠. 2014. 我国北方农牧交错带的气候界线及其变迁. 中国农业资源与区划, 35(3): 6-13.

周一敏, 张昂, 赵昕奕. 2017. 未来气候变化情景下中国北方农牧交错带脆弱性评估. 北京大学学报(自然科学版), 53(6): 1099-1107.

朱大运, 熊康宁. 2018. 气候因子对我国喀斯特石漠化治理影响研究综述. 江苏农业科学, 46(7): 19-23.

Chen B, Zhang X, Tao J, et al. 2014. The impact of climate change and anthropogenic activities on alpine grassland over the Qinghai-Tibet Plateau. Agricultural and Forest Meteorology, 189/190: 11-18.

Chen H, Li L, Luo X, et al. 2019. Modeling impacts of mulching and climate change on crop production and N_2O emission in the Loess Plateau of China. Agricultural and Forest Meteorology, 268: 86-97.

Cui X F, Graf H F. 2009. Recent land cover changes on the Tibetan Plateau: A review. Climatic Chang, 94(1/2): 47-61.

Ding D, Feng H, Zhao Y, et al. 2016. Impact assessment of climate change and later-maturing cultivars on winter wheat growth and soil water deficit on the Loess Plateau of China. Climatic Change, 138(1/2): 157-171.

Gao J, Lyv S, Zheng Z, et al. 2012. Typical ecotones in China. Journal of Resources and Ecology, 3(4): 297-307.

Gao J, Wu S. 2014. Simulated effects of land cover conversion on the surface energy budget in the southwest of China. Energies, 7(3): 1251-1264.

Gao Q, Guo Y, Xu H, et al. 2016. Climate change and its impacts on vegetation distribution and net primary productivity of the alpine ecosystem in the Qinghai-Tibetan Plateau. Science of the Total Environment, 554/555: 34-41.

Gao Q, Wan Y, Li Y, et al. 2013. Effects of topography and human activity on the net primary productivity (NPP) of alpine grassland in northern Tibet from 1981 to 2004. International Journal of Remote Sensing, 34(6): 2057-2069.

Gao X, Zhao Q, Zhao X, et al. 2017. Temporal and spatial evolution of the standardized precipitation evapotranspiration index (SPEI) in the Loess Plateau under climate change from 2001 to 2050. Science of The Total Environment, 595: 191-200.

Gao Z, Yi W. 2012. Land use change in China and analysis of its driving forces using CLUE-S and Dinamica EGO model. Transactions of the Chinese Society of Agricultural Engineering, 28(16): 208-216.

He L, Asseng S, Zhao G, et al. 2015. Impacts of recent climate warming, cultivar changes, and crop management on winter wheat phenology across the Loess Plateau of China. Agricultural and Forest Meteorology, 200: 135-143.

He L, Cleverly J R, Chen C, et al. 2014. Diverse responses of winter wheat yield and water use to climate change and variability on the semiarid Loess Plateau in China. Agronomy Journal, 106(4): 1169-1178.

Hou W, Gao J. 2020. Spatially variable relationships between Karst landscape pattern and vegetation activities. Remote Sensing, 12(7): 1134.

Hou W, Gao J, Wu S, et al. 2015. Interannual variations in growing-season NDVI and its correlation with climate variables in the Southwestern Karst Region of China. Remote Sensing, 7(9): 11105-11124.

Hu G, Dong Z, Lu J, et al. 2015. The developmental trend and influencing factors of aeolian desertification in the Zoige Basin, eastern Qinghai–Tibet Plateau. Aeolian Research, 19(B): 275-281.

Jiang C, Wang F, Zhang H, et al. 2016. Quantifying changes in multiple ecosystem services during 2000-2012 on the Loess Plateau, China, as a result of climate variability and ecological restoration. Ecological Engineering, 97: 258-271.

Jiang Z, Lian Y, Qin X. 2014. Rocky desertification in Southwest China: Impacts, causes, and restoration. Earth-Science Reviews, 132(3): 1-12.

Kuang X, Jiao J. 2016. Review on climate change on the Tibetan Plateau during the last half century. Journal of Geophysical Research: Atmospheres, 121(8): 3979-4007.

Li F, Li Y, Ma S. 2019. Regional difference of grain production potential change and its influencing factors: A case-study of Shaanxi Province, China. The Journal of Agricultural Science, 157(1): 1-11.

Li J, Peng S, Li Z. 2017. Detecting and attributing vegetation changes on China's Loess Plateau. Agricultural and Forest Meteorology, 247: 260-270.

Li X, Jin R, Pan X, et al. 2012a. Changes in the near-surface soil freeze–thaw cycle on the Qinghai-Tibetan Plateau. International Journal of Applied Earth Observation and Geoinformation, 17: 33-42.

Li X, Philp J, Cremades R, et al. 2016a. Agricultural vulnerability over the Chinese Loess Plateau in response to climate change: Exposure, sensitivity, and adaptive capacity. Ambio, 45(3): 350-360.

Li X, Wang L, Chen D, et al. 2014. Seasonal evapotranspiration changes (1983–2006) of four large basins on the Tibetan Plateau. Journal of Geophysical Research: Atmospheres, 119(23): 13-79.

Li Z, Xu X, Yu B, et al. 2016b. Quantifying the impacts of climate and human activities on water and sediment discharge in a karst region of southwest China. Journal of Hydrology, 542: 836-849.

Li Z, Zheng F, Liu W, et al. 2012b. Spatially downscaling GCMs outputs to project changes in extreme precipitation and temperature events on the Loess Plateau of China during the 21st Century. Global and Planetary Change, 82-83(Feb.): 65-73.

Li Z, Zheng F, Liu W. 2012c. Spatiotemporal characteristics of reference evapotranspiration during 1961-2009 and its projected changes during 2011-2099 on the Loess Plateau of China. Agricultural & Forest Meteorology, 154-155: 147-155.

Lian Y, You G, You J Y, et al. 2015. Characteristics of climate change in southwest China karst region and their potential environmental impacts. Environmental Earth Science, 74(2): 937-944.

Liang W, Fu B, Wang S, et al. 2019. Quantification of the ecosystem carrying capacity on China's Loess Plateau. Ecological Indicators, 101(1): 192-202.

Liu H, Zhang M, Lin Z. 2017. Relative importance of climate changes at different time scales on net primary productivity—a case study of the Karst area of northwest Guangxi, China. Environmental Monitoring and Assessment, 189(11): 539.

Liu J, Gao J, Lv S, et al. 2011. Shifting farming-pastoral ecotone in China under climate and land use changes. Journal of Arid Environments, 75(3): 298-308.

Liu M, Xu X, Wang D, et al. 2016. Karst catchments exhibited higher degradation stress from climate change than the non-karst catchments in southwest China: An ecohydrological perspective. Journal of Hydrology, 535: 173-180.

Liu W, Sun F, Li Y, et al. 2018a. Investigating water budget dynamics in 18 river basins across the Tibetan Plateau through multiple datasets. Hydrology and Earth System Sciences, 22(1): 351-371.

Liu X, Chen G. 2015. Climatic warming in the Tibetan plateau during recent decades. International Journal of Climatology, 20(14): 1729-1742.

Liu Y, Zhuang Q, Chen M, et al. 2013. Response of evapotranspiration and water availability to changing climate and land cover on the Mongolian Plateau during the 21st century. Global and Planetary Change, 108(Sep): 85-99.

Liu Z, Liu Y, Li Y. 2018b. Anthropogenic contributions dominate trends of vegetation cover change over the farming-pastoral ecotone of northern China. Ecological Indicators, 95(Dec): 370-378.

Lu W, Jia G. 2013. Fluctuation of farming-pastoral ecotone in association with changing East Asia monsoon climate. Climatic Change, 119(3): 747-760.

Lyu J, Mo S, Luo P, et al. 2019. A quantitative assessment of hydrological responses to climate change and human activities at spatiotemporal within a typical catchment on the Loess Plateau, China. Quaternary International, 527(Aug30): 1-11.

Mo F, Sun M, Liu X Y, et al. 2016. Phenological responses of spring wheat and maize to changes in crop management and rising temperatures from 1992 to 2013 across the Loess Plateau. Field Crops Research, 196: 337-347.

Peng S, Li Z. 2018. Potential land use adjustment for future climate change adaptation in revegetated regions. Science of The Total Environment, 639: 476-484.

Peng T, Wang S. 2011. Effects of land use, land cover and rainfall regimes on the surface runoff and soil loss on karst slopes in southwest China. Catena, 90: 53-62.

Ran Y, Li X, Cheng G. 2018. Climate warming over the past half century has led to thermal degradation of permafrost on the Qinghai-Tibet Plateau. Cryosphere, 12(2): 595-608.

Shen M G, Piao S L, Dorji T, et al. 2015. Plant phenological responses to climate change on the Tibetan Plateau: Research status and challenges. National Science Review, 2(4): 454-467.

Shi W, Liu Y, Shi X. 2018. Contributions of climate change to the boundary shifts in the farmingpastoral ecotone in northern China since 1970. Agricultural Systems, 161: 16-27.

Su W, Yu D, Sun Z, et al. 2016. Vegetation changes in the agricultural-pastoral areas of northern China from 2001 to 2013. Journal of Integrative Agriculture, 15(5): 1145-1156.

Sun S, Li C, Wu P, et al. 2018. Evaluation of agricultural water demand under future climate change scenarios in the Loess Plateau of Northern Shaanxi, China. Ecological Indicators, 84(Jan): 811-819.

Sun W, Mu X, Song X, et al. 2016. Changes in extreme temperature and precipitation events in the Loess Plateau (China) during 1960-2013 under global warming. Atmospheric Research, 168(Feb): 33-48.

Sun W, Song X, Mu X, et al. 2015. Spatiotemporal vegetation cover variations associated with climate change and ecological restoration in the Loess Plateau. Agricultural and Forest Meteorology, 209(1): 87-99.

Tang J, Wang J, Wang E, et al. 2018. Identifying key meteorological factors to yield variation of potato and the optimal planting date in the agro-pastoral ecotone in North China. Agricultural and Forest Meteorology, 256-257: 283-291.

Wang G, Zhang J, Xuan Y, et al. 2013. Simulating the impact of climate change on runoff in a typical river catchment of the Loess Plateau, China. Journal of Hydrometeorology, 14(5): 1553-1561.

Wang S, Fu B, Chen H, et al. 2018. Regional development boundary of China's Loess Plateau: Water limit and land shortage. Land Use Policy, 74: 130-136.

Wang X, Chen F H, Dong Z, et al. 2005. Evolution of the southern Mu Us Desert in north China over the past 50 years: an analysis using proxies of human activity and climate parameters. Land Degradation & Development, 16(4): 351-366.

Wu L, Wang S, Bai X, et al. 2017. Quantitative assessment of the impacts of climate change and human activities on runoff change in a typical karst watershed, SW China. Science of the Total Environment, 601-602: 1449-1465.

Xue Z S, Lyu X G, Chen Z K, et al. 2018. Spatial and temporal changes of wetlands on the Qinghai-Tibetan plateau from the 1970s to 2010s. China Geography Science, 28(6): 935-945.

Yang K, Wu H, Qin J, et al. 2014. Recent climate changes over the Tibetan Plateau and their impacts on energy and water cycle: A review. Global and Planetary Change, 112(Jan.): 79-91.

Yang K, Ye B, Zhou D, et al. 2011. Response of hydrological cycle to recent climate changes in the Tibetan Plateau. Climatic Change, 109(3-4): 517-534.

Yang T, Hao X, Shao Q, et al. 2012. Multi-model ensemble projections in temperature and precipitation extremes of the Tibetan Plateau in the 21st century. Global and Planetary Change, 80-81(Jan.): 1-13.

Yang W, Chu W, Zhou L. 2019. Evaluating the impact of karst rocky desertification on regional climate in Southwest China with WRF. Theoretical and Applied Climatology, 137(1-2): 481-492.

Yao T, Thompson L, Mosbrugger V, et al. 2012. Third pole environment (TPE). Environmental Development, 3: 52-64.

Ye J S, Reynolds J F, Sun G J, et al. 2013. Impacts of increased variability in precipitation and air temperature on net primary productivity of the Tibetan Plateau: A modeling analysis. Climatic Change, 119(2): 321-332.

Zhang B, He C, Burnham M, et al. 2016. Evaluating the coupling effects of climate aridity and vegetation restoration on soil erosion over the Loess Plateau in China. Science of The Total Environment, 539: 436-449.

Zhang B, Wu P, Zhao X, et al. 2012. Drought variation trends in different subregions of the Chinese Loess Plateau over the past four decades. Agricultural Water Management, 115: 167-177.

Zhang G, Yao T, Xie H, et al. 2014. Lakes' state and abundance across the Tibetan Plateau. Chinese Sci Bull, 59(24): 3010-3021.

Zhang L, Karthikeyan R, Bai Z, et al. 2017. Analysis of streamflow responses to climate variability and land use change in the Loess Plateau region of China. Catena, 154: 1-11.

Zhao A, Zhang A, Liu X, et al. 2018. Spatiotemporal changes of normalized difference vegetation index (NDVI) and response to climate extremes and ecological restoration in the Loess Plateau, China. Theoretical and Applied Climatology, 132(1-2): 555-567.

Zhao H, Yang S, Yang B, et al. 2017. Quantifying anthropogenic and climatic impacts on sediment load in the sediment-rich region of the Chinese Loess Plateau by coupling a hydrological model and ANN. Stochastic Environmental Research and Risk Assessment, 31(8): 2057-2073.

Zuo D, Xu Z, Yao W, et al. 2016. Assessing the effects of changes in land use and climate on runoff and sediment yields from a watershed in the Loess Plateau of China. Science of The Total Environment, 544: 238-250.

第22章 气候变化适应行动与综合适应技术

首席作者：许吟隆 郑大玮

主要作者：严中伟 马柱国 田 展 潘志华 王 靖

贺 勇 李 阔 赵宏亮 吴一平 王明田

摘 要

中国在适应气候变化体制、机制、法制与能力建设方面做出了很大努力。适应理论与方法研究取得较大进展，公众适应意识和科技支撑能力有所增强。在重点领域与区域开展了一系列适应气候变化的行动并取得了明显成效，实施了若干重大工程和示范项目，国家发展改革委与住房和城乡建设部组织的气候适应型城市建设试点有 28 个城市[①]，初步建立了气候变化影响与极端事件比较完整的监测预警和响应系统，发生同等强度极端天气气候事件的伤亡人数与直接经济损失占 GDP 比例显著下降。农业、林业、水资源、人体健康及脆弱生态系统、海岸带与城市等重点领域逐步构建适应管理与技术体系。在发展中国家率先制定和实施国家适应气候变化战略，提出边缘适应、有序适应的概念并设计了有序适应路线图。在构建人类命运共同体的理念指导下，重视适应与减缓的统筹协调，强调适应气候变化与生态建设、社会经济转型的有序有机融合，建设可持续的气候适应型韧性社会。但总体上适应仍是应对气候变化的薄弱环节，部分公众对适应气候变化的意义与内涵缺乏认识，有些适应措施凭经验自发实施，具有一定盲目性，不同领域和产业部门的适应气候变化工作开展得很不平衡，基础适应技术研发有待加强，配套政策措施需要完善。对未来气候变化风险的评估还存在很大的不确定性，需要制定适应技术的预研究规划和进行重点领域的适应工程设计。

22.1 中国适应气候变化行动与成效

适应气候变化的核心是要求人类遵循气候规律，与大自然和谐相处。生物在适应气候变化的过程中进化和演替，人类社会也是在适应过程中不断进步和发展的。世界各国先后出台适应气候变化的国家战略或行动计划，并采取积极的适应行动。中国政府高度重视适应气候变化工作，采取了一系列政策措施促进适应行动的开展，取得了积极成效。

---

① https://www.ndrc.gov.cn/xxgk/zcfb/tz/201702/t20170224_962916.html?code=&state=123.

22.1.1 体制机制建设

1. 适应气候变化的体制建设

中国政府于 1990 年成立应对气候变化的相关机构，1998 年成立国家气候变化对策协调小组。2007 年成立国家应对气候变化领导小组，成员涉及 20 个部委（局），2013 年调整为 26 个。2012 年成立了国家应对气候变化战略研究和国际合作中心，开展应对气候变化的政策、法规、规划等研究。2018 年，应对气候变化和减排职能划转生态环境部。各省（自治区、直辖市）人民政府也相继成立由主要领导任组长、有关部门参加的应对气候变化领导小组，并设立相应工作机构。上述体制建设都明确规定了适应气候变化的职能。编制国家和省级应对气候变化方案时，适应气候变化是其中的一项重点内容。

2. 适应气候变化的法治建设

2007 年发布的《中国应对气候变化国家方案》[①]、2013 年发布的《国家适应气候变化战略》[②]、2014 年发布的《国家应对气候变化规划（2014—2020）》[③]和 2022 年发布的《国家适应气候变化策略 2035》[④]都对建立健全适应气候变化的体制、机制和法制提出了明确要求。国家层面先后通过与实施《中华人民共和国突发事件应对法》《中华人民共和国气象法》《中华人民共和国环境保护法》《中华人民共和国循环经济促进法》《中华人民共和国农业法》《中华人民共和国森林法》《中华人民共和国草原法》《中华人民共和国野生动物保护法》《中华人民共和国土地管理法》《中华人民共和国水土保持法》《中华人民共和国水污染防治法》《中华人民共和国海洋环境保护法》等法律以及《中华人民共和国自然保护区条例》《气象灾害防御条例》等法规，各地制定的实施办法也都包含适应气候变化的内容。例如，在农业领域，我国 2003 年制定了《优势农产品区域布局规划（2003—2007 年）》，2008 年制定了《国家粮食安全中长期规划纲要（2008—2020 年）》，都强调提升中国粮食生产适应气候变化的能力，支持农业资源养护、生态保护及利益补偿，对于降低农业生产的脆弱性与气候风险具有重要意义（田丹宇，2019）。

3. 适应气候变化的机制建设

1）资金机制

积极培育并初步建立了以国家财政资金为主导，商业金融适应性资金和市场投入为支撑，国际双边或多边适应基金为补充并积极吸引企业和社会集资的多元资金机制。充分发挥公共财政资金的引导作用，加大国家和地方财政支持适应能力建设与重大技术创新的力度，保障重点领域和区域适应任务的完成，2010 年财政部等七部（委、局）联合发布的《中国清洁发展机制基金管理办法》明确规定该基金应用于企业减缓和适应等应对气候变化的相关活动。积极推动气候金融市场建设，探索小额信贷、巨灾债券等创新性融资手段。建立健全风险分担机制，逐步构建天气衍生品交易平台，"气象指数保险"产品已在各地广泛试点和推广。国家和地方政府在水利工程、海绵城市建设、重大生态工程和农业基础设施建设等方面的巨大投入及对于退耕还林还草和休闲农田的生态补偿和灾害救助等，实际都包含适应气候

---

① 国务院. 中国应对气候变化国家方案. 国发〔2007〕17 号. 2007-6-3.
② 国家发展改革委，财政部，住房和城乡建设部，等. 国家适应气候变化战略. 2013.
③ 国家发展改革委. 国家应对气候变化规划（2014—2020 年）. 2014.
④ 生态环境部，国家发展改革委，科学技术部，等. 国家适应气候变化策略 2035. 2022.

变化的因素，并正在形成政府主导、多部门协同和社会广泛参与的资金筹集机制（储诚山和高玖，2013）。

2）技术研发机制

科学技术部为贯彻落实《国家中长期科学和技术发展规划纲要（2006—2020 年）》和配合《国民经济和社会发展第十三个五年规划纲要》的制定，先后制定和发布了"十二五"和"十三五"国家应对气候变化科技发展专项规划，全面部署国家层面应对气候变化的技术研发任务与保障机制。提出适应的技术目标："全面提升我国重点行业、领域和沿海地区、生态脆弱区、生态屏障区、大型工程区适应气候变化的能力，支撑新型城镇化、生态文明建设、一带一路等重大战略的实施。"各级地方政府、科技机构和企业在该规划的指导下也陆续开展了适应技术的研发，取得不少成果（潘韬等，2012）。

3）组织协调机制

2013 年发布的《国家适应气候变化战略》明确提出建立健全适应工作组织协调机制，如针对极端旱涝事件，农业、气象、水利等部门建立了会商与信息共享制度，并在相关预案中明确规定了各部门的职责分工与协同关系。各级政府的应对气候变化机构都包括适应的职能，适应气候变化也已纳入了京津冀、粤港澳大湾区、长江经济带等重大区域协同发展的规划或项目。

22.1.2　适应能力建设

1. 基础设施建设

根据气候条件变化调整修订基础设施设计、工程建设、运行调度和养护维修的技术标准，科学评估标准升级的适应成本及环境收益；要求立项论证和准入管理将气候变化影响和风险评估作为项目申报和管理的重要内容；建立和完善保障重大基础设施运行的灾害监测预警和应急制度。

通过大江大河综合治理、山区水土保持、水源保护、集雨节水、农田基本建设、城市下垫面改造与绿地建设等工程，提高了城乡应对旱涝灾害和水资源短缺的能力。

通过研发突破关键适应技术，有效保障了青藏铁路、西气东输、南水北调等一系列重大工程的实施，极大地提高了西部生态脆弱地区、北方干旱缺水地区和东部能源短缺地区应对气候变化风险的能力（中国 21 世纪议程管理中心，2017）。

2. 监测预警系统建设

以"3S"技术为支撑建立了极端天气气候事件和气候变化相关灾害的监测预警系统和生态系统长期定位观测系统。例如，气候变化对生物多样性影响的监测评估已应用于敏感物种就地或迁地保护及退化生态系统恢复重建（何霄嘉等，2017a）。气象、灾情和农情信息员队伍建设和报告制度的建立提高了应对极端气象灾害的综合能力。建立了地方行政首长负责制为核心的各级防汛抗旱工作责任制，完善了大江大河洪水调度、防御方案和水量应急调度预案，建成全国旱情监测系统，极大地提高了应对重大旱涝灾害的能力。

中国积极参与研发全球和区域气候模式，将其广泛应用于预估未来气候变化及综合影响，如区域温度变化的监测与归因，建立异常大风、降水对近海生态环境影响的准业务化试运行预评估系统和示范海湾决策支持系统，推进海岸过程研究与海滩防护技术推广，建立基于卫星遥感的陆源入海碳通量与扩散动态监测示范系统等。卫星雷达立体监测产品的分析应用提高了环境气象预报精细化水平。

3. 科技支撑

适应技术体系分为基础共性技术、自然系统适应技术、人类系统适应技术三大部分。中国目前适应气候变化技术研发应用主要有极端天气气候事件预测预警技术、干旱地区水资源开发利用与优化配置调度技术、农作物抗逆品种选育与病虫害防治技术、农林业布局调整与应变栽植技术、脆弱生态系统保护修复技术、气候变化影响与风险评估技术、人体健康综合适应技术、海岸带综合防护与适应技术、应对极端天气气候事件的城市生命线系统安全保障技术、重点行业适应气候变化标准与规范修订、人工影响天气技术等，此外，旅游业、建筑业、交通运输业和能源工业等敏感产业也进行了一些适应技术研发，但尚未形成较成熟和完整的技术体系（《第三次气候变化国家评估报告》编写委员会，2015；中国 21 世纪议程管理中心，2017）。

4. 增强适应气候变化的公众意识

相对于减缓，社会公众对适应的科学内涵和决策部门对适应的重要性仍认识不足。自2013 年发布《国家适应气候变化战略》和 2022 年发布《国家适应气候变化战略 2035》以来，已刊登一批解读文章，组织科普讲座，2016 年以来有 28 个城市被列入创建气候适应型城市试点[1]，加上各类媒体的宣传报道，公众适应气候变化的意识有所增强。今后应充分发挥政府主导作用，利用多种大众传播媒介和现代信息技术，对社会各阶层公众进行适应气候变化的科普宣传，将适应知识纳入各级学校的教育，结合不同部门和领域的情况组织适应技能专题培训，鼓励和倡导适应性可持续生活方式，提高公众参与社区适应气候变化活动，促进社会消费模式的转变。完善气候变化信息发布制度，增加气候变化相关决策的透明度，促进气候变化治理的科学化和民主化。积极发挥民间社会团体和非政府组织的作用，促进广大公众和社会各界参与减缓和适应全球气候变化的行动。

5. 国际合作

中国政府本着"互利共赢、务实有效"的原则，建立了适应气候变化的国际合作机制，加强与世界银行、亚洲开发银行、联合国开发计划署、世界气象组织等多边机构的合作，参加公约下绿色气候基金、适应基金、技术执行委员会等机构的工作。生态环境部与新西兰、德国、法国、加拿大等多国建立了气候变化双边合作机制，近年来中国与多国领导人发表共同应对气候变化的联合声明，与美国、法国、德国、英国、加拿大、日本等国及欧盟在适应气候变化领域开展了有效合作，进行广泛的学术交流。大力推动适应气候变化的南南合作。截至 2018 年 4 月，国家发展改革委已与 30 个发展中国家签署合作谅解备忘录，内容包括赠送物资设备，举办南南合作培训班等。商务部通过技术援助、提供物资和现汇等方式累计援助 80 多个发展中国家，除减排技术外还涉及抗旱技术、水资源利用管理、粮食作物种植、绿色港口建设、水土保持、紧急救灾等。2019 年 6 月气候变化全球适应中心中国办公室在北京正式揭牌，9 月发布适应气候变化旗舰报告，受到社会各界的广泛关注，产生了积极的影响[2]。

---

① 国家发展改革委，住房和城乡建设部.关于印发气候适应型城市建设试点工作的通知.2017.
② 中国气候变化信息网 http://www.ccchina.org.cn/.

22.1.3　适应行动成效

1. 重点领域与区域适应行动与成效

自 2015 年《第三次气候变化国家评估报告》发布以来，中国政府在若干重点领域开展了大量适应工作并取得重要进展。

1）农业领域

已完成县级精细化农业气候区划 3297 项、主要农业气象灾害风险区划 4563 项[①]，为合理利用农业气候资源和加强农业风险管理提供了科技支撑。针对气候变化对各地农业的有利和不利影响，采取了调整种植制度、作物与品种布局、播种期和移栽期，提高气象灾害监测、预报和预警能力，推广普及防灾减灾技术等适应措施，取得显著减灾增产效益。但目前仍有大量适应行动为地方政府或农民自发采取的，总体看仍停留在基于气候变化风险分析和现有可用技术的筛选方面，在农业针对性适应技术措施的可行性评估研究方面还有待提高（梁社芳等，2018）。由于气候变化对农业的影响错综复杂，应根据气候变化的具体影响制定有针对性的适应性对策（许吟隆，2018）。加快创新型技术，如大型灌区节水改造、农田水利设施等的研发（林谦等，2018），同时制定明确的适应政策和措施的成效评估标准。

2）水资源领域

2017年，水利部印发文件要求以县域为单元全面启动节水型社会达标建设，现有65个县（区）达标。国家发展改革委同水利部、国家质量监督检验检疫总局建立了水效标识制度，出台相应的国家技术标准。应对北方大部日益加剧的干旱缺水，全国高效节水灌溉面积达到 3.1 亿亩[②]。整体看，中国在水资源领域提出的适应性政策目标清晰，实施效果明显，水资源消耗总量和强度都有较大幅度降低。但目前仍缺少系统规划和创新型科技支撑。未来需重点制定防范性应对气候变化的水资源适应政策（刘孝萍，2018）。

3）林业与生态系统领域

严格实施国家、省、县级林地与草地保护利用规划[③]。2017 年，国家投入草原生态保护资金 187.6 亿元，落实草原禁牧面积 12.06 亿亩，草畜平衡面积 26.05 亿亩。加强自然保护区建设，2017 年国家林业局共安排 6.4 亿元支持国家级自然保护区基础设施建设和能力建设，截至 2017 年底已建立各级各类自然保护区 2249 处，总面积为 12613 万 hm^2，约占国土面积的 13.14%[④]。但现有适应政策仅提到人力资源的重要性和加大资金投入等，对适应行动所需社会资本和自然资源基本没有涉及（张雪艳等，2015）。应制定具有中国特点的林业适应政策，趋利避害，主动适应，坚持因地制宜，宜林则林、宜灌则灌，科学规划林种布局、林分结构、造林时间和密度。加强森林火灾、野生动物疫源疾病、林业有害生物的防控体系建设。

4）气象与水文、地质领域

已完成全国所有区、县的气象灾害风险普查，累计完成 35.6 万条中小河流、59 万条山洪沟、6.5 万个泥石流点、28 万个滑坡隐患点的风险普查和数据整理入库。城市防涝方面，

---

① 生态环境部. 2018 年政府信息公开工作年度报告. 2018.
② 生态环境部. 中国应对气候变化的政策与行动 2018 年度报告. 2018.
③ 国家林业局. 林业应对气候变化"十三五"行动要点. 2016.
④ 生态环境部. 中国应对气候变化的政策与行动 2018 年度报告. 2018.

有 83 个城市开展了暴雨强度公式编制或雨型设计，开展基层中小河流洪水、山洪和地质灾害气象风险预警业务标准化建设试点 897 个[①]。2018 年 1 月，《中国气象局关于加强气象防灾减灾救灾工作的意见》，提出建设新时代气象防灾减灾救灾体系，进一步明确实施气象防灾减灾救灾"七大行动"。

5）人体健康领域

极端天气气候条件下的健康应急预案逐步完善；预警系统的建立使极端天气事件伤亡人数明显降低；农村饮水安全明显改善；人居和劳动防护标准进一步提高；加强了气候变化对人群健康的影响评估（陈倩等，2017）；气候变化脆弱地区公共医疗卫生设施得到完善。今后应继续健全气候变化相关疾病，特别是相关传染性和突发性疾病流行特点、规律及适应策略与技术的研究；探索建立对气候变化敏感的疾病，如城市高温热浪对人群健康影响的监测预警、应急处置和公众信息发布机制[②]。制定气候变化影响人群健康的应急预案，定期开展风险评估，确定季节性、区域性防治重点。

6）生态脆弱地区

坚持"绿水青山就是金山银山"的理念，持续推进生态脆弱和气候贫困地区的综合治理。提出农牧交错带与高寒草地应严格控制牲畜数量，强化草畜平衡管理；严格控制新开垦耕地，巩固退耕还林还草成果（林谦等，2018）。加强防护林体系建设、重点地区草地退化防治和高寒湿地保护与修复。加强黄土高原水土流失治理，实施陡坡退耕还林还草和小流域综合治理。加强西北内陆河水资源合理利用，严禁荒漠化地区农业开发，实施禁牧封育，开展沙荒地和盐碱地综合治理，推广生物治理措施，探索盐碱地资源化开发利用。目前针对各类生态问题的适应性措施正在大力推广，虽然生态修复周期较长，仍应坚持以林草植被恢复重建为核心，转变农业经济发展模式，发展特色立体农业，加快退耕还林还草、封山育林、人工造林步伐（许吟隆，2018）。

7）海岸带与海洋领域

基于《中国应对气候变化国家方案》，2007 年有关单位印发了《关于海洋领域应对气候变化有关工作的意见》[③]，在海洋功能区划和海岸保护与利用规划、海洋环境观测和监测预警、海洋保护区建设管理和海洋生态建设、海洋领域应对气候变化科技创新等方面开展了大量工作。2017 年，国家发展改革委和国家海洋局会同有关方面编制发布《全国海洋经济发展"十三五"规划（公开版）》，沿海各地先后出台省级海洋主体功能区规划。2018 年国家有关部门发布《2017 年中国海平面公报》，全面评估了海平面上升及其影响。2016 年印发的《中共中央 国务院关于推进防灾减灾救灾体制机制改革的意见》，对新时期海洋防灾减灾工作做出全面部署。但整体上仍然缺乏创新，适应政策不完善，执行力度不强。今后应着重适应气候变化技术研发和体系建设，加强政策法律制定和执行。继续完善海洋立体观测预报网络系统，加强对台风、风暴潮、巨浪等海洋灾害的预报预警，健全应急预案和响应机制，提高防御海洋灾害的能力[④]。加强海岸带综合管理，提高沿海城市和重大工程设施防护标准。加强海岸带国土和海域使用综合风险评估。加强海洋生态灾害监测评估和海洋自然保护区建设。加强对海平面上升对我国海域岛、洲、礁、沙、滩影响的动态监控

---

① 生态环境部. 中国应对气候变化的政策与行动 2018 年度报告. 2018.
② 科技部等. "十三五"应对气候变化科技创新专项规划. 2017.
③ 生态环境部. 中国应对气候变化的政策与行动 2018 年度报告. 2018.
④ 科技部等. "十三五"应对气候变化科技创新专项规划. 2017.

能力。实施海岛防风、防浪、防潮工程，提高海岛海堤、护岸等设防标准，防治海岛洪涝和地质灾害。

8）城市领域

2015 年以来，住房和城乡建设部先后在 58 个城市开展生态修复城市修补试点工作，指导各地修复城市山体水体，增加绿地，完善城市生态系统。2016 年国家发展改革委及住房和城乡建设部确定在 28 个城市（区、县）开展气候变化适应型城市建设试点（孙桢，2019），根据不同城市的气候地理特征与经济社会发展水平，针对气候变化条件下的突出性、关键性问题，强化气候敏感脆弱领域、区域和人群的适应行动，加强城市适应气候变化能力建设。今后应做好前瞻性布局和相关领域规划，提高城市建筑适应能力，建设科学合理的城市防洪排涝体系，建立完善城市灾害风险综合管理系统，提升城市综合应急保障服务能力[①]。

2. 典型案例

1）西北内陆生态脆弱区流域水资源调控与生态环境协同适应

气候变化带来的西北内陆生态脆弱区生态环境的挑战。水资源是影响西北内陆生态脆弱区社会经济可持续发展的主要瓶颈，气候变化使该地区生态-水文系统更加脆弱，水文循环和水资源时空不均性加剧，极端水文事件频率和强度增大，水循环过程和生态需水规律改变，增加了适应未来气候变化的复杂性与不确定性（陈亚宁等，2012；王玉洁和秦大河，2017）。在流域尺度上，以水资源合理配置为核心的生态环境综合治理和保护是适应气候变化的有效手段，西北内陆黑河流域等的有效实践与应用，关键在于社会经济-生态环境系统水资源利用率的提升（Cheng et al.，2014）。

流域水资源调控增强生态环境的协同适应。针对气候变化加剧的上游水资源不稳定，采用以生态修复与水源涵养为主的适应技术，主要包括降水、冰川、湖泊、积雪和冻土监测，人工增雨增雪，水源涵养区生态环境保护与修复，山区水库设计与调度，气候变化对水资源影响评估，流域生态-水文过程耦合模拟与预测等。中游节水是黑河流域水资源调配的关键，推广实施了以技术节水和产业节水为主的农业综合技术[②]（郭晓东等，2013），包括农田水利、灌区节水改造、退耕还林草等工程，推广垄膜沟灌和滴灌、微喷、喷灌等高新节水技术，加强田间用水管理和推广耕作保墒技术，调整种植结构，发展高标准设施农业等。分水方案实施后，中游张掖地区的高耗水作物与行业用水比重降低，工业、服务业及林牧渔用水比重上升，经济结构优化。将上中游调配节水用于修复下游退化生态，对下游生态需水量进行了严格的核算、调配管理与环境监测。分水方案实施后，黑河下游植被恢复显著，林草面积增加 21%（汪旭鹏等，2012），胡杨林土壤水分含量明显增加。

2）上海城市适应气候变化综合灾害风险治理

气象灾害风险综合管理是城市适应气候变化的重要组成部分，随着极端天气气候事件频繁发生和海平面不断上升，为实现科学决策和提高风险管理能力，上海市整合城市网格化综合管理与应急管理模式，建立了跨部门预警信息发布中心、多灾种早期预警系统和一体化气象灾害风险管理业务系统，探索政府与社会资源的整合机制，实现了由被动应急管理向主动

---

① 国家发展改革委，住房和城乡建设部. 城市适应气候变化行动方案. 2016.
② 甘肃省人民政府办公厅. 甘肃省人民政府办公厅关于河西戈壁农业发展的意见. 2017.

风险管理的转变（陈振林等，2017）。

跨部门预警信息发布中心于 2013 年在上海率先成立，建立了"政府主导、市应急办协调、多部门协同、市气象局承办"的预警信息发布体系，并与国家预警发布中心的系统对接，实现了国家、市、区三级预警信息的上下互通。

"一键式"预警信息发布系统实行 24 小时值守，整合广播、电视、报刊、互联网、微博、手机短信、电子显示屏等渠道，可一键快速发布 5 部门 20 种预警信息，为全市各类突发事件的预警信息发布提供权威、有效的综合平台。终端软件布设近 40 家委、办、局及相关机构和企业，实现了市级层面预警信息的左右互通和与各类预警发布手段的对接。

多灾种早期预警系统由世界银行和世界气象组织支持建立，主要致力于灾害早发现、早通气、早预警、早发布和早联动，强化"政府主导、部门联动、社会参与"的防灾减灾体制。编制了上海市气象灾害应对总体预案和 5 个专项预案，25 个部门建立了 36 类标准化部门联动机制，14 个部门建立了资料共享机制，6 个部门联合开展技术合作，实现了多部门资源共享，以航空、海洋、交通、环境、城市积涝影响预报和风险预警为核心内容。

信息化、集约化、标准化、一体化的气象灾害风险管理业务系统包括一个数据库、二个综合显示平台和三个支撑系统，建成面向决策部门和专业用户的多灾种早期预警决策指挥支撑平台和面向社会公众用户的智能化公共气象服务平台（图 22.1）。

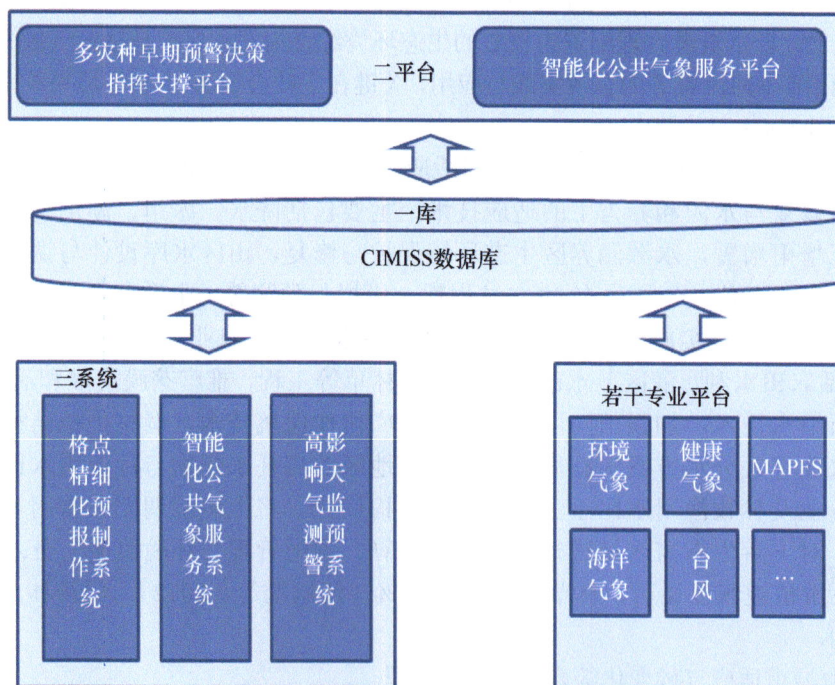

图 22.1　气象灾害风险管理业务系统

3）气候变化背景下西南地区农业季节性干旱适应

西南地区地形地貌和天气气候极为复杂，气候变暖背景下水资源总量和降水有效性总体呈下降趋势，农业干旱呈多样化、复杂化和严重化趋势（刘定辉等，2011；王明田等，2012）。

主要措施及成效如下。

强化政府主导作用。将防旱减灾工作纳入法制化、规范化、制度化、常态化管理中。

加强农田水利建设。实施毗河供水等大型水利工程，广泛开展山坪塘建设、治河造田、治山修田、改土蓄水、退耕还林还草和高标准基本农田建设，在减少水土流失、夯实农业防旱减灾基础方面发挥了重要作用。

强化科技支撑。农业干旱监测、预测和评估水平显著提高，构建了季节性干旱指标体系（隋月等，2012）；研发具有自主知识产权的土壤水分自动监测系列产品并布点 600 余个；干旱评估向定量和风险评估发展，并综合考虑作物种类、生育阶段、地形地貌、防旱减灾能力等多要素（王明田等，2012）。农业产业结构与种植制度不断优化。作物旱害机理及防控关键技术研究取得了较大进展。系统揭示了西南山地土壤-作物季节性干旱响应机制与主要作物关键生育阶段旱害机理及需水特征，提出秸秆覆盖增墒耕作、地膜覆盖保墒、密肥联合调控、雨水高效利用、就地集雨补灌高效用水、生理调控剂等关键技术，推动了西南山地农业生产技术的转型升级。抗旱育种取得新进展，建立了以产量为核心，简单、易行、准确，包括形态与生理指标的耐旱高产品种鉴定指标体系，鉴定和优选出大批适合主要干旱类型区的耐旱高产品种。人工增雨雪也已成为防旱减灾的重要手段。

22.2　适应科学基础与技术体系构建

22.2.1　适应气候变化研究进展

1. 有序适应概念的提出

1）有序适应的原理和方法

叶笃正和吕建华（2000）、叶笃正等（2001）、叶笃正和符淙斌（2004）提出要以有序的人类活动应对人类的生存环境危机，后又进一步阐述了全球变暖的有序适应概念的内涵和外延（叶笃正和严中伟，2008）。叶笃正等（2001）指出，有序一般指有规则和系统的组织性，无序则是指无规则和系统的无组织性。作为客观物质世界中广泛存在的现象，有序和无序可以被统计地度量，如可用熵来度量。有序人类活动是指通过合理安排和组织，使自然环境能在长时期、大范围不发生明显退化，甚至能够持续好转，同时又能满足当时社会经济发展对自然资源和环境的需求的人类活动。有序人类活动考虑的是长期和整体的利益，具有目标合理性、层次性、形式多样性、相对性、系统性和规模化等基本特征。

适应气候变化如果仅考虑局地或部门利益，各地各部门采取的措施会很不一样，甚至有可能相互冲突或抵消，导致局部适应而总体更不适应。这就需要开展从局域到区域乃至全球尺度的协调一致行动，最终实现应对和适应气候变化的全局最佳效果。基于气候变化及人类活动的区域性，适应气候变化的机制和策略必须具有鲜明的区域性和全球整体的协调性。必须兼顾生态效益、经济效益与社会效益，近期利益与长远利益，制定有序适应的路径图（Wu et al.，2018）。

有序适应不仅需要自然科学理论的支持，同时必须面对社会发展的需求，必须是自然科学和社会科学的系统结合。要利用地球系统模式开展人类活动影响气候变化模拟的虚拟实验，并在有序适应示范区建立自然和社会相结合的综合观测实验，进行集成研究。

2）有序适应的目标和途径

全球气候变化的有序适应是一个系统性的问题。例如，对于气候变化引起的水资源短缺和部分地区对干旱化的适应，要求不同地区和行业之间的统筹协调和优化配置。否则地区间和部门间各行其是，某些措施在局部有可能获得一定适应效果，但在更大范围和整体上却更加不能适应。国内外，诸如上游过度拦蓄扩大灌溉，导致下游断流甚至沙漠化；工业与城市大量挤占农业与生态用水的事例比比皆是。

有序适应作为有序人类活动的组成部分，是从应对气候变化的角度提出的，以人类社会的可持续发展为最终目标。有序适应要通过不同领域与层次的统筹协调来实现，包括国家、地区、部门、社区、家庭与个人之间的协调，生态效益、经济效益与社会效益的统筹，局部利益与全局利益的统筹，近期利益与长远利益的兼顾，减缓行动与适应行动的协调等。在系统内部，各子系统和单元要形成良好的结构；在系统外部，系统与环境及与其他系统之间也要相互协调，才能取得最佳的整体适应效果。

为保障有序适应行动的实施，必须建立政府主导、企业和社会力量积极参与，适应科技支撑和适应资金筹措的机制。

3）有序适应的实践

自 2013 年《国家适应气候变化战略》发布以来，国家和地方各地有计划开展了大量有组织的适应行动，发布了一系列指导性文件，适应活动的有序性明显提高。例如，国家发展改革委与住房和城乡建设部组织的气候适应型城市建设试点有 28 个城市并已取得初步成效[①]，建立健全了完整的监测预警体系，发生同等强度极端天气气候事件的伤亡人数与直接经济损失占 GDP 比例显著下降；西部植被覆盖面积增加，生态环境明显改善。但要使有序适应成为全社会的统一行动，还需要进一步加强统筹协调和科普宣传，广泛试点实践，不断总结经验，提高有序化水平。

2. 适应气候变化的内涵进一步明确

2014 年发布的 IPCC 第五次评估报告指出，适应是自然系统和人类系统对于实际或预测的气候和影响做出的调整过程。对于人类系统，适应寻求减轻或避免气候变化所产生的危害或开发所带来的机遇。对于自然系统，适应通过人类干预措施诱导其针对预期发生的气候和影响进行调整。上述定义的核心是趋利避害，关键是调整。虽然适应气候变化与几乎所有的人类活动有关，但只有针对气候变化影响，对自然系统和人类系统做出调整才属于适应。适应体现了人与自然和谐相处的理念，人类必须遵循自然规律不断调整和规范自己的行为。

3. 气候变化适应的研究思路进一步明确

经多年研究与实践，对气候变化适应的认识不断深化，研究思路基本明确（潘志华和郑大玮，2013）。首先要回答气候和受体系统发生了什么变化，气候变化如何影响受体系统，受体系统对于气候变化的适应机理是什么等。其中影响识别是开展适应工作的前提，在对受体系统结构与功能及适应机制与阈值研究的基础上，提出适应对策与措施并评估其效果，研发可行与可操作的适应技术，构建不同产业或区域的适应技术体系（图 22.2）。

---

① https://www.ndrc.gov.cn/xxgk/zcfb/tz/201702/t20170224_962916.html?code=&state=123.

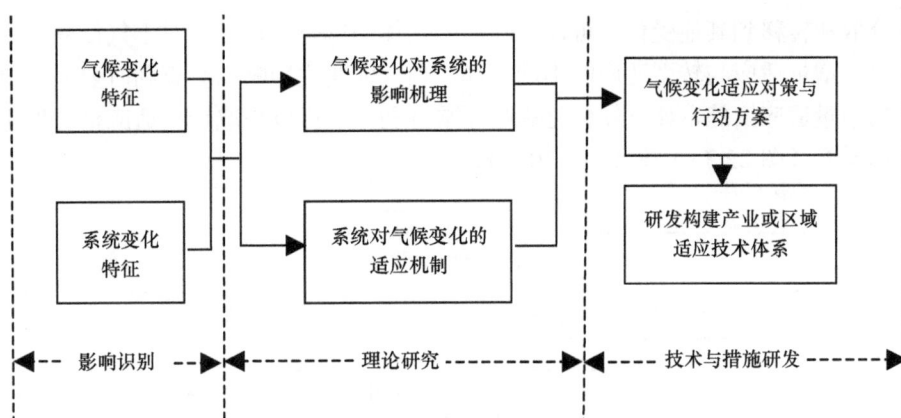

图 22.2　气候变化适应工作路线简图（潘志华和郑大玮，2013）

4. 气候变化适应机制研究不断深入

适应的内涵包括适应全球与区域气候变化的基本趋势、应对极端天气气候事件及适应气候变化带来的一系列生态与社会经济后果。适应的目标是避害趋利，即最大限度减轻气候变化对自然系统和人类社会的不利影响，并充分利用气候变化带来的有利机会，是气候变化适应工作的基本准则（潘志华和郑大玮，2013）。适应可分为主动适应与被动适应、自发适应与规划适应、增量适应与转型适应等。

从受体系统与环境的关系看，可将气候变化看成一种外来干扰。不同类型受体的结构与功能不同，对于气候变化干扰的适应机制也各不相同，包括物理学意义上的弹性、自适应、人为支持适应和人类系统适应等不同层次。系统适应性源自自组织系统对外界干扰的反馈与响应，不同类型系统之间有很大区别。简单非生命系统对于外界干扰不能做出自主的反馈与响应，在一定范围内依靠自身弹性能维持基本的结构与功能，外界干扰减弱或消失时能恢复原来态势，但外界干扰超过一定阈值时系统将受到破坏。复杂非生命系统和简单生命系统具有一定自组织能力，能根据外界环境干扰信息及时做出反馈和响应，采取一定的适应措施以应对环境胁迫，但通常是被动的，不能做出有计划的预先适应；当外界干扰很强时，同样有可能超过一定阈值，导致系统破坏甚至崩溃。人类系统具有很强的自组织能力，能够有计划监测环境信息，正确评估气候变化影响和风险，制定正确、有序和主动的适应措施；但人类系统的适应能力仍受到社会组织管理能力、经济发展水平、科技水平，特别是对气候变化及其影响的认知水平等多种因素的限制。

气候变化负面影响较轻时，可依靠非生命系统的弹性或生命系统的自适应机制，不必施以人为适应措施。但当气候变化超过一定阈值，其负面影响接近或超过这种弹性或自适应能力时，就必须施加人为支持适应措施，或设法增强受体系统的弹性或自适应能力，或努力改善受体系统所处局部环境以减轻外来胁迫。以上适应机制均属于增量适应，此时受体系统不发生质变，仍保持系统结构与功能基本不变。当气候变化负面影响超过受体系统弹性或自适应能力与人为支持适应能力的总和时，受体系统结构有可能遭到破坏甚至崩溃，或人为适应成本超过可能造成的损失时，都需要采取转型适应对策，包括时空规避、系统转型、转移或分散风险等。其中，系统转型指受体将发生质变，成为适应新气候环境的新型受体，如农业生产上改种抗逆作物或品种。时空规避指从时间或空间上将受体系统与气候变化影响隔离开来，如调整作物布局和改变人类活动的时间或地点以避开风险。保险虽不能消除风险，但通过将风险分散和转移到其他受体，可以减轻标的受体的风险与损失。对于气候变化的正面影响同样也存在增量适应与转型适应的不同选择。当气候变化影响相对有利时要采取提高受体利用能力的增量适应措施，如气候变化影响非常有利，也可以采取转型适应措施促进受体系统的升级和质变（图22.3）（郑大玮，2016）。

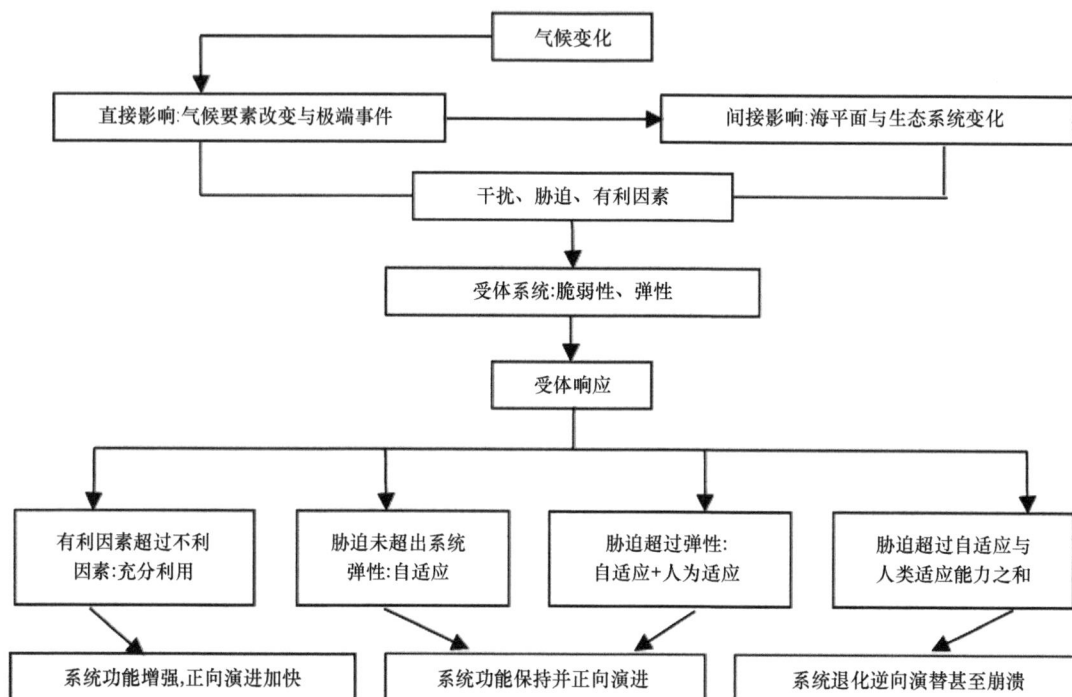

图 22.3　系统适应气候变化的机制与不同演替方向（潘志华和郑大玮，2013）

《适应气候变化国家战略研究》报告的发布，是我国主动适应和规划适应的重要标志（科学技术部社会发展科技司和中国 21 世纪议程管理中心，2011）。许吟隆等（2014）选取中国农业适应气候变化的典型案例，进行了增量适应与转型适应的分析，并指出随着气候变化的不断加剧，转型适应将越来越多地应用于适应决策与适应实践。

5. 气候变化适应理论与方法研究取得较大进展

适应气候变化的科学原理是指根据变化了的或即将改变的气候条件，整合优化有限的适应资源，利用社会经济或自然生态等受体系统的自适应能力，或采取人为调控措施，通过优化系统结构和功能，减小脆弱性或改善局部生境，以减轻气候变化的不利影响，或利用有利机遇发挥最大效益的机制。

中国自《第三次气候变化国家评估报告》发布以来，先后提出了边缘适应、气候容量、气候变化影响累积频率等创新概念。许吟隆等（2013）从适应气候变化的角度提出"边缘适应"，是指由于气候变化所产生的环境胁迫加剧了系统状态的不稳定性，两个或多个不同性质系统的边缘部分对气候变化的影响异常敏感和脆弱；在系统边缘的交互作用处优先采取积极主动的调控措施，促使系统结构及功能与变化了的气候条件相协调，从而达到稳定有序的新状态的过程。这一概念的提出明确了适应工作的重点，增强了针对性。潘家华等（2014）认为，适应气候变化要考虑气候容量，即一个地区特定气候资源所能够承载的自然生态系统和人类社会经济活动的数量、强度和规模。在气候容量充裕的地区，适应气候变化是与人口和经济发展相伴生的问题；而在气候容量严重受限的地区，不合理的发展可能进一步恶化气候环境。Dong 等（2016）提出气候变化累积影响频率（climate change effect-accumulated frequency，CCEAF），以农业为例，即气候变化影响下包括产量增减的农业生产变化程度出现的概率。

脆弱性定量评估理论与方法研究取得了长足进展。IPCC 历次评估报告对脆弱性的内涵表述不断完善，形成"敏感性-适应能力-暴露度"的评估框架。Dong 等（2015，2016，2018）基于该评估框架，提出敏感性、适应能力、暴露度的计算方法，实现了脆弱性在农业生产上的定量评估。袁潇晨（2016）从暴露度、敏感性和适应能力三者间不平衡关系入手，研制脆弱性综合指数并开展实例研究。赵春黎等（2018）基于 IPCC 评价框架，构建了基于暴露度-敏感度-恢复力的城市适应气候变化能力评估框架。

气候变化风险理论与方法研究取得了新进展（高江波等，2017）。气候变化风险包括两个基本要素：对系统的损害即不利影响程度及损失发生的可能性（吴绍洪等，2011）。风险评价就是要对灾害发生可能性与其造成损失的大小进行评价。Dong 等（2016）提出以 CCEAF 计算不同农业生产损失程度发生概率，为气候变化风险评估提供了新思路。袁潇晨（2016）依据"压力—状态—影响"因果链提出气候变化风险综合评价指数，从"压力—状态"和"状态—影响"两个子过程解释危险性和脆弱性。郑大玮（2016）提出气候变化风险定量评估公式：$R=H \times V$，其中，$H=P \times I$，$V=E \times S/A$。式中，R 为气候变化风险；H 为危险性；P 为概率；I 为强度；E 为受体暴露度；V 为受体脆弱性；S 为受体敏感性；A 为适应能力，并提出调控式中各项来降低风险的基本适应对策。吴绍洪等（2018）融合致险因子与承险体特征，根据气候变化风险的定量评估方法针对突发事件和渐变事件分别进行了理论阐述和案例剖析。

总体来看，科学认知不足仍然是制约适应工作深入开展的瓶颈。未来研究将集中在降低气候变化影响认知的不确定性，提高风险定量化评估水平，增强气候变化影响与风险的综合交叉分析，趋利避害的适应原则、有序适应机制、定量适应措施等方面（吴绍洪等，2016）。

22.2.2　适应策略

适应气候变化是一个长期动态过程，各环节都应全面分析和科学决策，主要包括适应决策部署、适应方式选择和适应路径的实现。

1. 适应决策部署

不同气候变化影响情景和适应机制下，受体系统表现出不同演化方向，所采取的适应决策也要有所区别。

（1）气候变化有利因素超过不利因素时，系统功能增强，正向演进加快，要充分发挥受体自适应机制，如充分利用热量资源增加和作物生长期延长，合理开辟新种植区，推进多熟制与作物种植界限北移，增加高海拔高纬度地区种植面积（Zhang et al.，2015）；

（2）气候变化胁迫不超过受体自适应能力时，充分利用自适应机制以降低适应成本；

（3）气候变化胁迫超过自适应能力时，应施加人为适应措施，增强受体适应能力或改善局部环境；

（4）气候变化胁迫超过自适应能力与人为适应能力之和时，为避免受体系统逆向演替或崩溃，必须采取时空规避、转型适应或保险等措施（潘志华和郑大玮，2013，2014）。

气候变化适应决策还应考虑风险大小：①极端事件初始能量很小时可采取消除风险源的措施，如干旱与病虫害初期及时灌溉和喷药；②不可抗拒的损失极大的巨灾风险应采取时空规避或转移分散措施；③风险不大但抗御成本较高可采取承受决策；④潜在损失较大和较有条件应对的风险应采取削弱风险的决策（郑大玮，2016）。

针对气候变化影响的不确定性大小采取不同决策。相对确定的影响如气温升高、二氧化碳浓度增大、太阳辐射与风速减弱等趋势性变化，根据气候变化的趋势逐步采取工程建设、相关技术标准修订、产业与作物布局调整等措施来进行适应性调整。而对于相对不确定的影响，如极端天气气候事件引起的灾害风险、生态风险、经济社会风险等，则需要采取应变措施、加强风险管理。在风险分析评估的基础上，侧重于对发生概率较大的风险采取应对措施，同时加强跟踪监测，准备应变措施。气候敏感性产业都应针对主要气候风险编制应急预案和构建应变技术体系。树立以储备应对气候波动的理念，包括技术、物资和队伍等。生态过渡带处于系统边缘，具有特殊的气候变化脆弱性，但又与外界环境物质、能量、信息交换最活跃，在边缘地区加强适应措施，则可以带动整个系统的适应与正向演替。适应工作应以应对已发生或近期将要发生的气候变化影响为主，同时针对远期的可能影响制定长期规划，开展预研究，加强适应技术与物资的储备（Li et al.，2015；郑大玮，2016）。

2. 适应方式选择

1）计划适应（planed adaptation）

计划适应指各级领导统筹优化配置适应资源，针对气候变化影响有计划采取的适应行动，通过相关规划、项目实施与任务下达来实现。例如，增强防灾减灾能力，加强自然生态保育，强化水资源调度保护，建设气候智慧型农业和城市等（Ye et al.，2019；向柳等，2019）。与计划适应相对应的是盲目适应与分散适应，应避免和纠正。

2）增量适应（incremental adaptation）

增量适应在气候变化对受体系统的影响不产生质变时采用。例如，中国东北地区玉米选择偏晚熟品种代替偏早熟品种，以充分利用气候变暖增加的热量资源，通过延长生育期而提高产量（Lin et al.，2017）；又如，随着冬季变暖，冬油菜采用弱冬性品种替代强冬性品种，可有效提高产量（He et al.，2017）；为应对农牧交错带气候暖干化，采用播期调控和集雨补灌来适应干旱缺水（胡琦等，2015；Tang et al.，2018）；新疆棉花种植界限随着气候变暖向东和北推移（胡莉婷等，2019）。

3）转型适应（transformational adaptation）

在气候变化影响可能导致受体系统发生根本质变时采取转型适应，无论是有利还是不利，包括时空规避、系统转型、转移或分散风险等。例如，气候暖干化严重地区改种耐旱或耐热作物或品种，增强干旱容忍性，提高水分利用效率（Shi et al.，2016；李阔和许吟隆，2018；Caine et al.，2019）；调整作物布局以避开风险（李阔和许吟隆，2017）。保险则通过将风险分散和转移到其他受体以减轻自身风险与损失（李震，2019）。

3. 适应路径的实现

"减缓"和"适应"是应对气候变化的两条主要路径，适应路径的实现既要求对已显现气候变化的问题采取响应性适应，也要求针对未来气候变化情境下的风险和负面影响采取预防性适应。为此，需要政府与各相关部门统筹协调，制定适应气候变化的可持续发展路径。

习近平在联合国日内瓦总部发表题为《共同构建人类命运共同体》的重要演讲，系统阐述了人类命运共同体的重大理念，为改革和完善包括气候治理在内的全球治理指明了方向。气候变化趋势及影响不受国界限制，更多问题的解决或者缓解需要国际合作。在强调政府间合作的同时，还要提高全社会参与适应气候变化的意识观念（丁丁，2013）。中国政府以习近平生态文明思想为指导，实施积极应对气候变化的国家战略，以积极建设性的态度推动构建公平合理、合作共赢的全球气候治理体系，并采取了切实有力的政策措施强化应对气候变化国内行动①。加强了适应气候变化的基础能力建设。在国家主体科技计划中加大支持力度以支撑国家适应气候变化工作的实施（何霄嘉等，2017b）。

22.2.3　适应技术体系

适应气候变化技术体系是由各项相关适应技术按照一定层次与结构组成的系统，按照不同领域、区域、产业或气候变化影响的重大问题分别建立，由若干技术子系统和单元组成。构建适应技术体系需经识别筛选、分类评估和集成组装等步骤。每个体系或子系统以关键适应技术为核心并由与之配套的若干适应技术单元组成。

1. 适应技术的识别筛选

识别适应技术是构建适应技术体系的基础，目前许多适应技术与常规技术混淆不清，识别标准是对于气候变化的影响同时具有针对性和适应效果，缺一不可。兼具减缓与适应效果的技术也可纳入，但需鉴别何者为主。经初步识别后，首先剔除与气候变化影响无关和虽有关但并无适应效果的技术。然后按照气候变化针对性、适应效果大小、技术经济可行性、技术难度与可操作性等指标进一步筛选。大部分适应技术可从现有常规技术中优选，但某些气候变化带来的新问题原有技术不足以应对，需研发新的适应技术或对原有技术进行调整与更新。

2. 适应技术的分类

适应技术有多种分类方式，如按照时空尺度、目的、层次、效果、过程等分类。按照气候变化过程可将其分为针对已发生影响的现有适应技术和针对未来可能影响的预适应技术；还可按照气候变化影响的不同领域、产业、部门和区域分类，如农业适应技术、城市适应技术、生态保护适应技术等；按照不同适应机制可将其分为自适应识别利用技术、人工辅助适应技术、局部小气候改良或人工影响天气技术、系统结构与功能调整优化技术等；按照不同适应策略可将其分为增量适应技术、转型适应技术两大类。重大气候变化影响问题除直接应用的核心适应技术外，还需要有若干配套与保障的适应技术。

3. 适应技术体系范例

适应技术体系构建是一个系统工程，需在明确气候变化关键影响的基础上，将适应技术途径、识别筛选、分类、集成配套等步骤有机整合，以东北农业适应气候变化技术体系为例（表 22.1）。

---

① https://www.mee.gov.cn/ywgz/ydqhbh/qhbhlf/201811/P020181129539211385741.pdf.

表 22.1　东北农业适应气候变化技术体系（李阔和许吟隆，2018）

气候变化影响 （一级子系统）	关键适应技术 （二级子系统）		配套适应技术 （适应技术单元）
热量资源增加	种植结构调整	种植界限北移	品种、播期、水肥管理模式调整
		适度扩种水稻	水资源配置、农田渠系、节水灌溉与栽培
		品种熟期调整	播期、农事作业时间、施肥量调整
旱涝频繁多变 水资源短缺	工程措施	骨干水利工程	水资源优化配置调度、渠系配套、节水灌溉
		农田基本建设	平整土地、改良土壤、田间灌排配套
		农业生态工程	防护林、水土保持、生物多样性与湿地保护
	农艺措施	节水耕作栽培	耕作保墒、坐水播种、蹲苗锻炼、化学制剂
		抗逆品种选育	品种资源保护、选育技术改进、种子管理
	防汛抗旱应急管理		监测预报预警、抢险、应急输水、物资储备
	风险转移分散		政策性农业保险、天气指数保险、社会救助
低温冷害减轻 仍时有发生	品种调整		热量资源与风险评估、品种鉴定优选和区划
	播期调整		播期预报、适时整地、抗旱排涝抢早机播
	应变耕作栽培		短期气候预报、水肥与化学调控促早熟、地膜、水稻大棚育秧和花期深水保护
	及时补救		促进后熟、秸秆利用、农业保险
病虫害与有害 生物入侵加重	提高测报准确率		改善测报网络，应用遥感和先进信息技术
	调整常规植保技术		调整防治时间与重点对象，研发推广高效低毒化学农药与生物农药及先进机具，物理防控
	提高作物抗病虫害能力		抗病虫品种选育，改进水肥管理与耕作培育抗逆壮苗，合理轮作与休闲
	生态保护技术		生物多样性与天敌保护，森林-草原和湿地等自然生态系统的保护与农田生态改良相结合
	防控有害生物入侵		严格入境检疫，完善国际国内监测系统，封锁疫区集中杀灭，研发针对性防控技术

以上相关章节（第15~19章）都对适应技术进行了专门的讨论，形成了本领域适应技术体系框架。事实上，适应技术体系的构建可以是多个维度、多种形式的，如可以以领域、区域进行划分，也可以按照适应的方式，如增量适应、转型适应方式进行划分。适应气候变化技术体系的构建还需要大力加强与完善。

22.3　中国适应气候变化战略

22.3.1　适应与减缓并重

1. 适应与减缓的关系

适应与减缓是国际社会应对气候变化的两大对策，2007 年通过的巴厘行动计划将适应气候变化与减缓气候变化置于同等重要位置。IPCC 第五次评估报告在综合报告中指出"适应和减缓是应对气候变化风险的两项相辅相成的战略。"中国的"十三五"规划纲要也明确规定"坚持减缓与适应并重"。适应是指为了趋利避害对实际或预期的气候变化及其影响进行调整的过程。减缓是指为了限制未来的气候变化而减少温室气体排放或增加温室气体汇的过程。二者同等重要，相辅相成，不可替代。

虽然减缓与适应的长期目标都是降低气候变化影响和保障可持续发展，但具体行动目的与时空有效性不同。减缓具有降低气候变化风险的全球性和长期性效益，适应则通过降低受体脆弱性来减轻气候变化的负面影响，并利用其带来的某些机遇，具有区域性和近期性效益。由于各地气候变化特点与对不同领域的影响有很大差异，适应行动收益具有很强的区域性，不同领域、行业之间有很大差异。减缓与适应的利益相关者和实施对象不同，减缓通常由国际机构与各国及地方政府政策规制主导，采取自上而下的统一行动；适应则由受气候变化影响的利益相关方主导采取分散行动，国际机构与国家、地方政府通过制定适当政策鼓励和支持。

2. 适应与减缓的协同与权衡

减缓与适应虽然都能减轻气候变化带来的风险，但在产生效益的同时也有可能带来其他风险。某些减缓与适应行动具有叠加效益，如植树造林和使用隔热建材；但某些措施又有相互矛盾的一面，如水电替代火电减少碳排放，但同时又减少了灌溉用水；兴修水利与海堤工程减轻旱涝与风暴潮危害，但耗费大量能源（王文军和赵黛青，2011）。因此要权衡利弊统筹协调，优先采用兼有减缓效益与适应效益的措施，力求以较小的成本取得较大与可持续的效果。

虽然二者的根本目标一致，但由于不同的时空与受体有效性，决策实施要有轻重缓急之分。高排放经济发达地区应大力减缓，低排放经济不发达和生态脆弱地区则适应更为紧迫。制定应对气候变化的规划要统筹兼顾减缓与适应，有五种基本备选方案：适应、适应为主/减缓为辅、减缓为主/适应为辅、减缓与适应兼顾、减缓。理性抉择至少应涵盖风险暴露程度、脆弱性、碳排放强度三个衡量标准（杨东峰等，2017）。还要考虑成本与技术可行性，适应行动的成本估算要比减缓行动更为复杂，至少应包括直接成本、调整过程的过渡成本与适应能力建设成本（陈鹤敏和林而达，2011）。减缓效益可统一折算成二氧化碳当量减排或增汇量，但适应的效益难以用单一的量化值表示，尤其是适应的社会效益和生态效益更难定量估算（巢清尘，2009；宋蕾，2018）。

3. 减缓与适应协同发展的途径

（1）优先采取兼有减缓与适应效益的措施，如造林和使用隔热建材。

（2）采用无悔适应措施，不论气候如何变化都不产生负面效应，如增加土壤有机质、兴修水利等。

（3）实施适应行动兼顾减排增汇，如华南加高加固海堤与栽培红树林护坡护滩结合（王文军和赵黛青，2011）。

（4）实施减缓行动兼顾适应，如开发水电预留灌溉用水、开发生物质能源和减少化肥用量应以不降低粮食产量为前提。

（5）硬技术与软技术合理配置。无论是减缓还是适应都需要一定数量的骨干工程，如城市应对热岛效应与极端气候事件需改造下垫面和实施排水防涝工程、水源保障工程、建筑物改造工程等，但工程规模受到现有经济发展水平的限制。加强适应的法制、机制与能力建设，健全管理制度可提高工程效率，降低成本，延长使用寿命。二者结合能取得最佳适应效果。

（6）绿色措施与灰色措施结合。灰色措施包括可再生能源工程、节能工程、城市生命线改造工程、水土保持工程、海岸保护工程等，绿色措施指与工程措施配套的生物技术应用，如海堤外营造红树林，山坡等高种植灌木带营造生物篱，城市预留足够绿地和水系等。

（7）低碳目标与气候智慧型目标有机结合。制定区域发展规划不能只规定减排指标，要将低碳能力建设与气候智慧型适应能力建设有机结合。

22.3.2 国家适应气候变化战略与可持续发展

1. 适应气候变化是可持续发展战略的重要组成部分

可持续发展是指既满足当代人的需求，又不损害后代人满足其需要的能力的发展。可持续发展战略是实现可持续发展的行动计划和纲领，是国家在多个领域实现可持续发展的总称，要社会、经济及生态、环境等各方面的目标相协调。气候变化已对人类的生存发展和安全构成严重威胁，对当前和未来全球变化的适应必须以可持续发展为原则（叶笃正等，2012）。

党的十九大报告指出，中国特色社会主义进入新时代面临的突出问题是发展不平衡不充分，其已成为满足人民日益增长的美好生活需要的主要制约因素。气候变化通过对资源、环境和人们生产、生活方式的影响，加剧了发展不平衡和不充分问题。所处发展阶段决定了中国既面临提升可持续能力的"发展型"适应需求，也面临应对新增气候变化等风险的"增量型"适应需求。必须在可持续发展的框架下，统筹经济社会发展和保护气候，实现经济社会发展和应对气候变化的双赢。

2. 《国家适应气候变化战略》的制定

为推动应对气候变化工作，科技部在"十一五"计划中安排了相关课题开展适应气候变化国家战略的专题研究，由社会发展司和中国 21 世纪议程管理中心（2011）共同组织有关专家编写出版了《适应气候变化国家战略研究》，全面阐述了中国适应气候变化的现状、需要、目标、主要领域和区域的重点任务与行动方案，以及综合任务与行动方案。"十二五"规划纲要更明确提出要增强适应气候变化的能力，制定国家适应气候变化战略。为此，国家发展改革委同相关部、局联合制定了《国家适应气候变化战略》，在充分评估当前和未来气候变化对我国影响的基础上，明确国家适应气候变化工作的指导思想和原则，提出适应目标、重点任务、区域格局和保障措施，为统筹协调开展适应工作提供指导。这是首部由发展中国家发布的适应气候变化国家战略，对其他发展中国家也有重要借鉴意义。《国家适应气候变化战略》发布后组织了一系列解读宣讲和科普活动，有效推动了各地和各部门适应气候变化工作的广泛开展。鉴于 2013 年发布的《国家适应气候变化战略》已经到期，生态环境部从2020 年起组织编制《国家适应气候变化战略 2035》，并于 2022 年 6 月与国家发展改革委、科学技术部等 17 个部门联署发布。

3. 适应气候变化与生态建设相结合

气候变化不仅影响生态系统自身的结构、功能和稳定性，还使生态系统与服务对象之间的关系发生动态变化。气候变化和生态系统问题错综复杂地交织，决定了应对气候变化和生态系统保护的目标既有共性，又有个性（刘琳璐等，2015），需要协同开展。例如，加强森林可持续经营，减少砍伐，恢复植被，增加面积；农业减少化学物质投入，增加土壤有机质，充分发挥农业生态服务功能等；开展城市生态修复，建设绿色基础设施，恢复扩大城市绿地与水系，推广雨水收集储存等；建立完善公平分摊保护区成本与收益的有效政策和机制，加强和重建各区之间以及其与大环境之间的生态连通性、实施自然保护区投资等（冯相昭等，2018）。

4. 适应气候变化与经济社会转型发展相结合

针对中国所处发展阶段和生态环境本底与自然资源禀赋脆弱的情况，应对气候变化采取以节能减排为主的减缓战略，以及以水安全、粮食安全与环境安全为主的适应战略，同"转变发展方式"这条主线一致，并且为转型发展提供长远的视角和动力。将建设低碳经济与低碳社会同建设气候适应型社会和气候智慧型经济有机结合，协同发展。

5. 适应气候变化与构建人类命运共同体相结合

"人类命运共同体"在应对全球气候变化治理中逐步成为人们的价值共识，也是国家探索全球气候治理重要路径的基础。这一东方治理思想基于中国儒家文明的传统智慧与当代中国改革实践的结合，为当代适应气候变化提供了新的视角（康晓，2018）。气候变化涉及全人类的重大生存问题，无论是发达国家还是发展中国家都必须转变发展方式加以应对，这就为双方合作提供了条件。各国还可以在治理方式上相互借鉴，在"共同但有区别的责任"原则下依据国情制定减缓和适应方案。中国在气候变化全球治理中的承诺和行动，充分彰显了中国践行"人类命运共同体"思想的决心和信心，更是努力达成人类道德与国家道德平衡的生动写照。

6. 建设适应型韧性社会

韧性（resilience）是近年来在适应政策和规划领域中新提出的概念。一是指能够从环境变化和不利影响中反弹的能力，二是指对于困难情境的预防、响应及恢复的能力。发达国家已经将韧性提升到适应能力建设的战略高度。在气候变化领域，韧性可以等同于广义的适应能力，包括经济韧性、社会韧性、生态韧性、应对灾害风险的韧性等。面向韧性的适应政策或规划不仅强调减小或避免未来可能的极端灾害损失，更注重从整体治理的视角提升社会经济系统的竞争力、将危机转化为机遇，实现可持续发展。从这个角度理解，广义的适应能力建设战略应当重视学习、创新和制度性适应的能力，主要包括灾害预防和恢复能力，在实践中学习的能力，与社会经济基础设施的气候防护能力、风险治理能力息息相关的灾害恢复能力和适应性管理能力。适应性规划有几个基本特征：①利益相关方的参与；②明确的、可测量的、可评估的目标；③基于不确定性设计未来政策情景；④提供多种政策备选项以提高管理的灵活性；⑤监测和评估过程；⑥学习和反馈。英国、美国、澳大利亚等发达国家先后开展了区域和地方层面的适应规划，取得了一些进展和经验（郑艳，2013）。

22.3.3　碳中和与适应气候变化

碳中和与适应气候变化目前处于研究的初步阶段，中外学者普遍认为适应与减缓的协同措施将有效支撑碳中和的实现（柴麒敏等，2020；刘长松，2020；Ehsan et al.，2020；生态环境部，2021）。中国学者认为，碳中和目标下中国全社会去碳化转型的挑战与机遇中，应对气候变化与生物多样性保护存在协同效益；在 2060 年碳中和目标下提升中国气候治理效能，在全球气候安全风险日益上升与国内气候灾害突发频发的大背景下，中国加快构建气候适应型社会十分必要；既然 1.5℃ 的目标被突破存在着的很大可能性，中国必须遵循风险预防原则，提升适应能力，把适应气候变化放到更加重要的位置（柴麒敏等，2020）。在 2060 年碳中和目标下协同推动应对气候变化与生态环境治理中，必须加快形成节约资源、保护环境和气候适应的生产方式与生活方式（刘长松，2020）。生态环境部《关于统筹和加强应对气候变化与生态环境保护相关工作的指导意见》中，强调突出协同增效，把降碳作为源头治理的"牛鼻子"，协同控制温室气体与污染物排放，协同推进适应气候变化与生态保护修复等工作，支撑深入打好污染防治攻坚战和二氧化碳排放达峰行动；协同推动适应气候变化与生态保护修复，重视运用基于自然的解决方案减缓和适应气候变化，协同推进生物多样性保护、山水林田湖草系统治理等相关工作，增强适应气候变化能力，提升生态系统质量和稳定性；积极推进陆地生态系统、水资源、海洋及海岸带等生态保护修复与适应气候变化协同增效，协调推动农业、林业、水利等领域以及城市、沿海、生态脆弱地区开展气候变化影响风险评估，开展适应气候变化行动，提升重点领域和地区的气候韧性（生态环境部，2021）。

22.4　存在问题与展望

22.4.1　适应气候变化工作中存在的问题

虽然中国在适应气候变化方面已取得明显进展，但总体上适应气候变化仍是应对气候变化的薄弱环节。

（1）适应气候变化工作的新闻报道与科普宣传，与适应行动的需求相比，还有相当的差距，公众对适应气候变化的意义与内涵认识不足，亟须加强宣传、提高认识，促进公众积极参与适应行动。

（2）适应气候变化与日常工作，或与减灾、减缓、乡村振兴、生态建设等紧密联系，适应气候变化的综合效益评估还需要完善的方法和理论支撑，因此，提出明确的考核指标，开展有效的评估是深入、广泛开展适应工作的关键抓手。

（3）适应气候变化的体制机制、法制建设与政策制定尚需大力加强，需要拓展资金渠道，大力加强对适应工作的资金支持力度。

（4）近几十年气候变化已经对中国的自然生态系统和社会经济系统产生了深刻影响，一些敏感产业和脆弱地区已采取大量适应措施，但由于适应理论、技术及政策研究滞后，许多适应措施是凭经验自发实施的，具有一定的盲目性，针对性和可操作性不强，存在适应不足与过度适应等问题，需要对已经采取的这些草根适应技术进行挖掘、整理，构建可操作性强的适应技术体系。

（5）适应基础研究明显不足，除农业、林业、水资源、生态系统、海洋等少数领域正逐步构建适应技术体系外，经济社会方面的适应技术体系研究还处于起步阶段，还需要大力加强。

（6）未来气候变化风险评估存在很大不确定性，因此，在适应技术体系构建过程中，既要考虑体现确定性趋势的长期技术发展规划，也要高度重视体现不确定性的风险管理技术的研发。

22.4.2　中国未来适应气候变化展望

随着全球气候变化加剧及其影响日益彰显，中国政府与公众对适应气候变化的认识和重视程度不断提升。2013 年发布的《国家适应气候变化战略》，目标期是 2020 年，因此，必须要对国家适应战略进行更新，促进国家适应气候变化行动的开展。2022 年发布的新版《国家适应气候变化战略 2035》在吸收国内外最新研究成果与系统总结我国适应气候变化实践的基础上，与 2035 年基本实现社会主义现代化和建设美丽中国的愿景规划相协同，提出 2025 年和 2035 年适应气候变化的目标和指导思想，全面规划了我国适应气候变化的重点任务、区域格局和保障措施。

（1）各地区和各部门依据《国家适应气候变化战略 2035》的指导思想、原则和目标，编制本地区、本部门相应的适应行动规划，在重点领域和敏感产业建立示范区或实施示范工程，推动适应气候变化在全国广泛开展。

（2）未来必须要与减缓气候变化实现低碳经济转型和建设低碳社会的发展路径相对应，明确提出国家经济社会适应气候变化的目标，为适应气候变化工作指明方向。

（3）进一步建立健全适应气候变化的体制、机制、法制与政策体系，逐步形成稳定的适应工作物资、资金与组织保障。

（4）大力加强适应气候变化宣传教育，逐步形成全民自觉的适应意识，加强对气候变化影响的重点领域和敏感产业的员工进行适应技术与技能培训。

（5）建立健全国家与地方各个水平的适应气候变化技术研发与应用推广体系，构建重点领域和敏感产业的适应技术体系，编制在重点院校培养适应气候变化基础科学与技术研发专门人才的计划。

（6）建立健全气候变化影响与气候风险监测、评估与对策研究系统，编制针对中长期气候变化趋势的适应基本对策和关键技术预研究规划。

（7）将已经发生的气候变化影响划分为相对确定和相对不确定两类。对于全球气候变暖、海平面上升、二氧化碳浓度升高、年代际降水格局改变等相对确定变化趋势的影响，采取编制适应规划、调整时空布局、修订技术标准等相对稳定的适应对策；而对于极端天气气候事件和短期气候突变等相对不确定变化趋势的影响，加强风险管理，采取制定应急预案、研发应变管理技术、转移分散风险等灵活多变的适应对策。

（8）对于气候变化的不利影响，以减损适应措施为主；对于气候变化的有利影响，以增益适应措施为主。当前的研究在增益适应对策与技术方面相对不足，亟待加强。某些不利影响，经对受体系统进行适当调整后，也有可能使调整后的受体系统实现与变化了的气候环境相适应，从以不利影响为主转化为以有利影响为主，这是应该加强研究的方面。

（9）应加强适应气候变化与社会学、经济学结合的研究，建立适应行动成本与效益评估方法体系，逐步构建重点领域与敏感产业适应工作的考核指标体系。

（10）必须要大力加强适应气候变化领域的国际合作。积极开展与发达国家适应科学理论与技术研发的交流与合作，提升中国适应科学研究与技术研发水平。大力开展与发展中国家适应气候变化的南南合作，交流和借鉴成功的适应行动与案例，发挥中国特色实用适应技术的优势，为全球气候治理做出中国的自主贡献。

参 考 文 献

柴麒敏, 郭虹宇, 刘昌义, 等. 2020. 全球气候变化与中国行动方案——"十四五"规划期间中国气候治理(笔谈). 阅江学刊, (6): 36-58.

巢清尘. 2009. 气候政策核心要素的演化及多目标的协同. 气候变化研究进展, 5(3): 151-155.

陈鹤敏, 林而达. 2011. 适应气候变化的成本分析: 回顾和展望. 中国人口·资源与环境, 21(12): 280-285.

陈倩, 丁明军, 杨续超, 等. 2017. 长江三角洲地区高温热浪人群健康风险评价. 地球信息科学学报. 19(11): 1475-1484.

陈亚宁, 杨青, 罗毅, 等. 2012. 西北干旱区水资源问题研究思考. 干旱区地理, 35(1): 1-9.

陈振林, 吴蔚, 田展, 等. 2017. 城市适应气候变化——上海市的实践与探索//王伟光, 郑国光. 应对气候变化报告(2015). 北京: 社会科学文献出版社.

储诚山, 高玫. 2013. 我国适应气候变化的资金机制研究. 甘肃社会科学, (4): 197-200.

丁丁. 2013. 适应气候变化挑战 提高城市抗灾减灾能力. 中国应急管理, (12): 49-51.

冯相昭, 王敏, 吴良. 2018. 应对气候变化与生态系统保护工作协同性研究. 生态经济, 34(1): 134-137.

高江波, 焦珂伟, 吴绍洪, 等. 2017. 气候变化影响与风险研究的理论范式和方法体系. 生态学报, 37(7): 2169-2178.

郭晓东, 刘卫东, 陆大道, 等. 2013. 节水型社会建设背景下区域节水影响因素分析. 中国人口·资源与环境, 23(12): 98-104.

何霄嘉, 许吟隆, 郑大玮. 2017b. 中国适应气候变化科技发展路径探讨. 干旱区资源与环境, 31(8): 7-12.

何霄嘉, 张雪艳, 马欣. 2017a. 中国适应气候变化制度建设与政策发展方向研究. 气候变化研究快报, 6(1): 40-45.

胡莉婷, 胡琦, 潘学标, 等. 2019. 气候变暖和覆膜对新疆不同熟性棉花种植区划的影响. 农业工程学报, 35(2): 90-99.

胡琦, 潘学标, 杨宁. 2015. 北方农牧交错带马铃薯沟垄集雨技术适宜性研究. 干旱区地理, 38(3): 585-591.

康晓. 2018. 人类命运共同体视角下的亚太区域气候治理: 观念与路径. 区域与全球发展, 2(1): 81-93.

科学技术部社会发展科技司, 中国 21 世纪议程管理中心. 2011. 适应气候变化国家战略研究. 北京: 科学出版社.

李阔, 许吟隆. 2017. 适应气候变化的中国农业种植结构调整研究. 中国农业科技导报, 19(1): 8-17.

李阔, 许吟隆. 2018. 东北地区农业适应气候变化技术体系框架研究. 科技导报, 36(15): 67-76.

李震. 2019. 农业贷款与农业保险联动研究: 机理分析与联动效应. 中国市场, (7): 47-48.

梁社芳, 陆苗, 范玲玲, 等. 2018. 粮食生产系统适应气候变化研究态势分析. 中国农业信息, 30(3): 41-53.

林谦, 那济海, 潘华盛. 2018. 气候变化(暖)对国家主要商品粮基地建设安全的影响及适应对策的研究——中国软科学研究要报综述. 林业勘查设计, (1): 26-30.

刘长松. 2020. 2060 年碳中和目标背景下协同推动应对气候变化与生态环境治理的初步思考. 世界环境, (6): 52-55.

刘定辉, 刘永红, 熊洪, 等. 2011. 西南地区农业重大气象灾害危害及监测防控研究. 中国农业气象, (S1): 214-218.

刘琳璐, 武曙红, 车琛, 等. 2015. 中国《生物多样性公约》与《湿地公约》协同履约对策研究. 中南林业科技大学学报(社会科学版), 9(3): 29-33.

刘孝萍. 2018. 全球气候变化对水文与水资源的影响与建议. 低碳世界, (11): 94-95.

潘家华, 郑艳, 王建武, 等. 2014. 气候容量: 适应气候变化的测度指标. 中国人口·资源与环境, 24(2): 1-8.

潘韬, 刘玉洁, 张九天, 等. 2012. 适应气候变化技术体系的集成创新机制. 中国人口·资源与环境, 22(11): 1-5.

潘志华, 郑大玮. 2013. 适应气候变化的内涵、机制与理论研究框架初探. 农业资源与区划, 34(6): 1-5.

潘志华, 郑大玮. 2014. 寻求"两类适应", 发展气候智能型农业. 中国改革报. [2014-3-11].

生态环境部. 2021. 关于统筹和加强应对气候变化与生态环境保护相关工作的指导意见. 2021-01-09(环综合〔2021〕4 号).

宋蕾. 2018. 气候政策创新的演变: 气候减缓、适应和可持续发展的包容性发展路径. 社会科学, (3): 29-40.

隋月, 黄晚华, 杨晓光, 等. 2012. 气候变化背景下中国南方地区季节性干旱特征与适应Ⅱ. 基于作物水分亏缺指数的越冬粮油作物干旱时空特征. 应用生态学报, 23(9): 148-157.

孙桢. 2019. 中国积极应对气候变化的政策与进展. 中国机构改革与管理, (2): 34-35.

田丹宇. 2019. 适应气候变化的法律制度研究. 中国机构改革与管理, (12): 47-50.

汪旭鹏, 唐德善, 薛飞. 2012. 基于模糊物元的黑河下游治理生态效果后评价. 人民黄河, 34(10): 94-96.

王明田, 王翔, 黄晚华, 等. 2012. 基于相对湿润度指数的西南地区季节性干旱时空分布特征. 农业工程学报, 28(19): 93-100, 303.

王文军, 赵黛青. 2011. 减排与适应协同发展研究: 以广东为例. 中国人口·资源与环境, 21(6): 89-94.

王玉洁, 秦大河. 2017. 气候变化及人类活动对西北干旱区水资源影响研究综述. 气候变化研究进展, 13(5): 483-493.

吴绍洪, 高江波, 邓浩宇, 等. 2018. 气候变化风险及其定量评估方法. 地理科学进展, 37(1): 28-35.

吴绍洪, 罗勇, 王浩, 等. 2016. 中国气候变化影响与适应: 态势和展望. 科学通报, 61(10): 1042-4054.

吴绍洪, 潘韬, 贺山峰. 2011. 气候变化风险研究的初步探讨. 气候变化研究进展, 7(5): 363-368.

向柳, 张玉虎, 郭晓雁. 2019. 四川省气候变化风险及适应对策研究. 绿色科技, (4): 10-23.

许吟隆. 2018. 气候变化对中国农业生产的影响与适应对策. 农民科技培训, (11): 29-31.

许吟隆, 郑大玮, 李阔, 等. 2013. 边缘适应: 一个适应气候变化新概念的提出. 气候变化研究进展, 9(5): 376-378.

许吟隆, 郑大玮, 刘晓英, 等. 2014. 中国农业适应气候变化关键问题研究. 北京: 气象出版社.

杨东峰, 刘正莹, 殷成志. 2017. 应对全球气候变化的地方规划行动——减缓与适应的权衡抉择. 城市规划, 42(1): 35-42, 59.

叶笃正, 符淙斌. 2004. 全球变化科学领域的若干研究进展. 中国科学院院刊, 19(5): 335-341.

叶笃正, 符淙斌, 季劲钧, 等. 2001. 有序人类活动与生存环境. 自然科学进展, 16(4): 453-460.

叶笃正, 吕建华. 2000. 对未来全球变化影响的适应和可持续发展. 中国科学院院刊, (3): 183-187.

叶笃正, 严中伟. 2008. 全球变暖的有序适应问题. 气象学报, 66(6): 855-856.

叶笃正, 严中伟, 马柱国. 2012. 应对气候变化与可持续发展. 中国科学院院刊, 27(3): 332-336.

袁潇晨. 2016. 气候变化风险评估方法及其应用研究. 北京: 北京理工大学.

赵春黎, 严岩, 陆咏晴, 等. 2018. 基于暴露度-恢复力-敏感度的城市适应气候变化能力评估与特征分析. 生态学报, 38(9): 3238-3247.

郑大玮. 2016. 适应气候变化的意义、机制与技术途径. 北方经济, (3): 73-77.

郑艳. 2013. 推动城市适应规划, 构建韧性城市——发达国家的案例与启示. 世界环境, (6): 50-53.

中国 21 世纪议程管理中心. 2017. 国家适应气候变化科技发展战略研究. 北京: 科学出版社.

《第三次气候变化国家评估报告》编写委员会. 2015. 第三次气候变化国家评估报告. 北京: 科学出版社.

Caine R, Yin X, Jennifer S, et al. 2019. Rice with reduced stomatal density conserves water and has improved drought tolerance under future climate conditions. New Phytologist, 221(1): 371-384.

Cheng G, Li X, Zhao W, et al. 2014. Integrated study of the water–ecosystem–economy in the Heihe River Basin. National Science Review, 1(3): 413-428.

Dong Z, Pan Z, An P, et al. 2015. A novel method for quantitatively evaluating agricultural vulnerability to climate change. Ecological Indicators, 48(Sep): 49-54.

Dong Z, Pan Z, An P, et al. 2016. A quantitative method for risk assessment of agriculture due to climate change. Theoretical and Applied Climatology, 131(1/2): 653-659.

Dong Z, Pan Z, He Q, et al. 2018. Vulnerability assessment of spring wheat production to climate change in the Inner Mongolia region of China. Ecological Indicators, 85(Feb): 67-78.

Ehsan S, Martin L, Hossein O, et al. 2020. Climate change adaptation and carbon emissions in green urban spaces: Case study of Adelaide. Journal of Cleaner Production, 254(May 1): 120035.1-120035.9.

He D, Wang E, Wang J, et al. 2017. Genotype × environment × management interactions of canola across China: A simulation study. Agricultural and Forest Meteorology, 247(2017): 424-433.

Li H, Shen W, Liu H, et al. 2015. State, problems and countermeasures of climate change risk management at nature reserve in China. World Forestry Research, 28(5): 68-72.

Lin Y M, Feng Z M, Wu W X, et al. 2017. Potential impacts of climate change and adaptation on maize in Northeast China. Agronomy Journal, 109(4): 1476-1490.

Shi P H, Zhu Y, Tang L, et al. 2016. Differential effects of temperature and duration of heat stress during anthesis and grain filling stages in rice. Environmental and Experimental Botany, 132: 28-41.

Tang J, Wang J, Fang Q, et al. 2018. Optimizing planting date and supplemental irrigation for potato across the agro-pastoral ecotone in North China. European Journal of Agronomy, 98: 82-94.

Wu S H, Pan T, Liu Y H, et al. 2018. Orderly adaptation to climate change: A roadmap for the post-Paris Agreement Era. Science China Earth Sciences, 61(1): 119-122.

Ye T, Liu W H, Wu J D, et al. 2019. Event-based probabilistic risk assessment of livestock snow disasters in the Qinghai–Tibetan Plateau. European Geosciences Union, 19(3): 697-713.

Zhang J, An P, Pan Z, et al. 2015. Adaptation to a warming-drying trend through cropping system adjustment over three decades: A case study in the northern agro-pastural ecotone of China. J Meteor Res, 29(3): 496-514.

第三部分

减缓气候变化

第23章 国际气候治理新机制及中国的挑战和机遇

首席作者：柴麒敏　周剑

主要作者：樊星

摘　要

《巴黎协定》的达成、签署和生效为全球气候治理注入了新的动力，国际气候治理新机制正在逐步迈向实施的新时代。尽管遭遇逆全球化思潮及美国宣布退出《巴黎协定》等挑战，国际社会有关各方为推动 2018 年《巴黎协定》实施细则谈判取得全面、平衡成果做出了积极努力，成果的如期达成再次传递了坚持多边主义、加强全球应对气候变化行动的积极信号，增强了各方对气候治理多边机制的信心，为各方推进全球治理、迈向全球绿色低碳转型注入了新的动力，《巴黎协定》实施细则的达成为协定实施奠定了坚实基础，开启了全球气候行动合作的新时代。应对气候变化是项长期的任务，并不是一蹴而就的，未来国际局势也仍会跌宕起伏，有效落实《巴黎协定》尚存众多不确定性和挑战。中国在这个进程中有自己的利益诉求和主张，希望能推动和引导建立公平合理、合作共赢的全球气候治理体系，彰显我国负责任大国形象，推动构建人类命运共同体，这也需要几代人的奋斗和努力。

23.1　全球气候治理的发展历程

23.1.1　公约内多边进程

1. 1990～1994 年：《联合国气候变化框架公约》诞生和生效

1992 年 6 月，《联合国气候变化框架公约》在联合国环境与发展大会上正式签署；1994 年 3 月 21 日，《联合国气候变化框架公约》正式生效。《联合国气候变化框架公约》体现了各方极高的政治智慧，达到了求同存异的目的，为今后应对气候变化国际合作进程打下了良好的基础（Gao et al.，2017）。《联合国气候变化框架公约》取得的最重要的三项成果分别是目标、原则和各方义务。

第一，《联合国气候变化框架公约》第二条确立了应对气候变化的目标，即"……将大气中温室气体的浓度稳定在防止气候系统受到危险的、人为干扰的水平上。这一水平应当在足以使生态系统能够自然地适应气候变化、确保粮食生产免受威胁并使经济发展能够可持续地进行的时间范围内实现……"可以看到，应对气候变化的终极目标既要减少温室气体（GHG）排放又要规避气候变化风险，这为后续的减缓和适应行动指明了方向。第二，《联合国气候变化框架公约》还明确了应对气候变化国际合作应遵循的原则，包括公平原则、共同但有区别的责任原则、各自能力原则、预防原则、成本有效性原则、考虑特殊国情和需求原则、可持续发展原则和鼓励合作原则，全面考虑了应对气候变化的各个方面，为各方参与国际合作提供了保障。第三，《联合国气候变化框架公约》还根据各国的责任和能力做出了国家分类并明确了各类缔约方应对气候变化的义务：附件一国家应率先开展控制和减少温室气体排放的行动，到 2000 年将排放降低至 1990 年的水平；附件二国家应为非附件一国家提供新的和额外的资金支持，并采取有效措施促进气候友好技术向非附件一国家转让。

在这一时期，国际社会对于环境与发展的问题高度关注（何建坤等，2009）。1987 年，世界环境与发展委员会发布了《我们共同的未来》报告；1988 年 IPCC 发布了《第一次气候变化评估报告》；1992 年在巴西里约热内卢召开的联合国环境和发展大会上，183 个国家代表团、102 位国家元首或政府首脑到会，达成了包括《联合国气候变化框架公约》在内的"环境三公约"。这一时期的科学研究基础以及政治力量的推动是开启应对气候变化国际进程最重要的力量。

2. 1995～2005 年：《京都议定书》诞生和生效

1995 年 3 月的《联合国气候变化框架公约》第一次缔约方大会上，各方通过了"柏林授权"，决定启动进程强化附件一国家的承诺。各方在 1997 年底《联合国气候变化框架公约》第三次缔约方大会上达成了《京都议定书》。《京都议定书》作为《联合国气候变化框架公约》进程下第的一个具有法律约束力的成果，为后续的应对气候变化国际合作留下了宝贵遗产，包括量化目标、灵活机制和法律形式（涂瑞和，2005）。

第一，《京都议定书》首次在应对气候变化国际合作进程中确定具有法律约束力的量化减排目标，不仅明确了发达国家在第一承诺期减排 5.2% 的总体目标，还将每个国家确定的减排目标列入附件 B。第二，《京都议定书》还建立了三种灵活机制，即排放权交易、联合履约机制和清洁发展机制，旨在通过经济手段为承担减排义务的缔约方提供更灵活的履约方式。从实施效果来看，这三种灵活机制不但实现了最初的设计目的，清洁发展机制项目的实施还大大提高了发展中国家应对气候变化的意识和信心。第三，《京都议定书》包含一个具有法律约束力的国际协议所应具有的所有要素，包括目标和时间表、灵活机制、机构设置、核查规则、生效条件、履约机制等，在形式上，是完备的法律文书，堪称范本，在技术层面，确定了大量实施细则。

但是，《京都议定书》也留下了关键的未决问题，即如何进一步加强《联合国气候变化框架公约》下各国承诺的力度。经过激烈的交锋，各方最终虽承认现有承诺不足以实现《联合国气候变化框架公约》最终目标，但发达国家没有提高实现目标的意愿，发展中国家也拒绝承担任何发达国家转嫁的责任。此外，美国拒绝核准《京都议定书》也促进了国际社会对《联合国气候变化框架公约》进程的反思，从长远看，也是有助于国际气候合作的健康发展。随着新兴经济体崛起，温室气体排放规模不断扩大，发达国家要求发展中国家加强减排行动的诉求也越来越强烈。2001 年小布什政府宣布美国将拒绝核准《京都议定书》，欧盟蓄势启动新的进程，力图将美国和发展中国家的减排承诺纳入国际气候进程。由于缺少了大国的领导力，应对气候变化国际合作进程陷入低谷。

3. 2005～2010 年：巴厘路线图进程

《京都议定书》谈判受阻，国际社会在应对气候变化问题上的热情遭受打击，为了进一步推动国际气候合作，各方于 2005 年第十一次《联合国气候变化框架公约》缔约方大会通过新的授权，启动"应对气候变化的长期合作行动对话"。对话的四个主题包括：推动实现可持续发展目标、适应气候变化、全面实现技术潜力以及充分发挥市场机制的作用。在漫长磋商之后，各方确立了巴厘路线图谈判的五大要素（共同愿景、减缓、适应、资金和技术）。被各方寄予厚望的哥本哈根会议由于程序问题意外失败，实际上最终案文已经获得了 188 个国家的赞成，仅 5 个国家反对。巴厘路线图的谈判主要需要解决三个问题，即发达国家和发展中国家的区分、发达国家目标可比性以及保证发展中国家减缓行动可测量、可报告和可核实，最终获得了一系列积极的成果。

一是巴厘路线图确立的"双轨制"，即巴厘行动计划下发达国家减缓承诺和发展中国家适当减缓行动（NAMAs）的安排，双轨制的安排和防火墙建立也确保了发展中国家参与国际气候合作的安全感。二是确立了五大要素，共同愿景作为《联合国气候变化框架公约》目标的延伸，同减缓、适应、资金和技术紧密联系，极大地丰富了《联合国气候变化框架公约》的原则和思想。三是初步确立了"承诺＋审评"的自下而上的模式，尽管各国在共同愿景的谈判中分歧较大，但最终还是达成了相对灵活全面的 2℃温控目标，为自下而上的承诺模式留下了空间。

经历《京都议定书》的低潮之后，巴厘路线图肩负着重振应对气候变化国际合作的任务。在巴厘进程谈判的几年之间，气候变化问题也受到了国际各界的广泛认可，国际社会对应对气候变化问题重要性的认识得到前所未有的提高。

4. 2011～2015 年：德班平台进程和《巴黎协定》的达成

2011 年，在南非主席国的推动下，德班平台进程启动，谈判的授权包括达成一个 2020 年生效的具有法律约束力的新协议，以及提高 2020 年前的行动力度。2012 年，经过发展中国家的努力争取，《京都议定书》多哈修正案最终得以通过，德班平台谈判全面展开。2013 年的华沙会议决定邀请各方开始准备"国家自主贡献"，并于 2015 年巴黎缔约方大会之前提交，在加强 2020 年前行动方面，呼吁发达国家提高减缓目标、发展中国家完善 NAMAs，并开启了识别具有减缓潜力政策措施的技术检验进程。2014 年，利马会议各方就"国家自主贡献"的范围、所需信息和力度审评进行了激烈的讨论，但各方分歧过大，未达成任何相关的有力成果，发展中国家希望将适应、资金、技术和能力建设支持纳入"国家自主贡献"的诉求没能得到反映，而各方已开始陆续提交"国家自主贡献"，一定程度上出现了"木已成舟"的局面，为后续谈判提出了挑战。

2015 年 11 月 30 日，在法国巴黎召开了巴黎联合国气候变化大会，近 200 个《联合国气候变化框架公约》的缔约国和相关非政府组织、各方人士出席了会议。此次气候大会的重点是要达成关于 2020 年后应对气候变化的安排。在各缔约方共同努力下达成一致意见，最终通过了具有里程碑意义的《巴黎协定》。《巴黎协定》确立了 2020 年后全球应对气候变化国际合作的制度框架，规定了全球温升幅度的限制和温室气体减排的长期目标，确定了将全球平均气温升幅控制在工业化前水平以上低于 2℃之内，并努力将气温升幅限制在工业化前水平以上 1.5℃之内（巢清尘等，2016）。《巴黎协定》是一份全面、均衡、有力度并体现各方关切的协定，是继《联合国气候变化框架公约》《京都议定书》后，国际气候治理历程中第三个具有里程碑意义的文件（杜祥琬，2016）。

5. 2016～2021年:《巴黎协定》实施细则谈判及后续安排

2016年9月3日,全国人民代表大会常务委员会批准了《巴黎协定》。随后在G20杭州峰会期间,中国与美国一同向联合国秘书长交存了各自批约文件。按《巴黎协定》的生效计算方法,中美两国占全球排放量的38%,在两国的积极推动下,《巴黎协定》提前生效的可能性进一步提高。《巴黎协定》是促进全球应对气候变化行动与合作的里程碑式的重要成果,也是2020年后全球气候治理体系的核心要素,中国率先批约推动协定生效和落实具有重要意义和影响。

联合国卡托维兹气候大会于2018年12月15日顺利闭幕,会议达成了包括《巴黎协定》实施细则(Paris Agreement Work Programme)在内的一揽子成果,为当前复杂形势下的国际气候多边进程重新注入了信心和动力,也向全球再次释放出多边主义、绿色发展的坚强决心,用行动宣示了人类共同推动全球可持续发展的潮流不可逆转,共同建立公平合理、合作共赢的全球气候治理体系的进程不可逆转。

第一,大会就《巴黎协定》中主要条款形成了实施细则。《巴黎协定》实施细则具体涉及协定第四条、第六条、第七条、第九条、第十条、第十二条、第十三条、第十四条和第十五条。本次大会制订了国家自主贡献/减缓、适应等信息导则并建立登记簿细化了透明度框架、全球盘点、履约等机制的模式、程序、信息来源或指南,建立了资金支持两年报(气候资金部长级对话)、技术机制周期性评估和技术框架、应对措施实施影响论坛等机制,明确了适应基金等资金渠道转为专门服务于《巴黎协定》的实施,并在透明度框架的灵活性、资金支持通报的自愿性等方面为发展中国家做出了区分,以及提供能力建设的支持。

第二,大会就部分未决事宜做出了程序性安排。各缔约方将在明年继续就《巴黎协定》实施细则遗留的未决事项,包括市场和非市场机制、2025年后集体资金目标、2031年后的国家自主贡献共同时间框架等展开磋商,着手制订透明度报告大纲和通用报告表格格式、提名卡托维兹应对措施实施影响专家委员会委员、选举遵约委员会委员和候补委员、制订遵约委员会议事规则、审议适应相关方法学、修订适应基金董事会议事规则、开发公共登记簿等,并进一步完善实施细则。

第三,大会还就其他相关事项形成了决议或成果。本次大会期间还发表了关于公平转型、电动汽车、森林碳汇的三份联合声明,举行了塔拉诺阿促进性对话、2020年前落实情况盘点会议、资金高级别会议等活动,关注到了《IPCC全球升温1.5℃特别报告》的及时完成,强调了气候变化挑战的严峻性和紧迫性,呼吁各方推动明年联合国气候峰会取得成功,进一步提高力度,推动全球绿色低碳转型。

2019年12月2～15日,《联合国气候变化框架公约》第25次缔约方会议在西班牙马德里举行。此次会议通过了《智利·马德里行动时刻》的决议,在气候变化、损失与损害华沙国际机制的程序性成果、海洋与气候变化以及长期全球目标的阶段性评估等方面取得了一定的进展(刘元玲,2020),但未能就各方最为关注的《巴黎协定》第六条市场机制实施细则达成一致。会议成果平淡主要有四个原因:第一,过度强调提高各方减排目标力度而未能聚焦《巴黎协定》第六条"相关谈判";第二,主席国和部分缔约方急切将各方尚未形成政治共识的提高承诺力度问题引入谈判进程,破坏了谈判氛围;第三,各个议题推进不平衡;第四,发达国家企图逃避责任,促使发展中国家更加团结并形成对立。展望2020年的全球气候多边进程形势,《巴黎协定》第六条"相关谈判"将继续作为重点,提高力度也将成为讨论主题，但片面强调 1.5℃目标可能引发重谈《巴黎协定》风险，同时发达国家背弃《联合国气候变化框架公约》、转嫁责任意图明显。全球气候治理应聚焦落实承诺的力度，并平行推进《联合国气候变化框架公约》及其《巴黎协定》的实施（樊星等，2020）。

受新冠肺炎疫情影响，原定于 2020 年底的第 26 次缔约方大会（COP26）推迟至 2021 年底于英国格拉斯哥举行，这是在新冠肺炎疫情持续蔓延下召开的首次大规模联合国现场会议，展现了全球勠力同心践行和维护多边主义的决心。会议凝聚了高层政治共识，完成了持续 6 年的《巴黎协定》实施细则谈判，达成内容全面、平衡的"格拉斯哥气候协议"等 50 多项决议，《中美关于在 21 世纪 20 年代强化气候行动的格拉斯哥联合宣言》（简称《宣言》）更成为大会的亮点。会议期间召开的世界领导人峰会凝聚政治动力，邀请到 120 余位国家元首和政府首脑在 COP26 世界领导人峰会上发言，分享了各国气候行动进展并提出新的目标，为全球合作应对气候变化注入了强劲政治动力。习近平主席发表了书面致辞，提出维护多边共识、聚焦务实行动、加速绿色转型三点建议，为大会提供了重要政治指导。中美两国在 COP26 期间达成并发布了《宣言》，宣布强化气候行动并加强合作。《宣言》在 4 月上海《中美应对气候危机联合声明》和 9 月天津会谈的基础上，进一步提出了双方开展各自国内行动、促进双边合作、推动多边进程的具体举措，包括承诺在未来关键十年加速气候行动，强化《巴黎协定》实施，携手并与各方一道推动 COP26 取得成功，并在清洁能源、电力、甲烷、森林保护等领域采取行动并开展合作，以及建立"21 世纪 20 年代强化气候行动工作组"。COP26 会议坚持了多边主义，重申共同但有区别的责任原则，坚持《巴黎协定》的长期目标和自下而上的制度安排，维护了国际规则的稳定。但是，会议在高调强化减排力度的同时，在平衡提高适应力度以及解决资金和技术支持不足的问题等方面仍未得到妥善解决，这也成为后续气候多边进程中的焦点问题。

23.1.2　公约外多边机制进展

1. IPCC 评估报告的科学进展

IPCC 于 1988 年由世界气象组织和联合国环境规划署（UNEP）共同建立，向决策者提供气候变化科学依据、气候变化影响和未来风险以及选择适应和减缓的定期评估。IPCC 建立的主旨是评估气候变化的科学、影响与对策，回答国际上的热点问题，主要集中在全球（各圈层）是否变暖（包括近百年的变暖在历史气候和古气候时期的地位）；变暖的原因（检测和归因）；人类活动（包括排放、土地利用变化等）是否造成了全球变暖；全球变暖的影响（包括农业、水资源、海平面、林业、渔业、沿岸、生态、环境、安全、交通、军事、社会与经济等）；全球变暖的对策和策略（包括排放对策、减排与减缓、适应、清洁能源和地球工程等）；未来是否继续变暖（包括未来气候变化的近期预测与长期预估）；未来是否会出现突变和/或不可逆的变化。IPCC 建立了科学家与决策者之间的伙伴关系，使得其工作为决策者提供了可靠的来源。IPCC 的科学性质和政府间性质，使其有独特的机会为决策者提供严格和均衡的科学信息。通过批准 IPCC 的报告，各国政府承认其科学内容的权威性。因此，IPCC 的工作与政策具有相关性，但又对政策保持着中立关系，不对政策做任何指令或规定。

IPCC 从 1988 年成立到 2018 年，已经走过了 30 年，此期间出版了 5 次评估报告，每次报告包括气候科学、影响和对策报告以及决策者摘要，还出版了 11 个特别报告、6 个技术报告和 11 个方法学报告。从 1990 年 IPCC 发布第一次评估报告至今，科学家通过不懈的努力，对气候变化的科学认识进一步加深（秦大河等，2007）。2007 年 12 月 IPCC 获得诺贝尔和平奖, 表彰 IPCC 指出人类对气候的影响, 从而为保护人类生存的地球做出的贡献 (赵宗慈等, 2018)。1988~2018 年以来, 围绕气候与气候变化的科学研究有很多, IPCC 的 5 次气候变化科学评估报告做了卓有成效的评估, 获得了丰富的成果。其中, 全球变暖的原因在科学界是争议最大的议题之一, 尤其是人类排放增加是否造成了全球变暖, 因此近百年全球变暖的检测和归因随着科学研究的深入在 IPCC 科学报告中越来越占有重要的地位。表 23.1 给出了 5 次报告做归因分析的主要工具和主要结论, 从表 23.1 中注意到, 随着时间推移、研究的深入, 越来越多的证据证实, 人类活动是造成近百年全球变暖的主因 (IPCC, 1995, 2001, 2007, 2013)。该结论的可靠性逐渐增大, 从第一次报告的 "极少", 到第二次报告的 "可识别", 到第三次报告的 "可能 (>66%)"、第四次报告的 "很可能 (>90%)", 最后到第五次报告的 "极可能 (>95%)"。由此可以得到的警示是, 为了保护人类赖以生存的地球, 必须要重视减排等人类应该采取的相应措施。

表 23.1 IPCC 第一次到第五次评估报告中全球变暖归因结论

IPCC 评估报告	结论
第一次 (1990 年)	极少观测证据可检测到人类活动对气候的影响
第二次 (1995 年)	一些证据表明可识别人类活动对 20 世纪气候变化的影响
第三次 (2001 年)	近 50 年观测到的变暖的大部分可能是由温升气体浓度增大造成的
第四次 (2007 年)	不仅在表面, 而且在对流层和洋面以及海水都能检测到全球变暖信号, 20 世纪中期以来全球变暖很可能是人类活动造成的
第五次 (2013 年)	在 5 个圈层都检测到变暖, 自 20 世纪中期以来全球变暖极可能人类活动是主因

2017 年 10 月, IPCC 在加拿大蒙特利尔召开了第 46 次全会。会议发布了 IPCC 第六次评估报告 (AR6) 三个工作组报告大纲、主席愿景和《IPCC 手册》。在 IPCC 第六次评估的周期内, IPCC 将编写三份特别报告、一份国家温室气体清单方法报告以及 AR6。在 2016 年 4 月举行的 IPCC 第 43 届会议上, IPCC 接受了《联合国气候变化框架公约》秘书处的邀请, 将在 2018 年完成一份报告《全球升温 1.5℃特别报告》, 即关于全球升温高于工业化前水平 1.5℃的影响以及相关的全球温室气体排放路径的 IPCC 特别报告, 背景是加强全球应对气候变化的威胁、加强可持续发展和努力消除贫困, 主要内容是关于全球变暖低于 1.5℃和全球温室气体排放路径。另外, 两个特别报告是《气候变化中的海洋和冰冻圈特别报告》和《气候变化与土地: IPCC 关于气候变化、荒漠化、土地退化、可持续土地管理、粮食安全及陆地生态系统温室气体通量的特别报告》。AR6 综合报告将于 2022 年按照一定的程序编辑完成, 及时提供给《联合国气候变化框架公约》全球盘点, 届时各国将审查其在实现全球变暖远低于 2℃目标方面取得的进展情况, 同时努力将其限制在 1.5℃。AR6 三个工作组的报告于 2021 年编写完成。

2. 多边对话与合作机制

在《联合国气候变化框架公约》之外也有很多的多边和双边的进程对推动全球应对气候变化起到了积极作用, 如彼得斯堡气候对话、二十国集团 (G20) 会议、《蒙特利尔议定书》、国际民航组织、国际海事组织等外渠道下举行的气候变化问题谈判磋商, 以及联合国大会、亚太经济合作组织、金砖国家峰会等场合下气候变化相关活动与讨论等。2017 年 9 月, 中国与欧盟、加拿大共同发起并在加拿大蒙特利尔举办了首次气候行动部长级会议, 2018 年 6 月, 中国与欧盟、加拿大在比利时布鲁塞尔共同举办了第二次气候行动部长级会议, 在全球应对气候变化进程不确定性增强的背景下进一步凝聚各方共识, 为气候变化多边进程注入新的政治推动力。2018 年 9 月, 中国作为发起国共同设立全球适应委员会, 推动适应气候变化国际合作和全球适应行动取得积极进展。

由中国、印度、巴西和南非组成的"基础四国"已经成为应对气候变化中的一股重要力量。截至 2018 年，基础四国已经召开了 27 次气候变化部长级协调会，就减缓、资金及技术转让等谈判焦点问题进行了广泛磋商并在会后多次发表联合声明，携手发展中大国共同发声，推动多边进程。在坎昆会议后，30 多个立场相近的发展中国家还形成了"立场相近发展中国家集团"，与基础四国相呼应，形成了气候变化谈判中维护发展中国家权益的中坚力量。在历次缔约方大会中，中国参与"立场相近发展中国家"等磋商机制，同时也积极与小岛国、最不发达国家和非洲集团开展对话，维护发展中国家权益。

《巴黎协定》达成之后，尽管美国政府宣布退出《巴黎协定》为全球气候治理的前景带来不确定性，但中国、欧盟、加拿大、新西兰、德国等国家仍在不断加强各方的气候政策对话和互动，与各方增进理解，扩大共识，共同为加强国际气候变化对话合作作出贡献。2017 年 12 月，国务院副总理马凯作为习近平主席特使，出席在法国巴黎举行的"一个星球"气候行动融资峰会，并发表"坚定履行《巴黎协定》，共建清洁美丽世界"的讲话，为推动全球积极应对气候变化注入了重要的政治推动力。

23.2 《巴黎协定》确立的国际气候治理新机制的主要内容和特点

23.2.1 《巴黎协定》的主要内容

1. 强化的全球气候目标

《巴黎协定》第二条进一步明确了应对全球气候变化的目标，即在加强《联合国气候变化框架公约》及其目标实施以及实现可持续发展和消除贫困的背景下"加强对气候变化威胁的全球应对"，这一目标又包括三个层面，即减缓气候变化、适应气候变化以及加强气候资金支持（张晓华和祁悦，2016）。减缓气候变化方面，《巴黎协定》提出了"将全球平均气温升幅控制在工业化前水平以上低于 2℃之内，并努力将气温升幅限制在工业化前水平以上 1.5℃之内"的温升控制目标，即努力将全球暖化控制在 2℃以内，并争取达到更具雄心的 1.5℃，而根据政府间气候变化专门委员会第五次评估报告以及 1.5℃增温特别报告的结论（IPCC，2013，2018），实现 2℃和 1.5℃温控目标均需要全球各国进一步深度减排。在实现 21 世纪末温升不超过 2℃的情景下，2030 年全球温室气体排放需比 2010 年低 20%，2075 年左右实现近零排放，而在 21 世纪末温升不超过 1.5℃的情景下，2030 年全球温室气体排放需比 2010 年低 45%，并在 2050 年左右实现近零排放，并要求能源、土地、城市，即基础设施和工业系统"快速而深远地"转型，此外还需要部署规模化的二氧化碳移除（CDR）技术。适应气候变化方面，明确提出提高适应气候变化不利影响的能力，并在不威胁粮食生产的前提下增强气候复原力（climate-resilience）和温室气体低排放发展。加强气候资金支持方面，要使资金流动符合温室气体低排放和气候适应型发展的路径。《巴黎协定》所确立的目标强调了全球向低碳、气候适应型可持续发展方向努力，并突显了气候资金的重要性。

2. "共同但有区别的责任"

在《巴黎协定》的框架下，全球几乎所有国家都参与到了减缓和适应气候变化的行动中，已有 193 个缔约方向《联合国气候变化框架公约》秘书处提交了"国家自主贡献"，各国积极应对"共同"挑战时，所承担的责任仍是"有区别的"（薄燕，2016；李慧明和李彦文，2017）。基于对历史责任、国情和能力以及未来发展的需求等因素的考量，发达国家应率先减排温室气体，并向发展中国家提供技术、资金和能力建设支持，帮助促进发展中国家在可持续发展的框架下开展应对气候变化行动。在《联合国气候变化框架公约》《京都议定书》《坎昆协议》下一直按照发达国家和发展中国家"两分"的方式体现"共同但有区别的责任"原则，《巴黎协定》进一步延续了这一方式，并根据世界政治经济格局和排放格局的变化做出了相应的调整。在减缓方面，《巴黎协定》第四条说明了发达国家采取全经济范围量化减排目标，带头减排，鼓励发展中国家逐步向全经济范围减限排过渡，加强对发展中国家的支持将带来更高的力度；在资金方面，《巴黎协定》第九条明确了发达国家出资义务和发展中国家的受援资格；在履行透明度条款方面，基于能力不足，《巴黎协定》给予发展中国家履约的灵活性，在 2018 年达成的透明度实施细则中对这些灵活性进行了清晰的规定，与此同时，发展中国家履行透明度条款还需得到相应的能力建设支持，建立了包括全球环境基金（GEF）下的透明度能力建设倡议（CBIT）和专家咨询小组（CGE）等在内的机制和机构。

3. 以"国家自主贡献"为核心的行动机制

从"哥本哈根协议-坎昆协议"下的减缓许诺机制起，各方就开始探索在全球气候治理下做出自下而上安排的可能性，以取代《京都议定书》自上而下的模式（高翔和滕飞，2016）。《巴黎协定》建立了以"国家自主贡献"为核心的行动机制，为了弥补"自下而上"导致全球行动力度不足，还建立每五年"提出目标—报告进展—盘点差距"的循环机制，不断制定、实施和强化国家自主贡献，以最终实现全球应对气候变化的目标（高翔，2016；徐新佳，2017）。这一机制通过《巴黎协定》下的相关安排来实现，包括每五年按照一定的报告要求通报国家自主贡献，国家自主贡献需纳入减缓气候变化目标，亦可包含适应、资金、技术等要素；每两年在强化的透明度机制下报告国家自主贡献的实施进展；以及每五年通过全球盘点机制对气候行动的力度和进展进行评估。

23.2.2 《巴黎协定》的后续任务

1. 制定《巴黎协定》实施细则

1）《巴黎协定》工作计划（PAWP）

《巴黎协定》建立了全球气候治理新框架之后仍有诸多细节问题亟待磋商确定，为此各方决定建立"《巴黎协定》特设工作组"（APA），并授权工作组完成相关程序、模式和指南的制定（王克和夏侯沁蕊，2017）。除了上述工作之外，附属履行机构（SBI）以及附属科技咨询机构（SBSTA）作为服务于《巴黎协定》的机构也承担了协定实施细则制定的一些任务。为了取得平衡、全面的谈判成果，各方建立了《巴黎协定》工作计划以统筹上述工作，工作计划下谈判议题如表 23.2 所列。

2）主要成果

2018 年 12 月，各方在波兰卡托维兹如期完成了《巴黎协定》实施细则的任务，有力证明了多边主义的有效性。《巴黎协定》实施细则涉及国家自主贡献、透明度、全球盘点、资金、遵约等多项内容，案文最初长达几百页，包含大量有分歧的选项，并且议题之间相互关联、相互影响，谈判难度极大。与此同时，美国退出《巴黎协定》的余波未平，会议期间法国又出现大规模抗议政府加征柴油燃油税的"黄背心"运动，多边谈判的外部环境亦十分恶

表 23.2　《巴黎协定》工作计划议题设置

《巴黎协定》及决议相关条款和段落	《巴黎协定》特设工作组（APA）	附属履行机构（SBI）	附属科技咨询机构（SBSTA）
第四条和第 1/CP.21 号决议第 22～35 段	第 1/CP.21 号决议减缓部分相关的进一步指南	第 12 款所载公共登记簿运行和使用的程序和模式 第 10 款所载国家自主贡献的共同时间框架	
第六条和第 1/CP.21 号决议第 36～40			第 2 款所载合作手段指南；第 4 款所建立机制的规则、模式和程序；第 8 款所载非市场机制
第七条和第 1/CP.21 号决议第 42～45 段	适应信息通报的进一步指南	第 12 款所载公共登记簿运行和使用的程序及模式	第 1/CP.21 号决议第 41、42、45 段相关事项；适应委员会报告；最不发达国家相关问题（SBI/SBSTA 联合议题）
第八条和第 1/CP.21 号决议第 47～51 段		华沙损失与损害国际机制执行委员会报告（SBI/SBSTA 联合议题）	
第九条和第 1/CP.21 号决议第 52～64 段		识别第 5 款下缔约方应提交的信息	第 7 款下提供和动员的公共部门资金的核算
第十条和第 1/CP.21 号决议第 66～70 段		第 1/CP.21 号决议第 69 段所载定期评估的范围和程序	第 4 款技术框架
第十三条和第 1/CP.21 号决议第 84～98 段	行动和支持的透明度框架的程序、模式及指南		
第十四条和第 1/CP.21 号决议第 99～101 段	全球盘点相关事项		关于 IPCC 如何为全球盘点提供信息的建议
第十五条和第 1/CP.21 号决议第 102～103 段	促进实施和强化履约委员会有效实施的程序和模式		
其他事项	《巴黎协定》实施相关的进一步问题		

劣。在这种情况下，各方不断凝聚共识，就《巴黎协定》实施细则的绝大多数问题都达成了共识，仅在第六条市场机制部分有部分未解决问题。细则的主要成果包括三个方面，一是关于"提高力度"的循环机制，包括国家自主贡献信息和核算导则、透明度模式、程序和指南以及全球盘点程序、模式和指南；二是提高了对目标、行动和支持的透明度要求，2020 年后，需通报国家自主贡献减缓目标相关的定量信息、每两年报告国家温室气体清单年度信息以及自主贡献实施的进展；三是明确了发展中国家实施《巴黎协定》的灵活性，即为发达国家规定了强制义务，而对发展中国家则仅提出"邀请"或"鼓励"，或可以降低标准来履行相应条款。

2. 通报/更新国家自主贡献

根据《巴黎协定》和相关缔约方大会决定的要求，缔约方需要不晚于 2020 年通报或更新 2030 年国家自主贡献，其中，已经提交 2030 年目标的缔约方应通报或更新其国家自主贡献，已经提交 2025 年目标的缔约方应制定并通报以 2030 年为时间框架的国家自主贡献，并且需至少在当年《联合国气候变化框架公约》缔约方大会（2020 年 11 月 9～18 日）9～12个月之前提交，以便秘书处准备相关综合报告。

《巴黎协定》特设工作组开展了促进澄清、透明和易懂的国家自主贡献信息报告导则，并于 2018 年卡托维兹气候大会完成了相关谈判授权。自 2025 年通报第二轮国家自主贡献起，缔约方应按照导则提供国家自主贡献相关信息，在 2020 年通报或更新国家自主贡献时，也"强烈鼓励"缔约方遵循相关导则。导则的具体要求包括参考点（基准年）的量化信息、目标时间框架、范围、规划过程、假设和方法学、依据国情对国家自主贡献公平和力度的评估以及国家自主贡献对于实现《联合国气候变化框架公约》第二条目标的作用等。

3. 制定和通报 21 世纪中叶长期温室气体低排放战略

《巴黎协定》第四条邀请所有缔约方在 2020 年前向《联合国气候变化框架公约》秘书处通报长期温室气体低排放战略，以推动全球尽早实现深度减排，弥合与全球 2℃温升控制目标要求的排放路径之间的差距。截至 2018 年，美国、加拿大、法国、德国、墨西哥、捷克、贝宁、马绍尔群岛、乌克兰及英国已经向《联合国气候变化框架公约》秘书处提交了"长期温室气体低排放战略"。欧盟也于 2018 年底发布了"一个清洁的星球——欧盟关于繁荣、现代、有竞争力且气候中性的经济的战略构想"，其中包含了欧盟到 2050 年温室气体低排放的目标和规划。

《巴黎协定》工作计划议题设置见表 23.2。

由于《联合国气候变化框架公约》缔约方大会并未制定相关的报告指南，各方提交的 21 世纪中叶长期温室气体低排放战略各有侧重，如美国和加拿大强调创新，德国将应对气候变化与 2030 年可持续发展议程紧密结合，法国强调碳足迹，并用碳预算的方法设定中长期及行业减排目标，贝宁强调适应气候变化的中长期战略，墨西哥对非短寿命气候污染物进行了重点论述。

4. 追踪国家自主贡献实施进展

在《巴黎协定》强化的透明度框架下，各方需不晚于 2024 年每两年提交一次透明度双年报，透明度双年报中需履行的强制性报告义务主要涉及温室气体清单和国家自主贡献进展信息，具体来说自 2024 年起应包括采用 IPCC 2006 方法学编制的从 2020 年开始至提交年份前三年的连续的年度清单，并且对国家自主贡献基年（目前是 2005 年）清单进行回算，保证清单数据可比。对于国家自主贡献进展的报告，细则要求各国自行确定反映自主贡献进展的指标，报告与进展相关的定性和定量信息，此外还需报告减缓政策和行动的进展及效果，对于发展中国家鼓励包括排放预测等信息，以及发达国家应报告为发展中国家提供的支持的信息。非强制性报告内容主要涉及适应行动信息、非发达国家缔约方提供给其他发展中国家应对气候变化支持的信息、收到应对气候变化支持的信息、报告质量改进设想及其相应的能力建设需求等。此外，根据《巴黎协定》第九条第 5 款授权，各方于 2018 年识别了资金预测信息的要素，并制定了资金预测信息报告的程序和模式，2020 年后，发达国家应按相关决议报告资金预测信息，并鼓励"其他提供资源的缔约方"在自愿的基础上每两年通报资金预测信息。

5. 提高目标和行动力度

缔约方提出的国家自主贡献的总体力度并不能满足实现《巴黎协定》目标的要求，因此需要各方不断提高目标和行动的力度以弥补差距。提高力度是全球气候治理一直以来面临的难题，目前各方提交的国家自主贡献尚不能满足实现 2℃温控目标的要求，能否建立有效的机制来弥补"差距"依然是评判《巴黎协定》是否真正成功的重要标准（张晓华和祁悦，2016）。每 5 年，在《联合国气候变化框架公约》下将举行全球盘点，整个盘点进程持续 2～3 年，包括信息收集、综合报告编制和政治进程等阶段，全球盘点进程聚焦应对气候变化、实现《巴黎协定》目标的集体进展。此外，联合国秘书长还将定期举行高级别活动凝聚全球应对气候变化的意愿和信心。

23.2.3　《巴黎协定》确立的全球气候治理机制的特点和风险

1. 《巴黎协定》下全球气候治理机制的特点

1）自主决定为前提的广泛参与

气候变化是当代人类面临的最大的共同挑战，此外应对气候变化也已经被打造成一个具备高度道义特征和良好公众基础的全球性议题，合作应对气候变化不仅是各国谋求长远发展的必然选择，从短期来看也是凝聚各方合作意愿、促进相互理解和提振全球发展信心的关键议题（张晓华和祁悦，2016；刘航和温宗国，2018）。在这样的背景下，《巴黎协定》所确立的"自下而上"的合作模式给予缔约方更多的自主权，也为其自主行动提供了更大的灵活空间，因此确保了各国的广泛参与，《巴黎协定》也以史无前例的速度在达成后不到 11 个月即生效（秦天宝，2016；何晶晶，2016；高翔，2016）。尽管特朗普政府宣布美国退出《巴黎协定》，但此前美国不参加《京都议定书》后，世界绝大多数国家仍坚持多边主义应对气候变化（张海滨等，2017；仲平，2016；柴麒敏等，2017；刘哲等，2017；薄燕，2018）。

2）透明度规则为核心的遵约体系

广义来讲，《巴黎协定》的遵约机制是包括强化的透明度机制、全球盘点、遵约委员会等一系列机制机构在内的体系（许寅硕等，2016；梁晓菲，2018）。《巴黎协定》采用了具有约束力的透明度要求和不具有约束力的排放目标的混合形式来实现既定目标，相比于《京都议定书》，其采用具有法律约束力的排放目标的方式，这种组合更依赖于相关理念和规范的提升以及各方的预期，这也是《巴黎协定》最终取得成功所必须付出的"赌注"。Chayes 提出应将缔约方遵约看作一个过程，通过强化缔约方履约能力、增加透明度和争端解决机制来促进国际条约的实施，《巴黎协定》也正是这种被称为"管理路径"的遵约模式的一次实践。

2. 实施《巴黎协定》的挑战和风险

1）激励措施不足难以促进力度提高

弥补力度差距是全球气候治理要解决的最棘手的问题，面临巨大的困难。各方关于应对气候变化责任分担的看法仍有巨大的分歧，就公平问题而言，各方对公平的内涵以及如何体现历史责任、后发优势等问题没有共识（林洁等，2018）。在缺少能被各方接受的责任分担框架的情况下，激励各方弥补减排温室气体、提供气候资金等领域差距的措施也尚不明确，基于对损害国家竞争力和违约风险的考量，各方很难采取积极主动的措施来提高力度（刘倩等，2016）。

2）约束机制缺位难以保障承诺落实

在约束机制缺位的情况下，缔约方履约的情况并不乐观，2020 年前各方的减缓目标和行动实施进展就证明了这一点（祁悦等，2018）。缔约方在提交国家自主贡献时或均留有一定的余地，但仍不能确保这些力度不尽如人意的目标能够被完全履行。一方面，各国面临国内政治的不确定，如美国、澳大利亚、巴西等，均出现过选举后气候政策延续性破坏，甚至政策反转的情况发生，显著影响各国落实减排和国际出资的承诺（赵行姝，2017；傅莎等，2017）；另一方面，各国应对气候变化进程也受到国际贸易、国际能源市场波动等影响，履约难度提高，违约的风险加大（戴翰程等，2017；王瑜贺和张海滨，2017）。

3）领导力的不确定性动摇全球合作进程

在政治领导力上，虽然欧盟一直试图引领应对气候变化进程，但受限于政治体制和合作理念，欧盟在《京都议定书》进程受挫之后一直孤掌难鸣（董亮，2018；何建坤，2018）；而哥本哈根联合国气候变化大会后中美在应对气候变化领域的密切合作成了《巴黎协定》最终成功的决定性因素，但 2016 年后，特朗普总统给全球气候治理进程蒙上了"阴影"，在其掀起的逆全球化大潮中，应对气候变化议题首当其冲（龙盾，2017；董亮，2018；张永香等，2017）。国际社会对于中国在应对气候变化问题上保持不断增长的领导力有强烈的预期。与此同时，私营部门的作用愈加显著，出现了越来越多来自民间和私营部门的领导力，逐渐形成了一股解决气候变化问题的强劲力量（樊星等，2017）。这在一定程度上表明，长期来看应对气候变化的领导力会越来越多元化，基础会更为牢固。

23.3　非国家行为体参与全球气候治理与应对行动

在最近 20 余年中，非国家行为体逐渐成了全球气候治理中不可或缺的重要角色，从而受到越来越多的关注。《巴黎协定》为全球应对气候变化确立了"自下而上"的治理路径，有助于增强各类行为体的参与动力。习近平主席在巴黎联合国气候变化大会上表示"除各国政府，还应该调动企业、非政府组织等全社会资源参与国际合作进程，提高公众意识，形成合力"。

23.3.1　《巴黎协定》"自下而上"的治理路径与非国家行为体参与全球气候治理的关系

在《联合国气候变化框架公约》机制下，"自上而下"的气候谈判模式已难以协调各国的不同诉求，尤其是自哥本哈根联合国气候变化大会后，主权国家之外的诸多行为体提出了许多对未来可持续发展具有重大影响的行动倡议，在实践向度上诠释了全球气候治理的实验主义转向。随着全球气候治理参与主体的多元化，以城市为代表的一些重要的次国家行为体在全球气候治理体系中逐渐活跃，地位也逐渐上升。

当前，全球气候治理已经成为国际政治的常规领域之一。虽然现有状态仍处在分散与碎片化的格局之中，但其模式转向"多层治理"与"利害关系交织的网络治理"的趋势已较为清晰。传统的"国家中心"范式已发生新变化，主权国家更多地采用多中心的途径，通过合作治理、让渡部分主权、扩展国际合作等方式来参与国际气候治理。国际上，很多气候治理项目已经超越了政府间的多边协定，权力分散在社会组织和不同类型的行为体层面。其中，非国家行为体与地方政府已经成为气候变化政策领域的积极参与者，而其做法也往往领先于国家行为体。

关于国家向非国家行为体开放参与全球治理权力的动机，主要有三种观点：第一，功能主义，由于非国家行为体可以为国家在国际问题决策过程中提供资源和技术支撑，因此国家授权非国家行为体参与国际论坛。第二，新协作主义，它把非国家行为体看作代表特定利益的利益相关者。第三，多元民主主义，它将非国家行为体的民主潜力作为一种边缘群体提高社会代表性和权力的方式（庄贵阳和周伟铎，2016）。

《巴黎协定》隐含了鼓励非国家行为体参与全球气候治理进程的内在逻辑。《巴黎协定》在正文第五部分"非国家缔约方利害关系方"中明确指出，"欢迎所有非国家缔约利害关系方，包括民间社会、私营部门、金融机构、城市和其他次国家级主管部门努力处理和应对气候变化。"《巴黎协定》第 1/CP.21 号决议第 109 条（a）款还指出："鼓励缔约方、《联合国气候变化框架公约》各机构和国际组织参与这一进程，包括酌情与有关非缔约利害关系方合作，分享其经验和建议，包括来自区域活动的经验和建议，并根据国家可持续发展优先事项开展合作，为执行在该进程期间查明的各项政策、做法和行动提供便利。"《巴黎协定》对公私部门在气候领域的合作进行了明确说明。第四条规定"建立相关机制，供缔约方自愿使用，以促进温室气体排放的减缓，并支持可持续发展"。该机制有利于公、私行为体参与减缓温室气体排放。而《巴黎协定》第八条提出，"加强公私部门参与执行国家自主贡献，特别是在可持续发展和消除贫困等领域。通过减缓、适应、融资、技术转让和能力建设，协助执行国家自主贡献"。这些内容都充分表明，国际社会希望非国家行为体参与全球气候治理进程。

23.3.2　主要国际组织的应对行动

国际海事组织（International Maritime Organization，IMO）和国际民航组织（International Civil Aviation Organization，ICAO）早已开始关注船舶和飞机的节能减排问题，已成为推动国际海运和国际民航温室气体减排的主要渠道。《京都议定书》第二条第 2 款规定，附件 I 国家应限制或减少海运和民航温室气体排放。

国际民航组织成立于 1944 年，是联合国下属的负责国际民用航空管理的专门机构，截至 2013 年 10 月，共有 191 个成员国。2001 年，国际民航组织第 33 届大会向理事会提出了相关诉求，要求理事会确立"限制或减少航空排放影响环境尤其是气候变化的指导原则"，该指导原则不仅要能够广泛应用于成员国，而且要基于市场措施。2004 年，国际民航组织第 34 届大会明确了三大环境目标，限制或减少航空温室气体排放对全球气候的影响便是其中之一。2013 年 9 月举行的第 38 届成员国大会决议要求全球民航业能效在 2020 年前每年提升 2%，在 2020 年后全球民航业碳排放实现零增长，并要求建立以市场为基础的全球性减排机制（market-based measures）。2016 年 10 月，国际民航组织第 39 届大会通过了《国际民航组织关于环境保护的持续政策和做法的综合声明—气候变化》和《国际民航组织关于环境保护的持续政策和做法的综合声明—全球市场措施机制》两份决议（简称《决议》）。两个重要成果不仅确定了自 2020 年起零增长（即"2020 年碳中性增长"）目标的行动措施的框架，而且首次在全球范围内形成航空减排市场机制。

国际海事组织成立于 1959 年，是联合国负责防控海洋船舶污染和监管海上航行安全的专门性政府间组织，截至 2015 年 3 月共有 170 个成员方。海洋环境保护委员会（MEPC）是国际海事组织应对气候变化和温室气体排放的机构，1973 年通过的《国际防止船舶造成污染公约》（MARPOL）是该组织应对船舶污染物和温室气体排放的主要法律协议。目前该公约共有六个附件，各国家或地区可决定是否加入。在发达国家的推动下，2003 年国际海事组织成员国大会通过了第 A963（23）号决议，要求海洋环境保护委员会建立温室气体排放控制机制，包括设立基准线、发展市场化的减排机制等。国际海事组织的海洋环境保护委员会还于 2018 年 4 月通过了一份新的碳减排规定，要求 2050 年底船运行业的温室气体排放要比 2008 年的排放水平降低 50%，且 2030 年底"运输作业（transport work）"的 CO_2 排放要降低 40%。碳减排法规还主张船运公司应该积极采取措施，争取在 2050 年底前减排 70%。还强制要求部分岛国在 2050 年底前实现 100%碳减排，称这是实现巴黎协定的唯一途径。

这些规则将与现有的全球气候变化治理体系发生密切互动。一是以《联合国气候变化框架公约》为基础的联合国气候大会等将继续保持主要平台的地位。出于合法性的考虑，国际行业减排规则的利益相关者将难以忽视来自现有体系支持的重要性。二是两种类型国际行业减排规则的发展对于现有的全球气候变化治理体系将分别产生一定的架空和"挤压"作用（黄以天，2015）。市场驱动的行业减排规则绕过了传统的政府间谈判与治理模式，引入市场力量推行减排规则，有助于增强在市场上具有优势地位的排放国的实际影响力，从而在一定程度上架空目前通过政府间谈判确立减排目标的治理模式。而发达国家通过国际海运和民航业推动政府主导的行业减排规则，将很可能"挤压"现有的全球气候变化治理体系的适用范围。三是在一定程度上也影响到中国的气候变化政策。由于各国航空企业发展起步时间不一，历史排放水平不均衡，我国如何以发展中国家的身份介入航空碳减排的多边谈判，明确"共同"责任的同时坚持"区别"对待，同时，建立国内航空碳排放权交易市场，并完善相关法律制度，是目前亟须考虑的重要问题。

国际海事组织和国际民航组织未来在主导国际航空航海谈判、引领技术升级、促进国际合作方面会发挥不可替代的作用。我国必须在坚持"共同但有区别的责任"原则下，充分考虑历史碳排放量这一客观存在，积极参与和推进相关措施的制定。

23.3.3　次国家间合作网络的应对行动

面对全球气候变化问题，国家在参与全球气候治理的过程中越来越受到局限，与此同时，以城市为代表的次国家行为体逐渐意识到自己的强大力量与作用，开始在全球气候治理中发挥重要作用，特别是关于全球气候治理多边层次的研究，以城市为代表的次国家行为体正推动着全球气候治理模式的改变，丰富全球治理模式，影响着全球治理的变革与发展（于宏源，2017）。

部分研究针对次国家间合作网络在全球气候治理中的作用进行了分析。从动力角度分析，运用自主治理理论结合跨国城市网络的运行模式，得出作为一种自主组织的跨国城市网络，主要通过多中心治理模式和社会资本网络化，克服了集体行动的困境（李昕蕾，2015a）。跨国城市网络作为一种自主性质存在的组织，缺乏外部的强制力，要想成功运作，更多地要依赖城市网络内部的横向联系及内部之间的激励，自愿、互利的合作使其成为一个自主治理的平台和架构，以城市的资源、技术、经验的共享与交流提高城市的总体资源调动能力，扩大城市的影响力。从参与路径分析，认为跨国城市网络积极参加全球气候治理，其行动路径是通过对全球气候议程的设置来影响全球气候政策的制定与实施，推动全球气候治理项目在世界范围内扩展实施，以及气候治理最佳实践案例的分享与经验借鉴，不断推动治理规范与模式的创新（王玉明和王沛雯，2016）。

在次国家层面，区域、城市等层面的跨国气候伙伴关系发展迅速。全球绝大部分能源消耗发生在国际大都市内，因此，城市对于气候变化负有最大责任。目前，这些大城市已联手应对气候变化，并于 2005 年在伦敦成立了的城市气候领导联盟（Large Cities Climate Leadership Group，简称 C40）。C40 是一个由全球性大城市联合起来共同应对全球气候变化问题的国际组织，属于跨国城市气候网络，是在 2005 年由前任伦敦市长肯·利文斯顿倡导下建立起来的。2006 年，肯·利文斯顿邀请由美国总统克林顿成立的克林顿环境与气候倡议（CCI）组织成为 C40 的合作伙伴，共同加强双方组织的合作，吸引更多的全球大城市加入到该组织，通过开展项目合作使得参与城市能够更多地减少废气排放，取得更好的减排效果。

截至 2017 年 6 月，C40 在全球共有 91 个成员城市（主要是特大城市），覆盖 6 亿人口，占全球经济总量的四分之一。C40 在其外部运行中为取得更好的目标和效果，通常会考虑以下三个方面：①组织活动能够对政府或政府间行为体产生影响；②组织活动能够加强与其他行为体间的合作（非政府组织）；③影响会员城市更好地实行政策。通过分享信息与合作，C40 成员城市在建筑、交通等领域的经验得以快速发生功能性外溢，被伙伴关系内的城市效仿，进而达到全球减排的目的。同时，C40 城市伙伴关系所倡导的城市低碳排放也有利于城市在节约资金、创造就业以及引进清洁能源等方面合作。

C40 在全球气候治理中发挥了城市领导者的作用。搭建城市联盟治理平台；创建城市联盟治理规范，C40 通过提出"城市气候领导联盟"的治理理念，将由国家主导气候治理的单一模式转变为地方城市联合治理模式，是对气候治理理念规范的一大创新和补充；引导城市气候治理创新，"全球采购"模式就是 C40 纳入跨国企业和基金组织等非政府行为体，在全球治理中整合各方资源，构建绿色利益链条，平衡各方利益点；积极推动全球气候治理的改革与发展。但是目前来看，C40 的运行机制还存在一些不足之处：一是对信息资源的量化标准难以统一衡量。C40 作为一种网络化的自治管理，会员城市通过交换信息分享资源进行合作，对于这种交换信息与共享的资源，其价值难以评估和量化，这就容易引发不同行为体间的矛盾及利益的分配不均。二是在缺乏强制力的情况下，很容易导致政策执行的有效性和会员城市参与的积极性不高，特别是一些国家会员城市政策的制定和执行要遵循和配合国家政策，这就给组织内部治理带来挑战。

另外，也应该看到，跨国城市网络并不是均质性的横向治理结构，其内部存在着隐性的权力结构，特别是网络中的制度性权力、资源经验的获取和共享能力以及国际舞台上话语性权力存在着明显的等级性分布，南方国家城市和北方国家城市之间存在明显差异（李昕蕾，2015a）。发展中国家城市在新的全球治理的安排中应有所反思，把握契机，积极地去应对和改变这种情况，争取更多的话语权，提升自己的影响力。

23.3.4　非国家行为体参与全球气候治理的影响

全球气候治理已经形成多元、混合治理的格局。多元化的非国家行为体伙伴关系调动了气候领域内各类行为体的积极性，有助于推动《巴黎协定》进程。在这种背景下，全球气候治理从依赖大型会议外交和国际气候制度，转向以建立诸多非国家行为体伙伴关系推动多本土化项目实施来促进国内治理进程的趋势。随着伙伴关系作用的强化以及相关条款在诸多重要联合国文件中的体现，国际社会及普通民众对非缔约伙伴关系的认知不断加深。这一新兴治理关系对中国的启示包括以下内容。

（1）重新审视非国家行为体在全球气候治理中的作用。非国家行为体可通过信息披露，增强国际协议的执行能力。非国家行为体是《巴黎协定》履约透明度的重要监督方，因此，跨国伙伴关系可能提升政府间治理的效力。一直以来，透明度被视为民主政体和市场经济的命脉，主要涉及信息披露问题。广泛认为善治的关键在于政府和市场的透明。从国内政治走向全球治理，透明度规范不断扩散。公共部门利用私营部门的资源进行信息的收集和处理，成为提高治理透明度的有效方式。

（2）评估一些具有重大影响力的跨国伙伴关系，并适当鼓励国内相关机构和组织参与全球进程。

（3）在国内层面，以渐进的方式，有针对性地参与、建立一些跨国气候伙伴关系，有助于提升中国的城市与地方政府的气候治理能力。

对于发展中国家而言，大部分非国家行为体来自北美和欧盟等国家，这些组织所持的国际立场可能与"北方"发达国家一致，可能导致发展中国家的利益受到侵害。因此，很多西方非政府组织被视为欧美国家的权力工具。总之，发展中国家的非国家行为体在全球气候治理中处于弱势地位。党的十九大报告中提出"中国秉持共商共建共享的全球治理观，积极参与全球治理体系改革和建设,不断贡献中国智慧和力量。"然而目前来看,中国在参与全球治理的过程中仍是以国家为主导,非政府行为体发挥的作用较为有限,其潜能未能得到充分挖掘。中国应重视非政府组织的作用,利用跨国城市联盟更多地参与到全球治理中,这也是一种多元治理模式的体验,为以后推动发展中国家、"一带一路"国家的跨国城市联盟的建立积累经验,奠定基础。

(4)在国际合作中,利用非国家行为体的优势推动中国所提出的南南气候合作倡议及相关项目的落实,进一步提升中国气候治理的话语权,并弥补资金、技术及能力建设上的不足。

2015年11月,习近平主席在巴黎联合国气候变化大会上重申设立200亿元人民币的中国气候变化南南合作基金,帮助发展中国家开展低碳示范区建设。中国作为世界上最大的发展中国家和世界第二大经济体,在气候治理问题上积极帮助其他发展中国家,特别是在南南合作中展现出了大国应有的领导力,主动承担国际责任,履行国际义务,为世界其他国家树立了榜样。

23.4 中国面临的机遇、挑战及新时代参与全球气候治理的展望

23.4.1 全球气候治理新机制、新形势下中国面临的机遇和挑战

全球气候治理是在维护全球生态安全和全人类共同利益下的国际合作行动,是在现行多边体制下的一种共商共建和制度探索。但在责任、义务的分担以及权力、效益的分享的具体方案和机制上各方又存在矛盾和分歧,形成多方博弈的复杂局面,任何国家都不能主宰多边谈判的进程和结果,但也需要有影响力的大国发挥协调和引领作用(何建坤,2018)。随着近年来气候治理规范向"自下而上"模式的务实性调整,新的治理格局和特征正在逐步呈现。

1. 主要国家和集团在全球气候治理中的角色转变和博弈

全球气候治理是"冷战"以后全球环境与发展、国际政治及经济或者说是非传统安全领域出现的少数最受全球瞩目、影响极为深远的议题之一。从1992年《联合国气候变化框架公约》签署以来,在全球气候治理的历史进程中,有若干里程碑式的事件呈现出不同的时代特征,即从1997~2005年单方面为发达国家规定减限排义务的《京都议定书》,到2007~2009年启动双轨制谈判的"巴厘路线图",再到2011~2018年达成的适用于所有公约缔约方的《巴黎协定》及其实施细则。有若干重大转变也是可以观察到的,一是全球气候治理模式从力度优先,到参与优先,再到国家利益优先;二是国际谈判的焦点从"共同但有区别"的原则之争,到"自上而下"或"自下而上"的模式之争,再到发展权、能源、资金、市场、技术等利益之争;三是主要集团博弈的格局也发生了变化,从南北对立"两分",到"两大阵营""三驾马车",再到"单边主义"和"多极合作"并存;四是应对气候变化的主体从国家政府主导,到政策和市场并重,再到非国家主体广泛参与(柴麒敏等,2017;王尔德,2017)。从大的历史阶段判断,全球气候治理在过去几年已然进入了以中美欧为代表的大国博弈阶段,全球气候治理新时代已经初露端倪。

首先是"逆全球化"思潮对全球气候治理的影响正在加剧。国际格局演变过程中呈现出"东升西降"的特点,即新兴大国的崛起和美欧实力的相对下降。发达国家对全球化趋势下现行发展道路、分配制度、治理模式不满意,更不愿再承担提供公共物品、充当率先减排和提供出资的"资源型权威",并将全球既定秩序的失衡归因于新兴经济体的蓄意破坏。部分学者的研究

指出，现行全球气候治理模式在"逆全球化"的扰动下已经呈现出一种治理失灵、无政府、微成效状态，在促使失衡的治理机制向均衡转化的过程中，新兴经济体更适宜担当"知识型权威"，在新知识和求同存异的基础上尽可能扩大共同利益的边界（王学东和韩旭，2017）。

其次是中美欧等大国博弈使得全球气候治理呈现新趋势。20 世纪 90 年代以来，中美欧三边关系经历了微妙的演变，呈现出不同的阶段性特征。在《京都议定书》达成前后，中美欧三方在气候变化问题上总体上实现了合作，但欧美的合作程度要高于中美和中欧。2001 年美国退出《京都议定书》之后，中美欧在维持总体合作关系的同时，中欧的合作水平得到提升，超过了美欧和中美。"巴厘路线图"下中美欧三边关系出现了一种有趣的现象，即双边层次上的"浪漫三角共处"关系和大多边层次上的美欧共同与中国竞争的态势（薄燕，2018）。这样的关系在哥本哈根联合国气候变化大会后出现了戏剧性的变化，特别是在《巴黎协定》达成前夕，美国与中国联手在"自下而上"的模式上实现了合作，而与欧盟的分歧则更多一些。而在近期的实施细则谈判中，中美欧针对《巴黎协定》的整体合作性下降，竞争性反而加剧，二十国集团峰会反复出现在气候议题上的 19∶1 的情况，美国被孤立，同时中欧因为市场经济地位等分歧也影响到了气候领域的合作意愿。此外，非国家行为体在全球气候治理中的地位和作用提升，使大国博弈的层次和维度更为多元。

此外，主体多元化和机制碎片化也使得全球气候治理更趋复杂。一方面，除了国家行为体之外，非政府组织、社会团体、市场部门和以城市为代表的次国家行为体等原本被排除在治理体系之外的行为主体纷纷进入气候治理领域；另一方面，除了联合国主渠道之外，涌现出许多地区性平台及非国家和次国家合作网络等（李昕蕾，2018a）。《利马巴黎行动议程》（LPAA）、非国家和次国家行为体气候行动区域（NAZCA）、马拉喀什全球气候行动伙伴关系框架（MPGCA）、塔拉诺阿对话机制（Talanoa Dialogue）等不断涌现，气候治理机制正在从一种单中心机制演变为多元弱中心的机制复合体，但治理的多元性和碎片化并不必然导致治理的失序，通过整合和引导甚至可能为原有中心化的体系提供了弹性和灵活性。

2. 美国退出和重返《巴黎协定》对全球气候治理进程的影响

2017 年 6 月 1 日，美国总统特朗普正式宣布退出《巴黎协定》，有关美国退协原因、后续影响和应对策略的研究成为国际社会关注的焦点。美国的退出无疑会对全球气候治理的进程，特别是对《巴黎协定》的普遍性构成严重伤害，产生极大的负面影响。包括美国在内，没有一个国家会是纯粹的受益者（柴麒敏等，2017；张海滨等，2017）。虽然美国的退出不会影响《巴黎协定》的法律效力，但极有可能拖延全球气候治理的进程和《巴黎协定》的后续实施。这可能造成全球气候变化减缓、资金、治理等"赤字"问题，并将全球气候治理进程拖入一个低潮周期，若长此以往，没有大国政治意愿的持续推动，也可能会有各种形式退出的追随者，使得《巴黎协定》的实施大打折扣。

美国退出后其国家自主贡献将更难有实施的保障，实现全球 2℃温升目标的减排缺口将会持续扩大。研究表明，考虑美国退出对后续政策的影响，距离 2020 年下降 17%和 2025 年下降 26%～28%的既定目标均有很大差距，预测美国 2030 年的排放将有可能达 57.9（56.0～59.8）亿 t CO_2eq，仅相当于在 2005 年的水平上下降 12.1%（9.1%～15.0%），相对自主贡献目标情景将上升 16.4（12.5～20.1）亿 t CO_2eq（傅莎等，2017；柴麒敏等，2017；王尔德，2017）。国际研究机构也持相同的观点，气候建议者、荣鼎集团和气候行动跟踪的研究表明，特朗普"去气候化"政策情景下美国 2030 年的排放仅分别比 2005 年下降 9.1%、14.0% 和

7.0%。巴黎联合国气候变化大会 1/CP.21 号决议表明，各国国家自主贡献的综合减排效果距离实现 2 ℃温升目标仍有约 150 亿 t CO$_2$eq 的缺口，而美国的不作为又额外增加了 8.3%～13.4%的新差距（傅莎等，2017；柴麒敏等，2017）。美国延迟采取气候行动可能导致全球减排错失最佳时间窗口，并将会对其他地区碳排放空间形成不可忽视的挤压，进而推高其他地区碳减排成本，最终增加实现温控 2℃目标的成本和难度（张海滨等，2017）。

美国退出后宣称将不再承担《联合国气候变化框架公约》下的出资义务，气候变化资金机制及市场投资信心也都会受到极大的影响。美国拒绝继续履行资金支持义务还将使得本不充裕的气候资金机制雪上加霜，绿色气候基金（GCF）的筹资缺口将增加 20 亿美元，占拖欠资金的 53.9%，若其拖欠金额由欧盟和日本分担，则每个国家的捐资额需增加 40%左右；美国的退出（若只考虑通过双边、区域和其他渠道提供的气候专属资金）预计将使现有长期气候资金（LTF）的缺口进一步扩大 17.4%（傅莎等，2017；柴麒敏等，2017），如果美国的缺口全部由欧盟负责填补，欧盟及其成员国每年提供的支持至少需要增加 25.2%。美国的退出与拒不出资还是极坏的一个示范，这样的负面效应可能进一步蔓延至全球市场，私营部门的投资信心也会因此受到极大的打击，此前投资的项目风险和财务回报也会受到极大的影响。

美国退出对世界大国关系格局也将产生深远的影响，并造成全球气候治理中政治推动的乏力和大国领导的空缺。随着美国宣布退出《巴黎协定》，全球气候治理领域的领导力必将出现更迭和分化。中美欧发挥集体领导力的模式难以为继，当前的美国没有充当领导者的意愿，欧洲虽然想继续成为全球气候治理的领导者，但其正面临着英国退出欧盟、难民危机等很多其他挑战，有心而无力，中国已经在全球气候治理中发挥了引领作用，但是似乎不接受国际领导者的概念和说法（张海滨等，2017；薄燕，2018）。美国退出《巴黎协定》的影响也已蔓延至全球治理的主要议事平台，如七国集团（G7）、二十国集团、主要经济体能源与气候论坛（MEF）等。短期内要迅速填补美国退出后全球气候治理的治理赤字是不现实的，政治推动乏力的情况可能会在今后一段时期内始终存在（傅莎等，2017；柴麒敏等，2017）。但从截至目前的总体气氛和进程来看，美国退出《巴黎协定》对世界各国合作应对气候变化的意愿和行动并没产生连锁反应，各国实现本国自主贡献目标和推进全球合作进程的信心和行动没有改变（何建坤，2018）。

此外，特朗普政府在气候变化问题上的消极转向使得该议题在中美双边关系中的地位下降，开展合作的动力和势头降低，在短期内难以成为两国双边关系的支柱和亮点，难以发挥其他双边议题缓冲带的作用（张海滨等，2017；薄燕，2018）。但该议题地位的下降并不是绝对的，中美仍然在清洁能源部长级会议和创新使命部长级会议上继续开展相关领域的合作。

拜登总统上台后，相比特朗普时期，美国的气候政策出现重大调整。拜登将应对气候变化列为国家战略的优先事项，计划恢复奥巴马政府时期的一系列环境法规，并宣布重返《巴黎协定》（赵斌和谢淑敏，2021）。随着美国重返《巴黎协定》，拜登承诺的一系列气候变化政策表明，气候变化和能源问题已被列为国家优先事项，这也有可能成为中美合作的契机，但未来在气候变化领域，中美关系也将会竞争与合作并存（于宏源等，2021）。为推进全球气候治理进程，中美等主要经济体应加强气候合作，在深化《巴黎协定》目标的共识，完善全球绿色金融的政策体系，加强全球碳交易市场和零碳技术的开发与应用方面，提振全球气候治理的信心（周伟铎和庄贵阳，2021）。

美国重返《巴黎协定》，将对全球气候治理产生重要影响。一方面，美国强势回归气候多边进程，试图重拾气候领导力，并敦促各国提高气候目标力度。拜登在竞选期间就将应对气候变化作为重要的施政方向，就职后更将气候变化置于本届政府"内政外交"的中心位置。从上任首日宣布美国重返《巴黎协定》到主办领导人气候峰会，拜登政府频频高调释放"美国回归"信号，意图扭转特朗普时期的"去气候化"的局面，希望通过气候议题重振美国的全球领导力。2021 年 4 月 22～23 日，由美国总统拜登召集的"领导人气候峰会"，这是拜登执政后召集的首次大规模元首级别国际会议，以提升全球气候雄心为主旨，响应了气候多边进程中的焦点问题，试图重掌全球气候治理主导权；与此同时，美国也希望借峰会之机敦促各国提高气候目标，以展现美国的号召力和影响力，重塑气候领导者形象。另一方面，美国展现了对气候问题的高度关注，使气候对话成为我国对美外交格局中的重要抓手。自拜登执政以来，宣布了重返《巴黎协定》、颁布了《国内外应对气候危机的行政命令》、建立了白宫国内气候政策办公室和国家气候工作小组等机制、召集了领导人气候峰会，并提交了美国新的国家自主贡献，展现出了对气候问题的高度重视和积极态度。在中美整体外交趋紧的情况下，气候变化成为中美开展对话为数不多的重要议题，也已成为缓和中美整体关系的重要抓手。2021 年，中美两国均已经分别任命了气候问题特使，也已开启了气候对话和磋商，并达成了《中美应对气候危机联合声明》和《中美关于在 21 世纪 20 年代强化气候行动的格拉斯哥联合宣言》。中美气候领域的对话与合作，将为中美外交逐步打开局面作出表率。

3. 中国面临的新机遇和新挑战

我国在气候治理理念和合作方式上展现出不同于美国、欧盟的新型领导力和引领作用，越来越被世界范围所认同（何建坤，2018）。这一时期以来，中国坚持正确的义利观，牢牢把握社会主义初级阶段的基本国情和世界上最大发展中国家的国际地位，以中美元首为代表的一系列大国气候外交和以南南合作等为平台的一系列务实行动，推动《巴黎协定》的顺利达成与早日生效，在美国宣布退出《巴黎协定》前后领导人的坚定发声等一系列事件中的精彩表现，赢得了国际社会的高度认可。

美国宣布退出《巴黎协定》后，国际社会提升了对中国发挥领导力的预期。从中国参与全球气候治理的实践来看，似乎更多采取了联合其他行为体共同发挥领导力的方式。中国官方的表态虽然强调了延续国内气候行动的决心，却刻意绕开"领导者"一词。中国认为现阶段应该埋头做好自己，这便是对全球气候治理的最大贡献（薄燕，2018）。相似的观点认为，中国应首要提升自身的绿色实力来保持方向型领导力（单边示范力），而结构型领导力（制度性权力）的发挥需要通过大国协调来推进"中美欧"的协同领导模式（李昕蕾，2017），或者倡导重建全球气候治理的集体领导体制，用 C5（中国、欧盟、印度、巴西和南非）取代 G2（中美或中欧）领导模式（张海滨等，2017）。

当前中国已经初步具备了引领全球气候变化的能力，主要体现在器物（物质性公共产品的供给）、制度（制度性公共物品的供给）和精神（观念性公共产品的供给）三个层面（庄贵阳等，2018）。中国坚持多边主义，担当全球气候治理的"引领者"，这既是中国基于自身国情和顺应历史发展趋势的必然选择，也是对国际社会期待的战略回应和对维护全球生态安全的责任担当。但美国等发达国家对待中国等新兴大国的崛起均存在如下矛盾：一方面希望中国等新兴大国承担更大的国际责任，提高减排、出资的透明度和力度；但另一方面又警惕这些发展中国家在全球气候治理等新兴机制中发挥越来越大的影响力，充满疑虑且采取防范甚至遏制战略，包括美国、欧盟近年来对中国可再生能源装备出口所采取的"双反"等贸易壁垒措施，这些措施实际上与全球更好地合作应对气候变化的大方向背道而驰。

关于美国退出《巴黎协定》后纷纷扬扬的有关"中国接掌气候变化领导权"的争论，中国应有清醒认识，全面评估"接盘"美国领导力的成本、效益和可行性。一方面需清楚认识"领导力"不是免费的午餐，引领全球气候治理进程不仅需要政治上的决心和免费公共物品的提供，在减排、出资等方面也需要承担更大的责任。在中国产业、经济、外交现状和定位还不足以从上述付出中获得充足的经济、政治利益回报的当前，是否要急于强调"领导力"仍需权衡考虑。同时，也要充分意识到领导力不是自封的，也不能一蹴而就，需要审慎评估可行性。中国在自第二次世界大战以来的国际治理体系中主要扮演的仍是参与者的角色，尚缺少主导全球治理的经验，同时也缺少美国那样的影响力、稳定的"朋友圈"和强有力的政治依托，对是否有能力"替代"美国要有清醒认识（傅莎等，2017；柴麒敏等，2017）。

习近平主席2017年在联合国日内瓦总部的演讲中再次强调，《巴黎协定》的达成是全球气候治理史上的里程碑，中国将百分之百承担自己的义务，向国际社会充分展示了作为负责任大国坚持绿色低碳、建设一个清洁美丽的世界的决心和信心。党的十九大报告不仅阐明了应对气候变化国际合作在全球生态文明建设中的主要地位，也明确了中国在全球气候治理中的国家定位，从全球气候治理的参与者到贡献者再到引领者的身份变化，代表了发展中国家力量的自觉，开始对建立公平合理、合作共赢全球气候治理体系有着更为清晰的主张和方案，有了更为自信、从容的步调，逐步从全球气候治理体系边缘日益走近舞台中央。这种角色的变化，既是维护国家利益，促进国内可持续发展的内在需要，更是发展中大国的责任担当，也是推动构建人类命运共同体的历史使命。

23.4.2　新时代下中国参与、贡献和引领全球气候治理的展望

党的十九大报告开创性地提出了习近平新时代中国特色社会主义思想，首次提出了"引导应对气候变化国际合作，成为全球生态文明建设的重要参与者、贡献者、引领者"的论断，这是对中国参与全球气候治理作用的历史性认识。这一重大论断既指出了应对气候变化国际合作在全球生态文明建设中的主要地位，也明确了中国在全球气候治理中的国家定位，不仅体现了党中央对气候变化国际合作工作的高度肯定，也回应了国际社会期待中国展现领导力的舆论声音，更为在新时代开启中国引领全球气候治理新征程、树立为全球生态安全作贡献的新使命、推动构建人类命运共同体的新梦想指明了方向。

1. 新时代全球气候治理新的历史方位

中国特色社会主义进入新时代，这是习近平在党的十九大报告中作出的一个重大论断，具有划时代的意义。这个论断不仅是对我国发展成就的充分肯定，也是对我国社会主要矛盾的准确把握，更是对我国发展外部环境的科学判断。经过国际社会的共同努力，全球气候治理也进入了《巴黎协定》全面实施的新时代，这是我国参与全球气候治理新的历史方位。在这一时期中，中国在推动建立全球气候治理体系中的角色进入了新时代，全球气候治理模式与格局也将因中国角色变化进入新时代，全球气候治理在全球治理中的定位和作用也将进入新时代。

习近平在党的十九大报告中，明确提出"要坚持环境友好，合作应对气候变化，保护好人类赖以生存的地球家园"，中国将继续发挥负责任大国作用，积极参与全球治理体系改革

和建设，不断贡献中国智慧和力量；还提出了一系列"全球生态文明建设""全球生态安全""气候变化非传统安全威胁""绿色发展理念""清洁美丽的世界"等有关构建人类命运共同体的新理念，而应对气候变化就是落实新理念的主要载体和平台。习近平在巴黎联合国气候变化大会上明确指出："作为全球治理的一个重要领域，应对气候变化的全球努力是一面镜子，给我们思考和探索未来全球治理模式、推动建设人类命运共同体带来宝贵启示"。当新时代的生态文明建设与共商共建共享的全球治理观、推动构建人类命运共同体相融合时，合作应对气候变化就成为这些交叉点中浓墨重彩的一笔。全球气候治理的中国智慧和中国方案的出彩，必将推动中国日益走进世界舞台中央、不断为人类作出更大贡献。

2020 年，习近平主席在第 75 届联合国大会一般性辩论上发表的重要讲话，宣布了中国的碳达峰碳中和目标，得到了国际社会的高度赞赏。习近平主席指出应对气候变化《巴黎协定》代表了全球绿色低碳转型的大方向，是保护地球家园需要采取的最低限度行动，各国必须迈出决定性步伐。中国将提高国家自主贡献力度，采取更加有力的政策和措施，二氧化碳排放力争于 2030 年前达到峰值，努力争取 2060 年前实现碳中和。

此后，习近平主席多次在重大国际场合就"中国力争于 2030 年前二氧化碳排放达到峰值、2060 年前实现碳中和"发表重要讲话，向世界做出了中国在积极应对气候变化方面的庄严承诺，也为我国引领气候变化国际合作提出了明确指引。同年，习近平主席在联合国生物多样性峰会上再次重申中国的碳达峰碳中和目标，并在讲话中指出："中国积极参与全球环境治理。中国切实履行气候变化、生物多样性等环境相关条约义务，已提前完成 2020 年应对气候变化和设立自然保护区相关目标。作为世界上最大发展中国家，我们也愿承担与中国发展水平相称的国际责任，为全球环境治理贡献力量"（习近平，2020a）。习近平主席在金砖国家领导人第十二次会晤上指出，"我们要坚持绿色低碳，促进人与自然和谐共生。全球变暖不会因疫情停下脚步，应对气候变化一刻也不能松懈。我们要落实好应对气候变化《巴黎协定》，恪守共同但有区别的责任原则，为发展中国家特别是小岛屿国家提供更多帮助。中国愿承担与自身发展水平相称的国际责任，继续为应对气候变化付出艰苦努力"（习近平，2020b）。习近平主席在气候雄心峰会上不仅重申了中国碳达峰碳中和目标，还进一步宣布了中国 2030 年在碳强度、非化石能源占比、森林以及可再生能源方面的目标，习近平主席指出："中国为达成应对气候变化《巴黎协定》作出重要贡献，也是落实《巴黎协定》的积极践行者。今年 9 月，我宣布中国将提高国家自主贡献力度，采取更加有力的政策和措施，力争 2030 年前二氧化碳排放达到峰值，努力争取 2060 年前实现碳中和。在此，我愿进一步宣布：到 2030 年，中国单位国内生产总值二氧化碳排放将比 2005 年下降 65%以上，非化石能源占一次能源消费比重将达到 25%左右，森林蓄积量将比 2005 年增加 60 亿立方米，风电、太阳能发电总装机容量将达到 12 亿千瓦以上。中国历来重信守诺，将以新发展理念为引领，在推动高质量发展中促进经济社会发展全面绿色转型，脚踏实地落实上述目标，为全球应对气候变化作出更大贡献"（习近平，2020c）。2021 年，习近平在世界经济论坛"达沃斯议程"对话会上再次重申碳达峰碳中和目标，并指出："实现这个目标，中国需要付出极其艰巨的努力。我们认为，只要是对全人类有益的事情，中国就应该义不容辞地做，并且做好。中国正在制定行动方案并已开始采取具体措施，确保实现既定目标。中国这么做，是在用实际行动践行多边主义，为保护我们的共同家园、实现人类可持续发展作出贡献"（习近平，2021）。

习近平主席关于中国碳达峰碳中和的系列讲话不仅充分展示了中国作为负责任大国的

历史担当，也必将加快推进世界经济"绿色复苏"和全球绿色低碳转型，同时也为我国实施积极应对气候变化国家战略指明了方向，提出了新要求。

2. 新时代全球气候治理新的历史使命

新时代全球气候治理的主要矛盾和特征相较于 20 世纪末发生了深刻的变化，中国参与全球气候治理的国际、国内环境和条件不同了，这都要求我们在切实学懂弄通的基础上，根据新的思想和实践做出理论分析和政策指导，找准工作重点，有新气象和新作为，为解决人类应对气候变化问题贡献中国智慧、中国方案和中国故事。合作应对气候变化是各国一致的利益取向，存在巨大合作空间和广阔前景，可成为我国构建共商、共建、共享的新型国际关系，打造人类命运共同体的重要领域和成功范例（何建坤，2018）。

在推进绿色低碳发展中不断增添新动能，中国可以成为建设清洁美丽世界的践行者。中国在国际上积极促进《巴黎协定》全面均衡落实和实施的同时，要利用当前减排压力相对宽松的国际环境和全球能源变革与低碳发展的有利形势，立足国内可持续发展的内在需求，加快促进经济绿色低碳转型，打造先进能源和低碳技术的核心竞争力，为应对未来全球减排进程更为紧迫的形势奠定基础（邢璐，2017；王文涛等，2018；刘昌新和田园，2018）。中国通过在创新引领、绿色低碳等领域的实践和探索，培育新增长点、形成新动能，逐步建立绿色生产和消费的法律制度和政策导向，建立健全绿色低碳循环发展的经济体系，推进能源生产和消费革命，构建清洁低碳、安全高效的能源体系，同时倡导形成简约适度、绿色低碳的生活方式。引领全球气候治理并非一蹴而就的短期策略，需要进一步凝聚共识，谋划好应对气候变化国家内政外交长远战略，勇于创新，积极作为，做好应对气候变化引领生态文明建设、低碳发展引领融合绿色发展的顶层设计和总体部署。

在合作应对气候变化中不断增添新动力，中国可以成为保护人类地球家园的维护者。面对后巴黎时代复杂的国际形势，中国应该保持战略定力，妥善处理好各方关系，维护来之不易的《巴黎协定》的成果，维护气候谈判多边进程和联合国主渠道的地位，维护发展中国家的发展利益。中国还应该积极将应对气候变化列入"一带一路"倡议、南南合作的主要议程，主动提出沿线国家、发展中国家应对气候变化国际合作的"中国方案"，深入开展国际低碳产能和资本合作，努力打造全球气候治理的新平台，增添共同可持续发展的新动力（黄颖，2017；翁智雄和马忠玉，2017；赵斌，2018b）。同时，讲好应对气候变化的"中国故事"，宣传中国低碳发展的优良实践，为后发展中国家提供转型借鉴，拓展发展中国家走向现代化的途径，为建设清洁美丽的世界和全球生态安全作出贡献（李雪娇，2017）。

在全球气候治理中不断贡献中国新智慧，中国可以成为构建人类命运共同体的担当者。全球气候治理是当今世界最能体现人类共同命运的全球性问题，深度参与并积极推动全球气候治理体系改革和建设是中国推动构建人类命运共同体的重要实践（彭本利，2018；王瑜贺，2018；李慧明，2018）。在巴黎联合国气候变化大会上，中国提出了合作共赢的全球气候治理观，倡导"各尽所能、合作共赢、奉行法治、公平正义、包容互鉴、共同发展"的中国方案，允许各国寻找最适合本国国情的应对之策（庄贵阳等，2018）。"气候变化是全球性挑战，任何一国都无法置身事外"，应对气候变化不是"零和博弈"，是人类共同的事业，发达国家应当主动承担减排义务，发展中国家也要避免重走工业文明高碳发展的老路。中国将继续发挥负责任大国作用，积极参与全球治理体系改革和建设，不断贡献中国智慧和力量。

参 考 文 献

薄凡, 庄贵阳, 禹湘,等. 2017. 气候变化经济学学科建设及全球气候治理——首届气候变化经济学学术研讨会综述. 经济研究, 5210: 200-203.

薄燕. 2016. 《巴黎协定》坚持的"共区原则"与国际气候治理机制的变迁. 气候变化研究进展, 12(3): 243-250.

薄燕. 2018. 全球气候治理中的中美欧三边关系: 新变化与连续性. 区域与全球发展, 202: 79-93, 157.

曹明德. 2016. 中国参与国际气候治理的法律立场和策略: 以气候正义为视角. 中国法学, 2: 29-48.

柴麒敏, 傅莎, 祁悦, 等. 2017. 特朗普"去气候化"政策对全球气候治理的影响. 中国人口·资源与环境, 2708: 1-8.

柴麒敏, 郭虹宇, 刘昌义, 等. 2020. 共同开创国家碳中和繁荣美丽新时代. 阅江学刊,11:36-40.

柴麒敏, 祁悦. 2018. 应对气候变化"塔拉诺阿对话"中国方案的若干思考与建议: 2018 气候变化绿皮书. 北京: 社会科学文献出版社.

巢清尘, 张永香, 高翔, 等. 2016. 巴黎协定——全球气候治理的新起点. 气候变化研究进展, 1: 61-67.

陈俊. 2018. 全球气候治理与气候责任. 哲学动态, 2: 87-94.

陈敏鹏, 张宇丞, 李波, 等. 2016.《巴黎协定》适应和损失损害内容的解读和对策. 气候变化研究进展, 12(3): 251-257.

戴瀚程, 张海滨, 王文涛. 2017. 全球碳排放空间约束条件下美国退出《巴黎协定》对中欧日碳排放空间和减排成本的影响. 气候变化研究进展, 1305: 428-438.

董亮. 2017a. 欧盟在巴黎气候进程中的领导力: 局限性与不确定性. 欧洲研究, 35(3): 74-92, 7.

董亮. 2017b. 跨国气候伙伴关系治理及其对中国的启示. 中国人口·资源与环境, 9: 120-127.

董亮. 2017c. G20 参与全球气候治理的动力、议程与影响. 东北亚论坛, 2602: 59-70, 128.

董亮. 2018. 逆全球化事件对巴黎气候进程的影响. 阅江学刊, 1: 58-70, 146.

杜强. 2017. 美国退出"巴黎协定"的影响及中国的应对策略. 亚太经济, 5: 93-97.

杜祥琬. 2016. 应对气候变化进入历史性新阶段. 气候变化研究进展, 12(2): 79-82.

杜悦英. 2017. 全球气候治理体系遭遇变局. 中国发展观察, 12: 11-13, 17.

樊星, 江思羽, 李俊峰. 2017. 全球气候治理中的利益攸关方. 中国能源, 10: 25-31.

樊星, 王际杰, 王田, 等. 2020. 马德里气候大会盘点及全球气候治理展望. 气候变化研究进展, 1603: 367-372.

傅莎, 柴麒敏, 徐华清. 2017. 美国宣布退出《巴黎协定》后全球气候减缓、资金和治理差距分析. 气候变化研究进展, 1305: 415-427.

高翔. 2016.《巴黎协定》与国际减缓气候变化合作模式的变迁. 气候变化研究进展, 12(2): 83-91.

高翔, 滕飞. 2016.《巴黎协定》与全球气候治理体系的变迁. 中国能源, 38(2): 29-32, 19.

龚微, 赵慧. 2018. 美国退出《巴黎协定》的国际法分析. 贵州大学学报(社会科学版), 3602: 109-115.

龚云鸽. 2018. 浅谈《巴黎协定》背景下全球气候治理的中国方案. 广东蚕业, 5205: 144-145.

何彬. 2018. 美国退出《巴黎协定》的利益考量与政策冲击——基于扩展利益基础解释模型的分析. 东北亚论坛, 2702: 104-115, 128.

何建坤. 2017a. 全球气候治理新形势下中国智库的使命. 科学与管理, 3704: 1-3.

何建坤. 2017b. 全球气候治理形势与我国低碳发展对策. 中国地质大学学报(社会科学版), 1705: 1-9.

何建坤. 2018.《巴黎协定》后全球气候治理的形势与中国的引领作用. 中国环境管理, 1001: 9-14.

何建坤, 滕飞, 刘滨. 2009. 在公平原则下积极推进全球应对气候变化进程. 清华大学学报(哲学社会科学版), 6: 47-53.

何晶晶. 2016. 从《京都议定书》到《巴黎协定》: 开启新的气候变化治理时代. 国际法研究, 3: 77-88.

胡双月, 李莹莹. 2017. 后巴黎时代全球气候治理. 河北企业, 7: 82-83.

胡炜. 2018. 碳排放交易的再审视: 全球、区域和自愿的兼容模式——以美国退出《巴黎协定》为切入点. 国际法研究, 1: 77-88.

郇庆治. 2017. 中国的全球气候治理参与及其演进: 一种理论阐释. 河南师范大学学报(哲学社会科学版),

4404: 1-6.

黄浩明, 王香奕, 许潇潇, 等. 2017. 发挥民间组织作用参与全球气候治理. 采写编, 2: 10-12.

黄蕊, 刘昌新. 2017. 中国参与全球气候治理的影响分析. 地理研究, 3611: 2213-2224.

黄世席. 2017. 全球气候治理与国际投资法的应对. 国际法研究, 2: 12-31.

黄以天. 2015. 国际行业减排规则的发展及对中国的影响. 国际展望, 5: 50-66.

黄颖. 2017. 全球气候治理: 国际法治的发展与挑战. 昆明理工大学学报(社会科学版), 1705: 15-22.

江思羽, 李俊峰. 2018. 全球气候治理中商业行为体的政治权力分析. 国际论坛, 2002: 8-16, 76.

雷丹婧, 高翔, 王灿. 2018. 中美两国全球气候治理行动模式的对比分析. 中国能源, 4002: 27-31.

李程宇. 2017. 美国退出《巴黎协定》后的地球还有救吗——一个回归经济学思考的全球环境政策分析. 上海商学院学报, 1803: 1-10.

李慧明. 2016. 《巴黎协定》与全球气候治理体系的转型. 国际展望, 3: 1-20.

李慧明. 2017a. 全球气候治理新变化与中国的气候外交. 南京工业大学学报(社会科学版), 1601: 29-39.

李慧明. 2017b. 全球气候治理与国际秩序转型. 世界经济与政治, 3: 62-84, 158.

李慧明. 2018. 特朗普政府"去气候化"行动背景下欧盟的气候政策分析. 欧洲研究, 5: 43-60.

李慧明, 李彦文. 2017. "共同但有区别的责任"原则在《巴黎协定》中的演变及其影响. 阅江学刊, 9(5): 26-36, 144-145.

李强. 2017. 美国退出《巴黎协定》与中国的应对策略. 理论视野, 9: 72-75.

李汝义. 2018. 航空碳排放的法律规制: 域外经验与中国实践. 武大国际法评论, 4: 146-157.

李文俊. 2017a. 当前全球气候治理所面临的困境与前景展望. 国际观察, 4: 117-128.

李文俊. 2017b. 论当前全球气候治理的技术条件. 铜陵学院学报, 1603: 97-102.

李昕蕾. 2015a. 跨国城市网络在全球气候治理中的行动逻辑: 基于国际公共产品供给的"自主治理"的视角. 国际观察, 5: 104-118.

李昕蕾. 2015b. 跨国城市网络在全球气候治理中的体系反思: 南北分割视域下的网络等级性. 太平洋学报, 7: 38-49.

李昕蕾. 2017. 全球气候治理领导权格局的变迁与中国的战略选择. 山东大学学报(哲学社会科学版), 1: 68-78.

李昕蕾. 2018a. 非国家行为体参与全球气候治理的网络化发展: 模式、动因及影响. 国际论坛, 2002: 17-26, 76-77.

李昕蕾. 2018b. 治理嵌构: 全球气候治理机制复合体的演进逻辑. 欧洲研究, 3602: 91-116, 7-8.

李雪娇. 2017. 道阻且长全球气候治理进入新时代. 经济, 23: 48-50.

梁晓菲. 2018. 论《巴黎协定》遵约机制: 透明度框架与全球盘点. 西安交通大学学报(社会科学版), 38(2): 109-116.

林洁, 祁悦, 蔡闻佳, 等. 2018. 公平实现《巴黎协定》目标的碳减排贡献分担研究综述. 气候变化研究进展, 14(5): 529-539.

刘昌新, 田园. 2018. 全球气候治理格局下中国低碳技术的发展取向研究. 科技促进发展, 1404: 305-310.

刘航, 温宗国. 2018. 全球气候治理新趋势、新问题及国家低碳战略新部署. 环境保护, 46(2): 50-54.

刘姬. 2017. 美国或将退出《巴黎协定》. 生态经济, 3306: 2-5.

刘倩, 王琪, 王遥. 2016. 《巴黎协定》时代的气候融资: 全球进展、治理挑战与中国对策. 中国人口·资源与环境, 26(12): 14-21.

刘元玲. 2018. 新形势下的全球气候治理与中国的角色. 当代世界, 4: 50-53.

刘元玲. 2020. 马德里气候大会: 核心议题照旧分歧. 中华环境, Z1: 67-68.

刘哲, 冯相昭, 田春秀. 2017. 美国退出《巴黎协定》对全球应对气候变化的影响. 世界环境, 3: 46-47.

龙盾. 2017. 身份、利益与大国合作——以哥本哈根和巴黎气候谈判中的中美关系为例. 外交学院.

卢愿清, 史军. 2017. 误读、陷阱与中国应对: 美国退出《巴黎协定》后的新能源政策研究. 青海社会科学, 5: 71-78.

罗丽香, 高志宏. 2018. 美国退出《巴黎协定》的影响及中国应对研究. 江苏社会科学, 5: 184-193, 275.

马丁·耶内克, 刘凌旗. 2017. 全球气候治理的横向与纵向强化. 国外理论动态, 2: 67-76.

那春立. 2016. 《巴黎协定》时代我国民航业面临的机遇和挑战. 法制博览, 23: 69, 71.

牛华勇. 2018. 《巴黎协定》后的全球气候治理趋势. 区域与全球发展, 201: 69-80, 155-156.

潘家华. 2017. 负面冲击正向效应——美国总统特朗普宣布退出《巴黎协定》的影响分析. 中国科学院院刊, 3209: 1014-1021.

潘家华, 王谋. 2014. 国际气候谈判新格局与中国的定位问题探讨. 中国人口·资源与环境, 4: 1-5.

彭本利. 2018. 习近平共同体理念下的环境治理和全球气候治理. 广西社会科学, 1: 1-5.

祁悦, 柴麒敏, 刘冠英, 等. 2018. 发达国家 2020 年前应对气候变化行动和支持力度盘点. 气候变化研究进展, 14(5): 522-528.

齐美娟. 2018. "中国经验"助力全球气候治理——访国家气候变化专家委员会副主任何建坤. 中国国情国力, 3: 6-8.

秦大河, 陈振林, 罗勇, 等. 2007. 气候变化科学的最新认知. 气候变化研究进展, 3: 63-73.

秦天宝. 2016. 论《巴黎协定》中"自下而上"机制及启示. 国际法研究, 3: 64-76.

单莹. 2018. 基于亚里士多德三诉诸策略的政治演讲分析——以埃马纽埃尔·马克龙关于美国退出《巴黎协定》的演讲为例. 河南工程学院学报(社会科学版), 3303: 74-76.

史军, 李超. 2017. 全球气候治理的伦理原则探析. 湖北大学学报(哲学社会科学版), 4402: 23-29, 160.

宋亦明, 于宏源. 2018. 全球气候治理的中美合作领导结构: 源起、搁浅与重铸. 国际关系研究, 2: 137-152, 158.

孙世民. 2017. 从国际环境条约的退出看美国退出《巴黎协定》. 法制与社会, 23: 130-132.

孙永平, 胡雷. 2017. 全球气候治理模式的重构与中国行动策略. 南京社会科学, 6: 29-37.

汤伟. 2017. 迈向完整的国际领导: 中国参与全球气候治理的角色分析. 社会科学, 3: 24-32.

唐代兴. 2017. 从正义到公正: 全球气候治理的普适道德原则. 晋阳学刊, 2: 78-86.

田永. 2017. 美国退出《巴黎协定》与全球碳定价机制实践的宏观解析. 价格理论与实践, 10: 30-33.

铁铮. 2017. 全球气候治理林业勇担重任. 绿色中国, 14: 32-37.

涂瑞和. 2005. 《联合国气候变化框架公约》与《京都议定书》及其谈判进程. 环境保护, 3: 65-71.

王彬彬. 2017. 全球气候治理变局分析及中国气候传播应对策略. 东岳论丛, 3804: 43-51.

王彬彬, 张海滨. 2017. 全球气候治理"双过渡"新阶段及中国的战略选择. 中国地质大学学报(社会科学版), 1703: 1-11.

王尔德. 2017. 中国应在全球气候治理 3.0 时代更好发挥引领作用——专访国家应对气候变化战略研究与国际合作中心国际部主任柴麒敏. 中国环境管理, 905: 22-24.

王克, 夏侯沁蕊. 2017. 《巴黎协定》后全球气候谈判进展与展望. 环境经济研究, 2(4): 141-152.

王文涛, 滕飞, 朱松丽, 等. 2018. 中国应对全球气候治理的绿色发展战略新思考. 中国人口·资源与环境, 2807: 1-6.

王学东, 韩旭. 2017. 逆全球化态势下金砖国家参与全球气候治理的制度性解释. 亚太经济, 3: 68-73, 195.

王学东, 孙梓青. 2018. "逆全球化"态势下中国引领全球气候治理的作用分析——基于演化经济学的视角. 南京工业大学学报(社会科学版), 1603: 14-21.

王瑜贺. 2018. 命运共同体视角下全球气候治理机制创新. 中国地质大学学报(社会科学版), 1803: 26-33.

王瑜贺, 张海滨. 2017. 国外学术界对《巴黎协定》的评价及履约前景分析. 中国人口·资源与环境, 7(9): 128-134.

王玉明, 王沛雯. 2016. 跨国城市气候网络参与全球气候治理的路径. 哈尔滨工业大学学报(社会科学版), 3: 114-120.

魏蔚. 2017. 特朗普政府退出《巴黎协定》能否重振美国能源产业. 中国发展观察, 13: 54-57.

翁智雄, 马忠玉. 2017. 全球气候治理的国际合作进程、挑战与中国行动. 环境保护, 4515: 61-67.

吴平. 2017. 全球气候治理的经验与启示. 政策瞭望, 5: 50-51.

习近平. 2020a. 在联合国生物多样性峰会上的讲话. http://www.xinhuanet.com/politics/leaders/2020-09/30/c_1126565287.htm.

习近平. 2020b. 守望相助共克疫情 携手同心推进合作——在金砖国家领导人第十二次会晤上的讲话. http://cpc.people.com.cn/n1/2020/1118/c64094-31934602.html.

习近平. 2020c. 继往开来,开启全球应对气候变化新征程——在气候雄心峰会上的讲话. http://www.gov.cn/

xinwen/2020-12/13/content_5569138.htm.

习近平. 2021. 习近平在世界经济论坛"达沃斯议程"对话会上的特别致辞. http://www.gov.cn/xinwen/2021-01/25/content_5582475.htm.

邢璐. 2017. 全球气候治理与中国电力发展. 中国电力企业管理, 34: 42-44.

徐新佳. 2017. 《巴黎协定》之国家自主贡献减排模式研究. 苏州: 苏州大学.

许寅硕, 董子源, 王遥. 2016. 《巴黎协定》后的气候资金测量、报告和核证体系构建研究. 中国人口·资源与环境, 26(12): 22-30.

杨俊敏. 2016. 气候变化与航空碳排放的法律规制. 中国环境法治, 1: 64-71.

于宏源. 2017. 城市在全球气候治理中的作用. 国际观察, 1: 40-52.

于宏源, 张潇然, 汪万发. 2021. 拜登政府的全球气候变化领导政策与中国应对. 国际展望, 2: 27-44.

余姣. 2018. 太平洋岛国参与全球气候治理问题探析. 战略决策研究, 903: 67-80, 101-102.

袁倩. 2017. 《巴黎协定》与全球气候治理机制的转型. 国外理论动态, 2: 58-66.

张晨. 2018. 国家自主贡献对全球气候治理的影响. 中国集体经济, 16: 61-63.

张海滨, 戴瀚程, 赖华夏, 等. 2017. 美国退出《巴黎协定》的原因、影响及中国的对策. 气候变化研究进展, 1305: 439-447.

张慧娟, 刘小群. 2017. 气候治理新形势下我国发展低碳经济的路径选择——基于全球气候治理发展新趋势分析. 对外经贸实务, 1: 88-91.

张霖鑫. 2017. 美国为何退出《巴黎协定》. 红旗文稿, 13: 35-37.

张晓华, 祁悦. 2016. "后巴黎"全球气候治理形势展望与中国的角色. 中国能源, 38(7): 6-10.

张永香, 巢清尘, 黄磊. 2018. 全球气候治理对中国中长期发展的影响分析及未来建议. 沙漠与绿洲气象, 1201: 1-6.

张永香, 巢清尘, 郑秋红, 等. 2017. 美国退出《巴黎协定》对全球气候治理的影响. 气候变化研究进展, 1305: 407-414.

赵斌. 2017. 群体化: 新兴大国参与全球气候治理的路径选择. 国际论坛, 1902: 8-15, 79.

赵斌. 2018a. 霸权之后: 全球气候治理"3.0时代"的兴起——以美国退出《巴黎协定》为例. 教学与研究 6: 66-76.

赵斌. 2018b. 全球气候治理困境及其化解之道——新时代中国外交理念视角. 北京理工大学学报(社会科学版), 2004. 1-8.

赵斌, 谢淑敏. 2021. 重返《巴黎协定》: 美国拜登政府气候政治新变化. 和平与发展. 3: 37-58.

赵行姝. 2017. 《巴黎协定》与特朗普政府的履约前景. 气候变化研究进展, 13(5): 448-455.

赵宗慈, 罗勇, 黄建斌. 2018. 回顾IPCC30年(1988-2018年). 气候变化研究进展, 14(5): 540-546.

郑嘉禹, 杨润青. 2021. 美国正式重返《巴黎协定》. 生态经济, 4: 1-4.

仲平. 2016. 《巴黎协定》后美国应对气候变化的总体部署及中美气候合作展望. 全球科技经济瞭望, 31(8): 61-66.

周伟铎, 庄贵阳. 2021. 美国重返《巴黎协定》后的全球气候治理: 争夺领导力还是走向全球共识, 9: 17-29.

周亚敏, 王金波. 2018. 美国重启《巴黎协定》谈判对全球气候治理的影响分析. 当代世界, 1: 50-53.

庄贵阳, 薄凡, 张靖. 2018. 中国在全球气候治理中的角色定位与战略选择. 世界经济与政治, 4: 4-27, 155-156.

庄贵阳, 周伟铎. 2016. 非国家行为体参与和全球气候治理体系转型——城市与城市网络的角色. 外交评论, 3: 133-156.

邹晓龙, 崔悦. 2018. 美国退出《巴黎协定》的原因及影响与中国的应对策略. 中北大学学报(社会科学版), 3402: 59-65.

左品, 蒋平. 2017. 金砖国家参与全球气候治理的动因及合作机制分析. 国际观察, 4: 57-71.

Gao Y, Gao X, Zhang X. 2017. The 2℃ global temperature target and the evolution of the long-term goal of addressing climate change—from the United Nations Framework Convention on climate change to the Paris Agreement. Engineering, 3: 272-278.

IPCC. 1995. Climate Change 1995: The Science of Climate Change by IPCC WG I. Cambridge: Cambridge University Press.

IPCC. 2001. Climate Change 2001: The Scientific Basis by IPCC WG I. Cambridge: Cambridge University Press.

IPCC. 2007. Climate Change 2007: The Physical Science Basis by IPCC WG I. Cambridge: Cambridge University Press.

IPCC. 2013. Climate Change 2013: The Physical Science Basis by IPCC WG I. Cambridge: Cambridge University Press

IPCC. 2015. Climate Change 2015: Mitigation of Climate Change. Cambridge: Cambridge University Press.

IPCC. 2018. Special report on global warming of 1.s. https://www.ipcc.ch/s1151

McGrath M. 2021. Biden: This Will Be "Decisive Decade" for Tackling Climate Change. https://www.bbc.com/news/science-environment-56837927[2021-5-30].

Otum P, et al. 2020. What a Biden Administration Will Mean for US Climate Change Policy.https://www.wilmerhale.com/en/insights/clientalerts/20201109-what-a-biden-administration-will-mean-for-us-climate-change-policy[2021-5-30].

Pattberg P. 2010. Public-private partnerships in global climate governance. Wiley Interdisciplinary Reviews: Climate Change, 1(2): 279-287.

第24章 主要国家2020年前减排及国家
自主贡献减排目标评价

首席作者：高翔 段茂盛
主要作者：祁悦 樊星 惠婧璇

摘 要

　　减缓温室气体排放的目标与行动是全球气候治理中的重要部分。在全球气候治理的规则体系中，减缓规则始终处于核心地位。自《联合国气候变化框架公约》达成以来，国际社会围绕如何设定国别减排目标，如何开展减缓行动进行了科学探讨、政治博弈、外交谈判与政策实践，其中比较典型的是围绕2020年前国别减排目标和2020年后国家自主贡献（nationally determined contribution，NDC）的讨论与实践。2020年以前，依据《联合国气候变化框架公约》及《京都议定书》的规则，按照发达国家和发展中国家的区分，主要国家各自制订了减排目标和行动计划，其中《联合国气候变化框架公约》的所有发达国家缔约方做出2020年全经济范围量化减排承诺，发展中国家做出多元化的国家适当减缓行动许诺。同时，列入《京都议定书》附件B的国家承担"自上而下"的减排目标，集体承诺在第二承诺期（2013～2020年），年均比1990年减排至少18%。从《京都议定书》的实施效果看，所有在第一承诺期承担量化减排指标的缔约方都实现了履约，其中部分国家使用了灵活履约机制实现履约。绝大多数《巴黎协定》缔约方根据要求提出了2020年后的国家自主贡献，其中发达国家缔约方均提出了全经济范围量化减排承诺，发展中国家做出多元化的国家自主贡献，包括减缓行动、适应行动、所需要的支持等。然而，无论是各国2020年的减排目标，还是国家自主贡献提出的与减缓相关的目标，目前都不能满足《巴黎协定》减排目标要求。尽管如此，目前仅有占全球排放量37%的75个国家或地区计划提高其减缓和/或适应努力。

24.1 主要国家2020年减排目标

　　IPCC第四次评估报告着眼于2030年和2050年全球减缓情景评估了研究结论，认为为了稳定大气中温室气体浓度，排放量需要先达到峰值后才开始回落，并且需要稳定的水平越低，出现峰值和回落的速率就必须越快。报告给出了《联合国气候变化框架公约》附件一缔约方和非附件一缔约方的减排情景，如表 24.1 所示。

表 24.1　附件一和非附件一缔约方 2020/2050 年相对 1990 年的减排需求

情景	缔约方	2020 年	2050 年
450 ppm CO$_2$eq	附件一	减排 25%～40%	减排 80%～95%
	非附件一	拉美、中东、东亚、中亚显著低于照常发展情景	所有发展中国家显著低于照常发展情景
550 ppm CO$_2$eq	附件一	减排 10%～30%	减排 40%～90%
	非附件一	拉美、中东、东亚低于照常发展情景	多数地区低于照常发展情景，尤其是拉美、中东
650 ppm CO$_2$eq	附件一	减排 0～25%	减排 30%～80%
	非附件一	维持照常发展情景	拉美、中东、东亚低于照常发展情景

数据来源：IPCC，2008

这一总结首次给出了量化的减排目标，使得全球合作减排的力度和责任分担问题有了一个可参考的值，对引导谈判和国际合作形成新的政治共识起到了重大作用（董亮，2016；高翔和高云，2018）。在这一评估影响下，2007 年底召开的《联合国气候变化框架公约》第 13 次缔约方会议暨《京都议定书》第 3 次缔约方会议达成了"巴厘路线图"，要求作为《京都议定书》缔约方的发达国家在第二承诺期继续做出量化减排指标（QELRCs），同时所有缔约方在《联合国气候变化框架公约》下实施"巴厘行动计划"，要求非《京都议定书》缔约方的发达国家做出可比的全经济范围量化减排目标（QEERTs），同时发展中国家开展国家适当减缓行动，这构成了 2020 年前全球气候治理机制中的减缓目标和行动体系（吕学都，2008；苏伟等，2008；郑爽，2008；巢清尘，2016）。

24.1.1　发达国家在"坎昆协议"下做出的量化减排许诺

"巴厘行动计划"虽然针对所有发达国家提出了实施 QEERTs 的要求，但这项安排的主要目的是为不参加《京都议定书》第二承诺期的发达国家提供 2020 年前减排承诺与行动相关的指导（吕学都，2008）。关于 QEERTs 的谈判在 2010 年坎昆气候大会上完成，形成了"坎昆协议"（UNFCCC，2010）。

"坎昆协议"下发达国家 2020 年前量化减排的安排主要包括两个方面。一是目标的报告和澄清。发达国家根据"坎昆协议"提出的 QEERTs 记录在《联合国气候变化框架公约》秘书处汇编文件（UNFCCC，2011a），随后缔约方通过谈判期间的研讨会等形式开展了目标澄清工作。二是建立了减排目标实施进展的报告、审评和审议，即通过提交"双年报告"和接受"国际评估与审评"，向国际社会报告减排目标进展和采取的政策措施，提高履约透明度（Wang and Gao，2018；董亮，2018；高翔和滕飞，2014）。

绝大多数附件一缔约方（除土耳其外）都制定并向《联合国气候变化框架公约》秘书处通报了各自的"全经济范围量化减排目标"，如表 24.2 所示。

发达国家 QEERTs 总体力度显著不足，根据表 24.1，要实现将 21 世纪末温升控制在 2℃以内的目标，发达国家到 2020 年应在 1990 年排放水平基础上减排 25%～40%。而发达国家提出的无条件 QEERTs 总体力度仅相当于在 1990 年排放水平基础上减排 11%，远不足以满足这一要求；且与欧盟相比，美国、日本、澳大利亚、加拿大、俄罗斯等国的减排力度差距较大，而欧盟的减排目标及其行动计划也不足以反映其雄心（冯升波和杨宏伟，2010；李俊峰等，2009；潘家华，2009；祁悦等，2018；朱松丽，2009）。为此，《联合国气候变化框架

表 24.2　发达国家缔约方 2020 年全经济范围量化减排目标

缔约方	减排目标/%	基准年	是否涵盖土地利用、土地利用变化和林业（LULUCF）排放
澳大利亚	5.0 15（有条件） 20（有条件）	2000	是
白俄罗斯	8.0	1990	否
加拿大	17.0	2005	是
欧盟	20.0 30（有条件）	1990	否
冰岛	20.0	1990	是
日本	3.8	2005	是
哈萨克斯坦	15.0	1990	否
列支敦士登	20.0	1990	是
摩纳哥	30.0	1990	是
新西兰	5.0	1990	基准年不含，目标年含
挪威	30.0	1990	是
俄罗斯	15.0	1990	否
瑞士	20.0	1990	否
乌克兰	20.0	1990	是
美国	17.0	2005	是

数据来源：UNFCCC，2011a

公约》和《京都议定书》缔约方会议建立了谈判进程，敦促每个发达国家缔约方审视《联合国气候变化框架公约》下 QEERTs 和《京都议定书》下 QELRCs 的力度，并敦促做出有条件承诺的发达国家缔约方，定期评估其 QEERTs 前提条件的适用性，以便调整、解决或删除上述前提条件。然而这些旨在促进发达国家提高 2020 年目标力度的决定并未得到有效实施，发达国家缺少提高目标力度的意愿。

　　由于在《联合国气候变化框架公约》下缺乏明确的、统一的减排目标核算规则，发达国家 QEERTs 的力度存在不确定性，也很难直接对各缔约方目标进行比较。一方面，仅明确单一年减排目标无法体现减排路径，不能计算温室气体累积排放量，这与《京都议定书》下的规则不同；另一方面，各国目标中土地部门和国际市场机制相关的核算方法不具有可比性（高翔和王文涛，2013；祁悦等，2018）。

24.1.2　发达国家在《京都议定书》第二承诺期的量化减排指标

　　《京都议定书》第一承诺期所有承担量化减排指标的缔约方都完成了履约。《京都议定书》为发达国家"自上而下"设定了第一承诺期（2008～2012 年）的 QELRCs，其中美国在这一段时期平均每年需比 1990 年减排 7%，日本、加拿大减排 6%，澳大利亚可增排 8%，欧盟作为整体减排 8%。第一承诺期已于 2012 年 12 月 31 日结束，并于 2017 年完成了所有缔约方的履约核算。履约结果如图 24.1 所示。

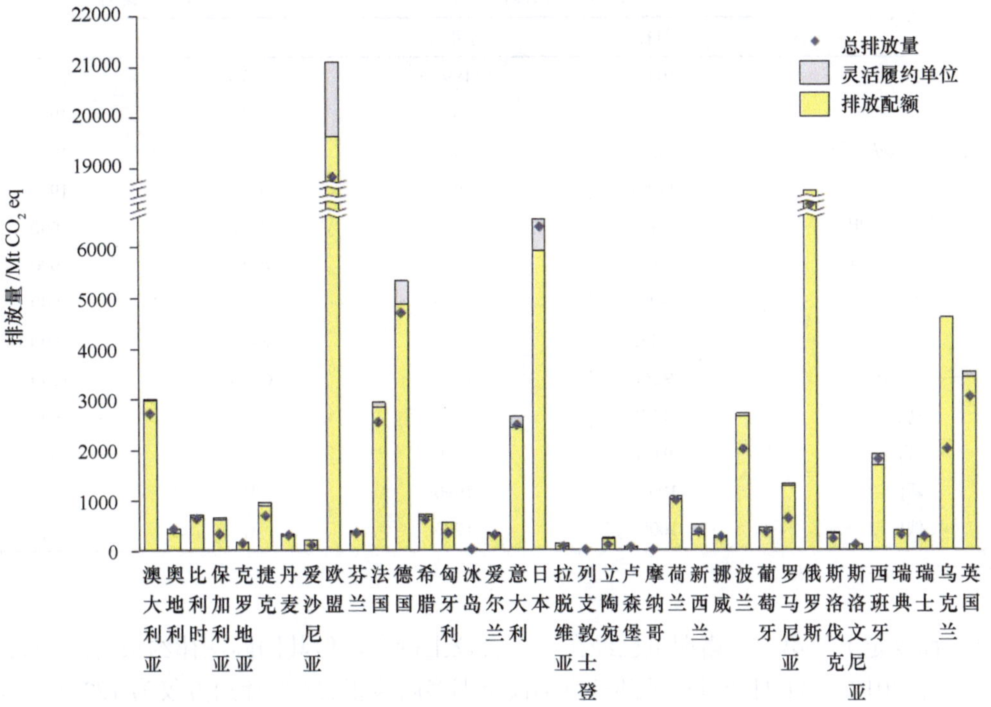

图 24.1　《京都议定书》第一承诺期量化减排目标履约情况（高翔和高云，2018）

部分国家依靠灵活履约机制实现履约。这些国家包括奥地利、丹麦、冰岛、意大利、日本、列支敦士登、卢森堡、新西兰、挪威、斯洛文尼亚、西班牙、瑞士 12 个缔约方。如果不使用灵活履约机制，这些国家的排放量将超过其排放许可。其余缔约方都将自身排放量控制在了排放配额允许的范围内（Grubb，2016；Shishlov et al.，2016；高翔和高云，2018）。

其他国家实现履约的主要因素各有不同，其中 LULUCF 部门的减排量核算实际上削弱了《京都议定书》的力度。从排放部门看，各部门减排量占总减排量比例由大到小依次为：能源 62.6%、工业过程 13.9%、农业 13.4%、LULUCF 7.4%、废弃物 2.6% 和溶剂使用 0.1%，其中，俄罗斯在能源、农业和 LULUCF 部门的年净减排量最大，乌克兰、法国及英国分别在工业过程、溶剂使用和废弃物领域的年净减排量最大（刘硕等，2015）。俄罗斯等经济转型国家减排的原因主要是经济活动停滞甚至衰退导致能源消费量大幅降低；而德国和英国则得益于能源利用强度和能源碳排放强度的降低，以及进出口贸易的转移排放（段晓男等，2016）。总体上 LULUCF 活动对缔约方具有一定 GHG 汇清除作用，其中俄罗斯最高，为每年 121000Gg CO_2eq 的汇清除；6 个缔约方的 LULUCF 活动产生了源排放效果，其中澳大利亚最高，为每年 29007 Gg CO_2eq 的源排放（刘硕等，2015）。LULUCF 活动使《京都议定书》的实施效果大打折扣，为一些缔约方过多地使用森林管理活动的汇清除来完成其减限排指标提供了机会，特别是俄罗斯、日本和意大利等国（张小全，2011）。

2012 年 12 月，各方经谈判达成了《京都议定书多哈修正案》，设定了发达国家在第二承诺期（2013~2020 年）的 QELRCs，如表 24.3 所示。

表 24.3 《京都议定书》第一、二承诺期量化减排目标

缔约方	第一承诺期		第二承诺期	
	目标	基准年	目标	基准年
澳大利亚	108%	1990	99.5%	2000
白俄罗斯	无	无	88%	1990
欧盟（及其成员国）	92%	1990	80%	1990
冰岛	110%	1990	80%	1990
哈萨克斯坦	无	无	95%	1990
列支敦士登	92%	1990	84%	1990
摩纳哥	92%	1990	78%	1990
挪威	101%	1990	84%	1990
瑞士	92%	1990	84.2%	1990
乌克兰	100%	1990	76%	1990
日本	94%	1990	无	无
新西兰	100%	1990	无	无
俄罗斯	100%	1990	无	无

数据来源：UNFCCC，2012

《京都议定书》第二承诺期虽已经在多哈会议上确立，但其国际法律约束力弱于第一承诺期。截至 2018 年 11 月 26 日，批准《京都议定书多哈修正案》的缔约方仅为 122 个（United Nations，2019），尚未满足生效条件。为确保第二承诺期的如期实施，多哈会议关于"根据第三条第 9 款修订议定书"的决定中，提出了两种解决方案：一是缔约方可以在第二承诺期生效前，告知保存机关实施"临时适用"措施；二是不实施"临时适用"措施的缔约方可在第二承诺期生效前，根据国内（内部）立法，履行与第二承诺期相关的承诺和责任。从总体上看，第二承诺期实际上将存在一个不具有国际法律约束力的阶段。如果第二承诺期达不到生效条件，则与国际法律约束力相应的遵约机制等都无法启动，《京都议定书》实际上就成为与发展中国家在《联合国气候变化框架公约》下自愿承担国家适当减缓行动一样的机制（高翔和王文涛，2013）。

《京都议定书》第二承诺期的减排力度也不足。由于美国、加拿大、日本、俄罗斯、新西兰都因为各种情况没有在第二承诺期下承担 QELRCs，这严重影响到《京都议定书》的减排有效性（高翔和王文涛，2013；曾文革和周钰颖，2013；何晶晶，2016）。

24.1.3 主要发展中国家在"坎昆协议"下做出的国家适当减缓行动

随着世界经济和温室气体排放格局的变化，发达国家对于发展中国家以什么方式开展减缓行动的关切日益升温，在《联合国气候变化框架公约》进程下不断推动制定相关机制和规则，各方最终于 2010 年在"坎昆协议"中第一次明确了发展中国家减缓气候变化行动的制度安排。为了保护全球气候，发展中国家做出巨大让步同意在获得"可测量、可报告、可核实"的支持下提出并落实 NAMAs（苏伟等，2008）。

"坎昆协议"为发展中国家设定的减缓要求也表现为行动目标的报告和澄清，以及实施进展的报告、技术分析和多边交流两部分。"坎昆协议"没有给出 NAMAs 的明确定义，对其形式和内容也未做详细要求，发展中国家根据"坎昆协议"提出的 NAMAs 记录在《联合国气候变化框架公约》秘书处汇编文件（UNFCCC，2011b）。同时，"坎昆协议"建立了 NAMAs 实施进展的报告、技术分析和促进性信息交流机制，即通过提交"双年更新报告"和接受"国

际磋商与分析"，向国际社会报告 NAMAs 进展和采取的政策措施，提高透明度（Wang and Gao，2018；董亮，2018；高翔和滕飞，2014）。这与"坎昆协议"为发达国家设定的要求具有明显的"对称性"（薄燕和高翔，2014）。

　　"坎昆协议"还建立了 NAMAs 登记簿以促进为发展中国家实施 2020 年前减缓行动提供支持。NAMAs 登记簿的授权在 2011 年的德班会议上达成，登记簿基于自愿原则，并不与相关的透明度机制挂钩。与此同时，《联合国气候变化框架公约》外成立了两个专注于支持 NAMAs 实施的资金机制，即 NAMA 促进项目（NAMA Facility）和 NAMA 伙伴计划（NAMA Partnership）。前者由德国和英国在多哈会议上联合支持成立，承诺提供约 7000 万欧元支持。后者于多哈会议期间启动，由多边组织、双边合作机构和智库组成（祁悦等，2018）。

　　提交 NAMAs 的发展中国家仅占全部的 1/3，且 NAMAs 类型多元化。在哥本哈根联合国气候变化大会和《坎昆协议》提出之后，发展中国家陆续自主提出各自不同的 NAMAs，主要包括绝对量化目标、碳强度目标、低于"照常发展情景"（BAU）目标、碳中和目标以及基于政策措施的非量化目标等。发展中国家 NAMAs 的多元化是由其经济发展水平等国情决定的，也符合"巴厘行动计划"的宗旨（吴静等，2016）。共有 48 个发展中国家提交了 NAMAs 目标，如表 24.4 所示。

表 24.4　部分非附件一缔约方的国家适当的减缓行动（NAMAs）

行动类型	国家	行动内容
绝对量化减排	安提瓜和巴布达	到 2020 年在 1990 年的基础上减排 25%
	马绍尔群岛	到 2020 年在 2009 年的基础上减排 40%
	摩尔多瓦	到 2020 年在 1990 年的基础上减排至少 25%
低于照常发展情景	巴西	到 2020 年比 2007 年预测的照常发展情景排放量减少 36.1%～38.9%
	智利	到 2020 年比照常发展情景排放量减少 20%
	印度尼西亚	到 2020 年比照常发展情景排放量减少 26%
	以色列	到 2020 年比照常发展情景排放量减少 20%
	墨西哥	到 2020 年比照常发展情景排放量减少 30%
	巴布亚新几内亚	到 2030 年前比照常发展情景排放量至少减少 30%
	韩国	到 2020 年比照常发展情景排放量减少 30%
	新加坡	到 2020 年比照常发展情景排放量减少 16%
	南非	到 2020 年比照常发展情景排放量减少 34%
碳强度目标	中国	到 2020 年碳强度在 2005 年的基础上下降 40%～45%
	印度	到 2020 年碳强度在 2005 年的基础上下降 20%～25%
碳中和目标	不丹	保证碳排放量不超过碳吸收量
	哥斯达黎加	通过长期全经济范围内的转型实现大幅度低于照常发展情景
	马尔代夫	到 2020 年实现碳中和

数据来源：UNFCCC，2011b

　　从行业分布来看，能源部门的 NAMAs 约占总数的 40%，其次是交通部门，工业部门的 NAMAs 有所增加，目前已占总数的 11%。此外，虽然很多国家表示重视农林部门的 NAMAs，但实际发起的项目非常少。从区域分布看，拉丁美洲的 NAMAs 占总数的 50%，中东和非洲占 24%（ECOFY，2017）。

24.1.4 主要国家 2020 年量化减排目标实施进展

1990～2017 年，世界温室气体排放的平均年增长率为 1.3%，其中 CO_2 排放的平均年增长率为 1.7%，CO_2 对温室气体排放的贡献率一直在 50%以上，因此 CO_2 排放的增长是近 30 年温室气体排放持续上升的主要原因，如图 24.2 所示。与 1990 年相比，2017 年 CO_2 排放增加了 63.3%，CH_4 增加了 21.9%，N_2O 增加了 34.8%，含氟气体增加了 259.9%（Olivier and Peters，2018）。

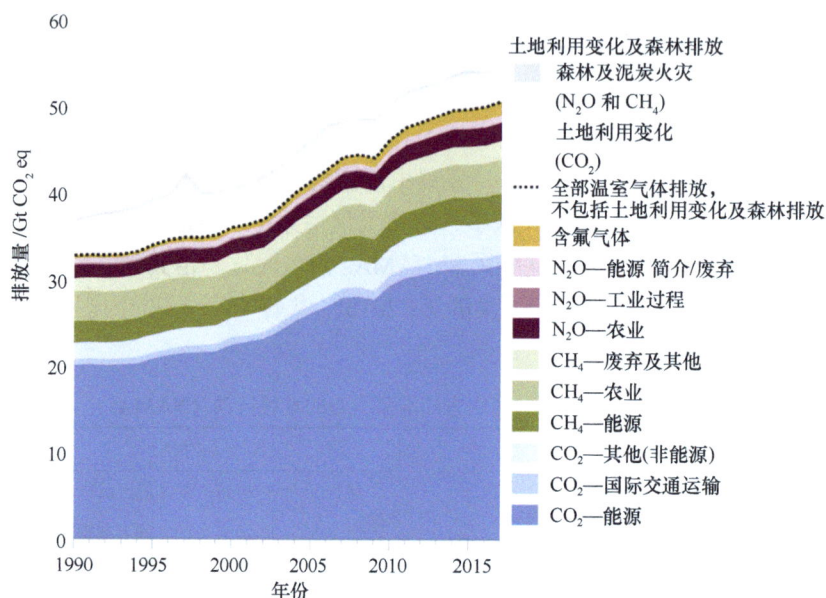

图 24.2　1990～2017 年全球温室气体排放构成（Olivier and Peters，2018）

从主要国家和集团来看，2017 年中国、美国、欧盟 28 国、印度和俄罗斯是全球温室气体排放的前五大主要贡献者，分别贡献了全球排放总量的 26.6%、13.0%、9.0%、7.1%和 4.6%（Olivier and Peters，2018）。中国的温室气体排放量 1990～2013 年一直保持着显著的增长趋势，该阶段排放的平均年增长率为 5.4%；2014～2016 年中国的温室气体排放开始呈现下降趋势；但是 2017 年，中国的能源消费，特别是煤炭消费出现比较明显的反弹（肖新建等，2018），导致其温室气体排放较 2016 年增长了 1.1%，因此中国的温室气体排放目前处于波动期，走势还需进一步观察。印度的温室气体排放在近年呈现出了强劲的增长态势，1990～2017 年的平均年增长率为 3.6%；同时排放趋势表明其温室气体排放还会持续走高。美国、欧盟和俄罗斯的温室气体排放在近年比较稳定，但 2017 年均出现了不同程度的反弹增长。

主要国家和集团出现经济增长与温室气体排放"脱钩"的趋势。1990～2017 年各主要国家和集团在整体经济总量上升的同时均实现了单位 GDP 温室气体排放量的下降。特别是中国，在保证 GDP 年增速为 9.7%的同时，实现了单位 GDP 排放 4.3%的年下降。

发展中国家人均排放量与发达国家还有较大差距，还需要发展和排放空间。2017 年全球人均温室气体排放量为 6.7t CO_2 eq，澳大利亚、加拿大、美国、俄罗斯、韩国和日本等发达国家的人均温室气体排放量分别是全球均值的 3.8 倍、3.4 倍、3.1 倍、2.4 倍、2.1 倍和 1.75 倍；而巴西、印度和墨西哥等发展中国家的人均温室气体排放量还不到全球均值。人均温室气体排放量可以从一定程度上体现出人们对于美好生活的需求，中国和印度作为发展中国家经济快速发展的典型，1990～2017 年其人均温室气体排放以 4.0%和 2.0%的年增长率持续增长。国际气候治理进程中关于要求发展中国家现阶段提出大幅减排目标的诉求不符合发展中国家发展阶段特征，可能影响发展中国家经济发展的正常秩序和规律。发达国家基于历史排放责任、发展阶段和能力，都应该带头开展减排行动，并帮助发展中国家实现转型、升级发展，降低经济发展对碳排放的依赖。国际气候治理需要根据并考虑不同国家的发展需求和特征，形成国际合作制度安排，实现社会经济发展与全球气候治理的协同（王谋，2018）。

主要国家减缓目标的实施进展不尽相同（Climate Action Tracker，2018）。

澳大利亚若计入 LULUCF，其相较于基准年的减排幅度为 4.0%，接近于实现 5% 的减排目标；如果不计，其排放量相较于基准年增长了 13.2%，距离实现目标还有较大距离。澳大利亚政府表示，在确定 2020 年目标时，他们认为目标是指《京都议定书》附件 A 所列的部门、源类别以及造林、再造林和毁林活动的净排放量；如果依照以上理解，2020 年澳大利亚的温室气体排放（不包括 LULUCF）可以比基准年增长 22% 并依然可以达到其减排目标。如果其他国家效仿澳大利亚的核算方式，可能会使政府放松温室气体排放约束，从而引致排放增加，因此对于减排目标的核算方式还应尽快确定。

加拿大在不计入和计入 LULUCF 的情况下，2016 年相较于基准年分别减排了 3.8% 和 5.0%，与减排 17% 的目标还有较大差距。研究表明，如果加拿大继续延续现有政策措施，2020 年将无法实现其减排目标。

欧盟已经提前 4 年实现了 2020 减排目标，其 2016 年计入和不计入 LULUCF 的温室气体排放量已经比 1990 年分别下降了 25.9% 和 24.0%。按照现有政策趋势，在不计入 LULUCF 的情况下，2020 年欧盟较基准年的减排幅度可以达到 27.8%～28.9%，因此实现 2020 年减排承诺并无压力。

日本在不计入和计入 LULUCF 的情况下，2016 年相较于基准年分别减排了 5.2% 和 2.8%。研究表明，如果日本继续延续现有政策措施，2020 年较基准年可以实现 8.6%～9.4% 的减排（不计入 LULUCF），因此日本有较大可能实现其减排 3.8% 的目标。

俄罗斯提出的 2020 年减排目标是比 1990 年减排 15%～20%，而实际上，俄罗斯 2010 年计入和不计入 LULUCF 的排放量分别比 1990 年低 50.1% 和 31.1%，近年来随着经济恢复，温室气体排放上升，但到 2016 年排放量也仍分别比 1990 年低 48.4% 和 29.2%。按照现有政策趋势，虽然俄罗斯的温室气体排放总量还会持续上升，但是 2020 年较基准年仍可实现 26.5%～29.2% 的减排（不计入 LULUCF），因此实现 2020 年减排承诺并无压力。

美国在不计入和计入 LULUCF 的情况下，2016 年相较于基准年分别减排了 11.1% 和 12.1%，与减排 17% 的目标还有一定差距。研究表明，如果美国继续延续现有政策措施，2020 年较基准年仅可达到 10.1%～11.2% 的减排（不计入 LULUCF），将无法实现其减排目标。

巴西在不计入 LULUCF 的情况下，2016 年较 BAU 情景实现了 30.4% 的减排，如果延续现有政策措施，2020 年将实现 41.7%～41.8% 的减排，因此有较大可能实现其 2020 年减排承诺。

中国在 2016 年和 2017 年，碳排放强度较基准年分别下降了 35.4% 和 39.0%。如果按照现有政策趋势发展，2020 年中国碳排放强度较基准年的下降将超过 45%，因此有较大可能实现 2020 年减排目标。

印度的碳排放强度在 2016 年较基准年下降了 12.1%。如果按照现有政策趋势发展，2020 年印度碳排放强度较基准年的下降将超过 25%，因此有较大可能实现 2020 年减排目标。

墨西哥在不计入 LULUCF 的情况下，2015 年较 BAU 情景实现了 3.4% 的减排，如果延续现有政策措施，2020 年只能实现 6.7%～8.3%的减排，因此很有可能无法实现其 2020 年减排承诺。

韩国在不计入 LULUCF 的情况下，2014 年的排放量已经超过了 BAU 情景，如果延续现有政策措施，2020 年只能实现 7.0%～8.6%的减排，因此很有可能无法实现其 2020 年减排承诺。

南非在不计入 LULUCF 的情况下，2016 年较 BAU 情景的减排幅度为–5.0%～23.2%，如果延续现有政策措施，2020 年可以实现 4.5%～35.7%的减排，因此南非有一定的可能性实现其 2020 年减排承诺，但是还需要更严格的减排政策。

《京都议定书》设立的灵活履约机制不仅帮助了发达国家履约，也为发展中国家强化减排行动提供了资金、技术和能力建设（Grubb，2016）。自 2007 年签发 CER 以来，截至 2019 年 1 月 31 日，CDM EB 在第一承诺期共签发 CER 为 14.8 亿 t CO_2 eq，其中中国获得的签发量最多，为 8.7 亿 t CO_2 eq，占全部的 59.1%；第二承诺期已签发 5 亿 t CO_2 eq，其中仍是中国获得的签发量最多，为 2.1 亿 t CO_2 eq，占比略有下降，为 42.6%（UNFCCC，2019a）。

24.2　主要国家采取的减缓政策和行动

24.2.1　主要发达国家立法与制定综合性战略和规划

近年来随着全球变暖问题凸显，各种自然灾害频发，人类社会的可持续性发展受到了严重的挑战。但不同国家由于国情不同，在气候变化中受到的影响也不尽相同。尽管各国政府采取的应对措施均从属于气候变化政策的范畴，但由于各国的利益出发点不同，在具体的政策设计层面也呈现出不同的特征。

基于全球变暖给人类发展带来的负外部性，以及温室气体排放对于全球变暖的推动作用，一些国家认为温室气体在一定程度上具有污染物属性，因而采用环境政策管控主权辖区内的温室气体排放行为。应对全球气候变化固然能给国家的发展带来正外部性，但应对气候变化的政策在根源上都以经济发展模式与能源消费结构为主要作用对象，不可避免会影响一国经济增长情况，甚至进一步影响经济的发展潜力。各国的环境政策从属于各国自身的政策体系，均服务于政策颁布国的稳定与发展。为保护环境而牺牲经济发展不符合国家与国民的根本利益。因此根据不同国家的实际客观情况，平衡社会和谐、经济发展与政治稳定的相互关系，合理选择满足国家可持续发展的气候变化政策是摆在各国政府面前的重要问题之一。

在操作层面，各国政府的目的可以具体化为在不大量减少产出的前提下，尽可能削减温室气体排放量。将此目标进一步具体化到各行业，则各行业应当降低单位产品能耗，提高能源利用效率。政府的各项政策也应当围绕这一目的进行设计。在进行不同类型的政策选择时，最关键的是新颁布的政策必须与现有的行政体系与法律法规具有一致性，这样才能减少在行政执行层面的阻力。而内容上则必须重点关注政策本身对于政策作用主体的政治接受度，具体包括效率、公平、成本等关键因素。

减缓政策可以分为管制类手段和经济类手段两大类。基于各国不同的国情，同时也兼顾不同行业生产特征，不同的政策被运用到各国的经济生活当中。当政府通过施加行政禁令、排放限额或能效标准等手段直接干预行业内不同主体的温室气体排放时，这些手段均被称为管制类手段。该类手段思路清晰，手段直接，考核简单，是较为常用但同时也具有有效性的一种手段。但该类手段要求政府部门尽可能准确了解管控行业的技术水平和减排成本等信息，从而才能准确设置政策内各项关键的细节参数，实现政策目标。否则有偏差的政策细节设计将会导致政策效果不佳，甚至进一步损害经济的健康发展。经济类手段则指政府通过运用市场机制，影响既有的市场参与者的成本和利润水平，进而引导其行动。具体可分为调节既有市场与建立新市场两种类型，其核心思路是为温室气体建立价格机制。前者直接对现有的经济市场加以控制从而实现环境管理的目标，包括征税、补贴等，后者则包括建立排污权或者碳排放权市场，赋予原本可以随意排放的温室气体以商品属性。

1. 美国

美国是世界上最发达的国家，尽管美国人口占全球人口的比例仅约为 5%，但美国消费了全球 25%的石油和 24%的天然气。美国的国家地位和经济发展水平决定了美国的社会运行方式和人民生活习惯，尽管美国有节能减排的较大潜力，但从政府的角度来看这些潜力并不一定意味着能转变成为实施节能减排政策的动力。美国的能源政策根本上以维护美国的霸主地位、保障国家安全和维持经济繁荣为基本前提，因此气候变化并非美国进行政治决策的重要考量。

但需要指出的是，清洁能源的发展能够促进技术的进步，带来新的经济增长点，而同时适度控制美国对于石油和天然气等化石能源的依赖有助于提高美国能源供应的安全性。因而进入 21 世纪之后美国的能源政策开始向清洁化、低碳化转型，开始制定综合性的能源战略，该战略同时也能够满足美国在全球气候变化治理中的需要。

美国于前总统奥巴马政府执政时期发布了《应对气候变化国家行动计划》，这是迄今为止美国总统发布的最为全面的气候变化应对计划。该项计划目标是全面减少温室气体排放，保护美国免受日益严重的气候影响。《应对气候变化国家行动计划》指出美国最大的减排机遇存在于四个领域：电厂、能源效率、氢氟化合物和甲烷。同时《应对气候变化国家行动计划》还强调美国应该积极应对气候影响，同时更加积极参与到全球气候治理的国际进程当中。这些措施将帮助美国在气候变化问题上重振国际形象和领导力。《应对气候变化国家行动计划》的主要内容可以总结如表 24.5 所示。

表 24.5　美国《应对气候变化国家行动计划》的主要内容

项目	《应对气候变化国家行动计划》要点（2009 年、2013 年两轮承诺）
基准年	2005 年
目标年	2020 年
减排目标	削减全经济范围内 17%的排放量
气体种类	CO_2、CH_4、N_2O、HFCS、PFCS、SF_6、NF_3
涵盖的行业	所有 IPCC 考虑的排放源和排放行业，以完整的年度库存衡量（如能源、交通、工业生产过程、农业、土地利用与林业、废弃物等）
土地利用与林业	对土地利用与林业部门的排放及对排放清除的测量，以 2005 年为基准年
其他	符合美国法律的规定

根据美国提出的国家自主贡献方案，美国在 2025 年将其温室气体排放量降低到比 2005 年水平低 26%~28%的水平，并尽最大努力将其排放量减少 28%。同时美国还颁布了相关的法律，包括《清洁空气法案》（*Clean Air Act*，42 U.S.C. §7401 et seq.）、《能源政策法案》（*Energy Policy Act*，42 U.S.C. §13201 et seq.）和《2007 能源独立与安全法案》（*Energy Independence and Security Act*，42 U.S.C. § 17001 et seq.）。在已颁行的法律框架之下，美国采取诸多行动以应

对气候变化。例如，美国环境保护署正在制定标准，以解决垃圾填埋场及石油和天然气部门的甲烷排放问题。根据《能源政策法案》《2007 能源独立与安全法案》，美国能源部已经采取了多项措施以解决建筑行业的排放问题，包括制定 29 类电气设备的节能标准以及商业建筑的建筑标准。

美国在前总统奥巴马执政时期，对内积极实施《清洁电力计划》等温室气体排放控制措施，对外积极推动全球气候治理，有利促进了《巴黎协定》的达成和生效。美国总统特朗普于 2017 年 6 月 1 日宣布退出《巴黎协定》，终止实施国家自主贡献的减排目标，终止向绿色气候资金拨款，要求就《巴黎协定》中对美国"不公"的条款重新谈判。由于美国在全球治理体系中具有举足轻重的作用，其退出《巴黎协定》必将在很大程度上影响全球气候治理体系的有效性。但同时也要清楚地认识到，受限于美国国内的行政法律体系，诸如《清洁电力计划》这样的行政法规并不可能因为总统的行政命令立即撤销。因而当前应当认为美国成了全球治理体系中的一个不确定因素，但并非一个负面因素。

2. 欧盟

欧盟作为一个高度一体化的地区性经济政治合作组织，在世界上具有极为特殊的地位。其管理模式具有欧洲一体化的特征，因而在一定的领域内欧盟具有超国家的性质，可以作为一个共同体参与国家事务的讨论与协商。但欧盟各成员国本身也是主权国家，因而欧洲在政策制定层面需要平衡各成员国的利益和矛盾。但总体上看，欧盟同样是成体系建立应对气候变化综合性战略和规划的主体，而且在一些领域走在了世界前列。

欧盟在减排体系建设的决策逻辑和出发点上与美国存在显著不同。首先，欧盟是区域性的治理主体，而美国是具有独立主权的超级大国，欧盟层面的立法仅对各成员国具有框架性的法律约束力，但在具体的执行层面，各国还需要根据自身的国情出台各自的适应性法律与操作规范，欧盟层面的法规并不具备直接规范成员国内政的能力。因而欧盟的文件必然是缺乏细节的，而且为了保障对于众多成员国的适用性，规定的强制性会更弱。其次，欧盟并没有全球领导者的身份，故而没有维护这样身份的压力，这使得其可以更多考虑人民的生活质量与生活水平，不会为了过分追求经济增长或者环境保护而采取有损欧洲人民的生活质量的手段。最后，欧洲在一定程度上有重建自身全球领导力的需求，气候变化议题是一个重要的抓手，因而欧盟的主观能动性较强，其建立的应对体系也具有较好的全面性和超前性，在立法、行政规章、减排行动和减排技术层面都走在世界前列。

自《京都议定书》出台以来，欧盟针对其承诺的 2008～2012 年第一承诺期和 2013～2020 年第二承诺期的目标，推出了一系列政策与计划，包括 2008 年推出的"2020 气候与能源一揽子计划"、2013 年推出的"欧洲 2020 战略"、2012 年提出的"迈向 2050 有竞争力的低碳经济路线图"等主要的短、中、长期规划。欧盟把应对气候变化作为实现其 2020 年社会经济发展目标的五大重点工作领域之一，并提出了具体的减排目标。欧盟在 2006 年发布了《欧盟能源政策绿皮书》，把提高能效技术和低碳技术提到了战略高度。2008 年欧盟进一步提出了"20-20-20 方案"，承诺 2020 年温室气体总排放量在 1990 年的基础上无条件减少 20%，有条件的情况下减少 30%；将可再生能源占终端能源消费的比例提高到 20%；将能效提高 20%。

欧盟设定排放目标的政策包括三个层面：一是欧盟整体对国际社会的承诺，即根据《联合国气候变化框架公约》《京都议定书》的规定，欧盟整体在第一承诺期承担比 1990 年排放水平下降 8% 的量化减排目标，在第二承诺期承担比 1990 年减排 20% 的量化目标；二是欧盟整体排放控制目标在各成员国之间的责任分担；三是欧盟中长期低碳发展和应对气候变化规划。其中，欧盟整体对国际社会的减排承诺主要是根据欧盟自身低碳发展目标和国际谈判的博弈结果。

考虑到欧盟自身的市场经济发展水平，以及欧盟层面政治指令对于各国的强制性并不强，欧盟选择建立碳排放交易体系（EU-ETS）以作为应对气候变化的最主要政策工具。除此之外，温室气体的测量、报告和核证（MRV）是研究低碳转型、制定低碳发展和应对气候变化政策、跟踪政策实施效果的基础，也是采取碳排放交易、碳税等政策手段的基础。欧盟自身建立了相应的法律和政策进行规范，也在国际谈判中积极参与和推动这一体系取得成果。

3. 日本

日本作为在第二次世界大战以后快速发展的国家，自 20 世纪 80 年代起便开始追寻其政治大国的战略目标，企图在国际社会中谋求与其经济地位相符合的政治地位，并在国际事务上有更多的话语权。此时恰逢全球范围内环境问题凸显，各国着手应对气候变化等环境问题，日本将目光转向国际范围内的环境问题，试图利用环境外交的手段，争取其国际地位。

在应对环境问题上日本具有其他国家所不具备的优势。由于经济的快速发展，日本曾经面临极其严重的环境问题，在处理这些问题的过程中日本积累了丰富的经验，同时也发展了先进的节能技术。另外，日本国土狭长，人口密集，自然资源匮乏，生存的环境空间较为有限。为了自身的发展，日本高度重视发展能效技术与促进环境保护的政策机制设计，积累了宝贵的经验。

世界上大多数国家从 20 世纪 90 年代后才开始开展节能减排工作，日本早在 20 世纪 70 年代即开展了相应的工作。从能源政策法律体系而言，日本于《京都议定书》签订的第二年颁布了《地球温暖化对策推进法》，并于 2002 年、2005 年和 2010 年多次对其进行修改。除此之外，与控制能源消费温室气体排放相关的日本能源政策法律体系还包括《能源保护法》《能源利用合理化法》《环境基本法》《新能源利用促进特别措施法》《电力事业者利用新能源等的特别措施法》《能源基本法》等一系列能源政策法律体系。

除专门性的节能减排政策外，日本政府也积极推进经济手段在控制能源消费与温室气体排放方面的应用，推行税制改革，在石油、天然气和煤炭等一次能源的进口、开采和精炼等环节征税，普通居民也将缴纳环境税，税款专项用于促进节能减排事业。日本政府也在逐步引入碳交易机制。

进入 21 世纪，日本成为全球范围内节能技术与低碳生活方式的重要引领者。2011 年 3 月 28 日，日本经济产业省正式颁布了《节能技术战略 2011》，旨在通过工业、居民与商业、运输以及综合四个部门的节能结束创新与普及，有效控制温室气体排放，进一步提高产业竞争力，实现维护能源安全、保护环境以及通过市场化手段提高经济效率的战略目标。这些立法体系的建立根本目的在于控制温室气体排放的同时，降低对化石燃料的依存度，寻求能源供求方式和社会经济结构的转变，保障经济发展的同时确保国民的正常生活水平。

24.2.2　能源生产和传输部门减缓政策和行动

能源生产与传输部门的减排主要体现为新节能技术的引入，包括新型电源并网以及传统技术升级等。以电力部门为例，可再生能源发电技术对传统火电技术的替代是最为有效的减排方式。可再生能源技术包括太阳能发电技术、风能发电技术、地热发电技术以及生物质发电技术等。增加可再生能源电源的装机比例，提高可再生能源电量在总电量中的消纳比例，是发展可再生能源的重要政策举措。但考虑到能源行业是资本密集型行业，锁定效应明显，惯性也很明显，因而对既有设备开展升级工作也是重要的潜在减排措施。

1. 美国

美国低廉的一次能源使用成本以及富余的环境容量决定了其并不需要采用相对激进的手段实现能源生产环节的低碳化发展，对于原有的设备进行改良比直接定向促进可再生能源发展更符合美国的国情。尽管美国总统特朗普在 2017 年 3 月 28 日废除《清洁电力计划》，衍生于《清洁空气法案》的《清洁电力计划》是指导美国电力部门低碳发展的最重要的政策。基于此，美国制定了针对既有电厂与新增电厂必须满足的污染标准。其中 2009~2019 年建设的煤电厂必须在 CCS 基本实现商业化以后的四年内削减 50%碳排放，而 2020 年以后批建的发电厂则必须削减至少 65%的碳排放。

作为最发达的市场经济体，美国擅长使用市场的手段来实现自身的目的。在体制机制层面，美国采用建立电力市场并进行适当市场干预的手段来为电力行业的低碳化发展保驾护航。美国于 1992 年和 2005 年两次修订《能源政策法案》，完善了电力市场自由化竞争与核电站建设许可程序，促进了可再生能源发展和高能效项目的建设。同时联邦能源管理委员会于 1996 年颁布了第 888 条和 889 条决议（FERC Orders 888 & 889），对无歧视开放电力市场进行了统一安排，为后来电力部门的自由发展创造了良好的环境。未来，美国电力部门的主要发展方向是加强智能电网的建设，建立电力需求反馈系统，加强对可再生能源的消纳利用以及对输电系统的规划和电力成本分配方案的研究制定。

2. 日本

日本有较强的动力调整自身的能源结构以保障能源安全，这是由于日本缺乏战略纵深且这是由环境容量所决定的。结构调整包括同时降低对核电以及化石能源的依赖，因而日本对于发展可再生能源持有积极态度。日本采取了固定收购电价的政策手段来支持可再生能源的发展，于 2012 年 7 月 1 日开始实施《电力经营者可再生能源电力调配特别措施法》，主要针对太阳能、风能及生物质等可再生能源电量实施固定电价收购制度。针对不同的电源类型及其装机容量，设定不同的收购年限与收购价格。高出发电公司成本的部分以"赋课金"的形式由全部用户分摊负担。

日本政府大力扶植可再生能源重点技术的研发工作，在政府预算中明确列出了政府需要重点支持研发的新兴技术。具体的预算金额与所支持的技术路线在政府发布的能源白皮书中进行详细说明。需要指出的是，尽管福岛事件曾经一度掀起了弃核的浪潮，但考虑到日本总体电力供应中核电的高占比，在短期内放弃使用核电并不存在可行性。加快研发反应堆的安全技术，加大对于更加高效同时也更加安全的新一代核电技术的研发是日本政府高度重视的工作。

3. 印度

印度是世界上最大的发展中国家之一，经济处于快速发展的进程当中。能源行业是重要的资本密集型和技术密集型行业，对能源行业的投资能够有效地拉动经济的增长并创造大量就业机会。因而，获取充足且廉价的能源，形成对经济发展的有效支撑，同时保障自身长期发展视角下的能源安全是印度政府决策的首要出发点。

基于上述逻辑，印度政府采取了双管齐下的方法，以满足其国家发展的能源需求，同时确保碳排放的最小增长。在能源的生产层面，政府正在促进能源结构中可再生能源的更多使用，主要通过增加太阳能和风能的装机大小。印度正在运营世界上最大的可再生能源扩张计划之一。2002～2015 年，可再生发电装机容量的份额增加了 6 倍，从 2%（3.9GW）增加到约 13%（36GW），未来的目标是实现 175GW 可再生能源装机容量。提高新建燃煤电厂的技术水平也是重要的可选项，印度正在建设规模更大且效率更高的超临界电厂。但受限于技术水平和负荷需求水平，超超临界电厂并不是印度的首选项。在能源的需求层面，印度出台了《节约能源法》，总体上促进各种创新政策措施的实施，提高能源利用效率。

印度还制定了 PAT（perform，achieve，trade）计划以加强节能减排行动。PAT 计划类似于碳排放交易体系的节能量交易，交易标的为节能证书。管理部门为某确定行业设定合规期与减排目标，在合规期内有专门的第三方审计机构负责核查企业的时机排放量与耗能状况。在确定的时间段由政府管理部门检查企业的排放与履约情况，并允许超额完成减排目标的企业出售其超额部分的节能证书，未达标企业需要接受罚款或者购买节能证书以完成履约。PAT 计划的核心关注点在于改善企业的用能状况，通过减少能源消费间接达到控制温室气体排放量的目的。

4. 南非

同为发展中国家的南非拥有更大的能源结构惯性，在减排政策上更加具有针对性。南非煤炭资源可开采量居世界第九位，拥有非洲总储量的 95%，是世界上第五大煤炭出口国。而同时南非国内煤炭资源有近 60% 用于发电，因而在南非的碳排放总量中源自煤炭消费的排放构成了最主要的部分。

为此，南非减排工作的核心是向未来能源结构彻底转型，旨在用干净、高效的技术取代效率低下的燃煤发电厂，降低对于煤炭的依赖。实现该目标一方面需要对效率较低的老旧煤电厂实施技术改造，同时以更高的效率标准建设新煤电厂。另一方面则需要大力发展天然气电、核电以及可再生能源发电等清洁发电技术。

南非在控制能源消费的温室气体方面选择了碳税作为主要政策工具，这是根据国家经济现状和经济结构现状综合考虑得到的结果。南非一次能源消费中煤炭和石油占比超过 85%，但全国只有 71 个煤矿、6 个精炼厂和两个天然气厂。而在下游的消费侧，主要份额的能源由少数零售商垄断。在这样高度集中的生产消费结构下，若实施碳市场则难以得到维持市场健康运转所必需的流动性，而碳税则能以较小的行政成本管控足够大的排放。

5. 巴西

巴西良好的农业环境使得其具有大规模发展生物质燃料的可能性。巴西致力于扩大生物燃料在总燃料消耗中的比重。主要增加的是生物质乙醇的供应，包括增加先进生物燃料（第二代）的份额，以及增加生物柴油在生物燃料中的份额。到 2030 年，将可持续生物燃料在巴西能源结构中的份额提高到约 18%。

在总体的能源结构当中，巴西致力于提高自身可再生能源的比例。到 2030 年，能源结构中可再生能源的比例达到 45%，具体包括：到 2030 年，将总能源结构中除水电以外的可再生能源的使用扩大到 28%～33%；在国内扩大非化石燃料能源的使用，到 2030 年将电力供应中可再生能源（水力发电除外）的比例提高至少 23%，包括提高风能、生物质和太阳能的份额；到 2030 年，电力部门的效率将提高 10%。

经过多年的努力，巴西已经拥有迄今为止规模最大、最成功的生物燃料计划之一，包括使用生物质的电力热电联产。巴西今天的能源结构包括 40% 的可再生能源（75% 的可再生电力相当于世界平均水平的三倍，约是经济合作与发展组织平均水平的 4 倍）。这已经使巴西成为低碳经济体。

24.2.3　建筑部门减缓政策和行动

建筑部门的能耗主要产生于建筑的建造过程与建筑运行过程中的能耗使用。按照更加节能的标准建设新建筑，对既有建筑开展节能改造，同时减少建筑运营过程中制冷和供暖过程的能量耗散，能够极大提升建筑部门的排放表现。

1. 日本

日本对建筑内使用的电气设备以及建筑本身的能耗标准做出了严格的规定。日本要求加快新建筑体系特别是零排放住宅和建筑标准的制定，高效用能设备和高隔热技术需要广泛被应用。同时日本政府还支持既有建筑的节能改造，整体推进民用与商业部门的节能进程。力争到 2020 年构建以零排放为标准的新住宅体系，并使既有住宅的节能效果提高至目前的两倍；到 2020 年实现新建公共建筑零排放；到 2030 年实现新建住宅的平均零排放，新建商用建筑平均零排放。对于供暖和制冷设备则要求结合建筑本身的高隔热与高气密技术、自然光最大限度利用技术等，最大限度地实现降低空调、供暖负荷，进一步实现节能。针对家电、空调、电机产品的节能控制技术需要进一步开发，在实现住宅和建筑的能源系统化管理的同时，保持生活及服务环境的舒适性。

2. 印度

在设备层面，印度推出标准和标签计划以引导消费者在进行电气购买行为时优先选择能耗更低的产品。目前，印度已经针对 21 种设备和器具制定了相应的标准与标签。与 2007 年相比，该计划使普通冰箱或空调的能源效率提高了 25%～30%。能耗仅为普通风扇约 50% 的超高效风扇也在这样被引导后的消费行为中产生。

在建筑层面，印度政府提出了节能建筑规范（ECBC），为新建商业建筑设定了最低能源标准。目前已经有 8 个邦采纳了这一标准，并尽可能要求辖区内新建建筑按照节能标准进行建设。在可预见的未来，ECBC 将更加严格，以促进更加节能的建筑的制造，甚至实现新建建筑平均零排放的目标。为了识别节能建筑，支持节能建筑的建造工作，并促进其大规模复制，印度根据场地规划等 34 项标准，开发了自己的建筑能源评级系统 GRIHA（综合生境评估绿色评级），有效对已建成的建筑进行能耗评级，进一步促进能源的有效利用。

在城市层面，印度提出了建设智慧城市的远景使命。印度计划建设 100 座新一代智慧城市，通过建立清洁和可持续的环境，为公民提供核心基础设施和良好的生活质量。通过废物的回收和再利用，以及可再生能源的灵活使用，提升城市的节能能力。

24.2.4 交通部门减缓政策和行动

交通部门中，相较于航空部门、航运部门和铁路运输部门，公路运输具有最大的减排潜力。而铁路部门电气化程度逐渐提高，减排潜力更多存在于电力部门。航空部门面临的成本压力已经使其具备了很强的成本控制能力，较为精细化的运营使得节能潜力有限，而且航空部门与航运部门的排放更多涉及区域间排放的问题，并非依靠一国政策可以解决。故而公路运输部门是各国在交通领域减排最主要的抓手。

1. 日本

燃油燃烧是交通部门最主要的温室气体排放来源。提高燃油清洁性，减少燃油车数量，减少民众使用燃油车的频次，将有助于削减交通部门温室气体排放。为实现这一目的，日本政府同时采取了多项措施。一方面，日本政府大力补贴环境友好型汽车，以在既有汽车存量中置换燃油车，并在社会汽车增量中提高环境友好型汽车的比例。并不同于其他一些国家重点补贴和扶植电动汽车，日本所支持的环境友好型汽车是更加广义的，具体包括电动汽车、混合动力汽车、天然气汽车、燃料电池汽车、清洁柴油汽车。当上述类型汽车排放效率满足一定要求时，购买者即可以向政府申领购置补贴。而在购置税层面，政府同样予以必要的优惠。满足一定条件的上述种类汽车可以减免购置税等赋税。另一方面，日本也有重点扶持的技术路径，以此成为新领域的技术引领者，为国家创造新的经济增长点。燃料汽车是日本政府在未来重点发展的技术路径。日本政府单列了多项燃料汽车发展的关键技术，重点对其研发予以财政支持，这些技术包括低成本燃料电池研发，廉价能源制氢技术，购置补贴，税收优惠，加氢站建设等，都是政府的重点补贴对象。

2. 美国

相较于日本政府对于环境友好型汽车的大力支持，由于美国的资源禀赋和国民生活习惯，美国倾向于在既有燃油技术上取得进步，而非采取革命性的措施解决交通部门的温室气体排放问题。根据《清洁空气法案》，美国运输部和环境保护署通过了 2012～2025 年轻型车辆燃油经济性标准和 2014～2018 年重型车辆燃油经济性标准。通过将车辆的燃油经济性提高约一倍，有望将机动车的温室气体排放减半。另外，美国还试图减小燃料的进口比例，以降低美国消费者燃料使用的成本，这将使冲减排政策发挥政策效力。

3. 欧盟

欧盟对于交通部门的关注始于 20 世纪，交通部门排放占欧盟温室气体总排放的 1/4，仅次于能源部门。欧盟在 1980 年就立法规定了机动车燃油二氧化碳排放的测试标准（Directive 80/1268/EEC），并在后期多次修订。在 1999 年，欧盟正式要求将二氧化碳排放管理纳入低碳交通政策的范畴。根据 Directive 1994/94/EC，欧盟要求汽车制造商披露车辆的燃油经济性和二氧化碳排放信息。欧盟还进一步完善了低碳交通相关政策，包括将航空部门纳入 EU ETS 管控范围，制定新车排放标准路线图，制定机动车单位燃料排放标准，车辆全生命周期能耗和二氧化碳排放核算等。但需要指出的是，航空部门所带来的跨境排放仅在欧盟内部不同成员国之间得到解决，当涉及美欧、中欧等洲际航班所带来的跨境排放时，这部分排放依然未能充分解决。

4. 印度

印度作为发展中国家，交通领域基础设施建设依然薄弱，这也意味着更小的历史投资惯性，能够以更加节能的标准完成基础设施建设。在努力实现低碳经济的过程中，印度专注于低碳基础设施和公共交通系统。印度拥有世界第三大铁路网络，印度政府希望将铁路在陆地运输总量中的比例从 36% 提高到 45%，从而减少柴油运营效率低下的道路交通负荷。同时，印度按照节能铁路的标准建设专用货运走廊（DFC），预计将在未来 30 年内减少排放约 4.57 亿 t CO_2 排放量。

水运具有更高的燃油效率，能够带来更好的环境友好性和成本效益，印度政府正在促进沿海航运和内陆水运的增长。为了加强内陆水道运输，印度政府努力建立综合水路运输网，以便将所有现有和规划中的航道、公路、铁路连接起来。在沿海地区还计划进一步修建约 5000 km 的公路网，进一步将交通运输网络连接起来，提高整体运输效率。

为缓解公路部门的排放，印度制定了"绿色公路"计划，计划沿国家公路两侧种植并维护约 14 万 km 长的植被。印度政府还致力于增进车辆的排放表现。根据车辆燃油效率计划，2014 年印度政府确定了该国首个乘用车燃油效率标准。它们于 2016 年 4 月开始生效，并成为上市新车所必须满足的效率目标。该标准将使 5000 万 t CO_2 排出大气。印度还将推动在未来采用更高的燃油标准，即在全国范围内推广 Bharat Stage V（BS V）/ Bharat Stage VI（BS VI）燃料来替代当前使用较多的 Bharat Stage IV（BS IV）燃料。推广生物质燃料的使用同样是印度政府的目标，理想状态是燃料的 20% 由生物质提供。

24.2.5 工业部门减缓政策和行动

工业部门是大多数国家最主要的温室气体排放源，管控工业部门中具有较高排放强度和总量的重点排放部门有助于政府以较高的成本效益比实现碳减排工作。

1. 日本

推动能效技术的提升是日本作为资源进口国一以贯之的发展思路，而这也能带来显著的温室气体控排正外部性。日本政府以经济合理的设备投资为重点，强化节能、低成本的低碳产品制造。重点推动钢铁、化工、水泥、造纸、电力、供热和机械七大高耗能行业的节能减排工作，实施更加积极的节能政策。对于三大类重点节能技术的研发提供充分支持，包括过程能源损失最小化技术（空气热与工厂废热的灵活利用，放热化学反应制氢等），节能促进系统化技术（智能热、电网技术等），节能产品加速化技术（工业陶瓷技术、碳纤维技术等）。

2. 印度

根据自行建立的 PAT 计划，印度将电力、钢铁、水泥、化肥、造纸、纺织、铝业氯碱等 8 个领域（463 个部门）纳入 PAT 计划的管辖范畴。根据企业的位置、历史、技术水平、原材料和产品种类等诸多指标，为不同的企业设定符合其实际情况的能耗目标。但印度作为发展中国家，对于发展的关注超过其对于控排的关注，因此整体上看 PAT 计划重点在于管控企业的能源消费，通过控制能源消费来间接达到控制排放的目的，故其难以全方位考虑能源消费与温室气体排放的情况。

24.2.6 其他部门减缓政策和行动

由于各国产业结构不同，气候变化对各国所造成的影响并不相同。各国根据自身的独特性有针对性地采取了减排措施。

1. 印度

印度基础设施建设较差，城市废物处理体系不完善。通过有效开展废物处理工作，环境效益可以得到有效提高，城市能源供给也将因此增加。

印度认识到有效废物处理可带来双重效益，从而提高环境效益并转化为能源。正在向城市提供激励措施，以便将废物转化为能源转换项目。印度政府通过将废物和化肥销售与提供市场开发援助联系起来，鼓励将废物转化为堆肥，增加正式能源供应。印度政府推出"Swachh Bharat Mission"（清洁印度使命），旨在建造 1040 万个家庭厕所以及 50 万个社区和公共厕所，覆盖 306 个人口的 4041 个城镇百万，通过科学固体废物管理使该国清洁无垃圾。

印度努力推行旨在保护和可持续管理森林的国家政策，根据最新评估，印度是近年来少数几个将国家森林转变为净汇的国家之一。印度注重可持续森林管理、植树造林以及规范非森林用途的林地转移，成功地将森林中的碳储量提高了约 5%，从 2005 年的 59.41 亿 t 增加到 2013 年的 66.225 亿 t，森林和树木覆盖率从 2005 年的 23.4%增加到 2013 年的 24%。印度政府的长期目标是最终将 33%的地理区域纳入森林覆盖范围。绿色印度使命（GIM）等倡议旨在进一步将森林/树木覆盖面积增加到 500 万 hm^2，预计每年可将碳封存量提高约 1 亿 t CO_2。

2. 巴西

巴西的森林对于调节全球温室气体总量极其重要，因此努力推动森林部门实现进一步的低碳化将带来极大的正外部性。在中央政府和地方政府层面，巴西将进一步加强执行《森林法》，以期在巴西亚马孙地区到 2030 年实现零非法砍伐森林，并在 2030 年之前补偿合法压制植被造成的温室气体排放。到 2030 年，巴西将恢复和重新造林超过 1200 万 hm^2，并通过适用于原生森林管理的地理配准和跟踪系统，加强可持续的原生森林管理系统，以期制止非法和不可持续的做法。巴西在减少毁林所致排放量方面取得了令人印象深刻的成果，主要是在 2004～2014 年将巴西亚马孙地区的森林砍伐率降低了 82%。

此外，巴西还在农业部门以低碳排放农业计划（ABC）作为可持续农业发展的主要战略，包括到 2030 年再恢复 1500 万 hm^2 退化的牧场并增加 500 万 hm^2 的综合农田-牲畜-林业系统（ICLFS）。

24.3 《巴黎协定》下国家自主贡献目标

《巴黎协定》和一系列相关决议为 2020 年后全球应对气候变化国际合作奠定了法律基础，也是全球气候治理进程中继《京都议定书》之后在《联合国气候变化框架公约》下的又一个重要里程碑（巢清尘等，2016）。各国政府和学术界普遍认为《巴黎协定》确立了一种缔约方"自下而上"承担义务，并得到统一规则约束监督的模式，其核心是要求所有缔约方定期编制、通报并实施国家自主贡献（柴麒敏等，2018）。这一模式最大限度地尊重了国家主权，反映了科学与政治的平衡、激励与约束的平衡，得到了全球各国的认同，全球所有国家都已经签署或批准《巴黎协定》（United Nations，2019）。

24.3.1　国别国家自主贡献

绝大多数国家已经按照《巴黎协定》要求提出了国家自主贡献。截至 2019 年 3 月 1 日，共有 193 个国家和经济一体化组织提交了 165 份国家自主决定贡献（UNFCCC，2019b），其中，欧盟 28 国共同提交了一份文件，除马绍尔于 2018 年 11 月提交了其第二轮国家自主贡献以外，其他 194 个各缔约方均提交了其第一轮国家自主贡献文件，涵盖全球总排放量的 99%（WRI，2019）。中国也已于 2015 年 6 月 30 日提出了有力度的国家自主贡献目标，承诺 2030 年左右实现碳排放达峰并努力尽早达峰；2030 年单位国内生产总值二氧化碳排放比 2005 年下降 60%～65%；2030 年非化石能源占一次能源消费比重达到 20%左右；2030 年森林蓄积量比 2005 年增加 45 亿 m³ 左右。中国国家自主贡献描绘了国家应对气候变化的新蓝图，体现了中国积极应对气候变化，努力控制温室气体排放，提高适应气候变化的能力，同时也表达了中国深度参与全球治理并承担合理国际责任的姿态和决心，彰显了对保护全球气候高度负责的大国担当（李俊峰等，2015）。

各国提交的国家自主贡献目标形式和内容多样。从自主贡献所涉及的要素来看，多数缔约方的国家自主贡献既包含减缓贡献也包括适应贡献，特别是所有非附件一缔约方的 NDC 都在不同程度上涉及了适应问题（冯相昭等，2015）。从自主贡献目标是否可量化来看，超过 70%的缔约方的贡献目标为量化目标，其余小部分缔约方的目标为非量化目标。在量化减排目标中，包括全境及范围量化减排目标、碳强度目标、达峰目标、照常情景减排目标等不同类型，其目标描述方式及所提供的信息内容也都具有各自的特点。从自主贡献目标是否带有前提条件来看，有近 50%的国家提出了有条件的减排目标，也即其自主贡献的实施需要以国际资金、能力建设及技术援助等为前提条件（洪祎君等，2018）。

国家自主贡献中的减缓目标以温室气体减排目标为主。各国提交的国家自主贡献当中减缓目标主要分为三种形式：温室气体减排目标、非 GHG 减排的其他量化目标、无量化目标的减缓行动。在 165 份国家自主贡献当中，127 份国家自主贡献提出了 GHG 减排目标，14 份国家自主贡献提出了非 GHG 减排的其他量化目标，23 份国家自主贡献提出了非量化目标的减缓行动。其中，所有属于附件一国家、伞形集团、经合组织、基础四国的缔约方均提出了温室气体减排目标，而小岛屿国家中只有 60%提出了具体的温室气体目标（陈艺丹等，2018）。113 个发展中国家提出了温室气体减排目标，占提交了国家自主贡献的发展中国家总数的 75%。在 G20 国家中，沙特阿拉伯仅提出了具有减缓效益的行动，其他 G20 国家均提出了温室气体减排目标。

大部分缔约方的国家自主贡献在减缓行动和目标外，还包含适应行动贡献。有 142 份 NDC 提出了适应行动，其中 101 份由非洲和亚太发展中国家提出，占比超过 70%。有些发展中国家，特别是小岛国和温室气体排放量较少的小国家等，提出本国应对气候变化行动会优先考虑适应行动。各国的适应行动主要包括全面评估本国气候脆弱性、评估气候变化可能带来的损失、制定相应法律法规、建立健全灾害监测预警系统、完善居民生活设施、加强国内设施的抗灾能力等方面。一些非洲最不发达国家在自主贡献中指出其适应活动占据了气候资金总需求的 80%以上，但目前仍存在较大的适应资金缺口（潘寻，2016）。

多数国家采用 2030 年作为第一轮国家自主贡献的时间框架。在各国提交的第一轮国家自主贡献当中，除美国的自主贡献时间框架到 2025 年以外，多数缔约方在自主贡献中以 2030 年作为其自主贡献的时间框架。还有巴西、瑞士、马绍尔等国家既提出了 2025 年目标，又提出了 2030 年目标作为减排的预期目标。与此同时，一些国家还提出了 2050 年的远期目标，例如瑞士提出 2050 年比 1990 年减排 70%～80%，挪威提出 2050 年实现碳中性，墨西哥提出 2050 年比 2000 年减排 50%（高翔和樊星，2020）。

大部分国家自主贡献中温室气体排放的核算参考了 IPCC 提供的指南。美国是唯一明确说明其自主贡献完全参照美国环境保护署制定的温室气体清单的国家，而非 IPCC 提供的指南的国家。在提出 GHG 减排目标的 125 份国家自主贡献中，最常使用的是《IPCC 2006 年国家温室气体清单指南》，有 53 份自主贡献在计算排放时参照了此指南。另外，有 38 份国家自主贡献参考了 IPCC 1996 年版温室气体清单指南。除以上两个版本的温室气体清单指南之外，不少国家还参考了 IPCC 2000 温室气体清单优良做法指南、IPCC2003 关于 LULUCF 部门清单优良做法指南、IPCC2013 关于《京都议定书》相关问题的优良做法补充指南、IPCC2013 关于湿地温室气体清单优良做法补充指南。约有三分之一的国家参考了不止一种 IPCC 指南。有 7 份国家自主贡献提出参考了 IPCC 提供的指南，但是未明确具体指南名称。另外，还有 35 份国家自主贡献未给出核算方法，约占提出 GHG 减排目标国家的三分之一。这些未明确温室气体核算指南的国家自主贡献会对全球盘点时的核算准确性产生一定影响。

24.3.2　全球国家自主贡献与实现《联合国气候变化框架公约》目标的差距

全球 2℃温升目标能否实现取决于能否将其落实为各国具体减排目标（王利宁和陈文颖，2015a，2015b）。巴黎联合国气候变化大会前后，各国依据自身国情，积极主动提交和批准了国家自主贡献[①]，针对 2020 年后减缓和适应气候变化做出承诺。但是，目前已有多个研究结果表明，目前全球汇总的 NDCs 与实现全球 2℃温升目标下的排放路径仍存在差距（Fawcett et al.，2015；Boyd et al.，2015）。《联合国气候变化框架公约》秘书处报告指出，以当前 NDCs 情景模式预测，2030 年全球温室气体排放量将达到 50 亿 t CO_2 eq（UNFCCC，2015）；联合国环境规划署指出，2030 年排放的温室气体，较实现 2℃温升（>66%概率）的目标情景，将多排放 11～13.5Gt CO_2 eq；按照 NDCs 的减排力度，2100 年全球温升将达到 2.6～3.1℃（Fogelj，2016）。荷兰环境评估署（PBL）分析了 25 个国家/地区 NDCs 情景与现有政策情景的差距，发现仅有 9 个国家/地区在现有政策情景下可以实现 NDC 目标（PBL，2017）。

24.3.3　主要国家强化的国家自主贡献

NDC 是《巴黎协定》所确定的"自下而上"核心机制，各国将以自主决定的方式确定其气候目标和行动（Höhne et al.，2017；Winning et al.，2019；高翔和樊星，2020；Röser et al.，2020；Pieter and Klein，2020）。《巴黎协定》为各方落实 NDC 这一实质性义务，设定了每 5 年通报或更新 NDC 的机制，并要求 NDC 的每一次通报都要相较于上一次有所进步。截至 2021 年 7 月 1 日，《公约》秘书处建立的 NDC 临时登记簿中共有 186 个缔约方通报的 NDC，包括自 2020 年以来 92 个缔约方通报或更新的 NDC。

各国主要采取了以下 7 种更新方式，包括：①提高减排目标的量化水平；②调整减排目标类型和覆盖范围；③增加适应目标和政策；④增加 2050 年减排愿景；⑤主动适用 NDC 信息导则；⑥报告 NDC 实施的进展；⑦补充落实目标的政策措施。其中，适用 NDC 信息导则、增加适应目标和政策是缔约方选择最多的更新方式。

（1）提高减排目标量化水平。在目前已经通报或更新 NDC 的 92 个缔约方中，欧盟及其成员方英国、挪威、蒙古、越南、牙买加、马绍尔群岛等 54 个缔约方提高了其 NDC 减排量

---

① 根据 2013 年和 2014 年《联合国气候变化框架公约》缔约方大会决定，2015 年多数国家提交了：国家自主贡献意向（intended nationally determined contribution，INDC），根据 2015 年《联合国气候变化框架公约》缔约方大会决定，INDC 可以作为《巴黎协定》下的国家自主贡献。根据英语语法，在讲多个国家的国家自主贡献时加复数，即 NDCs。

化目标的水平。例如，挪威提出 2030 年，温室气体排放相比于 1990 年水平减少至少 50%，并力争 55%，这与其 2015 年提出的 INDC 目标相比提高了 10 个百分点。

（2）调整减排目标类型和覆盖范围。新加坡、智利、新西兰、苏里南等 28 个缔约方选择了此类方式更新。例如，新加坡扩大了减排目标的覆盖范围，其曾经提交的 NDC 涵盖的温室气体包括除 NF_3 以外的其他 6 种气体（即 CO_2、CH_4、N_2O、HFCs、PFCs、SF_6），本次更新将 NF_3 纳入目标。

（3）增加适应目标和措施。欧盟、新西兰、智利、韩国、哥伦比亚等 69 个缔约方在本次更新的 NDC 中增加了适应气候变化的目标和政策。例如，智利将适应目标由原来的两方面扩展为四方面，包括到 2021 年将在长期气候战略中增加适应气候变化的部分，并将通过国家适应计划来强化国家适应气候行动等内容。

（4）增加 2050 年减排愿景。新西兰、瑞士、巴西等 51 个缔约方作出 2050 年净零排放或碳中和等相关承诺（表 24.6），各国在目标表述上有所差异，所覆盖的气体也不尽相同，巴西和冰岛在其 2050 目标中同时提出"碳中和"和"气候中和"。

（5）主动适用 NDC 信息和核算导则。尽管此次更新 NDC 并不强制要求各方适用第 4/CMA.1 号决定的信息导则，但欧盟、巴西、墨西哥等 71 个缔约方均已参考信息导则，通报了减排目标基准年量化信息、NDC 覆盖的部门和温室气体种类范围、NDC 实施的时间框架、NDC 的规划过程等七方面信息内容，以提供更为透明、清晰和易懂的信息，呈现其 NDC 目标。

（6）报告 NDC 实施的进展。日本、苏里南等 23 个缔约方提供了其气候行动的成效和进展，《巴黎协定》实施细则达成后，全球气候治理的多边进程重心逐渐由谈判转向实施，在更新的 NDC 中提供更多行动进展将对《巴黎协定》全面、持续、有效实施释放积极信号。

（7）报告落实目标的政策措施。日本、新西兰、越南、墨西哥、韩国等 56 个缔约方都补充报告了拟采取政策措施的相关内容。例如，新西兰建立了排放预算框架并制定了实现长期目标的计划和政策，并在 2019 年 12 月成立了新的独立气候变化委员会，旨在协助历届政府实现气候长期目标。

表 24.6　主要缔约方在通报或更新的 NDC 中提出的 2050 年目标相关表述

缔约方	2050 年碳中和/气候中和目标表述
美国	不迟于 2050 年实现全经济范围净零排放
欧盟及其 27 个成员方	到 2050 年实现"气候中和"
日本	通过人工光合作用和其他碳捕集利用与封存（CCUS）技术，实现氢社会等颠覆性创新，力争在 2050 年前实现"脱碳社会"
英国	在全经济范围制定的 2050 年前实现净零排放的目标具有法律约束力
新西兰	到 2050 年，将温室气体（生物甲烷除外）的净排放量减少到零，以及生物甲烷排放量将比 2017 年水平减少 24%～47%
瑞士	到 2050 年实现碳中和；净零排放作为指示性目标
阿根廷	2050 年实现碳中和
巴西	NDC 与 2060 年达到"气候中和"的长期目标一致
韩国	2050 年前努力实现碳中和
智利	到 2050 年实现温室气体中和，需要从降低温室气体排放和增加自然碳汇两方面行动

24.3.4　美国退出和重返《巴黎协定》的影响

美国总统特朗普在 2017 年 6 月 1 日正式宣布将退出《巴黎协定》（Trump，2017），这为

《巴黎协定》下各国的减排合作带来了不确定性。

按照《巴黎协定》的规定，特朗普总统宣布退出不会直接生效，在美国退出前存在各种可能性。特朗普总统宣布退出《巴黎协定》受到了各方批评，一些学者认为此举违反了国际法，至少违背了"条约必须信守原则"（龚微和赵慧，2018；杨宽，2019），但多数学者认为此举不违背国际法，因为《巴黎协定》第二十八条明确规定了两种可选的退出程序：其一为直接退出协定，但必须在协定生效三年后才能实施，再满一年才能生效；其二为退出《联合国气候变化框架公约》则视为自动退出本协定（刘哲等，2017；孙世民，2017；魏蔚，2017；周亚敏和王金波，2018；　Bradley and Goldsmith，2018；李慧明，2018a；罗丽香和高志宏，2018；吕江，2019）。《巴黎协定》在 2016 年 11 月 4 日生效，因此美国最早只能在 2019 年 11 月 4 日正式有效地提出退出声明，并在 2020 年 11 月 4 日实现退出；但如果美国直接提出退出《联合国气候变化框架公约》，则在正式提出退出声明的一年后就能退出《联合国气候变化框架公约》，从而失去作为《巴黎协定》缔约方的资格。美国宣布退出《巴黎协定》在现阶段只是表现了一种政治意愿，并未形成法律效力，而且在退出后，美国也可以选择任意时间重新加入《巴黎协定》，这为《巴黎协定》的实施带来新的不确定性。

美国退出《巴黎协定》将使全球原本已经不足的集体减排力度进一步出现赤字。美国退出《巴黎协定》对全球减排和气候资金的量化影响评估请见第 23 章。

从法律上讲，尽管美国已经宣布退出《巴黎协定》，但并未宣布退出《联合国气候变化框架公约》，美国仍然有法律义务提供《联合国气候变化框架公约》规定的资金支持（赵行姝，2018），因此美国在未来以何种方式和程度履行其提供气候资金的义务，还有待观察。

美国退出《巴黎协定》，并不必然表明美国会退出全球气候治理的领导地位，中国应当发挥更大作用，但并不意味着中国可以填补美国退出所产生的空缺。美国退出《巴黎协定》后全球气候治理体系面临领导力缺口，国际社会希望中国承担更大的责任，发挥更加积极的作用，甚至领导作用，为中国进一步引领全球气候治理制度提供了机遇，但美国的排放和经济体量决定了其造成的"缺口"不可能在短期内被填补。推进"巴黎气候进程"，中国的引领地位不可或缺，但也不可急于求成，只能有限担当，顺势作为（潘家华，2017；苏鑫和滕飞，2019；周亚敏和王金波，2018；庄贵阳等，2018）。其次要寻求具有气候协同效应的、符合中美共同利益的领域继续保持和美国的合作，如加强在能效、天然气、洁净化石能源使用等方面的合作。还应持续加强与欧盟、基础四国、77 国集团、G20 等的沟通、交流和协作。同时，中国也应积极利用一带一路、南南合作、C5（中国、欧盟、印度、巴西、南非）、金砖国家等中国可以发起和引领的平台，传播、推广和输出应对气候变化的理念、技术、产业、标准，推动务实合作（薄燕，2018；傅莎等，2017；何彬，2018；李慧明，2018b；刘哲等，2017；张海滨等，2017；赵行姝，2018）。

在特朗普退出《巴黎协定》之后，拜登政府宣布于 2021 年 2 月 19 日正式重返该协定。国际社会在经历了美国退出《巴黎协定》等一系列事件后，应对气候变化进入低潮期。但随着拜登政府关于气候问题的转变，21 世纪很可能成为碳中和的世纪，关于气候变化问题的全球性讨论可能会再次进入白热化阶段（柴麒敏等，2020）。拜登上台后，将解决气候问题作为其首要任务之一。拜登在宣布重返《巴黎协定》的声明中表示，美国政府不能再拖延或减少努力来应对气候危机，必须联合世界其他国家一起应对气候变化（郑嘉禹，2021）。拜登的这种转变有利于美国国家自主贡献的实现，也将促进其低碳经济发展（赵斌等，2021）。美国重返《巴黎协定》对美国国内和全球气候治理将会产生重要影响。拜登在竞选初期就提出一项总额为 2 万亿美元的清洁能源革命和环境正义计划，以应对气候变化。该计划的目标是到 2035 年实现无碳无污染发电，到 2050 年实现"净零排放"（Peggy，2020）。这一目标与科学界的相关讨论高度吻合，即努力"迈向更安全的气候道路"，也表现出美国新政府的气候雄心（Matt，2021）。美国的气候计划也已渗透到拜登政府政策的方方面面，从清洁能源产业到智能基础设施建设，再到汽车行业和公共土地管理，最后落脚到经济政策。

　　2021 年 4 月 22～23 日，美国总统拜登召集了"领导人气候峰会"，这是继重新加入《巴黎协定》回归多边气候治理进程后，拜登政府重拾美国气候领导力的又一标志性举动。会上，美国总统拜登宣布了其新的国家自主贡献，承诺到 2030 年，全经济范围温室气体排放相比 2005 年减少 50%～52%，此前奥巴马政府设立的减排目标是 2025 年减排 26%。拜登表示，应对气候变化不仅是为了保护地球，也是为了全人类的未来。气候变化是不可否认的科学事实，若不积极作为，人类将会为其付出越来越高的代价。拜登认为，应对气候变化将为民众创造更多高薪的工作岗位，还将带动经济发展，创造更加繁荣和公平的未来。美国将动员联邦政府、州政府、城市、大中小型企业，为应对气候变化贡献力量。拜登承诺，美国将在 10 年内实现温室气体排放减半，不晚于 2050 年实现净零排放经济。拜登还表示，应对气候变化需要全世界的共同努力，尤其是主要经济体需要加快步伐。

参 考 文 献

薄燕. 2018. 全球气候治理中的中美欧三边关系：新变化与连续性. 区域与全球发展, (2): 79-93.

薄燕, 高翔. 2014. 原则与规则：全球气候变化治理机制的变迁. 世界经济与政治, (2): 48-65.

薄燕, 高翔. 2017. 中国与全球气候这里机制的变迁. 上海：上海人民出版社.

柴麒敏, 傅莎, 祁悦, 等. 2018. 应对气候变化国家自主贡献的实施、更新与衔接. 中国发展观察, (10): 27-31.

柴麒敏, 郭虹宇, 刘昌义, 等. 2020. 共同开创国家碳中和繁荣美丽新时代. 阆江学刊, 11: 36-40.

巢清尘. 2016. 全球合作应对气候变化的新征程. 科学通报, 61(11): 1143-1145.

巢清尘, 张永香, 高翔, 等. 2016. 巴黎协定——全球气候治理的新起点. 气候变化研究进展, 12(1): 61-67.

陈艺丹, 蔡闻佳, 王灿. 2018. 国家自主决定贡献的特征研究. 气候变化研究进展, 14(3): 295-302.

董亮. 2016. 全球气候治理中的科学评估与政治谈判. 世界经济与政治, (11): 62-83.

董亮. 2018. 透明度原则的制度化及其影响：以全球气候治理为例. 外交评论(外交学院学报), (4): 106-131.

段晓男, 曲建升, 曾静静, 等. 2016. 《京都议定书》缔约国履约相关状况及其驱动因素初步分析. 世界地理研究, 25(4): 8-16.

冯升波, 杨宏伟. 2010. "2050 年温室气体减半"全球长期减排目标简析. 中国能源, 32(3): 33-36.

冯帅. 2018. 特朗普时期美国气候政策转变与中美气候外交出路. 东北亚论坛, (5): 109-126.

冯相昭, 刘哲, 田春秀, 等. 2015. 从国家自主贡献承诺看全球期后治理体系的变化. 世界环境, (6): 35-39.

傅莎, 柴麒敏, 徐华清. 2017. 美国宣布退出《巴黎协定》后全球气候减缓、资金和治理差距分析. 气候变化研究进展, 13(5): 415-427.

高翔, 樊星. 2020. 《巴黎协定》国家自主贡献信息、核算规则及评估. 中国人口·资源与环境, 30(5): 10-16.

高翔, 高云. 2018. 全球气候治理规则体系基于科学和实践的演进//谢伏瞻, 刘雅鸣. 应对气候变化报告(2018): 聚首卡托维兹. 北京：社会科学文献出版社.

高翔, 滕飞. 2014. 联合国气候变化框架公约下"三可"规则现状与展望. 中国能源, 36(2): 28-31.

高翔, 王文涛. 2013. 《京都议定书》第二承诺期与第一承诺期的差异辨析. 国际展望, (4): 27-41.

龚微, 赵慧. 2018. 美国退出《巴黎协定》的国际法分析. 贵州大学学报(社会科学版), (2): 109-115.

何彬. 2018. 美国退出《巴黎协定》的利益考量与政策冲击——基于扩展利益基础解释模型的分析. 东北亚论坛, (2): 104-115.

何晶晶. 2016. 从《京都议定书》到《巴黎协定》：开启新的气候变化治理时代. 国际法研究, (3): 77-88.

洪祎君, 崔惠娟, 王芳, 等. 2018. 基于发展中国家自主贡献文件的资金需求评估. 气候变化研究进展, 14(6): 621-631.

李慧明. 2018a. 特朗普政府"去气候化"行动背景下欧盟的气候政策分析. 欧洲研究, (5): 43-60.

李慧明. 2018b. 构建人类命运共同体背景下的全球气候治理新形势及中国的战略选择. 国际关系研究, (4): 3-20.

李俊峰, 陈济, 杨秀, 等. 2015. 自主贡献是实力、态度更是责任——对中国国家自主贡献的评论. 环境经济, (Z4): 17.

李俊峰, 徐华清, 崔成. 2009. 减缓气候变化: 原则、目标、行动及政策. 北京: 中国计划出版社.

刘硕, 李玉娥, 高清竹, 等. 2015. 不同减排领域对附件 B 缔约方完成《京都议定书》第一承诺期减排目标的贡献. 气候变化研究进展, 11(2): 131-137.

刘哲, 冯相昭, 田春秀. 2017. 美国退出《巴黎协定》对全球应对气候变化的影响. 世界环境, (3): 46-47.

吕江. 2019. 从国际法形式效力的视角对美国退出气候变化《巴黎协定》的制度反思. 中国软科学, (1): 10-19.

吕学都. 2008. 巴厘会议对未来气候变化国际制度的影响. 世界环境, (1): 14-17.

罗丽香, 高志宏. 2018. 美国退出《巴黎协定》的影响及中国应对研究. 江苏社会科学, (5): 184-193.

潘家华. 2009. 哥本哈根之后的气候走向. 外交评论, (6): 1-4.

潘家华. 2017. 负面冲击正向效应——美国总统特朗普宣布退出《巴黎协定》的影响分析. 中国科学院院刊, (9): 1014-1021.

潘寻. 2016. 基于国家自主决定贡献的发展中国家应对气候变化资金需求研究. 气候变化研究进展, 12(5): 450-456.

祁悦, 柴麒敏, 刘冠英, 等. 2018. 发达国家 2020 年前应对气候变化行动和支持力度盘点. 气候变化研究进展, 14(5): 522-528.

苏伟, 吕学都, 孙国顺. 2008. 未来联合国气候变化谈判的核心内容及前景展望——"巴厘路线图"解读. 气候变化研究进展, 4(1): 57-60.

苏鑫, 滕飞. 2019. 美国退出《巴黎协定》对全球温室气体排放的影响. 气候变化研究进展, 15(1): 74-83.

孙世民. 2017. 从国际环境条约的退出看美国退出《巴黎协定》. 法治与社会, (23): 130-132.

滕飞. 2012. 照常情景的定义及其对减缓努力评价的影响. 气候变化研究进展, 8(4): 272-277.

王利宁, 陈文颖. 2015a. 全球 2℃温升目标下各国碳配额的不确定性分析. 中国人口·资源与环境, 25(6): 30-36.

王利宁, 陈文颖. 2015b. 不同分配方案下各国碳排放额及公平性评价. 清华大学学报: 自然科学版, 55(6): 672-677.

王谋. 2018. 世界排放大国 CO_2 排放和 GDP 的格兰杰因果分析及其对国际气候治理的影响和意义. 气候变化研究进展, 14(3): 303-309.

魏蔚. 2017. 特朗普政府退出《巴黎协定》能否重振美国能源产业. 中国发展观察, (13): 54-57.

吴静, 王诗琪, 王铮. 2016. 世界主要国家气候谈判立场演变历程及未来减排目标分析. 气候变化研究进展, 12(3): 202-216.

肖新建, 高虎, 张有生. 2018. 2017 年我国煤炭发展形势回顾及 2018 年展望与建议. 中国能源, 40(1): 5-9.

杨宽. 2019. 条约单方退出的国际法律规制的完善——从美国退出《巴黎协定》谈起. 北京理工大学学报(社会科学版), 21(1): 154-161.

曾文革, 周钰颖. 2013. 论《京都议定书》第二期承诺对国家发展权的保障及其局限性. 东南大学学报(哲学社会科学版), 15(3): 42-48.

张海滨, 戴瀚程, 赖华夏, 等. 2017. 美国退出《巴黎协定》的原因、影响及中国的对策. 气候变化研究进展, 13(5): 439-447.

张小全. 2011. LULUCF 在《京都议定书》履约中的作用. 气候变化研究进展, 7(5): 369-377.

张梓太, 沈灏. 2014. 气候变化国际立法最新进展与中国立法展望. 南京大学学报(哲学.人文科学.社会科学版), (2): 37-43.

赵斌, 谢淑敏. 2021. 重返《巴黎协定》: 美国拜登政府气候政治新变化. 和平与发展: 3:37-58.

赵行姝. 2017. 《巴黎协定》与特朗普政府的履约前景. 气候变化研究进展, 13(5): 448-455.

赵行姝. 2018. 美国对全球气候资金的贡献及其影响因素——基于对外气候援助的案例研究. 美国研究, (2):

68-87.

郑嘉禹, 杨润青. 2021. 美国正式重返《巴黎协定》. 生态经济, 4: 1-4.

郑爽. 2008. 巴厘路线图. 中国能源, 30(2): 10-12.

郑爽. 2010. 《哥本哈根协议》现状与气候谈判前景. 中国能源, 32(4): 19-22.

周亚敏, 王金波. 2018. 美国重启《巴黎协定》谈判对全球气候治理的影响分析. 当代世界, (1): 50-53.

朱松丽. 2009. 欧盟第二承诺期减排目标初步分析. 气候变化研究进展, 5(2): 103-109.

庄贵阳, 薄凡, 张靖. 2018. 中国在全球气候治理中的角色定位与战略选择. 世界经济与政治, (4): 4-27.

Boyd R, Turner J, B Ward. 2015. Tracking intended nationally determined contributions: What are the implications for greenhouse gas emissions in 2030. London UK. Policy Paper of Center for Climate Change Economics and Policy. https://www.lse.ac.uk/granthaminstitute/wp-content/uploads/2015/08/Boyd-et-al-policy-paper-August-2015.pdf.

Bradley C A, Goldsmith J L. 2018. Presidential control over international law. Harvard Law Review, 131(5): 1203-1297.

Climate Action Tracker. 2018. Country assessment. https://climateactiontracker.org/countries/[2021-5-30].

ECOFY. 2017. Annual Status Report on Nationally Appropriate Mitigation Actions (NAMAs). https://unfccc. int/topics/mitigation/workstreams/nationally-appropriate-mitigation-actions.

Fawcett A A, Iyer G C, Clarke L E. 2015. Can Paris pledges avert severe climate change? Science, 350(6265): 1168-1169.

Grubb M. 2016. Full legal compliance with the Kyoto Protocol's first commitment period-some lessons. Climate Policy, 16(6): 673-681.

Höhne N, Kuramochi T, Warnecke C, et al. 2017. The Paris Agreement: Resolving the inconsistency between global goals and national contributions. Climate Policy, 17(1): 16-32.

IEA. 2015. Energy and climate change, world energy outlook special report. Paris.

IPCC. 2008. Climate Change 2007: Mitigation. Cambridge: Cambridge University Press.

Matt M. 2021. "Biden: This Will Be 'Decisive Decade' for Tackling Climate Change, " BBC News. https://www. bbc.com/news/science-environment-56837927[2022-1-3].

McGrath M. 2021. Biden: This Will Be "Decisive Decade" for Tackling Climate Change. https://www.bbc. com/news/science-environment-56837927[2021-5-30].

Olivier J G J, Peters J A H W. 2018. Trends in Global CO_2 and Total Greenhouse Gas Emissions: 2018 Report. Hague: PBL Netherlands Environmental Assessment Agency.

Otum P, et al.2020. What a Biden Administration Will Mean for US Climate Change Policy. https://www. wilmerhale.com/en/insights/clientalerts/20201109-what-a-biden-administration-will-mean-for-us-climate-chan ge-policy[2021-5-30].

PBL. 2017. Greenhous gas mitigation scenarios for major emitting countries: 2017 update. http://www.pbl.nl/en/ publications/greenhouse-gas-mitigaiton-scenarios-for-major-emitting-countries-2017-update[2021-5-30].

Peggy O, et al. 2020. "What a Biden Administration Will Mean for US Climate Change Policy" Wilmerhale. https://www.wilmerhale.com/en/insights/clientalerts/20201109-what-a-biden-administration-will-mean-for-us-climate-change-policy[2021-5-2].

Pieter W, Klein R. 2020. Beyond ambition: increasing the transparency, coherence and implementability of Nationally Determined Contributions. Climate Policy, 20(4): 405-414.

Rogelj J, Den Elzen M, Höhne N. 2016. Paris Agreement climate proposals need a boost to keep warming well below 2℃. Nature, 543: 631-639.

Röser F, Widerberg O, Höhne N, et al. 2020. Ambition in the making: Analysing the preparation and implementation process of the Nationally Determined Contributions under the Paris Agreement. Climate Policy, (4): 415-429.

Shishlov I, Morel R, Bellassen V. 2016. Compliance of the Parties to the Kyoto Protocol in the first commitment period. Climate Policy, 16(6): 768-782.

Trump D. 2017. Statement by President Trump on the Paris Climate Accord. Washington: The White House.

UNDP, UNFCCC. 2019. Nationally determined contributions (NDC) – Global Outlook Report 2019. https:// www.undp.org/content/undp/en/home/librarypage/environment-energy/climate_change/ndc-global-outlook-report-2019.html[2021-5-30].

UNFCCC. 2010. Outcome of the work of the Ad Hoc Working Group on Long-term Cooperative Action under the Convention. https://unfccc.int/sites/default/fifiles/resource/docs/2011/cop17/eng/09a01.pdf.

UNFCCC. 2011a. Compilation of economy-wide emission reduction targets to be implemented by Parties included in Annex I to the Convention. https://unfccc.int/sites/default/fifiles/resource/docs/2011/sb/eng/inf01r01.pdf.

UNFCCC. 2011b. Compilation of information on nationally appropriate mitigation actions to be implemented by Parties not included in Annex I to the Convention. FCCC/AWGLCA/2011/INF.1.https://unfccc.int/resource/docs/2011/awglca14/eng/01.pdf.

UNFCCC. 2012. Amendment to the Kyoto Protocol pursuant to its Article 3, paragraph 9 (the Doha Amendment). FCCC/KP/CMP/2012/13/Add.1.https://unfccc.int/resource/docs/2012/cmp8/eng/13a01.pdf.

UNFCCC. 2015. Adoption of the Paris Agreement. Proposal by the President.

UNFCCC. 2019a. Units issued as at 31 January 2019. http: //cdm.unfccc.int/Registry/index.html[2021-5-30].

UNFCCC. 2019b. INDC Portal. https: //www4.unfccc.int/sites/submissions/indc/Submission%20Pages/ submis-sions.aspx[2021-5-30].

United Nations. 2018. Status of Doha Amendment to the Kyoto Protocol. United Nations Treaty Collection (Database). https: //treaties.un.org/Pages/ViewDetails.aspx?src=TREATY&mtdsg_no=XXVII-7-c&chapter=27&clang=_en[2021-5-30].

United Nations. 2019. Status of Paris Agreement. United Nations Treaty Collection (Database). https: //treaties.un.org/Pages/ViewDetails.aspx?src=TREATY&mtdsg_no=XXVII-7-d&chapter=27&clang=_en[2021-5-30].

Wang T, Gao X. 2018. Reflection and operationalization of the common but differentiated responsibilities and respective capabilities principle in the transparency framework under the international climate change regime. Advances in Climate Change Research, 9: 253-263.

Winning M, Price J, Ekins P, et al. 2019. Nationally Determined Contributions under the Paris Agreement and the costs of delayed action. Climate Policy, 19(8): 947-958.

WRI. 2019. CAIT Climate data explorer, INDC dashboard. http: //cait.wri.org/indc/#/[2021-5-30].

第25章 中国 2020 年前碳减排政策、行动与成效

首席作者：齐绍洲 王宇

主要作者：严雅雪 程思 徐佳 田丹宇

摘　　要

"十二五"，特别是"十三五"期间，中国碳减排政策覆盖面越来越广，政策的系统性越来越强，政策推出的密度和力度越来越大，并注重政策之间的相互配套协同。国家、地方和行业三个层面都出台了具体、明确、衔接紧密的减排目标政策，在工业、交通和建筑三大领域也推出了相应的能效政策，可再生能源政策在消纳、价格及补贴机制、市场机制等方面不断推进，碳排放权交易试点建设进展顺利，并在试点成功的基础上开启了全国碳市场的稳定运行，森林碳汇、湿地碳汇政策相继推出。为贯彻落实上述政策，国家在减排目标设定及分解、低碳试点省市、强制性能效标准、能效领跑者、碳排放权交易、电力市场化改革、用能权交易试点等方面采取相应行动，地方和城市在低碳规划与实施方案、碳排放提前达峰城市建设、低碳智慧城市建设、低碳工业园区建设等方面积极行动，行业则围绕工业绿色制造、低碳交通运输体系、绿色低碳化建筑和农林业绿色低碳发展展开行动，企业和社会各界也广泛参与。通过这些行动，"十三五"减排目标提前实现，产业结构、能源结构不断优化，低碳技术创新成效显著。但一些突出问题需要加以重视：产业结构优化升级存在地区之间不平衡、不充分的情况，能源结构转型需要在体制机制上进一步改革，能源强度和效率的提升需要在技术创新上进一步突破；全国碳市场建设步伐需要进一步加快，尤其是在立法、数据质量和配额分配等关键政策环节要加快推进速度，多种节能减排和环境保护政策需要加强协调，增加不同政策之间的协同效应。

25.1 碳减排政策

2011 年中国在《"十二五"控制温室气体排放工作方案》中首次提出单位国内生产总值 CO_2 排放（简称碳强度）下降 17%的约束性目标。"十二五"期间，中国的碳减排工作取得了积极的成效，碳强度累计下降 20%，超额完成规划目标。2016 年中国政府进一步出台《"十三五"控制温室气体排放工作方案》和《"十三五"节能减排综合工作方案》，为"十三五"期间控制温室气体排放制定了更为严格的目标。国务院新闻办公室 2021 年 10 月 27 日发表的《中国应对气候变化的政策与行动》表明，2020 年中国碳排放强度比 2015 年下降 18.8%，

超额完成"十三五"约束性目标，比 2005 年下降 48.4%，超额完成了中国向国际社会承诺的到 2020 年下降 40%～45% 的目标，累计少排放二氧化碳约 58 亿 t，基本扭转了二氧化碳排放快速增长的局面。

25.1.1　减排目标政策

加强碳强度指标控制。到 2020 年，碳强度在 2015 年基础上下降 18%，碳排放总量得到有效控制。氢氟碳化物、甲烷、氧化亚氮、全氟化碳、六氟化硫等非二氧化碳温室气体控排力度进一步加大。

加快发展非化石能源。积极有序推进水电开发，安全高效发展核电，稳步发展风电，加快发展太阳能发电，积极发展地热能、生物质能和海洋能。到 2020 年，力争常规水电装机达到 3.4 亿 kW，风电装机达到 2 亿 kW，光伏装机达到 1 亿 kW，核电装机达到 5800 万 kW、在建容量达到 3000 万 kW 以上。

优化利用化石能源。控制煤炭消费总量，2020 年将其控制在 42 亿 t 左右。推动雾霾严重地区和城市在 2017 年后继续实现煤炭消费负增长。积极开发利用天然气、煤层气、页岩气，加强放空天然气和油田伴生气回收利用，到 2020 年天然气占能源消费总量比重提高到 10% 左右。

省级碳排放控制量化目标。综合考虑各省（自治区、直辖市）发展阶段、资源禀赋、战略定位、生态环保等因素，《"十三五"控制温室气体排放工作方案》中确定了省级碳排放控制量化目标（表 25.1），实施分类指导的碳排放强度控制。

表 25.1　全国分地区 GDP 能源消费强度和 CO_2 排放强度控制目标

地区	能源消费强度下降/%		CO_2 排放强度下降/%	
	"十二五"	"十三五"	"十二五"	"十三五"
全国	16	15	17	18
北京	17	17	18	20.5
天津	18	17	19	20.5
河北	17	17	18	20.5
江苏	18	17	19	20.5
上海	18	17	19	20.5
浙江	18	17	19	20.5
山东	17	17	18	20.5
广东	18	17	19.5	20.5
福建	16	16	17.5	19.5
河南	16	16	17	19.5
湖北	16	16	17	19.5
重庆	16	16	17	19.5
江西	16	16	17	19.5
四川	16	16	17.5	19.5
内蒙古	15	14	16	17
黑龙江	16	15	16	17
广西	15	14	16	17
甘肃	15	14	16	17

续表

地区	能源消费强度下降/%		CO₂排放强度下降/%	
	"十二五"	"十三五"	"十二五"	"十三五"
宁夏	15	14	16	17
海南	10	10	11	12
青海	10	10	10	12
西藏	10	10	10	12
新疆	10	10	11	12
山西	16	15	17	18
辽宁	17	15	18	18
吉林	16	15	17	18
安徽	16	16	17	18
湖南	16	16	17	18
贵州	15	14	16	18
云南	15	14	16.5	18
陕西	16	15	17	18

注：表中未包括台湾、香港、澳门地区

　　行业碳减排规划与方案。各行业也相继出台了更加具体明确的"十三五"期间的发展规划及节能减排工作方案。

　　控制工业领域排放。2020年单位工业增加值二氧化碳排放量比2015年下降22%，工业领域二氧化碳排放总量趋于稳定，钢铁、建材等重点行业二氧化碳排放总量得到有效控制，主要高耗能产品单位产品碳排放达到国际先进水平，积极控制工业过程温室气体排放，"十三五"期间累计减排二氧化碳当量11亿t以上。

　　大力发展低碳农业。开展化肥使用量零增长行动，到2020年实现农田氧化亚氮排放达到峰值。控制畜禽温室气体排放，推进标准化规模养殖，推进畜禽废弃物综合利用，到2020年规模化养殖场、养殖小区配套建设废弃物处理设施比例达到75%以上。

　　建设低碳交通运输体系。加快发展铁路、水运等低碳运输方式，推动航空、航海、公路运输低碳发展，发展低碳物流，到2020年，营运货车、客车和船舶单位运输周转量二氧化碳排放比2015年分别下降8%、2.6%和7%，城市客运单位客运量二氧化碳排放比2015年下降12.5%。鼓励使用节能、清洁能源和新能源运输工具，到2020年，纯电动汽车和插电式混合动力汽车生产能力达到200万辆、累计产销量超过500万辆。

　　推进建筑节能，推广绿色建筑。推进既有建筑节能改造，强化新建建筑节能，推广绿色建筑。根据《"十三五"节能减排综合工作方案》，到2020年城镇绿色建筑占新建建筑比重达到50%。强化宾馆、办公楼、商场等商业和公共建筑低碳化运营管理。在农村地区推动建筑节能，引导生活用能方式向清洁低碳转变，建设绿色低碳村镇。积极开展绿色生态城区和零碳排放建筑试点示范。

25.1.2　能源效率政策

　　提高能源效率是治理全球气候变化的主要努力方向之一，中国已经建立了提高能效的详细政策框架，包括法律法规、行政命令、经济激励、市场机制及试点示范等，时效直至2030

年。为推动全社会节约能源、提高能源利用效率、保护和改善环境，《中华人民共和国节约能源法》（2007 年修订版）确立了强制性用能产品及设备的能源效率标准、单位产品能耗限额标准及能源效率标识的法律地位。之后，国家颁布了一系列政策法规推动能效标准的实施，包括 2016 年的《能源效率标识管理办法》，其扩大了能效标识的适用范围；2017 年的《节能标准体系建设方案》进一步完善了节能标准系统框架，强化了节能标准约束力度。

工业能效。2016 年，国务院印发了《"十三五"节能减排综合工作方案》，明确了工业节能减排工作的主要目标和重点任务，之后工业和信息化部印发的《工业节能与绿色标准化行动计划（2017—2019 年）》提出"加强工业节能与绿色标准修订与实施、加大强制性节能标准贯彻实施力度，开展工业企业能效水平对标达标活动，提升工业节能与绿色标准基础能力"等重点节能任务。2018 年初，国家修订了《重点用能单位节能管理办法》，推动开展重点用能单位百千万行动，印发了《2018 年工业节能监察重点工作计划》的通知，明确了工业节能专项监察内容。2019 年，工业和信息化部印发了《工业节能诊断服务行动计划》，提出每年对 3000 家以上重点企业实施节能诊断服务，制定重点行业节能诊断标准，努力构建公益性和市场化相结合的诊断服务体系的目标。

交通能效。为全方位、全地域、全过程推进交通生态文明建设，交通运输部于 2017 年发布了《关于全面深入推进绿色交通发展的意见》以及《交通运输部关于印发推进交通运输生态文明建设实施方案的通知》，以加快绿色交通制度标准体系建设、提升交通运输系统运行效率。在此框架下，国家公布了《轻型商用车辆燃料消耗量限值》等标准限值；同时，持续推行《交通运输节能减排专项资金管理暂行办法》，对于开展交通运输节能减排工作的重点项目实施单位推广应用节能减排相关机制、技术、工艺、产品的开发利用提供资金奖励。

建筑能效。2017 年，国家公布了《建筑节能与绿色建筑发展"十三五"规划》《住房城乡建设科技创新"十三五"专项规划》，以全面推进建筑领域绿色发展。文件中明确提出加快提高建筑节能标准及执行指令、全面推动绿色建筑发展量质齐升、稳步提升既有建筑节能水平、深入推进可再生能源建筑应用和积极推进农村建筑节能等主要任务，并设立了各任务相应的约束性或预期性目标值。国家机关事务管理局和国家发展改革委联合印发了《公共机构节约能源资源"十三五"规划》，并开展公共机构节能考核。相关部门制订了《北方地区冬季清洁取暖规划（2017—2021）》及相应指导意见以促进装配式建筑发展，加大绿色建材推广力度。

25.1.3　可再生能源政策

国家能源局印发的《2016 年能源工作指导意见》中明确提出进一步加快能源结构调整、推进发展动力转换的指导思想，并在《可再生能源发展"十三五"规划》中设定了可再生能源开发利用规模量化指标、经济指标、并网运行和消纳指标。2017 年，国家能源局发布了《关于可再生能源发展"十三五"规划实施的指导意见》，进一步细化相关政策。

可再生能源消纳。2017 年，国家发展改革委、国家能源局联合发布《关于促进西南地区水电消纳的通知》《解决弃水弃风弃光问题实施方案》等相关文件，制定了明确的可再生能源消纳总体目标，并按照地区差异设置了相应的地区发展目标。2019 年，国家能源局下发了《关于建立健全可再生能源电力消纳保障机制的通知》，明确了可再生能源电力消纳指标及消纳任务完成量核算方法，建立对可再生能源电力利用水平的约束性机制。

价格及补贴机制。为实现 2020 年风电项目电价可与当地燃煤发电同台竞争、光伏项目电价可与电网销售电价相当的目标，国家发展改革委公布了一系列风电、太阳能发电上网电价政策的相关通知。财政部和国家发展改革委下发了《关于提高可再生能源发展基金征收标准等有关问题的通知》，自 2016 年 1 月 1 日起，将各省（自治区、直辖市，不含新疆维吾尔自治区、西藏自治区）居民生活和农业生产以外全部销售电量的基金征收标准，由每千瓦时 1.5 分提高到每千瓦时 1.9 分。随着可再生能源补贴资金需求的增加，《国家发展改革委关于全面深化价格机制改革的意见》中提出，实施风电、光伏等可再生能源标杆上网电价退坡机制。2019 年 1 月，《国家发展改革委 国家能源局关于积极推进风电、光伏发电无补贴平价上网有关工作的通知》（发改能源〔2019〕19 号）从平价项目的组织、建设、运行和监管等方面，对地方能源主管部门、电网企业等提出相应要求。2020 年 4 月，国家发展改革委印发了《关于 2020 年光伏发电上网电价政策有关事项的通知》，公布了集中式光伏发电指导价和分布式光伏发电补贴标准。

市场机制。为引导全社会绿色消费，促进可再生能源的健康、持续发展，进一步完善可再生能源的市场机制，国家发展改革委、财政部及国家能源局于 2017 年印发了《关于试行可再生能源绿色电力证书核发及自愿认购交易制度的通知》，在全国范围内试行开展可再生能源绿色电力证书核发和自愿认购制度，并提出自 2018 年适时启动可再生能源电力消纳和绿色电力证书强制约束交易。

25.1.4　碳排放权交易政策

为积极应对气候变化，中国借鉴国际碳排放权交易市场（简称碳市场）建设经验，结合中国国情，逐步推进碳市场建设。通过碳市场试点的实践，完善和探索关键制度设计，逐步建立全国统一碳市场。通过法律法规、关键制度、注册与交易平台的构建，完善碳市场建设，充分发挥市场机制在优化资源配置上的基础性作用，以最小化成本实现温室气体排放控制目标。

试点碳市场。按照"十二五"规划纲要关于"逐步建立碳排放权交易市场"的要求，2011 年，国家发展改革委发布《国家发展改革委办公厅关于开展碳排放权交易试点工作的通知》，在北京、天津、上海、重庆、湖北、广东及深圳启动碳市场试点工作。2013 年底，深圳、上海、北京、广东和天津先后启动碳市场；2014 年第二季度，湖北和重庆碳市场相继启动。

全国碳市场。2017 年 12 月，经国务院同意，国家发展改革委正式印发《全国碳排放权交易市场建设方案（电力行业）》，推进碳市场试点地区向全国碳市场过渡，将符合条件的重点排放单位逐步纳入全国碳市场，实行统一管理，碳市场试点地区继续发挥现有作用，在条件成熟后逐步向全国碳市场过渡。这标志着我国全国统一碳市场开始启动（范英，2018）。截至 2021 年 12 月 31 日，全国碳市场碳排放配额累计成交量 1.79 亿吨，累计成交额 76.61 亿元。按履约量计，履约完成率为 99.5%，市场运行健康有序，促进企业减排温室气体和加快绿色低碳转型的作用初步显现。

25.1.5　林业碳汇政策

森林碳汇。被誉为"绿色黄金"的森林碳汇，是目前国际社会认可的应对气候变化和治理大气污染最经济、最现实的手段之一（表 25.2）（陈刚，2015；Joshua et al.，2017；Laura, et al.，2018）。2017 年，国家林业局印发《林业改革发展资金管理办法》，出台《全国沿海防护林体系建设工程规划（2016—2025 年）》和《关于促进中国林业云发展的指导意见》，致力于推进国土绿化扩面提质，完善国土绿化创新政策。2018 年，国家林业局印发《关于规范森林认证工作健康有序开展的通知》，出台《国家林业局关于进一步加强国家级森林公园管理的通知》和《国家林业和草原局关于进一步放活集体林经营权的意见》，强调继续提升森林经营的管理水平和森林资源保护的重要性。

表 25.2　中国森林碳汇量的经济价值评估结果

年度	森林全部碳汇量/亿 t	4.1$/t（美国碳税法，2009 年）/亿美元	2.75$/t（TCX，2010 年）/亿美元	1078.1~8$/t（CCX，2003~2010 年）/亿美元	>10$/t（国家发展改革委，2012 年）/亿美元
1979~1983	108.32	444.1	292.5	10.8~866.6	1083.2
1984~1988	118.86	487.3	320.9	11.9~950.9	1188.6
1989~1993	107.86	442.2	291.2	10.8~862.9	1078.6
1994~1998	117.47	481.6	317.2	11.7~939.8	1174.7
1999~2003	130.57	535.3	352.5	13.1~1044.6	1305.7
2004~2008	144.35	591.8	389.7	14.4~1154.8	1443.5
2009~2013	158.95	651.7	429.2	15.9~1271.6	1589.5
2015	165.67	679.2	447.3	16.6~1325.4	1656.7
2020	173.78	712.5	469.2	17.4~1390.2	1737.8

注：2015 年和 2020 年数据由森林蓄积量扩展法估算得出

资料来源：陈刚. 2015. 我国森林碳汇经济价值评估研究. 价格理论与实践，（5）：109-111

湿地碳汇。湿地对全球气候变化高度敏感，湿地生态系统状况的好坏直接决定湿地生态系统在碳汇和碳源之间的转换（Mitsch and Mander，2018；Zhao et al.，2018）。同时，湿地生态系统是地球上单位面积固碳和脱氮能力最强、生物多样性保护最大的生态系统（Emily et al.，2018；宋长春等，2018；陈国富等，2018）。2017 年，国家林业局等 8 个部门联合印发关于贯彻落实《湿地保护修复制度方案》的实施意见，首次将湿地纳入中央对地方政府的政绩考核。2018 年，国家林业局、国家发展改革委和财政部联合印发《全国湿地保护"十三五"实施规划》，这是中国湿地从"抢救性保护"进入"全面保护"新阶段的第一个全国性专门规划。致力于建立比较完善的湿地保护体系、科普宣教体系和监测评估体系，以提高湿地保护管理能力，增强湿地生态系统的自然性、完整性和稳定性。

25.2　碳减排行动

为了贯彻落实碳减排政策，国家、地方、行业和企业以及社会各界采取了一系列节能减排行动。

25.2.1　国家行动

国家层面，主要采取了以下七大类碳减排行动。

减排目标的分解与考核。国务院《"十三五"节能减排综合工作方案》对"十三五"能耗总量和强度"双控"工作进行了总体部署，并将目标分解到各省（自治区、直辖市），每年组织开展省级人民政府节能减排目标责任评价考核，并将考核结果作为领导班子和干部年度考核的重要内容，开展领导干部自然资源资产离任审计试点。对未完成强度降低目标的省级人民政府实行问责，对未完成国家下达能耗总量控制目标任务的予以通报批评和约谈，实行高耗能项目缓批限批。

低碳省市试点。2010 年 7 月、2012 年 11 月和 2017 年 1 月，国家发展改革委分三批在广东、辽宁、湖北等 6 省以及北京、上海、镇江等 81 市开展了国家低碳省区和低碳城市试点工作。几年来，国家发展改革委指导试点地区编制低碳规划，摸清排放底数，组织学习交流，开展国际合作，探索出一条自下而上的低碳发展路径。各试点省、市认真落实国家提出的各项任务要求，强化低碳发展的组织保障，有的试点成立了专门的"低碳发展局"。部分试点探索建立了碳排放总量控制制度、重大项目碳排放评价制度、低碳产品标准标识与认证制度，出台了一批配套政策。所有试点省、市均开展了地区温室气体清单编制工作，加强温室气体排放清单和核算体系等基础能力建设，部分城市建设了碳排放数据管理平台。一些试点地区通过碳积分制、碳币、碳信用卡、碳普惠制等方式，倡导绿色低碳的生活方式和消费模式，培育低碳生活的社会风尚，在推动低碳发展方面取得了积极成效。

发布强制性能效标准。截至 2017 年底，国家已发布实施强制性能效标准 73 项及强制性能耗限额标准 106 项，强制性能效标准覆盖家用耗能器具、工业设备、商用设备、照明器具、电子信息产品、乘用车燃油消耗量限值六大类产品，强制性能耗限额标准涉及电力、钢铁、有色、石油和化工、建材、煤炭、港口等高耗能行业的火力发电机组、粗钢、电解铝、烧碱、水泥等高耗能产品。此外，国家每年发布《"能效之星"产品目录》，在最新的 2019 年目录中涵盖了终端消费类产品、工业装备类产品共 134 类。

能效"领跑者"实施方案。2014 年，国家发展改革委等七部门联合印发了《关于印发能效"领跑者"制度实施方案的通知》，标志着能效"领跑者"制度在中国正式实施，实施范围包括终端用能产品、高耗能行业和公共机构。2016 年国家发布了首批能效"领跑者"产品目录；2018 年公布了"2017～2018 年公共机构能效领跑者名单"；2020 年初公布了 2019 年重点用能行业能效"领跑者"企业名单。

碳排放权交易试点。自 2013～2014 年北京、天津、上海、重庆、广东、湖北、深圳 7 个试点先后启动了碳市场交易以来，各试点围绕关键制度设计、技术支撑、能力建设、碳金融创新、履约、评估和优化等开展大量工作，不断完善制度，动态优化调整，建立了各具特色的碳交易体系。2016 年 12 月，四川和福建两省相继启动非试点地区碳市场，2017 年 12 月，全国碳市场宣布启动，首批只纳入发电行业，之后分阶段逐步扩大覆盖范围。自 2021 年 7 月 16 日正式启动上线交易以来，中国碳市场成为全球现货最大碳市场，且实现健康有序运行。

电力体制市场化改革试点。2015 年新一轮电力体制改革启动以来，电力市场化交易得以大力推进，电力市场逐步建立了规则明确、组织有序、形式多样、主体多元的市场化交易体系。2018 年，国家发展改革委、国家能源局对外发布《关于积极推进电力市场化交易 进一步完善交易机制的通知》《全面放开部分重点行业电力用户发用电计划实施方案》，标志着我国加快推进电力市场化交易，完善直接交易机制，深化电力体制改革又迈出重要步伐。2018 年全国电力市场交易电量（含发电权交易电量）合计为 2.07 万亿 kW·h，同比增长 26.5%；市场交易电量占全社会用电量比重为 30.2%，市场交易电量占电网企业销售电量比重为 37.1%。

用能权交易试点。2016 年，国家发展改革委印发了《用能权有偿使用和交易制度试点方案》，在浙江、福建、河南、四川四个地区开展试点、探索模式，以发挥市场在资源配置中的决定性作用和更好发挥政府作用。方案设计了用能权交易的时间安排：2016 年顶层设计和准备工作；2017 年开始试点并不断完善；2019 年试点取得阶段性成果；2020 年开展试点效果评估，逐步推广。截至目前，有关试点省份发布了《河南省用能权有偿使用和交易试点实施方案》《四川省用能权有偿使用和交易制度试点工作推进方案》《浙江省用能权有偿使用和交易试点工作实施方案》《福建省用能权有偿使用和交易试点实施方案》，并得到国家发展改革委批示。2019 年 9 月，四川省用能权有偿使用和交易市场正式开市。

25.2.2 地方和城市碳减排行动

地方和城市碳减排行动主要体现在以下四个方面。

地方低碳规划与实施方案。根据《国家应对气候变化规划（2014—2020 年）》《中华人民共和国国民经济和社会发展第十三个五年规划纲要》《"十三五"控制温室气体排放工作方案》，各省（自治区、直辖市）要将大幅度降低二氧化碳排放强度纳入本地区经济社会发展规划、年度计划和政府工作报告，制定具体工作方案。截至 2018 年 6 月，全国 31 个省（自治区、直辖市）均发布了省级"十三五"控制温室气体排放的相关方案或规划，其中 25 个省（自治区、直辖市）发布了"十三五"控制温室气体排放工作方案，6 个省（自治区、直辖市）以相关规划、方案或意见的形式对"十三五"控制温室气体排放工作进行了安排。低碳试点地区通过将低碳发展目标纳入国民经济和社会发展五年规划，将低碳发展规划融入地方政府的规划体系，充分发挥低碳发展规划的引领作用。通过编制低碳发展规划，提出控制温室气体排放和低碳发展的目标、任务和措施，试点地区明确了适合本地区低碳发展的主要途径、重点项目和保障措施，引导本地区相关部门在执行规划的过程中逐步探索低碳发展的模式与路径。

碳排放提前达峰城市联盟建立。中国提出大约在 2030 年二氧化碳排放达到峰值且将努力早日达峰。在 2015 年第一届中美气候智慧型/低碳城市峰会期间，中美省、州、市联合发表了《中美气候领导宣言》，共同宣布在各自城市和地区"设定富有雄心的目标"。中方参会的 11 个省、市共同发起成立"率先达峰城市联盟"，公布了具有先进性的峰值目标并提出了相应的政策和行动（图 25.1）。中国政府支持成立了"中国达峰先锋城市联盟秘书处"，总结城市减排经验开展达峰经验分享，编写指导手册指导城市实现达峰目标。截至 2017 年 10 月，共有 73 个低碳试点省、市以不同方式提出了碳排放峰值目标。截至 2018 年 6 月，北京、天津、山西、山东、海南、重庆、云南、甘肃、新疆 9 省（自治区、直辖市）在其发布的省级"十三五"控制温室气体排放的相关实施方案或规划中提出了明确的整体碳排放达峰时间。其中，北京提出 2020 年并尽早达峰、天津提出 2025 年左右达峰、云南提出 2025 年左右达峰、山东提出 2027 年左右达峰。

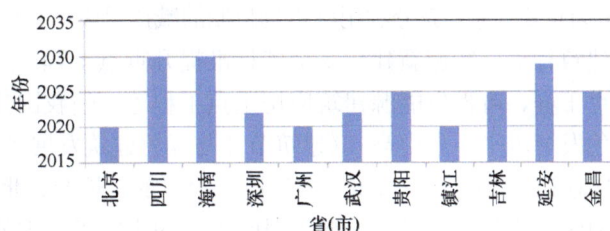

图 25.1　2015 年中国"率先达峰城市联盟"省（市）提出的峰值目标

低碳智慧城市建设。2014 年国家发展改革委对智慧城市健康发展提出了"走集约、智能、绿色、低碳的新型城镇化道路"的总体要求，几年来低碳试点城市建设与智慧试点城市建设有机融合，协同发展。在试点指标协同方面，2016 年国家发展改革委将"智慧环保"和"绿色节能"两项低碳发展相关指标纳入了新型智慧城市评价指标体系。在试点建设协同方面，自 2013 年住房和城乡建设部开展国家智慧城市试点工作以来，至 2017 年北京、天津等 29 个城市为国家低碳城市试点，同时也是国家智慧城市试点，体现了低碳发展和智慧发展的协同作用。在试点宣传协同方面，2015 年 9 月、2016 年 6 月，分别在美国洛杉矶和北京举办了第一届、第二届中美气候智慧型/低碳城市峰会。北京、深圳等城市同时作为国家低碳试点和智慧城市试点，向国际社会展示了我国在促进城市高质量发展方面取得的成果。

低碳工业园区建设。工业和信息化部、国家发展改革委分别于 2013 年和 2014 年联合发布了《关于组织开展国家低碳工业园区试点工作的通知》《关于印发国家低碳工业园区试点名单（第一批）的通知》，正式拉开了创建低碳工业园区的序幕，开始对传统工业进行低碳化改造，大力发展新型低碳产业。截至 2017 年上半年，中国已有 51 家工业园区正式进入试点期。试点期间，园区实现了在保持经济快速发展的同时，单位工业增加值能源消耗和碳排放显著下降，碳管理能力得以有效提升。

25.2.3 行业行动

2016 年以来，国家《"十三五"控制温室气体排放工作方案》中的各项减排行动稳步推进，同时各相关行业分别出台规划与实施细则，工业绿色制造广泛开展，低碳交通运输体系逐步建设，城乡低碳化建设和管理不断加强，低碳农业大力发展。

广泛开展工业绿色制造行动。开展重点行业系统改造（钢铁、石化、化工、水泥、造纸和纺织行业）、高耗能通用设备改造、煤炭清洁高效利用、园区系统节能改造、绿色能源推广、控制工业过程温室气体排放、工业低碳发展试点示范、能源利用高效低碳化改造等行动。使得工业领域二氧化碳排放总量趋于稳定，绿色制造水平明显提升，企业和各级政府的绿色发展理念显著增强（《工业绿色发展规划（2016～2020 年）》《绿色制造工程实施指南（2016—2020 年）》）。高能耗、高排放行业是中国工业绿色增长行动的受益者（陈超凡，2018），产业体系低碳化发展是由能源结构的变化所驱动的（张伟等，2016）。电力行业应进一步改进发电技术、扩大可再生能源发电、优化发电过程、加强监测和监管、促进发电权和排放权交易（Zhou et al.，2015）。电力、化工、水泥行业等大型工业排放点尝试应用碳捕集、利用和封存技术。

建设低碳交通运输体系行动。加大新能源、清洁能源车辆在城市公交和客货运输领域的应用，建立健全绿色交通发展制度和标准体系，开展绿色交通示范项目，公布《乘用车企业平均燃料消耗量与新能源汽车积分并行管理办法》，印发《绿色出行行动计划（2019—2022 年）》。上述行动推动节能与新能源汽车产业发展，使绿色交通重点领域建设取得显著进展（《推进交通运输生态文明建设实施方案》《关于全面深入推进绿色交通发展的意见》）。未来中国交通部门要以发展低碳交通技术为重要抓手，充分利用好市场机制的减排手段（王海林和何建坤，2018）。

开展绿色低碳化建筑行动。实施新建建筑节能标准提升重点工程、绿色建筑发展重点工程、既有建筑节能重点工程、可再生能源建筑应用重点工程等，使我国建筑能源消费结构逐步改善，建筑领域绿色发展水平明显提高（《建筑节能与绿色建筑发展"十三五"规划》《建筑业发展"十三五"规划》）。中国典型城市，如沈阳、哈尔滨、长春、北京、天津、石家庄、济南、秦皇岛等寒冷地区，成都、南昌、珠海等温暖地区均实行了近零能耗建筑项目，使用了诸如自然采光、地道通风等节能技术和太阳能光伏等可再生能源技术（Liu et al.，2019）。中国未来的绿色建筑将向单体与绿色生态城区联动，健康建筑成为绿色建筑发展的深层次需求，绿色建筑标准将在保障和引导两方面发挥重要作用（王清勤，2018）。

农林业绿色低碳行动。实施森林质量精准提升、退牧还草等草原生态保护建设工程，开展低碳农业试点示范、海洋等生态系统碳汇试点工作。通过上述行动增加生态系统碳汇、森林碳汇、草原碳汇，以降低农业领域温室气体排放（《关于创新体制机制推进农业绿色发展的意见》《全国农业可持续发展规划（2015—2030 年）》《农业资源与生态环境保护工程规划（2016—2020 年）》）。未来中国应加大农业减排增汇的技术投入、资金和人力支持，为农业的减排增汇做好保障；加快碳排放权交易体系建设，以市场杠杆推进农业的减排增汇（杨果和陈瑶，2016）。

25.2.4 企业行动

企业节能减排工作的推进对于实现中国经济社会的可持续发展有重大影响（Zhou et al.，2015）。中国政府制定了大量促进节能减排的政策（张国兴等，2015），鼓励企业加强节能管理，推动淘汰落后产能和过剩产能，全面提高产品技术、工艺装备、能效环保等水平，鼓励企业投资节能项目，加快低碳技术研发及加大低碳技术推广应用力度，加强气候变化研究机构和人才队伍建设。国家相关政策的实施能够有效促进碳减排（Finnerty et al.，2018；Marchi et al.，2018），对企业加快绿色、低碳转型发展具有重大意义。

企业在国家政策指引下采取了以下行动：一是推进节能优先。建立节能减排管理体系和奖惩体系，实施节能诊断和技术改造，建立节能减排资金投入机制。二是加快产品结构转型升级。淘汰落后产能，升级改造低能效生产线，提高精深加工能力，推广使用新能源材料，推动产品结构加快升级调整。三是积极推进低碳技术研发。投资节能技术研究项目，建设能源信息化管理系统，通过开展低碳专项研究和低碳技术研发、申请专利、对现有工艺进行绿色改造等手段，加强核心研发能力。四是加强低碳人才培养。鼓励员工的低碳创新热情，将相关内容纳入员工培训计划，成立节能减排工作领导小组，建立节能技术实验基地，重用创新型人才，对优秀科技成果进行奖励，大幅提高科技奖励奖金标准。

25.2.5　社会行动

低碳生活方式对改善能源和降低碳排放有显著的影响（Schanes et al.，2016），不仅能促进低碳经济的发展，而且能帮助控制全球气候升温（李海燕，2013）。在气候传播、低碳社区、特色小镇等多方面，促使社会公众广泛参与进来。

气候传播。政府部门、高校和研究机构、媒体、NGO 等围绕全球气候大会、低碳日、"地球一小时"、G20 杭州峰会、厦门基础四国峰会、北京冬奥会、武汉军运会等大型社会活动或体育赛事等主题，组织举办形式多样的宣传活动和碳中和行动，普及应对气候变化的知识，宣传低碳发展、碳中和的理念。积极的低碳宣传对形成人们的低碳理念和养成低碳生活方式具有积极作用，能使作为能源消费者的个人从自身行为开始，自觉主动实施节能和降低碳排放（Yang et al.，2018）。

低碳社区建设。国家发展改革委办公厅根据 2014 年发布的《国家发展改革委关于开展低碳社区试点工作的通知》，印发了《低碳社区试点建设指南》，提出要打造一批符合不同区域特点、不同发展水平、特色鲜明的低碳社区试点，并整合相关政策、加大财政投入和创新支持政策，探索利用碳市场支持低碳社区试点的有效模式。社区是实现城市低碳化的重要空间载体和行动单元，低碳社区的建设不仅为生活在其中的个人提供动力与形成外部约束，进而激励个人改变行为模式（Heiskanen et al.，2010；Jiang and Li，2017），而且也能从基础设施建设方面降低碳排放（Gill，2010；吴丽娟等，2016）。

特色小镇建设。国家发展改革委于 2016 年发布的《关于加快美丽特色小（城）镇建设的指导意见》提出绿色引领，建设美丽宜居新城镇，并认识到优美宜居的生态环境是人民群众对城镇生活的新期待。在中国从高能耗高增长经济发展模式向可持续发展模式转型过程中，小镇是实现这一过程的重要载体（Wu et al.，2018）。发展低碳小镇不仅可以带动当地绿色产业发展，还能改善基础设施和推广低碳生活方式并积累以上相关经验（Li et al.，2012）。

25.3　碳减排成效

中国碳减排制度的内涵不断丰富，覆盖范围有序扩展，监管作用初见成效。2018 年，第十三届全国人民代表大会第一次会议第三次全体会议表决通过了《中华人民共和国宪法修正案》，将生态文明写入中国宪法，奠定了完整的国家根本法基础（Hansen et al.，2018），体现了国家对生态环境保护的高度重视，是党和国家长期以来对中国国情探索，进而提出了一条中国生态环境保护的独特道路（周珂和张燕雪丹，2018）。2020 年前的碳减排政策与行动在减排目标、产业结构、能源结构和技术进步等方面取得了显著的成效。

25.3.1 减排目标政策成效显著

全国 40%～45%目标提前超额实现。《中国应对气候变化的政策与行动 2019 年度报告》显示，2018 年，单位 GDP 二氧化碳排放下降 4.0%，比 2005 年累计下降 45.8%，提前完成 2020 年较 2005 年下降 40%～45%的减排目标（何建坤等，2018）。"十三五"期间我国经济发展与减污降碳效应凸显，2020 年中国碳排放强度比 2005 年下降 48.4%，GDP 比 2005 年增长超 4 倍，基本扭转了二氧化碳排放快速增长的局面。

大力建设清洁低碳安全高效的能源体系。2005～2018 年，非化石能源占一次能源消费的比例由 7.4% 提升到 14.3%；化石能源中天然气占一次能源消费比例由 2.4% 提升到 8.6%，相应煤炭比例由 72.4%下降到 57.7%，2019 年的煤炭消费量为 28.4 亿 tce（国家统计局，2020），为促进二氧化碳排放达峰创造了良好条件。

"十二五"期间，各省（自治区、直辖市）均完成节能目标。其中，超过 1/3 的省（自治区、直辖市）考核结果为超额完成等级（表 25.3）。

表 25.3 "十二五"各省（自治区、直辖市）节能目标完成情况

地区	"十二五"节能目标/%	2014～2015 年能耗年均增速控制目标/%	考核结果
北京	17	2.9	超额完成
天津	18	2.6	完成
河北	17	2.6	超额完成
山西	16	3.1	完成
内蒙古	15	3.5	完成
辽宁	17	2.8	完成
吉林	16	4.5	完成
黑龙江	16	3.5	完成
上海	18	3.2	超额完成
江苏	18	2.5	超额完成
浙江	18	3.1	超额完成
安徽	16	2.7	超额完成
福建	16	2.4	完成
江西	16	3.3	完成
山东	17	2.2	完成
河南	16	3.4	超额完成
湖北	16	2.6	超额完成
湖南	16	3.0	完成
广东	18	2.9	超额完成
广西	15	4.1	完成
海南	10	6.0	完成
重庆	16	3.2	完成
四川	16	3.1	完成
贵州	15	3.4	超额完成
云南	15	4.0	完成
西藏	10		完成
陕西	16	3.7	完成
甘肃	15	3.5	完成
青海	10	5.1	完成
宁夏	15	3.5	完成
新疆	10	3.4	基本完成

注：我国台湾、香港和澳门数据暂缺

2016 年，各省（自治区、直辖市）单位 GDP 能耗均有所下降。其中，东部地区单位 GDP 能耗 2016 年比 2012 年累计降低 18.5%，中部地区降低 20.3%，西部地区降低 16.1%，东北地区降低 17.8%。近年来各区域碳强度呈明显下降趋势，虽然存在差异，但差距在显著缩小（Yang et al.，2016）。其中，西部欠发达省份碳强度水平较高，其次为中部及华东地区（Zhao et al.，2014；Dong et al.，2017，2018），在第三产业或经济较为发达的东部地区部分省份碳强度较低（Yang et al.，2016；Li et al.，2018b），虽然如此，西北等欠发达地区的减排潜力最大（Zhang et al.，2016b）。

工业。中国工业化已进入深入发展阶段（何建坤等，2018），但工业碳排放量仍占最大比例（Ma et al.，2019），在节能减排中起到关键作用（Zhang et al.，2016）。2017 年，规模以上工业单位增加值能耗比 2012 年累计降低 27.6%，五年累计节能约 9.2 亿 tce，占全社会节能量的近 90%。工业内部结构优化带来显著节能成效，高能耗、高排放行业更是节能减排行为的受益者（陈超凡，2018）。2012～2017 年，六大高耗能行业单位增加值能耗累计降低 23.2%，年均下降 5.2%；累计节能约 6.8 亿 tce，占全社会节能量的 65% 以上。虽然所有高耗能行业都有责任减少二氧化碳排放，但为实现中国 2030 年减排目标，电力行业面临着最大的挑战和责任（Zhao et al.，2018，Meng et al.，2017）。

交通。交通部门已成为最大和增长最快的石油消费行业（Alkhathlan and Javid，2015；Tian et al.，2016），并能显著影响整个能源系统的脱碳进程（Zhang et al.，2016a）。交通运输行业在结构性碳减排方面潜力很大（柴建等，2017）。

货运产生的碳排放量是客运碳排放量的 8 倍，而道路部门所产生的碳排放在整体交通排放中占有主导地位，尤其是轻型卡车的碳排放量占整体货运排放的 70% 以上（Duan et al.，2015）。此外，中国高速铁路运营的碳减排效果显著（Wang et al.，2017）。尽管如此，由于私家车辆相对低效和过度增长，在减排方面比卡车等货运工具更为关键（Peng et al.，2015；Xu and Lin，2015）。除传统交通模式外，中国已经构建起较为完善的新能源汽车产业发展政策体系，对新能源汽车产业的技术专利、产品产销量以及商业模式等市场表现起到重要的引领作用（李苏秀等，2016）；共享汽车中车辆使用特性的变化也可以使温室气体减少 30% 以上（Namazu and Dowlatabadi，2015）。另外，城市化对交通运输业碳排放的影响从西部地区到东部和中部地区持续下降（Xu and Lin，2016）。

建筑。建筑业作为国民经济发展的基础和主导产业，已成为中国节能减排的重点产业（Liu and Lin，2017）。2016 年中国建筑能源消费总量为 8.99 亿 tce，占全国能源消费总量的 20.6%；建筑碳排放总量为 19.6 亿 t 二氧化碳，占全国能源碳排放总量的 19.4%。工业化（Yan et al.，2017a）和城市化（Wu et al.，2016；Zhang and Wang，2015；Li et al.，2017b）是推动建筑业快速发展的两大内在动力，且由于每年在建项目数量众多（Zhang and Wang，2016），"建材消费"对碳排放总量增加的贡献最大（Liu and Lin，2017），间接二氧化碳排放占建筑碳排放总量的 95% 以上（Chen et al.，2017；Chuai et al.，2015；Jiang and Li，2017）。而能源价格上涨和建筑规模扩大导致能源效率提高（Liu and Lin，2017），"能源强度"下降部分抵消了碳排放量的增大（Lu et al.，2016）。由此可见，间接碳排放强度效应和产业规模效应对碳排放产生正向影响（冯博和王雪青，2015）。另外，随着建筑业的发展，不同省份之间出现了较大差异性（Yan et al.，2017a）。其中，华中地区建筑业节能减排效果最佳（Zha et al.，2016；Xue et al.，2015）。

农业。由于资源有限和世界最大人口的存在，可持续农业发展在中国尤其重要（葛鹏飞等，2018）。中国农作物单位产量和农业源碳汇正相关（杨果和陈瑶，2016）。未来中国农业部门总产值将有 7.94%的上升空间，其碳减排潜力则为 1.19%（Shen et al.，2018）。中国农业碳排放主导因素由农业经济结构主导向农业机械化主导，再向农业经济发展水平主导转变，并且在空间纬度上存在明显的区域差异（何艳秋和戴小文，2016）；农业绿色全要素生产率（total factor productivity）年均增长率为 1.56%，增长率在东、中、西部地区依次递减，在粮食主产区、主销区和平衡区依次下降（葛鹏飞等，2018）。

林业与湿地。全国绿化委员会办公室发布的《2017 年中国国土绿化状况公报》显示，2017 年全国共完成造林 736.2 万 hm^2，森林抚育 830.2 万 hm^2。天然林资源保护工程完成造林 26 万 hm^2，中幼林抚育 155.5 万 hm^2，管护森林面积 1.3 亿 hm^2。退耕还林工程新增退耕还林还草任务 82 万 hm^2，完成造林 91.2 万 hm^2，累计下达新一轮退耕还林还草任务 282.7 万 hm^2。2017 年新增国家湿地公园试点 64 处，全国总数达到 898 处，新指定国际重要湿地 8 处，全国总数达到 57 处。

25.3.2　产业结构优化升级

"十三五"以来，中国出台的众多节能减排政策在完成既定减排目标的同时，也对产业结构的调整和升级起到了正向的推动作用（Li et al.，2017b）。节能减排政策中的行政措施、财政税收措施、其他经济措施对产业结构升级存在一定的阻碍作用，金融措施、引导措施对产业结构调整与升级仍具有显著的促进作用，引导措施和金融措施的协同对产业结构升级的正向影响效果则更大（张云等，2015；张国兴等，2018；Rauf et al.，2018），基于税收和市场的规制政策的就业结构优化效应也在一定程度上推动着中国的产业结构优化升级（申萌和王叶，2018），而节能减排政策的技术创新效应也为产业结构的优化升级提供了内在动力（王班班和齐绍洲，2016）。第一产业、第二产业、第三产业结构比例由 2015 年的 8.8∶40.9∶50.2 调整为 2018 年的 7.2∶40.7∶52.2，分别降低 1.6%、降低 0.2%、提高 2.0%。第三产业带动作用明显，2018 年，第一产业、第二产业、第三产业对 GDP 的贡献率分别为 4.2%、36.1%和 59.7%，与 2015 年相比，分别降低 0.4%、降低 6.3%、提高 6.8%；第一产业、第二产业、第三产业对 GDP 增长的拉动分别为 0.3%、2.4%和 3.9%，与 2015 年相比，分别持平、降低 0.5%和提高 0.2%。

高排放重点行业去产能、去过剩、调结构。中国高排放重点行业去产能、去过剩、调结构工作成效显著，2012～2018 年，退出钢铁产能 2 亿 t 以上、煤炭产能 9.5 亿 t（新华社，2018）。2018 年，压减粗钢产能 3500 万 t 以上，累计压减粗钢产能 1.5 亿 t；2018～2019 年 7 月，中央企业化解煤炭过剩产能 1265 万 t（生态环境部，2019）。截至 2018 年底，全国累计淘汰关停落后煤电机组 2000 万 kW 以上，提前两年超额完成"十三五"目标任务。

新动能保持较快增长。在减排目标政策的倒逼下，产业结构逐渐转向高新技术产业、智能制造和低碳产业是中国经济的自然选择（Chang，2015；Den Elzen et al.，2016；Liu et al.，2017）。2019 年全年规模以上工业中，战略性新兴产业增加值比上年增长 8.4%；高技术制造业增加值增长 8.8%，占规模以上工业增加值的比重为 14.4%。高技术产业投资比上年增长 17.3%，工业技术改造投资增长 9.8%（国家统计局，2020）。

低碳产业规模不断扩大。2017 年，中国新能源汽车产量 69 万辆，比 2015 年增长 111.7%（国家统计局，2018），保有量超过 170 万辆（工业和信息化部，2018）；2017 年 1 月至 2018 年 4 月，新能源汽车国家监测与管理平台累计接入 829380 辆新能源汽车；新能源汽车累计运行总里程 199593.7 万 km，耗电 101712.2 万 kW·h，节油 56784.4 万 L，实现碳减排 132.4

万 t。截至 2017 年底，可再生能源电力整体装机容量以及生物质发电量、水电装机容量与发电量、光伏装机容量、风电装机容量、太阳能热水器容量和地热供热容量等多项指标位居全球第一（REN21，2018）；节能环保产业规模约 5.8 万亿元，利用绿色制造财政专项支持了 225 个重点项目，会同国家开发银行利用绿色信贷支持了 454 个重点项目，首次发布了 433 项绿色制造示范名单（工业和信息化部，2018）。

产业结构优化升级存在的问题。在一系列政策措施的实施下，中国产业结构绿色低碳转型正逐步生效。但由于中国幅员辽阔，各省份在产业结构、资金投入、人力资源、产业化水平、经济基础等方面存在差异，其产业绿色低碳转型过程未能形成统一变化趋势，存在区域不平衡问题（Hou et al.，2018）。

25.3.3　能源结构清洁化

可再生能源规模、技术、成本与消纳。能源结构的不断清洁化也在推动着低碳经济的不断发展（莫建雷等，2018）。大力发展非化石能源有助于降低碳强度（Li et al.，2018）。中国新能源和可再生能源的新增投资、新增装机容量、增长速度、能源消费量等方面，都将走在世界前列。根据国家能源局统计数据，截至 2020 年底，我国可再生能源发电装机量达到 9.34 亿 kW，占全部电力装机量的 42.5%；2020 年全国可再生能源发电量为 22154 亿 kW·h，占全部发电量的 29.1%；2020 年全国可再生能源电力实际消纳量为 21613 亿 kW·h，其中非水可再生能源电力发电量为 8562 亿 kW·h，占全社会用电量的比重为 11.4%，同比增长 1.2 个百分点（国家能源局，2021）。可再生能源的自身特性及中国电源电网特性的制约，使得中国间歇性能源消纳问题日益突出，但经过近几年的努力，可再生能源消纳形势明显好转，实现限电率和限电量双降。

在可再生能源技术大规模发展的同时，各项技术的成本也呈现出显著下降的趋势。国际可再生能源机构最新发布的报告显示，自 2010 年以来，全球陆上风力发电的成本下降了大约四分之一，而太阳能光伏发电成本下降了 73%；预计到 2020 年，太阳能发电成本还将减半，最优的陆上风能和太阳能光伏项目可能以每千瓦时 3 美分或更少的成本提供电力，所有商业形式的可再生能源发电成本范围在 3～10 美分/（kW·h），较之传统化石燃料将更有竞争力（IRENA，2019）。

能源互联网/智能电网。安全、经济的消纳可再生能源是提出能源互联网愿景的重要动机，能源互联网在不同层面引致能源系统的"革命"对可再生能源的消纳起到重要的促进作用。2015 年，国家发展改革委、国家能源局联合印发了关于促进智能电网发展的指导意见，明确了到 2020 年实现清洁能源充分消纳、提升输配电网络柔性控制能力、满足并引导用户多元化负荷需求的发展目标。2016 年，国家能源局公布了《关于推进"互联网＋"智慧能源发展的指导意见》《国家能源局关于组织实施"互联网＋"智慧能源（能源互联网）示范项目的通知》等有关要求，并于 2017 年发布了首批"互联网＋"智慧能源（能源互联网）示范项目的通知，其中涵盖城市能源、园区互联网综合示范项目、跨地区多能协同示范项目、基于电动汽车的能源互联网示范项目等共计 55 项。2019 年 1 月，国家能源局发布了《关于开展"互联网+"智慧能源（能源互联网）示范项目验收工作的通知》，对项目展开验收工作。

分布式发电。在电力改革背景下，为进一步创新分布式发电的市场机制和商业模式，在 2017 年 10 月和 12 月，国家能源局分别印发了《关于开展分布式发电市场化交易试点的通知》及补充通知，明确了分布式发电交易项目的规模、交易模式、"过网费"标准及相关政策措施，明确要求每个省份必须申报分布式发电市场化交易试点。2018 年，在《分布式发电管理暂行办法》的基础上进行了修订完善，国家公布了《分布式发电管理办法（征求意见稿）》，强调就近消纳的同时，明确了该类项目的三种市场交易模式：与电力用户进行电力直接交易、委托电网企业代售电和全额上网。截至 2017 年底，全国分布式光伏发电装机容量 2966 万 kW，预计到 2020 年，分布式电源装机规模有望超过 1.6 亿 kW，接近全国发电总装机量的 10%。

能源结构转型存在的问题。中国能源结构正由"煤炭为主"向"多元化协同"转变，但受制于资源禀赋、生态环境等发展障碍，中国能源结构转型和保障能源安全等方面仍存在一些问题，主要包括能源重点领域关键技术攻关仍存在挑战，油气对外依存度持续增长将加剧能源安全问题，以新能源为主体的电力系统建设还存在技术问题等。

25.3.4 节能低碳技术不断创新

节能低碳技术专利。中国节能低碳技术的创新能力不断提升（图 25.2）。2014～2017 年，国内节能减排技术专利申请量逐年增加，累计 21414 件，年均增速 22.1%（国家知识产权局，2018；Wang B and Wang Z，2018）。2017 年，国内节能减排技术专利申请量达 7018 件，是 2014 年的 1.82 倍。截至 2017 年底，国内节能减排技术专利有效量为 18115 件，维持年限为 6.2 年，高于绿色专利平均维持年限。中国节能低碳技术专利主要分布在东部沿海地区，尤其是北京、山东、江苏、上海、浙江、广东等地（Wang B and Wang Z，2018）；节能低碳技术前 10 个申请人集中在电网、汽车、电子公司和科研院校。结合各类节能低碳能源专利技术的发展趋势，中国政府的发展战略、能源规划和政策支持为促进节能低碳技术发展确立了重要的框架（Watson et al.，2015）；经济发展、研发投入（Li and Lin，2016）、外商直接投资的技术溢出效应（Yang et al.，2017）、能源价格提升（叶琴等，2018）、命令型政策工具如减排目标、上网电价（Lindman and Söderholm，2016），市场型政策工具如排污权交易、碳排放权交易（齐绍洲等，2018；王班班和齐绍洲，2016；Zhang et al.，2019）等均为诱发节能低碳技术创新的因素。此外，国际技术转让与合作在塑造中国领先的风能、太阳能等低碳技术领域发挥了极大的作用（Urban et al.，2015）。

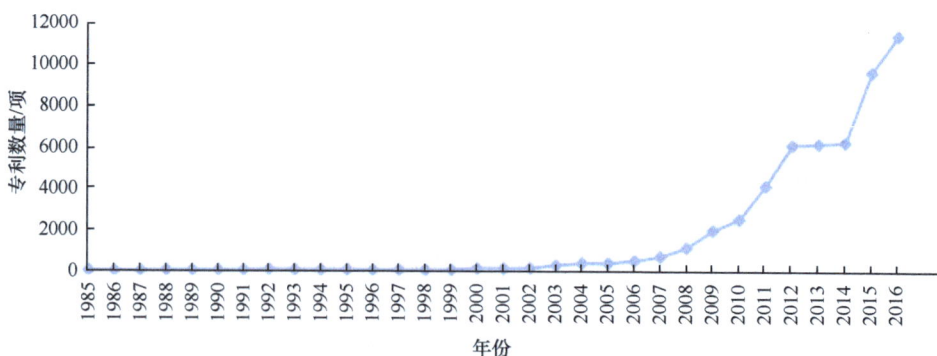

图 25.2　1985～2016 年中国能源技术专利数量

资料来源：Wang B and Wang Z，2018

节能低碳技术成果推广应用。节能低碳技术成果推广和应用稳步推进。2014 年和 2016 年，科技部联合环境保护部、工业和信息化部分别发布的《节能减排与低碳技术成果转化推广清单（第一批、第二批）》筛选了 66 项低碳类技术，涵盖 35 项提高能效类关键技术，20

项废物和副产品回收再利用技术，6 项清洁能源类技术，5 项温室气体削减和利用类技术。2017 年和 2018 年，国家发展改革委分别发布《国家重点节能低碳技术推广目录（2017 年本，低碳部分、节能部分）》，推广涵盖非化石能源类技术、燃料及原材料替代类技术、工艺过程等非二氧化碳减排类技术、碳捕集利用与封存类技术、碳汇类技术、低碳技术共 27 项，涉及电力、建筑、工业、化工和交通等行业；推广建材、电力、钢铁、化工、煤炭、有色金属等 13 个行业共 260 项节能技术。2016 年，国家能源局发布《煤炭安全绿色开发和清洁高效利用先进技术与装备拟推荐目录（第一批）》，推荐 41 项煤炭安全绿色开发类技术，27 项煤炭清洁高效利用类技术；交通运输部印发《交通运输行业重点节能低碳技术推广目录（2016 年度）》，推广 34 项交通运输行业节能低碳技术。

　　低碳技术创新存在的问题。虽然从中国专利申请与公布的趋势来看，相关低碳技术的创新呈蓬勃发展之势（王为东等，2020），但仍存在一些问题。一是区域发展不均衡，总体来看，沿海经济发达地区的低碳技术创新水平高，中部地区和西部经济欠发达地区的低碳技术创新水平相对较低（Chen and Lee，2020）。二是企业低碳研发能力较弱，中国低碳技术申请机构以高校为主，表明国内低碳技术较多停留在实验室阶段，高校承担了大部分研发工作，而该领域中国企业的研发能力相对于日本、欧美企业而言较弱，且高校的技术成果并未有效向企业转移（彭永涛等，2018）。三是低碳技术应用领域单一，从低碳技术的应用领域来看，中国低碳技术应用领域较单一，主要集中在电气制造业、通用设备制造业、化学品制造业以及计算机通信制造业，尚有较大的可拓空间（Yang and Liu，2020）。

> **专栏 25.1　节能低碳技术**
>
> 　　节能低碳技术能有效地遏制 CO_2 排放（Costantini et al.，2017；Yan et al.，2017b）。例如，钢铁行业：二氧化碳循环再利用技术，炼钢系统与 CO_2 加氢技术（Chen et al.，2018）；水泥行业：熟料燃烧系统优化、水泥粉体和水泥磨技术（Wang et al.，2018）；发电行业：整体煤气联合循环发电系统（王秀国等，2014）、超超临界技术、燃气、核电、水电、风电、太阳能发电技术（丁军威等，2014）；交通行业：温拌沥青技术、乳化沥青冷再生技术、橡胶沥青技术等绿色道路技术与传统技术（李玉梅等，2018）；建筑行业：建筑保温、空调节能、照明节能、太阳能热、电热水器节能、太阳能光伏、地源热泵技术（Huang and Mauerhofer，2016）。此外，对于碳捕集、利用和封存技术，由于成本高、内外部不确定因素较多，其在未来减排方面的作用不明确（Huisingh et al.，2015）。短期而言，中国可以增强激励非水可再生能源供应，同时加强碳捕集、利用和封存技术学习和示范；长期（2050 年之后）而言，中国可以通过补贴或其他政策措施促进燃煤电厂采用碳捕集、利用和封存技术以实现更多的二氧化碳减排（Zhu et al.，2015）。

参 考 文 献

柴建, 邢丽敏, 周友洪, 等. 2017. 交通运输结构调整对碳排放的影响效应研究. 运筹与管理, 26(7): 110-116.

陈超凡. 2018. 节能减排与中国工业绿色增长的模拟预测. 中国人口·资源与环境, (4): 145-154.

陈刚. 2015. 我国森林碳汇经济价值评估研究. 价格理论与实践, (5): 109-111.

陈国富, 王涛, 钱逸凡. 2018. 湿地生态系统评价工作面临的问题及对策研究. 华东森林经理, 32(1): 10-13.

丁军威, 周黎辉, 杨庆, 等. 2014. 中国发电行业温室气体减排技术及潜力分析. 电力系统自动化, 38(17): 14-19.

范英. 2018. 中国碳市场顶层设计: 政策目标与经济影响. 环境经济研究, (1): 1-7.

冯博, 王雪青. 2015. 中国各省建筑业碳排放脱钩及影响因素研究. 中国人口·资源与环境, 25(4): 28-34.

葛鹏飞, 王颂吉, 黄秀路. 2018. 中国农业绿色全要素生产率测算. 中国人口·资源与环境, 213(5): 69-77.

工业和信息化部. 2016a. 工业绿色发展规划(2016—2020 年). http: //www.miit.gov.cn/ n1146285/n1146352/ n3054355/n3057267/n3057272/c5118197/content.html[2021-7-11].

工业和信息化部. 2016b. 绿色制造工程实施指南(2016—2020 年). http: //www.miit.gov.cn/n1146285/ n1146352/n3054355/n3057542/n5920352/c5253469/content.html[2021-4-15].

工业和信息化部. 2017. 乘用车企业平均燃料消耗量与新能源汽车积分并行管理办法. http: //www.miit.gov. cn/n1146295/n1146557/n1146624/c5824932/content.html[2021-4-15].

工业和信息化部. 2018. 工业和信息化部组织召开 2018 年全国工业节能与综合利用工作座谈会. http://www. miit.gov.cn/n1146285/n1146352/n3054355/n3057542/n3057545/c6018871/content.html[2021-8-21].

苟林. 2015. 中国钢铁行业节能减排潜力分析. 生态经济(中文版), 31(9): 52-55.

国家发展和改革委员会. 2011. 国家发展改革委办公厅关于开展碳排放权交易试点工作的通知. http: // www.ndrc.gov.cn/zcfb/zcfbtz/201201/t20120113_456506.html[2021-8-21].

国家发展和改革委员会. 2016. 中华人民共和国国家发展和改革委员会公告 2016 年 第 27 号. http: // www.ndrc. gov.cn/zcfb/zcfbgg/201612/t20161202_829054.html[2021-8-21].

国家发展和改革委员会. 2017a. 中华人民共和国国家发展和改革委员会公告. http://www.ndrc.gov.cn/ gzdt/201704/t20170401_843306.html[2021-8-21].

国家发展和改革委员会. 2017b. 国家发展改革委关于印发《全国碳排放权交易市场建设方案(发电行业)》的 通知. http://zfxxgk.ndrc.gov.cn/web/iteminfo.jsp?id=2944[2021-8-21].

国家发展和改革委员会. 2018.中华人民共和国国家发展和改革委员会公告. http: //hzs.ndrc.gov.cn/ newzwxx/201803/t20180302_885499.html[2021-8-21].

国家发展和改革委员会, 科技部, 中国人民银行, 等. 2018. 重点用能单位节能管理办法. http: // www.renrendoc.com./paper/113465559.html.

国家能源局. 2016. 国家能源局关于煤炭安全绿色开发和清洁高效利用先进技术与装备拟推荐目录(第一批) 的公示.http://www.nea.gov.cn/2016-01/18/c_135020529.htm[2021-8-21].

国家能源局. 2021. 关于2020年度全国可再生能源电力发展监测评价结果的通报的报告. http://zfxxgk.nea.gov. cn/2021-07/02/c_1310039970.htm[2022-1-3].

国家统计局. 2018a. 能源发展成就瞩目节能降耗效果显著——改革开放 40 年经济社会发展成就系列报告之 十二. http://www.stats.gov.cn/ztjc/ztfx/ggkf40n/201809/t20180911_1622051.html[2021-8-21].

国家统计局. 2018b. 2018 中国统计摘要. 北京: 中国统计出版社.

国家统计局. 2019. 2018 年经济运行保持在合理区间发展的主要预期目标较好完成. http://www.stats.gov. cn/tjsj/zxfb/201901/t20190121_1645752.htm[2021-8-21].

国家统计局. 2020. 中华人民共和国 2019 年国民经济和社会发展统计公报. http://www.stats.gov. cn/tjsj/zxfb/202002/t20200228_1728913.html[2021-8-21].

国家统计局能源统计司. 2017. 中国能源统计年鉴 2017. 北京: 中国统计出版社.

国家知识产权局.2018. 中国绿色专利统计报告(2014—2017 年).http://zscq.yichang.gov.cn/content-41188- 960667-1.html[2021-8-21].

国务院. 2016a. "十三五"节能减排综合工作方案. http://www.gov.cn/gongbao/content/2017/content_5163448. htm[2020-3-15].

国务院. 2016b. "十三五"生态环境保护规划. http://www.gov.cn/zhengce/content/2016-12/05/content_ 5143290.htm[2020-3-15].

国务院. 2016c. "十三五"控制温室气体排放工作方案. http://www.mof.gov.cn/zhengwuxinxi/caizhengxinwen/ 201611/t20161107_2452215.htm[2020-3-15].

何建坤, 卢兰兰, 王海林. 2018. 经济增长与二氧化碳减排的双赢路径分析.中国人口·资源与环境, (10): 9-17.

何艳秋, 戴小文. 2016. 中国农业碳排放驱动因素的时空特征研究. 资源科学, 38(9): 1780-1790.

交通运输部. 2016. 关于交通运输行业重点节能低碳技术推广目录(2016 年度)的公示. http: //zizhan.mot.gov. cn/zfxxgk/bnssj/zhghs/201708/t20170816_2816527.html[2021-8-21].

交通运输部政策研究室. 2017.关于全面深入推进绿色交通发展的意见. http: //zizhan. mot.gov.cn/zfxxgk/ bnssj/zcyjs/201712/t20171206_2945768.html[2021-4-15].

交通运输部综合规划司. 2017. 推进交通运输生态文明建设实施方案. http: //zizhan. mot.gov.cn/zfxxgk/ bnssj/zhghs/201704/t20170414_2190311.html[2021-4-15].

科技部. 2014. 科技部关于发布节能减排与低碳技术成果转化推广清单(第一批)的公告. http: //www.most. gov.cn/mostinfo/xinxifenlei/fgzc/gfxwj/gfxwj2014/201403/t20140320_112354.htm[2021-8-21].

科技部, 环境保护部, 工业和信息化部. 2016. 科技部环境保护部工业和信息化部关于发布节能减排与低碳技术成果转化推广清单(第二批)的公告. http: //www.most.gov.cn/mostinfo/xinxifenlei/fgzc/gfxwj/ gfxwj2016/201701/t20170113_130473.htm[2021-8-21].

李海燕. 2013. 试论低碳生活方式. 生态环境学报, 22(4): 723-728.

李斯吾. 2018. 基于节能减排目标的能源替代空间测试模型研究. 湖北电力, 42(4): 55-60.

李苏秀, 刘颖琦, 王静宇, 等. 2016. 基于市场表现的中国新能源汽车产业发展政策剖析. 中国人口·资源与环境, 26(9): 158-166.

李玉梅, 周春雨, 刘柳. 2018. 绿色道路技术节能减排量化分析. 公路交通科技(应用技术版), 7: 323-326.

林伯强. 2018. 能源革命促进中国清洁低碳发展的"攻关期"和"窗口期". 中国工业经济, 35(6): 17-25.

莫建雷, 段宏波, 范英, 等. 2018. 《巴黎协定》中我国能源和气候政策目标: 综合评估与政策选择. 经济研究, 9: 168-181.

农业农村部发展计划司. 2015. 全国农业可持续发展规划(2015—2030 年). http: //www. moa.gov.cn/govpublic/ FZJHS/201505/t20150527_4620031.htm[2021-4-15].

农业农村部发展计划司. 2017. 农业资源与生态环境保护工程规划(2016—2020 年). http: //www.moa.gov.cn/ govpublic/FZJHS/201701/t20170109_5427022.htm[2021-4-15].

彭永涛, 李丫丫, 卢娜. 2018. 中国低碳技术创新特征——基于CPC-Y02专利数据. 技术经济, 37(7): 41-46.

齐绍洲, 林屾, 崔静波. 2018. 环境权益交易市场能否诱发绿色创新?——基于我国上市公司绿色专利数据的证据. 经济研究, (12): 129-143.

邵帅, 张可, 豆建民. 2018. 经济集聚的节能减排效应: 理论与中国经验. 管理世界, 35(1): 36-60, 226.

申萌, 王叶. 2018 节能减排的就业结构优化效应: 一个文献综述. 首都经济贸易大学学报, 20(6): 54-61.

生态环境部. 2019. 中国应对气候变化的政策与行动 2019 年度报告. https://www.mee.gov.cn/ywgz/ydqhbh/ qhbhlf/201911/P020191127380515323951.pdf.

宋长春, 宋艳宇, 王宪伟, 等. 2018. 气候变化下湿地生态系统碳、氮循环研究进展. 湿地科学, 16(3): 424-431.

王班班, 齐绍洲. 2016. 市场型和命令型政策工具的节能减排技术创新效应——基于中国工业行业专利数据的实证. 中国工业经济, (6): 91-108.

王海林, 何建坤. 2018. 交通部门 CO_2 排放, 能源消费和交通服务量达峰规律研究. 中国人口·资源与环境, 28(2): 59-65.

王清勤. 2018. 我国绿色建筑发展和绿色建筑标准回顾与展望. 建筑技术, 49(4): 340-345.

王为东, 王冬, 卢娜. 2020. 中国碳排放权交易促进低碳技术创新机制的研究. 中国人口·资源与环境, 30(2): 41-48.

王秀国, 马磊, 杨丽霞. 2014.煤化工产业节能减排技术的创新及应用. 中国环保产业, (3): 13-17.

吴丽娟, 李晓晖, 刘玉亭. 2016.欧洲规划建设低碳社区的差异化模式及其对我国的启示. 国际城市规划, 31(1): 87-92.

夏太寿, 李淑涵. 2018. 低碳技术及其推广模式探究. 中国集体经济, (25): 148-150.

新华社. 2018. 2018 年政府工作报告. http://www.xinhuanet.com/2018-03/22/c_1122575588.htm[2021-8-21].

杨果, 陈瑶. 2016. 中国农业源碳汇估算及其与农业经济发展的耦合分析. 中国人口·资源与环境, 26(12): 171-176.

叶琴, 曾刚, 戴劭勍, 等. 2018. 不同环境规制工具对中国节能减排技术创新的影响-基于285个地级市面板数据. 中国人口·资源与环境, (2): 115-122.

张国兴, 高秀林, 汪应洛, 等. 2015. 我国节能减排政策协同的有效性研究: 1997-2011. 管理评论, 27(12):

3-17.

张国兴, 张培德, 修静, 等. 2018. 节能减排政策措施对产业结构调整与升级的有效性. 中国人口·资源与环境, 28(2): 123-133.

张恪渝, 廖明球, 杨军. 2017. 绿色低碳背景下中国产业结构调整分析. 中国人口·资源与环境, 27(3): 116-122.

张伟, 朱启贵, 高辉. 2016. 产业结构升级、能源结构优化与产业体系低碳化发展. 经济研究, 51(12): 64-77.

张云, 邓桂丰, 李秀. 2015. 经济新常态下中国产业结构低碳转型与成本测度. 上海财经大学学报, 17(4): 20.

中共中央办公厅, 国务院办公厅. 2017. 关于创新体制机制推进农业绿色发展的意见. http: //www.gov. cn/xinwen/2017-09/30/content_5228960.htm.2017-9-30[2021-8-21].

中国建筑节能协会能耗统计专委会. 2018. 中国建筑能耗研究报告. http: //www.sohu.com/a/ 281166569_99895902[2021-8-21].

中央人民政府. 2016a. 国务院关于印发"十三五"节能减排综合工作方案的通知. http://www.gov.cn/zhengce/ content/2017-01/05/content_5156789.htm[2021-4-15].

中央人民政府. 2016b. 国务院关于印发"十三五"控制温室气体排放工作方案的通知.http: //www.gov.cn/ zhengce/content/2016-11/04/content_5128619.htm[2021-4-15].

周珂, 张燕雪丹. 2018. 生态文明入宪, 夯实环境法制基础引领公民整体实现环境权推动经济社会发展绿色化. 中国生态文明, (2): 22-24.

周雄勇, 许志端, 郗永勤. 2018. 中国节能减排系统动力学模型及政策优化仿真. 系统工程理论与践, 38(6): 1422-1444.

住房和城乡建设部. 2017a. 建筑业发展"十三五"规划. http: //www.gov.cn/xinwen/ 2017-05/04/content_ 5190836.htm[2021-4-15].

住房和城乡建设部. 2017b.建筑节能与绿色建筑发展"十三五"规划. http: //www.mohurd.gov.cn/wjfb/ 201703/t20170314_230978.html[2021-4-15].

Albino V, Ardito L, Dangelico R M, et al. 2014. Understanding the development trends of low-carbon energy technologies: A patent analysis. Applied Energy, 135: 836-854.

Alkhathlan K, Javid M. 2015. Carbon emissions and oil consumption in Saudi Arabia. Renewable and Sustainable Energy Reviews, 48: 105-111.

Chang N. 2015. Changing industrial structure to reduce carbon dioxide emissions: A Chinese application. Journal of Cleaner Production, 103: 40-48.

Chen J, Shen L, Song X, et al. 2017. An empirical study on the CO_2 emissions in the Chinese construction industry. Journal of Cleaner Production, 168: 645-654.

Chen Q, Gu Y, Tang Z, et al. 2018. Assessment of low-carbon iron and steel production with CO_2 recycling and utilization technologies: A case study in China. Applied Energy, 220: 192-207.

Chen Y, Lee C C. 2020. Does technological innovation reduce CO_2 emissions? Cross-country evidence. Journal of Cleaner Production, 263: 121550.

Chuai X, Huang X, Lu Q, et al. 2015. Spatiotemporal changes of built-up land expansion and carbon emissions caused by the Chinese construction industry. Environmental Science & Technology, 49(21): 13021-13030.

Costantini V, Crespi F, Marin G, et al. 2017. Eco-innovation, sustainable supply chains and environmental performance in European industries. Journal of Cleaner Production, 155: 141-154.

Den Elzen M, Fekete H, Höhne N, et al. 2016. Greenhouse gas emissions from current and enhanced policies of China until 2030: Can emissions peak before 2030? Energy Policy, 89: 224-236.

Dong F, Long R, Bian Z, et al. 2017. Applying a Ruggiero three-stage super-efficiency DEA model to gauge regional carbon emission efficiency: Evidence from China. Natural Hazards, 87(3): 1453-1468.

Dong F, Yu B, Hadachin T, et al. 2018. Drivers of carbon emission intensity change in China. Resources, Conservation and Recycling, 129: 187-201.

Duan H, Hu M, Zhang Y, et al. 2015. Quantification of carbon emissions of the transport service sector in China by using streamlined life cycle assessment. Journal of Cleaner Production, 95: 109-116.

Emily P, Rachel S, Dianna H. 2018. Estimating the societal benefits of carbon dioxide sequestration through peatland restoration. Ecological Economics, 154: 145-155.

Finnerty N, Sterling R, Contreras S, et al. 2018. Defining corporate energy policy and strategy to achieve carbon emissions reduction targets via energy management in non-energy intensive multi-site manufacturing organisations. Energy, 151: 913-929.

Gill S. 2010. Community action for sustainable housing: Building a low-carbon future. Energy Policy, 38: 7624-7633.

Han R, Yu B Y, Tang B J, et al. 2017. Carbon emissions quotas in the Chinese road transport sector: A carbon trading perspective. Energy Policy, 106: 298-309.

Hansen M H , Li H, Svarverud R. 2018. Ecological civilization: Interpreting the Chinese past, projecting the global future. Global Environmental Change, 53: 195-203.

Heiskanen E, Johnson M, Robinson S, et al. 2010. Low-carbon communities as a context for individual behavioural change. Energy Policy, (38): 7586-7595.

Hou J, Teo T S H, Zhou F, et al. 2018. Does industrial green transformation successfully facilitate a decrease in carbon intensity in China? An environmental regulation perspective. Journal of Cleaner Production, 184: 1060-1071.

Huang B, Mauerhofer V. 2016. Low carbon technology assessment and planning—Case analysis of building sector in Chongming, Shanghai. Renewable Energy, 86: 324-331.

Huisingh D, Zhang Z, Moore J C, et al. 2015. Recent advances in carbon emissions reduction: policies, technologies, monitoring, assessment and modeling. Journal of Cleaner Production, 103: 1-12.

IRENA. 2019. Renewable Power Generation Costs in 2018. Report, International Renewable Energy Agency, Abu Dhabi.

Jiang P, Chen Y, Geng Y, et al. 2013a. Analysis of the co-benefits of climate change mitigation and air pollution reduction in China. Journal of Cleaner Production, 58(1): 130-137.

Jiang P, Chen Y, Xu B, et al. 2013b. Building low carbon communities in China: The role of individual'sbehaviour change and engagement. Energy Policy, 60: 611-620.

Jiang R, Li R. 2017. Decomposition and decoupling analysis of life-cycle carbon emission in China's building cector. Sustainability, 9(5): 793.

Joshua S R, Deyong S Y, Shu Miriam Kamah. 2017. Decoupling CO_2 emission and economic growth in China: Is there consistency in estimation results in analyzing environmental Kuznets curve? Journal of Cleaner Production, 166, 1448-1461.

Laura D, Hlásny T, Werner R, et al. 2018. Post-disturbance recovery of forest carbon in a temperate forest landscape under climate change. Agricultural and Forest Meteorology, 263: 308-322.

Li K, Lin B. 2016. Impact of energy technology patents in China: Evidence from a panel cointegration and error correction model. Energy Policy, 89: 214-223.

Li W, Wang W, Wang Y, et al. 2017a. Industrial structure, technological progress and CO_2 emissions in China: Analysis based on the STIRPAT framework. Natural Hazards, 88: 1545-1564.

Li X, Chalvatzis K, Pappas D. 2018. Life cycle greenhouse gas emissions from power generation in China's provinces in 2020. Applied Energy, 223: 93-102.

Li X, Su S, Zhang Z, et al. 2017b. An integrated environmental and health performance quantification model for pre-occupancy phase of buildings in China. Environmental Impact Assessment Review, 63: 1-11.

Li Z, Chang S, Ma L, et al. 2012. The development of low-carbon towns in China: Concepts and practices. Energy, 47: 590-599.

Lin B, Du K. 2015. Energy and CO_2 emissions performance in China's regional economies: Do market-oriented reforms matter? Energy Policy, 78: 113-124.

Lindman A, Söderholm P. 2016. Wind energy and green economy in Europe: Measuring policy-induced innovation using patent data. Applied Energy, 179: 1351-1359.

Liu H, Lin B. 2017. Energy substitution, efficiency, and the effects of carbon taxation: Evidence from china's building construction industry. Journal of Cleaner Production, 141: 1134-1144.

Liu Z, Adams M, Cote R P, et al. 2017. Comprehensive development of industrial symbiosis for the response of greenhouse gases emission mitigation: Challenges and opportunities in China. Energy Policy, 102: 88-95.

Liu Z, Guan D, Moore S, et al. 2015. Steps to China's carbon peak. Nature: Climate Change, 522: 279-281.

Liu Z, Liu Y, He B, et al. 2019. Application and suitability analysis of the key technologies in nearly zeroenergy buildings in China. Renewable and Sustainable Energy Reviews, 101: 329-345.

Lu Y, Peng C, Li D. 2016. Carbon emissions and policies in china's building and construction industry: Evidence from 1994 to 2012. Building & Environment, 95: 94-103.

Luo X, Wang J, Dooner M, et al. 2015. Overview of current development in electrical energy storage technologies and the application potential in power system operation. Applied Energy, 137: 511-536.

Ma X, Wang C, Dong B, et al. 2019. Carbon emissions from energy consumption in China: Its measurement and driving factors. Science of the Total Environment, 648: 1411-1420.

Marchi M, Niccolucci V, Pulselli R M, et al. 2018. Environmental policies for GHG emissions reduction and energy transition in the medieval historic centre of Siena (Italy): The role of solar energy. Journal of Cleaner Production, 185: 829-840.

Meng M, Jing K, Mander S. 2017. Scenario analysis of CO_2 emissions from China's electric power industry. Journal of Cleaner Production, 142: 3101-3108.

Ming Z, Shaojie O, Yingjie Z, et al. 2014. CCS technology development in China: Status, problems and countermeasures—Based on SWOT analysis. Renewable and Sustainable Energy Reviews, 39: 604-616.

Mitsch W J, Mander U. 2018. Wetlands and carbon revisited. Ecological Engineering, 114: 1-6.

Namazu M, Dowlatabadi H. 2015. Characterizing the GHG emission impacts of carsharing: A case of Vancouver. Environmental Research Letters, 10(12): 124017.

Peng B, Du H, Ma S, et al. 2015. Urban passenger transport energy saving and emission reduction potential: A case study for Tianjin, China. Energy conversion and management, 102: 4-16.

Peng P, Zhu L, Fan Y.2017. Performance evaluation of climate policies in China: A study based onan integrated assessment model. Journal of Cleaner Production, 164: 1068-1080.

Ratcliffe J L, Creevy A, Andersen R, et al. 2017. Ecological and environmental transition across the forested-to-open bog ecotone in a west Siberian peatland. Science of The Total Environment, 607-608: 816-828.

Rauf A, Zhang J, Li J, et al. 2018. Structural changes, energy consumption and carbon emissions in China: Empirical evidence from ARDL bound testing model. Structural Change and Economic Dynamics, 47: 194-206.

REN21. 2018. Renewables Global Status Report. http: //www.ren21.net/status-of-renewables/global-status-report/[2021-7-21].

Schanes K, Giljum S, Hertwich E. 2016. Low carbon lifestyles: A framework to structure consumptionstrategies and options to reduce carbon footprints. Journal of Cleaner Production, 139: 1033-1043.

Shen Z, Baležentis T, Chen X, et al. 2018. Green growth and structural change in Chinese agricultural sector during 1997–2014. China Economic Review, 51: 83-96.

Tian J, Yang D, Zhang H, et al. 2016. Classification method of energy efficiency and CO_2 emission intensity of commercial trucks in China's road transport. Procedia Engineering, 137: 75-84.

Urban F, Zhou Y, Nordensvard J, et al. 2015. Firm-level technology transfer and technology cooperation for wind energy between Europe, China and India: From North–South to South–North cooperation? Energy for Sustainable Development, 28: 29-40.

Wang B, Wang Z. 2018. Heterogeneity evaluation of China's provincial energy technology based on large-scale technical text data mining. Journal of Cleaner Production, 202: 946-958.

Wang C X, Miao Y, Ying W U, et al. 2017. Carbon reduction effects and interaction of economy and environment of high-speed railway transportation in china. China Population Resources & Environment, 27: 171-177.

Wang N, Chen X, Wu G, et al. 2018. A short-term based analysis on the critical low carbon technologies for the main energy-intensive industries in China. Journal of Cleaner Production, 171: 98-106.

Watson J, Byrne R, Ockwell D, et al. 2015. Lessons from China: Building technological capabilities for low carbon technology transfer and development. Climatic Change, 131(3): 387-399.

Wu Y, Chen Y, Deng X, et al. 2018. Development of characteristic towns in China. Habitat International, 77: 21-31.

Wu Y, Shen J, Zhang X, et al. 2016. The impact of urbanization on carbon emissions in developing countries: A Chinese study based on the U-Kaya method. Journal of Cleaner Production, 135: 589-603.

Xu B, Lin B. 2015. Carbon dioxide emissions reduction in china's transport sector: A dynamic var (vector autoregression) approach. Energy, 83: 486-495.

Xu B, Lin B. 2016. Differences in regional emissions in China's transport sector: Determinants and reduction strategies. Energy, 95: 459-470.

Xue X, Wu H, Zhang X, et al. 2015. Measuring energy consumption efficiency of the construction industry: The case of China. Journal of Cleaner Production, 107: 509-515.

Yan J, Zhao T, Lin T, et al. 2017a. Investigating multi-regional cross-industrial linkage based on sustainability assessment and sensitivity analysis: A case of construction industry in China. Journal of Cleaner Production, 142: 2911-2924.

Yan Z, Yi L, Du K, et al. 2017b. Impacts of low-carbon innovation and its heterogeneous components on CO_2 emissions. Sustainability, 9(4): 548.

Yang C J, Liu S N. 2020. Spatial correlation analysis of low-carbon innovation: A case study of manufacturing patents in China. Journal of Cleaner Production, 273: 122893.

Yang G, Li W, Wang J, et al. 2016. A comparative study on the influential factors of China's provincial energy intensity. Energy Policy, 88: 74-85.

Yang X, Wang X, Zhou Z. 2018. Development path of Chinese low-carbon cities based on index evaluation. Advances in Climate Change Research, 9: 144-153.

Yang Z, Shao S, Yang L, et al. 2017. Differentiated effects of diversified technological sources on energy-saving technological progress: Empirical evidence from China's industrial sectors. Renewable and Sustainable Energy Reviews, 72: 1379-1388.

Zha Y, Zhao L, Bian Y. 2016. Measuring regional efficiency of energy and carbon dioxide emissions in China: A chance constrained DEA approach. Computers & Operations Research, 66: 351-361.

Zhang H, Chen W, Huang W. 2016a. TIMES modelling of transport sector in China and USA: Comparisons from a decarbonization perspective. Applied Energy, 162: 1505-1514.

Zhang L, Cao C, Tang F, et al. 2019. Does China's emissions trading system foster corporate green innovation? Evidence from regulating listed companies. Technology Analysis & Strategic Management, 31(2): 199-212.

Zhang X, Wang F. 2015. Life-cycle assessment and control measures for carbon emissions of typical buildings in China. Building and Environment, 86: 89-97.

Zhang X, Wang F. 2016. Hybrid input-output analysis for life-cycle energy consumption and carbon emissions of China's building sector. Building and Environment, 104: 188-197.

Zhang Y J, Hao J F, Song J. 2016b. The CO_2 emission efficiency, reduction potential and spatial clustering in China's industry: Evidence from the regional level. Applied Energy, 174: 213-223.

Zhao Q, Bai J, Zhang G, et al. 2018. Effects of water and salinity regulation measures on soil carbon sequestration in coastal wetlands of the Yellow River Delta. Geoderma, 319: 219-229.

Zhao R, Min N, Geng Y, et al. 2017. Allocation of carbon emissions among industries/sectors: An emissions intensity reduction constrained approach. Journal of Cleaner Production, 142: 3083-3094.

Zhao X, Burnett J W, Fletcher J J. 2014. Spatial analysis of China province-level CO_2 emission intensity. Renewable and Sustainable Energy Reviews, 33: 1-10.

Zhao X, Zhang X, Shao S. 2016. Decoupling CO_2 emissions and industrial growth in China over 1993–2013: The role of investment. Energy Economics, 60: 275-292.

Zhou K, Yang S L, Shen C, et al. 2015. Energy conservation and emission reduction of China's electric power industry. Renewable and Sustainable Energy Reviews, 45: 10-19.

Zhu L, Duan H, Fan Y. 2015. CO_2 mitigation potential of CCS in China–an evaluation based on an integrated assessment model. Journal of Cleaner Production, 103: 934-947.

第26章 新常态下经济转型对碳减排的影响

首席作者：顾阿伦 郭朝先 李继峰

主要作者：许婷婷

摘 要

中国经济进入新常态以来，在速度、结构和发展动力上都呈现不同于以往的特点，包括经济增速换挡、经济结构调整、老龄化和二孩政策、消费升级转型、进出口贸易升级以及对外投资变化等，这些经济和社会发展要素的新变化势必对我国能源消耗和碳排放带来新的影响。2015 年我国第三产业增加值为 346178 亿元（当年价），首次超过国内生产总值（GDP）的 50%，2020 年这个比例达到 54.5%，显示我国经济向形态更高级、分工更优化、结构更合理的阶段演化；2019 年战略性新兴产业增加值占国内生产总值比重达到 11.5%左右，产业创新能力和盈利能力明显提高；"十二五"期间，服务业比重提高了 6.1 个百分点，这些都有利于我国实现二氧化碳减排。2015 年我国单位国内生产总值能耗同比下降 5.6%，"十二五"期间累计完成节能降耗 19.71%。2020 年我国碳排放强度比 2005 年下降 48.4%，基本扭转了温室气体排放快速增长的局面。根据气候变化新经济学的最新理论发展，合理设置碳减排目标既能成为控制温室气体排放、改善环境质量的重要举措，又可培育新的经济增长动能，促进经济可持续增长，存在双重红利，这为我国加快推进高质量发展提供了重要的理论支撑。未来我国必然要以此为方向，不断探索实现经济增长和减少二氧化碳排放目标协调统一的双赢道路。

26.1 新常态下社会经济发展特征

26.1.1 经济发展方式转变

一般认为，从 2013 年开始中国经济开始转向新常态。新常态下，中国要大力实施创新驱动发展战略，实施供给侧结构性改革，着力推进经济发展方式转变。"经济发展方式"是"经济增长方式"概念的拓展。经济增长（发展）方式转变就是促使传统的、旧的增长（发展）方式向现代的、新的增长（发展）方式转化，用现代的、新的增长（发展）方式替代传统的、旧的增长（发展）方式。

　　党的十七大报告强调经济增长由主要依靠投资、出口拉动向依靠消费、投资、出口协调拉动转变，由主要依靠第二产业带动向依靠第一、第二、第三产业协同带动转变，由主要依靠增加物质资源消耗向主要依靠科技进步、劳动者素质提高、管理创新转变。党的十八大报告则进一步指出，使经济发展更多依靠内需特别是消费需求拉动，更多依靠现代服务业和战略性新兴产业带动，更多依靠科技进步、劳动者素质提高、管理创新驱动，更多依靠节约资源和循环经济推动，更多依靠城乡区域发展协调互动，不断增强长期发展后劲。党的十九大报告则指出中国经济已由高速增长阶段转向高质量发展阶段，正处在转变发展方式、优化经济结构、转换增长动力的攻关期，将转变发展方式与建设现代化经济体系结合在一起，提出要以供给侧结构性改革为主线，推动经济发展质量变革、效率变革、动力变革，提高全要素生产率，着力加快建设实体经济、科技创新、现代金融、人力资源协同发展的产业体系。

　　1. 经济增长速度的变化

　　从 2012 年开始，中国经济增长速度明显趋缓，从过去的高速增长转向中高速增长。图 26.1 显示，2012 年开始中国经济增速降到 8%以下，2012～2014 年 GDP 增速分别为 7.9%、7.8%和 7.3%，2015 年开始进一步下降到 7%以下，2015～2019 年经济增速分别为 7.0%、6.8%、6.9%、6.7%和 6.1%。由于中国人口仍在增长，因此，人均 GDP 增速比 GDP 增速还要略低一些。

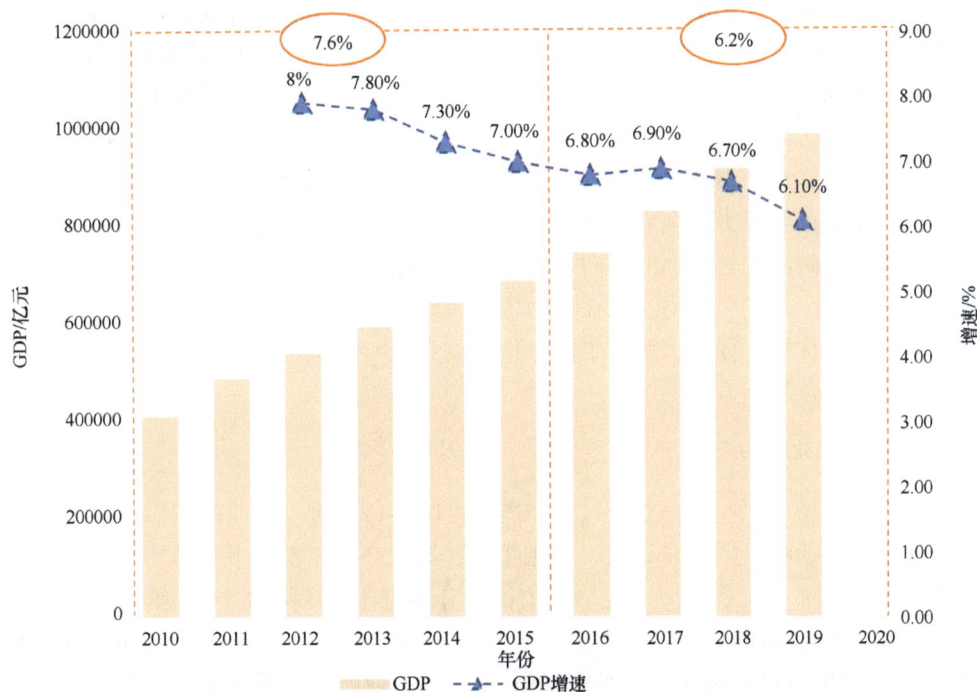

图 26.1　中国经济增速的变化
资料来源：2019 年统计公报和历年统计年鉴
GDP 按照当年价格计算，GDP 增速按照不变价格计算

　　从经济总量来说，2010 年之后中国就是世界第二大经济体，但是，从人均 GDP 来看，中国仍然是发展中国家，在世界银行统计分组中，中国属于中等偏上收入国家（世界银行数据）。经济增速的下降引发了人们对于中国是否会陷入"中等收入陷阱"的担忧。有人认为

中国的政府干预机制、战略产业扶植，都极大地推动中国经济的增长，但政府干预的路径也易导致路径依赖。基于对拉美国家陷入"中等收入陷阱"经验特征的归纳，指出中国避免陷入"中等收入陷阱"和转型成功的根本是中国改革政府干预型体制和防范外部金融冲击，从而激发创新活力和力促经济平稳发展（张平，2015）。

对于中国经济增速回落，主要有三种解释：一是周期性的波动；二是外部冲击，尤其是2008年国际金融危机爆发；三是增长阶段的转换，也就是由过去10%左右的高速增长转向未来的中速增长。刘世锦（2018）认为，虽然中国经济增速回落是上述三种因素叠加造成的，但显然增长阶段的转换是最主要、最根本的原因，是一种结构性减速。第一是重要的需求，如房地产、煤炭、钢铁等，已经达到了历史需求的峰值；第二是人口总量及结构发生了变化；第三是资源和环境污染的底线已经触到了，最明显的是中国雾霾的出现。在这种情况下，由高速增长转向中速增长非常符合自然规律。沈坤荣和滕永乐（2015）也认为，人口结构、产业结构、分配结构和需求结构等长期趋势正在发生逆转，标志着原有经济增长模式的终结，经济已经进入发展阶段转换时期。为此，必须要把推动发展的立足点转到提高增长效益上来，在规模效率、技术效率、配置效率和管理效率四个维度持续推动改革，激活市场活力，提升全要素生产率，实现经济转型升级。这个增长阶段的转换，党的十九大报告概括其为中国经济正处在由高速增长转向高质量发展的阶段。

对于未来经济增长速度，绝大多数研究都认为，中国经济增速将呈现阶梯形下降态势，尽管不同学者和机构的预测数字不尽相同。例如，Fang 和 Yang 估计显示，中国经济潜在增长率从2010年前的约10%下降到"十二五"期间（2011～2015年）的年均7.6%、"十三五"期间（2016～2020年）的年均6.2%（图26.1），此后，潜在增长率将继续下降，直至在中国完全实现现代化才会回归到均值[①]。

在经济增速结构性下降的大背景下，中国要跨越"中等收入陷阱"，应加强供给侧结构性改革，提高企业创新能力和全要素生产率，切实转变经济发展方式。中国经济增长前沿课题组认为，为了突破结构性减速的阻碍、实现可持续增长，以知识部门为代表的新生产要素供给成为跨越发展阶段的主导力量。在物质资本驱动增长动力减弱的困境下，重视消费对广义人力资本的贡献作用，促进消费、生产结构互动升级，是实现发展突破的关键（中国经济增长前沿课题组等，2015）。

2. 经济结构优化升级

工业化过程实质是产业结构变化过程。当前中国整体已进入工业化后期阶段，三次产业结构仍处于快速变动中。2010年以来，中国第一、第二产业比重呈下降趋势，第三产业比重持续上升。2013年，第二、第三产业增加值比重分别为44.0%和46.7%，第三产业比重首次超过第二产业，成为GDP构成中的"主力军"。2015年，第三产业增加值比重为50.2%，首次突破50%，成为GDP构成中的"半壁江山"。第三产业所占比重持续上升表明中国工业化进程的深化和转型升级取得积极进展，对于中国节能减排有重大的积极影响。与此同时，工业内部的行业结构也进一步优化，表现为装备制造业和技术密集型产业持续上升，资本密集型产业占比较高但呈持续下降趋势、高耗能行业呈稳定下降趋势（郭朝先，2018）。

从拉动经济增长的三大需求结构来看，中国经济结构呈现优化发展的趋势。表26.1刻画

---

① Cai F, Lu Y. 2013. The End of China's Demographic Dividend: The Perspective of Potential GDP Growth. In: Garnaut R, Cai F, Song L. China: A New Model for Growth and Development.

了 2010 年以来最终消费、资本形成、货物和服务净出口在拉动经济增长中的数值变化情况。由此可见，在新常态下，内需在拉动经济增长中起到绝对重要地位，外需只是处于"配角"地位。总的变化趋势是，最终消费在拉动经济增长中起到越来越重要的作用，2013 年贡献率只有 47.0%，2018 年达到 76.2%；资本形成总额在拉动经济增长中的重要性逐步下降，2013 年贡献率为 55.3%，2018 年只有 32.4%；货物和服务净出口在拉动经济增长中的作用较小，没有固定的变动方向，有时为正、有时为负。三大需求结构的这种变动改变了长期以来中国经济增长主要依靠投资和出口拉动的状态，现已基本实现依靠消费、投资、出口协调拉动经济增长的转变。

表 26.1　三大需求对国内生产总值增长的贡献率和拉动

年份	最终消费支出		资本形成总额		货物和服务净出口		经济增长率/%
	贡献率/%	拉动/个百分点	贡献率/%	拉动/个百分点	贡献率/%	拉动/个百分点	
2010	44.9	4.8	66.3	7.1	−11.2	−1.3	10.6
2011	61.9	5.9	46.2	4.4	−8.1	−0.8	9.6
2012	54.9	4.3	43.4	3.4	1.7	0.2	7.9
2013	47.0	3.6	55.3	4.3	−2.3	−0.1	7.8
2014	48.8	3.6	46.9	3.4	4.3	0.3	7.3
2015	59.7	4.1	41.6	2.9	−1.3	−0.1	6.9
2016	66.5	4.5	43.1	2.9	−9.6	−0.7	6.7
2017	57.6	3.9	33.8	2.3	8.6	0.6	6.8
2018	76.2	5.0	32.4	2.2	−8.6	−0.6	6.6

注：1.本表按不变价格计算；2.三大需求指支出法国内生产总值的三大构成项目，即最终消费支出、资本形成总额、货物和服务净出口；3.贡献率指三大需求增量与支出法国内生产总值增量之比；4.拉动指国内生产总值增长速度与三大需求贡献率的乘积

资料来源：《中国统计年鉴（2019 年）》

虽然在新常态下最终消费在拉动经济增长中起到越来越重要的作用，但是由于经济增速的下降，最终消费的增速不可避免出现下降。其中，占最终消费比重超过 70% 的居民消费增速，已从此前的年均增长接近 10%（2010～2012 年平均为 9.9%），下降到近年来基本上维持在 7.5% 上下浮动的水平上。而投资增长则呈现"断崖式"下跌态势，2012 年及之前全社会固定资产投资都保持在 20% 以上的增速，但 2013 年及之后，全社会固定资产投资增速迅速下降，2015 年只有 9.8%，2018 年已下降到 5.9%。这些数据从经济表现上看差强人意，但对于促进节能减排却起到积极作用。与此同时，居民内部消费结构也出现了积极变化，农村居民消费比城镇居民消费增速快，2013～2018 年平均增速为 9%，比同期城镇居民消费高 3.8 个百分点。从地区增速来看，2013 年以后，无论是居民消费，还是全社会固定资产投资，中部地区和西南地区表现都是最好的，表现欠佳的是东北地区和西北地区，东部地区总体表现平平。

3. 经济增长动力机制的转换

2012 年以来，驱动中国经济增长的传统发展动力不断减弱，创新驱动成为全社会的共识。在新常态下，增长动力机制转换就是要从要素驱动、投资驱动转向创新驱动。党的十九大报告再次强调"创新是引领发展的第一动力，是建设现代化经济体系的战略支撑"，提出"必须坚持质量第一、效益优先，以供给侧结构性改革为主线，推动经济发展质量变革、效率变

革、动力变革，提高全要素生产率，着力加快建设实体经济、科技创新、现代金融、人力资源协同发展的产业体系。"

导致中国经济潜在增长率下降的因素包括：①劳动力短缺导致工资上涨速度过快，超过了劳动生产率增速的支撑能力；②资本劳动比过快提高，导致投资回报率大幅度下降；③新成长劳动力减少使人力资本改善速度减慢；④农村劳动力转移速度放缓，致使资源重新配置效应减弱，全要素生产率增长率下滑。因此，在中国从中等偏上收入向高收入国家迈进的阶段，经济增长方式需要转向生产率驱动（蔡昉，2018）。

中国经济进入中速增长期后增长动能来自三个方面：一是现有经济如何提升效率；二是部分服务业还有较大的增长潜力；三是前沿性创新带来的经济增长。应在既有经济增长模式上加上新体制、新机制、新技术，全面激发出新的动能，转化为某种意义上的新经济（刘世锦，2018）。而要做好这个加法，需要深化六个方面的供给侧结构性改革：一是行政性垄断的基础产业领域的改革开放和竞争，二是加快大都市圈发展与相关改革，三是加快企业的转型升级，四是通过对内对外开放加快服务业发展，五是互联网、大数据、人工智能等新技术带动实体经济优化配置、效率提升，六是前沿性创新带来的增长潜能。

中国进入中等收入阶段后，制造业实际占比和生产效率增速同时出现下降趋势，在理论上、经验上和现实层面都可能出现了"过早去工业化"现象，加大了中国因新旧动能转换失灵而陷入中等收入陷阱的风险。中国未来工业化的战略选择不是去工业化，而是抢抓新一轮科技革命和产业变革的历史机遇，加快建设制造强国，加快发展先进制造业，推动互联网、大数据、人工智能和实体经济深度融合，同时要重视提升传统产业发展的质量和效益，促进我国产业迈向全球价值链中高端，培育若干世界级先进制造业集群（黄群慧等，2017）。

未来中国经济发展要转向中高端发展和高质量发展，关键是要提高劳动生产率，提高科技进步对经济增长的贡献率，使经济发展更多依靠科技进步、劳动者素质提高、管理创新驱动。在我国经济由高速增长阶段转入高质量增长阶段之际，经济发展的主要问题已不是原来的总量问题和周期性问题，因此构建现代化经济体系要把着力点放在结构上而非规模上，用改革的办法去推动结构调整，而不是简单地扩大需求。如何从更高的层面去提升经济的发展质量，是构建现代化经济体系必须考虑的一个重点。

26.1.2 社会转型与人口政策调整

1. 城镇化

2011 年，我国城镇化率首次超过 50%。对于这个具有标志意义的城镇化率，无论是政界还是学术界都给予了高度关注。温家宝（2012）总理在 2011 年政府工作报告中指出"城镇化率超过 50%，这是中国社会结构的一个历史性变化"。李浩（2013）认为城镇化率超过 50%具有划时代意义。但是，城镇化率达到 50%左右的时期，往往既是经济繁荣期和城镇化的持续发展期，也是城市建设矛盾凸显期和城市病集中暴发阶段，迫切需要发展模式的转变，通过区域政策、城市规划等有效的政府干预和综合调控手段，促进城镇化与社会经济的健康协调发展。

中国城镇化发展具有鲜明的"半城市化"特点，一般认为我国的城镇化率统计指标高于实际的户籍非农业人口比重 15 个百分点左右。历年的《中国统计年鉴》存在两个人口统计口径，一个是常住人口统计，另一个是户籍人口统计。常住人口是针对居住人口一年中居住

6 个月以上的区域来衡量的，分为城镇人口和农村人口两类；户籍人口是根据户籍登记所在地的人口类型划分的，分为非农业人口和农业人口两类。在市场经济体制下，人口流动不可避免，而作为传统人口管理制度的户籍制度又延续下来，因此，客观上存在着两个城镇化率，即常住人口城镇化率和户籍人口城镇化率。两个城镇化率之差可以近似地表示农村户籍半城镇化人口占全国总人口的比例。2010 年以来两个城镇化率之差整体上呈现逐渐上升的趋势，造成这一现象的主要原因是农业剩余劳动力向城镇转移的速度超过了农村户籍人口落户城镇的速度。提出要缩小两个城镇化率的差距，必须以提高户籍人口城镇化率为核心，在保护农民工权益、推动制度变革等方面采取有效措施（李春生，2018）。

针对常住人口城镇化率和户籍人口城镇化不一致而带来的"不完全城镇化""半城镇化"等问题，以 2014 年《国家新型城镇化规划（2014—2020 年）》以及《国务院关于进一步推进户籍制度改革的意见》为标志，中国城镇化全面进入以"人的城镇化"为核心、以提升城镇化质量为主的新阶段。之后，两类人口城镇化率的差距开始缩小（苏红键和魏后凯，2018）。

由于中国存在户籍城镇化率和居住地城镇化率的差异，因此真实的城镇化率数据存在争议。但有学者对此进行专门研究，得出结论，中国现行城镇人口的统计口径（即居住地城镇化率）基本上符合目前国际上通行的城乡划分原则和标准，不应因为城镇化进程中某些问题的存在而否定我国已有半数以上人口聚居于城镇、且拥有国际公认的城镇人口基本特征的事实（朱宇，2012）。

2012～2018 年，我国城镇化率从 52.57%上升到 59.58%，六年间上升了 7 个百分点，平均每年上升超过了 1 个百分点。从变化趋势来看，在城镇化率超过 50%之后，城镇化仍将维持快速发展的趋势，但城镇化率的增速逐渐趋缓。何志扬等（2017）认为，中国城镇化在 2010 年之后已经从加速阶段转变为减速阶段，且减速趋势持续加深。从人口角度看，城镇化减速发展的深层原因在于农村人口规模与结构的变化导致农村人口向城镇迁移的规模和潜力渐趋下降。

中国城镇化过程是一个长期的社会发展过程，还需要 20 年才能基本完成。利用城镇化 SD 模型进行中国城镇化过程多情景模拟（2013～2050 年）显示，无论哪种人口政策和 GDP 增长率，中国城镇化水平到 2035 年都将达到 70%以上，中国城镇化过程进入低增长阶段；到 2050 年，中国城镇化水平将达到 75%左右，中国城镇化进入稳定和饱和状态（顾朝林等，2017）。利用中国城镇化系统动力学模型，对 2016～2050 年中国人口进行了预测，结果发现，计划生育政策对城镇化水平的影响最大，其次为 GDP 增长率，能源消费的影响最小。不管在何种情况下，2035 年中国城镇化率将达到 71%～73%，2050 年将达到 76%～79%，即 2035 年中国将进入城镇化发展的平缓阶段（乔文怡等，2018）。

2. 人口老龄化

根据联合国 1956 年的《人口老龄化及其社会经济后果》以及 1982 年联合国"老龄问题世界大会"对人口老龄化的界定，老年人口系数可以用两个指标表示，即 60 岁及以上老年人口系数和 65 岁及以上老年人口系数，其含义是 60 岁及以上和 65 岁及以上常住老年人口占总人口数量的比重（用 N60+和 N65+来表示）。如果 N60+≤5%或 N65+≤4%，表明一个社会处于年轻型阶段；当 N60+处于 5%～10%或 N65+处于 4%～7%时，则表明该社会处于成年型阶段；当 N60+≥10%或 N65+≥7%时，表明一个社会进入老年型阶段

（戴建兵，2017）。

中国从 1999 年迈入老年型社会以来，人口老龄化进入快速发展阶段。60 岁及以上人口占比从 2011 年的 13.73%上升到 2016 年的 16.70%，年均上升 0.59 个百分点；65 岁及以上人口占比从 2011 年的 9.13%上升到 2016 年的 10.85%，年均上升 0.34 个百分点。人口快速老龄化，一方面对养老资源提出巨大挑战；另一方面也给经济和社会发展带来巨大影响。

中国人口老龄化呈现几个特点：老龄化加速，两性老龄结构失衡（女性比男性多），地区老龄化失衡（农村比城市多）（黄明安和陈钰，2018）。老龄化加速这一现象表现为我国目前人口自然增长率呈现下降趋势，总和生育率低，人口平均期望寿命长。根据相关年份"全国人口变动情况抽样调查样本数据"计算，2011 年 60 岁及以上和 65 岁及以上性别比（女=100）分别为 95.47 和 92.08；2018 年，60 岁及以上和 65 岁及以上性别比（女=100）分别为 93.40 和 90.05，可见中国两性老龄结构失衡呈现加剧的趋势。中国农村的老龄化程度在发展过程中逐渐超过中国城市，这种现象在人口学上成为人口老龄化的城乡倒置现象，这种现象是由我国的城镇化进程的不断推进造成的——青壮年劳动力外出打工，而老年人由于生理或者心理的原因而留守在农村地区。但是，这种现象只是暂时的，是初级社会的规律性现象，未来由于我国经济社会的发展和社会保障制度的完善，城乡老龄化程度将会趋向一致，城市的老龄化水平甚至会超过农村的老龄化水平。

2015 年，中国 60 岁及以上的老年人口规模大约为 2.2 亿人，位居全球各国首位，约占世界老年人口总量的 24.3%。在这一规模基础上增加的第 1 个 1 亿人大约用时 12 年，到 2026 年时，中国老年人口规模达到大约 3.3 亿人，约占世界老年人口总量的 25.0%。而增加的第二个 1 亿人大约用时 10 年，到 2036 年，中国老年人口规模达到大约 4.1 亿人，约占世界老年人口总量的 25.6%。2040 年前后，中国老年人口规模将比现在翻一番，约占世界老年人口总量的 24.5%。2050 年前后，中国老年人口规模将会达到 4.7 亿人，这基本上是其在整个 21 世纪中的峰值，仍居全球各国首位，约占世界老年人口总量的 22.5%。虽然中国的老年人口规模在较长一段时期内都稳居世界第一，但中国的老龄化程度并不是最高的，日本和韩国都比同一时期的中国要高（翟振武等，2016）。

3. 二孩人口政策

为了应对持续低生育与人口老龄化的挑战，中国政府加快了生育政策调整的步伐，十八届三中全会以后（2013 年以后）实施"单独二孩"政策。由于"单独二孩"政策的执行效果远低于预期，这一政策执行后不到两年的时间，中国政府又在十八届五中全会上制定了"全面二孩"新政策：自 2016 年开始全面实施一对夫妇可生育两个孩子。

2010 年以来，中国人口出生率和自然增长率呈现缓慢上升的趋势，但 2017 年反而下降。2012 年中国总人口为 135404 万人，人口出生率为 12.1‰，人口自然增长率为 4.95‰；2016 年总人口为 138271 万人，人口出生率为 12.95‰，人口自然增长率为 5.86‰，较 2012 年，总人口增加 2867 万人，人口出生率和自然增长率分别上升了 0.85 个百分点和 0.91 个百分点。2017 年，中国总人口为 139008 万人，人口出生率为 12.43‰，人口自然增长率为 5.32‰，较 2016 年总人口增长了 737 万人，但是人口出生率和自然增长率分别下降了 0.52 个百分点和 0.54 个百分点。期间人口政策调整并没有出现人们所担心的出生人口"井喷"现象。

自 2014 年全国实行"单独二孩"政策以来，申请情况并未如之前预估所料，大大低于调查预期，全国申请再生育的夫妇对数仅占符合条件的 9%，而从北京市的生育意愿与实际情况看这一比例仅为 6.7%（马小红和顾宝昌，2015）。绝大多数调研都得出结论认为，二孩生育意愿不强烈，低生育率现状将会持续较长时间。改变目前超低生育率的现状是一个长期的过程，政府应在未来很长时间内坚持实施"全面二孩"政策来减缓老龄化进程从而缓解人口压力，改善人口结构，保证经济可持续增长。

王思宇（2018）基于西安市的调查，从育龄妇女的生育数量、时间和性别上探讨其生育意愿是否受到全面二孩政策的影响。结果发现，全面二孩政策对育龄妇女的生育意愿影响不大，只有 34.2%的育龄妇女希望生育二孩，一孩意愿仍是主流。影响育龄妇女生育二孩的主要因素是经济因素。姜赛等（2017）对天津市调研后得出结果，54.24%家庭意愿子女数为 1 个，45.76%家庭意愿子女数为 2 个。刘小锋和张汉洋（2017）在调查的只生育一个孩子的家庭中，41.89%的育龄人员有生育意愿，而 58.11%的育龄人员没有生育意愿。上述几个调查都表明，愿意生育二孩的比例不超过 50%。但也有相对乐观的情况，白鸽等（2018）实地调研上海市 3 个区的 848 名育龄妇女，结果发现，53.9%的被访者有生育二孩的意愿，且主要基于自身情感需求，被访者不愿意生育二孩的原因主要受孩子照料（61.5%）与家庭经济状况（50.3%）的影响。回归分析后发现丈夫学历水平高、非独生家庭、未生育孩子、生育第一胎年龄低的受访者更倾向于生育二孩（白鸽等，2018）。

26.1.3　区域协调发展与城乡协调发展

党的十八大以来，中国坚定不移贯彻创新、协调、绿色、开放、共享的新发展理念，深入实施西部大开发、东北等老工业基地振兴、中部崛起、东部率先发展的区域发展总体战略（四大板块），又相继提出了"一带一路"倡议、京津冀协同发展、长江经济带发展、粤港澳大湾区、长江三角洲区域一体化、黄河流域生态保护和高质量发展等区域发展战略，形成区域协调发展战略，促进区域协调发展。与此同时，提出了"乡村振兴战略"，促进农村经济社会发展和城乡协调发展。

1. 区域协调发展

国家"十一五"规划提出要根据资源环境承载能力、现有开发密度和发展潜力，统筹考虑未来我国人口分布、经济布局、国土利用和城镇化格局，将国土空间划分为优化开发、重点开发、限制开发和禁止开发四类主体功能区，按照主体功能定位调整完善区域政策和绩效评价，规范空间开发秩序，形成合理的空间开发结构。

2018 年 11 月 5 日，习近平总书记在首届中国国际进口博览会开幕式上的主旨演讲宣布，支持长江三角洲区域一体化发展并上升为国家战略。至此，我国基本形成了以推进"一带一路"倡议、京津冀协同发展、长江经济带发展、粤港澳大湾区建设、长江三角洲区域一体化发展等为引领，以西部大开发、东北等老工业基地振兴、中部崛起、东部率先发展四大板块发展战略为基础的区域协调发展基本框架。

但是，从数据表现来看，我国区域发展形势是好的，同时出现了一些值得关注的新情况新问题，主要是区域经济发展分化态势明显，发展动力极化现象日益突出，部分区域发展面临较大困难。图 26.2 数据显示，与 2010 年相比，2018 年东部地区生产总值占全国比重下降了 0.51 个百分点，中部地区上升了 1.36 个百分点，西部地区上升了 1.52 个百分点，但是，东北地区所占比重下降了 2.37 个百分点，东北地区振兴效果不彰，呈现东北地区相对衰落的趋势。

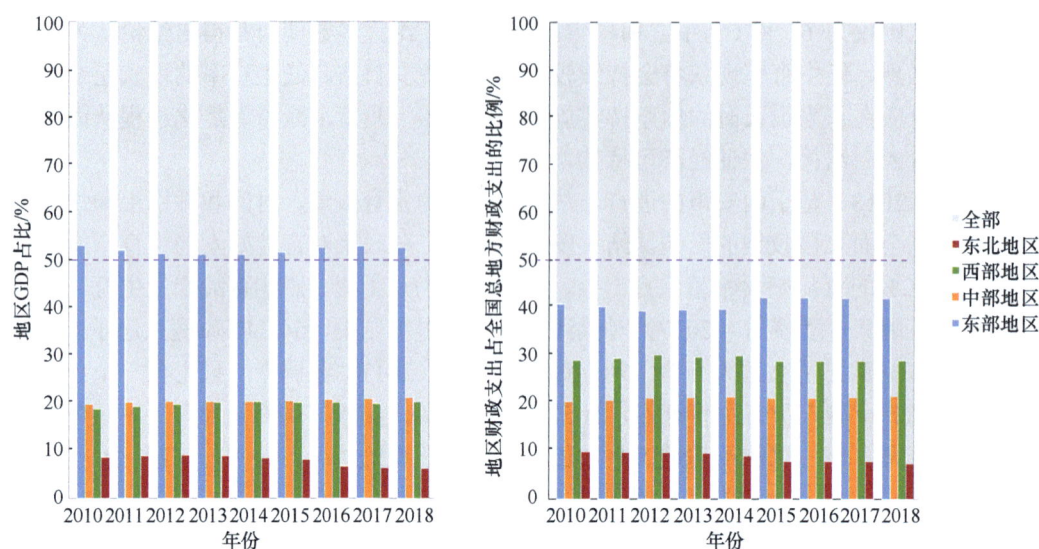

图 26.2　中国各区域生产总值占比及地区财政支出占比的变化

资料来源：根据《中国统计年鉴》（历年）整理

同时 2010～2018 年东部地区财政支出占全国总地方财政支出的比重上升了 1.28 个百分点，中部地区上升了 1.12 个百分点，西部地区上升了 0.05 个百分点，东北地区则下降了 2.46 个百分点。

鉴于目前区域发展差距依然较大，区域分化现象逐渐显现，无序开发与恶性竞争仍然存在，区域发展不平衡不充分问题依然比较突出，区域发展机制还不完善，难以适应新时代实施区域协调发展战略需要，为促进区域协调发展向更高水平和更高质量迈进，《中共中央　国务院关于建立更加有效的区域协调发展新机制的意见》对建立更加有效的区域协调发展新机制提出了要求。近期目标是在建立区域战略统筹机制、基本公共服务均等化机制、区域政策调控机制、区域发展保障机制等方面取得突破，在完善市场一体化发展机制、深化区域合作机制、优化区域互助机制、健全区际利益补偿机制等方面取得新进展；最终目标是到 21 世纪中叶，建立与全面建成社会主义现代化强国相适应的区域协调发展新机制，区域协调发展新机制在完善区域治理体系、提升区域治理能力、实现全体人民共同富裕等方面更加有效，为把我国建成社会主义现代化强国提供有力保障。

2. 城乡协调发展与乡村振兴战略

近年来，中国加大了统筹城乡发展力度，坚持工业反哺农业、城市支持农村和多予少取放活方针，加大强农惠农富农政策力度，让广大农民平等参与现代化进程、共同分享现代化成果，不断增强农村发展活力，逐步缩小城乡差距，促进城乡共同繁荣。党的十八大报告提出，加快完善城乡发展一体化体制机制，着力在城乡规划、基础设施、公共服务等方面推进一体化，促进城乡要素平等交换和公共资源均衡配置，形成以工促农、以城带乡、工农互惠、城乡一体的新型工农、城乡关系。

2013 年以来，农村居民人均可支配收入增长快于城镇居民，城镇居民人均可支配收入是农村居民的倍数从 2013 年的 2.81 倍逐步缩小到 2.71 倍。总的来说，城乡协调发展取得了一定进展。但也不得不看到，当前中国城乡收入差距依然巨大，并且各种显性和隐性城乡壁垒在阻碍着乡村经济发展和妨碍农民享有同等发展机会。

党的十九大报告中提出了乡村振兴战略，强调农业农村农民问题是关系国计民生的根本性问题，必须始终把解决好"三农"问题作为全党工作重中之重，指出要坚持农业农村优先发展，按照产业兴旺、生态宜居、乡风文明、治理有效、生活富裕的总要求，建立健全城乡融合发展体制机制和政策体系，加快推进农业农村现代化，这对于城乡协调发展具有极大的促进作用。2018 年 1 月 2 日，中共中央、国务院公布了 2018 年中央一号文件，即《中共中央　国务院关于实施乡村振兴战略的意见》。2018 年 9 月，中共中央、国务院印发了《乡村振兴战略规划（2018—2022 年）》。按照产业兴旺、生态宜居、乡风文明、治理有效、生活富裕的总要求，《乡村振兴战略规划（2018－2022 年）》对实施乡村振兴战略作出阶段性谋划，到 2020 年，乡村振兴的制度框架和政策体系基本形成，各地区各部门乡村振兴的思路举措得以确立，全面建成小康社会的目标如期实现。到 2022 年，乡村振兴的制度框架和政策体系初步健全。到 2035 年，乡村振兴取得决定性进展，农业农村现代化基本实现。到 2050 年，乡村全面振兴，农业强、农村美、农民富全面实现。

26.2　新常态社会经济转型对碳减排的影响

26.2.1　经济发展方式转变对碳减排的影响

1. 经济增长速度放缓对碳减排的影响

经济增长速度和产业结构对碳排放的影响比较大（曾志勇和刘颖，2016）。过去 30 年，我国经济一直保持年均 10%以上的增长速度，同时处于工业化发展的重要阶段，使得我国相应的能源消耗和碳排放不断增加。当前我国经济新常态下主要强调经济转换发展动力，转变增长方式，由传统的资源依赖和要素驱动型粗放扩张的发展方式向创新驱动型经济内涵提高的发展路径转变。新常态下 GDP 的增速预计回落到 6.5%～7%的中高速水平，由于能源消耗还处于较快的增长时期，短期内碳排放还会随着经济的增长而增加。2015 年我国第三产业增加值为 346178 亿元（当年价），占 GDP 比重为 50.5%，首次超过 50%，2020 年，第三产业增加值占比 54.5%显示我国经济向形态更高级、分工更优化、结构更合理的阶段演化，这将有利于我国实现二氧化碳的减排（皮伟花，2015；王玲，2016；顾阿伦和吕志强，2016；邓荣荣和陈鸣，2017）。

2. 产业结构转变和技术进步对碳减排的影响

我国分行业能源消耗结果显示，工业仍然是我国最主要的耗能部门，2015 年工业部门能源消耗量占总能源消耗量的 68%，比 2005 年下降了 3.9 个百分点。因此除了三次产业结构调整和优化，还需要继续优化和调整工业产业内部结构以及工业产品结构，"十二五"期间，工业行业将"调结构、转方式"作为重要的抓手，全国累计淘汰炼铁产能 9089 万 t、炼钢 9486 万 t、电解铝 205 万 t、水泥（熟料及粉末能力）6.57 亿 t、平板玻璃 1.69 亿重量箱，使得高耗能行业发展得到了有效的抑制，投资增速放缓显著，这些行业内提质增效、转型升级的积极措施，使第二产业内部结构优化取得了明显的进展。2015 年工业比重比 2010 年下降 5.7 个百分点（国家发展改革委，2016）。我国工业正处于后期的发展阶段，降低工业能源消耗强度，提高能源效率是工业未来实现节能减排的必由之路。另外，工业能源消耗中，煤炭占比超过 50%，因此大力改善工业能源消耗结构，也是工业领域降低碳排放的重点。

　　除了推动传统产业的改造升级，国务院陆续发布了战略性新兴产业的规划以及加强环保产业的意见，2015年国务院批复筹备总规模约为400亿元人民币的国家新兴产业创业投资引导基金，重点扶持创新型企业。"十二五"期间，节能环保、新一代信息技术、新能源等七大战略性新兴产业快速发展。2015年，我国战略性新兴产业增加值占国内生产总值比重达到8%左右，产业创新能力和盈利能力明显提高。同时我国大力推进服务业的快速发展，营造有利于服务业发展的政策和体制环境，确定了重点任务。"十二五"期间，服务业比重提高了6.1个百分点。

　　产业技术进步也是降低能源消耗和减少碳排放的重要手段，我国发展先进的能源技术，重视技术改造和创新，已经取得了显著的效果。"十二五"期间，火电厂供电煤耗下降14.9%，水泥综合能耗下降8.1%，吨钢可比能耗下降12%，电解铝交流电耗下降7.0%，乙烯综合能耗下降20.4%，合成氨综合能耗下降12%，纸和纸板综合能耗下降24.3%（何建坤等，2018），这些努力使得我国产品能耗与国际先进水平的距离不断缩小。2015年，我国单位国内生产总值能耗同比下降5.6%，"十二五"期间全国单位国内生产总值能耗累计下降18.4%。2018年我国碳排放强度比2005年下降45.8%，基本扭转了温室气体排放快速增长的局面。

　　我国非化石能源占比在能源总需求不断增长的情况下仍然持续提高，这也意味着非化石能源增长的速度已经超过了能源需求增长的速度。随着新能源技术的不断发展与成熟，成本的快速下降，产业规模和服务的日益完善，今后新增加的发电装机以新能源和可再生能源为主，加速我国能源结构的低碳化，预计到2020年和2030年，我国非化石能源比例达到15%和20%的情况下，煤炭比例可以分别下降到60%和50%以下，这对我国减少碳排放将起到重要的作用（何建坤等，2018）。

3. 进出口贸易对碳减排的影响

　　扩大需求和投资都是维持经济增长的关键要素，但是投资的进一步扩大则要以消费结构升级为导向。我国消费结构升级与投资结构升级的发展基本吻合，伴随着中国城镇居民消费结构由工业消费品主导型向服务业消费品主导型转变，以及农村居民消费结构向工业消费品主导型转变，国内投资需求也逐渐由第二产业转向第三产业。我国最终消费和投资中的服务业比例（62%和11%）明显低于韩国（76%和23%）、日本（82%和21%）和美国（84%和37%）。如果最终消费中服务业消费比例每提升1个百分点，将促使工业增加值占GDP比例下降0.15个百分点，同时总的单位GDP能源强度下降0.15%。同样地，投资中服务业需求比例每升高1个百分点，工业增加值占GDP比例下降0.24个百分点，相应单位GDP能源强度下降0.21%。因此，我国未来要努力扩大国内消费，同时也要注重对需求结构的引导，增加服务业的消费比例，引导资金投向消费结构升级（中国尽早实现二氧化碳排放峰值的实施路径研究课题组，2018）。

　　进出口贸易都有效促进了中国经济的快速增长，对调节国内消费需求和投资需求关系的失衡起到了一定的积极作用。随着我国进出口产品结构调整以适应国内旺盛的产品需求，我国净出口产品的内涵排放增加的趋势放缓。2015年，我国进出口总额约为24.55万亿元人民币，与GDP之比约为36%，进出口总额与GDP的比重在"十二五"期间不断下降，净出口产品的内涵排放占总排放比例约为12%，这一比重比"十一五"期间平均下降了大约4个百分点（图26.3）。预计随着国内居民消费潜力的进一步释放，以及国内出口政策的调整，我国进出口产品内涵排放的差距会逐步缩小（顾阿伦等，2020）。

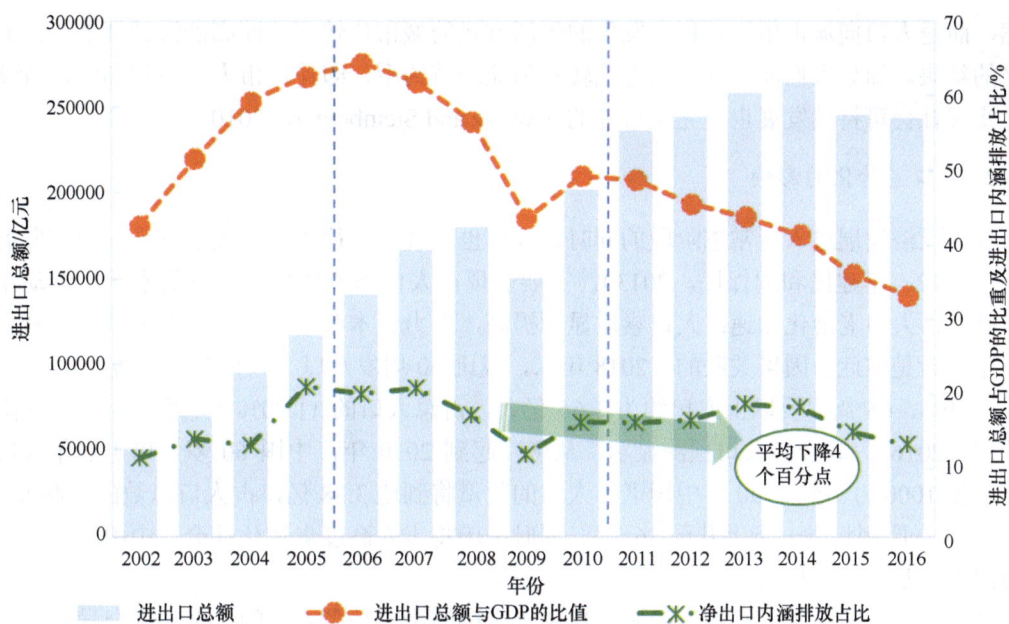

图 26.3　我国近年进出口总额和净出口内涵排放变化

26.2.2　社会转型与人口政策对碳减排的影响

1. 城镇化的影响

城镇化的生活方式主要从两个方面影响碳排放，一方面是城市的直接能源消耗需求导致的碳排放，如用于取暖的天然气的利用、烹制食物、家庭汽车和摩托车的使用、室内照明等；另一方面则是城市居民间接的能源消费需求导致的，包括房屋居住面积、食品、衣服等日常消耗品使用等。

人口不断向大城市集聚是城镇化的重要特征，2018 年我国城镇化率达到 59.58%，城镇常住人口为 83137 万人，研究显示城镇化率每提高 1%，相应区域的碳排放可能提高 0.2%～1%（王星和秦蒙，2015；林美顺，2016）。城市人口的大规模集聚会引起城市产业结构、就业结构、生活方式和基础设施的变化，人口增长和收入水平增加，进而生活方式转变是城市碳排放增长的重要原因之一（Satterthwaite，2009）。北京和上海等经济发达，人口密集的大城市的居民能源消耗大约是农村地区的 3.5～4 倍，使得这些地区的人均碳排放量大大高于农村地区（Lin and Zhang，2009），因此，控制城镇化速度在适当的水平，可以实现低碳发展，如若在农村地区大力推进低碳小城镇的建设，势必对实现我国碳减排具有重要的意义。

当然城市的土地利用方式、公共基础设施部署以及交通体系的构建，都会形成特有的城市发展模式，进而影响到城市的能源使用和碳排放。紧凑型的城市作为降低城市能源消耗、控制城市碳排放增长的城市形态，已经获得了广泛的关注与实践。城镇化过程中道路基础设施和交通运输体系建设与能源消耗和碳排放关系密切且复杂（刘明达等，2018）。

我国城镇化对碳排放的影响还存在一定的区域差异，同时城镇化发展质量不同阶段，其对碳排放的影响也不同。高城镇化地区比低城镇化地区有助于碳减排，而中等城镇化地区则会增加碳排放，这主要是由于各个地区的资源禀赋、经济和历史条件存在较大的差异，各个区域在消费模式、经济结构和基础设施建设和区域发展政策等方面的特征决定了其城镇化推进对碳排放的影响不同（余晶晶，2014）。城市碳排放总量的显著增长不是城市人口增长的必然，而是人口向城市集聚过程中发生的生活方式的城市化转变，即高能源消耗的生活方式带来的结果。如果人们能将其生活方式转变为能源节约型，即使城市人口总量和经济持续增长，实现社会可持续发展也是完全可能的（Weisz and Steinberger，2010）。

2. 人口老龄化的影响

我国经济发展进入新常态阶段的同时，人口也呈现与以往不同的发展态势（中国发展基金会，2012；李建民和周保民，2013），主要表现在人口增长率处于较低的水平；劳动年龄人口减少；人口老龄化加速；人口素质显著提高，人力资本存量得到大幅度增长等，其中前面 3 个因素是彼此为因果关联的。2018 年末，我国 60 周岁及以上人口为 2.49 亿人，占总人口的 17.9%，65 周岁及以上人口约为 1.66 亿人，占总人口的 11.90%（中华人民共和国国家统计局，2016）。联合国人口预测显示，从现在起到 2030 年，中国 60 岁及以上老年人口每年将增加 1000 万。到 2030 年中国老年人口的数量将到达 3.58 亿，占人口总数的 25%左右。2050 年这一比例将进一步上升至 36.5%，届时中国将步入高度老龄化社会（中国人口学会和联合国人口基金，2016）。

老龄化比例的提高对经济、能源消耗和碳排放的影响是多方面的。老龄化会导致劳动力供给短缺，储蓄率下降，劳动生产率下降，消费需求减少，削弱经济活力（李建民，2015）；老龄化初期会显著增加碳排放（齐欣，2016；李建森和张真，2017），老龄化人口比例每增加 1%，会使得碳排放增加 0.2%；而老龄化达到一定程度后，消费侧导致老年服务型需求的增加，进而提高服务业的转型升级，改善能源消费结构，降低能源消耗和碳排放（田成诗等，2015；齐欣，2016）。我国老龄化对碳排放的影响存在显著的区域差异，东部地区老龄化的加剧会增加碳排放，而西部地区则会抑制碳排放，这是因为老龄人口作为"纯消费者"，其消费水平与其所处地区的经济收入水平、社会保障和健康状况存在紧密关系（李飞越，2016；吴昊和车国庆，2018）。

26.2.3 居民生活消费升级及转型对碳减排的影响

我国人口总量大，居民作为实施消费的主体，其数量也较大，随着居民收入水平的提高，多样化的刺激居民消费的政策与措施有效带动了居民的生活消费，消费的增长引发能源需求的增加，进而导致碳排放量的增加。居民消费引起的碳排放一般分为两个方面：一个是居民生活消费的直接碳排放，包括炊事、热水和采暖等；另一个方面是居民消费品在其生产和运输各个环节中所消耗能源导致的间接碳排放（朱勤和魏涛远，2013），后者反映的是居民消费产品全生命周期的碳排放的总和。目前居民直接生活能源消耗约占全国总量的 25%，居民家庭消费活动的间接能源消耗是直接能源消耗的 1.35 倍（Ding et al.，2017）。居民生活消费引起的总的碳排放量占全国排放总量的 70%~80%（Zhang et al.，2017）。

同时城乡居民的生活消费方式也发生了转变，对碳排放也存在一定的影响。居民生活的恩格尔系数逐渐降低，居民的消费偏好逐渐向注重住房、出行和娱乐方面发展，由此带来能源消费结构和碳排放相应发生了变化。住房活动造成的间接能源消耗最大，黑色金属的冶炼和压延行业是受家庭消费影响最大的工业部门（Ding et al.，2017）。货币与金融服务这种较为高端的服务业的市场主要集中在城市，因此对城镇居民碳排放的影响更大（张琼晶等，2019）。

目前城镇居民的人均碳排放足迹要高于农村居民，但是伴随着经济发展和城镇化进程的加快，更多的农村居民转变成城市居民，也势必会增加居民消费的碳足迹（白小伟和李远利，

2017）。因此改变居民的生活消费方式，倡导可持续性理念的消费方式，在产品生产和日常生活中，结合低碳发展的观念，改变居民的消费方式，从传统的高碳消费方式转向低碳消费方式，提倡家庭低碳消费模式，鼓励企业实施低碳产品的生产与供应，驱动整个社会向低碳消费方式进行转变（魏国强，2017）。同时中国居民交通碳排放量仅为美国居民交通碳排放量的 15%，随着居民收入水平的提高，居民交通碳排放也会逐渐增加（马晓微等，2015），提高城镇公共基础设施建设水平，尤其是交通基础设施方面，避免资源的过度浪费，提倡居民绿色、低碳的出行方式，为居民的出行提供相应的便利条件。

26.2.4　国内/国际投资转变对碳减排的影响

固定资产投资与经济增长之间存在较强的线性关系，特别是生产性的资本投资，对于经济增长的影响则更为显著（Chaudhri and Wilson，2010）。投资主要从三个方面影响碳排放：通过影响经济规模而影响碳排放；通过影响产业结构而影响碳排放；通过影响生产的技术水平而影响碳排放。

固定资产投资对中国经济增长起到关键性作用，是促进我国经济增长的关键因素，我国固定资产的投资主要集中在制造业，2015 年我国固定资产投资在第二产业约为 22.43 万亿，占全国总投资的 40%左右，2018 年第二产业的投资达到 23.78 万亿元。"十二五"期间，第二产业固定资产投资占比下降了 2 个百分点，显示我国产业结构调整正在显现，"十五"期间，平均能源消费增长速度达到了 10%，能源消费弹性一度达到了 1.67。之后"十一五"和"十二五"期间持续下降，从"十一五"时期的平均 0.574 下降到"十二五"时期的平均 0.432，能源消耗快速增长的趋势得到了有效的抑制。

2018 年，我国实际利用外商直接投资约为 1349 亿美元（国家统计局，2019）。有研究结果显示，韩国和新加坡等地在中国的直接投资每增加 1%，会导致我国碳排放量增加 0.0719%～ 0.6287%，这些投资涉及的企业技术溢出效应不明显。但是大部分研究显示，外商的直接投资在一定程度上能够降低碳排放，但是作用偏小（田泽永和张明，2015；张晶和蔡建峰，2014）。以石油化工行业为例，降低石油工业单位 GDP 碳排放对整个石油工业的投资有积极的促进作用，而投资又会促进经济增长，最后也会推动整个石油工业碳排放的下降（兰致，2015）。

我国地区经济差异明显，东部地区的经济优势突出，使得该地区吸引了国外的先进技术，使得碳排放的减排效果比较明显（孙金彦和刘海云，2016）。固定资产投资对第二产业碳排放的影响要明显高于第三产业，中西部地区引进的外资大部分偏重制造业、采矿业等高耗能、高污染的工业行业，而东部地区则注重引进外资投向计算机服务、软件开发等低耗能、高产出的第三产业。

从当前改革的趋势来看，投资增速的快速下降已经开始对产业结构产生影响，但中国未来需要进一步加速最终消费的增长以弥补投资下降所带来的需求不足，并鼓励服务业需求的发展，我国以工业为主的产业结构正在逐渐得到优化，应及时调整投资方向向知识密集型行业转变，促进产业升级，加大对新能源产业、低碳产业的投资力度，以此缓解我国资源与环境的矛盾。

随着经济全球化的快速发展，除了在国内引进国外先进的技术和投资以外，国内企业和资本、技术也积极走出去，参与到区域国家之间的经济合作，2018 年中国对外直接投资流量约为 1430 亿美元（国家统计局，2016），这些投资超过 70%直接投资在亚洲。"一带一路"倡议以来，中国企业以股权投资形式总计在沿线 64 个国家投资了约 1709 MW 的风电和光伏装机，按照风电和光伏 25 年项目生命周期计算，预计可减少 3.8 亿 t 二氧化碳的排放[①]。

26.3 新冠疫情对碳排放的影响

26.3.1 新冠疫情对全球经济的影响

2020 年初新冠肺炎疫情暴发以来，全人类又一次遭受重大公共卫生事件的冲击和挑战。大多数国家应对新冠疫情的主要政策是抑制经济活动，以减少相互作用和传染。这一政策相当于决定在短期内以每年约 20%的速度减少世界 GDP，如果持续一年或更长时间，将构成一场罕见的宏观经济灾难，在当前环境下的合理希望是，产量的大幅削减将只持续几个月，之后病毒将得到遏制，目标是实现快速的 V 型复苏（罗伯特·巴罗，2020）。此次疫情通过对交通运输、旅游、贸易、消费和制造业等方面的影响，对主要经济体带来巨大的冲击，严重削弱了企业和金融市场的信心，对全球经济造成比 2008 年国际金融危机时期更大的不利影响（李霞等，2020）。

新冠疫情蔓延到全球，使得许多国家对人员、货物和服务流动进行限制，以及制造商关闭工厂等，相关产业链条上的上下游行业和企业受到影响，对全球贸易带来进一步冲击。旅行和入境管制直接影响相关地区和国家的旅游业及航空业发展，继而影响餐饮、住宿、购物、交通、金融等相关服务业出现收缩，对全球服务贸易带来巨大损害。

疫情快速蔓延使商品需求放缓，世界大宗商品价格出现大幅下跌。全球股市、汇市、债市等金融市场出现剧烈波动，金融风险快速增大。发达经济体的服务业经济贡献比重高，其经济受影响的程度超过新兴经济体。

26.3.2 新冠疫情对中国经济的影响

我国为控制疫情扩散，相继采取了居家隔离、限制集会、强化社区防控、延期复工等系列举措，在有效控制疫情的同时，也严重冲击了经济生产和社会生活，新冠疫情对我国宏观经济形势的影响主要是短期性、暂行性影响，经济增长的中长期基本面良好态势没有发生根本性变化。

新冠疫情对我国宏观经济运行产生了一定的负面冲击（钟瑛和陈盼，2020），其中第一季度受影响较大。按照可比价格计算，2020 年第一季度 GDP 同比下降 6.8%（魏杰，2020），防控疫情需要人口避免大规模流动和聚集，需求和生产骤然下降（任泽平，2020；贾康，2020），导致就业出现"前紧后难"态势，对未来的就业结构产生了一定影响；疫情对不同微观个体的冲击程度不一样，根据受冲击程度大小，民企大于国企，小微企业大于大企业，农民工大于正式职工（罗志恒，2020）。疫情对中小企业和就业的短期影响较为剧烈，停工、停业意味着整个市场交易逐渐"冷却"下来，供给和需求双方都骤降（蒋震和刘洪娇，2020），短期内却给中小企业带来了"极限施压"，它们承受了巨大的固定运营成本；部分体量较小、抗风险能力较弱的中小微企业将面临破产倒闭的困境，风险还可能沿着供应链和担保链上下及横向传导，引发局部性危机。

国外疫情控制措施的不确定性增加了外贸出口的不确定性，内需也出现了明显的结构性分化。而随着复工复产的持续向好，中国经济的长期基本面并没有受到重大的冲击，预计如果政策得当，2020 年底会转为经济的正增长。

---

① https://www.sohu.com/a/330917353_771862.

26.3.3 新冠疫情对碳排放的影响

此次疫情使得人类生产生活停滞所带来的碳减排量也超过之前任何一次危机，截至 2020 年 4 月初全球二氧化碳日排放量比 2019 年的平均水平下降了 17%，来自地面运输和航空业的排放分别下降了 36%和 60%（Corinne et al.，2020）。2020 年 3 月中旬新冠疫情开始全球大流行，各国二氧化碳排放量受到不同程度的影响。2020 年 6 月以来，随着疫情得到逐步控制，各国的社会经济活动及碳排放量也逐渐恢复。2020 年上半年，全球人类活动二氧化碳排放量同比减少 15.5 亿 t，降幅达 8.8%（Liu et al.，2020）。疫情危机在短时间内压缩了人类活动、降低了碳排放，国际能源署（IEA）数据显示，2021 年世界能源使用量恢复到疫情前的水平，增长了 4%，能源相关的二氧化碳排放增加了 12 亿 t，代表了 4%的增长水平（IEA，2021）。

为阻断新冠疫情的蔓延，中国采取了迅速而彻底的防控措施与政策，这些措施的实施使得疫情于 3 月底显著得到缓解，全国大部分地区实现了复工复产，人为活动及其排放出现一定的波动，与 2019 年第一季度相比，2020 年同期我国碳排放降低了 9.8%，其中交通部门降幅最大，达到 43.4%，电力和工业部门同比也有所下降，减排率分别达到 5.3%和 9.3%（乐旭等，2020）。与 2019 年春节假期后的两周相比，煤炭和原油使用量的减少意味着二氧化碳排放量减少 25%或更多。

26.3.4 后疫情时代的复苏

疫情大流行造成了大萧条以来最严重的经济萎缩，为了应对这一经济冲击，世界各国纷纷出台各种经济货币政策来提振经济的复苏，据麦肯锡估计，相关经济激励措施涉及的金额已经超过 10 万亿美元。但是恢复原有的"棕色"经济模式可能加剧不可逆转的气候变化和其他环境风险；相较而言，"绿色复苏"可以通过加大可再生能源投资等公共支出来实现向可持续、低碳经济的长期转型，得到了广泛支持和呼吁（Barbier，2020）。将清洁能源、可再生能源置于后疫情时代经济复苏方案的核心，是经济、社会、环境三方面综合效益最佳的政策选项。后疫情时代的全球各国绿色能源项目的规模可能高达数百万亿美元，这将为各行业带来巨大的就业机会。

2020 年 9 月 22 日，国家主席习近平在第七十五届联合国大会一般性辩论上发表重要讲话，宣布："中国将提高国家自主贡献力度，采取更加有力的政策和措施，二氧化碳排放力争于 2030 年前达到峰值，努力争取 2060 年前实现碳中和。"后续的经济复苏意味着比危机前更加可观的碳排放增量以及随之加剧的温室效应，中国宣布碳中和的目标，对推进世界各国齐心协力控制全球变暖以及应对气候变化具有重要意义，对后疫情时代的复苏指明了方向。

中国已经率先在全球控制了疫情的蔓延，后疫情时代的经济复苏需要以高质量和绿色理念推动经济重回正轨，对于涉及民生的能源行业与清洁能源投资，在疫情带来的能源供需宽松阶段，可以通过加速绿色低碳转型和相应的改革措施实施，大力推动与提高能源结构的转型与调整，确保传统基础设施领域的投资支持绿色和高效的城镇化进程，加强以新型信息技术为基础的新基建领域投资，为我国尽早实现碳排放达峰奠定基础（莫开伟，2020；聂新伟等，2020；Turner et al.，2020）。

参 考 文 献

白鸽, 王胜难, 戴瑞明, 等. 2018. 全面二孩政策下上海市居民生育意愿调查. 医学与社会, 31(11): 53-55.
白小伟, 李远利. 2017. 城乡居民消费的碳足迹分析. 全国流通经济, (24): 7-10.
蔡昉. 2018. 中国改革成功经验的逻辑. 中国社会科学, (1): 29-44.

戴建兵. 2017. 我国人口老龄化程度以及老年人口量与质的实证分析——基于"四普"、"五普"和"六普"数据. 兰州学刊, (2): 148-157.

邓荣荣, 陈鸣. 2017. 经济发展方式转变是否降低了中国的碳排放强度?—基于 IO-SDA 模型的分析. 科学决策, (5): 40-63.

顾阿伦, 何建坤, 周玲玲. 2020. 经济新常态下外贸发展对我国碳排放的影响. 中国环境科学, 40: 2295-2303.

顾阿伦, 吕志强. 2016. 经济结构变动对中国碳排放影响——基于 IO-SDA 方法的分析. 中国人口·资源与环境, 26(3): 37-45.

顾阿伦, 滕飞, 冯相昭. 2016. 主要部门污染物控制政策的温室气体协同效果分析与评价. 中国人口·资源与环境, 26(2): 10-17.

顾朝林, 管卫华, 刘合林. 2017. 中国城镇化 2050: SD 模型与过程模拟. 中国科学: 地球科学, 47(7): 818-832.

郭朝先. 2018. 改革开放 40 年中国工业发展主要成就与基本经验. 北京工业大学学报(社会科学版), 18(6): 1-11.

国家发展和改革委员会. 2018. 中国应对气候变化的政策与行动 2016 年度报告. http://www.ndrc.gov.cn/gzdt/201611/t20161102_825493.html[2021-2-16].

国家统计局. 2016. 2016 中国统计年鉴. 北京: 中国统计出版社.

国家统计局. 2017. 2017 中国统计年鉴. 北京: 中国统计出版社.

国家统计局. 2018. 中华人民共和国 2017 年国民经济和社会发展统计公报. http://www.stats.gov.cn/tjsj/zxfb/201802/t20180228_1585631.html[2021-12-8].

国家统计局. 2019. 中国统计年鉴 2018. 北京: 中国统计出版社.

何建坤, 周剑, 欧训民. 2018. 能源革命与低碳发展. 北京: 中国环境出版社.

何志扬, 刘昌南, 任远. 2017. 新世纪以来中国城镇化的阶段转变及政策启示. 天津大学学报(社会科学版), 19(2): 125-131.

胡少维. 2013. 落实主体功能区战略是促进区域协调发展的第一原则. 金融与经济, (11): 36-39.

黄明安, 陈钰. 2018. 中国人口老龄化的现状及建议. 经济研究导刊, (10): 54-58, 66.

黄群慧, 黄阳华, 贺俊, 等. 2017. 面向中上等收入阶段的中国工业化战略研究. 中国社会科学, (12): 94-116, 207.

贾康. 2020. 新冠疫情对中国经济的影响及对策分析. 经济研究参考, (6): 80-85.

姜赛, 辛怡, 王晶艳, 等. 2017. 天津市"全面二孩"政策下城市居民生育意愿的影响因素分析. 中国初级卫生保健, 31(1): 41-43.

蒋震, 刘洪娇. 2020. 新冠疫情对我国宏观经济形势的影响与分析. 经济研究参考, (6): 86-90, 98.

兰致. 2015. 我国石油工业投资—碳排放—经济增长关系研究. 青岛: 中国石油大学(华东).

乐旭, 雷亚栋, 周浩, 等. 2020. 新冠肺炎疫情期间中国人为碳排放和大气污染物的变化. 大气科学学报, 43(2): 265-274.

李春生. 2018. 中国两个城镇化率之差的内涵、演变、原因及对策. 城市问题, (1): 11-16, 25.

李飞越. 2016. 中国人口老龄化、城镇化与碳排放的关系——基于非线性假设的研究. 广州: 暨南大学.

李浩. 2013. 城镇化率首次超过 50% 的国际现象观察——兼论中国城镇化发展现状及思考. 城市规划学刊, (1): 43-50.

李建民. 2015. 中国的人口新常态与经济新常态. 人口研究, 39(1): 3-13.

李建民, 周保民. 2013. 中国人口与发展关系的新格局及战略应对. 南开学报(哲学社会科学版), 6: 25-31.

李建森, 张真. 2017. 上海市人口老龄化对碳排放的影响研究. 复旦学报(自然科学版), 56(3): 273-279.

李霞, 赵小辉, 傅培瑜, 等. 2020. 2020 年新冠疫情对世界和中国宏观经济的影响. 当代石油石化, 28(3): 9-13.

林美顺. 2016. 中国城市化阶段的碳减排: 经济成本与减排策略. 数量经济技术经济研究, (3): 59-77.

刘明达, 尤南山, 刘碧寒. 2018. 基于城市样本的中国城市化与碳排放相关性实证研究. 地理与地理信息科学, 34(2): 73-78.

刘世锦. 2018. 中国经济增长的平台、周期与新动能. 新金融, (4): 4-9.

刘小锋, 张汉洋. 2017. "全面二孩"政策下城市居民生育现状及意愿分析——以浙江省金华市调查为例. 调研世界, (11): 27-32.

罗伯特·巴罗. 2020. 新冠疫情对宏观经济的影响. 北大金融评论, 4: 31-33.

罗志恒. 2020. 新冠疫情对经济、资本市场和国家治理的影响及应对. 金融经济, (2): 8-15.

马小红, 顾宝昌. 2015. 单独二孩申请遇冷分析. 华中师范大学学报(人文社会科学版), 54(2): 20-26.

马晓微, 杜佳, 叶奕, 等. 2015. 中美居民消费直接碳排放核算及比较. 北京理工大学学报(社会科学版), 17(4): 34-40.

莫开伟. 2020. 对新基建要准确把握投资速度与规模. 金融言行: 杭州金融研修学院学报, (4): 10-12.

聂新伟, 史丹, 蔺通. 2020. 新型冠状病毒疫情对我国电力行业的影响分析. 中国能源, (2): 25-31.

皮伟花. 2015. 经济增长、产业结构演变对我国碳排放影响研究. 天津: 天津财经大学.

齐欣. 2016. 中国人口老龄化对碳排放的影响研究. 北京: 北京交通大学.

乔文怡, 李玏, 管卫华, 等. 2018. 2016—2050 年中国城镇化水平预测. 经济地理, 38(2): 51-58.

任泽平. 2020. 新冠肺炎疫情对中国经济的影响分析与政策建议. 企业观察家, (4): 80-83.

沈坤荣, 滕永乐. 2015. 中国经济发展阶段转换与增长效率提升. 北京工商大学学报(社会科学版), 30(2): 1-7.

苏红键, 魏后凯. 2018. 改革开放 40 年中国城镇化历程、启示与展望. 改革, (11): 49-59.

孙金彦, 刘海云. 2016. 对外贸易、外商直接投资对城市碳排放的影响——基于中国省级面板数据的分析. 城市问题, (7): 75-80.

田成诗, 郝艳, 李文静, 等. 2015. 中国人口年龄结构对碳排放的影响. 资源科学, 37(12): 2309-2318.

田泽永, 张明. 2015. 外商直接投资与城市化对中国碳排放的影响研究——基于我国省级行政区际视角. 科技管理研究, 337(15): 240-244.

王玲. 2016. 经济发展方式变化对中国碳排放强度的影响. 现代经济信息, (15): 15.

王思宇. 2018. 全面二孩政策对城市育龄妇女生育意愿的影响——基于西安市的调查. 新西部, (32): 34-35, 31.

王星, 秦蒙. 2015. 不同城镇化质量下碳排放影响因素的实证研究——基于省级面板数据. 兰州大学学报(社会科学版), 43(4): 60-66.

魏国强. 2017. 人口结构变化与消费模式对碳排放的影响研究. 商业经济研究, (16): 37-39.

魏杰. 2020. 新冠肺炎疫情对中国宏观经济的影响及应对措施. 资源再生, (5): 64-68.

温家宝. 2012. 政府工作报告—2012 年 3 月 5 日在第十一届全国人民代表大会第五次会议上.北京: 人民出版社.

吴昊, 车国庆. 2018. 中国人口年龄结构如何影响了地区碳排放?——基于动态空间 STIRPAT 模型的分析. 吉林大学社会科学学报, 58(3): 67-77, 204-205.

徐月瑾. 2017. 中国人口老龄化对碳排放的影响——基于 2004—2014 年省级面板数据的研究. 中国经贸, 10: 90.

余晶晶. 2014. 中国城镇化对碳排放的影响研究——基于省级面板数据的实证分析. 北京: 北京交通大学.

曾志勇, 刘颖. 2016. 经济增长对碳排放量动态影响的省际比较—基于协整分析和状态空间模型. 华中农业大学学报(社会科学版), (2): 111-117.

翟振武, 陈佳鞠, 李龙. 2016. 中国人口老龄化的大趋势、新特点及相应养老政策. 山东大学学报(哲学社会科学版), (3): 27-35.

张晶, 蔡建峰. 2014. 经济增长、外商直接投资与二氧化碳排放—基于联立方程模型的实证分析. 管理现代化, 34(6): 69-71.

张平. 2015. 中等收入陷阱的经验特征、理论解释和政策选择. 国际经济评论, (6): 49-54, 5-6.

张琼晶, 田聿申, 马晓明. 2019. 基于结构路径分析的中国居民消费对碳排放的拉动作用研究.北京大学学报(自然科学版), 55(2): 377-386.

中国发展基金会. 2012. 中国发展报告: 人口形势的变化和人口政策的调整. 北京: 中国发展出版社.

中国尽早实现二氧化碳排放峰值的实施路径研究课题组. 2018. 中国碳排放尽早达峰. 北京: 中国经济出版社.

中国经济增长前沿课题组, 张平, 刘霞辉, 等. 2015. 突破经济增长减速的新要素供给理论、体制与政策选择. 经济研究, 50(11): 4-19.

中国人口学会, 联合国人口基金. 2016. 老年公平在中国. 人口老龄化与可持续发展国际学术研讨会. http: //

www.takefoto.cn/viewnews-1003224.html[2021-12-8].

钟瑛, 陈盼. 2020. 新冠肺炎疫情对中国宏观经济的影响与对策探讨. 理论探讨, (3): 85-90.

朱勤, 魏涛远. 2013. 居民消费视角下人口城镇化对碳排放的影响. 中国人口·资源与环境, (11): 21-29.

朱宇. 2012. 51.27%的城镇化率是否高估了中国城镇化水平: 国际背景下的思考. 人口研究, 36(2): 31-36.

Barbier E B. 2020. Greening the post-pandemic recovery in the G20. Environmental and Resource Economics, (1): 1-19.

Chaudhri D P, Wilson E. 2010. Savings, investment, productivity and economic growth of Australia 1861–1990: Some explorations. Economic Record, 76(232): 55-73.

Corinne L Q, Jackson R B, Jones M W, et al. 2020. Temporary reduction in daily global CO_2 emissions during the covid-19 forced confinement. Nature Climate Change, 10: 647-653.

Ding Q, Cai W J, Wang C, et al. 2017. The relationships between household consumption activities and energy consumption in china—An input-output analysis from the lifestyle perspective. Applied Energy, 207: 520-532.

Lin J Y, Zhang P R. 2009. Industrial structure, appropriate technology and economic growth in less developed countries. World Bank Policy Research Working Paper, 4905: 1-32.

Liu F, Klimont Z, Zhang Q, et al. 2013. Integrating mitigation of air pollutants and greenhouse gases in Chinese cities: Development of GAINS-City model for Beijing. Journal of Cleaner Production, 58: 25-33.

Liu Z, Ciais P, Deng Z, et al. 2020. Near-real-time monitoring of global CO_2 emissions reveals the effects of the COVID-19 pandemic. Nature Communications, (11): 5172.

Satterthwaite D. 2009. The implications of population growth and urbanization for climate change. Environment and Urbanization, (2): 545-567.

Turner A, 陈济, 宋佳茵. 2020. 以零碳电气化为核心, 实现中国的绿色复苏. https://www.rmi-china.com/index.php/news/view?id=635[2021-2-16].

Weisz H, Steinberger J K. 2010. Reducing energy and material flows in cities. Current Opinion in Environmental Sustainability, (3): 185-192.

Zhang Y J, Bian X J, Tan W P, et al. 2017. The indirect energy consumption and CO_2 emission caused by household consumption in China: An analysis based on the input-output method. Journal of Cleaner Production, 163(1): 69-83.

第27章 能源供应侧关键技术评估

首席作者：王仲颖　陶冶　高虎

主要作者：钟财富　李际　田磊　肖新建

摘　要

本章采用自下而上的技术，从技术特征、经济性、资源潜力、发展现状、发展趋势和潜力等几个方面，对未来中国能源供应部门减排技术，即清洁煤发电技术、煤化工技术、天然气开发、可再生能源发电技术（包括水能、风力、太阳能发电、生物质能）、可再生能源供热技术（包括太阳能、生物质能、地热能）、电力系统减排技术以及核电技术进行了评估。

27.1　清洁煤技术

27.1.1　煤电节能减排政策及发展趋势

作为煤电大国，中国长期致力于发电装备技术、污染治理技术的创新发展。经过几十年努力，实现了电力环境保护基础建设与改造全覆盖，实现了从低效到高效、从高污染物排放到低污染物排放的大跨越，特别是 2013 年中国出现大面积雾霾问题以来，通过出台严格的政策，提高煤电机组环保要求。2014 年国家出台《煤电节能减排升级与改造行动计划（2014—2020 年）》（简称《计划》），部署了对煤电行业全面落实"节约、清洁、安全"的能源战略方针、加快升级与改造、提升高效清洁发展水平等工作。提出加强新建机组准入控制、加快现役机组改造升级等任务。要求全国新建燃煤发电机组平均供电煤耗将低于 300 g/（kW·h）。《计划》要求，新建燃煤发电项目原则上采用 60 万 kW 及以上超超临界机组，100 万 kW 级湿冷、空冷机组设计供电煤耗分别不高于 282 g/（kW·h）、299 g/（kW·h），60 万 kW 级湿冷、空冷机组分别不高于 285 g/（kW·h）、302 g/（kW·h）。新建机组应同步建设先进高效脱硫、脱硝和除尘设施，东部地区新建机组基本达到燃机排放限值，中部地区原则上接近或达到燃机排放限值，鼓励西部地区接近或达到燃机排放限值。同时，加快淘汰 5 万 kW 及以下的常规小火电机组等落后产能；重点对 30 万 kW 和 60 万 kW 等级亚临界、超临界机组实施综合性、系统性节能改造；稳步推进东部地区现役燃煤发电机组实施大气污染物排放浓度基本达到燃机排放限值的环保改造；强化自备机组节能减排。2021 年 11 月发布的《全国煤电机组改造升级实施方案》提出，结合不同煤耗水平煤电机组实际情况，探索多种技术改造方式，分类提出改造实施方案；统筹考虑大型风电光伏基地项目外送和就近消纳调峰需要，以区域电网为基本单元，在相关地区妥善安排配套煤电调峰电源改造升级，提升煤电机组运行水平和调峰能力；按特定要求新建的煤电机组，除特定需求外，原则上采用超超临界，且供电煤耗低于 270 gce/（kW·h）的机组。设计工况下供电煤耗高于 285 gce/（kW·h）的湿冷煤电机组和高于 300 gce/（kW·h）的空冷煤电机组不允许新建。到 2025 年，全国火电平均供电煤耗降至 300 gce/（kW·h）以下。

在这些政策要求下，我国火电行业污染物减排成效显著。通过上大压小，淘汰低效机组，我国火电机组单机规模不断提高、比重增大。截至 2019 年底，全国单机 100 万 kW 及以上容量等级的火电机组容量占比达到 12%，单机 60 万～100 万 kW 和 30 万～60 万 kW 等级火电机组装机占比均接近三分之一（中国电力企业联合会，2020）。

超超临界燃煤发电技术是成熟可靠和较为经济的技术选择，在能效、效率等参数方面具有显著优势。值得指出的是，2006～2017 年，我国已投运 104 台 100 万 kW 级超超临界机组，成为全球超超临界煤粉炉机组容量最大和台数最多的国家（王庆一，2018）。2017 年，我国 100 万 kW 级超超临界煤电机组发电效率排名在前 20%的供电煤耗平均值为 276gce/（kW·h）（中国电力企业联合会，2020），相比于超临界和亚临界机组提高了煤炭利用效率，减少了排放水平。通过技术升级改造提高大容量、高参数机组占比，我国供电标准煤耗持续下降。到 2020 年，全国 6000 kW 级以上火电厂供电标准煤耗为 305.5 g/（kW·h）（图 27.1），比 2005 年降低 64.5 g/（kW·h），煤电机组供电煤耗水平持续保持世界先进水平（中国电力企业联合会，2021）。

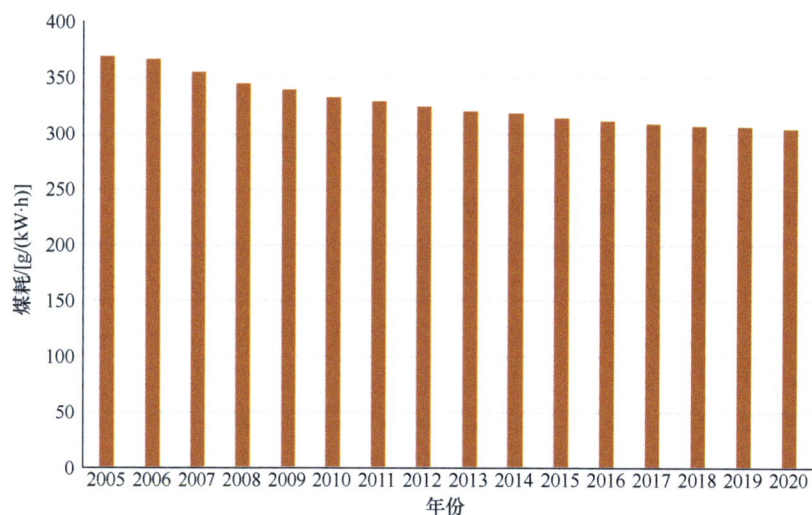

图 27.1　我国火电厂供电标准煤耗

电力行业严格落实国家环境保护各项法规政策要求，火电脱硫、脱硝、超低排放改造持续推进。截至 2020 年底，全国燃煤电厂 100%实现脱硫后排放，达到超低排放限制的煤电机组约 9.5 亿 kW，占全国煤电总装机的 88%（中国电力企业联合会，2021）。

随着火电行业效率提升，碳排放强度也不断下降。2020 年，单位火电发电量二氧化碳排放约 832g/（kW·h），比 2005 年下降 20.6%。2006～2020 年通过发展非化石能源、降低供电煤耗和线损率等措施，电力行业累计减少二氧化碳排放约 185 亿 t。其中，非化石能源发展贡献率为 62%，供电煤耗降低对电力行业二氧化碳减排贡献率为 36%，有效减缓了电力二氧化碳排放总量的增长（中国电力企业联合会，2021）。

为防范火电行业局部地区产能过剩风险，2016 年以来，国家又出台了《关于促进我国煤电有序发展的通知》，"十三五"期间，全国停建和缓建煤电产能 1.5 亿 kW，淘汰落后产能

0.2 亿 kW 以上,实施煤电超低排放改造 4.2 亿 kW、节能改造 3.4 亿 kW、灵活性改造 2.2 亿 kW。通过这些措施,2020 年底我国煤电装机为 10.8 亿 kW,完成了控制在 11 亿 kW 以内的目标,全国超低排放煤电机组达到 9.5 亿 kW,节能改造机组超过 8 亿 kW,这将大幅降低未来火电行业的碳排放。

27.1.2　碳捕集利用与封存技术

碳捕集利用与封存技术是指通过碳捕捉技术,将工业和有关能源产业所生产的 CO_2 分离出来,再通过碳储存手段,将其输送并封存到海底或地下等与大气隔绝的地方。解决煤炭利用的高 CO_2 排放问题,CCUS 技术是重要战略选择。

化石燃料还要大规模应用相当长一段时间,煤化工、IGCC、煤基多联产的发展可以得到容易处理的高浓度 CO_2,这为 CCUS 技术的实施创造了有利条件。煤化工是 CCUS 示范的重要潜在领域。由于我国煤化工企业众多,加之煤化工生产过程产生高浓度 CO_2,捕获能耗较低,因此,煤化工行业应用 CCUS 的潜力巨大。2010 年 6 月,全球第一个将 CO_2 封存在咸水层的全流程 CCUS 项目开工,设计年捕获能力为 10 万 t,未来在示范项目的基础上,将分步实现 100 万 t/a、300 万 t/a 的封存能力。到目前为止累计封存二氧化碳近 100 万 t。

尽管示范项目顺利推进,但我国 CCUS 技术推广应用受到技术、成本、埋藏地点的选择等多方面因素的限制,从目前的发展趋势看,CCUS 技术商业化应用在短期前景不明朗。

首先,高成本的 CO_2 减排是 CCUS 技术发展面临的关键挑战。高 CO_2 减排成本与低碳信用价格之间存在巨大差距,导致无法推动商业运行,如 CCUS 的 CO_2 减排成本估计为 35～70 美元/t CO_2(Lilliestam et al.,2012),而最高碳价格水平为 8～15 美元/t CO_2,

其次,除了高成本之外,现在 CCUS 技术缺乏可行的商业模式阻碍了其发展(Yao et al.,2018)。我国 CO_2 捕集与封存仍未达到商业化运行程度。目前的 CCUS 技术项目都基本处于研发和示范阶段,难以通过商业渠道给投资者带来收益,成本及技术的不确定性较大(李小春等,2018)。

再次,在 CO_2 运输与封存过程中存在突然渗滤和缓慢渗滤的风险(张鸿翔等,2010)。目前,我国 CO_2 运输没有发展管道方式,以低温储罐为主,储罐的储存条件是温度为–20～30℃,压力为 1.5 ～2.5 MPa,这些技术条件并不适合大型 CCUS 技术项目(Zeng et al.,2014)。

生物能源与碳捕集封存技术(BECCS),指从吸收 CO_2 的植物中提取能量,捕获提取生物质燃烧时释放到大气中的 CO_2,并将其储存在地下;它将 CCUS 技术与生物质能使用相结合,能够创造负碳排放。BECCS 供应链具有多个阶段,从种植、收获、处理和运输生物质到能源转换过程,再到二氧化碳捕集、压缩、运输和储存。BECCS 由两部分技术组成,分别为生物质能利用和 CCUS 技术,这两类技术都存在成熟度的问题。例如,生物质气化联合循环发电都处于示范性阶段,海洋封存则处于研究阶段,未来的发展具有较大的不确定性。

27.1.3　煤化工技术政策及发展形势

现代煤化工技术主要指以生产油品、天然气、烯烃、芳烃、乙二醇产品为核心的大型煤炭加工转化技术,包括煤气化技术、煤炭直接液化技术。煤化工技术发展到现在,发展了很多新型产品合成技术,包括费托合成技术(F-T 技术)、甲醇制汽油技术(MTG)、甲醇制烯烃技术(MTO/MTP)、甲醇制芳烃技术(MTA)、甲烷化技术、乙二醇合成技术,以及大型空分技术、先进煤气处理技术和高效 IGCC 发电技术等。

从技术途径来看,从原煤到油品的煤制油技术路线主要有煤炭直接液化技术和煤气化技术,实际上有以下三条通道。

一是原煤直接液化，生产以柴油为主的成品油；我国国家能源集团在充分分析国内外煤直接液化技术的基础上通过技术创新和技术集成已完成直接液化工艺的开发，并建成一套百万吨级煤直接液化工业生产装置。装置位于内蒙古鄂尔多斯，一期生产规模为 108 万 t/a。于 2007 年底建成百万吨级示范工程，2008 年底打通全流程，2009 年 12 月投产。主要产品有液化气、石脑油和柴油。这标志着中国成为世界上唯一掌握百万吨级煤直接液化关键技术的国家。

二是原煤经过煤气化技术，然后净化，费托合成间接液化，生产以柴油为主的成品油；费托合成有着超过 50 年的工业应用历史，无论是在催化剂的可靠性还是反应器及工艺的成熟性上，都可以说是一项相对成熟的技术。某些公司或机构等均拥有不同开发阶段的费托合成技术，已处于全球先进水平。2016 年底，随着某集团间接液化项目投产，400 万 t/a 项目是全球最大煤炭间接液化单体工程。

三是原煤经过煤气化技术，然后净化合成甲醇，再通过甲醇制汽油。第三种技术通常称为"煤经甲醇制汽油"。目前全球已经开发成功并在多套工业装置上验证的主要有两类技术，分别是某公司开发的 MTG 固定床工艺以及某煤化所的一步法 MTG 工艺。

煤制气技术路线就相对较为简单。主要是原煤经过煤气化技术，生产甲烷，产生的成分与品种达到天然气利用水平。目前我国拥有各种类型的煤气化炉约 9000 多台，其中化工行业煤气化炉约有 4000 余台。2017 年底，全国煤制气产能达到 51 亿 m³/a。其中，大唐克旗产能 7.72 亿方，庆华伊犁项目产能 8.54 亿方，内蒙古汇能项目生产 4.4 亿方。规模为 20 亿 m³/a 的某项目投产。

总体上看，我国拥有煤制油、煤制气的各项技术，基本上处于世界先进或领先水平，尤其是我国国家能源集团的煤炭直接液化技术更是全球领先。但是煤化工产业的争论颇多，国家层面的政策也保持来回调整，目前来看，基本上处于比较谨慎阶段。

27.2　天然气技术

天然气是优质、高效、绿色、清洁的低碳能源，是当前有效治理大气污染、积极应对气候变化的现实选择，同时天然气能够与可再生能源形成良性互补。加大天然气利用规模，提高我国能源清洁比重，是我国近中期破解高碳能源路径、实现能源绿色低碳转型的重要支撑。我国天然气资源较为丰富，天然气生产、利用规模近年来快速增长，未来发展潜力巨大。

27.2.1　天然气资源及开发利用形势

1. 天然气资源

根据新一轮全国油气资源评价结果（王立彬，2016），我国天然气地质资源量为 90.3 万亿 m³、可采资源量 50.1 万亿 m³，包括致密气地质资源量 22.9 万亿 m³、可采资源量 11.3 万亿 m³。其中，陆上天然气地质资源量 69.4 万亿 m³、可采资源量 37.9 万亿 m³，近海地质资源量 20.9 万亿 m³、可采资源量 12.2 万亿 m³。与 2007 年全国油气资源评价结果相比，天然气地质资源量、可采资源量分别增加 55.3 万亿 m³ 和 28.1 万亿 m³，增幅分别为 158% 和 127%。

我国天然气资源具有如下特点。

一是天然气资源分布相对集中。塔里木、四川、鄂尔多斯、东海、柴达木、松辽、莺歌海、琼东南、渤海湾 9 个含油气盆地天然气地质资源量达 78.90 万亿 m³，最终可采资源量达

44.37 万亿 m³，分别占全国总量的 87.38%、88.60%。其中，塔里木、四川、鄂尔多斯和东海四个盆地的可采资源量又占全国的 65.70%。

二是天然气资源埋藏深度普遍较深，且有东浅西深、近海浅、远海深的特征。浅层（深度≤2000 m）、中深层（2000 m<深度≤3500 m）、深层（3500 m<深度≤4500 m）、浅层（深度>4500 m）的天然气可采资源量分别为 4.92 万亿 m³、6.57 万亿 m³、6.90 万亿 m³、3.65 万亿 m³，分别占全国的 22.3%、29.8%、31.3%、16.6%。

三是我国非常规天然气资源均较为丰富。全国埋深 4500 m 以浅页岩气地质资源量为 122 万亿 m³，可采资源量 22 万亿 m³。埋深 2000 m 以浅煤层气地质资源量为 30 万亿 m³，可采资源量为 12.5 万亿 m³。

2. 天然气开发利用形势

天然气大规模发展将显著降低我国能源行业排放强度，是我国走低碳化发展的重要路径之一。我国出台了系列政策促进天然气发展。2014 年国务院办公厅印发《能源发展战略行动计划（2014—2020 年）》，明确提出，到 2020 年天然气占一次能源比重达到 10% 以上（国务院，2014）。2016 年 6 月，国家能源局与国际天然气联盟（IGU）在 G20 能源部长会议期间共同主办的 G20 "天然气日" 上明确提出，要将天然气发展成为我国的主体能源之一。2016 年 12 月，国家发展改革委印发《能源发展"十三五"规划》《天然气发展"十三五"规划》，立足"将天然气发展成为我国的主体能源之一"的目标，明确了"十三五"时期的重点任务和工作部署（国家发展改革委和国家能源局，2016）。2017 年 5 月，中共中央、国务院印发《关于深化石油天然气体制改革的若干意见》，天然气产业发展迎来重要的战略机遇。2017 年 6 月，国家发展改革委、国家能源局等 13 部委联合印发《加快推进天然气利用的意见》，进一步细化了任务部署和配套措施（国家发展改革委和国家能源局，2016）。2018 年 9 月，《国务院关于促进天然气协调稳定发展的若干意见》（国发〔2018〕31 号）发布，首次在国务院层面发布天然气政策文件，进一步明确提出"加快天然气开发利用，促进协调稳定发展，是我国推进能源生产和消费革命，构建清洁低碳、安全高效的现代能源体系的重要路径"（国务院，2018）。

在国家政策推动下，我国天然气市场规模迅猛扩大，消费量、产量以及进口量均快速增长。2018 年，中国天然气表观消费量达 2803 亿 m³，同比增长 17.5%，在一次能源消费中占比达 7.8%[①]。从消费结构看，工业燃料占比 38.6%，城镇燃气占比 33.9%，发电用气占比 17.3%，化工用气占比 10.2%。2018 年，国内天然气产量约为 1603 亿 m³，同比增加 123 亿 m³，增速为 8.3%，其中页岩气约 109 亿 m³，煤层气为 49 亿 m³，煤制气为 30 亿 m³。与此同时，天然气进口量进一步攀升，2018 年中国天然气进口总量达 9039 万 t，同比增加 31.9%。其中管道气进口量为 3661 万 t，同比增长 20.3%，占进口总量的 40.5%；LNG 进口量为 5378 万 t，同比增长 40.5%，占进口总量的 59.5%。

27.2.2　天然气技术发展

近年来，我国在天然气勘探开发技术、储运技术等领域均取得了较快进步，支撑了天然气市场的迅速发展。

---

① 国务院发展研究中心等，《中国天然气发展报告》，2019 年 8 月.

1. 开发领域技术

我国天然气产量增长较快，主要得益于天然气开发技术在深层天然气开发、大型气田开发调整、致密气提高采收率、页岩气及煤层气开发、工程技术及开发决策体系等方面取得的突破（贾爱林，2018）。在深层天然气开发方面，深层碳酸盐岩气藏开发技术、深层致密砂岩气藏群开发技术突破使得中西部盆地深层/超深层气藏成了天然气增储上产新领域。在大型气田开发调整领域，滚动接替稳产模式、均衡开采模式、协调动用稳产模式等创新运用保证了已有大型气田的稳定生产。在致密气提高采收率方面，大面积低丰度气藏开发井网优化技术、致密气藏提高采收率配套技术等保证了苏里格气田致密气大规模生产。在工程技术及开发决策体系方面，大井组—多井型—工厂化钻井规模化应用，储层改造工艺、工具装备不断取得新突破，采气技术领域核心技术装备实现国产化，开采成本大幅降低，推动天然气开发效益不断提升。

在一系列技术发展中，页岩气及煤层气勘探开发技术突破是近年来我国天然气技术和产业创新发展的集中体现。

（1）页岩气。页岩气是美国等国家走新型能源低碳发展道路的重要途径。近年来，我国政府和企业积极推进页岩气勘探开发，在四川盆地及周缘、鄂尔多斯盆地、西北主要盆地等地区进行勘探开发工作。政府出台政策鼓励页岩气的勘探开发，2011年底国家出台了页岩气"十二五"规划；2012年国土资源部完成第二轮页岩气区块招标，公开招标20个区块，吸引多主体参与页岩气的勘探开发；同时对页岩气开采实施补贴政策，2012～2015年的补贴标准为0.4元/m³。2016～2020年，中央财政将继续对页岩气开采企业给予补贴，其中，2016～2018年的补贴标准为0.3元/m³；2019～2020年的补贴标准为0.2元/m³。目前，有关企业从事页岩气的勘探开发，已掌握了3500m以浅海相页岩气开发技术，勘查开采技术设备全面实现国产化，从"跟跑"阶段进入和国外先进技术"并跑"阶段。截至2017年底，我国累计生产页岩气225.8亿m³，其中2017年产89.85亿m³，新建产能15.3亿m³。但值得指出的是，页岩气勘探开发在中国仍面临着经济、技术、环境、市场和管网设施等方面的一系列问题。

（2）煤层气。煤层气（煤矿瓦斯）是重要的温室气体之一，煤层气的有效收集及利用是降低碳排放的重要方式。近年，国家制定了一系列政策措施积极推进煤层气开发利用，煤层气地面开发取得重大进展，煤矿瓦斯抽采利用规模逐年快速增长，到2017年底已超过180亿m³，利用量接近100亿m³，为产业进一步加快发展奠定了较好的基础。但煤层气产业总体上处于起步阶段，规模小、利用率低，部分关键技术尚未取得突破。"十三五"期间，国家计划新增煤层气探明地质储量4200亿m³，建成2～3个煤层气产业化基地。

未来，我国天然气勘探开发将进入非常规气与常规气并重的发展阶段，页岩气等非常规气有望成为增储上产的主力品种。

2. 输运领域技术

在天然气储运技术方面，我国在管材技术、管道和储气库设计施工技术、管道监测检测及维抢修技术、安全运行技术、输送工艺及防腐技术、智能管道及节能降耗技术等方面取得了较大进展，有力支撑了我国天然气管道、储气设施、LNG接收设施等基础设施大规模建设。

天然气管道技术。近年来天然气管道业务蓬勃发展，带动了天然气管道技术装备的不断进步，逐步形成了较为完善的天然气管道技术创新体系，在天然气管道建设技术装备、天然气管道运行技术装备、天然气管道安全保障技术装备等领域取得了多项突破。高钢级大口径天然气管道建设等技术达到国际领先水平，管道完整性管理等技术与国外同步。"十一五"以来，国内开展了天然气管道重大装备国产化工作，20MW 电驱压缩机组、大口径全焊接球阀、SCADA 系统实现国产化，核心装备国产化率达到 90%，降低管道建设投资成本 20%，同时也推动了民族工业的进步。展望未来，天然气管道将向大口径、高压力、高钢级、网络化方向发展，随着大数据、云计算、人工智能等技术的进步，天然气管道技术装备将向智能化方向发展，实现全方位感知、综合性预判、一体化管控、自适应优化，保障天然气管道安全、高效建设运行。

LNG 输运利用技术。我国在 LNG 生产、储运和利用方面的技术已达到国际先进水平。我国 LNG 运输船建造水平达到国外主流水平，主要发展趋势是开发自主知识产权的液货围护系统以降低成本；已攻克大容积 LNG 储罐技术难关，形成自有技术，打破了完全依赖引进技术和材料的局面，地下储罐、薄膜罐以及重力基座式 LNG 储罐等成为新的研究方向，大厚度低温钢板、高效保冷材料、不锈钢薄膜的设计及制造等也成为重要攻关配套技术；冷能利用投产运营的以空分居多，总体冷能利用率偏低，综合及整体化考虑 LNG 冷能利用的技术尚未大规模普及，需要进一步研究开发高效率、实施性强的冷能综合利用技术；国内 LNG 接收站已经能够成熟地实现生产的规模化与控制的自动化。未来主要围绕自主知识产权的液货围护系统、LNG 外输装卸技术，同时随着 LNG 接收站储存能力不断提升，形成大型 LNG 罐群，更加安全、高效、智能化的运营管理模式的需求也在逐渐增加。

截至 2018 年底，我国天然气干线管道总里程达 7.6 万 km，一次输气能力达 3200 亿 m^3/a；已建储气能力约 140 亿 m^3；LNG 接收站最大接收能力超过 9000 万 t/a（国务院，2018）。未来，为支撑天然气市场发展，我国天然气管道、储气设施、LNG 接收设施等仍将处于快速发展阶段。

27.2.3　天然气发展前景

综合世界天然气市场发展规律分析和我国能源发展趋势研判，预计我国天然气市场仍将持续扩大。根据《能源生产和消费革命战略（2016—2030）》，2030 年天然气在一次能源消费结构中的占比有望达到 15% 左右。近中期，为解决大气污染问题，天然气在城镇燃气、工业燃料、调峰发电及分布式利用和交通燃料领域形成对煤炭、石油等的替代。中远期，配合可再生能源发展，天然气在全国发电调峰、分布式应用领域广泛普及，配合城镇化发展，居民气化率达到发达国家水平，天然气成为新型工业园区的主体能源。

27.3　可再生能源发电技术

可再生能源在其生命周期中可产生较低的或非常低的净 CO_2 排放。受益于我国丰富的可再生能源资源、不断提高的可再生能源技术水平以及不断降低的开发成本，不仅水电和传统生物质发电有着长足的发展，风能、太阳能等新能源发展迅猛。可再生能源的大力开发有助于降低我国化石能源对外依赖程度，提高国家能源安全水平，并为国家长期碳减排做出重大贡献。

我国已有的资源评价结果显示，水能、风能、太阳能、生物质能、海洋能和地热能等技术可开发资源潜力为 40 亿～46 亿 tce，具有大规模发展的资源基础，可以满足对成为未来主流乃至主导能源的需求。

2020 年我国全口径可再生能源发电 2.2 万亿 kW·h，占全社会用电量的比重达到 29.5%，较 2005 年提高 13.3 个百分点，是我国非化石能源占一次能源消费比重达到 15.9% 的最有力支撑。随着化石能源资源、环境和气候变化约束的日益加大，可再生能源技术不断进步，特别是考虑碳排放成本之后，可再生能源技术的竞争力和贡献率将进一步快速增长，以可再生能源为主的非化石能源将从补充能源逐步向主流能源转变。

27.3.1　水力发电

水电仍是我国可再生能源发电的最主要来源，是实现碳达峰碳中和战略目标的重要选择。根据 2005 年发布的我国水力资源复查结果，我国内地水力资源理论蕴藏量在 1 万 kW 及以上的河流共 3880 条，水力资源理论蕴藏量年发电量为 60829 亿 kW·h，平均功率为 69440 万 kW；技术可开发装机容量 54164 万 kW，年发电量 24740 亿 kW·h；经济可开发装机容量 40179 万 kW，年发电量 17534 亿 kW·h。从装机容量来看，水力资源技术可开发量和经济可开发量占理论蕴藏量的 78.0% 和 57.9%；从电量来看，水力资源技术可开发量和经济可开发量占理论蕴藏量的 40.7% 和 28.8%。我国水力资源理论蕴藏量、技术可开发量、经济可开发量均居世界首位。当前我国尚未开发的水能资源主要集中在西部和西南部地区，需要加快西电东送的步伐。此外，我国还有 1.28 亿 kW 的小水电资源，可供开发的潜力大。

水电分为大型电站和小型电站，在我国通常以装机容量 5 万 kW 作为标准。大型水电站具有初始投资成本较高、使用寿命长、运行和维护成本低等特点，不产生任何废弃物或 CO_2 排放，并可以迅速、灵活地根据负荷和电网中其他电源（风电、光伏）的出力变化调整自身出力。总体而言，水电建设成本高于煤电，但水电的长运营期和低运行成本性好于煤电。水电一旦投产，其运行成本就只有人工与机组折旧两项，水电在较长一段时间内仍将是我国成本最低的可再生能源技术。不过随着我国水电开发的进一步深入，我国面临的建设环境更加复杂，工程成本和社会成本大幅增加。加之上游水电所在区域人烟稀少，远离负荷中心，基本需要 2000 km 以上远距离输电线路送出，送出工程投资很大；同时环保和移民要求增高带来投入增大，部分水电站的成本电价已经超过煤电，如大渡河、澜沧江上游的水电站成本电价已经达到 0.45 元/（kW·h），再加上 0.1 元 kW·h 左右的输电成本，远高于东部地区当地的火电上网电价（马会领和陈大宇，2017）。

小型水电站在我国主要分布在远离大电网的山区，所以它既是农村能源的重要组成部分，也是大电网的有力补充。近年来统筹生态保护、民生改善、绿色发展，修复和治理河流生态取得了积极成效。

"十三五"以来，我国水电建设在开发和保护并重的总体原则下，积极有序推进大型水电基地建设，推动小水电绿色发展。截至 2020 年底，我国全口径水电累计并网容量达到 3.7 亿 kW，其中大水电约 2.6 亿 kW，小水电约 0.8 亿 kW，抽水蓄能电站 3149 万 kW。若全国可开发的大型水电能够逐步实现开发，我国常规水电装机规模在 2060 年之前预计可达到 5 亿 kW 以上。

27.3.2　风力发电

风电是通过风机将风的动能转化为电能的一种清洁能源发电技术。风电运行时不产生污染，风电没有燃料成本，运行成本低。随着风力发电技术的进步，风力发电全寿命期内的度电成本已经和火力发电成本相当甚至更低。

我国具有丰富的风能资源。我国陆地 70 m 高度风功率密度达到 150 W/m^2 以上的风能资源技术可开发量为 72 亿 kW，风功率密度达到 200 W/m² 以上的风能资源技术可开发量为 50 亿 kW；80 m 高度风功率密度达到 150 W/m² 以上的风能资源技术可开发量为 102 亿 kW，达到 200 W/m² 以上的风能资源技术可开发量为 75 亿 kW。主要分布在东北、华北、西北地区，"三北"地区风能资源量占全国 90% 以上。在近海 100 m 高度内，水深在 5~25 m 范围内的风电技术可开发量可以达到约 1.9 亿 kW，水深 25~50 m 范围内的风电技术可开发量约为 3.2 亿 kW。海上风电资源主要分布在我国的东南沿海，其中以台湾海峡的风能资源最为丰富[①]。

截至 2020 年底，全国风电累计并网容量达到 2.8 亿 kW，同比增长 33%，其中海上风电累计并网 899 万 kW，同比增长 52%。2020 年，全国风力发电量 4643 亿 kW·h，同比增长 14.5%，在全国总发电量的比重达到 6.1%，相比于 2015 年提高了 2.8 个百分点。我国风力发电已经成为仅次于水电的第二大可再生能源[②]。

1. 陆上风电

目前，我国陆上风电场使用的大型风电机组型式主要是三叶片上风向水平轴变桨变速恒频型风电机组，其中，异步发电机双馈式机组和永磁同步发电机直驱式机组型式最为普遍。近几年来，风电技术的发展主要表现在以下三个方面：首先是随着风电机组设计和工艺的改进，性能和可靠性提高，以及塔架高度增加，风电机组的单体容量不断增大，现在 10MW 及以上的大型机型正在研发中；其次是通过增大叶片直径等方式改善风电机组对能量的捕集能力，特别是在低风速、复杂地形和湍流条件下的捕集能力（吕金鹏，2018）；最后是以信息化创新设计研发体系，致力提升风机的智能化水平，提高风机信息技术含量，从而降低风电机组的运行和维护成本、延长风机使用寿命、降低零部件成本（沈德昌，2018）。

中国风电整机制造技术在"十一五"和"十二五"期间得到快速发展，机组谱系日益多样化。中国陆上风电主流机型由 1.5~2 MW 向 3~4 MW 发展。2020 年，中国新增风电机组平均单机容量 2.7MW，比 2015 年增长近 40%，其中 2MW 以上机组新增装机容量占全国新增装机容量的 89%，同比上年提高了 14 个百分点。截至 2020 年底，累计装机的风电机组平均容量达到 1.9MW，同比增长 6.9%。风电设备逐渐实现高度国产化，自主研发关键技术不断得到突破。多年以来，中国风电设备企业的产品国产化程度不断提高，目前达到 90% 以上。其中，叶片、齿轮箱非国产产品市场份额逐步降低，短短数年，比例下降了 10%~15%。发电机、偏航/变桨轴承、变流器、变桨系统等主要设备之前多来自国内的外资企业，目前也已实现大规模国产化。

过去 10 年，通过高塔架、翼型优化、独立变桨、场群控制、环控系统优化、涂料改进和测风技术等技术创新，中国风电发电效率提高了 20%~30%，发电量提升了 2%~5%，运维成本下降了 5%~10%（秦海岩，2018）。在技术创新、规模效应的双重促进下，中国风电设备价格降低了近 65%，风电场开发造价降低了近 40%，而发电性能和可靠性得到了进一步提高。全球陆上风电平均装机成本和度电成本分别从 2010 年的 1971 美元/kW 和 0.089 美元/（kW·h）逐渐减低到 2020 年的 1355 美元/kW 和 0.039 美元/（kW·h），分别下降了 31% 和 56%[③]。中国 2020 年陆上风电平原地区和丘陵地区的单位装机典型投资成本约为 6500 元/kW 和 7500 元/kW。未来在风电规模扩大和技术更为成熟后，陆上风电场投资具备一定的下降空间。即

---

① 中国气象局风能太阳能资源中心. 2014. 全国风能资源评估成果（2014）.
② 数据来源：国家能源局，国家可再生能源中心.
③ IRENA. 2021. Renewable Power Generation Costs 2020.

便考虑今后钢材等原材料上涨带来的成本上升以及其他价格上涨因素，2030 年和 2050 年中国陆上风电平原地区平均投资成本有望分别下降至 4500 元/kW 和 4000 元/kW，山地丘陵地区项目平均投资预计将分别下降至 6000 元/kW 和 5500 元/kW；当年风电场主流风电机组的平均额定功率预计将分别超过 5MW 和 7MW[①]。

2. 海上风电

海上风电的技术基础源自陆上风电。相对于陆上风电，海上风电风能资源的能量效益比陆地风电场高 20%～40%，还具有不占土地资源、风速高等特点，适合大规模开发。但同时海上风电需突破的技术问题更复杂。海上风资源特殊性、浮动式风力机组基础、洋流、波浪等震荡作用形式及台风等极端气候所造成的复杂力学问题，以及盐雾、潮湿的环境适应性问题，为海上风电机组设计带来巨大挑战。

海上风电经历了近 30 年的发展，技术革新突飞猛进。最明显的趋势是风电机组的进一步大型化，海上风电机组风轮直径更大、额定风速更低、轮毂高度相对降低、转速则更高，甚至有两叶片、单叶片的设计概念出现；对台风路径海域的海上风电机组还必须进行抵御台风的增强设计。目前，主流的海上风电机组的单机容量已经达到 6 MW，风轮直径最大已经达到 185m。运用更大型的机组，能够在同功率情况下缩减基础制造与吊装成本，并通过提高可靠性来获得更好的经济性（祁和生，2018）。此外，海上风电机组在支撑形式方面也有很大不同。近海风电机组主要采用导管架、固定在海基上，依靠沙土摩擦力承载和抗拔，为风电机组基础的安全性设计带来极大挑战。而漂浮式海上风电机组将是深海风能利用的主要方式，相对固定式风电机组、漂浮式风电机组增加了浮式基础和锚泊系统，其载荷条件和动力学响应更为复杂。

目前，中国海上风电场使用的风电机组的额定功率主要为 4～7MW。2020 年，中国海上风电新吊装机组 787 台，新增装机容量达到 385 万 kW，同比增长 54%。截至 2020 年底，在所有吊装的海上风电机组中，单机 4～4.9MW 机组占比最高达到 52%，5MW 及以上机组占比达到 30%，比上年提高了 13 个百分点[②]。国内单机容量 10MW 样机已经实现并网发电，欧洲正在开发超过 15MW 的海上风电机组。经济性最优的海上风电机组额定功率目前尚未定论，原因是海上大气边界层风特性，即风速随地面高度增加的变化规律与陆地不同。有可能超大型风电机组单位风轮扫掠面积吸收风的动能随高度增加会减少。

与陆上风电相比，由于海洋环境的恶劣性和不确定性，基础建设和运行维护的费用占比均超过了 20%，直接抬高了海上风电的成本。我国 2020 年海上风电的工程典型投资价格在 1.8 万元/kW 左右，是陆上风电的两倍多，其中设备购置和建筑安装分别各占约 45% 和 35%。未来随着开发技术的日益成熟，海上风电初始投资将逐步下降。国际能源署采用学习曲线的方法分析了海上风电投资价格的变化，到 2050 年海上风电的学习率预期为 9%。预计 2030 年和 2050 年中国海上风电单位投资分别较 2020 年降低 25% 和 35% 左右，分别降低至 13000 元/kW 和 11500 元/kW。

27.3.3 太阳能发电

我国太阳能资源丰富。总体呈现"高原大于平原、西部干燥区大于东部湿润区"的特点。我国太阳能资源丰富地区的面积占国土面积的 96% 以上，其中青藏高原及内蒙古西部是最丰

---

① 国家发展改革委能源研究所. 2018. 中国可再生能源展望 2018.
② 中国可再生能源学会风能专业委员会等. 2021. 2020 年中国风电吊装容量统计简报.

富区（大于 1750 kW·h/m²），面积占全国陆地面积的 19.7%；以内蒙古高原至川西南一线为界，其以西、以北的广大地区是资源很丰富区，普遍有 1400～1750 kW·h/m²，占全国陆地面积的 46.2%；东部的大部分地区资源量为 1050～1400 kW·h/m²，属于资源丰富区，占全国陆地面积的 30.4%[1]。我国戈壁面积约 57 万 km²，如果开发利用其中 5% 的面积即可安装超过 15 亿 kW 的太阳能光伏发电系统。

1. 光伏发电

光伏（PV）电池是能够将太阳能转换成直流电的半导体器件，光伏电池串联或并联到一起能够形成几百瓦功率的光伏组件。以太阳能电池组件为核心，外加控制器、逆变器、常规电力计量及配送系统等共同构成了太阳能光伏发电系统。商业光伏技术可分为两类，晶体硅电池技术和薄膜电池技术。此外，聚光式光伏和有机光伏太阳能电池也具有较大的性能提高和成本降低的潜力。薄膜电池目前是一种低成本、低效率的技术。聚光光伏效率高，但成本也高。晶体硅技术由于兼具效率较高和成本较低的优点，目前占据了 95% 以上的市场份额，并且在近、中期仍将是市场的主流技术，通过引入低成本硅料制备技术（严大洲，2017；杨德仁，2018）、硅片薄片化（万跃鹏，2018）、P 型 PERC 或 N 型 PERT 技术、双面电池技术、半片和叠瓦技术等[2]，不断降低电池制造成本并提高电池转换效率，提高晶体硅光伏发电竞争。

光伏技术可以应用的领域和范围很广，主要包括集中电站和分布式光伏系统。集中式光伏系统即利用荒漠等地区集中建设大型光伏电站，从而充分利用其相对丰富而稳定的太阳能资源，发电接入较高电压等级主网内消纳。其具有选址灵活，建设和运行成本较低，便于集中管理优化控制等优势。分布式光伏系统可利用较为零散的建筑物表面和附属设施，包括住宅、工商业屋顶等，以就近满足负载的用电需求为主，并通过并网实现供电差额的补偿与外送。分布式光伏系统处于用户侧，可有效减少对电网的依赖，减少线路损耗，并可以充分利用建筑物表面，减少光伏电站的占地问题。

近年来，我国光伏发电装机规模持续扩大，"十二五"期间年均装机增长率超过 50%，进入"十三五"时期，光伏发电建设速度进一步加快。截至 2020 年底，我国是全球最大的光伏应用市场，光伏发电新增装机连续 8 年全球第一，累计装机规模连续 6 年位居全球第一，2020 年新增并网装机容量 4820 万 kW。截至 2020 年底，我国光伏发电累计并网装机容量达到 2.53 亿 kW，接近 2015 年累计装机的 6 倍。2020 年光伏发电量达到 2605 亿 kW·h，比 2015 年增长 5.6 倍，光伏发电在全部发电量中的比重进一步提高，由 2015 年的 0.7% 提高到 3.4%[3]。

同时我国光伏制造各环节产业规模快速增长，并在全球占据最大的市场份额。我国自 2011 年以来一直是太阳能电池及组件世界第一生产大国，2020 年我国多晶硅产量为 39.2 万 t，硅片产量达到 161GW，电池片产量为 135GW，组件产量约 125GW，同比 2015 年分别提高了 140%、236%、229% 和 172%。2020 年多晶硅、硅片、电池、组件产量在全球占比分别为 76%、96%、82% 和 73%，2021 年占比进一步提升[4]。技术不断进步，P 型单晶及多晶电池技术持续改进，2020 年规模化生产的多晶黑硅电池的平均转换效率达到 19.4%，使用 PERC 技

[1] 数据来源：中国气象局.
[2] 中国可再生能源学会光伏专业委员会. 2019. 中国光伏技术发展报告.
[3] 数据来源：国家能源局.
[4] 中国光伏行业协会. 2021. 中国光伏产业发展路线图（2020 年版）.

术的单晶和多晶硅电池规模化效率提升至 22.8%和 20.8%,而 2010 年规模化生产的单晶和多晶硅电池的效率只有 17.5%和 16.5%。此外,N 型 TOPCon 电池平均转换效率达到 23.5%,异质结电池平均转换效率达到 23.8%,同比上年均有较大提升,并且会成为未来发展的主要方向之一。在电池片效率提升和组件技术进步的带动下,电池组件效率也逐年提升,2020 年单晶组件效率达到 20%以上,采用 166mm 尺寸的 PERC 单晶电池组件功率达到 450W,TOPCon 组件和异质结组件可达到 455W 和 460W 以上。光伏组件封装及抗光致衰减技术(Chakraborty et al.,2017;Fung et al.,2018)也不断改进。

在技术持续进步、规模的大幅增长和行业激烈竞争推动下,光伏发电是近年来成本和价格下降最为显著的可再生能源技术。太阳能电池组件及整个系统的造价快速下降,10 年来组件价格和系统造价下降了 90%以上。从 2007 年的 36 元/W 迅速降至 2020 年的 1.6 元/W,同期大型光伏电站投资则从 5 万~6 万元/kW 降至约 4000 元/kW。光伏领跑者项目的招标电价最低已至 0.31 元/(kW·h),太阳能资源较好的部分地区光伏发电成本已经和常规发电成本相当。在未来一段时期内,光伏组件价格和光伏发电单位投资仍会有较大的下降空间,结合近年来我国政府密集出台的下调补贴、竞价上网等相关政策,未来市场竞争将在资源配置中发挥更大的作用。预计到 2030 年太阳能电池组件和地面电站投资价格预计将进一步降到 1000元/kW 和 2500 元/kW,2030 年平均度电成本预计将低于 0.25 元/(kW·h)。主流单晶硅组件转换效率近几年每年提高 0.3~0.5 个百分点,预计将从 2018 年的 18.6%增加至 2030 年的 23%左右。

2. 太阳能热发电

太阳能热发电是通过收集太阳辐射并将其转化为热能,再用动力机械转换为机械能驱动发电机发电的技术。实现这种电能转换技术的系统称为太阳能热发电系统(CSP)。一个太阳能热发电系统包括太阳能集热器、接收器和一个能够将太阳能转化为热能并用以发电的模块。目前,太阳能热发电主要有四种主流技术,即槽式、菲涅耳式单轴跟踪、塔式和蝶式双轴跟踪,其中槽式和塔式技术应用规模最大,截至 2017 年底,槽式热发电技术占全球安装量的 80%以上,而塔式发电技术近几年增长较快,所占比例不断提高。太阳能光热发电站主要包含聚光系统、吸热系统、储热系统和常规岛四大部分[①]。

在太阳能光伏成本的竞争压力下,太阳能热发电越来越多地采用储能技术,以发挥其可提供基础负荷电力的技术优势,近两年所有建成的热发电站都配有热能存储设施。储热技术的改进和成本降低成为近几年各大公司和机构的重点研究领域,尤其是熔融盐储热技术,熔融盐储热可以大范围提高储热能力,增加太阳能热发电站的发电小时数,降低太阳能热发电的发电成本,但 2016 年以来由于部分熔融盐储热设施出现问题,该技术面临较大挑战。

我国光热发电项目建设总体仍处于试点示范阶段。2016 年我国安排了首批光热发电示范项目建设,共 20 个项目 135 万 kW 装机,分布在北方 5 个省区,电价 1.15 元/(kW·h)。同时,国家鼓励地方相关部门对光热企业采取税费减免、财政补贴、绿色信贷、土地优惠等措施,多措并举促进光热发电产业发展,2018 年国家能源局布置的多能互补项目,也安排有光热发电项目。截至 2021 年底,我国光热发电装机容量为 59 万 kW,共 12 个项目,主要分布在甘肃(21 万 kW)、青海(21 万 kW)、内蒙古(10 万 kW)和新疆(5 万 kW)。

---

① REN21. 2018. Renewables 2018:Global Status Report.

目前太阳能热发电产业发展面临的最大挑战是太阳能热发电的度电成本远远高于其他可再生能源发电。预计未来一段时期内，太阳能热发电系统单位投资和系统效率会有所改善，2015 年槽式和塔式电站的光热电站 LCOE 分别平均为 0.165 美元/（kW·h）和 0.161 美元/（kW·h），预计到 2025 年将分别降低 37%和 43%，即降低到 0.104 美元/（kW·h）和 0.091 美元/（kW·h）[①]。

27.3.4　生物质发电

生物质能源作为一种可再生能源，可以转换为所有终端能源利用形式，例如电、热或者燃料。我国生物质资源丰富，能源化利用潜力大。根据《生物质能发展"十三五"规划》（国家能源局，2016），全国可作为能源利用的农作物秸秆及农产品加工剩余物、林业剩余物和能源作物、生活垃圾与有机废弃物等生物质资源总量每年约 4.6 亿 tce，其中农作物秸秆等农业废弃物是生物质能源最重要的来源，可供能源化利用的秸秆资源量每年约 4.2 亿 t，约折 2.1 亿 tce。根据未来我国农业、林业、畜牧业的发展变化，预计未来几年我国农业剩余物资源产生量和可能源化利用量不会显著变化；林业剩余物资源生产量虽会有一定增长，但可能源化利用量的增长有限；畜禽粪便产生量和可能源化利用量则将持续增长（国家可再生能源中心，2018）。

2020 年底，生物质发电累计并网装机容量 2952 万 kW。生物质发电主要包括农林生物质直燃发电、垃圾焚烧发电、沼气发电和气化发电等。垃圾发电装机容量于 2017 年首次超过农林生物质直燃发电。随着各地城镇化推进，县域垃圾快速增长，垃圾焚烧发电项目继续保持快速增长态势，2020 年底累计并网装机容量约 1522 万 kW；受原料供给能力和价格影响，农林生物质直燃发电项目的整体盈利能力减弱，"十二五"和"十三五"前期并网装机增速有所放缓，但"十三五"后期受补贴即将逐步退出影响，并网装机规模大幅提升，2020 年底累计装机容量约 1298 万 kW。此外，垃圾填埋气沼气发电和工农业有机废弃物沼气发电也有约 89 万 kW 的规模，生物质气化发电尚未规模化推广。

生物质能既可以单独用于发电也可用于热电联产，热电联产是生物质发电产业提升效率实现可持续发展的重要途径，已成为生物质发电领域新崛起的力量，大批热电联产改造项目开始实施。据国家发展改革委和国家能源局发布的《关于促进生物质能供热发展的指导意见》（国家发展改革委和国家能源局，2017），到 2020 年，生物质热电联产装机容量超过 1200 万 kW。此外，生物质与煤的混燃技术也受到广泛的关注，因为这一技术在无须对现有燃煤发电厂进行技术改造的情况下就可以减少污染物和 CO_2 的排放，并且仅小幅降低电厂效率。

从既往已经建设运行的各类生物质发电项目看，生物质发电成本主要受原材料价格、设备投资影响。目前生物质能发电技术较为成熟，未来单位投资下降空间有限（赵巧良，2018）。全球生物质发电的平均装机成本和度电成本均有所上升，分别从 2010 年的 1608 美元/kW 和 0.06 美元/（kW·h）增加到 2017 年的 2688 美元/kW 和 0.07 美元/（kW·h）[②]。预计未来生物质发电的电价大致保持现有水平，而且由于资源的有限性，部分技术发电成本可能还会呈现上升的情况。

27.3.5　海洋能技术

海洋能主要包括潮汐能、波浪能、潮流能、温差能、盐差能。《海洋可再生能源发展"十

---

① IRENA. 2016. The Power to Change: Solar and Wind Cost Reduction Potential to 2025.
② IRENA. 2018. Renewable Power Generation Costs 2017.

三五"规划》中提出到 2020 年，海洋能开发利用水平要显著提升，科技创新能力大幅提高，核心技术装备实现稳定发电，形成一批高效、稳定、可靠的技术装备产品，建设兆瓦级潮流能并网示范基地及 500 kW 级波浪能示范基地，启动万千瓦级潮汐能示范工程建设，全国海洋能总装机规模超过 50000 kW，建设 5 个以上海岛海洋能与风能、太阳能等可再生能源多能互补独立电力系统，拓展海洋能应用领域，扩大各类海洋能装置生产规模。近年来通过对海洋能技术的投入，海洋能利用技术确实有所突破，潮汐能技术具有较成熟的开发能力，新建成了一批发电示范装置，但与目标相比，离海洋能总装机规模目标有一定的差距，部分重点示范工程建设相对滞后。总体来说，海洋开发利用技术成熟度仍然不高，海洋能利用项目规模较小，还远未形成产业，相关技术仍不成熟，在较长时间范围内还仍需要以科技创新、示范项目推动产业发展。

27.4　可再生能源供热技术

27.4.1　太阳能供热

我国大部分地区太阳能辐射资源丰富，适宜太阳能热利用的应用，综合分析我国不同气候区的用热需求、建筑面积发展趋势、绿色建筑和工业节能的发展趋势等因素，按照太阳能热利用的可用建筑面积占可利用建筑总面积的40%计算，2020 年建筑太阳能热利用的可装机潜力分别达到 8500GW$_{th}$[①]（121 亿 m^2 集热器面积）。太阳能热利用技术成熟、应用广泛，目前在我国已经实现了规模化发展，主要技术有太阳能热水系统、太阳能取暖、太阳能制冷等，用于生活及工业热水、取暖及制冷等的热能供应。我国的太阳能热水器已经实现了市场化运营，截至 2017 年底，我国太阳能热利用累计热装机容量 334.5GW$_{th}$（集热器面积 4.78 亿 m^2），占全球累积安装量的 70%以上，是全球太阳能热利用应用规模最大的国家。

虽然我国太阳能热利用装机规模全球最大，太阳能热水利用市场从 2014 年开始，市场增长放缓，首次出现负增长，2017 年市场连续第四年下滑，同比下滑 5.7%，下滑幅度相比于 2016 年的 9%有所降低，但整个市场仍面临增长乏力的局面，热水应用市场已经进入瓶颈期。未来，太阳能热利用应逐步改变只提供热水的局面，在太阳能供暖和制冷及太阳能工农业应用方面发挥更大的能源替代作用，拓宽太阳能热利用的市场空间。

在太阳能供暖和制冷方面，未来重点发展先进的蓄热技术，提升系统集成能力，发展全年太阳能综合利用系统，如太阳能热水、取暖和空调三联供系统；在太阳能工农业应用领域，研发高性能的太阳能集热器和可靠的高性能系统，提高太阳能集热器的输出温度和光热转换效率，提升太阳能集热系统与常规能源系统集成设计能力，提高太阳能热利用在工农业热能需求中的贡献量（李峥嵘等，2017）。

随着太阳能热利用技术的进一步发展和市场规模的扩大，尤其是太阳能供暖和工农业热利用技术的进步，太阳能热利用的成本仍将进一步下降。预计中远期，太阳能热水系统成本相对较为稳定，2030 年预计为 1.71 元/W$_{th}$；太阳能供热采暖、制冷空调系统和工农业热利用的成本有较大的下降空间。

27.4.2　生物质供热

目前国内生物质能供热主要以热电联产和成型燃料锅炉供热为主，用于城镇居民供暖或工业生产供热等领域。从技术角度，利用农林废弃物直接燃烧供热技术十分成熟，在丹麦、

① 每平方米集热器装机容量为 700W$_{th}$.

瑞典等北欧国家应用普遍，但由于观念和技术的差距，农林废弃物直接燃烧供热这一简单有效的技术难以在国内开展示范应用，原因一方面是各界缺乏对生物质直燃供热技术的了解；另一方面标准也不够完善，企业运行方面也存在自身的问题（别如山，2018）。

自 2012 年财政部停止实施对生物质成型燃料补贴政策以来，生物质成型燃料生产规模和应用市场受到较大影响，发展速度放缓，生物质供热企业一度处于观望状态，项目建设进展也远滞后于预期。到了 2017 年，生物质能供热重新迎来发展新机。由于化石能源消费大量使用导致大气环境污染严重，而生物质能供热凭借技术经济性优势，成为近期替代化石燃料供热的重点发展方向。2017 年 12 月，国家发展改革委等十部委联合发布《北方地区冬季清洁取暖规划（2017—2021 年）》（国家发展改革委等，2017a），明确提出大力发展县域生物质热电联产、加快发展生物质锅炉供暖等生物质能清洁供暖。同时，国家发展改革委和国家能源局发布了《关于促进生物质能供热发展的指导意见》（国家发展改革委和国家能源局，2017），提出 2020 年生物质能供暖面积约 10 亿 m^2，约替代 3000 万 t 燃煤。新形势下，清洁取暖政策为生物质供热发展创造了空前的市场环境。

27.4.3　地热能供热

地热能热利用是地热能应用的主要方式，包括中低温地热水直接利用、地源热泵等。在地热能热利用量上，中国长期位列世界第一。

我国中低温地热直接利用主要表现在地热供暖制冷、医疗保健、洗浴和旅游度假、养殖、农业温室种植和灌溉、工业生产、矿泉水生产等方面，并逐步开发了地热资源梯级利用技术、地下含水层储能技术等。全国现有温泉 2700 余处，已开发利用约 700 处。全国现有地热田 1048 处，已开发利用 259 处。地热开采井 1800 余眼，每年地热水开采量约 3.68 亿 m^3。在全国地热水利用方式中，洗浴和疗养占 47.6%，供暖占 30.8%，其他占 21.7%。河北雄县通过开发利用地热能实现集中供热，满足了县城 90% 以上的供热需求，建成了华北首座"无烟城"，为全国开发利用地热能提供了宝贵经验。西藏阿里地区通过地热能解决了狮泉河镇集中供暖问题（国家可再生能源中心，2018）。

地源热泵的应用是各类地热能热利用方式中增长最迅速的领域。地源热泵通过输入少量的电能，实现低温位热能向高温位转移，是利用地下浅层地热资源的既可供热又可制冷的高效节能空调系统，冬天利用地热源向建筑物供热，夏季利用地层中的冷源向建筑物供冷。我国地源热泵自 2004 年以来发展迅速，2010 年以来年均增长率超过 28%。截至 2017 年底，中国地源热泵装机容量达 2 万 MW，位居世界第一，年利用浅层地热能折合 1900 万 tce，实现供暖（制冷）建筑面积超过 5 亿 m^2，主要分布在北京、天津、河北、辽宁、山东、湖北、江苏、上海等省（直辖市）的城区，其中京津冀开发利用规模最大[①]。全国 31 个省（自治区、直辖市）均有浅层地温能开发利用工程，浅层地温能供暖/制冷的单位（住宅小区、学校、工厂等）约有 3400 个，80% 集中在华北和东北南部地区。

根据《地热能开发利用"十三五"规划》，在"十三五"时期，我国将新增地热能供暖（制冷）面积 11 亿 m^2，到 2020 年，地热供暖（制冷）面积累计达到 16 亿 m^2。2020 年地热能年利用量 7000 万 tce，地热能供暖年利用量 4000 万 tce。京津冀地区地热能年利用量达到约 2000 万 tce。但从实际完成情况来看，2017 年我国地热能和地热供暖的实际年利用量分别只有 2700 万 tce 和 1300 万 tce，同规划目标相比还有较大的距离。

---

① 自然资源部中国地质调查局等. 2018. 中国地热能发展报告 2018.

27.5　氢能技术

27.5.1　我国氢能技术发展现状

氢能热值高、清洁、来源多样，与电力一同被视为支撑未来能源转型的两大二次能源之一，在世界各国越来越受到重视。部分发达国家政府已出台氢能发展战略路线，推动氢能产业的发展。氢能产业链包括上游制氢、中游储运（加注）氢、下游氢能应用环节。当前从氢能供应来看，全球范围内仍是以化石能源制氢为主，国外天然气制氢居多；我国每年工业制氢能力约 2500 万 t，国内煤炭、天然气、石油等化石燃料生产的氢气占比将近 70%，工业副产气体制得的氢气约占 30%，电解水占不到 1%。从氢能应用来看，其当前主要作为工业原料而非能源，未来其除了以原料或者能源应用于工业和建筑领域，更重要的是通过燃料电池发电的方式为燃料电池车、分布式发电提供能量来源，从而实现氢能高效利用。

在政策的强力支持下，全球以燃料电池汽车为代表的氢能应用推广和以加氢站为代表的氢能基础设施建设均明显提速。截至 2020 年全球总计售出 3.25 万辆燃料电池汽车。其中，丰田 Mirai 和韩国的 NEXO 在燃料电池乘用车市场占据绝对优势，累计销量均超过 1 万辆。而中国燃料电池车开发目前以商用客车与专用车为主。截至 2020 年底，中国燃料电池汽车累计产量超过 7000 辆，其中客车和专用车的占比超过 98%。在基础设施建设方面，国内开始积极布局加氢站建设，2018 年国内在营加氢站不足 10 座，而截至 2020 年底，全国在建和已建加氢站超过 180 座，已经建成约 120 座，其中 2020 年建成加氢站约 60 座。

27.5.2　氢能技术发展展望

从应用前景来看，发展以可再生能源制氢为主的氢能产业，不仅可以在电力领域有效弥补电能存储性差的短板，有力支撑高比例可再生能源发展；在交通领域可降低长距离高负荷交通对燃油的依赖，彻底实现交通终端用能清洁化；在能源领域可与电力、热力、油气、煤炭等能源品种大范围互联互补，优化能源结构。此外，还可以通过发展绿氢在冶金、合成氨、水泥等工业领域的应用，实现工业领域的深度脱碳。尤其是随着未来可再生能源发电成本的不断下降，基于风电、太阳能发电的可再生能源电解水制氢将有望成为制氢增量的主要来源。

氢能在不同应用领域有着不同的潜力和发展节奏。氢能将在交通领域最早实现商业化应用，前期以大客车为主，后期则将实现长距离重载的货运和长途客运的大规模应用，并成为氢能消费的重点。而在其他领域，包括建筑、工业等，由于到远期才能实现其要求的绿色和低成本生产，因此要到中长期才有规模化应用的可能，短期内仍将以研究开发或者技术示范为主。中长期氢能应用的规模也将主要取决于碳减排的力度。

27.6　核电技术

27.6.1　我国核电发展现状

核电是利用核裂变产生的热量推动发电机产生电能，其中间过程不产生二氧化碳，也没有火电所产生的二氧化硫、氮氧化物及灰尘，产生放射性废物一直处于有效控制之下，是重要的清洁能源，在促进我国能源低碳发展方面起到了重要作用。截至 2020 年底，我国在运核电机组共 49 台，运行装机容量达到 5103 万 kW，位居世界第三（中国核能行业协会，2021）。2018 年，全国共有海阳、三门、田湾等 7 台核电机组投入商业运行，其中 AP1000 全球首堆三门核电 1 号机组于 2018 年投入商业运行；2018 年台山核电厂 1 号机组建设历时九年后首次发电并网，并于当年 12 月正式投入商业运行，这也是全球首台投入商运的 EPR 三代核电机组。2018 年全国核电新增装机 884 万 kW，创下历史新高，与 2016 年、2017 年两年新投产装机之和相当。2019 年和 2020 年分别有 3 台和 2 台机组投入运行。2020 年核电发电量达到 3662 亿 kW·h，在全部发电量中占比达到 4.8%。截至 2020 年底，我国在建核电机组 15 台，是全球在建核电机组最大的国家。

27.6.2　我国核电主要堆型及技术能力

我国当前运行的核电机组，约 95% 以上是压水堆，其中的 M310 及其改进型 CPR/CP1000 在业内被称为"二代加"，约占运行机组总数的 70%，这类机组技术成熟，造价和发电成本低，是我国现阶段核电的主力；也有先进的第三代压水堆，如 2018 年投产的三门、海阳 AP1000 机组及台山 EPR 机组。在建的核电机组中，既有成熟的"二代加"机型，即田湾的 CP1000 机组，以及红沿河、阳江的 CPR1000 机组，也有海阳的 2 号 AP1000、台山 2 号 EPR，以及福清、防城港的华龙一号机组。另外，我国自主研发的、具有第四代核电特征的山东石岛湾的高温气冷堆 20 万 kW 机组也于 2012 年开工建设，预计将于近年并网发电。

当前，我国已基本掌握新一代核电的核心技术。

（1）华龙一号是中国核工业集团有限公司和中国广核集团有限公司联合研发的具有自主知识产权的核电技术，技术性能指标和安全指标达到了国际三代核电技术先进水平，并已在国内开工四台机组。

（2）CAP1400 是我国在引进 AP1000 技术基础上，消化吸收和再创新之后，开发的具有自主知识产权的第三代先进核电技术，单机容量超过 150 万 kW，是我国非能动大型先进压水堆技术的主力堆型之一，拟建在山东荣成石岛湾核电基地，已做好项目核准前的准备工作。

（3）高温气冷堆以石墨为慢化剂，以氦气为冷却剂，能实现高温运行，具有固有安全属性，是四代核电技术的重要方向之一，我国已形成了具有自主知识产权的完整的高温气冷堆技术，也已开建了示范项目。

（4）四代核电还包括快堆技术，是由快中子引起链式裂变反应所释放的热能转化为电能的核电利用技术。快堆在运行中消耗核燃料的同时，又生产出多于所耗的裂变材料，实现核燃料的增殖，提高铀资源利用率。我国已在 2011 年建成热功率为 65 MW 的试验快堆，并成功并网发电；当前，我国准备福建霞浦建设 60 万 kW 的示范快堆。

（5）小型核电机组是指电功率在 30 万 kW 以下的核电机组，由于初始投资小、建造周期短，并且安全性高、灵活性高和多用途等优势，逐步受到很多国家的关注。我国已开发出具有自主知识产权的小型压水堆 ACP100 "玲珑一号"，以及紧凑型多用途海上小型堆，为下一步的发展打下了良好基础。

总的来看，在核电技术能力上，我国已掌握具有自主知识产权的"华龙一号"、CAP1400 和高温气冷堆等先进核电技术，在小型堆、快堆等新一代核能技术研发上，也与国际先进水平同步，形成了梯次推进、持续发展的技术支撑能力。

27.6.3　我国核电发展目标和未来前景

我国能源发展"十三五"规划提出，到 2020 年核电装机要达到 5800 万 kW，在建规模 3000 万 kW。根据当前的在建规模，未来至少可以确定会建成 5800 万 kW 的发电装机。但自 2015 年以来，除了福建的一台试验堆外，尚没有核准新的核电机组，核电发展陷入停滞。

许多研究认为，2030 年我国核电可达到 0.8 亿~1.5 亿 kW 的规模，2050 年达到 1.2 亿~2 亿 kW 的规模。从核电决策受到的关注及公众反应来看，核电进一步发展还面临着安全性、经济性及邻避效应、公众沟通等多重挑战（郑宝忠等，2014；肖新建等，2017；Xiao and Jiang，2018）。要实现 2020 年后继续规模化发展的目标，我国核电发展还需要克服这些时刻伴随核电发展的诸多挑战。

27.7　电力系统减排技术

27.7.1　储能技术

储能技术主要是指对电能进行储存。储能能够为电网运行提供调峰、调频、备用、需求响应支撑等多种服务，是提升传统电力系统灵活性、经济性和安全性的重要手段；储能能够显著提高风、光等可再生能源的消纳水平，支撑分布式电力及微网，是推动主体能源由化石能源向可再生能源更替的关键技术。

按照储能的方式，储能技术主要可以分为物理储能技术和化学储能技术。物理储能技术以空气、水等作为储能介质，主要包括抽水蓄能、压缩空气储能、飞轮储能等；化学储能技术主要包括锂离子电池储能、液流电池储能、铅蓄电池储能等，化学储能技术在充放电过程中伴随着化学反应（任丽彬等，2018）。

截至 2018 年底中国投运储能项目累计装机规模 31.1GW。其中抽水蓄能是目前技术最成熟和经济的储能技术，累计装机规模 29.99GW，占全部的 96.5%，不过受制于选址、经济效益等因素，近年发展势头有所放缓，2018 年新增装机 1.3GW，虽仍占全部新增装机的 93%，但同比大幅下降 35%[①]。化学储能技术近几年一直保持较快增长，2018 年新增装机容量 555MW，同比上年大幅增长 280%，累计装机规模为 969MW，占全部储能装机的 3.1%，相比于 2017 年大幅提高 1.8 个百分点[②]。

总体而言，我国储能产业还处于发展的初级阶段，除了抽水蓄能技术外，其他储能技术仍以示范应用为主。限制国内储能技术大规模应用的因素除了国内电力市场机制不健全外，主要还在于目前储能的成本还较高，不过随着储能的规模应用以及技术的进步，除了抽水蓄能外，各类储能技术的成本都将逐渐减小（IRENA，2017；刘坚，2017）。从 2018 年开始，国内储能市场，尤其是电化学储能市场进入快速释放阶段[③]，到 2025，电源侧调频、工商业削峰填谷等应用场景已经具备在大多数地区推广的条件，全部储能累计规模预计达到 30GW 左右。

27.7.2　煤电灵活应用技术

增强火电厂灵活性能够对改善中国的电力系统灵活性、增强中国对不断增加的波动性可再生能源发电比重进行整合的能力起到关键作用，从而减少燃煤发电量，电力系统的总体二氧化碳排放量会更低。为了增强灵活性，可以对已有火电厂实施变更和实体改造，也可以在不对电厂进行实体改造的情况下，只通过改变控制系统和运营实践增强灵活性。

火电灵活性措施主要包括扩大功率输出范围和采用更灵活的运营方式。对于前者，凝汽式电厂和热电联产电厂都可以通过最低出力运营电厂和降低技术性最小负荷的方式扩大功

---

① 数据来源：国家能源局。
② 中关村储能产业技术联盟. 2018. 储能系统白皮书.
③ IRENA. 2017. Electricity Storage and Renewables: Costs and Markets to 2030.

率输出范围。此外，热电联产电厂还可以通过投资汽轮机部分旁路甚至全旁路的方式增强灵活性。对于更灵活的运营方式，凝汽式机组和热电联产机组可以通过提高爬坡速度和更快的电厂启/停速度来实现，热电联产机组还可以利用储热罐或者投资电热锅炉、热泵等方式来增强灵活性。

目前，中国一般的燃煤电厂锅炉最小负荷为 50%，如果是热电联产电厂，由于冬季高峰期时高需热量迫使电厂提供极大的电力输出，所以最低电力输出水平在冬季高峰期一般更高（60%～70%）。国外和中国的初步经验表明，能够以相对适度的改造投资成本将最小锅炉负荷从 50%左右降低至 25%左右。例如，近期在中国将 30 万 kW 和 60 万 kW 凝汽式电厂的最小负荷从 50%左右降低至 25%～30%，每个电厂需要的投资水平约为 1000 万元。

根据国家发展改革委、国家能源局印发的《关于提升电力系统调节能力的指导意见》（国家发展改革委和国家能源局，2018），"十三五"期间，我国要力争完成 2.2 亿 kW 火电机组灵活性改造，提升电力系统调节能力 4600 万 kW，优先提升 30 万 kW 级煤电机组的深度调峰能力。改造后的纯凝机组最小技术出力达到 30%～40%额定容量，热电联产机组最小技术出力达到 40%～50%额定容量；部分电厂达到国际先进水平，机组不投油稳燃时纯凝工况最小技术出力达到 20%～30%额定容量。

27.8　电力系统低碳发展情景

图 27.2 比较了 2050 年典型的发电技术的平准化度电成本（LCOE），显示出风能、太阳能发电相对于煤炭和天然气具有显著的成本竞争优势（图 27.2）。对于化石燃料发电，成本核算还包括空气污染和气候环境成本（碳价）。可以看到，即使不考虑碳排放成本，2050 年风电光伏发电成本也比火电和天然气发电成本低。而考虑一定的碳排放成本后，可再生能源发电的价格优势将更大，因此从经济角度来看，清洁低碳的可再生能源发电也将更有竞争力。

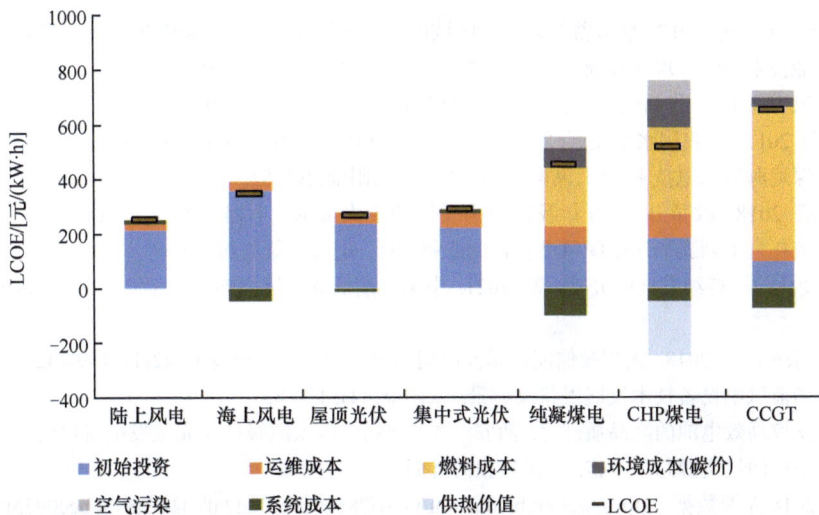

图 27.2　2050 年典型技术的 LCOE 比较

相关文献对未来电力发展的研究表明，未来新增电力将主要由非化石能源满足，特别是在全球温升控制 2℃及碳中和的情景中，2050 年非化石电力将占 90%左右，间歇性可再生能源占 60%左右，系统平衡及电网灵活性将面临更大的挑战；更深度的减排情景，如碳中和情景将同时要求更多的 CCUS 技术的应用（火电 CCUS 及生物质 CCUS 发电）（Zhang and Chen, 2021，2022; 清华大学气候变化与可持续发展研究院等，2020）。

参 考 文 献

别如山. 2018. 生物质供热国内外现状、发展前景与建议. 工业锅炉, (1): 1-8.

国家发展改革委. 2016a. 加快推进天然气利用的意见. http://www.gov.cn/xinwen/2017-07/04/content_5207958. htm[2021-2-16].

国家发展改革委. 2016b. 天然气发展"十三五"规划. http://www.nea.gov.cn/2017-01/19/c_135997294. htm[2021-2-16].

国家发展改革委, 国家能源局. 2016.能源发展"十三五"规划. http://www.nea.gov.cn/2017-01/17/c_135989417. htm[2021-2-16].

国家发展改革委, 国家能源局. 2017. 关于印发促进生物质能供热发展指导意见的通知. http://zfxxgk.nea. gov.cn/auto87/201712/t20171228_3085. htm[2021-2-16].

国家发展改革委, 国家能源局. 2018. 关于提升电力系统调节能力的指导意见. https: //www.ndrc.gov.cn/ xxgk/zcfb/tz/201803/t20180323_962694. html[2021-2-16].

国家发展改革委, 国家能源局, 财政部, 等. 2017. 关于印发北方地区冬季清洁取暖规划(2017—2021 年)的通知. http://www.nea.gov.cn/2017-12/27/c_136854721. htm[2021-2-16].

国家可再生能源中心. 2018. 中国可再生能源产业发展报告. 北京: 中国经济出版社.

国家能源局. 2016. 生物质能发展"十三五"规划. http://zfxxgk.nea.gov.cn/auto87/201612/t20161205_2328. htm?keywords=[2021-2-16].

国务院. 2014. 能源发展战略行动计划(2014—2020 年). http://www.gov.cn/zhengce/content/2014-11/19/content_9222.htm[2021-2-16].

国务院. 2018. 关于促进天然气协调稳定发展的若干意见. http://www.gov.cn/zhengce/content/2018-09/05/ content_5319419.htm[2021-2-16].

贾爱林. 2018. 中国天然气开发技术进展及展望. 天然气工业, 38(4): 77-86.

李小春, 张九天, 李琦, 等. 2018. 中国碳捕集、利用与封存技术路线图(2011 版)实施情况评估分析. 科技导报, 36(4): 85-95.

李峥嵘, 徐尤锦, 黄俊鹏. 2017. 季节蓄热太阳能区域供热的规模化优势. 区域供热, (5): 29-35.

刘坚. 2017. 储能技术经济性现状及商业化运行障碍. 中国能源, 39(7): 36-40.

吕金鹏. 2018. 风力发电的发展状况与发展趋势. 机械与电气安全, (1): 80-81.

马会领, 陈大宇. 2017. 对我国水电发展现状、问题的浅析和建议. 水力发电, 43(12): 76-78.

祁和生. 2018. 深远海域风电技术-海上风电新的制高点. 太阳能, (6): 5.

齐正平, 林卫斌. 2018. 改革开放 40 年我国电力发展的十大成就. 电器工业, 10:7-14.

秦海岩. 2018. 依托自主创新加速中国风电装备制造业发展. 电力决策与舆情参考.

清华大学气候变化与可持续发展研究院, 等. 2021. 中国长期低碳发展战略与转型路径研究. 北京: 中国环境出版集团.

任丽彬, 许寒, 宗军, 等. 2018. 大规模储能技术及应用的研究进展. 电源技术, 42(1): 139-142.

沈德昌. 2018. 当前风电设备技术发展现状及前景. 太阳能, (4): 13-18.

万跃鹏. 2018. 支撑高效电池的高品质硅片. 西安: 第十四届中国太阳级硅及光伏发电研讨会.

王立彬. 2016. 中国油气资源总量丰富. 人民日报海外版.

王庆一. 2018. 2018 能源数据. https://wenku.baidu.com/view/785c6e9bf02d2af90242a8956bec0975f565a469.html [2021-2-16].

王为伟, 朱本刚, 杨家强. 2016. 天然气发电对碳减排的贡献. 燃气轮机技术, 29(1): 9-11.

肖新建, 康晓文, 李际. 2017. 中国核电社会接受度问题及政策研究. 北京: 中国经济出版社.

严大洲. 2017. 高纯多晶硅材料行业竞争新格局. 太阳能, (1): 7-15.

杨德仁. 2018. 铸造单晶硅材料的生长和缺陷控制. 西安: 第十四届中国太阳级硅及光伏发电研讨会.

张鸿翔, 李小春, 魏宁. 2010. 二氧化碳捕集与封存的主要技术环节与问题分析. 地球科学进展, 25(3): 335-340.

赵巧良. 2018. 生物质发电发展现状及前景. 清洁能源, (3): 60-63.

郑宝忠, 颜岩, 李颉, 等. 2014. 三代核电工程造价控制研究. 建筑经济, (12): 46-49.

中国电力企业联合会. 2020. 中国电力行业年度发展报告 2020. 北京: 中国市场出版社.

中国核能行业协会. 2021. 2020 年 1-12 月全国核电运行情况. http://www.caea.gov.cn/n6759381/n6759387/n6759389/c6811324/content.html[2021-5-30].

中央人民政府. 2017. 中共中央　国务院印发《关于深化石油天然气体制改革的若干意见》. http://www.gov.cn/xinwen/2017-05/21/content_5195683.htm[2021-2-16].

Chakraborty S, Wilson M, Luz Manalo M, et al. 2017. Effect of phosphorus and Boron diffusion gettering on the light induced degradation in multicrystalline silicon wafers. Energy Procedia, (130): 36-42.

Fung T H, Kim M Y, Chen D, et al. 2018. A four-state kinetic model for the carrier-induced degradation in multicrystalline silicon: Introducing the reservoir state. Solar Energy Materials and Solar Cells, (184): 48-56.

Lilliestam J, Bielicki J M, Patt A G. 2012. Comparing carbon capture and storage (CCS) with concentrating solar power (CSP): potentials, costs, risks, and barriers. Energy Policy, 47: 447-455.

Xiao X J, Jiang K J. 2018. China's nuclear power under the global 1.5℃ target: Preliminary feasibility study and prospects. Advances in Climate Change Research, 9: 138-143.

Yao X, Zhong P, Zhang X. 2018. Business model design for the carbon capture utilization and storage (CCUS) project in China. Energy Policy, 121: 519-533.

Zeng M, Ouyang S J, Zhang Y J. 2014. CCS technology development in China: Status, problems and countermeasures-Based on SWOT analysis. Renewable and Sustainable Energy Reviews, 39: 604-616.

Zhang S, Chen W. 2021. China's Energy Transition Pathway in a Carbon Neutral Vision, Engineering. https://doi.org/10.1016/j.eng.2021.09.004.

Zhang S, Chen W. 2022. Assessing the energy transition in China towards carbon neutrality with a probabilistic framework. Nature Communications, 13(1): 87.

第28章　能源需求侧关键技术评估

首席作者：田智宇　燕达　黄全胜　欧阳斌

主要作者：郭偲悦　胡姗　闫琰　宋媛媛　王雪成

摘　要

目前，中国终端能源需求主要集中在工业部门，但交通运输和建筑部门能源需求增长迅速，是驱动二氧化碳排放增长的主要来源[①]。持续挖掘终端部门二氧化碳减排潜力，需要采取需求减量、结构优化、技术进步、用能结构调整、智能化升级等多种途径措施，需要与产业结构升级、跨部门跨领域能源资源系统优化、消费理念和行为模式转变、信息化智能化发展等深度融合。在关键技术方面，推广普及成熟适用低碳技术设备在近中期具有较大减排潜力，并且具有较好的成本经济性；推动创新技术集成、开发变革性技术设备工艺从长远看具有较大减排潜力，并且能够催生绿色增长新动能。

28.1　工业部门

28.1.1　工业部门能源消费和二氧化碳排放现状

工业是中国能源消耗和二氧化碳排放最主要来源，并且长期以来持续快速增长。根据《中华人民共和国气候变化第二次国家信息通报》，2005 年中国工业部门二氧化碳排放总量约为 44.2 亿 t，占能源活动二氧化碳排放总量的 81.8%；从工业内部看，除能源工业外，钢铁、水泥和化工 CO_2 排放量较大，分别为 8.8 亿 t、4.5 亿 t 和 3.1 亿 t。根据《中华人民共和国气候变化第二次两年更新报告》，2014 年中国能源工业、制造业和建筑业能源活动二氧化碳排放总量约为 74.2 亿 t。尽管中国尚未公布最新工业二氧化碳排放数据，但从能源消费看，工业二氧化碳排放增长趋势明显。2018 年中国工业能源消费量为 31.1 亿 tce，是 2005 年的 1.66 倍，如图 28.1 所示。中国工业能源消费主要集中在电力、钢铁、有色、建材、石化、化工高耗能行业，2018 年六大高耗能行业占工业能源消费总量的 75.0%（国家统计局，2020）。

从国际比较看，中国工业产出规模居于世界首位，但总体处在工业化进程中，工业发展仍有较大空间。2016 年，中国工业增加值占全球的比重为 24.1%，有 220 多种主要工业品产量居于世界领先地位（UNIDO，2018）。从人均工业产出看，中国人均工业增加值是世界平

---

① 工业部门包括电力、钢铁、水泥、有色、石化、化工等高耗能行业，也包括一般制造业；交通运输部门包括营运交通行业，也包括私家车等非营运交通；建筑部门包括农村住宅、城镇住宅、公共建筑。

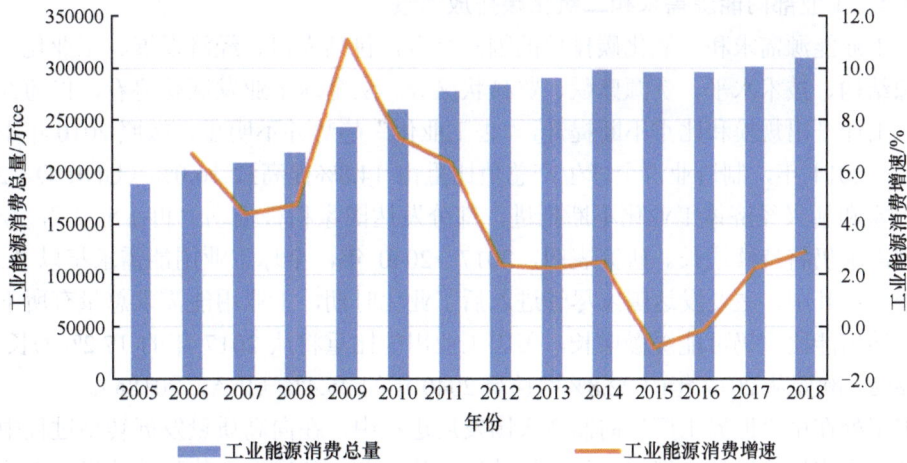

图 28.1　中国工业能源消费总量及增速

均水平的 1.3 倍,但只有美国人均水平的 35.6%(UNIDO,2018)。从工业占终端能源消费比重看,2016 年中国工业占终端能源消费比重为 50.5%,明显高于全世界 28.8% 的平均水平(IEA,2018)。工业行业能效水平持续提升,但整体尚未摆脱高投入、高消耗、高排放的发展方式(工业和信息化部,2019)。

　　为控制工业领域能源消耗和二氧化碳排放过快增长,中国在《国家应对气候变化规划(2014—2020 年)》《“十三五”节能减排综合工作方案》《工业绿色发展规划(2016—2020)年》等政策文件中,明确了到 2020 年工业领域低碳发展、节能降耗、能源结构优化等发展目标、主要任务和保障措施,并分解落实到主要高耗能行业和重点用能企业。具体而言,到 2020 年中国单位工业增加值二氧化碳排放比 2005 年下降 50% 左右,单位工业增加值(规模以上)能耗比 2015 年下降 18%,2020 年钢铁行业、水泥行业二氧化碳排放总量基本稳定在 2015 年的水平,2020 年钢铁、水泥、电解铝、乙烯、合成氨等产品综合能耗相比于 2015 年下降 1.1%~6.3%,绿色低碳能源占工业能源消费量比重由 2015 年的 12% 提高到 2020 年的 15%(国务院等,2016)。2019 年,中国单位工业增加值(规模以上)能耗比 2015 年下降 15.6%,钢铁、水泥等产品综合能耗提前实现“十三五”时期降低目标(国家统计局,2020)。

　　通过深化煤炭、钢铁等行业供给侧结构性改革,组织开展重点用能单位“百千万”行动,实施燃煤锅炉节能环保综合提升、电机系统能效提升、煤炭消费减量替代、合同能源管理推进等节能重点工程,中国主要高耗能产品增长放缓,工业领域能源消耗、二氧化碳排放出现饱和趋势。2014~2016 年,中国工业能源消费量由 29.57 亿 tce 下降到 29.03 亿 tce,下降了 1.8%(国家统计局,2018)。工业能源利用效率不断提升,部分产业达到国际先进水平。2000~2016 年,中国钢铁行业能源效率提高了约 1/3,水泥行业能源效率提高了约 1/2(IEA,2018)。2010~2015 年,中国规模以上企业单位工业增加值能耗下降 28%,实现节能量 6.9 亿 tce(工业和信息化部,2019)。1990~2014 年,中国工业增加值能耗累计下降约 70%,同期美国、印度分别下降约 50% 和 44%,中国工业能效改善速度居于世界前列(UNIDO,2018)。

28.1.2 工业部门能源需求和二氧化碳排放情景

影响工业能源需求和二氧化碳排放的因素众多，包括人口、经济发展、工业化程度、产业和能源结构、技术水平、资源禀赋、贸易状况等。从全球工业发展趋势看，伴随经济和社会发展，工业产出规模和比重不断提升，"去工业化"趋势并不明显。按照 2010 年不变价计算，1991～2014 年，制造业占全球生产总值比重由 14.8%提高到 16.0%（UNIDO，2018）。发展中国家和新兴经济体工业化不断推进，部分发达国家积极推动"再工业化"，今后全球工业能源需求仍将持续增长。研究表明，2017～2040 年，全球工业用能需求将以 1.3%的年均增速增长；其中，主要发达国家尽管进入后工业化时期，工业用能需求总量有所下降，但工业占终端用能比重仍可能缓慢增长，美国工业用能比重将从 2017 年的 17.2%增长至 2040 年的 18.8%，欧盟从 2017 年的 22.8%增长至 2040 年的 25.4%（IEA，2018a）。

中国正处在由"世界工厂"向制造大国发展进程中，在向高质量发展转型过程中，中国工业能源需求将持续增长，但增速将明显放缓。从工业化角度看，伴随整体步入工业化中后期，高耗能行业增速趋于放缓。从城镇化角度看，城镇化发展会导致建筑和交通能源消费增加，但城镇化带动第三产业发展将遏制工业能源消费增长（Zhang et al.，2014）。从工业终端能源消费看，通过比较 IEA、LBNL、PNNL、ERI、THU 等机构关于中国能源需求和二氧化碳排放情景展望研究，尽管模型方法不同，但各个研究均认为中国工业部门终端能源消费将持续增长，在 2035 年左右趋于峰值并开始逐步下降，2050 年工业终端能源消费量为 23 亿～27 亿 tce，是 2010 年水平的 1.4～2.0 倍。与过去高速发展阶段相比，工业能源需求增速将明显放缓。2016～2040 年，中国工业能源需求年均增长速度为 0.5%，相比于 2000 年以来年均 7.7%的增速大幅降低（IEA，2017）。

工业二氧化碳排放达峰与能源需求、能源效率、用能结构等因素相关，随着工业行业用能需求升级和全社会电力结构不断变化，工业直接二氧化碳排放将早于工业用能需求出现峰值。有研究认为中国工业二氧化碳排放在 2030 年出现峰值（郭朝先，2014；王勇等，2017），有研究认为工业到 2040 年达到二氧化碳排放峰值是最优节能减排路径，较早达峰会降低工业行业生产率和市场竞争力（陈超凡，2018）。有研究认为，要实现中国 2030 年前二氧化碳排放达峰目标，工业部门能源活动直接二氧化碳排放需要在 2025 年前达峰，要实现 2060 年前碳中和发展目标，工业部门碳排放相比于目标要实现深度减排（清华大学气候变化与可持续发展研究院，2021）。在工业行业中，建材和纺织行业将先于钢铁、石油石化等行业出现排放峰值（王勇等，2017）；但烯烃等产量快速增长抵消了能效水平进步效果，石化化工行业能源需求和二氧化碳排放可能持续增长（IEA，2017）。综合上述展望分析，并结合近期中国工业能耗、排放和政策发展趋势。研究表明，通过强化工业绿色低碳转型，中国工业二氧化碳直接排放有望在 2030 年前达到峰值。

从具体能源品种看，工业能源消费增长主要来自电力和天然气，煤炭需求持续下降，石油需求增速趋缓，工业用能结构向电气化、低碳化方向不断发展。其中，电力需求增长主要来自化工和非高耗能行业，包括装备制造业以及新兴产业、新型业态和新商业模式的三新经济，2040 年非高耗能行业电力占终端用能的比重将达到 47%（IEA，2017）。研究表明，要实现碳达峰碳中和发展目标，电力将成为工业领域主导能源品种，2050 年工业终端电气化水平达到 58.2%～69.5%（清华大学气候变化与可持续发展研究院，2021）。工业天然气需求增长主要来自建材和非高耗能行业，在环境污染严重地区将加快替代煤炭等化石能源。工业煤炭需求持续下降，但用作原料的煤炭需求可能增长。2016～2040 年，中国工业煤炭需求将下降约 30%，但煤制烯烃等行业煤炭需求出现上升，2040 年石油化工行业用作原料的能源消费约 1/4 来自煤炭（IEA，2017）。氢能、可再生能源等替代工业燃料和原料需求的规模不断增大，成为工业深度减碳的重要支撑。研究还表明，要实现碳达峰碳中和发展目标，2050 年氢能、可再生能源等占工业终端能源消耗比重达到 8.5%～15.6%，其中，近中期制氢来源主要是化石能源，中长期主要来自可再生能源或核能（清华大学气候变化与可持续发展研究院，2021）。

目前，工业领域在终端部门中减排空间最大，但随着高效节能降碳技术设备快速普及，未来减排空间将有所收窄。但由于不同研究模型框架、情景设置、参数假设等存在差别，绝对量的减排潜力数据可比性不强。例如，有研究认为 2050 年中国工业二氧化碳减排潜力为 20 亿 t，相比于参考情景排放下降 48%，如图 28.2 所示（Zhou et al.，2019）；有研究认为 2020 年工业二氧化碳减排潜力为 54.12 亿 t，届时工业二氧化碳排放总量相比于 2011 年下降约 1.3 亿 t（Xiao and Yi，2015）；有研究认为 2010～2030 年工业累积碳减排潜力为 83.8 亿 t（郭朝先，2014）；有研究认为中国工业节能潜力巨大，占全球工业总潜力的 36%（Kermeli et al.，2014）。从挖掘减排潜力的路径看，既包括技术进步和工艺革新带来的能效水平提升，也包括发展方式转变和循环经济带来的需求减量，以及低碳能源在工业终端领域的替代利用。利用 LEAP 模型和情景分析方法研究表明，2050 年工业减排二氧化碳潜力的 25% 来自结构调整，13% 来自减量生产，54% 来自能效进步，8% 来自能源结构低碳化（戴彦德等，2017）。但需要说明的是，定量核算的不同路径的减排贡献比例只有参考意义，因为路径之间相互关联且不同核算次序会对结果产生影响（Pacala and Socolow，2004）。

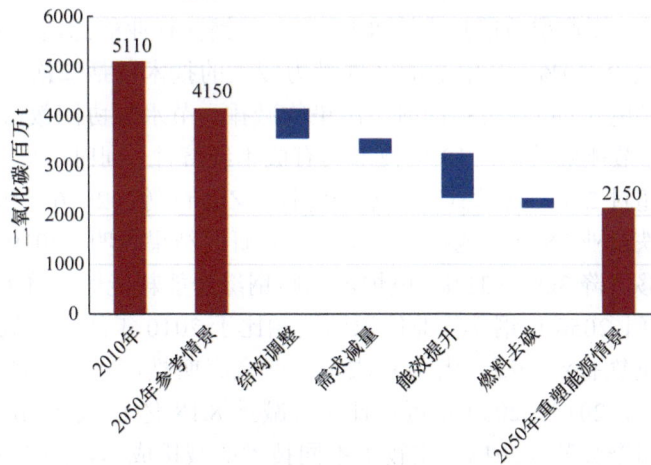

图 28.2　中国工业部门能源活动碳排放下降潜力与路径（2010～2050 年）

多个研究表明，调整和优化中国工业结构，降低对高耗能行业的依赖，具有较大减排潜力。IEA 分析在新政策情景下，伴随高耗能产品产量达峰和逐步下降，以及能效水平不断提升，2016～2040 年，钢铁、石化化工、电解铝、水泥等高耗能行业占工业能源消耗的比重由 3/4 下降到 2/3，其中，钢铁、水泥产量相比于参考目标水平分别下降 1/4 和 1/3 左右，钢铁、水泥行业二氧化碳排放量相比于目前减少 8.4 亿 t（IEA，2017）。工业内部结构调整，如利用新的高效产能代替旧产能，生产附加值更高的产品等，也有较大减排潜力。利用动态因素分析方法进行研究表明，2015~2030 年，与三次产业结构调整相比，中国工业内部结构调整带来的减排潜力更大（Zhang et al.，2018）。

尽管近年来工业能效水平明显进步，但与国际先进水平相比，中国整体工业能源生产力和碳生产力仍有较大提升空间。研究表明，中国工业增加值能耗延续"十一五"以来持续下降态势，到 2040 年达到目前日本、美国等发达国家水平（IEA，2017）。除提升单项技术设备能效之外，推动工厂各流程环节进行"整合设计"，在提升系统效率水平方面潜力很大。例如，应用一体化整合设计，将原有长、窄、弯的管道变为粗、短、直的管道，能够减少泵和风扇 80%~90% 的摩擦损耗，能够从源头节约数倍的电力消费（Lovins，2018）。此外，推动工业化与信息化融合发展，优化能源管理水平，能够带来额外节能效果。美国一家工业节能改造提供商，在实施设备节能改造的同时，应用诊断软件对生产运行进行优化，比单纯技术改造额外节能 30%~60%（Lovins，2018）。

28.1.3 工业部门关键减排技术评估

作为世界第一制造大国和发展中大国，中国具有门类齐全、独立完整的工业体系，处在新一轮技术革命和产业变革发展前沿，也面临先进与落后产能并存、工业化发展不均衡等挑战。对工业部门碳减排而言，不仅在低碳成熟技术推广、先进技术创新等方面存在较大空间，在需求减量、用能结构调整、智能化升级等方面也具有较大潜力。

1. 技术进步与工艺革新

尽管中国工业行业整体技术水平已经取得明显提升，但持续推进技术进步与工艺革新仍有较大空间。在钢铁行业，Wen 等（2014）利用 AIM 进行情景分析表明，2010~2020 年中国钢铁行业技术进步带来的节能降碳潜力比结构优化更大。Ma 等（2015）的研究表明，通过普及应用 36 项典型节能技术，2012 年中国钢铁行业能源消费能够降低 7.8%，二氧化碳排放能够减少 10%，其中节能降碳潜力较大的技术包括二次再热、烧结余热发电、高炉炉顶压差发电（TRT）等；同时，污染物减排、节水等协同效益对技术经济性具有重要影响，仅考虑节能效益，有 10 项技术具有成本经济性，同时考虑节能效益和减排、节水等协同效益，超过 2/3 的技术具有成本经济性。Zhang 等（2016）利用"自下而上"方法评估了中国钢铁行业 28 项节能技术应用潜力，研究结果表明，2010~2050 年高炉炼钢吨钢综合能耗能够下降 30%~31%，电炉炼钢吨钢综合能耗能够下降 65%~76%，伴随电炉炼钢等工艺革新，2050 年钢铁行业能源消费相比于 2010 年能够降低 63%~70%。An 等（2018）分析了钢铁行业的减排潜力和成本，研究表明推广成熟节能技术减排潜力最大、成本经济性最好，2015~2030 年可累计实现减排 8.18 亿 t，累计节约能源成本 2169 亿人民币。温宗国和李会芳（2018）比较了不同技术的减排成本，到 2030 年钢铁行业仍有数量众多的负成本减排技术。在水泥行业，淘汰落后产能、普及现有成熟高效技术具有较大减排潜力，水泥窑燃料替代技术在 2020~2030 年具有较大的减排潜力，新型替代水泥技术尚不成熟，但减排潜力巨大，如图 28.3 所示。此外，科技部、工业和信息化部等定期发布节能减排与低碳技术成果转化推广清单，其中包括很多减排潜力大的工业重点节能减排技术，如表 28.1 所示。

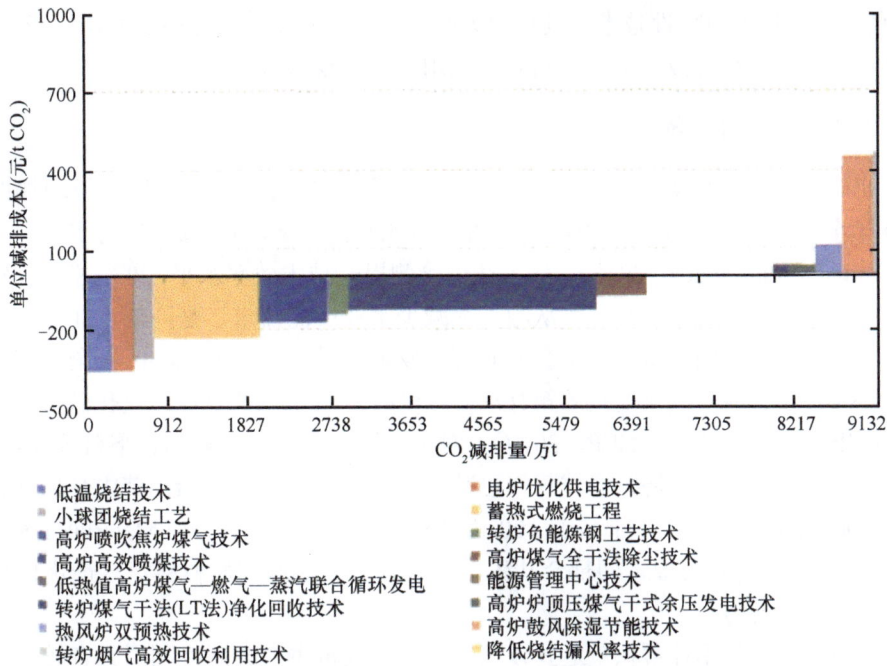

图 28.3　钢铁行业中减排情景 2030 年技术成本曲线

表 28.1　我国工业部门重点节能减排技术清单

技术名称	节能减排潜力
水泥膜法富氧燃烧技术	吨熟料二氧化碳减排 16～33 kg
预烧成窑炉技术	吨熟料二氧化碳减排 15～31 kg
水泥行业能源管理和控制系统	吨熟料二氧化碳减排 4～7.2 kg
热轧加热炉系统化节能技术	吨钢二氧化碳排放约 12 kg
用低热值煤气实现高风温的顶燃式热风炉技术	吨铁二氧化碳减排约 93.5 kg
烧结烟气循环利用工艺	吨烧结矿二氧化碳减排约 10.8 kg
高炉炼铁-转炉界面铁水"一罐到底"技术	吨钢二氧化碳减排 21.7～27.1 kg
炼焦荒煤气显热回收技术	吨钢二氧化碳减排约 10.8 kg
变转速工业汽轮机节能改造技术	减排 CO_2 约 6.8g/（kW·h）
抗低温腐蚀的锅炉尾气热量高效利用技术	锅炉能效提高 10%～15%
基于吸收式换热的烟气余热深度回收技术	燃气利用效率提高约 10%
全界面高效萃取技术	节约电耗 60%～70%
云计算自动化节能控制系统	节约电耗约 40%
低品位工业余热应用于城镇集中供热技术	节约供热用能 88 tce/万 m^2
水泥窑协同处置城市生活垃圾技术	减排二氧化碳约 300 kg /t

　　目前，相关研究主要关注已经商业化的成熟低碳技术，未来一些潜在的变革性技术、工艺革新也可能带来较大减排潜力。McKinsey Company（2019）研究表明，钢铁行业应用直接还原技术（DRI）炼钢的吨钢二氧化碳排放只有高炉转炉炼钢的 1/3 左右，正在研发中的整合电解法炼钢和可再生电力工艺还可进一步实现近零碳排放。Springer 和 Hasanbeigi（2016）分析了电解铝行业惰性电极、湿法阴极、多极槽技术等 10 项尚待商业化的创新节能降碳技术，其中碳热还原氧化铝、高岭土碳热还原等工艺相比于传统电解铝工艺能够节能 20%～

40%。总的来看，许多前瞻性技术都具有较大减排潜力，但大多仍处在技术研发或示范阶段，并且需要与其他技术整合或与工艺革新融合应用才能实现最大效果。

2. 消费转型与循环经济

从工业碳排放影响因素看，产出水平即需求快速增长是驱动工业碳排放增加的重要因素。2010 年全球物质消耗总量达 794 亿 t，在趋势照常情景下，到 2050 年将增长到 1800 亿 t（Schandl and Hatfield-Dodds，2016）。除了在供给侧提升技术效率水平，在需求侧，转变传统生产消费模式，积极发展循环经济，从源头上减少工业产品需求，是降低工业能源需求和碳排放的重要方面。根据国际资源委员会的研究，发展循环经济，到 2050 年全球资源开采量可以减少 28%，结合应对气候变化政策行动，可以减少约 63% 的全球二氧化碳排放，并且将全球经济产出提高约 1.5%（UNEP，2019）。对于钢铁、水泥、电解铝、塑料等高耗能行业，研究表明，通过发展循环经济，全球每年可减少二氧化碳排放 36 亿 t；其中，以塑料为例，回收利用 100 万 t 的塑料相当于减少 100 万辆汽车的二氧化碳排放（Material Economics，2019）。此外，推动工业行业之间耦合共生，实现资源、能源和原材料消耗最优化利用，也能够带来较大减排潜力。

伴随中国各类产品累计蓄积量达到较高水平，扩大再生资源回收利用具有较大潜力。研究表明，2050 年废钢在钢铁生产中的比重可达 31%～40%，混合材等替代原料占水泥产量的比重可达 35%，回收废铝在原铝生产中的比重可达 40%，回收废纸在纸和纸板生产中的比重可达 81%（Kermeli et al.，2014）。提高废旧塑料回收利用水平，到 2050 年可以减少 1/3 的乙烯生产需求（McKinsey Company，2019）。扩大再生资源利用比例，既面临技术、市场等障碍，也与政策措施不完善等有关。以垃圾再利用为例，中国垃圾填埋费用仅为英国水平的 7%，造成工厂更愿意直接填埋，而非探索减量和再利用途径（Tao，2017）。

转变传统高碳生产方式，研发低碳或零碳技术工艺或产品，提高产品质量和使用寿命，具有较大的减排潜力。以水泥为例，通过研发新型黏合剂替代石灰石，能够减少工业生产过程二氧化碳排放；一些新型黏合剂甚至可以与二氧化碳发生化学反应，能够将水泥生产的碳强度下降 30%～90%（ICF and Fraunholfer ISI，2018）。以化肥为例，利用蓝绿藻生产氮肥或者生产硝酸盐化肥，能够大幅减少合成氨生产过程二氧化碳排放（McKinsey Company，2019）。此外，利用新型电解技术将二氧化碳分解生产乙烯等聚合物的技术也在研发中（Donald et al.，2018）。

3. 电气化与用能结构调整

提高工业电气化水平，利用低碳能源替代化石能源，在工业部门有较大减排潜力。对于有色金属、化工等电气化提升潜力大的行业，结合低碳电力发展，可能带来的深度减碳潜力较大。但也有研究认为，由于中国目前的发电结构以煤为主，电力二氧化碳排放系数较高，短期内提高工业电气化率对减少二氧化碳排放贡献较小（Xiao and Yi，2015）。在热力需求替代方面，较低温度（100℃以下）的热力需求可以采用热泵技术满足，相比于传统锅炉的能源效率可以提高 2～3 倍；中等温度（100～500℃）的热力需求可以采用生物质、低碳电力、氢能等进行燃料替代（Mckinsey Company，2019）。研究表明，到 2040 年利用热泵技术可以有效地满足全球工业领域 6% 的热力需求（IEA，2017）。此外，电弧炉、红外线加热、感应加热等技术也有一定发展潜力，但替代潜力有限。但对于工业领域较高的温度热力需求，使用低碳电力替代传统热力锅炉仍需要深刻技术变革。

　　生物质能、氢能等在石化、化工、钢铁等工业行业扩大应用也有一定潜力。研究表明，增加生物质能的利用，到 2050 年可替代工业原料和燃料能源消耗的 15%~20%；例如，生物质生产柴油可以进一步生产生物石脑油用于炼化行业，生物汽油可以脱水制乙烯，后者已经在巴西实现工业化（Mckinsey Company，2019）。此外，提升工业氢能利用规模，特别是与可再生电力制氢相整合，能够大幅减少工业生产过程和能源消耗碳排放。以石化化工行业为例，整合可再生电力和电解水制氢，或者发展甲烷裂解制氢等前沿技术，能够减少传统蒸汽甲烷重整（SMR）制氢过程中的碳排放（Mckinsey Company，2019）。但目前，成本经济性仍是制约替代能源在工业领域中应用的主要障碍，并且可能需要工艺路线、基础设施体系的协同变革。

28.2　交通运输部门

28.2.1　交通运输部门能源消费和二氧化碳排放现状

　　交通运输部门是石油消耗的主要部门，也是温室气体和大气污染物的重要排放源。随着工业化和城镇化的快速推进，中国交通运输也快速发展，给能源资源和生态环境都带来了压力。按照我国统计口径，2017 年交通运输仓储邮政部门的能源消费总量占全社会的 9.4%（国家统计局，2019b），能耗总量及占比都呈现逐年上升趋势，如图 28.4 所示。同时，我国交通部门能耗统计口径仅包含营运性交通运输，不包括私家车等非营运交通能耗，与国际交通部门能耗统计口径相差较大。为便于国际比较，部分学者按照国际能耗统计口径对我国交通部门能耗占比进行重新核算，经测算交通部门能耗占全社会能耗比重约为 13%[①]（伊文婧等，2017；魏一鸣等，2018），如图 28.5 所示。目前，发达国家交通运输能耗占终端能源的比重一般为 20%~40%，例如，美国接近 40%、西班牙约为 36%、意大利约为 30%、日本为 24% 左右，均比我国目前 13% 左右的水平高出很多。从人均交通用能来看，各主要发达国家人均用能均在 0.6toe 以上，而我国 2014 年人均交通用能仅为 0.15toe（伊文婧等，2017）。

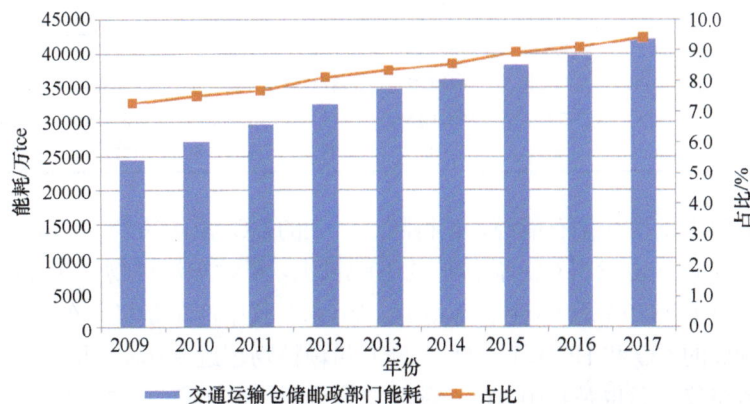

图 28.4　中国交通运输仓储邮政部门能耗总量及占比

---

① 交通运输部科学研究院. 2020. 中国交通部门低碳排放战略与途径研究.

图 28.5　大交通口径下中国交通部门能源消费量及占比

从交通方式来看，道路运输能耗占比最高，其次是水运、航空、铁路及管道运输。道路运输能耗及排放占交通部门总能耗及排放的 80%以上（Wang et al.，2017），这与我国私人车辆保有量快速增长有密切关系。我国私人车辆保有量由 2000 年的 625.33 万辆迅速增长至 2017 年的 1.85 亿辆，年均增速超过 15%（国家统计局，2019b）。私人车辆保有量的快速增加，特别是私人小型客车保有量的迅猛增加，导致了道路交通运输能耗及排放的快速增加，目前道路运输消耗了全国 90%的汽油量和 60%的柴油量（Ou et al.，2010）。因此道路运输是我国交通部门节能减排的重点领域。

从能源结构来看，柴油、汽油、燃料油等化石能源是交通部门主要的能源品种，近年来消耗明显攀升。交通部门石油消费约占全国石油终端消费的 40%。近年来交通部门天然气、电力等清洁能源消费量稳步上升，如表 28.2 所示（国家统计局，2018），但占比仍然较小，不足 5%，运输装备和机械设备能源清洁化水平仍然较低（魏一鸣等，2018）。

表 28.2　交通运输仓储邮政部门能源消费量

年份	煤炭 /万 t	焦炭 /万 t	原油 /万 t	汽油 /万 t	煤油 /万 t	柴油 /万 t	燃料油 /万 t	天然气 /亿 m³	电力/ （亿 kW·h）
2000	1140	11.2	175.05	1527.78	535.90	3293.81	850.00	8.81	281.20
2012	614	0.09	119.40	3778.03	1787.09	10727.03	1383.94	154.51	915.37
2016	404	3.21	22.34	5511.15	2814.94	11068.48	1511.38	254.77	1251.49
2017	353	6	8.67	5698.53	3173.31	11253.69	1771.34	284.71	1417.98

交通运输部门大量消耗化石能源，使得随之产生的 CO_2 及污染物排放也快速增长。2017 年交通部门的 CO_2 排放占我国 CO_2 总排放的 10%以上，机动车污染物（包括 CO、HC、NO_x、颗粒物）排放达到了 4359.7 万 t（生态环境部，2019）。其中汽车是机动车大气污染排放的主要贡献者，其排放的 CO 和 HC 超过 80%，NO_x 和颗粒物超过 90%。同时船舶、航空飞机、铁路机车等非道路移动源也是我国 NO_x、颗粒物的重要排放源之一，2017 年非道路移动源排放 $SO_2$90.9 万 t、HC77.9 万 t、NO_x 573.5 万 t、颗粒物 48.5 万 t（生态环境部，2019），NO_x、颗粒物排放量接近机动车，加剧了环境负担。

28.2.2　交通运输部门能源需求和 CO_2 排放情景

交通运输能源消费及排放由交通部门的活动水平、能耗强度、排放强度决定。而交通运输部门活动水平数据与经济、人口、城镇化率等宏观经济指标有密切关系，目前多数研究经常采用与经济指标挂钩的弹性系数、回归分析等方法对交通运输量进行预测，采用 Gompertz 模型对车辆保有量进行预测。目前对我国交通运输行业中长期运输需求及运输结构预测相关的研究并不多，由于交通运输需求与宏观经济发展、产业结构等息息相关，不同宏观经济指标参数情景下预测结果也存在差异。综合《中国交通低碳发展战略研究》《中国交通部门低碳排放战略与途径研究》《中国货运节能减排政策与策略研究》等课题研究成果及研究文献成果，到 2050 年货物运输量相比于 2015 年将增长 2～3 倍，达到 1000 亿～1400 亿 t，货运需求仍将保持增长，但增速放缓，特别是 2030 年后大宗散货运输量进入高峰平台期，货运需求增速放缓。货运结构受政策影响，不确定因素增多，按照国务院办公厅印发的《推进运输结构调整三年行动计划（2018—2020 年）》《推进多式联运发展优化调整运输结构工作方案（2021—2025 年）》，铁路货运量有望稳步增长，但公路运输仍将承担基础作用。2050 年相比于 2015 年城际客运量将增长 5～6 倍，达到 820 亿～1050 亿人次，主要是随着人均收入水平提高，高速铁路、民用航空快速发展，旅行客运需求大幅提升。由于高速铁路和国际民航线路快速发展，未来我国城际客运中长途出行会以铁路和民航为主，公路客运占比将会进一步降低。城市内交通随着人均收入提升和消费结构升级，私人汽车保有量仍将保持较高速度增长，至 2050 年私人汽车保有量将增长 4～5 倍，达到 5 亿～6 亿辆（Huo and Wang，2012；Hao et al.，2011；Wu et al.，2014）。在城市客运结构方面，目前我国以私人汽车出行为主，我国城市公交分担率普遍在 40% 以下，相较于国外公交发达城市仍有较大差距，有较大提升空间。

　　针对交通部门的能耗强度因子和排放强度因子，目前我国也开展了一系列抽样调查和分批普查，各研究机构通过开展台架测试、跟车实测等方式，获取了一批本地化能耗及排放强度因子。

　　结果表明，按照目前发展趋势，随着经济社会快速发展，工业化和城镇化进程不断推进，全社会交通运输碳排放总量呈持续增长态势，通过采取强有力的政策措施，有望在 2030 年左右达峰。同时，交通运输能源结构持续优化，电力需求快速增长，交通运输工具用油占比持续下降。要实现 2060 年前碳中和目标，交通运输部门节能提效、结构调整、用能结构优化力度需进一步强化，电力成为未来交通运输用能主要品种，生物质能、氢能等清洁能源成为重要补充（清华大学气候变化与可持续发展研究院，2021）。

　　此外，清华大学汽车安全与节能国家重点实验室针对货运行业构建了自下而上的预测模型，根据测算，在常规情景下，2050 年的货运行业能源消耗和温室气体排放将是当前水平的 2.5 倍和 2.4 倍，其中温室气体排放量将在 2045 年达到峰值，在所有措施全部实施情景下，2050 年货运行业的能源消耗和温室气体排放量可分别减少 30% 和 32%，温室气体排放量将在 2035 年左右达到峰值，远低于常规情景（Hao et al.，2018）。各种交通方式中公路货运仍然是最主要的能耗和排放源。清华大学能源环境经济研究所针对道路运输开发了自下而上的能源需求和温室气体排放分析模型（CPREG），对未来汽车技术构成、燃料消耗率和行驶里程等进行详细刻画，预测中国公路运输的能源需求持续增长，并在 2030 年达到峰值 461～508 Mtoe（百万吨标准油），然后在 2050 年降至 306～429 Mtoe（Peng et al.，2018）。

　　多项研究表明未来交通运输部门节能和低排放路径主要集中在如下几个方面：①坚持把调整交通运输结构作为交通运输低碳发展的主攻方向，以建设以低碳排放为特征的现代综合交通体系为统领，按照"宜水则水、宜陆则陆、宜空则空"的原则，充分发挥各种运输方式的比较优势和组合效率，加快发展水运、铁路等绿色运输方式，实现结构减排效应的最大化。

②坚持把倡导绿色交通消费理念、完善绿色出行体系作为交通运输低碳发展的重大战略选择。深入实施城市公交优先发展战略,大力发展自行车、步行等慢行交通,加快推广网约车、共享单车、汽车租赁等共享交通模式,从源头上尽可能降低无效需求,促进交通运输系统节能减排。③坚持贯彻落实创新驱动发展战略,坚持把创新作为推动交通运输低碳发展的第一动力。新能源汽车、高速铁路等技术的发展,将深刻影响交通运输发展格局和减排方式,低碳交通技术创新与能源转型是重要着力点,推广应用清洁能源,着力加强节能与新能源装备设备的研发创新,大力发展智能交通,加快自动驾驶等新技术、新产业、新业态、新模式的发展,充分挖掘交通运输发展各领域、各环节的技术减排潜力。④积极推进"互联网+"现代交通发展,以互联网为依托,通过运用大数据、人工智能等先进技术手段,实现智慧交通。移动互联网、物联网、云计算、大数据等新技术的应用,新能源汽车、储能技术、自动驾驶等技术突破,"互联网+"渗透到交通运输各领域,推动了交通运输发展业态创新,对交通运输格局带来了革命性影响。将自动驾驶和车路协同作为未来智能交通系统发展的核心内容,在公共交通、快递物流等领域,率先推广自动驾驶技术、逐步拓展自动驾驶应用,以建设"智慧的路"为重要途径,最终实现智能交通换道超车。大力推进"互联网+"现代物流发展,以互联网为依托,通过运用大数据、人工智能等先进技术手段,形成线上服务、线下体验与现代物流深度融合的零售新模式,不断提升物流的及时响应、定制化匹配能力。积极推进物流运作模式革新,促进物流行业与互联网深度融合,推动智慧物流需求提升,不断适应物流企业在物流数据、物流云、物流设备三大领域对智慧物流发展的需求。⑤坚持把强化低碳交通治理、提升交通运输效率作为实现交通运输低碳发展的重要途径。要不断统筹优化交通基础设施网络布局,强化交通需求管理,用好绿色财税、使用者付费等经济性政策杠杆,发挥市场在资源配置中的决定性作用,合理抑制私人小汽车的过快增长和过度使用,科学引导交通运输需求;积极研究制定交通运输低碳新技术、新产业、新模式、新业态方面的支持政策,大力发展智能交通和智慧物流。

28.2.3　交通运输部门关键减排技术评估

1. 道路运输

道路运输在世界运输能源消耗和温室气体排放中发挥着重要作用。在全球范围内,交通运输部门二氧化碳排放量约占化石燃料二氧化碳总排放量的四分之一,其中交通部门约有四分之三的二氧化碳排放量来自道路运输(Peng et al.,2018)。近年来,中国一直是全球最大的汽车生产国和消费国,随着汽车保有量的快速增长,与道路车辆相关的能源需求和温室气体排放已成为中国面临的主要挑战。相关研究成果(Peng et al.,2018)表明,在基准情景下中国的汽车能源消耗将持续增加到2050年,在综合政策情景下,2030年和2050年的能源消耗分别为358Mtoe和306Mtoe,汽车总能耗将在2030年达到峰值。道路运输行业关键的减排技术主要包括清洁能源和新能源汽车应用技术、智能驾驶技术、货运组织模式优化技术等。

1)清洁能源和新能源汽车应用技术

清洁能源和新能源汽车应用技术包括促进电动汽车的技术研发和市场扩散,加强电动汽车、插电式混合动力汽车、燃料电池汽车和第二代生物燃料的基础和应用研究与开发等;开发用于车辆的替代燃料(天然气和生物燃料)可以在汽车燃料的多样化和中短期内减少温室气体排放方面发挥重要作用。

天然气汽车主要包括压缩天然气(CNG)车辆和液化天然气(LNG)车辆。CNG车辆是将天然气压缩到 20.7～24.8MPa，储存在车载高压瓶中，车辆续航里程约为 200km，适合单程行驶里程较短的城市公交、市内出租及短途班线客运等。LNG 车辆是将常压下、温度为-162℃的液体天然气储存于车载绝热气瓶中，载气量大、易存储，车辆续航里程可达 500～1000km，适合长途客货运输。根据交通运输行业重点节能低碳技术推广目录中遴选的典型项目测算，天然气相比于传统柴油车辆 CO_2 直接排放可降低 25%（交通运输部，2017）。

纯电动汽车是指以车载电源为动力，用电机驱动车轮行驶，符合道路交通安全法规各项要求的车辆。由于对环境影响相对于传统汽车较小，其前景被广泛看好。纯电动汽车在运行中可以做到"零污染，零排放"，根据交通运输行业重点节能低碳技术推广目录中遴选的典型项目测算，相比于传统柴油客车，每年可实现 CO_2 减排 72t/车（交通运输部，2017）。

混合动力汽车主要采用了传统的原料，借助电力驱动技术来加快汽车的行驶速度，大大减少了汽车运行过程中的能源消耗。不仅如此，在混合动力汽车发展过程中，还应用了较多新技术，如电子控制、电力驱动、蓄电池等。部分车型的混合动力汽车耗油量仅为普通汽车耗油量的 40%（交通运输部，2017）。

燃料电池汽车是一种用车载燃料电池装置产生的电力作为动力的汽车。车载燃料电池装置所使用的燃料为高纯度氢气或含氢燃料经重整所得到的高含氢重整气。与通常的电动汽车相比，其动力方面的不同在于燃料电池汽车用的电力来自车载燃料电池装置，电动汽车所用的电力来自由电网充电的蓄电池。

2）货运组织模式优化技术

我国将多式联运定义为联运经营者为委托人实现两种或两种以上运输方式的全程运输，以及提供相关运输物流辅助服务的活动（谭小平，2016）。欧美国家经验表明，多式联运能够提高 30% 左右的运输效率，减少货损货差 10% 左右，降低运输成本 20% 左右，减少公路交通拥堵 50% 以上，节能减排 30% 以上。根据交通运输行业重点节能低碳技术推广目录中遴选的典型项目测算，采用性能优异的大型节能车型开展甩挂运输等高效运输组织方式，优化运输模式，实现货运车辆实载率和运行效率提升，与传统运输模式相比，可实现节能 81.63 tce/（车·a），减少 CO_2 排放 203.48 t/（车·a）（交通运输部，2017）。

公共物流平台信息系统应用技术是促进"互联网+货运物流"新业态、新模式发展的重要手段，通过对物流过程各环节的实时跟踪、实现有效的资源配置，推动道路货运行业集约高效发展，达到节能降碳的效果。根据交通运输行业重点节能低碳技术推广目录中遴选的典型项目测算，对比接入公共物流平台信息系统前后，可实现节能 2.40 tce/（车·a），减少 CO_2 排放 5.98 t/（车·a）（交通运输部，2017）。

3）智能驾驶技术

智能驾驶技术是新一轮科技革命背景下的新兴技术，集中运用了现代传感技术、信息与通信技术、自动控制技术、计算机技术和人工智能技术等，代表着未来汽车技术的战略制高点，是汽车产业转型升级的关键，也是目前世界公认的发展方向。智能驾驶在减少交通事故、缓解交通拥堵、提高道路及车辆利用率等方面具有巨大潜能。

智能驾驶不受人的心理和情绪干扰，遵守交通法规，按照规划路线行驶，可以有效减少人为所造成的交通事故和拥堵。同时，智能驾驶汽车能够比人类更加精准地计算和使用路权，通过车联网共享交通资源信息，可以最大化利用城市的道路资源。此外，智能驾驶可以有效地促进节能减排，可以更合理地操控和切换驾驶模式，控制车辆的提速和减速，避免由驾驶员的不良驾驶习惯导致的车辆能源消耗和尾气排放等问题。倘若将智能驾驶汽车与智能交通、云计算相结合，则可以构建城市智能车指挥调度服务中心，共享交通资源，实现最优的交通出行，将会大大地减少汽车的保有量，从而达到节能减排的效果（杨亚萍和朱伟枝，2018）。

2. 铁路运输

铁路是国民经济的重要命脉，铁路工程的建设和运营不可或缺。要实现铁路运输领域能源节约与碳减排，加快推广应用先进适用的节能低碳技术是必由之路。铁路运输提升能效的关键环节包括能耗结构的再优化、节能技术再创新以及运输组织优化等。路径选择包括继续推进电气化铁路建设、加大新能源和可再生能源利用力度，以及推进铁路运输组织改革等（周新军，2016）。

1）牵引供电系统改善技术

牵引供电系统改善主要包括牵引变电所节能和对接触网进行改造两个方面，可采取合理选择变压器类型、缩短牵引网供电臂长度、优化牵引接触网和增设加强导线等措施。

2）再生制动技术

列车进行制动时，列车上的动能会转换为供给列车的电能，这些电能有的会被吸引到储能装置中，有的会被集中反馈至牵引电网中，实现电能的二次应用。再生制动技术通常适用于列车停站数较多的运行模式，例如行程较长的城际轨道交通，其总能耗可以下降 15%～30%，具有很大的节能潜力（周新军，2016）。

3）降低列车运行阻力

降低列车运行阻力主要考虑的是减少空气阻力和轮轨摩擦力。前者主要源于车顶、车轮和转向架，后者主要源于自身质量。①可以通过对列车车头进行流线型设计，对车轮、转向架等进行遮盖处理，并对整个车底进行包裹处理来减小空气阻力。②可以通过减轻自身质量、对列车车体添加润滑剂或润滑油等方式减小轮轨摩擦力。通过改变车辆的形状、对车辆表面进行处理，从而减小阻力。例如，对铁路运输车辆的车头进行流线设计，遮盖转向架和车轮，包裹整个车底等；还可以对车体的外表面进行处理，使得外表面变得更加光滑，车辆之间尽量采用折棚连接，可以有效减小列车侧面与列车顶部的空气阻力。

4）铁路站场节能减排技术

铁路站场节能减排技术主要包括车站能源管控技术，如采用智能照明系统、铁路大型客站中央空调节能运行智能控制系统、寒旱地区铁路站房绿色热源及采暖节能技术；站场绿色照明技术；新能源和可再生能源利用技术；上水设备节水技术等。

3. 水路运输

营运船舶的能耗、能效和 CO_2 排放受多种因素影响，为满足国际、国内相关要求，降低成本、持续发展，需用系统方法开展船舶能效管理，提高船舶能效、减少 CO_2 排放。水路运输行业关键的减排技术主要包括清洁能源和新能源船舶应用技术、船舶能效管理系统应用技术等。

1）清洁能源和新能源船舶应用技术

船舶使用 LNG 燃料作为主发动机的单一燃料，完全替代柴油。单一燃料气体发动机的主体结构和原理与柴油机一致，是将 LNG 燃料气化后与空气混合在机体内部燃烧释放热能转变成机械能的内燃机。相比于传统船舶，具有经济性更好、环保降碳效益更高的优点。使用单一 LNG "清洁能源" 作为燃料，可实现燃油替代率 100%，相比于传统柴油燃料船舶，部分船型可减少 CO_2 排放 25%，SO_x 和 $PM_{2.5}$ 排放接近 100%（交通运输部，2017）。此外，因使用 LNG 燃料，全船无油，可有效减少燃油泄漏或设备检修带来的水体和环境污染。

此外，电动船舶的创新应用将成为未来主流趋势。船舶电动化将按特定水域—近海水域—全球水域依次应用。截至 2019 年 5 月底，全球营运中和拟建造电动船舶数量为 155 艘，包括营运中船舶 75 艘，拟建造船舶 80 艘。2017 年，杭州某公司开发设计了迄今为止全球最大的一艘 2000 t 级全电池动力自卸运输货船。目前的电动船舶主要为特定水域船舶，例如沿江沿海城市渡船、观光船、内河货船、港口拖船等。由于船舶需要用磷酸铁锂电池，未来需攻克的方面包括高安全、高可靠性、高功率、长寿命等技术难题，BMS 电池管理系统应用，以及 IP67 以上防护等级的电池包设计的普及。电动船舶将在渡轮、游船、集装箱船、货船、工程船等船舶中应用广泛。

2）船舶能效管理系统应用技术

在船舶上实施能效管理的具体操作方案，即船舶的营运管理、航次优化计划、相关方的及时沟通、螺旋桨和船体检查、机械设备优化计划、货油操作优化、节能意识提高和新技术应用等。根据交通运输行业重点节能低碳技术推广目录中遴选的典型项目测算，采用船舶能效管理系统应用技术可减少 CO_2 排放 835t/航次（交通运输部，2017）。

4. 民航运输

民航运输业在中国快速发展同时导致民航燃油的总消耗量也在以极快的速度增长。航空污染问题已引起各国重视。我国也应当在航空领域积极探索节能减排的手段。据国际航空运输协会评估：一架空中客车 A320 或波音 737 机型，每节约 1% 的燃油消耗，意味着每年可少排放 318.7 t 二氧化碳、123.9 t 水蒸气、2.112 t 氧化氮、98 kg 二氧化硫、56 kg 一氧化碳。民航运输行业关键的减排技术主要包括机场地面电源/空调设备替代飞机辅助动力装置（APU）运行技术、可持续航空生物燃料应用技术、飞机减重降阻技术等。

1）机场地面电源/空调设备替代飞机辅助动力装置（APU）运行技术

通过使用机场地面电源/空调设备，包括 400 Hz 静变电源设备（电源机组）和地面空调设备（空调机组）替代飞机 APU，实现利用电能替代传统化石能源，从而减少燃油消耗和排放（污染），降低行业整体运行成本的目的（中国民用航空局，2015）。使用地面电源车和桥载设备代替飞机 APU（辅助动力装置）节省燃油消耗已经成为诸多航空公司和机场节能减排的普遍趋势。与飞机烧油相比，地面电源车的油耗相对较低，可节约成本 50% 左右；而使用地面电源设备直接以市电为能源来为飞机供电，则比地面电源车更进一步，可节约成本 65% 左右。

2）可持续航空生物燃料应用技术

生物燃料通过从废弃餐厨用油、废弃物、海藻、秸秆、甘蔗秆、油桐树、麻风树、棕榈树等中提炼成航空煤油并使用，使用完之后还有持续提炼的可能性。由于生物质航空燃料的原料在进行光合作用的过程中，需要吸收空气中大量的碳，因而可以实现低排放乃至零排放。生物燃料是未来降低航空排放水平、寻找化石能源枯竭后替代能源的直接、有效的手段，减排比例可达到 60%～90%（孙洪磊等，2014）。

3）飞机减重降阻技术

通过选装轻质座椅、餐厨用车（包括餐车、饮料车、垃圾车）、航空运输集装器、炭刹车系统、机身表面采用新型涂层、采用更多的复合材料等，实现在相同载运重量下，降低飞机对升力的需求或减少飞行阻力，降低飞行油耗；或在相同飞行油耗下，增加业载重量，降低单位运输周转量（收入吨公里）油耗。平均每座燃油消耗可减少 17%，相应地减少了碳排放。

5. 消费转型

交通运输是兼具生产性和生活性的服务行业，交通运输的本质属性就是提供客货位移服务、满足人民美好出行需要。交通运输服务本身就是能源消费过程。近年来民航、高铁和小汽车出行量的高速增长，也反映了交通消费对时效性、便捷性和舒适性的要求不断提高。未来消费升级将进一步体现在交通运输的消费上，对于客运系统主要体现在对舒适性、便捷性和安全性等方面的要求更高，更加重视出行品质，例如高铁出行的普及、共享交通的探索实践等；而对于货运系统，一方面主要反映在交通物流成本与效率方面，另一方面则体现在国家节能环保要求对于货运领域的刚性约束的不断增加，如货运结构优化、公转铁等。

1）高速铁路

近年来，我国高速铁路发展迅速。2018 年底，全国铁路营业里程达到 13.1 万 km 以上，其中高铁 2.9 万 km 以上。全国铁路完成旅客发送量 33.7 亿人，其中动车组 20.05 亿人，同比增长 16.8%。2016 年 7 月，国家发展改革委、交通运输部、中国国家铁路集团有限公司联合发布了《中长期铁路网规划》，勾画了新时期"八纵八横"高速铁路网的宏大蓝图。2020 年 8 月，中国国家铁路集团有限公司公布了《新时代交通强国铁路先行规划纲要》（简称《纲要》），提出率先建成服务安全优质、保障坚强有力、实力国际领先的现代化铁路强国。到 2035 年，我国现代化铁路网将率先建成，全国铁路网 20 万 km 左右，其中高铁 7 万 km 左右，20 万人口以上城市实现铁路覆盖，其中 50 万人口以上城市高铁通达。全国 1h、2h、3h 高铁出行圈（都市圈 1h 通勤、城市群 2h 通达、相邻区域 3h 畅行）和全国 1 天、2 天、3 天快货物流圈（1000 km 以内 1 日达、2000 km 以内 2 日达、2000 km 以上 3 日达）全面形成，人享其行、物畅其流。《纲要》描绘了新时代现代化铁路强国发展的新蓝图，开启了交通强国铁路先行新篇章。

高铁在与高速公路和民航的比较中，显示出了明显的节能优势。研究发现，如果设定普通铁路每人每千米的能耗为 1.0，则高铁为 1.42，小汽车为 8.5，飞机为 7.44。高速度级的小汽车和飞机的单耗要大大高于高铁。虽然高铁的单耗仍要稍高于普通铁路，但随着高铁技术的不断进步，这种情况也在逐渐开始变化。由于列车速度的改进和节能技术的提高，高铁节能效果也得到不断改进。UIC 的研究表明，在同一条线路上高速列车需消耗的能量比普速列车要小。据测算，CRH3 型"和谐号"动车组列车每小时人均耗电仅 15 kW，从北京南站到天津站人均耗电 7.5 kW·h，是陆路运输方式中最节省能源的（张曙光，2009）。京广高铁上 CRH380A（L）以时速 300km 运行时，人均百公里能耗仅为 3.64 kW·h，相当于客运飞机的 1/2、小轿车的 1/8、大型客车的 1/3（周新军，2015）。

2）共享出行

"互联网+"时代的新型共享出行模式发展迅速，现代通信信息技术创新与进步为共享出行提供了有力支撑，我国进入交通"新常态"。共享出行目前已在 400 余城市推广，注册人数和订单量自 2015 年来成倍增长。仅专快车服务 2015 年订单量已达到全国出租车订单量的 12%。共享出行作为"互联网+"时代的新型交通出行模式，对既有的传统交通方式格局产生了一定的影响。

共享出行具有高效、便捷、绿色、经济的优势,在满足居民出行需求的前提下,加大共享出行推广力度,将对交通运输部门乃至全国节能减排与应对气候变化工作起到积极的促进作用。北京理工大学能源与环境政策研究中心的相关研究表明,2016 年全国主要 20 个城市的顺风车服务累计能耗直接节约量达 10.2 万 tce,CO_2 直接减排量达 17.4 万 t。摩拜单车和北京清华同衡规划设计研究院于 2017 年 4 月共同发布的《2017 年共享单车与城市发展白皮书》显示,截至 2017 年 3 月底,全国摩拜单车用户累计骑行总距离超过 25 亿 km,减少 CO_2 排放量 54 万 t,相当于 17 万辆小汽车一年出行的碳排放量。

3)货运结构调整

调整运输结构已成为交通运输部门支撑打赢蓝天保卫战的重要环节和重点任务。2018 年6 月,国务院印发《打赢蓝天保卫战三年行动计划》,将运输结构调整作为与产业结构、能源结构和用地结构并列的"四大结构调整"任务之一,明确提出"大幅提升铁路货运比例""推动铁路货运重点项目建设""大力发展多式联运"等重点任务。

与公路运输相比,铁路和水运低能耗、低排放优势明显。从单位货物周转量 CO_2 和污染物排放强度来看,公路运输分别是铁路运输的 7 倍、13 倍,"公转铁"每 1 亿 t·km 货物周转量大约能减排 7500 t CO_2、80 t NO_x、4 t 颗粒物。《推进运输结构调整三年行动计划(2018—2020 年)》提出以推进大宗货物运输"公转铁、公转水"为主攻方向,减少公路运输量,增加铁路运输量,有力支撑打赢蓝天保卫战、打好污染防治攻坚战,到 2020 年,实现全国的铁路货运量增加 11 亿 t,主要港口公路的货运量减少 4.4 亿 t,同时,水运货运量增加 5 亿 t。通过这些目标的实现,到 2020 年可比 2017 年减排 NO_x110 万 t,细颗粒物($PM_{2.5}$)5.5 万 t,$CO_2$1 亿 t(中国政府网,2018)。

28.3　建筑部门

28.3.1　建筑部门能源消费和二氧化碳排放现状

随着我国城镇化建设持续推进、居民生活水平不断提升与第三产业发展壮大,近 20 年来我国建筑面积总量迅速增加。与 2001 年相比,我国民用建筑总面积增加约 1 倍,其增量主要为城镇住宅和公共建筑,如图 28.6 所示(清华大学建筑节能研究中心,2020)。从人均指标来看,2018 年,我国人均住宅面积为 $34m^2$(城镇地区 $29m^2$/人,农村地区 $41m^2$/人),已接近部分发达国家水平;我国人均公共建筑面积为 $9.1m^2$,低于大部分发达国家水平。

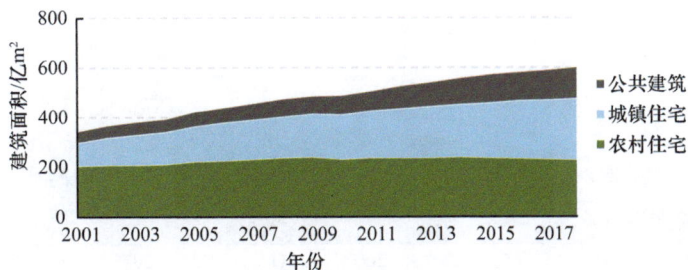

图 28.6　中国民用建筑面积(2001~2018 年)

随着我国近年来进入新常态,"大拆大建"的城市发展模式被逐渐遏制,房地产投资热度也有所下降。2015 年，在竣工面积持续增长近 10 年之后，我国年竣工面积首次出现下降，且近年来维持了下降趋势（清华大学建筑节能研究中心，2019）。我国民用建筑竣工面积情况如图 28.7 所示（国家统计局固定资产投资统计司，2018）。

2018 年，我国建筑运行的商品能耗为 10 亿 tce（一次能耗、供电煤耗法），约占全国能源消费总量的 20%，另农村消耗了约 0.9 亿 tce 的传统生物质。与 2001 年相比，我国建筑商品能耗总量增加了约 1.5 倍。从能源品种来看，2018 年，我国建筑商品用能中用电占 44%，用煤占 36%，用天然气占 15%。与 2001 年相比，用电占比上升，用煤占比下降，用天然气占比明显增加，农村传统生物质能耗显著下降，如图 28.8 所示（清华大学建筑节能研究中心，2018）。

从用能分项来看，考虑我国南北地区冬季采暖方式的差别、城乡建筑形式和生活方式的差别，可以将我国的建筑用能分为北方城镇供暖、城镇住宅供暖（不包括北方城镇供暖）、公共建筑供暖（不包括北方城镇供暖），以及农村住宅供暖四类（Peng et al.，2015）。目前，这四分项能耗约各占总商品用能的四分之一左右，如图 28.9 所示（清华大学建筑节能研究中心，2020）。

能源消耗的增加也导致了温室气体排放的增加。2018 年，建筑部门运行由于化石燃料燃烧产生的 CO_2 排放约为 21 亿 t CO_2，与 2001 年相比增加超过 2 倍；其中，由建筑内化石燃料燃烧产生的 CO_2 直接排放约占 34%，由锅炉、热电联产热力产生的 CO_2 分别约占 13%、9%，用电产生的间接排放约占 44%，电力部门的间接排放增长迅速，如图 28.10 所示（清华大学建筑节能研究中心，2020）。

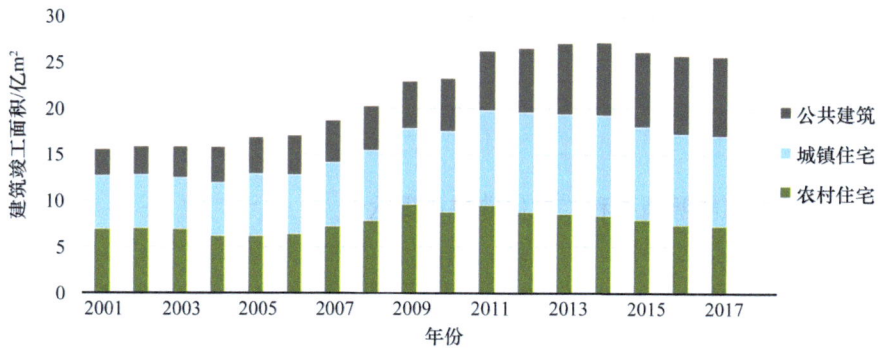

图 28.7　中国民用建筑竣工面积（2001～2018 年）

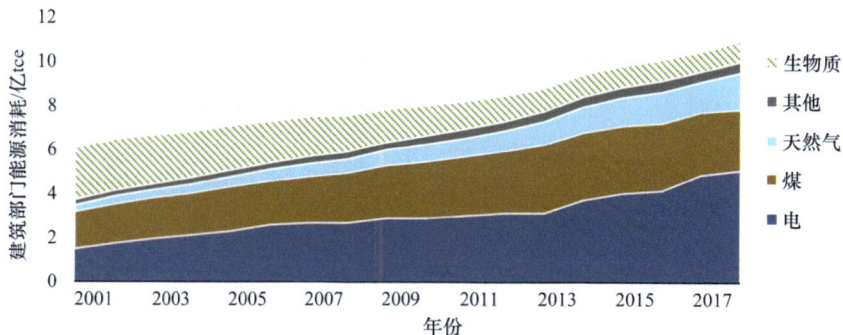

图 28.8　中国建筑分品种用能（2001～2015 年）

注：此处煤包括北方集中供暖中热电联产、燃煤锅炉使用的煤，以及农村住宅中使用的煤

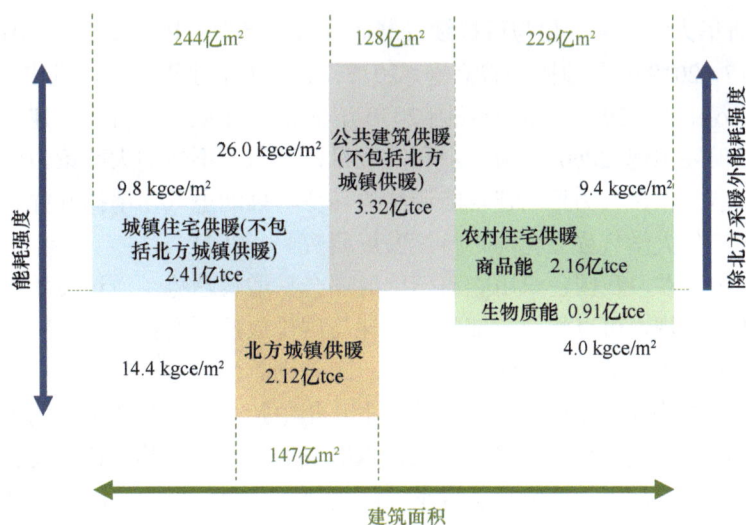

图 28.9　不同用能分项的能耗强度（2018 年）

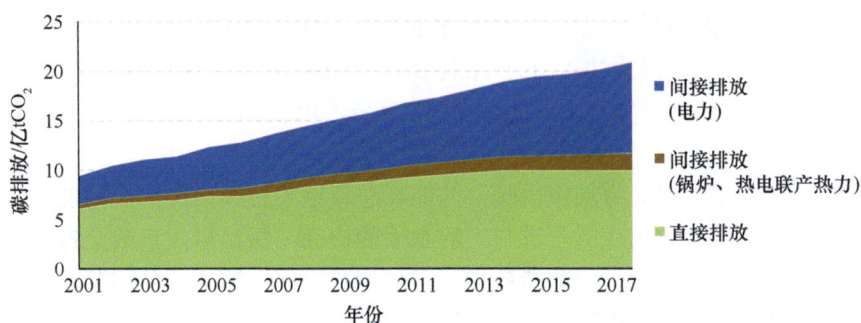

图 28.10　建筑部门运行由化石燃料燃烧导致的碳排放（2001～2018 年）

28.3.2　建筑部门能源需求和 CO$_2$ 排放情景

尽管我国建筑用能近年来持续增加，但与其他发达国家相比，我国建筑用能强度尚处在低位。在下一阶段，随着生活水平的提升以及第三产业的发展，我国建筑能耗强度尚存在一定增长空间，其能耗强度还会持续增长。如果到 2030 年，我国人均建筑用能达到 OECD 国家的平均水平（约 2 tce/人，发电煤耗法）（IEA，2018b），假设我国未来 14.5 亿人口（国务院，2017），则建筑部门用能接近 30 亿 tce，接近我国 2030 年规划的能源消耗总量的一半。因此，考虑我国整体用能规划，我国建筑人均与单位平方米能耗强度将低于现今发达国家水平，即我国建筑部门用能不会复制目前 OECD 国家的发展模式。

随着我国电气化水平的提升以及近年能源清洁化利用的推进，预计在下一阶段，其用电、用天然气占比将持续增加，用煤占比会继续下降。传统生物质的使用会持续下降，但生物质的清洁化利用会在我国建筑部门，尤其是农村住宅起到重要作用。此外，太阳能等可再生能源占比也将持续增加。

有研究表明，如果采取了合理有力的控制措施，建筑部门能耗总量能够在 2030 年左右进入平台期，能耗总量在 11 亿～15 亿 tce（发电煤耗法折算）；在这样的节能力度下，建筑部门的直接碳排放与间接热力碳排放之和能够在 2030 年前达峰，峰值在 10 亿 t 左右；碳排放总量（含直接排放、间接电力排放、间接热力排放）有望在 2030 年前达峰，峰值不超过

30亿 t CO$_2$[①]（清华大学气候变化与可持续发展研究院，2021；Peng et al.，2015；Tan et al.，2018；IEA，2017，2019a；张建国和谷立静，2017；清华大学建筑节能研究中心，2017；Zhou et al.，2018；Guo et al.，2021）。对照我国2030年前CO$_2$排放达峰目标，建筑部门基本可以实现同步达峰；但要实现2060年前碳中和发展目标，需要不断加大政策力度，从现在开始持续深度推进节能工作，大力推动建筑能源结构转变，推动电气化率提升并有效控制未来天然气用量增幅（清华大学气候变化与可持续发展研究院，2021）。

在今后10年左右，我国建筑用能与碳排放还会呈增长趋势。通过技术提升、行为模式引导以及相关政策法规，可以将建筑部门的能耗与碳排放控制在合适的范围内。基于不同的用能特征，各用能分项的节能减排潜力也存在一定差别。

北方城镇采暖的能耗与碳排放强度在过去十几年中随着建筑节能工作的推进持续下降；之后，伴随相关政策的进一步推动以及各项技术的发展与普及，其能耗强度将进一步下降，并且随着建筑面积增长趋缓，其能耗总量呈下降趋势。这一部分的节能减排潜力主要在于热源结构调整与效率提升、管网优化及室内热需求下降。

公共建筑供暖（不包括北方城镇供暖）的能耗总量近年来持续增长，其建筑规模、能耗强度的增长均较为明显，且这一趋势将随着公共服务品质的提升与第三产业的发展延续。这部分的节能减排潜力主要在于控制合理的公共建筑能耗规模，以及通过技术提升与优化运行降低由室内环境提升带来的能耗增加，以及由电气化比例大幅提升带来的化石能源需求下降。

城镇住宅供暖（不包括北方城镇供暖）的能耗总量近年持续增加，户均能耗呈增长趋势但近年来增长放缓。随着城镇化的推进与生活水平的提高，城镇居民户数会持续增加，居民对室内环境的要求将有所提升，因此能耗有一定的增长空间。这一部分的节能减排潜力主要在于居民生活方式与消费模式的引导，用能设备效率与建筑本体性能的提升，以及电气化率的显著提升。

近年来农村住宅供暖商品能耗持续增加，传统生物质能耗持续下降；户均商品能耗迅速上升。在城镇化进程下，农村人口会保持下降趋势，但由于经济水平的提升，居民生活用能需求会迅速增加。对于农村住宅建筑节能，需要结合农村居民的生活生产方式，注重城乡差异，通过合理的建筑设计与清洁高效的可再生能源利用等，在提升室内环境品质的同时实现可持续发展（清华大学建筑节能研究中心，2016a）。

28.3.3　建筑部门关键减排技术评估

对于不同用能分项，其建筑节能工作的主要瓶颈与解决方法各不相同。此外，提升建筑本体性能是实现建筑节能的重要基础，各类建筑在这一方面的技术、推广方式等有共通之处。因此，本节将从四个用能分项以及建筑本体性能五个方面，结合各用能分项的节能潜力，对相关关键技术与发展趋势进行讨论。

1）建筑本体性能

提升建筑本体性能是推进建筑节能的重要措施，也是我国20年来建筑节能工作的重点。建筑本体性能的提升包括建筑的被动式设计、墙体窗体的创新与性能优化、建筑通风技术、可再生能源的应用等。

建筑的被动式设计是指强调优先利用建筑自身而不通过机械设备系统来满足建筑环境

---

① BP. 2019. BP energy outlook 2040. London.

要求、实现节能目标的设计策略，包括建筑形体与空间布局、围护结构热工性能、自然采光以及自然通风的优化等。基于不同建筑所在地区的气候特征、建筑本身的使用需求等，可以确定建筑设计的核心目标，进而提出应对策略，达到优化效果（杨柳等，2015）。

近年来，我国在墙体、窗体方面涌现出了许多创新技术，如新的墙体与窗体材料、成型工艺、保温方式等。这些新技术的发展使得我国围护结构的各项性能指标有了大幅提升，同时技术成本显著下降。针对不同室外环境与室内环境营造需求，适宜的围护结构材料存在差别。因此需结合实际情况进行优化设计，选择最合适的技术产品（清华大学建筑节能研究中心，2016b）。

随着新型围护结构的应用和施工工艺的提高，建筑气密性得到了极大改善，导致维持室内空气质量的必要通风换气量有时难以得到保障。如何在保障室内空气品质要求的同时不显著提升空调采暖与通风能耗，以及使房间使用者能够根据需求有效调节通风，是建筑围护结构性能提升的重要问题（Ye et al.，2017）。目前已有可调节自然通风风口、房间自然通风器等技术能够满足通风需求（清华大学建筑节能研究中心，2016b）。

加强可再生能源的应用是近年来建筑技术发展的重要方向。通过对建筑表皮的充分利用，尽可能多地产出可再生电力或热力，以减少化石能源需求，甚至在农村地区实现能源输出。目前，太阳能热利用、光伏建筑一体化等技术已经发展得较为成熟，在许多建筑上已经得到应用（何涛等，2018）。

此外，建筑全直流供电与分布式蓄电技术近年来发展迅速（王福林和江亿，2016）。通过对建筑供配电系统进行改造，可以将建筑的电力负载由刚性转为柔性，每一座直流供配电建筑可以成为虚拟的"调节电厂"进行削峰填谷调节，将成为未来缓解电力供需矛盾、促进可再生能源消纳的重要手段（江亿，2020）。

2）北方城镇供暖

北方城镇采暖的关键技术主要包括热源结构调整与效率提升、输配系统的优化及建筑需热量的下降。通过这些技术的全面发展与应用，我国北方城镇采暖的供热强度可以实现持续下降，由目前的 14.5kgce/m^2 下降至 6kgce/m^2 左右。

优化热源结构，即优先发展高效、低排放、清洁的供热方式。我国北方地区应充分利用热电厂、工业生产等产生的高于 20℃ 的余热；在余热难以利用的地区，在气候适宜的情况下优先采用高效热泵。目前，我国北方城镇采暖以集中供热为主。集中热源效率的提升技术主要包括热电联产系统的低品位冷凝热回收、天然气排烟低品位潜热的回收、低品位工业余热回收等（清华大学建筑节能研究中心，2019）。近年来热泵技术有所发展，也产生了一些能够适应较低室外温度的热泵机组，可应用于分散采暖（Deng et al.，2019）。此外，由于热电联产目前往往"以热定电"，对冬季风能等可再生能源的消纳造成了一定影响。通过采用"热电协同"模式，可以解决热电矛盾，有利于国家整体的节能减排（吴彦廷等，2018）。

输配系统的优化包括管网运行参数优化、管网保温、水泵合理选型等。管网运行参数的优化有利于减少初投资、消除楼内冷热不均的现象以及通过"低温供热"提高热源效率；管网保温可显著降低管网热损失；水泵合理选型可显著降低系统泵耗（清华大学建筑节能研究中心，2019）。随着市区外热源比重的提升，长距离热量输送技术迅速发展，已在一些案例中实现了 20 km 以上的热量传输，为余热等高效热源的引入提供了支撑（华靖等，2018）。

建筑需热量的下降主要依靠建筑本体性能的提升、减少需热量，以及加强末端调节、减少供热不均匀损失和过热损失（IEA and Tsinghua University，2017）。后者为我国目前供热改革的核心工作：通过安装有效的调节措施使得室温可控，通过改革收费方式促使住户自行调节减少过量供热。这部分工作一方面需要相关技术的持续优化，另一方面需要从政策机制入手理顺供热各方关系。

3）公共建筑供暖（不包括北方城镇供暖）

这一部分的关键技术与措施主要在于建筑设备系统的优化、效率提升以及电气化水平的提升，建筑能耗定额管理也会对这一部分的能耗控制产生较大影响。

设备系统的优化与提效主要指研发创新性节能设备并推动其合理应用。在照明、电梯、空调设备或系统等方面，结合使用需求，应用节能灯具（高飞和郑炳松，2016）、高效空调系统（She et al.，2018）等，都可以取得较好的节能效果。同时，为了提升公共建筑的电气化水平，需要考虑生活热水、消毒、蒸气制备等设备逐渐向电热泵、直接电热设备等转变。

以实际用能为节能目标，以各类节能技术设备为支撑，优化运行管理、促进行为节能，是开展公共建筑节能的重要途径（刘珊等，2015）。以实际用能为目标的节能措施包括建筑能耗标准推进、公共建筑能耗监测与管理、公共机构能耗定额管理、建筑部门碳市场建设等。管理与使用方式的优化需要从建筑与系统设计开始，充分考虑技术与行为的耦合关系进行系统设计与确定调控策略。

4）城镇住宅供暖（不包括北方城镇供暖）

结合我国城镇居民的实际能耗情况与用能习惯，城镇住宅建筑的各项终端产品需持续提升效率，同时保证系统分散可调，同时提升电气化率。

近20年来，各项终端产品如照明设备、家用电器等能效的持续提升显著降低了建筑能耗的增长速度。在下一阶段，随着节能产品技术的进一步发展与节能产品的持续普及，能效提升将进一步增强其节能作用（清华大学建筑节能研究中心，2017）。

各项设备系统（如空调系统、生活热水系统等）一方面需提升运行效率，另一方面也需要与居民的行为模式相匹配。目前，我国绝大部分居民仅在有需求时开启电气设备，这与一些国家居民持续使用设备系统的习惯有极大差别，这一差别可带来五倍以上的能耗差异。要保证建筑节能发展，其中一项重要措施即保持现有的生活方式。技术如果缺乏末端调节能力，会使得居民被迫改变生活模式，在提升效率的同时也会增加能耗。因此，保证设备系统的分散可调也是技术的重要发展方向（周欣，2015）。

城镇住宅建筑在炊事与生活热水的电气化方面都存在提升空间。目前，电热水器产品呈现好于燃气热水器的趋势（董鑫鑫，2020），预计未来用电占比会有所提升。我国长期以来使用明火做饭，目前市场上绝大部分电炊事产品尚不能完全满足居民需求。未来要实现碳中和目标，需要进行居民生活方式的引导，以及发展能够满足居民饮食需求的电炊事产品。此外，夏热冬冷地区居民主要采用热泵采暖，但近年来燃气壁挂炉的使用显著增加，其原因主要为当前许多热泵空调产品未能很好地满足居民室内环境需求。目前，已有热泵技术能够达到同样的室内环境目标，但这一技术如何进一步发展与推广，避免这一地区天然气需求的大幅增加，需要进一步研究讨论。

5）农村住宅供暖

农村住宅供暖的节能技术需充分考虑农村与城镇在生产方式、土地资源、住宅使用模式、可再生能源资源条件、室内环境需求方面的差异，因地制宜，逐步降低直至消除农村地区的散煤使用，实现我国农村的可持续发展，主要包括高效清洁的采暖与炊事设备，生物质、太阳能等可再生能源的利用技术，以及提升建筑本体性能等（Shan et al.，2015）。

高效清洁的采暖与炊事设备包括传统用能设备改进技术以及针对农村居民研发的新型设备技术，能够以相对较少的能源消耗提升农村建筑室内舒适度与空气品质，如低温空气源热泵热风机采暖技术（马荣江等，2018）、新型炕末端（Shan et al.，2015）等。

与城镇相比，农村地区有相对充足的空间、可以提供充足的作为能源的生物质资源、充分消纳生物质能源生成物的条件等，这些条件使得农村可以发展出一套全新的、基于生物质能源和可再生能源的农村建筑能源系统，实现农村建筑的节能低碳发展，如应用生物质、太阳能等可再生能源的供暖技术（胡润青和窦克军，2017）。

建筑运行能耗与碳排放量由室外气象、行为模式、建筑本体性能及设备效率共同决定，且四者互相耦合（ANNEX53，2016）。因此，除了单纯提升能效、推广节能减排技术，实现建筑部门节能减排以外，还需要充分考虑行为模式的影响以及四者的耦合关系。其中，行为模式在很大程度上受到消费模式与理念的影响，因此消费转型的引导也应当作为重要的减排措施；节能技术的评价不宜仅根据设备效率，而是需要结合实际使用情况，以实际能耗与碳排放作为依据。

1）消费转型对减排潜力的影响

消费模式是决定建筑能耗的重要因素，不同的建筑使用行为模式以及使用者对建筑中所提供服务的需求差别可以导致 5~10 倍的建筑能耗差别（清华大学建筑节能研究中心，2015）。中外建筑用能的对比分析表明，目前行为模式与消费模式的差异是我国建筑用能强度处于低位的重要原因，保持环保、低碳的生活方式是我国实现建筑节能低碳发展的重要路径。

考虑碳中和目标，建筑部门需要实现大幅度的电气化水平提升，这与当前我国居民惯用明火做饭、夏热冬冷地区许多居民倾向于使用燃气壁挂炉供暖等现状与发展趋势存在一定差别。未来，也需要将能源转型相关的消费模式引导纳入绿色消费转型当中。

此外，建筑系统为室内提供的服务水平主要包括室内环境的温湿度、空气质量、新风量、能否开户外窗等。不同的消费模式与行为模式会导致建筑能耗的巨大差异，也对应着不同的室内服务水平。在建筑用能领域，能耗会随着服务水平的提升非线性增长。当建筑提供的服务水平较低时，较少的能耗增长即可大幅提高服务水平，但当服务水平达到一定要求后，进一步提高则需付出的能耗就大幅增加。因而当建筑物室内的服务水平已经达到一定水平之后，采用不同的技术路径对室内提供服务，付出的能源消耗代价可能差异巨大，但室内使用者的满意度提升却可能并没有明显的效果。

因此，在建筑部门，需要充分重视消费转型、行为模式改变对能耗与碳排放产生的影响。尽管目前我国绝大部分居民依然保持着较为节能的生活模式，但也出现了部分住户或使用者的生活模式已经向一些高能耗国家转变，也已经出现了一些能耗强度远高于平均水平的建筑。在下一阶段，需要加强消费模式与行为模式的引导，以匹配建筑部门节能低碳发展的目标。

2）技术减排潜力与成本经济性评价

各类节能技术的效果受到室外气象、人员行为模式的极大影响，不同建筑类型、围护结构性能与设备系统的组合也会对用能情况产生不同影响（Yan and Fang，2015）。因此，难以从单项技术本身出发对技术的节能效果进行评估。近年来，我国提出了能源消耗总量与强度双控，建筑部门的节能工作逐渐从以技术措施控制为主向以技术与能耗强度共同控制转变。在考虑各项技术推广时，不仅要考虑本身的效率提升，更需考虑其对实际能耗带来的影响。碳中和目标的提出则给予了建筑部门减排的更高期许，除了持续开展建筑节能，还要深度改变建筑用能结构。

技术选择与生活方式存在一定耦合性。因此，推进各项建筑技术需要充分考虑其与现有生活方式，或者希望引导的生活方式的匹配程度，以采用技术之后的实际能耗与碳排放水平而不单纯以效率值为评价指标判断技术的适宜性与可推广性，基于当前我国居民的实际用能模式进行技术的减排潜力与综合成本评估。

具体来说，各项关键技术的减排潜力与经济性情况如表 28.3 所示。需要指出，前文提及的建筑柔性用电系统也是我国建筑部门在下一阶段要推广的十分重要的低碳技术，但由于其减排效果主要体现在整体能源系统，且其成本与电力基础设施有较大关联，故在表 28.3 中未包括。

表 28.3   我国建筑部门节能减排技术清单

项目	技术名称	成熟度	减排潜力	综合成本提升
建筑本体性能	被动式设计	成熟	10%～20%	5%～15%
	墙体、窗体优化	较成熟	10%～30%	10%～50%
	自然通风	较成熟	5%～30%	10%～30%
	可再生能源利用（如加装光伏）	较成熟	10%～40%	20%～50%
北方城镇采暖	热源效率提升	较成熟	20%～50%	10%～40%
	输配系统优化	成熟	5%～20%	10%～20%
	供热改革	不太成熟	20%～30%	—
公共与商业建筑（除北方城镇采暖）	设备系统优化与效率提升	较成熟	10%～20%	10%～30%
	能耗定额管理	不太成熟	10%～30%	—
	电气化水平提升	较成熟	5%～30%	0%～10%
城镇住宅建筑（除北方城镇采暖）	终端产品能效提升	较成熟	10%～20%	5%～20%
	分散可调的设备系统	较成熟	20%～50%	10%～20%
	炊事电气化	不太成熟	20%～40%	10%～30%
农村住宅建筑	高效清洁的采暖与炊事设备	较成熟	30%～50%	20%～40%
	可再生能源利用（生物质、太阳能等）	不太成熟	20%～60%	20%～60%

3）风险与不确定性评估

各项技术对建筑部门整体节能减排的风险与不确定性主要体现在三个方面：建筑规模、建筑中人行为模式以及室外气象对建筑用能的影响。

建筑用能与温室气体排放总量由建筑规模与用能/排放强度共同决定，各项节能技术主要用于减少用能或碳排放强度，而建筑规模在很大程度上受到经济与社会发展状况的影响。建筑规模如果保持近年来趋于平稳的发展趋势，能够给建筑用能总量控制提供坚实保障。

建筑用能与碳排放受到室外气象、建筑本体性能、设备系统性能以及人行为模式的共同耦合作用，各类技术的减排效果在不同室外气象与人行为模式下也会产生巨大差别。如果我国保持目前较为绿色的行为模式、生活方式，则通过一定的技术提升，能够达到目前建筑部门的节能低碳发展目标。但如果我国行为模式复制部分发达国家的情况，建筑能耗可能大幅增长，对实现碳达峰碳中和目标带来严峻挑战。

此外，建筑部门的节能减排能够与其他减缓措施共同为减缓气候变化做出贡献。同时，由于室外气象是建筑用能量的决定因素之一,因此气候变化也会导致为满足室内环境需求所需的服务量的改变,进而改变用能需求。即建筑能耗与气候情况存在一定耦合关系。由于气候变化趋势受到多方因素影响,建筑节能减排产生的减缓效果也存在一定不确定性。

参 考 文 献

北京理工大学能源与环境政策研究中心. 2017. 我国共享出行节能减排现状及潜力展望. https://max.book118.com/html/2017/0828/130582407.shtm[2021-2-16].

陈超凡. 2018. 节能减排与中国工业绿色增长的模拟预测. 中国人口·资源与环境, 4(28): 145-154.

戴彦德, 田智宇, 杨宏伟. 2017. 重塑能源: 面向 2050 年能源消费和生产革命路线图(综合卷). 北京: 中国科学技术出版社.

董鑫鑫. 2020. 后疫情时代, 热水器市场趋势研判. 家用电器, (11): 50-51.

高飞, 郑炳松. 2016. 中国绿色照明工程发展与实施回顾. 照明工程学报, 27(4): 1-7.

工业和信息化部. 2019. 工业和信息化部关于印发工业绿色发展规划（2016—2020 年）的通知. https://www.miit.gov.cn/jgsj/jns/gzdt/art/2020/art_4290757b7785460795cc49f4fc3ecba4.html[2021-2-16].

郭朝先. 2014. 中国工业碳减排潜力估算. 中国人口·资源与环境, 9(24): 13-20.

国家发展改革委. 2019. 国家应对气候变化规划(2014—2020 年). https://zfxxgk.ndrc.gov.cn/web/fileread.jsp?id=148[2021-2-16].

国家统计局. 2018. 中国能源统计年鉴 2018. 北京: 中国统计出版社.

国家统计局. 2019a. 中国统计年鉴 2019. 北京: 中国统计出版社.

国家统计局. 2019b. 中国能源统计年鉴 2019. 北京: 中国统计出版社.

国家统计局. 2020. 中国统计年鉴 2020. 北京: 中国统计出版社.

国家统计局固定资产投资统计司. 2018. 中国建筑业统计年鉴 2018. 北京: 中国统计出版社.

国务院. 2014. 国务院关于国家应对气候变化规划(2014—2020 年)的批复. http://www.gov.cn/zhengce/content/2014-09/19/content_9083.htm.

国务院. 2017. 国家人口发展规划(2016—2030 年). http://www.gov.cn/zhengce/content/2017-01/25/content_5163309.htm.

国务院. 2019.国务院关于印发"十三五"节能减排综合工作方案的通知. http://www.gov.cn/gongbao/content/2017/content_5163448.htm[2021-2-16].

国务院. 2019. 国务院关于印发国家人口发展规划（2016—2030 年）的通知(国发〔2016〕87 号). http://www.gov.cn/zhengce/content/2017-01/25/content_5163309.htm[2021-2-16].

国务院办公厅. 2020. 国务院办公厅关于印发新能源汽车产业发展规划（2021—2035 年）的通知(国办发〔2020〕39 号). http://www.gov.cn/zhengce/content/2020-11/02/content_5556716.htm[2021-2-16].

何涛, 李博佳, 杨灵艳, 等. 2018. 可再生能源建筑应用技术发展与展望. 建筑科学, 34(9): 135-142.

胡润青, 窦克军. 2017. 我国北方地区可再生能源供暖的思考与建议. 中国能源, 39(11): 25-27.

华靖, 付林, 江亿. 2018. 太古长途输热管线汽化风险的分析和防范措施. 区域供热, 1: 1-5.

黄全胜, 王靖添, 闫琰, 等. 2019. 交通运输节能低碳的潜力分析及资金策略. 北京: 人民交通出版社.

江亿. 2020. 柔性直流用电: 建筑用能的未来. 中国科学报, 003 版.

交通运输部. 2017. 交通运输行业重点节能低碳技术推广目录(2016 年度)技术报告. http://zizhan.mot.gov.cn/zfxxgk/bnssj/zhghs/ 201708/t20170816_2816527.html[2021-2-16].

交通运输部. 2019. 交通运输部关于发布交通运输行业重点节能低碳技术推广目录（2019 年度）的公告. http://www.gov.cn/xinwen/2019-07/28/content_5415974.htm[2021-2-16].

李忠奎, 周晓航, 郭杰, 等. 2017. 中国交通低碳发展战略研究. 北京: 人民出版社.

刘珊, 郝斌, 叶情, 等. 2015. 公共建筑以能耗数据为导向的节能管理方法探讨. 建设科技, 14: 56-57.

马荣江, 毛春柳, 单明, 等. 2018. 低环境温度空气源热泵热风机在北京农村地区的采暖应用研究. 区域供热, 1: 24-31.

欧阳斌, 郭杰, 李忠奎, 等. 2014. 中国交通运输低碳发展的战略构想. 中国人口·资源与环境, (S3): 1-4.

清华大学建筑节能研究中心. 2015. 中国建筑节能年度发展研究报告 2015. 北京: 中国建筑工业出版社.

清华大学建筑节能研究中心. 2016a. 中国建筑节能年度发展研究报告 2016. 北京: 中国建筑工业出版社.

清华大学建筑节能研究中心. 2016b. 中国建筑节能技术辨析. 北京: 中国建筑工业出版社.

清华大学建筑节能研究中心. 2017. 中国建筑节能年度发展研究报告 2017. 北京: 中国建筑工业出版社.

清华大学建筑节能研究中心. 2018. 中国建筑节能年度发展研究报告 2018. 北京: 中国建筑工业出版社.

清华大学建筑节能研究中心. 2019. 中国建筑节能年度发展研究报告 2019. 北京: 中国建筑工业出版社.

清华大学建筑节能研究中心. 2020. 中国建筑节能年度发展研究报告 2020. 北京: 中国建筑工业出版社.

清华大学气候变化与可持续发展研究院. 2020. 中国长期低碳发展战略与转型路径研究综合报告. 中国人口·资源与环境, 30: 1-25

清华大学气候变化与可持续发展研究院. 2021. 中国长期低碳发展战略与转型路径研究. 北京: 中国环境出版集团.

生态环境部. 2019. 生态环境部发布《中国机动车环境管理年报（2018）》. https://www.mee.gov.cn/xxgk2018/xxgk/xxgk15/201806/t20180601_630215.html[2021-2-16].

孙洪磊, 吕继兴, 胡徐腾, 等. 2014. 航空公司应用航空生物燃料的成本效益分析. 化工进展, 272(5): 1151-1155.

谭小平. 2016. 欧美多式联运发展的经验与启示. 交通建设与管理, 433(8): 48-49.

王福林, 江亿. 2016. 建筑全直流供电和分布式蓄电关键技术及效益分析. 建筑电气, 4: 16-20.

王勇, 毕莹, 王恩东. 2017. 中国工业碳排放达峰的情景预测与减排潜力评估. 中国人口·资源与环境, 27(10): 131-140.

魏一鸣, 廖华, 余碧莹, 等. 2018. 中国能源报告(2018): 能源密集型部门绿色转型研究. 北京: 科学出版社.

温宗国. 2015. 工业部门的碳减排潜力及发展战略. 中国国情国力, 12:14-16.

温宗国, 李会芳. 2018. 中国工业节能减碳潜力与路线图. 财经智库, 11: 93-106.

吴彦廷, 尹顺永, 付林, 等. 2018. "热电协同"提升热电联产灵活性. 区域供热, 1: 32-38.

杨柳, 杨晶晶, 宋冰, 等. 2015. 被动式超低能耗建筑设计基础与应用. 科学通报, 60(18): 1698-1710.

杨亚萍, 朱伟枝. 2018. 新能源汽车技术经济综合评价及其发展策略研究. 节能, 435(12): 11-13.

伊文婧, 朱跃中, 田智宇. 2017. 我国交通运输部门重塑能源的潜力路径和实施效果. 中国能源, 39(1): 32-35.

张建国, 谷立静. 2017. 重塑能源: 中国(建筑卷). 北京: 中国科学技术出版社.

张曙光. 2009. 京津城际铁路开启中国高速铁路新时代. 中国铁路, 8: 1-4.

中国民用航空局. 2015. 民航节能减排专项资金项目指南(2016—2018 年度). http://www.caac.gov.cn/XXGK/XXGK/ZFGW/201601/ t20160122_27722. html[2019-10-11].

中国人工智能学会. 2019. 中国人工智能系列白皮书——智能驾驶 2017. http://www.caai.cn/index.php?s=/home/article/detail/id/395.html[2021-2-16].

中国政府网. 2018. 加快运输结构调整可谓一举多得. 在国务院政策例行吹风会上的讲话. http://www.gov.cn xinwen/2018-07/02/content_5302888.htm[2020-5-30].

周欣. 2015. 建筑服务系统集中与分散问题的定量分析方法研究. 北京: 清华大学.

周新军. 2015. 中国还需大力发展高铁吗——兼论高铁的节能减排效应. 中国经济报告, 69(7): 66-69.

周新军. 2016. 中国铁路能效提升的路径选择与机制创新. 中外能源, 21(10): 1-11.

An R Y, Yu B Y, Li R, et al. 2018. Potential of energy savings and CO_2 emission reduction in China's iron and steel industry. Applied Energy, 226: 862-880.

ANNEX 53. 2016. Total Energy Use in Buildings: Analysis and Evaluation Methods Project Summary Report. Paris: IEA.

Deng J W, Wei Q P, Liang M, et al. 2019. Does heat pumps perform energy efficiently as we expected: Field tests and evaluations on various kinds of heat pump systems for space heating. Energy and Buildings, 182: 172-186.

Donald S R, Thomas R V, Matthew W K. 2018. Carbon monoxide gas diffusion electrolysis that produces concentrated C2 products with high single-pass conversion. Joule, 3(1): 240-256.

Guo S Y, Yan D, Hu S, et al. 2021. Modeling building energy consumption in China under different future scenarios. Energy, 214: 119063.

Hao H, Geng Y, Li W Q, et al. 2018. Energy consumption and GHG emissions from China's freight transport sector: Scenarios through 2050. Energy Policy, 85(10): 94-101.

Hao H, Wang H W, Yi R. 2011. Hybrid modeling of China's vehicle ownership and projection through 2050. Energy, 36(2): 1351-1361.

Huo H, Wang M. 2012. Modeling future vehicle sales and stock in China. Energy Policy, 43: 17-29.

ICF, Fraunholfer ISI. 2018. Industrial Innovation: Pathways to deep decarbonization of industry. https://www.isi.fraunhofer.de/de/competence-center/energietechnologien-energiesysteme/projekte/pathways.html[2019-10-11].

IEA, Tsinghua University. 2017. District Energy Systems in China. Paris: International Energy Agency.

IEA. 2017. Energy Technology Perspective 2017. Paris: International Energy Agency.

IEA. 2018a. World Energy Outlook 2018. Paris: International Energy Agency.

IEA. 2018b. IEA World Energy Balances 2018. https://www.iea.org/statistics/?country=OECDTOT&year=2016&category=Energy%20supply&indicator=TPESbySource&mode=table&dataTable=BALANCES.

IEA. 2019a. World Energy Outlook 2019. Paris: International Energy Agency.

IEA. 2019b. International Energy Agency World Energy Balances 2018. https://www.iea.org/statistics/?country=OECDTOT&year=2016&category=Energy%20supply&indicator=TPESbySource&mode=table&dataTable=BALANCES[2021-2-16].

Karali N, Park W, McNeil M. 2017. Modeling technological change and its impact on energy saving in the U.S. iron and steel sector. Applied Energy, 202: 447-458.

Kermeli K, Graus W, Worrel E. 2014. Energy efficiency improvement potentials and a low energy demand scenario for the global industrial sector. Energy Efficiency, 7: 987-1011.

Li J F, Ma Z Y, Zhang Y X, et al. 2018. Analysis on energy demand and CO_2 emissions in China following the Energy Production and Consumption Revolution Strategy and China Dream target. Advances in Climate Change Research, 9(1): 16-26.

Lin B Q, Li J L. 2014. The rebound effect for heavy industry: Empirical evidence from China. Energy Policy, 74: 589-599.

Liu L, Wang K, Wang S S, et al. 2018. Assessing energy consumption, CO_2 and pollutant emissions and health benefits from China's transport sector through 2050. Energy Policy, 116(5): 382-396.

Lovins A. 2018. How big is the energy efficiency resource. Environmental Research Letters, 13: 090401.

Lyu C J, Ou X M, Zhang X L. 2015. China automotive energy consumption and greenhouse gas emissions outlook to 2050. Mitigation & Adaptation Strategies for Global Change, 20(5): 627.

Ma D, Chen W Y, Xu T F. 2015. Quantify the energy and environmental benefits of implementing energy-efficiency measures in China's iron and steel production. Future Cities and Environment, 1: 1-7.

Material Economics. 2019. The Circular Economy. http://materialeconomics.com/latest-updates/the-circular-economy[2021-2-16].

McKinsey Company. 2019. Decarbonization of industrial sectors: The next frontier. https://www.mckinsey.com/business-functions/sustainability/our-insights/how-industry-can-move-toward-a-low-carbon-future[2021-2-16].

Ou X L, Zhang X L, Chang S Y. 2010. Scenario analysis on alternative fuel/vehicle for China's future road transport: Life-cycle energy demand and GHG emissions. Energy Policy, 38(8): 3943-3956.

Pacala S W, Socolow R. 2004. Stabilization wedges: Solving the climate problem for the next 50 years with current technologies. Science, 305(5686): 968-972.

Peng C, Yan D, Guo S Y, et al. 2015. Building energy use in China: Ceiling and scenario. Energy and Buildings, 102: 307-316.

Peng T D, Ou X M, Yuan Z Y, et al. 2018. Development and application of China provincial road transport energy demand and GHG emissions analysis model. Applied Energy, 222(8): 313-328.

Ripatti D S, Veltman T R, Kanan M W. 2019. Carbon monoxide gas diffusion electrolysis that produces concentrated C2 products with high single-pass conversion. Joule, 3: 240-256.

Schandl H, Hatfield-Dodds S. 2016. Decoupling global environmental pressure and economic growth: Scenarios for energy use, material use and carbon emissions. Journal of Cleaner Production, 132: 45-56.

Shan M, Wang P, Li J, et al. 2015. Energy and environment in Chinese rural buildings: Situations, challenges, and intervention strategies. Building and Environment, 91: 271-282.

She X H, Cong L, Nie B J, et al. 2018. Energy-efficient and-economic technologies for air conditioning with vapor compression refrigeration: A comprehensive review. Applied Energy, 232: 157-186.

Springer C, Hasanbeigi A. 2016. Emerging energy efficiency and carbon dioxide emissions reduction technologies for industrial production of aluminum. Ernest Orlando Lawrence Berkeley National Laboratory, LBNL-1005789.

Tan X C, Lai H P, Gu B H, et al. 2018. Carbon emission and abatement potential outlook in China's building sector through 2050. Energy Policy, 118:429-439.

Tao Y. 2017. How Policies Work to Foster Industrial Symbiosis: A Comparison between UK and China. Cambridge: University of Cambridge.

UNEP. 2019. Resource efficiency: Potentials and economic implications. http://www.resourcepanel.org/reports/resource-efficiency[2021-2-16].

UNIDO. 2018. Industrial Development Report 2018. http://admin.indiaenvironmentportal.org.in/files/file/IDR2018_FULL%20REPORT.pdf[2021-2-16].

Wang H, Ou X M, Zhang X L. 2017. Mode, technology, energy consumption, and resulting CO_2 emissions in China's transport sector up to 2050. Energy Policy, 109: 719-733.

Wen Z G, Meng F X, Chen M. 2014. Estimates of the potential for energy conservation and CO_2 mitigation based on Asian-Pacific Integrated Model (AIM): The case of the iron and steel industry in China. Journal of Cleaner Production, 65: 120-130.

Wu T, Zhang M B, Ou X M. 2014. Analysis of future vehicle energy demand in China based on a Gompertz function method and computable general equilibrium model. Energies, 7(11): 7454-7482.

Xiao Y, Yi P F. 2015. CO_2 emissions and mitigation potential of the Chinese manufacturing industry. Journal of Cleaner Production, 103: 759-773.

Yan D, O'Brien W, Hong T, et al. 2015. Occupant behavior modeling for building performance simulation: Current state and future challenges. Energy and Buildings, 107: 264-278.

Yan X, Fang Y P. 2015. CO_2 emissions and mitigation potential of the Chinese manufacturing industry. Journal of Cleaner Production, 103: 759-773.

Ye W, Zhang X, Gao J, et al. 2017. Indoor air pollutants, ventilation rate determinants and potential control strategies in Chinese dwellings: A literature review. Science of the Total Environment, 586: 696-729.

Zhang J, Jiang H Q, Liu G Y, et al. 2018. A study on the contribution of industrial restructuring to reduction of carbon emissions in China during the five Five Year Plan periods. Journal of Cleaner Production, 176: 629-635.

Zhang Q, Hasanbeigi A, Price L, et al. 2016. A bottom-up energy efficiency improvement roadmap for China's iron and steel industry up to 2050. Ernest Orlando Lawrence Berkeley National Laboratory, LBNL-1006356.

Zhang Y J, Liu Z, Zhang H, et al. 2014. The impact of economic growth, industrial structure and urbanization on carbon emission intensity in China. Natural Hazards, 73: 579-595.

Zhou N, Khanna N, Feng W, et al. 2018. Scenarios of energy efficiency and CO_2 emissions reduction potential in the buildings sector in China to year 2050. Nature Energy, 3(11): 978-984.

Zhou N, Price L, Dai Y D, et al. 2019. A roadmap for China to peak carbon dioxide emissions and achieve a 20% share of non-fossil fuels in primary energy by 2030. Applied Energy, 239: 793-819.

第29章　非能源活动温室气体减排评估

首席作者：滕飞　陈敏鹏

主要作者：顾阿伦　周胜　佟庆　高庆先　马占云　王国胜　胡建信

摘　要

本章对非能源活动的温室气体减排及农业、林业与草原的减排增汇技术进行了评估。从工业过程、农业活动、废弃物管理、森林及草原碳汇等多个方面对这些非能源活动涉及的 CO_2、CH_4、N_2O、HFC、PFC 和 SF_6 六种温室气体的排放现状、减排技术和政策进行了综合评估。

29.1　工业生产过程温室气体减排

29.1.1　工业生产过程温室气体排放现状

工业生产过程温室气体的排放主要是指工业生产过程中一些物理和（或）化学变化过程所导致的温室气体排放，主要的工业生产过程包括 5 个行业领域，具体有非金属矿物制品生产、化工生产、金属制品生产、卤烃生产以及卤烃和六氟化硫消费等过程，其产生的温室气体包括 6 种，如 CO_2、CH_4、N_2O、HFC、PFC 和 SF_6。

2014 年我国工业生产过程温室气体主要包括 5 个行业领域的 19 个生产过程排放源，涉及 6 种温室气体，排放总计约为 17.2 亿 tCO_2eq（图 29.1），比 2012 年增加了 17.6%。非金属矿物制品生产的温室气体排放为 9.21 亿 tCO_2eq，占工业生产过程排放总量的 53.48%，是工业生产过程温室气体排放最大的行业领域，主要是水泥生产和石灰生产导致的排放。金属制品生产温室气体排放为 2.87 亿 tCO_2eq，占工业生产过程排放总量的 16.67%，主要是钢铁生产导致的排放；化工生产过程温室气体排放为 2.38 亿 tCO_2eq，占工业生产过程排放总量的 13.84%，主要是合成氨生产导致排放；卤烃生产过程温室气体排放为 1.50 亿 tCO_2eq，占工业生产过程排放总量的 8.69%；卤烃和六氟化硫消费温室气体排放大约为 1.26 亿 tCO_2eq，占工业生产过程排放总量的 7.32%，尽管其排放占比不高，但是其增长较快，2014 年的排放量比 2012 年增长超过了 100%。

工业生产过程温室气体排放中，19 个生产过程的排放源中有 11 个排放源涉及 CO_2 排放，排放量总计为 13.34 亿 tCO_2，占工业过程温室气体排放的 77.50%，是占比最大的温室气体。仅铁合金过程涉及 CH_4 的排放，约为 12.9 万 t CO_2eq，占工业过程温室气体排放的 0.01%。

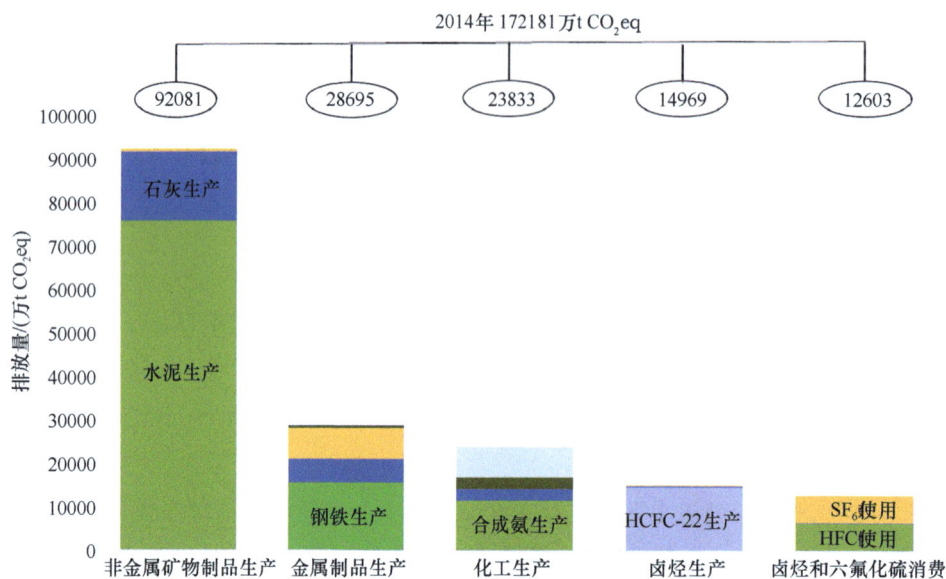

图 29.1　2014 年工业生产过程温室气体排放

N_2O 排放主要来自硝酸和己二酸的生产，排放量小计为 0.96 亿 t CO_2eq，占工业过程温室气体排放的 5.60%。HFC 的排放主要来自卤烃的生产，排放量小计为 2.14 亿 t CO_2eq，占工业过程温室气体排放的 12.40%，是除了 CO_2 之外最大的温室气体排放。PFC 的排放主要来自铝冶炼、PFCs 生产和 PFC 的使用，排放量小计为 0.16 亿 t CO_2eq，占工业过程温室气体排放的 0.92%。SF_6 主要是其使用过程中的温室气体排放，约为 0.61 亿 t CO_2eq，占工业过程温室气体排放的 3.57%（图 29.2）。

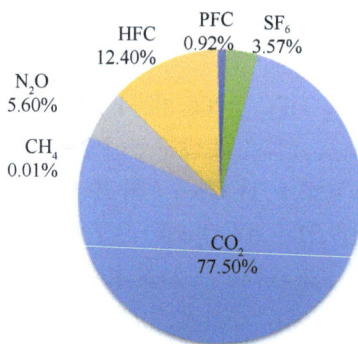

图 29.2　2014 年工业生产过程温室气体排放占比

29.1.2　工业生产过程 CO_2 减排技术评价

工业生产过程温室气体排放中，涉及 CO_2 排放的工艺过程主要包括非金属矿物制品、化工以及金属制品等生产过程。

水泥生产过程中可以通过原材料的替代与改进降低 CO_2 的排放，主要可以通过采用碳排放强度低的原料代替石灰质原料，可以利用的替代原料包括电石渣、高炉矿渣、粉煤灰、钢渣等。这些经过高温煅烧的废渣中的钙质组分在生产熟料时不会释放 CO_2（李平和王俊杰，2017；王一华，2018）。研究显示生料配料时电石渣掺量每增加 2%，则由钙质原料分解产生的工艺 CO_2 排放可以减少 7kg 左右（刘晶和段锐，2014）。水泥中每增加 1% 的混合材，即可减少碳排量约 8kg, 开发低钙水泥新品种是实现 CO_2 减排的重要措施之一。据分析, 硫铝酸盐水泥生产比硅酸盐水泥减排 CO_2 约 30% (王燕谋, 2009)。但低钙水泥、硫铝酸盐水泥都是一些特种水泥, 并不是建筑市场普遍使用的通用硅酸盐水泥。

平板玻璃生产过程中配合料中需要加入一定量的碎玻璃, 有利于配合料的熔化和澄清。在浮法玻璃生产中碎玻璃的比例一般不低于 20%。加入量少会使得熔化困难, 增加能耗; 而加入量过多则不利于澄清和均化, 因此需严格控制碎玻璃的加入量。玻璃生产的配合料的 CO_2 排放接近总排放的 1/3, 如果大幅度改变料方, 如弃用白云石和石灰石而改用 MgO 和 CaO, 可以减少配合料接近一半的 CO_2 的排放, 但目前难度较大。也有研究显示原料和配方的优化对降低能耗有一定的潜力, 如在配合料中加入 13% 的高炉矿渣制成的 CALUMITE, 能减少 4% 的能耗 (瓶罐玻璃) (Verheijen et al., 2017)。若利用国内钢铁厂废渣生产 CALUMITE, 按照 5% 的加入比例测算, 如果在全国范围内对玻璃行业进行普遍推广, 年用量估计要超过 100 万 t, 会带来较好的社会和经济效益 (唐承桥, 2018)。

2014 年我国合成氨产量为 5699.50 万 t, 其中以煤为原料的合成氨产量占比为 75.2%, 天然气为原料的占比 24.3%, 其余 0.5% 为以油为原料的产量。由于原材料以煤为主, 合成氨生产的能源消耗比国外要多一倍, 具有一定的节能减排潜力 (卞春涛, 2015)。煤气化是合成氨生产中的关键环节, 该环节能耗约占总能耗的一半以上, 煤气化技术的改进是重要的节能减排技术 (韩冰, 2015)。同时合成氨行业需要选取合适的节能器械设备, 也是该行业节能减排的重要举措, 包括废气废水的余热利用、冷却介质的余热利用与空冷降温、高温烟气的热管余热回收、化学反应余热利用等技术。另外, 改变合成氨的原料路线也是节能减排的有效方法, 新型煤气化技术包括加压水煤浆气化技术、加压粉煤气化技术, 可以有效实现节能减排。

钢铁生产工艺流程相对复杂, 不同工艺和不同工序的选择对能源消耗和碳排放有较大的影响, 节能减排技术也有较大的差异 (马丁和陈文颖, 2015)。钢铁行业工业过程 CO_2 排放主要来自炼铁溶剂消耗和炼钢降碳过程的 CO_2 排放。炼铁溶剂主要涉及石灰石、白云石和菱镁石的消耗, 其排放强度是由原料的化学成分决定的, 缺少相关的减排技术; 而以废钢为主要原料的电炉炼钢技术, 可避免炼钢的工业生产过程排放 CO_2, 根据中国废钢铁应用协会统计, 全国炼钢废钢铁综合单耗为 104 kg/t 钢, 同比下降 3 kg/t 钢, 但这种减排技术措施由于存在规模不大、装备落后等问题, 影响其生产加工的积极性, 对废钢的大规模推广与利用带来一定的影响。

工业生产过程的温室气体排放大多是由物理和 (或) 化学变化过程所导致的温室气体排放, 使得可以应用到的减排技术大多局限于原材料替代或者溶剂和还原剂的选择方面, 因此所受到的技术选择局限性较大, 需要结合下游其他生产工艺的节能减排技术, 才能更好地发挥行业节能减排技术的效果。

29.1.3 工业生产过程 N_2O 减排技术评价

目前我国温室气体清单报告了两种工业生产过程 N_2O 排放源, 即硝酸生产过程和己二酸生产过程, 均为化工生产过程的排放源, N_2O 是这两种化工产品生产过程中产生的副产品。

可将工业生产过程 N_2O 减排技术按照其发生作用的环节或工段, 分为源头控制技术、过程控制技术和末端控制技术三大类。

1. 源头控制技术

源头控制技术包括使用替代原料或者更先进的生产技术，以从生产源头处完全避免或降低 N_2O 排放。

硝酸行业最主要的 N_2O 源头控制技术是我国已实现国产化的双加压法硝酸生产技术（唐文骞和张友森，2013；尹升宝，2014），替代高压法、中压法、常压法等的硝酸产能。根据《中华人民共和国气候变化第一次两年更新报告》，双加压法硝酸生产技术的 N_2O 排放因子为 8 $kgN_2O/tHNO_3$，低于高压法（13.9 $kgN_2O/tHNO_3$）、中压法（11.77 $kgN_2O/tHNO_3$）和常压法（9.72 $kgN_2O/tHNO_3$）。

在己二酸行业，我国目前主要采用环己烷法生产技术，环己烷法的己二酸产能占我国己二酸总产能的 95% 以上。因此，己二酸行业的 N_2O 源头控制技术主要是采用其他原料路线或方法来替代环己烷法的己二酸产能。环己醇法由日本某公司首次使用，虽然使用原料与环己烷法类似，但氢气和硝酸的消耗大大减少，因此具有 N_2O 减排效果。此外，还有文献报道了可以完全避免 N_2O 排放的己二酸生产方法（康莉，1999），以 30% 过氧化氢在钨酸钠及催化剂作用下，直接将环己烯氧化为己二酸，收率为 90%，但此方法需要在过氧化氢价格不高且对 N_2O 排放有严格控制要求的政策环境下才有吸引力，目前尚未实现工业化。丁二烯法（郝敬泉等，2012）、臭氧加紫外线照射（石华信，2015）等方法也都由于没有硝酸氧化环节，因此可避免 N_2O 排放，目前都处于实验室研究阶段。

2. 过程控制技术

过程控制技术是使用新型的催化剂、优化过程参数或者通过技术改造等方法，在化工产品生产的中间环节减少 N_2O 排放。

《2006 年 IPCC 国家温室气体清单指南》[①]提供的硝酸行业"次级减排"方法就属于这种过程控制技术，是在硝酸装置的铂网下面加装催化剂，这种催化剂仅能分解 N_2O，对于 NO_x 排放没有减排效果，因此被称为选择性催化还原技术（吴玉波等，2010）。根据 2010 年温室气体清单数据，我国在 2010 年时有部分硝酸生产线基于 CDM 项目合作而加装了过程控制技术，实施过程控制的硝酸产量合计为 135.69 万 t。但由于在 2012 年之后 N_2O 减排 CDM 项目没有了买家，硝酸生产过程控制技术目前都是停运状态。

己二酸行业基本没有过程控制技术减少 N_2O 排放。

3. 末端控制技术

末端控制技术是在化工厂内单独加装尾气处理装置，对生产装置内产生的 N_2O 进行处理，以降低最终排放到大气中的 N_2O。

IPCC2006 提供的硝酸行业"三级减排"和"四级减排"方法都属于这种末端控制技术。与过程控制技术相比，硝酸行业的末端控制技术更具有优势，通过选取不同的催化剂，可以实现非选择性催化还原，即同时分解 N_2O 和 NO_x，从而实现温室气体与污染物的协同减排。

己二酸行业同样有催化分解法的末端控制技术，N_2O 减排机理与硝酸行业的末端控制技术类似。但由于该方法的催化剂成本较高、寿命较短等，在我国己二酸行业更多的是使用热

---

① https://www.ipcc-nggip.iges.or.jp/public/2006gl/chinese/index.html.

分解法进行末端治理。热分解法直接将 N_2O 尾气送入焚烧炉，在高温下将其分解为 N_2、O_2 和 NO，不使用催化剂，并可回收一部分硝酸和余热利用，但缺点是消耗燃料，并且燃料燃烧会产生额外的 CO_2 排放。

还有文献提出了将化工生产过程的 N_2O 直接进行提纯后回收利用，生产苯酚、医用笑气麻醉剂等方法，这些方法都与下游产品的需求侧价格关系很大，目前尚未实现商业化。

综上所述，目前在工业生产过程领域中存在多种 N_2O 减排技术，但这些技术在我国的推广应用还存在三个方面的障碍。

首先是政策障碍，我国目前没有强制控制工业生产过程 N_2O 排放的政策。以前实施的一些硝酸、己二酸企业 N_2O 减排 CDM 项目，由于 2012 年之后没有了买家，因此基本都已陆续停止。截至目前，我国硝酸、己二酸企业所产生的 N_2O 尾气基本都是直排到大气中。

其次是技术障碍，以上论述的多项技术仅停留于实验室研究阶段，尚未实现规模化的工业生产。

最后，还有经济障碍，因为无论是哪种 N_2O 减排技术，在缺乏环境约束的前提下，都会增加企业的生产成本。

29.1.4　工业生产过程 HFCs 减排技术评价

氢氟碳化物（HFCs）是受控制的温室气体之一。这类温室气体具有两个方面特点。首先，普遍具有极高的全球变暖潜值（global warming potential，GWP），为 CO_2 的几百甚至上万倍；其次，除少量作为工业过程副产物排放外，大多具有商业用途，若不加以控制，其消费量和排放量将随经济的发展而迅速增长，在全部温室气体排放量中所占的比重也将逐渐增大。

作为消耗臭氧层物质（ozone depleting substance，ODS）CFCs 和 HCFCs 的替代品，全球 HFCs 的消费量和排放量在淘汰 ODS 的进程中显著增长。2019 年发布的臭氧评估报告显示，2016 年全球 HFCs 排放量和辐射强迫分别约为 0.88(±0.07)Gt CO_2eq/a 和 0.030 W/m², 相比于 2012 年分别增长约 23% 和 36%，2016 年 HFCs 辐射强迫约占所有长寿命温室气体辐射强迫的 1.0%。据预测，若按照现有政策和经济发展趋势，2050 年全球 HFCs 排放量将高达 4.0～5.3 Gt CO_2eq/a，相应的辐射强迫达 0.22～0.25 W/m²，HFCs 排放的增长将造成 21 世纪中期全球增温 0.10～0.12℃，21 世纪末增温 0.28～0.44℃。为了减缓 HFCs 对全球气候造成的影响，2016 年国际社会就削减 HFCs 消费达成了《〈关于消耗臭氧物质的蒙特利尔议定书〉基加利修正案》（简称《基加利修正案》），规定了各缔约国的减排时间表，该修正案已于 2019 年生效。据估算，若履行《基加利修正案》，21 世纪末由 HFCs 造成的全球增温将不超过 0.1℃，有助于《巴黎协定》目标的实现。2021 年 6 月 17 日，中国向联合国交存了中国政府关于《基加利修正案》的接受书，为全球保护臭氧层和应对气候变化作出了新贡献。

HFCs 于 20 世纪 80 年代末由发达国家率先引入市场，目前主要用作制冷剂、发泡剂、灭火剂、气雾剂和化工产品的原料，涉及多个工业领域。当前中国生产消费的 HFCs 主要包括 HFC-134a（汽车空调、工商制冷和医用气雾剂）、HFC-125（家用空调、工商制冷空调设备）、HFC-32（家用空调、工商制冷空调设备）、HFC-143a（工商制冷）、HFC-152a（聚氨酯硬泡、工商制冷、含氟聚合物）、HFC-245fa（聚氨酯硬泡）、HFC-227ea（消防）和 HFC-236fa（消防）等。此外，在 HCFC-22 的生产过程中还会生成副产物 HFC-23。

SF_6 排放主要涉及 4 个部门：电力传输和分配设备（简称电力设备）、镁冶炼、半导体生产、SF_6 生产。目前，我国半导体生产和镁生产已经基本停止 SF_6 气体的使用（Fang et al.，2013；高峰等，2016）；随着技术进步和管理水平的提高，SF_6 生产过程中的泄漏排放可以忽略不计。因此，电力设备是 SF_6 排放的主要来源。SF_6 具有良好的绝缘性和灭弧性，主要用于高压断路器、高压变压器、气体绝缘封闭组合电器、互感器等电力设备。2010 年以来，我国电力装机容量稳居世界第一，每年 SF_6 消费量为 5000～7000 t，并以每年 20% 的速度增加（Fang et al.，2013；李志刚等，2016；邓云坤等，2017）。研究表明，全球 SF_6 排放的增加主要来自非附件 I 国家，特别是中国 SF_6 排放的增加（Fang et al.，2013；EDGAR，2018）。全氟化碳（PFCs）主要包括四氟化碳（CF4）、六氟乙烷（C2F6）、八氟丙烷（C3F8）等，其GWP 是 CO_2 的 6500～9200 倍。主要排放来自电解铝生产和半导体制造（相震，2011a），其中 95% 以上来自电解铝生产，而半导体制造相关的 PFCs 排放不到 5%（2012/2014 年国家排放清单）。研究表明，全球 PFCs 排放峰值在 1980 年左右，随着技术进步和管理水平的提高，尽管全球电解铝产量持续增加，但 PFCs 排放 2009 年比 1980 年下降了 15% 以上（Trudinger et al.，2016；EDGAR，2018）。

本章节涵盖的涉及 HFCs 的领域包括制冷和空调行业、泡沫行业和氟氯烃生产行业。从现有技术介绍及发展趋势、现有减排技术在国内外的应用现状、减排技术应用障碍分析和减排技术的潜力分析四个方面，对各行业 HFCs 的减排技术及其效果进行评价。

1. 现有技术介绍及发展趋势

制冷和空调行业包括房间空调、工商制冷空调和汽车空调等子行业及其设备维修行业。在制冷空调行业中，含氟气体作为制冷剂，通过自身热力状态的变化与外界发生能量交换，从而达到制冷的目的。现阶段，我国房间空调行业主要使用的制冷剂 HFC-410A 和 HCFC-22，HFC-32、R290（丙烷）等低 GWP 值替代品已经商业化。工商制冷空调行业当前消费的制冷剂主要有 HFC-134a 以及 HFC-410A、HFC-407C、HFC-404A 等混合工质。商业空调行业的替代技术包括 HFC-32、HFC-32/HFO 混合物、HFO-1233zd、HFO-1336mzz 等，尚在研发之中。工商制冷行业可能的替代品包括 CO_2、HCs 和 NH_3 等天然制冷剂。汽车空调行业目前则主要使用 HFC-134a，HFO-1234yf 是主流的替代技术。

泡沫塑料行业涉及的产品类型众多，产品广泛应用于家具制造、家电产品、包装材料、餐具、石油化工、冷库、制冷设备和绝缘材料等领域。中国现在使用含氟温室气体为发泡剂的泡沫子行业主要包括：①聚氨酯（polyurethane，PU）硬泡子行业；②挤塑聚苯乙烯（extruded polystyrene，XPS）泡沫子行业。现阶段 PU 硬泡行业的发泡剂主要为 HCFC-141b 和环戊烷，HFC-245fa 和 HFC-365mfc 也有使用。XPS 行业使用的发泡剂主要为 HCFC-22 和 HCFC-142b，还有部分企业采用丁烷发泡剂。由于 HCFCs 已经进入淘汰进程，HFCs 的消费也将被削减，当前泡沫行业的主流替代技术为 HCs 和全水（CO_2）发泡技术，HCFO-1233zd、HFO-1336mzz 等第四代新型发泡剂也在研发中。

在 HCFC-22 的生产过程中，不可避免地会产生 3% 左右的 HFC-23，这种温室气体的 GWP 高达 14800。HCFC-22 作为最主要的 HCFCs，既可以用作制冷剂，也是生产各种含氟高分子化合物的基本原料。中国在大量生产 HCFC-22 的同时，也产生了相当量的 HFC-23。由于 HFC-23 的商业用途极其有限，因此在不采取任何处置措施的情况下，企业一般将其直接排入大气。目前对于 HFC-23 的减排，主要通过三种途径实现：①高温焚烧技术；②降低副产率技术；③资源化利用技术。自 2005 年开展 CDM 工作以来，中国 10 个企业通过 CDM 项目销毁了大量的 HFC-23；国家发展改革委于 2014～2015 年先后发布了实施 HFCs 削减重大示范项目和组织开展 HFCs 处置相关工作的通知，支持 HFC-23 的焚烧和转化利用，同时明确将在 2019 年底前分年度对 HFC-23 处置设施运行进行补贴。这些举措有效地推动了中国 HFC-23 的减排。

2. 现有减排技术在国内外的应用现状

对于小型汽车空调，目前的制冷剂替代技术主要有 HFO-1234yf、CO_2、HFC-152a 和 Mexichem AC6。HFO-1234yf 是一种具有轻微可燃性的制冷剂，已先后通过了美国 SNAP、欧洲 REACH 和中国新物质登记等法规评估，目前已经得到广泛的商业化，至 2018 年全球已有超过 6000 万辆汽车采用这种制冷剂，其在部分中国品牌，尤其是出口欧美的品牌车型中也已启动使用。天然工质 CO_2 作为制冷剂曾经被成功使用过，对于小型和轻型系统，如车用空调和移动式空调来说，CO_2 系统具有开发前景。CO_2 是非可燃高压制冷剂，CO_2 空调系统的设计需要满足国际上通用的高压气体标准以避免压缩机系统发生爆炸。虽然很多研究机构对 CO_2 系统进行了广泛深入的研究并研制开发了一些样机，但 CO_2 系统尚未得到商业化。德国汽车企业某两个公司声明将选择 CO_2 作为汽车空调制冷剂。HFC-152a 作为制冷剂具有可节省燃油、制冷剂价格低、系统效率更高和可利用减速达到制冷的潜力。但目前 HFC-152a 的 SAE（society of automotive engineers）标准尚不完善，其作为汽车空调制冷剂的产品也没有市场化。AC6 是具有适度可燃性的混合物制冷剂，包括 CO_2、HFC-134a 和 HFO-1234ze。AC6 还没有满足各国的标准，仍处于试验阶段。

房间空调行业制冷剂的替代品主要为 HFC-32 和 R290，TEAP 报告显示，以 HFC-32 和 R290 为制冷剂的独立空调和小型分离式空调是经济可行的，几乎没有可预期的额外成本。HFC-32 是一种轻微可燃的制冷剂，制冷性能与 HFC-410A 接近，在相同的制冷量条件下，HFC-32 的灌注量小于 HFC-410A。该技术在日本、欧美地区已经市场化，自 2013 年来也受到了我国主流厂商的大力推广，市场占有率逐年提升。R290 的物性参数与 HCFC-22 极其相近，属于非常接近的直接替代物；其 GWP 小于 20，能效比传统系统高 15%。然而，由于 R290 的可燃性，美国并不允许碳氢化合物作为 HFCs 的替代品，在中国已有多家企业建立了 R290 空调的生产线。如果 R290 的安全性可以提高，包括安全意识提高以及相关法规制定和完善，其在空调方面的应用可以进一步提高。

对于工商制冷空调行业，由于产品差异大，可以采用的替代技术也相对多样化。替代技术除上文提到的 CO_2 和 HCs 技术外，天然工质氨的 ODP 和 GWP 均为 0，是一种环境友好的制冷剂，具有热物理性能优良、单位容积制冷量较大、黏度较小、价格低廉、运行效率高等优点。氨制冷剂至今仍在许多大型工业系统中应用，目前国内大中型冷库多用氨做制冷剂。但由于氨气具有毒性和可燃性，其使用的安全性一直被关注。

HCs 发泡剂中最具有实用价值的是环戊烷，与其他 HCs 发泡剂相比，环戊烷的导热系数最低，因而泡沫的保温隔热性能最好。目前碳氢技术已经相对成熟，在 PU 泡沫行业已有广泛应用。水可以说是 PU 泡沫通用发泡剂，在各种替代技术中，水具有环保、安全、不需要对发泡设备改造的优点，经济性方面，如果综合考虑设备和工厂改造费用、产品生产成本变化，其也是最优的。HCFO-1233zd 和 HFO-1336mzz 具有不易燃、低 GWP 值、高能效、所发泡沫的绝热性能好等特性，是极具潜力的新一代发泡剂，已获得美国 SNAP 和欧盟 REACH 法规认证。目前，两个公司已注册 HCFO-1233zd 发泡剂的生产专利，HFO-1336mzz 的专利则归某公司所有,尚未在全球范围内进行大规模推广。

根据文献和企业现场调研的信息,HFC-23 主要有三种减排方法。① HFC-23 的焚烧处置。该方法是目前国内外企业处理 HFC-23 的主流方法,包括热氧分解和等离子体消解等技术。由于中国参与 CDM 项目的实施,HCFC-22 的相关生产企业基本都是采用焚烧分解的方式处置 HFC-23,该技术已相对成熟。②降低 HFC-23 的副产率。发达国家通过改进 HCFC-22 的生产工艺,将 HFC-23 的副产率控制在 1.5%~3%的水平,平均在 2%以内。目前国内企业由于工艺、设备或管理等因素的制约,HFC-23 副产率大多仍处于 3%左右的较高水平。③ HFC-23 的资源化利用,即通过化学反应将 HFC-23 转化为具有经济价值的含氟化合物,实现氟资源的有效利用。国内一些研究机构和企业已开展了 HFC-23 资源化利用的相关研究和探索工作,并已取得了一定的进展。

电解铝生产时,在原铝熔炼过程中发生阳极效应(AE),并排放 PFCs 温室气体。需要说明的是,原铝正常生产时不产生 PFCs(《2006 年 IPCC 国家温室气体清单指南》)。国际上将铝电解技术划分为 CWPB、 SWPB、VSS 和 HSS 四种类型。根据国家电解铝行业产业政策,中国电解铝行业 2002 年开始逐步淘汰落后的 HSS 技术,2005 年底中国全部淘汰 HSS 技术,此后全部采用了最先进 PFPB 技术(CWPB 技术的一种)。

2014 年全国电解铝总产量 2866 万 t,阳极效应排放因子为 0.5364t CO_2eq/t 铝。过程排放 PFCs 总量为 1548 万 t CO_2eq[①]。

3. 减排技术应用障碍分析

采用 HFO-1234yf 与原 HFC-134a 的空调技术最接近,但制造 HFO-1234yf 空调系统会增加制造成本,其中包括制冷剂填充设备针对轻微可燃性气体增加的部件、升级的蒸发器、新的特制阀门和相对昂贵的制冷剂等。增加的燃油成本是不变的,但是生命周期服务成本会相近或者稍微高一点,取决于 HFO-1234yf 的价格、泄漏率、维修商和事故。此外,目前 HFO-1234yf 的生产技术被垄断,也限制了该技术的推广。

HCs 制冷剂包括 R290、R600a(异丁烷)、R1270(丙烯)等,其因具有高可燃性,被大多数安全机构和所有的汽车制造商认为不能在汽车空调中使用,在房间空调器的最大充注量也受到限制。

CO_2 作为制冷剂,系统运行压力较高,所以制冷系统需重新设计,选用能承受高压的材料,而且施工和运行中要考虑防渗漏、超压保护、减少或避免高压系统的噪声和震动。然而,近年来制造工艺和其他技术的进步使得应用 CO_2 系统的可行性增加。不过,在温度相对较高的地区,CO_2 作为空调制冷剂的效率并不高,而且,由于需要高强度来耐受压力,压缩机或制冷机系统相对笨重,移动式空调的推行也变得困难。

氨作为制冷剂也有一些不足。氨具有一定的火灾爆炸危险性,氨的着火极限比同为自然工质的 R290 和 R600a 要高,但其属于低度可燃性物质,燃烧热要远小于后两者。同时在 ASHRAE34-1997 标准的安全分类中,氨被列为 B2 级,属于高毒性气体。因此,在民用制冷与空调系统中,不适合用氨做制冷剂。

HFCs 发泡剂工艺的缺点主要在于易燃易爆,对储存、运输和使用的安全性要求较高;水发泡剂的缺点在于气相热导率高,产品的保温隔热性能有所下降,产品成本有所提高;第四代发泡剂的费用较高,且技术的垄断限制了该项技术的推广。

---

① 国家发展改革委,国家排放清单 2012/2014.

目前国内外对 HFC-23 的处置大多采用焚烧技术,该技术不仅消耗能源,产生新的污染物,而且浪费可再利用的氟资源。应《基加利修正案》的要求,自 2020 年起企业对 HFC-23 减排将由自愿变成义务,而我国对企业焚烧处置 HFC-23 的补贴已于 2019 年后结束,企业采取 HFC-23 高温焚烧处置方法的成本压力将会凸显。降低 HFC-23 副产率及 HFC-23 的资源化技术尚处于研发或测试阶段,离大规模商业化还有差距,但极具发展前景,对于实现可持续的 HFC-23 的减排十分重要。

中国目前没有强制性的法律法规限制 SF_6 消费和排放,但随着技术的进步和温室气体排放政策的加强,减少或者限制使用 SF_6 气体是未来电力设备发展的必然趋势。目前存在的障碍包括技术进步和提高管理水平有待提高;全国范围内的 SF_6 回收比例几乎忽略不计(梁方建等,2010);短期内 SF_6 气体难以被完全取代等。

我国目前对 PFCs 气体的生产、使用、末端处理、净化回收和排放缺乏完备的政策、规范、标准。未制定专门针对 PFCs 气体减排的管理标准,也未形成从制造到使用终端的处置 PFCs 的完整管理体系。PFCs 气体减排仅集中在大型电解铝和部分半导体生产公司,还未建立起推动全国各产业自愿减排 PFCs 气体的体制和组织(相震,2011b,2012)。

4. 减排技术的潜力分析

中国汽车空调行业 2016 年 HFC-134a 的排放量约为 13.8 kt,约合 19.8 Mt CO_2eq。若按照现有政策和经济趋势发展,2030 年和 2050 年 HFC-134a 的排放量将增长至 41.8 kt 和 53.6 kt,约合 59.8 Mt CO_2eq 和 76.6 Mt CO_2eq,至 2050 年该行业累计排放 HFC-134a 达 2.2 Gt CO_2eq。假设中国汽车空调行业采用 HFO-1234yf 作为替代品,并完全按照《基加利修正案》所设定的时间表对 HFC-134a 的消费进行削减,至 2050 年该行业避免排放的温室气体累计可达 0.8 Gt CO_2eq。

2016 年房间空调行业排放的 HFCs 类温室气体约为 30.7 Mt CO_2eq。若维持现有政策和技术,2030 年和 2050 年该行业的 HFCs 排放量将分别达到 0.3 Gt CO_2eq 和 0.5 Gt CO_2eq。假设中国房间空调行业按照《基加利修正案》的时间表削减 HFCs 制冷剂,替代技术全部采用 R290,截至 2050 年该行业可累计减排温室气体 4.2 Gt CO_2eq。

工商制冷空调行业在 2016 年排放的 HFCs 共计约 26.2 Mt CO_2eq。若按当前趋势发展,2030 年和 2050 年的排放量分别达 0.2 Gt CO_2eq 和 0.4 Gt CO_2eq,截至 2050 年累计排放 7.9 Gt CO_2eq。假设该行业依据《基加利修正案》的要求削减 HFCs 的使用,忽略替代品(如天然工质)的 GWP 值,截至 2050 年该行业的累计减排量可达 4.0 Gt CO_2eq。

当前泡沫行业仍主要以 HCFCs 为发泡剂,HFCs 发泡剂的消费量较低。2016 年 HFC-245fa 的排放量约为 0.2 Mt CO_2eq,若按照当前消费趋势发展,2030 年和 2050 年 HFC-245fa 的排放量分别可达 3.1 Mt CO_2eq 和 13.7 Mt CO_2eq,截至 2050 年累计排放量为 0.2 Gt CO_2eq。假设泡沫行业依据《基加利修正案》的时间表削减 HFCs 发泡剂,忽略替代技术的 GWP 值,截至 2050 年该行业的 HFCs 累计减排量约为 27.5 Mt CO_2eq。

据估算,2015 年中国 HFC-23 的实际产生量约为 13.6 kt,实际焚烧量约为 6.1 kt,则排放量为 7.5 kt,约合 111 Mt CO_2eq。若保持固定副产率 2.62%,依据 HCFC-22 产量的变化趋势预测,2050 年 HFC-32 的产生量将达 365.6 Mt CO_2eq,2020~2050 年累计产生的 HFC-32 约为 8.33 Gt CO_2eq。若中国履行《基加利修正案》,假设全部采取焚烧技术销毁 HFC-32,则至 2050 年的累计减排为 8.33 Gt CO_2eq。若采用降低副产率或资源化技术进行减排,则累计产生的 HFC-32

将减少，并能为企业节省销毁装置的安装运行成本，实现 HFC-23 减排的可持续性。

从设备寿命周期的角度来看，电力设备 SF_6 排放分为四个环节，分别为生产排放、安装排放、运行维护排放和报废处理排放。其中生产和安装环节排放主要与当年生产和新增电力设备数量有关，运行维护和报废环节排放主要与在役电力设备有关（《2006 年 IPCC 国家温室气体清单指南》）。

情景分析表明，与参考情景相比，到 2050 年，减排情景和深度减排情景的 SF_6 排放将大幅度减少 80%以上。其中最大的减排潜力来自新增电力装机容量的减少，其次是技术进步、提升回收利用比例和 SF_6 替代，其减排潜力贡献占比分别为 37%、34%、22%和 7%。另外，电力设备的 SF_6 排放延迟效应非常明显。到 2050 年，累计延迟排放量分别为 50～249kt，折合为 12 亿～60 亿 t CO_2eq。

根据《国家重点节能低碳技术推广目录（2017 年本低碳部分）》，紧凑小型常压空气绝缘密封开关柜技术可完全替代传统的 SF_6 环网柜/开关柜，实现 SF_6 零排放，减排潜力较大，预期未来 5 年可形成减排潜力 110 万 tCO_2，单位减排成本为 950 元/tCO_2 左右。另外，也可采用 SF_6/CF_4 或者 SF_6/N_2 混合气部分替代 SF_6，目前该技术在华北电网得到应用，但其回收利用更为复杂。

电解铝生产过程是 PFCs 的最大排放源，并主要由于阳极效应而产生，因此，可通过降低阳极效应的持续时间和频率来降低 PFCs 排放。研究表明，可通过优化电解工艺参数和改变供料方式等降低阳极效应系数，最终目标是实现无阳极效应铝电解生产，从而实现铝电解工业的 PFCs 大幅减排目标。另外，通过新的惰性材料来取代炭阳极，从而减少 PFCs 排放。减排潜力 2020 年可比 2006 年减少 50%左右，估计比 2015 年减排 10%～20%（相震，2011b，2012；Dion et al.，2018）。

29.2 农业活动减排增汇技术

29.2.1 农业活动温室气体排放现状

农业是非二氧化碳温室气体（non-CO_2）最大的排放源，农业排放的 CH_4 和 N_2O 分别占全球排放的 40%和 60%，农业温室气体排放占全球温室气体排放的 10%～12%（包括 CO_2 为 20%～35%）（Frank et al.，2019）。由于作物和畜禽养殖活动增长导致的化肥使用、畜禽粪便还田和反刍动物肠道发酵温室气体排放的飞速增加，全球农业非 CO_2 排放 1990 年为 43 亿 t，而 2015 年增加到 57 亿 t（USEPA，2012；Tubiello et al.，2015）。

中国是农业大国，2012 年中国农业部门的温室气体排放量为 9.38 亿 t CO_2eq，占全国温室气体排放总量的 10%，比 2005 年的 8.19 亿 t 和 1994 年的 6.05 亿 t 分别增加 14.5%和 55.0%；其中，2012 年 CH_4 排放量为 4.8 亿 t CO_2eq，N_2O 排放量为 4.6 亿 t CO_2eq；占全国温室气体排放总量的 10%[①]。从农业温室气体排放的来源看，动物肠道发酵、动物粪便管理、水稻种植和农用地温室气体排放分别占 24%、16%、19%和 40%（图 29.3）。

---

① 中华人民共和国气候变化初始国家信息通报. 2004. https://tnc.ccchina.org.cn/archiver/NCCCcn/UpFile/Files/Default/20151120165522480714.pdf.
气候变化第二次国家信息通报. 2013. http://tnc.ccchina.org.cn/archiver/NCCCcn/UpFile/Files/Htmleditor/202007/20200723151855183.pdf.
气候变化第一次两年更新报告. 2016. http://tnc.ccchina.org.cn/archiver/NCCCcn/UpFile/Files/Htmleditor/202007/20200723155226725.pdf.

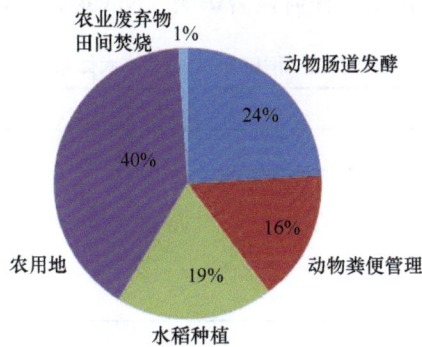

图 29.3　2012 年中国农业温室气体排放不同农业活动的贡献

从气体构成种类来看，2012 年 CH_4 排放 2288.6 万 t，比 1994 年和 2005 年分别增加 33% 和减少 9%，其中 2012 年动物肠道发酵排放占 CH_4 排放的 46.9%，动物粪便管理排放占 14.6%，水稻种植排放占 37.0%，农业废弃物田间焚烧排放占 1.5%（表 29.1）。2012 年 N_2O 排放为 147.5 万 t，比 1994 年和 2005 年分别增加 87.4% 和 56.9%，其中 2012 年动物粪便管理排放占 N_2O 排放的 16.9%，农用地排放占 82.6%，农业废弃物田间焚烧排放占 0.5%（表 29.1）。

表 29.1　2012 年不同排放源农业 CH_4 和 N_2O 排放量*

农业活动	CH_4/万 t			N_2O/万 t		
	1994 年	2005 年	2012 年	1994 年	2005 年	2012 年
动物肠道发酵	1018.2	1438.0	1074.3			
动物粪便管理	86.7	286.0	333.1	15.4	27.0	24.9
水稻种植	614.7	793.2	845.8			
农用地				62.8	67.0	121.8
农业废弃物田间焚烧	—	—	35.4	0.5	—	0.8
总和	1719.6	2517.2	2288.6	78.7	94.0	147.5

*中华人民共和国气候变化初始国家信息通报. 2004. https://tnc.ccchina.org.cn/archiver/NCCCcn/UpFile/Files/Default/20151120165522480714.pdf

气候变化第二次国家信息通报. 2013. http://tnc.ccchina.org.cn/archiver/NCCCcn/UpFile/Files/Htmleditor/202007/20200723151855183.pdf

气候变化第一次两年更新报告. 2016. http:///tnc.ccchina.org.cn/archiver/NCCCcn/UpFile/Files/Htmleditor/202007/20200723155226725.pdf

29.2.2　种植业温室气体减排技术评价

1. 稻田甲烷减排技术评价

水稻是世界重要的主粮之一，世界水稻的种植面积约占总耕作面积的 10%，其中中国水稻种植面积占世界水稻种植面积的 27%。稻田是主要的温室气体排放源之一，对全球 CH_4 排放贡献。目前稻田减排技术分为品种选育、水分管理、肥料管理、耕作管理和新型技术五大类（表 29.2）。

研究表明，如果稻田肥料氮施用量能够从 225～450 kg N/hm^2 减少到 90～200 kg N/hm^2，稻田 N_2O 排放能减少 42%；化肥氮减少 10%～70% 可以促使 N_2O 排放减少 8%～57%，但是

不会对稻田 CH_4 排放和 SOC 固定有任何显著影响（Nayak et al.，2015）。

表 29.2　稻田甲烷减排技术体系

减排技术种类	具体技术
品种选育	低排放品种
水分管理	控制灌溉 浅湿灌溉 间歇灌溉 生长期间歇式排水和烤田相结合
肥料管理	减少氮肥施用 沼渣替代农家有机肥
耕作管理	稻油、稻麦等水旱轮作
新型技术	包膜控释肥 甲烷抑制剂 生物炭

数据来源：董红敏等，1995；米松华和黄祖辉，2012；王晓萌等，2018

浅湿灌溉、控制灌溉、间歇灌溉、覆膜旱作等节水灌溉技术已经得到了大面积的推广，这种节水灌溉技术不仅大大节省了水稻用水，并且能够减少温室气体的排放。Peng 等（2011）研究表明控制灌溉能够有效地降低全球增温潜势，控制灌溉条件下稻田排放的 CH_4 总量减少 80%以上。在间歇灌溉条件下稻田 CH_4 排放量是持续淹水条件的 5.4%，虽然 N_2O 排放量增加了 6.5 倍，但是间歇灌溉条件下的综合温室效应却减少了 90%（李香兰等，2008）。蔡松锋和黄德林（2011）指出推广稻田间歇灌溉可减少单位面积稻田甲烷排放的 30%。薄浅湿晒节水灌溉具有减排稳产的良好效果，薄浅湿晒节水灌溉结合施用树脂包膜控释尿素和添加脲酶/硝化抑制剂能进一步增加水稻产量和减少稻田温室气体排放，可作为水稻生产减排增效的推广技术（李健陵等，2016）。

减氮 40%处理下的温室气体排放强度最低，与农民常规施氮量相比，减氮 40%对水稻产量并无显著影响，但能减少 CO_2 和 CH_4 的排放总量，有利于稻田节能减排（马艳芹等，2016）。Jeong 等（2017）研究发现堆肥的使用会降低全球增温潜势，在整个生长过程中，稻田 CH_4 的排放量降低 60%。

一般认为，传统耕作管理会使土壤的原有结构遭到破坏，减少土壤中 CH_4 的氧化，少耕和免耕对土壤扰动性少，能够显著减少土壤 CH_4 排放。伍芬琳等（2008）研究证明在秸秆还田的前提下，免耕措施下 CH_4 的排放量相比于旋耕措施减少 15%。

甲烷抑制剂可以促进稻田 CH_4 减排 21%（11%～29%）（Nayak et al.，2015）。

2. 旱地氧化亚氮减排技术评价

目前针对中国旱地氧化亚氮减排已经有了大量的田间试验研究，但是不同的试验点由于环境因子，如土壤性质、田间管理和气候间不同，得到的数据不尽相同，很难得出规律性结论，结果具有一定地域性（徐玉秀等，2016）。目前，旱地氧化亚氮的减排技术体系可以总结为品种选育、肥料管理、耕作技术和新型制剂四大类（表 29.3）。

氮肥减施是减少旱地最直接的途径，研究表明如果肥料氮施用量能够减少10%～30%，小麦、玉米和蔬菜作物 N_2O 排放能分别减少11%～22%、17%～30%和27%～45%，如果小麦、玉米、旱地蔬菜和大棚蔬菜的化肥氮施用量能够从目前的229 kg N/hm^2、273 kg N/hm^2、315 kg N/hm^{2}和656 kg N/hm^{2}分别下降18%、16%、10%和15%，会促使旱地总体减排0.16 t CO$_2$eq/（hm^2·a）、0.27 t CO$_2$eq/（hm^2·a）、0.39 t CO$_2$eq/（hm^2·a）和0.94 t CO$_2$eq/（hm^2·a）（Nayak et al.，2015）。张卫红等（2015）指出测土配方施肥技术不仅节约氮肥用量，也降低温室气体排放量，到2013年，测土配方施肥技术总计减排量达到了2500.35万 t CO$_2$eq，氮肥田间施用量的减少导致农田总共减排1171.83万 t CO$_2$eq。

表 29.3　旱地氧化亚氮减排技术体系

减排技术种类	具体技术
品种选育	低排放品种
肥料管理	降低化学氮肥施用 有机肥（农家有机肥、沼渣、秸秆等）与化肥混施 测土配方施肥 氮肥深施
耕作技术	保护性耕作（少免耕、轮耕、秸秆覆盖或还田等）
新型制剂	硝化抑制剂 缓控释肥

数据来源：米松华和黄祖辉，2012

硝化抑制剂能够抑制土壤中的亚硝化细菌等微生物活性，进入土壤后能抑制土壤中的亚硝化和硝化过程，从而抑制 N$_2$O 的产生和排放。徐玉秀等（2016）的整合分析表明，对不同类型农田，包括小麦、玉米和蔬菜地，添加硝化抑制剂均降低了 N$_2$O 的排放系数，可以将 N$_2$O 排放系数降低 40%左右，相当于抑制了 60%的 N$_2$O 排放。对于蔬菜地而言，添加硝化抑制剂甚至可以将 N$_2$O 排放系数降低 50%左右。对所收集文献中不同类型抑制剂对 N$_2$O 排放系数的影响进行再分析，发现双氰胺（DCD）与脲酶抑制剂氢醌（HQ）混施、正丁基硫代磷酰三胺（NBPT）与 DCD 混施时 N$_2$O 排放系数分别降低了 59%和 53%，比 DCD 单独使用时的效果分别提高了 20%和 14%；NBPT、二甲基吡唑磷酸盐（DMPP）、DCD 和吡啶单独施用使得 N$_2$O 排放系数分别降低了 44.1%、51.1%、38.9%和 39.9%（徐玉秀等，2016）。总体而言，硝化抑制剂可使 N$_2$O 排放减少 24%（8%～37%），硝化抑制剂的技术减排潜力为 0.43 t CO$_2$eq/（hm^2·a）（Nayak et al.，2015）。

缓控释肥中的氮素能够缓慢释放，以供作物生长过程中被作物持续吸收，是传统速效肥料的最佳替代品，也是提高化肥利用率、降低化肥利用环境影响的优选产品。目前，中国农田使用的缓释肥都是物理性缓控释肥，如硫包衣尿素、树脂包膜尿素、聚合物包膜尿素，另外还有一小部分化学型缓控释肥，如长效尿素。研究发现，长效碳酸氢铵、聚合物包膜尿素、脲甲醛、树脂包膜尿素、硫磺包膜尿素和钙镁磷肥包膜尿素分别减少了 79.0%、59.8%、53.4%、44.9%、30.6%和 15.9%的 N$_2$O 排放（徐玉秀等，2016）。但是也有研究表明，化学缓释肥可以让玉米的 N$_2$O 排放减少 44%，但是物理缓释肥不会改变玉米的 N$_2$O 排放（Nayak et al.，2015）。

29.2.3　畜禽养殖业温室气体减排技术评价

中国肉类、蛋类年产量位居世界第一，奶类产量位居世界第三，是十分重要的畜产品生产国家，庞大的畜禽养殖规模带来了大量 non-CO$_2$ 排放问题。畜禽养殖业温室气体主要来源于畜禽肠道的 CH$_4$ 以及粪便管理过程中产生的 CH$_4$ 和 N$_2$O。目前，畜禽养殖业温室气体减排技术包括养殖模式、口粮管理、改良育种、粪便收集和储存以及粪便处理五大类（表29.4）。

表29.4　畜禽养殖业温室气体减排技术体系（生产侧）

减排技术种类	具体技术
养殖模式	种养结合 发酵床养殖
口粮管理	新型饲料添加剂 合理搭配日粮精/粗料比 全混合日粮技术（TMR）
改良育种	培育高产品种
粪便收集和储存	干清粪 粪便集中收集和储存
粪便处理	厌氧发酵 好氧堆肥发酵

数据来源：Beach et al.，2015；董红敏等，1995；米松华和黄祖辉，2012；李顺江等，2018

研究表明，饲料转换可以使 CH_4 排放减少 4%～6%，提高饲料或能量的摄入量相关管理可以促进 CH_4 减排 11%（以肉牛为例，相当于每头每年 CH_4 减排 142.7kg CO_2eq）；改变反刍动物的饲料结构，尤其是增加脂类添加剂，可以显著减少 15%左右的 CH_4（以肉牛为例，相当于每头每年 CH_4 减排 193.5kg CO_2eq）（Nayak et al.，2015）。

29.2.4　农田土壤和草地固碳技术评价

农田土壤和草地固碳技术体系见表29.5。相关研究表明，近 30 年来中国农田表层 SOC库总体增加，发挥了碳汇功能（赵永存等，2018）。其中，农田 20 cm 深度的土壤年固碳量在 9.6～25.5 Tg，30 cm 深度在 11～36.5 Tg；单位耕地面积的固碳速率，20 cm 深度为 74～184 kg C/（hm²·a），30 cm 深度则为 85～281 kg C/（hm²·a）（赵永存等，2018）。但是另外一些研究认为，1980～2000 年,中国草地 SOC 由过度放牧引起的土地退化减少了 3.56 Pg（Nayak et al.，2015）。

表 29.5　农田土壤和草地固碳技术体系

固碳技术种类	具体技术
耕作	免耕、少耕
土壤管理	退化土壤修复 土地复垦
肥料管理	有机肥使用
牧场植物管理	改良的草地品种/草地组成
牧场动物管理	适当的放牧密度（载畜量）

数据来源：IPCC AR5 WGIII，2015

调整放牧密度在避免 SOC 损失和促进土壤固碳放牧方面发挥了重要作用,高载畜强度会显著减少土壤 SOC 含量。Nayak 等（2015）的研究表明，如果放牧密度由高强度降低到中等或者低强度，SOC 含量会增加 0.77 t CO_2/（hm²·a），休牧可以使 SOC 含量每年提高 1.48%,

即 1.06 t CO_2/ ($hm^2·a$)，修复退化土地能够使土壤每年多固碳 4.22 t CO_2/ ($hm^2·a$)。

29.3　林业和草原减排增汇技术

2015 年 12 月，巴黎联合国气候变化大会通过了具有里程碑意义的《巴黎协定》，确定了 2020 年后以"国家自主贡献"为主体的全球气候治理体制。《巴黎协定》第五条是专门针对林业的条款，其中，第 1 款内容是"缔约方应当采取行动酌情维护和加强《联合国气候变化框架公约》第四条第 1 款 d 项所述的温室气体的汇和库，包括森林"；第 2 款内容是"鼓励缔约方采取行动，包括通过基于成果的支付，执行和支持在《联合国气候变化框架公约》下已确定的有关指导和决定中提出的有关以下方面的现有框架：为减少毁林和森林退化造成的排放所涉活动采取的政策方法和积极奖励措施，以及发展中国家养护、可持续管理森林和增强森林碳储量的作用；执行和支持替代政策方法，如关于综合和可持续森林管理的联合减缓和适应方法，同时重申酌情奖励与这些方法相关的非碳效益的重要性"。

《巴黎协定》明确了林业在 2020 年后国际气候治理机制中的作用，表明了国际社会对发挥林业在应对气候变化中的独特作用有高度共识，为各国制定林业应对气候变化的政策和行动方案提供了法律依据，将有助于进一步提升林业在我国应对气候变化、发展绿色低碳经济、建设生态文明社会中的地位。2021 年 11 月 21 日，格拉斯哥气候变化大会领导人峰会期间，包括中国在内的 100 多个国家加入《关于森林和土地利用的格拉斯哥领导人宣言》，共同承诺到 2030 年实现阻止和扭转森林减少与土地退化的目标。

29.3.1　我国林业和草原应对气候变化的政策与措施

林业和草原是国家应对气候变化战略和规划的一项重要内容。按照国家应对气候变化工作的总体部署，林业和草原部门落实国家应对气候变化相关战略、规划和方案中提出的目标、政策和行动；结合林业和草原发展的实际情况，其参与了一系列国家应对气候变化的法律和政策的制定，密切跟踪国家气候变化立法工作进程，配合《中华人民共和国森林法》修改，加快推进林业和草原应对气候变化工作法制化；积极参与《单位国内生产总值二氧化碳排放降低目标责任考核评估办法》研究，将年度新增造林合格面积和年度森林抚育合格面积两项指标纳入考核内容，为支撑考核工作、实现控排目标发挥了积极作用；参与《强化应对气候变化行动—中国国家自主贡献》编制，提出了 2030 年林业应对气候变化行动目标，即在 2005 年基础上，2030 年森林蓄积量增加 45m^3，并将其写入中国国家自主贡献文件。

根据国家应对气候变化有关战略和规划，特别是《"十三五"控制温室气体排放工作方案》确定的林业应对气候变化行动目标，结合《林业发展"十三五"规划》《全国森林经营规划（2016—2050 年）》《全国造林绿化规划纲要（2016—2020 年）》，国家林业局组织编制了《林业应对气候变化"十三五"行动要点》《林业适应气候变化行动方案（2016—2020 年）》，提出了 2020 年发展目标：全国森林面积在 2005 年基础上增加 6 亿亩，森林覆盖率达到 23%以上，森林蓄积量达到 165 亿 m^3 以上，湿地面积不低于 8 亿亩，50%以上可治理沙化土地得到治理，森林植被碳储量达 95 亿 t 左右，森林和湿地生态系统固碳能力不断提高。

国家林业和草原部门按照规划提出的目标，谋划林业和草原应对气候变化年度工作，明确工作目标、任务和责任及重点工作安排。各省（自治区、直辖市）也制定和落实《省级林业应对气候变化工作计划》，聚焦林业和草原减缓和适应气候变化，开展造林绿化等专项督导，推进各项工作落实。

经过努力，2018 年末森林蓄积量达到了 175.6 亿 m³，提前完成了 2030 年比 2005 年增加 45 亿 m³ 左右的自主减排贡献目标。通过新增造林、加强森林经营和持续降低采伐等措施，到 2035 年，我国森林覆盖率可达到 26%，森林蓄积量达到 210 亿 m³。到 21 世纪中叶，我国森林覆盖率可以达到世界平均水平，森林蓄积达到 265 亿 m³。

29.3.2 我国林业和草原应对气候变化的行动

1. 开展生态建设和修复，增加森林和草原碳汇

增加森林碳汇。实施《全国造林绿化规划纲要（2016—2020 年）》，开展国土绿化行动，推进天然林资源保护、退耕还林（草）、防沙治沙以及三北、长江流域等防护林体系建设等林业重点工程建设，增加森林面积。实施《全国森林经营规划（2016—2050 年）》《"十三五"森林质量精准提升工程规划》，开展森林抚育和退化林分修复，提升森林质量，提高森林蓄积量。

增加草原碳汇。实施退牧（退耕）还草、京津风沙源治理工程、西南岩溶地区草地治理、三江源生态保护和建设工程、草原自然保护区建设等重大草原生态修复工程，以及建立草原生态保护补奖机制，主要是通过禁牧补助、草畜平衡奖励、生产补贴、绩效考核奖励等措施来完成草原治理任务。全国草原综合植被盖度达 55.3%；天然草原鲜草总产量 10.6 亿 t。草原的储碳、涵养水源、保持土壤等生态功能得到增强。

强化湿地保护修复。根据《贯彻落实〈湿地保护修复制度方案〉的实施意见》《全国湿地保护"十三五"实施规划》，实施了湿地保护修复重点工程项目，开展退耕还湿行动。国际重要湿地达到 57 处，全国湿地公园总数达到 898 处。全国湿地保护率由 43.51%提高到 49.03%，湿地生态状况明显改善。

强化荒漠化治理。开展三北防护林建设、全国防沙治沙、京津风沙源治理和石漠化综合治理等工程，进行沙地造林和实施工程措施，落实《沙化土地封禁保护修复制度方案》，沙地封禁保护总面积达到 174 万 hm²；按照《国家沙漠公园管理办法》，全国申请和批复国家沙漠（石漠）公园总数 120 个。全国荒漠化和沙化面积"双缩减"，荒漠化和沙化程度"双减轻"，沙区植被覆盖度和固碳能力"双提高"。

2. 全面保护生态资源，减少碳排放

加强天然林资源保护。全国 1.29 亿 hm² 天然乔木林得到有效保护，每年减少森林资源消耗 3400 万 m³，天然林资源和生态功能逐步恢复。

加强草原保护管理。依法打击破坏草原的违法行为，落实草原生态保护补助奖励政策，推行禁牧休牧和草畜平衡政策，草原禁牧面积为 8066.7 万 hm²，草畜平衡面积为 1.73 亿 hm²。草原生态环境承载压力进一步减轻。加强草原火灾防控，重特大草原火灾发生次数、受害草原面积、经济损失较上年均有所下降。

防控森林和草原火灾。实施《全国森林防火规划（2016—2025 年）》，全国森林防火基础设施建设得到加强，防控能力不断提高；严防外来物种入侵。全国累计完成防治面积 1611.75 万 hm²·次，主要林业有害生物成灾率控制在 4.5‰以下，无公害防治率达到 85%以上。

推进林业生物质能源建设。实施《全国林业生物质能源发展规划（2011—2020 年）》，生物质发电、成型燃料生产、生物柴油和燃料乙醇转化利用技术初步进入产业示范阶段。截至 2017 年底，全国已建设生物质能源林基地约 300 万 hm²，生物质成型燃料年利用量约

800 万 t，燃料乙醇年产量约 210 万 t，生物柴油年产量约 80 万 t。

3. 建立森林和草原碳汇计量监测体系

初步建立了全国森林和草原碳汇计量监测体系，包括组织、技术和管理体系；制定了森林和草原碳汇计量和监测的技术指南、标准、规范，建立了林业和草原排放因子和活动水平基础数据库，以及建立了森林下层植被、土壤碳库和湿地碳库的模型参数；开展全国土地利用、土地利用变化和林业计量监测工作，完成了全国第一次 LULUCF 监测报告。

4. 开展应对气候变化政策和科学研究

开展林业和草原应对气候变化政策研究。密切跟踪应对气候变化国际热点问题、国际气候谈判进程和国内重点工作，开展专题研究，为政府决策提供依据。针对国内国际应对气候变化的新形势、新要求，开展林业和草原应对气候变化长期目标和对策研究。

一是加强科学研究。开展"森林质量精准提升科技创新""林业资源培育及高效利用技术创新""典型脆弱生态修复与保护研究"重点研发计划专项，以及"不同经营模式人工林土壤固碳增汇保水增肥过程与机制""气候变化对森林水碳平衡影响及适应性生态恢复""气候变化背景下大兴安岭林区火险期动态格局与趋势""西南高山林区树木生长对气候响应的分异及其驱动机制"等研究项目。二是加强碳汇测算方法研究。开展了土地利用、土地利用变化及 LULUCF 温室气体排放和吸收评估方法体系、典型湿地碳储量与计量方法、典型森林土壤碳储量分布格局及变化规律、森林火灾碳释放评估技术等研究，促进了森林碳汇计量监测科学化、规范化。三是加强林业温室气体清单编制能力建设。开发中国林业碳计量与核算系统，提高土地利用变化与林业清单编制的规范性和准确性。

29.3.3　我国林业和草原应对气候变化的技术途径、潜力和障碍

1. 技术途径

2000～2010 年全球 GHG 排放总量增长了约 10 Gt CO_2eq/a，除农业、林业和其他用地（AFOLU）外，其他行业的 GHG 排放量都在增长。2010 年，AFOLU 净排放量占总量的 24%，而林业和土地利用的碳排放为 4.3～5.5 Gt CO_2eq/a，占温室气体总量的 9%～11%（IPCC，2014）。

林业和草原减缓气候变化主要通过四种途径：减少碳排放，即保持现有植被和土壤碳库以及应用减少这些碳库损失的方式；碳汇，从大气中吸收 CO_2，其储藏在植被或土壤中，增强土壤和植被碳吸收能力；碳代替，生物质产品代替化石燃料，减少温室气体的排放；减少木材消费，即从需求侧改革，通过减少木材的需求和消费，改进木材利用方式和提高木材利用率等方式，减少碳排放。

从全球减排成本和潜力分析，林业最有成本效益的减排方式是造林、森林可持续经营和减少毁林。减排的成本随活动、区域和时间不同而存在差异。到 2030 年，通过减少毁林、造林、森林经营和农林复合等方式，在碳价不超过 20 美元/t CO_2eq 时，可实现约三分之一的林业减排潜力；在全球碳价能够达到 100 美元/t CO_2eq 时，这些活动产生的减排量估计达 0.2～13.8 Gt CO_2/a（IPCC，2014）。

林业生物质能可以发挥重要的减缓作用，但需要考虑其可持续性和市场的有效性。一些案例表明，某些在生命周期内低排放的生物能源措施能够减少 GHG 排放，但具体的减排成效取决于具体项目和地点，而且要依靠生物质能源系统的有效整合以及可持续的土地利用管

理。生物能大规模开发利用所面临的障碍还包括与其他土地利用存在竞争性关系，与粮食安全、水资源、生物多样性保护和人民生计等密切相关。

2. 林业和草原减排潜力

未来，中国将按照《林业发展"十三五"规划》《全国造林绿化规划纲要（2016—2020 年）》《全国森林经营规划（2016—2050 年）》等确定的发展目标，开展造林、森林可持续经营、森林质量提升、天然林保护、草地保护和改良、湿地保护等领域行动。我国森林固定 CO_2 的能力平均为 91.75 t/hm^2，远低于全球中高纬度地区 157.81 t/hm^2 的平均水平。我国现有森林 2.08 亿 hm^2，通过加强抚育经营，使其固碳能力提高到中高纬度地区的平均水平，可新增固碳能力 128.8 亿 t（国家林业和草原局，2016）。到 2050 年，我国森林蓄积量将达到 260.35 亿 m^3，比 2010 年增加 111.45 亿 m^3，单位面积蓄积量比 2010 年增加 40.26 m^3/hm^2，森林碳储量将会达到 11125.76 Tg，接近现有碳储量的 2 倍，碳储量年均增加 124.75 Tg，碳密度也会有很大程度的增大，达到 52.52 Mg/hm^2（李奇等，2018）。

29.3.4 林业和草原减排的障碍与政策

未来，林业和草原的减排也面临不少障碍和挑战，既有客观的自然条件，也有政策、机制和科技支撑等需要改进的方面。主要是：扩大森林面积的空间有限。全国现有宜林地、无立木林地、一般灌木林地和疏林地等林地面积 7212 万 hm^2，主要分布在西北干旱半干旱地区、西南干热河谷和石漠化地区等区域。这些地区立地条件差，造林难度大，成本高，成活率低，通过扩大造林面积增加森林资源的空间不足。

森林经营滞后。森林结构不合理，过密过疏林分多、密度适宜林分少，纯林多、混交林少，质量差，生态功能低。中幼龄林抚育严重滞后，通过森林经营调整优化森林结构、提升森林质量是一个长期过程，短期难以奏效。

森林保护面临较大压力。随着我国经济的不断发展，守住现有林业和草原土地资源底线的压力越来越大，林业发展空间有限。

林业和草原科技支撑不足。干旱区造林技术没有取得突破性进展，困难立地造林、低效林改造、森林作业法体系等关键技术研究滞后。森林经营理念落后，难以将先进的森林经营理念和技术有效转变为现实生产力。

林业生物质能等产业受技术、成果、市场和效益等诸多因素影响，发展不及预期，产业面临更多的不确定性。

因此提出如下政策建议。

（1）加大困难地造林科技投入，建立困难地造林科技支撑体系，依靠科技支撑未来林业和草原的可持续发展；

（2）建立森林经营规划制度。建立全国、省、县三级森林经营规划体系，构建"森林经营规划—森林经营方案—年度生产计划"管理体系，确保森林经营长期持续开展。落实全面保护天然林政策，加大天然林封育管护力度。

（3）加强草原综合管理技术和水平，既要满足放牧等生产活动需求，又要保持草畜平衡，提高植被覆盖率。

（4）鼓励林业参与多元化市场投资，特别是森林碳汇项目参与温室气体自愿减排交易和林业生物质能的开发利用。

29.4　城市废弃物处理减排技术

中国废弃物处理主要指固体废弃物处理和废水处理，其中固体废弃物主要包括生活垃圾、工业固体废弃物、危险废弃物、污泥和其他固体废弃物。温室气体排放主要源于固体废弃物填埋处理、焚烧处理、堆肥处理以及生活污水处理和工业废水处理。目前我国城市废弃物处理温室气体的排放控制研究比较成熟，减排成本相对较低且具有巨大的减排潜力，为减缓我国温室气体排放贡献，同时也对我国政府制订和实现社会经济发展规划及温室气体排放控制目标具有重要意义。

我国城市废弃物处理温室气体的减排技术可以分源头减排技术、过程减排技术和终端减排技术。源头减排技术包括生活垃圾的分类处理和回收利用、增加生活垃圾焚烧发电以减少垃圾填埋、废水处理的源头控制等技术。过程减排是填埋处理选择 CH_4 排放较少的半厌氧和准好氧处理技术，选用利于减少温室气体排放的生物覆盖层材料。生活垃圾处理的终端减排技术为填埋气回收利用和末端燃烧等；而污水处理的温室气体终端减排技术主要包括污水/污泥厌氧消化反应等。另外，近年来在我国各地兴起的水泥窑综合处置固体废弃物和污泥技术也是一种温室气体减排技术。但是处于试验应用阶段，也存在着不同的观点，并没有在全国推广。

29.4.1　城市废弃物处理温室气体排放现状

1. 城市废弃物的产生和处理现状

2014 年全国有 16393.74 万 t 城市固体废弃物被集中处理，垃圾无害化处理率为 91.8%；填埋量为 10744.27 万 t，焚烧处理量为 5329.9 万 t，焚烧率为 32.5%。2014 年全国有 1099 座危险废弃物集中处理厂，包括医疗废物集中处理厂数 240 座。共有 470.0 万 t 危险废弃物被集中处理，日处理能力为 104798 t，其中，焚烧处理量为 161.0 万 t。2014 年我国污泥产生量为 2801.5 万 t，其中，焚烧处置量为 621.54 万 t，污泥焚烧处理率达 22.20%。

我国生物处理方式主要是堆肥处理，其中 2014 年堆肥厂为 26 座，堆肥量为 319.59 万 t。全国城市垃圾的堆肥率分别为 1.94%（占无害化处理量），所占比例很小。

我国生活污水处理厂处理量与排放量呈现逐年增长趋势。截至 2014 年底，全国生活污水年排放量为 510.3 亿 t，处理量达 494.3 亿 t；COD 的产生量为 1830.6 万 t，去除量为 1190.9 万 t；氨氮的产生量为 232 万 t，去除量 110.7 万 t。2014 年工业废水排放量为 716.18 亿 t，排放量虽依然呈增加趋势，但增加幅度逐年减小。

2. 城市废弃物处理温室气体排放量

2014 年中国废弃物处理温室气体排放总量为 1.9195 亿 t CO_2eq，其中固体废弃物处理排放 1.007 亿 t CO_2eq（填埋、焚烧和生物处理），占 52.4%，废水处理排放 0.913 亿 t CO_2eq，占 47.6%。2014 年比 2012 年增加了近 21.29%。从气体种类构成看，CO_2、CH_4 和 N_2O 的排放分别占总量的 8.9%、71.8%和 19.3%。

从子领域排放情况来看（图 29.4），填埋处理 CH_4 排放 8022.8 万 t CO_2eq，占总排放量的 41.8%；生活污水排放的 CH_4 和 N_2O 合计 4844.53 万 t CO_2eq，占总排放量的 25.2%，工业废水 CH_4 排放 4284.84 万 t CO_2eq，占总排放量的 22.3%；废弃物焚烧排放的 CO_2、CH_4 和 N_2O 合计 2305.18 万 t CO_2eq，占总排放量的 10.4%；固体废弃物生物处理排放的 CH_4 和 N_2O 合计 36.858 万 t CO_2eq，仅占总排放量的 0.19%。

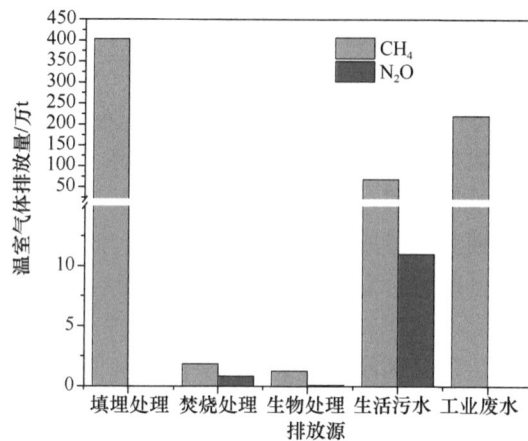

图 29.4 废弃物处理 2014 年温室气体排放情况

29.4.2 城市废弃物处理减排技术评价

1. 城市废弃物处理活动中减排的技术政策评价

为了减少废弃物管理系统中的温室气体排放，首先需减少垃圾填埋场中的甲烷排放。相关研究（Ngnikam et al.，2002）表明城市生活垃圾管理系统的生态后果评估主要针对以下方面：一方面垃圾填埋场或沼气池排放的 CH_4 回收后用于燃料的替代从而减少温室气体排放，另一方面是土壤中吸附的碳会随着堆肥处理定期增加，因此在潮湿的热带气候条件和经济发展水平下，传统的收集、填埋处理和沼气回收用来产生电力是更可取的。

在大多数发展中国家，在垃圾填埋场通常实行的垃圾处理措施可能导致废物管理不当或者处置不当。除了废物处理以外，城市固体废弃物可以通过回收利用成为有价值的产品，也就是能源回收，并且能源回收被广泛认为是废弃物管理层次结构的一个重要组成部分。因此迫切需要利用可再生能源，其中生物质气化可以作为一种可行的替代方案，减少环境污染，以及减少能源供需的差距，而城市生活垃圾产生的城市固体废物可以作为一种低成本或零成本的生物质气化来源（Wang et al.，2016）。早期阶段，我国研究人员研究能源回收时主要集中在固体废物管理的成本效益分析方面，现随着全球气候变暖，我国在制定政策促进和鼓励垃圾焚烧的同时，结合地理区域经济学对于不同地区垃圾焚烧方法进行选择。目前我国相关废弃物减排技术如下。

填埋气的导出和收集通常有两种形式：即竖向收集导出和水平收集导出方式。填埋气的最终利用途径包括：直接燃烧产生蒸气，用于生活或工业供热；通过内燃机发电，作为运输工具的动力燃料；用于 CO_2 工业；用于制造甲醇的原料；经深度净化处理后用作管道煤气等。对于我国生活垃圾的组成，适合实施垃圾填埋气的利用工程。我国的有机物部分则以食品垃圾为主，这种垃圾更适合垃圾填埋气的回收利用；同时，我国生活垃圾的 C/N 较低，这就使得我国生活垃圾的产气率较高，从而有利于填埋气的利用。对于生物覆盖层减排技术，填埋气通过填埋场覆盖层时，CH_4 可由覆盖层中的甲烷氧化菌氧化为 CO_2。虽然土壤具备氧化甲烷的能力，但其氧化效率一般，且土壤作为覆盖材料存在综合性能差、浪费填埋场库容等劣势。近年来研究者的视线逐渐从土壤覆盖层转向由堆肥、老垃圾、污泥等自身性能更优且便宜易得的材料构成的替代覆盖材料。通过在垃圾表面覆盖生物覆盖层，可以大幅度降低填埋气体无组织排放。

在准好氧填埋场，由于在填埋体内同时存在好氧、厌氧和兼性好氧区域，填埋垃圾中的易降解有机物得到充分降解，不但可以加快填埋场的稳定化进程，减少 CH_4 排放，同时可以有效降低垃圾渗滤液中有机污染物的浓度。其中准好氧填埋技术和生物覆盖层甲烷氧化技术是适合我国现阶段大量中小型填埋场 CH_4 减排要求的技术。

对于我国填埋场 CH_4 减排技术目前研究较多的还包括原位填埋场加速稳定化技术，是在填埋场封场并进行气体收集与利用一定时间之后，通过一定的设备或设施向填埋场注入空气，必要时辅以水分调节手段，使残余的可降解有机物在有氧条件下发生快速降解，生成稳定产物二氧化碳和水，从而使得填埋场尽早结束产甲烷过程，进入稳定化阶段。相比于传统厌氧填埋技术，单独使用原位填埋场加速稳定化技术可减少约 72%温室气体排放；若原位填埋场加速稳定化技术与填埋气收集相结合，温室气体排放可减少 96%。

机械生物预处理（MBT）技术主要由机械技术和生物技术组成，具有低能耗、环保等优点，由此，在填埋场管理比较差的地方或在填埋场地资源非常稀缺的地区，采用 MBT 技术能够迅速改变垃圾管理状况。此外，MBT 技术相对于直接填埋或者焚烧，有非常大的技术灵活性，可以根据当地的经济和生态状况进行调整，充分发挥其技术优势。目前我国依然是通过填埋方式处理各种垃圾，虽然个别发达城市推出垃圾分类的政策以及培养居民厨余垃圾与其他垃圾分开放置的意识，但是由于政策的实施管理问题和居民过往的生活习惯，垃圾分类回收的观念没有得到很好的普及。改变居民的"习惯"需要更好的城市管理政策，配合实施符合我国国情的 MTB 处理工艺，能解决我国混合回收垃圾产生污染等环境问题。MBT 处理技术作为一种预处理技术，减少了传统垃圾处理产生的各种污染问题，目的在于把生活垃圾无害化、资源化和减量化，防止二次污染的发生，使得废气垃圾在物质利用、能量利用和填埋处置方面得到提升，是一项很好的源头减排技术。垃圾渗滤液是由生活垃圾填埋作业后滤出的或垃圾分解以及自然降水的原因形成的一种高浓度的有机废水，且污染物浓度高，成分复杂，水质和水量波动性大。在温室气体方面，渗滤液处理是垃圾填埋场 N_2O 主要的产生与释放源之一。各处理步骤的渗滤液中溶解的 N_2O 浓度为 $0\sim1309$ ng/mL，N_2O 排放量为 $0\sim58.8$ ng/（mL·h）。其中，硝化与反硝化是渗滤液生物脱氮的主要过程。通常曝气池及出水中溶解的 N_2O 浓度较高，分别为 $24.4\sim274$ ng/mL 和 $12.72\sim99$ ng/mL；调蓄池及厌氧池中 N_2O 浓度相对较低，分别为 $0.062\sim18.6$ ng/mL 和 $0\sim4.2$ ng/mL。在渗滤液处理的不同阶段，N_2O 排放量和溶解的 N_2O 浓度均比较高，二者存在正相关关系。目前，国内外填埋场应用的渗滤液处理技术主要有生物法、物化法、土地处理技术、膜分离法及上述技术的各种组合形式等。

提高垃圾焚烧发电厂热效率已成为发达国家垃圾焚烧行业最重要的研究课题。垃圾焚烧发电符合国家对垃圾处理"三化"的要求，近年来发展极为迅速。目前，国内已建成焚烧设施的城市生活垃圾低位发热值大致为 4600 kJ/kg，含水率为 30%～60%，与发达国家城市相比，其特征是热值低、含水率高、成分复杂。城市生活垃圾包含橡胶、塑料等成分，燃烧过程中产生的烟气含有大量 HCl、SO_x、NO_x 等酸性气体，会对余热锅炉系统中的各换热部件产生腐蚀。随温度的不同，腐蚀程度有所变化。腐蚀程度与受热面管壁温度相关，在高温腐蚀区，当管壁温度超过 400℃后，腐蚀速度加快。因此，国内外主流的垃圾焚烧发电厂基本采用中温中压锅炉，主蒸气参数为 4MPa/400℃，垃圾焚烧发电厂的热效率仅有 20%～24%，约为常规火电厂的一半，还有较大的提升空间，可进一步减少 CO_2 排放量。废弃物的生物处理主要为好氧堆肥以及厌氧产沼。好氧堆肥工艺需要多次翻堆使得堆体保持相对的好氧状态，由于其自身条件的限制，操作过程中产生的温室气体将会无组织排放，但其工艺将垃圾中的有机质转化为可以被植物利用的形态，为低碳减排做出了贡献（Friedrich and Trois，2013）。我国现阶段好氧堆肥在低碳减排方面的技术趋势主要为提高好氧堆肥的效率以及采用滚筒等装置进行通风量的控制，在好氧堆肥效率的提高上可以降低加入的辅料（绿化废物等）的粒径，将腐熟的堆肥产品覆盖于堆体表面，采用翻堆效率更高的破碎翻垛机等方式。

污水处理中的厌氧产沼是利用产甲烷菌等菌种在厌氧的条件下将有机质转化为沼气，产沼之后的固态渣则可用于植物施肥。这种工艺由于其天然的厌氧优势，其运行过程中产生的温室气体很少，其产生的沼气以及肥料则减少了温室气体的排放。目前的发展趋势为高固体（固体含量相对较高）的厌氧产沼，提高产气率，提高反应速率，优化反应过程。我国目前具备污泥厌氧消化功能的城市污水处理厂不超过 60 座，而真正实现稳定运行的不足 20%，且大部分污泥厌氧消化设施存在产气率低、运行不稳定等缺点，未能发挥应有的工程效益。当前我国污泥厌氧消化面临的主要问题有：①城市污泥厌氧消化技术缺乏有针对性的分析工具，缺乏整体性、综合性及科学性相统一的行业发展规划；②污泥消化技术参数的选择没有和不同城市的泥质特征相结合；③污泥厌氧消化与下游处置技术产业的关系未能协调统一，致使大部分污泥处理处置系统资源化程度较低、设备运行效率不高、污泥厌氧消化产品出路较窄。

高效厌氧反应器处理有机废水沼气回收发电技术，主要用于产生高浓度的有机工业废水的行业，包括柠檬酸、制糖、酒精、造纸、养殖等行业，目前这些行业处理污水的主流方式是生化法处理，处理过程中会产生大量沼气。

水泥窑协同处置废弃物技术，水泥窑炉内呈碱性，有尾气净化和重金属高温固化的双重作用，利用水泥生产的废气处理系统，粉尘排放浓度很低，污染物排放量少，但是，该技术尚处在起步阶段。对于水泥厂处置危险废弃物的工作，目前混烧的可燃性废弃物数量太少，替代率过低，妨碍了该技术的推广。此外，我国污泥中水分含量在80%左右，如果没有相应的预处理，焚烧的能耗会非常大，不但不能减排，反而会增加间接排放。

废水处理的源头控制技术包括雨污分流、工业废水污染物的达标排放监管措施，以及节约用水减少排放等相关的控制措施。

2. 城市废弃物处理障碍分析

A. 固体废弃物处理障碍分析

a. 固体废弃物的分类问题

通常而言，固体废弃物是人们在生活、生产或者其他活动过程中所产生的固态、半固态废弃物质。此外还包含了有关政策法规规定的必须纳入到固体废弃物中的一些物品。一般对于固体废弃物的分类主要有以下几种。首先是工业固体废物，工业企业在自身的生产经营过程中所形成的废弃物统称为工业固体废物。最近几年来社会经济的发展让各类生产企业逐渐增多，工业固体废物的类型也变得更加复杂。例如，冶金行业往往会产生很多铬渣、高炉渣等含有重金属的废弃物；炼油行业会在生产过程中产生含油的污泥；机械行业会产生铁屑等。其次是生活垃圾，在城市和农村地区，人们在生活中所使用的各种物品产生的废弃物统称为生活垃圾。通常情况下，生活垃圾有烹饪餐饮剩下的餐厨废弃物、购置物品留下的废弃包装材料、农贸市场内产生的果蔬废弃物等。最后是农业固体废物，即在农业生产过程中留下的无法利用的废弃物，如秸秆、牲畜的粪便等。

固体废弃物的来源各不相同，其中通常包含很多有毒物质，如重金属和各种细菌，如果不能够对固体废弃物进行及时、有效地处理，其必然会对环境和人体造成危害。部分固体废弃物会产生硫化氢等，导致大气污染；部分废弃物会产生一些含有氨氮、重金属的滤液，从而造成水资源污染，如果这些滤液深入地下水，还会对人们的饮水安全造成威胁。

现在各国政府和垃圾管理机构正在寻找新方法回收更多的垃圾，并促使人们对垃圾分类给予更多的重视，很多城市已经开始试行，并制定了相应的法律法规。目前垃圾管理市场有大量以垃圾回收为生的企业，优化与完善回收技术已经成为各企业生存和发展的基石。

b. 相关的法律法规仍需完善

我国目前关于垃圾处理相关的法律体系并不完善，在各方面都还存在着较大的缺陷，并且目前只是提出了大概的框架，细致的内容都没有讲清讲明，且很多基本法规均为原则性内容，实际操作性不强，给依法防治垃圾污染带来困难。因此我国应该加快完善相关的法律法规以及配套的细化法规，且各地方政府也应积极发挥职能作用，制订和完善具体的地方生活垃圾处理相关法规和标准，使有关部门能够依法加强管理，规范生活垃圾处理行为。

c. 垃圾处理技术方法的选择

填埋处理技术目前作为我国最常用的垃圾处理技术，处理过程中除了会释放出大量的 CH_4 以外，实际上还存在诸多缺陷：垃圾填埋产生的渗滤液污染性较大且难以处理，填埋场的垃圾由于在厌氧环境中降解过程缓慢、垃圾稳定化时间太长，填埋气体利用较差，且 CH_4 的浓度较高会使得填埋场容易产生火灾，同时也容易产生爆炸事故，填埋场的选址较为困难。因此从诸多方面考虑，填埋技术的提高迫在眉睫。目前生物反应器填埋技术、好氧填埋技术、准好氧填埋技术、循环式准好氧填埋技术等垃圾填埋技术都已经研发出来，并逐渐投入使用，且各技术都仍在不断改善中。

目前除了填埋处理外，焚烧和堆肥处理是仅次于填埋处理的垃圾处理方式，目前由于焚烧处理用地量少，且可在短时间内处理大量的垃圾而开始逐渐推广，并且国家对于焚烧发电有一部分经济补贴，加快了焚烧处理的发展，也增加了焚烧处理的收益。

堆肥处理目前的发展并不是很乐观，但是堆肥处理也有很多优势。例如，堆肥预处理可以加快后续的垃圾稳定化过程，有利于减少渗滤液的同时减少有害物质的含量，并且可以提高垃圾焚烧率。堆肥处理要取得发展，关键是要降低堆肥成本，提高产品质量，开辟市场渠道，但前提是必须实现有机垃圾的分类收集。

目前我国垃圾的成分十分复杂，而垃圾成分实际也是垃圾处理技术的关键因素，单一的垃圾处理不能很好地实现垃圾无害化的目标，因此结合填埋、焚烧和堆肥的城市垃圾综合处理技术在未来有很大的发展前景。该技术可以使垃圾得到合理处理和利用，资源得到充分回收利用，处理效率高，同时又避免了单一处理技术的不足。首先将垃圾中的有机物进行堆肥处理，将剩余的可燃物进行焚烧处理，最后将剩余的无机垃圾以及堆肥产品和焚烧后的残渣进行填埋处理。这种垃圾处理技术不仅可以减少焚烧成本，也可避免渗滤液造成的污染，同时还可以极大地实现垃圾的无害化，降低垃圾处理费用，获得良好的环境效益，减少了温室气体排放，同时促进城市生态循环。

d. 废弃物处理管理不到位

目前来看，固体废弃物处理处置追求的是效率，以量化为准则。现行社会形势下，固体废弃物越来越多，面对大量的固体废弃物，为了完成任务，工作人员在处理固体废弃物的时候大多是量化处理，忽略处理过程中的管理，各部门之间的责任没有落实下去，行为较差的现象和推卸责任的现象时有发生，从而制约了固体废弃物处理处置产业的发展，而且现有的工作人员专业技术水平不高，对固体废弃物处理处置技术掌握不熟悉，从而造成固体废弃物处理处置质量不高。

B. 污废水处理障碍分析

a. 污废水处理行业存在一定的区域问题

污废水处理厂的建设具有典型的地域特征。一方面，根据现有的技术，排污管网建设成本非常高，不可能建立大范围城际传输管网；另一方面，由于污废水的成分复杂，混合传输不仅使污染难以控制，而且会产生难以预见的化学反应，所以污废水处理市场具有典型的区域性特征。

b. 污废水处理行业的技术问题

在污废水处理行业，活性污泥法是主要的处理方法。在近百年的发展历程中，活性污泥法的基本技术原理没有改变，但随着时代的变迁和新技术的更替，不断产生各种新工艺和吸收新技术，如常见的氧化沟工艺、SBR 工艺、A/O 工艺、A2/O 工艺、AB 法等。这些工艺方法在专用设备及设施的开发设计及后期的运营管理阶段，会涉及工程建设类相关专业，以及空气动力学、流体力学、微生物学、材料学、卫生学和工业自动化等门类众多的专业技术。污水处理厂运行的稳定性和运行时能耗、物耗的高低取决于对这些技术的集成能力和技术运用经验的累积，两者不可或缺。污水处理过程并不是以单纯的 BOD 去除、脱氮、脱磷或脱硫为目的，而是一个对污染物质的综合去除过程（顾夏声等，1985）。在工艺上，以温室气体减排为对象的各类污染物质的去除之间往往存在着矛盾，然而随着污水处理事业的进一步发展，将其与温室气体减排有机结合，必将为污水处理的发展带来新的契机，也将为全球气候变化做出积极的贡献。

c. 污废水处理的基础设施有待完善，排水管网后期维护工作没有跟上

许多城市污水收集管网配套率不高，具体有以下两种情况。

只重视排水管网主干道与污水处理工厂的建造规模，忽视结户支管与收集支管的建造，导致原有污水收集管网无法有效利用，不能充分发挥收集污水的作用。

一些较老城区的排水管道有很多都是雨水与污水共用管道，雨水管道中还包含着大部分的城市生活污水，致使污水管网结户支管改造后还不能与污水处理网相互配套，城市生活污水无法顺利接入主干道。

排水管网既承担着排放污水职责，也是收集城市污水的重要设施。使用过程中，管道发生破损，需及时修复以保障管网的正常使用。在实际工作中，管网维护工作做得很不够。远离市区或偏僻地方的管网，常常面临损坏而无人修理的局面，而市政设施建设导致管网破损，有时也得不到及时修理。

d. 前期工作有待加强

编制可行性研究报告是建设水资源污染处理相关项目重要的前提之一。可行性研究报告涵盖项目投资额度的大小、实施步骤的可操作性及建成后的营运效率等重要内容。其成果直接昭示着项目的未来发展和最终结果。但是，当前许多地区依然存在重视形象、政绩，忽视实际的问题。很多项目前期可行性研究做得不充足，缺乏考量实际状况就盲目开工，甚至某些项目为了能够尽快通过审查开工，使用虚假数据编制可行性报告，导致可行性研究失去本来的意义。许多规模庞大、投资巨大的污水处理项目自建成之日起就面临缺乏污水入厂的情况。

e. 污废水处理结果不能满足规范标准

部分污废水处理设施地处郊区，没有受到应有重视，其排放水体的管道被其他设施占用，加上配套的网管缺乏，导致这些设施处理后所排放出来的污废水质量远远达不到相关标准的要求。

从世界范围看，污水处理行业正处于重大变革的前夜，城市污水处理厂的功能将由单纯污染物削减，转变为集污染控制、能源生产和资源回收于一体的功能厂，现有污水处理政策、技术、标准、规范以及行业标杆都将面临新考验，中国污水处理事业将面临新挑战。

f. 处理技术效率和能耗需要进一步提高

以提高能源自给率为目标的提效改造进展迅速。应对气候变化和能源危机要求城市污水处理必须节能降耗，并开发能源，提高能源自给率，实现低碳污水处理。城市污水处理是高能耗行业，美国城市污水处理电耗占全社会总电耗的 3%以上；然而，城市污水中又蕴含着巨大潜能。据估计，污水所含潜在能量是处理污水能耗的 10 倍，全球每日产生的污水潜在能量约相当于 1 亿 tce，污水潜在能量开发可解决社会总电耗的10%（张自杰，2000）。基于欧洲经验，在提效改造的基础上，仅以高效厌氧消化等成熟技术进行能量回收，污水处理能源自给率就可达到 60%以上，有的污水处理厂甚至实现了完全能源自给。

为了进一步提高我国污水处理能力和效果，在积极应对气候变化、改善环境、节约能源方面有所作为，污水处理必须要提高污水处理技术效率，减少能耗，增加智能化控制。

参 考 文 献

卞春涛. 2015. 合成氨工业节能减排的分析. 化工管理, 1(5): 211-213.

蔡松锋, 黄德林. 2011. 我国农业源温室气体技术减排的影响评价——基于一般均衡模型的视角. 北京农业职业学院学报, 25(2): 24-29.

邓云坤, 马仪, 陈先富, 等. 2017. 六氟化硫替代气体研究进展综述. 云南电力技术, 45(2): 124-128.

董红敏, 林而达, 杨其长. 1995. 中国反刍动物甲烷排放量的初步估算及减缓技术. 农业生态环境学报, 11(3): 4-7.

冯金敏, 颜鍠鍠, 张博雅, 等. 2012. 中国 HFC-23 排放预测与 CDM 项目的影响分析. 北京大学学报(自然科学版), 48(2): 310-316.

高峰, 曹艳翠, 刘宇, 等. 2016. 中国原镁生产温室气体排放的影响因素分析. 环境科学与技术, 5(15): 195-199.

顾夏声, 黄铭荣, 王占生. 1985. 水处理工程. 北京: 清华大学出版社.

国家林业和草原局. 2016. 全国森林经营规划(2016—2050 年). http://www.forestry.gov.cn/main/58/content-892769.html[2021-5-17].

韩冰. 2015. 我国合成氨工业节能减排技术进展. 石化技术, 22(7): 67-68.

郝敬泉, 华卫琦, 查志伟, 等. 2012. 己二酸生产技术进展及市场分析. 现代化工, 32(8): 1-4.

康莉. 1999. 生产己二酸的"绿色"路线. 石油与天然气化工, (2): 3-5.

李健陵, 李玉娥, 周守华, 等. 2016. 节水灌溉、树脂包膜尿素和脲酶/硝化抑制剂对双季稻温室气体减排的协同作用. 中国农业科学, 49(20): 3958-3967.

李平, 王俊杰. 2017. 水泥行业节能减排技术集成与案例分析. 江苏建材, 17(4): 11-14.

李奇, 朱建华, 冯源, 等. 2018. 中国森林乔木林碳储量及其固碳潜力预测. 气候变化研究进展, 14(3): 287-294.

李顺江, 刘静, 杜连凤, 等. 2018. 规模化畜禽养殖污染减排的技术模式. 世界环境, (3): 56-58.

李香兰, 马静, 徐华, 等. 2008. 水分管理对水稻生长期 CH_4 和 N_2O 排放季节变化的影响. 农业环境科学学报, (2): 535-541.

李志刚, 蔡巍, 李帆. 2016. 六氟化硫气体的全寿命周期管理. 华北电力技术, (5): 29-34.

梁方建, 王钰, 王志龙, 等. 2010. 六氟化硫气体在电力设备中的应用现状及问题. 绝缘材料, 43(3): 43-46.

刘晶, 段锐. 2014. 水泥生产 CO_2 减排技术及案例分析. 山西建筑, 2(28): 11-14.

刘援, 孙丹妮, 张建君, 等. 2018. 中国履行《蒙特利尔议定书(基加利修正案)》减排三氟甲烷的对策分析. 气候变化研究进展, 14(4): 423-428.

马丁, 陈文颖. 2015. 中国钢铁行业技术减排的协同效益分析. 中国环境科学, 35(1): 298-303.

马艳芹, 钱晨晨, 孙丹平, 等. 2016. 施氮水平对稻田土壤温室气体排放的影响. 农业工程学报, 32(s2): 128-134.

米松华, 黄祖辉. 2012. 农业源温室气体减排技术和管理措施适用性筛选. 中国农业科学, 45(12): 4517-4527.

石华信, 2015. 不产生 N_2O 的合成己二酸新技术. 石油石化节能与减排, 5(2): 40.

苏乐桀, 赵锦洋, 胡建信. 2015. 中国电力行业 1990—2050 年温室气体排放研究. 气候变化研究进展, 11(5): 353-362.

唐承桥. 2018. 平板玻璃窑炉节能减排措施浅析. 玻璃, 45(1): 47-54.

唐文骞, 张友森. 2013. 我国硝酸工业生产现状分析及发展建议. 化肥工业, 40(1): 31-35.

王晓萌, 孙羽, 王麒, 等. 2018. 稻田温室气体排放与减排研究进展. 黑龙江农业科学, (7): 149-154.

王燕谋. 2009. 中国水泥工业致力于减排 CO_2 的现状和展望. 中国水泥, 1(11): 17-20.

王一华. 2018. 分析水泥行业节能减排的技术途径. 现代物业, 1(3): 18-19.

吴玉波, 徐勃, 冯辉, 等. 2010. 硝酸装置 N_2O 减排工艺与技术经济分析. 化学工程, 38(10): 52-55.

伍芬琳, 张海林, 李琳, 等. 2008. 保护性耕作下双季稻农田甲烷排放特征及温室效应. 中国农业科学, (9): 2703-2709.

相震. 2011a. 减排全氟化碳应对全球气候变化. 三峡环境与生态, 33(4): 15-18.

相震. 2011b. 铝电解工业全氟化碳减排途径研究. 环境科技, 24(5): 59-61.

相震. 2012. 半导体制造业降低全氟化碳(PFC_S)排放的研究. 环境科学与管理, 37(6): 55-58.

徐玉秀, 郭李萍, 谢立勇, 等. 2016. 中国主要旱地农田 N_2O 背景排放量及排放系数特点. 中国农业科学, 49(9): 1729-1743.

尹升宝. 2014. 浅析硝酸生产技术及双加压法的前景分析. 化工管理, (8): 171.

张卫红, 李玉娥, 秦晓波, 等. 2015. 应用生命周期法评价我国测土配方施肥项目减排效果. 农业环境科学学报, 34(7): 1422-1428.

张自杰. 2000. 排水工程(下册). 4 版. 北京: 中国建筑工业出版社.

赵鹏姝, 周一明, 田里, 等. 2016. 生活垃圾卫生填埋甲烷排放及减排研究进展. 中国农学通报, 32(18): 104-108.

赵永存, 徐胜祥, 王美艳, 等. 2018. 中国农田土壤固碳潜力与速率:认识、挑战与研究建议. 中国科学院院刊, 33(2): 191-197.

中国尽早实现二氧化碳排放峰值的实施路径研究课题组. 2017. 中国碳排放尽早达峰. 北京: 中国经济出版社.

Allen S K, Plattner G K, Nauels A, et al. 2007. Climate Change 2013: The Physical Science Basis. Contribution to the Fifth Assessment Report of the Intergovernmental Panel on Climate Change (Intergovernmental Panel on Climate Change). Computational Geometry, 18(2): 95-123.

Beach R H, Creason J, Ohrel S B, et al. 2015. Global mitigation potential and costs of reducing agricultural non-CO_2 greenhouse gas emissions through 2030. Journal of Integrative Environmental Sciences, 12:87-105.

Dion L, Simon G, Frederic P, et al. 2018. Universal approach to estimate perfluorocarbons emissions during individual high-voltage anode effect for prebaked cell technologies. JOM, 70: 1887-1892.

EDGAR. 2018. Emission Datebase for Global Atmospheric Research (EDGAR), release version 4.2. European Commission, Joint Research Centre (JRC)/Netherlands Environmental Assessment Agency (PBL): 2011. http://edgar.jrc.ec.europa.eu[2021-9-28].

Fang X K, Miller B R, Su S S, et al. 2014. Historical emissions of HFC-23 (CHF3) in China and projections upon policy options by 2050 . Environmental Science & Technology, 48 (7): 4056-4062.

Fang X, Xia H, Greet J M, et al. 2013. Sulfur hexafluoride (SF6) emission estimates for China: An inventory for 1990−2010 and a projection to 2020. Environmental science & technology, 47: 3848-3855.

Frank S, Havlik P, Stehfest E, et al. 2019. Agricultural non-CO_2 emission reduction potential in the context of the 1.5℃ target. Nature Climate Change, 9: 66-72.

Friedrich E, Trois C. 2013. GHG emission factors developed for the recycling and composting of municipal waste in South African municipalities. Waste Management, 33(4): 2020-2531.

Intergovernmental Panel on Climate Change. 2014. IPCC 2014: Summary for Policymakers in Climate Change 2014: Impacts, Adaptation, and Vulnerability. Part A: Global and Sectoral Aspects. Contribution of Working Group II to the Fifth Assessment Report of the Intergovernmental Panel on Climate Change. Cambridge: CambridgeUniversity Press.

IPCC. 2013. Climate Change 2013: The Physical Science Basis. Contribution of Working Group I to the Fifth Assessment Report of the Intergovernmental Panel on Climate Change. Cambridge: Cambridge University Press.

IPCC. 2014. Climate Change 2014: Mitigation of Climate Change: Working Group III Contribution to the Fifth Assessment Report of the Intergovernmental Panel on Climate Change. New York, NY: Cambridge University Press.

Jeong S T, Kim G W, Hwang H Y, et al. 2017. Beneficial effect of compost utilization on reducing greenhouse gas emissions in a rice cultivation system through the overall management chain. Science of the Total Environment, 613-614: 115-122.

Montzka S A, Velders G J M, Krummel P B, et al. 2018. Global Ozone Research and Monitoring Project-Report No.58. Geneva: World Meteorological Organization.

Nayak D, Saetnan E, Cheng K, et al. 2015. Managing opportunities to mitigate greenhouse gas emissions from Chinese agriculture. Agriculture, Ecosystems and Environment, 209: 108-124.

Ngnikam E, Tanawa E, Rousseaux P, et al. 2002. Evaluation of the potentialities to reduce greenhouse gases (GHG) emissions resulting from various treatments of municipal solid wastes (MSW) in moist tropical climates: Application to Yaounde. Waste Management & Research the Journal of the International Solid Wastes & Public Cleansing Association Iswa, 20(6): 501-513.

Peng S Z, Yang S H, Xu J Z, et al. 2011. Field experiments on greenhouse gas emissions and nitrogen and phosphorus losses from rice paddy with efficient irrigation and drainage management. Science China Technological Sciences, 54(6): 1581.

Trudinger C M, Fraser P J, Etheridge D M, et al. 2016. Atmospheric abundance and global emissions of perfluorocarbons CF_4, C_2F_6 and C_3F_8 since 1800 inferred from ice core, firn, air archive and in situ measurements. Atmospheric Chemistry and Physics, 16: 11733-11754.

Tubiello F N, Salvatore M, Ferrara A F, et al. 2015. The contribution of agriculture, forestry and other land use activities to global warming, 1990–2012. Global Change Biology, 21(7): 2655-2660.

USEPA. 2012. Global Anthropogenic Non-CO_2 Greenhouse Gas Emissions: 1990-2030. Washington: Unites States Environmental Protection Agency.

Velders G J M, Fahey D W, Daniel J S, et al. 2015. Future atmospheric abundances and climate forcings from scenarios of global and regional hydrofluorocarbon (HFC) emissions. Atmospheric Environment, 123: 200-209.

Verheijen O, Van Kersberge M, Lessmann S. 2017. Improving Energy Efficiency of Glass Furnaces//Sundaram S K. 77th Conference on Glass Problems: Ceramic Engineering and Science Proceedings, Volume xxxviii Issue 001. New York: John Wiley & Sons.

Wang X, Teng F, Zhang J. 2018. Challenges to addressing non-CO_2 greenhouse gases in China's long-term climate strategy. Climate Policy, 18(8): 1059-1065.

Wang Y, Geng S, Zhao P, et al. 2016. Cost–benefit analysis of GHG emission reduction in waste to energy projects of China under clean development mechanism. Resources Conservation & Recycling, 109: 90-95.

第30章 CCUS 技术发展评估及展望

首席作者：张九天 张贤

主要作者：王涛 孙楠楠 魏宁 樊静丽 徐冬

摘 要

CCUS 是实现碳中和目标技术组合的重要组成部分。本章概述了 CCUS 技术的定义、技术分类和成熟度，分别从全球和中国角度梳理了 CCUS 示范工程项目和进展，并通过介绍国内外 CCUS 的支持政策，阐述了开展 CCUS 的成功经验。从潜力和需求视角评估了我国 CCUS 的理论地质封存潜力、利用技术减排潜力、地质利用与封存潜力及其在能源电力、工业等各部门的应用潜力，并对 CCUS 技术的能耗与成本、投资价值、社会效益和商业模式等方面进行了综合评估。在此基础上，提出了新形势下我国发展 CCUS 的建议。

30.1 CCUS 技术进展与政策评估

30.1.1 CCUS 技术介绍

1. CCUS 技术定义及各环节介绍

近年来，随着全球减排压力的增大，CCUS 技术的内涵和外延在不断扩展。IPCC 将二氧化碳捕集和封存（carbon capture and storage，CCS）定义为，将 CO_2 从工业或相关能源产业的排放源中分离出来，输送并封存在地质构造中，长期与大气隔绝的过程[①]。2009 年，在碳捕集领导人论坛（CSLF）上，中国结合本国实际，建议在 CCS 原有三个环节的基础上增加 CO_2 利用环节，并正式提出 CCUS 的概念，此后 CCUS 这一提法在世界范围内被广泛接受和使用。CCUS 技术还可提供一种从大气中清除 CO_2 的方法，即"负排放"。《全球升温 1.5℃特别报告》着重介绍了两种负排放技术，即直接空气捕集（direct air capture，DAC）技术和生物质能碳捕集和封存（bioenergy with carbon capture and storage，BECCS）技术。DAC 技术是指直接从大气中捕集二氧化碳，并将其利用或封存的过程。BECCS 技术是指将生物质燃烧或转化过程中产生的 CO_2 进行捕集、利用或封存的过程。

本报告从广义角度将 CCUS 定义为，将二氧化碳从工业、能源生产等排放源或空气中捕集分离，并输送到适宜的场地加以利用或封存，最终实现 CO_2 减排的技术。CCUS 技术作为

[①] IPCC. 2005. IPCC Special Report on Carbon Dioxide Capture and Storage.

一项可以实现化石能源大规模低碳利用的技术，是未来我国实现碳中和、保障能源安全和促进可持续发展的重要手段；构建低成本、低能耗、安全可靠的 CCUS 技术体系和产业化集群，可为化石能源低碳化利用提供技术选择，为我国实现碳中和目标和应对气候变化提供技术保障和技术支撑。

CCUS 按技术流程可分为捕集、运输、利用与封存四个环节（图 30.1），各技术环节简要概述如下。

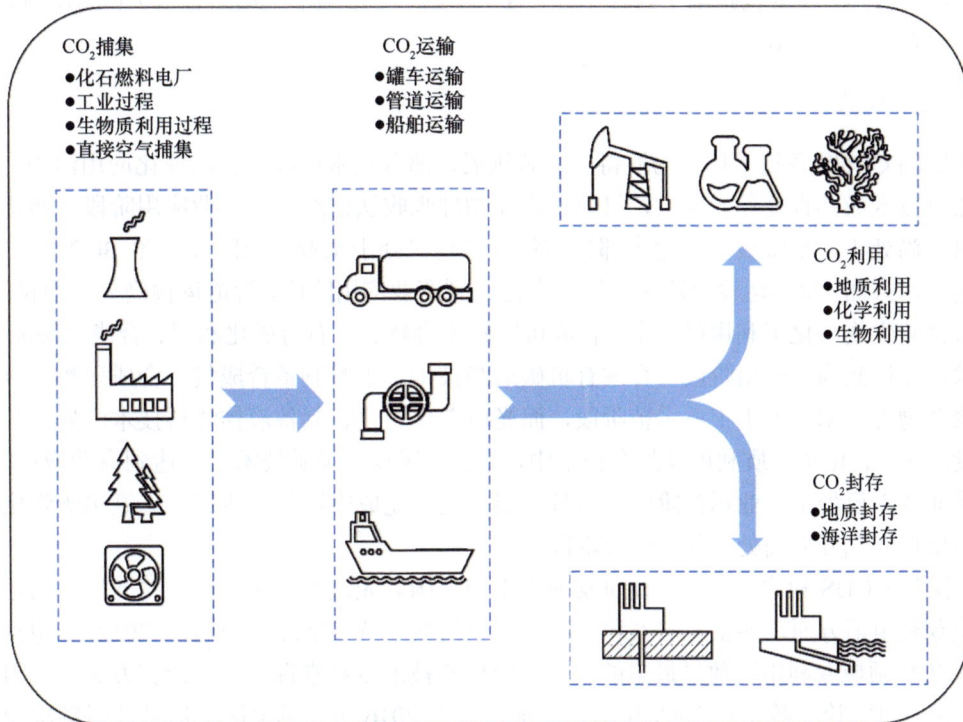

图 30.1　全流程 CCUS 技术示意图

CO_2 捕集是指利用吸收、吸附、膜分离、低温分馏、富氧燃烧等技术将不同排放源的 CO_2 进行分离和富集的过程。压缩指将捕集后的低压 CO_2 进行多级增压和温控，使其达到运输所需状态，如低温液态、超临界态等。捕集过程的碳源主要针对电力、钢铁、水泥、化工等能源生产和工业过程等大型集中排放源，而"负排放"的提出又将 CO_2 捕集的碳源拓展至生物质、大气、分散碳排放等领域。依据 CO_2 捕集工艺和碳源之间集成方式不同，CO_2 捕集可分为工业过程、燃烧后捕集、燃烧前捕集和富氧燃烧捕集四种主要形式。捕集技术按照能耗与成本可进行代际划分。其中，第一代捕集技术指现阶段已能进行大规模示范的技术，第二代捕集技术指技术成熟后能耗和成本可比成熟后的第一代技术降低 30% 以上的新技术。

CO_2 运输是指将捕集的 CO_2 运送到可利用或封存场地的过程，主要包括船舶、铁路、公路罐车以及管道运输等不同方式。一般来说，小规模和短距离运输可考虑选用公路罐车，而长距离规模化运输或 CCUS 产业集群优先考虑管道运输。

CO_2 利用是指利用 CO_2 的不同理化特征，生产具有商业价值的产品，主要包括地质利用、化工利用和生物利用三种形式。其中，CO_2 利用技术是将 CO_2 作为工质强化地下能源与资源开采，同时实现 CO_2 地质隔离的技术。主要用于强化石油、天然气、地热、咸水、铀矿、页岩气等资源开采。CO_2 化工利用技术是通过化工过程，将 CO_2 和其反应物转化成能源燃料、高附加值化学品以及矿物材料等目标产物从而实现 CO_2 减排的技术。CO_2 生物利用技术是通过生物转化过程将 CO_2 转化成食品、饲料、生物肥料和生物燃料等有用产品，且实现 CO_2 减排的技术。

CO_2 地质封存是指通过工程技术手段将捕集的二氧化碳注入深部地质储层，实现与大气长期隔绝的技术，主要包括陆上封存（陆上咸水层封存、枯竭油气田封存等）和离岸封存（又称海洋封存）两种方式。

2. 技术成熟度

我国的 CCUS 各技术环节均取得了显著进展，部分技术已经具备商业化应用潜力。二氧化碳捕集技术成熟程度差异较大，目前燃烧前物理吸收法已经处于商业应用阶段，燃烧后化学吸附法尚处于中试阶段，其他大部分捕集技术均已处于工业示范阶段（图 30.2）。二氧化碳运输技术方面，罐车运输及船舶运输技术已达到商业应用阶段，管道运输尚处于中试阶段。在二氧化碳生物与化工利用技术中，合成可降解聚合物、磷石膏矿化利用、合成氰酸酯/聚氨酯技术已经达到商业应用阶段，合成有机碳酸酯技术、重整制备合成气、合成甲醇、合成可降解聚合物等技术已处于工业示范阶段，而光电催化转化、制备液体燃料技术尚处于基础研究阶段。在二氧化碳地质利用及封存技术中，二氧化碳浸采采矿技术已经达到商业应用阶段，强化采油技术已处于工业示范阶段，驱替煤层气也已完成中试阶段研究，二氧化碳强化天然气、强化页岩气开采尚处于基础研究阶段。

与国外 CCUS 相比，我国整体研发应用水平与国际先进水平相当，但关键技术仍存在差距。在专利申请方面，各主要国家和组织专利申请数量持续增加，中国于 2012 年超越美国成为 CCUS 领域专利申请数量最多的国家，但核心技术专利掌握不多。论文方面，中国学者 CCUS 领域研究论文数量自 2009 年迅速增加，并在 2016 年超越美国，但是被引频次较低，论文总体影响力不高；美国在 CCUS 论文成果方面一直处于领先地位，是各国合作的主要对象。在关键技术应用方面，燃烧前物理吸收法、罐车运输、船舶运输、浸采采矿技术、合成可降解聚合物等技术国内外水平相当，我国 CO_2 驱替煤层气（ECBM）、CO_2 制备烯烃技术水平国际领先。对于 CO_2 捕集潜力最大的燃烧后化学吸收法、CO_2 输送潜力最大的管道运输技术以及经济效益更好、封存潜力更强的 CO_2 强化采油技术（EOR），国外均已进入了商业示范阶段，我国还处于工业示范阶段或中试阶段，与国外差距明显。

30.1.2 国内外示范工程

我国已具备大规模捕集及封存利用的工程能力，正在积极筹备全流程 CCUS 产业集群。国家能源集团鄂尔多斯 CCUS 示范项目已成功开展了 10 万 t/a 规模的 CCUS 全流程示范。中石油吉林油田 EOR 项目是全球正在运行的 21 个大型 CCUS 项目中唯一一个中国项目，也是亚洲最大的 EOR 项目，注入能力已达到 120 万 t/a，封存能力可达 60 万 t CO_2/a（GCCSI，2018）。国家能源集团国华电力锦界电厂 15 万 t/a 燃烧后 CO_2 捕集与封存全流程示范项目已于 2019 年开始建设，建成后将成为我国最大的燃煤电厂 CCUS 示范项目。中石化胜利油田 EOR 示范项目计划于 2020 年前将 CO_2 封存规模扩大至 40 万 t/a。延长石油碳捕集与封存一体化项目计划于 2021 年前将 CO_2 封存规模扩大至 41 万 t/a。中石化已完成 100 万 t/a 输送能力的大规模管道项目的初步设计，其中石化苏北油田 EOR 示范项目计划于 2021 年将 CO_2 封存规模扩大至 50 万 t/a（GCCSI，2019）。中石油和油气行业气候倡议组织（OGCI）正在新疆筹建 CCUS 产业中心，初始规模达到 300 万 t CO_2/a，并计划于 2020～2030 年将捕集规模推动到 1000 万 t CO_2/a。

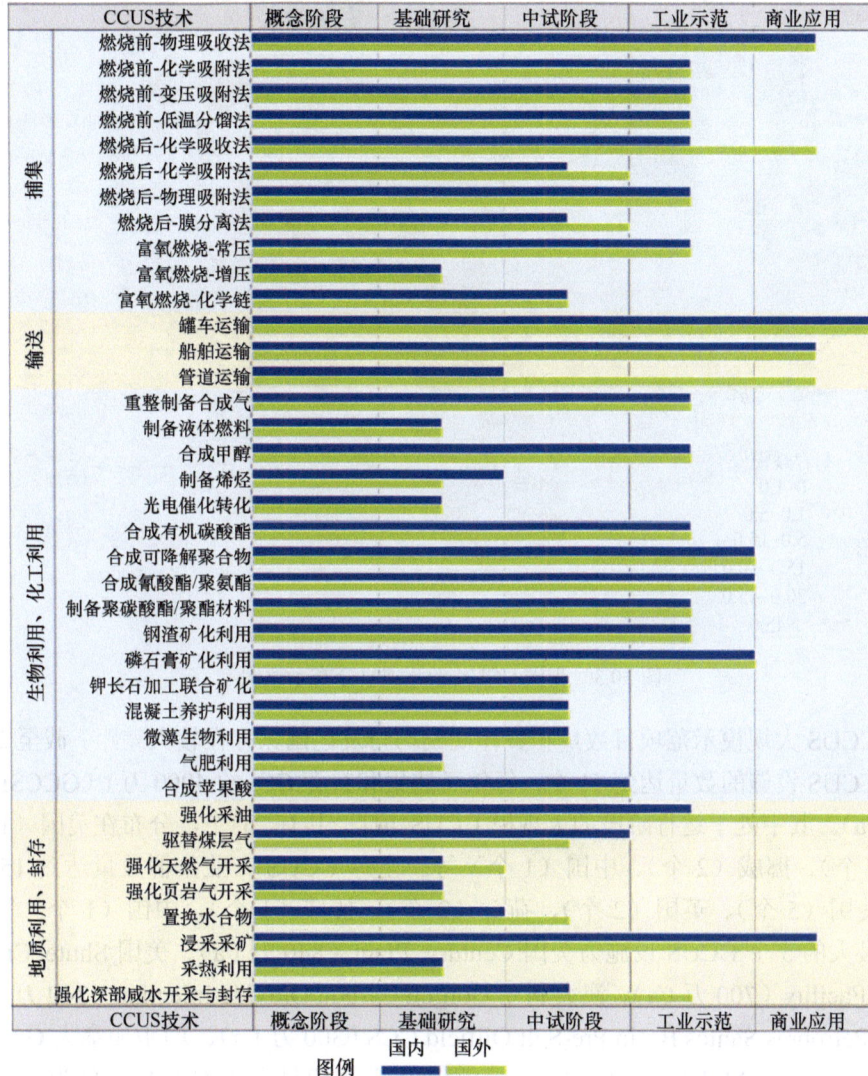

图 30.2　国内外 CCUS 各环节主要技术发展水平（2019）

概念阶段：提出概念和应用设想；基础研究：完成实验室环境下的部件或小型系统的功能验证；
中试阶段：完成中等规模全流程装置的试验；工业示范：1～4 个工业规模的全流程装置正在运行或者完成试验；
商业应用：5 个以上工业规模正在或者已经完成运行

　　我国 CCUS 技术项目遍布 19 个省份，捕集源的行业和封存利用的类型呈现多样化分布。截至 2020 年，我国已建成 36 个 CCUS 示范项目（图 30.3），累计注入封存 CO_2 超过 200 万 t。我国 13 个涉及电厂和水泥厂的纯捕集示范项目总体捕集规模达 85.65 万 t CO_2/a，11 个 CO_2 地质利用与封存项目相关项目的累计利用规模达 182.1 万 t CO_2/a，其中 EOR 的 CO_2 利用规模约为 154 万 t/a。我国 CO_2 捕集源覆盖燃煤电厂的燃烧前、燃烧后和富氧燃烧捕集，燃气电厂的燃烧后捕集，煤化工的 CO_2 捕集，以及水泥窑尾气的燃烧后捕集等多种技术。CO_2 封存及利用涉及咸水层封存、EOR、ECBM、地浸采铀、CO_2 矿化利用、CO_2 合成可降解聚合物、重整制备合成气、微藻固定等方式，并开展了海上封存的可行性研究。

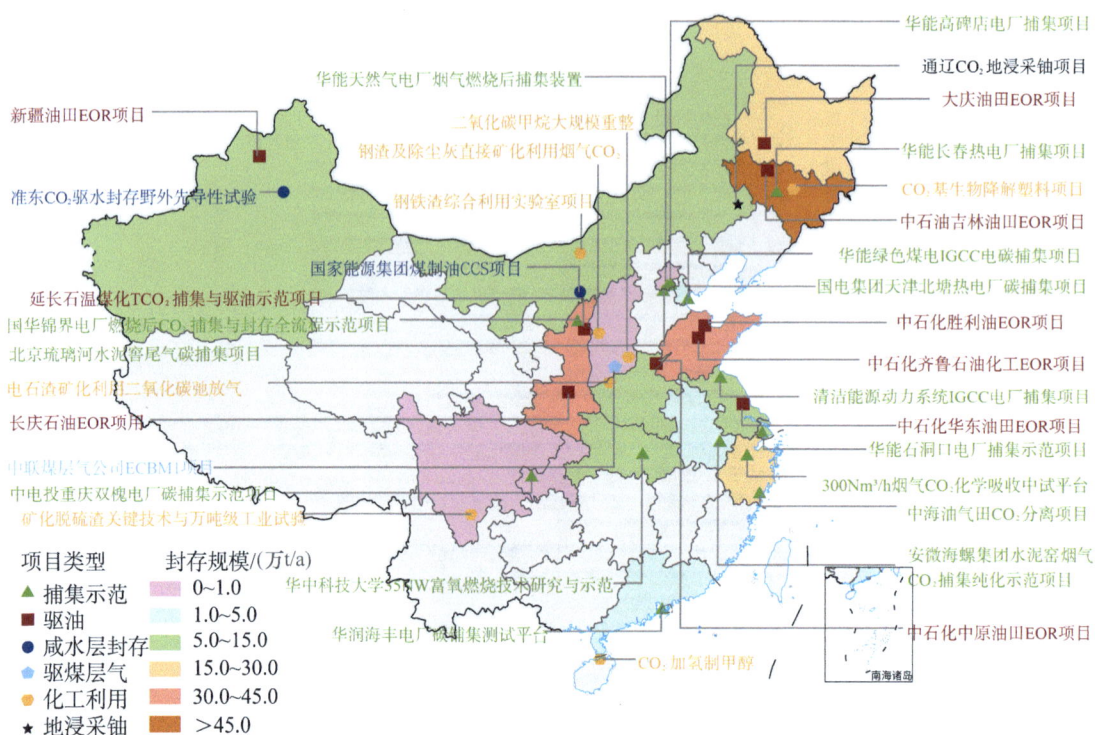

图 30.3　我国 CCUS 示范项目分布示意图

我国 CCUS 大规模示范项目数量和整体规模均与发达国家存在较大差距。截至 2020 年，全球大型 CCUS 设施的数量达到 51 个，每年可捕集和封存 CO_2 约 4000 万 t（GCCSI，2019；IEA，2020a）。其中处于运行阶段的大规模 CCUS 项目[①]共有 21 个，分布在美国（10 个）、加拿大（4 个）、挪威（2 个）、中国（1 个）等。全球 CCUS 产业集群数量达到 15 个，其中分布在美国（5 个）、英国（2 个）、荷兰（2 个）、挪威（1 个）、中国（1 个）等。当前全球规模最大的 5 个 CCUS 设施为美国 Century Plant（840 万 t/a）、美国 Shute Creek Gas Processing Facility（700 万 t/a）、澳大利亚 Gorgon Carbon Dioxide Injection（340 万～400 万 t/a）、巴西 Petrobras Santos Basin Pre-Salt Oilfield CCS（300 万 t/a）、美国/加拿大 Great Plains Synfuels （Weyburn/Midale）（300 万 t/a）。我国当前规模最大的 CCUS 设施为中石油吉林油田 CO_2-EOR 项目（60 万 t/a）。全球计划中规模最大的 4 个 CCUS 产业集群为美国 Gulf of Mexico CCUS Hub（660 万～3500 万 t/a）、美国 Integrated Midcontinent Stacked Carbon Storage Hub（190 万～1940 万 t/a）、英国 Zero Carbon Humber（1830 万 t/a）、美国 Wabash Carbonsafe（150 万～1800 万 t/a）。我国新疆 CCUS 产业中心预计建成后规模达到 20 万～300 万 t/a。

我国 CCUS 技术集成、海底封存和工业应用与国际先进水平差距较大。一是我国尚未开展百万吨级的 CCUS 技术全流程集成示范，与美国、加拿大等拥有多个全流程 CCUS 技术示范项目经验的国家差距明显。二是海洋 CO_2 封存能力薄弱，与美国、挪威等国技术差距较大。挪威政府近期批准了欧洲首个区域合作大规模全流程碳捕集与封存项目——长船项目，将从垃圾焚烧厂和水泥厂捕集的二氧化碳运输到北海海底的一个近海封存地点进行永久封存。长

---

① 大规模 CCUS 项目是指年二氧化碳捕获能力在 40 万 t 或以上的设施.

船项目第一阶段将于 2024 年投入运营，预计初期每年可注入和封存 150 万 t CO_2。三是工业领域 CCUS 技术示范滞后，落后于欧洲和中东国家。阿联酋的 Al Reyadah CCUS 项目从钢铁厂排放的烟气中捕集 CO_2 并用于 EOR。作为阿联酋建立 CCUS 大型网络枢纽的一部分，该项目目前每年捕集、运输和注入 80 万 t CO_2。

30.1.3　我国 CCUS 相关政策

我国政府高度重视 CCUS 技术发展，出台系列政策推进 CCUS 技术研发和示范，在政策法规完善、重点领域支持、经费投入力度、体制机制设计和能力建设等方面均取得了显著进展。

出台支持 CCUS 发展系列政策，形成多部门协同推进的良好局面。在"十一五"初期，国务院相继出台《国家中长期科学和技术发展规划纲要（2006—2020 年）》《中国应对气候变化国家方案》，明确 CCUS 技术的战略定位。国家发展改革委、科技部、生态环境部、自然资源部、工业和信息化部、财政部、中国人民银行等十几家部委单位相继出台 30 余项 CCUS 系列政策或规划路线，鼓励相关企业积极探索、发展 CCUS 技术，其中包括《"十二五"国家应对气候变化科技发展专项规划》《关于推动碳捕集、利用和封存试验示范的通知》《关于加强碳捕集、利用和封存试验示范项目环境保护工作的通知》《二氧化碳捕集、利用与封存环境风险评估技术指南（试行）》《中国碳捕集利用与封存技术发展路线图》等。

不断深化 CCUS 政策支持领域，初步形成以技术研发和示范为要点，重点行业全覆盖的政策支撑体系。我国 CCUS 技术政策涉及的领域范围逐渐扩大，在国家及部委出台的近三个"五年规划"中，有 14 项涉及 CCUS 技术，全面覆盖包括火电、水泥、钢铁、化工、石油和食品等在内的多个重点排放行业和 CO_2 利用行业。政策关注重点已由顶层规划逐步向具体化、可操作、可执行、可示范、可推广的方向发展，并通过国家重点研发计划、国家重点基础研究发展计划（"973 计划"）、国家高技术研究发展计划（"863 计划"）和国家科技支撑计划，对 CCUS 相关基础研究、技术研发与示范进行了系统部署。推动 CCUS 技术的研发和示范，不断支持和推动 CCUS 发展。

逐步加大 CCUS 研发经费支持力度，形成经费额度、项目数量和技术类别等方面不断强化的国家重点项目支持体系。"十一五"期间，针对 CCUS 基础研究与技术开发，通过相关国家科技计划和科技专项支持项目约 20 项，投入总经费超过 10 亿元。"十二五"期间，针对全流程技术示范的投入力度明显加强，通过 CCUS 技术项目群，投入总经费超过 20 亿元。"十三五"期间，在国家重点研发计划"煤炭清洁高效利用和新型节能技术"重点专项中，针对 CCUS 立项部署了 2 个基础研究类、9 个共性关键技术类项目，涵盖 CO_2 分离捕集、封存、利用等技术环节。

不断加强能力建设，积极开展双边多边合作，促进 CCUS 技术国际交流。我国政府高度注重 CCUS 相关能力建设及国际合作，科技部推动成立了中国 CCUS 产业技术创新战略联盟，旨在促进 CCUS 关键技术研发、集成、中试和示范，加强国内 CCUS 技术研发与示范平台建设，促进产学研结合；积极参与国际标准制定，与 CSLF、IEA、全球碳捕集与封存研究院（GCCSI）、油气行业气候倡议组织（OGCI）等国际组织开展了广泛合作，与欧盟、美国、澳大利亚、加拿大、意大利等国家和地区围绕 CCUS 开展了多层次的双多边科技合作，在发展 CCUS 技术方面贡献了中国力量。

不同于我国 CCUS 相关政策以鼓励研发示范为主，欧美发达国家在推动 CCUS 技术方面更加侧重商业化和促成CCUS产业集群发展。长期以来，美国、英国、加拿大、挪威、日本等发达国家持续投入资金激励CCUS技术的研发，并通过制定一系列强制性政策、激励机制及相关法律法规保障CCUS实施，这些举措对于未来我国制定CCUS政策及法律法规具有一定的借鉴意义。

我国在促进CCUS技术发展的具体约束性政策机制方面有待尝试。以碳税和碳交易机制为代表的碳定价政策有效促进了挪威和欧盟国家的CCUS示范部署。挪威通过征收碳税促成了国家石油公司的Sleipner CCUS和Snøhvit CCUS项目；荷兰和瑞典等国家依托碳税机制也为企业采用CCUS技术带来巨大的利益驱动。以电力部门为主的CCUS约束性政策实现了美国、加拿大等部分发达国家的强制脱碳。2012年美国的《清洁能源安全法案》规定，到2015年，大型公共事业单位至少24%的电力来自清洁能源技术，从2005年开始，每年增加3%，直至2035年达到84%（GCCSI，2012）。英国为了确保CCUS技术得以实施，通过《电力法》将CCUS作为政府采购的重要对象，以支持CCUS技术研发和大规模商业化。加拿大承诺采购20%的低排放或零排放生产电力给予政府设施使用（王许等，2018）。此外，加拿大政府要求，凡是2015年7月1日之后运营的新建或者翻新的燃煤电厂，其排放水平必须与燃气电厂相当（IEA，2016b）。我国虽已启动全国碳排放交易市场，但尚未将CCUS脱碳减排纳入其中；虽已制定严格的燃煤电厂的大气污染物防治标准，但未涉及高碳行业的碳排放的具体标准或要求。

我国在CCUS专项财税激励政策和支持力度方面还需进一步强化。直接而强有力的财税激励政策有助于推动CCUS商业化应用和建立CCUS产业集群。美国、英国及欧洲等发达国家通过财政拨款、电力补贴、税收抵免等多种专项激励政策刺激CCUS技术部署，其中美国的CCUS激励政策极具代表性。美国政府在2018年2月出台的*Bipartisan Budget Act of 2018*中，对其2008年通过的碳封存税收法案（45Q）进行了重要修订，修订后的新法案将为各类符合要求的CCUS项目（包括DAC项目）提供长达12年的税收抵免优惠；其中，2018～2026年CO_2利用项目可获得17～35美元/t CO_2的税收抵免，CO_2地质封存项目可获得28～50美元/t CO_2的税收抵免，2026年后税收抵免额度随通货膨胀率波动；并且新法案取消了累计7500万t CO_2的补贴上限，不再对补贴总量进行限制（The U.S. Congress，2018）。我国虽在激励研发和示范方面不断投入，但与发达国家相比，无论是在政策明确性还是在激励力度方面都还有很大提升空间。

我国在CCUS审批、环境安全监管等相关法律法规体系建设方面亟须加强。环境影响和公众接受度是制约CCUS技术应用的重要方面，发达国家在CCUS监管及法律法规方面走在前列。欧盟于2009年发布关于CO_2地质封存的欧盟指令（第2009/31/EC号指令），对CO_2封存地点的勘探许可以及CO_2封存设施的安全性进行明确规定，为CO_2捕集和封存问题建立具体的法律框架。英国从2008年开始陆续发布相关法律法规，对CCUS技术的捕集环境标准、离岸封存的许可与监管及推广等多个方面进行约束。美国、德国、澳大利亚等国也针对CCUS技术出台了多项法律法规，逐步建立了CCUS项目环境和安全监管的法律框架。我国拥有大量的封存场地，但地下空间勘探开发许可和环境监管方面缺乏相关法律法规，制约了CCUS的大规模示范和推广。

30.2　CCUS 减排潜力

30.2.1　我国 CCUS 的理论封存容量

我国 CCUS 技术未来理论减排潜力巨大：陆上地质利用与封存技术的理论总容量为 1.5 万亿～3.0 万亿 t CO_2，海洋也有万亿吨量级的封存容量。我国东北、华北和西北地区具有较好的 CO_2 地质利用与封存条件，但受制于现有的 CCUS 外部支撑环境，减排潜力难以释放。中国地质利用与封存场地主要集中在东北、华北和西北的松辽盆地、渤海湾盆地、准噶尔盆地、塔里木盆地等沉积盆地；我国新疆、内蒙古、陕西等中西部地区化石资源丰富，能源与工业原料生产可通过 CCUS 实现较低成本的低碳化。东部和沿海地区是能源和工业原料的消费地区，但该区域能开展封存的沉积盆地面积小、分布零散、地质条件相对较差，陆上封存潜力非常有限，存在源汇空间错位和匹配难度；在毗邻海域沉积盆地实施较高成本的离岸封存是重要的备选。

30.2.2　CO_2 利用技术减排潜力

通过拓展 CCUS 与下游产业链的衔接深度和广度，CO_2 的化工和生物利用技术具备实现较大减排能力的可能性（中国 21 世纪议程管理中心，2014）。CO_2 的化工和生物利用技术具有双重减排特征，通过化学或生物的手段进行 CO_2 的转化不但能直接利用 CO_2，还能够实现对传统高碳原料的替代，降低石油、煤炭的消耗，综合减排潜力巨大（Rahman et al.，2017；Grim et al.，2020）。

在众多 CO_2 利用技术中，仅 CO_2 合成化学品、CO_2 合成燃料、CO_2 微藻生物利用和 CO_2 制备混凝土四项技术，在未来就有望实现全球每年 20 亿 t 的 CO_2 减排量（Hepburn et al.，2019）。研究表明，我国 CCUS 技术的发展潜力较大，在综合考虑技术成熟度、市场容量、技术占有率、技术发展风险等因素的条件下，到 2030 年、2035 年和 2050 年，我国 CO_2 的化工和生物利用技术的减排潜力将分别达到 11230 万～16805 万 t/a、21895 万～26855 万 t/a、40400 万～54360 万 t/a（表 30.1），其中 CO_2 加氢合成甲醇技术和 CO_2 合成混凝土技术在 2035 年前后将达到亿吨/年规模。二氧化碳利用技术由于具有一定的经济效益，对于 CCUS 早期发展至关重要，从中远期看，有可能打造二氧化碳循环应用技术体系，对于实现碳中和目标则需要地质封存技术发挥主要作用。

表 30.1　CO_2 化工和生物利用技术评估汇总表

技术名称		碳减排潜力/（万 t/a）*		
		2030 年	2035 年	2050 年
二氧化碳化学转化制备化学品	CO_2 与甲烷重整制备合成气技术	2000～3000	3000～4000	5000～8000
	CO_2 裂解经一氧化碳制备液体燃料技术	30～100	100～170	340～670
	CO_2 加氢合成甲醇技术	4800～7200	7200～9500	14000～19000
	CO_2 加氢制烯烃技术	250～370	770～930	2500～3700
	CO_2 光电催化转化技术	15～35	35～50	150～400
	CO_2 合成有机碳酸酯技术	350～500	550～650	700～850
	CO_2 合成可降解聚合物材料技术	30～60	50～90	90～150
	CO_2 合成异氰酸酯/聚氨酯技术	350～400	400～450	450～550
	CO_2 制备 PC 技术	25～35	35～50	80～110

续表

技术名称		碳减排潜力/（万 t/a）*		
		2030 年	2035 年	2050 年
二氧化碳矿化利用	钢渣矿化利用 CO_2	100～150	200～250	500～600
	磷石膏矿化利用 CO_2 技术	100～150	200～250	500～800
	钾长石加工联合 CO_2 矿化技术	20～30	40～50	200～250
	CO_2 矿化养护混凝土技术	4000～4500	9000～10000	15000～18000
二氧化碳生物利用技术	CO_2 微藻生物利用技术	110～180	220～270	700～1000
	CO_2 气肥利用技术	10～15	15～25	50～100
	微生物固定 CO_2 合成苹果酸	40～80	80～120	140～180
合计		11230～16805	21895～26855	40400～54360

*表示数值上下限对应有无政策支持

30.2.3 CO_2 地质利用与封存减排潜力

CO_2 地质利用主要包括 CO_2-EOR、CO_2-ECBM、CO_2 强化天然气开采（CO_2-EGR）、CO_2 强化页岩气开采（CO_2-ESGR）、CO_2 强化地热开采（CO_2-EGS）、CO_2 地浸采铀矿（CO_2-EUL）、CO_2 增采咸水（CO_2-EWR）。目前，中国 CO_2-EOR 已应用于多个驱油与封存示范项目，2010～2019 年，CO_2 的累计注入量超过 150 万 t；铀矿地浸开采技术处于商业阶段；强化煤层气开采技术正在现场试验和技术示范；强化天然气开采、强化页岩气开采、强化地热开采技术处于基础研究阶段；强化深部咸水开采技术是近几年提出的新方法，尚未开展现场试验，其大部分关键技术环节可借鉴咸水层封存和强化石油开采，但需要开发相应的抽注控制及水处理工艺。

CO_2 地质利用与封存技术类别中，CO_2-EWR 技术可以实现大规模的 CO_2 深度减排，占总封存量的 90%以上（表 30.2，Fan et al.，2020，2021b；Wei et al.，2015；Vincent et al.，2011；Ming et al.，2014；Xie et al.，2014；Zhou et al.，2011）；CO_2-EOR 和 CO_2-EWR 在目前的技术条件下可以开展大规模的示范，并在特定的经济激励条件下可实现规模化 CO_2 减排。考虑技术经济、法律法规、社会与源汇匹配之后，其最大实际封存容量可达数千亿吨量级（ACCA21，2019）。

表 30.2　主要 CO_2 地质利用与封存技术及封存容量范围

技术	CO_2 理论封存容量/Gt	产品	技术成熟度（US-DOE 方法）	成本/（USD/t）
CO_2-EOR	4.8～10.1	油	7	-91.26～73.84
CO_2-ECBM	12.1～48.4	煤层气	5	-25.72～18.88
CO_2-EGR	4.1～30.5	天然气	4	1.2～19.43
CO_2-EUL	01～0.3	铀	9	
CO_2-EWR	160～1451	咸水	6	1.14～11.71

30.2.4 CCUS 在各部门应用潜力

我国大规模的 CO_2 集中排放源数量众多、分布广泛，大多数 CO_2 都来源于沿海地区的燃煤发电、水泥和钢铁等部门（图 30.4），CCUS 技术应用潜力较大。

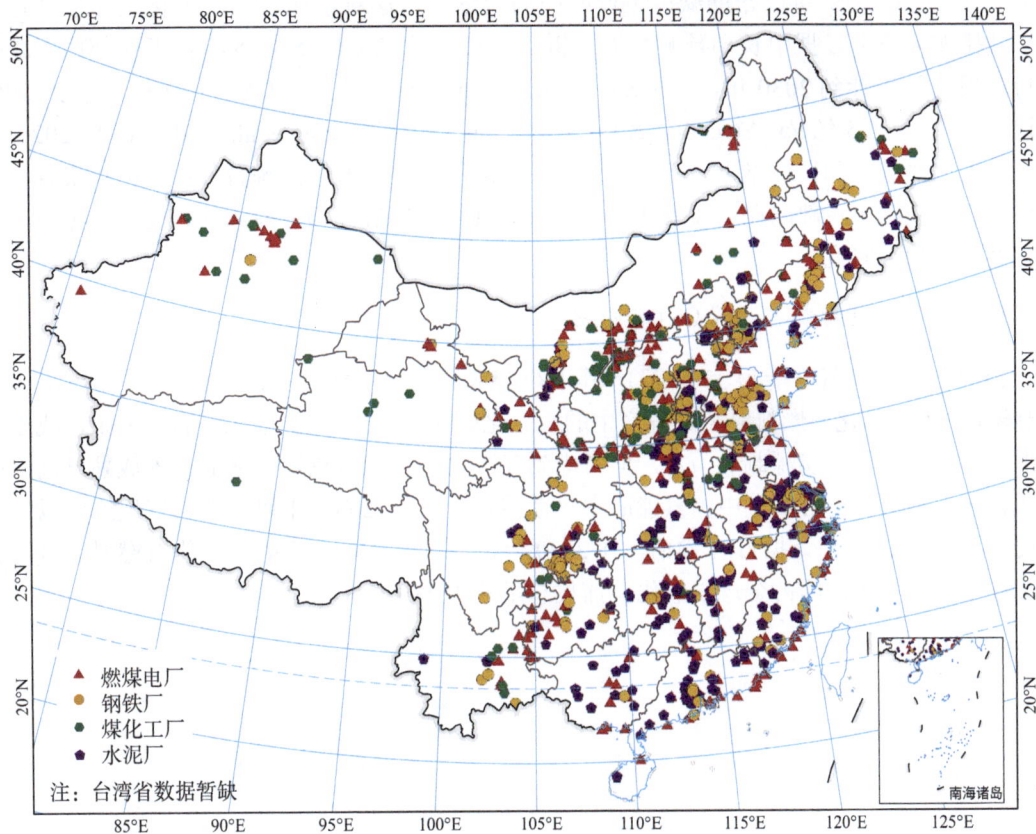

图 30.4 我国燃煤电厂、钢厂、煤化工以及水泥厂分布

1. 电力部门应用潜力

我国现有燃煤电厂主要集中在华北、华中、华南和沿海区域，发电和供热的碳排放量占中国总碳排放量的 45%，约为 50 亿 t。同时，火力发电部门的 CO_2 排放具有稳定、集中和量大等特点，为大规模减排 CO_2 提供了良好条件。我国燃煤发电机组的平均服役年龄较短，为 12 年左右，到 2050 年大部分当前机组仍将服役（科技部社会发展科技司和中国 21 世纪议程管理中心，2019）。综合考虑改造空间、水资源和周边地质封存条件等制约因素，即使考虑 CCUS 改造投资回收期为 10~15 年，我国燃煤电厂 CCUS 改造潜力仍然十分可观。

在"碳中和"情景下，能源电力部门需实现深度减排或实现负排放，CCUS 技术，特别是 BECCS 等负排放技术不可或缺。根据清华大学能源环境经济研究所的研究，在 1.5℃温升情景下，火力发电在 2050 年占比不到 10%，CCUS 的减排贡献约 8.8 亿 t/a。目前碳中和情景下的具体电力减排目标和路径尚缺乏足够数据，未来需开展更多相关研究。

2. 工业部门 CCUS 技术应用潜力

根据 IEA（2020b）报告，2019 年，全球工业部门 CO_2 排放量约 90 亿 t，占总排放量的 25%。其中，水泥、钢铁、化学品生产等高能量强度产业是主要的工业排放部门，占工业部门总排放量的 70% 以上。2019 年我国钢铁与水泥产能占全球总量均超过 50%。

在鄂尔多斯、渤海湾、松辽盆地与准噶尔盆地，总体上，钢铁和水泥等工业部门的 CO_2 排放具有稳定、集中和量大（单个装置超百万吨 CO_2 排放）等特点，为大规模减排 CO_2 提供了良好条件。CCUS 可以帮助减少工业部门的碳排放，这对水泥、钢铁和化学品生产行业 CO_2 减排尤为重要。据中长期预测数据分析，2070 年之前 CCUS 技术将在工业部门碳减排中持续发力：预计到 2030 年，CCUS 在我国工业部门应用潜力为 0.8 亿～2 亿 t/a；到 2050 年达到 2.5 亿～6.5 亿 t/a（Yu et al.，2019；Zhou et al.，2016；Huang et al.，2019；IEA，2020a）。

在未来"碳中和"情景下，工业部门在 2060 年前亟须通过能源替代或碳捕集实现深度减排。目前我国工业部门在"碳中和"情景下的具体减排目标和路径尚缺乏足够数据，未来需开展更多相关研究。

3. 低碳化石能源制氢过程 CCUS 应用潜力

2019 年我国氢气产能为 3342 万 t，其中约 78%来自化石燃料制氢（煤制氢占 64%，天然气制氢占 14%），化石燃料制氢过程产生的二氧化碳排放量每年可达 2.3 亿 t。未来，我国氢气生产可能以可再生能源制氢为主，但考虑到我国的化石燃料制氢工艺的技术成熟度高、成本低、制备规模大，可满足中国氢能的中早期需求，中国 2035 年以前的氢气生产将以煤气化技术为主（图 30.5）。据 IEA 预估，到 2070 年，全球耦合 CCUS 的低碳化石燃料制氢可累计减排 19 亿 t CO_2，约占全球二氧化碳捕集总量的 18%（IEA，2020a）。

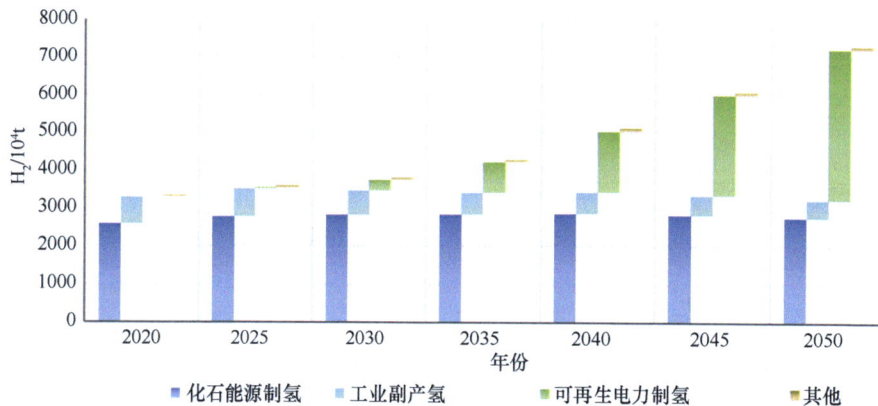

图 30.5 中国不同制氢路径下的氢气产能预测（数据来源：中国氢能联盟）

CCUS 与化石燃料制氢的集成是实现低碳氢能生产必不可少的技术，也为氢气生产过程实现从高碳氢向低碳氢的转变提供了机遇。耦合 CCUS 后的化石燃料制氢可以实现至少 90%的 CO_2 排放下降。

4. BECCS 技术应用潜力

BECCS 可通过抵消部分难以削减的碳排放量实现碳中和的减排目标。与其他 CCS 技术相比，BECCS 技术项目的示范部署较为滞后。截至 2019 年底，全球仅有 5 个正在运营中的 BECCS 项目，包括 1 个大规模示范项目和 4 个示范试点规模项目，年捕集 CO_2 量约为 150 万 t（GCCSI，2019）。未来 BECCS 技术的减排潜力受到生物质资源量、技术成熟度、气候政策和经济社会发展水平等多种因素的影响。国际权威机构（如 IPCC 和 IEA）与绝大多数 IAM（integrated assessment model）都将 BECCS 看作未来实现气候目标不可或缺的技术选择，且随着气候目标越严格，其应用潜力越大。研究表明，为实现 2℃温升目标，全球每年需要通过负排放技术从大气中去除 80 亿～160 亿 tCO_2（Azar et al.，2010；Kemper，2017），其中

BECCS 作为负排放技术中最具发展潜力的技术，将发挥至关重要的作用。预计全球范围 BECCS 的 CO_2 减排潜力为 0～200 亿 t/a（Kemper，2017），IAM 显示 BECCS 减排贡献在 20 亿～100 亿 t/a（Fuss et al.，2014），经济合作与发展组织（Organization for Economic Co-operation and Development，OECD）区域和亚洲区域的 BECCS 发展潜力最大（郑丁乾等，2020）。

相关研究表明，2016 年我国可收集的生物质资源潜力约为 11.1 亿 tce，若将这些资源替代化石燃料，2020～2050 年累计减排潜力可达到 16.53 亿～58.60 亿 t CO_2eq，其中 BECCS 技术累计负排放潜力可达到 9.24 亿～13.4 亿 t CO_2eq（Kang et al.，2020）。考虑到技术成熟度和成本经济性，基于电力行业，尤其是生物质发电和燃煤耦合生物质发电的 BECCS 技术在我国拥有较大的发展空间和理论减排潜力。我国用于替代煤炭燃烧发电的农林废弃类生物质潜力为 4 亿～5 亿 tce/a（樊静丽等，2020）。中国矿业大学（北京）和清华大学等单位的联合研究结果表明，中国现存燃煤电厂耦合生物质的 BECCS 减排潜力为 0～2.3 亿 t CO_2/a。实现碳中和目标，必须提前储备和部署 CCUS 与新能源耦合的负排放技术。

30.3　CCUS 成本与效益

30.3.1　CCUS 技术能耗与成本

CCUS 技术能耗及成本因排放源类型及 CO_2 浓度不同有明显差异。一般来说，CO_2 浓度越高，捕集能耗和成本越低，从而 CCUS 减排系统的 CO_2 避免成本越低。就 CCUS 全链条技术而言，现阶段全球主要碳源（煤电厂、燃气电厂、煤化工厂、天然气加工厂、钢铁厂及水泥厂）的 CO_2 避免成本为 15～262 美元/t（GCCSI，2017），其中我国 CCUS 成本整体处于世界较低水平（图 30.6）。从 CCUS 各技术环节看，CO_2 捕集成本占比最大，CO_2 运输与封存成本占比相对较小，具体取决于实际项目。

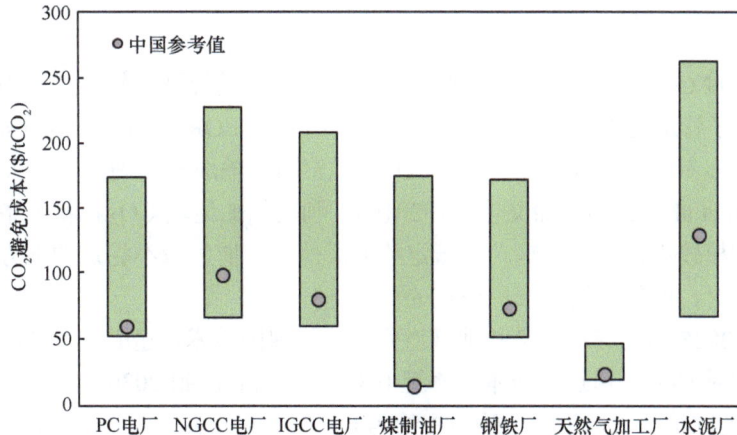

图 30.6　不同排放源的 CO_2 避免成本
数据来源：GCCSI，2017

1. CO_2 捕集

CO_2 捕集（含压缩）成本占 CCUS 总成本的 60%～80%，现阶段我国 CO_2 捕集（含压缩）成本为 120～480 元/t，未来仍有较大下降空间。CCUS 全链条成本受 CO_2 排放源类型、捕集技术类型、运输方式、CO_2 封存场地地质条件等多种因素影响，各环节成本占比具有不确定性。一般来说，CO_2 捕集（含压缩）环节占比最高，为 60%～80%（王枫等，2016；刘佳佳等，2018；魏宁等，2020）。不同浓度排放源或不同捕集技术对应的捕集成本存在显著差异。从 CO_2 排放源类型看，我国高浓度 CO_2 排放源捕集成本为 120～180 元/t，低浓度 CO_2 排放源捕集成本为 220～480 元/t；从捕集技术类型看，我国燃烧后 CO_2 捕集技术成本为 220～400 元/t（捕集能耗为 2.4～3.2 GJ/t CO_2），燃烧前 CO_2 捕集技术成本为 120～430 元/t（捕集能耗为 2.2～2.3 GJ/t CO_2），富氧燃烧 CO_2 捕集技术成本为 300～480 元/t（王涛等，2020；王金意等，2021；刘珍珍等，2021；郭军军等，2021；柳康等，2018；樊强等，2018；科技部社会发展科技司和中国 21 世纪议程管理中心，2019）。预计到 2050 年，高浓度 CO_2 排放源捕集成本为 30～50 元/t，低浓度 CO_2 排放源为 80～150 元/t（图 30.7）。

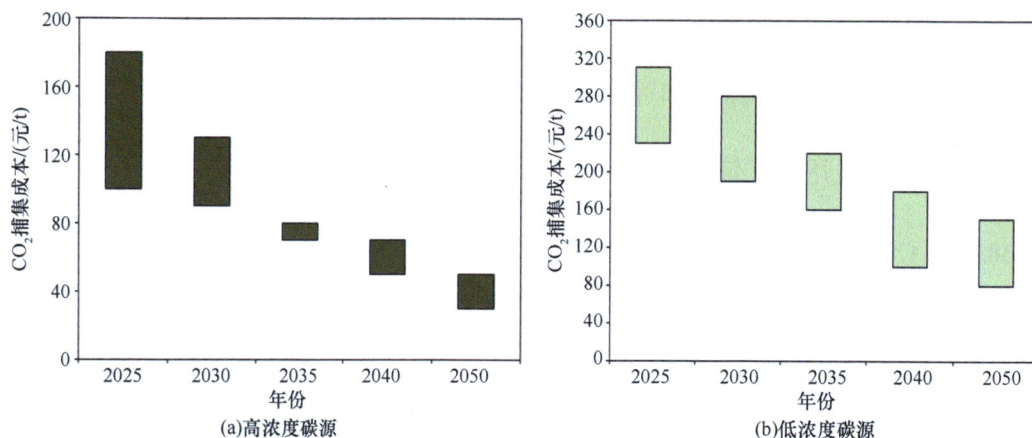

图 30.7　不同浓度碳源 CO_2 捕集成本变化趋势
数据来源：科技部社会发展科技司和中国 21 世纪议程管理中心，2019

2. CO_2 运输

在大规模运输 CO_2 的情况下，CO_2 陆地管道运输技术的经济性较好，我国目前已有部分 CCUS 项目采用了管道运输技术，如中石油吉林油田 CO_2-EOR 项目。受运输规模、地质条件及管道材质等诸多不确定性因素的影响，CO_2 陆地管道运输成本不确定性较大，目前为 1～4 元/（t·km）（Fan et al.，2019；徐文佳等，2016）。利用船舶运输 CO_2 在特定条件下是经济可行的，但目前规模较小。船舶运输具有一定的灵活性，在捕集量不稳定的地方或排放源靠近海岸、内陆航道时，船舶运输是一种潜在的可行选择。

研究表明，2025 年我国将突破陆地管道安全运行保障技术，建成百万吨级输送能力的陆上输送管道，届时 CO_2 管道运输成本可降至 0.8 元/（t·km）；到 2030 年，建成具有单管 200 万 t/a 输送能力的陆地长输管道，运输成本约为 0.7 元/（t·km）；到 2050 年，CCUS 技术实现广泛部署，CO_2 管道运输成本约为 0.15 元/（t·km）（科技部社会发展科技司和中国 21 世纪议程管理中心，2019）。

3. CO_2 封存

不同地质类型对应的 CO_2 封存成本具有显著差异，我国 CO_2 封存成本（含监测成本）为 50～300 元/t，2050 年 CO_2 封存成本可在当前基础上下降 50%～65%。基于当前技术水平并考虑关井后 20 年的监测费用，我国陆上枯竭油气田 CO_2 封存成本约为 50 元/t，陆上咸水层

CO_2 封存成本约为 60 元/t，海洋咸水层 CO_2 封存成本约为 300 元/t（科技部社会发展科技司和中国 21 世纪议程管理中心，2019）。若不考虑 CO_2 监测，CO_2 陆上封存成本为 10～30 元/t（王枫等，2016；翟明洋等，2016；魏宁等，2020）。我国虽已针对 CO_2 地质封存开展了大量研究工作并取得了一定的进展，但目前与国际先进水平仍存在较大差距，因此未来我国 CO_2 封存成本仍具有较大下降潜力。预计到 2050 年，我国 CO_2 封存成本降幅可达 50% 以上（图 30.8）。

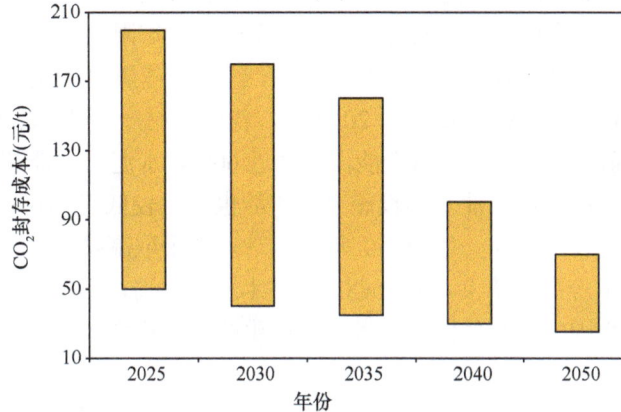

图 30.8　2025～2050 年我国 CO_2 封存成本预测
封存方式包括陆上咸水层封存、陆上枯竭油气田封存及海洋咸水层封存
数据来源：科技部社会发展科技司和中国 21 世纪议程管理中心，2019

30.3.2　CCUS 技术的成本竞争力

1. CCUS 具有负成本的早期机会

CO_2 地质、化工和生物利用带来的可观经济收益能够抵消捕集、运输、封存环节的相关成本，实现 CCUS 技术的负成本应用（Dahowski et al.，2012）。CO_2 的地质利用方面，可在实现碳减排的同时，利用注入 CO_2 驱替、置换等生产油、气、水等产品带来收益。在较好源汇匹配条件下，我国部分 CCUS 项目成本低于 EOR 驱油收益，具有负成本封存潜力（Dahowski et al.，2012；Li et al.，2019；Xu et al.，2021；张贤等，2021a，2021b）。CO_2 的化学和生物利用方面，也可在实现碳减排的同时将 CO_2 转化为产值较高的产品，从而抵消其他环节的成本，实现 CCUS 负成本。研究表明，综合考虑矿化过程的原料成本、捕集成本、人工成本及矿化产品价格，我国 CO_2 矿化养护建材利用成本约为 -260 元/tCO_2；利用生命周期评价方法，以矿化 1t 高炉渣为功能单元，考虑工艺产物收益和碳排放权收益，富氧燃烧系统矿化联产铵明矾工艺可达到约 297 元/t 的最大利润，对应的成本为 -3449.5 元/tCO_2（马铭婧等，2020）。

2. 合理的碳定价机制可使 CCUS 具备经济可行性

在碳定价机制等外在收益存在的情况下，CCUS 可通过获得的额外减排收益抵消部分成本而实现经济性。CCUS 项目所需的临界碳价（即 CCUS 项目达到盈亏平衡时所对应的碳交易价格）具有不确定性，受到项目类型、项目寿命周期、政府政策等多重因素的影响。有关研究表明，我国燃煤电厂进行 CCUS 改造所需的临界碳价为 105～370 元/t（Li et al.，2020；Zhang et al.，2020b；Wang and Du，2016；Zhang et al.，2014；Fan et al.，2019），临界电价补贴为 0.1～0.6 元/（kW·h）（王众等，2015；Chen et al.，2016；张贤等，2017；郭建等，2018；

Yang et al., 2019）。与之类似，CCUS 与钢铁、水泥、煤化工等工业部门耦合生产得到的低碳工业产品，在合理碳价水平下也存在实现盈利的可能。

3. CCUS 可避免大量的基础设施搁浅成本

利用 CCUS 技术对能源和工业部门现有基础设施进行改造能够大规模降低现有设施碳排放，避免碳约束下大量基础设施提前退役而产生高额的搁浅成本。我国是世界上最大的煤电、钢铁和水泥生产国，且这些重点排放源的现有基础设施运行年限并不长。截至 2020 年 12 月，我国燃煤机组装机容量约为 1079GW（CEC，2021），约占全球煤电产能的 51%（IEA，2021），电厂平均年龄小于 13 岁（IEA，2020a）。2019 年，我国钢材产量达 12.05 亿 t，水泥产量达 23.5 亿 t（国家统计局，2019），钢铁总产能占全球近 60%，水泥总产能超过全球 50%（IEA，2020b）。和燃煤电厂一样，我国工业基础设施平均年龄也都比较低，为 10～15 年（IEA，2020a）。考虑到工业基础设施的使用寿命一般为 40 年以上，若不采取减排措施，碳中和目标下这些设施几乎不可能运行至寿命期结束。运用 CCUS 技术进行改造，不仅可以避免已经投产的设施提前退役，还能减少因建设其他低碳基础设施产生的额外投资，显著降低实现碳中和目标的经济成本。

4. 同等排放水平下燃煤电厂 CCUS 可比燃气电厂更具有成本竞争力

当 CCUS 技术与燃煤电厂耦合发电实现与燃气电厂相同的排放水平时，较低的捕集率和适宜的封存距离及封存方式可使燃煤电厂成为比燃气电厂更具有经济性的发电技术。当天然气价格为 1.71 元/m³，CO_2 运输距离为 250km 时，只要煤炭价格低于 392 元/t，燃煤电厂 CCUS 的平准化度电成本（LCOE）便低于燃气电厂；当 CO_2 运输距离为 100 km，煤炭价格不超过 531 元/t，燃煤电厂 CCUS 便具有 LCOE 优势（Fan et al.，2019）。某集团 36 家燃煤电厂的全流程 CCUS 改造（IEA，2016b）的总平准化发电成本（TLCOE）分析表明，以成本最低为目标对电厂与封存地进行源汇匹配后，在 50% 的净捕集率下，75% 的燃煤电厂的 TLCOE 低于我国 2018 年燃气电厂标杆上网电价的下限 [77.5 美元/（MW·h）]，100% 燃煤电厂的 TLCOE 低于燃气电厂标杆上网电价的上限 [110.0 美元/（MW·h）]，燃煤电厂 CCUS 与燃气电厂相比具有成本竞争力（魏宁等，2020）。当考虑燃煤电厂 CCUS 的技术进步、激励政策时，燃煤电厂可能实现更高捕集率条件下的成本竞争优势。

5. BECCS 和 DAC 在碳减排边际成本较高时存在商业化应用的机会

作为重要的增汇技术，BECCS 和 DAC 技术在向深度减排迈进过程中可降低系统的总成本。有关 BECCS 技术的 CO_2 避免成本估算大致分布在 100～200 美元/t CO_2（Fuss et al.，2018），DAC 技术的成本为 100～600 美元/t CO_2（McLaren，2012；Fuss et al.，2018；Minx et al.，2018），来自英国的研究案例表明，以 BECCS 和 DAC 技术实现电力部门的深度脱碳，要比以间歇性可再生能源和储能为主导的系统总投资成本减少 37%～48%（Daggash et al.，2019）；Lemoine 等（2012）的研究表明，在更加严格的 CO_2 目标下，负排放技术的部署可通过取代未来更昂贵的减排措施实现 35%～80% 的成本降低；来自 IAM 的结果表明，尽管负排放技术成本相对偏高，但其未来的部署是必要的（尤其是 BECCS），负排放技术的部署将允许其他部门产生更高的残留排放量，否则相应的减排成本将会更高（Smith et al.，2016）。因此，部署以 BECCS 为主的负排放技术将是助力我国碳中和目标实现的重要且可行的保障。

30.3.3　CCUS 技术的社会效益

1. CCUS 能够有效降低气候变化损失

实现碳中和的目标,包含 CCUS 技术在内的多种低碳技术组合是最为经济可行的路径。IPCC 研究表明,如果不采用 CCUS 技术,大多模式都无法实现到 21 世纪末 2℃温升控制目标,即使可以实现,减排成本也会成倍增加,估计增幅平均高达 138%[①]。将 CCUS 与能效提升、终端节能、储能、氢能等多领域多技术共同组合,是实现碳中和最经济可行的解决方案。

2. CCUS 能够增加工业产值

CCUS 各环节技术种类繁多,终端产品种类多样、附加值较高,具有减排和增加经济收益的双重效应。通过 CO_2 利用技术可以提高能源(石油、煤层气等)采收率(Cavanagh and Ringrose,2014;Leeuwenburgh et al.,2014)、提取稀有矿产资源、增产农作物(Marchi et al.,2018),还能够与其他物质通过合成获得化工材料、化学品、生物农产品等生活必须消费品(Nyári et al.,2020;Anwar et al.,2020)。利用 CO_2 制备尿素、甲醇和甲烷等工业化学品的生产技术已经成熟并接近商业应用(Zhang et al.,2020a;Fan et al.,2015)。未来随着技术进步,如相关 CO_2 利用技术实现商业化运行,到 2030 年预计可以创造 2499 亿~3617 亿元/a 的工业产值,其中 CO_2 化学利用类技术的工业产值最高,可达 2036.5 亿~2739 亿元/a。

3. CCUS 商业化发展创造更多就业机会

CCUS 技术商业化作为新兴低碳产业,其发展将创造大量就业机会。CCUS 技术产业链长,投资项目规模大,涉及的上下游行业众多;CCUS 技术的商业化推广将拉动大量社会就业和增收,间接增加收入水平、提升居民福利。研究推测,美国 CO_2-EOR 项目到 2030 年的数量将比目前水平翻两番,创造 1.4 万~3.6 万的就业机会(National Research Council,2013);英国工业部门 CCUS 脱碳投资将于 2020~2050 年间创造 4.3 万个就业机会(Element Energy,2019)。有关中国的研究表明,在 CCUS 技术商业化的情景下,2030 年和 2050 年 CCUS 技术发展可创造数万个就业岗位(Jiang et al.,2019)。

4. CCUS 实现减排的同时提供了良好的协同效益

CCUS 技术在保障能源安全、提高生态环境综合治理能力及解决区域发展瓶颈等方面具有较好的协同效益。作为化石能源大规模减排的重要技术选择,CCUS 技术在构建多元能源系统、避免能源结构过激调整等方面起到了协调和推动的作用,从而保障了国家能源安全。随着可再生能源技术在发电中所占的份额和“可调度”容量需求的增加,配备 CCUS 的火电可以帮助满足对电力系统灵活性日益增长的需求。同时,基于 CO_2 排放与主要大气污染物排放的“同根、同源、同时”特征,CCUS 有助于推动 CO_2 和大气污染的协同治理。在空气污染较为严重的华北地区,该技术可分别实现 SO_2、NO_x、$PM_{2.5}$ 和黑碳分别减排 5.2%、3.6%、12.2% 和 3.8%(Lu et al.,2019)。此外,我国煤炭资源与水资源逆向分布,通过 CO_2-EWR 技术可解决我国西北地区缺水、高浓度煤化工 CO_2 处理等瓶颈问题(张元春等,2015)。

---

① IPCC. 2014. Climate Change 2014: Synthesis Report.

30.4 CCUS 技术发展展望

30.4.1 构建面向碳中和目标的 CCUS 技术体系

为了使 CCUS 技术在实现碳中和目标中发挥重要作用，需要构建完整、系统化的面向碳中和的 CCUS 技术体系（张九天和张璐，2021）。实现碳中和目标，一方面需要 CCUS 发挥近零排放、净零排放和负排放等不同层次的减排作用，并且在时间尺度上考虑各层次技术的部署安排；另一方面，发挥 CCUS 在多能互补的能源系统和低碳甚至碳中和工业领域中关键的减排作用，包括结合 CCUS 与新兴能源和工业系统、培育 CCUS 发展的新技术经济范式、识别 CCUS 与可再生能源和储能系统集成可行性与发展潜力、探索我国可再生能源/储能 +CCUS 的集成技术新方向等，构建一个低碳多元功能的 CCUS 技术体系。

30.4.2 明晰面向碳中和目标的 CCUS 发展路径

紧密结合碳中和目标下我国煤炭、电力、工业等领域能源和排放结构的变化，探讨明细迈向碳中和目标的 CCUS 发展路径，提出在能源领域和工业难减排领域部署实施 CCUS 的路线图。需要考虑煤电等高碳能源与工业基础设施在生命周期中的存量排放问题，抓住实施 CCUS 的低成本机会，完善技术经济指标，加快封存技术的开发实施，优化以封存场地和基础设施为核心的国土空间布局。

30.4.3 完善 CCUS 发展支撑环境

一是找准政策发力点，在相关的支持政策中明确和细化如何为 CCUS 发展提供稳定的政策支持。二是加速推动 CCUS 投融资以加速商业化步伐，将 CCUS 纳入产业和技术发展目录，打通金融融资渠道，提供优先授信和优惠贷款，探索碳市场机制支持 CCUS 发展的政策等。三是提供稳定持续的科技创新政策支持，提升 CCUS 的技术成熟度、经济性和安全性，特别是先进技术的研发示范和具备负排放效益的 CCUS 技术。四是完善法律法规体系，针对 CO_2 运输与储存等相关标准和规范，套用已有的有关规范标准，制定统一的行政审批与监管体系；考虑 CO_2 的商业化成本，创建或更新相关管理标准规范以支撑 CCUS 的快速发展。

30.4.4 开展大规模 CCUS 示范与集群示范

加快开展大规模 CCUS 集成示范，加速推进 CCUS 产业化集群建设。加快突破全流程工程技术优化方法，建设百万吨级 CCUS 全流程示范项目；加速突破特大型反应器设计、长距离大规模 CO_2 管道输送等核心技术，推进 CCUS 产业化集群建设。以驱油/气、固废矿化、化工利用等 CO_2 利用技术的大规模示范为牵引，积极支持油气、能源、化工等相关行业 CCUS 产业示范区建设，逐步将 CCUS 技术纳入能源和矿业等绿色发展技术支撑体系、战略新兴产业序列。

参 考 文 献

程耀华, 杜尔顺, 田旭, 等, 2020. 电力系统中的碳捕集电厂: 研究综述及发展新动向. 全球能源互联网, 3(4): 339-350.

樊静丽, 李佳, 晏水平, 等. 2020. 我国生物质能-碳捕集与封存技术应用潜力分析. 热力发电, 50: 7-17.

樊强, 许世森, 刘沅, 等. 2017. 基于 IGCC 的燃烧前 CO_2 捕集技术应用与示范. 中国电力, 50(5): 163-167.

郭健, 谢萌萌, 欧阳伊玲, 等. 2018. 低碳经济下碳捕集与封存项目投资激励机制研究. 软科学, 32(2): 55-59.

郭军军, 张泰, 李鹏, 等. 2021. 中国煤粉富氧燃烧的工业示范进展及展望. 中国电机工程学报, 41:

1197-1208,1526.

国家统计局. 2019. 国民经济和社会发展统计公报. http://www.stats.gov.cn/xxgk/sjfb/tjgb2020/202006/t20200617_1768655.html

科技部社会发展科技司, 中国 21 世纪议程管理中心. 2019. 中国碳捕集利用与封存技术发展路线图(2019 版). 北京: 科学出版社.

刘佳佳, 赵东亚, 田群宏, 等. 2018. CO_2 捕集, 运输, 驱油与封存全流程建模与优化. 油气田地面工程, 37(10): 7-11.

刘珍珍, 方梦祥, 夏芝香, 等. 2021. 基于高浓度 MEA 的 CO_2 化学吸收工艺优化. 中国电机工程学报, 41: 3666-3676.

柳康, 刘沅, 樊强, 等. 2018. 燃烧前 CO_2 捕集 MDEA 系统模拟及优化. 现代化工, 38(5): 201-204.

马铭婧, 郗凤明, 王娇月, 等. 2020. CO_2 矿化利用技术的生命周期碳排放与成本评价. 生态学杂志, 39(6): 2097-2105.

王枫, 朱大宏, 鞠付栋, 等. 2016. 660 MW 燃煤机组百万吨 CO_2 捕集系统技术经济分析. 洁净煤技术, 22(6): 101-105,39.

王金意, 牛红伟, 刘练波, 等. 2021. 燃煤电厂烟气新型 CO_2 吸收剂开发与工程应用. 热力发电, 50: 54-61.

王涛, 刘飞, 方梦祥, 等. 2020. 两相吸收剂捕集二氧化碳技术研究进展. 中国电机工程学报, 41: 1186-1196,1525.

王许, 姚星, 朱磊. 2018. 基于低碳融资机制的 CCS 技术融资研究. 中国人口·资源与环境, 28(4): 17-25.

王众, 骆毓燕, 冯浩轩, 等. 2015. 碳减排环境下我国电力企业发电技术投资组合研究. 科学决策, (9): 15-32.

魏宁, 姜大霖, 刘胜男, 等. 2020. 国家能源集团燃煤电厂 CCUS 改造的成本竞争力分析. 中国电机工程学报, 40(4): 1258-1265,1416.

魏世杰, 樊静丽, 杨扬, 等. 2020. 燃煤电厂碳捕集、利用与封存技术和可再生能源储能技术的平准化度电成本比较. 热力发电, 49: 1-10.

徐文佳, 云箭, 成行健. 2016. 煤制油气和化工产品 CO_2 的不同减排方式成本分析. 煤化工, 44(1): 11-14.

翟明洋, 林千果, 钟林发, 等. 2016. CO_2 捕集封存联合地下咸水利用经济评价. 现代化工, 36(4): 8-12.

张九天, 张璐. 2021. 面向碳中和目标的碳捕集、利用与封存发展初步探讨. 热力发电, 50(1): 1-6.

张贤, 李凯, 马乔. 2021a. 碳中和目标下 CCUS 技术发展定位与展望. 中国人口·资源与环境, 31: 29-33.

张贤, 李阳, 马乔等. 2021b. 我国碳捕集利用与封存技术发展研究. 中国工程科学, 23(6): 70-80.

张贤, 许毛, 樊静丽. 2017. 燃煤电厂碳捕集与封存技术改造投资的激励措施评价研究. 中国煤炭, 43(12): 22-26.

郑丁乾, 常世彦, 蔡闻佳, 等. 2020. 温 2℃/1.5℃ 情景下世界主要区域 BECCS 发展潜力评估分析. 全球能源互联网, 3(4): 351-362.

中国 21 世纪议程管理中心. 2014. 中国二氧化碳利用技术评估报告. 北京: 科学出版社.

ACCA21 M. 2019. Technology Roadmap Study of Carbon Capture, Utilization and Storage Technologies in China. https://book.sciencereading.cn/shop/book/Booksimple/show.do?id=B919EB31AEB028A4AE053010B0A0A10B400A.

Anwar M N, Fayyaz A, Sohail N F, et al. 2020. CO_2 utilization: Turning greenhouse gas into fuels and valuable products. Journal of Environmental Management, 260: 110059.

Artz J, Mü ller T E, Thenert K, et al. 2018. Sustainable conversion of carbon dioxide: An integrated review of catalysis and life cycle assessment. Chemical Reviews, 118: 434-504.

Azar C, Lindgren K, Obersteiner M, et al. 2010. The feasibility of low CO_2 concentration targets and the role of bio-energy with carbon capture and storage (BECCS). Climatic Change, 100: 195-202.

Cavanagh A, Ringrose P, 2014. Improving oil recovery and enabling CCS: A comparison of offshore gas-recycling in Europe to CCUS in North America. Energy Procedia, 63: 7677-7684.

CEC. 2021. 中国电力统计年鉴 2021. https://cec.org.cn/detail/index.html?3-301579.

Chen H D, Wang C, Ye M H. 2016. An uncertainty analysis of subsidy for carbon capture and storage (CCS) retrofitting investment in China's coal power plants using a real options approach. Journal of Cleaner Production, 137: 200-212.

Choi H I, Hwang S W, Sim S J. 2019. Comprehensive approach to improving life-cycle CO_2 reduction efficiency of microalgal biorefineries: A review. Bioresource Technology, 291: 121879.

Daggash H A, Heuberger C F, Mac Dowell N. 2019. The role and value of negative emissions technologies in decarbonising the UK energy system. International Journal of Greenhouse Gas Control, 81: 181-198.

Dahowski R T, Davidson C L, Li X C, et al. 2012. A \$70/tCO_2 greenhouse gas mitigation backstop for China's industrial and electric power sectors: Insights from a comprehensive CCS cost curve. International Journal of Greenhouse Gas Control, 11:73-85.

Dickel R. 2020. Blue Hydrogen as An Enabler of Green Hydrogen: The Case of Germany. Oxford: The Oxford Institute for Energy Studies.

Edenhofer O, Madruga R P, Sokoka Y, et al. 2011. Renewable Energy Sources and Climate Change Mitigation: Special Report of the Intergovernmental Panel on Climate Change. Cambridge: Cambridge University Press.

Element Energy. 2019. Series Study 1: Hydrogen for economic growth: Unlocking jobs and GVA whilst reducing emissions in the UK. http://www.element-energy.co.uk/wordpress/wp-content/uploads/2019/11/Element-Energy-Hy-Impact-Series-Study-1-Hydrogen-for-Economic-Growth.pdf.

Fan J L, Shen S, Xu M, et al. 2020. Cost-benefit comparison of carbon capture, utilization, and storage retrofitted to different thermal power plants in China based on real options approach. Advances in Climate Change Research, 11:415-428.

Fan J L, Wei S, Shen S, et al. 2021a. Geological storage potential of CO_2 emissions for China's coal-fired power plants: A city-level analysis. International Journal of Greenhouse Gas Control, 106:103278.

Fan J L, Xu M, Wei S, et al. 2021b. Carbon reduction potential of China's coal-fired power plants based on a CCUS source-sink matching model. Resources, Conservation and Recycling, 168:105320.

Fan J L, Xu M, Yang L, et al. 2019. How can carbon capture utilization and storage be incentivized in China? A perspective based on the 45Q tax credit provisions. Energy Policy, 132:1229-1240.

Fan J L, Zhang X, Zhang J, et al. 2015. Efficiency evaluation of CO_2 utilization technologies in China: A super-efficiency DEA analysis based on expert survey. Journal of CO_2 Utilization, 11:54-62.

Fuss S, Canadell J G, Glen P P, et al. 2014. Betting on negative emissions. Nature Climate Change, 4: 850-853.

Fuss S, Lamb W F, Callaghan M W, et al. 2018. Negative emissions—Part 2: Costs, potentials and side effects. Environmental Research Letters, 13: 63002.

GCCSI. 2012.The Global Status of CCS 2012. Sydney: Global CCS Institute.

GCCSI. 2017. The Global Costs of Carbon Capture and Storage 2017. Sydney: Global CCS Institute.

GCCSI. 2018. The Global Status of CCS 2018. Sydney: Global CCS Institute.

GCCSI. 2019. The Global Status of CCS 2019. Sydney: Global CCS Institute.

Grim R G, Huang Z, Guarnieri M T, et al. 2020. Transforming the carbon economy: Challenges and opportunities in the convergence of low-cost electricity and reductive CO_2 utilization. Energy & Environmental Science, 13: 472-494.

Guo L, Sun J, Ge Q, et al. 2018. Recent advances in direct catalytic hydrogenation of carbon dioxide to valuable C^{2+} hydrocarbons. Journal of Materials Chemistry A, 6: 23244-23262.

Hepburn C, Adlen E, Beddington J, et al. 2019. The technological and economic prospects for CO_2 utilization and removal. Nature, 575: 87-97.

Huang Y, Yi Q, Kang J X, et al. 2019. Investigation and optimization analysis on deployment of China coal chemical industry under carbon emission constraints. Applied Energy, 254: 113684.

Ibrahim H, Ilinca A, Perron J. 2008. Energy storage systems—Characteristics and comparisons. Renewable and Sustainable Energy Reviews, 12(5): 1221-1250.

IEA. 2016a. Carbon Capture and Storage: Legal and Regulatory Review. Paris: International Energy Agency.

IEA. 2016b. Ready for Retrofit: Analysis of the potential for equipping CCS to the existing coal fleet in China. https://www.iea.org/reports/ready-for-ccs-retrofit.

IEA. 2020a. Energy Technology Perspectives 2020: Special Report on Carbon Capture, Utilisation and Storage. https://www.iea.org/reports/ccus-in-clean-energy-transitions.

IEA. 2020b. Energy Technology Perspectives 2020-Special Report on Clean Energy Innovation. https://www.iea.org/reports/energy-technology-perspectives-2020.

IEA. 2020c. The role of CCUS in low-carbon power systems. https://www.iea.org/reports/the-role-of-ccus-in-low-carbon-power-systems[2021-2-16].

IEA. 2020d. CCUS in Clean Energy Transitions. IEA https: //www.iea.org/reports/ccus-in-clean-energy- transitions [2021-2-16].

IEA. 2020e. Iron and Steel Technology Roadmap. https://www.iea.org/reports/iron-and-steel-technology-roadmap [2021-2-16].

IEA. 2020f. Methane Tracker 2020. https: //www.iea.org/reports/methane-tracker-2020[2021-2-16].

IEA. 2021. Tracking Coal-Fired Power 2021, https://www.iea.org/reports/coal-fired-power.

Jang J G, Kim G M, Kim H J, et al. 2016. Review on recent advances in CO_2 utilization and sequestration technologies in cement-based materials. Construction and Building Materials, 127: 762-773.

Jarvis S M, Samsatli S. 2018. Technologies and infrastructures underpinning future CO_2 value chains: A comprehensive review and comparative analysis. Renewable and Sustainable Energy Reviews, 85: 46-68.

Jiang Y, Lei Y, Yan X, et al. 2019. Employment impact assessment of carbon capture and storage (CCS) in China's power sector based on input-output model. Environmental Science and Pollution Research, 26:15665-15676.

Kang Y, Yang Q, Bartocci P, et al. 2020. Bioenergy in China: Evaluation of domestic biomass resources and the associated greenhouse gas mitigation potentials. Renewable and Sustainable Energy Reviews, 127: 109842.

Kang Y, Yang Q, Bartocci P, et al. 2020. Bioenergy in China: Evaluation of domestic biomass resources and the associated greenhouse gas mitigation potentials. Renewable and Sustainable Energy Reviews, 127:109842.

Kemper J. 2017. Biomass with Carbon Capture and Storage (BECCS/Bio-CCS), IEA Greenhouse Gas R&D Programme. London: Imperial College London.

Leeuwenburgh O, Neele F, Hofstee C, et al. 2014. Enhanced gas recovery–a potential 'U' for CCUS in The Netherlands. Energy Procedia, 63: 7809-7820.

Lemoine D M, Fuss S, Szolgayova J, et al. 2012. The influence of negative emission technologies and technology policies on the optimal climate mitigation portfolio. Climatic Change, 113: 141-162.

Li J Q, Yu B Y, Tang B J, et al. 2020. Investment in carbon dioxide capture and storage combined with enhanced water recovery. International Journal of Greenhouse Gas Control, 94: 102848.

Li X, Wei N, Jiao Z, et al. 2019. Cost curve of large-scale deployment of CO_2-enhanced water recovery technology in modern coal chemical industries in China. International Journal of Greenhouse Gas Control, 81:66-82.

Li X C, Wei N, Fang Z M, et al. 2014. Early opportunities of carbon capture and storage in China. Energy Procedia, 4: 6029-6036.

Lu X, Cao L, Wang H, et al. 2019. Gasification of coal and biomass as a net carbon-negative power source for environment-friendly electricity generation in China. Proceedings of the National Academy of Sciences of the United States of America, 116(17):8206-8213.

Ma D, Chen W, Yin X, et al. 2016. Quantifying the co-benefits of decarbonisation in China's steel sector: An integrated assessment approach. Applied Energy, 162: 1225-1237.

Marchi B, Zanoni S, Pasetti M. 2018. Industrial symbiosis for greener horticulture practices: The CO_2 enrichment from energy intensive industrial processes. Procedia CIRP, 69: 562-567.

McLaren D. 2012. A comparative global assessment of potential negative emissions technologies. Process Safety & Environmental Protection, 90: 489-500.

Ming Z, Shaojie O, Yingjie Z, et al. 2014. CCS technology development in China: Status, problems and countermeasures—Based on SWOT analysis. Renewable and Sustainable Energy Reviews, 39:604-616.

Minx J C, Lamb W F, Callaghan M W, et al. 2018. Negative emissions—Part 1: Research landscape and synthesis. Environmental Research Letters, 13: 63001.

National Research Council. 2013. Emerging Workforce Trends in the U.S. Energy and Mining Industries: A Call to Action. Washington: The National Academies Press.

Nyári J, Magdeldin M, Larmi M, et al. 2020. Techno-economic barriers of an industrial-scale methanol CCU-plant. Journal of CO_2 Utilization, 39: 101166.

Rahman F A, Aziz M M A, Saidur R, et al. 2017. Pollution to solution: Capture and sequestration of carbon dioxide (CO_2) and its utilization as a renewable energy source for a sustainable future. Renewable and Sustainable Energy Reviews, 71: 112-26.

Smith P, Davis S J, Creutzig F, et al. 2016. Biophysical and economic limits to negative CO_2 emissions. Nature Climate Change, 6: 42-50.

The U.S. Congress. 2018. H.R.1892: Bipartisan Budget Act of 2018. https://spendingtracker.org/bills/hr1892-115 [2021-2-16].

Vincent C J, Poulsen N E, Rongshu Z, et al. 2011. Evaluation of carbon dioxide storage potential for the Bohai Basin, north-east China. International Journal of Greenhouse Gas Control, 5:598-603.

Wang X P, Du L. 2016. Study on carbon capture and storage (CCS) investment decision-making based on real options for China's coal-fired power plants. Journal of Cleaner Production, 112: 4123-4131.

Wei N, Li X, Fang Z, et al. 2015. Regional resource distribution of onshore carbon geological utilization in China. Journal of CO_2 Utilization, 11:20-30.

Wei N, Li X, Liu S, et al. 2014. Early opportunities of CO_2 geological storage deployment in coal chemical industry in China. Energy Procedia, 63: 7307-7314.

Xie H, Li X, Fang Z, et al. 2014. Carbon geological utilization and storage in China: Current status and perspectives. Acta Geotechnica, 9(1): 7-27.

Xu M, Zhang X, Shen S, et al. 2021. Assessment of potential, cost, and environmental benefits of CCS-EWR technology for coal-fired power plants in Yellow River Basin of China. Journal of Environmental Management, 292:112717.

Yang L, Xu M, Yang Y T, et al. 2019. Comparison of subsidy schemes for carbon capture utilization and storage (CCUS) investment based on real option approach: Evidence from China. Applied Energy, 255: 113828.

Yu S, Horing J, Liu Q, et al. 2019. CCUS in China's mitigation strategy: insights from integrated assessment modeling. International Journal of Greenhouse Gas Control, 84: 204-218.

Zhang X H, Gan D M, Wang Y L, et al. 2020b. The impact of price and revenue floors on carbon emission reduction investment by coal-fired power plants. Technological Forecasting & Social Change, 154: 119961.

Zhang X, Wang X W, Chen J J, et al. 2014. A novel modeling based real option approach for CCS investment evaluation under multiple uncertainties. Applied Energy, 113: 1059-1067.

Zhang Z, Pan S Y, Li H, et al. 2020a. Recent advances in carbon dioxide utilization. Renewable and Sustainable Energy Reviews, 125: 109799.

Zhou D, Zhao Z, Liao J, et al. 2011. A preliminary assessment on CO_2 storage capacity in the Pearl River Mouth Basin offshore Guangdong, China. International Journal of Greenhouse Gas Control-International Journal of Greenhouse Gas Control, 5:308-317.

Zhou W, Jiang D, Chen D, et al. 2016. Capturing CO_2 from cement plants: A priority for reducing CO_2 emissions in China. Energy, 106: 464-474.

第31章 地球工程

首席作者：陈迎 曹龙

主要作者：刘哲 沈维萍

摘 要

为实现《巴黎协定》目标，通过地球工程（二氧化碳移除和太阳辐射管理）对气候系统进行人工干预将很有可能是难以避免的选择。本章明确了地球工程的定义和分类，系统梳理了地球工程研究的国际背景和最新动态；从多角度阐述了太阳辐射管理（solar radiation management，SRM）的综合影响评估情况。整体来看，地球工程的研究发展很快，涉及影响模拟、经济评估、伦理和国际治理等多个领域。SRM 类技术未实施，科学认知不够，对可持续发展目标可能产生的间接性和深远性影响需要全面评估。中国作为国际气候进程的重要成员，应将地球工程纳入应对气候变化大框架，区别对待不同类别的关键技术制定技术发展战略，积极参与地球工程的国际治理。

通常，地球工程的技术和方法被分为碳移除（CDR）和太阳辐射管理两大类。其中，CDR，也称为碳地球工程（carbon geoengineering），是通过生物、物理或化学的方法移除或转化大气中的二氧化碳，降低大气中温室气体浓度，主要技术有造林和森林生态系统恢复、生物质能碳捕集和封存、生物炭提高土壤碳含量、增强风化或海洋碱化、直接空气捕获和存储（DACCS）、海洋施肥等。依据碳的移除方式及"归宿地"的不同，可将 CDR 分为陆地生物圈封存、海洋碳封存、岩石圈封存三种技术手段（Ornstein et al.，2009）。SRM，也称为太阳地球工程（solar geoengineering），不直接减少大气中二氧化碳含量，而是通过减少到达地面的太阳辐射来缓解地球升温，具体方法包括平流层气溶胶注射（SAI）、海洋上空增加云反照率、增大陆地或海洋表面反照率等（IPCC，2018）。

考虑到 CDR 和 SRM 的作用机理不同，2018 年 10 月 IPCC 发布《全球增温 1.5℃特别报告》（SR1.5）没有用"地球工程"一词，而是分别讨论 CDR 和 SRM 的具体技术，还将太阳辐射管理改为太阳辐射干预（solar radiation modification）。此外，SR1.5 还明确将能源和工业部门应用 CCUS 与 CCS/CCUS 技术归为减排技术，不属于地球工程。CDR 特指直接从大气中移除二氧化碳，或通过人为增加海洋或陆地碳汇以减少大气二氧化碳的技术（IPCC，2018）。CDR 技术要实现负排放，如 DAC 也必须与 CCS/CCUS 技术结合，BECCS 本身包含 CCS/CCUS 技术。因此，CDR 与 CCS/CCUS 在分类上有一定的交叉重叠。可见，地球工程是许许多多复杂技术方案的总称，依据不同的标准，有不同的分类方法。不同技术的作用机理不同，技术成熟度、有效性、经济成本、起效时间、对环境的可能影响和风险也不相同,需要区别对待,不能简单化地一概而论。

有关CCS/CCUS的讨论详见第30章,本章重点梳理地球工程相关国际背景,聚焦SRM的综合影响评估,并讨论如何将地球工程纳入应对气候变化的总体战略。

31.1　地球工程的基本概念

全球气候变化是 21 世纪人类面临的最严峻挑战之一,限制气候变化需要大幅度和持续地减少温室气体排放。相比于气候变化的减缓和适应措施("Plan A"),通过地球工程手段人工地为地球降温,是减缓气候变化的非常规手段("Plan B")。

关于地球工程的定义,国际上经常引用的是英国皇家学会提出的定义,即"为了应对气候变化及其影响,对地球环境和气候进行干预而采取的大规模的人工技术和方法"(The Royal Society,2019)。也有中国学者对地球工程提出自己的看法与定义。例如,胡国权(2011)提出,地球工程是指人为对地球系统的物理、化学或生物特质反应过程进行干预来应对气候变化,减少并有效管理气候变化带来的风险的工程项目。潘家华(2012)认为,地球工程是指包括所有能源生产和消费以外的、不涉及工业生产过程管理,在较大地球尺度或规模上,去除大气中的 CO_2 或直接控制太阳辐射而降温的各种人为工程技术手段。美国国家科学院将其定义为"专指人们为应对气候变化问题所采取的各种工程设想"(National Research Council,2015)。

IPCC 第五次评估报告将地球工程定义为"所有旨在改变气候系统以应对气候变化的方法"(IPCC,2014c)。近期,国际上越来越多的文献用"气候工程"(climate engineering)或"气候干预"(climate intervention)替代地球工程,以区别于其他目的的大规模人类活动。

31.2　地球工程相关的国际背景

为应对全球气候变化,自 1990 年启动政府间气候谈判进程以来,经过 30 多年艰难坎坷的发展历程,各方利益分歧依然严重。常规减排技术成本高、降幅低、速度慢,全球温室气体减排举步维艰,国际社会和学术团体一直在试图探索在更大更广的地理尺度上采用工程技术方法,或去碳,或降温(潘家华,2012;陈迎和刘哲,2013;辛源,2016)。

31.2.1　地球工程研究的兴起和发展

地球工程(geoengineering)一词作为应对全球变暖的措施,首次被提出是在马尔切蒂发表的《地球工程与二氧化碳问题》一文中。这篇文章提出把大气 CO_2 封存在深海中作为一种应对全球变暖问题的解决方案(Marchetti,1977)。俄罗斯科学家 Budyko(1977)首先提出了可以通过向平流层注入气溶胶给地球降温。此后,诺贝尔奖得主克鲁岑重申了平流层气溶胶地球工程方法,并得到广泛关注(Crutzen,2006,2013),为彻底解决气候变化问题提供了一种可能性(Buck et al.,2014)。地球工程计划给人们带来一种慰藉的同时,其可能的风险和诸多不确定性也让人感到惴惴不安。

20 世纪 90 年代,地球工程研究的学术价值使得其研究从自然科学扩展到经济、政治、伦理等社会科学领域。2009 年 9 月,英国皇家学会发布了题为《地球工程:气候科学、治理与不确定性》的报告，引发了政界、学术界和公众对地球工程的广泛关注和讨论（The Royal Society，2019）。2009 年 3 月，在哥本哈根举行的国际气候科学家会议上，有 15 个演讲与地球工程有关。哥本哈根世界气候大会期间，有关地球工程的边会就多达十几场。虽然被寄予厚望的哥本哈根谈判没有达成理想的协议，但是直接刺激了地球工程研究持续升温，此后科学文献大量涌现，各类学术研讨活动也日益活跃（陈迎，2016）。例如，2011 年，美国华盛顿大学召开以"地球工程：科学、伦理和政策"为主题的跨学科研讨会，以及同年 6 月 IPCC 就地球工程的科学基础、影响及其应对选择问题召开三个工作组联合专家会议，都就地球工程计划进行回应（肖雷波等，2016）。2013 年 12 月，美国著名国际期刊《气候变化》推出专题"气候变化专刊：地球工程及其局限性"，进一步引导人们关注地球工程的可能风险及其负面影响。

近年来，地球工程的研究受到越来越多的关注，各类学术活动日益活跃。2014 年和 2017 年，波茨坦高等可持续研究所（IASS）在德国柏林两次召开数百人参加的大型气候工程大会（CEC14/CEC17），围绕气候工程的科学、影响、伦理、法律和治理等关键问题展开讨论。2015 年，美国科学院发布了针对 SRM 的《气候干预：反射阳光，降温地球》和针对 CDR 的《气候干预：二氧化碳移除和有效埋藏》两本地球工程专门评估报告，受到社会公众的关注。

欧美等发达国家纷纷启动地球工程研究项目。美国皇家学会、世界科学院（TWA）和环境保护基金 2010 年 3 月发起太阳辐射管理治理倡议（SRMGI），呼吁发展中国家围绕 SRM 展开全球对话，作为对皇家学会地球工程气候报告的回应[①]；同年，英国政府支持启动了聚焦平流层粒子注入技术（SPICE）和气候工程治理（CGG）两个研究项目；2012 年，欧盟资助德国和英国科学家对地球工程进行跨学科的综合评估（EuTrace）[②]；2014 年，美国国家科学院将地球工程列入应对气候变化挑战项目的首个研讨会内容，分别针对 CDR 和 SRM 推出了两本评估报告；2016 年以来，联合国负责气候变化事务的前助理秘书长 Janos Pasztor 启动卡内基地球工程治理（C2G）项目，积极推动地球工程国际治理[③]。此外，哈佛大学环境中心启动太阳能地球工程研究计划（SGRP），旨在进一步对 SRM 的科学和治理进行批判性研究[④]。2018 年 10 月，美国国家科学院又设立新的委员会，识别 SRM 类地球工程技术的研究需求和治理问题，并于 2019 年发布了一份长达 500 多页的报告《负排放技术和可靠的封存：研究议程》，对沿海"蓝碳"、陆地碳去除与封存、BECCS、DAC、碳矿化和地质封存六种负排放和封存技术进行了评估。报告指出，负排放技术与某些减排措施相比，成本较低，破坏性也较小；陆地碳去除与封存、BECCS 两类负排放技术成本较低，安全风险较小，还附带协同效益，已具备大规模实施的条件；DAC 和碳矿化虽具有很高的潜在去碳能力，但 DAC 目前受到高成本的限制，碳矿化目前缺乏基本认识；沿海"蓝碳"潜力低于其他负排放技术，但其项目的投资以生态系统服务和适应等其他效益为目标，因此去碳成本很低或为零。基于评估结果，该委员会建议美国政府：尽快启动一项实质性的研究计划，以推进负排放技术的研发和部署；加大投资来改善现有的 BECCS、土地利用和管理等负排放技术，增加负排放容量，并减少负面影响；加强

---

① 太阳辐射管理治理倡议（SRMGI）详情见 http://www.srmgi.org/.
② 欧盟 EuTrace 项目情况见 http://eutrace.org/aims-project.
③ 卡内基地球工程治理（C2G）项目详情见 https://www.c2g2.net/.
④ 太阳能地球工程研究计划（SGRP）详情见 https://geoengineering.environment.harvard.edu.

DAC 和碳矿化技术的研发，突破成本限制，以掌握更先进的去碳手段；推进生物燃料和二氧化碳地质封存的研究，以支持负排放技术和减排。2019 年 3 月，美国气候政策智库发布研究报告《确保气候安全：气候干预和地球系统预测研究的国家当务之急》，从气候安全的高度呼吁立即开展气候干预技术（即地球工程）研究，投资开展气候预测建模、地球工程技术评估和小规模实验，加强该领域的国际合作，以产生更多、更好的科学和政策成果。报告也强调地球工程治理为气候治理带来新的影响因素，但目前尚缺乏构建地球工程治理模式的信息。同时，2019 年 3 月，海洋环境保护科学联合专家组（GESAMP）第 41 工作组发布了《海洋地球工程技术高级别综述报告》，引起国际社会的广泛关注。该报告全面评估了各种海洋地球工程技术的发展现状和可能影响，建议联合国牵头建立一个协调机制，负责海洋地球工程活动的管理和审核。同时，报告呼吁持续关注并开展地球工程的评估，在自然科学评估之外，加强社会经济和地缘政治层面的分析。

中国学者关于地球工程的研究起步较晚，但是近几年在研究团队建设和研究成果上进展较快（Cao et al.，2015）。例如，北京师范大学 John Moore 教授领导的研究团队加入了国际"地球工程模式比较计划"（GeoMIP）；2015 年 6 月，中国启动了第一个地球工程 973 项目（由北京师范大学、浙江大学和中国社会科学院城市发展与环境研究所合作承担），研究内容涉及地球工程的机理研究、情景模拟、影响评估和国际治理等。我国科学家还在海洋"蓝碳"方面开展了研究和实验，提出的海洋微型生物碳泵（microbial carbon pump，MCP）概念引起国际同行的广泛关注和认同，被国际海洋研究委员会（SCOR）遴选设立了 MCP 科学工作组（SCOR-WG134）（Jiao et al.，2014）。在地球工程实践领域，过去几年中国开展了一些二氧化碳捕集、封存以及利用（CCS、CCUS）等示范项目，取得了较大进步，已成功开展了工业级的项目运作（《第三次气候变化国家评估报告》编写委员会，2015）。

31.2.2 IPCC 有关地球工程的科学评估

为准备 IPCC AR5 的撰写，2012 年召开专家会议，达成了《关于地球工程的研究》决议，明确了地球工程的定义和侧重点，并更新了有关信息，此举受到高度关注。此后，鉴于有关地球工程的学术研究活跃，大量学术文献涌现，IPCC AR5 首次纳入地球工程问题。

IPCC AR5 中三个工作组都涉及地球工程的相关内容。第一工作组重点讨论地球工程对气候系统的影响机理。第 6 章安排了一节讨论 CDR 和 SRM 对全球碳循环的可能影响。第 7 章安排了一节讨论 SRM 的机理和气候影响。其中第三工作组安排了第 6 章"评价路径转型"中的一节对地球工程的概念、有效性、成本和风险等最新研究进展进行了评估。限于科学研究的匮乏，报告评估没有给出明确的结论性判断，仅以中等置信度认可 SAI 可能部分抵消增温效应，但强调技术可行性仍需要进一步研究，在缺乏充分研究的情况下不应盲目开展 SRM 实践活动（IPCC，2014c）。

2018 年 10 月 8 日，IPCC 发布的《全球升温 1.5℃特别报告》指出，根据 NDCs 目标，21 世纪末全球升温将达到 3℃，远远无法实现控制升温 1.5℃的目标。相较于全球升温 2℃的情景，1.5℃温升途径的边际减排成本高出 3～4 倍（IPCC，2018）。可见，相比于 2℃温升目标，1.5℃温升目标的难度大、时间紧，仅靠常规减排路径恐不足以实现，1.5℃温升目标不能回避地球工程。

IPCC AR6 第一工作组报告 2021 年 8 月已经发布，第二、三工作组报告和综合报告将于2022 年陆续发布。从 AR6 编写大纲看，三卷均涉及地球工程的相关内容，关注度有所增强（IPCC，2017），例如，第一工作组在不同章节讨论 SRM 和 CDR 对气候系统的影响。第三工作组的能源部门减排包括 CCS/CCUS，跨部门减排将讨论 CDR，国际治理包括 SRM 的治理问题等。随着科学研究的不断深入，大量科学文献的发表，第六次评估报告会对地球工程的最新进展和复杂影响做出更为全面、客观、平衡的评估。

31.2.3　地球工程的治理

2015 年达成的气候变化《巴黎协定》确立了全球温控长期目标，即在 2100 年前，把全球平均气温升幅控制在工业革命前水平以上低于 2℃ 之内，并努力将气温升幅限制在工业化前水平以上 1.5℃ 之内，以及"自下而上"的国家自主贡献目标、五年期滚动的全球盘点机制等重要的全球合作减排机制。

《巴黎协定》引入 1.5℃ 温升目标，为国际上有关地球工程的研究和讨论注入了新的活力，大量研究成果不断涌现。学者们普遍认为，受制于高碳经济模式的制约、NDC 目标的完成度以及全球可持续发展经济结构的缓慢转型，即便通过强有力的减缓措施并大规模配合实施 CDR 技术，可能也只有三分之二的机会实现 2℃ 温控目标，要实现 1.5℃ 温控目标，不应该回避地球工程，地球工程可能在应对气候变化领域担负起新的和更重要的角色（Horton et al.，2016；Parker et al.，2018；陈迎和辛源，2017）。不过科学界对地球工程研究的热情，并不意味着支持具有高风险和高不确定性的 SRM 技术的实施，更多表达的是对《巴黎协定》后增大 SRM 技术实施可能性的担忧。

截至目前，还没有全球范围大规模实施地球工程的实例，但一些相对小规模的尝试引起国际社会的关注，引发了公众的担忧。例如，1996 年挪威国家石油公司首次以商业规模将二氧化碳封存在地下咸水深层；挪威政府从 2006 开始投资建造世界最大的碳捕获技术研究中心；2010 年，英国政府批准了向平流层中注入反光微粒的 SPICE 研究项目，但最后迫于公众压力，暂停了施放热气球的野外实验；2012 年 7 月，美国商人向太平洋倾倒了将近 100 t 的硫酸铁以用来促进浮游植物的生长，引起了 NGO 的强烈不满。对于这些小规模实践，《生物多样性公约》出于生态安全和伦理安全的考虑，2010 年明确做出规定，除了小规模的科学研究外，不得从事影响到生物多样性与气候的地球工程（银森录等，2013）。

为了促进启动地球工程治理的全球对话，瑞士政府在 C2G 的支持下起草了案文，交由 2019 年 3 月在肯尼亚第四届联合国环境大会（UNEA4）讨论。提案要点包括：一是要求联合国环境规划署牵头建立一个特设独立专家组，在 2020 年 8 月之前就每一项地球工程技术的研究、应用、利弊和风险、治理等状况开展全面评估；二是在 2020 年底前为各成员方提供有关地球工程国际治理所需框架的建议，供 UNEA5 讨论；三是要求促进联合国系统其他相关机构，包括气候公约秘书处，参与上述各项工作。

该提案虽得到韩国、墨西哥、塞内加尔等 10 个国家的支持，欧盟、新西兰等对瑞士的努力表示了敬意，但由于美国和沙特阿拉伯的极力阻挠，最终无法达成共识，瑞士无奈撤回提案。在辩论过程中，不少国家由于缺乏地球工程的认识，表示在理解案文内容上存在困难。这是地球工程治理议题首次进入国际政治议程，各国在国际多边机制平台开展磋商谈判，无论结果如何，都极大地促进了各国对地球工程的重视，开启了地球工程议题的政治化进程。

整体来看，关于地球工程的研究发展很快，国内外学者从伦理、哲学、经济学等人文社会科学角度讨论地球工程的文献开始快速增长，研究涉及科学机理、工程方案、风险评估以及气候伦理、国际治理等多个领域，从学理性深入到制度性、价值理性层面进行探讨。尽管研究数量正在不断增加，但地球工程技术手段的经济分析和国际治理机制仍有待探索，特别是国际社会仍对地球工程充满争议，尤其是SRM，具有高度的风险和不确定性，需要进行充分的科学论证。目前，研究界已开展了大量工作，但全球政策界和公众却鲜有发声，地球工程国际治理的相关国际法律和政策框架还严重缺失。

31.3 太阳辐射管理的综合影响评估

太阳辐射管理又称太阳辐射干预，其基本出发点是通过减少到达大气和地表的太阳辐射来减缓大气CO_2等温室气体增加而导致的温度升高，为地球"直接降温"。现在提出的SRM手段主要有向平流层注入硫酸盐等具有散射性质的气溶胶（SAI）（Budyko，1977；Crutzen，2006），增加海洋上空的积云反照率（MCB）（Latham，1990），增加陆地或者海洋表面的反照率（Gaskill，2004）。除了太阳辐射管理，还可以减少高层卷云的光学厚度，使更多的长波辐射逃逸到太空，从而使地球降温（Mitchell and Finnegan，2009）。卷云地球工程可以与SRM统称为辐射管理地球工程。辐射管理地球工程的实施会对地球气候系统产生一系列影响，以下分别阐述。

31.3.1 气候效应

目前无法直接通过地球工程外场实验来研究地球工程对气候的影响。因此，目前气候模拟是理解地球工程气候效应的唯一和重要手段。

1. 对温度的影响

实施辐射管理地球工程的最直接效果是降低地表温度。模拟研究表明，从理论上，辐射管理地球工程措施可以抵消由CO_2等温室气体增加造成的全球平均增暖（Kravitz et al.，2013；Irvine et al.，2016）。不过，不同的辐射管理工程措施都具有一定的冷却潜力上限（Niemeier and Timmreck，2015）。最近的一些模拟研究表明（Kravitz et al.，2017），通过有针对性的SRM试验设计，在RCP 8.5浓度情景下，向平流层注入气溶胶可以把不同的温度指标（全球平均表面温度、南北半球温度梯度、极地和赤道温度梯度）同时稳定在2020年的水平。最近也有模拟研究分析了将SRM与减排结合，将全球平均温升限制在工业化前水平以上1.5℃以内的可能性（MacMartin et al.，2018）。

2. 对降水的影响

模拟研究发现，无论采取哪种SRM措施，都无法同时抵消由CO_2增加引起的全球温度和降水的变化（Kravitz et al.，2013；Tilmes et al.，2013；Duan et al.，2018）。产生这种现象的根本原因是地球工程措施产生的辐射强迫和大气CO_2辐射强迫对大气热力性质影响的机理不同。模拟研究发现，平流层气溶胶和卷云地球工程的结合，理论上可以同时抵消全球平均温度和降水变化（Cao et al.，2017）。模拟研究表明，SRM对不同地区降水影响的不确定很大（Tilmes et al.，2013）。

实施地球工程不会显著改变中国致灾性强降雨的长期空间分布规律，但会较大程度上降低极端降雨总量，且对中国各省级层面极端降雨时空分布的影响具有空间异质性，在时间序列上，地球工程有利于中国整体降水量的增加，降水量波动特征在地球工程情景下相比于非地球工程整体有所减小，地球工程情景下的中国降雨年际变化相对稳定（孔锋等，2018）。

3. 对冰冻圈的影响

模拟研究表明，由于 SRM 带来的降温，相对于 CO_2 增加的情景，SRM 可以减缓北极海冰消融的趋势（Moore et al.，2014；Kravitz et al.，2017；Jiang et al.，2019），有助于减缓格陵兰地区冰盖的消融（Irvine et al.，2009），也可以在一定程度上抑制亚洲高山地区冰川的融化（Zhao et al.，2017）。不过也有模拟研究表明，由于海洋环流响应的不确定性，SAI 可能无法抑制南极地区冰盖和南格陵兰地区冰盖的消融（McCusker et al.，2015；Fasullo et al.，2018）。

4. 对海平面、大气和海洋环流的影响

模拟研究发现，SRM 可以减缓海平面升高的趋势（Moore and Dickinson，2010）。相对于大气温度，海平面对辐射强迫的响应缓慢，如果利用地球工程稳定海平面高度，需要地表温度快速冷却（Irvine et al.，2012）。全球变暖将会减弱热带地区大气翻转环流，而平流层气溶胶地球工程并没有减缓大气翻转环流减弱的趋势（Ferraro et al.，2014）。最近的模拟研究发现，SRM 可以稳定沃克环流的强度（Guo et al.，2018）。在全球变暖情景下，海洋温盐环流很有可能减弱，模拟研究表明，SRM 也有助于稳定全球海洋温盐环流的强度（Cao et al.，2016；Hong et al.，2017；Fasullo et al.，2018）。

5. 对平流层动力、气候模态和极端气候的影响

平流层注入硫酸盐气溶胶通过吸收长波辐射加热平流层，影响平流层动力过程（Ferraro et al.，2012；Tilmes et al.，2013；Niemeier and Schmidt，2017）。平流层注入硫酸盐气溶胶将会影响平流层准双年震荡（QBO）（Aquila et al.，2014；Niemeier and Schmidt，2017），会使平流层极地涡旋加强（Ferraro et al.，2015），会导致高纬度地区臭氧损耗和下热带平流层的加热（Richter et al.，2018）。这些平流层动力过程变化都将会进一步影响对流层气候。

厄尔尼诺和南方涛动（ENSO）是重要的气候模态，目前有关 SRM 对 ENSO 影响的研究不多。Gabriel 和 Robock（2015）通过模拟研究发现，相对于全球变暖情景，在 SRM 情景下，ENSO 的频率和振幅都没有显著的变化。关于极端气候，总体而言，相对于高 CO_2 浓度全球变暖情景，SRM 情景下的极端气候情况要更加接近 CO_2 增加前的情景（Curry et al.，2014）。从全球而言，SRM 减缓极端温度比减缓极端降水更加有效（Curry et al.，2014）。不过，不同太阳辐射管理措施对于不同地区极端气候的影响程度差异很大（Aswathy et al.，2015；Ji et al.，2018）。模拟研究发现，SAI 将会降低全球变暖下风暴潮发生的频率（Moore et al.，2015）和热带气旋产生的潜力（Wang et al.，2018）。

6. 影响的区域差异

毫无疑问，SRM 将会对不同区域的气候产生不同的影响。关于 SRM 的区域影响，模拟研究发现，如果全球均一地实施 SRM，抵消全球平均增暖，相对于 CO_2 没有升高情景，热带地区将变冷，而高纬度地区将仍有升温（Kravitz et al.，2013）。全球平均降水将减少，尤其是季风区，包括东亚、南部非洲、北美、南美降水将显著减少（Tilmes et al.，2013）。通

过研究将全球增暖控制在1.5℃以下的区域气候变化发现，如果利用 SRM 将全球变暖控制在 1.5℃，北大西洋极端风暴和欧洲热浪发生的频率将会减少，但是亚马孙地区的水循环变化和北大西洋的风暴位置不会受到大的影响（Jones et al.，2018）。当然，SRM 对不同区域气候的影响很大程度上取决于 SRM 的设计和气候减缓目标。

7. 终止效应

终止冲击被研究者视为 SRM 的最大风险之一，即如果利用大规模 SRM 来抑制全球变暖，然后由于技术或者政治等原因突然停止，在高浓度温室气体背景下，气温就会迅速上升，从而带来更大的风险冲击（Parker and Irvine，2018）。模拟研究发现，如果 SRM 突然停止，全球大部分地区温度将快速上升（Matthews and Caldeira，2007；Jones et al.，2013；McCusker et al.，2014；Trisos et al.，2018）。上升速率将超过无地球工程情景下的变暖速率。SRM 突然终止后，全球平均降水也将上升，但是降水变化区域差异较大 （Jones et al.，2013）。

8. 火山爆发气候效应类比

除了利用气候模式进行模拟研究，也可以利用大规模火山爆发产生的冷却效应作为类比，来进一步理解向平流层注入硫酸盐气溶胶产生的气候效应。不过，火山爆发气候效应仅可以在一定程度上对平流层气溶胶气候效应起到指示作用，要充分认识到间歇性火山喷发的气候效应与持续性气溶胶地球工程的气候效应的差别 （Robock et al.，2013；Duan et al.，2019）。

31.3.2 环境影响与风险

SRM 对环境的最直接影响来自太阳辐射的减少。大体而言，抵消 CO_2 加倍产生的全球变暖需要减少约 2%的太阳辐射。模拟研究表明，在 CO_2 加倍情景下，相对于 CO_2 增加本身的作用，光照减少引起的陆地初级生产力的变化很小（Govindasamy，2002；Naik，2003；Duan et al.，2020）。SAI 减少入射地面的直接太阳辐射，但是会增加漫散射，从而对植被光合作用产生不同影响（Kalidindi et al.，2015；Xia et al.，2016；Duan et al.，2020）。

此外，SRM 会间接对海洋酸化、臭氧层和生物多样性产生影响。

首先，大气 CO_2 浓度增大，海洋吸收大气 CO_2，通过碳酸盐化学作用增大海洋酸性，降低海水的 pH，造成海洋酸化。气候变化主要通过升高海水温度和造成酸化来影响海洋生态系统（Poloczanska et al.，2016）。由于 SRM 不直接降低大气 CO_2，因此 SRM 对海洋酸化的减缓作用很小。模拟研究表明，SAI 可以改变淡水或海洋环境的化学性质，某些形式的 SAI 可能会导致湖泊和溪流的酸化，某些可能不会（Kravitz et al.，2009）。SAI 和海洋云增亮虽然不能直接抵消酸化，但可以抵消海水变暖（Kwiatkowski et al.，2015）。SRM 对海洋酸化的关键变量，包括海水 pH 和碳酸钙的饱和度，影响都很小。总体而言，SRM 可以降低全球温度，但无法减缓海洋酸化（Matthews et al.，2009；Cao and Jiang，2017；温作龙等，2018）。

其次，SAI 将会通过增加硫酸盐气溶胶的表面积促进平流层臭氧化学反应。同时，SAI 引起的温度和水汽变化也将会进一步影响平流层臭氧化学反应。模拟研究发现，SAI 将会减少全球平均平流层臭氧浓度（特别是高纬地区），减缓平流层臭氧空洞的恢复 （Pitari et al.，2014）。作为比较，直接减少太阳入射辐射强度的"太空反光镜"地球工程将会增加平流层臭氧浓度。对于对流层臭氧，模拟研究发现，"太空反光镜"地球工程将会增大近地表臭氧浓度，而 SAI 将会降低地表臭氧浓度（Xia et al.，2017）。

关于 SRM 对生物多样性的影响，2010 年《生物多样性公约》第 10 次缔约方大会通过决定，明确要求在用适当的科学方法对地球工程的社会、经济及文化影响进行评价前，缔约方不得开展可能影响生物多样性的大规模地球工程活动。但有研究认为，地球工程本身对生物多样性的直接影响并不是十分显著，值得关注的是开展地球工程极可能导致全球或区域产生新的气候和环境变化，由此将对生物多样性造成未知的影响（银森录等，2013）。例如，SRM 突然停止后产生的巨大温度速率的变化将会对生物多样性产生重大影响（Trisos et al.，2018）。

31.3.3 社会经济影响

SRM 可能抵制全球变暖产生的副作用，如海平面上升、降水和其他天气模式的变化，这些变化将对世界上最脆弱的人产生最强大的影响，因为他们缺乏移动或适应的资源（Keith，2017）。SRM 的实施将影响基础设施、经济增长和就业、公共支出等，对经济生产力产生影响。通过地球工程成功避免气候变化影响将带来可观的经济效益，特别是较贫困地区，预计其在 2℃温升或更大的气温变化时受到特别严重的影响（Pretis et al.，2018）。对农业的影响方面，一些 SRM 部署方案（例如，完全抑制气候变暖或气温快速变化）可能导致气候参数的局部变化，造成大量局部降水减少，从而降低农业生产力；从 SAI 中释放的硫酸盐气溶胶使土壤酸化增加可能会影响粮食作物的产量或导致额外的成本（例如，要求农民提高其土壤的碱度）（Kravitz et al.，2009），而其他类型的气溶胶可能会减弱或抵消这种影响。SAI 会减缓臭氧层的恢复，这可能对农业产生不利影响，尽管这种影响可能取决于所部署的气溶胶类型。但若以有效限制气候变化对粮食生产（温度和降水模式）影响的方式部署 SRM，并减少极端天气事件，有助于维持农业产量（Keith et al.，2016）。

1. 对能源和经济部门的影响

如果通过 SRM 局部减少降水，水电产量可能会有所下降。SRM 带来更多的光线散射可能会降低聚光太阳能的产量并提高太阳能光伏电池的产量（Smith et al.，2017）。有研究结果表明，SRM 并不能代替减排，但仍然可以帮助减少大气中的碳负担。极端情况下，如果利用太阳能地球工程在 RCP8.5 情景下保持辐射强迫常数，碳负担可能减少 100 Gt，相当于 21 世纪排放量的 12%～26%，每吨二氧化碳的成本低于 0.5 美元（Keith，2017）。SRM 可以潜在地减轻极端天气事件对建筑基础设施的破坏性力量，并相应减少恢复关键基础设施所需的公共和私人支出，并建立抵御更高水平变暖的能力（World Bank，2016）。

2. 对社会认知的影响

由此，地球工程的研发与推广可能会激发公众对地球工程的关注，并将地球工程视作减排的替代选项，反而阻碍减缓气候变化的努力（史军等，2013）。学者们普遍认为，SRM 地球工程研究和应用，是人类的"福音"还是即将打开的"潘多拉魔盒"，这在很大程度上取决于对地球工程研究的有效管制，应该明确应对气候变化的最佳选择是减排，地球工程不能成为应对气候变化的首要选择（孙凯和王刚，2012；潘家华，2012；陈迎，2016）。如果减缓和适应措施被证明不足以实现 1.5℃温升目标，那么可以将 SRM 视为管理气候变化风险的总体战略的一部分进行有效部署来减少气候损害，将减排、净负排放技术和 SRM 结合起来，以实现气候目标（Macmartin et al.，2018）。

31.3.4 伦理问题和国际治理

1. 道德风险

实施 SRM 可能削弱其他减缓和适应努力,带来"道德风险"(moral hazard),而且是"双风险"问题,人类只能谨慎决策,两害相权取其轻(陈迎和辛源,2017)。选择温升还是人工干预气候,这两者均具有巨大的不确定性和风险,两者的利与害难以精确相权。当减排和碳移除难以达到既定气候目标时,就必须在温升超过阈值的风险和 SRM 的风险上进行抉择(辛源和潘家华,2016)。仅依靠 SRM 不仅不会使情况变得更好,反而会使情况变得更糟糕。要从根源上解决气候危机,就应当提防地球工程所引发的忽视和漠视气候问题的"道德风险"(史军等,2013)。

2. 公平性

SRM 具有全球公共物品属性,其负外部性影响可能分布不均,从而进一步加剧不同地区和国家之间的不平等,导致政治局势紧张。局部的人工气候干预可能会带来全球性的气候影响。以减缓气候变化的名义干预太阳辐射,可能改变地球气候格局,干旱贫瘠者可能受益,而风调雨顺者可能风光不再,这种变化带来的分配效应还是会产生赢家和输家(迈克·胡尔姆,2010;Tol,2016),且发展中国家或欠发达经济体的机构可能需要外国财政支持才能实现必要的应对和全球参与(Rahman et al.,2018)。有研究认为,地球工程可能成为战争利器,有可能引发包括饥荒、疾病在内的各类灾害,造成经济危机,甚至引发区域性战争,进而威胁国家安全(柳琴等,2016;Suarez and Aalst,2017)。大规模 SRM 的跨区域副作用可能造成紧张局势并给国际机构带来挑战。如果部署后发生极端天气事件,可能被归因于地球工程,造成外交关系紧张(Macnaghten and Szerszynski,2013)。此外,可能会存在一种情况,即加强工业温室气体的排放并通过单方部署 SRM 技术手段来抵消影响,然后通过军事干预来销毁部署设备。此时,如果产生跨区域负外部性影响,将会带来严重的法律挑战,因为实现相对收益或损失赔偿非常困难(Parker et al.,2018;Frumhoff and Stephens,2018)。因此,必须建立妥善的全球治理机制,完善相关法律来预防和管理潜在的部署行动。

从代际伦理的角度,应当考虑当代人是否有权来开展这样一项具有巨大科学不确定性的地球工程。对于 SRM,即使是科学实验或研究,由于其影响超出了国界,超出了当代人,也超出了人类社会,如果要采取行动,也存在一个国际治理问题:谁来决定,在何时、何地、何种规模上做决定(潘家华,2012)。可见,实施 SRM 的影响已经超越了气候变化本身,对其进行的综合成本和收益分析不能局限在单一气候变化目标上,必须考虑可持续发展的各个原则和目标。

3. 国际治理的基本要素

SRM 技术对伦理和公平影响的重大意见分歧和不同解释可能会带来严重的政治和社会挑战。有中国学者研究认为,如果能够将社会性别等价值理性融入地球工程研究中,采取共赢形式,即把地球工程、社会性别、认真减排和对不公正的政治经济结构的关注整合起来,那么就有可能创造一个更为有效应对气候变化的理想社会(肖雷波等,2016)。在伦理上,气候地球工程应当遵循减排优先原则、谨慎应用原则和风险预防原则(史军和蔡辉,2017)。从经济学属性来看,SRM 具有不确定的外部性,存在系统性风险;作为全球公共物品,存在

"开便车"问题，且成本收益难以直接权衡；从碳权益与公平的角度来说，其涉及代内区域公平与代际公平。所以，建立地球工程的全球治理机制必要且紧迫（沈维萍和陈迎，2019）。

此外，2018 年华盛顿美国大学气候工程评估论坛（Forum for Climate Engineering Assessment）发布了名为《治理太阳辐射管理》（*Governing Solar Radiation Management*）的评估报告，提出了 SRM 的治理目标：第一，首先保持减缓和适应，确保如果考虑 SRM，它仍然是减缓和适应措施的附属措施；第二，彻底、透明地评估风险、成本和收益，培养广泛评估的能力；第三，实现负责任的知识创造：确保任何与 SRM 相关的研究能够最大限度地响应社会需求和关注；第四，在考虑部署之前确保健全的治理，开始建立有效的机构和规范近期工作，以管理有关的潜在部署决策。这一报告在国际上引起了激烈的讨论，关于 SRM 国际治理的原则、目标、机制、法律约束等将是接下来研究的重点和热点问题。

总体来看，对 SRM 的科学认知还不足，国际争议很大。作为非常规技术选项，SRM 在 1.5℃温升目标下的影响评估、技术选择、伦理学和国际治理等一系列问题的研究和探讨都十分必要。2016 年，IPCC 主席 Hoesung 也已经要求 IPCC 组织一份专门关于 SRM 的研究报告[①]。备受争议的 SRM 已经成为气候变化领域的热点问题，各方的关注将会越来越多。

已有研究对 SRM 的实施效应和风险进行了一系列评估和探讨，但尚未对这些技术对可持续发展目标的实施可能产生的影响进行全面评估。面对国际争议，各国首先要做的就是加强 SRM 的科学研究，作为全球公共物品，必须全面评估 SRM 对于可持续发展目标各个方面的影响，而不是局限于单一气候变化目标，从而为可持续发展目标下地球工程治理的具体政策框架落实提供支撑，积极参与和推动全球范围内 SRM 的国际治理。

31.4　地球工程的发展前景展望

31.4.1　地球工程在应对气候变化总体框架中的定位

1. 减缓、适应、CDR、SRM 的关系

气候地球工程被认为是非常规的应对气候变化负面影响的手段，可以是极端的减缓，也可以是极端的适应。例如，SRM 技术的投入使用可以使得单个国家在较短的时间尺度上，以较低的成本去减缓甚至消除全球总排放产生的温升影响，但具有巨大的不确定性，可能造成全球多圈层的紊乱。而掌握 CDR 技术的任何国家也能通过独立行动去降低全球大气层中的 CO_2 浓度，通过移除本国和其他国家过去和当前的碳排放，直接降低大气中温室气体浓度。

从作用机理来看，CDR 类气候工程技术与传统的减排方法有很多类似点，太阳反射镜类似于极端的适应，而 SRM 类气候工程技术手段则从根本上有别于这两种方法（张莹等，2016）。具体来看，根据 CO_2 对人类福祉影响的因果链传导过程，减缓手段打破排放与浓度升高之间的传导关系；CDR 通过人工捕集与封存已经排放到空气中的 CO_2，减少大气中的 CO_2 存量，降低大气中的 CO_2 浓度，打破碳排放与浓度之间的联系，起到的效果与减排相同，而且它可以实现大气中的 CO_2 存量的净减少，且比自然过程快得多；SRM 改变的指标

[①] Goldenberg S.2016. UN climate science chief: it's not too late to avoid dangerous temperature rise. www.theguardian.com/environment/2016/may/11/unclimate-change-hoesung-lee-global-warming-interview[2019-1-13].

则是温度，通过管理太阳辐射直接降低地球温度，从而干预 CO_2 浓度与温度之间的传导关系；适应手段位于最末端，打破的是辐射强迫与损害之间的传导关系。所以，相较于减缓手段来说，两类地球工程技术都具有末端治理属性，不仅不能从根本上改善人类福祉，还可能给整个地球生态系统引入新的风险（沈维萍和陈迎，2019）。此外，减缓、适应和地球工程措施的气候效应之间也有关联。造林和森林生态系统恢复、BECCS 等具有减缓的作用，同时植树造林在吸收碳的同时改变局地小气候，兼具有适应的作用；SRM 降低温度减缓气候变化，同时刷白屋顶、改变地面反照率有利于减少城市热岛效应，也具有适应作用。CDR 与 SRM 之间也有关联，SRM 影响生态系统的碳循环速率，增加土壤含碳量；植树造林在吸收碳的同时也改变地表反照率，兼有 SRM 的作用。所以，地球工程的气候效应不是单一的，应将地球工程与减缓和适应综合起来进行考虑，来寻求最优的气候政策组合（陈迎，2016；沈维萍和陈迎，2019）。

2. 以应对气候变化为目标进行综合决策

近年来，国际上对地球工程的关注日渐升温，《巴黎协定》达成之后，多方评估显示各国自主减排承诺之和不能实现全球温升控制在 2℃ 以内的目标。欧美等国已经率先开展综合性的科学评估，大力倡导建立地球工程的国际治理机制。厘清地球工程的相关概念，加强地球工程潜在影响和风险的综合评估，深入研究地球工程国际治理的相关问题，不仅是自然和人文基础科学研究的需要，也关乎应对气候变化战略和政策的大局，必须高度重视，加强研究，在应对气候变化大格局中精心部署地球工程问题的研究应对战略（陈迎，2016；陈迎和辛源，2017）。

31.4.2 加强地球工程大科学研究的国际合作

1. 各国纷纷开展研究，但国际合作不足

大约从 20 世纪 70 年代学术期刊开始零星出现有关地球工程的文章，到 90 年代，地球工程的讨论从自然科学延伸到经济、政策和伦理等领域。2009 年被寄予厚望的哥本哈根联合国气候变化大会没有达成理想中的协议，直接刺激了地球工程研究持续升温。此后，大量学术研究涌现，各类会议频繁召开，讨论非常活跃，引发了很大争议。基于大量科学文献，IPCC AR5 第三工作组首次纳入地球工程，专门在第 6 章"评价路径转型"增补了地球工程有效性、成本和风险的最新研究进展进行评估。

欧美日等发达国家纷纷启动相关科研计划。《巴黎协定》签署以来，气候地球工程的研究分线呈现快速增加的态势，其中 CDR 的研究得到了长足的发展，IPCC AR5 和"1.5℃特别报告"中都将 BECCS 等地球工程技术和手段作为实现全球温度目标的重要技术路径（陈迎和辛源，2017）。SRM 的科学研究主要使用计算机模拟，在气候模式中，科学家通过改变全球平均温度和温室气体浓度等参数来模拟气候地球工程，并观察其对全球生态系统的影响（Zhang et al.，2018；Eastham et al.，2018a，2018b；孔锋等，2019）。SRM 研究领域也不乏田野试验，极少一部分科学家获得了私人资金的资助，开始设计并实施微小规模（相当于单架民航的尾气喷射量）的大气物理化学气溶胶播撒实验；其中一部分研究受到了环保组织的强烈抵制而终止[①]（Keith et al.，2014；Parson and Keith，2013；

---

① Doughty J. 2015. Past Forays into SRM Field Research and Implications for Future Governance. Geoengineering Our Climate Case Study.

Schaefer et al.，2013；Schäfer and Low，2014；Parker，2014）。社会科学研究反复讨论了气候地球工程的伦理问题、技术经济可行性、国际治理的法律框架等（McLaren，2018；Talberg et al.，2018；Currie，2018；Halstead，2018；Merk et al.，2019）。但是以上各种研究中，自然科学和社会科学、国家和地域之间的研究、跨学科和跨语种的联合研究都有待加强。

2. 加强国际合作的必要性

各国政府和政府间组织目前普遍对气候地球工程问题闭口不谈，但治理的缺位会在客观上放任私人企业，甚至个别科学家在不受约束的条件下进行研究和实验，如美国已经有多项与气候地球工程相关的专利技术，这会进一步加大未来个别行为体实施单边行动的风险，将在事实上增加国际多边管制和治理的风险。此外，虽然气候地球工程在短期内还不具备可行性，但是随着全球气候变化负面影响的凸显，一旦到达风险的阈值，而相关的工程手段不成熟，进一步加大人类社会的存续风险。

31.4.3 构建国际沟通平台和治理体系

1. 国际治理严重缺失

从国际治理角度看，气候工程的国际治理在海洋活动领域已经得到了规范（参见《1972伦敦公约》/《伦敦议定书》），但是大气领域的相关工程活动尚未得到有效治理。在 2015 年后巴黎时代的国际气候谈判中，地球工程和气候工程所能够起到的作用已经在部分环节受到了一定程度的关注（如 CCS），是否能在《联合国气候变化框架公约》的谈判中占据一席之地取决于各国高层的政治决策，值得对相关领域的工作进一步跟进，做好相关准备。

《生物多样性公约》框架下"地球工程"是一个单列议题，近年来相关谈判与讨论热度有所下降。在《生物多样性公约》第 10 次和第 11 次缔约方大会上，地球工程都是各缔约方讨论的焦点问题之一；COP10 决定，要求在用适当的科学方法对地球工程的社会、经济及文化影响进行评价前，缔约方不得开展可能影响生物多样性的大规模地球工程活动；COP11 通过了关于地球工程的第 XI/20 号决定，重申禁止开展对生物多样性有潜在影响的大规模地球工程，应采取预先防范原则，对具有跨境影响的地球工程活动展开监管。

《1972 伦敦公约》（即 1972 年《防止倾倒废物及其他物质污染海洋的公约》）及其修订书对地球工程也有提及。2013 年，《1972 伦敦公约》第 35 次缔约国协商大会暨 1996 年伦敦议定书第 8 次缔约国大会通过了管理海洋地球工程的修正案，正式将海洋地球工程纳入 96 议定书的管辖范围。修正案的主要内容包括：一是首次在国际公约中明确海洋地球工程的定义；二是建立海洋地球工程许可制度。

2014 年 Ghosh[①]指出目前虽然各种国际环境公约对不同的地球工程技术有或多或少的监管，但对于太阳辐射管理技术的研究、田野实验的监管还是空白。他总结了人类基因组计划、欧洲核子研究所等 7 项涉及重大伦理问题和全球环境外部性的国际合作研究计划中的治理原则，认为对地球工程，特别是太阳辐射管理技术的国际研究治理有重大的借鉴意义，鉴于地球工程问题的属性、资金需求、政治使命和公众认知的必要性等因素，相关研究的国际合作至关重要。在进行相关国际合作研究的过程中，相关的监管原则要关注研究能力、资助的灵

---

① Ghosh A. 2014.Environmental Institutions, International Research Programs, and Lessons for Geoengineering Research. Geoengineering our Climate Working Paper.

活性、建立互信、知识产权等问题。

2. 构建国际沟通平台和治理体系的必要性

根据 2021 年联合国环境规划署发布的《排放差距报告 2021》第评估结果，即便更新版的各国无条件承诺都得到履行，21 世纪末全球仍将至少升温 2.7℃（UNEP，2021）。目前，全球平均温升已达到 1.2℃，各缔约方需要实施更加严格的 NDC 才能实现 2℃温升目标；即便如此，超量排放的情况存在几个世纪的情景仍然存在。因此，按照常规的减缓和适应路径来看，长期气候目标难以实现，超量排放或将长达几个世纪（陈迎和辛源，2017）。

此外，应该注意到，美国 2016～2020 年退出《巴黎协定》给全球气候治理带来了消极影响，这种影响延续到 2021 年美国重新加入《巴黎协定》之后。土耳其和巴西的新政府都对应对气候变化表现出消极态度，伞形国家也在资金和技术议题的谈判上大踏步倒退。2020年以来的新冠疫情进一步打击了各国在气候议题上的政治意愿，《巴黎协定》目标的实现将更加举步维艰、难以为继。如果常规减缓手段无法满足全球气候治理的需求，地球工程将在不久的将来跃入研究和决策者的视野。由此可见，地球工程的国际治理至今缺位，需要尽快加强相关治理的讨论（陈迎，2016）。

31.4.4　中国的地位和应对策略

1. 中国开展研究的相关情况

2015 年 6 月，中国启动了第一个地球工程 973 项目，研究内容涉及地球工程机理研究、情景模拟、影响评估和国际治理等，但与发达国家相比，研究尚显薄弱。地球工程涉及工程技术、环境、社会经济、政治、法律等多学科交叉，需要将自然科学与社会科学结合起来，特别是社会科学研究是短板。尽管各方对中国的态度和立场非常关心，有很多的质疑、猜测甚至误解，但缺乏综合性、系统性的研究作为支撑，在国际上有关地球工程国际治理的讨论中，还几乎听不到中国声音。面对地球工程议题，中国应以可持续发展理念和生态文明思想为指导，在正确认识其风险特性的基础上，科学地将其纳入应对气候变化大框架中，并坚持多边主义立场，深度参与地球工程的全球治理，维护人类命运共同体（陈迎和沈维萍，2020）。

2. 中国如何有效参与并发挥引领作用

在全球应对气候变化的大背景下，有关地球工程的国际讨论已经拉开帷幕，还将长期受到关注。欧美一些发达国家已经凭借其在科学研究领域的优势地位，占据了地球工程讨论的国际话语权，试图主导地球工程的国际治理。例如，2009 年英国牛津大学牛津地球工程项目的几位学者较早意识到了建立地球工程国际治理原则的重要性，提出五项基本原则：作为公共物品加以管制；公共参与决策；公布地球工程研究公开发表研究成果；对影响开展独立评估；先有治理框架然后付诸实施。这五点后被广泛引用，并称为"牛津原则"。

中国是国际气候进程的重要成员，为全球气候治理做出了积极贡献，对促成《巴黎协定》的达成发挥了重要的作用。地球工程是气候变化领域一个新兴的热点问题，不仅有科学研究的价值，具备未来技术储备的战略意义，还关系着全球环境安全，因此，必须高度重视，加强研究，在应对气候变化大格局中精心部署地球工程的发展战略。

第一，从认识上重视地球工程问题，地球工程与传统气候变化减缓和适应措施有着紧密的联系，在应对气候变化的共同目标下，应将地球工程纳入应对气候变化大框架（陈迎和沈维萍，2020）。但重视地球工程绝不意味着支持实施地球工程并放松或削弱减缓和适应的努力，在地球工程的科学研究还不足，人们对地球工程可能带来的风险和不确定性普遍担心的情况下，避免地球工程的"道德风险"至关重要。

第二，加强地球工程的研究作为科学决策的基础，倡导自然科学与社会科学的互补和融合。随着地球工程治理进程的启动，后续将有大量科学评估、论坛、磋商、谈判等活动，中国要积极参与并提出解决问题的中国方案，需要尽快在科学、技术、政策、伦理、法律等诸多方面加强研究和人才队伍培养。目前，我国对地球工程的综合性、系统性研究还相对薄弱，尤其在社会科学领域是短板。

第三，着眼长远精心部署地球工程研究，基础理论、工程技术与国际治理等相关领域的科学研究应齐头并进。在技术层面要区别对待地球工程 CDR 和 SRM 不同类别的成本效益与影响评估，不能一概拒绝，也不能自由放任。对于不同性质、不同规模的地球工程研究和试验也应分级分类管理。必须澄清我国为防灾减灾在局部实施的人工影响天气作业与地球工程太阳辐射管理有本质不同，避免一些西方国家有意无意地混淆，我国人工影响天气经过 60 年发展取得了巨大的成绩，未来在创新发展的同时也应更加规范，避免引起国际社会，尤其是周边国家的担忧。同时，应进一步加强科学与政策互联，自然科学与社会科学的交互融合（陈迎和沈维萍，2020）。

第四，积极参与地球工程的国际治理。目前只有森林碳汇和 CCS 技术纳入了气候公约的范畴，有些技术在其他环境公约中有所涉及，如《生物多样性公约》高度重视海洋施肥对生物多样性的影响，单列了地球工程谈判议题，并形成有关决定加强对海洋施肥的限制（银森录等，2013）；《防止倾倒废物及其他物质污染海洋的公约》中明确了海洋地球工程的定义并建立了海洋地球工程许可制度，对海洋施肥进行了规范（GESAMP，2019）。此外，中国政府成功主办了《生物多样性公约》第 15 次缔约方大会第一阶段会议，地球工程议题仍是连接生物多样性保护、气候变化等多领域协同合作的交叉议题，受到环境非政府组织的高度关注，具有重要意义。中国作为主办国，要沟通和协调各方立场，处理好敏感议题，展现大国智慧，努力促成会议，取得积极成果。

参 考 文 献

陈迎. 2016. 地球工程的国际争论与治理问题. 国外理论动态, (3): 57-66.

陈迎, 刘哲. 2013. 应对全球气候变化 B 计划引发的思考. 科学与社会, 3(2): 27-37.

陈迎, 沈维萍. 2020. 地球工程的全球治理: 理论、框架与中国应对. 中国人口·资源与环境, 30(8): 1-10.

陈迎, 辛源. 2017. 1.5℃温控目标下地球工程问题剖析和应对政策建议. 气候变化研究进展, 13(4): 337-345.

胡国权. 2011. 地球工程//王伟光, 郑国光. 应对气候变化报告(2011). 北京: 社会科学文献出版社.

孔锋, 吕丽莉, 孙劭, 等. 2019. 地球工程对中国极端降雨致灾人口风险的影响研究. 灾害学, 34(1): 99-106,134.

孔锋, 孙劭, 王品, 等. 2018. 地球工程对中国未来降雨时空分异格局的潜在影响(2010-2099). 灾害学, 33(4): 99-107,121.

柳琴, 史军, 李超. 2016. 气候地球工程的政治影响. 阅江学刊, 8(1): 26-31,143-144.

迈克·胡尔姆. 2010. 地球工程: 回归现实. 资源与人居环境, (19): 62-64.

潘家华. 2012. "地球工程"作为减缓气候变化手段的几个关键问题. 中国人口·资源与环境, 22(5): 22-23.

沈维萍, 陈迎. 2019. 从气候变化经济学视角对地球工程的几点思考. 中国人口·资源与环境, 29(10): 290-298.

史军, 蔡辉. 2017. 气候地球工程的伦理原则探析. 武汉科技大学学报(社会科学版), 19(5): 552-557.

史军, 卢愿清, 郝晓雅. 2013. 地球工程的"道德风险". 自然辩证法研究, 29(12): 47-52.

孙凯, 王刚. 2012. 气候变化背景下地球工程研究的国际管制探析. 鄱阳湖学刊, (5): 5-10.

温作龙, 姜玖, 曹龙. 2018. 太阳辐射管理地球工程对海洋酸化影响的模拟研究. 气候变化研究进展, 15: 1-18.

肖雷波, 吴文娟, 韦敏. 2016. 论社会性别与地球工程. 自然辩证法研究, 32(12): 41-47.

辛源. 2016. 地球工程的研究进展简介与展望. 气象科技进展, 6(4): 30-36.

辛源. 2017. 地球工程情景下的中国气象灾害风险研究. 北京: 中国社会科学院研究生院.

辛源, 潘家华. 2016. 认知气候工程: 气候主宰还是气候缓和? 中国软科学, (12): 15-23.

银森录, 李俊生, 吴晓莆, 等. 2013. 地球工程开展现状及其对生物多样性的影响. 生物多样性, 21: 375-382.

张莹, 陈迎, 潘家华. 2016.气候工程的经济评估和治理核心问题探讨. 气候变化研究进展, 12(5): 442-449.

《第三次气候变化国家评估报告》编写委员会. 2015. 第三次气候变化国家评估报告. 北京: 科学出版社.

Aquila V, Garfinkel C I, Newman P A, et al. 2014. Modifications of the quasi-biennial oscillation by a geoengineering perturbation of the stratospheric aerosol layer. Geophysical Research Letters, 41(5): 1738-1744.

Aswathy V N, Boucher O, Quaas M, et al. 2015. Climate extremes in multi-model simulations of stratospheric aerosol and marine cloud brightening climate engineering. Atmospheric Chemistry and Physics, 14(23): 32393-32425.

Buck H J, Gammon A R, Preston C J. 2014. Gender and geoengineering. Hypatia, 29(3): 651-669.

Budyko M I. 1977. Climatic Changes. Washington: American Geophysical Union.

Cao L, Duan L, Bala G, et al. 2016. Simulated long-term climate response to idealized solar geoengineering. Geophysical Research Letters, 43: 2209-2217.

Cao L, Duan L, Bala G, et al. 2017. Simultaneous stabilization of global temperature and precipitation through cocktail geoengineering. Geophysical Research Letters, 44: 7429-7437.

Cao L, Gao C C, Zhao L Y. 2015. Geoengineering: Basic science and ongoing research efforts in China. Advances in Climate Change Research, 6: 188-196.

Cao L, Jiang J. 2017. Simulated effect of carbon cycle feedback on climate response to solar geoengineering. Geophysical Research Letters, 44: 12484-12491.

Chhetri N. 2018. Governing Solar Radiation Management. Washington: Forum for Climate Engineering Assessment, American University.

Crutzen P J. 2006. Albedo enhancement by stratospheric sulfur injections: A contribution to resolve a policy dilemma? Climatic Change, 77(3-4): 211-220.

Crutzen P J. 2013. The possible importance of CSO for the sulfate layer of the stratosphere. Geophysical Research Letters, 3(2): 73-76.

Currie A. 2018. Geoengineering tensions. Futures, 102: 78-88.

Curry C L, Sillmann J, Bronaugh D, et al. 2014. A multimodel examination of climate extremes in anidealized geoengineering experiment. Journal of Geophysical Research: Atmospheres, 119: 3900-3923.

Duan H, Fan Y, Zhu L. 2013. What's the most cost-effective policy of CO_2, targeted reduction: An application of aggregated economic technological model with CCS? Applied Energy, 112(C): 866-875.

Duan L, Cao L, Bala G, et al. 2018. Comparison of the fast and slow climate response to three radiation management geoengineering schemes. Journal of Geophysical Research: Atmospheres, 123: 11980-12001.

Duan L, Cao L, Bala G, et al. 2019. Climate response to pulse versus sustained stratospheric aerosol forcing. Geophysical Research Letters, 46: 8976-8984.

Duan L, Cao L, Bala G, et al. 2020. A model-based investigation of terrestrial plant carbon uptake response to four radiation modification approaches. Journal of Geophysical Research: Atmospheres, 125: e2019JD031883.

Duncan P M. 2018. Whose climate and whose ethics? Conceptions of justice in solar geoengineering modelling. Energy Research & Social Science, 44: 209-221.

Eastham S D, Keith D W, Barrett S R H. 2018b. Mortality tradeoff between air quality and skin cancer from changes in stratospheric ozone. Environmental Research Letters, 13(3): 034035.

Eastham S D, Weisenstein D K, keith D W, et al. 2018a. Quantifying the impact of sulfate geoengineering on mortality from air quality and UV-B exposure. Atmospheric Environment, 187: 424-434.

Fasullo J T, Tilmes S, Richter J H, et al. 2018. Persistent polar ocean warming in a strategically geoengineered climate. Nature Geoscience, 11: 910-914.

Ferraro A J, Charlton-Perez A J, Highwood E J. 2015. Stratospheric dynamics and midlatitude jets under geoengineering with space mirrors and sulfate and titania aerosols. Journal of Geophysical Research: Atmospheres, 120(2): 414-429.

Ferraro A J, Highwood E J, Charlton-Perez A J. 2012. Stratospheric heating by potential geoengineering aerosols. Geophysical Research Letters, 39(10): L24706.

Ferraro A J, Highwood E J, Charlton-Perez A J. 2014. Weakened tropical circulation and reduced precipitation in response to geoengineering. Environmental Research Letters, 9(1): 014001.

Font-Palma C, Errey O, Corden C, et al. 2016. Integrated oxyfuel power plant with improved CO_2 separation and compression technology for EOR application. Process Safety and Environmental Protection, 103: 455-465.

Frumhoff P C, Stephens J C. 2018. Towards legitimacy of the solar geoengineering research enterprise. Philosophical Transactions of the Royal Society, 376(2119): 20160459.

Gabriel C J, Robock A. 2015. Stratospheric geoengineering impacts on El Niño/southern oscillation. Atmospheric Chemistry and Physics, 15(20): 11949-11966.

Gaskill A. 2004. Summary of Meeting with U.S. DOE to Discuss Geoengineering Options to Prevent Long-Term Abrupt Climate Change. Washington: U.S. Department of Energy Headquarters.

GESAMP. 2019. High level review of a wide range of proposed marine geoengineering techniques. http://www.gesamp.org/publications[2021-2-16].

Govindasamy B. 2002. Impact of geoengineering schemes on the terrestrial biosphere. Geophysical Research Letters, 29(22): 2061.

Guo A, Moore J C, Ji D. 2018, Tropical atmospheric circulation response to the G1 sunshade geoengineering radiative forcing experiment. Atmospheric Chemistry and Physics, 18: 8689-8706.

Halstead J. 2018. Stratospheric aerosol injection research and existential risk. Futures, 102: 63-77.

Hong Y, Moore J C, Jevrejeva S, et al. 2017. Impact of the geomip G1 sunshade geoengineering experiment on the atlantic meridional overturning circulation. Environmental Research Letters, 12(3): 034009.

Horton J B, Keith D W, Honegger M. 2016. Implications of the Paris Agreement for Carbon Dioxide Removal and Solar Geoengineering. Cambridge: Harvard Project on Climate Agreements.

IPCC. 2014a. Climate Change 2014: Impacts, Adaptation, and Vulnerability (Vol. I). Cambridge: Cambridge University Press.

IPCC. 2014b. Climate Change 2014: Impacts, Adaptation, and Vulnerability (Vol. II). Cambridge: Cambridge University Press.

IPCC. 2014c. Climate Change 2014: Mitigation of Climate Change (Vol. III). Cambridge: Cambridge University Press.

IPCC. 2017. Chapter Outline of the Working Group III Contribution of the IPCC AR6. https: //www.ipcc.ch/site/assets/uploads/2018/03/AR6_WGIII_outlines_P46.pdf[2021-2-16].

IPCC. 2018. Special report on global warming of 1.5. https: //www.ipcc.ch/sr15/[2021-2-16].

Irvine P J, Kravitz B, Lawrence M G, et al. 2016. An overview of the earth system science of solar geoengineering. Wiley Interdisciplinary Reviews: Climate Change, 7: 815-833.

Irvine P J, Kravitz B, Lawrence M G, et al. 2017. Towards a comprehensive climate impacts assessment of solar geoengineering. Earth's Future, 5: 93-106.

Irvine P J, Lunt D J, Stone E J, et al. 2009. The fate of the greenland ice sheet in a geoengineered, high CO_2 world. Environmental Research Letters, 4(4): 045109.

Irvine P J, Sriver R L, Keller K. 2012. Tension between reducing sea-level rise and global warming through solar-radiation management. Nature Climate Change, 2(2): 97-100.

Ji D, Fang S, Curry C, et al. 2018. Extreme temperature and precipitation response to solar dimming and stratospheric aerosol geoengineering. Atmospheric Chemistry and Physics, 18: 10133-10156.

Jiang J, Cao L, MacMartin D G, et al. 2019. Stratospheric sulfate aerosol geoengineering could alter the high-latitude seasonal cycle. Geophysical Research Letters, 46: 14153-14163.

Jiao N, Robinson C, Azam F, et al. 2014. Mechanisms of microbial carbon sequestration in the ocean — Future research directions. Biogeosciences, 11: 5285-5306, doi:10.5194/bg-11-5285-2014.

Jones A, Haywood J M, Alterskjær K, et al. 2013. The impact of abrupt suspension of solar radiation management (termination effect) in experiment G2 of the Geoengineering Model Intercomparison Project (GeoMIP).

Journal of Geophysical Research: Atmospheres, 118(17): 9743-9752.

Jones A C, Hawcroft M K, Haywood J M, et al. 2018. Regional climate impacts of stabilizing global warming at 1.5 K using solar geoengineering. Earth's Future, 6: 230-251.

Kalidindi S, Bala G, Modak A, et al. 2015. Modeling of solar radiation management: A comparison of simulations using reduced solar constant and stratospheric sulphate aerosols. Climate Dynamics, 44(9-10): 2909-2925.

Keith D W. 2017. Toward a Responsible solar geoengineering research program. Issues in Science and Technology, 33(3): 71-77.

Keith D W, Wagner G, Zabel C L. 2017. Solar geoengineering reduces atmospheric carbon burden. Nature Climate Change, 7(9): 617-619.

Keith D W, Weisenstein D K, Dykema J A, et al. 2016. Stratospheric solar geoengineering without ozone loss. Proceedings of the National Academy of Sciences, 113: 14910-14914.

Keith D, Duren R, MacMartin D. 2014. Field experiments on solar geoengineering: Report of a workshop exploring a representative research portfolio. Philosophical Transactions of the Royal Society A: Mathematical, Physical and Engineering Sciences, 372: 20140175.

Kravitz B, Caldeira K, Boucher O, et al. 2013. Climate model response from the geoengineering model intercomparison project (GeoMIP). Journal of Geophysical Research Atmospheres, 118(15): 8320-8332.

Kravitz B, Macmartin D G, Mills M J, et al. 2017. First simulations of designing stratospheric sulfate aerosol geoengineering to meet multiple simultaneous climate objectives. Journal of Geophysical Research Atmospheres, 122(23): 12616-12634.

Kravitz B, MacMartin D G, Robock A, et al. 2014. A multi-model assessment of regional climate disparities caused by solar geoengineering. Environmental Research Letters, 9(7): 074013.

Kravitz B, Robock A, Oman L, et al. 2009. Sulfuric acid deposition from stratospheric geoengineering with sulfate aerosols. Journal of Geophysical Research: Atmospheres, 114: 1-7.

Kwiatkowski L, Cox P, Halloran P R, et al. 2015. Coral bleaching under unconventional scenarios of climate warming and ocean acidification. Nature Climate Change, 5: 777-781.

Latham J. 1990. Control of global warming? Nature, 347: 339-340.

Li X, Wei N, Liu Y, et al. 2009. CO_2 point emission and geological storage capacity in china. Energy Procedia, 1(1): 2793-2800.

MacMartin D G, Ricke K L, Keith D W. 2018. Solar Geoengineering as part of an overall strategy for meeting the 1.5℃ Paris target. Philosophical Transactions of the Royal Society A, 376: 1-19.

Macnaghten P, Szerszynski B. 2013. Living the global social experiment: An analysis of public discourse on solar radiation management and its implications for governance. Global Environmental Change, 23: 465-474.

Marchetti C. 1977. On geoengineering and the CO_2 problem. Climatic Change, 1(1): 59-68.

Matthews H D, Caldeira K. 2007. Transient climate carbon simulations of planetary geoengineering. Proceedings of the National Academy of Sciences, 104(24): 9949-9954.

Matthews H D, Cao L, Caldeira K. 2009. Sensitivity of ocean acidification to geoengineered climate stabilization. Geophysical Research Letters, 36(10): 92-103.

McCusker K E, Armour K C, Bitz C M, et al. 2014. Rapid and extensive warming following cessation of solar radiation management. Environmental Research Letters, 9(2): 024005.

McCusker K E, Battisti D S, Bitz C M. 2015. Inability of stratospheric sulfate aerosol injections to preserve the west antarctic ice sheet. Geophysical Research Letters, 42(12): 4989-4997.

McLaren D P. 2018. Whose climate and whose ethics? Conceptions of justice in solar geoengineering modelling. Energy Research & Social Science,44:209-221.

Merk C, Gert P, Katrin R. 2019. Do climate engineering experts display moral-hazard behaviour. Climate Policy, 19(2): 231-243.

Mitchell D L, Finnegan W. 2009. Modification of cirrus clouds to reduce global warming. Environmental Research Letters, 4(4): 045102.

Moore F C, Diaz D B. 2015. Temperature impacts on economic growth warrant stringent mitigation policy. Nature Climate Change, 5: 127-131.

Moore J C, Dickinson R E. 2010. Efficacy of geoengineering to limit 21st century sea-level rise. Proceedings of the National Academy of Sciences, 107(36): 15699-15703.

Moore J C, Grinsted A, Guo X, et al. 2015. Atlantic hurricane surge response to geoengineering. Proceedings of the National Academy of Sciences, 112: 13794-13799.

Moore J C, Rinke A, Yu X, et al. 2014. Arctic sea ice and atmospheric circulation under the GeoMIP G1 scenario. Journal of Geophysical Research Atmospheres, 119(2): 567-583.

Naik V, Wuebbles D, DeLucia E, et al. 2003. Influence of geoengineered climate on the terrestrial biosphere. Environmental Management, 32: 373-381.

National Research Council. 2015. Climate Intervention: Carbon Dioxide Removal and Reliable Sequestration. Washington: The National Academies Press.

Niemeier U, Schmidt H. 2017. Changing transport processes in the stratosphere by radiative heating of sulfate aerosols. Atmospheric Chemistry & Physics, 17(24): 1-24.

Niemeier U, Timmrec C. 2015. What is the limit of stratospheric sulfur climate engineering. Atmospheric Chemistry & Physics, 15(7): 10939-10969.

Nowack P J, Abraham N L, Braesicke P, et al. 2016. Stratospheric ozone changes under solar geoengineering: implications for UV exposure and air quality. Atmospheric Chemistry and Physics, 16: 4191-4203.

Ornstein L, Aleinov I, Rind D. 2009. Irrigated afforestation of the sahara and australian outback to end global warming. Climatic Change, 97(3-4): 409-437.

Parker A. 2014. Governing solar geoengineering research as it leaves the laboratory. Philosophical Transactions of the Royal Society A: Mathematical, Physical and Engineering Sciences, 372: 20140173.

Parker A, Geden O. 2016. No fudging on geoengineering. Nature Geoscience, 9(12): 859-860.

Parker A, Horton J B, Keith D W. 2018. Stopping solar geoengineering through technical means: A preliminary assessment of counter-Geoengineering. Earth's Future, 6: 1058-1065.

Parker A, Irvine P J. 2018. The risk of termination shock from solar geoengineering. Earth's Future, 6: 456-467.

Parson E, Keith D. 2013. End the deadlock on governance of geoengineering research. Science, 339: 1278-1279.

Pitari G, Aquila V, Kravitz B, et al. 2014. Stratospheric ozone response to sulfate geoengineering: Results from the geoengineering model intercomparison project (GeoMIP). Journal of Geophysical Research Atmospheres, 119(5): 2629-2653.

Poloczanska E S, Burrows M T, Brown C J, et al. 2016. Responses of marine organisms to climate change across oceans. Frontiers in Marine Science, 3: 62.

Pretis F, Schwarz M, Tang K, et al. 2018. Uncertain impacts on economic growth when stabilizing global temperatures at 1.5℃ or 2℃ warming. Philosophical Transactions of the Royal Society A, 376: 1-19.

Rahman A A, Artaxo P, Asrat A, et al. 2018. Developing countries must lead on solar geoengineering research. Nature, 556: 22-24.

Richter J H, Simone T, Anne G, et al. 2018. Stratospheric response in the first geoengineering simulation meeting multiple surface climate objectives. Journal of Geophysical Research Atmospheres, 123: 5762-5782.

Robock A, Macmartin D, Duren R, et al. 2013. Studying geoengineering with natural and anthropogenic analogs. Climatic Change, 121: 445-458.

Robock A, Oman L, Stenchikov G L. 2008. Regional climate responses to geoengineering with tropical and Arctic SO_2 injections. Journal of Geophysical Research, 113: D16101.

Schaefer S, Irvine P J, Hubert A M, et al. 2013. Field tests of solar climate engineering. Nature Climate Change, 9: 766.

Schäfer S, Low S. 2014. Asilomar moments: Formative framings in recombinant DNA and solar climate engineering research. Philosophical Transactions of the Royal Society A: Mathematical, Physical and Engineering Sciences, 372: 20140064.

Smith C J, Crook J A, Crook R, et al. 2017. Impacts of stratospheric sulfate geoengineering on global solar photovoltaic and concentrating solar power resource. Journal of Applied Meteorology and Climatology, 56: 1483-1497.

Smith J P, Dykema J A, Keith D W. 2018. Production of sulfates onboard an aircraft: Implications for the cost and feasibility of stratospheric solar geoengineering. Earth and Space Science, 5: 150-162.

Suarez P, Aalst M K V. 2017. Geoengineering: A humanitarian concern. Earths Future, 5(2): 183-195.

Talberg A, Sebastian T, John W. 2018. A scenario process to inform Australian geoengineering policy. Futures, 101: 67-79.

The Royal Society. 2019. Geoengineering the climate: Science, governance and uncertainty. https: //royalsociety. org/-/media/RoyalSocietyContent/policy/publications/2009/8693.pdf[2021-2-16].

Theo W L, Lim J S, Hashim H, et al. 2016. Review of pre-combustion capture and ionic liquid in carbon capture and storage. Applied Energy, 183: 1633-1663.

Tilmes S, Fasullo J, Lamarque J F, et al. 2013. The hydrological impact of geoengineering in the geoengineering model intercomparison project (GeoMIP). Journal of Geophysical Research: Atmospheres, 118(19): 11036-11058.

Tol R S J. 2016. Distributional implications of geoengineering//Preston C J. Climate Justice and Geoengineering: Ethics and Policy in the Atmospheric Anthropocene. London: Rowman & Littlefield.

Trisos C H, Amatulli G, Gurevitch J, et al. 2018. Potentially dangerous consequences for biodiversity of solar geoengineering implementation and termination. Nature Ecology &Evolution, 1: 475-482.

UNEP. 2021. Emissions gap report 2021: The heat is on a world of climate promises not yet delivered. https://www.doc88.com/p-77787196626804.html?r=1[2021-5-30].

Vaishali N, Wuebbles D J, Delucia E H, et al. 2003. Influence of geoengineered climate on the terrestrial biosphere. Environmental Management, 32(3): 373-381.

Wang Q, Moore J C, Ji D. 2018. A statistical examination of the effects of stratospheric sulphate geoengineering on tropical storm genesis. Atmospheric Chemistry and Physics, 18: 9173-9188.

Wood R, Gardiner S, Hartzellnichols L. 2013. Climatic change special issue: Geoengineering research and its limitations. Climatic Change, 121(3): 427-430.

World Bank. 2016. Emerging Trends in Mainstreaming Climate Resilience in Large Scale, Multi-sector Infrastructure PPPs. Washington: The World Bank.

Xia L, Nowack P J, Tilmes S, et al. 2017. Impacts of stratospheric sulfate geoengineering on tropospheric ozone. Atmospheric Chemistry and Physics, 17(19): 11913-11928.

Xia L, Robock A, Tilmes S, et al. 2016. Stratospheric sulfate geoengineering could enhance the terrestrial photosynthesis rate. Atmospheric Chemistry and Physics, 16(3): 1479-1489.

Zhang Z H, Andy J M, James C C. 2018. Impacts of stratospheric aerosol geoengineering strategy on Caribbean coral reefs. International Journal of Climate Change Strategies and Management, 10(4): 523-532.

Zhao L, Yang Y, Cheng W, et al. 2017. Glacier evolution in high-mountain Asia under stratospheric, sulfate aerosol injection geoengineering. Atmospheric Chemistry and Physics, 17(11): 6547-6564.

第32章 中国实现2030年自主贡献目标的综合评价

首席作者：陈文颖 傅莎 周胜

主要作者：陈菡 温新元 潘勋章

摘 要

在对我国 2030 年可能的碳排放路径分析的基础上探讨了实现自主贡献目标下二氧化碳排放的可能峰值幅度与可能的峰值年，分析了达峰需要的能源转型以及实现提早达峰可能需要努力的方向；分析了实现国家自主贡献目标的重点领域及技术路线图。结果表明，2030 年应将一次能源总量控制在 60 亿 tce 以内，提高非化石能源比重到 25%，确保在 2030 年前 CO_2 排放达峰，然后加速向 2℃/1.5℃温升控制目标过渡，到 2060 年前通过节能、大力发展非化石能源和 CCUS 技术及碳汇实现碳中和。

32.1 中国自主贡献目标

2015 年达成的《巴黎协定》设定了到 21 世纪末将全球温升控制在 2℃以内（相比于前工业化时期）并力争将温升控制在 1.5℃以内的全球目标。截至 2018 年 11 月 26 日，192 个国家提出了自主贡献目标。2015 年 6 月，我国提交了应对气候变化国家自主贡献文件《强化应对气候变化行动—中国国家自主贡献》，承诺了中国的自主贡献目标：即到 2030 年左右 CO_2 达到峰值并争取尽早达峰，单位 GDP CO_2 排放比 2005 年下降 60%～65%，非化石能源占一次能源消费比重达到 20%左右，森林蓄积量比 2005 年增加 45 亿 m^3。

但是各国的自主贡献承诺努力难以实现 21 世纪末平均地表温升控制在 2℃/1.5℃的目标。各国需要强化减排目标，加大减排力度，尽早实现全球排放峰值。欧盟于 2019 年提出在 2050 年实现碳中和目标，并于 2019 年底发布《欧洲绿色新政》，围绕碳中和目标提出 7 个重点领域的关键政策与核心技术，并制定了详细计划。美国众议院气候危机特别委员会于 2020 年 6 月公布《解决气候危机：国会为建立清洁能源经济和一个健康、有弹性、公正的美国而制定的行动计划》以帮助美国在 2050 年实现净零排放。2020 年 9 月 22 日，中国国家主席习近平在第七十五届联合国大会上作出庄严承诺：中国二氧化碳排放力争于在 2030 年前达到峰值，努力争取 2060 年前实现碳中和。2021 年 10 月中国政府提交了应对气候变化更新的国家自主贡献文件《中国落实国家自主贡献成效和新目标新举措》，承诺二氧化碳排放力争于 2030 年前达到峰值，努力争取 2060 前实现碳中和；到 2030 年单位 GDP 二氧化碳排放比 2005 年下降 65% 以上，非化石能源占一次能源比例 25% 左右，森林蓄积量比 2005 年增加 60 亿 m^3，风电、太阳能发电总装机达到 12 亿 kW 以上。中国更新的国家自主贡献目标向全世界展示了我国为应对全球气候变化做出更大贡献的积极立场，增强了国际社会对实现 2℃/1.5℃ 温升控制目标的信心，顺应了全球疫情后实现绿色复苏和低碳转型的潮流，对全球气候治理和中国未来社会经济发展具有重大影响。

32.1.1　中国实现 CO_2 排放达峰的峰值幅度与年份

1. 排放情景

中国未来温室气体排放，相关研究通常设置 2～3 个情景进行分析，即参考情景、峰值情景和提前达峰情景等。其中峰值情景和提前达峰情景的主要区别在于达峰年份和减排力度不同，可以合并在一起作为达峰情景。

参考情景：经济增长速度趋缓、产业部门（工业、建筑、交通和电力）发展延续过去发展模式，能源技术没有重大突破，能源政策没有重大变化，没有采取额外气候政策干预。

峰值情景：考虑新常态下经济发展和产业结构升级和优化，产业部门推进实施一系列低碳发展政策措施，更加强调可持续发展。工业部门向低碳和高附加值行业转换升级，建筑部门提高能效和推广低碳技术，交通运输部门向清洁、高效、绿色、低碳的运输体系变化等。能源结构更加低碳和优化，能源技术进步明显，采取更多的应对气候变化的政策和措施，实现中国 2030 年 NDC 目标。

2. 峰值年和峰值水平

基于不同的模型方法，特别是对未来排放趋势、CO_2 排放达峰的条件、排放路径的不同判断，我国未来峰值年份和峰值排放水平具有一定的不确定性范围。基于国内外不同研究机构的研究结果，分析表明，我国 CO_2 排放峰值年份不确定性范围主要集中在 2025～2035 年，峰值排放水平集中在 100 亿～120 亿 t CO_2 排放区间，如图 32.1 所示。

相关研究主要采用情景分析法，并剔除明显低于目前排放水平的情景。根据 2018 年发布的《中华人民共和国气候变化第二次两年更新报告》，我国 2014 年与能源相关的 CO_2 排放为 89 亿 t。考虑到数据口径和情景分析中的基准年选择差异，剔除峰值 CO_2 排放低于该排放的相关情景。图 32.1 展示了中国未来排放达峰研究的 41 个情景，其中 2035 年以后达峰的情景有 4 个，33 个情景的达峰年份主要集中在 2025～2035 年（占比 80%）。其中 2030年达峰情景有 16 个，2025 年达峰情景有 8 个，2025～2030 年（不含 2025 年和 2030 年）有 5 个，2030～2035 年有 4 个（不含 2030 年）[①]（中国工程院，2016；中国尽早实现二氧化碳排放峰值的实施路径研究课题组，2017；齐晔和张希良，2018；毕超，2015；柴麒敏和徐华清，2015；姜克隽等，2016；马丁和陈文颖，2017；王锋，2018；王勇等，2017；Chen，2017；Liu and Xiao，2018；Liu et al.，2015；Li et al.，2018，2016；Lugovoy et al.，2018；Den Elzen et al.，2016；Mi et al.，2017；Song et al.，2018；Tollefson，2016；Wu et al.，2017；Yu et al.，2018a；Zheng et al.，2016）。

---

① 清华大学. 2015. 我国温室气体排放峰值研究.

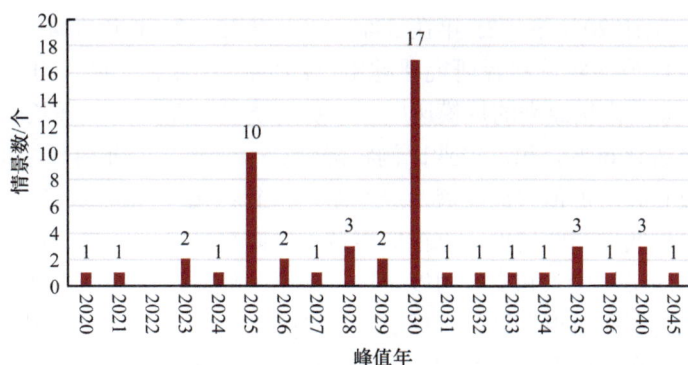

图 32.1　峰值年份和情景分布

峰值排放水平主要集中在 100 亿～120 亿 tCO_2 排放区间,与《第三次气候变化国家评估报告》的 2030 年排放区间相比大幅度收窄。说明最新研究对中国的排放峰值研究更为深入。排放峰值年份越推迟,排放峰值水平越大。其中 2030 年达峰的各个情景的排放均值在 110 亿 tCO_2 左右,2035 年达峰的各个情景排放均值约 120 亿 tCO_2。

通过对发达国家和中国的 CO_2 排放影响因素进行比较分析,发现 CO_2 排放量受人口、经济发展水平、产业结构、能源结构等众多因素影响。研究表明,影响峰值年份和峰值水平的主要因素(刘强等,2017)包括人口、人均 GDP、单位 GDP 能源强度、单位能源 CO_2 排放因子等,其中人均 GDP 和单位 GDP 能源强度为主要因素。GDP 能源强度的降低关键措施包括调整经济增长模式、优化产业结构(Yu et al.,2018a,2018b;中国尽早实现二氧化碳排放峰值的实施路径研究课题组,2017;Qi et al.,2016)。研究表明,中国可以在 2030 年达到 CO_2 排放峰值,并有可能在 2030 年前实现 CO_2 排放峰值[①](中国尽早实现二氧化碳排放峰值的实施路径研究课题组,2017;中国工程院,2016)。

32.1.2　确保 CO_2 排放 2030 年前达峰

要实现我国早于 2030 年前 CO_2 排放达峰值的目标,需要更大力度的节能和能源结构调整措施,在尽量降低经济增长对能源增长依赖的同时,加速能源结构低碳化,依靠增加新能源和可再生能源供应量满足能源总需求的增长,从而使化石能源消费和 CO_2 排放提前达到峰值(何建坤,2015)。根据《中国低碳发展战略与转型路径研究》项目成果,按当前趋势及强化政策构想,到 2050 年不能实现与全球 2℃温升控制目标相契合的减排路径,应该不断提高能源利用效率和效益,推进整个能源系统的电气化、智能化和非化石能源化,2030 年将一次能源总量控制在 60 亿 tce 以内,提高非化石能源比重到 25%,确保 2030 年前 CO_2 排放达峰,然后加速向 2℃/1.5℃温升控制目标过渡,到 2060 年前通过节能、大力发展非化石能源和 CCUS 技术及碳汇实现碳中和。

1. 新常态经济转型

影响能源消费和 CO_2 排放增长的首要因素是经济结构的变化。低碳发展是我国经济发展新常态的内在需求,可以促进经济发展,创造新的经济增长点。

研究表明,首先,经济发展新常态下,我国经济增长率将逐步降低,低于 2005～2015

---

① 清华大学. 2015. 我国温室气体排放峰值研究.

年经济增长速度。预计 2020～2025 年在 5%～6%，2025～2030 年在 4%～5%[①]（中国尽早实现二氧化碳排放峰值的实施路径研究课题组，2017；中国工程院，2016）。

其次，经济产业结构从原来的规模速度型增长向质量效益集约型增长转变。预计到 2030年第三产业比例将达到 60%，第二产业比例将降到 35%。第二产业内部结构也将发生变化，向低能耗、低排放和高附加值方向发展，产业结构得到优化（Wang et al.，2018b）。

最后，积极推进低碳产业建设，重视低碳技术的研究与开发，提升低碳产业竞争力，加大对低碳领域技术的研发投入和支持力度，进一步增强低碳产业的创新能力，加强新型工业化的政策引导，推进行业协调发展，确保实现 CO_2 排放峰值目标[①]（中国尽早实现二氧化碳排放峰值的实施路径研究课题组，2017；中国工程院，2016）。

2. 能源增速放缓，能源总量控制

随着经济增速的放缓，我国能源消费将进入长期低速增长阶段[①]（中国尽早实现二氧化碳排放峰值的实施路径研究课题组，2017；中国工程院，2016）。能源消费平均年增长速度从 2001～2005 年的 12.30%、2006～2010 年的 6.68%、2011～2015 年的 3.60%下降到 2016～2020 年的 2.89%。2015 年以来，中国能源消费增速明显下降，这一低速增长将是一个长期趋势[①]（中国尽早实现二氧化碳排放峰值的实施路径研究课题组，2017；中国工程院，2016）。其主要原因在于，高耗能行业进入饱和期和平台期。要将 2030 年一次能源消费总量控制在60 亿 t 以内，意味着"十四五""十五五"年均增速应该控制在 1.88%以内，比"十三五"年均增速下降 1 个百分点。

3. 非化石能源发展基本满足新增能源消费需求

为了确保 2030 年前达峰，在控制煤炭消费的同时，通过加快可再生能源和核电等非化石能源发展，可以基本满足我国新增能源的消费需求。一次能源消费中非化石能源比重 2020年达到了 15.9%，2030 年将达到 25%。非化石能源发电量 2020 年达 2.585 万亿 kWh，占全国发电总量比例从 2015 年的 25%增加到 33.9%。2020 年非化石发电装机容量达到 9.56 亿 kW，占总电力装机容量的 43.4%，其中风电和太阳能发电装机容量远超其他技术，分别达到 2.81亿 kW、2.53 亿 kW。2030 年风电、太阳能发电总装机容量将达到 12 亿 kW 以上，非化石能源特别是风光技术的发展，2020 年后将提供每年 7000 万 tce 左右的能源，一次能源消费中非化石能源量将从 2020 年的 7.9 亿 tce 增加到 2030 年的 15 亿 tce，以满足能源需求的增长。

4. 低碳技术发展提供支撑

现有低碳技术包括非化石能源技术和能效提高技术，可以从能源供应和能源需求两方面支撑中国加快能源低碳转型，推动提前实现 CO_2 排放达峰。非化石能源供应技术，特别是风电、太阳能光伏发电技术已经进入大规模商业化发展阶段。火力发电技术能效也不断提高，平均发电煤耗从 2015 年的 296.9 gce/kWh 下降到 2020 年的 287.2 gce/kWh。工业节能向系统优化方面发展，节能潜力巨大。交通领域，从运输结构到运输需求进行优化，构建绿色低碳交通体系。建筑部门正在推广超低能耗建筑、近零能耗建筑。此外，CCUS 技术、燃料电池、储能技术等研发和示范也得到快速发展。为了实现 CO_2 排放峰值，我国低碳转型的技术储备

[①] 清华大学. 2015. 我国温室气体排放峰值研究.

已经充分，有的技术已经达到国际先进水平[①]（中国尽早实现二氧化碳排放峰值的实施路径研究课题组，2017；中国工程院，2016；齐晔和张希良，2018）。

32.1.3　2060 年碳中和目标愿景

到 2050 年，中国实现社会主义现代化建设目标，综合国力和国际影响力世界领先，需要为实现《巴黎协定》目标做出中国贡献。若将非化石能源在一次能源消费中的比例提高至 70% 以上，并通过推广应用 CCUS 技术，2050 年争取将能源与工业过程二氧化碳排放控制在较低水平，并通过土地利用、土地利用变化和 LULUCF 可能产生的碳汇，为 2060 年前实现碳中和奠定坚实的基础。

32.2　实现国家自主贡献目标的重点领域

通过大力推动产业结构调整、清洁能源革命，推广绿色产品、绿色建筑和绿色交通，供给侧和消费侧双向发力，从源头上减少了 CO_2 排放；通过实施防护林建设、荒漠化治理等重大生态保护工程，保证了生态系统碳汇的增加，从而在末端上促进 CO_2 排放沉降与吸收；通过低碳城市、碳交易市场建设等发展策略的创新，为平衡减排和发展目标、统筹推进各部门和各领域的减排工作提供了实践手段（薄凡和庄贵阳，2018）。

2019 年我国单位国内生产总值 CO_2 排放较 2005 年下降约 48.3%，提前实现 2020 年单位 GDP CO_2 排放较 2005 年下降 40%～45% 的目标；一次能源消耗中非化石能源的比例接近 15.3%；森林蓄积量相对于 2005 年已增加超过 26.8 亿 m^3，提前超额完成了 2020 年目标。

国家应对气候变化领导小组统一领导、国家发展改革委归口管理、有关部门和地方分工负责、全社会广泛参与的应对气候变化管理体制和工作机制初步形成，同时开展了应对气候变化相关法律的前期研究及立法起草工作，发布了《国家应对气候变化规划（2014—2020 年）》《国家适应气候变化战略》《单位国内生产总值二氧化碳排放降低目标责任考核评估办法》《全国碳排放权交易市场建设方案（发电行业）》等重要规划和政策性文件，国家、地方、企业三级温室气体排放统计核算体系初步建立，全国碳排放权交易体系启动实施，低碳省市、城镇、园区、社区等试点示范持续推进，省级人民政府碳排放强度目标责任评价考核工作正式开展，全国 31 个省（自治区、直辖市，不含港澳台）全部编制完成省级应对气候变化规划或低碳发展规划，工业、能源、建筑、交通、林业、公共机构等领域相继发布了各自的专项规划、工作方案或实施意见。

政策的实施催生了更多新技术、新产业、新模式的发展，加快培育了新增长点、新动能，绿色低碳发展的经济体系正在逐步形成。采取强化的减排对策，若从当前到 2030 年实现单位 GDP 能源强度年下降率保持在年均 3.2%，GDP 的 CO_2 强度年下降率保持 4.25%，到 2025 年即可达到 CO_2 排放峰值平台期，2030 年前实现达峰并开始下降，2030 年 GDP 的 CO_2 强度可比 2005 年下降 65%～70%，非化石能源比重可达 25% 左右，实现更新的自主减排贡献目标（清华大学，2020）。具体来看，实现国家自主贡献目标的主要领域有：①转变经济增长模式和经济结构调整；②工业技术升级和能效提高；③低碳建筑；④低碳交通；⑤优化能源结构。

形成节能低碳的产业体系相关政策仍将发挥主导作用。随着技术节能潜力的进一步用尽，结构节能在中国实现国家自主贡献目标中发挥越来越重要的关键作用，应提高第三产业比重，延长产业链和发展高端制造业，优化工业内部的结构。由于高耗能工业仍是减排的重点部门，

---

① 清华大学. 2015. 我国温室气体排放峰值研究.

工业技术升级和节能改造仍然非常重要。未来优化能源结构、构建低碳能源体系相关政策对减排的贡献将进一步加大。此外，发展低碳绿色建筑和发展低碳交通系统也是实现国家自主贡献的重要途径。

在近、中期，电力和工业部门是 CO_2 减排的关键部门；在中、长期，随着电动车在交通行业的普及和高能效家电在建筑部门的普及，交通和建筑部门的节能减排潜力逐渐显著（马丁和陈文颖，2017）。降低电力和工业部门的 CO_2 排放是实现中国 2030 年前 CO_2 排放达峰目标的关键。

在经济方面，中国需持续推进"中国制造 2025"等战略的实施，构建以创新驱动为主导的产业发展模式，基本完成低碳产业体系布局与建设，实现经济增长和 CO_2 排放的逐步脱钩。一是加速发展低碳产业。深入推进工业领域两化融合，以科技创新为核心，加强产品创新、质量创新、品牌创新、管理创新和商业模式创新，实现经济增长由要素驱动为主向创新驱动为主的转变，构建新能源、新材料、信息化（数字化）和智能化等为主的低碳产业体系。二是加快培育具有全球竞争能力的产业体系。大力推动高科技含量、高质量性能、高附加值、具有自主知识产权的产品占据国际市场，推动我国在全球产业分工格局中的角色由"世界加工厂"转变为"世界科技园区"，在全球产业链中的位置由"下游制造"转变为"科技开发和产品设计"。三是全面实施符合主体功能区战略的区域差异化工业发展战略，加快工业化和城镇化、农业现代化、信息化的深度融合和协同发展。

在能源方面，在大力节能和改善能源结构同时，加强电力在终端能源消费中对化石能源的替代，发电在一次能源消费中的比例不断提升，也为可再生电力快速发展提供了空间。到 2030年，若水电、风电和太阳能发电、生物质能发电总装机容量分别达到 4.0 亿 kW、12 亿 kW 和 0.5 亿 kW，那么每年可减少 CO_2 排放 30 亿 t 以上；若核电装机达到 1.4 亿 kW，每年可减少 CO_2 排放 7.5 亿 t 左右。同时，超超临界发电技术、超临界循环流化床发电技术、IGCC 发电技术可以将燃煤发电效率提高到 42%～45%，单位发电煤耗降低 30～50 gce/（kW·h）。2030 年若上述清洁燃煤发电技术替代现有机组，可实现年 CO_2 减排量 10 亿～12.5 亿 t。随着我国燃气发电装备自主制造能力的逐渐增强，风电、太阳能发电和生物质能发电等技术发电成本的大幅下降以及电力市场的不断完善，电网调峰和可再生能源的消纳问题将得到更加有效的缓解。

作为清洁、高效、便利的终端能源载体，电力将逐步成为未来终端用能的主要方式，因此电力行业的低碳化对于实现深度脱碳路径起着至关重要的作用。电力行业低碳转型的关键，是要实现从火电主导向非化石电力主导的转变和推动 CCUS 在火电领域的广泛应用。通过稳步推进传统小火电的淘汰退出和高效火电技术的替代，以及加强电网建设、解决可再生能源消纳等措施，非化石电力在总发电量中的占比可大幅提升。同时，通过积极推进 CCUS技术的示范推广，为 CCUS 的大规模商业化利用奠定基础（清华大学气候变化与可持续发展研究院，2020；Zhang and Chen，2021，2022）。

在工业领域，2050 年前工业部门仍是中国最大的能源消费和碳排放行业，因此工业行业的低碳转型对于峰值目标的实现也至关重要（刘强等，2017）。调整产业结构，降低重化工业比重，促进产业转型升级，提质增效，降低能耗物耗，提升能源和资源利用效率，大力发展高新技术产业和先进制造业，促进产品向价值链高端发展，降低单位工业增加值能耗强度，可有效控制和减少工业部门能源消费。另外，要加强工业部门电气化，以电力替代煤炭、石油等化石能源的直接消费，有效减少 CO_2 排放。对于钢铁、水泥、化工等工业生产过程的CO_2 排放，要探索发展先进突破性技术，如氢作还原剂的零碳炼铁技术，助力到 21 世纪中叶深度脱碳目标实现（Zhang and Chen，2021，2022）。

控制服务量的合理增长、提升能效、强化低碳能源的利用和严格控制"大拆大建"等是建筑领域低碳转型的主要内容。一方面要控制城镇建筑总体规模，将民用建筑规模总量控制在 720 亿 m^2 之内，严格控制新开工房屋，控制住宅套内面积，并建立合理的能源和碳排放指标体系，作为新区能源系统规划设计的基本约束条件。另一方面需要抑制房屋的大拆大建，发展建筑维修技术，增加建筑维修与功能提升的比例。将大规模建设逐渐转为大规模维修、改造和功能提升，每年进行的修缮量达 30 亿 m^2 左右，实现城镇化任务由"大拆大建"转为"延寿升质"。同时，在大部分建筑用能都可以通过电力解决的情况下，降低北方地区采暖的化石能源消耗就成为实现建筑领域低碳能源消费的关键问题之一，解决这一问题的路径就在于寻找可用的低碳热源，充分利用工业余热。此外，"部分时间、部分空间"的使用模式是我国建筑能耗强度显著低于发达国家现状的主要原因，在倡导居民维持绿色生活方式的基础上，设计建造与我国居民传统的节约用能模式相对应的建筑与系统也是我国建筑部门碳排放达峰的重点，改善建筑部门的用能结构，提高电在终端用能中的比例，并且充分利用生物质能源。综合上述措施，建筑面积上升和单位建筑面积用能需求的上升将超过单位建筑面积能耗下降的影响，但由于天然气和非化石等低碳能源占比提升和电力 CO_2 排放强度大幅下降的影响，建筑部门 CO_2 排放量（含间接排放）可在达峰后迅速下降（清华大学气候变化与可持续发展研究院，2020；Zhang and Chen，2021，2022）。

"十三五"期间，我国加速交通基础设施建设，建成"十纵十横"的综合运输大通道，构建高品质的快速交通网，高效率的普通干线网，以及广覆盖的基础交通服务网。随着城镇化进程的加速，我国交通基础设施建设也快速增长，高耗能交通服务需求进一步增加。交通部门的低碳转型重点包括控制交通服务量合理增长、优化交通运输结构、提高交通运输工具效率和提升低碳能源的利用水平等。首先，通过积极建设公共交通优先的城市交通系统，制定合理的价格政策引导居民出行倾向于选择慢行系统和公共交通，可以合理控制城市私人交通出行需求。其次，通过建设现代综合交通运输体系、合理配置运输资源，推动货运重载依托铁路和水运方式、散货运输依托公路方式，长途客运以铁路、民航为主，短途客运依托城铁、公路协同的低碳化运输组织模式。再次，通过大力推广智慧交通运输技术，加强节能低碳技术产品应用，能有效提高交通运输工具的燃料经济性。最后，通过推动交通工具的技术创新和应用，大规模推广先进的电动汽车、氢能汽车、燃料电池汽车以及生物液体燃料汽车等清洁能源技术。综合上述措施，虽然单位周转量/客运量的 CO_2 排放量有所下降，但是由于货运量和客运量增长速度高于单位 CO_2 排放强度下降速度，交通运输 CO_2 排放总量将持续上升，到 2030 年左右达到峰值（清华大学气候变化与可持续发展研究院，2020；Zhang and Chen，2021，2022）。

综合来看，中国实现 2030 年前 CO_2 排放达峰需要以下措施：

（1）加快实现能源总量从规模速度型增长转向质量效率型增长，2020～2030 年年均能源消费增速控制在 1.8%左右，2030 年能源消费总量控制在 60 亿 tce 以内。

（2）加快实现能源结构从以增量扩能为主转向调整存量、做优增量并存的深度调整，至 2030 年新增能源消费主要依靠非化石能源提供，煤炭消费在 2020 年后逐渐减少。

（3）能源增长从传统化石能源转向非化石能源，至 2030 年非化石能源投资增速保持在 20% 以上，依靠技术创新通过电气化、信息化和智能化实现非化石电力占比 45%以上。煤炭消费长期减量化、终端消费电气化程度提高、氢能技术和碳捕获封存技术的规模应用方面，都应该在技术研发和推广、产业转型和扶植上加大资金投入和政策倾斜。

（4）加大减缓和适应气候变化的资金投入。2016～2030 年中国实现国家自主贡献的总资金需求规模将达约 56 万亿元，年均约 3.7 万亿元，相当于 2016 年中国全社会固定资产投资总额的 6.3%。其中实现减缓自主贡献目标的累计资金需求约为 32 万亿元（2015 年不变价），年均约为 2.1 万亿元，包括新增节能投资需求约为 13 万亿元，低碳能源投资需求约为 17.6 万亿元，森林碳汇投资需求约为 1.3 万亿元。实现国家自主贡献适应目标的资金需求约为 24 万亿元，年均约为 1.6 万亿元①。

如果能在生产性排放增长趋稳和下降、生活性排放仍大幅增长的阶段主动引导消费模式，同时利用后发优势和知识溢出效应，大规模应用创新技术，积极引导资金投入气候领域，那么可以预期在较高技术和发展水平上平稳实现低碳转型和排放峰值。

首先是加大经济转型的强度和力度，创新驱动，绿色发展。发展数字经济、高新技术产业，以数字化推进低碳化，控制高耗能、重化工业发展，调整产品和产业结构，在保持经济持续发展的同时，减少温室气体排放，这是一项根本性的措施。

其次是充分节约资源，发展循环经济，以最少的资源、能源消费，来支撑经济社会的可持续发展。大量采用先进的技术，产业升级换代。同时加强能源替代，到 2050 年，中国必须建成一个以新能源和可再生能源为主体的"近零排放"的能源体系，非化石能源在整个能源体系中的占比要达到 70%或 80%以上。要支撑这样的能源体系转型，2020～2050 年未来30 年的时间内，需要投资 100 万亿元以上。但另外，这又是一个新的经济增长点和新的就业机会，因为风电、太阳能等新能源产业吸收的就业人数是传统能源产业的 1.5～3 倍（清华大学气候变化与可持续发展研究院，2020）。

此外，还需要进一步发展和完善碳排放权交易市场，利用市场机制促进二氧化碳减排和企业技术创新，引领社会投资向低碳绿色产业倾斜。

最后，还应在农业、林业、土地利用、草原、湿地等方面，实施"基于自然的解决方案"，加强生态环境的保护、治理和修复，提升生态系统的服务功能，增加碳汇。

32.3　实现国家自主贡献目标的技术路线图

技术是实现国家自主贡献的关键。当前中国在可再生能源的技术和产业化方面都走在世界前列，要普及和推广先进高效节能技术和先进能源技术，将技术优势转化为产业优势和经济优势。在未来高比例可再生能源发展过程中，要研发和推广智慧能源技术，推动能源互联网和分布式能源技术、智能电网技术、储能技术的深度融合，并加强对氢能、核聚变等前沿技术的研发和示范，占领能源科技的制高点，打造国家的竞争优势，顺应并引领全球能源技术创新和发展的进程（何建坤等，2018）。

实现中国未来减缓贡献目标的技术需求可大致分为五类：能效技术；终端部门的燃料替代；用于电力行业和工业领域的低成本的 CCS 技术；先进核能技术（如第四代核电和核聚变技术）；风能、太阳能、生物质能等可再生能源技术。需要注意的是，对可再生能源而言，除了陆地风力发电和海上风力发电技术、太阳能光伏发电和热发电技术等可再生能源技术本身，还需要重视对那些虽不直接产生减排效益，但对于保障可再生能源的大范围推广应用有着决定性意义的辅助技术的需求，如大型可再生能源并网技术、高效蓄能技术等，具体见表32.1。

---

① http://tnc.ccchina.org.cn/Detail.aspx?newsId=73251&TId=203.

表 32.1　中国实现国家自主贡献的技术路线图

项目	当前处于推广应用阶段技术	2020～2030 年技术需求/当前处于示范阶段技术	2030～2050 年技术需求/当前处于研发阶段技术
电力（除可再生能源）	超超临界（USC）； 高效天然气发电； 第三代大型先进压水堆（PWR）； 特高压输电技术（UHV）； 热电联产	整体煤气化联合循环发电（IGCC）； 天然气联合循环发电（NGCC）； 智能电网	低成本碳捕集利用与封存技术； 第 4 代核能； 间歇电源大规模蓄电系统； 低成本氢能和燃料电池； 智能电网
可再生能源	大规模陆地风力发电； 低成本、高效生物质炉具； 先进水电技术； 太阳能光伏发电	大规模离岸风力发电； 先进地热发电技术； 低成本太阳能光伏发电； 第二代生物质能； 生物质整体气化联合循环发电； 低成本太阳能热发电	生物质能+碳捕集利用与封存； 与长距离输电联网的低成本光伏发电和热发电； 海洋、地热能发电技术
钢铁	高压干熄焦（CDQ）； 喷煤技术； 负能炼钢； 余热余压回收； 煤调湿技术（CMC）； 燃气蒸气联合循环发电技术（CCPP）	SCOPE21 炼焦技术； 熔融还原（COREX，FINEX）； 先进电炉（EAF）； 焦炉煤气制氢； 废弃塑料技术； ITmk3 炼铁技术； 薄带钢连铸（Castrip）	氢能炼钢 低成本碳捕集利用与封存技术
交通	提高单车燃油经济性的发动机技术、传动系统技术和整车技术； 先进柴油车； 铁路电气化； 高速铁路； 插电式混合动力汽车	交通系统信息化和智能化； 生物燃料汽车； 高效纯电动汽车	燃料电池汽车； 电动重型卡车
水泥	大型新型干法窑； 高效粉磨； 纯低温余热发电	生态水泥； 燃料替代	低成本碳捕集利用与封存技术
化工	大型合成氨； 大型乙烯生产装置； 乙烯原料替代	燃料和原材料替代 （以电力和氢气为原料）	低成本碳捕集利用与封存技术
建筑	绿色照明（LED）； 新型墙体保温材料； 节能电器； 太阳能热水器； 热泵技术	高效分布式能源系统； 混合式热泵系统； 热电冷三联供系统（CCHP）； 低成本高效太阳能建筑	高效蓄能技术； 零能耗建筑
通用技术	变频调速技术； 先进电机	变频调速技术； 直流永磁无刷电机； 信息技术	CDR 技术

　　低碳技术推广应用重点包括第三代大型先进压水堆、陆上风力发电、高压干熄焦、余热余压回收、大型新型干法水泥窑、大型合成氨、绿色照明等技术。同时需要加大电力和工业碳捕集利用与封存技术、第四代核电技术、大规模储能技术、海洋地热能发电等关键低碳技术的研发力度，并加快海上风电、第二代太阳能光伏薄膜电池、先进电炉炼钢、高效集成热泵系统、低成本高效太阳能建筑、纯电动汽车等技术的商业示范。

　　2030 年之后实现碳中和目标需要有突破性技术支撑，对于常规减排技术或替代技术难以实现深度减排的领域，更需要有革命性的技术突破。低成本碳捕集利用与封存技术、大规模海上风力发电技术、低成本太阳集中热发电技术、第四代核能技术、零能耗建筑、以氢能和合成燃料为基础的新型生产工艺等一系列先进低碳技术将得到大规模应用。同时，从大气中移除二氧化碳，或通过人为增加海洋和陆地碳汇以减少大气中 CO_2 的 CDR 技术也是实现深度脱碳的重要技术。

此外，新一代信息技术、物联网、新型材料、智能制造等通用技术对科技创新具有基础性支撑作用，将极大促进低碳技术的创新发展。低碳技术与新一代信息技术等的协同创新正是推进新型工业化、城镇化、信息化、农业现代化和绿色化的重要技术途径，也是实现中国低碳发展转型的重要支撑。需加快重点部门和行业科技创新和能力建设，大力推动各部门和行业减排的技术创新，加大国家对低碳技术创新的扶持力度，提高工业、建筑和交通的电气化、智能化水平，实现在可再生能源、低碳建筑、新能源汽车、绿色制造、低碳供应链、能源互联网等关键技术领域的重大突破，加快低碳技术在重点部门和行业中的推广应用，加速钢铁、建材、化工等重点行业的技术迭代。

参 考 文 献

毕超. 2015. 中国能源 CO_2 排放峰值方案及政策建议. 中国人口·资源与环境, 25: 20-27.

薄凡, 庄贵阳. 2018. 中国气候变化政策演进及阶段性特征. 阅江学刊, 10(6): 14-24,133-134.

柴麒敏, 傅莎, 祁悦, 等. 2018. 应对气候变化国家自主贡献的实施、更新与衔接. 中国发展观察, 10: 25-29.

柴麒敏, 傅莎, 温新元. 2019. 中国实施国家自主贡献的途径研究. 环境经济研究, (6): 110-124.

柴麒敏, 傅莎, 郑晓奇, 等. 2017. 中国重点部门和行业碳排放总量控制目标及政策研究. 中国人口·资源与环境, 27(12): 1-7.

柴麒敏, 徐华清. 2015. 基于 IAMC 模型的中国碳排放峰值目标实现路径研究. 中国人口·资源与环境, 25: 37-46.

何建坤. 2015. 推动能源革命, 实现国家自主决定贡献目标. 光明日报.

何建坤, 陈文颖, 王仲颖, 等. 2016. 中国减缓气候变化评估. 科学通报, 61(10): 1055-1062.

何建坤, 卢兰兰, 王海林. 2018. 经济增长与二氧化碳减排的双赢路径分析. 中国人口·资源与环境, 28(10): 9-17.

姜克隽, 贺晨旻, 庄幸, 等. 2016. 我国能源活动 CO_2 排放在 2020-2022 年之间达到峰值情景和可行性研究. 气候变化研究进展, 12: 167-171.

刘强, 陈怡, 滕飞, 等. 2017. 中国深度脱碳路径及政策分析. 中国人口·资源与环境, 27(9): 162-170.

马丁, 陈文颖. 2015. 中国钢铁行业技术减排的协同效益分析. 中国环境科学, 35(1): 298-303.

马丁, 陈文颖. 2017. 基于中国 TIMES 模型的碳排放达峰路径. 清华大学学报(自然科学版), 57: 1070-1075.

中国尽早实现二氧化碳排放峰值的实施路径研究课题组. 2017. 中国碳排放尽早达峰. 北京: 中国经济出版社.

齐晔, 张希良. 2018. 中国低碳发展报告. 北京: 社会科学文献出版社.

清华大学气候变化与可持续发展研究院. 2020. 《中国长期低碳发展战略与转型路径研究》综合报告. 中国人口·资源与环境, 30(11): 1-25.

清华大学. 2020. 中国长期低碳发展战略与转型路径研究综合报告. 北京: 中国长期低碳发展战略与转型路径研究项目.

王灿, 等. 2020. 中国中长期减排技术成本效益分析、评价及发展路线图. 中国长期低碳发展战略与转型路径研究项目.

王锋. 2018. 中国碳排放峰值及其倒逼机制研究的发展动态. 中国人口·资源与环境, 28: 141-150.

王海林, 何建坤. 2018. 交通部门 CO_2 排放、能源消费和交通服务量达峰规律研究. 中国人口·资源与环境, 28: 59-65.

王勇, 王恩东, 毕莹. 2017. 不同情景下碳排放达峰对中国经济的影响基于 CGE 模型的分析. 资源科学, 39: 1896-908.

闫晓卿, 谭雪. 2018. 中国煤电发展合理峰值研判. 中国电力, 51: 75-80.

中国电力企业联合会. 2021. 北京: 中国统计出版社.

中国工程院. 2016. CO_2 减排目标与峰值目标落实机制研究.

Chen J. 2017. An empirical study on China's energy supply and demand model considering carbon emission peak constraints in 2030. Engineering, 3: 512-517.

Chen Y, Liu L, Zhang Y. 2015. China's urbanization and carbon emissions peak. Chinese Journal of Urban and Environmental Studies, 3: 1550021.

Den Elzen M, Fekete H, Hohne N, et al. 2016. Greenhouse gas emissions from current and enhanced policies of China until 2030: Can emissions peak before 2030? Energy Policy, 89: 224-236.

Fang K, Tang Y Q, Zhang Q F, et al. 2019. Will China peak its energy-related carbon emissions by 2030? Lessons from 30 Chinese Provinces, Applied Energy, 255: 113852.

He J. 2016. Global low-carbon transition and China's response strategies. Advances in Climate Change Research, 7: 204-212.

He J. 2018. Situation and measures of China's CO_2 emission mitigation after the Paris Agreement. Frontiers in Energy, 12: 353-361.

Jiang J, Ye B, Xie D, et al. 2017. Provincial-level carbon emission drivers and emission reduction strategies in China: Combining multi-layer LMDI decomposition with hierarchical clustering. Journal of Cleaner Production, 169: 178-190.

Li F, Xu Z, Ma H. 2018. Can China achieve its CO_2 emissions peak by 2030? Ecological Indicators, 84: 337-344.

Li L, Lei Y, He C, et al. 2016. Prediction on the peak of the CO_2 emissions in China using the STIRPAT Model. Advances in Meteorology, 2016: 1-9.

Liu D, Xiao B. 2018. Can china achieve its carbon emission peaking? A scenario analysis based on STIRPAT and system dynamics model. Ecological Indicators, 93: 647-657.

Liu Q, Gu A, Teng F, et al. 2017. Peaking China's CO_2 emissions: Trends to 2030 and mitigation potential. Energies, 10: 209.

Liu Z, Guan D, Moore S, et al. 2015. Steps to China's carbon peak. Nature, 522: 279-281.

Lugovoy O, Feng X Z, Gao J, et al. 2018. Multi-model comparison of CO_2 emissions peaking in China: Lessons from CEMF01 study. Adv Clim Chang Res, 9: 1–15.

Mi Z, Wei Y, Wang B, et al. 2017. Socioeconomic impact assessment of China's CO_2 emissions peak prior to 2030. Journal of Cleaner Production, 142: 2227-2236.

Niu S, Liu Y, Ding Y, et al. 2016. China's energy systems transformation and emissions peak. Renewable & Sustainable Energy Reviews, 58: 782-795.

Oleg L O, Feng X, Gao J, et al. 2018. Multi-model comparison of CO_2 emissions peaking in China: Lessons from CEMF01 study. Advances in Climate Change Research, 9: 1-15.

Qi T, Weng Y, Zhang X, et al. 2016. An analysis of the driving factors of energy-related CO_2 emission reduction in China from 2005 to 2013. Energy Economics, 60: 15-22.

Qi Y, Nicholas S, He J K, et al. 2020. The policy-driven peak and reduction of China's carbon emissions. Advances in Climate Change Research, 11: 65-71.

Rui X, Hanaoka T, Kanamori Y, et al. 2018. Achieving China's Intended Nationally Determined Contribution and its co-benefits: Effects of the residential sector. Journal of Cleaner Production, 172: 2964-2977.

Song J, Yang W, Wang S, et al. 2018. Exploring potential pathways towards fossil energy-related GHG emission peak prior to 2030 for China: An integrated input-output simulation model. Journal of Cleaner Production, 178: 688-702.

Su K, Lee C M. 2020. When will China achieve its carbon emission peak? A scenario analysis based on optimal control and the STIRPAT model. Ecological Indicators, 112: 106138.

Tang B, Li R, Yu B, et al. 2018. How to peak carbon emissions in China's power sector: A regional perspective. Energy Policy, 120: 365-381.

Tollefson J. 2016. China's carbon emissions could peak sooner than forecast. Nature, 531: 425-426.

Wang C, Li B, Liang Q, et al. 2018a. Has China's coal consumption already peaked? A demand-side analysis based on hybrid prediction models. Energy, 162: 272-281.

Wang H K, Lu X, Deng Y, et al. 2019. China's CO_2 peak before 2030 implied from characteristics and growth of cities. Nature Sustainability, 2: 748-754.

Wang Q, Li R. 2017. Decline in China's coal consumption: An evidence of peak coal or a temporary blip? Energy Policy, 108: 696-701.

Wang S, Li C, Yang L. 2018b. Decoupling effect and forecasting of economic growth and energy structure under the peak constraint of carbon emissions in China. Environmental Science and Pollution Research, 25:

25255-25268.

Wang Z Y, Ye X Y. 2017. Re-examining environmental Kuznets curve for China's city-level carbon dioxide (CO_2) emissions. Spatial Statistics, 21: 377-389.

Wei C, Ni J, Du L. 2012. Regional allocation of carbon dioxide abatement in China. China Economic Review, 23: 552-565.

Wu J, Mohamed R, Wang Z. 2017. An Agent-based model to project China's energy consumption and carbon emission peaks at multiple levels. Sustainability, 9(6): 1-9.

Xu G Y, Peter S, Yang H L. 2019. Determining China's CO_2 emissions peak with a dynamic nonlinear artificial neural network approach and scenario analysis. Energy Policy, 128: 752-762.

Xu G Y, Peter S, Yang H L. 2020. Adjusting energy consumption structure to achieve China's CO_2 emissions peak. Renewable & Sustainable Energy Reviews, 122: 109737.

Yang X, Teng F. 2018a. Air quality benefit of China's mitigation target to peak its emission by 2030. Climate Policy, 18: 99-110.

Yang X, Teng F. 2018b. The air quality co-benefit of coal control strategy in China. Resources Conservation and Recycling, 129: 373-382.

Yang X, Wang X C, Zhou Z Y. 2018. Development path of Chinese low-carbon cities based on index evaluation. Advances in Climate Change Resarch, 9: 144-153.

Yu S, Zheng S, Li X. 2018a. The achievement of the carbon emissions peak in China: The role of energy consumption structure optimization. Energy Economics, 74: 693-707.

Yu S, Zheng S, Li X, et al. 2018b. China can peak its energy-related carbon emissions before 2025: Evidence from industry restructuring. Energy Economics, 73: 91-107.

Zhang H, Lahr M L. 2018. Households' energy consumption change in China: A multi-regional perspective. Sustainability, 10: 2486.

Zhang S, Chen W. 2022. Assessing the energy transition in China towards carbon neutrality with a probabilistic framework. Nature Communications, 13(1): 87.

Zhang S, Chen W. 2021. China's energy transition pathway in a carbon neutral vision. Enginerring, https://doi.org/10.1016/j.eng.2021.09.004[2022-1-4].

Zheng J, Mi Z, Coffman D, et al. 2019. Regional development and carbon emissions in China. Energy Economics, 81: 25-36.

Zheng T, Zhu J, Wang S, et al. 2016. When will China achieve its carbon emission peak? National Science Review, 3: 8-12.

Zhou S, Wang Y, Yuan Z, et al. 2018. Peak energy consumption and CO_2 emissions in China's industrial sector. Energy Strategy Reviews, 20: 13-123.

Zou J, Fu S, Liu Q, et al. 2016. Pursuing an Innovative Development Pathway: Understanding China's NDC. https://documents1.worldbank.org/curated/en/312771480392483509/pdf/110555-WP-FINAL-PMR-China-Country-Paper-Digital-v1-PUBLIC-ABSTRACT-SENT.pdf[2021-2-16].

第33章 中国本世纪中叶长期低碳发展战略与路径

首席作者：张希良　周丽　王金照

摘　要

低碳经济已经成为世界各国实现社会经济发展模式转变与产业结构升级的重要动力与发展趋势。转变经济发展模式、促进能源体系变革和发展绿色低碳经济已经成为我国保持中长期可持续发展与实现生态文明建设的重要战略选择。2020年9月，国家主席习近平提出，中国将提高国家自主贡献力度，二氧化碳排放力争于2030年前达到峰值，努力争取2060年前实现碳中和。本章探讨了中国未来低碳能源发展战略、碳减排路径、减排成本及对社会经济的可能影响，分析了本世纪中叶长期低碳发展转型的战略与对策。①国内外研究机构的不同预测情景下，中国未来的碳排放路径存在较大的不确定性。②学者普遍认同碳减排所能带来的直接和间接协同效应。在一定情景下，碳减排所引起的协同经济效应甚至会大于碳减排所需的经济成本。③将应对气候变化和国内可持续发展相结合，能够打造经济、民生、能源、环境和减排二氧化碳多方共赢的局面，同时也需要多方面政策体系和保障机制的支持。

33.1　本世纪中叶长期低碳发展转型路径

经济增长速度的变化是引起碳排放变动的重要因素。中国正处在增长动能转换、经济结构调整的重要时期，经济增长速度已经从2010年前的10%以上下降到2019年的6.1%。从未来经济增长率来看，中国的经济发展进入新常态，与过去30年相比，经济增长率会出现不断下降的趋势。但是，今后中国经济增长仍存在较大的不确定性。不同研究机构对于中国未来经济增长的预测存在一定差异，本章对国际能源署（IEA）、世界银行（WB）、美国能源信息署（EIA）、经济合作与发展组织（OECD）、欧盟（EU）、联合国（UN）、国际货币基金组织（IMF）以及国内研究机构等对中国未来经济增速的预测进行了比较（IMF，2015；World Bank，2015；EIA，2014；ADB，2015；IEA，2014；United Nations，2015；Parliament，2015；OECD，2013），具体如图33.1所示。由比较结果可以得出，多数研究机构对于中国未来经济增长持乐观态度，但是经济增速下滑的态势仍将持续。众多研究预测中，来自OECD的预测结果最低，2020年增速降到5.1%，2025年降到4.4%，2030年降到3.7%；来自美国能源信息署（EIA）的预测结果最高，2020年增速为6.5%，2025年为5.8%，2030年为4.3%。中国作为一个发展中国家，到2030年之前，中国GDP年均增长率如果在5%~7%，2030年人均GDP仍可能低于1.5万美元，在此之前相应的能源消费与二氧化碳排放还将持续增长。

2030～2050 年，GDP 增速可能逐步放缓至 3%左右。同时，中国目前处于后工业化时期，但是第二产业能耗比重仍然偏大，其中钢铁、有色金属、建材、石化、化工和电力六大高耗能行业的能源消耗量占工业总能耗的比重一直高于 70%。到 2035 年之前，通过产业结构转型升级、抑制高耗能产业过快增长，产业结构不断优化调整，中国第三产业的比重将不断提高，第二产业比重将相应不断下降，基本实现社会主义现代化。2035～2050 年，产业结构进一步调整，中国第三产业的比重将进一步提高，全面实现社会主义现代化。

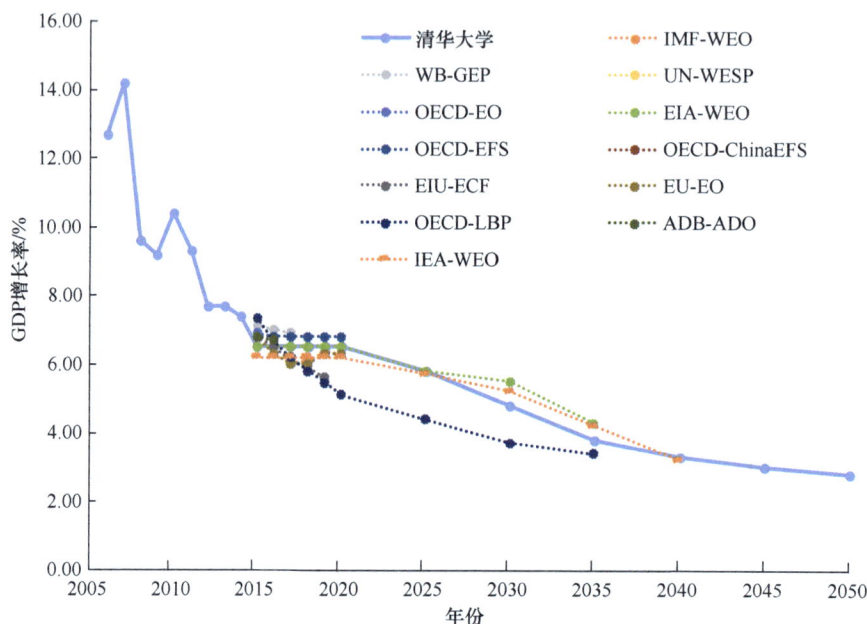

图 33.1　2015～2050 年中国经济增长率变化趋势

2000～2019 年，中国的人口年均增长近 700 万，城镇化率平均每年提高约 1.3 个百分点。在 2030 年之前，我国处于城镇化快速发展期，并且中国人口还将缓慢持续增长。对于未来人口增长，根据联合国经济和社会事务部（UNDESA）发布的《2015 年世界人口展望》（United Nations，2016）中的中等人口情景假设如图 33.2 所示，采用报告中对全球 233 个国家和地区 2015～2050 年的人口预测数据。根据中生育率情景预测结果，世界人口在 2050 年将达到 97 亿左右，绝大多数人口增长发生在发展中国家，如非洲和印度。中国未来人口增长数据如果考虑“二孩政策”后的影响，参考《国家人口发展规划（2016—2030 年）》。中国总人口可能在 2030 年前后达到峰值，峰值水平在 14.5 亿左右，此后持续下降。人口规模的增长、城镇化水平的提高以及居民生活水平不断改善将带来大规模城市基础设施的建设，需要消耗大量的钢铁、水泥等高耗能产品，从而增加相应的能源消费与二氧化碳排放。

2000～2019 年，煤炭在能源消费总量中所占的比重下降约 10.8 个百分点，非化石比重上升约 8 个百分点。我国能源发展已进入新旧动能持续转换时期。在需求端，能源消费重心逐步从生产侧转向生活消费侧；在供应端，清洁能源将满足新增能源需求并逐步替代高碳传统能源。中国将通过大力发展新能源与可再生能源，力争使非化石能源在一次能源消费中的比重在 2020 年达到 15%以上，并在此基础上持续改善能源结构。一次能源需求将于 2035～2040 年进入峰值平台期，能源结构不断优化，煤炭、油气和非化石能源将逐步呈现三足鼎立态势，与能源相关的二氧化碳排放将在 2030 年前达峰。2000～2019 年，尽管中国单位 GDP

能耗已经有较大幅度下降，中国高耗能产品的单位产品能耗总体高于国际先进水平。未来将通过鼓励增加研发投入，加强技术革新和节能减碳技术推广，突出抓好工业、建筑、交通、公共机构等重点领域节能，继续推广先进节能技术和产品等，大力推进节能降耗。

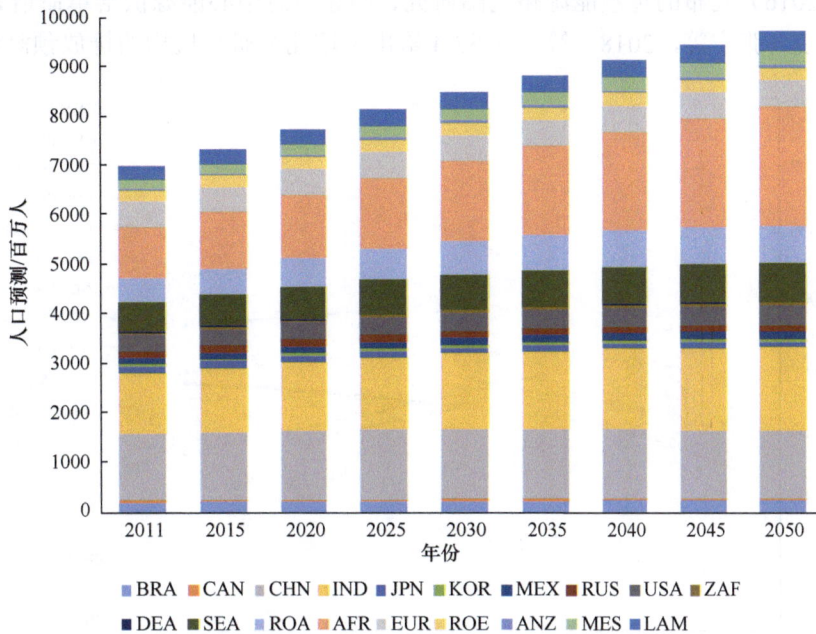

图 33.2　各国未来人口发展趋势

美国 USA、欧盟 EUR、日本 JPN、韩国 KOR、加拿大 CAN、澳洲 ANZ、发达东南亚地区 DEA、中国 CHN、印度 IND、俄罗斯 RUS、巴西 BRA、南非 ZAF、墨西哥 MEX、中东 MES、欧洲其他地区 ROE、发展中东南亚地区 SEA、亚洲其他地区 ROA、非洲其他地区 AFR、拉丁美洲其他地区 LAM

中国作为世界上最大的 CO_2 排放国，其能源消费和减排潜力受到来自世界范围的越来越多的关注。目前国际上已有许多组织及学者对中国中长期能源消费和 CO_2 排放路径进行研究分析，其中包括以下内容。

（1）IEA 发布的《2017 年世界能源展望》（IEA，2017）；

（2）劳伦斯伯克利国家实验室（LBNL）发布的 *China's Energy and Carbon Emissions Outlook to 2050*（Zhou，2011）；

（3）UNDP 发布的 *China Human Development Report*（UNDP，2010）；

（4）气候行动追踪（Climate Action Tracker）组织对中国的评估（Climate Action Tracker，2017）；

（5）日本能源经济研究所（IEEJ）发布的 *Asia/World Energy Outlook 2014*（The Institute of Energy Economics，2014）；

（6）EIA 在网站上发布的 *International Energy Outlook 2017*（EIA，2017）；

（7）荷兰环境评估署 2017 年发布的 *Trends in Global CO₂ and Total Greenhouse Gas Emissions*（Olivier et al.，2017）。

其他对中国中长期 CO_2 排放路径进行研究的机构还包括国际应用系统分析协会、麻省理工学院等。上述不同研究采用了不同的模型方法、假设及情景设计，对中国未来的能源与排放产生了不同的预测结果，具体如图 33.3 所示。

国内主要研究机构也开展了相关研究，包括国家发展和改革委员会能源研究所中国能源环境综合政策评价模型（IPAC 模型）、清华大学中国-全球能源模型（C-GEM）、清华大学中国能源系统优化模型 China TIMES、国家发展和改革委员会能源研究所"重塑能源"课题组等（2016）发布的重塑能源路线图研究、国家信息中心能源供给革命情景研究、国网能源研究院（张宁等，2018）等。图 33.4 给出了这几个研究机构的排放预测结果。

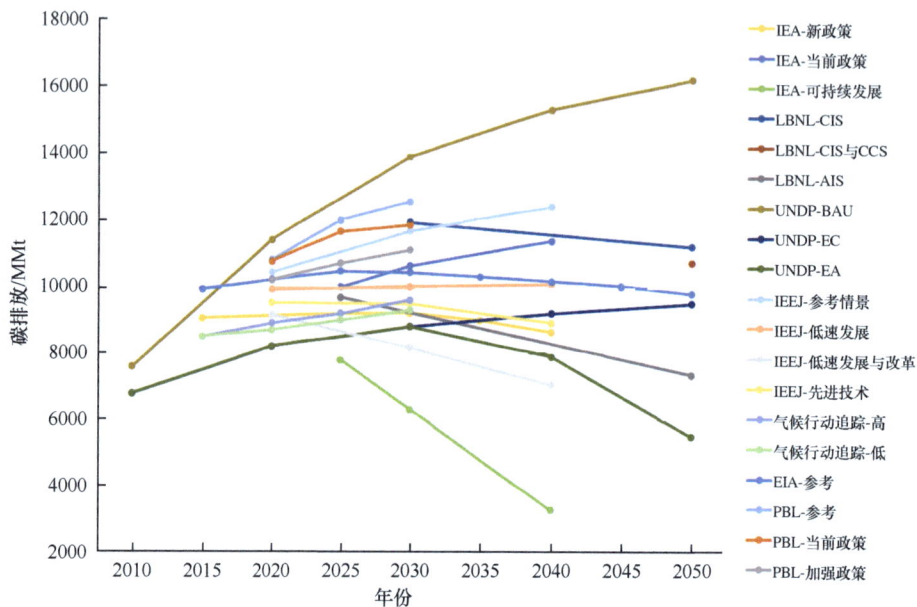

图 33.3　国际研究机构的排放预测比较

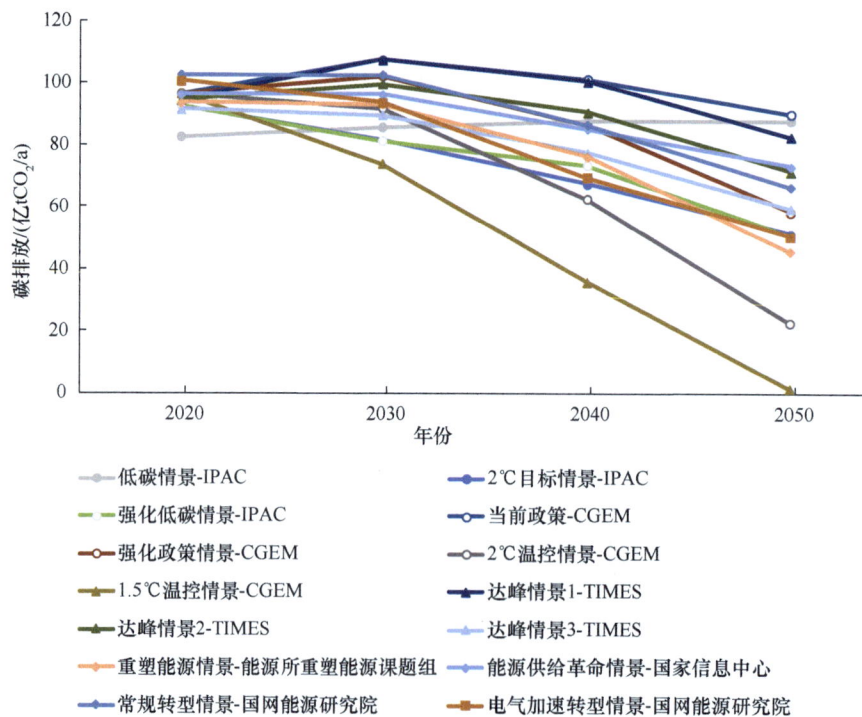

图 33.4　国内研究机构的排放预测比较

从研究结果看，中国未来的碳排放路径存在较大的不确定性。对于未来有可能实现的情景，有的国内研究机构预测 2030 年能源活动二氧化碳排放量可能在 110 亿 t CO_2 左右，2050 年能源活动二氧化碳排放量可能在 2 亿～90 亿 t CO_2。此外，情景结果显示中国未来二氧化碳排放达峰时间可能在 2030 年前。

同时，对不同研究机构、不同情景下的能源消费总量进行了比较，具体如图 33.5 所示。对于未来有可能实现的情景，有的国内研究机构预测 2030 年一次能源消费量可能在 60 亿 tce 左右，2050 年能源消费量可能在 70 亿 tce 左右。此外，情景结果显示不同研究对中国未来能源消费总量能否达峰的判断基本分为三种情况：一种是在 2050 年之前持续增长，年均增速在 0.4%～1.1%；第二种情况是在 2040 年达峰，在 2040 年前增长较快，年均增速在 0.9%～1.2%，在 2040 年左右达峰后缓慢下降；第三种是在 2030 年达峰，达峰前较快增长，年均增速在 0.8%～1.6%，在 2040 年左右达峰后逐步下降。

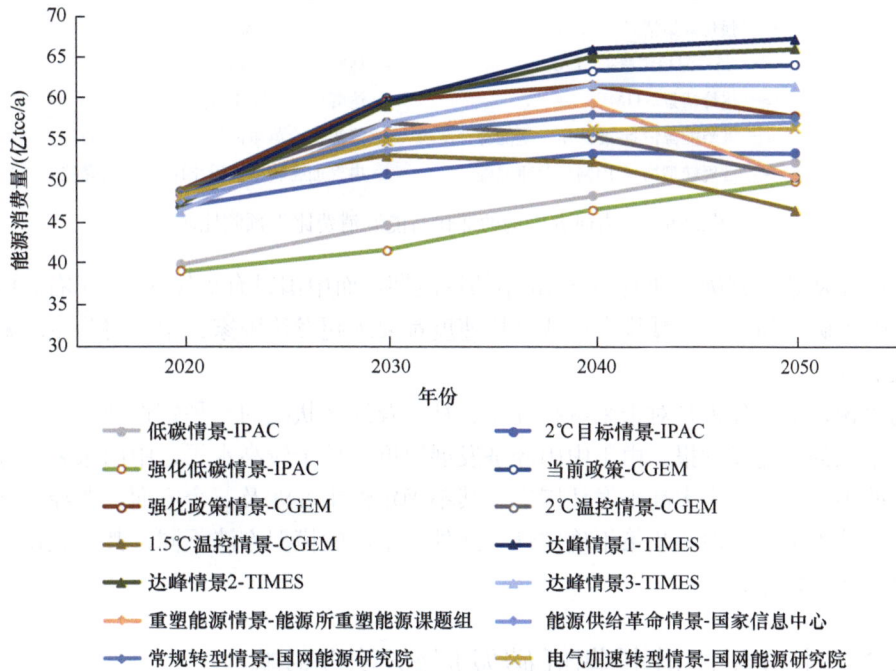

图 33.5　国内研究机构的一次能源消费量预测比较

对比碳排放总量和能源消费总量预测的数据，可以看出在相似碳排放总量预测值情景下，能源消费总量也会存在较大差异。其原因主要在于能源消费结构预测的差异性，特别是非化石能源消费比重的差异。图 33.6 进一步比较了不同研究机构、不同情景下的非化石比重。对于未来有可能实现的情景，有的国内研究机构预测 2030 年非化石比重可能在 20%～37%，2050 年在 29%～83%。同时，在上述这些情景下，中国未来非化石比重将一直呈现上升趋势，2020～2050 年每年提高 0.4～2.2 个百分点。

总体来看，中国未来的碳排放路径、能源消费总量及消费结构都存在较大的不确定性。

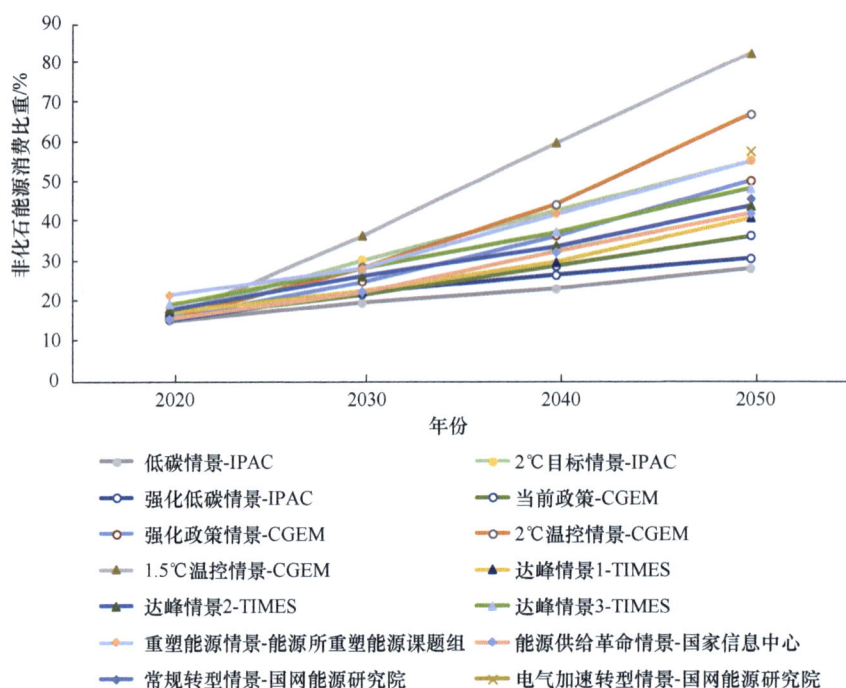

图 33.6　国内研究机构的非化石能源消费比重预测比较

欧美国家从达峰到碳中和有 50～70 年的过渡期，而中国只有短短 30 年左右。中国要想实现 2060 年碳中和目标，减排力度或减排速度都要远超发达国家。中国将为全球减排目标做出巨大贡献。

总的来说，情景分析是对未来各种环境、社会及经济状况的一种定性或定量的描述，而并不是对未来的预测或预报。由于中国经济发展速度仍处于较高水平，中国未来能源与二氧化碳排放的不确定性要大大高于发达国家。其不确定性主要涉及三个方面，即经济社会发展不确定性、技术不确定性和政策不确定性。此外，采用的模型方法不同，其二氧化碳排放情景结果也存在一定差异。

33.2　本世纪中叶长期低碳发展转型的影响

中国作为最大的发展中国家已经承诺为国际应对气候变化和环境改善承担责任。二氧化碳排放一般是伴随生产或生活过程而产生的。从经济的长期发展来看，技术进步、经济与能源结构优化等是碳减排的主要途径。碳减排政策将在长期通过改变经济结构影响经济系统，在这个过程中国家或地区通过节约能源与提高能效、技术进步、调整经济产业与能源结构使总体经济转型到低碳经济模式而付出的成本。与此同时，我国经济新常态下贯彻新的发展理念，努力实现创新发展、协调发展、绿色发展、开放发展和共享发展。以创新发展转换发展动力，以绿色发展转变发展方式。绿色发展的核心理念在于促进人与自然的和谐共生，走绿色低碳的发展路径，促进经济社会与资源环境承载力相协调和可持续发展。这与《巴黎协定》所倡导的实现气候适宜型低碳经济发展路径相契合。我国节能降碳和经济转型所取得的巨大成效，也是把应对气候变化和国内可持续发展相结合，打造经济、民生、能源、环境和减排二氧化碳多方共赢的局面。随着我国工业化和城市化的进程加快，经济的快速增长也面临资源环境的严重制约，不断增长的化石能源消费是二氧化硫、氮氧化物、烟尘等常规污染物的主要排放源，也是造成严重雾霾天气的 $PM_{2.5}$ 的主要来源，并导致了二氧化碳等温室气体排放的快速增长。因此，推动能源生产和消费革命，节约能源，提高能效，控制能源消费总量，同时大力发展新能源和可再生能源，促进能源结构的低碳化，将有效减少常规污染物和二氧化碳排放。国内保护生态环境、推进生态文明建设的进程与应对气候变化保护地球生态安全的目标和措施一致，有广泛的协同效应。

20 世纪 90 年代就有学者提出政策的实施效果是相互关联的，一个单独的政策可能会对其他政策实施的效果产生直接或间接的影响。鉴于气候变化和空气污染等问题的同源性，应对气候变化和空气污染等政策的实施也会相互影响。如果把气候变化和大气污染等相关政策协同考虑和实施，在总收益一定的情况下，会大大降低成本，并带来污染减少、环境优化、公共健康提升等额外效益。这就是协同考虑和实施节能减排与大气污染控制带来的气候变化减缓和污染控制的协同效应。中国空气污染相对于欧美等发达国家仍处于较高水平，气候政策对于改善区域空气质量和提升公众健康水平的协同效益更加显著，IPCC 在第五次评估报告中也着重强调了量化发展中国家气候政策协同效应的重要性。

协同效应是因各种原因而同时实施的各种政策方案所产生的效益，基于其研究对象和研究立足点的不同，不同研究者对其有着不同的具体定义（杨曦等，2013；郑佳佳等，2015）。IPCC 给出的协同效益的定义为减缓温室气体排放的政策所产生的非气候效益，如发展目标、可持续发展及和平等。OECD 则将协同效益定义为在温室气体减缓政策制定中明确考虑了影响并把影响货币化了的部分，如针对清洁能源技术或提高能效的政策很可能使地方局部或室内空气质量改善，从而减少人体健康风险。美国环保局对其定义类似地认为协同效益应当包括当地采取减少大气污染和相关温室气体的一系列措施所产生的所有正效益，如能源节约、经济收益、空气改善、公众健康效益等。日本环境省厅将其定义为，环境污染控制领域的协同效应可使发展中国家在进步的同时减少温室气体的排放。生态环境部环境与经济政策研究中心将协同效益分为两个方面：一方面，在控制温室气体排放的过程中减少了其他局域污染物排放，如 SO_2、NO_x、CO、VOC 及 PM 等；另一方面，在控制局域的污染物排放及生态建设过程中同时也可以减少或者吸收 CO_2 及其他温室气体排放，在这里协同效益被认为是一个相对的概念。亚洲发展银行从两种不同视角对协同效益进行定义，从全球气候变化的视角看，协同效益是指从减缓气候变化的各项措施中产生的超越了温室气体减排目的的附加效益，如减少空气污染、提高健康效益、增加能源的可获取性从而提高能源安全等。另外，从地方视角来看，温室气体排放所产生的额外的效益还包括发展问题，如空气污染带来的健康问题和能源安全的欠缺，以及其他经济社会问题等。

中国对协同效应的研究起步较晚，大约从 2003 年开始出现。相比于国际学者的研究，中国的研究大多集中在对某城市或某行业的工程技术减排措施对于协同减排空气等污染物的环境效应评估上。表 33.1 梳理了 2015 年以来的一些研究进展。从研究进展来看，研究涉及的行业主要集中在电力、交通、钢铁、水泥、建筑等几个行业。涉及的协同减排污染物主要为 SO_2、NO_x、$PM_{2.5}$、PM_{10}、烟尘、N_2O、水、黑碳和 CH_4，其中关注频度最高的为前四类。

表 33.1 中国碳减排环境协同效益研究进展

作者年份	研究对象	协同减排物	相关结论
Xue et al.，2015	风能发电厂	SO_2、NO_x、PM_{10}	相比于火力发电，风力发电所产生的二氧化碳有 97.48% 的减少，大气污染物（SO_2、NO_x、PM_{10}）也有不同程度的减少
马丁和陈文颖，2015	钢铁行业的 22 项节能减排措施	SO_2、NO_x 和 PM_{10} 等	节能减排技术的普及有助于降低大气污染物（SO_2、NO_x 和 PM_{10} 等）的排放量，具有显著的协同效益
Tan et al.，2016	水泥行业	SO_2、NO_x 和烟尘	二氧化碳减排目标为 5.5% 的减排率时，可减少 230 万 t 的地方空气污染量
Yang et al.，2016	北京	$PM_{2.5}$	从生产和消费两个角度来看，二氧化碳和 $PM_{2.5}$ 排放量正相关
Yang et al. 2017b	全国	SO_2、NO_x 和 $PM_{2.5}$	在中国达峰共同控制的情景下，2030 年 SO_2、NO_x 和 $PM_{2.5}$ 的排放量将比 2010 年下降 78.85%、77.56% 和 83.32%，这意味着随着达峰目标的实现，空气质量目标也可以实现
唐松林和刘世粉，2017	山东半岛并网风电	CH_4、N_2O、SO_2、NO_x、烟尘	每生产 1 度电能会节约能源化石消耗 362.6 gce；减少温室气体和污染物排放分别为 1.014g CO_2、1.96g CH_4、0.014g N_2O、0.72gSO_2、1.12gNO_x、0.22g 烟尘，折合环境损害成本为 0.17 元
傅京燕和原宗林，2017	电力行业省际面板数据	SO_2	电力行业的 CO_2 各种减排活动能引起稳定的 SO_2 协同减排，说明碳减排政策措施在全国范围内取得了良好的大气污染协同减排效果
Yang et al.，2017a	风电	SO_2、NO_x、可入肺颗粒物和水	风电能够实现中国整个电力行业的 CO_2、SO_2、NO_x、可入肺颗粒物和耗水分别减少 2.58%、2.71%、2.66%、1.58%、2.34%
Liu et al.，2017b	珠江三角洲地区交通部门	NO_x 和 $PM_{2.5}$	在更新排放标准情景中，假设 2015 年购买的任何新车符合中国六号排放标准，摩托车符合中国三号排放标准，相应机动车减排技术的污染物协同影响系数最高为 1.43
任明和徐向阳，2018	京津冀地区钢铁行业 58 项节能技术	SO_2、NO_x、$PM_{2.5}$ 和水	累计节能潜力为 41.64 亿 GJ，CO_2、SO_2、NO_x 和 $PM_{2.5}$ 的协同减排潜力分别为 4.02 亿 t、159.60 万 t、99.10 万 t 和 6.72 万 t，协同节水潜力为 5.31 亿 m^3，成本为 695.17 亿美元
Yang and Teng，2018	煤炭控制政策	SO_2、NO_x、$PM_{2.5}$	从源头控制和末端控制两方面进行控制，2030 年 SO_2、NO_x、$PM_{2.5}$ 的排放量将比 2010 年下降 78.85%、77.56% 和 83.32%，达到碳峰值目标同时可以实现空气质量改善目标
Lin et al.，2018	厦门	SO_2、PM_{10} 和 NO_x	实施温室气体减排措施也将显著减少大气污染物
Xing et al.，2018	住宅	黑碳、$PM_{2.5}$ 和 SO_2	与基准情景相比，2030 年，中国居民区的 CO_2、黑碳、$PM_{2.5}$ 和 SO_2 排放量在 INDC 目标的情景下分别减少了 38%、21%、16% 和 31%

　　与此同时，越来越多的研究开始进一步分析温室气体控制政策带来的其他协同效应，包括人口与健康效应、经济效应、噪声与健康、资源节约等几个方面，如表 33.2 所示。研究对象多为全国多部门，或者电力、交通和建筑等重点部门。协同效益关注最多的是健康效应，特别是协同减排空气污染物所带来的减少疾病和人口死亡等健康效应；其次是经济效益，特别是减少疾病和死亡所引起的经济损失降低和产业结构变化引起的经济收益。

　　从上述研究结果看，学者普遍认同低碳减排所能带来的直接和间接协同效应，实施温室气体减排措施不仅能实现显著减少大气污染物和减少水耗等环境效应，同时可以带来可观的健康效应和经济效应。在一定情景下，碳减排所引起的协同经济效益甚至会大于低碳减排所需的经济成本，从而实现净效益。基于现有文献，表 33.3 给出了对电力、交通、建筑、工业等主要部门或者区域协同效益的影响类别并对途径的研究关注程度进行了汇总梳理。

表 33.2　中国碳减排健康、经济等协同效益研究进展

作者年份	研究对象	协同效应	相关结论
Dong et al.，2015	全国	环境和经济效益	2020 年 SO_2、NO_x 和 $PM_{2.5}$ 的实际协同减排效益为 2.4 Mt、2.1 Mt 和 0.3 Mt，相应成本协同成本效益为 40 亿欧元、11 亿欧元和 8 亿欧元
樊明太等，2015	北京	经济增长和结构调整	提出提高能源效率、加快清洁能源（电力）投资、实施碳税虽然都有利于节能减排，但其对经济增长和结构调整则分别具有不同影响，相应的政策组合具有协同效应或对冲效应
Sabel et al.，2016	中国城市私家车和住宅供热	噪声与健康	减少私家车使用政策能够通过减少噪声和增加体育锻炼对减少二氧化碳和健康产生积极影响，同时，室内生物质燃烧加热住宅可以减少二氧化碳的排放，但是在所研究的城市中使用的技术对健康和福祉造成的后果是负面的
Gao et al.，2017	全国	健康效应	调研结果显示年轻人，特别是受过一定教育的年轻人都比较认同减少温室气体排放所能够带来的健康益处
Wei et al.，2017	电力、交通、工业和居民四个部门	人口与健康	分析了电力、交通、工业和居民四个部门的减排情景下的人口死亡减少量，强调了提高工业能效和空气污染控制技术对提高我国空气质量、健康和气候效益的重要性
Liu et al.，2017a	苏州	健康效应	在综合碳减排情景下，2020 年实施温室气体政策可以让与空气污染有关的疾病负担相应的残疾调整寿命年（DALY）比基准情景减少 44.1%
Ramaswami et al.，2017	637 个中国城市	健康效应	与传统的单一部门战略相比，跨部门战略对国家碳减排贡献了 15%～36%，相应每年减少空气污染可避免 25500～57500 人死亡
Gao et al.，2018b	全国	健康效应	温室气体减排通常被认为是具有成本效益的健康利益
Wang et al.，2018	全国	资源节约	节省金属矿石、非金属矿物和化石燃料的使用
Xie et al.，2018	全国	健康影响和经济效益	假设控制在 2℃温升目标，碳减排能够减少空气污染，减少一部分人过早死亡，相对于减排成本，中国可能有近 330 亿美元的净效益潜力
Liu et al.，2018	交通部门	健康影响和经济效益	在健康效益方面，与基准方案相比，在能效提高、运输模式优化和综合政策方案下，2050 年死亡率造成的经济损失将分别减少 47 亿、40 亿和 720 亿美元
Liu et al.，2019	珠江三角洲交通部门	经济效益	"最新排放标准"情景下的成本效益极高。大气污染物和温室气体减排单位成本仅为 0.003 元/g，体现了减排和成本节约的双赢局面

表 33.3　中国碳减排协同效益研究关注度

类别	环境效应	健康效应	经济效应	社会效益
电力	***	***	***	*
交通	***	***	***	*
建筑	***	**	**	*
工业	***	**	***	*
全国	***	***	***	**
区域	**	**	**	*
城市	**	**	**	*

注：***表示广泛关注，**表示比较关注，*表示有所关注

33.3 低碳发展战略的政策体系与保障机制

33.3.1 推动协同治理与多方共赢

我国经济新常态下贯彻新的发展理念，努力实现创新发展、协调发展、绿色发展、开放发展和共享发展。以创新发展转换发展动力，以绿色发展转变发展方式。绿色发展的核心理念在于促进人与自然的和谐共生，走绿色低碳的发展路径，促进经济社会与资源环境承载力相协调和可持续发展。这与《巴黎协定》所倡导的实现气候适宜型低碳经济发展路径相契合。我国节能降碳和经济转型所取得的巨大成效，也是把应对气候变化和国内可持续发展相结合，打造经济、民生、能源、环境和减排二氧化碳多方共赢的局面，已成为推动世界能源变革和经济低碳转型的重要贡献者和引领者。

走绿色低碳发展路径关键在于推动能源体系变革和经济发展方式的转型。国内保护生态环境、推进生态文明建设的进程与应对气候变化保护地球生态安全的目标和措施一致，有广泛的协同效应。要统筹部署，协同推进，在立足国内可持续发展的同时，强化长期低碳发展和减排二氧化碳的目标导向。当前在强化环境防治末端治理的同时，更加强调通过节能和能源结构调整来实现源头减排。要推动能源生产和消费革命，节约能源，提高能效，控制能源消费总量，同时大力发展新能源和可再生能源，促进能源结构的低碳化，有效减少常规污染物和二氧化碳排放。应更加注重减少和替代煤炭、石油的终端消费量，在终端消费中扩大电力的比例。在能源总需求趋缓的情况下，为可再生能源电力的快速发展提供更大空间，加快可再生能源电力的发展，增加一次能源消费中用于发电的比例，改善环境质量和减少二氧化碳排放。

33.3.2 加强技术创新和产业应用

实现能源供给和消费体系清洁、低碳、高效、安全的战略目标，必须推动能源技术的革命，以先进技术创新支撑能源体系的革命。低碳技术创新和向低碳发展路径转型已成为世界潮流，也成为一个国家核心竞争力的体现。我国必须实施创新驱动战略，走出以低碳为特征的新型工业化和城市化道路。在先进能源技术研发的诸多领域，我国和发达国家同步开展，有自己的特点和优势。要利用中国市场需求大的优势，率先推进新能源技术的产业化，并加强基础研究。

加强先进能源技术的研发和产业化。首先，要大力支持节能技术、太阳能、风能等可再生能源技术、电动汽车技术、氢能技术、储能技术和智能电网技术的基础研究和商业化应用。其次，中国应重视 CCS 和先进核能技术的发展。当前要加大研发力度和示范工程的进展。核能技术成熟，运行稳定，成本具有竞争力，在确保安全的基础上，核能规模化高效发展，这将对保障能源供应安全和减排二氧化碳发挥不可替代的作用，特别是在未来在可再生能源占比较大的情况下，核能发挥基荷的作用。另外，在化石能源中，天然气是比煤炭更为清洁、高效和低碳的能源，常规和非常规天然气开发技术的突破性进展也将对改善能源结构发挥重要作用。要加大页岩油气、致密气、可燃冰等非常规油气勘探开发技术的基础研究和产业化的支持力度。

33.3.3 强化目标责任和法治保障

实现积极紧迫的二氧化碳减排目标和峰值目标，促进经济社会向低碳发展转型，需要建立和完善强有力的法律、法规和政策保障体系及实施运行机制，并将其作为生态文明制度建设的重要内容。要进一步加强各级政府节能减排目标责任制。

应从以行政手段为主，逐步过渡到以法治为主的阶段。对节能低碳相关的约束性目标、强制性标准、设计规范等内容，应在形成社会共识的基础上，尽快纳入法规保障。对碳市场等内容应加快完善相关法律，建立稳定的市场预期。要严格法规标准的落实执行，对环境污染、粗放浪费等各类违法违规行为严肃查处，对有法不依的官员加强问责，通过维护法治的权威性，推动绿色低碳发展落到实处。

33.3.4　建立市场信号和市场机制

低碳发展需要明确的政策引导，更重要的是长期市场信号的导向。深化资源、环境税费制度改革；进一步完善促进低碳发展的财税金融等政策体系；改革和完善能源产品价格形成机制和资源、环境税费制度，建立能源资源节约的价格财税体系。要加快能源的市场化改革，建立公正公平、有效竞争的市场结构和市场体系。在抑制不合理消费、促进节能的同时，保障低收入家庭公平获得优质能源服务，促进社会和谐发展。

其中，碳市场的建设可体现碳排放空间和环境容量作为紧缺公共资源和生产要素的价值，使资源环境损失的社会成本内部化，则有利于促进化石能源的节约，激励新能源和可再生能源发展，促进能源结构转型。当前我国在"五市两省"碳交易试点基础上，已启动全国统一的碳排放权交易市场，并将不断加以扩充和完善，这将成为我国生态文明制度建设的重要环节。应加快建设全国统一碳市场统计、监测、上报和核查体系。把各项节能减排的指标和考核加以统筹，如对企业的用能权制度与碳排放配额制度可以统一实施。与用能权制度相比，碳排放配额制度在强调节能的同时，更突出能源替代，鼓励企业开发利用分布式可再生能源，重点减少煤炭、石油等化石能源消费，更全面反映建立清洁、低碳、安全、高效的能源供应体系和消费体系的能源革命目标。

33.3.5　实现开放互利与合作共赢

当前全球应对气候变化的合作进程以及全球能源变革的趋势，为我国推动能源生产和消费革命提供了较好的国际合作环境和共赢的机遇，应全方位加强国际合作。

首先，加强绿色低碳资源开发合作，发挥中国在可再生能源研究开发制造中的技术能力和制造能力，促进高效节能和可再生技术产品在全世界加快推广应用。建设绿色的"一带一路"，为"一带一路"国家的可再生能源发展提供技术先进、高性价的产品，加强支持风电、光伏发电等可再生能源发展的基础设施的假设。

其次，要维护地区能源安全。通过推动跨国天然气管道建设、跨境水利资源合作开发等，获取和利用国际资源，保障能源供应安全。

最后，要加强国际技术合作和技术转让，消除贸易壁垒，推动节能环保和可再生能源相关产品和服务贸易自由化。

参 考 文 献

樊明太, 魏涛远, 张晓光, 等. 2015. 低碳发展政策及其组合的复合效应——基于北京动态CGE模型的政策模拟和成本有效性评估. 工业经济论坛, 1: 31-47.

傅京燕, 原宗琳. 2017. 中国电力行业协同减排的效应评价与扩张机制分析. 中国工业经济, 2: 43-59.

国家发展和改革委员会能源研究所"重塑能源"课题组, 戴彦德, 田智宇, 等. 2016. 重塑能源: 中国——面向2050年的能源消费和生产革命路线图研究. 经济研究参考, (21): 3-14.

马丁, 陈文颖. 2015. 中国钢铁行业技术减排的协同效益分析. 中国环境科学, 35(1): 298-303.

任明, 徐向阳. 2018. 京津冀地区钢铁行业能效提升潜力和环境协同效益. 工业技术经济, 8: 20-26.

唐松林, 刘世粉. 2017. 并网陆上风电协同效益分析. 生态经济, 33: 75-102.

杨曦, 滕飞, 王革华. 2013. 温室气体减排的协同效益. 生态经济, 8: 45-50.

张宁, 邢璐, 鲁刚. 2018. 我国中长期能源电力转型发展展望与挑战. 中国电力企业管理, 13: 58-63.

郑佳佳, 孙星, 张牧吟, 等. 2015. 温室气体减排与大气污染控制的协同效应——国内外研究综述. 生态经济, 31(11): 133-137.

ADB. 2015. Asian Development Outlook 2015 Update. Manila. https://www.adb.org/news/infographics/asian-development-outlook-2015-update-growth-outlook.

Climate Action Tracker. 2017. Historical and projected GHG emissions. http://climateactiontracker.org/decarbonisation/emissions/countries/us+eu+in+cn/variables/all[2019-12-2].

Dong H J, Dai H C, Dong L, et al. 2015. Pursuing air pollutant co-benefits of CO_2 mitigation in China: A provincial leveled analysis. Applied Energy, 144: 165-174.

EIA. 2014. International Energy Outlook 2014 . https://www.eia.gov/outlooks/archive/ieo14/pdf/0484(2014).pdf.

EIA. 2017. International Energy Outlook 2017. https://www.eia.gov/outlooks/ieo/pdf/0484(2017).pdf.

Energy Information Administration. 2017. International Energy Outlook 2017. https: //www.eia.gov/outlooks/aeo/data/browser/#/?id=10-IEO2017&region=0-[2021-2-16].

Gao J H, Hou H L, Zhai Y K, et al. 2018a. Greenhouse gas emissions reduction in different economic sectors: Mitigation measures, health co-benefits, knowledge gaps, and policy implications. Environmental Pollution, 240: 683-698.

Gao J H, Kovats S, Vardoulakis S, et al. 2018b. Public health co-benefits of greenhouse gas emissions reduction: A systematic review. Science of the Total Environment, 627: 388-402.

Gao J, Xu G, Ma W, et al. 2017. Perceptions of health Co-Benefits in relation to greenhouse gas emission reductions: A survey among urban residents in three Chinese cities. International Journal of Environmental Research and Public Health, 14 (3): 298.

IEA. 2014. World Energy Outlook 2014 . Paris. https://www.iea.org/reports/world-energy-outlook-2014.

IEA. 2017. World Energy Outlook 2017 . Paris. https://www.iea.org/reports/world-energy-outlook-2017.

IMF. 2015. World Economic Outlook Update. https://www.imf.org/en/Publications/WEO/Issues/2016/12/31/Slower-Growth-in-Emerging-Markets-a-Gradual-Pickup-in-Advanced-Economies.

Lin J Y, Kang J F, Khanna N, et al. 2018. Scenario analysis of urban GHG peak and mitigation co-benefits: A case study of Xiamen City, China. Journal of Cleaner Production, 171: 972-983.

Liu L, Wang K, Wang S, et al. 2018. Assessing energy consumption, CO_2 and pollutant emissions and health benefits from China's transport sector through 2050. Energy Policy, 116: 382-396.

Liu M M, Huang Y N, Jin Z, et al. 2017a. Estimating health co-benefits of greenhouse gas reduction strategies with a simplified energy balance based model: The Suzhou City case. Journal of Cleaner Production, 142: 3332-3342.

Liu Y H, Liao W Y, Lin X F, et al. 2017b. Assessment of Co-benefits of vehicle emission reduction measures for 2015-2020 in the Pearl River Delta region, China. Environmental Pollution, 223: 62-72.

Liu Y H, Liao W Y, Li L, et al. 2019. Reduction measures for air pollutants and greenhouse gas in the transportation sector: A cost-benefit analysis. Journal of Cleaner Production, 10: 1023-1032.

OECD. 2013. Long-term Growth Scenarios. Economic Department Working Papers No. 1000. Paris: Organization for Economic Cooperation and Development.

Olivier J G J, Schure K M, Peters J A H W. 2017. Trends in Global CO_2 and Total Greenhouse Gas Emissions: 2017 Report. Netherlands Environmental Assessment Agency. http://www.pbl.nl/en/publications/trends-in-global-CO_2-and-total-greenhouse -gas-emissions-2017-report[2021-2-16].

Parliament T E. 2015. China: Economic Outlook. Belgium. European Union. (2015). China: Economic outlook. Belgium.

Peng W, Yang J N, Wagner F B, et al. 2017. Substantial air quality and climate co-benefits achievable now with sectoral mitigation strategies in China. Science of the Total Environment, 598: 1076-1084.

Ramaswami A, Tong K K, Fang A. 2017. Urban cross-sector actions for carbon mitigation with local health co-benefits in China. Nature Climate Change, 7: 736-742.

Sabel C E, Hiscock R, Asikainen A, et al. 2016. Public health impacts of city policies to reduce climate change: Findings from the URGENCHE EU-China project. Environment Health, 15: 25.

Tan Q L, Wen Z G, Chen J N. 2016. Goal and technology path of CO_2 mitigation in China's cement industry: From the perspective of co-benefit. Journal of Cleaner Production, 114: 299-313.

The Institute of Energy Economics. 2014. Asia/World Energy Outlook 2014. http://eneken.ieej.or.jp/data/5875.pdf.

UNDP. 2010. China Human Development Report, 2009/10: China and A Sustainable Future—towards A Low Carbon Economy and Society. Beijing: China Translation and Publishing Corporation.

United Nations. 2015. World Economic Situation and Prospects 2015. https://www.un.org/en/node/89737.

United Nations. 2016. World Population Prospects - Population Division. https://population.un.org/wpp/ DataQuery/.

Wang H M, Dai H C, Dong L, et al. 2018. Co-benefit of carbon mitigation on resource use in China. Journal of Cleaner Production, 174: 1096-1113.

Wei M, Li Q Q, Xin X G, et al. 2017. Improved decadal climate prediction in the North Atlantic using EnOI-assimilated initial condition. Science Bulletin, 62: 1142-1147.

World Bank. 2015. Global Economic Prospects: The Global Economy in Transition. https://openknowledge. worldbank.org/handle/10986/21999.

Xie Y, Dai H C, Xu X H, et al. 2018. Co-benefits of climate mitigation on air quality and human health in Asian countries. Environment International, 119: 309-318.

Xing R, Hanaoka T, Kanamori Y, et al. 2018. Achieving China's intended nationally determined contribution and its co-benefits: Effects of the residential sector. Journal of Cleaner Production, 20: 2964-2977.

Xue B, Ma Z, Geng Y, et al. 2015. A life cycle co-benefits assessment of wind power in China. Renewable and Sustainable Energy Reviews, 41: 338-346.

Yang J, Song D, Wue F. 2017a. Regional variations of environmental co-benefits of wind power generation in China. Applied Energy, 206: 1267-1281.

Yang S Y, Chen B, Ulgiati S. 2016. Co-benefits of CO_2 and PM2.5 Emission Reduction. Energy Procedia, 104: 92-97.

Yang X, Teng F. 2018. The air quality co-benefit of coal control strategy in China. Resources, Conservation and Recycling, 129: 373-382.

Yang X, Teng F, Wang X, et al. 2017b. System optimization and co-benefit analysis of China's deep de-carbonization effort towards its INDC target. Energy Procedia, 105: 3314-3319.

Zhou N, Fridley D, McNeil M, et al. 2011. China's energy and carbon emissions outlook to 2050. Ernest Orlando Lawrence Berkeley National Laboratory, LBNL-4472E.

第四部分

应对气候变化的政策和行动

第34章　中国应对气候变化政策行动概述

首席作者：朱松丽　朱磊
主要作者：赵小凡　张文秀　任心原

摘　要

本章评述了"十二五"以来中国应对气候变化的国际国内新形势、应对气候变化组织机构建设、政策制定模式和实施机制，重点对中国应对气候变化政策行动的特点进行了评估，对"十二五"以来气候政策的总体效果和影响进行了初步评估。基于对国际应对气候变化政策工具的动态分析、气候变化科学研究重点演进的评估，对中国气候政策的发展进行了展望。本章主要结论如下。

（1）"十二五"以来，应对气候变化的国际国内形势发生了深刻复杂的变化。在国内，推进生态文明建设有效地推进了经济发展方式向绿色低碳转型；在国际上，推进全球生态文明建设和构建人类命运共同体的理念对引领全球气候治理的制度建设和发展进程发挥了积极作用。

（2）"十二五"期间，中国应对气候变化的组织机构建设得到强化，开始制定和实施独立的气候政策；"十三五"以来，在调整中保持稳健态势；政策制定模式体现"集思广益""上下互动""智库支持"特点。

（3）基于规划体系的目标治理是中国应对气候变化政策最突出的特点，集中表现为规划主导并引领、行政手段先行、市场机制跟进、广泛开展试点示范和能力建设活动，经济、社会、能源、环境和应对气候变化协同治理的趋势有所强化。

（4）"十二五"以来，中国应对气候变化政策行动效果明显，集中体现为2020年国家适宜减缓行动目标的提前实现以及在提高经济增长质量、创新技术、培育新产业、增加就业、保护环境、保障健康、促进安全等方面的协同增效意义。

（5）"十二五"以来，国际应对气候变化政策在碳定价、可再生电力定价制度、气候立法、组织机构建设和政策决策机制/过程等方面也发生了深刻变化，同时，对应对气候变化政策理论基础的探索也在持续进行，社会科学开始深入介入，创新技术领域不断扩展。这些都对中国应对气候政策未来发展有启示意义。

34.1　CAR3（"十二五"）以来中国应对气候变化面临的形势

《第三次气候变化国家评估报告》（CAR3）主体内容于"十二五"后期撰写，评估时间段为"十一五"和"十二五"早期。本次评估报告评估时间段设定为"十二五"和"十三五"

中前期（主要为 2011~2018 年，部分内容针对 2020 年发生的全球新冠疫情有所延伸）。在这个阶段，应对气候变化的国际国内形势都发生了显著变化。

34.1.1 中国应对气候变化面临的外部形势

《联合国气候变化框架公约》下的"德班平台"特别工作组授权谈判时间区间与中国"十二五"规划执行期间基本重叠，谈判成果《巴黎协定》正达成于"十二五"结束、"十三五"开启之时。《巴黎协定》确立了 2020 年后全球气候治理新机制，标志着应对气候变化国际合作进入新阶段（Jacquet and Jamieson，2016；杜祥琬，2016）。"十三五"以来 [也就是巴黎联合国气候变化会议（简称巴黎会议）后]，全球治理和全球气候治理进入了一个更加复杂的阶段。一方面，协定的签署和多数缔约方内部批约过程顺利，促成《巴黎协定》在 2016 年 11 月 4 日生效，成为生效最快的气候文件，标志着《巴黎协定》进一步加强应对气候变化的行动已经在国际范围内取得了高度共识，是大势所趋。同时《巴黎协定》实施细则的磋商也如期开展，并在 2018 年卡托维兹气候大会上形成成果（朱松丽，2019）；另一方面，随着主要国家贸易保护与民粹主义逐渐抬头，"去全球化""逆全球化"现象进入了一个集中爆发的时段，全球化进程暂时进入低谷，特别是 2017 年 6 月美国宣布退出协定，其经济、能源和气候变化政策的大幅度调整更给全球气候治理蒙上了阴影（Sanderson and Knutti，2017；朱松丽等，2017）。对中国的期望和国际压力，不论是减缓方面还是资金方面，都有不断提升的趋势（傅莎等，2017）。

受全球化进程遇阻和美国影响，"十三五"中前期部分发达国家和发展中国家的气候政策都出现了些许动摇。欧盟委员会虽然如期发布了 2050 年长期战略，呼吁欧盟在 21 世纪中叶实现碳中和（European Commission，2018），但一直未完成立法工作；2016 年以来排放出现了上升趋势，2017 年尤为明显，当时乐观估计到 2020 年只能比 1990 年减排 26%，难以实现减排 30%的雄心目标。作为最大的褐煤生产国，德国弃核和弃煤难以两全，经过长时间政治权衡后才于 2019 年初通过煤炭行业退出计划，决定于 2038 年关闭所有燃煤发电站，节奏之缓慢几乎相当于自然淘汰。从排放量看，德国排放多年保持徘徊态势，2017 年排放总量只比 1990 年降低了 27.5%，当时预计无法实现 2020 年减排 40%的目标，而且差距会较大；2018 年连续两年排放绝对量增长，默克尔称其实现 2030 年目标（减排 55%）也非常非常具有挑战性。法国的"黄马甲"运动直接导致政府放弃增加燃油税、降低交通排放的政策尝试，同时该运动也触发了欧洲的"能源民粹主义"抬头，加剧了欧洲能源转型的难度（张锐和寇静娜，2019）。日本 2018 年 5 月发布的第五次能源基本计划（Basic Energy Plan）草案将煤炭重新定义为"基本负载能源"[①]。该计划着重阐述了电力发展规划：到 2030 年，核电发电比例为 20%~22%，可再生能源比例为 22%~24%，包括煤电在内的火力发电仍将占 56%，其中煤电的比例大约 26%，仅比目前水平低 3~4 个百分点。而此前日本提出到 2030 年核电占比50%、煤电比例降低到 10%以下的目标。在这个计划下，"气候行动追踪"研究团队（CAT）认为到 2030 年日本的煤炭装机将新增 13GW，均无 CCS 配置，新增 CO_2 排放 1 亿 t；2019年 6 月日本发布了《巴黎协定》所要求的长期战略。长期目标的表述与《巴黎协定》类似，即争取在 21 世纪下半叶实现低碳社会，2050 年温室气体减排 80%。澳大利亚于 2019 年 5 月完成新一轮政府选举，现任政府连任，将持续之前消极的气候政策。其实早在 2014 年 7 月澳大利亚就废除了提出两年的碳税政策，主要原因在于碳税将削弱企业竞争性（高阳和张

---

① エネルギー基本計画（案）. 2017. https://www.enecho.meti.go.jp/committee/council/basic_policy_subcommittee/pdf/basic_policy_subcommittee_002.pdf [2017-12-30].

耀斌，2014）。澳大利亚也是第一个明确废除碳税制度的国家。巴西气候政策也发生了显著变化。2008~2012 年，亚马孙森林砍伐面积降低了 84%，然而到 2016 年这一数字再次上升到 7893 km^2，比 2014 年高 72.7%。2018 年政府换届后，不仅取消主办气候大会的计划，更撤销了主管气候变化的环境部副部长职位，使巴西气候政策处于危险中（Otavio，2018；Nobre，2019），当年的毁林面积就跃升到 7900 km^2。总体而言，巴黎会议之后，尽管大部分国家均认同全球应对气候变化行动的重要意义，但受各种因素影响，主要国家在行动上的动摇和迟缓使得全球气候治理处于相对低谷阶段。

国际应对气候变化的低潮信号传递到国内，对中国方兴未艾的低碳发展带来或多或少的冲击。如果说"十二五"时期的国际形势对国内应对气候变化事业是一种推动和促进，"十三五"以来，国际形势的正面贡献减弱，低碳绿色发展越来越成为国内可持续发展的内在需求。同时，以国内政策和行动支撑国际承诺，应对气候变化，也成为中国倡议构建人类命运共同体，促进全球治理体系变革的重要载体之一。

2019 年下半年以来，在各种力量的推动下，与 1.5℃温升目标相关联的"2050 净零排放"成为热词，欧盟委员会在 COP25 期间发布"2050 绿色行政"（European Green Deal）更起到了推波助澜的作用，以至影响了气候大会的正常磋商节奏（朱松丽，2020；樊星等，2020）。到本部分报告成稿阶段，大约 70 多个国家或地区正式或非正式地提出了 2050 碳中和目标，覆盖全球约三分之一的 GDP 产出。2020 年新冠疫情暴发，对全球经济形成了重大打击。疫情略平稳之后，各国经济社会复苏计划提上议事日程，以欧盟为代表的国家极力呼吁"绿色复苏"（European Council，2020），但从首批复苏计划看，"绿色低碳"并未被赋予很高的优先度（Vivid Economics，2020）。目前来看，各国针对疫情的刺激政策对中国的影响比较复杂。

34.1.2　中国应对气候变化面临的内部形势

"十二五"以来，中国社会经济发展进入新常态，表现为从高速增长阶段向高质量发展阶段转换，经济结构不断优化升级，发展动力从要素驱动、投资驱动转化为创新驱动。与此同时，生态文明建设理念不断深入，制度不断健全，生态文明建设实践从加强国内生态环境保护主动向积极参与和引领全球气候治理迈进。在国内，应对气候变化在中国政府议事日程上的优先度不断上升；在国际舞台，参与国际气候谈判的姿态也越来越开放（Hilton and Kerr，2017）。"十二五"首次制定了有约束力的 CO_2 排放强度下降量化国家目标，"十三五"又进一步提高了目标，同时明确提出要倡导和构建"人类命运共同体"，积极应对全球气候变化。

1. 生态文明理念成为中国积极应对气候变化的指导思想

加快推进生态文明建设是加快转变经济发展方式、提高发展质量的内在要求，是积极应对气候变化、维护全球生态安全的重大举措。党中央、国务院高度重视生态文明建设，先后出台了一系列重大决策部署，2012 年 11 月，党的十八大做出"大力推进生态文明建设"的战略决策（胡锦涛，2012）。2015 年 4 月，《中共中央　国务院关于加快推进生态文明建设的意见》指出加快推进生态文明建设是加快转变经济发展方式、提高发展质量和效益的内在要求，是积极应对气候变化、维护全球生态安全的重大举措（陈吉宁，2015）。2015 年 9 月，中共中央、国务院印发了《生态文明体制改革总体方案》，提出生态补偿制度、环境治理和生态保护市场体系、生态文明绩效评价考核和责任追究制度等八项制度并将其作为顶层设计，构建系统、完整的生态文明制度体系。2000 年 10 月，十五届五中全会召开，生态文明建设首度写入五年规划，加强生态文明建设成为"十三五"规划的一大任务目标。

2017 年 10 月，党的十九大报告指出要加快生态文明体制改革，建设美丽中国，要推进绿色发展、着力解决突出环境问题，加大生态系统保护力度，改革生态环境监管体制（习近平，2017）；党的十九大还通过了《中国共产党章程（修正案）》，强调中国特色社会主义事业"五位一体"总体布局，统筹推进经济建设、政治建设、文化建设、社会建设、生态文明建设[①]。2018 年 3 月第十三届全国人民代表大会第一次会议通过《中华人民共和国宪法修正案》，将宪法第八十九条"国务院行使下列职权"中的第六项"领导和管理经济工作和城乡建设"修改为"领导和管理经济工作和城乡建设、生态文明建设"，至此，生态文明正式被写入国家宪法（张震，2018）。2018 年 5 月，全国生态环境保护大会的召开标志着"习近平生态文明思想"的正式确立（图 34.1）。

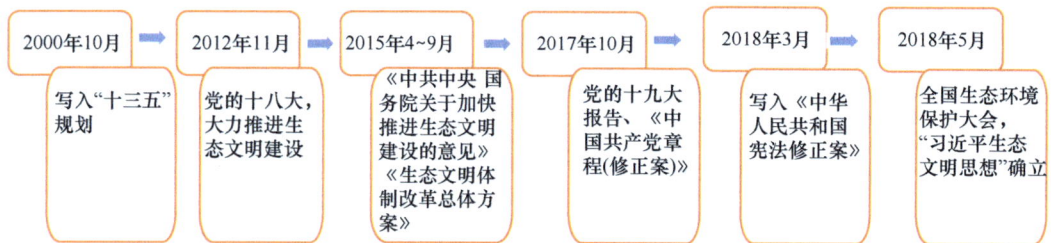

图 34.1 习近平生态文明思想发展图

生态文明建设推动了应对气候变化政策的制定与施行。中国应对气候变化的行动与政策基于生态文明建设的总体要求，体现了国家意志。一方面，生态文明倡导绿色发展、低碳发展、循环发展的生产方式和生活方式，这对中国应对气候变化、保护生态、实现可持续发展具有重要指导意义（何建坤，2019b）；另一方面，建设生态文明要求中国持续实施积极应对气候变化国家战略，并深度参与全球环境治理，引导应对气候变化国际合作，推动建立公平合理、合作共赢的全球气候治理体系。可以预见，在接下来很长一段时期，习近平生态文明思想是中国应对气候变化的指导思想，将指引应对气候变化政策的制定与实施，国家应对气候变化行动将被纳入生态文明建设的统一部署中，人与自然平衡发展，推动中国探索符合自然规律的绿色低碳发展道路。

2. 经济发展新常态为积极应对气候变化提供了有利条件

经过近 30 年的高速增长，中国经济发展进入新常态，为中国碳减排和碳达峰创造了有利条件（国家应对气候变化战略研究和国际合作中心，2018；Green and Stern，2017）。新常态主要表现为，经济增速回落，从 10%左右的高速增长转为 6.5%左右的中高速增长；发展方式由规模速度型粗放增长向质量效率型集约增长转变；产业结构由中低端向中高端转换；增长动力由要素驱动向创新驱动转换等（刘伟和苏剑，2014；金碚，2015；李建民，2015；蔡昉，2016）。可以看到，新常态为低碳发展创造了条件。第一，新常态下更加注重经济增长的质量和效益，经济结构优化和产业结构升级有利于节约能源，降低高碳行业的能源需求，有利于提高能源利用效率，进一步降低单位 GDP 的能耗强度，使碳强度获得较大的下降调整空间；第二，新常态下经济增长放缓，能源消费增速也会相应放缓，有利于国家碳排放达峰目标的实现；第三，新常态下包括低碳产业在内的高新产业发展进程会加快，能源结构低

[①] 中国共产党章程. 2017. 党建，11：35-46.

碳化进程加速，同样有利于国家碳排放达峰。

　　同时，在经济新常态的背景下，积极主动的供给侧结构性改革作为中国经济高质量发展的关键，与中国应对气候变化工作有很强的协同作用并推动其发展（龚刚，2016；刘伟，2016；蔡昉，2016）。2018 年底召开的中央经济工作会议明确提出，中国经济运行的主要矛盾仍然是供给侧结构性的，必须坚持以供给侧结构性改革为主线不动摇，推进经济结构调整，提高社会生产力①。供给侧结构性改革的核心是不断提高企业技术水平，合理调整供给结构，优化存量资源配置，扩大优质增量供给，创造消费引导需求，实现供需动态平衡，推动经济的高质量发展（贺强和王汀汀，2016；洪银兴，2016；贺力平，2018）。供给侧结构性改革与应对气候变化可以很好地协同开展：一方面，应对气候变化工作可以成为促进供给侧结构性改革的重要推进措施之一，例如，党中央、国务院对中国 2030 年低碳发展行动目标做出的决策部署，这有利于倒逼国内转变经济增长方式，主动调整经济结构；另一方面，供给侧结构性改革同样有力支撑了应对气候变化工作的开展，例如，供给侧结构性改革包括在钢铁、水泥、电解铝等高污染行业淘汰落后产能，环境去污染化等，这些任务的逐步落实有力支持了国内能源消费总量控制和能源结构低碳化进程，进而可以有效控制碳排放总量。从改革内容和影响上看，新常态下供给侧结构性改革将推动中国减缓气候变化的行动。

　　需要注意的是，新常态下中国人口的城镇化与老龄化演进趋势明显，而城镇化速度和老龄化阶段对中国能源消耗和碳排放的影响不同，在制定气候政策时需要综合考虑。一方面，中国人口城镇化的快速发展、城镇化率的提高对碳排放增加存在正向影响（李楠等，2011）。研究显示，城镇化率每提高 1%，相应区域的碳排放可能提高 0.2%～1%（王星和秦蒙，2015；林美顺，2016）。将城镇化速度控制在适当的水平，有助于低碳发展的平顺进行，如若在农村地区大力推进低碳小城镇建设，势必对实现中国碳减排具有重要的意义。另一方面，中国人口老龄化加剧，对经济、能源消耗和碳排放产生多方面影响（李楠等，2011；田成诗等，2015；于洋和孔秋月，2017）。老龄化初期，由于医疗服务需求增多、家庭户数增多、老年家庭人均住房面积更大导致能耗增加等，碳排放会显著增加（齐欣，2016；李建森和张真，2017）。老龄化人口比例每增加 1%，会使得碳排放增加约 0.2%；而随着老龄化达到一定程度后，从消费侧导致老年服务型需求的增加，推动服务业转型升级，进而改善能源消费结构，降低能源消耗和碳排放（田成诗等，2015；齐欣，2016）。

34.2　CAR3（"十二五"）以来中国应对气候变化政策运作体系和机制变化

34.2.1　应对气候变化组织机构建设进展

　　自 2007 年中国政府成立国家应对气候变化及节能减排工作领导小组，以及 2008 年设立气候变化司以来，2013 年根据国务院机构设置及人员变动情况和工作需要，领导小组组长由时任国务院总理李克强担任，成员单位由成立之初的 20 个调整至 26 个，除中国民用航空总局与交通运输部合并外，还新增了教育部、民政部、国务院国有资产监督管理委员会、国家税务总局、国家质量监督检验检疫总局、国家机关事务管理局、国务院法制办公室 7 个成员单位，办公室设在国家发展改革委，其承担领导小组的具体工作（国务院办公厅，2013）。

---

① 坚持供给侧结构性改革主线，打好"三大攻坚战"——2018 年中央经济工作会议系列解读之二. http://www.gov.cn/xinwen/2018-12/23/content_5351293.htm. 2019-06-03[2018-12-23].

各省（自治区、直辖市）人民政府也进行了相应调整。2014年，成立了由国家发展改革委、国家统计局等23个部门组成的应对气候变化统计工作领导小组，建立了以政府综合统计为核心、相关部门分工协作的工作机制，强化应对气候变化基础统计工作和能力建设（国家统计局，2014）。整个"十二五"期间，与国际形势相呼应，国内应对气候变化的组织机构建设总体呈现加强态势。另外一个例证是，为加强应对气候变化的战略研究和国际合作，2012年在国家发展改革委支持下成立了国家应对气候变化战略研究和国际合作中心（简称国家气候战略中心），其主要职责为组织开展中国应对气候变化政策、法规、规划等方面的研究工作，相关工作得到进一步支持。

2018年3月，在新一轮组织机构调整中，国家发展改革委承担的应对气候变化管理职责被整合入新组建的生态环境部中（中共中央办公厅，2018），成为应对气候变化历程中最重大的机构调整之一。随后，领导小组也进行了改组，新增文化和旅游部、中国人民银行以及新成立的司法部、国际合作发展署，具体工作由生态环境部和国家发展改革委按职责承担（国务院办公厅，2018）。对于此次调整，众多研究认为生态环境部的组建弥补了制度缺口、增强了制度力量，体现了机构改革理顺管理职能、优化管理体制、提高政府部门运行效率的决心；就气候变化工作而言，将气候变化和减排职责整合并入生态环境部，也有利于在大规模大气污染治理行动中，通过节能低碳措施，实现本地污染和温室气体的双重减排效应（李志青，2018）。评论还认为中国经济正走向高质量发展阶段，摒弃"带污染的GDP"、发展绿色经济已成共识，组建自然资源部、生态环境部等部门并大力加强其力量正逢其时[①]。同时，有少量观点表现出对此次机构调整的谨慎，担心将气候政策的职能从原来强大的宏观经济管理机构（国家发展改革委）转移到专门的环境管理部门，可能收效不佳。在地方机构的跟进改制中，大多数省区的气候变化职能已经转入生态保护部门，或单独成处或者与其他已有处室（多为大气处）合并[②]。

34.2.2　气候变化政策制定模式和执行机制

"十二五"以来，气候变化政策制定过程传承了"十五""十一五"以来的进程，应对气候变化被纳入了国家总体社会经济发展战略，进入到全国人民代表大会的决策框架，政策制定模式呈现了更加明显的"集思广益"和"多方互动"的特点（王绍光等，2014），在一定程度上表现为"内参式模式"成为常态，"上书模式"和"借力模式"时有所闻，"外压模式"频繁出现的特征（王绍光，2006）。越来越明显的是，在政策制定过程中，过往经验、"自下而上"的地方实践和智库积极参与构成了有效的"三合一政策学习"进程，促进了政策的及时调整（Zhao and Liang，2016），有效推动中央和地方在围绕政策实施过程中的互动和协作。

气候变化问题深入涉及社会经济发展的方方面面，不仅需要专有政策，也特别需要其他宏观政策与气候政策相协调，共同推动应对气候变化事业。"十一五"期间，气候政策更多依附于能源等相关政策。例如，"十一五"期间首次提出了基于行政命令的全国和工业部门能效目标及节能政策，虽然没有明确气候目标，但这些节能政策与减缓温室气体排放一脉相承。大部分节能政策经过与时俱进的调整后都延续到"十二五"和"十三五"，例如，节能范围从工业为主拓展到交通和建筑业、节能目标的省级分解更加科学（Lo and Wang，2013）、开始部署能源/煤炭总量控制和行业节能目标、更加注重行之有效的政策工具（例如市场机制）

---

① 参见：欧洲时报.2018.【欧时评论】中国机构改革重塑治理格局. http://www.oushinet.com/voice/commented/20180314/286707.html[2019-5-21].

② 例如浙江省调整到生态环境厅综合规划处；海南省由生态环境厅大气处代管；黑龙江生态厅单独成处.

的应用，能源政策与气候政策继续深度融合、协同发展。

更可喜的是，从"十二五"开始，气候变化领域开始拥有更多的独立政策，进入了发展黄金期。基于哥本哈根联合国气候变化大会之前中国政府提出的国内适宜减缓行动（China，2010），"十二五"期间第一次提出了有法律约束力的 CO_2 排放控制目标，即在 2010～2015 年万元 GDP CO_2 排放强度下降 17%，其地区分配方案与能效目标分配方案类似，同时也进行年度和终期目标责任考核（国务院，2011），与节能考核同时进行或单独进行。与此同时，各类低碳试点、碳排放交易试点、温室气体核算报告核证能力建设等工作全面铺开（具体内容见第 41 章）。"十三五"又进一步提出了 CO_2 排放强度下降 18% 的国家目标。

"十二五"中后期、"十三五"以来，以细颗粒物和臭氧为代表的大气环境质量问题凸显出来，"气十条""蓝天保卫战"等强有力的大气污染防治政策紧急、陆续颁布（国务院，2013，2018；生态环境部，2018a），"控煤、减车、提油"以及产业结构调整等污染防治政策短时间内被强化（见 40.3.1），环境政策与气候政策协同治理的倾向逐渐显现（UNEP，2019）。需要注意的是，能源政策和气候政策的协同性是一个值得关注的问题。例如，"十三五"期间气候政策和能源政策之间出现了一定程度的抵触现象，协同度有所降低。其中出现了"气十条"后期控煤政策的摇摆、北方冬季供热政策的波动、高耗能产业产能特别是煤化工行业的扩张（国家发展改革委和工业和信息化部，2017）、2018 年重新启动煤电建设（发改能源〔2018〕821 号文）等。有业内专家认为"十四五"期间降低煤炭比重的任务将更加艰巨。早期中国的环境政策（包括气候政策）的制定和执行在一定程度上对中央与地方互动、政府机构与非政府机构互动考虑不足（Zhu et al.，2015），但是从"十五"以来的气候政策看，政策制定和执行正在向合作型、互动型发展（Lo，2015b; Zhao and Liang，2016），互动的对象包括地方政府、专家学者、各类智库以及其他非政府组织，其中学者的贡献不可忽略，并且中央也赋予了地方政府在执行政策时的灵活性（Lo，2015a，2015b），不同类型企业对节能降碳政策的应对也存在显著差异（Lo et al.，2015）。这种灵活性和互动推进对气候变化政策的影响是复杂的，一方面可以降低政策执行的成本，另一方面或将削弱政策力度和政策目标的可达性。具体结论还需要更多的研究和政策实践检验。

34.3　中国应对气候变化政策和行动的总体特点和效果总体评估

34.3.1　中国应对气候变化政策和行动的主要特点

"十二五"以来，生态文明建设与可持续发展理念逐步得到深化明确，低碳绿色发展成为深层次的内在需求（李俊峰等，2014）。在生态文明建设思想的指导下，中国正逐步创新气候治理体系，政策出发点从"要我做"向"我要做"方向发展，各种政策工具都得到应用，国家地方行动欣欣向荣。但"十三五"以来，气候政策行动及其实施也呈现出了一定的波动。

1. 中国逐步走出了气候政策跟随者阶段，开始成为引领者

应对气候变化作为"舶来品"，其初始压力由外而内传递进来，相当长一段时间中国处于跟随者和学习者的定位，对于政策工具的应用也是如此。发展到"十三五"时期，中国已经拥有了门类齐全、覆盖面广泛的气候政策，不仅有已经形成特色的行政指令性政策和试点示范优良实践，也有经济激励类（包括价格政策、总量-交易政策以及财税补贴政策，也包括取消补贴）、直接规制类（以法律法规和标准为主）、低碳研发科技等政策，也拥有

与气候政策密切相关的电力市场化改革、税费改革等相关政策（图34.2）。与IPCC历次评估报告所划分的政策类型和实践相比（Somanathan et al.，2014），中国的气候政策已经形成了相对完整的体系，而且符合中国国情，有效贡献于国内和全球气候治理，并逐步迈向引领者的地位。不足之处是，公众与社会团体在气候政策制定和执行过程中的参与度不够，与发达国家有一定差距（参见34.4.3节）。

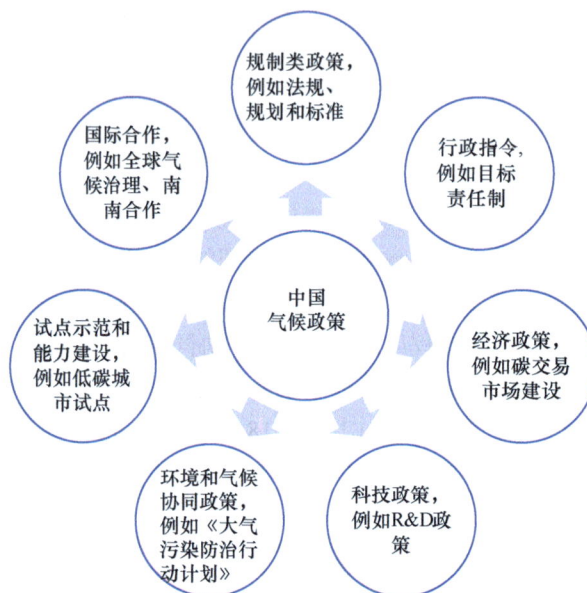

图34.2　中国应对气候变化政策体系

2. 虽然立法还没有到位，但稳定渐进的规划和示范在主导国家和地方行动

中国关于应对气候变化的专门立法尚处于草案拟定过程中，但以中期战略为引领、"五年规划"和相应的工作方案为具体部署，国家/地方/行业应对气候变化行动有条不紊地推进，形成了独有的国际特色（Young et al.，2015）。2014年，《国家应对气候变化规划（2014—2020年）》发布；"十二五""十三五"均有独立的"控制温室气体工作方案"出台，另有各行业/地区的低碳发展或控温方案以及适应规划（具体内容见第35章）。这些规划和方案稳定有序，对于气候事业发展起到了关键推动作用。同时，试点示范、先行先试、总结经验、推而广之的点面结合工作方式也是中国气候政策推进的重要特点之一。但也应该注意到，中国目前缺少低碳发展中长期战略，战略性引导依然不足。

3. 进入行政手段与市场化建设并重时期

以目标责任制为代表的行政手段是中国环境和气候管理的常用政策工具，也具有鲜明的中国特色，取得了明显的成效（见第38章）。在气候领域，在国际机制的推动下，市场政策工具的应用从起步到加速，逐步与行政手段并驾齐驱。总体而言，中国应对气候变化市场建设大体经历了三个阶段，一是1992~2008年的探索、准备和基本建制阶段，这个阶段的市场机制主要是项目层的、收益性的、单向的国际交易；二是2009~2015年的过渡、培育和战略决策阶段，这个阶段的政策正式过渡到以碳强度、能源强度并重的结构减排目标为主的体系，市场机制主要是探索性的、自下而上的、基于配额的地方试点创新（李俊峰等，2016）。

三是随着《巴黎协定》的达成和碳排放峰值目标的实施进入日程，中国当前正步入应对气候变化市场建设的阶段。2017年底全国碳市场正式启动，碳市场建设任务以"稳中求进"为总基调，以发电行业为突破口，分阶段、有步骤地建立归属清晰、保护严格、流转顺畅、监管有效、公开透明的全国碳市场（生态环境部，2018b）。

4. 在国际国内形势影响下，应对气候变化进入稳健发展阶段

从国际层面看，巴黎会议之后，全球化进程遭遇障碍，主要国家国际政策出现收缩倾向，在气候领域表现为减少国际公共物品的提供、收回让渡出去的国家主权。同时，2008年金融海啸所引发的经济危机尚未完全恢复，新冠疫情又接踵而至，气候议程在全球治理中的优先度降低。从国内形势看，在国际形势和中美贸易战的影响下，经济下行的压力持续上升，生态环境保护压力巨大，应对气候变化政策也从"十二五"时期的"高歌猛进"进入了相对低调的稳健发展态势。此外，2018年3月之前，气候和环境分别分治于国家发展改革委和环境部，政策相对独立，通过各自的渠道实施，互有协同。国家发展改革委对社会经济发展进行宏观规划，与其他部委的关系密切，协调能力较强，能相对顺畅地推动将应对气候变化纳入社会发展整体框架中，并在行业部门发展中一并体现。机构改革之后，气候职能纳入改组后的生态环境部，而后者目前最重要的工作是进一步改善环境质量，应对气候变化的优先度也有所削弱[①]，更多从协同治理的角度考虑气候变化因素，原有工作思路发生变化。

就环境与气候的协同治理，一些研究认为，通过强化终端治理措施（例如，在部分省市严格控制煤炭终端燃烧量）减少污染物的政策措施效果在短时间内可以获得较为显著的减缓温室气体排放的协同效应，达到协同治理的目的，但面对减碳目标的提升需求，协同效应将越来越有限（Karplus和张希良，2016；Thopson et al.，2014），例如，在大力发展电动汽车的同时，必须加快电源结构的改善，否则电动汽车发展对改善局地大气质量有积极贡献，但可能会带来能源消费和温室气体排放的额外上升；又如，"煤改气"可能带来双重效益，而"煤制气"等煤化工项目对减缓温室气体没有任何益处（Peng et al.，2018）；燃煤电厂可以非常清洁和节水，但只有在发展非化石能源电力的情况下才可能同时实现清洁节水和低碳（Qin et al.，2018）。目前的环境政策可以推动终端消费环节散煤燃烧量的削减，但无法控制煤炭向加工转换部门（例如，煤化工、煤电）的无序扩张。总体而言，"蓝天"不一定能带来低碳，但低碳一定能保证"蓝天"，当温室气体减排形势趋严的时候，必须有独立且有力的减缓政策而不是单纯依靠协同效应。正如UNEP与清华大学的联合报告所指出的，如果在一定时期内，中国单纯从实现环境目标的角度推进低碳发展具有政策优先性，那么一定时期之后，必须转换到低碳带动蓝天的思路上来（UNEP，2019）。这个转折应该努力提前实现。

5. 政策推动下的可再生能源发展迅猛，短期成本相对较高

通过以"上网电价"、可再生能源电力消纳责任权重与绿色电力证书等为代表的激励政策，中国风电、光伏发电取得了举世瞩目的成绩，与其他国家一起大幅度降低了可再生能源发电成本，极大地提高了它们的市场竞争力和占有率（涂强等，2020），具体评估可见第37章。到2019年，非化石能源在一次能源结构中的比例超过15%，不仅超额实现了"十三五"目标，也提前完成了中国在《坎昆协议》下的相应目标。同时，零碳电力在全社会发电量中的比例接近三分之一，超过很多发达国家。此外，2018年中国电动汽车销售量超越日本，成为

---

① 生态环境部职责，见 http://www.mee.gov.cn/zjhb/zyzz/.

全球第一，为零碳电力的发展提供了越来越明显的驱动力。

同时，中国在能源低碳化过程中付出了较大代价，特别是在太阳能光伏和风能设备制造、电厂建设、电力传输等方面，中央和地方政府给予了力度很大的优化条件和资金补贴，在用地、税收、信贷等方面给予可再生能源发展的支持条件是任何国家难以达到的；企业和居民也为可再生能源电力付出了额外的费用。对财政支持的过度依赖形成加大的补贴缺口，对可再生能源的可持续发展造成影响。2018年中国可再生发电补贴缺口已经超过 200 亿元，2020年将进一步扩大至 2000 亿元（涂强等，2020）。此外，关停煤电等落后产能带来的投资浪费和职工失业也造成了显著社会影响（Zhu et al.，2018；对外经贸大学全球价值链研究院和中国社会科学院城市发展与环境研究所，2019），这也是下一步公平转型中必须面对的问题。

6. 中央地方互动：地方政府各取所需，政策执行存在灵活性

地方政府对国家气候政策的有效执行是实现减排目标的必要条件。但在政策执行过程中，由于各方因素的存在，也容易出现地方政府政策选择性执行的行为，或者可以说是对政策的灵活执行（Zhou，2010；杨潇，2012）。"十一五"期间，GDP 导向行政考核制度下的"政绩冲动"，使得地方政府过分追求地方经济发展，轻视应对环境或气候变化（托马斯•海贝勒等，2012），在一定程度上导致国家相关气候政策无法落实，最明显的就是"十一五"末期各地为满足能耗目标而突然出现的"拉闸限电"现象（袁凯华和李后建，2015）。"十二五"期间，国家发展改革委在《国家应对气候变化规划》（2014—2020 年）中规定，将应对气候变化目标任务纳入各地区的经济社会发展绩效考核体系中，并建立应对气候变化工作问责机制。考虑到应对气候变化在考核中的权重有所增加，一方面，地方政府会相对注重发展可以带来显著经济效益的低碳产业，如风电、光伏设备制造等。例如，"十二五"期间，东南部沿海地区多以这些产业作为制造业升级方向，带来了较为明显的新能源制造产能过剩问题（韩秀云，2012；王凤飞，2013；李志青，2013）。另一方面，同样出于保障经济发展和就业需要，地方政府多采用奖励和补贴的方式促进区域内高耗能企业完成节能减排目标，而非惩罚性措施，相当于主动为高耗能企业承担减排成本（李俊峰等，2007）。这也使得地方政府对已有的高耗能行业的碳排放强度难以进行严格考核。"十二五"后期，随着环保形势不断严峻，与政策上的协同类似，中央政府对地方政府的应对气候变化绩效考核也开始被整合进环保指标，国家有关部门相继颁布《关于改进地方党政领导班子和领导干部政绩考核工作的通知》（2013 年）、《党政领导干部生态环境损害责任追究办法（试行）》（2015 年）、《生态文明建设目标评价考核办法》（2016 年）、《美丽中国建设评估指标体系及实施方案》（2020 年），地方政府政绩考评越来越注重生态政绩。

34.3.2 中国应对气候变化政策行动总体效果评估

经过持续努力，中国应对气候变化与低碳发展工作成效突出，节能降碳的成效显著。"十二五"期间，中国能源活动单位 GDP 能耗强度和 CO_2 强度分别比"十一五"末下降17.8%（图 34.3）和 21.4%（图 34.4），超额完成下降 16% 和 17% 的约束性目标（张希良和齐晔，2017），其余与气候变化相关的指标（例如，森林覆盖率、非化石能源比例、森林蓄积量）也全部实现或超额实现目标；"十三五"前四年（2016～2019 年），能源强度比"十二五"末下降 13.4%（熊华文等，2020）。到 2019 年底，相比于 2005 年，中国单位 GDP 的 CO_2 排放量已经下降 48.1%，超额完成了 40%～45% 的国际承诺。特别是在 2013～2016 年，在供给侧结构性改革、节能降碳目标责任制、大气污染防治攻坚战共同努力下，煤炭消费量出现

了连续下降，2016 年煤炭消费量下降至 38.46 亿 t，比 2013 年下降了 9.4%（图 34.5），能源结构调整的步伐在这一阶段明显加速，温室气体排放出现了明显平台期。虽然有一定不确定性（Korsbakken et al.，2016），这一阶段的政策行动效果确实传递了非常积极的信息。

图 34.3　2000～2018 年中国能耗强度及其变化率

数据来源：国家统计局

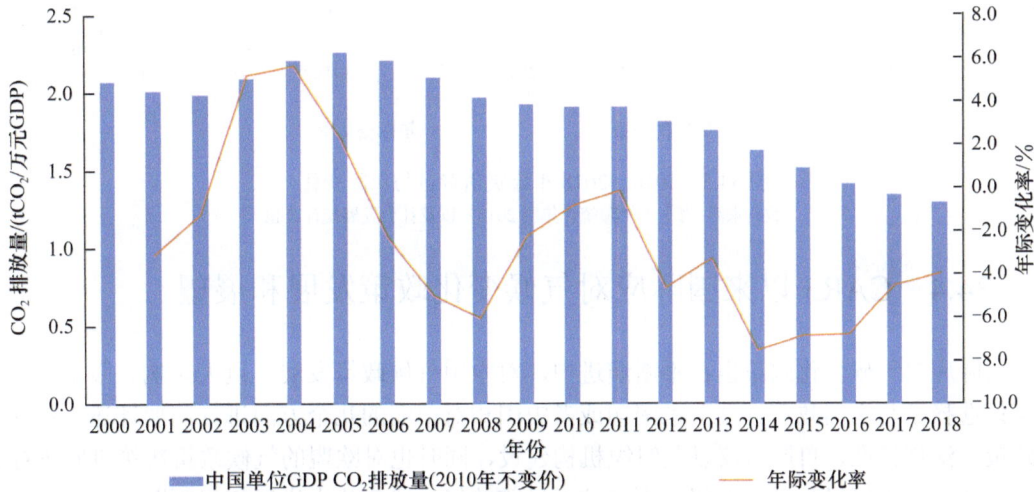

图 34.4　2000～2018 年中国单位 GDP 二氧化碳排放量及其变化率

数据来源：CO_2 排放数据来源于 IEA，仅包括燃料消费产生的 CO_2，https：//www.iea.org/statistics/?country=CHINA&year=2016&category= Energy%20consumption&indicator=TFCbySource&mode=chart&dataTable=BALANCES；GDP 数据来源于国家统计局

在经济发展波动性和其他因素影响下，2017 年以来中国煤炭消费量出现了反弹（图 34.5），虽然暂时没有改变"2013 年煤炭消费达峰"这一判断（Qi et al.，2016；Qi and Lu，2018），但也引起了国内国际社会的不安反响（何建坤，2019a；Figueres et al.，2018；Peters et al.，2017）。按照这样的趋势，国家制定的"2020 年煤炭占比 58% 和总量控制在 41 亿 t 以内"的目标可以实现，但难以实现"35 亿 t"的积极煤控目标（李晶晶和杨富强，2017；煤炭工业规划设计研究院，2019）。这反映了一个成熟行业在非市场力量推动下提前退出市场的难度，也间接反映出低碳发展面临的挑战。但从长期看，随着经济发展平稳和新旧动能转换，煤炭消费走

向下行通道是不可避免的趋势。

　　从实现政策目标的角度评价，尽管有波折，但是中国应对气候变化政策行动的效果和影响是非常突出的，不论是国际承诺还是国内约束性目标指标都能基本完成甚至超额完成。此外，积极应对气候变化提高经济增长质量、创新技术、培育新产业、增加就业、保护环境、保障健康、促进安全等也有协同贡献。从政策的成本有效性和公平性来看，正如上述第6点的示例，短期内还有一些欠缺和挑战。对于气候政策从中央到地方的实践过程，目前研究普遍不够（Lo，2015a），深层次评估尚缺乏基础。

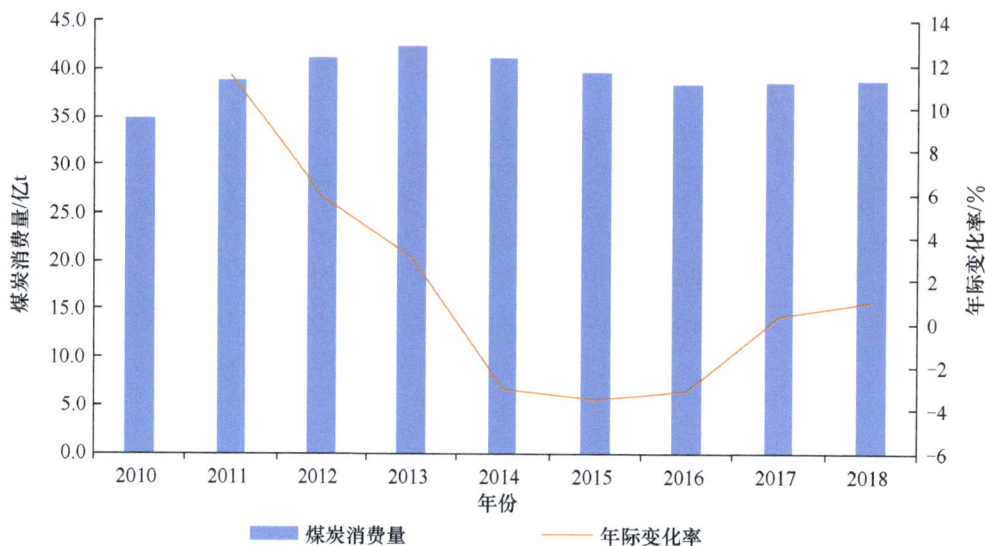

图 34.5　2010～2018 年煤炭消费量与年际变化率
数据来源：《中国能源统计年鉴 2018》以及社会发展统计公报

34.4　CAR3 以来国际应对气候变化政策发展和展望

　　国际应对气候变化政策也在不断演进中，对中国气候政策发展有巨大影响。限于篇幅，这里只选择了与中国政策行动关系密切或者中国相对薄弱的几个方面进行简要评述，包括经济政策、法规标准、自愿协议以及组织机构建设，同时也对欧盟的气候政策决策机制进行了特别评估。对于气候政策的展望，更多基于目前的气候研究热点进行初步判断。

34.4.1　经济政策的变化趋势

1. 全球碳定价实施进展

　　2018 年全球已实施或计划实施的碳定价计划已达 51 个，包括 25 个排放交易体系和 26 个碳税制度。这些碳定价举措将涵盖 110 亿 t CO_2eq，占全球温室气体排放量的 20%（World Bank and Ecofys，2018）。以欧盟为代表的发达国家（集团）对现有碳市场进行全面改革，新兴经济体成为全球碳市场的主力军，碳市场之间的合作和链接也有加深趋势。这些进展凸显出碳排放权交易体系在全球应对气候变化行动、实现《巴黎协定》减排目标中将持续发挥关键作用（ICAP，2019）。

　　全球已制定或计划制定碳税的国家和地区包括英国、爱尔兰、法国、冰岛、丹麦、葡萄牙、波兰、拉脱维亚、爱沙尼亚、瑞典、芬兰、挪威、斯洛文尼亚、瑞士、南非、智利、阿根廷和加拿大不列颠哥伦比亚省、阿尔伯塔省等。其中，除南非与阿根廷外，其他国家和地区均采用碳税与碳排放交易市场并存的制度。另有新加坡、巴西、加拿大其他地区等正在考虑实施碳税制度。瑞典目前的碳税是世界上最高的，约为 131 美元/t CO_2（World Bank and Ecofys，2018）。英国自 2013 年起征收碳税，其特殊之处在于它的功能更多是充当是碳价底线（carbon price floor）：当欧盟碳排放交易系统中的碳价格低于英国碳税时，生产者将向财政部支付二者的差额。2018 年 7 月，荷兰政府公布了一项法律草案，计划引入最低碳税，从 2020 年开始为 18 欧元，并逐年上涨 2.5 欧元，直到 2030 年达到 43 欧元。加拿大的阿尔伯塔省和不列颠哥伦比亚省实施碳排放税制度（Hirst，2018）。2019 年 9 月德国通过了《2030 年气候保护计划》，提出在交通和供暖领域引入 CO_2 费，2021~2025 年采取价格逐年上涨的固定价格，2026 年后计价规则重新评估。2017 年，阿尔伯塔省发起了一项新的碳排放税，用于供暖燃料的运输和排放；2018 年，不列颠哥伦比亚省扩大了其碳排放税，以覆盖逃逸排放和森林砍伐烧毁排放，每年增加 5 美元的税收。

2. 可再生电力定价制度发展

目前各国实施的可再生能源支持政策分为可再生能源电力配额制度（RPS）和固定电价制度（FIT）。RPS 是一个国家或地区用法律的形式，强制性规定可再生能源发电在总发电量中所占的比例，并要求电网公司对其全额收购，对不能满足配额要求的责任人处以相应惩罚。为以合理的成本实现 RPS 目标，又衍生出可交易绿色证书机制（TGC）这一政策工具。当前，共有 33 个国家或地区采用 RPS 制度（REN21，2018），代表国家/地区有美国加利福尼亚州、澳大利亚、韩国。类似机制有可再生义务制度（RO），以英国为代表。

固定价格制度（FIT）下，政府强制要求电网企业在一定期限内按照一定电价收购电网覆盖范围内可再生能源的发电量，收购费用与常规发电成本的差额则作为电力费用的附加费，由用户负担。目前共有 113 个国家或地区实行（类）FIT（REN21，2018），欧盟 28 个成员国中有 20 个国家实行 FIT，其中德国是典型代表。日本从 2012 年开始全面从 RPS 转向 FIT，2017 年英国完成了从 RO 向差价合约制度（CfD，类似 FIT）的过渡，全面走向后者。2014 年前后，大多数欧盟国家转向 FIP，降低政府财政负担，促进绿色电力平价上网。这个过程并不容易。例如从 2012~2015 年，西班牙颁布的可再生能源政策几乎都是不利于可再生能源的，结果导致可再生能源应用市场急剧下降，许多领域处于停滞状态（国家可再生能源中心，2018）。

在政策措施利弊有所体现和可再生电力成本不断下降的当下，各国都与时俱进地对原有政策进行调整（主要国家/地区可再生电力价格政策发展见表 34.1），但又需要防止出现支持力度骤降使可再生电力发展失速的现象。

3. 国际电力市场改革变化趋势

1978 年，智利通过立法改革成为第一个进行电力产业全面改革的国家（Pollitt，2008）。自此，为更好地适应本国社会经济发展，提高电力市场运营效率，解决电力供需不匹配等问题，世界各国相继开启了电力市场改革的大门。近年来，随着应对气候变化、能源安全、可再生能源科技创新等议题的加入和深入，电力市场的改革发展背景和需求发生了重大的变化，对各国的改革政策产生了深远的影响。特别是，在应对气候变化大背景下，电力市场改革目标、手段、重点任务的内容都发生了拓展（表 34.2）。英国的电力市场改革是个典型的例子，详细信息可见专栏 34.1。

表 34.1 主要国家/地区可再生电力价格政策发展

年份	美国部分地区	日本	澳大利亚	西班牙	德国	意大利	英国
2000							—
2001							
2002		RPS		FIT			
2003~2010					FIT		RO
2011						RPS	
2012	RPS		RPS				
2013							
2014		FIT					RO/CfD
2015				—	FIP/招标拍卖制度		
2016						FIT/FIP	
2017							CfD

表 34.2 应对气候变化背景下的电力市场化改革

项目	不考虑气候因素	考虑气候因素后新增内容
目标	打破垄断，引入竞争，提高效率，降低成本	促进电力绿色发展，接纳更多绿色电力并维持电网稳定
市场化改革手段	产权拆分：厂网分离、输配分离	调整和完善电力行业的价格、交易、监管等机制，包括绿色电力上网电价
重点任务	需求侧响应机制建设	智能电网建设

专栏 34.1 英国的电力市场化改革

英国分别于 1989 年、2000 年和 2005 年进行了三次电力市场改革，旨在打破原有的垄断局面，引入了私有化和竞争，并不断扩大用户的参与范围，以降低电价，提高市场效率。1997 年颁布的电力法要求解散中央发电局，同时拍卖电厂和地区供电局的股份，将国家控制的电网也以私有资本代替，基本形成了电力工业私有化的格局。

2011 年，英国能源部正式发布了《电力市场化改革白皮书（2011）》，开始了以促进低碳电力发展为核心的第四轮电力市场改革，2013 年 12 月，英国（原）能源与气候变化部（DECC）正式发布了新一轮《电力市场改革法案》。该法案以确保获得可靠、清洁和经济的能源为目标，提出了到 2030 年的低碳路径展望，政府希望在保证安全可靠的电力供应的前提下，促进可再生能源和节能低碳技术的投资，并最大限度地提高市场的经济效益并降低消费者的电费支出。本次改革的两个关键内容是差价合约和容量市场。差价合约的制定将为低碳电源投资商提供长期稳定的收益，保障电价在合理范围内波动，减少消费者的用电支出；容量市场以拍卖方式进行，通过给调峰机组提供可预见的收益，保障市场的供电可靠性，降低电力供应短缺的风险。对于可再生能源，差价合约和容量市场的引入集中体现了目前可再生电力成本仍偏高、技术进步潜力较大但输出不稳定等特点对电力市场改革创新的要求。

电力改革实施以来，在天然气价格下降的共同作用下，英国再也没有未配备 CCS 的新建煤电项目被核准，煤电占比从 2013 年的 41%下降到 2018 年的不到 5%，从 2020 年 4 月开始，英国电网开始无煤电运营。

34.4.2　其他政策工具变化趋势

应对气候变化法律法规和相关标准是世界各国应对气候变化的通用政策之一。英国、日本、墨西哥、欧盟、韩国、菲律宾、美国加利福尼亚州等国家（国家联盟）和地区都已经通过了应对气候变化的专项法律，为其在法律体系下开展应对气候变化工作起到了根本保障作用（田丹宇，2018）。但 Srivastava（2018）发现，到 2017 年，真正由立法部门通过专项气候法的国家还是不多，更多的国家通过行政指令（executive）来指导气候行动，并不具备法律效力。

为应对交通部门减排挑战，制定并不断降低机动车的 CO_2 排放限值成为各国除碳排放权交易/碳税之外的最重要政策工具。2019 年 4 月，欧洲议会通过了第一个针对重型货车的 CO_2 排放标准限值，并继续提出了更严格的 CO_2 排放限值，见表 34.3。在无法通过法律的情况下，美国也通过强化标准来推动应对气候变化行动，包括新建电厂的 CO_2 排放标准、轻型车/重型车 CO_2 排放标准（和燃油经济性标准）、家用电器用能标准、建筑耗能标准，这些标准的推进使得美国的能耗水平处于相对平稳状态（USA，2016），特别是降低了对油品的严重依赖。特朗普当选总统以后，暂停并撤销了《清洁电力计划》，但暂时保留了其余标准，因为这些标准的实施对提高美国的能源安全也有重要意义。

表 34.3　欧盟机动车 CO_2 排放限值

机动车类型	基准年/月	2020/2021 年	2025 年	2030 年
乘用车	2021	2020 年达到 95g/km，2017 年为 118.5g/km	—	降低 37.5%
轻型商务车	2021	2021 年达到 147g/km，2017 年为 156.1g/km	—	降低 31%
重型车	2019.7～2020.6	—	降低 15%	降低 30%

数据来源：https://ec.europa.eu/clima/news/slight-increase-average-co2-emissions-new-cars-sold-europe-2017-while-co2-emissions-new-vans_en

发达国家应对气候变化政策措施中的一个重要部分是自愿协议（voluntary agreement）。作为强制性措施和经济政策的有效补充，自愿协议在欧洲工商业界广泛存在。例如，英国企业可以与政府自愿签署以提高能源效率为核心内容的气候变化协议（CCA），如果达到目标，企业需交纳的气候变化费（CCL）可以得到 20% 的减免（UK Environment Agency，2017）。丹麦也有类似政策。由于具有自愿性质，因此这种政策工具一般具有较好的成本有效性。

此外，一些国家也对应对气候变化管理职能进行了调整，从总体看有利于气候政策与其他宏观政策的融合。2016 年英国新任首相特蕾莎·梅将能源与气候变化部（DECC）和商业、创新与技能部合并，建立商业、能源与工业战略部（UK，2017）；同时保留气候变化委员会，其作为独立咨询机构，向英国政府和议会提供战略及碳预算建议。这次转变将相对独立的气候体制纳入宏观经济管理部门，可以更好地协调气候政策与工业、商业政策的关系。澳大利亚 2007 年建立的气候变化部于 2010 年被气候变化与能源效率部取代，后改为环境和能源部。能源问题和环境（包括气候）问题的密切结合有利于从源头出发降低温室气体排放。

34.4.3　气候决策机制案例：欧盟气候政策决策过程

欧盟的决策系统包括欧盟委员会、欧盟理事会和欧洲议会。面对气候变化挑战，欧盟的政策响应体系由直面挑战、凝聚共识、依法决策和贯彻实施 4 个鲜明完整的阶段构成（图 34.6），以上三个机构各司其职，非政府组织和公民充分参与，决策过程既体现超国家特

直面挑战	• 对气候变化的事实和危害进行全方位评估 • NGO和公众积极参与
凝聚共识	• 欧盟委员会提出政策咨询文件，广泛征求意见；之后形成政策动议文件(communication) • 以环境NGO为代表的公民社会全面参与 • 公开、透明、包容
依法决策	• 欧盟理事会是欧盟的主要决策机构，在欧盟委员会的政策文件基础上形成环境法规 • 欧洲议会是欧盟的立法、监督和咨询机构，与欧盟理事会共享立法权 • 法治主义和合作精神
贯彻实施	• 指令(directive)、条例(regulation)和决定(decision) → 法规(legislation) • 指令2~3年内转化为国内法；条例自动生效；决定仅对送达对象具有约束力 • 技术路线、政策工具、国际路线

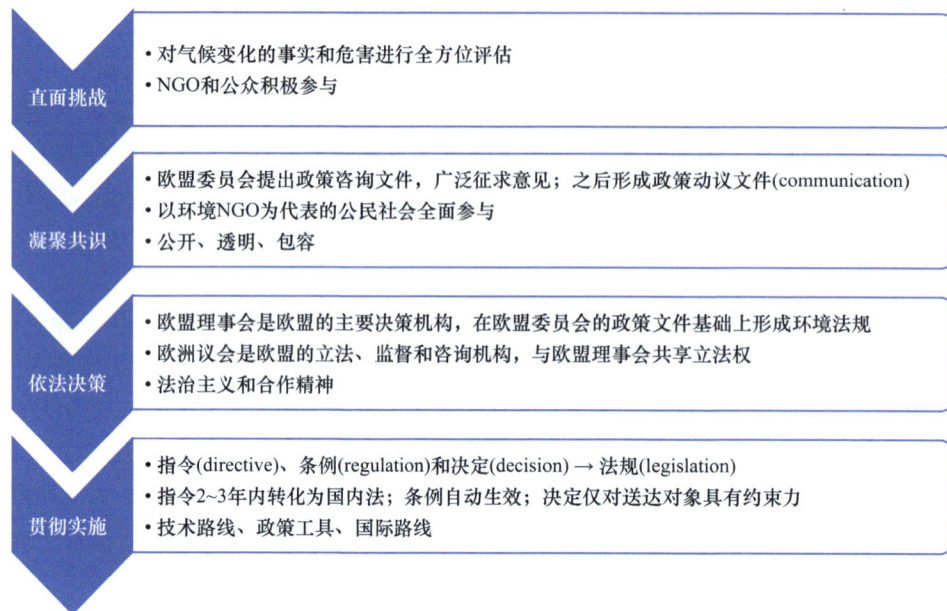

图 34.6 欧盟气候变化政策响应模式

征，也不乏国家政府之间的博弈（王伟男，2009）。在政策动议阶段，环境非政府组织和公众的参与非常突出，尤其是在揭示事实真相、跟踪事态发展、吸引公众关注、督促政府行动等方面。欧盟非政府组织参与公共事务的主要方式包括对公众进行宣传教育、发出倡议、向当局游说或施压、参与决策咨询、直接同政府谈判、直接参与立法或决策程序、领导或参与公益活动等。在这些行为中，他们往往具有多重角色：信息传播者、观念倡导者、舆论引导者、职务代行者、决策干预者等。与官方组织相比，环境非政府组织对相关环境状况的描述往往更加令人印象深刻，很容易引起关注和共鸣。还有一个突出特点就是学术研究的支持。在所有的目标背后都有详细的直接间接影响分析、成本效益分析和路线图设计，保证目标实现的成本有效性和公平性。

这种决策模式的缺点是影响因素多，政策制定周期长。2016年以来，由于各种原因，欧盟的凝聚力下降，一体化进程受到阻碍，成员国之间掣肘时有耳闻，影响到气候共识的形成，政策出台的频率和力度都受到不利影响。

34.4.4 气候政策研究热点

影响国际和国内气候政策的因素有很多，其走向不仅取决于全球和中国所面临的挑战和如何克服挑战，国际国内与政策制定密切相关的研究热点也能为政策发展提供很多启示。在气候领域，科学研究和政策之间的距离并不遥远，重点在于科学家如何传递信息、政治家如何解读科学信号（董亮和张海滨，2014；董亮，2016）。可以在这些研究热点中一窥未来气候政策可能走向。

1. 持续探索气候政策理论基础

以碳排放社会成本为核心的气候政策经济学分析依然在辩论中。在西方经济学中，逐渐形成了以美国 William D. Nordhaus 和英国 Nicholas Stern 为代表的两大阵营，前者强调市场作用，对公平考虑不足，后者考虑代际公平，但对代内公平关注不够。新的学院派代表认为现有气候经济研究体系基于传统的静态分析框架，所容纳的利益主体少，难以接纳短时间内的剧烈变化，因此不能对气候危机所呼吁的能源转型给予积极响应，因此呼吁对气候经济理论和分析工具进行创新（Millar et al.，2018；Farmer et al.，2019），以"多行为主体"模型（例如，agent-based model）工具研究为代表。包括中国在内的发展中国家在国际语境下提倡碳预算方案，围绕发展，在保障公平、尊重自然、保护气候安全的前提下寻求效率，为发展中国家维护发展权益提供了有力的学理支撑（潘家华，2018）。中国经济学家也在这方面做出了持续努力。在全社会的共同努力下，新时代生态文明理论已经成为中国应对气候变化的重要指导理论。何建坤等（2014）认为应探索经济社会持续发展与减排 CO_2 双赢的发展方式和路径，探索如何把应对气候变化变成促进各国实现可持续发展重要机遇的理论和分析方法学。从建设美丽中国的长期任务和实现"两个一百年"的宏伟目标看，积极应对气候变化将带给中国更多机遇而不是负担，因为主动减排在理论上有可能使经济跃升到一个更有竞争力的结构，从而产生比"避免气候变化损失"这一传统定义更大的好处（Zhang，2014）。

随着气候危机的迫近，一方面，经济学家从各个改进碳社会成本的考量角度（Adler et al.，2017；Ricke et al.，2018），促使决策者尽快广泛接受碳社会成本概念；另一方面，也有经济学家不断指出现有研究难以克服的缺憾和不确定性，认为面对气候危机，这种研究属于"虎狼屯于阶下尚谈因果"，各国所能做的就是加速行动，别无选择（Rosen and Guenther，2015）。还有经济学家从防范风险的角度提出，气候变化经济学的研究中心需要发展变化，转向气候保险、气候适应等方面（Vale，2016），而不是单纯地减缓气候变化。与此相关联，气候风险研究也成为《第三次气候变化国家评估报告》以来的研究热点：人类社会既要主动迎战大概率、影响大的"灰犀牛"式气候风险，更需要防范难以预料但具有灾难性影响的"黑天鹅"式气候风险（潘家华和张莹，2018）。

持续的辩论说明应对气候变化需要全新的理论支持。正如爱因斯坦所说的，不能用产生问题的思路来解决问题。

2. 社会科学开始更多地进入气候变化政策领域

IPCC 第五次评估报告后的国际气候政策研究，除了经济学继续发挥重要作用外，随着社会学、人类学、政治学、心理学乃至哲学的深入介入，社会和人文科学研究正在为气候政策的制定提供全方位、跨学科的理论指导，而这也是之前历次 IPCC 评估报告所欠缺的（Victor，2015；Schiermeier and Tollefson，2015）。从本质上看，气候变化不仅是大气化学家、气象学家、经济学家、工程技术人员的问题，更是受人类消费和行为驱动的社会问题。在气候变化政策研究领域，社会科学家所扮演的角色愈发重要，他们应用社会学、经济学和心理学工具，探究个人或社会行为与二氧化碳排放之间的相互作用，帮助决策者制定公平且有效的气候战略。目前，社会科学家在气候变化政策制定领域的主要研究对象包括社会经济分化与碳排放的相互作用、家庭贫困程度与碳足迹的相互作用、降低碳排放的更公平的税收政策、心理学与行为科学领域的低碳行为激励（Eisenstein，2017）。其中，气候变化政策的公众感知研究是社会科学深入介入气候领域的热门突破口，如公众对于气候变化这一事实的理解与态度（Pidgeon，2012；Aasen，2015）、公众对特定气候政策或措施的接受程度（Braun et al.，2017），以及气候变化减缓政策的公共支持度的影响因素（Linde，2018）、气候政策激励公众自愿行为的作用（Schleich et al.，2018）。IPCC 第六次评估报告第一次开始探讨低资源需求生活方式的可行性和公众接受程度（IPCC，2017）。

3. 地球工程和负排放技术的储备提上日程

地球工程（geoengineering）[又称气候工程（climate engineering）或气候干预（climate intervention）]，是指为了应对气候变化及其影响，对地球环境和气候进行干预而采取的大规模的人工技术和方法。这一概念于 20 世纪 70 年代就被提出，但对它的讨论一直处于主流气候政策的边缘。《巴黎协定》达成后，各国现有的减排承诺（NDCs）无法在 21 世纪末阻止全球变暖超过工业化前温度 2℃，这意味着可能需要从大气中去除大量的碳以实现全球降温，这被称为负排放技术（NET）。IPCC 的第四个评估期中，负排放技术得到明确的讨论，随后的第五个评估期中，负排放技术讨论的范围、频率迅速上升，IPCC 第五次评估报告发布后，负排放技术的研究得以扩展，同时，关于碳排放技术广泛应用的限制因素的探讨愈发热烈。

研究表明，为了将 21 世纪的升温控制在 2℃ 以内，全球净温室气体排放量必须在 2085 年前降至 0，而根据近期的减排水平，每年将需要通过负排放技术从大气中捕获并去除 15 亿～50 亿 t CO_2 负排放（Gasser et al.，2015；Sanderson et al.，2016）。受到广泛关注的负排放技术主要包括直接的空气捕集（DAC）、处理云层以提高碱度、增强风化、增强海洋生产力、修复"蓝碳"生境、造林和再造林、与碳捕集相关的生物能技术（BECCS）、生物质建筑、生物炭和土壤固碳等。

负排放技术的技术可行性对可持续发展的复杂影响和相关伦理探讨是研究的热点。除了高成本外，负排放技术难以产生减缓气候变化之外的其他效益，需要额外的政策措施推动它的示范和应用，在短期内很难有优先性（Honegger and Reiner，2018）。对地球物理工程所涉及的伦理问题，科学家认为必须慎重研究（Lenzi et al.，2018），也有科学家认为，作为一种防范全球增温的技术和政策选项，建设性、"缓和"的气候伦理取向有助于正视应对气候变化严峻压力，推进经济社会可持续发展（辛源和潘家华，2016）。

34.4.5　小结和展望

应对气候变化是一项极其艰巨复杂的系统工程，没有任何一项政策措施能独挑大梁，必须有一揽子政策相互协作配合。从经济学的角度看，合理且不断提升的全球碳价（碳税）是控制温室气体排放的最有力措施，但需要良好的国际氛围和较强的政治意愿支持；为了保证目标的可达性，一定程度的行政措施和市场管制具有见效快的优势；自愿协议、信息类政策可以降低减排成本；从减缓和适应的角度看，在气候危机不断放大但减缓不利的情况下，适应气候变化有了前所未有的紧迫性；从技术角度看，除了常规的可再生和能效技术，地球物理工程技术需要冲破伦理束缚进行及时储备，尽管不得已而为之。在实践中，对某项政策的偏好可能带来对其他更有效措施的轻视，出现所谓的"负面政策溢出效应"（negative policy support spillover），政策效果适得其反（Hagmann et al.，2019）。

结合我们的评估结果，认为以下几个方面是未来气候政策需求的重点。

第一，将"绿色低碳"作为最重要的指标纳入疫情后的经济复苏计划和"十四五"规划中。眼下正处在向"十四五"新经济周期迈进的时刻，叠加新冠疫情影响，中国以及世界范围内都将开始新一轮经济刺激计划，中国特别需要坚持"绿色复苏"和"可持续复苏"的全面复苏战略，对"新基建""数字经济"的领域和规模进行慎重考虑，坚决避免新的高碳"锁定效应"。

第二，努力提高能源政策与气候政策的协同度。建议进一步提高能源政策和气候政策的协同度，加速能源结构改善步伐、提高能源强度和碳排放强度下降幅度。"十四五"及未来中国能源政策亟须对以煤炭为代表的化石能源提出更加合理的总量控制目标，特别要对煤电、煤化工等高碳排放部门的发展总量及节奏做出精准判断，同时加快有利于低碳发展的电力体制改革步伐。

第三，推动全国碳排放权交易市场建设进入全面运行阶段。碳定价依然是目前最有效的应对气候变化政策工具。中国通过 10 年的试点碳排放权交易市场建设和温室气体自愿减排交易体系建设，为全国碳市场的建立和运行积累了宝贵经验。在已经启动电力部门全国碳交易市场的基础上，"十四五"期间，需尽快将其他高耗能高排放行业企业纳入全国碳排放交易体系。同时，探索适应气候变化的市场机制，推广气候金融、气候保险等创新融资机制。

第四，制定和发布《国家适应气候变化战略 2035》，制定农业、林业、交通等气候敏感部门适应规划，强化适应行动。继续开展"城市适应气候变化试点"工作，提高对适应行动的资助和标准，制定适应效果考核机制。组织"农村适应气候变化试点"工作，构建不同气候区、不同经济社会发展水平农村示范网络。加快城市基础设施、农业基础设施等标准适应气候变化修改和调整，提高我国基础设施适应气候变化的标准指标。

第五，适应目标和效果的评判需要有效的监测和评估体系作为支撑，目前中国亟须增强适应成效评估方面的能力。建议重视适应评估工作，增强中国多领域、多部门和多层级的适应气候变化监测和评估能力，构建适应气候变化基础数据和信息、评价标准。通过多学科交叉的信息化和大数据系统建设，创立国家适应气候变化科学、数据与行动综合平台，对国家和地方适应气候变化行动提供科学支持，支撑适应行动。

最后，继续坚持多措并举，形成良好的政策氛围。从提高组织能力、加快立法进程、优化其他经济措施、提高公众意识、强化绿色低碳"一带一路"国际合作、继续推动全球气候治理等各方面对应对气候变化工作予以考虑和助力，进而有效促进气候政策和其他政策的协同性。此外，从需求角度探讨更多、更深层次的公众和社会参与也有很大的必要性。

34.5 本部分路线图

如 34.3.1 中所提到的，应对气候变化政策可以划分为规制类、经济类、行政命令类等几种类型，本部分的其他章节将分类对这些政策行动进行评估，同时也对具有中国特色的科技政策、地方行动、能力建设进行分析，最后是应对气候变化国际合作政策的评估。

第 35 章将对中国应对气候变化的法律、法规、规章、规划和标准进行评估。法律是全国人民代表大会及其常务委员会制定的规范性文件。（行政）法规是由国务院制定并颁布的规范性文件，是对法律的补充或细化，其地位和效力仅次于宪法和法律，高于部门规章和地方性法规，以及地方规章。规章有两类，一类是行政规章或称部门规章，是由国务院组成部门或直属机构在职权范围内制定的规范性文件，其与地方性法规处于同一级别或位阶；另一类是地方规章，是由省（自治区、直辖市）等省级政府、省会级城市的政府以及国务院批准的较大的市政府制定的规范文件，其地位要低于宪法、法律、行政法规、地方性法规。标准则是"通过标准化活动，按照规定的程序经协商一致制定，为各种活动或其结果提供规则、指南或特性，供共同使用和重复使用的一种文件"，通常由国家标准委员会单独或联合行业部委共同颁布。规划是比较全面、长远的发展计划，是对未来整体性、长期性、基本性问题的思考和考量，设计未来整套行动的方案。这些法律法规、规章制度、规划和标准共同构成了中国应对气候变化的规制类政策体系。非常具体的行政规章，例如节能减排目标责任制，将在第 38 章进行评估。

第 36 章和第 37 章对经济类政策进行评估。第 36 章特别针对碳市场建设，将从试点碳排放权交易、温室气体自愿减排交易体系、全国碳排放交易体系出发，对中国碳市场建设的成效进行评估和展望。第 37 章针对其他类型的经济措施，包括价格政策、财税激励政策（特别是补贴政策）、绿色金融和其他相关税费政策等，同时也涉及电力体制改革相关内容。

第 38 章针对应对气候变化的行政命令（common and control）政策。行政类手段作为最具有中国特色的一类政策手段，在中国应对气候变化工作中发挥了核心作用。行政类政策很多，本章选择了碳减排与节能目标责任制、淘汰落后产能以及适应领域的行政手段和行动进行重点评估。

第 39 章针对应对气候变化的科技政策。重点从政策体系的完备性、体制机制的健全性、科技任务部署的合理性、地方行动、科技行动开展效果（包括科技产出和水平、重大进展及成效和能力建设进展）、应对气候变化科技政策面对的新形势和需求等方面进行评估。

第 40 章为可持续发展政策的气候协同效应评估，选择那些并不特别针对应对气候变化但有比较明显的减缓或适应效应的可持续发展政策进行评估。这是此次评估报告新增内容。写作组从经济、环境和社会三大类可持续发展政策中选取了贸易政策、大气污染防治政策以及减贫、教育政策进行其减缓或适应效应评估。

第 41 章针对应对气候变化的地方行动、能力建设和公众参与展开评估。分别总结评估了中国地方政府在减缓和适应气候变化方面的相关行动，应对气候变化的能力建设，以及社会公众广泛参与应对气候变化的意识与行动。

第 42 章针对应对气候变化国际合作。从中国参与、贡献和引领全球气候治理，中国推动开展气候变化南南合作以及推动"一带一路"倡议中的绿色低碳发展三个方面开展评估。

第 43 章将从 7 个方面讨论未来的气候政策需求。

参 考 文 献

蔡昉. 2016. 从中国经济发展大历史和大逻辑认识新常态. 数量经济技术经济研究, 33(8): 3-12.

陈吉宁. 2015. 为建设美丽中国筑牢环境基石. 求是, 14: 54-56.

董亮. 2016. 全球气候治理中的科学评估与政治谈判. 世界经济与政治, 11: 62-83,158-159.

董亮, 张海滨. 2014. IPCC 如何影响国际气候谈判——一种基于认知共同体理论的分析. 世界经济与政治, (8): 64-83,157-158.

杜祥琬. 2016. 应对气候变化进入历史性阶段. 气候变化研究进展, 12(2): 79-82.

对外经贸大学全球价值链研究院, 中国社会科学院城市发展与环境研究所. 2019. 煤炭转型中的就业问题研究. http://coalcap.nrdc.cn/Public/uploads/pdf/15572343901862737562.pdf. 2019-5-15[2021-5-18].

樊星, 王际杰, 王田, 等. 2020. 马德里气候大会盘点及全球气候治理展望. 气候变化研究进展, 16(3): 367-372.

傅莎, 柴麒敏, 徐华清. 2017. 美国宣布退出《巴黎协定》后全球气候减缓、资金和治理差距分析. 气候变化研究进展, 13(5): 415-427.

高阳, 张耀斌. 2014. 废除碳税: 澳大利亚逆势而动还是务实之举. 国际税收, 9: 71-75.

龚刚. 2016. 论新常态下的供给侧改革. 南开学报(哲学社会科学版), 2: 13-20.

国家发展改革委, 工业和信息化部. 2017. 两部委关于印发《现代煤化工产业创新发展布局方案》的通知发改产业[2017]553 号. http://www.miit.gov.cn/n1146295/n1652858/n1652930/n3757017/c5548048/ content.html [2019-05-15].

国家可再生能源中心. 2018. 2018 国际可再生能源发展报告. 北京: 中国环境出版社.

国家统计局. 2014. 我国应对气候变化统计工作正式全面展开(图). http://www.stats.gov.cn/tjgz/tjdt/201402/t20140227_517307.html[2019-6-10].

国家应对气候变化战略研究和国际合作中心. 2018. 新常态下我国碳排放达峰形势分析. http://www.ncsc.org.cn/yjcg/zlyj/201801/P020180920508766067159.pdf[2019-04-10].

国务院. 2011. 国务院关于印发"十二五"控制温室气体排放工作方案的通知(国发〔2011〕41号). http://www.gov.cn/gongbao/content/2012/content_2049995.html[2019-5-15].

国务院. 2013. 国务院关于印发大气污染防治行动计划的通知(国发〔2013〕37号). http://www.gov.cn/zwgk/2013-09/12/content_2486773.htm[2019-03-11].

国务院. 2018. 国务院关于印发打赢蓝天保卫战三年行动计划的通知(国发〔2018〕22号). http://www.gov.cn/zhengce/content/2018-07/03/content_5303158.htm[2019-03-11].

国务院办公厅. 2013. 国务院办公厅关于调整国家应对气候变化及节能减排工作领导小组组成人员的通知(国办发〔2013〕72号). http://www.gov.cn/gongbao/content/2013/content_2449462.htm[2019-04-02].

韩秀云. 2012. 对我国新能源产能过剩问题的分析及政策建议——以风能和太阳能行业为例. 管理世界, 8: 171-175.

何建坤. 2019a. 全球气候治理变革与我国气候治理制度建设. 中国机构改革与管理, 2: 37-39.

何建坤. 2019b. 全球气候治理新形势及我国对策. 环境经济研究, 4(3): 1-9.

何建坤, 滕飞, 齐晔. 2014. 新气候经济学的研究任务和方向探讨. 中国人口·资源与环境, 24(8): 1-8.

贺力平. 2018. 从制度层面推进供给侧结构性改革. 国际金融研究, 12: 3-9.

贺强, 王汀汀. 2016. 供给侧结构性改革的内涵与政策建议. 价格理论与实践, 12: 13-16.

洪银兴. 2016. 准确认识供给侧结构性改革的目标和任务. 中国工业经济, 6: 14-21.

胡锦涛. 2012. 坚定不移沿着中国特色社会主义道路前进　为全面建成小康社会而奋斗——在中国共产党第十八次全国代表大会上的报告. 求是, 22: 3-25.

金碚. 2015. 中国经济发展新常态研究. 中国工业经济, 1: 5-18.

冷媛, 陈政, 欧鹏. 2014. 英国最新电力市场改革法案解读及对中国的启示. 中国能源, 36(4): 12-15.

李建民. 2015. 中国的人口新常态与经济新常态. 人口研究, 39(1): 3-13.

李建森, 张真. 2017. 上海市人口老龄化对碳排放的影响研究. 复旦学报(自然科学版), 56(3): 273-279.

李晶晶, 杨富强. 2017. 采取有效措施, 抑制2017年工业煤耗上升. 中国能源, 39(9): 10-15.

李俊峰, 柴麒敏, 马翠梅, 等. 2016. 中国应对气候变化政策和市场展望. 中国能源, 38(1): 5-11.

李俊峰, 杨秀, 张敏思. 2014. 中国应对气候变化政策回顾与展望. 中国能源, 36(2): 5-19.

李俊峰, 朱跃中, 周伏秋. 2007. 运用财政手段促进节能降耗. 宏观经济管理, 7: 24-26.

李楠, 邵凯, 王前进. 2011. 中国人口结构对碳排放量影响研究. 中国人口·资源与环境, 21(6): 19-23.

李志青. 2013. 新兴产业的产能过剩是产业"泡沫化". 中国产经, 7: 31.

李志青. 2018. 机构改革将对生态环境更好地行使保护之责. 金融经济, (7): 19-20.

林美顺. 2016. 中国城市化阶段的碳减排: 经济成本与减排策略. 数量经济技术经济研究, 3: 59-77.

刘伟. 2016. 经济新常态与供给侧结构性改革. 管理世界, 7: 1-9.

刘伟, 苏剑. 2014. "新常态"下的中国宏观调控. 经济科学, 4: 5-13.

煤炭工业规划设计研究院. 2019. 中国煤炭行业"十三五"煤控中期评估及后期展望. http://coalcap.nrdc.cn/Public/uploads/pdf/15572352061857381338.pdf[2019-05-07].

潘家华. 2018. 从诺德豪斯获诺奖看经济学人的气候变化研究之道. http://www.cssn.cn/index/index_focus/201811/t20181103_4769368.shtml[2019-03-28].

潘家华, 张莹. 2018. 中国应对气候变化的战略进程与角色转型: 从防范"黑天鹅"灾害到迎战"灰犀牛"风险. 中国人口·资源与环境, 28(10): 1-8.

齐欣. 2016. 中国人口老龄化对碳排放的影响研究. 北京: 北京交通大学.

齐晔. 2018. 前沿: 能源革命背景下各国低碳转型加速//齐晔, 张希良. 中国低碳发展报告(2018). 北京: 社会科学文献出版社.

生态环境部. 2018a. 全国大气污染防治工作进展及建议. 环境保护, 46(19): 11-15.

生态环境部. 2018b. 中国应对气候变化的政策与行动 2018 年度报告. http://qhs.mee.gov.cn/zcfg/201811/P020181129539211385741.pdf[2018-11-26].

生态环境部. 2019. 2018 全国生态环境状况公报. http://117.128.6.33/cache/www.mee.gov.cn/home/jrtt_1/201905/W020190529619750576186.pdf[2019-6-14].

田成诗, 郝艳, 李文静, 等. 2015. 中国人口年龄结构对碳排放的影响. 资源科学, 37(12): 2309-2318.

田丹宇. 2018. 应对气候变化立法研究. 世界环境, 3: 59-62.

涂强, 莫建雷, 范英. 2020. 中国可再生能源政策演化效果评估与未来展望. 中国人口·资源与环境, 30(3): 29-36.

托马斯·海贝勒, 迪特·格鲁诺, 李惠斌. 2012. 中国与德国的环境治理: 比较的视角. 北京: 中央编译出版社.

王凤飞. 2013. 我国战略性新兴产业何以"过剩". 经济研究参考, 28: 60-69.

王绍光. 2006. 中国公共政策议程设置的模式. 中国社会科学, 5: 86-99.

王绍光, 鄢一龙, 胡鞍钢. 2014. 中国中央政府"集思广益型"决策模式——国家"十二五"规划的出台. 中国软科学, (6): 1-16.

王伟男. 2009. 欧盟应对气候变化的基本经验及其对中国的借鉴意义. 上海: 上海社会科学研究院, 世界经济研究所.

王星, 秦蒙. 2015. 不同城镇化质量下碳排放影响因素的实证研究——基于省级面板数据. 兰州大学学报(社会科学版), 43(4): 60-66.

习近平. 2017. 决胜全面建成小康社会 夺取新时代中国特色社会主义伟大胜利——在中国共产党第十九次全国代表大会上的报告. 党建, 11: 15-34.

辛源, 潘家华. 2016. 认知气候工程: 气候主宰还是气候缓和. 中国软科学, 12: 15-23.

熊华文, 符冠云, 李永亮. 2020. 对完善控制能源消费总量和强度考核制度的建议. 国际石油经济, 28(11): 14-18.

杨潇. 2012. 我国地方政府公共政策选择性执行问题研究. 长沙: 湖南师范大学.

于洋, 孔秋月. 2017. 京津冀城镇化、人口老龄化与碳排放关系的实证研究. 生态经济, 33(8): 56-59.

袁凯华, 李后建. 2015. 官员特征、激励错配与政府规制行为扭曲——来自中国城市拉闸限电的实证分析. 公共行政评论, 8(6): 59-82,186-187.

张锐, 寇静娜. 2019. "黄背心"政治与欧洲能源转型. 读书, 8: 3-13.

张希良, 齐晔. 2017. 中国低碳发展报告(2017). 北京: 社会科学文献出版社.

张亦弛, 牟效毅. 2020. 英国低碳能源转型: 战略、情景、政策与启示. 国际石油经济, 28(4): 17-29.

张震. 2018. 中国宪法的环境观及其规范表达. 中国法学, 4: 5-22.

中共中央办公厅. 2018. 中共中央印发《深化党和国家机构改革方案》. http://www.gov.cn/zhengce/2018-03/21/content_5276191.htm[2021-9-12].

朱松丽. 2019. 从巴黎到卡托维兹: 全球气候治理中的统一和分裂. 气候变化研究进展, 15(2): 206-211.

朱松丽. 2020. 从巴黎到卡托维兹: 全球气候治理的统一和分裂. 北京: 清华大学出版社.

朱松丽, 高世宪, 崔成. 2017. 美国气候变化政策演变及原因和影响分析. 中国能源, 39(10): 19-31.

Aasen M. 2015. The polarization of public concern about climate change in Norway. Climate Policy, 7(2): 213-230.

Adler M, Anthoff D, Bosetti V, et al. 2017. Priority for the worse-off and the social cost of carbon. Nature Climate Change, 7(6): 443-449.

Braun C, Merk C, Pönitzsch G, et al. 2017. Public perception of climate engineering and carbon capture and storage in Germany: Survey evidence. Climate Policy, 1: 1-14.

China. 2010. Communication of NAMAs. https://unfccc.int/files/meetings/cop_15/copenhagen_accord/application/pdf/chinacphaccord_app2.pdf[2019-04-02].

Climate Home News. 2018. China's new environment ministry unveiled, with huge staff boost. https://www.climatechangenews.com/2018/04/09/chinas-new-environment-ministry-unveiled-huge-staff-boost/[2019-04-02].

Eisenstein M. 2017. How social scientists can help to shape climate policy. Nature, 551(11): 142-144.

European Commission. 2018. A Clean Planet for all: A European strategic long-term vision for a prosperous, modern, competitive and climate neutral economy COM(2018). https://eur-lex.europa.eu/legal-content/EN/TXT/PDF/?uri=CELEX: 52018DC0773&from=EN[2019-04-02].

European Council. 2020. Special meeting of the European Council (17, 18, 19, 20 and 21 July 2020)-Conclusions. https://www.consilium.europa.eu/media/45109/210720-euco-final-conclusions-en.pdf[2020-07-22].

Farmer J D, Hepburn C, Ives M C, et al. 2019. Sensitive intervention points in the post-carbon transition. Science, 364(6346): 132-134.

Figueres C, Le Quéré C, Mahindra A, et al. 2018. Emissions are still rising: ramp up the cuts. Nature, 564(12): 27-30.

Gasser T, Guivarch C, Tachiiri K, et al. 2015. Negative emissions physically needed to keep global warming below 2℃. Nature Communication, 6: 7958.

Green F, Stern N. 2017. China's changing economy: Implications for it carbon dioxide emissions. Climate Policy, 17(4): 423-442.

Hagmann D, Ho E H, Loewenstein G. 2019. Nudging out support for a carbon tax. Nature Climate Change, 9: 484-489.

Hilton I, Kerr O. 2017. China's 'New Normal' role in international climate negotiation. Climate Policy, 17(1): 48-58.

Hirst D. 2018. Carbon Price Floor (CPF) and the Price Support Mechanism. http://researchbriefings.parliament. uk/ResearchBriefing/Summary/SN05927[2019-04-02].

Honegger M, Reiner D. 2018. The political economy of negative emissions technologies: Consequences for international policy design. Climate Policy, 18(3): 306-321.

ICAP. 2019. Emissions Trading Worldwide: Status Report 2019. https://icapcarbonaction.com/zh/?option=com_ attach&task=download&id=626[2021-9-20].

IPCC. 2017. Chapter Outline of the Working Group III Contribution to the IPCC Sixth Assessment Report (AR6). https://www.ipcc.ch/site/assets/uploads/2018/03/AR6_WGIII_outlines_P46.pdf[2019-04-02].

Jacquet J, Jamieson D. 2016. Soft but significant power in the Paris Agreement. Nature Climate Change, 6(7): 643-646.

Karplus V J, 张希良. 2016. 空气污染和气候变化的双控策略//齐晔, 张希良. 中国低碳发展报告(2015-2016). 北京: 社会科学文献出版社.

Korsbakken J I, Peters G P, Andrew R M. 2016. Uncertainties around reductions in China's coal use and CO_2 emissions. Nature Climate Change, 6: 687-690.

Lenzi D, Lamb W F, Hilaire J, et al. 2018. Don't deploy negative emissions technologies without ethical analysis. Nature, 561: 303-305.

Linde S. 2018. Political communication and public support for climate mitigation policies: A country-comparative perspective. Climate Policy, 18(5): 1-13.

Lo K. 2015a. Governing China's clean energy transition: Policy reforms, flexible implementation and the need for empirical investigation. Energies, 8: 13255-13264.

Lo K. 2015b. How authoritarian is the environmental governance of China? Environmental Science & Policy, 54: 152-159.

Lo K, Li H, Wang M. 2015. Energy conservation in China's energy-intensive enterprises: An empirical study of the Ten-Thousand Enterprises Program. Energy for Sustainable Development, 27: 105-111.

Lo K, Wang M Y. 2013. Energy conservation in China's Twelfth Five-Year Plan period: Continuation or paradigm shift? Renewable and Sustainable Energy Reviews, 18: 499-507.

Millar R J, Hepburn C, Beddington J, et al. 2018. Principles to guide investment towards a stable climate. Nature Climate Change, 8(1): 2-4.

Nobre C A. 2019. To save Brazil's rainforest, boost its science. Nature, 574(10): 455.

Otavio C. 2018. From political to climate crisis. Nature Climate Change, 8(8): 663-664.

Peng W, Wagner F, Ramana M V, et al. 2018. Managing China's coal power plants to address multiple environmental objectives. Nature Sustainability, 1: 693-701.

Peters G P, Le Quéré C, Andrew R M, et al. 2017. Towards real-time verification of CO_2 emissions. Nature Climate Change, 7: 848-850.

Pidgeon N. 2012. Public understanding of and attitudes to climate change: UK and international perspectives and policy. Climate Policy, 12: 85-106.

Pollitt M. 2008. Electricity reform in argentina: Lessons for developing countries. Energy Economics, 30(4): 1536-1567.

Qi Y, Lu J Q. 2018. China's coal consumption has peaked. http://www.chinadaily.com.cn/kindle/2018-02/25/ content_35737359.htm[2019-04-02].

Qi Y, Stern N, Wu T, et al. 2016. China's post-coal growth. Nature Geoscience, 9: 564-566.

Qin, Y, Höglund-Isaksson L, Byers E, et al. 2018. Air quality-carbon-water synergies and trade-offs in China's natural gas industry. Nature Sustainability, 1: 505-511.

REN21. 2018. Renewables 2018 Global Status Report. Paris: REN21 Secretariat.

Ricke K, Drouet L, Caldeira K, et al. 2018. Country-level social cost of carbon. Nature Climate Change, 8: 895-900.

Rosen R A, Guenther E. 2015. The economics of mitigating climate change: What can we know. Technological Forecasting and Social Change, 91: 93-106.

Sanderson B M, Knutti R. 2017. Delays in US mitigation could rule out Paris targets. Nature Climate Change, 7: 92-94.

Sanderson B M, O'Neill B C, Tebaldi C. 2016. What would it take to achieve the Paris temperature targets? Geophysical Research Letters, 43: 7133-7142.

Schiermeier Q, Tollefson J. 2015. Four challenges facing newly elected climate chief. Nature, doi: 10.1038/nature.2015.18492.

Schleich J, Schwirplies C, Ziegler A. 2018. Do perceptions of international climate policy stimulate or discourage voluntary climate protection activities? A study of German and US households. Climate Policy, 18(5): 568-580.

Somanathan E, Sterner T, Sugiyama T, et al. 2014. National and sub-national policies and institutions//IPCC. Climate Change 2014: Mitigation of Climate Change Cambridge. Cambridge: Cambridge University Press.

Srivastava A. 2018. Trends in national climate legislation across the World. International Journal of Science and Research, 6(6): 582-584.

Thopson T M, Rausch S, Saari R, et al. 2014. A system approach to evaluating the air quality co-benefits of US carbon policies. Nature Climate Change, 4: 917-923.

UK. 2017. 7th National Communication. UNFCCC. http://unfccc.int/files/national_reports/biennial_reports_and_iar/submitted_biennial_reports/application/pdf/19603845_united_kingdom-nc7-br3-1-gbr_nc7_and_br3_with_annexes_(1).pdf[2019-04-02].

UK Environment Agency. 2017. Climate Change Agreements: Biennial Progress Report 2015 and 2016. https://assets.publishing.service.gov.uk/government/uploads/system/uploads/attachment_data/file/661666/Biennial_progress_report_2015_and_2016.pdf[2019-04-02].

UNEP. 2019. Synergizing action on the environment and climate: Good practice in China and around the globe. https://ccacoalition.org/en/resources/synergizing-action-environment-and-climate-good-practice-china-and-around-globe[2019-04-02].

USA. 2016. Second biennial report of the United States of America. https://unfccc.int/files/national_reports/biennial_reports_and_iar/submitted_biennial_reports/application/pdf/2016_second_biennial_report_of_the_united_states_.pdf[2019-04-02].

Vale P M. 2016. The changing climate of climate change economics. Ecological Economics, 121: 12-19.

Victor D. 2015. Embed the social sciences in climate policy. Nature, 520: 27-29.

Vivid Economics. 2020. Green Stimulus Index. https://www.vivideconomics.com/wp-content/uploads/2020/08/200820-GreenStimulusIndex_web.pdf[2020-10-21].

World Bank, Ecofys. 2018. State and Trends of Carbon Pricing 2018. https://openknowledge.worldbank.org/handle/10986/29687[2019-04-02].

Young O R, Guttman D, Qi Y, et al. 2015. Institutionalized governance processes: Comparing environmental problem solving in China and the United States. Global Environmental Change, 31: 163-173.

Zhang Y. 2014. Climate change and green growth: A perspective of the division of labor. China & World Economy, 22(5): 93-116.

Zhao X F, Liang W. 2016. Interpreting the evolution of the energy-saving target allocation system in China (2006-2013): A view of policy learning. World Development, 82: 83-94.

Zhou X G. 2010. The institutional logic of collusion among local governments in China. Modern China, 36(1): 47-78.

Zhu S L, Su M, Gao X. 2018. Energy reform reform in China since 2000 for a low-carbon energy pathway // Bhattacharyya S C. Routledge Handbook of Energy in Asia. Oxon: Routledge.

Zhu X, Zhang L, Ran R, et al. 2015. Regional restrictions on environmental impact assessment approval in China: The legitimacy of environmental authoritarianism. Journal of Cleaner Production, 92: 100-108.

第35章 中国应对气候变化的法律、规划和标准

首席作者：杨秀 兰花 孙亮
主要作者：李鹏程

摘 要

本章针对中国应对气候变化的法律法规体系、规划体系和标准化工作的进展情况进行评估。法律法规、规划和标准是我国最常用的规制类政策手段，三者具有不同的法律效力，为应对气候变化工作提供法律保障、顶层设计和技术支撑。

依法治国是实现国家治理体系和治理能力现代化的必然要求。中国持续推进《应对气候变化法》的研究与起草，严格执行节能减排相关法律法规及其配套的规范文件，出台地方性法规和地方政府规章，加强应对气候变化的法治建设。在法律法规方面，中国还需继续推进专门立法进程，推动《应对气候变化法》和《碳排放权交易管理暂行条例》的早日出台，为应对气候变化工作提供法律支撑。

五年规划是国家宏观调控的基础手段之一。中国将应对气候变化作为实现社会经济可持续发展的长期战略任务，从"十二五"起将碳排放强度下降目标作为约束性指标纳入国民经济和社会发展规划，出台了国家、地区和部门层面的应对气候变化规划、方案和战略，基本构建了较为完善的"碳强度目标引领、各地区推进落实、各部门协同合作"的条块结合的应对气候变化规划体系，以国家层面单位GDP碳排放下降约束性目标为核心，推动能源和经济的低碳转型，"十四五"制定和完善应对气候变化规划体系，应重点着眼于碳排放达峰目标，为落实目标做好顶层设计和制度安排，分部门、分地区推动达峰。

近年来，我国标准实施工作成效显著，为应对气候变化政策制度的落地提供了强有力的基础支撑和导向作用，但也存在标准与政策间的衔接配合不足、适应气候变化等重要标准亟待补充、标准实施主体技术能力和创新意识不足、标准的国际一致化水平不够等挑战。

本章针对中国应对气候变化的法律法规体系、规划体系和标准化工作的进展情况进行评估。一般来说，法律是全国人民代表大会及其常务委员会制定的规范性文件，法规由国务院制定、由国务院总理签署国务院令公布，也具有全国通用性，是对法律的补充，在成熟的情况下会被补充进法律，其地位仅次于法律，规章制定者是国务院各部委、直属机构或具有立法权限的地方政府，仅在本部门、本地区的权限范围内有效。规划是一种战略性、前瞻性、导向性的公共政策，指比较全面、长远的发展计划，是对未来整体性、长期性、基本性问题的思考和考量，设计未来整套行动的方案。标准是为了在一定范围内获得最佳

秩序，经协商一致制定并由公认机构批准共同使用和重复使用的一种规范性文件。法律法规、规划和标准是我国最常用的规制类政策手段，三者具有不同的法律效力，为应对气候变化工作提供法律保障、顶层设计和技术支撑。

35.1 应对气候变化法律法规体系的进展与评估

中国政府逐步制定和修改与应对气候变化有关的法律法规，为国内层面的气候变化减缓和适应行动提供法律指引，也为中国参与国际气候治理进程提供国内法律基础。目前，与气候变化有关的法律法规，包括全国人民代表大会及其常务委员会制定或修订的法律、政府相关部门通过的法规规章以及地方立法与规章等不同层级的规范性文件；在内容上主要体现为节能减排、低碳经济、可持续发展等具体领域。

35.1.1 《应对气候变化法》的推进情况

应对气候变化工作涉及的领域广、事项多，制定应对气候变化法有利于在全国范围内为应对气候变化行动提供确定的法律指引。在国际层面，若干国家完成了从气候变化政策、行动到立法的过渡，已经或者正在制定综合性或专门的气候变化法。日本 1998 年 10 月通过的《全球变暖对策推进法》[ACT on Promotion of Global Warming Countermeasures（Law No. 107 of 1998）]是日本减缓气候变化措施的基本法[①]，是世界上旨在防止气候变暖的较早立法（王灿发和刘哲，2015；罗丽，2010）。英国是最早就气候变化进行综合立法的国家之一，于 2008 年制定《气候变化法》，是第一个将量化减排目标写入法律的国家（兰花，2010；王慧，2010）。2012 年墨西哥制定了《气候变化法》，成为通过法律规定量化减排目标的第一个发展中国家（王灿发和刘哲，2015）。

在国家层面，中国《应对气候变化法》的立法工作尚在逐步推进。第十一届全国人民代表大会常务委员会第十次会议于 2009 年 8 月 27 日通过的《全国人民代表大会常务委员会关于积极应对气候变化的决议》（简称《决议》），提出"加强应对气候变化的法治建设"。这为中国制定《应对气候变化法》提供了正式的官方信息和态度，是中国用法律手段应对气候变化问题的一个重要转折点。随后，加强应对气候变化的立法被纳入全国人民代表大会立法工作议程和国家发展改革委 2010~2015 年立法规划中。2011 年，《应对气候变化法》起草工作领导小组成立，由全国人大环境与资源保护委员会、全国人大常委会法制工作委员会、国务院法制办及 17 家部委组成。国家发展改革委牵头开展立法研究、立法调研和法律草案起草工作，广泛征求各利益相关方的立法意见。目前，《应对气候变化法》（草案）的主要内容包括总则、原则、监督管理、减缓、适应、宣传教育等方面（常纪文，2015）。基本的立法草案仍处于制定过程中，关于立法框架、核心制度的设计、与相关法律的协调等基本问题还需进一步努力。《国务院 2016 年立法工作计划》将《应对气候变化法》列入"研究项目"。

35.1.2 应对气候变化的相关法律和法规

"加强应对气候变化的法治建设"，需要适时修改完善与应对气候变化、环境保护相关的法律，及时出台配套法规，并根据实际情况制定新的法律法规，为应对气候变化提供更加有力的法制保障。在法律法规方面，这表现为需要"严格执行节约能源法、可再

---

① 《全球变暖对策推进法》的修订案于 2021 年 5 月 26 日由日本国会参议院通过，于 2022 年 4 月施行。这次修订案是日本首次将温室气体减排目标写进法律.

生能源法、循环经济促进法、清洁生产促进法、森林法、草原法等相关法律法规，依法推进应对气候变化工作。"

与应对气候变化有关的法律，从内容上可以分为两大类。一类是《中华人民共和国可再生能源法》《中华人民共和国大气污染防治法》等涉及减缓和适应气候变化的法律。这些法律目前进行了多次修订，以符合我国应对气候变化的需求。另一类法律，其立法目的虽然不是为了应对气候变化，但对减缓或适应气候变化有显著的作用，如《中华人民共和国环境影响评价法》《中华人民共和国循环经济促进法》《中华人民共和国清洁生产促进法》。虽然这些立法不是直接针对温室气体排放，但是因为基于改变经济增长模式、转换消费方式、持续地减少资源与能源的消耗、利用清洁资源与能源以及强调对资源的高效利用和循环利用，客观上减少的能源使用量，有助于温室气体的减少（李艳芳，2010）。

相关政府部门依据中国的国情和传统，针对上述法律还陆续制定了相应的实施细则、管理办法等配套的规范文件，以便进一步规范和落实。生态环境部于 2016 年、2017 年和 2018 年发布的《中国应对气候变化的政策与行动年度报告》也显示，应对气候变化领域的政策标准体系和环境司法制度不断完善，为健全应对气候变化法律法规提供了政策制度支撑，中国应对气候变化的相关立法工作在稳步推进。

1. 节能减排领域

节能减排对减缓气候变化、提高气候变化适应能力意义重大。各国应对气候变化的法律和行动都把节能减排当成重心。因此，修订和实施有助于节能减排的法律法规，是我国应对气候变化法律行动的重要内容。《中华人民共和国清洁生产促进法》《中华人民共和国循环经济促进法》《中华人民共和国节约能源法》《中华人民共和国可再生能源法》《中华人民共和煤炭法》《中华人民共和国电力法》等法律是节能减排的重要法律依据，修订这些法律有助于更好地引导、激励和保障各类主体参与节能减排。此外，《中华人民共和国能源法》的制定，未来也将对我国应对气候变化的工作和行动产生积极影响。2014 年 7 月，习近平总书记在中央财经委员会第六次会议上提出，要"启动能源领域法律法规立改废工作"。2015 年 4 月，国务院将制定《中华人民共和国能源法》列为全面深化改革和全面依法治国急需项目；同年 8 月，《中华人民共和国能源法》被列入十二届全国人民代表大会二类立法项目，即"需要抓紧工作、条件成熟时提请审议的法律草案"。当前，国务院有关部门正在持续推进《中华人民共和国能源法》的立法工作。

以《中华人民共和国节约能源法》为例，20 世纪 80 年代以来，中国制定了"开发与节约并重、把节约放在优先地位"的方针，确立了节能在能源发展中的战略地位，并于 1997 年颁布了《中华人民共和国节约能源法》。这部法律历经 2007 年修订、2016 年和 2018 年两次修正。该法密集修订（正）是为了应对气候变化、推动能源革命与促进绿色发展方面满足我国日益增长的需求。2018 年修正后实施的《中华人民共和国节约能源法》再次明确了节约能源是我国的基本国策；深化"节能"定义，拓展节能维度，扩大了调整范围，设专节规定了工业节能、建筑节能、交通运输节能、公共机构节能和重点用能单位节能；增强节能执法，促进节能体制机制变革；健全了节能标准体系和监管制度，设专章规定了激励措施，有机结合市场的调节作用与政府的管理。这为实现节能降耗提供了明确且必要的法律保障，也为相关的责任主体设置了明确的法律义务，有助于从源头上控制能源消耗，遏制浪费能源行为，从而有助于支撑中国的绿色低碳发展和生态文明建设。

为了贯彻落实《中华人民共和国节约能源法》,国务院先后制定发布或修订了一系列配套法规,以增强该法的可操作性和实施效果,如国家发展改革委会同若干国家部门 2018 年修订了《重点用能单位节能管理办法》[①]。许多省市积极根据不断修正的《中华人民共和国节约能源法》,制定本辖区内的《实施办法》,制定"节能目标责任评价考核实施方案",落实节能目标责任和评价考核制度,例如,四川省人民代表大会常务委员会 2018 年 9 月通过了经修改的《四川省〈中华人民共和国节约能源法〉实施办法》。

2. 可再生能源领域

在应对气候变化时代,能源法、环境法和应对气候变化的相关立法将更加趋向于融合,如韩国 2010 年制定的《低碳绿色增长基本法》将绿色发展、能源治理和低碳发展等考量融为一体;欧盟 2008 年制定了有关气候变化的行动与可再生能源一揽子方案;法国 2015 年制定了《推动绿色增长之能源转型法令》。我国在环境、能源和气候变化方面的法律和制度也有如此融合的倾向。

可再生能源是指风能、太阳能、水能、生物质能等具有可再生性、无碳或者低碳排放的能源。相对于化石能源而言,开发可再生能源无论是对经济的可持续发展,还是对大气污染的防治、碳排放的减少和控制都具有举足轻重的作用。各国均将开发和利用可再生能源作为改善能源结构、保障能源安全、减排温室气体、应对气候变化、实现可持续发展的重要措施。各国的气候变化法律和行动都非常关注可再生能源的利用,如德国除了实施欧盟的应对气候变化的立法之外,还通过制定《可再生能源法(2004 年)》[②]等一系列国内法来应对气候变化(王灿发和刘哲,2015)。

依据《中华人民共和国可再生能源法》(2009 年修订),中国的可再生能源主要包括风能、水能、地热能、太阳能、生物质能等非传统矿物能源;直接燃烧的秸秆等不属于《中华人民共和国可再生能源法》调整的范围。目前,我国水电装机容量、太阳能热水器集热面积自 2009 年起均居世界第一位。《中华人民共和国可再生能源法》为发展规划、能源并网、税收优惠和资金支持提供了原则性规定,其实施对能源结构调整、降低单位 GDP 的能耗量及碳排放量都起到了积极的作用。

为了更好地落实《中华人民共和国可再生能源法》,国家发展改革委、财政部等相关部门专门制定了一系列部门规章和相应的规范文件,包括国家发展改革委 2010 年发布的《关于完善农林生物质发电价格政策的通知》、国家能源局 2013 年制定的《光伏电站项目管理暂行办法》。此外,相关地方政府也陆续制定了对应的地方规章,进一步实施《中华人民共和国可再生能源法》,如《湖北省农村可再生能源条例》《陕西省人民政府关于示范推进分布式光伏发电的实施意见》。由此,中国逐渐形成了较为完善的可再生能源法律法规体系,以《中华人民共和国可再生能源法》为主、相应配套法律法规为辅,基本实现可再生能源在开发利用及监督管理方面的有法可依,也为应对气候变化工作提供了法律方面的指引。

3. 《中华人民共和国大气污染防治法》

温室气体排放和大气污染物排放的关系密切,许多物质既是大气污染物又是温室气体,

---

① 国家发展改革委、科学技术部、中国人民银行、国务院国有资产监督管理委员会、国家市场监督管理总局、国家统计局、中国证券监督管理委员会令(第 15 号).

② 《中华人民共和国大气污染防治法》第 2 条第 2 款:防治大气污染,应当加强对燃煤、工业、机动车船、扬尘、农业等大气污染的综合防治,推行区域大气污染联合防治,对颗粒物、二氧化硫、氮氧化物、挥发性有机物、氨等大气污染物和温室气体实施协同控制.

如臭氧和黑碳；许多污染源既排放大气污染物又排放温室气体，如燃煤锅炉、工业炉窑等。由于空气污染和气候变化在很大程度上有共同的原因，即主要都是由矿物燃料燃烧排放造成的，因而减轻和控制空气污染与减少温室气体排放保护气候在行动上应是一致的（丁一汇等，2009）。因此，《中华人民共和国大气污染防治法》的及时修订和切实落实也会对气候变化的应对工作有积极影响。

《中华人民共和国大气污染防治法》于 1987 年通过，历经 1995 年、2000 年、2015 年和 2018 年四次修订，立法理念和法律制度体系历经不同阶段的改革、调整与完善。其制定和修改历程在一定程度上反映了我们对于气候变化的认知和应对。目前《中华人民共和国大气污染防治法》体现了大气污染物源头治理、环境规划先行的理念，被认为是中国历史上最严的大气保护法。在内容上，该法融入了与气候变化有关的内容，如 2015 年的修订版第 2 条首次明确提出，防治大气污染要将大气污染物与温室气体实施协同控制①。追求大气污染物和温室气体的减排所具有的协同效应，对于应对气候变化具有重要意义（龚微，2017）。

栗战书同志 2018 年在全国人民代表大会常务委员会《中华人民共和国大气污染防治法》执法检查组第一次全体会议上指出："要以法律的武器治理污染，用法治的力量保卫蓝天"。这体现了中国政府非常重视通过法律手段支撑绿色低碳发展。

为了落实《中华人民共和国大气污染防治法》，2018 年新疆、云南、福建、甘肃等地区的省级人大常委会纷纷制定适用于本辖区的《大气污染防治条例》，山西、湖北、山东、安徽、上海等省市人大常委会则重新修订了本地区的《大气污染防治条例》，用法治的力量保护蓝天。各地区的《大气污染防治条例》总体上都是为了实施上位法——《中华人民共和国大气污染防治法》，是对国家立法的细化、解释与补充，但是各省市在地理环境、资源禀赋、经济发展水平等方面存在差异，大气污染防治的地方立法根据本地区的情况和特点，采取相应的具体规定和措施。

以煤炭大省山西为例，山西生态脆弱，燃煤排放是大气污染物的主要来源，结构性污染矛盾突出，大气质量保护任务重于全国。为切实降低燃煤污染，提高大气环境质量，2019 年 1 月 1 日起施行的《山西省大气污染防治条例（修订）》规定控制煤炭消费总量，从源头上控制燃煤污染，增加了"本省实行煤炭消费总量控制制度，逐步调整能源结构，降低煤炭在一次能源消费中的比重"的规定；同时，强化政府对大气环境质量的责任，明确各级人民政府应当限制高硫分、高灰分煤炭开采，使地方政府对大气污染治理管理有法可依、有据可循。与之对应，云南作为生态旅游省份，2019 年 1 月 1 日起实施的《云南省大气污染防治条例》，一方面是为了响应《中华人民共和国大气污染防治法》，将云南的大气污染防治工作纳入规范化、法治化轨道；另一方面也是为了确保云南的优美环境。若干措施的制定方面凸显了云南地方特色，如该条例提出了"保持大气环境质量优良"的目标，致力于成为全国生态文明建设排头兵，致力于保护蓝天、碧水、净土。

4. 《中华人民共和国森林法》

面对气候变化已经造成的影响，通过法律手段增强对气候变化的适应能力成为各国的共同做法，我国也不例外。根据 2010 年《中国应对气候变化的政策与行动》，气候变化已经对

---

① 《中华人民共和国大气污染防治法》第 2 条第 2 款：防治大气污染，应当加强对燃煤、工业、机动车船、扬尘、农业等大气污染的综合防治，推行区域大气污染联合防治，对颗粒物、二氧化硫、氮氧化物、挥发性有机物、氨等大气污染物和温室气体实施协同控制.

我国农业、水资源、森林等生态系统带来了严重的影响。目前，农业、自然生态系统、水资源、海岸带等领域没有专门制定以适应气候变化为目的的法律，但是，这些领域有若干法律规定在客观上有助于应对气候变化。

以森林为例，森林不仅能够为人类提供大量的木材和林副业产品，而且在减缓和适应气候变化方面起着十分重要的作用。森林通过光合作用吸收二氧化碳，放出氧气，将大气中的二氧化碳转化为碳水化合物而固定下来，因而具有吸碳、固碳、储碳的能力，被称为"森林碳汇"。造林和再造林，增加森林的碳汇量是世界上公认的控制温室气体、减缓和适应气候变化的有效措施。我国作为二氧化碳排放大国，碳减排压力巨大，充分发挥森林的碳汇作用有助于我国碳减排指标的顺利完成。《中华人民共和国森林法》（2019 年修订）将"调节气候"作为除"森林蓄水保土、改善环境和提供林副产品"之外的立法目标；规定限额采伐、植树造林等制度，并设立森林生态效益补偿基金，对增加森林碳汇、减缓气候变化起了积极的作用。但是，目前《中华人民共和国森林法》与应对气候变化进程中的需求和功能定位还有一定的差距，需要对其进行相应的修改，以增加森林碳汇、森林生态效益补偿等方面的规定，以提高我国适应气候变化的能力和行动。

《2017 年林业和草原应对气候变化政策与行动白皮书》《林业适应气候变化行动方案（2016—2020 年）》等部门规章或文件都聚焦林业减缓和适应气候变化，强调了科学造林绿化，考虑气候变化因素，建立和完善森林火灾、林业有害生物灾害及沙尘暴监测体系等具体规划，有助于提高我国适应气候变化的能力和行动。

5. 碳排放交易规则

利用市场机制控制温室气体排放、推动绿色低碳发展是各国减排温室气体的共同做法。与行政指令、财政补贴等减排手段相比，碳排放权交易机制是低成本、可持续的碳减排政策工具。

《中共中央 国务院关于加快推进生态文明建设的意见》《生态文明体制改革总体方案》等均对开展和深化碳排放权交易试点、建设全国碳排放权交易体系做出要求。中国碳市场的建设工作始于 2011 年，国家发展改革委在北京、上海、深圳、湖北、重庆等省市进行了碳排放权交易试点工作。2015 年 9 月，习近平主席和奥巴马总统会见并签署《中美元首气候变化联合声明》，宣布我国计划在 2017 年建立全国碳排放权交易体系。2017 年底，国家发展改革委印发了《全国碳排放权交易市场建设方案（发电行业）》，并且组织召开全国碳排放交易体系启动工作电视电话会议以及新闻发布会，标志着我国碳排放交易体系正式启动。

全国碳排放交易体系的建立需要明确的规则作为基础和法律指引，以便维护交易的可预期性和稳定性。因此，制定碳排放交易规则、构建碳排放交易体系也是中国应对气候变化行动和立法的重要内容。国家发展改革委于 2014 年 12 月发布了《碳排放权交易管理暂行办法》（共 48 条），这一部门规章为建立全国碳排放交易市场提供了初步法律依据。北京、天津、上海、重庆、广东、湖北、深圳作为国家碳排放权交易试点，分别出台了指导碳排放权交易的地方规章。2016 年，国家发展改革委发布了《全国碳排放权交易管理条例（送审稿）》（简称《送审稿》，共 37 条），2019 年 4 月生态环境部对外发布《碳排放权交易管理暂行条例（征求意见稿）》（共 27 条）。这是全国碳市场立法工作和制度建设的重要节点，表明全国碳市场交易体系建设正在加速推进。

2020 年 12 月，生态环境部以部令的形式出台《碳排放权交易管理办法（试行）》，正式出台《2019—2020 年全国碳排放权交易配额总量设定与分配实施方案（发电行业）》《纳入 2019—2020 年全国碳排放权交易配额管理的重点排放单位名单》。2021 年生态环境部陆续发布了企业温室气体排放报告、核查技术规范和《碳排放权交易管理办法（试行）》，组织制定了《碳排放权登记管理规则（试行）》《碳排放权交易管理规则（试行）》和《碳排放权结算管理规则（试行）》三项管理规则，构建了支撑全国碳市场运行的政策法规和技术规范体系，制定并发布第一个履约周期配额分配实施方案，完成基础支撑系统建设，初步构建起全国碳市场制度体系。

35.1.3　应对气候变化的地方立法和规章

应对气候变化的地方立法，内容上主要侧重于制定《应对气候变化办法》或《应对气候变化条例》，制定节能减排方案或控制温室气体排放方案；探索制定碳排放交易规则；规范各自辖区内气候资源开发利用和保护管理办法等方面。

1. 应对气候变化办法或条例

地方政府积极响应中央政府应对气候变化的总体方案或行动，如成立专门机构应对气候变化和节能减排，制定省级应对气候变化实施方案。2010 年 8 月 6 日，青海省人民政府颁布了中国第一部应对气候变化的政府规章《青海省应对气候变化办法》。2011 年 7 月 12 日，山西省政府印发了由省发改委、省气象局制定的《山西省应对气候变化办法》。比较青海和山西两省的应对气候变化办法可知，二者的侧重点各有不同。青海是气候变化的"敏感区"，经济发展水平低，生态环境脆弱。因此，《青海省应对气候变化办法》立足于保护生态环境的重点，聚焦于如何适应气候变化，提高适应能力。山西省节能减排任务十分艰巨，是全国的能源重化工基地，资源消耗和排放量大、污染严重。因此，《山西省应对气候变化办法》致力于推动转型发展，聚焦于能源保护、能源效率的提高。制度设计坚持减缓为先，强调优化能源结构，并将单位 GDP 二氧化碳排放强度纳入各级政府和企业的目标责任制和评价考核体系。

这些地方气候变化应对办法和条例是我国以法律方式应对气候变化（适应性）的一些初步探索和尝试，尽管在很多方面具有很强的描述性和模糊性，并没有涉及市场机制在适应问题上的作用和应用，也并未规定违反此办法的严格责任，但是它们在具体执行过程中所得到的经验教训可以为国家层面《气候变化应对法》的制定提供有益的借鉴。

2. 低碳发展条例

为推进生态文明建设，推动绿色低碳发展，确保实现我国控制温室气体排放行动目标，积极应对气候变化问题，国家发展改革委分别于 2010 年、2012 年、2017 年组织开展了三批低碳省区和城市试点。为了推进相关低碳试点工作的有序和顺利开展，低碳试点城市都在探索、研究和制定适合本区域的低碳发展立法。其中，石家庄和南昌已经制定并施行了相应的低碳发展的地方性法规。

作为低碳发展的试点城市，石家庄率先积极启动了相应的地方立法工作。2013 年，石家庄市人民政府和石家庄市人大的五年立法计划就规定了要制定《石家庄市低碳发展促进条例》。2016 年 1 月，《石家庄市低碳发展促进条例》经石家庄市第十三届人民代表大会第五次会议审议通过，共 10 章 63 条，包括低碳发展的基本制度、能源利用、产业转型、排放控制、低碳消费、激励措施、监督管理和法律责任等内容。该条例涉及的低碳制度相对全面，既有碳排放总量、碳强度控制、温室气体排放统计核算与报告等涉及气候减缓方面的内容；也有煤炭消费总量制度和煤炭质量标识等能源转型的内容；还有加强公共机构节能，鼓励低碳消费、低碳生活等宣传教育等方面的内容。其中"碳排放总量控制制度""产业准入负面清单制度""将碳排放评估纳入节能评估"等内容值得国家和其他地方开展气候立法时借鉴。

南昌的低碳发展试点工作，在立法方面，采取"先粗后细、先易后难"的立法原则，采用"条例+实施意见"分步走的模式，先将立法争议较小、低碳发展的原则性内容写入《南昌市低碳发展促进条例》，然后根据实践中的新情况和新问题，再细化上述条例中的低碳发展措施，作为补充。《南昌市低碳发展促进条例》于 2016 年 4 月由南昌市第十四届人民代表大会常务委员会第三十六次会议通过，共 9 章 63 条，包括规划与标准、低碳经济、低碳城市、低碳生活、扶持与奖励、监督与管理和法律责任等主要内容。这一地方性法规旨在为城市低碳发展提供行政执法依据，依法构建城市低碳发展的体制机制，巩固城市低碳发展和生态文明建设成果（田丹宇，2018）。

石家庄和南昌分别出台的《低碳发展促进条例》，探索城市低碳转型的法制化、常态化路径，为本地区应对气候变化工作提供法律保障，其施行还为其他城市的低碳发展的地方立法提供了借鉴。

3. 气候资源开发利用和保护管理办法

随着《巴黎协定》的生效，中国关于节能减排、低碳发展、碳排放交易等问题的规定日益具体。地方政府应对气候变化的法规在数量上逐步增多。除了地方政府着手《应对气候变化条例》等事项的立法调研[①]，关于气候资源的保护与利用的地方性法规和地方政府规章大量出现。

气候资源是气候要素中可以被人类生产和生活利用的自然物质和能量，包括太阳能资源、热量资源、降水资源、风能资源和大气成分资源等。气候资源与人类生活息息相关，是一种基础性的自然资源、战略性的经济资源和公共性的社会资源，具有突出的生态、经济和社会三重效益。气候资源保护和利用既与生态环境保护直接关联，又事关地区经济发展。为了实施和遵守《中华人民共和国气象法》《中华人民共和国可再生能源法》和国务院《气象灾害防御条例》等法律、行政法规，截至 2019 年 4 月，中国有 5 个省级行政区制定了气候资源开发利用和保护的地方规章（表 35.1），有 11 个省级行政区制定了气候资源开发利用和保护的地方性法规（表 35.2）。

表 35.1　关于气候资源开发利用和保护的地方政府规章

地方政府规章名称	制定和实施时间
《广西壮族自治区气候资源开发利用和保护管理办法》	2011 年 3 月 21 日发布，2016 年 9 月 26 日第一次修正，2018 年 8 月 9 日第二次修正并实施
《吉林省气候资源保护和开发利用办法》	2017 年 6 月 29 日通过，2017 年 9 月 1 日起实施
《宁夏回族自治区气候资源开发利用和保护办法》	2017 年 1 月 4 日通过，2017 年 3 月 1 日起实施
《内蒙古自治区气候资源开发利用和保护办法》	2015 年 6 月 17 日通过，2015 年 8 月 1 日起实施
《四川省气候资源开发利用和保护办法》	2014 年 11 月 17 日通过，2015 年 1 月 1 日起实施

---

① 例如，《河北省人民政府立法规划（2013—2017 年）》将制定应对气候变化条例作为需要立法调研以便条件成熟时制定地方性法规的事项.

表 35.2　关于气候资源开发利用和保护的地方性法规

地方性法规名称	制定和实施时间
《陕西省气候资源保护和利用条例》	2018 年 9 月 28 日通过，2019 年 1 月 1 日起实施
《河南省气候资源保护与开发利用条例》	2018 年 6 月 1 日通过，2018 年 10 月 1 日起实施
《江西省气候资源保护和利用条例》	2018 年 7 月 27 日通过，2018 年 10 月 1 日起实施
《湖北省气候资源保护和利用条例》	2018 年 5 月 31 日通过，2018 年 8 月 1 日起实施
安徽省气候资源开发利用和保护条例（2018 修正）	2014 年 9 月 26 日通过，2018 年 4 月 2 日修正公布并实施
贵州省气候资源开发利用和保护条例（2017 修正）	2012 年 11 月 29 日通过，2017 年 11 月 30 日修正，2018 年 1 月 1 日起实施
江苏省气候资源保护和开发利用条例（2017 修正）	2014 年 9 月 26 日通过，2017 年 6 月 3 日修正，2017 年 7 月 1 日起实施
黑龙江省气候资源探测和保护条例（2016 修正）	2012 年 6 月 14 日通过，2016 年 12 月 16 日修正并实施
《河北省气候资源保护和开发利用条例》	2016 年 7 月 29 日通过，2016 年 10 月 1 日起实施
《山西省气候资源开发利用和保护条例》	2012 年 9 月 28 日通过，2012 年 12 月 1 日起实施
《西藏自治区气候资源条例》	2012 年 9 月 27 日通过，2013 年 1 月 1 日起施行

除了省级行政区划的地方性法规和地方政府规章，宁波、延边等城市也制定和通过了气候资源开发利用和保护方面的条例或管理办法。上述法规和规章在内容上都关注气候资源的探测、规划、保护和利用，对于可持续利用和保护气候资源、防灾减灾以及应对气候变化的宣传和信息传播都具有重要意义，有助于各地区提供适应气候变化的能力。

35.1.4　应对气候变化法律法规体系评估

总体上，中国在应对气候变化领域的法律法规建设方面，其数量近年来数量稳步增长，内容逐步完善，为气候变化的减缓、适应和宣传教育活动提供了法律支撑和指引，未来还需在应对气候变化法和碳市场交易规则方面进一步推进立法工作，以便在全国范围内为气候变化行动提供纲领性的法律依据。

目前中国围绕应对气候变化工作，在节能减排、可再生能源、适应气候变化、森林碳汇、碳市场建设等诸多领域进行了大量的法律制定和修改工作，如修正《中华人民共和国节约能源法》、修订《中华人民共和国大气污染防治法》。从中央到地方，与气候变化有关的部门规章和地方性法规，随着时间的推移，在数量上经历了由少到多，由试点制定到推广制定，由单纯响应中央行动到积极立法的转变。这有利于积极推动应对气候变化工作的有序开展，有法可依。

不过，在法律法规体系方面，中国还需要继续努力推进专门立法的进程，一是应对气候变化法的制定，二是碳市场交易规则制定。中国最高立法机构通过了决议，确认制定专门的应对气候变化法的必要性，并建议将其纳入国家的立法议程。这极大地提高了法律在应对气候变化中的地位和作用。不过，2014 年就《应对气候变化法（初稿）》征求各部门意见后，各方就《应对气候变化法（草案）》尚未形成共识，对该法的立法模式、制度体系和管理手段等在内的核心问题存在争议。这一定程度上使得应对气候变化工作缺乏纲领性的法律指引。以英国、欧盟、韩国、日本等缔约方的实践看，制定综合性的气候变化法是一个合适的选择，有助于体现国家积极应对气候变化的态度和重要的制度。

碳市场作为利用市场机制控制温室气体排放，推动绿色低碳发展的手段，其有序进展需要明确的法律指引。目前，碳排放权交易立法主要有 7 个试点地区发布的地方性法规，立法层级不高，管辖范围有限。鉴于我国是世界上温室气体排放大国，温室气体减排工作不仅仅是某些企业或某些地区的任务，因此构建全国性的碳市场、制定全国性的碳排放交易制度以便充分运用市场机制减排，有充分的必要性。2019 年 4 月公布的《碳排放权交易管理暂行条例（征求意见稿）》是碳市场交易规则构建的重要步骤，然而目前的征求意见稿凸显了政府对碳市场的监管、强调了碳信息披露核准的重要性，但是缺乏碳配额的分配等重要内容。因此，未来不仅要进一步推进《碳排放权交易管理暂行条例》的立法工作，还要进一步结合试点地区的碳排放交易经验和教训，进一步完备碳市场的监管和规范。

35.2 应对气候变化规划体系的进展与评估

我国将应对气候变化作为经济社会发展的重大战略及加快发展方式转变和经济结构调整的重大机遇（苏伟，2015）。"十一五"规划纲要首次提出，要努力"控制温室气体排放取得成效"，"十二五"规划纲要和"十三五"规划纲要均将"积极应对全球气候变化"单独作为一章，并将单位国内生产总值二氧化碳排放降低率目标作为约束性指标要求。为落实规划纲要提出的目标和任务要求，我国从国家、省级、部门层面分别编制了相关规划，对规划纲要的目标与任务进行了分解，形成了我国应对气候变化的规划体系，体现了我国应对气候变化工作的顶层设计。

35.2.1 将应对气候变化工作纳入社会经济发展规划

发展规划作为一种战略性、前瞻性、导向性的公共政策，在中国的政府管理中具有十分重要的引领地位，五年规划是具有高度中国特色的现代国家治理工具，是国家宏观调控的基础手段之一（姜佳莹等，2017）。2009 年《决议》提出，"要把积极应对气候变化作为实现可持续发展战略的长期任务纳入国民经济和社会发展规划"，奠定了中国对应对气候变化工作的基本态度，并在历次党和政府重大规划和综合性报告中体现，如表 35.3 所示。

35.2.2 国家层面应对气候变化规划和方案

2014 年，国家发展改革委发布《国家应对气候变化规划（2014—2020 年）》，提出到 2020 年，单位国内生产总值二氧化碳排放比 2005 年下降 40%～45%，进一步明确中国应对气候变化工作的指导思想、目标要求、政策导向、重点任务及保障措施。

表 35.3 历次党和政府综合性报告中应对气候变化的阐述

年份	规划/报告	应对气候变化相关内容
2011	"十二五"规划纲要	将积极应对气候变化和推进绿色低碳发展作为重要的政策导向，"绿色发展"被明确写入并独立成篇
2013	党的十八大报告	提出着力推进绿色发展、循环发展、低碳发展，明确提出建设"生态文明"的任务，积极应对气候变化是建设生态文明的重要组成部分
2015	《关于加快推进生态文明建设的意见》	积极应对气候变化，有效控制温室气体排放，提高适应气候变化能力，推动建立公平合理的全球应对气候变化格局
2016	"十三五"规划纲要	将"积极应对全球气候变化"作为一章，提出坚持减缓与适应并重，主动控制碳排放，落实减排承诺，增强适应气候变化能力，深度参与全球气候治理，为应对全球气候变化作出贡献
2018	党的十九大报告	首次将气候变化列为非传统安全威胁，将其定位为人类面临的共同挑战，并提出中国引导应对气候变化国际合作，成为全球生态文明建设的重要参与者、贡献者、引领者

2015 年，中国政府向联合国提交《强化应对气候变化行动——中国国家自主贡献》，提出中国二氧化碳排放 2030 年左右达到峰值并争取尽早达峰、单位国内生产总值二氧化碳排放比 2005 年下降 60%～65%等自主行动目标，为中国中长期应对气候变化工作指明了方向。

10 月 28 日，中国向联合国公约秘书处正式提交《中国落实国家自主贡献成效和新目标新举措》和《中国本世纪中叶长期温室气体低排放发展战略》，前者总结了 2015 年以来，中国落实国家自主贡献的政策、措施和成效，提出了新的国家自主贡献目标以及落实新目标的重要政策和举措，阐述了中国对全球气候治理的基本立场、所做贡献和进一步推动应对气候变化国际合作的考虑；后者提出中国 21 世纪中叶长期温室气体低排放发展的基本方针和战略愿景、战略重点及政策导向，并阐述了中国推动全球气候治理的理念与主张。

减缓气候变化方面，2011 年，国务院印发《"十二五"控制温室气体排放工作方案》，首次将碳强度下降作为约束性目标列入规划，提出到 2015 年，全国单位国内生产总值二氧化碳排放比 2010 年下降 17%，并对"十二五"各地区单位国内生产总值二氧化碳排放下降指标进行分解，全面部署五年规划期内工作。2016 年，国务院印发《"十三五"控制温室气体排放工作方案》，部署"十三五"期间的控制温室气体排放相关工作和部门分工，提出到 2020 年，单位国内生产总值二氧化碳排放比 2015 年下降 18%，碳排放总量得到有效控制，支持优化开发区域碳排放率先达到峰值，力争部分重化工业 2020 年左右实现率先达峰，并明确要求各省（自治区、直辖市）要将大幅度降低二氧化碳排放强度纳入本地区经济社会发展规划、年度计划和政府工作报告，制定具体工作方案。

适应气候变化方面，2013 年发布的《国家适应气候变化战略》明确了国家适应气候变化工作的指导思想和原则，提出适应目标、重点任务、区域格局和保障措施，为统筹协调开展适应工作提供指导。2016 年《城市适应气候变化行动方案》发布，指导城市从规划、基础设施、建筑、水系统、城市绿化、灾害风险管理等方面开展工作，加强城市适应气候变化能力；国家发展改革委和住房和城乡建设部于 2016 年和 2017 年分别印发了《气候适应型城市建设试点工作方案》和《气候适应型城市建设试点工作的通知》，组织开展气候适应型城市建设试点，并计划到 2020 年，试点地区适应气候变化基础设施得到加强，适应能力显著提高，公众意识显著增强，打造一批具有国际先进水平的典型范例城市，形成一系列可复制、可推广的试点经验。

35.2.3　省级层面的应对气候变化规划和方案

"十三五"以来，各省（自治区、直辖市）根据《"十三五"控制温室气体排放工作方案》要求，将大幅度降低二氧化碳排放强度纳入本地区经济社会发展规划、年度计划和政府工作报告，并根据自身的实际情况制定省级控制温室气体排放工作方案，积极推动落实碳强度控制目标，因地制宜提出适合本地区的温室气体排放控制措施和政策。

截至 2018 年 11 月，全国 31 个省（自治区、直辖市）均已发布了省级"十三五"控制温室气体排放工作方案或相关规划。其中，19 个省（自治区、直辖市）同时发布了"十三五"时期本辖区内的温室气体排放工作方案和应对气候变化规划，19 个省（自治区、直辖市）在其温室气体排放工作方案中对单位地区生产总值碳排放下降目标进行了下属市县的分解。

各省（自治区、直辖市）从低碳能源体系、产业体系、城镇化和区域低碳发展、低碳试点示范、低碳科技创新推广和基础能力支撑等方面入手，综合制定符合本区域实际情况的应对气候变化规划和控制温室气体方案，并在本地区规划和方案中明确将单位地区生产总值碳排放下降百分比作为约束性目标，以落实国家控制温室气体排放工作方案。具体来说主要包括如下内容。

(1) 建立碳排放达峰倒逼机制，推动相关法律政策出台，建设应对气候变化和低碳发展体制机制。

(2) 促进能源消费结构逐步优化，提升非化石能源占一次能源消费的比重，削减煤炭占一次能源消费的比重。

（3）促进产业结构逐步优化，推动高碳产业比重逐步下调，推进高碳产业低碳化改造，培育低碳产业成为新的经济增长点，努力降低工业温室气体排放强度。

（4）推进绿色建筑和低碳交通。

（5）充分发挥试点示范作用，积极开展低碳城市、社区和园区建设。

（6）扩大宣传倡导和群众参与，促进绿色消费和低碳生活引领。

（7）加强森林碳汇建设，提升碳汇能力。

（8）促进低碳技术创新和推广，加强国际交流合作。

（9）健全统计核算、评价考核制度，推进温室气体清单编制，加强碳排放权交易制度建设，促进低碳发展政策体系和体制机制完善，夯实应对气候变化基础能力。

通过各类举措，综合推动控制温室气体工作方案和应对气候变化规划的落实，形成了各具特色的地方应对气候变化规划体系。

35.2.4 部门的应对气候变化相关规划和方案

依托国家顶层应对气候变化相关规划，包括能源、工业、交通、建筑等各相关部门通过编制实施相关规划，积极推动应对气候变化工作。"十二五"期间，国务院发布《能源发展战略行动计划（2014—2020年）》《能源发展"十二五"规划》和《煤电节能减排升级与改造行动计划（2014—2020年）》，工业和信息化部以及国家发展改革委等制定了《工业领域应对气候变化行动方案（2012—2020年）》，交通运输部发布《交通运输业"十二五"控制温室气体排放工作方案》，住房和城乡建设部发布《"十二五"建筑节能专项规划》，国家能源局分别印发了天然气、可再生能源、太阳能发电、生物质能发展"十二五"规划。

"十三五"期间，各领域强化应对气候变化工作，深入推进各领域控制温室气体排放工作。

1. 能源

国家发展改革委、国家能源局编制出台包括调整电力结构、压减煤炭、指导天然气使用、发展可再生能源等在内的多项能源规划，推动能源结构低碳化转型，努力构建清洁低碳、安全高效的能源体系。

在能源消费领域，"十三五"规划纲要提出了推进能源消费革命，并定量地提出能源消费总量控制在50亿tce以内的预期目标。《能源发展"十三五"规划》《"十三五"控制温室气体排放工作方案》等专项规划在此基础上主要提出了两项目标：第一，在能源消费总量和强度方面，能源消费总量控制在50亿tce以内，煤炭消费总量控制在41亿t以内，单位国内生产总值能耗比2015年下降15%；第二，在能源消费结构方面，非化石能源消费比重提高到15%以上，天然气消费比重力争达到10%，煤炭消费比重降低到58%以下，发电用煤占煤炭消费比重提高到55%以上。针对以上目标，《能源发展"十三五"规划》在"节约低碳，推动能源消费革命"任务部分还提出了具体举措，包括：第一，实施能源消费总量和强度"双控"；第二，开展煤炭消费减量行动；第三，拓展天然气消费市场；第四，实施电能替代工程。

《能源发展"十三五"规划》《可再生能源发展"十三五"规划》《太阳能发展"十三五"规划》《风电发展"十三五"规划》《强化应对气候变化行动——中国国家自主贡献》《"十三五"控制温室气体排放工作方案》等专项规划在此基础上主要提出了可再生能源总量提高、可再生能源发电增长、可再生能源供热和燃料利用上升、风电和光伏项目电价竞争力提高、可再生能源并网运行和消纳问题基本解决以及可再生能源指标考核约束机制逐步完善六项目标。

2. 工业领域

工业和信息化部及有关部门联合制定包括促进高碳行业升级和绿色低碳行业发展等在内的多项工业产业规划，推动加快传统工业低碳化转型，培育绿色低碳新动能，壮大节能环保产业、清洁生产产业、清洁能源产业，构建低碳循环的经济体系。

国家发展改革委 2017 年发布《工业绿色发展规划（2016—2020 年）》，提出到 2020 年，单位工业增加值二氧化碳排放下降 22%，绿色低碳能源占工业能源消费量比重达到 15%，部分工业行业碳排放量接近峰值。国家发展改革委 2017 年发布《建材工业发展规划（2016—2020 年）》《石化和化学工业发展规划（2016—2020 年）》，国家发展改革委以及工业和信息化部印发《现代煤化工产业创新发展布局方案》等相关规划。

3. 交通领域

在综合性和专项交通规划中纳入碳排放量和碳排放强度控制，加强交通运输行业温室气体排放控制，促进现代化综合低碳交通体系建设。

2017 年国务院印发的《"十三五"现代综合交通运输体系发展规划》，提出到 2020 年实现交通运输二氧化碳排放强度下降率 7% 的预期性指标，推动交通领域节能低碳发展；交通运输部发布《水运"十三五"发展规划》，提出到 2020 年营运船舶单位运输周转量能耗和二氧化碳排放分别降低 6%、7%，港口生产单位吞吐量综合能耗和二氧化碳排放均降低 2%；发布《"十三五"控制温室气体排放工作方案》，提出交通运输业"十三五"控制温室气体排放工作的总体要求和主要目标。

4. 建筑领域

住房和城乡建设部编制出台绿色建筑专项规划，明确了建筑业"十三五"低碳发展的要求和目标，推动住房和城乡建设领域供给侧结构性改革和低碳化城镇建设。其发布了《建筑业发展"十三五"规划》《建筑节能与绿色建筑发展"十三五"规划》，提出到 2020 年，将城镇新建建筑中绿色建筑面积比重超过 50% 和绿色建材应用比重超过 40% 作为约束性指标，将城镇可再生能源替代民用建筑常规能源消耗比重超过 6% 作为预期性指标。

5. 科技领域

科学技术部、环境保护部、中国气象局联合发布《"十三五"应对气候变化科技创新专项规划》，提出提升我国应对气候变化科技实力，促进气候变化基础研究，推动减缓和适应技术的创新与推广应用，降低气候变化的负面影响和风险等多方面规划，完善应对气候变化科技创新的国家管理体系和制度体系，促进我国可持续发展战略的实施。

6. 农林领域

国家林业局出台多项林业规划加快造林绿化，推进生态系统碳汇建设，提高适应气候变化能力。在《林业发展"十三五"规划》《林业应对气候变化"十三五"行动要点》基础上，其协同各部委发布《林业应对气候变化"十三五"行动要点》，提出到 2020 年，林地保有量达到 31230 万 hm^2，森林面积在 2005 年基础上增加 4000 万 hm^2，森林覆盖率达到 23% 以上，森林蓄积量达到 165 亿 m^3 以上，湿地面积不低于 8 亿亩，50% 以上可治理沙化土地得到治理，森林植被总碳储量达到 95 亿 t 左右，森林、湿地生态系统固碳能力不断提高等规划目标。国家林业局办公室发布《林业适应气候变化行动方案（2016—2020 年）》，提出科学造林、科学保护、科学经营，加强监测预警、加强风险管理、加强队伍建设，全面提升林业适应气候变化能力，并明确到 2020 年林业领域适应气候变化的目标措施。国家林业局办公室发布《省级林业应对气候变化 2017—2018 年工作计划》，要求各地细化工作分工，落实保障措施，并对各省如何着力实现增汇减排作出了安排。

35.2.5　应对气候变化规划体系的评估

在综合分析我国国家层面、省级层面和各领域的应对气候变化规划体系的基础上，可以对当前我国应对气候变化规划体系进行基本评估。

第一，通过确立"碳强度目标引领、各地区推进落实、各部门协同合作"的工作方式，不断完善具有中国特色的应对气候变化政策框架和规划体系建设。从总体上看，国家、省级和部门层面应对气候变化的规划编制基本完成（刘长松，2016），形成了"条块结合"的规划体系，如图 35.1 所示。

第二，我国应对气候变化规划体系以国家层面单位 GDP 碳排放下降约束性目标为核心，对整个规划体系发挥目标引领作用。我国于 2009 年首次提出了控制温室气体排放的量化行动目标，即到 2020 年单位国内生产总值二氧化碳排放比 2005 年降低 40%～45%，随后，我国在每个五年规划中按阶段把该目标进行分解，"十二五"规划纲要提出的全国碳强度下降 17%、"十三五"规划纲要提出的全国碳强度下降 18%，碳强度目标成为规划纲要的主要约束性目标之一。为推动能源和经济的低碳转型，国家制定了一系列政策措施，强化绿色低碳发展的制度保证，强化各级政府的节能降碳目标责任制，将节能降碳指标纳入国家和地方五年发展规划中，并将其分解到每个省市，作为约束性指标，与其他经济社会发展指标放在同样重要位置（何建坤等，2018）。

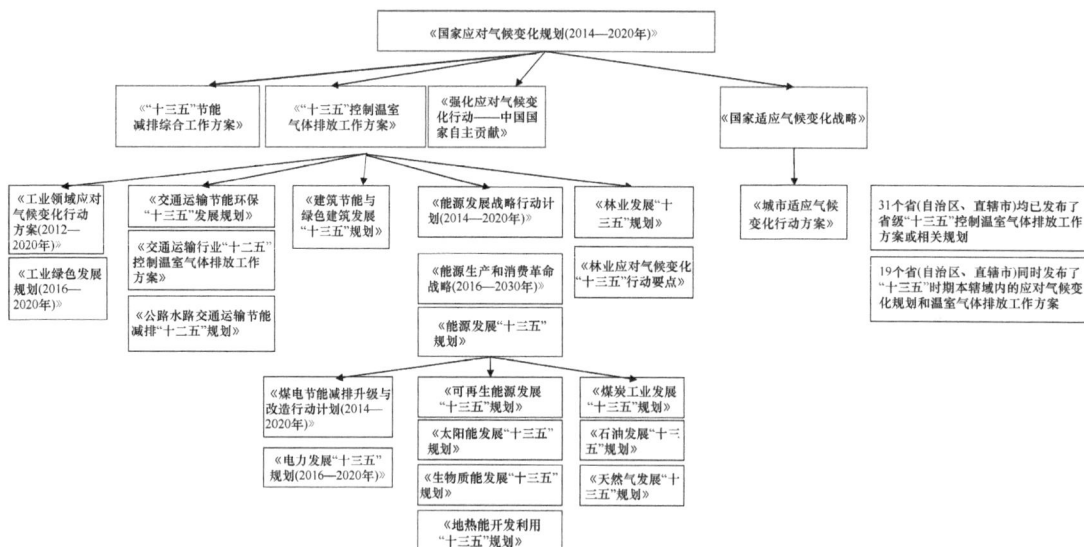

图 35.1　"十三五"时期的国家应对气候变化规划体系

第三，省级通过制定自身应对气候变化规划，有效保障国家和省级应对气候变化目标的落实。在中国现行制度安排下，如期实现全国的碳强度目标，不仅依赖于把全国目标科学分解到可以考核与问责的各个省区及下一级行政区，而且取决于各级地方政府对分解指标的有

效落实（王锋等，2013）。从"十二五"起，我国在综合考虑各省（自治区、直辖市）发展
阶段、资源禀赋、战略定位、生态环保等因素的基础上，分类确定了各省（自治区、直辖市）
的碳排放控制目标，并每年对各省（自治区、直辖市）目标的完成落实情况进行考核，成为
推动地方积极开展应对气候变化工作、落实相关目标与任务要求的重要倒逼机制（刘强等，
2018）。而各省通过制定自身的规划和方案，将应对气候变化目标融入当地社会经济发展的
方方面面，有效推动应对气候变化工作的开展与落实。

第四，低碳发展目标通过各部门、各行业发展规划，融入社会经济发展的各个方面。各
级各部门根据规划目标协调分工制定所在领域具体规划内容，以对应各级分解目标，分工完
成国家层面核心目标。"十三五"规划纲要明确提出，支持绿色低碳等领域的产业发展壮大，
推进工业、能源、建筑、交通等重点领域低碳发展，建设清洁低碳、安全高效的现代能源体
系，建设集聚度高、竞争力强、绿色低碳的现代产业走廊，通过以上对各部门、行业的发展
规划综述，不难发现，工业、能源、建筑、交通等与气候变化相关的部门与行业均明确了本
领域低碳发展目标任务及配套的政策，低碳发展的要求已融入社会经济发展的方方面面（杨
秀等，2018）。

为了达到各部门政策的系统协调，我国宣布碳达峰碳中和目标后，陆续出台了新的顶层
设计文件和目标、规划与政策，现已形成了包括科技、财政、金融、价格、碳市场、能源转
型、减污降碳协同的"1+N"政策体系。

35.3　应对气候变化标准化工作的进展与评估

标准是"为了在一定范围内获得最佳秩序，经协商一致制定并由公认机构批准，共同使
用和重复使用的一种规范性文件。[①]"通常由国家标准化管理委员会（简称国家标准委）单
独或联合行业部委共同颁布。在应对气候变化工作领域，同样需要这种规范性文件来确保各
相关参与方共同遵守相应的规则，从而达到最终应对气候变化的目标。标准是应对气候变化
工作的基础支撑和技术保障。标准化则是实现这一目标的活动。

目前我国针对应对气候变化标准化发展制定了一系列相关支撑政策，成立了相关标准化
工作机构。目前已初步建立了碳排放管理标准体系、节能标准体系等重点领域标准体系。截
至目前已发布节能、碳排放等领域的国家标准 300 多项。标准实施工作成效显著，为用能产
品能效标识管理制度、能效"领跑者"制度、碳排放权交易等应对气候变化政策制度的落地
提供了强有力的基础支撑和导向作用。

35.3.1　应对气候变化标准化发展相关政策

2012 年以来，国家发展改革委、国家标准委联合实施了两期"百项能效标准推进工程"，
发布了包括高耗能行业单位产品能耗限额、终端用能产品能效、节能基础类标准在内的 221
项节能国家标准，有力支撑了"能评""能效标识"等节能政策措施实施。据测算，能效标
准和能耗限额标准实施，可以实现节能量 1700 亿度电，2 亿 tce。

2015 年 12 月国务院办公厅印发《国家标准化体系建设发展规划（2016—2020 年）》，提
出"以资源节约、节能减排为着力点，加快能效能耗、碳排放标准研制，提高绿色循环低碳
发展水平。"在节能低碳领域，标准化重点工作包括制修订能效、能耗限额等强制性节能标

[①]《标准化工作指南 第 1 部分：标准化和相关活动的通用术语》（GB/T 20000.1—2014）.

准以及在线监测、能效检测、能源审计、能源管理体系、合同能源管理、经济运行、节能量评估、节能技术评估、能源绩效评价等节能基础与管理标准，制修订碳排放核算与报告审核、碳减排量评估与审核、产品碳足迹、低碳园区、企业及产品评价、碳资产管理、碳汇交易、碳金融服务相关标准。

2015 年 3 月，《国务院办公厅关于加强节能标准化工作的意见》（国办发〔2015〕16 号）提出到 2020 年，建成指标先进、符合国情的节能标准体系，主要高耗能行业实现能耗限额标准全覆盖，80%以上的能效指标达到国际先进水平，标准国际化水平明显提升。形成节能标准有效实施与监督的工作体系，产业政策与节能标准的结合更加紧密，节能标准对节能减排和产业结构升级的支撑作用更加显著。

2016 年 12 月，国务院办公厅印发《关于建立统一的绿色产品标准、认证、标识体系的意见》（国办发〔2016〕86 号）指出要建立统筹考虑资源环境、产业基础、消费需求、国际贸易等因素，兼顾资源节约、环境友好、消费友好等特性，基于产品全生命周期的绿色产品标准、认证、标识体系建设一揽子解决方案。开展绿色产品标准体系顶层设计和系统规划，充分发挥各行业主管部门的职能作用，共同编制绿色产品标准体系框架和标准明细表，统一构建以绿色产品评价标准子体系为牵引、以绿色产品的产业支撑标准子体系为辅助的绿色产品标准体系。

2017 年 1 月，《国家发展改革委 国家标准委关于印发〈节能标准体系建设方案〉的通知》（发改环资〔2017〕83 号）提出加快完善节能标准体系，提高节能标准实施效果。2017 年 3 月，国家质量监督检验检疫总局、国家发展改革委等 13 个部委联合发布《国家节能标准化示范项目创建工作方案》（国质检标联〔2017〕94 号），促进节能标准的有效实施。

2017 年，国家发展改革委会同水利部、国家质量监督检验检疫总局发布《水效标识管理办法》，建立水效标识制度。出台《合同节水管理技术通则》《项目节水量计算导则》《项目节水评估技术导则》3 项国家技术标准，完成《取水定额 第 26 部分：纯碱》（GB/T 18916.26—2017）等 8 项单位产品取水定额国家标准修订工作。据初步测算，实施水效标识制度每年将至少取得 60 亿 m^3 的节水效益，折合水费超过 120 亿元。水效标识制度的实施必将全面推动中国终端用水产品效率和质量提升。

35.3.2 国内标准化工作

1. 标准化技术机构

2014 年，国家标准委批准成立了"全国碳排放管理标准化技术委员会"（SAC/TC 548），对口国际标准化组织二氧化碳捕集、运输与地质封存技术委员会（ISO/TC265）和环境管理技术委员会温室气体管理及相关活动分技术委员会（ISO/TC207/SC7），由国家发展改革委（现为生态环境部）作为主管部门，其主任委员 2017 年因为职务变动变更为现生态环境部气候司领导，统筹规划碳排放管理标准的制定工作，重点开展的工作包括：碳排放管理术语、统计、监测；区域碳排放清单编制指南；企业层面的碳排放核算与报告；基于项目层面的碳排放核算与报告；产品碳足迹与低碳产品评价；低碳企业、低碳园区、低碳城市评价；碳捕获与碳储存等低碳技术与设备；碳中和与碳汇等诸多方面的标准研究。

2. 标准体系构建

2015 年 11 月，国家标准委正式批准发布工业企业温室气体排放核算和报告通则，以及发电、钢铁、民航、化工、水泥等重点行业的 11 项温室气体管理国家标准，实现了我国温室气体管理国家标准从无到有的重大突破。相关国家标准对建立全国统一的碳排放权交易市场、推动资源优化配置、降低企业碳减排成本、引导企业绿色低碳转型和低碳服务创新驱动提供技术支撑。2018 年，全国碳排放管理标准化技术委员会发布《温室气体排放核算与报告要求　第 11 部分：煤炭生产企业》（GB/T 32151.11—2018）及《温室气体排放核算与报告要求　第 12 部分：纺织服装企业》（GB/T 32151.12—2018）2 项国家标准，并于 12 月报批《温室气体排放核算与报告要求　石油化工企业》等 14 项国家标准。

2017 年，国家发展改革委和国家标准委联合制定了《〈节能标准体系建设方案〉的通知》（发改环资〔2017〕83 号），提出了节能标准体系建设的总体要求、基本原则和建设目标，并从优化标准体系建设、开展节能强制性标准整合精简、建立能效"领跑者"指标与节能标准衔接机制、加强重点领域节能标准制修订工作、增加节能标准的市场供给、推进节能标准国际化等方面提出了具体要求。

工业、建筑、交通、终端等领域，以提高能效为目的，发布了一系列强制性节能标准。在工业领域，我国发布了 106 项强制性能耗限额标准，覆盖钢铁、建材、化工、有色、电力、煤炭等高耗能行业，有效提高此行业的能源效率。在建筑领域，发布了《公共建筑节能设计标准》（GB 50189—2015）、《民用建筑热工设计规范》（GB 50176—2016）等标准。在交通领域，《乘用车燃料消耗量限值》（GB 19578—2021）规定了我国乘用车燃料消耗量的最低要求，适用于我国汽车产品准入管理环节，促进我国乘用车燃料消耗量的全面降低。《乘用车燃料消耗量评价方法及指标》（GB 27999—2019）在《乘用车燃料消耗量限值》的基础上，进一步从企业层面对燃料消耗量提出了要求，目的在于允许企业通过调整产品结构来满足企业平均燃料消耗量要求，给企业产品结构调整留出一定的灵活性。同时修订加严这两项标准是对现有乘用车节能管理制度的升级和完善。在终端用能领域，已发布 65 项强制性能效标准，覆盖了家用电器、照明设备、工业设备、办公设备、商用设备等领域量大面广的用能产品，取得了巨大的节能减排效果。

3. 推动标准实施

2015 年，国家质量监督检验检疫总局和国家发展改革委联合发布《节能低碳产品认证管理办法》，代替原《低碳产品认证管理暂行办法》，对低碳产品认证制度发展提供强有力的支撑。2015 年、2016 年分两批发布《低碳产品认证目录》，目前国家推行的低碳产品认证目录共包括七大类产品：通用硅酸盐水泥、平板玻璃、铝合金建筑型材、中小型三相异步电动机、建筑陶瓷砖（板）、轮胎、纺织面料。到 2020 年，低碳产品目录范围将扩大至三十大类，逐步构建由产品碳足迹、减碳产品、碳中和产品和国家低碳产品认证组成的产品温室气体排放控制评价体系。截至 2016 年，共颁发国家低碳产品认证证书 171 张，企业 47 家；碳足迹、碳标签等低碳认证证书 200 张，企业 96 家。

为加强节能管理，推动节能技术进步，提高用能产品能源效率，推广高效节能产品，国家发展改革委、国家质量监督检验检疫总局等于 2016 年联合发布了修订后的《能源效率标识管理办法》。截至 2018 年底，已发布 14 批实施能效标识的产品目录，覆盖 37 类产品。

35.3.3　地方标准的制定情况

全国各省（自治区、直辖市）均积极制定温室气体管理及低碳相关地方标准，旨在引导地方产业向绿色、低碳、环境友好的方向发展。截至目前，各地方发布的与温室气体相关的地方标准 66 项，其中北京 28 项，广东 18 项，其余省（自治区、直辖市）为 2～4 项，详见表 35.4。

表 35.4　各地方省（自治区、直辖市）应对气候变化相关地方标准

序号	标准编号	标准名称	地方	实施日期
1	DB11/T 1089—2014	《林业碳汇项目审定与核证技术规范》	北京市	2014/9/1
2	DB11/T 1214—2015	《平原地区造林项目碳汇核算技术规程》	北京市	2015/11/1
3	DB11/T 1369—2016	《低碳经济开发区评价技术导则》	北京市	2017/4/1
4	DB11/T 1370—2016	《低碳企业评价技术导则》	北京市	2017/4/1
5	DB11/T 1371—2016	《低碳社区评价技术导则》	北京市	2017/4/1
6	DB11/T 1404—2017	《高等学校低碳校园评价技术导则》	北京市	2017/10/1
7	DB11/T 1416—2017	《温室气体排放核算指南　生活垃圾焚烧企业》	北京市	2017/10/1
8	DB11/T 1418—2017	《低碳产品评价技术通则》	北京市	2017/10/1
9	DB11/T 1419—2017	《通用用能设备碳排放评价技术规范》	北京市	2017/10/1
10	DB11/T 1420—2017	《低碳建筑（运行）评价技术导则》	北京市	2017/10/1
11	DB11/T 1421—2017	《温室气体排放核算指南　设施农业企业》	北京市	2017/10/1
12	DB11/T 1422—2017	《温室气体排放核算指南　畜牧养殖企业》	北京市	2017/10/1
13	DB11/T 1423—2017	《低碳小城镇评价技术导则》	北京市	2017/10/1
14	DB11/T 1437—2017	《森林固碳增汇经营技术规程》	北京市	2017/10/1
15	DB11/T 1471—2017	《高等学校碳排放管理规范》	北京市	2018/3/1
16	DB11/T 1531—2018	《园区低碳运行管理通则》	北京市	2018/10/1
17	DB11/T 1532—2018	《社区低碳运行管理通则》	北京市	2018/10/1
18	DB11/T 1533—2018	《企业低碳运行管理通则》	北京市	2018/10/1
19	DB11/T 1534—2018	《建筑低碳运行管理通则》	北京市	2018/10/1
20	DB11/T 1539—2018	《商场、超市碳排放管理规范》	北京市	2018/8/1
21	DB11/T 1555—2018	《小城镇低碳运行管理通则》	北京市	2019/1/1
22	DB11/T 1558—2018	《碳排放管理体系建设实施效果评价指南》	北京市	2019/1/1
23	DB11/T 1559—2018	《碳排放管理体系实施指南》	北京市	2019/1/1
24	DB11/T 1562—2018	《农田土壤固碳核算技术规范》	北京市	2019/1/1
25	DB11/T 1563—2018	《农业企业（组织）温室气体排放核算和报告通则》	北京市	2019/1/1
26	DB11/T 1564—2018	《种植农产品温室气体排放核算指南》	北京市	2019/1/1
27	DB11/T 1565—2018	《畜牧产品温室气体排放核算指南》	北京市	2019/1/1
28	DB11/T 953—2013	《林业碳汇计量监测技术规程》	北京市	2013/5/1
29	DB23/T 1873—2017	《稻田系统温室气体减排水肥管理操作规程》	黑龙江省	2017/3/6
30	DB23/T 1919—2017	《森林经营碳汇项目技术规程》	黑龙江省	2017/6/24
31	DB23/T 1923—2017	《碳汇造林项目技术规程》	黑龙江省	2017/6/24
32	DB23/T 2016—2017	《碳汇造林技术规程》	黑龙江省	2018/1/22
33	DB31/T 1071—2017	《产品碳足迹核算通则》	上海市	2018/2/1
34	DB31/T 930—2015	《非织造产品（医卫、清洁、个人防护、保健）碳排放计算方法》	上海市	2016/1/1
35	DB32/T 1935—2011	《非建设用地温室气体排放核算规程》	江苏省	2012/1/10
36	DB36/T 934—2016	《日用陶瓷单位产品碳排放限额》	江西省	2017/3/1

续表

序号	标准编号	标准名称	地方	实施日期
37	DB37/T 2505.2—2014	《低碳产品评价方法与要求 第 2 部分：通用硅酸盐水泥》	山东省	2014/9/8
38	DB41/T 1429—2017	《工业企业碳排放核查规范》	河南省	2017/11/28
39	DB42/T 727—2011	《温室气体（GHG）排放量化、核查、报告和改进的实施指南（试行）》	湖北省	2011/9/1
40	DB43/T 662—2011	《组织机构温室气体排放计算方法》	湖南省	2012/1/1
41	DB43/T 721—2012	《区域温室气体排放计算方法》	湖南省	2012/11/18
42	DB64/T 725—2011	《静态箱法测定水稻田温室气体技术规程》	宁夏回族自治区	2011/12/18
43	DB44/T 1381—2014	《纺织企业温室气体排放量化方法》	广东省	2014/11/14
44	DB44/T 1382—2014	《企业（单位）二氧化碳排放信息报告通则》	广东省	2014/11/14
45	DB44/T 1383—2014	《钢铁企业二氧化碳排放信息报告指南》	广东省	2014/11/14
46	DB44/T 1384—2014	《水泥企业二氧化碳排放信息报告指南》	广东省	2014/11/14
47	DB44/T 1448—2014	《电子电气产品与组织的温室气体排放评价 术语》	广东省	2015/2/10
48	DB44/T 1449.1—2014	《电子电气产品碳足迹评价技术规范 第 1 部分：移动用户终端》	广东省	2015/2/10
49	DB44/T 1503—2014	《家用电器碳足迹评价导则》	广东省	2015/3/9
50	DB44/T 1506—2014	《企业温室气体排放量化与核查导则》	广东省	2015/3/9
51	DB44/T 1874—2016	《产品碳足迹 产品种类规则 巴氏杀菌乳》	广东省	2017/1/1
52	DB44/T 1917—2016	《林业碳汇计量与监测技术规程》	广东省	2017/1/1
53	DB44/T 1941—2016	《产品碳排放评价技术通则》	广东省	2017/3/2
54	DB44/T 1942—2016	《小功率电动机产品碳排放基础数据采集技术规范》	广东省	2017/3/2
55	DB44/T 1943—2016	《有色金属企业二氧化碳排放信息报告指南》	广东省	2017/3/2
56	DB44/T 1944—2016	《碳排放管理体系 要求及使用指南》	广东省	2017/3/2
57	DB44/T 1945—2016	《企业碳排放核查规范》	广东省	2017/3/2
58	DB44/T 1976—2017	《火力发电企业二氧化碳排放信息报告指南》	广东省	2017/6/10
59	DB44/T 1977—2017	《石化企业二氧化碳排放信息报告指南》	广东省	2017/6/10
60	DB44/T 2116—2018	《碳汇造林技术规程》	广东省	2018/4/25
61	DB45/T 1108—2014	《造林再造林项目碳汇计量与监测技术规程》	广西壮族自治区	2014/12/30
62	DB45/T 1230—2015	《红树林湿地生态系统固碳能力评估技术规程》	广西壮族自治区	2015/12/30
63	DB50/T 700—2016	《企业碳排放核查工作规范》	重庆市	2016/12/1
64	DB50/T 701—2016	《普通两轮摩托车低碳产品评价方法及要求》	重庆市	2016/12/1
65	DB64/T 1119—2015	《静态箱法测定春小麦田温室气体技术规程》	宁夏回族自治区	2015/11/27
66	DB64/T 1120—2015	《静态箱法测定玉米田温室气体技术规程》	宁夏回族自治区	2015/11/27

35.3.4　积极参与 ISO 应对气候变化相关国际标准化工作

中国积极参与 ISO 应对气候变化、节能等领域国际标准化活动，为相关领域国际标准制定做出了重要贡献。中国承担了 ISO 环境管理技术委员会温室气体管理分技术委员会（ISO/TC 207/SC7）联合秘书处、ISO 碳捕获与碳封存技术委员会（ISO/TC 265）联合秘书处、ISO 能源管理和能源节约技术委员会（ISO/TC 301）副主席及联合秘书处。中国承担了 1 项温室气体量化与报告国际标准的联合召集人，2 项碳捕集与碳封存国际标准的召集人，1 项适应气候变化国际标准的联合召集人，3 项节能量评估国际标准的召集人和 1 项绿色金融国际标准的召集人。我国专家还承担 ISO 气候变化协调委员会的副主席与委员职务，参与应对气候变化国际标准工作路线图的设计与构建工作，并参与清洁能源部长级合作机制（CEM）、G20 等国际合作框架下能源管理标准、产品能效标准等技术合作活动。

35.3.5 应对气候变化标准体系评估

根据 IEA 的评估，强制性节能标准已覆盖了全球能源使用领域的 31.5%。其中，中国出台的强制性节能标准数量最多，约占全球标准数量的 1/3（IEA，2017）。强制性能效标准具有显著的节能减排效果。根据测算，根据家用空调能效标准，2005～2025 年有望节约 2.54 亿 kW·h 的累计节能量，相当于 16.1 亿 t CO_2 的减排量（Hao et al.，2015）。以 2015 年发布的《家用电冰箱耗电量限定值及能效等级》（GB 12021.2—2015）为例，能效标准修订之后，根据计算模型，按照 2014 年的销售量 6227 万台计算，新增产品全年可节电 1.18×10^9 kW·h。假设今后的 10 年保持 2014 年的销售水平，10 年累计节电量 64.9 TW·h，相当于全北京一年用电量的 0.7 倍（以 2013 年《中国统计年鉴》北京年电力消费量计）（Khanna et al.，2016）。根据美国劳伦斯伯克利国家实验室的研究成果，中国空调、冰箱、电动机等 23 项能效标准的年节能量达到 1350 亿 kW·h，相当于 28 个燃煤电厂的发电量，超过 1 个三峡水电站的发电量（邹瑜等，2016）。

经过 30 年的发展，我国建筑节能标准从北方采暖地区居住建筑起步，逐步扩展到了夏热冬冷地区、夏热冬暖地区和公共建筑，建筑节能标准完成了节能率 30%、节能率 50% 到节能率 65% 三步走的跨越（Yan et al.，2017）。中国建筑节能标准体系也结合中国建筑用能特点逐步完善，并在通过标准控制建筑能耗总量方面做出了有益的探索（Hao et al.，2017）。

在交通领域，针对重点耗能领域，如乘用车、轻型商用车、重型货车、低速货车、摩托车等建立了比较完整的燃油经济性标准（王海良和秦振华，2017）。道路交通、2016 年 7 月工业和信息化部发布的《2015 年度乘用车企业平均燃料消耗量情况》显示，2015 年度中国境内 117 家乘用车企业共生产/进口乘用车 2103.85 万辆（不含新能源乘用车和出口乘用车），行业平均燃料消耗量实际值为 7.04 L/100km。2015 年我国生产新能源乘用车 20.64 万辆，如计入平均燃料消耗量核算，国产乘用车平均燃料消耗量为 6.65 L/100km（刘长松，2016）。

我国在应对气候变化标准方面工作成效显著，但也存在诸多挑战，例如，标准与政策间的衔接配合不足，政策和标准各自的定位模糊，政策实施和支持标准的衔接配合机制有待进一步优化；急需补充重要标准，适应气候变化、绿色基础设施、资源节约与循环利用；标准实施主体技术能力和创新意识不足，标准监督检查范围有限，标准实施尚缺少有效的信息反馈和评估机制，标准与科技项目紧密结合机制有待进一步深化；标准的国际一致化水平不够。标准国际协调一致工作缺乏统筹指导，对参与国际标准、规则制定的重视程度不够，国际标准化人才队伍急需补充。

对未来的建议：基于调研数据的分析结果，需要进一步完善气候变化工作机制，将标准化工作纳入国家应对气候变化工作的整体框架，统筹协调，推动各部门、各行业应对气候变化标准化工作；加强应对气候变化政策与标准的有效衔接，在政策措施的制定中统筹考虑配套标准的制定，确保政策实施所必需的标准能够及时出台。需要在国家层面建立统一协调工作标准机制，避免不同行业、不同领域标准的重复制定和及时矛盾，造成资源浪费；继续加强温室气体排放核算、碳交易、节能等应对气候变化重点领域标准研制工作；完善标准经费保障机制，财政重点投入基础性、公益性标准的研制工作，解决本领域标准化活动市场失灵问题。促进标准的系统应用，大力开展标准宣贯培训，强化节能标准监督检查。鼓励行业协会、学术团体和产业联盟等制定相关团体标准，快速满足市场需求；积极参与应对气候变化国际标准化工作；建立相关部门、研究机构、产业界参与的应对气候变化标准国际协调合作机制，培养更多的复合型国际标准化专家，加强与"一带一路"等重点国家标准技术合作，支持我国参与应对气候变化相关国际标准制定工作。

参 考 文 献

常纪文. 2015.《中华人民共和国气候变化应对法》有关公众参与条文的建议稿. 法学杂志, (2): 11-18.

陈健华. 2015. 应对气候变化国际标准化进展及对我国的影响. 北京: 中国科学技术出版社.

陈亮, 孙亮, 郭慧婷, 等. 2016. 工业企业温室气体排放核算与报告系列标准解读. 北京: 中国质检出版社.

成建宏, 李小双, 李红旗. 2016. 家用电冰箱新能效标准及其节能减排预测. 制冷与空调, (3): 72-75.

丁一汇, 李巧萍, 柳艳菊. 2009. 空气污染与气候变化. 气象, 35(3): 3-14.

龚微. 2017. 大气污染物与温室气体协同控制面临的挑战与应对——以法律实施为视角. 西南民族大学学报(人文社科版), 38: 108-113.

何建坤, 卢兰兰, 王海林. 2018. 经济增长与二氧化碳减排的双赢路径分析. 中国人口·资源与环境, 28(10): 9-17.

姜佳莹, 胡鞍钢, 鄢一龙. 2017. 国家五年规划的实施机制研究: 实施路径、困境及其破解. 西北师大学报(社会科学版), 54(3): 24-30.

兰花. 2010. 2008 年英国《气候变化法》评介. 山东科技大学学报(社会科学版), 12(3): 69-76.

李艳芳. 2010. 中国应对气候变化法律体系的建立. 中国政法大学学报, 20: 78-91.

刘长松. 2016. 应对气候变化与低碳发展规划编制研究. 规划与战略, 1: 49-51,55.

刘强, 李晓梅, 曹颖, 等. 2018. "十三五"我国控制温室气体排放主要目标和重点任务中期进展初步分析. 气候战略研究, (15): 1.

罗丽. 2010. 日本应对气候变化立法研究. 法学论坛, 25: 107-113.

生态环境部. 2019. 碳排放权交易管理暂行条例(征求意见稿). http://www.mee.gov.cn/hdjl/yjzj/wqzj_1/201904/t20190403_698483.shtml[2021-10-28].

苏伟. 2015. 我国应对气候变化和低碳发展的战略与政策. 全球化, (3): 54-62,82,131-132.

孙亮, 刘玫, 陈健华, 等. 2016. 应对气候变化相关国际标准化工作最新进展总结与分析. 中国标准化, 2: 90-95.

田丹宇. 2018. 中国地方应对气候变化立法研究. 法治社会, (3): 79-87.

王灿发, 刘哲. 2015. 论我国应对气候变化立法模式的选择. 中国政法大学学报, 50: 113-121.

王锋, 冯根福, 吴丽华. 2013. 中国经济增长中碳强度下降的省区贡献分解. 经济研究略, (8): 143-155.

王海良, 秦振华. 2017. 乘用车燃料消耗量标准推进中国节能与新能源汽车的发展. 汽车工程, 1: 17-22.

王慧. 2010. 英国《气候变化法》述评. 世界环境, (2): 63-65.

杨秀, 狄洲, 徐华清. 2018. "十三五"我国控制温室气体排放政策法规体系建设中期进展初步分析. 气候战略研究, (17): 1.

邹瑜, 郎四维, 徐伟, 等. 2016. 中国建筑节能标准发展历程及展望. 建筑科学, 32(12): 1-5,12.

Hao H, Liu Z W, Zhao F Q. 2017. An overview of energy efficiency standards in China's transport sector. Renewable and Sustainable Energy Review, 67: 246-256.

Hao Yu H, Tang B J, Yuan X C, et al. 2015. How do the appliance energy standards work in China? Evidence from room air conditioners. Energy and Buildings, 86: 833-840.

IEA. 2017. Energy Efficiency 2017. http://indiaenvironmentportal.org.in/files/file/Energy_Efficiency_2017.pdf [2019-04-02].

Khanna N, Zhou N, Fridley D, et al. 2016. Prospective evaluation of the energy and CO_2 emissions impact of China's 2010-2013. Ernest Orlando Lawrence Berkeley National Laboratory, LBNL-1005921.

Yan D, Hong T, Li C, et al. 2017. A thorough assessment of China's standard for energy consumption of buildings. Energy and Buildings, 143: 114-128.

第36章 国家碳市场建设

首席作者：张昕 周丽

摘 要

建立碳排放交易体系是中国生态文明制度建设的重要内容，是应对气候变化重要的机制体制创新，是探索利用市场机制控制温室气体排放的重大举措。本章从试点碳排放权交易市场（简称试点碳市场）、温室气体自愿减排交易体系、全国碳排放权交易市场（简称全国碳市场）出发，评估了各碳排放权交易市场基础制度建设进展、市场运行情况与特点、减排成效和社会效益以及面临的问题与挑战。就试点碳市场而言，各试点地区在政策法规体系、排放监测、报告和核查（MRV）制度、排放配额分配与履约管理制度、交易监管制度建设以及能力建设等方面积极开展了大量细致、探索性的工作，已经初步建成制度要素齐全、各具特色、初具市场规模、初显减排成效的7个试点碳市场。关于温室气体自愿减排交易体系，已初步建立了统一、规范、公信力强的温室气体自愿减排交易体系，市场运行基本有序，并积极参与试点碳市场履约抵消。关于全国碳市场，国家有关部门已发布了《全国碳排放权交易市场建设方案（发电行业）》，顺利启动了全国碳排放权交易市场建设，出台《碳排放权交易管理办法（试行）》，印发《2019—2020年全国碳排放权交易配额总量设定与分配实施方案（发电行业）》，公布发电行业重点排放单位名单，正式启动全国碳市场第一个履约周期，在制度、基础支撑系统和能力建设等方面取得了阶段性积极进展。党中央、国务院高度重视全国碳排放交易体系建设。习近平生态文明思想指出，提高环境治理水平，要充分利用市场化手段，完善资源环境价格机制。党的十八大报告、十八届三中全会决议、十八届五中全会决议、《国家应对气候变化战略规划（2014—2020年）》《中共中央 国务院关于加快推进生态文明建设的意见》、"十三五"规划纲要、《"十三五"控制温室气体排放工作方案》等对开展碳排放权交易试点、启动全国碳排放交易体系、建设全国碳市场均做出了安排部署。2015年9月，中美两国政府发表了《中美元首气候变化联合声明》，习近平主席就2017年启动全国碳排放交易体系做出了重要对外宣示。2019年7月，李克强总理主持召开了国家应对气候变化及节能减排工作领导小组会议，指出要加快建立碳排放权交易市场，构建节能减排长效机制。2021年4月，习近平主席在"领导人气候峰会上"提到，我国将启动全国碳市场上线交易。建立切实可行、行之有效的全国碳市场是应对气候变化的机制创新，不仅能够成本效益较优地实现温室排放总量控制，协同削减污染物排放，还将积极推动构建绿色低碳循环发展的经济体系，推进社会经济高质量发展，同时也是提升我国应对气候变化国际领导力、引领全球气候治理的重大行动。本章立足于我国试点碳市场、温室气体自愿减排交易体系和全国碳市场，分别评估了近年来上述市场制度的顶层设计、建设进展、市场表现、减排成效和社会效益，以及碳市场建设中面临的问题与挑战。

36.1　试点碳排放权交易市场建设

2011 年，国务院碳交易主管部门（简称国务院主管部门）批准在北京、天津、上海、重庆、湖北、广东和深圳开展碳排放权交易试点工作。2013 年 6 月 18 日，深圳碳排放权交易市场率先启动，之后上海、北京、广东、天津、湖北、重庆碳排放权交易市场相继启动。各试点地区积极探索碳排放权交易市场建设，在政策法规体系、市场要素、排放监测、报告和核查（MRV）制度、排放配额分配与履约管理制度、交易监管制度建设以及基础支撑系统和能力建设等方面开展了大量细致、探索性的工作。

36.1.1　构建政策法规体系，亟待加强法律效力

试点碳市场建设时间紧任务重，在碳交易缺乏全国性上位法的情况下，各试点地区克服困难，在强有力的行政力量推动下，高效率地出台了一系列碳交易政策法规，保障试点碳市场运行秩序。各试点地区初步构建了碳排放权交易政策法规体系，明确了试点碳市场的目的和作用，制定了试点碳市场的基础制度，规定了碳交易各参与方的责任、义务和惩罚措施（国家应对气候变化战略研究和国际合作中心，2016）。在碳排放权交易基础法律法规框架下，各试点地区还分别出台了碳排放 MRV、配额分配、交易监管、配额清缴履约等配套地方政府部门规章和/或规范性文件，为构建碳排放 MRV 制度、配额分配制度和交易监管制度奠定了基础，使得试点碳市场建设和运行有法可依，有章可循。例如，2013 年以来，北京碳市场逐步构建了以"1 个碳排放总量控制的北京市人大决定"和"1 个碳排放权交易管理办法"为框架，以 20 余件（N）与碳排放权交易相关的规范性文件为支撑的"1+1+N"政策法规体系。此外，根据实际使用情况，对相关规范性文件不断进行修订完善，以满足北京碳市场发展的新要求，确保北京碳市场健康有序运行（刘海燕和郑爽，2016）。

各试点地区出台的碳排放权交易基础法规层级不同，主要以政府规章或规范性文件等形式颁布碳排放权交易管理办法，法律效力较低，属于地方性法规级别的只有 2012 年深圳市第五届人民代表大会常务委员会第十八次会议通过的《深圳经济特区碳排放管理若干规定》和 2013 年北京市第十四届人民代表大会常务委员会第八次会议通过的《关于北京市在严格控制碳排放总量前提下开展碳排放权交易试点工作的决定》。按照中国现行立法体系，地方性政府规章或规范性文件法律效力较有限，一方面主要体现在没有处罚权上，另一方面是不能就第三方机构的资格等问题设立行政许可，而地方人大通过的地方性法规可以设处罚权。基于我国碳排放权交易制度立法效力的现实问题，现有的分散化、低位阶地方性法规及部门规章无法适应未来全国统一的碳排放权交易市场的运行，通过立法将长期、基本的目标和举措由政策上升为法律，为碳排放权交易市场提供一个稳定的法制环境，出台全国统一的《碳排放权交易管理暂行条例》具有现实紧迫性。

36.1.2 建立 MRV 制度，亟待强化细节管理

开展碳排放权交易试点之前，我国几乎没有企业层面的温室气体排放统计体系，因此各试点碳市场在建设初期均面临缺乏碳排放数据的挑战。各试点碳市场从纳管重点排放企业/单位（简称重点排放单位）历史排放数据入手，在较短的时间内，从无到有初步建立了重点排放单位的碳排放 MRV 制度，包括构建了温室气体排放核算方法学体系，颁布了碳排放核算和报告技术规范，建立了碳排放电子报告系统。目前，各试点碳市场根据自身情况发布了 20 多个分行业的碳排放核算和报告指南，并建立了电子报送系统。其中，深圳、重庆碳市场仅制定了各行业通用的碳排放核算方法学，北京、天津、上海、湖北、广东碳市场均制定了分行业的重点排放单位碳排放核算方法学和技术指南，并要求重点排放单位制定、备案和实施碳排放监测计划。北京、上海、广东碳市场根据使用中发现的问题，不断修改完善碳排放核算方法学，在确保排放核算方法科学性的同时，进一步提高其可操作性。深圳、北京碳市场将重点排放单位温室气体排放核算和报告指南转化为地方标准，从而进一步加强温室气体排放核算和报告的规范性（Wu et al.，2014；国家应对气候变化战略研究和国际合作中心，2016）。

试点碳市场非常重视碳排放核查工作。多数碳市场出台了第三方核查机构管理办法，对核查机构采取备案管理，其中北京、深圳和湖北碳市场采用了核查机构和核查员双备案的方式进一步加强管理。试点碳市场还出台了核查技术规范，要求核查机构必须按照规定的核查程序和工作规范开展核查工作。此外，主管部门开展了现场检查、核查报告抽查、复查等工作，加强对核查工作的管理和监督，确保核查工作质量，例如，北京碳市场组织相关专家对核查报告进行第四方核查，并组织核查机构对核查报告进行交叉复查，以确保核查数据的科学性和准确性。上海碳市场和广东碳市场建立了核查机构年度评估制度，定期对核查机构进行检查并及时对违规、违纪现象进行罚款、征信记录、取消机构核查备案等处罚（郑爽和刘海燕，2017）。目前，北京、深圳碳市场采用市场化的方式开展核查工作，重点排放单位自行选取核查机构并支付核查费用、政府主管部门支付核查报告复查等费用，其他试点地区碳市场均采用政府采购、委托等方式开展核查工作，由政府财政经费支付核查费用（张昕，2016；曾雪兰等，2016）。

由于相关政策法规的缺位，以及部门管理职能交叉和人力、物力方面的限制等，试点碳市场主管部门对核查机构和核查员等的监管能力有限，例如，试点碳市场均未细化对核查机构的管理责权利，也未明确规定核查机构与核查员的淘汰退出、违法处罚等，尚未形成核查工作的全流程监管。虽然面临多重困难，各试点仍在较短时间内完成了控排单位能耗、排放数据 MRV 工作。通过开展重点排放单位排放数据报送工作，地方政府初步掌握了企业和行业的排放状况与趋势，为气候变化决策、制定减排政策措施提供了有力的技术支撑（Liu et al.，2015；曾雪兰等，2016；国家应对气候变化战略研究和国际合作中心，2018；Yi et al.，2018）

36.1.3 因地制宜制定配额分配方法，仍需不断调整

各试点碳市场在充分考虑所在地区社会经济发展需求、温室气体排放控制目标和减排潜力等情况下，结合企业历史排放情况，通过"自上而下"和"自下而上"相结合的方式，确定了试点碳市场重点排放单位纳入门槛、覆盖范围（表 36.1）和排放配额总量。各试点碳市场重点排放单位纳入门槛不等（表 36.2），基本覆盖了本地区温室气体排放的重要行业，如电力和热力、钢铁、有色、化工、石化、建材等。北京、上海、深圳的第三产业在产业结构中占比较大，因此它们的碳市场还纳入了商业、物业、宾馆、金融等服务行业和大型公共建

筑。随着试点碳市场建设不断深化，北京、上海、广东碳市场等还逐步调整重点排放单位纳入门槛、扩大行业覆盖范围，例如，北京碳市场纳入的重点排放单位由启动之初（2013 年11 月）的 430 余家增加到 2018 年的 940 余家，其纳入门槛也由排放量 1 万 t CO_2eq/a 下调至 5000t CO_2eq/a（刘海燕和郑爽，2016）。深圳碳市场纳入的重点排放单位由启动之初（2013 年 6 月）的 636 家增加到 2018 年 7 月的 810 余家，覆盖范围在电力、水务、燃气、制造业等基础上，增加了公共交通、机场、码头行业等。截至 2020 年底，7 个试点碳市场共覆盖了 20 余个行业 2800 余家重点排放单位，配额总量合计超过 13 亿 t CO_2eq/a，仅次于欧盟碳市场排放配额总量。各试点的配额总量差异较大，从深圳碳市场约 4000 万 t CO_2eq/a 到广东碳市场约 4.2 亿 t CO_2eq/a 不等，各自占其试点地区排放总量的 40%~60%（Wu et al.，2014；Qi et al.，2014；Xiong et al.，2015，2017；Munnings et al.，2016；国家应对气候变化战略研究和国际合作中心，2016，2018）。

表 36.1 中国碳排放权交易试点纳入行业[*]

试点	目前已纳入行业
北京	电力、热力、水泥、石化、其他工业、制造业、服务业、交通（固定公共交通、移动公共交通、固定和移动轨道交通）
天津	电力、热力、钢铁、石化、油气开采、建材、造纸、航空
上海	工业行业：电力、钢铁、石化、化工、有色金属、建材、纺织、造纸、橡胶及化纤、汽车、设备制造 非工业行业：航空、机场、港口、商场、宾馆、电子、医药、商务办公建筑、铁路站点
湖北	电力、热力及热电联产、玻璃及其他建材、水泥、陶瓷制造、纺织、汽车制造、化工、设备制造、有色金属、钢铁、食品饮料、石化、医药、水的生产和供应、造纸
广东	电力、水泥、钢铁、石化、造纸、航空
重庆	化工（电石、合成氨、甲醇）、建材（水泥、平板玻璃）、钢铁（粗钢）、有色金属（电解铝、铜冶炼）、造纸（纸浆制造、机制纸和纸板）、电力（纯发电、热电联产）
深圳	电力、水务、燃气、制造业、建筑、公共交通、机场、码头等

[*]截至 2019 年度履约期

表 36.2 中国碳排放权交易试点纳入门槛和控排企业数量[*]

试点	纳入门槛	控排企业数量/个
北京	年排放≥5000 t CO_2 eq	876
天津	年排放≥2 万 t CO_2 eq	97
上海	工业：年排放≥1 万 t CO_2 eq 非工业：年排放≥1 万 t CO_2 eq	300
湖北	2015~2017 年任一年综合能耗≥1 万 tce	364
广东	年排放≥2 万 t CO_2 eq 或年综合能耗≥1 万 tce	265
重庆	年排放≥2 万 t CO_2 eq	230
深圳	年排放≥3000 t CO_2 eq 大型公共建筑和建筑面积≥1 万 m^2	706

[*]截至 2019 年度履约期

对于试点碳市场的配额分配工作，一是以免费分配为主，个别试点碳市场探索实践了通过拍卖来有偿分配少量配额，以此引导定价和补充市场流动性。二是以历史法分配配额为主，逐渐向基准线法分配配额过渡，对于如电力、水泥等数据条件较好、产品单一的行业采用基准线法分配配额。三是多数试点碳市场制定了配额调整机制，在确保实现排放总量目标控制的前提下，优化调整配额分配方案。以广东碳市场为例，其采用有偿和免费分配相结合的配额分配方式，对于有偿分配，2013 年以 60 元/t CO_2eq 的价格有偿分配了 3%的排放配额，2014 年以阶梯底价（25 元/t CO_2eq、30 元/t CO_2eq、35 元/t CO_2eq、40 元/t CO_2eq）分配了约 800 万 t CO_2eq 排放配额，2015 年不设底价，但根据二级市场价格设定政策保留价，对电力企业分配 200 万 t CO_2eq 排放配额。此外，对电力、水泥行业主要采用基准线法分配配额，对石化、钢铁行业主要采用历史法分配配额。每一履约期开始时都会结合上一年度的实际情况对配额管理细则进行调整。又如，深圳碳市场在配额分配方法上创新研发了竞争博弈法和绩效奖励法，这两种方法强化了企业对控制 CO_2 排放强度下降与控制排放配额总量相结合，既考虑了企业发展所需要的排放空间，又考虑了排放总量控制目标要求（邓茂芝和贾辉，2019；Jiang，2014；Xiong et al.，2017）。

排放数据质量不高、配额分配方法固有的技术缺陷，导致试点碳市场排放配额总量设定较宽松、部分重点排放单位配额富余程度高，加之经济下行压力增大、缺乏有效的配额调节机制，进一步加剧了试点碳市场配额过剩，为确保碳市场的减排有效性，亟待进一步收紧配额总量。为此，各试点对配额分配方式进行积极试错和创新，致力于维持碳市场的稳定性和有效性。例如，深圳运用有限理性重复博弈理论、创新配额分配方法等控排措施，通过配额供求均衡来影响或者决定碳市场的配额供给；广东省将碳排放权交易视为推行资源有偿使用制度的重要契机，率先使用试点配额有偿拍卖的方式，同步建立两级市场，对政府调控碳市场流动性和确保其稳定性发挥了积极的作用（国家应对气候变化战略研究和国际合作中心，2016，2018）。

36.1.4　市场初具规模，亟待加强市场监管、提升交易活跃度

各试点碳市场持续完善建立健全市场监管机制，进一步提升市场活跃度。除上海碳市场未允许个人参与市场交易外，其他试点碳市场均允许重点排放单位、其他机构和个人参与碳排放权交易。各试点地区分别建立了交易平台作为本地区碳市场的指定交易场所，交易产品主要包括试点碳排放配额和中国国家核证自愿减排量（CCER），交易方式主要包括公开竞价和协议转让，部分碳市场还允许其他碳信用参与交易以提高碳市场活跃度，例如，北京碳市场允许重点排放单位节能量、北京林业碳汇和北京碳普惠"再自愿少开一天车"减排量参与交易，广东碳市场允许广东碳普惠减排量参与交易等。此外，北京、上海、湖北、广东和深圳试点碳市场积极探索发展碳金融，开发了包括配额回购、配额质押、配额远期、碳基金、碳信托、碳债券等十余类产品。多数试点地区建立了市场风险控制机制，包括对价格涨跌幅和配额持有量进行限制等，尽可能降低市场的运行风险（国家应对气候变化战略研究和国际合作中心，2018）。

截至 2020 年底，7 个试点碳市场累计配额现货成交量达到 4.4 亿 t CO_2eq，累计成交金额约 103 亿元人民币。广东、湖北和深圳配额现货累计成交量分列前三位，湖北、深圳和北京配额现货累计成交金额分列前三位。北京碳市场配额平均成交价最高，超过 50 元/t CO_2eq，其次深圳碳市场配额累计成交平均价格约 30 余元/t CO_2eq，重庆试点碳市场配额累计成交价格曾经最低，低于 5 元/t。部分试点碳市场配额价格较低，主要由配额总量宽松、企业配额富裕所致。7 个试点碳市场配额成交量从 2013 年的 340 万 t CO_2eq，逐渐增加至 2016 年的 7108 万 t CO_2eq，而后配额成交量逐渐降低，2018 年 7 个试点碳市场配额成交量约 6500 余万 t CO_2eq，2019 年 7 个试点碳市场配额成交量约 6500 万 t CO_2eq。除配额外，试点碳市场允许重点排放单位使用一定比例满足条件的 CCER 或本地区自愿减排量进行抵消配额清缴履约。

截至 2020 年 12 月，CCER 累计成交量约 2.7 亿 t，累计成交金额约 23 亿元人民币。其中上海成交量最大，占 7 个试点碳市场 CCER 总成交量的近一半，比成交量第二的广东碳市场多出一倍，主要原因是上海的抵消规则限制条件较少，无项目限制，相对较为开放，规则出台较早，预期明确，并且规定本市试点碳市场控排企业排放边界范围内的 CCER 不得用于配额清缴，因此吸引了全国各地不少的 CCER 进入上海碳市场（Fan and Todorova, 2017; Deng and Zhang, 2019; Chang et al., 2017; Zhou and Li, 2019a; Cong and Lo, 2017）。

值得注意的是，试点碳市场交易主要集中在履约期前 1~2 个月，成交量占全年成交量的 60%~90%甚至以上。此外，配额年成交总量仅为配额总量的 20%~30%，且配额成交价格之间相关度较高，尚未形成反映减排成本的碳价格，价格波动较大，不同试点碳市场的价格具有较大差异。总体而言，试点碳市场交易集中度过高、交易活跃度不高，市场化程度不高（王科和陈沫，2018; Zhang et al., 2014; Deng and Zhang, 2019）。

由于相关政策法规的缺位，碳市场基本制度还不够完善，以及部门管理职能交叉和人力、物力方面的限制等，试点碳市场尚未建立有效的碳市场监管体系和信息披露制度，对于交易机构的内部管理、交易系统运维、市场实时交易情况、交易复核、信息披露等方面也缺失有效监管，使得碳排放权交易潜在风险增大，重大事件对碳价格波动有着明显的冲击，亟待建立健全市场监管机制（Wang and Du, 2015; 王静，2016; 郑爽和刘海燕，2017; 尤海侠等，2017; Tan and Wang, 2017; Zhao et al., 2017; Hu et al., 2017; Chang et al., 2018; Yi et al., 2018; Liu et al., 2019a; Fan et al., 2019）。

36.1.5 强化履约管理，协同减排成效初现

各试点碳市场均制定了详细规定以强化重点排放单位履约管理。若企业没有履行排放报告、核查和按时清缴配额等义务，将依照试点省市的地方性法规和政府规章予以处罚，但目前未履约惩罚主要集中在罚款和扣除配额方面，违约成本相对较低，例如，北京碳市场根据《北京市碳排放权交易行政处罚自由裁量权参照执行标准（试行）》依法推动履约工作并加强履约执法监察，对未履约企业处以 3~5 倍平均配额价格的罚款；上海、广东和深圳碳市场除了对未履约企业进行罚款和扣除配额等处罚外，还将未履约企业纳入征信系统管理，并取消其享受节能减排激励政策，包括享受财政补贴、限制其参与项目申请等。截至 2019 年底，各试点碳市场重点排放单位履约率保持较高水平，均在 95%以上，并呈逐年递增趋势。其中上海、广东、深圳、北京碳市场历年按时履约率较高，上海碳市场是 7 个试点碳市场中唯一实现重点排放单位连续 6 个履约期按时、100%履约的试点碳市场（国家应对气候变化战略研究和国际合作中心，2016，2018; Zhou and Li, 2019b）。

试点碳市场控制重点排放单位温室气体排放初显成效，促进了试点地区碳排放强度和总量实现"双降"，并推动了大气污染协同治理，例如，据初步测算，北京碳市场 2014 年度重点排放单位二氧化碳排放量同比降低了 5.96%，并协同减排 1.7 万 t 二氧化硫和 7310t 氮氧化物，减排 2193t PM_{10} 和 1462t $PM_{2.5}$; 2015 年度碳排放总量同比下降约 6.17%，万元 GDP 二氧化碳排放同比下降约 9.3%，对完成全市"十二五"时期万元 GDP 二氧化碳排放累计下降 30%的目标发挥了重要支撑作用。又如，以 2010 年为基准年，深圳碳市场纳管的 636 家重点排放单位二氧化碳排放总量分别下降 403.53 万 t（2013 年）、446.31 万 t（2014 年）、632.32 万 t（2015 年），下降率分别为 12.6%（2013 年）、13.9%（2014 年）、19.8%（2015 年），超额完成了深圳市"十二五"规划要求的年均碳强度下降目标。上海碳市场重点排放单位二氧化碳排放量比 2013 年累计下降了 7%，煤炭总量累计下降了 11.7%。湖北碳市场 2014 年度

138 家重点排放单位二氧化碳排放量同比下降 767 万 t，2014～2017 年二氧化碳总排放量分别同比下降 3.14%、5.52%、2.59% 和 2.74%（国家应对气候变化战略研究和国际合作中心，2016，2018；Zhang et al.，2019a，2019b）。

36.1.6 利益相关方广泛参与，持续开展能力建设

在试点碳交易主管部门的直接组织领导、相关研究机构的积极参与下，各试点碳市场多渠道利用国内外资金和专家资源进行了多阶段、多层次、多频次的碳排放权交易能力建设工作。通过采用交流、技术性培训和"定制"培训等形式，一方面为地方碳交易主管部门了解碳排放权交易、把握政策方向、统一认识打下了基础，另一方面提高了重点排放单位对碳交易排放及排放成本的理解和认识，提升了碳排放数据计算和报告的能力，对其参与碳交易、完成履约起到了重要作用。各试点碳市场碳排放权交易所（中心）也通过研讨会、培训会和论坛峰会等形式，推动碳市场建设和碳金融创新等能力建设，例如，北京碳交易主管部门根据碳市场的需求，每年组织系列碳排放权交易试点工作培训，覆盖北京试点碳市场纳入的所有重点排放单位和核查机构等，培训超过 3000 余人次，培训内容涉及相关管理政策，碳排放监测、核算、报告和核查技术规范，履约管理，交易模拟等，注重考核培训成效，要求学员填报培训问卷，据此进一步改进能力建设活动。湖北碳排放权交易中心针对中西部省份组织了 6 次区域碳市场建设研讨和培训会，多次赴广西、安徽、贵州等地开展培训交流活动，与美、英、法、德、瑞、澳、日等国的政府和民间组织合作举办了 23 次碳市场建设、碳金融创新等领域的研讨会和高峰论坛。

试点碳市场的发展也带动了相关服务业的发展。各试点地区涌现了一批相关的专业机构和人员从事与碳排放权交易相关的服务咨询，为重点排放单位排放数据报送、减排措施策划与实施、企业排放报告核查、碳资产管理、碳金融产品开发、碳排放权交易咨询等提供专业知识与服务，不断提升应对气候变化服务业水平。

36.1.7 积极探索不同模式，推动碳普惠交易

近年来，为鼓励本地区企业、机构和公众进行温室气体自愿减排，部分地区积极探索构建碳普惠市场。碳普惠制是为市民和小微企业的节能减碳行为赋予价值而建立的激励机制，利用市场配置作用达到公众积极参与节能减排的目的，同时提升公众温室气体减排意识。广东省出台了《广东省碳普惠制试点工作实施方案》《广东省碳普惠制试点建设指南》《广东省发展改革委关于碳普惠制核证减排量管理的暂行办法》《广东省碳普惠制核证减排量交易规则》等文件，将碳普惠核证自愿减排量纳入碳排放权交易市场补充机制中，在广州、东莞、中山、惠州、韶关、河源等地区开展碳普惠试点建设，建立了碳普惠行为的量化方法和交易机制，对小微企业、社区家庭和个人的节能减碳行为进行具体量化和奖励。截至 2018 年 8 月，广东碳市场共备案广东核证自愿减排量近 85 万 t，累计成交量 112.9 万 t；北京市依托其试点碳市场，通过"蚂蚁森林""我自愿每周再少开一天车"等创新性产品和活动发展碳普惠市场，倡导绿色低碳生活方式；湖北省武汉市开发了"碳宝包"产品用来鼓励企业和个人的低碳行动；深圳市开发了"车碳宝"用于鼓励个人停驶减排行为；贵州省开展了单株碳汇精准扶贫试点项目。该项目针对贫困户拥有的符合条件的林地资源，以每棵树吸收的二氧化碳作为产品，通过"单株碳汇精准扶贫平台"面向全社会进行销售，卖出的资金将全部汇入对应贫困户账户，帮助贫困户增加收入（国家应对气候变化战略研究和国际合作中心，2018）。

36.1.8 认真总结共性差异，提供宝贵经验

我国 7 个试点碳市场横跨了东、中、西部地区，区域经济差异较大，碳市场的制度设计

也有区别，导致交易活跃度、价格波动性等市场表现不同，这些试点经验为全国碳市场的建设提供了借鉴。目前，从全国碳排放交易体系初步的基本设计进展来看，已有几点经验得到国家借鉴。一是考虑到数据情况和影响范围，覆盖气体种类仅考虑二氧化碳，暂不考虑其他温室气体。二是遵循"抓大放小"原则，覆盖行业包括大多数试点纳入的电力、钢铁、建材等高耗能行业。三是考虑到当前我国重点排放单位的排放数据基础，有别于欧盟选择设施为边界，而是选择了企业法人为边界的排放源。四是在配额分配方法上选择了大多数试点采用的免费分配，针对电力行业选择了行业基准法，还借鉴了试点的配额分配方法细则、MRV指南、企业核查费用来源、结余配额使用、抵消机制、交易方式、市场调节方式、系统建设等方面。此外，各个试点遇到的诸如违约处罚力度不足等方面的挑战，也间接促使全国碳排放权交易法律体系的不断推进和完善（Jotzo and Löschel，2014；国家应对气候变化战略研究和国际合作中心，2016）。

36.2　温室气体自愿减排交易体系建设

温室气体自愿减排交易体系是中国碳排放交易体系的主要组成部分之一。近年来，温室气体自愿减排交易体系在制度、技术支撑体系、市场管理以及人才培养等方面得到长足发展且国家正在进行管理体制改革。

36.2.1　完善管理体系，提升质量和效率

为了完善自愿减排交易市场制度，规范温室气体自愿减排交易，推动中国温室气体自愿减排交易体系稳定、健康发展，2012 年 6 月，国家发展改革委发布了《温室气体自愿减排交易管理暂行办法》（简称《自愿减排管理办法》），明确了主管部门和管理范围，确定了温室气体自愿减排方法学、交易机构、项目审定和减排量核证机构申请备案的要求和程序，制定了交易规则。2017 年 3 月，结合国务院"简政放权、放管结合、优化服务"的相关要求，温室气体自愿减排交易国务院主管部门发布公告暂缓受理温室气体自愿减排交易方法学、减排项目、减排量、审定与核证机构、交易机构备案申请，并组织修订《自愿减排管理办法》，目的在于加强对 CCER 项目和 CCER 备案的监管，减少行政干预和审批，进一步提高 CCER 项目的质量（张昕等，2018）。

36.2.2　构建规范化技术支撑体系，提供多领域方法学

温室气体自愿减排交易的技术支撑体系主要包括《温室气体自愿减排项目审定与核证指南》（简称《审定与核证指南》）、项目审定和减排量核证程序与方法学、审定与核证机构等。依据自愿减排管理办法，参照 CDM 项目管理办法，2012 年 10 月，国家发展改革委制定并发布了《审定与核证指南》。2017 年 12 月，国家发展改革委已备案了 12 家 CCER 项目审定和 CCER 核证机构，主要包括中国质量认证中心、中环联合认证中心、中国船级社质量认证公司等国际权威认证机构。虽然审定与核证指南在注册资金、办公场所、财务抗风险能力、内部管理制度、专职人员数量、相关业绩等方面对审定与核证机构备案做出了具体要求，也规范和细化了 CCER 项目审定与 CCER 核证的技术要求与程序，但亟待对备案后的机构和人员、项目活动开展情况加强监管，提升项目和减排量质量管理，确保自愿减排交易体系的健康发展[①]（姜冬梅等，2017；张昕等，2018）。

截至 2017 年 3 月，国务院主管部门暂缓受理温室气体自愿减排交易相关事项备案时，

[①] 中国自愿减排交易信息平台. 2018. http://cdm.ccchina.org.cn/zylist.aspx?clmId=166[2019-04-02].

已有 200 个 CCER 项目审定与 CCER 核证方法学备案，其中约 170 个方法学参照了 CDM 项目方法学，并结合 CCER 项目开发的实际情况进行了修订完善。此外，随着之前 CCER 项目开发领域的扩大，还对一批具有中国特色、参照 CDM 项目方法学开发要求研发制定的新方法学进行了备案，如电动汽车充电站及充电桩温室气体减排方法学、公共自行车项目方法学、蓄热式电石新工艺温室气体减排方法学等。现有的方法学涵盖可再生能源利用、天然气利用、公共交通、建筑、碳汇造林、固体废弃物处理、甲烷利用、生物质利用、农业等十几个行业领域，可用于上述领域温室气体自愿减排常规项目、小项目和农林项目开发，基本满足了 CCER 项目开发和减排量核证的需要。但这些方法学仍存在一系列问题，包括需进一步提高方法学的适用性和易用性、设定合理的 CCER 项目资格条件、进一步优选适宜开发 CCER 项目领域等（国家应对气候变化战略研究和国际合作中心，2018）。

36.2.3 备案多种类多领域 CCER，开发系列金融衍生品

2013 年 1 月，国务院主管部门开始公示温室气体自愿减排项目，项目分为以下四类：采用经国务院主管部门备案的方法学开发的自愿减排项目（一类项目）；获得国家批准作为 CDM 项目，但未在联合国清洁发展机制执行理事会（CDM EB）注册的项目（二类项目）；获得国家批准作为 CDM 项目且在 CDM EB 注册前就已经产生减排量的项目（三类项目）；在 CDM EB 注册但减排量未获得签发的项目（四类项目）。截至 2017 年 3 月项目停止备案时，累计公示温室气体自愿减排项目 2871 个，备案审定项目 1315 个，签发 CCER 项目 391 个（若计入项目多次签发，则签发项目共 454 项目次），相应签发的 CCER 约 7700 万 t CO_2eq（张昕等，2018；中国自愿减排交易信息平台，2018）。

CCER 项目呈现出以下三个方面特点：一是大多是可再生能源类项目，数量约占备案 CCER 项目的 70%以上，包括风电、水电、光伏、沼气利用等项目；二是各省份均有 CCER 项目，多数项目分布在中国中西部地区，这与各地区的能源资源禀赋、发展阶段和产业结构情况相关；三是一类项目和三类项目占比较高，且近年来一类项目数量占比呈现上升趋势（张昕，2016；国家应对气候变化战略研究和国际合作中心，2018；赵金兰等，2018）。

另外，各试点碳市场基于 CCER 开发了一系列碳金融衍生品，不仅活跃了碳市场，还起到了盘活碳资产的作用。上海碳市场开展 CCER 质押/抵押贷款、碳信托计划以及现货远期交易等。北京、广东和湖北碳市场也开展了基于 CCER 的质押/抵押融资，深圳碳市场发行了基于 CCER 的碳基金、碳债券——中广核风电附加碳收益中期票据，其发行利率为 5.45%，高于同期中期国债的利率。

36.2.4 交易相对活跃，仍需控制交易风险

2015 年 1 月，随着自愿减排交易注册登记系统上线运行，CCER 得以确权并入市交易。2015 年 3 月，试点碳市场开始交易 CCER，并允许 CCER 参与试点碳市场重点排放单位履约。目前全国共有 9 家 CCER 交易平台，即北京绿色交易所、天津排放权交易所、上海环境能源交易所、重庆碳排放权交易中心、湖北碳排放权交易中心、广州碳排放权交易所、深圳排放权交易所、四川联合环境交易所、海峡（福建）股权交易中心。

截至 2020 年 12 月，CCER 累计成交量超过 2.7 亿 t CO_2eq，累计成交额约 23 亿元人民币。2015 年、2016 年、2017 年、2018 年、2019 年 CCER 年度成交量分别约为 3569 万 t CO_2eq、4542 万 t CO_2eq、5107 万 t CO_2eq、1644 万 t CO_2eq 和 4400 万 t CO_2eq，其中上海环境能源交易所 CCER 累计成交量最高，其次是广州碳排放权交易所和北京绿色交易所。与试点碳市场排放配额交易相比，CCER 交易换手率约为同期排放配额交易换手率的 3～4 倍，CCER 交易

活跃度超过了排放配额交易活跃度。就成交价格而言，9 个交易平台 CCER 交易价格各不相同，成交价格的波动范围在几元至三十余元之间，多数时期在几元至十余元之间，且场外协议交易价格远低于场内交易价格、可用于履约抵消的 CCER 价格高于不能用于履约抵消的 CCER 价格、可用于碳中和的 CCER 价格远高于其他用途 CCER 价格。2015～2017 年以来，CCER 交易量逐渐增加，但其成交价格呈现逐渐降低的趋势（国家应对气候变化战略研究和国际合作中心，2016，2018；张昕，2016；李俊峰等，2016）。

CCER 交易还呈现出如下特点：一是 CCER 交易呈现季节性变化。年初时 CCER 的月成交量较低，但逐月缓慢升高，到试点碳市场履约前 1～2 月时成交量会突然出现峰值，其后月成交量又大幅下降；二是 CCER 交易透明度不均衡，CCER 交易场外协议交易量超过场内交易量，但场外交易成交价格和成交量不透明，一方面为主管部门监管 CCER 交易市场制造了障碍，另一方面不利于交易参与方分析判断 CCER 供求趋势和价格变化以及识别 CCER 交易市场风险；三是 CCER 价值趋于分化，各试点碳市场抵消机制的差异直接导致了 CCER 价值发生分化；加之各试点碳市场独立的交易平台交易规则不同、服务地区不同，产生了多个不同的 CCER 的交易价格，进一步加剧了 CCER 同质不同价（国家应对气候变化战略研究和国际合作中心，2016，2018；张昕，2016）。

36.2.5　履约抵消效果初显，碳中和贡献有限

全国碳市场、7 个试点碳市场和福建省碳市场均允许纳入的重点排放单位使用 CCER 参与碳排放权履约抵消，但分别对 CCER 参与履约抵消的比例及其项目种类、产地来源，以及项目和减排量产生的时间等做出了明确限定。截至 2021 年 12 月 31 日，约 5500 万 t CO_2 eq 的 CCER 用于全国碳市场、试点碳市场和福建省碳市场配额清缴履约抵消，全国碳市场、广东、深圳和上海试点碳市场累计使用 CCER 履约抵消位于前列。截至 2021 年 12 月，用于公益事业、碳中和的 CCER 约 70 余万 t CO_2 eq，仅约占总成交量的 1%[①]。

36.3　全国碳排放权交易市场建设

"十二五"时期以来，中国高度重视全国碳排放权交易市场（简称全国碳市场）建设，将其列入《中共中央 国务院关于加快推进生态文明建设的意见》《生态文明体制改革总体方案》、"十三五"规划纲要、《"十三五"控制温室气体排放工作方案》等重要文件中。2014 年，在碳排放权交易试点和自愿减排交易体系建设的基础上，国务院主管部门会同相关部门和各省区市政府，开始着手全国碳排放权交易市场基础制度、支撑系统的顶层设计以及能力建设。2021 年 7 月 16 日，全国碳排放权交易市场正式启动上线交易，首日开盘价格为 48 元/t CO_2 eq，成交量为 410.4 万 t CO_2 eq，总成交额为 2.1 亿元，收盘价 51.23 元/t CO_2 eq。截至 2021 年 12 月 31 日，全国碳市场碳排放配额累计成交量为 1.79 亿 t，累计成交额为 76.61 亿元，市场交易活动整体平稳有序。高履约率完成全国碳市场第一履约周期，按履约量计算，履约率高达 99.5%。

36.3.1　出台全国碳市场建设方案，构建"1+N"型政策法规体系

2017 年 12 月 18 日，国家发展改革委印发了《全国碳排放权交易市场建设方案（发电行业）》（简称《建设方案》），标志着全国碳排放交易体系正式启动。《建设方案》要求以"稳中求进"为总基调，以发电行业为突破口，开展市场要素、参与主体、制度和支撑系统建设，分三个阶段有步骤地建立归属清晰、保护严格、流转顺畅、监管有效、公开透明的全国碳市

---

① 中国自愿减排交易信息平台. 2018. http://cdm.ccchina.org.cn/zylist.aspx?clmId=166[2019-04-02].

场。《建设方案》的发布标志着全国碳排放权交易体系完成了总体设计，正式启动则标志着全国碳排放权交易市场建设迈进新阶段，具有非常重要的意义，全国碳排放交易体系启动工作电视电话会议的目的就是根据方案的要求，进一步统一思想，明确任务，扎实推进全国碳排放权交易市场的建设。

构建"1+N"型政策法规体系是全国碳市场建设的核心工作。"1"是指《碳排放权交易管理暂行条例》（简称《管理条例》），"N"指与《管理条例》配套的细则。2015年以来，国务院主管部门在《碳排放权交易管理暂行办法》基础上，研究撰写了管理条例初稿，规定了碳排放权交易市场覆盖范围、排放MRV、配额分配、交易监管的基本原则和规范，多次召开研讨会和听证会，广泛听取相关部委、各省区市、科研机构、行业协会、企业、国际机构和个人对管理条例的意见。与此同时，国务院主管部门还积极研究制定"碳排放核算与报告管理办法""碳排放核查机构管理办法""碳排放配额总量设定和分配方案""碳排放权交易系统和注册登记系统管理办法"等相关配套规章和技术规范。2019年4月，生态环境部公示了《碳排放权交易管理暂行条例（草案修改稿）》，向各机关团体、企事业单位和个人公开征求意见（段茂盛，2017；国家应对气候变化战略研究和国际合作中心，2018）。2020年12月，生态环境部发布《碳排放权交易管理办法（试行）》，并制定了碳排放权登记、交易、结算规则，启动全国碳市场第一个履约周期，纳入2162家发电行业重点排放单位，覆盖CO_2排放量约45亿t/a。

36.3.2　不断完善MRV制度，开展重点排放单位排放核查与报告

为避免低质量的核查数据影响确定碳市场覆盖范围、设定排放配额总量和配额分配等工作，需要形成对碳排放核查的全流程管理体系，增强对核查机构和核查员的管理规范性，修改完善碳排放MRV方法学，进一步提升技术规范的科学性、易用性和适用性。由此，国务院主管部门不断完善全国碳市场排放MRV技术与管理规范，持续开展了碳排放MRV技术和管理规范体系建设，积极组织开展重点排放单位排放数据核查与报送，分三批发布了电力、钢铁、有色金属、水泥、化工、民航等24个行业企业温室气体排放核算方法与报告指南，发布了发电、电网、钢铁、化工、石化等10个行业企业温室气体排放国家标准；发布了《全国碳排放权交易第三方核查机构及人员参考条件》《全国碳排放权交易第三方核查参考指南》，明确了核查机构和核查人员的遴选条件以及核查技术规范，培育和遴选核查机构，并开展相关能力建设（段茂盛，2017；国家应对气候变化战略研究和国际合作中心，2018；马忠玉和翁智雄，2018）。2020年12月，生态环境部发布《企业温室气体排放核算方法与报告指南　发电设施》（征求意见稿），2021年3月又发布《企业温室气体排放报告核查指南（试行）》，进一步规范全国碳市场碳排放数据管理。

同时，国务院主管部门组织各省（自治区、直辖市）开展年度重点排放单位碳排放数据核查与报送，先后发布了《国家发展改革委关于组织开展重点企（事）业单位温室气体排放报告工作的通知》（发改气候〔2014〕63号）、《国家发展改革委办公厅关于切实做好全国碳排放权交易市场启动重点工作的通知》（发改办气候〔2016〕57号）、《国家发展改革委办公厅关于做好2016、2017年度碳排放报告与核查及排放监测计划制定工作的通知》（发改办气候〔2017〕1989号）、《生态环境部关于做好2018年度碳排放报告与核查及排放监测计划制定工作的通知》（环办气候函〔2019〕71号）《关于做好2019年度碳排放报告与核查及发电行业重点排放单位名单报送相关工作的通知》（环办气候函〔2019〕943号），要求重点排放单位开展2013～2020年排放数据核查与报告工作，并组织完成了发电行业重点排放单位名单和相关材料报送工作。这一方面逐渐构建完善了重点排放单位排放数据库，另一方面针对核查中出现的问题，不断修改完善行业温室气体排放监测、核算、报送和核算技术规范，不断提高排放监测、报送和核算的工作效率，为配额分配提供有力的数据支撑。

36.3.3　明确覆盖范围，"自上而下"和"自下而上"结合确定配额总量

全国碳市场建设初期覆盖气体种类仅包括 CO_2，但由于目前发售电价格没有市场化且电力运行采用"计划体制"管理，电力、热力价格不能向下游用户传导，现阶段的排放不仅包含化石燃料燃烧产生的 CO_2 排放，还包括电、热消费所对应的间接排放。在实施新电力改革方案之后，当电力减排成本可通过市场电价和优化电力生产部分传递给电力消费端时，间接排放是否应继续纳入碳市场管理仍需进一步研究（张希良，2017a）。全国碳排放权交易市场将分阶段进行，逐步扩大覆盖的行业和门槛标准，以保证碳排放权交易市场实施效果的长期有效性（Lin and Jia，2017）。同时，经国务院主管部门批准，省级碳交易主管部门可适当扩大碳排放权交易的行业覆盖范围，增加参与碳交易的重点排放单位。

在综合考虑行业发展需求及其减排潜力的基础上，按"自上而下"和"自下而上"相结合的方法确定全国碳市场排放配额总量。"自上而下"是考虑关键政策目标指标（碳强度下降率和碳市场的贡献率）、关键经济指标（碳市场覆盖行业的总体经济增长率）和关键碳市场特征指标（碳市场覆盖范围）等估算碳市场配额总量。"自下而上"是在利用企业排放报告数据确定行业碳排放基准过程中，通过对比分析根据碳减排目标所期望的行业碳排放基准和根据企业报告数据所确定的行业碳排放基准，来验证利用"自上而下"的方法提出的碳市场贡献率是否可行。通过重新确定配额总量，得到一个科学合理的贡献率和配额总量。总而言之，现阶段的中国碳市场碳排放总量是基于强度目标、可预估、有一定灵活性的总量，而不是一个固定的总量（张希良，2017b）。

36.3.4　提出行业基准线法，开展企业配额试算工作

国务院主管部门组织研究制定了电力、钢铁、有色金属、石化、化工、建材、造纸和航空行业的重点排放单位配额分配方法及全国碳市场配额总量设定方法，在综合考虑行业发展需求及其减排潜力的基础上，提出将主要采用基准线法分配配额，以免费分配配额为主，编制的《全国碳排放权配额总量设定与分配方案》于 2016 年底获国务院批准。2017 年 5 月，国务院主管部门分别在四川、江苏两省就电力、水泥、电解铝行业重点排放单位配额分配方法进行了测试，近 200 家企业、超过 600 人次参加了试算工作。试算结果表明，采用现有基准线法分配排放配额，可实现全行业配额适度从紧、盈缺基本平衡，以及排放总量可控的目标，但也存在着如何削弱地区、行业和生产条件差异性造成的对配额分配的影响的挑战。国务院主管部门正在进一步修改完善配额分配方案，提升配额分配方案的科学性、公平性和可操作性（张希良，2017a；国家应对气候变化战略研究和国际合作中心，2018）。2019 年 10～12 月，在全国范围内，对发电企业进行了 17 场"碳市场配额分配和管理系列培训"，几乎覆盖所有拟纳入全国碳市场的发电企业，对制定的发电行业配额分配方法再次进行测试。2020年 12 月底，生态环境部发布《2019—2020 年全国碳排放权交易配额总量设定与分配实施方案（发电行业）》及重点排放单位名单，开展配额分配。

36.3.5　确定支撑系统建设运维单位，有序推进系统建设

碳排放数据报送系统研究与建设已基本完成。在借鉴发达国家企业温室气体报告法律法规、参考国家统计局等现行企业直报制度经验、结合 7 个碳排放权交易试点省市排放报告管理实践和重点排放单位需求的基础上，国家应对气候变化战略研究和国际合作中心组织开展了国家重点企业温室气体排放数据报送系统的研究和建设工作，完成了系统总体架构、业务

流程、数据流向、网络拓扑等软件设计与开发工作，完成了系统硬件、网络及安全设备采购、安装、调试等建设工作，并于 2018 年 5 月完成了系统网络安全保护三级要求的测评工作。此外，还在全国范围内开展系统使用培训，支持河南、新疆、海南等纳管企业开展数据报送，并实现了与浙江等省市排放数据报送系统的对接[①]。

经过公正、公平、严格评审，国务院主管部门确定湖北省、上海市人民政府分别牵头承担全国碳排放权注册登记系统、交易系统的建设和运维管理。国务院主管部门与北京市人民政府、天津市人民政府、上海市人民政府、重庆市人民政府、湖北省人民政府、广东省人民政府、江苏省人民政府、福建省人民政府、深圳市人民政府签署了两系统联合建设原则协议，将按照"共商、共建、共赢"的精神，组建机构开展两系统建设与运维管理工作，国务院主管部门将负责制定两系统管理办法与技术规范，并会同相关部门对两系统建设和运维实施监管。已经完成注册登记系统和交易系统的功能需求制定研究，初步制定了建设方案和管理机构组建方案，有序推进系统建设运维管理工作。目前，两系统已经上线运行，有效支撑全国碳市场运行（徐涛，2018）。

36.3.6　多方组织筹措，持续开展能力建设

国务院主管部门以问题为导向，组织全国力量，多方筹集资金，组织深入开展全国碳市场建设关键问题研究和顶层设计，并积极开展能力建设活动，提升各方建设碳市场、参与碳排放权交易的能力。据不完全统计，2014 年以来，国务院主管部门新设立与延续的全国碳市场研究和顶层设计项目超过 50 项，其中世界银行"中国碳市场伙伴准备基金（PMR）赠款项目"在先期筹集 800 万美元后追加 200 万美元，不仅用于开展全国碳排放权交易市场机制研究与顶层设计，同时还资助重庆、山西、内蒙古、辽宁、黑龙江、山东等省开展全国碳排放权交易市场建设基础工作和能力建设等。在 PMR 项目、中欧碳排放权交易能力建设项目、CDM 基金赠款项目、GIZ 资助项目等支持下，已对各省（自治区、直辖市）碳交易主管部门及其技术支撑单位和相关企业人员等开展多轮培训。据不完全统计，近 3 年来，仅 PMR 项目就支持召开 200 场次以上全国碳市场建设研讨会和能力建设活动。2018 年 6 月 13 日，国务院主管部门组织召开了 300 余人参加的"全国低碳日碳市场经验交流会"。2018 年 9 月 5 日，为落实《全国碳排放权交易市场建设方案（发电行业）》推进能力建设工作要求，根据生态环境部统一部署，中国电力企业联合会在京举办为期一天半的全国碳排放权交易市场（发电行业）培训会[①]。2019 年，国务院主管部门组织开展了 8 期 17 场全国碳市场配额分配和管理系列培训，进行全国碳市场相关政策解读和配额试算，参与人数超过 6000 人次。

由于我国各省区市以及重点排放单位（行业）的碳排放水平、减排潜力和经济发展需求等不同，因此全国碳排放权交易市场建设显现出复杂性和艰巨性。在全国碳市场建设过程中，必须以问题为导向，注重全国碳排放权交易市场建设的阶段性、统一性、公平性、可操作性、兼容性、市场性和积极性，在深入总结 7 个试点碳排放权交易市场和国外碳市场建设经验基础上，按照先易后难的原则，立足国情、考虑区域和行业差异来设计、建设、逐渐完善全国碳排放权交易市场（张昕等，2017；范英，2018）。

36.3.7　关注政策协同性，不断推进互补性设计

目前我国同时存在多种能源环境政策，除了碳市场机制，还有电力市场改革、节能和能效政策、可再生能源目标和补贴政策、大气污染防治目标及相应支持政策等，其各自的覆盖

---

① 张昕. 2018. "十三五"我国碳市场建设中期进展初步分析. 气候变化战略研究 21.

主体范围存在一定程度的交叉重叠，涉及的市场往往相互关联，因此多个政策目标并非相互独立，政策工具之间也存在一定的互动影响，且多个政策工具交叉并行也存在相互抵触的风险，甚至有可能导致部分政策工具失灵，并增加政策实施的社会总成本（Zhu and Lin，2017；Duan et al.，2017；姚明涛等，2018；范英，2018）。基于此，在我国碳市场的设计和工作推进过程中，始终关注与其他政策的协同互补，包括电力行业配额分配与电力市场改革的关系、碳市场总量目标与国家节能目标的关系、行业基准值和减排强度与能效目标的关系、抵消机制设计与可再生能源发展政策的关系、碳市场机制与环境保护政策之间的关系等，通过不断改进政策协同性与互补性设计降低政策冲突，避免政策失灵。

总之，全国碳排放权交易市场建设是生态文明建设的重要内容，是中国引领全球气候治理、破解能源环境约束、实现社会经济提质增效和绿色低碳发展双赢的重要举措。它作为一种市场机制，能够有效降低减排总成本，实现控制温室气体排放的目标（Wu et al.，2016；Fan et al.，2016；Zhang et al.，2016，2019a；Gao et al.，2019）。同时，也可以有效促进技术进步和产业结构升级（Liu and Wang，2017；谭静和张建华，2018；Liu et al.，2019b），以及促进低碳投资（莫建雷，2013；Mo et al.，2016）、推广低碳意识和增强企业能力建设（解振华，2012）、提高国际影响力（段茂盛，2018）等。中国将不断完善碳排放权交易制度要素与支撑体系建设，持续开展能力建设，最终建成具有统一的排放核算报告和核查规范、统一的排放配额分配方法、统一的排放配额注册登记结算系统和交易平台、统一的碳排放权履约规则、统一的交易监督管理机制的，切实可行、行之有效的全国碳排放权交易市场。

参 考 文 献

邓茂芝, 贾辉. 2019. 拍卖机制在我国试点碳市场配额分配中的实践及建议. 资源环境, 2: 34-36.

段茂盛. 2017. 全国碳排放交易体系建设的关键要素和进展. 电力决策与舆情参考, 47: 21-25.

段茂盛. 2018. 我国碳市场的发展现状与未来挑战. 中国财经报[2018-03-24(002)].

范英. 2018. 中国碳市场顶层设计：政策目标与经济影响. 环境经济研究, 3(1): 1-7.

国家应对气候变化战略研究和国际合作中心. 2016. 中国碳市场报告. 北京: 中国环境出版社.

国家应对气候变化战略研究和国际合作中心. 2018. 中国碳市场建设调查与研究. 北京: 中国环境出版社.

姜冬梅, 刘庆强, 佟庆. 2017. CDM 与我国温室气体自愿减排机制的比较研究. 中国经贸导刊(理论版), 35: 22-23.

姜冬梅, 刘庆强, 佟庆. 2018. 相似的经历, 相同的结局——以 CDM 为基础分析我国温室气体自愿减排机制的发展趋势. 生态经济, 34(2): 14-17.

李俊峰, 邹骥, 徐华清. 2016. 气候战略问题研究. 北京: 中国环境出版社.

李伟. 2017. 我国碳排放权交易问题研究综述. 经济研究参考, 42: 36-48.

林清泉, 夏睿瞳. 2018. 我国碳交易市场运行情况、问题及对策. 现代管理科学, 305: 5-7.

刘海燕, 郑爽. 2016. 北京市碳排放权交易试点总结中国能源. 中国能源, 38: 32-36.

马忠玉, 翁智雄. 2018. 中国碳市场的发展现状、问题及对策. 环境保护, 46: 31-35.

莫建雷. 2013. 碳排放权交易机制与低碳技术投资. 北京: 中国科学院大学.

谭静, 张建华. 2018. 碳交易机制倒逼产业结构升级了吗——基于合成控制法的分析. 经济与管理研究, 12: 104-118.

王静. 2016. 中国碳交易试点实践与政策启示. 生态经济, 32(10): 57-61.

王科, 陈沫. 2018. 中国碳交易市场回顾与展望. 北京理工大学学报: 社会科学版, 20(2): 24-31.

解振华. 2012. 绿色经济引领碳市场发展. 低碳世界, 12: 12-13.

徐涛. 2018. 全国碳排放权交易体系启动 碳市场建设迎来新起点. 风能产业, 1: 9-16.

姚明涛, 康艳兵, 熊小平. 2018. 扎实推进碳市场 构建电力转型新机制. 中国发展观察, 9: 48.

尤海侠, 李伟, 杨强华. 2017. 我国碳排放权交易试点现状分析及建议. 中外能源, 12: 7-14.

曾雪兰, 黎炜驰, 张武英. 2016. 中国试点碳市场 MRV 体系建设实践及启示. 环境经济研究, 1: 132-140.

张希良. 2017a. 解读全国碳排放权交易体系顶层设计. 电力决策与舆情参考, 47: 12-15.

张希良. 2017b. 国家碳市场总体设计中几个关键指标之间的数量关系. 环境经济研究, 3: 1-5.

张昕. 2016. CCER 市场存三大问题 应加强备案管理和交易监管. 21 世纪经济报道, 4: 28.

张昕, 马爱民, 张敏思, 等. 2018. 中国温室气体自愿减排交易体系建设. 中国社会科学网. http://www.cssn. cn/jjx/xk/jjx_yyjjx/csqyhjjjx/201802/t20180206_3842575.shtml[2019-04-02].

张昕, 孙峥, 蒙天宇, 等. 2017. 全国碳市场建设中地区差异性问题思考与建议. 中国经贸导刊(理论版), 20: 30-31.

赵金兰, 王灵秀, 刘骁, 等. 2018. 中国自愿减排项目的发展与问题探讨. 能源与节能, 5: 54-56.

郑爽, 刘海燕. 2017. 全国碳排放权交易市场下核查制度研究. 中国能源, 39(8): 21-24.

Chang K, Chen R D, Chevallier J. 2018. Market fragmentation, liquidity measures and improvement perspectives from China's emissions trading scheme pilots. Energy Economics, 75: 249-260.

Chang K, Pei P, Zhang C, et al. 2017. Exploring the price dynamics of CO_2 emissions allowances in China's emissions trading scheme pilots. Energy Economics, 66: 213-223.

Cong R, Lo A Y. 2017. Emission trading and carbon market performance in Shenzhen, China. Applied Energy, 193: 414-425.

Deng M Z, Zhang W X. 2019. Recognition and analysis of potential risks in China's carbon emission trading markets. Advances in Climate Change Research, 10: 30-46.

Duan M S, Tian Z Y, Zhao Y Q, et al. 2017. Interactions and coordination between carbon emissions trading and other direct carbon mitigation policies in China. Energy Research & Social Science, 33: 59-69.

Fan J H, Todorova N. 2017. Dynamics of China's carbon prices in the pilot trading phase. Applied Energy, 208: 1452-1467.

Fan X H, Lv X X, Yin J L, et al. 2019. Multifractality and market efficiency of carbon emission trading market: Analysis using the multifractal detrended fluctuation technique. Applied Energy, 251: 1-8.

Fan Y, Wu J, Xia Y, et al. 2016. How will a nationwide carbon market affect regional economies and efficiency of CO_2 emission reduction in China? China Economic Review, 38: 151-166.

Gao S, Li M Y, Duan M S, et al. 2019. International carbon mark ETS under the Paris Agreement: Basic form and development prospects. Advances in Climate Change Research, 10: 21-29.

Hu Y, Li X, Tang B. 2017. Assessing the operational performance and maturity of the carbon trading pilot program: The case study of Beijing's carbon market. Journal of Cleaner Production, 161: 1263-1274.

Jiang J, Ye B, Ma X. 2014. The construction of Shenzhen's carbon emission trading scheme. Energy Policy, 75: 17-21.

Jotzo F, Löschel A. 2014. Emissions trading in China: Emerging experiences and international lessons. Energy Policy, 75: 3-8.

Lin B Q, Jia Z J. 2017. The impact of Emission Trading Scheme (ETS) and the choice of coverage industry in ETS: A case study in China. Applied Energy, 205: 1512-1527.

Liu L, Chen C, Zhao Y, et al. 2015. China's carbon-emissions trading: Overview, challenges and future. Renewable & Sustainable Energy Reviews, 49: 254-266.

Liu W L, Wang Z H. 2017. The effects of climate policy on corporate technological upgrading in energy intensive industries: Evidence from China. Journal of Cleaner Production, 142: 3748-3758.

Liu X F, Zhou X X, Zhu B Z, et al. 2019a. Measuring the maturity of carbon market in China: An entropy-based TOPSIS approach. Journal of Cleaner Production, 229: 94-103.

Liu Y, Mabee W, Zhang H W. 2019b. Upgrading the development of Hubei biogas with ETS in China. Journal of Cleaner Production, 213: 745-752.

Mo J L, Agnolucci P, Jiang M R, et al. 2016. The impact of Chinese carbon emission trading scheme (ETS) on low carbon energy (LCE) investment. Energy Policy, 89: 271-283.

Munnings C, Morgenstern R D, Wang Z, et al. 2016. Assessing the design of three carbon trading pilot programs in China. Energy Policy, 96: 688-699.

Qi S, Wang B, Zhang J. 2014. Policy design of the Hubei ETS pilot in China. Energy Policy, 75: 31-38.

Tan X P, Wang X Y. 2017. The market performance of carbon trading in China: A theoretical framework of structure-conduct-performance. Journal of Cleaner Production, 159: 410-424.

Wang Y L, Du L. 2015. Research on the validity of China's carbon financial trading market—based on the fractal theory analysis of Beijing carbon trading market. Manage World, 12 : 174-175.

Wu L, Qian H, Li J. 2014. Advancing the experiment to reality: Perspectives on Shanghai pilot carbon emissions trading scheme. Energy Policy, 75: 22-30.

Wu R, Dai H C, Geng Y, et al. 2016. Achieving China's INDC through carbon cap-and-trade: Insights from Shanghai. Applied Energy, 184(15): 1114-1122.

Xiong L, Shen B, Qi S. 2015. Assessment of allowance mechanismin China's carbon trading pilots. Energy Procedia, 75: 2510-2515.

Xiong L, Shen B, Qi S, et al. 2017. The allowance mechanism of China's carbon trading pilots: A comparative analysis with schemes in EU and California. Applied Energy, 185: 1849-1859.

Yi L, Li Z P, Yang L, et al. 2018. Comprehensive evaluation on the "maturity" of China's carbon markets. Journal of Cleaner Production, 198: 1336-1344.

Zhang D, Karplus V J, Cassisa C, et al. 2014. Emissions trading in China: Progress and Prospects. Energy Policy, 75: 9-16.

Zhang H J, Duan M S, Deng Z. 2019b. Have China's pilot emissions trading schemes promoted carbon emission reductions—the evidence from industrial sub-sectors at the provincial level. Journal of Cleaner Production, 234: 912-924.

Zhang H J, Duan M S, Zhang P. 2019a. Analysis of the impact of China's emissions trading scheme on reducing carbon emissions. Energy Procedia, 158: 3596-3601.

Zhang X L, Karplus V J, Qi T Y, et al. 2016. Carbon emissions in China: How far can new efforts bend the curve? Energy Economics, 54: 388-395.

Zhao X, Wu L, Li A. 2017. Research on the efficiency of carbon trading market in China. Renewable & Sustainable Energy Reviews, 79: 1-8.

Zhou K L, Li Y W. 2019a. Carbon finance and carbon market in China: progress and challenges. Journal of Cleaner Production, 214: 536-549.

Zhou K L, Li Y W. 2019b. Influencing factors and fluctuation characteristics of China's carbon emission trading price. Physica A: Statistical Mechanics and its Applications, 524: 459-474.

Zhu J, Lin X. 2017. Reflections on the establishment of China's carbon market. Ecological Economics, 13(2): 125-131.

第37章　应对气候变化的经济政策

首席作者：范英　莫建雷

主要作者：郑艳　衣博文　张兴平　涂强　耿文欣　林陈贞　贾寰宇

摘　要

"十二五"以来，我国在应对气候变化领域采取了一系列除碳定价之外的经济激励政策措施，推动减缓与适应气候变化工作开展，取得了积极成效。在节能领域，我国利用价格杠杆、节能补贴、合同能源管理及开展用能权交易等经济手段促进能效改善，经济发展总体能效水平不断提升，与发达国家的差距逐步缩小，未来提升能效仍是我国实现温室气体减排的重要抓手。可再生能源标杆上网电价政策有力促进了我国可再生能源的整体发展，可再生能源装机，尤其是风电和太阳能装机规模快速增长，发电成本显著下降，为全球可再生能源发展和技术进步做出了积极贡献，未来需进一步优化政策组合推动可再生能源发电消纳和平价上网。我国绿色金融发展起步较晚，发展迅速，尤其是绿色信贷和绿色债券等呈现良好发展态势，为可再生能源发展和高耗能高污染行业的低碳转型提供了资金支持，政策的气候减缓效果逐渐显现，为促进中国绿色金融健康发展，未来需要进一步完善绿色金融相关标准规范。我国开征环保税和调整完善能源资源税政策有助于推动温室气体减排。当前我国适应气候变化政策主要聚焦在重点领域，未来适应领域的能力建设投入仍需进一步加大，资金机制仍需完善，相关政策立法仍需进一步推进。我国应对气候变化的经济政策工具包括碳定价政策、节能与能效激励政策、促进可再生能源发展的经济政策、绿色金融、资源税与环境税政策以及适应气候变化的经济政策等。本章对碳定价以外的经济激励政策进行梳理，并对其效果进行系统评估。

37.1　促进节能与能效改进的经济激励政策

"十二五"期间，我国能源强度从 2010 年的 0.8752 tce/万元 GDP 降低到 2015 年的 0.7194 tce/万元 GDP（2010 年不变价），累计降低 17.8%，超过 16% 的预期目标，且能源强度的下降速度逐年加快。部分关键工业部门能源利用效率的持续提高是导致近年来能源强度大幅度下降的最重要驱动因素，其贡献程度远远超过产业结构的调整以及能源转换效率的改善，这些重点耗能部门主要集中在钢铁、水泥、烧碱、电解铝等行业（Yi et al.，2016）。"十三五"期间的前四年，我国能源强度进一步累计降低 13.4%，已完成"十三五"总体能效目标的 89.33%。

从区域层面来看，北京市的能源效率相对最高，其次是天津、上海、福建等地，在经济发达的东部沿海地区中，山东和江苏的能源效率相对较低（Yu et al.，2019）。从总体来看，全国的能源效率是逐渐提高的，这与国家的政策引导密不可分。"十二五"以来，我国政府采用多种政策手段来促进各领域的能源利用效率，具体政策措施可以概括为价格杠杆、节能补贴、合同能源管理、用能权（或节能量）交易四个方面。

37.1.1 价格杠杆

利用价格杠杆挖掘节能潜力的相关政策主要可以分为三类：阶梯电价、差别电价以及惩罚性电价。阶梯电价政策针对居民电力消费，而差别电价和惩罚性电价主要面向工业企业。

国家发展改革委于 2012 年颁布全面实施居民阶梯电价的政策，规定第一档电价覆盖 80% 居民用户，第二档覆盖 95% 用户，各省根据自身经济发展和消费水平自行确定各档电价。从各省的电价设置来看，第二档比第一档高 50%～140%，第三档则比第二档高 150%～230%。2014～2015 年大多数省份将阶梯电价周期由月度改为年度以减少住宅用电消费波动对电费的影响（Wang et al.，2017a）。

阶梯电价政策在抑制高电力消费和改善补贴分配方面取得了一定的成效。根据中国家庭能源消费相关的调研结果发现，82% 的家庭并未受到阶梯电价的影响，处于第二档的家庭电力消费支出增加了 2.25%～5.20%，而处于第三档的家庭电力消费支出增加了 18.04%～48.48%（Du et al.，2015）。基于微观家庭层面的调查数据还显示阶梯电价政策不仅降低了交叉补贴规模，还改善了补贴的重新分配。它缩小了工业部门与家庭部门之间不合理的电价差距，并产生了大量的预算储蓄，即国家补贴支出减少了 6.62%。阶梯电价政策通过将高收入家庭的补贴转移到低收入家庭，使补贴机制更具有针对性（Sun，2015）。但是，居民的电力消费弹性与收入水平等因素有较强的相关性，当前的阶梯电价在反映区域经济发展差异方面仍有待提高（Wang et al.，2017a）。

2004 年国家开始对六大高耗能行业实行差别电价政策，在此后的十几年内，该政策执行范围不断扩大，执行力度和手段也不断加强。涵盖的范围扩大到电解铝、铁合金、电石、烧碱、水泥、钢铁、黄磷、锌冶炼八个行业。对淘汰类和限制类多征收的电价分别增至 0.3 元和 0.1 元。特别是针对钢铁行业，2017 年国家发展改革委、工业和信息化部联合对其执行更严格的差别电价政策，淘汰类多征收的电价增至 0.5 元。此外，在差别电价的基础上，国家提出对超能耗产品实行惩罚性电价政策，超过限额标准一倍的，按照淘汰类电价加价标准执行。

差别电价政策对高耗能行业盲目快速发展起到了显著的抑制效用，通过对 2005～2015 年高耗能行业的电力消费数据进行分析，发现与其他行业相比，实施了差别电价政策的行业电力消费强度降低了约 0.13 kW·h/元（翟玉鹏，2018）。差别电价政策对电力消费强度的影响具有一定的滞后性，且影响程度随时间不断变化。2008 年开始，差别电价政策带来的节能影响显著提高。而 2011 年之后，其影响基本达到稳定状态。但随着企业能效水平的提高，对部分省份执行差别电价政策的门槛及相关企业目录需要实行动态管理（董战峰等，2018）。

惩罚性电价政策同样面临各地政府重视程度不一致的问题（董战峰等，2018）。湖南省从 2010 年开始对 74 家企业实行惩罚性电价政策，至 2011 年底已有 51 家企业通过技术改造达到国家标准，政策效果显著。差别电价和惩罚性电价政策的主要职责是督促企业能耗达到门槛值，需与其他政策组合使用来进一步提高企业的节能减排水平（Li et al.，2014）。

37.1.2 节能补贴

2009 年财政部、国家发展改革委联合发布了《高效节能产品推广财政补助资金管理暂行办法》，并相继推出节能家电、节能汽车、电机等产品的补贴细则。2012 年财政部、住房和城乡建设部发布了《关于加快推动我国绿色建筑发展的实施意见》，建立高星级绿色建筑奖励审核制度。2013 年出台的《关于继续开展新能源汽车推广应用工作的通知》规定了 2013～2015 年的新能源汽车推广工作，并对补贴范围和力度进行了新一轮的调整。2015 年，财政部发布《节能减排补助资金管理暂行办法》以促进节能减排、提高能源利用效率（财政部，2015）。该规定一方面强调了当前节能补贴的重点支持范围，另一方面明确了以奖代补、贴息和据实结算等新的补贴方式。中央和地方政府分别设立了节能减排专项资金，用于支持节能技术改造和节能产品推广，补贴涵盖的范围也非常广泛，包括工业节能技术改造示范项目、新能源汽车、绿色建筑、节能家电等一系列领域。

工业节能技术改造和节能技术装备产业化示范项目涵盖煤炭、钢铁、水泥、化工、建材等各工业领域，与《国家重点节能低碳技术推广目录》相呼应，支持重点关键节能减排技术推广和改造升级，组织实施节能技术装备产业化示范，对高耗能行业能耗降低带来了显著的效果。"十二五"期间，钢铁企业吨钢综合能耗下降 5.48%，先进装备水平的焦炉、高炉、转炉占总产能的比例分别达到了 49%、65% 和 61%。烧结余热发电机组普及率超过 30%（郜学和尚海霞，2017）；水泥综合能耗小于 93 kg ce/t，余热发电普及率达 80% 以上；有色金属行业单位工业增加值能耗累计降低 22%。

节能家电补贴政策很大程度上促进了相关节能产品的推广普及，在 2012～2013 年的家电节能补贴政策促进下，空调、平板电视、电冰箱、洗衣机、热水器五类高效节能家电的市场份额在政策前后分别增长了 2～6 倍。2014 年，城乡居民用电量增速仅为 2.2%，下跌了 6.7%。节能家电补贴政策在节能和成本效益两个方面均取得了成功，但该政策并没有实质性地改变居民对节能电器的购买意愿，政策的延续性以及环保宣传更有利于节能家电的长期推广（Wang el al.，2017b）。

自绿色建筑相关政策颁布以来，我国绿色建筑逐步发展。截至 2014 年 2 月，我国共有 1408 个绿色建筑认证项目，其中 489 个被认定为一星级建筑，613 个被认定为二星级建筑，306 个被认定为三星级建筑。绿色建筑已成为建筑领域的重要组成部分，但尚未处于主导地位。财政政策是最常见的激励措施，占比超过了 50%，主要基于项目类型、星级标准、建筑面积等组合方式予以补贴。住宅型、商业型绿色建筑的全生命周期二氧化碳排放要比非绿色建筑分别低 10% 和 32%（Wu et al.，2017）。利用可再生能源是绿色建筑实现节能减排的重要手段，包括地源热泵、太阳能光伏、太阳能供热等形式，这也在一定程度上促进了新能源与可再生能源的发展。绿色建筑的分布存在严重的区域不平衡，江苏、广东、上海等沿海地区的绿色建筑数量相对较多，区域经济水平差异以及省级补贴激励力度是造成上述不均衡的主要原因。不同经济区域的省份之间应形成相互借鉴落地政策经验的政策机制，强化重点省市的示范工作，提高对周边地区的带动水平。

新能源汽车补贴政策对汽车厂商的自主创新产生了积极的作用，处于推广目录中的汽车生产企业各类新能源汽车相关专利的申请量明显增多（张荣亮，2018）。续航里程、充电时间、电池寿命等技术瓶颈成为制约补贴政策效果的客观因素（Zhang et al.，2017b）。改变现有的激励政策，转向激发企业的研发潜能，通过技术创新降低成本是新能源领域健康有序发展的关键。

37.1.3　合同能源管理

2010 年财政部、国家发展改革委联合发布了《合同能源管理项目财政奖励资金管理暂行办法》，对节能服务公司与用能企业签署的节能合同给予一次性财政奖励。奖励标准为中央财政提供 240 元/tce，省级财政提供不低于 60 元/tce 的配套资金，并对节能服务公司的所得税进行一定程度的减免。通过示范和推广，节能服务产业迅速发展，服务范围已扩展到工业、建筑、交通、公共机构等多个领域。截至 2013 年底，国家发展改革委和财政部公布的节能服务公司备案名单已逾 3000 家，节能服务公司员工人数达到了 50.8 万人，是 2003 年的 31.8 倍。2014 年合同能源管理项目总投资和总增加值分别为 958.76 亿元和 2650.37 亿元，是 2005 年的 56 倍和 73.2 倍（Yuan et al.，2016）。合同能源管理的发展为节能和二氧化碳减排做出了重大贡献，2017 年带来 3812.3 万 tce 的节能量，以及 10331.3 万 t 二氧化碳的减排量，是 2011 年的 2.5 倍（孙小亮，2018）。2019 年，国管办发布合同能源管理项目试点通知，在上海、江苏、黑龙江等 12 个省（自治区、直辖市）确定 29 个试点单位，进一步促进和推动合同能源管理政策的实施（国管办，2019）。

虽然合同能源管理项目投资持续增长，但增速在逐年下降，尤其是 2015 年和 2016 年，其增速不足 10%。2015 年，国家暂停合同能源管理项目的财政资金补贴，导致其投资增速大幅放缓。由此看出，合同能源管理行业的发展仍然主要依靠政策驱动，市场化机制并未充分发挥作用。截至 2016 年底，从事节能服务相关的企业数量为 5816 家，其中小企业居多，行业集中度较低。单个项目的财政资助不超过 240 万元导致了一些将大项目分割成若干子项目来获得更多补贴的情况，一定程度上阻碍了节能服务企业的做大（李大庆等，2017）。此外，补贴针对的节能效益分享型模式并不适用于需要长期维护的项目，出现了在设备转交给用能单位后频繁出问题的情况（李大庆等，2017）。

建筑行业是目前合同能源管理应用的重点领域之一，"十二五"期间合同能源管理项目投资中有 18.6%用于建筑行业，而这一比例在"十一五"期间只有 8.3%。绝大部分项目通过智能监控和管理系统，并且投资新的设备来提高制冷、制热和照明系统效率。进行绿色能源改造投资的项目相对较少，大多数建筑节能合同主要针对公共机构（Zhang et al.，2018）。

37.1.4　用能权（或节能量）交易

2013 年，国家发展改革委提出开展关于节能量交易的示范试点，并在北京实现了首次节能量交易。随后，其他省市开始探索各种相关的交易形式。山东、安徽、上海、广东、福建、江西、江苏等省市相继创建了节能量交易市场。截至 2014 年底，山东省累计完成约 3548 万 tce 的节能量交易，市场规模相对较大。福建省的交易范围主要涵盖水泥行业和燃煤发电机组，截至 2016 年底，共 12 家企业出售 9.3 万 tce 的节能量。江苏省的交易范围主要为节能改造项目的节能量和淘汰产能的削减量，截至 2017 年底，共发生 69 笔节能量交易，累计成交 20.7 万 tce 的节能量（中央财经大学绿色金融国际研究院（IIGF），2018）。

尽管如此，我国节能量交易体系建设仍处于起步阶段。各省市存在多种交易形式，并没有形成统一的市场机制，节能交易体系建设还有很多基础工作要做，并且几乎没有基于此的融资工具（中央财经大学绿色金融国际研究院（IIGF），2018）。

2016 年，国家发展改革委公布《用能权有偿使用和交易制度试点方案》，提出将在浙江、福建、河南和四川开展用能权有偿使用和交易试点。用能权交易是在原有的节能量交易基础上建立起来的，两者的最大区别在于交易对象，前者的对象是企业的用能总量，而后者主要针对项目节能量。相比于节能量交易，用能权交易具有程序相对简单、总量控制效果更佳、交易范围更广的优点。

四个试点省份在 2017~2018 年相继推出了试点实施方案，分别是浙江、福建、河南、四川。试点内容包括设置用能权指标、推进用能权有偿使用、建立能耗报告和核查制度等。从目前来看,用能权交易与国家重点建设的碳排放权交易市场高度相似。用能权交易属于前端把控,而碳排放权交易属于末端把控。由于能耗与碳排放的高度相关性,两类政策测算的指标重叠性较高(刘明明,2017)。

37.2 促进可再生能源发展的经济政策

发展可再生能源是改善能源结构应对气候变化的重要途径(莫建雷等,2018)。"十二五"以来我国采取了一系列政策措施促进可再生能源发展,可再生能源装机容量不断增长,可再生能源技术进步显著,发电成本不断下降,可再生能源消费量不断增长。发展以核能为代表的新能源在我国同样也具有重要意义,但推进其发展的经济政策并不突出,这里只简单描述其发展状况。类似地,推动 CCUS 的经济政策不明显,氢能作为新技术尚处在早期研发和示范阶段,没有进入大规模应用推广阶段,这里其不作为评估内容。

37.2.1 促进可再生能源发展的投资政策

目前我国推动可再生能源投资政策主要分为两类,一是通过实施可再生能源发电标杆上网电价政策(feed-in tariffs, FIT)为可再生投资提供电价补贴,二是通过实施可再生能源电价附加政策,为可再生能源发展提供稳定的资金来源。本节将分别介绍这两种政策并分析其实施效果。

1. FIT

FIT 是一种通过制定高于传统火电的可再生能源电力上网电价以保证可再生能源发电企业正常盈利和可持续运营的一项电价优惠政策(Liu et al., 2018)。自 2005 年《中华人民共和国可再生能源法》实施以来,中国采取了若干政策保障风力发电场以及太阳能光伏发电站建设,尤其是 2009 年 FIT 制定以来,中国可再生能源发电投资增长迅猛。这主要是由于 FIT 能够给予可再生能源发电项目长期稳定的投资收益,保证其一定的投资收益率,从而给予可再生能源发电项目投资者以信心,客观上促进了中国可再生能源发展(Lesser and Su, 2008)。后续的实证研究评价结果也表明中国 FIT 的确有利于可再生能源项目建设投资,政策效果显著(Zeng et al, 2013;Ouyang and Lin, 2014)。中国风电投资额从 2010 年的 1037.55 亿元增长至 2015 年的 1200 亿元,占当年总电源投资额比例也从 2010 年的 26.14%增长至 30.46%。2015 年后,中国风电投资额呈现下降趋势。截至 2018 年,我国风电投资额为 642 亿元,电源投资额比例为 23.8%[①]。与风电相比,中国太阳能光伏 FIT 效果则更加显著,我国太阳能光伏发电投资额从 2010 年的 23.57 亿元增长至 2018 年的 207 亿元,占当年总电源投资额比例也从 2010 年的 0.70%增长至 2018 年的 7.43%。

自 2009 年中国风电上网补贴政策实施以来,中国风电累计装机容量从 2010 年的 29.6GW增长到 2019 年的 210GW,风力发电量也由 44.6TW·h 增长到 405.7TW·h(图 37.1)。与《可再生能源发展"十三五"规划》所公布的 2020 年风电装机和发电量目标相比(2020 年风电累计装机目标为 210GW,发电量目标为 420TW·h),装机容量已提前完成规划目标,但发电量仍存在一定差距。

---

① 数据来源:《中国电力行业年度发展报告》.

如图 37.2 所示，中国风电发展呈现出明显的地区差异性。目前中国风电装机主要集中在风能资源较为丰富的华北、东北、西北地区以及东南沿海地区。2019 年中国风电装机排名前五位的地区为内蒙古、新疆、河北、山东、甘肃，其累计装机容量分别达到 30.07GW、19.56GW、16.29GW、13.54GW 以及 12.97GW。

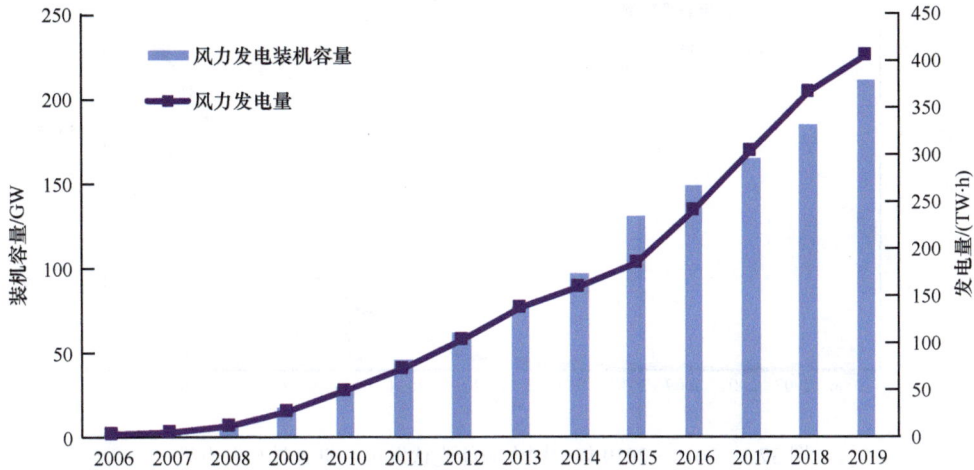

图 37.1　2010~2019 年中国风力发电装机容量与发电量

数据来源：国家统计局

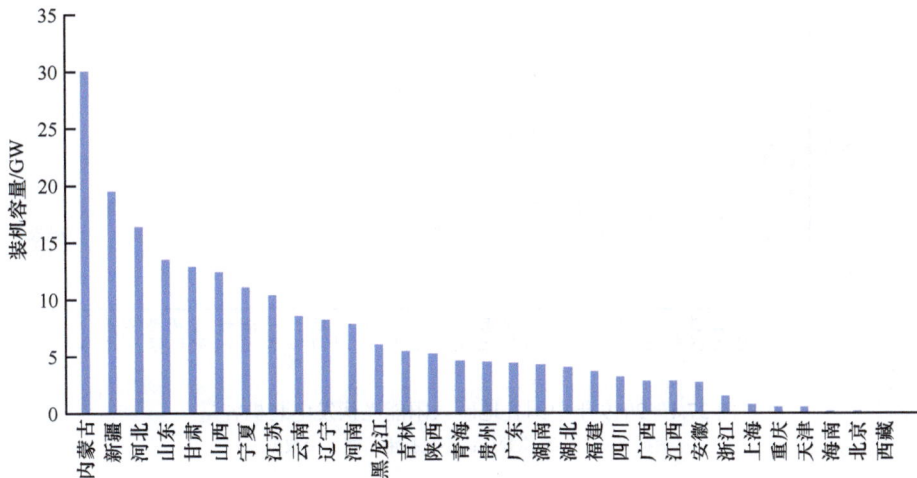

图 37.2　2019 年中国各地区风电装机容量

数据来源：国家能源局；不包括港、澳、台数据

自 2011 年太阳能光伏发电上网补贴政策实施以来，中国太阳能光伏发电累计装机容量由 2010 年的 0.8GW 增长到 2019 年的 204.30GW，太阳能光伏发电量也由 0.7TW·h 增长到 224.30TW·h（图 37.3）。与《可再生能源发展"十三五"规划》所公布的目标相比，太阳能光伏发电装机容量以及发电量已经完成 2020 年装机容量以及发电量目标（2020 年太阳能光伏累计装机容量目标为 110GW，光伏发电量目标为 144.5TW·h）。

如图 37.4 所示，中国太阳能光伏发展同样呈现出明显的地区差异性。目前中国太阳能光伏发电装机主要集中在太阳能资源较为丰富的西北、华北以及华中等地区。2019 年中国太阳能光伏发电装机容量排名前五位的地区为山东、江苏、河北、浙江、安徽，其累计装机容量分别达到 16.19GW、14.86GW、14.74GW、13.39GW 以及 12.54GW。而太阳能资源匮乏的四川、重庆等地区，太阳能光伏发电装机容量则不足 2GW。

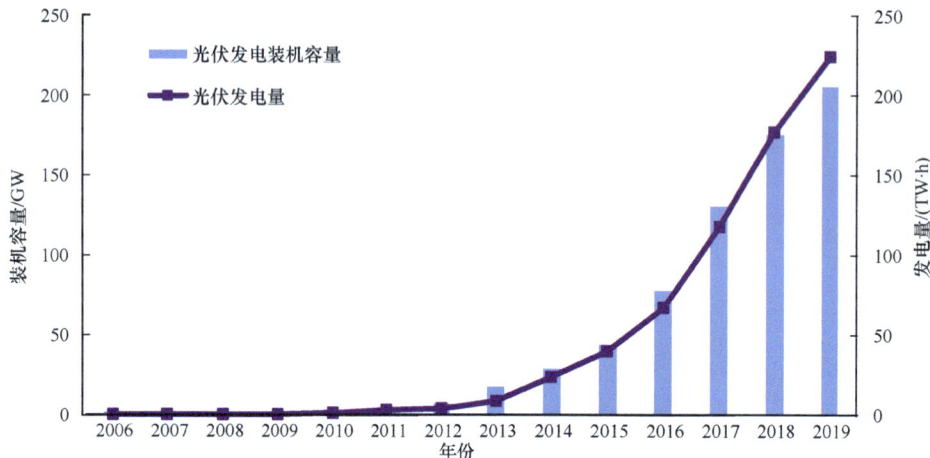

图 37.3 2010～2019 年中国太阳能光伏发电装机容量与发电量

数据来源：国家统计局

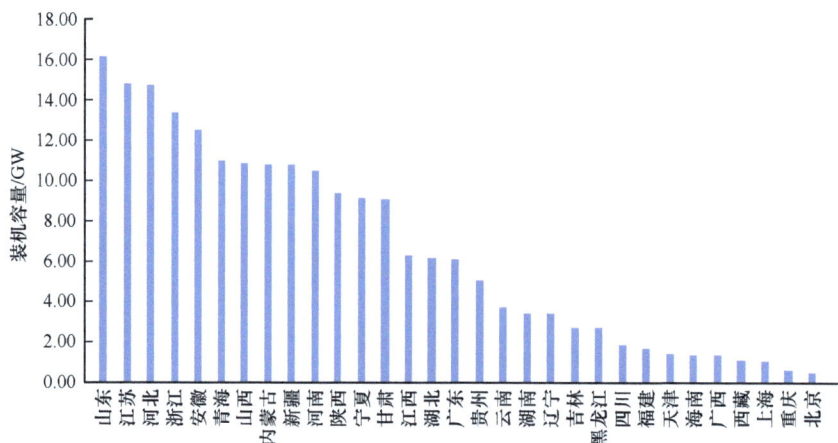

图 37.4 2019 年中国各地区太阳能光伏发电装机容量

数据来源：国家能源局；不包括港、澳、台数据

自 2010 年农林生物质能发电上网补贴政策实施以来，中国生物质能发电累计装机容量由 5.5GW 增长到 2019 年的 22.54GW，生物质能发电量也由 33TW·h 增长到 111.10TW·h（图 37.5）。与《可再生能源发展"十三五"规划》所公布的目标相比，生物质能发电装机容量以及发电量已经完成 2020 年装机容量以及发电量目标（2020 年生物质能累计装机目标为 15GW，发电量目标为 90TW·h）。

中国生物质能源分布不均，省际差异明显（图 37.6）。目前中国生物质能发电装机主要集中在山东、浙江、江苏等地区。2019 年中国生物质能发电装机容量排名前五位的地区为山东、广东、浙江、江苏、安徽，其累计装机容量分别达到 3.24GW、2.39GW、2.03GW、1.99GW 以及 1.95GW。综上所述，目前中国风电装机以及太阳能光伏发电装机主要集中在西北、东北、华北地区，而生物质能发电装机则主要集中在华中、华东等地区。

此外，作为新能源的重要组成部分，核电在我国电源结构中扮演重要角色。在全球核电发展放缓的背景下，我国核电发展迅速。中国核电累计装机容量由 2010 年的 10.82GW增长到 2019 年的 48.74GW，核能发电量也由 73.88TW·h 增长到 348.13TW·h（图 37.7）。虽然"十二五"以来我国核电发展较快，但与《可再生能源发展"十三五"规划》所公布的核能发电装机容量目标（58GW）及发电量目标（402.05TW·h）相比仍然存在一定的差距。

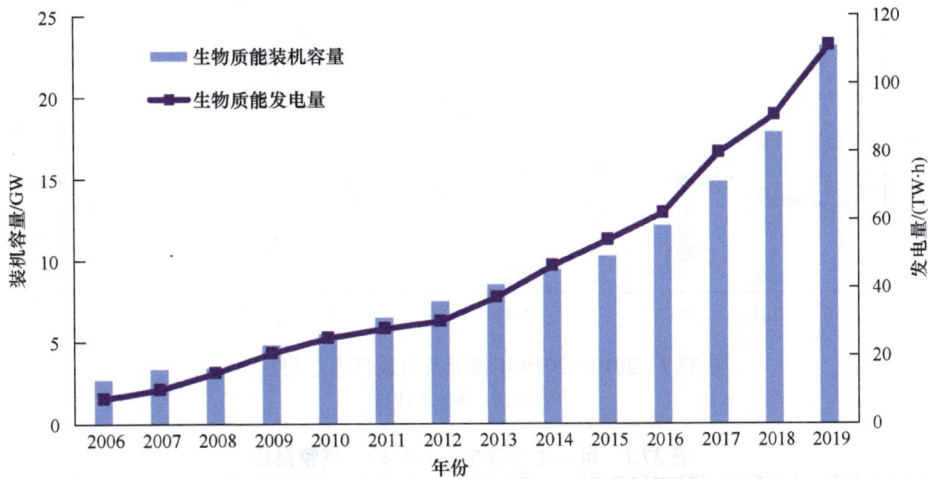

图 37.5　2010～2019 年生物质能发电装机容量与发电量

数据来源：国家统计局

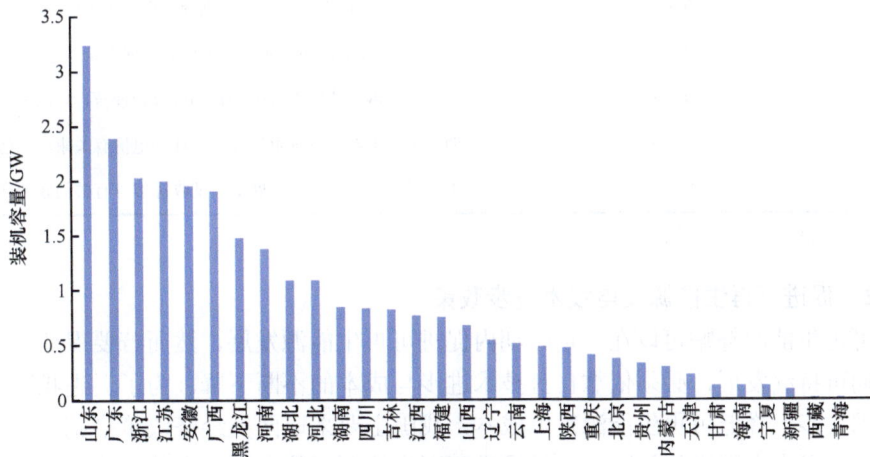

图 37.6　2019 年中国各地区生物质能发电装机容量

数据来源：国家能源局；不包括港、澳、台数据

2. 调整可再生能源电价附加标准

为了保障可再生能源发电补贴资金充足、稳定，我国在 2006 年首次制定可再生能源电价附加标准，对省级及以上电网企业服务范围内的电力用户（包括省网公司的趸售对象、自备电厂用户、向发电厂直接购电的大用户）收取 0.001 元/（kW·h）的可再生能源电价附加。随着我国可再生能源规模的增长，可再生能源补贴资金需求不断增加，我国陆续对可再生能源电价附加进行了 5 次调整，如表 37.1 所示。截至 2016 年，我国可再生能源电价附加标准已经提高到

了 0.019 元/（kW·h）。自 2012 年以来，我国已利用可再生能源电价附加资金补助七批可再生能源发电项目以及两批光伏扶贫项目，资助项目总数超过 2000 项，累计资金使用达 2000 亿元[①]。

图 37.7　2010～2019 年核能发电装机容量与发电量
数据来源：国家统计局

表 37.1　可再生能源电价附加标准调整路径

实施时间（年.月）	电价附加标准/[元（kW·h）]	政策文件名称
2006.6	0.001	《可再生能源发电价格和费用分摊管理试行办法》
2008.7	0.002	《国家发展改革委关于提高南方电网电价的通知》
2009.11	0.004	《国家发展改革委关于调整西北电网电价的通知》
2012.3	0.008	《可再生能源电价附加补助资金管理暂行办法》
2013.8	0.015	《调整可再生能源电价附加标准与环保电价有关事项的通知》
2016.1	0.019	《关于提高可再生能源发展基金征收标准等有关问题的通知》

注：电价附加标准不包括农业用电

37.2.2　促进可再生能源发电技术进步政策

虽然可再生能源补贴可以在一定时期内促进可再生能源发展，然而若要保证可再生能源自身的长期可持续发展，必须依靠自身技术进步与成本的不断下降。为了促进我国可再生能源发电技术进步，降低可再生能源发电成本，我国主要采取两类经济政策措施，一是逐步调整可再生能源发电上网电价补贴，二是推进可再生能源平价上网。本节将分别评述这两种政策并分析其实施的政策效果。

1. 调整可再生能源发电上网补贴

虽然我国 FIT 有效地促进了可再生能源装机投资，但其带来的政府财政负担也逐步扩大。截至 2015 年底，我国可再生能源发电补贴缺口已经超过 410 亿元，预计到 2020 年，累计补

---

① 数据来源：《关于公布可再生能源电价附加资金补助目录（第七批）的通知》（http://jjs.mof.gov.cn/zhengwuxinxi/tongzhigonggao/201806/t20180615_2929482.html），《关于公布可再生能源电价附加资金补助目录（光伏扶贫项目）的通知》（http://jjs.mof.gov.cn/zhengwuxinxi/tongzhigonggao/201903/t20190328_3208265.html）.

贴缺口将进一步扩大至 3000 亿元[1]。为了降低我国可再生能源对于补贴的依赖，我国逐步调整可再生能源发电上网补贴以促进可再生能源技术进步。如表 37.2 所示，截至 2018 年，我国四类地区陆上风电标杆上网电价已经由 2009 年的 0.51 元/（kW·h）、0.54 元/（kW·h）、0.58 元/（kW·h）和 0.61 元/（kW·h）分别下降到了 0.40 元/（kW·h）、0.45 元/（kW·h）、0.49 元/（kW·h）、0.57 元/（kW·h），而三类地区太阳能光伏电站标杆上网电价也已经由 2011 年的 1.15 元/（kW·h）、1.15 元/（kW·h）、1.15 元/（kW·h）分别下降到了 2018 年的 0.50 元/（kW·h）、0.60 元/（kW·h）、0.7 元/（kW·h）[2]。

表 37.2　我国可再生能源发电上网电价补贴政策调整路径

可再生能源类型	标杆上网电价/[元/（kW·h）]				实施时间（年.月）
	I	II	III	IV	
陆上风电	0.51	0.54	0.58	0.61	2009.8
	0.49	0.52	0.56	0.61	2015.1
	0.47	0.50	0.54	0.60	2016.1
	0.40	0.45	0.49	0.57	2018.1
海上风电	0.85				2014.6
潮间带风电	0.75				2014.6
	I	II	III		
太阳能光伏电站	1.15	1.15	1.15		2011.12
	0.9	0.95	1		2013.9
	0.8	0.88	0.98		2016.1
	0.65	0.75	0.85		2017.1
	0.55	0.65	0.75		2018.1
	0.50	0.60	0.70		2018.6
分布式太阳能光伏	0.42				2013.9
	0.37				2018.1
	0.32				2018.6
分布式太阳能光伏（光伏扶贫）	0.42				2013.9
太阳能光热	1.15				2016.8
农林生物质能	0.75				2010.7
垃圾焚烧发电	0.65				2012.4

数据来源：国家发展改革委、财政部、国家能源局

在此政策促进下，我国可再生能源发电成本下降明显。根据国际可再生能源署（IRENA）的估算，2019 年中国风电、光伏发电以及生物质能发电平准成本（LCOE）分别比 2015 年下

[1] 数据来源：《关于政协十二届全国委员会第四次会议第 2684 号（经济发展类 185 号）提案答复的函》（http://zfxxgk.nea.gov.cn/auto87/201702/t20170209_2580.htm）.

[2] 2018 年 6 月 1 日，国家发展改革委、财政部、国家能源局联合发布《关于 2018 年光伏发电有关事项的通知》（因落款日期为 5 月 31 日，业内简称为"531 新政"），暂停安排 2018 年普通光伏电站指标、严控分布式光伏规模，并将三类太阳能资源区域新投运项目上网电价分别降至 0.5 元/（kW·h）、0.6 元/（kW·h）以及 0.7 元/（kW·h）。从长期来看"531 新政"有利于促进技术进步与行业健康高效发展，但短期也可能产生一些负面影响，如光伏发电装机容量增长势头放缓以及企业盈利下降等，如 2018 年我国光伏新增装机容量为 44.3GW，较 2017 年下降 17%；另外，2018 年，23 家光伏企业营业收入较 2017 年下降 0.55%~64.72%，而 29 家光伏企业净利润较 2017 年下降 6.73%~194.25%.

降了 25.8%、34.0%和 30.6%（IRENA，2020）。

虽然在我国可再生能源政策推动下，风力发电、太阳能光伏发电以及生物质能发电成本下降趋势明显，但我国风力发电与太阳能光伏发电技术学习率分别仅为 4.4%与 7.5%（Yao et al.，2015；Zou et al.，2017；Tu et al.，2019a），与其他发达国家相比仍存在较大差距（Zhang et al.，2012；IRENA，2020），而较低的学习率则进一步制约了我国可再生能源发电技术持续健康发展。原因主要有以下两个方面，一是我国可再生能源企业发电设备专利数量有限，阻碍了对于可再生能源发电技术知识存量的累积（Qiu and Anadon，2012；Yu et al.，2017）；二是我国可再生能源发电企业过于依赖补贴政策，导致其技术研发创新能力不足，进而影响了技术进步效应的扩散（Argentiero et al.，2017；Liu et al.，2018）。

2. 推进可再生能源平价上网

为了进一步促进我国可再生能源技术进步，同时减轻我国可再生能源发电对于补贴政策的过分依赖，国家发展改革委在《可再生能源发展"十三五"规划》中提出 2020 年风电实现发电侧平价上网，太阳能光伏发电实现用电侧平价上网的目标。一些学者认为目前我国可再生能源学习率不足以支撑我国风电以及光伏发电实现平价上网目标，我国目前可再生能源发电上网补贴政策已不能适应平价上网的要求（Yao et al.，2015；Li et al.，2016；Argentiero et al.，2017）。

2015 年国家能源局提出了实施光伏发电"领跑者"计划和建设领跑基地，通过市场支持和试验示范，以点带面，加速技术成果向市场应用转化和推广，加快促进光伏发电技术进步、产业升级，推进光伏发电成本下降、电价降低、补贴减少，最终实现平价上网。2017 年国家能源局出台的《关于推进光伏发电"领跑者"计划实施和 2017 年领跑基地建设有关要求的通知》，则标志着我国推进可再生能源平价上网政策的实施。该政策规定，我国拟建设不超过 10 个应用领跑基地和 3 个技术领跑基地，应分别于 2018 年底和 2019 年上半年之前全部建成并网发电。该政策旨在通过市场支持和试验示范，以点带面，加速我国可再生能源发电技术成果向市场应用转化和推广，加快光伏发电技术进步、产业升级，进一步推进光伏发电成本下降、电价降低、补贴减少，最终实现平价上网。

如表 37.3 所示，截至 2020 年，共完成了 3 批共 22 个"领跑者"基地招标及并网工作，规模达到 13GW[①]。前三期领跑基地的建设已取得初步成效，主要体现在以下两方面。一是技术方面。通过广泛采用先进光伏技术产品，引导光伏制造企业提高技术水平，使 PERC 等先进制造技术在光伏制造企业中得到迅速推广，规模显著扩大，我国光伏产业技术进步明显（Tan et al.，2018）。二是电价方面。各基地竞争产生的电价平均比国家规定的标杆电价低 0.2 元/（kW·h），下降幅度超过 20%。基地项目通过竞争性配置和建设发现的合理电价已成为完善光伏发电定价政策的重要参考，在促进产业竞争力提升的同时，有效降低了光伏补贴，有助于我国光伏发电平价上网的实现（Zhang et al.，2017 a）。

表 37.3 三批光伏"领跑者"项目汇总

批次	基地数量/个	规模/GW
2015 年	1	1
2016 年	8	5.5
2017 年	13	6.5
合计	22	13

数据来源：国家能源局

① 数据来源：《2017 年光伏发电领跑基地优选结果公示》（http://www.nea.gov.cn/2017-11/22/c_136771008.htm）.

综上，近年来我国风力、太阳能光伏等可再生能源发电项目投资成本下降明显（Tu et al.，2019a，2019b），尤其是在国家制定的 2020 年风电及太阳能光伏发电平价上网目标约束下，以光伏发电"领跑者"计划为代表的推进可再生能源电力平价上网政策措施效果初步显现。

37.2.3　促进可再生能源消纳政策

虽然我国可再生能源装机容量规模增长较快，但可再生能源有效消纳是我国可再生能源快速发展的主要障碍。造成我国可再生能源消纳能力不足，进而导致弃风、弃光问题频发的原因包括以下几个方面：一是电力系统灵活调节能力较弱，现有灵活性未能充分挖掘。我国电源结构以常规火电为主，特别是可再生能源较为丰富的"三北"地区更加突出。尽管火电调峰深度和速度都不及水电、燃气机组，但目前我国火电机组（热电机组）的调峰现状远低于国际水平，大量中小火电机组、热电机组仍旧采用传统技术方案和运行方式，没有针对新的需求进行改造升级提升灵活性，技术潜力没有充分释放（Zhao et al.，2012；Tang et al.，2018）。二是电网输送通道难以满足可再生能源电力发展需求。我国风电、光伏发电主要集中开发投产在西部低负荷地区，在当地消纳的同时，仍需要外送，而在现有电力电网规划、建设和运行方式下，电源电网统筹协调不足，电力输送通道在建设进度、输送容量、输送对象上都难以满足可再生能源电力发展需求（Qi et al.，2019）。三是可再生能源电力消纳市场和机制没有完全落实。未来随着"三北"地区风电、太阳能发电开发规模持续增长，市场消纳空间逐步成为可再生能源消纳的最大瓶颈，现有以"固定价格""电网垄断"等为特征的电力市场体系已不能适应可再生能源发展（Li et al.，2015；Dong et al.，2018）。由于风电以及光伏发电具有较大"波动性"，在现有市场机制框架下仅靠本地运行调度优化已经不能解决市场消纳问题，需依靠更大范围的电力市场消纳。而目前我国电力运行管理总体以省为实体进行管理，同时跨省跨区域输送体系建立不完善，各地对接纳可再生能源积极性不足。

"十三五"期间我国采取了一系列措施促进可再生能源消纳，包括可再生能源绿色电力证书政策（tradable green certificates，TGC）、可再生能源全额保障收购政策、电力市场结构改革以及设定可再生能源电力消纳责任权重等，并取得了显著成效，到 2019 年平均弃风率和弃光率降至 4%和 2%的较低水平。

1. 可再生能源绿色电力证书政策

国家发展改革委、财政部及国家能源局在 2017 年出台《关于试行可再生能源绿色电力证书核发及自愿认购交易制度的通知》（NDRC，2017a），决定建立 TGC。绿色电力证书是实现可再生能源配给制目标的一种政策工具。各省市电力用户可以购买可再生能源发电企业的绿色证书，同时可再生能源发电企业可以通过销售绿色证书获得额外利润（Liu et al.，2018；Tu et al.，2020）。这种政策是以实际的可再生能源发电消费量作为指标，因而能够促进可再生能源的消纳。此外，该项政策能够替代逐步退坡的可再生能源标杆上网电价政策，从而缓解可再生能源发电补贴缺口压力。由于目前我国绿色电力证书尚处于起步阶段，各项详细交易准则仍需明确，实施效果仍然有待检验。

2. 可再生能源电力全额保障收购政策

由于可再生能源发电波动性、反调峰特性带来的调峰、调度等一系列问题，中国可再生能源产能的急剧扩张导致可再生能源电力消纳能力不足，弃风、弃光现象时有发生。据国家能源局统计，我国 2016 年弃风电量达到历史最高值，为 49.7TW·h，弃风率达 17%；弃光量最高年份为 2016 年，达到 7.60TW·h，弃光率为 10%。

为了解决日趋严峻的弃风、弃光问题，国家能源局在 2015 年出台了《关于做好 2015 年度风电并网消纳有关工作的通知》，提出了可再生能源电力全额保障机制，并在 2017 年发布的《解决弃水弃风弃光问题实施方案》中进一步提出建立储能系统、推进可再生能源电力市场化交易等机制。在此政策的促进下，我国弃风、弃光现象得了明显缓解。2017 年我国弃风率、弃光率分别为 12% 与 6%，较 2015 年分别下降 3% 以及 7%。因此，该政策在一定程度上促进了我国可再生能源电力消纳，增强了我国可再生能源利用效率。

3. 电力市场改革政策

目前我国电力体制仍以计划电量、固定价格、分级市场、电网垄断等为特征，这样的机制难以适应可再生能源发展的需求。可再生能源波动性等特征在现有机制框架下，仅靠本地运行调度优化已不能解决市场消纳问题，需依赖更大范围的跨区域电力交易以增强市场消纳（Zhao et al.，2012）。而目前电力运行管理总体是以省为实体进行管理，同时跨省、跨区域输送未纳入国家能源战略制定的长期跨地区送受电计划中，各地对接纳可再生能源电力积极性不足（Gu et al.，2016）。

为解决目前电力体制对于可再生能源电力消纳能力不足的问题，2015 年中共中央国务院发布的《关于进一步深化电力体制改革的若干意见》（中发〔2015〕9 号），也标志着本轮电力市场改革正式开始。本轮电改在前期改革所形成的单一买方市场模式的基础上，按照"放开两头，管住中间"的改革思路提出了"三放开、一独立、三加强"的改革核心路径，目标是构建更广泛的竞争性市场体系，促进市场化电价形成机制以为我国可再生能源发展提供激励，与此对应的发、输、配、售四环节以及电价体系等方面都将发生根本性变化（刘树杰和杨娟，2016）。发电环节，随着电网职能转变，化石燃料以及可再生能源发电企业都将以自由竞价的方式通过电力交易中心直接向下游用户进行销售。输电环节，电网企业集电力输送、电力统购统销、调度交易为一体的状况将得到改变，转而主要从事电网投资运行、电力传输配送。配售环节将逐步放开配售电业务，打破电网企业输配售一体的市场格局，培育配售电市场主体，形成合理的市场模式。

4. 对各地电力消费设定可再生能源电力消纳责任权重

为进一步促进各地区对可再生能源的消纳，2019 年 5 月 10 日，国家发展改革委和国家能源局印发《关于建立健全可再生能源电力消纳保障机制的通知》，明确提出对各地电力消费设定可再生能源电力消纳责任权重。可再生能源电力消纳责任权重是指按省级行政区域对电力消费规定应达到的可再生能源电量比重，并要求承担消纳责任的各类市场主体的售电量（或用电量）均应达到所在省级行政区域最低可再生能源电力消纳责任权重相对应的消纳量。按口径不同，可再生能源电力消纳责任权重分为可再生能源电力总量消纳责任权重和非水电可再生能源电力消纳责任权重。这一政策对促进各地可再生能源消纳发挥了重要作用。国家能源局公布的《2020 年度全国可再生能源电力发展监测评价报告》显示，从全国来看，2020 年我国可再生能源电力实际消纳量为 21613 亿 kW·h，占全社会用电量比重 28.8%，同比提高 1.3 个百分点；全国非水电可再生能源电力消纳量为 8562 亿 kW·h，占全社会用电量比重为 11.4%，同比增长 1.2 个百分点。从各地区来看，除西藏免除考核外，全国 30 个省（自治区、直辖市）都完成了国家能源主管部门下达的总量消纳责任权重和非水电消纳责任权重。具体地，可再生能源电力消纳占全社会用电量的比重超过 80%的有 3 个、40%～80%的有 6 个、20%～40%的有 10 个、10%～20%的有 11 个；非水电可再生能源电力消纳占全社会用电量的比重超过 20%的有 4 个、10%～20%的有 15 个、5%～10%的有 9 个、5%以下的有 2 个。

37.2.4　可再生能源发展协同效应评估

利用可再生能源是我国实现碳减排的主要手段。与使用化石燃料相比，可再生能源利用产生的碳排放较低，通过可再生能源替代化石能源可间接实现碳减排，有助于缓解气候变化（Varun et al., 2009；范英和莫建雷，2015；Wang et al., 2018a）。而我国多种可再生能源政策在促进风电、太阳能光伏、生物质能等可再生能源发展的同时，对于我国碳减排的贡献同样不可忽视。理论及实证结果表明我国可再生能源政策加速了可再生能源电力对于传统火电的替代，对于实现碳减排目标有显著的积极影响（Tu and Mo, 2017；Lin and Zhu, 2019）。根据 Wang 等（2018a）的研究结果，我国可再生能源的增长对于碳减排具有显著影响，我国近 10 年可再生能源的快速增长间接实现了 4887 万 t 碳减排。

37.3　气候融资和绿色金融政策

"十二五"以来，我国相关部门出台了一系列气候融资和绿色金融政策，我国绿色债券、绿色信贷和气候保险呈现良好的发展态势，并有效促进了我国可再生能源的发展，推动了我国高污染高耗能企业的低碳转型，政策的环境效益和协同效应逐渐展现。

37.3.1　绿色债券

2015 年中国人民银行（2015）发布《关于在银行间债券市场发行绿色金融债券有关事宜的公告》，对绿色债券支持的项目范围、金融机构法人的资质、发行所需材料等进行了规定。该文件的出台标志着中国绿色债券市场的正式启动（詹小颖，2016；冯馨和马树才，2017）。此后，我国有关部门相继发布了《绿色债券发行指引》（国家发展和改革委员会，2015）、《关于开展绿色公司债券试点的通知》（上海证券交易所，2016；深圳证券交易所，2016）、《关于支持绿色债券发展的指导意见》（中国证券监督管理委员会，2017）、《非金融企业绿色债务融资工具业务指引》（中国银行间市场交易商协会，2017）等文件，对绿色债券支持的项目范围、绿色债券的发行主体、审核要求等做了进一步的说明和完善。为规范绿色债券评估认证行为，2017 年中国人民银行和中国证券监督管理委员会（2017）联合发布《绿色债券评估认证行为指引（暂行）》，对绿色债券评估认证机构的资质和业务等进行了明确规定。同时为进一步完善绿色金融债券存续期监督管理，提升信息披露透明度，2018 年中国人民银行（2018）发布《关于加强绿色金融债券存续期监督管理有关事宜的通知》，并制定了《绿色金融债券存续期信息披露规范》。

在我国绿色债券市场体系的建设中，与国际绿色债券市场"自下而上"的构建方式不同，我国绿色债券市场更多体现了"自上而下"的原则（Ng, 2018）。中国绿色债券市场主要由监管部门出台一系列法律文件以规范和完善市场体系，引导企业参与，体现出政府引导规范与市场化运作相结合的特点（王遥和徐楠，2016）。由于国内"自下而上"形成绿色债券市场的条件不够成熟，负责任投资理念还不够深入，因此采用"自上而下"的形式符合我国的实际情况，一定程度上促进了绿色债券在我国的较快发展（黄韬和乐清月，2018）。我国监管部门通过制定一系列绿色债券相关的配套政策，例如优化企业债券部分准入条件，简化申报流程，提高发行效率，降低了绿色债券发行人获得发行许可的时间成本，有效激励了企业发行绿色债券（王遥和徐楠，2016；郑颖昊，2016）。

目前我国绿色债券市场呈现良好的发展态势，并逐渐成为全球绿色债券市场上主要发行来源之一。2016～2019 年我国发行的符合我国绿色债券定义的债券规模从 362 亿美元增加到 558 亿美元，其中符合国际绿色债券定义的债券规模从 236 亿美元增至 331 亿美元（气候债券倡议组织和中央国债登记结算有限责任公司，2017～2020）。这些绿色债券所募集的资金被分别用于能源、能效、低碳建筑、低碳交通等方面（图 37.8）。同时我国绿色债券发行人种类也日益多元化。图 37.9 展示了 2016～2019 年各类绿色债券发行主体的发行规模比例。可以看出 4 年间我国金融机构在绿色债券发行中的比例有所下降，非金融企业、资产支持债券的发行比例逐渐增加。

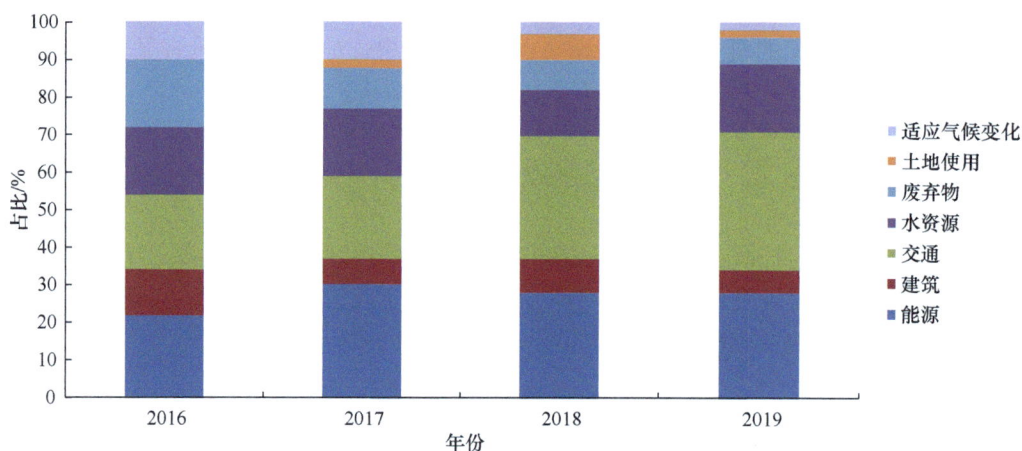

图 37.8　2016～2019 年绿色债券募集资金使用用途分类占比

数据来源：气候债券倡议组织和中央国债登记结算有限责任公司（2017—2020 年）

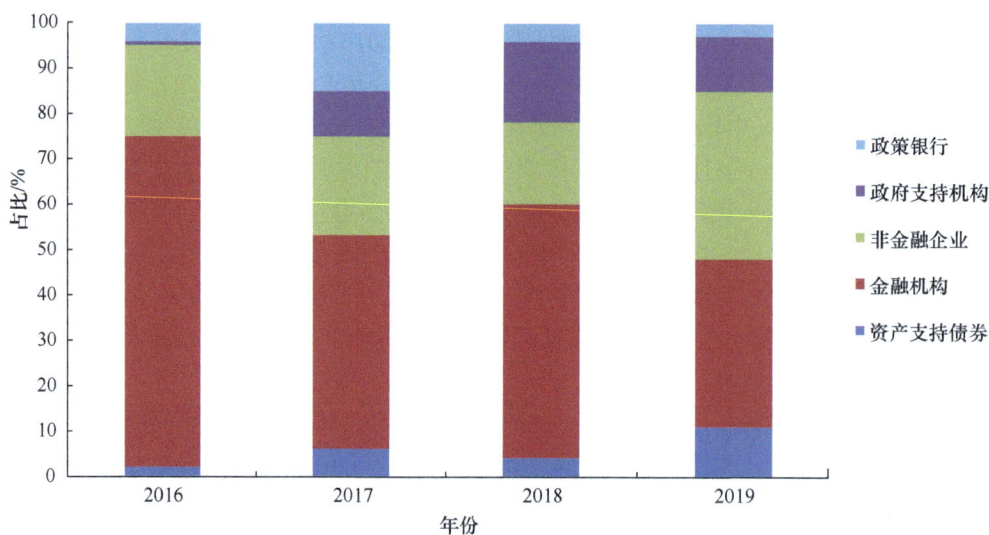

图 37.9　2016～2019 年各类型绿色债券发行主体债券的发行规模占比

数据来源：气候债券倡议组织和中央国债登记结算有限责任公司（2017—2020 年）

2017 年 6 月，国务院总理李克强主持召开国务院常务会议，决定在浙江省、江西省、广东省、贵州省和新疆维吾尔自治区选择部分地区建设绿色金融改革创新试验区以进一步探索适用于我国的绿色金融发展道路。各试验区根据自身情况，因地制宜，积极筹备发行绿色债券。整体来看，目前试验区绿色债券发展情况良好，债券的发放量和参与企业数量都在稳定增长。贵州省 2017 年底已有 60 家绿色企业在贵州股票交易中心挂牌，并设立 4 支绿色基金，募集规模达 38 亿元人民币以上（中国人民银行贵阳中心支行，2018）；2018 年实现绿色债券发行零突破，成功发行绿色债券 100 亿元人民币（中国人民银行贵阳中心支行，2019）。广东省 2017 年银行机构合计发行绿色债券 53 亿元人民币（中国人民银行广州分行，2018）；2018年又获批我国最大规模的绿色债券（中国人民银行广州分行，2019）。新疆维吾尔自治区也在 2018 年实现兵团、银行和公司绿色债券的发行（中国人民银行乌鲁木齐中心支行，2019）。

2015 年我国从文件上正式确定发展绿色债券，起步相对较晚，因此在一些方面还需要加以补充和完善。国内各相关监管部门分别制定的绿色债券认证标准存在一定差异，并且国内绿色债券认证标准与国际标准间也存在一定的差异（曹媛媛等，2017；李永坤和朱晋，2017）。我国已经认识到这些差异的存在，并采取了一些相应措施。一方面，中国人民银行与国家发展改革委已经达成共识，准备在国家绿色产业目录的基础上形成一个统一的绿色债券目录。另一方面，中国人民银行已与欧洲投资银行展开合作，共同倡议制定了一个有助于绿色金融分析与决策的框架，并联合发布了绿色债券白皮书，对国际上多种不同绿色债券标准进行了比较，为我国绿色债券认证标准与国际接轨奠定了基础（气候债券倡议组织和中央国债登记结算有限责任公司，2018）。

37.3.2　绿色信贷

为促进银行业金融机构发展绿色信贷，防范环境和社会风险，2012 年、2013 年中国银行保险监督管理委员会（2012，2013b）先后印发《绿色信贷指引》《关于绿色信贷工作的意见》，对银行业金融机构开展绿色信贷的管理方式、政策制度、工作流程、信息统计及披露、绩效考核、环境风险控制等内容提出了整体要求。2014 年中国银行保险监督管理委员会（2014）又印发《绿色信贷实施情况关键评价指标的通知》，将评价指标分为定性和定量指标，其指标内容具体反映了《绿色信贷指引》和《关于绿色信贷工作的意见》中对银行业金融机构开展绿色信贷的相关规定。同时为全面反映和掌握银行业金融机构绿色信贷的实施成效，2013 年中国银行保险监督管理委员会（2013a）印发《关于报送绿色信贷统计表的通知》，规定了绿色信贷的报送机构、时间、方式、频率和内容等。

"十二五"以来，我国有关部门相继制定了一系列绿色信贷政策，确定了绿色信贷业务的主要负责部门，建立了绿色信贷统计监测制度和环境与社会风险评价机制，我国的绿色信贷体系得到了良好的发展（张平淡和张夏羿，2017）。同时在这些政策的引导下，我国大多数省份、各大政策性银行、主要商业银行相继制定了一系列配套的绿色信贷政策，将绿色信贷视为长期内提高经营绩效、降低经营风险的一种选择（胡荣才和张文琼，2016）。表 37.4展示了 2011~2018 年我国 21 家主要银行绿色信贷规模情况。绿色信贷作为我国绿色金融政策中发展较早的一类政策，"十二五"以来其规模保持稳步增长。2011 年末~2018 年末，我国的绿色信贷贷款余额从 4.16 万亿元人民币增长到 9.66 万亿元人民币。同时我国绿色信贷质量整体良好，不良率远低于各项贷款整体不良水平（中国银行保险监督管理委员会，2018）。此外，湖州市、衢州市、哈密市、昌吉市、克拉玛依市、广州花都区、赣江新区、贵安新区作为我国首批八个绿色金融改革创新试验区，其绿色信贷的发展也较为良好。这八个试验区的绿色信贷不仅在量上较获批之前有了较快的增长，而且其贷款不良率也比各区各项平均贷款不良率低（刘莹，2019）。

随着我国绿色信贷政策实施的不断深入，绿色信贷政策的环境效益逐步显现。我国绿色信贷政策通过限制高污染、高能耗的"两高"企业的贷款，对低污染、低耗能的节能环保类企业提供优惠性的信贷利率，较为有效地抑制了"两高"行业的投资行为，促进了可再生能源的发展（Liu et al.，2017；徐胜等，2018；He et al.，2019）。表37.5展示了2013年12月～2017年6月我国21家主要银行绿色信贷余额年节能减排量。

表37.4 2011～2018年中国21家主要银行绿色信贷规模

年份	绿色信贷余额/万亿元	绿色信贷平均增长率/%	占总贷款比例/%
2011	4.16	18.07	7.60
2012	4.86	16.90	7.70
2013	5.20	7.00	8.70
2014	6.01	15.60	9.33
2015	7.01	16.60	9.68
2016	7.51	7.13	8.83
2017	8.50	17.00	9.00
2018	9.66	13.21	9.28

数据来源：邱英杰等（2018），中国人民银行研究局（2018）；2018年数据来源：http://www.cbirc.gov.cn/cn/view/pages/governmentDetail. html?docId=875823&itemId=893&generaltype=1

表37.5 2013年12月～2017年6月21家主要银行绿色信贷余额年节能减排量

日期	贷款余额/万亿元	年节能减排量/百万t				
		标准煤	二氧化碳	二氧化硫	氮氧化物	节水
2013.12.31	5.20	186.72	479.03	6.65	1.55	438.08
2014.06.30	5.72	188.72	456.88	5.38	1.31	425.70
2014.12.31	6.01	167.19	399.58	5.88	1.60	933.67
2015.06.30	6.64	173.63	418.77	4.59	1.16	745.68
2015.12.31	7.00	221.23	549.79	4.85	2.27	756.05
2016.06.30	7.26	187.40	435.42	4.00	2.01	623.04
2016.12.31	7.50	188.48	427.20	4.88	2.82	601.97
2017.06.30	8.30	215.10	490.56	4.65	3.13	715.01

注：数据来源于《绿色信贷统计信息披露说明》（中国银行保险监督管理委员会，2018）

近些年我国出台了一系列关于产业结构调整的政策法规，以实现经济更好地增长。而我国的绿色信贷政策在不断促进绿色信贷发展的同时，也对我国的产业结构调整产生了一定的促进作用，与产业结构调整政策形成了正向的协同效应。绿色信贷政策能够从资本形成、资金导向、产业整合、信息传导、风险分配等几个方面对三大产业中的企业产生影响，一定程度上促使了我国产业结构的合理化和高级化（张璐，2019）。

虽然我国在开展绿色信贷中取得了一定的成绩，但是仍然面临着一些挑战，存在着一些不足和需要完善的地方。一是应加强绿色信贷的外部监管（陈立铭等，2016；左振秀等，2017）。目前我国有关部门主要是要求银行业机构对绿色信贷业务进行自我评估，虽然也提出了银行业监管机构对绿色信贷业务进行监督指导，但是并未有相关政策文件对监管的细节进行规定。二是加快建立一个全国统一的绿色信贷评级标准（陈立铭等，2016；文秋霞等，2018）。目前各银行业金融机构是在各自对绿色信贷政策理解的基础上，形成各自的绿色信贷评级标准，这不可避免地使各机构的评级标准存在一定的差异。为此 2017 年中国人民银行等部门（2017）联合发布《金融业标准化体系建设发展规划（2016—2020 年）》，提出要重点研究金融机构绿色信用评级标准。三是进一步扩大环境信息披露的范围。银行业金融机构在对贷款企业进行环境评估时，依赖于环保部门发布的企业环境信息。目前我国环保部门一般只通报严重污染企业的"黑名单"，这并不能充分达到银行业金融机构对企业环境风险评估的要求（张平淡和张夏羿，2017；邱英杰等，2018）。

37.3.3　气候保险

2011 年国务院（2011）印发《国家综合防灾减灾规划（2011—2015 年）的通知》，指出要探索通过金融、保险等多元化机制以实现自然灾害的经济补偿和损失转移分担。2014 年国务院（2014a）又印发《关于加快发展现代保险服务业的若干意见》，鼓励各省市研究建立关于台风、洪水等巨灾保险制度、相关法律法规、管理数据库，以及探索天气指数保险，提高农业抵御自然灾害的能力。面对极端天气事件呈现多发的态势，2015 年中国银行保险监督管理委员会印发《关于做好农业气象灾害理赔和防灾减损工作的通知》，要求各财产保险公司加快推进农业天气指数保险落地试点的工作。2016 年中国人民银行等七部委联合下发《关于构建绿色金融体系的指导意见》，明确指出要建立完善与气候变化相关的巨灾保险制度。同年中国保险监督管理委员会印发的《中国保险业发展"十三五"规划纲要》将建立巨灾保险制度和农业天气指数保险纳入我国保险业"十三五"规划发展目标中。2019 年中国人民银行等部门（2019）联合发布《关于金融服务乡村振兴的指导意见》，指出要组建中国农业再保险公司，落实农业保险大灾风险准备金制度，完善农业再保险体系。

"十二五"以来，我国许多财产保险公司在多地开展了农业天气指数保险试点工作。在这些试点中，天气指数保险的投保形式以自愿为主，保险作物主要为经济作物，政府对保费的补贴比例较高（谭英平和龚环，2018）。经过几年的试点尝试，我国各地区根据各自气候特点，开展了不同类型的天气指数保险，所涉及的承保产品种类逐渐多样，例如，在江苏、浙江等水产养殖发展较好的地区开展了池塘养殖综合气象指数保险和梭子蟹气象指数保险；在畜牧业发展较好的内蒙古地区，开展了草原牧区羊群天气指数保险；在以水稻为主要农产品的湖北和安徽地区，开展了以水稻为投保对象的天气指数保险（丁少群和罗婷，2017）。天气指数保险的类型逐渐多样，保险所涉及的农产品种类逐渐丰富（丁少群和罗婷，2017）。巨灾保险方面，2013 年我国先后在广东、黑龙江、浙江宁波等地开展了巨灾保险试点，以期为全国巨灾保险制度的制定和实施积累经验。这些试点主要采取政府主导、企业参与、市场运作的模式，分别制定了地方性巨灾保险政策法规（王杰秀等，2017）。同时由于这些试点地区的地理位置、气候条件等情况存在差异，因此这些试点的承保类型也存在差异。具体而言，广东和宁波位于沿海地区，容易出现强热带风暴而导致的极端灾害，因此这两个试点主要关注台风、暴雨等自然灾害，而黑龙江地区主要关注洪水、低温等自然灾害（李琛，2017）。并根据该地区实际情况对灾种、覆盖人群等进行规定（王杰秀等，2017）。同时各试点积极研究巨灾保险制度，分别制定了地方性巨灾保险政策法规（李琛，2017）。

由于我国推行农业天气指数保险和巨灾保险的时间较晚，因此现阶段仍有一些需要改进和完善的地方。农业天气指数保险方面，一是丰富和改进现行天气指数保险产品，使其能够充分考虑投保个体风险的差异性，并能与复杂的天气风险相匹配（冯文丽和苏晓鹏，2016；谭英平和龚环，2018）。二是加快开展相关农业数据和气象数据的统计工作（丁少群和罗婷，2017）。我国农业数据统计开展时间较短，气象监测的配套设施并不完备，从而导致天气指数保险通常所需的县乡一级的数据较少，无法完全达到天气指数保险的要求。巨灾保险方面，一是全国性的巨灾保险制度体系有待建立和完善（张庆淑，2017）。虽然我国相关部门出台了一系列巨灾保险的政策文件，但绝大多数是对巨灾保险方向性的指导以及对政府灾后救济的规定，而对巨灾保险具体问题进行明确规定的政策法规较为缺乏。二是丰富巨灾风险补偿方式（Wang and Tian，2016；李琛，2017）。目前我国面对巨灾风险的主要手段依然是以政府无偿赈灾和财政补贴为主，社会慈善捐助为辅，这种巨灾损失补偿方式较为单一，无法弥补巨灾损失的融资缺口。

37.4　其他相关政策

资源税的改革和环境保护税的开征对减缓气候变化具有积极影响。资源税改革有助于调整能源结构、提高资源利用效率、降低污染物排放量和体现资源稀缺成本。征收环境保护税有助于抑制污染排放、优化能源结构、促进环境成本外部化和提升绿色技术创新水平。

37.4.1　资源税对资源效率和气候变化的影响

我国资源税开征于 1984 年，是以自然资源为征税对象的税种。近年来，随着我国经济持续快速发展，资源产品日益增长的需求与资源有限性、稀缺性的矛盾越来越突出，原有资源税税制与经济发展和构建资源节约型社会要求不相适应。按照构建资源节约型社会和国家"十一五"规划提出的"改革资源税制度"的要求，我国自 2010 年开始实施资源税改革。

2010 年 6 月，财政部和国家税务总局联合下发《新疆原油 天然气资源税改革若干问题的规定》，标志着我国资源税改革拉开序幕。规定自 2010 年 6 月 1 日起，在新疆开展资源税改革试点，将原油、天然气的税率由"从量计征"改为按 5%税率"从价计征"。同年 12 月 1 日起，改革范围扩大至西部 12 个省（自治区、直辖市）。2011 年 9 月，国务院修改《中华人民共和国资源税暂行条例》，规定扩大从价定率的资源税计征范围，确定了从价定率和从量定额共存状态。油气资源税改革推广至全国，征收标准为销售额的 5%。

2014 年 10 月，财政部、国家税务总局发布《关于实施煤炭资源税改革的通知》，规定自 2014 年 12 月 1 日起，煤炭资源税改革开始实施，税率幅度为 2%～10%，具体税率由各省级政府根据本地区情况加以确定，同时厘清煤炭矿产资源各种收费基金，将煤炭、原油和天然气的矿产资源补偿费费率降为零，煤炭、原油和天然气的价格调节基金停止征收。随后《关于调整原油、天然气资源税有关政策的通知》规定将原油、天然气的使用税率由 5%提高到 6%，同时取消油气矿产资源补偿费。2015 年 4 月，财政部、国家税务总局发布《关于实施稀土、钨、钼资源税从价计征改革的通知》，规定将稀土、钨、钼等纳入从价计征范围。

2016 年 5 月，财政部、国家税务总局发布《关于全面推进资源税改革的通知》，规定扩大资源税征收范围、开展水资源税改革试点工作、实施矿产资源税从价计征改革、全面清理涉及矿产资源的收费基金、合理确定税率水平、加强税收优惠政策管理，提高资源综合利用效率。2017 年 11 月，财政部、税务总局和水利部印发《扩大水资源税改革试点实施办法》，规定在河北省开展水资源税改革试点，同年 12 月改革试点扩大到北京市、天津市、山西省、内蒙古自治区、山东省、河南省、四川省、陕西省、宁夏回族自治区。

许多学者的研究结果表明，资源税改革对提高资源利用效率、优化能源结构和缓解气候变化具有积极的影响。资源税改革有利于调整能源结构、优化工业发展模式和产业结构、加速转变经济发展方式。通过提高煤炭资源税改变煤炭相对价格和市场的价格调节机制，能够对高碳排放的煤炭使用起到抑制作用，对石油及天然气等相对低碳能源和清洁能源的使用起到促进作用（时佳瑞等，2015；Tang et al.，2017），还有利于改善内需结构（刘宇和周梅芳，2015）。改革使能源矿产资源的生产和使用成本增加，企业和消费者将选取那些对环境污染小、成本低的新能源来替代传统能源，以推动工业发展模式由粗放型生产方式到集约型生产方式转变（张炳雷和刘嘉琳，2017；Li et al.，2018）。

资源税改革有利于促使企业进行技术创新，淘汰落后产能，提高资源利用效率，抑制资源的过快开采和消耗，促进资源合理利用（刘楠楠，2015；时佳瑞等，2015；Xu et al.，2018）；有助于防止开采者追逐利大资源而弃置利小资源，加强资源管理及促进企业合理开发和有偿使用，平衡与制约稀缺性能源资源的利用和与之有关的环境问题，进而提高能源资源的开发和利用效率，还可以提高资源的综合利用水平，可以最大限度地合理、有效、节约开发利用国家资源（张炳雷和刘嘉琳，2017）。对于处于买方市场的煤炭行业，生产成本的增加将倒逼其提高资源的开采和利用效率（刘宇和周梅芳，2015）。对于农业部门，征收水资源税会提高农民的节水灌溉意识，从而节约水资源（王克强等，2015）。金属资源税计征改革会使金属资源的使用量逐渐降低，对经济、进出口和社会福利的负面影响将会随着时间逐渐减弱，对于资源的保护和可持续利用的积极影响会持续增大（钟美瑞等，2016）。

资源税改革有利于环境保护，可降低二氧化硫等污染物的排放量和单位 GDP 能耗（徐晓亮等，2015；胡红娟和陈明艺，2016；薛钢和孙雪，2016；张炳雷和刘嘉琳，2017；Tang et al.，2017）。煤炭资源税改革会对中国的碳减排和总体碳排放强度的降低起到积极的促进作用，且税率越高，促进作用越明显。但随着时间的流逝，这种影响会逐渐减弱（时佳瑞等，2015）。还会增加环境福利，可以在一定程度上抑制区域"资源诅咒"现象的恶化，改善资源环境质量（Xu et al.，2015）。改革有利于较长时间内促进二氧化碳减排、减少雾霾和提升环境效益（Xu et al.，2018）。从长期看，适度的煤炭资源税税率能在经济增长可承受范围内最大限度地降低主要污染物排放，实现节能减排与经济增长的均衡发展（徐晓亮等，2015）。

资源税改革旨在反映资源真实值，体现资源稀缺成本。能源开采企业的利润因税负的增加而受到压缩，产品的价格将随之上涨并更加充分地体现能源矿产资源的内在价值以及资源开采的外部成本，有助于完善能源矿产资源的价格体系（张炳雷和刘嘉琳，2017；Zhong et al.，2018）。资源税改革有利于抑制资本、劳动等要素的过度投入，同时不影响煤炭产业的生产效率（刘楠楠，2015）。煤炭资源税改革能够降低高耗能产业产出，有利于节能减排（刘宇和周梅芳，2015）。征收水资源税，会使农业部门对生产用水、劳动力和资本的需求减少（王克强等，2015）。

经过一系列改革措施，我国资源税的环境效应已较为突出，但总体上资源税的环境效应发挥得还不够充分，应通过扩大从价计征范围、适度提高税率、设置浮动和差别税率等措施完善我国资源税税制（刘建徽等，2018）。

37.4.2　环境保护税对气候变化的影响分析

环境保护税是一项重要的环境经济政策，旨在通过经济手段将外部环境成本内化，引导市场合理配置资源。环境保护税在欧洲国家已实施多年。近年来，伴随中国经济发展水平的提高，环境污染问题日益严重，对于开征环境保护税的呼声也越来越高。2016 年 12 月 25 日第十二届全国人民代表大会常务委员会第二十五次会议通过了《中华人民共和国环境保护税法》（简称《环境保护税法》），按照"税负平移"原则将排污费改为环境保护税，并于 2018

年 1 月 1 日起开征。《环境保护税法》对应纳税大气污染物和水污染物规定了幅度税额，具体税额由各省（直辖市、自治区）自行确定，同时不再征收排污费。

许多学者的研究结果表明，征收环境保护税对减缓气候变化具有积极的影响。征收环境保护税会使道路交通部门减少对相应燃油的需求和消费，从而减少空气污染排放（杨升，2016）。环境保护税还会从环境污染排放处罚和环境技术研发激励两方面来约束企业的生产行为，在保证经济增长的同时实现环境治理（童健等，2017）。渐进递增的动态环境税和渐进递减的动态减排补贴率的政策组合能够提高企业的污染减排动机，有效控制环境污染累积水平，还可以促进经济增长（范庆泉等，2016；范庆泉和张同斌，2018）。

征收环境保护税有利于优化能源结构，刺激对天然气等相对清洁能源的需求（李虹和熊振兴，2017；Hu et al.，2018）。有利于调整电力结构，促进可再生能源发电的发展（Wang et al.，2018a）；有利于优化要素投入结构，转变经济增长动能（李虹和熊振兴，2017）；还有利于通过促进清洁能源的引进来改善能源结构，从而减少碳排放（Niu et al.，2018）。

实施具有差别税率的环境保护税能够促进环境成本外部化，充分发挥其减排效应（刘晔和张训常，2018）。环境保护税政策的实施和消费者环境关注度的增加会激励企业进行可持续经营（于佳曦和李新，2018），还可以促进经济增长（刘海英和安小甜，2018）。

随着环境税的增加，企业绿色技术创新水平不断提升（李香菊和贺娜，2018）。实施严格的环境税费政策会倒逼企业增加清洁能源技术投入，提高能源利用效率（吴士炜和余文涛，2018），还能够显著促进绿色全要素生产率，促进经济发展绿色转型（温湖炜和周凤秀，2019）。

环境保护税的推出不仅能够改变我国环境税税种的缺位问题，而且将完善以环境税为代表的经济激励性环境政策工具（刘海英和安小甜，2018）。中国现行的环境保护税政策总体上起到了减少污染排放的政策效果（卢洪友等，2018），应该采取积极的态度对待环境保护税，促进经济发展的绿色转型（温湖炜和周凤秀，2019）。

37.4.3 煤改气、煤改电工程对气候变化的影响

我国最早的煤改气工程可追溯到 1997 年。为改善城市生活环境和大气质量，北京率先在全国探索煤改气工程，并作出关于改善环境、实施煤改气工程的整体规划，但受制于运行成本、气源等问题，煤改气的推广一直处于缓慢推进的探索阶段（岳鸿飞和施川，2019）。直至 2013 年，国务院《大气污染防治行动计划》（国发〔2013〕37 号）明确提出了"优化天然气使用方式，新增天然气应优先保障居民生活或用于替代燃煤"，煤改气工程才进一步得到发展。2014 年国务院办公厅《关于建立保障天然气稳定供应长效机制的若干意见》（国办发〔2014〕16 号）进一步推进煤改气工程的实施。2016 年国务院印发的《"十三五"节能减排综合工作方案》（国发〔2016〕74 号）中指出"推动能源结构优化。加强煤炭安全绿色开发和清洁高效利用，推广使用优质煤、洁净型煤，推进煤改气、煤改电，鼓励利用可再生能源、天然气、电力等优质能源替代燃煤使用。"2018 年国务院印发的《打赢蓝天保卫战三年行动计划》（国发〔2018〕22 号）中指出"地方政府对煤改电配套电网工程建设应给予支持，统筹协调煤改电、煤改气建设用地。"

煤改气、煤改电政策实施的起因是城镇冬季采用低效率小型燃煤锅炉取暖和农村散煤燃烧共同导致的重度雾霾现象，空气质量恶化（史丹和李少林，2018；云永飞等，2018）。煤改气工程让各类大气污染物的排放量均有所减少，这也对应了我国当前以雾霾为代表的主要空气污染问题，其次是二氧化硫、二氧化氮、一氧化碳（岳鸿飞和施川，2019）。"十二五"

期间，国家电网完成替代电量 1403 亿 kW·h，相当于在能源消费终端减少散烧煤约 8550 万 t，减排二氧化碳约 1.5 亿 t、二氧化硫和氮氧化物约 695 万 t。2017 年，国家电网公司紧紧抓住国家推进北方冬季清洁取暖、能源供给侧结构性改革和绿色交通运输体系建设的重大发展机遇，大力推进电能替代，累计推广实施电能替代项目近 10 万个，完成替代电量 1150 亿 kW·h，超额完成年初确定的计划目标，相当于在能源消费终端减少散烧煤 6440 万 t，减排二氧化碳 1.1 亿 t、二氧化硫和氮氧化物 520 万 t。

该项工程对于城市空气质量改善具有显著的作用。以北京地区为例，经历了"十二五" 5 年时间的发展，2011~2015 年，空气中 NO_x 的年日均质量浓度从 55μg/m³ 降到 50μg/m³，二氧化硫的年日均质量浓度从 28μg/m³ 降到 13.5μg/m³。$PM_{2.5}$ 由于从 2013 年才开始监测，2013~2015 年 $PM_{2.5}$ 的年日均质量浓度从 89.5μg/m³ 降到 80.6μg/m³。二氧化硫浓度的下降充分证明了在人口和经济活动高度集中的大城市压减燃煤、使用清洁能源对环境带来的明显改善作用（孙莉莉等，2018；毛显强等，2002）。

天然气和电属于清洁能源，将燃煤取暖改为天然气或电取暖，主要作用于城市工业领域及农村煤改电消费行为从而推动绿色发展，让能源结构发生变化，统计数据显示，北京市的天然气消耗量从 2012 年的 92 亿 m³ 增加至 2017 年 163 亿 m³。届时天然气消耗比例将从目前的 14% 增加到 31.8% 左右（李少林和陈满满，2019）。煤改气和煤改电政策若能根据各地能源禀赋结构和消费结构特征，坚持规划先行、量入为出、循序渐进推进禁煤区范围进一步扩大，将逐步实现能源转型与绿色发展的有机统一（李少林和陈满满，2019）。为促进大气污染治理，推进能源生产和消费革命，构建清洁低碳、安全高效的能源体系作出积极贡献。

37.5 适应气候变化的经济政策

在适应领域引入公共政策已经成为国际社会的共识。由于各国经济制度、决策机制、适应目标等的差异，适应气候变化的经济政策在各国的进展和侧重点有所不同。本节对我国目前主要领域的适应经济政策进行了总体评价。

37.5.1 适应领域的经济政策

1. 适应气候变化的政策机制

IPCC 将适应措施分为三大类：减少脆弱性和暴露性的措施、适应性措施、改革性措施。IPCC 第五次评估报告指出，发展与适应目标可能存在协同或竞争关系，为了最大化地发挥二者的协同效应，需要将适应议题在现有的政策体系中主流化。尤其是发展中国家，适应议题应该被纳入国家总体发展规划。适应行动能够显著增进减贫等发展目标，同时许多经济发展因素也能促进适应气候变化，例如教育和健康条件的改进（Chambwera et al.，2014）。在气候适应领域引入经济政策是为了实现两大目标：增进气候投资效率、确保气候公平（Hallegatte et al.，2011）。IPCC 第四次评估报告和 IPCC 第五次评估报告都详细介绍了气候政策中的各类经济措施，不同的经济措施能够触发人们开展不同的行动。IPCC 的报告指出，经济工具的使用能够有效地带动自主适应（IPCC，2014）。经济措施包括有切目的的政策和实际的行动，通过政策和行动的直接干预、激励以及示范作用等，引导国民和经济部门主动适应气候变化。同时也包括 NGO 主动参与气候变化适应，响应政府政策或自主提出的有效的适应气候变化的工具和服务。

2. 适应的主要经济部门及政策工具

从国内外文献和政策实践来看,适应的主要经济部门包括能源、水资源、运输、农林渔业、制造业、建筑、旅游娱乐、保险金融等领域,由于对一些关键部门的影响与适应缺乏足够的关注和研究,因而也缺乏行之有效的适应政策设计(Arent et al., 2014)。Hallegatte 等(2011)的研究提出,适应气候变化经济措施涵盖:①国家、地方或行业层面适应气候变化的经济性立法和规章;②适应气候变化重大工程项目的实施;③促进主要经济部门适应的补贴、税收、专项基金机制;④气候变化灾害风险转移和降低的金融工具;⑤针对生态补偿、气候移民、减贫、灾害补助等的政府转移支付和社会保障。

IPCC 第五次评估报告第 17 章 "Economics of Adaptation" 专门梳理了可为适应行动提供政策激励的经济措施和工具,主要包括风险分担和风险转移(包括保险),购买环境服务或生态补偿,改进资源定价、水资源市场,行政收费、补贴和税收,知识产权创新及科研资助,提升社会行为及文化意识的激励措施等(Chambwera et al., 2014)。

37.5.2 国内适应气候变化的经济措施

2007 年国务院印发《中国应对气候变化国家方案》(简称《国家方案》),国家发展改革委等机构于 2013 年印发了《国家适应气候变化战略》(2013 年)(简称《战略》),国家发展改革委于 2014 年印发了《国家应对气候变化规划(2014—2020 年)》,并且从"十二五"规划纲要到"十三五"规划纲要都明确提出各个领域要考虑气候变化因素的影响。

《战略》目标期为 2020 年,对全国的适应工作具有导向作用,影响了全国及区域范围的经济措施的开展。《战略》的目标是显著增强适应能力、落实适应任务和形成适应区域格局。原则上要促成脆弱区域、领域和人群来主动、合理地适应,协同配合和广泛参与。《战略》将基础设施、农业、水资源、海岸带和相关海域、森林和其他生态系统、人体健康以及旅游业和其他产业作为适应气候变化的重点领域梳理适应措施。另外,《中国应对气候变化的政策与行动》白皮书也按照重点领域对适应行动和政策进行了梳理(表 37.6)。针对上述重点领域,国家、部门和地方政府积极出台相关政策文件,推动适应气候变化行动的开展(表 37.7)。由于试点及示范区涉及国家和地方政府的具体资金投入和奖励措施,其可以独立为一类经济措施。参考 IPCC 的经济措施分类并结合我国的具体实践,本部分将以政府投资建设、转移支付、金融工具、试点和示范来分类阐述我国适应气候变化相关的经济措施。

表 37.6 中国采取气候变化适应行动的重点领域

年份	行动领域
2013	防灾减灾、监测预警、农业领域、水资源领域、海岸带和生态系统、人群健康
2014	基础设施领域、农业领域、水资源领域、海岸带领域
2015	农业领域、水资源领域、林业和生态系统、海岸带及相关海域、气象领域、人体健康
2016	农业领域、水资源领域、林业和生态系统、海洋领域、气象领域、防灾减灾领域
2017	农业领域、水资源领域、林业和生态系统、海岸带及相关海域系统、城市领域、气象领域、防灾减灾领域
2018	农业领域、水资源领域、林业和生态系统、海洋领域、气象领域、防灾救灾领域
2019	农业领域、水资源领域、森林和其他生态系统、海岸带和沿海生态系统、人体健康领域、综合防灾减灾、气候灾害的风险防控与预警、适应气候变化国际合作

资料来源:根据 2013~2019 年《中国应对气候变化的政策与行动》白皮书整理

表 37.7　重点领域适应气候变化的政策行动

领域	政策文件	相关部门	适应行动
林业	《林业应对气候变化"十三五"行动要点》《林业适应气候变化行动方案（2016—2020）》	国家林业局办公室	适应气候变化良种壮苗培育、科学造林绿化、多功能近自然森林经营、林业灾害监测预警、适应性灾害管理、建设和管理自然保护区、恢复湿地、恢复沙区植被、林业适应气候变化研究、国际合作
城市	《城市适应气候变化行动方案》	国家发展改革委、住房和城乡建设部	城市规划、城市基础设施、城市建筑、城市生态绿化、城市水安全、城市灾害风险综合管理、适应气候变化科技支撑等
农业	《全国农业现代化规划（2016—2020 年）》	国务院	农业转型升级、农业产业融合、农业可持续发展、农业对外合作、产业精准脱贫
水资源	《全民节水行动计划》	国家发展改革委、水利部等	重要地区和部门节水降损（城镇、缺水地区、公共机构、产业园区节水减污；农业、工业和服务节水增产增效）、节水产品推广及产业培育、行动监管、全民宣传
防灾减灾	《国家综合防灾减灾规划（2016—2020 年）》	国务院办公厅	完善灾害监测预警预报与风险防范能力建设、灾害应急处置与恢复重建能力建设、工程防灾减灾能力建设、科技支撑能力建设、区域和城乡基层能力建设等
建筑	《绿色建筑行动方案》	国务院办公厅	节能建筑新建及改造、城镇供热系统改造、可再生能源建筑规模化应用、公共建筑节能管理、绿色建筑基础研发推广、大力发展绿色建材、建筑废物资源化利用等

1. 政府投资建设

政府直接对适应进行投资是目前适应行动的重要手段。政府投资主要面向公共事业和基础设施方面（如重大工程建设及其维护）。

由于气候变化直接影响水热条件，用水需求上涨，水资源有短缺趋势。气候变化改变了区域的资源分布情况（吴绍洪等，2016），我国原来洪涝频发的西南地区也出现了干旱现象。为减少气候变化造成的不利影响，需要加快敏感脆弱领域的适应步伐。在农业领域，为了提升农田水利基础设施的气候适应能力，帮助农业生产适应气候变化，2009～2013 年中央财政累计安排小型农田水利设施建设补助专项资金 632.16 亿元，2014～2016 年每年安排 378.09 亿元、316.86 亿元、219.62 亿元的中央财政拨款资金支持农田水利建设[①]。

2013 年国家发展改革委安排中央预算 200 多亿元，投资、支持粮食、棉花等农产品生产基地建设；2014 年，农业部会同中国气象局投入资金 4.7 亿元由国家海洋局组织开展省级海岛保护规划编制工作等；2014 年农业部投资 3000 万元开展保护性耕作。另外，我国针对已有的重大工程项目开展气候变化适应措施，通过增加投入来维护工程项目运行的稳定性。青藏高原铁路等重大工程项目已经考虑了气候变暖的影响，采取了一定措施来维护多年冻土的稳定性（陈鲜艳等，2015）。

2. 转移支付

转移支付是一种收入再分配形式。气候变化脆弱群体、区域、领域由于缺乏适应资金，需要通过政府的转移支付提高其适应能力。我国适应气候变化产生的转移支付主要包含专项补贴、奖补机制、专项基金和贫困补助（含移民工程）及灾害救助等内容。

农业是对气候变化反应最为敏感和脆弱的领域之一，气候变化影响了水热条件，改变了

---

① 数据来源：中华人民共和国财政部农业司.

种植模式及布局，影响了产量和品质以及农业安全（钱凤魁等，2014）。农业领域的适应经济措施包括三大方面，一是技术研发资金支持，二是政府资助的农业补贴和农业保险项目补贴、直接的农业补贴支持以及加强基础设施建设投入等（周广胜等，2016）。前两者通过转移支付手段实现。财政部 2013 年拨付 10 亿元资金进行节水旱作技术的研发和推广。

林草系统既是重要的生态系统，也关系着林业和草原畜牧业的发展。提高林草系统的适应能力，就要解决气候变化、人口压力等多因素复合影响下的草原质量退化和面积缩减问题。针对林草部门，我国相关部门印发了《林业适应气候变化行动方案（2016—2020 年）》《耕地草原河湖休养生息规划（2016—2030 年）》《全国草原保护建设利用"十三五"规划》《推进草原保护制度建设工作方案》，支持和引导林草系统适应气候变化，并通过财政拨款进行转移支付。2018 年中央财政安排新一轮草原生态保护补助奖励 187.6 亿元，支持实施禁牧面积 12.06 亿亩，草畜平衡面积 26.05 亿亩。

以扶贫为目的的贫困补助是促进区域发展和维护公平的一项实践，而适应领域的贫困补助更是为了解决气候造成的贫困问题。在提高群众适应气候变化能力的同时，进一步与群众经济发展和美好生活的需求协调。扶贫除了直接的财政补助形式外，还包括提供贫困群体以生产技术培训、生产补贴、异地搬迁等项目。异地搬迁是扶贫行动中的重要项目，以宁夏为例，学者认为宁夏生态移民工程是适应气候变化的一种政策选择（潘家华和郑艳，2014；马力克，2015），其"搬得出、稳得住、逐步能致富"的政策目标体现了适应与发展关系密切。气候环境恶劣导致居民产生极度贫困，从"十二五"开始，宁夏历经 6 年时间实施该移民工程，对迁入新家园的移民给予住房补助并提供工作培训等切实帮助，其实质是针对适应气候变化的贫困补助措施。

由于气候变化产生的极端天气影响范围广、破坏程度大，每年造成的直接经济损失严重（表 37.8）。我国进行的灾害救助虽然是一项事后的措施，然而灾害救助的目标并不止于救灾，而要进一步提高受灾群体的适应能力，即注重灾后救助向注重灾前预防转变。政府在其中发挥主导作用，帮助受灾地区、群众能够较快进行灾后家园重建和修复的工作。

表 37.8　2013～2018 年我国自然灾害直接经济损失情况

年份	自然灾害直接经济损失 /亿元	风雹灾害直接经济损失 /亿元	台风灾害直接经济损失 /亿元	洪涝、滑坡和泥石流灾害 直接经济损失/亿元
2013	5808.4	456.2	1260.3	1883.8
2014	3373.8	276.7	693.4	1029.8
2015	2704.1	322.7	684.2	919.9
2016	5032.9	463.9	766.4	3134.4
2017	3018.7	200.4	346.2	1909.9
2018	2644.6	—	—	—

资料来源：2014～2018 年《中国民政统计年鉴》《中国统计年鉴》

3. 金融保险工具

金融保险工具是重要的风险分担和风险转移工具。以农业领域为例，从 20 世纪 90 年代开始到目前，中国每年平均下来由各种气象灾害造成的农作物受灾面积达 5000 万 hm^2，经济损失高达 2000 多亿元（叶谦，2018）。十八届三中全会通过的《中共中央关于全面深化改革若干重大问题的决定》，明确提出"建立巨灾保险制度"，我国指数保险的试点工作开始在深圳、宁波、云南、四川、广东、黑龙江等地相继展开，例如，从 2014 年初启动到 2016 年 7 月落地，广东省率先在 10 个试点城市试行巨灾指数保险，赔付机制由风速和降雨指数触发（如台风、强降水因子），受损失主体能得到快速赔付，例如，台风"海马"来袭时汕尾政府得到 1000 万元赔付，台风"山竹"来袭时，阳江、茂名政府得到 7500 万元赔付。指数保险能够大大提升赔付效率以及快速引入资金救灾和重建，是一项可以广泛推行的适应措施。

4. 试点和示范区

为了进一步完成《战略》提出的适应目标，有效提升我国城市的适应气候变化能力，2016 年国家发展改革委以及住房和城乡建设部制定了《气候适应型城市建设试点工作方案》，建立 28 个气候适应型城市试点，要求试点城市通过识别自身的气候风险，制定并出台各自的《城市适应气候变化行动方案》，并将在 2020 年进行阶段性成果验收。

防灾减灾领域是适应气候变化的重要领域，传统的灾害管理已经不能应对气候变化的不确定性，必须加强防灾减灾与适应气候变化的协调。社区已经成为防灾的基本单元（赵怡婷和毛其智，2013）。自 2008 年以来，我国建立了多批"全国综合减灾示范社区"，获得该称号的社区可得 10 万元奖励。一些地方政府也开展了省级和市级的防灾减灾示范社区建设。吴竞妍等（2019）通过分析综合减灾社区的时空分布，证实综合减灾示范社区具有示范效益，同时其集聚效应具有明显的局部差异性，需因地制宜地制定相关政策。2014 年开始基于《中国海平面公报》《海洋灾害风险评估和区划技术导则》《沿海大型工程海洋灾害风险排查技术规程》建设首批海洋减灾综合示范区 4 个，2017 年圆满验收。

37.5.3　国内适应气候变化的经济政策评估

本部分基于以上适应经济政策和行动的梳理对 2012～2018 年的适应气候变化经济政策进行评估。

1. 聚焦重点领域，适应协同经济发展

我国从"十二五"明确开始将应对气候变化纳入发展任务和规划的主流，从采取的适应措施来看，我国对于重要的经济命脉、重点领域的投入较多。

由于气候变化对整个社会的生产生活影响广泛，加之我国幅员辽阔，适应气候变化有着丰富的内容和多样化的领域。我国目前在气候扰动强烈的脆弱领域，如农业、草原、林业（以及海洋等领域），已经采取相应的经济措施，实现了重点领域的聚焦，例如，对农田进行水利设施更新建设以及节水灌溉技术的推广和应用可以减少农业对水资源的粗放使用，既适应气候变化带来的水热条件的变化，也有利于精细化经营，提高生产力。适应与经济发展的协同主要表现为经济能力的提升有助于提高地区或国家适应气候变化的积极性，而适应更能保障其经济发展和安全。尤其对于易于遭受气候风险的城市或地区，较高的适应能力可以增加投资者的信心。

2. 考虑了地区实施适应措施差异，但地区间缺乏联动和信息共享机制

适应气候变化有两大难点也是重点，一是气候投资效率，二是气候公平。效率、公平需要整合机制，我国开展了较多的收入调节和保障政策对脆弱群体、领域和区域进行转移支付以保障气候公平。这也是由于我国东西部经济差距决定了地区间适应问题的不

同，东西部地区适应气候变化的短板和长处明显（姚晖等，2016）。目前的经济措施针对特定的适应领域避免了"耳提面命"的行政要求，考虑了各地的适应措施差异，给予地方进行自我诊断、识别适应需求的空间。但从效率来看，还需要增加一定的政策、措施实施的指南和标准，有助于地方获得第一手资料，加快自我识别的过程。一些地区在适应上可能采取较少的行动就能满足适应的需求，而一部分地区则需要更多的适应投入。目前各地区采取分别响应一级政策的方式自行开展本地的适应行动，这也是一直以来的政策实施方式。地方政府对适应气候变化工作重要性的认知水平，特别是制定气候变化适应政策的能力还存在明显局限。推动地方政府积极开展适应气候变化工作，已成为我国适应气候变化战略的重要环节（冯潇雅等，2016）。适应性政策能否成为地方政府促进农业发展和产业结构适应性转型的有效工具，取决于地方政府如何权衡自身的政治和经济激励（谭灵芝，2015）。

3. 适应的经济政策较为分散，政策工具和制定主体单一

张冯雪等对 2007~2016 年中国应对气候变化政策文本进行定量分析，发现直接与适应相关的政策占全部政策的 37%，其次是基础政策，包含法律法规等，约占总数的 36%，而金融财税等政策有 15%。为适应气候变化而制定的政策在"适应与应对气候变化政策"中所占比例约为 29%（张冯雪和林兴发，2018）。经济政策的较小占比表明使用经济措施来推广适应行动仍有提升空间。

相比于国际进展而言，我国适应领域的经济政策仍缺乏统一、完整的政策体系架构，仍分散在各个部门，依托传统的金融、财税、转移支付等经济手段，缺乏更具有针对性的、创新性的适应经济政策工具。一方面由于适应政策制定、选择和实施仍由政府进行主导和财政兜底。除了政府的主要作用外，居民、企业、房地产协会、开发商和研究机构等也能起到重要贡献，国外更倾向于在政策制定中体现包容性、多主体。应当将这些力量引入适应政策和工具的制定与开发过程中。

4. 现有的适应经济政策缺乏政策有效性的科学评估，总结经验及示范推广不足

各个经济措施首先要解决我国适应气候变化中的燃眉之急，但对适应措施实施效果的衡量常常依靠数据的简单对比，缺乏测量的机理和准确度。与减缓行动相比，对适应领域的科研活动的支撑以及成果的应用还需政策助力，例如，提高对适应政策的研究和成果的发布。此外，对现有适应经济政策的实施情况及效果评估还缺乏深入研究，在许多领域，如气候金融等领域还没有明显可推广的成功案例。在一些国家的适应战略实施研究的案例中，涉及对适应战略的后期监管与评估，而我国在这一环还未形成专门化的工作安排和相应的技术手段进行支撑（冯潇雅等，2016）。以减灾示范社区为例，随着社区数量的增多，通过建设减灾示范社区进行防灾减灾推广的边际效益呈现递减现象，需要更多的动态管理（吴竞妍等，2019）。其目标是在 2020 年建成 5000 个示范社区，如果没有相应的评估，通过目标值并不能直接让人明白试点项目起到怎样的作用。因此，进行适应政策实施效率和有效性的监测和科学评估极为必要。

从欧盟的经验来看，其"适应"信息分享平台措施，鼓励、促进和协调其成员国的"适应"行动，我国可以进行借鉴，通过信息平台的建设铺开适应经济政策的示范推广作用（许健和钱林，2018）。

5. 缺乏专门的适应资金机制，亟须相关政策立法推进

资金、技术都是应对气候变化尤其是适应气候变化过程极为重要的要素。适应政策和项目从评估到实施都缺乏专门、稳定、持续的资金机制设计，适应资金缺口现象没有改变，应加强适应资金相关的工具设计、推广和使用（周广胜等，2016；田梅等，2016）。目前来看，我国适应行动的投入大部分由政府来承担，缺乏引入他方力量的政策激励、有效工具和实施准则。PPP 模式、天气灾害保险等气候金融工具还未成熟，需要完善相应的融资立法和制度，确保资金来源和使用结构安排合理。

参 考 文 献

财政部. 2015. 节能减排补助资金管理暂行办法. http://jjs.mof.gov.cn/zhengwuxinxi/zhengcefagui/201505/
　　t20150519_1233458.html[2021-4-18].

曹媛媛, 刘松涛, 刘煜珅. 2017. 中国绿色债券评估认证制度. 中国金融, (14): 69-71.

陈飞, 刘军, 张阳阳. 2017. 电力市场建设的目标、约束与评价标准. 价格理论与实践, 12: 38-43.

陈立铭, 郭丽华, 张伟伟. 2016. 我国绿色信贷政策的运行机制及实施路径. 当代经济研究, (1): 91-96.

陈鲜艳, 梅梅, 丁一汇, 等. 2015. 气候变化对我国若干重大工程的影响. 气候变化研究进展, 11(5): 337-342.

丁少群, 罗婷. 2017. 我国天气指数保险试点情况评析. 上海保险, (5): 56-61.

董战峰, 李红祥, 葛察忠, 等. 2018. 环境经济政策年度报告 2017. 环境经济, 7: 12-35.

范丹, 梁佩凤, 刘斌, 等. 2018. 中国环境税费政策的双重红利效应——基于系统 GMM 与面板门槛模型的估
　　计. 中国环境科学, 38(9): 3576-3583.

范庆泉, 张同斌. 2018. 中国经济增长路径上的环境规制政策与污染治理机制研究. 世界经济, 41(8): 171-192.

范庆泉, 周县华, 张同斌. 2016. 动态环境税外部性、污染累积路径与长期经济增长——兼论环境税的开征时
　　点选择问题. 经济研究, 51(8): 116-128.

范英, 莫建雷. 2015. 中国碳市场顶层设计重大问题及建议. 中国科学院院刊, 4: 66-76.

冯文丽, 苏晓鹏. 2016. 我国天气指数保险探索. 中国金融, (8): 62-64.

冯潇雅, 李惠民, 杨秀. 2016. 城市适应气候变化行动的国际经验与启示. 生态经济, 32(11): 120-124.

冯馨, 马树才. 2017. 中国绿色金融的发展现状、问题及国际经验的启示. 理论月刊, (10): 177-182.

郜学, 尚海霞. 2017. 中国钢铁工业"十二五"节能成就和"十三五"展望. 钢铁, 52(7): 9-13.

郭超群. 2015. 论我国巨灾保险制度的构建——域外立法经验及其借鉴. 法商研究, 32: 175-183.

国管办. 2019. 关于开展县(区)集中统一组织合同能源管理项目试点的通知. http://www.dyiaw.com/NewsStd_
　　469.html[2021-4-19].

国家发展和改革委员会. 2015. 绿色债券发行指引. http://www.ndrc.gov.cn/zcfb/zcfbtz/201601/t20160108_
　　770871.html[2021-10-9].

国务院. 2011. 国家综合防灾减灾规划(2011-2015 年)的通知. http://www.gov.cn/zwgk/2011-12/08/content_
　　2015178.htm[2021-10-9].

国务院. 2013. 关于印发大气污染防治行动计划的通知. http://www.gov.cn/zhengce/content/2013-09/13/
　　content_4561.htm[2021-10-9].

国务院. 2014a. 关于加快发展现代保险服务业的若干意见. http://www.gov.cn/zhengce/content/2014-08/13/
　　content_8977.htm[2021-10-9].

国务院. 2014b. 转发发展改革委关于建立保障天然气稳定供应长效机制若干意见的通知. http://www.gov.cn/
　　zhengce/content/2014-04/23/content_8777.htm[2021-10-9].

国务院. 2016. 关于印发"十三五"节能减排综合工作方案的通知. http://www.gov.cn/zhengce/content/2017-
　　01/05/content_5156789.htm[2021-10-9].

国务院. 2018. 国务院关于印发打赢蓝天保卫战三年行动计划的通知. http://www.gov.cn/zhengce/content/
　　2018-07/03/content_5303158.htm[2021-10-9].

胡红娟, 陈明艺. 2016. 我国资源税改革的节能减排效应研究. 经济与管理, 30(3): 34-38.

胡荣才, 张文琼. 2016. 开展绿色信贷会影响商业银行盈利水平吗? 金融监管研究, (7): 92-110.

黄韬, 乐清月. 2018. 中国绿色债券市场规则体系的生成特点及其问题. 证券市场导报, 58: 41-49.

金满涛. 2018. 天气保险的国际经验比较对我国的借鉴与启示. 上海保险, (9): 49-51.

李琛. 2017. 我国巨灾保险发展回顾与立法前瞻. 理论月刊, 134: 109-115.

李大庆, 高红, 辛升. 2017. 关于加快合同能源管理发展的思考和建议. 中国能源, 39(11): 41-44.

李虹, 熊振兴. 2017. 生态占用、绿色发展与环境税改革. 经济研究, 52(7): 124-138.

李全. 2018. 指数保险撬动财政救助的中国实践. 农经, (12): 34-36.

李少林, 陈满满. 2019. "煤改气""煤改电"政策对绿色发展的影响研究. 财经问题研究, (7): 49-56.

李香菊, 贺娜. 2018. 地区竞争下环境税对企业绿色技术创新的影响研究. 中国人口·资源与环境, 28(9): 73-81.

李永坤, 朱晋. 2017. 我国绿色债券市场发展现状及对策研究. 现代管理科学, (9): 58-60.

刘海英, 安小甜. 2018. 环境税的工业污染减排效应基于环境库兹涅茨曲线(EKC)检验的视角. 山东大学学报(哲学社会科学版), 3: 29-38.

刘建徽, 周志波, 张明. 2018. 资源税改革对资源配置效率的影响——基于 Malmquist 指数的实证分析. 税务研究, (6): 54-59.

刘婧宇, 夏炎, 林师模, 等. 2015. 基于金融CGE模型的中国绿色信贷政策短中长期影响分析. 中国管理科学, 23: 46-52.

刘明明. 2017. 论构建中国用能权交易体系的制度衔接之维. 中国人口·资源与环境, 27(10): 217-224.

刘楠楠. 2015. 煤炭资源税改革对煤炭产业发展的影响. 税务研究, (5): 49-54.

刘树杰, 杨娟. 2016. 电力市场原理与我国电力市场化之路. 价格理论与实践, (3): 24-28.

刘燕华, 钱凤魁, 王文涛, 等. 2013. 应对气候变化的适应技术框架研究. 中国人口·资源与环境, 23(5): 1-6.

刘晔, 张训常. 2018. 环境保护税的减排效应及区域差异性分析基于我国排污费调整的实证研究. 税务研究, 2: 41-47.

刘莹. 2019. 山东省绿色金融发展情况综合评价. 金融观察, 7: 32-39.

刘宇, 周梅芳. 2015. 煤炭资源税改革对中国的经济影响——基于CGE模型的测算. 宏观经济研究, (2): 60-67.

卢洪友, 刘啟明, 祁毓. 2018. 中国环境保护税的污染减排效应再研究——基于排污费征收标准变化的视角. 中国地质大学学报(社会科学版), 18(5): 67-82.

马力克. 2015. 宁夏适应气候变化的实践与措施. 中国人口·资源与环境, S1: 240-243.

毛显强, 彭应登, 郭秀锐. 2002. 国内大城市煤改气工程的费用效益分析. 环境科学, (5): 121-125.

莫建雷, 段宏波, 范英, 等. 2018. 《巴黎协定》中我国能源和气候政策目标: 综合评估与政策选择. 经济研究, 9: 147-159.

潘家华, 郑艳. 2014. 气候移民概念辨析及政策含义——兼论宁夏生态移民政策. 中国软科学, (1): 78-86.

气候债券倡议组织, 中央国债登记结算有限责任公司. 2017. 中国绿色债券市场报告 2016. https://cn.climatebonds.net/[2019-04-02].

气候债券倡议组织, 中央国债登记结算有限责任公司. 2018. 中国绿色债券市场 2017. https://cn.climatebonds.net/[2021-04-02].

气候债券倡议组织, 中央国债登记结算有限责任公司. 2019. 中国绿色债券市场报告 2018. https://cn.climatebonds.net/.

气候债券倡议组织, 中央国债登记结算有限责任公司. 2020. 中国绿色债券市场 2019. https://cn.climatebonds.net/.

钱凤魁, 王文涛, 刘燕华. 2014. 农业领域应对气候变化的适应措施与对策. 中国人口·资源与环境, (5): 19-24.

邱英杰, 杨晓倩, 袁祥飞. 2018. 中国绿色信贷的发展、困局及对策研究. 河北地质大学学报, 41: 60-63,69.

上海证券交易所. 2016. 关于开展绿色公司债券试点的通知. http://www.sse.com.cn/lawandrules/sserules/listing/bond/c/c_20160316_4058800.shtml[2019-04-02].

深圳证券交易所. 2016. 关于开展绿色公司债券业务试点的通知. http://www.szse.cn/lawrules/rule/class/bond/t20160422_520275.html[2019-04-02].

时佳瑞, 汤铃, 余乐安, 等. 2015. 基于 CGE 模型的煤炭资源税改革影响研究. 系统工程理论与实践, 35(7): 1698-1707.

史丹, 李少林. 2018. 京津冀绿色协同发展效果研究基于"煤改气、电"政策实施的准自然实验. 经济与管理研究, 39(11): 64-77.

孙莉莉, 乔佳, 丁斌, 等. 2018. 北京市能源消费结构与空气质量变化分析. 煤气与热力, 38(1): 42-46.

孙小亮. 2018. 节能服务产业发展报告 2017. 中国节能协会节能服务产业委员会. https://www.sohu.com/a/220500556_100069237[2019-04-02].

谭灵芝. 2015. 适应性政策对区域农业产业结构调整与农业发展的影响. 浙江农业学报, (10): 1850-1858.

谭英平, 龚环. 2018. 天气指数保险产品的定价方法及应用——基于对我国农业领域的应用探索. 价格理论与实践, (4): 110-113.

田梅, 冉春红, 李映果, 等. 2016. 四川省气候变化适应行动现状、问题和建议研究. 环境科学与管理, 8: 30-33.

童健, 武康平, 薛景. 2017. 我国环境财税体系的优化配置研究——兼论经济增长和环境治理协调发展的实现途径. 南开经济研究, (6): 40-58.

王杰秀, 谈志林, 张静. 2017. 巨灾保险试点现状、问题与对策. 中国民政, (8): 49-51.

王克强, 邓光耀, 刘红梅. 2015. 基于多区域 CGE 模型的中国农业用水效率和水资源税政策模拟研究. 财经研究, 41(3): 40-52,144.

王遥, 徐楠. 2016. 中国绿色债券发展及中外标准比较研究. 金融论坛, 21: 29-38.

温湖炜, 周凤秀. 2019. 环境规制与中国省域绿色全要素生产率——兼论对《环境保护税法》实施的启示. 干旱区资源与环境, 33(2): 9-15.

文秋霞, 杨姝影, 张晨阳, 等. 2018. 突破瓶颈完善绿色金融政策体系. 环境经济, (22): 48-51.

吴竞妍, 倪维, 杨赛霓. 2019. 中国综合减灾示范社区的发展演变与创建成效评价. 灾害学, 34(3): 184-188.

吴绍洪, 罗勇, 王浩, 等. 2016. 中国气候变化影响与适应: 态势和展望. 科学通报, 61(10): 1042-1054.

吴士炜, 余文涛. 2018. 环境税费、政府补贴与经济高质量发展——基于空间杜宾模型的实证研究. 宏观质量研究, 6(4): 18-31.

徐佳英. 2015. 我国环境税收的环保效应研究. 杭州: 浙江大学.

徐胜, 赵欣欣, 姚双. 2018. 绿色信贷对产业结构升级的影响效应分析. 上海财经大学学报, 20: 59-72.

徐晓亮, 程倩, 车莹, 等. 2015. 煤炭资源税改革对行业发展和节能减排的影响. 中国人口·资源与环境, 25(8): 77-83.

许健, 钱林. 2018. 欧盟适应气候变化的措施及其启示. 天津行政学院学报, 20(4): 89-95.

薛钢, 孙雪. 2016. 资源税有利于改善环境质量吗? 基于省级面板数据的实证研究. 税务研究, (5): 62-66.

杨升. 2016. 我国道路交通环境税政策对居民健康影响研究. 北京: 中国农业大学.

姚晖, 宋恬静, 朱琴. 2016. 地方政府适应气候变化行动的绩效评价与区域比较. 地域研究与开发, 2: 24-28.

叶谦. 2018. 保险业应对全球气候变化背景下系统风险的若干思考. 农经, (12): 30-33.

于佳曦, 李新. 2018. 我国环境保护税减排效果的实证研究. 税收经济研究, 23(5): 80-86.

岳鸿飞, 施川. 2019. "煤改气"工程绿色净效益评估及政策优化措施. 河北经贸大学学报, 40(5): 86-91.

云永飞, 邵宗义, 姚登科. 2018. 河北省"煤改气"、"煤改电"冬季运行费用对比分析. 区域供热, 4: 79-82.

翟玉鹏. 2018. 我国差别电价政策对电力消费强度影响研究. 南昌: 江西财经大学.

詹小颖. 2016. 绿色债券发展的国际经验及我国的对策. 经济纵横: 119-124.

詹小颖. 2018. 我国绿色金融发展的实践与制度创新. 宏观经济管理, (1): 41-48.

张炳雷, 刘嘉琳. 2017. 资源税对能源矿产资源的利用效果: 制度导向与趋势判断. 财经问题研究, (7): 73-80.

张冯雪, 林兴发. 2018. 2007-2016 年中国应对气候变化政策文本的定量分析. 改革与开放, (3): 96-99,109.

张璐. 2019. 绿色金融对产业结构调整的作用效应研究. 天津商业大学学报, 39(5): 34-41.

张平淡, 张夏羿. 2017. 我国绿色信贷政策体系的构建与发展. 环境保护, 45: 7-10.

张庆淑. 2017. 农业巨灾保险制度的国内外比较分析和中国的发展进程. 世界农业, (5): 153-157.

张荣亮. 2018. 新能源汽车补贴政策对汽车生产企业自主创新的影响研究. 上海: 华东政法大学.

赵怡婷, 毛其智. 2013. "防灾社区"概念及相关实践探讨. 城市与减灾, (3): 43-47.

郑颖昊. 2016. 经济转型背景下我国绿色债券发展的现状与展望. 当代经济管理, 38: 75-79.

中国保险监督管理委员会. 2015. 关于做好农业气象灾害理赔和防灾减损工作的通知. http://bxjg. circ.gov.cn// web/site0/tab5216/info3976224.htm[2019-10-28].

中国保险监督管理委员会. 2016. 中国保险业发展"十三五"规划纲要. http://bxjg.circ.gov.cn//web/site0/ tab5225/info4042138.htm[2019-10-28].

中国人民银行. 2015. 关于在银行间债券市场发行绿色金融债券有关事宜的公告. http://www.pbc.gov.cn/ goutongjiaoliu/113456/113469/2993398/index.html[2021-9-20].

中国人民银行. 2018. 关于加强绿色金融债券存续期监督管理有关事宜的通知. http://www.pbc.gov.cn// tiaofasi/144941/3581332/3730310/index.html[2021-9-20].

中国人民银行, 中国保险监督管理委员会, 中国银行业监督管理委员会,等. 2019. 关于金融服务乡村振兴的指导意见. http://www.gov.cn/xinwen/ 2019-02/11/content_5364842.htm[2021-9-20].

中国人民银行, 中国银行业监督管理委员会, 中国证券监督管理委员会, 等. 2017. 金融业标准化体系建设发展规划(2016-2020 年). http://www.pbc.gov.cn/zhengwugongkai/127924/128038/128109/3322096/index.Html [2021-9-20].

中国人民银行, 中国证券监督管理委员会. 2017. 绿色债券评估认证行为指引(暂行). http://www.pbc.gov. cn/tiaofasi/144941/3581332/3589560/index.html[2021-9-20].

中国人民银行, 中华人民共和国财政部, 中华人民共和国国家发展和改革委员会, 等. 2016. 关于构建绿色金融体系的指导意见. http://www.pbc.gov.cn/goutongjiaoliu/113456/113469/ 3131687/index.html[2021-9-20].

中国人民银行广州分行. 2018. 广东省金融运行报告(2018). http://guangzhou.pbc.gov.cn/guangzhou/129140/ 3563829/index.html[2021-9-20].

中国人民银行广州分行. 2019. 广东省金融运行报告(2019). http://guangzhou.pbc.gov.cn/guangzhou/129140/ 3862724/index.html[2021-9-20].

中国人民银行贵阳中心支行. 2018. 贵州省金融运行报告(2018). http://guiyang.pbc.gov.cn/guiyang/113274/ index.html[2021-9-20].

中国人民银行贵阳中心支行. 2019. 贵州省金融运行报告(2019). http://guiyang.pbc.gov.cn/guiyang/113274/ 3563969/index.html[2021-2-17].

中国人民银行乌鲁木齐中心支行. 2019. 新疆维吾尔自治区金融运行报告(2019). http://wulumuqi.pbc.gov.cn/ wulumuqi/2927327/3862725/index.html[2021-9-20].

中国人民银行研究局. 2018. 中国绿色金融发展报告. 北京: 中国金融出版社.

中国银行间市场交易商协会. 2017. 非金融企业绿色债务融资工具业务指引. http://www.nafmii.org.cn/ggtz/ gg/201703/t20170322_60431.html[2021-9-20].

中国银行业监督管理委员会. 2012. 绿色信贷指引. http://www.cbrc.gov.cn/chinese/home/docDOC_ReadView/ 127DE230BC31468B9329EFB01AF78BD4.html[2021-9-20].

中国银行业监督管理委员会. 2013a. 关于报送绿色信贷统计表的通知. https://www.66law.cn/tiaoli/53212.aspx [2021-9-20].

中国银行业监督管理委员会. 2013b. 关于绿色信贷工作的意见. http://www.cbrc.gov.cn/govView_ A08288836CEA487780F904F54A3E254A.html[2021-9-20].

中国银行业监督管理委员会. 2014. 绿色信贷实施情况关键评价指标. http://www.cbrc.gov.cn/chinese/home/ docDOC_ReadView/FC5E38D62BE54E3D836E441D6FC2442F.html[2021-9-20].

中国银行业监督管理委员会. 2018. 绿色信贷统计信息披露说明. http://www.cbrc.gov.cn/chinese/home/ docView/96389F3E18E949D3A5B034A3F665F34E.html[2021-9-20].

中国证券监督管理委员会. 2017. 关于支持绿色债券发展的指导意见. http://www.csrc.gov.cn/shenzhen/ztzl/ ssgsjgxx/jgfg/ssgsrz/201707/t20170704_319643.htm[2021-9-20].

中央财经大学绿色金融国际研究院(IIGF). 2018. 我国节能量和用能权交易市场的发展情况、问题和政策建议. https://www.huanbao-world.com/a/zixun/2018/1114/58277.html[2021-10-9].

钟美瑞, 曾安琪, 黄健柏, 等. 2016. 国家资源安全战略视角下金属资源税改革的影响. 中国人口·资源与环境, 26(6):130-138.

周广胜, 何奇瑾, 汲玉河. 2016. 适应气候变化的国际行动和农业措施研究进展. 应用气象学报, (5): 527-533.

左振秀, 崔丽, 朱庆华. 2017. 中国实施绿色信贷的障碍因素. 金融论坛, 22: 48-57,80.

Abrell J, Weigt H. 2008. The interaction of emissions trading and renewable energy promotion. Social Science Electronic Publishing, 167(3): 624-630.

Amundsen E S, Mortensen J B. 2001. The Danish Green Certificate System: Some simple analytical results. Energy Economics, 23(5): 489-509.

Arani A A K, Karami H, Gharehpetian G B, et al. 2017. Review of flywheel energy storage systems structures and applications in power systems and microgrids. Renewable and Sustainable Energy Reviews, 69: 9-18.

Arent D J, Döll P, Strzepek K M, et al. 2014. Cross-chapter box on the water-energy-food/feed/fiber nexus as linked to climate change. In: Climate Change 2014: Impacts, Adaptation, and Vulnerability. Part A: Global and Sectoral Aspects. Contribution of Working Group II to the Fifth Assessment Report of the Intergovernmental Panel on Climate Change [Field C B, Barros V R, Dokken D J, et al (eds.)]. Cambridge University Press, Cambridge, United Kingdom and New York, NY, USA.

Argentiero A, Atalla T, Bigerna S, et al. 2017. Comparing renewable energy policies in E.U.15, U.S. and China: A Bayesian DSGE model. Energy Journal, 38: 77-96.

BP. 2018. Statistical Review of World Energy. https://www.bp.com/en/global/corporate/energy-economics/statistical-review-of-world-energy.html[2021-10-9].

Chambwera M, Heal G, Dubeux C, et al. 2014. Economics of adaptation//IPCC. Climate Change 2014: Impacts, Adaptation, and Vulnerability. Part A: Global and Sectoral Aspects. Cambridge: Cambridge University Press.

China State Council. 2016. 13th Five-Year of electric sector development (2016-2020). https://www.ndrc.gov.cn/xxgk/zcfb/ghwb/201612/P020190905497888172833.pdf.

Dong C, Qi Y, Dong W, et al. 2018. Decomposing driving factors for wind curtailment under economic new normal in China. Applied Energy, 217: 178-188.

Du G, Lin W, Sun C, et al. 2015. Residential electricity consumption after the reform of tiered pricing for household electricity in China. Applied Energy, 157: 276-283.

Fischer C N, Preonas L. 2010. Combining policies for renewable energy. Resource for the Future Discussion Paper No. 10-19, 1-41.

Fischer C, Newell R G. 2008. Environmental and technology policies for climate mitigation. Journal of Environmental Economics & Management, 55(2): 142-162.

Gu Y, Xu J, Chen D, et al. 2016. Overall review of peak shaving for coal-fired power units in China. Renewable and Sustainable Energy Reviews, 54: 723-731.

Guo J F, Gu F, Liu Y, et al. 2020. Assessing the impact of ETS trading profit on emission abatements based on firm-level transactions. Nature Communications, 11(1): 2078.

Hallegatte S, Lecocq F, De Perthuis C. 2011. Designing Climate Change Adaptation Policies: An Economic Framework. The World Bank, Sustainable Development Network: Policy Research Working Paper 5568.

Han J Y, Mol A P J, Lu Y L, et al. 2009. Onshore wind power development in China: Challenges behind a successful story. Energy Policy, 37(8): 2941-2951.

He L, Zhang L, Zhong Z, et al. 2019. Green credit, renewable energy investment and green economy development: Empirical analysis based on 150 listed companies of China. Journal of Cleaner Production, 208: 363-372.

Hu X H, Liu Y, Yang L Y. 2018. SO_2 emission reduction decomposition of environmental tax based on different consumption tax refunds. Journal of Cleaner Production, 186:997-1010.

Hurlbert M A, Gupta J. 2018. An institutional analysis method for identifying policy instruments facilitating the adaptive governance of drought. Environmental Science & Policy, 93: 221-231.

IPCC. 2014. Climate Change 2014: Impacts, Adaptation, and Vulnerability. Part A: Global and Sectoral Aspects. Contribution of Working Group II to the Fifth Assessment Report of the Intergovernmental Panel on Climate Change. Cambridge: Cambridge University Press.

IRENA. 2020. Renewable Power Generation Costs in 2019. https://www.irena.org/-/media/Files/IRENA/Agency/Publication/2020/Jun/IRENA_Power_Generation_Costs_2019.pdf[2020-10-28].

Jonghe C D, Delarue E, Belmans R, et al. 2009. Interactions between measures for the support of electricity from renewable energy sources and CO_2, mitigation. Energy Policy, 37(11): 4743-4752.

Lesser J A, Su X. 2008. Design of an economically efficient feed-in tariff structure for renewable energy development. Energy Policy, 36(3): 981-990.

Li C, Shi H, Cao Y. 2015. Comprehensive review of renewable energy curtailment and avoidance: A specific example in China. Renewable and Sustainable Energy Reviews, 41: 1067-1079.

Li H, Xiong Z X, Xie Y T. 2018. Resource tax reform and economic structure transition of resource-based economies. Resources Conservation and Recycling, (136): 389-398.

Li H, Yu Y, Xi Y, et al. 2016. Could wind and PV energies achieve the grid parity in China until 2020? Filomat, 30(15): 4173-4189.

Li L, Wang J, Tan Z, et al. 2014. Policies for eliminating low-efficiency production capacities and improving energy efficiency of energy-intensive industries in China. Renewable and Sustainable Energy Reviews, 39: 312-326.

Lin B, Zhu J. 2019. The role of renewable energy technological innovation on climate change: Empirical evidence from China. Science of the Total Environment, 659: 1505-1512.

Liu D, Liu M, Xu E. 2018. Comprehensive effectiveness assessment of renewable energy generation policy: A partial equilibrium analysis in China. Energy Policy, 115: 330-341.

Liu J Y, Xia Y, Fan Y, et al. 2017. Assessment of a green credit policy aimed at energy-intensive industries in China based on a financial CGE model. Journal of Cleaner Production, 163: 293-302.

Liu J. 2019. China's renewable energy law and policy: A critical review. Renewable and Sustainable Energy Reviews, 99: 212-219.

Ming Z, Ximei L, Na L. 2013. Overall review of renewable energy tariff policy in China: Evolution, implementation, problems and countermeasures. Renewable and Sustainable Energy Reviews, 25: 260-271.

NDRC. 2017a. Notice on trial issuance of green power certificates for renewable energy and voluntary subscription trading system. http://www.nea.gov.cn/2017-02/06/c_136035626.htm[2020-5-10].

NDRC. 2017b. Plan of nation-level carbon emissions trading market construction (power generation industry). https://www.ndrc.gov.cn/xxgk/zcfb/ghxwj/201712/W020190905495689305648.pdf[2020-5-10].

NEA. 2016a. Letter to the fourth meeting of the 12th National Committee of the CPPCC National Committee No. 2684 (Economic Development No. 185).

NEA. 2016b. Guidelines on the establishment of a guiding system for the development and utilization of renewable energy. http://zfxxgk.nea.gov.cn/auto87/201603/t20160303_2205.htm[2020-5-10].

NEA. 2018a. Development of Chinese wind power sector (2017). http://www.nea.gov.cn/2018-02/01/c_136942234.htm[2020-5-10].

NEA. 2018b. Development of Chinese solar PV power sector (2017). http://www.nea.gov.cn/2017-05/04/c_136256598.htm.

Ng A W. 2018. From sustainability accounting to a green financing system: Institutional legitimacy and market heterogeneity in a global financial centre. Journal of Cleaner Production, 195: 585-592.

Nicolini M, Tavoni M. 2017. Are renewable energy subsidies effective? Evidence from Europe. Renewable and Sustainable Energy Reviews, 74: 412-423.

Niu T, Yao X L, Shao S, et al. 2018. Environmental tax shocks and carbon emissions: An estimated DSGE model. Structural Change and Economic Dynamics, (47): 9-17.

NREL. 2014. Wind and solar energy curtailment: Experience and practices in the United States. https://www.nrel.gov/docs/fy14osti/60983.pdf[2019-04-02].

Ouyang X, Lin B. 2014. Levelized cost of electricity (LCOE) of renewable energies and required subsidies in China. Energy Policy, 70: 64-73.

Palmer K, Burtraw D. 2005. Cost-effectiveness of renewable electricity policies. Energy Economics, 27(6): 873-894.

Pethig R, Wittlich C. 2009. Interaction of carbon reduction and green energy promotion in a small fossil-fuel importing economy. Cesifo Working Paper, 3(8): 1476-1481.

Qi Y, Dong W, Dong C, et al. 2019. Understanding institutional barriers for wind curtailment in China. Renewable and Sustainable Energy Reviews, 105: 476-486.

Qiu Y, Anadon L D. 2012. The price of wind power in China during its expansion: Technology adoption, learning-by-doing, economies of scale, and manufacturing localization. Energy Economics, 34(3): 772-785.

Río P D, Gual M. 2004. The promotion of green electricity in Europe: Present and future. Environmental Policy & Governance, 14(4): 219-234.

Río P D. 2009. Interactions between climate and energy policies: the case of Spain. Climate Policy, 9(2): 119-138.

Sun C. 2015. An empirical case study about the reform of tiered pricing for household electricity in China. Applied Energy, 160: 383-389.

Tan Z, Tan Q, Rong M. 2018. Analysis on the financing status of PV industry in China and the ways of improvement. Renewable and Sustainable Energy Reviews, 93: 409-420.

Tang L, Shi J R, Yu L, et al. 2017. Economic and environmental influences of coal resource tax in China: A dynamic computable general equilibrium approach. Resources, Conservation and Recycling, (117): 34-44.

Tang N, Zhang Y, Niu Y, et al. 2018. Solar energy curtailment in China: Status quo, reasons and solutions. Renewable and Sustainable Energy Reviews, 97: 509-528.

Tang T, Popp D. 2016. The learning process and technological change in wind power: Evidence from China's CDM wind projects. Journal of Policy Analysis and Management, 35(1): 195-222.

Tsao C C, Campbell J E, Chen Y. 2011.When renewable portfolio standards meet cap-and-trade regulations in the electricity sector: Market interactions, profits implications, and policy redundancy. Energy Policy, 39(7): 3966-3974.

Tu Q, Betz R, Mo J, et al. 2018. Can carbon pricing support onshore wind power development in China? An assessment based on a large sample project dataset. Journal of Cleaner Production, 198: 24-36.

Tu Q, Betz R, Mo J, et al. 2019a. Achieving grid parity of wind power in China- Present levelized cost of electricity and future evolution. Applied Energy, 250(15): 1053-1064.

Tu Q, Betz R, Mo J, et al. 2019b. The profitability of onshore wind and solar PV power projects in China-A comparative study. Energy Policy, 132: 404-417.

Tu Q, Betz R, Mo J, et al. 2020. Achieving grid parity of solar PV power in China-The role of Tradable Green Certificate. Energy Policy, 144:111681.

Tu Q, Mo J L. 2017. Coordinating carbon pricing policy and renewable energy policy with a case study in China. Computers & Industrial Engineering, 113: 294-304.

Varun, Prakash R, Bhat I K. 2009. Energy, economics and environmental impacts of renewable energy systems. Renewable and Sustainable Energy Reviews, 13: 2716-2721.

Wang B, Liu L, Huang G H, et al. 2018a. Effects of carbon and environmental tax on power mix planning-A case study of Hebei Province, China. Energy,143:645-657.

Wang B, Wang Q, Wei Y, et al. 2018b. Role of renewable energy in China's energy security and climate change mitigation: An index decomposition analysis. Renewable and Sustainable Energy Reviews, 90: 187-194.

Wang C, Zhou K, Yang S. 2017a. A review of residential tiered electricity pricing in China. Renewable and Sustainable Energy Reviews, 79: 533-543.

Wang Z W, Tian L. 2016. How much catastrophe insurance fund needed in China for the 'big one'? An estimation with comonotonicity method. Natural Hazards, 84: 55-68.

Wang Z, Wang X, Guo D. 2017b. Policy implications of the purchasing intentions towards energy-efficient appliances among China's urban residents: Do subsidies work? Energy Policy, 102: 430-439.

Wu X, Peng B, Lin B. 2017. A dynamic life cycle carbon emission assessment on green and non-green buildings in China. Energy and Buildings, 149: 272-281.

Xu X L, Xu X F, Chen Q, et al. 2015. The impact on regional "resource curse" by coal resource tax reform in China—A dynamic CGE appraisal. Resources Policy, (45): 277-289.

Xu X L, Xu X F, Chen Q, et al. 2018. The impacts on CO_2 emission reduction and haze by coal resource tax reform based on dynamic CGE model. Resources Policy, (58): 268-276.

Yao X, Liu Y, Qu S. 2015. When will wind energy achieve grid parity in China—Connecting technological learning and climate finance. Applied Energy, 160: 697-704.

Yi B, Xu J, Fan Y. 2016. Determining factors and diverse scenarios of CO_2 emissions intensity reduction to achieve the 40-45% target by 2020 in China-a historical and prospective analysis for the period 2005-2020. Journal of Cleaner Production, 122: 87-101.

Yu J, Zhou K, Yang S. 2019a. Regional heterogeneity of China's energy efficiency in new normal: A meta-frontier Super-SBM analysis. Energy Policy, 134: 110941.

Yu M, Cruz J M. 2019b.The sustainable supply chain network competition with environmental tax policies. International Journal of Production Economics, 217: 218-231.

Yu Y, Li H, Che Y. 2017. The price evolution of wind turbines in China: A study based on the modified multi-factor learning curve. Renewable Energy, 103: 522-536.

Yuan X, Ma R, Zuo J, et al. 2016. Towards a sustainable society: The status and future of energy performance contracting in China. Journal of Cleaner Production, 112: 1608-1618.

Zeng M, Li C, Zhou L. 2013. Progress and prospective on the police system of renewable energy in China. Renewable and Sustainable Energy Reviews, 20: 36-44.

Zhang D, Chai Q, Zhang X, et al. 2012. Economical assessment of large-scale photovoltaic power development in China. Energy, 40(1): 370-375.

Zhang M, Wang M, Jin W, et al. 2018. Managing energy efficiency of buildings in China: A survey of energy performance contracting (EPC) in building sector. Energy Policy, 114: 13-21.

Zhang P, Sun M, Zhang X, et al. 2017a. Who are leading the change? The impact of China's leading PV enterprises: A complex network analysis. Applied Energy, 207: 477-493.

Zhang X, Liang Y, Yu E, et al. 2017b. Review of electric vehicle policies in China: Content summary and effect analysis. Renewable and Sustainable Energy Reviews, 70: 698-714.

Zhao P, Wang J, Dai Y. 2015. Capacity allocation of a hybrid energy storage system for power system peak shaving at high wind power penetration level. Renewable Energy, 75: 541-549.

Zhao X, Zhang S, Yang R, et al. 2012. Constraints on the effective utilization of wind power in China: An illustration from the northeast China grid. Renewable and Sustainable Energy Reviews, 16(7): 4508-4514.

Zhe Z, Wang G F, Chen J C, et al. 2019. Assessment of climate change adaptation measures on the income of herders in a pastoral region. Journal of Cleaner Production, 208: 728-735.

Zhong M R, Liu Q, Zeng A Q, et al. 2018. An effects analysis of China's metal mineral resource tax reform: A heterogeneous dynamic multi-regional CGE appraisal. Resources Policy, (58): 303-313.

Zou H, Du H, Brown M A, et al. 2017. Large-scale PV power generation in China: A grid parity and techno-economic analysis. Energy, 134: 256-268.

第38章 应对气候变化的行政手段和行动

首席作者：赵小凡 李惠民 马欣

摘 要

在中国应对气候变化的政策体系中，行政手段别具特色，在减缓和适应两个领域均具有核心地位。本章重点评估了节能降碳目标责任制、淘汰落后产能，以及适应领域的相关行政措施。在节能降碳领域，目标责任制具有基础性地位。目标责任制通过明确地方政府作为节能降碳政策执行主体的责任，强化了政府对既有政策的执行，调动了各级政府在政策制定中的能动性，有效提高了节能降碳在企业各项决策中的优先级，从根本上保障了国家碳减排目标的完成。目标责任制是一种制度安排，而淘汰落后产能则是一种行动安排。淘汰落后产能以目标责任考核为基础，结合各种激励政策，在节能降碳、化解产能过剩等方面发挥了巨大效应。"十二五"时期，淘汰落后产能累计形成节能量 5135.91 万 tce，相当于减少二氧化碳排放约 1.2 亿 t。淘汰落后产能促进了中国的经济低碳转型，推动了节能降碳长效机制的形成。在适应领域，中国政府部门目前已发布 117 项国家和部门层面的政策、31 个省级行动方案和 21 个省级规划，初步形成了自上而下、由综合部门扩展到专业部门的适应气候变化政策体系。虽然专门针对适应气候变化出台的政策仍较少，但是与气候密切相关的行业和部门所制定的政策越来越多地考虑适应气候变化的需求，即适应政策逐步主流化。

在应对气候变化领域，中国所使用的政策工具非常丰富，涵盖了"命令-控制""经济激励""信息引导"等类别。一些国外流行的政策工具，如自愿协议、合同能源管理、碳交易等也被引入中国并得到了较大发展。但总体上来看，与西方国家以法律为核心的基于规则的治理体系（rule-based governance）不同，中国应对气候变化政策的总体特点是基于规划体系的目标治理（goal-based governance），集中表现为规划目标引领、行政手段先行、市场机制跟进。无论是从数量还是从频次上来看，规制型政策工具在中国的低碳政策体系中占主导地位。

行政手段是国家通过行政机构，采取强制性的行政命令、指示、规定等措施，来调节和管理经济的手段。在一系列行政手段中，针对地方政府和重点用能企业的碳减排及节能目标考核、落后产能淘汰具有非常典型的代表意义。这些政策手段适应了中国的各项体制机制，确保了我国应对气候变化目标的实现。

38.1 节能降碳目标责任制

38.1.1 政策概述

目标责任制依托于我国自上而下的压力性体制，是我国政府实行绩效管理的典型模式之一，被广泛应用于各个重要的政策领域（Gao，2009；Ma，2016；马亮，2018；Zhao et al.，2020）。"十一五"时期，目标责任制首次被运用于节能减排领域，"十二五"时期又延伸到气候变化领域，成为实现我国碳减排目标的核心制度安排（栗晓宏和周立香，2013；鄢一龙，2013）。目标责任制是指上级政府和下级政府之间，政府与企业之间，企业内部上级和下级之间，以签订目标责任书的形式，规定相关责任人某一时期内的目标，并通过对数据的统计和监测，在期末对相关责任人进行考核的一种管理制度（李惠民等，2011，2013；Li et al.，2016）（图 38.1）。"十一五"以来，目标责任制的建立对我国碳排放强度的降低发挥了根本性的作用（Qi et al.，2016；Zhao et al.，2014；Lo，2014）。本节首先分别概述"十二五"以来节能目标责任制以及碳减排目标责任制的实施情况，然后整体评估节能降碳目标责任制的有效性以及存在的问题。

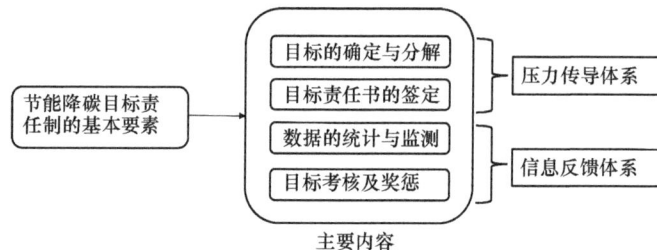

图 38.1 节能降碳目标责任制的基本要素

1. 节能目标责任制

"十二五"时期，中国政府继续把单位国内生产总值能源消耗强度作为约束性指标，并沿用节能目标责任制的方式执行这一指标。与"十一五"时期各地自主提出节能目标不同的是，"十二五"时期中央政府征求专家意见，设计出了更为科学的节能目标分解方法：综合考虑各地区的发展阶段、能源消费总量、能源强度、城镇化水平、产业结构、节能潜力等因素，将 31 个省（自治区、直辖市）分为五类，确保相似地区承担相近的节能目标，不同类型的地区有所区别（Zhao and Wu，2016）（图 38.2）。"十三五"开始，中国政府明确提出合理控制能源消费总量的要求，这标志着中国的节能工作正式由单一强度目标约束转向总量和强度"双控"目标约束：在实现 2020 年单位国内生产总值能耗比 2015 年降低 15%的强度目标的同时，能源消费总量控制在 50 亿 tce 以内。2016 年国务院印发《"十三五"节能减排综合工作方案》，将全国能耗"双控"目标任务分解到了各地区。纵观全球，对能源消费实行总量控制的国家寥寥无几，因为控制能源消费总量就意味着对经济增长和财富增加主动设限（齐晔，2018）。对能源消费实行总量控制体现了中国作为一个大国的责任感与使命感。

工业企业消耗了中国 70%的一次能源，长期以来是节能政策关注的重点。"十一五"期间，中央政府开展"千家企业节能低碳行动"，纳入了 1008 家年综合能源消费量 18 万 tce 以上的重点耗能企业，涵盖钢铁、有色金属、煤炭、电力、石油石化、化工、建材、纺织、造纸 9 个重点耗能行业。与"十一五"时期节能重点集中在能耗水平巨大的"千家企业"不同，

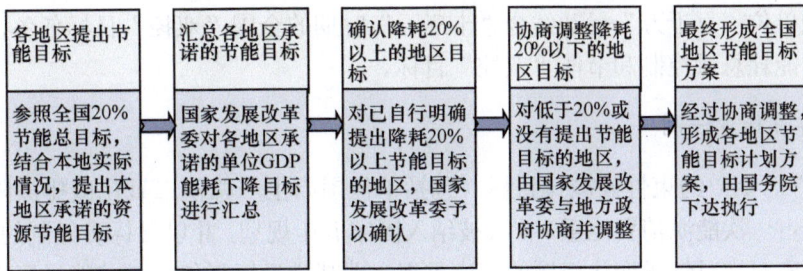

(a) "十一五"时期各地区节能目标分解流程

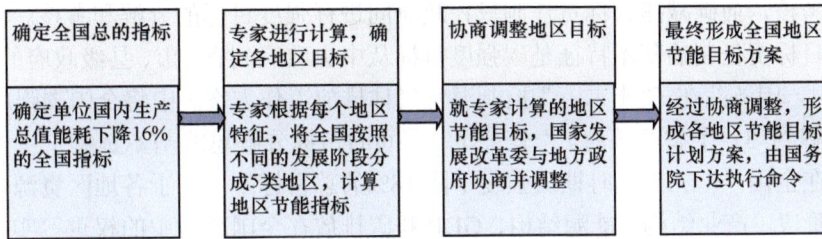

(b) "十二五"时期各地区节能目标分解流程

图 38.2　地区节能目标分解流程

"十二五"时期，工业节能的着力点扩大到了年综合能源消费量 1 万 tce 以上的"万家企业"，全国共计约 17000 家。与"千家企业"相比，能耗水平相对较小的"万家企业"还存在一些独特的节能管理方面的障碍，如对节能问题的重视程度不够、节能基础管理较为薄弱、普遍没有设置负责节能减排的专门机构和配备专业人员、节能减排基础数据缺失等 （赵小凡和王宇飞，2014）。针对这些障碍，"万家企业节能低碳行动"把重点放在提高企业的节能管理水平上，从加强节能工作组织领导、强化节能目标责任制、建立能源管理体系、加强能源计量统计工作、开展能源审计和编制节能规划、加大节能技术改造力度、加快淘汰落后用能设备和生产工艺、开展能效达标对标工作、建立健全节能激励约束机制、开展节能宣传与培训 10 个方面，对万家企业的"十二五"节能工作进行了部署 [国宏美亚（北京）工业节能减排技术促进中心，2013]。"万家企业节能低碳行动"的目标是用 5 年时间实现万家企业节能管理水平显著提升，长效节能机制基本形成，能源利用效率大幅度提高，主要产品（工作量）单位能耗达到国内同行业先进水平，部分企业达到国际先进水平，实现节约能源 2.5 亿 tce。国家发展改革委等部门还印发了《关于进一步加强万家企业能源利用状况报告工作的通知》《关于加强万家企业能源管理体系建设工作的通知》等配套文件，对万家企业能源管理负责人进行了轮训。

"十三五"时期，"万家企业节能低碳行动"由重点用能单位"百千万"行动所取代。按照属地管理和分级管理相结合的原则，国家、省、地市分别对"百家""千家""万家"重点用能单位进行目标责任评价考核。"百家企业"特指 2015 年综合能源消费量在 300 万 tce 以上的重点用能单位，全国共 100 家。"千家企业"特指 2015 年综合能源消费量在 50 万 tce 以上的重点用能单位，全国约 1000 家，由省级人民政府管理节能工作的部门会同有关部门从本地区中确定。"百家""千家"企业以外的其他重点用能单位被统称为"万家企业"。"万家企业"2015 年的综合能源消费量在 50 万 tce 以下，原则上由地市级人民政府管理节能工作的部门会同有关部门确定。与"千家企业节能低碳行动"和"万家企业节能低碳行动"不同的是，重点用能单位"百千万"行动结合"十三五"时期的全国"双控"目标任务，对重点用能企业提出了能耗总量控制和节能"双控"目标。

2. 碳减排目标责任制

"十二五"时期，约束性碳减排目标（包括单位国内生产总值二氧化碳排放降低比例以及非化石能源占一次能源消费比重）首次被纳入国家五年规划，并以目标责任制的方式执行，体现出中国政府对应对气候变化问题的高度重视。碳减排目标责任制与节能目标责任制的差异主要体现在指标以及目标分解路径的不同。节能目标责任制在政府间、企业间实行总量和强度双目标考核，而碳减排目标责任制只在政府间进行强度目标的分解和考核。

碳减排目标责任制的基本特征是碳强度目标从中央政府到省、市、县级政府的层层分解。2011 年 12 月，国务院在《"十二五"控制温室气体排放工作方案》中将全国碳强度降低 17%的总目标分解到 31 个省级政府。"十三五"期间的指标分解思路基本延续了"十二五"时期的做法。在全国"十三五"时期碳强度下降 18%的总目标下，基于各地区资源条件、减排潜力、发展阶段、产业结构、能源结构、GDP 和碳排放在全国总量中的权重等实际情况，最终给各地区分配相应的碳排放控制目标。北京、天津、河北、上海、江苏、浙江、山东、广东碳排放强度分别下降 20.5%，福建、江西、河南、湖北、重庆、四川分别下降 19.5%，山西、辽宁、吉林、安徽、湖南、贵州、云南、陕西分别下降 18%，内蒙古、黑龙江、广西、甘肃、宁夏分别下降 17%，海南、西藏、青海、新疆分别下降 12%。因地制宜的地区目标设置体现了中国特有的"差别化气候政策"，有利于调动各方积极性，引进全社会合力，进而取得良好的实施效果[①]。

在目标责任制的运行中，指标的分解和指标完成情况的考核紧密联系在一起。我国从 2013 年起开展年度省级人民政府控制温室气体排放目标责任评价考核；2014 年 8 月，国家发展改革委印发《单位国内生产总值二氧化碳排放降低目标责任考核评估办法》，从而规范了对省级政府的碳减排工作考核。考核采用年度考核评估和五年规划期末考核评估相结合的方式，采用百分制评分法，满分 100 分。考核评估结果划分为优秀、良好、合格、不合格四个等级。考核评估得分 90 分以上为优秀，80 分以上、90 分以下为良好，60 分以上、80分以下为合格，60 分以下为不合格。考核内容分为该地区指标的完成情况（总分 50 分）和具体工作的开展情况（总分 50 分）两大类，其中指标完成情况为否决性指标：考核"合格"的前提条件是单位地区生产总值二氧化碳排放年度降低目标和累计进度目标均如期完成。未完成以上两项指标的省（自治区、直辖市），无论考核总分是否超出 60 分，考核评估结果均为不合格。除指标完成情况之外，各地方政府为碳减排所采取的措施（如调整产业结构任务完成情况、节能和提高能效任务完成情况、调整能源结构任务完成情况等）和基础工作与能力建设（如对所辖地、市、州或行业目标分解落实与评价考核情况、温室气体排放统计核算制度建设及清单编制情况等）也是考核的重要内容。为鼓励地方政府在碳排放交易、总量控制、企业温室气体报告等方面开展探索，中央政府还对创新碳减排体制机制并发挥示范引领作用的省份给予加分。2015 年，国家进一步修改了《单位国内生产总值二氧化碳排放降低目标责任考核评估办法》。在总结"十二五"经验基础上，2017 年国家发展改革委提出了《"十三五"省级人民政府控制温室气体排放目标责任考核办法》，结合"十三五"控温方案相关

---

① 徐华清. 中国应对气候变化目标政策与行动. 2017 年中日政策研究研讨会.

要求，将考核指标扩充为十大类 27 项，并完成了打分细则的修订工作。此考核办法共计 17 条，考核指标 27 项，包括目标完成（2 项考核指标，40 分）和任务措施基础工作（九大类，25 项考核指标，60 分）。2018 年，结合考核工作中新发现的问题以及政府机构调整情况，国家又对考核办法及评分细则进行了修订。

碳强度目标考核结果是中央政府对地方政府及其负责人奖惩的重要依据。对考核评估结果为优秀的省级人民政府，国务院予以通报表扬，有关部门在相关项目安排上优先予以考虑；考核评估结果为不合格的省级人民政府，需要向国务院做出书面报告，并提出限期整改措施。2016 年，国务院印发了《"十三五"控制温室气体排放工作方案》（国发〔2016〕61 号），明确提出要将控制温室气体排放作为切实推进生态文明建设的重要途径，强化目标责任考核，建立责任追究制度。2017 年，国家发展改革委印发了《关于开展 2016 年度能源消耗总量和强度"双控"控制温室气体排放目标责任评价考核的通知》（发改电〔2017〕360 号），对各省（自治区、直辖市）2016 年度控制温室气体排放目标完成情况进行了现场考核；2018 年由生态环境部组织了 2017 年省级目标的考核（环气候函〔2018〕42 号）。

各省级政府在得到国家下达的碳减排指标后，将指标进一步向下分解，纳入各级政府的经济社会发展综合评价和地方官员的政绩考核中，通过目标责任制的形式"一级抓一级、层层抓落实"。各省级政府对本地区温室气体排放控制负总责，政府主要领导是第一责任人。以浙江省为例，2017 年，参照《"十二五"控制温室气体排放工作方案》中国务院对省政府控制温室气体排放目标责任考核办法和要求，浙江省发展改革委牵头编制并报省政府印发了《浙江省"十三五"控制温室气体排放实施方案》（浙政发〔2017〕31 号），浙江省应对气候办、省发展改革委组织省气候低碳中心等专家，综合各地责任、能力、潜力三个方面将国家下达的浙江省 20.5%碳强度降低目标分解到各设区市，共分为四档。同年，浙江省发改委还印发了《浙江省"十三五"设区市人民政府控制温室气体排放目标责任考核试行办法》（浙发改资环〔2017〕854 号），正式启动对设区市人民政府控制温室气体排放目标责任考核，考核主要关注各设区市人民政府 2016 年度控制温室气体排放目标完成情况及政策措施落实情况，其中碳强度目标完成情况考核工作包括两部分：一是单位地区生产总值二氧化碳排放年度降低目标，作为年度考核的否决性指标；二是单位地区生产总值二氧化碳排放累计进度目标，作为期末考核的否决性指标。考核结果分"优秀"和"良好"两档，即杭州、衢州、嘉兴、绍兴、湖州、丽水 6 个市为"优秀"，舟山、温州、金华、宁波、台州 5 个市为"良好"。

38.1.2　政策有效性

1. 目标责任制保障了国家碳强度目标的顺利完成

目标责任制是"十一五"以来中国实现碳减排目标的制度保障。目标责任制的实施有效提高了各级地方政府和用能企业对应对气候变化工作的重视程度，进而通过以节能降碳为核心的一系列行动，使我国的能源利用效率得到了较大提高，确保了国家目标的完成（马丽，2015；赵小凡和李惠民，2018）。"十二五"期间，全国碳强度目标完成情况良好：单位国内生产总值二氧化碳排放降低 19.3%，超额完成 17% 的目标；非化石能源占一次能源消费比重达到 12%，超额完成 11.4%的目标。碳强度目标的完成与能源强度目标的实现密不可分。在节能目标责任制的保障下，"十二五"期间我国单位国内生产总值能耗由 2010 年的 0.882 tce 下降到 2015 年的 0.722 tce，下降了 18.4%，超额完成 16%。除西藏以外的 30 个省（自治区、直辖市）均完成各自的单位国内生产总值能耗目标，其中 11 省超额完成，19 省完成，另有

1 省基本完成（表 38.1）。

表 38.1 "十二五"时期各地区能源消费强度下降目标考核结果

地区	"十二五"目标	2015 年考核结果	地区	"十二五"目标	2015 年考核结果
全国	16	超额完成	河南	16	超额完成
北京	17	超额完成	湖北	16	超额完成
天津	18	完成	湖南	16	完成
河北	17	超额完成	广东	18	超额完成
山西	16	完成	广西	15	完成
内蒙古	15	完成	海南	10	完成
辽宁	17	完成	重庆	16	完成
吉林	16	完成	四川	16	完成
黑龙江	16	完成	贵州	15	超额完成
上海	18	超额完成	云南	15	完成
江苏	18	超额完成	西藏	10	完成
浙江	18	超额完成	陕西	16	完成
安徽	16	超额完成	甘肃	15	完成
福建	16	完成	青海	10	完成
江西	16	完成	宁夏	15	完成
山东	17	完成	新疆	10	基本完成

数据来源：国家发展和改革委员会，2016a

"十三五"期间，中国提出了"万元国内生产总值能耗比 2015 年下降 15%、能源消费总量控制在 50 亿吨标准煤以内、单位国内生产总值二氧化碳排放比 2015 年下降 18%"的目标。"十三五"前四年（2016~2019 年），万元国内生产总值能耗分别下降 4.8%、3.4%、3.0%、2.9%，累计下降 13.4%；能源消费总量增长到 48.6 亿 t；万元国内生产总值二氧化碳排放分别下降 6.3%、4.5%、4.5%、4.2%，累计下降 18.2%；各项指标进度均超额完成。从各省的考核结果来看，仅有少数省份年度考核结果为未完成等级。

企业层面，大部分企业均顺利完成了节能目标。从考核情况来看，"十二五"前四年，万家企业累计实现节能量 3.09 亿 tce，完成"十二五"万家企业节能量目标的 121.13%。超过 90% 的企业均能完成节能目标，其中近三分之一的企业能超额完成节能目标（国家发展和改革委员会，2015）。"十三五"期间，国家尚未发布重点用能单位"百千万"行动考核结果，但部分地方政府已经发布了 2018 年度的考核结果，一般由省级政府负责"百家企业""千家企业"的考核工作，地市级政府负责"万家企业"的考核。从地方政府已公布的考核结果来看，多数"百家企业""千家企业"完成情况较好，但"万家企业"的完成情况相对较差，例如，2018 年河北、广东、福建等省参与考核的"百家企业""千家企业"均完成了节能目标。河北省"百家企业"重点用能单位共 12 家，其中 7 家超额完成，4 家完成，1 家停产未考核；"千家企业"重点用能单位共 86 家，其中 23 家超额完成，17 家完成，39 家基本完成，6 家未完成，1 家停产未考核（河北省发展和改革委员会，2019）。广东省"百家企业"重点用能单位共 7 家，其中 4 家为超额完成等级，3 家为完成等级；"千家企业"重点用能单位共 51 家，其中 17 家为超额完成等级，33 家为完成等级，1 家为基本完成等级（广东省能源局和广东省工业和信息化厅，2019）。福建省"百家企业"重点用能单位有 3 家，均完成节能目标；"千家企业"重点用能单位共 18 家，其中 8 家为完成等级，8

家为基本完成等级，2 家因重组、停产等原因未参加考核（福建省人民政府节约能源办公室，2019）。而大庆市、乐山市等市级政府公布的"万家企业"考核结果表明，中小型企业相对于大型企业面临更大的节能障碍，未来工业节能政策的重点应放在提升中小企业的节能管理水平上，例如，"十三五"期间，大庆市共有"万家企业" 23 家，其中 11 家未完成考核（大庆市发展和改革委员会，2019）；乐山市共有"万家企业" 84 户，其中 7 户未完成（乐山市发展和改革委员会，2019）。

2016 年温室气体控制目标考核结果为：北京、天津、山西、内蒙古、上海、江苏、浙江、安徽、福建、河南、湖北、广东、重庆和四川 14 个省（自治区、直辖市）考评等级为"优秀"；河北、吉林、黑龙江、江西、山东、湖南、海南、贵州、云南、陕西、甘肃、宁夏和新疆 13 个省（自治区）考评等级为"良好"；辽宁、广西、西藏、青海 4 个省（自治区）考评等级为"不合格"（国家发展改革委公告，2017 年第 25 号）。截至 2018 年度的温室气体控制目标综合考核结果显示，"十三五"以来，多数地区的碳排放强度下降趋势明显，但也有少数地区的碳排放强度出现反复波动甚至持续不降反升的趋势，其中内蒙古、西藏和宁夏三地区"十三五"期间累计碳排放强度还处于上升状态。在碳排放强度持续下降的地区中，天津、山西、吉林、江西、河南、海南、重庆、四川、甘肃等地区的碳排放强度下降率在逐年降低，福建的碳排放强度下降率连续两年在 1%以下，反映出这些地区当前措施的减碳效果在逐年减弱，还需要进一步挖掘碳排放强度下降潜力。江苏、陕西和青海等地区的碳排放强度下降率逐年加大，说明这些地区的温室气体排放控制工作进行良好，措施有效，碳排放强度下降工作效果逐年提升。

2. 目标责任制对地方政府的节能降碳行为构成有效约束

清晰的国家目标、严格的压力传导机制以及明确的信息反馈机制，构成了中国的节能降碳目标管理体系（Li et al.，2016）。目标责任制的确立，明确了地方政府在节能降碳工作中的主体地位，使既有的政策能够得以贯彻和实施。同时，目标责任制的确立，创新性地解决了地方政府热衷发展 GDP、而不重视应对气候变化工作的问题，使应对气候变化与发展 GDP 之间的冲突降到最低。

尽管目标责任制不能从根本上改变地方政府的环境行为，但至少在政治激励方面，目标责任制可以对地方政府的环境行为产生一些有益的影响。目标责任制对地方政府的节能降碳行为产生约束的关键在于晋升机制（Ma，2016）。节能与碳减排目标责任考核结果运用在干部主管部门对地方党政领导的评价考核中，实行问责制和"一票否决"制，从而大大改变了原有的官员激励体系（图 38.3）。目标责任制的主要责任人是各级地方政府的一把手，而这些一把手在地方发展中具有极其重要的权力。这种责任体系使地方政府在发展中必须对节能降碳足够重视，同时政府一把手作为责任人，也具有实现碳减排目标的权力和能力。在我国经济发展的现阶段，对大部分地方政府来说，节能和碳减排与经济发展往往具有一些冲突，而目标责任制"一票否决"式的激励制度使地方政府不得不完成上级政府规定的目标（赵小凡和李惠民，2018）。目标责任制通过强有力的行政体系，使地方政府以及各类重点用能单位在节能降碳这一问题上与中央政府保持了目标上的统一。

3. 地方政府温室气体控制制度得以确立

在指标层层分解和考核的压力下，控制温室气体排放在政府工作中的优先级得到提升。首先，各级政府加强了对应对气候变化工作的组织领导。以浙江省为例，各地围绕应对气候

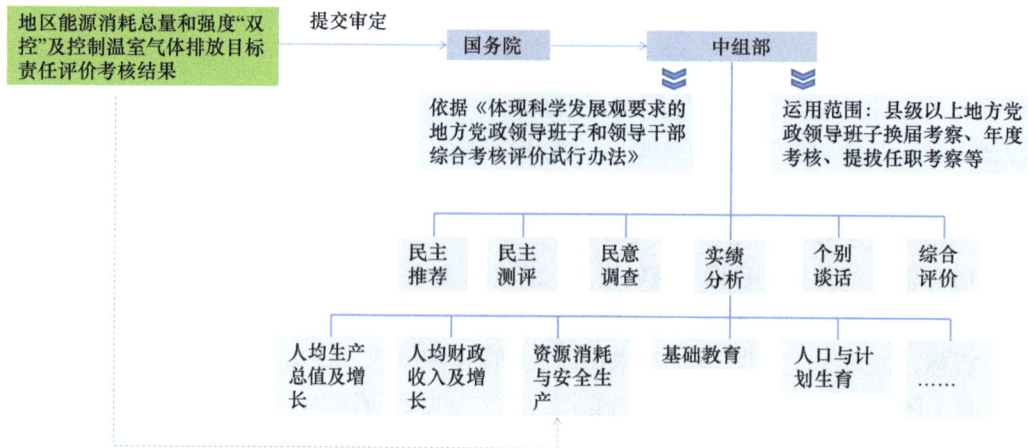

图 38.3 干部主管部门对节能以及碳减排目标责任考核结果的运用

变化工作均成立了以市政府主要领导为组长的应对气候变化领导小组，从而建立起温室气体控制组织领导体系。部分地市将碳强度降低目标作为重要约束性指标，并纳入本地区经济社会发展规划、年度计划和政府工作报告中。有的地市还组织编制了"十三五"应对气候变化专项规划。其次，各级政府加强了应对气候变化的基础工作体系建设，如推进重点企业开展温室气体排放报告报送、核查和复查工作。例如，浙江省编制印发了《浙江省温室气体清单管理办法》，省、市、县三级全面完成 2016 年度地方温室气体清单编制工作。杭州、宁波等市除设立专门的专职管理机构外，还组建了应对气候变化工作技术支撑机构，队伍建设和能力建设逐步提升。最后，各级财政都加大了应对气候变化或低碳发展资金支持，通过建立专项基金等方式切实保障应对气候变化工作的顺利开展。

4. 企业用能管理得到加强

"十二五"以来，各级政府加强了对重点用能单位的监管，通过实施能源管理体系、能源管控中心等项目，全面推进"万家企业节能低碳行动"以及重点用能单位"百千万"行动。同时，依托节能监察机构，各级政府深入开展了能源审计、能源计量器具配备率检查、能源利用状况报告报送等工作［国宏美亚（北京）工业节能减排技术促进中心，2014］。"万家企业节能低碳行动"实施以来，企业能源管理水平普遍有所提高。作为企业节能工作的总抓手，各级政府在"十二五"期间积极推进能源管理体系建设，有效提升了企业对能源管理的重视程度。据估算，全国已有 4000 余家重点用能单位开展了能源管理体系建设工作，约 2000 多家获得了能源管理体系认证证书，1000 多家通过了当地节能主管部门的评价验收。值得注意的是，在获得证书的企业中，约 30%是非重点用能单位，这些企业出于自发动力建立了能源管理体系并通过了认证。由于行业协会的推动，能源管理体系认证在钢铁、建材等行业开展尤为迅速（国家节能中心，2018）。

38.1.3 存在的问题与挑战

1. 目标责任制难以形成自下而上的碳减排动力机制

"十一五"以来，节能降碳目标责任制表现出了高效力的特征，保障了国家碳减排目标的实现，同时提高了社会各界对于节能降碳工作的重视程度。然而，这种自上而下的压力传递机制难以真正内化为地方政府和企业开展节能降碳工作的自发性力量。从政府角度来看，节能降碳目标的"一票否决"，难以从根本上解决地方政府"重视速度，而轻视质量"的发展取向（Lo，2015；Kostka，2016）。为了满足碳减排目标，大部分地方政府采取了提高能效等经济代价小的手段，而不愿执行最严格的减碳行动（马丽，2015）。与此同时，地方政府强烈抵制那些可能会限制地方经济发展的目标，如能源消费总量目标。2011 年 3 月至 2013 年 4 月，国家能源局曾就能源消费总量的目标分解问题与各省级政府密切沟通，许多省份都尝试与国家能源局讨价还价，争取更高的总量目标，从而为当地的经济发展争取空间（Zhao and Wu，2016）。此外，参与气候治理内在动力的缺乏还可以从省级政府行为中窥见一斑。"十一五"初期，执行节能目标任务进度较慢的省份在行政问责的压力下强化政策实施力度以实现赶超，但初期执行进度较快的省份在后期主动弱化实施力度。不同执行主体的"从众"行为在整体上减弱了目标责任制的政策效果（梅赐琪和刘志林，2012）。

地方政府参与气候治理的内在动力不足，究其根源，还是由于节能降碳目标在领导干部考核体系中的位置较低。尽管绿色低碳发展在目前政府绩效评估指标体系中的地位已经有所提升，但是与 GDP 及增长率、财政收入及占 GDP 比重、环境质量指数和地方支柱产业总产值发展指数等权重较高的二级指标相比，节能降碳指标的权重仍然相对滞后（余思杨，2015）。提升碳减排目标责任考核在领导干部考核体系中的地位，才能有效推动应对气候变化政策的制定与实施。

从企业的角度，目标责任制通过直接的行政管理，对企业的节能行为产生了显著影响，但政府对企业的目标责任制管理并非长久之计。在当前市场化改革的背景下，减少政府对企业的直接干预是大势所趋。政府通过各种行政力量，为重点用能单位设置一个节能目标正是对企业发展的一种直接干预，无论是目标的设定，还是对节能量的考核，都很难做到科学合理，也无法达到鼓励先进的目的。

2. 基层政府在节能降碳领域的权责不匹配

由于节能降碳目标的层层分解，县级及以下政府承担了与其行政管理权限并不匹配的责任（Li et al.，2016）。在强大的政治压力下，基层政府为了实现目标可能选择采取较为极端的手段，进而导致不良后果（Zhao and Qi，2020），例如，"十一五"末期和"十二五"初期，部分地区为了完成节能目标，纷纷对重点用能企业采取停工停产、拉闸限电等极端措施，增加了完成节能减排目标的社会成本。以山东省日照市为例，根据节能减排工作领导小组的部署，在 2011 年 12 月 11 日 0 时至 31 日 24 时的 21 天内，山东省日照市对区域内的 20 多家水泥企业、十多家石材加工企业以及 5 家新增高耗能企业都实行了限电停产措施。

3. 能源统计数据质量有待提高

精确、及时和透明的能源统计数据是追踪碳减排目标实现进度的基础。尽管中国的能源消费数据质量近年来已有显著提高，但现有统计数据仍旧存在许多问题，为目标的监测考核带来困难（Liu and Yang，2009；Liu et al.，2015；Li et al.，2016），例如，2005 年以来，《中国能源统计年鉴》经历了三次大规模修订，这意味着 2005～2012 年中国在降低碳强度方面的成就被低估，而实现碳强度降低目标的难度比预期更大（Li et al.，2018）。此外，我国的能源统计精确性有待提高，信息失灵不可避免。当前的制度体系设置了监测和考核两个环节对数据进行核实，但主要方式以交叉验证为主。由于缺乏对 GDP 和能耗数据生产过程的监督，现有的监测和考核体系并不能确保能耗数据的有效性。在实践层面，考核体系没有对企业节能绩效进行严密核查，企业节能绩效存在一定程度上的过高估计。

4. 节能目标分解与考核体系不够严密

当国家目标分解到省级目标时，存在较高的泄露风险，即使所有省级政府都实现其节能目标，国家目标仍有可能无法实现（Li et al.，2013）。当国家目标分解到企业时，企业以节能量作为目标。然而，节能量这一考核指标本身存在多个弊端（赵小凡和郢亮，2016；Zhao et al.，2016）。首先，通过不同方法得出的节能量不具有可比性。其次，企业可以通过产量扩张完成部分节能量目标，这部分节能量实际是企业应对市场需求的结果，而非节能行动所致，因此无法对企业的节能行为产生强大的激励作用。再次，由于节能量目标的计算需要能耗、产量、产值等多种数据的收集，不同企业所用的计算方法多种多样，且计算步骤相对复杂，因此监管难度远远超过能耗总量目标以及强度目标等其他常见的节能量化指标。最后，由于节能量指标与单位国内生产总值能耗降低指标之间的差异性，企业节能绩效对国家目标的贡献难以准确衡量。

38.2 淘汰落后产能

38.2.1 政策概述

中国系统性开展淘汰落后产能工作可追溯到"十一五"初期。2006～2015 年连续两个五年规划周期，国务院先后印发了《节能减排综合性工作方案》《节能减排"十二五"规划》等文件，在国家层面明确提出了电力、钢铁、建材、电解铝、铁合金、电石、焦炭、煤炭、平板玻璃等行业的落后产能淘汰目标，将其作为节能减排工作的重要支撑。这一时期，淘汰落后产能具有典型的"自上而下"特征。为实现淘汰落后产能目标，国家将其分解到省、市、县及其具体企业，并通过目标责任制的方式对各地进行考核。

2010 年，国务院发布了《国务院关于进一步加强淘汰落后产能工作的通知》，明确要求"工业和信息化部、国家能源局等有关部门要将年度目标任务分解落实到各省（自治区、直辖市）。各省（自治区、直辖市）人民政府要将目标任务分解到市、县，落实到具体企业。将淘汰落后产能目标完成情况纳入地方政府绩效考核体系，参照《国务院批转节能减排统计监测及考核实施方案和办法的通知》，对淘汰落后产能任务完成情况进行考核，提高淘汰落后产能任务完成情况的考核比重。对未按要求完成淘汰落后产能任务的地区进行通报，限期整改。对瞒报、谎报淘汰落后产能进展情况或整改不到位的地区，要依法依纪追究该地区有关责任人员的责任。

2011 年，工业和信息化部等 18 个部门联合制定了《关于印发淘汰落后产能工作考核实施方案的通知》，对考核的工作程序和相关制度作了进一步细化。在目标责任考核的总体框架下，淘汰落后产能的工作手段以行政为主，但同时也包含了一些激励政策。对完成淘汰落后产能任务较好的地区和企业，在资金、土地、融资等方面给予倾斜，中央财政设立专项资金对经济欠发达地区淘汰落后产能给予奖励。该方案明确了国家层面淘汰落后产能工作的基本程序，即每年 2 月，省政府上报本地区重点行业淘汰落后产能目标、企业名单、企业落后产能情况；3 月，工业和信息化部等部门向省政府审核并下达省年度目标；4 月，省政府将目标分解到各市、区、县，最后落实到企业；次年 1 月，省政府上报各地淘汰落后产能自查报告，之后工业和信息化部等部门将通过现场核查和重点抽查的方式考核各地上年度淘汰落后产能目标完成情况。

　　"十三五"以来，淘汰落后产能的政策机制发生了明显变化。首先，淘汰落后产能成为供给侧结构性改革的重要措施，在政府各项工作中的地位大大提升。"十三五"规划纲要专门设置了"积极稳妥化解产能过剩"一节，将其作为"优化现代产业体系"的重要支撑，被列为经济工作的一条重要主线。这一时期，化解落后产能与行业脱困转型密切结合，国务院先后印发了《关于钢铁行业化解过剩产能实现脱困发展的意见》《关于煤炭行业化解过剩产能实现脱困发展的意见》等，提出了重点行业的产能化解任务和具体要求。其次，淘汰落后产能的工作机制也变得更加丰富，强调了综合标准体系在化解产能过剩中的基础性地位。2017 年，工业和信息化部、国家发展改革委等 16 部门联合发布了《关于利用综合标准依法依规推动落后产能退出的指导意见》。根据该指导意见，落后产能的界定标准不再取决于装备的规模和工艺技术水平，而是通过能耗、环保、质量、安全、技术等标准来综合判断。这一转变使淘汰落后产能的法治性得以提高。再次，淘汰落后产能的政策机制更加多元。在淘汰落后产能专项奖励资金基础上，增设工业企业结构调整专项奖补资金，同时差别电价、差别信贷等手段也得到充分应用。同时，这一时期的淘汰落后产能对于职工安置、盘活土地资源等也给予了高度关注，凸显了淘汰落后产能在国家经济体系中的全局性意义。最后，除钢铁和煤炭等少数部门外，国家不再设置自上而下的淘汰目标，而是由各地根据实际情况自行制定，国家进行监督。淘汰落后产能开始转向常态化。

38.2.2　政策有效性

1. 淘汰落后产能目标顺利完成

　　"十二五"期间，电力、煤炭、钢铁、有色金属、建材、轻工、纺织、食品八大领域 21个重点行业近万家企业落后产能淘汰退出。对标《节能减排"十二五"规划》以及《关于"十二五"期间进一步推进煤炭行业淘汰落后产能工作的通知》，"十二五"期间各行业落后产能淘汰目标超额完成（表 38.2）。

表 38.2　"十二五"淘汰落后产能目标完成情况

行业	单位	目标	完成
电力	万 kW	2000	2800
炼铁	万 t	4800	9089
炼钢	万 t	4800	9486
电解铝	万 t	90	205
水泥（熟料及粉磨能力）	万 t	37000	65700
平板玻璃	万重量箱	9000	16900
煤矿	万 t	9718	57500
小煤矿	处	2917	7191

数据来源：国家发展和改革委员会，2016b；国家能源局，2016

　　"十三五"时期，国家仅发布了钢铁和煤炭两个行业的化解过剩产能目标，即"压减煤炭产能 5 亿吨、粗钢产能 1.5 亿吨"。在其他领域，国务院发布了《政府核准的投资项目目录（2016 年本）》，严格控制钢铁、电解铝、水泥、平板玻璃、船舶等产能严重过剩行业的新增产能，同时通过地方政府自查等方式，继续推动这些行业的落后产能淘汰工作。在一系列政策的综合作用下，2016 年化解粗钢产能超过 6500 万 t，化解煤炭过剩产能 2.9 亿 t（国家发展和改革委员会，2017）；2017 年化解钢铁过剩产能超过 5500 万 t，化解煤炭过剩产能 2.5 亿 t，淘汰停建缓建煤电产能超过 6500 万 kW（生态环境部，2018）；2018 年化解钢铁过剩产能超过 3000 万 t，化解煤炭过剩产能 1.5 亿 t。钢铁和煤炭两个行业的化解过剩产能目标均已提前完成（图 38.4）。

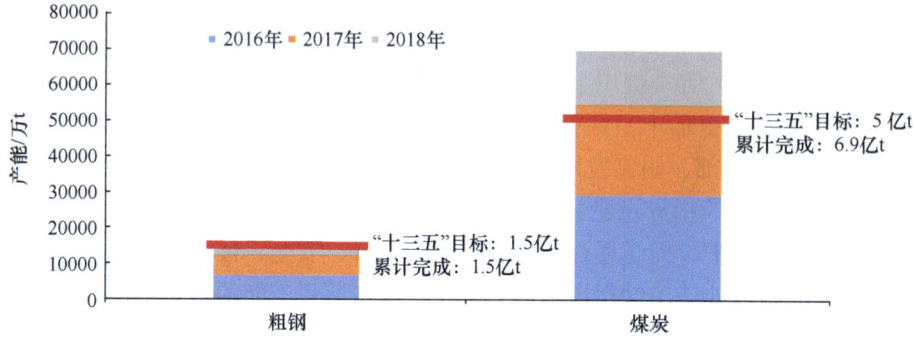

图 38.4 "十三五"时期钢铁和煤炭行业化解过剩产能目标累计完成情况

2. 淘汰落后产能节能降碳效应明显

淘汰落后产能有利于能源结构优化，推动产业结构转型，从而促进能源消耗和碳排放量的减少。情景分析表明，过剩产能压缩力度越大，能源消耗和碳排放量减少的速度越快（刘洪涛和刘文佳，2017）。一些研究估算了淘汰落后产能的节能降碳效应。耿静等（2016）假设淘汰的落后产能被先进产能等量替代，在此基础上中国 2011~2015 年每年淘汰落后产能净能源节约量约为 1357.77 万 tce、1245.70 万 tce、1067.32 万 tce、981.42 万 tce、483.70 万 tce。"十二五"时期，淘汰落后产能累计形成节能量 5135.91 万 tce，占同期工业节能总量 6.9 亿 t 的 7.4%，相当于减少二氧化碳排放约 1.2 亿 t。分行业来看，"十二五"时期，淘汰小火电对能源节约量的贡献最大，累计净能量节约为 1402.47 万 tce，占总节能量的 27.31%；其次是水泥、造纸、炼铁、焦炭、炼钢和铁合金 6 个行业（图 38.5）。这 7 个行业部门累计净能源节约量占总节能量的 90.3%。分区域来看，净能源节约量最多的 9 个地区是河北省、山东省、山西省、四川省、湖南省、河南省、贵州省、江西省和广东省，占全国淘汰落后产能能源节约量的 60%，其中河北省、山东省和山西省之和占全部能源节约量的近 28%。

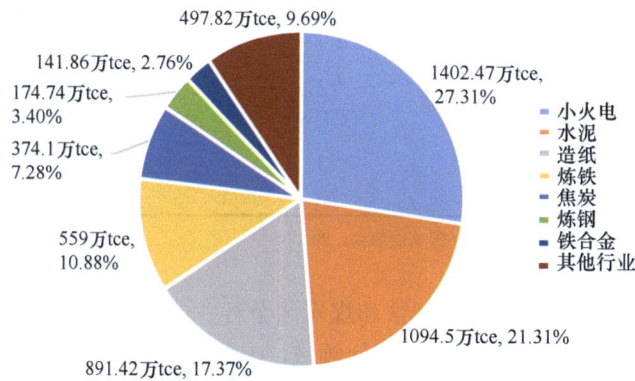

图 38.5 各行业"十二五"期间淘汰落后产能净能源节约量（耿静等，2016）

"十三五"以来，吨钢综合能耗、每千瓦时火力发电标准煤耗等指标持续下降，淘汰落后产能在其中发挥了重要作用（林卫斌和苏剑，2015）。根据国民经济和社会发展统计公报，2016 年，吨钢综合能耗下降 0.08%，每千瓦时火力发电标准煤耗下降 0.97%；2017 年，吨钢综合能耗下降 0.9%，每千瓦时火力发电标准煤耗下降 0.8%。在积极化解过剩产能背景下，煤炭行业去产能所产生的碳减排效应明显。2015～2017 年，煤炭消费量占能源消费总量的比重由 64%下降到 60.4%，下降了 3.6 个百分点。

3. 淘汰落后产能促进经济低碳转型

淘汰落后产能的本质是解决要素错配的结构性问题，而要素错配与碳排放效率有紧密关系。淘汰落后产能可以提高全要素生产率，推动产业结构转型升级，从而对经济的低碳转型产生深远影响。张亚斌等（2017）利用 2003～2013 年 30 个省市的面板数据，分析了二氧化碳和劳动、资本投入之间的关系，结果显示要素错配对碳排放效率存在明显的抑制作用，供给侧结构性改革对提高碳排放效率具有正向作用。刘洪涛和刘文佳（2017）运用情景分析的方法，针对供给体系产能过剩、生产能耗高、能源结构不合理的问题，分析了淘汰落后产能对能源消费和碳排放的影响，结果表明：压缩过剩产能有利于能源结构优化，过剩产能压缩力度越大，能源消耗和碳排放量减少的速度越快。韩楠（2018）构建碳排放系统动力学模型，分析了资本、劳动力及创新等要素的调控对碳排放的影响。结果表明，在资本、劳动力及创新三要素中，劳动力要素调控对碳排放量的降低作用最为显著；供给侧资本、劳动力及创新三要素综合调控，可以使 GDP 小幅提升的同时碳排放量出现较大幅度的降低。

4. 淘汰落后产能推动节能降碳长效机制的形成

随着供给侧结构性改革成为中国经济工作的首要任务，淘汰落后产能政策的统领性大大增强，相关法律法规、政策监管制度、市场机制得以不断完善，促进了节能降碳长效机制的形成。2016 年 1 月，国家发布《节能监察办法》；2016 年 7 月和 2018 年 10 月，《中华人民共和国节约能源法》被两次修订，修订后的该法律明确提出："国家对落后的耗能过高的用能产品、设备和生产工艺实行淘汰制度。淘汰的用能产品、设备、生产工艺的目录和实施办法，由国务院管理节能工作部门会同国务院有关部门制定并公布"。2018 年 2 月，《重点用能单位节能管理办法》被修订。此外，一系列环保法律也得以制定和完善。2016 年 1 月，《中华人民共和国大气污染防治法》开始实施；2016 年 7 月和 2018 年 12 月，《中华人民共和国环境影响评价法》被两次修订；2016 年 12 月，《中华人民共和国环境保护税法》正式通过；2017 年 6 月，《中华人民共和国水污染防治法》被修订；2018 年 8 月，《中华人民共和国土壤污染防治法》正式通过；2018 年 10 月，《中华人民共和国循环经济促进法》被修订。一系列节能环保法律法规的出台和修订，对淘汰落后产能提供了重要的法律保障。

2015～2017 年，国家标准委、国家发展改革委联合启动了两期"百项能效标准推进工程"，共批准发布了 206 项能效、能耗限额和节能基础国家标准。2017 年，国家发展改革委、国家标准委发布《节能标准体系建设方案》，提出了"到 2020 年，主要高耗能行业和终端用能产品实现节能标准全覆盖，80%以上的能效指标达到国际先进水平"的目标，为淘汰落后产能长效机制的形成发挥了基础性作用。

"十三五"以来，节能环保相关的政策监管机制得到空前加强。2016 年底发布的《"十三五"节能减排综合工作方案》明确提出，要"组织开展节能减排专项检查，督促各项措施落实。强化节能环保执法监察，加强节能审查，强化事中事后监管，加大对重点用能单位和重点污染源的执法检查力度，严厉查处各类违法违规用能和环境违法违规行为，依法公布违法单位名单，发布重点企业污染物排放信息，对严重违法违规行为进行公开通报或挂牌督办，确保节能环保法律、法规、规章和强制性标准有效落实。强化执法问责，对行政不作为、执法不严等行为，严肃追究有关主管部门和执法机构负责人的责任"。2016～2017年，国务院相继开展了对钢铁煤炭化解过剩产能工作、水泥玻璃行业淘汰落后产能工作的专项督查。2018年，国家继续对各地淘汰落后产能工作进行督导检查。国家督查确保了去产能工作的有效性。

38.2.3 存在的问题和挑战

1. 过剩产能的市场退出障碍依然存在

多数研究认为，中国的产能过剩属于"体制性产能过剩"，市场退出障碍是导致产能过剩长期存在且难以化解的重要原因（国家行政学院经济学教研部课题组，2014；王立国和高越青，2014；国务院发展研究中心，2015）。根据现有研究，过剩产能的退出障碍可以归结为以下几个方面：①地方政府出于 GDP 增长的需要而干预退出；②社会保障制度不完善所引发的职工安置问题影响企业退出；③"僵尸企业"获得债权银行的资金支持而难以退出。由于信贷资源长期错配，轻易得到授信的企业往往盲目扩张，催生大量重复建设和严重产能过剩。④土地、资本、资源等要素市场改革滞后使落后产能依然有利可图。"十三五"以来，在供给侧结构性改革的强力推动下，过剩产能的退出机制不断健全，但在"稳增长、稳就业、稳投资"的发展环境下，过剩产能的市场退出障碍依然存在。

2. 产能扩张的冲动仍在

供给侧结构性改革以来，工业企业整体的产能利用率开始逐步回升，从 2016 年的 73.3%提升到 2017 年的 77.0%，2018 年略微下滑至 76.5%。钢铁行业产能利用率从 2016 年中期的 72%上升至 2017 年底的 77%，煤炭行业产能利用率从 2016 年中期的 58%上升至 2017年底的 70%。通过去产能，行业的经济效益得以提升。随着行业市场形势的好转，在高额利润驱动下，企业扩大投资的意愿增强，产能扩张冲动明显。国家发展改革委产业协调司的数据显示，"地条钢彻底取缔日"（2017 年 6 月 30 日）一年时间内，国家淘汰落后产能部际联合会发现 84 处地条钢生产线，涉及 24 个省（自治区、直辖市）。严防新增产能已成为当前去产能工作面临的首要问题。

38.3 适应领域相关行政措施

38.3.1 政策概述

自 2007 年国务院发布《中国应对气候变化国家方案》以来，我国政府相继发布和实施了一系列与适应气候变化相关的政策，其中包括国家和部门层面的政策 117 项、31 个省级行动方案和 21 个省级规划。这些政策的出台使我国初步形成了自上而下、由综合部门扩展到专业部门的适应气候变化政策体系。首先，由国务院发布《中国应对气候变化国家方案》以及《国家应对气候变化规划（2014—2020 年）》等文件确定了我国应对气候变化工作的整体框架，形成了我国适应政策体系的顶层设计。其次，国家有关部门制定了《国家适应气候变化战略》以及相关法规，指导了国家层面的适应政策制定和实施措施。另外，各部门和地方政府根据以上规划、战略和法规，按照部门分工的不同和领域特点，制定了一系列具体的适应政策、措施与行动，将适应气候变化的要求纳入社会经济发展和生态文明建设的全过程。气象、农业、卫生和民政等受气候变化影响显著的部门在应对气候变化方面的工作相对扎实，其中海洋、水利、气象和卫生等部门主要通过制定政策和规划来推动适应气候变化工作，而林业和农业部门则侧重于制定适应气候变化的相关法规。从适应政策的种类来看，117 项政策可细分为法规、政策和规划三类，其中规划为 58 项，约占 50%；政策 28 项，约占 24%；法律为 31 项，约占 26%。从发布的时间来看，2007～2012 年的 6 年中，2009～2011 年是我国适应气候变化政策制定与发布的高峰期，占全部适应政策的 72%。

目前，虽然各政府部门专门针对适应气候变化出台的政策还较少，但是与气候密切相关的行业和部门制定的政策越来越多地考虑和重视适应气候变化的需求，即适应政策逐步主流化。专门适应政策和主流化政策构成了我国在适应气候变化方面的工作基础，对于我国适应气候变化能力的提高均发挥着重要作用（高小升，2019）。

专门的适应政策构成了我国适应气候变化工作的政策核心，也是适应政策体系的顶层设计。自 2007 年以来，我国政府专门针对适应气候变化制定并发布的政策共 8 项，其中 2013 年发布的《国家适应气候变化战略》是完全针对适应气候变化而制定的政策，《中国应对气候变化国家方案》《中国应对气候变化科技专项行动》《"十二五"国家应对气候变化科技发展专项规划》等政策文本虽然主要包含减缓气候变化的内容，但已有专门针对适应气候变化的章节。这些政策共同形成了我国适应气候变化的整体框架，明确了我国应对气候变化的具体目标、基本原则、重点领域及其政策措施，并从适应气候变化的角度，统筹协调与部署国务院及其组成部门的业务工作。与此同时，各部门主流化政策的制定和实施紧密结合专门适应政策，共同提高了我国生态环境保护、防灾减灾、健康保障、城市化发展和减少贫困等领域适应气候变化的能力。例如，《中国生物多样性保护战略与行动计划》（2011—2030 年）进一步要求加强我国的生物多样性保护工作，有效应对我国生物多样性保护面临的挑战；《国家综合防灾减灾规划（2011—2015 年）》明确要求加强自然灾害风险管理能力建设；《国家减灾委员会关于加强城乡社区综合减灾工作的指导意见》指出加强城乡社区综合减灾工作；《国家环境与健康行动计划（2007—2015）》要求完善环境与健康工作的法律、管理和科技支撑，控制有害环境因素及其健康影响，减少环境相关性疾病发生，维护公众健康。

地方适应气候变化的政策和行动总体上因地制宜，反映各地自然、社会、经济等不同特征，体现了适应气候变化的不同需求。首先，从各地应对气候变化政策的制定原则来看，我国绝大多数省份坚持减缓与适应并重的原则，只有极少省份的表述略有差异。例如，甘肃考虑到其属于生态脆弱区，适应气候变化更为重要和紧迫，因此在其应对气候变化方案中提出"坚持适应优先，注重减缓的原则"。类似地，《青海省应对气候变化地方方案》提出坚持"适应与减缓兼顾并重的原则"。甘肃和青海对于减缓和适应二者关系的不同表述体现了适应在当地气候变化行动中的重要地位。其次，由于受到气候变化的影响以及现有的适应能力存在差异，各地适应气候变化的政策目标和重点领域也各有侧重。几乎所有省份都把农业、林业和其他自然生态系统、水资源作为适应气候变化的重点领域，其中农业通常被列为适应的首要任务。绝大部分省份都对这三个领域的适应工作提出了目标，并且多数省份提出的目标中包括量化指标。多数省份把防灾减灾列为重点领域。此外，天津、河北、辽宁、山东、江苏、浙江、福建、广西等沿海地区把海岸带作为重点领域；江苏、安徽、江西、湖南、广东、重庆等存在血吸虫病等媒介传播疾病风险的地区把公共卫生作为重点领域。宁夏针对当地生态环境脆弱的状况，把实施生态移民作为提高适应能力的一项工作目标。而青海结合其自然地理特征，把提高交通基础设施的适应能力和充分利用气候变暖给旅游业带来的机遇作为重点（彭斯震等，2015）。

2017 年，《国家发展改革委 住房城乡建设部关于印发气候适应型城市建设试点工作的通知》（发改气候〔2017〕343 号）正式发布，就开展气候适应型城市建设试点工作有关事项提出意见。通知指出，近年来，各地结合实际开展了海绵城市、生态城市等相关工作，为适应气候变化工作积累了一些有益经验，但我国城市适应气候变化工作总体上还处在起步探索阶段，亟须从国家层面加强顶层设计，开展政策引导，鼓励探索创新。综合考虑气候类型、地域特征、发展阶段和工作基础，选择一批典型城市，开展气候适应型城市建设试点，针对城市适应气候变化面临的突出问题，分类指导，统筹推进，积极探索符合各地实际的城市适应气候变化建设管理模式，是我国新型城镇化战略的重要组成部分，也将为我国全面推进城市适应气候变化工作提供经验，发挥引领和示范作用。

38.3.2 政策有效性

鉴于我国适应政策制定的过程、执行效果相关信息的原始记录保存、可获得性等方面的因素，采用适应政策组成要素评估框架，对我国适应政策组成要素的完整性和合理性进行评估。该评估框架将适应政策的制定划分为目标设定、适应能力与资源评估、决策、实施与评估 4 个阶段，并进一步细化为 19 个流程，根据每个流程实现的情况评分，分值为 0~38 分。

评估结果显示，我国适应气候变化政策平均分为 15.8，约为总分的 41.6%。其中评分最高的政策为《国家适应气候变化战略》（24 分），评分最低的政策为《海洋领域应对气候变化工作方案（2009—2015）》和《应对气候变化领域对外合作管理暂行办法》，各 7 分。我国适应政策平均分不足总分的 50%，说明政策组成元素缺项较多，仍有较大的改进空间。《中国应对气候变化国家方案》《国家适应气候变化战略》和《"十二五"国家应对气候变化科技发展专项规划》得分较高，是由于政策组成元素较全面。而《海洋领域应对气候变化工作方案（2009—2015）》和《应对气候变化领域对外合作管理暂行办法》侧重具体工作部署，对适应能力和资源配置、决策的科学和社会基础表述不足。运用同一评估框架对美国、英国和澳大利亚的 57 项适应政策进行评分，所得到的平均分约为总分的 37%。这说明我国的适应政策要素与这些国家整体处于相近水平（张雪艳等，2015）。

从适应政策制定的四个阶段来看，适应政策的目标设定平均分为 11.5，适应能力与资源评估平均分为 2.6，决策平均分为 6.6，实施与评估平均分为 9.2。这表明我国适应政策目标设定较为清晰，实施的主体和机制明确，但主要短板是实现适应目标的资源配置不清楚，决策的科学基础表述模糊。从适应政策制定的 19 个流程来看，适应目标或优先领域（O1）、与现有政策的一致性（D7）、主流化（D8）、适应政策传达与推广（I1）为 12 分以上。社会资本评估（A2）、非气候因素评估（D3）为 0 分，自然资源评估（A3）、实物资本评估（A4）、清楚科学假设与不确定性（D5）为 2 分。这说明适应政策制定在自然资源评估、社会资本评估、实物资本评估、非气候因素、科学假设与不确定等方面存在严重不足（张雪艳等，2015）。

城市适应气候变化政策工作，以全面提升城市适应气候变化能力为核心，坚持因地制宜、科学适应，吸收借鉴国内外先进经验，完善政策体系，创新管理体制，将适应气候变化理念纳入城市规划建设管理全过程，完善相关规划建设标准，到 2020 年，试点地区适应气候变化基础设施得到加强，适应能力显著提高，公众意识显著增强，打造一批具有国际先进水平的典型范例城市，形成一系列可复制、可推广的试点经验（刘霞飞等，2019）。将内蒙古自治区呼和浩特市、辽宁省大连市、辽宁省朝阳市、浙江省丽水市、安徽省合肥市、安徽省淮北市、江西省九江市、山东省济南市、河南省安阳市、湖北省武汉市、湖北省十堰市、湖南省常德市、湖南省岳阳市、广西壮族自治区百色市、海南省海口市、重庆市璧山区、重庆市潼南区、四川省广元市、贵州省六盘水市、贵州省毕节市（赫章县）、陕西省商洛市、陕西省西咸新区、甘肃省白银市、甘肃省庆阳市（西峰区）、青海省西宁市（湟中区）、新疆维吾尔自治区库尔勒市、新疆维吾尔自治区阿克苏市（拜城县）、新疆生产建设兵团石河子市等 28 个地区作为气候适应型城市建设试点。要求气候适应型城市建设试点工作完成 5 项主要任务：①将适应气候变化纳入城市发展目标体系，在城市规划中充分考虑气候变化因素，修改完善城市基础设施建设运营标准；②出台城市适应气候变化行动方案，优化城市基础设施规划布局，针对强降水、高温、干旱、台风、冰冻、雾霾等极端天气气候事件，修改完善城市基础设施设计和建设标准；③积极应对热岛效应和城市内涝，发展被动式超低能耗绿色建筑，实施城市更新和老旧小区综合改造，加快装配式建筑的产业化推广；④加强海绵城市建设，构建科学、合理的城市防洪排涝体系；⑤鼓励应用 PPP 等模式，引导各类社会资本参与城市适应气候变化项目等（刘长松，2019）。

38.3.3　存在的问题与挑战

1. 国家和部门适应政策组成要素不够完善

运用适应政策组成要素评估框架对我国国家和部门层面的适应政策进行评估的结果显示，我国适应政策组成要素尚不够完善。一是我国适应政策的目标与对应的适应能力与适应资源不匹配。现有的适应政策中往往有比较明确的适应目标，但与之对应的适应能力与适应资源一般只提及其重要性、加大资金投入等，而对适应资源，包括社会资本、自然资源和实物资本的来源基本没有涉及。二是我国适应政策决策所考虑的因素仍不够完整。适应的决策过程需考虑气候因素，非气候因素，影响、脆弱性和风险，以及科学假设与不确定性等。目前的适应决策过程忽视了对非气候因素的评估，对适应决策很关键的未来风险评估不足，对当前气候变化领域的科学假设和不确定性也考虑不足。三是适应政策监督不足，适应成效评估较弱。现有的适应政策中仅有为数不多的政策有相对完整的实施与监督机制，其他政策均没有明确表述。此外，适应政策的最终目标是取得适应成效，但现有政策对成效评估基本缺失，也没有明确的成效评估安排。

2. 地方适应政策的实施与监督面临的挑战

我国地方层面在其应对气候变化方案、规划和相关法规中均对适应气候变化做出了政策部署，但是这些政策还面临一些共性的挑战。首先，与减缓政策设定明确的、量化的总体目标相比，适应政策的总体目标通常是定性描述，如"适应能力不断（或明显、进一步）增强"。即使从适应政策针对的具体领域来看，很多省份的政策也没有对具体领域的适应工作规定明确的量化目标。政策目标的可度量性差将导致政策实施进展无法评估和监督。对于确定了量化目标的适应领域，通常也存在政策目标与行动方案的因果关系不明确的问题，例如，很多省份的应对气候变化方案提出了农业灌溉用水有效利用系数的量化目标，但是对具体方案和技术措施的描述多是原则性的，无法评估这些方案和措施的实施方式、规模等是否支持政策目标的实现。其次，与减缓相比，各省现有的适应政策通常没有明确规定各项任务的责任主体，这将降低政策的约束效力，不利于对政策实施进行监督和考核。同时，很多省份的适应政策中虽然提及监管、督促、监督、考核等内容，但是没有规定具体的工作机制，也没有制定配套的实施细则，因此仍然无法落实。最后，随着政策中心下移，基层地方政府对气候变化适应工作及其重要性的认知水平以及制定气候变化适应政策的能力存在明显局限，省以下政府（包括地级市、区县等）制定与应对气候变化相关的政策内容总体仍以节能减排（或节能降耗）为主。例如，某市的《节能和应对气候变化"十二五"规划》中提出"进一步提高城市综合防灾能力，到 2015 年，具有较强的适应气候变化能力"的目标，工作内容包括提升城市应对极端天气气候事件应急能力、提升城市基础设施适应气候变化能力等。这些总体目标在 2010～2013 年各年的《节能减排和应对气候变化重点工作安排》中均有体现，并明确了时间节点和责任部门。但由于气候变化适应工作的责任部门都是市级政府部门，对于各区县的任务没有明确规定，因此区县层次的相应政策文件对适应的关注程度较低，虽然文件名称包含应对气候变化，但未涉及适应的内容。

3. 适应政策的科学基础较为薄弱

目前我国在气候变化适应领域开展了大量的研究工作，取得了较为显著的成果，但适应政策的基础科学研究较国外仍有差距，主要存在以下不足。首先，气候变化适应的影响-脆弱性-风险-能力研究的各环节脱节。气候变化适应是系统过程，气候变化产生的影响叠加在自然生态系统和社会经济系统的脆弱性上，产生了气候变化的风险，需要提高主动适应气候变化的能力。不同的自然生态系统和社会经济系统面对气候变化的脆弱性不尽相同，且脆弱性在不同的研究区域、条件及背景下的风险具有区域差异，而当前的研究较多局限于其中某个环节，忽视了气候变化适应的系统分析。其次，现有气候变化适应研究偏重自然生态系统，社会经济影响的研究不足。气候系统变化对自然生态系统和人类社会经济系统均会造成影响，但目前所开展的气候变化适应研究主要集中于自然生态系统（如水资源、农业、森林等自然生态系统），而适应的社会经济系统方面研究不足。气候变化对工业、城市等人类社会经济系统影响的研究仍严重匮乏，导致国家和地方经济社会发展规划关于适应气候变化的政策缺乏理论基础，限制了我国在社会经济系统中的有针对性的气候变化适应政策的制定和发布。最后，支持具体适应政策制定的基础研究不足。气候变化风险的认知到制定适应政策的过程存在脱节，气候变化的研究成果和气候变化决策需要的信息往往不能实现"无缝链接"。当前研究集中于适应机理的基础研究，缺乏实际应对气候变化的应用性研究，且具体到各个自然及社会系统、区域、领域的适应研究仍极为缺乏。另外，适应政策的制定在方法学上定位不清，针对政策制定的方法学和依据、政策内容的完整性和合理性以及政策实施中和实施后的评估研究较少，尚未建立一套 "适应气候变化国家方案的实施细则" （王滢和刘建，2019）。

4. 适应政策的部门协作和社会参与不足

适应气候变化与社会、经济、生态、环境、生产、生活等各方面息息相关，是一个跨部门、跨领域的复杂问题。一方面，按照《中国应对气候变化国家方案》的要求，我国政府各部门均从自身领域的需求出发制定了相应的适应政策。但不同部门工作重点不同，对适应工作的部署、要求不同，导致不同部门发布的适应政策之间缺乏统一领导、统一部署、统筹安排，缺乏一致的适应行动方案。部门适应政策制定缺乏有效的协调沟通机制，造成适应工作难以有序、高效地开展。另一方面，与"减缓"相比，我国关于适应气候变化的社会宣传、培训工作较少，公众对于适应气候变化的了解和认识程度普遍较低，很难形成社会不同层面（社会组织、企业以及个体）共同参与适应气候变化工作的合力。当前适应气候变化政策主要还是依靠政府部门顶层设计，并强力推行和实施，不利于调动多方社会资源实现社会公众的广泛参与（彭斯震等，2015）。

参 考 文 献

福建省人民政府节约能源办公室. 2019. 关于 2018 年度福建省"百千万"行动中"百家""千家"重点用能单位节能目标责任考核结果的公告. https://gxt.fujian.gov.cn/gk/gsgg/201908/t20190828_5013761.htm.

高小升. 2019. 海外学界对中国气候政策的研究评析. 社会主义研究, 245(3): 157-165.

耿静, 吕永龙, 任丙南, 等. 2016. 淘汰落后产能的产业转型政策在典型工业行业的节能效果分析. 气候变化研究进展, 12: 366-373.

广东省能源局, 广东省工业和信息化厅. 2019. 关于 2018 年度广东省"百家""千家"重点用能单位节能考核结果的通告(粤能新能函〔2019〕579 号). http://drc.gd.gov.cn/ywgg/content/post_2638647.htm[2021-2-16].

国宏美亚(北京)工业节能减排技术促进中心. 2013. 2012 中国工业节能进展报告. 北京: 海洋出版社.

国宏美亚(北京)工业节能减排技术促进中心. 2014. 2013 中国工业节能进展报告. 北京: 海洋出版社.

国家发展和改革委员会. 2015. 中华人民共和国国家发展和改革委员会公告(2015 年第 34 号). http://www.law-lib.com/law/law_view.asp?id=527116[2021-2-16].

国家发展和改革委员会. 2016a. 中华人民共和国国家发展和改革委员会公告(2016 年第 27 号). http://zwdt.ndrc.gov.cn/fwdt/fwdttzgg/201612/t20161206_829359.html[2021-2-16].

国家发展和改革委员会. 2016b. 中国应对气候变化的政策与行动: 2016 年度报告. http://www.ncsc.org.cn/yjcg/cbw/201611/W020180920484681815728.pdf[2021-2-16].

国家发展和改革委员会. 2017. 中国应对气候变化的政策与行动: 2017 年度报告. http://www.ndrc.gov.cn/gzdt/201710/t20171031_866090.html[2021-2-16].

国家节能中心. 2018. 能源管理体系推广机制及路径研究. http://www.efchina.org/Attachments/Report/report-cip-20181112-zh/[2021-2-16].

国家能源局. 2016. 关于政协十二届全国委员会第四次会议第 3418 号(工交邮电类 312 号)提案答复的函. http://zfxxgk.nea.gov.cn/2022-03/23/c_1310526197.htm.

国家行政学院经济学教研部课题组. 2014. 产能过剩治理研究. 经济研究参考, 14: 53-62.

国务院发展研究中心. 2015. 当前我国产能过剩的特征、风险及对策研究——基于实地调研及微观数据的分析. 管理世界, 4: 1-10.

韩楠. 2018. 基于供给侧结构性改革的碳排放减排路径及模拟调控. 中国人口·资源与环境, 28: 47-55.

河北省发展和改革委员会. 2019. 关于 2018 年"百家""千家"重点用能单位节能目标责任考核结果的公示. https://news.bjx.com.cn/html/20201019/1110594.shtml.

乐山市发展和改革委员会. 2019. 乐山市"百千万"重点用能单位 2018 年度评价考核公告. https://www.leshan.gov.cn/lsswszf/tzgg/201911/a25ad57dd2234768bdb6d7abcdca9e47.shtml[2021-2-16].

李惠民, 马丽, 齐晔. 2011. 中国"十一五"节能目标责任制的评价与分析. 生态经济, 9: 30-33.

李惠民, 赵小凡, 马丽. 2013. 政策执行篇: 节能目标责任制//齐晔. 中国低碳发展报告(2013). 北京: 社会科学文献出版社.

李佐军. 2016. 供给侧改革的方向与路径. 新经济导刊, 7: 81-85.

栗晓宏, 周立香. 2013.节能减排的政策和制度创新——政府目标责任制特点分析. 环境保护, 21: 32-33.

林卫斌, 苏剑. 2015. 理解供给侧改革: 能源视角. 价格理论与实践, 12: 8-11.

刘长松. 2019. 城市安全、气候风险与气候适应型城市建设. 重庆理工大学学报(社会科学), (8): 21-28.

刘洪涛, 刘文佳. 2017. 中国供给侧改革发展情景与碳排放研究. 生态经济(中文版), 33: 14-19.

刘霞飞, 曲建升, 刘莉娜, 等. 2019. 我国西部地区城市气候变化适应能力评价. 生态经济, 35(4): 104-110.

罗敏, 朱雪忠. 2014. 基于政策工具的中国低碳政策文本量化研究. 情报杂志, 4: 12-16.

马丽. 2015. 全球气候治理中的中国地方政府: 困境、现状与展望. 马克思主义与现实, 5: 176-183.

马亮. 2018. 目标治国: 官员问责、绩效差距与政府行为. 北京: 社会科学文献出版社.

梅赐琪, 刘志林. 2012. 行政问责与政策行为从众: "十一五"节能目标实施进度地区间差异考察. 中国人口·资源与环境, 22(12): 127-134.

彭斯震, 何霄嘉, 张九天, 等. 2015. 中国适应气候变化政策现状问题和建议. 中国人口·资源与环境, 25(9): 1-7.

齐晔. 2018. 前沿: 能源革命背景下各国低碳转型加速//齐晔, 张希良. 中国低碳发展报告(2018). 北京: 社会科学文献出版社.

生态环境部. 2018. 中国应对气候变化的政策与行动 2018 年度报告. http://hbj.als.gov.cn/hjgw/201812/t20181205_1584933.html[2021-2-16].

王立国, 高越青. 2014. 建立和完善市场退出机制 有效化解产能过剩. 宏观经济研究, 10: 8-21.

王滢, 刘建. 2019. 科学推动气候变化适应政策与行动. 世界环境, 176(1): 1-3.

鄢一龙. 2013. 目标治理: 看得见的五年规划之手. 北京: 人民大学出版社.

余思杨. 2015. 浅谈碳排放目标责任考核. http://www.tanpaifang.com/tanguwen/2015/0423/44065[2021-2-16].

张雪艳, 何霄嘉, 孙傅. 2015. 中国适应气候变化政策评价. 中国人口·资源与环境, 25(9): 8-12.

张亚斌, 陈强, 元如芊. 2017. 供给侧改革下我国要素错配与碳排放效率研究. 学术研究, 5: 79-85.

赵小凡, 李惠民. 2018. 四十年节能政策中的目标管理//齐晔, 张希良. 中国低碳发展报告(2018). 北京: 社会科学文献出版社.

赵小凡, 王宇飞. 2014. 工业企业对节能政策的响应//齐晔. 中国低碳发展报告(2014). 北京: 社会科学文献出版社.

赵小凡, 邬亮. 2016. 工业企业节能量计算与目标考核//齐晔, 张希良. 中国低碳发展报告(2015-2016). 北京: 社会科学文献出版社.

Gao J. 2009. Governing by goals and numbers: A case study in the use of performance measurement to build state capacity in China. Public Administration and Development, 29: 21-31.

Kostka G. 2016. Command without control: The case of China's environmental target system. Regulation & Governance, 10: 58-74.

Li H, Wu T, Zhao X, et al. 2014. Regional disparities and carbon "outsourcing": The political economy of China's energy policy. Energy, 66: 950-958.

Li H, Zhao X, Wu T, et al. 2018. The consistency of China's energy statistics and its implications for climate policy. Journal of Cleaner Production, 199: 27-35.

Li H, Zhao X, Yu Y, et al. 2016. China's numerical management system for reducing national energy intensity. Energy Policy, 94: 64-76.

Liu J, Yang H. 2009. China fights against statistical corruption. Science, 325: 675-676.

Liu Z, Guan D, Wei W, et al. 2015. Reduced carbon emission estimates from fossil fuel combustion and cement production in China. Nature, 524: 335-338.

Lo K. 2014. A critical review of China's rapidly developing renewable energy and energy efficiency policies. Renewable and Sustainable Energy Reviews, 29: 508-516.

Lo K. 2015. How authoritarian is the environmental governance of China? Environmental Science & Policy, 54: 152-159.

Ma L. 2016. Performance feedback, government goal-settng and aspiration level adaptation: Evidence from Chinese Provinces. Public Administration, 94 (2): 452-471.

Qi Y, Stern N, Wu T, et al. 2016. China's post-coal growth. Nature Geoscience, 9(8): 564-566.

Zhao X, Li H, Wu L, et al. 2014. Implementation of energy-saving policies in China: How local governments assisted industrial enterprises in achieving energy-saving targets. Energy Policy, 66: 170-184.

Zhao X, Li H, Wu L, et al. 2016. Enterprise-level amount of energy saved targets in China: Weaknesses and a way forward. Journal of Cleaner Production, 129: 75-87.

Zhao X, Qi Y. 2020. Why do firms obey: The state of regulatory compliance research in China. Journal of Chinese Political Science, 25: 339-352.

Zhao X, Wu L. 2016. Interpreting the evolution of the energy-saving target allocation system in China (2006-2013): A view of policy learning. World Development, 82: 83-94.

Zhao X, Young O R, Qi Y, et al. 2020. Back to the future: Can Chinese doubling down and American muddling through fulfill 21st century needs for environmental governance? Environmental Policy and Governance, 30(2): 59-70.

第39章 应对气候变化的科技研发政策和行动

首席作者：王文涛 闫冬 张雪艳

主要作者：仲平 席红梅 张如锦 张九天 王启光 李玉龙 陈跃 张贤 贾莉 刘家琰 侯文娟 李宇航 揭晓蒙 何霄嘉 刘荣霞 杨帆 夏玉辉 彭雪婷 何正 贾国伟 卫新锋 秦媛 崔童

摘 要

我国高度重视气候变化科技创新工作，形成了以国家层面的科技战略规划和应对气候变化科技创新专项规划为统领，各部门、各地区的各类科技规划、政策和行动方案为支撑的应对气候变化科技政策体系。2014 年国家科技计划管理改革以来，相关科技任务部署得到优化整合，但在国家层面未设立专门应对气候变化的科技专项，立项形式仍较分散。据不完全统计，"十三五"前两年，应对气候变化中央财政科技投入超过 137 亿元，但经费投入布局不均衡，减缓领域投入多，影响与适应领域资金投入较少。相关部门、地方支撑服务国家科技计划的落地实施和成果转化，积极开展发布推广技术清单、技术指南、编制相关标准和建设绿色技术银行等一系列行动，大力加强应对气候变化科普宣传。面对国内外应对气候变化的新形势、新需求，建议大幅提高气候变化科技投入，以公共资金带动私营投入，创新重大绿色低碳技术研发部署模式，注重气候变化技术与大数据、人工智能等新兴技术的深度融合。

39.1 我国应对气候变化的科技政策与行动评估

39.1.1 政策体系的完备性

我国高度重视应对气候变化科技创新工作，在国家层面的科技发展战略规划中明确了应对气候变化相关任务方向，并制定了专门的应对气候变化科技发展专项规划。《国家中长期科学和技术发展规划纲要（2006—2020 年）》将"全球变化与区域响应"列为十大面向国家战略需求的基础研究领域之一，提出"积极参与国际环境合作。加强全球环境公约履约对策与气候变化科学不确定性及其影响研究，开发全球环境变化监测和温室气体减排技术，提升应对环境变化及履约能力"环境领域的发展思路（国务院，2006）。《"十三五"国家科技创新规划》在发展生态环保技术、发展深地极地关键核心技术、加强国家重大科技设施建设、开展重大科学考察与调查等方面都涉及应对气候变化相关内容（国务院，2016）。自"十二五"以来，我国开始制定专门的应对气候变化专项规划，按照《国家应对气候变化规划

（2014—2020 年）》及相关科技发展战略规划的总体部署，进一步明确了一个时期内应对气候变化的发展思路、发展目标、任务方向和保障措施。2012 年 5 月，科技部联合外交部、国家发展改革委等 16 个部门发布了《"十二五"国家应对气候变化科技发展专项规划》（科学技术部等，2012），从气候变化的科学研究水平，应对气候变化的技术创新和科学决策能力，气候变化研究的人才队伍、基地建设与国际科技合作水平，应对气候变化科技的宏观协调和管理服务能力 4 个方面提出了规划的具体目标，从基础研究、减缓与适应技术、经济社会可持续发展、国际科技合作、能力建设 5 个方面提出 29 个任务方向、重点发展的 20 项关键减缓及适应技术，在指导我国依靠科技进步应对气候变化方面发挥了重要的指导作用。2017 年 4 月，科技部、环境保护部和气象局联合发布了《"十三五"应对气候变化科技创新专项规划》（科学技术部等，2017），结合新的形势发展与需求，提出了科学、技术、国际战略以及管理和能力建设 4 方面的发展目标，明确了深化应对气候变化的基础研究、加快保障基础研究的数据与模式研发、建立气候变化影响评估技术体系、建立气候变化风险预估技术体系、推进减缓气候变化技术的研发和应用示范、推进适应气候变化技术的研发和应用示范、深化面向气候变化国际谈判的战略研究、深化面向国内绿色低碳转型的战略研究、加快基地和人才队伍建设、加强国际科技合作 10 个任务方向，是"十三五"时期应对气候变化科技工作的行动指南。

　　相关部门以国家层面的相关发展规划为指导，结合自身职能及实际发展需求，积极出台了应对气候变化的科技规划及政策。2016 年 3 月，国家发展改革委联合国家能源局下发了《能源技术革命创新行动计划（2016—2030 年）》，将二氧化碳捕集、利用与封存技术创新列为 15 个重点任务之一。《中国气象局关于加强气候变化工作的指导意见》强调要坚持应对气候变化基础性科技部门的定位和职责；为应对气候变化全链条提供科技支撑；未来五年，要着力在气候系统观测变量、基础数据建设、气候变化监测水平、气候变化模拟预估能力、气候变化机理研究等方面取得突破。2017 年中国气象局印发的《中国气象局关于加强生态文明建设气象保障服务工作的意见》提出要推进业务技术的科技创新、推进相关基地平台等的建设，研发生态气象分析预测评估数值模式和监测评估预警指标体系、发展生态气象灾变预测与风险评估技术等技术。2016 年 6 月，国家林业局制定了《林业应对气候变化"十三五"行动要点》，提出聚焦林业应对气候变化重大科学问题，加强森林、湿地、荒漠生态系统对气候变化的响应规律及适应对策等基础理论、关键技术研究，加强科研成果的推广应用；积极协调推进建立全国林业碳汇技术标委会，适时出台实际需要的林业碳汇相关技术规范；推进生态定位观测研究平台建设，不断提升应对气候变化科技支撑能力。2017 年，水利部印发了《关于实施创新驱动发展战略 加强水利科技创新若干意见》，并联合科技部印发了《"十三五"水利科技创新规划》，将"气候变化"作为"十三五"学科建设和创新发展的重要方向，重点开展水资源领域应对气候变化相关的基础理论和应用基础研究，目标是实现一批重大基础理论突破和方法创新。2018 年 10 月，自然资源部印发的《自然资源科技创新发展规划纲要》明确了"建立极地驱动全球气候变化的系统理论体系，以及对我国天气和气候显著性影响机制"的任务。

　　各地方政府依据国家层面的相关战略规划，结合地方发展实际和需求，规划布局地方层面的气候变化领域的科技工作，出台了一系列科技发展规划和政策，明确了气候变化科技和产业发展的目标任务，并开展了相关行动。全国 31 个省（自治区、直辖市）均制定了应对气候变化科技发展规划与相关政策，内容涵盖科技发展、低碳发展、节能减排、温室气体控制、环境保护、污染防治、创新驱动发展等方面。其中吉林、上海、重庆、河北、内蒙古、甘肃、湖北、广东 8 个省（直辖市）制定了专门应对气候变化的规划与科技政策，辽宁、天津、上海、河南、贵州、湖南、湖北、山东、广东、新疆生产建设兵团、四川制定了温室气体减排、节能或低碳的规划与科技政策，尤其是广东，在温室气体减排和可再生能源发展方面制定了《广东省节能减排"十三五"规划》《广东省能源发展"十三五"规划（2016—2020年）》《广东省"十三五"控制温室气体排放工作实施方案》《广东省近零碳排放区示范工程实施方案》《广东省陆上风电发展规划（2016—2030年）》《广东省海上风电场工程规划（2017—2030年）》《广东省太阳能光伏发电发展规划（2014—2020年）》。黑龙江、北京、宁夏、青海、广西、云南、浙江、江苏、山东、山西、安徽、陕西、江西、海南、西藏、新疆则是在科技创新规划、科技创新平台建设、国家生态文明试验区建设、大气污染防治等综合性政策中涉及应对气候变化相关内容。

总的说来，中国高度重视应对气候变化科技创新工作，形成了以国家层面的科技战略规划和应对气候变化科技创新专项规划为统领，各部门、各地区的各类科技规划、政策和行动方案为支撑的应对气候变化科技政策体系（图39.1）。

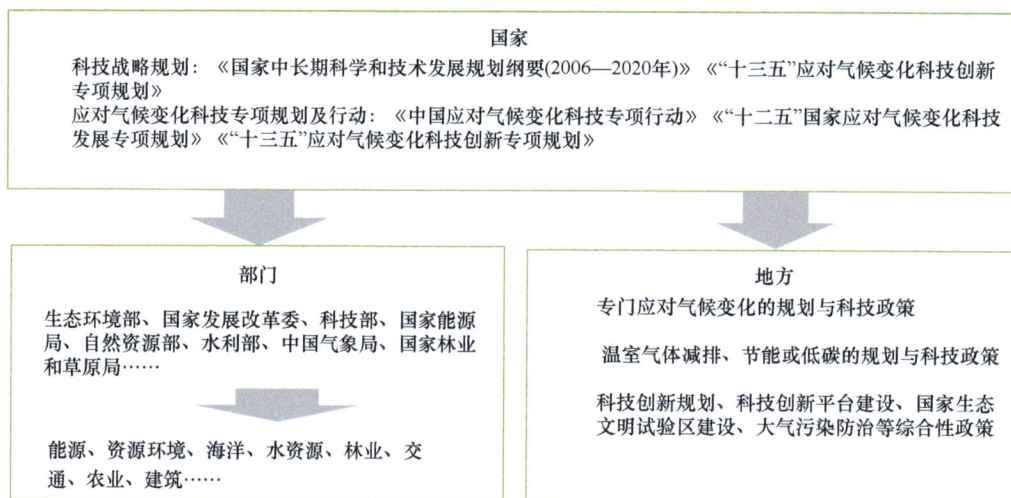

图 39.1　应对气候变化科技政策体系

39.1.2　体制机制健全性

应对气候变化体制机制建设方面取得积极进展，科技管理效能有待进一步提升。按照中国政府机构改革的安排部署，2018 年 4 月，应对气候变化和减排职能划转至新组建的生态环境部，2018 年 7 月，根据国务院机构设置、人员变动情况和工作需要，国务院对国家应对气候变化及节能减排工作领导小组组成单位和人员进行调整（生态环境部，2018）。

《"十三五"应对气候变化科技创新专项规划》中期评估报告认为，气候变化涉及的领域广泛，涉及的行业领域繁多，应对气候变化科技管理效能需要进一步提升，大力加强顶层设计和统筹协调，进一步厘清各部门职能分工、完善组织架构和工作机制[①]。应对气候变化相关法律法规、政策体系、标准规范还不健全，相关规划实施所需的数据基础、人才队伍等还需加强（刘长松，2018）。适应气候变化科技创新的政策环境依然不完善，特别是适应气候变化的专项法律法规、标准制定、成效评估等方面与发达国家相比仍有差距（许端阳等，2018）。

---

① 国家科技评估中心. 2018.《"十三五"应对气候变化科技创新专项规划》实施情况中期评估报告(内部资料).

39.1.3　科技任务部署的合理性

国家部署的与气候变化相关的科研任务分散在不同的国家科技计划、专项、基金或项目中，涉及能源、交通、建筑、工业、农林等多个行业领域，布局分散。2014 年，国家科技计划管理改革启动实施，将分散在中央各部门的财政科研项目优化整合为国家五类科技计划（国务院，2014），各部门、各地方结合行业和地区发展需要，部署了一系列应对气候变化科技任务。

在国家层面，新五类科技计划中，据不完全统计，国家重点研发计划中"全球变化及应对"等 17 个重点专项、国家科技重大专项"核电专项"等 2 个重大专项、国家自然科学基金"全球变化生态学"等 4 个二级申请代码及 7 个三级申请代码均部署了应对气候变化相关科研任务。

在部门层面，中国科学院通过设立战略性先导科技专项等重大项目，在气候变化基础研究、退化生态系统修复技术与模式、低碳技术研发应用等方面开展了大量工作。主要包括低阶煤清洁高效梯级利用关键技术与示范、变革性洁净能源关键技术与示范、泛第三极环境变化与绿色丝绸之路建设、美丽中国生态文明建设科技工程等战略性先导科技专项，以及重点脆弱生态区生态系统恢复技术集成与推广应用、全国生态环境变化（2010—2015 年）调查评估、中国气候与生态环境演变（2021）等重大项目，国拨经费总计约 33.69 亿。2016 年，科技部为解决巴黎会议后应对气候变化急迫重大问题，支撑国际谈判，启动实施了发展改革专项项目"巴黎会议后气候变化急迫问题研究"。2018 年，为国内政策制定和国际气候谈判提供科技支撑，扩大我国在应对气候变化领域的国际影响力，科学技术部、中国气象局、中国科学院、中国工程院联合牵头开展《第四次气候变化国家评估报告》编写工作。

在地方层面，各省（自治区、直辖市）在基础与应用基础研究专项（省自然科学基金）、重大科技专项、应用型科技研发专项、公益研究与能力建设专项、协同创新与平台环境建设专项、科技创新战略专项、人才计划等专项中均部署支持开展应对气候变化科技项目（表 39.1）。相关任务内容涉及应对气候变化自然科学基础、影响与适应、减缓、战略研究。

表 39.1　应对气候变化科技任务部署情况

科技计划类别	应对气候变化相关专项名称或申请代码
国家重点研发计划	全球变化及应对（全部任务）
	新能源汽车（全部任务）
	可再生能源与氢能技术（全部任务）
	核安全与先进核能技术（全部任务）
	煤炭高效清洁利用技术（部分任务）
	智能电网技术与装备（部分任务）
	深海关键技术与装备（部分任务）
	海洋环境安全保障（部分任务）
	大气污染成因与控制技术研究（部分任务）
	水资源高效开发利用（部分任务）
	粮食丰产增效科技创新（部分任务）
	绿色建筑及建筑工业化（部分任务）
	典型脆弱生态修复与保护研究（部分任务）
	高性能计算（部分任务）
	国家质量基础的共性技术研究与应用（部分内容）
	重大自然灾害监测预警与防范（部分内容）
	政府间国际科技创新合作重点专项（部分内容）
国家科技重大专项	油气开发专项（部分任务）
	核电专项（全部任务）

续表

科技计划类别		应对气候变化相关专项名称或申请代码
国家自然科学基金	二级代码	C0308（全球变化生态学）
		D0507（气候学与气候系统）
		D0512*（大气环境与全球气候变化）
		D0607*（可再生与替代能源利用中的工程热物理问题）
	三级代码	B050701（天然气活化与转化）
		B050704（二氧化碳化学转化）
		B050804（太阳能电池）
		B050901（氢能源化学）
		B050904（太阳能化学利用）
		B081003（生物质能源化工）
		E060101*（节能与储能中的工程热物理问题）
其他	部门	科技部发展改革专项项目、《第四次气候变化国家评估报告》编制、中国科学院战略性先导科技专项及重大项目等
	地方	基础与应用基础研究专项（省自然科学基金）、重大科技专项、应用型科技研发专项、公益研究与能力建设专项、协同创新与平台环境建设专项、科技创新战略专项、人才计划等专项

*其代码为 2018 年调整以前的代码

在科技任务部署渠道方面，国家科技计划管理改革以来，应对气候变化相关任务在国家层面部署的渠道和来源在很大程度上得到优化和整合（图 39.2），但受领域自身特征的影响，当前国家科技计划（专项）没有在应对气候变化的管理上进行主动整合或单独设立重点专项，立项形式仍较分散。尤其是在减缓气候变化研究方面，涉及国家重点研发计划的 17 个重点专项、国家科技重大专项的 2 个重大专项、国家自然科学基金的 4 个二级申请代码和 7 个三级申请代码，统筹管理难度大。另外，从相关专项任务与应对气候变化的相关程度来看，除"全球变化及应对"重点专项和国家自然科学基金全球变化生态学、气候学与气候预测、大气环境与全球气候变化三个代码的方向与应对气候变化直接相关外，其余专项或项目尽管具有应对气候变化的效果，却并非以应对气候变化为直接目的的设立。

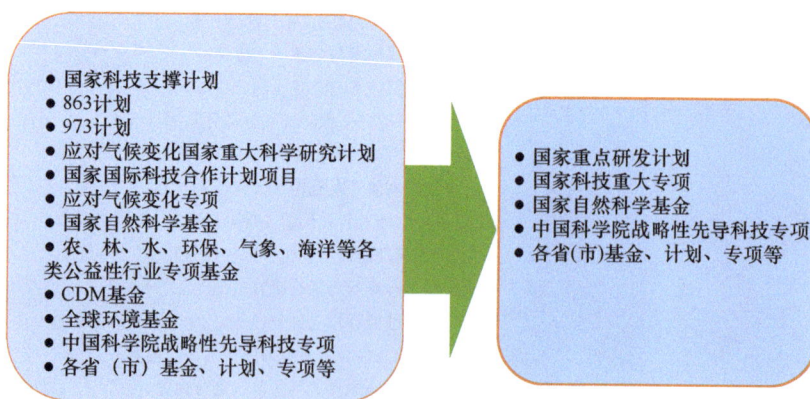

图 39.2　应对气候变化科技任务部署渠道示意图

　　从经费投入角度，应对气候变化的财政投入持续增加，据不完全统计，"十三五"前两年，应对气候变化中央财政科技投入超过 137 亿元，并有望再创新高（中国 21 世纪议程管理中心，2018）。应对气候变化各领域的经费投入布局不均衡，在减缓领域投入多，战略研究、影响与适应领域的资金投入明显较少（图 39.3），受领域自身特性影响，减缓气候变化领域投入最为分散（图 39.4）。

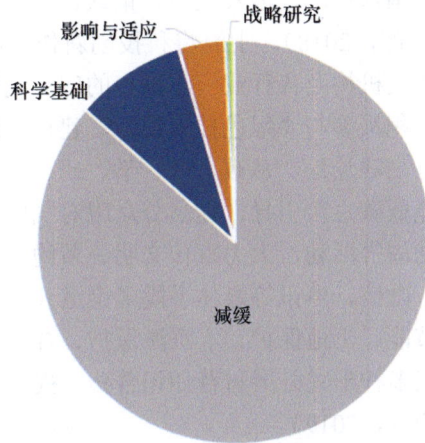

图 39.3　应对气候变化各领域投入总体情况

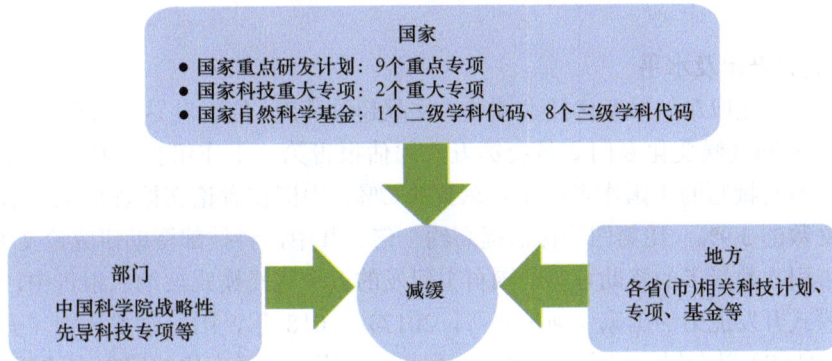

图 39.4　减缓气候变化各领域的投入情况

39.1.4　相关部门及地方开展的科技行动

　　相关部门及地方在推动相关技术成果服务减排目标实现方面，积极开展了发布推广技术清单、技术汇编、技术指南、推进编制相关标准、建设技术银行等一系列行动，并大力加强应对气候变化科普宣传。科技部为了加快转化应用与推广工程示范性好、减排潜力大的低碳技术成果，引导企业采用先进适用的节能与低碳新工艺和新技术，推动相关产业的低碳升级改造，发布了第一批和第二批《节能减排与低碳技术成果转化推广清单》，包括能效提高技术 26 项、废物和副产品回收再利用技术 19 项、清洁能源技术 3 项、温室气体消减和利用技术 5 项。为了综合治理大气污染，科技部实施了"蓝天科技工程"国家科技重点专项，联合北京市人民政府、原环境保护部启动了"首都蓝天行动"，集中支持首都地区开展煤炭燃烧排放、餐厨排放、雾霾监测预警等技术攻关与应用。编制了《大气污染防治先进技术汇编》，汇集了 89 项关键技术及 130 余项相应案例成果。为支持新兴光伏产业发展，科技部和财政部支持了 362 个项目，涉及中央财政资金 111 亿元，累计装机规模 1311MW。为了规范和指导二氧化碳捕集、利用与封存项目的环境风险评估工作，2016 年 6 月，环境保护部发布了《二氧化碳捕集、利用与封存环境风险评估技术指南（试行）》。为了加快低碳技术的推广应用，促进我国控制温室气体行动目标的实现，国家发展改革委先后于 2014 年 8 月、2015 年 12 月、2017 年 3 月发布了《国家重点推广的低碳技术目录》（第一批）、《国家重点推广的低碳技术目录》（第二批）和《国家重点节能低碳技术推广目录》（2017 年本低碳部分）。国家标准委已批准发布 16 项碳排放管理国家标准，涉及发电、钢铁、水泥等重点生产企业温室气体排放核算与报告要求（生态环境部，2018）。上海将科技创新作为应对气候变化的重要手段，形成由科技部门牵头负责，相关机构及各行业广泛参与的应对气候变化科技管理体制和工作机制。同时，对接国家战略，积极参与"绿色技术银行"建设，组织开展绿色技术转移转化机制研究，举办绿色技术银行高峰论坛，从政、产、学、研、用多视角多维度，汇智汇策，破解瓶颈。各省区市加强节能低碳宣传引导，提高公众应对气候变化意识。充分利用全国低碳日、节能宣传月、科技活动周等活动，大力宣传文明、节约、绿色、低碳理念，组织开展科技活动，利用电视、微博、微信、声讯等媒体手段多渠道开展包括应对气候变化内容在内的科普宣传活动，针对低碳节能、土地保护、水资源保护、森林保护、空气质量等与百姓生活密切相关的热点问题，采取多种形式开展科普知识普传，提高公众的科技素养，为应对气候变化厚实人文基础（张雪艳等，2019）。

39.2　科技任务的行动和效果

39.2.1　科技产出及水平

2014 年，中国在应对气候变化技术领域的文献超过英国，位居世界第二（汪航等，2018）。中国作者在政府间气候变化专门委员会第五次评估报告第一工作组自然科学基础部分作出了重要贡献，参与撰写的中国作者占作者总数的 7%，中国作者论文被评估报告引用了 415 篇，占总引文数的 3.9%，比第四次评估提高约一倍。其中，科技部资助研究论文 88 篇次，为国内论文被引次数最多的资助方。中国自主研发的五个气候模式被纳入报告中，是发展中国家唯一有模式开发能力的国家（何霄嘉等，2017）。2018 年，国际学术刊物《美国国家科学院院刊》（PNAS）以专辑形式全面、系统地发表了"应对气候变化的碳收支认证相关问题"（简称"碳专项"）之生态系统固碳项目的研究成果（中国科学院，2018）。

39.2.2　重大进展和成效

自然科学基础领域，2016 年 12 月我国成功发射全球二氧化碳科学实验卫星（简称"碳卫星"），填补了我国在温室气体监测方面的技术空白，使我国掌握到第一手二氧化碳监测数据。建立异常大风、降水对中国近海生态环境影响的准业务化试运行的预评估系统和示范海湾的决策支持系统，完善了北极海冰业务预报系统。建立基于卫星遥感的陆源入海碳通量与扩散的动态监测示范系统。加强卫星雷达立体监测产品分析与应用，提高环境气象预报精细化水平（生态环境部，2018）。2016～2018 年应对气候变化自然科学基础领域相关的国家科学技术奖有国家自然科学奖二等奖 2 项、国家科学技术进步奖二等奖 5 项。其中，"亚洲季风变迁与全球气候的联系"从地球系统科学的视角，将亚洲古季风研究拓展为多尺度与多动力因子和区域与全球相结合的集成研究，极大地推动了与季风相关的过去全球变化科学的发展。"航空航天遥感影像摄影测量网格处理关键技术与应用"以核心技术为基础，研制出我国首套完全自主知识产权的航空航天遥感影像数字摄影测量网格处理系统 DPGrid，彻底打破了国际软件的垄断地位。"全球 30m 地表覆盖遥感制图关键技术与产品研发"攻克了高分辨率全球地表覆盖遥感制图的系列核心关键技术，实现了在该领域的跨越式发展，有力地提升了我国测绘遥感的国际影响力。"空间高动态卫星精密定位及其综合测试理论与关键技术及重大应用"打破了国际技术封锁，有力保障了我国历次空间交会对接任务的圆满完成，为未来我国空间站的建设和运营奠定了重要的技术基础，为我国北斗全球系统建设提供了电离层延迟广播修正模型及实施方案，显著提升了系统的导航定位性能，为我国北斗系统建设及产业化、大气海洋星座探测、空间天气业务化等重大任务的实施提供了相关核心技术（国家科学技术奖励工作办公室，2016，2017，2018）。在全球尺度的研究方面，中国在数据处理、研究方法等方面都与发达国家存在差距，如中国尚没有建立公认的全球数据集（巢清尘，2016），未来应加强不同学科和交叉领域的研究，同时注重基础科学研究成果的转化（蒋佳妮等，2017）。

影响与适应领域，基于最新的温室气体排放情景（RCPs），综合评估未来气候变化的风险，绘制了气候变化风险格局分布图，以未来气候变化风险为基础，识别并划分气候变化的敏感区、极端事件的危险区、承险体的风险区，完成中国综合气候变化风险区划方案，为相关行业和区域应对气候变化与实现可持续发展提供了重要的科技支撑。阐明了内陆河流域山区水库-平原水库群多目标调节反调节机制。建立了相对完善的适应气候变化的信息平台和决策系统，建立了适应气候变化行动实施的方法学体系，适应气候变化能力建设得到大力提升。2016～2018 年应对气候变化影响与适应领域相关的国家科学技术奖有国家科学技术进步奖一等奖 1 项、国家科学技术进步奖二等奖 2 项。其中，"生态节水型灌区建设关键技术及应用"解决灌区"灌溉高效、排涝防渍、水肥节约"等水利功能与"面源截留、水质改善、环境优美、生物多样"等生态功能耦合的关键技术难题，在技术创造性、新颖性、实用性和功能综合性等方面取得原创性突破。"中国节水型社会建设理论、技术与实践"开展了节水型社会建设"基础研究—技术突破—实践应用"的全链条创新，提出了节水型社会建设的实践技术路径。"气候变化对区域水资源与旱涝的影响及风险应对关键技术"在我国水资源演变规律、变化机理、变化趋势预测等方面取得了一系列重要的新认知，形成了新一代水资源调控、防汛抗旱实用技术（国家科学技术奖励工作办公室，2016，2017，2018）。

与适应气候变化的巨大需求相比，我国一些重要领域适应气候变化科技创新仍未取得实质性突破，在一些重大科研问题上缺乏话语权，如极端天气预报预警、全球变化监测、气候风险管理等（许端阳等，2018）。关于脆弱性、影响、适应和发展的自然科学和社会科学的交叉综合评估方面的研究明显不足，定量化风险评估水平尚弱，适应与减排的相互联系、成本和协同作用，适应的机遇和限制因素、有序适应机制和定量适应措施以及适应气候变化经济学评估等方面的研究比较落后（巢清尘，2016）。未来应加大研发投入，优化研发布局，聚焦重点领域、区域、重大工程，进一步完善技术清单和信息服务平台，加强气候风险评估与气候可行性论证，提升适应标准，加强对适应技术研发与应用的引导，并围绕"一带一路"倡议实施，广泛开展国际合作（许端阳等，2018）。

减缓领域，我国长期以产能推动低碳产业发展，在太阳能产品和生产装备制造、风力发电机组及零部件制造、太阳能发电运营维护等产业，专利申请量均突破了 10000 件（蒋佳妮等，2017）。百万千瓦级超超临界二次再热机组、25 万 kW IGCC 示范电厂大幅提高了火力发电能效，攻克了世界领先的 300m 级特高拱坝、深埋长引水隧洞群等技术，显著提高了水电工程和装备水平。核电技术步入世界先进行列，形成自主品牌的 CAP1400 和华龙一号三代压水堆技术,正在建设具有第四代特征的高温气冷堆示范工程。国际领先的特高压输电技术开始应用,±1100kV 直流输电工程开工建设。目前,我国可再生能源装机容量占全球总量的 24%,新增装机容量占全球增量的 42%,是世界节能和利用新能源、可再生能源的第一大国,可再生能源等产业迅速发展(刘长松,2018)。我国电力结构持续优化,非化石电源发展明显加快,截至 2017 年底,全国清洁低碳能源发电量占比提高到 36%。按中国节能降碳已取得的成效和"十三五"期间的规划目标,到 2020 年,单位 GDP 二氧化碳排放将比 2005 年下降 50%以上,非化石能源占比达 20%(王文涛等,2018)。一批重点工业低碳关键共性技术取得突破,新一代可循环钢铁流程工艺技术使洁净钢生产线平均节约 50 万 tce,自主研发成功全球首条全系列 600kA 铝电解槽,能耗指标达到行业最低。新能源汽车在技术开发和产业发展方面取得了重要进展,新能源汽车产业规模位居世界第一。超低能耗、近零能耗科技创新能力不断提高,已在全国 20 个省市建设覆盖不同气候区、不同类型的绿色建筑示范工程。稳步推进 CCUS 技术的研究和试验示范,全面铺开低碳试点工作,据初步统计,截至 2017 年底,全国已建成或运营的万吨级以上 CCUS 示范项目约 13 个,低碳省市试点总数达 87 个(6 个省区试点,81 个城市试点),全国 31 省(自治区、直辖市)中,每个地区至少有一个低碳试点城市(生态环境部,2018)。

2016~2018 年减缓领域相关的国家自然科学奖、国家技术发明奖、国家科学技术进步奖合计 30 项。其中,"250MW 级整体煤气化联合循环发电关键技术及工程应用"首次提出了粉煤气化合成气化学激冷理论,发明了两段式干煤粉加压气化技术,研制出世界上首台 2000t/d 级两段式干煤粉加压气化装置,创建了我国具有自主知识产权的 IGCC 系统设计、协调控制和动态运行技术体系,研制出我国第一座 250MW 级 IGCC 电站,实现了我国 IGCC 零的突破。"压水堆核电站核岛主设备材料技术研究与应用"填补了国内外核岛主设备材料技术空白,创新技术处于国际领先水平,彻底实现了我国百万千瓦压水堆核岛主设备材料技术自主化,显著提升了国家高端装备制造业核心能力,为我国成为世界核电技术和产业中心奠定了坚实基础。"深海天然气水合物三维综合试验开采系统研制及应用"研发出世界首套专用于天然气水合物开采技术研究的三维成套大型设备,突破了天然气水合物开采及控制难度大等关键技术瓶颈,发明了开采天然气水合物的关键技术。"高效低风速风电机组关键技术研发和大规模工程应用"在低风速风电机组设计、制造、控制、运行四项领域取得重大创新突破,推动了我国风电行业技术进步和风电装备制造品质的提升,实现了我国低风速风电技术全球引领(国家科学技术奖励工作办公室,2016,2017,2018)。

虽然我国能源科技水平有了长足进步和显著提高,但还有一定的差距,核心技术缺乏,关键装备及材料依赖进口问题比较突出,产学研结合不够紧密,企业的创新主体地位不够突出(蒋佳妮和王灿,2017;莫神星,2018)。当前,低碳能源新技术与现代信息、材料和先进制造技术正不断深度融合,能源技术进步与创新正成为全球价值链重构的重要竞争制高点。未来,应加强新能源技术的研究和产业化应用(如电动汽车、智能电网、绿色建筑、智能交通、CCS 等)、储能和智能电网技术的研发与产业化、新能源技术与人工智能的深度融合,同时,应对气候变化还需要关注各领域技术的均衡进展(王文涛等,2018)。

在支撑国际谈判及战略研究方面,开发系列减缓气候变化研究模型平台,实现了能源系统变革、低碳发展优化路径、协同控制等多目标研究的集成模拟,支撑了国家关于 2020 年碳排放强度下降 40%~45%以及 2030 年碳排放达到峰值的重大决策。以多边进程为基础,积极发挥大国引领作用,促成了《巴黎协定》的达成、签署和生效。建立省区分解模型,提出国家碳排放目标省区分解方法，完成《国家碳排放总量控制制度与地区分解落实机制方案建议》，有效支撑了国家节能减排与控制温室气体排放工作。

39.2.3　能力建设

在相关学科建设方面，教育部鼓励高校根据经济社会发展需要和学校办学能力自主设置与应对气候变化相关的专业，中、高等院校加强环境和气候变化教育科研基地建设。到 2015 年，全国大气科学类专业布点数 22 个、环境科学与工程类专业布点数 719 个、新能源领域相关专业布点数 367 个，北京大学、南京大学和中国农业科学院等学位授予单位自主设置了 222 个与气候变化、环境保护相关的二级学科，培养了大批与应对气候变化相关的专业人才（生态环境部，2018）。截至 2016 年底，全国大气科学类专业布点数达 22 个、节能环保领域相关专业布点数超过 42 个（国家发展和改革委员会，2017）。2017 年，新成立的上海交大中英国际低碳学院、华北电力大学低碳学院，分别将碳捕集与封存技术、近零碳排放技术纳入学科专业设置，中国社会科学院也已将气候变化经济学纳入学科建设"登峰战略"的优势学科。2018 年，清华大学气候变化与可持续发展研究院成立。

在平台基地建设方面，目前我国直接或间接参与全球变化研究的国家和部门重点实验室约有 100 个（在 220 个国家重点实验室中有 18 个从事全球变化研究），并建设了 130 多个不同类型的数据平台（库）。多个科研院所、高校纷纷设立与应对气候变化和低碳发展相关的研究机构，不断提升相关领域的科技支撑能力和专业研究水平，如北京大学中国低碳发展研究中心、清华大学气候变化国际政策研究中心、北京交通大学低碳研究与教育中心等（生态环境部，2018）。

在人才队伍培养方面，应对气候变化领域研究人员数量增长迅速，2017 年气候变化领域发表高水平文章的中国作者达 1.2 万人，是 2007 年的 7.5 倍；参与 IPCC 第五次科学评估工作的我国科学家共 43 人，约为第一次的 5 倍；参加气候变化国际谈判的代表队伍持续壮大，2009～2017 年中国政府代表团平均规模大于 150 人/a，相比于 1997 年增长近 10 倍，在国际气候变化领域的影响力和话语权不断加大（中国 21 世纪议程管理中心，2018）。

在企业及行业发展方面。2018 年 2 月，国家发展改革委发布《国家重点节能低碳技术推广目录（2017 年本，节能部分）》，公布煤炭、电力、钢铁、有色金属、石油石化、化工、建材等 13 个行业共 260 项重点节能技术。企业积极推进低碳技术研发，如石油石化企业开展"低碳关键技术研究"重大科技研究，发电企业积极开展 CCUS 技术研发和工程应用。2017 年全国碳市场正式启动，北京、天津、上海、重庆、广东、湖北、深圳已基本形成要素完善、运行平稳、成效明显、各具特色的区域碳排放权交易市场。7 个试点碳市场覆盖了电力、钢铁、水泥等多个行业近 3000 家重点排放单位，截至 2018 年 10 月，7 个试点碳市场累计成交量突破 2.5 亿 t，累计成交金额约 60 亿元（生态环境部，2018）。

39.3　趋势和形势

39.3.1　应对气候变化科技面临的新形势

1. 国内生态文明建设要求加快应对气候变化科技创新

习近平总书记在十九大报告中指出"引导应对气候变化国际合作，成为全球生态文明建设的重要参与者、贡献者、引领者""推进绿色发展，构建市场导向的绿色技术创新体系，发展绿色金融，壮大节能环保产业、清洁生产产业、清洁能源产业"。十九大报告不但进一步明确了要在全球应对气候变化的国际合作中成为参与者、贡献者、引领者，也指明了应对气候变化是全球生态文明建设重要组成部分的特点。在国际上如此，在国内应对气候变化工作也应当如此，应对气候变化是国内生态文明建设的重要支撑。在承担应对气候变化的国际责任和引领全球生态文明建设的过程中，需要深入推进国内应对气候变化工作，加快科技创新步伐，把更多资金投入生态文明建设和环境保护中，既确保气候变化资金效率，也确保气候变化国际责任和国内需求的一致性。

2. 共建"一带一路"要求加快应对气候变化技术研发和推广

自 2013 年中国提出构建"人类命运共同体"和"一带一路"倡议以来，各国秉持"共商、共建、共享"的原则，携手发展、优势互补、互利互赢。事实证明这不但为中国融入世界、推动自身发展、肩负世界责任注入了动力和活力，而且也为全球社会的政治稳定、经济发展、社会和谐做出了卓越的中国贡献。在气候变化的全球压力下，除极少数国家外，很多"一带一路"沿线国家或地区属于经济不发达、自然生态环境脆弱地区，通过中国绿色低碳和应对气候变化技术的推广可以助推沿线国家的绿色可持续发展，也可以更好地依托气候变化开展环境外交。

3. 应对气候变化技术的综合性、协同性特征日益显著

一是应对气候变化是生态文明建设的重要内容，同时与生态环境保护和治理、能源革命、防灾减灾和应急管理等工作的联系日益紧密。二是气候变化的综合性特征将若干重要战略性基础资源以纽带关系关联在一起，气候-能源-水-粮食相互间的纽带关系与作用更加突出，关系重要战略性基础资源未来的配置与优化。三是应对气候变化促进技术进步和低碳转型，是供给侧结构性改革的重要抓手。科技创新引领下的低碳革命对我国优化能源供给结构、市场终端产品形态、区域资源高效利用与配置等起到重要的引领和推动作用。

4. 智能化、数据化、集成化趋势明显，愈发注重与市场链接

以物联网、大数据、机器人及人工智能等技术为驱动力的第四次工业革命正以前所未有的态势席卷全球，核心是网络化、信息化与智能化的深度融合，也深度影响着应对气候变化科技领域。其中，人工智能技术极具变革性的潜力已经在医疗诊断、精准治疗、交通运输、公共安全等众多领域产生良好效果，该技术还有望帮助解决发展清洁能源、智能交通运输、可持续生产以及可持续土地利用等问题。应对气候变化科技创新需要紧密把握这些技术趋势，打造好创新环境，鼓励更多的创新主体，特别是市场主体主动将应对气候变化科技与网络化和智能化技术相结合，生长出新的应用形式与新的产业形态。科技进步让更多私营部门和金融机构参与到全球气候治理中来，而他们的参与又进一步加剧了应对气候变化科技创新的国际竞争。

39.3.2 应对气候变化科技面临的新需求

1. 加强气候变化基础研究科技投入，提高气候变化科学认知

在气候变化科学方面认知不足直接影响全社会对气候变化相关技术的接受度，进而影响技术的应用和推广。目前气候变化技术的基础研究投入相对较少，相关技术领域研究不够深入，尤其是在气候变化科学认知领域的气候变化检测和观测技术以及预测评估技术方面还有

较大的发展空间。为了监测观测气候变动和预测评估未来气候的变化，需要通过一系列计算模型和数据方法帮助理解气候变化诸多圈层的耦合关系和变化特征。此外，极端气候事件的观测监测一直是气候变化领域的难题，其罕见性的特点导致人们需要更长的时间探究其变化规律，极值数据在统计过程中极有可能被筛选与控制，导致极端事件难以呈现，长期观察与记录以及开发和应用一些以极值理论为基础的统计与决策支持工具是十分必要的。

2. 注重气候变化技术全产业链全面评估，由末端治理向源头预防并进转变

以绿色为导向的低能耗、低排放等低碳经济增长模式与产业创新，将成为世界经济的主导推动力量和新的增长点。但长久以来，实现产业绿色发展过多聚焦于末端治理，忽视了全产业链、全流程的综合评估，无法从源头上和根本上预防和解决过度排放问题，例如新能源汽车产业链等，依托国家的补贴政策而迅速发展的同时要避免政策驱动带来的负面影响，避免过分关注末端减排效应，忽视产业源头发电端的能耗。各产业发展过程中要注重相互联系与影响，很多气候变化技术涉及多个产业层面，如 CCUS 不单关系到 CO_2 大型排放源，如钢铁水泥等重工业制造产业，还涉及公路运输业、油气开采业等，因此，不仅需要关注单一产业全流程的评估与优化，也要重视综合集成技术对各产业部门产生的全局影响。未来需要进一步注重气候变化技术领域的产业链全流程综合评价技术、全生命周期评估技术、气候变化源头治理技术的研发和应用。

3. 以可持续发展目标为要求，重视气候技术与战略性基础资源协同发展

应对气候变化行动与可持续发展目标具有高度一致性，气候治理技术要以实现可持续发展目标为要求，重视气候技术与战略性基础资源协同发展。为实现区域间平衡发展和资源可持续利用指标，针对脆弱性区域的适应监测和风险评估等问题是研究的重点，如保护、恢复和促进可持续利用陆地生态系统，可持续地管理森林，防治荒漠化，制止和扭转土地退化，提高生物多样性，建设气候变化的社会经济影响综合评估模型。此外，应对气候变化的综合性特征将若干重要战略性基础资源以纽带关系关联在一起，其中气候-能源-水-粮食相互间的纽带关系与作用更加突出，实现水-能-粮食耦合，改善营养和促进可持续农业。在资源利用方面，控制煤炭消费总量，加强煤炭的清洁利用，提高煤炭集中高效发电比例。先进新能源技术是国际技术竞争的前沿和热点领域，反映一个国家科技经济的竞争力，也成为各主要大国必争的高新科技领域，通过加大对储能技术、核能技术、长距离输电技术的突破，可以有效节约化石能源资源，促进可持续发展。

4. 大幅提高气候变化科技投入，以公共资金带动私营投入

现有应对气候变化基础研究产出中来源于国家自然科学基金资助的比例较大，而国家重点研发计划、国家重大专项等资助的比例较小。应进一步加大国家重点研发计划等对气候变化技术研究的投入，充分发挥公共资本带动私营投入资金参与应对气候变化科技创新的作用，发挥政府的主导作用，加大投入，扩大公共财政覆盖范围。综合运用无偿性资助、偿还性资助、引导创业投资、贷款贴息和补助以及政府购买服务等方式，在公共资金的带动下，引入现代先进科技和经营理念，引入市场机制并建立长效机制。由于在应对气候变化科技成果转化不同阶段风险和收益特征不同，投融资需求方式和数量存在显著差异，因此需要多种金融手段的优化组合，构建多层次的金融支持体系。

5. 注重气候变化技术与大数据、人工智能等新兴技术的深度融合

随着以人工智能、清洁能源、机器人等全新技术为主的"第四次工业革命"兴起，这些新兴技术得到了广泛的认可与关注。应对气候变化领域应紧密把握这些技术趋势，将气候变化问题与智能化、网络化以及大数据等技术相结合，充分发挥这些新兴技术对应对气候变化问题的促进和支持作用，为形成新的气候技术应用形式和产业形态奠定基础。为此，应鼓励在基础前沿技术、共性技术、关键技术与装备、应用示范等多层次上进行自由探索，挖掘新的能与新兴技术结合的可研方向。

6. 创新重大绿色低碳技术研发部署模式，有效推进知识基础供给和商业化技术供给

按照重点领域重点发展、重点技术重点培育的思路，以加快实现我国各项减排目标为导向，以当前投入要带来长期效果和多重福利为理念，针对重大低碳技术进行长远布局，在国际气候谈判中发挥引领作用。加快促进能源体系中可再生能源和核能技术长远布局，积极开展生物质与碳封存等负排放技术的研发部署，对地球工程中的空气碳移除技术、海洋蓝碳技术、土壤固碳技术的开发与利用进行长远布局。同时，积极推动应对气候变化技术的商业化推广，缩短盈利周期，引领更多的私营企业和个人参与到气候变化治理中。

7. 加强气候变化领域国际合作研发投入，技术引进与自主创新相结合

深刻认识我国应对气候变化领域技术发展的不足，秉持共赢互利的原则，与有关国际机构、发达国家及发展中国家积极开展气候变化领域技术合作，充分发挥国家间合作对我国应对气候变化技术发展的促进作用。积极吸收发达国家应对气候变化领域的先进技术和应对气候变化政策，如碳市场、能效、低碳城市、适应气候变化等领域的气候治理技术。积极开展南南合作，促进应对全球气候变化能力的提升，树立良好的大国形象，在全球应对气候变化进程中承担应尽的大国责任。合理利用国际国内科研力量，鼓励合作开展技术研发、示范和应用，提升我国应对气候变化技术的自主创新能力。

参 考 文 献

巢清尘. 2016. 国际气候变化科学和评估对中国应对气候变化的启示. 中国人口·资源与环境, 26(8): 6-9.

国家发展和改革委员会. 2017. 中国应对气候变化的政策与行动 2017 年度报告. http://www.ndrc.gov.cn/gzdt/201710/t20171031_866090.html[2021-2-16].

国家科学技术奖励工作办公室. 2016. 2016 年度国家科学技术奖获奖名单. http://www.jict.org/eap/252.news.detail?news_id=2671[2021-2-16].

国家科学技术奖励工作办公室. 2017. 2017 年度国家科学技术奖获奖名单. https://tech.sina.com.cn/d/i/2018-01-08/doc-ifyqincv3328760.shtml[2021-2-16].

国家科学技术奖励工作办公室. 2018. 2018 年度国家科学技术奖名单. https://news.sina.com.cn/o/2019-01-08/doc-ihqfskcn5142823.shtml[2021-2-16].

国务院. 2006. 国家中长期科学和技术发展规划纲要(2006—2020 年). http://www.most.gov.cn/mostinfo/xinxifenlei/gjkjgh/200811/t20081129_65774.htm[2021-2-16].

国务院. 2014. 国务院印发关于深化中央财政科技计划(专项、基金等)管理改革方案的通知(国发〔2014〕64 号). http://www.gov.cn/zhengce/content/2015-01/12/content_9383.htm[2021-2-16].

国务院. 2016. 国务院关于印发"十三五"国家科技创新规划(国发〔2016〕43 号). http://www.most.gov.cn/mostinfo/xinxifenlei/gjkjgh/201608/t20160810_127174.htm[2021-2-16].

何霄嘉, 郑大玮, 许吟隆. 2017. 中国适应气候变化科技进展与新需求. 全球科技经济瞭望, 32(2): 58-64.

蒋佳妮, 王灿. 2017. 低碳技术国际竞争力比较与政策环境研究. 北京: 社会科学文献出版社.

蒋佳妮, 王文涛, 仲平, 等. 2017. 科技合作引领气候治理的新形势与战略探索. 中国人口·资源与环境, 27(12): 8-13.

科学技术部, 环境保护部, 气象局. 2017. 科技部环境保护部气象局关于印发《"十三五"应对气候变化科技创新专项规划》的通知(国科发社〔2017〕120 号). http://www.most.gov.cn/mostinfo/xinxifenlei/fgzc/gfxwj/gfxwj2017/201705/t20170517_132850.htm[2021-2-16].

科学技术部, 外交部, 国家发展改革委, 等. 2012. 关于印发"十二五"国家应对气候变化科技发展专项规划的通知(国科发计〔2012〕700 号). http://www.gov.cn/zwgk/2012-07/11/content_2181012.htm[2021-2-16].

刘长松. 2018. 改革开放与中国实施积极应对气候变化国家战略. 鄱阳湖学刊, 6: 21-27.

莫神星. 2018. 应对气候变化下发展低碳能源的科技路径. 气候变化, 40(3): 32-36.

生态环境部. 2018. 中国应对气候变化的政策与行动 2018 年度报告. http://hbj.als.gov.cn/hjgw/201812/t20181205_1584933.html[2021-2-16].

汪航, 曾臃, 仲平, 等. 2018. 应对气候变化技术的文献计量分析. 中国人口·资源与环境, 28(12): 1-8.

王文涛, 滕飞, 朱松丽, 等. 2018. 中国应对全球气候治理的绿色发展战略新思考. 中国人口·资源与环境, 28(7): 1-6.

许端阳, 王子玉, 丁雪, 等. 2018. 促进适应气候变化科技创新的政策环境研究. 科技管理研究, 2: 14-18.

张雪艳, 汪航, 滕飞, 等. 2019. 新时期中国气候变化科技部署的格局与趋势评估. 中国人口·资源与环境, 29(12): 19-25.

中国 21 世纪议程管理中心. 2018. 21 世纪中心"气候沙龙"讨论气候变化科技工作三组数据. http://www.most.gov.cn/kjbgz/201805/t20180506_139365.htm[2021-2-16].

中国科学院. 2018. 中科院发布中国陆地生态系统碳收支研究系列重要成果. http://www.gov.cn/xinwen/2018-04/18/content_5283619.htm[2021-2-16].

第40章　可持续发展政策的气候协同效应

首席作者：冯相昭　郑艳

主要作者：张彬　林陈贞　马欣　刘硕

摘　要

应对气候变化的最终目标是实现可持续发展，在应对气候变化行动中利用好协同效应以取得更高的行动效率，已经体现在最新的国际气候协定和全球可持续发展目标中。这一点在适应领域显得尤为突出。IPCC（2007）认为，对于发展中国家而言，发展是提升适应能力最直接和成本最小的途径。在传统发展领域，存在许多有助于提升适应能力的措施，例如，防灾减灾、生态保护、减贫、教育、社会保障等。此外，治理环境污染、发展绿色贸易、推动电力体制改革等也大大推动了节能环保与低碳发展目标的实现。

本章立足于可持续发展的三大支柱——经济（贸易）、环境、社会政策领域，具体分析了"十二五"以来中国在对外贸易、环境治理、社会发展等典型领域的政策进展，评价了相关政策对于促进碳减排与适应的气候协同效应。由于经济政策范围广泛，涉及财政、税收、价格、贸易等方方面面，为避免与其他章节交叉重复，本节主要关注贸易类经济政策。主要结论为：①经济贸易政策。大气、水和土壤污染防治行动计划的贯彻落实有效减小了出口商品的隐含碳，有助于促进全球绿色贸易并遏制碳排放泄漏问题。②环境政策。大气污染防治、产业结构优化、运输结构调整等一系列政策措施显著降低了中国常规大气污染物，减缓了二氧化碳排放增长趋势。③社会发展政策。中国在减贫、教育领域的巨大成就有助于减小气候贫困人口，提升脆弱群体的适应能力。低保、教育扶贫、灾害救济、结对帮扶等社会政策是具有中国特色的适应协同机制。

本章有助于增进决策者认识发展政策的溢出效应，推动可持续发展与应对气候变化在政策目标、内容与手段上的协同规划。

可持续发展是人类为解决威胁自身持久健康发展的生态环境问题而形成的重要理论成果与战略思想。1992年里约热内卢环境与发展大会通过了《21世纪议程》《里约宣言》《联合国气候变化框架公约》《生物多样性公约》《关于森林问题的原则声明》等重要文件，将可持续发展问题在世界范围内由理论和概念转化成各国的实际行动，实现了人类认识和处理环境与发展问题的历史性飞跃；2002年约翰内斯堡可持续发展世界首脑会议深化了人类对可持续发展的认识，重申了世界各国在可持续发展过程中应当承担的义务与责任，并强调指出经济发展、社会进步与环境保护共同构成了可持续发展的三大支柱。

气候变化是可持续发展面临的重大挑战。纵观各国实践，可持续发展领域的诸多政策措施虽然不直接针对气候变化，但都促进了气候变化的有效应对。具有正向气候协同效应的政策类型众多，本章重点梳理了中国在贸易、能源、环境与社会领域的可持续发展政策措施，评估了这些政策对于应对气候变化的协同效应，分析了政策实施过程中可能面临的重要挑战，并对未来发展气候友好型政策提出了展望。

40.1　贸易政策的气候协同效应评估

40.1.1　政策概述

贸易与气候变化、污染物排放有着密切的联系。一方面，全球贸易活动受气候变化及环境的影响；另一方面，全球贸易活动又作用于气候变化和环境。

近年来尽管研究污染对贸易影响的文献较少，但是研究气候变化对国际贸易产生的影响，特别是对全球贸易格局影响的文献在逐渐增多，有研究指出"气候变化对各地区的农业贸易产生了巨大的差异化影响，拉丁美洲的农产品净出口将会增加，这一效果主要源于气候变化增强了拉丁美洲相对于北美在农产品市场上的相对竞争力，中东和北非地区也会在农业贸易中更具有竞争力，净出口增加。同时，大洋洲、撒哈拉以南非洲、独联体国家竞争优势下降，而亚洲地区由于内部农业生产重新分配的能力较强，整体保持了贸易平衡"，气候变化直接作用于农业，其结果将导致全球农业贸易格局的变化（Leclère et al.，2014）。还有研究则从更宏观的角度分析了气候变化对国际贸易的影响，作者利用国家层面的气候与出口数据分析了气候变化对不同产品出口增长率的影响，发现气温升高会给贫穷国家的出口增长带来巨大的负面冲击，平均而言，气温每上升1℃会导致当年的出口增长率下降2%～5.7%，对于富裕国家则没有类似的影响；就行业而言，气温升高会给农产品和轻工业品的出口带来显著的负面影响，而对重工业或原材料生产没有显著的影响。除上述直接影响外，全球气候变暖所导致的气温升高，以及气候变化所带来的极端天气与气象灾害的增加，将会对劳动生产率、劳动供给产生显著的负面冲击，并使劳动力在不同地区之间产生更为频繁的流动（Jones and Olken，2010）。上述文献表明气候变化将直接或间接对国际贸易产生影响。

全球贸易活动对气候变化和污染物排放贡献的研究相对较多。在贸易对环境影响的研究中，许多学者通过隐含污染物概念计算和评估了贸易对出口国和进口国环境的影响，提出环境赤字等概念，此外对于环境产品和服务的贸易自由化对环境的正面影响，我国相关学者也进行了分析和评估。气候变化领域也存在两个方面的分析，沙伟等作者在《气候变化对国际贸易发展的影响与中国贸易政策选择》中指出"当代国际贸易的发展加剧了全球气候变化"，主要表现在五个方面：一是，贸易增长带来的经济扩张不可避免增加能源消耗，导致温室气体排放增加；二是，环境和气候成本未能内部化，加剧了污染物和温室气体排放；三是，森工产品贸易加速消耗森林资源导致碳汇减少；四是，国际贸易投资中的环境"逐底效应"导致发展中国家气候变化问题恶化；五是，技术壁垒导致低碳和环保技术传播缓慢（沙伟，2012）。另外，也有学者认为贸易在适应气候变化方面发挥着积极的作用。有研究假定在全球同时遭受气候变化冲击的情况下，使用3种大气环流模式估计了气候变化对农业生产的影响，并发现生产与消费在区域间的调整能够缓解气候变化对全球农业影响的严重程度，并降低其对国内经济的影响（Reilly and Hohmann，1993）。还有研究专门讨论了贸易在缓解气候变化所带来的粮食危机中能够发挥的作用，研究发现在世界粮食市场完全整合时，营养不良人口的数量将会显著下降，这再次印证了自由贸易对于缓解气候变化所带来的粮食安全问题的重要作用（Baldos and Hertel，2015）。

可以看出，贸易与气候变化、污染物排放有着密切联系。随着认识的加深，利用贸易措施来提升环境保护水平也成为发达国家和地区广泛使用的手段，从实践来看，美国、加拿大、日本、俄罗斯等国家根据环境保护需求，先后制定了相关贸易投资措施来改善环境质量。同时，贸易也是推动实现可持续发展 2030 年目标实现的重要手段，在"目标 17：加强执行手段，重振可持续发展全球伙伴关系"中，贸易是其中重要内容。中国在制定环境政策时，也逐步开始考虑从贸易角度出发，利用贸易措施优化贸易结构进而实现环境保护的目的。时任环境保护部部长陈吉宁提出"良好的经济政策也是良好的环境政策，未来环境质量的改善需要更多地从国家宏观政策层面切入"，并指出在环保工作中过去常使用的许多老办法在新形势下"不能用、也行不通了"，必须创新环保工作方式方法，要"深化绿色贸易政策"。目前我国已经制定并实施了包括限制"两高一资"产品的出口、进出口许可等在内的绿色贸易政策，未来为促进环境与贸易投资的相互支持，我国还将进一步深化相关绿色贸易政策。

40.1.2 政策评估

1. 中国对外贸易的气候变化效应

1981～2017 年，关于中国国际贸易隐含碳排放的相关研究达到 317 篇，占国际贸易隐含碳排放研究的 85%，并从 2010 年开始呈现快速增长的态势，2017 年相关的研究论文高达 116 篇。而针对中国国际贸易隐含碳转移的研究成果再次说明，中国是承受全球碳泄漏最为严重的国家之一，区际贸易隐含碳转移也是造成中国成为全球碳排放第一大国的关键原因之一，例如，1995 年中国出口商品隐含碳占当年排放的 10.03%，2008 年这一数字上升到 26.54%；而进口商品隐含碳占当年碳排放的比例只从 4.4% 小幅上升到 9.05%。这说明中国贸易不平衡的背后是污染排放的不平衡，发达国家通过对华贸易避免了本国大量的 CO_2 排放（闫云凤，2011）。江洪通过实证分析发现金砖四国中，中国出口贸易隐含碳的规模最大且增速最快。1995～2011 年中国出口贸易隐含碳的总体规模从 6.08 亿 t 增长到 33.82 亿 t，增长了 456.25%。出口贸易隐含碳中，贡献度最大的是金属制品和钢铁两大行业，分别为 49% 和 15%（江洪，2016）。

2. 全球价值链与隐含碳减排

随着贸易推进，全球经济一体化加快，产业垂直分工的程度逐步加深。贸易带来的隐含碳排放问题受到全球关注，在早期测度及研究碳排放责任分担基础上，基于全球价值链参与程度测算贸易隐含碳的研究逐渐增多。陶长琪等在其研究中指出，一个国家或地区全球价值链分工地位越高，进出口隐含碳排放强度越小，而全球价值链参与度越高，进出口隐含碳排放强度越大。此外，融入全球价值链通过经济规模、结构、技术和环境规制四条传导路径对出口隐含碳排放的间接效应均存在双重门槛。建议对于能源强度大、污染排放高且附加值低的产品出口，应采取政策措施加以限制（陶长琪和徐志琴，2019）。潘安在其研究中基于 1995～2009 年的数据评估发现，中国整体全球价值链（GVC）地位有所改善，但较低的分工地位会使中国产生较高的贸易隐含碳排放水平，且随着参与 GVC 分工逐渐深入，贸易隐含碳排放规模也会随之扩大；中间品贸易隐含碳排放占比逐渐提升与中国逐渐深入地融入 GVC 分工体系有关，建议中国通过转变外贸发展模式、推进制造业转型升级、鼓励服务业出口以及主导区域价值链等方式在 GVC 分工趋势下实现碳减排目标（潘安，2017）。

3. 与环境相关贸易措施的气候协同效应

为打好三大污染防治攻坚战，我国于 2013 年、2015 年和 2016 年相继出台了《大气污染防治行动计划》《水污染防治行动计划》《土壤污染防治行动计划》（分别简称"大气十条""水十条""土十条"），修改并颁布了《中华人民共和国大气污染防治法》《中华人民共和国水污染防治法》。其中，涉及贸易投资手段的主要有禁止进口和限制进口两类。张彬等（2018）选取《中华人民共和国大气污染防治法》中贸易手段涉及的石油焦为研究对象，根据 2016 年实施禁止进口部分石油焦措施后我国石油焦实际进口变化情况，设置三种不同情景，研究禁止进口不符合质量标准的石油焦对于环境质量的改善作用、CO_2 协同减排作用以及相关经济成本，研究认为第一种情景可以减少最多的 CO_2 和 SO_2 排放，其中 CO_2 排放将减少 827 万～854 万 t，SO_2 排放将减少 14.73 万～29.43 万 t，但经济成本最大，GDP 将减少 10.43 亿元左右。第二种情景 SO_2 减排最少，减排量在 3.35 万～10.07 万 t，且 CO_2 排放将增加 96.74 万 t（国内生产石油焦过程中排放 CO_2），经济效益居中，GDP 增加 10.68 亿元左右。第三种情景 CO_2 和 SO_2 的减排量居中，分别为 49.52 万 t 和 4.23 万～10.95 万 t，经济效益最佳，GDP 增加 10.87 亿元左右，相关结果如表 40.1 所示。因此在进行与环境相关的贸易措施和政策制定时，应综合经济、环境和气候效应。

表 40.1　不同情景环境、经济影响对比分析

不同情景	环境影响			GDP 增加量 /亿元
	SO_2 减排量/万 t	SO_2 减排比重/%	CO_2 减排量/万 t	
完全剔除情景	14.73～29.43	0.94～1.89	827～854	−10.43
生产替代情景	3.35～10.07	0.22～0.65	−96.74	10.68
综合替代情景	4.23～10.95	0.27～0.70	49.52	10.87

数据来源：《以贸易投资手段促进国内环境质量改善的案例研究——以石油焦和煤炭为例》，环境部政研中心，2018 年

40.1.3　挑战和展望

贸易政策出发点不是应对气候变化，政策目标初衷并不是减少 CO_2 排放，但是如果政策实施得当，能够在不损害原有政策目标的基础上协同减少 CO_2 排放，产生气候协同效应。目前贸易与气候变化的研究和评估大多数关注贸易中隐藏碳排放以及由此带来的责任划定问题，部分研究已开始深入关注贸易带来的不同国家和地区在全球价值链中地位角色不同进而导致隐含碳排放不同的问题，探讨价值链上的分工或嵌入程度所导致的碳排放问题，但是目前对利用贸易手段减少污染物排放措施的气候变化协同效应研究仍然较少，为此建议尽快开展绿色贸易政策气候协同效应评估和分析，基于评估结果将应对气候变化目标逐步纳入贸易政策，同时在制定涵盖气候变化目标的贸易政策时应考虑政策的可持续性，特别是经济可持续性。

40.2　环境政策的协同效应评估

由于化石燃料在燃烧氧化过程中会同时排放温室气体（如 CO_2）和大气污染物（SO_2、NO_x 等），即部分温室气体和大气污染物的产生同源，这种同源性导致对两者的控制存在协同

效应（谭琦璐等，2018）。

近年来，国家政策层面在制定空气污染物减排政策规划时，已经逐渐从单一污染物控制转向多污染物协同控制，并且在"十二五"期间及近期出台了一系列政策法规，引导、敦促多种空气污染物协同控制工作的开展。2015 年 8 月 29 日修订通过的《中华人民共和国大气污染防治法》中第二条提出："对颗粒物、二氧化硫、氮氧化物、挥发性有机物、氨等大气污染物和温室气体实施协同控制。"2016 年 11 月 24 日，国务院印发的《"十三五"生态环境保护规划》（国发〔2016〕65 号）中多次提到协同控制/减排："实施多污染物协同控制，提高治理措施的针对性和有效性""推动行业多污染物协同治污减排""以燃煤电厂超低排放改造为重点，对电力、钢铁、建材、石化、有色金属等重点行业实施综合治理，对二氧化硫、氮氧化物、烟粉尘以及重金属等多污染物实施协同控制""强化挥发性有机物与氮氧化物的协同减排"。

自 2010 年以来，随着雾霾治理关注度的逐步升高，研究降低大气污染物和碳排放协同效应的文献也日趋增多。攀枝花市和湘潭市"十一五"总量减排措施协同效应评估的实践表明，大气污染物总量减排措施对降低温室气体排放有显著协同效应，其中结构减排的正协同效应最显著，工程减排次之（李丽平等，2010；李丽平等，2012）。毛显强等（2011）从"环境-经济-技术"的角度提出了相关的协同控制技术减排方案，研究发现末端治理措施优先度排序靠后，前端控制措施及过程控制措施排序比较靠前，且不同污染物排序结果并不相同。Geng 等（2013）评估了沈阳在推行新排放标准、推广混合燃料机动车后的协同效应。Liu 等（2013）运用 GAINS-City 模型评估了北京市减排政策的协同效应。Zhang（2013）分析了天津碳减排政策以及大气污染减排计划下的协同效应。所以，本部分主要以 2013 年国务院颁布的《大气污染防治行动计划》为案例，评估蓝天保卫战相关政策措施对温室气体减排的协同效应。

40.2.1　政策概述

"十二五"以来，针对污染物与温室气体协同控制的作用机理、政策模拟、效益分析等方面的科学研究和成果发表日益增多，国内外相关机构以重点行业、典型城市、重大工程等为案例分别开展了协同控制方面的分析研究（冯相昭等，2020），同时，与协同控制相关的政策法规等也得以发展。

在法律层面，2015 年修订的《中华人民共和国大气污染防治法》第二条明确提出"对颗粒物、二氧化硫、氮氧化物、挥发性有机物、氨等大气污染物和温室气体实施协同控制"；第七条规定"公民应当增强大气环境保护意识，采取低碳、节俭的生活方式，自觉履行大气环境保护义务"；第四十九条对甲烷排放管理做出了规定，即"工业生产、垃圾填埋或者其他活动产生的可燃性气体应当回收利用，不具备回收利用条件的，应当进行污染防治处理"。

在规范性文件方面，2018 年 7 月国务院发布的《打赢蓝天保卫战三年行动计划》，明确提出了"大幅减少主要大气污染物排放总量，协同减少温室气体排放"的目标，调整产业结构、能源结构、运输结构等的主要任务和措施行动具有显著的协同控制特征。国务院印发的《"十三五"控制温室气体排放工作方案》也明确提出将污染物和温室气体协同控制。此外，2019 年生态环境部办公厅出台的《重点行业挥发性有机物综合治理方案》《工业炉窑大气污染综合治理方案》等部门规范性文件中也提出了要协同控制温室气体排放的目标。

在标准规范方面，环境保护部先后颁布了几个协同控制方面的标准或技术指南，如 2008 年针对煤炭开采活动的甲烷排放制定了《煤层气（煤矿瓦斯）排放标准（暂行）》（GB

21522—2008）；为防范二氧化碳捕集、利用与封存活动潜在的环境风险，2016 年颁布了《二氧化碳捕集、利用与封存环境风险评估技术指南（试行）》；为推动工业领域污染物与温室气体排放协同管控工作，环境保护部 2017 年发布了《工业企业污染治理设施污染物去除协同控制温室气体核算技术指南（试行）》；2016 年 12 月发布、2020 年 7 月 1 日实施的《轻型汽车污染物排放限值及测量方法（中国第六阶段）》以及 2018 年 6 月发布、2019 年 7 月实施的《重型柴油车污染物排放限值及测量方法（中国第六阶段）》，提出了在进行汽车发动机型式检验时，必须增加标准循环稳态工况和瞬态工况条件下二氧化碳排放的测试（冯相昭等，2020）。此外，为开展绿色低碳认证的需要，在"十二五"期间，环境保护部陆续发布了 12 项环境标志低碳产品标准（主要涉及家用电动洗衣机、照明光源、水泥等产品）。

40.2.2　协同控制温室气体效果评估

近年来，协同控制的理论基础在国内外已获得较为广泛的认可，针对相关减排政策的协同控制温室气体量化评价方法也取得了一定进展，如毛显强等从环境-经济-技术角度系统地提出了协同控制效应评价方法，并分别以我国电力行业、钢铁行业、交通行业为案例，开展了减排措施协同效应评估（毛显强等，2011；高玉冰等，2014）；环境保护部针对污染物与温室气体协同控制印发了核算技术指南，即《工业企业污染治理设施污染物去除协同控制温室气体核算技术指南（试行）》。目前主要的量化评价方法大体可归纳为两类：一类是用于评价减排效果的物理协同性评价方法，另一类是用于评价减排经济性和成本有效性的评价方法。物理协同性评价方法包括：协同控制效应坐标系分析和污染物减排量交叉弹性分析。其中"协同控制效应坐标系"能够较为直观地反映减排措施对于不同污染物的减排效果及协同程度，"污染物减排量交叉弹性"则将该减排效果及协同程度进一步量化。

为应对日益突出的区域性大气环境问题，2013 年 9 月国务院出台了《大气污染防治行动计划》，随后许多城市纷纷制定更为细化的大气污染防治方案，方案中诸多任务涉及产业结构调整、能源结构改善等相关内容，这些措施实施在客观上对城市能源消费活动以及相应的二氧化碳排放产生了重要的影响（Karplus 和张希良，2016）。冯相昭和毛显强（2018）以重庆市为案例，从《重庆市人民政府关于贯彻落实大气污染防治行动计划的实施意见》中筛选相关减排措施，运用污染物减排量交叉弹性分析方法，评估了 2013～2015 年重庆市贯彻落实大气污染防治行动计划对大气污染物与温室气体的协同减排效果，结果见表 40.2。

表 40.2　2013～2015 年重庆市大气污染防治措施的污染物与温室气体协同减排量

编号	措施名称	减排规模	减排量/t					
			SO_2	NO_x	$PM_{2.5}$	CO	VOCs	CO_2
M1	关停火电厂	74160 万 kW·h	13751.73	2532.48	730.55	—	89.81	1517776.33
M2	关闭小水泥厂	257.14 万 t 熟料	12633.62	1666.94	876.70	—	—	1175829.33
M3	风电	25200 万 kW·h	87.81	35.12	5.27	—	11.91	132476.40
M4	水电	100742.4 万 kW·h	351.03	140.41	21.06	—	47.60	529602.80
M5	天然气热电联产	12.79 万 tce	361.94	−21.03	18.28	—	40.39	188942.00
M6	淘汰燃煤锅炉	15.43 万 tce	2764.80	635.04	972	—	38.88	547560

结果表明，在各项大气污染防治措施中，固定源方面的关停火电厂、关闭小水泥厂、淘汰燃煤锅炉等结构减排措施协同减排温室气体效果显著，移动源方面淘汰黄标车和老旧汽车

均是协同减排效果最明显的措施。还有，能源结构改善的协同减排效果也比较突出。

邢有凯等（2020）从 2019 年唐山市人民政府发布的《唐山市中央环境保护督察"回头看"及大气污染问题专项督察反馈意见整改暨空气质量"退出后十"工作方案》所提出的各项任务中筛选出四大类 8 项措施，共 12 项子措施，采用"排放因子法"计算了各措施的单项大气污染物和以二氧化碳为主的温室气体减排量，同时计算了各措施的大气污染物当量（APeq）减排效果。评估结果显示：12 项子措施在减排 APeq 32611.39t/a 的同时，可协同减排 CO_2 1180.11 万 t/a；协同控制交叉弹性 Els CO_2/APeq 为 3.31，即每减排一个百分点的 APeq 可协同减排 3.31 个百分点的 CO_2。

持续推进运输结构调整，实施货物运输"公转铁""公转水"，也有利于协同减少温室气体排放。李媛媛等（2018）以天津港、上海港和深圳港 2017 年煤炭、矿石、集装箱运量为基础，结合案例港口铁路集疏运发展目标，测算了现有公路运输转移至铁路运输的煤炭、矿石和集装箱量，并基于减少的公路运输量评估了相应的污染物排放减少量，结果表明，通过采取"公转铁"措施，即推进港口集疏运铁路运输代替公路运输，2020 年与 2017 年相比，在减排 NO_x、PM_{10}、CO 和 HC 的量分别为 13.57 万 t、0.74 万 t、6057 万 t、1.10 万 t 的同时，可实现 CO_2 减排 1318 万 t。

40.2.3　挑战和展望

目前，有关大气污染防治行动措施协同减少温室气体排放的相关量化研究公开发表的文献不多。为打好打赢污染攻坚战和应对气候变化，建议夯实重点领域协同控制研究基础，研究制定相关环境政策，统筹制定加强温室气体排放和大气污染物减排协同控制的工作方案，务实推进能源领域协同减排工作，聚焦绿色低碳发展，协同推动能源、产业、运输等结构优化调整，有效实现大气污染防治和温室气体排放控制。具体而言，建议强化清洁能源的推广，形成散煤治理长效机制；在工业深化治理和转型升级进程中，积极推进重点行业能效提升和超低排放改造；深化调整交通运输结构，优化货物运输方式，发展绿色低碳交通体系。除此之外，建议研究制定并协同实施适应气候变化与生态保护修复的相关政策措施，深化气候变化领域基于自然的解决方案，积极推进重点领域生态保护修复与适应气候变化协同增效。

40.3　社会发展政策的适应效应评估

40.3.1　政策概述

社会发展政策是衡量发展质量的重要维度，也被称为社会性基础设施。社会发展政策的目的是保障人的基本权利、提升人的发展能力，就业、教育、健康、减贫、社会保障、社会平等（如性别、收入、社会阶层）是各国政府实现社会发展目标（社会福利、民生福祉）的主要途径。

对于发展中国家和贫困群体而言，发展是提升适应能力最直接和成本最小的途径。发展政策与适应气候变化可能具有互补或矛盾关系，需要充分发掘二者的协同效应，例如各国通过发展、规划及实践（包括许多低悔或无悔措施）达到适应目的或者技术创新、行为方式和文化价值观转变等（IPCC，2014）。因此，除了在重点领域制定专门的适应政策规划以外，还需要积极推进社会发展领域的适应主流化议题，即将适应气候变化需求纳入社会发展目标和政策行动中。

2016 年联合国启动了《2030 年可持续发展议程》，新议程将"积极应对气候变化"列入减贫、可持续人居等重点领域。表 40.3 列出了 SDG 17 项目标中与适应气候变化具有较高协同效应的几项社会发展内容。

表 40.3　SDG 目标与适应气候变化行动的关联

SDG 目标	目标内容	适应协同领域
目标 1：消除贫困	在全世界消除一切形式的贫困	气候适应与减贫
目标 2：消除饥饿	消除饥饿，实现粮食安全，改善营养状况和促进可持续农业	社会保障、食品救济
目标 3：良好健康与福祉	确保健康的生活方式、促进各年龄段人群的福祉	公共卫生设施，健康科普教育
目标 4：优质教育	确保包容、公平的优质教育，促进全民享有终身学习机会	普及基础教育、面向适应需求的职业教育、高等教育
目标 5：性别平等	实现性别平等，为所有妇女、女童赋权	气候公平、女性脆弱群体
目标 6：清洁饮水与卫生设施	人人享有清洁饮水及用水	供水设施、饮用水健康
目标 7：廉价和清洁能源	确保人人获得可负担、可靠和可持续的现代能源	减小能源贫困
目标 8：体面工作和经济增长	促进持久、包容、可持续的经济增长，实现充分和生产性就业，确保人人有体面工作	就业和收入提升（减小生计脆弱性）
目标 10：缩小差距	减少国家内部和国家之间的不平等	减小发展引发的地区脆弱性
目标 16：和平、正义与强大机构	促进有利于可持续发展的和平和包容社会，在各层级建立有效、负责和包容的机构	提升适应治理能力

40.3.2　减贫政策

1. 气候变化与减贫的协同关系

气候变化风险与贫困都是联合国千年发展目标的内容，二者存在正协同、负协同关系。在精准扶贫政策的推动下，中国农村贫困人口减少 9000 万，贫困发生率从 2012 年的 10.2%下降到 2019 年底的 0.6%[①]。然而，我国贫困人口最集中的老少边穷连片贫困地区也是生态环境脆弱、气候灾害频发的地区。气候变化风险加剧贫困脆弱性，往往引发和加剧贫困现象。因此，提升贫困地区的社会发展能力（包括健康、教育、性别平等、社区发展等）是减小气候变化脆弱性及其引发的贫困现象（气候贫困）的重要政策途径。

气候变化一方面导致生态系统的生产力下降，另一方面通过气候灾害削弱了农业人口的生计资本，例如，人员伤亡、房屋倒塌等，导致依靠自然资源谋生的农业家庭受到很大影响、生计难以持续。社会脆弱性是研究气候贫困问题的一个重要概念，强调影响脆弱性及灾害适应能力的社会结构和制度特征，例如，赵惠燕等（2015）评估了陕西省 3 个不同气候脆弱区 7 个村庄的气候变化脆弱性和适应能力，发现农户的气候脆弱性高，主要适应需求包括获得相应的气候和天气资料、加强灾害管理、增加水源、改善农业支持系统、加强适应能力建设等。张倩（2014）通过对内蒙古锡林郭勒盟荒漠草原一个行政村的实地调研，发现自然灾害背景下牧区贫富急剧分化，表现为一种结构性和长期性的气候贫困现象。周力和郑旭媛（2014）分析了中国农村不同类型农户的气候脆弱性，指出发现最贫困户倾向于变卖消费型资产以规避灾害风险，当面临连续的、高威胁的气象灾害时，贫困农户被迫变卖全部消费型

---

① 2019 年全国农村贫困人口减少 1109 万人，光明日报. 2020.01.24. 详见：http://www.gov.cn/shuju/2020-01/24/content_5471927.htm.

资产，则必将陷入"贫困陷阱"。

生活在贫困地区的女性是最易受气候变化影响的群体之一。气候变化加剧了城乡人口流动，在遇到灾害时往往是农村家庭的男性劳动力外出打工弥补生计，留守家中的农村女性成员需要承担更多繁重的家务和额外的劳作（IPCC，2014）。据统计，农村留守妇女人口达到了5000万，占农村劳动力人口的65%～70%，成为农村地区的主要劳动力，也是灾害来临时的主要承受者和应对决策者，例如，宁夏的研究表明，气候变化增加了妇女群体的劳动时间和家庭负担，少数民族妇女儿童是宁夏贫困地区的典型脆弱群体，教育文化水平低，生育率高、健康水平相对低下，导致适应能力较差。中国气象局与联合国妇女署在江西鄱阳湖区开展的一项性别与适应气候变化研究表明，女性是农村的劳动主力，但是却具有更低的受教育水平、更少的家庭信息资源、更少关注气象信息和气候灾害等问题（王长科等，2016）

乐施会《气候变化与精准扶贫》研究报告指出：中国11个连片特困区与生态脆弱区和气候敏感带高度耦合，基本公共服务滞后、民生保障压力过重是这些地区的共同致贫因素之一（图40.1）。对于中国西部许多依靠自然资源和农业谋生的农村地区而言，实施精准扶贫有助于农村贫困人口摆脱气候变化引发的"贫困陷阱"。长期以来，在扶贫发展规划中很少考虑气候变化的影响，在应对气候变化工作的政策设计和推进中也较少真正覆盖到农村，尤其是忽视了贫困农村中的弱势小农的利益。

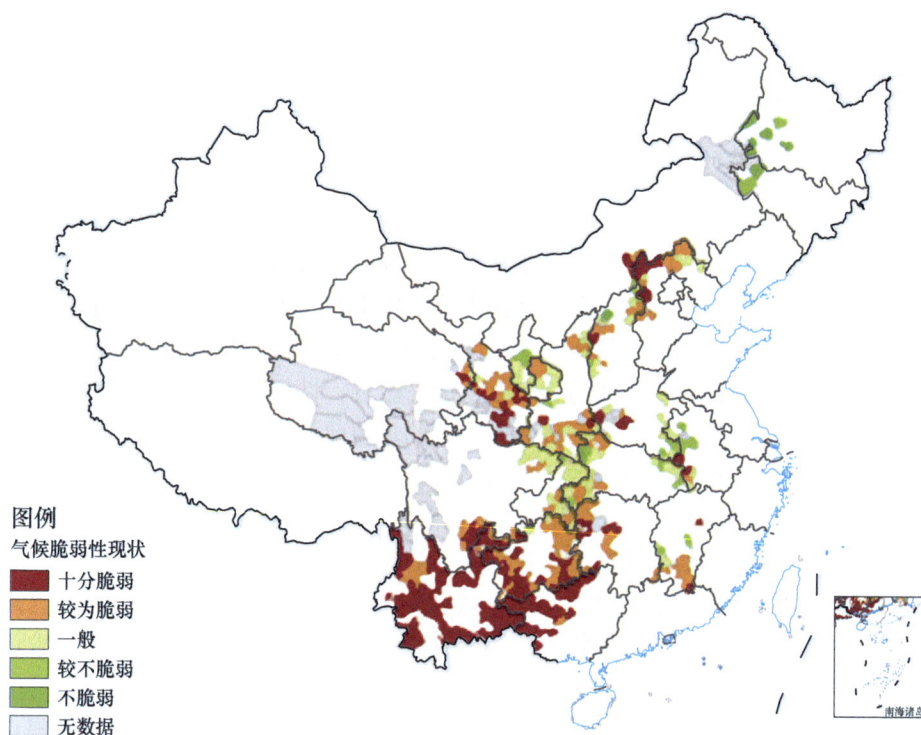

图例
气候脆弱性现状
十分脆弱
较为脆弱
一般
较不脆弱
不脆弱
无数据

图40.1 中国贫困地区的气候脆弱性分布（乐施会，2015）

2. 协同效果评价

国内外对气候变化和扶贫发展这两个全球问题给予了高度重视，但两者之间的相互作用和联系却还没有得到足够的重视。联合国后发展议程已经将适应和减灾纳入全球减贫的目标中。在联合国、WB、GEF 等推动下，开展了一系列发展、减贫和应对气候变化的国际项目，取得了积极效果，例如，中国一些地方政府和非政府组织结合社区生态保护、生态移民、农村三通、新能源项目、有机农业等，在促进贫困地区社会经济发展的同时，也有助于适应能力提升。

我国有 95%的绝对贫困人口生活在生态环境极度脆弱的农村地区，深受气候变化的影响（王长科等，2016）。由于社区和家庭应对气候灾害风险，尤其是大规模、影响广泛的极端灾害风险的能力有限，因此，有必要加强国家制度环境的能力建设（enabling environment building）。对此，我国 2020 年国家精准扶贫战略制定了两大脱贫目标：① "两不愁"：吃穿不愁；② "三保障"：义务教育、基本医疗、住房安全三项基本保障。其中 "三保障" 都是需要与社会发展政策相协同的内容，然而，这些领域目前尚未充分考虑如何应对气候贫困问题。在 2020 年实现全面小康脱贫目标之后，需要关注气候和环境因素引发的返贫现象，尤其是极端天气气候事件引发的返贫问题。对此，需要加强气候贫困的案例研究和政策试点，例如通过生态移民、产业扶贫等多种方式提升西部农村地区脆弱群体的适应能力。

此外，国内推进城镇化、城乡一体化的发展政策也可能造成削弱地方适应能力的问题，例如，城市化进程导致乡村地区的外出移民增加，对人力资本的投资会导致有知识技能的劳动力、社区精英的流失，不利于以农业为主社区的长远发展。《新型城镇化背景下的中国灾害风险综合研究计划》报告指出，城镇化进程削弱了一些地区的防灾救灾能力，例如，由于农村青壮年劳动力大量进城务工，安徽省传统的依靠农民义务投工投劳的水利冬修春修制度难以为继，农村基础水利设施建设管理与维护的力量削弱，防汛抗洪、查险抢险力量不足，汛期中小河流与圩垸溃堤时有发生[①]。

40.4　社会保障政策

1. 气候适应与社会保障政策的协同

社会保障系统是社会福利政策的主要内容，有助于避免贫困群体、脆弱群体陷入贫困陷阱，增强其应对不利冲击的适应性和承受力。社会保障体系包括三大类主要政策：①社会安全网，即社会援助，包括有条件或无条件的现金性转移支付、公共就业项目、政府补贴、食物券等；②社会保险，如养老金、健康保险、劳动保障等；③劳动力市场措施，如就业培训和服务、失业补偿金等（WB，2015）。

各国政府在应对气候变化中都意识到了政府主导责任的重要性，通过提供社会福利支持可以帮助社区和家庭提升适应能力。政府的主要职责是为穷人提供社会安全网和全面的健康医疗服务体系，同时将这些努力纳入气候韧性措施，如抗旱作物、灾害预警体系等（WB，2016）。从全球情况来看，发展中国家的贫困群体受益于社会安全网体系的比重还非常低。IPCC 报告提出了 "适应性社会保障体系" 的概念（Olsson et al.，2014），通过政府提供的正式的机制设计，如保证金、灵活的金融工具、再保险和国际援助等，弥补贫困群体储蓄、借贷和保险等方面薄弱和欠缺的适应能力，充分发挥社会保障体系的安全网兜底作用。在许多发展中国家，社会安全网项目对于帮助贫困群体应对粮食、能源和金融危机的冲击发挥了重

[①]中国科协灾害风险综合研究计划工作协调委员会（IRDR-CHINA）"一带一路"灾害风险综合研究系列报告：中国城镇化进程中的灾害风险及应对策略，2017 年 12 月.

要作用（WB，2016）。

2. 协同效果评价

我国已经建立了相对齐全的社会保障体系，一方面，我国的社会保障体系具有独特的制度优势，例如，我国具有悠久的社会救灾经验，新中国实施了地区结对救灾、扶贫、发展的制度设计，取得了良好的效果，如《社会救助法》规定了对不同发展水平的地区，政府给予不同比重的配套救灾资金，例如，发达城市地区是地方和中央政府的 50%，西部地区由中央政府支付的比重最大。各国根据国情有所不同，例如，澳大利亚由于地区发展差异较小，中央政府统一负担 75%的救灾成本。另一方面，现有社会保障体系仍然存在着一些问题，例如，由于制度和社会经济发展差异，社会保障供给能力在城乡之间、地区之间、不同社会阶层之间存在较大差距，低保标准不合理，存在部分非贫困人口吃低保、部分地区普遍贫困严重、低保标准过低等现象。

我国有 95%的绝对贫困人口生活在生态环境极度脆弱的农村地区（王长科等，2016）。气候变化引发疾病、恶化生计，使得欠发达地区、贫困人群、老弱妇孺病等群体的脆弱性增大，亟须加强社会保障的兜底扶助功能、提升社会支持力度，例如，中国实施的西部开发极大地改善了边远落后地区的交通、通信、能源基础设施条件，一些针对贫困地区的社会发展项目，如女童入学、资助贫困地区妇女生计的春暖项目等，促进了落后地区和社会脆弱群体的发展能力提升。中国社会科学院精准扶贫百村调研项目发现西部干旱山区受到气候与环境因素的很大影响，尤其是对农村老弱和妇女群体的健康有较大的影响，需要加强对这些群体在公共卫生、医疗保险、健康教育等方面更具有针对性的政策支持（郑艳和林陈贞，2020）。未来应加强社会保障体系在灾害救济、扶贫济弱中的作用，加大对气候脆弱地区人口的能力建设和社会保障兜底投入，例如，提供全覆盖的最低生活保障补助、提高医疗保险的覆盖率、为家庭困难的城乡学生提供饮食补贴、针对灾害和意外事件的社会救助计划等。

40.5 教育发展政策

1. 教育与适应的政策协同

中国政府高度重视教育发展，国家财政性教育投入在 2000～2014 年增长了 10.3 倍，"十二·五"期间，中国教育经费投入占国内生产总值的比重超出了 4%（李春玲，2018）。基础教育、高等教育和职业教育对于应对气候变化能力建设具有不同层面的贡献，例如，基础教育的普及和发展有助于提升受教育人口数量，减小文盲率，提升劳动力素质及其适应与防范气候风险的意识与能力。高等教育和职业教育能够为适应气候变化提供科学研究的专业后备人才，高素质的社会人口有助于推动整个社会科普意识和风险文化的提升。

中国在推进义务教育、促进教育公平方面取得了积极成效。其中，提供经济方面的教育资助（包括免除学费；提供补助、助学金、奖学金和助学贷款等）是一种重要手段。近年来，中国政府提出教育扶贫战略，把教育资助与精准扶贫结合起来。教育扶贫主要是针对贫困地区的贫困人口进行特别教育方面的资助。2016 年 12 月，教育部等六部门联合发布《教育脱贫攻坚"十三五"规划》的通知，提出了中国政府首个教育脱贫的五年规划和行动纲领（表40.4）（李春玲，2018），例如，教育部实施了贫困地区义务教育薄弱学校改造工程，农村义务教育学生营养改善计划，每年惠及 3200 多万学生；加大对特殊群体的扶持力度，健全家庭经济困难学生资助体系，2014 年全国共资助各级各类学生 8500 多万人次，比 2009 年增长

31%；资助总额超过 1400 亿元，是 2009 年的两倍（董洪亮，2015）。

表 40.4　教育脱贫攻坚"十三五"规划的资助政策

教育类型	资助政策
学前教育	健全学前教育资助制度，帮助农村贫困家庭幼儿接受学前教育
义务教育	落实好"两免一补"政策，完善控辍保学机制，保障建档立卡等贫困家庭学生顺利完成义务教育
中等职业教育	支持建档立卡等贫困家庭初中毕业生到省（自治区、直辖市）外经济较发达地区接受中等职业教育，在享受免学费和在国家助学金政策的基础上，各地给予必要的住宿费、交通费等补助。逐步对建档立卡等贫困家庭学生接受中等职业教育实现免学费和国家助学金补助政策的全覆盖
普通高中	继续实施普通高中国家助学金政策，实现对建档立卡等贫困家庭学生的全覆盖。免除公办普通高中建档立卡等家庭经济困难学生的学杂费
高等教育	进一步完善贫困大学生资助政策体系，确保覆盖全部建档立卡等贫困大学生。落实贫困高校毕业生就业创业帮扶政策，建立贫困毕业生信息库，实行"一对一"动态管理和服务

2. 协同效果评价

目前中国教育发展领域仍然存在许多问题，例如，区域发展不平衡，城乡差异巨大，贫富之间和阶层之间教育不平等突出，流动儿童和留守儿童的教育难题未能解决等（李春玲，2018）。此外，与适应气候变化相关的环境教育、气候科普等在中国可持续发展教育中仍然缺少关注和重视。

从相关研究来看，妇女儿童、文盲以及老龄、疾病、残疾人口都是气候变化的脆弱群体，其中教育能力是影响气候风险适应能力的重要因素。家庭经济状况和家庭阶层地位对子女教育机会和教育质量具有较大的影响，目前教育领域的脆弱群体主要是贫困家庭子女和农村留守儿童。《2015 年全国教育事业发展统计公报》数据显示，中国义务教育阶段在校生人数为1.40 亿，其中进城务工人员随迁子女数和农村留守儿童数已分别达 1367.10 万人和 2019.24万人，占中国义务教育阶段在校生人数的四分之一。2016 年 2 月，国务院印发《关于加强农村留守儿童关爱保护工作的意见》，提出建立完善家庭、政府、学校、社会齐抓共管的农村留守儿童关爱服务体系，例如，通过政府购买服务等方式，支持和推动社会工作服务机构、公益慈善类社会组织、志愿服务组织等社会力量为农村留守儿童提供专业服务。

参 考 文 献

董洪亮. 2015. 辉煌"十二五"：我国教育事业迈上新台阶. 人民日报[2015-10-13(001)].

范雷. 2017. 2016 年中国教育改革和发展报告//李培林, 陈光金, 张翼. 社会蓝皮书 2017 年中国社会形势分析与预测. 北京: 社会科学文献出版社.

冯相昭, 梁启迪, 王敏. 2020. 机构改革新形势下加强污染物与温室气体协同控制的对策研究.环境与可持续发展, (1): 56-58.

冯相昭, 毛显强. 2018. 我国城市大气污染防治政策协同减排温室气体效果评价——以重庆为案例//谢伏瞻, 刘雅鸣. 气候变化绿皮书: 应对气候变化报告(2018) 聚首卡托维兹. 北京: 社会科学文献出版社.

高玉冰, 毛显强, Gabriel Corsetti, 等. 2014. 城市交通大气污染物与温室气体协同控制效应评价——以乌鲁木齐市为例. 中国环境科学, 34(11): 2985-2992.

江洪. 2016. 金砖国家对外贸易隐含碳的测算与比较——基于投入产出模型和结构分解的实证分析. 资源科学, 38(12): 2326-2337.

乐施会. 2015. 气候变化与精准扶贫. https://www.docin.com/p-1752068034.html[2021-2-21].

李春玲. 2014. 教育不平等的年代变化趋势(1940-2010)——对城乡教育机会不平等的再考察. 社会学研究, (2):

65-89,243.

李春玲. 2018. 可持续发展教育: 进展与挑战. 北京: 社会科学文献出版社.

李丽平, 姜苹红, 李雨青, 等. 2012. 湘潭市"十一五"总量减排措施对温室气体减排协同效应评价研究. 环境与可持续发展, 37(1): 36-40.

李丽平, 周国梅, 季浩宇. 2010. 污染减排的协同效应评价研究——以攀枝花市为例. 中国人口·资源与环境, (5): 91-95.

李媛媛, 黄新皓, 姜欢欢, 等. 2018. 我国港口货物运输"公转铁"环境成本效益定量评估——政策助力污染防治攻坚战系列研究之八. 中国环境战略与政策研究专报, (29).

李媛媛, 李丽平, 冯相昭, 等. 2020-07-28(003). 污染物与温室气体协同控制方案建议. 中国环境报.

毛显强, 曾桉, 胡涛, 等. 2011. 技术减排措施协同控制效应评价研究. 中国人口·资源与环境, 21(12): 1-7.

孟慧新, 郑艳. 2018. 气候贫困的影响机制及应对策略//谢伏瞻, 刘雅鸣. 气候变化绿皮书: 应对气候变化报告(2018) 聚首卡托维兹. 北京: 社会科学文献出版社.

潘安. 2017. 全球价值链分工对中国对外贸易隐含碳排放的影响. 国际经贸探索, 33(3): 14-26.

彭斯震, 何霄嘉, 张九天, 等. 2015. 中国适应气候变化政策现状、问题和建议. 中国人口·资源与环境, 25(9): 1-7.

沙伟. 2012. 气候变化对国际贸易发展的影响与中国贸易政策选择. 对外经贸实务, (12): 4-9.

谭琦璐, 温宗国, 杨宏伟. 2018. 控制温室气体和大气污染物的协同效应研究评述及建议. 环境保护, 11(24): 51-57.

陶长琪, 徐志琴. 2019. 融入全球价值链有利于实现贸易隐含碳减排吗. 数量经济研究, 1: 16-31.

王长科, 艾婉秀, 赵琳. 2016. 社会性别与气候变化——国际主流化趋势及我国的对策//王伟光, 郑国光. 气候变化绿皮书: 应对气候变化报告(2016) 《巴黎协定》重在落实. 北京: 社会科学文献出版社.

邢有凯, 毛显强, 冯相昭, 等. 2020. 城市蓝天保卫战行动协同控制局地大气污染物和温室气体效果评估——以唐山市为例. 中国环境管理, (4): 20-28.

闫云凤. 2011. 中国对外贸易的隐含碳研究. 上海: 华东师范大学.

张彬, 张莉, 李丽平, 等. 2018. 以贸易投资手段促进国内环境质量改善的案例研究——以石油焦和煤炭为例. 生态环境部环境与经济政策研究中心报告.

张倩. 2014. 贫困陷阱与精英捕获: 气候变化影响下内蒙古牧区的贫富分化. 学海, (5): 132-142.

赵惠燕, 胡祖庆, 胡想顺, 等. 2015. 陕西农村适应气候变化状况及脆弱性评估与分析. 气候变化研究快报, 4(3): 160-170.

郑艳, 林陈贞. 2020. 精准扶贫精准脱贫百村调研·老庄村卷. 北京: 社会科学文献出版社.

郑艳, 石尚柏, 孟慧新, 等. 2018. 气候贫困: 气候变化对农村地区的影响、认知与启示. https://www.doc88. com/p-18361747499761.html[2021-2-16].

周力, 郑旭媛. 2014. 气候变化与中国农村贫困陷阱. 财经研究, (1): 62-72.

Baldos U L C, Hertel T W. 2015. The role of international trade in managing food security risks from climate change. Food Security, 7(2): 275-290.

Bierbaum R, Smith J B, Lee A, et al. 2013. A comprehensive review of climate adaptation in the United States: More than before, but less than needed. Mitigation and Adaptation Strategy for Global Change, 18: 361-406.

Biesbroeck G R, Swart R G, Carter T R, et al. 2010. Europe adapts to climate change: Comparing national adaptation strategies. Global Environmental Change, 20: 440-450.

Geng Y, Ma Z, Xue B, et al. 2013. Co-benefit evaluation for urban public transportation sector: Case of Shenyang, China. Journal of Cleaner Production, 58(7): 82-91.

IPCC.2007. Climate Change 2007: Mitigation of Climate Change. Contribution of Working Group III to the Fourth Assessment Report of the Intergovernmental Panel on Climate Change. Cambridge: Cambridge University Press.

IPCC. 2012. Managing the Risks of Extreme Events and Disasters to Advance Climate Change Adaptation. A Special Report of Working Groups I and II of the Intergovernmental Panel on Climate Change. Cambridge: Cambridge University Press.

IPCC. 2014. Climate Change 2014: Impacts, Adaptation, and Vulnerability. Part A: Global and Sectoral Aspects. IPCC. Contribution of Working Group II to the Fifth Assessment Report of the Intergovernmental Panel on

Climate Change. Cambridge: Cambridge University Press.

Jones B F, Olken B A. 2010. Climate shocks and exports. American Economic Review, 100(2): 454-459.

Karplus V J, 张希良. 2016. 空气污染和气候变化的双控策略//齐晔, 张希良. 中国低碳发展报告(2015-2016). 北京: 社会科学文献出版社.

Leclère D, Havlík P, Fuss S, et al. 2014. Climate change induced transformations of agricultural systems: Insights from a global model. Environmental Research Letters, 9: 124018.

Liu F, Klimont Z, Zhang Q, et al. 2013. Integrating mitigation of air pollutants and greenhouse gases in Chinese cities: Development of GAINS-City model for Beijing. Journal of Cleaner Production, 58: 25-33.

Olsson L, Opondo M, Tschakert P, et al. 2014. Livelihoods and poverty//Field C B, Barros V R, Dokken D J, et al. Climate Change 2014: Impacts, Adaptation, and Vulnerability. Part A: Global andSectoral Aspects. Contribution of Working Group II to the Fifth Assessment Report of the Intergovernmental Panel on Climate Change. Cambridge and New York: Cambridge University Press.

Reilly J, Hohmann N. 1993. Climate change and agriculture: The role of international trade. American Economic Review, 83(2): 306-312.

WB. 2015. Global Monitoring Report 2014/2015: Ending Poverty and Sharing Prosperity. Washington, DC: World Bank.

WB. 2016. Shock Waves: Managing the Impacts of Climate Change on Poverty. Climate Change and Development. Washington, DC: World Bank.

Zadek S. 2011. Beyond climate finance: from accountability to productivity in addressing the climate challenge. Climate Policy, 11(3): 1058-1068.

Zhang X. 2013. Co-benefits of integrating PM10 and CO_2 reduction in an electricity industry in Tianjin, China. Aerosol & Air Quality Research, 13(2): 756-770.

Zhao H Y, Hu Z Q, Hu X S, et al. Investigation and analysis about the adaptation on climate changes in rural area. Climate Change Research Letters, 4(3): 160-170.

第41章 应对气候变化的地方行动、能力建设和公众参与

首席作者：于胜民　刘硕
主要作者：杨秀　许光清

摘　要

本章共分三部分，分别总结评估了我国地方政府在减缓和适应气候变化方面的相关行动，应对气候变化的能力建设，以及社会公众广泛参与应对气候变化的意识与行动。各地在减缓方面结合当地实际开展了各具特色的低碳试点行动和碳排放率先达峰行动，从整体上带动和促进了全国范围的绿色低碳发展，也显现出一些深层次的问题和挑战；在适应方面因地制宜制定了各类适应方案，广泛覆盖基础设施建设、农业、水资源、海岸带、森林和其他生态系统多个方面，并取得了积极成效。在能力建设方面，我国自"十二五"以来通过制度体系、组织机构以及人才队伍方面的能力建设，已经基本建成了国家、地方、企业三级温室气体核算、报告、核查体系以及与之相匹配的基础数据统计体系，为制定、实施、评估、改进减缓行动与目标提供了信息保障；适应气候变化能力的整体提升则主要体现在地方政策制定水平和科研水平的大幅度提高，为可持续地实施适应措施提供了有力保障。在政府的积极引导下，全社会应对气候变化意识不断增强，但企业管理人员的气候变化意识受年龄、产业类型、企业类型的影响显著；我国企业界正在逐渐进行低碳转型，但企业行动不均衡，受企业规模影响显著；公众从意识到行动上日益重视气候变化，近几年有越来越多的公众践行低碳行动，同时公众对气候变化表现出不同程度的担忧并以"趋利避害"的策略适应气候变化和强化风险防范意识。

41.1　应对气候变化的地方行动

减缓和适应气候变化是应对气候变化的两个有机组成部分，减缓与适应必须统筹兼顾、协调平衡、同举并重。我国坚持减缓与适应并重的应对气候变化原则[①]，指导和支持地方因地制宜地开展行动。本节分为减缓与适应两部分，概述地方的应对气候变化行动。

41.1.1　地方的减缓行动

为落实"十三五"控制温室气体排放的目标与任务要求，各省（自治区、直辖市）纷纷

---

① 国务院关于印发中国应对气候变化国家方案的通知（国发 2007[1]号），2007 年 6 月.

编制省级应对气候变化规划和控制温室气体排放工作方案，制定"十三五"碳强度目标，并从能源节约与结构优化、低碳产业体系建设、城镇化低碳发展、碳市场建设运行、低碳科技创新、基础能力支撑和国际合作等方面开展行动。

为推动地方先行先试，我国从 2010 年起，陆续开展了低碳省区和低碳城市、低碳工业园区、低碳社区、低碳城（镇）等试点工作，将其作为充分调动各方面积极性，在不同地域、不同自然条件、不同发展基础的地区探索符合当地实际、各具特色低碳发展模式的重要政策抓手。各地区从不同层次、不同方面积极探索各具特色低碳发展路径和模式，全社会应对气候变化和低碳发展意识不断提高。

1. 地方低碳试点的总体情况

国家发展改革委组织开展低碳省区和低碳城市试点，分别于 2010 年、2012 年和 2017 年批复三批共 6 个省和 81 个城市试点，要求各试点地区编制低碳发展规划，探索适合本地区的低碳绿色发展模式和发展路径，加快建立以低碳为特征的工业、能源、建筑、交通等产业体系和低碳生活方式。

除低碳省市试点外，国家应对气候变化主管部门还陆续开展了其他低碳试点，包括 2015 年批复的 8 个国家低碳城（镇）试点、2015 年 8 月及 12 月批复的 39 家国家低碳工业园区试点（第一批）和 12 家国家低碳工业园区试点（第二批），以及 2014 年要求地方各级组织开展的低碳社区试点。各类国家试点的分布情况如表 41.1 所示。

表 41.1　各类国家试点的分布情况

省份	低碳省市试点	低碳城（镇）试点	低碳工业园区试点
北京	北京市		中关村永丰高新技术产业基地、北京采育经济开发区
天津	天津市		天津经济技术开发区、天津滨海高新技术产业开发区华苑科技园
河北	保定市、石家庄市、秦皇岛市		唐山国家高新技术产业开发区
山西	晋城市		太原高新技术产业开发区
内蒙古	呼伦贝尔市、乌海市		鄂托克经济开发区、赤峰红山经济开发区
辽宁	沈阳市、大连市、朝阳市		沈阳经济技术开发区、大连经济技术开发区
吉林	吉林市		吉林化学工业循环经济示范园区、长春经济技术开发区、延吉国家高新技术产业开发区
黑龙江	大兴安岭地区逊克县		齐齐哈尔高新技术产业开发区
上海	上海市		上海化学工业区、金桥经济技术开发区
江苏	苏州市、淮安市、镇江市、南京市、常州市	镇江官塘低碳新城、无锡中瑞低碳生态城	宜兴环保科技工业园、苏州工业园区、泰州医药高新技术产业开发区
浙江	宁波市、温州市、嘉兴市、金华市、衢州市		嘉兴秀洲工业园区、杭州经济技术开发区、温州经济技术开发区、宁波经济技术开发区
安徽	池州市、合肥市、淮北市、黄山市、六安市、宣城市		合肥经济技术开发区、池州经济技术开发区
福建	厦门市、南平市、三明市	三明生态新城	长泰经济开发区
江西	南昌市、景德镇市、赣州市、共青城市、吉安市、抚州市		南昌国家高新技术产业开发区、新余国家高新技术产业开发区
山东	青岛市、济南市、烟台市、潍坊市	青岛中德生态园	临沂经济技术开发区、日照经济技术开发区、青岛国家高新技术产业开发区

续表

省份	低碳省市试点	低碳城（镇）试点	低碳工业园区试点
河南	济源市		洛阳国家高新技术产业开发区
湖北	湖北省、武汉市、长阳土家族自治县	武汉花山生态新城	武汉青山经济开发区、孝感高新技术产业开发区、黄石黄金山工业园区
湖南	长沙市、株洲市、湘潭市、郴州市		湘潭国家高新技术产业开发区、岳阳绿色化工产业园、益阳高新技术产业开发区
广东	广东省、深圳市、广州市、中山市	深圳国际低碳城、珠海横琴新区	
广西	桂林市、柳州市		南宁高新技术产业开发区
海南	海南省、三亚市、琼中黎族苗族自治县		海南老城经济开发区
重庆	重庆市		重庆璧山工业园区、重庆双桥工业园区
四川	广元市、成都市		达州经济开发区
贵州	贵阳市、遵义市		贵阳国家高新技术产业开发区、遵义经济技术开发区
云南	云南省、昆明市、玉溪市、普洱市思茅区	昆明呈贡低碳新区	
西藏	拉萨市		
陕西	陕西省、延安市、安康市		
甘肃	金昌市、兰州市、敦煌市		嘉峪关经济技术开发区
青海	西宁市		格尔木昆仑经济技术开发区、西宁经济技术开发区、甘河工业园区
宁夏	银川市、吴忠市		石嘴山高新技术产业开发区
新疆	乌鲁木齐市、昌吉市、伊宁市、和田市		乌鲁木齐高新技术产业开发区
新疆生产建设兵团	第一师阿拉尔市		

低碳试点涵盖了除港澳台外的 31 个省（自治区、直辖市），各类低碳试点政策实施以来，我国在推动低碳转型、培育绿色增长点、实施低碳政策创新、普及低碳理念等方面取得了积极进展，也从整体上带动和促进了全国范围的绿色低碳发展。10 个试点的省和直辖市中，有 9 个省（直辖市）的单位 GDP 碳排放下降率在"十二五"时期快于全国[①]，试点带来的低碳经济转型效果已经显现。

同时，通过参与低碳试点，中国城市积极走向世界，参与国际合作，在全球舞台讲述中国故事，联合国气候变化大会上，多次举办"地方行动"和城市专场中国角边会[②]，介绍中国城市低碳发展的进展；2015 年和 2016 年的中美气候智慧型/低碳城市峰会[③④]、2016 年的中欧城市峰会上，中外城市就低碳发展的经验、挑战和战略进行了充分交流[⑤]；

① 根据 2016 年各省市政府工作报告、统计公报数据测算.
② 在波兰气候大会上讲述中国"应对气候变化的地方行动"，中国应对气候变化信息网，http://www.ccchina.org.cn/Detail.aspx?newsId=71137&TId=251.
③ 第一届中美气候智慧型/低碳城市峰会成功召开，中国气候变化信息网，http://www.ccchina.org.cn/Detail.aspx?newsId=55512&TId=93.
④ 第二届中美气候智慧型/低碳城市峰会在京召开，中国气候变化信息网，http://www.ccchina.org.cn/Detail.aspx?newsId=61655&TId=93.
⑤ 中欧低碳城市会议在武汉召开，中国气候变化信息网，http://www.ccchina.org.cn/Detail.aspx?newsId=62091&TId=93.

深圳①、镇江②、湖南③等连续举办国际低碳论坛，广泛吸引国内外政府机构、国际组织和跨国企业参与，宣传试点示范经验，营造低碳发展氛围，凝聚低碳发展共识。

2. 低碳试点的经验做法

试点是推动地方落实低碳发展理念、提出低碳发展战略目标和创新低碳发展体制机制的重要试验田。涌现出一批好的做法，为其他地区的低碳发展提供了可复制、可推广的经验。

1）以低碳发展规划为引领，积极探索低碳发展模式与路径

试点地区通过将低碳发展主要目标纳入国民经济和社会发展五年规划，将低碳发展规划融入地方政府的规划体系。试点地区通过编制低碳发展规划，明确本地区低碳发展的重要目标、重点领域及重大项目，积极探索适合本地区发展阶段、排放特点、资源禀赋以及产业特点的低碳发展模式与路径，充分发挥低碳发展规划的引领作用。

2）以排放峰值目标为导向，研究制定低碳发展制度与政策

共有 73 个试点省市研究提出了实现碳排放峰值的初步目标，有 28 个试点省市以政府文件的形式公开向全社会发布了峰值目标（表 41.2），其中提出不晚于 2020 年达峰和 2021～2025 年达峰的各有 9 个和 11 个。北京、深圳、广州、武汉、镇江、贵阳、吉林、金昌、延安和海南等城市陆续加入了"率先达峰城市联盟"，向国际社会公开宣示了峰值目标并提出了相应的政策和行动。试点地区通过对碳排放峰值目标及实施路线图研究，不断加深对峰值目标的科学认识和政治共识，不断强化低碳发展目标的约束力，不断强化低碳发展相关制度与政策创新，加快形成促进低碳发展的倒逼机制。

表 41.2　低碳省市试点通过公开文件提出的峰值年份目标汇总（截至 2018 年 12 月）

城市	峰值年份	发布渠道（年份，主体）
宁波市（2*）	2018	《宁波市低碳城市发展规划（2016—2020 年）》（2017 年，宁波市人民政府）
杭州市（1）	2020	《杭州市应对气候变化规划（2013—2020 年）》（2013 年，杭州市发展和改革委员会）
深圳市（1）	2020	《深圳市应对气候变化"十三五"规划》（2016 年，深圳市发展和改革委员会）
北京市（2）	2020	《北京市国民经济和社会发展第十三个五年规划纲要》（2016 年，北京市发展和改革委员会）
广州市（2）	2020	《广州市节能降碳第十三个五年规划（2016—2020 年）》（2017 年，广州市人民政府办公厅）
青岛市（2）	2020	《青岛市"十三五"规划纲要》（2016 年，青岛市人民政府）
苏州市（2）	2020	《苏州市低碳发展规划》（2013 年，苏州市人民政府）
南平市（2）	2020	《南平市低碳城市试点工作实施方案》（2013 年，南平市发展和改革委员会）
烟台市（3）	2020	《山东省低碳发展工作方案（2017—2020 年）》（2018 年，山东省人民政府）
武汉市（2）	2022	《武汉市碳排放达峰行动计划（2017—2022 年）》（2017 年，武汉市人民政府）
赣州市（2）	2023	《赣州市人民政府关于建设低碳城市的意见》（2014 年，赣州市人民政府）
云南省（1）	2025	《云南省"十三五"控制温室气体排放工作方案》（2017 年，云南省人民政府）
天津市（1）	2025	《天津市"十三五"控制温室气体排放工作实施方案》（2017 年，天津市人民政府）

---

① 第六届深圳国际低碳城论坛举办，中国气候变化信息网，http://www.ccchina.org.cn/Detail.aspx?newsId=70855&TId=66.

② 2018 年国际低碳大会在镇江举办，中国气候变化信息网，http://www.ccchina.org.cn/Detail.aspx?newsId=70924&TId=57.

③ 2018 亚太低碳技术高峰论坛在长沙开幕，中国气候变化信息网，http://www.ccchina.org.cn/Detail.aspx?newsId=70936&TId=57.

城市	峰值年份	发布渠道（年份，主体）
上海市（2）	2025	《上海市国民经济和社会发展第十三个五年规划纲要》（2016 年，上海市人民政府）；上海市城市总体规划（2017—2035 年）（2018 年，上海市人民政府）
成都市（3）	2025	《成都低碳城市试点实施方案》（2017，成都市发展和改革委员会）
济南市（3）	2025	《济南市低碳发展工作方案（2018—2020 年）》（2018 年，济南市人民政府）
潍坊市（3）	2025	《山东省低碳发展工作方案（2017—2020 年）》（2017 年，山东省人民政府）
兰州市（3）	2025	《兰州市 2025 年实现碳排放达峰实施方案》（2017 年，兰州市人民政府办公厅）
株洲市（3）	2025	《株洲市低碳城市试点工作实施方案》（2018 年，株洲市人民政府）
琼中黎族苗族自治县（3）	2025	《琼中黎族苗族自治县低碳发展规划》（2018 年，琼中县政府办）
共青城市（3）	2027	《共青城市低碳城市试点实施方案》（2018 年，共青城市人民政府）
安康市（3）	2028	《安康市国家低碳城市试点工作实施方案（2016—2020 年）》（2017 年，安康市人民政府）
延安市（2）	2029	《延安市低碳发展中长期规划（2015—2030 年）》（2017 年，延安市人民政府办公室）
海南省（2）	2030	《海南省"十三五"控制温室气体排放工作方案》（2018，海南省人民政府）
遵义市（2）	2030	《遵义市低碳试点工作初步实施方案》（2014 年，遵义市发展和改革委员会）
桂林市（2）	2030 前	《桂林市低碳城市发展"十三五"规划（2016—2020 年）》（2016 年，桂林市发展和改革委员会）
重庆市（1）	2030 前	《重庆市"十三五"控制温室气体排放工作方案》（2017 年，重庆市人民政府）
广东省（1）	2030 前	《广东省"十三五"控制温室气体排放工作实施方案》（2017 年，广东省人民政府）

3）以低碳技术项目为抓手，加快构建低碳发展的产业体系

试点省市大力发展服务业和战略性新兴产业，加快运用低碳技术改造提升传统产业，积极推进工业、能源、建筑、交通等重点领域的低碳发展，并以重大项目为依托，着力构建以低排放为特征的现代产业体系。部分试点省市设立了低碳发展或节能减排专项资金，为低碳技术研发、低碳项目建设和低碳产业示范提供资金支持。

4）以管理平台建设为载体，不断强化低碳发展的支撑体系

全部试点省市成立了应对气候变化或低碳发展领导小组，部分试点省市成立了应对气候变化处（科）或低碳办。所有试点省市均开展了地区温室气体清单编制工作，部分试点省市建立了重点企业温室气体排放统计核算工作体系，部分城市建设了碳排放数据管理平台，借此能够及时掌握区县、重点行业、重点企业的碳排放状况。

5）以低碳生活方式为突破，加快形成全社会共同参与格局

试点地区创新性开展了低碳社区试点工作，通过建立社区低碳主题宣传栏、社区低碳驿站，以及试行碳积分制、碳币、碳信用卡、碳普惠制等方式，积极创建低碳家庭，探索从碳排放的"末梢神经"抓起，促进形成低碳生活的社会风尚，让人民群众有更多参与感和获得感。部分试点省市开展了低碳产品的标识与认证工作，推动低碳产品的生产与消费。另有部分试点省市通过成立低碳研究中心、低碳发展专家委员会、低碳发展促进会、低碳协会等机构，加快形成全社会共同参与的良好氛围。

3. 低碳试点面临的问题

随着我国低碳试点工作的不断推进深入，试点建设过程中的一些深层次问题、矛盾和挑战也逐渐显现，亟须进一步加强研究、凝聚共识、大胆探索，力争取得重大突破。

1）低碳理念仍需深化

近年来低碳试点工作有效增强了各方的低碳发展意识，但有些地区的政府工作报告未提及碳排放强度下降目标，低碳城市建设领导小组基本没有开过会议或推进相关工作，体现了

仍有部分试点地方政府领导没有主动将低碳发展理念融入地区经济社会发展中，低碳发展理念还停留在节能减排阶段，没有真正成为落实新发展理念、培育新增长点的重要抓手。部分试点政府部门间的协调联动机制也尚未形成，除主管部门外，其他相关部门、行业对低碳发展的重视程度有待提高。

2）峰值目标的研判和力度尚需加强

部分试点地区仅将峰值目标简单理解为限制本地区发展空间的指标，并未从战略高度充分认识峰值对于形成倒逼机制的作用，峰值目标决策不够主动积极。大部分提出峰值目标的试点地区尚未出台达峰路线图和行动方案，存在"重口号、轻落实"等现象。此外，峰值目标由试点地区自行提出，缺乏国家层面的统筹决策和综合判定，出现了部分试点地区峰值目标较晚、力度不够等情况，单纯依靠"自下而上"难以有效支撑国家层面的峰值目标的落实。

3）制度创新和行动落实有待加强

部分试点地区低碳管理体制建设相对滞后，目标责任评价考核体系和统计体系尚未建立，碳排放总量控制制度、区域和项目碳准入机制、碳金融等制度创新在实际工作中的进展也较为有限。部分试点地区未能将低碳标准要求切实融入新型城镇化、产业体系、能源供应、生活消费等领域，真正实现绿色低碳与经济社会发展相协同。

4）国家层面的支持力度有待提高

尽管低碳试点的组织实施对推动地方应对气候变化工作落实发挥了重要作用，但国家未对低碳试点提出约束性目标要求，在推动试点建设过程中针对问题与困难的指导不足，除支持部分试点的规划制定、清单编制等研究经费外，未提供其他资金支持，导致部分试点在推动工作时的信心、定力和能力不足，低碳发展任务措施的落实不到位。

41.1.2　地方的适应行动

按照我国发布的《国家适应气候变化战略》（中央人民政府，2013），我国适应重点任务涉及基础设施、农业、水资源、海岸带和相关海域、森林和其他生态系统等领域。各地方围绕重点任务、依据自身适应工作基础，制定了相关规划和实施方案，取得了良好进展。本节将梳理上述领域在典型省份或自治区开展的政策措施和适应行动，以典型案例分析的形式阐述我国地方适应行动进展与成效。

1. 基础设施

基础设施主要针对城市应对极端气候事件防御工程建设和城市灾害应急系统建设两个方面。以沿海城市面临的风暴潮为例，本部分梳理了上海、广东、云南 3 个典型省份在增强基础设施建设、提高城市适应能力的目标下采取的政策措施和行动，总结了适应效果（表 41.3）。

1）上海城市基础设施极端气候事件防御适应工程

上海市政府针对极端气候事件发生频率增高、灾害程度加剧的问题，强调了亟须全面提升城市适应能力。2017 年公布了《上海市节能和应对气候变化"十三五"规划》（上海市人民政府，2017），提出了 6 个方面的政策措施，包括：①提升城市防汛能力；②强化能源和水资源供给保障；③加强交通适应气候变化能力；④开展城市风险源排查监控和重大隐患治理；⑤实施多部门预警信息联动、制定应急预案；⑥加强防洪排涝、能源资源供应、交通等重点领域应对气候变化风险评估和对策研究。各项措施为上海市应对气候变化不利影响提供了有力保障。

2）广东省红树林海岸带防护系统适应措施

红树林是陆地向海洋过渡的特殊生态系统，能够促淤保滩、固岸护堤，消减台风风暴潮等袭击带来的海浪灾害,是构筑海岸防护林体系的首选防线。由于围海造地、围海养殖、砍伐等人为因素,红树林经历了生境退化和面积持续萎缩,由20世纪70年代的4.2万 hm^2 减少到1.46万 hm^2,不及世界红树林面积1700万 hm^2 的千分之一(杨加志等,2018)。我国仅有 $2.3×10^4$ hm^2 (张莉等,2013)。广东省是全国红树林资源最丰富的地区之一(黄灵玉,2015)。2013~2018年以来,广东省相继遭受超强台风和强台风破坏,这与其沿岸红树林植被破坏具有密切关系。

为了应对极端气候事件导致的台风风暴潮,广东省大力开展红树林植被和湿地保护,取得了积极成效。2001年,广东省组织开展了全省红树林专项调查,摸清各地级市现有红树林分布范围、面积、质量等状况,切实掌握红树林资源,针对存在问题提出切实可行的保护措施(赵玉灵,2017)。截至2012年底,广东省相继建立了12个与红树林相关的自然保护区,保护区总面积达35101 hm^2,纳入各级保护机构管理的红树林面积达 10289.00 hm^2,占红树林面积的85.5%,为沿岸消减灾害影响提供了有力保障(杨加志等,2018)。

3)云南省农村灾害应急系统适应工程建设

云南省经济主要依赖农牧业活动,其对气候变化更加敏感脆弱。气候变化导致冰川和积雪融化加速,水资源分布失衡,生物多样性受到威胁,灾害性气候事件频发,对农、林、牧、渔等经济社会活动产生不利影响日益严峻。

为降低气候变化带来的不利影响,2016年云南省提出明确适应气候变化的重点方向,即提高城乡基础设施适应能力,加强水资源管理和设施建设,提高农业与林业适应能力,提高生态脆弱地区适应能力,提高人群健康领域适应能力,加强防灾减灾体系建设(云南省发展和改革委员会,2016)。该政策的落实为应对气候变化不利影响取得了3个方面的积极进展,包括:①防洪抗旱。加快列入国家规划的25条大江大河干流、重要支流重点河段治理。②水资源高效利用。开展农业、城镇和工厂高效节水减排工程建设。③水源调控和保护。建设引水和输水工程,建造大中型水库;实施清淤增效工程,对水源地进行改善和保护。

表41.3 中国典型省市应对气候变化基础设施建设适应政策措施、行动和成效

项目	上海	广东	云南
气候风险	极端气候事件导致的城市洪涝等灾害	海岸带台风风暴潮加剧沿海生态系统的破坏程度	水资源时空分配不均,导致旱涝灾害频发
政策措施	2017年出台《上海市节能和应对气候变化"十三五"规划》,以尽快提升城市适应能力	2001年广东省组织开展了全省红树林专项调查;设立了国家级自然保护区	2016年出台《云南省应对气候变化规划(2016—2020年)》
实施行动及成效	提升城市防汛能力;强化能源和水资源供给保障;加强交通适应气候变化能力;开展城市风险源排查监控和重大隐患治理;实施多部门预警信息联动、制定应急预案;加强防洪排涝、能源资源供应、交通等重点领域应对气候变化风险评估和对策研究	摸清各地级市现有红树林分布范围、面积、质量等状况,切实掌握红树林资源;截至2012年底,广东省相继建立了12个与红树林相关的自然保护区,自然保护区总面积达35101 hm^2,纳入各级保护机构管理的红树林面积为10289.00 hm^2,占红树林面积的85.5%	防洪抗旱。加快列入国家规划的25条大江大河干流、重要支流重点河段治理。水资源高效利用。开展农业、城镇和工厂高效节水减排工程建设。到2020年实施节水灌溉面积1492万亩、城市生活节水239个项目,工业节水改造项目263个。水源调控和保护。开工建设滇中引水工程,输水工程线路总长度848.18km,设计年调水量34.2亿 m^3,新建大型水库5座、新建续建中型水库111座;实施泥沙淤积严重水库的清淤增效工程978项。规划建设156个县级以上城镇集中式供水水源地,对水源地进行改善和保护

2. 农业

我国是农业大国,温度和降水等气候因素在时空分布格局上的剧烈波动会对农业生产造

成影响。提高农业生产适应能力是关系国家可持续发展的重要战略问题。种植业和草原畜牧业是农业领域受气候变化影响最为严重的产业。目前，我国粮食主产区和主要畜牧业生产基地已针对各类气候灾害采取了政策措施和适应行动，以减少损失，保障粮食安全。本部分以我国北方粮食生产和畜牧业发展为对象，以黑龙江和内蒙古为典型省份和自治区，梳理了农业领域的政策措施和适应行动，总结了主要进展（表 41.4）。

　　1）黑龙江农业利用气候变化有利因素适应试点示范工程

　　黑龙江是我国粮食主产区，但极端降水和升温导致的旱涝、病虫害对当地农业生产和管理造成了极大的不利影响。根据《黑龙江省综合防灾减灾规划（2016—2020 年）》（黑龙江省人民政府办公厅，2017），黑龙江主要开展了 2 项措施保障粮食生产适应气候变化，包括：①加强科技支撑。加强以企业为主体的育种创新体系建设，建立种子产业技术创新战略联盟，组建产业技术创新与服务团队，构建农业领域科研资源技术平台。②建立农业重点建设工程，建设玉米、水稻生物育种和现代常规育种研发中心，提高品种科技创新能力。

　　2）内蒙古典型草原畜牧业发展适应试点示范工程

　　内蒙古典型草原受气候暖干化影响，产生的退化和沙化等问题十分严重，对当地农牧业发展造成巨大不利影响。为此，地方以退化草原的修复与保护为重点，采取政策、经济、工程等措施，综合治理退化草原，推广气候变化条件下基于草畜平衡的草原畜牧业发展经验。根据《内蒙古自治区"十三五"应对气候变化规划》（内蒙古自治区人民政府办公厅，2017），内蒙古将种植业和畜牧业作为应对气候变化农业适应措施的重点领域进行规划，主要措施包括：①对于种植业，旱作农业区推广集雨补灌、农艺节水、保护性耕作等技术，引进和培育高光效、耐高温和耐旱作物品种。②对于畜牧业，加快牲畜棚圈改造升级，培育优势饲草产业集聚区，建立现代饲草饲料加工体系；建设饲草料应急储备库，增强饲草料储备能力。③提高监测预警与防治能力，开展气候变化背景下草原虫鼠害、动物疫病与草原火灾新特点研究。

表 41.4　中国典型省份和自治区农业领域适应气候变化政策措施、行动和成效

省（自治区）	气候风险	政策措施	行动和成效
黑龙江	极端降水和升温导致的旱涝、病虫害对农业生产和管理造成不利影响	《黑龙江省综合防灾减灾规划》（2016～2020 年）	加强科技支撑。以企业为主体的育种创新体系建设，建立种子产业技术创新战略联盟，组建产业技术创新与服务团队，构建农业领域重点实验室、检测中心、示范基地、种质资源库、数据库等科研资源技术。建立农业重点建设工程。水稻主产县（市、区）新建单栋 $360m^2$ 育秧大棚 26.26 万栋，建设玉米、水稻生物育种和现代常规种研发中心，提高品种科技创新能力。建设 10 个农业科技创新与集成示范基地、20 个特色产业基地和 30 个专家服务站。建设 100 个县级重大病虫害公益性植保应急防治队，加强村屯专业化组织和农药公共配药站建设，建设面积在 $5hm^2$ 以上的国外引种隔离场
内蒙古	典型草原受气候暖干化影响产生的退化和沙化严重限制农牧业发展	《内蒙古自治区"十三五"应对气候变化规划》	对于种植业，旱作农业区推广集雨补灌、农艺节水、保护性耕作等技术，引进和培育高光效、耐高温和耐旱作物品种；对于畜牧业，加快牲畜棚圈改造升级，到 2020 年牧区过冬畜暖棚圈面积达到 $1.5m^2$/羊单位。培育优势饲草产业集聚区，建立现代饲草饲料加工体系，到 2020 年全区饲料总产量达到 400 万 t；建设饲草料应急储备库，增强饲草料储备能力；提高监测预警与防治能力，开展气候变化背景下草原虫鼠害、动物疫病与草原火灾新特点研究

3. 水资源

受气候变化影响，各地区降水量时空分配不均的问题日益突出，造成我国脆弱区水土保持、居民饮用水安全等生产生活受到严重影响，制约了地区经济社会的可持续发展。为了提升国家水资源领域适应气候变化的能力，"十二五"以来中国水利建设在抵御干旱洪涝气候风险、保障农村饮水安全、提升水利系统适应气候变化能力等方面成效显著。"十二五"时期，中国水利建设完成总投资超过 2 万亿元，加快推进 172 项节水供水重大水利工程建设，其他重大水利工程和民生水利工程建设也全力提速，加快实施最严格水资源管理制度。全国洪涝灾害农作物受灾面积、受灾人口、死亡人口、倒塌房屋相比 2000 年以来同期均值分别减少了 14%、27%、49%、57%，最大限度地减轻了气候灾害损失。"十三五"时期，水利建设投资初步估算为 2.43 万亿元，较"十二五"投资增长 20%；首次通过设置防洪抗旱减灾、节约用水、城乡供水、农村水利、水生态环境保护和水利改革管理 6 个方面的 16 项指标，严格落实水资源管理政策。

各地方在全面规划的基础上，将预防、保护、监督、治理和修复相结合，因地制宜、因害设防，优化配置工程、生物和农业等措施，构建科学完善的水土流失综合防治体系。本部分以江西和新疆两个东西部典型省份和自治区为代表，梳理了各自在水资源领域采取的政策措施和适应行动（表 41.5）。

表 41.5 中国典型省份和自治区水资源领域适应气候变化政策措施、行动和成效

省（自治区）	气候风险	政策措施	行动和成效
江西	极端气候事件频发，导致旱涝、冰冻灾害频发	2016 年出台《江西省"十三五"应对气候变化规划》（赣发改[2016]1551 号）	加强了水利设施建设和水资源管理。到 2020 年，新增供水能力 20 亿 m³，新增及恢复农田有效灌溉面积 400 万亩；加快流域控制性枢纽工程建设，提高水利设施在降水时空分布不均加剧背景下的调节能力；加强灾害监测、预警预报和应急处置能力建设；加强水环境保护，推进水权改革和水资源有偿使用制度；实施重点水源工程和大中型灌区新建和续建配套工程；加大小型农田水利建设力度，推进大中型灌排泵站更新改造；建设农村饮水安全巩固提升工程，推进城乡供水一体化
新疆	融雪型洪水发生频次增多、洪峰流量增大	新疆气象事业发展"十三五"规划	强化水资源管理。推行水资源利用总量控制、定额管理和年度水量分配计划管理，建立与市场经济体制相适应的水利工程投融资体制和水利工程管理体制；加强灌区续建配套、农村人畜饮水、城镇供水、水土保持重点工程、其他水源工程和饲草料基地灌溉等工程建设，形成全区水利保障体系

1）江西鄱阳湖水资源保护适应试点示范工程

气候变化导致江西省极端气候事件增加，洪涝、干旱和冰冻等灾害频发，鄱阳湖流域湿地沙化面积增大，总体生态功能降低。

根据《江西省"十三五"应对气候变化规划》（江西省发展和改革委员会，2017）的要求，江西省加强了水利设施建设和水资源管理。主要措施和成效包括：①加强水利设施建设和水资源管理；②加快流域控制性枢纽工程建设，提高水利设施在降水时空分布不均加剧背景下的调节能力；③加强灾害监测、预警预报和应急处置能力建设；④加强水环境保护，推进水权改革和水资源有偿使用制度；⑤实施重点水源工程和大中型灌区新建和续建配套工程；⑥加大小型农田水利建设力度，推进大中型灌排泵站更新改造；⑦建设农村饮水安全巩固提升工程，推进城乡供水一体化。

2）新疆融雪型洪水灾害综合防治适应试点示范工程

新疆融雪型洪水发生频次增多、洪峰流量增大。为应对其不利影响，新疆人民政府对新疆水资源开发和保护领域适应气候变化提出了以水资源开发和保护为主的适应目标（新疆维吾尔自治区人民政府，2017）。主要措施包括：①强化水资源管理，建立与市场经济体制相适应的水利工程投融资体制和水利工程管理体制；②加强灌区、水源保护等工程建设，形成全区水利保障体系。

4. 海岸带和相关海域

我国海岸带面临的主要气候灾害是台风和海啸造成的生态环境和人居环境破坏，以及沿海捕捞造成的生境脆弱。本部分以海南作为典型省份，对其采取的地方政策措施和适应行动进行了案例分析，主要包括：①海南红树林环境保护与生态修复相关政策建议，并加大了沿海红树林区域退塘还林力度；②加强海洋执法巡护，实施休渔（表41.6）。

表 41.6　中国典型省份海岸带适应气候变化政策措施、行动和成效

省份	气候风险	政策措施	行动和成效
海南	台风和海啸造成的生态环境和人居环境破坏，以及沿海捕捞造成的生境脆弱	2016年8月印发《海南省林业生态修复与湿地保护专项行动实施方案》；2018年2月印发《海南省2018—2019年度退塘还林（湿）工作实施方案》	加大沿海红树林区域退塘还林力度。2013年以来，获得中央及省级湿地保护与恢复相关资金累计1.24亿元。2015~2017年底在全省开展林区生态修复和湿地保护专项行动，共完成退塘还湿（林）10253亩；加强海洋执法巡护。每年5~8月，在南海海域（含北部湾）实施休渔。2017年全省派出执法船艇446艘次、执法车辆268辆次、执法工作人员3522人次、执法船艇151艘次（船艇行驶里程9255海里①）、没收渔获物1875kg。

① 1海里=1852m。

5. 森林和其他生态系统

森林是我国重要陆地生态系统，其对于涵养水源、改善局地小气候、水土保持等具有重要生态价值。气候变化导致的局部地区温度降水变化造成森林火灾和病虫害频发，是我国森林生态系统面临的主要威胁。同时我国沙地生态系统在气候变化影响下也极为脆弱，对地方社会经济发展造成严重影响。本部分以森林面积广阔的四川和生境脆弱的宁夏为典型案例，梳理了各自以森林保护和沙地生态系统恢复为目标采取的政策措施和适应行动，总结了适应进展（表41.7）。

1）四川森林保护和经营适应试点示范工程

四川森林面积广阔，气候变化导致局地温度升高、降水量波动剧烈，致使病虫害加剧和火灾频发。四川省人民政府根据国家精神，因地制宜地开展了天保工程和退耕还林工程，在生物多样性保护、降低气候风险脆弱性方面取得了积极成效，包括：①增强了森林管护责任制；②提高了森林生态效益价值。

2）宁夏生态移民适应试点示范工程

宁夏处于我国半干旱黄土高原向干旱风沙区过渡的农牧交错地带，生态脆弱，干旱少雨，土地瘠薄，资源贫乏，自然灾害频繁，水土流失严重；人口、资源、环境与社会经济发展极不协调。截至2009年底，财政自给率仅为6.5%。该地区贫困人口近150万人，生态失衡、干旱缺水、自然条件极为严酷。为加快扶贫开发进程、实现民生大改善，宁夏回族自治区人民政府决定实施中南部地区生态移民的决策部署，按照《宁夏回族自治区国民经济和社会发展第十二个五年规划纲要》要求，开展并完成了生态移民迁出区生态修复和地方经济增收两项举措，显著提高了当地植被覆盖率、水土保持量，确保了农业增产增收和水源保护。

表 41.7　中国典型省份和自治区森林和沙地生态系统适应气候变化政策措施、行动和成效

省（自治区）	气候风险	政策措施	行动和成效
四川	温度升高、降水量波动剧烈导致病虫害加剧和火灾频发	天保工程、退耕还林工程	增强森林管护责任制。2018 年，对 28732.16 万亩森林实行了常年有效管护，对 8272.7 万亩集体和个人所有公益林实施了森林生态效益补偿，对 2206.96 万亩集体和个人所有天然商品林实行了停伐管护。全年共完成公益林建设 46 万亩，国有中幼林抚育 115.3 万亩，均为年度计划任务的 100%；退耕还林工程成效显著。2016 年度生态效益总价值量为 1701.65 亿元，占全国总量的 12.3%，居各工程省区第一
宁夏	干旱风沙区，生态脆弱，干旱少雨，土地瘠薄，资源贫乏，自然灾害频繁，水土流失严重；人口、资源、环境与社会经济发展极不协调	2013 年《宁夏回族自治区国民经济和社会发展第十二个五年规划纲要》	2017 年，已完成生态移民迁出区生态修复 230 万亩，移民迁出区森林覆盖率达到 16% 左右，植被覆盖度已达到 56%，生态移民土地整治工程投资 6.6 亿元，生态移民土地整治工程完成建设规模 34.63 万亩，新增耕地 4.87 万亩，安置移民 3.35 万户，约 14.02 万人。平田整地土方 2163.46 万 m^3，砌护渠道 2198.88 km，治理沟道 66.90 km，铺设管道 10192.62 km，修建田间路 730.08 km，生产路 342.58 km，栽植防护林 92.02 万株。促进了地方经济发展，确保了农业增产增收。新增耕地每年可增收 3443 万元；原有耕地产能总体增产 5%～10%，预计可增加收益 6074 万元/a；经渠道改造总用水量减少约 1/4，预计每年可为项目区节约水费 455.56 万元

41.2　应对气候变化的能力建设

在气候变化领域，能力建设是指增强发展中国家或经济转型国家在技术技能、组织机构、制度体系等方面的能力，使它们能够参与或具备更强的能力开展气候变化相关的研究、减缓和适应工作，包括更好地履行《联合国气候变化框架公约》及其《京都议定书》《巴黎协定》等相关协定下的各项权利和义务（IPCC，2007）。能力建设要素实际包括对人的能力建设、对组织机构的能力建设以及制度体系的能力建设三个不同的层面，广泛地存在于各种开创性的或探索性的应对气候变化政策与行动当中，因此在本部分的各个章节均有所涉及。本章仅选取温室气体统计核算报告体系建设以及主要领域适应气候变化的能力建设作为代表分别进行专题介绍。

41.2.1　温室气体统计核算报告体系制度建设和能力建设

建立健全温室气体统计核算报告体系是科学制定减缓行动与目标、及时评估减排成效、有效支撑碳排放权交易、积极履行国际"三可"义务[①]的重要基础。2011 年国务院（2011）通过《"十二五"控制温室气体排放工作方案》首次提出了要加快建立温室气体排放统计核算报告体系，构建国家、地方、企业三级温室气体排放基础统计和核算工作体系的要求，由此我国温室气体统计核算报告体系制度建设和能力建设全面启动。

1. 国家一级的温室气体清单编制体系和能力建设

在《联合国气候变化框架公约》下，每一个缔约方都有义务采用缔约方大会商定的可比方法，根据 IPCC 清单指南定期编制、更新和公布本国的国家温室气体清单，该清单应以其能力为限，覆盖《蒙特利尔议定书》未予管制的所有温室气体人为排放源和清除汇（United Nations，1992）。我国作为《联合国气候变化框架公约》非附件一缔约方，先后启动了三次国家信息通报能力建设项目，组织编制了我国 1994 年、2005 年、2012 年的国家温室气体清

---

① "三可"指可度量、可报告、可核实，见公约缔约方大会第 1/CP.16 号及 2/CP.17 号决定.

单，并以国家信息通报和两年更新报的形式提交给《联合国气候变化框架公约》缔约方大会（The People's Republic of China，2004，2012，2016）。2019 年进一步向《联合国气候变化框架公约》秘书处提交了《中华人民共和国气候变化第三次国家信息通报》（The People's Republic of China，2018a）和《中华人民共和国气候变化第二次两年更新报告》（The People's Republic of China，2018b），其中披露了我国 2010 和 2014 年的温室气体清单信息，《中华人民共和国气候变化第三次国家信息通报》还对 2005 年的国家温室气体清单进行了重新计算，从而保证了不同年份清单数据的一致性和可比性。

通过三次国家信息通报能力建设，我国已初步形成了如图 41.1 所示的具有本国特色的温室气体清单编制国家体系，并在此基础上形成了两年一次的国家履约报告编制周期（马翠梅，2018）。生态环境部作为应对气候变化主管部门，在国家应对气候变化及节能减排工作领导小组的指导下，总体负责我国国家温室气体清单的编制和发布工作；生态环境部应对气候变化司则具体负责国家清单编制的计划、组织、技术指导、质量监督和协调管理工作，并通过招投标方式选定了六家牵头的技术单位分别承担能源活动、工业生产过程、农业活动、土地利用变化和林业、废弃物处理领域的温室气体清单编制和报告起草工作；清单基础数据提供单位主要包括国家统计局、主管相应行业的部委以及电力、钢铁、石油化工等行业协会，且均已形成了相对稳定的数据交换、咨询、反馈机制；在清单编制过程中，清单编制团队必须定期向应对生态环境部气候变化司及其技术指导专家委员会汇报清单编制进展并接受质量监督和技术指导；国家清单报告在最终发布或提交给《联合国气候变化框架公约》秘书处之前，还必须经过部内司局间及部际间的内外部评审以及国务院的正式批准，以进一步保障清单的质量和准确性。

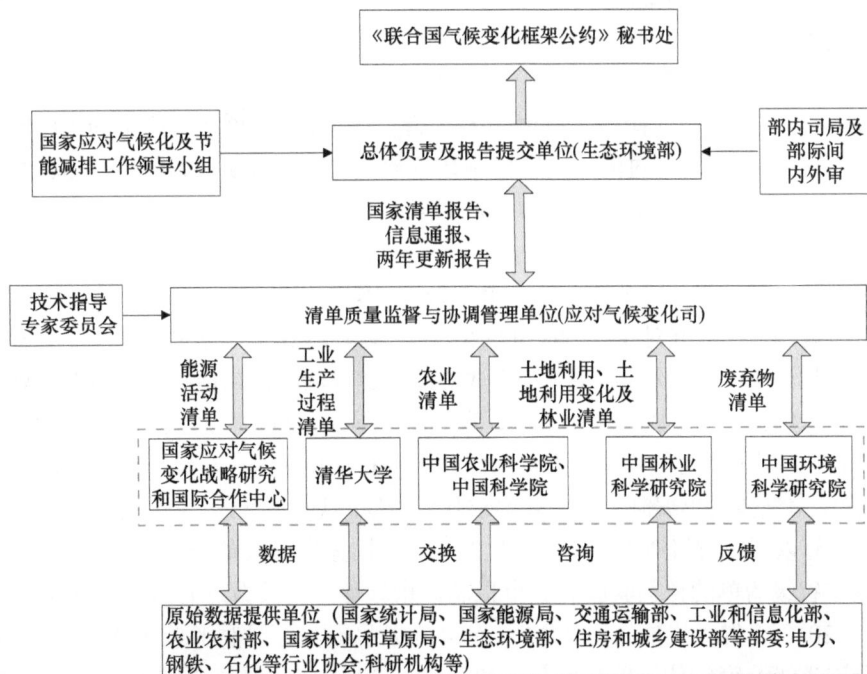

图 41.1 中国国家温室气体清单编制体系

通过三次国家信息通报能力建设，我国温室气体清单的质量和编制能力持续增强。根据《联合国气候变化框架公约》秘书处组织的国际专家组（Team of Technical Experts，2017）对

《中华人民共和国气候变化第一次两年更新报告》所做的技术分析报告，纵向比较中国 1994年、2005 年和 2012 年的国家温室气体清单，我国清单编制已从最初完全采用《IPCC 国家温室气体清单指南（1996 年修订版）》过渡到众多的排放源开始采用《2006 年 IPCC 国家温室气体清单指南》；清单覆盖的排放源逐步完整，计算的温室气体种类也在最初的二氧化碳、甲烷和氧化亚氮基础上增加到六种；编制方法学也从最早采用 IPCC 缺省排放因子的低阶方法发展到越来越多的排放源采用本国特征化参数的高阶方法；同时还建立了一套国家温室气体清单数据库系统以加强清单数据管理工作。但国际专家组也指出，我国清单报告的透明性、排放源的完整性、时间系列的一致性仍存在很多值得继续改进的空间[①]。

面对《巴黎协定》的透明度框架，我国的清单编制仍有一定的差距亟待进一步的能力建设。在《巴黎协定》下，我国将按规定在 2024 年之前采用《2006 年 IPCC 国家温室气体清单指南》及后续更高版本按时编制和提交连续时间系列的国家温室气体清单报告并接受国际专家审评（UNFCCC，2015，2018）。届时在清单编制和提交的及时性、透明性、准确性、完整性、一致性方面也将面临更大压力，亟待尽快跟进指南方法学要求、积极利用《巴黎协定》下的透明度能力建设倡议提升我国清单编制的技术水平和管理能力，包括基于现有的清单编制国家体系进一步理顺部门合作机制、完善基础数据统计体系、畅通数据提供和交流渠道。

2. 地方一级的温室气体清单编制体系和能力建设

研究制定省级温室气体清单编制指南和报告格式表单，从技术上规范省级清单编制。2011 年国家应对气候变化主管部门组织清单编制专家研究制定了《省级温室气体清单编制指南》，用于指导全国各省（自治区、直辖市）温室气体清单编制工作；2012 年组织专家进一步编写了《低碳发展及省级温室气体清单编制培训教材》，对省级清单编制试点过程中遇到的主要技术问题进行了一一解答和补充说明，包括制定了共计 67 张省级清单通用报告格式表（CRF），进一步增强了《省级温室气体清单编制指南》的实用性和指导性。

组织开展省级温室气体清单编制工作并积极提供能力建设和实践指导。2010 年 9 月，国家应对气候变化主管部门[②]通过清洁发展机制基金赠款支持首次要求大陆地区 31 个省（自治区、直辖市）以及新疆生产建设兵团编制 2005 年和 2010 年省级温室气体清单；同时组织开展了"编制省级 2005 年温室气体清单（试点省份）及其他省份能力建设"项目，详细指导浙江、辽宁、云南、陕西、天津、广东和湖北 7 个省份清单编制团队分别完成了上述地区 2005 年温室气体清单的编制工作，并对 31 个省（自治区、直辖市）、5 个计划单列市和主要省会城市的清单编制团队共计 1400 人次开展了多种形式的能力建设活动，包括举办全国性大规模指南培训班、分五大清单领域的专题培训研讨班、省级清单编制试点工作总结交流会等（杨姗姗等，2016）。2015 年，国家应对气候变化主管部门要求各省（自治区、直辖市）继续启动 2012 年、2014 年省级温室气体清单编制工作，并要求强化组织领导、责任分工、资金支持、能力建设等相关保障措施以形成省级清单编制常态化的态势（国家发展改革委办公厅，2015a）。

探索建立省级清单的评估验收和联审机制，指导地方持续改进省级清单质量。其中，对于 2005 年、2010 年省级清单，于 2014 年分 4 个片区开展了评估验收工作，并于 2015 年 3 月举行了全国省级温室气体清单联审会；2012 年、2014 年省级清单则于 2018 年 10 月完成

---

① 技术分析报告对 2012 年清单指出了 6 个透明性问题、2 个完整性问题和 1 个时间系列一致性问题.
② 国家发展改革委办公厅. 2010. 关于启动省级温室气体排放清单编制工作有关事项的通知(发改办气候[2010]2350 号).

了全国性的省级清单联审工作。在评估验收和联审过程中，清单评审专家详细审阅了各地的清单报告和 CRF 表，按照透明、准确、完整、一致、可比的原则识别出存在的问题并提出了可操作性的改进建议，以指导各地清单编制队伍持续改进清单质量。省级清单评估验收和联审活动客观上也起到了显著的能力建设效果。

从两次省级清单评审结果看，我国省级清单定期编制工作机制和人才队伍建设已初具成效。各省（自治区、直辖市）清单质量有所提升，不少地方在活动水平数据收集评估和本地特征化参数调查研究方面探索形成了具有自身特色的方法和途径，但总体上采用缺省排放因子的情形仍然居多。

3. 企业一级的温室气体监测报告核查体系和能力建设

研究制定企业温室气体数据监测、报告、核查（MRV）技术指南和相关标准。国家应对气候变化主管部门（国家发展改革委办公厅，2013，2014，2015b）分三批印发了 24 件企业温室气体核算方法与报告指南，适用范围覆盖全部工业以及民航、陆上交通运输和公共建筑物（表 41.8）；2015 年发布了《工业企业温室气体排放核算和报告通则》《温室气体排放核算与报告要求　第 1 部分：发电企业》等 11 项国家推荐标准（国家质量监督检验检疫总局和国家标准化管理委员会，2015）；其他行业的企业温室气体核算与报告要求、排放量监测计量要求以及温室气体审定核查要求等相关标准也在按计划推进，且相关部门已先后发布了征求意见稿[①]（全国碳排放管理标准化技术委员会，2017）；2016 年进一步发布了《全国碳排放权交易第三方核查机构及人员参考条件》《全国碳排放权交易第三方核查参考指南》（国家发展改革委办公厅，2016）；2021 年 3 月，正式印发了《企业温室气体排放报告核查指南（试行）》（生态环境部办公厅，2021）。

表 41.8　24 个行业企业温室气体核算方法与报告指南发布及标准转化情况

发布批次	发布时间	发布指南个数及适用行业	标准转化情况
首批	2013.10	10 个：发电、电网、钢铁、化工、电解铝、镁冶炼、平板玻璃、水泥、陶瓷、民航	标准已发布
第二批	2014.12	4 个：煤炭生产、独立焦化、石油天然气生产、石油化工	煤炭生产 2018 年 9 月 17 日已发布，其余 3 件标准仍在报批中
第三批	2015.7	10 个：造纸和纸制品、其他有色金属冶炼和压延加工、电子设备制造、机械设备制造、矿山、氟化工、食品烟酒饮料和精制茶、工业其他行业、陆上交通运输、公共建筑	标准报批中

多方筹集资金，组织全国力量全方位、多层次积极为地方主管部门及其技术支撑机构和重点排放单位提供能力建设、培训与技术咨询服务。据不完全统计，"十三五"期间已经开展的能力建设项目包括世界银行中国碳市场伙伴准备基金（PMR）赠款项目、中欧碳交易能力建设项目、德国国际合作机构（GIZ）支持的全国碳市场能力建设高级培训班滚动项目，以及清洁发展机制基金赠款支持的企业温室气体排放核算、报告能力建设与培训项目等。此外，企业温室气体排放数据直报系统在试运行期间，也累计完成了河南、新疆、海南、江西、

---

① 全国碳排放管理标准化技术委员会. 2018. 关于征求对《温室气体审定/核查机构要求》等两项国家标准(征求意见稿)意见的函. 2018 年 12 月.

全国碳排放管理标准化技术委员会. 2018. 关于征求对 GB/T《发电企业温室气体排放量监测及计量要求》等四项国家标准(征求意见稿)意见的函. 2018 年 11 月.

辽宁、黑龙江、安徽 7 个省（自治区）共 1486 家企业的线上填报，为企业培训填报员 1900
人次（李湘和徐华清，2019）。为了加强对地方的支持，国家应对气候变化主管部门还成立
了企业碳排放 MRV 专家咨询组，并建立了相关帮助平台，供各有关单位利用该平台与专家
咨询组就 MRV 工作中涉及的各项技术问题进行咨询和统一解答。

积极组织重点排放单位开展历史数据报告与核查工作，为全国碳市场配额分配提供数据
支撑。组织石化、化工、建材、钢铁、有色金属、造纸、电力、航空八大行业重点排放单位
及所有行业符合条件的自备电厂开展了 2013~2015 年、2016~2017 年、2018 年、2019 年的
企业温室气体数据的核算、报告、核查和报送工作，包括要求上述重点排放单位按照《全国
碳排放权交易企业碳排放补充数据核算报告模板》填报支撑配额分配的相关数据（国家发展
改革委办公厅，2016，2017；生态环境部办公厅，2019a，2019b）。为了支撑电子化的数据报
送和统计分析工作，研究开发了重点排放单位温室气体数据直报系统，下一步将按照生态环
境部信息化建设"四统一、五集中"的工作要求，探索实现与"全国排污许可证管理信息平
台"的对接融合，并在"全国排污许可证管理信息平台"下实现碳排放相关数据报送、监测
计划备案、核查监管、信息公开等功能。

通过相关的制度建设和实践探索，我国已基本形成了企业温室气体数据监测、报告、核
查两级管理体系，其中国家应对气候变化主管部门会同相关行业主管部门主要负责制定全国
统一的技术规范和管理办法并监督执行；省级（包括计划单列市）应对气候变化主管部门主
要负责组织和管理本辖区内重点排放单位的数据监测、核算、报告、核查和复核上报等工作；
企业则具体负责做好本单位的年度温室气体排放监测核算报告工作、接受和配合第三方核
查；第三方核查机构则接受地方主管部门的委托对企业温室气体核算报告开展第三方核查并
形成核查报告和结论。重点排放单位和核查机构必须对数据的真实性、准确性和完整性负责。

为支撑全国碳市场的建设和运行，企业一级的温室气体监测、报告、核查工作仍需在多
个方面加强能力建设。首先，亟待进一步修订完善企业温室气体核算报告方法学，以响应和
支撑《全国碳排放权交易企业碳排放补充数据核算报告模板》要求企业在模块化的设施层级
（如发电机组、工序、工段）定义、识别排放源并计算排放量的需要；其次，需要进一步加
强企业的计量器具配备水平和管理能力，强化排放监测计划的制定与执行，夯实全国碳排放
权交易的微观数据基础；最后，亟须建立强有力的第三方核查监督管理制度，整体提升全国
各地审定/核查员的专业能力，确保核查质量。

4. 温室气体基础数据统计体系建设

积极探索建立与国家、地方、企业三级温室气体核算报告制度相匹配的基础数据统计体
系。在积极构建国家、地方、企业三级温室气体排放核算工作体系的同时，国家应对气候变
化主管部门、国家统计局分别组织开展了"建立应对气候变化统计体系研究"和"温室气体
排放基础统计制度和能力建设研究"，国家发展改革委和国家统计局（2013）于 2013 年联合
发布了《关于加强应对气候变化统计工作的意见》，要求在现有统计制度基础上，将温室气
体排放基础统计指标纳入政府统计指标体系，建立健全国家、地方以及重点企业的温室气体
排放基础统计报表制度，并详细提出了完善能源、工业、农业、林业、废弃物处理五大领域
温室气体排放基础统计的部门责任分工。2014 年国家统计局办公室（2014）印发了《应对气
候变化统计工作方案》，明确制定了详细的《应对气候变化部门统计报表制度（试行）》和《政
府综合统计系统应对气候变化统计数据需求表》，要求国务院相关行业主管部门和行业协会

按表式每年报送应对气候变化综合统计指标和温室气体排放基础统计数据，在温室气体清单编制年份，各相关部门在正常报送应对气候变化统计数据的基础上，还应按照职责分工组织开展相关的特性参数调查，为测算排放因子提供基础资料。

建立了由国家统计局和国家应对气候变化主管部门牵头、以政府综合统计为核心、相关部门分工协作的应对气候变化统计工作机制。在国家层面，2014 年 2 月成立了由国家发展改革委、国家统计局、科技部等 23 个部门和行业协会组成的应对气候变化统计工作领导小组[①]；2021 年 8 月，碳达峰碳中和工作领导小组办公室进一步成立了碳排放统计核算工作组，负责组织协调全国及各地区、各行业碳排放统计核算等工作。在地方层面，积极组织各省（自治区、直辖市）开展地区应对气候变化综合统计和温室气体排放基础统计相关的课题研究和能力建设，万元国内生产总值二氧化碳排放下降率自 2018 年起连续三年纳入我国国民经济和社会发展统计公报。

41.2.2　主要领域适应气候变化的能力建设

本部分围绕适应 5 个重点领域，介绍了地方层面开展的主要行动，阐释我国适应气候变化能力建设的总体情况。

1. 基础建设

通过数据监测，提高对灾害发生规律的研究，构建基础设施适应标准和防灾技术标准体系，以增强我国应对气候风险的能力，主要包括研究海平面上升、强降水、极端高（低）温、台风、雾霾等极端气候事件发展趋势，加强防洪排涝、能源资源供应、交通等重点领域应对气候变化风险评估和对策研究。研究能源、防汛和交通等领域适应气候变化的标准和技术导则，逐步建立城市建设设计参数适应气候变化增量的标准体系，对已有和在建基础设施按照新标准进行改造。整合气象、水文、农业、环境、能源、健康和交通等领域相关数据，建立气候变化数据共享平台和机制。

2. 农业

气候变化改善了我国地区热量资源分配，加剧了水资源供需矛盾，导致我国水稻生产面临旱涝等极端气候事件加剧、病虫害危害加重的情况（Zhang et al., 2019），造成水稻减产、农业经济社会发展增速减缓等不利于区域乃至国家发展的问题。

各级部门协助提升农户种植技术水平和能力。在水稻品种选择、主要病虫害防控技术方面，国家依据不同区域水稻适应性差异，提出了具体品种和种植关键技术，同时配套主要病虫害防治办法，以辅助农户降低水稻生产适应气候变化技术障碍。农业农村部 2017 年发布了水稻主导品种和主推技术（农业农村部，2017），依据不同稻区气候特点，明确提出了 30 项水稻品种及其关键种植技术，分别为长江中下游稻区（15 项）、华南稻区（4 项）、西南稻区（4 项）、北方稻区（7 项）。对于主要病虫害防控，提出了 7 项技术，主要针对纹枯病、稻飞虱、稻纵卷叶螟。有效预防控制了暴发性、迁飞性、流行性重大病虫灾害，减少因病虫危害造成的损失，实现以农药减量控害为目的的具体措施。

由此可见，我国政府在应对气候变化方面采取了多项积极措施，帮助相关人员提升应对气候变化的能力和水平，增强适应措施效果。

---

① 国家统计局, 国家发展改革委. 2014. 关于印发应对气候变化统计工作领导小组成员名单的通知(国统字〔2014〕13 号). https://www.mee.gov.cn/xxgk2018/xxgk/xxgk05/202103/t20210330_826728.html.

3. 水资源

水资源领域适应气候变化能力的改变体现在水资源保护的管理制度建设得到大幅提升，例如，我国河北省实行了严格的水资源管理制度，强化用水总量、用水效率、水功能区限制纳污"三条红线"约束（河北省人民政府办公厅，2012）。严格地下水资源管理，地下水禁采区和限采区除应急供水外，严禁开凿取水井。强化水资源统一管理，统筹对地表水资源与地下水资源、本地水资源与调入水资源、常规水资源与非常规水资源实行统一调度、统一管理。建立健全有利于节水的水价形成机制，完善非居民用水超定额累进加价制度、居民用水阶梯价格制度，推进水权改革和水资源有偿使用制度，建立完善水资源补偿机制。

4. 海岸带和相关海域

我国沿海地区受极端气候事件影响剧烈，为增强抵御台风、海啸等灾害性天气事件的适应能力，国家和地方通过政策引导，减少人为活动对海岸带的干扰，提高海岸带自我恢复力，增强适应能力，例如，为增强海南省海岸带适应气候变化能力，保障湿地和红树林资源可持续利用。2016 年 8 月，海南省人民政府印发《海南省林业生态修复与湿地保护专项行动实施方案》，争取 2020 年前全省完成退塘还林（湿）任务 0.5 万亩，扩大红树林种植，新造红树林 0.5 万亩。2018 年 2 月 22 日，海南省人民政府办公厅印发了《海南省 2018—2019 年度退塘还林（湿）工作实施方案》，计划用两年时间完成全省"多规合一"后划为林地的沿海防护林基干林带范围内共需退塘还林和适宜恢复为湿地的区域范围内共需退塘还湿总任务为 10000 亩（其中，退塘还林 3141.7 亩，退塘还湿 6858.3 亩）。

5. 森林和其他生态系统

我国西北部地区降水量小、土壤贫瘠，当地生态环境受到气候变化的威胁日趋严重，落后的经济和技术水平是当地提升适应能力的主要障碍，为了缓解该问题，国家对生态脆弱区进行了大规模的投入，通过资金投入和技术改造大力开展适应能力建设，例如，宁夏为提升生态脆弱区水土保持能力，实施了土地整治工程，促进了地方经济发展，确保了农业增产增收，直接增加了生态移民收入。据统计，土地整治过程中完成沙化土地治理 2.10 万亩，完成盐碱地治理 0.11 万亩，完成水土流失治理 0.94 万亩，栽植农田防护林 92.02 万株，形成农田防护林带 725.85 km。项目新增耕地每年可增收 3443 万元；原有耕地产能总体增产 5%～10%，预计可增加收益 6074 万元/年；经渠道改造总用水量减少约 1/4，预计每年可为项目区节约水费 455.56 万元。约有 3000 余移民直接参与工程施工，直接收入约 2025 万元，人均 6750 元（宁夏国土开发整治管理局，2018）。

41.3 应对气候变化的公众参与

"十二五"以来，气候变化公众参与逐渐增强，整个社会初步形成了政府推动、市场驱动、公众参与的机制。企业和公众的积极性得到充分调动，社会公众和企业的全球环境意识和减缓气候变化行动自觉参与的意识有所提高（国家发展改革委，2016）。

41.3.1 政府的推动

我国政府持续开展增强气候变化公众意识的相关活动，广泛宣传并提高民众对气候变化的认识，影响社会大众共同参与到应对全球气候变化的行动中来。

1. 推动气候变化知识进入校园

在教育部的推动下，中高等院校加强气候变化教育，高校科研院所开设学位点，为应对气候变化培育专业人才。教育部鼓励高校根据经济社会发展需要和学校办学能力自主设置与应对气候变化相关的专业；加强气候变化教育科研基地建设，培养气候变化领域的专业人才。多个科研院所、高校纷纷设立应对气候变化和低碳发展相关的研究机构，不断提升相关领域的科技支撑能力和专业研究水平，如北京大学中国低碳发展研究中心、清华大学气候变化国际政策研究中心、北京交通大学低碳研究与教育中心等。全国大气科学类和节能环保领域相关专业在全国各地高校和研究机构均有设置，北京大学、南京大学和中国农业科学院等学位授予单位自主设置了与气候变化相关的二级学科，培养了大批与应对气候变化相关的专业人才。2017 年，新成立的上海交通大学中英国际低碳学院、华北电力大学低碳学院分别将碳捕集与封存技术、近零碳排放技术纳入学科专业设置，中国社会科学院将气候变化经济学纳入学科建设优势学科。另外，传统的公共管理、国际关系、法学、企业管理等专业也有越来越多的课程涉及气候变化相关内容。

2. 围绕气候变化开展宣传教育

中央各部委及相关职能部门围绕气候变化、绿色发展及生态文明建设采取系列活动，开展了低碳日、环境日、主题展览、论坛、培训交流、科技竞赛、科普大赛、典型案例展示等系列活动，向全社会倡导低碳消费模式和生产方式，营造全社会共同参与应对气候变化的良好氛围；借助人民日报、新华社、中央人民广播电台、中央电视台等中央主要新闻媒体及互联网媒体，对联合国气候峰会、联合国气候变化大会、中国发布国家自主贡献等应对气候变化领域的重大新闻事件进行全方位报道；运用新媒体"互联网+"、微博话题、微信公众号等多种渠道，向公众推送应对气候变化相关科普，引导公众关注气候变化热点话题，为国家推动形成生态文明建设提供舆论支持。2017 年，中央电视台等播出气候变化科普相关节目近800 期，中宣部和中央电视台在相关专题片中明确提出"中国将一如既往地做应对气候变化进程中的'行动派'"。

气象灾害的预警信息被大众了解、获得的程度与降低灾害风险和损失有直接联系。近些年，各级气象部门利用世界气象日、专家访谈等多种手段加大了气象的科普宣传，普及预警信息（艾婉秀等，2018）。各地组织开展"全国防灾减灾日"和"国际减灾日"宣传教育活动，自 2015 年起国家减灾中心每年举办"中国减灾杯"减灾救灾摄影大赛，营造全民参与的良好社会氛围①。我国建立了完善的预警系统，建成了"一纵四横"的突发事件预警信息发布系统②，截至 2018 年 6 月已汇集 16 个行业的 76 类预警信息③，有效支撑了国家综合防灾减灾工作。根据 2015 年全国公众气象服务评价调查，在覆盖全国 31 个省（自治区、直辖市）、抽取的 40020 有效样本中，53.2%的受访者知道气象灾害预警信息，其中 82.1% 能够获得气象灾害预警信息，占全国总数的 43.6%（艾婉秀等，2018）。近半数公众没有听过气象灾害预警，由此可见，气象灾害预警在公众间的宣传力度还需加大。

---

① 首届"中国减灾杯"（2015）减灾救灾摄影大赛征稿启事. http://www.ndrcc.org.cn/dczj/9127.jhtml.

② 中国气象局加快推进突发事件预警信息发布工作. http://www.cma.gov.cn/2011xwzx/2011xqxww/201712/t20171217_458315.html.

③ 全国突发事件预警信息发布工作发展研讨会召开. http://www.cma.gov.cn/2011xwzx/2011xqxww/201806/t20180601_469720.html.

41.3.2　企业的气候变化意识与行动

我国正处于工业化中期阶段，考虑到巨大的能耗和排放量，企业行动对于节能减碳的贡献尤为突出，而企业气候变化意识是影响企业气候变化行动的重要因素。

1. 企业气候变化意识

近十几年来，中国企业已逐渐显示应对气候变化的意识。但我国企业的意识水平仍存在较大的差异，研究表明我国企业的气候变化意识处于一般水平，并且受年龄、产业类型、企业类型的影响显著。具体而言，年轻企业管理人员的气候变化意识强于年龄较长的企业管理人员；第一产业和第二产业企业管理人员的气候变化意识优于第三产业；国有企业管理人员的气候变化意识水平高于私营企业（许光清等，2011b；许光清和董小琦，2018）；国有企业更倾向于体现社会责任的行为（Zhou et al.，2020）。

另外有研究显示，越来越多的企业已经开始意识到应对气候变化议题对企业的重要性，49.4%的企业已经明确提出了低碳发展理念、战略规划与行动目标等，并主动向公众披露。但企业管理层在推动企业应对气候变化的工作方面的参与度仍然不高，仅有不足20%的企业高层领导不同程度地支持或参与过这方面的工作，因此在强化企业管理层气候变化意识方面仍有很大的提升空间（潘家华和钟宏武，2017）。

我国企业在集体行动中已经体现出一定的气候变化意识，但企业的气候变化意识水平则因年龄、产业类型、企业类型而异。同时，企业管理人员对气候变化意识的了解主要集中于气候变化的影响和减缓措施，对气候变化的原因了解不足。约半数的企业提出应对气候变化的战略规划，但企业管理层参与度不高，仍需提升和关注。

2. 企业气候变化行动

我国企业正在进行低碳转型，主要包括建立应对气候变化的管理机制、推进低碳技术研发、参与碳市场建设和参与全球气候治理等（国家发展改革委，2017）。

我国企业不断完善气候变化风险与机遇管理，注重加强信息披露与管理，并设立节能减碳工作组，致力于形成完善的气候变化管理闭环。根据各家企业公开发布的社会责任报告，位列2018年《财富》中国排行榜前30强的企业中，有25家企业都在其社会责任报告中提到企业正积极建立应对气候变化的管理机制，推动气候变化行动的实施[①]。

作为推动低碳技术研发的主体，我国企业积极利用技术创新提升能源效率，研发清洁能源和低碳产品，加快低碳共性关键技术及成套装备的研发生产。根据各家企业公开发布的社会责任报告，位列2018年《财富》中国排行榜前30强的企业中，有17家企业在其社会责任报告中指出企业正积极推进低碳技术的研发，其中有14家属于第二产业的企业，其余13家没有提及低碳技术研发的企业多为金融企业，能源消耗量相对较低，低碳技术研发需求和能力不高[②]。

企业界积极参与碳市场建设，自2011年在北京、天津、上海等7省市启动了地方碳交易试点以来，截至2018年8月底，试点地区碳排放配额交易量达2.64亿t CO_2 eq，交易额约60亿人民币，企业履约率保持较高水平[③]。

---

① 根据2018年《财富》中国排行榜前30强企业公开发布的社会责任报告总结.
② 根据2018年《财富》中国排行榜前30强企业公开发布的社会责任报告总结.
③ 生态环境部.生态环境部召开发布会介绍我国应对气候变化及碳减排等情况. http://www.gov.cn/xinwen/2018-11/01/content_5336480.htm.2018.11.01.

企业界积极参加国内国际相关会议，联合社会各界共同应对气候变化问题。在 2018年 9 月由美国加利弗尼亚州政府主办的全球气候行动峰会上，20 多家中国企业共同发布了"中国企业气候行动"倡议，呼吁行业协会、商会、联合会引领及带动全产业链、产业群的碳减排，积极推广气候问题的解决方案。万科创始人王石于 2017 年 5 月成立大道应对气候变化促进中心，该机构致力于支持中国企业家成为应对气候变化的行动引领者，为全球气候治理贡献解决方案。

CDP 全球环境信息研究中心发布的 2017 年中国气候变化报告显示，在接受问卷调查的25 家企业中，有 76%的企业表示他们参与了可能直接或间接地影响气候变化公共政策的活动，其中 63%的企业认为他们直接参与了影响气候变化公共政策的活动。企业参与的活动与其公司业务特点相符，例如，金融公司主要参与围绕绿色金融政策的活动，IT 公司主要参与信息优化政策的活动等（CDP 全球环境信息披露研究中心，2017）。

但是全国来看，企业应对气候变化的行动是不均衡的，与庞大的中国企业数量相比，能够积极采取措施应对气候变化的企业数量是比较少的。研究显示，企业规模对企业应对气候变化行动的影响是显著的，即企业规模越大，其行为水平越高，企业规模越小，其行为水平越低（许光清等，2011b）。关于企业应对气候变化行动的主要推动力，69%的受访者选择了强制性的标准和法令的执行、61%选择了经济激励政策的引导，这两项是企业应对气候变化的最主要原因。同时，46%选择了新商机和新的利润增长点的驱动，43%选择了树立良好的企业和品牌形象、提升企业竞争力的需要，36%选择了企业管理观念和意识的转变，仅有少部分企业主动将企业的长期发展战略、发展目标和应对气候变化有机结合，并能意识到气候变化带来的新机遇（许光清等，2011a）。同时有研究显示，环境法规的实行可以更好地推动企业采取低碳行动，对非国有企业有更好的效果（Zhou et al.，2020）。

综上，我国企业在应对气候变化的整体行动上已经展现出了一定的积极态势，开始将气候变化逐步纳入企业的发展规划中，企业界逐渐进行低碳转型，主要包括建立应对气候变化的管理机制、推进低碳技术研发、参与碳市场建设和参与全球气候治理等。但是，企业应对气候变化的行动不均衡，企业规模越大，其行为水平越高，企业规模越小，其行为水平越小。强制性的标准和法令的执行以及经济激励政策的引导是企业采取行动的主要推动力。

3. 企业碳信息披露

碳信息披露是指企业对生产经营活动中产生的温室气体排放量或减排量的信息披露。随着全社会应对气候变化意识的提高，中国上市公司的信息披露标准开始向发达国家企业看齐。2003 年发布的《关于企业环境信息公开的公告》是中国第一个企业环境信息披露的规范，规定列入省（自治区、直辖市）人民政府环境保护部门定期为超额排放污染物或超过指定的发布的污染物总量限制污染企业，并鼓励上市公司自愿披露环境信息。2005 年发布的《国务院关于落实科学发展观加强环境保护的决定》的决策规定企业应公开本企业环境信息。2008年 5 月，关于加强上市公司社会责任承担工作暨发布《上海证券交易所〈上市公司环境信息披露指引〉》的通知，书面指导了上市公司的社会责任，鼓励在公司年度报告中披露上市公司的同时，还应对公司的年度社会责任报告信息进行披露，使环境信息成为年度报告的内容。2014 年 4 月《中华人民共和国环境保护法》修订，2015 年 1 月 1 日生效，总结当前法律法规有关信息公开和公众参与的现状，监管披露污染数据以提高透明度，并要求政府机关公开发布信息（贾娜，2017）。

有很多公司自愿披露碳排放信息，但披露的信息质量有待考察。有研究通过搜集我国上市公司2007～2016年社会责任报告中有关碳信息的相关内容发现：在披露社会责任报告的企业中，约73.2%的企业披露了碳排放信息，但企业在披露是否经过第三方验证、是否披露碳减排具体数据、是否披露减排计划和成立减排部门、是否参与碳市场交易等方面均呈现较低的披露水平（闫华红，2018）。因此，企业的碳信息披露需要经过审计核查以确保信息质量（苑泽明等，2015）。

2016年12月，中国证券监督管理委员会要求重点排放领域的上市公司在年报中必须披露上一经营年度的环境污染物排放情况[①]，2017年12月，证监会要求所有上市公司的半年报和年报中必须披露环境污染物的排放情况（中国证券监督管理委员会，2017a，2017b）。目前，生态环境部正在协同中国证券监督管理委员会等部门做上市公司碳排放信息强制披露的准备和推进工作。

4. 企业意识的问题与机遇

企业的气候变化意识促使企业展开气候变化行动，但气候变化行动涉及企业的方方面面，因此企业在应对过程中必然会遇到来自企业内部和外部的各方面问题和挑战。清醒地认识到这些机遇和挑战对于企业气候变化意识的提高具有不可忽视的推动作用，并且有利于中国企业在气候变化的形势下掌握发展主动权。

一方面，能源转型带来的资金问题以及较高的低碳能源技术研发壁垒会降低企业采取气候变化行动的意愿。有业界人士指出开发新能源的成本高、新能源企业融资困难和政府的政策支持力度不足会阻碍可再生能源的发展及新能源体系的建立[②]。另外，由于较高的低碳能源技术研发壁垒和我国企业对国外技术和进口设备的过度依赖，国内很少有企业自主研发低碳核心技术（杨晓滨，2013）。这些会在一定程度上阻碍企业采取减缓气候变化行动的意愿，不利于企业气候变化意识的形成与提高。

另一方面，碳市场的发展、国际市场竞争的加剧会提高企业采取减缓气候变化行动的意愿，有利于企业气候变化意识的形成与提高。首先，由于碳市场通过买卖碳资产完成交易和获利（刘琛，2016），企业会积极提高气候变化意识，持续减少碳排放量，以实现企业获利（杨瑞等，2017）。另外，目前国际市场竞争激烈，准入审核标准不断提高，而我国能源密集型企业占比大，产品附加值低，碳排放高（姜欣颜，2016），竞争力下降。因此，我国企业必须提高气候变化意识，积极采取应对气候变化的行动，以提高在国际市场中的竞争力。

综上，中国企业在提高气候变化意识方面问题与机遇并存。一方面，能源转型带来的资金问题以及较高的低碳能源技术研发壁垒会降低企业采取减缓气候变化行动的意愿，不利于企业气候变化意识的形成与提高；另一方面，碳市场的发展、国际市场竞争的加剧会提高企业采取减缓气候变化行动的意愿，有利于企业气候变化意识的形成与提高。

41.3.3　公众的气候变化意识与行动

近年来，应对气候变化的社会参与在减缓和适应两方面积极进行，公众一方面积极

---

① 方星海. 正研究将强制性环保信息披露推广至全部上市公司. https://finance.sina.com.cn/meeting/2017-03-25/doc-ifycstww1090722.shtml.

② 2016北京国际风能大会暨展览会在京隆重召开. http://www.creia.net/news/creianews/2418.html.

践行低碳生活方式,另一方面趋利避害,强化风险防范意识。从意识到行动上逐渐重视气候变化,各项调查显示超过七成的公众对气候变化有不同程度的担忧,愿意采取应对气候变化的行动。

1. 公众气候变化意识

对国内外机构有关中国公众的调查进行梳理,发现研究内容大致包括公众对气候变化及其影响的了解程度及态度。总体而言,我国公众认为自己对气候变化的了解程度较高,各机构调查结果分布在 60%～90%(表 41.9)。超过七成公众认为气候变化正在发生,超过半数公众认为气候变化由人类活动引起,70%～80% 的公众对气候变化有不同程度的担忧,认为气候变化有一定严重性。80% 左右的公众认为气候变化对生活、生产带来影响,愿意支持应对气候变化的行动。中国居民的气候变化感知水平与居民的受教育程度和家庭规模有关(Wu et al., 2018)。

表 41.9 有关我国公众的气候变化意识调查

研究机构/调查报告	时间	样本	了解	正在发生	人类活动引起	担忧/严重	有影响	支持应对气候变化行动
中国网民关于气候变化的认知状况调查(陈涛, 2011)	2011	3599 位网民,有效问卷 3489 份	68%	75%	80%	73%	84%	82%
英国广播公司(李玉洁, 2015)	2013	5062 份,四川、北京、广东、问卷调查、访谈等形式	70%				20%(显著影响)	
全球对气候变化的关注及对限制排放的广泛支持(颜彭莉, 2015)	2015					18%(非常担忧)	80%	71%
公众参与节能减排现状分析与政策建议(傅宇等, 2015)	2015	2100 人,中国 30 个省、自治区和直辖市(除去西藏、港、澳、台)				75%	89%(健康危害)	86%
中国气候传播项目中心(中国气候传播项目中心, 2017)	2017	4025 人,计算机辅助电话调查,中国全境(港、澳、台除外)	93%	94%	66%	80%	75%	74%(愿意购买气候友好型产品)

也有研究对特定人群进行调查,例如,调查 1387 名来自不同大学的医学和护理学学生时,结果表明大多数受访者认为气候变化对人类健康不利(88%),但仅有约 58% 的受访者可以正确识别气候变化的原因,因此需要加强气候变化对健康影响的潜在机制的研究和培训(Yang et al., 2018)。

随着互联网迅速发展,公众通过社交媒体,了解应对气候变化知识,践行低碳发展理念(国家发展改革委, 2017)。研究表明,近八成受访者认为气候变化可能对居民生活和社会发展产生不利影响,并且非常赞同个体行动的重要性,其中年轻人更甚(Yu et al., 2013)。

公众对于气候变化"适应"的熟悉程度不如"减缓"。目前适应气候变化虽在研究领域有较为深刻的理解,但没有被各行业和广大民众所认识,政策与技术相互配合的协同效果也尚未体现出来(吴绍洪等, 2016)。在中国气候传播项目中心的调查中,大多数受访者认为应对气候变化减缓更重要(47.8%),还有 45.3% 的受访者认为减缓和适应同样重要,只有 6.7% 的受访者认为适应更重要(中国气候传播项目中心, 2017)。

有研究显示，某沿海城市的居民对气候变化及其风险的认知仍处在一个相对低的水平，对于气候变化的影响，很多居民认为仅仅是温度的升高，并没有认识到还可能会有海平面上升，但是69.6%的居民支持积极适应气候变化（Lin et al.，2018）。另一项对中国5个主要粮食生产省份的1350户农村家庭的调查研究显示，对于长期的温度和降水变化，被调查者有明显不同的理解，有57.4%的农民理解长期温度的变化，只有29.7%的农民理解长期降水的变化，因此大多数农民并不关注长期降水的变化对作物产量的影响（Song et al.，2019）。

2. 公众参与减缓气候变化

在减缓气候变化的各项活动中，公众不断创新应对方式，提升应对气候变化参与度，积极践行低碳生活方式。

首先，非政府组织踊跃推动。中国国际民间组织与全国百所初中和职业教育学校携手，2012～2018年先后两次开发中学生气候变化教材，开展气候变化教师培训，举办全国学校气候变化创意竞赛等系列活动[①]。中国绿色碳汇基金会于2019年3月10日启动第八届"绿化祖国·低碳行动"植树节，为公众捐款造林"购买碳汇"，搭建"足不出户、低碳植树"的公益平台[②]。

其次，大众倡议与自发参与。公共自行车和共享单车的出现和流行改变了人们的出行方式与理念，使得自行车重回城市，部分替代了汽车出行[③④]。与以往的政府限行令不同，越来越多的公众自觉、自愿地参与到少开私家车的行列中，北京"我自愿每周再少开一天车"平台自2017年6月上线一年以来，累计注册用户10.4万人，减少碳排量超过1.4万t[⑤]。公众对碳减排的驱动力不可忽视，但国内已有很多有关个人碳减排活动的尝试和实践，例如，北京绿色交易所开发了中国第一个微信端碳中和平台；截至2020年5月底，"蚂蚁森林"参与者超过5.5亿，累计减排超1200万t，累计种树和养护真树超过2亿棵，种植规模超274万亩[⑥]。此外，公众的消费观念也逐渐偏向低碳。《京东绿色消费发展报告》显示，2017年上半年，京东平台的绿色消费金额同比增长86%，对平台销售额的贡献率达14%[⑦]。

3. 公众参与适应气候变化

全社会逐步认识到适应气候变化的重要性，在各领域广泛参与适应气候变化活动。为适应气候变化，各行业需要做到趋利避害，有效利用气候变化带来的有利影响，规避不利影响（吴绍洪等，2014）。

"趋利"的措施之一在于调整农业布局，以充分利用气候变化带来的热量资源。研究表明，农户对适应气候变化的科学认识不足，存在过度适应、盲目适应等行为，并且，近几十年来适应气候变化的农业种植调整大多是被动或自发的适应行动，主动适应相对较少（李阔和许吟隆，2017）。"避害"的行为体现在各个行业，除农业外，气候变化还对水资源、生态

---

① 气候变化培训成果丰硕 教育开启应对气候变化新思路. https://baijiahao.baidu.com/s?id=1598528861648440870&wfr=spider&for=pc.

② 第九届"绿化祖国·低碳行动"植树节倡议. http://www.thjj.org/donate-312.html.

③《2017年共享单车与城市发展白皮书》正式发布. http://www.sohu.com/a/133766880_585110.

④ 北青报：公共自行车回暖有共享单车的功劳. http://opinion.people.com.cn/GB/n1/2019/1016/c1003-31402223.html.

⑤ 北京超10万人参与"每周再少开一天车"碳减排量超1.4万吨. http://news.eastday.com/eastday/13news/auto/news/china/20180611/u7ai7802955.html.

⑥ 蚂蚁森林晒成绩单：5.5亿中国人"手机种树"超2亿棵. http://news.yesky.com/59/708393559.shtml.

⑦ 京东发布绿色消费发展报告，每一条都与你相关. https://www.sohu.com/a/197913019_99967243.

系统和生物多样性、能源、交通、区域发展等产生了诸多不利影响（吴绍洪等，2014）。

面对气候变化带来的风险，大力发展气候保险是科学合理"避害"的有力措施之一。自 2007 年逐步实施政策性农业保险后，农业保险市场飞速发展，但是其有效需求还是很低[①]，中国大多数农户都忽略了气候变化会造成风险损失。公众与气候保险市场之间还未建立起足够的信任，投保人投保热情不高，保险公司开发相应险种的积极性也不高（马菲菲，2015）。公众对于气候保险的认可程度较低，反映了气候变化适应意识有待加强。

政府积极推动气候保险制度建立，引导公众提升适应气候变化意识，建立社会保险、社会救助、商业保险和慈善捐赠相结合的多元化灾害风险分担机制（国家发展改革委和住房城乡建设部，2016）。2006 年起，国家逐步重视财政支持在与气候变化风险相关的保险领域中的重要性。近年来在保险产品创新上也取得了进展，例如，2013 年上海保险业和上海市气象局合作，首推"绿叶菜气象指数保险产品"，简化理赔程序，发挥菜农抗灾减灾积极性，有效防范、化解了都市型农业生产面临的气候变化风险。气候保险在提高公众风险意识方面起到了重要作用，研究表明引入风险发生的基础概率能够帮助农户认知低概率灾害风险变化的规律，从而提高农户对风险变化的敏感度与保险支付意愿（于洋，2016）。

综上，公众对适应气候变化的科学认识不足，缺乏风险防范意识，适应气候变化的主动行动较少。各行业针对气候变化采取不同适应措施，其中气候保险的发展尤为关键，但公众与气候保险市场之间尚未建立起足够的信任，投保需求有待激发。需要政府引导推动保险行业不断完善，创新保险产品，建立有效风险分担机制。

参 考 文 献

艾婉秀, 王长科, 吕明辉, 等. 2018. 中国公众对气候变化和气象灾害认知的社会性别差异. 气候变化研究进展, 14(3): 318-324.

陈涛. 2011. 中国网民关于气候变化的认知状况调查. 价值工程, 30(32): 142.

傅宇, 韩硕, 章雯, 等. 2015. 公众参与节能减排现状分析与政策建议——基于 2100 份问卷的调查研究. 中国市场, 34: 167-169.

国家发展改革委. 2016. 中国应对气候变化的政策与行动 2016 年度报告. http://www.ndrc.gov.cn/gzdt/201611/W020161102610470866966.pdf[2021-2-16].

国家发展改革委. 2017. 中国应对气候变化的政策与行动 2017 年度报告. http://www.ndrc.gov.cn/gzdt/201710/W020171101318500878867.pdf[2021-2-16].

国家发展改革委, 国家统计局. 2013. 国家发展改革委 国家统计局印发关于加强应对气候变化统计工作的意见的通知(发改气候〔2013〕937 号). http://www.ndrc.gov.cn/zcfb/zcfbtz/201312/t20131209_569536.html[2021-2-16].

国家发展改革委, 住房城乡建设部. 2016. 城市适应气候变化行动方案. http://www.ndrc.gov.cn/zcfb/zcfbtz/201602/t20160216_774721.html[2021-2-16].

国家发展改革委办公厅. 2013. 关于印发首批 10 个行业企业温室气体排放核算方法与报告指南(试行)的通知(发改办气候〔2013〕2526 号). http://bgt.ndrc.gov.cn/zcfb/201311/t20131101_568921.html[2021-2-16].

国家发展改革委办公厅. 2014. 关于印发第二批 4 个行业企业温室气体排放核算方法与报告指南(试行)的通知(发改办气候〔2014〕2920 号). http://www.ndrc.gov.cn/gzdt/201502/t20150209_663600.html[2021-2-16].

国家发展改革委办公厅. 2015a. 关于开展下一阶段省级温室气体清单编制工作的通知(发改办气候[2015]202 号) [2021-2-16].

国家发展改革委办公厅. 2015b. 关于印发第三批 10 个行业企业温室气体核算方法与报告指南(试行)的通知(发改

[①] 丁宇刚. 有效发挥农业保险在应对气候变化风险中的作用. 中国保险报. 2019-02-20（004）.

办气候〔2015〕1722 号). http://www.ndrc.gov.cn/gzdt/201511/t20151111_758288.html[2021-2-16].

国家发展改革委办公厅. 2016. 关于切实做好全国碳排放权交易市场启动重点工作的通知(发改办气候〔2016〕57 号). http://www.ndrc.gov.cn/zcfb/zcfbtz/201601/t20160122_772123.html[2021-2-16].

国家发展改革委办公厅. 2017. 关于做好 2016、2017 年度碳排放报告与核查及排放监测计划制定工作的通知(发改办气候〔2017〕1989 号). http://www.ndrc.gov.cn/zcfb/zcfbtz/201712/t20171215_870543.html[2021-2-16].

国家统计局办公室. 2014. 关于印发《应对气候变化统计工作方案》的通知(国统办字〔2014〕7 号) [2021-2-16].

国家质量监督检验检疫总局, 国家标准化管理委员会. 2015. 关于批准发布《工业企业温室气体排放核算和报告通则》等 11 项国家标准的公告(中华人民共和国国家标准公告 2015 年第 36 号). http://www.sac.gov.cn/gzfw/ggcx/gjbzgg/ 201536/[2021-2-16].

国务院. 2011. 国务院关于印发"十二五"控制温室气体排放工作方案的通知(国发〔2011〕41 号). http://www.gov.cn/zwgk/2012-01/13/content_2043645.htm[2021-2-16].

河北省人民政府办公厅. 2012. 河北省人民政府办公厅关于印发河北省实行最严格水资源管理制度实施方案的通知. http://info. hebei.gov.cn/hbszfxxgk/329975/329982/378329/index.html[2021-2-16].

黑龙江省人民政府办公厅. 2017. 黑龙江省综合防灾减灾规划(2016—2020 年). http://www.hljmzt.gov.cn/1518/26608.html[2021-2-16].

黄灵玉. 2015. 广东红树林土壤有机碳分布特征及其影响因素研究. 桂林: 广西师范学院.

贾娜. 2017. 我国碳排放强制性信息披露制度建设. 合作经济与科技, (16): 130-131.

江西省发展改革委. 2017. 江西省发展改革委关于印发江西省"十三五"应对气候变化规划的通知. http://www.jxdpc.gov. cn/departmentsite/qhc/dtxx/sfgw3461/hybd/201701/t20170117_197679.htm[2021-2-16].

姜欣颜. 2016. 碳标签制度对中国对外贸易的影响及应对策略. 市场研究, (4): 32-33.

李阔, 许吟隆. 2017. 适应气候变化的中国农业种植结构调整研究. 中国农业科技导报, 19(1): 8-17.

李湘, 徐华清. 2019. 企业温室气体排放数据直报系统建设及应用建议. 气候战略研究(10): 1-11.

李玉洁. 2015. 基于全球调查数据的中国公众气候变化认知与政策研究. 环境保护科学, 41(2): 26-31.

刘琛. 2016. 中国碳交易市场发展现状与机遇. 国际石油经济, 24(4): 6-11.

马翠梅. 2018. "十三五"我国控制温室气体排放统计、核算与考核体系建设中期进展初步分析. 气候战略研究, (19): 1-14.

马菲菲. 2015. 中国适应气候变化保险制度研究. 北京: 清华大学.

内蒙古自治区人民政府办公厅. 2017. 内蒙古自治区"十三五"应对气候变化规划(2016—2020 年). http://www.nmg.gov.cn/ art/2017/4/21/art_2734_3254.html[2021-2-16].

宁夏国土开发整治管理局. 2018. 宁夏"十二五"生态移民土地整治工程通过整体验收. http://lcrc.org.cn/xwzx/dfdt/201801/t2018011242550.html[2021-2-16].

农业农村部. 2017. 农业部办公厅关于推介发布 2014 年农业主导品种和主推技术的通知. http://www.moa.gov.cn/nybgb/2014/dsanq/201712/t20171219_6105523.htm[2021-2-16].

潘家华, 钟宏武. 2017. 中国企业应对气候变化自主贡献研究报告(2017). 北京: 经济科学出版社.

全国碳排放管理标准化技术委员会. 2017. 关于对《温室气体排放核算与报告要求石油化工企业》等 13 项国家标准征求意见的通知. http://www.sac.gov.cn/sgybzyb/gzdt/bzzxd1/201803/t20180313_341892.htm [2021-2-16].

上海市人民政府. 2017. 关于印发《上海市节能和应对气候变化"十三五"规划》的通知. http://www.shanghai.gov.cn/nw2/nw2314/nw39309/nw39385/nw40603/u26aw51762.html[2021-2-16].

生态环境部办公厅. 2019a. 关于做好 2018 年度碳排放报告与核查及排放监测计划制定工作的通知(环办气候函〔2019〕71 号). http://qhs.mee.gov.cn/tscjs/201904/t20190419_700400.shtml[2021-2-16].

生态环境部办公厅. 2019b. 关于做好 2019 年度碳排放报告与核查及发电行业重点排放单位名单报送相关工作的通知(环办气候函 〔2019〕943 号). http://www.mee.gov.cn/xxgk2018/xxgk/xxgk06/202001/t20200107_757969.html[2021-2-16].

生态环境部办公厅. 2021. 关于加强企业温室气体排放报告管理相关工作的通知(环办气候〔2021〕9 号).

吴绍洪, 黄季焜, 刘燕华, 等. 2014. 气候变化对中国的影响利弊. 中国人口·资源与环境, 24(1): 7-13.

吴绍洪, 罗勇, 王浩, 等. 2016. 中国气候变化影响与适应: 态势和展望. 科学通报, 61(10): 1042-1054.

新疆维吾尔自治区人民政府. 2017. 关于印发新疆气象事业发展"十三五"规划的通知. http://www.

xinjiang.gov.cn/2017/01/19/125597.html[2021-2-16].

许光清, 董小琦. 2018. 企业气候变化意识及应对措施调查研究. 气候变化研究进展, 14(4): 429-436.

许光清, 董志勇, 郭颖. 2011a. 企业管理人员气候变化意识的统计分析. 中国人口·资源与环境, 21(7): 62-67.

许光清, 郭会珍, 原阳阳, 等. 2011b. 企业管理人员气候变化意识及影响因素分析. 气候变化研究进展, 7(1): 59-64.

闫华红. 2018. 中国上市公司碳排放信息披露现状研究. 会计之友, 11: 2-6.

颜彭莉. 2015. 美国皮尤研究中心全球经济态度调研主任布鲁斯斯托克斯: 各国民众怎么看气候变化? 环境经济, 2015(ZB): 14.

杨加志, 胡喻华, 罗勇, 等. 2018. 广东省红树林分布现状与动态变化研究. 林业与环境科学, 34(5): 24-27.

杨瑞, 来源, 余志光, 等. 2017. 碳市场形势下中国油气储运企业的机遇和挑战. 油气储运, 36(10): 1122-1127.

杨姗姗. 2016. "十二五"时期我国地方温室气体清单编制与数据管理体系建设及"十三五"建议. 气候战略研究, 24: 1-14.

杨晓滨. 2013. 低碳能源发展面临的挑战与出路. 中国石化, (8): 35-36.

于洋. 2016. 农户对于低概率气候变化风险的态度: 飓风保险的意愿支付. 江苏农业科学, 44(10): 544-568.

苑泽明, 王金月, 李虹. 2015. 碳信息披露影响因素及经济后果研究. 天津师范大学学报(社会科学版), 239(2): 67-72.

云南省发展和改革委员会. 2016. 云南省应对气候变化规划(2016—2020年). http://www.yndpc.yn.gov.cn/content.aspx?id=813367850452[2021-2-16].

张莉, 郭志华, 李志勇. 2013. 红树林湿地碳储量及碳汇研究进展. 应用生态学报, 24(4): 1153-1159.

赵玉灵. 2017. 广东省海岸线与红树林现状遥感调查与保护建议. 国土资源遥感, S1: 114-120.

中国气候传播项目中心. 2017. 中国公众气候变化与气候传播认知状况调研报告 2017. http://i.weather.com.cn/images/cn/index/dtpsc/2017/11/07/32734DC489728AA72583F608386985C8.pdf[2021-2-16].

中国证券监督管理委员会. 2017a. 公开发行证券的公司信息披露内容与格式准则第2号—年度报告的内容与格式(2017 年修订). http://www.csrc.gov.cn/pub/zjhpublic/zjh/201712/P020171229551310739858. pdf [2021-2-16].

中国证券监督管理委员会. 2017b. 公开发行证券的公司信息披露内容与格式准则第3号—半年度报告的内容与格式 (2017 年修订). http://www.csrc.gov.cn/pub/zjhpublic/zjh/201712/P020171229551538087910.pdf [2021-2-16].

中央人民政府. 2013. 国家适应气候变化战略. http://www.gov.cn/zwgk/2013-12/09/content_2544880.htm [2021-2-16].

CDP 全球环境信息披露研究中心. 2017. CDP 气候变化报告 2017. https://6fefcbb86e61af1b2fc4-c70d8ead6ced550b4d987d7c03fcdd1d.ssl.cf3.rackcdn.com/cms/reports/documents/000/002/821/original/China-edition-climate-change-report-2017.pdf?1509623078[2021-2-16].

IPCC. 2007. "Annex I: Glossary" in Climate Change 2007: Mitigation of Climate Change. Contribution of Working Group III to the Fourth Assessment Report of the Intergovernmental Panel on Climate Change. Cambridge: Cambridge University Press.

Lin T, Cao X, Huang N, et al. 2018. Social cognition of climate change in coastal community: A case study in Xiamen City, China. Ocean and Coastal Management, 207: 104429.

Pew Research Center. 2015. Global Concern about Climate Change, Broad Support for Limiting Emissions. https://www.pewresearch.org/global/2015/11/05/global-concern-about-climate-change-broad-support-for-limiting-emissions/[2021-2-16].

Song C X, Liu R F, Les O, et al. 2019. Do farmers care about climate change? Evidence from five major grain producing areas of China. Journal of Integrative Agriculture, 18(6): 1402-1414.

Team of Technical Experts. 2017. Technical Analysis of the First Biennial Update Report of China Submitted on 12 January 2017: Summary Report by the Team of Technical Experts. https://unfccc.int/sites/default/files/resource/chn.pdf[2021-2-16].

The People's Republic of China. 2004. The People's Republic of China Initial National Communication on Climate Change. https://unfccc.int/sites/default/files/resource/China%20INC%20English_1.pdf[2021-2-16].

The People's Republic of China. 2012. Second National Communication on Climate Change of the People's Republic of China. https://unfccc.int/sites/default/files/resource/The%20Second%20National%20Communication%20on%20Climate%20Change%20of%20P.%20R.%20China.pdf[2021-2-16].

The People's Republic of China. 2016. The People's Republic of China First Biennial Update Report on Climate Change. https://unfccc.int/sites/default/files/resource/chnbur1.pdf[2021-2-16].

The People's Republic of China. 2018a. The People's Republic of China Third National Communication on Climate Change. https://unfccc.int/sites/default/files/resource/China%203NC_English_0.pdf[2021-2-16].

The People's Republic of China. 2018b. The People's Republic of China Second Biennial Update Report on Climate Change. https://unfccc.int/sites/default/files/resource/China%202BUR_English.pdf[2021-2-16].

UNFCCC. 2015. Decision 1/CP.21. Adoption of the Paris Agreement. https://unfccc.int/sites/default/files/resource/docs/2015/cop21/eng/10a01.pdf[2021-2-16].

UNFCCC. 2018. Decision 18/CMA.1. Modalities, Procedures and Guidelines for the Transparency Framework for Action and Support Referred to in Article 13 of the Paris Agreement. https://unfccc.int/sites/ default/files/ resource/CMA2018_03a02E.pdf[2021-2-16].

United Nations. 1992. United Nations Framework Convention on Climate Change. https://unfccc.int/files/essential_background/background_publications_htmlpdf/application/pdf/conveng.pdf[2021-2-16].

Wu J J, Qu J S, Li H J, et al. 2018. What affects Chinese Residents' Perceptions of climate change? Sustainability, 10(12): 4712.

Yang L P, Liao W M, Liu C J, et al. 2018. Associations between knowledge of the causes and perceived impacts of climate change: A cross-sectional survey of medical, public health and nursing students in universities in China. Environmental Research and Public Health, 15(12): 2650.

Yu H, Wang B, Zhang Y J, et al. 2013. Public perception of climate change in China: Results from the questionnaire survey. Natural Hazards, 69(1): 459-472.

Zhang Y J, Wang Y F, Niu H S. 2019. Effects of temperature, precipitation and carbon dioxide concentrations on the requirements for crop irrigation water in China under future climate scenarios. Science of the Total Environment, 656: 373-387.

Zhou Z F, Nie L, Ji H Y, et al. 2020. Does a firm's low-carbon awareness promote low-carbon behaviors? Empirical evidence from China. Journal of Cleaner Production, 244: 118903.

第 42 章 应对气候变化的国际合作

首席作者：高翔 付琳
主要作者：邓梁春 王真

摘 要

国际合作对于全球应对气候变化至关重要，也是《联合国气候变化框架公约》及《京都议定书》和《巴黎协定》的重要基石。中国积极参与全球应对气候变化的行动与进程，成为全球气候治理的重要参与者、贡献者和引领者。中国认真履行了其在《联合国气候变化框架公约》等国际制度下的义务，按照要求，制定并实施减缓承诺，提交透明度履约信息报告并接受国际磋商与分析。中国积极参与谈判并推动达成《巴黎协定》，还积极参与和推动《联合国气候变化框架公约》外的全球气候治理进程。中国在南南合作的框架下，通过物资赠送和能力建设等领域的务实项目，开展了改善能源供应、促进清洁能源发展，森林可持续管理，农业农村废弃物管理等减缓气候变化的行动，在农业领域、水资源领域、基础设施建设领域开展了适应气候变化的行动，加强与广大发展中国家间的互利合作，并通过创立南南合作基金，为全球应对气候变化做出更大的贡献。中国在发展合作领域发起的 "一带一路" 倡议，也将绿色低碳发展作为重要的要求，不断发展和完善与应对气候变化有关的体制机制建设，并通过发行绿色金融债券、签署绿色 "一带一路" 的谅解备忘录、实施 "绿色丝路使者计划"、成立 "一带一路" 绿色发展国际联盟等方式，积极倡导并推动将绿色生态理念贯穿于 "一带一路" 建设中。"一带一路" 在助力广大发展中国家实现其国家自主贡献目标和可持续发展目标方面具有巨大潜力，同时也面临 "一带一路" 沿线国家工业化、城镇化、基础设施建设与生态环境保护、应对气候变化协同发展，在气候变化背景下应对水资源变化挑战，能源发展如何符合应对气候变化和低碳发展要求等一系列问题。

国际法在全球治理中具有基础性地位和作用，国际社会围绕《联合国气候变化框架公约》构建了合作应对气候变化的全球气候治理体系，这一体系在实践中不断优化，整个体系更加反映出公平合理、合作共赢。对于全球治理而言，好的规则必须通过善意遵循和有效落实才能发挥作用。中国坚持确保国际规则有效遵守和实施，坚持民主、平等、正义，建设国际法治。中国认真履行了自身在《联合国气候变化框架公约》体系下的国际法义务；积极参与和推动《联合国气候变化框架公约》外的全球气候治理进程；通过力所能及地应对气候变化南南合作，以物资赠送和能力建设为主要合作形式，不断加强与发展中国家的务实合作，帮助发展中国家提高应对气候变化的能力和效果；在发展合作领域发起 "一带一路" 倡议并将绿色低碳发展作为重要的要求，助力广大发展中国家实现其国家自主贡献目标和可持续发展目标。中国积极参与和推动应对气候变化国际合作，体现了负责任大国的担当，也反映了中国作为发展中国家为促进全球气候治理取得成效、实现全人类应对气候变化和实现可持续发展共同目标做出的努力和贡献。

42.1　中国与全球气候治理

42.1.1　中国认真履行在国际条约下的义务

《联合国气候变化框架公约》《京都议定书》《巴黎协定》为发达国家和发展中国家缔约方设定了"共同但有区别"的义务。这些义务主要包括两种类型：一是实质性义务，如开展减缓、适应行动，为发展中国家提供资金、技术、能力建设支持等；二是程序性义务，如编制并报告温室气体清单、提交履约报告、接受审评、参与多边审议、接受遵约审议等。应对气候变化的国际条约及其缔约方大会决定建立规则体系，就是要便利和督促缔约方履行其程序性义务，并通过履行程序性义务来督促缔约方履行实质性义务（薄燕和高翔，2014；薄燕，2016a；何晶晶，2016；李慧明和李彦文，2017；王田等，2019），其中《联合国气候变化框架公约》本身为缔约方设定的"共同但有区别"的义务，如图42.1所示。

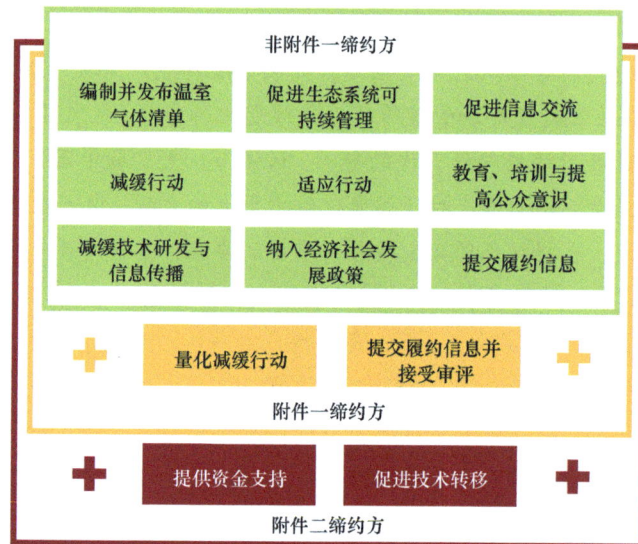

图 42.1　《联合国气候变化框架公约》为不同类型缔约方设定的义务

根据国际条约及其缔约方会议决定要求，中国积极履行了应尽义务。中国作为《联合国气候变化框架公约》非附件一的发展中国家缔约方，在国际气候变化条约下承担的义务主要包括开展减缓和适应行动，提交履约信息报告，在《巴黎协定》下还需要接受技术专家审评和促进性多边审议。自2010年起，根据《联合国气候变化框架公约》第16次缔约方会议通过的"坎昆协议"，中国作为发展中国家应提出"国家适当减缓行动"，还应每两年提交"双年更新报告"并接受国际磋商与分析（解振华，2011；郑爽，2011；Wang and Gao，2019）。中国国内还通过推动制定《应对气候变化法》《中国碳排放交易管理条例》等顶层设计，落实本国承担的应对气候变化国际义务（曹明德，2016）。

1. 实质性义务

在减缓温室气体排放方面，中国按要求制定并实施减缓承诺，按《坎昆协议》要求向联合国提交了 2020 年"国家适当减缓行动"，提出到 2020 年单位 GDP 二氧化碳排放比 2005 年下降 40%~45%等减缓目标（UNFCCC，2011）；又根据缔约方会议要求提出了 2030 年单位 GDP 二氧化碳排放比 2005 年下降 60%~65%等"国家自主贡献"目标（UNFCCC，2019）。在做出国际承诺后，中国国内通过加快经济结构调整和增长方式转变，控制能源需求总量的过快增长，建立以新能源和可再生能源为主体的可持续能源体系，分行业、分地区推进碳排放达峰等政策措施，逐步推进减缓目标的实现（彭斯震和张九天，2012；曹慧，2015；何建坤等，2016）。在减缓行动力度方面，中国的"国家自主贡献"满足 2℃碳减排长期目标要求，且在"责任-能力-需要"和人均累积排放等原则下，满足公平性要求，但如果只看单一指标，且在 1.5℃长期目标要求下，中国的"国家自主贡献"尚不能满足公平和力度的要求（崔学勤等，2016；潘勋章和王海林，2018）。

中国开展了适应气候变化的行动，但还需更好地发挥科学指导作用并提高力度。中国在 2013 年制定并实施了《国家适应气候变化战略》，其成为积极应对全球气候变化，统筹开展全国适应气候变化工作的集中指导（国家发展和改革委员会，2013）。中国的适应气候变化行动主要包括三个方面：气候变化影响与风险评估、适应技术研发、适应技术应用与保障（吴绍洪等，2016）。其中，科技进步与创新是适应气候变化的重要支撑。中国适应气候变化科技取得了许多进展，逐步制定和完善了相关政策，设置和实施了一大批适应气候变化科技项目，取得了丰硕成果，适应效果显著，国家适应气候变化能力有了较大提升（何霄嘉等，2017）。但中国的适应气候变化政策还存在一些问题，主要包括适应政策的目标和对应的适应能力与适应资源不匹配，需要加强投入；适应政策对科学假设和不确定性考虑不足，对未来风险评估有欠缺；适应政策实施的监督与评估不足等（彭斯震等，2015；张雪艳等，2015）。

2. 程序性义务

在提高履约透明度方面，中国按要求提交了履约信息报告，并接受了国际磋商与分析。继提交《中华人民共和国气候变化初始国家信息通报》《中华人民共和国气候变化第二次国家信息通报》后，2017 年 1 月中国提交了第一次"双年更新报告"，其中报告了 2012 年国家温室气体清单数据，这是中国按照《坎昆协议》规定第一次提交的"双年更新报告"。按照《联合国气候变化框架公约》秘书处安排，中国的"双年更新报告"在 2017 年 5 月接受了技术专家组的技术分析，技术分析摘要报告在 2018 年 4 月发布；按照规定，中国在 2018 年 12 月的卡托维茨会议上与各缔约方开展了促进性信息交流，完成了按照《坎昆协议》执行的第一轮报告—分析—审议程序。中国在温室气体清单编制中，各个部门都遵从《IPCC 国家温室气体清单指南（1996 年修订版）》和《2000 年优良做法指南》，但也都参考了 2006 年清单指南（朱松丽等，2018），其科学性在学术界的讨论中得到了认可（Liu et al.，2015；滕飞和朱松丽，2015）。中国还在履行国际义务之余，自愿发布应对气候变化政策与行动年度报告，开展了省级温室气体清单编制，部分城市自愿开展了城市级温室气体清单编制，提高了应对气候变化的透明度（白卫国等，2013；高翔和滕飞，2014）

42.1.2　中国积极谈判推动《巴黎协定》达成

从制定《联合国气候变化框架公约》的谈判开始，中国就积极参与了这一重要的国际治理机制（张佳，2019）。自 2012 年"德班平台"谈判启动以来，中国为《巴黎协定》的最终达成发挥了积极建设性贡献（安树民和张世秋，2016；庄贵阳和周伟铎，2016a；薄燕和高翔，2017；高云，2017；解振华，2017）。这些贡献主要体现在三个方面。

第一，中国树立了更加积极的应对气候变化理念，引领全球气候治理进程。积极应对气候变化，促进绿色低碳发展，已经成为国际社会和中国学术界的普遍共识（王毅，2014；杜祥琬，2015；Du，2016；何建坤，2016；周大地和高翔，2017；潘家华和张莹，2018；柴麒敏等，2018；王文涛等，2018；解振华，2017）。自 2012 年中国将生态文明建设纳入"五位一体"总体布局以来，积极应对气候变化作为生态文明建设的重要内容得到了高度重视。国家主席习近平指出应对气候变化是中国可持续发展的内在要求，也是负责任大国应尽的国际义务，这不是别人要我们做，而是我们自己要做（张高丽，2014），为中国积极推动《巴黎协定》达成提供了思想基础。

第二，中国高层积极推动联合国气候谈判，为《巴黎协定》达成提供了政治指导。中国先后于 2014 年、2015 年发布"中美气候变化联合声明""中欧气候变化联合声明""中美元首气候变化联合声明""中法元首气候变化联合声明"等，国家主席习近平出席巴黎气候大会，表达了支持巴黎气候大会取得成功的重要政治意愿，并为建立国家自主贡献机制、强化的透明度机制、全球盘点机制等《巴黎协定》重要支柱提出了原则方向（王联合，2015；薄燕，2016b；刘元玲，2016；刘振民，2016；赵行姝，2016；薄燕和高翔，2017；高云，2017；李慧明和李彦文，2017；朱松丽和高翔，2017）。

第三，中国代表团在"德班平台"谈判过程中引领各方相向而行，在关键问题上提出了搭桥方案。中国作为一个负责任的大国，在谈判过程中充分协商、沟通交流，化解各方的争议，同时又坚持了自身的原则，就减排长期目标、资金、透明度、全球盘点等谈判中的关键问题寻找可能被各方接受的方案，在发达国家与发展中国家之间起到了沟通桥梁的作用（庄贵阳和周伟铎，2016a；谢来辉，2017）。

42.1.3　中国积极参与和推动《联合国气候变化框架公约》外全球气候治理进程

在以《联合国气候变化框架公约》《京都议定书》《巴黎协定》及其缔约方会议决定形成的国际气候变化法体系外，中国也积极参与和推动其他全球气候治理进程的发展，并为国际法体系提供相互支撑。

中国从 IPCC 成立之初，就参与了 IPCC 的各项科学活动，为政府决策者们提供了有力的决策支持（董亮，2016；Gao et al.，2017；高云，2017；高翔和高云，2018；张永香等，2018）。在中国政府推荐下，百余名科学家成为 IPCC 报告主要作者（第一次到第五次参与评估的中国作者有 9 人、11 人、19 人、28 人、43 人），其中丁一汇院士是第三次评估报告第一工作组联合主席，秦大河院士是第四次、第五次评估报告的第一工作组联合主席（高云，2017）；IPCC 最新一次温室气体清单方法学编制，中国共有 12 名专家参与（朱松丽等，2018）。然而，中国科学家在气候变化研究方面的总体科研实力相比于欧美等发达国家仍存在一定差距，文献引用率远低于发达国家，而且在 IPCC 核心观点上，几乎没有中国的科研成果体现（薄燕，2013；张永香等，2018）。

中国还积极通过二十国集团、经济大国能源与气候论坛、"基础四国"气候变化部长级对话等机制，以及鼓励地方政府和非政府组织发挥影响力，积极推动全球气候治理（于宏源，2016；解振华，2017；胡王云和张海滨，2018）。2016 年，二十国集团领导人峰会在中国举行，首次将峰会的使命从全球金融危机的短期应急政策协调转向全球经济的长效指导，将实现《2030 年可持续发展议程》和应对全球气候变化等长期发展战略问题纳入主要经济体的宏观政策协调与合作范围，致力于更加综合与长远地探索全球经济走出长期衰退、走向可持续繁荣的发展道路，对指引全球未来发展具有深远意义。中国低碳城市试点模式，以及中国城市积极参与国际城市间应对气候变化合作，为全球气候治理体系转型做出了新的探索（康晓，2016；赵行姝，2016；庄贵阳和周伟铎，2016b）。中国政府日益注重同一些权威性的国际非政府组织合作，但在全球气候治理中，中国同国际非政府组织的互动和合作经验还相对较少，中国本土社会组织的国际参与和影响力发挥仍相当有限，一定程度上成为中国提升全球治理能力的瓶颈（李昕蕾和王彬彬，2018）。

42.2　中国推动开展气候变化南南合作

42.2.1　气候变化南南合作总体部署

气候变化南南合作是当前中国对外援助的首要关注领域之一。中国 2011 年通过的"十二五"规划纲要就提出"大力开展国际合作，应对气候变化"的目标，力图"加强气候变化国际交流和政策对话，开展科学研究、技术研发和能力建设等领域的务实合作……为发展中国家应对气候变化提供帮助和支持"。"十三五"规划纲要提出"广泛开展国际合作"的目标，"落实强化应对气候变化行动的国家自主贡献……充分发挥气候变化南南合作基金作用，支持其他发展中国家加强应对气候变化能力。"中国的《国家应对气候变化规划（2014—2020 年）》旨在积极推动、加强和鼓励地方政府、国内企业和非政府组织与发展中国家的相应机构在低碳和气候适应性技术和产品方面展开合作，在中国"走出去"政策的倡导下实现互惠互利，这也与中国对外援助政策一致。根据中国发布的第二份对外援助白皮书，加强环境保护、应对气候变化是中国对外援助六个"首要关注领域"之一。2015 年通过的《中非合作论坛约翰内斯堡峰会宣言》和《中非合作论坛—约翰内斯堡行动计划（2016—2018 年）》重点强调了气候变化南南合作。《推动共建丝绸之路经济带和 21 世纪海上丝绸之路的愿景与行动》（简称《愿景与行动》）为中国与东亚、南亚、西亚、中亚、东欧等至少 55 个国家在应对气候变化、低碳发展、适应气候变化基础设施建设和运营等方面的南南合作提供了一个全面的合作框架（UNDP，2016）。

中国开展的气候变化南南合作主要是物资赠送和能力培训。中国计划通过开展低碳示范区建设、赠送节能低碳物资和监测预警设备、开展应对气候变化南南合作培训班等多种方式帮助其他发展中国家提高应对气候变化能力，并从范围与数量上不断扩大对发展中国家应对气候变化的支持力度（UNDP，2016）。2011 年以来，中国应对气候变化主管部门在中央财政预算的支持下，通过无偿赠送节能低碳产品和开展气候变化研修班等形式积极开展应对气候变化南南合作，取得了积极成效。截至 2017 年，中国与塞舌尔就低碳示范区建设签署了合作备忘录，先后与 28 个发展中国家签署物资赠送谅解备忘录，赠送节能灯、户用太阳能发电系统等应对气候变化物资。在能力建设方面，中国举办了多期应对气候变化南南合作培训班，为有关发展中国家培训应对气候变化领域官员和专家。中国通过实施技术援助、提供物资和现汇等方式累计援助 70 多个发展中国家，涉及清洁能源、低碳示范、农业抗旱技术、水资源利用和管理、粮食种植、智能电网、绿色港口、水土保持、紧急救灾等领域（生态环境部，2018）。习近平主席于 2015 年 11 月在巴黎气候变化大会上宣布中国将启动气候变化南南合作"十百千"项目，在发展中国家开展 10 个低碳示范区、100 个减缓和适应项目及1000 个应对气候变化培训名额的合作项目。"十百千"项目的实施和基金的筹建都在稳步推进中，并将与中国对外发展援助机制的总体改革相适应，创新运营模式，提高气候资金的筹集、管理和使用效率（柴麒敏等，2018）。

42.2.2 减缓气候变化南南合作

1. 改善能源供应、促进清洁能源发展

能源是重要的基础设施，中国近些年来积极帮助其他发展中国家建设能源基础设施。中国援建的能源项目包括水电站、热电站、输变电和配电网、地热钻井工程等。能源发展项目不仅具备发电的效益，而且还能发挥农业灌溉、渔业发展和观光旅游等多重功能，由此直接促进有关国家和地区的经济社会发展。中国援助的电力电网建设项目也增加了稳定可靠电力和清洁能源对更多人口和地区的普惠覆盖，有效解决了有关国家电网设备老化、经常性大面积停电的问题。此外，中国还大力开展以物资赠送为特色的南南气候合作，具体包括风能和太阳能发电及照明设备、节能空调等用电设备、太阳能移动电源、沼气设备、高效清洁炉灶等（国务院新闻办公室，2014）。

2. 森林可持续管理

中国在森林可持续发展领域积极开展与其他发展中国家的合作，具体包括提供森林保护设备，开展人员培训和交流研讨等活动。中国还支持和开展与有关国家在森林可持续管理框架下的竹藤产业合作，开展技能分享与培训，不仅帮助了当地民众增加收入、扩大就业、摆脱贫困，也促进了有关国家产业经济的发展（国务院新闻办公室，2014）。

3. 农业农村废弃物管理

中国和部分国家开展了农业农村领域的人畜禽废弃物处理利用南南合作，主要通过经验分享和能力建设等模块，促进有关的务实合作项目对接等，积极促进了有关国家农业农村领域的可持续发展。中国在农村沼气利用方面具有丰富经验，由于其建设规模小、投资少、易管理，得到南南合作发展中国家农村和农户的欢迎。中国开展的有关南南合作工作包括通过志愿服务等传授沼气池修建方法等，不仅帮助当地缓解人畜禽废弃物带来的环境和气候影响，开发利用清洁能源，建设节约、生态、环保的新农村，还有助于广大农民增收致富（国务院新闻办公室，2014）。

42.2.3 适应气候变化南南合作

1. 农业

中国通过"请进来、走出去"的方式加大了对发展中国家，尤其是对"一带一路"沿线国家的农业培训力度，主要包括种植业管理、食用菌技术、农机技术、动物疫病防控等培训，以增强这些国家的"造血"能力，提高农业技术水平。中国农业援助内容主要包括建设农场、农业技术示范中心、农业技术试验站和推广站，兴建农田水利工程，提供农机具、农产品加工设备和相关农用物资，派遣农业技术人员和高级农业专家传授农业生产技术和提供农业发展咨询，为受援国培训农业人才等（国务院新闻办公室，2011）。

2. 水资源

中国水资源管理与利用领域的援外项目主要包括农业防洪及抗旱和城乡水资源利用和管理技术。针对洪涝灾害易发地区，帮助其发展防洪工程；针对干旱地区，援助建设引水、打井、蓄水工程，赠送饮水供水器材。中国还援助建设了一批农业水利项目，改变受援国农业生产条件。此外，中国还援建了一批城乡供水及水处理项目（国务院新闻办公室，2011）。

3. 基础设施建设

中国在气候变化方面实施的"基础设施对外援助"的受援国主要是小岛国家和沿海国家。这些国家地理位置特殊，特别容易受到台风、风暴潮等破坏性自然灾害的侵害，其脆弱的基础设施经常遭到破坏。中国实施基础设施援外的目的在于提高其基础设施抗灾防灾水平，保证基础设施正常运转，减轻气候变化带来的不利影响。项目主要集中在小岛国家及沿海国家桥梁道路的建设与修复、港口与海岸防护工程、公用民用建筑建设与维修等方面（国务院新闻办公室，2011）。

42.2.4 开展应对气候变化能力建设南南合作

非洲国家、小岛屿国家和最不发达国家都将适应气候变化能力建设视为应对气候变化最急迫、最优先的内容，这些内容主要为气候预警预测、适应性工程、防灾减灾系统等。中国援建马尔代夫的"安全岛"民用住宅工程，减轻了当地居民受海啸及海水侵蚀的影响；中国帮助孟加拉国与马尔代夫建立的极端天气预警系统，提升了两国对气候自然灾害的预警能力。中国设立的"南海及周边海洋国际合作框架计划（2011～2015）"，将"海洋与气候变化""海洋防灾减灾"列为主要资助领域，联合周边国家开展了"中印尼热带东南印度洋海一气相互作用与观测"和"印度洋季风爆发观测研究项目"。从 2012 年起，中国气候变化对外援助将重点放在支持南太平洋岛国，实施可再生能源利用与海洋灾害预警研究及能力建设、LED 照明产品开发推广应用、秸秆综合利用技术示范、风光互补发电系统研究推广利用、灌溉滴水肥高效利用技术试验示范等对外援助项目，帮助小岛屿国家提高气候变化的适应能力。

42.3 "一带一路"倡议应对气候变化问题所做贡献

42.3.1 高质量共建"一带一路"，推动绿色低碳发展

绿色发展是共建"一带一路"的指导原则之一。

2017 年 5 月，习近平主席在首届"一带一路"国际合作高峰论坛上指出，我们要践行绿色发展的新理念，倡导绿色、低碳、循环、可持续的生产生活方式，加强生态环保合作，建设生态文明，共同实现 2030 年可持续发展目标。

2019 年 4 月，习近平主席在第二届"一带一路"国际合作高峰论坛上强调，把绿色作为底色，推动绿色基础设施建设、绿色投资、绿色金融。

第二届"一带一路"国际合作高峰论坛圆桌峰会就绿色发展达成如下共识并写入联合公报。

"坚持共商共建共享共赢，坚持开放、绿色、廉洁，追求高标准、惠民生、可持续，高质量共建'一带一路'。"

"我们重视促进绿色发展，应对环境保护和气候变化的挑战，包括加强在落实《巴黎协定》方面的合作"。

"为促进可持续和低碳发展，我们赞赏推动绿色发展、促进可持续性的努力。我们鼓励发展绿色金融，包括发行绿色债券和发展绿色技术。我们也鼓励各方在生态环保政策方面交流良好实践，提高环保水平"。

"我们支持加强能源基础设施，提高能源安全，让所有人都能享有可负担、可再生、清洁和可持续的能源"等。

2016 年 11 月，国务院印发《"十三五"生态环境保护规划》，并在规划中设置"推进'一带一路'绿色建设"专门段落，统筹规划安排未来五年"一带一路"生态环保总体工作。

2017 年 5 月，中国政府先后发布《关于推进绿色"一带一路"建设的指导意见》《"一带一路"生态环境保护合作规划》等推进绿色低碳发展的重要文件，阐释了建设绿色"一带一路"的重要意义，明确了"一带一路"绿色发展的总体思路、要求，制定了一系列生态环保合作目标、项目和任务，进一步推动了环保政策法规、标准技术、产业的交流合作。

42.3.2 绿色"一带一路"国际合作平台

1. "一带一路"绿色发展国际联盟

第二届"一带一路"国际合作高峰论坛期间举办"绿色丝绸之路"分论坛，来自相关国家政府、企业和国际机构组织的 132 个参与方发起成立"一带一路"绿色发展国际联盟（简称绿盟）。绿盟以打造绿色发展国际合作网络、促进实现"一带一路"绿色发展国际共识和一致行动为目标，一是举办绿盟高级别会议和专题研讨会；二是开展政策研究和示范项目，编写《"一带一路"绿色发展报告》；三是发挥绿盟咨询委员会作用，为"一带一路"绿色发展提供智力支持。2019 年 9 月"联合国气候行动峰会"期间，绿盟"气候协同治理与联合国2030 年可持续发展议程"圆桌会在美国纽约召开，合作伙伴代表和专家约 100 人参加。

2. "一带一路"绿色投资原则

2018 年 11 月 30 日，中国金融学会绿色金融专业委员会与伦敦金融城在中英绿色金融工作组第三次会议期间共同发布了《"一带一路"绿色投资原则》。第二届"一带一路"国际合作高峰论坛资金融通分论坛期间，举行了《"一带一路"绿色投资原则》签署仪式，目前已有 37 家签署方和 12 家支持机构，覆盖全球 14 个国家和地区。首份年度报告提出中长期发展规划——2023 愿景，涵盖五大关键实施支柱，即自我评估、信息披露、绿色承诺、加大投资、成员发展。发展目标包括所有签署方将环境风险纳入其公司治理结构；所有签署方执行至少一次环境风险披露；60%签署方制定绿色投资量化目标；"一带一路"绿色投资较 2020年上涨 35%；签署方扩员至 70 家以上。

42.3.3 "一带一路"绿色发展务实合作

中方大力推进绿色"一带一路"建设，并会同有关各方以合作项目为抓手，立足绿色基建、绿色能源、绿色金融、绿色标准、绿色人才等关键领域，推动绿色"一带一路"走深走实。

1. 推进绿色基础设施建设

加大对"一带一路"重大基础设施建设项目的生态环保服务与支持，深入了解项目所在地生态环境状况和环保要求，综合开展生态环境影响评估，提升对有关项目的咨询服务能力。

（1）中国科学院启动实施"丝路环境专项"，与沿线各国科学家携手研究绿色丝绸之路建设路径和方案。"丝路环境专项"于 2018 年 9 月正式启动，主要研究第三极环境变化等问题。专项通过观测具体案例、开展科学评估、提供创新技术及示范产品、组织国际研讨等多元方式，为绿色"一带一路"建设提供智力支撑，目前已发布《共建绿色丝绸之路：资源环境基础与社会经济背景》等科学智库产品。

（2）成立"一带一路"环境技术交流与转移中心，建设"一带一路"生态环保大数据服务平台。"一带一路"环境技术交流与转移中心于 2017 年在深圳成立，目前运转顺利。"一带一路"生态环保大数据服务平台于 2019 年第二届高峰论坛期间正式启动，目前已建立环保技术国际智汇平台、中国—东盟环境信息共享平台和上合环保信息共享平台等子平台。

2. 加强绿色能源合作

与共建"一带一路"国家发展战略积极对接，合作开展可再生能源、新能源合作等项目，支持有关国家实现能源转型，助力落实《巴黎协定》目标。

（1）中国同联合国开发计划署、联合国工业发展组织、亚洲及太平洋经济社会委员会共同发起"一带一路"绿色照明行动倡议。"一带一路"绿色照明行动倡议提出，推动半导体照明在"一带一路"相关国家的推广应用，包括城市道路、公共机构、工矿、家庭等功能性照明的新建和改造，营造绿色照明"生态系统"。

（2）中国同联合国工业发展组织、联合国亚洲及太平洋经济社会委员会、能源基金会共同发起"一带一路"绿色高效制冷行动倡议。"一带一路"绿色高效制冷行动倡议提出，制冷行业的绿色发展和能效提升，有助于应对气候变化目标和各国能效目标的实现，推动落实2030 年可持续发展议程。在第二届"一带一路国际合作"高峰论坛发起后，为做好成果后续落实工作，国家发展改革委联合工业和信息化部等 6 部门印发《绿色高效制冷行动方案》，明确提出制冷产业发展的近期和中期目标，部署了五大任务和三项保障措施。2019 年 6 月，国家发展改革委举办绿色制冷大会，联合国亚太经社会、联合国环境规划署及泰国、蒙古等共建"一带一路"国家代表与会，分享交流绿色高效制冷技术和经验。

3. 促进绿色金融体系发展

深入推动"一带一路"绿色金融合作，推动制定和落实防范投融资项目生态环保风险的政策和措施，鼓励符合条件的"一带一路"绿色项目按程序申请中国国家绿色发展基金等资金支持，通过多双边渠道对"一带一路"绿色项目给予资金支持。

（1）发行首支"一带一路"银行间常态化合作机制绿色债券。2019 年 4 月，工商银行新加坡分行发行首支多币种"一带一路"银行间常态化合作机制绿色债券，金额规模 22 亿美元，来自共建"一带一路"国家的 22 家银行承销，得到国际债券市场的积极反响。

（2）共同发布"一带一路"绿色金融指数。"一带一路"绿色金融指数由工商银行与牛津经济学院成立联合课题组共同研发，得到欧洲复兴开发银行等其他"一带一路"银行间常态化合作机制成员支持。

（3）联合发起设立"一带一路"绿色投资基金。中国光大集团与有关国家金融机构联合发起的"一带一路"绿色投资基金已于 2020 年 4 月 21 日正式落地。

专栏 42.1 "一带一路"沿线主要国家绿色低碳发展现状

根据当前被广泛采纳的基本范围，"一带一路"建设主要包括 5 条线路，主要涉及中国、蒙古、俄罗斯、中亚、东南亚、南亚、西亚、北非及中东欧等地区的 60 多个国家。沿线国家总体上人口众多，经济社会发展相对落后，但经济增长较快。根据世界银行（World Bank）的统计数据，2015 年"一带一路"沿线国家总人口为 45.7 亿，达到全球总人口的 62%，是全球人口最密集的地区。同时，沿线国家 2015 年 GDP 总和为 22.7 万亿美元，仅为全球总数的 31%，人均国民总收入为 5129 美元，仅为全球平均的 49%，经济社会发展相对落后。沿线国家 2015 年 GDP 增长率为 5.0%，是全球 GDP 增长率的 2 倍，整体上经济增长较快。

1. 气候变化风险

"一带一路"沿线国家和地区气候类型复杂多样，是全球气候变化的敏感地区。这些国家大多数处在环太平洋地区和北半球中纬度地区这两大自然灾害带中，生态背景总体较为脆弱，普遍面临着类型和程度各不相同的气候变化风险，如高温热浪、暴雨洪涝、沿岸洪水、台风、干旱等，灾害损失重（详见表 42.1）。"一带一路"沿线有多个国家（包括缅甸、菲律宾、孟加拉国、巴基斯坦、越南、泰国等）在过去十年内都是受气候变化影响最大的国家。

沿线国家和地区拥有较高的战略资源赋存度，然而资源环境的利用效率较低。在这一基础之上，加上人为原因，局部地区的资源禀赋和生态环境出现恶化趋势，如因为过度开发，咸海濒临消失，里海污染加重，生物多样性锐减等。同时，气候变化还很可能引发包括能源安全、社会政局动荡、族群或国家之间的暴力冲突、移民和难民、区域恐怖主义等在内的安全风险。相比较而言，东南亚、南亚、中亚和东北非面临的气候安全风险较大，而中欧地区面临的风险相对较小。

根据多个全球气候模式对未来气候变化的模拟结果，"一带一路"沿线未来极端气候事件发生的频率和强度将会增大。随着以增暖为主要特征的全球气候变化的加剧，"一带一路"沿线极端事件变化又将放大自然和人类系统的现有风险并产生新的风险，这将严重威胁着公众的生命、财产安全，制约当地的社会经济发展和"一带一路"倡议的响应参与能力（李泽红等，2014；王志芳，2015；李宇等，2016；孔锋等，2018；欧阳湘舸，2017；王朋岭等，2017；Li and Qian，2017）。

表 42.1　"一带一路"各地区主要灾害分布

地区	主要灾害	地区	主要灾害
东亚	地震、洪涝、风暴、滑坡	西亚	地震、洪涝、干旱、风暴
中亚	干旱、洪涝、极端天气、地震	东南亚	风暴、洪涝、地震
南亚	洪涝、地震、风暴、滑坡	中东欧	极端天气、洪涝、干旱、风暴

2. 绿色发展现状

"一带一路"沿线的大多数国家和地区，其资源能源消耗较大、生态环境非常脆弱、经济发展模式粗放，总体上还处于经济增长与资源消耗和污染物排放的挂钩阶段。在效率不断改进的主要推动下，沿线各国的碳生产率总体呈上升趋势，但绿色低碳发展水平总体偏低，也具有极大的提升空间、发展潜力和合作契机。从温室气体排放角度来看，"一带一路"沿线国家单位 GDP 二氧化碳排放量相对较高，平均为 1.56 吨/千美元，约为世界平均水平（0.72 吨/千美元）的 2.2 倍，经济发展呈现出高碳特征；很多国家的人均二氧化碳排放也显著偏高，平均人均排放量为 6.59 t，约为世界平均水平（4.99 t）的 1.3 倍，但南亚和东南亚等人口密集地区的人均二氧化碳排放量则仍显著低于世界平均水平。同时，各国城镇化水平以及绿色城镇化发展的差异较大，绿色全要素生产率也存在不同水平的差异，并且需要防范绿色低碳发展水平较低的中亚、西亚、南亚等国家的差距进一步加大（中国科学院可持续发展战略研究组，2015；郭兆辉等，2017；刘清杰，2017；祁悦等，2017；肖金成和王丽，2017；刘俊辉和曾福生，2018；高赢和冯宗宪，2018；王建事，2018；Rauf et al.，2018）。当前"一带一路"沿线部分国家，尤其是发展中国家的资源利用和污染排放，有一部分隐含于这些国家的对外贸易中，美国和欧盟的消费所引发的排放占大多数"一带一路"区域碳排放的约 30%（Han et al.，2018）；"一带一路"沿线区域内的国家与中国之间也呈现出与贸易相关的隐含资源消耗和污染排放（Zhang et al.，2018）。

　　总体而言，"一带一路"沿线国家和地区气候环境相对脆弱，应对气候变化、实现绿色发展具有很高的需求。但需要注意的是，"一带一路"沿线国家绿色发展现状本身同"一带一路"倡议和"一带一路"框架内的项目并没有直接联系。

专栏 42.2　"一带一路"沿线主要国家的绿色低碳发展政策

　　根据《联合国气候变化框架公约》缔约方大会的决定，绝大多数"一带一路"沿线国家已经制定并提交了各自的国家自主贡献，向国际社会做出了减缓和适应气候变化的承诺，多数沿线国家也制定并提交了 2020 年前减缓气候变化的目标和行动。

　　在减缓气候变化的目标与行动方面，"一带一路"沿线国家根据各自的国情和能力，采用了多样化的目标形式。相对成熟和发达的经济体，在预测未来排放方面有比较好的基础，因此选择绝对量减排目标；处在快速发展阶段的新兴经济体，由于经济增长速度和经济结构演变趋势的不确定性，更多会选择偏离照常情景、降低碳强度以及达峰时间等相对减排目标。此外，也有国家提出增加碳汇、发展清洁能源等非温室气体目标。表 42.2 列出了各国为实现减缓目标而制定的部分政策和措施。在电力减排领域，绝大部分"一带一路"国家都提出发展可再生能源/清洁能源以及提高能效的政策措施；在交通部门，减排行动聚焦于提高燃油经济性和机动车排放标准、促进清洁燃料和技术应用、改善路网、发展公共交通等领域；各国也基于自身情况制定了农业、林业、工业和废弃物部门的减排政策；同时也有越来越多的国家利用市场机制促进温室气体减排（祁悦等，2017）。

表 42.2　"一带一路"沿线国家减缓气候变化政策和行动

行业	减排政策与行动	国家
电力	发展可再生或清洁能源 提高能效	绝大部分"一带一路"沿线国家
交通	改善路网，加强管理	蒙古、阿联酋、约旦、泰国、马其顿
	推广新能源汽车（混合动力或电动、使用生物燃料）	蒙古、阿联酋、印度、尼泊尔、越南、文莱、阿塞拜疆
	发展公共交通、加强城市可持续交通建设	以色列、土耳其、斯里兰卡、泰国、越南、阿塞拜疆、马其顿
	提高燃油经济性、通过经济手段推动清洁燃料应用等	蒙古、阿联酋、泰国、文莱、欧盟成员国
	提高能效	塔吉克斯坦、也门、巴林、土耳其
农业	加强土地管理	也门、塔吉克斯坦
	促进农业和畜牧业减排	蒙古、阿塞拜疆、新西兰
林业	增加林业碳汇	约旦、印度、尼泊尔、斯里兰卡、老挝、阿塞拜疆、白俄罗斯、中国
	参与 REDD+项目	缅甸、泰国、越南
工业	促进工业节能	蒙古、土耳其、印度、斯里兰卡
	推动工业现代化	塔吉克斯坦、斯里兰卡
废弃物	加强废物管理	阿联酋、泰国、文莱、印尼、阿塞拜疆
	废弃物循环利用（如填埋气体用于发电等）	约旦、也门、印度、尼泊尔、泰国、越南、印尼
市场机制	碳交易市场	中国、韩国、哈萨克斯坦、新西兰及欧盟成员国

　　数据来源：根据《联合国气候变化框架公约》网站发布的各缔约方提交的国家自主贡献文件、国家信息通报、两年报/两年更新报等资料整理（祁悦，2017）

　　"一带一路"沿线发展中国家特别关注适应气候变化的行动。在提出适应目标的同时，也制定了包括建立完善适应气候变化机制机构、完善基础设施、加强疾病防控能力，以及针对脆弱部门和地区的相应政策措施（表42.3）。

表42.3　"一带一路"沿线国家适应气候变化目标和行动

目标	行动	国家
顶层设计和机制机构建设	制定国家层面适应气候变化战略规划、行业规划，在制定国家及地方发展政策时考虑适应气候变化需求，开展试点示范等	阿富汗、南非、白俄罗斯、黎巴嫩、埃塞俄比亚、格鲁吉亚、科威特、巴林、中国
	评估适应气候变化投资需求，提高国内资金投入，加强国际合作	孟加拉国、马来西亚、印度、埃及、南非
	建立完善预警预报系统，提高灾害防控能力	南非、中国、印度
农业	提高灌溉效率及农业生产力，推动气候适应型农业发展	阿富汗、格鲁吉亚、巴林、柬埔寨、格鲁吉亚、印度、马来西亚
	加强农业系统管理，推广科学种植，促进栽培品种多样化	埃及、印度、柬埔寨、老挝、也门
水资源	投资现代化的灌溉系统，加强水资源综合开发和管理，建立洪水管理机制	埃及、印度、伊朗、约旦、柬埔寨、印尼、科威特
	提高居民节水意识	埃及、印度、科威特、沙特阿拉伯、阿联酋、巴基斯坦
	建设水资源信息系统，提高水资源调配和管理能力	老挝、黎巴嫩、马来西亚、也门、蒙古、斯里兰卡
海岸带	填海及生态系统恢复	巴林、孟加拉国、马尔代夫、沙特阿拉伯、阿联酋
	加强沿海区域土地利用管理和规划，限制工业扩张，保护沿海地区居民生计	埃及、印度、格鲁吉亚、马来西亚、也门、越南
	完善沿海地区气候变化相关信息系统	科威特、斯里兰卡、沙特阿拉伯、阿联酋、新加坡
基础设施	完善城市和乡村基础设施以减少脆弱性和暴露度	巴林、也门、老挝、科威特、马尔代夫、斯里兰卡、巴基斯坦、东帝汶、柬埔寨
	加强能源基础设施建设，提高可再生能源比重，减少能源系统脆弱性	也门、孟加拉国、老挝、科威特、越南、新加坡、卡塔尔
公共健康	提高公共卫生基础设施和供水系统；改善公共卫生服务	老挝、柬埔寨、越南
	识别潜在风险，提高公众意识，加强流行病的研究分析和防控	印度、柬埔寨、马来西亚

数据来源：根据《联合国气候变化框架公约》网站发布的各缔约方提交的国家自主贡献文件、国家信息通报、两年报/两年更新报等资料整理（祁悦，2017）

参 考 文 献

安树民, 张世秋. 2016. 《巴黎协定》下中国气候治理的挑战与应对策略. 环境保护, (22): 43-48.
白卫国, 庄贵阳, 朱守先. 2013. 中国城市温室气体清单研究进展与展望. 中国人口·资源与环境. 23(1): 63-68.
薄燕. 2013. 合作意愿与合作能力——一种分析中国参与全球气候变化治理的新框架. 世界经济与政治, (1): 135-155.
薄燕. 2016a. 《巴黎协定》坚持的"共区原则"与国际气候治理机制的变迁. 气候变化研究进展, 12(3): 243-250.
薄燕. 2016b. 中美在全球气候变化治理中的合作与分歧. 上海交通大学学报(哲学社会科学版), 24(1): 17-27.
薄燕, 高翔. 2014. 原则与规则: 全球气候变化治理机制的变迁. 世界经济与政治, (2): 48-65.
薄燕, 高翔. 2017. 中国与全球气候治理机制的变迁. 上海: 上海人民出版社.
曹慧. 2015. 全球气候治理中的中国与欧盟: 理念、行动、分歧与合作. 欧洲研究, (5): 50-65.
曹明德. 2016. 中国参与国际气候治理的法律立场和策略: 以气候正义为视角. 中国法学, (1): 29-48.
柴麒敏, 樊星, 徐华清. 2018. 百分之百承担全球气候治理义务的论述与建议. 中国发展观察, (16): 29-31.

崔学勤, 王克, 邹骥. 2016. 2℃和1.5℃目标对中国国家自主贡献和长期排放路径的影响. 中国人口·资源与环境, 26(12): 1-7.

董亮. 2016. 全球气候治理中的科学评估与政治谈判. 世界经济与政治, (11): 62-83.

杜祥琬. 2015. 以低碳发展促进生态文明建设的战略思考. 环境保护, 43(24): 17-22.

高翔, 高云. 2018. 全球气候治理规则体系基于科学和实践的演进//谢伏瞻、刘雅鸣. 应对气候变化报告(2018): 聚首卡托维兹. 北京: 社会科学文献出版社.

高翔, 滕飞. 2014. 联合国气候变化框架公约下"三可"规则现状与展望. 中国能源, 36(2): 28-31.

高赢, 冯宗宪. 2018. "一带一路"沿线国家低碳发展效率测评及影响因素探究. 科技进步与对策, 35(21):39-47.

高云. 2017. 巴黎气候变化大会后中国的气候变化应对形势. 气候变化研究进展, 13(1): 89-94.

郭兆晖, 马玉琪, 范超. 2017. "一带一路"沿线区域绿色发展水平评价. 福建论坛(人文社会科学版), (9): 25-31.

国家发展和改革委员会. 2013. 关于印发国家适应气候变化战略的通知. http://www.gov.cn/zwgk/2013-12/09/content_2544880.htm[2021-2-16].

国务院新闻办公室. 2011.《中国的对外援助（2011）》白皮书. http://fec.mofcom.gov.cn/article/ywzn/dwyz/zcfg/201911/20191102911291.shtml[2021-2-16].

国务院新闻办公室. 2014.《中国的对外援助（2014）》白皮书. http://yws.mofcom.gov.cn/article/m/policies/201412/20141200822172.shtml[2021-2-16].

何建坤. 2016. 全球气候治理新机制与中国经济的低碳转型. 武汉大学学报(哲学社会科学版)，69(4): 5-12.

何建坤, 陈文颖, 王仲颖, 等. 2016. 中国减缓气候变化评估. 科学通报, 61(10): 1055-1062.

何晶晶. 2016. 从《京都议定书》到《巴黎协定》: 开启新的气候变化治理时代. 国际法研究, (3): 77-88.

何霄嘉, 郑大玮, 许吟龙. 2017. 中国适应气候变化科技进展与新需求. 全球科技经济瞭望, 32(2): 58-65.

胡王云, 张海滨. 2018. 国外学术界关于气候俱乐部的研究述评. 中国地质大学学报(社会科学版), 18(3): 10-25.

康晓. 2016. 多元共生: 中美气候合作的全球治理观创新. 世界经济与政治, (7): 34-57.

孔锋, 宋泽灏, 方建. 2018. 全球气候变化背景下"一带一路"综合防灾减灾的现状、需求、愿景与政策建议//中国气象学会. 第 35 届中国气象学会年会 S6 应对气候变化、低碳发展与生态文明建设. 合肥: 中国气象学会.

李慧明, 李彦文. 2017. "共同但有区别的责任"原则在《巴黎协定》中的演变及其影响. 阅江学刊, (5): 26-36,144-145.

李昕蕾, 王彬彬. 2018. 国际非政府组织与全球气候治理. 国际展望, (5): 136-156.

李宇, 郑吉, 金雪婷, 等. 2016. "一带一路"投资环境综合评估及对策. 中国科学院院刊, (6): 671-677.

李泽红, 王卷乐, 赵中平, 等. 2014. 丝绸之路经济带生态环境格局与生态文明建设模式. 资源科学, 36(12): 2476-2482.

刘俊辉, 曾福生. 2018. "一带一路"沿线国家绿色全要素生产率测算与收敛性研究——基于沿线 47 个国家面板数据分析. 科技与经济, 31(5): 11-15.

刘清杰. 2017. "一带一路"沿线国家资源分析. 经济研究参考, (15): 70-79.

刘元玲. 2016. 巴黎气候大会后的中美气候合作. 国际展望, (2): 40-58.

刘振民. 2016. 全球气候治理中的中国贡献. 求是, (7): 56-58.

马翠梅, 王田. 2017. 国家温室气体清单编制工作机制研究及建议. 中国能源, 39(4): 20-24.

欧阳湘舸. 2017. "一带一路"战略下应对气候变化及其引发安全风险的思考. 现代经济信息, (12): 1-2,4.

潘家华, 张莹. 2018. 中国应对气候变化的战略进程与角色转型: 从防范"黑天鹅"灾害到迎战"灰犀牛"风险. 中国人口·资源与环境, 28(10): 1-8.

潘勋章, 王海林. 2018. 巴黎协定下主要国家自主减排力度评估和比较. 中国人口·资源与环境, 28(9): 8-15.

彭斯震, 何霄嘉, 张九天, 等. 2015. 中国适应气候变化政策现状、问题和建议. 中国人口·资源与环境, 25(9): 1-7.

彭斯震, 张九天. 2012. 中国 2020 年碳减排目标下若干关键经济指标研究. 中国人口·资源与环境, 22(5): 27-31.

祁悦, 樊星, 杨晋希, 等. 2017. "一带一路"沿线国家开展国际气候合作的展望及建议. 中国经贸导刊(理论版), (17): 40-43.

生态环境部. 2018. 中国应对气候变化的政策与行动 2018 年度报告. https://www.mee.gov.cn/ywgz/ydqhbh/qhbhlf/201811/P020181129539211385741.pdf[2021-2-16].

生态环境部办公厅. 2021. 关于印发《企业温室气体排放报告核查指南（试行）》的通知（环办气候函〔2021〕130 号）. https://www.mee.gov.cn/xxgk2018/xxgk/xxgk06/202103/t20210329_826480.html[2021-10-5].

滕飞, 朱松丽. 2015. 谁的估计更准确? 评论 Nature 发表的中国 CO_2 排放重估的论文. 科技导报, 33(22): 112-116.

王建事. 2018. "一带一路"沿线国家绿色发展水平研究. 中国环境管理干部学院学报, (4): 23-26.

王联合. 2015. 中美应对气候变化合作: 共识、影响与问题. 国际问题研究, (1): 114-128.

王朋岭, 周波涛, 许红梅, 等. 2017. "一带一路"沿线国家气候风险评估及对策建议//王伟光, 刘雅鸣. 应对气候变化报告(2017): 坚定推动落实《巴黎协定》. 北京: 社会科学文献出版社.

王田, 董亮, 高翔. 2019. 《巴黎协定》强化透明度体系的建立与实施展望. 气候变化研究进展, 15(6): 684-692.

王文涛, 滕飞, 朱松丽, 等. 2018. 中国应对全球气候治理的绿色发展战略新思考. 中国人口·资源与环境, 28(7): 1-6.

王毅. 2014. 应对能源和气候变化挑战: 政策导向型研究. 中国科学院院刊, 29(6): 694-695.

王志芳. 2015. 中国建设"一带一路"面临的气候安全风险. 国际政治研究, 36(4): 56-72,6.

吴绍洪, 罗勇, 王浩, 等. 2016. 中国气候变化影响与适应: 态势和展望. 科学通报, 61(10): 1042-1054.

肖金成, 王丽. 2017. "一带一路"倡议下绿色城镇化研究. 环境保护, 45(16): 25-30.

谢来辉. 2017. 巴黎气候大会的成功与国际气候政治新秩序. 国外理论动态, (7): 116-127.

解振华. 2011. 坎昆协议是气候变化谈判的积极助推力. 低碳世界, (4): 18-19.

解振华. 2017. 应对气候变化挑战, 促进绿色低碳发展. 城市与环境研究, (1): 3-11.

于宏源. 2016. 《巴黎协定》、新的全球气候治理与中国的战略选择. 太平洋学报, (11): 88-96.

张高丽. 2014. 凝聚共识落实行动构建合作共赢的全球气候治理体系. http://cpc.people.com.cn/n/2014/0925/c64094-25729644.html[2021-2-16].

张佳. 2019. 气候谈判话中国——外交部历任气候变化谈判代表讲述谈判历程. 世界知识, (5): 38-39,42-43.

张晓华, 祁悦. 2016. "后巴黎"全球气候治理形势展望与中国的角色. 中国能源, 38(7): 6-10.

张雪艳, 何霄嘉, 孙傅. 2015. 中国适应气候变化政策评价. 中国人口·资源与环境, 25(9): 8-12.

张永香, 巢清尘, 李婧华, 等. 2018. 气候变化科学评估与全球治理博弈的中国启示. 科学通报, 63(23): 2313-2319.

赵行姝. 2016. 透视中美在气候变化问题上的合作. 现代国际关系, (8): 47-56,65.

郑爽. 2011. 气候变化坎昆会议成果及分析. 中国能源, 33(2): 31-32.

中国科学院可持续发展战略研究组. 2015. 2015 中国可持续发展报告: 重塑生态环境治理体系. 北京: 科学出版社.

周大地, 高翔. 2017. 应对气候变化是改善全球治理的重要内容. 中国科学院院刊, 32(9): 1022-1028.

朱松丽, 蔡博峰, 朱建华, 等. 2018. IPCC 国家温室气体清单指南精细化的主要内容和启示. 气候变化研究进展, 14 (1): 86-94.

朱松丽, 高翔. 2017. 从哥本哈根到巴黎: 国际气候制度的变迁和发展. 北京: 清华大学出版社.

庄贵阳, 周伟铎. 2016a. 全球气候治理模式转变及中国的贡献. 当代世界, (1): 44-47.

庄贵阳, 周伟铎. 2016b. 非国家行为体参与和全球气候治理体系转型——城市与城市网络的角色. 外交评论(外交学院学报), (3): 133-156.

Du X W. 2016. Responding to global changes as a community of common destiny. Engineering, 2: 52-54.

Gao Y, Gao X, Zhang X H. 2017. The 2℃ global temperature target and the evolution of the long-term goal of addressing climate change-from the United Nations Framework Convention on Climate Change to the Paris Agreement. Engineering, 3 (2): 272-278.

Han M Y, Yao Q H, Liu W D, et al. 2018. Tracking embodied carbon flows in the Belt and Road regions. Journal of Geographical Sciences, 28 (9): 1263- 1274.

Li P Y, Qian H. 2017. Inding harmony between the environment and humanity: An introduction to the thematic issue of the Silk Road. Environmental Earth Sciences, 76: 105.

Liu Z, Guan D B, Wei W，et al. 2015. Reduced carbon emission estimates from fossil fuel combustion and cement production in China. Nature，524: 335-338.

Rauf A, Liu X X, Amin W, et al. 2018. Testing EKC hypothesis with energy and sustainable development challenges: A fresh evidence from belt and road initiative economies. Environmental Science and Pollution Research. https://doi.org/10.1007/s11356-018-3052-5[2021-2-16].

Rauf A, Liu X, Amin W et al. 2018. Testing EKC hypothesis with energy and sustainable development challenges: a fresh evidence from belt and road initiative economies. Environmental Science and Pollution Research. 25: 32066-32080.

UNDP. 2016.资金与效力-中国气候变化南南合作: 历史回顾与未来展望. https://www.cn.undp.org/content/china/zh/home/library/south-south-cooperation/more-money--more-impact--china-s-climate-change-south-south-coop.html[2021-2-16].

UNFCCC. 2011. Compilation of information on nationally appropriate mitigation actions to be implemented by Parties not included in Annex I to the Convention. FCCC/AWGLCA/2011/INF.1[2021-2-16].

UNFCCC. 2019. NDC registry. https://www4.unfccc.int/sites/ndcstaging/Pages/Home.aspx[2021-2-16].

Wang T, Gao X. 2019. Reflection and operationalization of the common but differentiated responsibilities and respective capabilities principle in the transparency framework under the international climate change regime. https://doi.org/10.1016/j.accre.2018.12.004[2021-5-30].

Zhang Y, Zhang J H, Tian Q, et al. 2018. Virtual water trade of agricultural products: A new perspective to explore the Belt and Road. Science of the Total Environment. https://doi: 10.1016/j.scitotenv[2021-2-16].

第43章　未来气候政策需求

首席作者：范英　赵小凡

摘　要

围绕 2030 年前碳排放达峰以及 2060 年前实现碳中和的目标，我国需进一步构建完善 "1+N 政策体系"，在顶层设计基础上明确重点领域、重点行业实现 "双碳" 目标的政策措施和要采取的行动。在 "美丽中国" 和生态文明建设发展理念的指导下，中国未来需要制定和实施更有力度和约束力的气候政策与行动，进一步促进社会经济可持续发展，推动全球治理创新。第一，要把应对气候变化纳入国家现代化建设总体目标和战略中，制定与经济社会发展一致的长期低排放发展战略，将达峰目标分解到产业和基层。第二，加快制定碳中和目标下的科技创新规划和实施方案，提高气候变化科技投入，加强气候变化基础科学及应用技术研究，加快成熟低碳技术的推广与应用，加速推进前瞻性、颠覆性低碳技术的研发与示范。第三，坚持绿色、低碳、可持续的疫情后全面复苏战略，在 "十四五" 时期进一步强化整个社会经济低碳转型的倒逼机制，为 2060 年实现碳中和目标奠定基础。第四，强化气候变化立法，通过立法确立应对气候变化战略的长期合法地位，为相应的减缓和适应政策及行动提供法律支撑，为全国碳市场的建设和持续健康运行提供依据。第五，进一步提高气候政策与能源、环境、区域发展等政策的协同度。第六，推动全国碳排放权交易市场建设进入全面运行阶段，持续深化全国碳交易机制建设。第七，尽早制定和发布国家适应气候变化的战略，制定农业、林业、交通等气候敏感部门适应规划，强化适应行动。

在 2020 年 9 月 22 日的第七十五届联合国大会一般性辩论上，习近平主席郑重宣布，中国将提高国家自主贡献力度，采取更加有力的政策和措施，二氧化碳排放力争于 2030 年前达到峰值，努力争取 2060 年前实现碳中和。达成这些目标对全球气候变化治理，尤其是对实现《巴黎协定》提出的 "将全球平均气温较前工业化时期上升幅度控制在 2℃以内，并努力将温度上升幅度限制在 1.5℃以内" 至关重要。围绕 2030 年前碳排放达峰以及 2060 年前实现碳中和的目标，在 "美丽中国" 和生态文明建设发展理念的指导下，中国未来需要制定和实施更有力度和约束力的气候政策与行动，进一步促进社会经济可持续发展，推动全球治理创新。

第一，要把应对气候变化纳入国家现代化建设总体目标和战略中，制定与经济社会发展相一致的长期低排放发展战略，并且体现在各级国民经济和社会发展规划、国土空间规划中，将达峰目标分解到产业和基层，落实行动，为 2035 年之后加大减排力度，主动承担国际责任做好准备（何建坤等，2020）。党的十九大把生态环境问题明确纳入了党和国家的战略发展目标，并做出了分两步走的战略部署。当前亟须将二氧化碳排放达峰和碳中和目标融入两步走的战略部署中。在第一个阶段（2020～2035 年），基本实现社会主义现代化，生态环境根本好转，美丽中国目标基本实现，强化低碳发展政策导向，落实和强化 2030 年自主贡献目标。在第二个阶段（2035 年至本世纪中叶），把中国建成富强民主文明和谐美丽的社会主义现代化强国，生态文明将全面提升；以碳中和目标为导向，实现与全球控制温升低于 2℃并努力低于 1.5℃目标相契合的深度脱碳发展路径。应对气候变化是一项系统工程，涉及经济、政治、文化、社会等各个方面。积极应对气候变化，必须将碳中和目标纳入国家社会发展的总体战略当中，进而融入各行业、各领域的战略当中，从而全方位推进中国经济尽快走上绿色、低碳、循环、可持续的高质量发展路径。

第二，加快制定碳中和目标下的科技创新规划和实施方案，将碳约束指标纳入"十四五"和中长期科技创新发展规划进行部署。提高气候变化科技投入，加强气候变化基础科学及应用技术研究，强调多学科交叉融合，提升科技创新能力对减缓和适应的支撑作用（黄晶，2020）。加快成熟低碳技术的推广与应用，包括可再生能源发电技术的推广，重点发展 CCUS 技术；储能和智能电网等技术研发和扩大示范规模；新能源乘用车和氢燃料电池汽车的部署；各行业的电气化和数字化。加速推进前瞻性、颠覆性低碳技术的研发与示范，例如，研发以氢能、生物燃料等作为燃料或原料的工业革命性工艺路线（如氢气炼钢、生物基塑料等）。

第三，将"绿色低碳"作为重要的指标纳入疫情后经济复苏计划和"十四五"规划中。在全球性的新冠疫情之后，中国和世界都面临经济复苏的艰巨任务，通过绿色低碳发展实现经济复苏成为国际社会的普遍共识（解振华，2020）。欧盟 2019 年底发布《绿色新政》（The European Green Deal），承诺于 2050 年前实现碳中和，并出台了关于能源、工业、建筑、交通、食品、生态、环保七个方面的政策和措施路线图，坚持绿色复苏[①]。德国在提议的新冠疫情复苏计划中提出大力支持绿色增长，并将减缓气候变化列为三大优先事项之一。中国需要同欧盟国家一道，坚持"绿色复苏"和"可持续复苏"的全面复苏战略，对"新基建""新型城镇化"和"重大工程"领域的投资决策要慎重，坚决避免新的高碳"锁定效应"。"十四五"是我国经济绿色低碳转型及实现高质量发展的关键时期，必须在这一时期进一步强化对整个社会经济低碳转型的倒逼机制，为 2060 年实现碳中和目标奠定基础（常世彦和何建坤，2020；何建坤等，2020）。应确立积极的节能降碳指标；东部沿海优化开发区域以及高耗能重化工业部门二氧化碳排放要率先达峰；严格控制煤电产能和煤炭消费总量反弹，力争"十四五"实现煤炭消费达峰甚至负增长；开始对工业生产过程、农林业、废弃物管理等其他领域的二氧化碳排放及其他温室气体排放进行管理和控制，建立全部温室气体排放的监测、报告、核查体系，并实施减排措施和行动，以适应《巴黎协定》的实施进程。

第四，强化气候变化立法。通过立法确立应对气候变化战略的长期合法地位，为相应的减缓和适应政策，以及更有力的行动提供法律支撑，为全国碳市场的建设和持续健康运行提供依据，为全社会的绿色低碳发展提供确定的指引和保障。应对气候变化工作涉及的领域广、事项多，制定专门的法律有利于在全国范围内为气候变化行动提供确定的法律指引。尤为重要的是，需要在应对气候变化法中明确提出量化碳减排目标。在国际层面，日本、英国等国家都已经对气候变化立法，也有越来越多的国家（如墨西哥）将量化减排目标写入法律。从

---

① European Commission. 2019. The European Green Deal. Brussels, 11.12.2019.

以上国家的实践来看，制定综合性的气候变化法是一个可行的，也是必要的选择。

第五，进一步提高气候政策与其他政策的协同度。首先，进一步提高能源政策和气候政策的协同设计和协同管理，加速改善能源结构、加大能源强度和碳排放强度下降幅度。"十四五"及未来中国能源政策亟须对以煤炭为代表的化石能源提出更加合理的总量控制目标，特别要对煤电、煤化工等高碳排放部门的发展总量及节奏做出精准判断，同时加快有利于低碳发展的电力体制改革步伐。其次，进一步推进环境与气候变化的协同治理（UNEP，2019）。在实施污染防治措施时，不仅要重视化石能源利用中污染物排放过程的末端治理，而且更应该重视从源头上减少煤炭等化石能源的消费量，在终端利用环节加强以电代煤；加快新能源和可再生能源电力的发展，取代化石能源的终端消费。从源头减少化石燃料的使用能够同时减少二氧化碳和其他空气污染物的排放，带来气候和环境的协同利益，产生更高的成本效益。中国中长期环境和气候协同治理的整体路径为"2030 年之前蓝天带动低碳，2030 年之后低碳带动蓝天"：2030 年之前中国大气污染严重、环境治理压力较大，应当以环境治理为抓手，带动碳减排目标的实现；而 2030 年之后，随着环境问题得到根本改善，中国也需要承担与发展阶段相适应的碳减排责任，以气候治理带动国内环境质量的进一步改善。最后，加强区域协调发展与气候变化的协同治理（潘家华等，2020）。明确各区域产业定位，例如，把西北区域定位为"无人化重型产业基地"，主要是指"一大两高三低"产业。"一大"是指占地面积大，如光伏发电；"两高"是指高能耗及高危行业，如冶金、化工等；"三低"是指低水耗、低产业链配套要求及对交通成本的低敏感性。把西南部水电丰富区域定位为高耗能信息产业基地及可再生能源电力调峰基地。分区域、分步骤建设近零碳城市。

第六，推动全国碳排放权交易市场建设进入全面运行阶段，持续深化全国碳交易机制建设。中国已经于 2021 年 7 月启动全国碳排放权交易市场发电行业碳排放权交易，并计划覆盖八大高耗能行业。碳市场作为利用市场机制控制温室气体排放的手段，需要不断完善制度体系建设，特别是需要明确的法律指引。目前，碳排放权交易立法主要包括七个试点地区发布的地方性法规，立法层级不高，管辖范围有限。鉴于中国是世界上温室气体排放最多的国家，温室气体的减排工作不应仅是某些企业或某些地区的任务，因此亟须制定全国性的碳排放交易制度来规范碳市场建设。2019 年 4 月公布的《碳排放权交易管理暂行条例（征求意见稿）》是碳市场交易规则构建的重要步骤。虽然目前的征求意见稿凸显了政府对碳市场的监管、强调了碳信息披露核准的重要性，但是缺乏碳配额分配等重要内容。因此，未来不仅要进一步推进《碳排放权交易管理暂行条例》的立法工作，还要结合试点地区的碳排放交易经验和教训，增强对碳市场的监管。加快发布排放数据、配额分配、注册登记交易结算、履约、抵消机制等管理规章；进一步强化碳排放监测，结合生态环境管理体系和技术标准体系优势强化碳排放核查，确保碳排放数据质量；探索逐渐扩大覆盖其他高能耗高排放的行业企业的方法，探索由碳排放强度控制逐渐过渡到碳排放总量控制的路径；建立健全碳交易体系监管机制，不断探索扩大市场参与主体、丰富交易产品与交易方式。同时，将积极推动温室气体自愿减排交易体系管理体系改革作为全国碳排放权交易市场的有效补充。此外，探索适应气候变化的市场机制，推广气候金融、气候保险等，创新发展应对气候变化投融资机制。

第七，尽早制定和发布国家适应气候变化的战略，制定农业、林业、交通等气候敏感部门适应规划，强化适应行动。继续开展"城市适应气候变化试点"工作，提高对适应行动的资助和标准，制定适应效果考核机制。组织"农村适应气候变化试点"工作，构建不同气候区、不同经济社会发展水平的农村示范网络。加快城市基础设施、农业基础设施等标准的修改和调整，以适应气候变化；提高我国基础设施适应气候变化的标准指标。增强适应成效评估方面的能力建设，增强中国多领域、多部门和多层级适应气候变化的监测和评估能力，构建适应气候变化的基础数据和信息、评价标准。通过多学科交叉的信息化和大数据系统建设，创立国家适应气候变化的科学、数据与行动综合平台，为国家和地方适应气候变化行动提供科技支撑。

参 考 文 献

常世彦, 何建坤. 2020. 中国低碳发展的形势与趋向//清华大学气候变化与可持续发展研究院. 中国长期低碳发展战略与转型路径研究综合报告. 北京: 中国环境出版集团.

何建坤. 2020. 以低碳发展促"绿色复苏". 中国科学报[2020-11-06(004)].

何建坤, 王海林, 赵小凡. 2020. 中国长期低碳发展的战略要点与政策保障//清华大学气候变化与可持续发展研究院. 中国长期低碳发展战略与转型路径研究综合报告. 北京: 中国环境出版集团.

黄晶. 2020. 中国实现碳中和目标亟需强化科技支撑. 可持续发展经济导刊, (10): 15-16.

潘家华, 葛全胜, 张丽峰, 等. 2020. 低碳重构的自然解决方案——中国东、中、西部经济协调发展及城市化进程中的低碳战略及实现路径//清华大学气候变化与可持续发展研究院. 中国长期低碳发展战略与转型路径. 北京: 中国环境出版集团.

解振华. 2020. 引言//清华大学气候变化与可持续发展研究院. 中国长期低碳发展战略与转型路径研究综合报告. 北京: 中国环境出版集团.

UNEP. 2019. Synergizing action on the environment and climate: Good practice in China and around the globe. https://ccacoalition.org/en/resources/synergizing-action-environment-and-climate-good-practice-china-and-around-globe[2021-2-26].